U0239168

西汉现代科学技术词典

Diccionario de las Ciencias y Tecnologías
Modernas Español-Chino

王留栓　主　编

商务印书馆
The Commercial Press
创于1897

2013 年·北京

《西汉现代科学技术词典》编纂人员

主　编/ Jefe de Redacción：	王留栓（Wang Liushuan）
副主编/ Subjefe de Redacción：	陈　泉（Chen Quan）
	董　兵（Dong Bing）
	李园园（Li Yuanyuan）
编纂人员/ Redactores：	王留栓（Wang Liushuan）
	李园园（Li Yuanyuan）
	李传芝（Li Chuanzhi）
	万素珍（Wan Suzhen）
	王晓燕（Wang Xiaoyan）
	殷林方（Yin Linfang）
	周玉琴（Zhou Yuqin）
	周　颖（Zhou Ying）
	张　茜（Zhang Xi）
特约编辑/Redactores Especiales：	赵大君（Zhao Dajun）
	刘梦洁（Liu Mengjie）

Prólogo al Diccionario de las Ciencias y Tecnologías Modernas Español-Chino

Es un honor para mí presentar este Diccionario de las Ciencias y Tecnologías Modernas Español-Chino, el primero de su género que se ha publicado en China hasta ahora, y con el que se da un paso más para fortalecer los intercambios en este ámbito entre China, España y otros países de habla hispana.

Esta obra es resultado de los esfuerzos llevados a cabo por estudiosos e investigadores chinos durante muchos años, y entre ellos el redactor en jefe de este trabajo, Wang Liushuan, que ha sido profesor e investigador de la lengua española durante 40 años y es autor de varios diccionarios Español-Chino, entre otras obras. Toda esa labor ha hecho posible esta publicación, que permitirá mejorar el nivel del español científico y técnico en China y servirá de apoyo a proyectos empresariales impulsados en este área entre China y países hispanohablantes.

Este primer Diccionario de las Ciencias y Tecnologías Modernas Español-Chino contiene unas 49. 737 palabras y 51. 495 locuciones en español que se refieren a múltiples y muy variadas disciplinas, entre las que se incluyen la salud, medicina, economía, informática, medioambiente, alimentación, estadística, el espacio o las ciencias aplicadas, entre otras muchas. Con ello se favorece un mayor conocimiento de las lenguas china y española en estas áreas, y se ofrecen así bases firmes para fortalecer la colaboración entre especialistas e instituciones de nuestros países.

Todos sabemos de la creciente importancia de la lengua española en el mundo. El español hoy es hablado por más de 400 millones de personas en 21 países, y representa una muy rica cultura multisecular. Además, la lengua española está llamada a desempeñar un papel relevante en el futuro por su capacidad de atracción como segunda lengua, "la otra lengua de occidente", destacando no sólo por el alto número de sus hablantes sino también por su prestigio internacional.

Los primeros contactos directos entre China y España se remontan al siglo XVI, cuando marinos españoles cruzan el Océano Pacífico, llegan a tierras asiáticas y conocen así la riqueza cultural que ofrecía China, con la que enlazan a través de las rutas comerciales establecidas entre los puertos de Manila (Filipinas) y Acapulco (México).

La realidad hoy es bien distinta. Con la apertura y el desarrollo económico logrado por China en los últimos años, han surgido nuevas vías de intercambio y cooperación que es preciso potenciar en el terreno político, económico y comercial, y promover además el conocimiento y los intercambios entre nuestras culturas.

En el 2013 vamos a conmemorar el 40ª Aniversario del establecimiento de relaciones diplomáticas entre China y España, y constatamos que nuestras relaciones han crecido considerablemente en los últimos años. Sin embargo, nuestro deber ahora es trabajar para que esos intercambios sigan creciendo y se amplíen a nuevos ámbitos y sectores que resultan indispensables para nuestro desarrollo, como el de la ciencia y la tecnología, algo a lo que contribuye esta obra innovadora.

Las relaciones bilaterales en el ámbito científico y técnico se rigen por el "Acuerdo marco para la cooperación científica y tecnológica" de 1985. Este documento sirvió de base para la firma posterior del "Memorandum de Entendimiento para la Cooperación Científica y Tecnológica", que fue suscrito en Madrid, en marzo de 2011, entre el Ministerio de Ciencia y Tecnología de la República Popular China y el Ministerio de Ciencia e Innovación del Reino de España.

Este Memorandum supone un nuevo paso hacia el fortalecimiento de las relaciones entre ambos gobiernos, y del mismo surgió una hoja de ruta para impulsar la cooperación en áreas prioritarias, como la biotecnología, la biodiversidad, las energías renovables, las tecnologías para la protección del medioambiente, las tecnologías de la información o el uso de infraestructuras de investigación, entre otras posibilidades.

Con todo, queda mucho por hacer en este terreno y para ello nos gustaría llevar a cabo nuevas iniciativas que sirvan para consolidar y extender los avances logrados en otros ámbitos, por el gran desarrollo y potencial que ofrecen nuestros dos países, China y España, firmemente comprometidos a impulsar las relaciones de amistad y concordia entre nuestros pueblos.

Quiero dar la bienvenida, por tanto, a este diccionario que hace valer la expresión de que "la lengua es el material con el que se construye el pensamiento, y no hay lengua internacional que no sea lengua de la Ciencia y la Tecnología".

Eugenio Bregolat
Embajador de España

序　言

我很荣幸能向大家介绍这本《西汉现代科学技术词典》。这是中国出版的第一部同类词典。这本词典的问世进一步加强了中国同西班牙以及其他一些西语国家之间在科技领域的交流。

这本作品无疑是多名中国学者和研究者多年来共同努力的结果。本书的主编王留栓先生 40 多年来一直从事西班牙语的教学和研究工作，还参加过多部西汉词典的编纂。王先生的这些经验使得本词典最后的编纂出版成为可能，同时还能帮助提高中国的科技西班牙语水平，为中国和西语国家正在或将要开展的各种科技项目提供技术支持。

这本《西汉现代科学技术词典》共收录单词 49,737 条，固定词组 51,495 个，涉及众多学科领域，其中包括医药、卫生、经济、计算机、环境、食品、统计、空间技术、应用科学等（详见专业词汇略语表，主编注），既让我们对上述领域的汉语和西班牙语专业词汇有了更好的了解，同时又为我们两国的专家和机构之间的交流合作奠定了坚实的基础。

众所周知，西班牙语在全世界变得日益重要。如今，全世界有 21 个国家，4 亿多人会说西班牙语，表明西班牙语代表了来自各个阶层的多元文化。此外，西班牙语被称为"另一种语言"，是继英语之后的第二大西方语言，由于其自身的魅力而被认为能在将来大有作为。这不仅因为说西班牙语的人口众多，更是因为西班牙语在国际上所处的优势地位。

中国与西班牙的最初接触始于 16 世纪，当时的西班牙海员借助马尼拉（菲律宾）和阿卡普尔科（墨西哥）这两个港口之间的贸易航线，越过太平洋来到亚洲，由此发现了灿烂的中华文化。

如今，形势发生了翻天覆地的变化。随着中国近几十年的改革开放和经济快速发展，中西两国之间的交流合作也拓展出许多崭新的渠道，政治、经济、商贸之间的交流合作得以实现，同时也极大地推动了我们两国之间的文化交流与互相了解。

2013 年，我们将共同庆祝中西两国建交 40 周年。我们坚信，40 年来，两国的关系有了突飞猛进的发展。但是，我们当下的责任仍然是不断促进两国之间的交流，努力拓展新的交流渠道，特别是在发展中必不可少的领域，如科技等。而在这个方面，这部全新的词典已经作出了不小的贡献。

早在 1985 年，中西两国就科技领域的双边关系，签署了《科学技术合作框架协议》。在此基础上，2011 年 3 月，中华人民共和国科学技术部和西班牙科学创新部在马德里签署了《科学技术合作谅解备忘录》。

这个备忘录无疑意味着两国科技交流的进一步加强。根据备忘录还设定了推动诸如生物科技、生物多样性、能源的可持续使用、环保技术、信息技术等前沿科技的运用和研究的实施路线。

可以说，科技领域还是大有作为的。因此，我们希望，随着两国的进一步发展，双方均能积极行动起来，巩固各自在此领域已经取得的现有成果，拓展新的可能，因为我们早已郑重许下承诺，要为推动两国人民的友谊和进一步交流而不懈努力。

为此，我要对这本词典的问世表示热烈的欢迎，就像俗话说的那样："语言是表达思想的工具，但凡国际通用语言，必定涵盖科技用语"。

西班牙驻华大使

欧亨尼奥·布雷戈拉特

目　　录

前　言

随着现代科学技术的快速发展,科学、技术、经济、信息、文化、教育、体育等领域的国际交流活动日趋活跃;随着现代汉语的国际推广,在中国乃至世界范围内学习和使用西班牙语和汉语的双语人员与日俱增。纵观我国西汉双语词典的发展历程和现状,现有的西汉词典已很难适应西班牙语学习者和使用者对西汉现代科学技术一类工具书的迫切需要。单就本世纪以来,西班牙语国家科技界、教育界、文化界、体育界、经济界、企业界每年组织的访华团就达成千上万。我国专业人士和翻译人员往往由于缺少得心应手的工具书而无法提高工作效率,甚至错失国际合作良机。为顺应知识经济时代和信息时代的发展步伐,为满足西班牙语学习者和使用者的实际需求,我们十几位西班牙语教师和学者历经5年辛勤劳作,终于完成了中国乃至全世界第一部《西汉现代科学技术词典》,填补了我国此类双语词典的空白。

大科学观(mega-science concept)自20世纪60年代初问世以来,自然科学和社会科学的交叉、渗透、协同、综合趋势愈益明显。鉴于此,我们遵循学术创新原则,在编写过程中主要参照20世纪80年代以来外国出版的原版工具书,特别是西班牙语-英语/英语-西班牙语对照词典(详见本词典的主要参考原版工具书),大量收录涵盖自然科学、技术科学、计算机科学、环境科学、保健科学和医学、信息技术、网络技术、自动化技术、通讯技术、生物技术、航空航天技术、电子电信技术、工程技术、土木建筑等领域的单词和固定词组,同时兼收经贸类、管理类、文体类、艺术类、教育类的专业词汇。

本词典收录的词条分单词(voz)和固定词组(locución)两大类;收单词49,737条,固定词组51,495条。与我国现有西汉双语词典相比,这部小型百科全书式双语科技词典的显著特点是:收词(含固定词组)范围广,并重点收录20世纪70-80年代以来西班牙语国家在现代科学技术领域广泛使用、相对稳定的常用词(含固定词组)及其新释义、新词(含固定词组)、新术语。比如说:

在学科门类方面,收词范围涵盖我国通用的十二大学科门类中的工学、理学、农学、医学、经济学、管理学、教育学、军事学、法律及其下设的二级类学科(如生态学、生理学、心理学、解剖学、生物医学、药学、光学、气象学、航空学、天文学、海洋学、航海学、工艺学、物理学、数学、信息学、电子学、电学、工程学、统计学、动物学、植物学、鸟类学、地理学、地质学、社会学、测绘、昆虫、体育等)。

在三大产业方面,收词范围囊括国际通用的第一、第二、第三产业及其相关行业,尤其是第一产业中的农业、林业、牧业、渔业;第二产业中的能源产业、制造业、建筑业、采矿业;第三产业中的交通运输业、邮政电信通讯业、计算机服务和软件业、无线电技术、技术服务业、住宿餐饮业、批发零售业、金融业、文化教育卫生、出版业、体育和娱乐业以及公共管理、社会组织和国际组织等领域。

我们编纂《西汉现代科学技术词典》的基本思想是为西班牙语学习者和使用者提供一部收词面广、内容新颖、方便实用的常备工具书。比如说:

第一,收录了大量有关新学科、新技术、新工艺方面的新词,如 autosupervisión(计算机自动检查(程序))、autovacunoterapia(自[身]体疫苗疗法)、autoverificación(计算机自动检查[验])、bioactivador(生物活性剂)、biocalorimetría(生物测[量]热法)、biociencia(①生物科学;宇宙生物学;②生命科学)、ecodesarrollo(经济-生态均衡发展)、ecosfera(①生物圈;②生态圈,生态层)、ecotipo(生态型)、genomio(基因组)、genocopia(拟基因型)、macrojuicio(①宏观审理;②宏处理程序)、macroorganismo((肉眼能见的)大生物体)、macroproyecto(大型规[计]划)、nanomaterial(纳米材料)、nanotecnología(纳米技术)、radiorresistencia(抗辐射,辐射抗性)、socioanálisis(社会分析法)、sociosanitario(公共卫生的)、transgene(转基因)、virogene(病毒基因)。

第二,增收了不少新的固定词组和新术语,如:

在 eutanasia(安乐死)词条中增收了 eutanasia negativa(消极式安乐死)和 eutanasia positiva(积极式安乐死)两个实用性很强的词组。

在 gripe(流感)词条中增收了 gripe aviar(禽流感)等词组。

在 hardware((计算机)硬件)词条中增收了 hardware compatible(兼容硬件)、hardware de sistema(系统硬件)、hardware terminal(终端硬件)等词组。

在 industria(工业,产[实]业)词条中增收了 industria del contenido(内容产业)。

在 lago(湖,湖泊)词条中增加了 lago distrófico(无滋养湖)、lago eutrófico(富营养湖)、lago oligomíctico(贫营养湖)等词组。

在 ordenador((电子)计算机,电脑)词条中增收了 ordenador adicional(子计算机)、ordenador central[base](主计算机,中央电脑)等词组。

在 software((计算机)软件)词条中增收了 software de aplicación(应用软件)、software de comprobación(测试软件)、software de operación(操作软件)、software de simulación(模拟软件)等词组。

在 viaje 词条中增收了 viaje de expensas totales(全包价旅游)、viaje opcional(自择旅游点旅游)词组。

第三,对一些常用词新增了释义即新义,比如,receptor 一词新增的释义是(计算机)接收端;recorte 一词新增的释义是(计算机图片等的)剪切;recuperabilidad 一词新增的释义是(电脑的)可恢复性。

第四,面对常用缩略语大量涌现的现实,本词典适当收录英语缩略语时尽量注明西班牙语的对应缩略语。比如说:SARS(Severe Acute Respiratory Syndrome 重症急性呼吸道综合征,非典)(*esp.* SRAS, síndrome respiratorio agudo severo);GUI (graphical user interface（计算机）图像用户界面）（*esp*. IGU，inferfaz gráfica de usuario）。反之亦然，比如说：OIPC（Organización Internacional de Policía Criminal 国际刑警组织）（*ingl*. Interpol，International Criminal Police Organization，也用于西语国家）。

还值得一提的是：

第一，考虑到阅读和翻译西班牙语科技书刊、科技文献和网络信息的实际需要，本词典还收录了少量外来语科技词汇和新词、新术语（详见外语略语表）。

第二，为便于学习和使用西班牙语的各类人员掌握西班牙语大多数名词和形容词有阴阳性变化的特点，本词典收录的词尾有阴阳性变化的名词和形容词均以阳性单数出现，附阴性词尾（排版格式是中间用逗号分开，并加连字号(-)，详见本词典的体例说明）。

我们期盼，《西汉现代科学技术词典》不仅能成为西班牙语工作者的必备工具书，而且也能成为非西班牙语专业的科技工作者、科技外语工作者、涉外经贸人员、对外汉语工作者及图书馆工作人员的常备工具书和重要参考书。

编撰尚属空白的《西汉现代科学技术词典》，是一项相当艰难的工作。由于编者缺乏经验，水平有限，缺点、错误在所难免。恳请读者和专家学者对本词典中出现的疏漏和错误给予批评指正，以便再版时修改订正使之日臻完善。

王留栓

2013 年 6 月于上海

体 例 说 明

1. 本词典收录的词条分单词(voz)和固定词组(locución)两大类,分别用黑正体字和白正体字印刷,均按 27 个西班牙语字母顺序排列。词尾有性变化的名词和形容词均以阳性单数出现,附阴性词尾,中间用逗号分开,并加连字号(-)。比如:

   abanderado,-da *m. f.*

   subcampeón,-ona *m. f.*

   abstractivo,-va *adj.*

   accesorio,-ria *adj.*

2. 词义相同、拼法接近的两个或两个以上的单词,排在同一词条内,中间用分号(;)分开。比如:

   acrecentamiento; acrecimiento *m.*

   aerotecnia; aerotécnica *f.*

3. 每个词条都在释义前用斜体外语略语注明词类。比如:

   centro *m.* （*m.* 表示阳性名词）

   consulta *f.* （*f.* 表示阴性名词）

   manicurista *m. f.* （*m. f.* 表示阳性和阴性名词为同一词）

   doctor,-ra *m. f.* （*m. f.* 表示阳性、阴性名词）

   cata *m. o f.* （*m. o f.* 表示阳性或阴性名词）

4. 一个词有多种含义和用法时,分①;②;③等项释义,每项中的释义用逗号或分号分开,即释义基本相同时用逗号(,)分开,释义相近或相关时用分号(;)分开。比如:

   ablandamiento *m.* ①软化,变软,塑性化;②疲软

   abogado,-da *m. f.* ①〈法〉律师;法学家;②调解人,辩护人

5. 对于拉丁美洲或某一拉丁美洲国家、西班牙或其他国家的方言,用斜体外语略语注明(详见本词典外语略语表),放在释义之前。比如:

   autorriel *m. Amér. L.* 〈铁路〉(单节)机动有轨车

   acalanto *m. Bras.* 催眠曲,摇篮曲

   acacio *m. Arg.,Chil.* 〈植〉金合欢树

6. 对少数外来词的词源,用斜体外语略语表示(详见本词典外语略语表),放在释义之前。比如:

   software *m. ingl.* 软件,软设施

conchology *f. ingl.* 贝壳学；贝类学

cliché *m. fr.* ①〈印〉铅[模,凸印]板；②〈摄〉(照相的)底[负]片；③〈信〉(内容空洞的)时髦词语

accelerando *m.*；*adv. ital.*〈乐〉渐快

affidavit；afidávit *m. lat.* ①申报书[单],报表；②宣誓书

7. 本词可分为不同词类时,用平行号‖分开。比如：

adelgazante *adj.* … ‖ *m.* …

accesorio,-ria *adj.* … ‖ *m.*

abstraccionista *adj.* … ‖ *m. f.* …

8. 本词典所用的其他符号

① 代字号～：代字号用于代表词条的本词,若词尾有性、数变化时,则用代字号加上变化了的词尾来表示。比如：

anticuerpo *m.* 抗体；反物质

　　～ anafiláctico 过敏性抗体

　　～ clonal 克隆抗体

antiferromagnético,-ca *adj.* 反铁磁(性)的

　　resonancia ～a 反铁磁共鸣

antiestrés *adj.* 反应力的‖ *m.* 反应力

　　minerales ～es 反应力矿物

ambos *adj. pl.* 两,双‖ *pron. pl.* 两者[人]；双方

　　～as fechas comprendidas（B. D. I.）包括双方日期；含起讫日

　　～as partes en cuestión 双方当事人

　　～os[～as] a dos 两者[人]；双方

② 尖角号〈 〉：对于术语和专业术语的学科,用略语注明(详见本词典专业词汇略语表),并放在尖角号内。比如：

abanestesia *f.*〈医〉压觉缺失；辨重不能,失辨重症

afelio *m.*〈天〉远日点；远核点

antiapex *m.* ①〈测〉背点；②〈天〉奔离点

antibloque *m.*〈机〉防抱死

apotema *f.*〈数〉边心距

autogenesis；autogenia *f.*〈生〉自然发生

③ 方括号[ ]：方括号内的中西文文字(一个或几个)可以替换前面那个(或几个)字。比如：

　　anteojos contra[de] sol 墨镜,有色眼镜

antiácido,-da *adj.* 抗[解,耐]酸的‖ *m.* 抗[解,耐]酸剂

anteojero,-ra *m. f.* ①眼[望远]镜制造商；②光学仪器(制造)商,眼镜商

accionado,-da *adj.* ①开[起]动的,运行的;②从[传]动的,被驱动[激励]的

④ 方括号[ ]内西班牙文字首字母大写:表示该词第一个字母必须大写。比如:

acuerio *m.* ①水族池[槽];②水族馆;③[A-]〈天〉宝瓶座[宫]

tierra *f.* ①[T-]地球;②陆地

⑤ 圆括号( ):圆括号内的西班牙文字,是前面词条的同义词;圆括号内的中文文字,既可作为词义的补充说明,也可省略。比如:

agua cuba(agua de cuba) *Chil.* 漂白剂

aceite animal(aceite de animal) 动物油

acónito *m.* 乌头(一种开黄花或蓝花,根有毒的植物,又称狼毒)

antiadherente *adj.* 不黏(附,合)的,无黏性的,不会黏着的

anteojero,-ra *m. f.* ①眼[望远]镜制造商;②光学仪器(制造)商,眼镜商

apical *adj.* ①顶(点,上,端,尖,部)的,(根)尖的;②在顶端的

árbol *m.* ①(主,车,轮,转)轴,心棒[轴];(轴,刀)杆;中心柱;②树;③桅,樯

⑥ 斜线号/:为节省篇幅,部分常用中西文文字的反义词用斜线号分开。比如:

bien/mal adjetivado 受过/未受过教育的;有/无教养的

mercancías de difícil/fácil venta 滞/畅销货

专业词汇略语表

（按汉语拼音顺序）

〈测〉	测绘、测量	〈理〉	物理学
〈船〉	船舶、造船	〈逻〉	逻辑学
〈地〉	地理学、地质学	〈鸟〉	鸟类学
〈电〉	电学	〈农〉	农业
〈电影〉	电影技术	〈气〉	气象学
〈电子〉	电子学	〈商贸〉	商业与贸易
〈动〉	动物学	〈社〉	社会学
〈法〉	法律	〈摄〉	摄影
〈纺〉	纺织	〈生〉	生物学、生物工程
〈缝〉	缝纫	〈生化〉	生物化学
〈工〉	工业	〈生理〉	生理学
〈工程〉	工程学	〈生态〉	生态学
〈工艺〉	工艺学	〈生医〉	生物医学
〈光〉	光学	〈兽医〉	兽医学
〈海〉	航海学	〈数〉	数学
〈海洋〉	海洋学	〈体〉	体育
〈航空〉	航空学	〈天〉	天文学
〈航天〉	航天技术	〈统〉	统计学
〈化〉	化学	〈无〉	无线电技术
〈画〉	绘画	〈戏〉	戏剧
〈环〉	环境及环境保护	〈心〉	心理学
〈机〉	机械、机械工程	〈信〉	信息学与计算机科学
〈集〉	集合名词	〈讯〉	电信、通讯
〈技〉	技术	〈药〉	药物、药物学
〈建〉	建筑	〈冶〉	冶金
〈交〉	交通运输及管理	〈医〉	医学
〈教〉	教育学	〈遗〉	遗传学、遗传工程
〈解〉	解剖学	〈印〉	印刷出版
〈经〉	经济学	〈乐〉	音乐、乐器
〈军〉	军事学	〈知〉	知识产权保护
〈矿〉	矿业	〈植〉	植物学
〈昆〉	昆虫		

外语略语表

abr.	Abreviatura	缩写词，略语
adj.	Adjetivo	形容词
adj. inv.	Adjetivo inversible	不变性形容词
adv.	Adverbio	副词
excl.	Exclamación	感叹词
f.	Femenino	阴性名词
intr.	Verbo intransible	不及物动词
m.	Masculino	阳性名词
m. inv.	Masculino inversible	不变性和数名词
n. pr.	Nombre propio	专有名词
pl.	Plural	名词的复数形式
prep.	Preposición	前置词
pron.	Pronombre	代词
r.	Verbo reflexivo	自复动词
tr.	Verbo transible	及物动词
al.	alemán	德语
esp.	español	西班牙语
fr.	francés	法语
ingl.	inglés	英语
ital.	italiano	意大利语
jap.	japonés	日语
lat.	latín	拉丁语
rus.	ruso	俄语
Amér. L.	América Latina	拉丁美洲
Amér. C.	América Central	中美洲
Amér. M.	América Meridional	南美洲
Amér. N.	América del Norte	北美洲
And.	Los Andes	安第斯国家

Antill.	las Antillas	安的列斯群岛
Arg.	Argentina	阿根廷
Bol.	Bolivia	玻利维亚
Bras.	Brasil	巴西
Cari.	Caribe	加勒比地区
Col.	Colombia	哥伦比亚
Cono S.	Cono Sur	南锥地区
C.Rica	Costa Rica	哥斯达黎加
Cub.	Cuba	古巴
Chil.	Chile	智利
Dom.	República Dominicana	多米尼加共和国
Ecuad.	Ecuador	厄瓜多尔
EE.UU.	Estados Unidos	美国
Esp.	España	西班牙
Filip.	Filipinas	菲律宾
Guat.	Guatemala	危地马拉
Guay.	Guayana	圭亚那
Hait.	Haití	海地
Hond.	Honduras	洪都拉斯
Jam.	Jamaica	牙买加
Méx.	México	墨西哥
Nicar.	Nicaragua	尼加拉瓜
Pan.	Panamá	巴拿马
Par.	Paraguay	巴拉圭
Per.	Perú	秘鲁
P.Rico	Puerto Rico	波多黎各
Riopl.	Rioplatense	拉普拉塔河流域
Salv.	El Salvador	萨尔瓦多
Urug.	Uruguay	乌拉圭
Venez.	Venezuela	委内瑞拉

西班牙语字母表
ALFABETO

字母	字母名称
A a	a
B b	be
C c	ce
D d	de
E e	e
F f	efe
G g	ge
H h	hache
I i	i
J j	jota
K k	ka
L l	ele
M m	eme
N n	ene
Ñ ñ	eñe
O o	o
P p	pe
Q q	ku
R r	ere, erre
S s	ese
T t	te
U u	u
V v	uve
W w	uve doble
X x	equis
Y y	ye, i griega
Z z	zeda, zeta

A a

A. *abr.* aprobado（尤指考试成绩）及格

ababaya *f. Antill.*〈植〉① 番木瓜；② 番木瓜树

abaca *f.*〈数〉算［诺谟］图，列线图

abacá *m.* ①〈植〉蕉麻；② 马尼拉麻，吕宋（大）麻

abacado *m. Antill., Cari.*〈植〉① 鳄梨；② 鳄梨树

abacaxis *f. Bras.*〈植〉凤梨，菠萝

ábaco *m.* ① 算盘；②〈建〉（圆柱）顶［冠］板；柱冠；③〈数〉列线图

abacora *f. Antill.*〈动〉金枪鱼

abada *f.*〈动〉犀牛

abadejo *m.* ①〈动〉鳕，鳕鱼；②〈动〉江［蓝］鳕；③*Cari.*〈动〉箭鱼；④〈昆〉西班牙芫青；⑤〈鸟〉戴菊

abajadero *m.* ①（斜）坡，下坡（度）；② 斜面

abaleo *m. Amér. L.* ① 射击［杀］；② 击伤［毙］

abalienación *f.*〈医〉精神错乱（状态）

abalienado,-da *adj.*〈医〉精神错乱的

abalizar *tr.* 立标，设信号；设置信标，信标导航

abamperio *m.*〈电〉CGS 电磁制安培；绝（对）安（培）

abanderado,-da *m. f. Amér. L.*〈体〉（足球比赛的）边线裁判

abanderamiento *m.*（外国船的）船籍登记，发给船籍证书

abanderamiento；abandono *m.* ① 放［废，抛］弃；② 弃船；③ 委付；委弃；③*Chil.* 矿主放弃开采矿藏的声明

~ de barco 委付船只

~ de destino 失职

~ de la apelación 撤销上诉

~ de servicios 擅离职守，失职

~ de un derecho 放弃（某种）权利

~ del daño 委弃损失

abanestesia *f.*〈医〉压觉缺失；辨重不能，失辨重症

abanico *m.* ① 扇，扇状物；②*Cari.*（铁路）路标；③〈海〉（船用）吊杆式起重设备；④〈机〉转臂起重机；⑤*Méx.*〈植〉鸡冠花

~ aluvial〈地〉冲积扇，扇形冲积层

~ compuesto 复背斜（层）

~ de chimenea 防火墙，火隔

~ de salarios 工资等级［标准］

~ de sándalo 檀香扇

~ de suministro 供应范围

~ eductor 排气风扇

~ eléctrico *Méx.* 电风扇

~ submarino〈地〉海底扇

área de ~〈信〉磁盘扇区

marcador en ~ 扇形记录器［指示器，指点标］

abaniqueo *m.*（汽车）摆动［振］

abarognosis *f.*〈医〉压觉缺失；辨重不能，失辨重症

abarquillado,-da *adj.* ① 波纹（形）的，波形［状］的，皱纹的，打褶的；② 有加强筋的；有瓦垅的，有槽的 ③ 竹节形的

barra ~a 竹节钢（筋）

hierro ~ 波纹［瓦垅］铁

junta ~a 波纹式接头

papel ~ 瓦楞纸

placa ~a 波形板，皱褶板

tubo ~ 波纹管

abarquillamiento *m.* ① 波纹，皱（纹，折，褶）；② 弯曲，变形翘折［弯，卷，扭］

abarquillar *tr.* ① 使成波（纹）状，（使）起皱（纹），皱折；② 加工成波纹［瓦垅］板 ‖ *intr.* ① 翘，弯翘，反卷；② 变弯

abarrocado,-da *adj.*〈建〉巴洛克（barroco）式［风格］的

abarrocamiento *m.*〈建〉巴洛克建筑形式［风格］

abarrote *m.* ①〈海〉压［垫，填］舱物料；② 垫板［木］，垫货材

abarticulación *f.*〈医〉关节脱位

abarticular *adj.*〈医〉① 关节外的；远离关节的；② 不影响关节的

abasia *f.*〈医〉步行不能；失行症

~ espasmódico 痉挛性步行不能

abásico,-ca *adj.*〈医〉步行不能的；失步行症的

abastecedor *m.* ① 煤水车；② 供应船［舰］，补给船

abastecimiento *m.* 供应［给］；补充［给］

~ apretado 供应紧张［缺］

~ de agua 供水（量）

~ de combustible 供应燃料

~ de electricidad 供电(量)

~ de gas 供(煤)气

~ de materias primas 原料供应

~ excesivo 供应过剩

abatible *adj.* 铰式的,铰接的

asiento ~ ①翻椅;②(汽车内的)躺式座椅

junta ~ 铰(链)接(合)

abatidero *m.* 〈建〉排水沟[道]

abatido,-da *adj.* ①〈经〉〈商贸〉不景气的,萧条的;②〈商贸〉行情疲软的,跌价的

abatimiento *m.* ①〈海〉偏流[航],偏航角;②杠杆系(装置),杠杆作用;③〈经〉〈商贸〉萧条,不景气

~ del mercado 市场萧条,行市疲软

abaxial *adj.* ①离开轴心的;②〈生〉离[远]轴的

abcisa *f.* 〈数〉横坐标(轴),X 轴横线

abculombio *m.* 〈电〉CGS 电磁制库仑,绝(对)库(仑)

abdomen *m.* ①腹(部);②〈动〉腹部

~ péndulo 悬垂腹

abdominal *adj.* 〈解〉腹(部)的;位于腹部的 ‖ *m.* 坐起;〈体〉仰卧起坐

distensión ~ 腹(部膨)胀

músculo ~ 腹肌

pared ~ 腹壁

abdominocentesis *f.* 〈医〉腹腔穿刺术

abdominoscopia *f.* 〈医〉腹腔镜检查

abdominouterectomía *f.* 〈医〉剖腹子宫切除术

abdominouterotomía *f.* 〈医〉剖腹子宫切开术

abducción *f.* 〈生理〉外展

fractura de ~ 外展骨折

abductor *adj.* 〈生理〉外展的 ‖ *m.* 〈解〉(外)展肌

nervio ~ 外展神经

abedul *m.* ①〈植〉桦,白桦;②桦木

~ plateado 〈植〉①黄[欧洲]桦;②纸皮桦

abeja *f.* 〈昆〉蜜蜂

~ asesina 非洲蜜蜂;非洲蜜蜂与巴西蜜蜂的杂交种

~ macho 公[雄]蜂

~ maciega[maestra] (雌)蜂王,母[雌]蜂

~ neutra[obrera] 工蜂

~ reina 蜂王

abejarrón *m.* 〈昆〉熊[大黄]蜂

abejaruco *m.* 〈鸟〉蜂虎;〈食蜂或其他昆虫的〉蜂虎科鸟

abejón *m.* 〈昆〉野[大]蜂

abejorro *m.* 〈昆〉熊[大黄]蜂

abeliano,-na *adj.* 〈数〉阿贝尔的

grupos ~s 〈数〉阿贝尔群,可(交)换群

abelita *f.* 阿贝立特炸药

aberración *f.* ①离开轨道,越轨(行为);迷行[乱];②〈医〉(轻度)心理失常;〈医〉〈生〉〈遗〉畸变,变型[体];异[反]常;③〈理〉〈摄〉像(色)差;〈天〉光(行)差;④偏差;差异

~ cromática 色(像)差

~ cromosómica 染色体畸变

~ de anchura de rendija 狭缝宽度差

~ de esfericidad(~ esférica) 球面像差

~ de frente de onda 波阵面差

~ de refrangibilidad 色(像)差

~ fotogramétrica 摄影测量[测绘]偏差

~ intracromosómica 染色体内畸变

aberrante *adj.* ①离开正直道[路]的,脱离常规的;②〈生〉〈医〉〈遗〉畸变的;异[反]常的;③迷行[失,乱]的;④差异的;异位的

bocio ~ 〈医〉迷行性甲状腺肿

conducción ~ 〈医〉差异传导

conducto ~ 〈解〉迷管

abertura *f.* ①孔,眼;②孔[缝]隙,裂缝;③〈天〉(望远镜的有效)直径;④〈理〉孔径,光圈;⑤〈地〉小(海)湾,河湾;(港口)通道;山谷;⑥〈缝〉(衣服、裙子的)开衩,衩

~ completa 全口[孔]径

~ de chispa 火花隙

~ de exploración 扫描孔

~ de rerradiación 扫掠张角,扫描孔

~ de tragaluz 天[气]窗

~ eficaz 有效孔径

~ eficaz máxima 最大有效孔径

~ externa 对外开放,外贸自由化

~ germinal 〈植〉萌[生]发口

~ libre 径孔

cuerda de ~ 开伞索,气囊拉索

abeto *m.* ①〈植〉枞,冷杉;②枞[冷杉]木

~ blanco (银)冷杉(树高可超过 20 米)

~ del norte(~ falso[rojo]) 云杉(树高可达 50 米)

abey *m.Amér.L.* 〈植〉蓝花楹属

~ del Brasil 巴西蓝花楹

abfaradio *m.* 〈电〉CGS 电磁制法拉,绝(对)法(拉)

abhenrio *m.* 〈电〉CGS 电磁制亨利,绝(对)亨(利)

abierto,-ta *adj.* ①开(着)的;②开阔的;空旷的;敞开[口]的;开口的;明[裸]露的,无(遮)盖的;③开放(性)的;公开[然]的;④〈商贸〉营业的,开市的;⑤未设围墙的,不设防的;无防备的;⑥〈电〉断开的;⑦〈体〉自愿报名参加的(公开赛);⑧〈海〉无甲板的,敞舱的 ‖ *m.* [A-]〈体〉公开赛

a cielo ～ 露天
circuito ～ 开[断]路
competencia ～a 公开竞争
drenaje ～〈医〉开放引流[导液]法
economía ～a 开放性经济
en ～（电视节目）清晰[楚]的
estructura ～a 敞开，开放
fractura ～a〈医〉开放性骨折
hipoteca ～a〈商贸〉开口抵押
laboreo a cielo ～〈矿〉露天开采
mina a cielo ～ 露天矿

abietáceo,-cea adj.〈植〉冷杉（abeto）科的 ‖ f. ①冷杉科植物；② pl. 冷杉科

abiético,-ca adj. 松香的
ácido ～ 松香酸
resina ～a 松脂，松树脂

abietino m.〈化〉松香素

abintestato,-ta adj. ①无遗嘱的；②无遗嘱注明处置的

abiogénesis f.〈生化〉无生源说；自然[发]发生说

abiogenético,-ca adj.〈生化〉无生源的，自然[发]发生的

abiosis f.〈医〉无生命；生活力缺乏

abiótico,-ca adj. ①〈生化〉无生命的；非生物的；与生物体无关的；②不受生命过程支配的

abiotrofia f.〈医〉生活力缺失[损]

abiotrófico,-ca adj.〈医〉生活力缺失[损]的

abirritación f. ①缓和（作用）；②〈医〉减轻刺激；应激性减弱

abirritante adj.〈药〉〈医〉缓和的；缓解刺激的 ‖ m.〈药〉缓和药

abisal adj. ①〈地〉深成的；②〈海洋〉深海[水]的；海底的
flora ～ 深海植物
llanura ～ 深海平原
pez ～ 深海鱼
recursos ～es 深海资源
roca ～ 深海岩
teoría ～ 深成理论
zona ～ 深海（地）区

abiselar tr. 使成斜面[角]；使下斜

abismal adj. ①深不可测的，无底的；②深海[渊]
depósito ～ 深海沉积

abisobéntico,-ca adj.〈环〉〈海洋〉（最）深海底带的 ‖ m. 深海海底生物，（海洋）底栖生物

abisopelágico,-ca adj.〈环〉〈海洋〉深海[渊]的 ‖ m. 深海生物（体）

abitaque m.〈建〉（托，小，工字）梁

abitón m.〈海〉系缆桩，系船柱

abizcochado,-da adj. Amér. L. ①海绵状[质]的；②多孔的，有吸水性的；③松软的，有弹性的

abjuración f.〈法〉发誓弃绝；弃绝宣誓

ablación f. ①〈环〉消融（作用）；冰雪融化；②〈地〉磨蚀作用；③〈医〉切除术；剥离（术）
～ de las amígdalas 扁桃体切除
～ del critoris(～ femenina) 阴蒂切除

ablactación f.〈医〉断奶[乳]

ablandador,-ra adj. ①净化的，纯净的；②消耗体[精]力的 ‖ m. ①软化剂；②（硬水）软化器
～ de agua（硬）水软化器
～ de carne Méx. 嫩肉粉；（使肉嫩化的）捶肉槌

ablandamiento m. ①软化，变软，塑性化；②疲软
～ de agua〈化〉水软化
～ de los precios 行情疲软
punto de ～ 软化点

ablativo,-va adj. ①〈环〉消融的；②〈地〉磨蚀的

ablepsia f.〈医〉视觉缺失
～ total 全盲

abmho m.〈电〉CGS 电磁制姆欧，绝对姆（欧）

abmigación f.〈环〉反常迁徙

abocardador m.〈机〉扩口[孔，管]器

abocardar tr.〈机〉〈技〉扩口[管，孔]，胀（管）口

abocardo m.（扩管用的）绞刀

abocinado,-da adj. 喇叭口形的，有钟形口的，有承口的
tubo ～ 扩口管，承插管

abocinador m. 扩口器
～ de tubos 扩管（口）器，管子扩口器

abocinar tr. 使成喇叭形；使（衣裙等）呈喇叭形展开

abogado,-da m. f. ①〈法〉律师；法学家；②调解人，辩护人
～ criminalista[penalista] 刑事律师
～ de oficio 职业律师
～ de patentes 精于专利权的律师
～ de trompito Amér. L. 蹩脚律师
～ defensor 辩护律师
～ fiscal 检察官
～ laboralista 劳工律师

abohmio m.〈电〉CGS 电磁制欧姆，绝对欧姆

abolladura f. ①〈铸锻件表面〉凸起[突出]部，浮凸；②弄瘪

abomaso m.〈医〉皱胃

abomasopexia f.〈医〉皱胃固定术

abombado,-da *adj.* ①凸起的;有穹顶的;②碟形的
cristal ～ 凸透镜
fondo ～ 碟形底

abonado,-da *adj.* ①〈商贸〉可有信用的,有偿付能力的;②〈商贸〉入账的,记入贷方的;③〈农〉施过肥的,有肥力的 ‖ *m. f.* ①(报刊的)订购[阅]者,订户;②(水、电、煤气、电话等的)用户;③(股票)认股[购]人;④(剧院、铁路等的)持长期票者
～ al autobús[metro] 公共汽车[地铁]月票持有者
～ en cuenta 入账的,记入贷方的
～ telefónico 电话用户

abonador,-ra *m. f.* 〈法〉担保[保证]人

abono *m.* ①(报刊的)预订;认[订]购;②担保,保证;③*Amér. L.* 保证书;④肥料,施肥;⑤〈商贸〉记入贷方;贷方[项],贷方账户;⑥收[凭]据;⑦(剧院、铁路等的)长期票
～ compuesto 复合肥料
～ de base 基肥,底肥
～ de cloaca[letrina] 粪肥,厩肥
～ de superficie 土表追肥;顶肥
～ foliar 叶肥
～ inorgánico/orgánico(～s inorgánicos/orgánicos) 无/有机肥料
～ químico 化(学)肥(料)
～ radicular 根肥
～ telefónico 电话费(收据)
～ verde(～ en verde) 绿肥
～s nitrogenados 氮肥

aboquillado,-da *adj.* 有承口的,有钟形口的

abordaje *m.* ①(大船,轮船)相撞,互擦;碰撞事件;②强行登船
～ casual 意外[偶然]相撞
～ de aeronaves 飞机相撞

aborregado,-da *adj.* (天空)布满白云的
cielo ～ 〈气〉鱼鳞天

abortante *m.* ①*Méx.* 〈建〉拱扶垛;②〈海〉舷外横木

abortifaciente *m.* 〈药〉堕胎药

abortivo,-va *adj.* ①流[早]产的;有堕胎作用的,使流产的 ‖ *m.* 〈药〉堕胎药

aborto *m.* ①流[早]产;②早产儿;③〈信〉(计算机)异常中止[结束]
～ accidental 意外流产
～ artificial[provocado] 人工流产
～ criminal 违法流产
～ en progreso 进行性流产
～ espontáneo[natural] (自发)流产
～ eugenésico (为)优生流产
～ habitual 习惯性流产

～ ilegal 非法流产

abortoscopio *m.* 〈医〉流产杆菌检查器

abovedado,-da *adj.* 〈建〉①有拱顶的;②拱状[形]的;穹形的,弓[拱]形(结构)的 ‖ *m.* ①拱顶建筑;拱形结构;②(总称)拱顶;③拱顶建造(技术)
arquitectura ～a 拱状[形]建筑
pasaje ～ 拱道[廊];牌楼
puente ～ 拱桥
viga ～a 拱形梁

abovedadora *f.* 〈机〉路基(面)整平机

abovedamiento *m. Amér. L.* 〈建〉加拱顶

aboyar *tr.* 〈海〉装[设置]浮标

abra *f.* 〈地〉①小海湾;②山谷

abrasión *f.* ①擦掉[去],刮掉[去];②磨耗[蚀,去,光];③冲[海,水,剥]蚀;④〈地〉磨蚀;⑤〈医〉擦伤
ensayo de ～ 耐磨[磨损]试验
resistencia a la ～ 抗磨力[性],耐磨性[强度]

abrasivo,-va *adj.* ①磨料的;②磨损[蚀,耗,光]的;有研磨作用的;③〈地〉有磨蚀作用的;④〈医〉擦伤的 ‖ *m.* ①〈化〉磨蚀剂;(研)磨料(如金刚砂、砂纸等);②〈地〉磨蚀岩屑;③〈医〉(皮肤等的)擦伤处
arena ～a 研磨砂
disco ～ 砂[磨]轮;磨盘
material ～ 磨料,研磨剂
pasta ～a para pulimentar 抛光膏(剂)
resalto ～ 〈地〉浪成[海蚀]台地
substancias ～as 磨料,研磨[磨蚀]剂
superficie ～a 磨耗[磨蚀,研磨]面

abrazadera *f.* ①夹(子,头,片);线夹;(卡)箍,箍圈;②〈印〉括号;③托[支]架
～ hinchable (血压计的)像皮囊袖带

abrebalas *m. inv.* 〈机〉拆[松]包机

abrebocas *m. inv.* 〈医〉开[张]口器

abrebrechas *m. inv.* 〈机〉平路机,大型平土机

ábrego *m.* 南风;西南风

abrellantas *m. inv.* 〈机〉拆(轮)胎机[装置]

abretubos *m. inv.* 〈机〉胀管器

abrigo *m.* ①〈海〉避风港[处];②隐蔽处;避寒地,防风[躲雨]处;③〈地〉(石灰质地带的)洞穴;④大衣,外套,御寒物;⑤保[庇]护

abrillantado *m.* ①发[擦,增]亮;②*Amér. L.* 磨光

abrillantadora *f.* 〈机〉地板抛光机,地板磨光器

abrillantamuebles *m. inv.* 家具擦亮[抛光]剂

abrillantar *tr.* ①磨[抛,擦,打]光,擦[使发]亮;②琢[研]磨;③*Méx.* 加工研磨(尤指加工玻璃、水晶、宝石等闪光物质)

absaroquita *f.* 〈地〉橄辉安粗岩

absceso *m.* 〈医〉脓肿
~ agudo 急性脓肿
~ congestivo 冲血性脓肿
~ dental 牙脓肿

abscisa *f.* 〈数〉横坐标

abscisión *f.* ①切割[开,入],截去,切除;②切口;刀痕;③〈雕〉刻

abscisna *f.* 〈生化〉脱落酸[素]

absoluto,-ta *adj.* ①绝对的;②纯(粹)的,完全的
alcohol ~ 纯[无水]酒精
altura ~a 绝对高度;标高
cero ~ 绝对零度
espacio-tiempo ~ 绝对时空
hemianopsia ~a 完全偏盲
humedad ~a 绝对湿度
inmunidad ~a 终身免疫(性)
reposo ~ en cama 绝对卧床(休息)
unidad ~a 绝对单位,厘米-克-秒(单位)制
unidad ~a de intensidad 绝对安培

absorbancia *f.* 〈理〉〈化〉吸光度[率]

absorbechoque *m.* 〈机〉缓冲器[装置]

absorbedor *m.* ①吸收体[剂];②〈机〉吸收器[装置]
~ de energía 能量吸收器;减能器
~ de neutrones 中子吸收剂[料]
~ electrónico 电子吸声器
~ termal 吸热器

absorbefaciente *m.* (促)吸收剂

absorbencia *f.* ①吸收性[能力,本领];②〈化〉〈理〉吸光度[率]

absorbente *adj.* ①能吸收(水、光、热等)的;②〈化〉有吸收(能)力的,吸收[水]性的‖ *m.* ①〈化〉吸收剂;吸收物;②吸收体[质,管];③吸声材料
~ higiénico 卫生餐巾
antígeno ~ 吸收抗原
capacidad ~ 吸收能力
papel ~ 吸收[水]纸
pozo ~ 吸[渗,泻]水井
punto ~ 吸收尖

absorbibilidad *f.* 〈医〉吸收性

absorbible *adj.* ①可吸收的,吸收性的;②能被吸收的
algodón hemostático ~ 可吸收止血棉
celulosa ~ 可吸收纤维素
sutura ~ 〈医〉吸收性缝线

absorbidad *f.* ①吸收性[能力];②〈化〉〈理〉吸光率[度];③吸墨性

absorbido *m.* 吸附物

absorbidor *m.* 吸附器

absorciometría *f.* ①吸收测量学[术],吸收(能力的)测量;②吸光测定法

absorciométrico,-ca *adj.* 〈化〉吸收(比色)计的;溶[吸]气计的
análisis ~ 〈化〉吸光分析

absorciómetro *m.* ①〈化〉吸收(率,比色,光度)计,(光电比色用)吸光计,透明液体比色计;②吸收测定器
~ fotoeléctrico 光电吸收计

absorción *f.* ①〈化〉〈理〉〈生〉吸收(作用),吸水(性,作用);②〈电〉吸收[取];③〈医〉吸附(作用);④(公司)合[吞,兼]并,并吞;⑤阻尼,缓冲
~ atmosférica 大气吸收
~ atómica 原子吸收
~ crítica 临界吸收
~ cutánea 皮肤吸收
~ de calor 热吸收,吸热
~ de cifras 数字吸收
~ de empresas 企业合并,兼并企业
~ de energía 能量吸收
~ de gases 气体吸收
~ de tierra 地面吸收
~ del capital extranjero 吸收外资
~ dieléctrica 介质吸收
~ eléctrica 电吸收;(电容器)电荷渐增
~ espectral 光谱吸收
~ interna 〈医〉内吸收
~ nuclear 核吸收
~ química 化学吸收
~ selectiva 优先(选择)吸附
circuito de ~ 吸收电路
coeficiente de ~ del sonido 吸声系数
constante de ~ 吸收常数
control por ~ 吸收控制
corriente de ~ 吸收电流
dinamómetro de ~ 阻尼式测力计
espectro de ~ 吸收光谱
higrómetro de ~ 吸收湿度表[计]
línea de ~ 吸收线
modulación de ~ 吸收调制
prueba de ~ 吸收试验
raya de ~ 吸收(谱)线
tasa de ~ 〈医〉吸收率
torre de ~ 吸收塔

absorcividad *f.* ①吸收[取,液]能力;②吸收率[量,度,性,系数]
ondámetro de ~ 吸收式波长计

absorsor *m.* ①吸收体[剂];②〈机〉吸收器[装置]

absortancia *f.* 〈理〉吸收比

absortividad *f.* ①吸收[去,液]能力;②〈化〉

吸[消]光系数;③〈化〉〈理〉吸收率[性,能力,系数]

absortivo,-va *adj*. 吸收(性)的,有吸收力的;能吸收的
　antígeno ~ 吸收抗原
　capacidad ~a 吸收能力,吸收量
　célula ~a 吸收细胞
　índice ~ 吸收指数

abstergente *adj*. 洗去…的,洗涤的;(有)去污(性质)的,有洁净作用的 ‖ *m*. ①洗涤[去污,去垢]剂;②洗涤器

abstericia *f*. 〈医〉助产学

abstinencia *f*. ①戒绝[除];节制;节欲;②戒瘾
　síndrome de la ~ 戒断综合征

abstracción *f*. ①分离;析出;提[抽]取;②抽象(化,作用)
　~ científica 科学的抽象
　~ en datos 数据抽象

abstractivo,-va *adj*. 具有抽象能力[性质]的
　análisis ~ 抽象分析

abstracto,-ta *adj*. ①抽象的;②抽象派的
　arte ~ 抽象艺术
　concepto ~ 抽象概念
　labor ~ 〈经〉抽象劳动
　número ~ 〈数〉抽象数,不名数
　pensamiento ~ 抽象思维
　pintura ~a 抽象画
　símbolo ~ 抽象符号

abulia *f*. 〈医〉意志缺失

abultado,-da *adj*. ①体积(庞)大的;笨重的;②散装的;③厚的(书,嘴唇等);④〈医〉肿胀的

abundancia *f*. ①丰富;充裕[足];大量;②〈生〉个体密度;多度;③〈理〉丰度
　~ relativa 〈环〉相对多度
　razón de ~ 〈理〉〈核子〉丰度比

abvoltio *m*. 〈电〉CGS 电磁制伏特,绝(对)伏(特)

Ac 〈化〉元素锕(actinio)的符号

a/c; A/C *abr. ingl.* current account 〈商贸〉往来账户

acabado,-da *adj*. ①结束的,完[竣]工的,完[制]成的;②〈技〉精加工的,终饰的 ‖ *m*.〈技〉①精整,整形;终饰,最终加工;③〈表面〉光洁度
　~ a frota mecánica 机械修整
　~ a máquina 机械加工的,机械制作的
　~ brillo 抛光
　~ de superficie 表面精整[抛光];表面光洁度
　~ en frío 冷精整
　~ especular 镜面磨削;镜面光洁度

　~ lustroso 磨[抛]光
　~ mate 无光(毛面)光洁度
　~ satinado 擦亮,抛[研]光
　~ superficial 整[修,弄]平,刨削[平]
　~ superfino 超精加工,超级研磨
　macho de ~ 平底螺丝攻,精[攻]丝锥
　máquina de ~ 整理[精整]机;完工切削机

acabador *m*.〈机〉①闭塞[合,路]器;②精加工工具 ‖ ~a *f*. 超精加工机床

acacia *f*. ①〈植〉刺槐;金合欢(树);②阿拉伯树胶;金合欢胶
　~ china 槐木
　~ del Japón 槐树
　~ falsa 刺[洋]槐

acacio *m. Arg., Chil.* 〈植〉金合欢树

acalculia *f*. 〈医〉失算症;计算不能

acalórico,-ca *adj*. 低卡(路里)的 ‖ *m*. 低卡路里

acanalado,-da *adj*. 〈建〉①有凹[沟]槽的;有沟[槽]的,槽形的;②有凹[槽]纹的;波[皱]纹状的 ‖ *m. Chil.* 〈建〉开槽,修沟槽

acanalador *m*. 〈建〉合笋刨,槽刨
　~ de cola de milano 燕尾刨
　~ hembra 开槽刨

acanaladura *f*. ①〈建〉凹[沟]槽,(柱子的)凹槽装饰;②沟;(车)辙;③*Chil* 开槽,修沟槽
　~ gótica 弧边棱形轧槽

acanalar *tr*. 开[凿]槽,切[刻](凹)槽
　fresa de ~ 线脚切割机,成型刀具
　guillame de ~ 槽[凹]刨

acantáceo,-cea *adj*. 〈植〉(似)爵床科的;②具刺的 ‖ *f*. ①爵床科植物;②*pl.* 爵床科

acantestesia *f*. 〈医〉针刺感

acantilado,-da *adj*. ①〈地〉陡(峭,斜)的,峻峭的;险阻的;②(海底)倾斜的 ‖ *m*. 陡岸,峭壁,悬崖

acantita *f*. 〈矿〉螺状硫银矿

acanto *m*. ①〈植〉莨苕(属);爵床科植物;②〈建〉(莨苕)叶形装饰;叶板;③〈医〉棘

acantocéfalos *m. pl.* 〈动〉棘头门[纲]

acantocitosis *f*. 〈生医〉棘红细胞增多症

acantoma *m*. 〈生医〉棘皮瘤

acantopelvis *f*. 〈医〉棘皮骨盆

acantosis *f*. 〈生医〉棘皮症

acardia *f*. 〈医〉无心(畸形)

acardiohemia *f*. 〈医〉心内血液缺乏

acaricida *f*. ①〈农〉杀虫剂,农药;②〈药〉杀螨药

acariocito *m*. 〈生〉无核细胞

ácaro *m*. 〈动〉螨(蛛形纲蜱螨目节肢动物)

acarofilia *f*.; **acarofitismo** *m.* 〈环〉螨植共生

acarofobia *f.*〈心〉恐螨症；螨恐怖

acaroide *f.*〈化〉禾木胶，禾木树脂

acarreo *m.* ①（用车）运送，搬［货］运，运输［载］；②（货车）运［搬运］费；③〈信〉（计算机）进位
~ acumulativo 累加进位
~ aéreo 空运
~ corto 短途运输［运费］
~ de desmonte 土（方）工（程），土方（量）
~ fluvial 水运，内河运输
~ hidráulico 水力冲挖
~ libre 免费搬运［运送］
~ marítimo 海运
~ por agua 水运，水路运输
~ por agua y por tierra 水陆运输
~ por camión 卡车运输
~ por tierra（~ terrestre）陆运，陆路运输
~ sin maniobras 长途运输
señal de ~〈信〉（计算机）进位信号
tiempo de ~〈信〉（计算机）进位时间

acatalasia *f.*〈生医〉无过氧化氢酶症；过氧化氢酶缺乏症

acaule *adj.*〈植〉无茎的
planta ~ 无茎植物

accelofiltro *m.* 加速过滤器

accesibilidad *f.* ①可［易］接近性；②可达［亲，及］性；③易维护性

accesible *adj.* ①易［可］接近［达到，使用，通过，进入］的；进得去的；②（产品，价格）不贵的

accesión *f.* ①接近；达到；②添［增］加；添［增］加物，附属物；③新增资料，新添图书；④（财产）自然增益；⑤〈医〉（疾病的）突然发作

acceso *m.* ①接近；进入；②〈教〉（大学）入学；③入口，通道［路］；④〈机〉进入通道，入［进入，检修，调整］孔；⑤〈信〉（计算机）存取，（数据，信息）选取，查索；⑥（飞机）进场着陆；⑦〈医〉（疾病的）突然发作；阵发
~ al mercado 进入市场；市场准入
~ aleatorio 随机存取
~ directo［inmediato］直接［随机］存取；直接取数
~ en serie（计算机）串行存取
~ fortuito 随机存取，无规存取
~ gratuito 免费进入［入场］
~ libre 自由进入［加入］
~ multidimensional 多维存取
~ múltiple 多路存取［访问］，多路进入
~ prohibido 禁止进入
~ remoto 远程存取；远程访问（从另一地方通过电话链路使用另一台计算机）

~ secuencial 按［顺］序存取
~ serial 串行存取
~ veloz 快速存取
curso de ~（新生的）入学课程
prueba de ~ 入学考试
puerta de ~ 便［出入，通道］门，检修门

accesorio,-ria *adj.* ①附加［属］的，辅助的；补充的；附带的（费用）；②〈地〉副的；次要的；③〈数〉配连的 ‖ *m. pl.* ①附［零，备，配］件；附属品［物］，附加物；②〈技〉（机器，汽车等的）备用［辅助］部［零］件；③ *pl.*〈矿〉次要矿物；岩屑；④（剧院等的）道具
~s de automóviles 汽车配件
~s de caldera 锅炉附件
~s de cañería 管道附件，接管零件
~s de escritorio 办公用品，文具
~s de máquinas 发动机装置
~s de vestido 服饰
~s eléctricos 电气装置
célula ~a（辅）佐细胞
contrato ~ 附加合同
nervio ~ 副神经
tratamiento ~ 辅佐疗法

accidental *adj.* ①意外的，偶然（发生）的；随机的；非故意（做）的，无心的；②附属［带］的，非主要的；③次要的（光色）；④〈乐〉临时记号的
albuminuria ~ 偶发性蛋白尿
avería ~〈商贸〉意外海损
daño ~ 意外损失
empleo ~ 临时工作
error ~〈生物〉偶然［随机］误差
huésped ~ 偶然宿主
imagen ~ 意外像
irradiación ~ 事故性辐照，偶然辐照
muerte ~ 事故死亡，横死
síntoma ~ 偶发症状

accidentalidad *f.* 事故率；事故次数

accidente *m.* ①（意外）事故，（偶发）故障；②偶然［意外，不测，突发］事件；③失事，遇险；④（地形）高低［起伏］不平，崎岖；⑤〈医〉昏晕［倒］
~ corporal 人身伤害［损伤］
~ de automóvil 汽车事故
~ de aviación 飞行事故；空难
~ de circulación（~ del tráfico）交通事故
~ del trabajo 工伤事故
~ e indemnización 意外事故及损害赔偿
~ en tierra 陆上意外事故
~ ferroviario 铁路事故，火车失事
~ geográfico（地形）褶皱
~ industrial［laboral］工伤事故

~ mortal（意外）死亡事故，惨祸
~ no de trabajo 非工伤事故，非劳动事故
~ nuclear 核装置事故
~s del mar 海难，海上事故
lleno de ~s 高低不平的，崎岖不平的
seguro contra ~ 意外事故保险，意外险

acción *f.* ①行[活]动；②动作；姿势；③〈军〉战斗，军事行动；④〈经〉〈商贸〉股份，股票；份额；⑤〈理〉〈化〉作用（量）；⑥〈法〉诉讼（权）；⑦情节；剧情细节
~ administrativa（公司）行政决策[决定]
~ alejada 远距离作用，超距作用
~ antimolopolista 反垄断行动
~ atmosférica 大气作用
~ catalizadora[catalítica] 催化作用
~ centrífuga 离心作用（力）
~ civil 民事诉讼
~ conjunta 联合行动，共同诉讼
~ corporativa 公司决策，(公司)股东决定
~ criminal 刑事诉讼
~ de contratar 招聘活动，订约行动
~ de guerra〈军〉作战，军事行动
~ de láser 激光作用
~ de llevar al máximo 助推，升（增）压，加速，增加
~ del gene 基因作用
~ directa（警察的）直接行动
~ disparadora 触[激]发作用
~ económica 经济行为；经济诉讼
~ enzimática[fermentativa] 发酵作用
~ física 物理作用
~ frenadora 制动作用（力）
~ heterodina 外差作用
~ ilegal 非法行为[行动]
~ judicial[jurídica, procesal] 诉讼
~ legal 合法[法律]行为；诉讼
~ librada 付清[讫]
~ lipolítica 脂解作用
~ lítica 溶解作用
~ local〈化〉〈医〉局部作用
~ penal 犯罪行为
~ química 化学作用
~ superficial〈医〉表面作用
~ retardada〈电〉推[延]迟作用
esfera de ~ 作用范围
mecanismo de ~ 作用机理
paletajes de ~ 冲击式（涡轮）叶片
radio de ~〈技〉活动半径

accionado, -da *adj.*〈机〉①开[起]动的，运行的；②从[传]动的，被驱动[激励]的；③操作的，控制的
~ a mano 手动的，人工操作的
~ hidráulicamente 液压操纵的

~ por cremallera 齿条传动的
~ por motor 电机驱动的，电[发]动机驱动[操纵]的

accionador *m.*〈机〉①致动[促动，作动，激励，调节]器；②传动装置，作动[操作]机构，执行元件
~ hidráulico 液压致动器，液压（动力）传动装置
~ linear 线性致动器，线性执行机构
árbol ~ 主[驱]动轴

accionamiento *m.*〈机〉①起[传，主，导]动；②操作；③掘进
~ a mano 徒手操纵，人工操作
~ eléctrico 电传动
~ por banda 皮带传动
biela de ~ 传动[操作]杆
brazo de ~ 变速杆，换挡柄

accionista *m. f.*①〈经〉股东[民]；股票持有人；②投资者
~ aparente[testaferro] 名义[挂名]股东
~ ficticio 化名[名义，虚拟]股东
~ mayoritario 多数股票持有者；大股东
~ primitivo 创始股东
~ principal 大[主要]股东
~ registrado 登记[记名]股东

acebo *m.*〈植〉枸骨叶冬青（又名圣诞树）

acebuche *m.*①〈植〉野生橄榄树；②橄榄木

acedera *f.*〈植〉酸模

acedía *f.*①酸味[性]；②胃酸；胃灼热；烧心；③〈动〉鲽（有红斑的比目鱼）

acefalia *f.*〈医〉无头（畸形）

acéfalo, -la *adj.*〈医〉无头的‖*m.* 无头畸胎

aceitada *f. Amér. L.* 涂油，润滑

aceitado, -da *adj.*①加[注，涂，浇]过油的；②润滑的；③油浸的；④油化的；化成油状的‖*m.*①上[涂]油；②润滑

aceitador *m.*①加油[润滑]工；②油杯，加油壶；③输润油器

aceite *m.*①油；食油；②油类[脂]；③大麻制剂；大麻麻醉剂；④*Méx.*〈药〉麦角酸二乙基酰胺（一种致幻药物，略作 LSD）
~ aislante 绝缘油
~ alcanforado 樟脑油
~ animal 动物油
~ antiherrumbre 防锈油，抗蚀润滑油
~ bruto[crudo] 原油
~ combustible 燃料油
~ comestible(~ de comer) 食用油
~ compuesto 复合油
~ compuesto de minerales y vegetales（矿物，植物）复合油，合成润滑油
~ de absorción 吸收油
~ de adormidera 罂粟（籽）油

~ de (semilla de) algodón 棉籽油
~ de almendra 杏仁油
~ de almizcle 麝香油
~ de alquitrado 煤(馏,焦)油
~ de alquitrán 煤馏[煤焦,潴]油
~ de alumbrado 煤[灯,照明]油
~ de anilina 苯胺油
~ de anís 茴香油
~ de ballena 鲸油
~ de cacahuete[maní] 花生油
~ de camíbar *Hond.* 苦配巴油
~ de carbón mineral 石油
~ de cedro 雪松木油
~ de coco 椰子油
~ de colza 菜(籽)油
~ de corte 切屑油
~ de creosota 木馏[杂酚]油
~ de engrasar[engrase](~ lubricante) 润滑油
~ de esencia 香料油
~ de esquisto(~ esquistoso) 页岩油
~ de exudación 渣滓油,油脚
~ de gas 粗柴油,气[瓦斯]油
~ de girasol 葵花籽油
~ de linaza 亚麻子油
~ de linaza cocido 干性油,无水石油
~ de linaza hervido 熟亚麻油
~ de linaza natural 生亚麻(籽,仁)油
~ de maíz 玉米油
~ de manitas *Méx.* 牛脚油
~ de máquina de coser 缝纫机油
~ de marca 优质油
~ de menta 薄荷油
~ de menta romana 留兰香油
~ de motor 发动机油
~ de nuez 核桃油
~ de oliva refinado/virgen 精制/初榨橄榄油
~ de oveja 绵羊油
~ de palma 棕榈油
~ de parafina 矿物油,石蜡油
~ de pata de buey(~ de pie de vaca) 牛脚油
~ de pera 梨油,乙酸戊酯
~ de pescado 鱼油
~ de petróleo 石油,原[生石]油
~ de pino 松木油
~ de pulir 磨[抛,擦,打]光油
~ de quemar 灯油
~ de recocido 回火油
~ de refinado 精制[炼]油
~ de relojería 钟表油

~ de ricino 蓖麻油
~ de rosa 玫瑰油
~ de sebo 羊毛油
~ de sésamo 小磨香油,芝麻油
~ de soja 豆油
~ de temple 回[淬]火油
~ de[para] transformadores 变压器油
~ de trementina 松节油
~ de Tung 桐油
~ de visón 纯貂油
~ de yema 蛋黄油
~ decolorado 白油,脱色油
~ depurado 净[纯]化油
~ desprovisto[privado] de su gas 重油
~ detergente 去污油
~ esencial (香)精油,挥发油
~ especial 玫瑰油
~ explosivo 爆炸油,硝化甘油
~ grafitado 石墨化的油,含有石墨的油
~ graso 脂(肪)油,油脂
~ hidráulico 液压油
~ hidrogenado 氢化油
~ inhibido 抗氧化油
~ ligero 轻油
~ mineral 矿物油,石油,液体石蜡
~ muerto 重油,(蒸馏石油的)残油
~ muy fluido 渗透油,轻油
~ neutral[neutro] 中性油
~ neutro filtrado y decolorado al sol 不起霜润滑油
~ para cilindro 汽缸油
~ para cojinete 轴颈油
~ para ejes 车轴油
~ para engranajes 齿轮油
~ para husillos[pivotes] 锭子油,轴(润滑)油
~ para máquina de hielo 冷冻机油,制冰机油
~ para maquinaria 机油
~ para motores de avión 飞机发动机油
~ para rodamientos a bolas 滚珠轴承油
~ para telares 织机油,重锭子油
~ para turbinas 透平油
~ pesado 重油,重柴油
~ residual 残油
~ secante[secativo] 干性[催干]油
~ solar 太阳油,索拉油
~ soluble 溶性油,调水油
~ vegetal 植物油
~ volátil 香精油,挥发(性)油
condensador de ~ 油浸电容器
conmutador de ~ 油开关

conservador de ～ 存[保]油器,油枕

deflector de ～ 抑[挡]油圈

disyuntor de ～ 油开关,油断路器

espesamiento de los ～s 浸[涂]油

flotación de ～ 浮油选矿

galga de nivel de ～ 测油位杆

grifo de nivel de ～ 试油位旋塞

indicador de nivel de ～ 油位器,油面计

junta de ～ 油封

mandómetro de presión de ～ 油压表[计]

nivel para ～ 油位表,油量计,油规

número de gramos de KOH necesarios
para neutralizar 1 g. de ～ 〈化〉中和值

orificio de drenaje de ～ 放油口[孔]

refrigeración por ～ 油冷(却)

refrigerante de ～ 滑油冷却[散热]器

aceitería *f.* ①油[制油]业;②油店

aceitero,-ra *adj.* 油的,制油的‖ *m. Antill.* 〈植〉鼠耳地洋桃

molino ～ ①油坊;②榨油机

aceitosidad *f.* 含油性;油脂质

aceituna *f.* 〈植〉齐墩果属;橄榄,青果

aceituno,-na *adj. Amér. L.* 油橄榄色的
‖ *m.* 〈植〉橄榄树

aceleración *f.* ①加[增]速;加快[速];②
〈机〉〈理〉加速(度,作用);③(汽车等的)加
速能力

～ angular 角加速度

～ axial 轴向加速度

～ centrífuga/centrípeta 离/向心加速度

～ convectiva 对流加速度

～ de caída libre 自由落体加速度

～ de la depreciación 折旧加速

～ de la gravedad 重力加速度

～ de la inversión 投资加速

～ inicial 初始加速度

～ lateral 横向加速度

～ linear 线性加速度

～ negativa 负加速度,减速(度)

～ por grado 逐渐加速

～ rectilínea 直线加速度

～ tangencial 切线[向]加速度

～ transitoria 瞬时加速度

facilidad de ～ 加速性能;(汽车等的)突然
加速能力

faja de ～ (机场)加速跑道

acelerada *f.* (发动机)突然加速

acelerado,-da *adj.* ①加[快]速的;②速成的
‖ *m.* 〈电影〉慢速摄影,慢摄

crecimiento ～ 加速增长

curso ～ 速成班

envejecimiento ～ 加速老化,超老化

filtración ～a 加速过滤

movimiento ～ 加速运动

rechazo ～ 加速排斥

acelerador,-ra *adj.* 加[快]速的‖ *m.* ①
〈理〉加速器;②〈化〉加速[促进]剂;③〈摄〉
(加速显影的)促进剂;催速[化]剂;④(汽车
等的)油[风]门;加速踏板[装置];⑤〈信〉
(计算机)快捷键;加速板[卡]

～ atómico 原子加速器

～ cíclico(～ de ciclotrón) 回旋加速器

～ de escape 排气风门

～ de gráfico 图形加速器

～ de microonda 微波加速器

～ de ondas estacionarias 驻波加速器

～ de partículas 粒子加速器

～ de plasma 等离子体加速器

～ de protones 质子加速器

～ lineal 直线加速器

～ sincrotrón 同步加速器

～ sincrociclotrón 稳相加速器

coeficiente ～ 加速系数

factor ～ 加速因子

nervio ～ 加速神经

acelerante *adj.* ①加[催]速的;②促进的
‖ *m.* 催速[加速,促凝,催化]剂

aceleratriz *adj.* 加速的(修饰阴性名词)

fuerza ～ 〈理〉加速力

acelerógrafo *m.* ①自动[记]加速仪,加速自
(动)记(录)计[仪,器];②加速度测量仪,
加速度测定器

acelerograma *m.* 加速度表;(显示地震中颤
动加速度的)加速度图

acelerometría *f.* 加速度测量术

acelerómetro *m.* 〈航空〉〈理〉加速度计;加速
(度)表[器,仪]

～ angular 角加速度(测量)计

～ integrador 积分加速表

～ lineal 线性加速度计

acelular *adj.* 〈生〉无细胞的;非细胞组成的

cemento ～ 无细胞性牙骨质

acenaftena *f.* 〈化〉苊

acendrador *m. Chil.* 〈矿〉硝石粉碎工‖ ～a
f. 〈矿〉硝石粉碎机

acendramiento *m.* 精炼,提纯

acentor *m.* 〈鸟〉鸣禽(雀形目鸟)

acéntrico,-ca *adj.* ①〈技〉无中心的,离开中
心的;②偏心的,非正中的;③非中枢(性)
的;④〈遗〉(染色体)无着丝粒的

cromosoma ～ 无着丝粒染色体

fragmento ～ 无着丝粒断片

relación ～a 非正中关系

acentuador *m.* 〈机〉〈音频〉加重器,增强器,
选频放大器

acepillado *m.* ①〈技〉刨［修］平；削薄；②〈建〉粉［镘］光，粉刷

acepilladora *f.* 〈机〉（龙门）刨床，刨机
~ cerrada （龙门）刨床
~ de foso 地坑刨床
~ de retroceso rápido 急回式刨床
~ de un solo montante 单柱（式龙门）刨床
~ para bordes de chapas 刨边机
~ para trabajos pesados 重型刨床
~ rápida 高速刨床

aceptabilidad *f.* ①可接受性；可承兑性；②中［合］意

aceptación *f.* ①接受［纳］；接收（度）；②同意；认可；③验收；④〈商贸〉承兑；承兑汇票［票据］；认付
~ al descubierto 无担保承兑票据；无担保承兑
~ bancaria 银行承兑
~ cambiaria 承兑汇票
~ de la muestra 抽样验收；货样认可
~ de la oferta 接受报价
~ de la propuesta［licitación］ 中标；接受投标
~ del almacén 验收货仓
~ del pedido 接受订单
~ del producto 验收产品
~ definitiva 最后承兑
~ en garantía 担保承兑
~ incondicional ①无条件承兑；②无条件接受
~ libre 不带保留条件的承兑
prueba［test］ de ~ 验收试验

aceptador,-ra *adj.* 接受的‖ *m.* ①接受器［体，程序］；受主［子，体］；②〈商贸〉承兑人，受票人；③验收人；领［接］受人
nivel ~ 承受水平；受主（能）级，接受级

aceptor *m.* ①〈化〉〈医〉受体；②〈药〉接纳体；③接收器

acequia *f.* ①水沟［渠］；灌溉渠；②*Amér. L.* 污水沟［管］
~ de riego 灌溉渠

aceráceo,-cea *adj.* 〈植〉槭科的‖ *f.* ①槭科植物；②*pl.* 槭科

aceración *f.* 〈冶〉钢化作用

acerado,-da *adj.* 钢制的,（含,似）钢的‖ *m.* 〈冶〉钢化（作用）
~ superficial 表面硬化,钢化

ácere *m.* ①〈植〉槭树；②槭木

acerería；acería *f.* 〈冶〉炼［轧］钢厂,炼钢车间
~ de solera abierta 平炉炼钢厂

acero *m.* ①钢；②刀,剑；利器

~ abrillantado 银亮［器］钢
~ ácido［Bessmer］（底吹酸性）转炉钢,酸性钢
~ afinado 精炼钢
~ al boro 硼钢
~ al carbono 碳（素）钢
~ al cobalto 钴钢
~ al［de］ crisol 坩埚钢
~ al cromo 铬钢
~ al manganeso(~ manganeso) 锰钢
~ al níquel(~ níquel) 镍钢
~ al niquel-cromo 铬镍钢
~ al silicio 硅钢,矽钢
~ al silicio-manganeso 锰硅钢
~ al temple superficial 渗碳钢,表面硬化钢
~ al tungsteno 钨（合金）钢
~ al vanadio(~ vanádico) 钒钢
~ aleado(~ de aleación) 合金钢
~ angular(~ en ángulo) 角钢
~ austenístico 奥斯体钢
~ azul 蓝钢
~ básico 碱性钢
~ batido 精炼钢,刀具钢
~ blíster 泡钢,疤钢
~ bruto 粗［原］钢,未清理钢
~ calmado 镇静［全脱氧］钢
~ carbonatado 碳［碳素］钢
~ cementado 渗碳钢,表面硬化钢
~ centrifugado 离心铸造钢
~ chapado 复合［双层,多层,覆层］钢
~ cobalto 钴钢
~ colado［fundido］ 铸钢
~ con pocas pérdidas 低损耗钢
~ cromado 铬钢
~ crudo 粗（糙）钢
~ cuadrado en barra 方钢
~ de alta retentividad 磁性钢
~ de calidad［marca］ 优质钢
~ de cementación 表面硬化钢
~ de construcción 建筑［结构］钢
~ de fileteado 高速切削钢
~ de forja(~ forjado) 锻钢
~ de fundición acerada 半钢,高级［类钢,钢性］铸铁
~ de gran elasticidad 高强钢,弹性钢
~ de herramientas 工具钢
~ de horno eléctrico 电炉钢
~ de la solera abierta 平炉钢
~ de primera clase 优质钢,高精度（级）钢
~ de tubos 制管钢
~ dulce 软［低碳］钢

~ dulcificado/duro 软/硬钢

~ efervescente[esponjoso] 沸腾钢, 不脱氧钢

~ en bandas 带钢, 钢带

~ en flejes 箍钢带

~ en U 槽钢

~ endurecido 冷淬[淬火, 硬化]钢

~ endurecido en la superficie 表面硬化[淬火]钢

~ especial 特殊钢, 合金钢

~ estirado brillante 光拔[精拔, 拉光]钢

~ estirado en caliente/frío 热/冷拉钢

~ estructural 结构钢

~ extradulce/extraduro 极软/硬钢

~ extrarrápido 高速切削钢

~ inoxidable 不锈钢

~ laminado 辊轧钢, 轧制钢(材), 钢材

~ magnético 磁钢

~ manganosilicoso 硅锰(合金)钢

~ Martín 平炉[马丁]钢

~ moldeado (浇)铸钢

~ natural 天然[初生]硬度钢, 原钢

~ no magnético 非[无]磁性钢

~ para matrices 板[锻]模钢, 模具钢

~ para resortes 弹簧钢

~ para trabajos rápidos 高速钢, 锋钢

~ plata 银亮[器]钢

~ poco templable 低淬透性钢, 浅淬硬钢

~ pudelado 熟钢, 搅炼钢

~ pulido 光亮型钢, 表面精整型钢

~ rápido 锋[高速]钢

~ recocido 退火钢, 韧钢

~ refractario 热强钢, 高熔点钢

~ reposado 镇静[全脱氧]钢

~ resistente al calor 耐热[火]钢, 难熔钢

~ revenido 回火[还原]钢, 锻钢

~ semicalmado 沸腾钢, 半脱氧[半镇静]钢

~ semidulce/semiduro 半[中]软/硬钢

~ soldable (可)焊接钢

~ soldado 焊接钢

~ suave 软[低碳]钢

~ templable 可回火钢

~ templado 淬火[淬硬]钢, 回火[还原]钢

~ Thomas 碱性转炉钢

~ vejigoso[vesiculado] 泡钢, 疤钢

calmar ~s 镇静[脱氧]炼钢

elaboración del ~ 炼钢, 熔炼[化]

moldería de ~ 铸钢车间

portada de ~ 矿用钢支架

tablestacas de ~ 钢板桩

transportador de banda de ~ 钢带输送机

tubos de ~ sin costura para alta presión 高压无缝钢管

viga de ~ en doble T 工字钢梁

acerocromo m. 铬钢

acerolo m. 〈植〉山楂树

aceroniquel m. 镍钢(合金)

acervo m. ①财产[富]; ②共同[公有]财产; 社会财富

~ arqueológico 考古发掘的财富

~ cultural 文化财产

~ espiritual 精神财富

~ familiar 家产

acetabular adj. 〈解〉髋臼的

acetabulectomía f. 〈医〉髋臼切除术

acetábulo m. ①〈解〉髋臼; ②〈动〉杯状腔, 吸盘; 髋[基节]白

acetabuloplastia f. 〈医〉髋臼成形术

acetal m. 〈化〉(乙)缩醛

acetalación f. 〈化〉缩醛化(作用)

acetaldehído m. 〈化〉乙醛

acetamida f. 〈化〉乙酰胺

acetanilida f. 〈化〉乙酰(替)苯胺, 退热冰

acetato m. ①〈化〉乙酸盐[脂, 根, 基]; ②〈化〉醋酸盐[脂]; ③〈纺〉醋酸纤维(素)

~ bulítico 醋酸(异)丁酯

~ celulósico (~ de celulosa) 乙酸纤维(素)

~ cúprico (~ de cobre) 乙酸铜

~ de aluminio 乙酸铝

~ de amilo 醋酸戊酯

~ de calcio 乙酸钙

~ de hierro 醋酸亚铁

~ de plomo 乙酸铅

~ de polivino 聚醋酸乙烯酯

~ de vinilo 乙酸乙烯酯

~ metílico 乙酸甲酯

~ potásico 乙酸钾

~ sódico 乙酸钠

rayón de ~ 〈纺〉醋脂纤维

acético,-ca adj. 〈化〉(含, 似)醋的; 乙[醋]酸的

ácido ~ 乙[醋]酸

éster ~ 乙酸乙酯

fermentación ~a 醋酸发酵

acetificación f. 〈化〉醋化(作用), 成醋(作用)

acetil m. 〈化〉乙酰(基)

acetilación; acetilización f. 〈化〉乙酰化(作用), 乙酰取代(作用)

acetilasa f. 〈化〉乙酰化(辅)酶

acetilcoenzima A 〈生化〉乙酰辅酶 A

acetilcolina f. 〈生化〉〈药〉乙酰胆碱

acetilénico,-ca *adj.* 〈化〉炔(属)的,乙炔[电石]气的

acetileno *m.* 〈化〉乙炔,乙炔[电石]气

acetilo *m.* 〈化〉乙酰(基)
　peróxido de ~ 过氧化乙酰

acetimetría *f.* 〈化〉醋酸测定[定量]法;乙酸测定[定量]法

acetímetro *m.* 〈化〉醋酸(比重)计;乙酸(比重,定量)计,酸度计

acetina *f.* 〈化〉醋精,甘油醋酸酯,乙酸甘油酯

acetobacter *m.* 〈生〉醋酸细菌属

acetofenona *f.* 〈化〉乙酰苯,苯乙酮,苯基甲基甲酮

acetol *m.* 〈化〉丙酮醇,乙酰甲醇

acetona *f.* 〈化〉丙酮

acetonación *f.* 〈化〉丙酮化(作用)

acetónico,-ca *adj.* 〈化〉丙酮的
　albuminuria ~a 丙酮蛋白尿

acetonemia *f.* 〈医〉丙酮血(症)

acetonitrilo *m.* 〈化〉乙腈

acetonuria *f.* 〈医〉丙酮尿(症)

acetoso,-sa *adj.* ①醋的;含[产]醋的;②酸的,含[乙]酸的

acetoxilo,-la *adj.* 〈化〉乙[醋]酸基的,乙酰氧基的

achaflanado,-da *adj.* 〈机〉〈技〉①刻槽的;②倒角[棱]的,斜切[削]的,锥形的
　borde ~ 削(角)边

achaflanador *m.* 〈机〉〈技〉①刻槽;②倒棱[角],斜切;坡口(加工) ‖ ~a *f.* 〈机〉压[卷]边机;斜削机

acharolado,-da *adj.* ①上过清漆的,涂漆的;②似清漆的,似漆皮的;③擦亮的,磨光的

achatado,-da *adj.* 扁(平)的,平板状的

achatamiento *m.* ①修[整]平,(金属薄板)矫平;②压[打]扁(作用)

achicador *m.* ①勺,瓢;②戽[水]斗;抽水筒;③〈机〉打包机,压捆机

achicoria *f.* 〈植〉①菊苣;②菊苣根

achiote; achote *m.* ① *Amér. L.* 〈植〉胭脂树;②胭脂

achique *m.* ①汲[排,放]水;②缩[弄,变]小
　bomba de ~ 排[汲]水泵
　galería de ~ 排水廊道

achotero,-ra *adj.* ① *Amér. L.* 胭脂树的;②胭脂的 ‖ *m.* 〈植〉胭脂树

achotillo *m. Amér. L.* 〈植〉胭脂树

achurada *f. Chil.* 用平行线划分

achuschado,-da *adj. Arg.* 〈医〉患间歇热的;患寒热的

aciano *m.* 〈植〉矢车菊;麦仙翁

acianoblepsia; acianopsia *f.* 〈医〉蓝色盲

acíbar *m.* ①〈植〉芦荟;②〈药〉芦荟苷

acicalador,-ra *adj.* 〈机〉〈技〉打磨的;擦亮的,磨光[亮]的 ‖ *m.* 磨具;打磨器

acíclico,-ca *adj.* ①非周期(性)的;②〈数〉非循环的;③〈化〉无环(型)的,脂肪族的;④〈电〉单极的;⑤〈植〉非轮列的
　compuesto ~ 无环化合物
　generador ~ 单极发电机

acícula *f.* 〈植〉针叶;针状物

acicular *adj.* 〈植〉〈矿〉针(尖)状的;针形的
　cristal ~ 针状晶体

aciculita *f.* 〈矿〉针矿

acículo *m.* ①〈动〉刚毛;②针状物[结晶];③〈植〉针

acidación *f.* 〈化〉酸化,酰(基取)代

acidemia *f.* 〈医〉酸血症

acidez *f.* ①〈化〉酸性[度];②酸过多;〈医〉胃酸过多
　coeficiente de ~ 酸度系数

acidífero,-ra *adj.* 〈化〉含酸的

acidificable *adj.* 〈化〉可酸化的;能变酸的

acidificación *f.* ①〈化〉酸化(作用);②发[变]酸,酸败

acidificador *m.* 〈化〉酸化器

acidificante *m.* 〈化〉酸化剂

acidilo *m.* 〈化〉酸基

acidimetría; acidometría *f.* 〈化〉①酸量滴定法;②酸定量法,酸度测定

acidimétrico,-ca *adj.* 〈化〉酸量滴定的

acidímetro; acidómetro *m.* 〈化〉①酸(液)比重计;②酸度计;酸定量器

acidismo *m.* 〈医〉酸中毒

ácido,-da *adj.* ① 酸的,酸味的;②〈化〉酸的;酸性的 ‖ *m.* ①〈化〉酸(类,性物);②酸味[性]物质
　~ acético 醋[乙]酸
　~ acetilsalicílico 乙酰水杨酸,阿司匹林
　~ adípico 己二酸
　~ alcohólico 醇酸
　~ algínico 藻朊酸
　~ aquidónico 花生四烯酸
　~ araquídico 花生酸
　~ arsónico 砷酸,坤华
　~ arsenioso 亚砷酸,砒霜
　~ ascórbico 抗坏血酸,维生素C
　~ azótico[nítrico] 硝酸
　~ benzoico 苯(甲)酸,安息香酸
　~ biatómico 二元酸
　~ borácico[bórico] 硼酸
　~ bromhídrico 氢溴酸,溴化氢
　~ butanoico[butírico] 酪酸
　~ cáprico 癸酸

~ caproico 己酸
~ carbólico[fénico] 石碳酸,(苯)酚
~ carbónico 碳酸
~ caseínico 酪蛋白酸
~ cianhídrico[prúsico] 氢氰酸,氰化氢
~ cinámico 肉桂酸
~ cítrico 柠檬[枸橼]酸
~ cloranílico 氯冉酸
~ clorhídrico 盐酸,氢氯酸
~ clórico 氯酸
~ cresílico 甲苯基酸,甲酚,碳酸液
~ crómico 铬酸
~ crotónico 巴豆酸;丁烯酸
~ débil 弱酸
~ diluido[rebajado] 稀硫酸
~ esteárico 硬脂酸,十八(碳)(烷)酸
~ fluorhídrico 氢氟酸
~ fórmico 甲[蚁]酸
~ fosfórico 磷酸
~ fosforoso 亚磷酸
~ gálico 鞣[暈,五倍子,没食子]酸,镓酸
~ graso 脂肪酸
~ hipocloroso 次氯酸
~ inorgánico[mineral] 无机酸
~ iódico 碘酸
~ iodoacético 碘乙酸
~ láctico 乳酸
~ lisérgico 麦角酸
~ málico 苹果酸,羟基丁二酸
~ malónico 丙二酸
~ melítico 苯六(羧)酸
~ molíbdico 钼酸
~ muriático 盐酸,氢氯酸
~ nicotínico 烟[菸]酸,烟(碱)酸
~ nitroso 亚硝酸
~ nucleico 核酸
~ oleico 油酸
~ orgánico 有机酸
~ oxálico 乙二酸,草酸
~ palmítico 棕榈酸,(正)十六(烷)酸,软脂酸
~ pantoténico 泛酸,维生素 B_3
~ perclórico 高氯酸
~ pícrico 苦味酸;黄色炸药
~ pirogálico 焦性没食子酸,焦暈酸[酚]
~ polibásico 多(碱)价酸,多元酸
~ propiónico 丙酸
~ ribonucleico 〈遗〉核糖核酸(RNA)
~ salicílico 水杨酸
~ silícico 硅酸
~ subérico 辛二酸

~ succínico 琥珀酸,丁二酸
~ sulfanílico 磺胺酸
~ sulfónico 磺酸
~ sulfúrico 硫酸
~ sulfúrico fumante 发烟硫酸
~ sulfuroso 亚硫酸
~ tánico 鞣[丹宁]酸
~ tartárico 酒石酸
~ tíglico 廿甲基巴豆酸
~ túngstico 钨酸
~ úrico 尿酸
~ valérico 戊酸
~ vanádico 钒酸
bombana para ~s 酸坛
colorante ~ 酸性染剂
hogar de solera ~a 酸性平炉(法)
inatacable por los ~s 耐[防]酸的
número de ~ 酸值
recipiente a prueba de ~ 防酸罐[瓶,箱]
tanque inyector de ~ 吹气扬酸箱

acidobásico,-ca *adj.* 〈化〉酸碱的
   balance[equilibrio] ~ 酸碱平衡
acidobutirometría *f.* 〈化〉酪酸测定法
acidocito *m.* 〈医〉嗜酸细胞
acidofilia *f.* 〈生〉〈医〉嗜酸性
acidófilo,-la *adj.* 〈生〉〈医〉嗜酸(性)的
   célula ~a 嗜酸细胞
   bacteria ~a 嗜酸菌
acidoide *m.* 〈化〉酸性物质,可变酸的物质
acidólisis *f.* 〈化〉酸解
acidorresistencia *f.* 〈化〉抗[耐]酸性
acidorresistente *adj.* 〈化〉抗[耐]酸的
   coloración ~ 抗酸染色(法)
acidosis *f.* 〈化〉酸中毒;酸毒症
acidulable *adj.* 〈化〉可酸化的
acidulación *f.* 〈纺〉〈化〉酸化(作用);酰代
acidulado,-da; acídulo,-la *adj.* 微酸(性)的,(带)酸性的,(有,带)酸味的
   agua ~a 酸性水
acidulante *m.* 〈化〉酸化器;酸化剂;致酸剂
aciduria *f.* 〈医〉酸尿(症)
acigografía *f.* 〈医〉奇静脉造影术
ácigos *adj.inv.* 〈解〉〈生〉(肌、静脉等)不成对的 ‖ *m.* (肌、静脉等)不成对部分,不对偶部分,单一器官
   vena ~ 〈解〉奇静脉
acije *m.* 〈化〉(水)绿矾
acilación *f.* 〈化〉酰化作用
acilcoenzima A 〈生化〉脂肪酰辅酶 A
acilo *m.* 〈化〉酰基
acimut; azimut (*pl.* acimuts; azimuts) *m.* ①〈天〉方位角;地平经度;②〈测〉方位

～ de tiempo 时间方位

brújula de ～ 方位罗盘

acimutal *adj.* ①〈测〉〈天〉方位（角）的；②（地）平经（度）的，水平的

alidada ～ 方位仪，方位瞄准具

ángulo ～ 方位角

círculo ～ 方位圈

compás ～ 方位（测量）罗盘

desviación ～ 方位偏差

ecuación ～ 方位方程

error ～ 方位误差

indicador ～ 方位指示器

mesa ～ 方位（角）表

motor ～ 方位电动机

plano ～ 地平经度平面

resolución ～ 方位角分辨率

tablas ～es 方位表

transferencia ～ 方位转移

acinaciforme *adj.* 〈植〉曲剑形的

acinar *adj.* 〈解〉腺泡的

acinesia；acinesis *f.* 〈医〉失运动症，运动不能

acinético,-ca *adj.* 〈医〉失运动症的，运动不能的

ácino *m.* 〈解〉腺泡

acipensericultura *f.* 水产养殖；淡水养殖业

acistia *f.* 〈医〉无膀胱（畸形）

acitación *f.* 〈化〉酰化（作用）

acitara *f.* ①〈建〉隔[通]墙，间壁；②（桥）护栏

aclamídeo,-dea *adj.* 〈植〉无被的

aclarador *m.* ①〈技〉澄[滤]清器，澄清槽；②澄清剂

aclaramiento *m.* ①稀释，冲淡；澄清；②〈医〉〈肾〉排泄速率（肾排泄毒物的重要参数）

aclareo *m. Amér. L.* 〈农〉间苗

aclasia *f.* 〈医〉续连症

aclástico,-ca *adj.* 非[不]折射的；〈光〉无折光性的

aclavelado,-da *adj.* 像石竹的

aclimatable *adj.* 能适应气候的；能服水土的

aclimatación *f.* ①适[顺]应（气候，新环境）；气候[环境，水土]适应；②〈动〉〈环〉〈遗〉驯化作用；风土驯化；③〈生理〉〈心〉习服；④空气调节

aclínico,-ca *adj.* 〈地〉①无倾角的；②不倾斜的

línea ～a 无倾斜线；地磁赤道（线）

aclorhidria *f.* 〈生医〉胃酸缺乏（症）

acmé *f.* ①〈生〉极盛[顶峰]期；②〈医〉（疾病的）顶峰阶段[时期]，极度

acmita *f.* 〈矿〉锥辉石

acné *f.* 〈医〉痤疮，粉刺

～ grasosa 油脂性痤疮

～ juvenil 青年期痤疮

～ neonatal 新生儿痤疮

～ ocupacional 职业性痤疮

～ rosácea 酒糟鼻

acnodal *adj.* 〈数〉孤点的

acnodo *m.* 〈数〉孤点，孤立点

acoasma *f.* 〈医〉幻听，听幻觉

acobe *m. Cari.* 铁

acodado,-da *adj.* ①弯（曲）的；被弄弯的；②弓形的；成肘形的 ‖ *m.* 弯[管，头，道]；弯曲接头

～ recto 直角弯管

conducto ～ 肘形弯管，弯头[管]，弯管接头

eje ～ 曲柄轴

acodadura *f.* ①〈农〉压条[枝]；②弯成肘形

acodalar *tr.* ①〈建〉用斜撑柱支撑；②支撑[承,持]；加劲；③紧固，使刚性接合

acodar *tr.* ①使弯成肘形，弯成曲柄状；②（用曲柄）起[开,摇]动；③〈农〉压条[枝]；④用（胳膊）肘支撑

～ en escuadra 使弯成直角

acodilladora *f.* 〈机〉折曲机

acodo *m.* 〈农〉〈植〉压条[枝]

acohombrar *tr.* 〈农〉用土覆盖；培土

acojinamiento *m.* 〈机〉缓冲作用

acolamiento *m.* 〈信〉排列（等待）；队[行,排]列

acolar *tr.* ①排（成）队（等候）；②〈信〉排列（等候）；③拼合

acolia *f.* 〈医〉无胆汁（症）

acollador *m.* 〈海〉短[绞收]索

acollar *tr.* ①〈农〉用土覆盖；培土；②〈海〉（用纤维或腻子）堵塞船缝，填隙，捻缝

acolomático,-ca *adj.* 〈动〉无体腔的

acometida *f.* ①〈电〉接合处，连接[会交]点，引[中继,接续]线；②攻[冲]击，突击[袭]；③〈医〉发作

acomodación *f.* ①〈生〉适应（范围）；调节；②〈环〉适应性调节；③〈动〉眼调节（幅度）；④（神经的）顺应

～ absoluta（眼睛的）绝对调节

～ binocular 双眼调节

acondicionado,-da *adj.* 具有…条件的；适宜于…的

aire ～ 空调

acondicionador *m.* ①调节[整]器；②（空气）调节器，空调设备

～ de aire 空气调节器

acondicionamiento *m.* ①调节；②调整[制,理]；③〈商贸〉包装；货架安装

～ de aire 空气[温度]调节；通风

~ de línea 〈信〉(电脑屏幕页面)行调节
[整理]

~ de muela 牙齿矫直[整形]

acondrita *f.* 〈地〉无球粒陨石[星]

acondroplasia *f.* 〈医〉软骨发育不全[良]

acondroplástico,-ca *adj.* 〈医〉软骨发育不全
[良]的

aconitina *f.* 〈药〉乌头碱

acónito *m.* 〈植〉乌头(又称狼毒)

acono,-na *adj.* 〈动〉无晶锥的

acopación *f.* (木料)干缩翘曲

acopado,-da *adj.* 树冠状的

acopio *m.* ①收集,积存;②收购;囤积,贮存;
③〈信〉(计算机)存储;存储器

~ activo 短期贮存;活跃存货

~ auxiliar 辅助存储[存储器]

~ muerto 长期贮存;滞销存货

~ secundario 二级存储[存储器]

~ simultáneo 并行存储[存储器]

~ usurario 违法收购;不法囤积

acoplable *adj.* ①可附[接]上的;可连接[装]
的;②可互连的

acoplado,-da *adj.* 〈电〉耦合[连]的,连接
的;配[接]合的 ‖ *m.* ①连[联]接;②(电)
线对,接线;③*Cono S.* 拖[挂]车

~ en estrella Y[叉]形接线,星形连接

~ en paralelo 并联(耦合),平行连接

antena ~a 耦合天线

circuitos ~s 耦合电路

oscilador ~ 耦合振子[振荡器]

acoplador *m.* ①连接器[物];②〈电〉耦合器
[元件],偶联器;③(火车的)挂钩;联轴节;
④管接头

~ acústico 声耦合器;音频调制解调器

~ automático 自动耦合器;自动联轴节

~ de espira resistiva 环阻耦合器

~ de ranura larga 长(缝)耦合器

~ direccional 定向耦合器

~ electrónico 电子耦合器,(电子)钳位器

~ flojo 弱耦合器

~ por reacción 反馈耦合器

~ rápido 快速联结器[装置],快速联轴器

acoplamiento *m.* ①〈机〉结[接,配,偶]合;连
[联]接;②〈机〉(火车的)车[挂]钩,连[联]
接器;联轴节;(管)接头;③〈电〉耦合;耦
[互]联;④〈信〉链接;(电台,电视台)联播
网;⑤(宇宙飞行器的)对接;⑥〈动〉交配

~ a reacción 反馈[回授]耦合

~ abordonado 法兰(盘)连接

~ acodado en escuadra 肘节[接],弯(管
接)头

~ ajustable 弱[疏,松弛]耦合

~ articulado 活头车钩

~ automático 自动联轴节

~ capacitado(~ por capacidad) 电容耦
合

~ cerrado[estrecho] 强[密]耦合,紧配合

~ con movimiento longitudinal 胀缩联轴
器

~ crítico 临界耦合

~ de bridas y de bulones 拴接法兰连接

~ de cátodo 阴极耦合

~ de discos 柔性盘联轴节

~ de[por] inducción 电感耦合

~ de juego 挠性连接,挠性联轴节[联结
器]

~ de manguito 管接头

~ de reacción 反馈(耦合),回授

~ de resistencia 电阻耦合

~ débil 疏[弱,欠]耦合

~ directo 直接耦合

~ elástico(~ flexible) 挠性联轴节[联结
器]

~ electromagnético 电磁耦合

~ electrónico 电子耦合

~ electrostático 静电耦合

~ en cascada[cadena] 级[串]联

~ en delta[triángulo] 网状连接,三角形
接法

~ en doble triángulo 双三角接法

~ en estrella 星形[星芒,Y]接法,星状连
接

~ en paralelo 并联耦合;平行连接

~ en puente 桥(形连)接,跨接

~ en serie 串联

~ en serie-paralelo(~ mixto) 串并联,
混联

~ fijo 硬性联轴节,紧耦合

~ flojo 弱[疏,松弛]耦合,松联结

~ fuerte 紧[强,密]耦合,刚性连接

~ inductivo 电感耦合

~ magnético 磁耦合

~ óptimo 最佳耦合

~ para árboles de transmisión 联轴节
[器]

~ por choque 扼流圈耦合

~ por condensador 电容器耦合

~ por (cono de) fricción 锥形联轴节

~ por fricción 摩擦[安全]联轴节

~ por garras 爪形联结器[联轴节]

~ por impedancia 阻抗耦合

~ por inductancia y capacidad 扼流圈电
容耦合

~ por manguito 套筒联轴节

~ por reactancia 电抗耦合

~ por resistencia 电阻耦合
~ por transformador 变压器耦合
~ rígido 强[密]耦,紧配合
~ tándem 级联
~ universal 万向(联轴)节
bulón[perno] de ~ 拉紧螺栓,下型箱定位螺栓
capacitor de ~ 耦合电容器
coeficiente de ~ 〈电〉〈理〉耦合系数
collar de ~ 连接法兰

acoplo *m.* ①连[联]接；②耦[接,配]合；③〈电〉回授,反馈
~ intertápico 级间耦合
~ línea-guía 门钮形转换器
~ por iris 膜孔[片]耦合

acorazado,-da *adj.* ①加固的;增强的;②装甲的,(金属)铠装的;装甲[钢]板的 ‖ *m.* 〈军〉装甲舰,战(列)舰
~ de acero 包钢皮的,铠装的
bóveda ~a 安全保险库房
tren ~ 装甲列车

acorazonado,-da *adj.* 〈植〉心形[状]的
hoja ~a 心形[状]叶

acorde *m.* 〈乐〉和弦;和音

acordeón *m.* 〈乐〉手风琴
~ de botones/teclas 按钮式/键盘式手风琴

acoriogénico,-ca *adj.* 非低温的,非深冷的

acortamiento *m.* ①缩短[小,减];②压缩

acostado,-da *adj.* ①近旁的;②横放[置]的

acostillado,-da *adj.* (织物等)有罗[凸,棱]纹的

acotación *f.* ①立界标,定边界,划定范围;②〈测〉尺寸(度),量测记录,标高;③眉批,旁注,批语

acotamiento *m.* ①(汽车道旁供紧急停车用的)硬路肩;②*Méx.* (高速公路边的)紧急停车点;(自行车越野赛中的)小路;③应急通道

acote *m. Amér. L.* 立界标,标定界限

acotillo *m.* (锻工、铁匠等用的)大锤

acragnosis; acroagnosis *f.* 〈医〉肢体感缺失

acrandro,-dra *adj.* 〈植〉顶生雄器的

acrasina *f.* 〈生化〉聚集素

acre *m.* 英亩(等于0.4047公顷或6.07亩)

acrecencia *f.* ①增大[长,多];②〈法〉附加继承权[财产];③〈法〉添附(指土地的自然增长)

acreción *f.* ①(自然)增大[长];②增[添]加物;③〈天〉吸积;④〈地〉外展[加](作用)
teoría de ~ 〈天〉(认为太阳系起源于盘形团块涡旋的)吸积理论
zona de ~ 〈地〉加积地带

acrescente *adj.* 〈植〉花后膨大的

acridina *f.* 〈化〉吖啶,氮蒽,夹氮蒽

acridinilo *m.* 〈化〉吖啶基

acriflavina *f.* 〈化〉〈药〉吖啶黄(消毒灭菌剂)

acrilato *m.* 〈化〉①丙烯酸盐[脂];②丙烯酸树脂

acrílico,-ca *adj.* 〈化〉①丙烯酸(衍生物)的;②丙烯的,丙醛烯的
ácido ~ 丙烯酸
fibra ~a 丙烯酸系纤维
lente ~ 丙烯透镜
pintura ~a 丙烯画,亚克力画
resina ~a 丙烯酸[聚丙烯]树脂

acriloide *m.* 〈化〉丙烯酸(树脂溶)剂

acrilonitrilo *m.* 〈化〉丙烯腈,氰乙烯

acrisolado,-da *adj.* ①精炼[提纯]的;②纯的

acrisolar *tr.* ①精炼[制],提纯;②〈环〉净化(提纯或去除杂质);③*Chil.* 纯粹[洁]的

acristalamiento *m.* ①(上)釉;上光(色料),釉料;②装配玻璃(工作)

acritud *f.* ①脆性;②酸性
hierro con ~ 脆(性)铁

acrobat *m. ingl.* ①〈信〉(计算机)描述图像的文件格式;②杂技演员

acroblasto *m.* 〈动〉原顶体

acrocárpeo,-pea *adj.* 〈植〉顶生蒴的

acrocefalia *f.* 〈医〉尖头畸形

acrocéfolo,-la *adj.* 〈医〉尖头畸形的 ‖ *m. f.* 尖头畸形的人

acrocianosis *f.* 〈医〉肢端发绀

acrodermatitis *f. inv.* 〈医〉肢皮炎

acrodinia *f.* 〈医〉肢(端)痛症;红皮病

acrodonte *m.* 〈解〉颌缘牙;端生牙

acroedema *m.* 〈医〉肢肿症

acrofobia *f.* 〈心〉〈医〉高处恐怖,恐高症

acrógino,-na *adj.* 〈植〉顶生雌器的

acroíta *f.* 〈矿〉无色电气石,白碧

acroleína *f.* 〈化〉丙烯醛

acromasia *f.* 〈医〉色素缺乏;染色性缺乏

acromaticidad *f.* 〈理〉①消色差性;②无色

acromático,-ca *adj.* ①〈理〉消色差的;②〈理〉无色的;③〈理〉(折射白光时)不分光的;④〈生〉非染色质的
color ~ 无色(指灰、黑、白等没有色彩只有亮度的颜色)
lentes ~as 消色差透镜
luz ~a 消色差光,白光
visión ~a 无色视觉

acromatina *f.* 〈生〉非染色质

acromatismo *m.* ①〈理〉消色差(性),无色;②非染色质性

acromatizar *tr.* 使无色,消…的色差;使成非彩色

acromatopsia *f.* 〈医〉(全)色盲
~ parcial 部分色盲

acromegalia *f.* 〈医〉肢端肥大症

acromegálico,-ca *adj.* 〈医〉肢端肥大的;患肢端肥大症的 ‖ *m. f.* 肢端肥大症患者

acromia *f.* 〈医〉色素缺乏;染色性缺乏

acromial *adj.* 〈解〉肩峰的

acromio; acromión *m.* 〈解〉肩峰

acroparálisis *f.* 〈医〉肢麻痹[瘫痪]

acroparestesia *f.* 〈医〉肢端感觉异常;肢端瘫痪

acropetal *adj.* 〈植〉向顶的

acropodio *m.* 〈动〉肢尖

acróscopo,-pa *adj.* 〈植〉上侧的

acrosoma *f.* 〈动〉顶体

acrosomal *adj.* 〈动〉顶体的
filamento ~ 顶体丝

acrósporo *m.* 〈植〉顶生孢子

acroterio *m.* 〈建〉山墙饰物底座;女儿墙,压檐墙

acrotismo *m.* 〈医〉无脉,脉搏微弱

acrotrófico,-ca *adj.* 〈动〉端滋的

acrotrofodinia *f.* 〈医〉营养性肢痛症

acta *f.* ①证明文件,文书,证明书;②(会议等的)正式记录;纪要;③*Amér. L.* 法令,条例;④〈教〉成绩单
~ de acusación 起诉书
~ de adjudicación 裁判书,判决书
~ de caución[garantía] 保证书,担保书
~ de compra/venta 买/卖契
~ de defunción 死亡证
~ de ensayo 试验报告
~ de matrimonio(~ matrimonial) 结婚证
~ de nacimiento 出生证
~ de nacionalidad 国籍证书
~ de negociación 会谈纪要
~ notarial 公证书(各类公证书详见 notarial)
~ orgánica *Amér. L.* 章程

actina *f.* 〈生化〉肌动蛋白,肌纤蛋白

actinal *adj.* ①〈放射形动物〉口侧的;②有触手的 ‖ *m. pl. Amér. L.* 〈建〉柱,力[支]柱

actinia *f.* 〈动〉海葵

actinida *f.* 〈植〉①猕猴桃树;②猕猴桃

actinicidad *f.* 〈理〉光化度

actínico,-ca *adj.* 〈理〉光化(性)的,有光化性的
acromatismo ~ 日光谱线消色差
foco ~ 光化焦点

luz ~a 光化性光
radiación ~a 光化辐射
rayo ~ 光化射线
vidrio ~ 光化玻璃

actínido,-da *adj.* 〈化〉锕系的 ‖ *m. pl.* 锕系;锕系元素(原子序数从 89 到 103 的一组元素)
serie ~a 锕系元素

actinio *m.* 〈化〉锕

actinismo *m.* ①〈化〉光化性[作用];②射线化学变化

actinocutitis; actinodermatitis *f. inv.* 〈医〉射线(性)皮炎;光照(性)皮炎

actinódromo,-ma *adj.* 〈植〉具掌状脉的

actinografía *f.* 光量测定(法),光能[光化力]测定术

actinógrafo *m.* ①〈化〉(日光)光化力测定器,(日)光能(量)测定仪,光化线强度记录器;②〈摄〉(自记)曝光计,曝光表;③〈理〉辐射自记仪,日射仪

actinograma *m.* 射线照相

actinoide *adj.* 放[辐]射线状的;放射形的

actinolita *f.* 〈地〉阳起石;光化(学产)物

actinolítico,-ca *adj.* 〈地〉阳起石的

actinometría *f.* ①〈化〉光化线强度测定(法);②〈摄〉曝[感]光测定术;③〈天〉辐射测量学;④日射测定术[法,学]

actinómetro *m.* ①光化线强度计[记录器],光化计;②〈摄〉曝光计[表],露[感]光计;③日射强度计;太阳光能计,日(光辐)射计;(日)光能(量)测定器

actinomices *m.* 〈生〉放线菌属

actinomicetales *m. pl.* 〈生〉放线菌目

actinomiceto *m.* 〈生〉放线菌

actinomicina *f.* 〈生化〉放线菌素

actinomicosis *f.* 〈医〉放线菌病

actinomorfia *f.* 〈植〉(花的)辐射对称

actinomórfico,-ca *adj.* ①〈生〉放射型[状]的;②〈动〉〈植〉辐射状的,辐射对称的

actinón *m.* 〈理〉锕射气

actinopterigios *m.* 〈动〉辐鳍亚纲

actinostela *f.* 〈植〉星状中柱

actinostoma *m.* 〈生〉辐状口

actinota *f.* 〈地〉阳起石;光化(学产)物

actinoterapia *f.* 〈医〉射线[辐射]疗法

actinotriquia *f.* 〈动〉角质鳍条

actinotroca; actínula. *f.* 〈动〉辐射幼虫

actinouranio *m.* 〈理〉锕铀;锕铀(铀的放射性同位素)

activación *f.* ①开[驱,起,促,启,活]动,触发,接通;②〈化〉活化(作用),活性化(作用);激活;③(工作、经营、活动等的)促进,加速[快]

~ blanda（计算机）软驱（动）
~ caliente(~ en caliente) 热启[起]动
~ directa（计算机）直接激活
~ enzimática 酶活性
~ linfocitaria 淋巴细胞活化
absorción por ~ 活化吸附
análisis de ~ 活性分析
energía de ~ 激[活]化能
programa de ~ 启动程序
tecla de ~ 启动键

activado,-da *adj.* ① 活化了的，激活后的；
②驱动的
~ por eventos（计算机）事件驱动的
agente ~ 活化剂
agua ~a 活化水
carbón ~ 活性炭
reagente ~ 活化试剂

activador *m.* ①〈化〉活化[激化，激活，致活，
促动，触媒]剂；②〈医〉激活质；③活化器；
〈技〉〈信〉激励[驱动]器
~ de disquete〈信〉软盘驱动器
~ luminiscente 发光活化剂
~ periférico〈信〉外围驱动器

activante *adj.* 活化的
agente ~〈矿〉活化剂

actividad *f.* ①活[行]动；行为；②业务；作
业；③活[能]动性，活性(力)；活跃，敏捷；
④〈化〉活度[性]；⑤(专业性)工作，职业
~ alternativa 择一活动
~ bancaria 银行业[业务]
~ catalítica〈化〉催化活度
~ comercial 商业[务]活动，贸易活动
~ de apoyo 支援[赞助]活动
~ del anticuerpo〈医〉抗体活性
~ del mercado 市场活跃
~ docente 教学(工作)；教务活动
~ económica 经济活动
~ laboral 生产劳动
~ lucrativa 有偿(的)职业
~ óptica〈光〉〈理〉旋光本领
~ publicitaria 广告业；宣传广告业务
~ recreativa〈医〉〈环〉娱乐[休息调养]活
动
~ solar〈天〉太阳活动
~ termiónica 热离子活动性
coeficiente de ~〈化〉活度系数

activo,-va *adj.* ①活动[跃，泼]的；②积极
的，能动的；灵活的，敏捷的；③〈医〉速效的，
有效的；④〈化〉活性[化]的；激活的；⑤
〈信〉有源[效]的，活动的；⑥现行[役]的；
在编[册]的；运行中的；⑦〈医〉主动的‖ *m.*
资[财]产
~ capital(~ de capital) 资本[固定]资产

~ circulante[corriente，flotante，líqui-
do] 流动资产
~ de riesgo 风险性资产
~ dudoso 可疑资产
~ fijo 固定资产
~ financiero 金融资产
~ físico[tangible,visible] 有形资产，实物
资产
~ inmaterial[intangible] 无形资产，非实
物资产
~ inmobiliario 不动产
~ invisible 无形资产
~ monetario 货币性资产
~ negativo 负资产，负债
~ nominal 名义资产
~ oculto 隐匿[帐外]资产
~ operante 营运资产
~ realizable 可变现资产，流动资产
~ social 合伙资产
~s y pasivos 资产与负债
antena ~a 有源天线
área ~a 活性区；有效面积
canal ~ 有源信道
centro ~ 有效[活性]中心
colorante ~ 活性染料
depósito ~ 活[放射]性淀积
elemento ~ 激活[活性]元素
fase ~a(período)〈医〉活跃[动]期
fuerza ~a 主动[有效]力
gas ~ 活性气体
inmunidad ~a 主动免疫(性)
inmunización ~a 主动免疫法
instrucción ~a 活动指令
línea ~a 作用[工作，有效]线；有效线路
material ~ 活性材料[物质]
medio ~ 激化媒质
memoria ~a 快速[主动]存储(器)
menú ~ 动作菜单
metal ~ 活性金属
molécula ~a 活化分子
movimiento[ejercicio] ~ 主动运动
página ~a 活动[有效]页
principio[componente] ~ 有效成分
puente ~ 有源电桥
región ~a 活性[活化，有源]区；〈信〉动作
区域
remedio ~ 速效药物
satélite ~ 有源[主动]卫星
tiempo ~ 有效(扫描)时间
transductor ~ 主动变换器，有源换能器
tratamiento ~ 积极治疗
tuberculosis ~a 活动性结核

acto *m*. ①行动[为],动作;②法规[令],规章,条例,决议[策];③报告(书),证书,文件;④(戏)(一)幕;⑤仪式,集会

~ administrativo (公司的)行政决定[决策]

~ bélico 战争行动

~ conciliatorio 调解行动

~ constitutivo (公司等)成立证书,执照

~ de amnistía 大赦令

~ de avería 海损报告

~ de bancarrota 破产行为

~ de garantía 保证书,担保书

~ de violación 违章行为

~ extrajudicial 法外行为,非法律行为

~ inaugural 开幕式[典礼]

~ intencional 故意行为

~ jurídico[legal] 法律行为

~ notarial 公证行为

~ oficial 正式仪式

~ procesal 诉讼

~ reflejo 反射(作用)

actógrafo *m*. (物质、有机体等)活动变化记录仪

actor,-ra *adj*. 〈法〉原告的 ‖ *m*. ①男演员;②*Amér. L*. 动因,因素 ‖ *m. f*. 〈法〉原告,起诉人

~ bufo 丑角

~ cinematogárfico(~ de cine) 电影演员

~ cómico/dramático[trágico] 喜/悲剧演员

~ de doblaje 配音者[演员]

~ de mérito 功勋演员

~ de reparto 辅助演员;配角

parte ~a〈法〉告方人员(原告及其律师);原告方

primer ~ 主要演员;男主角

actriz *f*. 女演员

actuación *f*. ①行[活]动;行为;②表现[演](动作),演出;③〈法〉*pl*. 诉讼

~ en directo[vivo] 现场表演[演出]

~ y lenguaje cómicos 插科打诨

~es jurídicas 诉讼,诉讼程序

actuador *m*. ①操作者[员];②执行机构;③促动器

~ electrohidráulico 电动液压执行机构

~ neumático 气动执行机构

~ rotario 旋转执行机构

actual *adj*. ①目前的,现时[今,代]的;当前[代,今]的;②现实[行]的;实际的;③流[通]行的;有关时事的

bicarbonato ~〈化〉实际碳酸氢盐

instrucción ~ 实际[有效]指令

actualismo *m. Amér. L*. 现实性

actualización *f*. ①现实化;②〈信〉(文件、程序等的)更新[修改];③(根据现实情况)重新调整;④*Amér. L*. 适应现实,符合现状;⑤〈商贸〉贴现

~ de archivos 文件(更新)处理

~ de la estructura de inversiones 重新调整投资结构

~ de la tasa de cambio 调整汇率

~ de las instalaciones 更新设备

~ de los precios 重新调整价格

~ del plan 计划调整

~ estratégica 战略调整,战略更新

~ salarial automática (根据生活指数升降)自动调整工资

actuarial *adj*. ①(保险)精算师的,保险(业务)计算员的;②(保险)精算的,保险计算[统计]的

ciencia ~ 保险统计学

actuario,-ria *m. f*. ①(保险)精算师;保险(业务)计算[统计]员;②计[核]算员;(法院)书记员;③*Chil*. 助理法官

~ de seguros(~ matemático) 保险统计员,保险精算师

acuacultura *f*. 水产养殖业

acuanauta *m. f*. ①潜海员,(深海)潜水员;②海底实验室工作人员

acuaplano *m*. 滑水[冲浪]板;(汽艇的)驾浪板

acuarama *f*. 海水水族馆

acuarela *f*. ①*pl*. 水彩;水彩颜料;②〈画〉水彩画;③水彩画法[艺术]

pintor a la ~ 水彩画家

acuarelista *m. f*. 〈画〉水彩画家

acuarelístico,-ca *adj*. 〈画〉水彩画的

acuario; acuárium *m*. ①水族池[槽];②水族馆;③[A-]〈天〉宝瓶(星)座

acuartelamiento *m*. ①四分(法,取样法);四等分,四开;②〈军〉安排住宿;驻营;宿营地

acuático,-ca *adj*. ①水(生)的,水产[栖]的;②水上[中]的

animal ~ 水生[栖]动物

ave ~a 水禽[鸟]

deporte ~ 水上运动

esquí ~ 滑水[橇]运动

organismo ~ 水生生物

acuátil *adj*. ①水(生)的,水产[栖]的;②水上[中]的

acuatinta *f*. 〈印〉凹版腐蚀制版法;凹版腐蚀制版法印刷的图片;用凹版腐蚀制版法复制

acuatizaje *m*. (鸟、水上飞机等的)水上降落[停泊]

acuatubular *m*. 〈建〉水管

acuchillar *tr.* ①（衣服）开衩[缝]；②使平
[光]滑；刮[磨，刨，削]平；③〈农〉间苗

acueducto *m.* ①（导）水管，管道；②水[沟]
渠，水管桥；〈建〉高架渠，(高架)渡槽，桥管；
③〈解〉导[水]管

　～ de Falopio 面神经管，法娄皮欧式水管

acueo,-ea *adj.* ①水的；含水的；②水成的

acuerdo *m.* ①同意，赞同；②协定[议]；条
[契]约

　～ aduanero 海关契约

　～-base 总协定

　～ básico 基础协定；框架协议

　～ bilateral de comercio 双边贸易协定

　～ comercial a nivel oficial 政府间贸易协
定

　～ comercial recíproco 互惠贸易协定

　～ de[entre] caballeros 君子协定

　～ de compra y venta 买卖协议

　～ de desarme 裁军协议

　～ de pago respectivo 汽车互撞免赔协议
（规定如遇两车相撞,其损失各由本身负责）

　～ de paz 和平协议,和约

　～ de principio 原则(性)协议

　～ de Nivel de Servicio [A-]〈信〉服务登
记协定

　～ de suministro 供货协定

　～ General sobre Aranceles Aduaneros y
Comercio [A-]关税及贸易总协定

　～ global 总协定；一揽子协议

　～ inicial 〈信〉(计算机之间为互传数据而
进行的)信号交换

　～ multilateral 多边协定

　～ marco 框架协议

　～ prematrimonial 婚前财产协议书

　～ recíproco de representación 相互代表
协议

　～ tácito 〈知〉默契

acuícola *adj.* 〈环〉①水(生)的,水产[栖]的；
②水上[中]的

acuicultor,-ra *m. f.* 水产养殖者；养鱼人

acuicultura *f.* 水产养殖(业)；淡水养殖业

acuidad *f.* ①尖[敏]锐,锋[锐]利；②(视力、
才智等的)敏锐,(敏)锐度；③(疾病的)剧
烈,急性

　～ auditiva 听力,听敏度

　～ de una punta 锐利[度]

　～ visual 视觉敏锐度

acuífero,-ra *adj.* 含[蓄]水的 ‖ *m.* 〈地〉含
[蓄]水层

　～ artesiano 自流含水层

　～ cautivo[confinado] 自流含水层；承压
含水层

　～ freático 浅层含水层

　capa ～a 〈地〉含水层

acuifugo *m.* 〈地〉滞水(岩)层,不透水层

aculturación *f.* ①文化同化[适应]；②文化
互渗

acumbente *adj.* 〈植〉依伏的

acuminado,-da *adj.* ①尖的；②〈植〉渐尖的

　hoja ～a 渐尖叶

acumulación *f.* ①堆积(物)；积累[聚]；累积
(过程)；②积压,囤积；③〈环〉富集；④蓄压

　～ de capital 资本积累

　～ de energía 〈理〉储能

　～ de existentes 存货积压；囤积货物

　～ de fondos 资金积累

　～ de monedas 货币积累

　～ de riesgos 风险积累

　～ primitiva[original] 原始积累

　ensayo de ～ 蓄压试验

acumulador,-ra *adj.* ①积累[聚]的,聚[累]
积的,累计的；②〈环〉堆积的(由富集产生
的) ‖ *m. f.* 积累[聚]者 ‖ *m.* ①蓄电池；
电瓶；②〈机〉储蓄器；蓄[储]能器；蓄压
[积]器；③〈信〉存储[累加]器；记忆装置；
④〈技〉蓄热电暖器；⑤贮料塔[坑]

　～ a cloro (氯化)铅蓄电池

　～ alcalino 碱性电池

　～ cadmio-níquel 镍镉蓄电池

　～ de alta/baja tensión 高/低压蓄电池

　～ de calor 〈技〉蓄热电暖器

　～ de ferroníquel 铁镍蓄电池

　～ de pesos 重力蓄力器

　～ de plomo 铅蓄电池

　～ de presión 蓄压器

　～ de reserva 备用蓄电池

　～ de vapor 蒸汽蓄积器

　～ decimal 十进制累加器

　～ hidráulico 液力蓄压器,液压蓄能器

　～ piloto 领式(蓄)电池

　～ portátil 便携式蓄电池

　～ seco 干蓄电池

　～ serial 串行累加器

　～ térmico 蓄热器

　～ tudor 都德电池

　caja de ～ 蓄电池槽,储罐(箱)

　coche[vehículo] de ～es 蓄电池车,电瓶
车

　receptor de ～es 电池供电接收机

　recipiente[vaso] de ～ 蓄电池箱[容器]

acumulativo,-va *adj.* ①积累[蓄]的,聚
[堆]积的；累积[加]的；②〈环〉堆积的(由
富集产生的)

　acción ～a 积蓄作用

acúmulo *m.* ①堆积(物)；积累[聚]；累积(过

程);②积压,囤积;③〈环〉富集;④蓄压

acuosistema *m.* 〈化〉水系

acuoso,-sa *adj.* ①(有)水的;水分多的;似水的;②多汁液的;③水状的
fruta ～a 多汁水果
humor ～ (眼球的)水状液,(眼)房水
solución ～a 水溶液;含水溶剂

acupuntor,-ra *m. f.* 〈医〉针刺[灸]医生

acupuntura *f.* 〈医〉(中医)针刺,针刺疗法;针术[灸]
～ aural 耳针(疗法)
～ con aguja eléctrica 电针疗法
～ en la cabeza por cuero cabelludo 头皮针疗法
～ en la oreja 耳针疗法
～ y moxibustión 针灸
selección de puntos para la ～ 针灸配穴
terapia con ～ 针灸疗法

acupuntural *adj.* 〈医〉针刺的,针刺疗法的;针灸的
analgesia ～ 针刺镇痛
anestesia ～ 针刺麻醉
inoculación ～ 针刺接种
terapia ～ 针灸治疗
tratamiento ～ 针刺疗法

acupunturista *m. f.* 〈医〉针刺[灸]医生

acurú *m. Antill.* 〈植〉爱神木

acústica *f.* ①声[音响]学;传音性;②音响装置[效果];音质
～ ambiental 环境声学
～ arquitectual 建筑声学
～ de locales 室内声学
～ ultrasónica 超声声学

acústico,-ca *adj.* ①有声的,声学的;②音响的;③听(觉)的 ‖ *m.* 助听器
absorción ～a 声吸收,吸声
célula ～a 听细胞
choque ～ 声震
conductividad ～a 声导率,传声性
detector ～ 声波探测器
diseño ～ 音质[声学]设计
filtro ～ 消[滤]声器,声滤波器
frecuencia ～a 声[音]频
generador ～ 发声器,声换能器
imagen ～a 声像
intensidad ～a de referencia 基准声级
laberinto ～ 声迷宫;曲颈式号筒
material ～ 声学[隔声]材料
memoria ～a 声存储器
nervio ～ 听神经
onda ～a 声波
radiador ～ 声辐射器

reflexión ～a 听觉反射
regeneración ～a 声反馈
resonador ～ 声共振器,共鸣器
señal ～ 声(频)信号
tratamiento ～ 声学处理,防声措施

acustimetría *f.* 测听(技)术

acustímetro *m.* ①测听计[器],听力计,听力测验器;②声强计

acutangular *adj.* 〈数〉锐棱的;锐角的

acutángulo,-la *adj.* 〈数〉锐角的 ‖ *m.* 〈数〉锐角
triángulo ～ 锐角三角形

AD *abr.* acceso directo 〈信〉直接[随机]存取;直接取数

adagio *m. ital.* 〈乐〉柔板

adamantano *m.* 〈化〉金刚烷

adamantino,-na *adj.* ①金刚石般的;花岗石般的,坚硬无比的;②釉质的 ‖ *m.* 金刚硼,金刚合金,(金)刚石;冷铸钢粒
capa ～a 〈解〉牙釉[釉质]层
membrana ～a 釉质膜

adamascado,-da *adj.* ①仿花缎的,似锦缎的;②大马士革钢制的

adambulacral *adj.* 〈动〉侧步带的

adamelita *f.* 〈矿〉石英二长石

adamina *f.* 〈矿〉水砷锌矿

adamite *m.* 〈矿〉水砷锌矿;人造刚玉;(高碳)镍铬耐磨铸铁

adamsita *f.* ①〈矿〉暗绿云母;②〈化〉〈军〉亚当斯毒气(一种喷嚏性毒气,即二苯胺氯胂)

adaptabilidad *f.* ①适应[合,用]性,可用性;顺应性,适应(能)力;②(人的才能、物的用途的)多用性

adaptable *adj.* ①(指事物)可[能]适应的;多用途的;②(指人)善于适应的,适应性强的;能应付多方面的;③适合的;④可改编[写]的

adaptación *f.* ①适[顺]应;适应性;②匹配,配[适]合;③改编[写](本)
～ a la luz 光适应
～ a la oscuridad 暗适应(性);夜视训练
～ al calor 热适应
～ ambiental 环境适应
～ biológica 生物性适应
～ de curvas 曲线配合,曲线拟合
～ de impedancia 阻抗匹配
～ de la oferta a la demanda 供求一致,供求适应
～ de modelo 〈信〉(计算机)模式匹配
～ en delta 三角形匹配
～ fisiológica 生理性适应
～ funcional 机能适应
～ oscura 〈心〉暗适应

~ psicológica 心理性适应

mala ~ 失配,不协调;(铸造)错箱

mala ~ de impedancia 阻抗失配

adaptador *m.* ①适配[配用,匹配,配合,调配]器,转[承]接器;附加器;②〈信〉转换器;③〈技〉(转换,异径)接头,管接头;(专用,医用)接合器

~ a cardán 万向接头

~ de cables 电缆匹配器

~ de comunicaciones 通信适配器

~ de disco 〈信〉磁盘适配器

~ de fases 换相器,相位变换附加器

~ de pista 〈信〉通道适配器

~ de red 〈信〉网络适配器

~ de terminal 终端适配器

~ de válvulas metálicas 金属接管,金属牛角管

~ periférico 〈信〉外围适配器

adaptativo,-va *adj.* ①适应[合,配]的;有适应性的;②自适(应)的

cambio ~ 适应性改变

estudio ~ 适应性学习

mantenimiento ~ 适应性维护

radiación ~a 〈生〉适应性辐射

sistema ~ 〈信〉自适应系统

adaptómetro *m.* ①(黑暗)适应性测量计,适应计;②匹配测量计

~ de la oscuridad 暗适应计

adaraja *f.* 〈建〉待齿接,留砖牙[楼]

adaxial *adj.* ①〈植〉向[近]轴的;②腹面的

adductor *m.* 〈解〉内收肌

adecuación *f.* ①适合[应,宜]的;②适当;合适

adeira *f. Per.* 〈植〉美人蕉;美人蕉花

adela *f. Amér. C.* 〈植〉白英;苦茄

adelada *f.* 〈植〉倒挂金钟属;灯笼海棠

adelantado,-da *adj.* ①先进的(方法、国家、人物等);②(钟表)快的;③发育早的,早熟的;④预先[期]的,提前的;⑤〈商贸〉预支[付]的 ‖ *m. f.* ①拓荒者;②先驱者,先锋

capital ~ 预付资本

costo ~ 预期成本

tecnología ~a 先进技术

adelantamiento *m.* ①超车;超[胜]过;②进步,发[进]展

adelanto *m.* ①前进,发[进]展;进步,成就;②〈商贸〉预[垫]付;预付款项;③(时间方面的)提前

~ de dinero 预付现金

~ libre de interés 无息垫付

~s científicos 科学进步[成就]

adelfa *f.* 〈植〉夹竹桃;*Amér. L.* 黄花夹竹桃

adelfolita *f.* 〈矿〉褐钇铌矿

adelgazador,-ra *adj.* ①减轻体重的,使身体

(更)苗条的;使消瘦的;②使变(稀)薄的 ‖ *m.* ①减肥器具;②稀释剂

té ~ 减肥茶

adelgazamiento *m.* ①消瘦;减轻体重;②减肥疗法

alimento con función de ~ 减肥食品

adelgazante *adj.* 减轻体重的,使身体(更)苗条的;减肥的,使变瘦的 ‖ *m.* 减肥物[产品];减肥食品

dieta ~ 减肥饮食

ejercicio ~ 减肥体操

té ~ 减肥茶

adelomorfo,-fa *adj.* 隐形的

célula ~a 隐形细胞

ademe *m.* 〈矿〉(临时)坑木

adenectomía *f.* 〈医〉腺切除术

adenina *f.* 〈生化〉腺嘌呤

adenitis *f.* 〈医〉腺炎

adenocarcinoma *m.* 〈医〉腺癌

adenocele *m.* 〈医〉腺囊肿

adenohipófisis *f.* 〈解〉腺垂体

adenoidectomía *f.* 〈医〉增殖腺切除术

adenoideo,-dea *adj.* ①〈解〉腺样的;有腺样增殖体的;②患腺样增殖体肿胀的

adenoides *m. pl.* 〈解〉腺样增殖体

adenoma *m.* 〈医〉腺瘤

~ maligno 腺癌

adenomátomo *m.* 〈医〉腺瘤刀

adenomioma *m.* 〈医〉腺肌瘤

adenopatía; adenosis *f.* 〈医〉腺病

adenosina *f.* 〈生化〉腺苷,腺嘌呤核苷

adenovirus *m.* 〈医〉腺病毒

adentellar *tr.* 〈建〉留待齿接

adherencia *f.* ①黏着[附],附着(力);②黏合(力);③〈医〉黏连(物);④连[联]结;⑤(车辆)方向稳定性,直线行驶性

~ electrostática 静电附着[吸附]

~ límite 黏结极限

ensayo de ~ 黏结试验

adherente *adj.* ①黏着[附,合,连]的,附着的;②易黏连的,有黏性的;③连着的,联结的;④依附[附属]的;⑤〈植〉贴生的 ‖ *m.* 胶黏体

lente ~ 附着透镜

poder ~ 黏附(能)力

adhesión *f.* ①附着(力,作用),黏着(力,物,性),〈化〉黏合(力);②〈医〉黏连(物);③〈理〉黏附力,附着力;④〈电〉(电线)接头;⑤〈植〉贴生

agente de ~ 黏着剂

factor de ~ 黏附系数

molécula de ~ 黏附分子

adhesividad *f.* ①黏(着,附)性,附着性;②黏

附度

adhesivo,-va *adj.* ① 附[黏]着的,(有)黏性的;②〈医〉黏连[合,附]的;③涂有黏性物质的;胶黏的 ‖ *m.* ①黏合[黏结,胶粘,胶合]剂;②黏性物质

agua ～a 薄膜[吸附]水

cinta ～a 胶带[布]

fuerza ～a 附着[胶黏]强度,黏着力

inflamación ～a 黏连性炎

adiabaticidad *f.* 〈理〉绝热性

adiabático,-ca *adj.* 〈理〉绝热的,不传热的,非热传导的

cambio ～ 绝热变化

compresión ～a 绝热压缩

curva[línea] ～ 绝热曲线

eficiencia ～a 绝热效率

enfriamiento ～ 绝热冷却

equilibrio ～〈气〉绝热平衡

fenómeno ～ 绝热现象

ley ～a 绝热定律

proceso ～ 绝热过程

rendimiento ～ 绝热效率

saturación ～a 绝热饱和

adiabatismo *m.* 〈理〉绝热

adiaforesis *f.* 〈医〉无汗,出汗不全

adiamantado,-da *adj.* ①钻石(制成)的,金刚石制成的;②菱形的

antena ～a 菱形天线

circuito ～ 金刚石(衬底)电路

cuchilla ～a 金刚石切割器;玻璃刀

herramienta ～a 金刚石刀,钻石针头

muela ～a 金刚石砂轮

rodillo ～ 金刚石砂轮

adición *f.* ①附[追,添]加,补充[添],加添[入];②附[增,添]加物;③〈数〉加法;加算;④〈化〉加成;⑤〈法〉接受

～ binaria 二进制加法

～ de una herencia 接受遗产

～ de variables 变量相加

～ decimal 十进制加法

～ electrofílica 〈化〉亲电子加成剂

～ iterativa 迭代相加

～ nucleofílica 〈化〉亲核加成剂

～ ternaria 三进制加法

agente de ～〈电〉添加剂

reacción de ～〈化〉加成反应

adicional *adj.* ①附[追,添,外]加的;额[另]外的;②补充的,增补的;③辅助的

carácter ～ 辅助符号,专用字符

ruido ～ 附加噪声

adiestramiento *m.* ①训[教]练;(军队)操练;②培养[训],锻炼

～ con armas 武装操练

～ en el trabajo 在岗[职]培训

～ fuera del trabajo 业余[脱产]培训

～ militar 军事训练

～ profesional[vocacional] 职业(技术)培训

aparato de ～ de pilotaje 飞行模拟机[装置]

adinamia *f.* 〈医〉无力(症),衰竭;动[体]力乏力[缺失]

adinámico,-ca *adj.* 〈医〉衰弱[竭]的,无力的;动[体]力缺失的

fiebre ～a 无力性发热

adipato *m.* 〈化〉己二酸盐

adiponitrilo *m.* 〈化〉己二腈

adiposidad；adiposis *f.* ①肥胖;〈医〉肥胖症;②发胖倾向

～ alimentaria 饮食性肥胖

～ celebral 大脑性肥胖

～ universal 全身性肥胖

adiposo,-sa *adj.* ①(多,似)动物脂肪的;②肥胖的

célula ～a 脂肪细胞

hígado ～ 脂肪肝

tejido ～ 脂肪组织

adipsia *f.* 〈医〉渴感缺乏,不渴症

aditamento *m.* 〈信〉附加装置

aditivo,-va *adj.* ①增[附,添]加的;②〈数〉加法[性]的;③〈化〉加成的 ‖ *m.* 〈化〉添加剂[物];加成剂

～ alimenticio 食品添加剂

compuesto ～ 加成(化合)物

efecto ～ 加性效应

factor ～ 加性因素

identidad ～a 〈数〉加性恒等式

adjudicación *f.* ①裁决[定,判],判定[决];*Méx.*〈法〉宣判;②(拍卖,招标)决[定]标;中[获]标;③(比赛)获胜;奖品[状,金];④(拍卖)减价出售

～ de bienes 财产裁定

～ de contrato 合同裁定;授予合同

～ de quiebra 裁定破产;破产裁定

～ procesal 司法裁定

adjudicador,-ra *adj.* 判决[定]的;裁定的 ‖ *m. f.* 判决[定]者;裁定者

adjudicario,-ria *m. f.* 中标人;竞买获胜者

adjudicativo,-va *adj.* ①有审判权的;②判决[定]的;裁定的;(法院)宣判的

adjudicatorio,-ria *adj.* ①获奖者;②(拍卖的)中标人[者];竞买获胜者

adjunto,-ta *adj.* ①附加的,附上的;②助理的,辅助的;③附属的

～ a la presente 随信附上

～ al correo electrónico 随电子邮件附上

administración *f.* ①管理,管理经营;②管理局[处,署,机构],行政(事务,机关);指挥部;③政府;④*And.*(宾馆)接待处;⑤〈药〉给药,(药的)服用[法]
~ bancaria 银行管理
~ central 中央政府
~ científica 科学管理
~ comparativa 比较管理(学)
~ conjunta 共同管理
~ de aduanas 海关管理局
~ de aviación civil 民航管理局
~ de bienes 财物[资产,物业]管理
~ de correos 邮政管理局
~ de documentos 〈信〉文件管理
~ de empresas(~ empresarial) ①〈教〉企业管理(课程);②企业管理局
~ de impuestos 税务局;税收管理文教育
~ de justicia 司法机关
~ de movimiento de mercancías 物流管理
~ de(l) personal 人事管理;人事处,人事部门
~ de proyectos 工程项目管理
~ de recursos humanos 人力资源管理
~ de tuberculina 服用结核菌素
~ del mercado 市场管理
~ del proyecto 项目管理
~ del puerto ①港口管理;②港务局
~ económica 经济管理
~ fiduciaria 托管
~ financiera 财务[政]管理
~ fiscal ①税收[财政]管理;②财政局[部门]
~ internacional ①国际管理;②国际管理机构
~ judicial 破产管理[在管]
~ militar 军需部(门)
~ municipal 市政府,市政当局
~ oral (药物)口服
~ pública ①民政机关,民政局;②公共管理
~ territorial 地方政府

administrador,-ra *m. f.* ①管理人[员],行政人[官]员;②(公司的)经理;(公司、组织等的)理[董]事;③地产经纪;④*Amér. L.* 领班,工头
~ de bases de datos 数据库管理员
~ de correos 邮政局长
~ de finca 地产经纪;地产交易商
~ de inversiones 投资管理人
~ del sistema 系统管理员
~ fiduciario 受托人,受托管理人
~ financierio 财务主管

~ judicial 诉讼财产管理人;*Méx.* 破产财团的产业管理人
admisibilidad *f.* ①许可,接纳;②许入[进]
admisible *adj.* ①可进入的,可接纳的;有资格加入的;②(可)容[允]许的;③可[值得]采纳的;④〈法〉(证据)可接受的
error ~ 容许误差
admisión *f.* ①准[允]许进入;准[允]许加入;接受[纳];②容[准]许,认可;承认;③容纳;④进[给]气,供[进]给;⑤进入(口);进气装置
~ axial 轴向进[供]给
~ de aire 进气口[管]
~ de capital foráneo 吸纳外资
~ de inversión extranjera 准许[吸纳]外国投资
~ del vapor 蒸汽供给
~ plena[total] 全开进[吸]气
prueba de ~ (大学)入学考试
toma de ~ de aire 风向袋;圆锥形风标
válvula de ~ 进给[气]阀
volumen de ~ 装填体积
admisis *m.* 〈信〉系统管理员
admitancia *f.* ①准入,准许加入;入场(许可);②流[通,诱]导,〈理〉导纳;③通道
~ acústica 声导纳
~ de entrada 输入[入端]导纳
~ de transferencia 转移导纳
~ electródica 电极导纳
área de ~ 流导面积,通导截面
parámetro de ~ 导纳参数
puente de ~ 导纳电桥
adnación *f.* 〈植〉贴[联,并]生
adnato,-ta *adj.* 〈植〉贴[联,并]生的
adnexos *m. pl.* 〈解〉(器官的)附件
adobe *m.* 〈建〉干砖坯;空心砖
adobería *f.* ①坯场;②揉革场[厂,作坊]
adoctrinación *f.* ; **adoctrinamiento** *m.* 教[训]导,教育;灌输
adolescencia *f.* ①青春;〈生理〉青春期;②〈地〉少壮期
adonitol *m* 〈生化〉侧金盏花醇,阿东糖醇
adopción *f.* ①采取[用,纳];接受;②正式通过,批准;③收养,立嗣;④归化,入籍
~ de nuevas tecnologías 采用新工艺[新技术]
adoptivo,-va *adj.* ①采用的;接受的;有采纳倾向的;②收[认]养的;过继的;有收养关系的
hijo ~ de la ciudad 荣誉市民
inmunidad ~a 过继免疫(法)
patria ~a 入籍[归化]国
tolerancia ~a 过继耐受(性)

adoquín *m.* 〈建〉(铺路用的）方［圆］石（块）;石板;路面石

adoquinado,-da *adj.* 〈建〉用方［圆］石铺［砌］的 ‖ *m.* ①方［圆］石路面;②用方［圆］石铺［砌］路

adoquinador *m.* 〈建〉铺路［砌］工

adoquinar *tr.* 〈建〉铺[砌]路;用方［圆］石（块）铺［砌］路

adoral *adj.* ①〈动〉口部（附近）的;②有口的

adormecedor,-ra *adj.* ①催眠的;酣睡的;②（药物）镇静的,安神的;③〈音乐〉安谧悦耳的,安慰的 ‖ *m.* 〈药〉安眠剂

adormidera *f.* ①〈植〉罂粟;②鸦片

adornista *m. f.* ①装饰家;室内装饰工人;②制景人员

adorno *m.* ①装［整,修］饰;装饰品;②装饰（技)术;③*pl.* 〈植〉凤仙花

adquirido,-da *adj.* ①获［购]得的;②〈医〉后天（性）的
  defecto ～ 获得性缺陷［损]
  inmunidad ～a 后天免疫(性);获得性免疫
  reflexión ～a 获得性反射
  síndrome de inmunodeficiencia ～a 获得性免疫缺陷综合征（即 SIDA,艾滋病）
  tolerancia ～a 后天耐受性

adquisitivo,-va *adj.* ①（可)取［获]得的;渴望获取的;②（用以)购买的
  poder ～ （人的)购买力
  valor ～ 货币购买力

adrenal *adj.* 〈动〉肾上腺的

adrenalina *f.* 〈生化〉〈医〉肾上腺素

adrenalismo *m.* 〈医〉肾上腺功能病

adrenalitis; adrenitis *f.inv.* 〈医〉肾上腺炎

adrenérgico,-ca; adrenomimétrico,-ca *adj.* 〈生化〉〈生理〉肾上腺素能的;（药物或药性）类似肾上腺素的

adrenolítico,-ca *adj.* 〈药〉抗［抑]肾上腺素（作用)的

adrenotrópico,-ca *adj.* 〈医〉促［亲]肾上腺素的

adriamicina *f.* 〈药〉亚德里亚霉素,阿霉素（抗肿瘤药）

adsorbabilidad *f.* 吸附性;吸附能力［本领]

adsorbable *adj.* 可吸附的

adsorbato *m.* 〈化〉被吸附物［体],吸附质

adsorbedor *m.* 吸附器［塔]

adsorbente *adj.* 〈化〉有吸附力的;（能)吸附的 ‖ *m.* 吸附剂［药,物质]

adsorber *tr.* ①吸附;②使（瓦斯、液体等）浓缩于表面

adsorbido *m.* 吸附物

adsorbidor *m.* 吸附器

adsorción *f.* 〈化〉〈理〉吸附（作用);表面吸附［着]
  ～ cromatográfica 色层分离吸附

aduana *f.* ①海关;②关税;③藏身处;（罪犯、特务等)藏匿地
  ～ anti-dumping[antidumping] 反倾销税
  ～ de entrada 入境海关
  ～ de salida 出境［启运,出发地]海关
  entrega de los derechos de ～ (海关)退款［税]
  operaciones de ～ （出口)结关,海关放行

aduanero,-ra *adj.* ①海关的;②关税［务]的 ‖ *m. f.* 海关人［检查]员
  barreras ～as 关税壁垒

aducción *f.* ①〈动〉〈医〉内收（作用,运动);②引证［用]
  fractura de ～ 内收骨折

aducto *m.* 〈化〉加合物

aductor,-ra *adj.* 〈解〉内收的 ‖ *m.* 内收肌
  músculo ～ 内收肌

adularia *f.* 〈矿〉冰长石;低温钾长石

adulteración *f.* ①掺杂（物),掺假;②掺假［冒牌]货
  ～ de alimento 食品掺假
  ～ de la moneda 降低铸币成色

adulto,-ta *adj.* ①成（年）人的;已成年的;②成熟的 ‖ *m. f.* ①大［成年]人;②〈动〉成虫［体]
  educación para ～s 成人教育
  insecto ～ 成虫

adumbración *f.* 〈画〉阴［暗]影;轮廓;略图

adumbrar *tr.* 〈画〉勾画;打轮廓;画阴［暗]影

advección *f.* ①移［对]流;②〈海〉〈气〉平流（热效)
  ～ de calor 平流热effect
  ～ de efluente 流出平流

advectivo,-va *adj.* 对流的

adventicio,-cia *adj.* ①偶然的;偶发的;②外来的;附［外]加的;③〈生〉偶生的,不定的;④〈医〉异位的;外膜的
  albuminuria ～a 〈医〉偶发蛋白尿（症)
  célula ～a 〈医〉外膜细胞
  embrionía ～a 〈医〉异位胚胎
  raíz ～a 〈植〉不定根

adventivo,-va *adj.* ①〈动〉暂生的;〈植〉外来的

adverso,-sa *adj.* ①逆的,相反的;不利的;②反对的;对立的
  corriente ～a 逆流
  reacciones ～as 〈医〉不良反应
  viento ～ 逆风

adyacencia *f.* ①接［邻]近,毗连,相邻(性);②邻接物;③（邻近)间距;④（广播、电视节目之前后的）邻接节目

adyacente *adj.* ①邻［靠]近的,毗连的;②前

后连接的(广播电视节目);③邻位的,交界
的
asiento ～ 邻座
ángulo ～ 邻角
canal ～ 邻近[相邻]信道
nudo ～ 相邻节点

adyuvante *adj.* 〈药〉辅助的;佐药的 ‖ *m.*
①辅[佐]药;佐剂(免疫学用语);②辅助物
artritis ～ 佐剂关节炎

aeración *f.* ①〈化〉充[吹]气;②通[吹]风,
通气;③〈医〉(肺中血液的)换气;④〈环〉曝
气(即把空气充进物质,如使新鲜空气取代
土中污浊空气)

aereador *m.* ①充[通]气器;②充气[通风]
机;③曝气器[池,设备]

aerénquima *f.* 〈植〉通气组织

aéreo,-rea *adj.* ①空[大]气的,气体的;由
空气组成的;②〈交〉空中的,架空(式)的,高
架的;③航空的;④〈植〉气生的;飘浮在空中
的;⑤〈军〉空军的;⑥(空气)稀薄的
aerotransporte ～ 空运
ataque ～ 空中攻击,空袭
base ～ a 空中基地
cámara ～ a 航空摄像机
cargamento ～ 空运货物
código de navegación ～ a 航空法规[条例]
conductor ～ 架空线,明线
correo ～ militar 军用航空邮件
cruce ～ de líneas 交叉气道
cuerpo ～ 气体
defensa ～ a 防空
escuadrilla ～ a 航空[飞行]中队
espacio ～ 大气层[空间];空域
ferrocarril ～ 高架[架空]铁道
grúa de cable ～ 架空钢缆吊车
imagen ～ a 空间(成)像,虚像
mapa ～ 航测[摄]图
perspectiva ～ a 鸟瞰图
planta ～ a 气生植物
puente-grúa ～ 高架起重机,桥式吊车,行
[天]车
raíz ～ a 〈植〉气生根
tallo ～ 〈植〉气生茎
tren ～ 空中列车,飞机
vía ～ a 〈医〉气道

aerícola *adj.* 〈生〉气生的

aerífero,-ra *adj.* ①通气[风]的;②传气的;
带空气的
vías ～ as 风道

aerificación *f.* ①气(体)化;②充[吹,掺]
气;③空气导入;④(燃料油的)雾化

aeriforme *adj.* ①气态[体,样]的,空气状
的;②无形的,虚幻的,无实质的

aeroalérgeno *m.* 〈医〉气源性致敏原

aeroambulancia *f.* 救护飞机

aeroaspiración *f.* 空气吸入

aerobalística *f.* 空气[航空]弹道学

aerobalístico,-ca *adj.* 空气[航空]弹道(学)
的

aerobase *f.* 空军[航空]基地,空中基线

aerobic; aeróbic *m.* 有氧操[运动,健身法];
健美[身]操

aeróbico,-ca *adj.* 〈环〉〈生〉①需[好]氧的,
生长于氧气中的;②需氧(细)菌产生的;③
增[有]氧健身法的
bacteria ～ 需氧菌
digestión ～ a 好氧消化(即在氧存在下处
理废物,如粪水处理)
metabolismo ～ 需氧代谢

aerobio,-bia *adj.* 〈环〉〈生〉需氧的 ‖ *m.* ①
需氧菌;②需氧[需气]生物;需氧[需气]微
生物
bacteria ～ a 需氧菌

aerobiología *f.* 空气[高空]生物学;空气微
生物学

aerobioscopio *m.* 空气微生物检查器;空气细
菌计算器

aerobiosis *f.* 〈环〉〈生〉需[好]氧生活

aerobismo *m.* ①需氧性;②*Cono S.* 有氧运
动;健美[身]操

aerobroncografía *f.* 空气支气管造影术

aerobroncograma *m.* 空气支气管造影照片

aerobús *m.* ①空中客车;班[客]机;②*Cari.*
长途公共汽车

aerocámara *f.* 航空照相[摄影]机

aerocarga *f.* 空运货物

aerocartógrafo *m.* 航空测量[测图]仪,摄影
测量绘图仪

aerocele *m.* 〈医〉气肿

aerocloración *f.* 〈环〉〈医〉(废水的)空气氯
化处理

aeroclub *m.* 航空俱乐部

aerocomando *m.Chil.* 空中突击队

aerocomercial *adj.Amér.L.* 航空贸易的

aeroconcreto; aerocreto *m.* 〈建〉加气[多孔]
混凝土

aerodentalgia *f.* 〈医〉气压(性)牙痛

aerodeslizador,-ra *adj.Amér.L.* 滑翔机运
动的 ‖ *m.* ①气垫船[飞行器];②*Amér.L.*
滑翔机

aerodeslizante *m.* 气垫船[飞行器]

aerodina *f.* (重于空气的)重航空器,重飞行
器

aerodinámica *f.* 空气动力学;气体动力学
～ ambiental 环境空气动力学
～ subsónica 亚音速空气动力学

~ supersónica 超音速空气动力学

aerodinamicista *m. f.* 空气动力学家

aerodinámico,-ca *adj.* ①空气[气体]动力（学）的；②流线型的
balanza ~a 空气动力天平
freno ~ 气[风]闸；空气制动器[机]
fuselaje ~ 流线型机身
túnel ~ 〈航空〉风洞

aerodinamismo *m.* 流线型设计

aerodinamizar *tr.* 制[设计]成流线型；使流线（型）化

aerodonetics *m. ingl.* 滑翔学

aerodontalgia *f.* 〈医〉航空牙痛

aeródromo *m.* 〈航空〉（飞）机场，航空站[港]

aeroelasticidad *f.* ①空气弹性；②空气弹性力学

aeroelástico,-ca *adj.* 空气弹性力学的

aeroembolismo *m.* 〈医〉①气泡栓塞症；②高空病

aeroenviar *tr.* 航空邮寄；空运

aeroescuela *f.* 飞行学校

aeroespacial *adj.* 〈航空〉〈航天〉①航空与航天（空间）的；②宇航空间的
industria ~ 航天航空工业
ingeniería ~ 航空航天工程
medicina ~ 航空航天医学

aeroespacio *m.* 〈航空〉〈航天〉①航空与航天空间（指地球大气层及其外面的空间）；②航空与航天飞行学[技术,工业]；③宇航空间

aeroestación *f.* 〈航空〉航空(集散,终点)站

aeroexpreso *m.* 航空快递信件

aerofagia *f.* 〈医〉吞气症

aerofaro *m.* 〈航空〉机场[航空]灯塔；（灯塔类的）信号站

aerofiltro *m.* 空气过滤器,加气滤池

aerofísica *f.* ①航空物理学；②大气物理学

aerofita *f.* 〈生态〉〈植〉气生植物

aerofito,-ta *adj.* 〈植〉气生的
planta ~a 气生植物

aerofobia *f.* ①〈医〉气流恐怖；②飞行恐怖（症）

aerofoto *f.* 航摄照片；航空摄影

aerofotografía *f.* 空中摄影[照相]（术）；航空摄影（学）

aerofotogrametría *f.* 航空摄影测量（学）；航空摄影测绘[制图]

aerofotogramétrico,-ca *adj.* 航空摄影测量[测绘,制图]的

aerofumigación *f.* （飞机等）喷洒农药[化肥]

aerogénesis *f.* 〈医〉产气（作用）

aerogénico,-ca *adj.* 〈医〉产气的
bacteria ~a 产气菌

aerogenerador *m.* 〈机〉①风力涡轮（风驱动的涡轮）；②风力发动机

aerografía *f.* ①〈气〉（高空）气象学,大气学；大气（状况）图（表）；②喷（射）染（色）术；③〈画〉喷雾[绘]法（用颜料喷雾器作画的方法）

aerografiado,-da *adj.* 喷彩的；喷绘的 ‖ *m.* 〈画〉喷雾[绘]法（用颜料喷雾器作画的方法）

aerografista *m. f.* 〈画〉喷绘画家；喷绘艺术家

aerógrafo *m.* ①航空气象记录仪；②喷（气）染（色）器；喷漆枪；③〈画〉〈信〉喷枪（用于喷洒颜料等的工具；图形软件中生成散射模式点的喷涂工具,与机械喷枪类似）
~ al dibujo 〈画〉喷绘（法）
al ~ 〈画〉喷绘

aerograma *m.* ①无线电信[报]；②航空信件[邮筒]；③航空气象记录仪的记录

aerohidrodinámica *f.* 空气流体动力学

aerohidrodinámico,-ca *adj.* 空气流体动力学的

aeroligero,-ra *adj.* 〈航空〉超轻型的；超轻型飞机的 ‖ *m.* 超轻型飞机

aerolínea *f.* 〈航空〉①航空线；②航空公司

aerolítica *f.* 〈地〉陨石学

aerolítico,-ca *adj.* 〈地〉陨石的
hierro ~ 陨铁

aerolito *m.* 〈地〉〈天〉石陨石；陨星

aerología *f.* 〈气〉①高空气象学；②气象学

aerológico,-ca *adj.* 〈气〉〈航空,高空〉气象学的

aerologista *m. f.* 〈气〉①高空气象学者；②气象学者

aeromagnética *f.* 航空测磁；航（空）磁（力）

aeromagnético,-ca *adj.* 航空磁测的；航（空）磁（力）的
mapa ~ 航空磁测绘图

aeromancia; aeromancía *f.* 天气预测[报]

aeromarítimo,-ma *adj.* 海[水]上飞行的；海上航空的

aeromecánica *f.* 〈航空〉航空力学

aeromecánico,-ca *adj.* 〈航空〉航空力学的 ‖ *m. f.* ①航空力学学者；②航空机械工

aerometría *f.* ①气体比重测定法；②〈理〉量气学

aerométrico,-ca *adj.* ①〈理〉量气学的；②气体比重计的,量气计的

aerómetro *m.* 〈理〉①气体比重计；②量气计

aeromodelismo *m.* ①航模制作；②航模飞行

aeromodelista *m. f.* ①航模制作者；航模设计师；②航模运动员

aeromodelístico,-ca *adj.* 模型飞机的

aeromodelo m. 航空模型,航模

aeromonas f. pl. 〈生〉气单胞菌(属)

aeromotor m. 〈航空〉航空发动机

aeromozo,-za m. f. 〈航空〉空中乘务[服务]员

aeronauta f. ① 飞艇[气球,飞船]驾驶员;② 飞艇[气球,飞船]乘客

aeronáutica f. 〈航空〉①航空学[术];②飞行学[术];③飞行器建造科学和技术

aeronáutico,-ca adj. 〈航空〉① 航空(学)的;②(航空)导航(用)的
industria ～a 航空工业
ingeniería ～a 航空工程学
meteorología ～a 航空气象学

aeronaval adj. 海空的;海军航空兵的
base ～ 海空基地;海军航空兵基地
batalla ～ 海空战

aeronave f. 飞艇[船];航空器,飞行器
～ de ala baja 低(下)翼飞艇[船]
～ de gran carga 大型飞艇[船]
～ de propulsión nuclear 核动力飞艇[船]
～ espacial 宇宙飞船
～ postal 邮政飞船

aeronavegabilidad f. 〈航空〉适航性;飞性性能

aeronavegable adj. 〈航空〉适航的;飞行性能良好的

aeronavegación f. 〈航空〉①(空中)导航,空中领航学;②Amér. L. 航空

aeronavegador m. 〈航空〉领航(飞行)员

aeronavegavilidad f. 〈航空〉适航性;飞性性能
con condiciones de ～ 〈航空〉适航的;飞行性能良好的

aeronomía f. 高层大气物理学;高空大气科学

aeronómico,-ca adj. 高层大气物理学的

aeronomista m. f. 高层大气物理学家[者]

aerootitis f. 〈医〉航空性耳炎

aeroparque m. Arg. 小型飞机场

aeropirata m. f. Amér. L. 劫持飞机者;空中强盗

aeropiratería f. Amér. L. 劫持飞机;空中强盗行径

aeroplankton m. ingl. 〈动〉气浮生物,空气游浮生物

aeroplano m. 〈航空〉飞机
～ ambiaterrizador 水陆[水空]两用飞机
～ civil 民用飞机
～ de carga 货运飞机
～ de hélice propulsor 推进式飞机
～ de línea 定期航班
～ de transporte 运输机

～ modificado para ser catapultado 弹射起飞[舰上射出]飞机
～ naval 海上飞机
～ terrestre 陆上飞机

aeropolicía f. Amér. L. 航空警察

aeropolicial adj. Amér. L. 航空警察的

aeroportuario,-ria adj. 航空港的,飞机场的

aeroposta f. 航空邮政,空邮

aeropostal adj. 航空邮政[件]的,空邮的

aeroproyector m. 航测制图仪

aeropuerto m. 〈航空〉(飞)机场,航空港[站]
～ aduanero 海关机场,入境空港
～ de cuarentena 检疫机场
～ de destino 目的[抵达]空港
～ de enlace 支线,航空支线港
～ de escala[paso] 中途港
～ de todo tiempo 全天候航空站
～ franco 自由空港
～ terminal 航空集散港,航空起讫港

aeropulverizador m. 吹气磨粉机,喷磨机

aerorrefrigeración f. ①空气冷却;②气[风]冷

aerorrefrigerador m. 空气冷却器

aeroseguro m. 航空保险

aeroservicio m. ① Amér. L. 航空服务;②地勤服务站

aerosfera f. 〈地〉(地球周围的)大气圈

aerosimplex m. 航空摄影测图仪

aerosol m. ①悬浮[大气]微粒,浮质,气悬体;②〈化〉〈医〉气溶胶;③烟[气]雾剂

aerosología f. 〈医〉气溶胶(治疗)学

aerosoloscopio m. 空气(中)微粒测算器;空气(中)微粒测量表

aerosolterapia f. 〈医〉气溶胶吸入疗法

aerostación f. 〈理〉浮空器操纵术;浮空学

aerostata m. 气球[飞船]驾驶员

aerostática f. 空气[气体]静力学

aerostático,-ca adj. 空气[气体]静力学的

aeróstato m. ①浮空器,气球体,热[高空]气球;②气球驾驶员
～ fotográfico 摄影飞船

aerostero m. 气球[气球飞行器]驾驶员

aerosustantar tr. Amér. L. 使悬浮;靠空气支撑

aerotaxi m. 短途小客机;出租飞机

aerotaxia f. 趋氧[气]性;趋氧[气]作用

aerotecnia; aerotécnica f. 航空技术

aerotécnico,-ca adj. 航空技术的

aeroterapéutica; aeroterapia f. 〈医〉空[大]气疗法

aerotermodinámica f. 空气[气动]热力学;气热动力学

aerotermodinámico,-ca *adj.* 空气[气动]热力学的;气热动力学的

aerotermoquímica *f.* 空气热力化学,气动热化学

aerotermoquímico,-ca *adj.* 气动热化学的

aerotermoterapia *f.* 〈医〉热气流疗法

aeroterrestre *adj.* 陆空(联合)的;空对地的
~ batalla ~ 陆空(联合)作战

aerotonometría *f.* 气体压[张]力测压术

aerotonómetro *m.* 血内气血计,(血内)气体压[张]力计

aerotransportable *adj.* 可空运的

aerotransportación *f.* ; **aerotransporte** *m.* 空运

aerotransportado,-da *adj.* ①空运[降]的;②机载的

aerotransportar *tr.* 空运…;空降[投]…
~ tropas 空降士兵
~ material 空投军需品

aerotransportista *f.* 空运[运输]机,运货飞机

aerotrén *m.* 气垫列车;单轨气垫火车

aerotriangulación *f.* 航空三角测量

aerotrópico,-ca *adj.* 〈植〉向[趋,嗜]气(性)的

aerotropismo *m.* 〈植〉①向[趋,嗜]气性;②向氧性

aeroturbina *f.* 航空[空气,风力]涡轮;气轮机

aerovía *f.* ①航(空)线,航路;②航空公司

afalangiasis *f.* 〈医〉无指[趾](畸形)

afaníptero,-ra *adj.* 〈昆〉微翅目的 ‖ *m. pl.* 微翅目

afanita *f.* 〈地〉隐[非显]晶岩

afanítico,-ca *adj.* 〈地〉隐[非显]晶(质)的

afaquia *f.* 〈医〉无晶状体(畸形)

afasia *f.* 〈医〉(脑部受伤造成的)失语(症);语言不能
~ amnemósica 记忆障碍性失语
~ amnésica 遗[健]忘性失语
~ asiociativa 联系性失语
~ central 中枢性失语
~ funcional 机[官]能性失语
~ intelectual 真性失语

afásico,-ca *adj.* 〈医〉①患失语症的;②哑的,不能说话的 ‖ *m. f.* 失语症患者

afebril *adj.* 〈医〉无热(度)的;不发烧的

afección *f.* 疾病[患],…病
~ cardíaca 心脏病
~ hepática 肝(脏)病

afefobia *f.* 〈医〉接触恐怖(症)

afeitadora *f.* 电动剃须刀

afeite *m.* ①化妆,扮扮,修饰;②化妆品

afelio *m.* ①〈天〉远日点;②远核点

afeliotrópico,-ca *adj.* 〈植〉背光性的
planta ~a 背光植物

afeliotropismo *m.* 〈植〉背光性

afelpado,-da *adj.* ①似长毛绒的;天鹅绒似的;②柔软的

aferente *adj.* 〈解〉传[输]入的
fase ~ 传入期
impulso ~ 传入冲动
nervio ~ 传入神经
neurón ~ 传入神经元
vaso ~ 输入管

afianzador,-ra *adj.* ①保证的,担保的;②〈机〉加固的 ‖ *m.* 〈机〉①扣[接合,紧固,系固零]件,系固物;②固定[夹持,闭锁]器,扣闩[钉],U 形铁箍

afianzamiento *m.* ①加固[强];固定,钉牢,扣紧;②巩固,增强;③抓住[紧],攥住;④保证;作保;⑤〈法〉担保;保证金[品]

áfido *m.* 〈昆〉蚜虫

afiebrado,-da *adj.* 发烧的;热病的

afieltrado,-da *adj.* ①毡制的,用毡覆盖的;②黏结起来的

afiladera *f.* 磨刀石,砥[油]石

afilado,-da *adj.* ①锋[锐]利的;②削尖的;尖头的;尖锐的 ‖ *m.* 磨快[尖]
~ con aspersión 湿磨
~ en seco 干磨

afilador,-ra *adj.* 磨快[尖]的 ‖ *m.* ①磨刀人;磨削者;②磨削[快]器;*Amér. L.* 磨[钢]刀皮带;*Chil.*,*Méx.* 磨刀石 ‖ ~a *f.* 〈机〉〈研〉磨机,磨床,砂轮机

afilaxis *f.* 〈医〉无防御力

afiliadas *f. pl.* 〈经〉姊妹公司

afiliado,-da *adj.* ①参加的,加入的;②附属的,联营的 ‖ *m.* 联营公司,联号企业,分支机构
~ internacional 国际联营公司,国际分号
~ local 当地联营公司,当地分号

áfilo,-la *adj.* 〈植〉无叶的,缺叶的
planta ~a 无叶植物

afilón *f.* 磨[钢]刀布[皮,带];磨[钢]刀器

afín *adj.* ①邻近的,毗连的;②相近[似]的,类似的;③有关的;有关联的;④〈数〉仿射的;⑤〈生〉亲缘的 ‖ *m. f.* 姻亲

afinación *f.* ①〈工〉〈技〉精炼法,精制;②〈乐〉校[调]音;调[定]弦

afinado,-da *adj.* ①〈工〉〈技〉精制[炼]的;②精细的,精加工的;完美的;③〈乐〉合调的,和谐的;优雅的 ‖ *m.* 精制[炼],精加工
horno de ~ 精炼炉
metal ~ 精炼金属

afinador,-ra *m. f.* 〈乐〉调音师 ‖ *m.* ①调音键;②精炼[制,研]机,精炼炉;③提纯器

~ de pianos 钢琴调音师

afinadura *f.* ; **afinamiento** *m.* ①完美[善],
最后加工[润色]；②提[精]炼,细[精]致；
③〈乐〉调音[准]

afinidad *f.* ①类[相,近]似,亲缘[和]；②
〈化〉亲和力[性],化合[亲和]力；③吸引
（力）；④亲戚[姻亲]关系

~ electrónica 电子亲和性

~ molecular 分子吸引力

~ química 化学亲和力

coeficiente de ~ 亲和系数

cromatografía de ~ 亲和色谱法

afino *m.* 〈技〉〈冶〉精[提]炼

~ electrolítico 电解精炼

~ neumático 吹炼

aflatoxina *f.* 〈生化〉黄曲霉毒素

aflebia *f.* 〈植〉无脉叶片

afloración *f.* ; **afloramiento** *m.* ①〈矿〉矿
苗；②〈地〉露头,冒出

afluencia *f.* ①流[移,注]入；②汇集；涌向

~ de capitales 资本流入

~ de pedidos 订单涌至

afluente *adj.* ①流[注]入的；②汇集的 ‖ *m.*
①（河的）支流；②（路的）支路,分支

aflujo *m.* ①〈医〉流动[注]；流[注]入,充满
[血]；②〈机〉[进]口

~ de la sangre 充血

afolador *m.* 〈建〉①敛缝锤,密缝凿；②捻缝
工

afonía *f.* 〈医〉失音（症）,发音不能

afónico,-ca *adj.* 〈医〉失音（症）的,患失音症
的

aforador,-ra *m.f.* ①估价员,征税员；②统
计员,计[检,测]量员,验货员；③计量器

~ aduanero 海关估价[验货]员

~ del puerto 海关税务稽查员,海关验货
员

aforesis *f.* 〈医〉无耐受力

afótico,-ca *adj.* ①无光的,漆黑的；②〈植〉
缺光的；③〈地〉〈海〉无光深水区的

zona ~a ①无光带；②〈地〉〈海〉无光深水
区

afotoide *m.* 〈地〉〈海〉无[缺]光

afrodisiaco,-ca; afrodisíaco,-ca *adj.* 〈药〉
激发性欲的；兴奋的 ‖ *m.* 春药,催欲剂

afronitro *m.* 〈矿〉硝石

afta *f.* 〈医〉口疮；小溃疡

aftosis *f.* 〈医〉口疮病

aftoso,-sa *adj.* 〈医〉生口疮的

fiebre ~a 口蹄疫

úlcera ~a 口疮性溃疡

afusión *f.* 〈医〉泼水疗法

afuste *m.* ①炮[车]架；②（机,底,支）架

Ag 〈化〉元素银（plata）的符号

agalactia *f.* 〈医〉无乳,乳泌缺乏

agalaxia *f.* 〈兽医〉无乳,乳泌缺乏

agalla *f.* ①〈植〉虫瘿；〈药〉五倍子；②〈动〉
鱼鳃；③*pl.*〈解〉扁桃体[腺]；〈医〉扁桃腺
炎

~ de roble 栎五倍子；没食子

agallón *m.* ① *Col.* 〈解〉扁桃体[腺]；②
Arg.,Chil.,Col.〈医〉腮腺炎

agalmatolita *f.* ; **agalmatolito** *m.* 〈矿〉冻
[寿山,猪脂]石

agáloco *m.* ①〈植〉沉香属植物；②沉香木

agameto *m.* 〈生〉拟配子,无性生殖体

ágamo,-ma *adj.* ①〈生〉无性的,无配子的；
②〈生〉无[单]性生殖的；③〈植〉隐花的

agamobio *m.* 〈生〉无性世代

agamogénesis *f.* 〈生〉无[单]性生殖

agamogonia *f.* 〈生〉无配子生殖

agamonte *m.* 〈生〉裂殖体,非生配体

agamospermia *f.* 〈植〉不完全无配生殖

agangliónico,-ca *adj.* 〈医〉无神经节的

agapanto *m. Amér. L.* 〈植〉百子莲（一种百
合科植物）

agar-agar *m.* ①〈植〉石花菜；②琼脂；冻粉；
③〈生〉琼脂培养基

agárico *m.* 〈植〉伞[层孔]菌,蘑菇；药用多孔
菌

agarre *m.* ①把[抓,拉]手,柄；②（车辆的）方
向稳定性,直线行驶性

agarrotado,-da *adj.* ① 被卡[勒,咬,挤]住
的；②（开动着的机器因过热等造成）运转不
灵的

ágata *f.* ①〈矿〉玛瑙；②玛瑙制品[工具]；装
有玛瑙的制品[工具]

agaváceo,-cea *adj.* 〈植〉龙舌兰科的 ‖ *f.*
①龙舌兰科植物；② *pl.* 龙舌兰科

agave *f.* 〈植〉①龙舌兰（即世纪树）；②剑[西
沙尔]麻

agavilladora *f.* 〈农〉捆扎[束]机,打[刈]捆
机

agemnecia *f.* 〈医〉①无生殖力；②（器官等
的）发育不全

agenesia; agenesis *f.* 〈医〉①无生殖力；②
（器官等的）发育不全

agente *m.* ①〈化〉(试,媒,附加)剂；②动[能]
因；动原；因素 ‖ *m.f.* 代理人[商],经纪人

~ acreditado 指定代理人[商],特约经销
商

~ activante[activo] 〈矿〉活化剂

~ autorizado[oficial] 法[指]定代理[经
纪]人；核准代理商,特约经销商

~ catalítico 催化剂

~ colorante 着色剂

~ de ajuste 理赔代理人

~ de averías 海损代理人

~ de control 监理,验收代理人

~ de dilución 稀释剂

~ de fusión 熔剂

~ de oxidación 氧化剂

~ de prensa 新闻广告员;报刊宣传员

~ de publicidad （商界、戏剧界）广告[宣传]员

~ de sedimentación 沉淀剂

~ desecante[deshidratante] 脱水剂,干燥剂

~ desfoliante 脱叶剂,落叶剂

~ especial 特别代理

~ espumante 发泡剂

~ exclusivo[solo] 独家代理人

~ general 总代理人[商]

~ inteligente 〈信〉智能代理

~ irritante 刺激剂

~ neutralizante 中和剂

~ oxidante 氧化剂

~ provocador 刺激剂;催欲剂,春药

~ psicotrópico 精神(药)剂,亲精神(药)剂

~ quelante 螯合剂

~ químico 化学试剂

~ reductor 还原剂

~ secreto 特工,特务,间谍

~ tributario 税务稽查员

~ viajero 客[行]商;旅行推销员

~s económicos 经济因素

agerato *m.* 〈植〉藿香蓟

ageusia *f.* 〈医〉失味(症)

agilidad *f.* ①敏捷(性),灵活(性);②机敏;③(汽车)机动[灵活,灵敏,可操作]性;④频率快变

agilización *f.* ①加快(速度);改进[善];②简化,灵便

~ de los trámites 简化手续

agio; agiotaje *m.* ①投机(事业);②〈商贸〉贴水;炒买炒卖

~ del oro 炒买炒卖黄金

agitación *f.* ①摇[拨,挥,扰]动;②搅拌[动](作用),搅拌;③拌和,混合;④(大海)波动,颠簸

~ de grasa 搅动(抽汲)脂肪

~ térmica 热扰[骚]动,热激发

agitado,-da *adj.* ①(大海)波浪起伏的,汹涌的;②(空气)混浊的;③(飞机)颠簸的

agitador,-ra *adj.* ①摇[搅]动的;②鼓动的 ‖ *m.* ①〈机〉搅拌器[机,装置],搅动[拌和,混合]器;②〈化〉(玻璃)搅棒

agitante *adj.* 摇[搅,扰]动的

parálisis ~ 震颤麻痹

aglicón *m.* ; **aglicona** *f.* 〈生化〉糖苷配基

aglomeración *f.* ①结[集]块;成团;聚[集];大团[块];②〈化〉附[凝]聚(作用);③〈冶〉烧[熔]结(作用);④堆积物,聚结物;⑤群[积]聚;聚集

~ de datos 收集资料

~ de gente 人群

~ de la población 人口群;居民群集

~ de tráfico 交通拥塞

~ urbana 城市蔓生(指某一城市无规划、无序地建造大量房屋)

aglomerado,-da *adj.* ①成团的;结块的;聚结的;〈冶〉烧[熔]结的;②群聚的,密集的;〈植〉(花)密集成球的 ‖ *m.* ①〈冶〉团粒;团[烧结]块; *pl.* 煤砖[块,球];②〈地〉集块岩;③〈化〉附[凝]聚物;④*Chil.* 集合体,聚合物;⑤(碎木)胶合板,刨花板

~ asfáltico （铺路面用的）沥青料

aglomerante *adj.* ①〈化〉附[凝]聚的;②〈冶〉烧结的 ‖ *m.* 〈化〉黏[凝,熔]结剂,凝聚剂,黏结料

~ de resina 树脂黏结剂

aglomerar *tr.* ①使聚结[集],使结[集]块,使成团;②使团[附]聚;③烧[熔]结;使成胶状

máquina de ~ 焙烧炉

aglosia *f.* 〈医〉无舌(畸形)

agloso,-sa *adj.* 〈医〉无舌的

aglutinabilidad *f.* ①黏合力;可凝集性;②〈医〉凝集(能)

aglutinación *f.* ①黏结,胶合;②胶合块,黏结团;③胶[烧]结作用;团[附,块]结;④〈生医〉凝集(作用)

~ combustible 渗碳(法),烧结

~ de coque 烧炼[结],炉排结渣

absorción de ~ 凝集吸收(反应)

prueba de ~ 凝集试验

reacción de ~ 凝集反应

aglutinador,-ra *adj.* ①黏性[结]的;②〈医〉凝集的 ‖ ~a *f.* 凝聚力

aglutinante *adj.* ①黏性[结]的;黏着的;②〈医〉凝集的;③有凝聚力的 ‖ *m.* ①粘合剂;②烧结[凝集,胶着,促集]剂

fuerza ~ 集合[聚集]力

aglutinativo,-va *adj.* ①黏性[结]的;②〈医〉凝集的;③胶[粘,附]着的,胶结[集]的;烧结的

aglutinina *f.* 〈生化〉〈生医〉凝集素

aglutinógeno *m.* 〈生化〉〈生医〉凝集原

agnación *f.* 〈法〉①父系亲属关系;②宗族关系

agnado,-da *adj.*〈法〉①男方亲属的;父系亲属的;男系的;②宗[同]族的,联姻的‖ *m. f.* 男方[父亲]亲属

agnea;agnosia *f.*〈医〉(因脑部损伤导致的)辨[认]识不能,失认
~ de color 失辨色能

agogía;agojía *f.*〈矿〉排水沟

agonadismo *m.*〈医〉无性腺症

agonista *f.* ①〈药〉〈生医〉显效药,促效药(与拮抗药相对);②〈解〉〈生理〉主动肌,主缩肌(与拮抗肌相对)‖ *m. f.*〈体〉(体育运动的)夺力争标者;竞赛者;竞争者

agonístico,-ca *adj.* ①竞技的;②〈心〉动机争胜性的

agorafobia *f.*〈心〉①广场[旷野]恐怖;广旷症;②陌生环境恐怖

agorafóbico,-ca *adj.*〈心〉①广场[旷野]恐怖的;恐旷症的;②陌生环境恐怖的

agotada *f.*〈矿〉废[弃]矿

agotado,-da *adj.* ①废弃的(矿井);②耗尽的,枯竭的;(电池)耗完的;③(图书、商品等)脱销的,无货的;④筋疲力尽的;⑤〈医〉(由于缺液而产生的)衰竭的

agotamiento *m.* ①耗[用]尽,枯竭;②折耗,耗损;③排[放]干;排水(设备,系统,装置);④〈医〉(由于缺液而产生的)衰竭
~ de agua 脱[去,除]水
~ de capital 资本折耗
~ de existencia 存货枯竭,库存告罄
~ de recursos 资源耗竭
~ del suelo 地力耗损
~ por calor 中暑衰竭(指轻度中暑)
bomba de ~ 排水机[泵]

agrafia *f.*〈医〉书写不能,失写(症)
~ ammemónica 遗忘性书写不能
~ motora 运动性书写不能

ágrafo,-fa *adj.* ①文盲的,不识字的;②缺乏教育的‖ *m. f. Amér. L.* 书写不能症患者

agramadera *f.*〈机〉捣[打]麻机

agramiza *f.*〈纺〉下脚麻,亚麻皮;短麻屑

agrandador *m.* ①扩[放]大器;②放大(透)镜

agrandamiento *m.* ①扩[增]大;扩展;②扩大物,增补物;③*Amér. L.* 增加;④〈摄〉放大

agranijado,-da *adj.*〈医〉有丘疹的,有小脓疱的

agranulocito *m.*〈解〉〈生〉无颗粒白细胞

agranulocitosis *f.*〈医〉粒性白细胞缺乏症

agrario,-ria *adj.*〈农〉①土地的,农村的;②农业的
política ~a 农业政策

reforma ~a 土地改革

agravante *adj.*〈法〉(情节)重判的
circunstancias ~s 重判情节

agrávico,-ca *adj.* 失重的
reacción ~a 失重反应

agregación *f.* ①添加,补充;加入;②总合,积聚;聚集(体,物,态,作用);集成(体);③〈地〉聚[集]合(体,作用);④〈环〉凝聚体;⑤〈环〉群集;族聚;⑥团块,球化
~ de capital 资本积累

agregado,-da *adj.* ①总[合]计的;综合的;②〈地〉聚合的‖ *m.* ①积累;总量[数]的;②集成[聚合]体;组合(体);③〈地〉集生体;④〈化〉颗[微]粒团
~ criptocristalino〈地〉隐晶质集合体
~ cristalino〈地〉晶体集合体
~ de datos 数据聚合
~ fanerocristalino〈地〉斑晶集合体
~ militar (陆军)武官

agregativo,-va *adj.* ①聚[集,总]合的,聚集(而成)的;②综合性的
modelo ~ 综合模式

agrícola *adj.*〈农〉①农业[用]的;②务农的;耕作的
bacteriología ~ 农业细菌学
climatología ~ 农业气候学
economía ~ 农业经济
geología ~ 农业地质学
hidráulica ~ 农田水利
ingeniería ~ 农业工程学
maquinaria ~ 农业机械
meteorología ~ 农业气象学
microbiología ~ 农业微生物学

agricultura *f.* ①农业;②农艺;农学
~ biodinámica[biológica] 有机农业;生物耕作
~ de rozas y quema 刀耕火种农业
~ diversificada 多样化种植业,多种农业经营
~ ecológica 生态农业,有机农业
~ eléctrica 电气栽培
~ industrial 工业化农业
~ intensiva 细耕[集约]农业
~ orgánica 有机农业

agricultural *adj.* ①农业的;务农的;农用的;②农艺的;农学的

agriera *f.*〈医〉胃灼热;烧心

agrietado,-da *adj.* ①有裂口[纹,缝]的;有拉痕缺陷的;②(皮肤)龟[皲]裂的;变得粗糙的;③〈化〉裂化的
lengua ~a〈医〉裂缝[纹]舌

agrietamiento *m.* ①裂缝[开,纹];②破[爆,开,龟,脆]裂;③〈化〉裂化[解]、(加)热

（分）裂（法）

agrietar *tr.* ①使破裂[裂缝]；使(皮肤)裂口[皲裂]；使(土地)龟裂；②〈化〉使裂化

agrifolio *m.* ①〈植〉冬青属植物；②(常作圣诞节装饰用的)冬青树枝

agrimensor *m.* ①测量[测地，勘测]员；②(待售房屋等的)鉴定人

agrimensura *f.* ①(土地)测量；(土地)测量业[术，法]；测量学；②查勘，考察

agrimotor *m. ingl.* 〈农〉农用拖拉机

agrinonia *f.* 〈植〉①龙芽草，仙鹤草；②大麻叶泽兰

agrio,-ria *adj.* ①酸的，酸味的；②(土壤)酸性过强的；阴湿的；③(材料)脆(性，化)的

agripada *f. Amér. L.* 〈医〉患流行性感冒

agroalimentario,-ria *adj.* 农业食品的
industria ~a 农业食品工业

agrobiología *f.* 农业生物学；土壤生物学

agrobiológico,-ca *adj.* 农业生物学的

agrobiólogo,-ga *m. f.* 农业生物学家

agroclimático,-ca *adj.* 农业气候的

agroclimatología *f.* 农业气候学

agroecología *f.* 农业生态学

agroecológico,-ca *adj.* 农业生态(学)的

agroeconomía *f.* ①农业经济；②农业经济学

agroeconómico,-ca *adj.* ①农业经济的；②农业经济学的

agroeconomista *m. f.* 农业经济师；农业经济学家

agroecosistema *m.* 农业生态系统

agroecotipo *m.* 农业生态型

agroenergética *f.* (以农产品为原料的)农业能源

agroforestal *adj.* 农林(种植)业的

agroganadero,-ra *adj. Amér. L.* 农牧业的

agrogenética *f.* 农业(植物)遗传学

agrogeología *f.* 农业地质学

agrohidrología *f.* 农业水文学

agroindustria *f.* ①农用工业；农产品加工业，农工联合企业；②产业化农业

agroindustrial *adj.* ①(为)农用和工业的；农工的；②产业化农业的
complejo ~ 农工联合体

agrología *f.* (农业)土壤学；实用土壤学

agrologista *m. f.* (农业)土壤学家

agrometeorología *f.* 农业气象(学)

agrometeorológico,-ca *adj.* 农业气象的；农业气候的

agromicrobiología *f.* 农业微生物学

agronegocios *m. pl.* ①农业综合经营；②农业综合企业，企业化农业

agrónica *f.* 农业新技术应用学

agronometría *f.* 土壤肥力学

agronomía *f.* ①农业[事]，农村经济；②农[农艺]学，作物学；农业管理

agronómico,-ca *adj.* ①农(艺)学的，农艺的；②作物学的‖ *m. f.* 农艺师，农艺学家

agronomista *m. f.* 农学家，农艺师

agrónomo,-ma *adj.* 研究农学[农艺]的‖ *m. f.* 农业专家，农学家，农艺师
ingeniero ~ 农业工程师，农业科学家

agropecuario,-ria *adj.* 农牧业的
economía ~a 农牧经济
productos ~s 农牧产品

agropesquero,-ra *adj.* 农渔业的(即农业和渔业的)

agroquímica *f.* 农业[用]化学

agroquímico *m.* 农用化学品(如农药、化肥等)

agror *m.* 酸味

agrosilvicultura *f.* 农林业；农林学

agrosistema *m.* 农业生态系统

agrostema *f.* 〈植〉麦仙翁

agrostología *f.* 禾本植物学

agrostólogo,-ga *f.* 禾本植物学家

agrotecnia *f.* 农产品加工学

agrotécnica *f.* 农业技术

agrotécnico,-ca *adj.* 农业技术的；农艺的‖ *m. f.* 农业技术员
estación ~a 农业技术站

agrótica *f.* 农业信息技术

agroturismo *m.* 乡村[农业]旅游业；农业旅游观光

agroturístico,-ca *adj.* 乡村[农业]旅游的

agrupación *f.* ①分组，分类；②组[集]合；聚[收]集；③(科学分类的)基，群，族，团，组；④(公司联营的)集团；团体，协会，组织；⑤〈乐〉合奏[唱]组
~ de bancos 银行集团，银联
~ de restos 无用单元收集
~ en bloque (计算机)区组化
~ industrial 工业集团
~ local móvil de iones 挤列[子]
~ por industria 按行业分类
~ por su naturaleza 按属性分类
~ socioeconómica ①按社会经济地位进行的人口分类；②按社会经济地位形成的集团
~es de tropas 兵团
~es metiladas 甲基
~es nitradas 硝基

agrura *f.* ①酸味[性，度]；②〈冶〉脆性[度]；③*pl. Méx.* 〈医〉胃灼热；烧心

agua *f.* ①水；②液(体)，汁，露；饮料；*Amér. C. ,And.* 汽[苏打]水；③*pl.* 泉水，矿泉水；④*pl.* 海[河，湖]水；水面[域]；海

域,近海;⑤*pl.*〈海〉海流,洋流;⑥雨;雨水;⑦〈海〉潮(讯,位),水位;⑧〈医〉水剂;⑨(宝石等的)光泽(度);水色(金刚石色泽标准);(木头等)纹路[理];⑩(船的)漏洞,裂缝;⑪(屋顶的)坡面

~ abajo/arriba ①下/上游水,顺/逆水[流];②(船闸)下/上游河段(水域)

~ acidulada 酸性水

~ amoniacal 氨水[液],煤气(水)溶液

~ artesiana 自流(井)水

~ blanca〈化〉白水

~ blanda[delgada]/dura[gorda] 软/硬水

~ bruta 原[生]水,未经处理的水

~ capilar(~ de capilaridad)〈农〉毛细管水

~ carbónica 碳酸水

~ circulante(~ de circulación) 循环[冷却,散热]水

~ compuesta 果汁饮料

~ corriente 流[活,自来]水

~ cruda 硬[生]水

~ (de) cuba *Chil.* 漂白剂

~ de burbuja *Méx.* 汽[苏打,矿泉]水

~ de cal 石灰水

~ de cloro 漂白液

~ de condensación (冷)凝液,凝结水[液]

~ de conductibilidad 标准导电水

~ de constitución 化合水

~ de cristalización 结晶水

~ de enfriamiento 冷却水

~ de fuego 烈酒

~ de fusión de la nieve 融雪水,解冻水

~ de Javel[Javelle] 次氯酸盐消毒液

~ de hidratación 结合水

~ de inyección 地层注水

~ de lavanda 薰衣草香水

~ de lluvia(~ llovediza[llovida]) 雨水

~ de manantial(~ manantial) 泉水;矿泉水

~ de(l) mar 海[咸]水

~ de percolación 渗(滤)水

~ de pozo 井水

~ de reposición 补给水

~ de río(~ fluvial) 河水

~ de rosas 玫瑰露[香水]

~ de sentina 船底污[漏]水

~ del grifo 自来水

~ destilada 蒸馏水

~ dulce 淡水

~ estancada 滞[死]水;平潮

~ esterilizada 无菌水

~ fósil 地下水

~ fuerte 硝酸,镪水;酸洗剂

~ gravitacional 重力水

~ hidrotermal〈地〉热液(水)

~ juvenil[magmática]〈地〉岩浆水

~ madre 卤水,天然咸水

~ meteórica〈地〉天落水

~ mineral 矿泉水

~ mineral con/sin gas 起泡/不起泡矿泉水

~ muerta 平潮,死[静]水

~ nacida *Méx.* 泉水

~ natural 泉水

~ nieve 雨夹雪,冻雨

~ no tratada(~s vírgenes) 生水,未经处理[净化]的水

~ oxigenada 过氧化氢,双氧水

~ para alimentación 补给[饮用]水

~ pesada 重水

~ pluvial〈地〉雨水

~ potable 饮用水

~ puesta *Amér. L.* 雨云

~ quebrantada *Amér. M.*,*Méx.* 温水

~ regia〈化〉王水

~ represada 壅水

~ sal 海[咸]水

~ salada ①咸[海]水;②(输液用)盐水

~ salina 盐水

~ salobre 咸水

~ soda 苏打水

~ subterránea 地下水

~ superficial 地表水

~ termal 温泉水

~ tonica (充酒用)汽水

~ tranquila 静水

~ viento 暴风雨

~ viva ①流(动的)水,活水;②泉水

~s abajo/arriba 顺/逆流,向下/上游

~s amnióticas〈生理〉羊水

~s corrientes 自来水设备[工程],水事工程

~s costeras[jurisdiccionales, territoriales] 领海

~s de cabecera 上游,河源

~s de creciente/menguante 涨/落潮

~s de descarga 下游水,尾水(位)

~s de pantoque 船底污水

~s eutróficas (湖泊)富营养水

~s fecales[inmundas, residuadas] 污水

~s ferruginosas[caliseadas] 含铁矿泉

~s internacionales 公海

~s lénticas[lóticas] 静水(如湖泊、池塘

沼泽中的水)

~s llenas 满潮

~s madres 母液

~s mayores/menores 大/小便

~s muertas 小潮,最低潮

~s negras[residuales] 污[阴沟]水

~s servidas 污[废]水

~s termales 温泉

~s vivas ①活水;②大潮

ablandador de ~ 软水剂,水质软化剂[器]

alimentación de ~ 供[给,加,灌,喂]水

bomba de ~ 环流水泵,循环泵

boquilla de chorro de ~ 喷水枪

calentador de ~ 热水器,(水)加热器

con refrigeración por ~ 水冷式的,水散热的

contador de ~ 水表,水量计,量水器

contenido de ~ 水分,湿度,含水量

contenido total de ~ 土壤水

curado debajo de ~ de mar（木材）水浸法

depuración del ~（给）水处理

distribución de ~ 供水系统,给水设备

elevador de ~ 抽[提]水工具

envoltura de ~ 水衣[套]

excavación para drenaje de ~s 渗滤坑

hacer una vía de ~ 出现漏[裂]缝

manto de ~（地）水平线

poceta de recogida de ~s 井筒集水槽

puerta de ~s abajo/arriba（船闸的）下/上闸首闸门

radiodetector de ~ 水放射性监测器,水质监测器

reutilización de ~ 水再利用

separador de ~ 水分离器

sobre el ~ 水面上的

taponar una vía de ~ 海上堵漏

tirante de ~ bajo una obra 钻进,进展[尺,步]

transporte por ~ 水路运输

tubo de nivel de ~（锅炉的）水位表[计]

tubo principal de una conducción de ~ 给水总[干]管,总水管

vía de ~ 水路[道,系],航道

aguacate *m.*〈植〉①鳄梨;②鳄梨树

aguacatero *m.*〈植〉鳄梨树

aguacatillo *m.*〈植〉月桂

aguacero *m.*①〈气〉阵[暴]雨;②*Col.* 大雨

aguacibera *f.*〈农〉灌溉用水

aguacil *m. Cono S.*〈昆〉蜻蜓

aguada *f.*①蓄[贮]水处;水塘[池];供水处;②（船舶的）淡水供应;③（牲畜的）饮水处[槽];④〈矿〉出水,水淹;⑤〈画〉水彩（颜料）;水彩画;⑥〈建〉刷色,淡涂

aguadura *f.*〈兽医〉(马的)腿痉挛;蹄甲脓肿

aguafuerte *f.*①〈化〉硝酸,镪水;②〈画〉蚀刻画[版];蚀刻术

aguafuertista *m. f.*①蚀刻者[工];②蚀刻画家

aguagoma *f.*（绘画用）阿拉伯树胶;胶水

aguaje *m.*①〈海〉海潮[流];大潮;潮水[汐];②潮浪[汛],强潮流;③*Amér. L.* 阵[暴]雨;④〈海〉航[船]迹;⑤供水处;⑥〈海〉淡水储备;⑦(牲畜的)饮水处

agualotal *m.* 沼泽;湿[沼泽]地

aguamala *f.*〈动〉水母;海蜇

aguamarina *f.*①〈矿〉海[水]蓝宝石;蓝晶;②水[浅]绿色;*Chil.* 海蓝宝石色

aguanieve *f.*〈地〉雨夹雪,雨雪;冻雨

aguano *m.*〈植〉桃花心木;硬红木

aguanosidad *f.*①多水,(物质中的)水分;②潮湿(度),(物质中的)水分;②体液

aguarrás *m.* 松节油,松脂精

aguatinta *f.*〈画〉蚀刻画;凹版腐蚀制版法印制的图画

aguatocha *f.*〈机〉泵;抽(水)机

aguaturma *f.*〈植〉洋姜

aguaverde *f.*〈动〉绿水母

aguaviento *m.*〈气〉暴风雨

aguaviva *f. Amér. L.*〈动〉水母,海蜇

aguazal *m.*〈地〉(雨水、小溪等形成的)洼地

aguazo *m.*〈画〉树胶水彩画

agudeza *f.*①尖[锋,锐]利;②(视觉,听觉,嗅觉等的)灵敏(度),敏锐(度);③(刀锋等的)锐度

~ auditiva 听力,听敏度,听觉(敏)锐度

~ del filo de una cuchilla（刀口）锋[锐]利;锐度

~ visual 视觉敏锐度

agudización *f.*〈医〉(病情的)恶化,加重

agudo,-da *adj.*①尖[锋,锐]利的;②(视觉,听觉,嗅觉等)敏锐的;灵敏的;③〈数〉锐角的;④高[尖]音的;⑤〈医〉急性的(疾病);剧烈的(疼痛);强烈的

ángulo ~ 锐角

irradiación ~a 强烈照射[辐射]

mastitis ~a 急性乳腺炎

suero ~a 急性期血清

agüera *f.* 排水沟;排灌渠

aguijón *m.*①(植物的)刺,刺毛;②(昆虫的)螫针,刺;③(赶家畜的)刺棒;④测杆[条]

águila *f.*①〈鸟〉鹰;②鹰徽[币,旗,像,印];③鹰头勋章;④[A-]〈天〉天鹰座

~ calzada 腿部长满羽毛的鹰

~ barbuda 胡兀鹫

~ bastarda[calzada] 红羽鹰

~ blanca 白鹰(安第斯山的一种兀鹫)

~ culebrera 蛇鹰

~ de río(~ pescadora) 鹗(即鱼鹰)

~ imperial 皂鹫

~ marina 海雕

~ ratera[ratonera] 鸢(因吃鼠类,又称土豹);红头美洲鹫

~ real 金雕(一种鸟)

aguileña *f.* 〈植〉耧斗菜

aguilón *m.* ①〈鸟〉巨鹰;②*And.* 〈动〉高头大马;③〈机〉(悬)起重机,吊机)臂,吊(挺,起重)杆;④〈建〉椽;山墙

~ de buque 货船起重臂

~ en cuello de cisne 鹅颈式起重臂

~ fuera de borda 舷外起重臂

aguilucho *m.* 〈鸟〉①雏鹰;②鹞

aguja *f.* ①针;缝(衣)针;②注射针;③(各类器物的)指针;〈机〉(钢,探,滚,唱,罗盘)针;④〈军〉撞针;(通枪膛的)通调条;⑤〈建〉尖顶[塔],塔尖;⑥〈铁路〉转辙器;⑦(松树等的)针叶;⑧ *pl.* 肋骨[条];肋骨状物;⑨*Amér. C.*, *Méx.* 牛排;⑩〈动〉颚针鱼;*Antill.*(四鳍)旗鱼

~ aspiradora 〈医〉吸针

~ capotera(~ de zurcir) 织补针

~ de arria 打包针

~ de bitácora 罗盘针

~ de calceta 编结针,毛衣针

~ de cambio de vía 滑轨

~ de carburador 汽化器油针

~ de coser 缝衣针

~ de crochet[ganchillo,gancho] 钩针

~ de descarrilamiento 闭锁点,脱逸开关

~ de enhebrar 纫线针

~ de fonógrafo 唱针

~ de hacer punto 编织针

~ de inclinación 磁倾针,(磁)倾角指针

~ de inyección 注射针

~ de jareta 粗针;锥子

~ de marcar 经纬仪

~ de marear 航海罗盘,磁[罗盘]针

~ de media[tejer] 编织针

~ de pino 松针

~ de polvorero 触针,冲[锥]子,通气针

~ de toque (金银纯度验定)测试针

~ hipodérmica 皮下注射针

~ imantada[magnética] 磁[罗盘,指南]针

~ registrada (录音刻纹用)刻针

en sentido inverso de las ~s del reloj 逆时针方向的

agujero *m.* ①孔,洞(眼),孔眼;窟窿;②〈经〉(企业)亏损;债务;赤字;③〈理〉空穴

~ central 中心孔;顶针孔

~ de colada 烟道孔

~ de cubo 井眼

~ de hombre (检修人员用)入孔,检修[维修]孔;探[检查]井;避险洞

~ de inspección[visita] 观察[检验,检视]孔

~ de limpieza 排泥[渣,垢]孔

~ de llenado 输送[输纸,馈入]孔

~ de mirilla 视孔;孔眼

~ de ozono 〈环〉臭氧空洞(每年冬末在南极上空形成)

~ de peso de perno roscado (板牙)排屑孔

~ de pozo 井孔,升降机井道

~ de sal (锅炉)排垢[渣]孔

~ de sondeo 钻[探测]孔

~ de tonel 桶(侧)口

~ de vaciado 放油嘴

~ escariado 钻[镗]孔

~ negro 〈天〉黑洞(任何物质或辐射均无从逃逸的外太空区域)

~ para remache 铆钉孔

~ para remache[bolón] de cabeza embutida 锥口[埋头]孔

~ para visita 孔眼,小[检视]孔

~ perforado 钻孔

~ perforado con dimensiones 通过孔

ensanchamiento con fondo plano del orificio de un ~ (平底)扩[镗]孔

aguzadera *f.* 磨刀石,砥[油]石;砂轮

aguzanieves *f.inv.* 〈鸟〉(白)鹡鸰

Ah *abr.* amperio-hora 〈电〉安(培小)时

ahorquillado,-da *adj.* 叉状[形]的,有(分)叉的

ahorro *m.* ①节省[约,俭],俭省;节省额;② *pl.* 储蓄(额),存款

~ a plazo fijo 定期储蓄

~ con premio 有奖储蓄

~ de combustible 节省燃料

~ de costos 节省成本,节约费用

~ de energía 节能

~ de gastos 节约开支

~ de tiempo 节约时间

~ postal 邮政储蓄

~ privado 私人储蓄

~s líquidos 活期存款[储蓄]

ahusado,-da *adj.* 锭子[纺锤]形的

ahusar *tr.* 使成锭子[纺锤]形,使逐渐变细;斜[锥,尖]削 ‖ *m.* 变成锭子[纺锤]形

aikido *m.jap.* 合气道(日本的一种自卫拳术)

airbag *m.ingl.* (汽车)安全气囊

aire *m*. ①空气;②大气;气团;③风;气流;④〈乐〉〈歌〉曲,曲调;节奏;⑤〈医〉吞气症

~ acondicionado 空调

~ adicional 辅助[二次,补给]空气

~ agitado 混动[颠簸]气流

~ ártico 〈地〉北极气流

~ caliente 热(空)气流,热风

~ circulante 环流空气

~ claro 〈地〉清新空气

~ colado 过(穿)堂风

~ complementario (~ de reserva) 补(充)吸气

~ comprimido 压缩(空)气

~ contaminado 〈环〉〈医〉污浊[染]空气

~ continental 〈地〉大陆气流;〈气〉大陆气团

~ de familia 家庭成员间的外貌相像;(像家庭成员般的)约略相似

~ detonante 沼气

~ dínamo 冲压空气

~ fresco 新鲜[清新]空气

~ inflamable 易燃[爆](空)气

~ insuflado 〈机〉〈内燃机〉吹[鼓]风

~ inyectado 吹(送,鼓)风

~ libre ①大气,周围空气;②户[室,野]外,露天

~ líquido 〈化〉液体[态]空气

~ marítimo ①〈地〉海洋性气流;②〈气〉海洋性气团

~ polar ①〈地〉极地气流;②〈气〉极地气团

~ saturado 〈地〉饱和空气

~ seco 干空气

~ sólido 固体空气

~ suplementario 补(充)吸气

~ tropical ①〈地〉热带气流;②〈气〉热带气团

~ viciado 污浊空气

abrazadera de tubería de ~ 空气管道卡箍

amortiguador de ~ (空)气(缓冲)垫,气垫[褥,枕]

anillo de entrada de ~ 进气环箍

aparato de probar por ~ 漏气试验装置

aspirador de ~ 排气[抽风]机

bolsa de ~ 气袋[囊];〈汽车〉气锁[闸,塞]

boyantez en el ~ 空气浮力

canal de ~ (炉、灶等的)通风道,排气道

comunicación ~-tierra 陆空通讯联络

conductos al ~ libre 外露管道

deflector de ~ 空气偏导器,导[折]流板

depurador de ~ autolimpiador 空气自动净化器

desplazamiento del ~ 排气量

dispositivo de presión de ~ 空气压力表[计],空气压强计

espacio de ~ 气[空]隙

espacio de ~ rarificado 真空空间

evacuación[extracción] de ~ 抽气

extractor de ~ 排气机,抽风机

hendidura por la que pasa el ~ 通风[通气]管

inestabilidad del ~ 混动空气,颠簸性

inyección de ~ 加[注]气

inyección de ~ comprimido 空气升液

manguera de ~ 进气口,风扉

motor de ~ caliente 航空[空气]发动机

obturado por ~ 气隔的,被空气阻塞的

obturador de ~ 气封

orificio de evacuación de ~ 气口[门]

pila con despolarizante de ~ 空气电池

presionización del ~ 气密,高压密封

purgador de ~ (空)气阀,气门

ráfaga de ~ 气浪,(空)气流

rozamiento del ~ 空气摩擦

separador de ~ comprimido 防气阀,空气阱

tolva de ~ 进气口[道],空气口,(招)风斗;圆锥形风标

tornillo de válvula de ~ auxiliar 气阀螺钉

válvula de escape de ~ 排[放]气阀

aire-aire *adj*. 空对空的

misil ~ 空对空导弹

aire-tierra *adj*. 空对地的

misil ~ 空对地导弹

aireación *f*. ①通风,通气(性);②空气流通

~ del suelo 土壤通气性

aireador *m*. 〈机〉充气机

airómetro *m*. 〈技〉量气计

airón *m*. ①〈鸟〉苍鹭;②(禽类的)冠;冠毛

aislación *f*. ①隔离,孤立;②〈电〉绝缘,隔离层

~ de sonido 声绝缘;隔声[音]

~ térmica 热绝缘

aislado,-da *adj*. ①单独的,孤立[单]的;②分[隔]开的;隔断[绝,离]的;③〈电〉绝缘的

~ al[con] papel 纸绝缘的

~ con caucho 橡胶绝缘的

~ térmicamente 隔热的,不传热的,保温的

alambre[hilo] ~ 绝缘线

conductor ~ 绝缘导线

cuerpo ~ 被绝缘体,包覆绝缘层

neutro ~ 不接地中(性)点(线)

aislador,-ra *adj.* ①〈电〉〈理〉绝缘的；②隔离[绝]的 ‖ *m.* 〈电〉〈理〉绝缘体[子，物，器]；绝热体；隔电子
~ de campana 钟形绝缘子
~ de cruce 绝缘套管，充油（绝缘）套管
~ de entrada 引入绝缘管
~ de parada 茶托隔电子
~ de porcelana 陶瓷绝缘子，瓷绝缘物
~ de suspensión 悬挂绝缘子
~ de tornillo 针形[装脚]绝缘
~ de transposición 交叉绝缘子
~ de vidrio 玻璃绝缘子
~ defectuoso 漏电[不合格]绝缘子
~ eléctrico 〈电〉绝缘子
campana de ~ 隔电子[绝缘子]外裙

aislamiento *m.* ①隔[分]离，隔绝；②〈电〉〈理〉绝缘；绝缘体[材料]，隔层
~ al aceite 油绝缘
~ acústico 声绝缘；隔声[音]
~ cromosómico 染色体分离
~ de caucho 橡胶绝缘
~ de cerámica 陶瓷绝缘
~ de corcho 软木绝缘
~ de mica 云母绝缘
~ de sonido(~ fónico) 隔声[音]，声绝缘
~ de vidrio 玻璃绝缘
~ ecológico[geográfico] 环境隔离
~ etológico 种群隔离
~ genético 基因隔离
~ interelectródico 电极间绝缘
~ sensorial 感觉丧失
~ térmico 热绝缘体
aparato para medir el ~ 绝缘测试器
aparato para verificar el ~ 绝缘校准器
material de ~ térmico 保温材料
relación entre el diámetro del alma y el espesor del ~ 〈电缆〉心(直)径比

aislante *adj.* ①隔绝的，隔离的；②〈电〉绝缘的；〈理〉绝热的 ‖ *m.* ①〈电〉〈理〉绝缘体[子，物，器]；绝热体；隔电子；②隔离物；(铺在地上的)防潮布
~ de cambray 细麻[黄蜡]布绝缘(材料)
~ de huevo 卵形绝缘子
~ del[al] calor 隔热(的)
~ del sonido 隔声(的)
~ líquido 液体绝缘体
~ eléctrico 〈电〉绝缘材料
~ térmico 绝热材料
~s acústicos 隔音材料
capa ~ 〈建〉保温层
cinta ~ 绝缘胶带
columna ~ 绝缘套管[筒]

compuesto ~ 绝缘化合物
concreto ~ 绝缘混凝土
condensador ~ 隔直流电容器
pared ~ 隔(离)墙
partícula ~ 介质粒子，绝缘质点
placa ~ 绝缘板
taburete ~ 绝缘座
tubo ~ 绝缘管

aislatorio,-ria *adj.* 〈电〉〈理〉①绝缘的；②用作绝缘[隔热]材料的

aizoáceo,-cea *adj.* 〈植〉番杏科的 ‖ *f.* ①番杏科植物；② *pl.* 番杏科

ajarafe *m.* 〈地〉台地(地势高而平的陆地)；高原

ajedrea *f.* 〈植〉香薄荷

ajedrezado,-da *adj.* ①有格子花的；交错的；②〈棋盘〉格式的
firme[pavimiento] ~ 方格[直角交缝式]块料路面

ajenjo *m.* ①〈植〉蒿属植物；苦艾；②苦艾酒

ajiaceite; ajoaceite *m.* 蒜油

ajimez *m.* 〈建〉中分拱顶窗

ajo *m.* ①〈植〉大蒜；②蒜，蒜头[瓣]

ajolote *m.* 〈动〉美西螈

ajonjolí *m.* 〈植〉芝麻

ajustabilidad *f.* 可调(整，节)性；调整能力

ajustable *adj.* ①可调(整，节，准)的；②可准的
condensador ~ 变量[可调(整)]电容器
escariador ~ 可调(整，节)铰刀

ajustado,-da *adj.* ①合适[身]的；(衣服)紧[贴]身的；②〈机〉密接[配]的；③(已)调整的，校准的 ‖ *m.* 调整[节]；校正
~ a la derecha/izquierda 〈信〉(屏幕或页面)右/左对齐
muy ~ 密级配的

ajustador,-ra *adj.* 调整[节]的 ‖ *m.* ①〈机〉调节[整]器[机构]，调准装置；②〈技〉校准器；③(女用)紧身胸衣 ‖ *m.f.* ①调整[节]者，调整[装配]工；②理算人[师]；③〈印〉拼版工 *Arg.* 〈机〉机修[安装]工
~ a cero 零点调整器，归零器
~ de accidentes 事故赔偿理算人[师]
~ de seguros 保险理算[精算]师
calibre ~ 划针盘

ajustamiento *m.* ①调节[整，准，配]，校[配]准；②〈商贸〉理[结]算
~ forzado 压(入)配合
~ manual 手调，人工调整面

ajuste *m.* ①调整[节]；校正；②配置，调配；③〈商贸〉理[清]算；④〈法〉(律师等)聘用定金；⑤ *Méx.* 检修(发动机等)；⑥〈印〉拼版，排字

~ a plena carga 满载[全负荷]调整

~ al medio 舍入

~ con apriete 紧[静,牢]配合

~ cíclico 周期性调整

~ de averías 海损理算

~ de cambio 调高汇率

~ de cuentas 结[清]账

~ de cuotas 规定配额

~ de la imagen 图像定位

~ de plantilla 劳动力调配

~ de precios 调节价格(尤指下调)

~ de precisión 精调(整)

~ de rotación libre 软[松]动配合

~ de salarios 调整工资,工资调整

~ de tiempo 调整时间

~ del balance 损益清算

~ dinámico 动态调整

~ duro 精确配合,紧[牢]配合

~ económico 经济调整

~ estacional 季节性调整

~ estructural 结构调整

~ financiero 财务结算

~ forzado 紧[牢]配合

~ holgado 松配合

~ laboral 劳动力调配

~ libre 轻推配合

~ por contracción 冷缩配合

~ presupuestario 预算结算

anillo de ~ 〈军〉调整环

decibel de ~ 〈电〉调整分贝

ajustón *m*. ①〈机〉紧配合装置；② *Ecuad.* 挤(压)

Al 〈化〉元素铝(aluminio)的符号

ala *f*. ①(鸟,昆虫等的)翼；翅(膀)；翼(状物)；②〈空〉(机)翼；(螺旋桨)翼板,叶片；(车辆的)翼子板；③〈军〉侧翼(部队)；④〈建〉(屋)檐；配楼；耳房；⑤〈体〉边锋(位置)；⑥翼状部(如鼻翼等)；(心脏的)心耳；⑦(桌子四边可折叠的)折板；(门窗的)活动折页；⑧〈植〉翼瓣；⑨〈戏〉(舞台的)侧面[景]；⑩见 ~ del hígado ‖ *m. f.* 〈体〉(足球、冰球等运动中的)边锋(位置)

~ atirantada 机撑(翼)

~ batiente 扑翼

~ corta 短(机)翼

~ de perfil fuselado 流线型机翼

~ del corazón 心房

~ del hígado 肺叶

~ del tejado 屋檐

~ derecha/izquierda 右/左边锋

~ en delta(~ triangular) 三角(机)翼

~ en flecha 后掠翼

~ en media luna 镰形机翼

~ portadora 机翼,翼型

~ rebajada 低[下]翼

~ replegable 折叠式机翼

alargamiento de un ~ 展弦比

carga del ~ 翼载荷

curvatura de ~ 翼型弧高

depósito de extremo de ~ 翼尖[梢]油箱

enlucido para las telas de las ~s（机翼）涂布油；明胶

envergadura del ~ （飞机）翼展[长]

extremo de ~ 机翼端,翼尖[梢]

extremo de ~ desmontable 可折[装,卸]机梢

fijación del ~ 机翼连接(法)

incidencia del ~ 机翼倾角

junta del ~ 机翼连接(法)

medio ~ (足球运动中的)中卫；中卫球员

alabandina,-ita *f*. 〈矿〉硫锰矿

alabastrina *f*. 雪花石膏片

alabastrino,-na *adj*. 雪花石膏制的

figura ~a 雪花石膏雕像

alabastro *m*. 〈矿〉①雪花[细白]石膏；②条纹大理岩[石]

~ oriental 条带状大理岩

vidrio de ~ 乳白[雪花]玻璃

álabe *m*. ①(涡轮)叶片[板],桨[轮]叶；(轮)翼；②(齿轮的)齿；③(水车的)戽斗；④(树的)垂枝

~ articulado 活桨叶

~ de turbina de gas 燃气涡轮机叶片

~ directriz 导叶(片)

~ distribuidor 导向[流]叶片,(涡轮)导叶,旋闸

~ fijo 固定式导叶

~ motriz 动[转动]叶片

~ móvil 旋转式叶片

~s de acción 冲击式(涡轮)叶片

~s de reacción 反动式叶片

~s de rotor 转子叶片,旋翼叶片,(转)轮叶(片)

curvatura de ~ 叶片曲率[度]

ruedas de ~s 桨[叶,涡]轮

alabeado,-da *adj*. ①成螺旋状的；②卷曲的,翘曲的,翘棱的

taladro ~ 螺旋[麻花]钻

alabeo *m*. ①翘[扭,压,挠,卷]曲；②弯曲(度),曲面

efecto de ~ 翘曲[弯翘]作用

alacha *f*. 〈动〉(欧洲)鳀

alacrán *m*. 〈动〉蝎子

alacrimia *f*. 〈医〉无泪

alado,-da *adj*. ①有翅膀的；②〈植〉翅状的

alalia *f*. 〈医〉言语不清, 哑

álalo,-la *adj.* 〈医〉言语不清的, 患失音症的
‖ *m. f.* 失音症患者, 言语不清的人

alambicamiento *m.* 蒸馏

alambique *m.* ①蒸馏罐[器, 釜]; 净化器具;
②*Amér. L.* 酿酒厂

~ al vacío 真空蒸馏器

~ de descomposición 铸铁蒸馏罐

~ de tubos 管式蒸馏釜

~ solar 太阳能蒸馏器

alambiquería *f. Cari.* ①蒸馏室; ②酿酒厂

alambrado *m.* ①金属丝网; ②铁丝栅栏, 铁
丝网; ③电线; 电线系统

alambre *m.* ①(铁, 钢, 铜)丝, 金属丝[线];
②金属丝网; ③导线, 电线[缆]

~ aislado 绝缘线

~ aislado con algodón 纱包绝缘线

~ aislado con caucho 橡胶绝缘线

~ cargado 通电电线

~ de acero 钢丝

~ de aluminio 铝丝

~ de Archal 捆扎用钢丝

~ de arrastre 〈航〉阻力张线

~ de atirantado 系紧线; 浪风绳

~ de bronce 青铜丝[线]

~ de bronce fosforoso 磷青铜丝[线]

~ de cobre 铜丝[线]

~ de hierro 低碳钢丝

~ de latón 黄铜丝

~ de níquel-cromo 镍铬合金

~ de nudo 明[裸]线

~ de pararrayos 避雷针导线, 避雷器

~ de platino 铂[白金]丝

~ de púas (~ espinoso) (带)刺铁[钢]
丝, 铁蒺藜

~ de tierra (接)地线

~ eléctrico 电线

~ encerado 蜡线

~ estirado en frío 冷拉钢丝

~ forrado 绝缘线

~ frenador 锁紧用钢丝

~ fusible 熔[保险]丝, 熔断线

~ galvanizado 镀锌丝[线]

~ para hacer respiraderos 通气[气眼]针

~ para soldar 焊条[丝]

~ piloto 领示[控制]线

~ recubierto 被覆线

~ recubierto de seda 丝包线

~ retorcido 绞合线, 股线

~ sin aislar 裸线, 裸铜丝

~ suspendido 吊线[丝]

~ tensor 拉[张紧]线

barra de estirar ~ 拉丝机, 拉床

cepillo de ~ 钢丝刷

rayo de ~ 钢丝辐条, 车条, 线辐条

rejilla de ~ 线栅

alambrera *f.* 金属丝网[罩], 铁纱(罩)

alambrón *m.* 盘条, 线材

alamillo *m. Méx.* 〈植〉颤杨

álamo *m.* ①〈植〉杨; 杨树; ②杨木

~ blanco 白杨

~ de Italia 箭杆杨, 钻天杨, 笔杨

~ negro 黑杨

~ templón (欧洲)山杨; (北美洲)大齿杨

alanilo *m.* 〈化〉丙氨酰(基)

alanina *f.* 〈生化〉丙氨酸

alanita *f.* 〈矿〉褐帘石

alantoide *adj.* 〈植〉香肠状的

alantoideo,-dea *adj.* ①〈动〉尿囊的; 尿囊样
的; ②香肠状的

arteria ~a 尿囊动脉

circulación ~a 尿囊循环

alantoides *m.* 〈解〉尿囊

alantoína *f.* 〈生化〉尿囊素

alargada *f.* 拉[伸, 放, 延, 加, 拖]长

alargadera *f.* ①承接器, 接合器; ②长颈烧
瓶; (曲颈瓶的)玻璃接管; ③(器物的)加
[延]长部件; ④〈电〉接线板

alargado,-da *adj.* 拉[伸, 放, 延, 加, 拖]长的

alargador,-ra *adj.* 接[放, 延]长的 ‖ *m.* ①
加[延]长部件; ②*Cono S.* 〈电〉延长电线;
接线板

alargamiento *m.* ①加[放, 拉, 伸, 延]长; ②
延伸率; ③推迟, 延期; ④增加(工资, 口粮
等); ⑤〈建〉扩建部分

~ de rotura 致断延伸率

~ permanente 永久[剩余]伸长

~ total 延长部分

relación de ~ 径长比, 长细比, 展弦比

alarife *m. f.* 〈建〉①建[营]筑师; ②营造业
者; 监工; ③泥瓦工

alarma *f.* ①警报; ②警报器[机]; 告警(机,
信号, 装置); 警铃[笛], 报警信号[装置];
③〈军〉战斗号令

~ aérea 空袭警报

~ antiaérea 防空警报

~ antiincendios 火灾警报; 火灾警报器, 报
火机

~ antirrobo ①汽车防盗报警器; ②(家庭)
防盗报警器

~ automática 自动报警器

~ contra el gas 〈矿〉瓦斯警报装置

~ contra[de] incendios 火灾警报; 火灾警
报器, 报火机

~ contra ladrones[robos] 防盗警报器

~ de alto nivel 高级警报器[机]

~ de batería 电池警报器[机]

~ de ladrones（家庭）防盗报警器

~ del tipo de sirena 汽笛警报器[机]

~ falsa 虚[误]警，假[错误]警报

~ visual 可见信号设备；光报警信号

reacción de la ~ 〈心〉紧急反应

red demando de ~ 警报器控制装置

relé de ~ 报警（信号）继电器

señal de ~ 警报（信号），紧急[非常]信号

sistema de ~ 警报信号系统

alarque *m*. *Amér*. *L*. 拉[伸，放，延，加，拖]长

alasquita *f*. 〈地〉白（花）岗岩

alastrim *m*. *ingl*. 〈医〉乳白豆，类天花

alazán,-ana *adj*. 栗色的；红褐色的 ‖ *m*. ① 栗色；红褐色；② 〈动〉栗色马；栗色的动物

alazor *m*. ① 〈植〉红花；② 干红花花瓣；③ 红花染料；④ 〈药〉红花素

aceite de ~ 红花油

albacora *f*. 〈动〉①（长鳍）金枪鱼；② 狐鲣

albahaca *f*. 〈植〉罗勒属植物；罗勒

albalastrilla *f*. 测距仪

albamicina *f*. 〈生〉阿巴霉素

albañil *m*.*f*. ① 〈建〉〈砖〉砌工，泥瓦工[匠]，泥水匠；② 建筑工人，施工人员

albañilería *f*. 〈建〉① 砌砖[筑]；砖石工程[结构]；② 泥瓦工技术[行业]

trabajo de ~ 砌砖工作；砌造部分

albarán *m*. 〈商贸〉① 交货清单[证书]；②（货物的）托运（单）

albarda *f*. ① 鞍子；马[驮]鞍；② *Amér*.*C*.，*Méx*. 皮马鞍；③ *Chil*. 轭具

~ sobre ~ 〈建〉桩结构房屋，叠床架屋

albaricoquero *m*. 〈植〉杏树

~ de Cuba *Amér*.*L*. 曼密苹果

albariza *f*. 〈地〉咸水湖

albarrada *f*. ① 墙；壁；② 水箱[塔]；蓄水池

albata *f*. （锌）白铜

albatros *m*.*inv*. 〈鸟〉信天翁

~ chico(~ de ceja negra) 黑顶信天翁

~ de frente blanca 白顶信天翁

albayaldado,-da *adj*. 涂铅白的

albayalde *m*. ① 〈化〉铅白，碱式碳酸铅；② 〈矿〉铅白矿

albedo *m*. ① 〈天〉（星体）反照率；② 〈理〉反照率；漫反射系数

albedómetro *m*. 反照率计

albéitar *m*. 兽医

albeitería *f*. 兽医学

albérchigo *m*. 〈植〉① 桃子；桃树；② 黏核桃；黏核桃树

albérchiguero *m*. 〈植〉① 桃树；② 黏核桃树

albero *m*. 〈地〉白黏土

albertita *f*. 〈矿〉黑沥青

albica *f*. 漂白土；白土层

albina *f*. ① 〈地〉盐湖；② 盐碱地；盐沼泽地（由海水形成的沼泽）

albinismo *m*. ① 〈医〉白化病；② 〈植〉白化现象

albino,-na *adj*. 〈医〉患白化病的 ‖ *m*.*f*. 患白化病的人（或动植物）‖ *m*. 〈生〉白化体

albinótico,-ca *adj*. 〈医〉① 白化病的；② 有白化病趋向的

fondo ~ 白化病眼底

albita *f*. 〈矿〉钠长石

albitita *f*. 〈地〉钠长岩

albitización *f*. 〈矿〉钠长石化

albomicina *f*. 〈药〉白霉素

alborada *f*. ① 黎明，拂晓；② 〈军〉起床号

albufera *f*. 〈地〉泻[澙海，环礁]湖

albugínea *f*. 〈解〉〈医〉白膜

albugíneo,-nea *adj*. 〈解〉〈医〉白膜的；像白膜的

albuginitis *f*.*inv*. 〈医〉白膜炎

albugo *m*. 〈医〉角膜白斑

albumen *m*. ① 蛋白[清]；② 〈植〉胚乳

albúmina *f*. 〈生化〉清[白]蛋白

~ A 白蛋白 A

~ X 白蛋白 X

~ alcalina 碱性蛋白

~ del plasma 血浆白蛋白

~ del suero 血清白蛋白

~ urinaria 尿白蛋白

~ vegetal 植物白蛋白

albuminado,-da *adj*. ① 蛋白的，蛋白似的；② 含白蛋白的；③ 〈植〉有胚乳的

albuminato *m*. 〈生化〉清蛋白盐

~ de hierro 白蛋白铁

albuminoide *adj*. 〈生化〉① 蛋白质的；② 蛋白似的 ‖ *m*. 〈生化〉① 拟[类，硬]蛋白；② 蛋白质

albuminólisis *f*. 〈生化〉白蛋白分解

albuminometría *f*. 〈生医〉白蛋白定量法

albuminómetro *m*. 〈生化〉白蛋白定量器

albuminosis *f*. 〈生化〉白蛋白增多

albuminoso,-sa *adj*. ① 蛋白的，蛋白似的；② 含白蛋白的；③ 〈植〉有胚乳的

célula ~a 蛋白细胞

albuminuria *f*. 〈生医〉蛋白尿

~ almentaria 饮食性蛋白尿

~ atlética 运动性蛋白尿

~ falsa 假性蛋白尿

~ funcional 机能性蛋白尿

~ renal 肾性蛋白尿

albumosa *f*. 〈生化〉朊

albur *m*. 〈动〉欧鲌(一种欧洲产鲤科淡水鱼)

albura *f*.；**alburno** *m*.〈植〉白木质，边材

alburnoso,-sa *adj*. 白木质[性]的

alca *f*.〈鸟〉刀嘴海雀

alcachofa *f*. ①〈植〉洋[朝鲜]蓟；②莲蓬式
物件；③麦克风，话筒
~ de ducha (淋浴的)莲蓬头
~ de regadera (喷壶、水管等的)莲蓬式洒
水口

alcachofera *f*.〈植〉洋蓟

alcalemia *f*.〈医〉碱血(症)

alcalescencia *f*.〈化〉〈微〉碱性；碱化

alcalescente *adj*.〈化〉〈微〉碱性的；碱化的
‖ *m*.〈化〉微碱性物质

álcali *m*.〈化〉①碱；强碱；②碱金属
~ orgánico 有机碱
~ vegetal 植物碱
quemadura por ~ 碱烧伤

alcálico,-ca *adj*. ①碱的，含碱的；②(岩石)
碱性的

alcalimetría *f*.〈化〉碱测定法；碱量滴定法；
碳酸定量法

alcalimétrico,-ca *adj*.〈化〉碱量滴定的
análisis ~ 碱量滴定分析

alcalímetro *m*.〈化〉①碱量计，碱度计[表]；
②碳酸定量计

alcalinidad *f*.〈化〉碱度[性]；含碱量

alcalinización *f*. *Chil*. 碱化

alcalinizador,-ra；**alcalinizante** *adj*. *Chil*.
碱化的，(使)呈碱性的

alcalino,-na *adj*.〈化〉①碱性，含[似]碱
的；②含碱量超过正常的；碱性的
dieta ~a 碱性饮食
fusión ~a 碱溶法
hidrólisis ~a (加)碱(水)解
líquido ~ 碱(溶)液
marea ~a 碱潮
metales ~s 碱金属
procedimiento ~ 碱液电镀锡法
reacción ~a 碱性反应
reactivo ~ 碱性试剂
solución ~a 碱(溶)液
suelo ~ 碱土
tierra ~a 碱地
tolerancia ~a 碱耐量

alcalinotérreo,-rea *adj*.〈矿〉碱土类的
‖ *m*. 碱土

alcalioso,-sa *adj*.〈化〉碱性的，含碱的

alcalipenia *f*.〈医〉碱度减少

alcaliterapia *f*.〈医〉碱疗法

alcalización *f*.〈化〉碱化(作用)

alcalizado,-da *adj*. (已)碱化的

urina ~a 碱化尿液

alcalizador *m*. ①〈化〉碱化剂；②石灰槽

alcalizar *tr*. 使碱化；使成碱性

alcalofílico,-ca *adj*.〈生〉嗜碱的

alcaloideo,-dea *adj*.〈生化〉生物碱的

alcalosis *f*.〈医〉碱中毒；增碱症

alcaluria *f*.〈医〉碱尿(症)

alcance *m*. ①(作用,有效,所及)范围；②(作
用,飞越,可达)距离；③射[行,路]程；④
(专业,知识)领域；⑤亏损[空]额；⑥(报纸
开印后临时加插的)最新消息；*Amér. L.*
(报纸的)号外；⑦(车辆)轻微碰撞
~ de la auditoría 审计范围
~ de la coberatura (保险条款中的)责任
范围
~ legal 法律效力
al ~ de la mano ①在手边；在手臂可及范
围；②*Amér. L.* 容易办[得]到,唾手可得
al ~ de la vista 在目视[目力所及]范围,
在看得见的地方
al ~ de la voz 在叫喊应的地方
al ~ de todos 适合大众水平的
al ~ del oído 在听觉范围,在听得见的地
方

alcanfor *m*. 樟脑
~ crudo[natural] 天然樟脑
~ en polvo 樟脑粉
~ sintético 合成樟脑
ungüento de ~ 樟脑软膏

alcanforado,-da *adj*. 含樟脑的

alcanforero *m*.〈植〉樟树

alcanfórico,-ca *adj*. 樟脑的

alcanforismo *m*. 樟脑中毒

alcanforomanía *f*. 樟脑瘾

alcano *m*.〈化〉链烷,链(属)烃

alcantarilla *f*. ①涵洞,暗渠；②〈环〉阴沟；下
水道,污[排]水管；③*Méx*. 水塔[箱]；④
Cari.；*Méx*.(公共场所的)喷泉
~ abovedada 拱(形)涵(洞)
~ de cajón[platabanda] 箱(形)涵(洞)
~ sanitaria 下水道

alcantarillado *m*. 下水道系统[工程]

alcantarillero *m*. 下水道管理工

alcaparra *f*.〈植〉槟榔属植物(尤指刺山柑)

alcaparrosa *f*. (天然结晶的)硫酸亚铁,(水)
绿矾

alcaptonuria *f*.〈生化〉〈医〉尿黑酸尿(症)

alcaraván *m*.〈鸟〉欧石鸻

alcaravea *f*.〈植〉①葛缕子；②葛缕子籽

alcarsina *f*.〈化〉卡可基酸氧化物

alcatraz *m*.〈鸟〉①塘鹅；②*Chil*. 鹈鹕

alcaucil *m*. *Cono S*.〈植〉洋[朝鲜]蓟

alcaudón *m*.〈鸟〉伯劳(喙弯而坚)

alcayota *f*.〈植〉笋[倭]瓜；西葫芦

alcázar *m*. ①〈海〉后甲板；②要塞，城堡

alcazuz *m*.〈植〉甘草

alce *m*.〈动〉麋[驼，美洲赤]鹿
~ de América 麋[美洲赤]鹿

alco-nafta *m*. 酒精汽油混合液

alcohilación *f*.〈化〉烷基取代（作用）；烷（烃）化（作用）

alcohilato *m*.〈化〉烷基化；烷（基）化（产）物，烃化（产物）

alcohilénico,-ca *adj*.〈化〉烷基化的
compuesto ~〈化〉烷基化合物

alcohógeno,-na *adj*. *Amér. L*. 产生乙醇的

alcohol *m*. ①〈化〉醇；②酒精，乙醇；③含酒精的饮料，酒
~ absoluto 无水酒精
~ alcanforado 樟脑醇
~ aldehído 醛醇
~ alifático 脂肪醇
~ alílico 丙烯[烯丙]醇
~ amílico 戊醇
~ aromático 芳香醇
~ bencílico 苯甲醇
~ butílico 丁醇
~ caprílico 辛醇
~ cetílico 十六（烷）醇
~ de buena clase 高级醇
~ de madera 木醇[精]，甲醇
~ de quemar(~ desnaturalizado)（工业用）变性酒精，变质[含甲醇]酒精，甲基化酒精
~ de patatas 杂醇油
~ diácetono 二[双]丙酮醇
~ divalente 二元醇
~ etílico 乙醇，普通酒精
~ hexílico 己醇
~ industrial 工业酒精[乙醇]
~ isopropílico 异丙醇
~ metílico 甲[木]醇；木精
~ primario 伯醇
~ polivinílico 聚乙烯醇
~ propílico 丙醇
~ secundario 仲醇
~ terciario 叔醇
~ vinílico 乙烯醇
~es alifáticos 脂族醇
~es inferiores 低级醇
~es monohídricos 一元醇，一羟基醇
~es pentahídricos 五元醇
~es trihídricos 三元醇
baño de ~ 酒精擦浴
prueba de ~ gástrico 醇胃试验

termómetro de ~ 酒精温度计

alcoholato *m*. ①〈化〉醇化物；醇淦，烃氧基金属；②〈医〉乙醇化物

alcoholemia; alcoholaemia *f*.〈医〉醇血
prueba[test] de ~ 醇血检查，呼气测醉

alcohólico,-ca *adj*. ①（乙）醇的，（含）酒精的；②由酒精引起的
bebidas ~as 酒精饮料
cirrosis ~a 酒精性肝硬化
neuropatía ~a 酒精性神经病

alcoholificación *f*. 酒精发酵；醇化

alcoholimetría *f*. ①醇[酒精]定量法；②呼气测醉（法，术）

alcoholímetro *m*. ①醇[酒精]比重计；②呼气测醉器

alcoholisis *f*.〈化〉醇解

alcoholismo *m*. ①酒精中毒；②酗酒

alcoholización *f*. ①醇化（作用），精馏，酒精饱和；②〈医〉酒精疗法

alcoholofilia *f*. 酒癖

alcoholometría *f*. 酒精测定（法）；醇[酒精]定量法

alcohólometro; alcohómetro *m*. 醇[酒精]比重计；醇定量计

alcoholoterapia *f*.〈医〉酒精疗法

alcohomóvil *m*. *Chil*. 以酒精为燃料的汽车

alcol *m*. ①〈化〉醇，酒精；②*Amér. L*. 烈性酒

alcornoque *m*.〈植〉软木（橡）树

alcosol *m*.〈化〉醇溶胶

alcotest *m*.〈医〉醇血检查

alcubilla *f*. ①水箱[塔]；②蓄水池，水库；③水车用贮水池

alcuza *f*. ①（加）油壶；②运油车

Aldebarán *m*.〈天〉毕宿五；金牛座 α 星

aldehidasa *f*.〈化〉醛酶

aldehído *m*.〈化〉①醛；②乙醛
~ acético 乙醛
~ aromático 芳香醛
~ benzoico 苯（甲）醛
~ fórmico 甲醛
~ insaturado 不饱和乙醛
~s alifáticos 脂族醛
oxidasa del ~ 醛氧化酶

aldohexosa *f*.〈化〉己醛糖

aldol *m*.〈化〉丁间醇醛

aldolasa *f*.〈生化〉醛缩酶

aldorta *f*.〈鸟〉夜鹰

aldosas *f. pl*.〈化〉醛（式）糖

aldosterona *f*.〈化〉醛甾[固]酮

aldrin *m*.; **aldrina** *f*.〈化〉〈药〉艾氏剂（一种剧毒杀虫药）

aleación *f.* 〈冶〉①熔合[结],合铸;②合金
~ a base de cobre 铜基合金
~ a base de estaño 锡基合金
~ a base de plomo 铅基合金
~ antiácida 抗[耐]酸合金
~ antifricción 巴比[抗摩擦]合金
~ binaria 二元合金
~ blanca 白[巴氏]合金
~ cobre níquel (锌)镍铜合金
~ cromo molibdeno 铬钼合金
~ cuaternaria 四元合金
~ de acero 合金钢
~ de aluminio 铝合金
~ de imprenta 铸造铅字用合金
~ férrica[ferrosa] 铁合金
~ fusible 易熔合金
~ inoxidable 不锈合金
~ ligera[liviana] 轻合金
~ nativa de oro y plata 琥珀金(金银合金)
~ para soldaduras 硬钎料
~ pesada 硬[高密度]合金
~ resistente a las altas temperaturas (耐)高温合金,耐热合金
~ ternaria 三元合金
componente de ~ 合金成分[元素]
ley de una ~ 成色,纯度
aleado,-da *adj.* 〈冶〉合金的
acero débilmente ~ 低合金钢
aleatoriedad *f.* 随机[无序,无规,偶然]性;无序度
aleatorio,-ria *adj.* ①随便[意]的;随[任]意(选择)的;偶然的;②〈统〉随机的;无规(则)的 ‖ *m.* 〈统〉随机
entrada ~a 随机入口
error ~ 随机误差[故障]
función ~a 随机函数
muestra ~a 随机样本
muestreo ~ 随机[意]抽样
número ~ 〈数〉随机数
partida ~a 〈数〉随机项
ruido ~ 随机噪声
variable ~ 随机变量
aleatorización *f.* ①〈统〉随机化;②无[不]规则化
alefriz *m.* ①(插,塞)孔,(插)座;②〈海〉槽口,嵌槽;③切[接,缺,企]口
~ de la quilla 龙骨槽口
alegación *f.* 〈法〉辩护,抗辩;辩护词
~ de culpabilidad/inocencia *Méx.* 有/无罪辩护
~ de justificación 无过失抗辩

alegato *m.* ①〈法〉(书面)起诉;起诉书;②(口头)辩解,抗辩;陈[供]诉
alegrador *m.* 〈机〉扩孔器[钻]
alegreto *m.* 〈乐〉小快板(乐曲)
alegro *m.* 〈乐〉快板(乐曲)
alelia *f.* 〈遗〉等位[对偶]基因
alélico,-ca *adj.* 〈遗〉等位[对偶](基因)的
exclusión ~a 等位(基因)排斥
gene ~ 等位[对偶]基因
alelismo *m.* 〈遗〉等位[对偶]性,等位效应
alelo; alelomorfo *m.* ①〈遗〉等位[对偶]基因;②等位片段
~ codominante 等[共]显性等位[对偶]基因
~ dominante 显性等位[对偶]基因
~ recesivo 隐性等位[对偶]基因
alelomorfismo *m.* 〈遗〉等位[对偶]基因
alelopatía *f.* 〈环〉植化相克;异株克生(现象)
alemontita *f.* 〈矿〉(自然)砷锑矿
aleno *m.* 〈化〉丙二烯
alenólico,-ca *adj.* 〈化〉丙二烯的
aleoyota *f. Cono S.* 〈植〉南瓜;南瓜植物
alepín *m.* 〈纺〉精纺毛料
alerce *m.* 〈植〉落叶松;落叶松木
alergénico,-ca *adj.* 〈生医〉变应原的
alergeno; alérgeno *m.* ①〈生医〉变(态反)应性原;过敏原;②致过敏物
~ de polen 花粉变应原
alergia *f.* ①〈医〉过敏症[性,反应];变(态反)应性;②〈心〉变态反应
~ al polen(~ polínica) 花粉过敏症
~ atópica 特应性变态反应
~ ecológica (因接触塑料、石化产品、杀虫剂等引起的)生态过敏反应
~ primaveral 〈医〉干[枯]草热,花粉病
alérgico,-ca *adj.* ①〈医〉过敏性的;变(态反)应性的;〈口〉神经过敏的;②〈心〉变态反应的 ‖ *m. f.* 过敏症患者
anticuerpo ~ 变应性抗体
enfermedad ~a 变态反应病
estado ~ 变应性状态
alérgide *f.* 〈医〉变应疹
alergina *f.* 〈医〉变应素
alergista *m. f.* 〈生医〉①过敏症专科医生[专家];②*Chil.* 变态反应专家
alergización *f.* 〈生医〉过敏化作用
alergodermia *f.* 〈医〉变应性皮病
alergología *f.* 〈医〉变应性学
alergológico,-ca *adj.* ①过敏性的;②〈心〉变态反应的;③变应性的
alergólogo,-ga *m. f.* 〈生医〉①过敏症专科

医生;②变应性学专家[学者]

alero *m.* ①屋檐;②斜坡,坡道;③(车辆的)挡泥板,叶子板;④〈体〉(篮球、足球等运动的)边锋(队员)

~ de corniza 墙帽,遮檐,盖顶

~ de desagüe (门窗)披水,泻水台,承雨线脚

alerón *m.* 〈航空〉(飞机的)副[辅助]翼,襟翼

~ compensado 平衡[补偿]副翼

~ compensado aerodinámicamente 动(力)平衡副翼

~ compensado con pesas 质量平衡[补偿]副翼

~ compensado estáticamente 静(力)平衡副翼

~ compensador 平衡[补偿]副翼

~ con ranuras 开缝副翼

~ de estabilidad lateral 侧向操纵副翼

~ de perfil de ala (翼)剖面副翼

~ deformado 翘曲副翼

alerta *f.* ①警戒(情况);②〈信〉示警,警告

~ instantánea 〈信〉随时警告

~ roja 红色警戒;戒备状态

aleta *f.* ①〈动〉鳍;鳍状肢;②〈鸟〉翼;③(游泳用的)鸭脚蹼;④鼻翼;⑤翼(板、墙),周缘翅片;⑥(车辆的)挡泥[叶子,防护]板;(车辆的)缓冲装置;⑦桨叶,叶片;⑧(火箭的)舵

~ abdominal[ventral] 腹鳍

~ alabeada 翘[扭]曲叶片

~ anal 臀鳍

~ caudal 尾鳍

~ compensadora (飞机的)配平补翼

~ de dirección 导(向)翼

~ de enfriamiento 散热[冷却]片

~ de popa 船尾板

~ de tiburón (鲨)鱼翅

~ del borde de ataque (前缘)缝翼(条)

~ del cohete 火箭舵

~ delantera 前挡泥板

~ directriz [distribuidora] 导(流)叶(片),导向叶片,导(向)翼

~ dorsal 脊鳍

~ equilibradora (飞机的)配平襟翼

~ heterocerca 不等鳍;(鱼)歪尾

~ pectoral[torácica] 胸鳍

~ trasera 后挡泥板

~s de refrigeración 散热[冷却]片

~s de tiburón 鱼翅

aletada *f.* ①(鸟)振翅,鼓翼;②(鱼)摆鳍

aletazo *m.* ①(鸟)振[拍]翅,拍[翼]击,扑棱;②(鱼)摆鳍,鳍动[击]

aleteo *m.* ①(鸟)振翅,拍[翼]击,扑棱;②

(鱼)摆鳍,鳍动[击];③〈医〉心悸;悸动,颤抖[动]

aletrina *f.* 〈化〉丙烯除虫菊(酯);丙烯菊酯

aleucemia; aleucocitemia *f.* 〈医〉白细胞缺乏症

aleurona *f.* 〈植〉糊粉;籽肮粒

alexia *f.* 〈医〉失读(症)

alexifármaco; alexifármico *m.* 〈药〉解毒药[剂]

alexina *f.* 〈医〉防御素;补体

aleznado,-da *adj.* 〈植〉锥状的

alfa *f.* ①阿尔法(希腊字母表的第一个字母);②*Amér. C.* 〈植〉紫(花)苜蓿

partícula ~ 阿尔法[α]粒子

rayos ~ 阿尔法[α]射线

alfabetismo *m.* 〈教〉①识字;有文化;读写能力;②*Amér. L.* 扫盲,基础教育

alfabetización *f.* ①按字母顺序排列;②拼音化;用字母表示;③〈教〉扫盲

campaña de ~ 扫盲运动

curso de ~ 扫盲班

alfabetizador,-ra *adj. Amér. L.* 〈教〉扫盲的;基础教育的 ‖ *m. f.* 家庭[私人]教师

campaña ~a 扫盲运动

alfabeto *m.* ①字母表;②通讯符号,符号系统;电[密]码;③入门,识字课本

~ Braille 布莱叶盲字,点字法

~ Morse 莫尔斯电码

~ romano 罗马[拉丁]字母(表)

~ telegráfico 电码

alfajia *f.* 〈建〉桁(架);(大,横,纵,桁,托,钢,承重)梁

alfalfa *f.* 〈植〉苜蓿;紫(花)苜蓿

alfanje *m.* ①(水手用)短剑,弯刀;②*Amér. L.* (割椰子、可可等用的)大砍刀;③〈动〉箭鱼

alfanumérico,-ca *adj.* 〈信〉(计算机)字母数字的

lectora ~a 字母数字读出器

alfaque *m.* (港口的)沙滩[洲,坝]

alfar *m.* ①陶器作坊[工场];②黏[陶]土

alfardón *m.* 〈建〉①托[小,工字]梁,桁条;②工字钢

alfarería *f.* ①制陶工艺[业];陶器厂[作坊];②陶器店

alfarjar *tr.* 〈建〉①装壁[腰]板;②用护壁(镶)板装饰

alfazaque *m.* 〈昆〉金龟子

alfeiza *f.* ①斜面(度),斜削;②喇叭[八字]形;③〈建〉斜面墙,斜面窗[门]洞

alféizar *m.* ①凹槽[线],凹(企,切)口;②沟纹;③窗台[沿];④〈建〉斜面墙,斜面窗[门]洞

alferecía *f.* 〈医〉(小儿)癫痫,羊痫风

alfilerillo *m.* *Arg.*,*Chil.*〈植〉芹叶太阳花

alfilos *m. pl.* 〈化〉脂苯基

alfombra *f.* ①地毯;②地席,蹭鞋垫;③地毯状物
~ de baño (浴缸旁的)地巾;沐浴室脚垫
~ de oración (穆斯林祈祷时用的)跪毯
~ mágica 魔毯

alfombrilla *f.* ①(小)地毯;地席,垫子;②*Cari.*〈医〉(皮)疹,泡[风]疹;*Méx.* 天花;③〈信〉鼠标垫

alforfón *m.* 〈植〉荞麦

alga *f.* 〈植〉水[海]藻;*pl.* 藻类植物
~ roja 红藻
~ verde 绿藻
destructor de ~s 除藻机

algáceo,-cea *adj.* 〈植〉藻类的

algaida *f.* ①灌木丛;(长在大树下的)下层林丛;②〈地〉(海边)沙丘

algalia *f.* ①〈化〉麝[灵]猫香(可作香料或供药用);②导[导尿,输液]管

algarroba *f.* 〈植〉①角豆荚;②槐树荚[子]

algarrobo *m.* 〈植〉①角豆树;②槐树

álgebra *f.* ①〈数〉代数;代数学;②逻辑演算;③〈医〉正骨术
~ de Boole 布尔代数
~ lineal 线性代数
~ quirúrgica (中医)正骨法
~ relacional 关系代数

algebraico,-ca; **algébrico,-ca** *adj.* 代数的;代数学的;代数上的
cálculo ~ 代数计[演]算
curva ~a 代数曲线
equación ~a 代数方程
expresión ~a 代数式
fórmula ~a 代数公式
función ~a 代数函数
geometría ~a 代数几何
lenguaje ~ 代数语言
número ~ 代数数
suma ~a 代数和
topología ~a 代数拓扑

algebrista *m. f.* ①代数学家;②〈医〉(中医)正骨医生

algesia; **algestesia** *f.* 〈医〉痛觉

algesimetría *f.* 〈医〉痛觉测定法

algesímetro *m.* 〈医〉痛觉计

algesirreceptor *m.* 〈医〉痛感受器

algicida *f.* 〈化〉〈医〉除[杀]藻剂,杀藻类物质

algidez *f.* 〈医〉发冷;寒冷状

álgido,-da *adj.* 〈医〉发冷的;寒冷的

alginato *m.* 〈生化〉(褐)藻酸盐;褐藻胶

algínico,-ca *adj.* 〈化〉含藻酸的
ácido ~ 藻酸

algodón *m.* ①〈植〉棉(花);棉树[株];②〈纺〉棉布[纱];③〈医〉药签,拭子;④见 ~ azúcar
~ absolvente 脱脂棉,药[吸水]棉
~ azúcar[dulce] 棉花糖
~ común 标准棉
~ desmontado 皮棉
~ en bruto[rama] 原[籽]棉
~ estampado 印花(棉)布
~ hemostático 止血棉
~ hidrófilo 药[脱脂]棉
~ hilado 棉纱
~ poliéster 棉涤纶
~ pólvora 硝(化)棉,强棉药
~ pólvora comprimido 压缩火棉
~es de teñido en hilado 色织布
~es estampados 印花棉布
borras de ~ 棉纱头;废棉,回花
con capa sencilla de ~ 单纱包(绝缘)的
con doble capa de ~ 双纱包(绝缘)的
fábrica de hilados de ~ 棉纺厂
hilo con vaina de ~ sencilla 单纱包线
prensa para embalar el ~ 榨棉机,皮棉打包机

algodonal *m.* 〈农〉棉田;棉花种植园

algodoncillo *m.* 〈植〉马利筋

algodonería *f.* 〈工〉①棉花加工厂,棉纺织厂;②棉纺业

algodonero,-ra *adj.* ①棉花的;②*Amér. L.* 棉花糖的 ‖ *m. f.* ①棉花商;②棉花种植者,棉农;③*Amér. L.* 做[卖]棉花糖的人 ‖ *m.* 〈植〉棉树[株]
industria ~a 棉纺业

algodonita *f.* 〈矿〉微晶砷铜矿

algodonosa *f.* 〈植〉羊胡子草

algodonoso,-sa *adj.* ①棉(花)的;②棉花似的,柔软的;③有绒毛的;起毛的

algol *m.* ①[A-]〈天〉大陵五,英仙座 β 星,恶魔星;②〈化〉阿果;③*ingl.* [A-]〈信〉(计算机)算法语言

algolagnia *f.* 〈医〉虐[痛]淫,色情施虐-受虐狂

algología *f.* 〈植〉藻类学

algólogo,-ga *m. f.* 藻类学者

algónquico,-ca *adj.* 〈地〉阿尔冈纪[元古代]的

algorítmico,-ca *adj.* 〈数〉算法的

algoritmo *m.* ①〈数〉算法;②规则系统;演段
~ de Euclides 欧几里得算法(一种求解两

个整数的最大公约数的算法)

~ genético 遗传算法

algrafía *f.* 〈印〉铝板制版法

alhelí *m.* 〈植〉①桂竹香(属);②紫罗兰

alheña *f.* ①〈植〉水蜡树;女贞;②〈植〉女贞花;③〈植〉霉[枯萎]病;〈农〉(农作物的)霉[锈]菌

alheñarse *intr.* 〈农〉(农作物)患锈病

alhóndiga *f.* 谷物交易所;粮食市场

alhucema *f.* 〈植〉熏衣草

aliacán *m.* 〈医〉黄疸病

aliaga *f.* 〈植〉荆豆

alianza *f.* ①同[结,联]盟;联姻;②(在基本特征方面的)类同;亲缘关系;③〈植〉群落属

alias *m.* ①化[别,浑]名;绰号;②〈信〉别[假,同义]名;假信号(通常用于为菜单项提供一个新键)

alicanto *m.* 〈植〉梅[腊]花

alicatado *m.* 〈建〉盖[铺]瓦;铺瓷砖,贴砖

alicates *m. pl.* ①钳[镊]子,拔[剪,老虎]钳;②*Arg.* 指甲钳

~ de corte 剪切钳

~ de pico redondo 圆嘴钳

alicíclico,-ca *adj.* 〈化〉脂环(族)的

compuesto ~ 脂环(族)化合物

alicuanta *adj.* 〈数〉不能整除的,除不尽的;不能等分的 ‖ *f.* 非约数,除不尽的数

alícuota *adj.* ①比率[例]的,按比例的;②〈数〉能整除的,除得尽的,(等分)部分的 ‖ *f.* ①比率;费[税]率;②〈数〉约[整除]数

~ progresiva 累进税率

parte ~ 整除数

alidada *f.* ①〈测〉照准仪[器],视准[距]仪;②(经纬仪等的)游标盘;③森林火灾测位仪

~ seccional 断面照准仪

alienable *adj.* ①可转[出]让的;②可让渡的

alienación *f.* ①(财产、权益等的)转[出]让;②〈法〉让渡;③〈心〉精神错乱

alienado,-da *adj.* 〈心〉精神错乱的 ‖ *m.f.* 〈医〉精神病患者

alienismo *m.* ①〈医〉精神病学;②外侨身份

alienista *m.f.* 〈医〉精神病医生,精神病学家

alifático,-ca *adj.* 〈化〉脂(肪)族的,脂肪(质)的

ácido ~ 脂肪酸

cetonas ~as 脂族酮

compuestos ~s 脂(肪)族化合物

hidrocarburo ~ 脂(肪)族烃

hidrocarburo policíclico ~ 脂族多环烃

aliforme *adj.* 翼状的

aligeramiento *m.* ①(重量等的)减[变]轻,减少;减载;②简化;③加快(速度);④(病痛等的)减轻

~ de la carga (船舶)减轻装载

~ de los trámites 简化手续

agujero de ~ 减[轻]重[量]孔

aligustre *m.* 〈植〉水蜡树,女贞

alijamiento *m.* 〈海〉(船舶遇难时投弃货物)减轻负载

alijar *m.* ①山[荒]地;②牧[农]场

alijarero *m.* 拓[垦]荒者

alilación *f.* 〈化〉烯丙基化(作用)

alílico,-ca *adj.* 〈化〉烯丙基的

alilo *m.* 〈化〉烯丙基

alima *f.* 〈动〉虾蛄幼体

alimañero *m.* ①猎场看守员;②杀[灭]虫剂[器]

alimentación *f.* ①粮食;食品[物];②营养(法),养料;③供给;加[供,给,送,进]料,进给[刀];馈给[送];④〈电〉供[馈]电;⑤送[进]弹

~ a la red 供电干线

~ a presión 压力进给[给料],加力[高压]供给,加压装料

~ artificial 人工营养法

~ automática 自动加料

~ automático de hojas[papel] (打印机)自动进[续]纸

~ bajo presión 压力加料,强制进料[进给]

~ continua 连续馈送[给料]

~ directiva 直接供[馈]电

~ en carga por gravedad 重力给料,自流喂送

~ en paralelo 并联馈电

~ equilibrada 均衡饮食

~ insuficiente 营养不良

~ invertida 负反馈;负回授

~ natural 天然[健康]食品

~ por el centro 中心供电,对称馈电

~ por gravedad 重力给料

~ por la red 干线[市电]电源

~ por tracción 链轮式输纸

~ por un extremo 纵向定程进刀

~ rectal 直肠营养法

~ (en) serie 串联馈电

bomba de ~ 给水泵;进给[料]泵

calentador del agua de ~ 给水加热器

conducto de ~ 加料[给矿,进弹]槽

conectador de ~ 电源[馈电]线

cuenca de ~ 排水区域,流域

depurador de agua de ~ 净水器

tubo de ~ de vapor 进(蒸)汽管

alimentador,-ra *adj.* ①供给的;②进给[料]的;③〈电〉馈电[送]的 ‖ *m.* ①进[供,加]料器,加水[油,煤]器,进给[进刀,加载]装置;②〈机〉给料机;给矿机;③〈电〉馈电线[板]

~ automático de hojas[papel] （打印机）自动进[续]纸装置

~ concéntrico 同轴馈电线

~ de red 供电干线

~ de tarjetas 卡片传送器

~ múltiple 复馈(电)线

~ negativo 负[阴极]馈(电)线

~ oscilante 往复板式给料器，往复式给矿机

~ positivo 正[阳极]馈(电)线

~ sin fin 螺旋进[送,给]料器

alimental *adj.* 营养的,富于营养的

alimentante *adj.* 〈法〉(经法院判决离婚后或分居后一方须对另一方)赡养的 ‖ *m.f.* 赡养者

alimentario,-ria *adj.* ① 食品[物]的;② 〈解〉消化的(器官)

bacteriología ~a 食品细菌学

cadena ~a 食物链

canal ~ 消化道

higiene ~a 食品卫生(学)

industria ~a 食品工业

microbiología ~a 食品微生物学

química ~a 食品化学

sistema ~ 消化系统

alimenticio,-cia *adj.* ①食物[品]的;②营养的,富于营养的;③〈法〉(经法院判决离婚后或分居后一方须对另一方)赡养的

cadena ~a 食物链

pensión ~a 赡养费

productos ~s 粮食;食品

valor ~ (食物)营养价值

alimentista *m.f.* 〈法〉被抚养者

alimento *m.* ① 食物[品];② 养料[份];③ *pl.* 〈法〉(经法院判决离婚后或分居后一方给另一方的)赡养费;生活费

~ avícola 家禽饲料

~ balanceado *Amér. L.* 复合饲料

~ básico[esencial] 基本食品;主食

~ chatarra *Méx.* 垃圾食品

~ completo 全营养食品

~ con función de adelgazamiento 减肥食品

~ congelado 冷冻食品

~ de primera necesidad 主食

~ energético 提供热量(的)食品

~ enlatado 罐头食品

~ líquido 流质食物

~ nutritivo 营养(食)品,滋补(食)品

~ principal 主食

~ sencillo[simple] 简易[方便]食品

~ transgénico 转基因食品

~ vegetal 绿色食品;素食

~s integrales 未加工天然食物,未施化肥食物

~s naturales 天然[健康]食品

adulteración de ~ 食品掺假

alimentoso,-sa *adj.* 营养的,富于营养的

alimentoterapia *f.* 营养疗法

alimoche *m.* 〈鸟〉兀鹫

alindamiento；**alinderamiento** *m. Amér. L.* 标明(田产或庄园的)界限,划界(线);立界标

alineación *f.* ①排成队[一列];(排)成直线,列队;②〈体〉队列,阵容[式];③〈技〉(直线)对[照]准;列线;④〈信〉(计算机)序(列);⑤结盟

~ de ascenso 〈信〉升序

~ de cruce 〈信〉交叉序列

~ ordenada a la izquierda （计算机)左边对齐

de ~ propia 自(动)照准

monografía de ~ 列线图,准线[地形]图

alineado,-da *adj.* ①排成队的,成直线的;排列好的;②对[校]准的,列线的;③结盟的

atributo ~ 列线属性

países no ~s 不结盟国家

alineamiento *m.* ①成直线,排列成行;②(直线)对[调,照]准,列线,〈测〉定线;③结盟;*Chil.* 组织[合,建];④结盟

~ de la dirección 〈矿〉走向线

~ de signos 〈信〉符号行

~ vertical 〈信〉垂直对齐

fuera de ~ 不对准(直线)

mal ~ 未对[校,照]准

alinfia *f.* 〈医〉淋巴液缺失

alinfocitosis *f.* 〈医〉淋巴细胞缺失

aliñador *m. Cono S.* 〈医〉接骨专家;正骨者

alionín *m.* 〈鸟〉青山雀

alisado,-da *adj.* ①光[平,圆]滑的;②〈技〉擦亮的,磨光的 ‖ *m.* ①〈技〉磨[擦,抛,打]光;平[磨];精整[加工];② 镗孔;③ *Chil.* 梳理(头发)

~ de un motor 气缸镗孔

virutas de ~ 镗屑

alisador,-ra *adj.* 磨光[平]的,弄平的 ‖ *m.* ①抛光[打磨]工;②整平器,磨光器;〈机〉镗床,镗孔刀具 ‖ ~a *f.* ①〈机〉打磨机,磨[抛]光机;②〈机〉洗毛机

~ vertical 立式镗床

~a de caminos 平[刮]路机

~a para pisos 地板磨光机

máquina ~a de montante fijo 固定[落地]镗床,固定[落地]钻孔机

alisadura *f.* ①磨[擦,抛,打]光;弄[磨]平;②校正内径;③ *pl.* 切割[削]物;刨花,削片

alisamiento *m.* 磨［擦，抛，打］光；弄［磨］平

alíscafo; aliscafo *m.* 水翼艇

alisfenoides *m. pl.* 〈动〉翼蝶骨

alisios *m. pl.* 〈气〉信[贸易]风

aliso *m.* ①〈植〉桤木树；②桤木

alistamiento *m.* ①登记；注册；入学；②〈军〉征募；应征青年；入伍

alita *f.* ①〈化〉硅酸三钙石，A-水泥石；子盐；②〈矿〉铝铁岩

alitranca *f. And. , Cono S.* 〈机〉制动[刹车]装置

aliviadero *m.* 溢水口，溢洪道；溢流[弃水]堰
　～ de crecidas 泄[溢]洪道，分洪河道
　～ de fondo 底部泄水口
　～ superior 跨渠槽，溢流斜槽

aliviador,-ra *adj.* ①减轻的，缓和的；②安慰的‖ *m.* ①减压[溢流]阀，溢洪[溢水，泄水]道；②〈化〉缓和物[剂]；③减轻[缓和]装置；④〈药〉解痛药

aliviativo,-va *adj.* 〈药〉〈医〉缓和的‖ *m.* 〈药〉缓和药

alivio *m.* ①（负担，重量等的）减轻，缓和；②（痛苦，病情的）减轻，好转；③（烦恼等的）解[消]除
　～ de esfuerzos 应力消除
　～ de la deuda 减轻债务
　～ financiero 财政状况好转
　～ tributario 税赋减轻

alizarina *f.* 〈化〉茜素

aljaba *f. Cono S.* 〈植〉倒挂金钟

aljibe *m.* ①雨[贮]水池；②水塔[箱]，贮水器；③供水船；油轮[船]；④油罐（汽）车；（油）槽车

alkanol *m.* 〈化〉烷醇

allanamiento *m.* ①弄[整，矫，磨]平，平整；②〈军〉夷[铲]平，拆毁；③〈法〉（向法官或陪审团提出的）意见，看法
　～ de morada 〈法〉破门侵入
　～ exponencial 〈统〉指数修平(法)

allegretto *m. itla.* 〈乐〉小快板

allegro *m. itla.* 〈乐〉快板

allemontita *f.* 〈矿〉（自然）砷锑矿

alluvium *m.* ①冲[淤]积土；〈地〉冲[淤]积层；②洪[大]水，泛滥；③（在岸边冲积而成的）自然增长的土地；④沙洲

alma *f.* ①（物体的）核（心），内核；②（事物的）核心；中[核]心部分；中[核]心人物；③芯(子)；（电缆的芯线；（线）心；④（枪，炮)膛；⑤〈交〉（铁轨的）腹板；⑥〈植〉木髓；⑦〈建〉遮檐[披水]板；⑧〈建〉墩[拱，支]柱；(旋梯)中柱
　～ de un cable 电缆芯线
　～ de un riel 〈交〉轨腰[腹]
　～ estriada 膛线

　～s gemelas 心心相印的伙伴（尤指异性伙伴）；知己，挚友

almacén *m.* ①仓库，栈房，货栈；②（批发）商店，*pl.* 百货商店[公司]；③*Amér. L.* 食品店；④（信）（计算机）存储器；⑤（枪的）弹仓[匣]
　～ aduanal[aduanero] 海关[保税]仓库
　～ afianzado 保税仓库，关栈
　～ al por mayor/menor 批发/零售商店
　～ autoservicio 无人售货商店
　～ comercial 商用仓库
　～ de datos 数据仓库
　～ de depósito 保税仓库
　～ de memoria 储存器
　～ de mercancías a granel 散货仓库
　～ de programas 程序存储器
　～ de repuestos 备件[零配件]仓库
　～ de respaldo 后备仓库
　～ de transbordo 转运[中转]仓库
　～ depositario 仓库
　～ en cadena[serie] 连锁商店
　～ en el muelle 码头仓库
　～ en línea 联机存储器
　～ fiscal 保税仓库
　～ frigorífico 冷藏仓库
　～ fuera de línea 〈信〉脱机存储器

almacenable *adj.* 可仓储的；可储存的

almacenado,-da *adj.* 入库的，库[储]存的‖ *m.* 存货[料]，库存量
　～ en depósito （存在仓库）保税的；扣存仓库以待完税的
　mercancías ～as 库存[积压]商品

almacenaje *m.* ①入库，仓储（业）；②仓储费，仓[栈]租；③贮罐[槽]；④〈信〉（计算机）存储(器)
　～ aduanero 海关仓储
　～ afianzado 保税仓储
　～ de acceso aleatorio 〈信〉随机存储
　～ de serie 〈信〉串行存储器
　～ de petróleo 贮油池
　～ en bruto 散装储存
　～ frigorífico 冷藏
　～ intermediario 中途存仓
　～ por acceso directo 〈信〉直接处理存储

almacenamiento *m.* ①入库，仓储；②库存（量），库存货物[物质]；③贮藏，储备；④〈信〉存储(器)
　～ al aire libre 露天存储
　～ automático 自动存储
　～ auxiliar 辅助存储器
　～ borrable 可擦存储(器)
　～ cíclico 循环存储(器)
　～ de acceso nudo 立即存取存储器

~ de acceso rápido 快速存取存储器

~ de datos 资料存储

~ de discos 圆盘存储器

~ de mercancías 货物存仓

~ de película fina 薄膜存储器

~ de salvaguardia 后备存储器

~ en paralelo/serie 并/串联存储(器)

~ internal 内存储器

~ masivo 大容量存储器

~ no-volátil 非易失性存储器

~ permanente 永久存储

~ primario 主存储器

~ secundario 次[辅助]存储器

~ temporal en disco 〈信〉假脱机(把打印数据传输到磁盘上,然后在计算机执行别的任务的同时能以正常速度打印)

~ virtual 虚拟存储器

~ volátil 易失性存储器

cisterna de ~ 贮槽,贮水池

parque de ~ 储料场

almacenar *tr*. ①〈信〉存储;储存;②储[贮]藏

~ y reexpedir 〈信〉存储转发

almácigo *m*.; **almáciga** *f*. ①苗圃[床];秧田;种植园;②〈植〉乳香黄连木

almádana; **almádena**; **almádina** *f*. ①碎石锤;②(锻工用)大锤

almadía *f*. ①木筏[排];②流放的木材

almadraba *f*. ①金枪鱼捕捞(业);②金枪鱼渔场;③*pl*. 金枪鱼(捕捞)网

almagra *f*.; **almagre** *m*. 〈矿〉红[代]赭石

almandina; **almandita** *f*. 〈矿〉铁铝榴石,贵榴石

almarjal *m*. 〈地〉沼泽地

almarjo *m*. 〈植〉含碱植物(如猪毛菜等)

almártega *f*. ①〈化〉(一)氧化铝,密陀僧,铅黄,黄丹;②〈矿〉正方铝矿

almasilio *m*. 铝镁硅合金

almatriche *m*. 〈农〉灌溉渠

almazara *f*. ①油坊,榨油厂;②〈机〉榨油机

almazarrón *m*. 〈矿〉代赭石

almeja *f*. 〈动〉蛤蜊

almejar *m*. 〈动〉蛤蜊养殖场

almenas *f*. *pl*. 〈建〉雄堞墙(古代在城墙上修筑的矮墙,供守城人掩护自己);城垛

almendra *f*. ①〈植〉扁桃,巴旦杏;②杏[巴旦杏]仁;③(果)仁;④(枝形吊灯的)雕[刻]花玻璃坠儿

almendral *m*. 扁桃园,巴旦杏果园

almendrera *f*.; **almendro**; **almendrero** *m*. 〈植〉扁桃树,巴旦杏树

almendrilla *f*. ①(铺路基的)碎石;②碎煤,小块煤

almenilla *f*. 〈缝〉堞形花边

almete *m*. (头,钢)盔;安全[防护]帽

almez *m*. 〈植〉朴树;朴木

almicantarat *m*. 〈天〉地平纬圈,等高圈

almilla *f*. 〈技〉〈建〉雄榫

almiranta *f*. 〈军〉旗舰

almirez *m*. 研钵

almizcle *m*. 麝香

almizcleño,**-ña** *adj*. ①麝香的;有麝香气味的;②似麝香的

almizclera *f*. ①〈动〉麝(香)鼠;②〈动〉麝(香)鼠的毛皮

almizclero *adj*. ①麝香的;有麝香气味的;②似麝香的 ‖ *m*. 〈动〉麝,香獐

almohada *f*. ①枕头;枕头套;②(坐,椅,衬)垫

~ mariposa 蝶形垫

~ neumática 气垫

almohadilla *f*. ①小枕头;②(坐,靠,衬)垫;③(插针用的)针线包;④印泥[台];⑤(铁制)把[抓]手,柄;⑥〈建〉浮雕(饰);琢石的凸面

~ de entintar 印泥[台]

almohadillado,**-da** *adj*. ①(用棉花、软物等)填[絮]满的;②〈建〉用浮雕装饰的,用凸面琢石砌(成)的 ‖ *m*. 凸面琢石;浮雕石

almohadón *m*. ①大[长]枕头;②(坐,靠,衬)垫;垫子;③〈机〉软垫,垫木[层,块];缓冲(气)垫;④〈建〉拱脚石

~ de agua 水垫

almorrana *f*. 〈医〉痔疮

almorta *f*. 〈植〉巢菜;野豌豆

almotacén *m*. ①度量衡检验所;②度量衡检验员

almotacenía *f*. ①度量衡检验费;②度量衡检验员职务

almunia *f*. 〈农〉菜园;果园;农[饲养]场

álnico *m*. 〈冶〉铝镍钴(永磁)合金,(铝镍钴)磁钢

aloanticuerpo *m*. 〈生〉〈医〉异体抗体

aloantígeno *m*. 〈生〉〈医〉异体[形]抗原

alocigoto *m*. 〈生〉〈医〉异合子

alocroíta *f*. 〈矿〉粒榴石

alocromasia *f*. 〈化〉变色

alocromático,**-ca** *adj*. 〈化〉(易)变色的;别[非本]色的

alocrónico,**-ca** *adj*. 〈植〉异时物种的especiación ~a 异时物种形成(作用)

alóctono,**-na** *adj*. ①〈地〉移置的,外来的;②〈生〉外生[来]的;引入的

alodial *adj*. 〈法〉免税的bienes ~es 免税产业

alodio *m*. 〈法〉免税(产业)

aloe；áloe m. ①〈植〉芦荟；②pl. 芦荟叶汁；
③见 madera de ～
madera de ～ 沉香木

aloesteria f. 〈医〉异侧感觉

aloético,-ca adj. ①〈植〉(含)芦荟的；②芦
荟制的 ‖ m. 芦荟制剂

alófana f. 〈矿〉水铝英石；天然水合硅酸铝

alogamia f. 〈生〉异体受精，异花受粉

alogén m. 〈医〉异基因

alogénico,-ca adj. ①〈医〉同种异体的；②
〈生〉异发的；异基因的
célula ～a 异基因细胞
inhibición ～a 异基因抑制
trasplante ～ 同种异体移植；异基因移植

alógeno,-na adj. ①〈地〉(矿物或沉积物)他
生的，外[异]源的；②〈生态〉(连续变化)由
无生命因素引起的；③同种(异基因)的

aloheteroploide m. 〈医〉异源异倍体

aloheteroploidia f. 〈医〉异源异倍性

aloína f. 〈化〉〈药〉芦荟素，芦荟总苷

alojamiento m. ①住[寄，留]宿；②住宿处；
③〈军〉宿营(地)，营房；④〈船〉(船员)住
舱；⑤支座[面]

alomado,-da adj. 脊状的

alomerismo m. 〈化〉异质同晶(现象)

alometría f. 〈生〉异速生长，(生长)异率；
(生长)异率测定

alomorfismo m. 〈化〉〈矿〉同质异晶体

alondra f. 〈鸟〉①百灵鸟；②云雀

alopatía; aloterapia f. 〈医〉对抗疗法；(顺
势疗法除外的)传统疗法

alopático,-ca adj. 〈医〉对抗疗法的

alopatista m. f. ①〈医〉采用对抗疗法的医
生；②主张[赞成]对抗疗法的人

alopátrico,-ca adj. 〈生〉分布区不重叠的；
分区物种的
especiación ～a 分区物种形成

alopecia f. ①〈医〉脱发，秃(发)；②脱毛[羽]
～ senil 老年脱发

alopécico,-ca adj. 〈医〉脱发的，秃(发)病的

alopelágico,-ca adj. 〈生〉异深的

aloplasma m. 〈生〉异质

alopoliploide m. 〈生〉异源多倍体

alopsicosis f. 〈医〉异觉性精神病

alopurinol m. 〈药〉别嘌呤醇(治痛风药)

aloquiria f. 〈医〉异侧感觉

alorreactividad f. 〈医〉异(体)反应性

alorreactivo,-va adj. 〈医〉异体反应的

alorreconocimiento m. 〈医〉异体识别

alosa f. 〈生化〉阿洛糖

alosinapsis f. 〈生〉〈生化〉异源联合

alosoma m. 〈遗〉异染色体

alostérico,-ca adj. 〈生化〉变构(象)的
activador ～ 变构活化剂
agente ～ 变构剂
efecto ～ 变构效应
proteína ～a 变构蛋白

alosterismo m. 〈生化〉变构状态[效应]

alotipo m. ①〈生〉性膜标本；异膜式标本；②
〈遗〉(同种)异型

alotrimórfico,-ca adj. 〈地〉他形的

alotrimorfo m. 〈地〉他形体

alotriofagia f. 〈医〉异食癖

alotropía f. 〈化〉同素异形(性，现象)；同素
异构[晶，性]

alotrópico,-ca adj. 〈化〉同素异形的

alotropismo m. 〈化〉同素异形[构](性，化，
现象)

alótropo m. 〈化〉同素异形体

aloxán m.；aloxana f. 〈化〉阿脲，四氧嘧啶

aloxita f. ①〈矿〉铝砂；②刚玉磨料

alpaca f. ①〈动〉羊驼；②羊驼毛[呢]，羊驼
毛织品；④〈冶〉镍银(锌镍铜合金)，德银

alpax m. 〈冶〉阿尔派克斯铝硅合金，硅铝明
(合金)；硬铝

alpestre adj. ①多山的；②〈植〉(山上)野生
的(生长在)高山的
flora ～ 高山植物

alpinismo m. 登山；登山运动

alpinista m. f. 登山的 ‖ m. f. 登山运动员；
登山家
expedición ～ 登山队

alpinístico,-ca adj. 登山运动的

alpino,-na adj. ①〈动〉〈植〉高山(生长)的；
高山上的(尤指阿尔卑斯山)；②登山的
deporte ～ 登山运动
fauna ～ 高山动物
flora ～a 高山植物

alqueno m. 〈化〉烯，烯(属)烃，链烯

alquifol m. 〈矿〉(粗)方铅矿

alquilación f. ①〈化〉烷(基取)代，烷[烃]化
(作用)；②烯烃异化(石油)
gasolina de ～ 烷化汽油

alquilamina f. 〈化〉烷基胺，烃胺

alquilatable adj. 〈化〉可烷基化的

alquilatado,-da adj. 〈化〉烷基化的，烃化的

alquilato m. 〈化〉烷基化物，烃化产物

alquilbencenos m. pl. 〈化〉烷基苯

alquileno m. 〈化〉烷属烃，烷撑，亚烃基

alquiler m. ①租赁；②出租(汽车，房屋等)；
③租金[费]；房租
～ de almacén 仓租，仓储费
～ de equipo 设备租赁；设备租金
～ de tierra 地租
～ de úteros 子宫租赁；代孕身份

~ financiaro internacional 国际金融租赁

~ implícito 隐含租金

~ pagado por adelantado 预付租金

~ táctitamente prorrogado 默许延期租赁

madre de ~（代孕）替身母亲

alquílico,-ca *adj.*〈化〉烷[烃]基的

compuesto ~〈化〉烷[烃]基化合物

alquilo *m.*〈化〉烷[烃]基；烷[烃]基金属化合物

~ de mercurio 烷基汞

metal de ~ 烷基金属

alquimia *f.* 炼金[丹]术

alquino *m.*〈化〉炔，炔(属)烃，链炔

alquitara *f.* ①蒸馏器[锅，釜]；②蒸馏室

alquitarar *tr.*〈工〉蒸馏；用蒸馏法提取[净化，除去]

alquitrán *m.* ①（煤）溚，焦油；②柏油，煤沥青

~ de gas 煤气焦油

~ de hulla 煤焦油

~ de pino 松焦油

~ mineral 矿质焦油，矿溚

~ rebajado 轻制焦油沥青

~ vegetal 木焦油沥青，木溚，木柏油

alquitranado,-da *adj.* ①焦油的，涂焦油的，焦油状的；②沥青的，柏油的 ‖ *m.* ①沥青[柏油]碎石路面；②柏油防水布；焦油帆布，油[漆]布

macadán ~〈建〉①铺地用沥青；②柏油碎石[路]，柏油路面材料

papel ~ 柏油纸

alquitranadora *f.*〈机〉浇柏油机

alquitranoso,-sa *adj.* ①似焦油的，焦油状的；②柏油（质，状）的，涂柏油的

alstonita *f.*〈矿〉碳酸钙钡矿，钡霞石

alstroemeria *f.*〈植〉（产于南美洲的）六出花

alstroemeriáceo,-cea *adj.*〈植〉六出花科的 ‖ *f.* ①六出花科植物；②*pl.* 六出花科

alt. *abr.* ①altura 见 altura；②altitud 见 altitud

alta *f.* ①〈医〉出院证；②（俱乐部等组织的）成[会]员证；③〈法〉(地产的)登记，注册；④〈军〉(接受)入伍，参军；服兵役证书；⑤〈气〉高气压

~ continental 大陆性高气压

~ fría 冷高[气]亚

~ médica〈医〉出院证

~ subtropical 副热带高(气)亚

altacimut；altazimut *m.* 地平经纬仪；高度方位仪

telescopio de ~ 地平经纬望远镜

Altair *m.*〈天〉牵牛星；天鹰座 α 星

altar *m.* ①（锅炉）火坝，火砖拱；②（反射炉）火桥；③矿层；④[A-]〈天〉天坛座

altavoz *m.* ①〈无〉扩音[扬声]器，喇叭；②〈电〉放大器；扩音机

~ de armadura móvil 舌簧式扬声器

~ de bajos 低音扬声器

~ de bobina móvil 动圈式扬声器

~ de condensador 电容式扬声器

~ de cono 圆锥形扬声器

~ de cristal 晶体扬声器

~ de dos conos 高低音[双圆锥形]扬声器

~ de hierro móvil 动铁式扬声器

~ dínamo 电动式扬声器；电动喇叭

~ direccional 定向扬声器

~ electrodinámico 电动式扬声器

~ electromagnético 电磁扬声器

~ electrostático 静电扬声器

~ inductor dinámico 感应式电动扬声器

~ magnético de armadura equilibrada 平衡舌簧式扬声器

~ para frecuencias acústicas muy altas 高音喇叭，高频[音]扬声器

altea *f.*〈植〉①锦葵；②锦葵科植物（如棉花、木槿、药用蜀葵等）

alterabilidad *f.* 可[易]变性

alterable *adj.* ①可[易]变的；②改变[动]的；可修改的

alteración *f.* ①改变；更动[改]，变更；变动；②变化[换]；③〈乐〉变音记号；④改造[建]；⑤变质；〈矿〉蚀变(作用)

~ de documentos 伪造文件[单据]，涂改单据

~ de la firma 伪造签名

~ de la línea 改变航线

~ de la presión 压力变化

~ de los colores 褪[变]色

~ del cheque 涂改支票

~ del diseño 更改设计

~ del puerto de destino 更改目的港

~ del orden público〈法〉扰乱治安[公共秩序]

~ endógena/exógena 内/外生变动

alterante *adj.* 引起改变的；变质的 ‖ *m.* ①〈化〉变质剂；(印染术中的)变色剂；②〈药〉变质药

alterativo,-va *adj.* ①引起[有助于]改变的；②〈医〉变质的；逐渐恢复健康的 ‖ *m.*〈药〉①变质药，增强体质药物；②变质疗法

alternabilidad *f. Amér. L.* 可交替[错，换]性

alternable *adj. Amér. L.* 可交替[错，换]的；可轮换的

alternación *f.* ①交替[错，换]；更替[迭]；②

轮流[替];间隔;③〈生〉(世代)交替;〈理〉
交变;④〈教〉(职业教育的)工读交替制度;
⑤〈逻〉选言结构

~ de generaciones〈生〉世代交替

teoría de ~ 替代学说

alternado,-da *adj.* ①交替[错,变]的;②轮
流的;间隔的

alternador *m.* ①〈电〉交流发电机;②〈机〉振
荡器

~ asíncromo 异步发电机

~ bifásico 双相发电机

~ de alta frecuencia 高频振荡器

~ de hiperfrecuencia 超高频振荡器

~ de polos salientes 凸极(交流)发电机

~ heteropolar 有[异]极发电机

~ homopolar 单极发电机

~ inductor 感应交流发电机

~ monofásico/polifásico 单/多相(交流)
发电机

~ trifásico 三相(交流)发电机

~ volante 飞轮式发电机

alternancia *f.* ①〈生〉交替;更替[迭];轮流;
②〈教〉(职业教育的)工读交替制度

~ de cultivos〈农〉轮作

alternante *adj.* ①交替的;互换的;轮流的;
间隔的;②由交替层构成的 ‖ *m.* ①〈数〉交
替函数;交错行列式;②〈信〉(击计算机键盘
的)相同键或同一图标(以执行或关闭某一
功能)

huésped ~〈医〉替代(中间)宿主

alternativa *f.* ①交替[错];轮流;②两者取
一,取舍;抉择;③选择对象;替代物

~ de cosechas〈农〉轮作

alternativo,-va *adj.* ①两者[两者以上]择一
的,(两种选择中)非此即彼的;②供选择[替
代]的;备择的;③他择性的(指脱离文化、报
刊等现存体制的);④〈电〉交流的;⑤交替
的;(可)替换的;轮流的;⑥〈医〉变质的

aeropuerto ~ 备用航空站

cultivo ~〈农〉轮种[作]

diseño ~ 比较设计(方案)

energía ~a 非传统能(源);替代能源

fuentes ~as de energía 能源替代源

herencia ~a〈遗〉交替遗传

hipótesis ~a 备择[择一]假设

inflamación ~a 变质性炎(症)

intercambio ~ 互通式立体交叉

línea[ruta] ~a〈讯〉替换线路

máquina ~a 往复式发动机

material ~ 代用材料

método ~ 交替法

teoría ~a 择一定理

vía ~a〈医〉替代(激活)途径

alterne *m.*〈环〉〈生态〉交替群落

alternifolio *m.*〈植〉互生叶

alterno,-na *adj.* ①交替的,轮流的;②间隔
的;③〈植〉互生的,交互[错]的;④〈数〉错
列的;交错的;⑤〈电〉交流的

ángulos ~s externos/internos 外/内错角

corriente ~a síncrona 对称交流电

hojas ~as〈植〉互生叶

movimiento ~ 变速[往复]运动

series ~as 交错级数

alternogenerador *m.*〈电〉交流发电机

alternomotor *m.* 交流电动机

~ con[de] colector 整流子[式]交流电动
机

altígrafo *m.* 高度记录器[自计仪],高度计

altillano *m.*;**altillanura** *f.* *Amér.L.*〈地〉
高原

altillo *m.* ①小丘;土坡;②*Amér.L.*〈建〉屋
顶室;顶[阁]楼;③〈建〉夹层楼(介于一楼与
二楼之间)

altimetría *f.*〈测〉〈地〉测高学[法,术]

altimétrico,-ca *adj.*〈测〉〈地〉测(量)高(度)
的;高程的

punto ~ 高程点

sonda ~a 无线电测高仪[计]

altímetro *m.* ①高度表[计];②测高计[仪],
高程计

~ absoluto 绝对高度计

~ acústico[sónico] 声测高度计

~ barométrico 气压测高计

~ de lectura directa 直读测高计

~ de reflexión 回波测高计

~ estereoscópico 立体测高器

~ láser 激光高度计

~ registrador 自动记录测高器

~ sensible de presión 压敏测高器

altimolecular *adj.*〈化〉高分子的

altíncar *m.Amér.L.*〈化〉硼砂

altipampa *f.Cono S.*〈地〉高原

altiplanicie *f.*;**altiplano** *m.*〈地〉高原

altitud *f.* ①高,高度;②高地[处];③〈航〉
(飞行)高度;高空;④〈地〉海拔高度;高程,
标高

~ crítica 临界高度

~ operacional〈航〉操作高度

indicador visual de ~ 高度目测指示器

altitudinal *adj.*〈测〉高程的

zona vegetal 高程植被带

alto,-ta *adj.* ①(身体、物体、空间)高的;(建
筑物等)高(大、耸)的;②(程度方面)高
(度)的;强(烈)的;(罪行)严重的;③(地
位、职位、等级等)高位[级,贵,等]的;显
[重]要的;上层[流]的;④(价值、评价等)

高水准的;(价格昂)贵的;含量高的;⑤(时代、年代、季节等)全[正]盛的,趋于顶点的;久[遥]远的;⑥(时间等)晚的;⑦〈地〉高地[处,纬度]的;⑧(河流)上游的;(海洋)波涛汹涌的;⑨高音调的,尖声的 ‖ *m.* ①高度[处,地];小丘;② 〈建〉(楼房的)高[上]层;*pl. Cono S.,Méx.* 在[住]楼上;③高峰[潮];④〈乐〉中音部;中音乐器;⑤停车信号;交通指挥灯;⑥(河流的)上游;⑦〈地〉(地区的)上部[端]

~ cargo 高职位

~ comercio ①高级商务;②大企业[公司]

~ comisario (大使级的)高级专员

~ de popa 船尾,尾部

~ ejecutivo 高级行政[执行]官

~ empleado 高级职员

~ explosivo 猛烈[高爆]炸药

~ funcionario 高级官员

~ horno 高[鼓风]炉

~ nivel 高水平

~ precio 高价

~ rendimiento 高产,高产率

~ vacío 高(度)真空

~a calidad 高质量

~a cocina ①高级烹调术,烹饪艺术;②美味高级菜肴

~a costura ①高级(女子)时装;②(女子服装的)最新式样

~a eficiencia 高效率

~a fidelidad (音响等设备)高保真(度)

~a frecuencia 〈无〉高频(率)

~a gerencia 高层管理部门[人员]

~a potencia 大功率(的);放大率高(的),高倍(的)

~a presión ①〈技〉高压(的);②〈气〉高气压(的)

~a sociedad 上流社会

~a tecnología 高技术

~a temperatura 高温

~a tensión 〈电〉高(电)压(的)

~a traición 叛国罪

~a velocidad 高速

~s de un buque (船)干舷

~s directivos 高层领导[管理]人员

~s impuestos 〈商贸〉重[苛]税

~as finanzas 〈经〉巨额融资

con ~ contenido de ... ⋯含量高的

inducción de ~a frecuencia 高频感应

lámpara de vapor de merculio a ~a presión 高压水银汽灯

altocúmulo *m.* 〈气〉高积云

altoestrato;altostrato *m.* 〈气〉高层云

altoparlante *m.* ①〈无〉扩音[扬声]器,喇叭;

②〈电〉放大器;扩音机

altorrelieve *m.* ①凸雕法;②浮雕

altramuz *m.* 〈植〉羽扁豆(属)

altrosa *f.* 〈生化〉阿卓糖

altura *f.* ①高;高度;②高地[处];高空;③水平[准];程度;④纬度;高度;⑤〈海〉远洋,深海;⑥〈体〉跳高;⑦〈乐〉音高[调];响度;⑧〈数〉高(线),顶垂线;⑨(楼房的)层面;⑩ *pl.* (山的)顶点[端,部];⑪(年龄、时代等的)年[时]代;历史时期

~ a la aspiración 吸水高度,吸入水头

~ barométrica 〈理〉气压高度

~ de apoyo 掩体高度

~ de aspiración 吸水水头;吸升高度

~ de caída(~ del salto) 落差

~ de carga 装载高度

~ de crucero 〈航空〉巡航高度

~ de impulsión (供水)水头

~ de izado 升举[上升]高度

~ de la vegetación 树木线,生长线(高于某一高度树木等植物不能生长的线)

~ de levantamiento 提升[起重]高度

~ de puntas 顶尖头;求心规

~ de techo 〈航空〉上升限度,升限(高度)

~ del barómetro 〈气〉气压表高度[示度]

~ del pie 齿根(高),齿高

~ del sonido 声音响度

~ dinámica 速度水头,动力水头

~ eficaz 有效高度;有效水头

~ equivalente 等效高度

~ estática 静水头[压]

~ libre 净[余]高;净空(高度)

~ libre sobre 净空(高度),头上空间

~ máxima 〈航空〉上升限度,升限(高度)

~ meridiana 中天[子午线]高度

~ piezométrica 流速水头,测压管水头

~ virtual 有效高度

pesca de ~ 深海[远洋]渔业;深海捕鱼

remolque de ~ 远洋拖轮[船]

tomar la ~ del sol 〈航海〉测太阳高度(以确定纬度)

alubia *f.* 〈植〉菜豆,四季豆

~ pinta 菜豆

alucinación *f.* ①〈医〉幻[错]觉;②幻(觉)象

~ auditiva 听幻觉,幻听

~ depresiva 抑郁性幻觉

~ memoral 记忆幻觉

~ táctil 触幻觉

~ visual 视幻觉,幻视

alucinante *adj.* 〈药〉引起幻觉的 ‖ *m. Méx.* 致幻药

alucinatorio,-ria *adj.* (使产生)错[幻]觉

的；引起幻觉的

alucinogénico,-ca；alucinógeno,-na *adj.*
〈药〉引起幻觉的（药物）‖ *m.* 致幻剂，幻觉剂

droga ～a 致幻药

alucinosis *f.* 〈心〉错[幻]觉症

alud *m.* ①雪崩；②崩落；塌方

túnel contra ～es 塌方防御隧道

aludel *m.* 〈化〉梨(状)缶，梨形器

aludo *m.* 〈昆〉羽蚊

alula *f.* ①〈鸟〉小翼羽；②〈昆〉翅瓣

alumbrado,-da *adj.* ①照明[亮,耀]的；②明矾的，含明矾的；③〈微〉醉的‖ *m.* ①照明（度）[灯光；②照明设备[系统]；③用明矾处理；④*pl.* 车灯

～ a gas 煤气灯(光)
～ al vapor de neón 霓虹灯(光)
～ de automóvil 车灯(光)
～ de calles 路[街]灯照明(系统)
～ de emergencia （事故）信号灯
～ de mina 矿灯(光)
～ de socorro 救援灯光(信号)
～ eléctrico 电灯(光)
～ fluorescente 荧光灯
～ municipal 路[街]灯照明(系统)
～ por lámparas de arco 弧光灯
～ público 街[路]灯
～ reflejado 间接[反射]照明
～ urbano 城市街[路]灯照明(系统)

alumbrador,-ra *adj.* 照明的，发光的‖ *m.* 照明器；发光器[体]

alumbramiento *m.* ①〈电〉照明，开灯，发亮；②照明系统[设备]；③分娩；④（盲人）恢复视力

～ a término 足月分娩

alumbre *m.* 〈化〉矾；明[白]矾

～ amoniacal 铵矾
～ crómico 铬(明)矾
～ de hierro 铁明矾
～ de potasa 纤钾明矾

alumbrera *f.* ①〈矿〉明矾矿；②明矾加工厂

alumbroso,-sa *adj.* 含矾的，含铝(土)的

alúmina *f.* 〈化〉①矾土，铝(氧)土；②氧化铝

～ activa 活性氧化铝，活性铝(土)
～ de cromo 铬矾
～ hidratada para afilar 钢铝玉[石]

aluminaje *m.* 〈工〉〈技〉热镀铝法

aluminato *m.* 〈化〉铝酸盐

alumínico,-ca *adj. Chil.* 铝的；氧化铝的

aluminífero,-ra *adj.* 〈化〉含铝(或矾土、矾)的；含矾的；产铝(或矾土、矾)的

aluminio *m.* 〈化〉铝

aleación de ～ 铝合金

chapa de ～ 薄铝板，铝片
papel de ～ 铝箔(纸)
pintura de ～ 铝涂料，铝[银灰]漆

aluminita *f.* 〈矿〉矾[铝氧]石

aluminización *f.* ①〈冶〉铝化，渗铝(法)；②镀[涂,喷,敷]铝

aluminón *m.* 〈化〉试铝灵，铝试剂

aluminosilicato *m.* 〈化〉铝硅酸盐；硅酸铝

aluminoso,-sa *adj.* 〈化〉(含)铝的，(含)铝土的；(含)矾的

esquisto ～ 矾板岩，明矾页岩

aluminotermia *f.* 〈冶〉铝热(法)

aluminotérmico,-ca *adj.* 〈冶〉铝热的

alumno,-na *m. f.* ①〈教〉学生[员]；大学生；②〈法〉被监护人；养子[女]

～ becario 奖学金生
～ de curso regular （大学）本科生
～ de la actual promoción 应届学生
～ de prueba 试读生
～ externo 走读生
～ graduado 毕业生
～ inspirante[postulante] 报考生
～ interno 住读生
～ no diplomado 肄业生
～ oyente 旁听生
～ pasante 见习生
～ practicante 实习生
～ presente 在校生
～ sobresaliente 优等生
～ transferido 转学生

alundo；alundum *m.* 人造刚玉；(电熔)刚玉；刚铝玉[石]

alunífero,-ra *adj.* 含矾的

alunita *f.* 〈矿〉明矾石

alunizaje *m.* 登(上)月(球)

alunógeno *m.* 〈矿〉毛矾石

aluvial *adj.* 〈地〉冲[淤]积的；冲积土中的

depósito ～ 冲积物
llanura ～ 冲积平原
suelo[terreno] ～ 冲[淤]积土
yacimiento ～ 冲[沉]积矿床

aluvión *m.* ①冲[淤]积土；〈地〉冲[淤]积层；②洪[大]水，泛滥；③（在岸边冲积而成的）自然增长的土地；沙洲

～ glacial 冰川冲积层
terrenos[tierras] de ～ 淤[冲]积土

aluvianado *m.* 〈地〉冲[淤]积(作用)

aluvional；aluvionario,-ria *adj.* 〈地〉冲[淤]积的；冲积土中的

aluvionamiento *m.* 〈地〉冲积

álveo *m.* 〈地〉河床[道]

alveolar *adj.* ①蜂窝状的，海绵状的；小泡的；②〈解〉牙槽的

abceso ~ 牙槽脓肿

atrofia ~ 牙槽萎缩

alveolitis *f. inv.*〈医〉牙槽炎

alveolo; alvéolo *m.* ①〈解〉牙槽;肺[腺]泡;〈动〉小窝[泡];囊;②蜂房[巢];③料箱[斗,盒,槽];④网状物;⑤迷路

alverja *f.*〈植〉①巢菜属植物;②豌豆属植物;野豌豆

alverjilla *f.*〈植〉香豌豆

alvino,-na *adj.*〈解〉腹的,下腹的

alza *f.* ①(枪炮的)表[标]尺,瞄准(具,口,器,线);观测器;②闸门(板);③鞋垫;(皮鞋的)内底;衬垫;④涨价,上涨

~ de precios 物价上涨,涨价

~ de librillo 瞄准标尺

~ de la demanda 需求旺盛

~ de presa 泄洪[挡潮]闸门

~ de puntería 瞄准口[孔],表尺(缺口)

~ del cambio 汇率提高,提高汇率

~ descubierta 缺口表尺

~ lateral 侧视[面]图

~ rápida[brusca] 暴涨

~s fijas 固位表[标]尺

~s graduables 可调节表[标]尺

base del ~〈军〉表尺座

chapa del ~〈军〉表尺板

alzacristales *m.*〈建〉(可上下移动的)玻璃橱窗

~ eléctrico 电动玻璃橱窗

alzada *f.* ①(马的)身[体]高;②〈法〉上诉;③〈建〉(正,立)视图;侧视[面]图

alzado *m.* ①〈建〉(正,立,侧)视图;纵剖(面)图;②〈印〉配页;③〈植〉(两年生植物第一年的)开花期

~ a mano 目测草图

~ de costado 侧视[面]图

~ delantero[frontal] 正视图

~ en corte 切面[剖视]图

~ transversal 剖视图,横断面图

alzador *m.*〈印〉配页机 ‖ *m. f.*〈印〉配页工

alzaprima *f.* ①杠杆,撬棍;②〈乐〉(提琴等的)琴马[桥];③*Cono S.*〈交〉平板车

alzapuertas *m. inv.*〈戏〉配角

alzaválvulas *m. inv.*〈机〉阀[挺]杆

Alzheimer *m.*〈医〉老年性痴呆病(据德国医生阿尔茨海默(Alois Alzheimer)的姓命名)

Am〈化〉元素镅(americio)的符号

amaderado,-da *adj.* ①树木繁茂的;②木质的

amaestrador,-ra *m. f.* ①训[教]练员;②驯兽人

amaestramiento *m.* ①训练;教导[育];②驯

化

amagat *m.* 见 ley de ~

ley de ~〈理〉阿马伽定律

amaine *m.* ①〈海〉收帆;②(风力等的)减弱;平息

amalgama *f.* ①〈化〉〈冶〉汞齐;汞合金;②混合物

~ para platear cobre 铜汞齐,铜汞合金

matriz de ~ 汞合金型片

amalgamación *f.* ①〈化〉〈冶〉汞齐化(法);混[和]汞(法);汞齐作用;汞合金调制;②混合,合并

~ comercial 商业合并,商业联合组织

de ~ 汞合,汞齐化

máquina de ~ 混汞器,(混汞)提金器

tonel de ~ 混汞桶

amalgamado,-da *adj.*〈化〉〈冶〉汞合的,汞齐化的

amalgamador *m.* 混汞(提金)器;混汞(合金)器;汞合金调制器

amanita *f.*〈植〉伞形毒菌

amanitina *f.*〈生化〉蝇蕈素

amansaje *m. Amér. L.* 驯,驯养

amantadina *f.*〈生化〉〈药〉金刚胺,三环癸胺(抗病毒药)

amanzanamiento *m.* 街区划分

amapola *f.*〈植〉①虞美人;②罂粟(花)

amaraje *m.* (水上飞机)在水面降落;(航天器)溅落

~ forzoso 水上迫降;溅落

amaranto *m.* ①〈植〉苋属植物;②紫心木;③〈化〉苋菜红

amarar *intr.* (水上飞机)在水面降落;(航天器)溅落

amargón *m.*〈植〉蒲公英

amarilidáceo,-cea *adj.*〈植〉石蒜科的 ‖ *f.* ①石蒜科植物;②*pl.* 石蒜科

amarilis *f.*〈植〉孤挺花

amarilla *f.* ①金币;②〈体〉黄牌

amarillo,-lla *adj.* ①黄(色)的;②黄种(人)的,黄皮肤的;③〈交〉(交通管理)黄灯的 ‖ *m.* ①黄色,黄种人;②黄颜[染]料;③黄化病;④〈交〉(交通管理)黄灯;〈蚕〉眠

~ canario 金[浅]黄色

~ de cinc[zinc] 锌黄(粉)

~ de ocre 赭黄(土)

~ limón 柠檬黄,淡黄色

~ mostaza 暗黄色;芥末色

~ paja 草[浅]黄色

fiebre ~a 黄热病

pigmentos ~s 黄色素

amarizaje *m.* (航天器的)溅落

amarra *f.* ①〈海〉缆绳;②*Amér. L.* 绳,索;

捆扎绳[带];③*Méx*.缰绳;④*pl*.系船具
(如缆,锚,绳等)

amarradera *f*. ①〈海〉缆绳;② *Méx*.绳,
(捆)索;栓具

amarradero *m*. ①(系东西的)柱(子);桩;②
〈船〉(甲板上的)系缆桩;(码头上的)系船
桩;③系船[泊]处;泊位

amarradura *f*. ①停[系]泊;②捆,拴,系;③
Chil.捆扎绳[带]

amarraje *m*. 碇泊税[费]

amarre *m*. ①扣[系,捆]紧;②系船[泊]处
～ de puente 后拉杆,后支[撑]条
cadena de ～ 后拉索[缆]
torre de ～ 系留塔

amartillar *tr*. ①锤[敲]击;②扣动扳机

amartizaje *m*. (卫星、飞行器等)登上火星

amartizar *intr*. (卫星、飞行器等)在火星上
着陆

amasador,-ra *m*. *f*.〈医〉按摩师‖**～a** *f*.
〈机〉①和[揉]面机;②捏合[和]机,揉捏
机;③拌和[混砂,搅拌]机

amasadura *f*.〈医〉推拿,按摩

amastia *f*.〈医〉无乳房(畸形)

amate *m*.〈植〉无花果树;榕树

amatista *f*.〈矿〉紫(水)晶,水碧;紫石英
～ oriental 东方紫(水)晶;紫刚玉

amatol *m*. 阿马图尔炸药

amaurosis *f*.〈医〉黑蒙(完全或部分失明)

amazonita *f*.〈地〉〈矿〉天河石;微斜长石

ámbar *m*. ①琥珀,琥珀金(金银合金);②琥
珀色;③*Cub*.,*Méx*.〈植〉紫盆花
～ gris 龙涎香(一种灰色或黑色的蜡状芳
香物质—抹香鲸肠道的分泌物,可制香料)
～ negro 煤玉[精]
lámpara de ～ 琥珀色灯
vidrio de ～ 琥珀玻璃

amberita *f*. 琥珀[阿比里特]炸药

amberol *m*. *Amér*.*L*.〈化〉苯

ambientación *f*. ①背景;②(布置)环境;③
〈无〉音响效果;④(对新环境的)适应
～ musical 配乐

ambientador,-ra *m*. *f*. (电视电影)服装师
‖ *m*. 空气清新剂

ambiental *adj*. ①环境的;环境产生的;②有
关环境(保护)的
biología ～ 环境生物学
ciencia ～ 环境科学
contaminación ～ 环境污染
destrucción ～ 环境破坏
ecología ～ 环境生态学
factor ～ 环境因素
geología ～ 环境地质学
geoquímica ～ 环境地球化学

higiene ～ 环境卫生(学)
medicina ～ 环境医学
oceanografía ～ 环境海洋学
óptica ～ 环境光学
pedolofía ～ 环境土壤学
política ～ 环境(保护)政策
protección[saneamiento]～ 环境保护
psicología ～ 环境心理学(研究环境如何影
响人的心理以及环境在人的心理上构成的
形象)
ruido ～ 环境噪音
saneamiento ～ 环境保护
termología ～ 环境热学

ambientalismo *m*. ①环境保护主义;环境论;
②*Amér*.*L*. 环境保护

ambientalista *adj*. ①环境保护主义者的;环
境论者的;②*Amér*.*L*. 环境保护的‖ *m*.
f. ①环境保护主义者,环境论者;②研究
环境污染问题的专家

ambiente *adj*. 周围的,环境的;环绕的‖ *m*.
①空[大]气;气息;②气氛,氛围;环绕空
间;③(生态,自然)环境;④(历史)背景
～ artificial 空气调节
～ cultural 文化环境[氛围]
～ de movimiento (计算机)运行环境
～ ecológico 生态环境
～ económico 经济环境
～ familiar 家庭环境
～ global 全球环境
～ geográfico 地理环境
～ laboral 工作环境
～ natural 自然环境
～ operativo ①营业[经营]环境;②(计算
机)操作环境
～ social 社会环境
～ turístico 旅游环境
aire de ～ 大气,周围空气
ruido de ～ 环境噪声
temperatura ～ 环境温度,室温

ambigüedad *f*.〈信〉模糊性,多义性

ambipolar *adj*.〈电〉〈理〉二级的;双极性的

ambitendencia *f*.〈心〉矛盾意向

ámbito *m*. ①范围;界限;②领域;分布区
～ de acción 活动范围
～ de aplicación 适用范围
～ de la censura de cuentas 账目审查范
围,财务检查范围
～ de la responsabilidad 责任范围

ambiversión *f*.〈心〉(介于精神内向和精神
外向之间的)中间性格,中向性格

ambligonita *f*.〈矿〉磷铝石

ambliopía *f*.〈医〉弱视

~ nocturna 夜间弱视

amblioscopio *m.* 弱视镜

ambrosía *f.* 〈植〉豚草

ambulacro *m.* 〈动〉(棘皮动物的)步带

ambulancia *f.* ①救护车[船,艇,飞机];②〈军〉野战[流动]医院;③*Amér.L.* 急救站

~ aérea 救护飞机

~ de correos（列车上的）邮政室

~ fija（设在固定处的）野战医院

~ volante（前线的）救护队

ambulante *adj.* ①流[走]动的;②巡回[游]的(艺人);边走边奏的(乐师);③〈医〉(疾病,病人)不需卧床的;(治疗)不需病人卧床的‖ *m. f. Amér.L.* 流动商贩

ambulartorio,-ria *adj.* 〈医〉(疾病,病人)不需住院(治疗)的;门诊(就医)的‖ *m.* ①国家诊所;②门诊部

ameba; amiba *f.* 〈动〉〈医〉变形虫,阿米巴

amebiasis *f.* 〈医〉变形虫病,阿米巴病

amebicida *f.* 〈生医〉〈药〉杀阿米巴药

amebiforme; ameboide *adj.* 〈动〉①变形虫的,变形虫状的;②阿米巴样的,经常变形的

amebocito *m.* 〈医〉阿米巴样细胞,变形(虫样)细胞

amelia *f.* 〈医〉无肢(畸形)

amencia *f.* 〈医〉精神发育不全;智力缺陷

amenorrea *f.* 〈医〉经闭,无月经

amensalismo *m.* 〈环〉同居不相容

amentáceo,-cea *adj.* 〈植〉菜荑花序的;具[似]菜荑花序的‖ *f.* 菜荑花序类植物

amentiforme *adj.* 〈植〉菜荑花序状的

amento *m.* 〈植〉菜荑花序

americio *m.* 〈化〉镅

ametabólico,-ca *adj.* 〈昆〉(昆虫发育中)无变态的

ametopterina *f.* 〈生化〉〈药〉氨甲蝶呤

ametralladora *f.* 〈军〉机枪,机关枪

~ ligera/pesada 轻/重机枪

ametria *f.* 〈医〉无子宫(畸形)

ametrómetro *m.* 〈医〉屈光不正测量器

amétrope *adj.* 〈医〉(眼的)屈光不正的

ametropía *f.* 〈医〉(眼的)屈光不正

amiantina *f.* 石棉(布)

amianto *m.* 〈地〉(高级)石棉,石绒

~ tejido 网式石棉

cartón de ~ 石棉板

cemento de ~ 石棉水泥

tejido de ~ 石棉织品,石棉布

trenza de ~ 石棉绳

vestido de ~ 石棉衣(服)

amicrón *m.* 〈化〉次[亚]微[胶]粒,超微子[粒]

amicroscopia *f.* 超显微(镜)学,超显微(技)术

amicroscópico,-ca *adj.* 超显微镜的

amida *f.*; **amidu** *m.* 〈化〉①酰胺;②氨(基)化(合)物

~ alcalina 碱金属

~ de bario 氨基化钡

~ de litio 氨基化锂

~ de plata 氨基化银

~ de potasio 氨基化钾

~ de sodio 氨基化钠

~ de zinc 氨基化锌

amidinas *f. pl.* 〈化〉脒;淀粉溶素

amidogénico,-ca *adj.* 〈化〉(酰)胺基的;氨基的

amidógeno *m.* 〈化〉(酰)胺基;氨基

amidol *m.* 〈化〉阿米多[酚];二氨酚显影剂

amielia *f.* 〈医〉无脊髓(畸形)

amígdala *f.* ①〈解〉扁桃体;扁桃核;②〈植〉扁桃,巴旦杏

amigdaláceo,-cea *adj.* 〈植〉扁桃类的;蔷薇科李属植物的‖ *f.* ①扁桃类植物;② *pl.* 扁桃科

amigdalectomía *f.* 〈医〉扁桃体切开术

amigdálico,-ca *adj.* 见 ácido ~

ácido ~ 〈化〉扁桃酸

amigdalina *f.* 〈生化〉扁桃(仁)苷;苦杏仁苷

amigdalino,-na *adj.* 〈生化〉含扁桃仁的

amigdalitis *f.inv.* 〈医〉扁桃腺炎

amigdaloide *adj.* ①杏仁状的;②杏仁岩的;似杏仁岩的‖ *m.* ①〈矿〉杏仁岩;②〈植〉扁桃,巴旦杏

amigdalotomía *f.* 〈医〉扁桃体(部分)切除术

amila *f.* 〈化〉戊(烷)基

amiláceo,-cea *adj.* 淀粉的;淀粉状的

córpora ~a 淀粉样体

infiltración ~a 淀粉样浸润

amilacetato *m.* 〈化〉乙酸(异)戊酯(俗称香蕉水)

amilasa *f.* 〈生化〉淀粉酶

amileno *m.* 〈化〉戊烯;次戊基

amílico,-ca *adj.* 〈化〉戊基的

éster ~ 戊酯

hidrato ~ 戊醇

amilina *f.* 〈化〉戊烯

amillaramiento *m.* 〈经〉核算财产

amilo,-la *adj.* 〈化〉表示戊基的‖ *m.* 戊基

amiloclástico,-ca *adj.* 〈植〉(能)分解淀粉的

amilogénesis *f.* 〈植〉淀粉形成

amilógeno *m.* 〈化〉淀粉溶质

amiloide *m.* ①淀粉质食品;②〈医〉淀粉状[样]蛋白(动物组织病理变化产物);淀粉样变性;③〈硫酸〉胶化纤维素

amiloideo,-dea *adj.* 淀粉的,淀粉状的;含淀

粉的

　hígado ~ 淀粉样肝

amiloidosis *f.* 〈生医〉淀粉样变性

amilolisis *f.* 〈生化〉淀粉分[水]解

amilolítico,-ca *adj.* （使）淀粉分[水]解的

amilopectina *f.* 〈生化〉①胶[支链]淀粉；②淀粉粘胶质

amilopectinosis *f.* 〈医〉支链淀粉过多

amiloplasto *m.* 〈植〉〈生化〉造粉体

amilopsina *f.* 〈生化〉胰淀粉酶

amilosa；amilocelulosa *f.* 〈生化〉直链淀粉

amilosis *f.* 〈医〉谷物症，蛋白样变性

amina *f.* 〈化〉①胺；②卤氨化合物（如氯胺）

　~ cuaternaria 季胺

　~ primaria 伯胺

　~ secundaria 仲胺

　~ terciaria 叔胺

　~s acetilénicas 炔属胺

　~s vasoactivas 血管活性胺

aminación *f.* 〈化〉胺化（作用）

amino,-na *adj.* 〈化〉氨基的

　ácido ~ 氨基酸，胺酸

　plástico ~ 氨基塑料

　resina ~a 氨基树脂

aminoácido *m.* 〈生化〉氨基酸；胺酸

　~s esenciales 必需氨基酸

　~s no esenciales 非必需氨基酸

aminoaciduria *f.* 〈生医〉氨基酸尿

aminoazúcar *m.* 〈生化〉氨基糖

aminofilina *f.* 〈药〉氨茶碱

aminopeptidasa *f.* 〈生化〉氨基肽酶

aminopirina *f.* 〈药〉氨基比林

aminoproteasa *f.* 〈生〉氨蛋白酶

aminopterina *f.* 〈生化〉〈药〉氨基蝶呤

aminosis *f.* 〈医〉氨基酸过多症

aminotransferasa *f.* 〈生化〉转氨（基）酶

amiocardia *f.* 〈医〉心肌无力

amiotonia *f.* 〈医〉肌弛缓

amiotrofia *f.* 〈医〉肌萎缩

amital *m.* 〈药〉阿米妥，异戊巴比妥（镇静催眠药）

amitosis *f.* 〈生〉无丝[直接]分裂

amixia *f.* 〈医〉黏液缺乏

amminas *f.* 〈化〉氨(络)，氨络物，氨(络)合物

amnemónico,-ca *adj.* 〈医〉遗忘性的

amnesia *f.* 〈医〉记忆缺失，遗忘(症)

　~ anterógrada 顺行性遗忘

　~ retrógrada 逆行性遗忘

　~ temporal 暂时丧失记忆，暂时性遗忘

　~ vebral 语词遗忘

amnícola *adj.* 〈生〉栖沙滩的

amniocentesis *f.* 〈医〉羊膜穿刺术；羊水穿刺

amniografía *f.* 〈医〉羊水造影[照相]术

amnionitis *f.inv.* 〈医〉羊膜炎

amnios *m.inv.* ①〈动〉羊膜；②〈医〉羊水

amnioscopia *f.* 〈医〉羊膜镜检查术；羊水镜检法

amnioscopio *m.* 〈医〉羊膜镜

amniota *f.* 〈动〉羊膜类

amniótico,-ca *adj.* 〈医〉羊膜的；羊水的

　fluido[líquido] ~ 〈医〉羊水

amniotomía *f.* 〈医〉羊膜穿破术

amniótomo *m.* 〈医〉羊膜穿破器

amoblado；amoblamiento *m. Amér.L.* 〈集〉家具

amófilo,-la *adj.* 〈生〉喜[栖]砂的

amojonamiento *m.* 立界桩[石]；分界(线)

amojonar *tr.* （用线）划[标]出边界；立界桩[石]

amojosado,-da *adj.* ①（植物）患锈病的；②*Bol.* 生锈的

amoladera *f.* 油[砥，磨刀]石

amolado,-da *adj.* 磨(削，快，细，光，碎)的

　~ en seco 干磨法的

　~ húmedo 湿磨法的

　~ sin centro 无心磨削的

amoladora *f.* 〈机〉磨床

　~ de asientos de válvulas 阀面磨光机

　~ de cuchillos 刀具磨床

　~ de planear 平面磨床

amoladura *f.* 磨(刀)

amoldable *adj.* ①可模制[塑]的；可铸的；②可适应的，可符合的

amoldamiento *m.* 模制

amonal *m.* 阿芒拿尔炸药

amonedación *f.* 铸造钱币

amoniacado,-da *adj.* 〈化〉与氨化合的；充[含，加]氨的

amoniacal *adj.* 〈化〉氨的；含氨的

amoniación *f.* 〈化〉氨化（作用）

amoniaco,-ca；amoníaco,-ca *adj.* 〈化〉氨的，阿摩尼亚的；含氨的 ‖ *m.* 氨，阿摩尼亚；氨水

　~ líquido 液体氨，氨水

　~ sintético 合成氨

　intoxicación ~a 氨中毒

amónico,-ca *adj.* 〈化〉氨的；铵的

　nitrato ~ 硝酸铵

　sulfato ~ 硫酸铵

amonificación *f.* 〈化〉①加氨（作用）；②化氨（作用）；(分解)成氨（作用）

amonificador *m.* 〈生〉氨化菌

amonio *m.* 〈化〉铵

~ cuaternario 季铵
~ de alumbre 铵矾
cianato de ~ 氰酸铵
cloruro de ~ 氯化铵
fluoruro de ~ 氟化铵
fosfato de ~ 磷酸铵
ioduro de ~ 碘化铵
ión de ~ 离子铵
nitrato de ~ 硝酸铵
sulfato de ~ 硫酸铵
amoniuro *m.* 〈化〉氨合[络]物,有机氨肥
amonización *f.* 〈化〉氨化作用
amonólisis *f.* 〈化〉氨解(作用)
amonotélico,-ca *adj.* 〈动〉〈生化〉排泄氨的
amontonadora *f.* 〈机〉堆集[积,垛]机,垛板[集草]机
amorfia *f.*; **amorfismo** *m.* ①无定形,〈生〉无定形性;②〈化〉非晶形[性];③〈地〉非[不]结晶性
amorfo,-fa *adj.* ①〈生〉无[不]定形的;无组织的;②〈化〉非晶(体,形)的,非[不]结晶的;③〈地〉非结晶质的;④无固定形状的 ‖ *m.* 〈生化〉无效等位基因
carbón ~ 非晶碳,无定形碳
sedimiento ~ 〈医〉无定形沉着
sólido ~ 非晶体,无定形固体
amorronar *tr.* 〈海〉升旗求援
amortiguación *f.* ①(噪音等的)减弱[轻];减[消]音;抑制;②〈电〉〈理〉阻尼;衰减[耗];③(减轻撞击的)减震,缓冲[和](作用)
~ crítica 临界阻尼,临界衰减(系数)
amortiguado,-da *adj.* 阻尼的,衰减的;抑制的,猝熄[灭]的
chispas ~as 猝熄火花
circuito ~ 猝熄[灭]弧,火花抑制[电路]
oscilación ~a 阻尼振荡
amortiguador,-ra *adj.* ①减弱[轻]的;减[消]音的;②缓冲[和]的;③(光线等)柔[调]和的 ‖ *m.* ①(减轻车辆,机械等撞击的)减震器;缓冲器;②〈电〉〈理〉阻尼器[线圈],空气阻尼器;③减[消]音器;吸声器;④〈医〉缓冲剂
~ al aceite 油压减震[阻尼]器,液压缓冲器
~ al aire 空气[气动]阻尼器;风挡
~ acústico 消音[吸声]器
~ de barquinazos 减震[缓冲]器
~ de choques 保险杠,防[缓]冲器,车挡
~ de émbolo 减震活塞
~ de líquido 液体缓冲器
~ de llamas 火焰消除器
~ de luz 调[变]光器
~ de olas 滤[消]波器

~ de pulsaciones 脉动衰减器
~ de ruido 消声器
~ de vibraciones 减振器
~ de vibraciones torsionales 扭振减振[阻尼]器
~ hidráulico 液压减震[缓冲]器
~ neumático 气动缓冲[阻尼]器
acción ~a 缓冲作用
base ~a 〈医〉缓冲碱
gene ~ 缓冲基因
montante ~ 〈航空〉减震支柱
solución ~a 缓冲溶液
terapéutica ~a 缓冲疗法
amortiguamiento *m.* ①(噪音等的)减弱[轻];减[消]音;抑制;②〈电〉〈理〉阻尼;衰减[耗];③(减轻撞击的)减震,缓冲[和](作用)
~ de las oscilaciones 振动阻尼
~ del ruido 消(噪)声
~ del sonido 消[吸]音
~ dinámico 动力减震[振]
~ elástico 弹性减震
~ electromagnético 电磁阻尼
~ friccional 摩擦阻尼
~ lateral 侧倾(运动)阻尼
~ magnético 磁阻尼
~ máximo 临界阻尼
~ mecánico 机械阻尼[减振]
~ viscoso 黏性[黏滞]阻尼
coeficiente de ~ 衰减[耗]系数
amortización *f.* 〈经〉〈商贸〉①(分期)偿还(借款、贷款等),分期偿还款项[债款];摊还[销],②(投资的)收[赎]回;(缺额,岗位等的)取消;③折旧;摊提[销]
~ acelerada 加速折旧,加快冲销
~ contable 折旧费
~ de activos 资产折旧[摊销]
~ de deudas (分期)偿还债务
~ de patentes 专利摊销
~ directa 直接折旧[摊销]
~ en la fecha fijada 按指定日期偿还(款项)
~ lineal 直线折旧[摊销]
~ mensual 按月摊销[摊还]
~ obligatoria 强制清偿
amosal *m.* 阿摩莎尔炸药
amosita *f.* 〈矿〉铁石棉,长纤维石棉
amoterapia *f.* 〈医〉沙浴疗法
amoxicilina *f.* 〈生化〉〈药〉羟氨苄青霉素
ampalagua *f. Amér. L.* 〈动〉水蟒蛇
amparo *m.* ①保[庇]护;避难;躲避;②庇护[避难]所;③保护者,依靠;④*Amér. L.* 矿

山开采权

~ diplomático 外交庇护

~ fiscal 逃税庇护所,避税港

~ social 社会保护

ampelita *f*. 〈地〉黄铁炭质页岩

ampelografía *f*. 葡萄栽培学

amperaje *m*. 〈电〉安培数,电流强度

ampere *m*. 〈电〉安(培)

amperimétrico,-ca *adj*. 〈电〉测量电流的

determinación ~a 电流测定

valoración ~a 电流滴定法

amperímetro; amperómetro *m*. 〈电〉安培[电流]计;电(流)表

~ de cuadro móvil 动圈式安培计[电流表]

~ de hilo caliente 热线式安培计

~ de la excitación 激励[励磁]安培计

~ de precisión 精密[标准]安培计

~ para corriente alterna/continua 交/直流(电)安培计

~ registrador 自动记录安培计

~ térmico 热线式安培计

amperio *m*. 〈电〉安(培)

~-hora 安(培小)时

~-pie 安培英尺

~-vuelta 安(培)匝(数)

amperivuelta *f*.; **amperi-vueltas** *f. pl.* 〈电〉安(培)匝(数)

ampersán *m*. & 号

ampicilina *f*. 〈生化〉〈药〉氨苄青霉素

amplexicaulo,-la *adj*. 〈植〉〈叶〉抱茎的

amplexo *m*. 〈动〉抱合(指雌的蛙或蟾产卵于水时雄的蛙或蟾抱合排精的求偶行动)

ampliable *adj*. ①可扩大[展]的;可展开的;②可伸(展)的,可延伸的;③〈摄〉可放大的

ampliación *f*. ①扩大[充,展];扩建(工程);②增补物,扩增部分;③增加[大,量];④〈摄〉放大(率,倍数,复制);⑤〈机〉(电脑、汽车等机器上的)附加设备

~ de capital[capitales] 增资,资本扩充

~ del plazo 展期,延长期限

~ del plazo de pago[reembolso] 展期偿付,延长偿付期限

~ del surtido 增加花色品种

~ del trabajo 作业扩展,扩大工作

papel de ~ 〈摄〉放大纸

ampliador,-ra *adj*. ①扩大的;②放大的 ‖ *m*. ①放大(透)镜;②〈电〉放大器 ‖ ~a *f*. 〈摄〉放大机

~ de potencia 〈电〉功率放大器

tubo ~ 〈无〉放大管

ampliativo,-va *adj*. ①扩大性的;②〈逻〉扩大[充]的

amplidino *m*. 〈电〉〈微场〉电机放大机

amplificación *f*. ①扩大[充],充实;增强;②〈技〉〈理〉〈摄〉放大,放大率[作用]

~ de doble media onda 推挽放大

~ de potencia 功率放大

~ del DNA DNA 扩增

~ génica 基因扩增

~ por servo-mando 功率增大

factor de ~ 放大因数

relación de ~ 放大比

amplificador,-ra *adj*. 放[加,扩]大的;扩展的 ‖ *m*. 〈理〉〈无〉放大器;扩音器[机]

~ acoplado por batería 电池耦合放大器

~ acoplado por cátodo 阴极耦合放大器

~ acoplado por resistencia 电阻耦合放大器

~ acoplado por transformador 变压器耦合放大器

~ con alimentación en paralelo 并联馈电放大器

~ corrector 箝位放大器

~ de acoplo por impedancia 扼流圈耦合放大器

~ de alta/baja frecuencia 高/低频放大器

~ de alta ganancia 高增益放大器

~ de amplia banda 宽(频)带放大器

~ de audio 扩音器

~ de audiofrecuencia 声[音]频放大器

~ de banda ancha 宽(频)带放大器

~ de corriente continua 直流电放大器

~ de década 十进位放大器

~ de frecuencia intermedia 中频放大器

~ de potencia 功率放大器

~ de radiofrecuencia 射频放大器

~ de rejilla a masa[tierra] 栅极接地放大器

~ de señal 信号放大器

~ de sinfonía doble 双调谐放大器

~ de sinfonía escalonada 参差调谐放大器

~ de sonido 扩音[扬声]器

~ de tres etapas 三级放大器

~ de una etapa 一级放大器

~ de varias etapas[varios pasos] 多级放大器

~ de videofrecuencia 视频放大器

~ de vigilancia 监听[监控]放大器

~ de voz 声频放大器,言语放大器

~ diferencial 〈电〉差分放大器;差动[微分]放大器

~ electrónico 电子放大器

~ en cascada 级联放大器

~ en contrafase 推挽式放大器

~ igualador 均衡放大器
~ integrador[integral] 积分放大器
~ invertido 倒相放大器
~ láser 激光放大器
~ limitador 限幅放大器
~ limitador de volumen 音量限幅放大器
~ magnético 磁放大器
~ megafónico 扩声[音]放大器
~ modulado en placa 阳[板]极调制放大器
~ operacional 运算[操作]放大器
~ para uso general 通用[万能]放大器
~ parafásico 倒[分]相放大器
~ rotativo 旋转放大器

amplitud *f.* ①宽广[敞];广阔；②宽[幅,广]度；③〈理〉〈无〉(波,摆,调,振)幅,范围；④(知识、智力等的)程[幅]度；⑤〈天〉(天体)出没方位角
~ de banda 〈讯〉带宽
~ de horizontes[miras] 心胸开阔,宽宏大量
~ de la cobertura 保险范围
~ de la fluctuación 波动幅度
~ de marea 潮幅(半潮差)
~ de onda 〈无〉[测]波幅
~ del ciclo 周期幅度[大小]
~ doble (正负峰间的)全幅(值),双幅
~ modulada 〈理〉调幅,幅度调制
~ total (正负峰间的)总幅值,双[摆,振]幅
descretador de crestas de ~es 限幅器,削波器

ampolla *f.* ①(皮肤上的)水疱；(水)泡；②〈医〉安瓿(装注射液的小瓶)；烧[长颈]瓶；③(物体表面的)气[浮,凸]泡；〈冶〉气孔,砂眼；④(玻、真空)管
~ de Crooke 克鲁克斯(放电)管,克鲁克斯阴极射线管
~ de cuarzo 石英管
acero con ~s 泡[疤]钢
lima para ~ 安瓿锉

ampolláceo,-cea *adj.* 〈动〉〈植〉坛形的
ampolleta *f.* ①(计时的)沙漏[钟],沙时计；(沙时计的)沙箱；②小灯泡；球状物；(温度计的水银)球
amputación *f.* 〈医〉截肢(术)；切断[除](术)
amura *f.* 〈海〉船头；舰首；(飞艇的)前缘部分
amurada *f.* (船的)舷墙
amusia *f.* 〈医〉乐歌不能,失歌症
anabaena *f.* 〈植〉项圈藻(属)
anabasina *f.* 〈生化〉新烟碱
anabático,-ca *adj.* 〈气〉(风、气流等)上升

[滑]的
viento ~ 〈气〉上坡风
anabergita *f.* 〈矿〉镍华
anabiosis *f.* ①〈动〉〈环〉失水休眠；②〈医〉回[苏]生
anabólico,-ca *adj.* 〈生化〉促合成的；组[合]成代谢的
anabolismo *m.* 〈生化〉组[合]成代谢
anabolizante *f.* 〈生化〉促蛋白合成类固醇
anacardo *m.* 〈植〉槚如树；槚如树果
anacidez *f.* 〈医〉酸缺乏
anaclinal *adj.* 〈地〉逆斜的(指与周围岩层下倾方向相反)
anacolutia *f.* 〈医〉拼读不能
anaconda *f.* 〈动〉森蚺(南美热带蟒蛇)；水蟒
ánade *m.* 〈鸟〉鸭
~ friso 赤膀鸭
~ rabudo 针尾鸭
~ real 绿头鸭
~ silbón 野[赤颈]鸭
anádromo,-ma *adj.* 〈动〉(鱼类)溯河产卵的
anaeróbico,-ca；anaerobio,-bia *adj.* ①〈环〉〈生〉厌氧的；厌气的,由厌气菌引起的；②在缺氧情况下生活或发生的 ‖ *m.* 厌氧菌；厌氧微生物
bacteria ~a 厌氧菌
cultivo ~ 厌氧培养
anaerobiosis *f.* 〈环〉厌[乏]氧生活；厌气生活
anaerofita *f.* 〈环〉〈生〉厌氧植物
anafase *f.* 〈生〉(细胞分裂的)后期
anafia *f.* 〈医〉触觉缺失
anafiláctico,-ca *adj.* 〈医〉过敏(性)的,导致过敏的
reacción ~a 过敏反应
shock ~ 过敏性休克
anafilactina *f.* 〈生〉过敏素
anafilactógeno *m.* 〈医〉过敏原
anafilactoide *adj.* 〈医〉过敏性样的,类过敏的
anafilatoxina *f.* 〈生医〉过敏毒素
anafilatoxismo *m.* 〈生医〉过敏性中毒,过敏毒素中毒
anafilaxia *f.* 〈生医〉过敏性(疾)病
~ generalizada 全身性过敏疾病
anafilaxis *f.* 〈医〉过敏性[症,反应]
~ generalizada 全身性过敏反应
anafilodiagnosis *f.* 〈医〉过敏性诊断法
anafilotoxina *f.* 〈生医〉过敏毒素
anaforesis *f.* 〈化〉阴离子电泳,电粒升泳
anafrodisiaco,-ca；anafrodisíaco,-ca *adj.* 〈药〉制(性)欲的 ‖ *m.* 制(性)欲剂
anafrodisia *f.* 〈医〉性欲缺失

anagénesis *f*. ①〈生〉前进演化，进化；②〈动〉〈医〉再[新]生

anaglífico,-ca *adj*. 浅浮雕(装饰)的

anáglifos *m. pl*. ①浅(型)浮雕(品，装饰)；②〈摄〉补[彩]色立体图；立体彩色照片；③〈电影〉立体影片

anaglifoscopio *m*. 〈电影〉观看立体影片用眼镜

anal *adj*. 〈解〉肛门的

analbuminemia *f*. 〈生医〉无清蛋白血，血清[内]白蛋白缺少症

analcima; analcita *f*. 〈矿〉方沸石(一种存在于火成岩中的白色或浅色晶状沸石)

analcohólico,-ca *adj*. 不含酒精的(饮料)

analema *f*. 〈天〉地球仪 8 字形曲线

analepsia *f*. 〈医〉恢复(健康)

analéptico,-ca *adj*. ①〈医〉恢复健康的，强身的，提神的；②致兴奋的(尤指作用于中枢神经系统的) ‖ *m*. ①强壮[复元]剂；②〈生医〉回苏[苏醒]剂，兴奋剂；③〈农〉催醒剂

analgesia; analgia *f*. ①〈医〉痛觉缺[丧]失，无痛；②止痛法

analgésico,-ca; análgico,-ca *adj*. ①〈医〉痛觉缺[丧]失的；②止痛的 ‖ *m*. 〈药〉镇静剂；止痛药

análisis *m. inv*. ①分[剖]析；②〈化〉〈理〉分析(法)；③〈数〉解析(法)；④〈医〉验定，化验；⑤分析(结果)报告，分析结果表

　～ aerodinámico 空气动力分析[计算]

　～ armónico 〈数〉调和分析；〈理〉调波分析

　～ básico 基本分析

　～ bivariante 〈化〉双变分析

　～ calitativo/cuantitativo 质量/数量分析

　～ colorimétrico 比色分析

　～ combinatorio 〈数〉组合分析

　～ comparativo 比较分析

　～ conductimétrico 〈化〉电导分析

　～ coste-beneficio 〈经〉成本效益分析

　～ cromatográfico 〈化〉(色)层(分)析；色谱分析

　～ cualitativo/cuantitativo 定性/定量分析

　～ de casos 原因[问题，案例]分析

　～ de compras 购买[进货]分析

　～ de confluencia 合流[汇合]分析

　～ de contenidos 内容分析

　～ de coste[costos] 〈经〉成本分析

　～ de coste-beneficio[costos-beneficios] 〈经〉成本效益分析

　～ de crédito 信用分析

　～ de datos 〈统〉资料分析

　～ de decisiones 决策分析

　～ de documentos 文件分析

　～ de energía sanguínea 〈医〉血气分析

　～ de entrada-salida[entradas y salidas] 〈经〉投入产出分析

　～ de equilibrio general 全面均衡分析

　～ de errores 错误[误差]分析

　～ de factores 要素分析

　～ de ganancias y pérdidas 盈亏分析

　～ de gases 气体分析

　～ de gastos 费用[支出]分析

　～ de imagen 图像分析，析像

　～ de insumo-producto 〈经〉投入产出分析

　～ de inventarios 库存[存货]分析

　～ de inversiones 投资分析

　～ de la demanda 需求分析

　～ de mercado[mercados] 市场分析

　～ de procedimiento 程序分析

　～ de proyectos 项目分析

　～ de ratios[razones] 比率分析

　～ de redes 网络分析

　～ de regresión 回归分析

　～ de riesgos 风险分析

　～ de sangre 〈医〉验血，血液分析

　～ de sanguificación 血液生化分析

　～ de secuencia 序列[连续]分析

　～ de sensibilidad 敏感性分析

　～ de sí mismo 自我分析

　～ de sistemas 〈信〉系统分析(报告)

　～ de suelo 土壤分析

　～ de tareas[trabajos] 工作[种]分析

　～ de tendencias 趋势分析

　～ de trazas 〈化〉痕量分析

　～ de utilidad 效用[利润]分析，获利性分析

　～ de variancia 差异分析

　～ de viabilidad 可行性分析[研究]

　～ del contenido metal 成色鉴定

　～ del humo 烟气分析

　～ del mercado 市场分析

　～ del problema 问题分析

　～ del producto 产品分析

　～ del superávit 盈余分析

　～ del valor 价值分析

　～ demográfico 人口分析

　～ diferencial ①〈气〉差值分析；②〈信〉(计算机)微分分析

　～ dimensional 〈理〉量纲分析；〈数〉因次[维量]分析

　～ dinámico/estático 动/静态分析

　～ discriminante[discriminatorio] 识[判]别分析

　～ económico 经济分析

　～ elemental 〈化〉元素分析

~ espectral 光谱分析
~ espectrográfico 摄谱分析
~ espectroquímico 光谱化学分析
~ estadístico 〈统〉统计分析
~ estructural 结构分析
~ factorial 要素分析
~ financiero 财务分析
~ gráfico 图表分析
~ gravimétrico ①〈化〉重量分析;②重力分析
~ industrial 工业[产业]分析
~ inmediato 近似[实用]分析
~ input-output 投入产出分析
~ marginal 边际分析
~ matemático 数学分析
~ multivariante 多元分析,多变量分析
~ normativo 标准分析,规范性分析
~ numérico 数值分析
~ orgánico 有机分析
~ periódico 定期分析
~ polarográfico 极谱(化)分析(法)
~ por columnas 多栏式分析
~ por conductibilidad 电导分析
~ por vía húmeda/seca 〈冶〉湿/干分析法
~ potenciométrico 电势[位]分析
~ químico 化学分析
~ radiográfico X射线分析
~ relacional de datos 关系数据分析
~ secuencial 序列分析
~ volumétrico 〈统〉序列分析
~ transversal 横断面分析
~ vectorial 矢量分析
~ volumétrico ①〈化〉容量[体积]分析(法);②气体体积测定(法)

analista *m. f.* ①分析(工作)者;分析家[师];②分析[化验]员;③编年史家
~ de aplicaciones[sistemas] 系统分析师
~ de inversiones 投资分析师
~ de mercado 市场分析专家
~ financiero 财务分析师[家]
~ industrial 工业分析家
~-programador 计算机分析程序员

analítica *f.* ①解析法;②〈逻〉分析方法;③〈医〉临床化验;化验报告

analítico,-ca *adj.* ①分析的;分析法的;②〈数〉解析的;③〈逻〉分析的,非综合的
balanza ~a 分析天平
extensión ~a 解析延拓
extracción ~a 分析萃取
fotografía ~a 分析摄影(术)
geometría ~a 解析几何(学)
método ~ 分析法

micro ~ 微量分析的
orientación ~a 解析定向
química ~a 分析化学
reacción ~a 分析反应
reactivo ~ 分析试剂
polariscopio ~ 分析旋光镜
psicología ~a 〈心〉分析心理学
trigonometría ~a 分析三角学

analizabilidad *f.* 分析性,解析性

analizable *adj.* ①可分析的;②可解析的

analizador *m.* ①分析器[仪,机];②〈信〉分析程序;③〈化〉检偏器;〈光〉检偏镜;〈理〉检偏振器
~ de agua 水(质)分析器
~ de armónicos 谐波分析仪
~ de caudal 流量分析仪
~ de gas 气体分析仪
~ de gas de combustión 烟气[废气]分析仪
~ de ondas 波形分析仪
~ de rayos infrarrojos 红外线分析仪
~ de sonidos 声谱分析器,声波频率分析器
~ de vuelo 飞行(时间)分析器
~ del espectro 频谱分析器
~ diferencial 微分分析机
~ eléctrico 电分析器
~ electrostático 静电分析器
~ léxico/sintáctico 词法/语法分析程序
~ sónico 声波分析器,声波探伤仪
disco ~ 扫描盘

analogía *f.* ①类似,相似(性,形);②类推[比];比喻[拟];〈技〉模拟;③〈逻〉类比;④〈数〉等比;⑤〈生〉同功
~ directa 直接模拟
~ eléctrica 电模拟

analógico,-ca *adj.* ①有相似之处的;②模拟(式)的;③比拟的,类推(法)的;④〈机〉模拟的;⑤〈信〉(用)模拟计算机的
canal ~ 模拟通道
comunicaciones ~as 模拟通讯
convertidor ~-digital 模拟数字转换器
equipo ~ 模拟设备
inferencia ~a 类比推理
ordenador ~ 模拟计算机
razonamiento ~ 类比推理

analogismo *m.* 类比法;类比推理,类推

análogo,-ga *adj.* ①类[相]似的,类比的;②可比拟的;③〈机〉模拟的;④〈生〉同功的 ‖ *m.* ①类似物;类似情况;②〈化〉类似物;③〈生〉同功异质体

anamnecia; anamnesis *f.* 〈医〉(免疫)回忆反应

anamnéstico,-ca *adj.* 〈医〉(免疫)回忆反应的

anamniótico,-ca *adj.* 〈动〉无羊膜的

anamorfa *f.* 〈动〉增节变态类

anamorfosis *f.* ① 变形影像,失真图像,歪像;歪像描法;② 〈植〉畸形发育;③ 渐变;(昆虫的)增节变态

anamorfótico,-ca *adj.* ① 变形的,失真的;② 歪像的,(像)畸变的

ananá; ananás *m. inv.* 〈植〉① 凤梨,菠萝;② 凤梨科植物,野菠萝

ananasa *f. And.* 〈植〉① 凤梨,菠萝;② 凤梨科植物,野菠萝

anaplasia *f.* 〈医〉退行发育

anaplasma *m.* 〈动〉红孢子虫

anaplasmosis *f.* 〈生医〉(由红孢子虫引起的)边虫病

anaplastia *f.* 〈医〉还原成形术;整形术

anaplástico,-ca *adj.* 〈医〉① 还原成形术的;整形术的;② 退行发育术的

anartria *f.* 〈医〉(脑部受损引起的)构音障碍

anasarca *f.* 〈医〉全身[普遍性]水肿

anaspidáceo,-cea *adj.* 〈动〉山虾目的 ‖ *m.* ① 山虾目动物;② *pl.* 山虾目

anastigmata *f.* 〈理〉消像散透镜

anastigmático,-ca *adj.* 〈理〉(复合透镜等)消[去]像散的

anastigmatismo *m.* 〈理〉消[去]像散性

anastomosis *f.* ① 〈医〉吻合,吻合术;② (血管,水道,叶脉之间的)连接;网接(现象);③ 〈技〉交接
~ laterolateral 〈医〉对边吻合术

anatasia *f.* 〈矿〉锐钛矿(其晶体为长条形)

anatexis *f.* 〈地〉深熔作用

anatomía *f.* ① 解剖(体,模型);解剖学;② (动植物的)结构;构造
~ aplicada 应用解剖学
~ artificial 模型解剖学
~ histological 组织解剖学
~ humana 人体解剖学
~ macroscópica 宏观解剖学
~ microscópica 显微解剖学
~ patológica comparada 比较病理解剖学

anatómico,-ca *adj.* ① 解剖的,结构上的;构造上的;② 解剖学的
fisiología ~a 解剖生理学
impresión ~a 构造印模
inyección ~a 解剖注射液

anatomista *m. f.* ① 解剖者[学家];剖析者[家]

anatoxina *f.* 〈生〉去毒毒素;类[变性]毒素

anátropo,-pa *adj.* 〈植〉(胚珠)倒生的

anaxial *adj.* 〈生〉无轴的

ancaramita *f.* 〈地〉富辉橄玄岩

ancaratrita *f.* 〈地〉黄橄霞长岩

ancho *m.* ① 宽(度),阔度;广度[阔];② 宽的[开阔]部分;③ 〈铁路〉轨距
~ de banda 〈信〉(频)带宽(度)
~ de tela 宽(幅)度,横幅
~ de vía 轨距[幅];轮距
~ europeo 欧洲轨距
~ internacional 国际(通用)轨距
~ normal 标准轨距
a lo ~ 横着[向],宽
doble ~ 双幅

anchoa *f.* 〈动〉鳀(鱼)

anchor *m.* ① 宽(度),阔度;广度[阔];宽的[开阔]部分;② (衣服等)幅(宽);③ (胸,腰)围

anchova; anchoveta *f.* 〈动〉鳀(鱼)

anchura *f.* ① 宽(度),阔度;广度[阔];宽的(开阔)部分;② (衣服等)幅(宽);③ (胸,腰)围
~ alar 翼展
~ de banda[cinta] 〈信〉带宽(在链路或电路上可传输数据量的一种度量)
~ de cintura 腰围
~ efectivo 有效[工作]宽度
~ total 总[全,整体]宽(度)

ancla *f.* ① 锚;锚状物,钩子
~ de amarre 系[带]缆钩
~ de capa 垂锚,风暴用浮锚
~ de deriva 海[浮]锚
~ de la esperanza ① 〈海〉备用大锚;② 最后希望[靠山]
~ de leva 大[主,船首]锚
~ de manga cónica (飞机场用)锥形风标,锥袋
~ de sujeción 铁[把]钩,扣钉;轧头
~ pequeña 小锚
~ sin cepo 无杆锚
cepo de ~ 锚座[叉]
echar ~s 抛锚,停泊
levar ~s 起锚
pestañas del ~ 锚爪(齿)
placa de apoyo del ~ 锚[系]定板

ancladero *m.* ① 〈海〉(抛)锚地,锚泊;② 碇[停]泊处

anclaje *m.* ① 〈海〉抛锚,停[碇,系,锚]泊;② 〈海〉锚地;③ 停泊税;④ (车辆座椅安全带的)夹具,卡扣
derechos de ~ 系[停]泊费[税]
placa de ~ 锚[系]定板

anclote *m.* 小锚

ancón *f.* ① 〈海〉小(海)湾;河(渠)弯(道);② 〈建〉悬臂托梁;(屋檐板的)托座[架];③

Méx. 角落,屋[墙]角;④山口,(山坳)通道

áncora *f.* ①〈海〉锚;锚状物;②(钟表的)擒纵叉;③(木、石料拼合时用的)衔[T 形]铁;支座
　～ de salvación ①〈海〉备用大锚;②最后希望[靠山]

ancoraje *m.* ①〈海〉(抛)锚地,锚泊;②碇[停]泊处

ancorca *f.* 〈矿〉赭石

ancusa *f.* 〈植〉牛舌草

ancusina *f.* 〈化〉紫(朱)草素,紫草红

andalusita *f.* 〈矿〉红柱石

andamiada *f.*; **andamiaje** *m.* ①〈建〉脚手架(组);架子,搭棚;②框[构]架;构造,组织
　～ tubular 管子脚手架

andamio *m.* ①〈建〉脚手架(组);架子,搭棚;②(看)台;陈列[展览]台
　～ óseo 〈建〉(骨状)架子

andana *f.* ①(一)排[行,层];行列;②〈信〉行(所打印或所显示的字符的一行);③蚕架;④〈军〉舷(侧)炮

andanada *f.* 〈军〉①齐[群]射,齐[连]发,排枪射击;②舷(侧)炮齐发

andarivel *m.* ①渡[扶]索,(渡船)缆绳;②〈技〉(用缆绳牵引的)渡船;③〈海〉救生索;④*Amér. L.* 索桥;⑤*Amér. L.* (游泳池的)泳道

andarríos *m. inv.* 〈鸟〉鹡鸰

andas *f. pl.* ①〈医〉担架;②轿(子)

andén *m.* ①(铁路)站[月]台;②码头区[边];③*Amér. L.* 〈农〉梯田;④*Amér. L.* 〈交〉人行道
　～ de salida 发车[上客]站台
　～ de vacío 抵达[下客]站台
　～ entre vías 岛式站台

andesina *f.* 〈矿〉中长石

andesinita *f.* 〈地〉中长岩

andesita *f.* 〈地〉安山岩;瓜子玉

andinismo *m. Amér. L.* 登山运动

andinista *m. f. Amér. L.* 登山运动员

andolina; **andorina** *f.* 〈鸟〉燕子

andradita *f.* 〈矿〉钙铁榴石

andriatría; **andriátrica** *f.* 〈医〉男科医学

andriátrico,-ca *adj.* 〈医〉男科医学的

androceo *m.* 〈植〉雄蕊(群)
　～ diadelfo 二体雄蕊
　～ didínamo 二强雄蕊
　～ monadelfo/poliadelfo 单/多体雄蕊

androcito *m.* 〈植〉雄细胞

androdioecia *f.* 〈植〉雄花两性化异株,雄全异株

androesporangio *m.* 〈植〉雄孢子囊

androfobia *f.* 〈心〉男性恐怖

andróforo *m.* 〈植〉雄蕊柄

androgénesis *f.* 〈动〉〈植〉雄核发育

androgénico,-ca *adj.* 〈生化〉雄(性)激素的

andrógeno *m.* 〈生化〉雄(性)激素

androginia *f.* ①〈植〉雌雄同株;②〈动〉雌雄同体;③〈医〉两性畸形,男子女化

andrógino,-na *adj.* ①〈植〉雌雄同株的;②〈动〉雌雄同体的;③〈医〉两性畸形的,男子女化的,半阴阳的 ‖ *m. f.* ①〈植〉雌雄同株;②〈动〉雌雄同体;③〈医〉两性体[人],半阴阳体;女化男子(即男性假性体)

androide *m.* 拟人自动机;机器人

andrología *f.* 〈医〉(研究男性特有疾病的)男科学,男性生殖器病学

andrológico,-ca *adj.* 〈医〉男科学的,男性生殖器病学的

andrólogo,-ga *adj.* 〈医〉男性生殖器病学医生

Andrómeda *f.* 〈天〉仙女(星)座

andromonoecia *f.* 〈植〉雄花两性化同株,雄全同株

andromonoecio,-cia *adj.* 〈植〉雄花两性化同株的,雄全同株的

andropausia *f.* 〈医〉男子更年期

androsterona *f.* 〈生化〉雄(甾)酮

anea *f.* 〈植〉水烛;宽叶香蒲

anecoico,-ca *adj.* ①无回声的,无反响的;②消声的,完全吸收声波[回波信号]的
　cámara ～a 消声室,无回声室

anedullo *m.* 〈船〉护舷料

anefrogénesis *f.* 〈医〉无肾(畸形)

anegación *f.* 淹没;(洪水)泛滥

anegadizo,-za *adj.* 易涝的
　terreno ～ 易涝土地

anejo,-ja *adj.* ①附属的;②连[联]接的;③〈建〉附联式的 ‖ *m.* ①〈建〉附加建筑;外屋(如车库,谷仓等);②(书籍的)补遗;附录

anelasticidad *f.* 〈理〉滞弹性

anelástico,-ca *adj.* 〈理〉滞弹性的

aneléctrico,-ca *adj.* 〈理〉①不起电的,无电性的;②非电化体的

anelectrotónico,-ca *adj.* 〈医〉阳极(电)紧张的

anelectrotono *m.* 〈医〉阳极(电)紧张

anélido,-da *adj.* 〈动〉环节动物(纲)的 ‖ *m.* ①环节动物;②*pl.* 环节动物纲

anemia *f.* 〈医〉贫血(症)
　～ hemolítica 溶血性贫血

anémico,-ca *adj.* 〈医〉贫血的;患贫血症的

anemobarómetro *m.* 风速风压计[表]

anemócora *f.* 〈环〉〈生〉(植物等的)风力散

布

anemócoro,-ra *adj.* ①〈环〉〈生〉风力散布的；②〈植〉风播的

anemofilia *f.* 〈植〉风媒(传粉)

anemófilo,-la *adj.* 〈植〉风媒(传粉)的

anemografía *f.* 〈气〉测风学

anemógrafo *m.* 〈气〉(自记)风速计[表],风速[力]记录仪

anemograma *m.* 〈气〉风速[力]记录图,风力自记曲线

anemometría *f.* 〈气〉风速风向测定法；测风(速和风向)法

anemométrico,-ca *adj.* 〈气〉风速记录仪的,风速计[表]的；测定风速和风向的

anemómetro *m.* 〈气〉风速计[表,器],风速记录仪

~ de cónicas 锥形风速计

~ de copas 转杯风速表

~ de hilo electrocalentado 热线式风速表[计]

~ de molinete 风车式风速表

~ helicoidal 螺旋桨风速表

~ registrador 自记风速表

anemometrógrafo *m.* 〈气〉记风仪,风向风速风压记录仪

anemona；anémona；anemone *f.* ①〈植〉银莲花；②〈动〉海葵

~ de mar 〈动〉海葵

anemoscopio *m.* 〈气〉风向计[仪]

anemotropismo *m.* 〈生〉向风性

anencefalia *f.* 〈医〉无脑(畸形)

aner *m.* 〈动〉雄蚂蚁

anergia *f.* ①〈生医〉无反应性；②无力

~ clonal 克隆无力

anérgico,-ca *adj.* 〈生医〉无力的

aneróbico,-ca *adj.* ①〈环〉〈生〉厌氧的；厌气的,由厌气菌引起的

anerobiosis *f.* 〈环〉厌[乏]氧生活；厌气生活

aneroide *adj.* 无液的；不用液体的 ‖ *m.* 〈气〉无液[空盒]气压计[表],(无液的)膜盒气压表[计]

altímetro ~ 无液测高计

barómetro ~ 〈气〉膜盒气压计；空盒气压表

batería ~ 干电池

manómetro ~ 无液压力计

aneroidógrafo *m.* 〈气〉无液(自动)气压器,空[膜]盒气压计

anestesia *f.* 〈医〉①麻醉(法)；②感觉缺失；麻木

~ acupuntural 针刺麻醉

~ acupuntural en cabeza 头针麻醉

~ combinada 混合麻醉

~ con medicamento 药物麻醉

~ endobronquial 支气管内麻醉

~ endotraqueal 气管内麻醉

~ espiral 脊椎麻醉

~ general/local [regional] 全身/局部麻醉

~ herbática 中药麻醉

~ por congelación 冷冻麻醉

~ por hipotermia 低温麻醉

~ por infiltración 浸润麻醉

~ por inhalación 吸入麻醉

anestésico,-ca *adj.* ①〈医〉麻醉的；②麻木的；感觉缺失的 ‖ *m.* 〈生医〉麻醉药[剂]

~ inhalatorio 〈生医〉吸入麻醉剂

aguja ~a 麻醉针

inducción ~a 麻醉诱导

larigoscopio ~ 麻醉喉镜

máscara ~a 麻醉面罩

anestesímetro *m.* 麻醉度计

anestesiología *f.* 〈医〉麻醉学

anestesiólogo,-ga *m. f.* 〈医〉麻醉学家

anestesista *m. f.* 〈医〉麻醉(医)师

anestetización *f.* 〈医〉麻醉法

anestro *m.* 〈动〉〈医〉无情欲期；不动情期；非求偶期

anetol *m.* 〈化〉茴香脑

aneuploidia *f.* 〈生〉〈植〉非整倍性

aneurina *f.* 〈化〉硫胺素,抗神经炎素,维生素 B_1

aneurisma *m.* 〈医〉动脉瘤

aneurismático,-ca *adj.* 〈医〉动脉瘤的

anexectomía *f.* 〈医〉附件切除术

anexidades *f. pl.* 附加权利

anexión *f.* 兼并,并吞

anexo,-xa *adj.* ①附加的,附[隶]属的；②连[联]接的 ‖ *m.* ①附件[录]；附加物；②函内附件；③*pl.* 〈解〉〈医〉附件

~ a un contrato 合同附件[录]

~ demostrativo 附[分]表

punto ~ 〈测〉附加点

anfetamina *f.* 〈生医〉〈药〉苯丙胺,安非他明

anfiartrosis *f.* 〈解〉微动关节

anfiáster *m.* 〈生〉(细胞有丝分裂前期中的)双星体,两星型

anfiastral *adj.* 〈生〉双星的

anfibio,-bia *adj.* ①〈动〉〈生〉〈植〉两栖的；②(飞机,车辆等)水陆两用的；③〈军〉两栖作战的 ‖ *m.* ①〈军〉水陆两用飞机[坦克,车辆]；②〈动〉两栖动物；〈生〉两栖的；〈植〉(水旱)两生植物；③*pl.* 〈动〉〈生〉〈植〉两栖纲

animal ~ 两栖动物

avión ～ 水陆两用飞机
buques ～s 两栖作战舰艇
operación ～a 两栖作战
planta ～a 两生植物
tanque ～ 水陆两用坦克

anfibiología *f*. 〈动〉两栖动物学

anfibiótico,-ca *adj*. 〈动〉〈生〉〈植〉两栖的

anfiblástico,-ca *adj*. 〈动〉端卵的；两极囊胚的

anfiblástula *f*. 〈生〉两极囊胚

anfíbol *m*. 〈矿〉闪石

anfibólico,-ca *adj*. ①〈矿〉闪石的；②无定向的；〈医〉动摇的，不稳定的；预后未定的；③〈动〉两旋的
vía ～a 〈生化〉〈医〉无定向代谢途径

anfibolita *f*. 〈地〉闪岩

anficarcinogénico,-ca *adj*. 〈生医〉两向性生癌的

anficarión *m*. 〈生〉二倍核，倍数核

anficrania *f*. 〈医〉两侧头痛

anfidiploide *adj*. 〈生〉双二倍体的 ‖ *m*. 双二倍体

anfidisco *m*. 〈动〉两盘体

anfifita *f*. 〈植〉两栖植物

anfifito,-ta *adj*. 〈植〉两栖的
planta ～a 两栖植物

anfígamo,-ma *adj*. 〈生〉无性器官的

anfigastrio *m*. 〈植〉腹叶

anfígeno,-na *adj*. 〈植〉两面生的

anfigonia *f*. 〈生〉两性生殖

anfileucémico,-ca *adj*. 〈医〉两向性白血病的

anfimíctico,-ca *adj*. 〈生〉两性融合的；杂交繁育的

anfimixis *f*. 〈生〉两性融合；杂交繁育

anfineura *f*. 〈动〉双神经纲

anfinúcleo *m*. 〈动〉双质核，中心[央]核

anfinucléolo *m*. 〈动〉两性核仁；两重核

anfioxo *m*. 〈动〉文昌鱼，蛞蝓鱼

anfipermeabilidad *f*. 〈医〉两透性

anfiploide *adj*. 〈生〉具有双倍体的 ‖ *m*. 双倍体

anfípodo,-da *adj*. 〈动〉端足目动物的 ‖ *m*. ①端足目动物；②*pl*. 端足目

anfipróstilo,-la *adj*. 〈建〉前后有排柱而两旁无柱的 ‖ *m*. 前后有排柱而两旁无柱的建筑

anfiprótico,-ca *adj*. 〈化〉两性的
disolvente ～ 两性溶剂

anfirrino,-na *adj*. 〈动〉双鼻孔的

anfisbena *f*. 〈动〉蚓蜥属

anfispora *f*. 〈植〉休眠夏孢子

anfistilia *f*. 〈动〉两接型

anfiteatro *m*. 〈地〉圆形凹地，大围谷

anfitipia *f*. 〈动〉两型(状态)

anfitoquía *f*. 〈动〉雌雄单性生殖

anfitriona *f*. 〈信〉主机，宿主计算机

anfodiplopía；anfoterodiplopía *f*. 〈医〉两眼复视

anfogénesis *f*. 〈医〉两性生殖

anfogénico,-ca *adj*. 〈医〉两性生殖的

anfólito *m*. 〈化〉两性电解质

anfolitoide *f*. 〈化〉两性胶体

anfórico,-ca *adj*. 〈医〉①瓶的；②空瓮性的
eco ～ 空瓮性回声
rale ～ 空瓮啰音
resonancia ～a 空瓮音

anforofonía；anforoliquia *f*. 〈医〉空瓮性语音

anfotericidad *f*. 〈化〉两性现象

anfotericina *f*. 〈药〉两性霉素；两性霉素 B

anfotérico,-ca *adj*. 〈化〉两性的，同时有酸碱性的
elemento ～ 两性元素

anfótero,-ra *adj*. 〈化〉两性的(即同时有酸碱性的)
coloide ～ 两性胶体

angélica *f*. 〈植〉当归

angelote *m*. 〈动〉天使鱼

angiectasis *f*. 〈医〉血管扩展

angiectomía *f*. 〈医〉血管切除术

angina *f*. 〈医〉①咽峡炎；②*pl*. *Méx.*, *Venez.* 扁桃腺炎
～ de pecho 心绞痛

anginoso,-sa *adj*. 〈医〉咽峡炎的

angioblasto *m*. 〈医〉成血管细胞

angiocardiograma *m*. 〈医〉心血管 X 线照片

angiocarpio *m*. 〈植〉有果实；被子实体

angiogénesis *f*. 〈生理〉血管发生

angiografía *f*. 〈医〉血管造影[相]术

angiograma *m*. 〈医〉血管造影照片

angiolito *m*. 〈医〉血管石

angiología *f*. 〈医〉血管淋巴管学；脉管学

angioma *m*. 〈医〉血管瘤

angioneurectomía *f*. 〈医〉血管神经切除术

angioneurótico,-ca *adj*. 〈医〉血管神经病的

angioneurotomía *f*. 〈医〉血管神经切断术

angiopatía *f*. 〈医〉血管病

angioplastia *f*. 〈医〉血管成形术

angiopresión *f*. 〈医〉血管压迫法

angiorrafia *f*. 〈医〉血管缝合[修补]术

angiosclerosis *f*. 〈医〉血管硬化

angioscopio *m*. 〈医〉血管镜

angiospermo,-ma *adj*. 〈植〉被子植物的

‖ *f*.①被子植物;②*pl*.被子植物亚门

angiosteosis *f*.〈医〉血管钙化

angiotensina *f*.〈生化〉血管紧张肽,血管紧张素

angiotomía *f*.〈医〉血管造口术

angiotonía *f*.〈医〉血管紧张

angiotripsia *f*.〈医〉血管压扎术

angiotrófico,-ca *adj*.〈医〉血管营养的

angla *f*.〈地〉海角;岬

anglesita *f*.〈矿〉硫酸铅矿;铅矾

angora *f*.①〈动〉安哥拉猫[兔,山羊];②安哥拉山羊毛线[织物],安哥拉兔毛线[织物]

angostura *f*.①狭窄;窄道;②*pl*.〈海〉海峡;③〈地〉峡谷

angra *f*.小海湾;小湾[港]

ángstrom(*pl*. ángstroms) *m*.〈理〉埃(光线或辐射线波长单位;=10⁻¹⁰ 米;略作 Å)
unidad ~ 埃

anguila *f*.①〈动〉鳗(鱼);②〈海〉(船坞中的)滑台[路];船台

angula *f*.〈动〉小鳗(鱼)

angulación *f*.摄像机物镜视角;摄影角度

angular *adj*.①角(形,状)的,有角的;②成角度放置的 ‖ *m*.①角铁[钢];②见 gran ~
~ canal 槽铁[钢]
~ T T形[丁字]钢[铁]
distancia ~ 角距离
frecuencia ~ 角频率
gran ~ 广角透镜
grapa ~ de hierro 角(铁)撑
piedra ~ 墙角石,奠基石
refuerzo ~ 加肋角钢[铁]
riostra ~ 角(铁)撑
sección ~ 角材;角形断面

ángulo *m*.①〈数〉角;②(建筑物或物体的)角;③〈机〉角钢,合角铁;角撑
~ acimutal 〈天〉方位角
~ adyacente 邻角
~ agudo 锐角
~ alterno (交)错角
~ ascensional 爬升角
~ auxiliar 补角
~ cenital 〈测〉天顶角
~ central 圆心角
~ complementario 余角;*pl*.互余角
~ correspondiente 同位[对应]角
~ crítico 临界角,矢速角
~ curvilíneo 曲线角
~ de asiento 静[休]止角
~ de ataque 〈航〉迎[冲,攻]角
~ de ataque crítico 临界迎角
~ de atraso 移[落,滞]后角

~ de avance[dirección] 移[超]前角;导程[提前,领先,前置]角
~ de caída 下降角
~ de calaje 移[超]前角,导程[领先,前置]角;偏(斜)角
~ de cizallamiento[corte] 剪切角
~ de confidencia 置信角
~ de contacto 接触角
~ de cruce 交咬角
~ de depresión (丈量)俯角
~ de depresión natural 地平俯角
~ de deriva 偏航[漂移]角,井斜角
~ de descalado (机翼)摇晃角度
~ de desfase 移[落,滞]后角
~ de deslizamiento 侧滑角度
~ de despulle (刀具)后角,间隙角
~ de destajo 超越角
~ de desviación 发散[偏离]角
~ de elevación 仰[射,目标,高程,高度]角
~ de enlace 边界角
~ de entallado (铣刀的)齿缝角
~ de entalladura de la superficie de corte 切割[削]角
~ de escora 〈海〉横斜角
~ de fase 〈理〉〈数〉相角
~ de flexión 偏转角
~ de giro 偏航角
~ de incidencia 〈理〉入射角;〈航〉机翼安装角
~ de inclinación 仰[倾]角
~ de inclinación de tornillos 螺纹角度
~ de mira 〈军〉瞄准[目标]角
~ de oblicuidad (倾)斜角
~ de paleta 桨角
~ de pendiente (边)坡角,倾斜角
~ de pérdidas 损耗角
~ de planeado[planeo] 下滑角
~ de proyección 投射角
~ de quilla 龙骨角,船底横向侧度
~ de rebaje positivo 正前角,前倾角
~ de rebaje real 真前角
~ de recodo 〈交〉(道路)转弯角度
~ de reflexión 〈数〉反射[掠射,扫掠]角
~ de refracción 〈理〉折射角
~ de reposo 休止[静止,安息]角
~ de rodadura 滚动[侧滚]角
~ de rozamiento 摩擦角
~ de salida 前[倾]角;喷射[流]角
~ de salida negativo 负倾[前]角
~ de separación (武器的)方向角
~ de situación 测[瞄准]角
~ de subida 〈航〉爬升角

~ de tiro 掷[投射]角
~ de toma 拍摄角
~ de torsión 扭转角
~ de trabajo 作用角
~ de visión(~ visual) 〈医〉视角
~ del codaste 倾(斜)角
~ del ojo 眼角
~ diedro 二面[上反]角
~ diedro lateral 横上反角
~ efectivo de hélice 有效螺旋角
~ entrante 〈数〉凹角
~ esférico 球面角
~ externo/interno 外/内角
~ facial 面角
~ horario 〈天〉时角
~ incluido 夹[内,包含,包容]角;坡口角度
~ llano[plano] 平面角
~ muerto ①(车辆的)死角;②射击死角
~ normal 法角
~ oblicuo 斜角
~ obtuso 钝角
~ óptico 视角
~ poliedro 多面角
~ rectilíneo 直线角
~ recto 直角
~ redondeado (内)圆角
~ saliente 〈数〉凸角
~ sólido 〈数〉立体[空间]角
~ suplementario 补角
~ triedro 三面角
~ vivo 锐角
~s alternos externos/internos 内/外错角
~s consecutivos[contiguos] 邻角
~s opuestos 对角
~s opuestos por el vértice 对顶角
engranaje de ~ 斜齿轮
fresa de ~ 斜角铣刀
pieza de ~ 弯头[角,管]

angulosidad f. ①棱角;角形;②有角性
angurria f. 〈医〉痛性尿淋沥
anheloso,-sa adj. 〈医〉呼吸困难的;气喘吁吁的
anhidremia f. 〈医〉缺水血(症)
anhídrico；anhídrido m. 〈化〉(酸)酐;脱水物
~ acético 乙(酸)酐
~ arsenioso 砷酸酐
~ bórico 硼酐
~ carbónico 二氧化碳;碳(酸)酐
~ fosfórico 磷(酸)酐

~ hipocloroso 次氯(酸)酐
~ nítrico 硝(酸)酐
~ sulfúrico 硫(酸)酐
~ sulfuroso 亚硫(酸)酐,二氧化硫
~ vanadizo 五氧化二钒
anhidrita f. 〈矿〉硬[无水]石膏;硫酸钙矿
anhidro,-dra adj. 〈化〉无水的
período ~ 无水期
solvente ~ 无水溶液
anhidrosis f.inv. 〈医〉无汗(症)
anhidrótico,-ca adj. 〈药〉止汗的 ‖ m. 止汗剂
anilida f. 〈化〉酰替苯胺
anilina f. 〈化〉苯胺,阿尼林
aceite de ~ 苯胺油
rojo de ~ 苯胺红
anillado,-da adj. 〈动〉有环的;环状的
anillo m. ①环,圈,环形[状]物;②戒指;③〈动〉环节;④〈建〉环状饰;⑤〈植〉环带;(树木的)年轮
~ anal 肛环
~ antidesgaste (研磨机的)磨损环,耐磨环
~ anual(~ de leno)(树木的)年轮
~ auricular 心房环
~ bencénico 〈化〉苯环
~ colector 汇(集)电环;集[汇]流环
~ compensador 平衡环
~ con ranuras 开[切]槽环
~ conmutativo 〈数〉交换环
~ contra desgaste 防磨擦环
~ de ajuste 调整环
~ de apoyo 滚珠[滚形]环
~ de Bandl 邦都环,子宫收缩环
~ de boda 结婚戒指
~ de cierre 端[短路]环
~ de compromisa[pedida] 订婚戒指
~ de crecimiento (树木的)生长轮,年轮
~ de engrase 润油环
~ de estanqueidad 密封[耐磨]环
~ de fijación 夹紧[锁固]环,夹圈
~ de fricción 防磨擦环
~ de frotamiento 汇(集)电环;集[汇]流环
~ de lubricación 甩[抛]油环,(轴承的)护油圈
~ de parada 挡圈,锁圈[环],止动环,锁紧(卡)环
~ de pistón 活塞[密封]环,衬[密封]圈
~ de protección 防磨擦环
~ de resorte 弹簧挡圈
~ de rodadura 滚珠座圈,(轴承)座圈
~ de sujeción 扣[卡,承托,固定]环;挡

[护]圈
~ de tope 松紧[活动]环
~ equipotencial 均压[衡]环
~ metálico 填密环,垫圈
~ partido 开[裂]环
~s de Newton 牛顿环
~s metálicos 活塞环[圈]

ánima *f*. 〈军〉枪[炮]膛;(枪炮或汽缸的)膛径
~ lisa 滑膛(的)
fusil de ~ lisa 滑膛枪

animación *f*. 〈电影〉动画片;动画片制作
~ por computadora[ordenador] 电脑动画片制作
software de ~ 〈信〉动画(片)软件

animador,-ra *m*. *f*. 动画片制作者

animal *adj*. 〈动〉动物的,(野)兽的‖*m*. 动物;(野)兽;(牲)畜
~ dañino 害兽
~ de carga 驮畜
~ de compañía 爱畜(如猫、狗、鸟等)
~ de cruce 杂种畜
~ de lana 产毛畜,绵羊
~ de pura raza 纯种畜
~ de sangre caliente/frío 温/冷血动物
~ de tiro 役用动物,役畜;耕畜
~ de un año ①一岁小兽;②一龄鱼
~ doméstico 家畜
~ fiero 野兽,野生动物
~ laboratorio 试验动物(如鼠、猴等)
~ lechero 产乳畜,奶牛
~ mimado 宠物
~ reproductor 种畜
~ silvestre 野生动物
~ transgénico 转基因动物
resina ~ 动物树脂

animalidad *f*. ①兽[动物]性;②(人的)动物本能[特征]

animalista *m*. *f*. ①动物画[雕塑]家;②动物保护主义者

animalización *f*. ①动物化,兽性化;②(食物的)动物质化;③动物的地区分布,动物种群(量)

anime *m*. ①硬[芳香]树脂;矿树胶;②*Cari*. 〈化〉聚乙烯

anión *m*. 〈化〉阴离子;带负电荷的离子

aniónico,-ca *adj*. 〈化〉阴离子的;带负电荷的离子的
detergente ~ 阴离子去污剂

aniquilación *f*.; **aniquilamiento** *m*. ①消[歼]灭;毁[破]坏;②〈理〉湮没[灭]

aniquilador *m*. ①〈数〉零化子,湮没算符;②熄灭器

anís *m*. 〈植〉①茴芹;②茴香,茴香籽
~ estrellado 八角(茴香),大茴香

anisaldehído *m*. 〈化〉茴香醛,甲氧(基)苯甲醛

anisidinas *f*. *pl*. 〈化〉茴香胺;甲氧基苯胺

anisocoria *f*. 〈医〉瞳孔不均

anisodoncia *f*. 〈医〉牙(齿)长短不齐

anisodonte *adj*. 〈医〉牙(齿)长短不齐的

anisofilia *f*. 〈植〉不等叶性

anisófilo,-la *adj*. 〈植〉不等叶的

anisogameto *m*.; **anisogamia** *f*. 〈生〉异型配子

anisol *m*. 〈化〉茴香醚;苯甲醚,甲氧基苯

anisomérico,-ca *adj*. 〈化〉非异构的

anisómero,-ra *adj*. 〈植〉不同数的,不对称的

anisométrico,-ca *adj*. 非[不]等轴的
cristal ~ 不等轴晶体

anisometropía *f*. 〈医〉屈光参差,两眼屈光不等

anisomicina *f*. 〈生〉茴香霉素

anisopétalo,-la *adj*. 〈植〉花瓣不齐的

anisopía; **anisopsia** *f*. 〈医〉两眼视力不等

anisoquela *f*. 〈动〉异倒钩骨针

anisóspora *f*. 〈动〉异形孢子

anisotónico,-ca *adj*. ①〈医〉不等渗的;②张力不等的
solución ~a 〈医〉不等渗溶液

anisotropía *f*. 〈理〉各向异性(现象)
~ magnética 磁性异向
~ paramagnética 顺磁(性)异向

anisotrópico,-ca *adj*. 〈理〉各向异性的
dieléctrico ~ 各向异性电介质

anisótropo,-pa *adj*. 〈理〉各向异性的
constante ~ 各异向性常数
factor ~ 各异向性因数

ankerita *f*. 〈矿〉富铁白云石

ano *m*. 〈解〉肛门
~ artificial *Amér*. *L*. 〈医〉结肠造口术

anodal *adj*. 〈电〉〈电子〉〈化〉〈理〉阳[正,板]极的

anodermo *m*. 〈解〉肛管内膜,肛管上皮

anódico,-ca *adj*. 〈电〉〈电子〉〈化〉〈理〉阳[正,板]极的
circuito ~ 阳[板]极电路
luz ~a 阳极发光
modulación ~a 阳极调制
rayos ~s 阳极射线
reacción ~a 阳极反应
tratamiento ~ 阳极化处理

anodinia *f*. 〈医〉痛觉缺乏,无痛

anodino,-na *adj*. 〈药〉〈医〉止[镇]痛的

‖ *m*.〈药〉止痛剂,镇痛药

anodización *f*. 阳极(氧)化;〈冶〉阳极化电镀[处理]

anodizado,-da *adj*. 阳极(氧)化的;经氧化处理的

anodizar *tr*. ①(使)阳极(氧)化;②〈冶〉对…作阳极化处理[阳极氧化]

ánodo *m*.〈电〉〈电子〉〈化〉〈理〉阳[正,板,屏,氧化]极
~ final 末级阳极
~ hendido[partido] 双[分]瓣阳极

anodontia *f*.〈医〉无牙(畸形)

anoesia *f*.〈医〉智力缺失

anofeles *m. inv*.〈昆〉疟蚊属;(传布疟疾的)按蚊

anoftalmía *f*.〈医〉无眼(畸形)

anolito;anólito *m*.〈化〉阳极(电解)液

anomalía *f*.①〈地〉〈生〉〈医〉反[异]常(性,物,现象),不正常(性,现象);②〈天〉近点角,近点距离;③〈气〉距平,异常;④畸[变异]型
~ de la gravedad 重力异常
~ de la herencia(~ genético) 遗传变异
~ magnética 磁异常
~ visual 视觉异常

anomalístico,-ca *adj*.①反[异]常的,不规则的;②〈天〉近点的
año ~ 近点年(=365 日 6 时 13 分 53.1 秒)
mes ~ 近点月(=27.664660 日)
período ~ 近点周期

anómalo,-la *adj*.①反[异]常的;②〈气〉距平的
difusión ~a 异常扩散

anomaloscopio *m*.〈医〉色盲检查镜

anomia *f*.〈医〉失命名症,命名不能症

anomita *f*.〈矿〉褐云母

anón *m. Amér. L.; **anona** *f*.〈植〉①番荔枝树;②番荔枝
~ pelón *Cub*. 牛心果

anonáceo,-cea *adj. Amér. L*.〈植〉番荔枝科的 ‖ *f*.①番荔枝科植物;②*pl*. 番荔枝科

anónfalo *m*.〈医〉无脐畸胎

anoplastia *f*.〈医〉肛门成形术

anorético,-ca *adj*.①〈医〉食欲缺乏的;厌食的;②使食欲减退的 ‖ *m. f*. 厌食患者

anorexia *f*.〈医〉食欲缺乏;厌食(症)
~ nerviosa 神经性厌食症

anoréxico,-ca *adj*.①(引起)厌食的;(导致)食欲缺乏的;②〈医〉患神经性食欲缺乏的 ‖ *m. f*. ①厌食者;食欲缺乏的人;②减食欲剂

anorgasmia *f*.〈医〉失性感症;性高潮不能

anormal *adj*.①反[异,非]常的;不[非]规则

的;不正常的;②〈医〉变态的,畸形的;③〈智力〉发育不全的 ‖ *m. f*. 智力发育不全者
costo ~ 非常成本
descuento ~ 不正常折扣
fenómeno ~ 异常现象
propaganda ~a 反常传播
psicología ~a 变态心理学

anormalidad *f*.①反[异]常;不[非]规则;②〈医〉变态(特征);畸形;③反[异]常情况

anorquia; anorquidia *f*.〈医〉无睾(畸形)

anortita *f*.〈矿〉钙(斜)长石

anortoclasa *f*.〈矿〉歪长石

anortosita *f*.〈地〉斜长岩

anoscopia *f*.〈医〉肛门镜检查

anoscopio *m*.〈医〉肛门镜

anosmia *f*.〈医〉嗅觉缺失(症),失嗅(觉)

anósmico,-ca *adj*.〈医〉嗅觉(缺失)性的
afasia ~a〈医〉嗅觉性失语

anostráceo,-cea *adj*.〈动〉无甲目的 ‖ *m*. ①无甲目动物;②*pl*. 无甲目

anotación *f*.①注释[解],批[评]注;②记录,登记;③〈护照〉加注;④〈体〉(篮球赛等的)分(数);⑤〈信〉〈印〉拼[排]版;版面
~ a la vuelta 转记下页,(账户)结转
~ al margen(~es marginales) 旁注
~ de compañía de viaje 偕行人加注
~ de fotografía 照片加注
~ de nombre 姓名加注
~ de pie de página 脚注
~ del estado civil 婚姻状况加注
~ del nacimiento 出身加注
~ en cuenta〈商贸〉登入账,入账
~ original 原始记录
~ preventiva〈法〉预防性登记

anotadora *f*.〈电影〉场记

anotia *f*.〈医〉无耳(畸形)

anotrón *m*.〈电子〉辉光(放电);冷阴极充气整流器

anovaria *f*.〈医〉无卵巢(畸形)

anovulación *f*.〈生理〉排卵停止

anovulatorio,-ria *adj*.①〈医〉不排卵的;②〈药〉抑制排卵的 ‖ *m*.〈药〉(抑制排卵的)药物;避孕药

anovulomenorrea *f*.〈生理〉〈医〉无卵月经

anoxemia *f*.〈医〉缺氧血(症),血缺氧

anoxia *f*.〈医〉缺氧(症),氧不足
~ celebral 脑缺氧
~ de altura 高空缺氧

anoxicausis *f*. 无氧燃烧

anóxico,-ca *adj*.〈医〉缺氧(症)的

anquilopoyético,-ca; anquilosado,-da *adj*. 〈医〉关节强硬的
espondilitis ~a 关节强硬脊椎炎

anquilosamiento *m.*；**anquilosis** *f.* ①〈医〉关节强直[僵硬]；②（思想）僵化；③（经济、社会等）停[呆]滞

anquilostoma *m.*〈动〉〈医〉钩虫

anquilostomiasis *f.*〈医〉钩虫病

anquilostomiástico,-ca *adj.*〈医〉钩虫性的

ánsar *m.*〈鸟〉①大雁；②野鸭

ansiolítico,-ca *adj.*〈药〉〈医〉抗[减轻]焦虑的‖*m.*〈药〉抗焦虑药

anta *f.*〈动〉① 麋鹿；驼鹿；美洲赤鹿；② *Amér.L.* 貘

antagónico,-ca *adj.* ① 对抗（性）的，敌对（性）的；②对立的，反面的；不相容的；③反协同的；④〈生化〉〈药〉拮抗[消效，毒性抵消]的；相克的
acción ～a 拮抗作用
resorte ～ 抵抗弹簧

antagonismo *m.* ① 对抗（性，作用），对立（性）；②反协同（效应）；③〈生化〉拮抗（作用）；〈药〉消效[毒性抵消]作用

antagonista *f.* ①〈生化〉对[拮]抗物[体]；②〈药〉〈生医〉对抗剂,拮抗药,反协同（试）剂,反抗剂；③〈解〉〈生理〉对[拮]抗肌‖*adj.*①对抗（性）的,敌对（性）的；②对立的,反面的
músculo ～ 对抗肌

antagonístico,-ca *adj.* ①对抗（性）的,敌对（性）的；②对立的,反面的
músculo ～ 对抗肌

antártico,-ca *adj.* 南极的,南极区的
fauna ～a 南极（区）动物

ante *m.*〈动〉水牛

antebrazo *m.*〈解〉前臂

anteburro *m. Amér.L.*〈动〉貘

antecámara *f.* ①〈建〉（连接正厅的）前厅[室]；候见室[厅]；③〈机〉预燃室；沉淀[沙]室

antecedente *adj.* ①先前[时]的；在先的；②先行的；③〈数〉前项的；④〈逻〉前件的‖*m.*①前事[情]；前[先]例；②〈数〉（比例）前项；③〈逻〉前件；④*pl.* 履[经,学]历；背景
～s académicos 学术履历,学历
～s criminales〈法〉犯罪记录
～s de crédito del solicitante 申请人信用状况记录
～s delictivos〈法〉犯罪记录；前科
～s escolares 学历
～s financieros 财务状况记录
～s hitóricos 历史背景
～s penales [policiales]〈法〉犯罪记录；前科
～s personales 个人履[经]历

anteclípeo *m.*〈动〉前唇基

antecrisol *m.*〈工〉前炉[床,室]，预热器室
horno de ～ 前炉

antefija *f.*〈建〉①屋檐；②瓦檐饰,檐口饰

antefoso *m.*〈军〉前卫壕沟

anteflexión *f.*〈医〉（向）前屈

antehogar *m.*〈建〉前屋[室]

antelabio *m.*〈解〉唇缘

antelio *m.* ①〈气〉幻[反假]日；②〈天〉反日,反假日

antena *f.* ①天线（系统,装置）；架空线；②〈动〉触角[须,毛]；③〈海〉（大三角帆的）帆桁；④*pl.* 听觉[力]
～ acodada 曲折天线
～ acoplada 耦合天线
～ adcock 爱德考克天线（系统）
～ aperiódica 非调谐天线,非谐振天线
～ armónica 谐波天线
～ artificial 假[仿真]天线
～ bicónica 双锥形天线
～ bocina 喇叭形天线,号角天线
～ capacitiva 电容器天线
～ cargada 加载天线
～ cilindrica 圆柱形天线
～ colectiva （一幢大楼的）公用天线
～ colgante 拖曳[下垂]天线
～ con placa de tierra 接地平面天线
～ cuarto de onda 四分之一波长天线
～ de alambre 线状[金属线]天线
～ de banda ancha 宽带天线
～ de cortina 幛形天线（阵）
～ de cosecante 余割天线
～ de cuadro 环[框]形天线
～ de diamante(～ rómbica) 菱形天线
～ de dipolo plegado 折叠偶极天线
～ de emisión(～ emisora) 发射[发送]天线
～ de jaula 笼形天线
～ de lens 透镜天线
～ de mariposa 多层绕杆式（电视）天线,超绕杆式[蝙蝠翼]天线
～ de media onda 半波天线
～ de onda 行波天线
～ de onda completa 全波天线
～ de ondas estacionarias 驻波天线
～ de ondas progresivas 行(进)波天线
～ de pantalla 屏蔽天线
～ de queso(～ tipo queso) 盒[饼]形天线
～ de radar(～ radárica) 雷达天线
～ de ranura 槽[隙]缝天线
～ de recepción(～ receptora) 接收天线
～ de reflector diédrico 角形反射器天线
～ de sinfonía múltiple 复调天线,复谐天

线

~ de televisión 电视天线

~ dipolo magnético de cuatro bucles 多瓣形特性[苜蓿叶形]天线

~ direccional[dirigida] 定向天线

~ direccional en abanico 扇形[竖琴式]定向天线

~ directriz 测向天线

~ dirigida hacia los lados 边射天线

~ discocónica 盘锥形(超高频)天线

~ doblete 偶极[对称(振子)]天线

~ elipsoidal 椭球形天线

~ en abanico 扇形[状]天线

~ en caja 箱形天线(一种抛物柱面天线)

~ en jaula 笼形天线

~ en L 人字形天线

~ en paraguas[sombrilla] 伞形天线

~ encerrada[incorporada] 机内[装在内部的]天线

~ helicoidal 螺旋天线

~ Hertz 赫兹天线(理论上的偶极天线)

~ horizontal 水平天线

~ imagen 镜像天线,虚天线

~ interna[interior] 室内天线

~ omnidireccional 全向辐射天线,非定向天线

~ orientable 可控天线

~ parabólica 抛物面天线

~ periódica 周期性[调谐驻波]天线

~ prismática 棱柱面天线

~ ranurada 嵌装天线,槽[隙]缝天线

~ raspa 鱼骨形天线

~ resonante 共振天线

~ sintonizada 调谐天线

~ sumergida 水下天线

~ triangular 三角形天线

~ tripolo 三振子天线

~ unidireccional 单向天线

~ Yagi 八木天线

~s con manguito 套管天线,同轴管天线

~s con placa de tierra 地面[水平极化]天线

~s con reflector 无源[反射器]天线

~s entongadas 多层天线

alimentador de ~ 天线馈(电)线

condensador de ~ 天线(缩短)电容器

conductor de ~ 天[明,架空]线

diagrama de radiación de ~ 天线方向图

inductancia de ~ (天线)加感线圈

rendimiento de ~ (天线)辐射效率

sistema de ~s rectilíneas 直线天线阵

anténula f. 〈动〉小触角,小触顶;(甲壳动物的)第一触角

anteojo m. ①双目(望远,显微)镜,双筒(望远,显微)镜;②pl. Amér. L. 眼镜

~ astronómico 〈天〉天文望远镜

~ de larga vista ①望远镜;②〈天〉射电望远镜

~s contra[de] sol 墨镜,太阳镜,有色眼镜

~s industriales 护目镜

~s para el sol 墨镜,太阳镜,有色眼镜

antepecho m. ①栏杆;护[围]栏;②〈建〉护[胸,拦,女儿]墙;窗台,盖石,墙帽

~ de ventana 胸墙[壁],挡土墙

anteproyecto m. ①〈建〉草图;蓝图;②草[议]案;③准备工作;预先研究报告

~ de contrato 合同草案

~ de ley 法律议案

~ de presupuesto 预算草案

antepuerto m. 外[输出]港;防波堤

antera f. 〈植〉花药

anterida f.;**anteridio** m. 〈植〉(孢子植物的)精子囊,雄器

anterógrado,-da adj. 〈医〉前进的,顺行的

amnesia ~a 顺行性遗忘

anterozoide m. 〈植〉游动精子

antesis f. 〈植〉开花;开花期

anti-baby adj. ingl. 〈药〉〈医〉避孕的 ‖ m. 〈药〉避孕丸

anti-desvanecimiento m. 防衰落[减];抗衰落[减]

anti-grisú m. 〈机〉防爆(式)电动机

anti-herrumbre m. 防锈,耐锈[蚀] ‖ adj. 防[耐]锈的

anti-hielo adj. inv. 防冰[冻]的 ‖ m. 防冰[冻]

fluido ~ 防冻液

anti-inflación f. 反通货膨胀

anti-ruidos m. 防噪声,反颤噪声 ‖ adj. inv. 防噪声的,反颤噪声的

antiabortista adj. 反堕胎的,反流产的 ‖ m. f. 反对堕胎者,反对流产者

campaña ~ 反堕胎运动

antiaborto,-ta adj. 反堕胎的,反流产的

antiácido,-da adj. 〈生医〉抗[解,耐]酸的 ‖ m. 抗[防,解]酸剂;〈药〉解酸药

antiacné adj. 〈药〉防治粉刺的

antiadherencia f. 不粘(附,合);无黏性

antiadherente adj. ①不粘(附,合)的;无黏性的;②防粘连的;(烹饪时)食物不粘锅底的

prueba ~ ①无粘性试验;②不粘(锅)底试验

antiadrenérgico,-ca adj. 〈生医〉抗肾上腺素能的

antiaéreo,-rea *adj.* 〈军〉①防空用,袭的,空防的;②高射的 ‖ *m. Amér. L.* 高射炮,防空兵器
　alarma ～a 防空警报
　fuerzas ～as 防空部队
　maniobras ～as 防空演习
　misil ～ 防空导弹
　refugio ～ 防空洞

antiafrodisíaco,-ca *adj.* 〈药〉制欲的(药物) ‖ *m.* 制[平]欲剂

antiaglutinina *f.* 〈生化〉抗凝集素

antialbumina *f.* 〈生化〉〈医〉抗白[清]蛋白

antialcalino *m.* 〈药〉解碱药,抗碱剂

antialcohólico,-ca *adj.* ①解酒的;②禁酒的

antialérgico,-ca *adj.* ①〈医〉抗变应性的(物质);②〈药〉抗过敏性的 ‖ *m.* 〈药〉抗过敏剂;抗过敏药

antialopecia *f.* 〈医〉抗脱毛
　factor de ～ 抗脱毛(发)因子

antiamébico,-ca *adj.* 〈药〉抗阿米巴的(药物) ‖ *m.* 抗阿米巴药

antianafilactina *f.* 〈生化〉抗过敏素

antianafilaxis *f.* 〈生化〉抗过敏性

antiandrógeno *m.* 〈生化〉抗雄激素(物质)

antianémico,-ca *adj.* 〈药〉抗贫血的(药物) ‖ *m.* 抗贫血药

antianemina *f.* 〈生化〉抗贫血素

antiansiético,-ca *adj.* 〈药〉抗焦虑的;防止精神不安的 ‖ *m.* 抗焦虑药

antianticuerpo *m.* 〈生化〉抗抗体

antiantídoto *m.* 〈药〉抗解毒药

antiantitoxina *f.* 〈生化〉抗抗毒素

antiapex *m.* ①〈测〉背点;②〈天〉奔离点

antiapoplético,-ca *adj.* 〈药〉防治中风的 ‖ *m.* 防治中风的药物

antiarrítmico,-ca *adj.* 〈药〉〈中医〉抗心律失常的,抗心律不齐的 ‖ *m.* 〈药〉抗心律失常药

antiarrugas *adj. inv.* 防[抗]皱的 ‖ *m.* 防[抗]皱

antiartrítico,-ca *adj.* 〈药〉①抗[防治]关节炎的(药物);②治痛风的 ‖ *m.* 抗[防治]关节炎药,止痛风药

antiasmático,-ca *adj.* 〈药〉止[镇]喘的(药物) ‖ *m.* 止[镇]喘剂,抗气喘药

antiatom *m. ingl.* 〈理〉反原子

antiatómico,-ca *adj.* 〈理〉防原子的;抗辐射的
　refugio ～ 防原子掩蔽体[部]

antiatraco; antiatracos *adj. inv.* 〈汽车〉防盗的
　dispositivo ～ 防盗装置

antiautolisina *f.* 〈生化〉抗自溶素

antiauxina *f.* 〈生〉抗(植物)生长素

antibacteriano,-na *adj.* 〈生化〉抗菌的 ‖ *m.* 〈生化〉〈药〉抗菌素
　inmunidad ～a 抗菌免疫

antibalance *m.* 〈技〉抗(减)横摇,防侧滚

antibalas *adj. inv.* 防弹的,枪弹打不穿的
　blindaje ～ 防弹装甲
　chaleco ～ 防弹背心

antibalístico,-ca *adj.* 〈军〉①反弹道的;②*Amér. L.* 防弹的

antibarión *m.* 〈理〉反重子

antibiograma *m.* 〈生〉抗生素反应试验(法)

antibiosis *f.* 〈生〉抗菌(作用),抗生(作用,现象)

antibiótico,-ca *adj.* 〈生〉抗菌[生]的 ‖ *m.* 〈生〉抗菌[生]素
　fertilizante ～ 抗生菌肥

antiblenorrágico *m.* 〈药〉治淋病药

antibloque *m.* 〈机〉防抱死
　sistema de ～ de frenos 〈机〉防抱死制动装置[系统]

antibombas *adj. inv.* 防(炮)弹的
　refugio ～ 防(炮)弹掩蔽体

anticabeceo *m.* 〈技〉减纵摇

anticalcáreo,-rea *adj.* 〈医〉除[去]牙垢的

anticáncer *m.* 〈药〉抗癌剂

anticancerígeno,-na; anticanceroso,-sa *adj.* 〈药〉〈医〉抗癌的 ‖ *m.* 〈药〉抗癌药

anticaquéctico,-ca *adj.* 〈医〉抗恶病质的

anticarcinogénesis *f.* 抗癌作用

anticarcinógeno,-na *adj.* 〈药〉抑制癌发生的,防[抗]癌的 ‖ *m.* 抗癌药

anticarro *adj. inv.* 〈军〉反[防]坦克的,反装甲车的 ‖ *m.* 反[防]坦克;反装甲车
　cañón ～ 反坦克炮
　granadas ～ 反坦克手榴弹
　mina ～ 反坦克雷
　zanja ～ 反坦克壕

anticaspa *adj. inv.* 防[去]头皮屑的

anticatalasa *f.* 〈生化〉抗催化酶

anticatalista *f.* 〈化〉反催化药;催化毒剂[物]

anticatalizador *m.* ①〈化〉反[抗]催化剂;②〈药〉抗催化药

anticátodo *m.* 〈电子〉①(X线管的)对阴极;对负极;②(真空管的)阳极

anticáutico,-ca *adj.* 抗腐蚀的

anticelulítico,-ca *adj.* 防[去]脂肪团(尤指肥胖妇女大腿、臀部等处的脂肪团)的

antichirrido *m.* 〈机〉消音[消声,减声]器

antichoque *adj. inv.* 抗冲击的,防震的 ‖

m.〈医〉抗休克

anticíclico,-ca *adj.* 反周期的
　medidas ~as 反周期措施
　políticas ~as 反周期政策

anticiclogénesis *f.*〈气〉反气旋生成

anticiclón *m.*〈气〉反旋风,反气旋;高(气)压

anticiclonal；**anticiclónico,-ca** *adj.*〈气〉反
气旋的

anticientífico,-ca *adj.* 反科学的

anticipador *m.* 预感[测]器,超前预防器

anticipo *m.* ①提前;②预付[支](款);③
〈法〉(律师等的)聘用定金

anticlástico,-ca *adj.*〈数〉互反的;鞍形面
的;一面凸一面凹的‖*m.* 抗裂面
　superficie ~a 互反曲面,鞍形面;抗裂面

anticlinal *adj.*〈地〉背斜的,倾向对侧的‖
m. ①(复)背斜(层);②*Amér. L.* 山脊
[梁]
　teoría ~ 背斜理论
　valle ~ 背斜谷

anticlinorio *m.*〈地〉复背斜(层)

anticloro *m.*〈化〉去[脱]氯剂

anticoaguina *f.*〈生化〉抗凝固素

anticoagulante *adj.*〈生医〉〈医〉抗[阻]凝血
的‖*m.* 抗[阻]凝剂;抗凝血剂

anticodón *m.*〈生化〉反密码子

anticohesor *m.*〈讯〉散屑器,防黏合器

anticoincidencia *f.*①〈理〉反符合;②〈电〉反
重合;非[反]一致
　elemento de ~ "异"元件,"异"门
　unidad de ~ "异"[反重合]单元

anticolerina *f.*〈生化〉抗霍乱菌素

anticolesterol *adj.*〈生化〉抗胆固醇的

anticolinérgico,-ca *adj.*〈药〉抗胆碱能的‖
m. 抗胆碱能药

anticombustible *adj.* 抗燃烧的‖*m.* 抗燃物

anticomplemento *m.*〈医〉抗补体

anticoncepción *f.* 避孕;节育

anticoncepcional *adj.*①避孕的,节育的;②
有避孕作用的;避孕用的‖*m.*①避孕剂;
②避孕器[用具]

anticonceptivo,-va *adj.*①〈医〉避孕的;节
育的;②有避孕作用的;避孕用的‖*m.*
〈医〉①避孕;②避孕药物[用具]
　~ oral 口服避孕药
　métodos ~s 避孕法

anticondensación *f.* 防[抗]凝(结)

anticongelador *m.* 防冻装置;防[阻]冻剂

anticongelante *adj.* 防[抗,防]冻的;防[抗]
凝的‖*m.* 抗[防]冻剂,防冻液;阻[抗]凝
剂
　líquido[pasta] ~ 除[去]冻液

mezcla ~ 冷冻[却]剂

anticonstitucional *adj.*①违反[不符合]宪
法的;②不符合章程的

anticontaminación *f.* 防[抗,去,反]污染

anticontaminante *adj.* 防[抗,去,反]污染的

anticontracción *f.* 抗缩(性)

anticorrosión *f.* 防(腐)蚀,防锈;耐蚀

anticorrosivo,-va *adj.* 防(腐)蚀的;防腐
[锈]的;耐锈[蚀]的
　pintura ~a 防腐涂料,防锈油漆

anticorrupción *adj.inv.* 反腐败的

anticrotina *f.*〈生化〉抗巴豆毒素

anticuario,-ria *adj.* 古文物的;古文物收藏
的;古文物收藏家的‖*m. f.*①古文物收藏
家;古籍商;②古董商‖*m.* 古董店

anticuerpo *m.*〈生〉抗体
　~ aglutinante 凝聚抗体
　~ anafiláctico 过敏性抗体
　~ bloqueante 抑制[封闭]性抗体
　~ citotóxico 细胞毒性抗体
　~ clonal 克隆抗体
　~ heterogenético 异种抗体
　~ monoclonal 单克隆抗体
　~ natural 天然抗体
　~ negativo 抗体阴性(即在艾滋病抗体检
验中未发现艾滋病病毒)
　~ normal 正常抗体
　~ positivo 抗体阳性(即在艾滋病抗体检
验中发现有艾滋病病毒)
　~ protector 保护抗体
　~s del SIDA 艾滋病抗体
　test[prueba] de ~ 抗体检验

antidebilitación *f.* 防[抗]衰落,防[抗]衰减

antideflagrante *adj.* 防爆(式)的,防炸(裂)
的

antideportivo,-va *adj.* 违反体育道德的

antidepresivo,-va *adj.*〈药〉抗抑郁的(药物)
‖*m.* 抗抑郁药[剂]

antiderrapante *adj.* 防[抗]滑(移)的,不
[无]滑动的;防抱死的

antideslizante *adj.* 防滑的(车辆设备,地
面);不滑(动)的‖*m.* 防滑装置,(轮胎的)
防滑纹
　cadena ~ (汽车)防滑链

antideslumbramiento *m.* 遮光;防眩

antideslumbrante *adj.* 防闪[眩]光的,遮光
的‖*m.* 防眩

antidetonante *adj.* 防[抗]爆的;抗[消]震的
‖*m.* 防[抗]爆剂
　gasolina ~ 抗爆汽油
　líquido ~ 抗爆[乙基]液
　valor ~ 抗爆值

antidiabético,-ca *adj.*〈药〉〈医〉防治糖尿病

的(药物) ‖ *m*. 〈药〉防治糖尿病药

antidiarreico,-ca *adj*. 〈药〉〈医〉止泻的(药物) ‖ *m*. 〈药〉止泻药

antidiftérico,-ca; **antidifterítico,-ca** *adj*. 〈药〉防治白喉的(药剂)

antidíptico,-ca *adj*. 〈药〉止渴的 ‖ *m*. 止渴药

antidismenorreico *m*. 〈药〉调经药

antidisturbios *adj. inv*. 防暴(乱)的 ‖ *m*. 防暴警察
   unidad ～ 防暴部队

antidopaje *adj*. 反对(运动员)服用兴奋剂的 ‖ *m*. 反对(运动员)服用兴奋剂的行动

antídoto *m*. ①〈药〉解毒药[剂],抗毒药;②防止(恶劣)的措施

antidroga *adj. inv*. ①反毒品的;②反对服用麻醉品的,反吸毒的
   campaña ～ 反毒品运动
   tratamiento ～ 戒(除)毒(瘾)治疗

antidumping *adj. inv. ingl*. 反倾销(政策)的
   arancel ～ 反倾销税
   ley ～ 反倾销法

antiecológico,-ca *adj*. 违反生态(学)的;破坏环境的

antiedad *adj. inv*. 抗皮肤衰老的

antiemético,-ca *adj*. 〈药〉止呕的 ‖ *m*. 止吐剂

antienvejecimiento *adj. inv*. 抗衰老[变]的,防老[衰,硬]化的

antienzima *m. o f*. 〈生化〉抗酶

antiepiléptico,-ca *adj*. 〈药〉抗[镇]癫痫的(药物) ‖ *m*. 抗[镇]癫痫剂

antierótico,-ca *adj*. 〈药〉制欲的(药物) ‖ *m*. 制欲剂

antiescorbútico,-ca *adj*. 〈药〉抗坏血病的 ‖ *m*. 抗坏血病药

antiespasmódico,-ca *adj*. 〈药〉解[镇]痉的(药剂) ‖ *m*. 解痉剂

antiespuma *f*. 消泡剂,抗泡(沫)剂

antiespumante *adj*. 阻[防]泡的 ‖ *m*. 消泡剂,抗泡[沫]剂

antiesquistosomal *m*. 〈药〉抗血吸虫药

antiestático,-ca *adj*. 抗静电的 ‖ *m*. (纺织、造纸等用的)抗静电剂
   agente ～ 抗静电剂
   caucho ～ 抗静电橡胶

antiesterilidad *f*. 〈医〉治[抗]不孕症

antiestético,-ca *adj*. 违反美学的;难看的

antiestreptocócico,-ca *adj*. 〈生化〉抗链球菌的 ‖ *m*. 抗链球菌

antiestrés *adj. inv*. ①反应力的;②抗紧张的(药物) ‖ *m*. ①反应力;②抗紧张剂

antiestrogénico,-ca *adj*. 〈生化〉抗雌激素的 ‖ *m*. 抗雌激素

antifago *m*. 〈医〉抗噬菌体

antifase *f*. 〈电〉逆相(位),反相(位)

antifatiga *adj. inv*. 抗[耐]疲劳的
   píldora ～ 〈药〉抗疲劳药,抗(疲)劳剂

antifaz *m*. ①面具[罩];假面具;②男用避孕套,安全[保险]套

antifebrífugo,-ga *adj. Amér. L*. 〈药〉〈医〉退[解]热的 ‖ *m*. 〈药〉退[解]热剂

antifebril *adj*. 〈药〉〈医〉退[解]热的 ‖ *m*. 〈药〉退热药

antifebrina *f*. 〈药〉乙酰(替)苯胺;退热冰(用于治疗发烧)

antifermentativo,-va *adj*. 〈药〉抗发酵的 ‖ *m*. 抗发酵药

antiferroelectricidad *f*. 〈理〉反铁电现象

antiferroeléctrico,-ca *adj*. 〈理〉反铁电的 ‖ *m*. 反铁电材料
   cristal ～ 反铁电晶体

antiferromagnética *f*. 〈理〉反铁磁质[体]

antiferromagnético,-ca *adj*. 反铁磁(性)的
   resonancia ～a 反铁磁共鸣

antiferromagnetismo *m*. 〈理〉反[抗]铁磁性,反铁磁现象

antifértil *adj*. 抗生育的,反受精的;避孕的
   droga ～ 避孕药,抗生育药

antifertilicina *f*. 〈生化〉抗受精素

antifibrilatorio,-ria *adj*. 〈医〉抗纤维性颤动的

antifibrinolisina *f*. 〈生化〉抗纤维蛋白溶酶

antifilarial *adj*. 〈药〉〈医〉抗丝虫的 ‖ *m*. 〈药〉抗丝虫药

antifitotoxina *f*. 〈生化〉抗植物性毒素

antiflogístico,-ca *adj*. 〈药〉〈医〉消炎的 ‖ *m*. 〈药〉消炎药[剂]
   tratamiento ～ 消炎治疗[疗法]

antifricción *f*. ①减(少)磨(损),抗[防]磨;②润滑剂;减磨设备;③抗磨擦合金

antifriccional *adj*. ①防磨(擦)的,减磨(擦)的;②耐磨的

antifriccionar *tr*. 给…浇巴氏合金,衬以巴氏合金

antifuego *adj. inv*. 防[耐]火的
   cerramiento ～ 防火隔墙
   lucha ～ 消防,防火

antifúngico,-ca *adj*. 〈生医〉〈药〉抗[杀]真菌的 ‖ *m*. 〈药〉抗真菌剂

antigaláctico *m*. 〈药〉制乳药

antigas *adj. inv*. 防毒(气)的
   careta[máscara] ～ 防毒面具
   defensa ～ 毒气防御,防毒
   equipo ～ 防毒器材

antigel *adj.* 防[阻]冻的,抗凝的 ‖ *m.* 防[阻]冻,阻凝
antigenemia *f.* 〈医〉抗原血
antigenia *f.* 〈动〉雌雄异型
antigenicidad *f.* 〈生〉抗原性;抗毒性
antigénico,-ca *adj.* 〈生〉抗原的
　análisis ～ 抗原分析
　deriva ～a 抗原漂移
　modulación ～a 抗原调变
antígeno *m.* 〈生〉抗原
　～ absorbente 吸收抗原
　～ alogeneico[isófilo] 同种抗原
　～ artificial 人工抗原
　～ carcinoembrionario[carcinoembrióni-co] 癌胚抗原
　～ febril 热毒抗原
　～ H H 抗原
　～ heterogénico 异种抗原
　～ leucocitario 白细胞抗原
　～ microbiano 微生物〈性〉抗原
　～ O O 抗原
　～ oncofetal 癌胚抗原
　～ polisacárido 多糖抗原
　～ soluble 可溶抗原
　～ terapéutico 治疗用抗原
　～ Vi Vi 抗原
antigenoterapia *f.* 〈医〉抗原疗法
antiglobulina *f.* 〈生化〉抗球蛋白
antigolpes *adj.inv.* ①防[减,抗]震的;②耐电击的
　montaje ～ 减震支座
antigorita *f.* 〈矿〉叶蛇纹石;〈地〉蛇纹岩
antigrasa *adj.inv.* 去油脂的
antigravedad *f.* 〈理〉耐[反,抗,防]重力,抗重(力),反重力作用
　sistema de ～ 抗重系统
antigravitación *f.* 〈理〉耐[反,抗,防]重力
antigripal *adj.inv.* 〈医〉抗[防]流感的 ‖ *m.* 抗[防]流感药
　vacuna ～ 流感疫苗
antigubernamental *adj.* 反政府的
antiguerra *adj.inv.* 反对战争的,反战的
antihalo *adj.* 〈摄〉防光晕的,防反光的 ‖ *m.* 防光晕层,防反光膜
antihegemónico,-ca *adj.* 反对霸权的,反霸的
antihelio *m.* 〈理〉反氦
antihelmíntico,-ca *adj.* 〈生医〉驱除肠内寄生虫的 ‖ *m.* 〈药〉驱虫剂
antihemoaglutinina *f.* 〈生化〉抗血凝集素
antihemofílico,-ca *adj.* 〈药〉抗血友病的 ‖ *m.* 抗血友病药

antihemolisina *f.* 〈生化〉抗溶血素
antihemorrágico,-ca *adj.* 抗出血的;止血的
　factor ～ 抗出血因子
antiherrumbre *m.* 防锈剂
antihidrógeno *m.* 〈理〉反氢
antihidrópico *m.* 〈药〉抗水肿药
antihidrótico,-ca *adj.* 〈药〉〈医〉止汗的 ‖ *m.* 〈药〉止汗剂
antihigiénico,-ca *adj.* 不卫生的,有害于健康的
antihigroscópico,-ca *adj.* 不吸潮的
antihiperglicémico *m.* 〈药〉抗高血糖药
antihipercolesterolémico *m.* 〈药〉抗高胆固醇血药
antihiperón *m.* 〈理〉反超子
antihipertensivo,-va *adj.* 〈药〉〈医〉抗高血压的(药物) ‖ *m.* 〈药〉抗高血压药
antihipnótico,-ca *adj.* 〈药〉〈医〉抗眠的(药物) ‖ *m.* 〈药〉抗眠药
antihistamínico,-ca *adj.* 〈药〉〈医〉抗组(织)胺的 ‖ *m.* 〈药〉抗组胺药
antihistérico,-ca *adj.* 〈药〉〈医〉抗癔症的 ‖ *m.* 〈药〉抗癔症药
antihormona *f.* 〈生化〉抗激素
antihumano,-na *adj.* ①反人类的;②抗人体抗原的
antiincendios *adj.inv.* 消防的,防火的
　servicio ～ 消防站
antiincrustación *f.* 除[防]垢
antiinductivo,-va *adj.* 防感应的
antiinfectivo,-va *adj.* 〈药〉抗感染的 ‖ *m.* 抗感染药
antiinflacionista *adj.* 反通货膨胀的
　política ～ 反通货膨胀政策
antiinflamatorio,-ria *adj.* 〈药〉抗[消]炎的 ‖ *m.* 抗[消]炎药
　acción ～a 抗[消]炎作用
　agente ～ 〈药〉抗[消]炎剂[药]
antiinsulina *f.* 〈生化〉抗胰岛素
　factor de ～ 抗胰岛素因子
antiinterferón *m.* 〈生化〉抗干扰素
antiinvasina *f.* 〈生化〉抗侵袭素
antiisolisina *f.* 〈生化〉抗同种溶素
antijurídico,-ca; antilegal *adj.* 违法的
antileprótico,-ca *adj.* 〈药〉抗麻风的(药物) ‖ *m.* 抗麻风药
antileptón *m.* 〈理〉反轻子
antileucoproteasa *f.* 〈生化〉抗白细胞蛋白酶
antileucotoxina *f.* 〈生化〉抗白细胞毒素
antilinfocítico,-ca *adj.* 〈生化〉抗淋巴细胞的
antilipémico *m.* 〈药〉抗血脂药

antilisina *f*. 〈生〉抗溶素

antilítico,-ca *adj*. 〈药〉防结石的（药物）
‖ *m*. 防结石药

antilogaritmo *m*. 〈数〉反[逆]对数,真数

antílope *m*. 〈动〉羚羊

antimagnético,-ca *adj*. 抗[防]磁(性)的
reloj ～ 防磁手表

antimagnetismo *m*. 〈理〉抗磁性

antimalárico,-ca *adj*. 〈药〉抗疟的 ‖ *m*. 抗
疟药

antimanchas *adj.inv*. 防沾[染]污的,防锈
蚀的
superficie ～ 防沾污层面,防锈蚀层面

antimateria *f*. 〈理〉反物质

antimeridiano *m*. 〈天〉下子午线

antimesón *m*. 〈理〉反介子

antimetabolito *m*. 〈药〉抗代谢物,代谢拮抗
物;抗代谢药

antimicina *f*. 〈生化〉抗霉素

antimicoína *f*. 〈生化〉抗霉菌素

antimicrobiano,-na *adj*. 〈生化〉抗微生物的

antimicróbico,-ca *adj*. 〈生化〉抗微生物的;
抗菌的 ‖ *m*. 抗微生物剂
suero ～ 抗菌血清

antimicrofónico,-ca *adj*. 〈技〉抗噪声的,反
颤噪声的

antimisil *adj*. 反导弹的 ‖ *m*. 反导弹导弹
defensa ～ 反导弹防御
misil ～ 反导弹导弹

antimisilero,-ra *adj*. *Amér. L*. 反导弹的

antimitótico,-ca *adj*. 〈药〉抗有丝分裂的
‖ *m*. 抗有丝分裂剂

antimonial *adj*. 〈化〉锑的;含锑的

antimoniato *m*. 〈化〉锑酸盐

antimónico,-ca *adj*. 〈化〉锑的;含(五价)锑
的
ácido ～ 锑酸
cloruro ～ (五)氯化锑

antimonio *m*. 〈化〉锑
～ crudo 生锑,三硫化锑
～ sulfurado 辉锑矿
detector de ～ 锑检波器
fluoruro de ～ 锑华
rojo de ～ 红锑矿

antimonioso,-sa *adj*. 〈化〉锑的;含(三价)锑
的;似锑的
ácido ～ 亚锑酸,锑华
plomo ～ (含)锑铅,硬铅,锑铅合金

antimonita *f*. ①〈矿〉辉锑矿;②〈化〉亚锑酸
盐

antimoniuros *m. pl*. 〈化〉锑化物(类)

antimonopolio *adj.inv*. 〈法〉(法律等)反托
拉斯的,反垄断的 ‖ *m*. 反垄断
ley ～ 反垄断法

antimosquitos *adj.inv*. 防蚊的
red ～ 蚊帐

antimotines *adj.inv*. 反暴乱的

antimutagénico,-ca *adj*. 〈生〉抗诱变因素
的,抗诱变剂的

antimutágeno *m*. 〈生〉抗诱变因素,抗诱变剂

antinatura *adj.inv*. 违反自然(规律)的

antinatural *adj*. 违背自然规律的

antinefrítico,-ca *adj*. 〈药〉〈医〉抗肾炎
的 ‖ *m*. 〈药〉抗肾炎药

antineoplástico,-ca *adj*. 〈药〉〈医〉抗肿瘤的

antineumocócico,-ca *adj*. 〈药〉〈医〉抗肺炎
球菌的

antineurálgico,-ca *adj*. 〈药〉〈医〉止神经痛
的(方法,药物)

antineutrino *m*. 〈理〉反中微子
espectro de ～ 反中微子能(量)谱

antineutrón *m*. 〈理〉反中子

antiniebla *adj.inv*. 防雾气的
faros ～ 防雾灯

antinodo *m*. ①〈理〉(波)腹,腹点;②正波节,
背交点
～ de corriente 电流波腹

antinúcleo *m*. 〈理〉反核子

antinuclear *adj*. ①〈生〉抗(细胞)核的;②
〈理〉反原子核的;③反对使用核能[武器]
的,反对发展核能[武器]的;④防核辐射的
anticuerpo ～ 抗核抗体
refugio ～ 防核辐射掩体

antioncogén; ationcogene *m*. 〈遗〉抗[抑]癌
基因

antioncótico,-ca *adj*. 〈医〉抗[抑]癌的

antíope *f*. 〈昆〉蛾

antiopsonina *f*. 〈生化〉抗调理素

antioxidación *f*. 〈化〉抗氧化作用

antioxidante *adj*. ①抗氧(化)的,阻氧化的;
防老化的;②防锈的,耐锈[蚀]的 ‖ *m*. 〈化〉
抗氧(化)剂,阻[防]氧化剂;防老化剂
aditivo ～ 抗氧添加剂
capa ～ 防锈层
grasa ～ 防锈脂
pintura ～ 防锈漆

antióxido *m*. 防锈剂

antiozono *m*. 抗臭氧剂

antipalúdico,-ca *adj*. 〈药〉抗疟的(药物)
‖ *m*. 抗疟药

antiparalelo,-la *adj*. ①〈理〉逆平行的;反
(向)平行的;②反并联的

antiparalítico,-ca *adj*. 〈药〉〈医〉防治瘫痪
的;抗麻痹的

antiparasitario,-ria *adj*. ①〈药〉〈医〉抗寄

生物的（药剂）；②〈电〉防寄生振荡的 ‖ *m*.
抗寄生物剂

antiparásito,-ta *adj*. ①〈药〉〈医〉抗寄生物
的（药剂）；②〈电〉防寄生振荡的

antipartícula *f*. 〈理〉反粒子

antipedagógico,-ca *adj*. 违反教育学的

antipepsina *f*. 〈动〉〈生化〉抗胃蛋白酶

antiperistalsis *f*. 〈生理〉〈医〉逆蠕动

antiperistáltico,-ca *adj*. 〈生理〉〈医〉逆蠕动
的
　onda ~a 逆蠕动波

antipersonal *adj*. 杀伤性的
　bomba ~ 杀伤性炸弹

antiperspirante *adj*.〈药〉止汗的 ‖ *m*. 止汗
剂

antipiresis *f*. 〈医〉退热法

antipirético,-ca *adj*. 〈药〉退［解］热的（药
剂）‖ *m*. 退［解］热剂

antipírico,-ca *adj*. 耐［抗］火的

antipirina *f*. 〈药〉安替比林（退热、止痛、祛
湿剂）

antipleion *m*.*ingl*. 〈气〉负偏差中心；歉准区

antipodal *adj*. ①对跖［踵，极］的；（在地球
上）处在相对位置的；②〈化〉对映的；③反足
（细胞）的
　célula ~ 反足细胞
　países ~es（正好）处在相对位置的国家
　puntos ~es 对拓点
　relaciones ~es（海陆的）对踵关系

antípodas *f*.*pl*. ①（相）对极，对踵［拓，映］
点；②〈化〉对映体；对拓地；③正相对，逆

antipolilla *adj*.*inv*. 防蠹的，防（蛀）虫的
　‖ *m*. 防（蛀）虫剂
　bolas ~ 防蛀丸

antipolio *adj*.*inv*. 〈药〉抗脊髓灰质炎的
　vacuna ~ 灰质炎疫苗

antipolución *f*. 防止（环境）污染，减轻（环
境）污染（尤指空气污染）

antiprofesional *adj*. 非职业性的，非专业的，
外行的；违反行业惯例的

antiproteasa *f*. 〈生化〉抗蛋白酶

antiproteccionista *adj*. 反（贸易）保护主义的

antiprotón *m*. 〈理〉反质子

antiprotrombina *f*. 〈医〉抗凝血酶原

antiproyectil *adj*.*inv*. 〈军〉反导弹的 ‖ *m*.
反导弹导弹

antipsicótico,-ca *adj*. 〈生医〉〈药〉抑制精神
的，抗精神活动的 ‖ *m*. 〈药〉精神抑制药；
安定药

antiputrefacción *f*. 防腐

antiputrefactivo,-va *adj*. 防腐的 ‖ *m*. 防腐
剂

antipútrido,-da *adj*. 防腐的；消毒［杀菌］的

‖ *m*. 防腐[消毒，杀菌]剂

antiquark *m*.*ingl*. 〈理〉反夸克

antiquímico,-ca *adj*. 防化学的

antirrábico,-ca *adj*. 〈药〉〈医〉防治狂犬病
（发生）的 ‖ 〈药〉防治狂犬病药
　suero ~ 治狂犬病血清
　vacuna ~a（防）狂犬病疫苗

antirracismo *m*. 反（对）种族主义，反种族歧
视

antirradar *adj*. 反[防]雷达的

antirradiación *f*. 反[抗]辐射

antirraquítico,-ca *adj*. 〈药〉〈医〉抗[预防，
治疗]佝偻病的
　factor ~ 抗佝偻病因子

antirraquítico,-ca *adj*.〈药〉〈医〉抗佝偻病的

antirreactivo,-va *adj*. 抗反应的

antirrecesivo,-va *adj*. 反衰退的

antirrechinante *m*. 消音[消声，减声]器

antirreflección *f*. 抗[减]反射，增透

antirreflectante；antirreflejos *adj*.*inv*. 防
闪[眩]光的，遮光的

antirreflectivo,-va *adj*. 抗[消]反射的

antirreglamentario,-ria *adj*. ①不[非，犯，
违]法的；②〈体〉不按比赛规则的；违规的

antirresbaladizo,-za *adj*. 不滑（动）的，防滑
的

antirresonancia *f*. 〈理〉〈无〉反[抗，并联]谐
振，反共振

antirresonante *adj*. 消声器的 ‖ *m*. 防闹，防
嘈杂

antirretorno *m*. 〈机〉〈航空〉防（气体、液体）
回行管道[装置]
　~ de llamas 防回焰装置

antirretroceso *m*. 止逆[回]，不返回
　válvula de ~ 单向阀，止回阀

antirretroviral *adj*.〈药〉〈医〉抗逆转录病毒
的 ‖ *m*. 抗逆转录病毒药物

antirreumático,-ca *adj*. 〈药〉〈医〉抗风湿
（病）的 ‖ *m*.〈药〉抗风湿药

antirriboflavina *f*. 〈生化〉抗核黄素

antirrino *m*. 〈植〉金鱼草；金鱼草属

antirrobo *adj*.*inv*. 防盗的 ‖ *m*. 防盗器；防
盗装置
　cerradura ~ 防盗锁
　dispositivo ~ 防盗器[装置]
　sistema ~ 防盗系统

antirruido *adj*.*inv*. 抗[防，反]噪声的，吸
[消]音的
　comisión ~ 减声委员会
　ley ~ 抗[防,反]噪声法
　sistema ~ 减声系统

antisaturación *f*. 抗饱和

antiseborreico *m*. 〈药〉抗皮脂溢药

antisensibilización f. 〈医〉抗致敏作用

antisentido,-da adj. 〈遗〉反义的
RNA ~ 反义核糖核酸

antisepsia；antisepsis f. 防腐[抗菌,消毒]
法；防腐[抗菌,消毒]作用

antiséptico,-ca adj. ①防腐的,消毒的,抗菌
的；②无菌的,消过毒的；③使用防腐[抗菌]
剂的‖m. 防腐剂,消毒剂,抗菌剂

antisexual adj. ①反对性行为(尤指以显眼
方式发生于公共场合)的；②起抑制性欲作
用的

antisida adj.inv. 防艾滋病传染的

antisifilítico,-ca adj. 〈药〉〈医〉抗[防治]梅
毒的‖m. 〈药〉抗[防治]梅毒药

antisimétrico,-ca adj. 〈理〉〈数〉反对称的；
逆对称的

antisimpatético,-ca adj. 〈药〉〈医〉抗交感
(神经)的‖m. 〈药〉抗交感(神经)药

antisísmico,-ca adj. 抗[防]震的；抗(地)震
的
estructura ~a 抗震结构
proyecto ~ 防震设计

antisol m. ①幻月,日映云辉；②〈天〉对日照

antisolar adj. ①防太阳光的；②防(阳光)晒
的
crema ~ 防晒霜

antispádix f. 〈动〉反茎化锥

antispam adj.ingl. 〈信〉反垃圾邮件的

antispasmódico；antispástico m.〈药〉镇痉药
(剂)；止痉剂

antisubmarino,-na adj. 〈军〉反潜(艇)的,
防潜(艇)的
avión ~ 反潜机
buque ~ 反潜舰艇
crucero ~ 反潜巡洋舰
helicóptero ~ 反潜舰直升机
submarino ~ 反潜潜艇

antisudoral adj.Amér.L. 〈药〉〈药物等〉除
(汗)臭的‖m. 除[去,脱,防](汗)臭剂

antisuero m. 〈生医〉抗血清(指含有抗体的血
清)
~ Rh 抗 Rh 血清

antisuplemento m. 〈生医〉抗补体

antitabaco adj.inv. 反对抽[吸]烟的；禁止
吸烟的
campaña ~ 禁烟运动

antitabaquista adj. 反对[禁止]吸烟的
‖m.f. 反对抽[吸]烟者；主张禁烟者

antitalactogogo m. 〈药〉制乳药

antitanque adj.inv. 〈军〉反[防]坦克的
cañón ~ 反坦克炮
granada ~ 反坦克榴弹
mina ~ 反坦克雷

zanja ~ 反坦克壕

antitaurino,-na adj. 反对斗牛的

antitérmico,-ca adj. 〈药〉退[解]热的‖m.
退[解]热药

antiterrorista m.f. 反恐怖主义(活动)的
Ley ~ [A-]反恐怖主义法案
medidas ~s 反恐怖主义措施

antitetánica f. 〈药〉抗破伤风针剂

antitetánico,-ca adj. 〈药〉〈医〉抗破伤风的

antitífico,-ca adj. 〈药〉〈医〉防治斑疹伤寒的

antitiroideo,-dea adj. 〈药〉〈医〉抗甲状腺的

antitiroidina f. 〈生化〉抗甲状腺素

antitóxico,-ca adj. 〈生医〉〈药〉抗毒(性,
素)的‖m. 〈药〉解毒剂
inmunidad ~a 抗毒素免疫
suero ~ 抗毒(素)血清
terapéutica ~a 抗毒素疗法

antitoxígeno m 〈生化〉抗毒素原

antitoxina f. 〈生医〉① 抗毒素；②抗毒血清

antitrago m. 〈解〉对耳屏

antitranspirante adj. 〈药〉止汗的；减少出汗
的‖m. 止汗剂

antitricomonal adj. 〈药〉抗滴虫(病)的(药
物)
agente ~ 抗滴虫药

antitripsina f. 〈生化〉抗胰蛋白酶

antitrombina f. 〈生化〉〈医〉抗凝血酶,抗凝
血素

antituberculina f. 〈生化〉抗结核菌素

antituberculoso,-sa adj. 防结核病的,防痨
的

antitumoral adj. 〈药〉〈药剂等〉抗肿瘤的；抗
癌的

antitumorigénesis f. 〈生医〉抗肿瘤发生

antitumorigénico,-ca adj. 〈生医〉〈药〉〈药
剂等〉抗肿瘤的；防肿瘤的

antiturberculina f. 〈生化〉抗结核菌素

antiturberculoso,-sa adj. 〈药〉〈医〉防治结
核病的；(药物等)抗结核的

antiturberculótico m. 〈药〉抗结核药

antiturbulencia f. 抗干扰

antitusivo,-va adj. 〈生医〉〈药〉镇[止]咳的
‖m. 镇[止]咳剂

antiulceroso,-sa adj. 〈药〉抗溃疡的

antiuniverse m.ingl. 〈理〉反宇宙

antivaho,-ha adj. ①防闪[眩]光的,遮光
的；②去[除]雾的
dispositivo ~ 去[除]雾器,雾刷

antivariólico,-ca adj. 〈医〉防治天花的

antiveneno m. 〈医〉抗毒液素

antivenenoso,-sa adj. 〈药〉〈医〉解毒液的

antivenéreo,-rea adj. 〈药〉〈医〉防治性病的

antivenina f. ①抗蛇[昆虫]毒素；②抗蛇[昆

虫]毒血清

antivibración *f.* 抗[防，减]振，阻尼

montaje de ～es 抗振台[托架，装置]

antivibrador *m.* (车辆的)防振[阻振，阻尼]器

antiviperino,-na *adj. Méx.* 〈药〉解毒的 ‖ *m.* 解毒药[剂]

antiviral *adj.* 〈生医〉抗病毒的(物质)

antivírico,-ca *adj.* 〈药〉抗病毒的 ‖ *m.* 抗病毒药

inmunidad ～a 抗病毒免疫

antivirus *m. inv.* ①〈医〉抗病毒疫苗；抗病毒素[液]；抗病毒液；②〈信〉(计算机)杀病毒(程序)

programa ～ 杀病毒程序

antivitamina *f.* 〈生化〉抗维生素

antivivisección *f.* 反对活体解剖

antiviviseccionista *adj.* 反对活体解剖的；反对动物实验手术的 ‖ *m.f.* 反对活体解剖；反对动物实验手术

antivolcánico,-ca；**antivulcánico,-ca** *adj. Amér. L.* 抑制火山活动的

antivuelco *adj. inv.* (汽车车体)防车厢(体)侧倾的；抗侧倾的

barra ～（汽车车体)角位移横向平衡杆，防车厢(体)侧倾杆，抗侧倾杆

antiworld *m. ingl.* 〈理〉反物质世界

antixeroftálmico,-ca *adj.* 〈药〉抗干眼病的

antixerótico,-ca *adj.* 〈药〉抗干燥症的

antizumbido,-da *adj.* 〈机〉〈技〉静噪的，消声的 ‖ *m.* 静噪器；交流声消除

antocarpo *m.* 〈植〉掺花果

antocianas *f. pl.* 〈生化〉花色素甙，花青甙

antocianidinas *f. pl.* 〈生化〉花色素

antófago,-ga *adj.* 〈昆〉食花的

antófilo,-la *adj.* 〈动〉食花的；喜花的

especie ～a 〈环〉食花物种

antóforo *m.* 〈植〉花冠柄，萼筒间柄

antoxantina *f.* 〈植〉黄酮，花黄色素

antozoo,-zoa *adj.* 〈动〉珊瑚虫的；珊瑚(虫)纲的 ‖ *m.* ①珊瑚虫；②*pl.* 珊瑚(虫)纲

antracemia *f.* 〈医〉炭疽菌血症

antraceno *m.* 〈化〉蒽

antrácico,-ca *adj.* 〈医〉炭疽的

bacilo ～ 炭疽杆菌

toxina ～a 炭疽毒素

antracita *f.* 无烟煤；硬[白，红]煤

antracitoso,-sa *adj.* 含无烟煤的；似含无烟煤的

hulla ～a 无烟煤

antracnosa *f.* 〈医〉〈植〉炭疽病

antracopeste *f.* 〈医〉炭疽疫

antracosis *f.* 〈医〉煤肺病；炭末沉着病

antracosilicosis *f.* 〈医〉煤矽肺；炭末石末沉着病

antracoterapia *f.* 〈医〉炭疗法

antral *adj.* 〈解〉窦的

bolsa ～ 窦囊

antranílico,-ca *adj.* 〈化〉氨茴基的

ácido ～〈化〉氨茴酸

antranilo *m.* 〈化〉氨茴基

antranol *m.* 〈化〉蒽酚

antraquinona *f.* 〈化〉蒽醌

ántrax(*pl.* ántrax) *m.* 〈医〉疽，痈；炭疽，脾瘟

～ celebral 脑炭疽

～ cutáneo 皮肤炭疽

～ sintomático 气肿性炭疽

vacuna de ～ 炭疽接种

antraxilón *m.* 〈矿〉镜煤，纯木煤

antrectomía *f.* 〈医〉①胃窦切除术；②鼓窦凿开术

antro *m.* ①〈解〉窦；②洞穴

antropocentrismo *m.* 人类中心说

antropocoria *f.* 〈生〉(动植物的)人为散布

antropofagia *f.* 食人习性；嗜食人肉

antropófago,-ga *adj.* 食人肉的，吃人的

antropogénesis；**antropogenia** *f.* 人类起源学

antropogénico,-ca *adj.* ①人类起源的；人创始的，由人类活动引起的；②(关于)人类起源和发展的

antropogeografía *f.* 人类地理学，人类地理分布学

antropografía *f.* 人类地理分布学，人种[类]志

antropoide *adj.* (猿等)似[类]人的；(人等)似[类]猿的 ‖ *m.* 〈动〉类人猿

antropoideo *m.* 〈动〉类人猿

antropología *f.* 人类学

～ social 社会人类学

antropologista *m. f.* 人类学者[家]

antropómetra *m. f.* 人体测量员，人体测量学者

antropometría *f.* (尤指使用比较方法的)人体测量(学，术)

antropométrico,-ca *adj.* 人体测量学的

antropometrista *m. f.* 人体测量学者[家]

antropómetro *m.* 人体测量器[仪]

antropomorfo,-fa *adj.* ①人形的，具有人形的；②被赋予人形的，拟人的

antroposofía *f.* ①关于人类本质的知识；②人类智慧

antropotomía *f.* 〈医〉人体解剖(学)

antropozoico,-ca *adj.* 〈地〉灵生代的 ‖ *m.* 灵生代

era ～a 灵生代

antrorso,-sa *adj*. 〈生〉向前（弯）的，向上（弯）的

antroscopia *f*. 〈医〉上颌窦镜检查（法）

antroscopio *m*. 〈医〉上颌窦镜

antrostomía *f*. 〈医〉窦造口术

antrotomía *f*. 〈医〉窦切开术

antu *m*. 〈农药〉安妥，萘硫脲

anual *adj*. ①每年的；年度的；②一年一次的；③〈植〉一年生的

anillo ～〈植〉年轮

planta ～ 一年生植物

anublo *m*. 〈植〉锈病

anulación *f*. ①取消，废除，注销；②〈数〉相约[消]，约去

anular *adj*. ①环（形，状）的，轮状的，有环纹的；②无名指的 ‖ *m*. 〈解〉无名指

dedo ～ 无名指

eclipse ～〈天〉环食

formación ～ 环形物；环的形成

ánulo *m*. ①〈建〉环带，环形饰；②〈动〉体环；③〈植〉环带；菌环，孔环；④环；环形物

anuloso,-sa *adj*. 有环（纹）的，环状的

anunciador *m*. 信[示]号器

anuncio *m*. ①通知（告）；②广[公]告，启事（电台或电视中的）商业广告；③预[征]兆，兆[苗]头

～ a toda la plana 整版[页]广告

～ de conexión[enlace] 搭卖[销]

～ de escaparate[vidriera] 橱窗广告[陈列]

～ eléctrico[lumínico] 霓虹灯广告（牌）

～ en cine 电影广告

～ en periódicos 报纸广告

～ en revistas 杂志广告

～ en televisión 电视广告

～ en vehículo 汽[街]车广告，车身广告

～ exterior 户外广告

～ mural 墙面广告

～s clasificados 分类广告

anuo,-nua *adj*. ①每年的；年度的；②一年一次的；③〈植〉一年生的

anuria *f*. 〈医〉无尿（症）

anuro,-ra *adj*. 〈动〉无尾的 ‖ *m*. ①无尾动物；②*pl*. 无尾目

añadido,-da *adj*. 增添的，附[添]加的；额外的 ‖ *m*. ①添[附，增]加物；〈印〉新增书刊；②（男子）假发；（女子戴的装饰）小假发

impuesto sobre el valor ～[agregado] 增值税

añaz *m*. And. 〈动〉臭鼬

añil *m*. ①〈化〉靛蓝[青]；②靛蓝色，靛色；③（防止洗涤的白色衣物泛黄的）蓝粉；④〈植〉

木[槐]蓝属植物 ‖ *adj*. 靛蓝色的

año *m*. ①（一）年；②年度；③*pl*. 年龄[岁]；④年[时]代

～ académico[escolar,lectivo] 〈教〉学年

～ agrícola 农业[种植]年度

～ anomalístico 近点年（＝365 日 6 时 13 分 53.1 秒）

～ base 基准年

～ bisiesto 闰年

～ civil[natural] 〈天〉（日）历年

～ comercial 贸易年度，商业财政年度

～ común 平年

～ con déficit 赤字年度

～ contable 会计年度

～ cósmico 宇宙年（指银河系自转一周的时间）

～ de adquisición 购置年度

～ de cosecha （酿酒葡萄的）收获年份；酿造年份

～ de ejercicio(～ financiero) 财政年度

～ de gracia 公元年

～ de luz (～-luz) 光年（＝ 9.4605 × 10^{15} m）

～ del informe 本年（指报告的当年）

～ del plan 计划年度

～ económico 财政[会计]年度

～ fiscal[social] 财政[务]年度，会计年度

～ legal 法定年龄

～ lunar 太阴年，阴历年

～ presupuestario 预算年度

～ sabático （学术）休假年（西方国家高校约每隔 7 年为教师提供一年或半年的假期进行旅游或从事科研）

～ sideral[sidéreo] 恒星年

～ solar 太阳年

año-hombre(*pl*. años-hombre) *m*. 人工作年，人年(即 1 个人 1 年的工作量)

añojal *m*. 〈农〉休闲地，休耕地

añublo *m*. ①雾；②霉，霉菌；③〈植〉锈病

aojada *f*. And. 〈建〉（屋顶等的）天窗

aorta *f*. 〈解〉主动脉

aórtico,-ca *adj*. 〈解〉主动脉的

aortotitis *f*. *inv*. 〈医〉主动脉炎

aortografía *f*. 〈医〉主动脉造影术

aortograma *m*. 〈医〉主动脉造影片

aortorrafia *f*. 〈医〉主动脉缝合术

aortotomía *f*. 〈医〉主动脉切除术

apagachispas *m*. *inv*. 淬火器

apagadizo,-za *adj*. 不易点燃的，不易燃烧的

apagador *m*. ①熄灯[灭烛，灭火]器，消除器；②〈机〉消音器；〈乐〉减[制]音器；（钢琴）消音毯；④Cono S., Méx. 〈电〉开关，电闸

apagafuegos *adj.inv.* 灭火的,消防的;防火的 ‖ *m.* 灭[消]火器 ‖ *m.f.* 机器修理人
avión ~ 消防飞机
barco ~ 消防船

apagaincendios *m.inv.* 灭[消]火器

apagavelas *m.inv.* 熄灯器;熄烛器

apagazumbidos *m.inv.* 〈电〉蜂[振]鸣抑制器[装置]

apainelado,-da *adj.* 半椭圆形的
resorte ~ 弓形弹簧

apaisado,-da *adj.* ①长方形的;长椭圆形的;②横宽(竖窄)的
cuadro ~ 横幅画
libro ~ 横装书

apalancamiento *m.* 杠杆作用[效果];杠杆机构,(杠)杆系
~ de capital 资本杠杆作用

apaleadora *f.* 〈机〉(单斗)挖土机,机[动力]铲

apañador,-ra *m.f.* 〈体〉(棒球运动中的)接手

aparato *m.* ①〈电〉〈技〉〈医〉仪器,器具[材,械];实验器具;装置;家用电器;②(政党、国家或政府的)机构[关,器];组织;系统;③(齿轮)传动装置;④〈解〉器官,系统;⑤〈航空〉飞机[艇],航空器;⑥电话机;⑦〈医〉症状;⑧〈心〉综合症状;⑨(牙齿等的)矫正[矫形]器
~ a tornillo 螺(旋齿)轮
~ aéreo 航空器
~ antirrobo 防盗装置
~ auditivo(~ para sordos)助听器
~ automático de control 自动化控制装置
~ avisador 报警器
~ calculador electrónico 电子计算机
~ circulatorio 〈解〉循环系统
~ de accionamiento 主[传,驱]动齿轮
~ de acondicionamiento de aire 空气调节器
~ de administración industrial 工业管理机构
~ de alzamiento[elevación, izado] 提升装置
~ de alzar y bajar 起落机构
~ de apuntado en altura 俯仰装置
~ de arranque de reostato cilíndrico 鼓形启动器
~ de arranque en el volante 盘车装置,曲轴变位传动装置
~ de aterrajar 攻丝装置[夹头]
~ de bobina móvil 动圈式仪表
~ de destello 闪光[烁]器
~ de embalaje 包装机

~ de ensayo 检验机,鉴定仪器
~ de entrenamiento 教练机[设备],训练器材
~ de escucha 监听装置
~ de fotografía(~ fotográfico)照相器材;照相机
~ de[para] gobierno 转向器[装置],操舵装置
~ de laboratorio 实验[化验]仪器
~ de lectura directa 直读式测试仪器
~ de mando 〈航空〉控制[操纵]器
~ de medición[medida] 测量仪器,测定器,量具
~ de medida universal 万能测试器
~ de postcombustión 后[加力]燃烧室
~ de precisión 精密仪器
~ de protección 保险[安全]装置
~ de puesta en cortocircuito 短路装置
~ de radio 无线电;无线电设备;收音机
~ de rayos X X光机;伦琴射线装置
~ de reducción al cero 复[归]零装置
~ de relojería 时钟[钟表]机构
~ de televisión 电视机
~ de tracción 牵引装置,车钩
~ de transmisión 传动[变速]齿轮
~ de uso doméstico 家用电器
~ dental 〈医〉(矫齿)牙套
~ desodorizante 除臭机[器]
~ digestivo 〈解〉消化系统
~ eléctrico 电气设备
~ electrónico 电子仪器
~ equilibrador 平衡[定零]装置
~ escénico 舞台(演出)布景
~ esnorkel[snort] 通气(管)装置
~ estatal 国家机构;政府机构
~ fumívoro 完全燃烧装置
~ genital femenino 女生殖器(尤指外生殖器)
~ genital masculino 男生殖器
~ indicador 指示器
~ lector de microfilmes 缩微胶卷[片]放映机,缩微胶卷[片]阅读器,显微阅读器
~ locomotor 〈解〉运动器官
~ ortopédico 〈医〉矫正器
~ para cortar en bisel 斜切机
~ para lavar minerales 搅拌棒,摇汰盘
~ para limpieza de alcantarillas 冲洗器,净化器
~ para producir clima artificial 气象计;人工曝晒机
~ para producir una corriente turbulenta 湍流(发生)器,扰流(发生)器

~ para sondar 测深[探测]仪器

~ para toda onda 全波段接收机

~ registrador 计数器,寄存器,自动记录器

~ respiratorio ①(滤毒,滤尘)呼吸器;②〈解〉呼吸系统

~ telefónico 电话机

~s automáticos de control 自动控制[调节]装置

~s cimematográficos 电影摄影器材

~s contra incendios 消防器材

~s de control 控制[调节]装置;电开关装置,电控制器

~s de gimnacia 体操器械

~s de iluminación 照明器材

~s de telecomunicación 电信装置

~s electrodomésticos 家用电器

~s e instrumentos de termotecnia 热工仪表

~s ópticos 光学器械

~s periféricos 〈信〉外围设备(连接在计算机上的任何附加设备)

~s sanitarios(~s de higiene) 卫生洁具

aparejador,-ra m. f. ①〈建〉现场监工员,工程监理;②〈建〉建筑[营造]师,建筑承包人;(估算建筑工程工时、造价等的)估算员;③(船舶等的)索具操纵工

aparejo m. ①〈海〉(船)的索[船]具;②器[工]具;仪器;设备;装置;③〈建〉(砖、石、木板等的)砌合,砌式[法];④〈机〉滑车;滑车[轮]组;⑤涂料;底色[漆];⑥Amér.C., Méx. 马[鞍]具;马鞍;And. 女式马鞍

~ a cadena 手拉葫芦

~ de anzuelos (钓鱼)钩具

~ de aterrizado (飞机的)起落架

~ de calibrar[comprobar] 规[量]测仪器

~ de izar 提升葫芦

~ de palanquín 复滑车;辘轳

~ de pesca 捕鱼索具

~ de rabiza 小滑车,辘轳,盘车

~ en espina 人字形砌合[砌工]

~s de conexión blindados 铠装配电仪表[设备]

~s de conexión eléctrica 电开关装置,配电装置

aparente adj. ①显然的,明明白白的;明显的;清晰可见的;②表面上的,貌似(真实)的;未必真实的;③形[貌]似的;④表[外]观的,视(在)的

altitud ~ 视地平纬度

cohesión ~ 视[表观]凝聚力

color ~ 视在[表观]颜色

consumo ~ 表面消费(量)

densidad ~ 视[表观]密度

distancia ~ 视距

error ~ 视误差

fuerza ~ 视在[表现]力

horizonte ~ 视地平(线)

muerte ~ 〈医〉外观死亡

onda ~ 表观波

peso ~ 视[表观]重量

posición ~ 视(在)位置

potencia ~ 视在[表观]功率

sol ~ 视太阳

tiempo solar ~ 〈天〉视太阳时

utilidad ~ 账面利润

viento ~ 视[表观,表象]风

volumen ~ 视容积,松装体积,松装比容

apartadero m. ①路侧(紧急)停车带;②(铁路)旁轨,侧[配,副,支,岔,专用]线;③(索道)滑轨;交会[让道]处;④(路、桥的)安全带,安全岛;⑤羊毛分类[分选]场

vía de ~ 侧线[路],旁轨,备用线路

apartarrayos m. inv. 避雷器

apatita f.; **apatito** m. 〈矿〉磷灰石

~ fluor 氟磷灰石

apeador m. 〈农〉测量员,勘界员

apectomía f. 〈医〉根尖切除术

apelación f. ①〈法〉上[申]诉;②(法律)补救办法;消除(办法)

apelante adj. ①〈法〉(有关)上诉的;②哀诉的;恳求的 ‖ m.〈法〉上诉人

apelmazamiento m. ①压实;②〈农〉(土地)板结

apéndice m. ①附录[言],(法规或法律文件等的)附件;②附属物,附加物;③〈生〉附器,附肢;④〈解〉阑尾;pl.〈医〉附件

para más información, véase el ~ 详见附件

apendicectomía f.〈医〉阑尾切除(术)

apendicitis f. inv.〈医〉阑尾炎

apendicografía f. 〈医〉阑尾(X线)造影术

apendicostomía f.〈医〉阑尾造口术

apendicotomía f.〈医〉阑尾切除(术)

apendicular adj. ①附属[着]的;〈医〉附件的;②〈解〉阑尾的;③附属物的;四肢的

músculo ~ 附属肌

elementos ~es 附件成分

apendótomo m. 〈医〉阑尾截除器

apeo m. ①〈农〉(土地的)测[丈]量;(地界的)测[勘]定;②〈建〉支柱[架];③〈法〉调查

~ de mina 井架[塔]

~ de pozo de mina 矿[坑]口井架

apepsia f.〈医〉消化不良

aperiodicidad *f.* ①非[无]周期性;②〈理〉非调谐性

aperiódico,-ca *adj.* ①非周期性的,无[不]定期的;②〈理〉非周期的;非调谐的,非振荡的

circuito ~ 非周期(振荡)电路,无谐振电路

compás ~ 定指罗盘针

elongación ~a 非周期伸长

onda ~a 非周期波

regeneración ~a 非周期性再生

aperitivo,-va *adj.* 开胃的 ‖ *m.* ①(饭前的)开胃物;饭前活动(如散步);②〈药〉轻泻剂

apero *m.* ①(牲口拉的)犁;*pl.* 农具;②工[器]具;③*Amér. L.* 马[挽]具;鞍具

~ de pesca 渔具

~s agrícolas 农具

apersonamiento *m.* 〈法〉出庭,到案

apertura *f.* ①开启;(正式的)开始[端];②(会议等的)开幕[场];③〈商贸〉开(盘,局,标,市);(账户等的)开立;开业;④(思想,政策等的)开放;⑤〈法〉宣读遗嘱;⑥(棋类的)开局;⑦(照相机、望远镜等光学仪器镜头的)孔径

~ de crédito 开立信用证

~ de cuenta 开立账户[户头]

~ de mercados 开拓[放]市场;市场开放

~ de propuesta 开标

~ económica 经济开放

~ efectiva 有效孔径

~ en la bolsa 交易所开盘

antena de ~ 开口[孔径]天线

ceremonia de ~ 开幕式

compensación de ~ 孔径失真补偿

distorsión de ~ 孔径失真

política de ~ 开放政策

apétalo,-la *adj.* 〈植〉无(花)瓣的,单(花)被的

flor ~a 无(花)瓣花

ápex;ápice *m.* ①顶(点,尖);(心、肺、树叶等的)尖端;②顶峰;最高潮;③〈矿〉脉尖[顶];④〈天〉奔赴点,向点;⑤〈无〉(电波在电离层上的)反射点

~ solar 太阳向点

apical *adj.* ①顶(点,上,端,尖,部)的,(根)尖的;②在顶端的,构成顶端的

ángulo ~ 顶角

dominancia ~ 〈植〉顶端优势(指顶芽抑制侧芽生长的现象)

sistema ~ 顶[极]系

apicectomía;apicoectomía *f.* 〈医〉根尖切除术

apícola *adj.* 养蜂业的

técnica ~ 养蜂技术

apicostomía *f.* 〈医〉根尖造口术

apicóstomo *m.* 〈医〉根尖造口器

apiculado,-da *adj.* 〈植〉顶部细尖的

apicultor,-ra *m. f.* 养蜂人;养蜂家

apicultura *f.* 养蜂业

apilado *m.* ①堆积[集,垛,放,起],层理[结],分[成]层;②积堆干燥法;③〈电〉点堆;电池(组)

apiladora *f.* 〈机〉①堆积[码垛]机,堆垛器;②送卡[集纸,堆积]器;③叠式存储器

apirético,-ca *adj.* 〈医〉无热(度)的,不发热的;热歇期的

apirexia *f.* 〈医〉无热(期),热歇期

apirogénico,-ca *adj.* 〈医〉不致热的

apisina *f.* 蜂毒

apisinoterapia *f.* 〈医〉蜂(毒)疗法

apisonado *m.* ①打夯;夯[捣]实;碾压;②锤[冲]击;抛(砂)

apisonadora *f.* 〈机〉①夯(具,锤),捣锤,打夯机,夯实机;②压路机,路碾

~ a vapor 蒸汽压路机

~ de sacudidas 振动式夯实机

apisonamiento *m.* 打夯;夯[捣]实;碾压

apiterapia *f.* 〈医〉蜂(毒)疗法

apitoxina *f.* 蜂毒素

apívoro,-ra *adj.* (鸟等)食蜂的

aplacado *m.* 〈建〉贴面

aplanadera *f.* 〈机〉平地机[工具],(地面)整平机

aplanador *m.* ①〈机〉打平[平滑]器,打平锤,扁条拉模;②见 ~ de calles ‖ ~a *f.* 〈机〉①平地[压路]机;②*Amér. L.* 槌布机

~ de calles 无业游民

~a a vapor 蒸汽压路机

~a de carreteras 平路面机

aplanático,-ca;aplanético,-ca *adj.* 〈理〉①等光程的;(透镜)消球差的;②齐明的,不[非]晕的

lente ~a 消球差透镜,齐明[不晕]透镜

aplanatismo *m.* 〈理〉①等光程;消球差(性);②齐明,不晕

aplanogameto *m.* 〈生〉不动配子

aplanóspora *f.*;**aplanósporo** *m.* 〈生〉不动孢子

aplantillado *m.* 〈技〉〈冶〉模[压]制,浇铸,铸造物;造型(法)

aplantillar *tr.* ①〈技〉〈冶〉模[压]制,浇铸,铸[造,塑]型;②(使)磨[跑,吻,贴]合

aplasia *f.* 〈医〉发育不全;成形不全;先天萎缩

aplastabilidad *f.* 可压碎性,可破碎性,可塌陷性

aplastable *adj.* 可压碎[扁]的,可破碎的

estructura ～ 压扁结构

aplastamiento *m.* ①压扁[平,碎,裂];②压[揉]皱,皱缩

ensayo de ～ 压裂[碎]试验

presión de ～ 破坏压力

aplástico,-ca *adj.* 〈医〉再生障碍的

anemia ～a 再生障碍性贫血

aplazo *m. Amér. L.* 〈教〉(学习成绩)不及格

aplicabilidad *f.* ①适用[应用,可应用]性;适用范围;②可贴(合)性

aplicable *adj.* ①可适[应]用的;合用的;②适当的,合适的;③可贴(合)的;④〈药物〉可敷用的

ciencia ～ 应用科学

cláusula ～ 适用条款

ley ～ 适用法律

superficie ～ 可贴曲面

aplicación *f.* ①应[使,采,运,适]用];用途;②实[执]行;实施;③〈数〉贴合;④〈信〉应用程序;⑤〈医〉敷[施,搽]用;〈药〉敷剂;⑥〈缝〉贴[嵌]花;⑦*Bol.,Col.,Venez.* 申请书[表]

～ caliente/fría 〈医〉热/冷敷(法)

～ de calendario 日历程序

～ de fondos 资金运用

～ de macro (计算机)宏调用

～ de recursos 资源利用[配置]

～ de subprograma 〈信〉子程序调用

～ externa 〈医〉外敷(法)

～ herendada 〈信〉继承使用(已存在的应用程序和硬件)

～es comerciales 商业应用

programa de ～ 应用[操作]程序

aplicado,-da *adj.* ①应[适,作]用的;②施[外]加的,外施的

ciencia ～a 应用科学

contabilidad ～a 应用会计

economía ～a 应用经济学

investigación ～a 应用研究

meteorología ～a 应用气象学

aplicador *m.* ①(药物、化妆品等的)敷抹[涂敷,涂药]器;(油漆等的)涂抹器;②〈机〉注施机

～ de radio 施镭器

aplique *m.* ①壁灯;②贴[嵌]花;③〈缝〉贴花细工;嵌花织物;④〈戏〉道具

aplita *f.* **aplito** *m.* 〈地〉细晶岩,半花岗岩;红钴银矿

aplítico,-ca *adj.* 〈地〉细晶岩(质)的

aplomado,-da *adj.* 铅色的,(正,含,似)铅的

apnea *f.* 〈医〉①呼吸暂停;②窒息

apneumia *f.* 〈医〉无肺(畸形)

apneusis *f.* (低等脊椎动物的)长吸式呼吸

apoapsis *m. ingl.* 〈天〉远拱点

apoastro *m.* 〈天〉远星点

apocentro *m.* 〈天〉远心点

apocináceo,-cea *adj.* 〈植〉夹竹桃科的 ‖ *f.* ①夹竹桃科植物;②*pl.* 夹竹桃科

apocintio *m.* 〈天〉远月点

apocito *m.* 〈植〉多核细胞

apocromático,-ca *adj.* 〈理〉复消色差的;消多色差的

apocromatismo *m.* 〈理〉复消色差(性);消多色差(性)

apodal *adj.* ①〈动〉无足的,足部不发达的;②(鱼类)无腹鳍的,腹鳍不发达的

apodamiento *m.* 〈信〉(计算机)别名;假信号(通常用于为菜单项的访问提供一个新键)

apodema *m.* 〈动〉表皮内突

apoderado,-da *adj.* ①被授权的;授权代理的;②〈信〉代理的

servidor ～ 〈信〉代理服务器

apodia *f.* 〈医〉无足(畸形)

apodíctico,-ca *adj.* ①〈逻〉(命题)必然真的,逻辑上确实的;②可明确论证的,绝对肯定的,无可置疑的

ápodo,-da *adj.* 〈动〉①无足的;无腹鳍的 ‖ *m.* ①无足动物(如蛇);②无腹鳍鱼(如鳗);③无足目

apofilita *f.* 〈矿〉鱼眼石

apófisis *f.* ①〈解〉骨突;②(某些真菌的)囊托;(藓类植物等的)蒴托;③〈地〉岩枝[支]

apogamia *f.* 〈植〉无配子生殖

apogenia *f.* 〈生〉无生殖能力

apogeo *m.* ①〈天〉远地点;②〈航空〉〈航天〉(导弹的)弹道最高点;远核点;③最远[高]点,极[顶]点

apolar *adj.* ①非极性的;〈生化〉无极的;无极面的;②无突起的

célula ～ 无极细胞

apolunio *m.* 〈天〉远月点

apomixia *f.* 〈植〉无配生殖植物,无融合生殖植物

apomixis *f.* 〈植〉无配生殖,无融合生殖

apomorfina *f.* 〈药〉阿朴吗啡;脱[去]水吗啡(催吐剂)

aponea *f.* 〈医〉精神发育不全;智力缺陷

aponeurosis *f.* 〈解〉腱膜

apontaje *m.* 泵船,浮码头

apoplejía *f.* 〈医〉卒中,中风

～ cerebral 脑卒中,脑中风

ataque de ～ 中风发作

apopléjico,-ca; apoplético,-ca *adj.* 〈医〉中风的,卒中的;患中风病的;②引起中风的

tipo ～ 中风体型

apoptosis *f.* (细胞的)凋亡

aporca；aporcadura *f*.〈农〉培[壅]土

aposemático,-ca *adj*.〈动〉①警戒（色）的；伪装色的；②保护的（指动物的明显标记，以阻止可能的捕食者）

aposición *f*.①〈医〉对位[合]；②〈植〉敷[附]着
　　satura de ～ 对位缝合

apósito *m*.〈医〉①敷裹，包扎；②（外）敷药[料]
　　～ protector 护创膏

aposporia *f*.〈植〉无胞（子）形成

apostema *f*.〈医〉脓肿

apostemero *m*.〈医〉放脓刀

apostemoso,-sa *adj*.〈医〉脓肿的，化脓的

apostia *f*.〈医〉无包皮（畸形）

apotecia *f*.〈植〉子囊盘（某些子囊菌和地衣的产孢子结构）

apotema *f*.〈数〉边心距；（棱锥中的）三角形的高

apoxesis *f*.〈医〉刮除术

apoyador,-ra *m.f*.〈体〉（橄榄球运动中的）中后卫

apoyatura *m*.①〈乐〉倚音；②见 apoyo

apoyo *m*.①支持[撑，承]，承重[载，托]；②支柱[杆]，支撑[承，持]物；③〈机〉支座[架]，轴承；④支援，后援（部队）；⑤援[资]助
　　～ de cuchilla 刀架[座]
　　～ de herramienta 刀[工具]架
　　～ de manos 手工工具架
　　～ de resorte 弹簧垫座
　　～ de rótula 关节[自位]轴承
　　～ del gato 千斤顶垫座
　　～ del muñón 耳轴支架
　　～ directo 直承式支座
　　～ económico 经济支援[援助]
　　～ financiero 财政支援，资金援助
　　～ internacional 国际援[资]助
　　～ interseccional 部门间支援[援助]
　　～ mútuo 共同援助[支持]
　　～ social 社会支援[援助]
　　travesaño de ～ 〈交〉枕木，轨枕

apraxia *f*.〈医〉（精神性）运用不能，失用（症）

aprendizaje *m*.①学习，培训；②学徒[培训]期
　　～ automático 机器学习

apresamiento *m*.①俘虏；②捕获

aprestador *m*.底层涂料，底（层油）漆

aprestar *tr*.〈纺〉上浆[胶]

apresto *m*.①〈纺〉上浆[胶]；②浆，胶料
　　～ para correas （鞣革加工用）皮带油

apreta-juntas *m*.活动钳，可调夹头

apretado,-da *adj*.①紧（密，贴，固，封）的；绷[拉，张]紧的；②密实[集]的；③（字迹等）密集潦草的
　　no ～ 松（驰，动）的，不紧的，未紧固的

apretatubo *m*.〈机〉管[节流]夹

aprietacable *m*.〈机〉电缆夹（头）；电缆挂钩

aprobación *f*.①许可，批[核]准；②（考试、考核等的）合[及]格

aprosofia *f*.〈医〉无面（畸形）

aprovechamiento *m*.①使[利，享]用；②开发；③*pl*.产出
　　～ conjunto 共同[联合]利用，共同开发
　　～ de energía eléctrica 电力开发
　　～ de tierra 土地开发[利用]
　　～ forestal 伐木（业）；森林开发
　　～ hidroeléctrico 利用水力发电，水电开发
　　～ limitado 有限利用（度）
　　～ máximo ①充分利用；②（船等）满载

aprovisionamiento *m*.①供应[给]；②进给[料]
　　～ automático 自动进给
　　～ de agua 供水
　　～ de alimentos 供应食品；食品供给
　　～ de carbón 加[给，上]煤
　　～ de combustible 加[供给，加注]燃料，燃料供给

aproximación *f. m*.①接[临，趋，逼]近；②近似（法，值，度）；概算，略计
　　～ controlada desde tierra 〈航空〉地面控制进场
　　～ digital 数字近似
　　～ por instrumentos 〈航空〉按仪表进场
　　～ racional 〈数〉有理近似
　　～es sucesivas 逐步[次]近似（计算法）
　　método de ～es sucesivas （逐次）渐近法

aproximado,-da；aproximativo,-va *adj*.①近似的；②接近的；靠近的；③约摸的，大概的
　　altura ～a 近似高度
　　calculación ～a 近似计算
　　cálculo ～ 粗略估计，概算
　　estimación ～a 概算，约计
　　fórmula ～a 近似公式
　　integración ～a 近似积分
　　lectura ～a 近似读数
　　número ～ 概数
　　solución ～a 近似解
　　suma ～a 概算额
　　valor ～ 近似值

aproximamiento *m*.见 aproximación

apselafesia *f*.〈医〉触觉缺失

ápside *m*.〈天〉拱点

áptero,-ra *adj.* ①〈昆〉无翼的；②〈建〉无侧柱的

aptitud *f.* ①才能[干]，能力；天资；②性能；适应性
~ comercial 经商能力[才能]
~ competidora 竞争能力
~ de vender 推销才能
~ física 体能
~ informática 信息能力
~ legal 权能[限]
~ para actuar 主动性
~ para vuelo〈航空〉飞行性能，适航性
~s mecánicas〈机〉机械性能
ensayo de ~ 适应性试验，性能试验，合格试验

apunamiento *m. And.*, *Cono S.*〈医〉高山病

apuntación *f.* ①削[弄]尖；②〈乐〉乐谱

apuntador *m. f.* ①〈军〉瞄准手；②计[记]时员；记录员；③*Méx.*〈体〉记分员；④〈戏〉提词[白]员 ‖ *m.*〈信〉（计算机）箭头；‖ ~a *f.*〈技〉倒棱工具
~ del ratón 鼠标箭头[指针]
~ en cruz 十字光标箭头
dispositivo ~〈笔记本电脑代替鼠标功能的〉触控板

apunte *m.* ①记录，札记；②登记；③备忘录
~ de comercio 贸易备忘录

apuramiento *m.* ①〈工〉〈技〉提纯（作用）；精炼[制]；②核实

apure *m.*〈矿〉精选

aquadag *m. ingl.* ①胶态[体]石墨，〈冶〉〈润滑用〉石墨悬浮液，石墨滑水；②〈电〉导电敷层

Aquario *m.*〈天〉宝瓶（星）座

aquastato *m.* 水温自动调节器

aquenio *m.*〈植〉瘦果

aquerita *f.*〈地〉英辉正长（斑）岩

áqueta *f.*〈昆〉蝉

aquifoliáceo,-cea *adj.*〈植〉冬青科的 ‖ *f.* ①冬青科植物；②*pl.* 冬青科

aquillado,-da *adj.* ①〈禽类〉龙骨状的；②〈海〉龙骨长的

aquillorrafia *f.*〈医〉跟腱缝合术

aquillotomía *f.*〈医〉跟腱切断术

aquilón *f.* ①北[朔]风；②北极

Ar〈化〉元素氩（argón）的符号

a/r; ar *abr. ingl.* all-round (prices) 包括一切费用在内的（价格）

Ara *f.*〈天〉天坛（星）座

ara *m. Amér. L.*〈鸟〉鹦鹉

arabana *f.*〈生化〉阿拉伯聚糖

arabanasa *f.*〈生化〉阿拉伯聚糖酶

arabato *m.*〈化〉阿拉伯酸盐

arabesco *m.* ①阿拉伯装饰风格，阿拉伯图案；②〈建〉花叶饰

arábico,-ca; arábigo,-ga *adj.* 阿拉伯的
ácido ~ 阿拉伯酸
goma ~a 阿拉伯（树）胶
número ~ 阿拉伯数字

arabinosa *f.*〈生化〉阿拉伯糖，阿戊糖

arabinosis *m.* 阿拉伯糖中毒

arabitol *m.*〈生化〉阿拉伯糖醇

arable *adj.*〈农〉可耕的，适于耕种的，可开垦的
suelo ~ 可耕地

arácnido,-da *adj.*〈动〉蛛形纲的（动物）‖ *m.* ①蛛形纲动物；②*pl.* 蛛形纲

aracnoides *f. inv.*〈解〉蛛形膜

arada *f.*〈农〉①耕田，翻耕；②耕作；农活；③已耕地

arado *m.*〈农〉①犁，犁形器具；②（已）耕地
~ de desarraigar 除根机，掘土工具
~ de desmontar 小前犁
~ de discos 圆盘犁
~ de reja（多）铧犁
~ de surcar calzadas 松土[翻路]犁
~ de tractor 机引犁
~ de vertedera 铧式犁
~ de zanjar 开沟犁[机]
~ mecánico 机动犁
~ quitanieves 雪犁，扫雪机
~ surcador 松土[翻路]犁

aragonito *m.*〈地〉霰[文]石

arancelario,-ria *adj.*〈商贸〉税率的，关税的
barrera ~a 关税壁垒
protección ~a 关税保护

arandela *f.* ①〈机〉衬垫，垫圈[片，环，板]，（填）圈，环；②*And.*〈缝〉（服装等的）褶[饰，荷叶]边
~ aislante 绝缘孔圈[填片，垫圈]
~ de caucho 橡皮垫
~ de cierre 锁紧垫圈
~ de cuero 皮垫圈[衬垫]
~ de freno 锁紧垫圈
~ de plomo 铅销（塞子）
~ de presión[resorte] 弹簧垫圈
~ Grover 格罗夫垫圈，开口[弹簧]垫圈

araña *f.* ①〈动〉蜘蛛；蜘蛛目；②〈蛛〉蛛状物；③枝形吊灯[灯架]，集灯架[排]，花[吊]灯
~ vascular 蜘蛛状血管痣
tela de ~ 蜘蛛网

arañonero *m.*〈植〉醉碟花属植物

arao *m.*〈鸟〉海鸠

arbitraje *m.* ①仲裁；调停[解]，公断；②仲裁

协议[条款,规则];③〈商贸〉套汇[购]

~ comercial 商业仲裁

~ de bienes 套购商品

~ de cambio[divisas] 套汇

~ de interés 套利

~ de mercancías 套购商品

~ de oro y plata 套购金银

~ definitivo 最终仲裁

~ impositivo 税收仲裁

~ industrial[laboral] 劳动纠纷仲裁

~ internacional 国际仲裁

~ marítimo 海事仲裁

árbol *m*. ①〈机〉(主,车,轮,转)轴,心棒[轴];(轴,刀)杆;②〈建〉中心柱;③〈植〉树;④树形物;〈数〉〈信〉树(形);⑤〈船〉〈海〉桅,樯

~ acanalado 槽轴,槽齿[花键]轴

~ acodado(~ de cigüeña) 曲(柄)轴

~ binario 二元树

~ de accionamiento 主[驱]动轴

~ de cardan 万向轴

~ de coche 车[轮]轴

~ de contramarcha 逆转轴

~ de costados(~ genealógico) 世系图,谱[家]系图

~ de decisiones 决策树,树形决策图

~ de distribución 分配[控制]轴

~ de estructura 结构树

~ de extremidad ranurada 槽齿[花键]轴

~ de hélice(~ portahélice) 螺桨轴

~ de la ciencia 知识领域;全部知识门类

~ de levas 凸[桃,偏心]轮轴

~ de mando 主[驱]动轴

~ de manivelas 曲(柄)轴,总[主传动]轴

~ de regulación 调节轴

~ de retorno 逆转轴

~ de ruedas 轮轴

~ de transmisión de la potencia 传动[动力]轴

~ del cambio de velocidades 副[变速]轴

~ fileteado 导[螺]杆,丝杆

~ flexible 软[可弯,挠性]轴

~ hueco 空心轴

~ intermedio 副[侧,对,中间]轴

~ joven 小树,树苗

~ loco 空转[载]轴

~ macizo 实心轴

~ maestro[mayor] 主桅

~ motor 主(驱)动轴,车[后]轴

~ nodriza 〈植〉伴生树

~ oscilante 摆轴

~ porta-broca 镗杆

~ porta-cuchilla 铣刀轴[杆],刀具轴

~ porta-fresas 刀杆[轴],刀具心轴,铣刀杆

~ portamuela 轮轴

~ primario 主[原动,初动]轴

~ principal 主[总,转,天]轴,主传动轴

~ tipo cuenca 〈信〉汇集树

~ transversal/vertical 横/立轴

~ traqueobronquial 气管支气管树

~es de hojas anchas 阔叶树

~es de hojas puntiagudas 针叶树

~es de transmisión 轴系[材]

arreglo de ~ 〈信〉(计算机)树处理

cojinete del ~ de la máquina 主轴承,转轴

palier del ~ de la máquina 总轴架

potencia en el ~ 轴输出功率,轴马力

tronco de ~ 桅杆

arboladura *f*. 〈海〉〈集〉桅杆,帆樯

arbolista *m*. *f*. 树木栽培家

arbóreo,-rea *adj*. ①〈动〉生活在树上的(动物),栖于树木的;②树(木)的;树形[状]的

arborestación *f*. 造林(法),植林

arboricida *adj*. (毁)灭树的‖*f*. 灭树剂

arboricidio *m*. 〈环〉〈建〉大片毁林

arborícola *adj* ①树(木,状)的,木本的,乔木的;②栖息树上的;生于树上的

arboricultor,-ra *m*. *f*. ①林务员;②树木栽培家;③山林居民

arboricultura *f*. ①树木栽培[培植];②林业;林业管理;造林;③林学

arboriforme *adj*. 树(枝)状的

arborización *f*. ①(呈)树枝状的;②〈植〉(树枝)分枝;③〈环〉绿化

arbotante *m*. ①〈建〉扶垛,拱式扶垛[支墩],飞(扶)拱;②〈船〉〈海〉(舷外)斜木[撑],护壁

arbusto *m*. 〈植〉灌木

arbutina *f*. 〈化〉熊果甙

arca *f*. ①(机)箱,柜,盒,匣;②水箱[塔],沉箱;③〈解〉胁腹,(四足动物身体的)侧边

~ de agua 水箱[塔]

~ de caudales[hierro] 保险箱

~ de depósito 金[保险]库,保险箱

~ de herramientas 工具箱

arcada *f*. ①〈建〉拱道[路,廊],连拱(廊);②〈建〉桥拱[洞];③〈医〉胃痉挛

~ arterial 动脉连拱

arcaduz *m*. ①管(子,道,状物),水[导,输送]管;②(水车的)叶片,戽斗

arce *m*. 〈植〉枫树

arcén *m*. ①边(际,界,缘),②(墙)边,路缘;③(高速公路)路肩;④井栏,路缘围栏;⑤

侧[路缘]石;⑥护[傍山]道;滩肩

~ de servicio（高速公路旁的）服务区

archie *m. ingl.* 〈信〉阿奇工具[服务器];网
络文件查询系统;文件查找服务

archipiélago *m.* 〈地〉群[列]岛;多岛海域

archivador,-ra *adj.* 存档的 ‖ *m. f.* 档案管
理员

archivística *f.* 档案学

archivo *m.* ①档案(室,馆,保管处);② *pl.*
文献[档];案卷,卷宗;③〈信〉文件(存储)
资料;(计算机)外存储器

~ contable 会计档案[卷宗]

~ corriente 常用档案

~ de cintas 磁带档案

~ de crédito 信用档案;信用录

~ de documentos 文件档案

~ de facturas 发票档案

~ de fuente 〈信〉(计算机)源文档

~ de transacciones ①细目[事务处理]文
件;②远行外存储器

~ del personal 人事档案

~ eléctrico 电子档案

~ fuente 〈信〉源文件

~ maestro 主文件[档案,卷宗]

~ permanente 永久档案

~ sonoro 录音档案[资料]

archivología *f.* 档案学

archivólogo,-ga *m. f.* 档案学专家

archivolta *f.* 〈建〉穹窿形,拱门饰,拱缘装饰

arcilla *f.* 黏[陶]土;白[泥]土

~ adhesiva 胶黏土

~ blanca[caolín] 高岭土,瓷土

~ de abatanar 硅藻[漂白]土

~ de[para] alfarería 黏[陶]土

~ de atascar (化铁炉出铁口)黏土泥塞

~ de ladrillo 砖土,(制砖用)黏土

~ esquistosa 板岩

~ figulina[verde] 陶土

~ grasa 富[肥,重]黏土,亚黏土

~ margosa 泥灰土

~ pura 纯土,纯白陶土

~ refractaria 耐火(黏)土,(耐)火泥

~ sapropética 腐(殖)泥

capa de ~（硬)土层,底土

ladrillo de ~ 黏土砖

macho de ~ 泥芯

molde de ~ 泥[黏土]型

arcilloarenoso,-sa *adj.* 泥砂质的

arcillocalcáreo,-rea *adj.* 泥灰质的

arcilloso,-sa *adj.* ①黏土的;黏土质[状]的;
似黏土的;泥质[含泥]的;②生产[富有]陶
土的

arenisca ~a（含有矿脉的)黏质砂岩

hierro oxidado macizo ~ 泥铁矿石

arco *m.* ①〈数〉弧(线,形,度);②〈电〉电弧;
③〈建〉拱(门,廊,桥,路,形,顶);拱形[架]
结构;④〈乐〉(弦乐器)弓子,琴弓;(作为武
器的)弓;弓[弧]形物;⑤〈解〉(牙,眉,椎等
的)弓;(足)背;⑥*Amér. L.*〈体〉球门

~ abocinado 喇叭形拱

~ apainel[apainelado] 三心(圆)拱

~ apuntado[lobular] 尖拱

~ articulado 铰接拱

~ bombeado 平弧拱

~ cantante 响拱;啸声电弧

~ cegado 假[盲]拱

~ cigomático 〈解〉颧弓

~ circular 圆拱

~ concéntrico 同心拱

~ conopial S形[双弯]拱

~ cosecante 〈数〉反余割

~ coseno 〈数〉反余弦

~ cotangente 〈数〉反余切

~ crucero 交叉拱

~ de aligeramiento 辅助[载重]拱

~ de carbón 碳弧

~ de carena 垂拱

~ de celosía 桁架(式)拱

~ de descarga 分载拱

~ de herradura 马蹄形拱

~ de medio punto 半圆弧

~ de paralelo 并联电弧

~ de tres articulaciones 三绞拱

~ de violín 小提琴琴弓

~ del hogar 炉顶

~ detector de metales 金属探[检]测器

~ eléctrico 电弧

~ en esviraje 斜(交)拱

~ enviajado[trapezoidal] 斜拱

~ escarzano 弓形拱

~ festoneado 花彩拱

~ formero（拱顶的)侧面拱

~ geostático 土压拱,耐地压的拱

~ hemal 〈解〉〈生理〉血管弓

~ impostado 楔块拱,砖石砌拱

~ inclinado 坡拱

~ iris 彩虹

~ lanceolado 披针形拱

~ maestro 主拱

~ musical[sonoro] 歌弧

~ nervioso 〈解〉〈生理〉神经(反射)弧

~ neural 〈解〉椎弓

~ ojival 尖[哥特式]拱

~ ojival en lanza 尖顶拱

~ peraltado 高(圆)拱,上心拱

~ Poulsen〈电〉浦耳生电弧
~ realzado 突起拱
~ rebajado 低圆拱
~ reflejo〈解〉〈生理〉反射弧
~ seno〈数〉正弦弧
~ supercillar〈解〉眉弓
~ suplementario〈数〉补弧
~ tangente ①〈数〉正切弧;②〈气〉晕切弧
~ triangular 三角形拱
~ trilobulado 三叶形拱
~ triunfal 凯旋门
~ túmido 圆顶拱
~ vertebral〈解〉椎弓
~ volado 突拱
~ voltaico ①弧光灯;②〈发光〉电弧
caída de ~〈电〉弧(压)降
carbón de lámpara de ~ 弧光灯碳棒
colector de ~ 集电弓,弓形集电器
duración del ~ 燃弧[飞弧]时间
extinguidor de ~ 角形避雷器
extintor de ~ 电弧猝熄器
formación de ~ eléctrico 飞弧,形成电弧,跳火,闪络
foso del ~ 放电[电弧]室
lámpara de ~ excitado en derivación 并绕[激]弧光灯
nervadura de ~ 拱肋
prensa hidráulica de ~ 拱门式冲床[压力机]
presa en ~（单)拱坝
retroceso del ~ 逆弧
segueta[sierra] de ~ 弓锯
silbido del ~ 响弧,啸声电弧
soldadura con ~ eléctrico（电)弧焊,电弧焊[熔]接
toma de corriente por ~ 弓形集电器
viga en ~ 拱形桁架
arcosa f.〈地〉长石砂岩
árctico,-ca adj. ①北极的;②北极地区的
arcuación f. ①拱[弓]形;②〈建〉拱形结构利用;拱工;(拱的)弯[曲,弧]度
arcual adj. ① 拱[弓,弧]形的;〈建〉拱式的;②〈动〉〈植〉弓状的
ardilla f.〈动〉松鼠
área f. ①面积,(基,曲)面;②〈建〉占地面积;③区[领]域,范围;④公亩(地积单位,=100 m²);⑤场;地区[方,面];⑥〈体〉(门)区;⑦〈动〉(分布)区;⑧〈信〉溢出[区]
~ aduanera 关税区,关[境]区,海关区域
~ chica ①射门区;②投篮区
~ comercial 商业区[贸易区]
~ de captación 集光孔径[光圈]
~ de castigo[penalty]（足球场的)罚球区

~ de conservación〈信〉保留扇区
~ de contacto 接触面积
~ de control 控制范围[幅度]
~ de cooperación 合作区
~ de dólar 美元区
~ de error 误差面积
~ de excedentes〈信〉溢出区
~ de exposición 展出面积
~ de franco francés 法郎区
~ de gestión 管理范围[幅度]
~ de gol[meta]（足球场的)球门区
~ de la superficie de apoyo 支承面(积)
~ de libra esterlina 英镑区
~ de libre comercio 自由贸易区
~ de memoria alta〈信〉(计算机)高端内存区
~ de obligación（海关)保税区
~ de pruebas 试验面[场]
~ de reposo（公路边上的)路侧停车带
~ de salvaguardia〈信〉保存区
~ de servicio（为汽车驾驶员和乘客提供加油、饮食等的)服务区
~ de trabajo 工作[作业]区
~ del stand 展台面积
~ distribuida〈信〉分区
~ efectiva 有效面积
~ especial económica 经济特区
~ focal 聚焦区
~ franca 自由贸易区;免税区
~ habitable 生活区
~ intermediaria 中间地区
~ mercantil 商业区,贸易区
~ metropolitana 大都会区(包括大城市及其郊区)
~ prohibida 禁航区
~ sísmica〈地〉(地)震带
~ vascular〈解〉血管区
~ verde ① Cari. 绿[草]地,公园;② Chil. 绿地面积
areca f.〈植〉槟榔;槟榔树
arecaína f.〈化〉槟榔因
arena f. ①沙(子,土);②〈矿,型,模)砂;金属砂粒,粗矿石;③ pl.〈医〉膀胱结石;④〈体〉场地,竞技场所;⑤沙[战]场
~ arcillosa 亚砂土
~ aurífera 金砂
~ cuarzosa 白[硅,石英]砂
~ de argamasa 灰浆用砂
~ de fundición 型砂
~ de mar 海滩砂(矿)
~ de mina 矿砂
~ de moldear（~ fina de moldeo)（覆)

面砂,型砂
~ de oro（金砂矿中的）砂金,金泥［粉］
~ estufada 干砂
~ fina 细砂
~ fresca（原）生砂
~ glauconífera 海绿石砂
~ micácea 云母质砂（岩）
~ movediza 流砂
~ normal 标准砂
~ para cemento 固结砂
~ silícea 硅质砂
~ verdusca 海绿石砂
~s asfálticas［petrolíferas］含油沙层
~s flotantes 流沙
~s impregnadas de brea 含油沙层
aparato de chorro de ~ 喷砂机
cable de la bomba de ~（顿钻用）捞砂绳
cantera de ~ 砂坑,采砂场
decapado con ~ 喷砂清理［除锈］
limpieza con chorro de ~ 喷砂清［处］理,
砂磨
limpieza por chorro de ~ 喷砂［喷丸］清
理,喷粒处理
máquina de proyectar ~ 抛砂机
moldeo en ~ 砂型铸造
moldeo en ~ glauconífera 湿型铸造
reloj de ~ 计时沙漏,沙钟
arenáceo,-cea *adj*. ①砂(色,质,状)的;②多
［含］沙的
arenación *f*. 〈医〉沙浴疗法,沙疗
arenador *m*. 砂箱‖ ~a *f*. 〈机〉抛［喷］砂机
arenal *m*. ①沙地［坑］;②〈海〉沙滩;〈地〉流
沙(地,区);③砂槽,除砂盘
arenera *f*. 砂箱,(翻砂用)砂型
arenero *m*. 〈机〉撒［喷］砂器,喷砂装置,打磨
器
arenífero,-ra *adj*. 含沙的
arenilla *f*. ①细［河］沙,沙状物;② *pl*. 〈医〉
沙状结石;胆［膀胱］结石
arenisca *f*. 〈地〉砂石［岩］
arenisco,-ca *adj*. ①砂(色,质,状)的;②多
［含］沙的
terreno ~ 沙地
arenoide *adj*. 沙状的
arenoso,-sa *adj*. ①含［多］沙的;②砂(质,
色,状)的
pozo de fondo ~ 吸［渗,泻］水井
terreno ~ 沙(土)地
arenque *m*. 〈动〉鲱鱼
areocéntrico,-ca *adj*. 〈天〉火心的,以火星为
中心的
areografía *f*. 〈天〉火星地理学,火(星表)面
学

areográfico,-ca *adj*. 〈天〉火星地理的
areola; aréola *f*. ①〈医〉(丘疹或斑点周围
的)红色小区,细隙;红晕;②〈解〉乳(房)
晕;③〈植〉(叶脉间的)网隙
areología *f*. 〈天〉火星学
areometría *f*. 〈理〉液体比重测定法
areométrico,-ca *adj*. 〈理〉液体比重测定
(法)的
areómetro *m*. 〈理〉液体比重计,浮称,比浮计
~ Baumé 玻美液体比重计
areopicnómetro *m*. 〈理〉联管(液体)比重计
(与比重瓶联合的比重计,测定微量液体比
重);稠液比重计
areosístilo,-la *adj*. 〈建〉对柱式的
areóstilo,-la *adj*. 〈建〉疏柱式的‖ *m*. 疏柱
式建筑
areotécnica *f*. 工事学,工事修筑技术
argallera *f*. ①(圆,半圆,弧口)凿;曲［圆］槽
刨;②凿槽［孔］
argamasa *f*. ①砂［灰,泥］浆;②胶［灰］泥
~ hidráulica 水泥砂浆
~ refractaria 耐火泥浆
árgana *f*. 〈机〉起重机;(供摄像用的)机动升
降台架
arganeo *m*. 锚环
argayo *m*. 坍坡［方,崩］,崩坍,土［山］崩;滑
坡
~ de nieve 雪崩
argentado,-da *adj*. ①包［镀］银的;②银色
的
argentario *m*. ①银匠;②金银珠宝商
argentífero,-ra *adj*. (含,产)银的
mineral ~ 银矿石
plomo ~ 含银铅
argentita *f*. 〈矿〉辉银矿
argentófilo,-la *adj*. 〈生〉〈医〉嗜银的
argentoso,-sa *adj*. ①银的;含银的;②〈化〉
亚［一价］银的
argilolita *f*. 〈地〉黏土岩
argilla *f*. 黏［陶］土;白［泥］土
arginina *f*. 〈生化〉精氨酸
argiria; argiriasis *f*.; **argirismo** *m*. 〈医〉银
质沉着病
argirita; argirosa *f*. 〈地〉辉银矿
argirodita *f*. 〈矿〉硫银锗矿
argirofilia *f*. 〈生〉〈医〉嗜银性
argirófilo,-la *adj*. 〈生〉〈医〉嗜银的
argirol *m*. 〈药〉弱蛋白银
argolla *f*. ①环(带),(环,轮)箍,卡箍［带］;
轴［铁,金属］环,(垫)圈;②项圈;(订婚)戒
指
cáncamo de ~ 〈机〉带环螺栓
argollón *m*. ①(圆,套,原子)环,(圆)圈;环

形物；②环[圈,网]状；③卡[环]箍

argón *m.* 〈化〉氩
　detector de ~ 氩检测器
　lámpara de ~ 氩(气)灯
　soldadura por arco en atmósfera de ~ 氩弧焊
　tratamiento con[del] ~ 氩气处理

argüe *m.* 〈机〉①小绞车,绞盘；②卷扬[起锚]机

aria *f.* 〈乐〉咏叹调；唱腔

Aries *m.* 〈天〉白羊(星)座

ariete *m.* ①(打桩)锤,夯(锤)；锤[冲]头；②〈军〉攻城锤(旧时攻城器械)；(救火员等破门、破墙用的)大锤；③(压力机)压头,压力扬汲器；④〈体〉(足球运动中的)前锋,射手
　~ hidráulico 水压扬汲机,水锤泵,水力夯锤

arista *f.* ①〈数〉边,棱；交叉线；②〈建〉尖肩,棱(角)；穹窿交接线；拱肋[棱]；③〈地〉刃岭(由冰川侵蚀造成的陡峭山脊)；④〈植〉芒；髯毛
　~ a ~ 混线,线间短路
　~ cortante 切削[割]刃
　~ de acción del distribuidor (脉冲的)上升边；(叶片的)进气边
　~ viva 刃形,锐边,陡沿；(屋顶的)脊
　cincel de ~ plana 冷作用具
　de ~ viva 锋利的,锐缘的,刃形的

aristado,-da *adj.* 〈植〉有芒的

aristogénica *f.* 优生

aristón *m.* ①〈乐〉手摇(式)风琴；②〈建〉交叉拱,弧[穹]棱

aristoso,-sa *adj.* 〈植〉多芒的

aritmética *f.* 〈数〉①算术[法]；四则；②计[运]算；理论计算
　~ binaria 二进制算术[运算]
　~ de coma flotante 浮点运算法
　~ de longitud fija 固定长度运算
　~ de longitud múltiple 多位字长运算
　~ de punto fijo 定点运算
　~ mental 心算
　~ ternaria 三进制算术[运算]

aritmético,-ca *adj.* ①算术(上)的,计[运]算的；②根据算术法则的 ‖ *m. f.* 算术家
　descuento ~ 算术折扣,真折扣
　elemento ~ 算术[运算]元素,运算元件
　error ~ 运算误差
　instrucción ~a 算术指令
　media ~a 算术平均(值),算术中项,等差中项
　progresión ~a 算术[等级]级数
　punto ~ 小数点
　solución ~a 数值解

unidad ~a 〈信〉〈算术〉运算器,算术逻辑部件

aritmómetro *m.* 四则计[运]算机,计数器

arizonita *f.* 〈矿〉红钛铁矿

arma *f.* ①〈军〉武[兵]器,军械；②(进攻或防卫的)器[工]具,手段；③〈军〉军[兵]种；④ *pl.* 武装部队；军事工作；⑤〈动〉防护器官；⑥盾形纹章；(盾牌、徽章等上的)图案
　~ antisubmarina 反潜武器
　~ antitanque 反坦克武器
　~ arrojadiza 投射[掷]武器
　~ atómica 原子武器
　~ automática 自动武器
　~ biológica 生物武器
　~ blanca 白刃武器；利器(指刀、剑等)
　~ bracera 投掷武器
　~ de artillería 炮兵部队
　~ de combate 攻击性武器
　~ de defensa 防御性武器,自卫武器
　~ de doble filo[dos filos] 双刃剑
　~ de fuego 火器(如步枪、手枪等)；枪炮
　~ de infantería 步兵
　~ de ingenieros 工兵部队
　~ estratégica 战略武器
　~ homicida (杀人)凶器
　~ larga 猎枪
　~ ligera/pesada 轻/重武器
　~ nuclear 核武器
　~ ofensiva 进攻性武器
　~ química 化学武器
　~ secreta 秘密武器
　~ táctica 战术武器
　~s antiaéreas 防空武器
　~s clásicas[convencionales] 常规武器
　~s cortas[menores] 轻武器
　~s termonucleares 热核武器
　llave de ~ de fuego 枪机,锁合[保险]装置
　palanca de ~s 扳[拨]机
　perrillo de ~ de fuego (枪)扳机,击铁

armada *f.* 〈军〉①舰艇；②[A-]海军

armadillo *m.* 〈动〉犰狳

armado,-da *adj.* ①武装的；装甲的；②使用武力的；③加(钢)筋的,镀(包,覆)有…的；装配有…的
　~ de hierro 铠装[装甲]的,铁壳的
　madera ~a 包铁[加铁箍的]木材
　tubo ~ 铠装软管

armadura *f.* ①盔[护,装]甲；②钢[铁]甲,护[甲,铠,装甲]板；③构[框,桁,梁,屋]架；加强件[板,物,部分]；④〈电〉(保护电缆的)铠装；电枢；⑤〈解〉骨骼；⑥〈乐〉调号
　~ a la Belga 比利时式桁架

~ de cinta de hierro 铁带铠装

~ de horno（拱边）支柱，支撑

~ de pendolón 单柱桁架

~ de la cama 床架

~ longitudinal 纵加强筋

~ mansarda 折线形桁架

~ transversal 横加强筋

armaduría *f*. ①成套机械［装置］；②*Amér. L.* 汽车装配厂

armamento *m*. 〈植〉含碱植物

armamentista *adj*. ①军备的；②*Amér. L.* 军国主义的；好战的

carrera ~ 军备竞赛

armamento ①武器；武器装备；②军备［械］，军事力量；③框［构］架；④装配零件；⑤〈船〉装配

~ auxiliario［secundario］辅助兵器

~ defensivo 防御性兵器

~ grueso 重武器装备

armazón *f*. ①（框,构,骨,钢,机,屋,车,桁）架;支架,架子;②（门,窗）框;③（机,底）座

~ de acero 钢结构,钢架,钢制件［品］

~ de una casa 屋架

~ mecánica 机架［座］

~ metal 金属框架

~ rígida 刚性（构）架,刚架［构］

viga-carrera de ~ （边）缘墙（板）

armella *f*. ①羊眼（圈）,插销眼,螺丝［旋］眼;②（有）眼螺栓

~ con espiga roscada 有眼螺栓,环首螺栓,吊环螺栓

armería *f*. ①军械库,兵［军械］工厂;②兵器博物馆;③兵器制造术;④兵［武器］商店;⑤纹章学

armilar *adj*. 环形的

esfera ~ 浑天仪

armiño *m*. ①〈动〉貂;②貂皮

armonía *f*. 〈乐〉和声;和声学

~ imitativa 模仿音,拟声

armónica *f*. ①〈数〉谐（调和）函数;②〈乐〉口琴

~s esféricas 球谐函数

armónico,-ca *adj*. ①和谐的,融洽的,协调的;②〈理〉谐波的,谐（和）的;〈数〉调和的;③〈乐〉和声（学）的,泛音的‖ *m*. ①〈理〉谐波［音］;泛波;②〈乐〉和声;泛音

~ fundamental［primero］基（谐）波,一次谐波

~s impares/pares 奇/偶次谐波

amplificador ~ 谐波［谐频］放大器

análisis ~ 调和分析

aproximación ~a 谐振（子）近似

coeficiente ~ 调和系数

detector de ~s 谐波检波器

división ~a 调和分割

eco ~ 谐波回声

excitación ~a 谐波激励

expansión ~a 谐波（级数）展开

filtro de ~s 谐波滤波器

generador de ~s 谐波发生器

interferencia ~a 谐波干扰

oscilador de ~s 谐波振荡器谐振子

progresión ~a 调和数列

series ~as 谐波系,谐音系列

vibración ~a 谐振动

armonio *m*. 〈乐〉簧风琴

armonización *f*. ①和谐,协调;谐和（波）,调谐［和］;②〈乐〉谐和音;③（各国）法令的协调

ley de ~ 协调法令

armure *m*. 〈纺〉小卵石纹纺织物

arnés *m*. ①〈军〉盔甲;铠装;② *pl*. 马［挽］具;③（登山、跳伞等用的）吊［安全］带,挽具状带子;④（飞机的）起落架,着陆装置

~ de seguridad 安全带

árnica *f*. ①〈植〉山金车;②〈药〉山金车酊

aro *m*. ①（车轮的）轮箍,轮胎辋圈;②（箍桶用的）箍;圈;卡箍［带］;③*Amér. L.* 戒指;*And.,Cono S.* 耳环

~ de barrel［cuba］桶箍

~ de émbolo 活塞（胀）圈

~ de rueda 轮辋

poner ~s 加箍,围绕

aroma *m*. ①芳香,香味［气］;②气味;③〈医〉芳酮‖ *f*. 〈植〉金合欢

aromaticidad *f*. ①芳香,香味;②芳香性［度］

aromático,-ca *adj*. ①芳香的,有香味［气］的;②〈化〉芳（香）族的

ácidos ~s 芳香酸

alcohol ~ 芳香醇

adehído ~ 芳香醛

aminas ~as 芳香胺

compuesto ~ 芳香（族）化合物

hidrogenación ~a 芳香氢化

núcleo ~ 芳香环,芳基核

planta ~a 芳香植物

sales ~as 鼻［嗅］盐

serie ~a 芳香系

aromatización *f*. 〈化〉芳构化

aromatizador *m*. 空气清新器

aromo *m*. 〈植〉金合欢

arpa *f*. 〈乐〉竖琴

arpegio *m*. 〈乐〉琶音;琶音和弦

arpista *m. f*. 〈乐〉竖琴演奏者

arqueado,-da *adj.* 〈建〉弓[拱,弧]形的

arqueador *m.* 〈技〉船体容积测量员

arquear *m.* ①〈建〉使成弓[弧,中凸]形;(使)起拱,用拱连接;②〈海〉测量(船舶)容积;③〈商贸〉〈会计〉清点[账];④用弓弹(羊毛)

arquebacteria *f.* 〈生〉原始细菌

arquegoniado,-da *adj.* 〈植〉有颈卵器的
planta ～a 颈卵器植物(如苔藓、蕨类植物等)

arquegonio *m.* 〈植〉(苔藓、蕨类植物等的)颈卵器

arquénteron *m.* 〈生〉原肠

arqueo *m.* ①〈建〉弓形结构;弓形部分;上[起]拱度;②〈海〉(船舶)容积,吨位;③〈商贸〉〈会计〉清点;查[清]账
～ bruto 总吨位
～ de caja 清点现金
～ del auditor 审计员审查账目
～ neto 净吨数,载重吨位
tonelada de ～ (货物)体积吨,尺码号

arqueoastronomía *f.* 考古天文学

arqueobotánica *f.* 〈植〉考古植物学

arqueocito *m.* 〈动〉(始生殖)细胞

arqueolítico,-ca *adj.* 石器时代的

arqueología *f.* 考古学
～ industrial 工业考古学(对工业发展初期的机器、工厂及桥梁等进行的研究)
～ submarina 水下考古学(如对失事船开展的研究)

arqueomagnetismo *m.* 地磁定年术(指通过测量地磁场对陶器等磁化程度来确定其年代的考古手段)

arqueometría *f.* 考古定年学

arqueoptérix *m.* 始祖鸟(古生物学用语)

arquería *f.* 〈建〉连环拱

arquerita *f.* 〈矿〉轻[银]汞膏

arquero,-ra *m. f.* ①弓箭(射)手;②〈体〉射箭运动员;③*Amér. L.*〈体〉(足球等运动的)守门员;④出纳员

arquetipal；**arquetípico,-ca** *adj.* 〈生〉原型的

arquetipo *m.* ①〈生〉原(始模)型;②典型

arquiblasto *m.* 〈生〉①卵质[浆];②外胚层

arquicelebro *m.* 〈动〉原脑

arquimicetos *m. pl.* 〈植〉古生菌

arquitecto,-ta *m. f.* 建筑师,设计师
～ naval 造船(技)师
～ de jardín(～ paisajista)造园家,园林设计师
～ técnico 建筑师助理,施工(技术)员

arquitectónico,-ca *adj.* ①建筑(学)上的;②构造上的;设计上的;结构的,构型的;③地质[大地]构造的
acústica ～a 建筑声学
belleza ～a 建筑美学
diseño ～ 建筑设计
ingeniería ～a 建筑工程学

arquitector,-ra *m. f.* 建筑师,设计师

arquitectura *f.* ①建筑(学,术,业);②建筑风格[式样];③(体系)结构,设计;④(一座)建筑物
～ civil 民用建筑;土木工程(学)
～ de jardín(～ paisajista)园林设计(学)
～ militar 军事工程学
～ naval 造船学

arquitectural *adj.* ①建筑(学,术,上)的;有关建筑的;②按照建筑学原理的,符合建筑法的
acústica ～ 建筑声学
características ～es (体系)结构特性
estructura ～ 总体结构
ingeniería ～ 建筑工程(学)

arquitomía *f.* 〈动〉原分(体)

arquitrabe *m.* ①〈建〉柱顶过梁,框缘,下楣(柱)、额枋;②门[窗]头线条板;线脚,贴线板

arrabio *m.* 〈冶〉铸[生]铁

arraigo *m.* ①生[扎]根;②〈经〉不动产;③定居

arrancaclavos *m. inv.* 〈建〉起钉器[钳],钩形扳手

arrancador *m.* ①〈机〉启动器[机],启动装置;②〈机〉拔除器 ‖ ～a *f.*〈农〉根据机
～ a pedal 反冲[突跳]式起动机[器]
～ automático (自动)启动机
～ de aire comprimido 压缩空气启动机
～ de inercia 惯性启动机
～ de líquido 液体启动器
～ de manivela 曲柄启动器
～ de motor 电动机启动器
～ de palanca y volante dentado 盘车装置,曲轴变位传动装置
～ de patatas 马铃薯收挖机
～ eléctrico 电力启动机
～ en estrella y triángulo 星形三角启动机
～ forma tambor 鼓形启动器
～ monofásico 单相启动机
～ trifásico 三相启动机

arranque *m.* ①启[开,发,驱]动;启动装置;②开始[端],起初[源];③〈矿〉开[回]采;④(拱、柱子等的)基底,底座(梯子等的)脚
～ a mano(～ manual)手(开,带)动
～ a pedal 反冲[突跳]式启动
～ automático (自动)启动
～ bajo carga 负[欠]载启动

~ de programa（计算机）程序驱动

~ en caliente 热（态）启动

~ (en) frío 冷（态）启动

~ en vacío 空载启动

~ hidráulico 水力开采［采矿］

anillo de ~ 隐［屏］蔽环

ensayo de ~ 扯裂试验

equipo de ~ 开［回］采设备

frente de ~ 采［挖］掘面

momento torsor de ~ 起始转［扭］矩

posición de ~ 起始位置

punto de ~ 起始［原］点,出发点

arrastre *m*. ①拖（运,曳,力,网）;拖拉;②〈航空〉牵［曳］引（飞机）;③拖网（捕鱼）;④〈信〉（用鼠标）拖拉;馈送（纸张）;⑤（滑雪场里运动员用的）上升索道

~ de maderas 拖运木材

~ de extracción〈矿〉主运输大巷

~ de metal 摩擦腐蚀

~ indebido de agua 汽水并发,蒸汽带水

~ por correa 皮带传动（装置）

~ vial 道路运输,公路拖运

ángulo de ~〈航空〉〈航天〉〈工程〉观测角

flota de ~ 拖捞船队,拖网渔船队

índice de ~（频率）牵引度,曳涡数量

arrayán *m*.〈植〉爱神木（属）

arrecife *m*. ①（暗）礁,礁石;②石铺路;路基;③矿脉

~ coralino（ ~ de coral）珊瑚礁

~ s artificiales 人造礁石

arreflexia *f*.〈医〉无反射;反射消失

arreglo *m*. ①整理,收拾;②安排,处［办］理;③排列,布［配］置;修理;④协议,谅解;议定书;⑤结［清,理］算;⑥〈乐〉（乐曲的）改编;改编曲;⑦〈信〉数组,阵列

~ amistoso 协商解决

~ de averías 海损理算

~ de negocios ①贸易结算;②处理生意

~ de un escaparate 橱窗布置

~ de una tienda 商店布置,店面布局

~ entre caballeros 君子协定

~ financiero 财务［财政］结算

~ floral 插花

~ general 总体［总平面］布置

~ global［total］一揽子安排［交易］

~ internacional 国际结算［安排］

~ paralelo 并联配置

arrejaque *m*.〈鸟〉雨燕

arrendajo *m*.〈鸟〉鲣鸟

arresta-chispas *m*. 火花制止［消除］器

arrestallamas *m. inv*. 灭火器,火焰消除装置

arresto *m*. ①逮捕,捕获;②拘［扣］留;禁闭

~ domicilio 软禁

~ mayor *Esp*.（1 个月零 1 天至 6 个月的）重监禁

~ menor *Esp*.（1 天至 30 天的）轻监禁

~ preventivo（预防性）扣留,监禁

arribada *f*. ①抵［到］达;②（船舶抵［入］港

~ forzada（船舶因风暴、事故）被迫停靠［进港］

arribo *m*. ①（船舶）抵达［抵港］;②到［抵］达

~ sin novedad 平安抵港,安全到达

arrinia *f*.〈医〉无鼻（畸形）

arriñonado,-da *adj*. 肾形（状）的,卵［腰子］形的

arriostrado,-da *adj*. ①撑［拉］牢的,支张［撑］的;②联结［接］的;③斜放着的 ‖ *m*. 拉（撑,联）条,撑［支,压,斜］杆,支［斜,压,对角］撑

~ de trama en U 副斜［拉］杆

~ longitudinal 横向支撑

~ radial 径向支撑

~ vertical 纵向［垂直］支撑,垂直剪刀撑

pieza de ~ 联结件

arriostramiento *m*.〈技〉镶齿固定法,（铰钉,锚式）固定（术）;②固定支座

bastidor de ~ 定距（隔）块

arriostrar *tr*. ①（用支柱）支持［支撑,撑住,加劲］,撑牢,固定;②加劲［强,固］

arriscado,-da *adj*.〈地〉陡峭的;多岩的,崎岖的

arritmia *f*.〈医〉心律不齐,心律失常

~ nodal 结性心律不齐［失常］

~ sinusal 窦性心律不齐［失常］

arrítmico,-ca *adj*. ①起止的;②间歇的,断续的;③〈医〉心律不齐的

multivibrador ~ 单稳［起止］多谐振荡器

oscilador ~ 间歇［断续,起止］振荡器

sincronismo ~ 起止同步

sistema ~ 起止系统

transmisión ~ a（计算机）起止传输

arrocero,-ra *adj*.〈农〉〈水〉稻的 ‖ *m. f*. ①稻农;②米商

campos ~ s 稻田

cultivo ~ 水稻种植

industria ~ a 水稻种植业

arrogación *f*.〈法〉（孤儿等的）认养

arrojallamas *m. inv*. ①喷火器,火焰喷射器;②（网络上的）非礼函件

arrollado,-da *adj*. ①（缠）绕的;②〈电〉绕制的 ‖ *m*.〈电〉绕法

~ con barras 条绕的

arrollador *m*. 滚子［柱,筒,轮］,卷轴

arrolladura *f*. 裂纹［缝,口］,（木材的）环裂

arrollamiento *m*. ①〈电〉绕组［线,法］;线圈;②卷（起,扬,绕,带）;缠绕;③〈交〉〈车

辆等的)碾压，撞到

~ amortiguador 阻尼绕组

~ con tomas múltiples 分组[多抽头]线圈

~ de arranque 起动绕组

~ de barras 棒状[条形]绕组

~ de enfoque 聚焦线圈

~ de(l) inducido 电枢线圈[绕组]

~ de tambor 圆柱形绕组

~ del estator 定子绕组

~ del rotor 转子绕组

~ en anillo 环形绕组

~ en tambor 鼓形线圈[绕组,绕法]

~ imbricado 叠绕组(法)

~ inductor 励磁[激励]线圈

~ ondulado 波状绕组[绕法]

~ primario 原[一次,初级]绕组

arroz *m.* ①〈植〉稻;稻米;②米饭

~ de montaña[secano] 旱稻

~ integral 褐色大米

~ tardío 晚稻

~ temprano 早稻

arrozal *m.* 〈农〉稻田

arrufadura *f.* ①〈船〉舷弧,脊弧;②〈海〉偏航[荡]

arruga *f.* ①皱,(皮肤等的)皱纹;(衣物等的)褶子;②〈地〉褶皱(断层)

~ de ojos 鱼尾纹

arruinamiento *m.* 〈经〉破产

arruma *f.* 〈船〉〈海〉货舱

arrumado *m.* 〈船〉〈海〉理舱[货]

arrumaje *m.* ①〈海〉堆装[舱]法,装载法,储藏法;②堆装[装载]物;储藏物

arrumar *tr.* ①〈海〉堆装[舱],装载;理舱;②堆置[垛];堆积

arrumazón *m.* 〈海〉堆装,装载

arrumbamiento *m.* ①〈海〉〈船舶〉航向;②〈地〉走向

arrurruz *m.* ①〈植〉竹芋,葛;②葛[竹芋]粉

arsenal *m.* ①兵工厂,军火[军械,武器]库;②造船厂,修船厂,船坞;③仓[宝]库,货栈

~ nuclear 核武库

arseniato *m.* 〈化〉砷酸盐[脂];*pl.* 砷酸盐类

arsenical *adj.* ①〈化〉砷的;含砷的,②含砒的

cobre ~ 砷铜砷(0.1%-0.6%,其余铜)

arsenicismo *m.* 〈医〉砷中毒

arsénico,-ca *adj.* ①〈化〉(正,含,五价)砷的;②含砒的‖ *m.* 〈化〉①砷;②信石,砒霜

~ blanco 砒霜,白砒

ácido ~ 砷酸,砷华

arsenífero,-ra *adj.* 〈化〉含砷的

arsenioso,-sa *adj.* 〈化〉砷的;亚[三价]砷的

ácido ~ (亚)砷酸

cloruro ~ 三氯化砷

pirita ~a 毒砂,砷黄铁矿

arsenito *m.* 〈化〉①亚砷酸盐[脂];②三氧化二砷

arseniurado,-da *adj.* 〈化〉与砷化合的;砷化物的

hidrógeno ~ 砷化(三)氢,三氯化砷

arseniuro *m.* 〈化〉砷化物

arsenolita *f.* 〈化〉砷华

arsenometría *f.* 〈化〉亚砷酸滴定法

arsenopirita *f.* 〈矿〉毒砂,砷黄铁矿

arsenoterapia *f.* 〈医〉砷剂疗法

arsfenamina *f.* 〈化〉〈医〉砷凡纳明

arsina *f.* 〈化〉①胂;②砷化(三)氢,三氯化砷

artanica;artanita *f.* 〈植〉仙客来

arte *m. o f.* ①艺术;(美,技)术;②工艺;艺术品;③技艺[巧,能];才干;④渔具;⑤人工(指与自然相对而言)

~ abstracto 抽象艺术

~ cerámica 陶瓷艺术

~ cisoria (厨师的)刀功

~ comercial 商业艺术

~ de anunciar(~ publicitario) 广告艺术

~ de construcción 建筑术

~ de dirección 领导艺术

~ de gestión 经营管理技能

~ de gobernar 治国之才[术],政治家才能

~ de la venta 推销术,推销[销售]能力

~ de negociar ①经商术[技巧];②谈判技巧[艺术]

~ de pesca 渔网,钓具

~ decorativa 装饰艺术

~ figurativa 形象艺术

~ folklórico 民间艺术

~ imitativo 模仿艺术

~ militar 军事艺术

~ pop 大众[流行]艺术;波普艺术

~s gráficas 版画[平面]艺术;形象艺术

~s liberales ①脑力劳动;②(中世纪的)文科七艺

~s manuales 体力劳动;手艺

~s marciales 击技,武术

~s mécanicas 工艺

~s plásticas 造型艺术

~s visuales 视觉[观赏]艺术

bellas ~s 美术(包括绘画、雕塑、建筑、音乐、诗歌等)

artefacto *m.* ①〈机〉器具[械],(备用)仪表,装置;②人工制品,制造物(区别于天然物)

~ explosivo 爆炸物[装置]

~ infernal 爆炸物

~ nuclear 核装置

~s eléctricos 电器用品

~s sanitarios 卫生用具

artejo *m.* ①〈动〉(节肢动物的)节；②(手指)关节

artemisa；artemisia *f.* 〈植〉艾蒿

arteria *f.* ①〈解〉动脉；②(经济)命脉；③(交通)干线；干[要]道

~ carótida 颈动脉

~ cerebral 大脑动脉

~ económica 经济命脉

~ ferroviaria 铁路干线

~ intestinal 肠动脉

~ nutricia 滋养动脉

arterial *adj.* ①〈解〉动脉的；②主干的,干线[道]的

canal ~ ①干渠,总渠；②〈医〉动脉导管

ferrocarril ~ 铁路干线

sangre ~ 动脉血

arteriopunción *f.* 〈生理〉(将静脉血液)氧化为动脉血

arteriectasia；arteriectasis *f.* 〈医〉动脉扩张

arteriodiálisis *f.* 〈医〉动脉分解术

arteriodiastasis *f.* 〈医〉动脉分离

arterioesclerosis *f. inv.* 〈医〉动脉硬化(症)

arteriogénesis *f.* 〈医〉动脉生成

arteriografía *f.* 〈医〉动脉搏描记法；动脉造影术

~ coronaria 冠状动脉造影术

arteriógrafo *m.* 〈医〉动脉搏记录器,脉搏描记图

arteriograma *m.* 〈医〉动脉搏描记图；动脉(造影)照片

arteriola *f.* 〈医〉小[微]动脉

arteriolar *adj.* 〈医〉小[微]动脉的

arteriología *f.* 〈医〉动脉学

arteriómetro *m.* 〈医〉动脉口径计

arterioplastia *f.* 〈医〉动脉成形术

arteriopunción *f.* 〈医〉动脉穿刺

arteriorrafia *f.* 〈医〉动脉缝合[修补]术

arteriorragia *f.* 〈医〉动脉出血

arteriosclerosis *f.* 〈医〉动脉硬化

arteriosclerótico,-ca *adj.* 〈医〉动脉硬化的

arteriotomía *f.* 〈医〉动脉切开术

arteriótomo *m.* 〈医〉动脉刀

arteriovenoso,-sa *adj.* 〈医〉动静脉的

derivación ~a 〈医〉动静脉分流术

arteriovenostomía *f.* 〈医〉动静脉吻合术

arteritis *f. inv.* 〈医〉动脉炎

artesa *f.* ①(水,油,深,海,地,灰浆,饲料,输送,洗矿,饮水)槽；②食[揉面]槽；③木盆；

④〈地〉(地,海)沟；海槽；(小山间的)槽谷

~ corta 灰泥桶

~ de amasar[panadero] 揉合槽[钵]

~ de cable 电缆暗渠,电缆走线槽

~ de lavado 洗矿槽

~ de[para] mortero 灰浆槽

~ neumática 集气槽

~ potencial 势能槽

artesanía *f.* ①手工艺；②手工艺品；③手工业

artesiano,-na *adj.* 喷[自流]水的

manantial ~ 自流泉

pozo ~ 自流井

artesón *m.* 〈建〉①(平顶)嵌[镶]板；②花格[镶板式]平顶；③*Amér. L.* 连拱,连拱廊；拱(式屋)顶；④*And.,Méx.* 屋顶平台

artesonado,-da *adj.* 〈建〉(天花板等)装有镶板的；花格平顶的 ‖ *m.* 花格[镶板式]平顶；藻井

ártico,-ca *adj.* ①北极(区)的；②严寒的 ‖ *m.* [A-]北极；北极圈

círculo[polar] ~ 北极圈

luz ~a 北极光

Océano ~ [A-]北冰洋

polo ~ 北极

zona ~a 北极带；北寒带

zorro ~ 北极狐

articulación *f.* ①〈机〉接[结,咬]合,连[联]接；②〈机〉铰接；铰接头；接头[口,缝],弯头；③〈解〉关节；④〈植〉节；丫杈；⑤〈讯〉(传音的)清晰度

~ cardan 万向节,万向接合[头]

~ cubital 肘关节

~ de estribo 桥台接缝,坝肩接缝

~ de horquilla 叉形接头

~ de mano/pie 手/足关节

~ de nuez 球窝接合[关节]

~ de reducción 异径接头

~ digital 指关节

~ en el vértice 顶铰(接)

~ esférica 球窝[万向]接头

~ universal 万向节,球窝接合[关节]

articulado,-da *adj.* ①〈机〉铰链[接]的,连[联]接的；②(动物)有(关)节的；环节(动物)的；③可折叠的,活动[络]的；可套缩的 ‖ *m.* (法律、条约的)条款

animales ~s 环节动物

cabeza ~a 活络接头

cadena ~a 扣齿链,链轮环链

tren ~ 铰接列车

articular *adj.* 〈解〉关节的

artículo *m.* ①条款[文],项目；②〈商贸〉商[物]品；③〈报刊〉文章；(参考书的)条目；

④(词典中的)词条;⑤(电视等的)专题节
目;报道;⑥(法令、文件等的)条款[文]
~ acabado 制成品
~ comercial(~ de comercio) 商品
~ de amplio consumo 日用消费品
~ de categoría 注册商标商品
~ de confección 成衣(制品)
~ de difícil/fácil venta 滞/畅销品
~ de fondo 社论
~ de goma 橡胶制品
~ de laca 漆器
~ de la muerte 〈医〉病危
~ de marca 名牌商品
~ de portada 头版文章
~ desechado 废品
~ especial 特制品,特色商品;特产
~ frágil 易碎商品[物品]
~ manufacturado 制成品
~ semimanufacturado 半制成品
~ sin salida[venta] 滞销品
~ standard 标准商品
~ subtituto 替代品
~s a granel 散装货物,大宗商品
~s a mano 手工绣品
~s alimenticios 食品
~s bordados a máquina 机绣品
~s bordados en seda 丝绸刺绣
~s caseros 家庭用品,家用物品
~s de bisutería 首饰
~s de calado 抽纱制品
~s de consumo 消费[耗]品;消费[生活]
资料
~s de crochet 钩针编织品
~s de escritorio tradicionales chinos 文
房四宝
~s de inserciones 镶拼制品
~s de organdí 玻璃纱(制品),蝉翼制品
~s de piel 皮货,毛皮制品
~s de plata 银器
~s de terciopelo y de seda 绒绢制品
~s de uso corriente[cotidiano, diario] 日
用品[百货]
~s del contrato 合同条款
~s en proceso 在制品
~s en tránsito ①过境货物;②在途商品
~s estampados de damasco 机织印花制
品
~s estratégicos 战略物品
~s perecederos 易损[腐]货物
~s principales de comercio 主要[大宗]
商品
~s trenzados de bambú 竹编制品
artificial adj. ①人工[造]的;人为的;②仿

真的;虚假的,不自然的
alumbrado ~ 人工光照[采光]
contaminación ~ 人为污染
fibra ~ 人造纤维
hielo ~ 人造冰
inseminación ~ 人工授精
inteligencia ~ 人工智能
isla ~ 人造岛
lago ~ 人工湖
lana ~ 人造羊毛
laringe ~ 人工喉
lenguaje ~ 人工语言
lluvia ~ 人工降雨,人造雨
ojo ~ 人工眼
polinización ~ 〈农〉人工授粉
respiración ~ 人工呼吸
seda ~ 人造丝
selección ~ 〈生〉人工选择
variable ~ 人为变量
artificiero,-ra m. f. 爆破专家;炸弹处理技
术人员
artillería f. ①大[火]炮;②炮兵[队];③炮
术;炮学;④〈体〉前锋线攻势;(足球运动中
的)全队进攻
~ antiaérea 高射[防空]炮
~ de campaña 野(战)炮(兵)
~ de largo alcance 远射程炮
~ de montaña 山炮
~ gruesa[pesada]/ligera 重/轻(型火)炮
~ media 中程火炮
~ montada 骑兵用炮
~ naval 船舰火炮
visor colimador de ~ 火炮瞄准具
artillero m. ①炮手[兵];②爆破专家;③
〈体〉前锋;(足球运动中的)射门手
~ de mar (军舰)炮手
artiodáctilo,-la adj. 〈动〉偶蹄目(动物)的
‖ m. ①偶蹄(目)动物;②pl. 偶蹄目
artístico,-ca adj. ①艺[美]术的;②艺术家
的;③富有艺术性的
forma ~a 艺术形式
impacto ~ 艺术感染
artralgia f. 〈医〉关节痛
artrectomía f. 〈医〉关节切除术
artrítico,-ca adj. 〈医〉关节炎的 ‖ m. f. 关
节炎病人
artritis f. inv. 〈医〉关节炎
~ crónica 慢性关节炎
~ gotosa 痛风性关节炎
~ reumatoide 类风湿性关节炎
artrocentesis f. 〈医〉关节穿刺术
artrodesia;artrodesis f. 〈医〉关节固定术
artrodisplasia f. 〈医〉关节发育不良[全]

artroereisis *f.* 〈医〉关节制动术

artrofima *f.* 〈医〉关节肿大

artrografía *f.* 〈医〉关节照相术

artrograma *m.* 〈医〉关节 X 线照片

artrólisis *f.* 〈医〉关节松解术

artrología *f.* 〈医〉关节学

artrometría *f.* 〈医〉关节动度测量法

artrómetro *m.* 〈医〉关节动度计

artroneumografía *f.* 〈医〉关节充气造影术

artropatología *f.* 〈医〉关节病理学

artroplastia *f.* 〈医〉关节成形术

artrópodo,-da *adj.* 〈动〉节肢[足]动物的
∥ *m.* ①节肢[足]动物；②*pl.* 节肢[足]动物门

artrosclerosis *f.* 〈医〉关节硬化

artroscopia *f.* 〈医〉关节(内窥)镜检查

artroscopio *m.* 〈医〉关节(内窥)镜

artrostomía *f.* 〈医〉关节造口术

artrotomía *f.* 〈医〉关节切开术

artrótomo *m.* 〈医〉关节刀

artroxesis *f.* 〈医〉关节面刮除术，关节刮术

arugas *f. pl.* 〈植〉小白菊

arveja *f.* ①〈植〉巢菜；②*Amér. L.* 豌豆

arvejal *m.*；**arvejar** *m.* 〈农〉① 巢菜田；②
Amér. L. 豌豆田

arvicultor *m.* 〈农〉粮农

arvicultura *f.* 〈农〉粮食生产

arzón *m.* 〈植〉郁金香属植物

As 〈化〉元素砷(arsénico) 符号

asa *f.* ①柄，把[提]手；旋扭；②(植物)液汁

asador *m.* 〈机〉烘烤器[机]；烤肉器

asafétida *f.* 〈植〉阿魏

asardinado,-da *adj.* 〈建〉立砖砌的

asbestiforme *adj.* 石棉状的；似石棉的

asbestina *f.* 〈矿〉滑石棉，纤滑石

asbestino,-na *adj.* 石棉(状,性)的；不燃性的

asbesto *m.* 〈矿〉石棉；石绒
~ en cartón 石棉板
cemento de ~ 石棉水泥
forro de ~ 石棉衬里
placa de ~ 石棉瓦
tabla de ~ 石棉板

asbestosis *f.* 〈医〉石棉沉着病；石棉肺

ascalonia *f.* 〈植〉青葱，亚实基隆葱

ascariasis；**ascaridiosis** *f.* 〈医〉蛔虫病

ascaricida *f.* 〈药〉杀蛔虫药

ascáride *m.* 〈动〉蛔虫

ascendente *adj.* ①上升[浮,行]的；向上(倾斜)的；②〈植〉上升的；③增长的
ángulo ~ 爬升[高]角
curva ~ 上升曲线

línea ~ 上升线

marea ~ 涨潮

método ~ 上行法

pendiente ~ 上坡(度)，升坡

tendencia ~ 上升趋势

tren ~ 上行列车

tubo ~ 上行[升]管

ventilación ~ 〈矿〉上行通风

ascensión *f.* ①上升[行,浮,坡]，登[升]高，爬(高,坡,升)；②(职务、军衔等的)晋升，提高；③(山,斜)坡；(上升)坡度；④〈天〉赤经
~ de una ladera 山坡
~ oblicua 〈天〉斜赤经
~ recta 〈天〉赤经

ascensional *adj.* ①(曲线、运动等)上升[行]的；向[朝]上的；②〈天〉向天顶上升的；③上升[涨]的，升高的
fuerza ~ 升力
impulso ~ 向上推力
movimiento ~ 上升运动
poder ~ 升[举,浮]力

ascensionista *m. f.* ①登山运动员；②气球驾驶员

ascenso *m.* ①上升；爬[升]高；②增加[高]，提高；上涨；③晋[提]升，升级
~ de orden (计算机)升序
~ de salario 提高工资，工资增长
~ del empleado 职员晋升(制度)
~ en el puesto[trabajo] 职务晋升，提级
~ por antigüedad 工龄[年资]晋升(制)

ascensor *m.* ①电梯；②升降[升运,提升]机
~ de botes 运河升船机
~ de carga 运货电梯，运货升降机
~ eléctrico 电梯；电力升降机
~ hidráulico 水力升降机
~ montecarga 运货升降机

ascetismo *m.* 禁欲主义

ascidia *f.* ①〈植〉瓶[坛]状(体)叶；②〈动〉尾索动物

ascidiáceo,-cea *adj.* 〈动〉海鞘目的 ∥ *m.* ①海鞘(目动物)；②*pl.* 海鞘目

ascitis *f.* 〈医〉腹水
~ aguda 急性腹水
~ hidrópica 水肿性腹水
~ renal 肾性腹水

asclepiadáceo,-cea *adj.* 〈植〉萝藦科的 ∥ *f.* ①萝藦科植物；②*pl.* 萝藦科

ascocarpo *m.* 〈植〉子囊果

ascolíquenes *m. pl.* 〈植〉子囊衣；囊菌地衣

ascomiceto *m.* 〈植〉子囊菌

ascróbico,-ca *adj.* 〈医〉抗坏血病的

ascospora *f.* 〈植〉子囊孢子

asdic *m.* ①潜艇(水下)探测器；②声呐

ASELE *abr.* Asociación para la Enseñanza del Españo1 como Lengua Extranjera 西班牙语外语教育协会

asegurable *adj.* ①可担保的；可保证的；②可固定的

asentadera *f.* 油石

asentador *m.* 〈建〉①砌砖工，泥(瓦)工；②铺[养]路工‖ *m. f.* 〈商贸〉中间商；批发商
～ de carriles (铁路)铺[养]路工

asentamiento *m.* ①固定，[建]设立；②安置[顿，放，居]；(移民)定居，居留[聚居]地；③(液体、杂质、地面、建筑物等的)沉降；④沉淀(物)；⑤炮位；⑥结[清]算；⑦〈生〉集群；群体

asépalo,-la *adj.* 〈植〉无萼片的(花)
flor ～a 无萼片花

asepsia *f.* 〈医〉①无菌[毒]；②无菌操作

asepsis *f.* 〈医〉①无菌[毒，感染]；②无菌法，无菌疗法

aseptado,-da *adj.* 〈植〉无隔膜的

aséptico,-ca *adj.* 无菌的，防感染的；消毒的
manipulación ～a 无菌操作
meningitis ～a 无菌性脑膜炎
técnica ～a 无菌技术

aseptizar *tr.* 灭菌，使无菌；给…消毒；使防腐

aserradero *m.* ①锯木厂，制材厂；②〈机〉(大型)锯机

aserrado,-da *adj.* 锯齿形的‖ *m.* 〈技〉锯(工,法)
～ de madera paralelo a un canto 纵切(锯法)
～ en inglete 斜切(锯法)
～ por cuartos 径切(锯法)
～ transversal 横切(锯法)
hoja ～a 锯齿形叶

aserrador *m.* 锯工，锯材手，操锯手，锯木者‖ ～a *f.* 〈机〉机[链，动力]锯；锯床
～a de marquetería 螺纹锯床
～a en caliente/frío 热/冷锯
～a portátil para rieles 轻便切割轨机锯

aserradura *f.* ①锯缝[痕]；② *pl.* 锯屑[末]

aserrín *m.* 木[锯]屑，锯末

asesinato *m.* ①谋[暗，凶]杀；杀人；②〈法〉谋[暗]杀罪
～ deliberado 谋杀
～ en primer/segundo grado 一/二级谋杀罪
～ en serie 连环杀人
～ frustrado 谋杀未遂
～ mortal (对知名人士的)人格毁损；诽谤

asexuado,-da *adj.* 〈生〉无性的，无雌雄特征的

ciclo ～ 无性生殖周期
insecto ～ 无性昆虫

asexual *adj.* ①无性的；②〈生〉无性生殖的；③无性欲的，无性行为的；④无性特征的
generación ～ 无性世代
reproducción ～ 无性生[繁]殖

asexualidad *f.* 〈生理〉缺乏性欲

asfaltado,-da *adj.* ①铺(过)柏油的，涂(过)沥青的；②柏油路面的‖ *m.* ①涂柏油，铺沥青；②柏油路面
camino ～[alquitranado] 柏油路
cartón ～ para techos 油毛毡
papel ～ 沥青纸

asfaltadora *f.* 〈机〉浇灌沥青机，柏油喷洒机

asfaltaje *m.* 涂柏油，铺[浇灌]沥青

asfaltenos *m. pl.* 沥青烯[质]，地沥青精

asfáltico,-ca *adj.* (地,含)沥青的，柏油的‖ *m.* ①(铺路面用的)沥青料；②沥青路面

asfalto *m.* ①(地,石油)沥青，柏油；(铺路用)沥青混合料；②(柏油)公路
～ aislante 钢[电]缆油
～ colado 铺地沥青(混合料)
～ lacustre 湖沥青
～ líquido 液态沥青
～ mineral 石沥青
～ natural 天然沥青
arena de ～ 沥青砂
bloque de ～ 沥青块
macadam de ～ 沥青碎石路
mastique de ～ (地)沥青砂胶，(地)沥青膏

asfixia *f.* 〈医〉窒息(状态)；无[绝]脉，假死

asfixiador,-ra *adj.* 窒息性的，发生[引起]窒息的‖ *m.* 窒息剂
calor ～ 闷热
gas ～ 窒息毒气

asfixiante；asfíxico,-ca *adj.* 窒息性的，发生[引起]窒息的

asfódelo *m.* 〈植〉(西欧)百和科草本植物(尤指阿福花属和日光兰属)

asiderito *m.* 〈地〉石陨石[星]；(无铁)陨石

asiderosis *f.* 〈医〉铁缺乏

asiento *m.* ①座(位，席，子)，坐具[椅]；②底部[层]；(椅子等的)座部[面]；③〈机〉基[底]座，阀(门)座，支[托]架，支座[面]；④(城镇等的)位置；所在地；(楼房的)基地；⑤〈建〉(地面、建筑物等的)沉降；沉淀[积]物；⑥〈商贸〉记[入]账，簿记；账[项]目；⑦*Amér. L.*〈矿〉矿区；⑧〈海〉(船舶的)迎风角度调整
～ anual 年度账目
～ automático 可调节座椅
～ basculante[volquete] 可下落式靠背椅

~ cancelado 注销项目

~ cónico 斜阀(门)座

~ contable 入[登]账;簿记分录

~ de caja 现金账项

~ de apertura[entrada] 〈商贸〉开账分录

~ de caldera 锅炉座

~ de camino 路基(表)面,路床,路槽底(面)

~ de chaveta 键槽,电键座

~ de cierre 〈商贸〉结账[转]分录(结账时所做的一种转账分录)

~ de crédito/débito 贷/借项,贷/借方分录

~ de motor 发动机架

~ de rejilla 藤椅

~ de rieles 〈铁路〉路基

~ de válvula 阀座

~ en la bolsa 交易所席位

~ escurridizo 活[滑]动座位

~ expulsor[lanzable, proyectable] 〈航空〉弹射座椅

~ giratorio 转椅

~ minero 矿区

~ reservado 保留[预定]座椅

~s compensatorios en los libros 补偿项目,冲销账目

baño de ~ 坐浴

con dos ~s 双座(飞机)

válvula de ~ plano 片状阀

asignación *f.* ①分配[派,摊];②指[确]定;委派,指派[定];③转让,调拨;④分摊[配]额,拨款;津贴

~ a la reserva 拨[转]入储备

~ anual 年度拨款[经费]

~ apropiativa 优先分派[调拨]

~ automática de memoria 〈信〉自动存储分配

~ de capital 资金调拨[分派]

~ de costes[costos] 成本分摊[分配]

~ de fondos 拨款,划拨资金

~ de la mano de obra 劳力调配

~ de materiales 物资分配[调拨]

~ de presupuesto 预算拨款

~ de recursos 资源分配[配置]

~ de responsabilidades 责任分担

~ de retiro 退休[养老]金

~ dinámica 〈信〉动态存储分配

~ económica 〈经济〉补助

~ por persona a cargo 赡养津贴

~ semanal (每)周津贴

~es para la educación 教育拨款

asignatura *f.* ①〈教〉学科,科目;课(程);②(讨论,研究,实验的)对象[材料]

~ clave[importante] 重点课

~ de experimentación 实验课

~ elemental 基础课

~ especializada 专业课

~ facultativa[optativa] 选修课

~ obligatoria 必修课

~ ordinaria 普通课

~ pendiente 补考科目

~ troncal 主干课

asilvestrado,-da *adj.* ①〈植〉变为野生的;②〈动〉(尤指家庭动物)无人饲养的

asimbiótico,-ca *adj.* 〈生〉非共生的

asimbolia *f.* 〈医〉失示意症;示意不能

asimetría *f.* ①不对[匀]称(性,现象);②不平衡(度);③〈逻〉〈数〉非对称(性)

asimétrico,-ca *adj.* ①不对[匀]称的;②不平衡的;③〈逻〉〈数〉非对称的

conductividad ~a 不对称导电性

barras paralelas ~as 〈体〉①高低杠;②高低杠比赛项目

deflección ~a 非对称偏转

desarrollo ~ 不对称发展

distribución ~a 不对称分布

membrana ~a 不对称膜

rotor ~ 不对称转子

síntesis ~a 不对称合成

sistema ~ 三斜晶系

asimilabilidad *f.* ①同化性;②可吸收性

asimilable *adj.* ①可[容易]吸收的;②可[能]同化的

asimilación *f.* ①〈生理〉同化作用;②(食物等的)吸收;③适应(新情况);(民族或语音的)同化

límite de ~ 同化限度

asimilativo,-va *adj.* ①有吸收力的;②有同化力的

asimilatorio,-ria *adj.* ①吸收的,促进吸收的;②(促进)同化的,(引起)同化的

asimina *f. Amér. L.* 〈植〉巴婆树;巴婆果

asinapsis *f.* 〈生〉不联合(减数分裂时同源染色体的不配对现象)

asincrónico,-ca *adj.* ①不同时的;②异[非]同步的,不[非]同期的,时间不同的;③〈电〉〈信〉异步的

asincronismo *m.* ①〈电〉〈信〉异步(性);②不[非]同时(性);时间不同[不一致]

asincronización *f.* 非同步化

asíncrono,-na *adj.* 〈电〉〈信〉异步的

computadora ~a 异步计算机

comunicación ~a 异步通讯

control ~ 异步控制

motor ~ 异步电动机

operación ~a 异步操作

ordenador ～ 异步计算机

transmisión ～a 异步传输

asintomático,-ca *adj.* 〈医〉无症状的

enfermedad ～a 无症状疾病

infección ～a 无症状性感染

úlcera ～a 无症状性溃疡

asintonizar *tr.* 解调[谐]，去谐 ‖ ～se *r.* 失调[谐]，离调

asíntota *f.* 〈数〉渐近(曲)线

asintótico,-ca *adj.* 〈数〉渐近线的；渐进的

curva ～a 渐近[主切]曲线

expansión ～a 渐近展开(法)

fórmula ～a 渐近公式

integración ～a 渐近积分(法)

solución ～a 渐近解

valor ～ 渐近值

asintotología *f.* 〈数〉渐近学

asismicidad *f. Amér. L.* 抗[耐]震性

asísmico,-ca *adj. Amér. L.* 抗(地)震的,耐(地)震的

construcción ～a 抗(地)震建筑

medidas ～as 抗(地)震措施

asistemático,-ca *adj.* 无系统的；无条理的

asistencia *f.* ①帮[援]助；②*pl.* 津[补]贴；救济金；生活费；③〈医〉医疗；看护；护理；④〈体〉(篮球运动中的)传球投篮,助攻；⑤(剧院等的)观众；(学校等的)出席人数；听众

～ económica 经济援助

～ en especie 实物援助,商品援助

～ financiera 财政[资金]援助

～ intensiva 特别看护

～ letrada (律师)辩护帮助

～ médica 医疗

～ médica cooperativa 合作医疗

～ pública ①政府补[援]助；②*Chil.* 急救站

～ social 社会救济,社会福利工作

～ técnica 技术援助

～ urgente 紧急救援

asistencial *adj.* ①〈医〉医疗的；看护的；②社会救济的

servicio ～ 社会救济服务

asistido,-da *adj.* 见 freno ～

freno ～ 机动闸

asistolia *f.* 〈医〉心力衰竭

asístole *f.* 〈医〉心搏停止

asistólico,-ca *adj.* 〈医〉心搏停止的

asma *f.* 〈医〉气[哮]喘(病)

asmático,-ca *adj.* 〈医〉(患)气[哮]喘的 ‖ *m. f.* 气[哮]喘病患者

ataque ～ 气喘发作

crisis ～a 气喘危象

asna *f.* ①〈动〉母驴；②*pl.* 〈建〉椽子,桷

asnal *adj.* 〈动〉驴的

asociación *f.* ①联[结,组]合,结社；联(结)法；②〈心〉联想；③〈化〉缔合(作用)；④〈环〉(相关生物的)群[结合]体；〈植〉群丛；⑤〈信〉映射；⑥学[协,公,联合]会,社团,团体,联盟

～ aduanera 关税同[联]盟

～ biológica 生物部落

～ civil 民间社团

～ comercial[gremial] 同业公会

～ de ideas 联想

～ en paralelo/serie 〈理〉并/串联

～ libre 〈心〉自由联想

～ obrera 工人协会,劳工联合会

～ terminal 〈信〉终端映射

mecanismo de ～ 联合机理

asociacionismo *m.* ①〈心〉联想主义,联想说；②联合主义

asocial *adj.* ①不合群的；不与人往来的；②与社会格格不入的；反社会的

asociatividad *f.* ①〈数〉结合性；②〈化〉缔合性

asociativo,-va *adj.* ①(引起,倾向于)联合的；②联想的；③〈数〉结合的；④相关[联]的；⑤协会的

álgebra ～a 结合代数

aprendizaje ～ 联想(性)学习

lenguaje ～ 相连语言

ley ～a 结[缔]合律

memoria ～a ①〈信〉相连存储器；②〈心〉联想记忆

pensamiento ～ 联想思维

reacción ～a 联想反应

asoleada；asoleadura *f.* ①〈医〉日射病,中暑；②*Amér. L.* 日晒,阳光浴

asoleo *m. Méx.* 〈医〉日射病,中暑

aspa *f.* ①叉[X,十字]形木架[标记,符号],叉[X]状物；②(风车、螺桨、轮机的)翼,舵;风车架；(导向)叶片；③绕线架；〈机〉卷线车；绕线轮；④〈数〉乘号(×)；⑤〈矿〉(矿脉的)交叉处；(矿物的)蕴藏量；矿区范围；⑥〈建〉横档[杆]；⑦*Cono S.* (牛、羊、鹿等动物的)角

en ～ X[交叉]形(的)

ventilador de ～ 旋转式风扇

aspadera *f.* ①〈机〉绞盘[车],卷线机[车]；②绕线架[筒,管]

aspado,-da *adj.* 叉[X]形的

asparagolita *m.* 〈矿〉黄绿磷灰石

asparraguina *f.* 〈生化〉天(门)冬酰胺

aspeador *m.* 〈机〉卷取[开卷,拆卷]机

aspecto *m.* ①方面；②外表[观]；③〈天〉(星体相对于太阳的)视位置；(行星或恒星的)相互方位[位置]；④〈建〉(建筑物的)方向[位]

asperilla *f.* 〈植〉香车叶草

aspermatismo；aspermismo *m.*；**aspermia** *f.* 〈医〉无精虫；精液缺乏

asperón *m.* ①〈地〉砂岩；②(天然)磨石，砂轮

asperosidad *f.* ①粗糙度[性]，不平(整)度；②凹凸不平

aspersión *f.* 洒水，喷洒(法)
riego por ～ 喷灌

aspersor *m.* 喷灌[洒]器，喷壶

aspersorio *m.* 洒水器

áspid；áspide *m.* 〈动〉小毒蛇；(埃及)眼镜蛇

aspillera *f.* ①(碉堡或城墙上的)射击孔，枪眼；②风道
～ apaisada 长方形射击孔
～ invertida 喇叭形射击孔

aspiración *f.* ①吸气；吸入；②抽出，(真空)抽吸，气吸；③〈医〉抽吸，吸引术，吸收；④〈乐〉短促停顿，吸气
～ cutánea 皮肤吸收
～ de polvo 吸尘
agujero de ～ 风口，钻孔[眼]
drenaje por ～ 吸引导液[引流]法
limpieza por ～ (真空)吸尘
manguera de ～ 吸入(软)管
pocillo de ～ 进入孔

aspirada *f.* 抽[吸]出物

aspirador，-ra *adj.* 吸气[入]的 ‖ *m.* ①〈机〉吸尘[气，出，收]器；②〈机〉抽气管[器]；抽风扇[机]；③〈医〉吸引器，抽吸器 ‖ ～a *f.* 〈机〉(真空)吸尘器
～ de aire 排气机，抽风机
～ de gas 抽气机
～ de tiro (锅炉)通风窗，吸风机
～a de polvo 吸尘器，真空去[吸]尘器

aspirina *f.* 〈药〉①阿司匹林，乙酰水杨酸；②阿司匹林药片

asta *f.* ①长矛；②矛[箭，笔]杆；旗杆；③〈海〉桅端，樯；④〈动〉(触)角，兽角
～ de pararrayos 避雷针

astaceno；astacina *f.* 〈生化〉虾红素

astaco *m.* 〈动〉淡水螯虾

astado，-da *adj.* 〈动〉有角的，长犄角的

astasia *f.* 〈医〉站立不能

astaticidad *f.* ①〈理〉无[不]定向性；②不稳定性

astático，-ca *adj.* ①〈理〉无定向的；②不稳[安]定的，非静止[态]的
aguja ～a 无定向针
bobina ～a 无定向[无方向性]线圈

galvanómetro ～ 无定向电流计
micrófono ～ 全向传声器
multivibrador ～ 自激多谐振荡器
par ～ 无定向对，无定向磁(针)偶
regulador ～ 无静差调整器，无定向调整[节]器
sistema ～ 无定向系统

astato；astatino *m.* 〈化〉砹

astenia *f.* 〈医〉虚[衰]弱，无力
～ periódica 周期性无力
～ universal 全身无力

asténico，-ca *adj.* 〈医〉虚弱的，无力的
constitución ～a 无力体质
fiebre ～a 虚[无力性]热；衰弱性发热
tipo ～ 衰弱[无力](体)型

astenopía *f.* 〈医〉眼[视]疲劳；目昏

astenópico，-ca *adj.* 〈医〉眼[视]疲劳的

astenosfera *f.* 〈地〉软流圈

astenospermia *f.* 〈医〉精子活力不足

aster *m.* 〈植〉紫菀(花)；紫菀属植物

áster *m.* 〈生〉星(状)体；星状物

asteráceo，-cea *adj.* 〈植〉菊科的 ‖ *f.* ①菊科植物；②*pl.* 菊科

asterales *m. pl.* 〈植〉菊目

astereognosis *f.* 〈医〉实体觉缺失

asteria *f.* 〈矿〉星彩宝石

asterión *m.* 星点[穴]

asterisco *m.* ①星标，星号(＊)；②星状物

asterismo *m.* ①〈天〉星群[座]；②〈印〉三星标；③〈地〉〈矿〉星芒[彩]；星彩性

asteroidal *adj.* ①星样[状]的；②〈天〉小行星的

asteroide *adj.* 星样[状]的 ‖ *m.* ①星形(曲)线；②〈天〉小行星；③〈动〉海盘车；海星
motivos ～s 星状装饰图案

asteroideos *m. pl.* 〈动〉海星(亚)纲

astigmático，-ca *adj.* ①〈医〉散光的，乱视的；②〈医〉矫正散光的；③〈理〉像散的
lente ～a 像散透镜；散光(眼)镜
ojo ～ 散光眼

astigmatismo *m.* ①〈医〉散光，乱视；②〈理〉像散(性，现象)
～ adquirido/congénito 后/先天散光
～ hiperópico/miópico 远/近视散光
～ irregular 不规则散光

astigmatometría *f.* ①〈医〉散光测量；②〈理〉像散测定法

astigmatómetro *m.* ①〈医〉散光计；②〈理〉像散计，像散测定仪

astigmatoscopia *f.* 〈医〉散光镜检查

astigmatoscopio *m.* 〈医〉散光镜；像散镜

astigmia *f.* 〈医〉散光

astigmómetro *m.* ①〈医〉散光计；②〈理〉像散计，像散测定仪

astilar *adj.* 〈建〉无柱式的

astilla *f.* ①〈地〉碎石；②（木头、玻璃、骨头等）碎[裂，破]片

astillero *m.* ①造[修]船厂；②船坞；③木料场

  ~ de construcción 造船厂[所]

  ~ del estado 造船厂，海军工厂

  ~ flotante 浮动船坞

astomía *f.* 〈医〉无口（畸形）

astrafobia *f.* 闪电恐怖

astragalar *adj.* 〈解〉距骨的

astrágalo *m.* ①〈建〉半圆饰；串珠饰；圆剖面小线脚；②〈解〉距骨

astral *adj.* ①〈天〉星的；多星的；天体的；②〈生〉星状体的；似星形的 ‖ *m.* （飞机）星窗，观测天窗

astrictivo,-va *adj.* ①收敛性的；②使收缩的，收缩性的

astringencia *f.* ①收敛(性，作用)；②涩味

astringente *adj.* ①收敛性的；收缩的；②味涩的 ‖ *m.* ①〈药〉收敛剂[药]；②涩剂（一种化妆品）

astro *m.* ①〈天〉天体（如日、月、地球等）；②〈电影〉明星，名演员；〈体〉明星

astrobalística *f.* 天体弹道学

astrobiología *f.* 〈生〉〈天〉天体生物学

astroblema *m.* 〈天〉陨星坑

astrobotánica *f.* 天体植物学

astrobuque *m. Chil.* 〈航天〉宇宙飞船

astrocito *m.* 〈解〉（脑和脊髓的）星形胶质细胞

astrocitoma *m.* 〈医〉星形细胞瘤

astroclimatología *f.* 天体气候学

astrocompás *m.* 天文[星象]罗盘

astrodinámica *f.* 天体[航天]动力学；宇宙飞行动力学

astrodomo *m.* 〈航空〉天体观察窗；领航窗（航空器或航天器机身上主要用来进行领航时天文观测的透明座舱）

astroecología *f.* 〈天〉宇宙生态学

astrofísica *f.* 〈天〉天文[体]物理学

astrofísico,-ca *adj.* 〈天〉天体[文]物理学的

astrofobia *f.* 〈心〉天体恐怖

astrofotografía *f.* 天体摄影[照相]（术）

astrofotográfico,-ca *adj.* 天体摄影[照相]的

astrofotometría *f.* 〈天〉天体光度测量（术，学）

astrogeodético,-ca *adj.* 〈天〉天文大地的

astrogeofísica *f.* 〈天〉天文地球物理（学）

astrogeografía *f.* 〈天〉天体地理学

astrogeología *f.* 〈天〉天体[行星]地质学

astroglia *f.* 星形胶质

astrografía *f.* 天体摄影图，天体照相

astrográfico,-ca *adj.* 天体摄影[照相]的，天体图的

astrógrafo *m.* 天体摄影[照相]仪，天文定位器

astroide *adj.* 星形的；似星的 ‖ *m.* 〈数〉星形线

astrolabio *m.* 〈天〉星盘；观象[等高，测高]仪

astrolito *m.* 〈天〉陨石

astrología *f.* 占星学，占星术

astromagnetismo *m.* 天体磁学

astromecánica *f.* 天体力学

astrometeorología *f.* 天体气象学

astrometría *f.* 天体测量（学）

astrómetro *m.* 天体测量仪

astronauta *m.f.* 〈航空〉〈航天〉①宇航[航天]员，星际航行员；②太空人；太空旅行者；③宇航[天文]工作者

astronáutica *f.* 〈航空〉〈航天〉①航天学，宇宙[星际]航行学；②宇宙旅行

astronáutico,-ca *adj.* 〈航空〉〈航天〉宇宙[星际]航行的

astronave *f.* 〈航空〉〈航天〉宇宙飞船，航天器

astronavegación *f.* 〈航空〉〈航天〉①宇宙航行(学)；②天体[文]导航

astronavegador,-ra *m.f.* 〈航天〉航天员，宇(宙)航(行)员

astronometría *f.* 天体测量学

astronomía *f.* 天文学

  ~ de neutrinos 中微子天文学

  ~ de posición 方位天文学

  ~ esférica 球面天文学

  ~ espacial 空间天文学

  ~ estelar 恒星天文学

  ~ gravitacional 重力天文学

  ~ matemática 数学天文学

  ~ náutica 航海天文学

astronómico,-ca *adj.* ①天文学的；天文[体]的；②（数字）极为巨大的

  cifras ~as 天文数字

  distancia ~a 天文距离

  observatorio ~ 天文台

  refracción ~a 大气折射，蒙气差

  telescopio ~ 天文望远镜

  teoría ~a del ciclo económico 经济周期天文论

astrónomo,-ma *m.f.* 天文学家

astronucleónica *f.* 天体核子学，恒星核过程学说

astropuerto *m*. 航天站,空间站,星际航行站

astroquímica *f*. 天体化学

astrosclereido *m*.〈植〉星状石细胞

astroscopio *m*. 天文仪

astrosfera *f*.〈生〉①中[星]心球;②吸收体

astrospace *m. ingl*. 星际空间

asurcado,-da *adj*.〈农〉(田地)有垄沟的

At〈化〉元素砹(astato,astatino)的符号

atabal *m*.〈乐〉(釜状)铜鼓;定音鼓

atabladera *f*. ①〈机〉刮[平]路器,刮[平]路机;②〈农〉耙

atabrina;atebrina *f*.〈药〉阿的平

atacable *adj*.①〈化〉易受腐蚀[浸蚀]的;②可[易受]攻击的

atacadera *f*. ①捣棒,夯[砸道]棍;②(炮眼的)填药棍

atacador *m*.〈军〉(炮的)推弹器

atacamita *f*.〈矿〉氯铜矿

atacir *m*.〈天〉穹苍十二等分仪

atactilia *f*.〈医〉触觉缺失

atadora *f*.〈机〉①打捆[包]机,捆扎[束]机,刈捆机;②装订机

ataguía *f*. ①围[防水]堰,堤(防,坝,岸);②〈工程〉(水下作业的)沉[潜水]箱;③〈船〉隔离舱

～ aguas abajo/arriba 下/上游围堰[护岸]

～ de aguas abajo 下游叠梁闸门

～ de aguas arriba 上游叠梁闸门

～ de doble pared 双壁围堰

～ típica de cajón 标准潜(水)箱

ataguiamiento *m*.〈工程〉修筑围堰

ataire *m*.〈建〉装饰线条

atajadizo *m*.〈建〉隔墙[板,开物]

atajador *m*. 制[止]动器,制[止]动装置

atajo *m*. ①近路,捷径;②〈体〉(足球运动中的)阻截铲球

ataludadora *f*. ①刮沟刀;②〈机〉内坡机

ataque *m*. ①〈军〉攻[袭]击;进攻;侵袭;②〈化〉(化学物品等的)浸[腐]蚀;③〈医〉突然发作[病];④〈体〉(球类运动中的)进攻(位置);进攻得分

～ a superficie 地面进攻

～ al ácido 浸[腐]蚀(加工),酸洗

～ al corazón(～ cardíaco)心脏病发作

～ aéreo 空袭

～ cerebral 脑溢血

～ corrosivo 腐蚀(作用)

～ de tos 咳嗽发作

～ desde el frente(～ frontal)正面进攻

～ epiléptico 癫痫病发作

～ fingido 佯攻

～ periódico〈医〉周期性发作

～ pirogónico 火法处理

～ por la noche 夜袭

～ sorpresa 突[奇]袭

ala con borde de ～ en media luna 镰[新月]形机翼

brazo de ～（杠杆）力臂,操作杆

atascador *m*. ①夯(锤),(桩,捣)锤;②〈冶〉(炉用)推钢机,推出机;③〈机〉(压力泵)柱塞,(压力机)压头

atascadura *f*. ①装填,填塞(物,料);②夯实,捣固[实,筑,塞];③填压法

atascamiento *m*. ①塞[堵]住;②阻[堵,梗]塞;交通阻塞;③障碍(物);阻塞物

～ de la producción 生产停滞

～ del papel（打印机等的）卡纸

ataujía *f*. ①金银镶饰;波形花纹,(饰品)镶嵌;②*Amér. C*. 排水(管,沟,道,系统,装置)

ataurique *m*.〈建〉(穆斯林建筑的)石膏花叶装饰

atávico,-ca *adj*. ①〈生〉返祖性的;隔代遗传[重现]的;②回复到早先的

atavismo *m*. ①〈生〉返祖(性,现象);隔代遗传;②呈现返祖现象的动物或植物

ataxia *f*. ①不协调,不整齐;②〈医〉共济失调,协调不能;运动性共济失调

～ central 中枢性共济失调

～ cerebral/cerebelosa 大/小脑性共济失调

～ laberíntica 迷路性共济失调

～ locomotriz 运动性共济失调

～ vasomotora 血管运动失调

～-telangiectasia 毛细血管扩展共济失调

atáxico,-ca *adj*.〈医〉运动[共济]失调的 ‖ *m. f*. 运动[共济]失调患者

afasia ～a 运动失调性失语

marcha ～a 共济失调步态

atelectasia *f*.〈医〉(出生时肺的)膨胀不全;(肺的)不张

ateliosis *f*.〈医〉垂体性幼稚病

atemperador *m*. ①温度控制[调节]器;②恒温箱[器],保温水管

atenazado,-da *adj*.〈军〉(工事等)钳形的

atención *f*. ①关怀[心],照顾;②服务;③〈军〉立正口令

～ de salud 保健,保健服务

～ médica 医疗(服务)

～ personalizada 适合个人需求的服务

～ primaria（由全科医师而非医院医师提供的）基本保健

～ psicológica（心理）咨询服务

～ psiquiátrica 精神病治疗

～ sanitaria 医疗(服务)

~es extraordinarias 额外照顾[服务]

atendedor,-ra *m. f.*〈印〉读校员

atenuación *f.* ①拉细[薄]；变细[薄]；②减弱[轻,小,少,低,幅]，缓和，缩减[小]；③降低，衰[损]耗；④〈理〉〈无〉衰减（现象，量）；⑤稀释[薄]，冲[掺]淡；⑥扩[消]散；⑦〈医〉减毒（作用）；弱化（作用）；⑧〈法〉（罪行、过错等的）减轻

~ atmosférica 大气衰减

~ de crisis financiera 缓和金融危机

~ de distancia/espacio〈理〉距离/空间衰减

~ de inserción 插入损耗

~ del impuesto 减轻赋税,减税

~ equivalente de nitidez 等效清晰度衰减

~ imagen 图像[影像,镜频]衰减

~ por interacción 互作用损耗

~ radio 射电衰减

constante de ~ 衰减[减幅]常数

distorsión de ~ 衰落失真

atenuado,-da *adj.* 减弱的

virus ~ 减弱病毒

atenuador,-ra *adj. Amér. L.* 减轻[缓,弱]的‖ *m.* ①〈无〉衰减[衰耗]器；②衰减网络

~ automático 自动衰减器

~ de pistón 活塞式衰减器

~ de pulsaciones 脉动衰减器

atenuante *adj.* ①〈法〉（罪行或过错）减轻的；②稀释的‖ *m.* 稀释（剂），衰减剂‖ *f.*〈法〉减刑情节

circunstancias ~s ①〈法〉（刑期的）减刑情节；②（赔偿费的）减轻事由

gen ~ 稀释基因

atérmano,-na；**atérmico,-ca** *adj.* ①〈理〉不透（辐射）热的；②（电动机等）不发热的，无热的；③〈医〉无热度的；不发烧的

ateroma *m.*；**atermomasia** *f.*〈医〉①动脉粥样化；②粉瘤

ateromatosis *f.*〈医〉动脉粥样化症

ateromatoso,-sa *adj.*〈医〉动脉粥样化（性）的

aterosclerosis *f.*〈医〉动脉粥样硬化

aterrada *f.*（航海或飞行中的）初见陆地

aterrajado *m.*〈机〉攻丝,攻螺纹,车(螺)丝

aterraje *m.* ①（船舶）靠[到]岸；②（飞机）着陆,降落

aterrizador *m.* ①底架(盘),下(支)架；②飞机脚架,起落架；③支重台车

aterrizaje *m.* 着[登]陆,降[着]落

~ a vientre(~ de panza)（飞机）以机腹着陆

~ con la hélice calada 无动力着陆

~ de defensa 盘旋下降

~ de emergencia[urgencia] 紧急着陆；(被)迫降(落),强行登陆

~ duro/suave 硬/软着陆

~ forzoso (被)迫降(落),强行登陆

~ instrumental 仪表(引导,指示)着陆

~ sin visibilidad 盲目[按仪表]着陆,盲目[按仪表]进场

~ sobre el puente 甲板降落

~ violento（飞机失去控制）突然降[坠]落,强行[摔机]着陆

alerones de ~ 着陆襟翼,着陆阻力板

área de ~ 着陆[降落]场[区]

chasis de ~ 着陆架

efecto de ~ 着陆效应

faros de ~ 着陆[前]灯

lámpara de ~ 泛光灯,探照灯

luces de ~ 着陆[进场,指示,降落信号]灯(光)

sistema de ~ automático 仪表[盲目]着陆系统

T de ~ T形着陆标志

tren de ~ tricicло 三轮式着陆架

atesador *m.* 加强杆[板,条]；加劲杆[板,条,肋]

atestación *f.* ①证明；②〈法〉宣誓作证；证词[据]；③公[认]证

~ notarial comercial 商务公证

~ notarial de conducta penal 刑事表现公证

~ notarial de donación 赠与公证

~ notarial de profesión 职业公证

~ notarial del testamento 遗嘱公证

atestiguación *f.*〈法〉宣誓作证

atetosis *f.*〈医〉手足徐动症,指痉病

atierre *m.* ①〈矿〉塌方[陷]；②*pl.* 脉[废]石

atimismo *m.*〈解〉无胸腺

atinca *m. Amér. L.*〈化〉硼砂,硼酸钠

atipicidad *f.* ①非典型性；②反常

atípico,-ca *adj.* ①非典型的；不合定型的；②反常的

forma ~a 非典型型

hiperplasia ~a 非典型性增生

neumonitis[neumonía] ~a 非典型性肺炎

atirantamiento *m.* ①支撑[柱]，支持(物)，撑杆[臂,脚,条]，系杆,肋材；②拉[系]紧,加固[劲]；③联结

atireosis；**atiria** *f.*〈解〉无甲状腺

atizonar *tr.*〈建〉把(梁)嵌入墙内

atlante *m.*〈建〉男像柱

atlas *m. inv.* ①地图册；图表集；②大张绘图纸；③〈解〉寰椎,第一颈椎

atleta *m. f.* ①运动员,体育家；②田径运动员；③健[强]壮的人

atlético,-ca *adj.* ①运动的,体育的;田径运动的;②运动员的,体育家的;③运动员用的,体育家用的;④(体型)健[强]壮的
pruebas ～as 田径运动比赛(项目)

atletismo *m.* 体育运[活]动,竞技;田径运动
～ en sala 室内体育[田径]运动

ATM *abr. ingl.* asynchronous transfer mode 〈讯〉异步传输模式

atmidometría；**atmometría** *f.* 蒸发测定(法)

atmidómetro *m.* 蒸发计,汽化计

atmólisis *f.* 〈理〉微孔[透壁]分气法

atmología *f.* 水汽学,水蒸气学

atmómetro *m.* 〈化〉(测定水蒸发速度的)蒸发计[器,表];汽化计

atmósfera *f.* ①大气(层,圈,介质);②(特定场所的)空气;(包围天体的)气体;③〈理〉(标准)大气压(气压单位);④气氛,环境;*Amér. L.* 社会环境;⑤区[领]域;(影响)范围
～ absoluta 绝对大气压
～ controlada 受控大气[空气,气氛]
～ estelar 恒星大气
～ métrica 国际度量衡制气压,公(米)制气压
～ protectora 保护气
～ standard[normal] 标准(大)气压,标准大气,常压
～ técnica 工业大气压
mala ～ 〈无〉大气干扰;天电干扰

atmosférica *f.* 〈无〉天电;大气干[噪]扰;天电干扰

atmosférico,-ca *adj.* ①大[空]气的;大气中的;大气层的;②大气所引起的;③常压的
absorción ～a 大气吸收
acústica ～a 大气声学
ciencia ～a 大气科学
composición ～a 大气成分
condensación ～a 大气凝结,降雨(水)
control ～ 常压控制
corrosión ～a 大气腐蚀
densidad ～a 大气密度
descarga ～a 大气放电
destilación ～a 常压蒸馏
difusión ～a 大气扩散
electricidad ～a 天电,大气电学
ensayo ～ 大气层试验
estrato ～ 大气层
estructura ～a 大气结构
evaporación ～a 大气蒸发
física ～a 大气物理(学)
interferencia ～a 大气[天电]干扰

ionización ～a 大气电离
línea ～a 大气压力线
máquina de vapor ～ 常压蒸汽机
presión ～a 大气压(力)
radiación ～a 大气辐射
refracción ～a 大气折射
turbulencia ～a 大气湍流,大气紊动[骚动]干扰
vapor ～ 常压蒸汽

atmoterapia *f.* 〈医〉蒸气吸入疗法

atocia *f.* 〈医〉女性不育

atoc *m. And.* 〈动〉狐狸

atocha *f.* 〈植〉细茎针茅

atochamiento *m. Chil.* ①〈交〉交通阻塞;②(商品)积压

atolón *m.* 〈地〉环状珊瑚岛,环礁

atomicidad *f.* ①原子数;②〈化〉原子价,化合价

atómico,-ca *adj.* ①(关于)原子的;②原子(能)的;以原子形式存在的
arma ～a 原子武器
batería ～a 原子能电池
bomba ～a 原子弹
cabeza de combate ～a 原子弹头
cañón ～ 原子炮
cohete ～ 原子火箭
constante ～ 原子常数
de propulsión ～a 原子动力的
desintegración ～a 原子蜕变[分裂]
desintegrador ～ 原子击破器
diamagnetismo ～ 原子抗磁性
energía ～a 原子能
enlace ～ 原子键
escala ～a 原子标度
estructura ～a 原子结构
física ～a 原子物理学
fisión ～ 原子裂变
grupo ～ 原子团
haz ～ 原子束
núcleo ～ 原子核
número ～ 原子序(数)
nube ～a 原子云
ojiva ～a 原子弹头
oxígeno ～ 原子氧
paramagnetismo ～ 原子顺磁性
peso ～ 原子量
polarización ～a 原子极化
reactor ～ 原子反应堆
reloj ～ 原子钟
teoría ～a 原子论
valencia ～a 原子价
vibración ～a 原子振动

volumen ~ （克）原子体积

atomismo *m*. ①〈化〉〈理〉原子论；②保持个人独立性的主张

atomista *m*. *f*. 〈化〉〈理〉原子论者

atomización *f*. ①原子化；②雾化（法），喷雾（作用）；③粉化（作用）；成（小）颗粒
cámara de ~ 喷雾室

atomizado,-da *adj*. 雾化的

atomizador *m*. ①喷雾[雾化，喷洒]器；②香水喷壶；③〈机〉粉碎机
~ centrífugo 离心雾化器
~ de aceite 油雾喷射器

átomo *m*. ①〈化〉〈理〉原子；②微量[粒]
~ asimétrico 不对称原子
~ de Bohr 玻尔原子
~ de Rutherford 卢瑟福原子
~ excitado 激发原子
~ trazador 示踪原子
~-gramo 克原子
radiación de ~s excitados 受激原子辐射

atonal *adj*. 〈乐〉无[不成]调的；无调性的
música ~ 无调性音乐

atonalidad *f*. 〈乐〉无[不成]调；无调性

atonía *f*. ①〈医〉弛缓；无张力，张力缺乏；无力；无生气

atonicidad *f*. 〈医〉张力缺乏性

átono,-na *adj*. ①松弛的；〈医〉张力缺乏的，弛缓的；②无生气的；③〈经〉〈商贸〉呆滞的，萧条的，不景气的
comercio ~ 萧条[清淡]生意
estación ~a de la industria 产业淡季

atopía *f*. 〈医〉①特（异）应性；②特应性变态反应

atópico,-ca *adj*. 〈医〉①异位的；②特应性的
alergia ~a 特应性变态反应

atornillador *m*. 螺丝刀[起子]，改锥，旋凿 || ~a *f*. 〈机〉攻丝机
~a mecánica 螺丝加工机床

atornillar *tr*. ①拧紧[牢]，旋紧螺钉；②用螺钉拧住[固定]；③攻丝，车螺纹于

atóxico,-ca *adj*. ①无毒（性）的；②非毒（性）的

atracada *f*. （船舶）靠岸，停靠[泊]

atracadero *m*. ①码头；突堤；②停泊处，泊位
~ de aguas profundas 深水泊位
~ flotante 浮码头
~ saliente 栈桥；凸式码头

atracción *f*. ①吸引（力）；魅力，诱惑（力）；②吸（引）力；〈理〉引力；③娱乐（活动）；吸引人之处
~ artificial 人工景点
~ cohesiva 内聚力
~ de afinidad 亲和力

~ de clientes 吸引[招徕]顾客
~ de historia recuperada 再现历史风貌景点
~ eléctrica 电引力
~ electrostática 静电引力
~ gravitatoria 重[引]力
~ magnética 磁力
~ mecánica 机械引力
~ molecular 分子引力
~ mutual 互相吸引，相互引力
~ natural 自然景点
~ nuclear 核引力
~ química 化学吸引
~ sexual 性魅力，性吸引力
~ universal 万有引力
fuerza de ~ （吸）引力
parque de ~es （通常在公园举行各类游乐活动的）游乐场

atractante *adj*. 〈环〉吸引[引诱]剂，诱饵
~ sexual 性引诱剂（一昆虫产生吸引同类其他昆虫的化学物质）

atractividad *f*. 吸引（性）

atractivo,-va *adj*. ①有吸引[诱惑]力的，诱人的；有魅力的；②吸引的；引起注意[兴趣]的 || *m*. 魅[吸引，诱惑]力；吸引（性）
~ del producto 产品吸引力
educación ~a 诱导教育
fuerza ~a （吸）引力
mineral ~ 磁性矿物
precio ~ 有诱惑力的价格

atractriz *adj*. 〈理〉有吸引力的
fuerza ~ 〈理〉引[吸]力

atrapador *m*. ①（机械手）抓手；②收集[捕集，截除]器；③闸[阀]门
~ de agua 阻汽排水阀
~ de ondas 陷波器
~ de polvo 集尘器

atrapainsectos *m*. *inv*. 〈植〉食虫植物

atrapamoscas *m*. *inv*. ①粘[捕，毒]蝇纸；②〈植〉捕蝇草

atraque *m*. ①〈海〉〈船舶〉靠岸，停靠（码头）；②〈航空〉对接

atraso *m*. ①落后（状况）；②（钟表）慢；③拖欠[延]，延误[迟，期]；④ *pl*. 〈商贸〉（到期未还的）欠款；⑤*And*. 倒退
~ de depreciación 延迟折旧
~ de salario 拖欠工资
~ del avión 飞机误点
~ mental 智力发育不全

atraumático,-ca *adj*. 〈医〉无创伤的
sutura ~a 无创伤缝合

atravesada *f*. ①横[越]过，穿过[越]；②横越[渡，切，断]

atravesado,-da *adj.* ①横放[着]的,横穿过的;②〈医〉斜眼[视]的,斗鸡眼的;③〈动〉杂交[种]的

atraviesamuros *m. inv.* 〈电〉绝缘瓷管

atrepsia *f.* 〈医〉①营养不良;②婴儿萎缩(症)

atresia *f.* 〈医〉①(先天性)闭锁,无孔;②(卵巢滤泡等的)萎缩消失
~ anal 肛门闭锁,锁肛

atrial *adj.* 〈解〉心房的
infartación ~ 心房梗死

atrincheramiento *m.* ①挖壕(沟);②堑壕;(防护)工事,防御设施

atrio *m.* ①〈解〉心房;②〈建〉(古罗马建筑物的)中庭[厅];天井,庭院;前院[庭];门[柱]廊

atrioventricular *adj.* 〈解〉房室的
disociación ~ 房室分离
nudo ~ 房室结

atrofia *f.* ①〈医〉萎缩;②衰退;退化
~ aveolar 牙槽萎缩
~ muscular 肌肉萎缩
~ senil 老年萎缩

atrofiado,-da *adj.* 〈医〉(已)萎缩的

atrófico,-ca *adj.* ①〈医〉萎缩的;②衰退的
fractura ~a 萎缩性骨折

atrompetado,-da *adj.* (呈)喇叭口形的
nariz ~a 翘鼻子

atropina *f.* 〈化〉〈药〉阿托品,颠茄碱

atropismo *m.* 〈医〉阿托品中毒

atruchado,-da *adj.* ①杂[花]色的;②有斑点的,有花斑的
efecto ~ 斑点效应,(表面)斑迹现象
fundición ~a 麻口生铁
hierro ~ 麻口铁

atún *m.* 〈动〉金枪鱼

atunero,-ra *adj.* 金枪鱼的;捕金枪鱼的(船) ‖ *m.* ①(捕捞)金枪鱼渔民;②(捕捞)金枪鱼渔船
barco ~ 捕金枪鱼船
industria ~a 金枪鱼加工业
pesca ~a 捕金枪鱼

atutia *f.* ①未经加工的氧化锌;②氧化锌软膏

Au 〈化〉元素金(oro)的符号

audibilidad *f* ①听力;②(声音的)清晰度;〈理〉可闻度;成音度;③声强度(用分贝表示)
factor de ~ 可闻系数
límite de ~ 可闻限度
umbral de ~ 听阈
umbral normal de ~ 标准闻[听]阈

audible *adj.* ①可听[闻]的;②听得见的

alarma ~ 可闻报警信号,音响报警

ensayo ~ 声频测试

frecuencia ~ (成)声频(率)

indicación ~ 音响指示;可闻信号

intervalo ~ 可闻[听]范围

región ~ 声频[可闻]区;声频频段

señal ~ 声频[可闻]信号

audición *f.* ①听;〈医〉听力[觉];②〈戏〉试听;(求职等的)试演[唱,奏];③〈乐〉音乐会,朗诵会;④*Amér. L.* 〈商贸〉查账,审计
amplificador de ~ 试听放大器,(试听)声频放大器
límite de ~ 听阈

audiencia *f.* ①〈法〉(法院)审讯;②法庭[院];③听[观]众
~ pública 公开审理[讯]
índice de ~ (广播或电视节目)收听[视]率

audífono *m.* ①助[利]听器;②听音器;③*Amér. L.* (电话)听筒;*pl.* 头戴式送话器,耳机

audimetría *f.* (广播或电视节目)收听[视]率测定(法)

audímetro *m.* ①(广播或电视节目)收听[视]率记录器;②〈医〉听力[度]计;测听计

audio *m.* ①音频信号;声音;②声音录制[播放,传输]技术

audioamplificador *m.* 扩音器;声[音]频放大器

audiocasete *m.* 盒式录音磁带,盒带

audiófono *m.* 助[利]听器

audiofrecuencia *f.* 声[音]频

audiograma *m.* 〈理〉听力图;听力敏度图;听力曲线

audiolibro *m.* 有声读物(尤指小说)

audiología *f.* 听力学

audiólogo,-ga *m. f.* 听力学家

audiometría *f.* 〈医〉测听术[法],听力测定(法)

audiométrico,-ca *adj.* 〈医〉测听的,听力测定[验]的

audiómetro *m.* 〈医〉听力[度]计;测听计

audiomonitor *m.* 监听器[设备]

audión *m.* 〈电子〉三极(检波,真空)管,三接头半导体整流器

audiooscilador *m.* 声频振荡器

audiotransformador *m.* 声频变压器

audiovisual *adj.* ①视(觉)听(觉)的;②〈教〉视听教学的 ‖ *m.* 〈教〉视听授课
enseñanza ~ 视听教学
medios ~es 视听媒介
medias ~es 视听手段
revista ~ 视听杂志

sala ～ 视听教室

sistema ～ 视听系统

auditivo,-va *adj.* ①听(音)的;听觉的;听觉器官的;②耳的 ‖ *m.* (电话)听筒;耳机,受话器

análisis ～ 听觉分析

canal ～〈生理〉听道

cero ～〈生理〉听觉零点

entrenamiento ～ 听觉(力)训练

nervio ～ 听神经

placa ～a 听(基)板

audito *m.* ①审计,查账;②审计报告;③审定决算

auditognosis *m.* 听觉

auditor,-ra *m. f.* ①(旁)听者;②〈教〉旁听生;③审查[查账]员;④〈法〉法官;陪审员;⑤*Méx.*(铁路)查[检]票员

～ bancario 银行审计师

～ de adquisiciones 采购审计员

～ de crédito 信贷业务审计师

～ de cuentas 查账员

～ de guerra 军法官

～ especial 专职审计员

～ externo 外部审计员

～ financiero 财务审计员

～ general 审计长,总稽核

～ independiente 独立审计师

～ principal 主审计师[人]

～ viajero[volante] 巡回[外勤]审计员

auditoría *f.* ①审计,审[稽]核;②审计职业[工作];③审计所,审计办公室

～ administrativa[operativa] 行政[管理]审计

～ completa 全面审计

～ de cuentas 查账

～ de gestión 行政[管理]审计

～ de sorpresa 突袭审计

～ externa/interna 外/内部审计

～ financiera 财务审计

～ general 普通[一般]审计

～ limpia 干净审计

～ posterior/previa 事后/先审计

auge *m.* ①极[顶]点,高涨[潮];②繁荣;③〈天〉远地点

～ del consumo 消费高涨

～ económico 经济繁荣

augita *f.* 〈地〉〈矿〉辉石

aulaga *f.* 〈植〉荆豆

aumentador,-ra *adj.* 增加[进]的;提高的 ‖ *m.* ①〈电〉升压器;②(收音机,电视机的)(辅助)放大器;升压[增强]放大器;增[扩]大器;③辅助(加力)装置,助力器

～ de presión 升压器[机];增压器[机,泵]

aumento *m.* ①增加[长,大];②〈摄〉(照片)放大;〈光〉放大率[倍数,能力];③上涨[升],提[升]高;④〈电〉升压;〈无〉扩大

～ a escala(～ progresivo) 递增

～ acelerado 快速增长

～ de beneficio 增加收益

～ de cadera〈医〉隆臀

～ de la carga 增载

～ de la competitividad 提高竞争力

～ de la demanda 需求增加

～ de la eficiencia 提高效率,增加效能

～ de la productividad 提高生产率

～ de las cuotas 增加配额

～ de las reservas 储备增加

～ de pechos[senos]〈医〉隆胸

～ de peso 增加体重[重量]

～ de población 人口增长

～ de precio 物价上涨,涨价

～ de salario por mérito 考绩提薪

～ de sueldo 加薪,增加工资

～ de tipo de descuento 提高贴现率

～ de valor 升[增]值

～ del presupuesto 追加预算

～ medio anual 年平均增长

～ natural de la población 人口的自然增长

～ y reducción 增减,损益

lente de ～ 放大(透)镜

aural *adj.* ①〈医〉先兆的;②耳的;听觉的

auraminas *f. pl.* 〈化〉金(色)胺;(碱性)槐黄

aurato *m.* 〈化〉金酸盐

áureo,-rea *adj.* 金的,似金的;金色的

cabellera ～a 金发

edad ～a 黄金时代

número ～〈天〉金数

aureola *f.* ①日[月]晕[轮];②〈地〉(岩浆侵入处周围的)接触变质带

aureomicina *f.* 〈生化〉金霉素

aúrico,-ca *adj.* (含,正,三价)金的

hidróxido ～ 氢氧化金

sulfato ～ 硫酸金

yacimientos ～s 金矿

aurícula *f.* ①〈解〉耳廓;外耳;②〈解〉〈心脏的〉心耳;心房;③〈动〉耳形突;耳状骨;④〈植〉(叶)耳;⑤耳状部

auricular *adj.* ①耳的;听觉器官的;②听觉[力]的;③(有所)耳闻的;④〈解〉心耳的;心房的 ‖ *m.* ①(电话)听筒;*pl.* 耳机,头戴受话机[器];②〈解〉小指

～ telefónico 电话听筒

paracentesis ～ 心房穿刺术

auricularia *f.* 〈植〉木耳

auriculoterapia *f*. 〈医〉耳针疗法
aurífero,-ra *adj*. 含金的;(黄)金的
　　arenas ～as 含金矿砂
　　mercado ～ 黄金市场
　　mineral ～ 含金矿石
aurígero,-ra *adj*. 含金的;(黄)金的
aurina *f*. 〈化〉金精
auroplastia *f*. 〈医〉耳成形术
aurora *f*. ①曙光;朝辉,晨曦;②〈天〉极光
　　～ austral/boreal 南/北极光
　　～ polar 极光
auroso,-sa *adj*. (含,亚,一价)金的
　　óxido ～ 氧化金
auscultación *f*. 〈医〉听诊(法)
auscultatorio,-ria *adj*. 〈医〉听诊的
ausencia *f*. ①缺勤[席];②缺少[乏];③分
　　心;〈医〉失神
　　～ indebida 擅自缺勤[席]
　　～ injustificada 无故缺勤[席]
　　～ por permiso de maternidad 产假
ausente *m. f*. ①缺席者;不在[到]场者;②
　　〈法〉生死不明者;失踪者
ausentismo *m. Amér. L*. 缺勤;旷工
auspiciador,-ra *m. f*. ① 主办[发起]者
　　[人];②倡议者;③赞[资]助者
austenita *f*. 〈冶〉奥氏体
　　acero de ～ 奥氏体钢
austenítico,-ca *adj*. 〈冶〉奥氏体的
　　acero ～ 奥氏体钢
austenitización *f*. 〈冶〉奥氏体化
autarquía *f*. ①〈经〉自给自足(经济),经济
　　(上的)独立;②闭关自守(不依赖进口的政
　　策)
　　～ económica 自给自足经济制度;闭关自
　　守经济政策
autecología *f*. 〈环〉个体生态学(对单个物种
　　的研究)
autenticación *f*. ①证实;认[验]证;②〈信〉
　　身份确认,身份验证
　　～ de usuario 用户身份确认[验证]
autenticidad *f*. 可靠性,确[真]实性,有效性
auténtico,-ca *adj*. ①可靠[信]的;权威性
　　的;②真的,真实[迹]的;真正的;③〈法〉依
　　法有效的;经认证的
　　artículo ～ 真货
　　factura ～a 真[有效]发票
　　firma ～a 真迹签名[签字]
autentificación *f*. ①证实[明];鉴定;(文电)
　　鉴别;②认证;认可;③生效,合法
　　～ consular 领事认证
autentificador,-ra *m. f*. 证明人,鉴定人,验
　　证人
　　～ de firmas 签字鉴定人

autigénico,-ca *adj*. 〈地〉自生的
autígeno *m*. 〈地〉自生
autillo *m*. 〈鸟〉灰林鸮
autismo *m*. ①〈心〉我向思考;自我中心主义;
　　②(儿童)自向症,内向性;孤独性[症],自闭
　　症
autista *m. f*. ①孤独症患者(常指儿童);②
　　自我中心主义者
autístico,-ca *adj*. 〈心〉自我中心的;我向的;
　　内向的;②孤独的;自闭的
　　fantasía ～a 自闭幻想
auto *m*. ①(小)汽车;②〈法〉判决;(法)令,
　　状;裁决(书);*pl*. 审判记录;庭审记录;③
　　〈戏〉剧本,戏剧
　　～ acordado 会审判决
　　～ de arresto 逮捕令;拘留令[证]
　　～ de carrera *Amér. L*. 赛车
　　～ de choque (游乐场等的)电动小汽车;
　　碰碰车
　　～ de comparecencia 传唤令,传票
　　～ de ejecución 执行令
　　～ de embargo (财产)扣押令
　　～ de enjuiciamiento 判决(书)
　　～ de expropiación 征用令
　　～ de indagación 调查令
　　～ de pago 付款令
　　～ de prisión 监禁[关押]令
　　～ de procesamiento 起诉书
　　～ de registro 搜查令[证]
　　～ definitivo 最终判决
　　～ en bancarrota 破产财产扣押令
　　～ sport 跑车
auto-activación *f*. 自动活化,自体促动作用
auto-choque *m*. (游乐场等的)电动小汽车;
　　碰碰车
auto-enfriamiento *m*. 自(然,行)冷(却)
auto-propulsado,-da *adj*. 自动(推进)的,自
　　励的
auto-templable *adj*. 自(动)硬(化)的,(空)
　　气硬(化)的
autoabastecerse *r*. 自给
　　～ de cereales 粮食自给
　　～ de petróleo 石油自给
autoabastecimiento *m*. 自给自足
autoabsorción *f*. 〈理〉自[内]吸收;自蚀
autoaceleración *f*. 自动加速(作用),自加速
　　度
autoactivación *f*. 自体活化(作用)
autoactualización *f*. 〈心〉自我实现
autoacusación *f*. 自责[咎],自我谴责[责备]
autoadherente;autoadhesivo,-va *adj*. 自粘
　　的;自动附着的

autoadministración *f.* 自我［行］管理；自主经营

autoadministrarse *r.* 自我［行］管理；自治

autoadulación *f.* 自赞，自我吹嘘

autoafirmación *f.* 〈心〉自我肯定；过分自信

autoaglutinación *f.* 自动［体］凝集作用，自聚

autoagresión *f.* 自我伤害

autoaislarse *r.* 自我隔离；脱离，孤立（于⋯）

autoajustable *adj.* 自动调节［调整］的

autoajuste *m.* 自动调节［调整］

autoalarma *f.* ①汽车防盗报警器；②自动报警（器，信号，装置，接收器）

autoalimentación *f.* ①〈信〉自（动输）给，自（行）馈（送）；②自动进给［供料］
  ～ de hojas 〈信〉自动进纸

autoalineamiento *m.* 自（动）调整［照准］，自定位

autoamortizable *adj.* （可）自偿的，能自行生息偿还的
  deuda ～ 自偿债务，自行生息偿还的债务
  financiamiento ～ 自偿性融资
  préstamo ～ 自动清偿贷款，自身能迅速生息还本的贷款

autoanálisis *m.* 自我（心理）分析

autoanalítico,-ca *adj.* 自我（心理）分析的

autoanalizador *m.* 〈化〉自动分析仪［器］

autoanticomplemento *m.* 〈生〉自体抗补体

autoanticuerpo *m.* 〈生〉自身［体］抗体

autoantígeno *m.* 〈生化〉自身抗原

autoantitoxina *f.* 〈生化〉自身抗毒素

autoaprendizaje *m.* 〈教〉自学

autoaprovisionamiento *m.* 自给自足

autoarrancador *m.* 自（动）启动器［机］

autoarranque *m.* ①自（动）启动；②〈电〉自举（电路）；③〈信〉（计算机）引导（程序）；自展
  ～ en caliente/frío 热/冷引导；热/冷启动

autoasegurado,-da *adj.* 自办保险的，自保的
  ‖ *m. f.* 自办保险人，自保人

autoaseguro *m.* 自办［自行］保险，自保

autoavalúo *m.* 自行评估；自行估税

autoayuda *f.* 自助，自立；自强不息

autobalanza *f.* 自动平衡（器）

autobarredora *f.* 街道清扫车

autobasculante *m.* 自动倾卸［卸料，卸载］

autobasidiomicetos *m. pl.* 〈植〉单孢担子菌群

autobias *m.* 自动偏移；自（给）偏（压），自偏差

autobiología *f.* 个体生物学

autobloqueante *adj.* 自（动）锁（定，合）的
  tuerca ～ 自锁螺母

autobomba *f.* 救火机［车］

autobote *m.* 汽艇［船］

autobús *m.* 公共汽车，公交车
  ～ abierto 敞篷公共汽车
  ～ de dos pisos 双层公共汽车
  ～ de línea 长途汽车
  ～ escolar 校车
  ～ para partidas de campo 游览公共汽车
  ～ transformable （折合式）敞篷公共汽车

autocamión *m.* 载重［运货］汽车，（大）卡车

autocar *m.* 游览汽车；大客车
  ～ de línea 长途汽车；城际汽车

autocaravana *f.* （有烹调和住宿设备的）野营车；（供宿营、旅游等用的）旅宿汽车

autocarga *f.* 自动装卸［装货］；自动装填

autocargador,-ra *adj.* 〈机〉自动装卸的
  ‖ *m.* 自动装载［运，卸］机，自动装卸车；自动装填器，自动送料机
  camión ～ 自（动装）卸卡车

autocarril *m.* 轨道机动车，（柴油机）轨道车

autocartógrafo *m.* 自动测［制］图仪

autocatálisis *f.* 〈化〉自动［身］催化（作用）

autocatalítico,-ca *adj.* 〈化〉自（动）催化的

autocateterismo *m.* 自插导管

autocebado *m.* 再启动，重新启动［发动］

autocensura *f.* 自我约束，自律

autocentrador *m.* 自动定心卡盘

autocine *m.* 〈电影〉"免下车"电影院，汽车电影院

autocirculación *f.* 自动循环

autocitolisina *f.* 〈生化〉自溶素

autocitolisis *f.* 〈生〉自身溶解；自溶（作用，现象）

autoclasis *f.* 自身破坏；自裂

autoclástico,-ca *adj.* 自碎的

autoclausurante *adj.* 自闭（合）的，自接通的

autoclave *f.* ①〈工〉热压［蒸压，压热］器；（橡胶工业用）立式硫化罐；②（烹饪用）压力［高压］锅；③高压灭菌器；〈医〉高压消毒［灭菌］锅

autocodificador *m.* 〈信〉自动编码器

autocohesor *m.* 自动粉末［凝屑］检波器

autocoide *m.* 〈生理〉自体激素

autocolimación *f.* 〈理〉自（动）准直；自动对［视，照］准

autocolimador *m.* 自动准直［照准，瞄准］仪，自动准直管，（自）准直望远镜

autocolimático,-ca *adj.* 自准的

autocompasión *f.* 〈心〉自怜

autocompatible *adj.* 〈植〉自花授粉的，自交亲和的

autocompensación *f.* 自动补偿

autocomprobación *f.* 〈信〉自动测试（程序）

autocondensación *f.* 〈化〉自冷凝；自缩合作

用

autoconducción *f.* ①〈理〉自动传导，自感（应）；②〈医〉自体导电法

autoconservación *f.* 〈生〉（生物体的）自我保存；自我保护

autoconsumo *m.* ①本单位消费，自产自给；②自身耗费；私［个］人消费（食品）

autocontainer *m. ingl.* 汽车集装箱

autocontestador *m.* 自答器

autocontrol *m.* ①自动控制［操纵］；②〈信〉自动检索，自检；③（持有本公司股票以加强对公司的）自我控制；④自（我控）制（能力），自我克制

autoconvección *f.* 〈气〉自（动）对流

autoconvertidor *m.* 〈电〉自耦变压器；自动变换器

autocopia *f.* ①复印；②复印件［品］

autocopista *f.* 复印机

autocorrección *f.* 自动校正

autocorrelación *f.* 〈统〉自相关（作用）；自动交互作用

autocrítica *f.* 自我批评［检讨］；自我反省

autocrítico,-ca *adj.* 自我批评［检讨］的；自我反省的

autocromía *f.* 〈摄〉彩色摄影

autocromo,-ma *adj.* 〈摄〉（有）彩色的；彩色照相的 ‖ *m.* ①彩［天然］色照相［胶片］，彩色照［底］片，投影底片；②奥托克罗姆微粒彩屏干板（早期彩色摄影用）

autocross *m. ingl.* 汽车竞技运动，汽车越野赛

autóctono,-na *adj.* ①土生的；②〈地〉原地（生成）的；本处发生的；③本［当］地的，本土的 ‖ *m.* ①〈地〉原地岩；②〈生〉乡土种，土著种［生物］
productos ～s 土产，土特产

autocue *m. ingl.* 电子提词机（为电视讲话人或演出者逐行映出词句的装置）

autocuración *f.* 自我治疗

autodecisión *f.* 自我决定；自决［主］

autodefensa *f.* ①自卫；②〈法〉正当防卫

autodefinición *f.* ①〈信〉自定义；②（对自身天性及基本素质的）自我界定；（团体成员对其团体性质的）自我定义
caracteres de ～ de usuario〈信〉用户自定义字符

autodepuración *f.* ①自然净化；自我净化；②〈环〉自净能力（水体清除自身污染物的能力）

autodescargador,-ra *adj.* 自动卸载的
barco ～ 自动卸载船

autodescomposición *f.* 〈化〉自分解

autodestrucción *f.* ①自毁艺术（一种机械装置，能自行毁坏的艺术形式）；②自毁（尤指自杀）；自毁作用

autodestructivo,-va *adj.* ①自毁［杀］的；②反应自杀欲望的

autodeterminación *f.* ①自决［主］；②民族自决（权），独立自主

autodiagnosis *f.* 〈医〉自诊（断）

autodidáctica *f. Chil.* 自学［修］

autodidáctico,-ca *adj.* 自学［修］（者）的；靠自学获得的 ‖ *m.* 自学者，自修者

autodidactista *adj. Chil.* 主张［提倡］自学［自修］的 ‖ *m. f.* 主张［提倡］自学［自修］者

autodidacto,-ta *adj.* 自学［修］的 ‖ *m. f.* 自学［修］者

autodidaxia *f.* ① *Amér. L.* 自学能力；② *Chil.* 自学［修］

autodiferenciación *f.* 〈生〉〈医〉自主分化；自体分化

autodifusión *f.* 〈化〉自（行）扩散（作用）；自弥漫

autodigestión *f.* 〈生〉〈医〉自体消化；自（身）溶（解）

autodino,-na *adj.* 〈电子〉自差的；自拍的 ‖ *m.* ①〈电子〉自差；自拍；②自差接收器［收音机］；③自差接收电路，自激振荡电路
circuito ～ 自差［自拍］电路
oscilador ～ 自差振荡器
radio ～a 自差式接收［收音］机
recepción ～a 自差接受法

autodireción *f.* 自我指导，自主

autodisciplina *f.* 自律，律己；自我约束

autodisciplinado,-da *adj.* 有自我约束力的，能律己的

autodisparador *m.* 〈摄〉自拍装置

autodominio *m.* ①〈心〉自（我控）制（能力），自我克制；②〈机〉自动控制［操纵］

autodosificación *f.* 自动投配［配料］

autódromo *m.* ①赛车场［路］；汽车赛跑道；②〈理〉（共振加速器中的）粒子轨道

autoecología *f.* 〈生态〉个体生态学

autoedición *f.* 〈信〉桌面印刷出版（指利用专用计算机软件和打印机设计、编排和打印手段进行书籍和杂志的印刷出版）

autoeducación *f.* 〈教〉自我教育

autoelevador *m.* 〈机〉汽车起重机，汽车吊 ‖ ～a *f. Cono S.* 叉［铲］车

autoemisión *f.* 自动发射

autoempleo *m.* 自己［个体］经营

autoencendido *m.* 〈机〉（发动机）自动点火；自点火

autoenclavador,-ra *adj.* 自（动）锁（定，合）的

perno ～ 自锁螺栓

autoendurecedor,-ra *adj.* 自(动)硬(化)的，(空)气硬(化)的

autoenfriamiento *m.* 自(然,行)冷(却)

autoengrasador *m.* 自动润滑器

autoensamblaje *m.* ①〈生化〉自发聚合；②自动装配;(顾客)自组装(尤指家具)

autoepidérmico,-ca *adj.* 自体表皮的
injerto ～ 自体表皮移植片

autoepilación *f.* 〈医〉毛发自落

autoequilibrador,-ra *adj.* 自动平衡[补偿]的

autoerótico,-ca *adj.* ①〈医〉自体性行为的,手淫的；②〈心〉自我意淫的

autoerotismo *m.* ①〈医〉自体性行为,手淫；②〈心〉自我意淫

autoescuela *f.* 汽车驾驶学校

autoestanco,-ca *adj.* 自(动)封接[密封]的,自(动,身)封闭的

autoestop *m.* 搭车[乘];乘免费车

autoestopista *m.f.* 搭便车旅行者;免费乘车者

autoesteril *adj.* ①〈动〉自体不育的；②〈植〉自花不稔的

autoesterilidad *f.* ①〈动〉自体不育性；②〈植〉自花不稔性

autoesterilización *f.* 〈医〉自体灭菌

autoestimulación *f.* ①〈医〉自体刺激；②〈心〉自我刺激;自慰

autoestrada *f.* 高速公路

autoestudio *m.* 自学

autoevaluación *f.* ①自我估价;〈教〉自我评[鉴]定；②〈经〉自行估税

autoexcitable *adj.* 〈电〉自励的,自激的

autoexcitación *f.* 〈电〉自激(发,励);自励(磁)

autoexcitador,-ra *adj.* 〈电〉自励的,自激的 ‖ *m.* 自励发电机

autoexploración *f.* ①自我探测(对自己精神和智力上潜在能力的省察和分析)；②反省；〈医〉自我检查

autoexposición *f.* 〈摄〉(曝光时间)自动调节装置

autoexpresión *f.* 自我表现,个性表现

autoextinción *f.* 自猝(熄,灭),自(熄)灭

autofagia *f.* ①〈生〉(细胞的)自体吞噬；②自体消瘦

autofagosoma *m.* 〈生〉自噬体;自(体)吞噬体

autofarmacología *f.* 自体药理学

autofecundación; autofertilización *f.* ①〈植〉自株传粉;自花受精；②〈动〉自体受精

autofelicitación *f.* 自我庆幸,沾沾自喜

autofermentación *f.* 自发酵(作用)

autoferro *m. Amér. L.* 有轨机动车

autofiltrador,-ra *adj.* 自滤的,内部过滤的

autofinanciable; autofinanciado,-da *adj.* ①自筹资金的,自我集资的；②(能)自动清偿的

autofinanciación *f.*; **autofinanciamiento** *m.* 资金自给[筹],自供资金

autofinanciar *tr.* 为…自筹资金

autofita *f.* 〈植〉自养植物

autoflash *m. ingl.* 〈摄〉自动闪光

autofocador *m.* 〈摄〉自(动)聚焦器

autofoco; autofocus *m.* 〈摄〉(照相机等的)自动聚焦装置;自动对光装置

autofonía *f.* 自听增强

autofonomanía *f.* 自杀狂

autoformación *f.* 自我培训,自学

autofundente *adj.* 〈冶〉自(助)熔的

autogamia *f.* 〈植〉自花受精

autogámico,-ca *adj.* 〈植〉自花受精的
flor ～a (可)自花受精花

autógena *f.* 焊接

autogeneración *f.* 〈生〉自生,自己发生

autogenerador,-ra *adj.* 〈生〉自生的,自己发生的

autogenésico,-ca *adj.* 〈生〉无生源说的;自生[然,成]的

autogénesis; autogenia *f.* 〈生〉无生源说,自然[自发]发生说

autogenético,-ca *adj.* 自主的

autógeno,-na *adj.* ①自生的;自然发生的；②气焊的,自熔的；③〈医〉自体[身]的
corte ～ (乙炔)气割,氧炔熔化
ignición ～a 自燃,自动着火
soldadura ～a 气[乙炔,熔融]焊

autogestión *f.* ①自行管理；②工人管理企业,工人自治

autogiratorio,-ria *adj.* 〈医〉自旋的
marca ～a 自旋标记

autogiro *m.* ①〈航空〉(自转)旋翼(飞)机；②自动陀螺仪

autografía *f.* ①自动描绘[记录]；②(按手稿影印)真迹版；③〈印〉真迹复制术；④亲笔(签名,书写)

autogrúa *f.* 汽车起重机

autohemólisis *f.* 〈医〉自血溶解;自溶血

autohemoterapia *f.* 〈医〉自血疗法

autoheterodino *m.* ①自差线路(收音机)；②〈电子〉自差

autoheteroploide *m.* 〈医〉同源异倍体

autohipnosis *f.*; **autohipnotismo** *m.* 自我催眠行为[状态]

autoignición *f.* 〈机〉自动着[点]火;自燃

autoimpedancia *f.* 〈理〉自[固有]阻抗

autoimpuesto,-ta *adj*. 自己强加的,自愿承担的

autoincompatible *adj*. 〈植〉自交不亲和的

autoinculpación *f*. 〈法〉自证其罪(在刑事案件中作不利于自己或有可能使自己受到刑事起诉的证言)

autoinculparse *r*. 〈法〉自证其罪

autoinducción *f*. 〈电〉〈理〉自(动)感(应),自感应

autoinducido,-da *adj*. ① 自己导致的;② 〈电〉自感(应)的

autoinductancia *f*. 〈电〉自感

autoinductivo,-va *adj*. 〈电〉自(动)感(应)的

autoinductor *m*. 〈电〉自感线圈,自感(应)器

autoinfección *f*. 〈医〉自身感[传]染;内源性感染

autoinflación *f*. 自动充气[膨胀]

autoinflamación *f*. 自燃

autoinfligido,-da *adj*. ①加于自身的;②自己强加的,自愿承担的

autoinjerto *m*. 〈医〉自体移植物[片]

autoinmune *adj*. 〈生医〉自身免疫的
　　anticuerpo ～ 自身免疫性抗体
　　enfermedad ～ 自身免疫病
　　respuesta ～ 自身免疫应答

autoinmunidad *f*. 〈生医〉自身免疫性

autoinmunitario,-ria; autoinmunológico,-ca *adj*. 〈生医〉自身免疫的

autoinmunización *f*. 〈生医〉自身免疫(法);自身免疫作用

autoinoculable *adj*. 〈医〉可自体[身]接种的

autoinoculación *f*. 〈医〉自体[身]接种

autointerferencia *f*. 自身干扰

antointoxidación *f*. 〈医〉自身[体]中毒

autoinyectable *adj*. 可自我注射的(药剂)(如胰岛素等)

autoionización *f*. 〈理〉自电离;自体电离(作用)

autolavadora *f*. ①〈机〉自动洗衣[洗涤,擦洗]机;②洒水车

autolimitación *f*. 自我[自愿]限制,自限

autolimpiable *adj*. 自动清洗的,自行净化的;自洁式

autolimpiador *m*. 自动清洁器

autolisina *f*. 〈生化〉自溶素

autólisis *f*. 〈生〉自身溶解;自溶(作用,现象)

autolítico,-ca *adj*. 〈生〉自溶的

autolitografía *f*. 〈印〉直接平板印刷法

autolitográfico,-ca *adj*. 〈印〉直接平板印刷法的,用直接平板印刷法印刷的

autolitógrafo *m*. 直接平板画

autollamada *f*. 〈讯〉自动(拨)号盘

autólogo,-ga *adj*. 〈生〉(从)自身(取得)的;自体[身]的
　　anticuerpo ～ 自体抗体
　　injerto ～ 自体移植物
　　transfusión ～a 自体输血

autoluminescencia *f*. 〈理〉自发光

autoluminoso,-sa *adj*. 〈理〉自发光的

automación *f*. 〈技〉①(机械、生产过程等的)自动化(技术);②(利用机械或电子装置的)自动操作

autómata *f*. ①自动售货机;②〈信〉(计算机的)自动装置;自动控制装置;机器人;③自动机;自动玩具
　　～ industrial 工业(用)机器人
　　teoría de ～s 自动化理论

automática *f*. ①自动学,自动化(技术);②机器人(学);③洗衣机;④自动武器,自动枪

automaticidad *f*. ①自动性;②自动化程度;③无意识性,机械性

automático,-ca *adj*. ①自动(机,化,操作,作用)的;②无意识的,机械的;③〈生理〉(肌肉动作等)自动的,不受意志支配的 ‖ *m*. ①〈机〉自动机械;自动变速装置;②〈电〉断路器,断路开关;③〈缝〉按扣;子母扣;按[撤]钮
　　ademán ～ 无意识动作
　　alimentador ～ 自动送[加,进]料器,自动进给装置,自给器
　　alza ～a (枪炮的)自动瞄准器
　　aparato vendedor ～ (自动)售货机
　　cambio de líneas ～ (计算机)自动换行
　　compensación ～a de bajos 自动偏压补偿
　　computadora ～a 电子[自动]计算机
　　con cierre ～ 自闭(合),自接通
　　con descarga ～a 自卸
　　con extinción ～a 自猝(熄,灭),自(熄)灭,自淬(火)
　　con limpieza ～a 自动清洗,自行净化
　　control de volumen ～ 自动音量[容积]控制
　　de nivel ～ 自动找[校,调]平
　　engrasador ～ 自动加[注,给]油器
　　estabilizador ～ 自动稳定器
　　lapidadora ～a 自动研磨机
　　lavadora ～a 自动洗衣机
　　perforadora de avance ～a 高速手压钻机
　　programación ～a 自动编制程序,自动程序设计
　　purgador ～ 凝汽阀[筒],阻汽排水阀
　　reaseguro ～ 自动续保

automatismo *m*. ①自动性,自动作用;②机械[本能]动作;(器官、肌肉等的)自动活动;③〈心〉〈医〉自动症(如梦游);不自觉动作

~ psíquico 精神自动症

automatización *f.* 自动化

~ administrativa 管理自动化

~ de fábrica 工厂自动化

~ de oficina 办公自动化

~ de proceso tecnológico 工艺过程自动化

automatizado,-da *adj.* 自动化的,自动操作的

administración ~a 自动化管理

transferencia ~a (用计算机)自动转账

automatógrafo *m.* ①〈医〉自动性运动描记器(用来记录手和手臂的不自觉动作);②点火检查示波器

automercado *m.* 无人售货商场;超级市场

automesia *f.* 〈医〉自(发性呕)吐

autometamorfismo *m.* 〈地〉自变质作用

automezclador *m.* 〈机〉汽车式拌和机,混凝土拌和车

automicrómetro *m.* 〈技〉自动千分尺

automixia *f.* 〈生〉自体融合

automoción *f.* ①(公路)运输;②汽车(业);③(汽车)机械学

gasóleo de ~ 汽车用柴油

industria de la ~ 汽车(制造)工业

automodulación *f.* 〈讯〉自调制

automonitor *m.* 〈技〉自动(程序)监控器[仪];自动监测器

automotor,-ra *adj.* ①自动(推进)的;机动的;②汽车的 ‖ *m.* ①机动轨道车;②柴油机火车,单节火车;③汽车

automotriz *adj.* 见 automotor(用于修饰阴性名词)

industria ~ 汽车制造业

lancha ~ 机动船[座艇]

traílla ~ 拖拉机式铲运机

automóvil *adj.* ①自动(推进)的;②汽车的 ‖ *m.* (小)汽车;自动[机动]车;车辆

~ blindado 装甲车

~ de alquiler 出租汽车

~ de cambio automático/mecánico 自动/手动挡汽车

~ de carreras 竞赛用汽车

~ de choque (游乐场等的)电动小汽车;碰碰车

~ de importación 进口[外国]汽车

~ de paseo 游览车,旅行汽车

~ de plaza (定点)出租车

~ de remolque 拖车

~ de segunda mano 二手车,旧车

~ de socorro 救护车

~ de todo andar 双门(敞)篷车,(活顶)跑车,双门敞篷轿车

~ de turismo 旅游[行]车

~ eléctrico 电(动汽)车,电动车辆;电气汽车

~ en circulación 营运[通行]车辆

~ pequeño 轻便货车[小汽车]

camión ~ 运货[载重]汽车,卡车

automovilismo *m.* ①汽车运输;②赛车运动

~ deportivo 赛车运动

automovilista *m. f.* ①汽车驾驶员;驾驶汽车者;②赛车运动员

automovilístico,-ca *adj.* 汽车的

accidente ~ 车祸

carrera ~a 汽车竞赛

industria ~a 汽车工业

automutilación *f.* 〈医〉自残

automutilarse *r.* 〈医〉自残,使自己残缺;毁伤自己肢体

autonarcosis *f.* 自我麻醉[催眠]

autonetics *m. ingl.* 自动控制学

autonivelador *m.* 〈机〉自动平地机

autonomía *f.* ①自治;自治权;②自主(性)自主权;③〈海〉〈航空〉续航力,航程;④(电池)使用时间

~ de vuelo 飞机续航力

~ económica 经济自主[自治]

~ en el trabajo 工作自主权

~ en la gestión 经营[管理]自主权

~ universitaria 大学自治权

autonómico,-ca *adj.* ①自治的,自己管制的;自主的;②〈解〉自主的;③〈生理〉(影响)植物性神经系统的;受植物性神经系统控制的,不受意志支配的;④〈植〉由内部原因引起的,自发的

centro ~ 植物性神经中枢

droga ~a 影响植物性神经系统的药物

fibra ~a 〈解〉自主纤维

movimiento ~ 〈植〉自发运动

autónomo,-ma *adj.* ①自治的;(享)有自治权的;独立自主的;②〈解〉〈医〉自主的;③〈信〉能独立操作的;④〈生〉独立存在的,自发的;⑤〈生理〉(影响)植物性神经系统的;受植物性神经系统控制的,不受意志支配的;⑥〈植〉由内部原因引起的,自发[动]的;⑦自己经营的

empresa ~a 自主企业

inversión ~a 自主投资

nervio ~ 〈解〉自主神经

respiración ~a 〈解〉〈医〉自主呼吸

sistema económico ~ 自治经济制度

trabajo ~ 自己[个体]经营

vejiga ~a 〈解〉〈医〉自主性膀胱

autooscilación *f.* 〈电子〉自激振荡,自身振荡;自摆

autooscilador *m.* 〈电子〉自激振荡器

autooscilante *adj.* 〈电子〉自(激)振荡的,自身振荡的;等幅振荡的

autooxidación *f.* 〈化〉自(动,身,行)氧化;自氧化作用

autopalpación *f.* 自我触摸

autoparásito *m.* 〈植〉自动寄生(植)物,自身寄生物

autoparlante *m. Amér. L.* 高音喇叭

autopartenogénesis *f.* 〈动〉自体孤雌生殖;人工单性生殖

autopatía *f.* 〈医〉自发病

autopegado,-da *adj.* ①自动封闭的;自(动)密封[封接]的;②(信封等)压合封口的

autopista *f.* 高速公路
~ de la información (~ informática) 信息高速公路
~ de peaje 收费高速公路;收税关卡
~ perimetral 环行道路[公路];辅助道路

autoplasmoterapia *f.* 〈医〉自体血浆疗法

autoplastia *f.* ①〈医〉自体移植术,自体形成术;②〈心〉自体适应性

autoplástico,-ca *adj.* 〈医〉自体移植的;自体形成术的
transplantación ~a 自体移植(术)

autoplasto *m.* 〈医〉自体移植物

autópodo *m.* 〈动〉肢身

autopolar *adj.* ①自配极的;②〈电子〉自动极性变换的
tetraedro ~ 自配极[自共轭]四面形

autopolarización *f.* 〈理〉自动偏移

autopolimerización *f.* 〈生化〉〈医〉自动聚合(作用);自多聚作用

autopolimero *m.* 〈生化〉〈医〉自动聚合物;自多聚物

autopolinización *f.* 〈植〉自花传粉(植物用自己的花粉传粉)

autopoliploide *f.* 〈生〉〈遗〉同源多倍体

autopotencial *m.* ①〈理〉自(位)势;②〈电〉(然电)位

autopregunta *f.* (对行为或动机的)反省,扪心自问

autopreservación *f.* 〈环〉〈生〉(生物体的)自我保存;自我保护

autoprobante *adj.* 自测试的 ‖ *m.* 自测试

autoprofesor *m.* 〈信〉(装有计算机以自动配合学生学习进度的)教学机器

autoprogramable *adj.* 〈信〉(可)自动编制程序的
ordenador ~ 自动编制程序计算机

autopropulsado,-da *adj.* ①自动[力]推进的;(车等)自行驱动的;②自走(式)的,自行[运]的;(炮、火箭发生器等)车载的

cohete ~ 自推进火箭

autopropulsión *f.* (火箭等的)自动[力]推进

autopropulsor,-ra *adj.* ①自力推进的;(车等)自行驱动的;②自走(式)的,自行[运]的;(炮、火箭发生器等)车载的 ‖ *m.* 自动[力]推进器

autoprotección *f.* ①自我防[保]护,自卫;②自体防御(作用)

autoprotectivo,-va *adj.* 自我保护的,自卫的

autopsia *f.* ①〈医〉(为了查明死因而作的)尸体剖验[解剖];验尸;②(对事件等的)剖[分]析;③实地观察,亲身勘察

autopurificación *f.* ①〈环〉自然净化;②自我净化
~ acuática 水体自净
~ ambiental 环境自净

autor,-ra *m. f.* ①(作品等的)作者[家],著作者;②(思想、计划等的)倡议者,创造[作]者;创始人[者];③〈法〉罪犯;主犯

autoridad *f.* ①权力[限],职[代理]权;②当局,官方;管理局;③(学术)权威,泰斗,大[专]家
~ académica 学术权威
~ calificada[competente] 主管当局,职能机构
~ de agencia 代理权
~ de control 监控权
~ de sanidad 卫生当局
~ en economía 经济学权威
~ fiscal 税务(当)局
~ para firmar 签字授权
~ para pagar 付款授权
~ portuaria 港务局
~ superior 上级机关
~ vertical 垂直授权

autorizado,-da *adj.* ①核准的,许可的,特许的;②授权[批准,委托,认可]的;③有权威的,官方的;④规[指]定的
agente ~ 法定代理人
contador público ~ 注册会计师
precio máximo ~ 最高限价
presión ~a 容许[规定,极限]压力

autorradar *m.* 〈理〉〈机〉自动跟踪雷达

autorradio *f.* 车(用)收音机

autorradiografia *f.* ①〈生医〉〈医〉放射自显影(术,法);②自动射线照相术,射线自显迹法

autorradiográfico,-ca *adj.* ①〈生医〉〈医〉放射自显影的;②射线自显影的

autorradiógrafo *m.* 〈生医〉〈医〉放射自显影照片;②射线自显迹

autorradiograma *m.* ①自动射线照相[摄影];②放射自显影图

autorrealización *f.* 自我实现(指自我潜能的充分发挥)

autorrealizacionismo *m.* 自我实现论

autorreducción *f.* 〈化〉自动还原

autorregresión *f.* 自回归

autorregresivo,-va *adj.* 自回归的
transformación ～a 自回归转换

autorregulable *adj.* ①(可)自动调节[整]的；②自我调节[整]的
sistema ～ (可)自动调节体系

autorregulación *f.* ①〈机〉自动调节[整,准]；②〈环〉〈生〉自体[身]调节；③(经济、企业等的)自我调节[整]；自我管理(某一产业或行业的成员单位通过相关产业或行业协会对各自商业行为进行统一管理)

autorregulador,-ra *adj.* 〈机〉〈技〉自动调节[整]的

autorrespuesta *f.* 〈信〉(电子邮件)自动回复

autorretrato *m.* ①自画像；②自我描述

autorreverse *m.* (盒式磁带上的)自动倒带装置

autorriel *m. Amér. L.* 〈铁路〉(单节)机动有轨车

autorrotación *f.* ①〈航空〉(旋翼不借机动力的)自转；②〈航空〉(飞机的)无控自旋；③自动旋转

autosalvaguardia *f.* 〈信〉自动保存

autosaturación *f.* 〈化〉〈理〉自饱和

autoseguro *m.* 自行[办]保险，自保

autosensación *f.* 〈医〉自体感受

autosensibilización *f.* 〈医〉自身[体]致敏(作用)，自敏化

autosepticemia *f.* 〈医〉自体败血症

autoseroterapia *f.* 〈医〉自体血清疗法

autoservicio *m.* ①(餐馆,商店等的)自我服务,自助；自我服务部；②自助餐馆[饭店]；③自选商场[店]

autosincronización *f.* 自动同步,自(动)整步

autosincronizante; autosincrono,-na *adj.* 自(动)同步的
motor ～ 自同步电动机

autosoma *m.* 〈生〉常染色体

autosomal *adj.* 〈生〉常染色体的
gene ～ 常染色体基因

autosostenido,-da *adj.* ①自撑的；自承的；②自立[给]的；自力更生的
desarrollo ～ 自立发展

autosostenimiento *m.* 自力更生

autospora *f.* 〈生〉〈植〉自体孢子；似亲孢子

autostilia *f.* 〈动〉自接型

autostop *m.* 搭车[乘]；乘免费车
viajar en ～ 搭便车旅行

autostopista *m. f.* 搭便车旅行者；免费乘车者

autosuficiente *adj.* ①自给自足的；②〈信〉能独立操作的(计算机)；独立的
búsqueda ～ de texto 〈信〉全文本检索；全文检索
economía ～ 自给自足经济

autosugestión *f.* 〈心〉自我暗示

autosupervisión *f.* 〈信〉(计算机)自动检查(程序)
～ electrizada 开[通]电自检

autotanque *m.* 油[水]槽车,运液体汽车

autotecleo *m.* 〈信〉①自动键；②自动重发

autotécnica *f.* 汽车工程

autotécnico *m.* 汽车工程师

autotemplable *adj.* ①〈技〉〈冶〉(可)自身回火的；②(可)自动硬化的

autoterapia *f.* 〈医〉自(体)疗(法)

autotermostato *m.* 自动恒温箱

autotetraploide *m.* 〈生〉同源四倍体

autotipia *f.* ①复[影]印,复[影]印品；②复制品；摹真本；③真迹复制法；影印术,照相印刷术

autotolerancia *f.* 〈生〉自身耐受性

autotomía *f.* ①自动分裂；②〈动〉自切[割,截]；③*Amér. L.* 自我伤残

autotoxina *f.* 〈生医〉自体毒素

autotransformador *m.* 〈电〉自耦[单卷]变压器

autotransfusión *f.* 〈医〉自体输血(法)(即把病人的血存储起来供手术时再输回其体内)
～ postoperatoria 术后自体输血

autotransmisor *m.* 自动传送机,自动发报机

autotransplantación *f.* 〈医〉自体移植(物)(从自体移植的组织或器官)

autotransplante; autotrasplante *m.* 〈医〉自体移植物

autotransporte *m.* 汽车运输

autotrofia *f.* 〈生〉①自养(作用)；②自养性营养

autotrófico,-ca *adj.* ①〈生〉自养的；②靠无机物质生存的
bacteria ～a 自养菌
nutrición ～a 自养性营养
sucesión ～a 自养演替

autótrofo,-fa *adj.* 〈环〉〈生〉靠无机物质生存的,自养的 ‖ *m.* ①〈生〉靠无机物质生存的生物；②自养生物

autotropismo *m.* ①〈生〉自养；②〈植〉向自性

autovacuna *f.* 〈医〉自身菌苗；自身疫苗

autovacunación *f.* 〈医〉自身[体]菌苗接种,自体接种

autovacunoterapia *f.* 〈医〉自身[体]疫苗疗法

autovaloración *f.* 自行评估[价]；自行估税

autoventa *f.* 驾车巡回销售

vendedor ～ ①驾车巡回销售员；②（美国）旅行推销员

autoverificación *f.*〈信〉（计算机）自动检查［验］

～ de funcionamiento 开机自检(POST)

autoverificante *adj.*〈信〉（计算机）自动检查［验］的

autovía *f.*〈交〉①主［干］道；州际高速公路；②（单节）火［机动轨道］车

～ de circunvalación 环行道［公］路，辅助道路

autovivienda *f.*（拖车式）活动房屋；活动住房；拖车屋（永久固定于某处作为居所的大拖车）

autovolquete *m.*〈工程〉〈机〉自动倾卸［翻斗］车

autoxidable *adj.*〈化〉（可）自动氧化

autoxidación *f.*〈化〉自动氧化

autoxidador *m.*〈化〉自动氧化剂

autunita *f.*〈矿〉钙铀云母

auxanografía *f.*〈医〉生长谱法，生长谱测定（法）

auxanográfico,-ca *adj.*〈医〉生长谱的

auxanograma *m.*〈医〉生长谱

auxanómetro *m.*〈植〉生长计，植物生长过程测定器

auxesis *f.*〈生〉增大，发育；细胞增大性生长

auxético,-ca *adj.*（刺激）增大的，（刺激）发育的‖ *m.* 发育剂，生长刺激剂

auxiliar *adj.* ①辅助的，附属［加］的，副的；②〈教〉助理的，辅助的；③备用［份］的‖ *m.* ①辅［附］件，辅助设备；②账（簿）‖ *m.f.* ①助理，副［助］手；②〈教〉（大学）助教

～ administrativo 行政助理

～ de almacén 库存账

～ de cabina[vuelo]（客机上的）乘务员

～ de caja 助理出纳员

～ de clínica[enfermería] 助理护士

～ de contabilidad 助理会计

～ de conversación（大学）会话助教

～ de proveedores 购货簿，购货分类账目

～ especial 特别助理

～ manual 手抄账

～ técnico〈体〉教［训］练员，教练

aire ～ 辅助［补给］空气

batería ～ 备用［辅助］电池

circuito ～ 辅助电路

ecuación ～ 辅助方程

equipamiento ～ 辅助［外围］设备

instalación ～ 辅助设备［装置］

mineral ～ 副矿物

operación ～ 辅助操作

tanque ～ 副油箱

válvula ～ 旁通[分流,回流]阀

auximona *f.*〈生化〉发育激素

auxina *f.*〈生化〉〈植〉植物生长素；植物激素

auxocito *m.*〈生〉生长细胞；性母细胞

auxocromo *m.*〈化〉助色团

auxoespora *f.*〈动〉复大孢子

auxógrafo *m.* 体积变化（自动）记录器；生长记录器

auxometría *f*〈医〉透镜放大率测定

auxométrico,-ca *adj.*〈医〉透镜放大率的

auxómetro *m.*〈医〉透镜放大率计

auxotrófico,-ca *adj.*〈生〉有营养缺陷的

mutación ～a 营养缺陷型突变

auxotrofo,-fa *adj.*〈生〉营养缺陷型的

mutante ～〈遗〉营养缺陷型突变体

auyama *f. Amér. L.*〈植〉①葫芦；②南瓜

avalancha *f.* ①〈理〉（电子，离子）雪崩（效应）；②雪［山］崩，崩落［坍］

～ de E/S〈信〉热输入/出

avalista *m.f.*〈商贸〉背书人；担保人，保证人

avancarga *f.*〈军〉前装式（枪炮）

cañón de ～ 前装炮

avance *m.* ①前进，进展［步，程］，成就；②提前（量，角，点火），超前［前置］（量）；③〈机〉进（给，入，刀，料）；馈（给，送）；馈（电）；④余面；⑤〈商贸〉预［支］付（款项），垫款；⑥〈电影〉预告片；⑦〈商贸〉预［估，结］算；⑧〈医〉喂食；⑨电导线

～ a mano 人工进[加]料，人工馈送

～ al encendido 提前点火

～ automático 自动送料［送卡，进料，走刀］

～ de fase 相位超前

～ de la admisión 外[进气]余面

～ de línea（计算机）换[移]行；进行

～ de página（计算机）打印式输送；格式馈给

～ de peso 重力给料，自流喂送（装置）

～ de profundidad 横向进给（磨削）

～ del encendido 点火提前

～ del escape 内[排气]余面

～ del trabajo 工作进度

～ en profundidad 横切[进给]，横向进磨

～ fijo 恒定超[提]前

～ informativo（报刊的）首页标题新闻

～ longitudinal 纵向送进，平行进[馈]给

～ manual de una herramienta 人工馈送

～ por piñón y cremallera 齿条齿轮传动

～ radial 径向进[馈]给

～ transversal 横向送进，交叉进[馈]给，交叉馈[供]电

～s tecnológicos 技术进步［成就］

caja de los engranajes de ～ 进给[走刀,进刀]箱

cremallera de ～ 进给齿条

tornillo de ～ 推动螺杆,导(螺)杆

tornillo de accionamiento del ～ 进料[给]螺杆

avantrén *m.* 〈军〉(拖火炮和弹药车辆的)前车

avanzada *f.* 〈军〉先头[遣]部队,尖兵,前哨[卫]

avanzadilla *f.* 〈军〉①巡逻队;巡逻艇[机]队;②先头[遣]部队,尖兵,前哨[卫]

avanzo *m.* ①〈商贸〉概[预]算;②资产负债表,借贷对照表

avariosis *f. inv. Amér. L.* 〈医〉梅毒

avascular *adj.* 〈医〉无血管的

injerto ～ 无血管移植

avatar *m.* 〈信〉虚拟活动人像

Av.; **Avda.** *abr.* avenida 大街;林荫(大)道

ave *f.* 〈鸟〉鸟,禽; *pl.* 鸟类,禽类

～ acuática[acuátil] 水鸟

～ canora[cantora] 鸣鸟[禽]

～ casera[doméstica] 家禽

～ corredora 走禽(如鸵鸟)

～ de caza 猛禽

～ de coral 家禽

～ de cetrería 猎禽

～ de migración[～ migratoria] 候鸟

～ de paso (～ pasajera[peregrina, viajera]) 候鸟

～ de paraíso 极乐鸟(产于新几内亚)

～ de presa[rapaz, rapiña] 猛禽;掠夺性鸟(杀死并食用动物的食肉性鸟)

～ fósil 化石鸟

～ fría 田凫;凤头麦鸡

～ lira (澳洲)琴鸟

～ marina 海鸟

～ nocturna 夜(间出)行鸟(如夜莺、猫头鹰等)

～ palmípeda 蹼足鸟

～ trepadora 攀禽

～ zancuda 涉水鸟;涉禽

～s domésticas 家禽

av eff *abr. ingl.* average efficiency 平均效[生产]率

avefría *f.* 〈鸟〉田凫;凤头麦鸡

avellana *f.* 〈植〉榛;榛子

avellanado *m.* 埋头[锥口]孔

avellanador *m.* 〈机〉埋头[锥口,梅花]钻,尖底锪

avellanar *tr.* ①钻(埋头,锥口)孔,加工埋头[锥形]孔,加埋头孔于;尖底锪[扩]孔,锥形扩孔,锪锥形沉孔;②把(螺钉等)装入埋头孔

avellano *m.* 〈植〉榛树;榛子

avena *f.* 〈植〉燕麦

～ loca[morisca, silvestre] 野燕麦

avenadora *f.* 〈机〉撒[喷]砂机

avenal *m.* 〈农〉燕麦田

avenamiento *m.* 〈农〉(从农田、草地等处的)排水

tubo de ～ 排水管

avenencia *f.* ①协议;商妥;②〈商贸〉(一揽子)交易;③〈信〉(计算机)匹[相]配

aventador,-ra *adj.* 〈农〉风选[簸]的,扬场的,扬谷的 ‖ *m.* ①〈农〉干草叉;②〈乐〉音叉;③〈机〉鼓风机[器] ‖ *m. f.* 扬场[谷]者 ‖ ～**a** *f.* 〈农〉扬谷机;风选机

～ de cilindros 去[剥]壳机

máquina ～a 扬场机

aventadura *f.* 〈兽医〉(马脚踝的)关节软瘤

aventamiento *m.* ①〈农〉风选[簸],扬场;②送[通]风

aventurina *f.* ①〈矿〉砂金石(一种含铁的长石);②〈化〉金星玻璃

avería *f.* ①〈商贸〉损坏[伤,耗],破[残]损;海损;②〈机〉故障,失灵,停车[机];③〈集〉家禽

～ de motor 发动机失灵,停机

～ gruesa 共同海损

～ marina[marítima] 海损

～ particular[simple] 单独海损

～ por colisión de trenes 火车相撞损坏

～ por condensación 受热受潮损坏

～ repentina 意外停机

libre de ～s 共同海损及特殊海损均不赔偿(只在全船损失时才能要求赔偿)

libre de ～s particulares 单独海损不赔

liquidación de ～s 海损理算

localizador de ～s 障碍位置测定仪,探伤仪

pequeña ～ 单独海损

reglamento de ～s (共同)海损理算书

reparto de ～s 海损分摊

tasación ～a 海损理算

averiado,-da *adj.* ①受损的,损害的;(残,报)废的;②(临时)出故障的

～ por insectos 虫损

averío *m.* 〈鸟〉(饲养的)鸟,禽(总称)

averrugado,-da *adj.* ①〈植〉有[多]树瘤的;②有疣的

aversión *f.* 〈医〉厌恶

terapia de ～ 厌恶疗法

aversivo,-va *adj.* 〈医〉厌恶的

control ～ 厌恶控制;厌恶疗法

estímulo ～ 厌恶刺激

avestruz *m.* 〈鸟〉鸵鸟

～ de la pampa *Amér. M.* 三趾鸵鸟

política[táctica] de ～ 鸵鸟政策

avetado,-da *adj.* 〈矿〉有静[叶]脉的；显示出静[叶]脉的

avetoro *m.* 〈鸟〉麻鹮

aviación *f.* ①航空，飞行；②航空学，飞行术；③飞机制造业；④〈军〉空军；⑤飞机（尤指军用飞机）
~ civil[comercial] 民航
~ de batalla 战斗飞行
~ de combate 空军
~ de transporte 运输航空
~ supersónica 〈航空〉〈理〉超音速飞行
medicina de ~ 航空医学

aviador,-ra *m. f.* ①〈航空〉飞行员；航空兵；〈军〉空军(人员)；②飞机驾驶员；③领航[港]员；船员；④*And.,Cari.* 矿业出资人

aviatorio,-ria *adj. Amér. L.* 航空的；飞机的
accidente ~ 飞机失事[碰撞]

avícola *adj.* 养禽业的；家禽饲养业的 ‖ *f. Chil.* 家禽饲养场
granja ~ 家禽饲养场

avicultor,-ra *m. f.* 家禽饲养者

avicultura *f.* 养禽[鸟]业；养禽术

avidez *f.* 〈化〉亲和力，活动性；抗体亲抗原性

avifauna *f.* 〈鸟〉(特定地区、时间或环境内的)鸟类；②鸟类志

avifáunico,-ca *adj.* 〈鸟〉①鸟类的；②鸟类志的

avión *m.* ①〈航空〉飞机；航空[飞行]器；②〈鸟〉鱼燕；*Méx.* 紫崖燕
~ a[de] chorro 喷气式飞机
~ a[de] reacción(~ reactor) 喷气式飞机
~ ambulancia 救护(飞)机
~ anfibio 水陆两用飞机
~ automático 无人驾驶飞机
~ bimotor 双引擎飞机
~ biplaza 双座飞机
~ blanco 靶机
~ canard[pato] 鸭式飞机
~ cisterna 运油[空中加油]飞机
~ civil 民用机，客机
~ cohete 火箭飞机
~ comercial 民航机，商用飞机
~ de adiestramiento[prácticas](~ escuela) 教练机
~ de ala alta/baja 高/低翼飞机
~ de ataque 歼[强]击机
~ de bombardeo 轰炸机
~ de carga 运输机
~ de caza 驱逐[战斗]机，截[拦]击机
~ de combate[guerra] 战斗机
~ de correo(~ estafeta) 邮政(飞)机

~ de despegue vertical 垂直起飞飞机
~ de dos pisos 双层飞机
~ de escolta 护航飞机
~ de espía 间谍飞机
~ de fletamento 包租飞机，包机
~ de línea 班[客]机
~ de línea para vuelo a grandes altitudes 高空客机
~ de línea regular 定期班机
~ de pasajeros 客机
~ de reconocimiento 侦察机
~ de retropropulsión[propulsión a chorro] 喷气式飞机
~ de salvamento marítimo 海上救助[救援]飞机
~ de tráfico[transporte] 运输机
~ de turbopropulsor 涡轮螺旋桨飞机
~ embarcado 舰载飞机
~ estratosférico 同温层飞机
~ examotor 六引擎飞机
~ lanzatorpedos 发射鱼雷的飞机
~ ligero 轻型飞机
~ marino 海上航空器
~ militar 军用飞机
~ monoplaza de combate 单座战斗机
~ multiplaza 多座机
~ nodriza 空中加油(飞)机
~ para ataques nocturnos 夜袭机
~ para levantamientos fotográficos 摄影测量飞机
~ para transporte de tropas 部队运输机
~ para viajes diurnos 日间飞机
~ precursor 领航飞机，导航器
~ prototipo 样机，模型机
~ robot(~ sin piloto) 无人驾驶飞机，靶机
~ sanitario 救护飞机
~ sin cola 无尾(翼)飞机
~ sónico 音速飞机
~ subsónico 亚音速飞机
~ supersónico 超音速飞机
~ terrestre 陆上飞机
~ tipo biplano 双翼飞机
~ todo tiempo 全天候飞机
~ transónico 跨音[声]速飞机
indicador de inclinación transversal de un ~ (飞机)倾斜指示器

avión-blanco *m.* 靶机

avionazo *m. Méx.* 〈航空〉飞机失事[碰撞]

avionero *m. And.,Cono S.* 〈航空〉飞行员；航空兵

avioneta *f.* 〈航空〉小[轻]型飞机

aviónica *f*. 〈航空〉①航空学;飞行术;②航空电子学;航空电子技术;③航空电子控制系统

avionístico,-ca *adj*. 飞行的;乘飞行器(旅行)的
miedo ～ 害怕乘飞机(旅行)

avisador,-ra *m*. *f*. ①通报[报信,报告]者;通信员,信使;②告诫[劝告]者;告发者;③〈电影〉〈戏〉节目单销售员 ‖ *m*. ①(电,信号)铃,门铃;②(火警)报警器;③(厨房用)定时器;时计
～es de incendios 火警报警器
flotador ～ 警戒浮标

aviso *m*. ①〈商贸〉通知[告];布告;②告诫,警告;③〈航海,军事〉传令艇;④〈信〉提示(符);⑤*Amér. L.*〈商贸〉广告
～ al público 公告
～ clasificado 分类广告
～ de accidente 事故报告[通知]
～ de arribo ①货到通知单;②(船)抵港通知单
～ de averías 海损通知;损坏通知
～ de cancelación 注[撤]销通知
～ de embarque 装船通知
～ de envío 发货单[通知]
～ de expedición 发货通知,发货单
～ de falta de pago 拒付通知[单]
～ de licitación 招标通告[通知]
～ de mora 延误通知,拖欠通知
～ de quiebra 破产通告
～ de ratificación 批准通知(书)
～ de reclamación 索赔通知书
～ de renovación 转期通知书
～ de temporal[tormenta] 风暴警报

avispa *f*. 〈昆〉黄[胡]蜂

avispón *m*. 〈昆〉大黄[胡]蜂

avitaminosis *f*. 〈医〉维生素缺乏(症);营养缺乏病

avivador *m*. 〈建〉槽[凹]刨

avoceta *f*. 〈鸟〉反嘴鹬(一种涉禽)

avolcanado,-da *adj*. 火山(性)的,多火山的,火成的

avulsión *f*. 〈医〉①撕脱(术);抽出(术);②撕脱伤

avutarda *f*. 〈鸟〉鸨(一种头小、颈长、善跑不善飞的陆地鸟)

A/W *abr. ingl.* actual weight 实际重量

a. w. *abr. ingl.* all wood 纯毛

axénico,-ca *adj*. 〈生〉无外来污染的;无菌的
cultivo ～ 无菌培养

axial *adj*. ①轴的,轴线的;②轴向的,沿轴(分布)的,轴上的;轴流(式)的;③似轴的
aceleración ～ 轴向加速度
ángulo ～ (光)轴角,晶轴(间)角

difusión ～ 轴向扩散
empujador ～ 轴向推进器
fuerza ～ 轴向力
membrana ～ 轴膜
plano[superficie] ～ 轴面
sección ～ 轴向截面
sensibilidad ～ 轴[正]向灵敏度
simetría ～ 轴对称
turbina ～ 轴流式涡轮
vector ～ 轴(向)矢量

axialidad *f*. 同心度,同轴度

áxico,-ca *adj*. ①轴的,轴线的;似轴的;②轴向的,沿轴(分布)的,轴上的;轴流(式)的

axífugo,-ga *adj*. 远[离]心的

axila *f*. 〈解〉腋;腋窝

axilar *adj*. ①〈解〉腋的;腋窝的;②〈植〉腋(生)的
arteria ～ 腋动脉
nervio ～ 腋神经
pelo ～ 腋毛

axinita *f*. 〈矿〉斧石

axinitización *f*. 〈矿〉斧石化作用

axioma *m*. ①〈逻〉〈数〉公理;定律;②原理,原[通]则
～ de Peano 〈数〉皮亚诺定律[公理]

axiómetro *m*. 〈海〉方向[舵位]指示器

axis *m. inv.* ①轴;轴线;②〈解〉枢椎;第二颈椎
～ de contracción 收缩轴
～ de referencia 参考轴
desviación del ～ 轴心偏斜

axolotl *m*. 〈动〉美西螈(产于墨西哥及美国西部)

axón *m*. ①〈解〉〈神经〉轴突;轴索;②体轴

axonema *m*. 〈生〉轴丝

axonometría *f*. ①〈数〉(几何学上的)轴测法;②测晶学;(晶体的)轴线测定,晶轴测定法

axonométrico,-ca *adj*. 〈数〉(几何学上)轴测法的
proyección ～a 轴测投影

axonostio *m*. 〈动〉鳍轴骨

axoplasma *m*. ①〈生〉轴突原生质;②〈生〉〈医〉轴浆[质]

axoplásmico,-ca *adj*. 〈医〉轴浆[质]的
transporte ～ 轴浆运输

axopodio *m*. 〈动〉轴伪足

ayeaye *m*. 〈动〉指猴

ayote *m. Amér. C., Méx.* 〈植〉南瓜;葫芦

ayuda *f*. ①帮[援,协,补,救]助;补救办法;②辅助设备;③〈医〉灌肠(法);灌肠剂;*Amér. L.* 通便剂,灌洗液

~ a la agricultura 农业补贴

~ al desarrollo 发展援助

~ bilateral 双边援助

~ contextualizada 〈信〉（计算机）上下文有关帮助

~ económica a título gratuito 无偿经济援助

~ económica y técnica 经济技术援助

~ exterior 外援

~ financiera 财政援助[补贴]

~ humanitaria 人道主义援助

~ incondicional[desvinculada] 无条件援助

~ interactiva 〈信〉（计算机）联机求助

~ interpersonal 职工间互助

~ radiogoniométrica 无线电测[定]向（辅助）设备

~ social 社会救济

~ técnica 技术援助

~ visual 直观教具

~s a la exportación/importación 出/进口补贴[助]

~s a la inversión 投资补贴[助]

~s audiovisuales 视听辅助装置，直观教具

~s familiares 家庭（子女）补助（对低收入有子女之家庭的补助）

azabache m. ①〈矿〉煤玉[精]；黑色大理石；②黑玉色

azafrán m. ①〈植〉番[藏]红花；②〈画〉藏红色；橘黄色；（取自藏红的）橘黄色粉；③〈化〉紫红铁粉（三氧化二铁）

azagaya f. 标[投]枪

azalea f. 〈植〉杜鹃，映山红

azanca f. 〈矿〉地下水

azarbe m. 〈农〉（灌溉用的）排水沟

azarcón m. ①红铅（粉），红丹；②〈化〉（天然）铅丹，四氧化三铅；③朱色

azarolo m. 〈植〉（南欧）山楂树

azaserina f. 〈药〉重氮丝氨酸（一种抗生素）

azatioprina f. 〈药〉（硝基）咪唑硫嘌呤（一种免疫抑制剂）

azeotropia f. 〈化〉共[恒]沸性；共沸现象

azeotrópico,-ca adj. 〈化〉共沸的，恒沸点的
punto ~ 共沸点

azeotropio m. 〈化〉共沸混合物，恒沸（混合）物；共沸曲线

azeotropismo m. 〈化〉共沸作用；共[恒]沸现象

azida f. 〈化〉叠氮化物

azídico,-ca adj. 〈化〉叠氮化物的

azidotimidina f. 〈生化〉〈药〉叠氮雄苷；齐多夫定（一种抗艾滋病药，略作 AZT）

azímico,-ca adj. 不发酵的

azimutal adj. 见 acimutal

azina f. 〈化〉①连氮，氮杂苯（类）；②吖嗪（染料）

azo m. 〈化〉偶氮（基）

azoado,-da adj. 〈化〉含氮的

azoalbumina f. 〈医〉偶氮白蛋白

azoar tr. 〈化〉使氮化

azoato m. 〈化〉硝酸盐[酯，根]

azobenceno m. 〈化〉偶氮苯

azocarmín m. 〈医〉偶氮胭脂红

azocompuesto m. 〈化〉偶氮化合物

azoe m. 〈化〉氮

azoemia; azotemia f. 〈医〉氮血（症）

azoeosina f. 偶氮伊红，曙光红

azófar m. （铜和锌合成的）黄铜；黄铜制品

azogamiento m. ①涂水银；②水银中毒

azoglobulina f. 〈生〉〈医〉偶氮球蛋白

azogue m. 〈化〉汞，水银；汞锡合金

azoico,-ca adj. ①〈化〉偶氮的；②〈地〉无生（命，物）的（指地球上尚无生物出现时的）‖ m. 〈地〉无生代
compuestos ~s 偶氮化合物
era ~a 无生代

azoimida f. 〈化〉叠氮化氢；叠氮酸

azometano m. 〈化〉偶氮甲烷

azoospermatismo m.; **azoospermia** f. 〈医〉精子（活力）缺乏；无精子症

azoproteínas f. pl. 〈化〉偶氮蛋白

azor m. 〈鸟〉苍鹰

azotasa f. 〈生〉〈医〉固氮酶

azotea f. 〈建〉屋顶平台

azotémico,-ca adj. 〈医〉氮（质）血症的

azótico,-ca adj. 〈化〉①氮的；含氮的；②硝的
ácido ~ 硝酸

azotificación f. 〈化〉固氮作用

azotometría f. 〈化〉氮滴定法，氮量分析法

azotómetro m. 〈化〉氮（定）量器，氮素计；氮气测定仪，定氮仪

azoturia f. 〈医〉氮尿（症）

azoxi m. 〈化〉氧化偶氮基

azoxibenceno m. 〈化〉氧化偶氮苯

azúcar m. o f. ①（食用）糖；②〈化〉糖（即碳水化合物）

~ blanco[blanquillo] 白糖

~ bruto 粗[原]糖

~ cande[candi, candil] 冰糖

~ cristalizado 晶糖

~ cruda 粗[原]糖

~ cuadradillo(~ en terrones) 方糖

~ de arce 枫（槭）糖

~ de caña 蔗糖

~ de flor(~ lustre) 精白砂糖

~ de madera 〈生化〉木糖
~ de maíz 玉米糖
~ (de) malta 〈生化〉麦芽糖
~ de remolacha 甜菜糖
~ en polvo 面糖
~ flor *Chil.* 精糖
~ glas[glaseada] 糖粉
~ glasé 糖霜[衣]
~ granulada 砂糖
~ impalpable *Arg.* 精糖;糖粉
~ mascabado[prieto] 甘蔗糖
~ moreno[negra] 红糖
~ refinado[refino] 上等白糖;精白砂糖

azucarera *f.* 制糖厂
azucarero,-ra *adj.* 糖的;制糖的
  industria ~a 制糖业
azucarrillo *m.* ①柠檬糖块;②方糖
azucena *f.* 〈植〉①百合属;白百合;②百合花
~ rosa 〈植〉孤挺花
~ tigrina 〈植〉虎皮百合;卷丹;萱草
azud *m.*; **azuda** *f.* ①水车[轮],辘轳;②(水,拦河,挡水)坝,堰;水闸;③磨坊水池[坝]
azuela *f.* 〈建〉锛[扁,横口]斧,锛子
~ de carpintero 锤斧
~ delantera 阔[劈,宽头]斧
~ recta 平[扁]斧
azufaifa *f.* 〈植〉枣
azufaifo *m.* 〈植〉枣树
azufrado,-da *adj.* ①硫磺的,含硫的;②磺硫色的;③硫化的 ‖ *m.* 〈化〉〈工〉用硫(磺)处理,硫化
  manantial ~ 〈地〉硫磺泉
azufrador *m.* 硫化器,硫磺熏蒸[喷雾]器
azuframiento *m.* 〈工〉〈技〉加[浸,喷]硫;硫熏;硫化(作用)
azufrar *tr.* 〈化〉〈工〉用硫(磺)处理;加硫(磺);使硫化;用硫磺熏蒸
azufre *m.* 〈化〉硫,硫磺
~ nativo 天然硫
~ orgánico 有机硫
~ vivo 硫磺石
  agente eliminador de ~ 脱硫剂
  flores de ~ 硫华
azufrera *f.* 〈矿〉硫磺矿
azufrero,-ra *adj.* (含)硫的;硫磺的
  yacimientos ~s 硫矿
azufroso,-sa *adj.* ①硫(磺质)的;含硫的;(含)亚硫的;②似硫的;③硫磺色的;有(燃烧)硫磺气味的
  ácido ~ 亚硫酸
azul *adj.* 蓝色的,天蓝色的;(蔚)蓝的 ‖ *m.* ①蓝[青]色;②蓝颜[染]料

~ añil 靛蓝
~ azafata[francia] 品蓝
~ celeste[cielo] 天蓝
~ claro 淡蓝
~ de Berlín 柏林蓝,深蓝色
~ (de) cobalto 钴蓝[青],瓷蓝;氧化钴
~ de Evans 〈医〉伊凡斯蓝
~ de metileno 亚甲蓝,(四)甲基蓝
~ de París 天蓝色(颜料)
~ de potasio 钾碱蓝
~ de Prusia 普鲁士蓝;蓝色颜料
~ de tetrazolio 四唑基篮
~ de timol 百里粉蓝
~ de toluidina 甲苯胺蓝
~ de ultramar(~ ultramarino) 群[佛]青(一种合成蓝色颜料),深蓝色
~ eléctrico ①铜[铁]青色;②*Arg.* 蓝绿色
~ marino 海蓝
~ metilo 甲基蓝
~ pavo 孔雀蓝
~ petróleo *Chil.* 蓝绿色
~ piedra *Chil.* 灰蓝色
~ rey *Chil.* 深蓝色
~ turquesa 青绿色
~ violado 蓝紫色
~ zafiro 深紫蓝色
ceguera ~ 蓝色盲
ceguera ~ amarilla 蓝黄色盲
gas ~ 水[蓝]煤气,氰毒气
luminosidad ~ 蓝辉光
máquina de fotocaleado ~ 晒图机
azulejería *f.* ①瓷砖厂;②瓷砖业
azulejista *m.f.* ①〈建〉砖瓦工;铺砖工,贴砖工;②制砖瓦者
azulejo *m.* ①花[瓷,地面]砖;②〈植〉矢车菊;③〈鸟〉雀形目鸟;蓝色鸣鸟;蜂虎
azulete *m.* ①蓝色光泽;②蓝色增白剂
azulina *f.* 〈植〉矢车菊,麦仙翁
azumbre *m.* 阿苏布雷(液量单位,约等于 2.016 升)
azur *m.* ①天蓝色;深蓝色;②青色(纹章学用语)
~ A/B 天蓝 A/B
~ C 天蓝 C
~ I/II 天蓝 I/II
azurina *f.* 天青精(一种蓝黑苯胺染料)
azurita *f.* ①〈矿〉蓝铜矿;蓝玉髓;石青;②假青金,石青(蓝铜矿做宝石时的商品或工艺名称)
azurofilia *f.* 〈医〉嗜天青性;存有嗜天青颗粒
azurófilo,-la *adj.* 〈医〉嗜天青的
  granulación ~a 嗜天青颗粒

B b

B〈化〉元素硼(boro)的符号
b *abr.* barril 桶(原油计量单位)
Ba〈化〉元素钡(bario)的符号
B. A. *abr.* ① bellas artes 美术;② *ingl.* Bachelor of Arts 文学士
babbitt *m. ingl.* ①〈冶〉巴氏[巴比(特)]合金;②〈机〉巴氏合金轴承衬
babesia *f. ingl.* 〈动〉巴倍虫属原虫
babesiosis *f.* 〈兽医〉(巴倍)焦虫病
babilejo *m. Col.* 〈建〉(泥工用的)抹子
babilla *f.* ①(马等牲畜的)后膝关节;②〈兽医〉后膝关节病;③〈医〉(组织撕裂、骨折产生的妨碍愈合的)体液
babintonita *f.* 〈矿〉硅铁灰石
babirusa *f.* 〈动〉① 鹿豚;东南亚疣猪;② *Venez.* 一种蛇
babor *m.* 〈船〉〈海〉左舷
a ~ 向左转(舵);向左舷
de ~ 左舷的;左边的
babosa *f.* 〈动〉蛞蝓,鼻涕虫
babuino *m.* 〈动〉狒狒
baby *m. Amér. L.* 〈交〉微型汽车
baca *f.* ①车顶行李架;②车顶;(车顶)雨篷
bacalada *f.* 增甜剂,甜味剂
bacaladero,-ra *adj.* 〈捕〉鳕鱼的 ‖ *m.* 捕鳕渔船
flota ~a 捕鳕鱼船队
bacalao; bacallao *m.* 〈动〉鳕鱼
bácara; bacarrá *f.* 〈植〉南欧丹参
bacca *f.* 〈植〉浆果
bacciforme *adj.* 〈植〉浆果状的
bache *m.* ①空气陷坑,气潭;②(路面上的)坑[积水]注;车印
~ de aire 〈航空〉气阱[潭,穴]
~ económico 经济衰退
bacheado,-da *adj.* (路面)坑坑洼洼的
bacheo *m.* (将路面)坑洼填补,平整(道路)
bachiller *m. f.* 〈教〉①中学毕业生;②学士 ‖ *m.* ①高中课程;②学士学位
~ de[en] ciencias 理学士
~ de[en] letras 文学士
bachillerato *m.* 〈教〉①高中课程;②学士学位
bacilar *adj.* 〈生〉杆菌状[性]的
disentería ~ 杆菌性痢疾

bacilariofíceo,-cea *adj.* 〈植〉矽藻(纲,属)的 ‖ *f.* ①矽藻纲植物;② *pl.* 矽藻纲
bacilariofitos *m. pl.* 〈植〉硅藻
bacilemia *f.* 〈医〉杆菌血症
baciliforme *adj.* 〈生〉〈医〉杆菌状的;杆状的
bacilo *m.* 〈生〉杆菌
~ Calmette-Guérin 卡介菌
~ de colon 大肠杆菌
~ de influenza 流感杆菌
~ de Koch 结核杆菌
~ del tétano 破伤风杆菌
~ icterógeno 黄疸杆菌
~ paratífico 副伤寒杆菌
~ tifoideo 伤寒杆菌
~ tuberculoso 结核杆菌
vacuna de ~ Calmette-Guérin 〈医〉卡介苗
bacilocultivo *m.* 〈医〉杆菌培养
bacilógeno,-na *adj.* 〈医〉细菌性的
disentería ~a 细菌性痢疾
bacilosis *f.* 〈医〉杆菌病
bacillus *m. ingl.* ①〈生〉杆菌;芽孢杆菌;②细[病]菌
bacitracina *f.* 〈生化〉杆菌肽素
back-up *m. ingl.* 〈信〉备份
bacteremia; bacteriemia *f.* 〈医〉菌血症
bacteria *f.* 〈生〉细菌
~ asesina 杀伤(细)菌
~ autotrofa 自养菌
~ coliforme 大肠性细菌
~ cromógena 产色菌
~ heterotrofa 异养菌
~ patógena 病原菌
~ virulenta 产毒菌
bacterial *adj.* 〈生〉①细菌的;细菌引起的;② *Chil.* 细菌学的
bacteriano,-na *adj.* 〈生〉细菌的;细菌引起的
infección ~a 细菌感染
contaminación ~a 细菌污染
vacuna ~a 菌苗
bactericida *f.* 〈生〉杀菌剂
bactérico,-ca *adj.* 〈生〉细菌的;细菌引起的
bacterio *m. Chil.* 〈生〉细菌
bacteriocina *f.* 〈生化〉细菌素

bacterioclorofila f.〈生化〉细菌叶绿素

bacteriófago m.〈生〉噬菌体

bacteriofagoterapia f.〈医〉细菌噬菌体疗法

bacteriofitoma m.〈医〉细菌性瘤

bacteriofluoresceína f.〈生化〉细菌荧光素

bacteriofobia f.〈心〉细菌恐惧

bacteriolisante m.〈生〉溶菌剂

bacteriólisis f.①〈生〉溶菌(作用);②污水细菌分解

bacteriolisina f.〈生〉溶菌素

bacteriolítico,-ca adj.①溶菌的;②杀菌的
fenómeno ~ 溶菌现象
inmunidad ~a 溶菌免疫
reacción ~a 溶菌反应

bacteriología f.细菌学
~ agrícola 农业细菌学
~ industrial 工业细菌学

bacteriológico,-ca adj.①细菌学的;②使用(有害)细菌的
análisis ~ 细菌学检验
arma ~a 细菌武器
diagnosis ~a 细菌学诊断
guerra ~a 细菌战

bacteriólogo,-ga m.f.细菌学家

bacteriopatología f.〈医〉细菌病理学

bacteriorrodopsina f.〈生化〉细菌紫膜质,细菌视紫红质

bacterioscopia f.〈医〉细菌镜检(法);细菌镜检查

bacteriósis f.〈植〉细菌病

bacteriostasis f.〈生〉抑菌作用

bacteriostático,-ca adj.〈生〉〈医〉抑菌的 ‖ m.抑菌剂
efecto ~ 抑菌作用

bacterioterapia f.〈医〉细菌疗法

bacteriotoxina f.〈生化〉细菌毒素

bacteriuria f.〈医〉细菌尿

baculiforme adj.〈植〉杆[棒]状的

baculovirus m.〈生〉〈医〉杆状病毒

badajo m.铃[钟]舌;(警)钟锤

badana f.①(绵)羊皮;②(绵)羊皮纸;③〈印〉(装帧用的)绵羊皮革

badén m.①(路面上的)坑[积水]洼;车印;②阴[街]沟;③Chil.排水沟

badiana f.〈植〉八角[大茴香]树

badilejo m.〈建〉(泥工等用的)泥[铁瓦,修平]刀;抹[镘]子

bádminton m.〈体〉①羽毛球运动;②羽毛球

báfer m.〈信〉①缓冲存储器;②缓冲区
~ de impresión 打印缓冲区

bafle;baffle m.①扩音[扬声]器;喇叭;②Chil.音响

bagá f.〈植〉牛心果树;牛心果

bagaje m.①(包括学历、知识等在内的)经历;背景;②〈军〉辎重
~ cultural 文化背景

bagarra f.〈船〉平底煤驳

bagatela f.〈乐〉小[小品]曲

bagazosis f.〈医〉甘蔗渣尘肺

bagre m.Amér.L.〈动〉鲶[鲇]鱼

bagual,-la adj.Cono S.〈动〉(马等)性野的,未驯化的 ‖ m.野马

bagualón,-ona adj.Cono S.〈动〉(马等)半驯化的;刚驯化的

baguío m.〈气〉狂风暴(见于加勒比海或太平洋的一种强热带风暴);台风

baharí m.〈鸟〉游隼

bahía f.〈海,河,港〉湾,海港

baipasar tr.①为…加设旁道[旁通管];②〈医〉用旁通管取代;③绕…走,绕过

baipaso m.①(绕约市镇的)旁道[路];辅助道路;②〈机〉〈医〉旁通管;③〈电〉分流[路]器;④〈医〉分流术;分[旁]路;⑤支流[路,渠,线];回绕管

baite m.〈信〉字节

beivel m.①斜面[角,切边];②斜削;③〈建〉(石匠等用的)斜角规

baja f.①下降[落];降落;②降[跌]价;③〈信〉取消,假期,假期;⑤〈军〉伤亡人员;减员;⑥(工作等)停止;离职,裁[缺]员;⑦〈体〉暂令停止参加;(因)伤停(止参赛);⑧歇业(手续);⑨Esp.〈医〉医生证明,病假条
~ compulsoria 强制裁员
~ económica 经济不景气;商业萧条
~ forzada 解雇,开除
~ incentivada(~ por incentivo) 自愿(加入)裁员
~ laboral (尤指可拿病假工资的)病[休]假
~ maternal(~ por maternidad) 产假
~ médica(~ por enfermedad) 病假
~ permanente 永久性病假
~ por jubilación 退休
~ por jubilación anticipada 提前退休
~ por paternidad 父假(新生儿的父亲依法享有的带薪假期)
~ repentina 暴跌
~ retribuida 不扣薪水的假期
~ voluntaria (因辞职)自愿裁员;提前退休
~ voluntaria de precios 大减价;甩卖

bajada f.①下降,落下;②下[斜]坡;③〈建〉水落管
~ de agua(s) 水落管
~ de antena (天线的)引下[入]线
~ voluntaria de precios 大减价;甩卖

tubo de ~ 下降管,下导气管

bajado m. (飞机的)起落架

bajamar f. 〈海〉①低[枯]潮;低[枯]水位;②退[落]潮

~ más baja 最低低潮位

~ media 平均低潮位

bajante m. o f. 〈建〉落[排]水管,水落管‖f. Amér. L. 〈海〉低[枯]潮;低[枯]水位

~ de agua de lluvia 落水管

~ de ventilación 透气竖管

bajera f. 〈建〉底层;地下室

bajería f. Chil. 〈地〉浅海区

bajial m. Amér. L. 低[洼]地;洪泛地(区)

bajío m. ①〈地〉浅滩;沙洲[滩,坝];②Amér. L. 低[洼]地;③Méx. 高原可耕平地

bajista adj. ①向下的;下坡的;②〈商贸〉卖空的,空头的‖m. f. ①〈乐〉低音提琴手;低音乐器演奏者;低音歌手;②〈商贸〉(股票市场证券交易的)空头投资者;做空头者;③(效率、健康状况等)大幅下降

campaña ~ 抛空风

mercado ~ 空头市场;跌风市场

bajón m. 〈乐〉巴松管;大[低音]管

bajonista m. 〈乐〉巴松管吹奏者,巴松管手

bajorrelieve m. 浅[半]浮雕

bajumbal m. Amér. L. 低洼地

bakelita f. 〈化〉酚醛塑料;酚醛电[胶]木

BAL abr. ingl. basic assembly language 〈信〉基本汇编语言

bala f. ①弹;子弹,炮弹;②大捆[包](货物等);货包;③〈印〉(纸张量词)捆(一捆纸等于 10 令);④Amér. L. 〈体〉铅球

~ blindada 装甲弹

~ con camisa de níquel 镀镍弹

~ de ametralladora 机枪弹

~ de cadena 链弹

~ de cañón 炮弹

~ de entintar 〈印〉墨球

~ de expansión(~ expansiva) 裂开弹

~ de punta de cobre 铜头弹

~ de punta redondeada 圆头弹

~ de salva 空(包)弹(如礼炮)

~ dum dum 达姆弹

~ explosiva 开花子弹

~ fría[muerta] (无杀伤力的)死弹

~ incendiaria 燃烧弹

~ perdida 流弹

~ rasa 实体炮弹

~ trazadora 曳光弹

lanzamiento de ~ 推铅球

balada f. 〈乐〉叙事曲

baladista m. f. 〈乐〉叙事歌谱曲者[作曲家];叙事歌[曲]演唱者

baladre m. 〈植〉夹竹桃

balaj; **balaje** m. 〈矿〉玫红尖晶石

balance m. ①平[均]衡;②天平;③〈商贸〉决[结]算(表),资金平衡表,资产负债表;财务报表;④余[差]额

~ de energía 〈化〉〈理〉能量平衡

~ de materia 〈化〉物质[料]平衡

~ del agua 〈医〉水平衡

~ decimal 十进位天平

~ estático 静平衡

~ hidrológico 〈环〉水文平衡

~ térmico 热平衡

balanceador m. 〈机〉平衡器[机,杆,装置]

balancín m. ①平衡杆[棒];(马车的)轴前横木;辄(铁,架);②摇椅;③跷跷板;④〈机〉摇杆[臂,座];④〈船〉〈海〉舷外支[撑]架;⑤〈机〉手扳压机[床]

~ de husillo 螺旋压机

~ de reenvío 摇杆;摇轴

~ de reloj 摆[平衡]轮

~ de tornillo 螺旋压机

~ de válvula 汽阀摇臂

~ empuja-válvulas 摇臂,摇杆

balandra f.; **balandro** m. 〈船〉①单桅帆船;②快[游]艇

balandrismo m. 〈体〉赛艇运动;帆船运动

balandrista m. f. 〈体〉赛艇运动员

balanitis f. inv. 〈医〉龟[阴茎]头炎

balano; **bálano** m. 〈解〉龟[阴茎]头

balanófago,-ga adj. 〈动〉食橡果的

balanoplastia f. 〈医〉龟[阴茎]头成形术

balanopostitis f. inv. 〈医〉龟[阴茎]头包皮炎

balantidium m. 〈生〉肠袋虫属

balanza f. ①天平,秤;②平[均,权]衡;③余[差]额;④[B-]〈天〉天称宫[座]

~ automática 自动秤

~ comprobadora de pesos 校验天平

~ de cuchillas (天平的)刃形支承,刀口支承

~ de ensayador 试金天平

~ de laboratorio[precisión] 分析[精密]天平

~ de poder(~ política) 均势

~ de torsión 扭秤,扭力天平;扭矩平衡

~ electrodinámica 电流平衡;电动天平

~ electrónica 电子秤

~ hidrostática 比重天平

~ romana 提[杆]秤

~s de resorte 弹簧秤,衡器

balastaje *m.* 〈建〉道砟材料

balastera *f.* 〈建〉道砟采石场

balasto *m.* ①〈交〉（铁路）枕木；路基；②*Cono S.*,*Méx.* 〈建〉（铺路用的）道[石]砟*Col.* （路基的）碎[卵]石层；③集[骨,粒,填充] 料
~ de grava 砾石路基
~ de piedras troceadas 碎石路基

balastro *m.* ①*Cono S.*,*Méx.* 〈建〉（铺路用 的）道[石]渣；②集[骨,粒,填充]料

balata *f.* ①枪弹木；②〈机〉（汽车的）闸衬； 制动衬带[面]；③巴拉塔树胶

balausta *f.* 〈植〉①石榴；②石榴树

balaustre; **balaústre** *m.* 〈建〉①栏杆柱；② *pl.*（楼梯外侧的）栏杆

balazo *m.* ①弹[枪]击；②弹[枪]伤

balcón *m.* ①〈建〉阳[凉]台；②眺望[观赏]台

baldadura *f.*; **baldamiento** *m.* （四肢）伤残

baldaquín *m.*; **baldaquino** *m.* ①（顶,座舱）盖； ②华[天]盖；天棚[蓬]；③伞盖[罩]；④天 幕[空]

balde *m.* ①（水,吊,提）桶；②〈机〉戽[水,吊, 料,提,铲,挖]斗
~ de arrestre 拉索戽斗,拉铲铲斗
~ de ascensor 升运斗,升降机戽斗,提升 机勺斗
~ de hormigón 混凝土吊罐
~ de madera 木桶
~ para alquitrán 沥青桶

baldeador *m.* ①冲洗器,净化器；②（泼水）冲 洗者

baldés *m.* 细柔羊皮

baldío,-día *adj.* ①〈农〉未开垦的；休耕的； 未经耕种的；②荒芜[废]的‖ *m.* ①〈农〉荒 地；休耕地；②*Amér.L.* 地皮

baldosa *f.* ①〈建〉（铺）地面砖；花[瓷]砖；② *Amér.L.* 墓碑

baldosada *f.Amér.L.* 〈建〉花[瓷]砖地

baldosín *m.* ①〈建〉板[铺路]石；小花[瓷] 砖；②〈矿〉板层砂岩

badosista *m.Chil.* 〈建〉瓷砖铺砌工

balénido,-da *adj.* 〈动〉露脊鲸科的‖ *m.* ① 露脊鲸；②*pl.* 露脊鲸科

balín *m.* ①（小口径）子弹；②（猎枪用的）大 号铅弹

balística *f.* ①弹道学,射击学,发射学；② （火器、弹药等的）发射特性；弹道特性
~ electrónica 电子弹道学

balístico,-ca *adj.* ①弹道（学,式）的；射弹 （运动）的；射击(学)的,发射的；②冲击的
arma ~a 弹道武器
cámara ~a 弹道照相机
cohete ~ 弹道火箭

cuerpo ~ 弹道体

curva ~a 弹道曲线

densidad ~a 弹道密度

medida ~a 冲击式测量

misil ~ 弹道导弹

movimiento ~ 弹道运动

prueba ~a 冲击试验

balistocardiografía *f.* 〈医〉冲击心动描记 法,心冲击描记术

balistocardiógrafo *m.* 〈医〉冲击心动描记器, 心冲击描记器

balistocardiograma *m.* 〈医〉冲击心动图,心 冲击描记图

baliza *f.* ①〈海〉（灯,浮,航）标；浮筒[子]； ②标志[灯,桩]；③〈航空〉信（号）标；④ *Amér.L.*（汽车的）边灯,侧光；停车灯
~ de aeronavegación 航路信标
~ radar 雷达信标

balizador *m.* 浮标[子,筒,圈,体]

balizaje; **balizamiento** *m.* ①信号标；浮标 [子]；②浮标费
~ de pista （机场的）跑道信号标

ballena *f.* ①〈动〉鲸；②鲸须；（鲸）须板；③ 〈缝〉（支撑妇女连衣裙等的）鲸骨
~ azul 蓝鲸(无牙巨鲸)

ballenato *m.* 〈动〉幼鲸

ballenera *f.* 〈船〉捕鲸船

ballenero,-ra *adj.* 捕鲸的‖ *m.f.* 捕鲸者 [人]‖ *m.* 〈船〉捕鲸船
buque ~ 捕鲸船
industria ~a 捕鲸业

ballesta *f.* ①弩,石弓；②〈机〉（尤指车辆上 的）弹簧
~ elíptica 双弓板弹簧,椭圆形板弹簧
gemela de ~ 弹簧钩环
mano de ~ 填缝铁条

ballestrinque *m.* ①〈海〉卷[丁香]结；②（拴 在桩上的）绳结

ballet *m.* ①芭蕾舞；（芭蕾）舞剧；②芭蕾舞 团；③〈乐〉芭蕾舞音乐
~ acuático 花样游泳
~ contemporáneo 现代芭蕾（舞）
~ de carácter 性格舞
~ nacional 民族舞剧
~ sinfónico 交响芭蕾舞

balneario,-ria *adj.* 沐浴的；浴疗的‖ *m.* ① 浴场；②（矿泉,温泉,浴场）疗养地；③ *Amér.L.* 海滨浴场
~ marino 海水浴场
estación ~a （有体育锻炼、沐浴设备的）娱 乐场[胜地]

balneología *f.* 〈医〉浴疗学（尤指矿泉水浴 疗）

balneoterapia *f.* 〈医〉浴疗法

balompédico,-ca *adj.* 〈体〉足球(运动)的
calendario ~ 足球比赛日程表

balompié *m.* 〈体〉足球运动

balón *m.* ①〈体〉(运动用的)球;②(氢,探测)气球;③〈化〉气[球形]瓶;气袋[囊];玻璃容器;④〈商贸〉(货物的)大捆[包]
~ de oxígeno 氧气瓶
~ de papel 一筒纸(等于 24 令)
~ de playa (海滨浴场玩的)海滩[浮水]水球
~ medicinal 保健球

baloncestista *adj.* 〈体〉篮球运动的 ‖ *m. f.*
篮球运动员

baloncestístico,-ca *adj.* 〈体〉篮球运动的

baloncesto *m.* 〈体〉篮球运动

balonmanista *m. f.* 〈体〉手球运动员

balonmano *m.* 〈体〉手球运动

balonvolea *f* 〈体〉排球运动

balsa *f.* ①木筏[排],筏子;②〈海〉小艇;②〈植〉白塞树(产于热带美洲);轻[白塞]木;③水坑[塘];蓄水池;④*Méx.* 沼泽;湿[沼泽]地;沼泽区
~ de[para] carenar 木排[筏],排基
~ de salvamento[salvavidas] 救生艇[筏];登陆轮架
~ neumática 充气式救生橡皮筏[艇]

balsadera *f.* ; **balsadero** *m.* ①〈船〉渡船;②(尤指木船)渡口

balsamina *f.* 〈植〉凤仙花

balsamináceo,-cea *adj.* 〈植〉凤仙花科的 ‖ *f.* ①凤仙花科植物;②*pl.* 凤仙花科

bálsamo *m.* ①香油[脂,膏];②香胶;③*Amér. L.* 〈植〉香胶[脂]树;④*Cono S.* (吹干头发用的)吹风机
~ blanco *P. Rico* 白香胶
~ de copaiba 苦配巴香胶
~ de Tolú 妥鲁香胶
~ de(l) Canadá 加拿大香胶
~ del Perú 秘鲁香胶

bambalina *f.* 〈戏〉(舞台的)垂[吊]幕

bambiaya *f.Amér. L.* 〈鸟〉火烈鸟

bamboa *f. Pan.* 〈植〉竹

bambú *m.* ①〈植〉竹;②竹材[杆]
~ moteado 斑竹
balsa de ~ 竹排
brote de ~ 竹笋
cortina de ~es ①竹帘;②竹幕(西方国家曾把与中国的交往障碍诬蔑性地称为竹幕)
cuadros en cortina de ~es 〈画〉竹帘画
utensilios de ~es 竹器

banana *f.* 〈植〉①香[芭,大]蕉;②香[芭,大]蕉树

bananero,-ra *adj.* ①香[芭,大]蕉园的;②香[芭,大]蕉树的;③第三世界的;落后国的 ‖ *m.* 〈植〉香[芭,大]蕉树
compañía ~a 香蕉公司
plantación ~a 香[芭,大]蕉种植园
república ~a 香蕉(共和)国(指只靠出口诸如香蕉等单一经济作物且受外资控制的拉丁美洲小国)

banano *m.* 〈植〉①香[芭,大]蕉树;②*Amér. L.* 香[芭,大]蕉

banca *f.* ①银行业[界,业务];金融(界,业务);②*Amér. L.* 长[木]凳;③台,座;座[坐,席]位;④〈体〉替补队员席;替补队员
~ comercial 商业银行(业务)
~ corresponsal 代理[往来]银行
~ de[en] cadena 连锁[联号]银行;连锁[联号]银行制
~ electrónica 电子银行[金融]业务
~ industrial 投资[商业]银行(业务)
~ telefónica 电话银行业务

bancada *f.* ①大石凳;②(划艇上划手的)坐板;③〈机〉底[基,机]座;机[台]架,机床身;④〈体〉替补队员席;替补队员
~ corrediza (赛艇或游艇上的)滑座
~ de escote 槽形机座
~ de torno 车床床身

bancal *m.* ①〈农〉梯田;小块土[耕]地;垄;②〈机〉滑行[动]装置;导滑车;③〈机〉工作台罩

banco *m.* ①长[条]凳;②工作台,案桌;③银行;④(数据,资料,信息)库;⑤〈地〉浅滩,沙洲[滩];⑥〈地〉地层;⑦*And.* 冲积土壤;*Cari.* 突出地面;⑧鱼群;⑨〈建〉顶[阁]楼;⑩〈法〉证人席
~ agrícola/industrial 农/工业银行
~ azul ①(西班牙宫廷)大臣座位;②(英国下议院)执政党席位
~ central 中央银行
~ comercial[mercantil] 商业银行
~ de ahorros 储蓄银行
~ de ajustador 工作台,调式台
~ de alisado 锉床
~ de arena 沙洲[坝];沙滩
~ de carpintero 木工台
~ de coral 珊瑚礁
~ de crédito 信贷银行
~ de datos 数据库
~ de ensayo 试验台
~ de ensayo para engranajes 齿轮试验台
~ de esperma 精子库
~ de estirado 拉拔台,拉床
~ de hielo flotante ①(海洋中浮动的)浮冰;②(两极地区的)冰原(浮于海面的大冰

块）

~ de inverisiones 投资银行

~ de liquidación 清算银行

~ de memoria 〈信〉存储体

~ de niebla 〈气〉雾堤(指海上浓雾)

~ de nieve (被风吹积的)雪堆；吹雪

~ de órganos 器官库

~ de pruebas 测试台，试验台(架)

~ de sangre 血库

~ de socorro 备用设备

~ de taller[trabajo] 工作台

~ emisor (货币)发行银行；发钞银行

~ en casa 家庭银行(一种电子银行系统)

~ estirado en frío 冷拔机床

~ fiduciario 信托银行

~ óptico 光具座，光学试验台

~ para estirado 推拔床

~ para estirado de tubos 顶管机，推拔钢管机

~ por acciones 股份[合股]银行

~ portátil 移动床

~ rocoso 沙洲，浅滩

rectificadora de ~ 台式磨床

banda f. ①带(状物)；②〈动〉群；③〈理〉〈无〉波段，频带；④〈海〉船舷；侧；⑤〈乐〉乐队(尤指管乐队)；⑥〈体〉(球场等的)边线；(竞技场等的)跑道；⑦(台球台的)橡皮衬；⑧Amér. L.〈机〉传送带

~ ancha 宽带，宽波段

~ armada 武装盗贼

~ cruzada 交叉皮带，合带

~ de absorción 吸收频带

~ de apriete 夹[压]板

~ de audiofrecuencia 〈理〉(音，声)频带(20-20,000 赫兹之间)

~ de base 〈信〉基带(传输未经调制数字信号的传输介质)

~ de caucho[goma, hule] 橡皮筋

~ de conducción 〈理〉导带

~ de dispersión 分散频带

~ de energía 〈理〉能带

~ de energía permitida 容许(能)带

~ de energía prohibida 禁(能)带

~ de frecuencia 频带

~ de guerra(~ instrumental) Chil. 军乐队

~ de guarda 防护频带

~ de interposición 〈讯〉防护频带

~ de la lluvia 雨带

~ de Möbius 〈数〉麦比乌斯带

~ de onda 波段

~ de rodamiento 履带

~ de seguridad 防护频带

~ de servicio 公务使用频率

~ de sonido(~ sonora) 电影声带

~ de televisión 电视频带

~ de transmisión 传输频带，通频带

~ de valencia 〈化〉价带

~ espectral 光频带

~ exploradora 扫描频带

~ lateral doble/única 双/单边(频)带

~ magnética 磁带

~ permitida 〈理〉导带

~ salarial 工资级别；工资带

~ temporal 〈信〉时间片

~ terrorista 恐怖集团

~ transportadora 传送[运输]带

fuera de ~ (球的)出线

línea de ~ (球场等的)边线

llave de cambio de ~ 波段开关

registrador en ~ 磁带录音机

selector de ~ 频道转换开关

bandazo m. ①〈海〉(船体的)摇摆[晃]，颠簸；突然倾斜[侧]；②Amér. L.〈航空〉气阱[潭，穴]

bandeador m. 〈机〉丝锥扳手；绞杆

bandeja f. ①托[浅]盘，大盘子；②(办公桌上的)文件盘，公文格；③Cono S.〈交〉(公路上的)中央分隔带，中间分车带

~ central 〈交〉(公路上的)中央分隔带，中间分车带

~ de entrada (待处理文件的)收文格

~ de salida (已处理文件的)发文格

bandera f. ①旗(帜，标，码)；②〈海〉船籍(旗)③〈交〉(出租汽车的)旗形空车牌；④〈信〉标记，记号；(用作标志等的)旗状物；⑤〈军〉营

~ a media asta (降)半旗

~ azul (表明海滩卫生达标的)蓝旗

~ blanca(~ de paz)(求降，议和)白旗

~ de ampolleta Chil.〈海〉信号旗

~ de combate 船尾国旗，军舰旗

~ de conveniencia 〈海〉(在外国登记取得的)方便旗

~ de correos 邮政旗

~ de cuarentena (黄色)检疫旗

~ de esquina (球场等的)角旗

~ de popa 船[舰，国籍]旗

~ de práctico 领航[引水]旗

~ de proa 船头旗

~ de remate 拍卖商用的小旗

~ de señales 信号旗

~ morrón 呼救旗标

~ nacional 国旗

~ negra[pirata] 海盗旗

~ roja ①〈交〉(铁路等作为危险信号的)红

色信号旗；②（象征革命和共产主义的）红旗
banderola *f. Cono S.* 〈建〉①（门上方的）气[亮]窗；②（门上的）横梁[木]
bandola *f.* 〈乐〉曼陀林（琴）
bandolera *f.* 〈军〉（背于肩上的）子弹带
bandolina *f.*；**bandolino** *m.* 〈乐〉曼陀林（琴）
bandolinista *m. f.* 〈乐〉曼陀林（琴）手
bandolón *m.* 〈乐〉班多隆；十二和琴
bandolonista *m. f.* 〈乐〉班多隆琴师
bandoneón *m.* 〈乐〉大手风琴
bangosoma *m.* 〈生〉脂质体
banjo *m.* 〈乐〉班卓琴（类似于吉他）
banqueo *m.* ①台[阶]地；②弄平，平整（土地）；③〈航空〉（飞机等转弯时的内侧）倾斜（面）
banquillo *m.* ①〈法〉被告席；②〈体〉替补队员席；替补队员
banquina *f. Arg., Urug.* 〈交〉（供紧急停车用的）高速公路路边；硬质路肩
banquisa *f.* 〈海洋〉浮冰；冰山
bantam *m.* 〈鸟〉斗鸡用的矮脚鸡
bañada *f.* ①（在江、海里）游泳；洗海水澡；②〈画〉涂层
bañado *f.* 〈技〉镀层
bañador *m.* 〈技〉浴[水，镀]槽
bañista *m. f.* ①（在江、海里的）游泳者；②〈医〉（在海滨浴场疗养的）病人；③救生员
baño *m.* ①（沐，蒸）浴；洗澡；②（在江、海里）游泳，洗海水澡；③ *pl.* 矿泉疗养地；④浴器[槽,盆,池,缸,场]；盥洗室；⑤〈技〉（熔）池,槽；⑥镀[熔]液；⑦〈技〉镀层[料]；刷色；⑧〈画〉涂层
~ ácido desincrustante 酸洗槽
~ de aceite 油浴（锅），油槽
~ de aire 空气浴
~ de aire comprimido 压缩空气浴
~ de arena 沙浴
~ de asiento 坐浴
~ de cera[parafina] líquida 石蜡浴
~ de barbujas[espuma] 泡沫浴
~ de ducha 淋浴
~ de emplomado 镀铅池
~ de estañado 镀锡池
~ de fuego （新兵初次）战火洗礼
~ de galvanoplastia 电镀槽
~ de grasa 油池
~ de lubricante 润滑油池
~ de masas[multitudes] （著名人士同群众的）随便交谈
~ de mercurio 汞池
~ de niquelado 镀镍池
~ de ojos(~ ocular) 洗眼

~ de pies 足浴
~ de revelado 显影液
~ de sal 盐浴
~ de sangre 血洗，大屠杀
~ de sol 日光浴
~ de vapor 蒸汽浴
~ electrolítico 电解槽
~ en hielo 冰浴
~ galvanoplástico 电镀槽
~ María(~-María) ①双层蒸锅，隔水炖锅；②水[恒温]槽
~ ruso 俄罗斯蒸汽浴
~ sauna 桑拿浴
~ sudorífico 发汗浴
~ turco 土耳其(蒸汽)浴
~s de mar 海(水)浴
~s medicinales 药浴
~s termales 温泉浴
bao *m.* 〈船〉(船舶)横梁
~ de los raseles 补强梁
~ maestro[mayor] 主梁
baobab *m.* 〈植〉(非洲)猴面包树
baqueador,-ra *m. f.* 〈体〉(美式橄榄球运动中的)中后卫
baquelita *f.* 〈化〉(酚醛)电木，胶木
baqueta *f.* ①〈军〉(枪)的通条；推弹杆；②〈乐〉鼓槌
bar *m.* 〈理〉巴(压强单位)
baragnosis *f.* 〈医〉压觉缺失
barandal *m.* 〈建〉(栏杆、楼梯等的)扶手；(阳台、平台、平顶屋的)栏杆
baranet *m.* 〈信〉细线以太网络(因它比粗线以太网要便宜，故得此名)
barata *f. Chil.* 〈昆〉蟑螂
baratería *f.* 〈法〉①(交易中的)欺骗行为；欺诈罪；②(法官)受贿
barbacana *f.* ①枪[炮]眼，射击孔；②碉[桥头]堡；望楼；③滴[渗]水孔
barbacoa *f. And.* 〈建〉阁[顶]楼
barbado *m.* 〈植〉插条
plantar de ~ 移栽植物
barbecho *m.* 〈农〉①休闲[耕]地；②已耕待播地
barbilla *f.* ①〈建〉凸榫(钉)，榫头，槽舌；②〈解〉颏，下巴
barbital *m.* 〈化〉〈药〉巴比妥(催眠和镇静剂)
~ de sodio 巴比妥钠
barbiturato *m.* 〈化〉巴比妥酸盐[酯]
barbitúrico,-ca *adj.* 〈化〉巴比妥酸的
barbiturismo *m.* 〈医〉巴比妥中毒
barbo *m.* 〈动〉鲃；白鱼(产于欧洲的四须大淡水鱼)
barbón *m.* 〈动〉公山羊

barca *f.* 〈船〉小船，艇；舢板
~ blanco 靶船
~ de grúa 起重船，浮吊
~ de motor 摩托艇
~ de pasaje 渡船
~ de pesca(~ pesquera) 渔船
barcaza *f.* 〈船〉驳船
~ de desembarco 〈军〉登陆艇
barcenita *f. Méx.* 〈化〉锑酸盐
barco *m.* ①〈船〉(小)船，艇，舟，舰；②〈航空〉吊[航空]舱
~ a motor 内燃机船；摩托艇
~ a[de] vapor 汽[轮]船
~ almirante 旗舰
~ ballenero 捕鲸船
~ cablero 海底电缆敷设船
~ carbonero[minero] 运煤船
~ cisterna[tanque] 油船
~ contenedor 集装箱船
~ costero(~ de cabotaje) 沿海货轮[运输船]
~ de altura[ultramar] 远洋货轮[运输船]
~ de bodega[carga] 货船
~ de guerra 军舰
~ de línea 班轮，定期航行船
~ de pasajeros 客轮
~ de pesca marítima 远洋渔船
~ de recreo 游船[艇]
~ de remolque 拖轮
~ de salvamento 救援船
~ de transporte 运输舰
~ de vela 帆船
~ escuela 教练舰
~ faro 灯(标)船
~ fluvial 内河运输船，江轮
~ mercante 商船，货轮
~ meteorológico 气象(观测)船
~ náufago 失事船只
~ nevero[refrigerador] 冷藏[冻]船
~ nodriza 供应船，加油船
~ patrullero 巡逻艇
~ plano 平底船
~ transatlántico 远洋轮
~ transportador de vagones de ferroca-rril 火车轮渡
~ vivienda 船屋，水上住宅
barco-madre *m.* 航空[登陆艇]母舰
barda *f. Amér. L.* 〈建〉隔墙
bardaguera *f.* 〈植〉柳
baremo *m.* ①计算表；②费率表
barhidrómetro *m.* 水压表

baria；baría *f.* 〈理〉巴列(厘米·克·秒单位制中的压强单位，= 1 达因/厘米²)，微巴
baricéntrico,-ca *adj.* ①〈理〉重心的；②〈天〉质(量中)心的
baricentro *m.* ①〈理〉重心；②〈天〉质(量中)心，引力中心
barimetría *f.* 〈理〉重力测量
bario *m.* 〈化〉钡
óxido de ~ 氧化钡
papilla de ~ 〈医〉钡餐
sulfato de ~ 硫酸钡
barión *m.* 〈理〉重子
barisfera *f.* 〈地〉(地球)重圈；地心圈
barita *f.* ①〈化〉钡氧，氧化钡；②〈矿〉重晶石
baritel *m.* 〈机〉绞车[盘]；卷扬机
barítico,-ca *adj.* ①〈化〉含钡氧的；②〈矿〉含重土的
baritina *f.* 〈矿〉重晶石
baritocalcita *f.* 〈矿〉斜钡钙石
baritono *m.* ①〈乐〉男中音；②男中音歌手
baritrón *m.* 〈理〉介子
baritosis *f.* 〈医〉钡尘肺
barján；barkán *m.* 〈地〉新月形(流动)沙丘
barkhan *m. ingl.* 〈地〉新月形(流动)沙丘
barloa *f.* 〈海〉系船缆
barlovento *m.* 〈海〉上风方向；上[向，迎]风面；迎风侧
barn *m. ingl.* 〈理〉靶(恩)(核截面单位)
barnacia *f.* 〈鸟〉(欧洲)黑雁，北极雁
barniz *m.* ①(清，罩光)漆，凡立水；(瓷器上的)釉(料)；②镶[装饰]面；③〈航空〉(机翼)涂料
~ al óleo 清油漆
~ aislante 绝缘漆
~ común 树脂清漆
~ con poco aceite de secado rápido 短[少]油清漆
~ copal 珂玎清漆，珂玎脂油漆
~ de laca fisurable para recibir la galga medidora 应力试验脆漆层
~ de lijar 耐磨清漆
~ de muñequilla 法国抛光剂
~ de uña 指甲油
~ del Japón (野)漆树；亮[深黑]漆
~ incombustible 耐火漆
~ secante 快干漆
~ transparente 透明漆
barnizado *m.* 上漆
~ de las alas 机翼上漆
barnizador,-ra *adj.* 上漆[釉]的 ‖ *m. f.* 〈建〉油漆工
baroclínico,-ca *adj.* 〈气〉斜压的

atmósfera ～a 斜压大气

campo ～ 斜压场

efecto ～ 斜压效应

barodinámica *f*. 〈理〉重型结构力学

barodinámico,-ca *adj*. 〈理〉重型结构力学的

barófilo *m*. 〈生态〉适(静水)高压生物

baroforesis *f*. 〈化〉压泳(现象)

barognosis *f*. 〈医〉压觉缺失

barógrafo *m*. 气压(记录)器[仪],自记气压(高度)计

barograma *m*. 气压(记录)图,气压自记曲线

barometría *f*. 气压测定法[术]

barométrico,-ca *adj*. 气压(表)的,气压表表示的;测定气压的

escala ～a 气压表[计]刻度

factor ～ 气压因子

presión ～a 大气压

tubo de caída ～a 大气排泄管

variación ～a 气压变化

barómetro *m*. ①气压表[计];②晴雨表;变化的标志

～ aneroide 膜盒[无液]气压计;无液晴雨表

～ bursátil 股市晴雨表

～ comercial 商业晴雨表;商业指标

～ de cubeta 杯[槽]式气压表

～ de mercurio 水银气压表

～ de sifón 虹吸气压表

～ holostérico 固体气压计(即空盒气压表)

～ metálico 膜盒气压表

～ registrador 自记气压表;气压记录器

barometrógrafo *m*. 气压自动记录仪,气压计[描记器]

barorreceptor *m*. 〈生理〉压力感受器

baroscopio *m*. 验压器,气压测验器

barostato *m*. ①恒压器;②〈航空〉气压调节器

barotaxia *f*. 〈生〉趋压性

barotermógrafo *m*. 〈气〉(气)压温(度)记录器,(自记)气压温度计

barotolerancia *f*. 〈生态〉耐高压性

barotolerante *adj*. 〈生态〉耐高压的

barotraumas；barotraumatismo *m*. 〈医〉气压伤,气压性损伤

barotropía *f*. 〈气〉正压性

barotrópico,-ca *adj*. 〈气〉正压的

atmósfera ～a 正压大气

campo ～ 正压场

barqueta *f*. 〈船〉小船

barquilla *f*. ①〈航空〉(飞行器的)吊舱[船,蓝];②〈海〉测程仪[器];计程仪

barra *f*. ①(木,铁等)条,棒,杠,杆,(撬)棍;(铁)锭;(卡)尺[规];②(家具等的)横档;(自行车)大[横]梁;③柜台;④(法庭)围栏;⑤(纹章学)条,纹,线条,斜纹饰;⑥(河口、海口等处的)沙洲[坝,滩];⑦*Cari*. 河口,港[三角]湾;⑧〈乐〉小节线;⑨(练习本的)斜格线

～ acanalada 竹节钢筋

～ antivulco 车体角位移横向平衡杆

～ calibradora 卡尺[规]

～ chata 扁材

～ colectora 汇流条,导(电)条

～ compensadora 均力[补偿]杆

～ cuadrada 方材,方铁条

～ de acero 钢条

～ de acoplamiento 拉[系,连结]杆

～ de alineación 穿钉;锚栓

～ de armazón de popa 艉构架

～ de carmín[labios] 唇膏

～ de colector 整流(器上的铜)条

～ de conexión 接线柱

～ de desplazamiento 〈信〉(计算机)滚动条

～ de distribución 母线,汇[导]电板,导(电)条

～ de equilibrio(～ estabilizadora) 平衡杆

～ de escariado 镗[铣刀]杆

～ de espacio(～ espaciadora) ①隔条,间隔棒;②〈信〉空格杆,空间杆

～ de estado 〈信〉状态条[栏]

～ de formato 〈信〉格式条[栏]

～ de guía 导向杆

～ de herramientas 〈信〉工具条[栏]

～ de menús 〈信〉菜单条

～ de mina 冲[撞]钻

～ de navegación 〈信〉漫游条[栏];导航条[栏]

～ de oro 金条[锭]

～ de parrilla 炉条,炉排片

～ de resistencia (电枢的)扎线

～ de rozadura 刀杆

～ de tareas 〈信〉任务栏

～ de tensión 拉杆

～ de timón 舵杆[柄]

～ de título 〈信〉标题栏

～ de torsión 扭杆

～ de tracción 牵引杆

～ diagonal 〈信〉正斜杠;斜线号

～ en T T 型钢

～ en U 槽钢

～ en Z Z 型钢

～ enderezadora 弯钢筋扳子

~ fija 〈体〉单杠

~ hexagonal 六角钢

~ imanada 磁棒，条形磁铁

~ invertida 〈信〉反斜杠

~ ómnibus 汇流条，导(电)条

~s paralelas 〈体〉双杠

~s asimétricas 〈体〉高低杠

extrusor de ~s 蜗压机，螺旋挤压机

barracuda *f.* 〈动〉梭子鱼(产于加勒比海)

barraganete *m.* 〈船〉〈海〉顶部肋板；*pl.* 肋材

barranco *m.* 〈地〉① 悬崖，峭壁；② 峡谷，山涧；沟壑

barredera；barredora *f.* 〈机〉扫路车[机]；清除[扫]器

~ de alfombras(~ mecánica) 地毯清除器

~ de frecuencia 扫频仪

~ eléctrica 吸尘器

barreminas *m. inv.* 〈军〉扫雷器

barrena *f.* 〈机〉钻，钻头；钻孔器

~ de cuchara 手摇扁钻

~ de explosión 扩孔钻

~ de guía 中心钻头

~ de gusano 蜗杆钻

~ de impulsion(~ mecánica) 动力钻

~ de mano(~ pequeña) 手钻；手[螺丝]锥

~ de percusión 冲击钻

~ de[en] pico de pato 鸭嘴钻

~ de punta 带尖钻

~ de sonido 地[土]钻

~ de tornillo 螺旋钻，麻花钻

~ de uña(~ vaciada en media caña) 鸭嘴钻

~ espiral[helicoidal] 螺旋钻

~ giratoria 旋钻

~ para madera (木工)手钻；木[手，螺丝]锥

~ percutente 冲[撞，顿]钻

~ salomónica 曲炳钻

~-fresa maciza 整体拉刀

~-fresa patrón 标准钻

casquillo de ~ (钻头)变径套，钻套

mecha de ~ 木螺钻，麻花钻嘴，(螺旋)钻头

barrenador *m.* ①〈矿〉钻[凿岩]机手；打眼工；②〈动〉船蛆 ‖ **~a** *f.* 〈机〉凿岩[钻孔]机，岩心钻机，镗床

barrenar *tr.* ①镗(穿，扩，钻)孔，打眼，开凿；②凿沉船只；③破坏(计划等)；爆[炸]破(岩石等)；④违背[反]法律；侵犯

banco de ~ 钻床

barrenero *m.* 〈矿〉〈机〉钻机手；打眼工

barrenilla *f.* 〈机〉钻，细钻

barrenillo *m.* 〈昆〉天牛，锯树郎

barreno *m.* ①〈矿〉〈机〉风[大]钻，凿岩机；②钻孔；③炮[钻，爆破]眼；④ *pl.* 钻屑(粉)

~ de cabeza cuadrada 方头钻

~ de roca 凿岩机

barrera *f.* ①栅[护，围]栏；栏杆，扶手；②障碍(铁路等)路[屏]障；③〈军〉防栅，挡[胸]墙；④壁垒，关卡[口]；⑤〈体〉(足球运动中的)人墙

~ a la entrada (市场)进入壁垒

~ aduanera[arrancelaria] 关税壁垒

~ coralina 珊瑚礁

~ de color(~ racial) 肤色隔离

~ de contención 防护外壁[壳层]

~ de fuego 〈军〉弹幕射击

~ de fuego móvil 〈军〉徐进弹幕射击

~ de humo 〈军〉烟幕

~ de peaje[portazgo] (收费站的)卡门，征收关卡

~ de potencial 势[位]垒

~ del sonido 音[声]障，声垒

~ epitelial 〈医〉上皮栏

~ generacional 代沟(尤指青少年与其父母在情趣、抱负、社会准则以及观点等方面存在的差距)

~s comerciales 贸易壁垒

~s de entrada/salida 进/出口壁垒

~s no aduaneras 非关税壁垒

capa ~ 势垒，阻挡层

barricada *f.* 〈交〉路障，街垒

barrido *m.* ①打扫，清除；②〈理〉扫描[掠]；〈信〉扫描；③(摄影机的横向)扫摄

~ de frecuencia 扫频

~ mecánico 机械扫描

bomba de ~ 扫气[清除]泵

barriga *f.* ①〈解〉腹，肚子；②(器皿等的)肚子

barril *m.* ①(圆，木，筒形)桶；②桶(容量单位)

~ de amalgamación 混汞桶

~ de frotación 滚转桶，(摆动式)滚磨筒

~ de petróleo 石油桶

barrilla *f.* ①〈化〉苏打灰，海草苏打灰(以前用作肥皂、玻璃等的原料)；②〈植〉猪毛菜属植物(如钾猪毛菜)

barrillo *m.* 〈医〉黑头粉刺；丘疹

barrista *m.* 〈体〉单杠运动员

barro *m.* ①泥，烂泥；②粘[陶]土；③〈医〉粉刺；丘疹

~ blanco 陶土

~ cipey *P.Rico*〈地〉泥灰土

~ refractario 耐火黏土,(耐)火泥

~ trabajado 捣实黏土

barroco,-ca *adj*.〈建〉巴洛克式的 ‖ *m*. ①巴洛克建筑形式[风格];②巴洛克风格流行时期

barroquismo *m*.〈建〉巴洛克建筑形式[风格]

barroquizante *adj*.〈建〉巴洛克风格的;巴洛克式的

barrote *m*. ①(木、金属等的)条;(加固用的)铁条;②*pl*. 栅[网]格;③(椅子、梯子等的)横档

~ de parrilla 炉条,炉排片

~ redondo 扶梯级棍,横档

bartonelemia *f*.〈医〉巴尔通氏体血症

bartoneliasis;bartonelosis *f*.〈医〉巴尔通氏体病

bartonellaceae *m*.〈生〉巴尔通氏体科

basa *f*. ①〈建〉柱基[脚],基础[底];②(塑像)底座;③*Chil*. 木板

basal *adj*. ①基底[部]的;②〈生理〉基底的;〈生〉基底的

anestesia ~ 基础麻醉

capa ~ 基底层

célula ~ 基底细胞

cisterna ~ 基底池

membrana ~ 基底膜

metabolismo ~ 基础代谢

basáltico,-ca *adj*.〈地〉玄武岩的

basalto *m*. ①〈地〉玄武岩(细黑色火山岩);②(似玄武岩制品的)黑色瓷器

basamento *m*.〈建〉柱脚[基,墩],基础[脚,底,层]

báscula *f*. ①秤;②磅[台]秤

~ automática 自动秤

~ biestable〈海〉套索钉;绳针

~ de aguja[índice] 表盘秤

~ de baño 体重磅秤

~ de carretera[camiones,vía] 地秤[磅];汽车秤

~ de plataforma 磅[台]秤

~ electrónica 电子秤

~ pendular 摆秤

~ registradora 重量计;自动(记录,计数)秤

báscula-puente *f*. 桥秤(称车、马等重量用);地秤

báscula-vagones *f*. 汽车倾卸机

basculable *adj*. 可倾斜的,倾动式的

basculador *m*. 自(动倾)卸车;翻斗车

~ de vagones 自卸车

~ de vagonetas de mina 矿用自卸车

basculamiento *m*. 倾斜

camión con ~ en la parte trasera 后卸式货车

camión con ~ lateral 侧卸式货车

basculante *m*.(运土、碎石等的)自动倾倒卡车

base *f*. ①底;基础[层,底],地基;②底座[部,面];③基础部分[知识];主要成分;依[根]据;根本;④〈化〉碱,盐基;⑤〈数〉底,基数[点,面,线];⑥〈测〉基线;⑦〈画〉背景;底子;⑧(化妆用的)粉底霜;⑨〈军〉基[根据]地;⑩〈体〉(棒球运动的)垒;起点 ‖ *m.f*.〈体〉(篮球等运动的)后卫

~ aérea 空军基地

~ aeronaval 海空基地;海军航空兵基地

~ amortiguadora〈化〉缓冲碱

~ de acoplamiento〈信〉扩展坞

~ de apoyo 基础[脚],底座[脚]

~ de Arrhenius〈化〉阿雷尼乌斯碱

~ de conocimiento〈信〉知识库

~ de datos〈信〉数据[资料]库

~ de datos distribuida〈信〉分布式数据库

~ de datos documental〈信〉文件数据库

~ de datos georreferenciada〈信〉地理信息系统数据库

~ de datos orientada a objetos〈信〉面向对象的数据库;数据[资料]库

~ de datos relacional〈信〉关系数据库

~ de lanzamiento〈军〉发射(基)地

~ de Lewis〈化〉路易斯碱

~ de operación 基线水位,基准(水平)面

~ de operaciones〈军〉作战根据地

~ de poder 权利基础

~ de referencia 参考基准

~ de reglas〈信〉规则资料库

~ de reparación 维修基地

~ del cráneo〈解〉颅底(板)

~ débil〈化〉弱碱

~ económica 经济基础

~ empedrada 石块铺地

~ fuerte〈化〉强碱

~ imponible〈经〉应纳税收入;课税基数

~ naval 海军基地

~ negra 黑色[沥青]基层

~ ortogonal〈数〉正交基

~ oxigenada 盐基

~ pirimidínica〈生化〉嘧啶碱基

~ trigonométrica 基线水位,基准(水平)面

~s de datos muy grandes〈信〉超大数据[资料]库

~s de datos temporales〈信〉暂存数据[资料]库

~s de licitación 投标基础[条件]

alimento ～ 主食

año ～ 基准年

color ～ 底色

déficit de ～〈医〉碱缺失

empedrado de ～ 底石

período ～ 基准期

placa de ～〈医〉基板

precio ～ 基价

roca de ～ 底岩,基(性)岩

baseball *m. ingl.*〈体〉①棒球;②棒球运动

baseballista *m. f. Amér. L.*〈体〉棒球运动员

basebolero,-ra *adj. Cari.*〈体〉棒球(运动)的 ‖ *m. f. Cari.* 棒球运动员

baseplana *f.*〈信〉(计算机)底板

BASIC *m. ingl.*〈信〉BASIC 语言

basicidad *f.*〈化〉①碱度[性],容碱量;②盐基度

básico,-ca *adj.* ①基本[础]的,根本的;②〈化〉碱(性,式)的

acero ～ 碱性钢

cláusuras ～as 基本条款

escoria ～a 碱性渣

proceso ～〈冶〉碱性法

producto ～ 初级产品

producción ～a 基本生产

proteína ～a 碱性蛋白质

roca ～a 碱性岩石

sal ～a 碱式盐

tinte ～ 碱性染料

basidial *adj.*〈植〉(真菌)担子的

basidio *m.*〈植〉(真菌)担子

basidiomicete *adj.*〈植〉担子菌的 ‖ *m.* ①担子菌;②*pl.* 担子菌纲

hongo ～ 担子菌

basidiospora *f.*〈植〉(真菌)担孢子

basificación *f.*〈化〉碱(性)化

basifílico,-ca *adj.*〈医〉嗜碱的

basifilo,-la *adj.*〈植〉嗜碱的

planta ～a 嗜碱植物

basifugal;basifugo,-ga *adj.*〈植〉离基的

planta ～a 离基植物

basigámico,-ca *adj.*〈植〉基部[底]受精的

basilar *adj.*〈生〉基部的;基生的

basílico,-ca *adj.*〈解〉贵要的

vena ～a 贵要静脉

basipétalo,-la *adj.*〈生〉〈植〉向基的

basipodio *m.*〈解〉肢基

basiprodito *m.*〈动〉基节,底肢节

basita *f.*〈地〉〈矿〉基性岩(类)

basket;basketball *m. ingl.*〈体〉①篮球;②篮球运动

basketbalero,-ra *adj. Amér. L.*〈体〉篮球(运动)的 ‖ *m. f.* 篮球运动员

basofilia *f.*〈生〉噬碱性

basófilo,-la *adj.*〈生〉噬碱性的

célula ～a 噬碱性细胞

basquetbolista *m. f. Amér. L.*〈体〉篮球运动员

basquetbolístico,-ca *adj. Amér. L.*〈体〉篮球运动的

basset *m. fr.*〈动〉(短腿)猎犬

basta *f.*〈缝〉①疏[粗]缝;绗;疏缝针脚;②疏缝用线

bastardilla *f.*〈印〉斜体字

bastardillo,-lla *adj.*〈印〉斜体的

letra ～a 斜体字

bastardo,-da *adj.* ①〈动〉杂交[种]的;②〈植〉混种的

perro ～ 杂种狗

bastidor *m.* ①〈机〉(撑,框,构,骨,车,桁)架;(底,机)座;(车辆等的)底盘[架];②〈戏〉舞台侧景;③〈信〉〈印〉字盘架;④⑤〈屋〉架;(门,窗)框;*And.,Cono S.* 固定百叶窗,花格窗

～ acodado〈船〉错折肋骨

～ auxiliar 副(车)架,辅助构架

～ de aterrizaje 飞机脚架,起落架

～ de(l) bogie 转向架

～ de bordadora 刺绣绷子

～ de envigado 联(结)梁

～ de montaje 装配架

～ de motor (发动)机座

～ de torno 车床床身

～ de máquina 机架

～ de vidriera 玻璃框

～ en C 支架

～ en cuello de cisne 支架,鹅颈支架

～ giratorio 旋转架,转座

～ triangular[poligonal] 桁架[梁]

～es en cruz 交叉连架

muela con ～ pendular 悬挂式砂轮机

bastilla *f.* ①〈缝〉(衣、裙等的)折边;②〈技〉(钢板、塑料等的)卷边

bastimiento *m.* ①供应[给];给养,粮食;②〈船〉〈海〉(供应)船只

bastión *m.* ①碉[城]堡;②堡垒;③〈信〉设防地区

bastita *f.*〈矿〉绢石

bastón *m.* ①手杖,拐棍;②纵纹(纹章学用语)

～ alpino(～ de alpinista[montaña])(铁头)登山杖

～ de esquí 滑雪杖

～ de taburete (顶端可打开充当座椅的)

折叠座式手杖

bastoncillo *m.* 〈解〉视网膜杆

bastrén *m.* 〈建〉(木工等用的)刨子,刮刀,铁弯刨

basuco *m.* 古柯碱

basura *f.* ①〈垃圾;废物;②(家庭用)垃圾箱[筒];(路边)废纸篓;杂物箱
~ entra/sale 〈信〉(计算机运算中的)错进/出
~ espacial 空间碎片[垃圾]
~ industrial 工业废弃物
~ nuclear 核废料
~ radiactiva 放射性废弃物

batalla *f.* ①〈军〉战役[斗],会[交]战;②格[搏,争]斗;③(汽车)轴[轮]距;(机车)轮组定距;④〈机〉刨床
~ campal 会[决,对阵]战
~ de flores 鲜花战(即相互抛鲜花活动)

batallón *m.* 〈军〉营;大队
~ de castigo(~ disciplinario) 军纪整训(处罚)营
~ de tanques 坦克营
~ de zapadores 工兵营

batán *m.* ①漂洗厂[场];②漂洗锤;〈纺〉捶布机,漂洗机,缩绒[呢]机

batanero,-ra *m. f.* 〈纺〉漂布(毡合)工人,捶布工;缩绒工

batata *f.* ①〈植〉甘[白]薯,山芋;②*Cono S.* (小)汽车

bate *m. Amér. L.* 〈体〉(棒球的)球棒;(马球的)球棍

batea *f.* ①托盘;②〈矿〉洗槽;③〈铁路〉敞篷货车,无顶平板货车;④〈船〉〈海〉平底船

bateador,-ra *m. f.* 〈体〉(棒球等运动中的)击球手 ‖ ~a *f.* 〈机〉夯(具,锤,板),硪,砂春;打夯机

batelero *m.* 〈建〉给水总管,总水管

bateo *m.* 〈体〉(棒球等运动中的)击球

batería *f.* ①〈电〉电池(组),电瓶,蓄电池;②炮台;③〈军〉炮组[群],排炮,炮兵连;④一排(灯);一套(炊具、器具等);一组;一系列;⑤(戏院)脚灯[光];⑥〈乐〉打击乐器组(如鼓等);⑦*Amér. L.* 〈体〉(棒球运动的)一击
~ alcalina 碱性电池
~ anódica(~ de placa) B[乙]电池组,屏板电池
~ antiaérea 高射炮兵连
~ auxiliar 备用[辅助]电池
~ central 共电式(中央)电池组
~ compensadora 补偿电池组
~ común 电源组,动力单元
~ costanera 海岸炮台
~ de acumuladores(~ eléctrica) 蓄电池组

~ de arranque 启动电池
~ de artillería 排炮
~ de bocartes 捣矿机组
~ de camiones 车[载重汽车]队
~ de cloruro(氯化)铅蓄电池
~ de cocina 成套厨房用具
~ de conversación 通话电池
~ de copas 杯式电池
~ de emergencias[socorro] 备用蓄电池
~ de ensayo[pruebas] 试验电池
~ de filamento A[甲]电池(组),丝极电池
~ de iluminación 照明电池
~ de llamada 通话电池
~ de pilas 原电池组
~ de plomo 铅电池组
~ de proceso 〈信〉流水线
~ de refuerzo(~ elevadora) 升压电池组
~ de rejilla C[丙,栅板]电池组
~ en cascada 级联电池组
~ flotante ①浮置电池(组),浮动蓄电池;②(船,筏上的)流动炮台
~ para aviación 航空电池
~ seca(~ de pilas secas) 干电池(组)
~ silenciosa 无噪声电池(组)
~ solar 太阳能电池(组)
borne de ~ 电池电极,蓄电池接线端子
cargador de ~s 蓄电池充电器
elemento de ~ 原电池,蓄电池单位

batesiano,-na *adj.* 〈动〉警戒(拟态)的;贝氏(拟态)的
mimetismo ~ 警戒拟态;贝氏拟态

batial *adj.* 〈海洋〉(尤指深度在 600-6,000 英尺之间的)半深海的
fauna ~ 半深海区动物
zona ~ 半深海区

batibéntico,-ca *adj.* 〈生态〉深海的;生活于深海的 ‖ *m.* 深海生物

baticabeza *f.* 〈昆〉叩头虫

batidera *f.* ①拍打器;②搅拌[打]器,捣棒;③〈建〉和灰锄;④(养蜂用的)割蜜刀

batido *m.* 〈技〉锤击(展薄),锻伸[长]
~ en frío 冷锤[锻]

batidor *m.* 锤,敲击器 ‖ ~a *f.* ①〈机〉搅拌器[机];②〈电子〉扰[倒]频器;③(手工)搅蛋[奶油]器 ‖ *m. f.* 〈军〉侦察兵[员]
~ de hierro 铁锤
~ de oro 金匠
~ mecánico (厨房用)搅蛋器
~a de brazo 手动[摇]搅拌器
~a de concreto 混凝土搅拌机
~a de manteca 搅乳机[器]

batiente *m*.①〈建〉(门、窗)边框,(门、窗的活动)页扇;板[碰口]条;②〈海洋〉敞露海岸;无屏障海岸线;③〈乐〉制音器

batiesfera *f*.〈海洋〉(深海观测用)球形潜水器;探海球

batifotómetro *m*.〈海洋〉(考察用的)深水光度计

batilito *m*.〈地〉岩基

batimetría;batometría *f*.〈海洋〉①测深学[术];②海洋生物分布学

batimétrico,-ca *adj*.〈海洋〉①测深(学,法)的;②海洋生物分布学的

batímetro;batómetro *m*.〈海洋〉水深测量器;测深计

batintín *m*.〈乐〉锣;铜锣

batipelágico,-ca *adj*.〈生态〉深海的(在2,000-12,000 英尺之间);生活于深海的fauna ～a 深海区动物

batíscafo *m*.〈海洋〉深海潜水器(调查海洋生物用),探海艇

batisfera *f*.〈海洋〉(深海观测用)球形潜水器;探海球

batista *f*.〈纺〉上等细亚麻布,上等细棉布

batitermógrafo *m*.海水测温仪

batocromo *m*.〈化〉向红团

batoideo, -dea *adj*.〈动〉鳐(魟)目的‖*m*.①鳐(魟);②*pl*.鳐(魟)目

batolito *m*.〈地〉岩基[盘]

batracio,-cia *adj*.〈动〉无尾两栖类的,蛙类的‖*m*.①无尾两栖类动物;蛙;②*pl*.无尾两栖类;蛙类

batrocotoxina *f*.〈生医〉蟾毒素(一种南美洲蟾皮抽出物)

batuta *f*.〈乐〉指挥

baudio *m*.〈信〉波特(度量电子数据传送速率的单位)

bauprés *m*.〈船〉船首斜桅

bauxita *f*.〈矿〉铝土矿[岩];铝矾土

baya *f*.〈植〉浆果(如橘子、葡萄等)

bayerita *f*.①拜耳体;②〈矿〉拜耳[三羟铝]石

bayesiano,-na *adj*.贝斯的;〈数〉贝斯(概率)定理的estadística ～a 贝氏统计(学)teorema ～ 贝斯定理

bayeta *f*.〈纺〉台面呢

bayetón *m*.〈纺〉长绒大衣呢

bayoneta *f*.①刺刀;枪刺;②卡口;〈建〉卡钉[销];③*Antill*.〈植〉凤尾兰～s caladas 上[拼]刺刀cubo de ～ 卡口插座

bazo,-za *adj*.黄褐色的,棕色的‖*m*.①〈解〉脾,脾脏;②*Amér*.*L*.〈兽医〉脾痈病

bazooka;bazuca *f*.〈军〉火箭筒;便携式反坦克火箭炮

bazucazo *m*.〈军〉反坦克火箭炮炮击

Bbl(s) *abr*.*ingl*. barrel(s) 桶,石油桶

Bbls/day *abr*.*ingl*. barrels per day 桶/天;每天…桶

BCD *abr*.*ingl*. binary coded decimal 〈信〉二进制编码的十进制;二-十 进制

b/d *abr*. barriles por día 日产…桶;每日…桶

bdep *abr*. barriles diarios de equivalente en petróleo 相当于每天…桶原油

bdoe *abr*.*ingl*. barrels per day of oil e-quivalent 相当于每天…桶原油

Be 〈化〉元素铍(berilio)的符号

bebé *m*.①婴儿;②〈动〉幼小动物～ azul 青紫婴儿～ panda 小熊猫

bebé-probeta (*pl*. bebés-probeta) *m*.*f*.试管婴儿

bebedero *m*.①(鸟、禽等的)饮水盆[钵];(牲畜等的)饮水处[槽];②〈冶〉(模子的)注入口

bebida *f*.①饮料;②酒类;含酒精饮料;③醉酒～ no alcohólica(～ sin alcohol)非酒精饮料;软饮料～ refrescante 非酒精的冷饮(尤指果汁)

beca *f*.〈教〉奖学[助]金

becada *f*.〈鸟〉丘[山]鹬

becado,-da *adj*.〈教〉领助学金的‖*m*.*f*.奖学金生

becerrillo *m*.小牛皮

becerro *m*.①〈动〉小牛,牛犊;②小牛皮

becquerel *m*.〈理〉贝克[可](勒尔)(放射性活度单位;符号为 Bq)

becuadro *m*.〈乐〉本位号

bedana *f*.〈机〉切(割,断)刀,开裂工具

begonia *f*.〈植〉秋海棠

begoniáceo,-cea *adj*.〈植〉秋海棠属的‖*f*.①秋海棠属植物;②*pl*.秋海棠属

behaviorismo *m*.〈心〉行为主义

behaviorista *m*.*f*.〈心〉行为主义者

béisbol *m*.〈体〉①棒球运动;棒球;②*Méx*.回力球

beisbolero,-ra;beisbolista *m*.*f*.①*Amér*.*L*.〈体〉棒球运动员;②*Méx*.回力球运动员

beisbolístico,-ca *adj*.〈体〉棒球运动的

bejuco *m*.〈植〉藤本植物;藤

bel *m*.*ingl*.〈理〉贝;贝尔(电学和声学中计量功率和功率密度比值的单位)

belemnita *f*.〈地〉箭石

beleño *m*.〈植〉天仙子,莨菪

belesa *f*.〈植〉攀缘蓝茉莉

belinógrafo *m*. 传真机

belinograma *m*. 传真电报[图片]

belio *m*.〈理〉贝;贝尔(电学和声学中计量功率和功率密度比值的单位)

belladona *f*.〈植〉颠茄

Bellatrix *m*.〈天〉参宿五,猎户座 γ 星

belleza *f*. ①美;美丽;优美;②美容;美貌;③美人;美男子

　líquido de ～ 美肤水

　lunar de la ～ 美人痣

　servicio de maquillaje y ～ 化妆整容业

bellota *f*.〈植〉①橡树果实;②(麝香石竹)叶芽,花蕾

　～ de mar(～ marino)〈动〉海胆

beluga *f*.〈动〉白海豚

bemol *adj*.〈乐〉降半音的;降调的 ‖ *m*. 降号

bencedrina *f*.〈药〉苯齐巨林,苯(异)丙胺

bencénico,-ca *adj*.〈化〉苯的

　serie ～a 苯系

　solución ～a 苯溶液

benceno *m*.〈化〉苯

bencenóidico,-ca *adj*.〈化〉苯环的

benchmark *m.ingl*. ①〈技〉基准(尺度);②〈信〉基准

bencidina *f*.〈化〉联苯胺

bencilo *m*.〈化〉联苯酰,苯偶酰,二苯(基)乙二酮

bencina *f*. ①〈化〉轻[石]油精;(轻质)汽油;挥发油;②*Amér. L.* 汽油

bencinero,-ra *adj. Amér. L.*〈机〉汽油发动机的

beneficio *m*. ①〈商贸〉收益,利益[润];②福利;③〈矿〉开采;④*Amér. L.* 屠宰;宰杀;(肉)分割零售;⑤*Amér. C.* 咖啡加工厂

　～ bruto 毛利;总收入[利润]

　～ de explotación(～ operativo) 营业利润[收益];毛利

　～ de minerales 采[选]矿

　～ de papel(～ en libro) 账面利润[盈余]

　～ de supervivencia 遗属抚恤金

　～ económico 财务收益·

　～ equitativo 合理收益[利润],公平收益

　～ imaginativo 预期利润

　～ impositivo 应纳税的利润,税收利润

　～ por acción 每股收益

　～ por defunción[muerte] 死亡抚恤金

　～ por desempleo 失业津贴;救济金

　～ por despido 退职福利金,解职津贴

　～ técnico 技术收[效]益

　～s adicionales 附加福利;增值收益

　～s de maternidad 生育补贴

　～s laborales 劳动[职工]福利

　～s marginales 附加[边缘]福利;小额优惠

　～s médicos 医疗福利

　～s no ganados 自然增值;非经营性增价

　～s postimpositivos/preimpositivos (纳)税后/前利润

　～s previstos 预期利润

　～s retenidos 留存利润,未分配利润

　～s sociales ①社会福利;②公司[法人]收入

benéfico,-ca *adj*. ①有益[利,助]的;②慈[行]善的

　concierto ～ 慈善音乐会

　función ～a 义演

　obra ～a 慈善[救济]事业

bengala *f*. ①照明灯[弹];(发蓝光火焰的)孟加拉烟火;②〈植〉藤

　luz de ～ 焰火

　proyectil de ～ 信号弹

benigno,-na *adj*.〈医〉(肿瘤等)良性的

　tumor ～ 良性瘤

benitoíta *f*.〈地〉蓝锥矿

benjamin *m. ingl*. ①安息香胶,安息香树脂;②〈植〉安息香(树)

benjuí *m*. ①〈化〉苯偶姻,安息香,二苯乙醇酮;②〈植〉安息香树脂

bennettitales *m. pl*〈植〉本内苏铁目[纲](古植物化石)

béntico,-ca *adj*.〈生〉海底的

　seres ～s 海底生物

bentipelágico,-ca *adj*.〈动〉〈植〉海底的,深海的

bentófilo,-la *adj*.〈生态〉适应深水生活的

benton *m*.〈生态〉海底生物

bentónico,-ca *adj*.〈生〉海底生物的

bentonita *f*.〈地〉皂[斑脱,膨润]土

bentopótamo,-ma *adj*.〈生态〉底栖河流生物的

bentos *m*.〈生态〉底栖[水底]生物

benzaldehído *m*.〈化〉苯甲醛

benzaldoximas *f. pl*〈化〉苯醛肟

benzamida *f*.〈化〉苯酰胺

benzamina *f*.〈化〉苯扎明

benzanilida *f*.〈化〉苯酰替苯胺

benzatrona *f*.〈化〉苯并恩酮

benzina *f. Cono S.*〈化〉轻[石]油精;(轻质)汽油;挥发油

benzoato *m*.〈化〉苯甲酸盐,苯甲酸酯

　～ de etilo 苯甲酸乙酯

benzocaína *f*.〈化〉苯坐卡因

benzofenona *f*.〈化〉二苯甲酮

benzoico,-ca *adj.*〈化〉苯甲酸的；安息香的
ácido ~ 苯甲酸

benzoilo *m.*〈化〉苯甲酰(基)

benzoina *f.*〈化〉苯偶姻,安息香,二苯乙醇酮

benzol *m.*〈化〉苯

benzolismo *m.*〈化〉苯中毒

benzonitrilo *m.*〈化〉苄腈；苯基氰

benzopireno *m.*〈化〉苯并芘

benzoquinona *f.*〈化〉苯醌

benzoterapia *f.*〈医〉苯疗法

bep *abr.* barriles de equivalente en petróleo 等于…桶原油

berbén *m. Méx.*〈医〉坏血病

berberecho *m.*〈动〉鸟蛤

berbiquí *m.*〈机〉曲柄；摇[曲柄]钻
~ de clavija 插头中心钻
~ de manubrio 曲柄钻
~ de pecho 胸压式手摇钻,曲柄钻
~ de pecho a dos velocidades 双速胸压式手摇钻
~ de violín 弓钻

berdel *m.*〈动〉蛤鱼

berenjena *f.*〈植〉茄；茄子

berenjenín *m.*〈植〉长茄子

bergamota *f.*①〈植〉香柠檬,佛手柑；香柠檬树；②香柠檬油；③(桔味)薄荷；④〈植〉王子梨

bergantín *m.*〈船〉双桅帆船

beriberi *m.*〈医〉脚气(病)

berilia *f.*〈化〉氧化铍

berilio *m.*〈化〉铍

beriliosis *f. inv.*〈医〉铍肺

berilo *m.*〈矿〉绿宝[柱]石；绿玉

berkelio *m.*〈化〉锫

berlingado *m.*〈冶〉插树,(炼锡)吹气

berma *f.*①狭[护]道；②〈体〉崖径(自行车越野赛中的梯形障碍)；③*Chil.*〈交〉紧急停车道；④(由沙、石淤积而形成的)滩沿

bermellón *m.*①〈矿〉辰[朱]砂,银朱,硫化汞；②朱红(色)

bermuda *f. Amér. L.* 牧场；牧草地

berquelio *m.*〈化〉锫

berrendo,-da *adj.*①两[双]色的；②(公牛)带有杂色斑点的

berrera *f.*〈植〉窄叶泽芹

berro *m.*〈植〉水田芥(叶子有辣味,制生菜用)

berroqueño,-ña *adj.*〈矿〉花岗岩的
piedra ~a 花岗石[岩]

berruesco *m.* 岩石

bertrandita *f.*〈矿〉硅铍石

berza *f.*〈植〉甘蓝；包[卷心]菜

bessemerizar *tr.*〈冶〉用酸性转炉法吹炼

besugo *m.*〈动〉海鲷

besuguera *f.*①〈船〉渔船；②〈动〉欧鳊；鲷

beta *f.*①〈化〉β[第二]位；②[B-]〈天〉β 星(亮度居第二位的星)

betabel *m.*〈植〉甜菜

betabloqueador *m.*〈药〉β-受体阻滞药

betabloqueante *adj.*〈药〉阻滞 β-受体的
‖ *m.* β-受体阻滞药

betaína *f.*〈化〉甜菜碱

betanaftol *m.*〈化〉β-萘酚

betarraga; betarrata *f.*〈植〉甜菜；红甜菜

betatrón *m.*〈理〉电子感应加速器,电子回旋加速器

betel *m.*〈植〉蒌叶[子](用其叶包槟榔而嚼之)

Betelgeuse *m.*〈天〉参宿四,猎户座 α(星)

beto *m. Méx.*〈植〉枞；冷杉

betonera *f. Cono S.*〈机〉混凝土搅拌机

betónica *f.*〈植〉①(药用)水苏；②马先蒿

betuláceo,-cea *adj.*〈植〉桦木科的‖ *f.* ①桦木科植物；②*pl.* 桦木科

betún *m.*〈矿〉沥青
~ asfáltico(~ judeico,~ de Judea)(地,石油)沥青；柏油
~ sólido 固体沥青

bevatrón *m.*〈理〉高能质子同步稳相加速器,贝伐加速器

Bh〈化〉元素𬭶(bohrio)的符号

Bi〈化〉元素铋(bismuto)的符号

biangular *adj.* 双角的,有两个角的

biángulo *m.* 双角器

biarticulado,-da *adj.* 双节的,双铰(链)的

biatlón *m.*〈体〉滑雪射击(冬季奥林匹克运动会项目之一)

bias *adj.* 偏动的

biatómico,-ca *adj.*①二[双]原子的,二元的；②双酸的
ácido ~ 二元酸

biauricular *adj.*〈解〉(有)双耳的；(有)双心耳的

biaxial; biaxil *adj.*(晶体)双轴的,具有两个光轴的
cristal ~ 双轴晶体

biaxialidad *f.*(晶体的)双轴性

biáxico,-ca *adj.*(晶体等)双轴的

bibásico,-ca *adj.*〈化〉①二元的,二碱价的；②二代的

bibliofilm *m. ingl.*(图书)显微胶卷；拍摄书页用显微胶卷

bibliografía *f.*①书目；书目提要；文献目录；参考书目；②文献[目录]学；③书志学

bibliográfico,-ca *adj.*①书目的；②书志[目

录]学的;③与书目[书志学,目录学]有关的

bibliógrafo,-fa *m. f.* ①书目提要编者;文献目录编者;②目录[文献]学家

bibliología *f.* ①图书学;②书志学

bibliólogo,-ga *m. f.* ①图书学家;②书志学家

bibliometría *f.* 出版物统计(法)

bibliométrico,-ca *adj.* 出版物统计的

biblioteca *f.* ①图书馆[室];书库;藏书室;②文库,丛书;③书架[柜]
　~ ambulante 流动图书馆
　~ circulante 出租流动图书馆
　~ de cintas 带库;磁带程序库
　~ de programa 程序库
　~ de programa objeto 目标程序库
　~ de referencia 参考图书馆
　~ pública 公共图书馆
　viviente ~ 活字典(指学识广博的人)

bibliotecario,-ria *adj.* 图书馆的 ‖ *m. f.* ①图书馆管理员;②图书馆学专家;③图书馆馆长

bibliotecnia *f.* ①图书馆学;②图书馆管理员身份;③图书馆管理学专家身份

bibliotecología; biblioteconomía *f.* 图书馆学;图书馆管理

biblioteconomista *m. f.* 图书馆学专家

biblioterapia *f.* 〈医〉读书疗法

bical *m.* 〈动〉雄鲑

bicampeón,-ona *m. f.* 两届[次]冠军获得者;双料冠军

bicarbonatado,-da *adj.* 〈化〉碳酸氢盐的,重碳酸盐的

bicarbonato *m.* 〈化〉碳酸氢盐,重[酸式]碳酸盐
　~ actual 实际碳酸氢盐
　~ de soda(~ sódico) 碳酸氢钠;(厨房用)小苏打

bicarburo *m.* 〈化〉二碳化物

bicarpelado,-da *adj.* 〈植〉(尤指花朵)双心皮的

bicéfalo,-la *adj.* ①〈生〉双头的;具两头的;②新月形的 ‖ *m.* 〈医〉双头畸形

bicelular *adj.* 〈生〉双细胞的

bíceps *m.* 〈解〉(上肩前的)二头肌

bicerra *f.* 〈动〉欧洲岩羚羊

bicha *f.* 〈动〉蛇

bicharraco,-ca *m. f.* 〈动〉①家畜;②爬虫,爬行小动物

bichero *m.* 〈海〉带钩撑篙;弯齿鱼叉

bichiche *m. Méx.* 过滤器

bicicleta *f.* 自行车;脚踏车
　~ de carreras 跑[赛]车
　~ de ejercicio[gimnasio] 体操用自行车

　~ de montaña 山地自行车
　~ de paseo 旅行用自行车
　~ plegable 折叠自行车

biciclo *m.* ①自行车;②儿童三轮脚踏车

biciclomicina *f.* 〈药〉双环霉素

bicicross *m.* 〈体〉自行车越野赛

bicilíndrico,-ca *adj.* ①双圆柱的,双柱面的;②双汽缸的

bicimoto *m. Amér. C.* 机动脚踏两用自行车

bicolateral *adj.* 〈植〉双韧的

bicloruro *m.* 〈化〉二氯化物
　~ de mercurio 二氯化汞

bicolor *adj.* ①双色的;有两种色彩[调]的;②(汽车喇叭、汽笛等)发双音的
　bandera ~ 双色旗

bicolorimétrico,-ca *adj.* 双色比色的

bicolorímetro *m.* 双色[层,筒]比色计

bicóncavo,-va; biconvexo,-xa *adj.* (透镜等)双凹面的,两面凹的
　lente ~a 双凹透镜

bicondición *f.* 〈逻〉双条件

bicondicional *adj.* 〈逻〉双条件的

bicónico,-ca *adj.* 双锥形的
　antena ~a 双锥形天线

bicorne *adj.* ①双角的;有一对角状物的;②新月牙形的
　útero ~ 双角子宫

bicromatado,-da *adj.* 〈化〉含重铬酸盐的

bicromático,-ca *adj.* 二色性的,双色的

bicromato *m.* 〈化〉重铬酸盐
　~ de potasa(~ potásico) 重铬酸钾
　proceso de ~ 重铬酸盐处理法

bicromía *f.* 双色印染法

bicrón *m.* 〈理〉重微米

bicuadrado,-da *adj.* 〈数〉四次的;双二次的

bicultural *adj.* 二元文化的;有两种文化的,两种文化结合的

bicúspide *adj.* 〈解〉有二尖的,双尖的 ‖ *m.* 双尖牙,前磨牙 ‖ *f.* 二尖瓣
　diente ~ 二尖牙
　hoja ~ 双尖牙
　válvula ~ 二尖瓣

BID *abr.* Banco Inteamericano de Desarrollo 美洲开发银行

bidé; bidet *m. fr.*; **bidel** *m. Amér. L.* (供冲洗外生殖器和肛门的)坐浴盆

bidentado,-da *adj.* 〈植〉(尤指叶子)有双齿的

bidimensión *f.* 二维;平面

bidimensional *adj.* ①二维的,二度空间的;平面的;②平面型的,无立体感的

bidireccional *adj.* (天线、话筒等)双向作用

的
~ simultáneo 全双工的(指两台设备可以
同时接受和发送)
micrófono ~ 双向传声器
taquicardia ~ 双向性心动过速

bidón *m*. 大桶,罐
   ~ de aceite 油桶
   ~ de petróleo 石油桶
   ~ de seguridad 安全罐

biela *f*.〈机〉①(连,推,拉,摇)杆;接合[连接]杆;②(自行车的中轴)曲柄
   ~ colgante(~ de acoplamiento) 边杆,动轮连杆
   ~ de empuje 推杆
   ~ de mando 操纵杆
   ~ de sonda 连[摇,联接]杆
   ~ de suspensión 连杆
   ~ de suspensión de seguridad (水轮机)脆性连杆
   ~ del distribuidor 阀轴
   ~ del freno 制动联杆
   ~ del paralelogramo 平行杆
   ~ directriz 传[驱]动杆
   ~ en retorno 回头连杆

bien *m*. ①物品;货物;②*pl*. 财产[富];③见
   ~s del cuerpo
   ~s afianzados 保税货物
   ~s alodiales 免税产业
   ~s congelados 被冻结资产
   ~s de abolengo 祖传财产
   ~s de capital 资本货物;固定资产
   ~s de consumo 消费品;生活资料
   ~s de equipo 固定资产[设备];生产资料
   ~s de inversión 投资货物;资本货物
   ~s de produción 生产资料
   ~s de tierra 农产品
   ~s del cuerpo 健康
   ~s dotales 陪嫁品,嫁妆
   ~s duraderos 耐用品
   ~s en tránsito 过境[在运]货物
   ~s finales[terminados] 终极产品
   ~s fungibles 消[易]耗品;易腐烂食品(尤指食品、鱼、水果等)
   ~s gananciales 夫妻共有财产
   ~s inmateriales 无形资产;非物质财产
   ~s inmuebles[raíces] 不动产,房地产
   ~s intangibles 无形资产
   ~s intermedios 中间货物;半成品
   ~s libres 免税品[货物]
   ~s mostrencos 无人认领的货物;无主财产
   ~s muebles 动产;全部有形动产
   ~s perecederos 易损[腐]货物

   ~s propios 自有资产
   ~s públicos 公共[共有]财产
   ~s relictos 遗产
   ~s sedientes 不动产
   ~s tangibles 有形资产
   ~s terrestres 物质财产
   ~s y servicios 货物及劳务

bienal *adj*. ①(每)两年一次的;每两年的;持续两年的;②〈植〉两年生的
   planta ~ 两年生植物

bienvestida *f*. *Cub*.〈植〉墨西哥丁香

biengranada *f*.〈植〉总状藜

biestable *adj*.〈电〉双稳态的
   aparato ~ 双稳态器件
   elemento eléctrico ~ 双稳电子元件

bifacial *adj*. ①有两面的;双面的;②〈植〉异面的,腹背的

bifasado,-da *adj*.〈电〉双[两]相的‖ *m*. 双[两]相

bifase *f*.〈电〉双[两]相

bifásico,-ca *adj*. ①〈电〉双[两]相的;②〈医〉二相(性)的
   alternador ~ 双[两]相发电机
   interruptor ~ 双相断续器,双向开关
   reacción ~a 二相反应

bífero,-ra *adj*.〈植〉一年两熟的

bífido,-da *adj*.①〈生〉二裂[分]的;②有叉的,分岔的;叉状的

bifidobacterium *m*.〈生〉双歧杆菌属

bífidus *m*.(食品中的)营养菌

bifilar *adj*.〈电〉双线[股,绕]的;双(灯)丝的‖ *m*. 双线导体
   devanado ~ 双线(无感)绕法[组],双线[股](无感)线圈
   resistor ~ 双线电阻器

biflagelado,-da *adj*.〈生〉双鞭毛的

bifloro,-ra *adj*.〈植〉双花的

bifluoruro *m*.〈化〉二氟化合物

bifocal *adj*.〈理〉①两[双]焦点的;②双光的(眼镜)‖ *m*. ①双焦透镜;②*m. o f. pl.* 双光眼镜
   lente ~ 双焦点透镜

bifoliado,-da *adj*.〈植〉具两叶的

bífora *f*.〈建〉双层窗

biforme *adj*. 二形的,二形结合的

biformina *f*.〈医〉双形真菌素

bifotónico,-ca *adj*.〈理〉双光子的
   proceso ~ 双光子过程

bifronte *adj*. 两面的‖ *m*.〈建〉双面头雕像

bifurcación *f*. ①分枝[支];分叉;(路、河流等的)分岔;叉口[道,路,流];分岔点;②〈电〉接头[点];分支[路,线];③〈信〉(计算机)分支(指令);转移

~ de tubos 支管；(水平)烟道

ratio de ~ (水文)分叉比

bifurcado,-da *adj.* ①分枝[支]的；②分[二]叉的；叉形的

bifurcador *m.* 二分叉器，二分枝器

bigamia *f.* 〈法〉重婚(罪)

bígamo,-ma *adj.* 〈法〉犯重婚罪的 ‖ *m. f.* 重婚罪犯者

bígaro；bigarro *m.* 〈动〉滨螺

bigémico,-ca *adj.* 〈医〉二联的；成对的

pulso ~ 二联脉

bigeminia *f.* 〈医〉二联脉

bigenérico,-ca *adj.* 〈生〉两属的；属间杂交的

bignoniáceo,-cea *adj.* 〈植〉紫葳科的 ‖ *f.* ①紫葳科植物；②*pl.* 紫葳科

bigorneta *f.* 铁砧，砧座

bigornia *f.* 砧，砧角；(两头尖的)铁砧

~ pequeña 台(式铁)砧

tajo de ~ 砧座[台]

bigornilla *f.* 小铁砧，台砧

bigote *m.* 〈动〉触须

bigotera *f.* ①小圆规，两脚规；卡钳；②〈冶〉出渣[出铁，出钢，排放]口；③(车内的)折叠座位

bihélice *f.* 双螺旋桨

bija *f. Amér. L.* ①〈植〉胭脂树；②胭脂；③(胭脂树)红色染料

bikini *m.* ①比基尼；三点式泳装；超短式内裤；②男式超短式游泳裤

bilabiado,-da *adj.* 〈植〉二唇的

bilateral *adj.* ①两边[面]的；〈生〉两侧的；②〈法〉双边[方]的；两方面的；③〈电〉〈机〉双向[侧]的；两向的；(两边，两侧)对称的；④对等的；互惠的

acuerdo ~ 双边协议

ayuda ~ 双边援助

comercio ~ 双边贸易

conversación ~ 双边会谈

estrabismo ~ 两侧斜视

fallo ~ del corazón 双侧心力衰竭

simetría ~ 双向对称

tolerancia ~ 〈机〉双向公差

bilateralismo *m.* 两侧[边]对称

bilharziosis *f.* ①〈动〉血吸虫；②〈医〉血吸虫病

biliar *adj.* 胆的；胆汁的

conducto ~ 胆管

tracto ~ 胆道

vesícula ~ 胆囊

bilinear *adj.* 〈数〉双线性的；双直线的

función ~ 双线性函数

transformación ~ 双线性变换

bilingüe *adj.* ①熟谙两种语言的；②使用两种语言的；用两种文字写成的；两种文字对照的

diccionario ~ 双语词典

educación ~a 双语制教育；双语教学制

bilioso,-sa *adj.* 〈生理〉胆汁分泌过多的

bilirrubina *f.* 〈生化〉胆红素

bilis *f. inv.* 〈医〉胆汁

biliverdina *f.* 〈生化〉胆绿素

billarda *f. Hond.* 捕蜥器；*Guat.，Hond.* 捕鱼器

billete *m.* ①票；〈商贸〉票据[证]；②(电影院等的)入场券；③〈交〉车票；票据；④纸币；钞票；⑤见 ~ de lotería

~ amoroso 情书

~ circular 环游车船票；往返票

~ comercial 商业票据

~ chico[corto] *Chil.* 小额款项；小面值钞票

~ de abono 月票；定期车票

~ de avión 飞机票

~ de banco (银行)钞票；银行票据

~ de cortesía 赠券[票]；免费入场券

~ de favor 赠券[票]；招待票

~ de ida(~ sencillo) 单程票

~ de ida y vuelta 来回票

~ de lotería 彩票

~ de premio 购货赠券；赠[奖]券

~ falsificado[falso] 假钞

~ grande[largo] *Chil.* 大额款项；大面值钞票

~ kilométrico (定期)定程火车票

~ talonario (车船等旅行的)联票

medio ~ 半票

billón *m.* ①〈数〉万亿(＝10^{12})；②十亿；③(法国和美国)万亿，兆

bilobulado,-da *adj.* ①〈植〉有两裂片的；两裂的；②〈动〉有两小叶的，分成两叶的

biloco *m. Méx.* 〈动〉蝌蚪

bilocular *adj.* 〈生〉两室的，双房[腔]的；二格的

corazón ~ 双腔心

bimano,-na *adj.* 〈动〉有两手的；双手的

bimanual *adj.* 双手的；用两手做的；需用两手的

examen ~ 双手检查

manipulación ~a 双手操作法

bimastismo *m.* 〈医〉双乳房畸形

bimetal *m.* 双金属(片)，双金属材料[器件]

bimetálico,-ca *adj.* ①双[二]金属的；②〈经〉〈商贸〉(金银)复本位制的

aleación ~a 双金属(片)，复合钢材

corrosión ~a 双金属腐蚀

elemento ~ 双层金属片[带,条]

moneda ~a 复本位货币

relé ~ 双金属片继电器

termómetro ~ 双金属温度计

termostato ~ 双金属恒温器

bimetalismo *m.*〈经〉〈金银〉复本位制

bimodal *adj.*〈统〉双峰的

distribución ~ 双峰分布

bimórfico,-ca *adj.*〈电〉双流(式)的,交直流的

dínamo ~a 交直流电机

bimotor *adj.*〈航空〉双发动机的 ‖ *m.* 双发动机飞机

avión ~ 双发动机飞机

bimotórico,-ca *adj.* 双发动机的,双马达的

bina *f.*〈农〉(播种前对田地的)第二遍耕耘

binadal *adj.*〈解〉〈医〉双鼻的

hemianopsia ~ 双鼻侧偏盲

binadora *f.* ①锄,锹,(风)铲;②〈农〉耕耘机

binario,-ria *adj.* ①由两部分组成的;双重的;②〈化〉〈理〉二元的,③〈数〉二进制的;二元的;〈信〉二进位的;④〈乐〉二部的;二拍子的

ácido ~ 二元酸

código ~〈信〉二进码

compás ~〈乐〉二拍

compuesto ~ 二元化合物

dígito ~〈信〉二进制位,二进制数字

escala ~a 二进标度

estrella ~a 双[联]星

fisión ~a 二分裂

número ~ 二进数

sistema ~ ①〈数〉二进数制;②〈化〉〈理〉二元(物)系

binauricular *adj.* ①两耳的;②〈电子〉两路立体声的;双声道的

binivel *m.* ①双[两]层;②〈交〉双层载运

binocular *adj.* ①双目并用的,同时用双目的;②双目[筒]的 ‖ *m. pl.* ①双目镜;戏剧望远镜;②夹鼻镜

acomodación ~ 双眼调节

microscopio ~ 双目[筒]显微镜

perímetro ~ 双眼视野计

binóculo *m.* ①双目[筒]镜;②夹鼻眼镜

bínodo,-da *adj.*〈电〉双阳极的 ‖ *m.* 双阳极管

binoftalmoscopio *m.*〈医〉双眼检眼镜

binomial *adj.* ①〈数〉二项(式)的;②〈生〉双名的

clasificación ~〈生〉双名分类法

coeficientes ~es 二项式系数

difenrencial ~ 二项式微分

distribución ~ 二项分布

ley ~ 二项定律

probabilidad ~ 二项式概率

binomio *m.* ①〈数〉二项式;②〈生〉双名(法)

~ de Newton 牛顿二项式

teorema del ~ 二项式定理

binucleolado,-da *adj.*〈生〉〈植〉双核仁的

bioactivación *f.*〈生〉生物活化(作用)

bioactivador *m.* 生物活性剂

bioactividad *f.* ①生物活性;②生物活度(指杀虫剂等对生物体的影响)

bioactivo,-va *adj.*〈生〉生物活性的;对活质起作用的;对生物有影响的

droga ~a 生物活性药物

bioacumulación *f.*〈生〉〈生态〉(有毒化学物质的)生物体内累积

bioacústica *f.*〈生〉生物声学

bioaeración *f.* (污水等)活性曝气法;生物曝气

bioagricultura *f.*〈农〉有机农业

bioastronáutica *f.* 生物航天学

bioastronáutico,-ca *adj.* 生物航天学的

biobasura *f.* (可用作肥料等的)生物垃圾

biocabina *f.* 生物舱

biocalorimetría *f.* 生物测[量]热法

biocarburante *m.* 生物燃料

biocatalisis *f.*〈生化〉生物催化(作用)

biocatalizador *m.*〈生化〉生物催化剂

biocenosis *f.*〈生态〉生物群落

biochip *m. ingl.* 生物芯片

biocibernética *f.*〈生〉生物控制论

biociclo *m.*〈生态〉生物环;生物循环(周期)

biocida *f.*〈环〉〈医〉生物杀虫剂;杀伤剂

biociencia *f.* ①生物科学;宇宙生物学;②生命科学

biocinética *f.* 生物运动学

biocitina *f.*〈生化〉生物胞素

biocitocultivo *m.*〈生化〉活细胞培养法

bioclástico,-ca *adj.*〈地〉(构成沉积岩)生物碎屑的

bioclima *m.*〈气〉小气候(指森林、城市、洞穴或温室等小块局部地区的气候)

bioclimático,-ca;bioclimatológico,-ca *adj.*〈气〉生物气候学的

bioclimatología *f.*〈气〉〈生态〉生物气候学

biocoloide *m.*〈生〉生物胶体

biocolorante *m.*〈生〉生物色素

biocombustible *m.*〈环〉〈医〉生物燃料

biocompatible *adj.* 生物适合的,不会引起排斥的

bioconcentración *f.*〈生〉〈生态〉(有毒化学物质的)生物体内累积

biocontrol *m.*〈环〉〈生〉生物控制;生物防治

（指利用天敌对害虫进行控制）

bioconversión *f*.〈生化〉生物转化

biocoro *m*.〈生〉〈生态〉生态域

biocorriente *f*.〈电〉生物电流

biocosmonáutica *f*. 生物宇(宙)航(行)学

biocrón *m*.〈生态〉生物时

biocrop *m*. *ingl*.〈农〉〈生态〉转基因庄稼

biodegradable *adj*.〈环〉〈生化〉可进行生物降解的；能起生物递降分解作用的

biodegradación *f*.〈环〉〈生化〉生物降解(作用)

biodetergente *m*. 生物清洁剂

biodiálisis *f*. 生物透析

biodializado *m*. 生物透析液

biodiesel *m*. 生物柴油

biodinámica *f*. 生物动力学

biodinámico,-ca *adj*.①生物动力(学)的；②生物动态的

biodisco *m*. 生物转盘

biodiversidad *f*. 生物多样性

bioecología *f*. 生物生态学

bioeconomía *f*. 生物经济学

bioedafon *m*. 土壤微生物(群)

bioelectricidad *f*. 生物电

bioeléctrico,-ca *adj*. 生物电的

bioelectrodo *m*. 生物电极

bioelectrónica *f*.〈理〉〈生〉生物电子学

bioelemento *m*. 生物[命]元素

bioenergía *f*. 生物能量

bioenergética *f*.〈环〉〈医〉生物能量学

bioensayo *m*.〈生〉生物测[检]定

bioerosión *f*.〈生〉生物侵蚀

bioestadista *m*. *f*. 生物统计学者

bioestadística *f*.〈环〉〈统〉①生物统计学；②生命统计数据(关于一个地区人口的官方统计)

bioestática *f*. 生物静力学

bioestimulador *m*. 生物激励器

bioética *f*. 生物伦理学

bioético,-ca *adj*. 生物伦理学的‖ *m*. *f*. 生物伦理学者

biofacies *m*.〈地〉生物相

biofagia *f*.〈生态〉食生物作用

biófago *m*.〈生态〉食生物者

biofarmacéutica *f*.〈药〉生物制药学；生物药剂学

biofármaco *m*.〈药〉生物药剂

biofilaxis *f*. 生物防御

biofilm *m*. *ingl*.〈生〉生物膜

biofiltración *f*. 生物过滤

biofiltro *m*. 生物过滤器；生物滤池

biofísica *f*. 生物物理学

biofísico,-ca *adj*. 生物物理学的

biofita *f*.〈植〉寄生植物

biofloculación *f*. 生物絮凝(作用)

bioforma *f*.①〈生〉生物形态(指发展方式)；②〈植〉生理小种

biogás *m*. 沼气；生物气

biogasificación *f*. 生物气制造

biogénesis *f*.①生物发生[起源]；②生物起源说；③生物进化史

biogenética *f*. 生物遗传学

biogenético,-ca *adj*. 生物发生的；生物起源的

ley ～a 生物发生率

biogénico,-ca *adj*. 起源于生物的；由生物作用产生的

biogeocenosis *f*. 生物地理群落；生态系(统)

biogeografía *f*.〈生态〉生物地理学

biogeoquímico,-ca *adj*.〈生态〉生物地球化学的

bioglass *m*. *ingl*. 生物玻璃(指用于修复动物骨骼等的钙磷生物材料)

biohermo *m*.〈地〉①生物岩礁；②珊瑚礁

bioholografía *f*. 生物全息照相术

bioindicador *m*.〈生化〉生物指示物

bioinformática *f*. 生物信息学

bioingeniería *f*.〈生化〉生物工程(学)

bioisostérico,-ca *adj*. 生物等排性的

bioisosterismo *m*. 生物等排性(现象)

biólisis *f*. 生物分解(作用)

biolita *f*.〈地〉生物岩

biolítico,-ca *adj*. 生物分解的；破坏生物的

biología *f*. 生物学

～ aplicada 应用生物学

～ celular 细胞生物学

～ marina 海洋生物学

～ molecular〈生化〉分子生物学

～ vegetal 植物生物学

biológico,-ca *adj*.①生物的；②生物学的

detergente ～ 生物清洁剂

guerra ～a 生物战；细菌战

indicador ～ 生物指示物

magnificación ～a 生物放大；生物富集

reloj ～ 生物钟

biologismo *m*. 生物学主义

biologista *m*. *f*. 生物学家

bioluminiscencia *f*.〈生化〉生物发光(现象)；生物发的光；生物荧光

bioluminiscente *adj*.〈生化〉生物发光的

bioma *m*.〈生态〉生物群落区

～ híleo 热带森林

biomacromolécula *f*. 生物大[高]分子

biomagnética *f*. 生物磁学

biomagnético,-ca *adj.* 生物磁的
efecto ～ 生物磁效应

biomagnetismo *f.* 生物磁性(力)

biomasa *f.* ①〈环〉〈生态〉生物量；②(用于发电的)有机燃料
～ forestal〈环〉〈医〉森林生物量

biomatemática *f.* 生物数学

biomaterial *m.*〈生医〉(修复术中使用的)生物材料

biomecánica *f.* 生物力学；生物机械学

biomedicina *f.*〈生医〉生物医学

biomédico,-ca *adj.*〈生医〉生物医学的‖ *m. f.* 生物医学专家
ingeniería ～a 生物医学工程学

biomembrana *f.*〈生〉生物膜

biometeorología *f.* 生物气象学

biometeorológico,-ca *adj.* 生物气象学的

biometeorólogo,-ga *m. f.* 生物气象学家

biometría *f.* ①生物统计学；②寿命测定

biométrico,-ca *adj.* ①生物统计(学)的；②寿命测定的
genética ～a 生物统计遗传学

biómetro *m.* 生物计

biomolécula *f.*〈生化〉生物分子

biomonitor *m.*〈环〉(用于预测污染的)监测生物

biomutación *f.* 生物变异

bion；bionte *m.*〈生〉个体(在生态系统中单个的生物体)

biónica *f.* 仿生学；仿生电子学

biónico,-ca *adj.* 仿生学的

bionomía *f.* ①生态学；②生理学

bionómico,-ca *adj.* 生态的

bionucleónica *f.* 生物核子学

bioorgánico,-ca *adj.* 生物有机(化学)的

biopak *m. ingl.*〈航天〉生命包(提供航天飞行员维持生命所需的一切物品)

biopesticida *f.*〈环〉〈医〉生物杀虫剂

biopila *f.* 生物电池

bioplasma *m.*〈生〉原生质

bioplasta *f.*〈生〉原生质体

biopolímero *m.*〈生化〉生物聚合物

biopotencia *f.*〈生化〉生物效能

bioprótesis *f.*〈生医〉生物假体[器](如假牙、假眼、假肢等)

biopsia *f.*〈医〉① 活组织检查；活(体)检(查)；②(为检查和诊断所作的)活组织切除
～ por punción 穿刺活(体)检(查)
～ quirúrgica 手术活(体)检(查)

biopsicología *f.* 生物心理学

bioquímica *f.* 生物化学

bioquímico,-ca *adj.* ①生(物)化(学)的；②具有生(物)化(学)反应特点的；由生(物)化(学)反应而产生的‖ *m. f.* 生物化学家
genética ～a 生化遗传学
genotipo ～ 生化遗传型

bioquimiofísica *f.* 生物物理化学

bioquimioluminiscencia *f.* 生物化学发光(现象)

biorregión *f.* 生物区

biorreactor *m.* 生物反应器

biorremediación *f.*〈环〉〈医〉生物治[处]理(法)

biorritmo *m.*〈生医〉生物节律

bios *m.* ①〈生化〉生物活素；酵母促生物；②生长(素)，生命(素)

BIOS *abr. ingl.* basic imput-output system〈信〉基本输入输出系统

biosatélite *m.*〈载〉生物卫星；生物研究卫星

bioscopia *f.*〈医〉生死检定(法)

bioseguridad *f.* ①生物安全性；②生态(研究)安全性

biosensor *m.* ①生物[理]传感器；②〈动〉神经末梢，感觉器官

biosfera *f.*〈生态〉生物圈[域]；生命层

biosimulación *f.* 生物模拟

biosíntesis *f.*〈生化〉生物合成
～ de proteínas 蛋白生物合成

biosintético,-ca *adj.*〈生化〉生物合成的

biosistema *m.* 生态系统

biosociología *f.* 生物社会学

biostromo *m.*〈地〉生物层

biot *m.*〈电〉毕奥(CGS 制电流单位)

biota *f.*〈生态〉生物群(落)，生物区系

biotecnología *f.* 生物工艺学；生物技术

biotecnológico,-ca *adj.* 生物工艺学的；生物技术的

biotelemetría *f.* 生物遥测术

bioterapia *f.*〈生医〉生物制剂疗法

biótico,-ca *adj.* ①生命(物)的，生物的；由生物促[制]成的；②相互依存[赖]的
energía ～a 生命力
factor ～ 生物因素
índice ～ 生物指数
medio ～ 生物环境
pirámide ～a 生物金字塔
potencia ～a 生物潜能

biotina *f.*〈生化〉生物素；维生素 H
marca de ～ 生物素标记

biotipo *m.* ①〈生〉生物型；②〈遗〉同型小种

biotita *f.*〈矿〉黑云母

biotopo *m.*〈生态〉生物小区，(群落)生境

biotóxico,-ca *adj.* 生物体毒素的；由生物体毒素构成的

biotoxina *f.* 生物体毒素

biotransformación *f.* 生物转化(生物体内化合物的转化)

biotrón *m.* 生物人工气候室

bioturbación *f.* 〈生〉生物扰动

biovulado,-da *adj.* 〈双胎〉双卵性的

bióxido *m.* 〈化〉二氧化物
~ de carbono(~ carbónico) 二氧化碳
~ de cloro 二氧化氯
~ de estaño 二氧化锡
~ de manganeso 二氧化锰
~ de titanio 金红石

biozona *f.* 生物带

bipartición *f.* 对[两]分(指分裂为两部分)

bipás *m.* ①〈机〉〈技〉旁通管；②〈电〉分流[路]器

bípedo,-da *adj.* 〈动〉有二足的，二足的 ‖ *m.* 二足动物(如人、鸟等)

bipinaria *f.* 双腕幼虫

bipinnado,-da *adj.* 〈植〉二回羽状的
hoja ~a 二回羽状叶

biplano *m.* 〈航空〉双翼飞机

biplaza *f.* 双座(汽车等)的 ‖ *m.* ①双座飞机；②双座汽车

bipode *m.* 两脚架

bipolar *adj.* ①双极(性,式)的，有[用]两极的；②(关于)地球两极(地区)的
célula ~ 双极细胞
coloración ~ 两极染色法
devanado ~ 双极绕组
imán ~ 两极磁铁
neurón ~ 双极神经元

bipolaridad *f.* 双极(性,式)；两极

biprisma *m.* 〈摄〉双棱镜

BIRD *abr.* Banco Internacional para la Construcción y el Desarrollo (联合国)国际开发银行(又称世界银行)(*ingl.* IBRD)

birradical *adj.* 〈医〉双基的

birradial *adj.* 两侧辐射对称的，双重对称的

birramoso,-sa *adj.* 〈动〉〈生〉具二枝的，二枝的

birreactor,-ra *adj.* 〈航空〉双喷气发动机的 ‖ *m.* 双喷气发动机；双喷气发动机飞机

birrectangular *adj.* 〈数〉双[两]直角的

birrectángulo *m.* 〈数〉双[两]直角

birrefringencia *f.* ①〈光〉〈理〉双折射；②〈矿〉重折率

birrefrigente *adj.* 〈光〉〈理〉双折射的
filtro ~ 〈光〉双折射滤光器

birrotación *f.* 〈化〉变旋(现象)；旋光改变(作用)

bisagra *f.* 铰链,合[折]页

bisanuo,-nua *adj.* 〈植〉两年生的

bisbita *f.* 〈鸟〉鹨(常见的有田鹨)

biscúter *m.* ①三轮车(如三轮自行车、摩托车和汽车)；②〈信〉(计算机程序或系统)操作时有错误

bisección *f.* ①一分为二；〈数〉对切,二[对]等分；②平分(点,线)；分叉处

bisector; bisectriz *adj.* 〈数〉二等分的 ‖ ~a *f.* ①〈数〉二等分线,平[等]分线；②〈植〉二等分图；二等分物

bisel *m.* ①斜角[面,边,截面]；切(角)面；②〈乐〉(乐器上的)调音指孔；键孔

biselado,-da *adj.* 成斜面[角]的；斜切[削,面]的,倒[削]角的 ‖ *m.* 斜截[切,削]；倒斜角

biselador *m.* 〈机〉倒角机

bIselar *tr.* ①斜削[切,截],切削成削角；②(使)成斜角,做成斜边,修成锥面

biseriado,-da *adj.* 〈植〉二列的；双排的

biserial *adj.* 〈生〉双列的

bisexuado,-da *adj.* ①两性(畸形)的,雌雄同体的；②雌雄同株的；雌雄(蕊)同花的

bisexual *adj.* ①〈心〉〈生〉两性的；②雌雄同体的；③双性恋的 ‖ *m.* 两性人

bisexualidad *f.* ①〈心〉〈生〉两性现象；②雌雄同体

bisfenol *m.* 〈化〉双酚
~ A 双酚 A

bisimetría *f.* 两[双]对称(性)

bisimétrico,-ca *adj.* ①双对称的；②〈植〉二轴对称的

bismalita *f.* 〈地〉岩柱

bismita *f.* 〈矿〉铋华

bismutal *adj.* 〈化〉(含)铋的

bismutina *f.* 〈化〉三氢化铋；〈矿〉银[辉]铋矿

bismutinita *f.* 〈地〉辉铋矿

bismutita *f* 〈地〉泡铋矿

bismuto *m.* 〈化〉铋
nitrato de ~ 硝酸铋
sulfuro de ~ 辉铋矿

biso *m.* 〈动〉(某些软体动物的)丝足；足丝

bisólita *f.* 〈矿〉绿石棉,纤闪石

bisonte *m. Amér. L.* 〈动〉野牛

bisturí *m.* 〈医〉外科手术刀

bisulfato *m.* 〈化〉硫酸氢盐,酸式[性]硫酸盐

bisulfito *m.* 〈化〉亚硫酸氢盐,酸式亚硫酸盐

bisulfuro *m.* 〈化〉二硫化物
~ de carbono 二硫化碳

bit; bitio *m.* 〈信〉①二进制位；二进制数字；②比特(信息单位)
~ de información 信息位
~ de parada 停止位
~ de paridad 奇偶校验位

~ de servicio 服务位
~ de zona 区段位
~s por segundo 每秒位(传输率)
densidad de ~ 位密度

bita *f*.; **bitón** *m*.〈海〉(系)缆桩,系船柱
~ de amarre 系船[绳]桩,(双)系缆柱

bitácora *f*. ①〈海〉罗盘箱[架,座];罗经柜
[箱];②*Chil*. 航海日志

bitadura *f*.〈海〉锚缆[链]

bitartrato *m*.〈化〉酒石酸氢盐,酸式酒石酸
盐

bitensional *adj*.〈电〉双电压的

biter *m*.〈海〉系船柱

BITNET *m*. *ingl*.〈信〉比特网

bitonial *adj*.〈乐〉双[两种音]调的

bitrópico,-ca *adj*.〈生〉两向性的

bitulítico,-ca *adj*.〈建〉沥青混凝土的

bitumástico,-ca *adj*.〈建〉沥青砂胶的

bitumen *m*.〈矿〉(地)沥青,柏油

bituminífero,-ra *adj*.〈矿〉(油)沥青(质)
的,含沥青的

bituminización *f*. 沥青化;煤质化

bituminizar *tr*. ①沥青化,使成沥青;②用沥
青处理,使与沥青混合;③在…涂[铺]沥青

bituminoso,-sa *adj*.〈矿〉①沥青的,含沥青
的;像沥青的;②烟煤的
carbón ~ 烟[沥青]煤
cemento ~ 沥青黏合剂
concreto ~ 沥青混凝土
roca ~a 沥青石[岩]
suelo ~ 沥青路面

biunívoco,-ca *adj*.〈数〉一(对)一的
correspondencia ~a〈数〉一一对应

biuret *m*. *ingl*.〈化〉缩二脲

bivalencia *f*. ①〈化〉二价,双化合价,双原子
价;②〈逻〉二值

bivalente *adj*. ①〈化〉二价的;②〈遗〉二价
(染色体)的
cromosoma ~ 二价染色体

bivalvo,-va *adj*. ①〈动〉有双壳的;②〈植〉
(有)双瓣的‖ *m*. ①〈动〉双壳贝;双壳类动
物;②〈植〉双瓣壳
espéculo rectal ~ 双瓣直肠窥器

bivariado,-da *adj*.〈统〉二变量的;双变的

bivariante *adj*. *ingl*.〈化〉双变的

bivector *m*.〈数〉双矢(量),二重矢量

bivectorial *adj*.〈数〉双矢(量)的

bivio *m*.〈动〉二道体区

bivoltino,-na *adj*.〈动〉二化的

bizcórneo,-nea *adj*. *Amér. L*.〈医〉斜视
[眼]的

bizma *f*.〈医〉泥罨敷剂

biznaga *f*. *Méx*.〈植〉仙人球

Bk〈化〉元素锫(berkelio)的符号

black-bass *m*. *ingl*. *Amér. N*.〈动〉黑鲈

blanca *f*.〈乐〉二分音符

blanco,-ca *adj*. ①白的,白色的;②空白的;
③白色的(指政治上反动的)‖ *m*. ①白色;
白色部分;②目标,靶子;③空白处;空白
(表,格,页,支票等);④间隔[隙];课[幕]
间
~ cinc[zinc] 锌华[白],氧化锌
~ de España 白粉;白垩粉
~ de plomo 铅白
~ del huevo 蛋白
~ del ojo 眼白
ruido ~〈环〉白噪声

blandiporno *adj*. *inv*.〈电影〉软性色情的
película ~ 软性色情电影

blando,-da *adj*. ①软(性)的;柔[松]软的;
②(麻醉品等)毒性较小的;③(气候)温和
的,舒适的;④(水)不含无机盐的;⑤〈矿〉
质地松的‖ *m. f*. 温和路线者;温和派;鸽
[温和]派人物
agua ~a 软水
cáncer ~ 软癌
clima ~ 温和(的)气候
dieta ~a〈医〉软食
jabón ~ 软肥皂
láser ~ 软激光
nevo ~〈医〉软痣
préstamo ~ 软贷款
tejido ~〈医〉软组织
viento ~ 柔风

blanqueada ①(墙壁)刷白;②〈经〉洗钱

blanqueador,-ra *adj*. 漂白的;刷白的,使变
白的‖ *m*. 漂[增]白剂;漂白器;色罐
polvo ~ 漂白粉

blanqueo *m*. ①漂白;②涂[刷]白;③*Amér.
L*. 净化;纯洁

blanquete *m*. ①(化妆用)白粉;②漂白剂

blanquiazul *adj*. ①白蓝两色的;②〈体〉
Esp. 蓝白衬衣足球俱乐部的

blanquinegro,-ra *adj*. 黑白的(画,影片,电
视等)

blanquirrojo,-ja *adj*. ①红白两色的;②
〈体〉*Esp*. 红白衬衣足球俱乐部的

blanquita *f*. ①〈昆〉黄白色蝴蝶;②*Cari*. 可
卡因

blanquiverde *adj*. ①绿白两色的;②〈体〉
Esp. 绿白衬衣足球俱乐部的

blanquiavioleta *adj*. ①白紫两色的;②〈体〉
Esp. 紫白衬衣足球俱乐部的

blanquizal; **blanquizar** *m*. ①漂白土;②漂
白土产地

blasón *m*. 纹章学

blastema *m.* ①〈生〉芽基；②〈植〉胚轴原

blastocele；blastocelo *m.* 〈动〉囊胚腔

blastocisto *m.* 〈生〉胚泡

blastodermo *m.* 〈生〉囊胚层

blastodisco *m.* 〈生〉胚盘

blastogénesis *f.* ①〈遗〉种质遗传；②〈生〉芽生；③〈生〉胚细胞样转变，母细胞化

blastómero *m.* 〈生〉卵裂球

blastomicosis *f.* 〈医〉芽生菌病

blastoporo *m.* ①〈动〉胚心；②〈生〉胚孔

blastostilo *m.* 〈动〉子茎

blástula *f.* 〈生〉囊胚

blastulación *f.* 〈生〉囊胚形成

bledo *m.* 〈植〉野苋

blefarectomía *f.* 〈医〉睑切除术

blefaritis *f.inv.* 〈医〉睑炎

blefarocalasis *f.* 〈医〉眼[睑]皮松垂(症)

blefaroespasmo *m.* 〈医〉[眼]睑痉挛

blefaronisis *f.* 〈医〉睑内翻缝合术

blefaroplastia *f.* 〈医〉眼睑整容术；睑成形术

blefaroplegia *f.* 〈医〉睑瘫痪

blefarorrafia *f.* 〈医〉睑缝合术

blefaróstato *m.* 〈医〉睑牵开器

blefarotomía *f.* 〈医〉睑切开术

blenda *f.* 〈矿〉闪锌矿

blenorragia *f.* 〈医〉黏液溢出

blenorrea *f.* 〈医〉浓溢

bleomicina *f.* 〈生化〉博来霉素，争光霉素 (治疗肺癌、舌癌、皮肤癌的抗肿瘤抗生素)

blindado,-da *adj.* ①装甲(板)的；②〈军〉有装甲车的 ‖ *m.* 〈军〉装甲车辆
carro ～ 装甲车
puerta ～a 加固门
división ～a 〈军〉装甲师

blindaje *m.* ①装[护，铁]甲，铠装；甲[铠]板；②包[护]层；屏蔽[保护]物；③〈军〉盲障
～ de lámpara 电子管屏蔽
cable de ～ 屏蔽电缆

blister；blíster *m.* 见 cobre tipo ～
cobre tipo ～ 泡[粗]铜

BLOB *abr. ingl.* binary large object 〈信〉二进制大对象

blocaje *m.* ①〈体〉阻挡；②〈军〉封锁；③〈医〉牙关紧闭

blocao *m.* 〈军〉碉堡

blog *m.* 博客，网络日志

bloguero,-ra *m. f.* 博客人，博客作者

blondín *m.* ①索道；②〈机〉索道起重机

bloque *m.* ①(木，石，金属)块，大块，块料；②〈建〉块体，砌块；③(住房)建筑群；④(国家，政党等的)集团；⑤一组[批，列](同样或同类东西)；⑥堵塞，阻塞物，封锁状态；⑦

〈信〉块(指计算机中在移动、删除或者编辑操作而做了标记的那部分文本)；一组数据，信息组
～ de cilindros 汽缸组[排，体]
～ de enrayado[parada] 止轮楔
～ de helado 冰砖
～ de hormigón 混凝土块
～ de madera 木块[枕]
～ de(l) oro 金本位[国家]集团
～ de papel 一叠纸
～ de teclas (计算机等的)袖珍键盘
～ de viviendas 住房建筑群；公寓楼
～ monetario 货币集团
～ occidental 西方集团
～ para matriz 滑[模]块，滑板，板牙
～ terminal 接线板
coeficiente de ～ 方形系数
impedancia en ～s 阻挡阻抗

bloqueador,-ra *adj.* ①包围的；②〈医〉阻滞的 ‖ *m.* ①包围者；②阻塞物[剂，抗体]；③阻断器；粗型[模]锻；④〈医〉阻滞药，阻断剂
agente ～ 阻滞药

bloqueante *adj.* 〈药〉抑制的，阻止的 ‖ *m.* 抑制剂；抗[反]催化剂

bloqueo *m.* ①〈经〉〈军〉封锁，堵[阻，闭]塞，阻断；②〈体〉阻挡；③〈无〉干扰；④〈机〉卡住；⑤〈医〉阻滞[断，塞]；⑥〈商贸〉冻结(款项)
～ adrenérgico 〈生医〉肾上腺素能阻滞
～ aduanero 海关封锁
～ cardíaco 〈生医〉心(传导)阻塞
～ colinérgico 〈生医〉胆碱能阻滞
～ comercial 贸易封锁[禁运]
～ de bienes 冻结资产
～ de pagos 冻结[停止]支付
～ de fondos 冻结资金
～ económico 经济封锁
～ informativo 新闻封锁
～ marítimo[naval] 海上封锁
～ mental 〈心理〉(尤指情绪因素引起的)心理阻隔

boa *f.* 〈动〉蟒蛇

bobina *f.* ①〈技〉线[卷]轴；②〈纺〉〈摄〉卷[绕线]筒；③〈电〉〈机〉线圈，绕组
～ antagonista 反接[反极性，反感应，反(去)磁]线圈
～ astática 无定向[无方向性]线圈
～ compensadora de zumbido 嗡声抑制线圈
～ con núcleo de hierro 铁芯线圈
～ de acoplamiento 耦合线圈
～ de ajuste 调谐线圈
～ de alambre 铁丝卷轴

~ de alma de panal 蜂房(式)线圈

~ de autoinducción 自感应线圈

~ de barrido 扫描线圈

~ de campo 场(扫描)线圈

~ de carga 加感[负载]线圈

~ de chispas 火花[电火花]线圈

~ de compensación 补偿线圈

~ de encendido 点火线圈

~ de enfoque 聚焦线圈

~ de exploración 探测[测试]线圈

~ de inducción(~ inductora) 感应线圈

~ de inducido 电枢线圈

~ de modulación 扼[抗,阻]流圈

~ de polarización 极化线圈

~ de reacción 电抗[反作用]线圈

~ de reactancia 扼流圈,电抗线圈

~ de shunt 分流[并绕]线圈

~ de sintonización(~ sintonizadora) 调谐线圈

~ de soplado de chispas 消火花线圈,减弧[灭弧,灭火]线圈

~ deflectora[desviadora] 偏转线圈

~ devanada sobre forma 模绕线圈

~ exploradora 拾波线圈,探测线圈

~ híbrida 混合线圈

~ móvil (可)动(线)圈

~ niveladora 平扼流圈

~ primaria 原[初级]线圈

~ repetidora 转电[中继]线圈

~ secundaria 二次[次级]线圈

~ sin hierro 空心线圈

~ térmica 热(熔)线圈

bobinado *m.* 〈电〉〈技〉(线圈)绕组;绕法

bobinadora *f.* 〈机〉绕[卷]线机

boca *f.* ①〈解〉口腔,嘴;②出入口;③孔,洞,穴;(炮,枪)口;口状物;④(工具的)刃,锋,刀口;⑤(一口)人;牲口,动物;⑥〈动〉(甲壳类动物的)螯,钳;⑦〈信〉扩展槽(装在计算机主板上的连接器)‖ *m.* 口对口(人工呼吸)

~ abajo/arriba 面[口]朝下/上;俯/仰卧

~ de agua 消防[配水,给水]栓

~ de alcantarilla 下水道口

~ de barril 桶(侧)口

~ de dragón 金鱼草

~ de esclusa 船闸口

~ de fosa 坑[矿]口

~ de fuego 火器,枪炮

~ de hogar (出)入口

~ de incendio 灭火[消防]龙头,消防栓

~ de inspección 检查[修]孔

~ de mar 蟹爪[钳]

~ de riego ①(地下水道的)浇水管接口;②(街道上的)消防龙头

~ de subte *Amér. L.* 地铁入口

~ de tenaza 钳口

lámpara de ~ 口腔灯

respiración ~ a ~ 口对口(人工)呼吸

respiración por la ~ 口呼吸

bocacalle *f.* 〈交〉①街口;②岔[交叉]路

bocacaz *m.* 〈农〉(灌溉渠)放水口

bocajeora *f. Amér. L.* 〈矿〉副[辅助]井

bocamina *f.* 〈矿〉矿[坑,井]口

bocana *f.* 〈地〉①(河的)入海口;(海湾等的)入口处;②*Amér. L.* 河口

bocanegra *f.* 〈动〉黑口鲨鱼

bocaracá *f. Amér. L.* 〈动〉蛇

bocarte *m.* ①凿石锤子;②〈机〉捣碎[磨]机;③〈动〉鳀

~ de mineral 矿石粉碎机,碎矿机

bocateja *f.* 〈建〉檐口瓦

bocatoma *f. Amér. L.* ①〈机〉进水口[头];进给[入]管;②〈农〉(灌溉渠的)放水口

bocazo *m.* 〈矿〉失效爆破

bocel *m.* 〈建〉圆凸花线

boceladora *f.* 〈建〉(木工用的)线条刨

boceto *m.* ①草[略]图;粗样;②画稿;③图样设计;(设计)模型;④〈信〉缩[小视]图(图像的小型图形表示)

bochorno *m.* ①(天气)闷热;②〈医〉潮红[热]

bocina *f.* ①〈乐〉喇叭;号;笛;②〈交〉(车辆的)喇叭;喇叭筒;扩音器;③[B-]〈天〉小熊星座;④*Amér. L.* 助听器;⑤*Méx.* 〈讯〉(电话的)送话器

~ de niebla 雾角(对雾中船舶发警告的号角)

bocio *m.* 〈医〉甲状腺肿

boda *f.* ①周年纪念(日);②结婚纪念;(结婚)喜宴;(常用 *pl.*)婚礼

~ de cobre *Amér. L.* 铜婚(纪念)(十五周年纪念)

~ de diamante 钻石婚(纪念)(六十周年纪念)

~ de plata 银婚(纪念)(二十五周年纪念)

~ de oro 金婚(纪念)(五十周年纪念)

bodega *f.* ①库房,仓库;货栈;②〈海〉船[货,底]舱;③酒窖;④酒店;食品店;*Amér. L.* 酒吧;⑤食品储藏室;地窖,地下室;⑥(葡萄酒的)酿造;⑦酿酒厂,酒庄

~ de barco 船[底]舱

~ de carga 货舱

~ de popa/proa 船后/前舱

~ de vino 酒窖;酒储藏室

~ fiscal 保税仓库[货栈]

~ refrigerada 冷藏货仓;冷库

bodegaje *m.* ①仓库费;栈租;②储存,存放;储藏

bodegón *m.* 〈画〉(绘画中的)静物(如花、食品、水果、餐具等);静物画

bodegonista *m.f.* 〈画〉静物画家

bodybuilding *m.ingl.* 健美运动

boe *abr.ingl.* barrels of oil equivalent 等于…桶油

boga *f.* ①〈交〉(铁路)转向架;②〈动〉软口鱼;刺鳍鱼;③划船;泛舟 ‖ *m.f.* 〈体〉划手;划桨能手

bogador,-ra *m.f.* 〈体〉划手;划桨能手

bogavante *m.* ①〈体〉(划船,游泳的)一划,划法;②〈体〉(划船)第一划手;③〈动〉龙虾,大鳌虾

bogie *m.* ①〈交〉(铁路用四轮)转向架[车,盘];②重型运货矿[台,手推]车

~ giratorio 小型转向架;小车

bohardilla; buhardilla *f.* 〈建〉①阁[顶]楼;②天[老虎]窗,(供采光用)房顶窗

bohordo *m.* 〈植〉花梗[茎]

bohrio *m.* 〈化〉𨨏

boicot *m.ingl.* 〈商贸〉(联合)抵制(货物等);联合拒绝(买卖货物)

~ financiero 金融抵制

~ primario[principal] 直接抵制

~ secundario 间接抵制

boiquira *f.Amér.L.* 〈动〉响尾蛇

boj *m.* 〈植〉黄杨;黄杨木

bojar; bojear *intr.* 环岛航行 ‖ *tr.* (对岛屿等)测量周长

boje *m.* 〈交〉(铁路)转向架

bojedal *m.* 〈植〉黄杨树林

bojeo *m.* 〈海〉①(岛屿)周长;②测量(岛屿等的)周长 ‖ 环岛航行

bol *m.* ①红玄武土,(胶泥)黏土;②盆[底泄]地;(山间)圆形凹地;③〈体〉九柱戏;④(捕鱼用)拖网

bola *f.* ①球(体,头,部),球形[状]物;②〈体〉法式滚(木)球游戏;*pl.Cub.,Chil.* 槌球游戏;③(毛、棉织物上的小)线球;④*Esp.*〈解〉二头肌;腿肚子;⑤〈印〉(电动打字机上的)球形字头;⑥〈机〉滚珠,钢球;⑦〈海〉信号(球);⑧(桥牌等)(大)满贯

~ caliente 热球

~ de billar 台[桌]球,弹子

~ de cristal 水晶球

~ de equilibrio 平衡球

~ de fuego 火球;〈军〉旧式燃烧弹

~ de nieve ①雪球;②滚雪球式增长的事物

~ de partido *Esp.*〈体〉网球

~ de set *Esp.*〈体〉(网球有关一盘胜负的)决胜分,盘点

~ de tempestad[tormenta] 风暴(警报)信号

~ del globo 地球;地球仪

~ del mundo 地球

~ negra (投反对票用的)黑球;反对票

de ~ de nieve 滚雪球式(增长,扩大)

de ~ seca 干球(式)的

ensayo a la ~ 球压[球印](硬度)试验

flotador de ~ 浮球(阀),球状浮体

rodamiento de ~s 滚球轴承

válvula esférica de ~ (浮)球阀,球形阀

bolaco *m.* 〈矿〉天然金属球[块]

bolardo *m.* ①〈船〉(甲板上)系缆柱(码头上的)系船(绳)桩;②(马路安全岛或车道上的)保护桩

boldo *m.* ①〈植〉波尔多树;②波尔多树叶茶

bolea *f.* 〈体〉(网球、足球等运动中的)挡,兜[截]击

bolero,-ra *adj.* 〈教〉逃学的

boletín *m.* ①公报;简[通]报;通[公]告;②入场券;(门)票;③〈军〉支付命令;④〈商贸〉价目表;单[票]据;表(格)

~ comercial 商业简报;行情公报

~ de contestación 回执[条]

~ de cotización 牌价[行市]表

~ de inscripción 登记表

~ de noticias 新闻简[快]报

~ de pedido 订货单

~ de precios 价格[目]表

~ de prensa 新闻公报

~ de suscripción 订单

~ directo 联[通]票

~ facultativo 健康报告

~ informativo 新闻简[快]报;单张报纸

~ meteorológico 天气预报

~ naviero 船舶登记簿

boleto *m.* ①(车、船、飞机)票;入场券;(门)票;②〈商贸〉单据;凭单

~ de carga 运货单;提单

~ de embarque 装船通知单

~ de ida y vuelta 往返[来回]票

~ de quiniela 足球赛赌注券;足球普尔票

~ de regreso[retorno, vuelta] 回程票

~ de teatro 戏票

~ directo 联[通]票

bólido *m.* ①赛车;②〈海〉快[摩托]艇;③〈天〉流星;陨石[星]

bolilla *f.Cono S.* 〈教〉(大学)考试题目

bolillo *m.* ①*Amér.L.*〈乐〉鼓槌;②〈纺〉(织花边用的)线轴;绕线筒;卷丝器

bolina *f.* ①〈海〉张帆[帆角]索;测深绳;②

单套结(水手、攀登者等用的一种绳结)

bolo *m.* ①〈医〉大药丸[片];②〈乐〉爵士乐演奏会;流行音乐会;③ *pl.* 九柱戏;保龄球;九柱戏木柱

bológrafo *m.* 辐射热记录图

bolométrico,-ca *adj.* 〈理〉〈测〉辐射热的

bolómetro *m.* 〈理〉辐射热测量器[计]

bolsa *f.* ①(口)袋,包;囊;②〈矿〉矿巢[囊,穴];③〈动〉(袋鼠等的)肚[育儿]袋;④(海鱼等的)囊;液囊;⑤〈眼〉袋;⑥〈证券〉交易所
~ branquial 〈解〉鳃囊
~ de aguas 〈解〉羊水
~ de aire ①气潭[穴,阱];②气袋[囊]
~ de asas 手提包;手提塑料袋;装货袋
~ de cultivo 植物生长袋
~ de hielo ①(医用)冰袋;②〈海〉大片浮冰
~ de mano 旅行袋
~ de mineral 小矿巢
~ de pastor 荠菜
~ escrotal 〈解〉阴囊
~ lacrimal 〈解〉泪囊
~ mucosa 〈解〉黏液囊
~ serosa 〈解〉浆膜囊
~ sinovial 〈解〉关节囊
~ turca 水袋

bolsería *f.* ①制袋业;②制袋厂

bomba *f.* ①〈机〉泵,唧筒;抽(水,气)机;②炸弹;③〈乐〉(长号的)拉[滑]管;④(玻璃)灯泡[罩];⑤爆炸性新闻⑥*And.,Venez.*加油站;⑦*And.,Cari.*(水,汽)泡
~ a reacción 喷射泵
~ aceleradora(~ de aceleración) 加速泵
~ alternativa(~ de pistón) 往复[活塞]泵
~ aspirante 抽吸泵,抽气[水]机,抽气[水]泵
~ aspirante e impelente 提升泵,加压泵
~ atómica 原子弹
~ bencinera *Chil.* 加油站
~ centrífuga 离心泵
~ contra incendios 救火机,消防泵[车]
~ de acción directa (汽动)辅助泵,蒸汽(往复)泵
~ de acción retardada(~ de efecto retardado) 定时炸弹
~ de aceite 油泵
~ de aceite de engrase 润滑油泵,机油泵
~ de ácido 耐酸泵
~ de agua 水泵
~ de agua de condensación 冷凝液泵
~ de aire 气泵

~ de aire húmedo/seco 湿/干气泵
~ de aletas 叶片泵
~ de alimentación 给水[油]泵;进料[进给]泵
~ de arena 扬[抽]砂泵,砂浆泵
~ de cala 舱底水泵
~ de calor(~ térmica) 热泵
~ de cangilones[rosario hidráulico] 链泵,连环水车
~ de caudal medio 定[限,计]量泵
~ de caudal visible 可视进料泵,开式供油泵
~ de cazabobos(~ trampa) 〈军〉饵雷
~ de cebado[sobrealimentación, sobrecompresión] 增压泵
~ de circulación 循环泵,环流(水)泵
~ de circulación de agua 循环水泵
~ de cobalto ①〈医〉钴治疗仪;②〈军〉钴(炸)弹
~ de combustible[gasolina] 燃[汽]油泵
~ de compresión (空气)压缩泵
~ de corazón-pulmón (人工)心肺机
~ de chorro forzado 喷射泵
~ de diafragma 隔膜泵
~ de difusión 扩散泵
~ de dispersión 榴霰弹,子母弹
~ de doble efecto 复动泵
~ de efecto único 单缸泵
~ de engranajes 齿轮(式)泵
~ de engrase 〈机〉注油枪;滑脂枪
~ de exhaustación 排水[泄]泵
~ de extracción 抽气泵
~ de extracción de salmuera 盐水泵
~ de fósforo(~ fosfórica) 燃烧弹
~ de fragmentación 杀伤炸弹
~ de hélice[tornillo] 螺旋泵
~ de hidrógeno 氢弹
~ de hormigón 混凝土泵
~ de humo ①烟幕弹;②烟幕
~ de implosión 向心聚爆炸弹
~ de incendios 消防泵
~ de inyección 喷射泵;注油泵
~ de mano 手榴弹
~ de mortero 迫击炮
~ de neutrón 中子弹
~ de oxígeno 氧弹;氧气瓶
~ de pie 脚踏泵
~ de profundidad(~ explosiva de profundidad) 深水炸弹
~ de racimo *Cono S.* 榴霰弹,子母弹
~ de refrigeración 冷却泵
~ de regulación 调节泵

~ de relojería[tiempo] 定时炸弹

~ de sacudidas 脉动[引射]泵

~ de señalización 信号弹

~ de succión 抽吸泵

~ de turbina 叶[涡]轮泵

~ de uranio 铀弹

~ de vaciado 潜水泵;浸没[凿井用]泵

~ de vacío 真空泵

~ de vapor 蒸汽泵

~ doble 双缸[筒]泵,双联泵

~ elevadora 提升[升液,升水]泵

~ explosiva 炸弹

~ fétida 臭弹

~ filtrante 过滤泵

~ fumígena 烟幕弹,发烟弹

~ H 氢弹

~ hidráulica 液压泵

~ impelente[impulsora] 压力[提升]泵

~ incendiaria 燃烧弹

~ lacrimógena 催泪霰弹

~ multicelular 多管[级]水泵

~ nodriza 增压泵

~ nuclear 核(炸)弹

~ para aguas de lodos 泥浆泵

~ pequeña a mano 手压泵

~ postal 书信炸弹

~ radiodirigida 无线电制导炸弹

~ rotativa 回[旋]转泵,转轮[转子]泵

~ sumergible 潜水泵

~ termonuclear 热核弹(尤指氢弹);聚变弹

~ volante 飞弹

~ volcánica 火山弹(火山爆发喷射出的球状熔岩)

bomba-lapa (*pl.* bombas-lapa) *f.* 〈军〉水下爆破弹

bomba-trampa (*pl.* bombas-trampa) *f.* 〈军〉饵雷;陷阱

bombáceo,-cea *adj.* 〈植〉木棉科的 ‖ *f.* ①木棉科植物;②*pl.* 木棉科

bombardeo *m.* ①轰炸,炮轰;轰[炮]击;②盘问;连珠炮式地发[提]问;③〈理〉粒子辐射;轰击

~ aéreo 空袭,空中攻击

~ de asalto (突袭)轰炸

~ de saturación 密集[饱和]轰炸

~ en picado 俯冲轰炸

~ iónico 离子轰击

~ postal ①邮件炸弹(对一个邮箱地址所发的超大量电子邮件信息);②邮包炸弹(藏于信件、邮包等内的爆炸装置)

hidroavión de ~ 水上轰炸机

bombardería *f. Amér. L.* 〈军〉轰炸术

bombardero,-ra *adj.* 〈军〉装有炮的 ‖ *m.* ①〈航空〉〈军〉轰炸机;②投[掷]弹手

~ de gran radio de acción 远程轰炸机

~ ligero/pesado 轻/重型轰炸机

~ medio 中型轰炸机

lancha ~a 炮舰

bombardino *m.* 〈乐〉大号;低音萨克斯管

bombardón *m.* 〈乐〉低音大号

bombasí *m.* 〈纺〉粗斜纹布;绒布

bombeabilidad *f.* ①可[易]泵性,可泵抽性,泵送[唧]性;②泵的抽送能力

bombeador *m. Cono S.* ①〈航空〉〈军〉轰炸机;②侦察员;密探

bombear *tr.* ①〈军〉炮击,轰炸;②〈技〉用泵抽(水,油,吸),泵送[激];③〈体〉(足球等运动中的)吊高球;④ *Cono S.* 侦察;⑤ *And. , Venez.* 解雇,辞退 ‖ *intr.* ①(木材,木板)翘曲;②(屋顶,墙壁等表面)凸[鼓]起

bombeo *m.* ①抽吸[水,气,送];泵唧[送];②(木材板的)翘曲;(表面的)凸[鼓]起;凸面[状]

~ neumático 抽气

estación de ~ 泵站;抽水[气]站

bombero,-ra *m. f.* ①消防人员;消防队员;② *Arg.* 〈军〉侦察员;密探;③ *Amér. L.* 加油[气]站工作人员

camión de ~s 消防车

cuerpo de ~s 消防队

bómbice; bómbix *m.* 〈昆〉蚕;蚕蛾;家蚕属

bombilla *f.* ①吸[抽水]管;②灯[玻璃]泡;球状物;③〈海〉船用灯

~ al vacío 真空管

~ de flash(~ fusible) 闪光灯泡

~ de lámpara 灯泡

~ eléctrica 电灯泡

bombillo *m.* ①(电)灯泡;②〈建〉U 形返水管

bombín *m.* 气泵;打气筒

bombo *m.* ①〈乐〉(低音)大鼓;②〈海〉驳[拖,平底]船

bombona *f.* (以木箱或藤篓保护的)大肚[玻璃]瓶

~ de butano 高压气瓶[筒]

~ para ácidos 酸坛

bombote *m. Venez.* 〈船〉平底船

bonancible *adj.* 〈海〉平静的 ‖ *m.* 〈气〉四级风

bonanza *f.* ①〈矿〉富矿带;大矿囊;②〈商贸〉繁荣;平稳;③(尤指海上)风平浪静;平静无风

~ económica 经济繁荣

bonderita *f*. 磷酸盐(薄膜防锈)处理(层)

bonderización *f*. 〈工〉〈技〉磷酸盐处理;表面涂防腐剂

bondí *m. Cono S*. 〈矿〉矿[煤]车

bonificación *f*. ①折扣;减[折]价;②(分给股东的)额外利息[津贴];红利;奖金;③〈农〉改善[进,良];④〈体〉(自行车赛中的)扣除时间

~ compuesta 复合津贴,复合红利

~ de exportación 出口津贴

~ de tierras 改良土壤;垦荒

~ por calidad 质量奖

~ por riesgo 风险奖

~ simple 单一津贴,单一红利

~es familiares 家庭津贴

~es sobre fletes 运费折扣

bongo *m*. 〈船〉*Amér. L*. 长独木舟;*And*. 小平底船

boniato *m*. 〈植〉白[甘]薯

bonitero *m*. ①捕鲣(鱼)者[渔民];②〈船〉捕鲣(鱼)船

bonito *m*. 〈动〉①狐鲣;②鲔鱼,金枪鱼

bono *m*. ①单[票]据;②债券;(代价)券;③证(明)书;凭证

~ amortizador 缓冲债券

~ basura 垃圾债券

~ de caja 债券

~ de entrega 提[交]货单

~ de metro 地铁乘车证

~ de prima 有奖债券

~ de tesorería 债券;国库券

~ depositario 保释书

~ social 股权证;股票证券

bonsai; bonsái *m. jap*. 盆景;(日本)盆景艺术

booleano,-na *adj*. 〈数〉布尔数学体系的

boom *m. ingl*. 景气;繁荣

~ industrial 工业繁荣

~ inmobiliario 房地产繁荣

boquera *f*. ①〈农〉水闸[门];放水口;②〈医〉嘴角疮

boquerón *m*. ①〈动〉鳀(鱼);②*Amér. L*. 隧道

bora *f*. 〈气〉布拉风

boracita *f*. 〈矿〉方硼石

borano *m*. 〈化〉硼烷;硼氢化合物

boratera *f. Arg., Chil*. 〈矿〉硼砂矿;硼酸盐矿

boratero,-ra *adj. Arg., Chil*. 〈矿〉硼酸盐的;经营硼酸盐的 ‖ *m. f*. 硼砂矿工

borato *m*. 〈化〉硼酸盐[酯]

bórax *m*. 〈化〉硼砂,月石

~ en polvo 硼砂粉

vidrio de ~ 硼砂玻璃

borboleta *f. Amér. L*. 〈昆〉蛾子;蝴蝶

borboteador *m*. 起泡[鼓泡,泡吹]器

borboteo *m*. ①沸腾;②鼓[冒,起]泡

platillo de ~ 泡罩板

borda *f*. ①〈海〉船舷;舷边[缘];②〈船〉主[大]帆

fuera de ~ 舷外

motor fuera de ~ 舷外[挂式]推进器

tablazón de la ~ 甲板舷墙

bordada *f*. 〈海〉抢[逆]风行驶

bordado,-da *adj*. 绣花的 ‖ *m*. 绣花,制制品;刺绣(品)

~ a canutillo 金银线绣

~ a realce 提花绣

~ de dos caras 双面绣

~ de lana 绒绣

figura ~a(retrato ~) 绣像

bordadura *f*. ①绣花;刺绣;②刺绣活

borde *m*. ①边[缘,际,沿];缘;端;②(器皿的)口;③〈海〉船舷 ‖ *adj*. 〈植〉野生的

~ cortante 切削刃,刀口

~ de ataque ①〈航空〉前缘[沿](叶片的)进气边;②〈技〉(尤指先进技术的)前沿;尖端

~ de entrada(~ principal) 〈航空〉(机翼等的)前缘;(脉冲)前沿,(叶片的)进气边

~ de escape[fuga, salida] 〈航空〉(机翼等的)后缘;(脉冲)后沿,(叶片的)出气边

~ de la acera (街道、人行道的)路缘

~ de salida posterior (机翼的)后缘

~ exterior 外缘

~ recto 直缘[规,棱]

bordejada *f. Amér. L*. 〈海〉抢[逆]风行驶

bordo *m*. ①〈海〉船舷,甲板;②堤(防),堰;③*Méx*. 〈农〉粗加工坝;④*Cono S*. 凸[加高]坝

~ libre (船)干舷(高度)

~ provisional 围[防水]堰

buque de alto ~ 大[远洋]轮船

bordona *f*. 〈乐〉吉他的第六根弦;低音弦

bóreas *m*. 北[朔]风

boricado,-da *adj*. 〈化〉含硼酸的

agua ~a 硼酸水

bórico,-ca *adj*. 〈化〉硼的,含硼的

ácido ~ 硼酸

borlilla *f*. 〈植〉花药

borne *m*. ①〈电〉接线柱[头];端子;②绝缘套管

~ a la tierra(~ de puesta a tierra) 接地端子

~ de batería 蓄电池接线端子

~ de pila 电池接线柱

~ de tornillo 接线柱[端子]

~ negativo/positivo 负/正极端子,负/正极接线柱

~ tipo condensador 电容式套管

tablero de ~s para fusibles 熔[保险]丝盒

tira de conexión de ~s 接线板

borneo *m*. ①弄[拗]弯;弯曲;②〈建〉〈测量〉定线;③〈海〉(船舶在)锚位的摇摆

bornita *f*. 〈矿〉斑铜矿

boro *m*. 〈化〉硼

forma cúbica del nitruro de ~ (一)氮化硼

nitruro de ~ 氮化硼

borofluoruro *m*. 〈化〉氟硼酸盐[酯]

borohidruro *m*. 〈化〉氢硼化物

borona *f*. 〈植〉小米;玉米

borra *f*. ①(填塞被、椅等用的)棉绒[絮];毛屑;填塞料;②(墙角、衣袋中的)尘絮[垢];③〈化〉硼砂

~ de algodón ①棉纱头,废棉,回花;②(擦拭机器等用的)回丝

~ de lana 粗[山]羊毛

~ de seda (刺绣用的)丝线

borrador *m*. ①(译文等的)初[草]稿;②(绘画的)画稿;草图;③〈商贸〉账本;便笺本,拍纸本;④〈信〉便笺式存储器;(高速)暂时存储器;⑤擦字橡皮;黑板擦

~ de contrato 合同草案;草约

~ de tinta 擦墨水橡皮;涂改液

~ masivo 〈信〉大容量消磁器;大容量抹音器

borragináceo,-cea *adj*. 〈植〉紫草科的‖*f*. ①紫草科植物;②*pl*. 紫草科

borraja *f*. 〈植〉玻璃苣

borrasca *f*. 〈气〉①低(气)压区;低(气)压;②(陆地上的)风暴;暴风雨[雪];(海上的)暴风(十一级风)

borrico,-ca *m. f*. 〈动〉驴子‖*m*. 〈建〉(木工用的)锯木架

borriquete *m*. ①〈画〉画架;黑板架;②〈建〉(木工用的)锯木架

borrón *m*. 〈画〉画稿;草图

borujón; burujón *m*. ①〈医〉肿块;②包裹[袱]

boruro *m*. 〈化〉硼化物

boscaje *m*. ①小树林;树[灌木]丛;②〈画〉树林风景画

bósforo *m*. 〈地〉海峡

bosón *m*. 〈理〉玻色子

bosque *m*. ①树林;森林(地带);②密林;(热带)雨林

~ aciculifolio 针叶植物林

~ aluvial[fluvial] 冲积植物林

~ climax[primario] 原始森林

~ ecuatorial[tropical] 热带雨林

~ freatófilo 深根吸水植物林

~ lluvioso (热带)雨林

~ maderable 木材林

~ ombrófilo 适雨植物林

~ protector 〈环〉防护林

~ secundario 〈环〉再生林

~ virgen 原始森林

bosquejo *m*. ①(计划)草案;初稿;初步想法;②〈画〉画稿;草图;速写

bostonita *f*. 〈地〉淡歪细晶岩

bot *m. ingl*. ①(科幻小说中的)机器人;②〈信〉(能自动执行特定任务的)网上机器人程序

~ matador 〈信〉清除程序

bota *f*. ①靴子;长[皮]靴;②(盛酒)容器;大桶;③博塔(液量单位=516升)

~ de vino 酒囊

~s camperas(~s de campaña) 牛仔靴

~s de agua[goma] 橡胶靴,高筒靴

~s de esquí 滑雪靴

~s de fútbol 足球靴

~s de media caña 中筒靴

~s de montaña 登山靴

~s de montar 马靴

~s pantaneras *Col*. 雨靴

~s tejanas 牛仔靴

botador *m*. ①篙;撑杆;②〈建〉(木工用)拔钉器;③*Amér. L*. 〈医〉拔牙钳

botadura *f*. 〈船〉(船舶)下水

cuna de ~ 支船(下水)架

botalón *m*. ①〈海〉舷外支[撑]架;外伸[悬臂]支架;帆杆;②*And., Cono S*. 〈建〉梁;(船)横梁;③*And*. 标杆[柱,桩]

botánica *f*. ①植物学;②*Amér. L*. 草药店

botánico,-ca *adj*. 植物(学)的‖*m. f*. 植物学家

jardín ~ 植物园

botanista *m. f*. 植物学家[者]

botante *m*. 〈船〉舷外铁架[杆];舷外木架[杆]

botarel *m*. 〈建〉①扶壁[墙,垛];拱墙;②支柱[墩]

botavara *f*. ①〈海〉(帆)的下桁;(桁架的)弦[横]杆;②*Cari*. 车辕[杠]

bote *m*. ①〈船〉小艇[船],轻舟;轮船;②〈球〉弹[跳]回;反弹;③跳,跳跃;④罐,坛,瓶;听

~ de basura *Méx*. 垃圾桶[箱]

~ de carrera 赛艇

~ de cuarentena 检疫船

~ de hojalata 马口铁罐;罐头

~ de humo 烟幕弹[筒]

~ de paseo[remos] 橹摇艇,划艇[子]

~ de paso 渡船[轮];摆渡船

~ de recreo 游艇

~ de salvamento(~ salvavidas) 救生船[艇]

~ hinchable[inflable] 可充气橡皮艇

~ lechero 奶瓶

~ neumático（水上用可充气的）橡皮艇

~ patrullero 巡逻艇

~ pesquero 小渔船

~ sifónico ①〈技〉虹吸瓶;②〈建〉存水弯管

~ transbordador 渡船[轮];摆渡船

~ votador 飞船;水上飞机

ascensor de ~s 升船机

bote-vivienda（*pl*. botes -vivienda）*m*. 船屋[宅];水上住宅

botella *f*. 瓶;罐

~ aspiradora 吸气瓶

~ cuentagotas 滴瓶

~ de Leiden[Leyden] 莱顿瓶

cerveza de ~ 瓶装啤酒

gato en forma de ~ 瓶式千斤顶

botemotor *m*.〈船〉摩托艇

botepronto *m*.〈体〉（足球、网球、板球等运动中）落地即击[踢]的球

botica *f*. ①〈集〉药品;②药房[铺]

boticario,-ria *m*. *f*. 药剂师

botiquín *m*. ①药箱[包];②急救药;③急救站;（轮船,寄宿学校等的）病室

~ de emergencia(~ de primeros auxilios) 急救药箱[包]

botón *m*. ①纽扣,扣子;②按[旋,电]钮;纽形物;③〈植〉芽,苞,蓓蕾

~ adelante/atrás 正/反向按钮

~ de alarma 警报按钮

~ de arranque 启动（按）钮

~ de contacto 接触按钮[开关]

~ de destrucción 自毁按钮

~ de mando 按[旋]钮

~ de manivela 曲柄销

~ de oro 〈植〉金凤花

~ de presión（控制,操纵）按[电]钮

~ de radio 〈信〉单选按钮

~ sináptico 〈医〉突触结

botrio *m*.〈动〉吸沟

botriomicosis *f*.〈医〉葡萄状菌病

botrioso,-sa *adj*.〈动〉〈植〉总状的

botritis *f*.〈植〉葡萄孢属

botulina *f*.〈医〉肉毒杆菌毒素

botulinal *adj*.〈医〉肉毒杆菌的;肉毒毒素的

botulismo *m*.〈医〉肉毒中毒

bou *m*.〈船〉拖网(捕鱼)船

boucherizar *tr*.〈工〉〈技〉用蓝矾浸渍;用硫酸铜浸渍

bouldering *m*. *ingl*. 攀岩(运动)

bournonita *f*.〈矿〉车轮矿

bóveda *f*. ①〈建〉拱[穹]顶,穹隆;②拱顶室,拱顶地下室;③洞穴,山[窑]洞;④库房,地窖

~ acorazada 安全保险库房

~ bancaria 银行金库

~ celeste 天[苍]穹

~ claustral[aljibe] 回廊穹顶

~ craneal 〈解〉颅腔

~ de crucería 肋状拱顶

~ de descarga 拱背

~ de horno（炉子）隔火板,火墙

~ de medio punto 半圆拱

~ de membrana 薄壳拱顶

~ de nervaduras radiantes 扇形穹顶

~ en cañón 筒形拱[顶]

~ en rincón de claustro 四分穹窿

~ en camonada(~ fingida) 板条拱顶

~ esférica 圆顶(建筑)

~ maestro 主拱顶

~ ojival 尖拱顶

~ palatina 〈解〉腭

~ por arista 回廊穹顶

~ vaída 多边形拱[穹]顶

cubierta de ~ 拱盖[顶]

dovela de ~ 拱底[脚]石,起拱石

llave de ~ 墙基[拱心]石;墓石

bovedilla *f*.〈船〉船尾突出部;梁间拱

bóvido,-da *adj*.〈动〉反刍动物的 ‖ *m*. *pl*. 反刍动物(如鹿、牛、羊等)

animal ~ 反刍动物

bovino,-na *adj*.〈动〉牛的 ‖ *m*. ①牛;②*pl*. 牛类动物

carne ~a(carne de ~) 牛肉

ganadería ~a 养牛业

peste ~a 牛瘟

bowenita *f*.〈矿〉硬绿蛇纹石;鲍文玉

bowlingita *f*.〈矿〉(绿)皂石

box *m*. ①（汽车修车厂的）修车场地;②〈体〉（赛车道边的）检修加油处;③*Amér. L.*〈体〉拳击(运动)

boxeador *m*. *f*.〈体〉拳击运动员

boxeo *m*.〈体〉拳击运动

bóxer *m*. *f*.〈体〉拳击者[家]

boxeril; boxístico,-ca *adj*.〈体〉拳击的

boya *f*. ①〈海〉浮标[子,筒,体];②鱼漂

~ cilíndrica 筒形浮标[筒]

~ cónica 纺锤形浮标

~ de amarre[anclaje] 系泊浮筒

~ de asta 杆[柱]形浮标

~ de campana[gongo] 警钟浮标

~ de cuarentena 检疫锚地浮标

~ de espía 绞缆锚浮筒

~ de gas 气灯浮标

~ de medio canalizo 航道中心浮标

~ de naufragio 失事浮标

~ luninosa 灯浮标

~ radioemisora 声呐浮标

~ sónica 音响浮标

~ sonora 水声[听音]浮标

boyal *adj.* ①〈养〉牛的;②*Bol.* 高产的

dehesa ~ 牧牛场

boyante *adj.* ①有浮力的,能浮起的;*Chil.*
②〈海〉漂浮的;③未满载的(船);④〈经〉繁
荣的;⑤*Ecuad.*,*Méx.* 康复的;恢复健康
的

mina ~ 漂浮水雷

boyar *intr.* 〈海〉①(船只搁浅后)浮起;②漂
浮

boyatez *f.Chil.* 〈海〉漂浮

boyé *m.Cono S.*,*Cub.* 〈动〉蛇

boza *f.* 〈海〉(船上的)掣索,缆索

bpi *abr.ingl.* 〈信〉① bits per inch 位/英
寸;②bytes per inch 字节/英寸

bps *abr.ingl.* 〈信〉① bits per second 位/
秒;②bytes per second 字节/秒

Br 〈化〉元素溴(bromo)的符号

braceaje *m.* 〈海〉海(水)深(度)

bracero,-ra *adj.* 投掷的(标枪等) ‖ *m.f.*
①〈农〉雇农;农场工人;②雇工;短[小]工
~ agrícola 农业工人
~ de bahía[muelle] 码头工人

bracista *m.f.* 〈体〉(尤指蛙泳式)游泳运动
员

bráctea *f.* 〈植〉苞叶

bracteola *f.* 〈植〉小苞叶

bradicardia *f.* 〈医〉心搏[动]徐缓

bradicinesia;bradiquinesia *f.* 〈医〉运动徐
[过]缓

bradifrenia *f.* 〈医〉思想徐缓

bradigénesis *f.* 〈医〉发育迟[过]缓

bradilalia *f.* 〈医〉言语徐缓

bradipepsia *f.* 〈医〉消化徐缓

bradiquinina *f.* 〈生化〉舒激肽

braga *f.* 〈海〉吊缆[索,链]

braguero *m.* 〈医〉疝(气)带

braille *m.* 布莱叶盲字;盲文

brama *f.* 〈动〉(尤指鹿等动物的)发情;发情
期

bramil *m.* 〈建〉(木工的)划线规[器]

brandy *m.* 白兰地酒

branque *m.* 〈船〉艏材

branquia *m.* 〈动〉①鱼鳃;②(动物的)鳃状器
官

branquial *adj.* 〈动〉鳃的
respiración ~ 鳃呼吸

branquiópodo,-da *adj.* 〈动〉鳃足(亚纲)动
物的,叶足(亚纲)动物的 ‖ *m.* ①鳃[叶]足
动物;②*pl.* 鳃足亚纲,叶足亚纲

braquial *adj.* ①〈解〉臂的,肱的;②臂状的
arteria ~ 臂动脉
índice ~ 臂指数

braquialgia *f.* 〈医〉臂痛

braquigrafía *f.* 速记;速记法

braquiblasto *m.* 〈植〉短枝

braquicefalia *f.* 〈生〉圆头状

braquicéfalo,-la *adj.* 〈生〉圆头型的

braquicerebral *adj.* 〈解〉圆脑型的

braquidactilia *f.* 〈医〉短指[趾]畸形

braquiforme *m.* 〈植〉无锈子型

braquiocefálico,-ca *adj.* 〈解〉头臂的
arteria/vena ~a 头臂动/静脉
tronco ~ 头臂动脉干

braquiópodo,-da *adj.* 〈动〉腕足门的(动物)
‖ *m.* ①腕足动物;②*pl.* 腕足门

braquipirámide *f.* 短轴棱锥

braquipterismo *m.* 〈昆〉短翅(现象)

braquipteroso,-sa *adj.* 〈昆〉(有)短翅的(昆
虫等)

braquitelescopio *m.* 短望远镜

braquiterapia *f.* 〈医〉近程治疗

braquiuro,-ra *adj.* 〈动〉短尾亚目 ‖ *m.* ①
短尾亚目(甲壳)动物;②*pl.* 短尾亚目

brasa *f.* 火炭;炭火

brasca *f.* 炉膛涂料
~ del horno 炉膛涂料

brasero *m.* (电)加热炉

brasicáceo,-cea *adj.* 〈植〉芸薹科的 ‖ *f.* ①
薹苔属植物;②*pl.* 薹苔科

brasil *m.Amér.L.* 采木

brasilete *m.* 〈植〉巴西木

brasmología *f.* 海潮学

braunita *f.* 〈矿〉褐锰矿

bravío,-vía *adj.* ①〈植〉野生的;②〈动〉难驯
服的

braza *f.* ①〈体〉蛙泳;②寻(西班牙长度单
位,合 1.6718 米);③〈海〉英寻(水深单位,
合 1.8288 米)

brazada *f.* ①手臂划动[动作];②〈游泳〉划
法[势];(桨)一划;③单臂或双臂围住的长
度;一抱;④〈海〉英寻(水深单位,合 1.8288
米)
~ de piedra *Méx.* 勃拉萨达(量石单位,

合 4.7 立方米）

brazo *m.* ①〈解〉臂；胳膊；（动物的）前肢［爪］；②臂［枝］状物；③〈机〉（机件的）连［臂,吊,横,挺,支］杆；④（江河）支流（树的）枝杈；分枝；⑤（组织、机构等）部分［门］,分支；⑥*pl.* 人手；劳工,劳动力

~ cromosómico〈遗〉染色体臂

~ de gitano 筒式夹心蛋糕

~ de reina *Cono S.* 筒式夹心蛋糕

~ acodado de manivela 曲柄臂

~ armado〈军〉侧翼

~ de acceso 存取［磁头］臂

~ de extensión 延伸臂

~ de fijación 固定臂

~ de grúa 吊［起重］杆

~ de la dirección 转向杆

~ de lámpara 灯座

~ de lámpara de gas（墙上伸出有喷嘴的）煤气灯管

~ de lectura(~ lector)（唱机的）拾音器臂；唱臂

~ de manivela 曲柄臂

~ de mar 海峡［湾］；小湾

~ de palanca 力臂［距］

~ de río（河的）支流

~ derecho 得力助手；左右手

~ fuerte ①*Méx.*〈动〉食蚁兽；②得力助手；左右手

~ volado 悬臂距

~s ociosos 闲置［失业］工人

brazofuerte *m.*〈动〉食蚁兽

brazola；brazota *f.*〈船〉舱口拦板

chapa de ~ 舱口拦板

brea *f.* ①沥青,焦［柏］油；②焦油帆布；油布

~ de carbón［hulla］煤焦油

~ mineral 沥青,柏油

brecha *f.* ①豁［裂］口；②缺口；裂缝

~ generacional 代沟（尤指青少年与其父母在情趣、抱负、社会准则以及观点等方面存在的差距）

breca *f.*〈动〉欧鳊,欧鲷

brecina *f.*〈植〉杜鹃花科

brécol *m.*〈植〉硬花甘蓝

brenca *f.* ①〈植〉（尤指藏红花的）柱头；②（水库等的）闸门柱

breque *m.* ①（轿式有篷或无篷）大马车；②〈交〉〈铁路〉警卫车厢；行李车厢；③（车辆的）刹车；闸；制动器；④〈动〉海鲷

breunnerita *f.*〈矿〉铁菱镁矿

breva *f.*〈植〉（两熟无花果树的）早熟无花果

breval *m.*〈植〉两熟无花果树

breve *f.*〈乐〉二全音符；短音符的

brevería *f.*〈印〉简短新闻

brezo *m.* ①〈植〉石南属植物；②石南根（烟斗）

bricolage；bricolaje *m.* 自行维修；自行动手

brida *f.* ①夹具［钳］；金属箍；②〈机〉（连接铁轨或枕木的）接合板；鱼尾板；③〈机〉法兰（盘）,凸［轮］缘；④〈医〉粘连；粘着物

~ angular 凸缘角铁

~ de ángulo(~ en escuadra) 角形鱼尾板

~ de árbol 轴法兰

~ de empalme 连接环［端子］

~ de hierro 铁箍

~ de obturación 盲［堵塞,闷头］法兰

~ de resorte 弹簧箍

~ de tope（火车）制速器

~ de tubo 盲［封底］管道

~ de unión de polea 滑轮［车］组,手拉吊挂

~ grúa-cadena 护链槽

brigada *f.* ①〈军〉旅；②小组［队,班］

~ antidisturbios 防暴警察小队

~ antidrogas(~ de estuperfacientes) 反毒品小队

~ de bombas 未爆炸弹处理小队

~ de campo 野外作业队

~ de delitos monetarios 金融诈骗集团

~ de producción 生产队

~ de salvamento 救护队

~ fluvial 水上［路］警察

~ móvil ①机动警察队；②（警察与工商界等处理紧急事件的）机动小组

~ sanitaria 卫生（管理）部门

~ topográfica 测绘队

brillanté *m. fr.*〈纺〉闪光细棉布

brillantez *f.* ①光泽［彩,亮］；②亮度

brillo *m.* 光彩［亮,泽］

~ adamantino 金刚光泽

~ anacarado[nacarado] 珍珠光泽

~ céreo[ceroso] 蜡光泽

~ metálico 金属光泽

~ vítreo 玻璃光泽

briofito,-ta；briófito,-ta *adj.*〈植〉苔藓植物的‖ *f.* ①苔藓植物；②*pl.* 苔藓植物门

briozoo,-zoa *adj.*〈动〉苔藓虫门的‖ *m.* ①苔藓虫；②*pl.* 苔藓虫门

brique *m. Amér. L.*〈船〉双桅帆船

briqueta *f.* 煤球［砖］；煤状物

brisa *f.*〈气〉（二级至六级的）风；微风

~ de mar 海洋风

~ de tierra 大陆风

~ débil 微风（相当于三级风）

~ fresca 清劲风（相当于五级风）

~ fuerte 强风（相当于六级风）

~ moderada 和风(相当于四级风)

~ muy débil 轻风(相当于二级风)

broca *f*. ①〈机〉钻[头];锥,凿[钎]子;②鞋[平头]钉;③〈纺〉卷[绕线]筒;筒管

~ a derechas/izquierdas 右/左旋钻

~ americana 螺旋[麻花]钻,扩钻

~ barreno 岩心钻头,凿岩钻头

~ cónica 锥形钻

~ de acero 钢冲

~ de berbiquí 手摇钻

~ de centrar[telón](~ inglesa) 中心钻

~ de espiral de Arquímedes 螺旋钻

~ de labios rectos 直槽钻头

~ de punta (钻头)横刃

~ desmontable[postiza, recambiable] 可拆式钻头,活钻头

~ espiral[helicoidal] 麻花[螺纹]钻[头],扩钻

~ para centrar 埋头[锥口]钻

~ salomónica 梅花[螺纹]钻(头),扩钻

brocado *m*.〈纺〉锦[花]缎;织锦

brocantita *f*.〈矿〉水胆矾

brocatel *m*. ①〈纺〉〈丝麻混纺的〉花缎;②见 mármol ~

mármol ~ 杂色大理石

brocazo *m*. *Chil*. 钻[爆破]孔

broceadura *f*. *Chil*.〈矿〉贫化

brocha *f*. ①〈画〉画笔[刷];②笔刷;刷子

~ de encerar 上蜡刷

~ dura 硬刷

~ para casar colores 调色刷

~ para laca 漆刷

~ para pinturas 画笔

brochada *f*.; **brochazo** *m*. ①〈画〉笔触;绘画(一笔)技巧;②*Chil*. 油漆

brochram *m*.〈地〉砂泥石灰角砾岩

brócoli *m*.〈植〉①花椰菜,球花甘蓝;②花茎甘蓝

bróculi; broculí *f*.〈植〉硬花甘蓝

bromación *f*.〈化〉溴化(作用)

bromal *m*.〈化〉〈药〉三溴乙醛;溴醛

bromato *m*.〈化〉溴酸盐

~ de sodio 溴酸钠

bromatología *f*. 饮食学;食物学

bromatólogo,-ga *m*.*f*. 食物学家

bromatoterapia *f*.〈医〉饮食疗法

bromatoxina *f*.〈生医〉食物毒素

bromatoxismo *m*.〈医〉食物中毒

bromelaína; bromelina *f*.〈生化〉菠萝蛋白酶

bromelia *f*.〈植〉凤梨科植物

bromeliáceo,-cea *adj*.〈植〉凤梨科的 ‖ *f*.

①凤梨科植物;②*pl*. 凤梨科

bromhídrico,-ca *adj*. 见 ácido ~

ácido ~ 〈化〉氢溴酸

brómico,-ca *adj*.〈化〉溴的,含(五价)溴的

ácido ~ 溴酸

bromismo *m*.〈生医〉溴中毒

bromización *f*.〈化〉溴化(作用)

bromo *m*.〈化〉溴

agua de ~ 溴水

papel al ~ 溴素纸

bromobenceno *m*.〈化〉溴苯

bromocianógeno *m*.〈化〉溴化氰

bromocriptina *f*.〈药〉溴麦角环肽

bromoderma *m*.; **bromodermia** *f*.〈医〉溴疹

bromoformismo *m*.〈医〉溴仿中毒

bromoformo *m*.〈化〉溴仿,三溴甲烷

bromuro *m*.〈化〉溴化物

~ de calcio 溴化钙

~ de etidio 溴乙非啶

~ de etilo 乙基溴

~ de hidrógeno 溴化氢

~ de metilo 甲基溴

~ de plata 溴化银

~ de potasio(~ potásico) 溴化钾

~ de sodio 溴化钠

bronce *m*. ①青铜(铜与锡的合金);②青铜器;(铜)钟;③黄铜(铜与锌的合金);④铜像;⑤铜币;⑥〈乐〉铜管乐器;⑦〈体〉铜牌;⑧*Méx*.〈矿〉黄铁矿

~ al aluminio 铝铜合金

~ al manganeso 锰青铜合金

~ al níquel-estaño 镍锡青铜合金

~ amarillo 黄(青)铜

~ de alta resistencia 高强度青铜

~ de aluminio 铝青铜

~ de campanas 钟铜,铜锡合金

~ de cañón 炮铜;炮合金(铜和锡或锌组成的青铜)

~ dorado 〈冶〉金色铜(铜锌合金);镀金物

~ duro 硬青铜

~ estatuario 雕像青铜

~ fosforoso 磷青铜

~ maleable 可锻青铜

~ natural 普通青铜

~ para cojinetes 轴承青铜

~ para medallas 奖章青铜

~ rojo 铜粉

~ silíceo 硅青铜

bronceado *m*. ①褐色;②〈皮肤〉晒黑[红];③〈技〉镀[涂]铜

broncería *f*. ①〈集〉青铜器[制品];②*Cono*

S. 五金店；五金器具；③*Méx*. 青铜工艺［制作］

broncesoldadura *f*. 〈技〉铜（硬）焊

broncita *f*. 〈矿〉古铜辉石

broncodilatación *f*. 〈医〉支气管扩张术

broncodilatador *m*. ①〈医〉支气管扩张器；②支气管扩张剂

broncoesofagología *f*. 〈医〉支气管食管病学

broncografía *f*. 〈医〉支气管造影术

broncograma *m*. 〈医〉支气管造影照片

broncología *f*. 〈医〉支气管病学

bronconeumonia；**bronconeumonía** *f*. 〈医〉支气管肺炎

broncopatía *f*. 〈医〉支气管病

broncoplastia *f*. 〈医〉支气管形成术

broncopulmonar *adj*. 〈解〉支气管肺的

broncoscopia *f*. 〈医〉支气管（窥）镜检查

broncoscopio *m*. 〈医〉支气管（窥）镜

broncospirometría *f*. 〈医〉支气管肺量测定法

broncostomía *f*. 〈医〉支气管造口术

broncotomía *f*. 〈医〉支气管切开术

broncótomo *m*. 〈医〉支气管刀

bronquial *adj*. 〈解〉支气管的

bronquiectasia *f*. 〈医〉支气管扩张

bronquio *m*. 〈解〉支气管

bronquiolo；**bronquíolo** *m*. 〈解〉细支气管

bronquítico,-**ca** *adj*. 〈医〉患支气管炎的；易患支气管炎的 ‖ *m*.*f*. 支气管炎患者

bronquitis *f*.*inv*. 〈医〉支气管炎

brontología *f*. 〈气〉雷雨学

brookita；**brukita** *f*. 〈矿〉板钛矿

brotadura *f*. 〈植〉抽［发］芽

brótano *m*. 〈植〉香蒿

brote *m*. 〈植〉①出［发］芽；②幼芽,蓓蕾

browniano,-**na** *adj*. 〈理〉布朗的
movimiento ~ 布朗运动

bruceliasis；**brucelosis** *f*.*inv*. 〈医〉布鲁氏病菌

brucelina *f*. 〈医〉布鲁氏菌素

brucella *f*. 〈医〉布鲁氏菌

brucina *f*. 〈化〉番木鳖碱

brucita *f*. 〈矿〉水［氢氧］镁石,天然氢氧化镁；布鲁斯氢氧化镁矿

brugo *m*. 〈昆〉（蚜虫的）幼虫；毛毛虫

bruja *f*. 〈鸟〉猫头鹰

brújula *f*. ①罗盘（仪）,罗经；②指南针；③（枪炮的）准星
~ azimutal 方位罗经
~ de bitácora 罗经柜
~ de bolsillo 袖珍指南针
~ de bote(~ marítima) 航海罗盘,船用罗盘

~ de cuadro magnético 平板罗盘
~ de inclinación 矿用罗盘倾角仪,磁倾针
~ de inducción 地磁感应罗盘
~ de minero 矿用罗盘
~ de senos 正弦电流计
~ de tangentes 正切电流计
~ giroscópica 陀螺［回转］罗盘,陀螺罗经
~ magnética 磁罗盘
~ radiogoniométrica 无线电罗盘

bruma *f*. 〈海〉（薄）雾；海雾

bruñidor,-**ra** *adj*. 磨光的,擦亮的 ‖ *m*. 磨［擦］光器；擦光布〈机〉磨［抛］光机

bruto,-**ta** *adj*. ①天然的,未（经）加工的,（原）生的,粗（制,糙）的；②*Cono S*.（质量）低劣的；③（重量、数量、金额等）毛的,总的
beneficio ~ 毛利
cuarzo ~ 原生石英
peso ~ 毛重
petróleo ~ 原油
producto ~ 总收益［入］
salario ~ 工资总额
tuerca en ~ 螺母坯件

búa *f*. 〈医〉小脓疮

buba *f*.；**bubón** *m*. 〈医〉腹股沟淋巴结炎,横痃；脓肿［疮］

bubático,-**ca** *adj*. 〈医〉腹股沟淋巴结炎的

bubónico,-**ca** *adj*. 〈医〉腹股沟淋巴结炎的；患腹股沟淋巴结炎的 ‖ *m*.*f*. 腹股沟淋巴结炎患者

bucare *m*. 〈植〉龙牙花

buccionador *m*. 〈解〉颊肌

buceador,-**ra** *m*.*f*. ①潜水员；②潜水采珠员

buceo *m*. ①潜水；②探究［讨］
~ de altura 深海潜水
~ de saturación 饱和潜水

buche *m*. ①〈动〉（某些动物的）胃；②〈鸟〉嗉囊

bucle *m*. ①鬈发［曲］；卷发［毛］；②弯曲；弯,环状；③〈航空〉翻筋［斤］斗；④〈信〉循环,环形线路；⑤〈电〉回路；⑥〈医〉狐臭
~s anidados 〈信〉嵌套循环

buco *m*. 〈动〉公山羊

bucodental *adj*. 〈医〉①口（部）的；②牙的；牙科的

bucodentario,-**ria** *adj*. 〈医〉口齿的；口腔的

bucofaríngeo,-**gea** *adj*. 〈解〉口咽部的

budleia *f*. 〈植〉醉鱼草属植物

buey *m*. 〈动〉①牛；②公［阉］牛
~ almizclado 麝牛
~ de Francia 螃蟹
~ de mar 鳌虾；（小）龙虾
~ marino 海牛

~ trompeta *Amér. L.* 独角牛

bueyuno,-na *adj.* 牛的;放牛的

búfalo,-la *m.* 〈动〉①水牛;②*Amér. N.* 野牛

bufeo *m.* 〈动〉①金枪鱼;②海豚

buffer *m. ingl.* ①缓冲器;②〈信〉缓冲存储器

bufoso *m. Arg.* 〈军〉①手枪;②*Amér. L.* 左轮手枪

bufotenina *f.* 〈药〉蟾毒色胺,蟾蜍特宁

bug *m. ingl.* 〈信〉程序[系统]错误

buganvilla *f.* 〈植〉九重葛,叶子花

bugle *m.* 〈乐〉军号;喇叭

bugui-bugui *m.* 〈交〉小型卡车

búho *m.* 〈鸟〉猫头鹰;鸱鸺

~ real 雕鸮

buitre *m.* 〈鸟〉兀鹰;鹫

~ leonado 兀鹫

buja *f.* ①〈植〉葫芦,瓜;②*Méx.* 〈汽车〉油箱

buje *m.* ①〈机〉车轴(护挡),轮轴销;②油箱;③*Méx.* 〈植〉葫芦,瓜

bujía *f.* ①蜡烛;烛台;②(内燃机的)火花塞;③〈理〉烛光(光强度单位);④*Amér. C.* 灯泡

~ a base de estearina 硬脂蜡烛

~ blindada 屏蔽火花塞

~ de alta/baja tensión 高/低压火花塞

~ de encendido 火花塞

~ incandescente 热线点火塞

~ luminosa 烛光

bujía-pie *f.* 英尺/烛光(光照度单位)

bulbar *adj.* 〈解〉球的

paresia ~ 球麻痹

bulbiforme *adj.* 球[鳞]茎状的

bulbo *m.* ①〈植〉球根;球[鳞]茎;②〈解〉瓣(膜);球;③*Cono S.* 〈电〉灯泡

~ auditivo 听球

~ dentario 牙胚

~ nervioso 神经球

~ olfatorio 嗅球

~ piloso 〈解〉毛球

~ raquídeo 延髓

bulboideo,-dea *adj.* 〈解〉〈医〉球状的

corpúsculo ~ 球状小体

bulboso,-sa *adj.* ①〈植〉球[鳞]茎的;有球[鳞]茎的;似球[鳞]茎的;②〈解〉球状的

planta ~a 球[鳞]茎植物

buldog; bulldog *m.* 〈动〉叭喇狗

buldózer *m.* 〈机〉推土机

~ de oruga 履带式推土机

~ de ruedas 轮式推土机

~ de tablero inclinado 斜铲[侧铲]推土机,侧推式推土机

bule *m.* 〈植〉葫芦属;②葫芦壳器皿

bulimia *f.* 〈医〉食欲过盛;善饥

bulímico,-ca *adj.* 〈医〉食欲过盛的;善饥的

bulldozer *m. ingl.* 〈机〉推土机

bullion *m. ingl.* 粗金属锭

bulón *m.* 〈建〉①螺栓[钉];②插[耳轴]销;(门,窗)闩;③*Amér. L.* 铆钉

~ de anclaje 地脚螺栓,系紧螺栓

~ de autoapriete 自锁螺栓

~ de cabeza biselada 装饰螺栓

~ de cabeza fresada(~ empotrado) 埋头螺栓

~ de chaveta[fundación] 带销(螺)栓

~ de cierre 棘螺栓

~ de prensaestopas 压盖螺栓

~ de unión 夹紧螺栓

buna *f.* 〈工〉丁(钠)橡胶,布纳橡胶

bungee *m. ingl.* 〈体〉蹦极

búnker; búnquer *m.* ①〈军〉掩体;地堡;②(高尔夫球场的)沙坑;障碍

buque *m.* ①〈船〉船舶,舰艇;②容量[积];③船体

~ a[de] vapor 汽[轮]船

~ abastecedor(~ de abastecimiento) 供应船[舰];补给修理船

~ almirante[insignia] 旗舰

~ anfibio 两栖作战舰艇

~ auxiliar[notriza] 补给船,供应船[舰]

~ avituallador 航空母舰,登陆艇母舰

~ ballenero 捕鲸船

~ carbonero 运煤船

~ carguero(~ de carga) 货船[轮]

~ cisterna[tanque] 油船

~ contenedor 集装箱船

~ correo[postal] 邮轮[船]

~ costanero[costero] 沿海航船

~ de alta mar 远洋轮船

~ de cabotaje 沿[近]海航船

~ de carga a granel 散装货轮

~ de comercio(~ mercante[mercantil]) 商船

~ de desembarco 登陆艇

~ de dos puentes[cubiertas] 双甲板船

~ de escolta 护航舰

~ de guerra 战舰

~ de hierro 钢壳船

~ de línea 班[邮]轮

~ de pasajeros 客轮[船],班轮

~ de pesca por arrastre(~ de rastreo) 拖网渔船

~ de ruedas ①汽轮船;②桨叶式冲浪板

~ de salvamento 救助船

~ de transporte 运输船[舰]

~ espía 间谍船

~ factoría ①(设有鱼类加工厂的)加工渔船;②*Chil.* 远洋捕鱼船

~ fanal[faro] (固定的)灯塔船

~ frigorífico 冷藏船

~ ganadero 运牲畜船

~ gemelo 姐妹船

~ hospital (战时)医院船

~ minador 布雷舰(艇)

~ petrolero 油船[轮],运油船

~ portacontenedores 集装箱船

~ portatrén 列车渡船

~ portaaviones 航空母舰

~ rápido 远洋快轮

~ submarino 潜水艇

~ transbordador 渡轮,摆渡船

~ velero 帆船

buque-escuela *m.* 〈船〉教练船[舰]

buque-taller *m.* 〈船〉修理船

buque-tanque *m.Chil.* 〈船〉油船

burbuja *f.* (水,汽,气,磁,玻)泡,泡沫(状物)

burbujeante *adj.* 充满泡沫的;多泡的

burbujeo *m.* 起[鼓,冒]泡,气泡形成

burda *f.* ①门;②〈船〉〈海〉后拉索

burdégano *m.* 〈动〉驴骡

burdeos *m.* (法国)波尔多葡萄酒;(干红)葡萄酒

bureta *f.* ①〈化〉量[滴]定管,玻璃量杯;②*Cub.* (一)打

buril *m.* ①〈工艺〉雕[镂]刀;②凿(子,刀),錾(子)

~ de punta redonda 圆雕刀

~ desincrustador 刮锈锤

~ forma diamante(~ para metales) 平錾,平头凿

~ neumático 风錾[镐],气锤

~ para grabar el damasquinado 镶嵌刻花刀具

~ para madera 角凿

~ romo 圆头凿

~ triangular 三角凿

burilar *tr.* ①〈工艺〉雕刻;凿,錾;②〈工艺〉镂(刻);③〈印〉用镂板印刷

burkitt *m.ingl.* 伯基特(氏)淋巴瘤(患者多见于非洲儿童)

burladero *m.* ①〈交〉(街心)安全岛;(隧道中的)躲避[避让]处;②*Chil.* 停车场

burlete *m.* 〈建〉(门窗的)挡风条;塞缝[孔]片

burnetizar *tr.* 用氯化锌浸渍(木材);氯化锌防腐处理

buró *m.* ①办公桌,写字台;②(组织机构等的)局,处,署

~ administrativo 管理局

~ de empleos 职业介绍所

~ de información 情报局;新闻署

~ de estadísticas 统计局

~ de impuesto 税务局

~ del censo 人口普查局

buromática;burótica *f.* 办公(室)自动化

burro,-rra *m.f.* 〈动〉驴 ‖ *m.* 〈建〉(木工用的)锯木架

bursa *f.* 〈医〉囊;黏液囊

burseráseo,-sea *adj.* 〈植〉橄榄科的 ‖ *f.* ①橄榄科植物;②*pl.* 橄榄科

bursitis *f.inv.* 〈医〉滑[黏液]囊炎

burucha *f.Amér.L.* 生橡胶

burucuyá *f.Arg.,Par.* 〈植〉西番莲;苦难花

bus *m.* ①公共汽车;②〈信〉总线

~ bidireccional 双向总线

~ de control 调度车

~ de datos 数据总线

~ de direcciones 地址总线

~ de expansión 扩展总线

~ de memoria 存储总线

~ IEEE 电机及电子工程师协会总线

~ local 局部总线(个人计算机内的扩展总线)

~ local VESA 视频电子标准协会总线

~ SCSI 小型电脑系统接口总线

~ vao 高峰时间车道

buscabala *f.* 〈医〉弹头检测器

buscador *m.* ①〈信〉搜寻引擎;搜索软件;②〈机〉〈医〉扫描器;摄像器

buscafallas *m.inv.* 〈机〉(损坏)检验设备,(线路)故障[障碍]检查装备,探伤仪

buscahuellas *m.inv.* (汽车)车[头]灯;聚光灯

buscaminas *m.inv.* 〈军〉探雷器

buscapersonas *m.inv.* 〈讯〉寻[传]呼机;BP机

buscar *tr.* ①寻找[觅];搜寻[索];②(在词典、参考书等中)查检;③谋[寻]求;④〈信〉检索

~ y reemplazar 〈信〉检索与替代

buscarla *f.* 〈鸟〉小褐雀

buscatesoros *m.Chil.* 〈船〉打捞船

busco *m.* ①〈地〉潜坝,海底山脊;②(运河)闸门口

buseca *f And.,Cari.* 〈交〉小[面包]型公共汽车

bushido *m.jap.* 武士道

búsqueda *f.* ①寻找[觅];搜寻[索];②〈讯〉

呼叫;③〈信〉检索;④侦察[探];⑤探索
[究,求]

~ automática〈信〉自动检索

~ autosuficiente de texto〈信〉全文本检
索;全文检索

~ de colocación[empleo]求职,找工作

~ de problemas 探索问题

~ dicotómica〈信〉二叉式检索,折半检索

~ en contexto〈信〉上下文检索

~ en haz 定向搜索

~ indizada 索引检索

~ serial 线性搜索;串行查找

busto *m*.①(雕塑的)胸[半身]像;②〈解〉胸
腔[脯]

~ parlante(电视屏幕上说话人的)特写头
像

butacaína *f*.〈药〉〈医〉布大卡因

butadieno *m*.〈化〉丁二烯

butagás *m*.〈化〉丁烷气

butano *m*.〈化〉丁烷;液化气 ‖ *adj.inv.* 橘
黄色的

color ~ 橙[橘]色

butanol *m*.〈化〉丁醇

butanona *f*.〈化〉丁酮

buteno *m*.〈化〉(环)丁烯

butileno *m*.〈化〉丁烯

butílico,-ca *adj*.〈化〉丁烯的,(含)丁基的

acetato ~ 醋酸(异)丁酯

alcohol ~ 丁醇

butilo *m*.〈化〉丁基

butirato *m*.〈化〉丁酸盐[酯]

buxáceo,-cea *adj*.〈植〉黄杨科的 ‖ *f*.①黄
杨科植物;②*pl*. 黄杨科

buzamiento *m*.〈地〉(矿脉、地层等的)倾斜;
偏倾

buzo *m*. 潜水员

traje de ~ 潜水服

buzón *m*.①(投寄信件的)邮筒;(收信人的)
信箱;②〈信〉邮箱;③水门[闸];排水道

~ de sugerencias 意见[建议]箱

~ de voz〈讯〉语音邮件

bypass *m.ingl.*①〈交〉(绕过市镇的)旁道
[路];辅助道路;②〈机〉〈医〉旁通管;③
〈电〉分流[路]器;④〈医〉分流术;分[旁]
路;⑤支流[路,渠,线];回绕管

~ cardiopulmonar 心肺分流术;心肺旁路

byte *m.ingl.*〈信〉字节

C c

C 〈化〉元素碳(carbono)的符号

C *abr.* centígrado 摄氏度

C. *abr.* Compañía 公司

c. *abr.* ①capítulo 章;回;②cuenta 账户;往来账户;会计科目

c³ *abr.* centímetros cúbicos 立方厘米

C/ *abr.* Calle 大街;(街)道,(马)路

c/ *abr.* ①capítulo 章;回;②cuenta 账户;往来账户;会计科目;③carretera (大)道,大路;公路

C.ª; c.ª *abr.* Compañía 公司

Ca 〈化〉元素钙(calcio)的符号

CA *abr. ingl.* ①chartered accountant 特许(注册)会计师;②current assets 流动资产

C. A. *abr.* ① corriente alterna 交流电;② Comunidad Autónoma 自治区;③ Club Atlético 体育俱乐部;④compañía anónima 股份公司

cabalgamiento *m.* 〈地〉逆掩断层

caballa *f.* 〈动〉(产于大西洋的)鲐鱼,鲭鱼

caballada *f.* 〈动〉马群

caballaje *m.* ①〈机〉马力(动力单位);② *Méx.*〈动〉配种

caballar *adj.* ①马的;②有引擎[动力]的;③似马的
ganado ～ 〈动〉马;马科动物(包括马、驴、斑马等)

caballejo *m.* 〈动〉①小[矮种]马,(马)驹;②老[驽]马

caballería *f.* ①骑兵队,部队;②高度机动的地面部队(含骑兵部队、机械化部队和摩托化部队);③ *Amér. C. , Cari. , Cono S. , Méx.*〈农〉卡瓦列里亚(地积单位,在这些地区和国家无统一的公顷标准,常以 42 公顷为单位);④坐骑
～ de carga 役畜
～ ligera 轻骑兵
～ mayor/menor 大/小坐骑
regimiento de ～ 骑兵团

caballete *m.* ①屋脊(瓦),墙头瓦[砖];(烟囱的)顶瓦[砖],烟囱帽;②(已耕地)垄,田垅;③(支,叉,台,木,排,栈,座)架;④〈画〉画[托]架;架台;⑤〈解〉鼻梁;⑥ *Méx.*〈矿〉贫矿层
～ de defensa 防御工事

～ de extracción 卷扬[提升]机架
～ de muro 顶瓦墙帽,盖石
～ de pintor 画架
～ de serrar 锯木架
～ para bicicleta 自行车撑架
～ portacojinete 轴承座[架]

caballito *m.* ①〈动〉小马;(马)驹;②〈计〉接地环[回]路
～ de mar(～ marino) 海马
～ del diablo 蜻蜓

caballo *m.* ①〈动〉马;成年公马;②(国际象棋中的)马;③〈机〉马力;④〈机〉小型辅助泵;⑤〈建〉(木工用)锯木架
～ auxiliar 辅助机
～ con arcos 〈体〉鞍马
～ de batalla[guerra] 战马
～ de carga 驮畜
～ de carrera 比赛用马
～ de caza 猎马
～ de fuerza 马力
～ de manta[silla] 骑用马
～ de mar(～ marino) 海马
～ de saltos 〈体〉跳[纵跳]马(指运动器械或运动项目)
～ de tiro 拉车大马
～ de Troya [C-] 特洛伊木马
～ de vapor(～ vapor) 〈理〉马力(功率单位)
～ nominal 额定马力
～ padre 种马
～ teórico 理论马力
pequeño ～ de alimentación 辅助发动机,副(汽)机
potencia en ～s indicada al freno 制动[刹车]马力[功率]
potencia indicada en ～s 指示马力[功率]
tropas de a ～ 骑兵部队

caballón *m.* ①〈农〉垄;田垅;② *Méx.*〈植〉黄花夹竹桃

caballuña *f. Méx.*〈植〉仙人球

cabana *f.* 〈航空〉(飞机的)翼[悬]柱,顶[翼间]架

cabañero,-ra *adj.* 牲畜的,畜群的
perro ～ 牧羊狗

cabasita *f.* 〈矿〉菱沸石

cabeceo *m*. ①飞机俯仰(角的变化);(汽车)前后颠簸;(船只)纵摇[倾],纵向颠簸;②(船颠簸造成的)货物移位
～ del émbolo 〈机〉活塞松动

cabecera *f*. ①(报刊的)头条位置;页首标题;信[抬]头;(文章的)标题;题目;②书名页;③〈信〉标题条(用来显示窗口或者应用程序的标题);页头(文档中显示在每页最顶端的文本);④〈印〉(印刷品)页[章]首花边;⑤(河流的)源头;河源;桥头
～ de puente 桥头堡
médico de ～ 家庭[保健]医生

cabeceros *m*. ①床头板;②*pl*.〈建〉檐瓦

cabellera *f*. ①〈天〉慧[流星]尾;②*Méx*.〈植〉红美洲寄生子

cabello *m*. (全部)头发;毛发
corte de ～ 发式[型]
cultivador de ～ 生发水
loción de ～ 美发水
rociada de ～ 喷发胶
suavizante de ～ 润发水

cabernet *m*. *fr*. 解百纳葡萄酒

cabestrillo *m*.〈医〉悬[挂,吊肩]带

cabestro *m*. ①缰绳;②〈动〉带[领]头(公)牛;③*Amér*. *M*.〈商贸〉预付款

cabeza *f*. ①头;头部;脑袋;②顶[端,上]部;上[顶,前]端;③前面[部,头];④山顶[尖];顶点,绝顶;⑤*pl*.〈化〉(拔)头馏分;⑥头脑,才智[能];⑦(河流的)源头;⑧头,口,匹(牲口计数量词);⑨(物体、机器等)主体[件]
～ atómica 原子弹头
～ buscadora (导弹、飞机等的)归航设备;(自动)寻的装置,自导航装置
～ combinada〈信〉读写磁头
～ de ajo 蒜头
～ de biela〈机〉(连杆)大端
～ de cable 电缆(终端)接头
～ de carril 铁路终[端,起]点,轨头[顶]
～ de clavo 钉头[帽];〈建〉钉头饰
～ de dragón〈植〉金鱼草属植物;金鱼草
～ de escritura (电动打字机的)球形字头
～ de familia 家长;户主
～ de guerra(～ explosiva) 弹头
～ de impresión(～ impresora)〈信〉打印头
～ de lectura(～ lectora)〈信〉读头
～ de partido 行政中心;首府
～ de pistón 活塞顶
～ de playa〈军〉滩头堡[阵地];登陆场
～ de puente〈军〉桥头堡
～ de remache hemisférica (半)圆头
～ de rotación 旋转接头

～ de seis lados 六角头
～ de serie〈体〉种子选手
～ de soldadura 焊头;铬铁头
～ de tornillo 螺钉头
～ del diente ①〈解〉齿顶;②(齿轮)齿(顶)高
～ del timón 承舵柱
～ divisora 分度头
～ grabadora 录音[记录]〈磁〉头
～ grabadora-lectora 读写磁头;读写磁头组
～ magnética 磁头
～ mayor/menor 大/小牲畜
～ nuclear 核弹头
～ portamuela (磨床)磨头
～ reproductora (收录机等的)磁头
～ sonora 录音[记录]头
clavo de ～ plana 平头钉
perno de ～ plana 平头螺栓
primera ～ 模[板牙]头
vigueta de ～ 顶梁

cabezada *f*. ①〈海〉纵摇[倾],纵向颠簸;②*Cari*., *Cono S*.(河流等的)源头;河源

cabezal *m*. ①枕头;靠枕[垫],椅[坐]垫;②(牙防所等床椅上的)头靠[垫];③〈解〉垫(指在人手指末节或动物趾下方的脂肪组织块);④〈机〉(录像机、磁带等的)(磁)头;⑤〈机〉(端头的)头[撑]架;车[床]头箱;车床头;主轴箱[头];⑥(车辆等)头[前]部;横撑[木]
～ automático de roscar 模[板牙]头
～ barrenador 镗床主轴箱
～ de bomba 瓣阀箱
～ de control 控制[调节]头
～ de enganche (汽车等用以牵引拖车的)牵引杆
～ de fresada 铣头,(镗)刀盘,滚刀架[座]
～ de roscar 模[板牙]头,冲垫
～ de sonda 探头[针]
～ de torno (车床)随转尾座
～ de tubo 管头[座]
～ de válvula 瓣[阀门]室
～ divisorio 分度头
～ fijo[portapieza] 车床头,(车床)头座,车头箱,主轴箱[头]
～ lector 读〈数,出〉头
～ móvil 随转尾座,(后)顶尖(针)座
～ para roscar 螺丝钢板盘
～ portabrocas 主轴箱[头],床头箱,(磨床)磨头
～ portamuela 磁头鼓

cabezazo *m*.〈体〉(足球运动中的)头球

cabezo *m*. ①〈地〉山顶[尖];山丘[岗];②

〈海〉礁(石);暗礁

cabezuela *f.* 〈植〉头状花序;叶球;玫瑰花苞;矢车菊

cabida *f.* ①容量[积];②(车辆等的)空间，座位;③(船舶等的)最大容量;④(土地等的)面积;⑤接受(能)力

~ ecológica 〈环〉〈医〉(对来访者及相关娱乐活动的)环境容纳量

~ física 〈环〉〈医〉(对使用者、车辆和相关娱乐活动的)物质[实物]容纳量

~ para carga 载货容积;舱容

cabilla *f.* 〈建〉木[导,销]钉;(木,轴,键)销;栓

~ de unión 撑螺栓

~ espiral 螺栓[钉]

cabillo *m.* 〈植〉花梗;叶[果]柄

cabina *f.* ①小间[室];②(座,机,客,船,飞行员)舱;③(火车、卡车等的)驾驶室;④船[舰]桥;驾驶台;⑤(电影)放映室

~ a presión 加[增]压室

~ de ascensor 电梯间

~ de control 控制室,驾驶舱

~ de dispositivo 〈信〉驱动器舱

~ de grabación 录音间[室]

~ de lavado 洗手间,卫生间

~ de mando (飞机)驾驶舱;飞机座舱

~ de prensa (比赛看台上的)记者席

~ de proyección (电影)放映室

~ de señalador 信号箱[室,房,所,塔]

~ de teléfono(~ telefónica) 电话间[亭]

~ electoral (选举)投票厅[站]

~ estanca 加压舱,气密座舱

~ hermética 密封舱

cabio *m.* 〈建〉①梁,小[过,托]梁;搁栅[枕];②(屋顶)椽木;(门窗的)横楣

cabirón *m.* 〈海〉绞索盘

cable *m.* ①〈机〉(缆,吊,钢)索,(粗麻,钢丝)绳,(索)缆,钢丝;②〈海〉锚链[绳];③〈电〉线;电缆,多心导线;④〈海〉链(海上测距单位,=1/10海里);⑤海底电报

~ acorazado[armado, protegido] 铠装电缆

~ aéreo 高架[架空]线

~ aéreo portante (架空)索道,缆道

~ aislado con papel 纸绝缘电缆

~ alimentador 馈电电缆,电源电缆

~ bajo tensión 通[带]电电线,火线

~ bajo yute 黄麻包皮电缆

~ blindado 屏蔽电缆

~ cerrado 封闭电缆

~ coaxial 同轴电缆

~ con camisa de plomo 铅包电缆

~ con carga discontinua 加感电缆

~ con conductores múltiples 束状电缆

~ con[de] guarnición trenzada 多股绞合电缆

~ conector 跨接[分号]电缆,跨[连]接线

~ de acero 钢丝绳

~ de alabeo 拖[绞]船索

~ de alambre[~ metálico] 钢缆,钢丝绳

~ de alta tensión 高压(电)线

~ de amarre 锚索

~ de aterrizaje 着陆张线

~ de cadena (大)铁链

~ de cobre 铜线

~ de conductor dividido 分芯[股]电缆

~ de distribución 配电电缆

~ de entrada 引入[进良]电缆

~ de esparto 棕绳[缆]

~ de extracción 起重索

~ de fibra óptica 光纤电缆

~ de incidencia 倾角线

~ de papel 纸绝缘电缆

~ de remolque 拖缆,纤绳,拖[牵引]索

~ de retardo 延迟电缆

~ de retén 支[拉,张]索,钢[风]缆

~ de sirgar 拖缆,纤

~ de sostén 承载(钢)索,受力绳

~ de televisión 电视电缆

~ de tracción[~ tractor] 牵引索

~ desmagnetizante 消[去]磁电缆

~ enterrado 地下电缆

~ envainado de plomo 铅包电缆

~ flexible 软性电缆

~ gemelo (不同轴)双芯电缆

~ impregnado 绝缘浸渍电缆

~ intermedio 中间[配线]电缆

~ interurbano 长途电缆

~ ligero 软电缆

~ marino de nilón 船用尼龙缆绳

~ mixto 混[复]合电缆

~ múltiple 复电缆

~ no inductivo 无感电缆

~ óptico 光学电缆

~ para alumbrado 照明电缆;电灯线

~ para fuerza eléctrica 输电线,电力电缆

~ principal 主[载重]索,主(干线)缆

~ retorcido 股绞金属线,(多股)绞合线

~ sin pérdidas 无损耗电缆

~ subfluvial 河[水]底电缆

~ submarino 海底电缆

~ subterráneo 地下[管道]电缆

~ telefónico 电话电缆

~ telefónico con aislamiento de aire 空气纸绝缘电缆

~ telegráfico 电报电缆

~ terrestre（水线）登陆电缆

~ tipo 标准电缆

~ transbordador 索道

~ trenzado（多股）绞合线

conducto de ~ 电缆管道,电缆槽

grasa de impregnación para ~s 电缆油

herramienta de ~ 绳索钻钻具;绳式顿钻钻具

máquina de armar los ~s 包线机

polea para ~ 绳索轮

televisión por ~ 有线电视

transmisión por ~ 钢索传动

cableado,-da *adj.* ①〈信〉硬接线的,硬连线的(指具有固定电子线路不能再由程序使之改变的);②接入计算机网络的 ‖ *m.* ①〈电〉布[架,接,装]线;敷[架]设电线;②(总)电缆;海底电缆

~ oculto 隐蔽布线,暗线

cablear *tr.* ①敷设电缆[导线],布线;②用电线连接;③给…配备缆索;④用海底电报拍发(消息等)

cablegrafiar *tr.* 打海底电报;用电报传送

cablegráfico,-ca *adj.* 海底电报的;通过海底电缆拍发的 ‖ *m.* 海底电报

~ cifrado(~ en clave) 密码海底电报

transferencia ~a 海底电报传输

cablegrama *m.* 海底电报,水线电报

cablero *m.* 〈船〉海底电缆敷设船

cablevisión *f.* 有线电视

cablista *m. f.* 电缆技术员

cabo *m.* ①〈海〉(索),缆,索;②线[绳]头;(一段)线[绳];③〈军〉班[小队]长;(警察)警[巡]佐;④〈地〉岬;海角;⑤*Amér. L.* 〈动〉马蹄(尤指与躯体异色的马蹄)

~ alquitranado 柏油防水绳,涂油绳

~ basto 线[纱]头绳屑,粗乱纱头

~ blanco(~ no alquitranado)（未经柏油浸泡的)白缆绳

~ de Buena Esperanza [C-] 好望角

~ de cañón 炮手

~ de esparto 棕缆[绳]

~ de vara 监狱守卫,狱卒

~ de vela 〈海〉钢丝]绳

~ primero（船,舰上的)大副

cabotaje *m.* ①(尤指国内)沿[近]海航行;②沿岸[海]贸易

~ mayor 远距离沿海贸易

~ menor 区域沿岸贸易

cabra *f.* ①〈动〉山羊;雌山羊;②(机器脚踏)两用车;轻型摩托车

~ montés 西班牙山羊

cabracho *m.* 〈动〉鲉

cabrahigal；**cabrahigar** *m.* 〈植〉野无花果林

cabrahígo *m.* 〈植〉野无花果

cabrestante *m.* 〈机〉①绞盘;(主轴)绞车;②卷扬[起锚]机

~ a[de] vapor 蒸汽绞盘

~ de cadena 链式绞车

~ de camión 汽车式绞车

~ de grúa 起重绞车

~ de remolcar 拖缆绞车

~ eléctrico 电动绞车,电动卷扬机

~ hidráulico 液压绞车;液压卷扬机

~ pequeño 吊锚架,锚栓

cabria *f.* 〈机〉①吊[绞]车;②起重架;起重[卷扬]机

~ de aguilón 挺杆起重机;悬臂吊车

~ de mano 手动绞车

~ de vapor 蒸汽绞车

cuadernal de ~ 单轮滑车

cabrilla *f.* ①锯木架;②〈动〉(花点)石斑鱼;③*pl.*〈天〉昴(宿)星团;④*Arg.*〈动〉雌山羊羔

cabrillona *f. Arg.* 〈动〉雌山羊羔

cabrio *m.* 〈建〉椽(木,子),桁(梁)

cabrito *m.* 〈动〉小山羊,山羊羔

cabro *m.* 〈动〉公山羊

cabruno,-na *adj.* 〈动〉山羊的

cabuya *f.* ①*Amér. L.*〈植〉龙舌兰;②龙舌兰纤维;③〈海〉(尤指)龙舌兰纤维绳

cabuyal *m. Col.* 〈植〉龙舌兰

cabuyería *f.* ①缆绳;②*Amér. L.* 绳子店;③制绳厂;④*Chil.*〈海〉打结术

cacaguatal *m.* ①*Amér. C.* 可可地;可可种植园;②*Méx.* 花生地

cacahual *m. Amér. C.* 可可种植园

cacahuate；**cacahuete** *m.* 〈植〉落花生;花生

~ sin cáscara 花生仁

aceite de ~ 花生油

cacao *m.* ①〈植〉可可(豆);可可树;②可可茶[饮料]

~ blanco *Amér. L.* 二色可可

~ en grano 可可豆

~ en polvo 可可粉

~ mental 神志迷乱

cacaotal *m.* 可可种植园

cacaotero,-ra *adj. Amér. L.* 可可的 ‖ *m.* 〈植〉可可树 ‖ *m. f.* 可可种植者

industria ~a 可可(工)业

cacatúa *f.* 〈鸟〉凤头[葵花]鹦鹉;白鹦

cacería *f.* ①打[狩,游]猎;②打[狩]猎比赛;③猎物;④〈画〉游猎图[景象]

~ de zorros (纵犬)猎狐

cacha *f.* ①(步枪的)枪托;刀柄;②〈解〉大

腿；股；臀部；③*And.*（牛羊等的）角

cachalote *m.* 〈动〉抹香鲸

cachanlagua *f. C.Rica*，*Méx.* 〈植〉龙胆

cacharra *f.* 〈军〉步[手]枪；左轮手枪

caché *m.* ①（邮件等的）封印；（邮票）纪念封上的图案；②纪念邮戳；③〈信〉高速缓冲存储器；（超）高速缓存 ‖ *adj.* ①〈信〉储存于高速缓冲存储器的；（超）高速缓存的
~ de UCP 中央处理器高速缓冲存储器

cachemir *m.*；**cachemira** *f.* 〈纺〉开司米（细毛线）；山羊绒

cachet（*pl.* cachets）*m.* ①（邮件等的）封印；（邮票）纪念封上的图案；②纪念邮戳

cachetizar *tr.* ①把…秘藏起来；②〈信〉把…储存于高速缓冲存储器

cachiblanco *m.* ①*Amér. L.* 小刀；②〈军〉左轮手枪

cachicambo *m. Amér. L.* 〈动〉犰狳

cachicamo *m. And.*，*Cari.* 〈动〉犰狳

cachicato *m. Venez.* 〈动〉一种鲷鱼

cachina *f. Bol.*，*Per.* 〈矿〉天然明矾

cachipolla *f.* 〈昆〉蜉蝣

cacho *m.* 〈动〉①*Amér. L.*（动物的）角；触角；②圆鳍雅罗鱼；白鲑；（红色、金色）羊鱼

cachón,-ona *adj. Amér. L.* 〈动〉（椅）角大[长]的 ‖ *m.* ①浪（花）；碎浪；②小瀑布

cachorro,-rra *m. f.* 〈动〉（哺乳动物的）仔，崽；幼兽；小狗；幼狐 ‖ *m. Chil.* 雷管；雷管爆破

cachú *m.* 〈化〉儿茶

cachucho *m.* 〈动〉鲷鱼；乌鲂

cachuela *f. Amér. L.*（河中）急[湍]流

cacique *m. Amér. C.*，*And.*，*Méx.* 〈鸟〉金莺

cacodilato *m.* 〈化〉卡可酸盐

cacodílico,-ca *adj.* 〈化〉（含）卡可基的
ácido ~ 卡可基酸

cacodilo *m.* 〈化〉卡可基，二甲胂基

cacofonía *f.* 〈医〉声音异常

cacoquimia *f.* 〈医〉体液不良；虚弱

cacosmia *f.* 〈医〉恶臭

cacospermia *f.* 〈医〉精子异常

cactáceo,-cea *adj.* 〈植〉仙人掌的 ‖ *f.* ①仙人掌植物；②*pl.* 仙人掌科

cacto *m.* 〈植〉仙人掌；仙人掌植物

cactus *m. inv.* 〈植〉仙人掌；仙人掌植物

caculo *m. P. Rico* 〈昆〉金龟子

CAD *abr. ingl.* computer-aided design 〈信〉计算机辅助设计

CAD-CAM *abr. ingl.* computer-aided design-computer-aided manufacturing 计算机辅助设计-计算机辅助制造

cadalso *m.* ①〈法〉断头[行刑]台；绞刑架；②

〈商贸〉展台；③〈信〉平台

cadaverina *f.* 〈化〉尸胺[毒]

cadena *f.* ①（手表、链环等的）链；链（条，式）；链状物；*pl.* 自行车链条；②锁链；枷锁；囚[监]禁；③〈化〉〈生〉〈数〉链；④〈测〉测链；⑤（电台、电视台的）频道；联播；⑥（报纸）联载；⑦（广播、电视、通讯等的）网络；系统；⑧（工作）流水线；⑨ 见 ~ motañosa

~ agrimensor 土地测链

~ alifática 〈化〉脂（肪）族链

~ alimenticia 食物链

~ antiderrapante[antideslizante] 防滑链

~ antiparalela 〈生化〉逆[反向]平行链

~ calibrada(~ de Gunter) 测链

~ central 主[中心]链

~ comercial 〈商业〉连锁店；联号

~ con los dos extremos tensos 悬[吊]链

~ con tornapuntas(~ de contretes) 日字环节链

~ de acción del freno 刹车链

~ de afianzar 安全链

~ de agrimensor[medición] 土地测链（每链 66 英尺）

~ de almacenes 连锁商店

~ de ancla[retén] 锚链

~ de arrastre[enganche] 拉[牵引]链

~ de bancos 连锁银行；联号银行

~ de cangilones（挖土机的）铲斗链

~ de caracteres 〈信〉（计算机）字符串

~ de comunicación 通讯网络

~ de distribución 销售[配给]系统

~ de engranajes 齿链

~ de ensamblaje[montaje] 装配线

~ de eslabones 链轮环链

~ de fabricación[producción] 生产[流水（作业）]线

~ de frío（生产、运输食品过程中的）冷冻保温

~ de hoteles 连锁饭店

~ de moteles 连锁汽车饭店

~ de música[sonido] 音响系统

~ de oruga 履带

~ de radios 无线电广播网

~ de rodillos 滚子链，链轮环链

~ de televisión 电视频道；电视网

~ de tiendas 连锁零售商店

~ de tracción 牵引链

~ de transmisión(~ motriz) 传动链

~ humana 手拉手队列

~ internacional 国际网络

~ ligera 〈生化〉轻链

~ motañosa(~ de montaña) 山脉[系]

~ ordinaria 土地测链
~ para erizo 扣子链
~ perpetua〈法〉无期徒刑
~ pesada〈生化〉重链
~ polipeptídica〈生化〉肽链
~ radiactiva 放射性链
~ respiratoria 呼吸链
~ silenciosa 无声链
~ sin fin 环[无端]链,循环(输送)链
~ transportadora 链式运输机
gatera de ~s 锚链孔
hierro de ~ (铁)链环
llave[tenazas] de ~ 链式管钳
mando de ~ 链齿轮传动
paso de ~s 链节距
piñón de ~ 链轮
reacción en ~ 连锁反应,链式反应
remache en ~ 并列铆(接),链型铆(接)
trabajo de ~ 流水作业

cadenada *f.*〈测〉链

cadencia *f.*〈乐〉节律[拍,奏]

cadenero *m.*〈测〉测[司]链员

cadeneta *f.* ①垂曲线;②〈缝〉链式针迹;链
状线圈
~ de papel (装饰用的)纸制彩链;彩纸带

cadera *f.*〈解〉髋,髋[臀]部

cadmía *f.*〈化〉(碳酸)锌

cadmiado,-da *adj.*〈化〉镀镉的

cadmio *m.*〈化〉镉
sulfuro de ~ 硫化镉

caducidad *f.* ①(法令、契约等的)失效;终
止;②(食品等的)最佳使用期,保质期;到期
日

caducifolia *f.*〈植〉落叶性植物

caducifolio,-lia *adj.*〈植〉落叶性的
planta ~a 落叶性植物

caduco,-ca *adj.* ①〈法〉〈商贸〉失效的;终止
的;②〈植〉凋[脱]落的,落叶性的

CAE *abr. ingl.* computer aided engineering 计算机辅助工程

caedizo,-za *adj.*〈植〉易落的;脱落性的;落
叶性的‖*m. Col.*,*Méx.*〈建〉屋檐

C. A. F. *abr. ingl.* cost, assurance and
freight 到岸价格,成本加保险费及运费价
格

café *m.* ①咖啡;〈植〉咖啡树;②咖啡豆[茶];
咖啡茶会;③咖啡馆;④咖啡色;深棕色
~ americano 淡咖啡
~ bar 咖啡馆
~ cantante 有歌舞表演的咖啡馆
~ capuchino 泡沫牛奶咖啡
~ cerero *Col.* 浓咖啡
~ combinado[mezclado] 混合咖啡

~ completo (以咖啡和面包等为主的)欧
洲大陆式早餐
~ con leche 牛奶咖啡
~ concierto 音乐咖啡馆
~ descafeinado 脱咖啡因咖啡
~ en grano 咖啡豆
~ en polvo 咖啡粉
~ exprés[expreso] 浓咖啡
~ fuerte/suave 硬/软咖啡
~ griego[turco] (不过滤的)土耳其咖啡
~ helado (加)冰咖啡
~ instantáneo[soluble] 速溶咖啡
~ irlandés 浓味爱尔兰热咖啡
~ negro[puro,solo,tinto] 清咖啡
~ pintado *And.* 加牛奶咖啡
~ quemado *Cari.* 加牛奶咖啡
~ torrefacto[tostado] 烘焙咖啡
~ vienés (加乳脂的)维也纳咖啡

cafeína *f.*〈化〉咖啡碱[因]

cafeinismo *m.* 咖啡碱[因]中毒

cafetal *m.* ①*Amér. L.*〈植〉咖啡树;②咖啡
种植;咖啡种植园

cafetalista *m. f. Amér. L.* ①咖啡种植[栽
培];②咖啡园主;③采摘咖啡的人

cafetalero,-ra *adj. Amér. L.* ①咖啡的;②
种植[采摘,供应]咖啡的;③咖啡色的;④带
咖啡味的;⑤出口咖啡的‖*m. f.* 咖啡种植
[栽培]者
industria ~a 咖啡(工)业
producción ~a 咖啡生产

cafetero,-ra *adj.* ①咖啡的;②种植[出口]
咖啡的;③爱喝咖啡的;爱泡咖啡馆的‖*m.
f.* ①咖啡园主;②咖啡种植[栽培]者;③
咖啡商;④*Amér. L.* 爱喝咖啡者

cafetín *m.* 小咖啡馆

cafeto *m.*〈植〉咖啡树

caficultor *m. f. Amér. C.* 咖啡种植[栽培]
者

caficultura *f. Amér. C.* 咖啡种植[栽培]业

cagaaceite *m.*〈鸟〉槲鸫

cagafierro *m.*〈冶〉铸铁渣

cagalera *f. Amér. C.*〈植〉果朴

CARG *abr. ingl.* compound annual
growth rate 复合年增长率

caguama *f.* ①〈动〉海龟;②*Méx.*〈动〉大海
龟;③海龟壳

caguamo *m. Amér. L.*〈动〉海龟壳

caguaré *m. Par.*〈动〉食蚁兽

caguayo *m. Cub.*〈动〉蜥蜴

cahecua *f.* ①*Méx.*〈植〉可可树;②可可豆

cahime *m. Per.*〈动〉鳄

cahís *m.* 卡伊斯石(容量单位,合 666 升)

cahuama *f.* ①*Amér.L.*〈动〉海龟；②海龟壳

caicaje *m. Amér.L.* 礁；礁石

caicobé *m. Arg.,Urug.*〈植〉含羞草

caída *f.* ①落下，降落；(日)落；②(从马上)跌[坠]落；跌倒；③(帝国、政府、权力等的)倒[垮]台；衰落；④(公司等的)倒闭；⑤(小山、土坡等的)斜[下]坡；陡坡；(土、岩石等的)崩塌；⑥(水的)落差，瀑布；⑦〈电〉压降[差]；⑧(价格、销售量等)下降[跌]；跌价；⑨*pl.* 劣质羊毛
~ abrupta 暴跌
~ al vacío〈体〉自由落体(运动)
~ bruta 总[毛]水头，总落差
~ catódica 阴极电压降[电位降]
~ de agua (小)瀑布，悬泉
~ de potencial 电压降；电位降
~ de tensión ①〈电〉压降；②〈医〉血压下降
~ de voltaje〈电〉压降
~ del cambio 汇价跌落
~ del precio 价格跌落
~ disponible 可用水头[压差]，有效水头
~ en barrena 盘[螺]旋下降
~ en picado 突然下降
~ libre ①自由下落；惯性运动；②〈体〉自由落体(运动)
~ neta 有效落差[水头]
~ por la cola (飞机)尾坠
~ radiactiva 放射性沉降物
~ total 总水头，总落差
~ útil 发电水头
altura de ~ 落[压]差，(水)位差

caiguá *m. Arg.,Per.*〈植〉葫芦

cailcedra *f. Amér.C.*〈植〉雪松木

caimán *m.* ①〈动〉大鳄鱼；宽[短]吻鳄；②〈动〉鬣蜥(产于南美洲和西印度群岛的大蜥蜴)；③*Méx.*〈机〉链(式)扳手；*Chil.* 钳子；④*Venez.*〈解〉胸骨

caimanear *intr.* 猎捕鳄鱼

caimanera *f. Amér.L.* 鳄鱼栖息[聚集]地

caimánico,-ca *adj. Chil.* 鳄鱼的

caimanoso,-sa *adj. Amér.L.* 多鳄鱼的

cainita *f.*〈矿〉钾盐镁矾

cainozoico,-ca *adj.*〈地〉新生代[界]的；第三纪的

cairngorm *m. ingl.*〈矿〉烟晶(宝石)

caita *adj.inv. Cono S.* 野蛮的；未驯化的 ‖ *m.*〈农〉移居[流动]农业工人；农业季节工人

caito,-ta *adj.Chil.* 未驯化的 ‖ *m. Amér.M.*〈纺〉粗羊毛线 ‖ *m.f.*〈农〉移居[流动]农业工人；农业季节工人

caitoco；caituco *m. Venez.*〈植〉胭脂树

caitocú *m. Venez.*〈动〉蟾蜍；癞蛤蟆

caja *f.* ①盒，箱，匣；箱状物；〈机〉〈衬〉套，(衬)管；(车)厢[身]；②收[付，缴]款处；钱柜[箱]；(银行收付钱款的)窗口；现[基]金；③(手表等)外[表]壳；(收音机、电视机等的)壳；④〈军〉(武器)枪托；征兵处[办公室]；⑤(乐器等的)鼓；(小提琴等的)共鸣箱；⑥〈解〉腔；盖；⑦〈植〉种皮[壳]；⑧〈印〉字盘；⑨*Cono S.* 河床；⑩〈建〉(木工的)卯[孔]眼
~ alta/baja〈印〉①大/小写铅字字盘；上盘；②大/小写字母
~ B 行贿基金
~ blindada 装甲车箱
~ craneana〈解〉颅盖
~ de aceite 油箱[桶]
~ de agua (机车)水箱
~ de ahorro 储蓄所，储蓄银行
~ de archivos 档案[卷宗]柜
~ de arena[moldeo] 砂箱，(翻砂用)砂型
~ de ayuste 电缆套管
~ de bornes[conexión] 接线盒[箱]，出线盒，端子箱
~ de botiquín 急救药箱
~ de cambio[velocidad] 齿轮[变速]箱，变速器
~ de camión 车体[身]
~ de carga[guarnición] 填料箱[盒]
~ de cartón 纸箱[盒]
~ de caudales(~ fuerte) 保险柜[箱]
~ de cerillas 火柴盒
~ de colores 彩色粉[炭，蜡]笔盒
~ de conexión 接线盒，电缆接头箱，分[接]线箱
~ de derivación[distribución, ramificación] (电缆)分线盒，交接箱，配电[线]盒
~ de dientes 一副假牙[牙齿]
~ de diferencial 差速箱，差动齿轮箱
~ de distribuidor 滑阀箱
~ de eje 轴(颈)箱
~ de embalaje[empaque, envase] 包装箱
~ de empalmes〈电〉分线盒，接线箱
~ de engranajes 齿轮箱
~ de engrase 滑脂盒，油脂箱，润滑油箱
~ de escalera 楼梯井
~ de fuego(~ del fogón) 火室[箱]，燃烧室，炉膛
~ de fusibles〈电〉保险丝盒，熔线盒
~ de garantía 保证金；担保基金
~ de herramientas 工具箱
~ de humo (汽锅的)烟室[箱]

~ de incendio 消火栓

~ de interrupción （电）闸盒，转换开关盒；道岔箱

~ de la bomba 泵房

~ de lavado 洗矿槽，淘汰盘

~ de lanzadera 梭箱

~ de madera 木［板条］箱，（包装用）板条箱

~ de madera contrachapada 胶合板箱

~ de madera terciada 三合板箱

~ de muerto 棺木［材］

~ de municiones 弹药箱

~ de música〈乐〉八音盒

~ de pensiones 养老［退休，抚恤］金

~ de reclutamiento[reclutas] 征兵处［办公室］

~ de registro （锅炉、下水道等供人出入进行检修、疏浚等的）入［检修］孔，阀室［箱］

~ de resistencia 应急基金［拨款］；意外开支准备金

~ de resistencias 电阻箱

~ de resonancia〈乐〉（乐器的）共鸣箱；（留声机）唱头

~ de ritmos 鼓机

~ de seguridad ①安全连接器；②〈银行出租的）保险箱

~ de Skinner〈生医〉斯金纳箱

~ de socorro 慈善基金

~ de sorpresas 开匣即行跳起的玩偶；玩偶匣

~ de tablero de fibra 纤维板箱

~ de volteo 倾卸车厢

~ de zapatos ①鞋盒；②鞋盒式建筑物；斗室，小屋

~ del cigüeñal〈机〉曲轴箱

~ del tambor[tímpano]〈解〉中耳，鼓室

~ intermedia 中型箱，中间砂箱

~ negra ①（飞机）黑匣子；②〈信〉黑盒［箱］

~ panel 控制室，操纵间

~ registradora 现金出纳机，现金进出收入记录机

~ terminal 接线盒［箱］，出线盒，端子箱

~ torácica〈解〉胸腔

moldeo con ~s 有［砂］箱造型

cajero m. ①制箱［盒］工人；②Arg., C. Rica〈军〉鼓手；③〈机〉提款机；④（超市等的）付款处［台］‖ m. f. 出纳［收款］员；出纳主任

~ automático[permanente] （分设银行外各处的）自动提款机

~ principal 出纳主任

cajetear tr. ①〈农〉刨［挖］坑；②〈军〉射击，开火

cajetín m. ①盒［罐］子；茶叶罐［听］；②〈信〉（存贮）栈，栈式存贮器

cajista m. f.〈印〉排字工

cajón m. ①（一）箱；大箱子；机箱；②（家具）抽屉，柜；③〈建〉墙段；隔墙；④Amér. L.〈地〉深沟，沟壑；⑤Chil., Venez.〈地〉河［峡］谷

~ anti-torpedos （军舰）防鱼雷隔墙

~ de embalaje 装料箱

~ de fundación 沉箱

~ de ropa Méx. 服装店，成衣店

~ de salida〈体〉（赛马时用的）起跑门

~ de suspensión(~ hidráulico) （水下作业用的）密封潜水箱

~ neumático （打捞沉船用的）充气浮筒

~ neumático de cementación 浮式沉箱

~ sumergible 沉箱

caju m.〈植〉①腰果树；②腰果

cajúa; cajuba f. Venez.〈植〉香蕉瓜

cajuili m. Dom.〈植〉腰果

CAL abr. ingl. computer-assisted[aided] learning 计算机辅助学习

cal f. ①石灰；②（用以改善缺钙土质的）石灰肥料（尤指氢氧化钙）

~ anhidra 生石灰

~ apagada[muerta] 熟［消］石灰

~ grasa 肥［浓，富，纯质］石灰

~ hidráulica 水硬石灰

~ sodada 碱石灰

~ viva 生石灰；氧化钙

piedra de ~ hidráulica 水泥用灰岩

cala f. ①〈地〉（小）海［港］湾；②〈船〉〈海〉船［货］舱；③渔场；钓鱼区；④（从瓜果上切下的）品尝片［块］；检样；⑤〈医〉坐［塞］药；栓剂；探针；取样器；⑥〈海〉水位指示器；测深［量油］尺；⑦〈军〉军人监狱；⑧〈植〉马蹄莲；⑨pl.〈机〉垫［填隙］片

~s de cojinete 车链

calabacera f.〈植〉①西葫芦；②南［笋，倭］瓜；③C. Rica 加拉巴木

calabacín m.〈植〉密生西葫芦；一种葫芦科蔬菜

calabacita f.〈植〉①Esp. 密生西葫芦；②一种葫芦科蔬菜

calabaza f.〈植〉①西葫芦；②南［笋，倭］瓜；③葫芦树；④Pan. 加拉巴木

calabazo m.〈植〉①西葫芦；②〈植〉南［笋，倭］瓜；③Cari.〈乐〉鼓

calabozo m. ①监狱；牢房；〈军〉军人监狱；②Amér. L. 弯刀；匕首，短剑

calabrote m.〈海〉钢缆缆，粗钢丝绳；大索

~ de acero （粗）钢缆；粗钢丝绳

~ de espía 拉索,拖缆,曳引绳

~ de remolque 拖船索,纤

~ metálico 钢缆,钢丝绳

calado,-da *adj.* ①湿[浸]透的；②〈缝〉(似)透雕[网状]细工的；(似)透孔织物的 ‖ *m.* ①〈缝〉透雕[网状]细工；透孔织物；②〈技〉浮雕细工；③〈海〉(船舶)吃水；水深；④〈机〉(发动机)熄火,停转

~ de popa/proa 后/前[船尾/船首]吃水

~ en plena carga 满载吃水

~ máximo 最大吃水；吃水极限

~ medio 平均吃水

~ por contracción 收[冷]缩配合,烧嵌

~ sin carga 空船[载]吃水

calador *m.* ①〈医〉探针[条]；②船缝填塞器；③取样器；扦子

calafate *m.* 〈船〉〈海〉(造船或修船的)船木工；捻[敛]缝工

calafateada *f.* 〈船〉〈海〉嵌[填]塞船缝

calafateado *m.* 〈船〉〈海〉嵌[填]塞船缝法；捻[敛]缝法

calafateador *m.* ①敛缝锤,密缝凿；②〈船〉〈海〉捻[敛]缝工

calafateadura *f.* ①〈船〉〈海〉捻[敛]缝；嵌[填]塞船缝；②填隙[密,实]

calamaco *m.* *Méx.* 〈植〉菜[云,四季]豆

calamar *m.* 〈动〉枪乌贼；鱿鱼

calambre *m.* ①夹(钳)；②电震[击]；③〈医〉痛性痉挛,绞痛

~ de estómago 胃痉挛

~ de escribiente 书写痉挛；(书写时)手指抽筋

calambriento,-ta；calambrito,-ta *adj. Chil.* 〈医〉痉挛的；抽搐的

calamento *m.* 〈植〉风轮菜(唇形科植物)

calamina *f.* ①〈药〉炉甘石；异极石；②〈矿〉异极矿,天然硅[碳]酸锌；菱酸锌；③*Chil.* 波状路[地]面；波状锌版；④*Chil.,Bol.,Per.* 波纹[瓦楞]铁

loción de ~ 〈药〉炉甘石洗液

calaminado,-da *adj.* ①*Amér. L.* 崎岖[凹凸]不平的；②碳化(物)的 ‖ *m.* 碳化作用,渗碳作用,焦化作用

calamita *f.* ①〈矿〉天然磁石；磁铁矿；②磁[指南]针；罗盘[经]

cálamo *m.* ①〈植〉(植物等的)(主)茎,杆；花梗,叶柄；②〈鸟〉羽根；翮；③〈乐〉簧片；(古时)长笛；④(旧时的)羽[翎]笔；(现时的)钢笔

calamoco *m.* 冰柱[锥]

calamón *m.* ①道[拐,折]钉；②(装饰用)泡钉

calandra *f.* ①〈机〉(汽车的)散热器护栅；②

Amér. L. 〈鸟〉谷象

calandrado *m.* ①〈技〉研光,轮压；②压光纸,轧光布

calandria *f.* ①〈纺〉研光机；压光机；②〈机〉轮压[压延]机；③〈理〉排管体；〈化〉排管式热交换器；④〈鸟〉百灵

calaña *f.* ①类别；种类；②本[品]质；③样[标,货]本

cálao *m.* 〈鸟〉犀鸟

calar *adj.* ①钙[石灰]质的；石灰的；②含[似]钙的 ‖ *m.* 灰[石灰]岩采石场

calarredes *m. inv.* 〈船〉拖网渔船

calavera *f.* ①〈解〉头[颅]骨；头盖骨；②*Méx.* 〈汽车〉尾灯

calazón *m.* ①〈船〉吃水；②取水(量),汲取

~ de corcho 空载吃水

~ en carga 荷载吃水

calca *f.* ①*Per.* 粮[谷]仓；②*Amér. L.* 副[抄]本；拷贝；复制品

~ heliográfica 蓝图

calcado *m.* ①〈技〉临[描]摹,临[描]摹复制；摹图,映写[描]图；②追[跟]踪；搜索

calcador *m.* ①临[描]摹工具；临[描]摹复制工具；②跟[追]踪器[仪,系统]

calcáneo,-nea *adj.* 〈解〉跟骨的 ‖ *m.* 跟骨

espina ~a 跟骨骨刺

calcantita *f.* 〈矿〉胆矾；蓝矾

calcar *tr.* ①临[描]摹复制；描绘[图,迹],透[映,摹,复]写；②跟[追]踪；搜索

calcarenita *f.* 〈地〉灰屑岩

calcáreo,-rea *adj.* ①钙[石灰]质的；石灰的；②含[似]钙的

aguas ~as 钙质水

metástasis ~a 钙质转移

piedra ~a 灰[石灰]石

calcariforme *adj.* 〈植〉有距的；距状的

calce *m.* ①〈机〉钢[轮箍]圈；②楔(块,形图,形体,形));垫木[片]；③*And.* 补牙填料[填充物]

calcedonia *f.* 〈矿〉玉髓

calcemia *f.* 〈医〉高钙血(症)

cal. cen. *abr.* calefacción central 集中采[供]暖；区域供暖

calcés *m.* ①〈海〉桅顶[头]；②刊头；报刊名称

calceta *f.* (尤指)手工针织(品)

calcetería *f.* ①制[织]袜业,制袜生意；②袜店

calcetero,-ra *m. f.* ①制袜者,袜商；②织袜工

calchacura *f. Chil.* 〈植〉梅衣

calcibilia *f.* 〈医〉钙胆汁

cálcico,-ca *adj.* ①钙的,石灰的；②由石灰

衍生的

bomba ~a 钙泵

carencia ~ 缺钙

metabolismo ~ 钙代谢

sal ~a 钙盐

calcícola *adj.* 〈植〉钙生的,生长于钙质土壤的 ‖ *f.* 钙生植物

planta ~ 钙生植物

calcicosilicosis *f.* 〈医〉钙硅沉着病,钙硅尘肺

calcicroma *f.* 〈生化〉〈医〉钙色素

calcífero,-ra *adj.* 〈化〉①含钙[石灰质]的,含碳酸钙的;②形成钙盐的,形成碳酸钙的

calciferol *m.* 〈生化〉钙化(甾)醇,骨化醇,维生素 D_2

calcificación *f.* ①(人体组织的)钙[骨]化(作用);②〈医〉钙化(部位)

~ anular 环形[状]钙化

~ globar 球形钙化

~ linear 线性钙化

~ metastática 迁徙[转移]性钙化

calcificado,-da *adj.* 〈医〉钙化(性)的

cartílago ~ 钙化软骨

feto ~ 钙化胎

calcificante *adj.* ①〈医〉钙[骨]化的;②(思想、态度等)僵化的

calcificar *tr.* ①〈医〉使钙[骨]化;②使僵化

calcífila *f.* 〈植〉适[喜]钙植物

calcifilaxis *m.* 〈医〉钙化防御

calcifilia *f.* 〈医〉嗜钙性

calcífilo,-la *adj.* 〈植〉适[喜]钙的

calcífobo,-ba *adj.* 〈植〉避[嫌]钙的

calcífuga *f.* 〈植〉避[嫌]钙植物

calcífugo,-ga *adj.* 〈植〉避[嫌]钙的

calcímetro *m.* ①(土壤)石灰质测量[定]器;②〈医〉钙定量器

calcina *f.* 混凝土

calcinable *adj.* 可煅烧的;可烧石灰的

calcinación *f.* 煅烧,焙烧[解];煅[焙]烧产物

calcinado,-da *adj.* 煅[焙]烧的

calcinador *m.* 煅[焙]烧炉[窑];焙烧装置

caicinar *tr.* ①煅[焙]烧,烧成石灰;②使氧化;③烧,烘,烤

calcino *m.* 〈医〉钙化病

calcinosis *f.* 〈医〉钙质沉着症

calcio *m.* 〈化〉钙

carbonato de ~ 碳酸钙

carburo de ~ 碳化钙,电石

iontoforesis de ~ 钙离子透入疗法

sulfato de ~ 硫酸钙,石膏

tungstato de ~ 钨酸钙

calcipenia *f.* 〈医〉钙质缺乏

calcipexia *f.* 〈医〉钙固定

calcita *f.* 〈地〉〈矿〉方解石

calcitonina *f.* 〈生化〉降(血)钙素

calco *m.* ①临[描]摹,临[描]摹复制;②摹图[本],映写[描]图;拓片;③追[跟]踪;搜索

~ azul 蓝图

papel de ~ 临摹[复写]纸

calcocita *f.* 〈矿〉辉铜矿

calcofilita *f.* 〈矿〉云母铜矿

calcogenado,-da *adj.* 〈化〉硫族[属]的

calcoglobulina *f.* 〈医〉钙球蛋白

calcoglóbulo *m.* 〈医〉钙小球

calcografía *f.* ①雕铜术,金属雕刻术;②铜[金属]版印刷术

calcografiar *tr.* ①雕刻(铜版,金属板);②用铜[金属]版印刷

calcolita *f.* 〈矿〉铜铀云母

calcomanía *f.* ①贴花法(尤指对陶瓷、玻璃的装饰法);转印法;②贴花纸;转印纸;贴花转印的图画[案]

calcono *m.* 〈医〉钙试剂

calcopirita *f.* 〈矿〉黄铜矿(检波器用的晶体)

calcosina *f.* 〈矿〉辉铜矿

calcostibita *f.* 〈矿〉硫铜锑矿

calcotriguita *f.* 〈矿〉毛赤铜矿(一种赤铜矿)

calcouranita *f.* 〈矿〉钙铀云母

calculador *m.*; **calculadora** *f.* 计算器;计算机

~a analógica 模拟计算器

~a aritmética 数字计算器

~a aritmética en paralelo 平行数字计算器

~a aritmética en serie 串行数字计算器

~a de supervelocidad 超高速计算器

~a de bolsillo 袖珍计算器

~a de escritorio[mesa] 台式计算器[机]

~a de relés 继电器式计算器

~a digital 数字计算器

~a electrónica 电子计算器[机]

~a logística 逻辑(运算)计算器[机]

~a mecánica 机械计算器[机]

~a monolítica 单板计算器[机]

calculista *m.f.* ①计算者[员];②设计者[员,师]

cálculo *m.* ①计[核,演]算;②推[预]测;估计;③〈数〉演[计]算(法);微积分;④〈医〉结石

~ analógico 模拟计算

~ aproximado 估[初]算

~ biliar 胆结石

~ bovino 牛黄

~ de costo 成本计算

~ de errores 误差估计

~ de probabilidades ①〈统〉概率论；②可能性评估

~ de variaciones〈数〉变分法

~ diferencial〈数〉微分(学)

~ digital 数字计算

~ económico 经济核算

~ erróneo 误算

~ global[total] 总核算

~ infinitestimal〈数〉微积分(学)

~ integral〈数〉积分(学)

~ mental 心算

~ operacional 运算微积

~ preliminar 初步核算

~ prudente 保守估计

~ renal 肾结石

~s proporcionales〈逻〉命题[语句]演算

calculógrafo *m.*（电话）计时器

calda *f.* ①加热[温]；烧火，加燃料；② *pl.* 温泉浴

~ al rojo cereza〈冶〉桃红热

~ al rojo oscuro〈冶〉暗红热

caldeadura *f. Chil.* 加热[温]

caldeamiento *m.* 加热[温]

caldeo *m.* ①加热；加燃料；②〈机〉〈技〉熔[煅]接

caldera *f.* ①锅炉；锅；蒸煮器；② *Cono S.* 茶[咖啡，烧水]壶

~ alimentada a petróleo 烧油锅炉

~ de amalgamación 混汞盘

~ de caja de fuego doble 双燃烧管锅炉

~ de calefacción por nafta 燃油锅炉

~ de calor perdido 废气回热锅炉

~ de fogón interior 单炉筒[卧]式锅炉

~ de gas 燃气锅炉

~ de locomotora 机车锅炉

~ de pesos 多级[层]锅炉

~ de[en] secciones 分节锅炉

~ de tubos(~ tubular) 管式锅炉

~ de vapor 蒸汽锅炉；〈化〉汽锅

~ de vaporización instantánea 闪蒸锅炉

~ en la cual el agua y los gases circulan en el mismo sentido/inverso 直/逆流锅炉

~ horizontal 卧式锅炉

~ preliminar 辅助锅炉；副汽锅

~ semitubular 分节锅炉；复式锅炉

~ sin volumen de agua trasero 干背火管锅炉

forro de ~（汽锅）保热套

caldereta *f. Cari.* 海洋暖风

calderón *m.* ①〈乐〉延长符号（置于音符或休止符上）；〈乐〉延长音；②〈印〉段落标记；章节号；③〈动〉巨头鲸

calditos *m. pl. Méx.*〈植〉大马士革万寿菊

caldo *m.* ①汤；清[菜]汤；②肉[鱼]汤；③（水果、蔬菜等的）汁；④ *Méx.* 甘蔗汁；⑤（葡萄）酒，果汁酒；⑥〈摄〉显影液

~ de cultivo ①〈生〉培养基；②滋生[发源，繁殖]地

~ gallego 蔬菜牛[猪]肉汤

caleco *m. Chil.* 电线

caledoniado,-da *adj.*〈地〉加里东的

movimiento ~〈地〉加里东造山运动（即古生代从大不列颠绵延至挪威的造山运动体系）

calefacción *f.* ①加热；供[采]暖；②供[取]暖设备

~ al[por] vapor 蒸汽加热(取暖)

~ central 集中供[采]暖；集中供暖系统

~ de alta frecuencia 高频加热

~ eléctrica 电热法

~ electrónica 电子加热

~ individual 分户采暖

~ por aire caliente 空气加温法

~ por convección〈化〉对流加热

~ por inducción〈化〉感应加热

~ por radiación〈化〉辐射加热

~ por resistencia〈化〉电阻加热

sistema de ~ 集中供热系统

calefactor,-ra *adj.* 加热的；供暖的 ‖ *m.* ①加热工；暖气(安装修理)工人；②加热器；（火，加热）炉，暖气[保暖]设备

calefón *m. Cono S.*（家用）热水器

~ a gas 燃气热水器

calendario *m.* ①日[月，年]历；历书；②历法；③（预定计划、改革等的）时间表；（工作等的）日程表

~ americano 挂历

~ astronómico〈天〉星历表

~ de ejecución 实施[工作]进程表

~ de entregas 交货日程表

~ de vencimiento 到期日(图)表

~ de mesa 台历

~ de pared(~ exfoliador *Amér. L.*) 挂历

~ de taco 可沿齿孔[虚线]撕下的日历

~ eclesiástico 教历

~ gregoriano〈天〉格里高利历(即公历)

~ juliano〈天〉儒略历(古罗马统帅儒略·恺撒开始采用的历法)

~ lunar/solar〈天〉阴/阳历

~ perpetuo 万年历

~ romano〈天〉罗马历

caléndula *f.*〈植〉①万寿菊；②金盏花；③开黄花植物

calentado,-da *adj.*（加，受，烧）热的

~ al blanco 白[炽]热的

~ al rojo 赤[灼,火,酷]热的

~ con gas 燃气的

~ con petróleo 燃油的

~ eléctricamente 电加热的

~ previamente 预(先加)热的

calentador,-ra *adj.* 使[加,发]热的 ‖ *m.* 〈机〉加[发]热器,加热装置[元件];(加热)炉

~ a gas 煤气炉

~ de agua 热水器

~ de aire 空气加热器,热风炉

~ de gas 燃气热水器

~ de inmersión 浸入式热水器;浸没式加热器

~ dieléctrico 电介质加热器

~ eléctrico 电炉,电热器

calentamiento *m.* ①加[发]热,加热法;②加温;〈环〉(气候)变暖;③〈体〉准备活动,热身(活动)

~ de la atmósfera (~ del planeta, ~ global) 全球(气候)变暖

calentura *f.* ①〈医〉发热;高烧[热];*Chil.* 肺结核病;②(嘴唇上的)冷疱疹;③*Cub.*, *P.Rico* 〈植〉马利筋

calenturiento,-ta *adj.* 〈医〉①发热[烧]的;热性[病]的;有病病症状的;②*Cono S.* 肺痨的,(可能)患肺结核的

calenturón *m.* 〈医〉高烧[热]

calenturoso,-sa *adj.* 〈医〉发热[烧]的;热性[病]的;有热病症状的

calera *f.* ①灰[石灰]岩采石场;②石灰窑

calero,-ra *adj.* 石灰的,含石灰的 ‖ *m.* 石灰窑

caleta *f.* ①〈地〉小湾;小海湾;②*And.* 沿海航船

calibración *f.* ①(计量器等的)校准[标],标定;②(枪炮、管道等的)口径测定;③标定刻度

constante de ~ 校准常数

calibrado,-da *adj.* 〈技〉已校准的,标定的 ‖ *m.* 校准,标定;调整[试]

pie ~ 标准英尺

calibrador *m.* ①(量,卡,线)规;卡钳;②校准器[仪];校径器[规];测径器

~ Birmingham 伯明翰线径规

~ de alambres 线[金属丝]规

~ de cuchilla 切削规

~ de cursor 滑动卡规,游标卡尺

~ micrométrico 测微规,游尺

~ para centrar[roscado] 中心规

~ pie de rey 游尺

calibraje *m.* ①(计量器等的)校准[标],标

定;②(枪炮、管道等的)口径测定;③标定刻度

calibre *m.* ①内[孔,管,膛]径;(枪炮等的)口径;(子弹、炮弹、导弹的)直径;圆柱径;②(板材等的)厚度;尺寸;(量、规)尺,(量,线,卡,测径)规;卡钳,测径[量]器;④重要性,水准,程度

~ de altura 端(测)规

~ de centrar[roscado] 中心规

~ de corredera 测径规,卡钳校对规

~ de espesor 厚度规[计]

~ de espesores 外卡规[尺,钳]

~ de fileteado[filetear] 螺距规,螺纹量规

~ de gruesos 外卡规

~ de gruesos con tornillo micrométrico 螺旋测径器;千分卡尺[规]

~ de interior 内卡规[尺,钳];内测径规

~ de mandíbulas 厚薄[间隙,外径]规;测径规

~ de profundidades 深度计,测深[深度]规

~ de rebajado[tolerancia] 极限量规,极限规

~ de tapón 圆柱塞规

~ de[para] tornillo 螺距规,螺纹量规

~ exterior/interior 外/内径规

~ neumático 气压计

~ para alambres 线规

~ para chapas 板[厚薄]规

~ para gruesos 测径[厚薄]规

~ patrón 标准轨距

cañón de alto[gran,grueso] ~ 大口径炮

escala de ~s 基[标]准尺;标准尺[刻]度

fusil de bajo[pequeño] ~ 小口径步枪

calicanto *m.* *Cari.*, *Cono S.* ①〈建〉石墙[壁];石造建筑,石方工程;②突[防波]堤

calicata *f.* 〈矿〉勘察[探]

calicateador *m.* 〈矿〉探矿工

calicedra *f.* *Méx.* 〈植〉雪松

calichal *m.* *Chil.* 〈矿〉硝石矿

caliche *m.* ①*Amér.L.* 〈矿〉智利硝(石);钠硝石;〈化〉硝石;②〈地〉钙积层;*Méx.* 石灰层;③*Bol.*,*Chil.*,*Per.* 〈矿〉硝石矿

calichera *f.* *Amér.L.* 〈矿〉硝石矿[层]

calichero,-ra *adj.* *Chil.* 〈矿〉硝石的 ‖ *m. f.* ①〈矿〉硝石矿工;②硝石矿区居民

calichoso,-sa *adj.* 〈矿〉①*Amér.L.* 含硝石的;②*Chil.* 硝石含量高的

caliciforme *adj.* 〈植〉杯状花的,萼花的

calicivirus *m.* 〈生〉杯状病毒

calicó *m.* 〈纺〉①(本白或漂白的)白棉布;平(纹)布;②(单面)印花棉布

calicoblasto *m.* 〈医〉钙质细胞

calicosis *f.* 〈医〉石末肺

calículo *m.* 〈植〉副萼

calidad *f.* ①质,质量;②品[素]质;品德;③品[等]级;④资格,地位,身份;⑤(色泽、品色等的)鲜明(性);色饱和度;⑥〈逻〉质

~ de borrador 〈信〉草图质量

~ de carta[correspondencia] (打印机)打印高品质商业信函;(文件)优质打印

~ de miembro[socio] 成员身份;会员资格

~ de servicio 服务质量

~ de texto 〈信〉文本质量

~ de vida 生活质量(尤指现代生活的基本标准)

~ estándar[normal] 标准质量;标准品质[位]

~ inferior/superior 下/上等品质;低/高档

~ media[mediana] 中等品质;中档

~ migratoria 移民身份

~ resultante 出厂质量

calientabiberones *m. inv.* 保温奶瓶

calientacamas *f. inv.* 电热毯

calientafuentes *m. inv.* 轻便电[煤气]灶;(电炉或煤气炉上供烧煮食物或保温的)加热板

calientaplatos *m. inv.* (饭菜)保暖器

caliente; cálido,-da *adj.* ① 热的;温热的;②〈画〉(色调)暖的;有暖色(以红、橙、黄色为主)的

viento ~ 〈气〉热风

calientita *f. Chil.* 〈医〉肺结核

calificación *f.* ①〈教〉(学校等)评语,评分等级;分数,成绩;(品行等的)等第;②(对工作、电影等的)评价;评定结果

~ de obligaciones (客户等的)信用地位

~ de preferencia 优先权

~ del trabajo 工作评价

~ escolar 学习成绩

~ por mérito 人事考核,职工考绩,工作成绩评定

calificado,-da *adj.* ①有资格的,能胜任的;精通业务,熟练的(工人);②〈法〉无可争辩的(证据等);被证实的;③*Méx.*〈法〉有(先决)条件的;有保留的;有限制的

pruebas ~as 确凿证据

calificador,-ra *m. f.* ①审[检]查员;评定员;②(预赛等的)合格者

california *f.* ①*Cono S.* 赛马;②〈机〉拉线机

californio *m.* 〈化〉锎

californita *f.* 〈矿〉玉符山石

caligrafía *f.* ①书法,笔迹[法];②书[手]写

calima; calina *f.* 〈气〉霾;烟[薄]雾

calinita *f.* 〈矿〉纤钾明矾

calinoso,-sa *adj.* 〈气〉雾的,有雾的;似雾的

caliofilita *f.* 〈矿〉钾霞石

calipso *m.* ①*Amér. M.*, *Cari.* 民间音乐;②*Chil.* 蓝绿色;③[C-]〈天〉土星卫星

caliptra *f.* 〈植〉帽状体;根冠

caliptrógeno *m.* 〈植〉根冠原

calisaya *f.* 〈植〉①(用以提制奎宁的)黄金鸡纳(树)皮;②*Amér. M.* 金鸡纳树

calistenia *f.* 健美体操;健身操

calisténico,-ca *adj.* 健美体操的;健身操的

Calisto *m.* 〈天〉木卫四

cáliz *m.* ①〈植〉花萼;②〈动〉〈解〉杯状器官[结构];盂

caliza *f.* 〈地〉灰[石灰]岩

~ arcillosa 黏土石灰岩(黏土含量可达25%)

~ arenosa 砂粒石灰岩(石英含量可达25%)

~ bioclástica 生物碎屑石灰岩

~ conchífera 含有贝壳石灰岩

~ coralina 含珊瑚石灰岩

~ hidráulica 水硬石灰岩

~ litográfica 印[石]板石灰岩

~ pisolítica (豆石构成的)豆岩

calizo,-za *adj.* 石灰的;含石灰的;石灰质[似]的

piedra ~a 石灰石[岩]

tierra ~a 石灰质土壤

callampa *f.* ①*Chil.*〈植〉蘑菇;伞菌;②(雨)伞;③*pl.*(城郊的)棚户区,贫民窟

callana *f.* ①*Amér. L.* 平底砂锅;②*Cono S.* 怀表;③*Per.* 矿渣

calle *f.* ①街道;马[公]路;②室外;③居民,公众;④〈体〉跑[泳]道;(高尔夫球场的)平坦球道;⑤行车道;(机场)滑行道

~ abajo/arriba (道路的)下/上行道

~ cerrada[ciega] *Col.*, *Méx.*, *Venez.* 死巷,死胡同

~ comercial 商业街

~ cortada *Cono S.* 死巷,死胡同

~ de cuatro vías 双向四车道大街

~ de dirección única 单行道;单向行车道

~ de doble sentido(~ de dos sentidos)双行道;双向行车道

~ de rodadura[rodaje] (飞机)滑行道

~ de sentido único(~ de una mano)*Cono S.* 单行道;单向行车道

~ de un solo sentido *Chil.* 单行道;单向行车道

~ de una vía *Col.* 单行道;单向行车道

~ peatonal 步行街

~ principal 大街;干道;主要街道

~ sin salida 死胡同

ropa de ~ 便装(非室内服装)

callicida *f.* 〈药〉鸡眼药

callicista *m. f.* 〈医〉治鸡眼者[大夫];足病医生

callo *m.* ; **callosidad** *f.* 老茧;硬皮;〈医〉鸡眼;胼胝

calloso,-sa *adj.* ①〈医〉胼胝状[性]的;②生老茧的;起硬皮的

cuerpo ~ 胼胝体

callosotomía *f.* 〈医〉胼胝体切断术

calma *f.* ①平静;风平浪静;②无风;〈海〉〈气〉零级风;③〈商业,生意等〉萧条

~ chica 风平浪静;绝对无风

~ de los negocios 生意萧条

~ en el comercio 商业萧条

calmado,-da *adj.* ①镇静[定]的;②(水面)平静的,(天气)无风的

acero ~ 〈冶〉镇静[全脱氧]钢

calmante *adj.* 〈药〉〈医〉镇静的;起镇静作用的 ‖ *m.* 镇静药[剂]

calmo,-ma *adj.* 〈农〉(土地)荒芜的

calmodulina *f.* 〈生化〉钙调蛋白

calomel *m.* ; **calomelanos** *m. pl.* 〈化〉甘汞,氯化亚汞

calor *m.* ①热;高温;②〈理〉热能[量];③ *pl.* 〈生理〉潮热,潮热红(妇女更年期时的反应)

~ atómico 〈化〉〈理〉原子热容(比热和原子量的积)

~ de combustión 燃烧热

~ de escape 废[余]热

~ de formación 生成热

~ de fusión 熔解热

~ de ionización 电离热

~ de neutralización 中和热

~ de reacción 反应热

~ de solución 溶解热

~ del rojo 赤热(状态)

~ específico 〈理〉比热

~ irradiante[radiante] 辐射热

~ latente 〈化〉〈理〉潜热

~ negro (电器等发散的)暗热

~ por histéresis 磁滞热

~ solar 太阳热

barrera del ~ 〈航空〉热障

conductor de ~ 热导体

fuente de ~ 热源

calorescencia *f.* 〈理〉热光;发光热线

caloría *f.* 〈理〉卡路里(热量单位)

~ grande/pequeña 大/小卡,千/克卡

~ media 平均卡

caloricidad *f.* ①(人类及热血动物保持体温

的)生热力;②发热量[能力]

calórico,-ca *adj.* ①热的,热量的;②(热)卡的 ‖ *m.* ①热值;②热(量)

energía ~a 卡[热]能

calorífero,-ra *adj.* ①生[产]热的,供热的;②传[导]热的 ‖ *m.* 加热器;采暖设备

~ a[de] vapor 蒸汽加热器;汽暖设备

~ eléctrico 电热器

metal ~ 传热金属

calorificación *f.* (动物的)产[发]热

calorífico,-ca *adj.* ①生[产]热的;②(热)卡的;产生食物热卡的

capacidad ~a 热容量

efecto ~ 热效应

energía ~a 卡[热]能

intensidad ~a 热强度

potencia ~a 发热量

radiación ~a 热辐射

valor ~ 发热值[量];卡[热]值

calorífugo,-ga *adj.* ①抗[耐]热的;②不传导的,不导热的;③不燃的,防[耐]火的

calorimetría *f.* 〈理〉量热术[法];量热学

calorimétrico,-ca *adj.* 〈理〉①热量测定的;热量计[器]的;②量热术的;量热学的

calorímetro *m.* 〈理〉卡[热量]计;量热器

~ de agua 水量热计,水卡计

~ de estrangulamiento 阻塞测热计,节流量热器

~ de vapor 蒸汽量热器

calorización *f.* 〈冶〉渗铝;铝化处理

calorizado,-da *adj.* 〈冶〉渗铝的,(经)铝化处理的

acero ~ 渗化钢,渗铝钢

calorizar *tr.* 〈冶〉使渗铝,使铝化,铝化处理

calostro *m.* (哺乳动物产后的)初乳

caluma *f. Per.* 〈地〉(安第斯山)峡谷,隧道

calumnia *f.* 〈法〉诽谤罪

calva *f. Chil.* 〈植〉鹰嘴豆

calvo,-va *adj.* (土地)不毛的,无草木的;荒芜的

calza *f.* ①(防滑等用的)垫[塞]块;垫木[板,架];②楔子;楔形(物);③袜子;长(统)袜; *pl.* 护[绑]腿;④〈医〉(补牙)填料,填补物;⑤ *pl.* 裤子

calzada *f.* ①公路; *Amér. L.* 大路,林荫道;② *Cari.* 人行道;(通向住房的)私人车道;(公园等的)车行道

~ de un solo sentido 单行道;单向行车道

~ no separada 非分离道路

calzado,-da *adj.* ①楔形的;②带有防滑塞垫的 ‖ *m.* 鞋类(总称)

calzo *m.* ①(防滑等用的)垫[塞]块;垫木[板,架];②楔子;楔形(物);③〈机〉闸[制

动]瓦;④(甲板上安置小艇的)小艇座;定
盘;(支撑重物的)垫木;⑤〈体〉(足球运动中
的)蓄意犯规

~ de madera 木楔[销]

CAM *abr. ingl.* computer-aided manufacturing 计算机辅助制造,计算机辅助生产

cama *f.* ①床;②(车箱等)底板;船底肋板;
③〈地〉地层;;④(医院的)床位;⑤(野兽
的)窝,栖身地

~ adicional (旅馆等的)外加床铺

~ alta/baja 上/下铺

~ blanda (火车的)软席卧铺

~ camarote[litera] (有上下铺的)双层床

~ camera 中型床(宽度介于单人和双人床
之间)

~ de agua (附有电热装置的乙烯基)充水
床垫;(有充水床垫的)水床

~ de campaña 行军床;折叠床

~ de dos plazas *Amér. L.* 双人床

~ de matrimonio 双人床

~ de tijera 折叠床

~ doble[gemela] 双人床

~ elástica 绷床

~ enyesada 石膏床

~ individual 单人床

~ nido (不用时可推入大床下的)装有脚轮
的矮床

~ mueble 沙发床

~ plegable 折叠床

~ redonda 集体乱淫床

~ sobrante 备用床

~ solar 日光浴浴床,太阳灯浴浴床

~ turca (可作床用的)长沙发;沙发床

camacita *f.* ①〈矿〉铁纹石;②〈建〉梁状铁

camachuelo *m.* 〈鸟〉①红腹灰雀;②加勒比
鹀(鸟科鹀属鸣鸟)

camada *f.* ①(猪、狗等多产动物生下的)一
窝仔畜;(蜂巢内的)幼蜂;②〈地〉地层;③
(砖墙、屋顶瓦等的)层

camafeo *m.* ①多彩浮雕宝石;②(宝石等上
的)多彩浮雕

camaleón *m.* 〈动〉避役;安乐蜥;(美洲)变色
蜥蜴

camaleónco, -ca *adj.* 〈动〉变色蜥蜴的

camamila *f.* 〈植〉①黄春菊;白花黄春菊;②
黄春菊属植物

camanchaca *f.* 黄色浓雾;*Chil.* 浓湿雾

cámara *f.* ①室;(作特殊用途的)房间,(正,
大)厅;*Arg.* 地下室;②公[商,协]会;议会
[院];③(轮胎的)内胎;(球)囊;④〈解〉腔,
盂;⑤船舱;军官生活室(供舰艇上除舰长外
的军官进餐和休息等用);⑥〈机〉箱,盒;⑦
摄影[照相]机,摄像机,镜头;⑧〈医〉腹泻

‖ *m. f.* 摄影师;电影[电视]摄影师

~ Alta/Baja [C-] (议会的)上/下院

~ antiariete(~ de equilibrio) 调压室

~ bajo presión 密封舱[室]

~ blindada ①屏蔽室;②(银行里的贵重物
品)保险室

~ cinematográfica 摄影机

~ con atomización 雾化室

~ congeladora 冷冻室

~ copiadora 复照仪

~ de agua 水箱[袋];煮沸室

~ de aire (空)气室;气包[腔]

~ de aislamiento 隔离室

~ de altura 高度室;高空模拟[试验]室

~ de cine 电影摄影机

~ de combustión 〈机〉燃烧室

~ de Comercio [C-] 商会

~ de compresión 压力[缩]室;加压间

~ de descompresión 减[降]压室

~ de Diputados/Senadores [C-] 众/参议
院

~ de eco 回声[反响]室

~ de ensayo de altura 高空试验室

~ de escape 抽风室

~ de esclusa 船闸室

~ de estancación 前舱[室,池]

~ de expansión 膨胀箱

~ de exploración 扫描室

~ de explosión (发动机)燃烧室,爆发室

~ de fotos(~ fotográfica) 照相机

~ de gas 毒气室

~ de la propiedad 财产[产权]委员会

~ de mando 控制[操纵]室;机房

~ de motores 轮机舱;发动机房

~ de nivel constante 浮子[筒]室,浮箱

~ de observación 观测室

~ de oxígeno 〈医〉(输氧用的)氧幕

~ de piloto 驾驶舱

~ de plomo (化学工业的)铅室(法)

~ de precombustión 前[预燃]室

~ de proyección 幻灯机

~ de reacción 〈航空〉〈航天〉反应室;裂化
反应鼓

~ de refrigeracón *Méx.* 冷藏室

~ de reposo 调压室

~ de resonancia(~ resonante) 共振室

~ de seda 蚕房

~ de seguridad (监控用)摄像头;电子眼
[探头]

~ de tambor giratorio 鼓轮式摄影机

~ de televisión 电视摄像机

~ de tesoro 金库

~ de video 摄像机

~ de Wilson 威尔逊云室

~ digital 数码相机

~ frigorífica[refrigeradora] 冷藏室[库]

~ lenta 慢动作[镜头]摄影机

~ mortuoria 停尸房

~ nupcial （新婚）洞房

~ oscura 暗箱[室]

~ panorámica 全景摄影机

~ para secar 干燥室[箱]

~ reflex 反射式照相机

~ reguladora 监听[控制]室

~ tomavistas 摄影[照相]机

a ~ lenta/rápida 慢/快镜头

camareta *f.* 〈船〉舱

~ alta 甲板室

camarógrafo,-fa *m. f.* 摄影师；电影[电视]摄影师

camarón *m.* ①〈动〉虾；②*Amér. C.* 临时工作；③*Cono S.* 双层床

camaronero *m. And.* 〈鸟〉翠鸟，鱼狗（一种食鱼或食虫鸟）

camarote *m.* 〈海〉船[客]舱

~ de lujo 头等舱

camarú *m. Amér. M.* 〈植〉假山毛榉

camaya *f. Méx.* 〈动〉河虾

camazo *m. Venez.* 〈植〉葫芦

cambapich *m. Méx.* 〈植〉金合欢

cambará *f. Arg., Bras.* 〈植〉白叶树

cámbaro *m.* ①〈动〉海蟹；②淡水螯虾

cambaya *f. Méx.* 〈纺〉棉布

cambia *f.* 〈法〉交[替]换

cambiacorreas *m. inv.* 移带器

cambiadiscos *m. inv.* （电唱机）自动换片器[装置]；自动换片唱机

cambiador *m.* ① 货币兑换商；②易货贸易商；③*Amér. L.* （铁路）扳道工[员]；④〈机〉变换器，换[转]向器，换流器；⑤路闸，道岔

~ de calor 热度调节器

~ de discos （电唱机）自动换片器[装置]；自动换片唱机

~ de frecuencia rotativo 旋转变流器[机]

~ de posición de las escobillas 电刷摇移器

~ de tomas 分接头变换器

cambiario,-ria *adj.* 〈商贸〉汇兑[率]的；兑换的

liberalización ~a 汇兑[率]自由化

cambiavía *m.* ①(铁路)扳道工；②(铁路的)道岔，(道岔处的)尖轨

cambija *f.* 水塔

cambio *m.* ①变化[动，更]；改[转]变；②变革；③更[调，替]换；更[替]换物，代替物；④〈商贸〉行情；（货币）兑换率；汇价；⑤〈机〉(汽车的)变速器[装置]

~ a la par 等价兑换

~ a plazo 远期汇率

~ atmosférico 大气变化

~ climático 气候变化

~ cualitativo/cuantitativo 质/量变

~ de compra/venta 买进/卖出汇率[价]

~ de coordinadas 〈数〉坐标系变化

~ de dirección[domicilio] 变更地址[住所]

~ de divisas 外汇兑换

~ de documentos 换文

~ de estado ①〈化〉〈理〉状态变化；②婚姻状况变化

~ de fase 〈理〉相变

~ de fecha 变更日期

~ de impresiones 改变看法

~ de la marea 转潮，潮汐变化

~ de línea 〈信〉(计算机)换[进]行

~ de marcha[velocidad] (汽车的)变速器[装置]；换挡

~ de monedas 货币兑换

~ de página 〈信〉(计算机)换页

~ de sexo （通过外科手术等手段达到的）性别改变；变性

~ de signo 变更标志

~ de sistema de referencia 〈数〉参考坐标系变化

~ de tendencia 趋势变化

~ de vía (铁路的) 道岔

~ del día 当日汇价

~ del largo 长度变化

~ en especie 以物易物

~ en la demanda 需求变化

~ endógeno/exógeno 内/外生变动

~ estructural 结构变化

~ genético 基因变化

~ instantáneo 瞬变

~ fijo/flotante 固定/浮动汇率

~ sincronizado 同步变化

~ tecnológico 技术[工艺]变动

~s porcentuales 百分比变动

caja de ~s 变速箱

cámbium *m.* 〈植〉形成层

cambray *m.* 〈纺〉麻纱；细薄布，细纺棉织物

cambriano,-na *adj.* 〈地〉寒武纪的，寒武系的 ‖ *m.* 寒武纪[系]

cambrón *m.* 〈植〉①泻[药剂]鼠李；鼠李科植物；②悬钩子植物；有刺灌木，刺藤；③黑莓

cambronera *f.* 〈植〉枸杞

cambur *m. Venez.* 〈植〉香蕉;香蕉树

camelia *f.* 〈植〉山茶(树);山茶花

cameliáceo,-cea *adj.* 〈植〉山茶科的‖ *f.* ①山茶科植物;②*pl.* 山茶科

camélido,-da *adj.* 〈动〉骆驼科的‖ *m.* ①骆驼科动物;②*pl.* 骆驼科

camello,-lla *m. f.* 〈动〉骆驼‖ *m.* 〈海〉起重浮箱;打捞浮筒
~ bactriano (产于中亚一带的)双峰驼
~ pardal 长颈鹿

camellón *m.* ①〈交〉中央分车带,路中预留地带;②(牲畜等的)饮水处[槽];③〈农〉垄,埂

camerino *m.* ①〈戏〉化妆室;②*Méx.* (铁路)卧车小包房

cameliáceo,-cea *adj.* 〈乐〉室内乐的

camerógrafo,-fa *m. f.* 摄影师[记者];照相师

caminadera *f. Col.* 〈植〉石松

caminal *m. Amér. L.* 〈交〉公路网

caminario *m.* 〈信〉(计算机)通路,路径

caminero,-ra *adj.* 道路的‖ *m.* ①*Amér. L.* 筑路工;②*Chil.* 刺绣花边
mapa ~ 公路地图
peón ~ (公路建设的)土木工人;养[护]路工
transporte ~ 公路运输

camino *m.* ①(两地间的)路,道路;②路[行]程;路途[线];③(物体运动的)路线[径];〈信〉(计算机)通路,路径;④*And., Cono S.* (大厅或楼梯等用的)长条地毯
~ alquitranado 柏油路
~ ascendiente/descendiente 上/下坡路
~ atravesado 十字[交叉]路,横路
~ carretero 公路;车道
~ cerrado 此路不通
~ cubierto 〈军〉掩蔽路径
~ de acceso[entrada] 〈信〉通路;进入路径
~ de cabras 羊肠小道
~ de crecimiento 增长途径
~ de desvío 旁[分,支]路
~ de dos calzadas 双行道;双向行车道
~ de grava 砾[卵]石路
~ de herradura (不通车辆的)马[牲口]道
~ de ingresos[peaje] 〈交〉收费道路
~ de losa de alfarería 陶砖路
~ de mesa (装饰用)长条桌布;桌旗
~ de rodeo temporal 临时绕行道
~ de rollizos 木排路;圆木路
~ de sirga (沿河岸拖船时所行的)纤路,索道
~ derecho ①直(达之)路;②捷径

~ en obras 道路施工
~ estatal 〈交〉国道
~ macadamizado 碎石路
~ óptimo 最佳径路
~ real ①公[大]路,交通干线;②最好途径;捷径
~ reforzado con metal 碎石路
~ subterráneo 地下通道
~ suplementario 辅助道路
~ transversal 〈交〉副[旁]道,侧路
~ troncal 公[大]路,交通干线
~ vecinal (县镇)次级公路
~s de hierro 铁路
~s de hierro de vía ancha/estrecha 宽/窄轨距铁路

camión *m.* ①卡车,运货[载重]汽车;运输车;②*Amér. L.* 公共汽车
~ apilador 汽车式叉车,起重车
~ articulado 铰接式卡车
~ automóvil 载重[运货]汽车
~ basculante 自卸货[卡]车
~ blindado 装甲车
~ celular (押送犯人的)警车
~ cisterna 水[油]槽汽车,槽罐车
~ (con) remolque 带拖[挂]车的卡车
~ con vuelco lateral 侧卸卡车
~ con vuelco trasero 后卸式货车
~ de cuba 槽罐车
~ de abastecimiento 供油车
~ de agua ①运[洒]水车;②卖水车
~ de arrastre 牵引车
~ de bomberos 消防车,救火车
~ de caja a bajo nivel 低车架卡车
~ de caja de descarga 自动倾卸车,翻斗卡车
~ de carga 卡车,载重汽车
~ (de) grúa 汽车起重机;汽车式吊车,汽车吊
~ (de) hormigonera 汽车式拌和机,混凝土拌和车
~ de la basura 垃圾车
~ de mudanzas (家具)搬运[场]车;厢式货车
~ de plancha 平板汽车
~ de reparaciones 救险[汽车式]起重机
~ de reparto 厢式货车
~ de riego 运[洒]水车
~ de socorro 救险起重机,事故清障车
~ de volteo *Méx.* 自倾货车;翻斗汽车
~ frigorífero 冷藏车
~ ganadero 运牛卡车
~ ligero 轻型卡车
~ materialista *Méx.* 建材运输卡车

~ mezclador de concreto 汽车式搅[拌]和机

~ para repostar 加油车,水槽[柜]车

~ publicitario 宣传[广播]车

~ vivienda (带食宿设备的)野营车

~ volquete 自倾货车

camión-grúa *m.* 汽车起重机;汽车式吊车,汽车吊

camión-pluma *m.* 汽车吊

camión-tanque *m.* 〈交〉(铁路)罐车;槽[柜]车

camionada *f. Chil.* , *Méx.* 〈交〉① 卡车载重量;② 卡车装载物

camionaje *m.* 〈交〉① 货车运输(业);② 货车运费

camionazo *m.* 〈交〉卡[公共汽]车相撞事故

camioneta *f.* ① 轻型卡[货]车;② *Amér. C.* 公共汽车

~ de reparto 厢式送货车

~ de tina *Amér. C.* 轻型货车,小卡车;轻便小货车

~ vagoneta 旅行汽车;面包车

camisa *f.* ① 衬衣[衫];*Amér. L.* (一件)衣服;② 〈机〉(外,水,汽,护)套,衬(里,板,套,垫,皮,料);③〈印〉(书籍)护封[式];封面纸套;④〈建〉(墙壁)泥灰面;⑤ 蛇蜕;⑥ 蚕衣;⑦(谷物等的)外壳

~ calorífica 汽套,蒸汽加热套

~ de agua 〈机〉(蒸汽机的)水套

~ de cilindro 汽缸套筒

~ de circulación de aire 空气救生衣;气套

~ de dormir 睡衣

~ de fuerza (束缚疯子或犯人双臂的)约束衣

~ de gas 煤气灯白炽罩

~ de vacío 真空泡

~ de vapor 汽套,蒸汽加热套

~ exterior de cilindro 汽缸套

~ refrigerante 冷水套

camomila *f.* 〈植〉母[春黄]菊;母菊花

camón *m.* ① 大床;②〈建〉凸肚窗;板条结构[骨架];③〈机〉凸轮;*Cub.* 轮辋材

~ de vidrios 玻璃隔墙

camonadura *f. Cub.* 〈机〉轮辋

camotal *m. Amér. L.* 〈农〉甘[红]薯地

camote *m.* ① *Amér. L.* 〈植〉甘[红]薯;② *Méx.* 〈植〉球[块,鳞]茎;③ *Amér. C.* , *Cono S.* 〈医〉肿块,肿胀物;④ *Cono S.* 大石头

camouflet *m. fr.* ① 地下爆炸坑穴;② 地下爆炸弹

campamento *m.* ① 扎[露,宿]营;② 营地[盘];营帐;③〈军〉驻军;④〈军〉新兵军训(期)

~ de base 基地

~ de refugiados 难民营

~ de trabajo (对囚犯实行强制劳动的)劳动营

~ de verano 假日野营地

~ militar 驻军营地

~ para prisiones 战俘集中营;(监禁一般犯人使服劳役的)拘禁营地

campana *f.* ① 钟,铃;②〈乐〉(乐队的)编击乐器;编钟;③ 钟形[状]物,(钟等的)罩;④〈建〉(烟囱)风帽;⑤ *Cono S.* 农村(地区)

~ de buzo[inmersión] 潜水钟,钟形潜水器

~ de gas 贮气罐钟罩

~ de Gauss 〈统〉高斯曲线(左右对称的钟形正态分布概率曲线)

~ de humo(~ extractora) 烟囱风帽

~ de rebato 警钟

~ de salvamento 救生钟

~ de vidrio 钟形玻璃罩

~ neumática 气泵罩

campanero *m.* ① 铸钟匠;②〈乐〉编钟演奏者

campaniforme *adj.* 钟形的

curva ~ 〈统〉(概率等的)钟形曲线

campanilla *f.* ① 小钟;(尤指乐队的)手摇铃;②水[气]泡;③〈解〉小舌;④〈缝〉穗状物;⑤〈植〉风铃草属(植物);钟形[状]花(如牵牛花等)

~ blanca 〈植〉①雪花莲;②银莲花属植物

campanología *f.* ① 铸钟学[术];② 鸣钟术[法];③ 编钟演奏术

campanólogo,-ga *m. f.* ① 铸钟术专家;② 鸣钟专家

campanudo,-da *adj.* ① 钟形的;②(裙子等)喇叭形的

campánula *f.* 〈植〉风铃草属(植物)

~ azul 开蓝色铃状花植物;阔叶风铃草

campanuláceo,-cea *adj.* 〈植〉风铃草属(植物)的 ‖ *f.* ① 风铃草属植物;② *pl.* 风铃草属

campaña *f.* ①(政治、社会、商业等领域的)运[活]动;②〈军〉战役,征战;野战[营];③ 农村;田[原]野;平原;④〈海〉出航期

~ de descrédito[desprestigio] 造谣中伤活动

~ de promoción 促销活动

~ de propaganda 大肆宣传活动

~ de protesta 抗议运[活]动

~ de prueba 试销活动

~ de publicidad(~ publicitaria) 广告宣传活动

~ de reelección 连任竞选活动

~ de ventas 推[促]销活动

~ educativa 教育活动

~ electoral 竞选活动

pieza de ~ 野战炮

tienda de ~ 帐篷，营帐

campañol *m.* 〈动〉田鼠；仓鼠

campeón,-ona *adj.* ①冠军；第一名；优胜者；②出类拔萃的人[物]

~ de venta 畅销书；畅销商品

campeonato *m.* ①冠军[锦标]赛；②冠军称号

campestre *adj.* ①田野的；农村的；野外的；②〈植〉野生的

campilita *f.* 〈矿〉砷铅矿

campilótropo,-pa *adj.* 〈植〉(胚珠)弯生的

campimetría *f.* 〈医〉平面视野计检法

campo *m.* ①农[乡]村；②原[旷，荒]野，田野[园，地]；③〈体〉场(地)；场所；〈军〉营[阵]地；④矿区，(矿)产地，(煤，油，井)田；⑤〈理〉场；⑥〈信〉(计算机)信息组，字段；(程序)的区段；⑦〈画〉底色，底子；背[后]景；⑧盾面(纹章学用语)；⑨领域，范围；⑩ *And.* 农[大牧]场；⑪ *And., Cono S.* 〈矿〉矿区租地营业(权)

~ a distancia 〈电〉远区[带]

~ aéreo 飞机场

~ aurífico 黄金矿区

~ base 基地

~ carbonífero 煤田

~ cardioeléctico 心电场

~ constante 恒定场

~ de acogida (临时性的)难民收容所

~ de actividad 活动范围

~ de arroz 稻田

~ de aterrizaje (小型)飞机场

~ de aviación 机场；飞机场

~ de batalla 战场

~ de carreras 跑道

~ de color ①基色场；②〈画〉底色画面

~ de concentración 集中营

~ de contacto 触点组[排]

~ de cultivo ①耕地，农田；②发源地，中心

~ de deportes 运动场

~ de dispersión 杂散场

~ de ejercicios 训练场

~ de entrenamiento[maniobras] ①军训营；②(运动员的)集训营

~ de esquí 滑雪胜地

~ de fútbol 足球场

~ de golf 高尔夫球场

~ de gravitación 引力场

~ de inducción 感应(电，磁)场

~ de investigación 研究领域

~ de juego (学校)运动场；比赛场地

~ de minas 〈军〉雷区；布雷样式

~ de pastoreo 牧场，草地

~ de pruebas (武器等的)试验场

~ de radiación 辐射场

~ de refugiados 难民营

~ de tiro 射击范围；射程

~ de trabajo ①(对囚犯实行强制劳动的)劳动营；②(青少年的)劳动夏令营

~ de verano 夏令营

~ eléctrico 电场

~ electromagnético 电磁场

~ electrostático 静电场

~ escalar 标量场

~ forestal 林场；树林

~ giratorio 旋转磁场

~ gravitatorio 重力场；万有引力场

~ libre 自由[独立]行动

~ magnético 磁场

~ mesónico 介子场

~ operativo 手术部位

~ perturbador 干扰区，干扰场

~ petrolero[petrolífero] 油田

~ próximo 近场

~ resultante 〈理〉矢量场

~ retardado 推迟[迟滞]场

~ santo 墓[坟]地

~ turístico 观光者营地

~ uniforme 均匀场

~ vectorial 矢[向]量场

~ visual 视场，视野

intensidad del ~ 场强

camptonita *f.* 〈矿〉闪煌石

campus *m. inv.* 〈教〉①大学城；②大学校园

camuesa *f.* 〈植〉香苹果

camueso *m.* 〈植〉香苹果树

camuflaje *m.* 〈军〉伪装

can *m.* ①〈动〉狗；②(枪等的)扳机；③〈建〉托臂[梁，座]；支撑

~ Mayor/Menor [C-]〈天〉大/小犬星座

canal *m.* ①〈地〉〈海〉海峡；②(人工)运河；河床；③〈农〉〈工程〉沟(渠)；水[渠]道；④〈电子〉〈信〉通[波，频，信，磁，声]道；⑤〈电〉〈技〉电[管，线，话]路；⑥ *Cari.* (汽车)车道；⑦途径，渠道；⑧〈解〉道；(有口)管道 ‖ *f.* ①管(子)；导[大水]管；管道；②〈建〉(天)沟；槽[檐]沟；柱槽；*pl.* (柱子)凹槽装饰

~ de abastecimiento[llegada] 引水槽[渠道]；前渠

~ de acercamiento 引水渠

~ de aguas abajo 水电站尾水渠，退[放，

泄]水渠

~ de aguas arriba(~ de subida) 上游进渠,引水渠

~ de alimentación 加料[进料,给矿]槽

~ de comercialización[ventas] 销售渠道;分配流通渠道

~ de comunicación 通讯信道

~ de conversación 电话声道,话音[音频]信道

~ de corriente portadora 载波信道[电路]

~ de desagüe ①排水道[沟,渠];排水管;②(河流等的)主渠

~ de descarga 溢洪[泄水,溢水]道

~ de distribución 分销渠道

~ de escape[evacuación] 退[放,泄]水渠

~ de la Mancha[C-] 拉芒什海峡

~ de Havers〈解〉哈弗斯(骨)管

~ de llamas 烟道[管,路]

~ de mareas 潮汐水道

~ de pago 收费电视频道

~ de radiodifusión 广播频道

~ de riego 灌溉渠

~ de servicio 服务渠道

~ de televisión 电视信道

~ de video 视频频道

~ del parto〈解〉产道

~ digestivo〈解〉消化道

~ diplomático 外交途径

~ embaldosado 水槽,排水管

~ excretor 排泄管

~ medular〈解〉(骨)髓道

~ navegable(~ de navegación) 航道;水道[系,路]

~ neural〈解〉神经管

~ no oficial 非官方[非正式]渠道

~ oficial 官方[正式]渠道

~ por cable 电缆管道

~ probabilístico 随机通道

~ secreto 秘密途径

~ superior 上游河道[段]

~ troncal 干渠;主渠道

~ vertebral〈解〉(脊)椎管

~ vía satélite 卫星信道

~ maestra 主管

teja de ~ 波形瓦

canaladura f. ①〈建〉(凹,沟)槽;②凹[波]纹,凹疲

canalé m. 〈纺〉凹纹弹力针织品

canalera f. 〈建〉沟[檐]槽;天[檐]沟;溜槽

canaleta f. ①Cono S.〈建〉沟[檐]槽;天沟;溜槽;②管(子);导[大水]管;管道;③

街[明,排水]沟

~ de carga 装货溜槽

~ de descarga 卸货溜槽

canalización f. ①开[改建,整治]运河;开[整治]水道;运河[渠道]化;②整治水道;③(投资等的)渠道;④管线[道](总称);管道网;管道系统;主管路;⑤〈电〉布[架,接,装]线;线路;干[馈]线;⑥(煤气等的)主要管道,总管;⑦Amér.L. 下[排,污]水系统

~ bajo tubos (地下)线管;导管

~ de agua 总水管,输水管;水管线路

~ de aire 空气管道,通风道

~ de fuerza 输电线,电力输送线

~ de fuerza hidráulica 总水管,水压主管;液压总管

~ eléctrica 输电干线

~ en circuito cerrado 环形管路

~ enterrada 地下管道;接地导管

~ principal 干[正,主]线

~ subterránea 地下管道

canalizar tr. ①在…开运河[水道,沟渠];②把…改建成运河;使形似运河;③把…纳入(特定)轨道;④整治水道,疏导(水流等),疏浚(河道);⑤传送(信件等);⑥见 ~ por tubería

~ por tubería 用管道运输[输送]

canalizo m. ①可通航海峡;②Chil. 窄运河[水渠]

canalón m. ①〈建〉沟[檐]槽;天沟;溜槽;泻[雨]管,水落管;②Amér. M. 垫[基]木

~ de alero 檐沟[槽]

~ de desagüe 排水管

~ de tejado 檐[坡]槽

~ interior (铅制)屋檐水槽

canana f. ①〈军〉子弹带;②Amér.L.〈医〉甲状腺肿,大脖子;③pl. Amér.L. 手铐

cananeo m. Col.〈植〉角豆树

canaricultura f. 金丝鸟饲养(术)

canario m. ①〈鸟〉金丝鸟;②Amér.L. 金黄色

canasta f. ①篓,筐;(装食品的)有盖大篮;②〈商贸〉(装货用)柳[板]条箱;③〈体〉(篮球运动中的)投篮得分

~ triple (投得)三分球

cancaco m. Cari.(汽车等的)故障;停止运转

cáncamo m. 〈海〉〈机〉环首螺栓,吊环螺栓,(有)眼螺栓

~ de argolla〈机〉带环螺栓

~ de mar 巨浪

cáncana f. ①〈动〉大蜘蛛;②Cono S. 烤肉叉;电动回转式烤肉器;③(蜡)烛台

cancel m. ①(防雨、雪、冷风等用的)外重门;门帘;②隔[薄]墙;③Méx. 折叠屏风

cancelación *f.* ①取[撤，注]消；废除；②〈信〉
（计算机）删除；③〈数〉（相）约，（相）消；④
〈商贸〉偿[付]清（债务）
　～ automática 自动废除
　～ de deuda 免除债务
　～ de seguro 退保
cáncer *m.* ①〈医〉癌；恶性肿瘤；②[C-]〈天〉
巨蟹座
　～ de cuello ulterino(～ cervical) 宫颈癌
　～ de los huesos 骨癌
　～ de mama 乳房癌
　～ de ovario 卵巢癌
　～ de pulmón 肺癌
　metástasis de ～ 癌转移[扩散]
canceración *f.* 〈医〉癌变
　curso de ～ 癌变过程
cancerado,-da *adj.* ①像癌的；②〈医〉生癌
的；患癌症的
canceremia *f.* 〈医〉癌细胞血症，癌血症
canceriforme *adj.* 〈医〉癌状的
cancerígeno,-na *adj.* 〈医〉①致癌的；②由癌
引起的
　factor ～ 致癌因素，致癌因子
　gen ～ 致癌基因
　substancia ～a 致癌物质
cancerización *f.* 〈医〉癌变
cancerocirrosis *m.* 〈医〉癌性硬化
cancerofobia *f.* 恐癌症
canceroide *adj.* 〈医〉类癌的；癌样的
cancerología *f.* 〈医〉癌学
cancerólogo,-ga *m. f.* 〈医〉癌学专家
cancerometástasis *f.* 〈医〉癌转移，癌扩散
canceroso,-sa *adj.* 〈医〉癌的；癌性的 ‖ *m.*
f. 癌症患者
　célula ～a 癌细胞
　tumor ～ 恶性肿瘤
cancha *f.* ①〈体〉（网球、篮球等运动的）球
场；*Riopl.* 足球场；②（机场的）跑道；③
Amér. L. （赛马、赛狗等的）跑道；赛马[狗]
场；④*Amér. C.* 场地；场所；⑤*Chil.* 通道
[路]
　～ de aterrizaje *Cono S.* （机场的）简易跑
道
　～ de bolos 保龄球球道
　～ de golf 高尔夫球场
canchal *m.* 〈地〉石场，石岗
canchalagua *f. C. Rica , Méx.* 〈植〉龙胆
canchelagua; canchilagua *f.* 〈植〉龙胆
canchero,-ra *adj. Cono S.* 〈体〉有（比赛）经
验的；老练的 ‖ *m. f.* ①*Amér. L.* 有（比
赛）经验的运动员；②*Amér. L.* 球[运动，
娱乐]场管理员

cancinofobia *f.* 〈心〉恐癌症
canción *f.* ①〈乐〉歌曲；②叙事诗歌；叙事诗
歌曲调
　～ amorosa(～ de amor) 情歌
　～ artística 艺术歌曲
　～ costumbrista 民俗歌曲
　～ de boda 婚嫁歌
　～ de brindis 酒歌
　～ de caza 猎歌
　～ de cuna 摇篮曲，催眠曲
　～ de fúnebre 丧葬歌
　～ de gesta 史诗
　～ de moda 流行歌曲
　～ de pesca 渔歌
　～ infantil 儿歌；童谣
　～ militar 军歌
　～ nacional 国歌
　～ popular 大众歌曲；民歌
　～ regional 民歌[谣]
cancionero *m.* 〈乐〉歌曲集
cancionista *m. f.* 〈乐〉①歌曲作者；②歌唱
家；歌手
cancro *m.* ①〈植〉溃疡；（伤害植物的）肿瘤病
害；②〈医〉癌
candado *m.* ①挂[扣]锁；②夹[扣]子，扣紧
物
　～ digital 暗码锁，转字锁
cande *adj.* 〈结〉晶状的
　azúcar ～ 冰糖
candela *f.* ①蜡烛；②烛台[扦]；蜡烛架；③
引[点]火物（如火柴、打火机）；④〈理〉烛火
（光强度单位）；⑤（尤指果树的）花
　～-hora 烛光一小时
　en ～ 〈海〉竖向的（桅杆）
candelaria *f.* 〈植〉毛蕊花
candelero *m.* ①烛台[扦]；蜡烛架；②油[烛]
灯；③〈海〉标柱[桩]，系缆桩；④〈军〉活动
掩体；⑤*Méx.* 〈植〉拉美破布木
　～ ciego 无环系缆桩
　～ de ojo 有环系缆桩
candelilla *f.* ①小蜡烛；②〈植〉柔荑花序；③
〈医〉导（液）管；④〈昆〉*Amér. L.* 萤火虫；萤
科昆虫；*Cono S.* 蜻蜓；⑤*Cari. , Cono S.*
〈缝〉（衣、裙等的）折[卷]边
candelizo *m.* 冰柱[锥]
candida *f.* ①〈医〉念珠菌属；②〈植〉假丝酵
母
candidal *adj.* 〈医〉念珠菌的
　vaginitis ～ 〈医〉念珠菌阴道炎
candidiasis *f.* 〈医〉念珠菌病
candídide *f.* 〈医〉念珠菌疹
candidina *f.* 〈生化〉〈医〉制念珠菌素
candil *m.* ①油灯；②枝形吊灯；③〈动〉鹿角

尖;(动物等的)触角;④*pl.*〈植〉马兜铃

~ de prisma 枝形吊灯

candileo *m. Méx.* 用灯光捕鱼

candilera *f.* 〈植〉灯心草

candonga *f.* 〈解〉阴囊

candor *m. Méx.* 〈植〉黄钟花

canela *f.* ①〈植〉桂皮;②桂皮香料;③肉桂色

~ en polvo 桂皮粉

~ en rama (枝状)桂皮

canelero *m.* 〈植〉桂皮树

canelón *m.* ①冰柱[锥];②〈建〉沟[檐]槽;溜槽;水落管

caney *m.* 〈*Venez.*〉(原木)小木屋;棚[茅]屋;*Cari.*,*Cono S.* 大棚式建筑物;货[车,工作]棚;②*Amér.L.* 河湾

canfano *m.* 〈化〉莰烷

canfeno *m.* 〈化〉莰烯

canfín *m.* ①*Amér.C.*,*Cono S.* 汽油;②*Amér.C.* 天然气

canfina *f. Amér.L.* 石油

cangilón *m.* ①(水车的)戽斗,叶片;②〈机〉(挖土机的)铲[勺,挖]斗;③*Amér.L.* 车辙[沟]

~ colector 铲斗,收集器

~ de draga (挖泥船的)挖斗

~ de elevador 吊[升运]斗,升降机戽斗

~ de elevador mecánico 斗式[吊罐]装料机

cangreja *f.* 〈海〉纵帆

cangrejo *m.* ①〈动〉螃蟹;(淡水)大(螯)虾;②〈海〉(纵帆上缘的)斜桁;③[C-]〈天〉巨蟹座;蟹状星云

~ de agua dulce 清水蟹

~ de mar 海蟹

~ ermitaño 寄居蟹

cangrina *f.* 〈兽医〉痈

cangro *m.* 〈医〉癌;恶性肿瘤

cangüeso *m.* 〈动〉蝲虎鱼

canguro *m.* ①〈动〉袋鼠;②〈海〉渡船[轮]

caníbal *adj.* 〈环〉①吃人生番的;②同类相食的,同类相食者的,同类相食般的 ‖ *m. f.* 吃人生番;同类相食的动物

canibalesco,-ca; **canibalístico,-ca** *adj.* 〈环〉①同类相食的;②吃人生番的;同类相食者的;③互相残杀的

canibalismo *m.* 〈环〉①(作为原始仪式的)吃人肉;②同类相食性;③嗜血成性

canícula *f.* ①三伏[大热]天;②酷热,仲夏之热;③伏日;④[C-]〈天〉犬[天狼]星

canicular *adj.* 三伏[大热]天的 ‖ *m. pl.* 三伏[大热]天

calores ~es 酷热,仲夏之热

canicultura *f.* 养犬业

canicha *f. Amér.M.* 〈地〉天然岩洞

cánido,-da *adj.* 〈动〉犬科的 ‖ *m.* ①犬科动物;②*pl.* 犬科

canilla *f.* ①〈解〉胫骨;胫部;*Amér.L.* 小腿;②〈解〉上胫骨;③〈鸟〉翅骨;④〈纺〉筒管;线轴;卷[绕线]筒;(缝纫机的)梭心;⑤*Amér.L.* 龙头,水龙头;⑥〈纺〉(布的)棱纹;罗[凸]纹

canillera *f.* ①〈体〉(足球、冰球等运动员戴的)护腿[胫]

canino,-na *adj.* ①犬的;似犬的;②(属于)犬科的;③〈解〉犬齿[牙]的;尖牙的 ‖ *m.* 〈解〉犬齿[牙];尖牙

diente ~ 犬齿

exposición ~a 犬展;犬类表演

hambre ~a 枵腹

canje *m.* ①交换;互换;②〈商贸〉兑换[现]

~ de notas 换文

~ de prisioneros 交换俘虏

~ de ratificaciones 交换(条约、协定等)批准书

~ de valores 兑换证券

canjeable *adj.* ①可交[更,转]换的;②〈商贸〉可兑换[现]的

capital ~ 可转换资本

cannabáceo,-cea *adj.* 〈植〉大麻科(植物)的 ‖ *f.* ①大麻科植物;②*pl.* 大麻科

cannabis *m. inv.* ①(印度)大麻;②大麻制品

canoa *f.* ①独木舟,(小)划子;②〈体〉(运动员跪着划的)划子,艇;③*Amér.L.* 〈建〉槽[檐]沟;水落管;水[渡]槽

~ automóvil 汽艇[船]

~ de doble remo 小划艇

~ fuera borda 尾挂发动机汽艇[船]

~ grande 小汽船

~ plegadiza 折叠艇

~ trajinera *Méx.* 运输用独木舟

canoísmo *m. Chil.* 独木舟运动

canoísta *adj. f. Chil.* 独木舟运动的 ‖ *m. f.* ①独木舟运动员;②喜欢乘坐独木舟者;③划[驾]独木舟的人

canólogo,-ga *m. f.* 犬科专家

canon *m.* ①标准,准[原]则;②〈乐〉卡农(一种复调音乐的写作技法),卡农曲;③租金;④费用;⑤〈印〉48点西文旧体活字(一种大号字体)

~ de arrendamiento 房屋租金

~ de producción (石油、矿山等的)开采权使用费

~ de traspaso 〈体〉球员转会费

~ del agua (自来)水费

canonical *adj.* ①标准的,准[原]则的;②

〈乐〉卡农(曲)的；③〈数〉(方程式等)典型的，典范的

canopa *m. Amér.L.* 石[金属]雕像

Canopus *m.* 〈天〉老人星

canotaje *m. Amér.L.* 独木舟运动

cantal *m.* ①(尤指因气候或水侵蚀而形成的)卵石；石块；②漂[巨]砾；③多石之地

cantalupo *m.* 〈植〉罗马甜瓜；香[甜]瓜

cantante *adj.* ①唱的；唱歌的；②唱歌似的；音乐般的‖ *m.f.* 〈乐〉歌唱家；歌手
~ de ópera 歌剧院演唱家

cantábile *adj. ital.* 〈乐〉流畅的‖ *f.* 流畅乐段[乐曲]

cantable *adj.* 〈乐〉流畅的

cantal *m.* 卵石；石块

cantaor,-ra *m.f.* 弗拉门戈舞曲演唱家

cantante *m.f.* 〈乐〉歌唱家；歌手

cantarela *f.* 〈乐〉(弦乐器的)第一弦，最高音弦

cantárida *f.* ①〈昆〉西班牙芫青；②〈药〉干斑蝥(粉)；欧芫

cantaridina *f.* 〈化〉斑蝥素；西班牙芫青素

cantata *f.* 〈乐〉大合唱；康塔塔

cantatriz *f.* 女歌唱家；女歌手

cantautor,-ra *m.f.* ①自己作词谱曲的流行歌手；②*Chil.* 自编自唱者

cante *m.* 民歌[谣]
~ flamenco[jondo] 弗拉门戈民歌

canteadora *f. Chil.* 〈机〉刨光机

cantera *f.* ①〈矿〉采石场，(挖)沙场；②〈建〉石料[块]；③石工技艺；④〈体〉预备[替补]队员
~ a cielo abierto 露天采石场
~ de arena 采[挖]沙场；沙坑
~ de granite 花岗石矿
~ de piedra 采石场；石矿[山]
casa de ~ 石屋
explotación de ~ 采石(工程)

canterano,-na *adj.* ①留出的，储备的；②预[后]备的‖ *m.f.* 〈体〉预备[替补]队员

cantería *f.* ①〈矿〉采石，采石业；②采[砌，凿]石工程；〈建〉石结构；砖石建筑；③石工技艺；④〈建〉石料[块]

cantero *m.* ①〈矿〉采石工(人)；②〈建〉石工[匠]；③ *Cono S.* 苗 畦；花床[坛]；④ *And.,Méx.* 甘蔗地

canthotomy *m.ingl.* 〈美容〉小眼放大

cantidad *f.* ①量；数[总，分]量；②〈数〉数，表示量的数[符号]；③〈乐〉(音符的)长短；④(金，数)额；*pl.* 大量[宗，批]
~ alzada 统一(收)费率；统[划]一价格
~ autorizada 核准数
~ bruta 总计(额)，毛计

~ constante 〈数〉常数，恒量
~ continua 〈数〉连续量
~ de movimiento 〈理〉动[冲]量
~ de pedido 订货(数)量
~ de quilates 含金量
~ discreta 〈数〉离散量
~ en caja 库存金额
~ en descubierto 透支额
~ en serie estándar 标准(分)批量
~ escalar 标量
~ exponecial 〈数〉指数量
~ final 最终量；终值
~ física ①物理量；②实物量
~ inicial 初始量
~ irracional 〈数〉不尽根
~ llovida (降)雨量
~ necesaria 需要量
~ negativa/positiva 〈数〉负/正量
~ predeterminada 标定(数)量
~ racional 〈数〉有理量
~ real 〈数〉实量
~ recibida 已收数量，已收金额
~ sacada 输出量
~ variable 〈数〉(可)变量
~ vectorial 矢量；向量
~s idénticas 〈数〉恒等量

cantil *m.* ①突出的岩石；悬岩；②沿海峭壁；暗礁；③〈动〉*Méx.* 一种蜥蜴；*Guat.* 一种大蛇
~ de agua[tierra] 一种蝮蛇

cantilever *m.* 〈建〉①悬臂(梁)，突[肱]梁，伸臂；②(交叉)支架
medio ~ 半悬臂

cantimplora *f.* ①水瓶；水袋；②(军用)水壶；③〈技〉虹吸管

canto *m.* ①〈乐〉唱歌；歌曲；②〈乐〉唱法；声学；③歌声；(鸟的)鸣叫；(公鸡)喔喔啼；(蝉、蟋蟀等的)唧唧声；④石块，卵石；⑤(桌子等的)边(缘，际，沿)；(书籍的)切口；⑥(物体等的)角；棱角；端；⑦墙角；⑧(物体等)块，片
~ biselado 倒棱[角]
~ de cabeza 粗端
~ de minero *Chil.* 矿工号子
~ del cisne (西方古老传说中)天鹅临死时发出的忧伤动听歌声；绝唱
~ errático 〈地〉漂砾[块]
~ fúnebre 挽歌
~ labrado 细琢石
~ llano 素歌(一种不分小节的无伴奏宗教歌曲)
~ rodado 卵石；小圆[扁砾]石
~ sin labrar 毛方石；粗石块

~ triunfal 凯歌

punto de ~ 振鸣点

cantón *m.* ①小行政区；地区；州，县；②〈军〉驻地，营房；军训营地；③〈纺〉棉布；④墙角

cantonalización *f.* 小行政区划分

cantonera *f.* ①(书籍、家具等的)包[护]角；②〈建〉角铁[钢]；③(放在墙角的)角桌[柜]

~ de refuerzo 加劲角铁[钢]

cantor,-ra *adj.* ①唱的，唱歌的；②唱歌似的 ‖ *m.f.* ①歌手；歌唱家；②〈鸟〉鸣鸟[禽]

ave ~a 〈鸟〉鸣鸟

cantueso *m.* 〈植〉法国熏衣草

canturía *f.* ①〈乐〉唱歌；歌曲；②声乐；③唱歌联系，联歌

cánula *f.* ①〈医〉插[套]管；②〈电子〉扫描笔，读出笔

canular *adj.* 管状的

canutazo *m.* 〈讯〉电话传呼；电话信息

canuto *m.* ①小[细]管；(管状)小[细]瓶；②〈植〉节间(茎或枝的节与节之间的部分)；③电话；④〈缝〉针盒

caña *f.* ①〈植〉甘蔗；②〈植〉芦苇；③〈植〉竹茎，杆(状物)，柄；(白，笋)藤；竹；④(啤酒)杯；高脚杯；筒[管]状物；⑤〈解〉胫骨；骨体(长骨之中间部分)；⑥(衣物等的)腿部；靴[袜]筒；⑦〈建〉柱身，(集柱的)一根柱；⑧〈矿〉坑[巷]道；⑨〈海〉锚杆[柄]；舵杆；⑩ *Amér.L.* 甘蔗酒，烧[白]酒

~ blanca 白皮甘蔗

~ borde 芦竹

~ brava *Amér.L.* 芦苇；(芦苇的)茎秆

~ coro *Méx.*〈植〉美人蕉

~ de azúcar 甘蔗

~ de bambú 竹料[竿]

~ de direccón (汽车等的)转向杆

~ de Indias 萝藤；美人蕉

~ de pescar 鱼竿

~ del ancla 锚柄

~ del timón 舵柄

~ dulce[melar] 甘蔗

azúcar de ~ 蔗糖

cañabrava *f. Amér.L.*〈植〉芦苇

cañadilla *f.*〈动〉骨螺

cañafistula *f.*〈植〉牛角树，腊肠树

cañaheja *f.*〈植〉大阿魏

cañahuate *m.*〈植〉美丽黄钟花

cañamelar *m.* 甘蔗种植园

cañameño,-ña *adj.*〈纺〉麻织的

tela ~a 麻(织)布

cañamero,-ra *adj.* 大麻的

cañamiel *f.*〈植〉甘蔗

cáñamo *m.* ①〈植〉大麻，苎；②〈纺〉大麻布；

③*Amér.C.*，*Cari.*，*Cono S.* 麻绳；大麻制品

~ de Manila 马尼拉麻，蕉麻

~ índico[indio] ①〈植〉印度大麻；②(从印度大麻制出的)麻醉药；大麻

~ sisal 波罗麻，剑麻

cáñamón *m.* 大麻籽

cañavera *f.*〈植〉芦苇属植物

cañaveral *m.* ①〈植〉芦苇地[滩]；②*Col.*〈农〉甘蔗种植园

cañazal *m. Amér.L.*〈农〉甘蔗田[园]

cañería *f.* ①管道；②管道系统；管线，总管；③管风琴管子；④(尤指注射毒品的)主静脉

~ conductora 导管，输送管道

~ de aguas corrientes 水管

~ de entubación 套管

~ de fundición 铸铁管

~ de gas 煤气(总)管

~ derivada 套[支]管，三通

~ sin costura 无缝管

cañero,-ra *adj.* 甘蔗的；甘蔗种植的 ‖ *m.*

①管道安装[修理]工；②*Amér.L.* 甘蔗园主；甘蔗种植园主

cañeta *f.*〈植〉细茎芦苇

cañizal *m.* ①〈植〉芦苇地[滩]；②〈农〉甘蔗种植园

caño *m.* ①(导，喷)管，管道；②〈乐〉风[簧]音)管；鼓笛；③(喷泉等的)喷嘴[口]；*And.*(煤气、自来水等管道上的)龙头；旋塞；④〈建〉(道路的)街[明]沟；排水边沟，下水道；污水管；⑤〈矿〉坑[巷]道；⑥〈海〉(狭窄)航道；⑦*Amér.L.* 枪筒[管]

~ de agua 水管

~ de evacuación 尾喷管

~ de hormigón 混凝土管

~ de reboso 废[污]水管，排泄管

cañón *m.* ①(大，火，榴弹，加农)炮；枪；枪管[筒]；②(电视机等的)电子枪；③羽根，翎；④〈地〉峡谷；(山坳)通道；*And.* 山[垭]口；⑤〈乐〉风[簧，音]管；鼓笛；⑥〈建〉电梯井；⑦(圆筒状)洞，孔；⑧*And.*〈植〉树干

~ antiaéreo 高射炮

~ antitanque 反坦克炮

~ arponero (捕鲸等用的)鱼叉[镖]

~ atómico 原子炮

~ autopropulsado 自行火炮

~ de agua (尤指装载在卡车上的防暴)高压水炮

~ de alma lisa 滑膛炮

~ de ametralladora 机关枪筒

~ de ascensor 电梯井，升降机井

~ de avancarga (旧时)前装炮

~ de campaña 野战炮

~ de carga por la culata 后膛炮
~ de electrones 电子枪
~ de escalera 楼梯井
~ de gran alcance 远射程炮
~ de montaña 山炮
~ de nieve artificial（用于滑雪的）人工造雪机
~ de tiro rápido 速射炮
~ de ventilación 通风竖井
~ láser 激光枪（可指武器或玩具）
~ liso 滑膛炮
~ obús 曲射[榴弹]炮
~ rayado 膛线炮
~ sin retroceso 无后座力炮
bóveda en ~ 筒形拱顶,筒形穹顶
pólvora de ~（黑色,有烟）火药

cañonazo *m.* ①炮[轰]击;*pl.* 开炮[枪];②〈体〉(足球运动中的的)射门;猛[劲]射;截[兜]击
salvo de 21 ~s 21 响礼炮

cañonera *f.* ①〈军〉炮眼[位];枪眼;②〈海〉〈军〉炮舰[艇];炮门;③*Amér. L.* 手枪套
política de ~ 炮舰政策

cañonero,-ra *adj.* 装有炮的(船舰)‖ *m. f.* *Amér. L.*〈体〉前锋,射手‖ *m.* ①〈军〉炮舰[艇];②*pl. Amér. L.* 街头乐队乐师
lancha ~a 炮艇

cañora *f.*〈植〉灯心草

cañoto *m.*〈植〉芦苇

cañuzal *m. Amér. L.*〈农〉甘蔗田;甘蔗园

cao *m. Cub.*〈鸟〉乌鸦

caoba *f.*〈植〉桃花心木

caobo *m.*〈植〉桃花心木树

caolín *m.* 高岭土,瓷土

caolinita *f.*〈矿〉高岭石;纯高岭土

caolinización *f.* 高岭石化作用,高岭土化作用

caos *m. inv.* ①混[紊,杂]乱;②混沌
~ circulatorio 交通混乱
teoría de ~ 混沌理论

caótico,-ca *adj.* ①混[紊,杂]乱的;②混沌的

C. A. P. *abr.* Certificado de Aptitud Pedagógica〈教〉(幼儿教师、小学教师的)教育能力证书

capa *f.* ①披风[肩],斗篷;②(一)层;〈地〉(地,岩,矿)层;③表[包,面,涂]层;外[护]皮;覆盖物;④(薄)膜,片
~ aislante 绝缘层
~ anticlinal〈地〉背斜层
~ antioxidante 防锈(面)层
~ antirradar 反雷达涂层

~ cementada（~ de cementación）渗碳层
~ cortical〈解〉皮质层
~ cuticular〈解〉表皮层
~ D D 电离层
~ de acabado 终饰层,罩面
~ de agua 雨披
~ de apresto 内[里]涂层;里[内]衬
~ de asiento 路基(面),地基
~ de conducción 传导[导电]层
~ de detención[parada]（光电管)阻挡层
~ de heaviside 海氏层,E 电离层,不可压流边界层
~ de hulla[carbón] 煤层
~ de mineral 矿层
~ de ozono〈环〉〈医〉臭氧层
~ de pintura 油漆层,一层油漆
~ de reflexión 反射层
~ delgada 薄膜[片]
~ E E 电离层
~ elástica 弹性层
~ endurecida 冷硬[冷激]层
~ esponjosa〈解〉海绵层
~ F F 电离层
~ filtrante 过滤层;滤床
~ freática①(可供凿井取水的)地下蓄水层;②〈地〉潜水层
~ geológica 地层
~ germinativa〈解〉生发层
~ impermeable 防水层
~ ionizada 离化层
~ límite 界限层,边界层
~ molecular 分子层
~ peritoneal〈解〉腹膜层
~ pigmentaria〈解〉色素层
~ terrestre 地壳,陆界
~ torera 斗牛士红披风
~ trófica[vegetativa]〈解〉滋养层
~ vegetal〈地〉表土(层)
~s anuales 年轮
~s de la ionosfera 电离层
juntas de ~ 平缝,平层节理,底层接缝

capacidad *f.* ①(车辆、剧场、仓库等的)容量[积,纳量];②能力;本领,才能[干];③〈法〉能力,资格;权能;④〈电〉电容;负载量;⑤性能
~ administrativa 管理能力
~ adquisitiva[compradora] 购买力
~ calorífica 热容量;发热量
~ civil〈法〉民事能力
~ competidora 竞争能力[地位]
~ contributiva 纳税能力

~ de absorción ①吸收能力;吸收性;②〈电子〉扇入,输入端数

~ de almacenamiento 存储容量

~ de ampliación 扩张能力

~ de aprendizaje 学习能力

~ de beneficio 收益[获利]能力

~ de canal 信[通]道容量

~ de carga[transporte] 载重量,载货[荷]容量;装[承]载能力;荷电量

~ de combate 战斗力

~ de contratar 签订合同的法定资格

~ de convocatoria （演讲者的）感染[吸引]力

~ de decisión 决策权[力]

~ de ganancia 赢利能力

~ de información 信息容量

~ de inyección 〈电子〉扇出,输出端数

~ de memoria 〈信〉存储器容量

~ de mercado 市场容量

~ de modulación 调制能力

~ de pago 偿[支]付能力

~ de producción 生产能力;生产率

~ de sobrecarga 超载量,过载能力[容量]

~ de temple 淬火[淬透,硬化]性

~ de transporte de corriente 载流容量,电流容许量

~ ejecutiva 执行能力

~ eléctrica 电容

~ en amperios-hora 安培小时(定)额

~ específica ①〈理〉比容量;②〈电〉电容率

~ establecida 额定生产能力;额定产量

~ evaporatoria 蒸发量,蒸发能力

~ física 体能

~ inductiva específica 电容率,介电常数

~ intelectual[mental] 智力,智能

~ legal 〈法〉法定资格;法律能力

~ mutual 互电容

~ normal 额定(容,产,输出)量;正常产量

~ ociosa 闲置设备[生产]能力

~ parásita 寄生电容

~ por horas 小时生产能力

~ prestataria 贷款能力

~ real 有效功率;实际产量

~ reflectora 反射能力

~ terminal 最大容[负载]量

~es interelectródicas 极间电容

por ~ 电容耦合

capacitación f. ①培训,训练;②使有能力[资格]

~ profesional 职业培训

~ sistemática 系统训练

~ técnica 技术培训

capacitancia f. 〈电〉电容(量,值),电流容量

~ rejilla-cátodo 栅极-阴[板]极电容

~ rejilla-placa 栅极-阳[板]极电容

altímetro de ~ 电容式高度计;电容式测高计

capacitímetro m. 电容测量器;法拉计

capacitivo,-va adj. 〈电〉电容(性)的;有关电容的

acoplamiento ~ 电容耦合

relé ~ 电容式继电器

capacitor m. 〈电〉电容器

capacho m. （挖土机的）铲斗;灰浆兜[包]

caparrón m. 〈植〉芽,苞;蓓蕾

caparrosa f. 〈化〉〈水〉绿矾,（天然结晶的）硫酸亚铁

~ azul 蓝矾;硫酸铜

~ blanca 皓矾,七水(合)硫酸锌

~ roja 红矾,（天然）硫酸亚钴

~ verde 绿矾,硫酸亚铁,七水硫酸铁

caperuza f. ①（衣服上的）风[兜]帽;②〈建〉墙[墩]帽;风[烟囱]帽;③〈机〉〈技〉防护[安全,金属]罩;④笔帽[套]

~ de cierre 有头螺栓,有帽螺钉

~ de chimenea 通风帽,烟囱罩

tornillo de ~ 有头螺栓,有帽螺钉

capialzado,-da adj. 〈建〉斜面[式]的;喇叭形的

capialzo m. 〈建〉斜面;斜度;坡(度)

capibara f. 〈动〉水豚(产于南美洲)

capicúa adj. ①回文的;②〈生化〉回文结构的,旋转对称的 ‖ m. ①回文(指顺读和倒读都一样的词、词组、句、数字等,如 eje,radar,12321);②〈生化〉回文结构,旋转对称

capilar adj. ①头发的,毛(发)状的;②〈解〉毛细管的;③〈理〉毛细作用[现象]的;④（管径）毛细的,毛状的 ‖ m. 〈解〉微[毛细]血管

acción ~ 毛细作用;毛细引力

ascensión ~ 毛细上升

drenaje[hidrocenosis] ~ 毛细管导液[引流]法

efecto ~ 毛细(管)作用

electrólisis ~ 毛细[渗透]电解

electrómetro ~ 毛细管静电计

loción ~ 洗发剂

pigmento ~ 染发剂

pirita ~ 针镍矿

tónico ~ 生发水

tubo ~ 〈理〉毛细管

viscosímetro ~ 毛细血管黏度计

capilaridad f. ①〈理〉毛细(管)作用[现象,特性];②毛细引力

medidor de ～ 毛细试验仪

capilarímetro *m.* 毛细测液器

capilarioscopia；capilaroscopia *f.* 毛细管显微镜检查

capilator *m.* 毛细管比色计

capilla *f.* ①厅[殿]堂；②〈印〉校样；散页；③〈机〉防护[安全，金属]罩

capillo *m.* ①〈植〉花蕾，(叶)芽；②〈动〉茧；卵袋[囊]

capirote *m.* *Nicar.*〈植〉树牡丹

capitá *m. Arg.*〈鸟〉朱顶雀

capital *adj.* ①基[根]本的；②首要[位]的；主[重]要的；③(首字母)大写的；④致死的；(可)处死刑的；⑤资本[金]的 ‖ *m.* ①资本[金，产，源]；本金[钱]；②资方；③(个人)财产 ‖ *f.* ①首都[府]，省会；②〈印〉大写字母(尤指首字母大写)

～ acreditado[autorizado] 核[法]定资本

～ activo(～ de trabajo) 营运资本[金]

～ asegurado 投保[保险]金额

～ aventurado 风险资本

～ bloqueado 冻结资本

～ canjeable 可转换资本

～ circulante 流动资本

～ computable 应纳税资本

～ consecuente 资本盈余；公积金

～ constante 不变资本

～ cubierto 已缴清资本

～ de defunción 抚恤金

～ de inversión 投资资本

～ de reserva 储备资金[本]

～ declarado 申报资本

～ desvalorizado 虚增资本，掺水资本

～ diferido 延期资本

～ en acciones 股份资本；股本[金]

～ en giro(～ flotante) 流动资本，周转资本

～ en obligación 债券资本

～ errante 游资

～ escrituado 核[法]定资本，申报资本

～ especulativo 热钱，游资

～ estático[fijo，inmovilizado] 固定资本

～ externo 外来资本

～ extranjero 外国资本，外资

～ ficticio 虚构[假，伪]资本

～ financiero 金融资本

～ fresco 新资本

～ fundacional 原始资本，创业资本

～ humano 人力资本[资源]

～ inicial 创办资本

～ intangible/tangible 无/有形资本

～ legal 法定资本

～ libre 自由资本

～ líquido 流动资本，游资

～ ocioso 闲置资本

～ permanente 永久性资本

～ primitivo 原始资本

～ privado 私人资本

～ real 实际[实物]资本

～ registrado 注册资本

～ riesgo 风险资本

～ simiente 种子资本，原始资本

～ social 公司资本

～ variable 可变资本

～ vencido 到期资本

pena ～ 死[极]刑

capitalismo *m.* 资本主义

～ de Estado(～ estatal) 国家资本主义

～ financiero 金融资本主义

～ monopolista 垄断资本主义

capitalizable *adj.* 可资本化的；可变为资本的

capitalización *f.* ①(收益、利润等的)资本化；②以复利计算；复[滚]利；③本金化(指根据一定额的收益推算其本金数值)

～ bursátil 市场资本化

～ de beneficios[ganancias] 利润资本化

～ del banco 银行资本化

～ monetaria 货币资本化

capitalizado，-da *adj.* ①变为资本的；化为资金的；②资本[金]化的；本金化的

～ por trisemestres 以 3 个月为一期复利计算利息的

intereses ～s 本金化的利息

capitán *m.* ①首领[长]；队长；指挥官；②〈军〉陆[空]军上尉；③〈海〉船长；(飞机)机长；〈军〉舰长；④(火车)列车长；⑤〈体〉队长

～ de corbeta *Arg.，Cub.，Esp.，Méx.* 海军少校

～ de fragata *Arg.，Cub.，Esp.，Méx.* 海军中校

～ de navío *Arg.，Cub.，Esp.，Méx.* 海军上校

～ del puerto 港务长

～ general ①*Esp.* 陆[空]军上将；②海军元帅

capitana *f.* ①〈海〉旗舰；②〈体〉〈军〉女队长

capitanía *f.* ①港务税；②〈军〉陆[空]军上尉职务；舰长职务；③司令部

～ de anclaje 入港停泊税

～ del puerto 港务长办公室；港务长职务

～ general 军区司令部；军区司令(职务)

capitel *m.* ①〈建〉①柱头[顶，冠]；②塔尖

capó *m.* ①(汽车)引擎罩，引擎顶盖；〈机〉罩，外壳；机[烟囱]罩；②(飞机的)整流罩

aletas del ~ 整流罩鱼鳞[通风]片

capoc *m.* 〈植〉木棉

capoquero *m.* 〈植〉丝棉树

capot *m.* 〈汽车〉引擎罩;引擎顶盖;〈机〉罩,外壳;机[烟囱]罩

capota *f.* ①(汽车等的)折叠式车篷;②天棚[篷,盖];③(飞机的)整流罩;④风帽
~ plegable 折叠式车篷

capotaje *m.* (飞机等的)发动机罩

capricho *m.* 〈乐〉随想曲

capricornio *m.* 〈天〉摩羯(星)座

caprificación *f.* 〈植〉无花果受精;无花果小蜂传粉早熟法

caprifoliáceo,-cea *adj.* 〈植〉忍冬科的 ‖ *f.*
①忍冬科植物;②*pl.* 忍冬科

caprimúlgido,-da *adj.* 〈鸟〉夜鹰科的 ‖ *m.*
①夜鹰科禽鸟;②*pl.* 夜鹰科

caprimulgiformes *m. pl.* 〈鸟〉夜鹰目

caprino,-na *adj.* 山羊的;像山羊的

caprolactama *f.* 〈化〉己内酰胺

capsómero *m.* 〈生化〉(病毒)壳粒,衣壳粒

cápsula *f.* ①〈药〉胶囊(剂);②〈解〉被膜;囊;③瓶[金属]帽;瓶[管]盖;小[炭精]盒,密封小容器;④〈航空〉〈宇宙〉密封舱,航天舱;气密座舱;⑤(唱机的)电唱[拾音]头;⑥〈化〉(蒸发用)小(盖)皿;⑦*Cari.* 弹壳;⑧〈植〉胞蒴,荚膜
~ adrenal 〈解〉肾上腺囊
~ articular 〈解〉关节囊
~ bacteriana 〈生〉细菌荚膜
~ de Bowman 〈解〉鲍曼囊
~ de eyección 弹射座舱
~ de mando (航天器的)指挥舱
~ de micrófono 送话器炭精盒
~ de vacío 真空舱
~ espacial 航天舱,宇宙飞船座舱
~ fibrosa 〈解〉纤维囊;纤维性关节囊
~ fulminante 〈军〉火帽,雷[信,起爆]管
~ sinovial 〈解〉滑膜囊
~ suprarrenal 〈解〉肾上囊

capsular *adj.* ①小盒的;荚膜[胶囊]的;②密封舱的;密封舱状的;在密封舱内的;〈植〉蒴果状的;③小盒形状的;荚膜[胶囊]状的;在荚膜[胶囊]内的
antígeno ~ 〈医〉荚膜抗原

capsulectomía *f.* 〈医〉囊切除术

capsulorrafia *f.* 〈医〉囊缝(合)术

capsulotomía *f.* 〈医〉囊切开术

captación *f.* ①收[捕,汇]集,集捕,获[取]得;②接[吸]收;③〈无〉拾波[音],检拾;④〈信〉捕捉;俘获;⑤〈工程〉筑坝壅水
~ de capital 资本[金]筹集;筹款
~ de datos 〈信〉数据捕捉

~ de fondos 资金筹集;募捐
~ de votos 获取[赢得]选票
~ directa 直接拾波

captador *m.* ①收[捕]集器;②〈无〉拾波器;③传感器
~ de polvos 集[吸]尘器

captafaros *m. inv.* (车辆尾部的)反光镜[板]

captura *f.* ①捕[俘]获(俘虏,动物等);②查封(毒品);扣押(毒品);③〈信〉捕捉;俘获;④(捕鱼)捕获量
~ de datos 〈信〉数据捕捉
~ neutrónica 〈理〉中子捕获

capturista *m. f. Méx.* ①打字员;②计算机操作员

capuchina *f.* 〈植〉水田芥,旱金莲

capuchino *m.* 〈动〉(产于南美洲的)悬[卷尾,僧帽]猴

capuchón *m.* ①笔套[帽];②风帽,头巾;③〈摄〉遮光罩[板];护套[帽,罩]
~ de frasco 火帽,雷管
~ de válvula (汽车)阀盖;阀门顶

capullar *intr. Arg.* 〈植〉长花苞;长蓓蕾

capullo *m.* ①〈植〉花蕾[苞];(叶)芽;(麝香石竹)花蕾萼片;②〈动〉茧;卵袋[囊];③〈纺〉粗丝绸
~ de rosa ①玫瑰花蕾;②美貌少女
~ ocal 双蛹[宫]茧

caquera *f. Chil.* 〈体〉黄牌

caquexia *f.* 〈医〉恶病质

caqui *m.* ①〈纺〉卡其布;卡其毛料;②卡其黄,土[草]黄色;草绿色;③卡其服装(尤指军装);④〈植〉柿树;柿子

cara *f.* ①脸,面(部,容),颜面;②面部表情,脸色;③〈建〉正[前]面;表面;外表[观];④(纸张、唱片等的)面;(铸币、奖章、布料等的)正面;⑤〈数〉面;⑥〈农〉(树干上的)割[斧]面
~ A/B (唱片、磁带等的)A/B 面
~ abajo/arriba 脸朝下/上;俯/仰卧
~ adelante/atrás 向前/后
~ de colada (高炉)风口铁套
~ dorsal 背面
~ lateral 〈地〉侧面
~ pinacoidal 〈地〉轴面
~ piramidal 〈地〉(棱)锥体面
~ plana 平面
~ prismática 〈地〉棱柱面
curvadura según la ~ ancha (波导管的)平面弯曲
de ~s centradas (原子)面心的
de dos ~s 两面(可用)的
de seis ~s 六边形的

carabao *m.* 〈动〉①（作为畜力的）菲律宾水牛；②*Méx.* 水牛

cárabe *m.* 琥珀

carabela *f.* 〈船〉①（哥伦布等早期航海家所用的）多桅小帆船；②帆船

carábido,-da *adj.* 〈昆〉步行虫科的‖ *m.* ①步行虫，步甲；②*pl.* 步行虫科

carabina *f.* ①〈军〉卡宾枪；步枪；②（昔时骑兵用的）短筒马枪

carabinero *m.* ①〈军〉步[卡宾]枪手；②〈动〉虾；对[明]虾

carablanca *f. Col., C. Rica* 〈动〉悬[卷尾]猴

cárabo *m.* ①〈昆〉步行虫；②〈鸟〉灰林鸮

caracará *m. Amér. M.* 〈鸟〉卡拉卡拉鸟

caracatey *m. Cub.* 〈鸟〉美洲夜鹰

caracha *f. Amér. L.* 〈医〉疥癣

caracol *m.* ①〈动〉蜗牛；②*Amér. L.* 〈海〉贝壳；蜗牛壳；③〈建〉螺旋形（楼梯）④旋梯（建筑物）；⑤螺旋线，螺旋状物；⑥〈解〉耳蜗
  ~ comestible 可食用蜗牛
  ~ de mar 滨螺
  ~ telúrico 大气螺旋（线）（源于法国科学家 Chancourtois 于 1862 年提出的大气螺旋说）
  escalera de ~ 螺旋式楼梯，旋梯

caracola *f.* ①〈动〉（大）海螺；②海螺壳；螺号

caracoleante *adj.* ①卷绕的；②螺旋的；螺旋形的；③盘绕的，旋转的

caracolillo *m.* 〈植〉①饭豆；饭豆花；②*Amér. M., Méx.* 桃花心木

caracología *f.* 蜗牛学

carácter *m.* ①（事物的）性质；特性[色，点]；②（人的）品质[德]；性格；③（动植物的）特征；④（书写、印刷等的）符号；〈印〉（铅）字，字体[符]；⑤〈信〉（计算机）字符；⑥〈生〉性状；性质；⑦〈戏〉人物；⑧记号，印记；标志
  ~ adquirido 〈生〉获得性，后天性
  ~ alfanumérico 〈信〉（计算机）字母数字符
  ~ chino 汉字
  ~ comodín 〈信〉（计算机）通配符
  ~ congénito 〈遗〉先天特征[点]（如兔唇等）
  ~ cursivo 草体字
  ~ de control 〈信〉（计算机）控制字符
  ~ de escape 〈信〉（计算机）退出符
  ~ de imprenta 印刷字体；无衬线铅字
  ~ de letra 书[手]写
  ~ de petición 〈信〉（计算机）提示符
  ~ DEL 〈信〉（计算机）删除符
  ~ digital 数字符号

  ~ dominante 〈生〉〈遗〉优[显]性
  ~ especial （计算机）特殊字符
  ~ estenotópico 〈环〉（生物）狭适应特性
  ~ heredado 〈生〉遗传（特）性
  ~ holándrico 〈遗〉限[全]雄遗传特性
  ~ imprimible 〈信〉（计算机）打印符
  ~ inherente 固有特性,本性
  ~ introspectivo （好）内[自]省性
  ~ letal 〈遗〉致死特性
  ~ libre 〈信〉（计算机）通配符
  ~ magnético 磁性字符
  ~ monogénico 〈遗〉单基因特性
  ~ mudable 可变特点,可变性
  ~ nulo 〈信〉空字符
  ~ poligénico 〈遗〉多基因特性
  ~ progresivo 渐[累]进性
  ~ recesivo 〈生〉隐性；〈遗〉隐性性状
  ~ sexual primario 〈遗〉第一性征
  ~ sexual secundario 〈遗〉第二性征
  ~ técnico 技术特性

característica *f.* ①特征[点,性]；②特色；③〈数〉(对数的)首数；(环或域的)特征数；④〈数〉特征(曲)线；⑤〈摄〉特性曲线
  ~ ascendente 增长[上升]特性
  ~ cualitativa 〈统〉质量特征
  ~ cuantitativa 〈统〉数量特征
  ~ de corto circuito 短路特征曲线
  ~ de emisión 发射特性曲线
  ~ de rejilla 栅极特性
  ~ de rejilla-placa 栅极-阳极特性
  ~ descendente 下降特性
  ~ dinámica 动力特性(曲线)；动态特性
  ~ en vacío 无负载特性(曲线)
  ~ estática 静态特性
  ~ mecánica 机械性能
  ~ no lineal 非线性特性曲线
  ~ total 集总[中]特性
  ~s de dispersión 〈统〉离中趋势特性(曲线)
  ~s de tendencia central 〈统〉集中趋势特性(曲线)
  ~s operatorias 工作[运转,运行]特性(曲线)

característico,-ca *adj.* ①特有的,独特的；表示特性[征]的；②标识的
  curva ~a ①〈数〉特征(曲)线；②〈摄〉特性曲线
  ecuación ~a 〈数〉特征方程
  elemento ~ 特性要素
  espectro ~ 特征[特性]光谱
  función ~a 特征[示性]函数
  número ~ 特征[示性]数

radiación ~a〈理〉标识辐射

rasgos ~s 特征

caracterizabilidad *f.* 性能,特性(化)

caracterología *f.*〈心〉性格学

caracterológico,-ca *adj.*〈心〉性格的;性格学的

carama *f.* 霜

caramel *m.*〈动〉沙丁鱼

caramelización *f.* 焦糖化;生产[变成]焦糖

caramillo *m.*〈乐〉(六孔)竖笛;芦笛

carbamujo *m.*〈植〉①野玫瑰;②野玫瑰花

carancho *m.*〈鸟〉鹏鸮

caranday *m.*〈植〉巴西棕榈树

carao *m.* ①*Amér. L.*〈植〉大决明;②*Arg.*, *Urg.*〈鸟〉长脚鹭

caraota *f. Venez.*〈植〉菜豆;豆科植物

carapacho *m.*〈动〉背甲,甲壳

carátula *f.* ①唱片套;(录像带等的)盒子;②〈印〉书套,封皮;扉[书名]页;③*Mex.* 手表表盘

~ del frente 封面

~ del reverso 封底

~ interior 封二,封三

carau *m. Arg.*〈鸟〉长脚鹭

carbamato *m.*〈化〉氨基甲酸盐[酯];甲氨酸盐[酯]

carbamida *f.*〈化〉脲,尿素

carbanión *m.*〈化〉负[阴]碳离子

carbenicilina *f.*〈生化〉羧苄青霉素

carbeno *m.*〈化〉碳烯;碳质沥青,二价碳(化合物)

carbetoxi *m.*〈化〉乙酯基

carbetoxilación *f.*〈化〉乙酯基化(作用);加入乙酯基

carbinol *m.*〈化〉①甲醇;②甲醇基

carbitol *m.*〈化〉卡必醇,二甘醇-乙醚

carbocatión *m.*〈化〉正[阳]碳离子

carbodinamita *f.*〈化〉硝化甘油炸药

carbohidrasa *f.*〈生化〉糖酶;化合物分解酶

carbohidrato *m.*〈生化〉碳水化合物;糖类

carbol *m.*〈化〉石碳酸,(苯)酚

carbol-alcohol *m.*〈化〉石碳酸酒精

carbol-tionina *m.*〈化〉石碳酸硫紫

carbólico,-ca *adj.*〈化〉①石碳酸的;石碳酸皂的;②用碳制成的,用煤焦油制成的;③(苯)酚的

aceite ~ 酚油

ácido ~ 石碳酸,(苯)酚

jabón ~ 石碳酸皂,酚皂

carbolina *f.*〈化〉咔啉

carbolismo *m.*〈医〉石碳酸中毒

carbolización *f.*〈医〉(用)石碳酸处理[灭菌]

carboluria *f.*〈医〉石碳酸尿

carbómetro *m.*〈环〉空气碳酸计;定碳仪

carbomicina *f.*〈生化〉碳素

carbón *m.* ①〈矿〉煤,(火,石)炭;〈农〉煤灰[㲀];②〈化〉碳;放射性碳;③〈电〉碳精棒[片];碳(精电)极;④〈画〉炭[木炭]笔;⑤见 papel ~

~ 12〈理〉碳-12

~ 13〈理〉碳-13

~ 14〈理〉碳-14,放射性碳

~ activado[activo]〈化〉活性炭

~ aglutinante 黏结(性)煤

~ animal 骨炭

~ antracitoso[seco] 无烟煤

~ apagado[mate] 不成焦煤

~ arranque 根炭

~ bituminoso 烟煤,软煤

~ brillante[luciente] 镜[亮,无烟]煤

~ canutillo 枝炭

~ coquificable 炼焦煤,焦性煤

~ cristalizado 硬[无烟]煤

~ de bovey(~ pardo) 褐煤

~ de coque 焦炭[煤]

~ de forja 锻煤

~ de gas (高级)烟煤,气煤

~ de leña[madera] 木炭

~ de llama corta 短烟煤,锅炉煤

~ de llama larga 长烟煤

~ de piedra[tierra] 石炭

~ de probeta 蒸馏炭,蒸馏罐碳精

~ de turba 泥炭

~ en nódulos 肥[沥青]煤

~ fino 碎[灰]煤,小块无烟煤

~ galleta 圆块煤

~ grafítico 石墨

~ homogéneo 实心碳棒

~ limpio 清洁煤

~ magro 低级不结块煤

~ menudo 煤屑[末,灰]

~ mineral 石炭,(硬)煤

~ no aglutinante 不结块煤,非黏结煤

~ no surtido 原煤

~ pulverizado 粉煤,煤粉[末]

~ pulverulento 煤屑[末],煤粉渣

~ sin clasificar[cribar] 原煤

~ vegetal 木炭

alquitrán de ~ (煤)焦油

briqueta de ~ 煤饼[坯,砖]

copia al ~ 复写本,副本

cuchara para ~ (运输或提取煤矿砂的)矿车

dibujo al ~ 木炭画

electrodo de ～（碳精）电极
filamento de ～ 碳丝
laboreo de ～ 采[掘]煤
negro de ～〈化〉炭黑
papel ～ 复写纸
parque de ～ 储煤场

carbonáceo,-cea *adj.*〈植〉碳质的；(含)碳的

carbonado *m.*〈矿〉黑金刚石

carbonatación *f.* ①（精制糖时用的）碳酸盐法；②碳化作用；③〈化〉二氧化碳饱和

carbonatado,-da *adj.*〈矿〉含碳酸盐的；含二氧化碳的
agua ～a 苏打水
cal ～ 碳酸钙

carbonatar *tr.* ①给…充二氧化碳；使化合成碳酸盐[脂]；②使碳化，将…烧成碳

carbonatita *f.*〈地〉碳酸盐岩

carbonato *m.*〈化〉碳酸盐，碳酸脂
～ amónico 碳酸铵
～ crudo de soda 黑灰，原碱
～ de barrio 碳酸钡
～ de cal 石灰石，碳酸钙
～ de cal magnesífero 纯晶白云石
～ de calcio 碳酸钙
～ de cobre 碳酸铜
～ de magnesio(～ magnésico) 碳酸镁
～ de manganeso 碳酸锰；菱锰矿
～ de plata 碳酸银
～ de plomo 碳酸铅
～ de potasio(～ potásico) 碳酸钾
～ de radio 碳酸镭
～ de soda[sodio](～ sódico) 碳酸钠,纯碱
～ de zinc 碳酸锌；菱锌矿
～ ferroso 碳酸铁

carboncillo *m.*〈画〉炭笔；木炭条
dibujo al ～ 木炭画
retrato al ～ 木炭肖像

carboneo *m.* ①烧炭；②装[给,上,加]煤

carbonera *f.* ①煤矿；②煤[炭]窑；(家庭的)煤[炭]箱；③〈船〉煤舱

carbonero,-ra *adj.* 煤的,炭的；煤炭的‖ *m. f.* ①煤[炭]商；卖炭人；②烧炭工；③ *Chil.* 采煤工‖ *m.* ①运煤船；②〈鸟〉煤山雀
barco[buque] ～ 运煤船
industria ～a 煤炭业

carbónico,-ca *adj.* ①碳的,碳酸的；二氧化碳的；②含碳的,含碳酸的；含二氧化碳的；③由碳[碳酸,二氧化碳]得到的‖ *m. Co-no S.* 复写纸
ácido ～ 碳酸
bióxido ～ 二氧化碳

óxido ～ 一氧化碳

carbónidos *m. pl.* 碳化物

carbonífero,-ra *adj.* ①含碳[煤]的；产碳[煤]的；碳化的；②〈地〉石炭纪[系]的‖ *m.*〈地〉石炭纪[系]
cuenca ～a 煤田
industria ～a 煤炭工业
período ～ 石炭纪
sistema ～ 石炭系
terreno ～ 煤田

carbonilo *m.*〈化〉羰(基),碳酰；金属羰基合物

carbonilla *f.* ①煤粉[尘,屑]；炭屑[粉,末]；②(汽车等的)装煤箱[槽]；③ *Amér. L.* 炭笔

carbonio *m.*〈化〉正碳,阳碳

carbonita *f.* ①天然焦(炭)；②碳质炸药,含碳炸药

carbonitruración *f.* 碳氮共渗,氰化

carbonización *f.* ①碳化(法,作用,处理)；渗碳(处理)；②焦化(作用)
horno de ～ 碳化器,碳化分解槽

carbonizado,-da *adj.* 碳化(物)的

carbonizar *tr.* ①使碳[焦]化；②使与碳化合,给…渗[涂]碳
horno de ～ 碳[焦]化炉

carbono *m.*〈化〉碳
～ activo 活性炭
～ de cementación 渗碳
aparato para medir el ～〈冶〉定碳仪
equivalente de ～〈冶〉碳当量
índice de ～ 碳比
monóxido de ～ 一氧化碳
residuo de ～ 碳渣
tetrafluoruro de ～ 四氟化碳

carbonometría *f.* 碳酸定量法

carbonómetro *m.* 定碳仪；碳酸(定量)计

carbonoquímico,-ca *adj. Chil.*〈工〉煤炭化学工业的

carbonoso,-sa *adj.* 碳的；含[似]碳的；由碳所衍生的

carborundo *m.* 碳化硅,(人造)金刚

carboseal *m. ingl.* 收集灰尘用润滑剂

carbostirilo *m.*〈化〉喹诺酮

carbotérmico,-ca *adj.* 用碳高温还原的；碳热还原的

carboxihemoglobina *f.*〈生化〉碳氧血红蛋白

carboxilación *f.*〈化〉羧化(作用)；羧基化

carboxilasa *f.*〈生化〉羧(化)酶,羧基酶

carboxílico,-ca *adj.*〈化〉(含)羧基的
ácido ～〈化〉羧酸

carboxilo *m.*〈化〉羧(基)

carboximetilcelulosa *f.* 〈化〉羧甲基纤维素；纤维素胶

carboxipeptidasa *f.* 〈生化〉羧酞酶

carbúnbulo *m.* 〈医〉痈

carbunclo *m.* ①〈矿〉红榴石；红(宝)玉；②〈医〉疽，痈，炭疽，脾瘟；③*Chil.*〈昆〉萤火虫

carbunco *m.* 〈医〉疽，痈，炭疽，脾瘟

carbuncular *adj.* 〈医〉痈的

carbunculosis *f.* 〈医〉痈病

carburación *f.* ①〈冶〉渗碳(作用)；②燃料汽化；化油作用，汽化作用

carburador *m.* ①渗[增]碳器；②〈机〉汽化器，化油器

~ de difusor 雾化汽化器

~ de inyección 喷射式汽化器，喷射化油器

~ de superficie 表面式化油器

~ invertido 下行[流]式汽化器

~ vertical 上吸式汽化器

~es acoplados[emparejados] 双联汽化器

cebador del ~ 汽化器打油泵

carburante *adj.* ①渗碳的；②〈化〉含碳化氢的 ‖ *m.* ①增[渗]碳剂，碳化剂；②(碳氢)燃料

~ para reactores 喷气式发动机燃料

~ residual 残余燃料

carburar *tr.* ①使渗碳，使与碳结合；②使与碳氢化合物混合；使燃料汽化

carburo *m.* 〈化〉①碳化物；②碳化钙，电石

~ aglomerado[cementado] 烧结碳化物

~ de boro 碳化硼

~ de calcio 碳化钙，电石

~ de hidrógeno 碳化氢

~ de hierro 碳化铁

~ de silicio 碳化硅，金刚砂

~ de tantalio 碳化钽

~ de titanio 碳化钛

~ de torio 碳化钍

~ de tungsteno 碳化钨

~ de uranio 碳化铀

~ de volframio 碳化钨

~ granulado 粒状电石

~ sinterizado 烧结碳化物

fresa de placa de ~ 硬质合金刀[工]具，碳化物刀具

herramienta al ~ 碳化物刀具，硬质合金刀[工]具

carcamán *m.* 〈海〉①(笨重而行驶缓慢的)老爷船；②(尤指旧废船的)船体；③*And.*，*Cari.* 破船

carcasa *f.* ①(框，构，钢，机，屋，车，桁)架，支架；骨架(心子)；②(汽车发动机的)底(盘)架；底座；③(轮胎的)胎壳[体]；④〈动〉骨骼

~ rígida 刚性(构)架，刚架(构)

carcayú *m.* ①〈动〉(美洲)狼獾；②狼獾皮

cárcel *m.* ①监狱[牢]；②〈机〉固着器，夹具[钳]；③(闸门)槽道

~ abierta (行动限制较少并允许表现良好的犯人外出工作的)不设防监狱

~ model 模范监狱

carcinectomía；carcinoctomía *f.* 〈医〉癌切除术

carcinoembiónico,-ca *adj.* 〈医〉癌胚的

antígeno ~ 癌胚抗原

carcinofobia *f.* 〈心〉〈医〉恐癌症，癌症恐怖

carcinogén *m.* 〈医〉致癌物

carcinogénesis *f.* 〈医〉癌发生；致癌作用

carcinogenicidad *f.* 〈医〉致癌力[性，作用]

carcinogénico,-ca *adj.* 〈医〉①致癌的；②由癌引起的；癌源的

carcinógeno,-na *adj.* 〈医〉致癌的 ‖ *m.* 致癌物；致癌原

virus ~ 致癌病毒

carcinoide *adj.* 〈医〉类癌的 ‖ *m.* 类癌瘤(常为良性)

carcinólisis *f.* 〈医〉癌细胞溶解

carcinología *f.* ①〈动〉蟹学，甲壳动物学；②〈医〉癌学

carcinoma *m.* 〈医〉癌

~ intramucoso 黏膜内癌

~ cutáneo 皮肤癌

~ gástrico 胃癌

carcinomatofobia *f.* 〈心〉〈医〉癌病恐怖

carcinomatosis；carcinosis *f.* 〈医〉癌病(指全身多发性癌)

carcinosarcoma *m.* 〈医〉癌肉瘤

carcinostático,-ca *adj.* 抑制癌生长的

carcoma *f.* ①〈动〉木蠹；木蛀虫；②侵蚀

carda *f.* ①〈植〉川续断(尤指川续断起绒草)；②〈纺〉起绒机；起绒刺果(用于织物起绒的起绒草刺果)；梳棉[毛，麻]机；③(对毛、棉等的)梳理

~ de afino[fino] 精整机

cardado *m.* 〈纺〉梳理[毛，棉，麻]

cardadora *f.* 〈纺〉梳理[毛，棉，麻]机

cardamomo *m.* 〈植〉①(小)豆蔻；②(调味及药用的)豆蔻果实

cardan；cardán *m.* 〈机〉万向接头，万向(联轴)节；活节连接器

cardelina *f.* 〈鸟〉金翅雀

cardenal *m.* ①〈鸟〉红衣凤头鸟；②〈医〉青肿[斑]；③*Chil.*〈植〉天竺葵花

cardencha *f.* ①〈植〉川续断(尤指川续断起绒草)；②〈纺〉起绒机；起绒刺果(用于织物

起绒的起绒草刺果)

cardenillo *m*. ①〈化〉铜绿[锈]，乙[醋]酸铜；②青[浅]绿色

cadiaco,-ca；cardíaco,-ca *adj*. ① 心（脏）的；〈医〉（患）心脏病的；②〈解〉贲门的 ‖ *m. f*. 〈医〉心脏病患者
afeccción ~a 心脏病
ataque ~ 心脏病发作
insuficiencia ~a 心力衰竭

cardialgia *f*. 〈医〉心[胃灼]痛

cardias *m*. 〈解〉贲门

cardiectasis *f*. 〈医〉心扩张

cardiectomía *f*. 〈医〉贲门切除术

cardielcosis *f*. 〈医〉心脏溃疡

cardillo *m*. 〈植〉西班牙洋蓟

cardinalidad *f*. 〈数〉①基数性；②（集的）势，（集的）基数

cardioacelerador *m*. 〈药〉心动加速药[剂]

cardioactivador *m*. 〈医〉心脏激活器

cardioangiografía *f*. 〈医〉心血管造影术

cardioangiología *f*. 〈医〉心血管学

cardioblasto *m*. 〈动〉成心肌细胞

cardiocele *m*. 〈医〉心（脏）突出

cardiocirugía *f*. 〈医〉心脏外科学

cardiocirujano,-na *m. f*. 〈医〉心脏外科医师

cardiodilatador *m*. 〈医〉贲门扩张术

cardiofobia *f*. 〈心〉〈医〉心脏病恐怖

cardiofonía *f*. 〈医〉心音听诊

cardiófono *m* 〈医〉心音听诊器

cardioforme *adj*. 〈解〉心状的

cardiogénesis *f*. 〈医〉心脏发生；心脏发育

cardiogénico,-ca *adj*. 〈医〉心源性的；心脏发生的
choque ~ 心源性休克

cardiografía *f*. 〈医〉心动描记术[法]

cardiógrafo *m*. 〈医〉心动描记器；心电图仪

cardiograma *m*. 〈医〉心电图，心动电流图

cardioide *adj*. 具心脏形状的；心形的 ‖ *m*. ①〈数〉心脏线；②心脏形（曲，轮廓）线

cardioinhibitorio *m*. 〈药〉心动抑制药

cardiolipina *f*. 〈医〉心磷脂，心脂质

cardiólisis *f*. 〈医〉心包松解术

cardiología *f*. 〈医〉心脏病学

cardiólogo,-ga *m. f*. 〈医〉心脏病学家

cardiomalacia *f*. 〈医〉心肌软化

cardiomegalia *f*. 〈医〉心（脏）肥大

cardiomelanosis *f*. 〈医〉心脏黑（色）素沉着

cardiometría *f*. 〈医〉心力测量法

cardiómetro *m*. 〈医〉心力测量器；心力计

cardiomioliposis *f*. 〈医〉心肌脂变，心肌脂肪变性

cardiomiopexia *f*. 〈医〉心肌固定术

cardiomiotomía *f*. 〈医〉贲门肌切开术

cardioneumógrafo *m*. 〈医〉心肺运动描记器

cardioneumonopexia *f*. 〈医〉心肺固定术

cardiopata *m. f*. 〈医〉心脏病患者

cardiopatía *f*. 〈医〉心脏病

cardiopatología *f*. 〈医〉心脏病理学

cardiopericardiopexia *f*. 〈医〉心包固定术

cardioplastia *f*. 〈医〉贲门成形术

cardioplejía *f*. 〈医〉心脏停搏（法）；心脏麻痹法

cardiopulmonar *adj*. 〈解〉心肺的

cardiopuntura *f*. 〈医〉心（脏）穿刺术

cardioptosis *f*. 〈医〉心脏下垂

cardiorrafia *f*. 〈医〉心肌缝合术

cardiorresis *f*. 〈医〉心破裂

cardiorrespiratorio,-ria *adj*. 〈医〉心（脏）呼吸的

cardiosaludable *adj*. 对心（脏）有益的

cardiosclerosis *f*. 〈医〉心硬化

cardioscopio *m*. 〈医〉心脏镜

cardiosfigmografía *f*. 〈医〉心动脉搏描记法

cardiosfigmógrafo *m*. 〈医〉心动脉搏描记器

cardiosfigmograma *m*. 〈医〉心动脉搏图

cardiosplenopexia *f*. 〈医〉心脾固定术

cardiotacometría *f*. 〈医〉心动记数法

cardiotacómetro *m*. 〈医〉心动记数计[器]；心率计

cardioterapia *f*. 〈医〉心脏病疗法

cardiotomía *f*. 〈医〉心切开术

cardiotónico,-ca *adj*. 〈药〉〈医〉强心的 ‖ *m*. 〈药〉强心剂

cardiotopometría *f*. 〈药〉〈医〉心浊音区测定法

cardiovascular *adj*. 〈医〉心血管的

cardiovasología *f*. 〈医〉心血管学

cardioversión *f*. 〈医〉心脏复律；复律法

carditis *f. inv*. 〈医〉心炎，心肌炎

cardo *m*. 〈植〉①蓟；大鳍蓟；②刺菜蓟
~ blanco *Méx*. 墨西哥蓟

carena *f*. ①〈船〉（船底）修[清]理；整修；②干（船）坞；③（车辆的）外壳；（船）底[下]部
~ mayor （船舶）大修
dique de ~s 干（船）坞
entrar en ~ （船舶）入坞修理

carenado *m*. ①整流罩；②〈船〉（船底）修理；*Chil*. 修补，整修

carencial *adj*. 营养缺乏[不良]的
enfermedad ~ 营养缺乏病

carenero *m*. 〈船〉修船工

careo *m*. 〈法〉对质

careta *f*. ①面具[罩]；假面具；②罩，防护面罩
~ antigás 防毒面具[罩]
~ de esgrima 击剑面罩

~ de oxígeno（高空飞行员、潜水员或急救等时用的）氧气面罩;（呼吸供气装置上的）氧气罩

carey *m.* 〈动〉①龟甲[板];玳瑁壳;②玳瑁

carfología *f.* 〈医〉摸空,捉空摸床(见于严重发热和极度衰竭)

carga *f.* ①（车、船、飞机等所运载的）货物,装载量;②装货[载,填];〈机〉载荷[重];〈建〉负荷[载];③〈电〉充[起]电,电[负]荷;④〈军〉进攻,冲锋;⑤（枪炮弹药的）一次装填(量);（一发子弹的）炸药量;（一定量的）炸药;⑥〈体〉冲撞;⑦（报告等的）内涵[容];⑧加力[荷];应力(分布);⑨钢笔等的墨水囊,笔芯;（圆珠笔等的）替换笔芯;填装物;⑩负担

~ a granel 散[统]装货物;散装

~ a transbordar 转船货物

~ abierta 〈军〉散兵冲锋

~ acumulada 存储电荷

~ admisible 容许负载;安全负载[荷载,载重]

~ alar(~ de las alas) 翼荷载

~ automática 自动加料

~ cerrada 〈军〉密集冲锋

~ colectiva 混装货物

~ combinada[consolidada] 合并装运

~ constante[inmóvil] 恒载

~ continua de compensación 缓[滴,点,涓]流充电,连续补充充电

~ crítica(~ de aplastamiento) 临界[断裂]荷载;临界负荷

~ de batería 蓄电池充电

~ de caballería 骑兵进击

~ de base 基底负载;基本载重

~ de bultos 件货

~ de[en] cubierta 甲板货,舱面货

~ de derrumbamiento 破坏[极限]荷载,破坏负荷

~ de fardos 包装货

~ de fractura 致断[断裂]负载

~ de ida[salida] 出运货物

~ de inflamación 传爆装药

~ de pago ①有效负载[载重,载荷];②（企业单位等的）工资负担

~ de peso 载重量

~ de petral 骑兵冲锋

~ de profundidad(~ submarina) 深水炸弹

~ de retorno[vuelta] 回(程载)运货物

~ de rotura[ruptura] 致断[断裂]负载

~ de seguridad 安全荷[负]载

~ de trabajo 工作[作业]量;工作负担

~ del cojinete 承载[支承]应力

~ dinámica 动力荷载,程序动态装入

~ eléctrica 〈电〉电荷

~ electrostática 静电电荷

~ en funcionamiento 运行[工作]负载;活动负载[载荷]

~ en globo[mesa] 散装货(物)

~ en movimiento 活(负)载,动载,动[活]载荷

~ en vacío(~ nula) 零电荷;空[无]载

~ específica del electrón 电子荷质比

~ estática 恒载;静荷载[负荷]

~ fija[muerta] 固定负荷[荷载],静[底]载

~ financiera 财务费用(开支);财政负担

~ fiscal[impositiva, tributaria] 税收负担

~ flotante 浮动充电

~ hueca 空心[破甲]装药

~ incompleta 欠[轻负]载

~ inductiva 电感性负载

~ interespacial （管内）空间电荷

~ iónica 离子电荷

~ latente 束缚电荷

~ ligera 轻载重

~ límite ①断裂应力;②〈航空〉极限载荷

~ líquida 液体货物[货载]

~ mecánica 机动加料

~ mixta 混装货(物)

~ negativa/positiva 负/正电荷

~ neta ①净电荷;②净载重[负载]

~ nula 零电荷;空[无]载

~ parcial 部分荷载,局部负载

~ plena 全负荷,全[满]载

~ por lotes 零担货物

~ portadora 载波加载

~ práctica 工作[作用]荷载,工作[作用]负载

~ previa 预先加料,预装[填]入;预加(荷)载,预[初](负)载

~ punta 高峰负载,最大负荷

~ rápida 快速充电

~ reactiva 无功负载,电抗性负载

~ rechazada 无人领取的货物

~ refrigerada 冷藏货(物)

~ rodante[viva] 活载;(活)动(荷)载

~ unitaria 成组装运

~ útil 有效负载[载重,载荷];载重[货]量

~ variada 混装货(物)

~s familiares 家庭负担;受抚养者;受抚养家属

alimentado en ~ 自重进料,重力(自动)供料

altura de ~ 装载高度

avión de ～ 货运[运输]机

bodega de ～ 货舱

buque de ～ 货船

coeficiente de ～ （客）机坐位利用率

derechos de ～ y descarga 装卸费用

factor de ～ 负载系数；装填因子

línea de ～ 载varmint货吃水线

mezclador por ～s 分批拌和机[混合器]，间歇式拌和机[混合器]

nivel de ～ （高炉）料线

punta de ～ 最高负荷；峰荷最大量

régimen de ～ 充电状态，充电功率

repartición de la ～ 均分负载

cargadera f. 〈船〉卷帆索

cargadero m. ①装卸港池；装卸间[室]；②〈建〉（门窗的）过梁；③〈矿〉(装)货场[站]

cargado,-da adj. ①满载的，有负载的，荷重的；②加[填]料的；③（咖啡、酒精饮料等）浓的；④〈气〉闷热的；（空气）污[浑]浊的；⑤〈军〉(枪、炮等武器)装有弹药的；(炸弹、地雷等)未爆炸的；⑥（电池等）充电的；(电缆等)带[通]电的；(电话线等)加感的

～ por debajo 下[底]部加料[煤]的

cargador m.f. ①搬卸工；搬[装]运工；②码头工人，船坞工作人员；③锅炉[加煤]工，伺炉；④装料者；装[发]货人 ‖ m. ①（枪的）弹仓[盒,盘,匣]；(炮的)弹膛；(旧时的)送弹机；②（钢笔等的）墨水囊；（圆珠笔等的）笔芯；③〈机〉装[加]料机；装填[货,料,弹]器；④充电器[装置] ‖ ～a f. ①〈机〉(平地)升送机；装载机；②〈纺〉(布料箱式)给绵机

～ automático 自动装料[煤]机

～ de acumuladores[baterías] （蓄电池）充电机

～ de discos 〈信〉磁盘组

～ de gotera(～ por goteo) 小电流充电器

～ de muelles 码头工人

～ de pilas 充电器

～ de vagón 装车机

～ mecánico 机动加煤机

～ mecánico por debajo 下给[下饲]加煤机

～ rápido 快速充电器

～a de horquilla 汽车式叉车

cargamento m. ①(车辆、船舶、飞机等载运的)货物，装运；货载；②〈信〉(计算机)载[输]入；(程序)寄存

～ de retorno 回(程载)运货物

cargo m. ①职位[务]；职责；②〈商贸〉借项；债务；③〈法〉控告，指控；④ Chil., Per. 邮戳印

～ de conciencia 悔恨；内疚

～ de escritorio 写字楼工作；办事员职务

～ diferido 递延借项

～ público 政府机关工作；政府机关工作人员

～ vitalicio 终身职务

～ y abono[crédito] 借贷；借方和贷方，收方和付方

carguero m. ①货船；②货运飞机；③ And., Cono S. 驮畜；苦力

carí m. ① Amér. L. 〈植〉(欧洲)黑莓；② Col. 〈动〉一种豚鼠

cariado,-da adj. 〈医〉龋的

muela ～a 蛀牙；龋齿

cariadura f. ①〈医〉①龋；②骨疡；③腐烂组织

cariátide f. 〈建〉女像柱

caribú m. 〈动〉北美洲鹿

caricatura f. ①(报纸、动画片等对人的)漫[讽]刺画；讽刺文章；②动画片，卡通

caricaturista m.f. ①漫画家；②动画片画家

caricaturización f. 漫画化，漫画手法

caries f. inv. 〈医〉①龋；②骨疡

carilla f. (纸张的)面，页

carillón m. ①排[编]钟；钟琴；电子钟琴；②〈乐〉钟乐

carina f. ①〈动〉隆线；脊；龙骨状突起；②(鸟的)突出胸骨；③〈植〉龙骨瓣

cariocinesis f. 〈生〉有丝分裂；核分裂

carioclasis f. 〈生〉核破裂

cariocroma m. 〈生〉核染色细胞

cariofiláceo,-cea adj. 〈植〉①石竹科的；②似石竹的 ‖ f. ①石竹科植物；② pl. 石竹科

cariofilina f. 〈化〉丁子香素

cariogamia f. 〈生〉核融[配]合

cariogénesis f. ①〈医〉龋发生；②核生成

cariogenético,-ca adj. 〈医〉生龋的

cariogenicidad f. 〈医〉生龋性

cariogénico,-ca adj. 〈医〉产生龋齿的；引起蛀牙的

cariolinfa f. ①〈生〉(细胞)核液；②核淋巴

cariolisis f. 〈生〉(细胞)核溶解

cariolitos m. pl. 〈动〉肌结

cariología f. 〈生〉①(细)胞核学；②(细胞)核染色质象

cariomera f. ①〈生〉染色粒；②〈动〉核部

cariomicrosoma m. 〈生〉核微粒体

cariomorfología f. 核形态学

carión m. 〈生〉细胞核

carioplasma m. 〈生〉(细胞)核质，核浆

carioplásmico,-ca adj. 〈生〉(细胞)核质的

índice ～ 核质指数

cariópside; cariópsis *f.* 〈植〉颖果

carioquilema *m.* 〈生〉(细胞)核液

cariorrexis *f.* 〈生〉核破[碎]裂;脱核

carioso,-sa *adj.* ①龋的;②骨疡(性)的

cariosoma *m.* 〈生〉①染色质核仁;②(细胞)核内体,核粒;③染色体

cariotaxonomía *f.* 核型分类学

carioteca *f.* 〈生〉(细胞)核膜

cariotina *f.* 〈生〉染色质,核染质

cariotipo *m.* 〈生〉染色体组型

carite *m. Venez.* 〈动〉锯鳎(一种深水海鱼)

carlinga *f.* ①(飞行员)座舱;②(船)尾舱,舵手舱;③(车辆的)驾驶座[室];④〈船〉内龙骨,(船的)短纵梁
~ de pantoque 舭内龙骨
~ lateral 旁内龙骨

carmín *m.* ①胭脂红;②胭脂红色素;③唇膏;④〈植〉犬蔷薇(欧洲的一种野蔷薇)

carminativo,-va *adj.* 〈医〉祛风的,减轻胃肠气胀的 ‖ *m.* (医治胃肠气胀的)祛风止痛剂

carminita *f.* 〈矿〉砷铅铁矿

carnalita *f.* 〈矿〉光卤石

carne *f.* ①可食用肉(尤指哺乳动物的肉);肉食;②〈解〉肉(指人或脊椎动物的肌肉组织);肉体;③〈植〉果肉;蔬菜的可食部分;(植物的)肉质部分
~ adobada 腌肉
~ asada 烤肉
~ blanca 白类(如小牛肉、鸡肉、野兔肉等,区别 ~ roja 红肉而言)
~ bovina(~ de bovino) 牛肉
~ congelada 冷[冰]冻肉
~ de cañón 炮灰
~ de carnero 羊肉
~ de cerdo[chancho] *Amér. L.* 猪肉
~ de cordero 羔羊肉
~ de gallina 鸡皮疙瘩
~ de pluma 禽肉
~ de puerco(~ porcina) 猪肉
~ de rez *Amér. L.* 牛肉
~ de temera (食用)小牛肉;牛犊肉
~ de vaca 牛肉
~ de venado 鹿肉
~ deshilachada[tapada] *Amér. C., Méx.* 炖肉
~ fresca *Méx.* (当天宰的)新鲜牛肉
~ magra[mollar] 瘦[精]肉
~ marinada 咸肉
~ molida[picada] 肉末[糜]
~ roja 红肉(如牛肉、羊肉、鹿肉等,区别 ~ blanca 白肉而言)
~ salvajina 野味
~s blandas *Cono S.* 白肉(如小牛肉、鸡

肉、野兔肉等,区别 ~ roja 红肉而言)

carné; carnet *m.* ①身份证,证件;②记事本;笔记本
~ de afiliación 会[成]员证
~ de biblioteca 图[借]书证
~ de conducir[conductor] 驾驶证
~ de estudiante 学生证
~ de exposición[expositor] 参展证
~ de identidad 身份证
~ de la seguridad social 社会保险证
~ de lector 借书证;读者证
~ de prensa 记者证,采访证
~ de profesional 营业执照
~ de socio 会[成]员证
~ sanitario 检疫证书;卫生证明书

carnero *m.* ①〈动〉羊;绵羊;②羊肉;③绵羊皮;④*Arg.,Bol.,Per.* (羊)原]驼;⑤*Cono S.* 〈兽医〉(羊、牛、猪的)黑腿病

carnicero,-ra *adj.* 食肉(性)的
mamíferos ~s 食肉性哺乳动物

cárnico,-ca *adj.* 食用肉的
industria ~a 肉类加工业

carnificación *f.* 肉质化

carnificar *tr.* 〈医〉使肉质化

carnismo *m.* 〈医〉肉食癖

carnitina *f.* 〈生化〉肉毒碱

carnívoro,-ra *adj.* ①〈动〉食肉的;食肉动物的;②〈植〉食虫植物的;食虫的;有捕虫之叶的 ‖ *m.* ①食肉动物;②食虫植物;③*pl.* 食肉目
animal ~ 食肉动物
planta ~a 食虫植物

carnosidad *f.* 〈医〉赘肉

carnosina *f.* 〈生化〉肌肽

carnosinasa *f.* 〈生化〉肌肽酶

carnoso,-sa *adj.* ①(似)肉的;②肉质的,含肉的

carnudo,-da *adj.* ①似肉的;(含)肉的;②〈植〉肉质的;③多肉的;肥胖的

caroteno *m.* 〈生化〉胡萝卜素

carotenoide *m.* 〈生化〉类胡萝卜素

carótico,-ca; carotídeo,-dea *adj.* 〈解〉颈动脉的

carótida *f.* 〈解〉颈动脉

carotina *f.* 〈生化〉胡萝卜素

carpa *f.* ①〈动〉鲤鱼;鲤鱼科;②*Amér. L.* 帐篷;(马戏团的)主要帐篷[帐顶];*Méx.* 游乐棚;③〈建〉(门窗等上面的)雨[凉,遮]棚;④(甲板等上的)天棚
~ de oxígeno 〈医〉(输氧用的)氧幕
~ dorada 金鱼

carpectomía *f.* 〈医〉腕骨切除术

carpelar *adj.* 〈植〉心皮的

carpelo *m.* 〈植〉①心皮；②分离心皮

carpeta *f.* ①纸[公文]夹；〈信〉(计算机)文
件夹；②公事包；③卷宗；④桌[台]布；⑤
Amér.L. 书[课]桌，写字台
　～ (de) archivo 文件夹；卷宗
　～ de anillas[argollas] 四眼[孔]活页夹
　～ de antecedentes 病理夹，病例卷宗
　～ de entrada 〈信〉收件箱文件夹
　～ de salida 〈信〉发件箱文件夹

carpiano,-na *adj.* 〈解〉腕(骨)的；腕关节的
　canal ～ 腕骨管

carpida *f. Arg., Urug.* 〈农〉锄草

carpidor,-ra *m. f. Amér.L.* 〈农〉锄；长柄
锄

carpincho *m.* 〈动〉(产于南美湖泊溪流中的)
水豚

carpintería *f.* ①〈建〉〈技〉木匠[工]活；(细)
木工手艺；②〈技〉木工业；木作；③木工厂
[作坊]，木匠铺

carpintero *m.* ①〈建〉〈技〉木工，木匠；②
〈技〉细木工人；③〈鸟〉啄木鸟
　～ blanco 细木工人
　～ de armar 建筑木工
　～ de banco 木工，木匠
　～ de buque[ribera] 造船木工，船体装配
工
　～ de carretas[prieto] 造车匠

carpo *m.* 〈解〉腕

carpófago,-ga *adj.* 〈动〉食果的，靠吃果实生
存的

carpóforo *m.* 〈植〉心皮柄；子实体

carpogonio *m.* 〈植〉①果胞；②产囊体

carpología *f.* 〈植〉果实分类学，果实学

carpometacarpo *m.* 〈鸟〉(鸟类翅膀上的)腕
掌骨

carpoptosis *f.* 〈医〉腕下垂(症)

carpospora *f.* 〈植〉果孢子

carposporangio *m.* 〈植〉果孢囊

carraca *f.* ①〈机〉扳钻，手摇曲柄钻；棘轮摇
钻，棘轮机构；②〈乐〉碰击[撞]声；格格声；
③〈体〉欢[喧]闹声；④〈鸟〉蓝色佛法僧
(目)鸟

carragaen *m.* ①〈植〉角叉菜；②〈化〉角叉
(菜)胶

carrasca *f.* 〈植〉①胭脂虫栎；大红栎；②小
橡树

carrera *f.* ①奔，跑；②〈体〉竞赛；赛跑，径
[比]赛；③〈教〉(大学的)专[学]业；科目；
学位；④职[事]业；经历，生涯；⑤(行进的)
路[航]线，行[路]程；(星星、行星等的)航
向；⑥马[公]路，大路[街]；路径；⑦〈机〉冲
[动]程；⑧〈建〉横梁，承梁板；椽；⑨〈乐〉
急奏，走句；⑩〈缝〉(缝线的)行；(针织品

的)脱针；(丝袜等的)抽丝；⑪〈建〉(墙砖等
的)层；⑫〈天〉(天体运行)轨道
　～ artística (以)演员(为)职业；艺术职业
(如画家、雕塑家、雕刻家)
　～ ascendente/descendente 上/下向[行]
冲程；上/下行程
　～ ciclista 自行车赛
　～ cinematográfica (从事)电影职业
　～ comercial 商业生涯
　～ contrarreloj (滑雪、赛车等竞赛的)计时
赛
　～ corta 短(距离)跑
　～ de antorcha 火炬赛跑
　～ de aspiración 吸气[入]冲程
　～ de aterrizaje 降[着]陆滑行
　～ de automóviles 汽车竞赛
　～ de autos[coches] 汽车赛，赛车
　～ de caballos 赛马，马赛
　～ de ciencias 理科学位
　～ de compresión 压缩行程
　～ de consolación 安慰赛
　～ de despegue 起飞滑行
　～ de ensacados[sacos] *Cono S.* 套袋赛
跑(颈或腰部以下套上袋子后的跳跃式赛
跑)
　～ de escape 排气冲程
　～ de expansión 膨胀冲程，作功行程
　～ de fondo 长(距离)跑(比赛)
　～ de galgos 跑狗(赛)；赛狗
　～ de ida del pistón 排气冲程
　～ de la mesa 工作台冲程
　～ de las armas 军人职业
　～ de letras 文科学位
　～ de medio fondo 中(距离)长跑
　～ de obstáculos ①〈体〉障碍[越野]赛马；
障碍赛；②(儿童的)障碍赛跑
　～ de persecusión 自行车追逐赛
　～ de regreso (返)回(行)程
　～ de regularidad 公路汽车赛
　～ de relevos (跑步、游泳等的)接力赛
　～ de resistencia 长距离耐力赛，长跑
　～ de trabajo 工作行程
　～ de tres pies (一种两人为一组进行的)
绑腿比赛
　～ de vallas 跨栏赛跑[马]；障碍[越野]赛
马
　～ de vuelta 内向(压缩或排气)冲程
　～ del émbolo[pistón] 活塞冲[行]程
　～ del encendido(～ motriz) 点火[爆炸]
冲程
　～ del oro 淘金潮
　～ en vacío(～ pasiva) 空[慢]行程
　～ espacial 太空竞争

~ literaria (从事)写作职业;作家生涯

~ militar (从事)军人职业;戎马生涯

~ pedestre 竞走

~ política (从事)政治职业;政治生涯

~ popular (为筹集福利资金而举办的)公益长跑

~ profesional[vocacional] 职业生涯

~ sin retroceso 死冲程

~ técnica 技术专业

carrerista *adj.* 喜爱[欢]赛马[车]的 ‖ *m. f.* ①赛马迷;赛马会常客;②自行车运动员[赛车手]

carreta *f.* (大,拖,手推)车;(运)货车;(载客)大篷马车

~ de buey 牛车

~ de mano 手推车

carretada *f.* 运货马车载荷;货[大]车载荷;(一)大车载重量

carretaje *m.* ①(大车,载货马车)运送[输];载运;②(大车)运费

carrete *m.* ①〈摄〉胶卷;②〈缝〉卷(线)轴;筒子;线轴;③(磁带,影片)盘;片盘;(钢丝、电缆、软管等的)一卷;卷筒;④〈电〉线圈;线圈架;⑤(钓鱼竿上的)钓丝螺旋轮

~ de antena 天线卷轴

~ de cable 电缆卷筒

~ de cinta 磁带卷盘

~ de encendido (汽车内的)点火旋管

~ de inducción 感应线圈

~ de película 软片轴,卷片盘

carretel *m.* ①〈海〉计程仪绳卷车;(绕)线轴;②(钓鱼竿上的)钓丝螺旋轮

carretera *f.* ①道[大,公]路;②高速公路

~ comarcal 地方公路

~ de acceso (通向某处的)引道,入口;(通向快车道的)岔道

~ de circunvalación ①环行公路;环城路;②(绕过市镇的)旁路[道]

~ de doble piso 双层道路

~ de forma radiada 辐射式公路

~ de peaje 收费公路

~ general 主道,干道

~ nacional 国家公路

~ radial 辐射公路;公路干线

accidente de ~ 交通事故

control de ~ 路障;关卡;旅客证件检查站

carretero,-ra *adj.* 公路的 ‖ *m.* ①*Amér. L.* 道[大,公]路;②造车匠;车辆修造工;③运业者

carretilla *f.* ①(独轮、二轮)手推[拉]车;②(商场等的)小[台,手推]车;③(小孩)学步车;④*Cono S.* 〈解〉颌;颚;颌[颚]骨

~ alzadora[elevadora] 叉车

~ de autocarga 堆垛机;仓库用小叉车

~ de horquilla[tenedor] 叉车

~ de mano 手推车

~ de plataforma 手推式平台车

~ de remolque 拖车,挂车

~ de ruedas 移动台车

~ eléctrica 电瓶车

carretón *m.* ①小车,手推车;独轮车;②(脚踏磨刀)砂轮架;③(小孩)学步车

~ de carriles 轨道车

~ de equipaje 行李车

~ de mano 手推车,手拉小车

~ de remolque 拖车,挂车

~ de volteo 倾卸车

carricuba *f.* ①卖水车;②洒水车

carrier *m. ingl.* ①〈化〉载体;〈医〉抗原载体;②〈医〉带菌者;带病毒者;病员;③〈遗〉携带者;〈生〉带隐性基因者;④载体蛋白;⑤〈生化〉递体;〈理〉载流子;⑥〈气〉雨云;⑦〈军〉航空母舰

~ proteico 蛋白质抗原载体

carril *m.* ①(公路、道路上的)车道;②(铁路的)轨道,铁[钢,钢导]轨;③〈农〉犁沟;车辙;④*Cari.,Cono S.* 火车;⑤*Amér. L.* 〈体〉跑[分]道,泳道,(保龄球场的)球道

~ auxiliar 辅助车道

~ acanalado (有)槽(导)轨

~ bici 自行车道;慢车道

~ bus 公共汽车车道

~ central 中心车道

~ conductor[guía] 导轨

~ de acceso (通向或驶出快车道的)岔道

~ de aceleración 加速车道

~ de adelantamiento 超[快]车道

~ de dirección 导轨

~ de doble cabeza 双头钢轨;工字钢轨

~ de doble seta 工字钢轨

~ de margen 路边车道

~ de parada y espera 停车候车道

~ de zapata ①阔脚轨,宽底轨;②〈矿〉直达采场巷道

~ de zapata ancha 宽底钢轨

~ en U U 形钢轨

~ dentado (钝)齿轨

~ interior/exterior 内/外车道

~ móvil 转辙车道

~ plano 平头钢轨

~ Vignole T[丁字]形钢轨

~es de apartadero ①横[导]轨,交叉轨;②(公路的)安全岛

~es electrificados 电气铁路

alma de ~ 〈铁路〉轨腰

cabeza de ~ (铁路)轨头

conexión de ～ 轨端电气连接
cruzamiento de ～（铁路）辙叉
escarpia de ～ 钩头道钉
freno de ～ 轨道制动器
máquina de curvar ～es 弯轨机
patín de ～（铁路）轨底
tercer ～ 电动机车的输电轨

carrilada f. ①轮［车］辙；②轮距［轨］；③C. Rica〈缝〉脱［松］线；脱针

carrilano,-na adj. Chil.〈交〉铁路（系统）的；铁道部门的 ‖ m. 铁路职工；②铁路工

carrilera f. ①车辙；②〈交〉（铁路）轨道；Cari.（铁路）侧［岔］线
　～ de grúa 起重机轨道
　～ de tranvía 有轨电车轨道

carrilero m. ①And. 铁路职工；②Chil. 铁路工

carrilla f.〈机〉滑轮［车］，辘轳；皮［引］带轮

carrillera f. ①〈动〉颌骨；②Méx. 子弹盒，弹药盒

carrillo m. ①〈机〉滑轮，滑车；②〈解〉面颊；（下）颌

carriol m. Amér. L.〈交〉小公共汽车

carrizo m.〈植〉芦苇

carro m. ①（大，拖）车，两轮（货运马车），（载客）大篷马车；②〈军〉坦克，战车；③Amér. L.〈交〉轿［汽］车，公共汽车；出租车；④〈机〉刀架，（车床）滑座；⑤（打字机，印刷机的）活动架；⑥〈机〉行车；⑦（一）大车的载重量；⑧［C-］〈天〉熊星座
　～ alegórico Amér. L. 低架平板车，无边台车
　～ aljibe ①卖水车；②洒水车
　～ blindado 装甲车
　～ comedor Méx.（火车的）餐车
　～ correo 邮车
　～ cuba（油）罐车；槽［柜］车
　～ de asalto 大型战车；坦克
　～ de bomberos Amér. L. 救火车
　～ de combate 坦克
　～ de cuchillas 刀架
　～ de encendido 引爆车（装有火花塞点火的汽车）
　～ de excéntrica 偏心轮
　～ de (puente) grúa 起重行车
　～ de mudanza 搬运［场］车
　～ de perforadoras múltiples 钻车
　～ de regar[riego] 喷［洒，浇］水车
　～ de torno 滑座，滑动刀架
　～ dormitorio Méx.（火车的）卧［铺］车
　～ elevador 自动装卸车；绞［吊］车
　～ fuerte（载重物的）平板车

　～ fúnebre 灵[柩]车
　～ loco Chil. 碰碰车
　～ neptuno Amér. L. 高压水枪
　～ pesado 重型坦克
　～ portaherramienta 刀架（滑座）；刀架[刀具]滑台
　～ portasierra 锯座
　～ sport Amér. L. 跑车
　～ triunfal 彩车
　～ transportador 移动台
　～ tranvía[urbano] 有轨电车

carrocería f. ①（汽车）车身［厢］；②（汽车）车身制造工作［艺］；③车身制造［修理，修配］厂

carrocha f.（昆虫等的）卵

carrolita f.〈矿〉硫铜钴矿

carroñero,-ra adj.〈动〉〈鸟〉吃腐肉的

carruajería f. ①Arg., Cub. 马车制造厂；②车辆厂

carruata f. Amér. L.〈植〉龙舌兰

carrucha f. C. Rica 滑轮［轮］

carta f. ①信（件），函件；书简；②证书，许可证；③凭［契］据；④地图（海，航，示意，线路）图；⑤宪章；⑥菜单；⑦见 ～ de ajuste；⑧pl. 纸牌，扑克牌
　～ abierta ①公开信；②开口信件
　～ acotada〈测〉等高线地图
　～ adjunta（附于包裹或信件内的）附信
　～ administrativa 行政信函
　～ aérea(～ por avión) 航空信
　～ aeronáutica 航空地图
　～ anónima 匿名信
　～ astral〈天〉星图
　～ blanca 空白委托书
　～ cablegráfica 电报信函
　～ certificada[registrada] 挂号信
　～ cerrada 封口信件
　～ circular 通函，传阅的函件
　～ complementaria 回签书信
　～ constitutiva 公司章程
　～ credencial(～ de crédito) 信用证
　～ de agradecimiento 感谢信
　～ de ajuste（电视）测试卡
　～ de alivio 安慰［慰问］信
　～ de amor 情书
　～ de apremio 催单
　～ de aproximación 进场图
　～ de aterrizaje 着陆图
　～ de autorización 授权书
　～ de aviso〈商贸〉发货通知书；汇票通知单
　～ de ciudadanía ①公民证书；②入（国）籍

证书
~ de compañía 随附信件,附函
~ de compra 购货订单
~ de confirmación 确认信
~ de contratación de servicios 聘书
~ de crédito revocable 可撤销信用证
~ de crédito irrevocable 不可撤销信用证
~ de declaración 陈述书
~ de demanda 请求信[书]
~ de denuncia 检举[举报]信
~ de derrotas 领航图
~ de despedido[despido] 解雇通知书
~ de dimisión 辞职书,辞呈
~ de emplazamiento 传票
~ de entrega inmediata(~ "express")
快信;快邮专递急件
~ de Estado Mayor (陆军)地形测量(图)
~ de exención 免税单
~ de examen 考试合格证
~ de familia(~ familiar) 家信[书],亲友
私信
~ de figura (教具)图片
~ de fletamiento 租船合同[契约]
~ de flujo (生产)流程图;作业图
~ de garantía 保函;担保书
~ de indemnización 认赔书
~ de intenciones 意向书
~ de introducción 介绍信
~ de mar 海上通行证;船舶国籍
~ de marear 海图
~ de naturaleza 入(国)籍证书
~ de navegación 航图
~ de negocios 商业信函
~ de pago (付款)收据
~ de pedido 购货订单
~ de pésame 吊唁信
~ de porte 货[托]运单
~ de presentación 介绍信;送文函
~ de reclamación 索赔信
~ de recomendación 推荐[介绍]信;保荐
书
~ de representación 代理证书
~ de sanidad 卫生[检疫]证书
~ de solicitud 申请书
~ de valores 保价信
~ de vecindad 居住证
~ de venta 销售证;销售契约
~ de verificación 确认函
~ de vuelo 航空地图,飞行航线图
~ detenida[rezagada] 无法投递信件,死
信
~ devuelta 退回信件

~ explicativa 情况说明书
~ fianza 保证[担保]书
~ fiduciaria 信托证
~ geográfica 地[海]图
~ hidrográfica 水路图
~ hipotecaria 抵押书,抵押借贷书
~ magnética 地磁[磁场]图
~ marina[marítima] 航海图
~ meteorológica 气象[天气]图
~ militar 军用地图
~ monitoria 警告信
~ náutica[naval] 航海地图
~ oficial 公务信件
~ ordinaria 普通信件,平信
~ poder 授权[委托]书;委任状
~ postal Amér. L. 明信片
~ privada 私人信件
~ publicitaria 宣传广告信
~ recordatoria 后续信件
~ reproducida 处理过的信件
~ respuesta 复函
~ seccional 剖面图
~ topográfica 地形图
~ ultrasecreta 绝密信件
~ urgente 快信;快邮专递急件
~ verde (汽车)保险证
carta-bomba *f*. 书信炸弹(指恐怖分子等装
在信封内的爆炸物)
carta-patente *f*. 公司章程,公司执照
carta-tarjeta *f*. (折叠式)邮简
cartabón *m*. ①(制图用的直角)三角板;(直
角)三角板[尺];②(木工用的)丁字尺;③
体高测量器;④〈军〉〈讯〉无线电导航信号区
cartacrédito *m*. 〈商贸〉信用证(*abr*. C.C.)
cartel *m*. ①海报,招贴,招贴画;广告;②招
[标,标语,指示]牌
~ de carro 汽车广告
~ de cerca 围墙广告
~ de escaparate 橱窗广告
~ de licitación 招标通告
~ luminoso 霓虹灯广告
~ mural 墙头广告
prohibir fijar ~es 禁止张贴广告[海报]
cártel *m*. 〈经〉卡特尔,企业联合
cartela *f*. ①(记事)卡[纸]片;纸条;②〈建〉
托臂;肘[支]托;隅撑[板],角(撑)板
cartelera *f*. ①(电影)广告牌;(户外)告示
牌;招贴板;②(报纸的)广告栏;文娱节目广
告
cartelista *m.f*. 广告(设计)师
cartelización *f*. 〈经〉卡特尔化;组成卡特尔
cárter *m*. ①〈机〉外壳[罩,套];②(自行车

的)链罩;③(曲轴,曲柄,机轴)箱
～ de cigüeñal 曲轴箱

cartera *f*. ①皮夹子;钱包[袋];②*Amér. L.*
(女用)手提包,挎[旅行]包;③(学生用)书
包;小背包;④公文[事]包;文件夹;⑤〈商
贸〉有价证券,商业票据;⑥(政府机构的)
部;⑦〈缝〉口[衣]袋盖;(裤子的)门襟
～ de Cultura [C-] 文化部
～ de acciones 股权
～ de Gobernación [C-]内务部
～ de pedidos 订货簿,订单簿
～ de valores 有价证券清单
～ de mano 公文[事]包
ministro sin ～ 不管部部长

cartesiano,-na *adj*. 〈数〉笛卡儿方法的
coordenadas ～as 〈数〉笛卡儿坐标;直角
坐标

cartilagíneo,-nea *adj*. 〈解〉软骨的
calcificación ～a 软骨性钙化

cartilaginoso,-sa *adj*. 〈解〉软骨的;软骨性
[质]的

cartílago *m*. 〈解〉①软骨;②软骨部分
～ costal 肋软骨

cartilla *f*. ①〈教〉(学校)识字课本,初级读
本;②手册,记事本;③〈军〉记录卡;④证件
～ de ahorros 银行存折
～ de identidad 身份证
～ de racionamiento (定量)配给票证簿
～ de seguridad[seguro] 社会保险卡
～ del paro 失业证

cartodiagrama *m*. (用统计资料绘制的)统计
地图

cartografía *f*. ①地图绘制;制图学;②绘制
图表,绘[制]图法
～ aérea 航空测绘
～ batimétrica (探索海洋生物分布的)深
海测绘
～ forestal 森林测绘
～ fotogramétrica 摄影测绘

cartografiado *m*. 绘[制,测]图

cartográfico,-ca *adj*. ①地图绘制的,制图
的;②绘制图表的

cartógrafo,-fa *m. f*. 地图[图表]绘制员

cartograma *m*. (用统计资料绘制的)统计地
图
～ de genes 基因图;基因图谱

cartoguía *f*. 袖珍地图

cartometría *f*. (地图)测图术[法]

cartómetro *m*. (地图)测图器

cartón *m*. ①卡[薄]纸板;②纸盒,纸板箱;厚
纸;③动画片,卡通;④草图;⑤〈建〉托座,
隅[支]撑
～ acanalado[corrugado, ondulado] 瓦楞
纸
～ alquitranado 〈建〉沥青油纸;焦油纸
～ comprimido 压制板
～ de amianto 石棉板
～ de embalaje 包装用纸板
～ de encuadernar 包装纸
～ de huevos (满时)一盒鸡蛋;(空时)鸡
蛋盒
～ de leche (满时)一盒牛奶;(空时)牛奶
盒
～ de tabaco 一盒[包]纸烟
～ de yeso 石膏板
～ doble[fuerte] 麻丝[硬纸]板,马粪纸
～ embreado 〈建〉沥青油纸
～ para envases 盒[硬,箱]纸板
～ piedra 制型纸板;(铸)纸型
～ prensado 压(纸)板

cartón-madera *m*. 硬纸板;硬质[加压]纤维
板

cartonaje *m*. 纸板制品

cartoné *m*. 〈印〉简(易)精装

cartonería *f*. ①纸板厂;②纸板店

cartuchera *f*. 〈军〉子弹盒[带],弹药盒

cartuchería *f*. 〈军〉弹药厂

cartucho *m*. ①〈军〉子弹,弹药(筒);弹壳
[夹];②管壳;③〈摄〉暗盒;④纸筒[袋,
卷];一卷(钞票);⑤吸收盒
～ de datos 〈信〉数据盒
～ de dinamita 炸药包
～ de respuesto 配[备]件袋
～ de tinta 墨盒
～ en blanco 〈军〉空包弹(指没有弹头或弹
丸的子弹)
～ filtrante 滤(油)芯(子)
casquillo[vaina] de ～ 弹壳,药筒
cinta de ～ (机枪)子弹带

cartulina *f*. ①卡;卡片[纸];②卡片[道林]
纸;优质纸板;③〈体〉(足球赛中的红、黄)牌
～ amarilla (足球赛中的)黄牌
～ couché 涂层卡片纸
～ roja (足球赛中的)红牌

carúncula *f*. 〈植〉种阜,种阜;②〈鸟〉肉冠,垂
肉;③〈解〉肉阜,小阜

caruta *f*. *Amér. L.* 〈植〉健立果

carvacrol *m*. 〈化〉香芹酚,香荆芥酚

casa *f*. ①房子[屋,间];②住宅[房,所];③
家;家庭;④家政[计,务];⑤商号[行,店],
分号,支店,所,社,公司;⑥(棋盘等的)方
格;⑦(游戏、赛跑等的)终点;⑧〈体〉(比
赛)主场
～ adosada (与邻屋共一墙的)半独立式住
宅
～ armadora 船舶公司

~ bancaria(~ de banca) 银行

~ central 总部[公司];(银行)总行

~ club 俱乐部会所

~ comercial 商店[号,行]

~ comisionista 委托商行

~ consignatoria 寄售行

~ consistorial 连栋房屋;(边墙共用的)排房

~ correccional(~ de corrección) *Amér. L.* 少年教养所

~ cuna ①(旧时)育婴堂;②(日间)托儿所

~ de acogida ①(为病人、小孩设立的)投宿旅店;②(受虐待妇女等的)庇护所

~ de altos *Amér. L.* 楼房

~ de asistencia[huéspedes] 供膳寄宿处;(供膳食的)家庭旅馆

~ de azotea ①屋顶房间;②(豪华的)顶层公寓

~ de beneficencia 贫民所,济贫院

~ de bomba 水泵间,泵房

~ de cambio 外汇兑换所;外汇局[处]

~ de campaña *Amér. L.* 帐篷

~ de campo[placer,recreo] 乡间别墅;乡间邸宅

~ de comidas 廉价饭店

~ de corredores 经纪商行,经纪人代理处

~ de correos 邮局

~ de cultura (市办)文化中心

~ de departamentos *Amér. L.* 公寓大楼

~ de descuentos 折扣商店

~ de discos(~ discográfica) 唱片公司

~ de ejercicios 休养所

~ de empeños 当铺

~ de fieras 动物园

~ de guardia 看管人小屋

~ de habitación 住宅

~ de juegos 赌场

~ de labor[labranza] 农庄住宅

~ de la moneda 造币厂

~ de las turbinas (涡)轮机室

~ de locos 精神病院,疯人院

~ de maternidad 产科医院

~ de modas 时装店

~ de (la) moneda 铸[造]币厂

~ de muñecas (儿童的)玩具小屋

~ de pisos 公寓大楼

~ de préstamos ①贷款处;②当铺

~ de publicidad 广告公司

~ de remate 拍卖行,拍卖店

~ de reposo 修养别墅

~ de salud *Cub.*,*Méx.* 疗养院;诊所

~ de seguridad *Cono S.* (避难用的)安全藏身处

~ de socorro 急救站

~ de té 茶馆

~ de transportes 货运公司

~ de vecindad (大城市贫民区里的)共同房屋;居民楼

~ de veraneo 避暑别墅

~ editorial 出版社,出版公司

~ expedidora 邮购公司

~ filiar 子公司

~ financiera 金融公司

~ importadora/exportadora 进/出口公司

~ matriz 母公司;总部[行]

~ modelo[piloto] 样板[品]房

~ móvil[rodante] (拖车式)活动住房

~ naviera 轮船公司

~ pareada 半独立式住宅

~ religiosa 隐修院;女隐修院;女修道院

~ real 王室

~ renombrada 著名公司

~ representante 代理行

~ solariega ①祖屋[居];②(开放供人参观的)豪华住宅

~ unifamiliar 独家住房

casa-bote *f.* 水上住宅;居住船

casación *f.* 〈法〉(判决的)撤[取]消;撤回

casamiento *m.* ①结婚,婚姻;②结婚仪式,婚礼

~ a la fuerza (因女方未婚先孕而不得不成婚的)强制婚姻

~ consanguíneo 近亲结婚

~ de conveniencia 协议结婚

~ por amor 恋爱结婚,爱情结合

cascabel *m. Méx.* 〈植〉象耳豆

cascabel;cascabela *f. Amér. L.* 〈动〉响尾蛇

cascada *f.* ①(小)瀑布;②瀑布状物;③〈电〉级;级[串]联;④〈医〉级联

~ de coagulación 〈医〉凝血级联

~ del plasma 〈医〉血浆级联

~ nuclear 核级联(过程)

limitador de ~ 级联限制器

sistema en ~ 串联系统

cáscara *f.* ①壳;(外)皮;荚;②铸造(法)

~ sagrada 〈药〉鼠李皮;〈植〉药鼠李

casco *m.* ①(头、钢)盔,帽盔;(安全、保护,飞行)帽;②(城市)城[市]区;③*pl.* 耳机,头戴式受话器;④(动物的)蹄甲,爪;⑤〈海〉船壳[身,体];⑥〈机〉(线)盒[箱];⑦*Amér. L.* 空置楼房;⑧*Amér. L.* 〈农〉牧[农]场主住宅;庄园住宅区;⑨*Cono S.* (庄园的)地段[区],区域

~ antihumo[parahumos]（救火时用的）
防毒面具

~ audiovisor[telefónico]（常连送话器
的）一副头戴式受话器

~ de acero 钢盔

~ de buzo 潜水头盔

~ de población 市[城]区

~ de seguridad 安全帽

~ de soldador 电焊帽

~ de venado *Amér. C.* 〈植〉无刺羊蹄甲

~ respiratorio （救火时用的）防毒面具

~ urbano 市[城]区

~s azules （联合国的）蓝盔部队，维和部队
estabilizador de hidroavión de ~ （水上飞
机）翼梢浮筒

cascodo *m.* 〈电〉栅-阴放大器；共阴共栅放大
器，渥尔曼放大器

cascote *m.* ①碎石[砖，瓦]，瓦砾；石渣[砾]；
②〈建〉（砖石）填充料；砂[泥]芯

CASE *abr. ingl.* computer-aided software
engineering 〈信〉计算机辅助软件工程

caseación *f.* 〈医〉①干酪性坏死；干酪化；②
干酪形成

caseína *f.* ①〈生化〉酪蛋白；②（以酪蛋白、
水、碳酸氨制成的）酪蛋白乳液；（以酪蛋白
乳液为黏合剂的）酪蛋白颜料；酪素（黏结
剂）

caseínico,-ca *adj.* 〈生化〉〈医〉酪蛋白的
ácido ~ 酪蛋白酸

caseinasa *f.* 〈生化〉〈医〉酪蛋白酶

caseinato *m.* 〈化〉酪蛋白酸（盐）
~ de calcio 酪蛋白酸钙

caseinógeno *m.* 〈生化〉酪蛋白原

caseoso,-sa *adj.* ①干酪的，干酪样的；乳酪
状的；②〈医〉干酪样坏死的
industria ~a 乳酪工业
neumonía ~a 干酪样肺炎
sinusitis ~a 干酪样鼻窦炎

caseta *f.* ①小屋[房，亭]；②（游泳场的）更
衣室；③（展览会等的）展[陈列]台；④（商
场或集市上的）货摊，摊位；⑤（设在看台两
边为足球、棒球等运动员用的）球员休息室

~ de balanza[báscula] 过磅处；计量所

~ de elevador 电梯间

~ de guardacrucero 街口岗亭

~ de informes 问讯处

~ de mando 控制室

~ de peaje （公路、桥梁等的）收费处

~ de perro 狗舍，犬室

~ del conductor 驾驶[司机]室

~ del timón 〈船〉操舵室

~ telefónica 电话间[亭]

~ termométrica 〈气〉百叶箱

casete *f.* 盒式磁带 ‖ *m.* 盒式磁带录音机

casetera *f. Amér. L.* 盒式录音机

casetón *m.* 〈建〉（天花板的）花格镶板

casilla *f.* ①小屋[房，亭]；棚屋；②（公园、花
园、动物园等处的）看护[门，管]人小屋；（铁
路）扳道工小屋；③（商场或集市上的）货摊，
摊位；④邮筒[箱]；（办公室等的）信件架；
⑤（棋盘等的）方格；（表格等上的）方框
[格]；（纸张上的）线框；⑥（箱，盒等）分隔
（间）；⑦〈戏〉售票处，票房；⑧（火车、卡车
等的）驾驶室；⑨捕鸟器[陷阱]

~ de correos(~ postal) 邮政（专用）信箱

~ de herramientas 工具间[房]

~ de maniobra （调度）信号箱[室，房，塔]

~ de recepción 接待室[处]

~ de teléfono 公用电话亭

~ de verificación （电脑屏幕上的）复选框

casimir *m.*；**casimira** *f.* ①〈纺〉开司米，
（山）羊绒；开司米绒线；②开司米织物，（山）
羊绒织物

casis *f. inv.* 〈植〉①（黑）茶藨子，黑加仑；②
红醋栗；普通红茶藨子

~ de negro （黑）茶藨子，黑加仑

~ de rojo 红醋栗；普通红茶藨子

casiterita *f.* 〈矿〉锡石；二氧化锡

casmodia *f.* 〈医〉哈欠症

casmofita *f.* 〈生态〉石隙植物

casmogama *f.* 〈植〉开花受精（植物）

casmogamoso,-sa *adj.* 〈植〉开花受精的

casquete *m.* ①〈军〉钢盔；头[帽]盔；盆式无
边帽；②软帽，无沿便帽；③（天，圆，顶，帽，
拱顶，座舱，轴承）盖；罩；④*Amér. L.* 假发
（套）

~ de cierre 有帽螺钉

~ de hielo ①〈地〉冰盖[冠]；②〈医〉冰帽

~ de nieve （山脉、树木等上面的）雪盖
[冠]

~ esférico 〈数〉球截形

~ filateado 有帽螺钉

~ glaciar 冰盖[冠]

~ polar 〈地〉极地冰盖[冠]

casquijo *m.* 砂砾，砾石

casquillo *m.* ①〈机〉套[衬]圈，箍；衬套[里]；
②（伞、手杖、木柄等顶端的）金属箍[包头，
护头]；④（保护器物尖端的）帽，罩[包铁，
包头]；③灯口[座]，插座；④〈军〉弹壳[筒]；⑤
Amér. L. 马蹄铁，马掌

~ de acoplamiento 衬套[瓦，管]

~ de bala 子弹壳

~ de bayoneta 卡口帽[灯座]；插头盖

~ de lámpara eléctrica （电）灯座

~ de ocho pitones 八脚管座

~ roscado 螺旋帽[盖]，螺丝灯头

castaña *f*. ①〈植〉栗子；②栗[红棕]色
～ de agua ①荸荠；②(欧)菱
～ de Indias (欧洲)七叶树；七叶树科植物
～ pilonga 干栗子
～ de Pará(～ del Brasil) 巴西果(指树或其果实)
castaño,-ña *adj*. ①栗色的；②似栗色的 ‖ *m*.〈植〉栗树
～ de Indias〈植〉(欧洲)七叶树
castañuela *f*.〈乐〉响板
castigo *m*. ①罚；惩[处]罚；受罚；②〈体〉罚球
～ corporal 体罚；肉刑
área de ～ (足球场的)罚球区；(冰球、曲棍球场的)被罚下场的队员座席，受罚席
golpe de ～ (橄榄球运动中的)罚球；(足球运动中的)罚点球
castillejo *m*. ①〈建〉脚手架；脚手架组；②(幼儿)学步车
castillete *m*. ①支[台]架；②〈矿〉井口架；③〈电〉铁塔；桥塔
～ de transmisión 输电塔(架)
castillo *m*. ①城[宫]堡，要塞；②船楼；塔楼
～ de arena ①(尤指儿童在海滨堆成的)沙堡；②缺乏实质的计划
～ de fuego 焰火架
～ de naipes ①(小孩)用纸牌搭成的房子；②不可靠的计划
～ de popa 后[艉楼]甲板
～ de proa 艏楼；前桅前的上甲板
castina *f*.〈冶〉灰石溶剂
casting *m*. *ingl*. ①〈电影〉挑选演员；②〈冶〉浇铸；铸造[件]
castor *m*. ①〈动〉河[海]狸；山狸；②海狸毛皮；③海狸皮帽；④[C-]〈天〉北河二，双子座 α 星
castóreo *m*. 〈医〉〈药〉海狸香(海狸性腺产生的一种浓味香料)
castra *f*. ①〈农〉整枝，修剪；整枝季节；② *Méx*. 割胶[树脂]；割胶[树脂]季节
castración *f*. ①〈动〉阉割；②〈植〉整枝，修剪；去掉雄蕊；③(从蜂巢中)割蜜
casuariformes *m*. *pl*. 〈鸟〉鹤鸵目
casuarina *f*.〈植〉木麻黄
casuarináceo,-cea *adj*. 〈植〉木麻黄科的 ‖ *f*. ①木麻黄科植物；② *pl*. 木麻黄科
casuarinales *m*. *pl*. 〈植〉木麻黄目
casuario *m*. 〈鸟〉鹤鸵，食火鸡
cat. *abr*. catálogo 产[商]品目录
cata *m*. *o* *f*. ①尝[试]味；②取[采，抽]样；样品；试样；③ *Amér*. *L*.〈矿〉试验勘探[察] ‖ *f*. *Amér*. *L*.〈鸟〉鹦鹉
～ de vino 品酒；品酒活动
catabático,-ca *adj*. ①(疾病等)缓解的；②〈地〉〈气〉(锋面)下降的
catabólico,-ca *adj*. 〈生化〉分解代谢的，异化的
catabolismo *m*. 〈生化〉分解代谢，异化(作用)，陈谢(作用)
cataclasis *f*. 〈地〉岩石碎裂；碎裂作用
cataclasita *f*. 〈地〉碎裂岩
cataclástico,-ca *adj*. 〈地〉碎裂的
cataclismismo *m*. 〈环〉环境保护观测，环境监测
cataclismo *m*. ①(特大)洪水；②〈地〉灾[骤]变；大地震；③突然休克
catacumbas *f*. *pl*. ①地下墓地；②地下走道(网)
catadióptrica *f*〈理〉反射折射学
catadióptrico,-ca *adj*. 〈理〉反射折射的
objetivo ～ 反(射)折射物镜
telescopio ～ 反(射)折射望远镜
catádromo,-ma *adj*. ①(淡水鱼等)下海繁殖[产卵]的；②〈植〉下先出的
catafaro *m*. 反射镜
catafilo *m*. 〈植〉低出叶；芽苞叶
cataforesis *f*. ①〈医〉电透法；②〈化〉(阳离子)电泳(现象)
catafotos *m*. *pl*. (车辆的)猫眼，小反光镜
catagénesis *f*. 〈医〉退化
catagénico,-ca *adj*. 〈医〉退化的
catalasa *f*. 〈生化〉过氧化氢酶
catalejo *m*. 望远镜，小型望远镜
catalepsia *f*. 〈医〉僵住症；强直性昏厥，倔强症
cataléptico,-ca *adj*. 〈医〉僵住症的
catálisis *f*. *inv*. ①〈化〉催化(作用，现象，反应)；②刺激[促进]作用
～ heterogénea 多相催化
～ negativa 负性催化作用
～ positiva 正性催化作用
catalítico,-ca *adj*. ①〈化〉催化的；②刺激[促进]作用的
agente ～ 催化剂
craqueo ～ 催化裂化
piroescisión ～a 催化裂化
polimerización ～a 催化聚合
catalizador *m*. ①〈化〉催化剂；②(汽车排气净化用的)催化转化器
catalpa *f*. 〈植〉美国木豆树
catamarán *m*. ①〈船〉双体船，双连舟；②筏
cataplasia *f*. 〈生〉(组织)退化；返祖性组织变态
cataplasma *f*. 〈医〉糊[泥敷，泥罨]剂
catapulta *f*. ①(发射箭、石等的)弩炮；石弩；②弹弓；③(弹道或飞机的)弹射器；④(飞

机的)座椅弹射器

lanzamiento por ～ 弹射起飞

mecanismo de ～ 弹射机制

catapultado,-da *adj.* 弹[发]射的

asiento ～ 弹射座椅

catarata *f.* ①〈地〉大[急]瀑布;②*pl.* 暴雨,急流;③〈医〉白内障

～ senil 老年白内障

～ total 全白内障

catarina *f. Amér. L.* 〈昆〉黄七星瓢虫

catarómetro *m.* 〈化〉热导计,导热析气计

catarral *adj.* 〈医〉卡他性的;黏膜炎的

ictericia ～ 卡他性黄疸

catarro *m.* ①〈医〉卡他;黏膜炎;②感冒,伤风

catarsis *f. inv.* 〈医〉导泻,通便;〈医〉(体内毒素的)排出;②净化(美学用语,亚里士多德倡导的由艺术作用引起的精神净化或情感解脱);③〈心〉宣泄,精神发泄

catártico,-ca *adj.* ①〈药〉导泻的;②〈心〉有宣泄作用的 ‖ *m.* 〈药〉泻药

catástrofe *f.* ①灾难[祸],大[巨]灾;大祸;②〈数〉突变

～ aérea 空难

～ ferroviaria (铁路)车难

～ natural 自然灾害

teoría de ～ 〈数〉突变理论

catastrofismo *m.* ①〈地〉灾变说;②〈医〉(病情)加重预兆;③〈环〉恶化预兆

catatermómetro *m.* 〈气〉干湿球温度计,冷却温度计

catatonía *f.* 〈医〉紧张症,紧张性精神分裂症

catatónico,-ca *adj.* 〈医〉紧张症[性]的 ‖ *m. f.* 紧张症患者

estupor ～ 紧张性木僵

excitación ～a 紧张性兴奋

tipo ～ 紧张型

catautógrafo *m.* 用阴极射线管的传真电极;阴极自动记录器

cataviento *m.* 〈海〉(船用)风向仪,风标

cateador,-ra *adj. Amér. L.* 勘探[查]的 ‖ *m.* ①探矿者,勘探员;②*Amér. L.* 锤子

catecol *m.* 〈化〉儿茶酚[酸],邻苯二酚;焦儿茶酚[酸]

catecolamina *f.* 〈生化〉儿茶酚胺

catecú *m.* 〈化〉儿茶

catedrático,-ca *m. f.* 〈教〉①(中学的)教研组长;②(大学)教授 ‖ *m. Amér. L.* 赛马专家

～ de enseñanza secundaria 中学教研组长

～ de prima/víspera *Méx.* 上/下午授课的教授

～ de universidad 大学教授

categoría *f.* ①种类,类,类[级]别;②范畴;③(社会)地位;〈军〉军衔;阶级;④(质量)等级;⑤〈信〉权标

～ de gastos/ingresos 支出/收入类别

～ de transporte 运输类别

～ económica 经济范畴

～ profesional 职业类别

～s de salario 工资级别

categorizador,-ra *adj. Chil.* 分[归]类的;归纳的

catelectrotono *m.*; **catelectrotonía** *f.* 〈医〉阴极电紧张

catenación *f.* ①链接;级链;②〈生〉链状排列

catenaria *f.* ①〈测〉链;②〈数〉悬链线;③(吊桥的)悬链;链状物;④〈电〉〈交〉架空电力电缆

catenario,-ria *adj.* ①悬链线(状)的;②链状的;③悬索式的

curva ～a 悬链线(状)

catenular *adj.* 链状的

cateo *m.* ①探[找]矿,勘探[查];②*Méx.* 检查;搜索;挖取

cateresis *f.* 〈医〉①虚弱;②温和作用

caterético,-ca *adj.* 〈医〉①虚弱的;②轻腐蚀性的

catéter *m.* 〈医〉①导管;导液管;②探针

cateterismo *m.* 〈医〉导管插入

cateterización *f.* 〈医〉插管术,导管插入术;导管用法

cateto *m.* ①〈测〉中直线;②〈数〉(直角三角形的)直角边,勾,股

catetómetro *m.* 〈理〉高差计;测高计[仪]

catetrón *m.* 〈电〉有外部控制极的三极汞气整流器,有外栅极的三极管;汞气整流器

catgut *m. ingl.* 〈医〉肠线

catión *m.* 〈化〉阳[正]离子,带正电荷的原子

catiónico,-ca *adj.* 〈化〉①阳离子的,带正电荷原子的;②活性阳离子的

bomba ～a 阳离子泵

proteína ～a 阳离子蛋白

catita *f. Amér. L.* 〈鸟〉鹦鹉

cato *m.* 〈医〉儿茶

catódico,-ca *adj.* 〈电〉〈电子〉〈化〉阴[负]极的

corriente ～a 阴极电流

desintegración ～a 阴极崩解[分裂]

indicador de sintonización de rayos ～s 阴极射线调谐指示器

luminosidad ～a 阴极电辉

mancha ～a 阴极辉[斑]点

oscilador ～ 阴极射线示波器

protección ～a 阴极保护[防腐](法)

rayo ～ 阴极射线
cátodo *m.* 〈电子〉〈化〉阴[负]极
　～ de calentamiento directo 直热式阴极
　～ de calentamiento indirecto 旁热式阴极
　～ de mercurio 汞阴极
　～ de óxido 氧化物阴极
　～ hueco 空心阴极
　luminiscencia de ～ 阴极电子激发光
　seguidor de ～ 阴极跟随器
catodoluminiscencia *f.* 〈理〉阴极射线发光；
　阴极（电子）激发光
católito *m.* 〈化〉阴极电解液；阴极电解质
catóptrica *f.* 〈理〉反射光学
catóptrico,-ca *adj.* 〈理〉①反射光学的；②
　反射（光，物）的；镜的
　sistema ～ 反光系统，反射光组
catoptroscopia *f.* 〈医〉反射[光]镜检查
catoptroscopio *m.* 〈医〉反射验物镜；反光检
　查器
catoquita *f.* 〈矿〉沥青岩
catzo *m. Ecuad.* 〈昆〉熊蜂
cauce *m.* ①河床，河道；②〈农〉灌溉渠
cauchal *m.* 橡胶种植园
cauchera *f.* 〈植〉橡胶树；橡胶植物
cauchero,-ra *adj.* ①橡胶制成的；②制造橡
　胶的 ‖ *m. f.* ①橡胶种植园工人；*Amér.*
　M. 割胶工人；②橡胶商
　industria ～a 橡胶工业
caucho *m.* ①（生，天然）橡胶；②*Amér. L.*
　（汽车的橡胶）轮胎；③*Amér. L.* 雨衣；④
　And. 防水毯；⑤橡皮
　～ artificial[sintético] 人造[合成]橡胶
　～ buna 〈化〉丁（二烯）纳（聚）橡胶，布纳橡
　胶
　～ de silicona 〈化〉硅（氧）橡胶
　～ en bruto(～ natural) 天然橡胶
　～ en hojas 生橡胶
　～ endurecido 硬橡胶[皮]
　～ esponjoso 泡沫[多孔,海绵]橡胶
　～ frío 冷聚合橡胶
　～ macizo 实心轮胎
　～ neopreno 〈化〉氯丁（二烯）橡胶
　～ silvestre 野生橡胶
　～ vulcanizado 硫化橡胶；(硬)橡皮[胶]
　correa de ～ 橡皮带
　cubierta de ～ 轮胎
　disolución de ～ 橡胶胶水
cauchutado,-da *adj.* 涂[上]胶的；用橡胶
　（液）处理的
cauchutar *tr.* 给…涂[上]胶；用橡胶（液）处
　理
caución *f.* ①〈法〉〈商贸〉担保，保证；②保证

金，抵押品
　～ común 共同担保
　～ de licitador 投[押]标保证金
caudal *adj.* ①水[流]量大的；②〈动〉尾的，
　尾部的，近尾的 ‖ *m.* ①水[流]量；②（通
　行，通过）能力；③（信息、资料、想法等）丰
　富，大量；④财产[物]；财富；*pl.* 资金；⑤
　〈信〉吞吐量，总处理能力
　～ de aire (空)气流,空气流量
　～ de avenida 洪流
　～ hereditario 世袭财产
　～ posible (石油的)供应[输送]能力
　～ social 合伙资产
　～ unitario 流率,流速
　～es en circulación 流动资金
　aleta ～ (鱼的)尾鳍
　engrasador de ～ variable 可视给油润滑
　器
　medidor de ～ 流量计,测流规
caudillismo *m.* ①专制独裁制度[主义]；②独
　裁政府；军事独裁者的统治；③*Amér. L.*
　酋长制
caujero *m. Venez.* 〈植〉破布木
caulescente *adj.* 〈植〉有[具]茎的
　planta ～ 有[具]茎植物
caulícola *adj.* 〈植〉茎生的
caulífero,-ra *adj.* 〈植〉茎生花的
caulifloración *f.* 〈植〉茎花现象
cauliforme *adj.* 〈植〉茎状的
caulinario,-ria *adj.* 〈植〉茎(生)的
caulle; caulli *m. Chil.* 〈鸟〉银鸥
cauquil *m. Chil.* 磷火;磷光
cauri *m.* 〈动〉宝贝(一种生长于暖海中的腹
　足动物,壳光滑明亮)
cauro *m.* 西北风
causal *adj.* ①原因的,构成原因的；②表示原
　因的；③(具有)因果关系的；④〈气〉随机的
　‖ *f.* ①原因,起因[缘]；②理由
　～ de despido 解雇原因
　pronóstico ～ 〈气〉随机预报
　relación ～ 因果关系
causalgia *f.* 〈医〉灼痛(感觉)
causalidad *f.* ①诱发性；原[起]因；②因果
　性,因果关系
causangre *m. Méx.* 〈植〉血红含羞草
cáustica *f.* ①〈理〉焦散曲线；焦散面；②〈化〉
　苛性钠,烧碱
causticidad *f.* ①腐蚀性；②〈化〉苛性
cáustico,-ca *adj.* ①腐蚀性的；②〈化〉苛性
　的；③〈理〉焦散的 ‖ *m.* 〈药〉①腐蚀剂；②
　苛性药
　curva ～a 焦散曲线
　línea ～a 〈医〉烧灼线

sodio ～ 苛性钠

cauterio *m.* 〈医〉①烙器,烧灼器;②烧灼(术),烙(术),腐蚀(术);③烧灼剂

cauterización *f.* 〈医〉烙[烧灼]术

cauterizador,-ra *adj.* 〈医〉烧灼的;腐蚀的 ‖ *m.* 烧灼剂

cauterizante *m.* 〈医〉烧灼剂

cautil *m.* ①*Amér.L.* 焊接工,黑白铁工人;②*Chil.* 焊烙铁;③*pl.* 磷火;磷光

cava *f.* ①翻[松]土;②(车辆修理站的)修车坑;③〈解〉腔静脉

cavador,-ra *m.f.* ①挖掘者;②见 ～ de oro
～ de oro 掘金者

cavadura *f.* 挖[采]掘;挖土作业,开凿

cavatina *f.* 〈乐〉小歌,短曲;(歌剧中的)抒情独唱曲

caverna *f.* ①山[岩]洞;洞穴;②〈解〉〈医〉(空)洞,孔

cavernícola *adj.* 穴居的,住在洞穴里的 ‖ *m.f.* ①穴居野人;住在洞穴里的人;边远落后的居民
hombre ～ 穴居野人;行为粗野的人

caveto *m.* 〈建〉凹弧饰;②〈技〉打[修]圆,削[磨]圆角

cavicornio,-nia *adj.* 〈动〉生有洞角的 ‖ *m.* ①(生有)洞角动物(如牛、羊等);②*pl.* 洞角科

cavidad *f.* ①洞,(空,孔,洞)穴;凹处;②〈解〉腔,盂,窝;③〈医〉(病变所形成的)(空)洞;龋洞;④〈电子〉(共振,谐振)腔
～ abdominal 〈解〉腹腔
～ amniótica 〈生〉羊膜腔
～ bucal 〈解〉口腔
～ cancerosa 〈医〉癌性空洞
～ cotiloidea 〈解〉髋臼
～ de efecto acumulativo 折叠(空)腔
～ de rellena de agua (充水)岩洞
～ gastrovascular 〈动〉消化腔
～ glenoidea 〈动〉关节盂
～ nasal 〈解〉鼻腔
～ oral 〈解〉口腔
～ peritoneal 〈解〉腹膜腔
～ resonante 谐振腔,共振(空)腔

cavitación *f.* ①〈化〉空化(作用,现象);②成穴(指金属、混凝土等表面形成的空穴);空泡形成;③〈理〉气[空]蚀;气蚀现象;④〈医〉成洞[腔],空洞形成;洞,腔;⑤〈机〉(螺旋桨急转甩后面产生的)涡凹[空]
～ en burbujas 空泡气蚀
～ laminar (流体力学中的)面气蚀
erosión de ～ 气[涡]蚀;空[隙腐]蚀
índice de ～ 气蚀系数;空化系数

cavuama *f.* *Amér.L.* ①〈动〉海龟;②海龟壳

caz (*pl.* caces) *m.* ①水渠[沟];灌溉[引水]渠;②磨坊引水槽
～ de descarga 泄[放,尾]水渠
～ de tablones 放水[滑运]沟;溜[渡]槽
～ de traída 前[引水]渠

caza *f.* ①打[狩]猎;射猎;②追逐,搜索;③猎物 ‖ *m.* ①喷射[气]流;②〈军〉歼击机,战斗机
～ a reacción 喷气歼击[战斗]机
～ de aire 喷(射气)流
～ de escolta 护航战斗机
～ del hombre (对罪犯等的)搜[追]捕
～ mayor 大猎物(如象、狮、虎、大鱼等)
～ menor 小猎物(如鸟、兔、松鼠等)
～ monoplaza 单座战斗机
～ submarina 水下捕鱼

caza-bombardero *m.* 战斗轰炸机

cazaclavos *m.inv.* 起钉钳,拔钉器

cazacriminales *m.inv.* 刑事警探

cazadero *m.* 猎场[区]

cazador,-ra *m.f.* 猎人,(骑马)狩猎者 ‖ *m.* ①〈军〉歼击机,战斗机;②〈军〉轻骑兵 ‖
～**a** *f.* 猎装;茄克(衫)
～ de alforja[pieles] (尤指为获得野兽毛皮而)设陷阱捕兽者,用捕兽机捕兽者
～ de día/noche 日/夜间战斗机
～ de submarinos 猎潜艇[舰]
～ furtivo 偷猎[捕]者;非法捕猎者
～**a** de cuero[piel] 皮茄克
～**a** tejana 劳动布茄克

cazador-recolector *m.* 狩猎采集者;采猎者

cazaejecutivos *m.f.inv.* 物色人才的人;猎头(公司)

cazaescota *f.* 〈船〉舷外铁架[杆],舷外木架[杆]

cazagenios *m.f.inv.* ①(尤指大学的)发掘专业人才者;物色人才者;②物色新秀者;③物色人才的人;猎头(公司)

cazamariposas *m.inv.* ①〈机〉碟形螺帽;②捕蝴蝶网

cazaminas *m.inv.* 〈军〉扫雷舰

cazamoscas *m.inv.* ①〈鸟〉鹟(鹟科小鸟,在飞行时捕食蝇及其他昆虫);②*Chil.* 灭蝇器

cazasubmarinos *m.inv.* ①〈军〉驱潜舰;猎潜反潜艇[舰];②〈航空〉〈军〉反潜飞机

cazatalentos *m.f.inv.* (尤指大学的)发掘专业人才者;物色人才者;猎头

cazatanques *m.inv.* 见 avión ～
avión ～ 反[防]坦克飞机

cazatorpedero *m.* 〈军〉鱼雷驱逐舰

cazoleta *f.* 〈机〉外壳[套,罩]

cazón m. 〈动〉狗鲨(一种鱼)

cazonete m. 〈海〉系索桩；套索钉

cazuz m. 〈植〉常春藤

CC abr. corriente continua 〈电〉直流电

c. c. abr. centímetros cúbicos 立方厘米

CCD abr. ingl. charge-coupled device 〈电子〉电荷耦合器件

C. C. D. abr. carta de crédito doméstico 〈商贸〉国内信用证

CCE abr. Comité de Cooperación Económica Centroamericana 中美洲经济合作委员会

CCI abr. Cámara de Comercio Internacional 国际商会

Cd 〈化〉元素镉(cadmio)的符号

CD abr. ingl. compact disc 激光唱片；光盘

CD-I abr. ingl. compact disc interactive 互动式光盘

CDMA abr. ingl. code division multiple access 〈讯〉码分多址

CD-Rom abr. ingl. compact disc read-only memory 〈信〉(信息容量极大的)光盘只读存储器

CdS abr. calidad de servicio 服务质量

Ce 〈化〉元素铈(cerio)的符号

CE abr. ①Comunidad Europea 欧洲共同体；②Consejo de Europa 欧洲理事会

ceanoto m. 〈植〉美洲茶

ceba f. ①〈农〉催[育]肥；精[催肥]饲料；②(枪械的)引爆[引火]药；③(火炉的)添加燃料

cebada f. 〈植〉大麦

cebadal m. 〈农〉大麦田

cebadera f. ①给料漏斗，料斗；布料器[箱]；②〈冶〉装料口

cebadero m. 〈冶〉装料口；料斗

cebado,-da adj. ①Amér. L. (兽等)食人肉的；②〈农〉育肥的‖m. ①〈农〉精[催肥]饲料；②(火器,枪炮的)引爆[火]药；起爆；③起动(注油)

~ automático 自动起动注油

válvula de ~ 起动阀

cebador m. ①〈机〉进水[油,料]旋塞；②Cono S. (汽车)阻[风]门；③起动器；④火药瓶

cebadura f. ①〈农〉催[育]肥；②添[装]料

cebellina f. 〈动〉紫[黑]貂

cebo m. ①饲料(尤指供牛、羊、马食的粗饲料)；牧草；②(捕鱼用的)饵；诱饵；③〈冶〉燃[炉]料；④雷管，火帽；引爆[火]药；⑤(缝隙等的)填料

~ con límite de tiempo 定时信管,限时熔线

cebolla f. ①〈植〉洋葱,洋葱头；②〈植〉(郁金香花的)鳞[球]茎；③莲蓬式喷嘴,莲蓬头

cebollana f. 〈植〉细香葱

cebollar m. 〈农〉洋葱田[地]

cebolleta f. 〈植〉大葱；细香葱；嫩洋葱

cebollín m. 〈植〉小[香]葱

cebollina f.；**cebollino** m. 〈植〉①大葱；细香葱；嫩洋葱；②洋葱籽

cebollita f. 见 ~ china

~ china 大葱

cebolludo,-da adj. ①鳞[球]茎状的；②〈植〉鳞[球]茎的；由鳞[球]茎长出的

cebra f. 〈动〉斑马

cebú m. 〈动〉瘤牛

cecal adj. 〈解〉盲肠的

cecectomía f. 〈医〉盲肠切除术

cecofijación f. 〈医〉盲肠固定术

cecografía f. 盲文,盲[点]字

cecógrafo m. 盲文打字机

cecoplicación f. 〈医〉盲肠折叠术

cecorrafia f. 〈医〉盲肠缝合术

cecostomía f. 〈医〉盲肠造口术

cecotomía f. 〈医〉盲肠切开术

cedazo m. ①筝、筛；网[分离]筛；②〈机〉筛选[分、石]机，簸分机

cedente m. f. 〈法〉出[转]让人

cederrón m. 〈信〉光盘只读存储器

cedible adj. 可转让的

cedral m. Amér. L. 雪松林

cedro m. ①〈植〉雪松；②雪松木材

cedrón m. 〈植〉①(有柠檬香味的)马鞭草；②Chil. 防臭木

cédula f. ①凭证,证书[件]；字据；②执照；③目录卡片；④〈商贸〉(收款、付款等的)凭单,单据；清单,表

~ de aduana 海关许可证书

~ de cambio 汇票

~ de citación 传票

~ de habilitabilidad (楼房等的)可居住许可证

~ de identidad Amér. L. 身份证

~ de vecindad(~ personal) 身份证

~ en banco 银行支票

~ hipotecaria 〈经〉抵押债券

~ personal 身份证

~ progresiva 累进表

~ sumaria 总明细表

CEE abr. Comunidad Económica Europea 欧洲经济共同体

cefalalgia f. 〈医〉头痛

cefalea f. 〈医〉偏头痛

cefálico,-ca adj. 〈解〉①头的；头部的；②头

[颅]侧的

índice ~〈生〉颅指数

cefalina f.〈生化〉脑磷脂

cefalitis f. inv.〈医〉脑炎;大脑炎

cefalización f.〈动〉头部形成;头部优势发育;头部集中

cefalocentesis f.〈医〉头颅穿刺术

cefalocordado,-da adj.〈动〉头索类的,属头索动物亚门的‖ m. ①头索动物,无头动物(如文昌鱼);②pl. 头索类

cefalogénesis f.〈医〉头部形成,头发生

cefalógrafo m.〈医〉头描记器

cefalometía f.〈医〉头部测量学,头测量法,测颅法

cefalómetro m.〈医〉头测量器,测颅器

cefalópodo,-da adj.〈动〉头足纲的‖ m. ①头足动物(如章鱼、鱿鱼、乌贼等);②pl. 头足纲

cefalorraquídeo,-dea adj.〈解〉脑脊(髓)的

cefalosporina f.〈生医〉头孢菌素

cefalotomía f.〈医〉①穿颅术;②胎头切开术

cefalotoracópago m.〈动〉头胸联(双)胎

cefalotoracoventrópago m.〈动〉头胸腹联胎

cefalotórax m.〈动〉头胸部(蟹、蜘蛛等头胸合一的部分)

Cefeida f.〈天〉造父变星;辐射点在仙王(星)座中的流星

Cefeo m.〈天〉仙王座

cefradina f.〈药〉头孢拉定

cegamiento m.(管道等的)阻[堵]塞

cegesimal adj. ① 见 sistema ~;② 见 unidad ~

sistema ~ 厘米・克・秒制

unidad ~ 厘米・克・秒单位

ceguedad; ceguera f.〈医〉失明,瞎;盲

~ nocturna 夜盲(症)

CEI abr. Comunidad de Estados Independientes 独联体

ceiba f.〈植〉吉贝树,丝棉树(木棉科常绿乔木)

ceibo m. Amér. L.〈植〉吉贝[丝棉]树

ceja f. ①眉,眉毛;②〈机〉〈技〉凸缘,轮缘[辋];③〈缝〉边缘,饰边,缘饰;④山顶,顶部[峰];⑤〈建〉(建筑物的)外观[影];⑥〈乐〉(提琴等上的)琴马;⑦Cub. 小片树林,林间小路;Méx. 条状树林

cejilla f.〈乐〉(提琴等上的)琴马

celacanto m.〈动〉空[腔]棘鱼类的鱼

celaje m. ①〈气〉云,云彩[霞];②pl. 夕阳云彩;③〈建〉(屋顶等的)天窗

celda f.〈信〉(计算机的)单元

celdilla f. ①〈植〉(花粉,孢子)囊;室;②〈建〉壁龛

celemín m. 塞莱明(干量单位,相当于 4.625升)

celentéreo,-rea adj.〈动〉腔肠动物(门)的‖ m. ①腔肠动物;②pl. 腔肠动物门

celeridad f. 迅速[疾];速度

celerímetro m. 速度计

celeste; celestial adj. 天的;天空[上]的

cuerpo ~〈天〉天体

globo ~〈天〉天球仪

celestita f.〈矿〉天青石

celíaca f.〈医〉乳糜泻

celiaco,-ca; celíaco,-ca adj.〈解〉腹腔的‖ m. f. 乳糜泻患者(尤指小儿)

celibato m. ①独身者,未婚男子;②独身生活

célibe adj. 独身的,未婚的

celidonia f.〈植〉白屈菜

celinda f. ①〈植〉山梅花;②似橘树植物(如葡萄牙桂樱,桑樱)

celioscopia f.〈医〉体腔镜检查

celioscopio m.〈医〉体腔镜

cellista f. 冻雨;雨夹雪;雨夹雹

cello m.〈乐〉大提琴

celo m. ①热心[情,枕];狂热;②〈动〉(雌性动物的)发情;发情周期;③粘[透明]胶带;④〈乐〉大提琴

~ coexistente[sincronizado] 同步发情

~ profesional 职业热情[献身]

ciclo del ~〈动〉发情周期

celobiasa f.〈化〉纤维二糖酶

celobiosa f.〈化〉纤维(素)二糖

celofán m.〈化〉玻璃纸,胶膜,赛珞玢

celoidina f.〈化〉火棉,火棉液,火棉胶,赛珞锭

celoma m.〈动〉体腔

celomación f.〈医〉体腔形成

celomado,-da adj.〈动〉有体腔的‖ m. ①(有)体腔动物;②pl. 体腔动物类

celómico,-ca adj.〈动〉体腔的

celomoducto m.〈动〉体腔管

celomostoma f.〈动〉体腔口

celosía f.〈建〉①百叶窗;②pl. 格栅

celosolve m.〈化〉溶纤剂

celóstato m.〈天〉定天镜

celotex m. ingl.〈乐〉色列普隔音板,甘蔗板(一种由甘蔗纤维压制成的隔音板)

celtio m.〈化〉铪

célula f. ①〈生〉细胞;②小房[室],盒,槽,囊;③电池[电子][光]电管;④〈信〉(计算机)单元,元件;⑤〈航空〉(飞机的)机体;(航空器的)构架

~ agresora 杀伤细胞

~ agresora natural 天然杀伤细胞(NK 细胞)

~ alogénica 异基因细胞

~ cancerosa 癌细胞

~ de memoria 记忆细胞

~ de resonancia 共[谐]振室,谐振室[箱]

~ de selenio 硒光电池;硒光电管

~ de silicio 〈电子〉硅(基)片

~ dendrítica folicular 小结树突细胞;滤泡树突细胞

~ dendrítica interdigitante 交错树突细胞;指状交错细胞

~ efectora 效应细胞

~ fagocítica 吞噬细胞

~ fotoconductora 光电导管,光电导电池

~ fotoeléctrica 光电管,光电池

~ fotovoltaica 光生伏打电池

~ fotovoltaica con capa de detención 阻挡层光生伏打电池

~ germen 生殖细胞

~ grasa （构成脂肪组织的）脂肪细胞

~ hematopoyética 造血细胞

~ húmeda 湿电池

~ macrofágica 巨噬细胞

~ madre 干细胞

~ mononucleada[mononuclear] 单核细胞

~ neoplásica 新生细胞;瘤形成细胞

~ nerviosa 神经细胞

~ pigmentaria 色素细胞

~ plasmática 浆细胞

~ quebratinizada 角化细胞

~ sanguínea 血细胞

~ sexual 性细胞

~ solar 太阳(能)电池

~ supresor 抑制(性)细胞

~ termoeléctrica 温差电池;热电元件

~ terrotista 恐怖组织

~ unitaria 单元,单位

celular adj. ①细胞(状)的；蜂窝状的,多孔的,格形[状]的；②小室的,盒的,槽的,囊的；③〈信〉(计算机)单元的；单体的
muerte ~ programada 编程性细胞死亡
pared ~ 细胞壁

celulasa f. 〈生化〉纤维素酶

celulitis f.inv. 〈医〉蜂窝织炎

celuloide m. ①〈化〉赛璐珞,明胶；②电影

celulosa f. ①〈生化〉纤维素；②纤维素涂料
nitrato de ~ 硝酸纤维素

celulósico,-ca adj. 〈生化〉纤维素[质]的；纤维素制成的；纤维素塑料的
lacas ~as 纤维素漆
membrana ~a 纤维素膜

celuloso,-sa adj. ①多细胞的；②由细胞组成的；细胞性的

cementabilidad f. 黏结性;胶结性

cementación f. ①黏结,胶结作用;②〈化〉硬化;③〈冶〉渗[增]碳(法,处理);④〈医〉粘固(作用)

~ a la llama 火焰淬火,火焰硬化

~ a líquido 液体渗碳

~ por gas 气体渗碳

cementado,-da adj. 〈冶〉渗碳的;胶合[接]的 ‖ m. ①〈冶〉渗碳;②胶结;〈化〉硬化

cementera f. 水泥厂;水泥场

cementerio m. ①墓[坟]地,公墓;垃圾场;②倾倒废物处;③汽车废料场

~ nuclear 核废料场

cementero,-ra adj. 水泥的
industra ~a 水泥工业

cementita f. 〈冶〉渗碳[碳素,西门]体,碳化(三)铁(体),胶铁

cemento m. ①水泥;②Amér.L. 胶结材料;胶接剂;胶[粘]层;③〈医〉(牙科用)粘固粉(剂);牙骨质;④〈地〉碎屑岩的基质

~ aluminoso 矾土[高铝]水泥

~ armado[reforzado] 钢筋混凝土

~ asfáltico 地沥青胶

~ bituminoso 沥青黏合剂

~ blanco 白[熟料]水泥

~ coronario 冠状牙骨质

~ de almáciga 水泥砂胶,胶(粘水)泥

~ de fraguado lento/rápido 慢/快凝水泥

~ de puzolana 火山灰水泥

~ de unión 封口[补胎]胶,密封油膏;油灰

~ escorioso 矿[炉]渣水泥

~ expansivo 膨胀水泥

~ fundido 矾土[高铝]水泥

~ hidráulico 水硬水泥

~ malcocido 粗制水泥

~ natural 天然[普通]水泥

~ Portland 普通[硅酸盐,波特兰]水泥

~ supersulfatado 高硫酸盐水泥

lanza de ~ 水泥喷枪

saco de ~ 水泥袋

cementoso,-sa adj. 水泥(质)的;(有)黏结性的

cempasúchil m. Méx. 〈植〉万寿菊

cenefa f. ①〈建〉边缘;边饰;②〈缝〉饰[镶]边,(女服等的)绲边

cenénquima f. 〈动〉共질轴;共骨骼

cenestesia f. 〈心〉普通感觉,存在感觉

cenestético,-ca adj. 〈心〉普通[存在]感觉的

cenicero m. ①灰坑[池,仓,堆];②炉[渣]坑,除渣井

cenit; cénit m. ①〈天〉天顶;②顶点[峰],最高点

ceniza f. ①灰;灰粉[烬,末,渣];②〈浅〉灰

色;③ *pl.* 骨灰;遗体[骸]

~ de huesos 骨灰

~s volantes 飞[烟,粉煤]灰,飘尘

~s volcánicas 火山灰[渣,岩屑]

cueva de ~ 灰槽[坑]

eyector de ~s 排[冲]灰器

pañol de ~ 灰槽[坑]

tratar con ~ 灰化;把…变成灰粉[尘埃]

cenogameto *m.* 〈植〉多核配子

cenogénesis *f.* 〈生〉新性发生

cenogenético,-ca *adj.* 〈生〉新性发生的

cenosarco *m.* 〈动〉共体,共肉(群体腔肠动物如珊瑚虫等各个体间相互联系的部分)

cenozoico,-ca *adj.* 〈地〉新生界的,新生界的 ‖ *m.* 新生代,新生界

censado *m.* (开展)人口调[普]查

censo *m.* ①(人口、财产等的)调[普]查;②(仔细调查所得的)统计数,③(选民、纳税人等的)名册

~ agrícola 农业普查

~ de contribuyentes 纳税人名册

~ de población(~ demográfico) 人口调[普]查

~ de viviendas 住房调查

~ electoral 选民名册

cent *m.* 〈乐〉音分

centaura *f.* 〈植〉①埃蕾(尤指伞形埃蕾);②翼枝苦草

centaurea *f.* 〈植〉矢车菊

centelleo *m.* ①火花[星];光亮;②闪光[烁]

lámpara de ~ 闪光灯

centenero,-ra *adj.* 适合种植黑麦的(土地)

centenilla *f. Amér. L.* 〈植〉报春

centeno *m.* ①〈植〉黑麦;②黑麦粒

centesimal *adj.* ①百分之一的;百分(法)的;百进位的;②(分为)百分度的

escala ~ 百分标度,百分刻度

sistema ~ 百分制,百进位制

centésimo,-ma *adj.* 百分之一的;百分(法)的;百进位的 ‖ *m.* ①百分点;②第一百(个);③百分之一;④*Amér. L.* 分(辅币)

~ de punto porcentual 基点

centiárea *f.* 百分之一公亩

centibar; centibario *m.* 〈气〉厘巴(气压单位)

centígrado,-da *adj.* ①(分为)百分度的;②摄氏(温度计)的 ‖ *m.* ①摄氏;②百分温标[刻度]

termómetro ~ 摄氏温度计

centigramo *m.* 厘克

centilitro *m.* 厘升

centímetro *m.* 厘米

céntimo *m.* ①百分点;②分(辅币单位)

centimorgan *m. ingl.* 〈遗〉厘摩(遗传图距单位)

centipoise *m. ingl.* 〈理〉厘泊(黏度单位)

centistoke *m. ingl.* 〈理〉厘泡(动力黏度单位)

centón *m.* 〈缝〉拼缝物,百衲被

centrado,-da *adj.* ①在[位于]中心的,居中的;②(对新环境等)适应[合适]的 ‖ *m.* ①〈军〉(炮兵)确定目标,弹着观测;②定(中,圆)心,对中(点,心)

~ automático 自动定心

~ de cuadro 水平中心调整

~ de línea 垂直定[对]中,竖直定心,竖直中心调整

control ~ 中心[居中]调节,定(中)心调整

centrador,-ra *adj. Chil.* 〈体〉把球传向场地中心的,传中的 ‖ *m.* 〈技〉定中心器,定心夹具

central *adj.* ①中心的;成为[构成]中心的;中央的;②主要的;总的;③〈解〉中枢(神经系统)的 ‖ *f.* ①总局[站,行,店];②〈发〉电站[厂];③*Amér. C., Antill. Méx.* 大糖厂;④*Méx.* 双筒猎枪 ‖ *m. f.* 〈体〉(足球运动的)中卫

~ a vapor 蒸汽动力装置,火力发电厂

~ automática 自动交换台

~ azucarera 糖厂

~ de correos 邮电总局

~ de energía 动力[发电]厂

~ de fuerza 动力厂,发电站[厂]

~ de investigación 研究站[中心]

~ de llamadas (大公司客户服务部门的)来电接听中心,呼叫中心

~ de teléfonos 电话局

~ del banco 银行总行

~ eléctrica 发电站

~ eléctrica a carbón 煤发电站[厂]

~ eólica 风力发电站

~ hidroeléctrica 水电站

~ interurbana 长途电话局

~ nuclear[nucleoeléctrica] 核电站

~ principal 电话总局

~ privada 专线[私人]电话交换台

~ satélite 电话支局

~ solar 太阳能发电站

~ telefónica 电话(交换)局;(电话的)交换台;交换机

~ telegráfica 电报局

~ térmica[termoeléctrica] 热电[热动力]站;火力发电站

~ urbana 市内电话局

control ～ 中央[集中]控制

derivación[toma] ～ 中接(线)头,中心抽头,中心引线

economía de planificación ～ 中央计划经济

línea ～ 中(心)线,(中)轴线

pieza ～ 十字头[轴,架]

sociedad ～ 母[总]公司

centralidad *f.* ①中心性;中央状态;②中心地位;中心位置;③向心性

centralita *f.* ①〈讯〉电话总机;②〈化〉中定剂

centralización *f.* 集中;集于中心

centralizador *m.* ①〈技〉定中心器,定心夹具;②〈数〉中心化子,换位矩阵(子群)

centrar *tr.* ①使集中,使聚集;使居中;②标明…的中心;定(中,圆)心,对中(点,心);③放在中心 ‖ *intr.* 〈体〉(足球运动的)向后场队员传球

herramienta para ～ 中心冲头,定心冲压机

taladro de ～ 中心钻

centrex *m. ingl.* (电话)共用中心交换机,集中(式)用户交换机,虚拟用户交换机

céntrico,-ca *adj.* ①中心的;有中心的;②市中心的;③中心站的

centrífuga *f.* 〈化〉〈机〉离心(过滤,分离)机;离心器

centrifugación *f.* ①〈化〉离心(分离)作用;离心(法);②〈医〉离心沉淀

～ diferencial 〈医〉差别[差示]离心(法)

～ gaseosa 气体离心法

centrifugadora *f.* 〈机〉①离心(过滤,分离)机;离心器;②旋转式脱水机(使被洗衣物脱水)

centrifugar *tr.* ①使离心(分离),使受离心作用;②使在离心机内旋转,用旋转式脱水机(使被洗衣物)脱水

centrífugo,-ga *adj.* ①〈理〉离心(式)的;受离心力作用的;利用离心力的;②〈医〉离中的 ‖ *m.* 〈机〉离心机

bomba ～a 离心泵

clasificación ～a 离心分级

colada ～a 离心铸造,离心浇铸

filtro ～ 离心过滤器

fuerza ～a 离心力

momento ～a 离心矩

sedimentación ～a 离心沉降

centríolo *m.* 〈生〉中心粒;中心体

centrípeto,-ta *adj.* ①〈理〉向心的,应[利]用向心力的;受向心力作用的;②〈医〉求中的,传入的;③趋向集中的

bomba ～a 向心泵

fuerza ～a 向心力

centro *m.* ①(圆、球体等的)心;中心;②(物体环绕旋转的)中心点[轴];③中央,正[当]中;④中心区[站];中心机构;⑤(活动、商业、组织等的)中心,中枢;⑥〈体〉(足球运动的)传中 ‖ *m. f.* 〈体〉(足球运动的)中锋

～ atractivo(～ de atracción) 引力中心

～ comercial 商业中心

～ cultural 文化中心

～ de abasto *Méx.* 集市,市场

～ de atención de día 日间托儿所

～ de atención primaria 初级保健护理中心

～ de asistencia social 社会救助中心[机构]

～ de beneficencia 慈善机构

～ de cálculo 计算(机)中心

～ de capacitación 培训中心

～ de carena 浮(力中)心

～ de círculo 圆心

～ de cobro regional 地区托收中心

～ de comercio internacional 国际贸易中心

～ de control 控制中心

～ de coordinación (警察)作战指挥室

～ de decisión 决策中心

～ de (determinación) de costos 〈经〉成本中心

～ de desarrollo de aptitud 技能培训[开发]中心

～ de distribución 配销中心,分配[拨]中心

～ de enseñanza(～ docente) 学校,教育机构

～ de enseñanza media[secundaria] 中学,中等教育机构

～ de enseñanza superior 高等教育机构

～ de gravedad 重心

～ de información técnica 技术信息[情报]中心

～ de intercambio de informaciones 信息交流中心

～ de jardinería 花卉商店

～ de llamadas 呼叫中心

～ de mesa 放在餐桌中央的装饰品

～ de perfeccionamiento 技能培训中心

～ de población 居民点

～ de presión 压力中心

～ de (proceso de) datos 数据处理中心

～ de protección de menores 青少年保护中心

～ de quejas 投诉中心

～ de reclamación 索赔中心,投诉中心

fuerza ～a 向心力

~ de reservas 储备中心

~ de rotación 旋转中心

~ de salud 卫生院[所]，医疗中心

~ de servicio cómputo 计算机服务中心

~ de simetría 对称中心

~ de soporte 支点

~ de trabajo 工作场所(如工场、车间等)

~ de verano 避暑胜地

~ del servicio de postventa 售后服务中心

~ escolar 学校

~ espacial 航天中心

~ fabril 工[产]业中心

~ ferroviario 铁路枢纽

~ financiero 金融区，金融中心

~ logístico 物流中心

~ médico[sanitario] 医院，医疗中心

~ meteorológico 气象站[中心]

~ minero 矿区

~ naviero 航运中心

~ nervioso[neurálgico] 神经中枢

~ óptico 光学中心

~ penitenciario 监狱，感化院，教养所

~ recreacional *Cub.* , *Venez.* 体育活动中心

~ telegráfico 电报中心

~ turístico 旅游胜地

~ universitario (大学)学院

~ urbano 市区

delantero ~ (足球、曲棍球等运动的)①中锋；②中锋位置

medio ~ (足球、曲棍球等运动的)①中前卫；②中前卫位置

centrobárico,-ca *adj.* 〈理〉重心的；有重心的

centrocampismo *m.* 〈体〉(足球等运动的)中场防御策略

centrocampista *m. f.* 〈体〉(足球等运动的)中场队员，中锋

centrocampo *m.* 〈体〉(足球场的)中场

centrocito *m.* 〈生〉中心细胞

centrodesmo *m.* 〈解〉〈医〉中心体连[联]丝；中心[央]带

centroforward ; **centrohalf** *m. f. Amér. L.* 〈体〉(足球、曲棍球等运动的)中场队员，中锋

centroidal *adj.* ①〈数〉矩[形]心的；②〈理〉质心的

centroide *m.* ①〈数〉矩[形]心，面(积矩)心；②〈理〉质心

centrolecital *adj.* 〈动〉中黄卵的

centromero *m.* 〈生〉着丝点，着丝粒

centroplasma *m.* 〈生〉①中心质；②中心体

centrosfera *f.* ①〈地〉地心圈，地核(心)；②〈生〉中心球

centrosoma *m.* ①〈生〉中心体；②〈生〉中心粒；③〈摄〉摄影球

cénzalo *m.* 〈昆〉蚊子

cenzontle *m. Amér. C.* , *Méx.* 〈鸟〉嘲鸫(善鸣叫，并能模仿别种鸟的叫声)

CEO ; **c. e. o.** *abr. ingl.* chief executive officer 首席执行官，执行总裁

ceolita *f.* 〈矿〉沸石

ceolitización *f.* 沸石化(作用)

cepa *f.* ①树桩[墩]；(植物的)主干；(葡萄)藤；苗木；②〈建〉扶壁[垛]，支墩；③〈生〉(动植物的)系，品系[种]

CEPAL *abr.* Comisión Económica para América Latina y el Caribe 拉丁美洲与加勒比经济委员会

cepillado *m.* ①刷(牙齿、衣物、头发等)；②刨(削，平，工)；③整[修]平，弄平(滑)

~ oblicuo 斜刨法

~ vertical 侧[垂直]刨法

cepilladora *f.* 〈机〉①(龙门)刨床；②(地面)整平机，路铣[煤]机，路刨

~ de doble montante (双柱式)龙门刨床

~ de ménsula 台式刨床

~ en basto 粗刨床

~ hidráulica 液压刨床

~ monomontante 单柱[臂]刨床，单臂龙门刨

cepillo *m.* ①刷子；②〈建〉(木工用的)刨子；木工刨

~ basto 粗刨

~ bocel(~ de gargante) 槽刨

~ de alisa 细刨

~ de cantear 边刨

~ de carpintero 木工刨

~ de cola de milano 燕尾刨

~ de galera[hilar] 长刨

~ de gargante 槽刨

~ de limpiar tubos 管刷

~ de púas (metálicas) 钢丝刷

~ de ranurar 线脚刨

~ de taller 台刨

~ hundidor 硬毛刷

~ para la ropa 衣刷

~ para rayos 刨子；铁弯刨，刮刀，辐刨片

caja del ~ 刨床架

hierro del ~ 刨刀[铁]

cepo *m.* ①〈机〉座，架，台，支柱；②(车轮)固定夹；夹子(木)墩；③(打猎用)捕捉器；(捕捉鸟、兽等的)罗网；陷阱；④〈植〉(树)枝；分枝

~ de yunque 砧座[台]

~ del ancla 锚柱[杆]

cequión m. ① *Cono S.*〈农〉灌溉主[长]渠；②*Chil.* 大水渠，运河

cera f. ①(地,蜂,黄,密,石)蜡；② pl. 蜡状物；③蜜蜂巢；④*And.*, *Méx.* 蜡烛

~ animal 动物蜡

~ alba[blanca] 白蜡

~ amarilla 黄蜡

~ de abejas ①蜂蜡；②黄蜡(用蜂蜡制成，用于上光、制蜡烛、做模型等)

~ de China 中国蜡，硬白蜡

~ de los oídos 耳垢[屎]

~ de lustrar 擦车蜡

~ de parafina(~ mineral) 石蜡

~ de sellar (密)封蜡，封瓶蜡

~ prieta *Amér. L.* 原蜡

~ sintética 人造蜡，合成石蜡

~ vegetal 植物蜡

~ virgen 原蜡

baño de ~ 石蜡浴

ceráceo,-cea adj. 蜡质的；似蜡的

cerafolio m.〈植〉①雪维菜；②细叶芹

cerametales m. pl. 金属陶瓷(合金)，陶瓷金属

cerámica f. ①制陶艺[技]术；陶[瓷]器制造；②陶瓷器(皿)；陶瓷艺术品；③陶瓷(学)；陶器；④〈理〉(绝缘)陶器

~ blanca 白陶(商朝时期产品)

~ metálica 金属陶瓷(学)

~ refractaria 耐火陶瓷

manguito de ~ 陶瓷管

cerámico,-ca adj. ①制陶艺术的；②陶瓷的；③烧制陶瓷器的

industria ~a 陶瓷工业

productos ~s 陶瓷制品

ceramida f.〈生化〉神经酰胺

ceramista m. f. ①陶瓷器制造者；②陶瓷专家；陶瓷艺术家

cerargirita f.〈矿〉角银矿；氯化银矿

cerasta f.; **ceraste** m.〈动〉角蝰(一种非洲毒蛇)

cerato m.〈药〉蜡膏[剂]

ceratoideo,-dea adj. 角状的；角质的

ceratotomía f.〈医〉角膜切开术

ceraunia f.〈地〉火石，燧石

ceraunita f.〈矿〉陨石

ceraunógrafo m.〈气〉雷电计；雷电记录仪

ceraunograma m.〈气〉雷电记录图

ceraunómetro m.〈气〉雷电仪

cerbatana f. ①〈军〉吹矢枪，吹箭筒；②〈医〉(半聋人用的)号角状助听器

cercal adj.〈动〉尾的；有尾巴的

cercaria f.〈动〉摇尾幼虫，尾蚴

cerceta f.〈鸟〉白眉鸭；短颈野鸭

cercha f. ①软尺；②〈建〉拱心[架]，拱模；桁[构,屋]架，桁梁；③〈建〉(石工的)模[型，样]板

~ a la inglesa 英国式屋架

~ armada cintrada 桁架式梁

~ curva 弓形桁架

~ de celosía 格构桁架

~ de doble pendolón 双柱桁架

cerco m. ①〈农〉围栏[篱]；围墙；篱笆；*Amér. L.*(有围栅的)园子，田地；②〈机〉(车轮的)轮辋，轮胎辋圈；③(环,轮)箍，卡箍[带]；箍铁[钢]；④〈军〉围困，包围；⑤〈气〉晕；〈天〉(天体的)光环；⑥圆圈[环]；⑦〈建〉(门窗等的)框；框[构]架

cerdo m. ①〈动〉猪；②猪肉

~ hormiguero 非洲食蚁兽，土豚

~ marino 海豚

~ salvaje 野猪

cereal adj. ①〈农〉谷物的；谷类植物的；②谷物制成的 ‖ m. ①〈农〉谷物；②〈农〉〈植〉谷类植物；③(加工而成的)谷类食品；pl. 谷类早餐

cerealero,-ra adj.〈农〉粮食的

cosecha ~a 粮食收成

cerealista adj.〈农〉①谷物的；②有关粮食生产的 ‖ m. f. ①粮农；②粮商

política ~ 粮食政策

región ~ 产粮区

cerebelar adj.〈解〉小脑的

síndrome ~ 小脑综合征

cerebelitis f. inv.〈医〉小脑炎

cerebelo m.〈解〉小脑

cerebral adj.〈解〉脑的，大脑的

anemia ~ 脑贫血

dominancia ~ (半侧)大脑优势

diplejía ~ 大脑性双瘫

gigantismo ~ 大脑性巨人症

hemisferio ~ 大脑半球

hemorragia ~ (大)脑出血

cerebritis f. inv.〈医〉大脑炎，脑炎

cerebro m. ①〈解〉脑，大脑；②脑袋；③智者；智囊；中枢人物

~ anterior/posterior 前/后脑

~ medio 中脑

~ electrónico 电脑

~ gris 幕后掌权者，后台人物；秘密代理人

cerebroespinal adj.〈解〉脑脊髓的

cerebrofisiología f. 大脑生理学

cerebrología f. 脑学

cerebromalacia f.〈医〉脑软化

cerebrosclerosis f.〈医〉脑硬化

cerebrósidos m. pl.〈生化〉脑苷脂(类)

céreo,-rea *adj*. ①(含,似)蜡的;②蜡黄色的
　cilindro ~〈医〉蜡样管型
　flexibilidad ~a〈医〉蜡样屈曲
cerería *f*. ①蜡烛店;②蜡烛业;③制蜡工场,
　蜡烛厂
ceresina *f*. 纯[白,精制]地蜡
cereza *f*. ①〈植〉樱桃;②樱桃色,鲜红色
cerezo *m*. 〈植〉樱桃树
cerianita *f*. 〈矿〉方铈矿
cérico,-ca *adj*. 〈化〉高[四价]铈的
cérido,-da *adj*. 〈化〉铈的
cerífero,-ra *adj*. 产蜡的
cerina *f*. ①(纯)地蜡;②蜡酸[素];③〈矿〉
　褐帘石
cerio *m*. 〈化〉铈
　sulfato de ~ 硫酸铈
　sulfuro de ~ 硫化铈
cerita *f*. 〈矿〉铈硅石
ceriterapia *f*. 〈医〉石蜡(浴)疗法
cernedor;cernidor *m*. ①筛子;滤器;②〈机〉
　分离筛;筛选[分]机
cerneja *f*. 〈动〉①(马、驴等蹄后上部的)丛
　毛,距毛;②球节(生距毛的突起部分)
cernícalo *m*. 〈鸟〉①红隼(一种常逆风飞翔
　的鹰科猛禽);②*And*. 鹰;猎鹰
cernidillo *m*. 〈气〉细[毛毛]雨
cero *m*. ①〈数〉零;零号;②〈理〉零点[度,
　位];③(气温的)零度;(刻度表上的)零
　[原]点;(坐标的)起点;④〈教〉(学习成绩
　的)零分;⑤〈体〉(足球、橄榄球等的比赛结
　果)零
　~ absoluto 绝对零度
　~ fisiológico 生理零度
　~ simple 单[一阶]零点
　~ del tiempo 时间零点,计时起点
　error ~ 零误差
　hora de ~ 零时,子夜
　tasa ~ 零税率
ceroplástica *f*. 蜡塑术
cerrado,-da *adj*. ①(门窗等)关[封]闭的;
　(嘴)紧闭的;(拳头)捏紧的;②〈数〉(曲线
　等)闭的;③〈技〉闭(合,路,式)的,闭锁的;
　封装的;④密实[集]的;浓[稠]密的;⑤〈商
　贸〉(价格等)固定的
　curva ~a 闭曲线
　economía ~a 闭关自守经济
　sociedad ~a 封闭式公司
cerradura *f*. ①锁;闭锁(装置);②锁上
　~ antirrobo 防盗锁
　~ cilíndrica 暗锁
　~ de abecedario 标度锁档;字[暗]码锁
　~ de combinación 暗[字]码锁,转字锁
　~ de golpe[muelle] 弹[碰]簧锁;弹子门

锁
　~ de seguridad 保险锁
cerraja *f*. ①锁;②〈植〉苦苣菜
cerrajería *f*. ①制锁业;锁匠行业;②锁厂
　[店]
cerro *m*. 〈动〉颈;脊骨;脊椎;背脊
cerrojo *m*. ①(窗、门上的)插销,(窗、门)闩;
　锁簧;锁(扣);②螺栓;③枪栓[机];④*pl*.
　联[互,内]锁;⑤〈体〉(足球运动中的)(密
　集)防守;见 táctica de ~
　~ de arrastre 制动螺栓
　~ de cabeza cuadrada 方头螺栓
　táctica de ~〈体〉防守战术
certación *f*. 〈植〉粉管竞生
certamen *m*. 竞赛,比赛(尤指竞技者各自献
　技由评委择优的竞赛和对抗赛)
　~ de belleza 选美比赛
　~ de propaganda 广告竞赛
certificación *f*. ①证明[书];(通过证书所作
　的)保证;②(在邮局的信件)挂号;③〈法〉
　(经陈述者在法律上可采作证据的)书面陈
　述
certificado,-da *adj*. ①挂号的;②持有证明
　[件]的;由证件证明的;③证明合格的,有保
　证的‖*m*. ①证书;执照;②证明[件],合格
　证;③凭证,单据;④挂号邮件
　~ de acciones 股票;(股票)证券
　~ de aeronavegabilidad 飞机适航证书
　~ de análisis 化验(合格)证书
　~ de aptitud 技能证书;合格证书
　~ de arqueo 吨位证书;尺码证明书
　~ de auditoría 审计证明书;查账报告
　~ de averías 海损理算书
　~ de bienes de empresa 企业资产证明
　~ de buena conducta 行为良好证书
　~ de calidad 品质[质量]证明书
　~ de ciudadanía 公民身份证;国籍证书
　~ de clasificación 等[船]级证书
　~ de condiciones de navegación 适航证
　书
　~ de cuarentena 检疫证明书
　~ de defunción 死亡证明书
　~ de depósito 存(款)单
　~ de desinfección 消毒检验证书
　~ de ensayo[prueba] 检验证明书
　~ de escolaridad 义务教育结业证书
　~ de esterilización 消毒证书
　~ de estiba 理舱证书
　~ de estudio (中学)毕业证书
　~ de exportación de objetos culturales
　antiguos 文物出口证明书
　~ de finiquito[salida] 结关证书
　~ de franquía (aduanera) 海关放行证书

~ de garantía 担保[保证]书
~ de humedad 湿度证明书
~ de identidad 身份证
~ de inmunización 免疫证明书
~ de inspección 检验(合格)证书
~ de la exención de inspección 免验证
~ de licencia de conductor de motor-vehíiculo 机动车驾驶证证明书
~ de nacionalidad 国籍证书
~ de nacimiento 出生证明书;出生证
~ de notas de la escuela segundaria 中学成绩证明
~ de navegabilidad 适航证书
~ de obra hecha 竣工证书
~ de origen (原)产地证明书
~ de pago 付款凭证,支付证书
~ de pasivo 负债证明书
~ de paz y salvo 结关证明书
~ de penales 行为良好证书
~ de pérdidas 货损证明
~ de propiedad 所有权证明书
~ de protesto 拒付证明
~ de pureza 纯度证明书
~ de registro 注册证(明)书
~ de regreso a la patria 回国证明书
~ de residencia 居住证明书;居住证
~ de retorno 退税证明书
~ de salud para viaje internacional 国际旅行健康证书
~ de seguridad 保险证书
~ de sociedad de coinversión 合资公司证明
~ de tonelaje 吨位证明书
~ de vacunación (预防)接种证书(即黄皮书)
~ de vacunación o revacunación 预防霍乱接种或复种证书
~ del fabricante 制造商证明书
~ duplicado 副本证书
~ impositivo[tributario] 纳税证明
~ médico ①健康证书;②诊断书(用以证明不适宜于工作等)
~ provisional 临时证书
~ sanitario 卫生证明书
~ veterinario 兽医证明

cerusa f. 〈化〉碳酸铅白;白铅
cerusita f. 〈矿〉白铅矿
cervantesco,-ca; cervántico,-ca adj. 塞万提斯(Cervantes)的;塞万提斯(作品)风格的
cervato m. 〈动〉(不满六个月的)幼鹿
cervical adj. 〈解〉①颈的;②子宫颈的 ‖ f. (常用 pl.)颈椎

vértebra ~ 颈椎
cervicalgia f. 〈医〉颈椎痛
cervicectomía f. 〈医〉子宫颈切除术
cervicotomía f. 〈医〉子宫颈切开术
cérvido,-da adj. 〈动〉鹿的;鹿科的 ‖ m. ①鹿科动物;②pl. 鹿科
cervímetro m. 〈医〉子宫颈测量器
cervix f. 〈解〉①颈(尤指背背);②子宫颈
cervuno,-na adj. ①〈动〉鹿的;鹿科的;②像[似]鹿的
cesárea f. 〈医〉剖宫产;剖宫产(手)术
cesáreo,-rea adj. 〈医〉剖宫产的

operación ~a 剖宫产手术
cesio m. 〈化〉铯

cromato de ~ 铬酸铯
óxido de ~ 氧化铯
sulfato de ~ 硫酸铯
cesión f. ①(领土的)割让;②〈法〉(财产、权利等的)转让,让于;③输[发]出

~ de bienes 财产转让
~ de calor 热量释放
~ en blanco 空白转让,不记名转让
cesionario,-ria m. f. 〈法〉受让人;被授予人
cesionista m. f. 〈法〉让予人;授予人
césped m. ①〈植〉(青)草;禾草;②草地(坪,皮);③〈体〉(板球、棒球等运动中的)投球;投球式

~ artificial (用来铺设运动场等的)人造草皮;阿斯特罗草皮
cesta f. ①篮子,筐,篓;②(篮球运动的)篮;投篮得分,投球中篮;③吊篮[舱]

~ de bambú 竹篮[篓]
~ de costura 针线篮
~ de la compra ①购物篮;②一周购物费用
cestodo,-da adj. 〈动〉绦虫纲的;绦虫的 ‖ m. ①绦虫纲动物;②pl. 绦虫纲
cestoideo,-dea adj. 〈动〉绦状的
cetáceo,-cea adj. 〈动〉鲸目的;鲸目动物的 ‖ m. ①鲸目动物(如鲸、海豚等);② pl. 鲸目
cetano m. 〈化〉十六烷,鲸蜡烷
cetilo m. 〈化〉十六烷基,鲸蜡基
cetina f 〈化〉鲸蜡素
cetme m. 〈军〉步[来复]枪
ceto m. 〈化〉氧化[代],酮(基)
cetohexosas f. pl. 〈化〉己酮糖
cetología f. 〈动〉鲸(类)学
cetona f. 〈化〉酮
cetónico,-ca adj. 〈化〉酮的

ácido ~ 酮酸
cetonización f. 〈化〉酮化作用

cetonizar *tr.* 〈化〉使酮化

cetorrino *m.* 〈动〉姥鲛,姥鲨(一种不伤害人的大鲨鱼)

cetosa *f.* 〈生化〉酮糖

cetosis *f.* 〈医〉酮病(指体内酮体生成过多)

cetrería *f.* ①猎鹰训练术;②放鹰狩猎

Cf 〈化〉元素锎(californio)的符号

C. F. ; c. f. *abr.* caballo de fuerza 马力

c. f. ; c. & f. *abr. ingl.* cost and freight 〈商贸〉货价加运费;运费在内

CFC *abr.* clorofluorocarbono 〈化〉含氯氟烃

c. f. & i. *abr. ingl.* cost,freight and insurance 〈商贸〉成本、运费及保险

cg *abr.* centígramo(s) 厘克

cge. *abr. ingl.* carriage 〈商贸〉运费

CGI *abr. ingl.* common gateway interface 〈信〉通用网关接口

C. G. T. *abr. ingl.* capital gains tax 资本利得税

cha *m. Amér. L.* 茶

chabasita *f.* 〈矿〉菱沸石

chabota *f.* ①软垫,垫木;②车架承梁

chabrana *f. Amér. L.* 〈建〉筒子板、贴面

chaca *f. Bol.* ①桥;②拱形建筑

chacaco *m. Venez.* 〈昆〉蚂蚁

chacal *m.* 〈动〉豺类;里背豺

chacalín *m.* ①*Méx.* 〈昆〉蝉,知了;②〈动〉小[河]虾

chacalote *m.* 〈动〉大西洋鼠海豚

chácara *f.* ①*Amér. L.* 小庄园;②*Amér. L.* 〈医〉疮,溃疡

chacarería *f. Amér. L.* ①小庄园;②〈农〉商业果菜园;③*pl.* 〈农〉蔬菜农场

chacarero,-ra *adj. Amér. L.* 〈农〉小农场的 ‖ *m. f.* 〈农〉①小农庄主;农民;②商业园艺工;③菜农

chacarreo *m. Méx.* 〈农〉农活

chachachá *f.* ①恰恰舞(源自拉丁美洲节奏明快的三拍交际舞);②恰恰舞曲

chachaguato,-ta *adj. Amér. C.* 孪生的 ‖ *m. f.* 双胞胎;孪生兄弟[妹]

chachal *m. Per.* 〈矿〉石墨

cháchara *f.* (电话等的)串话,串音

chacharito *m. Guay.,Venez.* 〈动〉野猪

chacho *m.* ①*Amér. C.* 双胞胎;②*pl.* 〈医〉连体双胞胎

chacinero,-ra *adj.* (猪)肉类加工的 industria ~a (猪)肉类加工业

chacmol *m. Méx.* 〈动〉美洲虎

chaco *m. Amér. L.* 〈地〉(河流纵横交错的)低地

chacón *m.* 〈动〉菲律宾蜥蜴

chacrero *m. f.* ①小庄园主;②〈农〉(庄园)农民

chacrino,-na *adj. Chil.* 小庄园的 ‖ *m. f.* 〈农〉菜农

chadless *adj. ingl.* 部分[无屑]穿孔的 perforación ~ 部分[无屑]穿孔,无屑凿孔

chaflán *m.* ①斜面[边,角];削[切]角面;②斜削;③〈建〉斜屋面 doble ~ 双斜式,K形[双面]坡口

chaflanar *tr.* ①斜削[切];②使成削角面,做成斜边[角,面]

Chagas *m.* 见 enfermedad de ~ enfermedad de ~ 〈医〉查加斯病(即美洲或南美洲锥虫病)

chagual *m. Amér. L.* 〈植〉铁兰

chaguarama *f.*; **chaguaramo** *m. Amér. L.* 〈植〉大王椰子

chagüe *m. Amér. C.* 沼泽;湿[沼泽]地

chagüite *m. Amér. C.,Méx.* ①沼泽,湿[低洼,水淹]地;②香蕉园;③*C. Rica* 玉米地

chai *f.* 〈鸟〉小鸟

chaira *f.* ①磨[钢]刀棒[器];②鞋匠刀

chalana *f.* 〈船〉驳[拖,平底]船 ~ cisterna 油驳船 ~ de paso 渡船

chalaza *f.* ①〈动〉卵黄系带,卵带;②〈植〉合点

chalchacura *m.* 地衣,苔藓

chalchichuite; chalchihuite *m. Méx.* 〈矿〉一种玉石

chalcocita *f.* 〈矿〉辉铜矿

chalcona *f.* 〈化〉查耳酮,苯基苯乙烯酮

chaleco *m.* 背心,坎肩;马甲 ~ antibalas 防弹背心 ~ de fuerza (给疯人或犯人穿的)约束衣 ~ enyesado 石膏背心 ~ salvavidas 救生衣

chalet(*pl.* chalets) *m.* ①小别墅;农舍,乡间别墅;②单层屋;避暑小屋;③〈体〉运动员更衣室 ~ adosado 独立房屋 ~ pareado 半独立式住宅

chalote *f.* 〈植〉①亚实基隆葱;②青[叶]葱

challenge *m. ingl.* ①〈体〉邀请比赛;要求格斗;②〈医〉激发(指注入抗原以激发免疫应答)

chalupa *f.* 〈船〉①小艇[船];②小[独木]舟 ~ salvavidas 救生艇

chamao *m. Amér. L.* ①水蒸气;②薄雾

chamberga *f. Cub.* 〈植〉万寿菊(花)

chambero *m.* ①*Méx.* 绘[制]图员;②*Col.* 挖沟[开渠]人

chambrana *f.* 〈建〉①(门窗)侧壁,门框桄;

②*pl.* 筒子板,贴面

chamburo *m.* 〈植〉番木瓜

champán *m.* 舰板

champiñón *m.* 〈植〉菌,食用伞菌;蘑菇

chan *m. Amér. C.* (旅游)地陪[导游]

chanca *f. And. , Cono S.* 磨[粉,碾,捣]碎

chancaca *f.* ① *Amér. L.* 粗[黑]糖;② *And.* 〈医〉溃疡

chancadora *f.* 〈机〉①压[粉,破,磨,轧]碎机;碎石[矿]机;②研磨机
~ de disco 盘式压碎机,(圆)盘式轧碎机
~ de mandíbulas[quijadas] 颚式破[轧,压]碎机
~ de martillos 锤式粉碎机
~ giratoria 旋回破碎机

chance *m. ingl.* 〈体〉(棒球守场员的)防守机会

chancleta *f. Cari.* 加速[促媒,促进]剂

chandal; chándal (*pl.* chandals; chándals) *m.* 〈体〉田径服;球衣

changago *m. Cono S.* 〈乐〉小吉他

changurro *m.* 〈动〉螃蟹

chanquete *m.* 〈动〉鲱;西鲱幼鱼

chañaca *f.* 〈医〉疥疮[癣]

chañar *m.* 〈植〉脱皮枣豆树

chapa *f.* ①(挡,木,模,平,金属)板;薄板[片],板(材,料),片材;②牌子[牌(照);③(警察等的)徽章;标牌[志];④ *Amér. L.* 门锁;(门)把[拉]手,柄
~ acanalada 瓦楞金属板
~ de acero 钢板
~ de aleación ligera 轻合金板
~ de alma *Méx.* (身体的)致命处
~ de aparadura 龙骨翼板
~ de[para] caldera 锅炉(钢)板
~ de circulación (汽车)牌照
~ de clasificación 定额牌,额定值名牌
~ de cubetas 槽形板
~ de envoltura 套(桶)板,外[防护]套
~ de envuelta 外[防护,保温]套,板[贴]皮
~ de guarda 遮护[防尘,挡风,挡泥]板
~ de hierro 铁皮[片,板]
~ de identidad (编)号牌,名牌
~ de madera 木板
~ de patente *Cono S.* (汽车等的)牌照
~ de protección(~ protectora) 挡[极,护堤,护墙]板
~ de recubrimiento 盖[防护]板
~ de relleno para reducir el huelgo 填隙片,(薄)垫片,隔片
~ de unión 系[垫,固定]板

~ de varenga 肋[支撑,网纹]板
~ del fabricante 厂名牌
~ delgada 薄[金属]板
~ estañada 镀[包]锡板
~ estriada[gofrada] 网纹(钢)板,花(纹)钢板
~ eyectora 漏[脱]模板,导[挤压]板
~ fina 薄板坯,铁皮[片,板],钢皮
~ fuerte 中厚钢板
~ fundida currentiforme 导流罩
~ galvanizada 镀锌铁板[皮]
~ gruesa 厚钢板
~ inferior 下部挡板,挡泥板
~ laminada 轧制钢[铁]板;轧制钢[铁]片
~ mediana 中型板材
~ metálica 金属板
~ naval 桁板[架]
~ ondulada 波纹板
~ plana 平板
~ rebordeada 翼缘板
~s de trancanil (船舶)纵桁板
~s recortadas 冲[模]压板
~s taladradas 冲[穿]孔板
máquina de recortar ~ 冲[模]压机
pantalla de ~ 挡[隔,遮护]板
recortadora de ~ 步冲轮廓机,分段冲裁冲床

chapada *f. Bras.* 〈地〉高原

chapado,-da *adj.* ①装有金属[装饰]板的;②被覆镀的
~ de oro 镀金的
~ de roble 栎木(镶板)饰面的

chapapote *m. Méx.* 柏油;沥青

chaparra *f.* ①〈植〉胭脂虫栎;大红栎;②灌木丛,丛林地

chaparrada *f.* 〈气〉阵[暴,倾盆大]雨;

chaparro *m.* ①〈植〉胭脂虫栎;大红栎;②灌木丛,丛林地

chaparrón *m.* ①〈气〉阵[暴,倾盆大]雨;②*pl.* (电子)流,簇射
~es cósmicos 宇宙射线簇射
~es electrónicos 电子流,电子簇射

chaparrudo *m.* 〈动〉鲱;西鲱幼鱼

chapasita *f.* 〈矿〉菱沸石

chapeado,-da *adj.* 〈建〉①(用薄木板、薄金属板)镶饰的,盖[贴,镶]面的 ‖ *m.* 饰[镶,贴]面

chapear *tr.* ①〈建〉(用金属片)镶嵌[面,饰],(用木板)饰[贴]面;②*Amér. L.* 〈农〉除[刈]草

chapeo *m.* 〈农〉除[刈]草

chaperona; chaperonina *f.* 〈生化〉伴侣[陪伴]蛋白

chapetón *m.* 〈气〉阵[暴,倾盆大]雨

chapia *f. Méx.* 〈农〉除[刈]草

chapiar *tr. Méx.* 〈农〉除[刈]草

chapisca *f. Amér. C.* 〈农〉玉米收成

chapiscar *tr. Amér. C.* 〈农〉收割[获]玉米

chapista *m.* ①白铁工;②(汽车车身等的)钣金加工者

chapistería *f.* ①薄(金属)板生产车间;②薄(金属)板制造术;③车身制造[修理]厂

chapitel *m.* ①〈建〉柱头[顶];②塔尖,尖顶

chapoda *f.* ①(树木等的)剪[整]枝;② *Méx.* 〈农〉除[刈]草

chapodar *tr.* ①修剪树枝;整枝;②减少,削[缩]减

chapola *f. And.* 〈昆〉蝴蝶

chapopote *m.*; **chapote** *m. Amér. C., Cari., Méx.* 柏油;沥青

chapoteo *m.* 飞[喷]溅;喷射

chaptalización *f.* (葡萄酒酿制中的)原料改良

chapulín *m. Méx.* 〈昆〉大蝗虫

chapuro *m. Amér. C.* 沥青;柏油

chapuza *f.* 〈信〉异机种系统;用低档元件拼装的计算机

chapuzón *m.* ①浸渍[湿];②(航天器等的)溅落;③ *Amér. C.* 暴雨

charadrio *m.* 〈鸟〉鸻科鸟;鸻

charanga *f.* 〈乐〉军[铜管]乐队

charango *m. Amér. L.* 〈乐〉小吉他;恰兰戈(有二至五根弦的吉他)

charita *f. Arg.* 〈鸟〉雏鸵鸟

charnela *f.* ①(门窗的)铰链,折[合]叶;②(牡蛎、蛤等的)铰合部,蝶铰,接点
  chasis de ~ 活[可拆,铰链式]砂箱

charneta *f.* ①(门窗的)铰链,折[合]叶;②(牡蛎、蛤等的)铰合部,蝶铰,接点

charol *m.* ①清漆;②上漆皮革,漆皮

charolado,-da *adj.* 上过[了]漆的;有光泽的,发[光]亮的

charolar *tr.* 涂[上]漆;上釉

charolista *m.* 漆工

charpa *f.* ① *Amér. C.* (手枪的)背带;刀[剑,武装]带;②〈医〉(外科用)悬带

charra *f. And.* 〈医〉疥疮

charrán *m.* 〈鸟〉燕鸥(一种小海鸥)

chart (*pl.* charts) *m.* 市场预测;证券市场预测 ‖ *m. f.* 市场分析师[员]

chárter *adj. inv.* (对飞机等交通工具)租赁的;包租的 ‖ *m.* (飞机等交通工具)租赁;包租
  vuelo ~ 包机

chartista *adj.* 市场分析的 ‖ *m. f.* 市场分析师[员]

chasis *m. inv.* ①(汽车、集装箱车等的)底盘,底(盘)架;底板[座];②(电视机等)机架[箱];框架;③〈摄〉干板暗盒
  ~ del automóvil 汽车底盘
  ~ fotográfico 遮光板
  ~ tubular 管制汽车底盘

chat *m.* (在互联网上同其他用户的)聊天室

chata *f.* ①〈船〉〈海〉驳[拖,平底]船;② *Cono S.* (铁路)无顶平板货车;敞[平板]车;③〈军〉短管霰弹枪

chatarra *f.* ①废料[物](尤指废金属);废铁[钢];② *Méx.* 废物,残渣
  ~ espacial 太空垃圾
  ~ metálica 金属废料

chatarrería *f.* 废(旧)金属店;废(旧)钢铁店

chatón *m.* 镶嵌宝石

chaucha *adj. inv.* ①(农作物)早熟的;②〈医〉早产的 ‖ *f.* 〈植〉① *Amér. L.* 早熟马铃薯;② *Cono S.* 嫩豆荚;(青)菜豆;③ *pl. Cono S.* 花生

chaucho,-cha *adj. Amér. M.* 提早[前]的;早熟的

chaufa *f. Amér. L.* (中国式)炒饭

chavacano *m. Méx.* 〈植〉杏树;杏

chavalongo *m.* ① *Cono S.* 〈医〉发热[烧];②〈医〉中暑;日射病;③昏(昏欲)睡

chaveta *f.* ①〈机〉(制,开口,开尾)销;楔(形销子);销[轴]钉;② *Amér. L.* 折刀
  ~ con hendidura(~ partida) 开口[尾]销
  ~ cónica 锥形销
  ~ de apriete 斜扁销
  ~ de enganche 钩[关节]销
  ~ de resorte 开口[尾]销,弹簧制销
  ~ en cola de milano 燕尾销
  ~ ranurada 弹簧制销
  collar de ~ 扁[开尾]销
  pasador de ~ 扁[开口,开尾]销,定位销钉
  perno con ~ 键螺栓,螺杆销
  ranura de ~ 键槽;销座

chavetear *tr.* 用销[栓]固定,楔牢[住,固]

chavetero *m.* 基准井

chay *m. Guat.* 〈矿〉箭石;黑曜石

chayato *m. Col.* 〈植〉佛手瓜

chayote *m.*; **chayotera** *f.* 〈植〉佛手瓜

checheque *m. Hond.* 〈鸟〉啄木鸟

chedita *f.* 谢德炸药

cheje; **chejé** *m.* ① *Amér. C., Méx.* 〈鸟〉啄木鸟;② *Hond., Salv.* 链环;环扣

chelista *m. f.* 〈乐〉大提琴手[师]

chelo *m.* 〈乐〉①大提琴;②大提琴手[师]

chenilla *f.* 〈纺〉雪尼尔花线

chenque *m*. *Amér*. *L*. 〈鸟〉火烈鸟

cheque *m*. 〈商贸〉支票

~ a la cuenta 转账支票

~ al cobro 催[托]收支票

~ al descubierto 空头支票

~ al portador 来人[持票人,无记名]支票

~ abierto 普通[非划线]支票;空白支票

~ (abierto) cruzado 划线支票

~ bancario 银行支票

~ bloqueado 止付支票

~ caducado 过期支票

~ certificado[confirmado] 保付支票

~ de compensación 清[结]算支票

~ de reintegro 偿付支票

~ de viaje(~ viajero) 旅行支票

~ electrónico 电子支票

~ no cruzado[rayado] 普通[非划线]支票

~ nominativo 记名支票

chequeo *m*. ①〈医〉体格检查;②检查,核对;③(对汽车等的)检[维]修

~ de cuentas 核对账目

cherna *f*. 〈动〉多锯鲳

cherva *f*. 〈植〉蓖麻

chesilita *f*. 〈矿〉蓝铜矿,石青

cheurón *m*. ①V形肩章;②(纹章学)人字形图记;③〈建〉波浪饰,锯齿形花饰

chevió; cheviot *m*. ①〈动〉雪福特羊;②〈纺〉啥咪呢

chibalete *m*. 〈印〉拼板台架

chibasa *f*. *Col*.〈植〉灯心草

chicato,-ta *adj*. *Cono S*.〈眼〉近视的

chícharo *m*. 〈植〉①豌豆;豌豆属植物;②鹰嘴豆

chicharra *f*. ①〈昆〉蝉;②〈电〉(电,信号)铃;窃听器

chicharrero *m*. ①炉,灶;熔炉;②温室;暖房

chicharro *m*. 〈动〉金枪鱼,竹筴鱼

chichicaste *m*. ①*Amér*. *C*. 〈植〉荨麻属;②〈医〉荨麻疹

chichicuelote *m*. 〈鸟〉鹬

chichus *m*. *Amér*. *C*. 〈昆〉跳蚤

chiclé *m*. (发动机燃料的)调节器

chicoria *f*. ①〈植〉菊苣;②菊苣根

chicote *m*. ①〈海〉绳索头[端],一段缆绳;②*Amér*. *L*. 鞭子;鞭梢

chifa *f*. *per*. 中式餐厅,中国饭馆

chiffón *m*. 〈纺〉薄[雪花]绸

chifla *f*. ①〈体〉吹口哨;喝倒彩;②哨子[笛];哨[笛,呼啸]声

chiflato; chiflete *m*. 哨子[笛]

chifle *m*. ①哨子[笛];②鸟鸣

chiflón *m*. ①〈矿〉塌方;② *Amér*. *C*.,

Cari.,Cono S. (江河等)急[湍]流;③*Amér*. *L*. 通风,气流;疾[穿堂]风;④*Méx*. 喷[管]嘴;喷泉管;⑤*Méx*. 水渠[道,沟]

chiflonazo *m*. *Méx*. 疾[劲,过堂]风

chifón *m*. *Ecuad*.〈纺〉丝绸

chifonier *m*. *f*. *Chil*.〈机〉缝纫机

chigre *m*.〈机〉绞盘[车],起货机

chigüiro *m*.〈动〉水豚

chilacayote *m*.〈植〉葫芦属

chilar *m*. *Amér*. *L*.〈植〉辣椒

chilca *f*.〈植〉油腺巴豆(灌木)

chilco *m*. *Chil*.〈植〉大蕊倒挂金钟

chile *m*.〈植〉辣椒

chileita *f*. *Chil*.〈矿〉铜矿石

chilena *f*.〈体〉①(足球运动中的)侧钩球;②(游泳)剪式打腿动作

chilicote *m*. *And*.,*Cono S*.〈昆〉蟋蟀

chilla *f*. ①〈建〉檐板;护墙板;②(剧院)最高楼座;③*Amér*. *L*.〈动〉狐狸

chillón *m*. 〈建〉(小)钉子;镶板钉;装饰钉

chiltoma *f*. *Amér*. *L*.〈植〉辣椒

chimba *f*. ①*And*.,*Cono S*. (江河等的)对岸;②*And*. 浅滩;③*And*.,*Cono S*. 郊外[区]

chimborrio *m*. *Amér*. *L*.〈乐〉鼓

chimenea *f*. ①(高,大)烟囱,烟[通风]筒,烟道;②壁炉;③〈矿〉(竖,矿,升降,通风)井

~ de aire 通风井

~ de columna (工厂)高烟囱,丛烟囱

~ de ladrillo 砖砌烟囱

~ de ventilación 通风道

~ francesa 壁炉

~ refrigeradora 冷却塔

camisa de ~ (空)气套,气隔层

cuerpo de la ~ 丛烟囱

silbato de ~ 通风[通气]管

chimicoleo *m*.*Méx*.〈农〉锄地

chiminea *f*.*Chil*.,*Méx*. 烟囱

chimpancé *m*. *f*.〈动〉黑猩猩

chimuelo,-la *adj*. ① *Amér*. *L*. 缺[无]齿的;②*Méx*. 单[隐]睾的

china *f*. ①瓷器[料,制品];②(小)卵石;③(药)片;④中国丝绸;⑤*And*. 陀螺;⑥扇子;⑦*Cari*.,*Méx*.〈植〉(甜)橙;⑧*Amér*. *C*.〈植〉凤仙花

chinacaste; chinacastero *m*. *Méx*.〈动〉种猪;种畜

chinaloa *f*. *Méx*. 海洛因

chinampa *f*. *Méx*. (湖泊上的)人工岛(如湖滨菜园)

chinapo *m*. *Méx*.〈矿〉黑曜石

chinarro *m.* 〈矿〉大卵石

chinchada *f. Cono S.* 〈体〉拔河(比赛)

chincharrero *m. And.* 〈船〉小渔船

chinche *f.* ①〈昆〉臭虫;②图钉

chinchilla *f.* ①〈动〉毛丝鼠;②毛丝鼠毛皮

chinchín *m.* ①街头音乐;②*Méx.* 〈植〉葫芦

chinchona *f.* 〈药〉奎宁;金鸡纳碱

chinchorro *m.* ①拖网;②摇橹艇;划子;③ *Amér. L.* 吊床;④*Amér. L.* 经济公寓;⑤ 小商店[店铺]

chinesco *m.* 〈乐〉编铃;中国云锣

chingo,-ga *adj.* ①(刀)钝的;不锋利的;② *Amér. C.* 〈动〉短[无]尾巴的 ‖ *m.* ① *And.* 〈动〉小马(尤指小雄马);②*Amér. C. , And.* 小船

chingolo *m. Amér. L.* 〈鸟〉燕雀

chingue *m. Chil.* 〈动〉臭鼬

chinilla *adj. Amér. L.* 〈纺〉黑白方格的(布料)

chinita *f.* 〈昆〉瓢虫;花姑娘

chinólogo,-ga *m. f.* ①中国事务专家;中国问题观察员;②汉学家

chinorri *f.* 〈鸟〉小鸟

chinos *m. pl. Méx.* 〈植〉凤仙花

chip *m.* ①〈信〉(计算机和电子组件心脏部分的)芯片;②(集成)电路片,基片;③〈体〉(高尔夫球运动中的)切击球
~ de lectura sola 只读芯片
~ de memoria 存储器芯片
~ de silicio 〈电子〉硅(基)片

chipichipi *m.* ①*Amér. C. , Méx.* 毛毛细雨;②*Venez.* 〈动〉蛤蜊

chipirón *m. Méx.* 〈动〉鱿鱼

chipo *m. Venez.* 〈昆〉食虫椿象

chipujo,-ja *adj.* 〈医〉贫血的

chircal *m.* ①〈建〉砖结构;砖建筑物;②*Col.* 砖瓦厂

chiribita *f.* ①火[电]花;火星;②〈植〉雏菊

chirimbolo *m.* 〈信〉专用接口工具

chirimía *f.* 〈乐〉①肖姆管(一种中世纪的双簧管);②十孔笛

chirimoya *f.* 〈植〉①南美番荔枝;番荔枝(果实);②巴婆果

chirimoyo *m.* 〈植〉①南美番荔枝树;番荔枝树;牛心果树;②巴婆树

chirivía *f.* ①〈植〉欧洲防风;欧洲防风根(可供实用);②〈鸟〉鹡鸰

chirla *f.* 〈动〉蛤

chirlo *m. Amér. L.* 〈鸟〉褐鹩

chirraca *f.* ①*C. Rica* 〈植〉秘鲁胶树;②(秘鲁胶树的)树胶

chirriche *m. C. Rica* 〈动〉蝙蝠

chischís *m. Amér. C. , And. , Cari.* 毛毛细雨

chispa *f.* ①火花[星],电(火)花;(瞬间)放电;②*And.* 枪;武器 ‖ *m.* ①电工(技师);②照明员
~ amortiguada[apagada] 猝熄火花
~ de descarga 火花放电
~ eléctrica 电火花
frecuencia de ~s 火花频率
salto de ~ 跳火,击穿,发火花

chispeo *m.* 打[发]火花,飞火星;点火

chispero,-ra *adj.* 喷发火花的 ‖ *m.* ①火花隙;点火器;(汽车等的)火花塞;②*Amér. L.* 打火机
~ giratorio 旋转火花隙

chisquero *m.* 袖珍[便携式]点火器

chisquete *m.* ①喷射器;②注射器

chita *f.* 〈解〉踝骨

chiva *f.* ①〈动〉小山[羚]羊;雌山羊;② *Amér. C. , And.* 公共汽车;小汽车

chivato *m.* ①〈动〉小山[羚]羊;②(汽车等的)变向指示灯;③〈讯〉传[寻]呼机

chivaza *f. Col.* 〈植〉香马兜铃

chivito *m. Amér. C. , Col.* 〈动〉羊羔

chivo *m.* 〈动〉公山羊
~ expiatorio 替罪羊

chlamydia *f. ingl.* 〈生〉衣原体

chlorella *f. ingl.* 〈植〉小球藻

chocha; chochaperdiz *f.* 〈鸟〉丘[山]鹬

chochín *m.*; **chochita** *f.* 〈鸟〉鹪鹩

chock *m. And. Cari.* (汽车等的)阻气[塞]门

choclería *f. Amér. L.* 〈植〉①嫩玉米穗;②玉米

choclero,-ra *adj.* ①*Arg. , Chil.* 喜食嫩玉米的;②*Chil.* 嫩玉米穗的;③玉米的 ‖ *m.* 〈植〉①*Chil.* 嫩玉米穗;②玉米

choco *m.* ①*Chil.* 〈动〉卷毛狗;②*Cono S.* 树桩[墩];③〈动〉墨鱼,乌贼;③大麻叶;麻醉药

chocolatero *m. Cari. , Méx.* 〈气〉强劲北风

chocolatillo *m. Amér. L.* 〈植〉野生可可树

chocoyo *m.* 〈鸟〉长嘴鹦鹉

cholga *f.* 〈动〉①贻贝;淡菜;②河[珠]蚌

chomba *f. Amér. L.* 毛[绒线]衣

chompipe *m. Amér. C.* 〈鸟〉火鸡

chompipi *m. Méx.* 〈鸟〉火鸡

chomulco *m. Amér. L.* 〈动〉蜗牛

choncaco *m. Arg.* 〈动〉水蛭

chonco,-ca *adj.* ①*Chil.* 单臂的;②独足的;③独眼的 ‖ *m.* 树桩[墩]

chonchito *m. Salv.* 〈植〉菜豆

chonchón *m. Chil.* 灯

chonta *f. Amér. L.* 〈植〉桃榈

chontal *m. And.* 〈植〉桃榈树

chontaruro *m. Ecuad.* 〈植〉海枣树

chontilla *f. Amér. L.* 〈植〉桃榈

chopo *m.* ①〈植〉(黑)杨树;②〈军〉(步)枪;③〈动〉小乌贼,小墨鱼

~ de Italia(~ lombardo) 笔[箭杆,钻天]杨

~ negro 黑杨

~ temblón 欧洲山杨

choque *m.* ①碰[相]撞;撞[冲]击;②〈体〉遭遇(战),交锋;③震[振]动;冲击;④〈医〉休克

~ alérgico 〈生医〉变应性休克

~ anafiláctico 〈生医〉过敏性休克

~ conjunto (车辆、飞机等的)撞毁

~ de agua[ariete] 水击作用

~ de retroceso 反冲,回(冲)程,返回冲程

~ eléctrico 电击[震]

~ frontal ①(汽车)正面相撞;②正面冲突

~ múltiple 多车相撞

~ violento 互[猛]撞

amortiguador de ~ 减振器

brigada de ~ 突击队

chapa de ~ 缓冲板

ensayo con ondas de ~ 冲击[激震]波试验

neumonía con ~ 休克型肺炎

tabique de ~ 防撞舱壁

terapéutica de ~ 休克疗法

trabajador de ~ 突击手

tratamiento de ~ 急救措施

choquezuela *f.* 〈解〉髌;膝盖骨

chorcha *f.* ①*Amér. C.* (禽类的)冠;冠子[毛],鸡冠;②*Amér. C.* 〈医〉甲状腺肿;③*Amér. C.* 〈解〉阴蒂

choricera *f.* 〈机〉灌(香)肠机

chorizo *m.* ①(杂技等表演中用的)平衡杆[棒];②*And., Cono S.* 〈建〉(抹墙用的黏土和麦秸混合)泥灰

chorlito; chorlitejo *m.* 〈鸟〉鸻科鸟;鸻

chorlo *m. Amér. L.* 〈鸟〉鸻科鸟;鸻

choro *m. And., Cono S.* 〈动〉贻贝;淡菜

chorretada *f.* (喷涌的)水注[流];喷流

chorro *m.* ①喷[涌,流]出;喷射[注];②(水)流,喷气(流),(喷)射流

~ de agua (喷)射流,水流

~ de aire 喷(射气)流

~ de arena 喷砂(法,处理)

~ de colada 冒[进料]口

~ de combustible 燃料喷射

~ de corte 切割射流

~ de vapor (蒸)汽(喷)射

~ de viento 气浪;一股气流

~ radial 径[辐向]流

motor a ~ 喷气式发动机

propulsión a ~ 喷气推进

chotacabras *m. inv.* 〈鸟〉欧夜鹰

choto,-ta *m.* 〈动〉①小山[羚]羊;②牛犊;③*Col.* 猪

chova *f.* 〈鸟〉乌鸦

~ piquirroja 〈鸟〉红嘴山鸦

chromobacterium *m.* 〈生〉〈生医〉色素杆菌属,色杆菌属

chubasco *m.* ①〈气〉阵[暴]雨;②逆流

~ de nieve 雪暴,暴风雪

chubascoso,-sa *adj.* ①〈气〉阵[暴]雨的;有暴雨的;②起风暴的

chucha *f.* 〈动〉①母狗;②*And.* 负鼠科动物

chucho *m.* ①〈动〉杂种狗;②*Cari.* 〈交〉(铁路的)转辙器;道岔;③*Amér. M.* 〈医〉间歇热

chuchurrío,-ría *adj.* 〈植〉(花、植物等)凋谢[残]的,枯萎的

chueca *f.* ①树桩[墩];②〈解〉骨突

chuequero,-ra *adj. Chil.* 〈体〉棍球的‖*m. f.* 棍球运动员

chufa *f.* 〈植〉铁荸荠,地栗;油莎草

chula *f. Salv.* 〈植〉长春花

chuleta *f.* ①排骨,肉条;②〈缝〉(缝纫衣服时的)镶拼[块,嵌物];③〈建〉填料;(木工)填缝条;④〈教〉(学生考试作弊的)夹带物;⑤(高尔夫球棒削起的)小块草皮击

~ de cerdo 猪排

~ de cordero 羊排

~ de ternera 牛排

chuletada *f.* ①烤肉;烧烤全牲;②户外烤肉餐

chulo *m. Col.* 〈鸟〉红头美洲鹫

chumacera *f.* ①〈机〉(球)轴承;②〈海〉桨架[叉];③〈机〉〈技〉支[托]架

~ a rodillos 滚柱[针]轴承

~ anular 径向轴承

~ de balines 滚珠轴承

~ de camisa 套筒轴承

~ de empuje 止推[推力]轴承,推力架

~ exterior 外置[外伸]轴承

~ partida 部分[对开,开槽,拼合]轴承

~ recalentada (火车上的)热轴

chumacería *f.* 〈机〉托架轴承

chumbera *f.* 〈植〉①仙人掌;②仙人果

chumbo *m.* ①〈植〉仙人掌;②〈植〉仙人果;③*Amér. L.* 〈军〉子弹

chumpipe *m. Amér. C.* 〈鸟〉火[吐绶]鸡

chuncho *m.* 〈植〉金盏花

chunco *m. Bol.* 〈植〉新枝[芽]

chupador *m.* 吸入器,吸子[头],吸管

chupaflor *m. Amér.* 〈鸟〉蜂鸟

chupagasolina *adj.* 耗油量大的 ‖ *m. inv.* 耗油量大的汽车;油老虎

chupamiel *m.* ①*Méx.* 〈鸟〉蜂鸟;②〈动〉蜜熊

chupamirto *m. Amér. L.* 〈鸟〉金蜂鸟

chuparrosa *f. Amér. L.* 〈鸟〉蜂鸟

chubatabaco *m. Méx.* 〈动〉一种蜥蜴

chupeta *f.* 〈船〉后甲板舱

chupeteo *m.* ①〈动〉乳兽;②〈鸟〉雏(鸟)

chupina *f. Arg.* 〈教〉逃学;旷课

chupinazo *m.* ①射击;②〈体〉(足球运动中的)猛踢;射球

chupita *f. Méx.* 〈鸟〉蜂鸟

chupo *m. Amér. L.* 〈医〉疖子;疗疮

chupón *m.* ①〈水泵〉活塞;②〈植〉吸根;③〈植〉根出条;④*And.* 〈医〉疖子;疗疮

chura *f. Per.* 蜂蜡

churca *f. Amér. M.* 〈动〉负鼠

churdón *m.* ①〈植〉悬钩子属植物;悬钩子灌木;②〈植〉悬钩子属植物浆果;悬钩子;覆盆子,树莓

churo *m.* ①*And.* 〈乐〉盘管乐器;②*And.* 螺旋式楼梯

churrigueresco,-ca *adj.* 〈建〉楚利盖利(Churriquera)建筑风格的;西班牙巴洛克建筑式样的

churriguerismo *m.* 〈建〉楚利盖利建筑风格;西班牙巴洛克建筑风格

churroso,-sa *adj. Amér. L.* 〈医〉腹泻的

churrusco,-ca *adj. Col.* 卷曲的 ‖ *m.* ①*And.*, *Amér. C.* 卷发;②〈昆〉毛虫

churumbela *f.* 〈乐〉六孔竖笛

chuscho *m. Arg.* 〈医〉间歇热

chut *m.* ①〈体〉射[击]球;②(用药)一次[剂]

chuta *f.*; **chute** *m.* ①小注射针[器];②(用药)一次[剂]

chutador,-ra *m. f.* 〈体〉射手

chutazo *m.* 〈体〉(足球运动中的)猛[劲]射

chuzo *m.* ①*Cono S.* 洋[十字,鹤嘴]镐;②(虫,植物等的)刺;③*Amér. C.* 鸟嘴,喙;④刺棒(赶牲畜用);长[木]棍;⑤〈军〉梭镖,长矛[枪]

CI *abr.* coeficiente de inteligencia (coeficiente intelectual) 智力商数,智商

Ci *abr.* curie 居里(放射性强度单位)

CIA *abr. ingl.* Central Intelligence Agency (美国)中央情报局

cía *f.* 〈解〉髋骨;髂骨

Cía *abr.* compañía 公司

ciaboga *f.* 〈海〉船调头

cian *m.* (介于绿色和蓝色之间的)青色(摄影和彩印中的三原色之一)

cianación *f.* 〈化〉氰化作用,氰化法

cianamida *f.* 〈化〉①氨基氰;尿素酐;氨腈;②氰氨(基)化钙

cianato *m.* 〈化〉氰酸盐;氰酸酯

cianhídrico,-ca *adj.* 〈化〉①含氢和氰的;含氰化氢的;②氢氰酸的

　ácido ～ 氢氰酸

ciánico,-ca *adj.* ①〈化〉氰的;含氰的;②青蓝的;蓝的

　ácido ～ 氰酸

cianina *f.* (摄影中用作增感剂用的)菁;花青

cianita *f.* 〈矿〉蓝晶石

cianobacteria *f.* 〈生〉藻青菌

cianoetilación *f.* 〈化〉氰乙基化(作用)

cianofíceo,-cea *adj.* 〈植〉蓝藻门的 ‖ *f.* ①蓝藻(植物);② *pl.* 蓝藻门

cianogenación *f.* 〈化〉氰化作用

cianógeno *m.* 〈化〉氰

cianohidrinas *f. pl.* 〈化〉氰醇

cianometría *f.* 天空蓝度测量法;天蓝计量

cianómetro *m.* 天空蓝度测量法;天蓝计

cianosis *f.* 〈医〉发绀,紫绀;青紫

cianótico,-ca *adj.* 〈医〉发绀的,青紫的

　asfixia ～a 发绀型窒息

cianotipia *f.*; **cianotipo** *m.* ①蓝图印刷术;蓝晒法;②晒蓝图

cianuración *f.* 〈化〉氰化

cianurar *tr.* 〈化〉用氰化物处理

cianuro *m.* 〈化〉氰化物

　～ de cobre 氰化铜

　～ de hierro 亚[低]铁氰化物

　～ de plata 氰化银

　～ de potasio(～ potásico) 氰化钾

　～ sódico 氰化钠

ciática *f.* 〈医〉坐骨神经痛

ciático,-ca *adj.* ①〈解〉髋骨的;坐骨的;坐骨神经的;②〈医〉坐骨神经痛的

　nervio ～ 坐骨神经

ciatiforme *adj.* 〈植〉杯状的

cibelina *f.* 〈动〉紫貂

ciberattack *m. ingl.* 〈信〉(由黑客发起的)网络攻击

cibercafé *m.* 网吧

cibercomercio *m.* 〈信〉网上交易

cibercrimen *m.* 〈法〉〈信〉计算机犯罪,网络犯罪

cibercultura *f.* 〈信〉网络文化

ciberempresa *f.* 〈信〉网络公司

ciberespacial *adj.* 〈信〉计算机空间的;网络空间的

ciberespacio *m.* 〈信〉计算机空间;网络空间

ciberfobia *f.* 计算机恐惧症

cibermedicina *f.* 〈信〉网络医学

cibernauta *m.f.* 〈信〉网络用户,网民

cibernética *f.* 控制论

cibernético,-ca *adj.* 控制论的

cibernetista *m.f.* 控制论专家;自动化专家

ciberpunk *m.* ①(描述由电脑技术控制无法制的社会的)电脑科幻小说;②〈信〉计算机黑客

cibersexo *m.* 网络色情;网上性行为

ciberterrorista *m.f.* 网络恐怖分子

ciberusuario,-ria *m.f.* 〈信〉网络用户,网民

cíbolo *m. Amér. L.* 〈动〉美洲野牛

cica *f.* 〈植〉铁树,苏铁;凤尾松

cicada *f.* 〈昆〉蝉

cicadáceo,-cea *adj.* 〈植〉苏铁科的 ‖ *f.* ①苏铁科植物;②*pl.* 苏铁科

cicádido,-da *adj.* 〈昆〉蝉科的 ‖ *m. pl.* 蝉科

cicatricotomía *f.* 〈医〉瘢痕切开术

cicatrictomía; cicatrisotomía *f.* 〈医〉瘢痕瘤切除术

cicatriz *f.* ①〈植〉瘢[叶]痕;②瘢疤

cicatrizal *adj.* 〈医〉〈植〉瘢痕的

fase ~ 〈医〉瘢痕期

cicatrización *f.* 〈医〉结疤;愈合

cícero *m.* 〈印〉西塞罗(西文活字单位)

cicerone *m.* 导游,导游者

ciclación *f.* 〈化〉环合;成环作用

ciclamato *m.* 〈化〉环磺酸盐

ciclamen; ciclamino *m.* 〈植〉仙客来

ciclamor *m.* 〈植〉(南欧)紫荆

ciclano *m.* 〈化〉环烷烃

cíclico,-ca *adj.* ①循环的,周而复始的;周期(性)的;②〈化〉环的,环状的;③〈植〉轮[筒]卷的;(花)轮列的;④〈教〉分阶段的

campo ~ 循环[周期]场

carga ~a 周期(性)荷载,交变荷载

code ~ 循环码

compuestos ~s 环(状)化合物

curva ~a 循环曲线

esfuerzo ~ 周期(发生的)应力

grupo ~ 循环群

hidrocarburo ~ 环烃

inflación ~a 周期性通货膨胀

magnetización ~a 循环磁化

variación ~a 周期性变化

ciclina *f.* 〈生化〉细胞周期蛋白

ciclismo *m.* 〈体〉自行车运动;自行车比赛

~ de montaña 山地自行车比赛

~ en ruta 公路自行车比赛

ciclista *m.f.* 〈体〉自行车运动员

ciclización *f.* 〈化〉环化(作用)

ciclo *m.* ①循环,周而复始;周期;②〈理〉〈生〉〈生态〉循环;(交流电,声波等的)周;③(讲座、电影、音乐会等的)系列;(文学作品的)全套故事;④〈数〉环;⑤〈植〉(叶的)周,(花的)轮;⑥(天体的)运行轨道,周;⑦周(期);圈;环[回]路;⑧〈教〉(学校的学习)期,阶段

~ abierto 开式循环

~ anidado 〈信〉嵌套循环

~ biogeoquímico 〈生态〉生物地球化学循环

~ celular 〈生〉细胞周期

~ cerrado (封)闭式循环,闭路[合]循环

~ circadiano 〈生〉昼夜节律周期,(24 小时)生理节奏周期

~ cítrico (~ de krebs) 〈生化〉克雷布斯循环;三羧酸循环

~ de construcción[edificación] 建筑周期

~ de existencia 存货周期

~ de histéresis 滞后回线[路];滞后环

~ de marcha 行[路,进,航,过,流]程

~ de operación 工作循环[周期];运行周期

~ de programa 程序周期

~ de reloj 〈信〉时钟周期

~ de trabajo 工作循环[周期];负载循环

~ de UCP 中央处理机周期

~ de vida(~ vital) ①〈生〉生活周期,生活史;②寿命周期

~ de vida del producto 产品寿命周期

~ del agua(~ hidrológico) 水文循环(指水蒸发为云、云转化为雨雪落下的循环)

~ del nitrógeno 〈化〉氮循环

~ económico 经济周期

~ escolar *Méx.* 学年

~ estral (雌性动物的)动情周期

~ geomorfológico 地貌循环

~ largo/menor 长/短周期

~ límite 极限环

~ lunar 太阴周

~ menstrual 月经(周)期

~ orogénico 〈地〉造山回旋

~ principal 大周期;大循环

~ reversible 可逆循环

~ secundario 小[短]周期;小循环

~ sedimentario 〈地〉沉积循环

~ solar 太阳周

~ tricarboxílico 〈生化〉克雷布斯循环;三羧酸循环

ciclo-cross *m. inv. ingl.* 〈体〉自行车越野赛

cicloalcano *m.* 〈化〉环烷

cicloalqueno *m.* 〈化〉烷烯

cicloalquino *m.* 〈化〉烷炔

ciclobutano *m.* 〈化〉环丁烷

ciclodiálisis *f.* 〈医〉睫状体分离术

ciclogiro *m.* 〈航空〉旋翼机

ciclógrafo *m.* ①圆弧[画圆]规;②轮转全景电影摄影机;特种电影摄像机

ciclograma *m.* 轮转全景电影摄影机拍摄的照片

ciclohexano *m.* 〈化〉环己烷

ciclohexanol *m.* 〈化〉环己醇

ciclohexanona *f.* 〈化〉环己酮

cicloidal *adj.* ①〈数〉摆[圆滚,旋轮]线的;②圆形[状]的;③〈心〉循环性情感(形容心情时而兴奋时而忧郁)的;躁郁性气质的

cicloide *m.* 〈数〉摆[圆滚,旋轮]线

cicloinversor *m.* 〈电〉(交流电源用)双向离子变频器

ciclometría *f.* 测圆法;圆弧测量法

ciclómetro *m.* ①圆弧测定器;②转数[周期]计,旋转计数器;示数仪表;里程计

ciclomotor *m.* 轻便摩托车

ciclón *m.* 〈气〉①旋[暴,龙卷]风;气旋;②低(气)压区

　　~ tropical 热带气旋,热带风暴

ciclonal; ciclónico,-ca *adj.* 〈气〉①旋风[涡]的,气旋(似)的,(似)暴风的;②低(气)压的

ciclonita *f.* 旋风炸药,三次甲基三硝基胺

ciclooxigenasa *f.* 〈生化〉环加氧酶,环氧合酶

cicloparafina *f.* 〈化〉环烷

ciclopetano *m.* 〈化〉环戊烷

ciclopropano *m.* 〈化〉环丙烷

ciclorama *m.* ①(置于圆形室壁的)环形全景图,圆形连续画景;②(舞台上的)半圆形天幕;透视背景

cicloserina *f.* 〈生化〉〈药〉环丝氨酸

ciclosis *f.* 〈生〉(细胞内的)胞质环流

ciclosporina *f.* 〈药〉环孢菌素(用于防止排异反应)

ciclostil; ciclostilo *m.* 〈机〉滚齿轮刻写模板复印机

ciclóstomo,-ma *adj.* 〈动〉圆口纲脊的(动物)‖ *m.* ①圆口纲脊动物;② *pl.* 圆口纲脊

ciclotimia *f.* 〈医〉①(兴奋和压抑交替的)循环性情感精神病;②躁郁性气质

ciclotímico,-ca *adj.* ①兴奋和压抑交替的;②躁郁性气质的

ciclotomía *f.* 〈医〉睫状肌切开术

ciclótomo *m.* 〈医〉睫状肌刀

ciclotrón *m.* 〈理〉(原子)回旋加速器

cicloturismo *m.* 骑自行车旅游

cicloturista *m. f.* 骑自行车旅游者

ciclovía *m.* 自行车道

cicónico,-ca; ciconiforme *adj.* 〈鸟〉鹳形目的 ‖ *m.* ①鹳形目禽鸟;② *pl.* 鹳形目

CICR *abr.* Comité Internacional de la Cruz Roja 红十字国际委员会

cicuta *f.* 〈植〉芹叶钩吻;毒芹属植物

C. I. D. *abr. ingl.* compound interest deposit 复利存款

cidra *f.* ①〈植〉枸橼,香橼;②(蜜饯)香橼果皮

cidracayote *m. Amér. L.* 〈植〉笋瓜

cidral *m.* 枸橼园,香橼园

cidro *m.* 〈植〉①枸橼,香橼;②枸橼树,香橼树

cidronela *f.* 〈植〉蜜蜂花

ciego *m.* 〈解〉盲肠

cielo *m.* ①天,天空;②〈气〉天气[色],气候;③〈建〉镶[天花]板;④〈建〉天棚;平顶;⑤(车)顶;顶部[棚],盖;⑥见 ~ máximo

　　~ aborregado 〈气〉鱼鳞天

　　~ de hogar 屋顶

　　~ de hornalla 炉顶[盖]

　　~ de boca 上颚

　　~ despejado 晴天

　　~ máximo 〈航空〉(飞行员在无氧气情况下的)最大飞行高度

　　~ raso 镶[天花]板

cielorraso *m.* 〈建〉天花板

ciempiés *m. inv.* 〈动〉百脚(唇足纲节肢动物的通称,包括蜈蚣、蚰蜒)

ciencia *f.* ①(广义)科学;②(一门)科学;学科;③ *pl.* (狭义)自然科学,理科;④(理论)知识,学问;⑤(专门)技术[能,巧]

　　~ actuarial 精算科学

　　~ alimenticia 食品科学

　　~ ambiental 环境科学

　　~ atmosférica 大气科学

　　~ auxiliar 辅助科学;辅助学科

　　~ botánica 植物科学

　　~ cognitiva (以人脑智能活动为研究对象的)认知科学

　　~ de bienestar social 社会福利科学

　　~ de computadora[ordenador] 计算机科学

　　~ de energía 能源科学

　　~ de la administración 管理学,管理科学

　　~ de la economía(~ económica) 经济学

　　~ de la salud 保健科学

　　~ de materiales 材料科学

　　~ de medicina biológica 生物医学科学

　　~ de seguros sociales 社会保险科学

~ del comportamiento 行为科学
~ del espacio 空间科学
~ del hogar 家政学
~ estadística 统计学
~ geológica 地质学
~ informática 信息科学
~ humanística 人文科学
~ marginal 边缘科学
~ mecánica 机械学
~ náutica[nautical] 造船学
~ política 政治学
~ sistemática 系统科学
~ soft 软科学
~ terrestre 地球科学
~ visual 视觉科学
~ zoological 动物科学
~s aplicadas 应用科学
~s básicas 基础科学
~s de la educación 教育学
~s exactas 精确科学
~s experimentales 实验科学
~s financieras 财政学
~s naturales 自然科学
~s ocultas 神秘学(对撒旦学、星占学、神灵学、占卜学、炼丹术和巫术的信仰与研究)
~s políticas 政治科学
~s puras 纯科学
~s sociales 社会科学

ciencia-ficción *f.* 科学幻想小说
cienciología *f.* 山达基基督科学派
cienmilímetro *m.* 忽米
cientificidad *f.* 科学性
científico,-ca *adj.* ①科学(上)的；②科学性的,符合科学定律的 ‖ *m. f.* 科学家
cientifismo *m.* ①科学精神,科学态度；②唯科学主义
cientismo *m. Chil.* 科学万能主义
cientista *m. f. Amér. L.* 科学家
~ social 社会科学工作者
cierna *f.* 〈植〉(葡萄、小麦等的)花药
cierne *m.* 〈植〉(葡萄、小麦等的)花粉成熟；扬花
cierra-ciérrate *f. Per.* 〈植〉含羞草
cierre *m.* ①关[封]闭；闭[锁]合；闭路[锁]；②(门、窗等的)闩,锁；(项链、手镯等的)搭[钩]扣；(衣物的)摁扣,撳纽；③书[扣]钉；④(密,焊)封,闭合(度,差)；⑤〈工程〉截流,合拢；⑥结算,清账；⑦栅栏,篱笆
~ antirrobo 防盗锁
~ automático 自动闭合
~ central (汽车的)自动锁门系统,中央门锁

~ con vidrio 玻璃焊封
~ de cremallera 拉锁[链]
~ de empresas 企业停业
~ de plantas 工厂停产；闭厂
~ del cinturón 皮带扣
~ eclair *Chil.* 拉链
~ empresarial[patronal] 〈经〉闭厂,停工(资方对付罢工工人的一种手段)
~ en fundido 〈电影〉淡入
~ forzado 强制闭合
~ hermético (气)密封[闭]
~ metálico ①金属拉链；②金属百叶窗
~ por reforma[reparación] 停工检修
~ relámpago *Cono S., Per.* 拉链
con ~ automático 自闭(合),自接通
manigueta de ~ 闩,插销,门[窗]钩
relaciones de ~ 闭合度
cierva *f.* 〈动〉①(3岁以上的)雌马鹿；②(南大西洋产)石斑鱼
ciervo *m. f.* ①〈动〉鹿；成年牡鹿(尤指牡赤鹿)；②鹿肉
~ blanco 白鹿
cierzo *m.* 北风
ciesis *f.* 〈医〉妊娠,怀孕
cifela *f.* 〈植〉挂钟菌
cifoescoliosis *f.* 〈医〉脊柱后侧凸
cifosis *f.* 〈医〉脊柱后凸,驼背
cifra *f.* ①数字；②数目[额]；③(与 en 连用)密码电报；索引表；④〈乐〉简谱
~ abstracta 抽象[不名]数
~ de lectura 读出数
~ de ventas 销售额,销售数字
~ decimal 十位数
~ en libros 账面数字
~ en tinta roja 〈经〉赤字
~ redonda 整数
~ significativa 〈数〉有效数(字)
~s arábigas 阿拉伯数字
~s clave ①关键数字；②关键码
~s oficiales 官方统计数字
~s preliminares 初步数字
~s romanas 罗马数字
mensaje en ~ 密码电报[信件]
cifrado,-da *adj.* 密写的,用密码写的 ‖ *m.* 加密；加编密码(对储存在计算机中的数据加密)
cifrador *m. Chil.* 计数器
ciframiento *m.* 编[译]码
cigala *f.* 〈动〉鳌虾
cigarra *f.* 〈昆〉蝉,知了
cigarrón *m. Venez.* 〈昆〉蝗虫,蚱蜢
cigodáctilo,-la *adj.* 〈鸟〉对趾的

cigofase *f.* 〈生〉合子期

cigoma *m.* 〈解〉①颧弓；②颧骨

cigomático,-ca *adj.* 〈解〉①颧弓的；②颧骨的；颧骨部位的；③构成颧骨的

cigomicetos *m. pl.* 〈生〉接合菌

cigomorfo,-fa *adj.* 〈植〉两侧对称的
flor ~a 两侧对称花

cigomorfismo *m.* 〈生〉两侧对称式

cigoñino *m.* 〈鸟〉幼鹳

cigosidad *f.* 〈生〉接合性

cigosis *f.* 〈生〉接合

cigospora *f.* 〈植〉接合孢子

cigotena *f.* 〈遗〉(细胞减数分裂前期的)偶线期，合线期

cigoto *m.* 〈生〉接合子

ciguatera *f.* (因食某些热带鱼虾)中毒得病

cigüeña *f.* ①〈机〉曲柄；曲轴；②〈海〉(起锚)绞盘[车]；卷扬机；③*Amér. C.*〈乐〉手摇风琴；④*Cari.*(铁路用)转向架；⑤〈鸟〉鹳

cigüeñal *m.* 〈机〉曲柄轴；机轴
~ triple 三连体曲柄轴

CIJ *abr.* Corte Internacional de Justicia (联合国)国际法院

cilantro *m.* 〈植〉芫荽

cilapo *m. Méx.*〈矿〉黑曜岩

cilia *f.* ①〈植〉纤毛；缘毛；②〈动〉纤毛；③睫毛

ciliado,-da *adj.* ①〈植〉有纤毛的；②有睫毛的；③〈动〉纤毛虫的

ciliar *adj.* ①纤毛的；纤毛状的；②睫毛的；睫毛状的；③〈解〉睫状的
cuerpo ~ 睫状体
movimiento ~ 纤毛运动

ciliarotomía *f.* 〈医〉睫状体切开术

cilindrada *f.* 〈机〉① 汽缸容量；②(汽缸的)换气容量，工作容积

cilindrado,-da *adj.* 滚压的，滚轧的；轧制的 ‖ *m.* ①滚动[轧，压]，辗压，旋辗；②车削
~ basto 粗车削的；粗加工的
~ fino 细车削的；细加工的

cilindrador *m.* 〈机〉滚轧机，碾压机 ‖ ~a *f.* (蒸汽)压路机，路碾

cilindraje *m.* 〈机〉汽缸容量

cilíndrico,-ca *adj.* ①(圆)柱形的，圆筒形的；②(圆)柱体的；③汽缸的
barrena ~a hueca 空芯钻
superficie ~a 圆柱面，外圆[圆筒状]表面

cilindrita *f.* 〈矿〉圆柱锡矿

cilindro *m.* ①圆柱体；圆柱状物，圆筒；②〈机〉(发动机)汽缸；轧辊；滚筒[轮，柱]；③〈数〉圆柱；柱面；④〈印〉滚筒；⑤(装液化气体的)钢瓶[筒]；⑥*Méx.*〈乐〉手摇风琴

~ compresor (蒸汽)压路机，路碾

~ con camisa 有套汽缸

~ de acabado[terminar] 精轧[整]轧辊

~ de aire comprimido 气缸

~ de aletas 肋式汽缸

~ de alta/baja presión 高/低压汽缸

~ de apoyo 传动[从动]轧辊

~ de camimos (蒸汽)压路机，路碾

~ de dirección 导辊

~ de estirado 喂料[引入]辊

~ de gas 气瓶

~ de sostén 支承[撑]轧辊

~ de trabajo 传[转]动辊

~ del flotador 浮箱

~ desbarbador[rebajador] 糙面滚筒，粗[开坯]轧辊

~ descargador 小滚筒

~ eje 〈解〉轴索[突]，神经轴

~ escurridor (造纸)压胶辊

~ hidráulico 液压缸

~ moderador 缓冲筒

~ motor 动力(油)缸

~ oblicuo 斜(圆)柱

~ para tochos 粗[开坯]轧辊

~ soporte 支承(轧)辊

~ triturador 轧[破]碎(机)滚筒

~s desbastadores 初轧轧辊；挤渣轧辊

cilindroeje *m.* 〈解〉轴索[突]，神经轴

cilindroide *m.* 圆柱状体；椭圆柱[筒]

cilio *m. lat.* 〈解〉睫毛

cilla *f.* 〈农〉谷[粮]仓

cillazadora *f.* 〈机〉剪切机

cima *f.* ①顶，顶端[部，峰]；②山顶[峰，尖]；尖峰[点，端]；(浪，波)峰；③〈植〉花序；④(嫩枝的)梢，梢端

~ bípara[dicótoma] 双茎轴花序

~ del criadero 矿脉顶

~ escorpioidea 蝎尾形花序

~ heliocoidea 螺状花序

~ umbeliforme 具伞形花序

~ unípara 单茎轴花序

cimacio *m.* ①〈建〉波纹线脚，反曲线饰，S 形嵌线；②反[S 形]曲线

cimbalo *m.* 〈乐〉铙(一种打击乐器)

cimbiforme *adj.* 〈解〉〈植〉舟状的，船形的

cimbra *f.* 〈建〉①拱架[心]；弧顶架；②拱内曲度

cimbrado,-da *adj.* 〈建〉拱形的，弓形(结构)的

cimbronazo *m. Amér. L.* ①震动；②〈地〉地震

CIME *abr.* Comité Intergubernamental para las Migraciones Europeas 政府间欧

洲移民委员会

cimeno *m.*〈化〉伞花烃,百里香素,异丙(基)甲苯

cimentación *f.* ①地基[脚];②〈机〉(底,机)座;基础;③奠基;④建立[造]
　　perno de ~ 基础螺栓,地脚螺栓
　　placa de ~ 底[基础]板
　　soleta de ~ 混凝土板

cimento *m.* 水泥

cimientos *m. pl.* ①基础,地[根]基;②路基
　　~ de hormigón 混凝土基础[地基]

cimofana *f.*〈矿〉金绿宝石;猫眼石

cimogénesis *f.*〈生〉酶生成(作用)

cimógeno,-na *adj.*〈生〉酶原的 ‖ *m.* 酶原

cimografía *f.*〈航空〉〈医〉记波法

cimógrafo *m.* ①自记波频[长]计;〈医〉记波器;②〈航空〉转筒记录器;记波器

cimograma *m.*〈航空〉〈医〉记波[录]图

cimólisis *f.*〈生〉〈医〉酶解作用

cimología *f.*〈生〉〈医〉酶学

cimómetro *m.* 波频[长]计

cimoproteína *f.*〈生〉〈医〉酶蛋白

cimoscopio *m.* 检波器;振荡指示器

cinabrio *m.*〈矿〉朱[辰]砂

cinacina *f. Arg., Urug.*〈植〉扁(叶)轴木

cinámico,-ca *adj.* ①〈植〉肉桂的;②〈化〉肉桂酸的,含苯乙烯基的
　　ácido ~ 肉桂酸
　　alcohol ~ 肉桂醇

cinamomo *m.* ①〈植〉肉[牡]桂,桂,樟(属的树);②〈植〉沙枣;(肉)桂(树)皮;桂皮香料

cinc(*pl.* cines) *m.*〈化〉锌
　　~ sin refinar 粗锌,锌(棒,块),商品锌

cincar *tr.* ①镀锌于;用锌处理;②(粉末)镀[渗]锌,锌粉热镀
　　~ por sublimación 粉末镀[渗]锌,锌粉热镀

cincel *m.* 錾(子,刀);凿(子,刀)
　　~ ancho de cantero 平[阔,粗石]凿
　　~ arrancador 起钉錾
　　~ biselado[~ en bisel] 木工凿,榫孔凿
　　~ de banco 冷凿
　　~ de calafate[calafatear] 填隙[嵌缝]凿,填隙[捻缝]工具
　　~ de desbastar 平錾,平头凿
　　~ de escultor 雕凿[刀]
　　~ de hoja oblicua 斜刃凿
　　~ de minero 十字镐,十字镐凿
　　~ de plantilla 型刀
　　~ fino 细[慢光]凿
　　~ para frío 开采凿,劈斧
　　~ para piedra 石凿

cincelador *m.* ①錾(子,刀);凿(子,刀);雕

刻器;②石[鉴]工;雕刻工[师]

cinclífero,-ra *adj.* ①含锌的;②产锌的

cincograbado *m.*〈印〉锌板

cincografía *f.*〈印〉锌板术

cincógrafo *m.*〈印〉锌板画

cincona *f.* ①〈植〉金鸡纳树;②金鸡纳树皮(可从中提取奎宁等药物)

cinconina *f.*〈药〉金鸡纳宁,辛可宁,脱甲氧基奎宁碱

cincoso,-sa *adj.* 锌的;含锌的;似锌的

cine *m.*〈电影〉①(一部)电影;影片;②电影院
　　~ a aire libre 露天电影院
　　~ de acción 动作片
　　~ de animación 动画片
　　~ de aventura 惊险片
　　~ de estreno 首轮[映]电影院
　　~ de pantalla circular 环幕电影
　　~ de pantalla esférica 球幕电影
　　~ de pantalla gigante 巨幕电影
　　~ de reestreno 二轮电影院
　　~ de terror 恐怖电影[影片]
　　~ de verano 露天(电)影院
　　~ estereoscópico 立体电影
　　~ hablado 有声电影
　　~ mudo 无声电影
　　~ negro 具有悲剧色彩的影片,黑色影片
　　~ sonoro 有声电影
　　~ tridimensional 立体电影,3D电影

cineasta *m. f.*〈电影〉①电影摄制者;②电影演员

cinecámara *f.* (小型)电影摄影机

cinecolor *m.*〈电影〉彩色电影

cinefilia *f.* 电影爱好者;影迷

cinéfilo,-la *adj.* (电)影迷的

cinefluorografía *f.* 荧光屏电影摄制法(显示体内器官活动等用)

cinefluoroscopio *m.*〈医〉荧光屏摄影检查术

cinefotografía *f.*〈电影〉电影摄影术

cinegética *f.* 打[狩]猎(术)

cinegético,-ca *adj.* 打[狩]猎的

cinema *m.*〈电影〉电影;影片

cinemascope *m. fr.* 宽银幕电影

cenemateca *f.* 电影资料馆

cinemática *f.* ①〈理〉运动学;②(机械等的)运动学特征

cinemático,-ca *adj.* ①〈电影〉影片的,电影的;②〈电影〉(适宜于)拍成电影的;电影艺术的;③〈理〉运动(学)的
　　leyes ~as 运动规律

cinematografía *f.*〈电影〉①电影摄影;②电影摄影术[学];③电影制片术[学]

cinematografiar *tr.*〈电影〉①拍[制成,摄

制]电影;②放映电影

cinematográfico,-ca *adj.* 〈电影〉① 电影摄影[放映]机的;活动电影机的;②电影制片[摄影]术的;电影制片[摄影]学的
estudios ～s 电影制片厂
industria ～a 电影业
mercado ～ 电影市场
semiología ～a 电影符号学

cinematografista *m. f. Chil.* 电影演员

cinematógrafo *m.* 〈电影〉① 电影摄影[放映]机;活动电影机;②电影放映;电影院;③电影制片艺[技]术

cinematología *f.* 电影学

cinemero *m. f. Per.* 电影迷

cinemómetro *m.* 摄影测速器

cineol *m.* 〈化〉桉树脑(主要用作祛痰剂)

cineplastia *f.* 〈医〉运动成形截肢术

cinerama *m.* 〈电影〉西尼拉玛全景电影(一种宽银幕立体电影),三维电影

cineraria *f.* 〈植〉瓜叶菊

cenero,-ra *m. f. Méx.* 电影迷

cines *m. pl. Amér. L.* 锌皮

cinescopio *m.* ①(电视)显像管;②电视屏幕纪录片,屏幕录像

cinesiatría; cinesiterapia *f.* 〈医〉运动疗法,体疗(法)

cinesis *f.* 〈医〉① 运动;②〈生理〉由外界刺激引起的不随意运动[反应]

cinestesia *f.* 〈心〉动觉;(肌肉等的)运动感觉

cineteca *f. Amér. L.* 电影资料馆

cineteodolito *m.* 电[摄]影经纬仪

cinética *f.* 〈理〉动力学
～ enzimática 酶动力学
～ química 化学动力学

cinético,-ca *adj.* 〈理〉运动学的,运动引起的;动力的
energía ～a 动能

cinetocoro *m.* 〈生〉动粒

cinetonucleo; cinetoplasto *m.* 〈生〉动基体,动核

cingiberáceo,-cea *adj.* 〈植〉姜科的‖① 姜科植物;②*pl.* 姜科

cinglado *m.* 〈冶〉锻冶[铁];锻制

cinglador *m.* 〈机〉〈冶〉锻铁[镦锻]机,锻锤

cinglar *tr.* ①〈冶〉锻铁,镦锻;②压挤[缩],挤压
máquina de ～ 〈机〉① 初轧[开坯]机;②挤压机

cinguería *f.* ①金属薄板加工;②金属薄板商店

cinocéfalo *m.* 〈动〉狒狒

cinoglosa *f.* 〈植〉琉璃草

cinografía *f.* 狗[犬类]学

cinólogo,-ga *m. f.* ①狗[犬类]学家;②精通养[驯]狗者

cinómetro *m.* 运动测验器

cinta *f.* ①(绸,缎,绒,丝,线,彩纸)带;带子[状物];②(纸,色,胶,磁,录音)带;〈机〉传送带;③带状饰[花纹,构造];④〈电影〉电影胶片;⑤〈植〉紫露草属植物;蛛球吊兰;⑥钢[卷,皮,软]尺;⑦〈建〉条板,木桁;横饰线;⑧〈海〉外部腰板;⑨见 ～ de cerdo
～ adhesiva 胶(布)带;〈医〉橡皮膏,护创膏
～ aisladora[aislante] *Amér. C. , Méx.* 绝缘带
～ celulosa 透明胶带
～ cinematográfica 电影胶片
～ de acero 钢卷尺
～ de agrimensor[medir] 卷[带,皮]尺
～ de aislar 绝缘带
～ de audio[casete] 磁带
～ de celo[cello] 胶带,粘贴带
～ de cerdo[lomo] 脊背肉
～ de empacar 打包[包装]带
～ de equipaje 行李传送带
～ de freno 制动衬带
～ de llegada 〈体〉终点线
～ de raspadores (刮板运输机的)链板
～ de video 录像带
～ elástica 橡皮[松紧]带
～ esmerilada 金刚砂卷带
～ limpiadora 磁头清洁带
～ maestra 母[标准]带
～ magnética 磁带
～ magnetofónica 录音磁带
～ métrica 皮尺
～ operculada 部分[无屑]穿孔纸带
～ perforada 穿孔带
～ transportadora 传送带
～ virgen 空白带
polea de sierra de ～ 带轮
registrador de ～ 磁带录音机

cintra *f.* 〈建〉(拱顶)弧度;弓[穹隆]状

cintrado,-da *adj.* 〈建〉弓[弧,穹隆]状的

cintura *f.* ①〈解〉腰,腰部;②〈缝〉(裙、裤等的)腰带;专用带
～ de avispa 蜂[细]腰
～ salvavidas 救生带

cinturillo *m.* 〈缝〉裙[裤,腰]带

cinturón *m.* ①腰[肩,皮,刀,剑]带;②环带,环状物,圈;③(柔道运动员的)段级标识带;(拳击等运动冠军等的)荣誉饰带;④〈交〉环形公路;环城路
～ azul (柔道运动员的)蓝腰带
～ de castidad (中世纪时为防止女人私通而用的)贞操带

~ de circunvalación[ronda] 环形公路;环城路

~ de miseria 棚户区;*Méx.* 贫民区

~ de salvamento(~ salvavidas) 救生带;救生用具(如救生衣、救生圈)

~ de seguridad 安全[保险]带

~ mineral 矿物带

~ verde 绿化地带;绿化带

CIP *abr. ingl.* catologuring in publication 预编目录,出版过程中编目

ciperáceo,-cea *adj.* 〈植〉莎草科的 ‖ *f.* ①莎草科植物;②*pl.* 莎草科

cipolino,-na *adj.* 〈矿〉云母大理石的 ‖ *m.* 云母大理石

ciprés *m.* ①〈植〉柏;落羽杉;②柏木

ciprinicultura *f.* 水产养殖业;淡水养殖业

ciprino *m.* 〈动〉中国鲤鱼

circadiano,-na *adj.* 〈生〉昼夜节律的,(24 小时)生理节奏的

circalunar *adj.* (每日 24.8 小时)太阴日节律的

circo *m.* ①马戏;杂耍[技];②马戏团;杂技团;③马戏场;圆形场地;④〈地〉冰斗;(谷端或山坡的)圆形凹地

~ glaciar 〈地〉冰斗

circón *m.* 〈矿〉锆(英)石;锆土

circona *f.* 〈化〉氧化锆

circónico,-ca *adj.* 〈化〉①氧化锆的;②含氧化锆的,含锆的

circonio *m.* 〈化〉锆

circuitería *f.* 〈电〉①(整机)电路,电路系统;②电路图;③电路学;④接线(法),布[架]线

circuito *m.* ①〈电〉电[线,通]路,线路[接线]图;②环行,旅行;行程;③环行道,圈道;④闭(合电)路;闭路(电视);⑤周线;周围

~ abierto 开[断]路,开式回路

~ aéreo 高架线[电,网]路

~ aperiódico 非周期(振荡)电路,无谐振电路

~ bajo tensión 带电电路

~ biestable 双稳态电路

~ bifilar 二线制电路

~ cerrado 闭路(循环),闭(合电)路

~ compensador de bajos 低频音增强电路

~ compuesto[mixto] 混成[复合]电路,电报电话双用电路

~ con vuelta(~ de retorno) por tierra 接地回路,地回电路

~ corto (电路)短路

~ de anodo 阳极电路

~ de antena 天线电路

~ de aullador 嗥鸣电路

~ de autoarrestre 自举(放大)电路,自益[短脉冲形成和放大]电路

~ de barrido 扫描[扫回,拂掠]电路

~ de carga 负载电路

~ de carreras ①跑道;②赛马[车,狗]跑道;赛马[车,狗]场

~ de control de realimentación 反馈控制环路

~ de cordón 塞绳电路

~ de corriente alternativa/continua 交/直流电路

~ de cuatro hilos 四线制电路

~ de desacoplo 去[退]耦(合)电路

~ de enlace 链(耦)路,中继电路

~ de entrada 输入电路

~ de exclusión 闭锁[专用]电路

~ de fijación de base 箝位[脉冲限制]电路

~ de filtro 滤波(器)电路

~ de fuerza 电源电路;电力网

~ de grilla 栅极电路

~ de impulsos 脉冲电路

~ de llegada 输入[入局]电路,入中继路

~ de multivibrador 触发(器)电路,双稳态触发电路,双稳态多谐振荡(器)电路

~ de placa 屏[板]极电路

~ de pruebas 检验[测试]电路

~ de realimentación 反馈电路

~ de regreso 回路,回流道

~ de rejilla 栅极电路

~ de relajación 张弛电路

~ de retardo 延迟电路

~ de retorno(~ negativo) 回路,回流道

~ de salida 输出电路

~ de seguridad 保护[防虚假动作]电路

~ de volante 同步惯性电路

~ decodificador 译码器电路

~ derivado 支[分]路;并联电路,分流[支]电路

~ doble 加倍电路

~ en bucle 环形线路,回[环,圈]线,周线(路)

~ en contrafase 推挽(式)电路

~ en puente 桥(接电)路,电桥电路

~ en triángulo(~ triangular) 网孔电路,三角形电路

~ equivalente 等效电路

~ escalar 定标[校准]电路

~ formador 成[整]形电路

~ impreso 印刷[制]电路

~ incompleto 不闭合电路,开路

~ inductivo 感应电路

~ integrado[integrador] 集成电路
~ magnético 磁(性)路
~ matriz 矩阵变换电路
~ metálico 金属电路
~ monoestable 单稳态电路
~ multicanal 多路电路,多管道电路
~ múltiple 倍增[倍接]电路
~ oscilante[oscilatorio] 振荡电路
~ pasivo 无源电路
~ polifásico 多相电路
~ por conjunción "与"门电路,符合电路
~ por desplazamiento de fase 分相电路
~ primario 原[一次,初级]电路
~ real 实线线[电]路
~ resonante 谐[共]振电路
~ secundario 二次回路[电路]
~ selectivo 选择(性)电路
~ superpuesto 叠加[重叠]电路
~ transpositor 幻象[仿真,模拟]电路
~ virtual 虚拟电路
~s de banda ancha 宽带电路

circulación *f.* ①(汽车)交通;通行;②(水、空气等的)流通,环流量;③(生物体内液体的)循环;④(商贸)(货币等的)流通量,周转;⑤(消息等的)流传,传播;⑥(书报等的)发行(量);(图书的)流通量

~ aérea 空中交通
~ automática 自动循环[运行]
~ celómica 〈解〉体腔循环
~ cerebroespinal 〈解〉脑脊髓循环
~ de bienes 货物流转
~ de dos sentidos 双向交通
~ de sangre(~ sanguínea) 〈解〉血液循环
~ de vapor 蒸汽循环
~ en bruto 总周转额
~ expedida 自由循环[流通]
~ fiduciaria 纸[货]币流通;钞票
~ forzada[impelente] 强制[迫]循环,压力环流[循环]
~ monetaria 货币流通;通货
~ por gravedad 自流[重力]循环
~ por termosifón 热对流循环法,热虹吸管环流法
~ prohibida 禁止(车辆)通行
~ rodada 车辆通行
~ única 单向交通
corriente de ~ (循)环(电)流
de ~ doble 双流的,二通量的
de ~ simple 单[直]流的

circulador *m.* ①〈机〉循环器[泵,管,系统];②〈电〉循环(传能)电路
~ de aceite 油循环泵

~ de agua 水循环泵

circulante *adj.* ①循环的;环流的;②〈商贸〉流通的(货币);营运的(资本,资金)‖ *m.* 通货;货币流通量
~ elástico 弹性货币[通货]
capital ~ 营运资本[资金]

circular *adj.* ①圆的;圆形的;环行[形]的;②循环的,循环发生的;③供传阅的(函件等)‖ *f.* ①供传阅函件(如通知,公告等);②传单
dipolo ~ 圆(弧)形偶极子
grapa ~ (开口)簧环,(弹性)挡圈
orden ~ 循环次序
psicosis ~ 〈医〉循环性精神病
rayos ~es 圆弧射线

circularidad *f.* ①圆;圆[环]形;②迂回

circulatorio,-ria *adj.* ①〈信〉〈医〉循环的;②交通的
colapso ~ 交通阻塞
control ~ 〈信〉循环控制
operación ~a 〈信〉循环操作
oración ~a 〈信〉循环语句
orden ~a 〈信〉循环命令
programa ~ 〈信〉循环程序
variable ~ 〈信〉循环变量

círculo *m.* ①圆圈(极,经度,纬度)圈;②〈数〉圆;圆周(线);③圆形物,环状物;④(具有共同利益或兴趣等的人形成的)圈子;(小)组;⑤俱乐部;⑥(活动、影响等的)范围,领域,…界;⑦循环;⑧〈铁道〉环形交叉口
~ acimutal 地平经圈,方位圈
~ (polar) antártico/ártico 南/北极圈
~ bancario 银行界
~ de altura(~ vertical) 地平经圈
~ de alineación 中星仪,经纬仪
~ de base(~ interior) (齿)根圆
~ de cabeza[corona] 齿顶圆,外圈
~ de declinación(~ declinatorio) 赤纬圈
~ de giro[viraje] (车辆等的)转向圆,回转圆
~ de rodamiento 基[母,滚]圆
~ de suspensión 平衡[称平]环
~ dividido 圆度盘
~ galáctico 〈天〉银道圈
~ graduado 刻度盘,分度圆
~ horario 〈天〉时圈
~ inscrito 内切圆
~ máximo/menor 〈测〉大/小圆
~ meridiano 天文经纬仪,子午仪
~ polar 〈地〉〈天〉极圈
~ primitivo 基圆;(齿轮的)节圆
~ tráfico 环形交叉,环形交通枢纽

~ vicioso ①(疾病等的)恶性循环；②〈逻〉循环论证

~ virtuoso 良性循环

~s comerciales 工商界

~s financieros 金融界，财界

~s mercantiles 商界

curva en evolvente de ~ 渐开曲线

circumpolar *adj*. ①〈天〉拱极的；天极附近的；②〈地〉环极的；地极附近的

estrella ~ 拱极星

circuncentro *m*. 〈数〉外心，外接圆心

circuncidante *adj*. 〈医〉①环切的；包皮环切的；②阴蒂环切的

circuncisión *f*. 〈医〉①包皮环切；②阴蒂环切

circuncisulado,-da *adj*. 〈植〉(果实)周裂的

circunferencia *f*. ①圆；②〈数〉圆周；周长[缘]；③物体周界[表面]，图形周界[表面]；环状面；④周围，四周

~ de ahuecamiento (齿轮的)齿根圆

~ interior 〈数〉内圆

~ primitiva (齿轮的)节圆

~s concéntricas 〈数〉同心圆

circunferencial *adj*. ①圆周的；圆周上的；圆周附近的；②周围[边，缘]的；沿边缘的；③间接的

presión ~ 圆周压力

velocidad ~ 圆周速度

circunfluencia *f*. ①环流；②环[围]绕

circunfluente *adj*. ①环流的；②环[围]绕的

circunflujo *m*. 〈印〉脱字号，补字号

circunlunar *adj*. 绕月(旋转)的；环月的

circunnavegación *f*. 环球飞[航]行；环绕航行

circunnavegar *tr*. 环球飞[航]行；环航(世界)

circunnutación *f*. 〈植〉回旋转头运动

circunscripción *f*. ①划界；限界[制,定]；②界线，轮廓；③(限定的)范围，区域；④选(举)区；⑤〈数〉外接[切]

circunscrito,-ta *adj*. 〈数〉外接的，外切的

circunsolar *adj*. ①绕太阳的，环日的；②太阳周围的，近太阳的

circunstancia *f*. ①环境，条件，情况；形[情]势；②事实[情]；证据；③细节，详情

~s agravantes 〈法〉加刑情节

~s atenuantes 〈法〉减刑情节

~s eximentes 〈法〉免罪情节

circunvalación *f*. ①防御壁垒(如城墙、壕沟等)；〈军〉环城工事；②围[环]绕

carretera de ~ 环城公路，环路

línea de ~ 〈交〉环城线路(如铁路、公路)

circunvalado,-da *adj*. 〈解〉轮[城]廓状的

placenta ~a 轮廓状胎盘

circunvolución *f*. ①盘[缠]绕，(盘绕的)一圈；②(同轴)旋转，(旋转)一周[圈]；③涡形，涡形线

cirriforme *m*. 〈气〉卷状云

cirro；cirrus *m*. ①〈气〉卷云；②〈动〉触毛[须]；蔓足；③〈植〉卷须

cirrocúmulo；cirrocúmulus *m*. 〈气〉卷积云

cirroestrato *m*. 〈气〉卷层云

cirrópodo,-da *adj*. 〈动〉蔓足纲的(动物) ‖ *m*. ①蔓足纲动物；②*pl*. 蔓足纲

cirrosis *f*. 〈医〉肝硬变[化]；硬变[化]

~ biliar 胆汁性肝硬化

cirroso,-sa *adj*. ①〈气〉卷云的；像卷云的；②〈动〉有触毛[须]的；有蔓足的；③〈植〉有卷须的；像卷须的

cirrostrato *m*. 〈气〉卷层云

cirrótico,-ca *adj*. 〈医〉①肝硬化的，肝变硬的；②患肝硬化的

ciruela *f*. 〈植〉①李子，洋李；②李属植物

~ claudia[verdal] ①西洋李子；②西洋李

~ damascena ①布拉斯李子；②布拉斯李树

~ de China 荔枝

~ pasa[seca] 李子干；洋李干

ciruelo *m*. 〈植〉李子树

cirugía *f*. 〈医〉外科；外科学；(外科)手术

~ aséptica 无菌外科

~ cosmética[estética] 整容外科

~ forense 法医外科

~ láser 激光外科

~ maxilofacial 颌面外科

~ mayor/menor 大/小外科

~ microscópica 显微外科

~ ortopédica 矫形外科

~ plástica 整形外科；成形外科

cirujano,-na *m.f*. 〈医〉外科医生

~ plástico 整形外科医生；成形外科医生

cisco *m*. 〈矿〉煤尘[粉,屑,末]；炭块[粉]

cisípedo,-da *adj*. 〈动〉分趾足的(动物) ‖ *m*. 分趾足动物(如猴等)

cisne *m*. ①〈鸟〉天鹅；②*Cono S*. 鹅绒扑粉；③[C-]〈天〉天鹅(星)座

cisoide *m*. 〈数〉蔓叶线

cisplatino *m*. 〈生医〉〈药〉顺铂(抗癌药)

cistáceo,-cea *adj*. 〈植〉半日花科的 ‖ *f*. ①半日花科植物；②*pl*. 半日花科

cistadenoma *m*. 〈医〉囊腺瘤

cistauquenotomía *f*. 〈医〉膀胱颈切开术

cistectasia；cistectasis *f*. 〈医〉膀胱扩张术

cistectomía *f*. 〈医〉囊[膀胱]切除术

cisteína *f*. 〈药〉半胱胺酸

cisterna *f.* ①（尤指屋顶的）贮水器，蓄水池
［箱］；②（抽水马桶的）水箱；③水塘，池子；
地下蓄水池［坑］；④（贮水、油等的）槽；
（油）槽车，罐车；⑤〈解〉（大脑脑中的）池
~ remolque 油［水］槽拖车
avión ~ 运油飞机，空中加油飞机
buque ~ 〈船〉油船
camión ~ 油罐车；运水车
vagón ~ 油槽（罐）车

cisticerco *m.* 〈动〉囊尾幼虫

cisticercosis *f.* 〈医〉囊（尾幼）虫病

cisticerdoide *m.* 〈动〉拟囊尾幼虫

cístico,-ca *adj.* ①〈生〉囊［孢囊］的；有囊［孢
囊］的；包于囊中的；②〈解〉膀胱的；胆囊的

cistina *f.* 〈生化〉胱氨酸

cistinosis *f.* 〈生医〉胱氨酸病

cistinuria *f.* 〈生医〉胱氨酸尿

cistipatía *f.* 〈医〉膀胱病

cistitis *f. inv.* 〈医〉膀胱炎

cistocarpo *m.* 〈植〉囊果

cistocele *m.* 〈医〉膀胱突出

cistodiafanoscopia *f.* 〈医〉膀胱透照检查

cistofotografía *f.* 〈医〉膀胱内照相术

cistogénesis; cistogenia *f.* 〈医〉囊肿生成

cistografía *f.* 〈医〉膀胱造影术

cistograma *m.* 〈医〉膀胱造影片

cistolito *m.* ①〈植〉钟乳体；②〈医〉膀胱石

cistolitotomía *f.* 〈医〉膀胱切开取石术

cistometría *f.* 〈医〉膀胱内压测量法，膀胱测
压

cistómetro *m.* 〈医〉膀胱内压测量器，膀胱测
压器

cistometrograma *m.* 〈医〉膀胱内压测量图，
膀胱测压图

cistopexia *f.* 〈医〉膀胱固定术

cistoplastia *f.* 〈医〉膀胱成形术

cistoproctostomía *f.* 〈医〉膀胱直肠吻合术

cistoscopia *f.* 〈医〉膀胱镜检查

cistoscopio *m.* 〈医〉膀胱镜

cistostomía *f.* 〈医〉膀胱造口术

cistotomía *f.* 〈医〉膀胱切开术

cistótomo *m.* 〈医〉膀胱刀

cistouretrograma *m.* 〈医〉膀胱尿道照片

cistouretroscopia *f.* 〈医〉膀胱尿道镜检查

cistouretroscopio *m.* 〈医〉膀胱尿道镜

cistrón *m.* 〈生化〉顺反子

cisura *f.* ①切口；②裂缝

citación *f.* ①引文［语］；②召见［唤］；③〈法〉
传讯［唤］；
~ a licitadores 召见投标者
~ judicial 传票

cítara *f.* 〈乐〉齐特琴（欧洲的一种扁形弦乐
器）

citasa *f.* 〈生化〉细胞溶解酶

citáster *m.* 〈生化〉（细胞有丝分裂时的）星体

citatorio,-ria *adj.* 〈法〉传讯的

citidina *f.* 〈生化〉胞苷

citisina *f.* 〈生化〉野靛碱

citoactividad *f.* 〈化〉〈医〉细胞活性

citoarquitectónico,-ca *adj.* 〈生〉细胞结构的

citoarquitectura *f.* 〈生〉细胞结构；细胞构筑

citobiología *f.* 细胞生物学

citocalasina *f.* 〈生化〉松胞菌素

citocinesis *f.* 〈生〉细胞质分裂

citocinética *f.* 细胞动力学

citoclasis *f.* 〈生医〉细胞解体；细胞破裂

citocromo *m.* ①〈生化〉细胞色素；②胞色细
胞（一种神经细胞）

citodesma *m.* 〈解〉〈医〉细胞桥

citodiagnosis *f.* 〈医〉细胞学诊断

citodiferenciación *f.* 〈生〉细胞分化

citodinámica *f.* 细胞动力学

citodo *m.* 〈生〉无核细胞

citoecología *f.* 〈生〉细胞生态学

citofagia *f.* 〈生〉细胞吞噬作用，噬菌作用

citofaringe *m.* 〈动〉（某些原生动物的）细胞
咽

citofilaxis *f.* 细胞防御

citofiosiología *f.* 细胞生理学

citofísica *f.* 细胞物理学

citófono *m. Col.* 内线电话

citofotometría *f.* ①细胞光度测定法，细胞
分光光度法；②细胞光度学
~ cuantitativa 定量细胞光度学

citofotométrico,-ca *adj.* 细胞光度测定的

citofotómetro *m.* 细胞光度计

citogamia *f.* 〈生〉细胞配合；细胞质结合

citogén; citogene *m.* 〈生〉细胞质基因，胞质
基因

citogénesis *f.* 〈生〉细胞发生

citogenética *f.* 〈生〉〈遗〉细胞遗传学

citogenético,-ca *adj.* ①〈生〉细胞发生的；②
〈遗〉细胞遗传学的

citógeno,-na; citogenoso,-sa *adj.* 〈生〉细胞
发生的

citohialoplasma *m.* 〈生〉细胞透明质

citohistogénesis *f.* 〈生〉细胞组织发生，细胞
组织形成

citohormana *f.* 〈生化〉细胞激素

citolisato *m.* 〈医〉细胞溶解液

citolisina *f.* 〈生化〉细胞溶素

citólisis *f.* 〈生〉〈医〉细胞溶解

citolítico,-ca *adj.* 〈医〉细胞溶解的

citología *f.* ①〈生〉细胞学；②巴氏试验（一
种探查早期癌变的方法）

citologista *m. f.* 细胞学家[者]

citológigo,-ga *adj.* 细胞学的

citólogo,-ga *m. f.* 细胞学者

citomegálico,-ca *adj.* 〈医〉(形成)巨细胞的

citomegalovirus *m. inv.* 〈医〉细胞巨化病毒；巨细胞病毒

citometaplasia *f.* 〈生化〉细胞变异

citometría *f.* 〈生化〉〈医〉血细胞记数
~ de flujo 流式(血)细胞记数法

citómetro *m.* 血细胞记数器

citomina *f.* 〈生化〉细胞分裂素

citomorfología *f.* 〈生〉细胞形态学

citomorfosis *f.* 〈生〉〈医〉细胞变形

citopatología *f.* 〈医〉①细胞病理学；②细胞病理

citoplasma *m.* 〈生〉细胞质，胞浆

citoprocto *m.* 〈动〉胞肛

citoqueratina *f.* 〈生医〉细胞角蛋白

citoquímica *f.* 细胞化学；显微生物化学

citoquina *f.* ①〈生医〉细胞活素；②〈生理〉细胞因子

citoscopia *f.* 〈医〉细胞检查

citosiderina *f.* 〈生医〉细胞铁质

citosina *f.* 〈生化〉胞嘧啶

citosol *m.* 〈生〉细胞溶胶，胞质溶胶

citosoma *m.* ①细胞体；②多片层体

citospectrofotometría *f.* ①细胞分光光度测定法；②细胞分光光度学

citospongio *m.* 〈生医〉细胞海绵质

citosqueleto *m.* 〈生〉细胞骨架，细胞骨支架

citostático,-ca *adj.* 〈生医〉抑制细胞(生长)的 ‖ *m.* 细胞(生长)抑制剂

citostoma *m.* 〈动〉〈生〉(某些原生动物的)细胞口

citotaxia；citotaxis *f.* 〈医〉趋胞性，细胞趋化性，胞质趋性

citotaxígeno *m.* 〈生化〉细胞趋化素原

citotaxina *f.* 〈生化〉细胞趋化素

citotaxonomía *f.* ① 细胞分类学；②(生物的)胞核结构

citoterapia *f.* 〈医〉细胞疗法

citotoxicidad *f.* 〈生化〉细胞毒性

citotóxico,-ca *adj.* 〈生化〉①细胞毒素的；②毒害细胞的

citotoxina *f.* 〈生化〉细胞毒素

citotrofoblasto *m.* 〈生〉细胞滋养层

citotrópico,-ca *adj.* 〈生〉细胞向性的

citotropismo *m.* 〈生〉细胞向性

citozoico,-ca *adj.* 〈生〉细胞内的

citral *f.* 〈化〉柠檬醛；橙花醛

citrato *m.* 〈化〉柠檬酸盐[脂，根]
~ de sodio 柠檬酸钠

cítrico,-ca *adj.* ①(取自)柠檬[柑橘]的；②

〈化〉柠檬酸的 ‖ *m. pl.* 柑橘果；柑橘属果实
ácido ~ 柠檬酸

citrícola *adj.* 〈植〉柑橘属植物的

citriculturla *f.* 柑橘属植物栽培

citriforme *adj.* 〈植〉柠檬状的

citrina *f.* ①柠檬色；②〈矿〉黄水晶，茶晶

citrino,-na *adj.* ①柠檬色的；②似柠檬的

citrón *m.* 〈植〉柠檬

citronela *f.* 〈植〉亚香茅；香茅油

citronelal *m.* 〈化〉香茅醛

citrulina *f.* 〈生化〉瓜氨酸

ciudad *f.* ①城[都]市；②(市、城)区；③全城[市]居民
~ abierta 不设防城市
~ balnearia *Amér. L.* 沿海[海滨]城市
~ comercial 商业城市
~ deportiva 体育中心
~ dormitoria 郊外住宅区
~ Eterna [C-] 罗马，永恒城
~ hemana 姊妹城
~ industrial 工业城市
~ Luz [C-] 巴黎，不夜城
~ marítima 海滨城市
~ natal 故乡
~ perdida *Méx.* 棚户区，贫民窟
~ portuaria 港口城市
~ Prohibida [C-] (北京)紫禁城
~ residencial 住宅区
~ sanitaria 医疗中心
~ satélite 卫星城
~ universitaria 大学城；大学校园

ciudadano,-na *m. f.* ①市民；②公民
~ de la red (因特[互联]网)网民，网迷

civeta *f.* 〈动〉灵猫；蓬尾浣熊，斑臭鼬

civeto *m.* 灵猫香(雌的灵猫会阴部囊状腺分泌的油质液体，可作香料或供药用)

civetona *f.* 〈生化〉灵猫酮

civil *adj.* ①公[市]民的；②平民的，百姓的，世俗的；③民用的；非军事的；④国内的，公民间的；⑤〈法〉民事的；(根据)民法的
aviación ~ 民航
derecho ~ 民法
guerra ~ (国内)内战
pleito ~ 民事诉讼

civilización *f.* ①文明，文明阶段；②(特定时期的)文化；③开[教]化(过程)
~ industrial 工业文明

cizalla *f.* ①〈机〉线[铁丝]剪；钢丝钳；剪(切)刀；②〈机〉剪床，剪[切]断机；裁切机；立式切纸机；③金属剪屑[刨花]
~ a guillotina 立[双柱]式剪切机
~ de alzaprima 杠杆式剪切机

~ de bancos 剪床

~ de chapista 制板工大剪刀

~ de corte brusco 鳄鱼剪(床);鳄口[杠杆式]剪切机

~ de cuchillas ensambladas 多刀剪切机

~ de guillotina 立[双柱]式剪切机;闸刀式剪切机

~ de mandíbulas 鳄牙剪;鳄式剪床

~ para barras 棒材剪切机,棒料剪床,剪条机

~ para chapa 剪板机

~ para tochos 大钢坯剪切机

~ para viguetas 型钢剪切机

~ universal 通用剪切机

cizallador *m*. 剪切工;剪切手 ‖ **~a** *f*. 〈机〉剪床;剪切[断]机

cizalladura *f*. ①剪切[断];②横切,正割

cizallamiento *m*. ①剪(切,断),修剪;②〈地〉〈理〉切变,剪应变;剪[剪应]力

cizallar *tr*. ①剪切,切断;剪(羊毛等);②修剪;③〈用镰刀〉收割

cizaña *f*. 〈植〉黑麦草;毒麦;祸子

Cl 〈化〉元素氯(cloro)的符号

cl. *abr*. centilitro 厘升

cladística *f*. 〈生〉进化枝学;生物分类学

cladístico,-ca *adj*. 〈生〉(根据)进化枝的

cladócero,-ra *adj*. 〈动〉枝角目的,枝角动物的 ‖ *m*. ①枝角目动物;②*pl*. 枝角目

cladodio;**cladófilo** *m*. 〈植〉叶状枝

cladogénesis *f*. 〈生〉分支发生

cladograma *m*. 〈生〉分支图,支序图

clamp *m*. *ingl*. ①夹头[具];(夹)钳;②控[限,钳]制;③〈电子〉钳位;④压板[铁]

clan *m*. 〈生〉族,种类;纲

claqueta *f*. 〈电影〉(拍摄电影时用的)拍板;场记板

claquista *m.f*. 〈电影〉场记员

claraboya *f*. ①〈建〉天[气]窗;②〈天〉天光;③*Amér.L*. 射击孔;透光孔

clarán *m*. 〈矿〉亮煤

clarificación *f*. ①(液体等的)澄清(法,作用),净化;②照明[亮];③(谱线的)淡化现象;④〈信〉(计算机)分类(程序)

clarificador *m*. ①澄清[滤清,净化]器;清[明]晰器;②〈无〉干扰清除[消除,消减]器

clarificante *m*. 澄清剂,净化剂

clarinete *m*. 〈乐〉黑[单簧]管;竖管 ‖ *m.f*. 黑[单簧]管手;竖笛手

clarinetista *m.f*. 〈乐〉黑[单簧]管手;竖笛手

claritromicina *f*. 〈药〉克拉利特罗霉素(一种抗菌素)

claroscuro *m*. 〈画〉①明暗对照法;②用明暗对照法所作的素描

clase *f*. ①(一堂,一节)课;课程[时];②教室;课堂;③班;(学校的)班[年]级;④(某一学科的)学生;⑤〈社〉类,族,种,属;种[门]类;⑥阶级;阶层;⑦等级;级别;(旅游交通工具的)舱位等级;⑧〈生〉〈植〉(动植物分类的)纲;⑨见 ~s de tropa

~ alta/baja 上/下等阶级,上/下等阶层

~ de conducir 汽车驾驶课程

~ de equivalencia 〈数〉等价类

~ de producto 产品等级

~ de tarifa 税率等级

~ de tropa 〈集〉士兵

~ dirigente 领导层

~ económica (飞机的)经济舱

~ ejecutiva 管[经]理阶层;(飞机的)公务舱

~ magistral (由音乐大师授课的)高级音乐讲习班

~ media 中产阶级

~ media-alta/baja 中上层/下层阶级

~ nocturna 夜间课程

~ obrera 工人阶级

~ ociosa 有闲阶级

~ particular 私人课程

~ preferente 俱乐部会员舱

~ social 社会等级

~ trabajadora 劳动阶层

~ turista 旅游舱

~s pasivas 领抚恤金阶层;领退休金阶级

primera ~ ①一级,甲等;第一流;②头等(舱位);一等品

segunda ~ ①二级,乙等;第二流;②二等(舱位);二等品

clasificación *f*. ①分类,分等[级];②〈生〉分类法;③类[级]别;④(文件的)(保)密级(别);⑤(邮件、文件、资料、情报等的)分拣[选];归类;⑥〈技〉分粒,选分;⑦〈海〉〈船〉(吨位)等级;⑧〈信〉排序;⑨〈体〉(比赛的)资格证明;*Chil*. 决赛权

~ aproximada 粗分类

~ cruzada 交叉分类

~ de buques 船舶等级,船级

~ de costos 成本分类

~ de riesgos 风险等级,险级

~ fenética 〈生〉表现型分类法

~ finética 〈生〉世[种]系分类法

~ interna 国内分类法

~ natural 〈生〉自然分类(即根据形态、构造、机能等对动植物所作的分类)

clasificador,-ra *adj*. ①分类的;②*Chil*. 〈体〉进入决赛的,争夺决赛权的 ‖ *m.f*. ①分类者;②分选工 ‖ *m*. ①文件柜;分类

架;②〈矿〉分级机;③〈化〉粒度分级器;分粒器;筛分器;④〈信〉排序装置
～ comercial 工商企业分类名录
～ de lana 羊毛分类器
～ lexicográfico 词典编撰排序装置
clasificatoria *f*. 〈体〉①及格赛,预选赛;②(田径运动的)预[分组]赛
clasificatorio,-ria *adj*. ①类别的;分类上的;②〈体〉争夺决赛权的
tabla ～a ①〈体〉(两个或两个以上体育联合会的)联赛成绩纪录及名次表;②比赛成绩对照表,名次表
clasocote *m*. *Méx*. (明)矾
clástico,-ca *adj*. ①〈地〉碎屑状的,由碎屑构成的;②〈生〉分裂的
roca ～a 〈地〉碎屑岩
clasto *m*. 〈地〉碎屑岩
claudia *f*. 〈植〉西洋李;西洋李子
claustrofobia *f*. 〈心〉幽闭恐怖(症)
claustrofóbico,-ca *adj*. 〈心〉〈医〉(患)幽闭恐怖症的;导致幽闭恐怖症的‖*m*. *f*. 幽闭恐怖症患者
cláusula *f*. (正式文件或法律文件的)条款
～ adicional 附加条款
～ amarilla 黄狗条款,不入工会条款
～ antihuelga 反罢工条款
～ de abstención 反面保证条款
～ de avería 海损条款
～ de bodega a bodega 仓至仓条款
～ de cambio de derrota[ruta] 绕航条款
～ de coaseguro 共保条款
～ de condicionalidad recíproca 相互制约条款
～ de derrame 漏损条款
～ de echazón 抛弃货物条款
～ de enajenación 转让条款
～ de exclusión 免责条款
～ de reajuste de los precios 价格自动(升降)调整条款
～ de rescisión 注[撤]销条款
～ de riesgos de incendio en tierra 岸上火险条款
～ de riesgos marítimos 海损险条款
clavacina *f*. 〈药〉棒曲霉素
clavada *f*. 〈体〉跳水
clavadista *m*. *f*. *Amér*. *C*.; **clavidista** *m*. *f*. *Méx*. 〈体〉跳水运动员
clave *f*. ①密[代,电]码;代号;②钥匙;③〈信〉(记录)键;编码;④〈建〉拱顶石,冠[塞缝]石,楔形砖;⑤(问题的)关键;⑥〈乐〉谱号‖*m*. 〈乐〉羽管键琴,拨弦古钢琴
～ de bóveda 拱顶建筑
～ de búsqueda 〈信〉搜索键
～ de clasificación 分类编码;〈信〉分类键
～ de identificación 识别代码
～ de registro 〈信〉记录键
～ del problema 问题的关键
～ genética 遗传密码
～ privada 〈信〉私有密钥
～ telegramática 电报密码
articulación de la ～ 顶铰
clavecín *m*. 〈乐〉①小型击打古钢琴;②小型立式钢琴
clavel *m*. 〈植〉麝香石竹,康乃馨
clavellina *f*. 〈植〉石竹;石竹花
clavelón *m*. 〈植〉①万寿菊;②金盏花
clavero *m*. ①〈植〉丁香树;②钥匙链[环]
clavete *m*. 〈乐〉拨子,琴拨
clavicémbalo *m*. 〈乐〉(拨弦)古钢琴
clavicordio *m*. 〈乐〉(敲弦)古钢琴
clavícula *f*. 〈解〉锁骨
clavicular *adj*. 〈解〉锁骨的
fractura ～ 锁骨骨折
claviculectomía *f*. 〈医〉锁骨切除术
claviforme *adj*. (棍)棒状的,棒状体的
clavija *f*. ①(木工用)(木,销,螺)钉,(桶等的)孔塞;②销(子,钉),(螺,销)栓;③〈电〉插头[座,塞];④〈乐〉弦轴,琴栓
～ banana 香蕉插头
～ cónica de madera 木塞,木销子
～ de conexión 插座[孔,口]
～ de dos espicas 两心插塞子
～ de dos patas(～ hendida) 扁[开口,开尾]销
～ de ensayo[prueba] (电工)试验插头,试验放泄塞
～ de escucha 监听键,耳机插塞
～ de madera[roble] 木钉[柱,销]
～ de tres tetones 三心插塞子
～ del encendido 点火塞,火花塞
～ maestra 中枢[中心]销,(转向节)主销;中心立轴
conector de ～ 插塞式连接器
contacto de ～s 插头
enlace terminado en ～ 端接插塞中继线
clavijero *m*. ①*Méx*. 〈乐〉弦轴箱,琴轸,栓斗;②衣(钩)架
clavillo; **clavito** *m*. ①〈机〉心[枢]轴,轴销;②(铆)钉;③〈植〉丁香
～ de tijeras 剪刀轴销
clavo *m*. ①钉子,元钉;钉状物,装饰钉;②(扇,剪)轴;③(球靴、跑鞋等的)防滑鞋钉;④(登山运动用的)钢锥;⑤〈医〉钢针;⑥〈医〉钉胼,鸡眼;〈兽医〉疖;⑦见 ～ de olor;⑧*Amér*. *C*., *Méx*. 〈矿〉丰富矿石
～ de gancho 钩[弯头]钉

~ de herradura(~ tachuela) 平头钉
~ de olor〈植〉丁香
~ de rail 道[长]钉
~ de tornillo 螺钉,弯尖钉
~ forjado 锻钉
~ grande 长[大]钉
~ pequeño 图[小,平头]钉
~ romano（大帽)饰钉
~ sin cabeza（钉胶合板等用的)镶板钉
~ tablero 木板钉
~ trabal 骑马钉

clavola *f.* 〈动〉鞭节

clávula *f.* 〈动〉小棘

clavus *m.* ①〈动〉棒节；②(昆虫的)脉节

claxón(*pl.* claxones, cláxones) *m.* （汽车）喇叭

cleidotomía *f.* 〈医〉锁骨切断术

cleistocarpo *m.* 〈植〉闭囊果

cleistogamia *f.* 〈植〉闭花受精

cleistogamoso,-sa *adj.* 〈植〉闭花受精的

cleitro *m.* 〈动〉匙骨

clemátide *f.* 〈植〉铁线莲

clembuterol *m.* 〈化〉增重[肥]剂

cleptofobia *f.* 〈心〉偷窃恐怖

cleptomanía *f.* 〈心〉偷窃成性，偷窃癖

cleveíta *f.* 〈矿〉钇铀矿

clic; click *m.* ①咔哒[喀嚓,上扣]声；②〈讯〉喀呖声(一种由雷电所造成的大气层干扰杂音)；噪声[音]；③〈信〉(鼠标的)点击
~ del obturador 快门咔哒声
~ en la banda 波段噪声[音]

cliché *m. fr.* ①〈印〉铅[模,凸印]板；②〈摄〉(照相的)底[负]片；③〈信〉(内容空洞的)时髦词语

clicútil *m.* 〈信〉点击

clidonógrafo *m.* 脉冲电压记录器，脉冲电压拍摄机,过电压摄像仪

clidonograma *m.* 脉冲电压记录图，脉冲电压显示照片

cliente *m.* ①顾客，主顾；②(聘请律师、会计师等办事的)委托人；③(医生的)病人
~ antiguo 老客户
~ habitual 基本客户；老客户
~ en la red 网上客户
~ en potencia 潜在客户
~ fijo[permanente] 固定客户,长期客户
~ mayorista 批发客户
~s futuros 预期客户,未来客户
~s repetidos 重购客户[顾主]

clima *m.* ①〈气〉气候；室内气候环境(指湿度、温度等)；气候区；②(会议等的)气氛；环境气氛；③(某一社会、时期等的)潮流；风气
~ artificial *Amér. L.* 用空气调节设备调节的空气

~ continental 大陆性气候
~ de opinión（公众)舆论氛围
~ desérito 沙漠气候
~ ecuatorial 赤道气候
~ húmedo/seco 潮湿/干燥气候
~ local 地方性气候
~ marino[marítimo] 海洋性气候
~ temprano[tropical] 温[热]寒带气候

climalit *adj. inv.* 〈建〉有双层玻璃的(窗户)

climatérico,-ca *adj.* ①〈生理〉更年期的；绝经期的；②(时期方面)转折点的；关键时期的；转变[折]期的
depresión ~a 更年期抑郁征
síndrome ~ 更年期综合征

climaterio *m.* ①〈生理〉更年期；②转变[折]期(如青春期等)

climático,-ca *adj.* ①气候的；②由气候引起的；受气候影响的
higiene ~a 气候卫生

climatización *f.* 用空气调节设备调节空气；空气调节

climatizador *m.* 空气调节器；空调设备
~ de pared 壁挂空调

climatizar *tr.* ①调节空气；②(使)适应气候

climatografía *f.* 气候志；风土志

climatógrafo *m.* 气候图

climatología *f.* ①气候学；②天气，气象

climatológico,-ca *adj.* 气候的

climatoterapia *f.* 〈医〉气候疗法

climazonal *adj.* 气候带的

climax *m.* ①顶[极]点；②〈乐〉(遁走曲的)高潮结段(常用快速结尾)；(文学、戏剧等的)高潮；③〈生〉演替顶级(期)
~ climático 〈生〉气候演替顶级
~ edáfico 〈生〉土壤演替顶级

climograma *m.* 气候[象]图

clínica *f.* ①(医院等的)门诊部；私人诊所；②(学校、机关等的)医务室；③教学医院；④(大学的)临床教学
~ de reposo 疗[休]养院
~ dental 牙科诊所

clínico,-ca *adj.* ①门诊部的，诊疗所的；②临床的；临床教学的 ‖ *m. f.* 〈医〉临床医生
ensayo[estudio] ~ 临床试验
examen ~ 临床检查
genética ~a 临床遗传学
hospital ~ 教学医院
medicina ~a 临床医学
monitereo ~ 临床监护
observación ~a 临床观察
síntoma ~ 临床症状

clinocloro m. 〈矿〉斜绿泥石

clinoédrico,-ca adj. 〈地〉斜晶石的

clinográfico,-ca adj. 〈测〉斜射(测图)的

clinógrafo m. 〈测〉① (绘图用)平行板;② (测竖坑倾斜度的)孔斜计;测偏仪

clinómetro m. ①〈测〉测斜仪,倾斜[角]计,量坡仪;倾角仪;②〈理〉测角器

clinóstato m. 〈植〉(研究植物向性的)回转器

clíper m. ①快速(横)帆船;②大型快速飞机,大型远程客机
～ transoceánico ①越洋巨型飞机;②越洋快速帆船

clisado m. 〈印〉模[铅]板印刷(术)

clisar tr. 〈印〉①用模板印刷(图案、文字);用模板在…印图案[文字];②用铅板印刷;把…浇铸成铅板

clisé m. ①〈印〉铅[模,凸印]板;②〈摄〉(照相的)底[负]片

clister m. 〈医〉①灌肠法;②灌肠剂

clitelo m. 〈动〉环[生殖]带

clitoridectomía f. 〈医〉阴蒂切除术

clitoridotomía f. 〈医〉阴蒂切开术

clitoridiano,-na adj. 〈解〉阴蒂的

clítoris m. inv. 〈解〉阴蒂,阴核

cloaca f. ①阴沟,下水道;污水管;②〈动〉泄殖腔

cloacal adj. ①污秽的;污水的;污水系统的;②〈动〉泄殖腔的
aguas ～es 污[废]水

cloantina f. 〈矿〉〈复〉砷镍矿

cloasma m. 〈医〉褐黄斑

cloche m. Venez. 〈机〉离合器;离合器踏板

clofibrato m. 〈生医〉〈药〉安妥明,对氯苯氧异丁酸乙酯

cloisonné m. fr. (嵌丝式)景泰蓝

clomifeno m. 〈生医〉〈药〉克罗米酚,舒经酚

clon m. ①〈生〉无性(繁殖)系;克隆;②无性(繁殖)系个体;③无性(繁殖)系植物;③复本,复制品;④〈信〉克隆机

clonable adj. ①〈生〉可克隆的;②可复制的

clonación f.; **clonaje** m. 〈生〉克隆,无性繁殖
～ de genes 基因克隆
～ molecular 分子克隆

clonado,-da adj. (被)克隆的,克隆(过)的
bovino ～ 克隆牛

clonal adj. 〈生〉无性(繁殖)系的;无性(繁殖)系般的;克隆的
anticuerpo ～ 克隆抗体
expansión ～ 克隆扩张

clonar tr. 使无性繁殖,克隆

clónico,-ca adj. ①〈生〉无性(繁殖)系的;无性(繁殖)系般的;②杂牌组装的(电

脑)‖ m. 〈信〉克隆机

cloración f. ①〈化〉氯化(作用),氯化[加氯]处理;②〈环〉〈医〉加氯消毒法;氯气灭菌

clorado,-da adj. (被)氯化的

clorador m. 加氯杀菌机,氯化器[炉],加氯器
～ eléctrico 氯化电炉

cloral m. 〈化〉①氯(乙)醛,三氯乙醛;②水合氯醛,结晶氯醛,氯醛合水(用作安眠剂)

cloramina f. 〈化〉①氯胺(用作消毒剂);②氯胺 T(其溶液用作消毒剂或防腐剂)

cloranilina f. 〈化〉氯苯胺

cloranilo m. 〈化〉氯醌(一种杀菌剂),四氯化(苯)醌,四氯醌

clorar tr. ①使氯化;②加氯消毒;③〈冶〉用氯处理(金矿石等)

clorargirita f. 〈矿〉绿[角]银矿

clorastrolita f. 〈矿〉绿星石

cloratado,-da adj. 〈化〉含氯酸盐的

cloratita f. 氯酸盐炸药

clorato m. 〈化〉氯酸盐
～ de potasio 氯酸钾
～ de sodio 氯酸钠

clordano m. 〈化〉氯丹,八氯化甲桥茚

clorénquima f. 〈植〉绿色植物

clorhidrato m. 〈化〉氢氯[盐酸]化物

clorhídrico,-ca adj. 〈化〉盐[氢氯]酸的;含氯化氢的;含氢和氯的
ácido ～ 盐酸

clorhidrinas f. pl. 〈化〉氯乙醇

clórico,-ca adj. 〈化〉五价氯的;含五价氯的;由五价氯制的
ácido ～ 氯酸

cloridimetría f. 〈化〉〈医〉氯化物测定法

cloridímetro m. 〈化〉〈医〉氯化物测定仪

clorimetría f. 〈化〉氯量滴定法

clorímetro m. 〈化〉氯量计

clorita f. ①〈矿〉绿泥石;②〈化〉亚氯酸盐
～ esquistosa 绿泥板岩

clorítico,-ca adj. 〈矿〉含绿泥石的

cloritización f. 〈地〉绿泥石化

clorización f. 〈化〉氯化作用;加氯作用

cloro m. 〈化〉氯

cloroacetileno m. 〈化〉氯乙炔

cloroacetofenona f. 〈化〉氯乙酰苯;氯化苯乙酮

cloroamima f. 〈化〉氯胺

clorobenceno m. 〈化〉氯苯

clorobutanol m. 〈化〉氯丁醇

clorocruorina f. 〈生化〉血绿蛋白

clorofeíta f. 〈地〉褐绿泥石

clorofíceo,-cea adj. 〈植〉绿藻的 ‖ f. ①绿藻(植物);②pl. 绿藻纲

clorofila *f.*〈生化〉〈植〉叶绿素

clorofilasa *f.*〈生化〉叶绿素酶

clorofílico,-ca *adj.*〈植〉叶绿素的
función ~a 光合作用

clorofilina *f.*〈化〉叶绿酸

clorofilógeno *m.*〈植〉叶绿素原

clorofiloso,-sa *adj.*〈植〉含叶绿素的

clorofluorocarbonado,-da *adj.*〈化〉含氯氟烃的

clorofluorocarbono *m.*〈化〉含氯氟烃

clorofluorometano *m.*〈化〉氯氟甲烷

cloroformar; cloroformizar *tr.* ①用氯仿麻醉；②用氯仿杀死；③用氯仿于…；把…浸在氯仿中

clorofórmico,-ca *adj.* ①〈化〉氯仿的,三氯甲烷的；②〈医〉氯仿麻醉的

cloroformina *f.*〈医〉氯仿明

cloroformismo *m.* 氯仿中毒

cloroformización *f.*〈医〉氯仿麻醉

cloroformo *m.*〈化〉氯仿,三氯甲烷

clorometría *f.*〈化〉氯量滴定法

clorómetro *m.*〈化〉氯量计

cloromicetina *f.*〈药〉氯霉素；氯胺苯醇

cloropicrina *f.*〈化〉氯化苦,三氯硝基甲烷,硝基氯仿

cloroplasto *m.*〈生〉〈生化〉叶绿体

cloropreno *m.*〈化〉氯丁二烯

cloropromacina *f.*〈药〉氯丙嗪,氯普马嗪

cloroquina *f.*〈药〉氯奎,氯喹(用作抗疟药)

clorosis *f.* ①〈植〉缺[退]绿病；②〈医〉萎黄病,绿色贫血,萎黄病贫血

clorótico,-ca *adj.*〈医〉(患)萎黄病的

cloruria *f.*〈医〉氯尿(症)

cloruro *m.* ①〈化〉氯化物；②漂白粉[剂]
~ alcalino 碱金属氯化物
~ amónico(~ de amonio) 氯化铵,卤砂
~ cálcico(~ de calcio) 氯化钙
~ de bario 氯化钡
~ de benzal 苄叉二氯
~ de benzoílo 苯(甲)酰氯
~ de cal 氯化石灰,漂白粉
~ de cinc 氯化锌
~ de cobalto 氯化钴
~ de etileno 荷兰液,二氯化二烷
~ de etilo[étilo] 乙基氯,氯乙烷
~ de hidrógeno 氯化氢
~ de magnesio(~ magnésico) 氯化镁
~ de metilo 氯(代)甲烷,甲基氯
~ de plata 氯化银
~ de platino 氯化铂
~ de polivinilo 聚氯乙烯
~ de potasio 氯化钾

~ de sodio(~ sódico) 氯化钠,食盐
~ de vinilo 氯乙烯,乙烯基氯
~ férrico 氯化铁
~ mercúrico 氯化汞,升汞
~s alcalino-térreos 碱土氯化物

clostridios *m.*〈医〉梭菌病

clostridium *m. ingl.*〈生〉芽孢梭菌属细菌,梭状芽孢杆菌属细菌

cloxacilina *f.*〈生化〉氯唑西林,邻氯青霉素

clueca *f.*〈鸟〉抱窝母鸡

clupeido,-da *adj.*〈动〉鲱科鱼的；鲱类的 ‖ *m.* ①鲱科鱼,青鱼类鱼；②*pl.* 鲱科；鲱类

clutch *m. Amér. L.*〈机〉〈汽车〉离合器

Cm〈化〉元素锔(curio)的符号

cm. *abr.* centímetro 厘米

CMCC *abr.* Comunidad y Mercado Común del Caribe 加勒比共同体和共同市场

CN *abr.* carrera nacional 国道

Co〈化〉元素钴(cobalto)的符号

C. O. *abr.* certificado de origen 原产地证明书

cobija *f.*〈建〉脊瓦

COBOL *abr. ingl.* common business oriented language 〈信〉面向商业的通用语言

coabsorción *f.* 共吸附(作用)

coacción *f.* ①〈生〉(生物体之间的)相互作用；②共同[联合]行动；③强制(力)
~ heterotípica 异型(生物体之间的)相互作用
~ homotípica 同型(生物体之间的)相互作用

coacervación *f.*〈化〉凝[团,堆]聚(作用)

coacervado,-da *adj.*〈化〉凝聚的 ‖ *m.* ①凝聚层；团粒体；②乳粒积并(作用)

coactivación *f.* 共激活作用；共活化作用

coactivador *m.* 共激活剂,共活化剂

coactivar *tr.* 共激活,共活化

coactivo,-va *adj.* 强制的

coacusado,-da *m. f.*〈法〉共同被告

coadaptación *f.*〈生〉相互适应

coadaptado,-da *adj.*〈生〉相互适应的

coafianzamiento *m.*〈经〉共同担保

coagel *m.*〈化〉凝聚胶

coagente *m.* ①联合代理商；②协助者；③共同起作用的因素

coagulabilidad *f.* 凝结(能力)；凝结[固]性

coagulable *adj.* 可凝结的,可凝固的

coagulación *f.* ①凝固作用；凝聚；②〈医〉凝固(法)；凝血；③〈化〉聚沉
~ sanguínea 血凝
cascada de ~ 凝血级联
factor de ~ 凝血因子
tiempo de ~ 凝血时间

coagulador *m.* ①凝结[聚]剂；②凝结器

coagulante *adj.* 凝固[结]的‖*m.* ①凝(固,结,血)剂,(助,促,血)凝剂；②〈生化〉凝固酶

coagulasa *f.* 〈生化〉凝固酶

coágulo *m.* 凝结物(如血块)；凝(结)块
~ de sangre(~ sanguíneo) 血凝块

coagulómetro *m.* 〈医〉血凝度计

coaguloviscosímetro *m.* 〈医〉血凝固时速计

coala *f.* 〈动〉树袋熊,考拉

coalescencia *f.* ①(伤口)愈合；②〈化〉聚结

coalescente *adj.* ①(伤口)愈合的；②〈化〉聚结的

coalita *f.* ①半焦(炭,油),低温焦炭；②焦炭砖

coaltar *m. ingl.* (干馏煤时获得的)煤焦油
cáncer de ~ 煤焦油癌

coaltitud *f.* 〈天〉天顶距,同高度

coaptación *f.* ①适应,配合；②〈医〉接骨(术)

coarmador *m.* 联合船东[主]

coarrendatario; coasegurador *m.* 共同承保人；联合保险人

coartada *f.* 〈法〉不在犯罪现场(证明)

coaseguro *m.* 共同保险(由两个或两个以上保险商共同承担风险的保险)
~ cualitativo 质量共保
~ cuantitativo 数量共保

coasociación *f.* 合伙

coatí *m. Amér. M.* 〈动〉南美浣熊

coavalista *m. f.* 共同担保人,连带保证人

coaxial *adj.* ①共[同]轴的；②同轴电缆的；③(高低频)同轴传声的
antena ~ 同轴天线
cables ~es 同轴电缆
cilindros ~es 同轴圆柱
circuito ~ 同轴电路
círculo ~ 共轴圈
resonador ~ 同轴谐振器

cobalamina *f.* 维生素 B_{12}；钴胺素,氰钴胺素

cobaltamina *f.* 〈化〉氨络钴

cobáltico,-ca *adj.* 〈化〉钴的；高钴的,三价钴的
cloruro ~ 氯化高钴

cobaltífero,-ra *adj.* 含钴的；产钴的

cobaltina; cobaltita *f.* 〈矿〉辉砷钴矿

cobalto *m.* ①〈化〉钴；②钴类颜料
~ 60 钴 60(钴的放射性同位素)
compuestos de ~ 钴化合物
flores de ~ 钴华
óxido de ~ 氧化钴

cobaltoso,-sa *adj.* 〈化〉正钴的,二价钴的
sulfato ~ 硫酸钴

cobaltoterapia *f.* 〈医〉钴治疗法

cobayo,-ya *m. f.* 〈动〉豚[天竺]鼠

cobertizo *m.* 〈建〉①屋檐；②棚

cobertura *f.* ①覆盖物[层],罩(子),套(子),盖(子)；②(电台、电视台等的)新闻报道量[范围],覆盖面[率]；③(信贷)保险,保险额；保证金；(信贷)准备金；④(卖空的)补进；⑤(体)(球门区的)防护线；⑥(企业或商业网的)扩张能力
~ cambiaria 外汇补进,外汇抛补
~ de desempleo 失业保险
~ de dividendo 净利和股息比率
~ de oro (发行纸币的)黄金准备金
~ de (una) antena 天线接受面
~ de varios riesgos 统括保险
~ del seguro 保险范围；保险额
~ deducible 应扣除保险额
~ general[global] 总括保险,统保
~ diferida 迟付保证金
~ sanitaria 医疗保健
~ social (社会保险者所享受的)社会福利

cobija *f.* 〈建〉①脊[盖]瓦；② *Cari.* (棕榈叶)屋盖[顶]

cobo *m.* 〈动〉① *Cari.* 海螺；②狮子鱼

cobra *f.* ①〈动〉眼镜蛇；②(打猎中)搜寻中弹猎物；(搜寻猎物后的)复得

cobrabilidad *f.* (账、款等的)收回可能性

cobrable; cobradero,-ra *adj.* ①(账、款等)可[应]收的；②应[可]支付的(价格)；③能追[收]回的(数额)
cuentas ~s 应收账款,可收回的账款
impuesto ~ 应收税款

cobre *m.* ①铜；②铜币；③铜制品[物]；铜锅；④〈乐〉铜管乐器
~ afinado(~ de roseta) 精炼铜
~ al berilio 铍铜合金
~ amarillo[piritoso] 黄铜
~ carbonatado azul 蓝铜矿
~ de cemento 沉积[渗碳]铜,沉淀(置换的)铜,泥铜
~ dorado 镀铜
~ electrolítico 电解铜
~ en barras 铜条[棒]
~ en hojas 铜板
~ en lingotes 铜锭[块],铜坯
~ en tiras 铜带
~ fosforoso 磷(青)铜
~ nativo 自然铜
~ negro 粗[泡,荒]铜
~ oxidado 氧化铜
~ quebradizo 凹[干]铜
~ rojo 红铜
~ sulfurado 辉铜矿

~ verde 孔雀石

aleación de ~ y zinc 红(色黄)铜;低锌[高铜]黄铜

hoja de ~ 薄铜板,镀铜层

placa de ~ 薄铜板

sulfuro de ~ 硫化铜

cobreado *m.* 〈工艺〉镀铜

cobreño,-ña *adj.* ①铜的;铜制的;②铜色的

cobrero *m.* 铜作工,铜匠

cobrizo,-za *adj.* ①铜质的;含铜的;②似铜的,紫铜色的

coca *f.* ①(绳线、缆绳、头发等的)扭结,绞缠;②〈植〉古柯;③〈植〉古柯叶

cocaína *f.* 〈化〉〈药〉可卡因;古柯碱

cocaínico,-ca *adj.* 可卡因的

cocainismo *m.* 可卡因瘾;可卡因中毒

cocainización *f.* 可卡因麻醉法

cocainomanía *f.* 可卡因瘾

cocainómano,-na *adj.* 有可卡因瘾的

cocal *m. Amér. L.* 椰树林;椰树种植园

cocarboxilasa *f.* 〈生化〉辅羧酶,脱羧辅酶

cocarcinógeno *m.* 〈生医〉助致癌原,辅致癌物(质)

coccígeno,-na *adj.* 〈解〉尾骨的

cocción *f.* ①烹调[饪];蒸煮;②烹饪时间;③〈药〉汤药[剂]

~ al horno 烘焙[烤]

~ al vapor 蒸煮

cóccix *m.* 〈解〉尾骨

coche *m.* ①车(辆),(四轮,公共)马车;②轿[小汽]车;汽车;③〈交〉〈火车〉客车;车厢;④手推童车,婴儿车;⑤ *Méx.* 出租车;⑥ *Amér. L.* 〈动〉猪

~ automático sobre rieles（铁道上的)机动车厢

~ automóvil 汽车,自[电]动车

~ blindado 装甲车

~ bomba 汽车炸弹

~ cama（火车）卧车;卧铺车厢

~ celular 运送囚犯的警车,囚车

~ correo[postal]（铁路）邮政车

~ de alquiler 供出租的汽车

~ de bogas 转向车

~ de bomberos 救火[消防]车

~ de carreras（汽车)赛车

~ de choque（游乐场的）碰碰车

~ de comedor(~ restaurante)（火车）餐车

~ de correos 邮政车

~ de época（尤指 1917-1930 年间制造的)老式汽车

~ de equipajes（火车)行李车

~ (de) escoba（自行车比赛时行驶在运动员后面的）运动员收容车

~ de estación 旅行汽车,面包车

~ de ferrocarril(~ ferroviario)（火车)卧车;客车

~ de línea 长途公共汽车

~ de literas（欧洲铁路上的）坐卧两用车厢

~ de monte *Amér. M.* 野猪

~ de muertos(~ fúnebre[mortuorio])灵[柩]车

~ de ocasión(~ usado) 旧[二手]车

~ de pasajeros 客车

~ de plaza[punto,sitio] 出租车

~ de remolque 拖车,挂车

~ de tranvía ①(有轨)电车;②煤[矿]车

~ de turismo ①游览车,旅行汽车;②（私人所有但由铁路部门管理的)私有车厢

~ de viajeros（火车）客车;小客车(乘客一般不超过 9 人)

~ deportivo 跑车

~ descubierto 敞篷车

~ directo 直达车

~ dormitorio 卧车

~ eléctrico 电动汽车

~ familiar 家庭旅行车

~ K 没有标志的警车

~ patrulla 巡逻车

~ pesado 重型[载]车

~ utilitario 经济型轿车

~ Z[zeta] 运送囚犯的警车,囚车

coche-bomba *m.* 汽车炸弹

coche-cabina *m.* 微型三轮汽车

coche-cama *m.*（火车）卧车;卧铺车厢

coche-comedor *m.*（火车）餐车

coche-correo *m.*（铁路）邮政车

coche-cuba *m.* 运水车

coche-habitación *m.* 活动住房[房屋]

coche-patrulla *m.* 巡逻车

coche-restorán *m.* 餐车

coche-salón *m.* 特等客车

cochemonte *m. Amér. C.* 〈动〉野猪

cochinilla *f.* ①〈昆〉潮[窃]虫,鼠妇;②胭脂虫红

~ de humedad 潮虫

cochino,-na *m. f.* 〈动〉猪

~ de leche 乳猪

cochizo;cochuso *m. Amér. L.* 〈矿〉红银;硫砷银矿

cociente *m.* ①〈数〉商(数);②〈体〉进球平均数(用以在获胜场数相等的球队之间决定名次)

~ de inteligencia(~ intelectual) 智商,

智力商数

~ respiratorio 〈生医〉呼吸商

cocina *f*. ①厨房；②灶具，厨灶；③烹饪；烹饪术

~ casera 家庭烹饪

libro de ~ 烹饪书，食谱

cóclea *f*. 〈解〉耳蜗

cocker *m*. 〈动〉可卡犬

coco *m*. ①〈生〉球菌；②〈昆〉象甲[虫]；豆象；③〈植〉椰子树；④〈植〉椰子(肉，壳)

aceite de ~ 椰子油

cocoha *f*. 〈鳕鱼〉头部软肉；鳕鱼唇(佳肴)

cocodrílido,-da *adj*. ①〈动〉鳄(鱼)的；像鳄(鱼)的；②鳄类动物的‖ *m*. ①鳄目动物；②*pl*. 鳄目(动物)

cocodrilo *m*. 〈动〉鳄，鳄鱼；鳄类[目]动物

cocoso,-sa *adj*. 虫蛀[咬]的；蛀成洞的

cocotal *m*. 椰树林；椰树种植园

cocotero *m*. 〈植〉椰子树

cocui *m*. 〈植〉龙舌兰

cocultivación *f*. 〈医〉(细胞等的)协同培养

cocultivar *tr*. 〈医〉协同培养

cocuyo *m*. ①*Amér. L.*〈昆〉萤火虫；②(车辆的)后[尾]灯

COD *abr. ingl*. cash on delivery 货到付款

coda *f*. ①〈乐〉尾音；②楔子，三角木

codal *adj*. 肘状的，弯的‖ *m*. 〈建〉①支柱[撑，杆]；轨[对角]撑；支撑物；②〈建〉横[顶]梁；③(用分层法分出的葡萄)嫩枝；压条

codalamiento *m*. 支[撑]住；支撑[柱，持]，加固撑

codaste *m*. 〈船〉艉柱

codec *m. ingl*. 〈信〉编码-解码器；编码-翻码工具

CODECA *abr*. Corporación de Desarrollo Económico del Caribe 加勒比经济开发公司

codeína *f*. 〈化〉〈药〉可待因(用以镇痛、镇咳、催眠等)

codelicuencia *f*. 〈法〉共谋关系，同犯关系

codelicuente *m. f*. 〈法〉共谋，同犯

codena *f*. 〈纺〉抗磨度

codera *f*. ①〈海〉船尾系缆；②(运动员用的)护肘

codeso *m*. 〈植〉金链花；水黄皮；高山金链花

codi-bait *m*. 〈信〉字节代码

codicilo *m*. 〈法〉(立遗嘱后又对遗嘱内容加以更改、增补或说明的)遗嘱附件

codificación *f*. ①〈法〉(法典等的)编纂；②(电文、情报等)电[密]码；③编号；〈信〉编码

~ alfabética 字母编码

~ automática 自动编码

~ de barras 条形码

~ de conteo fijo 固定记数编码

~ lineal 直线编码

~ simbólica 符号编码

codificador,-ra *m. f*. ①编[译]码员；②法典编纂者‖ *m*. 编[译]码器

codificar *tr*. ①把(法律、条例等)编集成典，编纂法典；②把(电文、情报等)翻译成电[密]码；③把…编码；给(电视机等)加密

código *m*. ①法典[规，则]；②规范，准则；③(打电话时的)拨打代码[号]；④电[代，密]码；⑤〈信〉编[代]码；程序(指令)

~ aduanero 海关法

~ alfanumérico 字母数字码

~ ASCII 美国信息互换标准代码

~ Baudot 〈信〉波特码

~ binario 〈信〉二进制码

~ cíclico 循环码

~ civil 民法

~ comercial(~ de comercio) 商法〈典〉

~ de acceso 〈信〉存取代码

~ de barras 条形码

~ de cinco unidades 五位制电码

~ de circulación 公路法规；交通规则

~ de clientes 顾客手册

~ de conducta 行为准则

~ de edificación 建筑法规[规程，条例]

~ de ética profesional 职业道德准则

~ (de) fuente 〈信〉源编码

~ de Hollerith 〈信〉阿勒里斯代码

~ de las quiebras 破产法规

~ de leyes 法规汇编；法令全书

~ de máquina 〈信〉机器语言

~ de modulación 调制码

~ de operación 〈信〉操作码

~ de región 〈信〉域代码

~ de señales ①〈讯〉信号电码，通信密码；②信号规则[法典]；③旗[灯，信]语

~ de trabajo 劳动法，劳工法

~ del tránsito 交通规则

~ deontológico[ético] 道德[行为]准则

~ fiscal[impositivo] 税法典

~ fundamental 基本法

~ genético 遗传密码

~ hexadecimal 〈数〉十六进制码

~ legible por máquina 〈信〉机器可读码

~ marítimo 海洋法；海商[事]法

~ militar 军法

~ Morse 〈讯〉莫尔斯电码

~ numérico 数字编[代]码

~ objeto 〈信〉目标代码

~ penal 刑法
~ para cable 电缆码
~ postal 邮政编码
~ procedimental 过程编码
~ telegráfico 电(报电)码,电报密码
~ territorial 〈讯〉区域号码,区号

codillo m. ①(猪)蹄,肘;(四足动物的)肘部;②〈建〉L 形弯管[头];肘状物;③〈植〉树杈,枝丫

codímero m. 〈化〉共二聚体

codirección f. ①共同管理;②〈电影〉〈戏〉联合导演;③共同地址

codisolvente m. 〈化〉潜[助,共存]溶剂

codo m. ①〈解〉肘,膝,膝关节;②(衣服的)肘部;③〈建〉〈管道的)弯头[管];肘(形弯)管,L 形弯管[头];肘状物;④(四足动物蹄的)肘部
~ compensador 胀缩弯管
~ de ángulo recto 直角弯管
~ de cruzamiento 四通(管)
~ de tenista 〈医〉网球肘
~ vivo 直角弯管
válvula de ~ 角阀

codominancia f. 〈生〉〈遗〉等[共]显性

codominante adj. 〈生〉〈遗〉等[共]显性的

codón f. 〈生〉密码子
~ de iniciación 〈生〉起始密码子
~ de terminación 〈生〉终结密码子

codorniz f. 〈鸟〉鹑,鹌鹑;北美鹑

coedición f. 〈印〉(书刊等的)联合[合作]出版;联合[合作]出版版本

coeducación f. 〈教〉(尤指大学的)男女同学(制)

coeducacional adj. 〈教〉①男女同校的;②有关男女同学(制)的

coeficiente m. ①〈理〉〈数〉系数;②协同因数;③〈经〉〈理〉率
~ beta 〈统〉β 系数
~ barométrico 气压系数
~ binómico 二项式系数
~ bloque 船体没水系数
~ de absorción 〈理〉吸收率
~ de actividad 活化[性]系数
~ de alargamiento 延伸系数
~ de amortiguación 阻尼[衰减]系数
~ de amplificación 放大率[系数]
~ de asimetría 偏态系数
~ de atenuación 衰减系数
~ de autocorrelación 自相关系数
~ de autoinducción 自感系数
~ de caja[encaje] 银行现[准备]金比率
~ de capital-servicio 资本劳务比率

~ de carga (客)机坐位利用率
~ de cargamento 负载系数
~ de cobro bruto 总收款率
~ de confiabilidad 可靠性系数
~ de contracción 收缩系数
~ de conversión ①换算系数;②转换数,转换率
~ de correlación 〈统〉相关系数
~ de coste-beneficio 成本效[收]益比率;费用-效益比
~ de deflexión 偏转因数,偏移系数
~ de desempleo/empleo 失/就业率
~ de difusión 〈理〉扩散系数
~ de digestividad 消化系数
~ de dilatación 膨胀率[系数];展开系数
~ de dispersión 〈理〉弥散系数
~ de distribución 分配系数
~ de dureza 硬度(指数)
~ de elasticidad 弹性[延伸]系数
~ de elasticidad a la tracción 杨氏模数
~ de endeudamiento 负债率
~ de expasión 膨胀系数
~ de fecundidad 生殖力系数
~ de franquicia 免赔率
~ de frotamiento (~ friccional) 摩擦系数
~ de gasto 流量[输出]系数
~ de incremento 增长率
~ de inducción mutua 互感系数
~ de insumo-producto 投入产出系数
~ de inteligencia (~ intelectual[mental]) 智商,智力商数
~ de interacción 相互作用系数,交相感应系数
~ de invalidez 伤残率
~ de inversión 投资率
~ de la inducción 感应系数
~ de matrícula 注册率
~ de mortalidad/natalidad 死亡/出生率
~ de penetración aerodinámica 〈航空〉阻力系数
~ de ponderación 加权系数,权重因数
~ de producción 生产率[系数]
~ de proporcionalidad 比例常数
~ de reactancia 电抗因数,无功功率因数
~ de realimentación 反馈系数
~ de reflexión 反射系数,振幅反射率
~ de regresión 回归系数
~ de rendimiento[utilidad] 收益率
~ de reserva 准备金比率;储备比率
~ de rotación 周转率
~ de resistencia 阻力系数

~ de seguridad 保险[安全]系数,置信系数

~ de sedimentación 〈化〉〈医〉(离心)沉降系数

~ de sombra 阴影系数,阴影率(在球面上传播与在平面上传播的电场强度之比)

~ de utilización 利用率[系数]

~ de variación 变差系数,变[差]异系数

~ de viscosidad 黏度(系数),黏性[滞]系数

~ de volumen 容积系数

~ dieléctrico 介电常数,介电系数

~ letal 致死系数

~ negativo de temperatura 负温度系数

~ por hora de máquina 机器小时率

~ profesor-alumnos 〈教〉师生比

~ propulsivo 推进系数

coenocigoto *m.* 〈生〉多核合子

coenzima *m. o f.* 〈生化〉辅酶

~ A 辅酶 A

~ B 辅酶 B

~ Q 辅酶 Q

~ R 辅酶 R

coercibilidad *f.* ①可强[抑]制性;②可压缩性,可压凝性

coercible *adj.* ①可压缩(成液态)的,可压凝的;②强[抑]制的;可强制实行的

gas ~ 可压缩成液态的煤气

coercitividad *f.* 〈电〉矫顽(磁)力;矫顽(磁)性

coercitivo,-va *adj.* ①强[抑]制的;强迫的;②〈电〉矫顽(磁)力的;矫顽(磁)性的

cobro ~ 强制收款

fuerza ~a 矫顽(磁)力

pago ~ 强制性支付

coestimulación *f.* 〈医〉共同刺激

coestrella *f.* (电影、戏剧中与其他明星)联袂合演明星;联合主演者

coevolución *f.* 〈生〉共同进化

coextracción *f.* 〈化〉共(同)萃取,同时萃取

cofa *f.* 〈船〉〈海〉樯盘,樯[桅]楼,桅顶平台

~ mayor 主桅平台

cofabricar *tr.* 共同制造;共同生产

cofactor *m.* ①〈数〉余因子;辅助因素;②〈生〉辅因子

cofermento *m.* 〈生化〉辅酶

coffer dam *m. ingl.* ①〈工程〉围堰;②潜水箱;③〈船〉隔离舱

cofia *f.* 〈植〉根冠;菌盖

cofinanciación *f.*; **cofinanciamiento** *m.* 联合融资,共同筹资,共同提供资金

cofinanciar *tr.* 联合融资,共同筹资;共同提供资金

cofirmante *m. f.* 共同签字人

cofre *m.* ①箱,箱子;②衣[首饰]箱;珠宝盒;③〈机〉柜,室

~ de caudales 保险箱

~ de distribución 配电[分配]箱

~ de protección 保险柜

~ de seguridad ①保险箱;②(银行供出租的)保管箱

~ de vapor 汽柜

~ fuerte 保险柜

cofundador,-ra *m. f.* 共同创立者,联合发起人

cogedero,-ra *adj.* 〈植〉可[该]采摘的(果实) ‖ *m.* 柄,把手;柄状物

cogeneración *f.* (尤指利用工业废热以同一设备进行的)共同发热发电

cogestión *f.* 共同管理;共同经营

cognac *m. fr.* (法国)白兰地;上等白兰地

cognación *f.* 〈法〉母系亲属

cognitivo,-va *adj.* 认识的;认识过程的;认知能力的

ciencia ~a (以人脑智能活动为研究对象的)认知科学

mapa ~ 〈心〉认知图

psicología ~a 认识心理学

cognoscibilidad *f.* 可知性,可认识性

cognoscitivo,-va *adj.* 认识性的

cogollo *m.* ①(蔬菜等的)心;(树)梢;(植物的)芽,苗;*Amér. L.* (甘蔗)梢头;②(城市)中心;③*Cub.* 〈矿〉表层

cogote *m.* 〈解〉后颈

cogujada *f.* 〈鸟〉(欧洲产)森林云雀

coheredero,-ra *m. f.* 〈法〉共同继承人

coherencia *f.* ①(想法、理由等的)一致(性),协调;②(行动、计划、政策等的)连贯性,前后一致;③〈理〉(声波、光等的)相干(性),相参性;④〈理〉内聚性,内聚力;⑤〈法〉共同继承权

coherente *adj.* ①一致的,协调的;②连贯的,前后一致的;③〈理〉相干[参]的;④有黏性的,黏合在一起的;聚合在一起的

cohesión *f.* ①黏合(性);聚合(性);黏合[结,聚];②〈理〉内聚性,内聚力;③〈植〉连着;④结合

~ molecular 分子内聚力

esfuerzo de ~ 结合强度,结合[黏合]力

susceptible de ~ 能黏聚[结]的

cohesionador,-ra *adj. Chil.* ①黏合的;②结[拼]合的

cohesivo,-va *adj.* ①有黏[聚]合(性)的;黏性[合]的;②黏[聚]合在一起的;③结合的;团结的;④〈理〉内聚(力)的

fuerza ~a 内聚力

cohesor *m.* 〈无〉粉末检波器,金属屑检波器
　～ automático 自动粉末检波器
　～ de limaduras 金属屑检波器
cohete *m.* ①(火箭式)空中烟火;炮[爆]竹,炮仗,鞭[花]炮;信号火箭;②火箭;(火箭推进式)导弹;照明弹;③*Méx.* 信号枪;手枪;④*Méx.* 信管;导火索[线]
　～ bietápico 两级火箭
　～ con paracaídas 伞投照明弹
　～ de alcance media 中程导弹
　～ de arranque 火箭加速器
　～ de aterrizaje 着陆照明弹
　～ de señales 闪光信号;照明弹
　～ tres cuerpos 三级火箭
　～ espacial 航天火箭
　～ intercontinental 洲际导弹
　～ luminoso 照明弹
　～ monoetápico 单级火箭
　～ paragranizo 〈农〉防雹子炮
　～ portador de tres cuerpos 三级运载火箭
　ciencia de los ～s 火箭学
　combinación globo-～ 高空探测火箭,火箭(探空)气球
　proyectiles ～ 火箭弹
cohetería *f.* ①*Amér. L.* 鞭炮商店;鞭炮厂;②火箭(科学);火箭技术
cohibición *f.* ①〈法〉限制[定];约束;阻止;②〈医〉抑制;〈心〉抑[压]制
coho *m.* 相干振荡器,相参振荡器
cohobación *f.* 〈工〉再[回流,连续]蒸馏
cohombro *m.* 〈植〉黄[蛇甜]瓜;黄瓜藤
　～ de mar 〈动〉(黑)海参
COI *abr.* Comité Olímpico Internacional 国际奥林匹克委员会(*ingl.* IOC, International Olympic Commitee)
coihué *m. Amér. L.* 〈植〉南方假山毛榉
coincidencia *f.* ①同时发生;②〈数〉叠[重]合;③〈信〉匹配
coinquilino,-na *adj.* 共同租赁的
cointeresado,-da *adj.* 有共同利益的,公共关心的
coinversión *f.* 〈经〉共同[联合]投资
coipo; coipu *m. Amér. L.* 〈动〉(产于南美洲的)河狸鼠
cojín *m.* ①坐[靠,椅]垫;垫子[层,块];②〈机〉减震垫,缓冲(气)垫;③〈船〉防擦[碰]垫
cojinete *m.* ①〈机〉轴承(座);承[撑,支]座,支承;②〈交〉(铁路)轨座
　～ a bolas 滚珠轴承
　～ antifriccionado 耐磨轴承
　～ de apoyo radial acanalado 环形止推轴承,环形推力轴承
　～ de berbiquí 曲轴[柄]轴承
　～ de bolas 滚球轴承
　～ de canaladuras 环形推力轴承
　～ de(l) cigüeñal (主)轴承,转轴
　～ de contacto plano 轴颈轴承,滑动轴承
　～ de empuje 推力轴承,推力撑座
　～ de empuje de bolas 滚珠推力轴承
　～ de manivela 曲柄(销)轴承
　～ de palier[soporte] 轴颈支承
　～ de pivote 枢轴承,轧辊轴承(座)
　～ de precisión 精密轴承
　～ de rail[riel, traviesa] 轨座,轨枕
　～ de rodillos 滚柱轴承;滚轴承座
　～ del árbol horizontal (主)轴承,转轴
　～ esférico 环形支座
　～ estanco 密封轴承
　～ exterior del árbol horizontal 外置[外伸](主)轴承
　～ liso 滑动轴承
　～ medio 轴瓦
　～ oblicuo 斜架轴承
　～ ordinario 托架轴承
　～ piloto 导轴承
　～ seccional 剖分[对开,开槽,拼合]轴承
　～s de collarín 轴颈轴承
　collar de ～ 轴枕[衬,瓦];轴环
　collarines de ～ 止推垫圈,止推(套)环
　palier con ～ 加衬轴承
　plato de ～ 轴承座[架]
cok; coke *m. Amér. L.* 〈矿〉焦,焦炭[煤]
cokificación *f.* 焦化;结焦(性)
col *f.* 〈植〉卷心菜,甘蓝,洋白菜
　～ china 大白菜;黄芽白菜;青菜,小白[油]菜
　～ de Bruselas 汤菜;球芽甘蓝,抱子甘蓝
　～ de Saboya 皱叶甘蓝;皱叶菠菜
　～ lombrada 紫色卷心菜
　～ rizada 卷叶羽衣甘蓝
　～ roja 红色卷心菜
cola *f.* ①尾,尾巴;尾状物;②尾部[端,尖],末端;③〈天〉彗尾,流星尾;④〈缝〉(燕尾服后身的)尾尖;裙裾,拖裾;⑤(排队等候的)队[行]列;〈信〉队列,排队;⑥〈信〉上推表;⑦(由动物的皮、骨、蹄等熬制而成的)胶;树胶;胶质[液];⑧〈植〉可乐果树(热带植物);⑨*pl.* 尾材[矿,渣,砂,煤];⑩(飞机)尾翼
　～ de caballo ①马尾辫;②〈植〉问荆;木贼;杉叶藻
　～ de carpintero 木工胶水
　～ de contacto (纸袋、塑料袋等口沿的)接触性(自动粘)胶

~ de golondrina ①燕尾；②(军用)棱堡

~ de hueso 骨胶

~ de milano[pato] 鸠尾榫，楔形榫

~ de naranja *And.* 橘子水，鲜橘水

~ de pescado 鱼(明)胶

~ de piel 皮胶

~ de impresión 〈信〉打印队列

~ de mensajes 〈信〉信息队列

~ de rata 鼠尾；连接线束

~ de retal（用于纸张、织物等上光、上浆的）浆[涂]料

~ de trabajos 〈信〉作业队列

~ en V 蝶形(水平)尾翼

~ intracitoplásmica 〈医〉胞质内胶质

~ marina 防水胶

pintura a la ~ ①胶画颜料；②丹配拉画颜料，蛋彩画颜料

ruleta de ~ 尾轮

colaboración *f.* ①合[协]作；②(投给报纸的)稿件，文稿；③捐款，捐助[献](物)

~ económica 经济合作

colación *f.* 〈教〉授予学位

colada *f.* ①洗，洗涤；冲洗；②〈冶〉一炉[窑]，装炉量，熔炼量；③〈冶〉铸造(法)，浇铸[注]；出铁(水)；④〈地〉流出(物)；熔岩流；⑤〈农〉大牧羊场；⑥〈化〉碱液；⑦〈体〉(带球)快速进入

~ centrífuga 离心浇铸(法)

~ continua 连续铸造[锭]

~ de fangos y piedras 泥石流

~ de metal fundido 出铁[钢]，浇铸

~ en arena 砂(型浇)铸，翻砂

~ en arena seca 干砂铸造

~ en arena verde 湿砂铸造

~ en bolsa 出铁[钢]，浇铸

~ en cáscara 模铸，压铸(法)

~ en cáscara por gravedad 硬型铸造

~ en descenso 顶浇[注]，上铸

~ en fuerte 底注，下铸

~ en lingotera 浇铸，铸造

~ en molde permanente 硬模浇铸

~ semicontinua 半连续铸造

~ sólida 整体浇铸

chorro de ~ sencillo（内浇口球顶）补缩包

coladera *f.* ①(煮制饮料等用的)滤[筛]网，滤器；②*Méx.* 污[排]水管，下水道，阴沟

coladero *m.* ①(煮制饮料等用的)滤[筛]网，滤器；(金属或布的)滤[筛]网；筛罗；②〈矿〉斜槽

coladicto,-ta *m. f.* 吸胶毒者

colado,-da *adj.* ①〈冶〉(浇，模)铸的；浇铸成的；②钻入[进]的，过堂风的 ‖ *m.* 〈冶〉

(熔)铸，熔化，(倒)注

aire ~ 过堂风

hierro ~ 铸铁

colador *m.* ①(煮制饮料等用的)滤[筛]网，滤器；(金属或布的)滤[筛]网；筛罗；②〈印〉滤桶；滤锅[池]

coladura *f.* 过滤；滤出[去]

colagén *m.* 〈生化〉胶原

colagenasa *f.* 〈生化〉胶原(蛋白)酶

colágeno,-na *adj.* 〈化〉成胶(状)的 ‖ *m.* 〈生化〉胶原(蛋白)

colagenoplastia *f.* 〈医〉胶原移植

colagenoso,-sa *adj.* 〈生化〉①胶原的；②产胶原的

fibra ~a 胶原纤维

colangiectasis *f.* 〈医〉胆管扩展

colangioenterostomía *f.* 〈医〉胆管小肠吻合术

colangiogastrostomía *f.* 〈医〉胆管胃吻合术

colangiografía *f.* 〈医〉胆管造影术

colangiograma *m.* 〈医〉胆管造影照片

colangioma *m.* 〈医〉胆管瘤

colangiostomía *f.* 〈医〉胆管造口术

colangiotomía *f.* 〈医〉胆管切开术

colangioyeyunostomía *f.* 〈医〉胆管空肠吻合术

colapez；colapiz *f.* *Amér. L.* 鱼(明)胶

colapso *m.* ①(交通)阻塞；瘫痪；②(政权、企业等的)崩溃，倒塌[坍]；停滞；③〈医〉虚脱；(肺的)萎陷

~ cardíaco 〈医〉心力衰竭

~ circulatorio 交通阻塞；瘫痪

~ respiratorio 〈医〉呼吸(系统)衰竭

colapsoterapia *f.* 〈医〉(肺病的)萎陷疗法

colar *tr.* ①过滤；滤出[去]；②〈冶〉铸造，浇铸；③漂白(衣物等)

~ en basto 粗铸[制]

~ en lingotera 浇铸，铸造

~ en molde 模铸

colateral *adj.* ①附属[带]的，伴随的；②并行的；③旁系[支]的；④〈解〉侧突的

colatitud *f.* 〈天〉余纬(度)

colchicina；colquicina *f.* 〈化〉秋水仙碱，秋水仙素

colchón *m.* ①褥[垫]子；床[褥]垫；②(用以护堤等的)沉[柴]排

~ de agua 水垫

~ de aire(~ neumático) ①充气床垫；②(塑料、橡胶等制成的)气垫

~ de muelle 弹簧垫子，席梦思床垫

colchoneta *f.* 〈体〉垫子

~ de aire(~ neumático) 充气垫

~ de judo 柔道(用)垫子

colcótar *m.* 〈化〉铁丹，氧化铁红

colecalciferol *m.* 〈生化〉胆钙化（甾）醇；维生素 D_3

colección *f.* ①收（采）集；②聚集；积聚；大量[堆]；③收集品，收藏物[品]；④（作品）选集
　　～ de cuadros 画集

coleccionable *adj.* 可收藏的；有收藏价值的

coleccionador,-ra; coleccionista *m. f.* 收[采]集者；收藏家
　　～ de monedas 钱币收藏家；集（硬）币者

colecistectasia *f.* 〈医〉胆囊扩张

colecistectomía *f.* 〈医〉胆囊切除术

colecistenterostomía *f.* 〈医〉胆囊小肠吻合术

colecistitis *f. inv.* 〈医〉胆囊炎

colecisto *m.* 〈解〉胆囊

colecistocolostomía *f.* 〈医〉胆囊结肠吻合术

colecistocolotomía *f.* 〈医〉胆囊结肠切开术

colecistoduodenostomía *f.* 〈医〉胆囊十二指肠吻合术

colecistogastrostomía *f.* 〈医〉胆囊胃吻合术

colecistografía *f.* 〈医〉胆囊造影术

colecistograma *m.* 〈医〉胆囊照片

colecistolitripsia *f.* 〈医〉胆囊碎石术

colecistonefrostomía *f.* 〈医〉胆囊肾盂吻合术

colecistopexia *f.* 〈医〉胆囊固定术

colecistoquina *f.* 〈生化〉缩胆囊素[肽]，胆囊收缩素

colecistostomía *f.* 〈医〉胆囊造口术

colecistotomía *f.* 〈医〉胆囊切开术

colecistoyeyunostomía *f.* 〈医〉胆囊空肠吻合术

colecticio,-cia *adj.* ①〈军〉未经训练的；无经验的；②见 tomo ～
　　tomo ～ 选集；汇编

colectivo,-va *adj.* ①集体的；共同的；集体所有的；②〈植〉聚集的；聚合（性）的；③〈信〉秘传的，只有内行才懂的 ‖ *m. Amér. L.*（小型）公共汽车；出租汽车
　　acción ～a 联合[共同]行动
　　conferencia ～a 电话会议
　　economía ～a 集体经济
　　profilaxis ～a 〈医〉集体性预防
　　propiedad ～a 集团所有制
　　sistema ～ ①集体制；②〈无〉收集[收敛]系统

colectomía *f.* 〈医〉结肠切除术

colector *m.* ①〈电〉集电器[装置]；②〈电子〉集电极，收集极；③〈机〉收集[集合]管；④（下水道的）干渠；集流渠；⑤〈建〉（水槽等下面的）存水弯

　　～ de aceite 集[捕]油器，盛油杯，油样收集器

　　～ de aire 集气器[管]；气瓶[柜]

　　～ de arco 弓形集电路

　　～ de aspiración 进气[吸水]管

　　～ de barrido（柴油机）回油盒[箱]

　　～ de cables 〈信〉集线器

　　～ de combustible 燃料总管

　　～ de corriente 集电[流]器

　　～ de drenaje 排[泻]水管

　　～ de escape ①（喷嘴前的）集流腔；②排气管

　　～ de lubricante fuera del cárter 干滑油槽

　　～ de polvo 集[收，除]尘器

　　～ de sedimentos 集泥器；疏浚[挖泥]机

　　～ de tubos 导[总]管，集（气，水，流）管

　　～ de vapor 集气管

　　～ solar 太阳电池板

　　tubo ～ 〈医〉集合（小）管

　　válvula de ～ 放泄弯管，脱水器，排水阱

coledocal *adj.* 〈解〉胆总管的
　　cáncer ～ 〈医〉胆总管癌

colédoco *m.* 〈解〉胆总管

coledococoledocostomía *f.* 〈医〉胆总管端端吻合术

coledocoduodenostomía *f.* 〈医〉胆总管十二指肠吻合术

coledocoenterostomía *f.* 〈医〉胆总管小肠吻合术

coledocogastrostomía *f.* 〈医〉胆总管胃吻合术

coledocografía *f.* 〈医〉胆总管造影术

coledocohepatostomía *f.* 〈医〉胆总管肝管吻合术

coledocoileostomía *f.* 〈医〉胆总管回肠吻合术

coledocolito *m.* 〈医〉胆总管（结）石

coledocolitotomía *f.* 〈医〉胆总管石切除术

coledocolitotripsia *f.* 〈医〉胆总管碎石术

coledocoplastia *f.* 〈医〉胆总管成形术

coledocoquiste *m.* 〈医〉胆总管囊肿

coledocorrafia *f.* 〈医〉胆总管缝合术

coledocostomía *f.* 〈医〉胆总管造口术

coledocotomía *f.* 〈医〉胆总管切开术

coledocoyeyunostomía *f.* 〈医〉胆总管空肠吻合术

coledoquectasia *f.* 〈医〉胆总管扩张

colelitiasis *f. inv.* 〈医〉胆石病

colelitotomía *f.* 〈医〉胆石切除术

colemanita *f.* 〈矿〉硬硼钙石

colemia *f. nv.* 〈医〉胆血病

colémbolo *m.* 〈昆〉弹尾目昆虫，跳虫

colénquima *f.* 〈植〉厚角组织

coleo *m.* ①〈航空〉偏航(角,运动),侧滑
(角);(垂直尾翼的)迎角;②〈植〉锦紫苏
(一种观赏植物)

coleóptero,-ra *adj.* 〈昆〉鞘翅目的,甲虫类
的 ‖ *m.* ①鞘翅目昆虫,甲虫;②鞘翅目

coleoptila *f.* 〈植〉胚芽鞘

colepoyesis *f.* 〈医〉胆汁生成;胆汁盐生成

cólera *f.* 〈解〉胆汁 ‖ *m.* 〈医〉霍乱

~ asiático 亚洲霍乱

~ epidémico 流行性霍乱

~ infantil 婴儿假霍乱

colérico,-ca *adj.* ①〈医〉霍乱的;②胆汁
(质)的 ‖ *m. f.* 〈医〉霍乱患者

coleriento,-ta *m. f. Méx.* 〈医〉霍乱患者

colerín *m. Amér. L.* ; **colerina** *f.* 〈医〉①霍
乱早期;②轻霍乱

colestasia; colestasis *f.* 〈医〉胆汁淤[郁]积

colesteatoma *f.* 〈医〉胆脂瘤

colesterina *f.* 〈医〉胆固醇

colesterol *m.* 〈生化〉胆固醇

coleterapia *f.* 〈医〉胆盐疗法

colgajo *m.* ①〈医〉(准备作移植用而尚未完
全割下的)皮片[瓣];②(悬挂、便于风干的)
葡萄串

colgante *m.* ①悬料;②(项链、手镯、耳环等
的)垂饰,挂件;③(挂表的)表链;④〈建〉垂
花雕饰

colibacilo *m.* 〈医〉大肠杆菌

colibrí *m.* 〈鸟〉蜂鸟

colicina *f.* 〈生化〉大肠杆菌素

coli-índice *m.* 〈医〉大肠杆菌指数

cólico,-ca *adj.* ①〈医〉绞痛的,急腹痛的;②
〈解〉结肠的 ‖ *m.* 〈医〉绞痛,急腹痛

coliflor *f.* 〈植〉花椰菜

coliguacho *m. Cono S.* 〈昆〉①虻;②马蝇

colimación *f.* ①〈光〉准直;②校[视,照]准;
平行校正[准]

colimador *m.* 〈光〉①准直仪[器],准直[视
准]管;②平行光管

colimar *tr.* ①使(光线等)平行;②校准(望远
镜、水准仪等)使准直;③平行校正;④使成
直线

colimbo *m.* ①〈鸟〉潜鸟;②*Arg.* 新兵;应征
入伍者

colina *f.* ①〈生化〉胆碱;②小山[冈]

colinabo *m.* 〈植〉撇蓝

colineación *f.* ①直射(变换),同(索)射(影)
变换;②〈数〉共线(性)

~es afines 仿射变换

colineal *adj.* 〈数〉共线的;在同一直线上的

fuerza ~ 共线力

plano ~ 共线面

puntos ~es 共线点

colinérgico,-ca *adj.* 〈生理〉〈生医〉胆碱能
的;类胆碱能的

colinesterasa *f.* 〈生化〉①乙酰胆碱酯酶;②
(拟)胆碱酯酶

colinomimétrico,-ca *adj.* 〈药〉〈医〉类胆碱
(作用)的;拟胆碱(作用)的 ‖ *m.* 〈药〉类胆
碱(能)药;拟胆碱(能)药

colirio *m.* 〈医〉①眼药水,滴眼剂;②*Col.* 灌
肠

colirrojo *m.* 〈鸟〉红尾鸲;橙尾鸲莺

colisión *f.* ①(汽车等的)碰[相]撞;碰撞事
件;②〈理〉碰撞;撞[冲]击;③截击(空中目
标)

~ de frente(~ frontal)(汽车)正面相撞

~ en cadena(~ múltiple) 多辆汽车相撞

~ elástica 弹性碰撞

~ electrónica 电子碰撞[撞击]

colitigante *m. f.* 〈法〉共同诉讼人

colitis *f. inv.* 〈医〉结肠炎

collage *m.* 〈画〉拼贴画

collaja *f.* 〈植〉剪秋罗属植物;麦瓶草属植物

collalba *f.* 〈鸟〉穗鸟

collar *m.* ①项链;②(狗等的)颈圈;〈动〉项
圈[链];③〈机〉(轴,柱,套)环;卡圈;④环
[圈]状物;⑤见 ~ de fuerza

~ de excéntrica 偏心环

~ de fuerza 钳制;(摔跤中的)卡脖子

~ de mástil 中心架支套

~ de perlas 珍珠项链

~ embutido 压环

~ enyesado 石膏领

~ graduable (刀杆)调整环

~ universal 通用箍圈

brida de ~ 环状凸缘

collarín *m.* ①〈机〉(轴,柱,套)环;卡圈;②环
[圈]状物;③〈医〉(颈椎)矫形器

~ de excéntrica 偏心环

~ de refuerzo 加固环

~ de tope 止推垫圈;止推(套)环

tope de ~ 环形止推轴承,环形推力轴承

collarino; collerino *m. Amér. L.* 〈建〉环形
线脚

collie *m.* 〈动〉柯利牧羊犬

colmatación *f.* ①淤塞;②〈地〉沉[淤]积

colmena *f.* ①蜂箱[巢];②蜂群;③*Méx.*
〈昆〉蜜蜂

colmenar *m.* 养蜂场

colmenilla *f.* 〈植〉羊肚菌

colmillo *m.* ①〈解〉上尖牙,上犬牙;②〈动〉
(犬、狼等的)尖[犬]牙;犬齿;(毒蛇的)毒
牙;(象、海象、野猪等的)长牙

colmilludo,-da *adj.* 〈动〉犬齿长的

coloblasto *m.* 〈动〉粘细胞

colobo *m. Amér. L.* 〈动〉疣猴

colocación *f.* ①放［布，配，并］置，安放，排列；②悬挂（画等的）；贴（瓷砖等）；③装配，安装；④职务［业］，工作；⑤〈商贸〉（商品的）投放；（信贷等的）发放；（资金的）投入
~ a corto/largo plazo 短/长期投资
~ de fondos 资金投放
~ de la primera piedra（建筑物的）奠基
~ de valores 发行有价证券
~ en bonos 债券投资
~ especial ①特别安置［排］；②特别投资
~es de riesgos 风险投资
plano de ~ 装配平面图

colocador,-ra *m. f.* 〈经〉投放［资］者

colocecostomía *f.* 〈医〉结肠盲肠吻合术

colocolo *m. Chil.* 〈动〉山猫

colodión *m.* 〈化〉硝棉胶,胶棉,火棉胶

colodrillo *m.* 〈解〉后脑勺

colofijación *f.* 〈医〉结肠固定术

colofón *m.* 〈印〉①版权页标记；版权页；②出版社商标

colofonia *f.*（透明）松香

colofonita *f.* 〈矿〉褐榴石

cologaritmo *m.* 〈数〉余对数

colohepatopexia *f.* 〈医〉结肠肝固定术

coloidal *adj.* ①〈化〉胶体［状,质,态］的；②乳化的；稠性的
hormigón ~ 胶体［压浆］混凝土
partículas ~es 胶（体微）粒,胶态粒子
química ~ 胶体化学

coloide *m.* 〈化〉①胶体［质,态］；②乳化体
~ hidófilo/hidrófobo 亲/疏水胶体
~ líquido 溶［液］胶
~ liófilo/liófobo 亲/疏液胶体

coloideo,-dea *adj.* 〈化〉胶体［样,状］的
degeneración ~a 胶样变性

coloidina *f.* 胶（体）变（性）质；胶体素

coloidización *f.* 胶态化（作用）

colólisis *f.* 〈医〉结肠松解术

colombicultor,-ra *m. f.* 养鸽人,鸽饲养员

colombicultura; colombofilia *f.* 养鸽（业）；鸽子饲养

colombófilo,-la *adj.* 养鸽的；鸽子爱好者的 ‖ *m. f.* ①鸽育种者；②鸽子爱好者,养鸽者

colon *m.* 〈解〉结肠

colonia *f.* ①建筑群；②聚集地［区］；③（小）社区；侨居地；*Méx.* 住宅区；居民区；④〈生〉群体,集群；菌落；⑤（夏令）营地
~ bacteriana 细菌菌落
~ de vacaciones 假日野营营地

~ de verano 夏令营
~ penal（罪犯的）流放地

colonización *f.* ①殖民；殖民地化；②（动植物的）移地发育；移植［生］

colonorrafia *f.* 〈医〉结肠缝（合）术

colonorragia *f.* 〈医〉结肠出血

colonoscopia *f.* 〈医〉结肠镜检查

colonoscopio *m.* 〈医〉结肠镜

colopexia *f.* 〈医〉结肠固定术

colopexotomía *f.* 〈医〉结肠固定切开术

coloplicación *f.* 〈医〉结肠折术

coloproctectomía *f.* 〈医〉结肠直肠切除术

coloproctostomía; colorrectostomía *f.* 〈医〉结肠直肠吻合术

coloquíntida *f.* ①〈植〉药西瓜；②药西瓜果实

color *m.* ①色,颜色；彩色；②色彩［调］；③颜［染］料；④（文艺作品等的）特色,色彩；⑤ *pl.*〈体〉国旗；彩色旗子；(标志性)彩带；⑥（纹章采用的）传统色（如红、蓝等）；⑦〈乐〉音色［质］
~ a prueba de fuego 耐［防］火染料
~ cálido 暖色
~ cargado 深［饱和］色
~ complementario 补色
~ cuello de pichón 浅［淡］灰色
~ de aplicación 表面色
~ de apresto 底色；底漆
~ de cera 蜡黄色
~ de fondo 背景色
~ de las caldas 〈冶〉火色；热色（彩）
~ de madera 木色
~ de primer plano 前景色
~ de temple 回火色
~ delicado 淡［浅］色
~ espectral（光）谱色
~ estable［fijo, permanente］不褪色
~ frío 冷色
~ fundamental［primario］原色,基色
~ llamativo 鲜艳［明］色彩
~ local ①（文艺作品的）地方色彩,乡土特色；②（被画物体在正常日光下的）自然色
~ naranja vivo 鲜橙色
~ natural 自然色
~ oscuro 深色
~ vitrificable 可玻化颜料
~es calientes/fríos 暖/冷色
~es nacionales 国旗
~es heráldicos 纹章色
~es primarios 三原色（指按不同比例混合能生成其他各种颜色的红、黄、蓝三色,或指产生白色光的红、绿、蓝三色）
~es secos 颜料粉

~es secundarios 次[间,合成]色

~es vivos 浓艳色彩

escala de ~es 颜色标度,色标

respuesta al ~ 彩色响应

coloración *f.* ①着[染]色(法);②(生物的)天然色;色彩[调];③颜[色,染]料;④特色,色彩

~ bipolar 两极染色法

~ críptica 隐蔽色,隐形色

~ disruptiva 破坏色

~ protectiva 保护色

~ química 化学染料

colorante *adj.* 着[染]色的 ‖ *m.* 着色剂,色[染,颜]料;色素

~ ácido 酸盐染料

~ alimentario 食品色素

~ de anilina 苯胺染料

materiales ~es 染[色,颜]料,着色剂

poder ~ 着[染]色能力

principio ~ 着色方法,着色原理

solución ~ 着色剂,染色剂

coloratura *f.* 〈乐〉①(声乐的)花腔;②花腔音乐

coloreado,-da *adj.* 着(了)色的,有颜色的,带[上]色的 ‖ *m.* 着[染]色

franja ~a 色带[环]

colorido *m.* ①着[染]色(法);②(生物的)天然色;色彩[调];③颜[色,染]料;④特色,色彩

~ local ①(文艺作品的)地方色彩,乡土特色;②(被画物体在正常日光下的)自然色

agente de ~ 着色剂

colorimetría *f.* 比色法,比色试验;色度学[术],色度测量

colorimétrico,-ca *adj.* 比色(法,分析)的;色度的

colorímetro *m.* 比色计[器,表],色度计

colorín *m.* ①鲜亮颜色;②〈鸟〉红额金翅(雀);黄雀;③〈医〉麻疹

colorista *adj.* ①色彩的,有色的;②〈乐〉色彩性的;③着色师的;染发师的 ‖ *m. f.* ①(照片等)着色师;配色师;②彩色画家;③染发师

colostomía *f.* 〈医〉结肠造口术

colotomía *f.* 〈医〉结肠切开术

colpeurisis *f.* 〈医〉阴道扩张术

colpitis *f. inv.* 〈医〉阴道炎

colpocistitis *f. inv.* 〈医〉阴道膀胱炎

colpoclesis *f.* 〈医〉阴道闭合术

colpolastia *f.* 〈医〉阴道成形术

colpoperineoplastia *f.* 〈医〉阴道会阴成形术

colpoperineorrafia *f.* 〈医〉阴道会阴缝合术

colpopexia *f.* 〈医〉阴道固定术

colporrafia *f.* 〈医〉阴道缝合[修补]术

colposcopia *f.* 〈医〉阴道镜检查

colposcopio *m.* 〈医〉阴道镜

colpostenotomía *f.* 〈医〉阴道狭窄切开术

colpotomía *f.* 〈医〉阴道切开术

colquicáceo,-cea *adj.* 〈植〉秋水仙属的 ‖ *f.* ①秋水仙属植物;②*pl.* 秋水仙属

cólquico *m.* 〈植〉秋水仙

colúbrido,-da *adj.* 〈动〉游蛇的

columbiforme *adj.* 〈鸟〉鸽形目的 ‖ *m.* ①鸽形目鸟;②*pl.* 鸽形目

columbino *m.* 〈植〉美洲耧斗菜;(蓝花)耧斗菜

columbio *m.* 〈化〉〈冶〉铌,钶

columbita *f.* 〈矿〉铌铁矿

columela *f.* ①〈植〉蒴轴;囊轴;中柱;基粒棒;②〈动〉小柱(鸟类、多种两栖类及爬虫类鼓膜连接内耳的小骨);(螺的)轴柱

columna *f.* ①〈建〉柱,圆柱;支柱;②柱状物;③〈印〉栏(目),专栏(文章);(会计的)栏目;④〈军〉纵队;(行)列;(排列成的)直行;⑤〈化〉(水,液,水银)柱;(蒸馏,萃取,吸附)塔;柱管;⑥见 ~ vertebral;⑦见 ~ de dirección

~ adosada 暗柱,附墙圆柱

~ anillada 环饰柱

~ ascendente 立管,竖[井,上升]管

~ barométrica 〈气压计〉液[水银]柱

~ blindada 装甲纵队

~ completa 〈印〉通栏

~ con rellenos 填充[料]塔

~ de agua 水柱

~ de borboteo[burbujeo] 气泡柱

~ de destilación 蒸[精]馏柱,精馏塔

~ de destilación fraccionada 分馏塔[柱]

~ de dirección (汽车等的)转向柱

~ de distribución 分配栏

~ de humo 烟柱

~ de mármol 大理石柱

~ de observaciones 备注栏

~ de oscilaciones hidráulicas (水电站)调压塔

~ de oxidación 氧化塔

~ del deber/haber 借/贷方栏

~ del volante (汽车等的)转向柱;转向盘轴

~ dórica 陶立克立柱

~ dorsal 〈解〉背柱

~ embebida[embutida] 暗柱

~ gótica 哥特式柱

~ jónica 爱奥尼亚柱;爱奥尼亚式标杆

~ líquida 液柱

~ maciza 实心柱

~ salomónica 螺旋柱

~ vertebral 〈解〉脊柱

columnario,-ria *adj.* ①柱(状)的,圆柱形[状]的;②列柱(式)的,列柱构成的;③〈印〉印[排]成栏的;④针状的;⑤*Amér. L.* 有双柱图案的(美洲古银币)

columnata *f.* 〈建〉柱廊;柱列

coluro *m.* 〈天〉分至圈

~ equinoccial 二分圈

~ solsticial 二至圈

colutorio *m.* 〈医〉漱口水

coluvión *f.* 〈地〉崩积层

coluvial *f.* 〈地〉崩积(层)的

colza *f.* 〈植〉油菜;油菜籽

coma *f.* ①逗号[点];②〈数〉小数点;③〈乐〉音差‖ *m.* 〈医〉昏迷

~ alcohólico 醇毒性昏迷

~ decimal 小数点

~ diabético 糖尿性昏迷

~ fija 〈信〉定点

~ flotante 〈信〉(计算机)浮点(法)

~ hepático 肝昏迷

~ profundo 深度昏迷

~ traumático 外伤性昏迷

~ vígil 睁眼昏迷

comadreja *f.* 〈动〉鼬;鼬属动物

comadrón,-ona *m. f.* 〈医〉产科医生

comagmático,-ca *adj.* 〈地〉同源岩浆的

comalia *f.* 〈兽医〉(羊等的)全身水肿

comandanta *f.* ①指挥官,司令官;②〈军〉少校;③〈海〉旗舰

comandante *m.* ①指挥官,司令官;②〈陆军、空军或海军陆战队〉少校;③见 ~ de vuelo;④见~ de policía

~ de policía *Méx.* 警察队长;警察分局长

~ de vuelo 〈航空〉第一飞行员;机长

comandita *f.* ①有限责任合伙公司[企业];②隐名合伙

comanditario,-ria *adj.* ①隐名合伙的;②有限责任的;不参加经营的‖ *m. f.* 隐名合伙人;隐名股东;不参加经营的合伙人

socio ~ 隐名合伙人;不参加经营的合伙人

comando *m.* ①〈军〉指挥(权);控制(力,权);②〈军〉突击队;别动(特遣)队;③〈信〉指[命]令;④〈技〉控制

~ de acción 行动小队

~ de información 情报小队

comarca *f.* (地貌、文化、社会等方面相同的)地区

comatoso,-sa *adj.* 〈医〉昏迷的

comba *f.* ①弯曲;弯曲部分;弧;②〈梁等物

件的)变形,弯[翘]曲;下垂[弯]

combacilo *m.* 〈医〉霍乱弧菌

combado,-da *adj.* ①拱[凸,弧]形的;②弯曲的

combadura *f.* ①弯曲;弯曲部分;起拱;②〈交〉汽车前轮外倾

combate *m.* ①搏[格]斗;②〈军〉战斗,战役;③拳击赛

~ naval 海战

~ singular 单人对打,一对一格斗

aeronave de ~ 战舰

combés *m.* 〈船〉腰(部);上甲板中部,中甲板

combi *f.* 电冰箱

combinabilidad *f.* 可结[联,组]合性;可混[化]合性

combinación *f.* ①组[联]合(体);混合(体);②〈数〉组合;③〈化〉化合(作用);化合物;④〈经〉(企业)并吞;合并;⑤〈交〉列车、轮船等的)衔接,联运;⑥〈体〉传球配合

~ de alumbrado 混合灯光

~ de sonidos 混合音响

~ lineal 〈数〉线性组合

~ mercantil 企业联合;企业联合

~ vertical 纵向联合

combinacional *adj.* ①(能)组[联]合的;(能)混[化]合的;②由组[联]合而产生的;由混[化]合而产生的

combinada *f.* 〈体〉联合比赛(项目)

combinado,-da *adj.* 组[联]合的;合并的‖ *m.* ①联合企业[工厂],综合工厂;②〈化〉化合物;③*Cono S.* 无线电报;④〈体〉联队

~ de servicios 综合服务公司

~ metalúrgico 冶金联合企业

combinador *m.* 〈机〉①组合[混合,合并]器;②配合(操纵)器;〈电〉控制器

~ principal 主控(制)器

combinatoria *f.* 〈数〉组合数字;组合分析

combinatorio,-ria *adj.* ①结[联]合的;混[化]合的;②由组[联]合而产生的;由混[化]合而产生的;③〈数〉组合的

análisis ~ 〈数〉组合分析

fórmula ~a 〈化〉化合公式

suma ~a 〈数〉组合和

combo,-ba *adj.* ①拱[凸,弧]形的;②弯曲的‖ *m. Amér. L.* (锻工等用的)大锤

comburente *adj.* ①燃烧的,引燃的;②〈理〉助燃的‖ *m.* 助燃剂,引[助]燃物

combustibilidad *f.* 可[易]燃性;燃烧性

combustible *adj.* 可[易]燃的‖ *m.* 燃料,可燃物(质);易燃品

~ al plomo 加[含]铅燃料

~ antidetonante 抗爆燃料

~ de índice de octano elevado 高辛烷燃料

~ diesel 柴油机燃料,柴油

~ fluido[líquido] 液体燃料

~ fósil 矿物燃料

~ gaseoso 气体燃料

~ mineral 矿物燃料

~ nuclear 核燃料

~ pulverizado 雾化燃料

~ sólido 固体燃料

abastecedor de ~ 加油器[车],供油装置

combustión *f*. ①燃烧;②〈化〉氧化(反应)

~ activa 快(速)燃(烧)

~ completa 烧尽,完全燃烧

~ detonante 爆燃

~ entera 完全燃烧

~ espontánea 自燃

~ húmeda 湿式燃烧(法),湿式氧化(燃烧)法

~ incompleta 未完全燃烧

~ prolongada 迟[补]燃,复燃[烧]

~ superficial 表面燃烧

~ retardada(retraso de la ~)滞火,缓燃

velocidad de ~ 燃烧速度

combustor *m*. ①(喷气式发动机等的)燃烧室;燃烧器;炉膛[胆];②见 ~ anular 环形燃烧室

comedia *f*. ①〈戏〉喜剧;戏剧;②喜剧作品;③剧场

~ de capa y espada 袍剑剧(一种描写离奇阴谋及惊险场面的戏剧)

~ de costumbres 风尚喜剧

~ de enredo (曲折)情节剧

~ de situación (电视)情景喜剧

~ musical 音乐喜剧

~ negra 黑色喜剧

alta ~ 高雅喜剧

comedieta *f*. 轻喜剧

comedón *m*. 〈医〉黑头粉刺

comegente *m*. *And*.,*Cari*.〈动〉狼獾

comejé *m*. *Amér*. *L*.〈昆〉白蚁

comensal *adj*. 〈生〉〈生态〉共生的,共栖的 ‖ *m*. *f*. 〈动〉共生动物 ‖ *m*. 〈生〉共生体,共栖体

comensalismo *m*. 〈生〉〈生态〉共生(现象),共栖(现象)

comensurabilidad *f*. (可)公度性

comensurable *adj*. 可用同一标准衡量的;〈数〉可[有]公度的

comerciabilidad *f*. 适[可]销性

comercial *adj*. ①商业的;商务的;贸易的;②(可作为)商品的;商业化的;③(航空等)民用的;④(电影、戏剧、文学等)商业(性)的

‖ *m*. 商业广告 ‖ *m*. *f*. 店[售货,营业]员

~ de televisión 电视广告

aeropuerto ~ 商用机场

agregado ~ 商务参赞

avión ~ 商用飞机

barómetro ~ 商业指标;商业晴雨表

correspondencia ~ 贸易函件

costumbre ~ 商业惯例

crédito ~ ①商业信誉[用];②商业信贷

distribución ~ 商业经销,商业分销

elemento ~ 商业要素

ética ~ 商业道德

gestión ~ 商业管理

juicio ~ 商业案审判

mandato ~ 商业委托书

marina ~ 商船(队)

presencia ~ 商业存在

prestigio[reputación] ~ 商业信誉

comercialidad *f*. 商业性

comercialismo *m*. ①商业主义;商业精神;商业行为;②商业习惯

comercializable *adj*. 可供出售的;适于销售的;畅销的;有销路的

comercialización *f*. ①商业化;商品化;②销售;经[营]销

comercio *m*. ① 商业;贸易;商务;② 商店[场];贸易公司;③交往,往来;④见 ~ carnal

~ a nivel regional 区域性贸易

~ afiliado 联营商店

~ automotriz 汽车贸易

~ bilateral 双边贸易

~ carnal 性交,交媾

~ complementario 补偿贸易

~ de cabotaje 沿海贸易,沿岸贸易

~ de comisión 代理贸易

~ de Estado 国家贸易,官方贸易

~ de expedición(~ por correo) 邮购贸易

~ de exportación/importación 出/进口贸易

~ de fronteras 边境贸易

~ de materias primas 原料贸易

~ de reexportación 再出口贸易

~ de representación 代理业务,托管交易

~ de tránsito 过境贸易

~ de trueque 易货贸易

~ de ultramar 海外贸易

~ directo/indirecto 直/间接贸易

~ distributivo 经销贸易

~ electrónico 电子商务

~ en grande/pequeño 大/小额贸易

~ exterior 对外贸易

~ horizontal/vertical 水平/垂直贸易

~ intercontinental 洲际贸易

~ interior 国内贸易

~ intermediario 中间贸易，中介贸易

~ intrabloque 集团内贸易

~ intrarregional 地区内贸易

~ invisible/visible 无/有形贸易

~ libre 自由贸易

~ marítimo 海上贸易

~ multilateral 多边贸易

~ mundial 世界贸易

~ recíproco 互惠贸易

~ social 社交

~ triangular 三角贸易

cometa *m.* 〈天〉彗星；彗形物 ‖ *f.* 风筝

~ celular 匣形风筝

~ delta[voladora] *And.* 悬挂式滑翔机

cometario,-ria *adj.* 〈天〉彗星(似)的

cometografía *f.* 彗星志

cometógrafo *m.* 彗星照像[摄影]仪

comida *f.* ①食物；(固体)食品；②膳[饭]食；(正，一)餐；③进餐；④*Esp.* 午餐[饭]；⑤*Amér. L.* 晚餐[饭]

~ a domicilio 上门送食服务(每天给老人或残疾人送饭到家的服务)

~ basura 垃圾食品

~ de negocios 商业午餐

~ de trabajo (商业、外交领域内讨论工作的)工作午[便]餐

~ infantil 婴儿食品

~ informal[sencilla] 便餐

~ precocinada[preparada] 预煮食物

~ rápida 快餐

~ sin grasa 无脂肪食品

~ típica local 地方风味(食品)

comillas *f. pl.* 引号

~ listas 〈信〉智能引号

comino *m.* 〈植〉①莳萝，土茴香；②蔷薇木

comisario,-ria *m. f.* ①警察局长；②〈军〉后勤管理主任；③(展览会等的)组织者；④〈海〉事务长；⑤(飞机上的炊事服务等的)管理员

comisorio,-ria *adj.* 〈法〉有期限的(条约、契约等)

comisura *f.* 〈解〉连合；接合处

comiso *m.* 〈法〉没收，充公，扣押

compacidad *f.* ①致密性，紧致(性)，结实性；②坚[压，密]实度

compactación *f.* ①压实[紧]；压缩；②〈冶〉(加)压(模)塑；③〈地〉致密，压实；致密[压实]块体

compactadora *f.* 〈机〉压实器，压实机；夯具

compactar *tr.* ①把…压实[紧]；压缩；使坚[结]实；②夯实，塞紧；③〈冶〉(加)压(模)塑

compactibilidad *f.* ①(可)压实性，聚密度[性]；②压塑性

compacto,-ta *adj.* ①紧密的，密(实，集)的；②压紧的，致[稠]密的；③坚[结]实的；④〈数〉紧(致)的 ‖ *m.* 〈乐〉(高保真度)组合音响

capa ~a 致密层

disco ~ ①激光唱片；②光盘

compaginación *f.* ①〈印〉排[拼]版；板面；②〈印〉(装订前的)整理；③〈信〉编[标注]页码

compaginador *m.* 〈印〉拼版工人

compansor *m.* 〈电子〉压缩扩展器

compañero,-ra *m. f.* ①同伴，伴侣；同事[志]；朋友；②同学；③〈体〉(网球运动、纸牌游戏等中的)搭档；(同队)队友；④同人，同僚；⑤成对[双]物之一(如袜子等)

~ de armas 战友

~ de baile 舞伴

~ de cama 同床的人；盟友

~ de clase 同学；校友

~ de cuarto 室友

~ de equipo (同队)队友

~ de infortunio 共患难的朋友

~ de piso 同寓房客；室友

~ de tenis 网球双打搭档

~ de trabajo 工友；同事；同僚

~ de viaje 旅伴；同路人

~ sentimental 配偶，伴侣

compañía *f.* ①同伴；陪同[伴]；②公司，商号；③〈军〉连(队)；④团体；⑤剧团

~ administradora 管理公司

~ afianzadora[fiadora] 担保公司

~ afiliada[auxiliar] 附属公司

~ aliada 联合公司

~ anónima 股份公司

~ anunciadora 广告公司

~ arrendadora 出租公司

~ asociada 联营公司，联号

~ central[matriz] 母[总]公司

~ conglomerada 综合公司

~ constituyente 分[子，附属]公司

~ controlada[holding, tenedora] 控股公司，总公司

~ cotizada (股票或证券)上市公司

~ cuasipública 准国营公司，准公共公司

~ de comercialización 经销[销售]公司

~ de préstamos 放贷公司，贷款公司

~ de servicios financieros 金融服务公司

~ individual 独资公司

~ inmobiliaria[terrateniente] 不动产公司,房地产公司

~ logística 物流公司

~ multindustrial 多行业公司

~ naviera 船舶公司,海运[运输]公司

~ privada 私营公司

comparabilidad *f.* ①可比较(性);②相似(性)

comparador *m.* 〈机〉比较仪[装置];比测器;②〈理〉比长仪;比色计;③〈信〉(自动数据处理或控制系统中的)比较器;④〈无〉比较电路

~ cartográfico 地图比较装置;雷达测绘版

~ de bobinas 线圈比较器

~ de cuadrante 带有千分表的比较仪

~ fotoeléctrico 光电比测器

~ horizontal 水平比测[较]器;水平比长仪

~ óptico 光学比测器,光学比较仪

~ óptico-electrónico 电子光学比测器

comparascopio *m.* 显微比较镜

comparativo,-va *adj.* 比较的;用比较方法的

diseño ~ 比较设计

economía ~a 比较经济学

método ~ 比较法

compareciencia *f.* ①出现;显露;②〈法〉出庭,到案

orden de ~ 〈法〉传票;传唤

comparendo *m.* 〈法〉传票;传唤

comparición *f.* 〈法〉①出庭;②传讯

compartimentación *f.* ①分隔;分成间格[格子];②划分;间隔[格子]化;区划,分门别类;③〈船〉分舱

compartimento; compartimiento *m.* ①分隔间;隔间[板,膜,壁];②〈建〉分格(隔)室;③〈交〉(飞机等的)舱;(船的)隔舱,水密舱,防水舱;④〈信〉共[分]享

~ de bombas (飞机的)炸弹舱

~ de municiones 弹药舱

~ de carga (飞机的)货舱

~ de datos 〈信〉数据共享

~ de ficheros 〈信〉文件共享

~ estanco 水密舱,防水船舱

~ para equipajes 行李舱,货舱

compás *m.* ①〈海〉罗经[盘],罗盘仪;②〈数〉圆规,分线[两脚];③〈车篷〉支架;④(比较、估价、判断的)尺度,(标准);⑤〈乐〉拍子,节拍[奏];⑥〈天〉圆规座

~ bailarín 圆规,卡尺[规,钳];测径器[规]

~ de calibrar 弯脚圆规

~ de dibujo 绘[制]图圆规

~ de espera 〈乐〉休止

~ de espesores 测径规,外卡钳

~ de medidas(~ de puntas secas) 针[两脚]规,分(线)规

~ de puntas 罗盘方位点

~ de resorte 弹簧弓;针[两脚]规,分(线)规

~ de ruta 驾驶罗盘

~ de varas (椭圆)量规,长臂圆规;梁[地,横木]规

~ deslizante 长臂[横竿]圆规

~ magistral[principal] 主罗经[盘]

~ mayor 〈乐〉四四拍,4/4 拍

~ menor 〈乐〉四二拍,2/4 拍

~es giroscópicos 主罗经

pivote de ~ 中心销[脚,轴,检具]

compasillo *m.* 〈乐〉四四拍,4/4 拍

compatibilidad *f.* ①相容(性);共存(性);两立(性);②〈电〉〈信〉兼容;③〈植〉异花受精

compatible *adj.* ①能和睦相处的;可并存的;②〈电〉〈信〉兼容的;③〈植〉可异花受精的

~ desde conexión 〈信〉插接兼容的

compenetración *f.* 互相渗透

compensación *f.* ①补偿;②补[赔]偿物,补[赔]偿金;③〈电〉〈机〉补偿;平衡;④〈法〉抵偿[消];(债务等的)偿还;⑤〈商贸〉票据交换;结[清]算;抵消;⑥报酬;⑦〈心〉〈医〉代偿;补偿

~ bancaria 银行结算;支票交换

~ bilateral 双边结算

~ de bajos 低频音补偿

~ de asalariados 职工报酬

~ de deuda 清算[偿还]债务

~ de empleados 职工报酬

~ de impuestos 税收抵消

~ de pérdidas 损失补偿

~ de temperatura 温度补偿

~ de valor 价值补偿

~ del eco 〈信〉回应补偿

~ económica[fiscal] 财政补偿

~ obligatoria 强制补偿

~ por daños y perjuicios 损害赔偿;损害赔偿金

~ por defunción 死亡补助

~ por despedido (按年资发放的)解雇金,退职金;遣散金

~ por paro 失业补[救]助

aleta[flap] de ~ 配平补翼

arrollamiento de ~ 补偿绕组

cálculo de ~ 平差计算

cámara de ~ (银行)票据交换所;结算所

chimenea de ~ (水电站)调压塔

mecanismo de ～ 补偿[补正,均力]装置
onda de ～ 补偿波
pistón de ～ 平衡活塞
compensado,-da *adj.* ①(有)补偿的;已结算的;②已赔[抵]偿的;③(被)均[平]衡的
cheque ～ 已结算支票,已交换支票
dólar ～ 补偿美元
motor en serie ～ 补偿串励电动机
radiogoniómetro de cuadro ～ 补偿式环形天线测向器
compensador,-ra *adj.* ①补[赔]偿的;供补[赔]偿用的;②〈心〉〈医〉代偿的 ‖ *m.* ①补偿器;平衡装置;伸缩[调节]器,胀缩件;②〈光〉补偿棱镜;③〈机〉差动装置;补偿品 ‖ **～a** *f.* 〈机〉平[均]衡器[机];(起模)同步机构
～ aerodinámico 气动平衡装置
～ de compás 罗(经自)差补偿器
～ de ruido 〈电子〉噪声加权
～ de tensión 均压器
～ dinámico 配平[平衡]调整片
～s de piano de dirección 配平[平衡]调整片
balancín ～ 平[均]衡(装置),平衡杆[梁];补偿器
máquina ～a 平[均]衡器,平[均]衡机
pistón ～ 平衡活塞
compensativo,-va *adj.* 见 compensatorio
compensatorio,-ria *adj.* ①补[赔]偿(性)的;供补[赔]偿用的;②〈心〉〈医〉代偿的;③〈教〉补偿的;补习的,(学生)需接受补习的
atrofia ～a 〈医〉代偿性萎缩
circulación ～a 〈医〉代偿循环
comercio ～ 补偿贸易
educación ～a 〈教〉补偿教育
enfisema ～a 〈医〉代偿性气肿
pago ～ 补偿性报酬
competencia *f.* ①竞争;②〈生〉感受态,感受性;③能[适任]力;资格;胜任(性);④〈生态〉(有限资源的共同)利用;⑤*Amér. L.* 比[竞]赛;赛会
～ adecuada[factible] 有效竞争
～ antigénica 〈生医〉抗原(性)竞争
～ comercial 贸易竞争
～ de atletismo 田径比赛
～ destructiva[ruinosa] 破坏性竞争
～ imperfecta/perfecta 不完全/完全竞争
～ inmunológica 〈生医〉免疫潜能,免疫活性
～ legal/desleal 公平/不公平竞争
～ libre 自由竞争
～ lingüística 语言能力

competición *f.* ①竞争;②竞赛,比赛(尤指竞技者各自献技由评委择优的竞赛和对抗赛)
deporte de ～ 竞技性体育(项目)
competidor,-ra *adj.* ①竞争的;对抗的;②比赛的 ‖ *m. f.* ①竞争者;比赛者;参加竞赛者;②〈商贸〉对[敌]手
～ dominante 主要竞争者,主要对手
～ potencial 潜在竞争者
competitividad *f.* ①竞争性;②竞争力
competitivo,-va *adj.* ①竞争(性)的,比赛(性)的;取决于竞争[比赛]的;②供竞争[比赛]用的;③(价格等)有竞争力的
diseño ～ 竞争设计;竞赛设计
exclusión ～ 〈生态〉竞争排斥
precio ～ 竞争价,(投)标价
compilación *f.* ①编辑[纂];汇编;收集;②〈信〉编译;③编辑[纂]物;汇编物
compilador,-ra *adj.* ①汇编的;编辑的;②〈信〉编译的(指令、程序等)‖ *m. f.* ①汇编者;编辑[纂]者;②(程序)编译员 ‖ *m.* 〈信〉编译器[程序]
～ cruzado 交叉编译器
complejo,-ja *adj.* ①复杂的;错综的;②复(式)的,综合的;③〈化〉络合的,配合的;④〈数〉复的 ‖ *m.* ①〈心〉情结;情意综;心理簇,合(综,集)合体;复合物;②〈化〉络合物,配(位体化)合物;螯合物;④〈生〉(物种等的)综合体;⑤〈经〉综[联]合企业;综合体
～ antígeno-anticuerpo(～ inmune)(抗原抗体)免疫复合物
～ de coordinación 配位化合物
～ de culpa[culpabilidad] 犯罪情结,过失情结
～ de Edipo(～ edípico) 恋母情结
～ de frustración 挫折情结
～ de inferioridad 自卑情结;自卑感
～ de superioridad 自大情结;优越感,过于自尊
～ económico 经济综合体
～ Electra 恋父情结
～ industrial 工业联合企业,工业综合体
～ militar-industrial 军工联合企业,军工综合体
～ persecutorio 被迫害情结(症)
～ siderúrgico 钢铁联合企业
～ sinaptinémico 〈生〉接[联]合丝复合物
～ vitamínico B 复合维生素 B
ion ～ 络[复]离子
número ～ 〈数〉复数
complementaridad *f.* ①〈生〉互补性;②〈理〉并协性;互补性;③互为补充;④补充[足]

complementario,-ria *adj.* ①补充[足]的;互为补充的;②〈理〉〈生〉互补的;③〈数〉余的,补的

ángulo ~ 余角

arco ~ 余弧

color ~ 〈理〉互补色

distribución ~a 互补分布

energía ~a 余能

factor ~ 互补因子

función ~a 余函数

productos ~s 互补产[商]品

visita ~a（为推销目的所作的）后续访问

complemento *m*. ①补充;补充[足]物;②〈数〉余(弧,数);补(码,数);余角(值);③〈理〉互补色;④〈生医〉(血清中的)补体,防御素;⑤编制名额[人数];装备定额;⑥补足物;补助费;⑦〈电影〉短[加]片;⑧ *pl.*（汽车)附件;⑨*Urg.*〈体〉(足球赛的)下半场

~ aritmético 余数

~ de peligrosidad 高危工作津贴

~ de peso（磅秤上）补充重量之物;相抵(消)物,充数之物

~ de sueldo(~ salarial) 补助金

~ de un ángulo（直角的)余角(值)

gen de ~ 〈医〉补体基因

receptor del ~ 〈医〉补体受体

complexión *f*. ①〈解〉体形[态];体格[质];素质;②*Amér. L.* 肤色,面色

complicación *f*. ①纠纷,混乱;复杂情况;②〈医〉并发症[病];合并症;③复杂(性);错综(性)

cómplice *f*. 〈法〉同犯

complicidad *f*. 〈法〉同谋关系,串通

componedor *m. Amér. L.* 〈医〉正骨医生

componente *m*. ①(组)成(部)分;②〈化〉组分;③〈讯〉成分;③〈机〉零件,部件;(电子)元件 ‖ *f*. ①〈数〉分量;②〈机〉(合力的组成)部分

~ armónica 谐波分量

~ cuadrantal de error 象限误差成分

~ de señal 信号分量

~ desvatiada 无功[电抗]部分

~ electrónico 〈理〉电子元件

~ horizontal 〈电〉水平分量

~ reactiva 〈电〉无功成分,电抗部分[分量]

~ tangencial 切线分量,切向部分

~ volátil 挥发性组分

~s simétricas 对称分量

~s verticales 垂直部分[分量]

comportamiento *m*. 〈机〉工作性能

composición *f*. ①构[组]成;〈化〉成分;②〈教〉作[散]文;作文课;③（文学、美术等）作品;〈乐〉乐曲;④〈电影〉合成法;⑤〈印〉排版[字];⑥布置;布局;⑦〈医〉合剂;⑧合成物,混合物

~ con computadora de sobremesa 〈信〉桌面排版系统

~ de fuerzas 力的合成

~ de lugar 存货盘存(报表);清点存货

~ de velocidades 速度合成

~ por ordenador 计算机排版[字]

~ procesal 〈法〉庭外和解

~ química 化学成分[组成]

~ sincrónica 〈电影〉银幕合成法

composite *m*. 合成材料

compositor,-ra *m. f.* ①〈乐〉作曲家;②〈印〉排字工人;③出版者;④*Cono S.* 〈医〉〈骨科〉医生;正骨医师

compost *m. ingl.* ①堆肥;②混合物

compostación *f. Chil.* 肥料加工

compound *adj. ingl.* ①复合的;化[混]合的;②综合的;组合的;共同的;③〈动〉群体的;复(合)的;④〈植〉复合的;⑤ ‖ *m.* ①复[混]合物;②〈化〉化合物

compoundaje *m.* ①复[混,组,配]合;②配料,配(药)方;用膏剂浸渍;③〈电〉复绕[卷,激,励]

compra *f.* ①买,购买[置]采购;②购置物

~ a crédito(~ al fiado) 赊购

~ a granel 大量购买;包购

~ a plazos 分期付款购买

~ a[de] prueba 试购

~ al contado 现金购买

~ al descubierto 多头买进

~ bilateral 相互购买,互购

~ con derecho a cambio 购货包换

~ con derecho a devolución 准许退货购买

~ de ensayo 试购

~ de lance[ocación] 廉价购买

~ de previsión 套购

~ en abonos 赊购

~ en firme 买断(交易)

~ ficticia 买空

~ global 一揽子购买,整批购买

~ negociada 议价采购

~ proteccionista（为鼓励价格上涨而进行的商品、货币或股票等的)支持购进

~ según muestra 按样品购买

~ y venta 买卖

~s electrónicas 电子购物

comprador,-ra *m. f.* ①〈商贸〉购买人,买主;采购员;②(商店等的)购物者,顾客

compraventa *f.* ①买卖;交易;②〈法〉购销

[买卖]合同

~ a futuro 期货贸易

~ de terrenos 土地买卖

compresa *f*. 〈医〉敷布[料]

~ caliente/fría 热/冷敷布

~ cribiforme 筛形敷布

~ fenestrada 开孔敷布

compresibilidad *f*. ①〈化〉〈理〉(可)压缩性；②可理解性

~ isoterma 〈理〉等温压缩性

compresible *adj*. ①〈化〉〈理〉可压缩的；压缩性的；②可理解的

compresímetro *m*. (测量压缩形变的)压缩计[仪]，缩度计，压汽试验器

compresión *f*. ①〈理〉压缩；压紧；②〈机〉(燃料、蒸汽等的)压缩；压缩量

~ adiabática 绝热压缩

~ axial ①轴向压力；②〈地〉轴挤压

~ con pérdidas 〈信〉有信息损失的数据压缩

~ de aire 空气压缩

~ de datos 〈信〉数据压缩

~ de ficheros 〈信〉文件压缩

~ de video 图像压缩

~ isotérmica 等温压缩

~ según la dirección del eje 〈地〉轴挤压

~ sin pérdidas 〈信〉无信息损失的数据压缩

anillo de ~ 压(缩)环，活塞平环

relación de ~ 压缩比

compresivo,-va *adj*. ①压缩(性)的；加压的；②有压缩力的，起压缩作用的

fuerza ~a 压应力

compresor,-ra *adj*. 压缩的 ‖ *m*. ①〈机〉压气[缩]机；②〈医〉压迫器；③〈解〉压肌；④〈信〉压缩程序；⑤压缩物

~ (de flujo) axial 轴向式压气[缩]机，轴流式压气[缩]机

~ centrífugo 离心压气机，涡轮[离心式]压缩机

~ de aire 压气机，空气压缩机

~ de amoniaco 氨压气机

~ de cabina 座舱增压器

~ de doble efecto 双动压气机

~ de gas 气体压缩机

~ de gas de alta presión 高压压气机

~ de sobrealimentación 增压器[机]，(预用)压气机

~ de varios escalones 多级压气机

~ plurietápico 多级压气机

rodillo ~ 压实器[机]

compresor-expansor *m*. 压缩扩展器，压伸[扩]器，展[伸]缩器

comprimido,-da *adj*. (被)压缩的 ‖ *m*. 〈药〉药丸[片]，丸[片]剂

~ para dormir 安眠药片

aire ~ 压缩空气

gas ~ 压缩气体

comprobador *m*. 测试器[仪]

comprobante *adj*. ①(可作)证明的；②确证[实]的 ‖ *m*. ①证据[明，物]；②〈商贸〉单[收]据；凭单；③*Chil*. 证书，证明文件

~ a[por] pagar 应付凭单

~ de equipaje (经检查的)行李凭证

~ de estancia 居住证

~ de ingreso 纳税证明

~ de pago 收据；支付凭单

~ de venta 销售证

compromiso *m*. ①承[许]诺；保证；约定[言]；②(口头或书面的)协议[定]，契约，协议书；③婚约；*Amér. L*. 订婚礼[仪式]；④约会；⑤〈体〉比赛

~ de compraventa 买卖协定

~ de fianza 保释书

~ individual[personal] 个人承诺

~ intergrador 一体化协议

~ matrimonial 结婚协议；婚约

~ verbal 口头协议；口头承诺

compuerta *f*. ①闸[水]门；(水，电)闸，闸(门)阀；②(高至胸部的)半截门；③〈信〉门

~ de aguas abajo 下游闸门

~ de aguas arriba 首部[引水]闸门

~ de aliviadero(~ evacuadora) 溢洪闸

~ de ataguía 尾水管闸

~ de descarga (船闸)下闸门，尾门，退[泄]水闸门

~ de desviación 分洪闸

~ de esclusa (船闸)闸门

~ de fondo 底(注)浇口

~ de marea 防洪[挡潮]闸门，潮门，潮闸

~ de mareas 涨落潮闸门

~ de mariposa 蝶形阀，蝶形活门

~ flotante (船)坞(闸)门，浮式闸门

~ hidráulica 闸(门)阀，水阀[门]，泄水阀

~ plana de toma (泄)水闸[门]，(活)闸门，冲刷闸门

~ por conjunción 〈信〉"与"门，"与"线路，"与"逻辑电路

~ por disyunción 〈信〉"或"门

~ registro esférico 球阀

~ reguladora 调节阀

compuestas *f. pl*. 〈植〉菊科

compuesto,-ta *adj*. ①〈数〉复合的；②〈化〉〈理〉化合的；混合的；③〈植〉菊科的；复合的；④〈医〉复方的(药物)；⑤〈建〉混合的 ‖ *m*. ①〈化〉化[混]合物；②〈医〉复方(药)

物;制剂

~ aislante 绝缘混合剂

~ alicíclico 脂环(族)化合物

~ alifático 脂肪族化合物

~ aromático 芳香(族)化合物

~ binario 二元化合物

~ cíclico 环状化合物

~ de adición 加成化合物

~ de coordinación 配位化合物

~ inorgánico 无机化合物

~ mineral 无机化合物

~ obturador 密封胶[剂,层],填缝[封面,渗补]料

~ orgánico 有机化合物

~ organometálico 有机金属化合物

~ oxidante 氧化剂

~ polar 极性化合物

~ químico 化合物

~ saturado 饱和化合物

~s de cadena larga 长链化合物

~s nitrogenados (偶)氮化合物

columna ~a〈建〉混合式柱

leucocemia ~a〈医〉复合型白血病

número ~〈数〉复合数

nevo ~〈医〉复合痣

oferta ~a 综合供应

resina ~a 复合树脂

viga ~a〈建〉合成梁,组合大梁

compulsa *f.* ①核对;对照;②〈法〉(验证)副本

compulsión *f.* ①强制[迫];强制[迫]力;②〈心〉强迫,强迫作用

compulsivo,-va *adj.* ①强制[迫]的;有强迫力(似)的;②〈心〉强迫的,强迫(观念)所引起的

cobro ~ 强制征收

depósito ~ 强制存款

pago ~ 强制支付

compulsorio,-ria *adj. Amér. L.* 强制(性)的,强迫的

arbitraje ~ 强制仲裁

legislación ~a 强制性立法

compundar *tr.* ①复[混,掺,调,配,组]合;②扰动,搅拌;③复绕[激,卷]

computación *f.* ①计算;②〈信〉计算机的使用[操作]

~ analógica 模拟计算

cursos de ~ 计算机课程班

computacional *adj.* ①计算的;②计算机的

capacidad ~ 计算能力

laboratorio ~ 计算机实验室

computador,-ra *adj.* ①计算的;②累积[加]的,渐增的‖ *m.* ①计算[数]器;②(常用于拉美地区)计算机;电脑‖ ~a *f.* (常用于拉美地区)计算机;电脑

~ asíncrono 异步计算机

~ central 主计算机

~ digital 数字计算机

~ electrónico 电子计算机

~ hibrido (模拟-数字)混合式计算机,复合计算机

~ paralelo 并行计算机

~a a bordo 机载计算机

~a compatible 兼容计算机

~a concerniente 相关计算机

~a con terminal trasero 后端计算机

~a de bolsillo 笔记本电脑

~a de mano 手持式计算机

~a de matriz 数组计算机

~a de red 网络计算机

~a de sobremesa ①台式电脑;②〈信〉(电脑)桌面

~a de una placa 单板计算机

~a electrónica 电子计算机

~a personal 个人计算机

~a portátil 手提电脑,笔记本

~a principal 主(计算)机

~a simple 单计算机

~a virtual 虚拟计算机

virus de ~ 计算机病毒

computerismo *m.* 迷恋计算机,电脑迷

computadorización; computarización *f.* ①计算机化;计算机的使用[操作];②*Chil.* 计算

computadorizar; computarizar *tr.* ①用计算机操作,用计算机分析[控制,编译];②给…安装计算机,用计算机装备;使计算机化;③把…输入计算机;④*Chil.* 计算

computarizador,-ra *adj. Chil.* 计算的

computista *m. f. Venez* 〈信〉程序编制员[设计者]

cómputo *m.* ①计算;②计算法

comunicación *f.* ①传播[达,递];②〈讯〉通信[讯];电话;③交往[际],联系;④信函;书[口]信;信[消]息;⑤报[通]告;公[通]报;通知;⑥〈讯〉通信工具[设备];⑦ *pl.*〈交〉交通;交通工具;⑧〈教〉(大学生提交的)论文

~ administrativa 行政[管理]通报

~ aérea 空中交通

~ aeroterrestre 陆空通讯

~ alámbrica/inalámbrica 有/无线通讯

~ analogical 模拟通讯

~ ascendente/descendente 向上/下级通报

~ de doble dirección 双向通讯
~ de espacio profundo 深空通讯
~ de frecuencia muy baja 甚低频通讯
~ de impulsos 脉冲通讯
~ de masas 大众传播
~ de onda mediana 中波通讯
~ de onda milimétrica 毫米波通讯
~ espacial 空间通讯
~ instantánea 瞬间通讯
~ interlenguajes〈信〉(两种)不同语言间通讯
~ interurbana 长途电话[通讯]
~ no verbal 非言语交际(尤指用手势、表情、姿势等传递思想、感情等)
~ por carta 书信联系
~ por guía de onda 波导通讯
~ por láser 激光通讯
~ por microonda 微波通讯
~ punto a punto 点对点通信,干线无线电通讯
~ recordatoria 后续联系
~ subterránea 地下通讯
~ terminal 终端通讯
~ vía[por] satélite 卫星通讯
~ visual 可视通讯
cadena de ~ 通讯网络
línea de ~ 通讯线路
medios de ~ 通讯手段
procesador de ~ 通讯处理器
red de ~ 通讯网络
sistema de ~ 通信系统
comunicador m.〈讯〉通话[信]装置,通信设备
comunicología f. 传播(学)理论
comunidad f. ①团体,社团;界;②社会;社区;③公[民]众;Amér. L. 居民;④(国家间的)共同体;⑤〈生〉〈生态〉群落;⑥共同性,相同;⑦(产业、物业等的)维修费
~ abierta〈生态〉稀疏群落
~ agraria Méx. 村社
~ autónoma 自治区
~ biótica〈生〉生物群落
~ comercial 商业界;工商业界
~ económica 经济共同体
~ epipelágica〈生态〉海洋上层群落
~ industrial 产业界
~ residencial 住宅区
~ suburbana 市郊社区,城郊居民区
comunitario,-ria adj. ①社会[区]的;公众的,团体的;②欧洲共同体的‖m. 欧洲共同体成员国
economía ~a 社区经济

conación f.〈心〉意动,意图
Conacyt abr. Consejo Nacional de Ciencia y Tecnología Méx. 全国科学技术委员会
conario m.〈解〉松果体
conativo,-va adj.〈心〉意动的
conato m.〈法〉未遂
concatenación f. ①连[链]接;②串[级]联(法),串级(法)
concatenado,-da adj. ①连[链]结的,链状结合的;②锁相的,相位同步的
cóncava; **concavidad** f. ①凹陷;凹(陷)性;②凹面;凹面物;③凹曲线;凹度[状]
cóncavo,-va adj. 凹的,凹面[形]的‖m. ①凹面;凹面物;凹曲线;②凹处,陷穴;③天穹
espejo ~ 凹(面)镜
lente ~a 凹透镜
concentrabilidad f. ①可集中性;②〈化〉可浓缩性
concentrable adj. ①可集中的;②〈化〉可浓缩的
concentración f. ①集中;聚集;②(部门间的)合并;③〈化〉浓缩;浓度,④〈矿〉精选;富集;⑤〈体〉(在基地的)集训 ;⑥Amér. L.(公司、企业等的)合并;⑦见 ~ escolar
~ de esfuerzos 应力集中
~ de potencia 浓集势
~ escolar〈教〉受托区学校
~ horizontal 同业合并;横向合并
~ industrial〈产业集中
~ migratoria〈生态〉移居[栖](性)集中
~ mínima 最低浓度
~ molal〈化〉重量莫尔浓度
~ molar〈化〉体积莫尔浓度
~ normal〈化〉规定浓度,当量浓度
~ sectorial 部门合并[集中]
~ vertical 纵向联合
campo de ~ 集中营
planta de ~ 选矿厂
concentrado,-da adj. ①〈化〉(已)浓缩的;②集中的,聚集的,集结的‖m. ①浓缩物;提出物,②(果,肉)汁,精
~ de plomo 精铅矿,铅精矿
inductancia ~a 集总电感
solución ~a 浓(缩)溶液
concentrador,-ra adj.〈机〉聚集的;聚能的‖m. ①〈机〉浓缩器[机];②〈矿〉选矿机,精选机,选矿厂;③〈电子〉聚集器;集中[线]器‖m. f. 精选机操作工;浓缩器操作工
~es solares 太阳能采集器
concentrar tr. ①集中,聚集;集结;②浓[凝]缩;③〈矿〉精选;富集;④Chil.〈体〉集训
concentricidad f. ①同心(性);②同心性
concéntrico,-ca adj. ①同心的;②〈数〉同

心的,共心的;③同轴的

arrollamientos ～s 同心绕组

círculo ～ 同心圆

conceptual *adj.* 概念的

arte ～ 概念艺术

concertación *f.* ①协调;和谐;②融洽,和睦,和解;③协议[定];契约

～ social 社会和谐

concertaje *m. Amér. L.* 劳动契约

concertina *f.* 〈乐〉六角形手风琴

concertino,-na *m. f.* 〈乐〉①乐队指挥;②乐队首席小提琴手

concertista *m. f.* 〈乐〉独奏音乐家

concesión *f.* ①让步;②〈法〉(国籍、自由等的)给[准]予;承认;③特许;〈商贸〉特许权,特许证;特许经销[经营]权;④*Méx.* (通过开矿特许权申请而获得的)大片土地

concesionario,-ria *m.* ①领有执照者;②〈法〉特许权所有人,许可证发让人

～ exclusivo 特许权独家受让人

concha *f.* ①(动物的)壳(如贝壳、介壳、鞘翅、蛹壳等);外壳;②龟壳[板],玳瑁壳;③(陶瓷)碎片;④〈戏〉(舞台上提词员藏身的)提词厢座;⑤*Méx.* 〈动〉海龟[螺];⑥*Cari.* 弹壳,药筒;⑦*Cari.* (水果、蔬菜、嫩枝等的)皮,外皮;⑧〈建〉贝壳状屋顶,穹内凹面

～ auricular 〈解〉耳甲[穴]

～ de[en] moldeo 冷铸型[模],激冷模

～ de peregrino 〈动〉扇贝

～ de perla 珠母层,珍珠母,珍珠质

～ nasal 〈解〉鼻甲

conche *m. Méx.* 〈鸟〉火鸡,吐绶鸡

conchectomía *f.* 〈医〉鼻甲切除术

conchífero,-ra *adj.* 〈地〉有[生]贝壳的

conchitis *f. inv.* 〈医〉①鼻甲炎;②外耳炎

conchoidal *adj.* 〈矿〉贝壳状的

conchology *f. ingl.* 贝壳学;贝类学

conchoscopia *f.* 〈医〉鼻镜检查

conchoscopio *m.* 〈医〉鼻镜,鼻腔镜

conchotomía *f.* 〈医〉鼻甲切开术

conciencia *f.* ①〈医〉知觉;感觉;②意识,观念;③觉悟;自觉;良[道德]心;正直感;⑤〈心〉良心,意识(能力)

～ de clase 阶级觉悟

～ de culpa 内疚感

～ del coste 成本意识

～ del deber 责任心

～ nacional 民族意识

～ social 社会道德感

～ tributaria 纳税意识

concierto *m.* ①〈乐〉音乐会;独奏音乐会;②〈乐〉协奏曲;③协议[定,约]

conclusión *f.* ①结束,终结;②〈法〉结案

concluso,-sa *adj.* 〈法〉审理完毕待判决的

concoidal *adj.* ①〈数〉蚌线的,螺旋线的;②〈矿〉贝壳状的,甲状的,甲介形的

concoide *adj.* 贝壳状的 ‖ *m.* ①〈数〉蚌线;螺旋线;②螺线管;贝壳状断面

concoideo,-dea *adj.* 〈矿〉贝壳状的

concordancia *f.* ①〈乐〉和声;②〈地〉(地层的)整合;③〈理〉(相位)相符[同]

～ de fase 同相位

concordante *adj.* ①〈乐〉谐和或(音程)的;②〈地〉(地层)整合的

capas ～es 整合层

concreción *f.* ①〈理〉凝[固]结(作用,过程);②凝[固]结物;③〈地〉结核体;凝岩作用;④〈医〉结石;⑤准[精]确(性),确切(性)

～ biliar 胆结石

concrecionado,-da *adj.* ①〈理〉(已)凝[固]的;②〈地〉结核体状的;含有凝块的

concrecionar *tr.* 使凝结[固];(使)固结

concresencia *f.* 〈生〉愈合,合生

concretivo,-va *adj.* ①凝[固]结性的;②有凝固力的,有结固力的

concreto,-ta *adj.* ①具体的,确实的;实在的;②固结的;混凝土(制)的 ‖ *m.* ①*Amér. L.* 〈建〉混凝土;②凝结物

～ armado 钢筋混凝土

número ～ 〈数〉名数

concurso *m.* ①投[竞]标;②竞赛;比赛(尤指竞技者各自献技由评委择优的竞赛和对抗赛);③考试[查](职务招聘的)竞考[考]试

～ de acreedores 〈法〉(把债务人的全部财产用来抵还债主的)裁定

～ de belleza 选美比赛

～ de comerciantes 经销商销售竞赛,竞销

～ de competencia[precios] 竞标,竞价投标

～ de idea 〈建〉设计竞赛

～ de merecimientos 岗位竞[考]试,职务竞[考]试

～ de méritos ①岗位竞[考]试,职务竞[考]试;②〈教〉(教授职位)擂台赛(陈述教学经验、学术成果、教龄等)

～ (de) oposición (为取得公务员职位的)竞试;(晋升)考核

～ de patoreo 牧羊犬测试比赛

～ de redacción 论文竞赛

～ de saltos (赛马运动中的)超越障碍比赛

～ hípico ①马匹展览会(通常有马术、马拉车等表演);②(赛马运动中的)超越障碍比赛

～ publicitario 广告竞赛

～ público 公开招标;招标

concurso-subasta *m.* 公开招标；竞价拍卖

concusión *f.* ①〈医〉(脑、脊柱等的)震荡，震伤；②〈法〉(利用职权或使用暴力等手段的)勒索钱财

condecoración *f.* 〈建〉装饰；装潢

condena *f.* 〈法〉①判决，宣判；②课刑，定[判]罪
　~ a perpetuidad（判为)死刑
　~ de reclusión perpetua 无期徒刑

condenación *f.* 〈法〉定[判]罪

condensabilidad *f.* ①可凝(结，聚)性；②冷凝性；③可压缩性；浓缩能力

condensable *adj.* ①可冷凝的；②可凝结[浓缩]的；③可压缩的

condensación *f.* ①冷凝(作用)，冷凝物；②凝结[聚，析](作用)；凝结物；③〈化〉聚合(作用)；缩合(作用)；④〈光〉光线聚集；⑤〈心〉凝缩(作用)；⑥(文章的)压缩，缩短；缩[简]写
　~ fraccionada 分馏聚[缩]合

condensacional *adj.* ①冷凝的，②凝缩的；凝结的

condensado,-da *adj.* ①(已)凝[浓]结的；凝结的；②(篇幅)缩短的；③冷凝的

condensador,-ra *adj.* ①凝[浓，压]缩的；②缩短的；简缩的；③冷凝的 ‖ *m.* 〈技〉冷凝[凝结，凝汽]器；②〈电〉电容器；③〈光〉聚光器[镜]；④聚[缩]合器；⑤(蒸汽机的)凝汽室 ‖ *m. f.* 冷凝器操作者
　~ a reacción 喷水凝结[凝汽]器；喷射冷凝器
　~ compensador 缓冲电容器
　~ con papel 纸介电容(器)
　~ de acoplamiento（高频)耦合电容器，隔直流电容器
　~ de aire ①空气冷凝器；②空气电容器
　~ de aplanamiento 平流电容器，平滑(滤波)电容器
　~ de balanceo[neutralización] 平衡电容器
　~ de bloqueo[parada] 隔(直)流电容器；阻塞[极间偶合]电容器
　~ de chorro[inyección] 喷水凝结[凝汽]器；喷射冷凝器
　~ de contacto 表面式凝汽器
　~ de derivación[desacoplo, paso] 旁路[分流]电容器
　~ de filtrado 滤波电容器
　~ de grilla[rejilla] 栅极隔直(电压)电容，栅极电容器
　~ de mica 云母电容器
　~ de reacción 回授[反馈]电容器
　~ de recepción 接收电容器

　~ de sintonización（~ sintonizador）调谐电容器
　~ de superficie 表面式凝汽器
　~ de vacío 真空电容器
　~ de vidrio 玻璃电容器
　~ doble ①双(透镜)聚光器；②双联电容器
　~ doble de mando único 同轴(可变，调整)电容器，联动电容器，电容器组
　~ eléctrico 电容器
　~ electrolítico 电解电容器
　~ en bloque 电容器组[盒]
　~ en el aceite 油浸电容器
　~ en serie 串联电容器
　~ estático 静电电容器
　~ evaporativo 蒸发冷凝器
　~ no regulable 固定电容器
　~ para mejorar el factor de potencia 功率因数电容器
　~ sincrónico[síncrono] 同步电容器
　~ tubular 管形电容器
　~ variable 可变电容器

condensante *adj.* ①(使)浓[凝]缩的；(使)缩合的；②冷凝的；③简缩的

condensativo,-va *adj.* ①浓[凝]缩性的，缩合性的；冷凝性的；②易于凝结[凝缩，缩合]的，导致凝结[凝缩，缩合]的

condición *f.* ①(工作、生活、身体、环境等的)状况；②*pl.* 处[环]境；形势；③(品质)属[特]性，本质[性]；④地[职]位，身份；⑤(出生、社会等)背景；⑥(先决)条件；(合同、契约、遗嘱等上的)条款
　~ de asociado[miembro, socio] 成员身份[资格]
　~ de comerciante 商人本性
　~ de descarga 岸上交货条件
　~ de equivalencia 等价条件
　~ de mercancía 商品质量特性
　~ de orden 订货条件
　~ del material 物质属性
　~ necesaria 〈逻〉〈数〉必要条件
　~ resolutaria 解约条件
　~ suficiente 〈逻〉〈数〉充足条件
　~es de aceptación 接收条件；验收条件
　~es de amarraje 船舶停港条件
　~es de consignación 代销条件
　~es de favor 优惠条件[条款]
　~es de habitabilidad 住房[居住]条件
　~es de marcha[funcionamiento] 工作状况[情况]，条件，运转状态
　~es de operación 营业[经营]状况
　~es de pago 付款[支付]条件
　~es de recepción 接收条件

~es de servicio muy duras 繁重工作条件,苛刻操作条件

~es de suscripción 承销条件

~es de trabajo(~es laborales) 工作条件[环境]

~es de uso 用法说明,操作指南,使用须知

~es de venta 销售条件

~es de vida 生活条件[环境]

~es del mercado 市场状况

~es económicas ①(合同中的)财政条件[状况];②(付给专业人员的)服务费,酬金

~es físicas 健康状况

~es generales 普通[一般]条款,一般条件

~es malsanas 不卫生条件;不利于健康的条件

~es normales〈化〉〈理〉常态

~es sanitarias (酒吧、饭店、医院等处的)卫生条件;卫生状况

condicionado,-da *adj.* ①附有(先决)条件的,有前提的;②视…而定的

~ por la producción 视生产情况而定

préstamo ~ 附有条件的贷款

condicional *adj.* ①附有(先决)条件的,有前提的;②〈逻〉有条件的

endoso ~ 有条件背书

libertad ~〈法〉假释

probabilidad ~〈数〉〈统〉条件概率

reflexión ~〈心〉条件反射

cóndilo *m.*〈解〉髁,髁状突

cóndor *m.*〈鸟〉神鹰,大秃鹫(产于南美洲安第斯山区)

condral *adj.*〈医〉软骨的;软骨质的

condrictio,-tia *adj.*〈动〉软骨的(鱼)‖ *m.* ①软骨鱼;②*pl.* 软骨鱼纲

condrectomía *f.*〈医〉软骨切除术

condrificación *f.*〈医〉软骨化

condrina *f.*〈生化〉软骨胶

condrioma *m.*〈生〉线粒体系

condriosoma *m.*〈生〉线粒体

condrita *f.* ①〈医〉软骨;②〈地〉球粒状陨石

condroangioma *m.*〈医〉软骨血管瘤

condroblasto *m.*〈动〉软骨母细胞

condroblastoma *m.*〈医〉软骨母细胞瘤,成软骨细胞瘤

condrocito *m.*〈动〉软骨细胞

condroclasto *m.*〈动〉破软骨细胞

condrocráneo *m.*〈医〉软骨颅

condrodisplasia *f.*〈医〉软骨发育不良

condrodistrofia *f.*〈医〉软骨营养不良

condroectodermal *adj.*〈医〉软骨外胚层的

condroectodermo *m.*〈医〉软骨外胚层

condrofijación *f.*〈医〉软骨固定术

condrófito *m.*〈医〉软骨疣

condrogénesis *f.*〈医〉软骨形成;软骨发生

condrografía *f.*〈医〉软骨论,软骨学

condroide *adj.*〈动〉软骨样的‖ *m.* 透明软骨

condroitina *f.*〈生化〉软骨素

condrología *f.*〈医〉软骨学

condroma *m.*〈医〉软骨瘤

condromatosis *f.*〈医〉软骨瘤病

condrometaplasia *f.*〈医〉软骨化生,软骨组织变形

condromioma *m.*〈医〉软骨肌瘤

condronecrosis *f.*〈医〉软骨坏死

condropatía *f.*〈医〉软骨病

condropatología *f.*〈医〉软骨病理学

condroplasia *f.*〈医〉软骨生成

condroplastia *f.*〈医〉软骨成形术

condroporosis *f.*〈医〉软骨疏松

condrosamina *f.*〈医〉软骨糖胺

condrosarcoma *m. o f.*〈医〉软骨肉瘤

condrosteoma *m.*〈医〉软骨骨瘤

condrotomía *f.*〈医〉软骨切开术

condrótomo *m.*〈医〉软骨刀

cóndrulo *m.*〈地〉(陨星的)粒状体,陨石球粒

conducción *f.* ①〈理〉传导;传导性[率];电导率;②驾驶;③〈技〉管(子),导管;管道[线];(管道)输送;④(房屋供电或无线电接线板的)线路;⑤〈生理〉(神经感应的)传导;⑥〈商贸〉经营;处[管]理;⑦(电视台或广播电台等)(演出、播出的)节目

~ a izquierda (方向盘在左边的)左座驾驶,左御(式)

~ aberrante〈医〉差异传导

~ de aceite 输油管道,油路

~ de agua 水管

~ de aire 通风[通气,压气]管

~ de gas 煤气总管

~ del calor 热传导,导热

~ eléctrica 电导

~ electrolítica 电解电导

~ electrónica 电子传导

~ por huecos 空穴传导

~ por la derecha (方向盘在右边的)右座驾驶,右御(式)

~ principal de agua 给水干[总]管,总水管

~ principal de gas (埋设在地下的)煤气干[总]管

~ temeraria 莽撞驾驶[车]

~ térmica 热传导,导热

~es eléctricas 输电干线

conducido,-da *adj.* (通过)管道输送的

conductancia *f.* ①〈理〉传导;传导力;②〈电〉电导;电导率;导电性

~ acústica 声导
~ anódica 阳极电导
~ exterior 表面电导
~ mútua 互(电)导,跨(电)导,(静)互导
conductibilidad *f*. (对热、电、声等的)传导性
~ eléctrica 导电性
~ magnética 导磁性[率]
~ térmica 导热性
alta ~ 高导电性
conductible *adj*. 能被传导的;能传导(热、电、声等)的
conductimétrico,-ca *adj*. ①〈理〉热[电]导计的;②电导(率)测定的
análisis ~〈化〉电导分析
conductímetro *m*.〈理〉热[电]导计
conductividad *f*. ①〈理〉传导率[性];导电率[性];电导率[性];②〈生理〉传导性
~ del metal 金属传导性[率];金属导电性[率]
~ eléctrica 电导率;导电性
~ intrínseca〈理〉本征电导率
~ térmica 导热性[率],热导率
conductivismo *m*. ①〈心〉行为主义;行为主义(心理)学派;②行为主义治疗
conductivo,-va *adj*. 传导性的,有传导力的,传导的
conducto *m*. ①水管;管道;导管;②〈解〉管,道
~ aberrante〈解〉迷管
~ abierto 外露管道
~ alimenticio〈解〉食[消化]道
~ auditivo externo/interno〈解〉外/内耳道
~ biliar〈解〉胆管
~ común hepático〈解〉肝总管
~ de aire 通风[通气]管
~ de desagüe 排水管道
~ de evacuación 导[输送,排水]管
~ de humo 烟道;焰管
~ de riego 灌溉渠(道)
~ de vapor 蒸汽管
~ de ventilación 通风[排气]道,通风[通气]管;风管
~ deferente〈解〉输精管
~ eferente〈解〉输出管
~ flexible 软管
~ galactóforo〈解〉输乳管
~ lacrimal〈解〉泪管
~ linfático〈解〉淋巴(导)管
~ ovárico〈解〉输卵管
~ principal de viento 主空气管道,空气[鼓风]管

~ raquídeo〈解〉脊柱管
~ semicircular〈解〉半规管
~ urogenital〈解〉尿生殖管
~ venoso〈解〉静脉(导)管
caja de ~s tubulares 管道分线匣,管道入[分岔]孔
pantalla de ~ de paso (采矿)旁通筛道
conductometría *f*. ①〈理〉电导测定[分析]法;②电导(率)测定
conductométrico,-ca *adj*. ①〈理〉热[电]导计的;②〈化〉电导(率测定)的
análisis ~〈化〉电导分析
titración ~a〈化〉电导滴定法
conductómetro *m*.〈理〉热[电]导计
conductor,-ra *adj*. ①〈理〉传导的;导电[热]的;②驾驶的;③领导的‖*m*. ①〈理〉〈生理〉导体;②〈电〉导线‖*m. f.* ①(电视或广播等的)节目主持人;②*Amér. L.*〈乐〉(乐队等的)指挥;③司机,驾驶员
~ aislado 绝缘导线
~ de alimentación 馈电电缆,馈(电)线
~ de aluminio 铝(导)线
~ de cables retorcidos 多股绞合线,扭绞[绞合]电缆
~ de cobre 铜(导)线
~ de encendido 导火线[索]
~ de masa[tierra] 接地线,地线
~ de retorno 回线
~ de trole (电车的)架空[滑接,接触]线
~ eléctrico 导电体;导[电]线
~ en carga 带电导线
~ flexible 软(电)线,挠性线
~ inactivo[inerte] 闲置线路,空[静,死]线
~ múltiple 导线束
~ neutro[neutral] 中性(导)线
~ redondo 圆形导体;圆截面导线
~ térmico 电热线
~ testigo 辅助导线
buen ~ 良性导体
cable de tres ~es 三线[芯]电缆
capa ~a 传导[导电]层
mal ~ 不良导体
condúctulo *m*.〈动〉〈解〉小管
condutal *m*.〈建〉水落管
conectabilidad *f*. 连通(性);联缀[络]性
conectable *adj*. 可连通的
conectado,-da *adj*. ①连[系]在一起的;②〈数〉(集集)连通的
conectador *m*. ①连接体[物];〈机〉连接管;②〈信〉连接器;③〈电〉插头[塞];接线器;④〈建〉管接头,接管头
~ de borde 边缘连接器

~ de file〈信〉文件连接体[器]

conectar *tr.* ①〈机〉(使)连接[结];使联接;②〈电〉(使)接通电路;用电路连接;③使…联系在一起,把…联系起来;④使建立关系 ‖ ~se *r.* 〈信〉(网络间的相互)连接

~-y-usar〈信〉即插即用;即通即用

conectividad *f.* ①连接,联系;②连接[结](性);被连接[结](性);③〈信〉连通性,连通度

conectivo,-va *adj.* ①连接[结]的;②有连接力的;易连接的;用于连接的 ‖ *m. Chil.* 连接物,接合物

conector *m.* ①连接体[物];②〈信〉连接器

coneja *f.* 〈动〉雌兔

conejización *f. Chil.* 〈动〉自然放养兔子

conejo *m.* ①〈动〉兔子;②〈军〉新兵;③*Arg.* 〈动〉豚鼠

~ casero 家兔

~ de Angora 安哥拉兔

~ de monte(~ silvestre) 野兔

conexión *f.* ①〈机〉〈技〉连接[结];连接法;②连接物;连接部分;③*pl.* 关[联]系;往来关系;④〈电〉连接,电路;接头;⑤〈信〉接口(程序);连系装置;界面;⑥(电视、广播等的)现场连接(直播);(通讯等)直线

~ a tierra 接地(线)

~ en directo 现场连接(直播)

~ en estrella y triángulo 星形-三角形接法[连接],Y-△接法[连接]

~ en paralelo ①并联;②并行接口

~ en serie ①串联;②串行接口

~ final 端接

~ frontal 正面连接

~ por línea conmutada (终端设备等的)拨号接入

~ posterior 反面连接

~ sin soldaduras 扭接,机械[无焊,不焊]连接

~es familiares 亲属[戚]关系

línea de ~ (直达)通信线路,直达连接线,联络[连接,转接]线

manguito de ~ 连接套管

tubos de ~ 连接[结合]管

confección *f.* ①制作;服装裁制;服装裁制工作[职业];②成衣;③〈药〉制剂;④编写[制],制定

industria de la ~ 服装业

confeccionado,-da *adj.* ①现成的(衣服);做[制]好的(衣服);②预制的,预先准备的;③见 ~ a la medida

~ a la medida 按尺寸做的

~ a mano 手工制作的

confeccionador,-ra *adj.* 编制的;制定[作]

的 ‖ *m. f.* (新闻业)版面设计者;版面设计人

conferencia *f.* ①(正式)会议;讨论会,协商会;②(学术)报告[讨论],讲座[演];③〈讯〉长途电话(通话);呼叫[号]

~ a cobro revertido 对方付费电话,受话人付费电话

~ cumbre 最高级会议;首脑会议;峰会

~ de abono 预收费电话

~ de adiestramiento 培训讲座;短期培训班

~ de pago en destino 受话人付费电话,对方付费电话

~ de desarme 裁军会议

~ de persona a persona 指定受话人(长途)电话;叫人电话

~ de prensa 记者招待会,新闻发布会

~ de socorro 求救[遇险]呼号

~ de ventas 销售会(议)

~ internacional pagada con tarjeta de crédito 信用卡付款国际电话

~ interurbana 长途电话

~ literaria 文学讲座

~ telefónica ①长途电话(通话);②电话会议

conferenciante; conferencista *m. f. Amér. L.* ①报告人;演讲者;②讲演[课]者

conferval *adj.* 〈植〉丝状绿藻的

confiabilidad *f.* 可靠性;可信任[赖]性

~ estadística 统计材料的可信性

confianza *f.* ①信任[赖];②信心,把握;③自信[负];④〈统〉置信度

~ en sí mismo 自信

~ mutua 相互信任

confidencialidad *f.* 机密性

configuración *f.* ①布局;结构,构造;②〈信〉配置;③〈化〉构型

~ de red 网络配置

~ electrónica 〈化〉〈理〉电子构型;电子排列

~ óptima 最佳配置

confín *adj.* 接壤的,交界的,毗连的 ‖ *m.* ①边界;界限;分界线;②地平(线);③边缘[线];④远处,边远地区

confinación *f.* ①限制,制约;②被禁闭;被幽禁;③〈法〉关押,监禁;④接壤,交界

confinamiento *m.* ①限制,制约;②被禁闭;被幽禁;③〈法〉关押,监禁;④见 magnético

~ magnético 〈理〉磁场(对等离子体的)吸持

confinidad *f.* 邻接,毗连

conflagración *f.* ①大火;大火灾;②暴乱;战

火，战争

conflicto *m*. ①冲突；抵触；矛盾冲突；纷争；②〈心〉冲突
　～ armado 武装冲突
　～ bélico 军事冲突
　～ de intereses 利益冲突
　～ generacional 代沟（尤指青少年与其父母在情趣、抱负、社会准则以及观点等方面存在的差距）

confluencia *f*. ①汇合[集]，聚[集]合，聚集；②汇合[合流，汇流]处[点]；③〈医〉融合

confluente *adj*. ①汇合的；②汇[合]流的；③〈医〉融合的 ‖ *m*. ①（汇流成大河的）支流；②汇合点

conformabilidad *f*. ①一致（性）；适应（性）；相似（性）；②〈地〉（地层）整合性；贴合性

conformable *adj*. 〈地〉（地层）整合的；贴合的

conformación *f*. ①构造；形态；结构；外形；②〈化〉构像；③完整配置

conformado,-da *adj*. ①有特定形状的；成形的；②（加工）成型[形]的 ‖ *m*. 〈机〉〈技〉①成形（法），造型（法）；②成形（物），塑造（物）；③成型[形]加工，造型加工
　～ en frío 冷成型（法），冷加工

conformador,-ra *adj*. 成形的 ‖ *m*. ①〈机〉〈技〉成形器[机]；靠模机床；②帽型；③〈信〉标识符，标记
　máquina ～a 牛头刨床；成形机

confortante *adj*. ①安慰（性）的；②〈药〉镇静[定]的；镇痛的

confortativo,-va *adj*. ①安慰（性）的；②〈药〉镇静[定]的，镇痛的 ‖ *m*. 〈药〉恢复药；苏醒剂；补药[剂]

confrontación *f*. ①对抗；冲突；②交锋；*Chil*. 比[竞]赛
　～ nuclear 核对抗

confucianismo *m*. 孔子学说；儒学[教]

congelable *adj*. ①可冻[凝]结的；可凝固的；②可冷冻的

congelación *f*. ①〈商贸〉冻结；②冷[冰]冻，冰结；凝固；③〈医〉冻伤；冻疮；④见 ～ de imagen
　～ de créditos 贷款冻结
　～ de fondos 资金冻结
　～ de imagen 〈电影〉〈录像〉定格，定祯
　punto de ～ 冻(结)点，冰点，凝固点

congelado,-da *adj*. ①冷[冰]冻的；结冰的；冻住的；②（被）冻结的；③〈医〉冻伤[坏]的
　activo ～ （被）冻结资产

congelador *m*. ①制冷[致冷]器；冰箱；冷藏箱；②深冷冻箱；③〈船〉〈海〉冷冻食品容器 ‖ ～a *f*. ①深冷冻箱；②冷藏车

congénito,-ta *adj*. ①天生的；②先天（性）的
　deconformidad ～a 先天性畸形
　defecto ～ 先天缺陷[损]
　enfermedad ～a 先天（性）疾病
　inmunidad ～a 先天免疫
　sordomudez ～a 先天性聋哑

congestión *f*. ①〈医〉充血；②〈交〉堵[拥，阻]塞

congestionado,-da *adj*. ①〈医〉充血的；②〈交〉阻塞的；拥挤的

congestionamiento *m*. ①*Amér. L*.〈医〉充血；②拥塞；③*Cari*. 交通阻塞

conglomeración *f*. ①聚集成球形；成团[块]；②（块状的）凝聚；集集（物，作用）；混合体

conglomerado,-da *adj*. ①聚集成球形的；成团[块]的；②〈植〉成簇的，簇生的；③〈动〉聚合的；④〈地〉砾岩的；⑤联合（大）企业的 ‖ *m*..①〈地〉砾岩，碎屑岩；②〈技〉聚集成球形；成团[块]；聚集物，混合体；③联合（大）企业
　～ aurífero 含金砾岩层
　～ de empresas 企业集团；综合大企业

conglomerante *m*. 凝结物

conglutinina *f*. 〈医〉黏合素

congo,-ga *m. f. C. Rica, Salv*. 〈动〉长毛吼猴

congrio *m*. 〈动〉康吉鳗（一种大海鳗）

congruencia *f*. ①一致（性）；相符（性）；和谐（性）；②〈数〉全等，叠合；同余

congruente *adj*. 〈数〉全等的，叠合的；同余的

cónica *f*. 〈测〉〈数〉圆锥曲线，二次曲线

conicidad *f*. 〈测〉〈数〉锥体[形]，锥体状态；锥度

cónico,-ca *adj*. ①圆锥形的；圆锥的；锥形[度]的；②斜(削)的
　engranaje ～ 斜[伞，锥形]齿轮
　exploración ～a 〈电子〉锥形扫描
　lima de dientes ～s 直边锉
　rueda dentada ～a 等径伞齿轮
　sección ～a 圆锥[二次]曲线；锥体截面
　techo ～ 圆锥形屋顶

conidial *adj*. 〈生〉〈植〉分生孢子的；产生[类似]分生孢子的

conidio *m*. 〈生〉〈植〉分生孢子

conidióforo *m*. 〈生〉〈植〉分生孢子梗

conífero,-ra *adj*. 〈植〉产球果的；针叶树的；松柏目的 ‖ *f*. ①（产球果的）松柏目植物；针叶树；②*pl*. 松柏目

coniferina *f*. 〈化〉松柏甙

conificado,-da *adj*. 成（圆）锥形[状]的

coniforme *adj*. （圆）锥形的，锥状的

conina *f.* 〈化〉〈欧〉毒芹碱

conjugación *f.* ①〈化〉共轭作用；②〈数〉共轭（复数）；③〈生〉接合（作用）；④结合，成对

conjugado,-da *adj.* ①〈化〉共轭的；结[缀]合的；共轭双键；②结合的；③〈植〉成对的；（成对）结合着的；配合的
focos ～s 共轭焦点

conjunción *f.* ①〈数〉合取；②〈天〉〈天体的〉会合；③结[联]合；连接

conjuntiva *adj.* 〈解〉〈眼睛〉结膜

conjuntivitis *f. inv.* 〈医〉结膜炎
～ aguda 急性结膜炎

conjuntivo,-va *adj.* 〈医〉结膜的
reacción ～a 结膜反应
tejido ～ 结膜组织

conjunto,-ta *adj.* ①共同的；联合的；②接[结]合的；连接的‖ *m.* ①全部[体]；整个[体]；②全套（搭配协调的）服装（如衣、帽、鞋、手套等）；③〈乐〉合奏诸乐器；波普艺术组；④〈戏〉宣读开场白和收场白者；⑤〈体〉（球）队；⑥成套（家具）；⑦〈数〉集，集[组]合；⑧〈机〉〈信〉部[组]件；装置
～ abierto 〈数〉开集
～ cerrado 〈数〉闭集
～ de datos 〈信〉数据集（合）；全部资料
～ de instrucciones 〈信〉指令集
～ (de) intersección 〈数〉交集
～ de medidas económicas 一揽子经济措施
～ finito 〈数〉有限集
～ infinito 〈数〉无限集
～ universal 〈数〉泛[全]集，通用集
oferta ～a 关连供应，连带供给

conjuntor *m.* ①（电话总机的）塞口，插孔[座]；②连接机

conmensurabilidad *f.* ①可度量性；可衡量性；②〈数〉可公度性，（可）通约性

conmensurable *adj.* ①〈数〉可[有]公度的；②（体积、数量或程度上）相当[称]的；③可用（同一标准）衡[度]量的

conminución *f.* ①粉[捣，切，研]碎；磨细；②〈医〉粉碎性骨折；③缩小；磨损

conmoción *f.* ①震动[荡]；②〈地〉地震；③见 ～ cerebral
～ cerebral 〈医〉脑震荡
～ eléctrica 电击[震]，电休克

conmuta *f. And.*, *Cono S.* 替[调]换，替代

conmutabilidad *f.* ①可换性，可调[替]换性；可替代性；②代偿；③〈法〉可减刑性

conmutable *adj.* ①可交换的；可变[调，替]换的；②可代偿的；可变[兑]换的；③〈电〉可换向的，可用开关控制的；④〈法〉可减刑的

conmutación *f.* ①交[变，调，替]换；②〈电〉换向，整流；③〈数〉〈信〉交换；对易；④见 ～ de pena
～ de haz 射束转换（法）
～ de lóbulo 〈天线〉波瓣[束]转换
～ de mensajes 〈信〉〈讯〉信息交换
～ de paquetes 〈信〉分组交换
～ de pena 〈法〉减刑
～ electrónica 电子交换设备；电子式接线器
～ sin chispas 无电[火]花换向，无电[火]花整流
～ sin interrupción 〈讯〉先接后离接点

conmutador,-ra *adj.* ①调[替]换的；替代的；②变换的，换向的‖ *m.* ①〈电〉换向器，整流子；②〈电〉转换开关，转换器；③〈数〉换位子；对易子[式]；④*Amér. L.*（电话的）交换台[台]
～ bipolar 双极开关
～ de antena 天线转换开关
～ de arranque 起动开关
～ de cilindro 鼓形开关
～ de contactos a presión 压力接触[触簧]开关
～ de contactos deslizantes 滑动接触开关
～ de control 控制[主合]开关
～ de corte 断路开关
～ de dos direcciones 双向开关，双路开关
～ de dos movimientos 两级动作（上升-旋转选择）开关
～ de longitudes de onda 波段开关，波长转换开关
～ de ondas 波段转换[选择]开关
～ de pedal (～ oscilante) 倒扳[翻转，转换]开关
～ de ruptura brusca 快动[瞬动，弹簧]开关
～ de ruptura lenta 缓动断路器
～ de tomas 抽[分接]头切[转]换开关，抽头变换器，分接开关
～ de tres direcciones (～ tridireccional) 三路[向]开关
～ DIP 〈信〉双列直插式封装开关
～ eléctrico de palanca 扳扭[肘节，叉簧，拨动]开关
～ electrónico 电子分配[转接]器；电子转换开关
～ giratorio （拨号）盘式开关
～ inversor 电流转向开关，转换[换向，接路]开关
～ múltiple 复式交换机
～ paso a paso 步进制开关

~ rotativo 旋转开关

~ selector 选择器开关，波段[选择，选路]开关，选线器

~ telefónico 电话交换台，总机

anillo extremo de ~ 整流子环

cuadro ~ ①配电盘[板，屏]；开关板；②（电话）交换台

cuadro ~ múltiple 复式交换机

conmutatividad f. 〈数〉交换性

conmutativo,-va adj. ①交换的；代替的；②〈数〉交换的；对易的

ley ~a 交换率

conmutatriz f. ①转[变]换器；②整[变]流器；(旋转，同步)变流机

~ de fases 变相器

~ sincrónica 同步变流机

connivente adj. 〈植〉靠合的

cono m. ①〈数〉圆锥体；直立圆锥；锥面；锥；②锥形物；③〈地〉火山锥；锥状地形；④〈植〉孢子叶球；球果[花]；⑤头锥，弹头；⑥〈气〉风袋；⑦〈解〉视锥(细胞)

~ adventivo[parasitario] 侧火山锥

~ circular 圆锥

~ complementario （伞齿轮的）基锥

~ de cierre （高炉）炉盖，钟盖(高炉)

~ de cola 尾锥，尾部整流罩

~ de combate 实战弹头

~ de ejercicio 教练弹头

~ de entrada 钟形[入口]套管

~ de extinción 〈讯〉静锥区

~ de la hélice （机头）整流罩，机头罩

~ de sombra 〈天〉影锥

~ de velocidades 变速锥；锥[级，宝塔]轮

~ de viento 风(向)袋

~ Morse 莫尔斯锥度，莫氏锥度

~ oblicuo 斜锥(体)

~ recto 正锥(体)

~ Sur [C-]南锥地区

~ trasero 尾锥，尾部整流罩

~ truncado 截锥，截锥体

~ volcánico 火山锥

ángulo de ~s （圆）锥角

formación de ~s 形[做]成圆锥形；锥面形成

freno de ~ 锥形制动器，锥形闸

tallar en ~ 斜[尖，锥楔]削

tronco de ~ 截头锥体，平截头圆锥体

cono-ancla m. 浮[海]锚，风向指示袋，锥形风标，锥袋

conocimiento m. ①知识；学识[问]；②认识(范围)；③常识，(由实际生活经验得来的)判断力；④〈商贸〉提单，凭证；⑤(装船货物的)舱单

~ de embarque 提单；提货单

~ de embarque aéreo/marítimo 空/海运提单

~ de embarque directo 联运提单，全程提单

~ de exportación/importación 出/进口提单

~ defectuoso[sucio] 不洁提单

~ endosado 背书提单

~ limpio 清洁提单

~ sensorial/racional 感/理性认识

~s administrativos 管理知识

~s básicos 基础知识

~s técnicos 技术知识，技术专长

conoidal; conoideo,-dea adj. 圆锥形[体]的，似圆锥形[体]的

conoide m. ①（圆）锥形；圆锥体，圆锥形物；②〈数〉劈锥曲面

conoscopio m. ①锥光镜；②〈理〉锥光偏振仪

conquiliolina f. 〈生化〉贝壳硬蛋白

conquiliología f. 〈动〉贝壳学，贝类学

consanguíneo,-nea adj. ①同宗的，血亲[缘]的；②同源的

casamiento ~ 近亲结婚

consecuencia f. 〈逻〉推论，推断

consecuente m. ①〈数〉后项；②〈逻〉后件；推断

conserva f. ①罐头（制作，食品）；果酱，蜜饯；②Chil. 罐头工业；罐头厂；③〈海〉护航，护卫[运]

~s alimenticias 食品罐头

~s cárnicas 肉类罐头

~s de frutas 水果罐头

~s vegetales 蔬菜罐头

conservación f. ①保存[持]；保[储]藏；②(对自然资源的)保护；③森林保护区，资源保护区；④〈理〉守恒，不灭；⑤〈建〉维修[护]；保养，养护

~ de la energía 能量守恒

~ de la naturaleza 〈环〉〈医〉自然保护

~ de masa 质量守恒

~ de momentun 动量守恒

~ de recursos 资源保护

~ de vía 道路养护

~ de (los) suelos 土壤保持；土壤保护

~ refrigerada 冷藏

gastos de ~ 维修[保养]费用

instinto de ~ 〈生〉自卫本能

ley de ~ 守恒定律

conservacionismo m. (拥护)自然保护的主张[态度]；(大自然的)保护主义

conservacionista m.f. (尤指对自然资源)提倡保护的人；(大自然)保护主义者

conservador,-ra *adj.* ①有保存能力的;②防腐性的;有利于保藏的‖*m.* 保[储]存器;保护物‖*m. f.* ①(博物馆、展览馆等的)馆长,主任;②(文物等的)管理人[员]

conservante *m.* (食品)防腐剂;保护剂

conservativo,-va *adj.* ①〈理〉有保存能力的;②防腐性的;③有利于保藏的;④〈医〉保守治疗的;⑤保守的
  cirugía ～a 〈医〉保守外科
  elemento ～ 〈化〉保守元素
  operación ～a 〈医〉保守(性)手术
  propiedad ～a 〈理〉守恒性质
  sistema ～ 〈理〉守恒系
  tratamiento ～ 〈医〉保守疗法

conservatorio,-ria *adj.* 有保护性的;有防腐性的;有保存能力的‖*m.* ①(常指欧洲大陆的)音乐学校[院];艺术学校;②*Cono S.* 私立学校;③*Amér. L.* 温室,暖房

conservería *adj.* 罐头食品业;罐头食品制造工艺

conservero,-ra *adj.* 罐头食品(业)的
  industria ～a 罐头食品制造业

consigna *f.* ①命[口,指]令;指示;②(火车站、旅馆等的)行李寄存处
  ～ de vuelo 飞行指令

consignación *f.* ①〈商贸〉托卖,寄售;托付物;寄售的货物;②(预算中的)拨款;(款项的)拨出[给];③*Méx.*〈法〉还押,押候

consignador,-ra *m. f.* ①〈商贸〉委托人;寄售[存]货物的货主;发货人;②寄售人;寄件人

consignatario,-ria *m. f.* ①〈商贸〉受托人;受托公司,承销人[公司];代销人;②〈商贸〉收货[件]人;③〈船〉〈海〉(船舶、船务)代理人;④〈法〉托管财产管理人;⑤收信人
  ～ de buque 装船代理人
  ～ marítimo 海运代理人

consistencia *f.* ①坚硬[固]性;②黏稠(性);黏稠度;③(数据等的)准[精]确(性)
  ～ de los datos 数据准[精]确

consistómetro *m.* 稠度计[仪]

consola *f.* ①〈建〉(墙上伸出的)托[支,悬,角撑]架,悬臂,落地支架;②靠墙小桌[几],螺形托架小桌;③〈信〉控制[操纵]台;④〈乐〉风琴操作件(如键盘、音栓、踏瓣等)
  ～ de escuadra 角撑[托]架,角(铁)托,角形托座
  ～ del sistema 系统控制台
  ～ en escuadra(～ mural) 墙上托架

consolidación *f.* ①加[牢,巩,凝,捣]固,加强,强[固]化;②压[捣,振,紧,坚]实;③固结(性,作用);④〈经〉(基金、债务等的)转换[期](如短期转为长期,流动转为固定);

⑤联合,合并;统一;⑥〈医〉实变
  ～ bancaria 银行合并
  ～ de deuda 债务转期(由短期转为长期)
  ～ de deudas 债务转换,合并债务
  ～ horizontal/vertical 横/纵向合并
  signo de ～ 〈医〉实变体征

consonancia *f.* ①(声音等的)和谐,协调[和],调和;②〈乐〉谐[和]音,协和音程

consonante *adj.* ①(声音等)和谐的,协调的;②〈乐〉谐[和]音的;协和音程的‖*m.* 〈乐〉谐[和]音

consorcio *m.* ①(国际性的)财团,联营[合]企业;②联合,合伙;③〈法〉配偶的相关权益(指夫妻有相伴、相爱、相助、性交等权利和义务)
  ～ bancario 银行财[集]团
  ～ comercial 商业集团
  ～ financiero 金融财团
  ～ integrado 一体化集团

consorte *m. f.* ①配偶;② *pl.*〈法〉共犯;同案人

conspiración *f.* 〈法〉共谋

constantán *m.* 〈冶〉康铜

constante *adj.* ①〈理〉(速度、温度、压力等)恒量的;②〈数〉恒质的;③恒定的‖*f.* ①〈数〉常数;②〈理〉恒[常]量;常[系]数;③主导因素;④见 ～s vitales
  ～ de atenuación de imagen 〈理〉影象衰减常数
  ～ de Avogadro 〈理〉阿伏伽德罗数(1克分子重的物质中包含的分子数)
  ～ de disociación 〈化〉离解常数
  ～ de Faraday 〈电〉法拉第常数
  ～ de Hubble 〈天〉哈勃常数(指星系的退行速度随距离而增加的比率)
  ～ de ionización 〈化〉电离常数
  ～ de Michaelis 〈生化〉米氏常数,米歇利斯常数
  ～ de Planck 〈理〉普朗克常数;普朗克恒量
  ～ de propagación (电磁学)传播常数
  ～ de radiación 辐射系数
  ～ de Rydberg 〈理〉里德伯常数(指描述原子光谱波数公式中的一个原子常数)
  ～ de tiempo 〈电子〉时间常数
  ～ de transferencia de imagen 影象转移常数
  ～ del dieléctrico(～ dieléctrica) 介电常数[恒量];(电)介质常数;电容率
  ～ del galvanómetro 检流计常数
  ～ ebulloscópica 〈化〉沸点(测定)常数
  ～ elástica 弹性常数
  ～ fundamental (万有)引力常数
  ～ lógica 逻辑常数

~ solar 〈天〉太阳常数

~s concentradas 集总常数

~s vitales 〈医〉生命特征(尤指脉搏、呼吸、体温、血压等)

dólar ~ 定值美元

nivel ~ 恒定水准[平];恒定油面,等高面

relación ~ 恒比

temperatura ~ 恒温

constelación f. 〈天〉星座;星座区域

~ zodiacal 黄道(星)座

constelado,-da adj. 〈气〉布满星星的;星罗棋布的

constipación f. 〈医〉①便秘;②伤风,感冒

constipado,-da adj. 〈医〉便秘的 ‖ m. f. 便秘者 ‖ m. 伤风,感冒

constitución f. ①(事物的)构造[成];②成[部]分;③〈生理〉体质[格];素质;④设[成]立;组成;⑤[C-]宪法;章程,法规

~ atmosférica 大气构成;大气成分

~ de existencias 库存结构

~ química 化学成分[结构]

constitucional adj. ①〈生理〉体[素]质上的;影响体[素]质的;②法规的;宪法的;宪法[章程,法规]所规定的,有宪法权利的

constituyente m. ①组成(部分),组[成,构]分;②要素

~ activo 活性组分,有效成分

constricción f. ①收缩;缩窄;(颈)缩;②〈医〉缩窄;压迫;③(在数据、信息等方面的)约束,限制;④〈生〉溢痕

~ de integridad (对数据的)完整性约束

constrictivo,-va adj. (引起)收缩的,(引起)缩窄的

venda ~a 收缩性绷带

constrictor,-ra adj. 收缩的 ‖ m. ①〈医〉缩窄器;②〈解〉缩肌;③缩器[物],压缩杆;收敛段

boa ~a 蟒蛇

músculo ~ 〈解〉缩肌

constringente adj. 引起收缩的;收缩[收敛]性的

construcción f. ①建设[造];构筑;②结构,构造;③建造术,构筑术;工程[事];④建筑[造]物;建筑(工)业;⑤〈数〉作图;图形

~ completamente metálica 全部金属结构

~ básica 基本建设

~ de acero 钢结构,钢构造

~ de bóvedas 拱[圆]顶建筑物,穹隆建筑

~ de buques(~ naval) 造船(业);造船学[术]

~ de piedras 砖石建筑;砌石工程

~ de viviendas 建造住宅

~ estandardizada 标准结构;标准化建筑

~ geométrica 〈测〉几何图形式建筑

~ pesada[sólida] 整体[积体,厚块]结构

~ sobre tierra 上部结构,上层[加强]结构

~ soldada 焊接结构,焊接构件

papel de ~ 防潮纸,油毛毡

trabajo de ~ 建筑工程

construccional adj. ①建设[造,筑]的;②结构(性)的;结构(上)的;③建筑物的;④〈地〉堆积的

constructivismo m. ①构成主义(现代西方艺术流派之一);②(以骨架结构代替现实主义布景的)构成派舞美艺术

constructivista adj. ①构成主义的;构成主义式的;信奉构成主义的;②构成派舞美艺术的 ‖ m. f. 构成派造型艺术家

constructivo,-va adj. ①建设性的;②(促进)建设的;③与建造业务有关的;结构(上)的;④〈法〉推定的

constructo m. ①建造物,构成物;②结构成分;结构体

constructor,-ra adj. 建造[设,筑]的 ‖ m. f. ①建造者;建筑工人;营造商[业主];②建设[立]者 ‖ ~a f. 见 empresa ~a

~ comercial 建筑商

~ de buques(~ naval) ①造船工人;船舶设计师;②造船公司

empresa ~a 建筑公司

consubstancialidad f. ①同质[体];②固[特]有性

consuelda f. 〈植〉聚合草

consulta f. ①询问,质询;咨询;请[求]教;②〈医〉会诊;③公民复决(制度);公民复决(直接)投票;公民复决(直接)投票权;④pl. 商议[讨],(磋商)会议;⑤〈信〉(向信息系统)查问,查阅;⑥参考[阅];⑦〈法〉复审

~ a distancia 远程咨询

~ popular 公民复决(直接)投票

~ tributaria 税务咨询

libro de ~ 参考书

consultación f. ①咨询;征求意见;②磋商;③(磋商)会议;④〈医〉会诊

consultor,-ra m. f. 顾问;参谋 ‖ m. 见 ~ de ortografía ‖ ~a f. 顾问服务公司

~ de inversión 投资顾问

~ de ortografía 〈信〉拼写检查程序

~ en finanzas 财务顾问

~ jurídico 法律顾问

~ técnico 技术顾问

consultoría f. ①咨询单位[机构];②咨询工作[活动]

consultorio m. ①(医院的)外科医生实验室;诊所;②(律师)事务所;办公室;③(报刊等

的)答读者问专栏;咨询栏;④(电台答听众提问的)来电直播节目;咨询节目

~ sentimental 感情问题咨询栏

consumación *f.* 〈法〉①犯罪行,犯错;②履行

consumerismo *m.* ①保护消费者运动(20 世纪 60 年代始于美国);②(主张以消费刺激经济的)消费主义

consumerista *adj.* ①保护消费者运动的;②消费主义的;③消费者的 ‖ *m. f.* ①保护消费者运动的活动家;②消费主义者

consumible *adj.* 可消耗的;能消耗尽的

activo ~ 消耗性资产

bienes ~s 生活资料;消耗品

consumición *f.* ①消耗;耗尽;②消费;③消费量

~ mínima (饭店等的)①最低消费;②服务费

consumidor,-ra *adj.* ①消耗的;②消费的;③消费者的 ‖ *m. f.* ①消费者;顾客,用户;②消耗者;使用者;③〈生〉〈生态〉消费者,取食者(指生态系生物链上摄食现存有机物质或其他有机体有机物质的营养组群)

~ de alto/bajo ingreso 高/低收入消费者

~ de drogas 吸毒者

~ final 最终消费者

~ primario/secundario (生态食物链中的)食草/食肉动物

consumo *m.* ①消耗[费],耗费;②消耗[费]量;③(城市)食品消费税

~ de capital 资本消耗

~ de combustible 燃料消耗(量),耗油量

~ de energía 动力[能量,电能]消耗

~ de fuerza 能量[力量]消耗

~ de material 物质消耗

~ exterior/interior 国内/外消费

~ improductivo 非生产性消费

~ per cápita 按人口平均消费(量),人均消费

~ privado 个人[家庭]消费

~ productivo 生产性消费

~ público 公共[政府](部门)消费

en horas de menor ~ 非高峰荷[值]时间

fecha de ~ preferente (食品等的)最佳使用期,保质期

sociedad de ~ 消费社会

contabilidad *f.* ①会计;会计学;②会计制度;③簿记,登录账目

~ administrativa(~ de gestión) 管理会计

~ analítica 分析会计(学)

~ comercial 商业簿记

~ creativa 创造性会计(指伪造账目)

~ de costos 成本会计

~ de depreciación 折旧会计

~ de empresa 公司会计;企业簿记

~ de inflación 通货膨胀会计

~ de presupuestos 预算会计

~ electrónica 电子簿记

~ financiera 财务会计

~ por computadora 计算机会计

~ por partida doble/sencilla 复/单式簿记

contabilizadora *f.* 会计[算术]计算机;加法机

contable *adj.* ①可计数[算]的,可数的;②〈数〉可数的;③会计的;簿记的 ‖ *m. f.* ①会计,会计师;②簿记[出纳]员,计账人

~ de costes[costos] 成本会计师

~ encargado 主管会计师

~ general 总会计师

~ jefe 会计主任,总会计师

~ público 公共会计师

~ público con licencia 注册公共会计师,注册会计师

análisis ~ 会计分析

contacto *m.* ①接触;联系;交往;②〈电〉接触[点,头];触点;接触器;断续器;③(汽车)点[发]火;④〈摄〉接触印相(照片);⑤〈数〉相切,切[接]触;⑥相会,会合;⑦〈理〉(电路的)连接;⑧*Méx.* 插头[塞,座]

~ de carbón 碳触点

~ de reposo 静合接点,开路接点

~ de temblador(~ tembleque) 〈无〉断续器[装置]

~ de tierra perfecto 接地触点,固定[完全]接地,直通地

~ de trabajo 工作触点

~ doble 双断开触点

~ eléctrico 电气触点

~ en punto muerto 空[断开,开路]接点,空[闲]接点

~ falso 无[假]触点

~ húmedo 湿触点

~ por mercurio 汞触点,水银连接

~ seco 干接触;干触点,干式接触

~ sexual 性交

~s del ruptor(~s platinados) 〈电〉断流[闭]点

lentes de ~ 隐形眼镜

contactología *f.* 隐形眼镜制造术

contactor *m.* 〈电〉接触器,触点;电路闭合器,(电路)开关

~ magnético 磁接触器;(电)磁开关

contador,-ra *adj.* 计算[数]的;计量的 ‖ *m. f. Amér. L.* ①会计,会计师;簿记[出纳]

员；②*Amér. L.*〈法〉破产管理人；③计数
[算]员‖*m.* ①〈技〉仪，(量)表；计数[量]
器；②〈海〉〈航空〉(轮船、班机等的)事务长
‖ ～a *f.* 计数机

～ autorizado 注册(公共)会计师

～ binario 二进制计数器

～ de agua 水量计，水表

～ de aire 空气流量[速]表[计]，气流[量
气]计，气流表

～ de aparcamiento 汽车停放计时器，汽车
停放收费计

～ de cantidad 安(培小)时计

～ de centelleos 闪烁计数器

～ de cristal 晶体计数器

～ de electricidad 电度表

～ de energía(～ de vatios-hora) 能量计；
瓦特计，火[电度]表

～ de gas 气量计；(煤)气表，煤气计

～ de impulsos 脉冲计数器

～ de lectura directa 直读仪表，直读计

～ de llamadas al final del múltiple 末位
呼叫计数器

～ de revoluciones 转数器[表]

～ de sobrecarga 全忙计数器，溢呼表，溢
呼次数计

～ de taxi 出租汽车计价器，出租汽车收费
计

～ de tiempo 计时器

～ de tráfico ①交通流量计；②话务量计

～ de vueltas 转数器[表]

～ electrónico 电子计数器

～ en anillo 环形计数器

～ en jefe 会计主任；总会计师

～ Geiger 盖革计数管[器]

～ Geiger-Müller 盖革-弥勒计数管[器]

～ giroscópico 陀螺回转指示器

～ horario 小时计，计时器

～ junior 会计[簿记]助理

～ mayor 会计主任；总会计师

～ kilométrico 里程[路程]表，里程计；测
距器

～ motor 电动机型仪表，电动机型积算表，
电动式电动表

～ para corrientes trifásicas 三相电度表

～ polifásico 多相电度表

～ público 公共会计师，会计师

～ semisenior[subencargado] 中级会计
师

～ totalizador 积分计算仪

～a de dinero 点钞机

～a de monedas 硬币点数器

espectrómetro ～ 计数能谱计

tubo ～ 〈电子〉计数管

contaduría *f.* ①会计；会计学；②会计工作
[职位]；簿记；核算；③会计室；会计事务所；
④*And.* 当铺，典当业；⑤〈戏〉票房；售票处

～ administrativa 管理会计

～ de costos 成本核算；成本会计

contagio *m.* ①感[传]染；②〈医〉(直接或间
接)接触传染；感[传]染；③〈医〉传染病

～ financiero 金融传染(指一国发生的金融
危机传染或影响其他国家)

contagioso,-sa *adj.* ①〈医〉接触传染的；
(接)触(传)染性的；②(病人，伤口等)受感
染的；③传染的，传染性的

enfermedad ～a 触染病，接触传染病

contáiner *m.*；**container** *m. ingl.* ①容器
(如盒、箱、罐等)；②容量；③集装箱

～ frigorífico 冷藏集装箱

～ universal 通用集装箱

buque ～ 集装箱货轮

contaminable *adj.* ①被污染的；被玷污的；
②*Méx.* 可能被污染的

contaminación *f.* ①污染；沾污；②污[沾]染
物，致污物；杂质；③(书本、数据、文件等的)
出错

～ acústica 噪声污染

～ ambiente 环境污染

～ atmosférica(～ del aire) 空气污染；大
气污染

～ biológica 生物污染

～ del agua 水污染

～ del mar 海洋污染

～ fotoquímica 光化学污染

～ industrial 工业污染

～ radioactiva 放射性污染

contaminador,-ra *adj.* 污染(环境)的‖*m.*
污染源

contaminante *adj.* ①造成污染的；②污染
(环境)的‖*m.* ①污染性物质，有害物质；
②污染物；污染源

industria ～ 污染环境的工业

contaminativo,-va *adj.* ①致[玷]污的，弄脏
的；②*Méx.* 污染的

conteinerización *f. Chil.* 集装箱化

conteinerizar *tr. Chil.* 用集装箱载运(货
物)；使(船舶、装卸)集装箱化；给(货运航
线)配备集装箱船；用集装箱装(货物)

contención *f.* ①〈军〉牵制；②控[克，限，抑]
制；约束；③遏制；竞争，争夺；④〈法〉诉讼；
起诉

muro de ～ 〈建〉挡土墙

contenedor,-ra *adj.* ①包括[含、藏]的，含
[装]有…的；②阻[制]止的，③抑[控，克]
制的‖*m.* ①容器(如盒、箱、罐等)；②容
量；③集装箱；④〈海〉集装箱船

~ de basura ①垃圾箱；②垃圾倒卸车

~ de escombros（建筑工地等处用于装石块、旧砖瓦的)倒卸车,料车

~ de vidrio 旧瓶[回收]罐车

~ seguro 安全集装箱

contenerización f. 集装箱化

contenerizar tr. 用集装箱载运(货物)；使(船舶,装卸)集装箱化；给(货运航线)配备集装箱船；用集装箱装(货物)

contenido m. ①(文章、计划、方案等的)内容；②容量[积,度]；③含…量

~ de buque 船舶载重量

~ de información（平均)信息量

~ de información estructural 结构信息量

~ de oro 含金量

~ en agua 含水量,湿度

industria del ~ 内容产业

contenta f. ①〈商贸〉背书；②〈军〉品行优良证书；③Amér. L.〈教〉优等学业证书；④〈法〉(对债务等的)正式确认；公证(状)

contco m. ①计[点,数]数；②计算；③Amér. L. 重新计算；④Méx.〈体〉记分

~ automático 自动计数

~ cíclico 循环计数

contestación f. ①回答；答复；②见 ~ a la demanda；③抗议,反对

~ a la demanda〈法〉(表明对于被指控的罪名服或不服的)申诉,答辩;辩护

movimiento de ~ 抗议运动

contestado,-da adj.〈法〉双方有争议的

contestador m. 见 ~ automático

~ automático（电话)答录机

contextura f. ①组成,构造；结构；结构特征；②〈解〉体格[态,形]

contigüidad f. ①接[邻]近；②(时间或顺序上的)紧接

contil m. C. Rica 煤,炭

continencia f. ①节[克,自]制；②节制性欲；节[禁]欲；③自制力

continental adj. ①大陆的；(大)洲的；②大陆性的；似大陆的

clima ~ 大陆性气候

plataforma ~ 大陆架

continetalidad f.〈地〉大陆状态,大陆性质

continente m. ①大陆,陆地；②(地球上的)洲；③容器(如盒、箱、罐等)

contingencia f. ①偶然性,可能性；意外；②偶然事件；不测事件

contingentación f. ①配[限]额制；②规定配[限]额

contingente adj. ①偶然发生的,意外的；②可能(发生)的,不一定的；③〈法〉〈逻〉偶然的；④意外的；或有的 ‖ m. ①偶然[意外]事件；②〈商贸〉〈分〉配额；限[定]额；③〈军〉分遣(部,舰)队,小分队

~ de exportación/importación 出/进口限额

~ de mercancías 商品配[限]额

~ de suministro 供货配[限]额

activo ~ 或有资产

renta ~ 或有年金

continuación f. ①继续(不断)；(停顿后的)再开始；延续；②续[补]编；继续[附加]部分；③〈信〉后续信件

continuado m. Cono S. 连续播放电影的电影院

continuidad f. ①继[连,持]续(性)；②衔接；(完整的)一系列；③(停顿后)再开始,继续；④〈电影〉(各场景的)串联；(电视节目的)节目串联；⑤〈数〉(线等的)连续性；连续函数的特征

continuo,-nua adj. ①(在空间上)不断延伸的,连绵的；②(在时间或顺序上)连续不断的,接连的；③〈理〉永恒的,恒量[向]的；④〈电〉直流的 ‖ m. ①〈理〉谱的连续部分；②整[统一]体

auditoría ~a 连续审计

corriente ~a 主流电

grado ~ 连续坡度

línea ~a 实[全]线

producció ~a 连续性生产

servicio ~ 连续服务[工作],持续运行

variable ~a 连续变量[数]

continuismo m. Amér. L. 无限制连任制；职务终身制

contorno m. ①外形；轮廓；②〈地〉轮廓线；周线；③〈信〉(计算机硬件所占的)台面；④树干围

contorsionista m. f. 柔体杂技演员

contra prep.〈商贸〉以…抵付,以…为交换对象[条件]，根据… ‖ m. ①不利(地位,条件)；②〈乐〉风琴踏板 ‖ f. ①〈体〉反击[攻]；②Amér. L.〈药〉解毒药[剂]

~ documento 凭单

~ entrega 货到付款

~ firma 凭签署

~ goteo 防漏

~ mojadura 防潮

~ recibo 凭收据

~ reembolso 交货时付款

~ todo riesgo 保全险

contra-apoyo m.〈建〉①拉[撑,联]条,支撑[柱],撑杆[臂]；②加强肋,肋材

contra-remachado m. 毛口[头,刺,翅,边],芒[突,飞]刺

contra-rotativo,-va adj. 反转的,反向转动

的

contraacción *f*. 对抗[抵消]作用

contraacoplamiento *m*. 〈电〉负回授

contraacusación *f*. 〈法〉反控告,反诉

contraalisios *m. pl*. 〈气〉反信风(带)

contraanálisis *m*. (针对前次化验的)反[再]
化验

contraaproches *m. pl*. 〈军〉(防守方筑在永
久性防御工事外的)反接近防御工事

contraataguía *f*. 〈建〉副围堰

contraataque *m*. 反攻[击]

contraatracción *f*. ①对抗性引力;反引力;
②反吸引[诱惑]物

contrabajete *m*. 〈乐〉倍低音部

contrabajista *m. f*. 〈乐〉低音提琴手;低音吉
他手

contrabajo *m*. ①〈乐〉低音提琴;②倍低音
‖ *m. f*. 低音提琴手

contrabajón *m*. 〈乐〉倍低音管

contrabajonista *m. f*. 〈乐〉倍低音管手

contrabalanza *f*. ①平[抗,均]衡(力);②抵
消(力);③〈机〉平衡块,砝码

contrabando *m*. ①走私,非法买卖;②走私
货,违禁品
~ de alcohol 贩私酒
~ de armas 枪械走私
~ de drogas 毒品走私
~ de guerra 战时禁运[违禁]品

contrabita *f*. 〈海〉系缆柱(底座)

contrabloqueo *m*. 反封锁

contrabranque *m*. 〈船〉船头护(船)木

contracambio *m*. 交换(票据)

contracampo *m*. 反镜头

contracanal *m*. 支渠

contracargo *m*. ①〈军〉反攻;②〈法〉反诉;③
〈商贸〉决算后各种费用

contracarril *m*. (铁路)护[副]轨;护栏

contracarro *adj. inv*. 〈军〉反坦克的

contracción *f*. ①(断面,横向)收缩,缩小
[短];②〈解〉收[挛]缩;〈医〉(子宫)收缩;
③〈经〉紧[萎]缩;收缩(期);④收缩作用;
收缩物
~ del crédito 信贷紧缩
~ del mercado 市场萎缩
enmangado por ~ 热装[套],烧嵌

contracepción; contraconcepción *f*. 避孕;
节(制生)育
~ oral 口服避孕

contraceptivo,-va; contraconceptivo,-va *adj*.
①避孕的;节育的;②有避孕作用的 ‖ *m*.
〈药〉避孕药;避孕器
~ oral 口服避孕药
supositorio ~ 避孕栓

contrachabeta *f*. ①扁栓[柱],夹[镶]条;凹
字楔;②拉紧销

contrachapado,-da *adj*. 〈技〉分[成]层的,
层压的;胶合的 ‖ *m*. ①〈建〉胶合板;层压
(木)板,夹[压粘]板;②胶合
~ de tres espesores 三合板,三夹[层]板
madera ~a 胶合板
sierra de ~ 胶合板锯

contracifra *f*. 密码本

contraclavija *f*. 护裂楔

contracoloración *f*. 对抗染色

contracompra *f*. 〈经〉〈商贸〉回购;反向购买

contracorriente *f*. ①逆[迎面]流;反向流
动;交叉水流(流向与主流交叉或相反的水
流);②〈电〉逆[反向]电流

contracrédito *m*. 〈商贸〉反信用;对开信用证

contractable *adj*. 可以收缩的

contráctil *adj*. ①〈生〉〈生理〉有收缩性[力]
的;可收缩的;②造成收缩的

contractilidad *f*. (可)收缩性;(可)收缩力

contractivo,-va *adj*. ①有收缩力的,可收缩
的;②造成收缩的

contractual *adj*. 合同(性)的,契约(性)的
precio ~ 合同价格
relación ~ 合同关系

contractura *f*. 〈医〉①(肌)挛缩;②挛缩变形

contracubierta *f*. 〈印〉封底背面

contracultura *f*. 反正统文化(指 20 世纪 60-
70 年代美国青年中形成的一种文化群落)

contracurva *f*. 〈交〉(公路上邻近一个弯道
的)反向弯道

contradenuncia *f*. 〈法〉反诉,反指控

contradeslizadera *f*. ①后(挡)板,护[反插]
板;②底[背面,信号]板

contradestello,-lla *adj*. 防闪(烁)的

contradictorio *m*. 〈逻〉矛盾命题

contradique *m*. 副堤;外堤

contraeje *m*. 〈机〉副轴

contraejemplo *m*. 反例证

contraelectromotriz *adj*. 〈电〉反[逆]电动势
的
fuerza ~ 反[逆]电动势

contraempuje *m*. 反刺[冲];反击

contraespeculación *f*. 反投机

contraespionaje *m*. (以间谍对间谍的)反间
谍活动

contraestimulación *f*. 〈医〉抗兴奋疗法

contraestimulante *adj*. 〈药〉〈医〉抗兴奋的
‖ *m*. 〈药〉抗兴奋剂,镇静剂

contraetiqueta *f*. 第二标签(印在背面的标
签)

contraexplosión *f*. 逆[回]火;防爆(作用)

contrafoso *m*. ①〈军〉外壕;②〈戏〉第二乐池

contrafuego *m.* ①迎火(指为控制森林火势蔓延而燃放的火);灭[断]火;②防火墙,火隔

contrafuero *m.* 〈法〉违法

contrafuerte *m.* ①〈地〉山嘴,尖坡;②〈建〉(后)扶垛[壁];拉[撑]墙;③〈军〉副堡,简易外围工事

contragiro *m.* 〈商贸〉逆转汇票;新汇票;重新托收汇票

contragolpe *m.* ①反[回]击;报复性打击;②〈体〉反攻[击];③〈医〉对侧反射

contraguardia *f.* 〈军〉防御壁垒,堡[垒]障

contrahigiénico,-ca *adj.* (河水)完全污染的,污染的;不卫生的

contraído,-da *adj.* 皱[收]缩的;缩小[短]的

contraimagen *f.* ①〈理〉〈印〉镜像;②映[镜]像;翻版

contraincendios *adj.inv.* 火警(报警)的aparato ～ 火警报警器;火警钟

contraindicación *f.* 〈医〉禁忌;禁忌征象

contraindicante *adj.* 〈医〉有禁忌征兆的

contrainformación *f.* 假情报,假消息

contrainteligencia *f.* ①反情报情报;②反情报情报组织

contrairritación *f.* 〈医〉对抗刺激(作用)

contrairritante *adj.* 〈药〉对抗刺激剂的;起对抗刺激作用的 ‖ *m.* ①对抗刺激剂;②对抗刺激物

contralateral *adj.* 〈解〉对侧的reflejo ～ 对侧反射

contralor *m.* ①〈军〉财务官;②*Amér.L.* 审计员[官];查账[检查]员

contralta *f.* 〈乐〉女低音歌手

contralto,-ta *adj.* 〈乐〉①女低音的;②女低音歌手的;③女低音角色的;④男声中音部角色的 ‖ *m.* 男声中音部角色;男声最高音歌手

contraluz *f.* ①逆光(线);背光;②〈摄〉逆光照片

contramaniobra *f.* 〈军〉反演习

contramanivela *f.* 〈机〉回行曲柄

contramarca *f.* ①(金银制品上的)副记号;②(打在货包、牲口上的)副标记

contramarcha *f.* ①向后转行进;〈军〉反方向行进;②(示威者等的)对抗性示威[行进];③〈机〉(车辆)后[倒]退,回动;回动[后倒]齿轮

contramarea *f.* 逆潮

contramedida *f.* 反措施,对策;对抗手段

contramina *f.* ①〈军〉反水雷水雷;②〈军〉反[对抗]地道(用于对付敌方所挖地道);③对抗策略

contramuelle *m.* 〈机〉副弹簧

contramuestra *f.* 〈商贸〉对等货样,回样

contramuralla *f.* ;**contramuro** *m.* (城墙)副壁

contranatural *adj.* 违反自然(规律)的

contraobra *f.* 〈军〉①对抗;对抗行动;②对抗工事;对垒

contraofensiva *f.* 〈军〉反攻[击]

contraoferta *f.* 〈商贸〉还价,还盘～ firme 还实价[盘]

contraorden *f.* ①撤销;取消(已发出的命令);②〈商贸〉取消订单[货]

contrapar *m.* 〈建〉椽子

contraparte *f.Amér.L.* 反对方,反方

contrapartida *f.* ①〈商贸〉补偿;②抵[对]销账户

contrapedal *m.* 〈机〉飞轮,自由轮离合器freno de ～ 倒轮刹车,脚刹车;倒轮制动

contrapaso *m.* 〈乐〉二部

contrapeso *m.* ①平衡重,平衡锤,配重;②〈技〉配[衡]重体;平衡锤,砝码;③抵消力,平[抗]衡力;④(杂技演员等用的)平衡杆

contrapicado *m.* 俯瞰图

contraplaca *f.* 后支索,后拉索[杆,缆];后支[撑]条,背撑

contraplacado *m.* 〈建〉胶合板

contraplano *m.* 〈电影〉反镜头

contraportada *f.* 〈印〉①环衬;封底;②(刊物的)最后一页

contrapresión *f.* 反压力,反压(力),背压(力)válvula de ～ 反压[背压,止回]阀

contraproducente ;**contraproductivo,-va** *adj.* 产生相反结[效]果的

contraprogramación *f.* (各电视台为争夺观众而进行的)竞争性节目安排

contrapropuesta *f.* 反建议,反提案

contraproyecto *m.* 反计划,反方案

contraprueba *f.* 〈印〉二校

contrapuerta *f.* ①(防雨、雪及冷风等用的)外重门;二道门;②(碉堡的)内门

contrapunta *f.* 〈机〉机头座;顶[尾,定心]座(车床)尾[后]顶尖soporte de la ～ 定位杆,固定中心架

contrapuntal *adj.* 〈乐〉①对位的,按对位规则的;②复调音乐的

contrapunteo *m.* 〈乐〉对位声部;对位法;复调

contrapuntista *m.f.* 〈乐〉(擅长)对位法(的)作曲家

contrapuntístico,-ca *adj.* 〈乐〉①对位的,按对位法规则的;②复调音乐的

contrapunto *m.* ①〈电影〉对位;②〈乐〉对位声部;对位法;对位形式;复调

~ de sonido y escena〈电影〉声画对位

contrapunzón *m.*〈机〉冲孔机垫块

contrarreacción *f.* ①逆反应;②负[反向]反馈

contrarreclamación *f.*〈商贸〉反索赔;反诉[控告]

contrarregistro *m.* 复查

contrarreloj *f.*〈体〉(赛车、滑雪等分阶段竞赛的)计时赛(项目)

contrarrelojista *m. f.*〈体〉(参加赛车、滑雪等分阶段竞赛的)计时赛运动员

contrarroda *f.* ①〈防护〉挡板;护床[桥,坦,墙];②〈船〉船头护木,龙骨艏肘材

contrasalida *f.*〈军〉反突围

contrasello *m.* 副印

contraseña *f.* ①附加[识别]记号;②(应答)信[暗]号;〈军〉回令;③〈军〉〈信〉口令;密码;④见 ~ de salida
~ de salida〈戏〉(戏剧演出中间退场后返回用的)返场券,中途外出票
~ de un solo uso〈军〉一次性口令[密码]
~ original〈信〉原口令
~ para llave 止动监听按钮,监听电键

contrastado,-da *adj.* 检验[定]过的

contraste *m.* ①对比[照];②(对比之下显出的)悬殊差别;比差(程度);③(电视图像的)反差;〈画〉〈摄〉并置对比;④(金银制品纯度的)印记,检验[定]标记;⑤检验[定];(金银成色、度量衡)检定[验]员,检定[验]局;⑥见 medio de ~
coloración de ~ 对比染色法
colorante de ~ 对比染剂
medio de ~〈医〉造影剂

contrasugestión *f.*〈心〉反[抗]暗示

contrasurco *m.*〈农〉回犁,闭垄

contrata *f.* 合同[约];契约;承包合同[契约]
~ de cooperación 合作承包(合同)
~ de fletamento 租船合同
~ de gruesa 押船借款契约
~ general 总承包合同

contratación *f.* ①(签订)契约,(签署)合同;②雇用,聘请;③承包
~ de mano de obra(~ laboral)招工
~ de obra 工程承包;签订工程承包合同
~ de personal 招雇人员
~ de seguros 承保,签订保险合同
~ de servicio 服务贸易,劳务交易

contratante *m. f.* ①〈商贸〉订[立]约人;缔约人;〈法〉订[立]约方;②承包人[商];承包方

contratenor *m.*〈乐〉①男声最高音(部);②男声最高音歌手

contraterrorismo *m.* 反击恐怖主义;反恐活动

contraterrorista *adj.* 反恐怖的;反恐活动的;反暴力的 ‖ *m. f.* 反恐主义者;反恐怖[暴力]的人

contratiempo *m.*〈乐〉切分音(法)
a ~〈乐〉弱拍

contratiro *m. Amér. L.*〈矿〉副[辅助]井

contratista *m. f.* ①〈商贸〉订[立]约人;缔约人;②承包人[商]
~ a destajo 计件承包人
~ constructor(~ de construcción)建筑承包商,承造人
~ de obras 建造者;工程承包商,承造人
~ general 总承包人[商]

contrato *m.* 合同[约];契约;承包合同[契约]
~ a la gruesa 押船借款契约
~ a precio fijo 不变[确定]价格合同
~ a precio global(~ a suma alzada)总价承包契约
~ a riesgo marítimo 船舶[船货]抵押契约
~ a término 远期合同;期货契约
~ basura 不切实际的合同
~ bilateral 双边合同
~ de agencia 代理合同
~ de almacenaje 仓储合同
~ de alquiler(房子)租约[契];(汽车)租赁合同
~ de arrendamiento(房子)租约[契]
~ de cesión 转让合同
~ de compraventa 购销[买卖]合同
~ de empleo 雇佣合同[契约]
~ de entrega[suministro]交[供]货合同
~ de fletamento[flete]租船合同
~ de garantía 担保契约,保证合同
~ de locación 租赁合同,租约
~ de mantenimiento ①维修[保养]合同;②劳[服]务合同
~ de participación 参股合同
~ de precio más tanto fijo 成本加固定费用合同
~ de reclutamiento 招工合同[契约]
~ de sociedad 合伙契约
~ de servicio 雇用[服务,劳务]合同
~ en beneficio de terceros 第三者受益人合同
~ en firme 不可撤销合同
~ escrito/verbal 书面/口头合同
~ global 一揽子合同
~ llave en mano "交钥匙"合同,统包式合同
~ por meses-hombre 人工月合同

~ tipo 标准合同

contratorpedero *m*. 〈军〉驱逐舰[艇]

contratracción *f*. 〈医〉对抗牵引

contratuerca *f*. 〈机〉防松[制动,安全,保险,锁紧]螺母[帽]

contravalor *m*. 〈商贸〉对应价值;等值

contravapor *m*. 反向蒸汽;逆气

contravariante *f*. 〈数〉逆[反]变(式,量),抗变(式,量)

contraveneno *m*. 〈药〉解毒药[剂]

contraventana *f*. 〈建〉①百叶窗;百叶帘;②活动遮板

contravía *f*. 〈交〉〈铁路〉复线

contravidriera *f*. 〈建〉(防风暴或御寒的)外重窗

contraviento *m*. 〈建〉(房梁、屋架等的)撑柱

contravisita *f*. 〈医〉复诊

contribución *f*. ①贡[捐]献;贡[捐]献物;捐助(物);②税,捐税
~ directo/indirecto 直/间接税
~ inmobiliaria 不动产税
~ municipal ①(地方政府征收的)市政税;②地方税
~ patronal 公司捐献;雇主捐献
~ sobre salarios 工薪税
~ territorial 土地税
~ territorial urbana ①(地方政府征收的)市政税;②城市土地[不动产]税
~es caritativas 慈善性捐款

contribuyente *adj*. ① 纳税的;② 捐助的 ‖ *m.f*. ①纳税人;②捐助人[者]
~ evasor 偷[逃]税人
~ exento 免税者;免税单位
~ moroso 拖欠税款者

control *m*. ①控制(能力);支配(能力);管理(能力);②(经济活动等的)管理(措施),统治(办法);③〈法〉检查[验];监督;④〈商贸〉查账,审计;审核;⑤ 见 ~ de carretera;⑥〈教〉测验,考察;⑦〈医〉化[检]验;检查;⑧〈机〉〈技〉控制器[装置,机构];调节(器,装置,机构)
~ a distancia(~ del remoto) 遥控
~ antidopaje ①〈医〉药物检查;②〈体〉(对运动员进行的)药检
~ armamentista 军备控制
~ automático 自动控制
~ automático de ganancia instantánea 瞬时自动增益控制
~ automático de luminosidad 自动亮度控制
~ automático de nivel sonoro(~ automático de volumen) 自动音量控制
~ centralizado 集中式控制,中央控制

~ contable 会计管理[控制,监督]
~ de alcoholemia 酒精浓度试验
~ de calidad 质量控制;质量管理
~ de cambio[divisas] 外汇管制
~ de carretera 路障,关卡
~ de cero 零位调整;调零装置,置零控制装置
~ de cobros 收款(跟踪)控制
~ de contraste 对比度调节
~ de costos 成本控制[管理]
~ de crédito 信贷控制;信用管理
~ de entrada-salida 输入输出控制
~ de existencia[inventarios] 库存管理;存货控制
~ de flujo 流量调节;流量调控
~ de ganancia 增益控制
~ de gastos 费用控制
~ de gases 扼流控制
~ de gestión 经营管理
~ de la circulación(~ del tráfico) 交通管制
~ de la demanda 需求管理
~ de la liquidez ①流动性控制;②流动资金管理
~ de la natalidad 节育,避孕
~ de la velocidad 速度控制;速度控制[调节]器
~ de las exportaciones/importaciones 出/进口管制
~ de mercadotecnia 市场营销管理
~ de nivel 液面[级位,位面]控制,水平调整,水平面调节
~ de paridad 均等核对;奇偶检验
~ de población 人口控制
~ de precio 物价管理;价格管制
~ de proceso 〈工艺〉流程控制
~ de programa(~ programado) 〈信〉程序控制
~ de proyectos 项目控制[管理]
~ de red 网络管理[控制]
~ de retroalimentación 反馈控制
~ de tirada 发行量审核
~ de tonalidad 音量调节(器)
~ de trabajos 〈信〉作业控制
~ de variables 变量控制[检验]
~ de versiones 〈信〉版本控制,版本管理
~ de volumen ①容[体]积控制;②声量控制,音量调控;③音量调控旋钮[装置]
~ del enlace de datos 数据自动传输控制
~ del mercado 市场管理[制]
~ del peso 核实重量
~ del surtido 限定品种搭配
~ electrónico 电子控制

~ en[por] lote 分批控制

~ estático 静态控制

~ fotoeléctrico 光电控制

~ manual〈信〉人工控制

~ neumático 气动控制[调节]

~ nuclear 核检查

~ numérico 数字控制，数控

~ presupuestario 预算控制

~ visual 肉眼[直观]检查

aparato de ~ 控制[监测]器

aparatos semejantes de ~ único 共轴[同轴,联动]控制器，同轴调节器

controlabilidad *f.* ①可控制[操纵,调(节),监督]性,可控性;②控制能力

controlable *adj.* 可控(制)[调节,操纵,管理]的

controlado,-da *adj.* ①受控(制)的;受管制的;受制的;②受操纵的

controlador *m.* ①〈机〉〈信〉控制器;操纵器[杆,装置];②〈机〉调节器[仪表,装置] ‖ *m. f.* ①管理者[员],控制者;管制员;②检验[查]员;审计员;③〈航空〉空中交通管制员;飞机调度员;④*Amér. L.*（火车站的）检[收,查]票员

~ aéreo 空中交通管制员

~ automático 自动调节[控制]器

~ de caché〈信〉(超)高速缓存控制器

~ de cláster〈信〉终端控制器

~ de cuenta 计数控制器

~ de estacionamiento 计时停车处管理员

~ de frecuencia 频率控制器

~ de gas 气体调节器

~ de muestreo 样品[抽样]控制器

~ de nivel de líquido 液面调节器,液面控制器

~ de tambor 鼓形控制器

~ de velocidad 调速器

contusión *f.*〈医〉挫伤;青肿

conurbación *f.*（连带卫星城镇和市郊的）大都市,集合城市

conv. *abr.* convertibe 见 convertible

convalecencia *f.* ①〈医〉恢[康]复(期);②疗[休]养;休养所

convalecente *adj.*〈医〉①恢[康]复(期)的;②疗[调]养的;复原期病人的

convalesciente *adj.*〈医〉①恢[康]复(期)的;②疗[调]养的;复原期病人的 ‖ *m. f.*〈医〉恢[康]复期病人

convalidación *f.* ①批准,（尤指对学分或学业的）确认;②（尤指量具等准确程度的）确定,测定;③〈信〉正确[可靠]性检测

convección *f.*〈化〉〈理〉〈气〉对流;②传送[导,递]

~ forzada〈化〉强制对流

~ natural〈化〉自然对流

calentamiento por ~ 对流加热

convectivo,-va *adj.* ①〈气〉对流(性)的;对流引起的;②有传导力的;传递(性)的

movimiento ~ 对流运动

nube ~a 对流云

región ~a 对流区(域)

convector *m.*〈机〉〈技〉对流(放热)器;热空气循环对流加热器,对流机

convenio *m.* 协议[定];契[合]约

~ colectivo（劳资双方就工资、工时、工作条件等达成的）集体协议[定];集体合同

~ de adquisición 购买协议

~ de arrendamiento 租赁合约

~ de prorrateo fijo 固定(比例)分摊协议

~ de reciprocidad 互惠协定

~ de trueque 易货协定

~ del balance general 资产负债平衡协议

~ laboral 劳资协议

~ salarial 工资协议

~ sobre franquicia（关税、邮资等的）免税规定

convergencia *f.* ①会合[聚](点,倾向);②〈理〉〈数〉收敛(性,点,角);③〈生理〉(视轴的)会聚(度,性),集合;④〈生〉〈生态〉(不同组群的)趋同,聚[群]集;⑤(异族文化的)趋同;(不同政治制度国家间的)趋同共存;⑥〈气〉辐合(度);⑦会合[聚]处

convergente *adj.* ①会合[聚]的;②〈理〉〈数〉收敛的;③〈生〉〈生态〉趋同的;由趋同引起的;④〈心〉(思维)辐[聚]合的,求同的

estrabismo ~〈医〉会聚性斜视

haz ~ 集光束

lente ~ 会聚透镜

conversión *f.* ① 转变[化];转换;(用途的)改变,变化;方向转换;②折合;〈数〉换算(法);约化;③〈逻〉换位(法);④〈经〉(证券、货币等的)兑换;⑤〈军〉(阵线、队列的)变换

~ a escala 按比例兑换

~ a la par 平价兑换

~ de analógica a digital〈电子〉模拟数字转换

~ de digital a analógica〈电子〉数模转换

~ de datos 数据转换

~ de deuda 债务转换

~ de ficheros〈信〉文件转换

~ química 化学转化

tabla de ~ 换算表

conversor *m.* ①〈电〉整[变]流器;逆变器;②（电视机、收音机等的）变频器[管];③〈信〉转换器;转换程序;④整流管;换[变]流机;

⑤转化器;⑥密码(翻译)机[器]
~ analógico digital 模拟数字转换器
heptodo ~ 五栅[七极]管变频管
convertasa *f.* 〈生医〉转化酶
convertibilidad *f.* ①可转变[换]性;可变换性;②可兑换性;(货币的)兑换权
~ ilimitada/limitada 无/有限兑换性
~ libre 自由兑换性
convertible *adj.* ①可转化的,可改变用途的;②可转换形式[性质]的;③(证券、货币等)可(自由)兑换的;④可逆的;⑤(汽车、游艇等)有折篷的 ‖ *m. Amér. L.* 折篷汽车
acción ~ 可兑换股票
dinero ~ 可兑换货币
convertidor *m.* ①〈电〉整流器;(电视机、收音机等)变频器[管];②转化器;〈信〉转换器;③〈冶〉转炉,吹(风)炉
~ ácido/básico 酸/碱性转炉
~ analógico-digital 〈电子〉模拟数字转换器
~ ascendente 〈电子〉(向)上变频器,升频器;(向)上变换器
~ Bessemer 酸性转炉;贝塞麦转炉
~ catalítico (汽车、烟囱等排气净化用的)催化转化器
~ con soplado lateral 侧吹炉
~ de analógica a digital 〈电子〉模拟数字转换器
~ de digital a analógica 〈电子〉数模转换器
~ de frecuencia 变频器
~ de imagen (光电)图像变换管;图像转换器
~ descendente 〈电子〉(向)下变频器,降频器;(向)下变换器
~ Thomas 碱性[托马氏]转炉
convertina *f.* 〈生化〉〈医〉转化[变]素
convertiplano *m.* 〈航空〉推力向转向式飞机
convexidad *f.* ①凸;②凸面体;凸形物;③凸状[形];④凸(出高)度;向上弯曲度
convexo,-xa *adj.* ①凸的;②凸面的;似凸面的;③凸状[形]的;④〈数〉(部分)连续凸函数的;凸点集的;构成凸集的
espejo ~ 凸面镜
lente ~a 凸透镜
convicción *f.* 〈法〉定[判]罪
convicto,-ta *adj.* 〈法〉被判定有罪的 ‖ *m. f. Amér. L.* (服刑中的)囚犯;已[既]决犯
convoluto,-ta *adj.* ①盘绕的,回旋的;②〈生〉卷曲的
convolvuláceo,-cea *adj.* 〈植〉旋花科(植物)的 ‖ *f.* ①旋花科植物(如旋花、牵牛花

等);②*pl.* 旋花科
convólvulo *m.* 〈植〉旋花
convoy *m.* ①护送[运,卫,航];②〈海〉〈军〉护航[卫]舰队;护运船[车]队;③(给养、物质等)运输队;④〈交〉列车
convulsión *f.* ①〈医〉惊厥,抽搐;②〈地〉(尤指地震前后的)颤动,小震;抖动
convulsivo,-va *adj.* 〈医〉惊厥的;患[产生]惊厥的;抽搐的
tratamiento ~ 抽搐疗法
conyugal *adj.* 婚姻的;夫妻关系上的;夫妻之间的
vida ~ 婚姻生活
cónyuge *m. f.* ①配偶;丈夫,妻子;②*pl.* 夫妇,夫妻
~ dependiente 受抚养的配偶
propiedad de los ~s 夫妻共同所有;夫妻共有财产
conyuntor *m.* 〈电〉接电[闭路]器,开关(电路),通路器
coña; coñac(*pl.* coñacs) *m.* (尤指法国产)白兰地(酒)
coolí; coolie *m.* 苦力
cooperación *f.* ①合[协]作;配合;②〈生态〉(两个物种间的)互助
~ económica 经济合作
~ internacional 国际合作
~ interregional 区域[地区]内合作
~ técnico-científica 科技合作
~ técnica internacional 国际技术合作
cooperante *adj.* 合作的,一同工作的 ‖ *m. f.* 志愿工作者;海外志愿工作者
cooperatividad *f.* 〈生化〉协同[调](性)
cooperativización *f.* 合作化
~ en la agricultura 农业合作化
cooperativo,-va *adj.* 合[协]作(性)的
banco ~ 合作银行
espíritu ~ 协作精神
servicio médico ~ 合作医疗
coordenadas *f. pl.* ①〈数〉坐标;②〈地〉坐标值
~ cartesianas 笛卡儿坐标,直角坐标
~ celestes 天球坐标
~ cilíndricas 柱面坐标
~ en el espacio 空间坐标
~ esféricas 球面坐标
~ geográficas 地理坐标
~ ortogonales 正交坐标
~ polares 极坐标
~ rectangulares 角坐标
eje de ~ 坐标轴
coordenado,-da *adj.* 〈数〉坐标的
coordinación *f.* ①整理,调整;②协调[同];

③〈生理〉(肌肉等的)共济;协调;④〈化〉配位(作用)

centro de ～ 〈化〉配位中心

compuestos de ～ 配位化合物

coordinado,-da *adj.* ①协调的;②〈生理〉各组肌肉共济的;③〈军〉联合的;由多方面协调完成的

coordinador *m.* 〈解〉协调器,共济器

coordinatógrafo *m.* 坐标制图[读数]器;坐标仪

coordinatómetro *m.* 坐标尺

copa *f.* ①玻璃杯;甜食杯;酒[高脚]杯;②一杯(饮料等);杯(量词);③〈体〉奖[优胜]杯;④科帕(液量单位);⑤(汽车的)毂盖;树冠;⑥[C-]〈天〉巨爵座

～ de Europa [C-]〈体〉欧洲杯(足球赛)

～ del Mundo [C-]〈体〉世界杯(足球赛)

～ graduada (尤指有刻度的)量杯

～ Libertadores *Amér. L.* [C-]〈体〉解放者杯(足球赛)

copaiba *f.* ①〈植〉苦配巴树;②苦配巴香脂(用于药剂、油漆、香料等)

copal *m. Amér. C. , Méx.* (制清漆用)珂珀树脂

coparticipación *f.* ①共同参与;分享;②合股

conpartícipe *adj.* ①共同参与的;共同分享的;②合股的 ‖ *m. f.* ①共同参与者;分享者;②合股人;合伙人;③〈体〉参赛同伴

copela *f.* 〈冶〉①烤钵,灰皿,灰吹盘;②灰吹[提银]炉

copelación *f.* 〈冶〉灰吹法,烤钵冶金(法),烤钵[灰皿]试金法

copépodo,-da *adj.* 〈动〉桡足亚纲的 ‖ *m.* ①桡足(亚纲)动物;②*pl.* 桡足亚纲

copernicano,-na *adj.* 哥白尼(Copérnico)的;哥白尼学说[体系]的

sistema ～ 哥白尼体系

teoría ～a 哥白尼学说

copia *f.* ①抄件,副本;(临)摹本;复制品;②模仿;仿造物;翻版;④拷贝;正片;⑤肖[画]像

～ al carbón 副[复写]本

～ al ferroprusiato (～ azul[cianográfica]) 蓝图

～ autentificada[legalizada] 合法有效复印件

～ carbónico *Cono S.* 副[复写]本

～ de archivo 存[归]档副本

～ de factura 发票副本

～ de respaldo[seguridad] ①备用副本;②〈信〉备份

～ de salvaguardia 〈信〉备份

～ en limpio 誉清本,清稿

～ fotostática 复[影]印件,直接影印件

～ impresa 〈信〉硬拷贝,复印文件

～ informatizada 〈信〉软拷贝(通常指储存在计算机中的文件)

～ maestra[matriz] 标准本,原本

～ oculta (隐去原收信人姓名后送给收信人看的)无信头复写副本

～ recordatoria 备忘副本[抄件]

copiador,-ra *adj.* ①复制的;复[抄]写的;临摹的;②仿形的 ‖ *m.* (分类保存信件或信件副本的)书信(备查)册;副本册 ‖ **～a** *f.* 〈机〉①翻拍机,印相机,摄影复制机;②复印机;静电复印机;③仿形器

cabezal ～ 仿形头

torno ～ de fresa 仿形铣床

copiante *m. f.* ①抄[摹,缮]写者;誉抄者;②抄袭者;模仿者;仿制者

copiar *tr.* ①复制;(照相)复印;抄[誉]写;临摹;②模仿,仿效;③抄袭;④听记[写];⑤〈画〉写生 ‖ *intr.* 〈教〉(考试中)作弊

～ por las dos caras (正反)两面复印

～ y pegar 〈信〉复制粘贴(法)

máquina de ～(torno de fresa de ～) 仿形铣床

copihue *m.* 〈植〉智利喇叭花

copión *m. f.* ①(无创造性的)模仿者,仿效者;②〈教〉(考试中)作弊者[学生] ‖ *m.* 〈电影〉工作片

copista *m. f.* ①抄[摹,缮]写者;誉抄者;②抄袭者;模仿者;仿制者

coplanario,-ria *adj.* 〈数〉共面的

copo *m.* ①(薄、小、鳞,雪,石,絮)片;(毛,棉,麻)束[缕];絮团(状物);②雪花(状物);③〈军〉截断(退路);④*Amér. L.* 树冠;④*Cono S.* 积云

～ de nieve 雪花,雪片

～ de algodón 棉球

copolimerización *f.* 〈化〉共聚(反应)作用,共聚合(作用)

copolimérico,-ca *adj.* 〈化〉共聚的

copolímero *m.* 〈生化〉共聚物

coposesión *f.* 共有

coprecipitación *f.* 〈化〉共(同)沉淀;共沉淀脱除

coproanticuerpo *m.* 〈生〉〈生化〉(肠道内的)粪抗体

coprocesador *m.* 〈信〉协处理器;协同处理器

copródeo *m.* (鸟类和爬虫的)(排)粪道

coproducción *f.* ①合作生产;②〈电影〉合拍(影片);③合作演出(戏剧)

coproducir *tr.* 〈电影〉合拍,联合摄制

coproducto *m.* 副产品

coproductor,-ra *adj.* 〈电影〉合拍的，联合摄制的

coprofagia *f.* 〈动〉〈生态〉(甲虫等)食粪习性

coprófago,-ga *adj.* 〈动〉〈生态〉(甲虫等)食粪的

coprofilia *f.* 〈心〉嗜粪癖[症]

coprofílico,-ca *adj.* ①嗜粪癖的；②〈植〉在粪堆上生长的，粪生的

coprófilo,-la *adj.* ①喜[嗜]粪的；②〈植〉粪生的

coprofita *f.* 〈植〉粪生植物

coprofito,-ta *adj.* 〈植〉粪生的(植物)
planta ～a 粪生植物

coprolalia *f.* 〈心〉〈医〉秽亵言语癖

coprolito *m.* 〈地〉粪化石

copropiedad *f.* 共有(权)，共同所有(权)；共有物

copropietario,-ria *adj.* 共有的‖ *m.* 共同所有者[人]，共有者

coprosterol *m.* 〈生化〉粪甾醇

coprotagonista *m.f.* 〈电影〉共同(担任)主角

coprozoico,-ca *adj.* 〈昆〉〈生态〉(昆虫等)粪内寄生的；食粪的

cópula *f.* 〈生〉交配；交媾
～ carnal 交媾；性交

copulación *f.* 〈生〉交配[媾]；(配子的)配合

copulador,-ra;copulativo,-va *adj.* ①〈生〉交媾的；②〈动〉(用于)交配的；③(用于)连接的

copyleft *m.ingl.* 〈知〉版权(允许使用者在特定条件下免费使用、修改、传播的版权安排)

copyright *m.ingl.* 〈知〉版权；著作权

coque *m.* 焦；焦炭[煤]
～ de alto horno 高炉焦炭
～ de fábrica de gas 煤气焦炭
～ de fundición 铸造焦炭，冲天炉焦(岩)
～ de petróleo 石油焦炭(一种炭化的固体材料)
～ en galletas 小块焦炭，焦丁
～ menudo 碎焦，焦屑[末]
alto horno de ～ 炼焦高炉
menudo de ～ 碎焦，焦屑

coquefacción *f.* 炼焦，焦化

coqueluche *f.* 〈医〉百日咳

coquería *f.* 〈工〉焦化厂，炼焦厂

coquero,-ra *adj.* ①有可卡因瘾的(人)；②种[出售]古柯碱的(人)‖ *m.f.* 可卡因瘾君子

coquificable *adj.* 具有焦性的，可炼焦的
carbón ～ (炼)焦煤

coquificación *f.* ①焦化，炼焦；②积[结]炭，结焦

horno de ～ 焦化[炼焦]炉
poder de ～ 成焦率

coquificar *tr.* 炼[结]焦，使成焦炭；焦化

coquilla *f.* 〈冶〉激冷(层)；硬[锭]模，金属冷铸模
colada en ～ 激冷铁，冷淬铁
colar en ～ 冷铸[淬，激]
pieza moldeada en ～ bajo presión 压力铸件

coquina *f.* 〈动〉斧蛤

coquito *m.* 〈植〉智利棕

coquización *f.* 焦化，炼焦；积[结]炭，结焦
índice de ～ 焦化指数，结焦指数

coquizador,-ra *adj.* 〈工〉炼焦炭的‖ *m.* 炼焦器，焦化装置
obrero ～ 炼焦工人

coquizar *tr.* 〈工〉焦化；炼[制]成焦炭

cor *m.* 〈解〉心；心脏
～ bovinum 牛心；巨心

coraciforme *adj.* 〈鸟〉佛法僧目鸟类的‖ *m.pl.* 佛法僧目(鸟)

coracoide *adj.* 〈解〉喙突状的‖ *m.* 喙突

coracoiditis *f.* 〈医〉喙突炎

coral *m.* 〈动〉珊瑚；(尤指石珊瑚类的)珊瑚虫‖ *f.* 〈动〉珊瑚眼镜蛇(一种美洲小毒蛇，身上有珊瑚红、黑、黄三色相间的环纹)
～ blanco 白珊瑚
～ rojo 红珊瑚
arrecife de ～ 珊瑚礁
isla de ～ 珊瑚岛

coralario,-ria *adj.* 〈动〉珊瑚虫纲的‖ *m.pl.* 珊瑚虫纲

coralífero,-ra *adj.* 珊瑚的

coraliforme *adj.* 珊瑚状的

coralígeno,-na *adj.* 产珊瑚的

coralillo *m.* 〈植〉珊瑚藤(一种观赏性植物)；

coralina *f.* ①〈动〉珊瑚虫；珊瑚虫状动物；②〈植〉珊瑚藻科植物，红藻

coralino,-na *adj.* ①珊瑚的；由珊瑚组成的；②珊瑚状的；珊瑚色的；③珊瑚藻的；由珊瑚藻组成的；珊瑚藻状的
arrecife ～ 珊瑚礁
isla ～a 珊瑚岛

coralita *f.* ①珊瑚化石；②珊瑚单体

corambre *f.* ①〈集〉(兽)皮；大皮，毛皮；②皮革

corana *f.* *And.*,*Cono S.* 〈农〉镰刀

coraza *f.* ①〈军〉胸[护]甲，上半身铠甲；保护物；②(船舰的)装甲板；③〈动〉护身甲壳，胸甲状物；④(汽车)散热盖

corazón *m.* ①〈解〉心，心脏；②(果)核；心形物；③漫谈类杂志；④(城市、地区等的)中

心,中央部分
~ artificial 人工心脏
~ branquial〈动〉鳃心
~ atlético 运动员心
~ tiocular 三腔心
choque del ~ 心脏休克
corbeta f.〈海〉〈军〉小[轻]型护卫舰;驱潜快艇
corbícula f.〈动〉蚬
corca f. ①〈昆〉木蛀虫,木蠹;②木蛀虫害,木蠹虫害
corchea f.〈乐〉八分音符
corchero,-ra adj. 软木(业,制)的
industria ~a 软木工业
corcheta f.〈缝〉(衣服上用作钮扣的)扣眼;领襻
corchete m. ①〈缝〉(衣服上用作钮扣的)钩和环;钩眼扣,钩状扣;领扣[钩];②(门上的)钩扣铰链;③pl.〈印〉方括号;④〈印〉移行上[下]行
~s agudos 尖角括号
cordado,-da adj. ①(可拉长)成丝的;②像绳子的;③〈动〉脊索动物门的‖m.〈动〉①脊索动物;②pl. 脊索动物门
lava ~a 绳状熔岩
cordaje m. ①绳[缆]索;钢(丝)绳;②〈海〉索具,张帆;③〈乐〉弦;④(球拍的)弦绳
cordal m. ①〈地〉狭长的山;②〈解〉智齿,第三磨牙;③〈乐〉(提琴的系)弦板
muela ~ 智齿,第三磨牙
cordata adj.〈动〉〈植〉心形的
cordectomía f.〈医〉声带切除术;索带切除术
cordel m. ①(细,软)绳;(软,粗,心,导火,挠性)线;②〈解〉索,带
~ endizado〈建〉(房屋建筑时的)划(白)线
cordelería f. ①绳[缆]索;钢(丝)绳;②(船)〈海〉索具,张帆;③制绳(技艺);④绳索工场[作坊];⑤绳索店
cordelero,-ra adj. 绳的;绳索的‖m.f. ①制绳者;②卖绳者;绳商
industria ~a 绳索工业
cordero,-ra m.f.〈动〉羊羔;小羊;小羚羊;‖m. ①(绵羊)羔皮,小绵羊皮;②羔羊肉
corderuna f. ①(绵羊)羔皮,小绵羊皮;②小绵羊革
cordería f. 绳[缆]索;钢绳
corderuna f. ①(绵羊)羔皮,小绵羊皮;②小绵羊革
cordial adj.〈药〉使精力充沛的;强心的‖m. ①有兴奋作用的食物[饮料];②强心剂;强壮药[剂],补药[剂]
cordierita f.〈矿〉堇青石

cordiforme adj. 心形的
hojas ~s 心形叶
cordillera f.〈地〉山脉;山系
~ avolcanada 火山(山)脉
cordita f. 无烟(绳状,硝化甘油)火药,柯达硝棉[甘油,石油脂]炸药,柯达无烟药
corditis f.inv.〈医〉①声带炎;②精索炎
cordón m. ①(软,细)绳;(鞋)带;带子;(绳,线,索的)股;②〈电〉塞绳;电[导]线;(多股)花[皮]线;③〈海〉缆索;④〈军〉(作为装饰或官阶标志的)穗带;镶边;(军服上的)肩带;⑤〈解〉索,带;带[索]状组织;⑥线;防[警戒]线;⑦〈建〉层拱,束带层;带状饰;⑧Cono S.(人行道等的)路缘;⑨And.,Cari.,Cono S. 见 ~ de cerros
~ de cerros〈地〉山脉[峦]
~ de clavija 塞绳
~ de estopado 绕线,盘绳
~ de soldadura 焊道[缝]
~ de tiendas 连锁[联号]商店
~ detonante Cono S. 导火索[线]
~ flexible 花线,软线(束),塞绳
~ sanitario (传染病流行地区的)防疫线;防疫封锁线
~ umbilical 脐带
~ verde ①(城郊)绿化带;②(柔道初级选手的)绿腰带
cordonazo m. Cub.,Chil.,Méx. 科尔多纳索风(10月初刮的风)
cordoncillo m. ①(织物的)凸起条[罗]纹;凸条花样;②(衣物等的)滚边;镶边;③(徽章、硬币周缘的)饰[凸花]边;④〈建〉饰带,带状饰,边缘(修饰)
cordopexia f.〈医〉声带固定术
cordotomía f.〈医〉①脊髓前侧柱切断术;②脊髓索切开术
cordotonal adj. (昆虫等)弦音的
cordura f.〈医〉精神健全;精神正常
corea f.〈医〉舞蹈病
~ de Huntington 杭廷顿舞蹈病,遗传性慢性舞蹈病
coremio m.〈植〉(真菌的)孢梗束
coremorfosis f.〈医〉人造瞳孔术
coreografía f. ①编舞术(指舞蹈动作的编排设计);舞蹈编排;②舞蹈艺术;③(舞台演出或电影中的)舞蹈
coreoplastia f.〈医〉瞳孔成形术,造瞳术
corgi m.〈动〉威尔士矮脚狗
coriáceo,-cea adj.〈植〉马桑科的‖f. ①马桑科植物;②pl. 马桑科
coricancha f. Per. 太阳庙(Templo de Sol)
corindón m. ①〈矿〉刚玉[石];②金刚砂(磨料)

corintio,-tia *adj.* ①科林斯的;科林斯人的;科林斯文化的;②〈建〉科林斯式的;③科林斯式艺术风格的
orden ～ 科林斯式柱型

corioadenoma *m.* 〈医〉绒(毛)膜腺瘤

corioblastosis *f.* 〈医〉成绒(毛)膜细胞增殖

coriocarcinoma *m.* 〈医〉绒(毛)膜癌

coriogénesis *f.* 〈医〉绒(毛)膜发生

corioma *m.* 〈医〉①绒(毛)膜瘤;②绒(毛)膜癌

corión *m.* ①〈解〉绒(毛)膜;②〈动〉卵壳;浆膜

corioplacental *adj.* 〈医〉绒(毛)膜胎盘的

coriorretinitis *f. inv.* 〈医〉脉络膜视网膜炎

coripétalo,-la *adj.* 〈植〉离瓣的

corista *m. f.* 〈乐〉合唱队队员 ‖ *f.* (歌舞喜剧等中的)歌舞队女演员

corium *m.* 〈解〉真皮;(半翅目昆虫的)革皮

coriza *f.* 〈医〉鼻伤风,鼻卡他
～ alérgica 过敏性鼻卡他
～ bacteriana 细菌性鼻卡他

cormofita *f.* 〈植〉茎叶植物

cormorán *m.* 〈鸟〉鸬鹚

cornáceo,-cea *adj.* 〈植〉山茱萸科的 ‖ *f.* ①山茱萸科植物;②*pl.* 山茱萸科

cornalina *f.* 〈地〉〈矿〉光[肉红]玉髓

cornamusa *f.* ①〈乐〉风笛;②〈乐〉猎号;③猎人用号

córnea *f.* 〈解〉角膜

corneal *adj.* 〈解〉〈医〉角膜的
lupa ～ 角膜放大镜

corneja *f.* 〈鸟〉乌鸦;鸦
～ calva 秃鼻乌鸦
～ negra ①(欧洲产)小嘴乌鸦;②(美国南部产)黑兀鹫

cornejo *m.* 〈植〉欧亚茱萸,欧洲红瑞木

córneo,-nea *adj.* ①角的;角制的;②角质[状]的;似角的
capa ～a 角质层

córner(*pl.* córners) *m.* ①〈体〉角球,踢角球;②*Amér. L.* (拳击场的)场角

cornerina *f.* 〈地〉〈矿〉光[肉红]玉髓

corneta *f.* ①号,军号;号角[笛];喇叭;②〈乐〉短号;③燕尾旗;④*Cari.* (汽车)警[汽]笛,警报[吼鸣]器 ‖ *m. f.* ①(短号)号手;号兵,司号员;②燕尾旗手
～ acústica 助听器
～ de llaves (风琴的)音栓
～ de monte 猎号

cornete *m.* 〈解〉鼻甲骨

cornetín,-ina *m. f.* 〈乐〉短号手 ‖ *m.* ①小[短]号;②军号
～ de órdenes 号兵;司号员

cornezuelo *m.* 〈植〉①麦角(麦角菌的麦核);麦角菌;②(黑麦等的)麦角病

cornículos *m. pl.* (蚜虫的)腹管,蜜管

cornificación *f.* 角化,角质化

cornisa *f.* ①〈建〉飞[挑]檐,檐口;(上)楣;檐[楣]板;②雪檐(指冻结在悬崖边缘的冰雪块);③岩石飞檐

cornisamento;cornisamiento *m.* 〈建〉古典柱式顶部(包括挑檐、雕带、过梁三部分);柱上楣构

corno *m.* 〈乐〉(乐器中的)号;铜管乐器
～ de caza 猎号
～ inglés 英国管,中音双簧管

cornstone *m. ingl.* 〈地〉玉米灰岩

cornucopia *f.* (绘画、雕塑等中的)丰饶角饰

cornudo,-da *adj.* 〈动〉有角的;角状的

cornúpeta *m.* 〈动〉(供斗牛用的)公牛

cornúpeto *m.* 〈动〉公牛

coro *m.* 〈建〉(尤指教堂内的)高坛

corografía *f.* ①地方图编制术;地志编写术;②(某地区的)地图;方志;③地形[势]

coroideo,-dea *adj.* ①〈解〉脉络膜的;②似绒(毛)膜的;膜状[质]的

coroides *m.* 〈解〉脉络膜

corojo *m.* 〈植〉(南美产的)象牙椰子

corola *f.* 〈植〉花冠

coroláceo,-cea *adj.* 〈植〉花冠的;有花冠的

corolario *m.* ①必然结果;②〈数〉系(定理),推论

corología *f.* ①地理因果关系学;②〈生态〉生物地理学,生物分布学

corona *f.* ①冠(顶);②〈解〉齿冠;〈医〉假齿冠;③〈机〉(汽车等的)冕形齿轮;差速器侧伞齿轮;④(自行车的)链轮;⑤(钟表类转柄的)柄头;开发营用的钥匙;⑥〈天〉(日)冕,冕(星系);光晕;⑦〈气〉(通过冰晶云所看到的环绕日、月等的)晕;⑧〈建〉拱顶;檐板;⑨〈植〉副(花)冠;⑩见 ～ circular
～ circular 〈数〉圆环域
～ colectora de aceite 集油环
～ de espinas 〈植〉铁海棠;虎刺,麒麟花
～ de flores 花环[冠]
～ de refuerzo 加强环
～ de retén 限动环
～ de rodillos (轴承的)滚柱保持架;轧滚机座
～ dentada 冠[冕状,盆形]齿轮
～ dentada cónica 冕状(齿)轮
～ solar 日冕
circunferencia de la ～ (齿轮的)齿顶圆(直径)
descarga en ～ 电晕放电
efecto de ～ 电晕放电效应

pérdida por efecto de ～ 电晕损失

coronación *f.* ①加冕；②〈建〉拱顶；顶饰；③（国际象棋）兵变后

coronamento *m.* 〈建〉顶饰

coronamiento *m.* ①完[告]成，结束；②〈建〉拱顶；顶饰；压[封,冠,盖]顶；③〈海〉船尾樯杆

coronario,-ria *adj.* ①冠的；〈植〉花冠（状）的；②〈解〉〈医〉冠（状）的 ‖ *f. Chil.*〈解〉冠状动脉

arteria/vena ～a 冠状动/静脉

cemento ～ 冠状牙骨质

esclerosis ～a 冠状动脉硬化

flor ～a 花冠状花朵

oclusión ～a 冠状动脉闭塞

coronavirus *m. inv.* 〈生〉冠状病毒，日冕性病毒

coronal *adj.* 〈解〉冠状缝的；头顶的

coronio *m.* 〈天〉冕（一种假设的元素）

coronógrafo *m.* 〈天〉日冕（观察）仪

corozo *m. Amér. M.* 〈植〉象牙椰子

corporación *f.* ①法人；法人团体；社团；协会；②公司；企业；③机构

～ afiliada[asociada] 联营公司

～ civil 民间社团

～ de médicos 医生协会

corporal *adj.* ①（人的）肉[身]体的；②〈动〉躯干的；③个人的

castigo ～ 体罚

ejercicio ～ 体操

higiene ～ 个人卫生

salud ～ 身体健康

corporativismo *m.* ①社团主义；组合主义；②团体精神

corporeidad *f.* 物质性；有形体性，形体存在

corpóreo,-rea *adj.* ①物质的；有形体的；②肉[身]体的

corpuscular *adj.* ①〈理〉微粒(子)的；微粒(子)组成的；②〈解〉细胞的；小体的

corpúsculo *m.* ①〈理〉微粒(子)；②〈解〉细胞；血球；小体

～ negativo 负粒子，电子

～ positivo 正粒子，质子

corral *m.* ①庭院，院子；（有围栏的）场地；②农家场院；③〈农〉晒谷场；粮仓旁的场地；④捕兽围栏；（喂养家畜的）圈；畜[牲口]栏；⑤家禽饲养场；鱼梁（指拦截游鱼的枝条篱）

～ de abasto *Cono S.* 屠宰场

～ de carbonera 储煤场

～ de madera 储木场

～ de vencida 经济公寓

correa *f.* ①皮[腰]带；②〈机〉(布,钢,衬圈,传动,金属,子弹)带；皮[输送]带；(带,皮)条；③（皮革、绳子等的）伸展[缩]性；④（系狗等的）链条；(系牛、马等牲口的)拴绳[链]；⑤〈建〉脊檩

～ abierta[recta] 开口皮带

～ articulada 链带

～ cruzada 交叉皮带，合带

～ de eslabones 链带

～ de goma 胶[橡皮]带

～ de seguridad 安全带

～ de tela 帆布带

～ de transmisión 传动带

～ de transporte(～ transportadora) 传[运,输]送带

～ de ventilador (汽车水箱散热风扇用的)风扇皮带

～ en V(～ trapezoidal) V形[三角]皮带

～ horizontal 水平运输带

～ para la marcha atrás 倒车皮带

～ semicruzada 半交叉皮带

～ sin fin 循环带，环形带

～s de tela 帆布带,(运输机)传送带

disparador[embrague] de ～ 移带器

grapa de ～ 皮[引]带扣

junta de ～ 皮带接头

correaje *m.* ①(一副)皮带；②〈农〉马[挽]具

correal *m.* 鹿皮

correcaminos *m. inv.* 〈鸟〉(中北美洲的)走鹃

corrección *f.* ①改[纠,矫,校,更,补,订]正；勘误；②校准；③指[斥,叱]责

～ de galeradas[pruebas] 〈印〉(校样的)校对

～ de impulsos 脉冲校正

～ de sincronismo 同步校正

～ del polígono 图形平差

～ disciplinaria 纪律处分

～ fraternal 私下责备[批评]

～ monetaria 货币矫正,币值调整

correctivo *m.* ①矫[纠]正物；②〈药〉矫味药；③〈体〉惨败

corrector,-ra *adj.* 改[纠,修,校,订]正…的 ‖ *m. f.* 〈印〉校对员,改正[修改]…的人 ‖ *m.* ①修[改]正液；②见 ～ ortográfico；③见 ～ dental；④校正器[装置]；调整[补偿]器

～ altimétrico 高度校正器

～ de altitud 高度校正器

～ de estilo (报社等的)文字编辑

～ de fase 相位校正器,相位补偿器

～ de frecuencia 频率校正器

～ de galeradas 校对员

～ de impulsos 脉冲校正电路

～ de pruebas 校对员

~ dental〈医〉畸齿矫正钢丝架

~ ortográfico〈信〉拼写检查(程序)

corredera f. ①(门、抽屉等)滑道[槽];(窗帘等的)滑圈;②〈机〉滑板[道,块,装置],导板[轨];滑块[阀];〈海〉测[计]程仪;④(石磨的)上扇磨(石,盘);⑤〈昆〉蟑螂,蜚蠊;⑥〈体〉跑道;(尤指椭圆形的)赛马[车]跑道;⑦Cono S. 急[湍]流

~ de la expansión (机车)伸缩杆

~ en V V形导轨

~ Stephenson 连杆运动

~ transversal 横(导)轨

carrera de ~（压力机)滑块行[冲]程

compuerta de ~ 滑动闸门

puerta de ~ 滑[推拉]门

corredero m. ①Méx.〈体〉跑道;(尤指椭圆形的)赛马[车]跑道;②And.(旧)河床

corredizo,-za adj. ①滑动[移]的(门、吊车等);滑行的;②滑动调节的;(绳结)活的

corredor m. ①〈建〉走[回]廊;过[通]道;②〈地〉走廊,狭长地带;③〈军〉暗道;狭长通道;④Méx.(狩猎中)拍打树丛以惊起猎物的人;⑤〈军〉侦察兵,近战兵‖ m. f. ①〈体〉赛跑运动员;②〈汽车〉驾驶员;③经纪人,掮客

~ aéreo 空中走廊

~ automovilista 赛车手

~ ciclista 自行车赛车手

~ comercial 商业通道

~ de apuestas（赛马等)赌注登记经纪人

~ de bienes raíces(~ de fincas) 房地产经纪人,不动产经纪人

~ de bonos 债券经纪人

~ de buques 船舶经纪人

~ de bodas 媒人

~ de bolsa 证券[股票]经纪人

~ de casas 房屋代[经]理人;房地产经纪人

~ de comercio 商业代理人;贸易掮客

~ de compra/venta 购买/销售经纪人,购买/销售中间人

~ de la muerte（监狱的)死囚区

~ de larga/corta distancia 长/短跑运动员

~ de pista 田径运动员

~ de propiedades Cono S. 房地产经纪人,不动产经纪人

~ de seguros 保险经纪人

~ de servicio 桥形通道,人行栈桥;工作平台,施工步道,驾空[顶部]走道

~ marítimo 船舶(买卖)经纪人;海运经纪人

corregüela; correhuela f.〈植〉蒿蓄;旋花

correlación f. ①相互关系;联系;②并置对比;③〈统〉相关;④〈生〉〈数〉对射

~ cruzada ①互相关;②〈乐〉交叉关系(指和弦中的不谐和音不在原声部中得到解决)

~ directa 正相关

~ inversa 逆相关

~ parcial 部分相关

correlativo,-va adj. ①相关的,互相关联的;②〈生〉〈数〉对射的‖ m. 关联物

correntada f. Cono S. 急[湍]流

correo m. ①邮政,邮递;②邮件[包],信件;③邮递员,信使;〈军〉通信员;④(铁路)邮车;⑤pl. 邮局;邮政

~ aéreo 航空邮寄[件];空运

~ basura 垃圾邮件

~ certificado 挂号信

~ de gabinete 外交信使

~ de primera clase 一类邮件;优先投递邮件

~ de voz 语音邮件

~-electrónico(~ e) 电子邮[函]件

~ infomático 电脑[计算机]邮件

~ marítimo 海路邮寄[件]

~ ordinario 普通邮件

~ recomendado Amér. L. 挂号信

~ tortuga 蜗牛邮件

~ urgente (由专人投递的)特别快递

pedido por ~ 邮购

venta por ~ 邮递销售,邮售

correosidad f. 弹[柔韧]性

correoso,-sa adj. 有弹性的,柔韧的

correquisito m.〈教〉(规定必须与其他课程同时修习的)并修课程

correspondencia f. ①符合,一致,相符;②通信;通信联系;③书信;信[函]件;④〈数〉对应;⑤(与 con 连用)(不同交通路线的)相衔接

~ biunívoca〈数〉一一对应

~ entrante 来邮

~ privada 私人信件

~ unívoca〈数〉单值对应

enseñanza por ~ 函授

correspondiente adj. ①符合的,一致的;②通讯的;③各自的;相应的;④〈数〉对应的‖ m. f. 通讯会员

académico ~ 通讯院士

ángulo ~〈数〉对应角,同位角

corresponsabilidad f. 共同责任

corrida f. ①跑,奔;②〈生理〉性高潮,性乐;③〈矿〉露头,出露;露出地表

~ de toros 斗牛

corriente f. ①（气,水,液)流;流动;潮流;②〈电〉电流;③趋势[向];潮流;④股,阵

~ activa[vatiada] 有功[效]电流
~ al[de] arranque 起动电流
~ alterna 交流电;交电流
~ anenérgica[reactiva] 无功电流
~ anódica 阳极电流
~ atrasada 滞后电流
~ avanzada 超前电流
~ catódica de pico 峰值阴极电流
~ compensadora 均衡电流
~ constante 稳流,定流;恒定电流,直流
~ continua ①直流电;②连续流
~ de absorción 吸收电流
~ de agua 水流
~ de aire 气流,空气射流;(地球物理学中的)大气电流
~ de alimentación 馈电电流
~ de alta frecuencia 高频电流
~ de baja frecuencia 低频电流
~ de bits 〈信〉位流,比特流
~ de caldeo[calentamiento] 灯丝电流
~ de carga 充电电流
~ de circulación 循环电流
~ de conducción 传导电流
~ de convección 对流气流,对[运]流;对[运]流电流
~ de conversación 语言电流
~ de datos 〈信〉数据流
~ de desplazamiento ①〈海洋〉漂流;②〈气〉偏流
~ de drenaje 漏(极)电流
~ de escape[fuga,pérdida] 漏(泄)电流
~ de excitación 励磁[激励]电流
~ de Humboldt 〈气〉洪堡洋流(即秘鲁寒流)
~ de lava 〈地〉熔岩流
~ de llamada 振铃电流
~ de opinión 舆论倾向
~ de oscuridad 无照电流,(光电倍增管中的)暗流
~ de pensamiento 思想流派
~ de pico 峰值电流
~ de placa 板极电流
~ de preconducción 预传导电流
~ de recarga 充电电流
~ de rejilla 栅(极电)流
~ de retorno 反流
~ de saturación 饱和电流
~ de sobrecarga 过载电流
~ de tierra 大地电流
~ de Golfo 〈海洋〉湾流,墨西哥湾流
~ derivada 分流
~ desvatiada[devatada] 无功电流

~ difásica 二[双]相电流
~ eléctrica 电流
~ en chorro ①〈气〉急流;②〈航空〉〈航天〉喷(气)流,射流
~ en vacío 无[空]载电流
~ espaciadora 无(信)号电流,空号电流
~ estelar 星流
~ galvánica 动电[伽伐尼]电流
~ inducida 感应[生]电流
~ inductora 励磁[激励]电流
~ invertida 反向[转]电流
~ modulada 已调(制)电流
~ momentánea 瞬变[态]电流;过渡电流
~ oculta[subterránea] 暗流
~ oscilatoria 振荡电流
~ periódica ①周期[振荡]电流;②〈海〉周期性流
~ polifásica 多相电流
~ portadora 载波电流
~ primaria 原[一次]电流
~ profunda 潜流
~ pulsatoria 脉冲电流
~ sanguínea 血流,体内循环的血液
~ secundaria 次级[二次]电流
~ senoidal[sinusoidal] 正弦电流
~ submarina 潜[暗,底,下层]流
~ térmica (上升的)热气流
~ termoiónica 热离子流
~ transitoria 瞬变[态]电流;过渡电流
~ trifásica 三相电流
~ turbulenta 湍[紊]流
~ unidireccional 单向电流
~s de descarga espontánea 漏(泄)电流
~s de Faraday 感应[法拉第]电流
~s de Foucault 傅科电流,涡(电)流
~s farádicas 感应[法拉第]电流
~s longitudinales 纵向电流
~s parásitas 寄生电流
a prueba de puntas de ~s 防浪涌[电涌,喘振]的,非谐振的
aceleración brusa de la ~ 电流骤[激]增;水流冲击
aumento súbito de la ~ 电流骤[激]增
busca-pérdida de ~ 测漏器,(真空)检漏器;泄电[接地,与"地"短路]指示器
canalización sin ~ 〈电〉无载母[干]线
constante de las ~s parásitas 涡流(损耗)常数
de ~s de igual sentido 并[层]流(的),平行(直线)流(的),平行射流动(的)
densidad de ~ 电流密度
distribución de ~ （天线或供电系统)电流

分配,配电

entretenimiento ～ 巡逻小修,日常[经常性]修理

fuente de ～ 电源,电流补充

intensidad de ～ admisible 载流容量,安全载流量

línea sin ～ 闲置线路,空[静,死]线

sobrecarga de ～ 过(载,量)电流

transformador de ～ 变流器

valor de la ～ en ausencia de señales〈电子〉静态[空载]值

corrienteabajo *adv.* 顺流地,往[在]下游

corrientearriba *adv.* 逆流地,往[在]上游

corrigenda *f.* 勘误;勘误表

corrimiento *m.* ①流[移]动;②〈地〉滑动[移];(岩层的)滑距;③〈水土〉流失;④〈医〉流[渗,溢]液;*Cari.,Cono S.* 风湿病;*And.* 牙龈脓肿;⑤〈信〉(文本的)上下滚动

～ de tierras ①坍方[坡,崩],塌方,土崩,滑坡;②〈地〉地滑

corrivación *f.*〈工程〉蓄水;汇流(工程)

corroboración *f.* ①证实;〈法〉加强证据;独立证据;②滋补(强身)

corroborativo,-va *adj.* ①确证(性)的;②滋补(强身)的 ‖ *m.* 补[强身]剂

corroido,-da *adj.* ①被腐[侵,溶]蚀的;②有凹痕的

corrosibilidad *f.* 可腐蚀性

corrosible *adj.* 可腐蚀的

corrosión *f.* ①〈化〉腐[侵]蚀(作用);②磨[耗]损;③〈地〉腐[侵]蚀,冲[受,溶]蚀

～ atmosférica 大气腐蚀

～ bajo tensión 应力腐蚀,金属超应力引起的腐蚀

～ electrolítica 电解腐蚀

～ intergranular 晶间腐蚀;内在(晶)粒状腐蚀

～ por ácidos 酸性腐蚀

～ telúrica 水土流失,土蚀

figuras de ～ 侵蚀像

corrosividad *f.* (可)腐蚀性

corrosivo,-va *adj.* ①腐[侵]蚀的;腐蚀性的;②有害的,渐进损害的 ‖ *m.* ①腐蚀剂;②有害因素

agente ～ 腐蚀剂,苛[腐蚀]性物质,腐蚀介质

sublimado ～ 升汞,氯化汞

úlcera ～a 腐蚀性溃疡

corrugación *f.* ①(断面,横向)收[皱]缩,缩水[短];②起皱;③〈冶〉扎波纹,压瓦楞;④皱[波]纹;褶裙;波纹(度)(波(纹)状的;沟状,沟[槽]纹

corrugado,-da *adj.* ①皱的;波[皱]纹状的;②瓦楞状的

cartón ～ 瓦楞纸

corrupción *f.* ①(食品等的)腐烂[败,坏];②腐化[败];堕落;道德败坏;③〈法〉贿赂,行贿;④(语言、教科书、文件、数据等)出错

～ de menores 腐化(影响)少年,腐蚀少年

corruptibilidad *f.* 易腐蚀性;易变质性

corruptible *adj.* 易腐蚀的;易变质的

corsé *m.* ①(妇女用以捆束腰肚的)紧身胸衣;②(束缚疯子或犯人双臂用的)约束衣

～ de yeso〈医〉石膏胸衣,外科矫形胸衣

～ ortopédico〈医〉(矫形)胸衣,围腰

cortaalambres *m. inv.* 钢丝钳;线[铁丝]剪

cortabilidad *f.* 可切(割,削)性

cortable *adj.* 可切[割,削]的

cortabordes *m. inv.* (木材)裁[齐]边机

cortacallos *m. inv.*〈医〉割胼刀

cortacésped *m.*〈机〉〈农〉割草机;园圃刈草机

cortacircuito *m.*〈电〉断路器[开关];切断[隔离]开关

～ de fusible 保险器,熔丝断路器

cortacorriente *m.* ①〈电〉电闸,开关;②(汽车里防盗用的)断路器

cortacutícula *f.* 表皮剪(刀)

cortada *f.* ①*Amér. L.* 切;割;砍;剪;割[切,砍]伤;②〈体〉(乒乓球等运动中的)(以)下旋球回击

cortadera *f. Amér. L.*〈植〉①雀稗;②南美银茅,南美蒲苇

cortado,-da *adj.* ①切[割]开的;②(牛奶、果酱等)变质的,腐坏的;③(皮肤、嘴唇等)皲裂的;④〈交〉(道路等)关[封]闭的;⑤〈电影〉经剪辑[删节]的;⑥*Amér. L.* 破产的 ‖ *m.* (芭蕾舞等中的)跳跃

cortador,-ra *adj.* ①切割[削]的;剪裁的;②(房间、桌子等)供切割[剪裁]用的 ‖ *m. f.* ①切[割,剪裁]者;②切割[削]工人;③剪[编]辑员;〈电影〉剪辑师,剪接员 ‖ *m.* ①见～ de cristal;②〈解〉门牙 ‖ ～ a〈机〉切削刀具;切割[剪切,截断]机,剪裁机

～ de cristal 划割玻璃刀;玻璃刻花工具

～a al oxígeno 氧气切割[削]机

～a de césped 割草机;园圃刈草机

～a de chapas 金属板剪切机

～a de engranajes 齿轮铣刀

～a de espigas 开榫机

cortadura *f.* ①切[裁]口;裂[伤]口;(深长的)刀伤;②裂缝;③〈地〉狭道[径];隘路;峡谷;④裁剪,剪切;⑤*pl.* (切,割,裁下的)碎片[块];⑥〈军〉胸墙;⑦〈矿〉(坑道的)扩展面

cortafiambres *m. inv.* 〈机〉冷食切割[削]机

cortafrío; **cortafierro** *m. Arg.* 〈技〉(凿冷金属的)冷凿[錾]

cortafuego *m.* ①防火障(指在森林或草原清除树木或草皮以防野火蔓延的一条地带);②(城市中)救火车通行无阻的交通线;③〈信〉防火墙

cortagrama *f. Amér. L.* 〈农〉割草机

cortahierro *m.* 〈技〉(凿冷金属的)冷凿[錾]

cortahumedades *m. inv.* 〈建〉防潮层

cortalata *m. Méx.* 马口铁剪刀

cortalegumbres *m. pl.* 〈机〉切蔬菜机

cortante *adj.* ①(作)切割[削](用)的;②锋[锐]利的;③(风等)凛冽的,刺骨的 ‖ *m.* ①(刀)刃,刀[刃]口;②砍[切肉]刀
~ de la herramienta 刀口[刃]
borde ~ desmochado 钝切削刃
filo ~ 利刃

cortapapel; **cortapapeles** *m.* ①裁纸刀;②切纸机长刀;③〈机〉切纸机

cortapasto *m. Chil.* 〈机〉剪草机

cortapernos *m. inv.* 〈机〉断栓机

cortapicos *m. inv.* 〈昆〉①蠼螋;②地蜈蚣

cortapito *m. Salv.* 〈植〉牛角相思树

cortarraíces *m. inv.* 〈机〉块根切碎[片]机

cortatubos *m. inv.* 〈机〉截管器,切管机
~ de cadena 链式切管机

cortavidrio; **cortavidrios** *m.* 划割玻璃刀;玻璃刻花工具

cortaviento; **cortavientos** *m.* ①(汽车)挡风玻璃;②防风林;③挡风障[篱],风障

corte *m.* ①切(断,割,片,削);②切[截,裂,伤]口;刀[割,砍,伤]切痕;③〈缝〉(服装等的)款式,裁剪法;④中断,停[截]止;⑤〈矿〉停顿;⑥风格,式样;⑦切块[段];⑧〈印〉(书等的)切边;⑨(唱片的)声槽;(录音磁带的)音轨;⑩断[截,剖]面(图)
~ a navaja/tijera 用剃刀/剪刀削刮(头发)
~ acetilénico (氧)乙炔切割
~ bajo el agua 水下切割
~ brusco 粗切削(加工)
~ de apelación 上诉法庭
~ de caja 结清现金账(户)
~ de carretera ①(表示抗议设置的)道路障碍;②〈交〉封路
~ de corriente[luz] 供电中断,停电
~ de fin de año 年终清账
~ de operaciones 停止营业,停业
~ de pelo 理[剪]发
~ de quiebras 破产审理法庭
~ de sierra 锯截口
~ en bisel 斜截,斜切

~ en bloques 堆叠[叠板]切割
~ en inventario 盘存截止
~ horizontal 水平断面,平截面
~ longitudinal 纵断[截,剖]面
~ oxiacetilénico 氧(乙)炔切割,气割
~ por arco eléctrico 电弧切割
~ publicitario 插播广告
~ transversal 横断[截]面;断[截,剖]面图
~ y confección ①(尤指女服的)服装裁制;②服装裁制业
acero de ~ rápido 高速钢,锋钢
dureza para el ~ 切削硬度
fluido de ~ 润切液
fuerza de ~ 切削力
herramienta de ~ (切削)刀具
lubricante de ~ 切削(润滑)液,切削油
manipulación por ~ de frecuencia 开关键控
resistencia específica de ~ 切削阻[抗]力

cortesía *f.* (社会)道德规范;规矩
~ en red 〈信〉网上行为规范

córtex *m.* ①〈解〉脑皮层;②皮质[层]

corteza *f.* ①(瓜、果等的)皮;(奶酪、腌肉等的)外皮;干面包片;②〈植〉皮层;树皮;③〈解〉皮质;④见 ~ terrestre
~ adrenal 肾上腺皮质
~ cerebral 大脑皮质
~ peruviana 金鸡纳霜树皮,奎宁树皮
~ terrestre 地壳
~ visual 视觉皮质,视皮质

cortical *adj.* ①〈解〉脑皮层的;脑皮层引起的;②〈解〉皮质的;③〈植〉皮层的

corticalización *f.* 〈解〉皮质形成

corticícola *f.* 〈生〉树皮栖生物(如地衣、昆虫等)

corticoide; **corticosteroide** *adj.* 〈生化〉皮质类甾的;皮质类固醇的 ‖ *m.* 皮质类甾,皮质类固醇

corticolis; **cortícolis** *m.* 〈医〉落枕

corticonuclear *adj.* 〈解〉〈医〉皮质核的
tracto ~ 皮质核束

corticospinal *adj.* 〈解〉〈医〉皮质脊髓的

corticosterona *f.* 〈生化〉(肾上腺)皮质甾酮

cortina *f.* ①(窗,门)帘;(遮隔或装饰房间的)幔,帷幔;②(舞台等上的)幕,帷幕;幕墙;③屏(蔽,障),帘[幕]状物;④〈建〉挡土墙;隔[挡]板;间壁;浮坝;护墙
~ de agua 水幕
~ de bambú 竹帘[幕]
~ de cama 床帷
~ de ducha 浴帘
~ de fuego 弹幕

~ de hierro 铁幕(指第二次世界大战后原苏联及东欧国家为阻止同欧美各国进行思想、文化交流而设置的一道无形屏蔽)

~ de humo 烟幕

~ de tablestacas 打板桩

~ electrónica 电子屏蔽

~ musical *Cono S.* (电视台的)插播音乐

cortisol *m.* 〈生化〉皮质(甾)醇,考的索,氢化可的松

cortisona *f.* 〈生化〉可[考]的松

cortocircuitar *tr.* 〈电〉使短路 ‖ *intr.* 发生短路

cortocircuito *m.* 〈电〉①短路;②漏电

~ deslizante 滑动短路

~ perfecto 全短路

característica en ~ 短路特征(曲线)

conmutador de puesta en ~ 短路装置

indicador de ~ 短路线圈测试仪

cortometraje *m.* 〈电影〉①(与正片同时放映的)短片;②*Chil.* (不足一小时的)短影片

cortón *m.* 〈昆〉蝼蛄

coruja *f.* 〈鸟〉猫头鹰

corva *f.* 〈解〉腘(窝)

corvadura *f.* ①弯,弯曲;②弯道[路],转弯处;③〈建〉拱(顶,门),拱形结构

corvejón *m.* 〈动〉跗关节

córvido,-da *adj.* 〈鸟〉鸦科的 ‖ *f.* ①鸦科鸟;②鸦科

corvina *f.* 〈动〉海鲈;太平洋犬牙石首鱼

corvo,-va *adj.* ①弯曲的,曲[弓]形的;②钩状的(鼻子) ‖ *m.* 钩

corynebacterium *m. ingl.* 〈生〉棒状杆菌

corza *f.* 〈动〉雌鹿

corzo,-za *m. f.* 〈动〉狍

coscoja *f.* 〈植〉胭脂虫栎;大红栎

coscojal;**coscojar** *m.* 〈植〉胭脂虫栎树林

cosecante *f.* 〈数〉余割

~ hiperbólica 双曲余割

cosecha *f.* 〈农〉①收获[割];②收获季节,收获期;③收成,收获量

~ escasa 歉收

~ excelente 丰收

cosechadora *f.* 〈农〉(联合)收割机

~ de algodón 摘棉机

~ de forraje 割[刈]草机

cosechadora-trilladora *f.* 〈农〉联合收割机

cosedora *f.* 〈机〉①缝纫机;②订书[装订]机;③拉床,剥[绞]孔机

~ de sacos 缝袋机

coseno *m.* 〈数〉余弦

~ hiperbólica 双曲余弦

cosido,-da *adj.* 〈缝〉缝制[合]的 ‖ *m.* ①缝纫;②针线活,缝纫职业

~ a mano/máquina 手工/机器缝制的

cosmética *f.* 美容;整容术

salón de ~ 美容院

cosmético,-ca *adj.* ①美容的,化妆用的;②整容的;③化妆品的 ‖ *m.* 化妆品,美容剂

cirugía ~a 整容外科(手术)

crema ~a 美容霜

dermatitis ~a 化妆品皮炎

operación ~a 整容术

cosmetología *f.* ①美容学[术];②美容业;③化妆品制造术

~ corporal 全身美容

cosmetologista *m. f.* 化妆师

cosmetólogo,-ga *m. f.* ①美容师;化妆师;②化妆品制造[经销]商

cósmico,-ca *adj.* ①〈天〉宇宙的;②〈航空〉〈航天〉宇宙航行的

año ~ 宇宙年(指银河系自转一周的时间)

radiación ~a 宇宙辐射

rayo ~ 宇宙(射)线

ruido ~ 宇宙(射电)噪声

vuelo ~ 宇宙飞行

cosmina *f.* (鱼的)齿鳞质

cosmódromo *m.* 〈航天〉航天站[中心],航天器发射场;宇航[航天]发射场

cosmofísica *f.* 宇宙物理学

cosmogonía *f.* 〈天〉①宇宙起源论;天体演化;②天体演化学

cosmogónico,-ca *adj.* 〈天〉①天体演化的;②天体演化学的

cosmogonista *m. f.* 〈天〉①宇宙起源论者;②天体演化学者

cosmografía *f.* 〈天〉①宇宙结构学;②宇宙志

cosmográfico,-ca *adj.* 〈天〉①宇宙结构学的;②宇宙志的

cosmógrafo,-fa *m. f.* 〈天〉宇宙学家;宇宙志学者

cosmoideo,-dea *adj.* (鱼鳞)具有齿鳞质的

cosmología *f.* 〈天〉宇宙论;宇宙学

cosmológico,-ca *adj.* 宇宙论的;宇宙学的

cosmologista;**cosmólogo,-ga** *m. f.* 宇宙论学者;宇宙学家

cosmonauta *m. f.* 〈航空〉〈航天〉宇宙航[飞]行员;宇航[航天]员

cosmonáutica *f.* 〈航空〉〈航天〉航天学,宇航学

cosmonáutico,-ca *adj.* 〈航空〉〈航天〉航天的,宇宙航[飞]行的

cosmonave *f.* 〈航空〉〈航天〉宇宙飞船

cosmoplano *m.* 〈航空〉〈航天〉航天飞机,宇宙[航天]飞行器

cosmopolita *adj.* ①世界性的,全球(各地)

的;②〈生〉世界的，广布的，遍生的‖ *f.*
〈生〉世界种

cosmoquímica *f.* 宇宙化学，天体化学

cosmos *m.* ①（被视作和谐体系的）宇宙;②
外层空间;③〈植〉大波斯菊

cosmotrón *m.* 〈理〉（高能）同步稳相加速器，
质子同步加速器

cosmovisión *f.* 世界观

coso *m.* 〈昆〉木蛀虫，木蠹

costa *f.* ①海岸[滨];岸(边,线),沿岸;沿海
地区;②费用;③ *pl.* 〈法〉诉讼费用;④*Cono S.* 河岸
　~ a pico 陡岸
　~ afuera 近海
　~ brava 峭壁海岸
　~ del mar 海岸
　batería de ~ 海岸炮台

costado *m.* ①边,缘,侧面;②〈军〉侧翼[面];
③〈船〉舷侧;④〈解〉(人体的)侧边,胁
(部);⑤*Méx.*（铁路）站[月]台
　neumáticos de ~ blanco 白边轮胎
　vista de ~ 侧视图

costal *adj.* ①〈解〉肋(骨)的;肋骨区的;②
(长)有肋骨的
　arco ~ 肋弓
　pleura ~ 肋膜
　respiración ~ 肋式呼吸

costanera *f.* ①边,缘,侧面;②坡地;斜坡;
③*Chil.* 海滨区;河[湖]岸区;④ *pl.* 〈建〉
椽

costanero,-ra *adj.* ①海岸的;沿[近]海岸
的;②倾斜的,斜向的;成斜坡的
　navegación ~a 沿海航行
　pesca ~a 沿海捕鱼

coste *m.* （常用于西班牙）〈经〉成本;费用
　~ a nuestro cargo 费用由我方承担
　~ anual 年度(生产)成本
　~ contingente 或有成本
　~ controlable 可控(制)成本
　~ creciente/decreciente 递增/递减成本
　~ de capital 资金[本]成本
　~ de compra 购置[进货]成本
　~ de fabricación[fábrica] 生产[制造]成
本,造价
　~ de inactividad 停产成本,停工费用
　~ de mano de obra 人工费用
　~ de la vida 生活费用
　~ de mantenimiento 保养费;维修[持]费
　~ de oportunidad 机会成本
　~ de organización 开[创]办成本;筹备费
　~ de recaudación 托[代]收成本
　~ de reemplazo 更新成本

　~ de reposición 重置成本[费用]
　~ de transacciones 交易成本
　~ depreciable 应计折旧成本
　~ directo/indirecto 直/间接成本[费用]
　~ efectivo[real] 实际成本
　~ fijo 固定成本
　~ implícito 内在成本,隐含成本
　~ inicial 创办成本[费用]
　~ marginal 边际成本
　~ medio[promedio] 平均成本
　~ neto 纯[净]成本
　~ original[originario] 最初[原始]成本
　~ unitario 单位[件]成本
　~ variable（随着生产规模变化而变化的）
可变成本
　~s de explotación 营业成本
　~s del desarrollo 开发成本[费用]
　~s financieros 财务费用
　~s laborales unitarios（单位）人工成本
　~s salariales 工资成本,工资费用
　~s,seguros y fletes 成本,保险费加运费;
到岸价格(C. I. F.)

coste-eficacia *m.* 成本效益;成本效益比率

costectomía *f.* 〈医〉肋骨切除术

costeo *m.* 成本计算
　~ de[por] proceso 分步成本计算(法)

costera *f.* ①海岸[滨];岸(边,线),沿岸;沿
海地区;②〈地〉大陆(斜)坡;坡地;③捕鱼
季节;鱼讯

costero,-ra *adj* 海岸的;沿[近]海岸的(航
行,贸易等)‖ *m.* ①原木膘皮,板皮;②
〈建〉高炉炉壁;③矿床侧壁

costilla *f.* ①〈解〉肋(骨);②肋条,排骨;③
〈船〉肋材;〈建〉拱肋;横撑[档]
　~ de cerdo 猪排
　~ falsa 假[弓]肋
　~ flotante 浮肋
　con ~s 带肋的;用肋支撑的
　serrucho de ~ 开榫锯,手[榫]锯

costillaje *m.* ①〈解〉肋骨;肋部;②肋骨状物

costillar *m.* ①〈集〉肋骨;②肋条,排骨

costo *m.* ①（常用于拉美地区）〈经〉成本;费
用;②〈印度大麻〉麻醉剂
　~ administrativo 管理成本[费用]
　~ de atraso 滞纳费
　~ de comercialización 推[经]销成本
　~ de demolición 拆迁成本[费用]
　~ de energía 动力成本
　~ de expedición 运输[装运]费用
　~ de exploración 勘探成本
　~ de incumplimiento 违约费用
　~ de los factores 生产要素成本
　~ del pasivo 举债成本

~ fiscal 财务成本[费用]

~ humano 人工成本

~ pertinente 关联成本

~s de explotación 开发成本

~s múltiples 复式成本

costosternoplastia *f*.〈医〉肋骨胸骨成形术

costotomía *f*.〈医〉肋骨切开术

costótomo *m*.〈医〉肋骨刀

costotransversectomía *f*.〈医〉肋骨横突切除术,肋横突切除术

costra *f*.①硬(外)皮;硬面;(外,渣,甲,结)壳;②〈医〉痂

costroso,-sa *adj*.①有硬皮的;有(外)壳的;②〈医〉结(满)痂的,有痂的;生疥疮的

costura *f*.①〈缝〉缝;线缝;缝口;②〈缝〉缝纫;针线活;缝纫职业;③〈机〉接[焊]缝;接合(处,缝,面)

~ longitudinal 纵接缝

~ ribeteada 凸缘接合

~ transversal 横接缝

cota *f*.①〈测〉〈地〉标高;海拔(高度);高程;②程度

~ de comparación 基标,基准面

~ de rondo[base] 底标高

~ de nivel de agua 水面高程,水平面高度

~ de popularidad 普及程度

~ de terreno natural 地面高程[标高]

cotangente *f*.〈数〉余切

~ hiperbólica 双线余切

cotejable *adj*. *Amér. L*.①可比较的;可相比拟的;②可对照的,可核对的

cotejo,-ja *m*. *Amér. L*.①比较;比拟;②对照;核[校]对;③〈体〉比赛(项目)

cotelé *m*. *Chil*.〈纺〉条[灯芯]绒

cotí *m*.〈纺〉(用于垫套、褥套、枕芯套等的)坚质(条纹)棉布

cotila;cótila *f*.〈动〉〈解〉杯状窝;臼,髋臼

cotiledón *m*.〈植〉子叶

cotiledóneo,-nea *adj*.〈植〉子叶(属)的‖ *f*.①子叶植物;②*pl*.子叶属

cotiloide *adj*.〈解〉①杯[臼]状的;②髋臼的‖ *m*.杯状小骨

cotín *m*.〈体〉反手击球

cotipo *m*.〈动〉〈植〉全膜(式)标本

cotización *f*.①价格;报[开]价;②汇率[价];牌价;③(对应付社会保险金的)分担额;④(俱乐部等的)会费;纳金;应缴款

~ a la apertura(~ de apertura) 开盘价

~ al cierre[cláusura] 收盘价

~ del dólar 美元牌价;美元兑换率

~ del oro 黄金牌价

~ flotante 浮动汇率

coto *m*.①(公共)专用区;保留(地);(自然)保护区;②界标;界标石;③界限;限制;④〈商贸〉价格垄断协议;⑤*Amér. L*.〈医〉甲状腺肿

~ cerrado 只对会员开放的制度

~ de caza 禁猎区,野生动物保护区

~ de pesca 禁渔区

~ forestal 森林保留地

~ minero 采矿区

cotón *m*.①印花(棉)布;②*Méx*.(男女)衬衫

cotonización *f*.〈纺〉(长纤维等的)棉型化,棉化

cotorra *f*.〈鸟〉①(小)鹦鹉;②鹊,喜鹊

cotorrera *f*.〈鸟〉雌鹦鹉

cotovía *f*.〈鸟〉凤头白灵

cotudo,-da *adj*. *Amér. L*.〈医〉患甲状腺肿的

cotufa *f*.〈植〉菊芋,洋姜

cotutela *f*.共同监护

cotutor *m*.共同监护人

COU *abr*. Curso de Orientación Universitaria ①*Esp*.大学指导班(为参加大学入学考试而举办的一年制高中课程复习班);②(大学专业性的)复习进修课程

couniversidad *f*.两年制大学

covadera *f*. *Amér. L*.〈矿〉鸟粪矿

covalencia *f*.〈化〉①(原子间的)共用电子对数;②共价

covalente *adj*.〈化〉共价的

enlace ~ 共价键

covariante *adj*.①〈数〉〈统〉共变的;②协变(式)的‖ *f*.①〈数〉共变式;②〈理〉协变量,协度,共变(式)

covarianza *f*.〈数〉〈统〉协方差

covelita *f*.〈矿〉铜蓝,蓝[靛]铜矿

covolumen *m*.〈化〉协体积;余容(积)

coxa *f*.①〈解〉髋;髋关节;②〈动〉(节肢动物腿部的)基节

coxal *adj*.①〈解〉髋的;髋关节的;②〈动〉(节肢动物腿部)基节的

hueso ~ 髋骨

coxalgia *f*.〈医〉①髋痛;②髋关节痛

coxis *m*.*inv*.〈解〉尾骨

coxitis *f*.*inv*.〈医〉髋关节炎

coxotomía *f*.〈医〉髋关节切开术

coxsackievirus *m*.〈生〉柯萨奇病毒(一种引起呼吸道疾病的病毒)

coyote *m*.〈动〉丛林狼;郊狼(产于北美西部)

coyuntura *f*.①〈解〉关节;②(经济等)形势;情况;③市况;行情

coz *f*.①(枪炮等的)后座力,反冲;②(水流等的)倒[回]流

CP *abr*. computadora personal 个人计算机

C. P. *abr.* contador público 公共会计师

cpd；**CPD** *abr.* Centro de Proceso de Datos 〈信〉数据处理中心

CPFF *abr. ingl.* cost plus fixed fee 成本加固定酬金

CPM *abr. ingl.* critical path method〈信〉关键路径法

cps *abr.* ①caracteres por segundo〈信〉每秒字符数；②ciclos por segundo〈电〉每秒周数,秒/周,赫(兹)

CPU *abr. ingl.* central processing unit〈信〉中央处理器

C. Q. D. *abr. ingl.* customary quick dispatch 迅速发送

Cr〈化〉元素铬(cromo)的符号

CR *abr. ingl.* carriage return〈信〉回车键,返回键；回车

crac *m.* ①〈商贸〉破产；(银行等的)倒闭；②(价格)暴跌

crack *m.* ①*Amér. L.*〈体〉运动好手；优秀选手；杰出运动员；②(赛马中得冠军的)好马；③〈生医〉(强效纯)可卡因

cracking *m. ingl.* ①〈化〉裂化；裂解；②加热分裂(法)
～ del aceite 油的裂化
～ térmico 加热分裂(法),热裂化
gasolina de ～ 裂化汽油

crag *m.* ①〈地〉(东英吉利上新世的)沙质泥灰岩；②险崖

craneal；**craneano,-na** *adj.*〈解〉颅的,头颅的
bóveda ～ 头盖骨
fractura ～ 颅骨破裂
índice ～ 颅指数

cráneo *m.*〈解〉颅,头颅

craneoclerosis *f.*〈医〉颅硬化

craneofacial *adj.*〈解〉〈医〉颅面的

craneofarigioma *m.*〈医〉颅咽管瘤

craneóforo *m.*〈医〉颅位保持器

craneognomía *f.*〈医〉颅形学

craneografía *f.*〈医〉颅形描记术,头颅描记术

craneógrafo *m.*〈医〉颅形描记器

craneología *f.*〈医〉颅骨学

craneometría *f.*〈医〉颅测量法,测颅法

craneométrico,-ca *adj.*〈医〉颅测量的；测颅的

craneómetro *m.*〈医〉颅测量器

craneoplastia *f.*〈医〉颅成形术,颅骨成形术

craneopuntura *f.*〈医〉颅穿刺术

craneoscopia *f.*〈医〉颅检查术

craneosinostosis *f.*〈医〉颅缝早闭

craneosquisis *f.*〈医〉颅裂

craneotomía；**craniotomía** *f.*〈医〉开颅术

craneotopografía *f.*〈医〉颅脑局部解剖学

craneotripesis *f.*〈医〉颅骨环锯术

craniectomía *f.*〈医〉颅骨切除术

craniotabes *m.*〈医〉颅骨软化

craniótomo *m.*〈医〉开颅器

craqueo *m.*〈化〉裂化,裂解
～ catalítico 催化裂化
～ térmico 热裂化

crasitud *f.* (人体器官周围生成的)脂肪

crasuláceo,-cea *adj.*〈植〉景天科(植物)的 ‖ *f.* ①景天科植物；②*pl.* 景天科

cráter *m.* ①〈地〉火山[喷火]口；②(月球表上面的)环形山；③[C-]〈天〉巨爵(星)座；④〈电〉弧坑；⑤(电焊)焊口,(焊接)火口

crateriforme *adj.* 火山口状的；坑[碗,茶碟]状的

cratón *m.*〈地〉克拉通,稳定地块

craurosis *f.*〈医〉干皱

crawl *m. ingl.* ①〈体〉爬[自由]泳；②(电视)滚动字幕

crawlista *adj. Chil.*〈体〉爬[自由]泳的 ‖ *m. f.* 爬[自由]泳运动员

crayón *m.* 粉笔；颜色粉[炭]笔

creación *f.* ①创造；创作；②创建[立,设]；开创；③创造的作品,艺术作品；④发明

creacional *adj. Chil.* 创作的

creador,-ra *adj.* ①创造的；创造性的,有创造力的；②产生的,引起的 ‖ *m. f.* ①创造[作,设]者；有创造力的人；②艺术家；(某角色的)第一个扮演者；③(时装等)设计师

creatina *f.*〈生化〉肌酸

creatinasa *f.*〈生化〉肌酸酶

creatinemia *f.*〈医〉肌酸血症

creatinina *f.*〈生化〉肌酸酐

creatininasa *f.*〈生化〉肌酸酐酶

creatinuria *f.*〈医〉肌酸尿

creatividad *f.* 创造性；创造力[能力]；创新

creativo,-va *adj.* ①创造的；创造性的；有创造力的；②产生的,引起的 ‖ *m. f.* ①(广告)创意人员；②见 ～ de publicidad
～ de publicidad 广告文字撰稿人

creatotoxismo *m.*〈医〉肉中毒

creatoxina *f.*〈生化〉肉毒素

crece *m. o f. Cono S.* ①(河水)上涨；涨水[潮]；②(水)泛滥

crecepelo *m.* 生发剂

crecida *f.* ①(河水)上涨,涨水[潮]；②(水)泛滥

creciente *adj.* ①渐增的；不断[日益]增长的；增大[强]的；②成长中的；③上升[涨]的；④(新月到满月)渐盈的,新[月]牙形的 ‖ *m.*〈天〉新[弦,蛾眉]月；新月[月牙]形

物‖*f.*（河水）上涨；涨水[潮]

en cuarto ~ 月牙形的，新月形的，镰[刀]形的

cuarto ~ 上弦月

rendimiento ~ 收益递增

crecimiento *m.* ①生[成]长（过程）；长大；滋长；②增长[加]；生[成]长量；③〈数〉（函数的）增长序

~ cero 零增长

~ de la demanda 需求增长

~ del cristal 晶体生长[长大]；结晶

~ del depósito 存款增长

~ del grano 晶粒长大

~ demográfico 人口增长

~ exponencial 几何级数增长

~ interanual 〈经〉〈统〉同比增长

~ negativo 负增长

~ primario/secundario 〈植〉（初生分生组织作用下的）植物长高/长粗

~ sostenible 可持续增长

~ sostenido 持续增长

~ vegetativo 〈社〉（人口）自然增长

anillos de ~ de la madera （树木）年轮

credibilidad *f.* ①可靠[信]性；可信；②确实（有效）性

crédito *m.* ①相信，信任；②信[声]誉；③信用[贷]；贷款；信用证；④〈教〉学分；⑤（电影、电视片等的）片头[尾]字幕；摄制人员名单

~ a la exportación 出口信贷

~ al consumidor 消费者信贷

~ autoamortizable 自动清偿信贷

~ bancario 银行信贷

~ blando 软贷款

~ de aceptación 承兑信用证

~ de firma 无担保贷款

~ de vivienda 住房信贷

~ diferido 递延贷项；迟延信用

~ educativo 教育信贷

~ hipotecario 抵押信贷，按揭贷款

~ on call 可随时提取的信贷

~ personal 个人信贷；个人信用

~ puente 过渡性信贷[贷款]

~ recíproco 互惠信贷；对开信用证

~ renovable[rotativo] 循环贷款；循环信用（证明）

sistema de ~s 〈教〉学分制

creep *m. ingl.* ①爬行，缓慢行进；②〈地〉蠕[徐]动；③〈理〉〈冶〉蠕变

crema *f.* ①（化妆用）乳霜；乳膏；②奶油；（含）奶油食品；乳脂制品；③〈印〉分[隔]音符；双点号（如 ü 上的两点）

~ agria 酸奶制品

~ antiarrugas 防皱霜

~ bronceadora 防晒美容霜；晒黑霜

~ capilar 洗发乳

~ de afeitar 剃须膏

~ (de) base 粉底霜

~ de belleza 美容霜

~ de[para] cabello 发乳

~ de calzado[zapatos] 鞋油

~ de colorete 胭脂膏

~ de día 日霜

~ de hormona 荷尔蒙膏

~ de lanolina 润肤膏

~ de limpieza 洁肤霜

~ de manos 护手膏

~ de noche 夜[晚]霜

~ de protección solar 防晒膏[霜]

~ de sombra de ojos 眼影膏

~ depilatoria 去毛膏

~ fría 冷[油底]霜

~ hidratante 润肤霜

~ nutritiva 营养霜

cremallera *f.* ①〈机〉齿条[棒，轨]；牙条；②〈缝〉拉链

~ de montañismo 登山齿轨

~ y piñón 齿条和小齿轮装置

crematística *f.* 财政学；理财学；牟利学

crematístico,-ca *adj.* ①财政的；金融的；②经济的；合算的

crémor *m.* 〈化〉酒石，酒石酸氢钾

~ tártaro 酒石，酒石酸氢钾

creolina *f. Chil., Méx.* 消毒剂；杀虫[菌]剂；除臭剂

creosol *m. ingl.* 〈化〉甲氧甲酚

creosota *f.* 〈化〉①杂酚；②克鲁苏油，杂酚油

creosotación *f.* 灌注防腐油

creosotado,-da *adj.* ①用杂酚油处理过的；②含杂酚的

aceite ~ 杂酚油，重质煤馏油

creosotar *tr.* ①用杂酚处理（木材等）；②灌注防腐油，用杂酚[克鲁苏]油浸制

creotoxina *f.* 〈生化〉〈医〉肉毒素

crep；crepé *m.* ①〈纺〉绉织物（如绉布、绉绸、绉呢）；②绉胶

crescendo *m.* （尤指音乐的）渐强；高潮，顶点

crescograph *m. ingl.* 植物生长显示器

cresol *m.* 〈化〉〈防腐、消毒等用的）甲(苯)酚

cresolo *m.* 煤酚

crespo,-pa *adj.* ①卷[鬈]曲的；波状的；②有鬈发的；③〈植〉卷叶[须]的

crespón *m.* 〈纺〉绉纱

cresta *f.* ①〈动〉（鸡、鸟、兽等的）肉[羽]冠；②〈地〉〈山〉顶；顶峰[点]；（洪）峰；③〈电〉〈经〉〈波〉峰；峰（巅）值；④假发，遮秃假发

tensión de ～ 峰值电压

crestería *f.* ①〈建〉脊饰;筑雉堞;②*Amér. L.*〈地〉山峰[峦]

crestón *m.* ①(头盔等上的)羽冠;②〈矿〉露头

creta *f.* 白垩;漂白土

cretáceo,-cea *adj.* ①〈地〉白垩纪[系]的;②白垩构成的 ‖ *m.* 白垩纪[系,岩石]
período ～ 白垩纪
sistema ～ 白垩系

cretinismo *m.* 〈医〉呆小病,愚侏病,克汀病

cretino,-na *adj.* 〈医〉患呆小病的,患愚侏病的,患克汀病的 ‖ *m. f.* 〈医〉呆小病者,愚侏病者,克汀病者

cretona *f.* 〈纺〉(做窗帘、沙发套等用的)大花型瑰丽印花装饰布

crevasse *m. ingl.* (地球表面的)裂隙;冰隙;冰川裂隙

cría *f.* ①(动物等的)饲[哺]养;②(植物的)栽培;③繁[生,养]殖;④一窝(仔畜);犊,羔,崽,仔
～ caballar 养马
～ de ganado ①牲畜饲养;②畜牧业
～ de peces 养鱼
～ ovina 养羊业

criadero,-ra *adj.* 繁殖力强的 ‖ *m.* ①〈动〉养殖场;繁殖地;②〈植〉苗圃;③〈地〉矿脉;矿脉床;(地层或冰层中的)水脉
～ de mineral 矿体
～ de ostras 牡蛎繁殖地,牡蛎养殖场
～ de peces 养鱼场

crianza *f.* ①(动物等的)饲[哺]养;②(植物的)栽培;③哺乳期;④(特定地方或年份的)佳酿酒;⑤教养[育]
～ de ovinos 养羊业
～ del vino 酿酒

criba *f.* ①筛(子);(金属或布的)筛[滤]网;②筛选;过滤
～ de finos 精选筛,摇汰盘
～ de pistón 矿[淘簸]筛
～ de sacudidas 振荡[振动,摆动]筛
～ de tambor 滚筒筛
～ gruesa 粗[格]筛
～ mecánica 筛分设备
～ para arena 沙筛
～ rotativa 旋筒[转筒,回转]筛

cribación *f.* 筛选

cribado,-da *adj.* ① 过筛的;筛出的;②*Amér. L.* 抽纱的 ‖ *m.* ①〈化〉筛(分,选);②过筛
carbones ～s 过筛煤
desperdicios de ～ 筛屑,筛余物,筛出[漏落]物,粗筛余料

instalación de ～ 筛分设备

cribador,-ra *adj.* 筛(子)的 ‖ *m. f.* 筛分工 ‖ *m.* 筛 ～a *f.*〈机〉筛分机
tromel ～ 旋筒[转筒,回转]筛

cribadura *f.* 筛(分,选);过筛

cribar *tr.* ① 筛(选,分);过筛(分类);②筛选;过滤;③清理;④*Arg.*〈纺〉抽纱

cribiforme *adj.* 〈解〉〈植〉筛状的;多孔的
placa ～ 筛板

cribón *m.* (铁,棒)栅筛;铁格[篦子]筛

criboso,-sa *adj.* 筛状的

cric *m.* 千斤顶;(螺旋)起[顶]重器
～ de piñón y cremallera 齿轮齿条千斤顶
～ de polea de cadenas 链式起重器
～ sencillo 手压千斤顶,手压起重器

cricket *m. ingl.* ①〈体〉板球;②〈建〉泻水假屋顶

cricoide *adj.* 环状的;环状软骨的 ‖ *m. pl.* 〈解〉(咽喉下部的)环状软骨

cricquet *m.* 〈体〉板球

crik *m. Amér. L.* 〈鸟〉鹦鹉

crimen *m.* 〈法〉①罪,罪行;②犯罪,犯罪活动;③谋[凶]杀;犯法行为
～ contra la humanidad 危害人类罪
～ de guerra 战争罪行
～ de sangre 暴力罪行
～ organizado 集团犯罪
～ pasional 色情犯罪
autor del ～ 罪犯

criminal *adj.* 〈法〉①犯罪(性质)的,犯法的;关于犯罪的;犯有罪行的;②刑事的;③罪犯的 ‖ *m. f.* ①罪犯;②犯人,已被定罪的人
código ～ 刑法
hecho ～ 罪行
pleito ～ 刑事诉讼

criminalidad *f.* 〈法〉①犯罪(性);有罪;②犯罪活动[行为];③犯罪率

criminalista *m. f.* ①(大学的)犯罪学专家;刑法学家;②〈法〉刑事辩护律师

criminalística *f.* 犯罪学

criminalístico,-ca *adj.* 犯罪学的

criminógeno,-na *adj.* 导致[产生]犯罪行为的;易引起犯罪行为的

criminología *f.* 犯罪学

criminólogo,-ga *m. f.* 犯罪学专家;刑法学家

crin *f.* ①〈动〉(马)鬃;②〈缝〉(用全棉或棉和马毛交织的)硬衬布;马尾衬;人造合成马尾衬

crinoideo,-dea *adj.* ①百合形的,百合似的;②〈动〉海百合纲的 ‖ *m.* 海百合纲动物,海百合;②*pl.* 海百合纲

crinolina *f.* 〈缝〉①(用全棉或棉和马毛交织的)硬衬布；②(撑起裙子的)硬衬布衬裙

criobiología *f.* 〈生〉低温生物学(一门研究低温对生物影响的学科)

criocirugía *f.* 〈医〉低温外科，冷冻手术

criofílico,-ca *adj.* 〈生〉嗜冷的，喜低温的

criofita *f.* 〈植〉冰雪植物

criogenia *f.* 〈理〉低温学

criogénica *f.* 〈医〉人体冷冻学

criogénico,-ca *adj.* ①低温的，制冷的，产生低温的；②低温学的；③需用低温的；需深冻冷藏的

criogenización *f.* 〈医〉冷冻活体

criógeno,-na *adj.* 低温的，制冷的，产生低温的 ‖ *m.* 制冷[冷冻]剂，低温流体

crioglobulina *f.* 〈生化〉冷球蛋白

crioglobulinemia *f.* 〈医〉冷球蛋白血症

criolita *f.* 〈矿〉冰晶石

criómetro *m.* 低温计

criónica *f.* 〈医〉人体冷冻法；生物活体冷冻法

crioplancton *m.* 〈生〉冰雪浮游生物

crioprecipitación *f.* ①〈化〉冷沉(作用)；②〈生化〉冷凝蛋白质的配制

criopreservación *f.* 〈工〉〈医〉低温贮藏

crioprotector *m.* 〈生医〉生物活体冷冻剂

crioproteína *f.* 〈生〉冷沉(淀)蛋白

crioscopia *f.* ①〈医〉(为诊断疾病对血、尿等体液所作的)冰点测定；②(液体或溶液的)冰点测定

crioscopio *m.* 冰点[低温]测定器

criosfera *f.* 〈地〉常年冰冻地带

criostato *m.* ①低温恒温器，低温控制器；②(冷冻)组织切片器

crioterapia *f.* 〈医〉低温[冷冻]疗法

criotratamiento *m.* 冷处理

criotrón *m.* 〈电子〉低温管；冷持元件

crioultramicrotomía *f.* 〈医〉冰冻超薄切片术

crioultramicrótomo *m.* 〈医〉冰冻超薄切片机

cripta *f.* 〈解〉小囊，腺[隐]窝；滤泡，腺管

críptico,-ca *adj.* ①〈动〉隐蔽[藏]的；有保护色的；②〈医〉隐蔽的
  coloración ~a 〈动〉隐蔽[藏]色

cripto *m.* 〈化〉氪

criptoanálisis *m.* ①密码分析，密码破译；②密码分析法，密码破译法

criptoanalista *m. f.* 密码破译者；密码专家

criptobioisis *f.* 〈生〉隐[潜]生(现象)

criptococosis *f.* 〈医〉隐球菌病

criptocristalino,-na *adj.* 〈地〉隐晶(质)的 ‖ *m.* ①隐晶质结构；②微晶体

  textura ~a 隐晶体结构

criptoftalmo *m.*；**criptoftalía** *f.* 〈医〉隐眼

criptógamo,-ma *adj.* 〈植〉隐花的(植物) ‖ *f.* ①隐花植物；②隐花植物群

criptogénico,-ca *adj.* 〈医〉(疾病)隐源性的，原因不明的

criptografía *f.* ①密码学；密码分析；密码的编制和破译；②密码体系；③用密码写的东西，密文

criptográfico,-ca *adj.* 密码学的；使用密码的

criptógrafo *m. f.* ①密码专家；密码员；编(制密)码者；②密码破译者，译电员

criptograma *m.* ①用密码写的东西，密文，密码电文；②有隐文图形

criptología *f.* ①密码学[术]；②密码分析，密码破译

criptomenorrea *f.* 〈医〉隐形月经

criptón *m.* 〈化〉氪
  lámpara de ~ 氪灯

criptorquidectomía *f.* 〈医〉隐睾切除术

criptórquido *m.* 〈医〉隐睾病患者

criptorquidopexia *f.* 〈医〉隐睾固定术

criprorquismo *m.* 〈医〉隐睾(病)

criptosistema *m.* 〈生态〉〈信〉密码系统
  ~ de clave pública 〈信〉共用密钥密码系统

criptozoico,-ca *adj.* ①〈动〉隐[穴]居的；②〈地〉前寒武纪的

criptozoología *f.* 隐生动物学；传奇动物学

criquet *m.* 〈体〉板球

crisálida *f.* 〈动〉①蝶蛹；被蛹；②虫茧

crisantemo *m.* 〈植〉菊；菊花

crisarrobina *f.* 〈药〉柯桠素(治疗皮肤病用)

crisis *f.* ①〈经〉〈社〉危机；紧急关头；②〈医〉病情急转(点)，危象；极期
  ~ cardíaca 心脏停搏
  ~ crediticia 信用危机
  ~ de ansiedad 焦虑发作
  ~ de identidad 性格认同危机(弗洛伊德心理学用语)
  ~ de los cuarenta 中年危机(指某些人步入中年后对自身价值、人际关系等感受到的不确定或焦虑)
  ~ de superproducción 生产过剩危机
  ~ del petróleo 石油危机
  ~ económica 经济危机
  ~ energética 能源危机
  ~ epiléptica 癫痫发作
  ~ financiera 金融危机
  ~ fiscal 财政危机
  ~ ministerial 内阁危机；内阁大改组
  ~ nerviosa 精神崩溃

~ renal 肾危象

~ respiratoria 呼吸衰竭

crisoberilo *m*. 〈矿〉金绿宝石,金绿玉

crisocola *f*. 〈矿〉矽孔雀石

crisol *m*. ①〈化〉坩埚;熔化埚;②〈冶〉(高炉的)炉缸[膛]

~ de laboratorio 实验室[试验用]坩埚

~ eléctrico 电热坩埚

botón de ~ 坩埚炉底

vientre de ~ 熔罐腹

crisolita *f*. 〈矿〉橄榄石

crisólito *m*. 〈矿〉贵橄榄石

crisomélido,-da *adj*. 〈昆〉叶甲(虫科)的 ‖ *m*. ①叶甲虫;②叶甲虫科

crisopa *f*. 〈昆〉脉翅目昆虫

crisopacio *m*. 〈矿〉绿玉髓

crisoterapia *f*. 〈医〉金疗法

crisotilo *m*. 〈地〉〈矿〉纤蛇纹石,温石棉

cristal *m*. ①玻璃,玻璃制品;晶质玻璃;②水晶;③〈化〉〈矿〉结晶;(结)晶体;④(眼镜)镜片;镜(子);⑤(汽车、镶在窗框内的)窗玻璃

~ ahumado 烟灰色玻璃

~ antibalas 防弹玻璃

~ armado[blindado] 夹丝玻璃

~ cilindrado 平板玻璃

~ cuárzico 石英晶体

~ cúbico 立方晶体

~ de aumento 放大镜

~ de cuarzo 石英晶体

~ de hielo 〈气〉冰晶(体)

~ de Murano 威尼斯玻璃

~ de reloj 表(面)玻璃;表面皿

~ de roca 水晶(石)

~ de seguridad ①(夹层)安全玻璃;钢化玻璃;夹丝玻璃;②安全眼镜

~ de silicio 硅晶体

~ de ventana 窗格[平板]玻璃

~ esmerilado 毛[磨砂]玻璃,冰花玻璃

~ hemiédrico 半面晶体

~ hilado 玻璃纤维,玻璃丝

~ holoédrico 全对称晶体

~ inastillable 不碎玻璃

~ iónico 离子晶体

~ irrompible 不碎玻璃;(夹层)安全玻璃

~ isótropo 各向同性晶体

~ lenticular 扁平[扁豆状]矿体

~ líquido 液晶(体)

~ meroédrico 缺面(对称)晶体

~ mixto 混合晶体

~ molecular 分子晶体

~ óptico 光学玻璃

~ piezoeléctrico 压电晶体

~ prismático 斜方晶

~ sintético 合成[人造]晶体

~ soplado 吹制玻璃;料器

~ tallado 刻[雕]花玻璃

~ tetartoédrico 四分体晶体

~es emplomados (窗格子)铅玻璃

barra de plomo para unir ~es 嵌窗玻璃铅条

concrescencia de ~es 晶体[单晶]生长

diodo de ~ piezoeléctrico 晶极二极管

superficie cubierta de ~es pequeños 晶簇[洞,腺]

cristalera *f*. ①〈建〉(固定)玻璃窗;落地窗;②(有玻璃拉门的)陈列橱[柜]

cristalería *f*. ①玻璃[玻璃器皿]制造(术);②玻璃(工)厂;玻璃制品[器皿]商店;③玻璃制品[器皿]

cristalina *f*. 〈生化〉(可溶性)晶体蛋白,晶状蛋白

cristalino,-na *adj*. 结晶的;结晶体组成的,晶状[质]的 ‖ *m*. 〈解〉(眼球的)晶状体,水晶体

estructura ~a 晶体结构

retículo ~ 晶体点阵,晶格

cristalita *f*. ①〈地〉雏晶;②〈理〉微晶

cristalizable *adj*. (可)结晶的

cristalización *f*. ①〈地〉结晶(作用,过程);晶化;②结晶体,晶体形成[析出];③(计划等的)成形,具体化

~ irregular de los minerales 矿物共生秩序

~ superficial 表面结晶

cristalizador *m*. 结晶器

cristalogénesis *f*. 〈地〉晶体[结晶]发生学

cristalografía *f*. 〈地〉晶体[结晶]学

~ sintética 合成晶体学

cristalográfico,-ca *adj*. 〈地〉结晶的;结晶学的

cristalograma *m*. 晶体衍[绕]射图

cristaloide *m*. ①〈化〉类晶体;拟晶质;②〈植〉拟晶体

cristaloideo,-dea *adj*. ①晶样[状]的;②类晶体的

cristaloluminiscencia *f*. 结晶发[冷]光

cristaloquímica *f*. 〈化〉结晶化学

cristobalita *f*. 〈矿〉白石英

cristolón *m*. (人造)碳化硅(供研磨用)

cristofué *m*. 〈鸟〉美洲鹟

criterio *m*. ①(批评、判断、检验等的)标准,准则[绳],尺度;②判断(能力);③意见;观点

~ de ajuste 〈统〉调整准则

~ de convergencia 〈数〉收敛准则

~ de decisión 决策准则

~ de Laplace 〈数〉拉普拉斯准则

~ de valor 价值判断

~ minimax 〈数〉极小极大准则［标准］

~ subordinario 〈知〉辅助标准

~s múltiples 多元标准

diferencia de ~s 意见分歧

criticidad f. 临界(性,条件,状态)

crítico,-ca adj. ①批评［判］的;评论(性)的;②〈理〉临界的;③〈医〉(疾病等)危急［象］的;(处于)转折(点)的,转变(期)的;④关键性的

estado ~ 临界状态

frecuencia ~a 临界［穿透］频率,阈频

frecuencia ~a portadora 截止频率

presión ~a 临界压力［强］

punto ~ 〈理〉临界点

temperatura ~a 〈理〉临界温度

tensión ~a 临界电压

valor ~ 临界值

croché m. 〈缝〉①钩针编织;②钩针编织品

crochet m. ①〈缝〉钩针编织;②〈缝〉钩针编织品;③(拳击运动中的)钩拳;④Chil. 钩针

crocidolita f. 〈矿〉青石棉

crocoísa; crocoisita; crocoíta f. 〈矿〉铬铅矿

crol m. 〈体〉爬［自由］泳

crolista m.f. 〈体〉爬［自由］泳运动员

croma f. 〈理〉色品;色品度;色饱和度

cromado,-da adj. 〈技〉镀铬的 ‖ m. (镀)铬;铬合金;铬钢

cromafin adj. 〈生〉①嗜铬的;②嗜铬细胞的

cuerpo ~ 嗜铬体

cromafínico,-ca adj. 〈生〉①嗜铬的;②嗜铬细胞的

célula ~a 嗜铬细胞

cromafinoma m. 〈生医〉亲［嗜］铬细胞瘤

cromar tr. ①将…镀铬;使…受铬处理;②对…进行铬鞣

cromática f. 〈理〉①色彩学;②比色学

cromaticidad f. 〈理〉色品［度］;颜色类型

cromático,-ca adj. ①颜色的;有颜色的;②多色彩的;色彩鲜艳的;③〈理〉色品［度］的;色饱和度的;④〈生〉易染的;⑤〈乐〉半音的;变音的;变音体系的

aberración ~a 色(像)差

abstracción ~a 色彩抽象画法

escala ~a 半音音阶

sensibilidad ~a 光谱［感色］灵敏度

cromátida f. 〈生〉染色半体,染色单体

cromatina f. 〈生〉①染色质,核染质;②见

~ sexual

~ sexual 性染色质

cromatismo m. ①〈理〉色(像)差;②〈植〉(绿色部的)变［异］色;③〈心〉色幻觉;④〈乐〉半音(阶)

cromatista m.f. 色彩学家

cromato m. 〈化〉铬酸盐;铬酸酯

~ de bario 铬酸钡

~ de cinc 铬酸锌

~ de plata 铬酸银

~ de plomo 铬酸铅

cromatocinesis f. 〈生〉〈医〉染色质移动

cromatóforo m. ①〈动〉载色体,色素细胞;②〈植〉叶绿体

cromatografía f. ①〈化〉〈生化〉色谱法;②(色)层(分)析(法)

~ de afinidad 亲和色谱法;亲和层析

~ de fraccionamiento 分层色谱法

~ de gases 气相色谱法;气相层析

~ de líquidos 液相色谱法;液相层析

cromatográfico,-ca adj. 〈化〉①色谱(学)的;②色层(分离)的,层析的

absorción ~a 色谱吸附

análisis ~a 色谱分析;层析

cromatógrafo m. 〈化〉〈生化〉色谱仪

cromatograma m. 〈化〉①色谱(图);②色层(分离)谱;层析谱

cromatólisis f. 〈生〉〈医〉染色质溶解

cromatología f. 〈理〉色学,色彩学

cromatometría f. 〈医〉色觉检查(法)

cromatómetro m. ①〈医〉色觉计;②比色计

cromatopexia f. 〈医〉色素固定

cromatoplasma m. 〈植〉〈医〉色素质

cromatopsia f. 〈医〉色视症;部分色盲

cromatoscopia f. 〈医〉色觉检查法

cromatoscopio m. 〈医〉彩光折射计

cromatrón m. 〈电子〉栅控彩色显像管

crómico,-ca adj. 〈化〉铬的;含铬的;三价铬的

ácido ~ ①铬酸;②三氧化铬,铬酐

óxido ~ 氧化铬

cromidio m. 〈生〉核外染色粒

cromidrosis f. 〈医〉色汗症

cromilo m. 〈化〉铬酰

crominancia f. 〈理〉色度

cromita f. ①〈化〉亚铬酸盐;②〈矿〉铬铁矿

cromo m. ①〈化〉铬;②铬合金;铬钢;③镀铬层;Chil. 镀铬部件;④〈印〉彩色印刷;⑤(作为教具等的)图片

~ duro 硬铬镀层

aleación de níquel y ~ 镍铬合金,克罗麦尔铬镍耐热合金

alumbre de ～ 铬矾

amarillo de ～ 铬黄

curtición con sales de ～ 铬鞣

cromo-naranja *m*. 铬橙

cromoblasto *m*. 〈生〉〈医〉成色素细胞

cromocentro *m*. 〈生〉染色中心；染色质核仁，核粒

cromocito *m*. 〈生〉〈医〉色素细胞

cromodiagnosis *f*. 〈医〉①色泽诊断法；色素排泄诊断法；②有色玻片诊断（法）

cromofilia *f*. 〈生〉易[嗜]染性

cromófilo,-la *adj*. 〈生〉易染色的；嗜染的 ‖ *m*. 易[嗜]染细胞

cromófobo,-ba *adj*. 〈生〉难染色的

cromóforo *m*. 〈生〉发[生]色团

cromofototerapia *f*. 〈医〉色光疗法

cromogénico,-ca *adj*. ①〈生〉色原的；②〈化〉〈生〉发色的；(细菌)产色的

cromógeno *m*. ①〈生〉色原；②〈化〉发[生]色团；③〈化〉铬精（一种染料）

cromoglicato *m*. 〈生医〉〈药〉色甘酸盐

cromoisomerismo *m*. 〈生〉〈医〉异色异构（形象）

cromolitografía *f*. ①〈印〉彩色石印术；彩色平版印刷术；②彩色石印画；彩色平版画

cromolitográfico,-ca *adj*. 〈印〉彩色石印的；彩色平版印刷的

cromómero *m*. ①〈生〉染色粒；②〈解〉血小板染色部

cromona *f*. 〈生〉〈医〉色酮，色原酮

cromonema *f*. 〈生〉染色线，染色丝

cromopexia *f*. 〈医〉色素固定

cromoplasto *m*. ①〈植〉有[杂]色体，色素体；②〈医〉色质体

cromoproteína *f*. 〈生化〉色蛋白

cromoscopio *m*. 〈医〉彩光折射率计

cromosfera *f*. 〈天〉(恒星，尤指太阳的)气球（层）

cromoso,-sa *adj* 〈化〉(亚，二价)铬的

cromosoma *m*. 〈生〉〈遗〉染色体

～ artificial de levadura 酵母人工染色体

～ homólogo 同源染色体

～ sexual 性染色体

～ submetacéntrico 亚[近]中着丝粒染色体

～ telocéntrico (远)端着丝粒染色体

～ X X 染色体(性染色体的一种)

～ Y Y 染色体(性染色体的一种，与 X 性染色体并存于雄性配子中)

cromosomal *adj* 〈生〉染色体的

cromosomología *f*. 染色体学

cromosomático,-ca；cromosómico,-ca *adj*. 〈生〉染色体的

cromosónico,-ca *adj*. *Chil*. 〈生〉染色体的

cromospinela *f*. 〈矿〉铬尖晶石

cromoterapia *f*. 〈医〉色光疗法；光束疗法

cromotipia *f*. 〈摄〉①铬盐相纸印像法；②彩[套]色印色术；③彩色照片[印刷品]；铬盐相片

cromotropía *f*. 〈生〉〈医〉异色异构现象

cromotrópico,-ca *adj*. 〈生〉〈医〉异色异构的

cronaxia *f*. 〈生〉〈医〉时值

cronaximetría *f*. 〈生〉〈医〉时值测量（法）

cronaxímetro *m*. 〈生〉〈医〉时值计

crónica *f*. ①编年史，年代记；②(电台、电视台等的)报道；专题节目；③(报纸)特写(版面，栏目)；记事；*Amér. L*. 文字报道

～ bursátil 证券市场简报

～ de sociedad (报纸的)社交新闻栏

～ deportiva (报纸的)体育版

～ literaria (报纸的)文学版

cronicidad *f*. 〈医〉慢[延久]性

crónico,-ca *adj*. 〈医〉(疾病)慢性的；(人)久病的

cronificar *tr*. (报纸)记录[述，载] ‖ *intr*. 〈医〉转变为慢性疾病 ‖ ～se *r*. (疾病)转变为慢性

cronista *m. f*. ①新闻记者；②(报刊的)专栏作家；③编年史家，年代记编者

～ deportivo (报纸的)体育新闻记者

～ social (报纸的)社会新闻专栏作家

crono *m*. ①〈体〉(赛跑等用)秒[跑]表；停[马]表；②(被记录下的)时间 ‖ *f*. (滑雪、赛车等竞赛的)计时赛

cronobiología *f*. 〈生〉时间生物学，生物钟学

cronoestratigrafía *f*. 〈地〉年代地层学

cronofobia *f*. 〈医〉时间恐怖

cronognosis *f*. 〈医〉时觉

cronografía *f*. 时间记录法，计时法

cronografista *m. f. Cono S*. 〈体〉计时员

cronógrafo *m*. ①(记录式)计时器[计，仪]，精密计时计；②秒表

cronograma *m. Cono S*. ①计时图(表)；②时间表；(火车等的)时刻表；③课程表

cronología *f*. ①年代学；②年表；(事件、资料等)按发生年月顺序的排列

cronológico,-ca *adj*. ①年代学的；②按时间[年月]顺序排列的；按年代先后的

cronometrador *m. f*. 〈体〉计[记]时员 ‖ *m*. 时计，钟表；精确计时装置[钟表结构]

cronometraje *m*. ①〈体〉计时；测时；②时间安排

～ electrónico 电子计时

～ manual 手工计时

cronometría *f*. ①计时学；精确计时法；②时间的科学测定

cronométrico,-ca *adj.* ①测时学的；测时的；②精确计时计的；(用)天文钟(测定)的

cronometrista *m. f.* ①*Chil.* 精确计时专家；②〈体〉记[计]时员

cronómetro *m.* ①时计；精密计时计[器]；②(航海)天文钟；经线仪；③〈体〉(赛跑等用)秒[跑]表；停[马]表
~ contador 航行表

cronoscopio *m.* ①瞬时计(用于测量枪、炮弹等速度)，千分秒表；②计时器(用于心理实验中测量反应时间)

cronotrópico,-ca *adj.* 〈生〉〈医〉变时性的

cronotropismo *m.* 〈生〉〈医〉变时现象

crookesita *f.* 〈矿〉硒铊银铜矿

croquis *m. inv.* ①草[简，略，示意]图；草[初]稿；②〈画〉素描，速写
~ lineal 略[草，轮廓，外形]图

crosopterigio,-gia *adj.* 〈动〉总鳍鱼的 ‖ *m.* 总鳍鱼(原始圆鳞硬骨鱼类，现已濒于灭绝)

cross-country *m. ingl.* 越野比赛项目；越野赛跑

crossista *m. f.* 越野赛运动员

crótalo *m.* 〈动〉响尾蛇；②*pl.* 〈乐〉响板

crotón *m.* 〈植〉①巴豆；②变叶木

crotonaldehído *m.* 〈化〉巴豆[丁烯]醛

crown-glass *m. ingl.* ①冕玻璃(一种钠-钙光学玻璃，对可见光具有高度透明性)；②冠状玻璃

CRT *abr. ingl.* cathodic ray tube 阴极射线管(*esp.* tubo de rayos catódicos)

cruce *m.* ①交叉；交叉处[点]；②道[渡，交叉，十字路]口；(连接两条干道的)横[支]路；(连接四个街口的)交叉路；③(人行)横道(线)；④〈生〉杂交，杂交品种；⑤〈数〉交，相交，交集[点]；⑥〈讯〉交叉线路；⑦〈电〉交扰
~ a desnivel 立体交叉
~ a nivel 平面[同水平]交叉
~ de ferrocarril 铁路交叉点
~ especial (尤指支票上的)特定划线
~ inferior 〈交〉下穿交叉，下穿式立体交叉
~ peatonal 人行横道线
~ superior 〈交〉上跨交叉，高架[空中]交叉

crucería *f.* 〈建〉交叉拱

crucerista *m. f.* 旅〈漫〉游者

crucero,-ra *adj.* 〈建〉交叉拱的 ‖ *m.* ①大型快船；(军)巡洋舰；②旅〈漫〉游；③〈建〉建筑翼部；(十字形教堂的)耳堂；④横档[杆，梁]；⑤(公路等的)交叉路；十字路口；(铁路的)道口，辙叉；⑥[C-]〈天〉南十字(星)座；⑦巡航；巡航导弹
~ de batalla 战列巡洋舰

~ pesado 重(型)巡洋舰
cohete[misil] ~ 巡航导弹
velocidad de ~ 巡航[行，游]速度

cruceta *f.* ①横档[杆，梁]；②〈船〉〈海〉桅顶横杆；③〈机〉十[丁]字头；④(编织物的)十字花(格)；⑤*Cono S.* 旋转栅门；闸机验票口
tirantes de ~ 横臂拉条，交叉撑

crucial *adj.* 十字形的
incisión ~ (手术的)十字形切口

crucífero,-ra *adj.* 〈植〉十字花科的；(开)十字花的 ‖ *f.* ①十字花(科)植物；②*pl.* 十字花科

cruciforme *adj.* 十字[交叉]形的

crudívoro,-ra *adj. Chil.* 吃生食的

crudo,-da *adj.* ①生的；未煮过的，未烹调的；②未成熟的(水果)；未煮[烤，煎]透的；③原[本]色的；④〈技〉(原)生的，天然的，未加工的；未作处理的；⑤(气候)恶劣的；⑥硬的(水)；⑦米黄色的，淡黄的 ‖ *m.* ①原油；②*Amér. L.* (酗酒后的)宿醉(指头痛、恶心等不适反应)；③*Amér. L.* 〈纺〉麻袋布
agua ~a 硬水
cuero ~ 生皮
seda ~a 生丝
tela ~a 本色布

crujía *f.* ①通路[道]；航路[道，线]，水路；②〈建〉走[遛]廊，过道；③〈建〉开间，跨度；④船(体)中部过道，上甲板中部过道；⑤〈医〉(有两排病床的)大病房

crural *adj.* 〈解〉腿的；胫的；股的

crus *m. lat.* 〈解〉腿；胫；下肢

crusta *f.* 〈动〉甲壳

crustáceo,-cea *adj.* 〈动〉甲壳纲的 ‖ *m.* ①甲壳纲动物；②*pl.* 甲壳纲

cruz *f.* ①十字(形，标记，徽标，勋章)；②十字架；③〈植〉树杈；④(刀、剑等的)柄；⑤(锚)冠；⑥〈动〉肩隆(马肩胛骨间隆起的部分)；⑦(硬币等的)背面
~ de hierro 铁十字勋章
~ de Malta ①马耳他十字(形)；②〈植〉皱叶剪秋罗；③〈医〉十字绷带
~ de mayo *Amér. L.* ①万字饰，卍字饰；②卍字
~ de San Andrés 圣安德雷斯十字，斜十字
~ del Sur [C-]〈天〉南十字(星)座
~ gamada ①万字饰，卍字饰；②卍字(德国纳粹党的党徽)
~ griega 希腊式十字架
~ latina 拉丁式十字架(通常为直长横短形)
~ Roja [C-] 红十字；红十字会

~ sencilla 普通十字勋章

cruza *f.* ①*Amér. L.*〈生〉杂交;杂(交)种;②〈农〉重[复]耕,二次犁作

cruzadilla *f. Amér. C.*〈交〉(铁路与公路、人行道或两条铁路的)平面交叉处,(平面)道口

cruzado,-da *adj.* ①十字的;交叉[错]的;②横穿的;横放[置]的;③〈动〉杂交[种]的;④(支票)划线的;⑤(上衣)双排纽扣的;⑥交错的;斜纹的

de capas ~as 交错层的

tela ~a 斜纹布

cruzamiento *m.* ①交叉,相交;②道[渡]口;〈交〉(铁路)岔道;渡线;③〈生〉杂交

~ oblicuo 菱形交叉

corazón de ~ (铁道)岔心

crystolón *m.* (人造)碳化硅(供研磨用)

Cs 〈化〉元素铯(cesio)的符号

c. s. f. *abr.* coste,seguro y flete〈商贸〉成本、保险及运费,到岸价格

CSCE *abr.* Conferencia de Seguridad y Cooperación en Europa 欧安会(欧洲安全和合作会议的简称)

cta.;cte. *abr.* cuenta corriente 往来账户,活期存款账户

cta.;cto *abr.* carta de crédito〈商贸〉信用证

ctdad. *abr.* cantidad 数量;分量

ctenidio *m.* 〈动〉①栉;②(鱼的)栉鳃

ctenóforos *m. pl.* 〈动〉栉水母(有 8 列栉状板,为其主要运动器官)

ctenoide *adj.* 〈动〉栉状的;有栉齿边缘的;有栉鳞的

ctra. *abr.* carretera (大)道,大路;公路

Cu 〈化〉元素铜(cobre)的符号

cuaderna *f.* 〈船〉肋骨[材];骨[构]架

~ de armar 构架肋骨

~ maestra ①中部肋骨;②主机[构]架;(汽车)底盘

~ revirada 斜肋骨

cuadernal *m.* 〈机〉滑轮[车]组,手拉吊挂

cuaderno *m.* ①笔记[记录]本,练习本;②记事本;便条簿

~ de bitácora 航海日志

~ de cheques 支票簿

~ de ejercicios 练习本;工作手册

~ de espiral 螺旋装订笔记本

~ de hojas sueltas 活页笔记本

~ de navegación 航海日志

~ de trabajo ①航海日志;②飞行日志;③〈信〉(计算机)工作日志

cuadrada *f.* 〈乐〉二全音符

cuadradillo *m.* ①直尺;角凿;②方钢;方形铁

条;③〈缝〉放宽布料

cuadrado,-da *adj.* ①方的,正[四]方形的;②(成)直角的;③〈数〉平方的,二次幂的;平方面积的 ‖ *m.* ①〈数〉正[四]方形;②〈数〉平方,二次幂;③方格;方形物;④直尺;平行直尺;⑤(模)板,(小)方块;⑥〈印〉空铅,(填空用)铅条;⑦〈缝〉(加固或放大衣物的三角形或菱形的)衬料

~ de segundo grado 平[二次]方的

~ mágico〈数〉纵横图,幻方

método de los mínimos ~s 最小二乘法,最小平方法

metro ~ 平方米

músculo ~〈解〉方肌

cuadrafonía *f.* 四声道立体声;四声道录音术

cuadrafónico,-ca *adj.* 四声道立体声的;四声道录音术的

cuadral *m.* 〈建〉隅[角,支]撑,桁架

cuadrangular *adj.* ①有四个角的;②〈数〉四边[角]形的;③*Chil.*〈体〉四个体育俱乐部参加的(比赛)‖ *m.*〈体〉(棒球运动中的)本垒打

cuadrángulo,-la *adj.* 有四个角的;〈数〉四边[角]形的 ‖ *m.*〈数〉四边[角]形,方形

cuadrantal *adj.* ①〈数〉象限的;②〈生〉四分体的;③扇形的

cuadrante *m.* ①〈测〉四分之一圆;扇形体;②〈测〉九十度弧,四分之一周角;③〈生〉四分体;④〈数〉象限;⑤〈海〉象限[四分]仪;⑥见 ~ solar;⑦(收音机的)调谐度盘;⑧〈工艺〉扇形标度盘;(钟表等)表盘[面];钟盘[面]

~ de fotómetro 光度计标度盘

~ solar (通过太阳辨认时间的)日规,日晷(仪)

cuadrar *tr.* ①使成正[四]方形;②使成直角;③〈数〉使成平方,使成二次幂;求…面积;③使方[平]正;④把…划分成方格;⑤*Per.* 停放[靠](车辆等)

cuadrasónico,-ca *adj. Chil.* 立体声的

cuadrática *f.*〈数〉二次方程,二次式

cuadrático,-ca *adj.* ①〈数〉二次的;平方的;②(似)正方形的

ecuación ~a 二次方程

formas ~as 二次式,二次型

cuadratín *m.*〈印〉空铅,(填空用)铅条

cuadratura *f.* ①〈数〉求积分;求面积;②〈天〉方照;上[下]弦;③〈数〉正[四]方形;④〈电〉正交;转像差,九十度相位差

~ de fase 转像相差,九十度相位差

componente en ~ 正交分量,相位差九十度的分量

cuadrete *m.*〈电〉四芯绕[线]组;四芯电缆

［导线］

cable de ～ （扭绞）四芯［线］电缆

cuadríceps *m. inv.* 〈解〉四头肌

cuádrica *f.* 〈数〉二次曲面［线］；二次式，二次函数

cuádrico,-ca *adj.* 〈数〉二次的

superficie ～a 二次曲面

cuadrícula *f.* ①（小）方格；②（地图）格网，坐标方格；③（照相排字等用的）字膜板；④〈信〉网格（指通过因特网连接起来的许多电脑，可协同解决一些难题）

cuadriculación *f.* 分成方格

cuadriculado,-da *adj.* ①（有）方格的；②方［网，棋盘］格状的

mapa ～ 坐标方格（式）地图

papel ～ 方格纸

cuadrífido,-da *adj.* 〈植〉（叶、瓣等）四分裂的，分成四部分的

cuadrifoliado,-da *adj.* 〈植〉四叶的

cuadriforme *adj.* 兼有四种形态的

cuadrilateral *adj.* 四边的

cuadrilátero,-ra *adj.* 〈数〉四边形的 ‖ *m.* ①〈数〉四边形；②四边形物；四边形地区；③职业拳击赛台

cuadrilla *f.* ①班，（一）队，（一）组；（一）批；②帮，一伙，一群；③〈军〉班；武装巡逻队

～ de día/noche 日/夜班（组）

～ de mantenimiento 修理班，维修队

～ de perforación 钻探队

cuadrilongo,-ga *adj.* 〈数〉长方形的；长椭圆形的 ‖ *m.* ①〈数〉长方形；长椭圆形；②〈军〉长方队

cuadrimolecular *adj.* 〈化〉四分子的

cuadrimotor *adj.* 〈航空〉四发动机的 ‖ *m.* 四发动机飞机

cuadrinomial *adj.* 〈数〉四项式的

cuadrinomio *m.* 〈数〉四项式

cuadriplejía *f.* 〈医〉四肢麻痹

cuadripléjico,-ca *adj.* 〈医〉四肢麻痹的

cuadripolar *adj.* 〈理〉四极的

momento ～ 四极矩

cuadripolo *m.* 〈理〉四极（场，子）

cuadrivalencia *f.* 〈化〉四价

cuadrivalente *adj.* ①〈化〉四价的；②〈生〉四价（染色）体的 ‖ *m.* ①〈化〉四价原子，四价元素；②〈生〉四价（染色）体

cuadrivio *m.* ①（中世纪大学开设的）四艺（指算术、几何、音乐、天文学）；②〈交〉四条路的交汇处，四岔路口

cuadro,-dra *adj.* （正）方（形）的，四方的 ‖ *m.* ①〈数〉正［四］方形；②方格（图案）；方形物；③（窗，门，画）框；框架；④图［绘］画；场面；景象；⑤〈戏〉场；⑥图；图表；⑦（控

制，操纵）台，板，盘，（印刷业）印盘；⑧（自行车）车架；⑨干部；（企业等的）管理人员；行政（管理）人员；〈军〉指挥官；⑩〈医〉症状［候］；⑪（花园、菜园等的）圃，坛，（苗）床；⑫〈军〉方阵；⑬〈体〉队

～ atirantador 加劲框架

～ bordado 绣花画片

～ clínico 临床症状

～ comparativo 对照表；比较图表

～ compensador 减压架

～ de alimentación 馈电（控制）盘

～ de alta/baja tensión 高/低压电力配电盘

～ de carga 充电盘

～ de conmutadores （电话的）交换台

～ de control［mando］ 控制盘［板，屏］，操纵板［台］

～ de control telefónico 电话交换台

～ de corrientes financieras 资金流量表

～ de derivación 配线架；配电［交换］板

～ de diálogo 〈信〉对话框

～ de distribución ①配电盘［板，屏］；控制板；②（电话的）交换台

～ de distribución de frecuencias 频率［段］分配盘，频率［段］分配板

～ de fuerza 配电盘

～ de honor 荣誉册，光荣榜

～ de instrumento［mandos］ （飞机、汽车等的）仪表板

～ de maniobra 控制盘［板］，配电盘［板，屏］，电键［表］板；开关屏［盘，板］

～ de pruebas 测试台

～ en concha 贝雕画

～ en cortina de bambú 竹帘画

～ en cuernos tallados 角雕画

～ esquemático 示意图

～ interurbano 长途（交换）台

～ sinóptico ①一览表；②〈气〉天气图

～ viviente［vivo］ 活人造型（指由活人扮演的静态画面、场面或历史性场景，尤指舞台造型）

～s dirigentes［superiores］ ①〈军〉高［上］级军官；②上级官员；③（企业）高级管理人员

～s medios ①〈军〉中级军官；②中级官员；③（企业）中级管理人员

cuadrumano,-na；　**cuadrúmano,-na** *adj.* 〈动〉①（具有）四手的，四足功能如手的（如猿、猴等）；②四手类的

cuadrúpedo,-da *adj.* 〈动〉（有）四足的 ‖ *m.* 四足动物

cuádruple *adj.* ①四倍（于…）的；四重的；②（由）四部分（组成）的，包括四部分的；③

〈讯〉四路［联，工］的；④四方［国］（联合）的；⑤〈乐〉四拍子的 ‖ *m.* 四倍（量，式）

cuádruplex *adj.* ①四倍［重］的；②有四部分的；③〈讯〉四路多工的，四工的（指能通过单一线路在两个方向同时传输两个信息的）‖ *m.* 见 sistema ～

sistema ～〈讯〉四路多工电报系统；四工制，四路传输制

cuadruplicación *f.* ①（放大，增至）四倍；乘以四；②反复四次；③一式四份，一式四份的一份；④四相同物之一

cuadruplicado,-da *adj.* ①四倍［重］的；②一式四份的

factura por ～ 四联单

por ～ 一式四份地

cuádruplo,-la *adj.* 见 cuádruple

cuaima *m. o f.* 〈动〉响尾蛇

cuajachote *m. Salv.* 〈植〉胭脂树

cuajaleche *m.* 〈植〉①蓬子菜；②铺床用草，塞床垫用的草

cuajar *m.* 〈动〉皱胃

cuajarón *m.* （血、胶状物等的）凝块；（黏土等的）块

cuajicote *m. Méx.* 〈昆〉竹［木］蜂

cuajo *m.* ①〈动〉（尤指牛犊第四胃）胃膜；（第四胃中的）凝乳块；②〈生化〉凝乳酶；③*Méx.* 〈教〉（尤指课间）娱乐时间

cualidad *f.* ①性质；特性；②品质；质量；③〈理〉（固有）属性

cualificación *f.* 资格；资格证明，合格证书

cualificado,-da *adj.* ①（技术）熟练的（工人）；有专长的；有技能的；②有资格的，够格的；胜任的

cualitativo,-va *adj.* ①质的；性质（上）的，质量的；②〈化〉定性的

análisis ～〈化〉定性分析

cambio ～ 质变

mano de obra ～a〈经〉熟练劳动力

cuanta *f.* 〈理〉量子

cuántico,-ca *adj.* 〈理〉量子的 ‖ *m.* 〈数〉齐式，多元齐次多项式

biología ～a 量子生物学

mecánica ～a 量子力学

números ～s 量子数

química ～a 量子化学

teoría ～a 量子论

cuantidad *f.* ①〈数〉量；表示量的数；②数（目），（定）额

cuantifiable *adj.* 可定量表示的

cuantificación *f.* ①量化；②确定数量；以数量表示

cuantificado,-da *adj.* （被）量化的；量（子）化的

cuantificador *m.* ①〈讯〉〈信〉数字转换器；②量化器；③〈逻〉〈数〉量词

～ universal〈数〉全称量词

cuantil *m.* 〈统〉分位数

cuantitativo,-va *adj.* ①量的，数量的；②能用数量表示的；③〈化〉定量的

análisis ～ 定量分析

cambio ～ 量变

economía ～a 数量经济学

cuantización *f.* 〈讯〉〈信〉量（子）化

cuantizar *tr.* ①〈理〉使量子化；用量子力学表示；②〈数〉使量化，取…的离散值；③〈讯〉〈信〉使（信号）量子化，把…分层

cuanto *m.* ①〈理〉量子；②〈知〉量；数量

～ de acción 作用量子

～ de luz 光量子

cuarango *m. Per.* 〈植〉金鸡纳树

cuarcífero,-ra *adj.* 〈地〉〈矿〉石英质的；由石英形成的，含石英的

cuarcita *f.* 〈地〉〈矿〉石英岩［砂］；硅岩

cuarentena *f.* ①（为防止疾病传染而强行实施的）隔离；检疫；②隔离期；（停船）检疫期

～ de entrada/salida 入/出境检疫

～ sanitaria 卫生检疫

bandera de la ～ 检疫旗

esfera de la ～ 检疫范围

objetivo de la ～ 检疫对象

cuark(*pl.* cuarks) *m.* 〈理〉夸克（基本粒子之一）

cuarta *f.* ①〈数〉四分之一；②一拃宽；③〈汽车的）第四挡；④〈海〉（罗经的）方位点，罗经点；⑤〈乐〉四度音程；⑥〈天〉象限仪；⑦*Cono S.*〈农〉一对拉帮套的公牛

cuartana *f.* 〈医〉（每第四日复发的）三日疟

cuartanal *adj.* 〈医〉每第四日复发的（疟疾）

cuartel *m.* ①〈数〉四分之一，四等分；②〈军〉军［兵］营，营房；③（城镇的）区；地区；地块［段］；④〈农〉（菜园的）苗床，坛

～ de invierno （部队的）冬季营房

～ general （军队，警察等的）司令［指挥］部，大本营

cuarteto *m.* 〈乐〉四重奏（曲），四重唱（曲）

cuartil *m.* 〈统〉四分位点；四分位数；四分位值

cuartilla *f.* ①单张（纸）；A5号纸；②（马足的）毬；③夸尔蒂亚（计量单位，如四分之一干量或液量单位，合 25 升）；④*pl.* 〈印〉原［手］稿；摘［笔］记；稿件

cuarto *m.* ①四分之一，四等份；②一刻钟；③（罗盘针）方位；④方位角，象限，⑤〈天〉太阴月的四分之一；弦，月球公转的四分之一；⑥房间；小套房，住宅；⑦（楼房的）第四层；⑧〈动〉（四足动物的）足，肢；⑨〈印〉四开；

四开本(书)
～ creciente 〈天〉上弦(时);上弦月
～ de aseo[baño] 厕所;浴室
～ de circunferencia 四分之一圆周
～ de estar[habitación] 起居室
～ de herramientas 工具室[房],工具车间
～ de interruptores 机键[配电]室
～ de juego ①(儿童)游戏室;②(成人)娱乐室
～ frío 冷藏室[库]
～ mengua[menguante] 〈天〉下弦月;(月的)下弦
～ obscuro[oscuro] ①〈摄〉暗室;②*Arg.*, *Urug.* 投票亭
～s de final 〈体〉四分之一决赛
～s delanteros/traseros (四足动物的)躯体前/后半部(包括两前/后足);前/后腿(部分)
en ～ creciente 新月状的,有月形纹的
cuartofinalista *m. f.* 〈体〉进入四分之一决赛者
cuarzo *m.* 〈矿〉石英;水晶
～ ahumado 烟水晶
～ aurífero 金丝水晶
～ figata 金刚砂石,眼石
～ fundido 熔凝石英[水晶]
～ hialino 水晶
～ piezoeléctrico 压电晶体
～ rosa[rosado] 蔷薇石英
～ tallado 石英晶体,石英(振荡)片
lámpara con envuelta de ～ 石英灯
oscilador de ～ 石英晶体振荡器
reloj de ～ 石英晶体钟
cuarzoso,-sa *adj.* ①含石英的;石英质的,由石英构成的;②像石英的
cuásar *m.* ①〈天〉类星体;②类星射电源
cuasia *f.* 〈植〉苦樗
cuasicontrato *m.* 〈法〉准契约
cuasidelito *m.* 〈法〉准犯罪
cuasigrupos *m.* 〈生〉拟[亚]群
cuasi-mercado *m.* 准市场
cuasi-público,-ca *adj.* 准公共性的
cuaterna *f.* 〈数〉四元素(a,b,c,d)
cuaternario,-ria *adj.* ①四个一组的;四个组成的;(由)四部分组成的;②〈数〉四进制的;③〈地〉第四纪[系](岩石)的;④〈化〉四元[价]的;季的 ‖ *m.* ①四个一组;②一组的第四(个);③〈地〉第四纪[系];第四纪[系]岩石
aleación ～a 四元合金
cuati; **cuatí** *m.* o *f. Amér. L.* 〈动〉长吻浣熊
cuatricromía *f.* 〈印〉四色印刷术
cuatrifónico,-ca *adj.* 四声道(立体声)的
cuatrimotor,-ra *adj.* 〈航空〉四引擎的 ‖ *m.* 四引擎飞机
avión ～ 四引擎飞机
cuatrirreactor *m.* 〈航空〉四涡轮喷气飞机
cuatrista *m. f. P. Rico* 〈乐〉四弦琴演奏者
cuatro *m.* ① 数字四;② *Amér. C.*, *Venez.* 〈乐〉四弦吉他;四弦琴
cuatronarices *f. Méx.* 〈动〉洞蛇
cu.; **cub.** *abr.* cúbico 立方的;三次方的
cuba *f.* ①(木,大,提)桶;②一桶之量;③(铁路用)罐车;水[油]槽车;④(大)槽,池;⑤(高炉)炉身
～ de agitación para la amalgamación 〈矿〉精选桶
～ de alto horno 高炉炉身
～ de digestión 化污池,消化池
～ de fermentación 发酵桶
～ de mezclar 混料桶
～ electrolítica 电解池
cubatura *f.* ①体[容]积;②求体[容]积法
cubeba *f.* 〈植〉荜澄茄(胡椒科植物,其干果可作药用或调味用)
cubeta *f.* ①〈摄〉〈植〉(浅)盘,方[托]盘;杯;②(电冰箱内制小冰块用的)冰格盘;③(气压计、温度计等的水银)槽;泡,球状物;④(小,吊)桶;盛料器;⑤〈乐〉(竖琴的)底座
～ de decantación 沉淀槽
～ de escurrido de destilación 盛油杯;油[酸]样收集器
～ de hormigón 混凝土吊斗
～ basculante 翻斗
～ para lavar el oro 淘金摇汰盘
muela de ～ 杯形砂轮
placa de ～s 槽形板
cubeta-draga *f.* 〈机〉(挖泥机)抓斗
cubicación *f.* (求)体[容]积(法)
cubicaje *m.* ①容积[量];体积;②(汽车)气缸容积[量]
cubicar *tr.* ①〈数〉使成立方形[体];②〈理〉〈数〉量体积,量容积[量];③〈数〉使自乘二次;④〈建〉铺方石
cúbico,-ca *adj.* ①〈数〉立方的;三次方的;②立方体[形]的;③〈理〉立方晶系的
ecuación ～a 三次方程
pie ～ por segundo 每秒-立方英尺的流量(英尺^3/秒,容积流率单位)
raíz ～a 立方[三次]根
cubierta *f.* ①覆盖[掩蔽]物,掩护[蔽]物;②(外,护)罩;(外,炉,护,屏蔽)套;(外,机,阀)壳;(轴承等的)盖,(盖,面,镀,覆盖,保护)层;(层,罩)面,(套)膜;(包,护,蒙)皮;③(汽车)外胎;车胎;④〈船〉甲板;舱面;盖

［遮，覆］板；⑤（书的）护封；（平装书的）封面［皮］；⑥信封；（邮件的）封套；⑦〈建〉屋顶［盖，面］；盖瓦，屋面材料；⑧〈植〉覆盖植物

～ corrediza 驾驶舱滑动顶罩［盖］

～ de aterrizaje 降落甲板；（航空母舰上的）飞行甲板

～ de bordo libre 干舷甲板

～ de botes〈船〉放置救生艇的上层甲板

～ de cable 电缆护套

～ de caucho 橡胶轮胎

～ de dos aguas 单坡屋顶

～ de filón〈矿〉上盘，悬帮

～ de intemperie ligera 遮蔽甲板

～ de lona（防水）油［篷帆］布，柏油帆布

～ de neumático 轮［外］胎

～ de paseo(～ superior)（客轮的）上层甲板，散步甲板

～ de popa 艉楼甲板

～ de protección 保护板

～ de turbina 涡轮［透平］壳

～ de vuelo（航空母舰上的）飞行甲板

～ del combés(～ principal) 主甲板

～ en espiral 蜗壳

～ hueca 垫实轮胎；半实心轮胎

～ neumática 充气轮胎

～ rasa 平甲板

～ sin cámara 无内胎轮胎

～ superior（最）上层甲板，散步甲板

aterrizaje en［sobre］～ 甲板降落

baos de ～〈船〉甲板梁，上承梁

cargamento de ～ 舱面货

forro de la ～ 铁［钢］甲板

cubierto,-ta adj.　①有盖［篷］的；有掩蔽的；遮蔽［盖］（着）的；②覆盖的，被覆的；③隐蔽着的，掩藏着的；④〈气〉多云的，阴（沉沉）的；（被云、雾等）遮蔽的；⑤〈药〉涂敷的；⑥有屋顶的 ‖ m.　①〈建〉屋顶；②（一套）餐具（指刀、叉、匙等）；③（餐桌上用餐个人使用的）餐位餐具

cubilote m.　〈冶〉冲天［化铁，熔铁］炉；（立式）圆筒炉，烘砖用圆炉

horno de ～ 化［熔］铁炉，冲天炉

cubismo m.　〈画〉立体［方］主义，立体派

cubista adj.　〈画〉立体［方］主义的；立体派画［雕塑］家的 ‖ m. f.　立体派画［雕塑］家

cubital adj.　〈解〉①前臂的；尺骨的；②肘的

arteria ～ 肘动脉

fractura ～ 尺骨骨折

cúbitus m.　〈解〉前臂；尺骨

cubitus m. lat.　①〈解〉前臂；尺骨；②〈昆虫〉肘脉

cubo m.　①桶；提［吊，料］桶；②一桶之量；满

桶；③〈数〉立方形［体］；④〈数〉立方，三次幂；⑤〈机〉（轮，桨）毂，鼓轮，卷［滚，套］筒；（衬）套；⑥〈信〉存储桶；⑦〈建〉圆形塔楼［建筑］；⑧（风车水轮的）提水斗；⑨（钟表的）发条盒

～ de hélice aérea 螺旋桨毂

～ de latón 铜瓦［套，毂］

～ de Rubik 魔方（匈牙利教师 Rubik 发明的一种智力玩具）

～ de rueda 轮毂

～ de transportador 斗式提升机

cuboflash m.　〈摄〉（装有四个闪光泡的）方形［立体］闪光灯

cuboides adj. inv.　〈解〉骰骨的 ‖ m.　骰骨

cubrebocas m. inv.　〈医〉（用蜡、石膏等从人的面部取下的）面膜

cubrecadena f.　〈机〉（自行车）链罩

cubrejunta f.　〈建〉①压［盖］口条；②平接盖板，对接搭板；鱼尾［接合，接轨，连接］（夹）板

～ de rieles 组合板

cubreobjeto m.　〈生〉（显微镜检查用的）载物玻璃片

cubrerradiadores f. inv.　〈机〉（汽车等发动机的）散热器套

cubrerrueda f.　〈机〉①（车辆等轮胎上的）挡泥［防溅］板；②轮罩［箱］

cubresol m.　①〈建〉遮阳（板），天棚，百叶窗；②物镜［太阳］遮光罩

cubriente m.　〈画〉（颜色等的）覆盖力

cuca f.　①〈植〉铁荸荠，地栗；②〈昆〉毛虫

cucaracha f.　①〈昆〉蟑螂，蜚蠊；②Méx. 破旧汽车；（有轨电车的）拖车；Arg. 有轨电车；③（大麻卷烟的）烟蒂；④〈信〉（计算机和电子组件心脏部分的）芯片；（集成）电路片，基片

cuchara f.　①匙（子），（圆）勺；调羹；长柄勺；（淘水用的）舀子；②勺形物；③〈机〉（挖土机、挖泥船等的）挖［铲］斗；（谷物升运机的）勺斗；④铲［煤，屑，水］斗；勺形铲凿；⑤Amér. L.〈建〉镘［抹］子；⑥Méx. 火［铁］铲

～ con garras 抓斗

～ de colar 铸勺，铁水包

～ de excavadora 挖土［泥］机挖斗，挖土［泥］机铲斗

～ de grifos 起重钩

～ mecánica 大［机械］铲

cucharón m.　①大匙；长柄（汤）勺；②〈机〉铲［煤，屑，水］斗；勺形铲凿；挖［铲］斗；（谷物升运机的）勺斗；③〈冶〉铸勺；（铸，大吊）桶

cuché m.　上光美术纸，铜版纸

cucheta f.　〈船〉〈海〉寝舱

cuchilla *f.* ①刀片;刀[刃]口;②刀,刀[刃]具;刀锋;③(劈骨头等用的)屠[大砍]刀;④〈机〉犁刀[片];⑤*Amér. L.* 小[铅笔]刀;⑥〈地〉山脉[脊];*Amér. M.* 山峦;*Cari.* 山顶;*Chil.* (陡峭)山峰[巅]

~ de acabado 镗刀

~ de afeitar 剃刀刀片

~ de balanza 刀[刃]口;刀刃形

~ de báscula[fiador,picaporte] 折刀

~ de cepillar 刨刀[铁]

~ de interruptor 开关闸刀,闸刀开关铜片

~ de moldurar 成型刀具,(木工)线脚切割器

~ de placa de carburo 硬质合金刀具,碳化物刀具

~ de tornear diamantada 金刚石刀,钻石针头

~ giratoria 圆盘刀

~ planeta 刮刀

cuchillada *f.* ①(刀)刺,戳;刀[砍]击;②刺[戳]破的伤口;砍口[痕];刀伤;③〈缝〉(衣服上的)开衩;(装饰性)狭[长嵌]缝

cuchillero *m.* ①刀具[剪]匠;制刀[剪]人;②刀具[剪]商;③夹持[固定,加固]器;④〈建〉扒钉

cuchillo *m.* ①刀;(闸,刮,刨,切削,手术)刀;刀(刃)口;②〈建〉(支撑建筑物的)支柱;三角[人字,山形]架;③〈缝〉V形三角布(用以放大衣服或改变其形状);④〈动〉犬牙[齿];尖[长,獠]牙;⑤见 ~ de aire

~ de aire 冷风,冷气流

~ de armadura 三角[山形,人字]架,桁架

~ de monte 猎[砍]刀

~ de yeso 石膏切刀

cuclillo *m.* 〈鸟〉杜鹃,大杜鹃,布谷(鸟)

cuco *m.* ①〈鸟〉杜鹃,大杜鹃,布谷(鸟);②〈昆〉毛虫,(昆虫类的)幼虫;③〈信〉(记录浏览器使用情况的)网上信息块

cuculí *m. And.,Cono S.* 〈鸟〉①斑尾林鸽;②旅鸽

cuculiforme *adj.* ①〈鸟〉杜鹃的;鹃形目的;②像杜鹃的

cucúrbita *f.* ①〈植〉葫芦科植物(如南瓜、葫芦等);②〈化〉长颈烧瓶;葫芦形蒸馏瓶;③〈机〉螺栓头

cucurbitáceo,-cea *adj.* 〈植〉葫芦科的 ‖ *f.* ①葫芦科植物;②*pl.* 葫芦科

cucuy *m. Amér. L.* ①〈植〉龙舌兰;②龙舌兰纤维绳;龙舌兰纤维植物;③〈昆〉萤火虫

cucuyo *m. Amér. M.,Antill.* 〈昆〉萤火虫

cuello *m.* ①〈解〉颈;②颈项,脖子;③〈缝〉(衣服的)领口[圈],衣[硬]领;④瓶[管]颈;颈状部位,细长部分

~ alto (毛衣等的)高圆翻领

~ (a la) caja 水手领

~ chino 旗袍领;直[中山装]领

~ (de) cisne ①(毛衣等的)高圆翻领;②鹅颈(弯,管),S形弯(曲,管)

~ de botella ①交通阻塞点;②瓶颈口;薄弱环节

~ de la matriz 〈解〉宫颈

~ de marinero (水手衫的)方领

~ de pajarita 翼[燕子]领

~ de pico V字[形]领

~ de quita y pon(~ postizo) 可拆卸领;假领

~ de recambio 备用领

~ del útero(~ uterino) 子宫颈

~ redondo 圆领

~ vuelto 翻[高]领

cuenca *f.* ①〈地〉盆[凹]地;海盆;②〈地〉流[区]域;③矿区[田];④〈解〉眼窝;(骨头或器官的)凹面,凹处

~ carbonífera 煤田

~ de un río (江、河等的)流域

~ de vertiente 集水区域,汇水[汇流,受水,储油]面积;流域(面积)

~ eólica 风成盆地,风蚀盆地

~ hullera[minera] 煤田;煤盆地

~ marginal 边缘盆地

~ oceánica 海洋盆地

~ petrolífera 油田

~ sedimentaria 沉积区

~ submarina 海底盆地

cuenta *f.* ①〈数〉(点,计,数)数;②计算;③账单[目];明细账;④账(户),银行往来账;账款,款项;⑤算账;清算;⑥*Chil.* 〈体〉比分;⑦〈纺〉(织物的)支数

~ a mitad 共用账户

~ a orden conjunta 双署账户

~ a plazo (fijo) 存款账户,定期存款账户

~ atrás (起爆核弹、发射导弹等前的)倒记数,逆序记数(如倒数时间的口令)

~ conforme 确认账额

~ de flete 运费账单

~ de gastos e ingresos 收支表

~ de reserva 准备金账户

~ del activo y del pasivo 资产与负债账户

~ electrónica de pulsaciones 电脉冲计数

~ en descubierto(~ rebasada) 透支账户

~ espermática 〈医〉(一次射精的)精子计数

~ improductiva[incobrable,mala] 坏账,死账

~ vivienda (房屋)抵押账户

cuenta-revoluciones *m.* 〈机〉转速表;转数计

[表]

cuentagotas *m. inv.* 滴管;滴重计

cuentahílos *m. inv.* 织物密度分析镜

cuentakilómetros *m. inv.* ①(车辆等的)里程表[计];②速度[率]计

cuentamillas *m. inv.* 〈海〉〈航空〉里程计
~ aéreo 飞行里程计

cuentapasos *m. inv.* 计步器,步数[程]计

cuentapropismo *m.* 自主经营,个体户经营

cuentarrevoluciones; cuentavueltas *m. inv.*
Amér. L. 转速表;转数计[表]

cuerda *f.* ①绳(索);粗绳;②(缆,软,塞,细,钢丝)绳;钢索;(软,粗,芯,导火,挠性)线;③(跳绳)用绳;(有木柄的)跳绳;④(钟表的)发条;⑤〈乐〉(乐器的)弦;⑥〈乐〉声部;⑦〈乐〉弦乐器组;⑧〈数〉弦;⑨〈解〉声带,索;⑩弦杆,桁弦,桁架弦杆
~ de amianto 石棉绳
~ de arco 拱弦
~ de cáñamo 麻绳
~ de piano 钢琴丝,琴钢丝,钢弦
~ de plomada 铅垂线,垂直线;准绳
~ de salvamento[salvavidas] 救生索;(潜水员的)信号绳,升降索
~ de sirga 拖缆[索],纤
~ de tripas 肠线
~ del ala 翼弦
~ floja 软绳
~ guía 拖[牵引]绳
~ sin fin 无极[端]绳
~s vocales 〈解〉声带

cuerno *m.* ①(动物的)角;鹿[茸]角;②(蜗牛等的)触角;③角质;角质物;④角形[状]物,角状容器;⑤〈乐〉号;号角;⑥〈军〉(左、右)翼,侧翼(部队);⑦(弯月的)钩尖
~ de caza 牛角号

cuero *m.* ①(兽)皮;(兔、羊等的)毛皮;(去毛的)生皮;②皮革;皮革制品;③(水龙头等的)垫圈;④〈体〉球;足球
~ adobado 鞣制革
~ artificial 人造[合成]革,假皮
~ cabelludo ①〈解〉头皮;②(动物的)头皮
~ charolado (黑)漆皮
~ de becerro 小牛皮
~ de caimán 鳄鱼皮
~ de carnero 羊皮
~ de cordero 羔羊皮
~ de imitación ①人造革;仿皮制品;②漆[油,防水]布
~ de res(~ vacuno) 牛皮
~ embutido[repujado] 皮碗
~ encostrado 半硝革
~ exterior/interior 〈动〉表/真皮

~ verde 生皮

cuerpo *m.* ①〈解〉(人、动物的)身[躯]体;②(人、动物除头、肢、尾以外的)躯干;(物体的)主干[要]部分;主体;③(书籍的)册;(文章、书籍的)正文;(法律文件等的)汇编;④社团,团体;机构[关];队;(视作整体的)一批[群,组];⑤(酒等的)醇[强]度;⑥〈印〉(铅字)字体[号,身];⑦〈军〉部队,兵团;⑧物体(机,车,床,船,刀)身;⑨(纸、纺织品等的)厚度
~ amarillo 〈解〉黄体
~ calloso 〈生〉胼胝体
~ celeste 天体
~ ciliar 〈解〉睫状体
~ cilíndrico(~ del cilindro) (圆)柱体,筒体
~ compañero 〈航空〉伴体
~ compuesto 复[化]合物;混合体
~ cristalino 〈地〉晶状体
~ de baile 舞蹈队[团]
~ de Barr 〈生化〉巴尔体(存在于雌性体细胞内的一种无活性、浓集的 X 染色体)
~ de bomba 泵体
~ de bomberos 消防队
~ de directores 理[董]事会
~ de Golgi 〈生〉戈尔吉体,高尔基体
~ de leyes (一套)法典
~ de policía 一队警察
~ de revolución 〈数〉回转体
~ del delito ①受害者尸体;②物[罪]证
~ diplomático 外交使团
~ electoral 选民;选举机构
~ en caída libre (自由)落体
~ estriado 〈解〉纹状体
~ extraño 异[外]物,杂质
~ flotante[nadador] 飘浮物体
~ fuselado ①流线体;②流线型(车)体[身]
~ geométrico 几何体
~ legislativo 立法机关
~ lúteo 〈解〉黄体
~ negro 黑体(能全部吸收辐射能的物体)
~ opaco 〈理〉不透光体
~ pineal 〈解〉松果体
~ sólido 固体
~ translúcido[semitransparente] 〈理〉半透光体;半透明体
~ transparente 〈理〉透光体;透明体
~ vertebral 〈解〉椎体;椎骨体
~ vítreo 〈解〉玻璃体
negritas del ~ seis 六号黑体(字)

cuervo *m.* 〈鸟〉①乌鸦;鸦(如渡鸦、鹊鸦等);②*Cono S.* 兀[美洲]鹫

~ marino 鸬鹚

~ merendero 秃鼻乌鸦

cuesco *m.* ①〈植〉(硬质的)种子,果核;②(油磨等的)磨石[盘];③*Méx.* 圆形大矿石块

cuesta *f.* ①(道路的)斜坡,坡道[地];②斜面

~ abajo/arriba 下/上坡

~ empinada 陡[大]坡

cuestión *f.* ①事情;事务;②(需要解决的)问题;疑问;③提[发]问;④〈法〉讯问;审[拷]问

~ de derecho 法律问题

~es corporativas 公司事务

cuestionario *m.* ①问卷,问题表;调查表;②〈教〉(大学考试)解答题

cueto *m.* ①〈地〉(锥形)小山,山丘;②制高点

cueva *f.* ①〈地〉山[地,窑]洞,洞穴;巢穴;②地窖;(地下)贮藏室;③酒窖

~ de ladrones 贼窝

cuguacarana *f. Amér. M.* 〈动〉美洲狮

cuguacare;cuguar;cuguare *m.* 〈动〉美洲狮

cui (*pl.* cuis,cuises) *m. Amér. L.* 〈动〉豚鼠,天竺鼠

cuica *f.* 〈动〉① *And.* 蚯蚓(亦称地龙或曲蟮);② *Bras.* 豚鼠

cuijen,-na *adj.* ① *Amér. L.* 灰色的(鸡);② *C. Rica,Méx.* 灰色带白斑点的(禽类)

cuile;cuili *m. Amér. L.* 〈动〉豚鼠

cuim *m. Amér. M.* 〈动〉豪[箭]猪

cuinique *m. Méx.* 〈动〉松[灰]鼠

cuis *m. Arg.,Chil.* 〈动〉豚鼠

culantrillo *m.* 〈植〉掌叶铁线蕨

culantro *m.* 〈植〉芫荽

culata *f.* ①(工具等的)粗头;②(枪,炮)后膛,炮[枪]尾;③〈动〉(四足动物的)后腿;臀部;④后[尾]部;后边[面];背部;⑤〈机〉(汽缸等的)盖,帽;⑥ *Ecuad.* 〈建〉山[山形,三角]墙

~ de cilindro 汽缸盖

~ de fusil 枪托

bloque de ~ 炮[枪]闩,(炮的)尾栓;闭锁机

culatazo *m.* (枪炮等射击时的)后坐(力),反冲

culebra *f.* ①〈动〉蛇;②(蒸馏器的)螺[蛇形]管;③ *Méx.* 软[挠形导]管

~ de anteojos 眼镜蛇

~ de cascabel 响尾蛇

~ de venado *Méx.* 王蛇

culebreo *m.* ①(蛇等的)蠕动;蜿蜒行进;②〈交〉(道路的)弯角;之字形;③(河流的)弯曲处

culebrina *f.* 〈气〉叉状闪电,之字形闪电

culebrón *m.* ①〈动〉大蛇;②肥皂剧

cúlex *m.* 〈昆〉(欧洲及北美常见的)库蚊

culi *m. Méx.* 〈动〉水蛭,蚂蟥

culí *m.* (尤指旧时中国、印度等东方国家的)苦力

culinario,-ria *f.* ①烹饪的;厨房的;②烹饪用的;适于做菜的

arte ~a 烹饪[调]技术

culm *m.* 〈地〉碳质页岩

culminación *f.* ①完成,结束;②顶点;高潮;到达顶点[高潮];③〈天〉中天

culminante *adj.* ①到达顶点[高潮]的;②〈地〉最高的;③〈天〉中天的,子午线上的

culombímetro *m.* 〈电〉电量计[表],库仑计

culombio *m.* 〈电〉库仑(电量单位)

culote *m.* ①(手榴弹、子弹等后部的)加固圈;②(基)底,底(座,板,脚)

~ de ocho brocas 八脚管底

cultivable *adj.* ①〈农〉可耕的,可栽培的;②可培养的

tierra ~ 可耕地

cultivación *f.* ①〈农〉耕种[作,耘];②栽培(法),养殖(法);③〈生〉培养(法);人工培养

cultivado,-da *adj.* ①〈农〉(已)耕种[作]的;②栽培的,非野生的;③有〈文化〉修养的,有教养的;有知识的;④人工养殖[培养]的(珍珠等)

cultivador,-ra *adj.* 耕种[作]的;种植的 ‖ *m.* 〈机〉〈农〉耕耘[中耕]机;园用手耘锄;*Méx.* 锄草机 ‖ *m. f.* ①栽培[耕种]者;种[养]植者;②培养[育]者

~ de café 咖啡种植者

~ de vino 种植葡萄兼酿葡萄酒者

cultivo *m.* ①耕作[种],种[养]植,栽培;②〈农〉作物;庄稼;③〈生〉〈医〉(细菌、细胞等的)培养

~ anaeróbico 厌氧培养

~ axénico 无菌培养

~ de bacteria 细菌培养

~ de células vivas 活细胞培养

~ extensivo 粗放耕种

~ hidropónico 营养液栽培(植物)

~ in vitro 玻璃暖房栽培

~ intensivo 集约耕种,精耕细作

~ mixto 混合培养

~ secundario 继代培养

~ rutinario 常规培养

~s industriales 经济作物

~s oleaginosos 油料作物

fluido de ~ 培养液

medio de ~ 培养基

rotación de ~ 〈农〉轮作

cultura *f.* ①文化；②文明；③教[修]养；④学问[识]；知识
~ china 中国文化；中国文明
~ de celebridades 名家文化
~ empresarial 企业文化
~ física 体育
~ folklórica 民俗文化
~ funcional 功能文化
~ general 一般知识，常识
~ moderna 现代文化
~ popular 大众[通俗]文化
~ regional 区域文化
~ silvática 山林文化
cultural *adj.* ①文化(上)的；②教[修]养的
acervo ~ 文化财产，文化典籍
agresión[penetración] ~ 文化侵略
ambiente[medio] ~ 文化氛围，文化环境
ayuda ~ a las zonas pobres 文化扶贫
diversidad[pluralismo] ~ 文化多样性
empresa ~ 文化事业
industria ~ 文化产业
infiltración ~ 文化渗透
objetos antiguos de valor ~ 文物
patrimonio ~ 文化遗产
productos ~es 文化产品
tiranía ~ 文化专制主义
vida ~ 文化生活
culturismo *m.* ①加强体质；②〈体〉健美运动
culturista *m.f.* ①参加健美运动者；②〈体〉健美运动员
culturización *f.* ①教育；②教[指]导；③使有文化；文明化
cumarina *f.* 〈化〉香豆索，氧杂萘邻酮
cumarona *f.* 〈化〉香豆酮，氧(杂)茚，苯并呋喃
cumbre *f.* ①〈地〉山顶；顶[最高]点；绝[峰]顶；顶端[部]；②极点，最高潮；③峰荷最大(值，量)
conferencia (en la) ~ 最高级会议；峰会
cumbrera *f.* ①山顶[尖]；②〈建〉脊檩；过梁；屋[盖]顶
cumeno *m.* 〈化〉枯烯，异丙基苯
cum laude *lat.* 〈教〉〈学位评分〉优
cumuliforme *adj.* 〈气〉积云的；积云状的
cúmulo *m.* ①〈气〉积云；②〈天〉星云
~ de estrellas 〈天〉星云
~ de galaxias 〈天〉星系云
~ galáctico 〈天〉银河星云
~ globular 〈天〉球状星云
cumulonimbo；**cumulonimbus** *m.* 〈气〉积雨云；雷雨[暴]云
cumulostratus *m.* 〈气〉层积云
cuna *f.* ①小[幼儿]床；②摇篮；③出生地；发

[策]源地；④〈机〉(炮，船，台，托，支)架，(支，炮)座，吊架[篮]；⑤索桥
~ de botadura ①发射架[台]；②(滑道)承船架
~ de motor 发动机架
~ portátil 手提式婴儿床
canción de ~ 摇篮[催眠]曲
cuna-motora *f.* 〈机〉发动机架
cunaguaro *m. Venez.* 〈动〉金钱豹
cundeamor *m. Amér. L.* 〈植〉苦瓜
cuneiforme *adj.* ①〈植〉楔形的；半面晶形的；②楔形文字的，用楔形文字写成的，由楔形文字组成的 ‖ *m.* 〈解〉楔形骨
caracteres ~s 楔形文字
escritura ~ 楔形文字
hojas ~s 〈植〉楔形叶
cuneta *f.* ①(道路两侧的)街[明，排水]沟；(公路旁的)壕沟；②*Amér. C.，Méx.* (人行道的)路缘
~ de descarga 漏水渠，副阴沟，辅助沟
cunícola *adj.inv. Chil.* 养兔的；养兔业的
cunicultura *f.* 养兔业
cunyaya *f. Cub.* 压榨器
cuña *f.* ①(木、金属、橡胶等制成的)楔(子，块，铁)；三角木；(防车轮等滑动用的)塞[垫]块；②〈印〉版楔，金版小楔子；③楔形物[体]；④〈解〉楔状骨；⑤(电台、电视台的)短小节目；(报纸的)简短新闻；⑥*Amér. C.，Cari.* 双座汽车
~ de apriete 楔形键
~ de hierro U 形钉[环]
~ de madera 木桩，销子
~ fina para palier (楔形)填隙片，(薄)垫片，隔片，夹铁(片)
ladrillo de ~ 楔[拱]形砖；砌拱用砖
cuño *m.* ①(硬币，徽章等的)铸造[模]；②〈机〉〈技〉钢[冲，印]模；③压花；④硬[钢]印；印章[记]
cuota *f.* ①一份，份额，分担部分；②定[限，分]配额，定量；③(俱乐部等的)会费；党费；④〈商贸〉率，费率
~ de asistencia 出场费
~ de enganche(~ inicial) 定金；(分期付款的)初付款额
~ de exportación/importación 出/进口配额
~ de inscripción 注册[登记]费
~ impositiva[tributaria] 税率
~ patronal (为雇员参加保险)雇主分担额
~ temporal (信)时间切面(可供某个程序连续运行的一段时间)
~ viudal (寡妇应得的)亡夫遗产份额
cupesí *m. Bol.* 〈植〉角豆树

cupo *m.* ①〈商贸〉定［限，配］额，定量；②配给额；定量供应额；③〈军〉（一个村镇分摊的）兵员［额］；征兵，服役；④〈汽车〉座位；⑤*Amér.L.* 容量，容积

cupolino *m.* （尤指汽车的）壳

cupón *m.* ①（附在商品上的）赠货券；赠［优待］券；（连在广告上的）订货单，索取样品单；②（食品、衣物等的）配给券，票证；③配给票［证，券］；④（公债、股票等的）息票［券］；⑤（火车等的）联票；⑥彩票；⑦测试样品
 ~ de franqueo internacional 国际（通用）预付回信邮资券
 ~ de respuesta （邮寄件的）回执［条］

cuprero,-ra *adj. Chil.* 铜的；铜制的 ‖ *m.f.* 铜矿工人

cupresáceo,-cea *adj.* 〈植〉柏科的 ‖ *f.* ①柏科植物；②*pl.* 柏科

cúprico,-ca *adj.* 〈化〉（正）铜的，二价铜的；含铜的，含二价铜的
 cloruro ~ 氯化铜
 óxido ~ 氧化铜
 sal ~a 铜盐
 sulfato ~ 硫酸铜

cuprífero,-ra *adj.* 〈矿〉①含铜的；②产铜的

cuprita *f.* 〈矿〉赤铜矿

cuproaluminio *m.* 〈冶〉铜铝合金

cuproníquel *m.* 〈冶〉（尤指铜镍比例为 3:1 的）铜镍合金

cuproso,-sa *adj.* ①铜的，亚［一价］铜的；②铜色的
 cloruro ~ 氯化亚铜
 óxido ~ 氧化亚铜，一氧化二铜
 residuo de tostación de piritas ~as 〈冶〉蓝渣

cúpula *f.* ①〈建〉圆顶，穹［弯，拱］顶；穹面［隆，丘，地］；②〈动〉杯形器［托］；③〈植〉壳斗；杯状部；④〈解〉顶；⑤〈海〉（舰上的旋转）炮塔
 ~ bulbo 〈建〉洋葱头式圆顶
 ~ de concentración（围绕阴极的电子束）聚焦杯

cupulífero,-ra *adj.* 〈植〉有壳斗的

cupulino *m.* 〈建〉（灯笼式）天窗，穹隆顶塔

cura *f.* ①〈医〉治疗；疗法；②〈医〉治愈；③*Amér.L.* 烟叶喷洒液
 ~ de adelgazamiento 减肥疗法
 ~ de choque 休克疗法
 ~ de reposo 休息［养］疗法
 ~ de sueño 睡眠疗法
 ~ de urgencia 急救

curable *adj.* 〈医〉能治愈的；可矫正的

curación *f.* 〈医〉治疗（过程）；愈合

curare *m.* 箭毒（马钱子的毒质，南美印第安人用以浸制毒箭）

curarina *f.* 〈化〉〈医〉箭毒碱

curarizante *adj.* ①涂上毒剂的；②（因被有毒动物叮咬而）中毒的

curativa *f.* 〈医〉治疗法

curativo,-va *adj.* 〈医〉（用于）治疗的；有疗效的
 efecto ~ 疗效

cúrbana *f. Cub.* 〈植〉白桂皮树

curbaril *m. Amér.L.* 〈植〉李叶豆

cúrcuma *f.* 〈植〉姜黄，郁金；蓬莪术

curía *f. Amér.L.* 〈动〉雌豚鼠

curiana *f.* 〈昆〉蟑螂；蜚蠊

curiara *f. Amér.M.* 独木舟

curic *m. Amér.L.* 〈动〉豚鼠

curicana *f. Bras.,Venez.* 〈鸟〉鹦鹉

curie *m.* 〈理〉居里（放射性强度单位）

curio *m.* 〈化〉锔

curl *m. ingl.* ①〈数〉旋度［量］；②〈植〉卷须；卷叶病；③（冲浪运动中出现的）浪卷

curricular *adj. Chil.* ①课程的，教学计划的；②履［简］历的 ‖ *tr.* 〈教〉制定（学习计划）

currículo *m.* ①见 curriculum；②*Chil.* 履［简］历；③*Chil.* 〈教〉（学习）计划，方案

curriculum; curriculum *m.* ①〈教〉（学校等的）全部课程；学习计划；②（求职者等写的）履［简］历
 ~ oculto 隐形学习计划

curriculum vitae *lat.* （求职者等写的）履［简］历

curruca *f.* 〈鸟〉灰莺

cursante *adj.* 〈教〉学习的，攻读的 ‖ *m.f. Amér.L.* （大中学校的）学生

cursera *f. Amér.L.* 〈医〉腹泻

cursillista *m.f.* 〈教〉（进修班等的）学员

cursillo *m.* 〈教〉①短训班；②系列（短期）讲座

cursiva *f.* ①〈印〉斜体；斜体字；②草书手稿；③草书字

cursivo,-va *adj.* 草书的，草写体的

curso *m.* ①〈教〉学年；年级；②（各类学校的）班，班级；③〈教〉课［程］程；科目；讲义，论文；④（河，水）流，流水；〈地〉水［航］道；⑤过［进，历，航］程；进展；⑥〈医〉病程；⑦（星球运行的）轨迹［道］；⑧〈商贸〉（货币等的）流通；（交易所的）牌价，行情［市］
 ~ acelerado(~ intensivo) 强化班；速成班
 ~ de acceso para mayors de 25 años *Esp.* 为 25 岁以上者开办的（上大学）课程
 ~ de actualización （专业性的）复习进修

课程

~ de agua(~ fluvial) 水[河]道;沟渠

~ de cambio 外汇行市

~ de cumplimiento 履约过程

~ de física 物理学论文

~ de formación 培训班

~ de informática 电脑班

~ de oferta 开[递]价

~ de orientación universitaria(COU) ① *Esp.* 大学指导班(为参加大学入学考试而举办的一年制高复班);②(尤指大学专业性的)复习进修课程

~ de perfeccionamiento entre dos períodos de formación práctica 三明治式课程,工读交替制课程

~ de reciclaje (专业性的)复习进修课程

~ de verano 暑期班

~ electivo[facultativo] común 公共选修课

~ facultativo[electivo] 选修课

~ lectivo 学年

~ obligatorio 必修课

~ obligatorio común 公共必修课

~ por correspondencia 函授课程

~ práctico 研讨班,讲习班

~ preparativo (大学)预备班

~ temporal 时间路径,时程

cursor *m.* ①〈机〉滑板[块,尺,标,座,阀,销,轨,盖];滑动片[装置];②(计算尺或光学仪器等上的)游标;③〈信〉光标

~ transversal 横向滑板

calibre de ~ 卡尺

puente de ~ 滑线电桥;滑臂电桥

curtido,-da *adj.* (兽皮等)已鞣制的,鞣制过的,硝过的 ‖ *m.* ①鞣制[革],制革(法),鞣皮(法);②(鞣制过的)皮革,熟皮子

~ al cromo 铬鞣

curtidor,-ra *adj.* 鞣[硝]皮的,鞣革的 ‖ *m.* 制革[硝皮,鞣皮,鞣革]工(人)

curtidura *f.* 鞣(制皮)革;制革(法),鞣[硝]皮(法)

curtiduría;curtiembre *f.* ①制革[硝皮,鞣皮,鞣革]厂;②*Méx.* 鞣制皮革(工业)

curtiembrero,-ra *adj. Chil.* 鞣制皮革的 ‖ *m. f.* 鞣制皮革工人

curtiente *adj.* 鞣[硝]皮用的 ‖ *m.* 鞣[硝]皮剂

curucua *f. Méx.* 〈植〉云实木

curuja *f.* 〈鸟〉猫头鹰

curuma *f. Hond.* 〈矿〉石[岩,天然]盐

curva *f.* ①(道路等)弯曲,弯曲处;弯道;②〈数〉曲线,曲面;③〈统〉曲线(图);④〈船〉肘板[材];⑤〈体〉(棒球运动中的)曲线球;

⑥*pl.* 三围(指胸围、腰围、臀围)

~ acampanada 〈统〉钟形曲线

~ achatada 低峰态曲线

~ adiabática 绝热曲线

~ apuntada 尖峰态曲线

~ campaniforme 〈统〉钟形曲线

~ característica 特征曲线

~ cerrada[pronunciada] ①锐[小半径]曲线;②急弯

~ cóncava/convexa 凹/凸曲线

~ de aprendizaje 学习[求知]曲线

~ de consumo 消费图表

~ de crecimiento 增长曲线

~ de demanda/oferta 〈经〉需求/供应曲线

~ de distribución 分布曲线

~ de enlace[transición] 缓和[过渡]曲线

~ de expansión 膨胀曲线

~ de frecuencia 频率曲线

~ de funcionamiento 性能[运行]曲线;工作特性曲线

~ de Gauss 〈统〉高斯曲线(中间高、两边低、左右对称的钟形正态分布概率曲线)

~ de indiferencia 〈经〉无差异曲线

~ de isoproducto 等产量曲线

~ de la demanda agregada 总需求曲线

~ de la oferta agregada 总供应曲线

~ de la utilización 荷重[负载,负荷]曲线

~ de Laffer (表明税率与税收关系的)拉弗曲线

~ de Lorenz 〈经〉洛伦兹曲线

~ de Mordey V 形(特性)曲线

~ de mortalidad 死亡[寿命]曲线

~ de nivel ①〈测〉等高线,轮廓线;②水平线

~ de oportunidad 机会曲线

~ de output marginal 边际产量曲线

~ de Phillips 菲利普斯曲线(表示失业率和通货膨胀之间关系的曲线)

~ de precio-compra 价格购买曲线

~ de precio-consumo 价格消费曲线

~ de probabilidades 概率曲线

~ de regresión 〈统〉回归曲线

~ de renta-compra 收入购买曲线

~ de renta-consumo 收入消费曲线

~ de renta-oferta 收入供应曲线

~ de rentabilidad 盈亏平衡曲线(标绘)图

~ de respuesta 响应[应答,通带]曲线

~ de tiempo 时间曲线

~ de vida probable 可用年限曲线

~ dinámica 动态曲线

~ en J J 形曲线

~ envolvente 包络(曲)线

~ Fletcher 弗莱彻曲线

~ histerética 滞后曲线;磁滞曲线

~ isocromática 等色线

~ isodinámica 等(磁)力线

~ isostática 等压线

~ isotérmica 等温线

~ leptocúrtica〈统〉高峡峰曲线

~ logarítmica 对数曲线

~ logística〈统〉逻辑曲线

~ normal〈统〉正态曲线

~ piezométrica 水力坡[梯]度线,(水力)坡降线

~ sigmoide〈统〉S 形曲线

~s de enlace 曲线板;曲线规

~s del 2° grado 圆锥[二次]曲线,(割)锥线

curvado,-da adj. ①弯(曲,形)的;被弄弯的;②曲(线,面)的;挠曲的‖ m. ①弯曲(度),挠曲(度);②扭[折]弯

incisión ~a〈医〉弯形切口

curvador,-ra adj.〈机〉(使)弯曲的‖ m. 弯头[管]‖ ~a f. 弯曲[折弯]机,弯管[板,轨,钢筋]机

máquina ~a 弯曲[筋,板]机,(钢筋)弯折机

curvarrieles m. inv.〈机〉弯轨机

curvatubos m. inv.〈机〉弯管机

curvatura f. ①曲,弯曲;②曲线[面];弯曲部分;③〈数〉曲度[率];④〈技〉扭[折,变]弯;⑤〈医〉弯曲

~ del techo〈地〉褶皱

~ espinal〈医〉脊柱弯曲

~ inferior/superior 下/上曲面

curvidad f.〈数〉曲度[率]

curvígrafo m. 波形记录器;曲线描绘器[仪];圆弧[画圆]规

curvilíneo,-nea adj. ①曲线的;由曲线组成的;②多曲线的;有曲线窗花格的‖ m. 曲[抛物]线

ángulos ~s 曲线角

coordenadas ~s 曲线坐标

curvímetro m. 曲线(长度)计,曲率计

curvina f. C. Rica〈动〉石首鱼

curvo,-va adj. ①弯曲的;被弄弯的;②曲面的;③And. 弓形腿的,膝内翻的

carril ~ 弯轨

línea ~a 曲线

tijera ~a〈医〉弯剪

cuspa f. And.〈植〉奎宁木

cúspide f. ①〈解〉牙尖;(心瓣膜的)尖瓣;②〈数〉(锥)顶,尖[歧]点;③〈地〉顶[最高]点,绝[尖]顶;山峰[顶,尖];④高峰[潮]

cuspo m. Amér. L.〈农〉培土;壅土

custodia f. ①看[保]管;照看[管];②看守,守卫;守护人,护送者;③〈安全〉保护[管];④拘留[禁]

~ de fondos 资金的妥善保管

~ policial 警察拘禁

~ preventiva 保护性监禁

cusuco m. Amér. L.〈动〉犰狳

cutáneo,-nea adj. 皮肤(上)的

carcinoma ~ 皮肤癌

enfermedad ~a 皮肤病

prueba ~a 皮肤试验

reacción ~a 皮肤反应

cúter m.〈船〉小[快]艇

cutícula f. ①〈解〉(皮肤的)表皮;②〈解〉护膜;③〈动〉角质层

cuticular adj. ①〈解〉表皮的;②〈解〉护膜的;③〈动〉角质层的

cutificación f. 皮肤形成,成皮

cutina f.〈植〉角质

cutinización f.〈植〉角化(作用)

cutirreacción f.〈医〉皮肤反应

cutis m. inv. 皮(肤);(面部)皮肤

~ aceitoso 油性皮肤

~ neutro 中性皮肤

~ seco 干性皮肤

cutter (pl. cutters) m. ①(木工等用的)切[割]刀;②斯坦利工艺刀(一种可换刀片的短工艺刀);(裁纸)美工刀;③剃刀

cutucho,-cha adj. Amér. L.〈医〉独臂的,肢体残缺的

cutupa f. Amér. L. 原木

cuy m.〈动〉①Amér. M. 豚鼠;②Amér. L. 卷尾豪猪

cuyeo m. C. Rica〈鸟〉欧夜鹰

cuyují m. Cub. 燧[火]石

cuyvi m. Méx.〈乐〉高音笛

cuzque adj. Amér. L. 黑色的

CV; c. v. abr. caballos de vapor 马力(功率单位)

C. V. abr. ①curriculum vitae (求职者等写的)履[简]历;②caballos de vapor 马力(功率单位)

cvt. abr. convertible 见 convertible

C. W. O. abr. ingl. cash with order 订货付现

cyanobacteria f.〈生〉藻青菌

cyberphobia n. ingl. 计算机恐惧症

cyborg m. ingl. 电子人,半机械人(指为临时适应太空环境等由电子或电动机械装置行使部分生理功能的人体或其它生物体)

C y F abr. costo y flete 成本加运费

D d

dabrey *m.* 〈挂在橡胶树上的)采胶罐
da capo *ital.* 〈乐〉从头;从头重复乐曲
DAC *abr.* diseño asistido por computador 〈信〉计算机辅助设计
dación *f.* 〈法〉让与,转让;捐赠,赠送
~ en pago(~ in solutum) 〈法〉以财产抵债
dacita *f.* 〈地〉英安岩
dacriadenalgia *f.* 〈医〉泪腺痛
dacriagogatresia *f.* 〈医〉泪管闭塞
dacrielcosis; dacriohelcosis *f.* 〈医〉泪器溃疡
dacrioadelalgia; dacrioadenalgia *f.* 〈医〉泪腺痛
dacrioadenectomía *f.* 〈医〉泪腺切除术
dacrioadenitis *f. inv.* 〈医〉泪腺炎
dacrioagogo,-ga *adj.* 〈药〉〈医〉催泪的 ‖ *m.* 〈药〉催泪剂
dacrioblenorrea *f.* 〈医〉泪管黏液溢
dacriocanaliculitis *f. inv.* 〈医〉泪小管炎
dacriocele; dacriocistocele *m.* 〈医〉泪囊突出
dacriocistalgia *f.* 〈医〉泪囊痛
dacriocistectasia *f.* 〈医〉泪囊扩张
dacriocistectomía *f.* 〈医〉泪囊切[摘]除术
dacriocistitis *f. inv.* 〈医〉泪囊炎;漏睛(中医用语)
dacriocistoblenorrea *f.* 〈医〉泪囊粘液溢
dacriocistoptosis *f.* 〈医〉泪囊脱[下]垂
dacriocistorinostenosis *f.* 〈医〉鼻泪管狭窄
dacriocistorinostomía *f.* 〈医〉泪囊鼻腔造口[瘘]术;泪囊鼻腔吻合术
dacriocistostenosis *f.* 〈医〉泪囊狭窄
dacriocistostomía *f.* 〈医〉泪囊造口术
dacriocistotomía *f.* 〈医〉泪囊切开术
dacriocistótomo *m.* 〈医〉泪囊刀
dacriolitiasis *f.* 〈医〉泪石病
dacriolito *m.* 〈医〉泪石;泪腺石
dacrioma *m.* 〈医〉泪管肿大
dacrión *m.* 〈纺〉涤纶,的确良
dacriopiosis *f.* 〈医〉泪器化脓
dacriops *m.* 〈医〉泪管积液;泪眼
dacriorrea *f.* 〈医〉(脓)泪溢
dacriosirinx *m.* 〈医〉①泪管瘘;②泪管注射器

dacriosolen *m.* 〈解〉泪管
dacriosolenitis *f. inv.* 〈医〉泪管炎
dacriostenosis *f.* 〈医〉泪管狭窄
dacrón *m.* 〈纺〉涤纶,的确良
dactilado,-da *adj.* 指状的,像手指的
dactilar *adj.* 〈解〉手指的;趾的
huellas ~es 手[指纹]印
dactiledema *m.* 〈医〉指[趾]水肿
dactilino,-na *adj.* 〈植〉指状的
dactiliología *f.* 指环宝石学
dactilitis *f. inv.* 〈医〉指[趾]炎
dactilofasia *f.* (尤指聋哑人的)指语术
dactilografía *f.* ①打字;打字术;②打字稿[文件];③指纹学
dactilografiar *tr.* (用打字机)打字
dactilográfico,-ca *adj.* 打字的
dactilógrafo,-fa *m. f.* 打字员
dactilograma *m.* ①指纹[印];②*Méx.* 手[指纹]印
dactilólisis *f. inv.* 〈医〉指[趾]脱落;截指[趾]
dactilología *f.* (尤指聋哑人的)指语术
dactiloloide *adj.* 指状的
dactilomegalia *f.* 〈医〉巨指[趾]
dactilopodito *m.* 〈动〉①指节;②〈昆虫〉趾肢节
dactiloscopia *f.* (对罪犯等的)指纹鉴定(法)
dactiloscópico,-ca *adj.* 指纹鉴定(法)的
dactiloscopista *m. f.* 指纹鉴定专家
dactilozoide *m.* 〈动〉指状个体
dado *m.* ①〈海〉(铁环中的)横档,圆圈[垫],轴衬[瓦];③〈建〉墩身;墙裙,护墙板;④(旗帜上的)方形图案;⑤〈军〉(夹在霰弹火药里的)棱形铁片;(枪)机,击铁
~ cortador 切[冲]模,板牙
~ de acuñar 滑[模]块,滑铁,(螺丝)板牙
~ de rodillo 衬[套]辊
~ falso 灌铅加重的骰子
dador,-ra *m. f.* ①〈商贸〉(汇票等的)开[出]票人;②〈电子〉〈理〉施主;施主性杂质;③〈医〉供体;供血者
~ universal 〈生医〉全适供血者,万能供血者
dafnia *f.* 〈昆〉水蚤(俗称红虫或金鱼虫)

dafnita *f*. 〈矿〉铁绿泥石

dagame *m*. *Amér. L*. 〈植〉白花亮皮茜

daguerrotipar *tr*. 〈摄〉用达盖尔银版法拍摄

daguerrotipia *f*. 〈摄〉达盖尔银版照相术

daguerrotipo *m*. ①〈摄〉达盖尔银版法;②用达盖尔银版法拍摄的照片;③达盖尔银版照相机

dala *f*. 〈海〉(老式船上的水泵)排水管

dalbergia *f*. (大)木材[料]
~ latifolia 印度木
~ negra 巴西红木,花梨木

dalia *f*. 〈植〉①大丽花,大丽菊;②大丽花的花

daliniano,-na *adj*. ①达利(西班牙超现实主义画家 Salvador Dalí)的;②西班牙超现实主义绘画风格的

dalla *f*.; **dalle** *m*. 〈农〉大钐镰,长柄大镰刀

dalton *m*. 〈化〉道尔顿(分子量单位)

daltónico,-ca; **daltoniano,-na** *adj*. 〈医〉色盲的 ‖ *m. f*. 色盲者

daltonismo *m*. 〈医〉色盲(尤指先天性的红绿色盲)

daltonista *m. f*. 〈医〉色盲者

dama *f*. ①(国际象棋,纸牌等中的)王后;②(国际象棋的)王后,(西洋跳棋的)王棋;③ *pl*. 国际[西洋]跳棋;④〈冶〉(高炉的)挡火石,挡板;(炉膛的)闸门;⑤〈动〉雌鹿;⑥〈戏〉(扮演主角的)女演员;⑦(矿坑等处为了计算挖掘量而留下的)记号
~ de carácter (扮演中年的)女演员
~ de noche 〈植〉晚香玉;夜来香
~ joven 〈戏〉(扮演年轻姑娘的)女演员
~s chinas 中国跳棋
primera ~ 〈电影〉〈戏〉饰女主角的演员

damajagua *m*. *Ecuad*. 〈植〉黄槿

damán *m*. 〈动〉蹄兔

damascena *f*. 〈植〉紫李(子),大马士革洋李
ciruela ~ 紫李(子),大马士革洋李

damasco *m*. ①〈纺〉花[锦]缎;②织花台布[餐巾];③〈植〉布拉斯李子;④ *Amér. L*. 〈植〉杏树;杏子

damasina *f*. 〈纺〉织锦缎

damasonio *m*. 〈植〉星果泽泻

damasquillo *m*. ①〈纺〉织锦缎;②〈植〉杏树;杏

damasquina *f*. 〈植〉臭万寿菊

damesana *f*. *Amér. L*. 〈植〉黄槿

dammar *m*. 〈化〉达马(树)脂

damnosa hereditas *lat*. 〈法〉①无利可得的继承(指遗产中债务超过债权的继承);②不利的遗产

dámper *m*. ①〈机〉缓冲[减振]器;②〈理〉阻尼器

danalita *f*. 〈矿〉铍榴石

damburita *f*. 〈矿〉赛黄晶

dan *m. jap*. ①段(柔道,空手道,围棋等运动员的等级);②(有特定段称号的)…段选手

dandi; **dandy** *m*. *Dom*. 〈兽医〉鼻黏膜炎

dango *m*. 〈鸟〉鲣鸟

danta *f*. 〈动〉①驼鹿;② *Amér. L*. 獏

dante *m*. 〈动〉①驼鹿;②水牛

danto *m*. *Amér. C*. 〈鸟〉一种鸟

danza *f*. ①舞,舞蹈;②跳舞,舞蹈演出;③(参加某一娱乐活动的)舞蹈队
~ a dúo 双人舞
~ clásica/contemporánea[moderna] 古典/现代舞蹈
~ de apareamiento 求爱[婚]舞
~ de cintas 彩带舞
~ de espadas 剑舞(尤指在插置地上的刀剑间穿行的舞蹈)
~ de figuras (四对男女跳的)方形舞;方形舞会
~ de la corte 宫廷舞蹈
~ de la muerte 死亡舞蹈,骷髅舞(指中世纪绘画、文艺、音乐描写中由骷髅带领众人走向坟墓的舞蹈)
~ de salón (两人跳的)交际[谊]舞
~ del cisne 天鹅舞
~ del vientre 摆腹舞,肚皮舞
~ prima 有伴唱的集体舞
~ social 社交舞蹈

daño *m*. ①损[伤,危]害;损失[坏];② *Col*. (汽车等的)损坏,故障;③(跌打引起的)疼[伤]痛;④〈医〉病,疾病;(身体上的)苦痛
~ efectivo 实际[物质]损失
~ físico 实际损失
~ personal 人身伤害
~s colaterales 附带损失
~s corporales 身体伤害;人身伤害
~s por viento 风损
~s y perjuicios 〈法〉损害赔偿;(应予以赔偿的)损害

DAO *abr*. ①diseño asistido por ordenador 〈信〉计算机辅助设计;② *ingl*. data access object 〈信〉数据访问对象

darafio *m*. 〈电〉拉法(倒电容单位;等于 1/法拉)

daraptí *m*. 〈逻〉前提一般肯定

darapskita *f*. 〈矿〉钠硝矾

dardabasí *m*. 〈鸟〉尖尾黑鹰

dardanismo *m*. 〈商贸〉(为防止商品价格下跌)销毁多余商品

dársena *f*. ①〈海〉码头,船埠;②内[人工]港;③船坞;④(运河入口的)浮障;⑤公共汽车候车亭

~ de armamento 船坞,修船所

~ de flote 湿[泊,系船]船坞

~ de maniobra 调头港地

~ de marea 通潮闸坞;有潮港地

d′Arsonvalización *f*. 〈医〉达松瓦尔(高频)电疗法

darviniano,-na; darwiniano,-na *adj*. 达尔文的;达尔文主义的;进化论者的

darvinismo; darwinismo *m*. 达尔文主义,达尔文学说

darvinista; darwinista *adj*. 达尔文的;达尔文主义的;进化论者的 ‖ *m. f*. 达尔文主义者;进化论者

dasicerco *m*. 〈动〉(产于澳洲的有袋的)食鼠兽

dasifilo,-la *adj*. 〈植〉①有许多叶子的;②有厚叶子的

dasímetro *m*. 〈理〉球密计;气体密度测定仪

dasiúridos *m. pl*. 〈动〉袋鼬科

dasiuro *m*. 〈动〉袋鼬

dasocracia *f*. 山林管理学

dasocrático,-ca *adj*. 山林管理学的

dasonomía *f*. 山林学

dasonómico,-ca *adj*. 山林学的

dasotomía *f*. 山林采植学

DAT *abr. ingl*. digital audio tape 〈信〉数字录音带

datable *adj*. 可测定日期的,可确定年代的

datación *f*. ①日期,日子;时期,年代;②注明(计算)日期;确定年代

~ con [por] carbono 碳-14 年代测定(法),碳定年(法)

datáfono *m*. 〈信〉数据电话

dátil *m*. ①〈植〉海枣;②〈动〉鹬嘴贝,石蛏

~ de mar 石蛏

~ del desierto (非洲)沙漠蒺藜

datilera *f*. 〈植〉海枣(树),枣椰树

dativo *m*. ①见 tutela ~a;②见 tutor ~ ‖ *adj*. 〈法〉(遗嘱执行人)法院指定的

tutela ~a 法官指定的监护;家庭委托的监护

tutor ~ (司法机关指定的)遗嘱执行人

dato *m*. ①材[资]料;②〈数〉已知数;③数据;④文件,证[论]据

~s agrupados 〈统〉分类[组,型]资料

~s analógicos 〈信〉模拟数据

~s brutos 原始数据[资料]

~s de entrada/salida 〈信〉输入/出数据

~s de muestra 样本数据

~s estadísticos 统计资料[数据]

~s expeditos 〈信〉发送数据

~s financieros 财务数据

~s globales 综合数据

~s no procesados 〈信〉原始数据

~s operativos 〈信〉运行数据

~s personales 个人材料;个人简历

~s primarios 〈统〉原始[第一手]资料

~s primigenios 〈信〉原始数据

~s proinformativos 〈信〉信息数据

~s secundarios 〈统〉第二手资料

banco[base] de ~s 数据[资料]库

procesador de ~s 〈信〉数据处理器[程序]

datolita *f*. 〈矿〉硅硼钙石

datura *f*. 〈植〉①曼陀罗属植物;②曼陀罗花;③曼陀罗属

daturina *f*. 〈化〉曼陀罗硷;莨菪碱

daubentonido,-da *adj*. 〈动〉指猴科的 ‖ *m*. ①指猴;②指猴科

dauco *m*. 〈植〉①胡萝卜芹;②野胡萝卜

daudá *m. Chil*. 〈植〉黄花药菊;解毒根

davalar *intr*. 〈海〉偏离航向

davidita *f*. 〈矿〉铈铀钛铁矿

daviestita *f*. 〈矿〉柱氯铅矿

davy *m*. 〈矿〉(矿工用)安全灯

daza *f*. 〈植〉高粱

Db 〈化〉元素𫓧(dubnio)的符号

dB *abr*. decibelio 见 decibelio

DBE *abr*. Diploma Básico de Español 西班牙语基础教育证书

DBO *abr*. demanda biológica de oxígeno 〈环〉〈医〉生化需氧量

DBS *abr. ingl*. direct broadcasting by satellite 卫星转播

DCE *abr. ingl*. digital communication equipment 〈信〉数据通讯设备

DCOM *abr. ingl*. distributed component object model 〈信〉分布式构件对象模型

DD *abr. ingl*. data dictionary 〈信〉数据词典

DDE *abr. ingl*. dynamic data exchange 〈信〉动态数据交换

DDT *abr*. dicloro difenil tricloro etano 〈化〉双对氯苯基三氯乙烷,滴滴涕(一种杀虫剂)

DDVF *abr*. dimetilo dicloro vinillo de fosfato 〈化〉二甲基二氯乙烯基磷酸酯,敌敌畏

deambulatorio,-ria *adj*. 徘徊的;漫[散]步的,走动的 ‖ *m*. 〈建〉回廊;步道

debilidad *f*. ①体[虚,疲]弱;无力;②软[懦]弱;③(声音)微弱;(光线)暗淡,昏暗;④(性格、智力等的)弱点;薄弱[不足]之处

~ mental 智力发育不健全

~ del mercado 市场疲软

debilitación *f*. ①衰[减,削]弱;②虚[软]弱;③(交易所行情)下跌

debutante *m. f.* ①首次进入社交界的人;②首次登台的演员[演讲者];③〈体〉新[生]手;(球类)新运动员

jugador ～〈体〉新队员;被授予队员帽的运动员

decaborano *m.* 〈化〉十[癸]硼烷

decaedro *m.* 〈测〉〈数〉十面体

decaedral *adj.* 〈测〉〈数〉十面体的

decaer *intr.* ①减退[弱];逐渐消失;②(国家等的)衰退[落,败];(健康或变得)衰[虚]弱;③〈商贸〉(生意等变得)清淡,疲软,衰落;(质量)下降;④〈海〉偏离航向

decagonal *adj.* 〈测〉〈数〉十边[角]形的,有十边的

decágono *m.* 〈测〉〈数〉十边[角]形

decagramo *m.* 十克

decahidrato *m.* 〈化〉十水合物

decahidronaftaleno *m.* 〈化〉十氢(化)萘,萘烷

decaimiento *m.* ①衰退[落,败,弱];②〈商贸〉清淡,不景气;减少,缩减,下降;③〈理〉(放射性物质等的)衰减[变];④(运行中的人造卫星的)能量消减;⑤〈海〉衰减

～ económico 经济萧条,经济不景气

decalaje *m.* ①〈理〉时滞;②偏[位]移;③〈航空〉倾角差,翼差角

～ de fase 相(位)移

decalaminado *m.* 去[除]氧化皮

decalaminar *tr.* ①除去锈皮[锅垢,鳞垢],去氧化皮;②除鳞

decalcificación *f.* 〈化〉脱钙(作用);去钙

decalcificar *tr.* 〈化〉使脱钙;脱去…石灰质 ‖ ～se *r.* 缺[失]钙

decalescencia *f.* 〈冶〉吸热(变黑)

decalitro *m.* 十升

decámetro *m.* 十米

decampar *intr.* 〈军〉拔[撤]营,开拔

decantación *f.* 〈化〉〈技〉倾[滗]析(法),滗(去)

decantador *m.* 〈化〉倾[滗]析器,倾注洗涤器

decapado *m.* ①〈化〉〈冶〉酸洗;除锈[垢],浸渍[洗];②(清除油漆旧涂层的)去[脱]漆

～ al ácido 酸洗[浸,渍]

～ al chorro 冲[喷]洗

～ con ácido 酸蚀

～ con arena 喷砂清理

～ electrolítico 电解浸洗

licor de ～ 酸洗液,稀酸液

decapador *m.* 焊剂[药] ‖ ～a *f.* ①刮刀[削器],〈机〉刮除机;②〈机〉氧化皮消除机

decapante *adj.* 去铁鳞的;去水垢的 ‖ *m.* ①〈化〉酸浸[酸洗]剂,除铁磷剂;除垢剂;②(用以清除旧涂层的)脱漆剂

decapar *tr.* 除去…的氧化皮;剥去…的油漆层 ‖ *intr.* 稀酸浴

～ por ácido 酸浸[蚀]

decaploide *adj.* 〈生〉(染色体)十(单)倍体的 ‖ *m.* 十倍体

decápodo,-da *adj.* 〈动〉①十足[腕]的;②十足目的;十腕亚目的 ‖ *m.* ①十足目动物(如虾,蟹等);(头足纲的)十腕亚目动物(如鱿鱼,乌贼等);②*pl.* (甲壳纲的)十足目;(头足纲的)十腕亚目

decarbonatar *tr.* 〈化〉除去…的二氧化碳,除去…的碳酸

decarbonizar *tr.* 〈化〉除去…的碳

decarburación *f.* 〈化〉除碳(作用),除碳(法)

decárea *f.* 十公亩

decastilo *m.* 〈建〉十柱式柱廊;十柱式神殿

decatizado *m.* 〈纺〉蒸呢

decatleta; decatlonista *m. f.* 〈体〉十项全能运动员

decatlón *m.* 〈体〉十项全能运动

decatloniano,-na *adj.* 〈体〉参加十项全能运动比赛的 ‖ *m. f.* 十项全能运动员

deceleración *f.* 减速(度),降速

decelerar *tr.* 使减速 ‖ *intr.* 减(缓)速度,减速运转(行驶),降速

decelerómetro *m.* 〈机〉减速计

decelerón *m.* 〈航空〉减速副翼

decena *f.* 〈乐〉八度音

dechado *m.* ①典范,榜样;楷模;②〈缝〉绣花样本;③临摹样本,图样,模本

deciárea *f.* 十分之一公亩,十平方米

decibel; decibelio *m.* 〈环〉〈理〉分贝(噪声强度的测量单位)

decibélico,-ca *adj.* 充满噪音的;喧器的

decibelímetro *m.* 〈理〉分贝表[计]

decidua *f.* ①胞[胎]衣;②〈医〉蜕膜;③见 ～ menstrual

～ menstrual 经期蜕膜

deciduado,-da; deciduato,-ta *adj.* 蜕膜的;有蜕膜的

decidual *adj.* 〈解〉蜕膜的

membrana ～ 蜕膜

deciduitis *f.inv.* 〈医〉蜕膜炎

deciduo,-dua *adj.* ①〈植〉凋落的;②〈医〉(牙)脱落的

deciduoma *m.* 〈医〉蜕膜瘤;合胞体瘤

decigramo *m.* 分克(等于1/10克)

decil *m.* 〈数〉〈统〉十分位数

decilitro *m.* 分升(等于1/10升)

décima *f.* ①十分之一;②(摄氏温度的)十分之一度;(时间的)十分之一秒

decimal *adj.* ①十分之一的;②什一税的;③

小数的；十进位的；④十进币制的；以十作基础的；⑤以十分为底数的 ‖ *m*. ①〈数〉小数，十进小数；②十进制 ‖ *f*. 〈数〉循环小数

~ codificado en binario 〈信〉二进制编码的十进制，二-十进制

~ periódica 循环小数

fracción ~ 小数，十进小数

numeración ~ 十进制

decimanovena *f*. 〈乐〉(风琴的)一个音域

decimétrico,-ca *adj*. 分米的

decímetro *m*. 分米

decinéper *m*. 〈电〉分奈(等于 1/10 奈培)

decinormal *adj*. 〈化〉十分之一当量的，分当量的

decisión *f*. ①决定；决心；②〈法〉裁[判]决；判定；③决策；④决议

~ arbital 仲裁，公断

~ judicial 司法裁决

~ programada 程序[计划]决策，定性化决策

decisorio,-ria *adj*. 决策的 ‖ *m*. *Méx*. 〈法〉裁决[定]

juramento ~ 〈法〉决讼宣誓，决誓

poderes ~s 决策权

decitex *m*. 〈纺〉十分之一特克斯(表示纱线或纤维细度的单位)

declaración *f*. ①宣布[告]，公布；②宣言，声明(书)；③表白；表[说]明；④ *pl*. (对媒体的)声明；谈话，评论；⑤(纳税品、房地产等的)申报；申报单；(交给财政部的)纳税申报单；⑥〈法〉陈[供]述，证词；⑦(疾病、火灾等的)突然发生

~ autorizada 权威性声明

~ conjunta 合并纳税申报单

~ de aduana 海关报单；报关；申报

~ de bienes 财产申报

~ de boicot 宣布抵制外货

~ de entrada/salida 入/出境申报单

~ de impuestos 所得税申报单

~ de insolvencia 无偿付能力裁决，破产裁决

~ de la renta 收入纳税申报单

~ de nulidad 宣告无效，声明失效

~ de origen 产地声明书

~ de quiebra 宣布破产；倒闭[破产]声明

~ de renta presentada por separado (夫妻)分别交纳所得税申报表

~ del cargamento 装货[装船]清单

~ jurada ①宣誓书；②(经陈述者宣誓在法律上可采作证据的)书面陈述

~ morosa 逾期申报

~ obligatoria 强制性申报

~ para reintegro 退税报单

declaratoria *f*. ①宣布[告]；②〈法〉陈[供]述；证词；③ *Amér. L.* 裁决[定]

declaratorio,-ria *adj*. ①宣言的，公告的；②〈法〉(法规等)说明性的；(判决等)法律关系的

declinación *f*. ①下倾[垂]；倾[偏]斜；②〈海〉〈天〉偏差[离]；③〈天〉赤纬；④〈理〉磁偏角；磁(偏)差；⑤坡度；斜坡

~ de la aguja 磁偏角

~ magnética 磁偏角

declinante *adj*. ①倾[偏]斜的；下倾的；②衰[减]退的，衰弱的

declinatoria *f*. 〈法〉①拒绝管辖的要求；②要律师停止受理的要求

declinatorio *m*. 〈理〉①磁偏计[仪]；倾[偏]角计；②测斜仪，方位计

declinógrafo *m*. 〈天〉赤纬计

declinómetro *m*. 〈理〉磁偏计[仪]；测斜仪；方位[偏角]计

declive; declivio *m*. ①倾斜；坡，斜坡[面]

~ de subida 上升；上[升]坡

declividad *f*. ①下[倾]斜；②(下，斜)坡；坡度

~ límite 极限坡度

declorinación *f*. 〈工〉〈化〉脱[除，去]氯

decocción *f*. ①煎(汤)，熬(药)；浓缩；②煎剂；浓缩物；③〈医〉(肢体等的)截断

decodificador *m*. ①译码器[机，装置]；②解码[调]器

decodificar *tr*. 译(密码文电等)，解(码等)

decolaje *m*. *And*. (飞机)起飞

decoloración *f*. ①退[掉]色；②漂白

decolorado,-da *adj*. 脱[退，变]色的，颜色变淡的

decolorante *m*. 退色剂；漂白剂

decompresor *m*. 〈机〉减压器[装置]

decomutación *f*. 〈电〉反互换

decomutador *m*. 〈电〉反互换器

decongestionante *m*. 〈药〉减充血剂

decoración *f*. ①装饰[潢]；②装饰艺术；③装饰品；④〈影〉〈戏〉布景，道具

~ de escaparates (商店的)橱窗布置[设计]

~ de interiores (~ del hogar) 内部[室内]装饰[潢]

decorado *m*. ①装饰；②〈电影〉〈戏〉布景，道具

decorador,-ra *m. f*. ①装饰者；内部[室内]装饰工；②〈戏〉(舞台)布景设计师，道具设计师

decorticación *f*. 〈医〉①皮质剥除术；去皮质术；②剥外皮，去皮

decrecida *f.* (水流)自然落下速度

decreciente *adj.* 减少的；渐渐减退[少]的，递减的

costo ～ 递减成本

industria～ 夕阳工业

luna ～ 下弦月

decrementímetro *m.* 〈电子〉减幅[衰减]测量计

decremento *m.* ①减少[小]；减缩；消耗；②〈电子〉衰减率减量；③〈数〉减量；④减缩[消耗]量

～ logarítmico 对数衰减量

decrescencia *f.* 〈乐〉音量变换[减小]

decrescendo,-da *adj.* 〈乐〉渐弱的 ‖ *m.* ①渐弱；②渐弱的经过句[乐句，乐节]

decreto *m.* ①命[指]令；法[政]令；规定；②(议会等的)法案；③〈法〉判决，裁决；④批示[语]

～ con fuerza de ley *Chil.* 最高法令

～ de Graciano 格拉西亚诺教令集

～ marginal 批示[语]

～ presidencial[supremo] 总统令

real ～ 敕令，谕旨

decreto-ley *m.* 具有法律效力的命令；政(府命)令

DECT *abr. ingl.* digital european cordless telecommunications 欧洲数字无绳通讯

decúbito *m.* 〈医〉(病人的)卧位[姿]；平卧

～ derecho/izquierdo 右/左侧卧

～ lateral 侧卧

～ prono 伏[俯]卧

～ supino 仰卧

última ～ 褥疮

decumbente *adj.* ①躺在床上的；生病卧床的；②〈植〉(茎干，枝条等)匍生的，偃伏的，塌地的

decúplo *m.* 〈数〉十倍；十倍量

decurrente *adj.* 〈植〉(叶等)下延的，向下生长的

hoja ～ 下延叶

decursas *f. pl.* 〈法〉(赋税或租金的)利息

decurvado, -da *adj.* 〈动〉〈植〉下曲[弯]的

decusación *f.* ①交叉，X 形交叉；②〈植〉交互对生；③〈解〉(神经纤维)交叉

decusado,-da；decuso,-sa *adj.* ①交叉成 X 形的，交叉的；②〈植〉(叶子)交互对生的

dedada *f.* 指印

dedal *m.* 〈缝〉顶针，针箍

dedalera *f.* 〈植〉①毛[洋]地黄；②毛[洋]地黄的花

dedazo *m.* 指迹[痕]

dedeo *m.* 〈乐〉①指法；②指法熟练

dedeté *m.* 滴滴涕(一种杀虫剂)

dedo *m.* ①(手)指；(脚)趾；②一指(高度或厚度的量词)；一滴

～ anular[médico] 无名指

～ auricular[meñique] 小指；小趾

～ cordial(～ del corazón) 中指

～ (de, en) medio 中指

～ (en) martillo 〈医〉锤状趾

～ gordo[pulgar] (手的)拇指

～ índice[mostrador, saludador] 食指

～ pequeño 小指；小趾

deducción *f.* ①演绎(法)；②推理[论]；③〈数〉减除；④〈商贸〉扣[减]除，扣除额，减除数；⑤〈乐〉(音阶的)逐渐升降；⑥(渠水等的)分流

～ de impuestos 减税

～es por familia numerosa 多子女所得税减免

defasadas *f. pl.* 〈电〉不同相，异相

defasaje *m.* 〈电〉相位差

defecador,-ra *adj.* 澄清的，过滤的 ‖ *m.* 〈机〉澄清器[槽]，过滤装置

defectivo,-va *adj.* ①有缺点[陷]的；有毛病的；欠缺的；②〈医〉缺损的；不全的

virus ～ 缺损病毒

defecto *m.* ①缺点；②缺陷，瑕疵，毛病；故障；③〈医〉缺损；④ *pl.* 〈印〉缺页；多页

～ adquirido 后天缺陷

～ congénito 先天缺陷

～ de calidad 质量缺陷

～ de construcción 建造缺陷

～ de forma 〈法〉专门事项，技术细节

～ de masa 〈理〉质量亏损

～ de visión 视力缺陷

～ físico 身体缺陷

～ inherente 内在缺陷

～ legal 〈法〉法律漏洞

～ oculto 潜在缺陷

defectograma *m.* 探伤图

defectoscopio *m.* 探伤器[仪]

defensa *f.* ①保护[卫]；防护[御，卫]；②〈海〉(船只的)碰垫，护舷木，防擦材；③(起保护作用的)栏杆；④ *Méx.* (汽车的)缓冲器，保险杠；⑤〈法〉被告对控诉的)答辩，辩护；辩护律师；被告方；⑥〈教〉(学位论文的)答辩；⑦ *pl.* 〈医〉防御能力；⑧ *pl.* 〈动〉(公牛等的)角；(大象、野猪等的)长[獠]牙；⑨〈体〉防守；防守队员；⑩〈军〉防空措施；防御工事[设施]；⑪ *pl.* 防御物，自卫武器；⑫(河岸的)加固部分；⑬ *C. Rica.* 桥柱的加固建筑；⑭[D-]国防部 ‖ *m. f.* 〈体〉(足球等运动中的)防守[后卫]球员

～ antimisil 反导弹防御

～ de orillas 护岸

~ de riberas 护岸[坡]（工程）

~ escoba[libre] （足球等运动中的）自由中卫

~ espacial 空间防御

~ marítima 海岸，防波堤

~ nacional 国防

~ pasiva ①消极防空；②民防（指战时或自然灾害时为保护人民生命财产的紧急民防计划或措施）

~ personal[propia] 自卫

~s costeras 海防（工事）

legítima ~〈法〉正当防卫

defensivo,-va *adj.* ①防御的；保卫[护]的；②防御性的，防卫用的 ‖ *m.* ①保[防,守]卫；保护，防御；②〈医〉敷[压]布

defensor,-ra *adj.* ①保护的，保[捍]卫的；②辩护的 ‖ *m. f.* ①保[捍,守]卫者；保护人；防御[维护]者；②〈法〉辩护人，辩护律师；③〈体〉卫冕队员

~ de la fe 护教者，保教功臣（英王的尊号）

~ de menores 未成年人保护人

~ del pueblo 公民保护人

abogado ~ 辩护律师

defensoría *f.*〈法〉（律师的）职责[能]

defensorio *m.*〈法〉辩护书

deferente *adj.* ①输出[送]的；②〈解〉输精管的 ‖ *m.*〈天〉均轮

arteria ~ 输精管动脉

conducto ~ 输精管

tubo ~ 输送管道

deferentectomía *f.*〈医〉输精管切除术

deferentitis *f. inv.*〈医〉输精管炎

defervescencia *f.*〈医〉热退期；退热（期）

deficiencia *f.* ①不足，缺乏[少]；②缺陷；缺点

~ auditiva 听力缺陷

~ de oferta 供应不足

~ mental[psíquica]〈医〉精神发育不全，心理缺陷；智力缺陷

~ visual 视力缺陷

deficiente *adj.* ①有缺陷[点]的；（结构,系统等）不适当的；不够[合]格的；②缺少[乏]的，不足的；不完全的；③智力差的 ‖ *m. f.* 有缺陷的人

~ mental[psíquico] 弱智；智障人士

~ visual 有视力缺陷者

definición *f.* ①定义；解说；界定；②（电视图像的）清晰度；③〈理〉〈摄〉〈信〉清晰度；分解力；④（光学仪器的）分辨率；⑤（当局的）裁决，决定；⑥ *pl.*〈军〉条例

~ matemática 定义

alta/baja ~（电视图像的）高/低清晰度

alto/bajo grado de ~ 高/低分辨率

definido,-da *adj.* （线条等）清晰[楚]的 ‖ *m.* 被下定义的对象

~ por el usuario〈信〉用户（可）定义的

deflacción *f.*〈地〉风蚀

deflación *f.*〈经〉①通货紧缩；②价格持续下跌

deflacionar *tr.*〈经〉紧缩（通货）

deflacionario,-ria *adj.*〈经〉①通货紧缩的，使通货紧缩的；②价格持续下跌的

deflacionista *adj.* 见 deflacionario ‖ *m. f.* 主张通货紧缩者

deflactación *f. Cono S.*〈经〉通货紧缩

deflactar *tr. Cono S.*〈经〉紧缩（通货）

deflactor,-ra *adj.*〈经〉紧缩通货的

deflagración *f.* 突[爆]燃，快速燃烧

deflagrador,-ra *adj.* 爆燃的；迅速燃烧的 ‖ *m.* 突[爆]燃器，起爆装置

deflección *f.* ①偏斜；转向；挠曲；②〈理〉（指针的）偏转角；折射

deflectómetro *m.*〈机〉挠[弯]，偏]度计

deflector *m.* ①〈机〉致[偏]偏转]器；②〈航空〉导向[偏导]装置；③〈海〉偏转仪；指向力测定仪（用于罗经调整）

~ de aceite 抑[挡]油圈

~ de chapa 偏转板

~ desviador 偏[折,转]向器；偏导器

deflegmación *f.*〈化〉分凝（作用）

deflegmador *m.*〈化〉分凝器

deflegmar *tr.*〈化〉使分凝

deflexión *f.* ①挠曲；②偏转；偏斜；转向；挠曲；③〈理〉（指针的）偏转角；折射；偏离[向]

~ balística 弹道偏转

~ magnética 磁偏转

deflexo,-xa *adj.*〈植〉（叶，花瓣等）外弯[折]的

defloculación *f.*〈化〉抗絮凝（作用）

defloculante *m.*〈化〉①反[抗]絮凝剂，反团聚剂，散凝剂；②（黏土）悬浮剂

deflocular *tr.*〈化〉使反[抗]絮凝；反团聚，散凝

defloración *f.*〈植〉花落

defoliación *f.*〈植〉落[去]叶

defoliador *m.* ①〈环〉〈医〉落[脱]叶剂；②〈环〉食叶虫

defoliante *adj.* 使脱叶的 ‖ *m.*〈化〉〈环〉脱叶剂

deforestación *f.*〈环〉滥伐森林，毁林

deforestar *tr.*〈环〉滥伐…的森林，毁林

deformabilidad *f.*〈理〉变形（性）

deformación *f.* ①变形；②畸形；③（波形、声音、图像、信号等的）失真，畸变；④〈机〉应变，伸长，弯[翘]曲

~ anelástica 〈理〉滞弹性变形

~ angular 角(向)变形

~ armónica 谐波失真

~ permanente 永久[残余]变形

~ plástica 〈理〉塑[范]性变形

~ por tracción 拉伸应变

deformador,-ra; deformante *adj.* 使变形的;使成畸形的

espejo ~ 哈哈镜

deforme *adj.* 变[畸]形的

deformidad *f.* ①畸[变]形状态;②畸形的东西;③〈医〉畸形部位[器官]

deformómetro *m.* 〈技〉应变[变形]仪;变形测定器

defosforilación *f.* 〈生化〉脱磷酸(作用)

DEG *abr.* derechos especiales de giro 特别提款权

degeneración *f.* ①〈生〉退化(作用);②〈医〉(组织、器官等的)变性;③〈电子〉负反馈

~ ambiental 环境退化

~ hepatolenticular 〈医〉肝豆状核变性

degenerado,-da *adj.* ①〈医〉(已)变性的;②〈生〉(已)退化的

degenerativo,-va *adj.* ①〈医〉变性的;②〈生〉退化的

deglución *f.* 吞咽(作用);吞咽能力

degolladero *m.* 〈解〉气管,喉咙

degollador *m.* 〈鸟〉伯劳

degolladura *f.* 〈建〉(同一层两砖间的)砖缝

degradable *adj.* ①可降低的;可降级的;②〈化〉(废料等)可降解的

degradación *f.* ①(质量等的)下降,降低;(身体等的)变坏;②〈生〉退化;〈信〉退化(指画面或信号品质变差);③〈军〉降职[级];④〈地〉陵削;剥蚀;(土地)贫瘠化;⑤〈化〉递降分解(作用);⑥〈环〉降解;⑦〈画〉(颜色的)退[递]减;⑧(光线等的)渐弱,减;⑨〈理〉(能量的)降级;(能谱的)软化

~ metabólica 代谢性降解

degradador *m.* 〈摄〉(照片)晕映器,虚光器

degranulación *f.* 〈生〉(细胞的)失[脱]粒

degredo *m.* Venez. 〈医〉传染病医院

degresión *f.* ①(尤指税率的)递减;②下降

degresivo,-va *adj.* ①(尤指税率)递减的;②下降的

tarifas ~as 递减费率

degú *m.* Chil., Per. 〈动〉(生活在海边的)八齿鼠

degul *m.* Chil. 〈植〉矮菜豆

dehesa *f.* ①牧(草)场;②庄[种植]园;③荒地;不毛之地

~ boyal 公共混合牧场

~ carneril 牧羊场

~ potril 牧(小)马场

dehidrasa *f.* 〈生化〉①脱水酶;②脱氢酶

dehidratasa *f.* 〈生化〉脱水酶

dehidroepiandrosterona *f.* 〈生化〉脱氢表雄(甾)酮,脱氢异雄(甾)酮

dehidrogenación *f.* 〈生化〉脱氢(作用)

dehidrogenasa *f.* 〈生化〉脱氢酶

dehipnotización *f.* 解除催眠(作用)

dehiscencia *f.* ①〈植〉(果实等的)开裂;②〈医〉开裂,裂开

~ circuncisa 〈植〉横向开裂

~ loculicida 〈植〉背室开裂

~ longitudinal/transversal 〈生〉纵/横向开裂

~ septicida 〈植〉室间开裂

~ sutural 〈植〉缝线开裂

dehiscente *adj.* 〈植〉开裂的

deíctico,-ca *adj.* 〈逻〉直接论证[证明]的

Deimos *m.* 〈天〉(火星两颗卫星之中较小并且靠外面的)火卫二

deionización *f.* 〈理〉消[去]离子(作用),消除电离(作用)

dejación *f.* 〈法〉放弃;交[让]出

~ de bienes 财产转让

dejada *f.* ①撇[丢]下,放[舍]弃;②〈体〉(网球、羽毛球等比赛中发球时的)触网重发

DEL *abr.* diodo emisor de luz 〈无〉〈信〉发光二极管

delantera *f.* ①前面[部,端];②(衣服的)前襟;③〈戏〉(剧院等的)前排座位;④〈体〉(赛跑等的)领先;领先距离;⑤〈体〉(足球运动等的)前锋线;⑥ *pl.* (牛仔穿的)皮护腿套裤;骑马裤;⑦(城市、村庄、房屋等的)边界

delanteril *adj.* 〈体〉(足球等运动)前锋的;前锋线的

delantero,-ra *adj.* ①前(面,部)的;②〈体〉(足球等运动中)打前锋的;③(位置、排名等)最前的,最先的 ‖ *m. f.* 〈体〉(足球等运动中的)前锋 ‖ *m.* 〈缝〉(衣服的)前身,门襟

~ centro 〈体〉中锋

~ extremo 〈体〉边锋

~ interior 〈体〉内锋

vista ~a 前[正]视图,正面图

delco *m.* (汽车等的)配电器

dele; deleátur *m.* 〈印〉(书稿或校样上的)删去符号

deleción *f.* ①〈遗〉(染色体的)缺失,中间缺失;②删除部分;〈信〉删除

~ clonal 克隆缺失

deletéreo,-rea *adj.* 有毒的,致死的

gas ~ 毒瓦斯

delfín *m*. ①〈动〉海豚；②〈体〉海豚式（游泳）；③[D-]〈天〉海豚座

delfínidos *m. pl.* 〈动〉海豚科

delfinina *f*. 〈化〉翠雀宁

delga *f*. 〈电〉(整流器)铜条，整流条
~ de colector 整流器铜条
~ del distribuidor (蒸汽机)气门桥路

delicuescencia *f*. ①〈化〉潮解(作用)；②溶化,融解

delicuescente *adj*. ①〈化〉(容易)潮解的；潮解性的；②容易吸收湿气的

delimitación *f*. ①定[划]界；②限[划,圈]定

delimitador *m*. 〈信〉边[定]界符；定义符
~ de inicio de frame 帧首定界符

delimitar *tr*. ①(划)定…界限；②限[划,圈]定

delincuencia *f*. 〈法〉①犯罪,罪行；②犯罪率；③犯罪性
~ común 刑事犯罪
~ de menores(~ juvenil) 少年犯罪
~ informática (篡改银行电脑贮存资料等的)计算机犯罪

delincuencial *adj*. 〈法〉犯罪的,违法的

delincuente *adj*. 〈法〉犯罪的,违法的‖*m. f*. 罪犯,犯人
~ común 刑事犯
~ habitual 惯犯
~ juvenil(joven ~) 少年犯
~ sin antecedentes penales 初犯

delineación *f*.；**delineamiento** *m*. ①勾画轮廓；勾画；②画草图；简[略,示意]图
~ industrial 技术草图

delineador,-ra *adj*. 制图的‖*m*. (化妆用的)眼睫膏；眼线笔‖*m. f*. 制图员

delineante *m. f*. 制图员

delinquimiento *m*. 〈法〉犯法[罪]；犯罪行为

delirante *adj*. 〈医〉谵妄的,神志失常的,说胡话的

delirio *m*. ①〈医〉谵妄,神志失常,说胡话；②〈心〉…狂
~ de persecución 〈心〉受迫害妄想症

delírium *m*. 见 ~ tremens
~ tremens 〈医〉(酒精中毒引起的)震颤性谵妄

delitescencia *f*. ①〈医〉(肿瘤、病症等的)突然消退,骤退；②〈化〉(结晶时的)水分脱失

delito *m*. 〈法〉犯法,不法行为,罪行
~ civil 民事罪
~ común 刑事罪
~ consumado 已遂罪
~ de acusación falsa 诬告罪
~ de bigamia 重婚罪
~ de canallada 流氓罪

~ de estafa 欺诈罪
~ de falsificación 伪造罪
~ de incendio 放[纵]火罪
~ de insultos[ofensa] 侮辱罪
~ de lesa majestad (对君主,元首的)不敬罪；叛逆罪；危害君主制；危害国家安全罪
~ de malversación 贪污罪
~ de menor importancia 轻罪,轻微犯罪
~ de negligencia[prevalicación] 渎职罪,玩忽职守罪
~ de robo 盗窃罪
~ de sangre 凶杀罪
~ fiscal 财务犯罪
~ flagrante[infraganti] 现行罪
~ frustrado 未遂罪
~ grave/menor 重/轻罪
~ informática (篡改银行电脑贮存资料等的)计算机犯罪
~ menor 轻罪,轻微犯罪
~ político 政治犯
~ por imprudencia 意外伤害罪
cuerpo del ~ 罪证

delta *m*. 〈地〉(河流的)三角洲‖*f*. ①希腊语的第四个字母(Δ,δ)；②见 conexión ~
conexión ~ 〈电〉三角(形)接法,Δ 连接(法)
rayos ~ 〈理〉δ 射线

deltaplano *m*. ①悬挂式滑翔机；②〈体〉悬挂式滑翔运动

deltoideo,-dea *adj*. ①三角形的；②〈解〉三角肌的‖*m*. 〈解〉三角肌

deltoides *m. inv*. 〈解〉三角肌

deltoiditis *f. inv*. 〈医〉三角肌炎

demanda *f*. ①要[请,恳]求；②*Amér. L*. 询问；③〈商贸〉需求；需求量；④〈戏〉(舞台监督公布的)排练通知；⑤〈电〉负荷[载]；⑥〈法〉(尤指非刑事案件的)诉讼；呈文
~ biológica[bioquímica] de oxígeno 〈环〉〈医〉生化需氧量
~ civil 〈法〉民事诉讼
~ de empleo 就业需求
~ de escritura 〈信〉按需写出
~ de extradición 引渡要求
~ de lectura 〈信〉按需读出
~ de mala fe 诬告
~ final (债权人催逼债务人还债的)最后要求
~ judicial 法律诉讼,起诉
~ máxima (交通、供电等的)峰值负载,最大短时负载
~ penal 刑事(责任)诉讼
~ por monopolio 反垄断诉讼
~ y oferta agregadas 总需求与供给

factor de ～ 供电因素,需用率

demandado,-da *m. f.* 〈法〉(上诉,离婚等案件中的)被告

demandador,-ra *m. f.* 〈法〉原告;起诉人

demandante *adj.* ① 提出要求的;② 〈法〉原告的 ‖ *m. f.* ① 〈法〉起诉人,原告;② 见 ～ de empleo
～ de empleo 求职者

demantoide *m.* 〈矿〉翠榴石(绿色透明的钙铁榴石)

demarcación *f.* ①(区域、边疆等的)分[划,立]界;划分;②界线[限];③〈体〉位置;(理论上一个球员在场上应控制的)区
línea de ～ 分界线

demarcar *tr.* ① 给 … 划界,勘定 … 界线;划[区]分;②〈海〉定方位;③〈体〉盯住

demarraje *m.* 〈体〉突然加速行进,猛冲,冲刺

deme *m.* 〈生〉同类群,混交群体

demencia *f.* ① 疯狂,神经错乱,精神失常;②〈医〉痴呆
～ infantil 儿童痴呆
～ precoz 早发性痴呆
～ senil 老年痴呆

demencial *adj.* 〈医〉① 痴呆的;② 疯狂的,精神错乱的

demente *adj.* 〈医〉① 痴呆的;② 疯狂的,精神错乱的 ‖ *m. f.* 〈医〉精神病患者

demersal *adj.* 〈生〉① 在[近]海底的;(鱼卵)沉入海底的;② 底栖的,底层的

demo *f.* 〈信〉示范指令,指示指令

demódex *m.* 〈医〉脂螨属

demodulación *f.* 〈电子〉〈信〉解调

demodulador *m.* 〈电子〉解调器,检波器

demodular *tr.* 〈电子〉解调(信号等)

demografía *f.* 人口学;人口统计学;人口统计
～ dinámica/estática 动/静态人口学
～ económica 经济人口统计学
～ teórica 理论人口统计学

demográfico,-ca *adj.* 人口的;人口学的;人口统计的
censo ～ 人口普查
densidad ～a 人口密度
estadísticas ～as 人口统计数字
estructura ～a 人口结构
explosión ～a 人口爆炸[激增]

demógrafo,-fa *m. f.* 人口学家

demolición *f.* ① 拆毁[除];毁坏;②〈军〉爆破

demología *f.* 民俗学

demonetización *f.* 非货币化;(金、银等)失去货币资格

demonofobia *f.* 〈心〉鬼神恐怖

demora *f.* ① 延迟,拖延,耽搁;②〈海〉方位;③〈法〉耽[延]误;④ *Amér. L.* (美洲土著被迫从事为期八个月的)挖矿劳役
～ de pagos(～ en pagar)延迟付款

demoscopia *f.* (公众)舆论研究,民意研究;民意测验

demostración *f.* ① 论证,证明[实];② 示范;(产品、样品等)示范展示;③ 展览,陈列;④〈逻〉证明;验证;⑤〈数〉验算,证
～ indirecta 间接证明
～ industrial 工业展览

demulcente *adj.* 〈药〉〈医〉缓和的,润性的 ‖ *m.* 〈药〉润[缓和]药

demulsibilidad *f.* 〈化〉反乳化性,反乳化率

demulsificar; demulsionar *tr.* 〈化〉〈技〉使反乳化

demultiplexor *m.* 〈电子〉(多路)信号分离器,多路输出选择器

dendriforme *adj.* 树状[形]的

dendrita *f.* ①〈地〉树枝石;树化石;树枝形;②〈化〉枝蔓晶;③〈解〉树突

dendrítico,-ca *adj.* ① 树状的;树枝状的;枝蔓体的;②〈心理〉树突的

dendroclimático,-ca *adj.* 树木气候学的,年轮气候学的

dendroclimatología *f.* (通过分析树木年轮来研究过去气候情况的)树木气候学,年轮气候学

dendrocronología *f.* 树木年代学(一门通过研究树轮以确定过去事件发生年代的学科)

dendrófago,-ga *adj.* 〈动〉蚀[食,蛀]木的 ‖ *m.* 蚀[食,蛀]木虫

dendrografía *f.* 树木学

dendrográfico,-ca *adj.* 树木学的

dendrógrafo,-fa *m. f.* 树木学家 ‖ *m.* 树径记录器

dendrograma *m.* 〈生〉系统树图(一种表示生物物种亲缘关系的树状图解)

dendroideo,-dea *adj.* 树状的

dendrología *f.* 树木学(山林学的一个分支)

dendrometría *f.* 树木测量术

dendrómetro *m.* (用以测树木高度和直径的)测树器

dendrón *m.* 〈解〉树突

dendrotráquea *f.* (树上昆虫的)呼吸管

Deneb *m.* 〈天〉天津四,天鹅座 α 星

Denébola *f.* 〈天〉五帝座一

denegación *f.* 拒绝;否认;反驳
～ de auxilio 〈法〉拒绝救援罪
～ de demanda 〈法〉① 驳回诉讼;②(原告)撤回诉讼

denervación *f.* 〈医〉去除 … 的神经支配

dengue *m.* ①〈医〉登革热;② *Chil.* 〈植〉紫茉

莉;紫茉莉花

denier *m.* 〈纺〉旦尼尔,旦(纤度单位,长 9,000 米重 1 克为一旦)

denim *m. ingl.* 〈纺〉粗斜棉布,劳动布

denominador *m.* ①〈数〉分母;②共同特性 [色]
　~ común 公[共]分母

densidad *f.* ①密集;稠[浓]密;②〈理〉密 (实)度;③〈摄〉(负片的)厚(度),密度;④ 〈信〉字距;⑤〈化〉密[强,浓]度;⑥〈电〉密 度;密度电流
　~ atmosférica 〈气〉大气浓度
　~ crítica 临界密度
　~ de caracteres 字符密度,字距
　~ de carga 电流密度
　~ de corriente (eléctrica) 电流密度
　~ de empacamiento 充填度
　~ de energía[potencia] 功率[能量]密度
　~ de exploración 扫描密度
　~ de flujo 通量密度
　~ de grabación (录音等的)录制密度
　~ de población(~ demográfica) 人口密 度
　~ de probabilidad 概[机]率密度
　~ de siembra 〈农〉播种密度
　~ electrónica 电子密度
　~ en masa 堆[松装]密度
　~ húmeda/seca 湿/干容量
　~ óptica 光密度
　~ relativa 〈化〉相对密度
　~ superficial 〈理〉表面密度

densificación *f.* ①密(实)化,致密化,压 [击]实;②增密;稠化

densificador *m.* ①密化器;②增浓[稠化]剂; ③压紧器,凝缩器

densimetría *f.* ①〈理〉密度测定(法);②密 度计的使用

densimétrico,-ca *adj.* 〈理〉密度测定的;密 度计的

densímetro *m.* 〈理〉密度计
　~ fotoeléctrico 光电密度计

densitensímetro *m.* 〈化〉(蒸汽)密度-压力计

densitometría *f.* ①〈理〉密度测定法;②显像 测密术;③〈摄〉密度计量学(研究摄影负片 密度测量和结果数据的解释)

densitómetro *m.* ①〈理〉密度计;②光[显像] 密度计

denso,-sa *adj.* ①密的;密集的;稠[浓]密 的;②〈理〉密度大的;③〈摄〉(负片)密度大 的,厚的

dentado,-da *adj.* ①有齿的;锯齿状的;② (邮票)有齿孔的;③〈植〉(叶边缘)齿状 [形]的 ‖ *m.* ①(邮票等的)齿孔;齿眼线

②〈建〉(木工的)啮合

escarificadora ~a (筑路用)翻[挖]土机, 除根机
hoja ~a 齿状[形]叶
rueda ~ a 齿轮

dental *adj.* ①〈解〉牙齿的;②〈医〉牙科的 ‖ *m.* ①〈农〉(犁的)铧座;②(脱粒机的)齿

dentalagia *f.* 〈医〉牙痛

dentario,-ria *adj.* ①牙的,牙齿的;〈动〉生 齿的
alveolo ~ 牙槽

dentejón *m.* 轭

dentellado,-da *adj.* ①有齿的;②齿状的;锯 齿状的;③齿缘的;④〈建〉齿状饰的

dentellón *m.* ①(门锁的)锁舌;②〈建〉齿状 饰

denticina *f.* 〈医〉生[促]齿剂

dentición *f.* ①出[长,生]牙,长牙现象;②长 [出]牙期;③〈动〉齿系,齿列;④〈集〉牙齿
　~ bunodonta 丘型齿
　~ de leche(~ lacteral) 乳齿[牙]
　~ hipsodonta 高冠齿
　~ lofodonta 脊型齿
　~ macrodonta 巨型牙
　~ permanente 恒齿[牙]
　~ primaria 乳牙列
　~ secundaria 恒牙列
　~ selenodonta 月牙形齿;A 型齿

denticulación *f.* ①〈动〉整副小牙[细齿];② 〈建〉小牙饰

denticulado,-da *adj.* ①具细齿的;〈生〉锯齿 状的;②〈建〉有齿饰的

dentículo *m.* ①小[细]齿;齿状物;细齿状突 出;②〈建〉齿饰

dentillón *m.* 〈建〉齿状饰

dentina *f.* 〈解〉牙质,牙本质

dentinogénesis *f.* 〈医〉牙本质发生

dentinoma *m.* 〈医〉牙质瘤

dentirrostro,-tra *adj.* 〈动〉有齿喙的,齿喙 类的 ‖ *m. pl.* 齿喙类

dentista *adj.* 〈医〉牙科的 ‖ *m. f.* 牙科医生

dentistería *f.* Col.,Venez. 〈医〉①牙科学; ②牙科诊所

dentística *f. Chil.* 〈医〉牙科学

dentón,-ona *adj.* 〈动〉露牙的,牙齿大的;长 有虎牙的 ‖ *m.* 〈动〉海鲷

dentudo,-da *adj.* 〈动〉露牙的,牙齿排列不 齐的 ‖ *m. Cub.* 〈动〉(约三米长的)大鲨鱼

denudación *f.* ①剥光,裸露;②〈地〉剥蚀(作 用)

denuncio *m.* 〈矿〉①报矿(要求保留开采权); ②开矿特许权的申请

deodara *f.* 〈植〉(喜马拉雅山的)雪

dep. *abr.* ①departamento（行政，企业等机构的）部，司，局，处，科，厅，部门；②depósito〈商贸〉存款

departamental *adj.* ①（行政，企业等机构的）部[司，局，处，科，厅，部门]的；②（大学等）系的；分部[科]的；③分隔部分的；④*And.* 省的

departamento *m.* ①（行政、企业等机构的）部，司，局，处，科，厅，部门；②（学校，学术机构等的）系；学部；研究室[所]；③分隔间；分隔空间[部分]；④（客车车厢中的）隔间；〈海〉舱；⑤*Amér.L.* 套房；⑥*And.* 省
　～ de auditoría 稽核处，审计部门
　～ de envíos 发货部
　～ de fumadores（客车上的）吸烟室[车厢]
　～ de informática〈信〉信息部门
　～ de máquinas〈海〉轮机舱
　～ de no fumadores（客车上的）非吸烟室[车厢]
　～ de policía 警察局
　～ de primera（客车的）头等车厢
　～ de visados 签证部门
　～ general 总务科[处]
　～ jurídico 司法部门

depauperación *f.* ①贫穷[困]化；②〈医〉虚[衰]弱；萎缩

dependencia *f.* ①依赖[靠]；依赖关系；②从属（地位）；隶属〈友〉关系；④〈建〉房间；⑤*pl.* 外屋；附属的房屋；⑥下属机构；附属部门；⑦〈商贸〉分部[店，支，公司]；⑧〈商贸〉人员，店[售货]员；⑨〈数〉相关；⑩*pl.*（房间内的）摆设；⑪（对药物等的依赖）瘾
　～ lineal〈数〉线性相关
　～ mutua 相互依存[依赖]
　～ policial 警察分局；警察所
　～ psicológica 心理依赖

depilación *f.*；**depilado** *m.*（用脱毛剂、热蜡、镊子等）除[脱，拔]毛；脱毛法

depilador,-ra *adj.* 除[脱]毛的 ‖ *m.* 脱毛剂 ‖ **～a** *f.* 脱毛剂
　crema ～a 脱毛剂

depilar *tr.*（用镊子）拔毛；（用脱毛剂和热蜡）脱毛

depilatorio,-ria *adj.*（用来）除[脱]毛的；能脱毛的 ‖ *m.* 脱毛剂

deplasmólisis *f.*〈生〉（细胞）壁分离复原

depleción *f.*〈医〉①（液体、血液等的）排除，缺失；②（由于缺液而产生的）衰竭

depletivo,-va *adj.*〈医〉引起减液的，导致缺液的

deponente *adj.*〈法〉供述的，证明的，作证的

‖ *m.f.*〈法〉宣誓证人（尤指立宣誓书的证人）
　persona ～〈法〉宣誓证人（尤指立宣誓书的证人）

deporte *m.* 体育运动
　～ al aire libre 室[户]外运动
　～ acuático 水上运动
　～ blanco(～ de invierno) 冬季运动
　～ de competición 竞技体育运动
　～ de exhibición 表演比赛项目
　～ de sala 室内运动
　～ de vela 帆船运动
　～ del remo 划船，赛艇运动
　～ náutico 水上运动；帆船运动
　～ por parejas 双人运动（如网球运动等）
　zapatillas de ～ 运动鞋；旅游鞋

deposición *f.* ①罢免，废黜；②〈法〉宣誓作证，证词；③排泄物；粪便；④沉淀[积]（作用）
　～ eléctrica 电(极)沉积
　～ electrolítica 电解沉淀

depositación *f.* 沉积(物,作用)；沉淀[积]，淀[淤]积

depósito *m.* ①存放，寄存；②寄存[储存，储藏]物；③箱；(油)槽，罐，贮水池；盛器；④仓库，货[堆]栈；⑤（警方的）扣押汽车场；⑥〈军〉兵[补给，供应]站；⑦（垃圾或废物的）堆场；⑧存款；寄存物；押[保证]金；⑨〈化〉沉淀[积]；沉积物；⑩附[堆]着
　～ activo 活[放射]性沉积
　～ aduanero(～ de aduana) 海关仓库，保税仓库
　～ afianzado 关栈，保税仓库
　～ aluvial 冲[淤]积层
　～ anticipado 预交押金
　～ blindado 防弹油箱
　～ carbonado 积碳，碳沉积
　～ de aceite 油箱[槽，罐]
　～ de aceite combustible 燃料箱
　～ de agua ①水[蓄水]箱；②蓄水池，水库
　～ de agua caliente（凝汽器的）热水井，凝结水箱
　～ de aire 气囊[室，柜]；贮气器[箱]
　～ de averías 海损保证金
　～ de basura 垃圾堆[倾倒]场
　～ de cadáveres 太平间，停尸房
　～ de carbón 煤场[站]
　～ de cátodo 阴极沉淀
　～ de cenizas 粉灰沉淀
　～ de combustible 油[燃料]库；燃料箱
　～ de combustible presurizado（加压）密封油罐
　～ de equipajes（车站、旅馆等的）行李寄

存处
~ de gas 气柜,煤气[储气]箱
~ de gasolina （汽车等的）油箱；（储）汽油罐
~ de libros （图书馆等中的）多层书架
~ de locomotoras （圆形或扇形的）机车库
~ de lodos 沉淀井,集水池
~ de maderas 贮木场
~ de materiales 堆料场
~ de mercancías 商品仓库,货栈,栈房
~ de mineral 矿石仓
~ de municiones 弹药库
~ de objetos perdidos 失物招领处
~ de oro 黄金储备
~ de polvos 吸[集,除]尘器；防尘套
~ de reserva territorial 后备兵员站
~ de vapor 蒸汽锅筒
~ de vapor vivo 蓄汽器
~ de víveres 供给[料,水,油]容器
~ en carga 自重(自动式)输油箱
~ en el extremo del ala 副[翼端]油箱
~ en presión 压力容器
~ fangoso （锅炉的）污垢[物渣]
~ franco ①（在港口的）免税货物；②免税港仓库
~ frigorífico 冷藏库[室]
~ glacial 〈地〉冰川沉积
~ indistinto （一人以上的）多人[共有]存款
~ inorgánico 无机(物)沉淀[堆积]
~ interbancario 银行同业存款
~ irregular 〈法〉（允许保管人使用寄存物的）不正规存物处
~ judicial （为进行调查的）司法停尸室
~ lanzable 副[可弃]油箱
~ orgánico 有机(物)沉淀
~ pelágico 远洋沉积
~ principal 主油箱
~ seco ①干燥库[室,箱]；②干式存放
~ subsidiario 附属仓库
~s continentales 〈地〉大陆沉积;陆相沉积
~s de litoral 沿海[海滩]沉积
~s deltaicos 三角洲沉积
~s fluviales 河成[河流]沉积(物)
~s fragmentarios 碎屑沉积
~s lacustres 湖成沉积,湖成泥沙
~s marinos 海相沉积(物)
~s mecánicos 动力沉积(物)
~s residuales 残积物,残积矿床
~s secundarios 次[二]级存款
~s sobre licitaciones 投标保证金
~s terrestres 陆地沉积
mercancías en ~ （尚未纳税的）存入关栈

中的货物

depredación f. 〈动〉〈环〉(动物的)捕食行为[习性,现象]

depredador,-ra adj. 〈动〉以捕食其他动物为生的,食肉的 ‖ m. 〈动〉〈环〉食肉动物

depresión f. ①下陷；②〈地〉洼[凹]地；坑；③（温度,压力等的）降低,下降；④〈医〉衰退;抑郁症；⑤〈经〉不景气,萧条(期)；⑥〈气〉(气压表水银柱下降所显示的)气压降低；⑦抽空,排气;真空(度)
~ de horizonte 〈海〉俯[偏]角
~ económica 经济萧条
~ magnética 〈地〉磁倾角
~ nerviosa 〈医〉神经失常
~ posparto 产后抑郁症
a ~ 真空操作的

depresivo,-va adj. ①压抑的；令人沮丧[抑郁]的；下压的；②〈心〉抑郁的 ‖ m. f. 〈医〉抑郁症患者

depresor m. ①〈医〉压舌板；压器；②〈解〉降肌；③降压神经；④〈化〉抑制[缓冲,阻化]剂

deprimente m. ①〈药〉抑制药；②〈矿〉(浮选)抑制剂

deprimido,-da adj. ①低下的,凹[下]陷的；②〈动〉扁平的,阔的；③〈植〉扁平的；平卧的,匍匐的

depsido m. 〈化〉缩酚(羧)酸

depuración f. ①（水等的）净[纯]化,滤清；（污水）处理；②〈信〉排除（程序中的）错误,调试；③提[炼]纯；④清除[洗],肃清;纯洁
~ de aceite 精制油
~ del agua 水净[纯]化
~ en seco 干洗,干式清洁[处理]
producto de ~ 清除[净化]剂

depurador,-ra adj. ①（使）净化的,使纯净的；②使净洁的；洗清的 ‖ m. ①净化器[剂,装置]；清洗[滤清]器；提纯[精炼]器；②〈信〉调试程序；排错程序 ‖ ~a f. ①水处理厂；水净化站；②(泳池的)过滤系统；③净化器
~ centrífugo 离心清洗[滤清]器
~ de aire 空气洗涤器,涤气器
~ de gas 煤气[气体]净化器
~ de gasolina 汽油滤清器
~a de aguas residuales 污水处理厂

depurativo,-va adj. ①净[纯]化的；②〈医〉净化用的,净血用的 ‖ m. ①净[纯]化剂；②〈医〉净血剂

der; der. abr. derecho 法；法律

derbi; derby m. 〈体〉(同城两支主要球队之间的)比赛；德比大赛

derecha f. ①右边[面,部]；②〈解〉右手；③

〈体〉(足球队等的)右翼(队员)

derechazo *m*. ①〈体〉(拳击时的)右手拳；②〈体〉(网球等运动的)正板击球，正拍；③(斗牛中的)右手持棒逗牛动作

derecho *m*. ①法；法律；②法学；③(人，单位的)权利；④*pl*.(商贸)权；税(金)；关税；⑤*pl*.(某些专业人员所收的)费用；酬金；⑥(布匹、纸张、衣服等的)正面

~ a elegir y ser elegido 选举权和被选举权

~ aeronáutico 航空法

~ a la huelga 罢工权

~ a la instrucción 受教育权

~ a(l) voto 投票权；选举权

~ a reclamación 索赔权

~ ad valoren 从价权

~ al[del] trabajo 劳动权

~ administrativo 行政法

~ aduanero[arancelario] 关税

~ agrario 土地法

~ civil 民法

~ comercial 商[贸易]法

~ compensario 补偿(性)关税

~ común 习惯法，普通法，一般法

~ consuetudinario 习惯法，普通法(与衡平法对称)，判例法

~ contractual 契约[合同]法

~ corporativo 公司法

~ criminal[penal] 刑法

~ de abandono 委付权

~ de acrecer 附加继承权

~ de aguas 河[湖]的使用权，用水权

~ de asilo (外国逃犯个人的)避难权

~ de autor 著作权

~ de avería 海损法

~ de bosque[monte] 伐木权

~ de compañías[sociedades] 公司法

~ de desvío 绕航权

~ de exclusividad 专用[有]权

~ de expropiación (国家)征用权

~ de extracción 采掘[开采]权

~ de gentes (旧时的)国际法

~ de giro 提款权

~ de hipoteca 抵押权

~ de importación 进口税

~ de impresión 出版权

~ de inscripción 注册费

~ de los negocios(~ mercantil) 商法

~ de marca de fábrica 商标法

~ de minas 采掘[开采]权；矿业法

~ de paso[vía] ①(他人土地上、他国地域、水域上的)通[穿]行权；(地面)通行权；②〈法〉地役权

~ de patentes 专利权

~ de pernada 初夜权

~ de pesca 捕鱼权

~ de propiedad 产[所有]权

~ de puerto 船舶进港费，停泊费

~ de recuperación (财产)追回权

~ de regalía *Esp*. 烟草进口税

~ de réplica (原告对被告抗辩的)驳复权，答辩权

~ de reproducción 版权

~ de rescate 赎回权

~ de rescisión 解约权

~ de residencia 居住权

~ de retención 〈商贸〉留置权，扣押权，抵押品留置权

~ de reventa 转卖权

~ de reunión 集会权

~ de sucesión 遗产税

~ de transferencia 让[转让]权

~ de tránsito ①(他人土地、他国地域、水域上的)通[穿]行权；(地面)通行权；②过境权

~ de venta exclusiva 独家经营权

~ de veto 否决权

~ de visita 〈信〉访问权

~ del mar 海洋法

~ económico 经济法

~ escrito[positivo] 制订法，成文法(指国家机关按法定职权范围和程序制订的法律)

~ especial 特别关税

~ financiero 财政[金融]法

~ fiscal[tributario] 财政[会计]法；税法

~ hereditario 继承法；继承权

~ hipotecario 抵押法

~ inmobiliario 不动产法

~ internacional 国际法

~ internacional privado/público 国际私/公法

~ laboral[obrero] 劳动法

~ marítimo 海洋法；海事法

~ municipal 城市法

~ natural 自然法

~ no escrito 不成文法

~ patrimonial 业主权益

~ político 宪法

~ preferente ①优先权；②特[优]惠关税

~ prendario 留置权

~ privado (处理私人关系、私人财产等的)私法

~ procesal (诉讼)程序法

~ público 公法

~ real (人所拥有的)实物权

~ romano 罗马法

~ sanitario 卫生法

~ sindical 结社权

~ social 社会法

~s aduaneros[arancelarios] 关[海关]税

~s anti-dumping 反倾销税

~s cinematográficos〈电影〉制片权

~s civiles 民事权利

~s de amarraje 系[停]泊费

~s de antena[emisión]（电台，电视台等的）广播权

~s de arqueo 船舶吨位测量费

~s de arribada 船舶进港费；停泊费

~s de asesoría[consulta] 咨询费

~s de atraque[muelle] 码头费，船坞费

~s de autor 版[著作]权；(著作的)版税

~s de edición(~s editoriales) 出版权

~s de examen ①考试费；②检查费

~s de exportación/importación 出/进口税

~s de matrícula 登记[注册，挂号]费

~s de mineraje〈矿区〉开采费

~s de patente 专利权使用费

~s de peaje（道路、桥梁等的）通行费

~s de registro 注册费

~s de remolque 拖船费，牵引费

~s de salvamento 救难费

~s de sellos[timbre] 印花税

~s de tonelaje（船舶）吨位税

~s específicos(~s por pieza) 从量税

~s humanos 人权

~s pasivos（职工的）养老金，退休金

~s portuarios 港务费

~s prohibitivos 禁止性关税

~s proteccionistas 保护性关税

~s reales 资产转让税

~s reservados 禁止复制，禁止翻印

~s ribereños 沿岸[河]权

~s sobre el terreno 土地税

Declaración de los ~s Humanos [D-] 人权宣言

reservados todos los ~s 版权所有

dérico,-ca adj.〈生〉外胚叶的

deriva f. ①〈海〉漂流；②〈海〉〈航空〉偏航；③〈地〉漂移；④〈技〉〈信〉偏移；⑤〈遗〉漂变[移]

~ antigénica〈遗〉抗原性漂移

~ continental (~ de los continentes)〈地〉大陆漂移(说)

~ de señal〈信〉信号偏移

~ genética 遗传漂变

derivación f. ①起源，由来，出身；②引[导]出；③（河流等的）分水渠；（渠道、线路、铁路等）分支，支流[线]；④派[衍]生(物)；⑤

〈电〉分路[流]；分流器；⑥〈医〉诱导；⑦〈数〉(公式)推导，求导(数，运算)；⑧〈电〉漏电

~ conductora 旁路[通]，分[支]路

~ del galvanómetro〈电〉检流计分流器

de ~ corta/larga 短/长分路(发电机)

devanada en ~ 并绕线圈

derivada f.〈数〉导数，微商

~ primera 一阶导数

derivado,-da adj. ①由…产生的；②派生的；③〈化〉衍生的；④〈理〉导出的 ‖ m. ①〈化〉衍生物；②〈工〉〈化〉副产品

~ cárnico 肉产品

~ del petróleo 石油产品[衍生物]

~ lácteo 乳制品，乳产品

~s de la leche 奶[乳]制品

demanda ~a 派生需求

unidad ~a〈理〉导出单位

derivador m. ①（电阻）分流器；②〈电〉分度器

derivar tr. ①使（河流、公路等）改道；②〈海〉使漂流[游]；③〈数〉导出；④〈电〉使分流[路]，装分流器于…；⑤推论[引申]出；追溯…的起源；⑥〈化〉衍生出 ‖ intr. ①来源于…，源自…；②导致；③转向，转到…方面；④〈海〉漂流，偏航；⑤〈电〉发生断路；⑥派生；⑦〈化〉衍生

derivativo,-va adj. ①〈医〉引出的，诱导的；②〈化〉衍生的 ‖ m. ①〈化〉衍生物；②〈医〉诱导剂；③〈数〉导数，微商

derivómetro m. ①〈技〉测偏仪；漂移计；②〈航空〉测漂移器

dermalgia f.〈医〉皮(神经)痛

dermamiasis f.〈医〉皮肤蝇蛆病

dermáptero,-ra adj.〈昆〉革翅目的 ‖ m. ①革翅目昆虫；②pl. 革翅目

dermatalgia f.〈医〉皮痛(尤指损伤)

dermatemia f.〈医〉皮肤充血

dermatergosis f. inv.〈医〉职业性皮炎

dermático,-ca adj.〈医〉皮肤的

dermatitis f. inv.〈医〉皮炎

~ aguda 急性皮炎

~ alérgica 过敏性皮炎

~ de[por] contacto 接触性皮炎；毒性皮炎

~ epidémica 流行性皮炎

~ seborreica 皮(下)脂溢性皮炎

~ solar 日光性皮炎

dermatoartritis f. inv.〈医〉皮肤病关节炎

dermatobiasis f.〈医〉皮肤蝇蛆病

dermatocisto m.〈医〉皮肤囊肿

dermatodisplasia f.〈医〉皮肤发育不良[全]

dermatoesclerosis f.〈医〉硬皮症

dermatoesqueleto *m*. 〈解〉外[皮]骨骼；外甲

dermatofibroma *m*. 〈医〉皮肤纤维瘤

dermatofibrosarcoma *m*. 〈医〉皮肤纤维肉瘤

dermatofibrosis *f*. 〈医〉皮肤纤维变性

dermatofito；dermatófito *m*. 〈生〉皮肤真菌，表皮寄生菌

dermatofitosis *f*. 〈医〉皮肤真菌病，肤癣病（尤指脚癣）

dermatofobia；dermatopatofobia *f*. 〈心〉皮肤病恐怖

dermatófobo,-ba *m. f*. 〈医〉皮肤病恐怖患者

dermatógeno *m*. 〈植〉表皮原

dermatoglifia *f*. 〈医〉①肤[皮]纹学；②肤[皮]纹（尤指手掌纹和脚掌纹）

dermatoglifo *m*. 〈解〉肤[皮]纹；掌[指]纹

dermatografía *f*. 〈医〉皮肤论

dermatografismo *m*. 〈医〉皮肤划痕症

dermatógrafo *m*. 〈医〉皮肤划界器（用于外科手术前在皮肤上画线标记器官的位置）

dermatoheliosis *f*. 〈医〉曝晒引起的皮肤病

dermatoide *adj*. 〈医〉皮样[状]的
　quiste ～ 〈医〉皮样囊肿

dermatólisis *f. inv*. 〈医〉皮肤松弛症

dermatología *f*. 〈医〉皮肤病学

dermatológico,-ca *adj*. 〈医〉皮肤病学的

dermatólogo,-ga *m. f*. 〈医〉皮肤病科医生；皮肤病学家

dermatoma *m*. ①〈医〉皮肤瘤；②〈解〉皮区（指某一脊神经后根感觉纤维的皮肤分布区）；③〈生〉生皮节（中胚层体节的外侧部）

dermatomices *f*. 〈医〉皮肤真[霉]菌

dermatomicina *f*. 〈医〉皮肤真[霉]菌素；皮酶(真)菌素

dermatomicosis *f*. 〈医〉皮肤真菌病

dermatomioma *m*. 〈医〉皮肤(平滑)肌瘤

dermatomiositis *f. inv*. 〈医〉皮肤肌炎

dermátomo *m*. 〈医〉植皮刀，皮刀

dermatoneurología *f*. 〈医〉皮肤神经学

dermatonosología *f*. 〈医〉皮肤病分类学

dermatooftalmitis *f. inv*. 〈医〉皮肤眼炎

dermatopatía；dermatosis *f*. 〈医〉皮肤病

dermatopatología *f*. 〈医〉皮肤病理学

dermatopolineuritis *f*. 〈医〉皮肤多神经炎

dermatorrexis *f*. 〈医〉皮肤毛细管破裂

dermatosclerosis *f*. 〈医〉硬皮症

dermatoscopia *f*. 〈医〉皮血管镜检查

dermatosífilis *f*. 〈医〉皮肤梅毒

dermatosifilografía *f*. 〈医〉皮肤病梅毒学

dermatoterapia *f*. 〈医〉皮肤病疗法

dermatotomo；dermatótomo *m*. 〈医〉植皮刀，皮刀

dermatozoon *m*. 〈医〉皮肤寄生虫

dermatozoonosis *f*. 〈医〉皮肤寄生虫病

dermestido,-da *adj*. 〈昆〉皮蠹的 ‖ *m. pl*. 皮蠹科

dérmico,-ca *adj*. 〈医〉皮肤的
　enfermedad ～a 皮肤病

dermis *f*. 〈解〉①真皮；②皮，皮肤

dermitis *f. inv*. 〈医〉皮炎

dermoanergia *f*. 〈医〉皮肤无反应

dermócimo *m*. 〈医〉皮下寄生胎

dermoepidérmico,-ca *adj*. 〈医〉真皮表皮的

dermografía *f*.；**dermografismo** *m*. 〈医〉皮肤划痕症

dermógrafo *m*. 〈医〉皮肤划界笔

dermoide *adj*. 皮样[状]的 ‖ *m*. 〈医〉皮样瘤，皮样囊肿

dermoidectomía *f*. 〈医〉皮样囊肿切除术

dermolipoma *m*. 〈医〉皮脂瘤

dermometría *f*. 〈医〉皮肤电阻测量法

dermómetro *m*. 〈医〉皮肤电阻计

dermonosología *f*. 〈医〉皮肤病分类学

dermopatía *f*. 〈医〉皮肤病

dermoprotector,-ra *adj*. (化妆品)防晒的 ‖ *m*. 护肤品；防晒霜[膏]

dermóptero,-ra；dermóptero,-ra *adj*. 〈动〉皮翼目动物的；鼯猴的 ‖ *m*. ①皮翼目动物；鼯猴；②*pl*. 皮翼目

dermorragia *f*. 〈医〉皮肤出血

dermorreacción *f*. 〈医〉皮肤反应

dermostenosis *f*. 〈医〉皮肤收紧

dermoterapia *f*. 〈医〉皮肤病疗法

dermotermómetro *m*. 〈医〉皮肤温度计

dermovacuna *f*. 〈医〉皮肤疫苗

derogación *f*. ①(法令，合同等的)废除，撤销，取消；②毁[减]损

derrabe *m*. ①岩崩，落石；②冒顶，塌落；③(矿井)崩塌

derramadero *m*. ①溢洪道(冰川或冰原融水流过而形成的)天然水道；②见 ～ de basura
　～ de basura 垃圾堆[倾倒]场，垃圾站

derramamiento *m*. ①(液体等的)溢[满，流]出；撒开；②(资源等的)浪费，挥霍
　～ de sangre 流血

derrame *m*. ①(液体等的)溢[满，流]出；洒落；②(钢墨水，容器液体等的)漏出；(称量液体或谷物等时的)流出[洒落]部分；③〈海〉(从帆边绳间透过的)气流；④〈医〉渗出；⑤(峡谷的)分岔；⑥〈建〉八字面，斜[倾]削面；⑦Col.，Per. 斜面线脚；⑧〈军〉(碉堡上炮眼的)下缘
　～ cerebral 〈医〉脑出[溢]血
　～ de petróleo en el mar 海上石油漏溢
　～ sinovial 〈医〉滑膜炎

derrapada *f.* （人、车等行进时因路滑而向一侧的）打[侧]滑；（车轮刹住后的）滑行

derrapaje；**derrapamiento** *m.* 见 derrapada

derrape *m.* （汽车等的）打滑；（车轮刹住后的）滑行

derraspado,-da *adj.* 〈植〉（小麦）无芒的

derrelicto *m.* 〈海〉漂流海上的弃船；（船舶失事造成的）海上遗弃物

derrengadura *f.* 〈医〉腰伤，腰部扭伤

derrengue *m.* 〈兽医〉牛后腿瘫痪

derrepresión *f.* 〈医〉脱[除]抑制（作用）

derribo *m.* ①（建筑物的）拆毁[除]；推倒；②〈体〉（摔跤）摔倒；③〈航空〉射击；击落；④（被拆除建筑物的）废墟；⑤ *pl.* 碎石[砖]，瓦砾

derrick *m.* 钻塔，井架

derris *m.* 〈植〉鱼藤

derrocadora *f.* 〈机〉〈矿〉碎石[矿]机

derrota *f.* ①道路，路径；②〈海〉航向[线]；③〈军〉〈体〉战[失]败；败北
~ ortodrómica 环形航线

derrotero *m.* ①（标在地图上的）航线；〈海〉航向[线]；②〈海〉水路志；航线图；③道路，方向；④*Arg., Chil.* 〈矿〉（表明到达矿井的）文字资料

derrubio *m.* ①（河水的）冲刷；侵蚀；②冲积土，淤泥土

derrumbamiento *m.* ①（建筑物等的）倒[坍]塌；拆毁[除]；（房顶等的）塌下；②冒顶，塌落；③（价格）暴跌；④（股市等的）崩溃；（企业，银行等的）倒闭
~ de piedras 岩崩，落石
~ de tierra 〈地〉山崩，地滑，塌方

derrumbe *m.* ①（建筑物等的）倒[坍]塌；拆毁[除]；②冒顶，塌落；〈矿〉塌方[陷]
~ de tierra 塌方

DES *abr. ingl.* data encryption standard 〈信〉数据加密标准

desabollador *m.* 锤平(凹痕)工具

desabolladura *f. Amér. L.* （汽车车身的）钣金加工

desabotonar *intr.* 〈植〉（花苞）绽开，开放

desabsorción *f.* 〈化〉解吸附作用，退吸；清除吸附气体

desacato *m.* 〈法〉（对法庭等的）蔑[藐]视
~ a la autoridad[justicia] 蔑视法庭（罪）
~ al tribunal 见 ~ a la autoridad

desaceitado,-da *adj.* 无油的，脱脂的

desaceleración *f.* ①（汽车）减[降]速（度）；②〈经〉衰退，下降
carril de ~ 慢[减速]车道

desacentuación *f.* 〈无〉去加重，（频应）复元

desacentuador *m.* 〈电子〉校平器

desacetilado *m.* 〈化〉脱酰基

desacidificación *f.* 〈化〉去[脱]酸(作用)；酸中和作用

desacidificar *tr.* 〈化〉〈工〉使去[脱]酸；降低…酸度

desaclimatar *tr.* 〈环〉给（生物）改变生存环境条件

desacolar *tr.* 〈信〉将…从队列中删除

desacoplable *adj.* 可拆卸的，可分开的

desacoplamiento *m.* ①分离[开]，断开；②〈理〉去耦(合)，退[解]耦

desacoplar *tr.* ①拆[分，解，脱]开；②〈电〉使不连接，切断；③〈机〉〈理〉去耦(合)，解耦合；④〈信〉使脱开

desacoplo *m.* ①〈机〉〈理〉去[退，解]耦；②分离[隔]

desacordado,-da *adj.* ①〈乐〉不合调的，走调的；②〈画〉不调和的，不协调的

desacorde *adj.* ①〈乐〉不和谐的；②〈画〉（色彩）不协调的

desacoto *m.* 拆除标[地]界

desactivación *f.* ①卸除（炸弹）引信，使失去爆炸性；②〈化〉〈理〉减活化(作用)；失活；③〈医〉灭[去]活作用；④〈信〉复位
~ de bombas[explosivos] 炸弹处理

desactivado,-da *adj.* 去活作用的

desactivador,-ra *m. f.* （拆除）炸弹专家

desacuartelamiento *m.* 调出兵营

desadaptación *f.* ①调节不良，失调；②〈医〉（眼睛对光的）调节机能不全；③（人的）不适应生活环境；④〈心〉适[顺]应不良；⑤〈生〉改变适应环境条件

desadaptador *m.* 失配[调]器；解谐器

desaerador *m.* 〈工〉除[去，排]气器，空[油]气分离器，脱气塔

desaferencia *f.* 〈医〉传入神经阻滞

desaferente *adj.* 〈医〉传入神经阻滞的

desagio *m.* 〈经〉逆贴水

desagotar *tr. Arg.* 排[放]出；使排[流]光

desagrupación *f.* 〈电子〉电子(束)离散

desaguadero *m.* 排水渠[沟，道]；下水道，阴沟
~ abierto 箱形排水渠

desaguador *m.* ①除[脱]水器；②排水渠，下水道

desagüe *m.* ①排[放]水；②（浴缸等的）排[泄]水管；（屋顶平台等的）排水管；③（河流等的）排水渠[道]
bomba de ~ 排水泵
conducto[tubo] de ~ 排水管

desahogado,-da *adj.* ①（房间，房子等）宽敞的；(空间)畅通的；②〈海〉航行畅通无阻的

desahogador *m.* 保险[安全]阀

desahorro *m.* 〈经〉提取储蓄存款,动用原储蓄

desahuciado, -da *adj.* 医治不好的;不可救药的

desainadura *f.* 〈兽医〉(马、骡等牲畜的)脂肪溶解症

desaireación *f.* 排[放,除,抽]气,通风

desaireador *m.* 〈工〉除[去,排]气机,空气分离器,脱气塔

desajuste *m.* ①不平衡,失调;②(机器等的)损坏,出毛病;③(计划等的)打[搅]乱
~ económico 经济失调

desalabeo *m.* 〈建〉刨平;弄平

desalación; desalinización *f.* ①〈化〉脱盐(作用);②〈环〉淡化

desalado, -da *adj.* ①(海水、盐水等)脱盐的;③无翼的,无翅膀的

desaladora *f.* 〈工〉〈化〉脱盐厂;淡化海水工厂

desaladura *f.* ①去掉盐分;②去掉翅膀

desalcalización *f.* 〈化〉脱碱(作用)

desalcalizar *tr.* 〈工〉〈化〉使脱碱

desalcoholización *f.* 〈化〉除去酒精[乙醇]

desalergización *f.* 〈生化〉脱敏(作用)

desalinación *f.* 〈化〉脱盐(作用)

desalineación *f.* 不成直线;不成行;队列混乱

desalinizador, -ra *adj.* 〈工〉脱盐的 ‖ *m.* 脱盐剂;~a *f.* 淡化海水装置
planta ~a 脱盐厂;淡化海水工厂

desalinizar; desalinar *tr.* 〈工〉〈化〉使…脱盐,脱去…的盐分

desalivación *f.* 〈医〉除涎,除唾液

desalmenado, -da *adj.* 无城垛的,无雉堞的

desalquitranado, -da *adj.* 〈工〉脱焦油的

desalquitranador *m.* 〈工〉〈机〉脱焦油器[设备]

desalquitranar *tr.* ①〈工〉脱焦油;②清除…上的柏油

desamarre *m.* ①解[松]开;②〈海〉解缆;解缆出航

desambiguación *f.* 〈信〉消除歧义

desamidación *f.* 〈化〉脱酰胺(作用)

desaminación *f.* 〈化〉〈生化〉脱氢(基)作用

desamortización *f.* ①〈法〉撤销对(不动产的)继承权限制,使(地产)免于限定继承;②(永久产业财产的)转让[征用]

desamparo *m.* ①抛弃;〈法〉遗弃;②无保[庇]护(状态);无依无靠(状态)

desaminasa *f.* 〈生化〉脱氢(基)酶

desarboladura *f.*; **desarbolo** *m.* 〈海〉取下[折断]桅杆

desarborización *f.* 〈环〉砍[滥]伐森林,毁林

desarenador *m.* ①〈工程〉〈环〉泄沙闸,沉沙池;沙阱;②〈环〉〈医〉(用于废水处理的)沉沙装置

desarenar *tr.* 〈工程〉〈环〉消除沙泥

desarme *m.* ①拆开[卸];②〈军〉缴械,解除武装;③裁军,裁减军备;④(船)停用(待修)
~ arancelario[industrial] 关税壁垒的解除
~ unilateral 单方面裁军

desarraigador *m.* 〈机〉〈农〉拔[除]根机

desarreglado, -da *adj.* ①未加整理的,凌乱的;②(生活)无规律的;③(饮食)非适度的,无节制的;④〈机〉工作不正常的,出故障的

desarreglo *m.* ①混[凌]乱;②〈机〉故障,毛病;③〈医〉(身体、肠胃等的)不适;④(生活)无规律;无节制

desarrollable *adj.* ①可展开的;②可发展的;可开发的;③见 superficie ~
superficie ~ 〈数〉可展曲面

desarrollado, -da *adj.* ①发育良好的;②发达的;③实际的,有效的
energía ~a 有效[实际]能量
país ~ 发达国家

desarrollismo *m.* 经济发展政策

desarrollo *m.* ①(经济、工业、市场等的)发展;进度;增长;②(计划、规划等的)实[执]行;开展,进行;③〈乐〉(主题等的)展开;④〈数〉(方程式、函数的)展开;⑤(技术、方法等的)开发;⑥(自行车车轮旋转一周的)齿轮行程比
~ científico-técnico (~ tecnocientífico) 科技发展
~ de Maclaurin(~ en serie)〈数〉马克劳林(苏格兰数学家 Maclaurin)级
~ de recursos humanos 人力资源开发
~ demográfico 人口增长
~ equilibrado 均衡发展[增长]
~ rápido de aplicaciones 〈信〉快速应用开发
~ sostenible 〈环〉可持续发展
~ tecnológico 〈技〉〈经〉技术开发
~ urbano 城市发展

desarticulación *f.* ①(机器,钟表等的)拆开[卸];②〈医〉(胳膊肘、膝盖等的)脱臼[位]

desasfaltado *m.* 〈工〉〈化〉脱沥青

desasfaltar *tr.* 〈工〉〈化〉脱沥青

desasimilación *f.* ①〈生〉异化作用;②异化,相异

desatascador, -ra *adj.* 用来疏通管道的 ‖ *m.* ①(疏通洗涤池,抽水马桶等用的)手皮碗泵;②疏通剂[粉]

desatibar *tr.* 〈矿〉清除…矿渣[废料]

desatierre *m. Amér. L.* （工厂、矿山等的）熔[矿]渣堆

desatomizado,-da *adj.* 无原子武器的

desatornillador *m. Amér. L.* （螺丝）起子，改锥，旋凿

desatracar *tr.* 〈海〉解船缆，解缆出航

desatrampar *tr.* 〈工程〉疏浚

desatraque *m.* 〈海〉解船缆，解缆出航

desaturación *f.* 〈化〉盐浸作用；去饱和(作用)

desaturado,-da *adj.* 用盐水处理过的

desaturar *tr.* 〈化〉〈技〉使不饱和；降低(颜色等的)饱和度；减(小)饱和(度)

desaturasa *f.* 〈生化〉去饱和酶

desaviado *m.* （从树中）提[萃]取(浆汁)

desazolve *m.* 〈工程〉清[放]淤(泥)

desazón *f.* 〈医〉不舒服，不适

desazufrar *tr.* 〈工〉〈化〉脱[去]硫；除去…里的硫磺

desbacterización *f.* 〈生化〉消毒，灭[杀]菌(作用)

desbarbado *m.* ①磨[抛]光；②去[剪]绒；去毛边

desbarbador *m.* 〈机〉①（修金属毛边的）刮刀，粗锉；②平錾，平头凿；清除[刮净]器 ‖ ~a *f.* 清理毛口[刺]机，铲边枪

desbarbamiento *m.* 〈医〉清洗创伤术

desbarbillar *tr.* 〈农〉（为葡萄树藤）修剪枝根

desbarnizar *tr.* 刮去…上的清漆

desbastado *m.* 〈冶〉（铸块的）粗加工

desbastador *m.* 〈机〉粗[初]加工刀[器]具，初轧机；毛刺[口，头，边，翅]切割器

desbastar *tr.* ①粗刨[切削]；给…粗加工；②使(石头等)光滑；去毛刺，去毛边

desbaste *m.* ①〈技〉粗刨[切，削]；初[粗]轧，粗加工；②（材料的）粗加工状态；③〈环〉废水粗滤

desbenzolado,-da *adj.* 〈化〉脱苯的

desbenzolar *tr.* 〈技〉使(照明煤气)脱苯

desbobinadora *f.* 〈机〉开卷[拆卷，展卷]机

desbordamiento *m.* ①溢[漫]出，泛滥；②〈信〉溢出

~ de página 〈信〉页面溢出

desborrar *tr.* ①剔除(织物上的)小结(以完成工序)；②〈信〉恢复(删除的内容)

desbridamiento *m.* 〈医〉清除(伤口)术，清创术

desbroce *m.* （播种、植树前的）草木[植物]清除

desbrozadora *f.* 〈机〉〈农〉除草机

desbutanizador *m.* 〈化〉脱丁烷塔；脱丁溶剂

descaderado,-da *adj.* （动物）臀部裂开受伤的

descalcador *m.* （取出填絮的）弯头钳

descalcificación *f.* 〈化〉脱钙(作用)；除石灰质(作用)

descalcificadora *f.* 〈化〉脱钙器

descalcificante *adj.* 〈化〉脱钙的

descalcificar *tr.* 使脱钙，除去…的石灰质；使缺钙 ‖ *intr.* 〈医〉缺钙

descalificación *f.* 〈体〉取消比赛资格，淘汰

descalimar *intr.* 〈海〉(薄雾)消散

descamación *f.* ①〈医〉脱屑[皮]；②剥落[离]

descamar *tr.* 刮去(鱼)鳞 ‖ ~se *r.* ①剥落；②〈医〉脱屑[皮]

descamatorio,-ria；decamativo,-va *adj.* 脱皮的

descanso *m.* ①休息；②〈体〉中场休息；③〈戏〉幕间休息；④〈建〉楼梯平台；⑤〈机〉撑架，支座

~ de maternidad 产假

~ obligatorio 法定节假日

~ por enfermedad 病假

~ remunerado[retribuido] 带薪休假

descantar *tr.* 〈工程〉清除…的卵[碎]石

descantear *tr.* 〈技〉〈机〉去掉…的角边

descanterar *tr.* 〈技〉〈机〉去掉…的硬边

descantillón *m.* 〈技〉〈机〉（加工石头时用的）模[型]板

descanulación *f.* 〈医〉除套管术

descapitalización *f.* 〈经〉（企业等的）亏损，贫困

descapotable *adj.* 〈汽车〉有折篷的 ‖ *m.* 折篷汽车

descapsulación *f.* 〈医〉被膜剥除术

descarbonatación *f.* 〈化〉除去二氧化碳，脱去…碳酸

descarbonatar *tr.* 〈化〉除去…的二氧化碳，脱去…的碳酸

descarbonización *f.* 〈化〉脱碳(作用)

descarbonizador *m.* 〈化〉脱[除]碳剂

descarbonizar *tr.* 〈工〉〈化〉脱去…的碳，除去碳(素)

descarboxilación *f.* 〈化〉〈生化〉脱羧(作用)

descarboxilasa *f.* 〈生化〉脱羧酶

descarburación *f.* 〈化〉脱碳(作用)，除碳(法)，去碳

descarga *f.* ①卸货[载]；②〈军〉（枪、炮等的）射击；射出；③倒出弹药，子弹退膛；④〈电〉放电；⑤（液体等的）排出；⑥〈建〉（载荷的）转移；⑦〈信〉卸载

~ aperiódica 非周期放电

~ atmosférica 大气[天电]放电

~ cerrada （枪、炮等的）群射；排枪射击(尤

指由一队步枪兵所发射的敬礼枪）

~ de aduana（船只等的）海关结关

~ de chispas 火花放电

~ de mercancías 卸载［货］

~ de retorno 反向放电

~ disruptiva 迅烈［火花，击穿］放电

~ eléctrica〈理〉放电

~ en abanico［cepillo］电晕［刷形］放电

~ en arco〈理〉电弧放电

~ espontánea 自身放电

~ gaseosa 气体放电

~ instantánea 非周期放电

~ libre 自由放电

~ luminosa 辉光放电

~ oscilante 振荡放电

~ oscura 暗［无光］放电

~ radiante 刷形放电

~ recurrente 周期放电

~ superficial 表面放电，火花塞放电

conducto de ~ 导［输送，释放］管

tubo de ~ 放电管

descargador m. ①卸货［码头］工人；②〈电〉放电器；火花隙；③（枪炮膛的）填塞物取除器；④排放［溢出］管

descargo m. ①卸货［料］；卸下［载］；②开释［脱］；③〈法〉（表明对指控罪名不服的）反驳，申辩；（义务等的）免除；④〈商贸〉收据；⑤〈商贸〉（债务的）清偿；⑥贷方

nota de ~ 放弃声明书；不承担责任的声明

pliego de ~ 证据

testigo de ~ 辩护证人

descargue m. 卸货［料］；卸下［载］

descarnador m.①〈医〉（牙科医生使用的）刮刀，刮牙器，牙齿剥离器；②去（指甲）角质剂［液］

descarozado,-da adj. Cono S.（水果）脱水的，风干的‖ m. Arg., Chil. 桃干

descarrilamiento；descarrilo m.（火车等的）出［脱］轨

descarrío m.〈环〉（动物、牲畜等在迁徙路途中的）离群，走失

descartable adj.〈信〉临时（性）的

descarte m.①〈体〉被除名的运动员；②见folio de ~s

folio de ~s〈数〉笛卡儿叶形线

descascarillado m.①（盘，瓮，罐上）碰出缺口；②（油漆，墙面等的）剥落；③去［剥，削］壳［皮］

descaspar tr. 除去［洗净］头皮屑

descasque m. 剥树皮，剥栓皮槠树皮

descatalogado,-da adj.①〈书〉绝版的；②（唱片）未编入册的，不公开列出的；③（产品）停产的，中断的；④〈信〉未列入目录的

descatalogar tr.〈信〉未将…列入目录

descebado,-da adj. 去掉引信管的，失去爆炸能力的

descebar tr.①去掉…的信管，使失去爆炸性，取出雷管［引爆药］；②〈机〉排除［离心泵］内的水

descendedero m.①（建筑物不同层面或公路等不同水平面之间的）斜面［坡］；②（路面上旨在强制减速的）小凸面；（机动车、轮椅等使用的）坡道；③（机场用的）活动舷梯

descendente adj.①（方向，轨迹等）向下的；下行的；②（数量等）减少的；下［递］降的；③〈信〉自顶向下的，顺序的；④直系卑亲属的，遗传的‖ m.〈印〉〈信〉下伸字母（如 g，j，p，q，y 等）；字母的下伸部分

escala ~〈乐〉下降音阶

línea ~ 卑亲属系

marea ~ 退潮

movimiento ~ 活塞下（降）行程

progresión ~ 递减级数

tren ~ 下行火车

descendista m. f. 速度滑雪运动员，滑降运动员

descenso m.①（温度、价格等的）下跌［降］，降低；②下降［倾］，降落；③〈医〉脱出症，脱［下］垂；④下［斜］坡；坡地；⑤〈体〉（球队的）降级；⑥〈体〉（滑雪）快速下降；滑降比赛

~ crioscópico〈化〉冰点降低

~ térmico 温度下降，降温

movimiento de ascenso y ~ 上下运动，升降运动

tubo de ~ 泄水［下水，下导，下降］管

descentración f.①（使）不在正中，（使）偏斜；②调节不良，失调；不适应

descentrado,-da adj.①〈技〉不在正中的；偏（离中）心的，中心偏移的；②不适应（环境，形势）的

descentralización f.①分散；②权力分散［下放］；地方分权；③（工业、人口等的）疏散

~ administrativa 管理权下放

~ de la educación 教育权力下放

descentramiento m.①偏离中心，中心偏移［错位］；②失去平衡

descepar tr.①〈农〉连根拔除；②消灭，灭绝，根除；③拔掉（锚的）托柄

desceración f.〈技〉除蜡（法）

descercar tr.①〈农〉拆除栅栏［围墙］；②〈军〉解救，救援（被围城市）；给…解围

descerco m.〈军〉解围，救援

descerebelación f.〈医〉切除小脑

descerebración f.①〈医〉切除大脑；②（动物大脑）试验性切除

deschurrado m. 洗羊毛

descifrable *adj.* ①可破译的;可解释的;② (字迹、印刷等)可辨认的,清楚的,易读的

descifrado; desciframiento *m.* ①(密码文电等的)破译;译文;(古代文字,难以理解事物等的)解释;(潦草字迹等的)辨认;②〈乐〉(乐曲的)见谱即奏[唱]

descifrador, -ra *m. f.* 破译员;译码员 ‖ *m.* ①译码机;②判读器

descifrar *tr.* ①解[破]译(密码文电等);②辨认(潦草字迹)

descimbramiento *m.* 〈建〉拆除拱鹰架

descimentar *tr.* 〈建〉毁坏…的地基

descincado *m.* 〈化〉失锌现象;除[脱]锌(作用),腐蚀去锌

descintrar *tr.* 除去(连拱的)弧度

desclasificación *f.* ①(分类的)弄乱;②〈体〉取消比赛资格;淘汰

desclasificado, -da *adj.* 〈信〉未分类的;未按顺序排列[整理]的

desclavador *m.* 起[拔]钉器

descloicita *f.* 〈矿〉钒铅锌矿

descloruración *f.* 〈化〉脱[去]氯(化物)

desclorurar *tr.* 〈化〉脱去…的氯化物

descoagulante *adj.* 使液化的,使溶解的

descobreado, -da *adj.* 〈化〉〈技〉除[脱]铜的 ‖ *m.* 除[脱]铜

descocador *m.* 灭树虫器,灭虫器

descodificación *f.* 译(密)码

descodificador, -ra *adj.* 译(密)码的 ‖ *m.* 译(密)码机;〈信〉解码器

descodificar *tr.* 译(密码文电等),解(码等)

descogollar *tr.* 去掉…的嫩芽[枝]

descohesar *tr.* 〈无〉(使)散屑(使检波器恢复常态),使散开

descohesión *f.* 〈体〉(体育队)缺乏整体配合

descoloración *f.* ①〈化〉脱色(作用);漂白;②无色

descoloramiento *m.* ①(染料引起的)脱[褪]色,去色(作用);②(磨损、日晒等造成的)褪色

descolorante *adj.* 使脱[褪]色的 ‖ *m.* 脱[褪]色剂

descolorar *tr.* 使脱[褪]色;〈纺〉拔染

descolorización *f.* 〈化〉脱[褪,去,消]色(作用);漂白(作用)

descombro *m.* 清除瓦砾[杂物]

descomplementación *f.* 〈生医〉〈医〉去补体(化,作用)

descomponedor *m.* 〈生〉食腐生物

descomposición *f.* ①分解;②〈生〉分解作用;③〈医〉腹泻;④(数字等的)分类,分析;⑤*Amér. L.*(汽车等的)损坏,故障
~ de vientre(~ intestinal) 腹泻

~ espectral 〈理〉光谱分析
~ estadística 统计分析
~ factorial 〈数〉因子分解
~ térmica 〈化〉热分解

descompostura *f.* ①〈电〉故障;②*Amér. L.* 〈机〉〈技〉损坏,坏掉,出毛病;③*And.* 〈医〉错位,脱臼

descompresión *f.* ①减[失,卸]压;②〈医〉减[解]压;③〈信〉解压缩
~ cerebral 〈医〉脑减压术

descompresor *m.* 〈机〉①减压器[装置];②减压阀

descomprimido, -da *adj.* 减[卸,去]压的

descomprimir *tr.* ①使失[卸]压;给…减压;②〈信〉使解压缩;③〈医〉使(器官)减压,给…解压

desconcentración *f.* ①(权力的)分散,权力下放;②(企业等的)分散,疏散(分布)

desconcentrador *m.* 〈机〉反浓缩装置

desconchado, -da *adj.* ①(墙壁)泥灰剥落的;②(器皿)釉子脱落的 ‖ *m.* ①泥灰剥落,剥落部分;②(器皿等的)釉子脱落;脱落部分

desconchón *m.* (泥灰、油漆等)成片脱落;脱落处

desconectado, -da *adj.* ①〈信〉脱机的,离线的;未联网的;②(人)隔绝的,不联系的;③拆[断]开的,不连接[通]的

desconectador *m.* 〈电〉断路[开]器,切断开关
circuito ~ 断开器电路,触发器线路

desconectar *tr.* ①〈电〉关掉,切断,断开;拔去…的电源插头;②〈信〉使脱机[离线]

desconexión *f.* ①〈电〉关掉,切断,断开;②不连接,不协调,不连贯;③〈信〉脱机;离线
bobina de ~ 脱[解]扣线圈
dispositivo de ~ 断[脱]开装置;解扣装置

descongelación *f.* ①(食品等的)解冻;②(对工资、资金等的)解除冻结;③〈航空〉除去(机翼、挡风玻璃等上的)冰;④(冰箱等的)除霜
solución de ~ 防冻液[剂]

descongelado *m.* (食品等的)解冻

descongelador *m.* ①除[去,碎,防]冰器;②防冻剂

descongelar *tr.* ①除[去]…的冰霜;使不结冰,解冻;②〈经〉解除(对资金等的)冻结;③〈信〉取消控[限]制 ‖ ~ se *r.* ①(冰箱)除霜;②(食品)解冻

descongestión *f.* ①减轻,缓解,解除;②(肺、鼻子等的)减轻充血

descongestionante *m.* 〈药〉减充血剂

descontabilidad *f.* 可贴现性

descontagiar *tr.* 给…消毒;杀死…的细菌

descontaminación *f.* 〈化〉〈环〉〈医〉①消除污染;去污,去污染法;②净[纯]化,去杂质

descontaminar *tr.* ①给…去污,净化;②给…消毒;消除…(放射性)污染

descontar *tr.* ①从…中扣除[减去];②〈商贸〉给…打折;③把…排除[斥]在外,把…不计算在内;④〈商贸〉将(汇票,期票)贴现;⑤〈体〉(裁判)扣除(比赛中的暂停时间)

descontinuidad *f.* ①间[中]断,不连贯;②〈数〉不连续(性),间断(性),断续(性)

descontinuo,-nua *adj.* ①不连续的,间断的,断续的;不连贯的;②〈数〉(函数,变量)不连续的

desconveniencia *f.* 〈信〉不匹配

desconvenir *tr.* 〈信〉使错配

descoordinación *f.* 不协调,不配合

descorchador *m.* (拔软木塞的)螺丝起子,瓶塞钻

descorche *m.* ①拔去(软木)瓶塞;②采剥栓皮

descornador,-ra *adj.* 截去动物角的 ‖ *m.* 截角工具

descortezado,-da *adj.* 剥去皮的(树) ‖ *m.* (砍倒树后的)剥[去]皮

descortezador,-ra *adj.* 剥去皮[壳]的 ‖ ~a *f.* 〈机〉去[剥]皮机,脱壳器[机]

descortezamiento *m.* ①剥(树,果,面包)皮;②去壳

descortezar *tr.* ①剥[去](树,果)皮;去…壳;②改进(技术)

máquina de ~ 剥皮机

descosedura *f.* 〈缝〉针脚脱开部分

descosido,-da *adj.* 〈缝〉拆去缝线[针脚]的;缝线[针脚]脱开的 ‖ *m.* 〈缝〉线脚脱开部分

descostrado,-da *adj.* 〈机〉粗车削的,粗加工的

descostrador *m.* 锅炉防垢剂

descoyuntado,-da *adj.* 〈医〉脱臼的,错位的

descoyuntamiento; descoyunto *m.* 〈医〉脱臼[位]

descrecencia *f.*; **descrecimiento** *m.* 减少,减小

descrédito *m.* 丧失信用

descremación *f.* (牛奶的)脱[去]脂

descremado,-da *adj.* (牛奶)脱脂的 ‖ *m.* 脱脂

leche ~a 脱脂牛奶

descremadora *f.* 牛奶脱脂器

descremar *tr.* 从(牛奶表面)撇去浮物;使(牛奶)脱脂

descriptivo,-va *adj.* ①描写的,描述的;②(学科)描写[述]性的(指以客观事实为据进行描述)

anatomía ~a 描述解剖学

estadística ~a 描述统计学

geometría ~a 画法几何(学)

descriptor,-ra *adj.* 描写[述]的 ‖ *m.* 〈信〉描述符,解说符

~ de base de datos 数据库描述符

descuadre *m.* ①不平[均]衡,失调;②〈医〉(各眼肌之间的)不平衡,失调;平衡缺[丧]

descuadrillado *m.* 〈兽医〉(牲口的)股骨病

descuadro *m.* 〈电影〉调整片位

descuaje *m.* (耕种或种植前的)草木[植物]根除

descuartizador,-ra *m. f.* 分尸杀人犯

descuartizamiento *m.* ①切碎,切成片;②肢解,分尸

descubretalentos *m. f.* ①(大学)发掘专业人才者;(为电影、戏剧、体育运动等)物色新秀者;星探

descubridor,-ra *adj.* ①〈海〉用来观察海面的;②发现的;③调查的,考察的 ‖ *m. f.* 〈军〉侦察兵[员]

descubrimiento *m.* ①发现;②发现物

~ científico 科学发现

~s geográficos 地理发现

desculturización *f.* 文化贫困[贫乏]

descurtir *tr.* 漂白(鞣制过的皮革)

Desdémona *f.* 〈天〉天王星卫星

desdentado,-da *adj.* ①没有牙齿的;②〈动〉贫齿目的 ‖ *m.* 〈动〉①贫齿目动物;②*pl.* 贫齿目

desdentición *f.* 〈医〉脱牙

desdiferenciación *f.* ①〈化〉〈生〉去[反]分化;②〈医〉脱分化

desdoblado,-da *adj.* ①双车道的;②(人格)分裂的;③〈教〉被分成两组[队]的

desdoblamiento *m.* ①(道路等的)加宽;②分裂;〈理〉裂变;③〈教〉(学校班组的)一分为二

~ de la personalidad 〈心〉〈医〉分裂人格

~ de precios 个别定价,非单一价格政策

desdoble *m.* 〈经〉资本重组

desecación *f.* ①排[放]水;②弄[晒,晾]干

desecado,-da *adj.* ①(水果)脱水的,风干的;②(湖泊、田地等)被排[放]了水的;③干透的,全干的

desecador,-ra *adj.* (使)干燥的;去水分[湿气]的,除潮的 ‖ *m.* 干燥机[器,窑],烘箱[缸];②干燥剂

~ de aire 〈机〉空气干燥器[机]

desecante *adj.* (使)干燥的;去水分[湿气]的,除潮的 ‖ *m.* 干燥剂,除湿剂

desecativo,-va *adj.* 使干燥的;有干燥性能的
‖ *m.* 干燥剂

desecha *f. And.* ①*pl.* 垃圾,废物[品];②
pl.(工业)废料[品,渣],残渣

desechable *adj.* ①用后即丢弃的,一次性使
用的;②易[多]变的;[暂]时的
jeringuilla ~ 一次性注射器

desechar *tr.* ①丢弃,弃[废]置;②摆脱,消
除,摒弃;③〈信〉删除(文件);擦除(磁盘)

desecho *m.* ①*pl.* 垃圾,废物[品];②*pl.*(工
业)废料[品,渣],残渣
~ de hierro 废[碎]铁
~s de algodón 棉纱头,废棉,回花
~s de fundición 废铁[料]
~s de madera 废木,木材"废料"制品
~s industriales 工业废料
~s militares *Amér. L.* 军用剩余物资
~s nucleares 核废料
~s radiactivos 放射性废物
pérdidas de ~ 废品[物,料];残渣[料]
productos de ~ 工业垃圾;无用的副产品

deseconomía *f.* 〈经〉①(公司营运成本上升
导致的)不经济状态;②不经济,成本增加
~ de escala 规模不经济

desegregación *f.* 废除种族隔离

desegregar *tr.* 废除…的种族隔离

deseleccionar *tr.* 〈信〉取消选定

deselectrización *f.* 放电

desembaldosado; desembaldosamiento *m.*
〈建〉拆除[移去]瓷砖

desembalse *m.* 放水

desembarcadero *m.* 卸货地点;船埠,码头

desembarco *m.* ①(旅客等)下船;下飞机;②
〈军〉(部队)上岸;登陆;③(从船、飞机等
上)卸货;④〈建〉楼梯平台

desembargo *m.* 解除查封[禁运],启封;撤销
扣押

desembarque *m.* ①下船;下飞机;登陆;②卸
船[货]

desembarrar *tr.* 清除…的淤泥[泥沙]

desembocadero *m.*; desembocadura *f.* ①河
[入海]口;②(下水道)出[排]水口;③街
[路]口

desembrague *m.* ①〈机〉传动轴与机器部分
脱开;脱离啮合;(汽车)脱开离合器;②离合
器踏板

desempañador *m.* (汽车挡风玻璃等的)除雾
器

desempaque; desempaquetado *m.* 拆[开]
包;打开(行李)

desempaquetar *tr.* ①拆(包);从包裹中取
出;②〈信〉拆开(压缩数据)

desemparejamiento *m.* 〈信〉不匹配

desemparejar *tr.* 〈信〉使错配

desempate *m.* 〈体〉①(足球运动的)决胜赛;
②(网球运动的)决胜局;③平分决赛;平分
决胜法
~ a penaltis (足球运动的)互罚点球决胜
赛

desempegar *tr.* 刮去…上的沥青

desempernar *tr.* ①取下[卸掉]螺栓,松栓;
②〈海〉拆下…上的螺钉

desempleo *m.* 〈经〉①失业;②失业救济金
~ abierto/oculto 公开/隐蔽失业
~ crónico 长期[经常性]失业
~ de larga duración 长期失业
~ disfrazado[encubierto] 隐蔽失业,变相
失业
~ estacional 季节性失业
~ estructural 结构性失业
~ forzoso 强制性失业
~ fraccional 短期失业
~ parcial 半失业
~ penoso 长期失业
tasa de ~ 失业率

desempolvado,-da *adj.* 除过尘的,脱尘的,
除灰的

desempolvador *m.* 〈机〉除[脱]尘器

desempolvadura *f.* 除灰[尘]

desemponzoñar *tr.* 给…解毒;除去…中的毒
素;清除…的毒性

desemulsibilidad *f.* 〈化〉反乳化性

desemulsionado *m.* 〈化〉反乳化

desemulsionante *m.* 〈化〉反乳化剂;反乳化
器

desemulsionar *tr.* 〈化〉〈技〉使反乳化

desencadenante *m.* 〈电子〉〈信〉触发;触发电
路

desencadenar *tr.* 〈电子〉〈信〉触[激]发

desencajado,-da *adj.* ①〈医〉〈颌〉脱臼的;
②从原位拆下的;移位的

desencajadura *f.* 断裂部分

desencajamiento *m.* 拆下[开];移位

desencalladura *f.* (搁浅船只)再浮起;(海
上)打捞

desencallar *tr.* 使(搁浅船只)再浮起;(海上)
打捞

desencapadora *f.* 〈机〉〈矿〉矿山表层剥离机

desencapillar *tr.* 〈海〉解下(索具)

desenchufe *m.* 拔掉插头

desencofrado *m.* 〈矿〉拆除(矿井、坑道的)支
架

desencoladura *f.* 脱胶

desencuadrado,-da *adj.* 〈摄〉偏离中心的,
中心错位的

desenfilado *m.* 〈军〉遮蔽

desenfocado,-da *adj.* ①〈摄〉(使用不当导致)焦点不准[模糊]的；②(有意使用)软焦点(法)的

desenfoque *m.* ①〈摄〉(使用不当导致)焦点不准[模糊]；②(有意使用)软焦点,焦点柔和

desenganche *m.* ①脱钩[扣,开]；②卸下(拉车的牲口)；③戒毒；④〈机〉脱离,松脱[开] mecanismo de ~ 脱扣[解扣]机构

desengomar *tr.*〈技〉使脱[去]胶

desengranar *tr.* 使啮合脱离；使轮齿脱开

desengrasado,-da *adj.* ①(机器)生锈的,需要机油的；②(食物)不含脂肪的‖*m.* 清除油脂

desengrasador *m.* ①〈机〉去脂器[机]；②脱脂剂

desengrasante *adj.* ①清除脂肪的,除去油脂的；②消瘦下去的‖*m.* 脱脂剂

desengrase *m.* 脱脂,清除脂肪[油脂]

desenlodador *m.*〈机〉脱泥机

desenmohecer *tr.* ①〈技〉给…去霉；给…除锈；②使(麻木的肢体)恢复活动能力,使活动筋骨；③使恢复良好状态

desenraizadora *f.*〈机〉拔根器,除根机

desensamblador *m.*〈信〉反汇编程序

desensamblar *tr.* ①使脱开榫头；②〈信〉反汇编

desensibilización *f.* ①〈摄〉〈印〉减感(作用)；②〈医〉脱[失]敏(作用)；③〈心〉减敏感(作用)；解除心理情结

desensibilizador *m.*〈医〉①退[脱]敏剂；②减(敏)感器

desensibilizar *tr.* ①〈摄〉〈印〉减少感光度；使减感；②〈医〉使脱[失]敏,减低灵敏度；③〈心〉脱敏感,使减感

desensortijado,-da *adj.*〈医〉(骨头)错[移]位的

desentarimar *tr. Amér. L.* 拆除…的地板

desentonado,-da *adj.* ①〈乐〉走调的；②(色彩)不协调的,不一致的

desentonamiento; desentono *m.* ①〈乐〉走调；②(色彩)不协调

desenvainado *m.*〈理〉(核子)去壳

desequilibrio *m.* ①〈医〉精神错乱[失常]；②不平衡,失去平衡；③〈经〉失衡[调]
~ dinámico 动态失衡[不平衡]
~ estructural 结构性不平衡
~ fundamental 基本失衡
~ presupuestal 预算不平衡
~s cíclicos 周期性不平衡
puente con ~ 失[不平]衡电桥

desértico,-ca *adj.* ①沙漠的；②(气候)干燥的

desertícola *f.*〈环〉沙漠生物

desertificación; desertización *f.*〈环〉①(气候变化或管理不当等引起的)沙漠化；②土壤贫瘠化

desescarchador *m.* ①〈机〉(车窗玻璃)除雾器；②(冰箱等的)除[去,防]霜器

desescombrar *tr.* ①清除瓦砾；②挖[掘]出(尸体等)；③〈信〉清除[理]

desescombro *m.*〈信〉清除[理]

desescorificar *tr.* ①〈冶〉烧结[炼],烧成熟料；②从…清除熔渣

desesmaltado,-da *adj.* 脱去瓷釉[瓷漆,搪瓷]

desespoletar *tr.* 拆除…的引信

desespumación *f.*〈化〉〈环〉(废水处理中的)去沫

desestabilidad *f.* 不稳定性

desestañar *tr.*〈技〉除去…的镀锡,去掉…的焊锡

desestiba *f.*〈海〉卸货,从船底层舱取出

desestimación *f.*〈法〉不接受,拒绝(请求、动议等)

desestímulo *m.* (对经济发展等)起抑制作用的事物,负刺激因素

desfasado,-da *adj.* ①〈技〉不同相的；②〈理〉(有)相位差的,异相的；相移的；③与(环境)不相适应的
estar ~〈航空〉有飞行时差综合征的

desfasador *m.* ①见~ digital；②见~ múltiple
~ digital (电子)数字移相器
~ múltiple 分相器

desfasaje *m.*〈理〉相(位)移,移相

desfasamiento *m.*〈理〉相位移[差]

desfase *m.* ①〈理〉相位差；②差距,分歧；③迟延；滞后；时滞
~ distribuido 分配滞后
~ horario〈航空〉飞行时差综合征(指乘坐飞机作跨时区飞行后引起的生理节奏失调)

desfavorable *adj.*〈商贸〉(贸易)入超的
balanza comercial ~ 贸易逆差[入超]

desferrificar *tr.*〈技〉使脱铁,除铁

desfibrado *m.*〈技〉分离纤维

desfibradora *f.*〈机〉①纤维分离机；脱[起]模机；②(造纸业用的)磨木机

desfibrar *tr.* ①脱[分]离…的纤维；脱[起]模；②撕[切]碎(纸)；③(造纸业的)磨木

desfibrilación *f.*〈医〉(尤指使用电击方法的)去心脏纤颤

desfibrilador *m.*〈医〉(电击)除[去]纤颤器

desfibrinación *f.*〈医〉去(血液)纤维蛋白法

desfibrinar *tr.*〈医〉除去(血液)的纤维蛋白

desfiguración *f.*; desfiguramiento *m.* ①变

形；②〈无〉（波形、信号等的）失真，畸变损
[破]坏；③〈摄〉模糊不清
desfigurado,-da *adj.* ①变形的；②〈无〉（波
形，声音，信号）失真的，畸变的；③〈摄〉模糊
不清的
desfiladero *m.* ①〈地〉隘路，狭径，峡道；（山）
谷；②（军队只能纵列行进的）窄道
desfile *m.* ①〈军〉列队行进[游行]；列队检
阅；②（车队的）行列，队伍；③时装模特儿表
演；时装展[秀]
　～ aéreo （机群的）低空编队飞行
　～ de la victoria 凯旋阅兵；胜利游行
　～ de modas[modelos] 时装表演，时装展
　　[秀]
　～ naval 海上阅兵式
desfiscalización *f.* 免税
desfiscalizar *tr.* 免征税收
desflegmación *f.* 〈化〉分馏
desflegmador,-ra *adj.* 〈化〉分馏的 ‖ *m.* 分
馏塔
desflemadora *f.* 干烘窑
desflemar *tr.* 〈化〉使分凝
desfloculador *m.* ①〈机〉反絮凝离心机；②反
絮凝[团聚]剂
desfluorescencia *f.* 〈技〉去荧光
desfondado,-da *adj.* 〈经〉破产的
desfondamiento *m.* ①弄穿船底；②〈农〉深耕
desfondadora *f.* 〈机〉耙路机；松土机
desfonde *m.* ①〈海〉弄穿船底；②〈农〉〈植〉
（为提高土地渗透性、斩草除根等进行的）深
耕[翻]
desforestación *f.* 〈环〉滥伐森林，毁林
desforestar *tr.* 〈环〉滥伐…的森林，毁林
desformatear *tr.* 〈信〉恢复被格式化了的磁
盘
desfosforilación *f.* 〈化〉〈医〉脱磷酸(作用)
desfosforizado *m.* 〈化〉〈医〉脱磷
desfragmentar *tr.* 〈信〉去除…的碎片
desgajadura *f.* （树枝的）断茬
desgana *f.*；**desgano** *m.* ① 食 欲 不 振；②
〈医〉虚[衰]弱
desgarre；**desgarro** *m.* ①撕[扯]裂，撕开；
②（布料、纸张等上的）开口裂纹；裂口[缝，
隙]；③〈医〉扭伤
　～ tectónico 〈地〉地壳裂口(可长达数百或
　　数千公里)
desgasador *m.* 吸[脱]气剂
desgaseado,-da *adj.* 除[去，排]气的 ‖ *m.*
除[去]气
desgaseador *m.* ①〈冶〉除气剂；②〈机〉除
[排，去]气器
desgasificación *f.* 抽[排]气
desgasificado,-da *adj.* 除[去，排]气的

desgasificador *m.* ①〈机〉脱气器，去[除]气
器；②除[脱]气剂
desgasificar *tr.* 给…除[脱]气
desgastador *m.* （薄）磨光锉
desgaste *m.* ①（衣物等的）磨损；穿破；②（物
体表面等的）磨[耗]损；磨去；③（岩石等的）
腐[侵]蚀
　～ a la intemperie 风蚀
　～ abrasivo 划[磨，擦]痕
　～ de imagen （电视）图像撕裂
　～ de las rocas 风蚀；风化
　～ electrolítico 电解腐蚀
　～ físico 精疲力竭
　～ material 物质耗损
　～ natural 自然耗损
　～ normal 正常[自然]耗损
　guerra de ～ 消耗战
desgausamiento *m.* 〈技〉消磁
desglaciación *f.* ① 融化[解]，解冻；②（态
度、关系等的）缓和；(管制等的)放宽
desglobulización *f.* 〈医〉红细胞减少
desglose *m.* ①去掉注解[释]；②拆开（已装
订好的印刷品）；③抽掉（卷宗中的部分材
料）；④（对数量、数字等的）分类；分解
[开]；⑤（电影）剪辑；删节
　～ de gastos 支出分类
　～ de ventas 销售分类细账
desgomar *tr.* 〈纺〉〈技〉(给丝纺织品等)脱胶
desgobierno *m.* ① 对（国家等）管理不当
[善]；②（企业等）经营[管理]不当；③〈解〉
使瘫白[位]
desgrabar *tr.* 〈技〉抹掉（磁带上的）录音
[像]，从（磁盘等中）擦掉数据
desgranado,-da *adj.* （齿轮）缺齿的
desgranador,-ra *adj.* 〈农〉打谷的，脱粒的
‖ ～a *f.* 〈机〉脱粒机，打谷机；轧花机
desgrane *m.* 〈农〉脱粒；打谷；剥豆
desgrasado,-da *adj.* ①（食物）不含脂肪的；
②（已）脱脂的
　algodón ～ 脱脂棉
desgrase *m.* ①除去（羊毛）脂肪；②清除油渍
desgravación *f.* 关税减免，减税；降低关税
　～ a la exportación 出口减[退]税
　～ de impuestos(～ fiscal) 减税
　～ inicial 首次免税额
　～ personal 收入免税额(指在计算所得税
　　时可从所得总额中扣除的金额)
　～ por familia 抚养家庭减税,养家扣减(所
　　得税)
　～ por inversión 投资减税
desgravamen *m.* 减免税收,减轻负担
desguace *m.* ①〈海〉拆（船）；②拆除[散]；刮
削(加工)；③废料场(尤指废汽车堆场)

desguarnecido,-da *adj*. ①无装饰的;(房间等)没有陈设的;②〈军〉(城市)无防御的,不设防的;③(侧翼)易受攻击的;无保护[遮蔽]的

desguazador *m*. 〈机〉切割机

desgubernamentalizar *tr*. 摆脱政府控制

desguince *m*. (造纸厂的)切破布刀

deshabilitar *tr*. 〈信〉使停止工作,使不起作用;关闭

deshabituación *f*. 〈医〉脱(毒)瘾,戒毒

deshacer *tr*. ①解[松]开(结);②拆去(缝线、针脚等);解开了;③(使)融化;使溶解;④撕毁[取消](协议、合同等);⑤〈军〉击溃,打垮(敌人);挫败,粉碎;⑥〈信〉使重新运转 ‖ ～se *r*. ①(结,发誓等)解[松]开;②(缝线,针脚等)拆去;③融化,溶解;④〈体〉转让,处理;⑤〈军〉溃退[败];⑥〈信〉恢复;⑦〈医〉变虚[衰]弱;⑧〈商贸〉(向国外)倾销,抛售

deshaldo *m*. (开春时的)修整蜂房

deshalogenación *f*. 〈化〉去[脱]卤化(反应)

deshebrar *tr*. ①抽出(布)的纱;②抽出(蔬菜的)筋;③使成丝状

deshecho,-cha *adj*. ①解[松]开的;②融化的;溶解的;③〈医〉虚[衰]弱的;(健康)受损的;④(风雨)狂暴的,急骤的 ‖ *m*. *And*.,*Cari*.,*Cono S*. 近路,捷径

deshelador *m*. 〈航空〉(常指飞机机翼上的)去冰器,防冰装置

deshelamiento *m*. (机翼、挡风玻璃等上的)除冰,防止结冰

desherbaje *m*. 除杂草

desherradura *f*. 〈兽医〉(由于蹄铁脱落造成的)蹄伤

desherrumbrado,-da *adj*. 除掉铁锈的

desherrumbramiento *m*. 除铁锈

deshidrasa *f*. 〈生化〉脱水酶

deshidratación *f*. ①脱水;干燥;②〈化〉〈生化〉脱水;③(化合物的)脱水变化反应
～ en vacío 真空去湿[脱水]

deshidratado,-da *adj*. 脱水的,干燥的 ‖ *m*. 脱水

deshidratador,-ra *adj*. 使脱水的 ‖ *m*. ①〈机〉脱水器,干燥[脱水]机;②〈化〉分离器

deshidratante *adj*. 使脱水的 ‖ *m*. 〈化〉脱水剂
agente ～ 脱水剂

deshidroalogenación *f*. 〈化〉脱氢卤化(作用),脱去卤化氢

deshidroepiandrosterona *f*. 〈生化〉脱氢表雄(甾)酮,脱氢异雄(甾)酮

deshidrogenación *f*. 〈化〉脱[除,去]氢(作用)

deshidrogenar *tr*. 〈工〉〈化〉使脱氢

deshidrogenasa *f*. 〈生化〉脱氢酶

deshielo *m*. ①融化[解];②解冻;解冻时期;③(冰箱等的)除霜;化冻;④(关系等的)缓和
～ diplomático 外交关系缓和

deshierba *f*.；**deshierbe** *m*. 除杂草

deshilachado,-da *adj*. (织物边)磨损的 ‖ *m*. 织(物)边磨损

deshilachador *m*. 〈机〉(甘蔗)切碎机;纤维梳散机

deshilachadura *f*. 织(物)边磨损

deshilado *m*. ①〈缝〉抽线[绣];②网状细工;透孔织物

deshilo *m*. (蜂房的)更换

deshollinador *m*. ①清扫烟囱[烟垢]器具;②(打扫天花板、墙壁等用的)长柄扫帚

deshornadora *f*. 〈冶〉(炉用)推焦机,推出机

deshuesado,-da *adj*. ①去[剔]骨的;②去核的

deshuesadora *f*. ①去核刀;②〈机〉去核机

deshuesamiento *m*. ①去[剔]骨;②去核

deshumectador；deshumedecedor *m*. ①〈机〉干燥器,干燥[脱水]装置;②减湿剂

deshumidificación *f*. 〈化〉除[减,去]湿(作用);湿度降低

deshumidificador,-ra *adj*. 去潮的,减低湿度的,使干燥的 ‖ *m*. ①〈机〉干燥器;干燥[脱水]装置;②减湿剂

deshumidificar *tr*. 除[减,去]潮(湿);使干燥

desierto,-ta *adj*. ①(岛屿、地区等)荒芜的,不毛的;荒无人烟的;人稀少的;②(房子等)无人居住的;③(景色等)荒凉的;(街道等)荒废的;④(拍卖)无买主的;⑤(得奖比赛)无人参加的;无人得奖的 ‖ *m*. 〈地〉沙[荒]漠

designador *m*. 〈信〉描述符,解说符
～ de fichero 文件描述[解说]符

desigualdad *f*. ①〈经〉不平[对,均]等,不平衡;②〈数〉不等式
～ de Cauchy 柯西(法国数学家)不等式
～ de Minkowski 闵科夫斯基(俄裔德国数学家)不等式
～ de tasas 税率差别
～ de ingresos 收入不平等
～ social 社会不平等

desimanación；desimantación *f*. 〈理〉去[消,退]磁(作用),祛磁效应
dispositivo de ～ 去[退]磁器[装置]

desimanador *m*. 〈技〉〈理〉去[退]磁器[装置]

desimanar；desimantar *tr*. 〈理〉使去[退]

磁, 消磁

desimponer *tr.* 〈印〉拆去…的版面

desincentivo,-va *adj.* 抑制的, 负刺激的

desincronización *f.* 〈心〉去[失]步

desincronizado,-da *adj.* 〈心〉去[失]同步的

desincronizar *tr.* 〈心〉使去[失]同步

desincrustación *f.* 除水垢, 除水锈

desincrustador *m.* ①去锅垢器[锤]; ②〈机〉水垢净化器

desincrustante *adj.* 去水垢[锈]的 ‖ *m.* 锅炉去锈[垢]剂
agente ～ 锅炉去锈[垢]剂

desincrustar *tr.* 〈工〉除去…的水垢

desinfección *f.*; **desinfectado** *m.* 〈环〉〈医〉消毒, 杀菌(法, 作用)

desinfectante *adj.* 〈生化〉消毒的, 杀菌的 ‖ *m.* 消毒剂, 杀菌剂

desinfectar *tr.* 〈环〉〈医〉给[为]…消毒, 杀菌

desinfectorio *m. Chil.* 病人衣物消毒站

desinfestación *f.* 〈环〉〈医〉灭病媒(法); 灭昆虫(法)

desinfestante *m.* 〈环〉〈医〉杀病媒药; 杀虫害物

desinfestar *tr.* ①给…去污, 净化; ②为(庄稼等)杀虫害

desinflación *f.* 〈经〉反通货膨胀, 通货紧缩

desinflacionario,-ria *adj.* 〈经〉反通货膨胀的, 通货紧缩的

desinflacionista *adj.* 〈经〉通货紧缩的

desinflado,-da *adj.* (轮胎等)漏气的, 瘪的

desinflamación *f.* 〈医〉消炎; 消肿

desinsectación *f.* 杀[驱]虫(法)

desinsectar *tr.* 消灭…的害虫; 给…驱虫

desinsectización *f.* 除虫

desinstalador *m.* 〈信〉卸装程序

desintegración *f.* ①分解[裂]; ②瓦解, 解体; ③〈理〉(原子)蜕[裂, 衰]变
～ atómica 原子蜕变
～ catalítica 〈化〉催化裂化
～ nuclear ①〈理〉(原子)核裂变; ②〈生化〉(细胞)核分裂
～ radiactiva 放射性衰变
～ térmica 热裂; 加热分裂法
constantes de ～ 衰变常数

desintegrador,-ra *adj.* ①使分裂的, 使瓦解的, 使解体的; ②使蜕变的 ‖ *m.* ①〈矿〉破碎机; 解磨机; ②〈生〉食腐生物
～ de arenas 松沙机
～ de átomos 原子击破器

desintermediación *f.* ①〈经〉非居间化(指由银行存款转为直接的证券投资); ②〈信〉非居间化; 非中介化

desintonización *f.* 〈电子〉失调[谐]; 解调

desintonizado,-da *adj.* 〈电子〉失调[谐]的; 解调的

desintonizador *m.* 〈电子〉解调器

desintonizar *intr.* 〈电子〉失调[谐]

desintoxicación *f.* ①〈生医〉解毒; ②戒毒
centro de ～ 戒毒中心

desinversión *f.* ①〈经〉减资, 投资减缩; ②资本销蚀

desinvertir *intr.* 〈经〉从…撤[减]资; 抽回投资

desionización *f.* 〈技〉消除电离(作用); 除去离子(作用)
potencial de ～ 消(除)电离电压

desionizador *m.* 脱离子器

desionizante *adj.* 消除电离的

desionizar *tr.* 除去…的离子; 消除(电离气体)的电离

desistimiento *m.* 〈法〉(权益、要求等的自动)放弃
～ de la acción 放弃诉讼, 撤诉

desjuntamiento *m.* ①分离[开]; ②分隔[割]

deslabonamiento *m.* ①拆开链环; ②拆散, 分开

deslamar *tr.* 清除…的淤泥[沉积物]

deslastrar *tr.* 〈海〉卸掉压载, 卸掉压舱物

deslastre *m.* 〈海〉卸掉压载, 卸掉压舱物
～ en vuelo (紧急情况下)投[抛]弃(货物、燃料、装备等)

deslavable *adj.* 易受侵蚀[冲蚀, 冲刷]的

deslave *m.* ①*Amér. L.* (河水)冲刷; 侵蚀; 冲积[淤泥]土; ②*Méx.* 山崩, 塌崩, 塌方

desleal *adj.* 〈商贸〉(竞争)不公平[正]的; 不正当的
competencia ～ 不正当竞争
descuento ～ 隐蔽折扣

desleíble *adj.* 可溶解的, 可稀释的

desleidura *f.*; **desleimiento** *m.* ①溶解; ②稀释; 稀释溶液

deslendrar *tr.* 清除(头发里的)虮卵

desligado,-da *adj.* 〈信〉脱机的, 离线的

desligamiento *m.* 分开[离]; 拆卸

deslignificación *f.* 〈技〉去木质(作用)

deslignización *f.* 〈技〉去木质

deslindable *adj.* 可限定的, 可确定界限的

deslinde *m.* ①分[立]界; 划定疆界; 划分界限; ②〈法〉划定界权

desliñar *tr.* 〈纺〉清除(呢绒上的)线头[疵点]

deslío *m.* 滗出(葡萄酒的)酒脚

desliz *m.* ①疏忽, 差[过]错, 过失; ②滑; (汽车等的)滑行
～ de lengua 口误
～ freudiano (下意识的)口误, 失言

deslizadero,-ra *adj.* 滑 的；可以滑动 的 ‖ *m.* ①滑行［动］，打滑；②滑的地方；③〈技〉滑道；滑板［块］；滑座；滑动部件［装置］ ‖ **~a** *f.* 导轨
~a en V V形导轨
~a triangular 三角形导轨

deslizadizo,-za *adj.* ①滑的；易滑脱的；②致使打滑的

deslizador *m.* ①踏［滑］板车；②〈海〉小型快艇；③〈体〉冲浪板，滑水板［撬］；④〈溜冰鞋的）滑走部分；⑤〈航天〉滑翔机［器］；⑥〈信〉滑动块，滑动器；⑦Col. 弦外［尾挂］发动机

deslizamiento *m.* ①滑行［动，走，过，移］；②〈汽车〉打［侧］滑；③〈体〉滑行运动；④漂［流］动
~ de tierra 滑坡；崩塌，塌方
~ plástico 塑性流动
~ salarial（比规定工资增长略高的）增额工资
~ sobre el ala 侧滑
fricción de ~ 滑动摩擦
plano de ~ 滑移［滑动，侧滑］面
superficies de ~ 滑动面；滑移面积
zona de ~ 滑动［移］区域

deslizante *adj.* 滑动［移］的；滑行的

deslocalización *f.* 〈化〉离域

deslomadura *f.* 〈医〉腰部受伤

deslustrado,-da *adj.* ①（玻璃、金属等的）有霜状表面的，毛面的；不透明的；②（陶瓷等）未上釉的，素烧的

deslustre *m.* ①（玻璃、金属等）霜状表面，毛面；②（对玻璃、金属表面的）消光；③（为陶瓷器）除釉；（使家具、毛料等）光泽变暗，失泽

desmagnetización *f.* 〈理〉去［退］磁(作用)

desmagnetizador *m.* 〈理〉去［退］磁器［装置］

desmagnetizante *adj.* 〈理〉去［退］磁的
circuito ~ 去磁电路

desmagnetizar *tr.* 〈理〉（使）去［退］磁，（除）去磁(性)

desmalezadora *f. Arg., Urug.* 〈农〉除杂草机

desmalezar *tr. Amér. L.* 除去…的杂草

desmán *m.* 〈动〉麝鼠

desmantelación *f.*；desmantelamiento *m.* ①拆除（防御工事)；②拆开［除，散，卸]；③〈海〉拆除（船的）索具

desmaquillador,-ra *adj.* 卸妆［装］的 ‖ *m.* （卸妆用）洗面霜［液］

desmaquillante *m.* （卸妆用）洗面霜［液］

desmaquillar *tr.* 卸化妆 ‖ -se *r.* 卸妆

desmarque *m.* 〈体〉使（队友）避开对方注意

desmatar *tr.*；desmatonar *tr. Amér. C., Col.* 除去…杂草灌木

desmayado,-da *adj.* ①〈医〉昏迷［厥］的，不省人事的；②（颜色）暗淡的

desmayo *m.* ①〈医〉昏迷［厥］，晕倒，不省人事；②（植物）低垂，垂下；③〈植〉垂柳

desmedrado,-da *adj.* 〈医〉虚［衰］弱的，无力的

desmedro *m.* 〈医〉虚［衰］弱，无力

desmejora *f.*；desmejoramiento *m.* 恶［退］化；变坏；衰退

desmejorado,-da *adj.* 〈医〉身体不好的；（脸色）难看的

desmelar *tr.* 从（蜂箱）中割蜜

desmembración *f.*；desmembramiento *m.* ①（尸体等的）肢解；割开，撕碎；②（国家等的）分裂，解体

desmemoriado,-da *adj.* ①健忘的；②〈法〉完全或大部分失去记忆能力的

desmenuzadora *f.* 〈机〉（供制糖用的）甜菜粉碎机

desmenuzamiento *m.* 弄碎

desmeollamiento *m.* 取出骨髓

desmeollar *tr.* 从…中取出骨髓

desmetilación *f.* 〈化〉〈生化〉脱甲基化

desmilitarización *f.* ①非军事化；不用于军事目的；②解除军事管制；解除军备

desminar *tr.* 〈地〉〈矿〉使脱矿质，去矿化

desmineralización *f.* ①〈地〉〈矿〉去矿化；〈化〉脱矿质(作用)；②〈医〉失矿质；失盐

desmineralizador *m.* ①脱矿质器；②〈医〉脱矿质剂

desmineralizar *tr.* ①〈医〉使失矿质；使失盐；②〈化〉使脱矿质；除去（海水的）盐

desmocha；desmochadura *f.*；desmoche *m.* ①截去（树木的）树梢；②削去上端，砍去上部；③截去角

desmodulación *f.* 〈电子〉〈信〉解调（制），反调制［幅］，去调幅

desmodular *tr.* ①〈无〉倒换（无线电或电视信号等）的频率；②〈电子〉〈信〉解调（信号等）

desmoenzima *f.* 〈生化〉不溶性酶，结合酶

desmogue *m.* 〈动〉（鹿等动物的）换角

desmoide *adj.* ①〈医〉纤维样的，纤维性的；②〈解〉腱状的，韧带状的 ‖ *m.* 〈医〉硬纤维瘤

desmolasa *f.* 〈生化〉碳链（裂解）酶

desmoldeador *m.* 〈机〉（冲孔）模板，脱模杆；脱模［锭］机
puente ~ 脱模吊车

desmoldear *tr.* 〈机〉脱［起］模，从模中取出

desmoldeo *m.* 〈机〉脱［起］模

desmología *f.* 〈医〉①韧带学；②绷带包扎法

desmonetización *f.* ①停止使用铸币金属；非货币化；②贬值
~ de oro 黄金非货币化

desmontable *adj.* ①（家具、机器等）可拆卸［分开］的；②可折叠的；③〈建〉可拆卸搬动的 ‖ *m.*（卸轮胎用的）撬棒［棍］

desmontador *m.* 拆卸器具；（卸轮胎用的）撬棍 ‖ ~a *f.* 〈纺〉轧棉机

desmontaje *m.* ①拆开［除，散，卸］；②弄平（地面等）；拆毁（楼房等）；③砍伐树木［灌木荆棘］；砍伐（山林）；④〈军〉把（枪机）扳至非击发位置；⑤〈军〉击毁（炮架等）

desmontaválvulas *m.* 起阀器，气门挺杆

desmonte *m.* ①拆毁（楼房）；平整（地面等）；②砍伐（树木）；③（铁路等的）路堑；④（平整土地时堆起的）土堆；⑤ *pl. Amér. L.* 〈矿〉废石；⑥*Col.* 露天矿线层

desmopatía *f.* 〈医〉韧带病

desmorfinización *f.* 〈医〉吗啡脱瘾法

desmorrexis *f.* 〈医〉韧带破裂

desmosoma *f.* 〈生〉桥粒

desmosponjo,-ja *adj.* 〈动〉海绵纲的 ‖ *m.* ①海绵纲动物；② *pl.* 海绵纲

desmotadera *f.* 〈纺〉①轧棉［花］机；②（呢绒织品上的）粒结剔除工具

desmotador,-ra *m.* 〈纺〉①（呢绒织品上的）粒结剔除工具；②粒结剔除机 ‖ ~a *f.* 轧棉［花］机

desmote *m.* （呢绒织品上的）粒结剔除

desmotomía *f.* 〈医〉韧带切开术

desmotropía *f.*；desmotropismo *m.* 〈化〉稳变异构（现象）

desmotrópico,-ca *adj.* 〈化〉稳变异构的

desmovilización *f.* ①（军人）复员；②遣散军队

desmugrar *tr.* 〈纺〉（在缩绒机上）给呢绒脱脂

desmulsionabilidad *f.* 〈化〉反乳化度［性，率］

desmulsionable *adj.* 〈化〉反乳化的
ensayo de ~ 反［脱］乳化（度）试验

desmulsionamiento *m.* 〈化〉反乳化（作用）

desmulsionar *tr.* 〈化〉反［抗］乳化

desmultiplicación *f.* ①减速；倍［递］减；②〈机〉减速装置

desmultiplicador,-ra *adj.* 〈机〉使减速的 ‖ *m.* 倍［递］减器

desmultiplicar *tr.* 〈机〉换低速挡，使减速

desnacionalización *f.* ①开除［取消］国籍，剥夺国民权利；②非国有化，私营化

desnacionalizado,-da *adj.* ①被开除国籍的，被剥夺国民权利的；②非国有化的，私营化的

desnacionalizar *tr.* ①开除国籍，剥夺国民权利；②使非国有化，使恢复为私营

desnatado,-da *adj.* （乳品）脱脂的 ‖ *m.*（乳品的）脱脂
leche ~a 脱脂奶［乳］

desnatador *m.* ①〈冶〉撇渣［沫，油］器，撇渣勺；②（泡沫）分离器

desnatar *tr.* ①（从牛奶中）撇去（乳皮），使（乳品）脱脂；②〈冶〉（给熔化的金属）撇去浮渣
leche sin ~ 全乳，全脂牛奶

desnate *m.* ①（乳品）脱脂；撇去奶油；②〈冶〉撇去浮渣；③提取精华

desnaturalización *f.* ①驱逐出境；剥夺公民权；取消国籍；②非自然化，改变本性；③〈化〉〈生化〉（生物聚合物的）结构改变；（酒精等的）变性

desnaturalizado,-da *adj.* ①〈化〉变性的；②（牛奶）掺假的
alcohol ~ 变性酒精

desnaturalizante *m.* 〈化〉〈理〉变性剂

desnaturalizar *tr.* ①〈化〉使变性；②使非自然化，改变…的性质；使失去自然属性；③剥夺…的公民权利；取消…的国籍

desnebulización *f.* （飞机场的）消雾法

desnervación *f.* 〈医〉去神经（法）

desnevar *intr.* 雪融化

desnicotinizar *tr.* 〈工〉〈技〉除去…的烟碱

desnitración *f.* 〈化〉脱硝作用

desnitrar *tr.* 〈工〉〈化〉使脱硝，从…中脱去硝酸盐

desnitrificación *f.* 〈化〉〈生化〉脱氮（作用），脱［去］硝（酸盐），反硝化作用

desnitrificador *m.* ①〈化〉脱氮剂；②〈生〉氮［反硝化］菌

desnitrificar *tr.* 〈工〉〈化〉①使脱氮，使脱硝，使反硝化；②从…中除去氮气；从…中除去氮的化合物

desnitrogenación *f.* 〈化〉除［排］氮法

desnivel *m.* ①不平坦；高低［凹凸］不平；②差别［异］；③〈社〉不均［平］等；④不平衡；不等量
~ en la balanza de pagos 收支不平衡

desnivelación *f.* ①高低不一；②不平衡；③歪斜（失真）

desnivelado,-da *adj.* ①（地面）崎岖的，高低不平的；②不平衡的

desnucar *tr.* ①使颈骨脱位［断裂］；②击颈部致死

desnuclearización *f.* 非核化

desnuclearizado,-da *adj.* 非核化的

desnuclearizar *tr.* 使（国家、地区等）非核化

desnudación *f.* ①〈地〉剥［磨］蚀（作用）；②

剥光[露],裸露；③(森林的)滥伐

desnudez *f.* ①赤裸；裸体；②(景色等的)光秃

desnudismo *m.* 裸体主义(一种认为裸体有利于身体健康的主张)

desnudista *adj.* 裸体主义的；裸体主义者的 ‖ *m. f.* 裸体主义者
colonia[campo] ～ 裸体营(指裸体主义者实行其主张的场所)

desnudo *m.* 裸体画[像]
～ integral 前身赤裸画像

desnutrición *f.* 营养不良

desnutrido,-da *adj.* 营养不良的

desnutrir *tr.* 使营养不良 ‖ ～se *r.* 营养不良

desobediencia *f.* ①不服[顺,听]从；②违抗
～ civil (以拒绝遵守政府法令、拒绝纳税、拒绝服兵役等方式进行的)非暴力反抗

desobstrucción *f.* ①清[扫]除(障碍)；②(管道等的)疏通

desobstruir *tr.* ①为…清[扫]除(障碍)；②疏通(管道),打通

desodorante *adj.* 除[去,脱,解]臭的 ‖ *m.* 除[防,去,脱]臭剂

desodorar；**desodorizar** *tr.* 脱[除]去臭气[味],去[防]臭

desodorización *f.* 除臭(作用)

desoldar *tr.* 使脱焊

desoldeo *m.* 脱焊

desolladero *m.* (牲畜屠宰后的)剥皮间

desollador *m.* 〈鸟〉伯劳

desopilación *f.* 〈医〉①通便；②通经；③消除积水[水肿]

desopilativo,-va *adj.* 〈药〉〈医〉①使通便的；②使通经的；③使消除积水[水肿]的 ‖ *m.* 〈药〉①通便药；②通经药；③消除积水[水肿]药

desorción *f.* 〈化〉解吸(作用),脱附(作用)

desorden *m.* ①凌[杂]乱；②(生活)无规律[则],不正常；③〈医〉失调,紊乱；不适,病(症)
～ de ansiedad 〈医〉焦虑性障碍,焦虑症
～es sexuales 〈医〉性功能障碍；(由心理因素引起的)性障碍

desorganización *f.* ①解散；瓦解；②混乱
～ social 社会混乱

desorientalización *f.* (科学、文化等领域的)非东方化,西方化

desortijado,-da *adj.* 〈兽医〉脱臼[位]的

desortijar *tr.* 〈农〉给作物锄头遍 ‖ ～se *r.*
Col.,*Chil.* 〈兽医〉脱臼[位]

desove *m.* ①(昆虫、鱼类、两栖类等的)产卵；②产卵期

desovedero *m.* 〈昆〉产卵期

desoxicorticosterona *f.* 〈生化〉脱氧皮质甾酮

desoxidación *f.* 〈化〉去[除,脱]氧(作用),还原

desoxidante *adj.* 〈化〉脱氧的；还原的 ‖ *m.* 脱[去]氧剂；还原剂

desoxidar *tr.* ①〈化〉使(化合物等)脱[去,除]氧；②清除…上的铁锈

desoxigenación *f.* ①〈化〉(水、空气等的)脱氧；②〈生理〉排氧

desoxigenante *adj.* 使(水、空气等)脱氧的 ‖ *m.* 脱氧剂

desoxigenar *tr.* 使(水、空气等)脱氧；除去…的氧气

desoxirribonucleasa *f.* 〈生化〉脱氧核糖核酸酶

desoxirribonucleico,-ca *adj.* 〈生化〉脱氧核糖核酸的
ácido ～ 脱氧核糖核酸(略作 ADN)

desoxirribonucleósido *m.* 〈生化〉脱氧核(糖核)苷

desoxirribonucleoproteína *f.* 〈生化〉脱氧核糖核酸蛋白

desoxirribosa *f.* 〈生化〉脱氧核糖

desozonizar *tr.* 脱[去]臭氧

despachador *m. f.* 管理[调度]员；发货人 ‖ *m. Amér. L.* 〈矿〉装车工

despajador,-ra *adj.* 〈农〉簸[筛]谷的 ‖ *m.* (扬谷用的)筛子

despajadura *f.*；**despajo** *m.* ①簸[筛]谷；②〈矿〉筛

despajar *tr.* ①簸[筛](谷)；②〈矿〉从(土、废料中)筛出矿石

despaldilladura *f.* 〈兽医〉(牲口)肩胛骨受伤[脱位]

despalmador *m.* 船舶修造厂；军舰修造所；船底检修处

despalmadura *f.* 清蹄掌

despampanador,-ra *m. f.* 〈农〉整修葡萄枝的人

despampanadura *f.*；**despampano** *m.* 〈农〉①葡萄枝整修；②修整葡萄藤新枝

desparafinado *m.* 〈化〉脱[去]蜡

desparafinar *tr.* 〈工〉〈化〉脱[去]蜡

desparasitar *tr.* ①消灭…上的寄生虫；②除去(房屋等的)有害动物(如蚤、虱、鼠等)

despatillado,-da *adj.* 开有榫头[子]的 ‖ *m.* 榫头[子]

despavonar *tr.* 除去…上的烧蓝；除去…上的防锈层

despedida *f.* ①告[离]别；送行[别]；②告别仪式,欢送会；③〈乐〉(民歌的)结尾；④〈信〉注销,退出

~ de soltera 女子告别单身聚会

~ de soltero 男子告别单身聚会

cena de ~ 告别晚宴

función de ~ 欢送演出

regalo de ~ 临别赠品

despegue *m.* ①〈航空〉(飞机)起飞,(火箭)发射上天;点[发]火起飞;②(经济等的)繁荣,兴起;起飞

~ a plena carga 满载起飞

~ catapultado 弹射起飞

~ corto 短距起飞

~ de interceptores en el menor tiempo posible 紧急起飞

~ económico 经济起飞[飞跃]

~ industrial 工业兴起

~ sin visibilidad 隐蔽起飞

~ vertical 垂直起飞

despejado,-da *adj.* 〈医〉(病人)不发烧的

despeje *m.* 〈体〉救出险球

despenalización *f.* ①得到法律认可;合法化;②取消犯罪性质

despenalizar *tr.* ①得到法律认可;使(原属非法的东西)合法化;②取消…的犯罪性质

despensa *f.* ①食品室,食品储藏室;②食物;食品[粮食]储备;③〈海〉贮藏室,物料间

despentanizador *m.* 戊烷馏除塔,脱戊烷塔

despeñadero *m.* ①〈地〉(尤指海边的)悬崖,峭壁;②危[风]险

despepitadora *f.* 〈纺〉轧棉机

desperdicio *m. pl.* 〈工〉〈环〉废物

~s de algodón 废棉,回花;(擦拭机器等用的)回丝

~s de cocina 厨房泔脚

~s de hierro 废铁

~s de papel 废纸

~s industriales 工业废料

desperfilar *tr.* ①〈画〉使(画中物体)轮廓柔和;②〈军〉伪装(防御工事)的外形

despersonalizar *tr.* 使失去个性,使非个性化

despideaguas *m.* 〈建〉(门窗上的)挡雨玻璃

despidente *m.* 〈建〉(悬挂式脚手架和墙壁间的)支棍

~ de agua 〈建〉①挡雨板;②散水,滴水石

despido *m.* ①开除,解雇[职];辞退;②解雇[离职]金,裁员[退职,遣散]费

~ arbitrario[injustificado, injusto] 非法[不公平]解雇

~ colectivo 大批裁员;大规模解雇

~ disciplinario 违纪解雇(通知);惩戒性解雇

~ forzoso 强制裁员

~ improcedente 非法[不公平]解雇

~ incentivado[voluntario] 自愿(接受)裁退

despigmentación *f.* 〈生〉(常指皮肤、羽毛等的)色素消失

despilaramiento *m. Amér. L.* 〈矿〉推倒支柱

despimpollar *tr. Chil.* 〈农〉修剪(葡萄)枝芽

despinces *m. pl.* 〈纺〉修呢钳;修布镊子

despinzadera *f.* 〈纺〉修呢钳;修布镊子

despinzado *m.* 〈纺〉修整呢绒

despinzador,-ra *adj.* 〈纺〉修整呢绒的,清除布上疵点的

despiojador *m.* 〈兽医〉寄生虫灭除器;寄生虫灭除法

despistaje *m.* 〈医〉早期诊断

desplantación *f.* ①连根拔起;②根除

desplatación *f.*; **desplate** *m.* 〈技〉脱[去,除]银

desplatear *tr. Amér. L.* ①除去…的包[镀]银层;②向…要[取]钱

desplayado *m. Arg.* ①(退潮后露出的)海滩;②林中空地

desplaye *m. Chil.* 落[退]潮

desplazable *adj.* ①可换[移]置的,可取[排]代的,可替换的;滑[移]动的;②〈信〉(电脑屏幕上显示的文本或图像)可上下滚动的

tren ~ 滑动[移]齿轮

desplazamiento *m.* ①移动(位置);迁移;挪动;②〈理〉位移;③〈军队的)调动[遣];④〈信〉(数据)的移位;(文本或图像)的上下滚动;⑤〈海〉(船)的排水;排水量;⑥撤换,代替;取代(作用)

~ angular 角偏差,角位移(量)

~ antigénica 〈遗〉抗原(性)漂移

~ aritmético 〈信〉定点上下滚动

~ automático 自摆过程

~ axial 轴向位移

~ continental 〈地〉大陆漂移

~ de fase 相位移

~ de frecuencia 频移

~ de la demanda 〈商贸〉需求变化

~ de portadora 载频偏移,频移

~ de tierra 〈地〉山崩,地滑,崩塌,塌方

~ en carga/lastre 满/空载排水量

~ hacia abajo/arriba 〈信〉(文本)向下/上滚动

~ magnético 磁位移

~ transversal 横向位移

corriente de ~ 位移电流

desplazar *tr.* ①移动,挪动;②调动[遣]〈部队〉;③取代,代替;撤换;④〈海〉排(水),排水量为…;⑤〈信〉使(数据)移位;使(文本)上下滚动

desplegable *adj.* ①(折叠物)可打开的;②〈信〉(菜单)可在显示屏上展开的,下拉(式)

的

despletueteo m. 〈农〉摘除(葡萄藤的)卷须

desplome m. ①倾[偏]斜;②(建筑物等的)坍[倒]塌;③(系统等的)垮掉,崩溃;垮台;④(物价,外汇等的)下跌,跌价;⑤〈航空〉(失速)平坠着陆,平降;⑥〈地〉〈建〉(山崖、屋顶等的)悬挑部分;突出部分;⑦ Per. 〈矿〉坍塌式开采法
~ vertical 直线下降

despoblación f. ①荒无人烟,人口减[稀]少;②(林地动植物的)灭绝;荒凉
~ del campo(~ rural) 农村人口外流
~ forestal 砍伐森林

despolarización f. 〈理〉去[退]极化(作用);退极(性);去[消,退]磁;消偏振(作用)

despolarizador,-ra adj. 〈理〉去极化的;消偏振的‖ m. ①去极(化)器,去极(化)剂;②消偏振镜

despolarizar tr. 使去极化,使消偏振,使去磁

despolimerización f. 〈化〉解聚

despolitización f. 非政治化,不受政治[政党]的影响;不属政治范畴,不带政治性质

despolvorización f. 除尘

despopular tr. ①(战争、瘟疫等)使人口减少;灭绝的人口;②使荒凉;使灭绝

desprecintar tr. 去掉…的封条[封蜡,封铅];开启(封缄之物)

desprecio m. 〈法〉(对法庭等的)蔑视
~ del ofendido 无视受害者的情况(如性别、年龄、地位等,使可以构成重判的情节)
~ del sexo 蔑视性别

desprendibilidad f. 可分离[剥去]性;脱渣性

desprendible adj. 容易分离[脱落]的

desprendimiento m. ①松[解]开;分离,剥离[落];脱落;脱[出];②〈医〉脱;③〈航空〉(与密封舱等)分离;④(土、岩石等)崩塌,塌方;⑤〈冶〉(炉膛上部的壁料)坍落;⑥露天开采
~ de matriz (子宫全部或部分)脱垂,脱出
~ de retina 视网膜脱落
~ de tierras 山崩,地滑,崩塌,塌方

despresurización f. 〈航空〉(机舱的)减[降]压

despresurizar tr. 〈航空〉使减[降]压

desprivatizar tr. 使公有制化,使变成国家所有制

despropanización f. 〈化〉脱[镏除]丙烷

despropanizadora f. 〈工〉〈化〉丙烷镏除器[塔]

despropanizar tr. 〈工〉〈化〉脱[镏除]丙烷

desproporción f. 不成比例,不相[匀]称
~ entre la oferta y la demanda 供求失衡

reacción de ~ 〈化〉歧化反应

desproporcionado,-da adj. 不成比例的,不相[匀]称的;不均衡的
desarrollo ~ 不均衡发展

desprotección f. ①无防御[保护];②〈法〉不受法律保护

desprotegido,-da adj. ①无保护的,不受保护的;②〈信〉(数据等)可任意存取[使用]的

desproteinización f. 去[脱]蛋白(作用)

desproteinizado,-da adj. 脱去蛋白质的

desproteinizar tr. 使脱去蛋白质

despulsamiento m. ①〈医〉脉搏停止跳动;②瘫软;昏迷

despumación f. 去沫,撇去泡沫

despumar tr. 除去…的表皮[泡沫,浮渣]

despuntador m. Méx. 〈矿〉①矿石分离机;②碎矿石大锤

desqueje m. 〈农〉〈植〉取穗,取插条

desquijaramiento m. 〈医〉颌骨脱臼

desquite m. 〈体〉(同样两对手之间的)重赛,回访比赛
partido de ~ 重赛,回访比赛

desrame m. 破掉[修剪](树)枝

desranillar tr. 〈兽医〉治愈(牛的)肠梗阻

desraspado,-da adj. 〈植〉(小麦)无芒的

desrastrojo m. 〈农〉翻田除茬

desratización f. 〈环〉灭鼠
campaña de ~ 灭鼠运动

desratizador,-ra adj. 灭鼠的

desratizar tr. 〈环〉消灭(船、仓库、住房等里的)老鼠

desrayadura f. 〈农〉开沟排水

desrealización f. 〈医〉(精神分裂症或某些药物反应产生的)现实感丧失

desrecalentador m. 〈机〉过热(蒸汽)降温器

desrecalentamiento m. 〈工〉〈机〉过热后冷却

desrecalentar tr. 〈工〉〈机〉降低(过热蒸汽的)热量,过热后冷却

desreferenciar tr. 〈信〉提领(取出指标所指物体的内容)

desregulación f. 撤销管制(规定),解除控制
~ de precios 取消价格管制

desrelingar tr. 〈海〉除去帆上的边绳

desrielamiento m. Amér. L. (火车等的)出轨

desrielar intr. Amér. L. (火车等)出轨‖ tr. Guat. 掀掉(铁路线上的)铁轨‖ ~se r. 脱[出]轨

desrizamiento m. ①(卷曲东西的)伸直;②〈海〉松开缩帆索

desroñar tr. Esp. 剪去(树)上的无用枝条

Dest. abr. destinatario 收信[件]人

destacado,-da adj. 〈军〉安置的;派驻的,驻

扎的

destacamento *m.* 〈军〉①派[分]遣；②分[支，分遣]队，独立小分队
~ de desembarco 〈海〉一群着陆[登岸]者
~ policial *Arg.* 乡村警察所

destace *m.* ①派[分]遣；②〈画〉突出，醒目

destajador *m.* 锻工锤

destalle *m. P. Rico.* 〈农〉除去冗枝

destalonar *tr.* ①〈信〉拆散（打印输出记录等）②撕下（票据）；从（票据上）撕下存根；③〈兽医〉使（马蹄的）后部磨损

destape *m.* ①（杂志中刊登的）半裸体照，裸体照；②（表演中）脱光衣服；（表演中的）裸体亮相；裸体镜头；③开禁；解除限制

destapinar *tr. Esp.* 使（土地）休闲

destaponar *tr.* ①拔去…的塞子；拔出…的棉塞；②疏通（管道）

destara *f.* 扣除[减去]皮重

destazador,-ra *adj.* 把…分割成几块的 ‖ *m. f.*（被宰牲畜的）分割工

destechadura *f.* 〈建〉拆除屋顶

destechar *tr.* 拆除…的屋顶

destejer *tr.* 〈缝〉拆开[散]（织物）

destellador *m.* ①〈摄〉闪光灯；②闪光[烁]器；闪光标[信号]

destello *m.* ①闪烁[光，亮，耀]；②信号光
faro de ~ 闪光灯

destemplado,-da *adj.* ①〈乐〉走[不合]调的；②〈医〉发热[烧]的；③〈气〉恶劣的；令人讨厌的；④〈画〉色彩不协调的；⑤（声音）不和谐的；⑦（兵器、铁器等）未回火的，未经锻炼的

destemplador *m.* 退火工匠

destemplanza *f.* ①〈乐〉走调，不合调；②（声音）不和谐；③〈医〉低烧；（偶感）不适；④〈气〉恶劣

destemple *m.* ①〈乐〉走调，不合调；②〈医〉低烧；（偶感）不适；③无节制，过度，放纵；④〈气〉恶劣

desteñidura *f.*；**desteñimiento** *m.* 褪色

desteñir *tr.* 使褪色；〈纺〉拔染 ‖ ~se *r.* ①褪色；②（织物）渗色

desterminar *tr.* 划定（土地）界限

desternerar *tr. Amér. L.* 使（牛犊）断奶

desterronador *m.* 〈机〉轧[粉，压，破]碎机

desterronamiento *m.* 〈农〉打碎泥块；坷垃

destetadera *f.*（给幼畜使用的）断奶器

destetillado *m.* 〈农〉去掉作物冗芽

destierre *m.* 〈矿〉清除矿石上的泥土

destilable *adj.* 〈工〉〈化〉可蒸馏的

destilación *f.* 〈工〉〈化〉①蒸馏；蒸馏法；②馏出液[物]；析出挥发物
~ al[en] vacío 真空蒸馏

~ al vapor de agua 蒸汽蒸馏
~ azeotrópica 共沸蒸馏
~ destructiva(~ en vaso cerrado) 分解[破坏]蒸馏，干馏
~ directa 直馏馏份
~ fraccionada 分[精]馏(作用)
~ isotérmica 等温蒸馏
~ molecular 分子蒸馏
~ pirogénica 热裂蒸馏
~ primaria 〈化〉拔顶
~ seca 干馏，分解蒸馏
aparato de ~ a reflujo 分馏装置[仪器]
segunda ~ 再蒸馏

destiladera *f.* ①〈工〉〈化〉蒸馏器；②*Amér. L.* 过滤器

destilado *m.* 〈工〉〈化〉①蒸馏；②馏出液[物]；蒸馏液

destilador,-ra *m. f.* 蒸馏者 ‖ *m.* ①〈工〉〈化〉蒸馏器；②过滤器

destilatorio *m.* 〈工〉〈化〉①蒸馏器；②蒸馏室

destilería *f.* 〈工〉〈化〉①蒸馏室[所]；②*Arg.* 蒸馏器
~ de petróleo 炼油厂

destornillador *m.* 螺丝刀[起子]，改锥，旋凿

destornillamiento *m.* 旋出螺丝；（旋出螺丝）拆卸

destoxicación *f.* 〈生化〉去[解]毒

destoxicar *tr.* 给（毒物）去毒

destrógiro *m.* 顺时针（转，方向），顺表向；右旋[转]

destroncadora *f.* 〈机〉〈农〉伐木[除根]机，推树机

destronque *m. Chil., Méx.* 连根拔掉

destrórsum *adj.* 向右旋转的，顺时针方向的

destrosa *f.* 〈化〉右旋糖，葡萄糖

destrucción *f.* ①破坏；②毁[消]灭；③损失
~ de capital 资本耗失

destructividad *f.* 破坏性；毁灭性

destructor *m.* ①〈海〉驱逐舰；②〈机〉粉[破]碎器[机]
~ de óxido 破[除]锈机

desuardar *tr.* 清除（羊毛的）污垢

desubicación *f. Amér. L.* 移位

desubicado,-da *adj. Amér. L.* 移位的

desucación *f.* 榨汁

desuerado；desuero *m.* ①除去乳清；②分离血清

desueradora *f.* 〈机〉乳清分离机

desulfurador *m.* 〈工〉〈化〉脱硫设备

desulfuración *f.* 〈化〉脱硫(作用)

desulfurasa *f.* 〈化〉脱硫酶

desulfurar；desulfurizar *tr.* 〈工〉〈化〉使脱硫

desulfurarización *f.* 〈化〉除[脱，去]硫(作用)

desulfurizador *m.* 〈化〉脱硫剂

desurbanización *f.* ①非城市化，市郊化；②城市人口向卫星城疏散

desutilidad *f.* ①无效用；②负效用
~ marginal 边际负效用

desvahar *tr.* 〈农〉除去(作物的)枯枝败叶

desvainadura *f.* 剥去豆荚

desvaloración；desvalorización；desvaluación *f.* ①降[跌]价；(财产的)减值；②(货币)贬值

desvanecedor *m.* 〈摄〉(照片)晕映器

desvanecido,-da *adj.* ①〈医〉昏厥[迷]的；②(颜色)冲淡的

desvanecimiento *m.* ①消失[散]；②(轮廓等的)模糊不清；③(颜色)冲淡，褪色；④〈医〉昏厥[迷]；⑤〈摄〉用蔽光框修改(相片)；⑥衰减[落，弱]；⑦〈无〉广播音量时强时弱
~ de la señal 信号衰落[减]
~ selectivo 选择性衰落

desvaporación *f.* 止汽化(作用)；蒸汽凝结

desvaporizador *m.* 〈机〉余汽冷却器，蒸汽-空气混合物凝结器

desvarada *f. Col.* (汽车故障的)临时修理

desvarar *tr.* ①使(搁浅的船只)浮起；②*Col.* 临时修(车)

desvarío *m.* 〈医〉谵妄，说胡话

desvasadora *f. Arg.* 削蹄甲工具

desvastigar *tr.* 修剪(树)枝条

desveda *f.*；desvede *m.* 开禁期

desvendar *tr.* 解开绷带

desventar *tr.* (从密封地方)抽出空气

desvertebración *f.* 〈医〉脱位[臼]

desviación *f.* ①偏离[向，斜]；背[偏]离；偏转；转移；(射击等的)转向；(汽车绕道)转向；②支线[岔]，岔道，分支[线]；③〈统〉离差；(偏)差数；⑥〈医〉位置不正，偏斜；⑤〈医〉(液体)外流；⑦〈矿〉(矿脉交叉后)偏向；⑧〈技〉〈统〉偏差
~ a tope 全刻度[满标度]偏转
~ absoluta 绝对偏差
~ asimétrica 不对称偏转
~ cuadrática media 均方差
~ de columna 脊柱偏斜
~ de fase 相(位偏)移
~ de fondos 资金转移
~ de frecuencia 频率摆动
~ de haz 束流[射束]偏转
~ de la circulación 交通(绕道)转向
~ de ruta 绕航

~ del arco 电弧偏吹
~ electromagnética 电磁偏转
~ estándar 〈统〉方[标准]差
~ magnética 磁偏转
~ normal 〈统〉正常[标准]偏差；均方差
método de ~ de nodo 角(度偏)移法

desviadero *m.* 〈交〉(铁路)侧[支，岔，会车]线
~ ferrocarril 铁路专用线

desviador *m.* 〈机〉①偏转[导向，导流，折流，导风隔]板；②偏差器

desvío *m.* ①(方向)偏斜[离]；②(汽车的)迂回路，(因施工等原因的绕道)转向；③(铁路的)侧[支，岔，会车]线；(公路的)临时岔道；④(脚手架上插在墙里的)横撑

desviómetro *m.* 偏移测量仪，偏差计，漂移计

desvitalización *f.* ①失去生命，失去生命力；②〈医〉失去活力；去生机；(神经)麻木

desvitalizado,-da *adj.* ①无生命的；②无生气的

desvitaminización *f.* (尤指在烹调或去皮壳时使食物)失去维生素

desvitrificación *f.* ①使不透明，使无光泽；②(使玻璃)反玻璃化；脱玻作用

desvitrificar *tr.* ①使不透明，使无光泽；②使反玻璃化(指由玻璃状态变为晶体状)

desvolvedor *m.* 扳手[钳]

desvulcanización *f.* 〈化〉反硫化

desvulcanizador *m.* 〈机〉脱硫器，反硫化器

desyemar *tr.* ①摘去…的花芽，除去…的花蕾；②取出(蛋黄)

desyerba *f.* 除(杂)草

desyerbar *tr.* 除去杂草

desyerbo *m. Amér. L.* 除(杂)草

deszipear *tr.* 〈信〉给(文件)解压缩

deszulacar *tr.* 除去…的填塞料

detección *f.* ①察[发]觉；②检测[验]，探测(法)；③〈无〉检波
~ cuadrática 平方律检波
~ de colisión 〈信〉(数据)冲突检测
~ de defectos 探伤
~ por placa 极板检波
~ por rejilla 栅极检波
~ sónica 伴音检波
~ submarina 潜水艇探测

detectable *adj.* ①可察觉的；②可(探)测出的

detectar *tr.* ①察[发]觉；②探[检]测，测出；③〈无〉对…检波

detectófono *m.* 窃[侦，监]听器，窃[侦，监]听电话机

detector *adj.* 探[检]测的 ‖ *m.* ①〈技〉〈理〉探测[检验]器；②〈无〉检波器；③传感器

指示器；④（雷达）扫描器

~ a galena(~ de cristales) 晶体检波器

~ amplificador 放大检测器

~ con centelleo 闪烁探测[检波]器

~ de amplitud 振幅检波器

~ de carborundo 碳化硅检波器

~ de contacto 触点检波器

~ de fase 相位解调器,鉴相器

~ de fuga de gas 漏气探测器

~ de fugas 漏泄检测[检验]器,检漏仪

~ de grisú 〈矿〉沼气(检)测器

~ de humedad 湿度检定器

~ de humo 烟尘探测器,烟雾报警器

~ de incendios 火灾探测器

~ de mentiras 测谎器

~ de metales 金属探[检]测器

~ de microondas 微波检测器

~ de minas 探雷器

~ de neutrones 中子探测器

~ de onda estacionaria 驻波检测器

~ de ondas 检波器

~ de pérdidas de corriente 〈电〉检漏仪；
泄电指示器

~ de tubo de vacío 真空管检波器

~ integrador 积分检波器

~ magnético 磁性检波器

~ sísmico 地震仪

~ térmico 热探测器

~ termoiónico 热电子检波器

~ ultrasónico de defectos 超声波探伤仪

detención f. ①停[中]止；止住；②延[耽]
搁；迟缓；③〈法〉拘留，逮[拘]捕；拘禁；④
阻止；〈体〉阻挡；⑤（钟表擒纵叉的）叉瓦；擎
子，擒纵叉[装置]

~ cautelar （对嫌疑犯，惯犯的）预防性拘
留

~ de juego 〈体〉阻挡

~ domiciliaria （本宅）软禁

~ en masa 大规模逮捕

~ ilegal 非法拘留

~ preventiva 保护性拘留

detentación f. 〈法〉非法占有，窃据[取]

detentador,-ra m. f. ①〈法〉窃据[取]者；②
〈体〉持有者；(纪录)保持者

detentor,-ra m. f. 〈体〉持有者；(纪录)保持
者

~ de marca 纪录保持者

~ de trofeo 奖杯赢得[保持]者；冠军

detergencia f. 洗净(性,作用),去[脱]垢(作
用,能力),净化力

detergente m. ①〈化〉洗涤[净]剂；去垢[脱
垢,去污]剂；②〈医〉医用清洗剂

~ aniónico/catónico 阳/阴离子洗涤剂

deterger tr. ①洗净[涤]；②〈医〉清洗(伤口
等)

deteriorabilidad f. 易腐坏性

deteriorado,-da adj. (受)损伤的；(已)损坏
的

cheque ~ 破损支票

deterioro m. ① 损害[坏,伤]；② 恶化；③
〈机〉磨损,损耗

~ ambiental 环境恶化

~ de capital 资本耗蚀

~ físico 物质耗损

determinabilidad f. ①可决定性；②可确定
性；可限定性；可测出性；③〈法〉可终止性,
可判决性

determinable adj. ①可决定的；②可确定
的,可限定的,可测出的；③〈法〉可终止的,
可判决的

determinación f. ①确定(日期、价格等)；②
测[限]定；③〈生〉决定；规[决]定；④〈知〉
认定

~ de la capacidad 测定(机器)功率；测定
生产(设备)能力

~ de posición 定位

~ de riesgo 风险评估[确]定

~ del sexo 性别决定,性决定

determinado,-da adj. ① 确定[切]的；②
〈数〉确定的

determinador m. 固定器

~ de posición y acercador 定位寻的设备

determinante m. ①决定物[因素]；②〈数〉行
列式,方阵；③〈生〉定[因]子；决定簇[因
素]

~ antigénico 抗原决定簇

~ antisimétrico 反对称行列式

~ continuante 连分数行列式

determinismo m. 见 ~ ecológico

~ ecológico 〈环〉〈医〉(极力主张自然环境
保护的)生态决定论

determinista adj. 〈统〉非随机的

detersión f. 清洁；清洗

detersivo,-va adj. ①洗净(性)的,去垢的,
使洁净的；有清洁力的,净化的；②〈医〉洗净
的 ‖ m. 洗涤[清洁,去垢]剂；药用清洁剂

detersorio,-ria adj. ①洗净(性)的,去垢的,
使洁净的；有清洁力的,净化的；②〈医〉洗净
的

detienebuey m. 〈植〉刺芒柄花

detonación f. ①〈化〉(迅即而猛烈的)爆炸；
起[引]爆；②(内燃机的)爆燃[鸣]

índice de ~ 爆震率

detonador m. ①雷[信,起爆]管；炸药；②起
[引]爆剂

detonancia f. 引[起]爆；爆炸(声)

detónica *f.* 爆炸学

detrición *f.* ①〈地〉剥蚀(现象,作用);②磨损,磨[损]耗

detrítico,-ca *adj.* 〈地〉碎[岩]屑的,碎石的

detritívoro,-ra；detritófago,-ga *adj.* 〈动〉食碎屑的(动物) ‖ *m.* 食碎屑动物

detrito；detritus *m.* 〈地〉岩屑,碎石

detumescencia *f.* 〈医〉(尤指性激动退潮后的)消[退]肿

detumescente *adj.* 〈医〉消[退]肿的

deu *m. Chil.* 〈植〉马桑

deuda *f.* 〈经〉〈商贸〉债;债务;欠款
  ～ a corto[largo] plazo 短/长期债务
  ～ a pagar 到期应偿付债务
  ～ a plazos 分期付款债务
  ～ con tasa fija 固定利率债务
  ～ con tasa variable 变[浮]动利率债务
  ～ conjunta 共同债务
  ～ consolidada 固定债务
  ～ de pago dudoso 坏[呆]账
  ～ exterior[externa] 外债
  ～ incobrable[morosa] (无法收回的)坏[倒]账
  ～ interior[interna] 内债
  ～ mala 坏账
  ～ secundaria 次级[从属]负债;附属债务
  ～ sobrepuesta 重叠债务
  ～s activas 资产
  ～s pasivas 负债,债务

deuteración *f.* 〈化〉氘化作用

deuteranomalia；deuteranomalía *f.* 〈医〉绿色弱视

deuteranopia；deuteranopía *f.* 〈医〉绿色盲

deuterapone *m. f.* 〈医〉绿色盲者

deutérido *m.* 〈化〉氘化物

deuterio *m.* 〈化〉氘,重氢

deuterización *f.* 〈化〉氘化(作用)

deuterizado,-da *adj.* 〈化〉①氘化的;②含氘的

deuteromicetes *m. pl.* 〈植〉半知菌纲

deuterón *m.* 〈理〉氘[重氢]核

deuteruro *m.* 〈化〉氘化合物

deuteropatía *f.* 〈医〉继发病

deuteropático,-ca *adj.* 〈医〉继发病的

deuterostomo *m.* 〈动〉后口动物

deutocerebro *m.* 〈动〉中脑

deutomerita；deutomerito *m.* 〈动〉后节

deutón *m.* 〈理〉氘[重氢]核

deutoplasma *m.* 〈生〉滋养质,副质[浆]

deutoplasmólisis *f.* 〈生〉滋养质溶解

deutóxido *m.* 〈化〉二氧化物

devalar *intr.* 〈海〉偏离航向

devanadera *f.* ①卷(线)轴[筒],绕线筒[管,轮];②〈纺〉卷绕车;摇纱车;③〈戏〉转台

devanado *m.* ①绕[卷]线;缠绕;②〈电〉线圈,绕组;(线圈的)绕法
  ～ compound 混合[复励,复激]绕组
  ～ (de caja) de ardilla 鼠笼式绕组
  ～ de arranque 启动绕组
  ～ de cadena 链形绕组;链形绕法
  ～ de campo 磁场绕组
  ～ de excitación 励磁场绕组
  ～ de fases hemitrópicas 半节绕组
  ～ de resorte 偏压[辅助磁化]线圈
  ～ de tambor 鼓形线圈[绕组];鼓形绕法
  ～ del estátor 定子绕组
  ～ del inducido 电枢绕组
  ～ detector 拾波线圈
  ～ diametral 径向绕法
  ～ doble 并绕,复绕组
  ～ en anillo 环形绕组
  ～ en disco 圆盘式绕组
  ～ en serie 串联[激]绕组
  ～ (en) espiral 螺旋绕组;螺旋绕法
  ～ imbricado 叠绕组;叠绕法
  ～ inductor 电感线圈
  ～ mixto 混[串并]联绕组
  ～ múltiple 复迭绕组
  ～ no inductor 无感绕组[法],双线[股](无感)线圈
  ～ ondulado 波形[状]绕组
  ～ primario 原[一次,初级]绕组
  ～ secundario 次级绕组
  ～ semisimétrico 半对称绕组
  ～ sencillo 简单[单式,单排]绕组
  ～ simétrico 对称绕组
  ～s concéntricos 同心[轴]绕组

devanador,-ra *adj.* 卷[缠]绕的 ‖ *m.* ①卷(线)轴[筒],绕线筒[管,轮];②〈纺〉卷线车;摇纱车 ‖ ～a *f.* 〈机〉绕线器[机],卷绕机
  máquina ～a 摇丝[络丝,缫丝]机

devanato *m.* 〈电〉无功电流

devaneo *m.* 〈医〉谵妄,说胡话

devastación *f.* ①毁[破]坏;②荒废[芜]

devolución *f.* ①归还;②〈商贸〉(已购买商品、货物等的)退回;③(款项等的)偿[退]还;④〈法〉(领土等的)移交;转移;⑤(权力等的)下放;⑥恢复原状,放回原处;⑦反弹,反射;〈体〉回球
  ～ al remitente 退回寄信人
  ～ de compras/ventas 进/销货退回
  ～ de derechos[impuestos] 退税
  ～ de mercancías 退货

devolutivo,-va；devolutorio,-ria *adj.* 〈法〉

可归[退]还的

devoniano,-na；devónico,-ca *adj.* 〈地〉泥盆纪的；泥盆系的 ‖ *m.* 泥盆纪[系]

dexiocardia *f.* 〈医〉右位心

dexiotrópico,-ca *adj.* (软体动物螺形外壳等) 向右的，右旋的

dextrana *f.* 〈生化〉葡聚糖，右旋糖酐(白糖代用品)

dextranasa *f.* 〈生化〉葡聚糖酶

dextrina *f.* 〈化〉〈生化〉糊精

dextrinasa *f.* 〈生化〉糊精酶

dextrinización *f.* 〈化〉糊精化

dextrismo *m.* 〈医〉爱用右手

dextroamfetamina *f.* 〈药〉右旋苯异丙胺，右旋安非他命(致幻药)

dextrocardia *f.* 〈医〉右位心

dextrofobia *f.* 〈心〉右侧恐怖

dextrogiral *adj.* 右[正]旋的

dextrógiro,-ra *adj.* ①右[正]旋的，顺时针方向旋转的；②〈理〉(使光的偏振面)右旋的 ‖ *m.* 〈化〉右旋化合物

cristales ~s 〈理〉右旋晶体

dextroglucosa *f.* 〈生化〉右旋糖，葡萄糖

dextropimérico,-ca *adj.* 见 ácido ~

ácido ~ 〈化〉右旋海松酸

dextropropoxifeno *m.* 〈药〉右旋丙氧芬，右旋达而丰(镇痛药)

dextrorrotatorio,-ria *adj.* ①右[正]旋的，顺时针方向旋转的；②〈理〉(使光的偏振面) 右旋的

dextrorso,-sa *adj.* ①〈植〉向右缠绕的，右旋的；②〈理〉向右旋的，正旋的，顺时针方向旋转的

dextrosa *f.* 〈生化〉右旋[葡萄]糖

dextrosuria *f.* 〈医〉葡萄糖尿，右旋糖尿

dextrotorsión *f.* 〈眼〉右旋

dextroversión *f.* 〈医〉右转

deyección *f.* ①〈医〉排泄[分泌](物)；粪便；排粪；②〈地〉岩屑；(火山)喷出物

deyectar *tr.* 〈地〉使沉淀[积]

deyector *m.* (锅炉的)防垢器

D. F. *abr.* Distrito Federal *Méx.* 联邦区

DFD *abr. ingl.* data flow diagrama 〈信〉数据流图

Dg *abr.* decagramo(s) 十克

dg *abr.* decigramo(s) 分克

DGS *abr.* Dirección General de Seguridad *Esp.* 安全总局

DGT *abr.* ①Dirección General de Tráfico 交通总局；②Dirección General de Turismo 旅游总局

DHCP *abr. ingl.* Dynamic Host Configuration Protocol 〈信〉动态主机配置协议

día *m.* ①天；一昼夜；白天；②〈天〉日；恒星日；太阳日；③日期；④特定日子；节日；⑤工作日；⑥天气；⑦ *pl.* 时期[代]；⑧ *pl.* 生日；⑨ *pl.* 生命，一生

~ artificial[natural] 昼，白昼，白天

~ astronáutico 宇宙航行日

~ astronómico (~ del primer móvil) 〈天〉天文日

~ azul (铁路)车票减价日

~ civil 民用日(从午夜零时起至次日午夜零时止，区别于天文日)

~ colendo[festivo] 节假日

~ crítico ①(疾病等)危险期，转变期；②〈植〉(植物开花所需的)日照(时间)日

~ de ajuste[arreglo,cuenta] 结算日

~ de año nuevo(~ primero de año) 元旦

~ de años 生日

~ de asueto 假日

~ de boda 婚礼日，结婚纪念日

~ de correo 邮件截止日

~ de cortesía 〈商贸〉宽限日

~ de diario[entresemana] 非周末休息日 (指星期日或星期六和星期日以外的日子)

~ de entrega 〈商贸〉交货日

~ de fiesta 节日，公众假期

~ de fortuna (打了许多猎物的)吉祥日

~ de gangas 减价销售日，大减价日

~ de hacienda[trabajo] 工作日

~ de huelga ①(手艺人的)休息日；②(间日热患者的)不发烧日

~ de la banderita 公益事业基金募捐日，旗日(捐赠者得一小旗，故得名)

~ de la Hispanidad[Raza] [D-]哥伦布(发现美洲)纪念日

~ de la Madre 母亲节

~ de los enamorados 情人节

~ de moda (剧院等留给有钱人的)有高价入场券的日子

~ del espectador (每周)电影票打折扣日

~ del Trabajo [D-] 劳动节

~ feriado ①法院休息日；②节日，公众假期

~ feriado pagado 带薪节假日

~ festivo legal 法定节假日

~ hábil 〈法〉工作[办公]日

~ inhábil 非工作[办公]日

~ intercalar 闰日

~ interciso (上午有节庆活动下午工作的)半日节

~ laboral[útil] ①工作日；②周日，非周末休息日(指星期日或星期六和星期日以外的日子)

~ lectivo（学校的）教学日

~ malo[nulo] 未能发挥自己正常水平的日子；竞技状态不佳的日子

~ marítimo 航海日

~ medio 平日（即一年 365 天中的一日）

~ primero（每月的）1 号；初一

~ puente(~ sándwich *Arg.*)（处在两个节日之间的）连带假日

~ señalado（日历上用红色标明的）有特殊意义的日子，喜庆[值得纪念]的日子

~ sideral[sidéreo]〈天〉恒星日

~ solar〈天〉太阳日

~s corridos 连续工作日

~s de gracia〈商贸〉(付款)宽限日期

~s geniales 个人的大喜日子（如生日、订婚日、结婚日等）

~s de operación（交易所)过户日

~s laborales con el tiempo 晴天工作日

~s naturales 日历日

~s-hombre 人工日

luz de ~ 日[太阳]光

diabantita *f.*〈矿〉辉绿泥石

diabasa *f.*〈地〉辉绿岩

diabásico,-ca *adj.*〈地〉辉绿（岩性质）的

diabaso *m.*〈昆〉(美洲)牛虻

diabático,-ca *adj.*〈理〉透热的

diabetes；diábetes *f. inv.*〈医〉①糖尿病；②多尿症

~ alimentaria 饮食性糖尿病

~ bronceada 铜色糖尿病，血色病，血色素沉着症

~ grasa 肥胖型糖尿病

~ insípida 尿崩症

~ renal 肾性糖尿病

diabético,-ca *adj.* ①〈医〉糖尿病的，患糖尿病的；②〈药〉〈医〉治疗糖尿病的；③〈食物〉专供糖尿病患者吃的‖*m. f.*〈医〉糖尿病患者

diabetis *f. inv.*〈医〉糖尿病

diabeto *m.* 自动排注器

diabetofobia *f.*〈心〉糖尿病恐怖

diabetógeno,-na *adj.*〈医〉致糖尿病的

diabetólogo,-ga *m. f.*〈医〉糖尿病专家

diabetómetro *m.*〈医〉旋光糖尿计，糖尿测量器

diabla *f.* ①〈机〉梳毛机；梳棉机；②〈舞台横幕间的）灯光组

diablo *m.* ①*cono S.* 大牛车；四轮马车；②〈机〉梳毛机；③(造纸时用的一种）吸尘机

~ marino〈动〉鮋鱼

~s azules *Amér. L.* ①〈医〉震颤性谵妄；②"红象"（指酗酒或吸毒后产生的幻觉或幻象），离奇的事

~s de Tasmania〈动〉袋獾

diabolología *f.* 魔鬼学；魔鬼研究

diacatolicón *m.*〈药〉泻药

diacetado；diacetato *m.*〈化〉双乙酸盐[脂]

diacético,-ca *adj.* 见 ácido ~

ácido ~〈化〉乙酰乙酸

diacetilmorfina *f.*〈药〉二乙酰吗啡，海洛因

diacetilo *m.*〈化〉双[联]乙酰

diacetina *f.*〈化〉二醋精

diaceturia *f.*〈医〉乙酰醋酸尿

diacilglicerol *m.*〈化〉二酰甘油，二酯酰甘油

diacinesis *f.*〈生〉(细胞)终变期

diaclasa *f.* ①〈地〉节理；②*pl.* 构造[岩石]裂缝

~ de cizalla 剪刀节理

~ diagonal 斜节理

~ direccional 走向节理

diaclasia *f.*〈医〉(不用刀不用锯的)折骨术

diacodión *m.*〈药〉罂粟糖浆

diacrítico,-ca *adj.* ①区分的，能区分的，显出区别的；②〈医〉特征的，诊断的，辨别的

diactínico,-ca *adj.*〈理〉透光化线的

diactinismo *m.*〈理〉透光化线(性能)

diactor *m.* 直接自动调整器

diacústica *f.* 折声学；屈折音响学

diada；díada *f.* ①二，一双；一对；②〈生〉二分体；二分细胞；③〈化〉二价基[原子，元素]；④〈数〉併矢，并向量；⑤二单元组；⑥（社会中的）二人组合；⑥〈信〉(计算机)双位二进制

diadelfo,-fa *adj.* ①〈植〉(雄蕊)两体的；②（花，植物等)两体雄蕊的

diádico,-ca *adj.* ①二的，一双的；②〈生〉二分体[细胞]的；③〈化〉二价原子[元素]的；④〈数〉并向量的

diadococinesia *f.* 轮替运动能力（如反复将前臂伸直和弯曲)

diadojia *f.* (晶体的)置换能力（指晶格中一个原子或离子被另一个置换或被取代的能力)

diadoquita *f.*〈矿〉磷铁华

diadromo,-ma *adj.* ①〈植〉扇状脉的；②〈鱼类）洄游于淡水与海水间的

pez ~ 洄游于淡水与海水间的鱼

diafanidad *f.* ①透明性[度]；②(织物等)极薄，轻薄透明

diafanipeno,-na *adj.* 翅膀透明的

diáfano,-na *adj.* ①〈水〉清[明]澈的；②〈玻璃〉半透明的；③〈布〉透明轻薄的；④〈空间〉空旷的；〈建〉(由于支柱数量少)房间空间大的

diafanómetro *m.*〈理〉透明度测定计

diafanoscopia *f.*〈医〉(电光)透照检查

diafanoscópico,-ca *adj.* 〈医〉〈电光〉透照检查的；透照镜的

diafanoscopio *m.* 〈医〉〈电光〉透照镜

diafisario,-ria *adj.* 〈解〉骨干的

diáfisis *f.* 〈解〉骨干(指长骨的中间部分)

diafonía *f.* ①〈电话、无线电等等的)串话[音，线，台]干扰；②(彩色电视机的)色度亮度干扰；③〈乐〉二部复音音乐；自由复音

diáfono *m.* 〈海〉雾(中信号)笛

diaforasa *f.* 〈生化〉心肌黄酶,黄递酶,硫辛酰胺脱氧酶

diaforesis *f.* 〈医〉发[出]汗

diaforético,-ca *adj.* ①发汗的；②多汗的 ‖ *m.* 〈药〉发汗药

diaforita *f.* 〈矿〉异辉锑铅银矿

diafragma *m.* ①〈解〉膈,隔膜；②〈化〉(隔膜电池中的)隔膜；(分割溶液的)膜片；③〈摄〉光阑[圈]；④〈动〉隔膜[板]；⑤〈植〉(某些水生植物茎内的)隔膜；隔板；⑥(耳机、电话机等的)膜片[件],振动膜；⑦〈理〉孔板；光阑；⑧(避孕用的)子宫帽
~ de seguridad 安全隔膜
~ iris 〈摄〉虹彩隔片,可变光阑
~ resonante 共振膜
~ urogenital (泌)尿生殖膈

diafragmar *tr.* ①给…装上隔板；用隔膜[板]对…起作用；②〈摄〉调小光圈

diafragmático,-ca *adj.* ①隔的；隔膜[板]的；②膜片的,振动膜的；③〈摄〉光阑[圈]的；④似隔膜的；隔式的

diafragmatitis *f.inv.* 〈医〉膈炎

diafragmatocele *m.* 〈医〉膈疝

diaftoresis *f.* 〈地〉〈岩石〉逆变质作用

diaftorita *f.* 〈地〉退化变质岩

diageben *m.* (与电视摄像机相接的)幻灯片放映机

diagénesis *f.inv.* ①〈地〉成岩作用；②〈化〉(晶体等的)原状固结

diagenético,-ca *adj.* 〈地〉成岩作用的

diageotrópico,-ca *adj.* 〈植〉(根、枝等)横向地性的

diageotropismo *m.* 〈植〉(根、枝等的)横向地性

diaglomerado *m.* 〈地〉横向密集砾岩

diagnosis *f.* ①〈医〉诊断(法),诊断结论；②〈生〉特征简介

diagnóstica *f.* 诊断学[法]

diagnosticable *adj.* 〈医〉可诊断的

diagnosticar *tr.* 诊断(疾病)；对(病人)下诊断结论

diagnóstico,-ca *adj.* ①诊断的,用于诊断的；②有助于诊断[判断]的 ‖ *m.* 〈医〉①诊断(法),诊断结论；②症状[候]

~ clínico 临床诊断
~ de errores 〈信〉诊断错误
~ microscópico 〈医〉显微镜诊断
~ precoz 早期诊断

diagometría *f.* 导电性测定(法)

diagómetro *m.* 电导计

diagonal *adj.* ①〈测〉对角线的；②斜的,斜纹的 ‖ *f.* ①〈数〉对角线；②〈纺〉斜纹织物；③〈建〉斜构件,斜撑；④〈击剑〉斜劈
~ principal 主对角线
~ secundaria 次对角线
prueba ~ 对角线测试
riostra ~ 对角拉撑
tirante ~ 斜撑[杆,梁]

diágrafo *m.* ①放大绘图器,作图器；②分度画线仪；分度尺

diagrama *m.* ①图形[表,解],简[示意]图；②〈数〉图,图解
~ circular (用圆的扇形图面积表示相对量的)饼分图,圆形分析图
~ concéntrico 同心图表
~ de acumulación 累积曲线图
~ de[en] árbol 〈数〉树形图
~ de barras 〈统〉条形图,长[直]条图(以不同长度的长方黑条表示数量)
~ de bloques 方块图,(方)框图；(展示地貌的)立体透视图
~ de caudales 流量图
~ de comunicaciones 交通图
~ de conexiones 连接[接线]图
~ de cromaticidad 〈理〉色度图
~ de directividad 方向图
~ de dispersión 〈统〉散布图；分布曲线图
~ de ejecución 进度图
~ de enlace 中继(系统)图
~ de equilibrio 平衡图,(合金的)相图
~ de fases 〈理〉(表示物质各相之间平衡关系的)相图
~ de flujo (生产)流程[作业]图,生产过程图解
~ de flujo de datos 〈信〉数据流图
~ de fuerzas 作用力示意图,力(的)图(解)
~ de Gantt 甘特图(表)
~ de intensidad de campo 场(分布)图
~ de la carga 荷载图
~ de lubricación 润滑系统图
~ de principio 逻辑(线路)图
~ de puentes 连接[衔接,接线]图；电桥电路图
~ de radiación 天线辐射(方向)图
~ de radiación toroidal 环形天线辐射(方向)图

~ de Rankine 兰金(循环)图

~ de secuencia 流程图

~ de situación 工作表

~ de Smith 史密斯[阻抗]圆图

~ de Venn（用圆表示集与集之间关系的）维恩图

~ del bobinado 绕组图

~ del indicador 示功图,指示符[字]图

~ del movimiento de trenes 列车运行图

~ direccional 方向性图(电磁学用语)

~ estereográfico 结构[立体]图

~ Hertzsprung-Russell [H-R] 〈天〉赫罗图,HR 图,光谱-光度图(以恒星的尺度、表面温度为坐标轴画图所得的图表)

~ lógico 逻辑图解

~ normalizado 标准(天线)图

~ polar 极线图,极坐标图

~ presión-volumen 压力-比容图,P-V 图

~ vectorial 矢[向]量图

diagramación *f*. 〈印〉编排

diagramático,-ca *adj*. ①图解[表,式,示]的;②概略的,梗概的

dial *m*. ①(汽车的)刻度[标度,示数]盘;②〈无〉(收音机的)电台调节器,调谐度盘,调谐指示板;③(自动电话机的)拨号盘,转盘;④*pl*. 日志

diálaga *f*. 〈矿〉异剥石

dialcohílico,-ca *adj*. 〈化〉二烃[烷]基的 fosfito ~ 二烃基亚磷酸盐[脂]

dialdehído *m*. 〈化〉二醛

dialecto *m*. ①土[地方]话,方言;②〈信〉方言

dialectología *f*. 方言研究,方言学

dialeipira *f*. 〈医〉间歇热

dialelo *m*. 〈逻〉循环论证

dialicarpelar *adj*. 〈植〉心皮分开的

dialipétalo,-la *adj*. 〈植〉离瓣的 flor ~a 离瓣花

dialisépalo,-la *adj*. 〈植〉萼片分开的 flor ~a 萼片分开的花

diálisis *f*. ①〈医〉(血液)透析;②〈化〉渗[透]析

~ peritoneal 腹膜透析

dialítico,-ca *adj*. 〈化〉〈医〉渗[透]析的

dializado *m*. 〈化〉〈医〉①渗[透]析物;②渗[透]析液

dializador *m*. 〈化〉〈医〉①渗[透]析器;②渗[透]析膜

dializar *tr*. 〈化〉〈医〉使渗[透]析

dialquilamina *f*. 〈化〉二烃基胺

dialquilo *m*. 〈化〉二烃基

dialtea *f*. 〈药〉黍葵根药膏

diamagnético,-ca *adj*. 〈理〉抗磁的 ‖ *m*. 抗磁体

cuerpo ~ 抗磁体

diamagnetismo *m*. 〈理〉①抗磁性[现象];②抗磁力;③抗磁学

diamagnetizar *tr*. 〈技〉〈理〉使抗磁

diamagneto *m*. 〈理〉抗磁体

diamagnetómetro *m*. 抗磁性测量器

diamante *m*. ①〈矿〉金刚石;人造[合成]金刚石;②(尤指用于切割工具的)钻石;金刚钻;钻刀;③(石油工人用的)带反光镜的灯

~ basto 天然金刚石

~ brillante 两面琢型的钻石

~ de imitación 人造钻石

~ de vidrio 金刚石(车)刀

~ en bruto ①未经雕琢的钻石;粗粒[天然]金刚石;②外粗内秀的人;外表粗糙而质优的东西

~ falso 铅制玻璃,人造宝石

~ negro 黑金刚石,黑玉

~ rosa 玫瑰花形琢型的钻石

edición de ~ 微型[袖珍]版

diamantífero,-ra *adj*. 产钻石的

diamantina *f*. 金刚砂,白刚玉

diamantista *m*. *f*. ①〈技〉钻石(切割)工;(琢磨)宝石工;②〈商贸〉钻石[珠宝]商

diamela *f*. 〈植〉茉莉

diametral *adj*. 直径的,沿直径的,构成直径的

diámetro *m*. 〈测〉直径,(对)径

~ admitido doble de la altura de punta (车床)床面上最大加工直径

~ aparente 〈天〉直视径

~ conjugado 〈数〉共轭直径

~ crítico 临界直径

~ de giro (车辆等的)回转[转向]圆

~ del agujero 孔径

~ exterior/interior 外/内径

~ mayor/menor 大/小直径,(螺纹)外/内径

~ molecular 〈理〉分子直径

~ normal 〈植〉(树)的胸高直径

diamictita *f*. 〈地〉杂岩

diamida *f*. 〈化〉肼,联氨

diamidina *f*. 〈化〉联脒

diamina *f*. 〈化〉二(元)胺

diamino *m*. 〈化〉二氨基

diana *f*. ①靶心;②(投镖游戏的)圆靶;③〈军〉起床号;晨操列队号 ‖ *m*. 〈动〉长尾猴 toque de ~ 起床号

diandro,-dra *adj*. 〈植〉具双雄蕊的;有二雄蕊花的

dianegativa *f*. 透明底片[板]

dianoética *f*. 〈逻〉推理论

dianoético,-ca *adj.* 〈逻〉推理[论]的

diantero,-ra *adj.* 〈植〉双花药的

dianto,-ta *adj.* 〈植〉双花的

dianthus *m.* 〈植〉石竹

diapalma *m.* 黄丹药膏

diapasón *m.* 〈乐〉①音域;②曲[音]调;音阶;③音叉;④(吉他、提琴等的)指板;⑤和音
~ normal 音叉

diapausa *f.* 〈动〉休止,滞育(指某些昆虫、甲壳纲动物等自发性停止生长和发育的阶段)

diapédesis *f.* 〈医〉血细胞渗出

diapensiáceo,-cea *adj.* 〈植〉岩梅科的‖*f.* ①岩梅科植物;②*pl.* 岩梅科

diapente *m.* 〈乐〉(古希腊的)五度音程

diapiro *m.* 〈地〉底辟,挤入构造

diapófisis *f.* 〈动〉〈解〉横关节突;(脊椎的)横突关节

diaporama *m.* (组合幻灯机放映在一个或几个幕布上的)放映术

diapositiva *f.* ①〈摄〉透明正片;②幻灯片
~ en color 彩色幻灯片
~ en blanco y negro 黑白幻灯片

diapreado,-da *adj.* 杂色的

diápsido,-da *adj.* 〈动〉具双窝的,双窝型[类]的‖*m.* ①双窝类爬虫,双窝类动物;②*pl.* 双窝型[类]

diaquenio *adj.* 〈植〉(成熟时)分为两个瘦果的

diaquilón *m.* 〈医〉(软化肿块的)药膏

diaquinesis *f.* 〈生〉(细胞)终变期

diario *m.* ①报纸,日报;②日记[志];③〈财〉每日费用;(家庭的)每日开支;*Méx.* 日常开支;④〈商贸〉日记账;日记账簿
~ de a bordo(~ de navegación) 航海日志
~ de entradas y salidas 〈商贸〉〈会计〉日记(流水)账
~ de la mañana/noche 晨/晚报
~ de operaciones 〈军〉作战日记,军事活动日记
~ de pedidos[requisiciones] 领料簿
~ de traspasos 转账分类簿
~ filmado 每日电影新闻放映
~ hablado 每日新闻(广播)
~ matinal[matutino]/vespertino 晨/晚报
~ mural *Chil.* 布告板[栏]
~ oficial 公报
~ simple 单式日记账
~ televisado 每日电视新闻播放
~-borrador 日记账
~-caja 现金日记账;现金账(簿)

diarismo *m. Amér. L.* 报[新闻]业;报[新闻]界;新闻工作

diarrea *f.* 〈医〉腹泻

diarreico,-ca *adj.* 〈医〉腹泻的

diartrodial *adj.* 〈解〉动关节的

diartrosis *f.* 〈解〉动关节

diasén *m.* 〈医〉(以山扁豆(sen)叶为主要成分的)泻药

diásico,-ca *adj.* 〈地〉二叠纪[系]的‖*m.* 二叠纪[系]

diasona *f.* 〈药〉大艾松,狄阿宗,亚磺氨苯砜钠(抗麻风药)

diáspero;diásporo *m.* 〈矿〉硬水铝矿

diáspora *f.* ①分散,散开;②〈植〉传播体

diaspro *m.* 〈矿〉碧玉

diasquisis *f.inv.* 〈医〉神经机能联系不能

diastalsis *f.inv.* 〈医〉(肠的)间波蠕动

diastasa *f.* 〈生化〉淀粉酶

diastasis *f.* ①〈医〉脱[分]离(如骺从骨体上脱下并未发生真正骨折);②〈生理〉心舒张后期

diastático,-ca *adj.* ①〈生化〉淀粉酶的;能分解淀粉的;②〈医〉脱[分]离的;③〈生理〉心舒张后期的

diastema *m.* ①〈医〉间隙,裂,纵裂;②〈动〉齿隙;③〈地〉沉积暂停期

diáster *m.* 〈生〉双星期,双星(体)

diastereoisómero *m.* 〈化〉非对映异构体

diástilo,-la *adj.* 〈建〉柱间距离等于柱径三倍的,长距列柱式的‖*m.* 长距列柱式建筑

diastimómetro *m.* 测距计

diástole *f.* 〈医〉(心)舒张;舒张期

diastólico,-ca *adj.* 〈医〉心舒张的;舒张期的

diastrofia *f.* 〈医〉①脱位[白];②(肌肉)扭伤

diastrofismo *m.* 〈地〉①地壳运动;②地壳运动形成的地层

diastroma *m.* 〈地〉(两个)地层裂开

diatermanidad *f.* 〈理〉透热(辐射)性;导热性

diatérmano,-na *adj.* 〈理〉透热(辐射)性的;热射线[红外线]可以透过的

diatermia *f.* 〈医〉透热(疗)法,(高频)电热(疗)法

diatérmico,-ca *adj.* 〈医〉透热(疗法)的

diatesarón *m.* 〈乐〉(古希腊和中世纪音乐中的)四度音程

diatésico,-ca *adj.* 〈医〉素质的

diátesis *f.inv.* 〈医〉素质
~ alérgica 过敏素质
~ hemorrágica 出血素质
~ insana 精神病素质

diatoma *f.* 〈植〉硅藻(属)

diatomáceo,-cea *adj.* ①硅藻的；②含硅藻的；硅藻化石遗体构成的

diatomea *f.* 〈植〉①硅藻；②*pl.* 硅藻类

diatómico,-ca *adj.* 〈化〉①双原子的；②二元［价］的

diatomita *f.* 〈地〉硅藻土

diatomología *f.* 硅藻学

diatónico,-ca *adj.* 〈乐〉(用)自然音阶的

diatonismo *m.* 〈乐〉自然音阶法；自然音阶体系；自然音音乐

diatrasa *f.* ①(发芽大麦中所含的)酵素；②自然酵素

diatrema *m.* 〈地〉火山道

diatripismo *m.* 〈植〉横向性

diauxia *f.* 〈生〉两阶段生长，两峰生长

diazepán *m.* 〈生化〉〈药〉地西洋，安定(镇静安眠药)

diazina *f.* 〈化〉二嗪

diazoación *f.* 〈化〉重氮化(作用)

diazoamina *f.* 〈化〉重氮胺

diazoar *tr.* 〈工〉〈化〉使重氮化，使形成重氮化合物

diazoato *m.* 〈化〉重氮酸盐

diazobenzol *m.* 〈化〉重氮苯酚

diazocompuesto *m.* 〈化〉重氮化合物

diazofenol *m.* 〈药〉氯甲苯噻嗪，二氮噻嗪，降压嗪

diazoicación *f.* 〈化〉重氮化(作用)

diazoico,-ca *adj.* 〈化〉重氮基的，重氮化合物的 ‖ *m.* 重氮化合物
　　ácido ～ 重氮酸
　　compuestos ～s 重氮化合物

diazoimida *f.* 〈化〉叠氮酸

diazometano *m.* 〈化〉重氮甲烷

diazonio *m.* 〈化〉重氮基

diazosulfonato *m.* 〈化〉重氮碳酸盐

diazotipia *f.* 〈摄〉重氮盐成像法

diazotrofo *m.* 〈环〉固氮生物

diazotización *f.* 〈化〉重氮化(作用)

DIB *abr. ingl.* directory information base 〈信〉目录信息库

dibásico,-ca *adj.* 〈化〉①二元［价］的，二价碱的；②二代的；(含)二个羟(基)的
　　ácido ～ 二元酸
　　alcohol ～ 二羟醇

dibencilo; dibenzilo *m.* 〈化〉重［联］苄(基)

dibenzoílo *m.* 〈化〉苄基，苯甲基

diborano *m.* 〈化〉乙硼烷

dibranquiado,-da *adj.* 〈动〉二鳃目的 ‖ *m.* ①二鳃目头足动物(如鱿鱼、章鱼等)；②*pl.* 二鳃目

dibranquial *adj.* 〈动〉二鳃目的

dibromuro *m.* 〈化〉二溴化物

～ de etileno 二溴乙烯

dibucaína *f.* 〈化〉二丁卡因

dibujante *m. f.* ①长于描绘的美术家；②漫［动画片］画家；画工；③素描［速写］家；④(时装)设计师；⑤〈技〉打样［制图］员
　　～ comercial 广告画师［美工］
　　～ de carteles 招贴美工
　　～ de publicidad 商业美术家；广告美工
　　～ de rótulos 商标美工

dibujar *tr.* ①(用铅笔、钢笔、粉笔、炭笔等)画，绘画；素描，速写；②〈技〉设计；打图样，制图；③描绘［写］
　　～ a escala 按比例(尺)描绘
　　～ a mano alzada 徒手画

dibujo *m.* ①绘画；绘画术；②图画，素描画；③〈技〉图样［纸］；④(报纸中的)漫画，讽刺［幽默］画；⑤(纸，布上的)花样，图案；⑥描绘［写］
　　～ a escala 比例图样
　　～ a［de］lápiz 铅笔画
　　～ a mano alzada(～ a pulso) 徒手画
　　～ a pluma 钢笔画
　　～ a tinta 水墨画
　　～ al［de］ carbón 木炭画
　　～ al lavado 淡水彩画
　　～(s) animado(s) 动画片
　　～ de aguada 水彩画
　　～ de contorno 草［略，示意，轮廓］图
　　～ de detalle(～ detallado) 详［明细］图
　　～ de ejecución［taller］ 施工(详)图，加工图
　　～ de perspectiva 透视图
　　～ de proyecto 原始设计(工程图)
　　～ del natural 实物素描，实物画
　　～ en sección 断面［剖视］图
　　～ escocés 方格图案
　　～ industrial 工程［机械］制图
　　～ lineal［técnico］ 工艺草图
　　～ publicitario (商业)广告画
　　～ topográfico 现场草图，目［草］测图

dibutil *adj.* 〈化〉二［联］丁基的

dibutilamina *f.* 〈化〉二丁胺

dicarbocianina *f.* 〈化〉二碳花氰

dicarboxílico,-ca *adj.* 见 ácido ～
　　ácido ～ 〈化〉二羧酸

dicario; dicarión *m.* 〈生〉双核体

dicariofase *f.* 〈植〉双核阶段

dicarpelado,-da; dicarpelar *adj.* 〈植〉双心皮的

dicasio *m.* 〈植〉二歧聚伞花序

diccionario *m.* ①词［字］典，辞书；②(类似词典、内容按字母顺序编排的)大全；③〈信〉词［字］典

~ automático〈信〉自动翻译词典
~ bilingüe 双语词[字]典
~ de bolsillo 袖珍词[字]典
~ de compresión〈信〉编码[压缩]词典
~ de datos〈信〉数据词典
~ de geometría 几何学词典
~ de ideas afines(~ ideológico)类属词典,同类词汇编
~ de rimas 诗韵词典
~ de sinónimos 同义词词典
~ de uso 用法词典
~ enciclopédico 百科词[字]典
~ etimológico 词源词典
~ geográfico 地名词典
~ manual 简明词典
~ monolingüe 单语词典
~ técnico 技术词典

diccionarista *m.f.* 词典编纂者
dicefalia *f.*〈医〉双头畸形
dicéfalo,-la *adj.*〈医〉(胎儿等)双头畸形的
dicentra *f.*〈植〉荷包牡丹
dicéntrico,-ca *adj.*〈生〉具双着丝(粒)的 ‖ *m.* 双着丝点染色体
dicentrina *f.*〈化〉荷包牡丹碱
dícero,-ra *adj.* 有两触角[须]的
diceteno *m.*〈化〉双烯酮
dicetonas *f.pl.*〈化〉双酮,二酮(基)
dicheya *f. Chil.*〈植〉蚤缀
dicho *m.*〈法〉证词
dicianuro *m.*〈化〉二氰化物
dicíclico,-ca *adj.*〈化〉二[双]环的
dicinodontos *m.pl.* 二齿兽(古生物学用语)
dickita *f.*〈矿〉地开石
diclamídeo,-dea *adj.*〈植〉二被的(指具有萼和花冠的)
diclino,-na *adj.*〈植〉①(植物)雌雄(蕊)异花的;②(花)只有雄[雌]蕊的,单性的
diclona *f.*〈化〉二氯萘醌
diclorobenceno *m.*〈化〉二氯(代)苯
diclorodietilsulfuro *m.*〈化〉二氯二乙硫醚,芥子气
diclorodifeniltricloroetano *m.*〈化〉二氯二苯三氯乙烷,滴滴涕(杀虫剂商品名,简写作DDT)
diclorodifluorometano *m.*〈化〉二氯二氟甲烷;氯氟烷
diclorometano *m.*〈化〉甲叉二氯,二氯甲烷
dicloropentano *m.*〈化〉二氯戊烷
dicogamia *f.*〈植〉雌雄(蕊)异熟
dicógamo,-ma *adj.*〈植〉雌雄(蕊)异熟的
dicótico,-ca *adj.*〈医〉二重听觉的,双耳歧听的

dicotiledón,-ona;dicotiledóneo,-nea *adj.*〈植〉双子叶的 ‖ *f.* ①双子叶植物;②*pl.* 双子叶纲
dicotomía *f.* ①一分成二,对分;②〈植〉二歧;二歧式,二叉分枝式;二歧分枝;③〈动〉歧出,二分叉;④〈逻〉二分法;⑤〈天〉半[弦]月,(星等的)半轮;⑥(某些国家)医师之间诊费的拆账
dicotómico,-ca;dicótomo,-ma *adj.* ①二分(法)的;一分为二的,对分的;②〈植〉二歧的;二叉的;③〈动〉歧出的,二分叉的
dicroico,-ca *adj.* ①二色的;②〈化〉(晶体)二色性的
dicroísmo *m.* ①〈理〉二向色性(指着向异性材料对不同偏振方向的光线有不同吸收系数的特性);②〈化〉二色性
~ circular〈理〉圆振二向色性,圆二色性
dicroíta *f.*〈矿〉堇青石
dicromático,-ca *adj.* ①二色的,二色性的;②〈动〉具有二色变异的;③〈医〉二色性的,二色性色盲的,二色视的
dicromatismo *m.* ①〈医〉二色性,二色性色盲,二色视;②〈理〉二色性;③〈动〉二色变异
dicromatopsia *f.*〈医〉二色性,二色性色盲,二色视
dicromato *m.*〈化〉重铬酸盐
~ de potasio 重铬酸钾
dicrómico,-ca *adj.*〈化〉重铬的;重铬酸的
ácido ~ 重铬酸
dicromismo *m.*〈动〉二色变异
dicroscopio *m.*〈理〉二向色镜(用于观察或测试晶体二色性的仪器)
dicrótico,-ca;dicroto,-ta *adj.*〈医〉①(脉)二波的,重搏的;②二波脉的,重搏脉的
dicrotismo *m.*〈医〉二波脉(现象),重搏脉(现象)
dictáfono *m.* ①口述录音机;②录音电话机
dictamen *m.* ①报告;②(鉴定)报告;(医生等的)专家意见;③〈法〉(律师等专家的)书面意见
~ contable *Méx.* 审计报告
~ de avería 海损鉴定报告
~ de las comisiones 委员会报告
~ del contador 会计师证明书
~ facultativo〈医〉医疗报告
~ médico 诊断书
~ pericial〈法〉专家意见
dictamidor,-ra *m.f.* 裁定人
díctamo *m.*〈植〉①牛至;②白鲜
~ blanco[real,verdadero] 白鲜
~ crético 牛至
dictiocinesis *f.*〈生〉(分散)高尔基体分裂,

网体分裂

dictioma *m.* 〈医〉视网膜瘤

dictiopsia *f.* 〈医〉网视症

dictióptero,-ra *adj.* 〈昆〉蜚蠊目的‖ *m.* ①蜚蠊目昆虫;② *pl.* 蜚蠊目

dictiosoma *m.* 〈生〉(分散)高尔基体,网体

dictióspora *f.* 〈植〉砖格孢子

dictiostela *f.* 〈植〉网状中柱

dictiotales *f. pl.* 〈植〉水藻目

dictoma *m.* 〈医〉神经上皮瘤

dicumarol *m.* 〈药〉双香豆素

didáctica *f.* 〈教〉教学法[论];教学

didáctilo,-la *adj.* 〈动〉两趾的

didélfico,-ca *adj.* ①〈解〉二子宫的;②(尤指虫类)具双重雌性生殖器的

didélfidos *m. pl.* 〈动〉有袋科

didelfo,-fa *adj.* 〈动〉有袋的,有育儿袋的;有袋目的‖ *m.* ①有袋目动物;② *pl.* 有袋目

didimalgia *f.* 〈医〉睾丸痛

didimio *m.* 〈化〉钕(及)镨,镨钕混合物

didimitis *f. inv.* 〈医〉睾丸炎

dídimo,-ma *adj.* 〈动〉〈植〉成双的,双生的‖ *m.* 〈解〉睾丸

didínamo,-ma *adj.* 〈植〉(花、植物等)二强雄蕊的;(雄蕊)二强的

diecio,-cia *adj.* ①〈植〉雌雄异株的;②〈动〉雌雄异体的

diedro,-dra *adj.* 〈数〉二面(角)的‖ *m.* 二[两]面角

ángulo ～ 二面角

diego *m.* 〈植〉紫茉莉

dieldrin *m.* ; **dieldrina** *f.* 狄氏剂,氧桥氯甲桥萘,化合物497(一种杀虫剂)

dielectricidad *f.* 〈电〉电介质

dieléctrico,-ca *adj.* 〈电〉①电介质的;②介电的‖ *m.* 电介质

constante ～ 介电常[系]数

corriente ～a 介电电流

cuenta ～a 绝缘垫珠,介电垫圈

cuerpo ～ 带电介体

desplazamiento ～ 介质位移

histéresis ～a 介质滞后

pérdida ～a 介质[电]损耗

rigidez ～a 介[抗]电强度

dielectrómetro *m.* 〈电〉介质测试器,介电常数测试器

diencéfalo *m.* 〈解〉间脑

dieno *m.* 〈化〉二烯(烃)

diente *m.* ①〈解〉牙,齿;②〈技〉齿状物;(锯、梳、耙、叉、齿轮等的)齿;③(某些叶缘、花瓣边缘的)齿;④〈植〉(大蒜等的)瓣;⑤ *Esp.*

(橘子等的)瓣;⑥〈建〉待齿接,齿形待接磋口;⑦牙口(牲口的年龄);⑧锯齿状防御工事

～ anterior 前牙

～ canino[columelar] 犬齿[牙],尖牙

～ cariado[picado] 蛀牙,龋齿

～ cortante 刀[切削]齿

～ de caballo *Esp.* 〈地〉长石

～ de leche 乳齿[牙]

～ de león 药蒲公英,蒲公英属植物

～ de lobo ①玛瑙磨光器;②大钉

～ de muerto 〈植〉草香豌豆

～ de perro ①(雕刻用的)双尖凿刀;②〈建〉齿状饰

～ de rueda 轮齿[牙]

～ de sierra 锯齿

～ del huevo 〈动〉卵齿

～ hipsodonto 高冠齿

～ incisivo 切牙,门齿

～ labial ①唇牙;②〈动〉唇齿

～ mamón[deciduo] 乳齿[牙]

～ molar ①〈动〉臼齿;②磨牙

～ permanente ①恒牙;②〈动〉恒齿

～ postizo 假牙

～ premolar 前臼齿

～ remolón (马的)齿尖

～s de sierra 锯齿形工事

～s largos ①牙齿发酸;②嫉妒,眼红

espacio en ～s largos 牙口,锯齿状缺口

máquina de tallar los ～s 铣齿车床

paso de los ～s 齿距[节]

dientimellado,-da *adj.* 牙齿有裂纹[豁口]的

diéresis *f.* 〈医〉分离,离开

diesel *m.* ①〈机〉柴油(发动)机,内燃机;②柴油机燃料,柴油

～ marino 船用柴油机

motor ～ 柴油(发动)机,内燃机

dieseleléctrico,-ca *adj.* 〈机〉内燃[柴油]电力传动的

dies non *lat.* ①〈法〉非庭讯日;法庭休庭日;②法定假日

diéster *m.* 〈化〉二酯

dieta *f.* ①〈生医〉〈医〉(适合病人、婴儿、运动员、减肥者等吃的)特种[规定]饮食;②日常饮食[食物],平时营养;③ *pl.* (医生的)出诊费;④ *pl.* 生活补助[津贴],差旅费

～ blanda 流质(饮食);软食

～ de viaje 出差补贴

～ equilibrada (含有保持健康所必需的各种适量营养成分的)均衡饮食

～ hídrica 饮水疗法

～ vegetal 蔬食

dietética *f*. 饮食[膳食]学

dietilamina *f*. 〈化〉二乙胺

dietilbenceno *m*. 〈化〉二乙苯

dietilcarbamazina *f*. 〈药〉乙胺嗪（抗丝虫药）

dietilcetona *f*. 〈化〉戊酮

dietilenglicol *m*. 〈化〉二甘醇

dietilestibestrol *m*. 〈生化〉己烯雌酚

dietilmalonilurea *f*. 〈生化〉巴比妥

dietilo,-la *adj*. 〈化〉二乙基的

dietista *m*. *f*. 饮食[膳食]学家

dietoterapia *f*. 〈医〉饮食[营养]疗法

dietriquita *f*. 〈矿〉锰铁锌矾

dietzeíta *f*. 〈矿〉碘铬钙石

diezmilímetro *m*. 丝米（＝1/10,000 米）

difamar *tr*. 〈法〉诽谤；诋毁，中伤

difásico,-ca *adj*. 〈电〉二相的，双相(性)的

difenilacetileno *m*. 〈化〉二苯乙炔

difenilamina *f*. 〈化〉二苯胺

difenilaminocloroarsina *f*. 〈化〉二苯胺氯胂，亚当氏毒气

difenilglioxal *m*. 〈化〉苯偶酰

difenilguanidina *f*. 〈化〉二苯胍

difenilhidantoína *f*. 〈药〉苯妥英钠（抗惊厥药）
~ sódica 苯妥英钠

difenilmetano *m*. 〈化〉二苯(基)甲烷

difenilo *m*. 〈化〉苯基苯，联(二)苯

difenol *m*. 〈化〉联苯酚

diferencia *f*. ①差别[异]；差异点；②(相)差，差额；差分；③〈数〉差，差额；④(同一旋律的乐曲的)变化
~ de altitud 高度差
~ de costos 成本差别
~ de declinación 〈海〉赤纬差
~ de edad 年龄差别
~ de fase ①〈理〉〈数〉相角；②〈理〉相位差
~ de peso 重量差额
~ de potencial 〈电〉势差；电位差
~ de precios 差价
~ de temperatura media 平均温差(化学工业用语)
~ de tensión 〈理〉应力差
~ de tijeras 剪刀差
~ del cambio 兑换差价
~ en latitud/longitud 纬/经度差
~ en más 多[超]出的量
~ entre temperaturas 温(度)差
~ fiscal 税收差额；财政差额
~ generacional 代沟(尤指青少年与其父母在情趣、抱负、社会准则以及观点等方面存在的差距)
~ por defecto 不足，亏欠
~ por exceso 多[超]出

~ por menos 不足的量，亏损的量
~ salarial 〈经〉〈商贸〉工资差额
~ simétrica 〈数〉对称差分

diferenciación *f*. ①区分[别]，鉴别；②差别，不同；差异；③〈数〉微分法；④〈地〉(均质岩浆的)分异作用
~ de precios (同类商品)价格差异
~ implícita 隐微微分
~ logarítmica 对数微分
~ magmática (均质)岩浆分异作用

diferenciador *m*. ①〈电〉〈电子〉微分器[元件，装置]；②〈机〉差动轮[装置]；差示器

diferencial *adj*. ①(特征上)有差别[异]的，区别的；②〈数〉微分的；③〈机〉差动[速]的，差分[示]的 ‖ *m*. ①(汽车的)差速器；分速器；②〈机〉差动齿轮；③〈电〉差动线圈；④差别；〈商贸〉差额[价]；差量 ‖ *f*. 〈数〉微分
~ del interés 利息差额
~ por calidad 质量差别
amplificador ~ 〈电〉差分放大器
analizador ~ 〈信〉微分分析机
devanado ~ 差动绕组
ecuación ~ 〈数〉微分方程
tarifa ~ 差别关税[税率]
termómetro ~ 差示[微差]温度计

diferido,-da *adj*. ①延期的；递延的；②见emisión en ~
emisión en ~ (广播节目、电视节目等的)再播送，转[录]播
ingreso ~ 递延收入
pago ~ 延期付款

dificercal *adj*. 〈动〉(鳍)圆尾的 ‖ *m*. 圆尾鳍，原形尾鳍(指尾鳍上下对称，脊柱一直延续至尾尖而不上翻)

dificerco,-ca *adj*. 〈动〉(鳍)圆尾的

difilético,-ca *adj*. 〈动〉二源的

difiodonto,-ta *adj*. 〈解〉双套牙(列)的
animal ~ 双套牙(列)哺乳动物

difluencia *f*. ①〈地〉(冰川、河流的)分溢[流]；②流[溢]出

difluente *adj*. 流[溢]出的

difonía *f*. 〈医〉复[双]音

difosfato *m*. 〈化〉二磷酸

difosfopiridinucleótido *m*. 〈生化〉二磷酸吡啶核苷酸

difosgeno *m*. 〈化〉双光气，氯甲酸三氯甲酯(一种化学毒气武器)

difracción *f*. 〈理〉衍射；绕射
~ de cristal 晶体衍射
~ de neutrones 中子衍射
~ electrónica 电子衍射
~ en bordes 刀形衍射

~ esférica 球面绕射

~ múltiple 多次衍射

diagramas de ~ 衍射图

redes[retículos] de ~ 衍射光栅

difractar *tr*. 〈理〉使(光,波等)衍射;使绕射 ‖ ~se *r*. (光,波等)衍射

difractivo,-va; difrangente *adj*. 〈理〉绕[衍]射的;易衍射的

difractograma *m*. 〈理〉衍射图

difractometría *f*. 〈晶体〉衍射测量;衍射学

difractómetro *m*. 〈理〉衍射计[仪];绕射计[表]

difteria *f*. 〈医〉白喉

difteritis *f. inv*. 〈医〉白喉炎

difteroide *adj*. 〈医〉①白喉的;白喉样的;②类白喉菌的 ‖ *m*. ①假[类]白喉;②类白喉菌

difumino *m*. 〈画〉擦笔(用于绘制铅笔画或木炭画)

difusibilidad *f*. 〈理〉扩散性[率,能力,系数];弥漫性[率]

difusiómetro *m*. 扩散率测定器

difusión *f*. ①(光、热等的)扩[发,弥]散;②〈医〉(毒素、药物等的)扩[弥]散;③(理论、消息、知识等的)传播;散布;广播,播出;(书、报等的)发行;④〈理〉漫射,扩散

~ de la luz 光散射

~ de los neutrones 中子散射

~ elástica 弹性散射

~ facilitada 〈生化〉〈医〉易化扩散,促进扩散

~ gaseosa 气体扩散

~ hacia atrás 向后[反向]散射

~ inelástica 非弹性散射

~ simple 〈生化〉〈医〉单纯(性)扩散

~ tributaria 税收扩散

coeficiente de ~ 扩散系数

medios de ~ 新闻媒体

difusividad *f*. 〈理〉扩散性[率,能力,系数];弥漫性[率]

difusivo,-va *adj*. ①传[散]播的;四散的;②〈理〉扩散(性)的;漫射(性)的

difusor *m*. ①手握式电吹风器;②〈化〉(用于甜菜制糖的)浸提器;③〈机〉扩[分]散器;④〈航空〉扩压器;⑤〈摄〉漫射屏;柔光屏 ‖ ~a *f*. 电台

~ de calor 〈信〉散热器

digástrico,-ca *adj*. 〈解〉二腹的;二腹肌的

músculo ~ 二腹肌

digénesis *f*. 〈生〉世代交替

digenético,-ca *adj*. 〈生〉世代交替的,复殖的 ‖ *m. pl*. 复殖类

digenita *f*. 〈矿〉蓝辉铜矿

digestibilidad *f*. 可[易]消化性;消化率

digestión *f*. ①消化;消化作用;②消化力;③〈化〉蒸煮,煮解;浸提;④〈环〉〈技〉消化处理

digestivo,-va *adj*. ①消化的,有消化力的;②〈药〉助消化的 ‖ *m*. ①〈药〉〈助〉消化药;②消化剂

digesto *m*. 〈法〉法规汇集

digestología *f*. 〈医〉消化系统疾病学

digestónico,-ca *adj*. ①消化的;②助消化的 ‖ *m*. ①〈药〉助消化药;②消化剂

digestor *m*. 〈机〉蒸煮[浸煮,浸渍,煮解,蒸解]器,蒸煮锅;加热浸提器

digitación *f*. 〈乐〉指法

digitado,-da *adj*. ①〈动物〉有指[趾]的;②指状的;③〈植〉掌状(复出)的

hoja ~a 掌状复叶

digital *adj*. ①数字的,数字显示的;②手指的;足趾的;指[趾]状的 ‖ *f*. ①〈植〉毛[洋]地黄;②〈药〉洋地黄制剂;③〈信〉(分离式)存储系统

~ amarilla 〈植〉白花毛地黄

cámara ~ 数码照相机

huellas[impresiones] ~es 指纹

reloj ~ 数字钟,数字显示式时钟

computador ~ 数字计算机

digitalina *f*. ①〈药〉洋地黄苷,狄吉他林;②洋地黄叶的糖苷混合物

digitalis *m*. 〈医〉〈植〉洋[毛]地黄

digitalismo *m*. 〈医〉洋地黄中毒

digitalización *f*. ①〈信〉(数据)数字化;②〈医〉洋地黄化;洋地黄处理法

digitalizador *m*. 〈信〉数字转换器,数字化设备

digitalizar *tr*. ①〈信〉使(图片等)数字化;②〈医〉使洋地黄化

digitiforme *adj*. 指状的

digitígrado,-da *adj*. 〈动〉趾行的 ‖ *m*. 趾行动物(如猫、狗、马等)

digitinervado,-da *adj*. 〈植〉掌状脉的

dígito,-ta *adj*. 数字的 ‖ *m*. 〈数〉〈信〉(0到9中的任何一个)数字,数位,位;②手指,足趾;③一指宽的长度单位(相当于3/4英寸);④〈天〉食分

~ binario 二进制数字[位]

~ de control 检查[核对]数字

~ de comprobación 〈信〉校验数位

~ de signo 〈信〉符号数位

~ decimal 十进位数字[位]

digitonina *f*. 〈药〉洋地黄皂苷

digitoxigenina *f*. 〈化〉洋地黄毒苷配基

digitoxina *f*. 〈药〉洋地黄毒苷,狄吉妥辛

digitoxosa *f*. 〈药〉洋地黄毒素糖

diglicérido *m.* 〈生化〉甘油二酯

diglicerol *m.* 〈化〉双甘油

diglosia *f.* 〈医〉双舌(畸形),舌裂

diglucósido *m.* 〈生化〉二(葡)糖苷

digoxina *f.* 〈药〉异羟洋地黄毒苷,地高辛(一种强心剂)

dihíbrido *m.* 〈生〉双因子杂种,双因子杂合子

dihidrato *m.* 〈化〉二水(合)物

dihidrocloruro *m.* 〈化〉二氢氯化物,二盐酸化物

dihidroestreptomicina *f.* 〈药〉双氢链霉素

dihidrol *m.* 〈化〉二聚水

dihidrotaquisterol *m.* 〈生〉二氢速甾醇

dihidrotestosterona *f.* 〈生化〉二氢睾酮

dihidroxiacetona *f.* 〈生化〉二羟基丙酮

dihidroxifenilalanina *f.* 〈生〉二羟(基)苯丙氨酸,多巴;左旋多巴

dihueñe; dihueñi *m. Chil.* 〈植〉球盘菌,子囊菌

dik-dik *m.* 〈动〉犬羚(产于非洲东部)

dilaceravión *f.* 〈医〉弯曲牙;裂痕牙

dilactona *f.* 〈化〉双内酯

dilantina *f.* 〈药〉大仑丁,苯妥英(治癫痫药)

dilatabilidad *f.* ①膨胀性[率],延(伸)性;②(瞳孔)可放大

dilatable *adj.* ①可膨胀[扩张]的;②(瞳孔)可放大的

dilatación *f.* ①〈医〉扩张;扩张术;②膨胀,扩大;③〈理〉膨胀,扩张;④(瞳孔)放大
~ lineal 线膨胀
~ térmica 热膨胀
~ volumétrica 体(积)膨胀
junta de ~ 伸缩(接)缝,伸缩接头;涨缩接合
tubo de ~ 伸缩管

dilatador,-ra *adj.* ①〈理〉引起膨胀的;②〈医〉使扩张的 ‖ *m.* ①扩张器;膨胀箱[物];②〈解〉扩张肌

dilatancia *f.* 〈化〉膨胀(性),触稠性,胀流性

dilatante *adj.* ①(使)膨胀的;(使)扩张的;②〈化〉膨胀性的,触稠性的,胀流性的 ‖ *m.* 〈化〉触稠体,胀流型体,膨胀物

dilatativo,-va *adj.* 引起膨胀的;扩大的,有扩张作用的

dilatometría *f.* 膨胀(计)测定法

dilatométrico,-ca *adj.* 测膨胀的,膨胀测定的

dilatómetro *m.* 膨胀计[仪]
~ óptico 光学膨胀仪

dilatorias *f.* ①拖延[拉];②*pl.* 拖延战术

dilatorio,-ria *adj.* ①拖延[拉]的,迟误的;②〈法〉延期的;缓办的

dilema *m.* 〈逻〉二难推理,两刀论法,假言选

言推理

dilemático,-ca *adj.* 〈逻〉二难推理的,两刀论法的,假言选言推理的

dileniáceo,-cea *adj.* 〈植〉五桠果科的 ‖ *f.* ①五桠果科植物;②*pl.* 五桠果科

diligencia *f.* ①(要处理的)事情[务];(短程的)差事;④〈法〉程序;手续;审[受]理,*pl.* 正式手续
~ de comparendo 〈法〉(法院书记官签发的)出庭证明
~ procesal 诉讼
~s judiciales 司法程序
~s previas (有陪审团参加的)调查死亡原因的)审理

dille *m. Chil.* 〈昆〉蝉

dilleniales *f. pl.* 〈植〉五桠果目

dilucidador *m.* 〈化〉稀释剂[剂]

dilución *f.* ①稀释,冲淡;②稀释[冲淡]物;③〈化〉稀度;稀溶液

diluente *adj.* ①使溶解的;②(使)稀释的,冲淡的 ‖ *m.* 〈化〉稀释剂[液],冲淡剂[液]

dilutor *m.* ①〈化〉稀释液[剂];②稀释器

diluvial *adj.* ①洪水引起的,大洪水的;②〈地〉洪积的;洪积层的 ‖ *m.* 〈地〉洪积层

diluyente *adj.* ①使溶解的;②(使)稀释的,冲淡的

dimensión *f.* ①〈数〉维,维数度,因次;②〈理〉量纲;③*pl.* 面[体]积,大小;④*pl.* 尺寸;长[宽]度;厚[深]度;⑤〈乐〉(节奏的)长度
~ básica 基准尺寸
~ óptima 最佳规模
~es estándar 标准尺寸
~es externas 总[全,外形,外廓]尺寸
clasificación por ~es 按尺寸分类;依大小排列[分类]

dimensionabilidad *f.* 〈数〉维数

dimensionado; dimensionamiento *m.* 量[定,测]尺寸,尺寸定位

dimensional *adj.* ①尺寸的,有尺度的;②〈理〉量纲的;③〈数〉因次的;④…维的
análisis ~ 量纲分析

dimercaprol *m.* 〈药〉二巯基丙醇(简称BAL,常用作砷、汞等中毒的解毒剂)

dimerización *f.* 〈化〉二聚作用

dimérico,-ca *adj.* ①〈化〉二聚(物)的;②二壳粒的

dímero,-ra *adj.* ①〈化〉二聚的;②〈植〉二基数的;③〈昆〉二跗节的 ‖ *m.* ①〈化〉二聚物,二分子聚合物;②二壳粒
~ de butadieno 丁二烯二聚物

dimetibenceno *m.* 〈化〉二甲苯

dimetilamina *f.* 〈化〉二甲胺

dimetilanilina *f.*〈化〉二甲基苯胺

dimetiléter *m.*〈化〉二甲醚

dimetilgloxima *f.*〈化〉丁二酮肟

dimetilmetano *m.*〈化〉二甲基甲烷,丙烷

dimetilolurea *f.*〈化〉二甲醇脲

dimetoato *m.* 乐果(有机磷杀虫、杀螨剂)

dimétrico,-ca *adj.* 四方(晶)系的

dimiario,-ria *adj.*〈动〉双展肌的

dimicado *m. Arg.*〈纺〉抽纱

dimidiado,-da *adj.*〈生〉对开的,半的

diminuendo,-da *adj.*〈乐〉渐弱的‖*m.* 渐弱

dimorfismo *m.* ①〈动〉〈植〉二态[形]性;二态[形]现象;②〈化〉双晶现象;(同质)二形;③〈矿〉二形
~ sexual〈生〉性别二态

dimorfita *f.*〈矿〉硫砷矿

dimorfo,-fa *adj.* ①〈动〉〈植〉二态[形]的;②〈化〉双晶的;③〈矿〉二形的

dimorfoteca *f.*〈植〉非洲雏菊

DIN *abr. al.* Deutsche Industrie-Norm 德国工业标准

dina *f.*〈理〉达因(力的单位)

dinacho *m. Chil.*〈植〉智利根乃拉

dinágrafo *m.*〈交〉验轨器

dinámetro *m.* ①测力器;②〈理〉放大率计

dinamia; dinamía *f.*〈理〉公斤米(功的单位)

dinámica *f.* ①〈理〉力学,动力学;②动力;原动力;③动态(学,特性)
~ comparativa 比较动态学
~ de grupo 群体动力学(社会心理学中研究人类群体的性质、群体的发展、群体之间以及群体与个人之间相互作用等的学科);群体动力
~ del globo 地球动力学
~ demográfica 人口动态

dinámico,-ca *adj.* ①力的;动力[态]的;②〈理〉力学的,动力学的
economía ~a ①动态经济;②动态经济学
equilibrio ~ 动态平衡
geología ~a 动力地质学
macroeconomía ~a 动态宏观经济学
regulador ~ 动态调节器

dinamista *adj.* 物力论的,力本论的;物力论者的,力本论者的‖*m. f.* 物力论者,力本论者

dinamita *f.*〈化〉达纳炸药,硝化甘油
~ amoniacal 硝铵炸药
~ goma 甘油爆胶,胶质炸药
goma ~ 黄炸药

dinamitazo *m.* 爆炸,爆破

dinamitería *f.* 爆破工程[作业]

dinamitero,-ra *adj.* 负责爆炸的;用炸药搞破坏的‖*m. f.* ①负责爆炸的人;用炸药搞破坏的人;②爆破手

dinamo *f. (m. Amér. L.)*〈电〉〈机〉发电机(尤指直流发电机);电动机
~ abierta (敞)开式发电机
~ auxiliar 备用发电机
~ bimórfica 交直流发电机
~ cerrada 铠装发电器
~ compound 复励发电机
~ de autoexcitación 自激电机
~ de doble excitación 双绕线圈发电机
~ de excitación mixta 复激发电机
~ de excitación separada 他励发电机
~ de vapor 蒸汽发电机
~ excitada en derivación 并激发电机
~ hipercompuesta[hipercompunda] 过复励发电机
~ para buques 船用发电机
~ shunt 并励发电机
~ trifilar 三线[相]发电机
~ (de) volante 飞轮式发电机

dínamo *m. Amér. L.*〈电〉发电机(尤指直流发电机);电动机

dinamoeléctrico,-ca *adj.*〈机〉①电动(力)的,机电的;②机械能转变成电能的,电能转变成机械的
generador[motor] ~ (máquina ~a) 电动发电机,电机

dinamogénesis *f.* 动力发生

dinamógeno,-na *adj.*〈生理〉使兴奋的

dinamógrafo *m.*〈医〉肌力描计器

dinamometamorfismo *m.*〈地〉动力变质作用

dinamometría *f.* ①测力[功]法;计力法;②肌力测定法

dinamométrico,-ca *adj.* ①测[计]力的;②肌力测定法的
molinete ~ Renard 风扇式测力计

dinamómetro *m.*〈机〉①测力计;②功率计
~ de absorción(~ friccional) 阻尼式测力计
~ de contrapeso 绳测功器
~ de freno 轮韧功率机[测力计],制动测功仪
~ de transmisión 传动式测力计
~ eléctrico 电测力[功]器
~ hidráulico 液压测力[功]器;水力测功器

dinamoscopia *f.* 动力测验法

dinamoscopio *m.*〈机〉动力测验器

dinamotor *m.*〈电〉〈机〉①电动发电机;②旋转变流机,同步反向变流机

dinas *m.* 〈矿〉砂[硅]石

dinatrón *m.* ①〈电子〉(打拿)负阻管,负耗阻性管;②〈理〉介子 oscilador ~ 〈电子〉负阻管振荡器

dingo *m.* 〈动〉澳洲野犬

dingui *m.* ①小舢板,小划艇;②(船,舰上的)小型供应艇,救生艇;③独桅小赛艇;④(充气式)救生橡皮筏,橡皮救生艇;⑤小游艇;⑥(摩托车的)边[拖]车

dinitrado,-da *adj.* 〈化〉二硝基的

dinitrobenceno *m.* 〈化〉二硝基苯

dinitrofenol *m.* 〈化〉二硝基酚

dinodo *m.* 〈电子〉倍增(器,管)电极,二次放射管,打拿(中间)极

dinofíceo,-cea *adj.* 〈植〉沟鞭藻科的 ‖ *f.* ①沟鞭藻;②*pl.* 沟鞭藻科

dinoflagelado,-da *adj.* 〈动〉腰鞭毛目的 ‖ *m.* ①腰鞭毛虫(腰鞭毛目的原生动物,一种海生单细胞生物);②*pl.* 腰鞭毛目

dinofobia *f.* 〈心〉眩晕恐怖

dinomanía *f.* 〈医〉舞蹈狂

dinosaurio *m.* 恐龙,(已绝种的)大爬行动物
~ bídedo 双足恐龙
~ ornitópodo 鸟臀龙
~ pico de pato 鸭嘴龙
~s con cuernos 角龙
~s sauripelvianos 蜥臀龙

dinoterio *m.* 恐兽(古生物学用语)

dintel *m.* 〈建〉楣,(门、窗、孔等的)横楣,过梁

dintorno *m.* 〈画〉轮廓内线

dinucleotido *m.* 〈生化〉二核苷酸

dioctaedro,-dra *adj.* 双八面体的;有 16 面体的

diodo *m.* 〈电子〉〈理〉二极管
~ de bloqueo 箝位[压]二极管
~ doble 双[孪]二极管
~ emisor de luz 〈无〉〈信〉发光二极管
rectificador de ~ 二极管整流器

dioecia *f.* ①〈植〉雌雄异株;②〈动〉雌雄异体

dioico,-ca *adj.* ①〈植〉雌雄异株的;②〈动〉雌雄异体的

diol *m.* 〈化〉二醇

diolefina *f.* 〈化〉二烯

Dione *m.* 〈天〉土卫四

dionea *f.* 〈植〉捕蝇草

diópsido *m.* 〈矿〉透辉石

dioptasa *f.* 〈矿〉透视石,绿铜矿

dioptómetro *m.* 〈理〉屈光度计

dioptra *f.* ①〈测〉照准标[器,仪];②瞄准孔

dioptría *f.* 〈理〉屈[折]光度
~ prismática 棱镜屈光度

dióptrica *f.* 〈理〉屈光学,折(射)光学

dióptrico,-ca *adj.* 〈理〉①屈[折]光的;②屈[折]光度的;③屈[折]光学的

dioptrio *m.* 〈光〉折(射)光面(层)

dioptrómetro *m.* 〈理〉屈光度计

diorita *f.* 〈地〉闪长石

diortosis *f.inv.* 〈医〉(尤指骨折或脱位的)矫正术

dioscoreáceo,-cea;dioscóreo,-rea *adj.* 〈植〉薯蓣科的 ‖ *f.* ①薯蓣科植物;②*pl.* 薯蓣科

diosma *f. Arg.* 〈植〉单花香叶木

diospiráceo,-cea *adj.* 〈植〉柿科的 ‖ *f.* ①柿科植物;②*pl.* 柿科

diospiral *adj.* 〈植〉柿树目的 ‖ *f.* ①柿树目植物;②*pl.* 柿树目

dióspiro *m.* 〈植〉柿,柿树;美洲柿

diostedé *m. Amér. M.* 〈鸟〉一种攀禽

dioxano *m.* 〈化〉二氧杂环己烷(用作溶剂)

dióxido *m.* 〈化〉二氧化物
~ de azufre 二氧化硫
~ de boro 二氧化硼
~ de carbono 二氧化碳
~ de cloro 二氧化氯
~ de germanio 二氧化锗
~ de manganeso 二氧化锰
~ de nitrógeno 二氧化氮
~ de platino 二氧化铂
~ de selenio 二氧化硒
~ de silicio 二氧化硅
~ de titanio 二氧化钛
~ de uranio 二氧化铀

dioxina *f.* 〈化〉二噁英(一种致癌物)

DIP *abr.ingl.* dual in-line package 〈信〉双列直插式组件

dipeptidasa *f.* 〈化〉二肽酶

dipéptido *m.* 〈化〉二肽,缩二氨酸

dipétalo,-la *adj.* 〈植〉具双(花)瓣的

dípigo,-ga *adj.* 〈医〉双臀畸胎的 ‖ *m.* 双臀畸胎

diplacusis;diploacusia *f.inv.* 〈医〉复听(指同一音频刺激时两耳的音调感受能力有差别)

diplejía *f.* 〈医〉两侧瘫,双瘫
~ espástica 痉挛性双侧瘫痪

dipléurula *f.* 〈动〉对称幼虫

díplex *adj.* 〈讯〉同向双工的 ‖ *m.* ①〈电〉同向双工(制);②〈讯〉双信号同时同向传送

diplobacido *m.* 〈生〉双杆菌

diplobacteria *f.* 〈生〉双细胞菌

diplobástico,-ca *adj.* 〈动〉双胚层的 ‖ *m.* 双胚层(的)动物

diplocardiaco,-ca *adj.* 〈动〉心脏左右部完

全分开的

diploclamídeo,-dea *adj.* 〈植〉双花被的(花)
flor ～a 双花被的

diplococo *m.* 〈生〉双球菌

diplocoria *f.* 〈医〉双瞳(畸形)

diplodoco;**diplodocus** *m.* 梁龙(古爬行动
物,属蜥脚类)

diploe *m.* 〈解〉板障(骨)

diplofase *f.* 〈生〉〈遗〉二[双]倍期

diploide *adj.* ①〈生〉〈遗〉(生物体等)二倍
的;二倍体的;②重的,双的,二倍的 ‖ *m.*
①〈生〉〈遗〉二倍体;②〈晶体〉四面三八面
体

diploidía *f.* 〈遗〉二倍性

diploidización *f.* 〈植〉二倍化

diploidón *m.* ①〈生〉〈遗〉二倍体;②(晶体)
四面三八面体

diploma *m.* ①证书;〈教〉毕业文凭;学位证
书;②执照,特许证;③公文,文书;④奖状

diplomado,-da *adj.* 〈教〉毕业的,得到文凭
的 ‖ *m. f.* ①证书[文凭]持有者;②(大
学)毕业生

diploplépido,-da *adj.* 〈植〉双鳞的

diplón *m.* 〈化〉氘核

diplonema *m.* 〈生〉双线

diplonto *m.* 〈生〉二倍性生物,双倍体

diplopía *f.* 〈医〉复视
～ binocular 双眼(性)复视
～ monocular 单眼(性)复视

diplopiómetro *m.* 〈机〉〈医〉复视检查器

diplópodo,-da *adj.* 〈动〉马陆的,千足(虫)
的 ‖ *m.* ①马陆,千足虫;②*pl.* 马陆纲,千
足虫纲

diplosis *f.* 〈遗〉倍加作用

diplosoma *m.* 〈生〉双点[心,星]体

diplospondilia *f.* 〈解〉双椎体

dípmetro *m.* 〈电子〉栅陷振荡器

diplotena *f.* 〈生〉双线期

diploteno,-na *adj.* 〈生〉双线期的

dipluro,-ra *adj.* 〈昆〉双尾目的 ‖ *m.* ①双
尾目昆虫;②*pl.* 双尾目

dipneo,-nea *adj.* 〈动〉肺鱼的 ‖ *m.* 肺鱼

dipnoo,-noa *adj.* 〈动〉肺鱼的;属肺鱼(亚)
纲的 ‖ *m.* ①肺鱼;②*pl.* 肺鱼亚纲
pez ～ 肺鱼

dipódidos *m. pl.* 〈动〉跳鼠科

dípodo,-da *adj.* 〈动〉二足的

dipolar *adj.* 〈化〉〈理〉两[偶]极(性)的
ión ～ 偶极离子

dipolo *m.* ①〈理〉偶极子;②〈化〉偶极;③见
antena ～
～ eléctrico 〈电子〉电偶极子
～ magnético 磁偶极子

～ molecular 分子偶极
antena ～ 〈电〉偶极天线
momento de ～ 〈电〉偶极矩,磁偶极矩

dipropilo *m.* 〈化〉二丙基

diprotodontos *m. pl.* 〈动〉双门齿目

dipsacáceo,-cea *adj.* 〈植〉川绿断科的 ‖ *f.*
①川绿断科植物;②*pl.* 川绿断科

dipsesis *f.* 〈医〉极度口渴

dipsético,-ca *adj.* 致渴的

dipsofobia *f.* 〈心〉饮酒恐怖;厌恶饮酒

dipsomanía *f.* 〈医〉间发性酒狂

dipsomaníaco,-ca;**dipsómano,-na** 〈医〉间发
性酒狂(患者)

dipsoterapia *f.* 〈医〉限[节]饮疗法

díptero,-ra *adj.* ①有两翼的;②〈昆〉属双翅
目的;双翅的;双翅目昆虫的;③〈建〉四周双
列柱廊式的 ‖ *m.* ①〈建〉两侧有配楼的大
楼;②〈建〉四周双列柱廊式大楼;③〈昆〉双
翅目昆虫;④*pl.* 〈昆〉双翅目

dipterocarpáceo,-cea *adj.* 〈植〉龙脑香科
的;属龙脑香科的 ‖ *f.* ①龙脑香科植物;
②*pl.* 龙脑香科

dipterocárpeo,-pea *adj.* 〈植〉龙脑香科的;
属龙脑香科的

dipterología *f.* 双翅目昆虫学

dipterólogo,-ga *m. f.* 双翅目昆虫学家

dique *m.* ①堤,坝,堰;②船坞,修船所;③
(港口前或海岸外的)防波堤,防浪墙,折流
坝;④障碍(物);防护物[栏],栏板;⑤〈地〉
岩墙[脉]
～ a contrafuertes 支墩坝
～ a gravedad 重力坝
～ a vertedero 溢流坝
～ aligerado 空心坝
～ arbotante 支墩坝
～ de carena(～ seco) 干(船)坞
～ de contención 水库,堰
～ de desvío 分流坝
～ de embarque (供旅客上下、连接飞机与
候机室的)过道桥
～ de flotación(～ flotante) 浮船坞,浮坞
～ de guía 导流(丁)坝
～ de marea 防波堤
～ de presa 围[防水]坝
～ de río 河堤
～ de tierra 土坝
～ longitudinal 顺坝
～ sumergible 溢流[滚水]坝
～ tajamar 围堰
encauzamiento por ～ 排水道,防洪堤

Dir. *abr.* director 见 director

dirección *f.* ①方向;方位;②(行为上的)指
导;③〈电影〉导演(术,手法);④地[住]址;

（信封、包裹等上的）姓名住址；⑤〈信〉地址（信息存储区指示符号）；⑥（公司、医院、教育中心等的）管理，经营；⑦领导（人员），管理人员；管理［领导］层；领导人的职务；⑧（中小学）校长职务；⑨（报纸的）编辑部；（报刊）编辑(工作)；⑩总部；（管理层或领导层的）办公室；⑪（车辆等的）转向机构；⑫〈海〉（船的）操舵装置；⑬〈地〉（矿层、矿脉等的）走向

~ a la derecha/izquierda （汽车等）右/左座驾驶，右/左御式

~ absoluta 〈信〉绝对地址

~ asistida［hidráulica］*Amér. L.*（机动车辆上的）转向助力装置，动力转向

~ bancaria 银行管理

~ base 〈信〉基地址

~ colectiva［colegiada］集体领导

~ comercial （公司）办公地址；商业地址

~ completa 详细地址

~ convencional 约定地址

~ de correo-e 电子邮件地址

~ de escena(~ escénica) 舞台监督

~ de Impuestos [D-] 税务局

~ de orquesta 乐队指挥

~ de reenvío 转发地址

~ de subnet 子网络地址

~ de ventas 销售管理

~ del remitente 回寄地址，寄人地址

~ del tiro 火力［发射］控制

~ del viento 风向

~ derecha/izquierda 右/左侧驾驶

~ directa/indirecta 直/间接地址

~ efectiva 有效地址

~ electrónica 电子邮件地址

~ empresarial 企业管理

~ general （部属的）司，局

~ IP 〈信〉国际协议地址，IP 地址

~ irreversible 单向(行驶)

~ legal 法定地址

~ particular 家庭地址

~ por radar 雷达跟踪

~ por radio 无线电操纵

~ postal 邮政地址

~ relativa 〈信〉相对地址

~ simbólica 〈信〉符号地址

de ~ obligatoria［única] 单向的

de dos ~es 双向的

de tres ~es 三向的

de una sola ~ 单向的

flechas de ~（汽车）方[转]向指示器

ganancia en una ~ 单项收入

sistema de tres ~es 三地址(指令)系统

direccional *adj.* ①方向的；②〈无〉定向的；

③归航的，归来的 ‖ *f. pl. Col., Méx.* （车辆上的）变向[转弯]指示灯，方向灯

indicaciones ~es 归航指令[示]

direccionalidad *f.* 方向性；定向性；指向性

direccionamiento *m.* ①定址；②〈信〉编[寻]址

direccionar *tr.* ①〈信〉编[寻]址(址)；②操作[纵]，控制；使用(机器等)

directa *f.* 〈机〉（车辆的）（排）挡

directiva *f.* ①领导班子[机构]；②（公司等的）董事会；③〈法〉(共同体的)法律；④〈信〉脚本(包括一系列指令，可以由应用程序执行的程序)；⑤*pl.* 指导方针[原则]，准则，标准

~ CGI 〈信〉通用网关接口脚本

~ Perl 〈信〉实用摘录和报告语言脚本

~ bancaria 银行董事会

~ de configuración 〈信〉设置脚本

~s del plan 计划准则

directividad *f.* 方向性；指[定]向性

directivo,-va *adj.* ①管理方面的，经营上的；②有方向性的；〈无〉方[定,指]向的 ‖ *m. f.* ①〈商贸〉经理；执行者，行政官；②领导人[成员]；③（公司等的）董事 ‖ *m.* 指示，命令；(控制译码的)指令[示]

~ ficticio 挂名董事

antena ~a 定向天线

directo,-ta *adj.* ①直的；笔[径]直的；正面[向]的；②（火车、飞机等）直达的；中间不停留的；③现场直播的，实况转播的；④直系的 ‖ *m.* ①〈体〉(拳击赛中的)直[正面]击；②〈体〉(网球赛中的)正手击球；③直达火车

de acción ~a 直接作用[传动]的

de efecto［mando］~ 直接作用的

de enganche ~ 直接连接的

de lectura ~a 直接读数的；直接示值的

en ~ (电台,电视台)现场直播的，实况转播的

director,-ra *adj.* ①管理的，控制的；(能)领[指]导的；②(原则,准则等)指导(性)的；③〈数〉准线的 ‖ *m. f.* ①领导人，负责人；②(中小学的)校长；③编辑；(报刊等的)主编；④(电视、电影等的)导演；⑤(乐队的)指挥；⑥(医院)院长；⑦监狱长；⑧〈商贸〉经理 ‖ *m.* 董事

~ adjunto 助理经理

~ artístico (剧场、芭蕾舞团、歌剧院的)艺术总监

~ de campo 现场经理[主管]

~ de cine 〈电影〉导演

~ de contabilidad 会计主任；主任会计师

~ de departamento （大学）系主任

~ de emisión (广播节目)监制人

~ de empresa 公司(总)经理

~ de escena 舞台监督

~ de estación 站长

~ de exportación 出口部经理

~ de finanzas 财务主任

~ de funeraria 丧葬承办人,殡仪员

~ de ingeniería 工程部经理

~ de interiores (电视台)播音[演播]室导演

~ de orquestas 乐队指挥

~ de sucursal 分部[行,公司]经理

~ del proyecto 项目经理

~ ejecutivo ①执行[常务]董事;②(公司等的)总经理

~ general ①总经理;②局[司]长

~ gerente 总经理

~ lego 外行经理[领导]

~ médico 主任医师

directorial *adj*. 〈商贸〉管理的;主管的

clase ~ 管理层

directorio *m*. ①指导;准绳,规范;②(政党、国家的)领导机构;③(公司等的)董事会;④名录;⑤〈信〉目录;⑥姓名地址录;工商行名录;⑦*Méx*. 见 ~ de teléfono

~ clasificado 分类目录

~ de teléfono(~ telefónico) *Méx*. 电话号码簿

~ de trabajo 〈信〉工作目录

~ ejecutivo 执行董事会

~ en red 〈信〉网络目录

~ industrial 工商企业名录

~ principal[raíz] 〈信〉根目录

directriz *adj*. 见 línea ~ ‖ *f*. ①宗旨;(指导)方针,指示;②准则;指导原则;③〈测〉〈数〉准线

línea ~ 〈测〉〈数〉准线

dirigencia *f*. ①领导;领导地位,领导权;②领导才能;③(总称)领导人员,领导层

dirigibilidad *f*. (可)操纵性;灵活性

dirigible *adj*. 〈海〉〈航空〉可操纵[驾驶]的;可控制的 ‖ *m*. 汽艇,飞船

~ deformable 软式飞艇

~ ligero 软式飞船,小型飞船

~ rígido 硬式飞船[艇]

~ rígido por presión 压力硬式飞船

dirigido,-da *adj*. ①〈军〉(火箭等)制导的;②受控(制)的,受操纵的

~ a distancia 遥控的

economía ~a 统制经济

dirradiar *tr*. 〈理〉发射(光)

disacaridasa *f*. 〈生化〉二[双]糖酶

disacárido *m*. 〈生化〉双[二]糖

disacusia *f*. 〈医〉听音不良

disadrenalismo *m*. 〈医〉肾上腺机能障碍

disafia *f*. 〈医〉触觉障碍[不良]

disámara *f*. 〈植〉双翅果

disanagnosia *f*. 〈医〉诵读困难

disarmónico,-ca *adj*. 〈乐〉无和声的

disartria *f*. 〈医〉构音困难[障碍]

disautonomía *f*. 〈医〉家族性自主神经机能异常

disbasia *f*. 〈医〉步行困难

disbulia *f*. 〈医〉意志障碍

discado *m. And.,Cono S*. (电话)拨号

~ directo 直拨

discal *adj*. ①圆盘的,盘状的;②〈解〉椎间盘的

discante *m*. ①〈乐〉十六弦琴,高音吉他;②音乐会;弦乐演奏会

discapacidad *f*. ①无能力;②残疾,伤残;(生理)缺陷

~ física 身体残疾[伤残]

~ psíquica 心理缺陷;智力缺陷

discapacitado,-da *adj*. ①丧失能力的;②有残疾的 ‖ *m. f*. 有生理缺陷的人;残疾人

~ psíquico (有)智力缺陷者,弱智者

discariosis *f*. 〈生化〉核异常

discatabrosis *f*. 〈医〉咽下困难

discelia *f*. 〈医〉大便困难

discernimiento *m*. 〈法〉授权(某人有资格任职)

discinesia *f*. 〈医〉运动障碍

disciplina *f*. ①(智力、道德等的)训练[导];②纪律,风纪,行为准则;③遵守纪律;④规章制度;⑤学科,科目;课程;⑥〈体〉项目;⑦*Cub*. 〈植〉绿玉树

~ de partido[voto] 党纪

~ del contrato 遵守合同

~ eclesiástica 教规,戒律

~ fiscal 财务纪律;税务纪律

disciplinario,-ria *adj*. (有关)纪律的,执行纪律的,惩戒性的

batallón ~ 〈军〉惩戒营

discisión *f*. 〈医〉切[刺]开

discitis *f. inv*. 〈医〉关节盘炎(尤指椎间盘炎)

discjockey *m. f*. ①(广播或电视台的)流行音乐栏目主持人;DJ ②(迪斯科舞厅放唱片的)唱片员 DJ

disclimácico; disclimax *m* 〈环〉〈生〉偏途顶极群,人为顶极群落

discman *m. ingl*. (播放激光唱片的)随身听

disco *m*. ①〈乐〉唱片;②〈信〉磁盘;③〈体〉铁饼;④〈交〉(铁路)信号机;圆盘路标,圆盘信号;⑤(汽车盘式制动器中的)制动盘;⑥〈讯〉(电话机的)转[拨号]盘;⑦碟状物(尤

指飞碟);⑧(路口的)交通信号灯;⑨〈解〉盘,板,片;⑩〈植〉花盘;⑪〈天〉(日、月的)轮,圆面;⑫〈农〉圆盘耙片

~ CD regrabable 〈信〉再写式光盘

~ compacto[digital] ①激光唱片;②〈信〉光盘(abr. ingl. CD)

~ con cuchillos 圆盘刀

~ de apriete 填密环,垫圈

~ de arranque 〈信〉根盘

~ de distribución 配电[分配]盘

~ de dos caras 双面磁盘

~ de embrague 离合器片[盘]

~ de esmerilar 〈金刚〉砂轮

~ de excéntrica 偏心轮

~ de freno (汽车盘式制动器中的)制动盘

~ de gramófono 唱机唱片

~ de larga duración 慢转[密纹]唱片

~ de lijado 砂轮片

~ de Newton 〈理〉牛顿盘

~ de oro 〈乐〉金唱片(为奖赏音乐家灌制的唱片销售数超过100万张时而设置的奖励,第100万张就称为"金唱片")

~ de parada 圆盘信号机

~ de perforadora (镗)刀盘

~ de plata 银唱片〈给唱片销售超过一定数额的歌手或乐队颁发的奖励)

~ de platino 白金唱片

~ de pulido(~ para pulir)抛光轮

~ de señales (铁路上的)圆盘路标[信号]

~ de talla lateral 侧盘刀

~ deslizado[herniado] 〈医〉椎间盘突出

~ director 涡轮导流器

~ duro[fijo, rígido] 〈信〉硬盘

~ duro extraíble 〈信〉可移动硬盘

~ flexible[floppy] 〈信〉软(磁)盘

~ giratorio de ranuras 截[斩]光盘

~ granuado diferencial 隔[分度]板

~ macizo 实心圆盘

~ magnético 〈信〉磁盘

~ microsurco 密纹[慢转]唱片

~ óptico ①〈信〉光盘;②〈解〉视(乳头)盘,视神经乳头

~ para bruñir el cobre 磨[抛光,擦光]轮

~ pulidor 抛光轮

~ rojo 〈交〉红灯

~ sencillo 单曲唱片

~ verde 〈交〉绿灯

~ volante 飞碟,不明飞行物,未识别飞行物

discoblástula f. 〈动〉盘形囊胚

discocarpo m. 〈植〉盘状囊果

discogástrula f. 〈动〉盘形原肠胚

discografía f. ①唱片(总称);唱片灌制

(术);②唱片集;③(作曲家或演唱家的)录音作品目录;唱片分类目录;唱片资料分类目录

discográfica f. 唱片公司

discográfico,-ca adj. ①唱片的;②唱片分类目录的;录音作品目录的;唱片灌制的

casa ~a 唱片公司

éxito ~ 流行唱片分类目录;最畅销唱片分类目录

discoidal; **discoideo,-dea** adj. ①盘状的;②圆盘的;③〈植〉(菊科植物)有盘心花的;(菊科植物的花)圆盘状的

discoloro,-ra adj. ①两[双]色的;②见 hoja ~a

hoja ~a 〈植〉(正反面)异色叶

discomicosis f. 〈兽医〉放线菌病

disconformidad f. 〈地〉假整合,角度不整合

discontinuidad f. ①不连贯;间[中]断;②〈数〉间断(性),不连续(性);③〈地〉间断面,(地震波速度)突变面;④界面,间界

superficie de ~ 边[临]界层,界面层

discontinuo,-nua adj. ①不连续的;间断的,断续的;不连贯的;②〈数〉(函数,变量)不连续的

distribución ~a 不连续分布

discordancia f. ①不和谐(性),失谐,不一致(性);不调和;②〈信〉不匹配;③〈地〉(地层的)不整合

discordante adj. ①〈乐〉不和谐的;②不协调的;(意见等)不一致的;(声音等)不和谐的;③〈地〉不整合的

discordar intr. ①〈乐〉走调;②(颜色等)不协调;③〈信〉错配

discorde adj. 〈乐〉(声音)不和谐的;(乐器)走调的

discordia f. ①(事物、想法等之间的)不一致,不协调,不和,冲突;②〈法〉(对判决的表决)不够多数

tercero en ~ 仲裁人,公断人

discoria f. 〈医〉瞳孔变形

discrasia f. 〈医〉体液不调;恶液质

~ sanguínea 血质不调

discrásico,-ca; **discrático,-ca** adj. 〈医〉体液不调的;恶液质的

discrasita f. 〈医〉锑银矿

discrea f. 〈医〉肤色变化

discreto,-ta adj. ①(颜色、着装等)素淡的,不显眼的;②中等的,适中[度]的;③〈理〉分离的;④〈数〉离散的;⑤〈数〉稀疏的;⑥〈法〉公正的(用于称呼法官等)

discriminación f. ①辨[鉴]别,区别;②差别对待,歧视

~ comercial 贸易歧视

~ laboral 劳动场所差别对待

～ por edad 年龄差别待遇

～ positiva（在资源或机会的分配中使处于不利地位者得优惠待遇的）积极区别对待,积极差别待遇

～ racial 种族歧视

～ sexual 性别歧视

discriminador,-ra *adj.* ①辨［区］别的；②差［区］别对待的；歧视的 ‖ *m.*〈无〉鉴别［频,相］器

discriminatorio,-ria *adj.* 差［区］别对待的；歧视的

imposición～a 差别征税

discriminante *adj.* ①辨［区］别的；差［区］别对待的；歧视的；②〈数〉判别的 ‖ *m.*〈数〉判别式

discromático,-ca *adj.*〈医〉①改变颜色的；②肤色不好的

discromatopsia *f.*〈医〉色觉障碍

discromatoso,-sa *adj.*〈医〉肤色不均的

discromía *f.*〈医〉皮肤变色

discroya *f.*〈医〉肤色变化

discurrideras *f. pl.*（健全的）头脑；智慧

discus *m. ingl.* ①〈动〉盘,盘域；②〈植〉（花）盘；③〈体〉铁饼；掷铁饼比赛

discusivo,-va *adj.*〈医〉消炎［肿］的

disdiadococinesia *f.*〈医〉更替运动困难

disdipsia *f.*〈医〉（流质）吞咽困难

disdrómetro *m.*〈技〉雨滴测量器

disecable *adj.* ①可以解剖的；可以剖析的；②可以制成标本的

disecación *f.* ①切开；〈医〉解剖；②（动植物）标本制成

disecado,-da *adj.* 制成标本的 ‖ *m.*（动植物）标本制成

disecar *tr.* ①〈医〉解剖（动植物体等）；②把（动植物等）制成标本

disección *f.* ①切开；〈医〉解剖；②（动植物）标本制成；③〈地〉切割

sala de ～ 解剖室

diseccionar *tr.*〈医〉解剖

disecea *f.*〈医〉听觉不良

disector *m.* ①解剖器具；②析像器（具）‖ *m. f.* ①解剖者,解剖学家；②动［植］物标本制作者

～ de imagen〈电子〉析像器

disectrón *m.* 析像管

disematosis *f.*〈医〉①血液循环障碍；②血液变坏

disembrioma *m.*〈医〉畸胎瘤

disembrioplatia *f.*〈医〉胚胎期发育不良

disemesis *f. inv.*〈医〉呕吐困难

disemia *f.*〈医〉①血液循环障碍；②血液变坏

diseminación *f.* ①（思想等的）散布,传播；②（种子等的）撒播；③分［扩］散

～ nuclear 核武器扩散

diseminula *f.*〈植〉传播体

disendocrinia *f.*〈医〉内分泌障碍

disenso *m.* 意见不一致,意见分歧

por mutuo ～〈法〉（双方同意）解除合同或承担的义务

disentería *f.*〈医〉痢疾

～ amebiana 阿米巴（性）痢疾

～ bacilar 菌痢

～ catarral 卡他性痢疾

～ ovina〈兽医〉羊羔痢疾

disentérico,-ca *adj.*〈医〉痢疾的

diarrea ～a 痢疾性腹泻

disenteriforme *adj.* 似痢疾的

diseñador,-ra *m. f.* 设计者［人,员,师］；图案设计员

～ de modas 时［服］装设计师

～ del sistema〈信〉系统设计者

～ gráfico 图案设计者

diseño *m.* ①设计；制图；②图画,素描（画）；③草图；图样［纸］,（设计,平面）图；④〈缝〉（服装）纸样,裁剪样板

～ arquitectónico 建筑设计

～ artístico 艺术设计

～ asistido por ordenador［computadora］〈信〉计算机辅助设计

～ de circuito 电路设计

～ de envoltura 包装设计

～ de interiores ①内部［室内］装饰（术）；②内部［室内］装饰业

～ de la muestra 样本［品］设计

～ de modas 时装设计

～ de páginas〈信〉页面设计

～ de producto 产品设计

～ de sistema〈信〉系统设计

～ de teclado〈信〉键盘设计

～ descendente〈信〉自顶向下（顺序）设计

～ funcional〈信〉功用设计

～ gráfico 图案设计；〈电子〉图解设计

～ industrial 工业（品）设计

～ lógico〈信〉逻辑设计

～ modular〈信〉积木化设计

～ textil 纺织（品）设计

disépalo,-la *adj.*〈植〉具二萼片的

disepimento *m.*〈植〉分室壁；子囊腔壁

disepulótico,-ca *adj.*〈医〉瘢痕形成不良的,纤维化不良的

disergia *f.*〈医〉运动失调

disestesia *f.*〈医〉感觉迟钝

disfagia *f.*〈医〉吞咽［咽下］困难

disfágico,-ca；disfásico,-ca *adj.*〈医〉吞咽

困难的,患吞咽困难的‖ *m. f.* 吞咽困难患者

disfasia *f.* 〈医〉言语困难

disfemia *f.* 〈医〉讷[口]吃

disfonía *f.* 〈医〉发音困难
~ espástica 痉挛性发音困难

disforia *f.* 〈医〉烦躁不安;焦虑

disfrasia *f.* 〈医〉言语困难,难语症

disfraz *m.* ①(化装舞会上用的)化妆服;②〈军〉迷彩服

disfrema *f.* 〈医〉机能障碍[不良]

disfunción;disfuncionalidad *f.* ① 功能故障,失调;②〈医〉机能故障[不良]

disfuncional *adj.* ①功能故障的,失调的;运行不正常的;②〈医〉机能故障[不良]的

disgenesia;disgenesis *f.* 〈医〉①发育不全,畸形;②生殖力障碍,不育〖孕〗

disgenésico,-ca *adj.* 〈医〉①发育不全的,畸形的;②生殖力障碍的,不孕的,不育的

disgénica *f.* 〈生〉①种族退化;②种族退化学,劣生学

disgénico,-ca *adj.* 〈生〉①种族退化的,劣生的;②种族退化学的,劣生学的

disgerminoma *m.* 〈医〉无性细胞瘤

disgeusia *f.* 〈医〉味觉障碍

disgnosia *f.* 〈医〉理解[智力]障碍

disgrafía *f.* 〈医〉(大脑受伤等引起的)书写困难

disgregación *f.* ①解散[体];分开[离];②〈地〉(岩石)崩解;③〈医〉(思想)分散(作用)

disgregador,-ra *adj.* 使分开[离]的;使解体的‖ *m.* 〈机〉绞刀头

disgregativo,-va *adj.* 分离(性)的;分解(性)的

disgusia *f.* 〈医〉味觉障碍

dishematosis;dishemia *f.* 〈医〉造血(机能)不全

dishepatía *f.* 〈医〉肝机能障碍

dishidrosis;disidrosis *f. inv.* 〈医〉①出汗障碍;②(脚掌)汗疱

disidólico,-ca *adj.* 〈理〉生产两个实像的

disilano *m.* 〈化〉乙硅烷

disilicato *m.* 〈化〉二硅酸盐

disimetría *f.* ①不对[均]称;②(镜中映像或双手等的)左右[两面]对称,反向对称

disimétrico,-ca *adj.* ①不对[均]称的;②左右[两面]对称的,反向对称的

disimilación *f.* ①异化;②〈生〉异化作用

disimilar *adj.* 〈生〉(品种)不同的

disinergia *f.* 〈医〉协同工作障碍,协动失调

disinucia *f.* 〈医〉性交不能

disipable *adj.* 易挥发的;易蒸发的

disipación *f.* ①(云雾等)驱[消]散;②〈理〉耗散,散逸;消[损]耗
~ de ánodo[placa] 阳极耗散
~ de energía 能的散逸

disipador *m.* 〈电子〉吸热部件
~ de calor 〈航空〉吸热器

disjunto,-ta *adj.* 分离的,互不连接的;不相关联的

diskette *m.* 〈信〉磁[软]盘

dislalia *f.* 〈医〉构音困难,出语困难

dislálico,-ca *adj.* 〈医〉构音困难的,出语困难的‖ *m. f.* 构音困难者,出语困难患者

dislexia *f.* 〈医〉诵读困难

disléxico,-ca *adj.* 〈医〉诵读困难的‖ *m. f.* 诵读困难患者

dislocación *f.* ①〈医〉脱白[位];②错[转,变]位(晶体等的)位错;③〈地〉断层,断错
~ ascendente 〈地〉上投(地),隆起
~ descendente 〈地〉下落地块;正断层

dislocado,-da *adj.* 〈医〉脱位[白]的

dislogia *f.* 〈医〉①推理障碍;②精神性难语症

dismelia *f.* 〈医〉肢体畸形,肢体发育异常

dismembración *f.* ①(尸体等的)肢解,割开,撕碎;②(国家等的)分裂,解体

dismenia *f.* 〈医〉月经困难

dismenorrea *f.* 〈医〉痛经

dismenorreico,-ca *adj.* 〈医〉痛经的

dismetría *f.* 〈医〉辨距不良

dismimia *f.* 〈医〉表情障碍

disminución *f.* ①(数量、人口等的)减少[小];(价格、质量等的)下降;(速度等的)降低;②〈医〉(伤痛)减弱,(发烧温度)降低;③〈缝〉(针织品针数的)渐渐减少;④〈建〉(墙的)厚度渐减;⑤〈兽医〉一种蹄甲病
~ de gastos 减少[紧缩]开支
~ de peso 短重
~ del capital 资本减缩,减资
~ del precio 减价

disminuido,-da *adj.* ①〈医〉有生理缺陷的,智力低下的;②〈经〉(价值)降低的‖ *m. f.* 〈医〉有生理缺陷的人;智力低下者
~ físico 身体伤残者
~ psíquico 有智力缺陷者,弱智者
~ visual 弱视患者

dismnenia *f.* 〈医〉记忆障碍

dismorfia *f.* 〈医〉身体畸形

dismorfofobia *f.* 〈心〉畸形恐怖

dismutación *f.* 〈化〉歧化(作用)

disnalita *f.* 〈矿〉铌钙钛矿

disnea *f.* 〈医〉呼吸困难
~ expiratoria/inspiratoria 呼/吸气性呼吸困难

~ obstructiva 梗阻性呼吸困难

~ paroximal 阵发性呼吸困难

disneico,-ca *adj.* 〈医〉呼吸困难的；有呼吸困难的 ‖ *m.f.* 呼吸困难患者

disociabilidad *f.* ①可分离性；②〈化〉可离解性

disociable *adj.* ①可分离的；②〈化〉可离解的

disociación *f.* ①分离；脱离(关系)；②〈化〉离解(作用)；电离(作用)；③〈心〉分裂，解体；④〈生〉离异，分离变异

~ catalítica 催化离解

disociado,-da *adj.* 〈心〉分裂的

personalidad ~a 分裂人格

disociador,-ra *adj.* ①使分[脱]离的；②〈化〉使离解的；③〈心〉使分裂的

disódico,-ca *adj.* 〈化〉二钠的；含两个钠原子的

disodilo *m.* 腐泥煤(燃烧时发出难闻气味)

disodontiasis *f. inv.* 〈医〉出牙不良

disogenia *f.* 〈动〉两次性成熟

disolubilidad *f.* ①(可)溶性；溶(解)性；溶(解)度；②可解除(性)；③可解散(性)

disoluble *adj.* ①〈化〉可溶的，可乳化的；②(契约等)可解除的；③可解散的

disolución *f.* ①溶解；融化；②〈化〉溶解(作用)；溶液；③(婚姻关系等)的解除，终止；撤销；④(政党、议会、公司等的)解散；(军队的)遣散；⑤(商贸)(公司等的)停业清理，清[结]算；⑥(修补车胎的)橡胶胶水；⑦松懈(法)

~ ácida 酸溶液

~ acuosa 水溶液

~ concentrada 浓(缩)溶液

~ de contrato 撤销合同

~ de Fehling 费林(氏)溶液(检尿糖用)

~ de goma ①橡胶溶液，胶浆；②(修补橡胶品的)橡胶胶水

~ diluida 稀(释)溶液

~ hipertónica 高渗(性)溶液

~ ideal 理想溶液

~ isosmótica[isotónica] 等渗溶液

~ molar 摩尔溶液

~ saturada 饱和溶液

disolutivo,-va *adj.* 有溶解力的

disolvencia *f.* (电影画面的)叠化术，淡入淡出术

disolvente *adj.* 〈化〉有溶解力的，解凝的 ‖ *m.* 溶剂[媒]；解凝剂

~ anfiprótico 〈化〉两性溶剂

~ del caucho 橡胶解凝剂

~ orgánico 有机溶剂

disoma *f.* 〈医〉二体(双染色体)

disomia *f.* 〈医〉〈遗〉二体性

disómico,-ca *adj.* 〈遗〉二体的

disón *m.* 〈乐〉不谐和音

disonancia *f.* 〈乐〉不谐和；不谐和音

disonante *adj.* 〈乐〉不谐和的

dísono,-na *adj.* 〈乐〉不和谐的

disopia；**disopsia** *f.* 〈医〉视觉障碍

disorexia *f.* 〈医〉食欲障碍；食欲不振

disosmia *f.* 〈医〉嗅觉障碍

disostosis *f. inv.* 〈医〉骨发育障碍，骨发育不全，成骨不全

dispancreatismo *m.* 〈医〉胰腺机能障碍

disparadero *m.* (枪的)扳机，触发器

disparador *m.* ①(枪等的)扳机；②〈摄〉(照相机的)保险扣(照相机的)快门(钮)；③〈技〉(钟表的)擒纵轮[装置]；④〈电子〉触发；触发器[管，电路]；⑤(弩弓的)松紧旋钮；⑥〈海〉(锚架上的)卸锚扣 ‖ *m.f.* 射击者，射击手

~ automático (照相机的)自拍器

~ de bombas 投弹装置

~ de electrones 电子枪

disparatiroidismo *m.* 〈医〉甲状旁腺机能障碍

dispareunia *f.* 〈医〉交媾困难，性交疼痛

~ psicológica 精神性交媾困难

disparo *m.* ①射；发射；射击；射击声；②〈体〉(足球运动的)射门；③〈机〉擒纵[松脱]装置，(机械的)启动件

~ de aviso[advertencia, intimidación] 〈海〉鸣枪警告

~ de salida 开始行动信号

~ inicial (火箭)发火起飞，发射上天

dispensadora *f.* 〈机〉自动发放器

~ de monedas 钱币(兑换)自供器

dispepsia *f.* 〈医〉消化不良

~ intestinal 肠消化不良

dispéptico,-ca *adj.* 〈医〉①消化不良的，由消化不良引起的，引起消化不良的；②患消化不良的 ‖ *m.f.* 消化不良症患者

dispermia *f.* 〈医〉双精受精

dispermo,-ma *adj.* 〈植〉具双种子的

dispersador,-ra *adj.* 〈化〉分散的

dispersancia *f.* 分散力

dispersante *adj.* 〈化〉分散的 ‖ *m.* 分散剂

dispersión *f.* ①分[弥，驱，疏，消]散；②〈军〉击溃；③〈军〉(兵力)分散部署；④散布；⑤〈军〉射弹散布；⑥〈理〉色散；频[弥]散；散射；⑦〈化〉分散质，分散体系；⑧〈统〉离中趋势，离散度，离差

~ atómica 原子弥散

~ de ranuras 隙缝泄露，槽壁间漏磁

~ electródica 电极耗散

~ magnética 磁漏

~ relativa〈理〉相对色散

dispersivo,-va *adj.* ①(趋向)分散的;有分散力的;②〈理〉色散的;频[弥]散的

dispersoide *m.* 〈化〉分散胶体体系;分散(胶)体;分散质

dispersor *m.* ①扩[弥,分,色]散器;② 分[弥]散剂

~ de energía 消能装置,耗散[缓冲]器

displasia *f.* 〈医〉发育异常[不良];(由发育异常形成的)异常结构

~ fibrosa 纤维性结构不良

displástico,-ca *adj.* 〈医〉发育异常的;发育不良的;异常结构的 ‖ *m. f.* 发育异常患者;发育不良患者

dispnea *f.* 〈医〉呼吸困难

disponibilidad *f.* ①利用的可能性,有效性;可支配(性);② *pl.* 〈商贸〉(可动用的)资财;流动资产;③(军人的)后[预]备役;(文职官员的)待职期;后补期

~ de crédito 贷款可供量

~ de recursos 可用的资源

~ inmediata 现金

~es líquidas (可)流动资产

disposición *f.* ①布置[局],配置[备];排[陈]列;安排;②处置[理];处理[支配](权);③〈军〉部署;④命令;〈法〉条款[令];规定

~ de agua de cloacas 污水处理

~ de basuras 废物[垃圾]处理

~ de[sobre] importaciones 进口条例

~es administrativas ①行政命令;②管理条例

~es del contrato 合同条款

~es fiscales 税收条例,税则

~es sobre calidad 质量规定

última ~ 遗嘱

dispositivo *m.* ①〈机〉设备,器(械)装置;工具;②〈信〉设备;(电子)辅助系统;③ *pl.*〈军〉兵力,军队

~ acoplado por carga〈电子〉〈信〉电荷耦合器件

~ apuntador〈信〉定位设备(如鼠标、光笔等)

~ asíncrono〈信〉异步设备

~ de ajuste (齿隙)调整装置

~ de alimentación 送料斗

~ de almacenamiento〈信〉存储设备

~ de arranque 启动装置

~ de autocalibrado 自动校准器

~ de centrado 定(中)心装置

~ de conducción de aviones 导航设备

~ de encendido[ignición] 点火装置

~ de entrada/salida〈信〉(电子辅助)输入/输出系统

~ de guiado 寻的[导航]设备

~ de limpiado 清洁[清理]设备

~ de mando 控制装置

~ de montaje 安装用设备

~ de reposición (铁路)控制设备

~ de reproducción 拷贝[仿形]装置

~ de reproducir 描绘装置[设备]

~ de seguridad 安全[保险]装置[设备],防护装置

~ de sujeción 夹持装置

~ de terrajado 攻丝装置

~ de toma de corriente 集电器

~ de vaciado rápido 投[抛]弃装置,放油装置

~ de zipear〈信〉压缩设备

~ electrónico 电子装置

~ explorador (电视)析像装置

~ intrauterino 宫内避孕器

~ nuclear 核装置

~ periférico〈信〉外围[部]设备

~s de estabilización 稳定装置

~s de regulación 调整装置[机构]

~s de seguridad 治安部队

dispraxia *f.* 〈医〉运用障碍

disprosio *m.* 〈化〉镝

disqueratosis *f.* 〈医〉角化不良

disquesia *f.* 〈医〉排便困难

disqueta; disquete *f. Amér. L.* 〈信〉软盘

~ de alta densidad 高密度软盘

~ de autoarranque 启动软盘

~ magnetoóptico〈信〉光磁软盘

disquetera *f.* 〈信〉磁盘驱动器

~ externa 外置软驱动器

doble ~ 双核软驱动器

disquinesia *f.* 〈医〉运动障碍

~ biliar 胆管机能障碍

disrafia *f.* 〈医〉神经管闭合不全

disritmia *f.* 〈医〉节律障碍

~ cerebral 脑节律障碍(脑电波节律障碍)

disrupción *f.* ①分[破]裂,破坏(作用),瓦解;②〈电〉电路中断;击穿

disruptivo,-va *adj.* ①分[破]裂(性)的,破坏(性)的;②〈电〉击穿的

descarga ~〈电〉击穿[火花]放电

disruptor *m.* 〈电〉断路器

distal *adj.* ①〈解〉末梢[端]的;②〈医〉(牙齿)远侧[中]的;③〈植〉远基[轴]的

distancia *f.* ①距离,间距;②(时间的)间隔;久远;相隔长远的时隔;③〈理〉〈数〉距离

~ angular〈海〉角距(离)

~ cenital〈航天〉天顶距

~ de despegue〈航空〉起飞(跑道)距离

~ de detención 停车距离

~ de frenado 停车滑行距离

~ de implantación（留）间隔[距]

~ de seguridad（车辆的）安全距离

~ disruptiva 火花隙

~ entre apoyos 墩[支点]距

~ entre cuernos 角隙,角形火花隙

~ entre ejes 轴[轮]距

~ entre polos 极间隔;〈磁〉极距

~ entre puntas 中心间距

~ explosiva de las chispas 火[电]花隙

~ euclídea 欧几里得距离

~ focal〈理〉焦距

~ generacional 代沟(尤指青少年与其父母在情趣、抱负、社会准则以及观点等方面存在的差距)

~ interpolar（磁）极距,极间隔

~ media de transporte 平均运程[距]

~ polar〈天〉极距

~ recorrida 路[行]程

mando a ~ 遥控器

medida[medir] a ~ 遥测,远距离测量

lectura de la ~ 距离跟踪

Universidad a ~ 远程(开放)大学(成人函授大学)

distanciador,-ra adj.（使)有距离的

efecto ~〈戏〉间离效果(指演员与角色、观众与剧情要保持一定距离)

distanciamiento m.①间[分]隔;②隔离;③距离;差距;④〈戏〉间离效果

~ generacional 代沟(尤指青少年与其父母在情趣、抱负、社会准则以及观点等方面存在的差距)

distanciometría f. 测距术[法];远距离测量术

distanciométrico,-ca adj. 远距离测量的

distanciómetro m. 测距[远]仪,测远计

distasia f.〈医〉起[站]立困难

distelagia f.〈医〉哺乳不能

distena f.〈地〉〈矿〉蓝晶石

distensibilidad f.①膨胀性;②扩张(度,作用)

distensible adj.①可膨胀的;可扩张的;②〈医〉会[可]肿胀的

distensión f.①轻[放]松;②〈医〉(过劳引起的)损伤,劳损,扭伤;③膨[肿]胀(状态);扩张

~ muscular 肌肉劳损

distermia f.〈医〉体温障碍

distesia f.〈医〉(病人的)烦躁

dístico,-ca adj.①〈植〉两列的;②〈动〉二分

的,分成两部分的

antena ~a〈昆〉端栉触角

distimia f.〈医〉①精神抑郁(症),情绪恶劣;②胸腺机能障碍

distiquiasis f.〈医〉睫毛重生,双睫毛

distobucal adj.〈解〉(牙)远中颊的

distocia f.〈医〉难产

~ fetal 胎原性难产

distócico,-ca adj.〈医〉难产的;有关难产的

distocología f.〈医〉难产学

distocológico,-ca adj.〈医〉难产学的

distolingual adj.〈解〉(牙或口腔)远中舌的

distomatosis f. inv.〈医〉肝吸虫病

distomiasis f. inv.〈兽医〉(动物的)肝吸虫病

distomo,-ma adj.〈动〉二口的‖ m. 双盘吸虫

distomogénesis f. inv.〈医〉双盘吸虫病

distonía f.〈医〉张力失常

distopia f.〈医〉异[错]位

distópico,-ca adj.〈医〉异[错]位的

distorsión f.①〈理〉(声音,图像等的)失真,畸变;②扭歪;变形;③〈医〉扭伤

~ armónica 谐波失真

~ de amplitud 振幅畸变[失真]

~ de campo 场畸变,磁场失真

~ de exploración 扫描(图像)畸变[失真]

~ de fase 相位畸变,相变

~ de imagen 图像失真

~ de intermodulación 互调失真

~ no lineal 非线性失真

~ oblicua 歪斜失真

distraibidad f.〈医〉注意力经常分散

distribución f.①分发[送];②〈经〉分配;③(商品等的)销售,推销;推销业;分销行业;④(影片等的)发行;⑤分配[配给]物;⑥(演员的)角色分配;⑦〈统〉(频率或频数的)分布[配];⑧〈经〉分配;分布;⑨〈建〉楼层平面图,楼面布置图;(楼房等的)布局,分布;⑩〈技〉(汽车等的)分配装置[系统];配给[置];⑪〈机〉(速度等的)调整排挡;配合装置;⑫〈印〉拆板;⑬〈数〉概率[广义]函数;概率密度函数

~ asimétrica〈统〉非对称分布

~ beta 贝塔(β)分布

~ bimodal〈统〉双峰分布

~ binómica 二项式天线阵

~ binominal〈数〉二项分布

~ comercial 商业分[经]销

~ continua〈统〉连续分布

~ cronológica 时间分布

~ de amplitud 振幅分布

~ de beneficios 利润分配

~ de energía 供电

~ de frecuencias ①〈统〉频[次]数分布；②频率分配

~ de Gauss 〈统〉高斯分布，正态分布

~ de Poisson 〈统〉泊松分布

~ de probabilidad 〈数〉〈统〉概率分布

~ de recursos ①资源分布；②资源分配

~ directa 直接分配

~ exclusiva 独家经销

~ multimodal 〈统〉多峰分布

~ normal 〈统〉正态分布

~ ponderada 加权分配

~ por sexos 性别分布

~ simétrica 〈统〉对称分布

~ sinusoidal 正弦曲线分布

~ trifilar 〈电〉三线制

~ unimodal 〈统〉单峰分布

subestación de ~ 配电变电所

tablero de ~ 配电板

distribuidor,-ra *adj.* ①分发[配，送]的；②〈商贸〉销售的 ‖ *m. f.* ①分发[配，送]者；②(产品等的)销售者；商人；零售[经销]商；③(邮局的)拣信员 ‖ *m.* ①(投币)自动售货机；②(内燃机中的)配电器；〈电〉分配器，配电盘；③*Amér. L.* 高速公路出口；④〈印〉自动拆版机；⑤〈机〉滑阀，阀(门) ‖ ~**a** *f.* ①〈电影〉发行公司；②撒[施]肥机；③批发公司

~ automático (投币)自动售货[票]机

~ en D D形滑阀

~ exclusivo 独家经销商

~ rotatorio 回转阀

~a de abonos 撒[施]肥机

canal ~ ①(河道)支流；②分流配水沟

casa ~a 批发公司

recubrimiento de ~ 阀门盖，横向滑板

red ~a 销售网(络)

distrix *m.* 〈医〉细软(的)头发

distrofia *f.* 〈医〉①营养不良；②营养障碍

~ muscular 肌营养不良

distrófico,-ca *adj.* 〈医〉①(似)营养不良的；(似)营养障碍的；营养不良引起的；②患营养障碍[不良]的

disturbado,-da *adj.* 〈心〉〈医〉心理不正常的，有精神病的

disturbio *m.* ①扰乱，打[滋]扰；骚[暴]乱；②〈技〉扰动；③〈地〉干扰

~ aerodinámico 〈航空〉洗流，(螺旋桨引起的)滑流；螺桨尾流

~s atmosféricos 大气干扰

disuasión *f.* 〈军〉威慑

~ nuclear 核威慑

fuerza[poder] de ~ 威慑力量

disuasivo,-va *adj.* 〈军〉威慑的 ‖ *m.* 威慑力量[因素]

disuasorio,-ria *adj.* 〈军〉威慑的

fuerza[poder] de ~ 威慑力量

disubstitución *f.* 〈化〉双[二基]取代(作用)

disubstituido,-da *adj.* 〈化〉双取代的，二基取代了的

disuelto,-ta *adj.* ①溶解的；②解散的

gas ~ 溶解气(指溶于石油中的天然气)

oxígeno ~ 溶解氧

disulfanato *m.* 〈化〉二硫盐酸

disulfato *m.* 〈化〉①含两个硫酸根的化合物；②焦硫酸盐；③硫酸氢盐，酸式硫酸盐

disulfiram *m.* 〈药〉戒酒硫(用以治疗慢性酒精中毒)

disulfuro *m.* 〈化〉二硫化物

~ de carbono 二硫化碳

~ de estaño 二硫化锡

disulone *f.* 〈药〉氨苯砜(抗麻风药)

disurexia *f.* *disuria* *f.* 〈医〉①排尿困难；②排尿疼痛

disúrico,-ca *adj.* 〈医〉①排尿困难的；②排尿疼痛的

disyunción *f.* ①分离[裂]，断[隔]离；脱节；②(应在一起的两个词)被隔开；③〈逻〉(复合命题的)析取；析取命题；选言命题；④〈数〉分离；不相交

disyunta *f.* 〈乐〉转[换]调

disyuntivo,-va *adj.* ①(造成)分离[裂]的；②〈逻〉析取的，选言的

disyunto,-ta *adj.* ①分离[开]的，隔开的；②〈数〉不相交的，分离的

disyuntor *m.* 〈电〉断路器，断路开关；②〈生〉(真菌)孢间连体

~ automático 自动断路器，自动(断路)开关

~ de antena 天线断路器

~ de máxima 超载(断路)开关，超载电路保护器

~ de mínima 欠载(断路)开关，欠载电路保护器

~ en aceite 油(断路)开关，油断路器

ditá *f.* 〈植〉(菲律宾产的)鸭脚树

ditaína *f.* 〈化〉鸭脚树皮碱

diterpeno *m.* 〈化〉二[双]萜

ditionato *m.* 〈化〉连二硫酸盐

ditoco,-ca *adj.* 〈动〉双产的

ditono *m.* 〈乐〉三大度

DIU *abr.* dispositivo intrauterino 宫内避孕器

diucón *m.* *Chil.* 〈鸟〉燕雀

diuresis *f. inv.* 〈医〉多尿；利尿

diurético,-ca *adj.* 〈药〉〈医〉利尿的 ‖ *m.* 利

尿剂

diuretina *f.* 〈化〉可可碱，水杨酸钠

diurno,-na *adj.* ①白天[昼]的，日间的；②一天的；③〈动〉日间活动的，昼行性的；④〈植〉(花)昼开夜闭的；(花)仅开一天的；⑤〈天〉周日的

　　animal ～ 昼行性动物

　　arco ～ 周日弧

　　ciclo ～ 昼夜循环，(每)日循环

　　círculo ～ 日差变化，星体日晷圆

　　movimiento ～ 周日运动

　　variación ～a（周)日变，日变程，昼夜[太阳日]变化

diurón *m.* 〈化〉敌草隆(一种剧毒性除草剂)

divalencia *f.* 〈化〉二价

divalente *adj.* 〈化〉二价的

divaricado,-da *adj.* ①分叉[叉开]的；②〈生〉叉开的，(翅膀等)展开的 ‖ *m.* 〈动〉开壳肌

divergencia *f.* ①分叉，岔开；②发[分]散；③背[偏]离；④〈电子〉发散；⑤〈数〉散度，发散(性)；⑥〈气〉辐射；散度；⑦〈生〉趋异；⑧〈心〉分离[散]

　　～ de caracteres 〈生〉性状差异

divergente *adj.* ①分叉的，叉开的；②有分歧的，不同的；③背[偏]离的；④发[分]散的；〈数〉(级数)发散的；⑤〈生〉叉开的；展开的

　　lente ～ 发散透镜

diversidad *f.* ①差异，差异性，不同点；②多样性；③分散(性)

　　～ biológica 生物多样性

　　～ cultural 文化多样性

　　～ de producción 生产多样性

　　recepción en ～ 分散接收

diversificación *f.* ①多样化，不同；②〈经〉多种经营

　　～ geográfica 地区多样化；地区多种经营

diversificado,-da *adj.* ①多种形式的，多种多样的；②有多种成分的；③〈经〉多种(经营)的，多样化的；④出产多种产品的

　　ciclo ～ *Venez.* 高中教育(阶段)

diversificador,-ra *adj.* ①使多样化的；②〈经〉(从事)多种经营的

diversificar *tr.* ①使不同，使多样化；②〈经〉经营多样化；增加(产品)品种 ‖ *intr.* ①多样化；②〈经〉从事多种经营

diversifífloro,-ra *adj.* 〈植〉有不同色花朵的

diversifoliado,-da *adj.* 〈植〉有不同形状叶子的

diversión *f.* 〈军〉牵制；佯攻

diversispóreo,-rea *adj.* 〈植〉生出不同形状叶子的

diversivo,-va *adj.* ①娱乐的，消遣的；②〈医〉诱导的；③〈军〉牵制的 ‖ *m.* 〈医〉诱导剂

diverticular *adj.* 〈解〉憩室的，膨部的

　　enfermedad ～ 憩室病

diverticulectomía *f.* 〈医〉憩室切除术

diverticulitis *f.inv.* 〈医〉憩室炎

diverticulización *f.* 〈医〉憩室形成

divertículo *m.* 〈解〉憩室，膨部，支囊

diverticuloma *m.* 〈医〉憩室瘤

diverticulosis *f.inv.* 〈医〉(肠)憩室病

　　～ del colon 结肠憩室病

divertimento *m.* 〈乐〉嬉游曲

divertimiento *m.* ①〈军〉牵制；佯攻；②〈乐〉嬉游曲

dividendo *m.* ①〈数〉被除数；②〈经〉红利，股息[利]

divididi *m.* 〈植〉鞣料云实；鞣料云实夹

dividir *tr.* ①分，划分；分割[开，切]；②〈数〉除；③分配(利润等)；分担(费用等)；分享(奖金等)；④使产生分歧；使分裂；⑤分[隔]开 ‖ *intr.* 〈数〉做除法

　　compás de ～ 两脚规，分(线)规

　　regla de ～ 游尺

dividuo,-dua *adj.* 〈法〉可分的，可分割的

divieso *m.* 〈医〉疖

divisibilidad *f.* ①可分(性)；②〈数〉可除(性)

divisible *adj.* ①可分的，可分割的；②〈数〉可除(尽)的

　　crédito ～ 可分割信用证

división *f.* ①分，划分；分裂；②〈数〉除法；③〈生〉部(分类的单位)；④分[隔]开；隔开线；分界线；间隔(物)；⑤〈商贸〉部门；(利润等的)分配；(费用等的)分担[摊]；⑥〈逻〉分类；⑦〈体〉(体育运动中的)级；⑧〈军〉(陆军，空军的)师；(海军的)舰艇分队，航空兵分队；⑨(行政，军事等的)区；⑩〈印〉移行连字符

　　～ acorazada[blindada] 装甲师

　　～ administrativa 行政区

　　～ celular 〈生〉细胞分裂

　　～ de Cassini 〈天〉(土星的光环 A 和光环 B 之间黑的)卡西尼环缝

　　～ de honor 〈体〉(足球运动等的)甲级队

　　～ de ingreso 收入分配

　　～ de opiniones 意见分歧

　　～ de oro 黄金切割

　　～ del mercado ①市场分割；②市场分区

　　～ del tiempo 时间分割

　　～ del trabajo 分工

　　～ internacional 国际分工

　　～ motorizada[móvil] 机械师，摩托师

　　～ territorial ①区域划分；②区域

primera/segunda ～〈体〉甲/乙级〈队〉

divisional *adj*. ①分开[隔]的；②部门的；③
部分的，零散的；④〈军〉师的；⑤〈数〉除法
的

divisionismo *m*. ①点彩派，分色主义（19 世
纪末从法国印象派发展而来，新印象画派）；
②点彩画派；分色画派；③分裂主义

divisionista *adj*. ①点彩派画家的；点彩派
的；点彩法的；②分裂主义（者）的 ‖ *m. f.*
①点彩派画家；分色主义画家；②分裂主义
者

divisor,-ra *adj*. ①（线、板、墙等）起划分[区
分，分隔]作用的；②〈数〉除[因]数的 ‖ *m*.
①〈数〉除[因]数；因子；②分配[隔，划，切]
器；③间隔物，隔板
～ de décadas 十（进）位除法器
～ de fase 分相器
～ de frecuencia 分频器[管]
～ de fuerza 功率分配器，分功率器
～ de tensión[voltaje] 分压器
circuito ～ 分频网络
común ～ 公约数
línea ～a 分界线

divisoria *f*. ①分界线；②〈地〉分水岭[线]
～ continental 大陆分水岭
～ de las aguas 分水岭[线]
～ de las aguas freáticas 地下水分水岭

divisorio,-ria *adj*. （线等）起划分[分隔]作
用的
línea ～a de las aguas 分水岭

divo,-va *m. f.* ①〈电影〉〈戏〉明星；②〈音乐
会的）首席女歌手；（歌剧中的）女主角演员

divulsión *f*. 〈医〉扯裂；撕[切]开（法）；扩张
（幽门、子宫颈等）

divulsor *m*. 〈医〉①扯裂器；扩张器；②尿道
扩张器

diyoduro *m*. 〈化〉二碘化物
～ de platino 碘化铂

Dl. *abr*. decalitro 十升

dl *abr*. decilitro 分升

DLL *abr. ingl.* dynamic linked library
〈信〉动态链接库

Dls；dls *abr. Amér. L.* dólares 美元

Dm *abr*. ①decimal 小数，十进小数；②de-
cámetro 十米

dm *abr*. decímetro 分米

DMA *abr. ingl.* direct memory access
〈信〉直接存储器存取

dmg *abr*. diezmiligramo 丝克

DMI *abr. ingl.* desktop management interface 〈信〉桌面管理接口

dml *abr*. diezmililitro 丝升

dmm *abr*. diezmilímetro 丝米

DMT *abr*. dimetiltriptamina 〈化〉二甲基色
胺

DNA *abr. ingl.* deoxyribonucleic acid 〈生
化〉脱氧核糖核酸
～ complementario 互补 DNA
～ mitocondrial 线粒体 DNA
～ polimerasa 聚合酶 DNA
～ recombinante 〈遗〉重组 DNA
～ satélite 随体 DNA，卫星 DNA

DNI *abr. Esp.* documento nacional de
identidad 身份证

do *m*. 〈乐〉①固定唱法时之 C 音；C 大调音
阶中的第一音[音符]；②首调唱法时任何大
音阶之第一音；首调唱法时任何小音阶之第
三音
～ de pecho （男高音的）最高音
～ mayor C 大调

dóberman *m*. 〈动〉杜宾犬（一种德国种短毛
猎犬）

dobladillo *m*. ①（衣服的）贴[褶]边，褶缝；
（裤脚的）翻边；②织袜线

doblado,-da *adj*. ①（信、布料等）折叠的；对
折的；（衣物等）折好的；②弯曲的，弄弯的；
③〈电影〉配音的；译制的；④（土地）高低不
平的，崎岖的 ‖ *m*. （在呢绒上切标记用的）
打印具
～ de palabra 〈信〉字词绕回

doblador,-ra *m. f.* 〈电影〉配音演员；译制员
‖ *m*. 二倍[加倍，倍增]器 ‖ ～a *f.* ①
〈机〉折叠[弯曲]机；②〈印〉折页机
～ de frecuencia 〈电子〉倍频器
～ de tensión 〈电子〉倍压器
～a de barras 弯条机，钢筋弯折机
～a de carriles 钢轨弯曲机

doblaje *m*. 〈电影〉（影片）译制；配音

doble *adj*. ①两[加]倍的；②（在大小、程度、
数量等方面两）双的，双料的；③供两人用，
双人的；④成双的，重复的；⑤（门窗、布料
等）厚的，结实的，双层的；⑥（绳索）特强固
的，特强劲的；⑦（国籍、控制等）双重的；⑧
〈植〉〈花〉重瓣的 ‖ *m. f.* 〈电影〉替身演员
‖ *m*. ①两[加]倍，双倍[份]；②复印件，副
[抄]本；复制品；③〈缝〉褶，裥；④〈印〉重叠
印（印刷故障）；⑤〈海〉索结；⑥（桥牌等牌
戏中的）加倍，能叫加倍的好牌；⑦ *pl.*
〈体〉（网球等运动中的）双打；（篮球运动中
的）两次球；⑧折叠；⑨（砖瓦等的）加层，第
二层；⑩（短期的）证券买进卖出；（证券买进
卖出所得的或所付的）利息款项；（因期货
交易延缓而支付的）款项；期货交易
～ acreedor 双重债权人
～ acristalamiento[cristal] *Esp.* （窗等
的）双层玻璃，双层玻璃的配置
～ agente 双重间谍

~ barba 双下巴
~ clic〈信〉(以鼠标)双击
~ contabilidad 复式(分录)会计,复式簿记
~ crema *Méx*. 高脂厚奶油
~ de castigo (桥牌等牌戏中的)惩罚性加倍
~ encendido 双重[塞]点火(装置)
~ escuadra 丁字尺
~ espacio 隔行打字,空一行打字
~ especial〈电影〉(拍惊险镜头的)特技替身演员
~ falta (篮球、网球等运动的)两次发球失误,双误
~ fondo (箱子、抽屉等隐藏秘密夹层的)假底板,活底
~ garantía 双重担保
~ helicoidal 矢尾形接合,交叉缝式
~ imposición[tribución] 双重课税
~ indemnización 加[双]倍赔偿
~ mando 复式控制
~ nacionalidad 双重国籍
~ patrón 复本位制
~ personalidad〈心〉〈医〉双重人格
~ precio para el oro 黄金双价
~ refracción〈理〉双折射
~ tarifa 双重税率
~ tipo 双重汇率
~ toma 双联开关
~ tracción 四轮驱动
~ turno 两班工作,两班制
~ vía 双线线路
~ visión〈医〉复视
~ pared 双层(墙)壁
~s (de) caballeros(~s masculinos)〈体〉(网球等运动的)男子双打
~s (de) damas(~s femeninos)〈体〉(网球等运动的)女子双打
~s mixtos〈体〉(网球等运动的)(男女)混合双打
con ~ fila de bolas 复式滚珠座圈,双排(滚珠)滚道
con ~ finalidad 两用的
de ~ cara ①(纸张,镜子等)双面的;②(衣服)正反可穿的
de ~ efecto 双动式的,复动的,双作用的
de ~ sentido 双行(道)的;双关(语)的
impresión a cara ~ 双面打印
lente ~ 双合[二重]透镜,双透镜物镜
partida ~ 复式簿记
partido de ~s〈体〉(网球等运动的)双打比赛
viga de alma ~ 双腹板桁梁

doblegadura *f*. 弯曲处,折弯处
doblegamiento *m*. 弯曲,折弯
dobles *m. pl*.〈体〉(网球运动的)双打比赛
doblescudo *m*.〈植〉双花芥
doblete *m*. ①〈戏〉替身;(一剧中)兼演两角;②〈化〉电子对;③〈理〉双合透镜;(光谱)双重线;④〈天〉极偶天线;⑤(短时期内取得的)双成就,双胜利;⑥复制品,副本;成对(物)
dobletroque *m.Col*. 大载重卡车
doblez *m*. ①〈缝〉褶,裥;②褶痕;折缝
doblista *m. f*.〈体〉双打运动员
doc. *abr*. ①docena 一打;②documento 文件
doca *f.Chil*.〈植〉智利日中花
doceavo,-va *adj*. 十二分之一的 ‖ *m*. ①十二分之一;②见 en ~
en ~〈印〉十二开(本)
docena *f*. 一打;〈数〉十二个
docencia *f*.〈教〉(大中学校的)教学(活动)
docimasia；docimástica *f*. ①〈化〉矿石分析;验金法;②〈医〉胎儿的死因检查(将死婴之肺置于水中,视其浮沉以鉴定其是否死产);③检查鉴定;法定检验
docimásico,-ca *adj*. ①〈化〉矿石分析的;验矿法的;②〈医〉胎儿死因检查的
docimasista *m*. ①〈化〉矿石分析员;验矿员;②贵重金属鉴定者
docimasología *f*.〈医〉(产科)检验学科
docimasológico,-ca *adj*.〈医〉(产科)检验学科的
docimástica,-ca *adj*. 检验的;(检查)鉴定的,法定检验的
docimología *f*. 考试学
docodontos *m. pl*. 柱齿目(古生物学用语)
doctitud *f*. 博学
doctor,-ra *m. f*. ①〈医〉医生,大夫;②〈教〉博士;名誉博士
doctorado *m*.〈教〉①博士学位;②博士学位必修课程
doctoramiento *m*.〈教〉授予博士学位;获得博士学位
doctorando,-da *m. f*.〈教〉博士生
docudrama *m*. ①文献电视电影片;②(电台的)纪实性的报导
documentación *f*. ①文件证据的提供[使用,备办];②对各种来源的信息[资料]的研究;③(总称)文[证]件;(提供或使用的)文件证据,文献资料;④〈商贸〉单证;⑤(计算机等辅助的)文献编制,文件编集
~ aduanera 海关单证
~ de montaje 安装说明书
~ del barco (记载船舶的国籍、船东、船

员、装备及船货等资料的）船舶证件

documental *m*. ①〈电影〉纪录片；纪实性影片；②（广播、电视等的）节目；③纪实小说

documentalismo *m*. 编写文书技巧

documentalista *m*. *f*. ①（电视台）纪实节目制作人；②纪实小说作者；③（图书馆）文献资料工作者；档案文献学家

documentario,-ria *adj*. ①文件［献］的；来源于文件［献］的；由文件［献］组成的；②〈商贸〉附单据的，跟单的
crédito ～ 跟单信用证
letra ～a 跟单汇票

documento *m*. ①公文，文件［献］；②证件；③〈商贸〉单［票］据
～ avalado 通融票据，欠单
～ comercial 商业票据
～ constitutivo （公司等的）注册证书；营业执照
～ de antecedentes ①履历证书，履历；②背景资料
～ de cambio 汇票
～ de identidad 身份证
～ de propiedad 产权证；地［房］契
～ de título ①证书；②契据；产［所有］权证
～ de viaje 旅行证件
～ escrito a mano 手写文件，手写文书
～ fuente 原始凭证
～ justificativo 收据，凭单
～ nacional de identidad *Esp*. 身份证
～ oficial 官方文件，公文
～s de carga/descarga 装/卸货单据
～s de seguro 保险单据
～s del coche 汽车驾驶证
～s justificantes 证明文件
～s justificativos 权威性文件
～s legales 法律文件；诉讼文书
～s reservados 机密文件；留存文件

documentología *f*. （有关历史的）文献学；（有关技术的）资料研究

dodecadactilitis *f*. 〈医〉十二指肠炎

dodecaédrico,-ca *adj*. 〈数〉十二面体的

dodecaedro *m*. 〈数〉十二面体
～ regular （晶形）五角十二面体

dodecafonía *f*.；**dodecafonismo** *m*. 〈乐〉十二音体系

dodecafónico,-ca *adj*. 〈乐〉十二音（体系）的

dodecágono,-na *adj*. 〈数〉十二角［边］形的 ‖ *m*. 十二边［角］形

dodecandro,-dra *adj*. 〈植〉（花）有十二雄蕊的

dodecano *m*. 〈化〉十二烷

dodecapétalo,-la *adj*. 〈植〉有十二花瓣的

dodo；**dodó** *m*. 〈鸟〉①（产于毛里求斯现已绝种的）渡渡鸟，孤鸽；②（产于留尼汪岛现已绝种的）类渡渡鸟，留尼汪孤鸽

dogma *m*. ①教义［理］，信条；②教条；③原理，宗旨
～ central 〈生〉中心法则（分子遗传学上的一个基本规律）

dogo *m*. ①斗牛獒犬（斗牛犬与獒犬的杂交种）；②斗牛狗
～ alemán 大丹犬

doile *m*. 铆钉托［模］，铆接用具

dol *abr*. dolce〈乐〉甜美温柔的

dol *m*. 〈医〉痛单位

dolabriforme *adj*. 〈生〉斧形的

doladera *adj*. 见 segur ～ ‖ *f*. 阔斧；（制桶匠的）斧子
segur ～ （制桶匠的）斧子

dolador *m*. 〈建〉①木匠；②石匠；③凿子

dolaje *m*. 木桶吸耗的酒量

dolarenita *f*. 〈地〉〈矿〉碎石结构的白云岩

dolby *m*. 〈电子〉道尔贝降噪系统，杜比系统

dolce *adj*. *ital*. 〈乐〉甜美温柔的

dolerita *f*. 〈矿〉①粒玄岩，粗（结晶）玄（武）岩；②辉绿岩；③深色火成岩

dolerofanita *f*. 〈矿〉褐铜矾

dolicocefalia *f*. 〈解〉长头（头的指数在 75 以下）；长颅（头盖骨指数在 75 以下）

dolicocéfalo,-la *adj*. 〈解〉长头的；长颅的 ‖ *m*. *f*. 长头人

dolicócero,-ra *adj*. 〈动〉长触角的

dolicocolon *m*. 〈解〉长结肠

dolicogastria *f*. 〈解〉长胃

dolicopódidos *m*. *pl*. 〈昆〉长足虻科

dolicosauro *m*. 〈生〉伸龙

dolina *f*. 〈地〉（洞穴底下沉形成的）漏斗状岩洞；落水洞，斗淋

dolmón *m*. （顶部对开的）运输大车

dolo *m*. ①隐瞒，诈欺［骗］；②〈法〉蓄意犯罪
～ bueno 〈法〉防备
～ malo 〈法〉预谋

dolly *m*. *ingl*. 移动摄影［像］车，滑动台架

dolobre *m*. 〈建〉（石匠使用的）碎石［丁字］锤

dolomía；**dolomita** *f*. 〈矿〉①白云石；②白云（灰）岩，白云质大理岩
～ ferruginosa 铁白云石

dolomítico,-ca *adj*. 含白云石的；白云质的
cal ～ 白云质石灰，镁石灰

dolomización *f*. 白云石化（作用）

dolor *m*. ①（身体某部位的）痛，疼痛；②痛苦，悲伤［痛］；悔憾
～ agudo(～ de viuda［viudo］) 剧痛
～ ardiente 灼［烧］痛
～ cólico 绞痛
～ cutáneo 皮肤疼痛

~ de cabeza 头痛

~ de costado 肋部痛

~ de espalda 背痛

~ de estómago 胃痛

~ de muelas(~ dentario) 牙痛

~ de oídos 耳痛

~ de parto 分娩阵痛

~ fulgurante 闪[射]痛

~ latente[sordo] 隐痛

~ nefrítico 肾结石痛

~es de entuerto 产后痛

~es de tripas ①肚子痛;②厌恶,讨厌,作呕

parto sin ~ 无痛分娩

dolorido,-da *adj.* 〈医〉痛的,感到疼痛的

dolorímetro *m.* 测痛仪

doloroso,-sa *adj.* 〈医〉痛的,疼痛的

DOM *abr.* dimetoximetilanfetamina 〈化〉二甲氧甲苯丙胺(致幻觉毒品 STP 的化学名称)

doma; **domadura** *f.* ①驯马;②驯化(野兽等),驯养

domable *adj.* 能驯养的,可驯服的

domador,-ra *m.f.* 驯养人,驯兽师

~ de caballos 驯马师

domatofobia *f.* 〈心〉居室恐怖

dombo *m.* 〈建〉穹[圆屋]顶

demeikita; **domeiquita** *f.* 〈矿〉砷铜矿

domesticable *adj.* ①(动物)可驯养的,可驯化的;②(植物)可顺化的

domesticación *f.* 〈生〉驯化[养]

doméstico,-ca *adj.* ①家的,家庭[务]的;家用的;②(市场、航班等)本国的,国内的;③家养的,驯养的

artículos de uso ~ 家庭用品

economía ~a 家庭经济

mercado ~ 国内市场

domestiquez; **domestiqueza** *f.* 〈军〉驯化[服]

domiciliario,-ria *adj.* ①住所[址]的;户籍的;②家中进行[提供]的,上门服务的

arresto ~ (本宅)软禁

asistencia ~a 家政服务;上门医疗看护

venta ~a 上门推销

domicilio *m.* ①住处[所,宅];②地址;法定住所;原籍;③付款地点

~ fiscal 〈商贸〉税居地

~ social 〈商贸〉总部[公司]注册办公所在地

dominación *f.* ①支配,统治,主宰,控制;优势;②〈军〉制高点;③〈体〉(单杠)引体向上

dominancia *f.* ①统治[支配]地位;优势;②〈生〉〈遗〉显性;优势

~ cerebral 〈医〉大脑(半球)优势化

dominante *adj.* ①统治的;支配的;②(风、意见、思想、风尚等)占主要地位的;(在文化、主题、颜色、特征等方面)占优势的;(在数量、分布等方面)占首位的;③(作用等)指引的,领路的;④〈生〉〈生态〉优势的;(基因、雄性特征等)显性的;⑤〈乐〉属音的;⑥(森林树木)优势的(指长得高树冠受到充分日晒);⑦〈天〉(星体)对地球有持久影响的;⑧〈医〉单侧性优势的,单侧偏利的 ‖ *f.* ①〈乐〉属音,音阶之第五音;②〈生〉显性;显性性状;显性基因;优势种

(el) punto ~ 〈军〉制高点

dominico,-ca *adj. Amér.C.* 见 plátano ~ ‖ *m.* 〈鸟〉金翅雀

plátano ~ 小香蕉树

dominio *m.* ①统治,支配,管辖;②掌握,精通;③控制;④领土,版图;⑤〈数〉域;整环;⑥〈信〉域名;⑦支配权,使用权;⑧〈生〉(物种)的区域;⑨(语言或方言)区;⑩*pl.* 领地

~ absoluto[pleno] ①(对某物的)绝对所有权;②完全拥有的产权

~ de los mares 制海权

~ de[sobre] sí mismo 自我控制,自制

~ del aire 制空权

~ directo 〈法〉产业主的所有权

~ eminente 〈法〉政府对公共事业的保护权

~ fiscal 国家所有权

~ público 〈法〉(对公共道路、江河海域公共产业等的)全民所有权,国家所有权

~ útil 〈法〉(除产业主所有权之外的)受益权

domo *m.* ①〈建〉拱[穹]顶;圆屋顶;圆盖;②(晶体的)坡面;③〈地〉穹地,圆[穹]丘;④(蒸汽锅炉等的)干汽室

~ del vapor 汽室,干汽包,锅炉房

domótica *f.* 〈信〉家庭电子设备

domótico,-ca *adj.* (家庭)具有电子设备的;自动化技术应用于家庭的

dompedro *m.* 〈植〉紫茉莉

donación *f.* ①(财产、器官等的)捐赠,赠送;②〈法〉赠予;③赠品;捐赠物;捐款

~ a entidad benéfica 慈善捐赠

~ de sangre 献血

~ en efectivo 捐款

~ en especie 实物捐赠

~ entre[inter] vivos 生前馈赠;捐赠

~ para fines docentes 教育捐赠

donador *m.* ①〈化〉给(予)体,供体;②〈电子〉〈理〉施主;施主杂质 ‖ *m.f.* ①捐赠[献]者;捐款人;②〈生医〉供血者;(器官等的)供体[者]

~ universal 万能供血者,普适供血者

donante *m.f.* ①捐赠[献]者;捐款人;②〈生医〉供血者;(器官等的)供体[者]
~ de órganos 器官捐赠者
~ de riñón 肾脏捐献者
~ de sangre 献血者

doncel *m. Esp.* 〈植〉洋艾

doncella *f.* ①〈昆〉蝴蝶;②*Per.* 〈植〉含羞草

doncellez *f.* 〈解〉处女膜

dondiego *m.* 〈植〉紫茉莉
~ de día 三色旋花
~ de noche 紫茉莉

dongón *m.* 〈植〉苹婆树

donguindo *m.* 〈植〉(一种果实大、形状怪、肉质松的)梨树

donqui *m.* (码头上的)小型吊车

doñegal *adj.* 见 higo ~
higo ~ 大无花果

dopa *f.* 〈生化〉多巴

dopado,-da *adj.* ①服用兴奋剂的;②服麻醉剂的 ‖ *m.* 服用兴奋剂

dopador,-ra *adj.* 给…服兴奋剂的;给…服麻醉剂的 ‖ *m.f.* 服用兴奋剂者[运动员]

dopaje *m.* 服用兴奋剂;服麻醉剂

dopamina *f.* 〈生化〉多巴胺

dopante *adj.* (化学品)使人兴奋的;使人麻醉的 ‖ *m.* 〈理〉(为改善半导体的导电率而加入的)搀质,搀杂质

doping *m.* ①兴奋剂,麻醉剂;②服兴奋剂;服麻醉剂

doplerita *f.* 〈地〉(泥炭沼中的)弹性沥青,天然沥青

doppler *m.* 〈医〉(用超声波进行检查和诊断的)回波描记术

dorada *f.* ①〈动〉金鲷;*Cub.* 毒蛇;②[D-]〈天〉剑鱼(星)座

doradilla *f.* 〈植〉药蕨

doradillo,-lla *adj. Amér.L.* (马)深橘黄色的 ‖ *m.* ①黄铜丝;②〈鸟〉鹩鸽

dorado,-da *adj.* ①金色的;似金的;②〈技〉镀[烫]金的,涂金[金色物质]的;③*Cub.*,*Chil.* (马)深橘黄色的 ‖ *m.* ①〈技〉镀金;镀金层,金色涂层;②镀金饰品;涂金器物;③〈动〉鳂鳅;*Amér.M.* 麻哈脂鲤
~ eléctrico 电镀金
~ químico 化学镀金

dorador,-ra *m.f.* 镀金工人

doradura *f.* ①〈技〉镀[涂]金;②粉饰

dorafobia *f.* 〈心〉接触毛皮恐怖

doral *m.* 〈鸟〉鹟科食虫鸟

dórico,-ca *adj.* 〈建〉多利斯柱型的,陶立克式的

columna ~a 陶立克柱
orden ~ 多利斯柱型

doride 〈药〉导眠能

dorífera *f.* 〈昆〉马铃薯甲虫,(食马铃薯叶等的)类金龟

dorífora *f.* 〈昆〉科罗拉多甲虫,马铃薯甲虫

dormancia *f.* ①〈生〉休眠[蛰伏]状态;②不活动状态;停歇状态;不活动性

dormidera *f.* 〈植〉①罂粟,罂粟科植物;②*Cub.*,*P.Rico.* 含羞草

dormilón *m. Chil.* 〈鸟〉长尾鸟

dormilona *f. Amér.C.* 〈植〉含羞草

dormina *f.* 〈生化〉休眠素,脱落酸

dormisón *m.* 〈药〉甲戊炔醇(镇静安眠药)

dormitivo,-va *adj.* 〈药〉安眠的,催眠的 ‖ *m.* 安眠药

dorniel *m. Esp.* 〈鸟〉(棕褐色的)石鸥

doronsilla *f. Esp.* 〈动〉雪鼬,银鼠

dorsal *adj.* ①〈解〉背的,背侧的;②〈生〉背部[面]的 ‖ *m.* ①〈解〉背阔肌;②〈体〉(运动员背上的)号码 ‖ *f.* ①〈气〉(天气图上的)高压脊;②〈地〉(陆地或海洋里的)山脉
~ oceánica 海岭

dorsalgia *f.* 〈医〉背痛

dorsibranquio,-quia *adj.* 〈动〉背部有鳃的

dorsífero,-ra *adj.* 〈植〉背生的

dorsiflexión *f.* 〈解〉向背侧弯曲

dorsiflexor *m.* 〈解〉背屈肌

dorsípedo,-da *adj.* 〈动〉背部有足的

dorso *m.* ①〈动〉背,背部;②背面

dorsocervical *adj.* 〈解〉颈背的

dorsocostal *adj.* 〈解〉背肋的

dorsodinia *f.* 〈医〉背痛

dorsoventral *adj.* ①〈植〉有背腹性的;②〈动〉背腹(面)的

dórsulo *m.* 〈昆〉中胸背部

DOS *abr. ingl.* Disk Operating System 〈信〉磁盘操作系统

dosaje *m.* ①*Arg.*,*Per.* (对人体吸入毒品或酒精的)检测;②*Esp.* ①〈药〉剂量;服法;②〈化〉滴定(法)

dosificable *adj.* 可定剂量的

dosificación *f.* ①〈药〉剂量;服法;②〈化〉滴定(法)

dosificador *m.* 剂[定]量计[器]

dosimetría *f.* 剂量测定(法);放射量测(法)

dosimétrico,-ca *adj.* 剂量测定的,计量的;放射量测(法)的

dosímetro *m.* (测量所接受的核辐射剂量的)剂量计[仪,器];放射量计
~ de irradiaciones 辐[照]射剂量计[仪]

dosiología *f.* 〈医〉剂量学

dosis *f.* ①〈医〉(药物等的一次)剂量;一剂

［服］；②〈化〉比例，比

~ de referencia 参考剂量

~ letal 〈生医〉(药剂等的)致死量

~ letal mínima 〈生医〉(药剂等的)最小致死量

dosología *f.* 〈医〉剂量学

dotación *f.* ①捐赠［款］；捐赠的基金；②(一个单位配备的)全体工作人员，全体职工；③〈海〉全体船员；④〈体〉(水上运动的)全体队员；⑤专项拨款；⑥配备，供给

~ cromosómica 〈生〉(一个细胞的)染色体

~ de agua 供［给］水

dote *f.* ①嫁妆；②*pl.* 天赋［资］，才能

~s de adherencia (车辆的)运动性能，直线行驶性，方向稳定性

~s de mando 领导才能

dovela *f.* 〈建〉①(楔形)拱石，拱楔块，拱顶石，塞缝石；②拱腹的面；拱背的面

dovelado,-da *adj.* 砌成楔形拱石似的

dovelaje *m.* 〈建〉楔形拱石，拱楔块

doxomonía *f.* 〈心〉野心狂，荣誉狂

DPI; dpi *abr. ingl.* dots per inch 〈信〉每英寸点数(*esp.* puntos por pulgada)

DPMI *abr. ingl.* DOS protected mode interface 〈信〉DOS 保护方式接口

draba *f.* 〈植〉湿地独行菜

drácena *f.* 〈植〉龙血树属

dracma *f.* 打兰(重量单位，药衡中为 1/8 盎司；常衡中为 1/16 盎司)

Draco *m.* 〈天〉天龙星

dracontiasis; dracunculosis *f.* 〈医〉麦地那龙线虫病

DRAE *abr.* Diccionario de la Real Academia Española 西班牙皇家语言学院词典

draga *f.* ①〈工程〉〈机〉挖掘机；挖泥［疏浚］机；②〈船〉〈工程〉挖泥船；③海底捞［拖］网；④〈军〉水雷扫除器

~ a balde 抓斗式挖泥船

~ a cuchara 铲斗式挖泥船

~ aspiradora 吸扬式挖泥船［机］

~ aspirante de arena 挖［采］砂船

~ autopropulsora 自航式挖泥船

~ cavadora 拉铲挖掘机

~ chapadora (有储泥仓的)自航式挖泥船

~ con cadena de cangilones 链斗式挖泥船［机］

~ de almeja［mandíbulas］抓斗式挖泥船

~ de arcaduces［escalera, rosario］链斗式挖泥船

~ de arrastre 拖铲挖泥船

~ de bomba centrífuga 吸扬式挖泥船

~ de cable 拉索挖土机

~ de cangilones［palanca］链斗式挖泥船

~ de corriente de agua aspirante (敷设污水管用的)挖槽机

~ de cuchara［cucharón］铲斗式挖泥船，单斗挖泥船

~ de minas 扫雷舰［艇］

~ de succión 吸扬式挖泥船

~ de succión y arrastre 耙吸式挖泥船

~ de tolvas (装仓)自航式挖泥船

~ retroexcavadora 反铲挖泥船

~ retroexcavadora de oruga 履带式反铲挖泥船

~ seca 链斗式挖泥船

dragado; dragaje *m.* 挖掘，〈工程〉疏浚

dragador,-ra *adj.* 〈工程〉疏浚的 ‖ *m.* 〈船〉〈工程〉挖泥船

dragalina *f.* ①拉［系，导］索；②〈机〉拉［索］铲挖土［掘］机

dragalínea *f.* 〈机〉拉铲挖掘机

dragaminas *f.* 〈军〉扫雷艇

dragar *tr.* ①〈工程〉(用挖掘机、挖泥船等)挖泥［掘］；疏浚，清淤；②〈军〉(用扫雷舰)扫除(水雷)

drago *m. Esp.* 〈植〉(加那利群岛上产龙血树脂的)龙血树

dragomán *m.* 口译专员

dragón *m.* ①〈动〉龙腾(一种鱼)；②〈动〉(体侧有翼膜以助飞跃的)飞蜥，飞龙；③〈植〉金鱼草；④［D-］〈天〉天龙(星)座；⑤(器物上的)龙饰；⑥(牲畜眼中的)瞖；⑦〈冶〉转炉口；⑧〈体〉帆船(船头有三角帆，船尾有不规则四边形帆，帆的最大长度为 9 米)

~ marino 〈动〉龙腾(一种鱼)

~ volador 〈动〉飞蜥，飞龙

dragona *f.* ①〈动〉母［雌］龙；②〈军〉(军官制服上的)肩章［饰］；③ *And., Cono S., Méx.* (剑的)护手盘

dragoncillo *m.* ①〈植〉龙蒿；金鱼草；②〈动〉假龙腾

dragontea *f.* 〈植〉龙木芋

dralón *m.* 〈纺〉①丙烯酸(类)纤维；丙烯腈类纤维；②丙烯腈织物(商标名)

DRAM *abr. ingl.* dynamic random acess memory 〈信〉动态随机存取存储器(*esp.* memoria de acceso aleatorio dinámica)

drama *m.* ①〈集〉戏剧，话剧；②戏剧艺术［文学］；戏剧事业；③剧本；诗剧

dramática *f.* ①剧本写作技巧；②戏［话，诗］剧；③戏剧艺术

dramático,-ca *adj.* ①戏剧的，有关戏剧的；②剧本的；③戏剧学的，戏剧艺术的；④戏剧演员的；⑤剧作家的；⑥戏剧性的 ‖ *m. f.* ①编剧，剧作家；②戏剧演员

dramatización *f.* ①(小说、故事等)改编为

剧本;②戏剧化;改编成戏剧

dramatizar *tr.* ①把(小说等)改编成剧本,使戏剧化,用戏剧形式表现;②戏剧性地描述,生动地表达

dramaturgia *f.* ①戏剧;戏剧艺术;②剧本创作,编写剧本

dramaturgo,-ga *m. f.* 剧本作者,编剧;剧作家

drao *m.* 〈机〉打桩机

drapetomanía *f.* 〈心〉离开家庭癖

drástico,-ca *adj.* 〈药〉(泻药)烈性的 ‖ *m.* 烈性泻药

dravita *f.* 〈矿〉镁电(气)石

dren *m.* ①排水(管,道,沟,孔,系统,装置);②〈医〉导[导液,引流]管

~ inferior 阴沟,暗渠,地下沟道[排水管]

drenabilidad *f.* 排水能力

drenable *adj.* 可排水的

drenaje *m.* ①〈医〉导液[引流](法);导液管;引流物品(如纱布等);②排泄;外流;③〈农〉排[放]水;排水法;排水系统[装置]

~ de caja 现金流出[外流]

~ de oro 黄金外流

~ eléctrico 排流器

~ superficial 地面排水

tubería de ~ 排水管

drenar *tr.* ①〈农〉排去…的水;②〈医〉为(脓肿等)引流;给(伤口等)导液;③抽取[分出](资金)

drepanocito *m.* 〈生〉镰状细胞,镰状红细胞

drepanocitosis;drepanocitemia *f.* 〈医〉镰状细胞血症,镰状细胞性贫血(一种遗传性的疾病)

dresina *f.* ①(铁路上运输工人的)小车厢;②(木材或石块等的)搬运橇

dría;dríada *f.* 〈植〉仙女木,多瓣木

driblar *intr.* 见 driblear

drible *m.* (足球等运动的)运球,短传球

driblear *intr.* 〈体〉(用手、脚、球棍等)运球,短传(球) ‖ *tr.* 〈体〉(用手、脚、球棍等)运球过(人)

dril *m.* 〈纺〉粗斜纹布

~ de algodón 粗斜棉布;劳动布

drill *m.* 〈动〉(西非的)黑脸山魈

drimirríceo,-cea *adj.* 〈植〉姜科的 ‖ *f.* ①姜科植物;②*pl.* 姜科

drino *m.* 〈动〉翠青蛇

driomio *m.* 〈动〉睡鼠

driopitecinos *m. pl.* 森林古猿(古生物学用语)

drive *m.* 〈网球、高尔夫球等运动中的〉发球

driver(*pl.* drivers) *m. ingl.* ①〈高尔夫球运动中发球时用的〉球棒;②〈信〉驱动程序

driza *f.* 〈船〉吊[升降]索(用以升降船旗、船帆、帆桁等)

droga *f.* ①〈医〉药,药品[物];②〈医〉麻醉药[剂];③(成瘾性致幻)毒品;④〈体〉兴奋剂;⑤〈商贸〉滞销品;⑥(配制染料、油漆、卫生用品等的)材料

~ blanda 软毒品,不易成瘾的毒品(如大麻)

~ de diseño (尤指为逃避法律制裁而用人工化合的)特制致幻药,(与由植物提取的致幻药相比而言的)强效毒品

~ dura 硬毒品,易成瘾的烈性毒品(如海洛因,可卡因,吗啡等)

~ milagrosa 特效药

~s medicinales 药材

dragadicción *f.* 吸毒成瘾,毒物瘾,嗜毒瘾

drogadicto,-ta *adj.* 吸毒成瘾的 ‖ *m. f.* 吸毒者,瘾君子

drogar *tr.* ①〈医〉使服麻醉药,用药麻醉;给…服药;②〈体〉给服兴奋剂;③〈理〉给(半导体等)搀杂;④给…服毒品;使吸毒成瘾 ‖ ~se *r.* 吸毒;给自己注射麻醉剂

drogodelincuencia *f.* 吸毒犯罪

drogodelincuente *m. f.* 吸毒者,瘾君子

drogodependencia *f.* 吸毒成瘾,毒物瘾,嗜毒瘾

drogodependiente *m. f.* 吸毒者,瘾君子

centro de atención a ~s 戒毒中心

droguería *f.* ①药材贸易;②贩毒业;③药房,药材行;④(兼卖家用商品、油漆等的)杂货店

droguete *m.* 〈纺〉粗毛花呢

dromedario *m.* 〈动〉(因善跑常被训练作乘骑用的)单峰驼,阿拉伯驼

dromeo *m.* 〈鸟〉①(澳洲产)鸸鹋;②高大而不会飞的鸟(如美洲鸵)

dromoterapia *f.* 〈医〉步行疗法

dropacismo *m.* 脱毛膏

drósera *f.* 〈植〉毛毡苔

droseráceo,-cea *adj.* 〈植〉茅膏菜的 ‖ *f.* ①茅膏菜属植物;②*pl.* 茅膏菜科

drosófila *f.* 〈昆〉果蝇

drosógrafo;drosómetro *m.* 〈气〉露量计

drumlim *m.* 〈地〉鼓丘

drumlis *m.* 〈地〉冰川(底)丘

drupa *f.* 〈植〉核果

drupáceo,-cea *adj.* ①〈植〉核果的;核果状的;有核果的;②结核果的

drupéola *f.* 〈植〉小核果

drupéolo *m.* 〈植〉核果

drupífero,-ra *adj.* 〈植〉结核果的

drupo *m.* 〈植〉核果

drusa *f.* ①〈地〉晶簇[洞];②〈植〉晶簇

drúsico,-ca *adj.* 〈地〉〈岩石〉晶簇状的

drusiforme *adj.* 〈矿〉〈矿石〉晶簇状的

Ds 〈化〉元素鿏(darmstadtio)的符号

DSL *abr.ingl.* digital subscriber line 〈讯〉数字用户线

DSU *abr.ingl.* data service unit 〈信〉数据服务单元

DTD *abr.ingl.* document type definition 〈信〉文档类型定义

DTE *abr.ingl.* data terminal equipment 〈信〉数据终端设备

dual *adj.* ①双的,两的;两体的;二元的;②两[双]重的;双倍的‖ *m.* 双数
　personalidad ～〈心〉双重人格
　sistema ～ 两[双]重制

dualidad *f.* ①两重性;二元性;②(两个同一性质事物的)共存;③〈理〉二象性;对偶性;④〈化〉二元性

dualina *f.* 双硝炸药(硝化甘油和硝化锯屑各占50%)

dualismo *m.* 两重性;二元性

dualista *adj* ①二元论的;二元论者的;②两[双]重(性)的,二元(性)的
　economía ～ 二元经济

dualístico,-ca *adj.* ①二元的;二元论的;②两重性的,二元性的
　fórmula ～a〈化〉二元式

dublé *m.* 金箔,银箔

dubnio *m.* 〈化〉𨧀

ducha *f.* ①淋浴;②淋浴器[装置];③淋浴间[室];④〈医〉冲洗(疗)法
　～ de teléfono 手持式(莲蓬头)淋浴器
　～ escocesa 冷热水(交替)淋浴
　～ vaginal 冲[灌]洗(疗法)

duchar *tr.* 〈医〉冲[灌]洗

duco *m.* (溶解后可用喷枪喷的)漆

dúctil *adj.* ①〈金属〉可延[伸]展的,有延性的;可锻的,韧性的;②(黏土等)可塑的,易变形的

ductilidad *f.* ①延性,可延展性;可锻性;塑性;②(人等的)可塑性;易管教性

ductilometría *f.* 延性测定(法),测延术

ductilómetro *m.* 延性测定计,延[展]度计

ductivo,-va *adj.* ①导致…的;②传导性的,有传导力的;传导的

ductor *m.* 〈医〉探子[针]

dúctulo *m.* 〈医〉小管;小导管

ductus *m.lat.* 〈解〉管;导管
　～ arterial (胚胎的)动脉导管
　～ venoso 静脉导管

D.U.E. *abr.* diplomado universitario de enfermería 大学护理证书

duela *f.* ①(木桶等的)侧板,桶板;②〈动〉肝片形吸虫,羊肝蛭;③木板材;(木材的)环裂
　～ para pisos 地板材

duelería *f.* ①〈技〉木[石]匠工艺;②〈建〉木[石]工;③木[石]匠间;④木桶

duelo *m.* ①〈军〉决斗;②(你胜我败的)激烈斗争;③〈体〉比[竞]赛
　～ a muerte (进行)决斗

duende *m.* 〈信〉(原因不明的)故障;后台驻留程序;守护程序

dueño,-ña *m.f.* ①物[业,店,户]主,所有人;②老板;主人;③控制者,掌控者
　～ absoluto 绝对所有人;绝对业主
　～ registrado 注册业主

duerno *m.* 〈印〉套叠的两个印张

duetista *m.f.* 〈乐〉二重唱者;二重奏者

dueto *m.* ; duetto *m.ital.* 〈乐〉二重唱(曲);二重奏(曲)

dufrenita *f.* 〈矿〉绿磷铁矿

duftita *f.* 〈矿〉硫砷铝矿

dugón; dugongo *m.* 〈动〉儒艮(一种状似鲸的海兽)

dula *f.* 〈农〉①轮流灌溉的土地;②共有土地;公共牧场;③(在公共牧场上放牧的)牲畜

dulcamara *f.* 〈植〉千年不烂心;茄属植物(如龙葵、颠茄、天仙子等)

dulce *adj.* ①(天气)温暖[和]的;②(金属)柔软的,易弯曲的;③甜的
　hierro ～ 熟铁

dulceacuícola *adj.* 〈环〉淡水的;生活在淡水里的‖ *f.* 淡水生物

dulcémele; dulcimer *m.* 〈乐〉扬琴,洋琴

dulciacuícola *adj.* 〈环〉淡水的;生活在淡水里的

dulcificante *m.* 甜味剂

dulcina *f.* 〈化〉甘素

dulcita *f.* ; dulcitol *m.* 〈化〉卫矛醇,己六醇

dulosis *f.* (蚁类中的)奴役现象

dulzaina *f.* 〈乐〉六孔竖笛

dumdum *f.* 〈军〉达姆弹,柔头弹(一种杀伤力很强的子弹)

dumontita *f.* 〈矿〉水磷铀铅矿

dúmper(*pl.* dúmpers)*m.* 〈机〉倾卸车,自倾货车,翻斗车

dumping *m.* 〈商贸〉(廉价)倾销

duna *f.* 〈地〉(风吹积成的)沙[土]丘

dundasita *f.* 〈矿〉白铝铅矿

dungaree *m.ingl.* 〈纺〉粗蓝布,劳动布

dunita *f.* 〈地〉纯橄榄岩;橄榄石

dúo *m.* 〈乐〉二重唱(曲);二重奏(曲);②一对二重唱[奏]表演者

duodenal *adj.* 〈解〉十二指肠的
　úlcera ～ 十二指肠溃疡

duodenectomía *f*. 〈医〉十二指肠切除术

duodenitis *f. inv.* 〈医〉十二指肠炎

duodeno *m*. 〈解〉十二指肠

duodenocolecistostomía *f*. 〈医〉十二指肠胆囊吻合术

duodenocoledoctomía *f*. 〈医〉十二指肠胆总管切开术

duodenograma *m*. 〈医〉十二指肠造影片

duodenoscopia *f*. 〈医〉十二指肠镜检查

duodenoscopio *m*. 〈医〉十二指肠镜

duodenostomía *f*. 〈医〉十二指肠造口术

duodenotomía *f*. 〈医〉十二指肠切开术

duodinatrón *m*. 〈电子〉双负阻管,双打拿管

duodiodo *m*. 〈电子〉双二极管

duolateral *adj*. 蜂房式的

duoplasmatrón *m*. 〈电子〉对等离子管

duopolio *m*. 〈商贸〉(对某一商品的)双头卖主垄断;两家厂商垄断

duopsonio *m*. 〈商贸〉(对某一商品的)双头买方独揽

duotriodo *m*. 〈电子〉双三极管

dup.; dupdo. *abr.* duplicado 见 duplicado

dupión *f*. ①双[同]宫茧;②双宫丝;③〈纺〉双宫绸

dupla *f. Arg., Chil.* 〈乐〉二重唱(曲);二重奏(曲)

dúplex *adj*. ①双的;二[双]倍的;双重的;②〈讯〉〈信〉双工的,双向的;③〈建〉(公寓套房)复合式的,占两层楼(面)的 ‖ *m*. ①二重[倍];②〈建〉复式公寓;③〈讯〉连接;④〈讯〉〈信〉双工电路;双工电报,双工通讯;⑤〈冶〉双炼法

~ diferencial 差动双工

~ integral 〈信〉全双工(指两台设备可以同时接收和发送)

~ por adición 增流双工

marcha en ~〈金属〉双炼法

sistema ~ puente 桥接双工制

duplexita *f*. 〈矿〉硬沸石

duplexor *m*. 〈无〉天线收发转换开关

dúplica *f*. 〈法〉(被告的)答辩书,反驳书

duplicación *f*. ①成倍[双];②复写[印,制],重复;②〈信〉重复,冗余(为补救错失保证可靠性的一种方法);③〈遗〉(染色体)的重复

~ de documentos 复制文件

duplicado,-da *adj*. ①复制的;副(本)的;抄存的;②成对的;二倍的;二重的;双联合的;③〈信〉(组件等为补救错失保证可靠性的)重复的,冗余的;超静定的 ‖ *m*. ①复制品[物];副本,副[抄]件,副页[单];②对号牌

~ de cheque 支票副本

duplicador,-ra *adj*. ①使加倍的,使成双的;②复印[制,写]的 ‖ *m*. ①复写器,复印

[制]机;②二倍[倍加,倍增]器;③复制,复印

~ de voltaje 〈电〉(二)倍压器

duplicar *tr*. ①复制[写,印];②使加倍,使成双;③〈法〉(原告)反驳 ‖ ~se *r*. (数字、年龄等)增一倍;成为两倍

duplicidad *f*. 二倍;双重;双层

duplo,-pla *adj*. 两[加]倍的 ‖ *m*. 两倍

duque *m*. 〈鸟〉雕鸮

~ de alba (港口的)系船柱

gran ~〈鸟〉雕鸮(一种昼伏夜出的食肉大鸟)

duración *f*. ①(会议、旅行等时间的)长短;持[延]续时间;(打电话等的)时间;②期限[间];周期;③耐[持]久;耐用;④(汽车等的)使用期;(电池等的)寿命,有效期;⑤〈理〉寿命

~ de fabricación 生产周期

~ de la validaz 有效期

~ de la vida (使用)寿命

~ de las rotaciones 轮转周期,往返时间

~ de servicio ①工作年限;②设备使用年限

~ de utilización 使用期限

~ del transbordo 中转期

~ del vuelo 飞行时间

~ media de la vida 平均预期寿命

~ óptima 最佳寿命,最佳使用年限

~ útil 经济寿命[年限]

baterías de larga ~ 耐用电池

esperanza de ~ 使用能力;耐用性

dural *adj*. 〈解〉硬脑(脊)膜的

duralex *m*. (用来制作器皿的)透明塑料

duraloy *m*. 〈冶〉(制造耐高温部件的)铬铝合金

duraluminio *m*. (造飞机等用的)硬[杜拉]铝(铝、镁、锰、铜等的合金)

duramáter *f*. 〈解〉硬脑(脊)膜

duramatral *adj*. 〈解〉硬脑(脊)膜的

duramen *m*. 〈植〉(木材的)心材

duraznero *m. Amér. L.* 〈植〉桃树

duraznilla *f*. 〈植〉桃,桃子

duraznillo *m*. 〈植〉① 春蓼,桃叶蓼;②*Amér. L.* (长在潮湿土地上的可用作退热药的)黑茄

durazno *m. Amér. L.* 〈植〉桃子;桃子树

durchgriff *m. al.* ①渗透率[系数];②〈无〉(电子管的)放大因数倒数

durdo *m*. 〈动〉(海里的)大鳞鱼

dureno *m*. 〈化〉杜烯

durex *m*. ①*Méx.* 纤维素透明胶带;塑料透明胶带;②*Amér. L.* 安全套;杜蕾斯安全套

dureza *f.* ①（水、矿物、岩石等的）硬度；（肉等的）坚硬；韧性；②（任务、考试、试验等的）艰苦[难]；费劲；③（运动等）费（体）力；④〈画〉色彩不协调；⑤耐劳[力]；⑥硬块[皮]，老茧；皮肤硬结；⑦（光的）刺眼；（声音的）刺耳；⑧〈兽医〉（马的）腕关节炎；⑨（耳）聋

~ a indentación 压痕硬度

~ a la abrasión 耐磨硬度

~ al rayado 划痕硬度

~ Brinell 布氏硬度

~ carbonática 碳酸盐硬度

~ del escleroscopio (~ esclerométrica) 回跳硬度

~ de vientre 〈医〉便秘

~ permanente（水的）永久硬度

~ secundaria 次生硬度

aparato para quitar ~ al agua 硬水软化器

ensayo de ~ 硬度试验

máquina de ensayo de ~ 硬度试验[测试]设备

duricia *f.* 〈医〉胼胝（足底）

durillo,-lla *adj.* 见 trigo ~ ‖ *m.* 〈植〉① 白花蔷薇；②黑果荚蒾；欧亚山茱萸

trigo ~ 〈植〉硬粒小麦

durina *f.*；**durino** *m.* 〈兽医〉（马等的）媾疫

durmiente *m.* 〈交〉（铁路）枕木，轨枕

~ de acero 钢（轨）枕

duro,-ra *adj.* ①硬的；坚硬的；②（水）含无机盐的；③（电线、电缆等）（硬）挺的；（部件、机械等）不灵活的；④（绘画等）线条不柔和的，色彩不和谐的；⑤（肌肉等）结实的；⑥（气候、天气等）凛冽的，严酷的，恶劣的；⑦（光）刺眼的；（声音）刺耳的；⑧（运动等）费（体）力的；⑨（任务、考试、试验等）艰苦[难]的；困难的；费力[劲]的

~ de oído ①听觉不灵的；耳背的；②〈乐〉不能[善]辨别音高的

agua ~a 硬水

rock ~ 〈乐〉硬摇滚（一种喧闹的强节奏摇滚乐）

durol *m.* 〈化〉杜烯

durómetro *m.* 〈冶〉（金属）硬度计；硬度测定器

duvetina *f.* 〈纺〉起绒织物

caña ~ 〈植〉甘蔗

DV. ; dv. *abr.* días vista 〈商贸〉见票后若干日

DVD *abr.* disco de vídeo digital 数字影碟

DVD-ROM *abr. ingl.* DVD read-only memory 〈信〉数字影碟只读存储器

DVI *abr. ingl.* digital video interactive 〈信〉交互式数字视频

Dy 〈化〉元素镝（diprosio）的符号

DYA *abr.* Detente y Ayuda *Esp.* 公路呼救协会

dyn. 〈理〉达因（dina）的符号

E　e

E ①〈化〉元素锿(einstenio)的符号；③〈理〉电动势(fuerza electromotriz)的符号

E *abr.* este 东，东方

e/ *abr.* envío〈商贸〉装运

e⁻ *abr.* electrón〈电子〉电子

E/S *abr.* entrada/salida〈信〉输入-输出

E/S primigenia *abr.* entrada/salida primigenia〈信〉原始输入-输出

E2PROM *abr. ingl.* electrically erasable programmable read only memory〈信〉电(动)可擦除可编程只读存储器

EA *abr.* ①Ejército del Aire *Esp.* 空军；②exposición automática〈摄〉自动曝光(装置)；③entidad aplicación〈信〉应用实体

EARN *abr. ingl.* European Academic and Research Network 欧洲学术与研究网

eastonita *f.*〈矿〉铁叶云母

ebanáceo,-cea *adj.* 似乌檀的，似乌木的

ebanista *m. f.* ①细木工(人)，家具木工；②木工[匠]

ebanistería *f.* ①细木工艺；家具制造；②细木工家具；木作[器]；③细木工作坊[工场]

ébano *m.* ①〈植〉乌木树；②乌木

ebanóxilo *m.* 乌木

EBCDIC *abr. ingl.* extended binary coded decimal interchange code〈信〉扩充的二进制编码的十进制交换码，扩充(的)二-十进制交换码

ebenáceo,-cea *adj.*〈植〉柿树科的 ‖ *f.* ①柿树科植物(如乌木树)；②柿树科

ebenales *f. pl.*〈植〉柿树目

EBIOS *abr. ingl.* enhanced basic input-output system〈信〉增强基本输入输出系统

ébola *f.*〈医〉埃博拉(病毒)(会引起高热和内出血)

　　fiebre ~ 埃博拉出血热

　　virus ~ 埃博拉病毒

ebonita *f.* (尤指黑色或未加填料的)硬橡胶

eboraria *f.* 象牙雕刻(术)

eborario,-ria *adj.* 象牙雕刻(术)的

ebracteado,-da *adj.*〈植〉无苞的

ebracteolado,-da *adj.*〈植〉无小苞叶的

ebricación *f.*〈医〉酒狂

ebulición；ebullición *f.* ①(水等液体的)沸腾；②〈化〉〈理〉沸腾

　　punto de ~ 沸点

ebullómetro；ebullómetro *m.*〈化〉沸点测定计

ebullioscopia；ebullometría *f.*〈化〉沸点升高测定法

ebulloscopia *f.*〈化〉沸点升高测定法

ebulloscopio *m.*〈化〉沸点测定计

ébulo *m.*〈植〉矮接骨木

eburnación *f.*〈医〉骨质象牙化，骨质致密化

ebúrneo,-nea *adj.* (颜色)似象牙的；象牙制成的

eburnitis *f.*〈医〉牙釉质密固

EC *abr. ingl.* European Community 欧洲共同体

ecada *f.*〈生〉适应型

ecalcarado,-da *adj.*〈植〉无刺的

ecbólico,-ca *adj.*〈药〉〈医〉催产的；使流产的 ‖ *m.*〈药〉催产剂；流产剂

eccema *m. o f.*〈医〉湿疹，湿疮

　　~ alérgica 变应性湿疹[皮炎]

　　~ anal 肛门湿疹

eccemátide *f.*〈医〉湿疹样疹

eccematización *f.*〈医〉湿疹化

eccematogénico,-ca *adj.*〈医〉引起湿疹的

eccematoide *adj.*〈医〉湿疹样的

eccematosis *f. inv.*〈医〉湿疹病

eccematoso,-sa *adj.*〈医〉湿疹的，湿疹性的

ecciesis *f.*〈医〉异位妊娠，子宫外孕

eccoprótico *m.*〈药〉轻泻药

ecdémico,-ca *adj.*〈医〉(病)外来[地]的，非地方性的

ecdemomanía *f.*〈心〉流浪癖

ecdisiasmo *m.*〈心〉脱衣癖，裸体癖

ecdisis *f.*〈动〉脱皮；换羽

ecdisoma；ecdisona *f.*〈生化〉蜕皮(激)素，蜕化松

ecdisterona *f.*〈生化〉脱皮甾酮

ecdótica *f.* 文本学；版本学；手稿学

ecesis *f.*〈生〉定居(指植物或动物种群在新环境中的成功归化)

ecfiadectomía *f.*〈医〉阑尾切除术；附件切除术

ecfiaditis *f. inv.*〈医〉阑尾炎

ecfima *f.*〈医〉肉疣

ECG *abr.* electrocardiograma〈医〉心电图，心动电流图

ecgonina *f.*〈化〉芽子碱

echapellas *m.*（洗羊毛车间里的）浸毛工

echazón *f.*〈海〉（船舶遇难时为减轻重量而）投弃的货物

echinococciasis *f.*〈医〉棘球蚴病，包虫病

echinococcus *f.*〈动〉棘球绦虫

echinomicina *f.*〈生〉棘霉素

echovirus *m.*〈生〉艾柯病毒，人肠道孤病毒，人肠细胞病变孤儿病毒

echuna *f. Arg.,Chil.,Per.*〈农〉镰刀

eclampsia *f.*〈医〉子痫，惊厥

eclámptico,-ca *adj.*〈医〉①子痫的，惊厥的；②患子痫的，患惊厥的

eclesiología *f.* ①教会学；②教堂建筑[装饰]学

eclímetro *m.*〈测〉倾斜计[仪]

eclipsable *adj.*〈天〉能食的

eclipsamiento *m.* 见 eclipse

eclipse *m.*〈天〉食,蚀
~ anular（日）环食
~ de luna(~ lunar) 月食
~ de sol(~ solar) 日食
~ parcial（日）偏食
~ penumbral（日食,月食的）半影
~ total（日）全食

eclipsógrafo *m.* 量规，梁[地]规，长臂圆规

eclíptica *f.*〈天〉黄道

eclíptico,-ca *adj.* ①〈天〉黄道的；②（日、月等）食的
término ~ 食限

eclisa *f.*〈交〉（连接铁轨或枕木的）接合板，鱼尾板
~ angular 角形鱼尾板
~ en U U 形鱼尾板

eclisaje *m.* 夹[接合,鱼尾]板接合

eclogita *f.*〈地〉榴辉岩

eclosión *f.* ①发芽；萌发；（花蕾）开放；②出[涌]现；③〈昆〉羽化，孵化

ecmnesia *f.*〈医〉近事遗忘

ecmnésico,-ca; ecmnético,-ca *adj.*〈医〉近事遗忘的；患有近事遗忘症的

ecmofobia *f.*〈心〉尖物恐怖

eco *m.* ①回声[音]；②共鸣，反响；③〈信〉回应；④〈无〉回[反射]波，反射信号；⑤〈乐〉回声；回声音栓
~ artificial 人造回波（电磁学用语）
~ coherente〈电子〉相干回波
~ de nube〈气〉云的回波
~ múltiple〈建〉多重回音
~ permanente 固定目标反射
~s de mar 海面反射信号

~s de tierra 地面反射(信号)
cámara sin ~ 消声[吸音]室，无回音室

ecocardiografía *f.*〈医〉心回波描记术，超声波心动描记术

ecocardiograma *m.*〈医〉心回波图，超声波心动（描记）图

ecocatástrofe *f.*〈生态〉生态灾难（指由于大量使用污染物质而破坏自然平衡所造成的大规模灾难）

ecocidio *m.*〈生态〉生态灭绝

ecocinesis *f.*〈医〉模仿行为

ecoclima *m.*〈生〉〈生态〉生态气候

ecoclimático,-ca *adj.*〈生〉〈生态〉生态气候的

ecoclina *f.*〈生〉〈生态〉生态倾差

ecodesarrollo *m.*〈环〉经济-生态均衡发展

ecodifusor *m.*〈生态〉生态域

ecoencefalografía *f.*〈医〉脑回波描记术

ecoequilibrio *m.*〈生态〉生态平衡

ecoespecie *f.*〈生〉生态种

ecoetiqueta *f.* 绿色产品标签

ecofobia *f.*〈医〉居家恐怖

ecofonía *f.*〈医〉（胸内）回声

ecofrasia *f.*〈医〉（精神病患者的）言语模仿症；模仿言语

ecogoniómetro *m.* 隐物回波探测器

ecografía *f.*〈医〉超声波扫描；超声波检查术；回波描记术

ecográfico,-ca *adj.*〈医〉超声波检查（术）的，回波描记术的

ecografista *m.f.*〈医〉超声波诊断医生

ecógrafo *m.* 音响测深自动记录仪，回声深度记录器（用于探测鱼群、绘制海底地形图等）

ecograma *m.* ①音响探深图；回声深度记录；②〈医〉回波图

ecoico,-ca *adj.* ①回声的；像回声的，回响似的；②拟[像]声的

ecoindustria *f.*〈工〉生态工业

ecolalia *f.* ①〈心〉幼儿学语（指模仿发元音的阶段）；②〈医〉（精神病患者的）言语模仿症；模仿言语

ecolocación *f.* ①〈理〉回声定位；回声测定；回波定位[测距]；②〈动〉（鲸、蝙蝠等感觉器官的）回声定位（机能）

ecología *f.* ①〈生〉生态学；②生态；③生态保护；④〈社〉社会生态学
~ animal 动物生态学
~ humana 人类生态学
~ marina 海洋生态学
~ urbana〈环〉城市生态学

ecológico,-ca *adj.* ①生态的；②生态学的；③生态保护的；于环境无害的（产品）；④有机栽培的（作物）；⑤社会生态学的

equilibrio ～ 生态平衡

ecologismo *m.* 环境保护主义（指反对把大自然当作取之不尽的财富源泉的主张）

ecologista *adj.* ①（有关）环境保护的，旨在保护环境的；对环境无害的；②生态学的；生态的‖ *m.f.* ①环境保护论者；②生态学者［家］

el partido ～ 绿党（关注环保的组织，20 世纪 70 年代首先出现在德国、英国、美国等国家）

ecólogo,-ga *m.f.* ①环境保护论者；②生态学者［家］

ecomarketing *m.* 生态销售（学）

ecometría *f.* 〈建〉〈理〉回声测深（法）

ecómetro *m.* 〈建〉〈理〉回声测距仪；回声测深器

～ de impulso 脉冲回声测距仪

Econ. *abr.* economía 经济

econdroma *m.* 〈医〉外生软骨瘤

econdrosis *f.* 〈医〉外生软骨赘

economado；economato *m.* ①（由成员集资兴办并共享优惠及分享利润的）合作商店［场］；②企业内部商店；③〈军〉海陆空军小吃［卖］部

econometría *f.* 计量经济学

econométrico,-ca *adj.* 计量经济学的

economía *f.* ①经济；经济情［状］况；②经济学；③［E-］财政部；④（人体）组织；⑤ *pl.* 积蓄；⑥节省［约］

～ a la escala 规模经济

～ basada en el servicio 服务业主导型经济

～ de combustible 节省燃料

～ de conocimiento 知识经济

～ de consumo ①消费型经济；②消费经济学

～ de empleo completo 充分就业经济

～ de espuma 泡沫经济

～ de guerra 战争经济

～ de integración 一体化经济学

～ de libre empresa[mercado] 自由市场经济

～ de mercado 市场经济

～ de nave espacial 〈环〉宇宙飞船经济

～ de planificación centralizada 中央计划经济

～ de red 网络经济

～ de servicios 劳［服］务经济

～ de subsistencia 自给经济（指生活水准低下、没有或很少贸易往来的落后经济形式）

～ dirigida 计划经济

～ doméstica 家政学；家政服务

～ digital 数字经济

～ extensiva 粗放经济

～ ficticia 虚拟经济

～ industrial 工业经济学

～ intensiva 集约经济

～ madura 成熟经济

～ mixta 混合经济（指多种经济成分并存的经济体制）

～ monoproductora 单一经济

～ nacional 国民经济

～ negra[subterránea, sumergida] 黑色经济（指为逃税而隐瞒收入的地下经济）

～ neo-liberal 新自由主义经济

～ orientada al mercado 市场导向型经济

～ orientada hacia el exterior 外向型经济

～ planeada[planificada] 计划经济

～ política 政治经济学

～ rural 农村经济

～ social 社会经济

～ tradicional 传统经济

～s de escala 规模经济

económico,-ca *adj.* ①经济的；经济上的；②经济学的

base ～a 经济基础

economismo *m.* 经济主义（19 世纪末国际工人运动中以追求眼前经济利益为特征的一种机会主义思潮）

economista *adj.* 经济主义的‖ *m.f.* ①经济学［专］家；②经济主义者

economizador,-ra *adj.* 省［约］的；积蓄的‖ *m.* 燃［原］料节省装置；（锅炉的）废气预热器

ecopraxia *f.* 〈心〉〈医〉模仿动作

ecoquinesis *f.inv.* 〈医〉模仿运动

ecosensible *adj.* 生态敏感的

ecosfera *f.* ①生物圈（指地球上生物可以生存的区域）；②生态圈，生态层（指宇宙中生物可以生存的空间）

ecosistema *m.* 〈生态〉生态系统

～ de agua dulce 淡水生态系统

～ seminatural 半自然生态系统

ecosito *m.* 〈生〉定居寄生物

ecosonda *f.；ecosondeador** *m.* 回声测深器

ecospecie *f.* 〈生〉生态种

ecotasa *f.* 保护环境税

ecoterrorismo *m.* （肆无忌惮破坏环境或以此为讹诈手段的）生态恐怖主义

ecotipo *m.* 〈生态〉生态型

ecotono *m.* 〈生态〉群落交错区

ecotóxico,-ca *adj.* 对环境产生毒害的

ecotoxicología *f.* 〈医〉生态毒理学，生态毒物学

ecoturismo *m.* 生态旅游

ECP *abr. ingl.* extended capabilities port
〈信〉扩展（功能）端口

ecresis *f. inv.* 〈医〉子宫破裂

ecrinología *f.* 〈生理〉分泌学

ecrisis *f. inv.* 〈医〉分泌；排泄

ECS *abr. ingl.* european communication
satellite 欧洲通信卫星

ectasia *f.* 〈医〉扩张，膨胀
～ al veolar 肺泡扩张[气肿]

ectásico,-ca *adj.* 〈医〉扩张的，膨胀的

ectima *f.* 〈医〉深脓疱，臁疮

ectoantígeno *m.* 〈生〉体外抗原；菌表抗原

ectoblasto *m.* ①〈生〉外胚层；②外膜

ectocardia *f.* 〈医〉异位心

ectocinérea *f.* 〈医〉脑灰质

ectocomensal *m.* 〈生〉外共生体，外共栖体
（指在生物体表生活的共生体）

ectodérmico,-ca *adj.* 〈生〉外胚层的；②外层
的

ectodermo *m.* 〈生〉①外胚层，由外胚层长成
的组织；②外层

ectoenzima *f.* 〈生化〉胞外酶，外酶

ectofita *f.*；**ectofito** *m.* ①（生活在另一有机
体外表的）外生植物；②〈医〉外寄生菌

ectogénesis *f.* 〈生〉体外发育（尤指哺乳动物
胚胎的体外人工培育）

ectogenético,-ca *adj.* 〈生〉体外发育的

ectógeno,-na *adj.* 〈生〉〈医〉（病原或其他寄
生物）体外生的，外源性的，能在寄生体外生
长的

ectogonía *f.* 〈医〉孕势

ectohormona *f.* 〈生化〉外激素

ectómero *m.* 〈生〉（分化为外胚层的）外裂球

ectomorfia *f.* ①外胚层体型；②瘦型体质
（人体测量学用语）

ectomórfico,-ca *adj.* （具有）瘦型体质的，
（具有）外胚层体型的

ectópago *m.* 〈医〉胸侧联胎（畸胎）

ectoparasiticida *f.* 〈生医〉杀体表寄生虫药

ectoparásito *m.* 〈生〉外寄生物，体表寄生虫
（如虱，别于蛔虫等内寄生物而言）

ectopia *f.* 〈医〉异位（尤指先天性的器官等的
位置异常）

ectópico,-ca *adj.* 〈医〉异位的；异常的‖ *m.*
异位器官

ectoplasma *m.* 〈生〉外质（指细胞基质外部的
胶化区）；外浆

ectoplasmático,-ca；**ectoplásmico,-ca** *adj.*
①〈生〉外质的；②外浆的

ectoplasto *m.* ①〈植〉外质膜；②外浆膜

ectoprocto,-ta *adj.* 〈动〉外肛亚纲的‖ *m.*
①外肛苔藓虫（水生小动物）；②*pl.* 外肛亚
纲

ectosarco *m.* 〈生〉原虫外膜

ectosoma *m.* 〈动〉外层皮

ectostosis *f. inv.* 〈医〉外骨化（软骨膜下软骨
骨化）

ectoterigoide *m.* 〈动〉外翼状骨

ectotermo *m.* 〈动〉外温动物

ectotrófico,-ca *adj.* 〈植〉体外营养的，外生
的（指从外界获得养料的，如某些寄生性真
菌）

ectotrofo *m.* 〈生〉外寄生物，体表寄生虫（如
虱，别于蛔虫等内寄生物而言）

ectozoario；**ectozoo** *m.* 〈医〉体表寄生虫，外
寄生虫（如虱）

ectrodactilia *f.* 〈医〉缺指[趾]畸形

ectromelia *f.* 〈医〉缺肢（畸胎）

ectropión *m.* 〈医〉外翻；睑外翻

ECU *abr.* Unidad de Cuenta Europea 埃居
（欧元的前称）

ecuable *adj* ①公平[正]的；②〈机〉平稳[稳
定]的

ecuación *f.* ①〈数〉等式；方程（式）；②〈天〉
差；③平[均]衡
～ adiabática 〈理〉绝热方程
～ algebraica 代数方程
～ anual 〈天〉周年差
～ bicuadrada 双二次方程
～ binomia 二项方程
～ calorífica 〈理〉热方程
～ característica 〈理〉特征方程
～ cuadrática 二次方程
～ cúbica 三次方程
～ de Arrhenius 〈化〉阿雷尼乌斯方程
～ de Bernoulli 〈化〉伯努利方程
～ de Boltzman 〈理〉玻尔兹曼方程
～ de Clapeyron 〈化〉克拉贝龙方程
～ de Clausius-Clapeyron 〈化〉克劳修斯-
克拉贝龙方程
～ de Einstein 〈理〉爱因斯坦方程
～ de estado 〈化〉〈理〉状[物]态方程
～ de los gases perfectos 〈化〉理想气体方
程式
～ de Michaelis-Menten 〈生化〉米氏方程
～ de onda 〈理〉波动方程
～ de resolución 〈化〉〈理〉分解方程
～ de Schrödinger 〈理〉薛定谔方程
～ de tiempo 〈天〉时差
～ de van der Waals 〈化〉范德瓦尔斯方程
～ de van't Hoff 〈化〉范托夫方程
～ de(l) primer grado 一次方程
～ de(l) segundo grado 二次方程
～ del movimiento 〈理〉运动方程
～ del tiempo 〈天〉时差
～ diferencial 微分方程

~ diferente 差分方程

~ diofántica 〈数〉丢番图方程

~ exponencial 指数函数

~ indeterminada 不定方程

~ integral 积分方程

~ irracional 无理方程式

~ lineal[linear] 线性方程

~ logarítmica 对数方程

~ matricial 矩阵方程

~ normal 〈数〉正规方程

~ numérica 数字方程式

~ paraláctica 〈天〉月角差

~ paramétrica 参数方程

~ personal 〈气〉人差,个人观察误差

~ polinómica 多项式方程

~ química 〈化〉化学反应[方程]式

~ reducible 可约方程

~ reducida 简化方程

~ secular 久期方程(式)

~ vectorial 〈数〉矢量方程

~es continuas 连续方程

~es equivalentes 等价方程

~es irracionales 无理方程

~es de Maxwell 〈理〉麦克斯韦等式;麦克斯韦方程式

~es paramétricas 参数方程

~es radicales 根式方程

ecuador m. ①〈地〉地球赤道,(任何天体的)赤道;②〈天〉天(球)赤道;③(球面的)大圆;④〈生〉赤道面,中纬线;⑤(线等的)中点

~ celeste 天(球)赤道

~ galáctico 银道(圈)

~ magnético 地磁赤道

ecualización f. 〈电子〉均衡

ecualizador m. ①〈电〉均压器;均压线;②〈电子〉均衡器,均值器;③〈无〉补偿器,补偿电路

~ gráfico 图形均衡器

ecualizar tr. ①〈电子〉使均衡;②使均[平]等;③补偿[足]

ecuatorial adj. ①(在)赤道的,赤道附近的;②(天文望远镜)采取赤道装置的 ‖ m. 赤道仪

línea ~ 赤道线

placa ~ 赤道板

plano ~ 赤道面

ecúmeno m. (地球上)有人居住的地区;有生物的地方

eczema m. 〈医〉湿疹

eczematización f. 〈医〉湿疹化

eczematosis f. 〈医〉湿疹病

eczematoso,-sa adj. 〈医〉湿疹的

ED abr. ingl. end delimiter 〈信〉结束定界符

edad f. ①(人、动物、树木等的)年龄;②时代[期];③生命中的一个阶段

~ adulta 成年

~ Antigua [E-] 古代

~ Contemporánea [E-] 现代

~ crítica 更年期;发育期

~ cronológica ①实足年龄;②时序年龄

~ de jubilación 退休年龄

~ de los metales 金属时代

~ de merecer 婚嫁年龄

~ de Oro [E-] (西班牙文学的)黄金世纪

~ de Piedra [E-] 石器时代

~ de Bronce [E-] 青铜器时代

~ de Hierro [E-] 铁器时代

~ del pavo 进入少年时代的年龄

~ escolar 学龄(指儿童入学年龄)

~ glacial 〈地〉冰(川)期,冰河时代

~ madura 中年(通常指45岁至60岁左右之间)

~ Media [E-] (欧洲历史上的)中世纪(公元500年左右至1500年左右)

~ mental 〈心〉智力[心理]年龄

~ Moderna [E-] 近代(从中世纪至法国大革命之间的时代)

~ penal 刑事责任年龄

~ viril (尤指男性的)成年(期)

alta ~ media 中世纪前期(5世纪至11世纪)

baja ~ media 中世纪后期(11世纪至15世纪)

mayor de ~ (法定)成年的

mediana ~ 中年(通常指45岁至60岁左右之间)

menor de ~ 未成年的

tercera ~ 老年人;老年(一般指65岁以上的年岁)

edáfico,-ca adj. ①〈植〉土壤的;受土壤条件影响的;②(动植物)土生土长的

clímax ~ 〈生〉土壤演替顶级(指一种顶级植被群落,它的存在是由土壤的一些特性决定的)

comunidad ~a 〈生态〉土壤生成群落

factor ~ 土壤因素

edafoclímax m. 〈生态〉土壤演替顶级

edafología f. 土壤生态学;土壤学;土壤研究

edafológico,-ca adj. 土壤生态学的;土壤学的;土壤研究的

edafólogo,-ga m.f. 土壤生态学家;土壤学者;土壤研究者

edafon; edafón m. 〈生态〉土壤微生物(群)

edeago m. 〈动〉(昆虫的)阳茎(端)

edelweiss *m*. 〈植〉高山火绒草；新西兰火绒草；鼠麹草属植物

edema *m*. ①〈医〉水肿；②〈植〉瘤腺体
~ alimentario 营养(不良性)水肿
~ angioneurótico 血管神经性水肿
~ cerebral 脑水肿
~ hepático 肝病性水肿
~ pulmonar 肺水肿
~ renal 肾性水肿

edematoso,-sa *adj*. 〈医〉水肿的

edentado,-da *adj*. 〈动〉贫齿目的 ‖ *m*. ①贫齿动物，贫齿目(哺乳)动物；②*pl*. 贫齿目

edéntulo,-la *adj*. 〈动〉缺齿的(尤指原有而失去的)

edeodinia *f*. 〈医〉生殖器痛

edeografía *f*. 〈医〉生殖器解剖学

edeología *f*. 〈医〉生殖器学

edeológico,-ca *adj*. 〈医〉生殖器学的

edeólogo,-ga *m. f*. 〈医〉生殖器学专家

edeoscopia *f*. 〈医〉生殖器检查

edestina *f*. 〈生化〉麻红球蛋白

ed. física *abr*. educación física 体育(教育)；体育课

EDI *abr. ingl*. electronic data interchange 〈信〉电子数据交换

edible *adj*. *Amér. L*. 可以吃的，可食用的

edición *f*. ①出版，刊印；出版[发行]业；②〈信〉编辑(工作)；③(书籍的)版本；版(次)；(书报等的)一版印刷数；④*pl*. 出版社；⑤(唱片的)灌制和发行
~ aérea 航空版
~ anotada 注释版本
~ critical (原作的不同手抄本或印刷本的)汇集版
~ de bolsillo 袖珍版[本]
~ de la mañana 晨刊
~ de sobremesa 桌面排版系统
~ diamante 袖珍本
~ económica 普及本
~ electrónica ①电子出版[发行]；②(教科书等的)电子版
~ en pantalla 在线编辑
~ en rústica 平装本
~ en tela 精装本
~ extraordinaria (刊有正常版截稿后的最新消息的)报纸特别版
~ fascimil 摹写本
~ limitada[numerada] 限量版(用优质纸精印精装的版本)
~ príncipe (书刊等的)第一版，初版
~ revisada 修订版
~ semanal 周刊

edificable *adj*. 适宜于建筑的

terreno ~ 适宜于建筑土地

edificación *f*. ①〈建〉建筑物；②建筑[设，造]

edificador,-ra *adj*. 建筑[设]的 ‖ *m. f*. 建筑[设]者

edificio *m*. ①建筑物；②楼房，大厦
~ de apartamentos 公寓大楼
~ de oficinas 办公大楼，写字楼
~ inteligente 智能楼宇
~ público 公共建筑物

edingtonita *f*. 〈矿〉钡沸石

edípico,-ca *adj*. 〈心〉恋母情结的
complejo ~ 恋母情结

edipismo *m*. 〈医〉(病人自己)眼自伤

editaje *m*. 编辑

editor,-ra *adj*. 出版的，发行的 ‖ *m. f*. ①出版[发行]者；②编辑；③编纂[辑]者；④(录音、影片等的)剪辑者；⑤*Amér. L*. (报纸的)主编 ‖ *m*. 〈信〉编辑程序，编辑器
~ de fuentes 〈信〉字体编辑器
~ de líneas 〈信〉行编辑器；行编辑程序
~ de pantalla 〈信〉屏幕编辑程序
~ de texto 〈信〉文本编辑程序
~ responsable (报刊等)发行人；(报刊等的)主编
casa ~a 出版社，出版公司

editorial *adj*. ①出版的，发行的；②编辑的 ‖ *m*. (报刊等的)社论 ‖ *f*. 出版社[商，公司]
casa ~ 出版社[公司]

EDO *abr. ingl*. extended data output 〈信〉扩充数据输出

EDO DRAM *abr. ingl*. extended data output dynamic RAM 〈信〉扩充数据输出动态随机存储器

edogoniales *f. pl*. 〈植〉鞘藻目

edometría *f*. 〈建〉(建筑物地基下的)土壤压缩测量术

edómetro *m*. 〈建〉(建筑物地基下的)土壤压缩测量器

EDRAM *abr. ingl*. enhanced dynamic RAM 〈信〉增强型动态随机存取存储器

EDTA *abr*. ácido etilendiaminotetracético 〈化〉乙二胺四乙酸(主要用作螯合剂；在医药上用作抗凝血剂等)

educable *adj*. 可教育的；可培训[训练]的

educación *f*. ①教育；②教学法；③教育学；④声音、听觉、动物等的)训练
~ a distancia 远程教育
~ abierta 开放性教育
~ ambiental 环境教育
~ audiovisual 视听教育
~ bilingüe 双语教育

~ cívica 公民教育
~ compensatoria 补偿教育;补习教育
~ comprensiva[comprehensiva] 综合教育
~ de adultos 成人教育
~ de inducción 诱导教育
~ de los deficientes mentales 弱智者教育
~ de perfeccionamiento 进修教育
~ de sordomudos 聋哑教育
~ deportiva[física] 体育(教育);体育课
~ élite 精英教育
~ especial (为智力或身体上有缺陷、情绪或行为上有问题的学生所提供的)特殊教育
~ ética[moral] 道德教育;德育
~ extraescolar 校外教育
~ extralaboral 业余教育
~ familiar 家庭教育
~ formal[regular] 正规教育
~ general básica(EGB) Esp. 基础[初级]教育(指小学 5 年加中学 3 年的教育)
~ inclusiva 全纳教育
~ infantil 幼儿教育
~ informal[no formal] 非正规教育
~ integral 综合教育
~ intelectual 智育
~ intercultural[multicultural] (多种)文化间的教育
~ libre 自由教育
~ medioambiental 环境教育
~ militar 军事教育
~ multidisciplinaria 综合教育,多学科教育
~ música 音乐教育
~ nacional 国民教育
~ obligatoria universal 普及义务教育
~ penitenciaria 感化教育
~ política 政治教育
~ popularizada 普及教育
~ por correspondencia 函授教育
~ preescolar 学前教育
~ primaria 初等教育
~ privada 私立(学校)教育
~ profesional 职业教育
~ pública 公立(学校)教育
~ religiosa 宗教教育
~ sanitaria[saludable] 健康教育
~ secundaria 中等教育
~ secundaria obligatoria (abr. ESO) Esp. 中等义务教育(教育对象为 12 至 16 岁少年)
~ sexual 性教育
~ social (中小学的)社会教育

~ superior 高等教育
~ técnica 技术教育
~ vial 交通教育
~ visual 直观教育
~ vitalicia 终身教育
~ vocacional 职业教育
economía de la ~ 教育经济学
escuela de ~ (大学的)教育学院
filosofía de la ~ 教育哲学
educacional adj. 教育的;教育方面的
ciencia sobre administración ~ 教育管理学
economía ~ 教育经济学
estadística ~ 教育统计学
estudio del futuro ~ 教育未来学
filosofía ~ 教育哲学
fondo ~ 教育基金
gastos ~es 教育费用
higiene ~ 教育卫生学
psicología ~ 教育心理学
sociología ~ 教育社会学
tecnología ~ 教育工艺学,教育技术学
educativo,-va adj. ①有教育意义[作用]的;②教育的,教育上的;③教学(法)的;教育学的
juguete ~ 教具
política ~a 教育政策
reforma ~a 教学改革;教育改革
sistema ~ 教育制度
educción f. ①引出;推断;②〈技〉排出[放];离析
eductor m. 喷[引]射器;排放管[装置]
edulcoración f. (使食物等)带甜味
edulcorante adj. 使带甜味的 ‖ m. (食品、医药的)甜味剂
EEC abr. ingl. European Economic Community 欧洲经济共同体
EEG abr. electroencefalograma 〈医〉脑电图,脑动电流图
e. e. o abr. exceptos errores y omisiones 错误和遗漏除外
EEPROM abr. ingl. electrically erasable programmable read-only memory 〈信〉电(动)可擦可编程只读存储器
EEZ abr. ingl. exclusive economic zone 专属经济区
efebología f. 青春期学
efebológico,-ca adj. 青春期学的
efectividad f. ①有效性;效用;生效;②〈军〉适于服役
efectivo,-va adj. ①有效的;能产生(预期)效果的;②(职位、工作等)编制内的,正式的;③〈军〉适于服役的 ‖ m. ①现金[款];

钱(纸币或硬币);②*pl.*〈军〉军队,兵力;军事力量;③编制内工作人员

～ en caja[existencia] 现金支付

～s policiales 警察

demanda ～a 有效需求

efecto *m.* ①结[后]果;②效力,作用;③实行,(法律等的)生效,起作用;④〈体〉〈球的〉旋转(运动);(足球的)弧线运动;⑤效应;⑥*pl.*〈商贸〉货物,商品;票据;有价证券

～ 2000 〈信〉千年虫

～ aditivo 〈生医〉相加作用,加性效应

～ agudo 〈生医〉急性效应

～ cambiario 票据

～ colateral ①(药等的)副作用;②〈信〉意外后果

～ Compton 〈理〉康普顿效应

～ curativo 疗效

～ chimenea 〈环〉烟囱效应

～ de aeroplano 飞机效应

～ de antena 天线效应

～ de avanlacha 〈电子〉雪崩

～ de borde 〈电〉边缘效应

～ de choque 〈理〉爆炸波效应

～ de emisión irregular 散粒[弹]效应

～ de imagen 〈电〉象效应

～ de inercia 惯性作用

～ (de) Kelvin 开尔文效应;表皮作用

～ de oscurecimiento 遮蔽效应

～ de pantalla[sombra] 屏蔽效应

～ de pinza 夹紧效应,收缩效应

～ de polarización 〈化〉极化效应

～ de presión 〈光〉压力效应

～ de proximidad 邻近(导线)效应

～ de punto muerto 空圈效应

～ de resonancia 〈化〉共振效应

～ de tierra 〈航空〉〈讯〉地面效应

～ dinámico[total] 有效功率

～ dominó 多米诺(骨牌)效应

～ Doppler 〈理〉多普勒效应

～ embudo 漏斗效应

～ Faraday 〈理〉法拉第效应

～ foehn 〈气〉焚风效应

～ fotoeléctrico 〈理〉光电效应

～ fotomagnético 〈理〉电磁效应

～ fotovoltaico 〈理〉光生伏打效应

～ fundador 〈遗〉奠基者效应

～ inductivo 〈化〉诱导效应

～ invernadero 温室效应

～ inverso 反作用

～ Joule 〈理〉焦耳效应

～ Joule-Thomson 〈理〉焦耳-汤姆逊效应

～ Luxemburgo 卢森堡效应(一种大气交叉调制)

～ mariposa 蝴蝶效应;有头无尾结果,虎头蛇尾结果

～ medicamentoso 药效

～ múltiple 多效(性)

～ óptico 视错觉,错视,光幻觉

～ Paschen-Back 〈化〉帕邢-巴克效应

～ Pasteur 〈生〉巴斯德效应(指供给充足的氧气以替换厌氧条件而抑制发酵)

～ peaje 〈信〉(高速公路)关卡效果

～ peculiar[superficial] 开尔文效应;表皮作用

～ Peltier 〈理〉珀耳帖效应

～ piezoeléctrico 〈理〉压电效应

～ plástico (相位失真)"浮雕"效应,立体效应

～ postal (信封、明信片等上盖印的)代邮标记

～ retardado 推[延]迟作用

～ retroactivo 追溯效力

～ secundario 副作用

～ termoeléctrico 热[温差]电效应

～ túnel 〈理〉隧道效应

～ útil 〈机〉输出功率;功效

～ Venturi 〈化〉文丘里效应(气体或液体通过狭窄通道时的快速流动)

～ Zeeman 〈理〉塞曼效应(谱线的磁分裂)

～s a cobrar[recibir] 应收票据

～s a pagar 应付票据

～s bancarios 银行汇票

～s de consumo 生活资料,消费品

～s de eco (电话的)回[反射]波,回声

～s de escritorio 办公用品,文具

～s especiales (电影、电视等的)特技效果

～s personales (衣物、化妆品等)随身[私人]物品

～s sonoros 音响效果

de ～ retardado 推迟的;(炸弹等)定时的

de doble ～ 双动式的,双作用的

de simple ～ 单动式的,单作用的

doble ～ 双效(的)

efector,-ra *adj.*〈生理〉产生效应的‖*m.* ①〈生理〉效应器(如腺体、肌肉);②〈生化〉效应物

célula ～a 效应细胞

órgano ～ 效应器(如腺体、肌肉)

efedra *f.*〈植〉麻黄属植物

～ mayor 〈植〉大麻黄

efedráceo,-cea *adj.*〈植〉麻黄属(植物)的‖*f.* ①麻黄属植物;②*pl.* 麻黄科

efedrina *f.*〈药〉麻黄素[碱]

clorhidrato de ～ 盐酸麻黄碱

sulfato de ～ 硫酸麻黄碱

efélide *f.* 〈医〉(太阳光在皮肤上引起的)斑点,雀斑

efémera *adj.* 见 fiebre ~ ‖ *f.* 一日[短暂]热
fiebre ~ 一日[短暂]热

efemeroide *adj.* 见 efemeróptero

efemeróptero,-ra *adj.* 〈昆〉鞘翅目的 ‖ *m.* ①鞘翅目昆虫;②*pl.* 鞘翅目

eferencia *f.* 〈生理〉传[输]出,离心

eferente *adj.* 〈生理〉传[输]出的;离心的
nervios ~s 传出神经
neurofibras ~s 传出神经纤维

efervescencia *f.* ①冒泡,起(泡)沫;②〈化〉泡腾

efervescente *adj.* ①冒泡的,起沫的;②〈化〉泡腾的

effleurage *m.ingl.* 按抚法

efialtes *f.*; efialto *m.* 〈医〉梦魇

eficacia *f.* ①(人、方法等的)效率[力,能];功效;②有效性;效用
~ económica 经济效用
~ marginal 边际效用

eficaz *adj.* ①效率高的,有能力的;②有效的;起作用的
caída ~ 有效水头
medida ~ 有效措施

eficiencia *f.* ①效率[能];功效;②〈理〉效率
~ cuántica 〈化〉量子效率
~ de asimilación 〈生态〉吸收效率
~ de combustión 燃烧效率
~ ecológica 〈生态〉生态效率
~ económica 经济效益
~ fotosintética 〈生态〉光合效率
~ mecánica 机械效率
~ térmica 〈工〉热效率

efímera *f.* 〈动〉蜉蝣

efímero,-ra *adj.* ①(疾病)一日即愈的;短暂的;②只生存一天的;(昆虫或植物)短生[命]的 ‖ *m.* 〈生〉短生的昆虫[植物]

eflorescencia *f.* ①开花;②〈化〉风化;起霜粉化(物);③〈医〉皮疹

eflorescente *adj.* ①开花的;②〈化〉风化的;粉化的;起霜的

efluencia *f.* (磁、电、光、水 等的)流出;发[射]出

efluente *adj.* (液体、气体等)流出的;发[射]出的 ‖ *m.* ①(从河、湖流出的)水流;支流;②流出物(如废水等)

efluvio *m.* ①流[涌]出;②流出物;③〈无〉无声放电
~ eléctrico 无声放电

EFT *abr.ingl.* electronic funds transfer 资金电子转账

EFTA *abr.ingl.* European Free Trade Association 欧洲自由贸易联盟

EFTS *abr.ingl.* electronic funds transfer system 资金过户电子系统

efusión *f.* ①(液体、气体等的)流[泻,涌]出;②〈理〉泻流,隙透;③〈医〉渗出;渗出[漏]物[液]
~ de sangre 流[渗]血

efusivo,-va *adj.* 〈地〉喷发的;流[喷,溢]出的
roca ~a 〈地〉喷发岩

EGA *abr.ingl.* enhanced graphics adapter 〈信〉增强图形适配器

EGB *abr.* eduación general básica *Esp.* 基础[初等]教育

egipcio,-cia *adj.* ①埃及的;②埃及人的 ‖ *m.* 〈印〉埃及体(笔画基本无粗细的印刷字体)
cruz ~a 埃及十字,圆头十字
letra ~a 〈印〉埃及体

egiptología *f.* 埃及学(研究古代埃及文物)

egirina; egirita *f.* 〈矿〉霓石

eglantina *f.* 〈植〉臭(犬,多花)蔷薇

eglefino *m.* 〈动〉(产于北大西洋的)黑线鳕

ego *m.* ①自我,自己;②自我中心;自负,自尊心;③〈心〉自我

egofonía *f.* 〈医〉羊(鸣)音

EGP *abr.ingl.* Exterior Gateway Protocol 〈信〉外部网关协议

egrergosis *f.* 〈医〉熟[酣]睡不能

egresado,-da *m.f. Amér.L.* 〈教〉(尤指大学)毕业生

egreso *m. Amér.L.* ①离开,出发;②出口[路];③〈教〉(尤指大学)毕业;④支出;开支
~s de la familia 家庭开支
~s presupuestales 预算支出

EIA *abr.* evaluación de impacto ambiental 环境影响评估

eicosanoide *m.* 〈生化〉类二十烷酸,类花生酸

EIB *abr.ingl.* European Investment Bank 欧洲投资银行

EIDE *abr.ingl.* extended integrated drive electronics 〈信〉扩展集成驱动电子电路

eider; eíder; eidero *m.* ①〈鸟〉绒鸭,绵凫;②绒鸭绒

eidógrafo *f.* 缩放绘图仪

eidoptometría *f.* 〈医〉视形测定法

einstenio *m.* 〈化〉锿

eirá *m. Arg., Parag.* 〈动〉狐狸

EIS *abr.ingl.* environmental impact statement 环境影响报告(书)

EISA *abr.ingl.* ① extended industry

standard architecture 〈信〉扩展工业标准结构；② Electronics Industry Standards Association 〈信〉电子工业标准协会

eisoptropofobia *f*. 〈心〉镜子恐怖

eje *m*. ①〈地〉〈数〉轴，轴线；中心线；②〈机〉（车轮、机器等的）轴；车轴；③〈植〉主茎；茎轴；④晶轴（晶体学用语）；⑤（透镜的）光轴；视轴；⑥见 ～ central de red

～ acromático 非染色质纺锤体
～ binario 〈数〉对称轴
～ central 中（心）线，（中）轴线
～ central de red 〈信〉主干网（将世界上主要的因特网服务提供者连接在一起的高速通信链接）
～ central de red concentrado 〈信〉集总主干网
～ central de red distribuido 〈信〉分布式主干网
～ central de red en malla 〈信〉网状主干网
～ central de red europeo 〈信〉欧洲主干网
～ central de red híbrido 〈信〉混合主干网
～ central de red para multidifusión 〈信〉组播主干网
～ cristalográfico 〈地〉（结）晶轴
～ de abscisas 〈数〉X 轴，横坐标轴
～ de apoyo 枢（轴）；支点[枢]；支[心]轴
～ de balanceo 〈机〉翻滚轴
～ de balancín 摇轴
～ de cardan 〈机〉万向轴
～ de coordenadas 坐标轴
～ de declinación 〈天〉赤纬轴（望远镜的支承轴）
～ de empuje （飞机的）推力轴
～ de espín 〈理〉转轴
～ de impulsión（～ motor）〈机〉主[驱]动轴
～ de la hélice 螺（旋）桨轴
～ de las equis 横坐标轴
～ de levas 〈机〉凸[桃，偏心]轮轴
～ de los polos 〈数〉〈天〉极轴
～ de macla 〈地〉双晶轴
～ de manivelas 曲柄轴
～ de ordenadas 〈数〉Y 轴，纵坐标轴
～ de quilla 轴[中心]线，中纵线
～ de referencia 参考轴
～ de rotación 转动轴
～ de sección en T 十字轴
～ de simetría 〈数〉对称轴
～ de transmisión （汽车等的）主[传]动轴
～ del ánima 炮膛轴
～ del cigüeñal 曲柄轴
～ del diferencial 差动齿轮轴
～ del mundo 〈天〉天轴
～ delantero 〈机〉前桥，前轴
～ director 〈机〉前[转向]轴；准线
～ ecuatorial 〈测〉赤道轴
～ final 〈船〉艉轴
～ floral 花轴
～ flotante 浮轴
～ helicoidal 螺旋轴
～ imaginario 〈数〉虚轴
～ lateral （船的）横轴
～ libre 不连轴
～ magnético 磁轴
～ mayor 长轴
～ menor (de una elipse) （椭圆）短轴
～ motor con manivelas a 90° 十字轴
～ muerto 〈机〉静轴
～ neutral 〈机〉中性轴
～ normal 〈机〉垂直轴
～ oblicuo 斜轴
～ óptico ①〈解〉视轴；②〈理〉光轴
～ pasivo 〈机〉从动轴
～ polar 〈数〉〈天〉极轴
～ portador 负载轴
～ portafresas 〈机〉刀轴，铣刀杆，刀具心轴
～ posterior 〈机〉后桥，后轴
～ principal 〈理〉主轴
～ radical 〈数〉根轴，等幂轴
～ real 〈数〉实轴
～ secundario 副轴
～ trasero 〈机〉后桥，后轴
～ transversal 〈机〉横轴
～ vertical （船舶、飞机等的）垂直轴
～ vial *Méx*. （公路）干线
～ x/y 〈数〉X/Y 轴，横/纵坐标轴
～s cartesianos[coordenados] 坐标轴
caja del ～ 轴承
chumacera del ～ 曲轴[柄]轴承
espiga del ～ 轴颈[头]
muñón de un ～ 轴颈[头]
pezonera[piñón] del ～ 轴销
soporte de ～ 柄轴支架

ejecución *f*. ①实行[施]，执[履]行；②〈乐〉表演，演出[奏]；③〈法〉扣押；（为还债）强行查封；处决；正法；④制作；⑤〈信〉（程序或指令的）执行

～ a pelo 〈信〉模拟运行
～ en fondo 〈信〉后台执行
～ especial 特制
～ fallida 〈信〉不成功执行
～ paralela 〈信〉并行运行[测试]
～ planificada 按计划执行

~ standard 标准制作

ejecutable *adj*. ①可行的;可执[实]行的;②〈乐〉可演奏的;③〈法〉(负责人)可被起诉的;④〈信〉(程序等)可执行的

ejecutante *m. f*. ①〈乐〉表演[演奏]者;②执[实]行者 ‖ *m*.〈法〉扣押人,扣押他人财物者

ejecutor,-ra *m. f*. 执行者;实施者
~ testamentario 遗嘱执行人

ejecutoria *f*.〈法〉(终审)判决;判决书

ejemplar *m*. ①样本[品];②〈动〉标本;③(每种动植物的)个体;(每种收藏品的)个体;④(书籍的)册,本,(杂志的)期;⑤〈信〉实例;产生
~ de firma 签字样
~ de regalo(~ obsequio) 赠阅本

ejercicio *m*. ①(身体方面的)运动,锻炼,训练;②〈教〉练习,习题;③演习(活动);④〈军〉操练;(军事)演习;⑤(为取得学位的)答辩;⑥(医生、律师等的)开业;从事;⑦〈商贸〉会计年度;财政年
~ acrobático〈航空〉特技动作
~ contable 会计年度
~ de calentamiento (比赛前的)准备[热身]活动
~ de estiramiento 伸展活动
~ de incendio 消防演习
~ de mantenimiento 健身活动
~ de tiro 射击[打靶]练习
~ del comercio 从事商业活动,经商
~ escrito ①笔头练习;笔试;②书面答辩
~ financiero 财政年度
~ fiscal 税收年度
~ oral ①口头练习;口试;②口头答辩
~ práctico 实习;实践能力考察
~ presupuestario 预算年度
~ profesional 开业
~ social 营业[会计]年度
~s gimnásticos 体操

ejerciente *adj*. 从事实际业务的

ejército *m*. ①〈军〉军队;(一国的)陆军;②〈军〉野战[集团]军;③见~de desempleados
~ de campaña 野战军
~ de desempleados 失业大军
~ de ocupación 占领军
~ de tierra 陆军
~ del aire 空军
~ del mar 海军
~ permanente[regular] 常备[正规]军

ejero *m. And*.〈农〉犁耙

ejidal *adj. Méx*.〈农〉村社的

ejido *m*.〈农〉①共有地,公地;②*Méx*. 村社

ejión *m*.〈建〉肌木,梁托,支撑物

ejote *m. Amér. C.,Méx*.〈植〉嫩豆角,嫩四季豆角

elaborable *adj*. ①可加工的;②可制作的;③可制订的

elaboración *f*. ①(木材、金属等的)加工;(精心)制作;②(计划、预算、战略等的)制订,策划;③(数据、预算等的)编制;④(文件等的)起草;⑤〈生理〉制造
~ de alimentos 食品加工
~ de datos〈信〉编制数据
~ del presupuesto 编制预算
~ según la muestra 来样加工

elaborador,-ra *adj*. ①加工的,制作的;②〈生理〉制造的;③制订的 ‖ *m. f*. ①加工[制作]者;②技工

elaiometría *f*. 油比重检验(法)

elaiómetro *m*. 油比重计,油度计

elaiotecnia *f*. 植物油加工技术

elápido,-da *adj*.〈动〉眼镜蛇的;眼镜蛇科的 ‖ *m*. ①眼镜蛇;②*pl*. 眼镜蛇科

Elara *f*. [E-]〈天〉木卫七

elasmobranquio,-quia *adj*.〈动〉板鳃亚纲的(鱼)‖ *m*. ①板鳃亚纲的鱼(如鲨);②*pl*. 板鳃亚纲

elasmosa *f*.〈矿〉针碲矿

elastancia *f*.〈电〉倒电容(值)

elastasa *f*.〈生化〉弹性蛋白酶

elasticidad *f*. ①弹性[力];伸缩性;②灵活性,适[顺]应性;③〈经〉(随价格或销售变化的)需求弹性
~ de torsión 扭转弹性
~ residual 剩余弹性
análisis de ~ 弹力分析

elástica *f*. ①〈动〉弹性线;②弹力衫

elástico,-ca *adj*. ①有弹性[力]的;有伸缩性的;②易顺应(新思想)的;适应性强的 ‖ *m*. ①弹性织物;②*Amér. L*. 钢丝床垫;③*Amér. L*. (车辆)弹簧
colisión ~a〈理〉弹性碰撞
deformación ~a〈理〉弹性变形
módulo ~〈理〉弹力系数(致使物体变形的力的比率)
nevo ~ 弹性痣
tejido ~〈解〉弹性组织

elastina *f*.〈生化〉弹性蛋白

elastinasa *f*.〈生化〉弹性硬蛋白酶

elastoide *m*.〈医〉弹性样组织

elastoma *m*.〈医〉弹性组织瘤

elastomérico,-ca *adj*.〈化〉有弹性体特性的

elastómero *m*.〈化〉(高分子)弹性体,高弹体

elastometría *f*. 弹性测定法

elastómetro *m.* 弹性测定器

elastopatía *f.* 〈医〉弹性组织病

elastoplástico,-ca *adj.* 弹塑性的 ‖ *m.* 弹性塑料

elastorresistencia *f.* 〈电〉弹性电阻

elastorrexis *f.* 〈医〉弹性纤维断裂

elastosis *f.* 〈医〉弹性组织变性

eláter *m.* 〈植〉弹丝

elaterido,-da *adj.* 〈昆〉叩头虫科的 ‖ *m.* ① 叩头虫；②*pl.* 叩头虫科

elaterina *f.* 〈药〉西洋苦瓜素,喷瓜素

elaterio *m.* 〈植〉苦瓜

elaterita *f.* 〈矿〉弹性沥青,矿质橡胶

elaterófono *m.* 〈植〉弹丝托

elaterómetro *m.* （气体）压力计

elayometría *f.* 油比重检验(法)

elayómetro *m.* 油比重计,油度计

elayotecnia *f.* 植物油加工技术

elbaíta *f.* 〈矿〉锂电气石

ele *m.* ①L 形,L 形物；②L 形钢材；③弯管[头]
    ~ de reducción 异径弯头

eleagnáceo,-cea *adj.* 〈植〉胡颓子科的 ‖ *f.* ①胡颓子科植物；②*pl.* 胡颓子科

Electra *f.* 见 complejo de ～
    complejo de ～ 〈心〉恋父情结

electreto *m.* 〈电〉驻极(电介)体,永电体

electricidad *f.* ①电,电气；②电学；③电流
    ～ animal 动物电
    ～ atmosférica 〈理〉〈气〉天电,大气电
    ～ de contacto 〈电〉接触电
    ～ de frotamiento(～ friccional) 摩擦电
    ～ de precipitación 〈理〉降水电
    ～ dinámica 动电(学)；电流
    ～ estática 〈理〉静电
    ～ galvánica 伽伐尼电,伏打电,由原电池产生的电
    ～ magnética 磁电；电磁学
    ～ negativa 负电(荷)
    ～ nuclear 核电能
    ～ positiva 正电(荷)
    ～ terrestre 大地电

electricista *adj.* 电工的；从事电气工作的 ‖ *m. f.* ①电气专家；电气技术员；②电工
    ingeniero ～ 电气工程师

eléctrica *f.* 电力公司

eléctrico,-ca *adj.* ①电的；②充电的；导电的；③用电的,电动的；④(电吉他、电子琴等乐器)电子扩音的
    acero ～ 电炉[工]钢
    arco ～ 电弧
    automóvil ～ 电动汽车,电气汽车

    batería ～a 蓄电池
    cable ～ 电缆
    calefacción ～a 电暖气
    centro ～ 电气中心
    cobresoldadura ～a 电热铜焊
    coche ～ 电动汽车
    controlador ～ 电控制器
    desplazamiento ～ 电位移
    detonador ～ 电雷管
    dipolo ～ 电偶极
    eje ～ 电轴
    fonógrafo ～ 电唱机
    guitarra ～a 电吉他
    imagen ～a 电像,电位起伏图
    inducción ～a 电感应
    maclado ～ 电孪生
    manta ～a 电热毯
    órgano ～ (某些鱼的)发电器管,发电器
    oscilaciones ～as 电振荡
    registro ～ 电气录制
    transductor ～ 电换能器

electrificación *f.* ①起电(装置)；带电；②电气化
    ～ de ferrocarriles 铁路电气化

electrizable *adj.* 可带[起]电的

electrización *f.* ①(使)带[起]电；②(使)电气化

electrizante *adj.* ①使起[带]电的；②使激动的,使兴奋的

electro *m.* ①电镀品；②〈印〉电铸版；电铸版印刷物

electroacero *m.* 电炉[工]钢

electroacupuntura *f.* 〈医〉(用电针代替普通金针的)电针刺

electroacústica *f.* 电声学(一门研究声能或声波与电能或电波互相转换的科学)

electroacústico,-ca *adj.* 电声学的；电声的
    aparato ～ 电声器

electroafinidad *f.* 电亲和势,电亲和性

electroanalgesia *f.* 〈医〉电刺激止痛

electroanálisis *m.* 〈化〉电(解)分析

electroanalizador *m.* 〈电〉电分析器

electroanestesia *f.* 〈医〉电麻醉

electrobalística *f.* 电子弹道学

electrobasógrafo *m.* 电运转记录器

electrobiología *f.* 生物电学(一门研究与活生物体的功能有关的电现象的学科)

electrobiológico,-ca *adj.* 电生物学的

electrobioscopia *f.* 〈医〉电检定生死法

electrobomba *f.* 〈机〉电动水泵

electrocapilaridad *f.* 〈植〉电毛细(管)现象

electrocardiografía *f.* 〈医〉心图描记术；心电图学

electrocardiógrafo m.〈医〉心电图描记器,心电图仪

electrocardiograma m.〈医〉心电图,心动电流图

electrocauterio m.〈医〉电烙器

electrocauterización f.〈医〉电烙术

electrochapado,-da adj.①电镀的;②〈印〉制成电铸板的

electrochapeado m.〈冶〉电镀(术)

electrochoque m.〈生理〉〈医〉电休克,电震

electrochorro m.(大气电离层中的)电喷流

electrocinética f.〈理〉动电学

electrocinético,-ca adj. 动电(学)的

electrocirugía f.〈医〉电外科

electrocoagulación f.〈医〉电凝法

electrocobreado,-da adj.〈技〉(电)镀铜的

electroconductibilidad f.〈电〉导电性;导电率

electroconvulsivo,-va adj.〈医〉电惊厥的,电休克的
  terapia ~a 电惊厥疗法,电休克疗法

electrocorrosión f. 电解腐蚀

electrocorticograma m.〈医〉皮层电脑图

electrocromatografía f.①〈电〉电色谱法;②〈医〉电层析法

electrocromismo m.〈化〉电致变色

electrocronógrafo m. 电动精密计时器

electrocución f.①触电死亡;②电刑处死

electrocultivo m.〈农〉电气栽培

electrodeposición f. 电(解)沉淀;电(解)沉积物

electrodesecación f.〈医〉电干燥法,电除湿法

electrodesintegración f.〈理〉(原子)电蜕[衰]变

electrodiafanía f.〈医〉电透照

electrodiagnóstico,-ca adj.〈医〉电(刺激反应)诊断法的‖m. 电(刺激反应)诊断法

electrodiálisis f.〈化〉电渗析

electrodializador m.〈化〉电渗析器

electrodinámica f. 电动力学(一门研究电、磁、力学现象之间关系的学科)

electrodinámico,-ca adj. 电动力的;动力学的

electrodinamismo m. 电动力

electrodínamo,-ma adj. 电动(力)的,机电的

electrodinamómetro m.〈电〉电(测,动)力计;力测电流计

electrodisolución f.〈化〉电解溶解法

electrodispersión f.〈化〉电分散作用

electrodo; eléctrodo m.①〈电〉电极;②〈电〉焊条

~ acelerador〈电〉加速电极

~ acelerador posterior 后加速电极

~ activo 有源电极

~ auxiliar 副[辅助]电极

~ bipolar 双极性电极

~ compuesto 复合焊条

~ de carbón〈冶〉炭极]

~ de control 控制[聚焦]电极

~ de gotas 滴液电极

~ de masas 地电极

~ de placa 阳[板,平板电]极

~ de referencia〈电〉参考[比]电极

~ de rutilo 钛型焊条

~ de tierra〈电〉地电极

~ negativo/positivo〈电子〉负/正电极

corriente de ~ 电极电流

potencial de ~ 电极电位,电极电势

tensión de ~ 电极电压

electrodoméstico,-ca adj.(电器)家用的‖m. 家用电器
  ~s de línea blanca 白色(大型)家用电器(电冰箱、洗衣机、电炉等,因通常为白色而得名)
  aparato ~ 家用电器

electroencefalografía f.〈医〉脑电图学;脑电描记法

electroencefalográfico,-ca adj.〈医〉①脑电图学的;脑电描记法的;②脑电图仪的;脑电描记器的

electroencefalografista m.f.〈医〉脑电图学专家;脑电描记法专家

electroencefalógrafo m.〈医〉脑电图仪;脑电描记器

electroencefalograma m.〈医〉脑电图,脑动电流图

electroencefalología f. 脑电学

electroendosmosis f.①〈理〉电内渗;②〈医〉电内渗法

electroenfoque m.〈生化〉(等)电聚[调]焦

electroerosión f. 电火花加工

electroescultura f. 电雕塑

electroespectrograma m.〈医〉光电谱图

electroestañado m.〈冶〉电镀锡

electroestática f. 静电学

electroestático,-ca adj. 静电的;静电学的

electroestimulación f.〈医〉电刺激术

electroestimulante adj.〈医〉电刺激的

electroestricción f.〈理〉电致伸缩;电致伸缩应变

electroexplosivo m.①电起爆炸药;②电控引爆器

electroextracción f.〈冶〉电解提取[纯],电解冶金法

electrofilia *f*. 〈化〉亲电子能力

electrofílico,-ca *adj*. 〈化〉亲电子的

electrófilo *m*. 〈化〉亲电子试剂

electrofiltración *f*. 电致过滤

electrofiltro *m*. 电滤尘器

electrofísica *f*. 电(子)物理学

electrofisiología *f*. ①电生理学(一门研究活体内产生电流的基本机理的学科),生物电学;②(身体或器官的)电生理现象

electrofisiológico,-ca *adj*. ①电生理学的;②电生理现象的

electrofluido *m*. 〈理〉电流体

electrofobia *f*. 〈心〉电恐怖

electrofónico,-ca *adj*. ①(声音、音乐等)利用电子作用产生的;②有线广播装置的

electrófono *m*. ①有线广播装置;②电子乐器;③唱[留声]机

electroforegrama *m*. 〈医〉电泳图

electroforesis; electrofóresis *f*. 〈化〉电泳(现象)

electroforético,-ca *adj*. 〈化〉电泳的
     movilidad ～a 电泳迁移率

electroformación *f*. 〈冶〉电铸[冶],电成型

electróforo *m*. 〈电〉起电盘

electrofotografía *f*. 〈摄〉电子照相[摄影]术(一种静电摄影术)

electrofotograma *m*. 〈摄〉用基尔良照相术摄制的电子照相

electrogalvánico,-ca *adj*. ①〈电〉伽伐尼电的,伏打电的,由原电池产生的;②〈电〉伏打电学的;③电镀锌的

electrogalvanismo *m*. 〈电〉①伽伐尼电,伏打电,由原电池产生的电;②伏打电学

electrogalvanizado,-da *adj*. 〈冶〉电镀锌的,电镀锌的 ‖ *m*. ①电镀;电镀术;②电镀锌

electrogenerador *m*. 〈电〉〈机〉发电机

electrogénesis *f*. (生物组织的)(产)生电

electrogenético,-ca *adj*. (生物组织中)产生电的

electrógeno,-na *adj*. 〈电〉〈机〉发电的 ‖ *m*. 发电机

electrogoniómetro *m*. 〈测〉电测角器,电测向器

electrografía *f*. ①电记录术;②电刻术;〈印〉电版术;③传真电报术

electrógrafo *m*. ①电记录器;②电刻器;③传真电报机

electrograma *m*. 〈电〉〈医〉电描记图

electrogustometría *f*. 〈医〉电味觉测定(法)

electrogustómetro *m*. 〈医〉电味觉测定仪

electrohemostasis *f*. 〈医〉电止血法(如使用电烙器止血)

electrohorticultura *f*. 电化园艺,电气化园艺

electroimán *m*. 〈电〉电磁铁;电磁体
     ～ apantallado 铠装电磁体
     ～ de alzar[levantamiento] 起重机(电)磁铁
     ～ de campo 场(电)磁铁

electroinmunodifusión *f*. 〈医〉电免疫扩散

electrokimograma *m*. 〈医〉心电计波图;电计波照片

electrólisis *f*. ①〈化〉电解(作用);②〈医〉(毛、疣、痣等的)电蚀除

electrolítico,-ca *adj*. 〈化〉电解的;电解质的,电解(溶)液的
     afinado ～ 电解精炼
     conductor ～ 电解质导体
     cuba ～a 电解池
     decapado ～ 电解浸洗
     deposición ～a 电解沉淀
     depósito ～ 电解沉淀(物)
     disociación ～a 电解电离,电离
     disolución ～a 电(解)溶解
     extracción ～a 电解提取[纯]
     interruptor ～ 〈电〉电解断续器
     pila ～a 电解电池
     refinado ～ 电(解)提纯

electrolito; electrólito *m*. 〈化〉①电解(溶)液;②电解质
     ～ coloidal 胶态电解质
     ～ débil/fuerte 〈化〉弱/强电解质
     ～ inmovilizado 固体电解质

electrolización *f*. 〈化〉电解

electrolizador,-ra *adj*. 〈化〉电解的 ‖ *m*. ①电解槽[池,器,装置];②电解剂

electrolizar *tr*. ①〈化〉用电解法分离,电解;②用电蚀法除去(毛、疣、痣等)

electrología *f*. ①电学;②电疗学;电疗[电蚀]法

electrológico,-ca *adj*. ①电学的;②电疗学的;电疗[电蚀]法的

electrologista; electrólogo,-ga *m. f*. ①电学专家;②电疗学专家;电蚀医师

electroluminiscencia *f*. 〈电子〉场[电]致发光,电荧光,阴极射线发光

electroluminiscente *adj*. 〈电子〉场[电]致发光的,电荧光的,阴极射线发光的

electromagnética *f*. 〈电〉电磁学

electromagnético,-ca *adj*. 〈电〉电磁的;电磁体的
     campo ～ 电磁场
     energía ～a 电磁(辐射)能
     impulso ～ 电磁脉冲
     inducción ～a 电磁感应
     lente ～ 电磁透镜
     onda ～ a 电磁波

radiación ～a 电磁辐射
telecomunicación ～a 电磁波通讯
electromagnetismo *m.* 〈电〉①电磁;②电磁学
electromagneto *m.* 〈电〉电磁体,电磁铁
electromagnetoterapia *f.* 〈医〉电磁疗法
electromecánica *f.* 〈电〉〈机〉机电学
electromecánico,-ca *adj.* 〈电〉〈机〉电动机械的;机电的;电机的
electromecanización *f.* 〈机〉电动机械化;机电化;电机化
electromedicina *f.* 电子医学
electromérico,-ca *adj.* 〈化〉电子异构的
electromerismo *m.* 〈化〉电子异构(现象)
electromero; electrómero *m.* 〈化〉电子异构体
electrometalurgia *f.* 〈冶〉电冶金(学),电冶
electrometalúrgico,-ca *adj.* 〈冶〉电冶金学的
electrometría *f.* 〈电〉(静电计)测电术,(静电计)测电学
electrométrico,-ca *adj.* ①电气测量的;由静电计测量的;②测电术的,测电学的
amplificador ～ 静电计放大器
electrómetro *m.* 〈电〉静电计,静电测量器
～ absoluto 绝对静电计
～ capillar 毛细管静电计
～ de cuadrantes 象限静电计
～ de hilo 悬丝静电计
electromicrómetro *m.* 〈电〉高精密度静电计
electromigración *f.* 〈化〉〈医〉电迁移法
electromigratorio,-ria *adj.* 〈化〉〈医〉电迁移的
electromiografía *f.* 〈医〉肌电图学;肌电描记法
electromiógrafo *m.* 〈医〉肌电图仪;肌电描记器
electromiograma *m.* 〈医〉肌电图;肌动电流图
electromotivo,-va *adj.* 〈电〉①电动的;②电动势的
fuerza ～a 电动势
electromotor,-ra *adj.* 〈电〉电动的;起电的 ‖ *m.* 〈机〉①电动机;②发电机
electromotriz *adj.* 〈电〉电动的;起电的
fuerza ～ 电动势
fuerza contra ～ 反电动势
electromóvil *m.* 电动汽车;电瓶车
electrón *m.* 〈理〉电子
～ de valencia 〈理〉价电子
～ libre 自由电子
～ metastático 移位电子
～ negativo 负电子

～ positivo 正电子
～ primario 原电子
～ secundario 二次电子
～ voltio 电子伏(特)
acelerador de ～es 电子加速器
emisión de ～es 电子发射
haz de ～es 电子束
electronegatividad *f.* ①〈电〉负电性;②〈化〉负[阴]电性;电阴性
electronegativo,-va *adj.* ①〈电〉负电性的;②〈化〉负[阴]电(性)的;电阴性的
electroneumático,-ca *adj.* 电动气动(式)的,电气动的
electroneurografía *f.* 〈医〉神经电流描记术
electroneurolisis *f.* 〈医〉电针神经松解术
electrónica *f.* ①电子学;②电子电路;电子器件
～ aeroespacial 宇宙(空间)电子学
～ cuántica 量电子学
～ física 物理电子学
～ médica 医用电子学
electrónico,-ca *adj.* ①电子的,电子学的;②电子器件的;③(音乐或乐器)利用电子作用的;电子音乐的;④见 compra ～a
banca ～a 电子金融业务
banco ～ 电子银行
barrido ～ 电子扫描
caja registradora ～a 电子现金出纳机
cerebro ～ 电脑
cheque ～ 电子支票
circuito ～ 电子电路
cobro ～ 电子收款
comercio ～ 电子商务;电子贸易
compra ～a 网上购物
equilibrado ～ 电子平衡法
espejo ～ 电子镜
haz ～ 电子束
laringe artificial ～a 电子人工喉
lente ～a 电子透镜
micrógrafo ～ 电子显微照片
microscopio ～ 电子显微镜
música ～a 电子音乐
negocios ～s 电子商务
nube ～a 电子云
óptica ～a 电子光学
órgano ～ 电子琴
pago ～ 网上支付
pizarrón ～ 电子显示牌
procesamiento[proceso] ～ de datos 〈信〉电子数据处理
remesa ～a 电子汇款
tecnología ～a 电子技术
transacciones ～as 电子交易

tansferencia ～a 电子转账

tubo ～ 电子管

venta ～a 网上销售

electronistagmografía *f.*〈医〉眼震电图描记法;眼球震颤电流描记(法)

electronistagmograma *m.*〈医〉眼球震颤电图;眼球震颤电流(描记)图

electronización *f.* 电子化

  ～ de correos 邮政电子化

electrono *m.*〈生理〉电紧张(肌肉或神经通电后产生的一种状况)

electronograma *m.*〈医〉电子显微照片

electronuclear *adj.* 核动力(发电)的

  central ～ 核动力发电站

electronvoltio *m.*〈理〉电子伏(特)

electroóptica *f.* 电光学(一门研究电场对光学现象影响的学科)

electroóptico,-ca *adj.* 电光学的

electroósmosis *f.*〈化〉电渗(透,现象,作用)

electroosmótico,-ca *adj.*〈化〉电渗的

electropatología *f.*〈医〉电病理学

electropintura *f.* 电涂

electroplaca *f.*〈动〉电板

electroplastia *f.* 电镀(术)

  ～ en cuba 筒[滚]镀

electroplateado *m.*〈冶〉电镀(术)

electroplaxo *m.*〈动〉电板

electropolar *adj.*〈电〉电极性的

electroporación *f.*〈生〉电穿孔术

electropositivo,-va *adj.* ①〈电〉正电性的;电正性的;②〈化〉正[阳]电(性)的

electropulido *m.*〈冶〉电(解)抛光

electroproducción *f.*〈电〉(致产)生

electropuntura *f.*〈医〉电针刺,电针法

electroquímica *f.*〈化〉电化学

electroquímico,-ca *adj.*〈化〉电化(学)的

  equivalente ～ 电化当量

electroquimografía *f.*〈医〉电记波照相术

electroquimógrafo *m.*〈医〉电记波照相器

electroquimograma *m.*〈医〉电记波照片

electrorradiología *f.*〈医〉电放射学

electrorradiómetro *m.*〈医〉电放射线测量计

electrorrecubrimiento *m.*〈冶〉电镀(术)

electrorrefinado *m.*〈冶〉电(解)精炼

electrorrefinación *f.* 电提纯

electrorretinógrafo *m.*〈医〉视网膜电流描记器

electrorretinograma *m.*〈医〉视网膜电流图

electroscopio *m.*〈电〉验电器[笔];静电测量器

  ～ de hojas de oro 金箔验电器

electrosección *f.*〈医〉电切除术

electrosensibilidad *f.*〈动〉电感知能力,电敏性

electrosensitivo,-va *adj.* 电敏的

  papel ～ 电敏纸(能在电流从中流过时成像)

electrosensorio,-ria *adj.*〈生〉电感的

electroshok *m. ingl.*〈医〉电休克

electrosiderurgia; electrosiderurgía *f.*〈冶〉电炉炼钢

electrósmosis *f.*〈化〉电渗(透,现象,作用)

electrosol *m.* 电溶胶;金属电胶液

electrosoldadura *f.* 电焊接(法)

electrospectrograma *m.*〈医〉电光谱图

electrostática *f.*〈电〉静电学

electrostático,-ca *adj.*〈电〉静电的,静电学的

  campo ～ 静电场

  inducción ～a 静电感应

electrostricción *f.*〈理〉电致伸缩,电致伸缩应变

electrotanasia *f.*〈医〉触电死

electrotaxis *f.*〈生〉趋电性

electrotecnia *f.*〈电〉电工学;电工技术

electrotécnico,-ca *adj.* 电工技术的,电工学的‖*m. f.* 电工技术员

electrotecnología *f.* 电工学;电工技术

electroterapeuta *adj.*〈医〉电疗医师;电疗学家

electroterapéutica; electroterapia *f.*〈医〉电疗,电疗法

electroterápico,-ca *adj.*〈医〉电疗的,电疗法的

electrotermia; electrotérmica *f.*〈理〉电热学

electrotérmico,-ca *adj.*〈理〉电(致)热的;电热学的

electrotermo *m.* ①浸入式热水器;②〈医〉电热器

electrotermostato *m.* 电恒温器

electrotipia *f.*〈印〉电铸(术);电铸版(术)

electrotípico,-ca *adj.*〈印〉电铸术的

electrotipo *m.*〈印〉①电铸版;②电铸(术);③电铸版印刷物

electrotomía *f.*〈医〉电切术

electrótomo *m.*〈医〉电刀

electrotono *m.*〈生理〉电紧张(肌肉或神经通电后产生的一种状况)

electrotrén *m.* 电气火车;电动特别快车

electrotropismo *m.*〈生〉向电性

electrovalencia *f.*〈化〉①电(化)价;②电价键,离子键

electrovalente *adj.*〈化〉电价的

  enlace ～ 电价键,离子键

electroválvula *f.* 电阀门

electuario m. 〈药〉(干)药糖剂,舐剂

elefancia; elefansiasis f. 〈医〉象皮病(一种由缘虫引起的人体寄生虫病)

elefante,-ta m. f. 〈动〉象
~ marino 海象,象海豹

elefantiásico,-ca adj. 〈医〉象皮病的

elefantón m. Hond. 〈医〉象皮病

elefántidos m. pl. 〈动〉象科

elegía f. 〈乐〉哀歌

eleidina f. 〈生化〉角母蛋白

elemento m. ①成分,组成部分,要素;②〈化〉〈理〉元素;③〈数〉元,元素;④〈电〉电极;电池;⑤(人或物)自然环境;⑥因素;⑦〈建〉构件;⑧〈技〉元件;⑨〈信〉部[元]件;⑩pl. 自然力;要素(古代西方哲学中认为土、风、水、火是构成一切物质的四大要素)
~ alcalino 〈化〉碱金属元素
~ alcalinotérreo 〈化〉碱土金属元素
~ bimetálico 双金属元件
~ combustible (核反应堆的)燃料元件
~ concesionario 减让因素
~ constitutivo[constituyente, integrante] 组成部分
~ de batería 原电池
~ de datos 〈信〉数据
~ de imagen 像素
~ de juicio 论据
~ de máquina 机械元件
~ de memoria 存储元件
~ de resistencia 电阻(加热)元件
~ de transición 〈化〉过渡元素
~ de valor 价值要素
~ del objetivo 透镜原件
~ deslizante 〈信〉滑动块
~ electronegativo 阴[负]电性元件
~ esencial 〈环〉〈生化〉基本元素(生物生长的必需元素)
~ excitado 激励单元
~ halógeno 〈化〉卤族元素
~ idempotente 〈数〉幂等元素
~ inverso 〈数〉逆元素
~ meteorológico 〈地〉气象元素
~ nihilpotente[nilpotente] 〈数〉幂零元素
~ obrero 工人
~ parásito 寄生元件(电磁学用语)
~ pasivo 无源元件
~ patrón 标准电池
~ químico 〈化〉化学元素
~ radiactivo[radioactivo] 放射性元素
~ raro 〈化〉稀有元素
~ sensible 敏感元件
~ simétrico 〈数〉对称元(素)

~ testigo 领示电池
~ transuranio[transuraniano, transuránico] 铀后[超铀]元素
~ traza ①〈化〉痕量元素;②(生物体生长所需的)微量元素
~ trazador 示踪元素
~ unitario 单元(最短信号),单位元素
~ variable 可变成分
~s de vida 生活必需品
~s transuránicos 铀后[超铀]元素

elemí m. 榄[天然]树脂(一种由热带树制得的软树脂)

eleolita f. 〈矿〉脂光石

eleolítico,-ca adj. 〈矿〉含有脂光石的

eleometría f. 油分[油度,油比重]测定

eleómetro m. 油分[油度,油比重]计

eleoplasto m. 〈生〉造油体

eleosoma f. 〈生〉油质体

eleotecnia f. 油料加工技术(含分析、加工、储存技术)

elepé m. 〈乐〉慢转[密纹]唱片

eléquema m. Amér. C. 〈动〉眼镜蛇

elequeme m. Amér. C. 〈植〉龙牙花

elevación f. ①举(起);提(起);提高[升];②(河水、价格等)上涨;(温度等)升高;(数量等的)增加;③高地,丘;④〈工程〉高程;标高;⑤〈建〉立面(图);立视图;⑥〈军〉(炮的)仰[射]角;⑦〈法〉提[递]交;⑧〈数〉自乘
~ a potencia 乘方,自乘
~ acotada 点高程
~ del precio 提价
~ delantera 正视图
~ en corte 立剖图,剖视图
~ lateral 侧视图
~ posterior 后视图
altura de ~ 〈工程〉升举高度,升[扬]程

elevado,-da adj. ①(价格、水准、温度等)高的;(数值)大的;(建筑物等)高(大)的;②〈数〉自乘的 ‖ m. Cub. 〈交〉①高架铁路;②立交桥,上跨立体交叉,高架公路
~ a ... 〈信〉写[标]在上面的;写[标]在字[符号]右上角的

elevador m. ①升降[起卸,起重,升运,提升]机;吊车;②Amér. L. 电梯;③〈空〉升降舵;④见 músculo ~
~ de agua 水力夯锤;水力扬吸机
~ de aire 空气提升机
~ de cangilones 斗式提升机
~ de cereales[granos] ①(能进行吊卸、储存、有时兼附加工的)谷物仓库;②谷物升运器
~ de palanca 臂式升降机

~ de válvula 气阀挺杆

~ de tensión[voltaje]〈电〉增压机;升压器

~ de tensión invertible〈电〉可逆增压机

~ eléctrico〈电〉增压器

~ helicoideo 螺旋升降机

~ hidráulico 液压升降机

~ móvil 移动式吊车

músculo ~ 〈解〉(上)提肌

elevadorista *m. f. Amér. L.* 起重工人

elevalunas *m. inv.* 见 ~ eléctrico

~ eléctrico (汽车的)窗玻璃升降把手

elevamiento *m.* 见 elevación

elevatorio,-ria *adj.*〈机〉起重的;提升的,提高的

máquina ~a 起重机械

elevón *m.*〈航空〉升降副翼

elijable *adj.* (药)可煎的

elijación *f.* 煎(药)

eliminable *adj.* ①可排[消]除的;②(法律等)可放宽的

eliminación *f.* ①排除(可能性等);②(污渍、障碍等的)清[排,消]除;除去;取消;③(比赛中、竞标中的)淘汰;④〈数〉消去(未知数);⑤〈生理〉排出(泄);⑥〈化〉消除[去];⑦〈信〉排除

~ de errores 消除错误

~ de restricciones 取消限制

~ en cascada〈信〉排除层叠

eliminador *m.* ①消除器;②代电池,电瓶代用器;③见 ~ de antena

~ de antena 等效天线

~ de batería 代电池

eleminante *m.*〈医〉排除剂

eliminatoria *f.* ①〈体〉预[及格,预选]赛;淘汰赛;②初试

eliminatorio,-ria *adj.* ①清除的,消除的,排除的;②〈体〉淘汰的

elinvar *m.*〈冶〉埃林瓦(尔)合金,恒弹性镍铬钢

elipse *f.*〈数〉椭圆

elipsógrafo *m.* 椭圆规

elipsoidal *adj.*〈数〉椭球的,椭面的

elipsoide *m.*〈数〉椭球,椭面

elipsología *f.*〈数〉椭圆学

elipticidad *f.* ①椭圆形;椭圆性;②〈数〉椭(圆)率

~ molar〈理〉摩尔椭圆率

elíptico,-ca *adj.* ①椭圆的,椭圆形的;②省略的,表示省略的

arco ~ 椭圆拱顶

paraboloide ~ 〈数〉椭圆抛物面

polarización ~a 椭(圆)偏振

resorte ~ 椭圆形板弹簧,双弓板弹簧

elitral *adj.*〈昆〉鞘翅的

élitro *m.*〈昆〉鞘翅

elitroide *adj.*〈昆〉似鞘翅的

elixir; elíxir *m.* ①〈药〉酏剂;②万应灵药

~ bucal 漱口剂,洗口药

~ de la (eterna) juventud 长生不老药

elodea *f.*〈植〉伊乐藻属植物

elongación *f.* ①〈医〉拉[伸,延]长;②〈机〉延伸率;③〈天〉距角,大距;④延长部分

elopidos *m. pl.*〈动〉海鲢科

elotrópico,-ca *adj.*〈理〉各向异性的

elpasolita *f.*〈矿〉钾水晶石

elpidita *f.*〈矿〉科钠锆石

elución *f.*〈化〉洗提

eurofobia *f.*〈心〉猫恐怖

elutriación *f.* ①〈矿〉淘析[选];淘洗[净];②〈化〉洗提

elutriador *m.* ①〈矿〉淘析[选]器;沉淀池;②〈化〉洗提器

elutriar *tr.*〈化〉淘析[选];淘洗(净)

eluviación *f.*〈地〉淋溶(作用)

eluvial *adj.*〈地〉①残积层的;沉积的;②淋溶的;淋溶形成的

eluvión; eluvium *m.*〈地〉①残积层;②风积细砂土

eluyente *m.*〈化〉洗出液

emaciación *f.*〈医〉消瘦;肉脱(中医用语)

emaciado,-da *adj.*〈医〉消瘦的,憔悴的

emaculación *f.* 除去脸上雀斑

email (*pl.* emails) *m.* 电子邮件

emajagua *f. P. Rico*〈植〉牙买加黄槿

emanación *f.* ①(光、气、烟等的)散发;发出;发射;②〈理〉(放射性物质衰变产生的)射气

~ de radio 镭射气

~ de radón 氡射气

~ radiactiva 放射性射气

~es de gas 气体泄出[露]

~es tóxicas 毒气泄出[露]

emanón *m.*〈化〉射气

emarginado,-da *adj.* (叶、花瓣、翼翅等)顶端有凹缘的,凹缘的

emasculación *f.*〈植〉去雄(蕊)

emasculador,-ra *adj.*〈植〉去雄(蕊)的 ‖ *m.* (可不流血的)去势钳子

emb. *abr.* embargo 禁运,禁止贸易

embalador,-ra *m. f.* 包装[打包]工人

embaladura *f. Amér. L.* 见 embalaje

embalaje *m.* ①包装,打包;装箱;②包装物[箱,材料];③包装费

~ blando/duro 软/硬包装

~ de origen 原包装

~ exterior/interior 外/内包装
papel de ~ 包装纸
embaldosado,-da *adj.*〈建〉用瓷[花]砖装饰
的‖*m.* ①铺瓷[花]砖;②瓷[花]砖地(板)
embaldosadura *f.*; **embaldosamiento** *m.*
〈建〉铺瓷[花]砖
embalsado *m. Cono S.*〈植〉大片水(池)草;
茂密水生植物群
embalse *m.* ①(水)坝;②水库;③蓄[积]水;
④蓄水量
emballenado,-da *adj.*(衣服)有鲸骨支撑的
‖*m.* ①鲸骨撑;②鲸骨坎肩
emballestado,-da *adj.*〈兽医〉(马)球节前凸
的‖*m.* 球节前凸病
emballestadura *f. Méx.*〈兽医〉球节前凸病
embanquetado *m. Amér. L.* 人行道
embaraza *adj.* 怀孕的,妊娠的‖*f.* 孕妇
embarazo *m.* ①怀孕,妊娠;②怀孕[妊娠]期
~ abdominal 腹腔妊娠
~ ectópico[extrauterino](子)宫外孕
~ espurio[falso] 假妊娠,假孕
~ gástrico 胃功能障碍
~ involuntario[no deseado] 意外怀孕
~ múltiple 多胎妊娠
~ nervioso[psicológico] 幻想妊娠,幻孕
prueba del ~ 妊娠试验
embarbillado *m.*〈建〉用榫头接合
embarcación *f.* ①船;(小)船[艇];②装船;
运载;③乘[上]船
~ auxiliar 附属[供应]船;辅助[交通]艇;
(载在大船上或拖在其后的)小船,汽艇
~ de arrastre 拖网渔船
~ de cabotaje 沿海(商)船
~ de pesca(~ pesquera)渔船
~ de recreo 游船[艇]
~ de vela 帆船
~ fueraborda 摩托艇,汽艇[船]
embarcadero *m.* ①(突,凸式)码头;②
Amér. L. 月[站]台
embarcador,-ra *m. f.* ①码头工;装船[装
货]工;②发货人
embarco *m.* ①装船;运载;②乘[上]船
embargo *m.* ①〈法〉扣留[押](财物);查封;
依法占有;②〈海〉禁止船只开出,封港;③
〈医〉消化不良;④见 ~ comercial
~ aduanero 海关扣留
~ comercial 禁止[限制]贸易令,禁运
~ petrolero 石油禁运
embargue *m. P. Rico* 见 embargo
embarnizadura *f.* 上漆;上釉
embarque *m.* ①上船;②上飞机,登机;③装
船[货]
~ anticipado 提前装船(在发放进口许

证以前装船)
~ combinado 混合装运;混合装船
~ de mercancías 发货
~ fuera de plazo 超期装船
~ parcial 分批装船[装运]
conocimiento[documentos] de ~ 装船单
据
nota de ~ 装船通知
tarjeta de ~ 登机牌[登船卡]
embarrancamiento *m.*(鲸、船只等的)搁浅
embarrilamiento *m.* 装桶
embasamiento *m.* ①〈建〉墙基;②(给船)搭
下水架
embate *m.* ①(风、浪等的)冲[撞]击;吹[拍]
打;②〈军〉突然袭击;③*pl.*〈气〉恩巴塔风
(指大伏天之后从地中海吹来的周期性的海
风)
embazadura *f.* 棕黄染料,黄褐染料
embecadura *f.*〈建〉拱肩
embeleso *m. Cub.*〈植〉攀缘蓝茉莉
embellecedor,-ra *adj.* ①使更加美丽的;美
化的;②装饰的‖*m.* ①(汽车的)毂盖;②
装饰物;③美容用品
~es laterales 车身彩条
productos ~es 美容产品
enbellecimiento *m.* ①美化;②修[装]饰
~ de cejas 修眉
embere *m. Esp.*; **embero** *m.*〈植〉非洲紫檀
embicadura *f.*〈海〉(帆桁)倾斜致哀
embilta *f.*〈乐〉(埃塞俄比亚人使用的)七孔
笛子
embióptero,-ra *adj.*〈昆〉纺足目的‖*m.*
①纺足目昆虫;②*pl.* 纺足目
embizcar *intr.* 成斜眼
embizmar *tr.*〈医〉敷泥罨剂于
embobinar *tr.* ①缠[盘,卷]绕,卷;②*Col.*
吹号角;按喇叭
embocadero *m.*(河流等的)入口
embocadura *f.* ①(河流等的)入口;②〈海〉
狭谷,窄[通]道;③(乐器的)吹口;④(纸烟
的)过滤嘴;⑤(牲口的)嚼子,衔铁;⑥(酒
味的)醇厚;⑦〈戏〉(舞台)口台
embodegamiento *m.*(酒、油等的)地窖贮藏
embolada *f.*(唧筒活塞的)冲程
embolectomía *f.*〈医〉栓子切除术
embolia *f.*〈医〉栓塞[子]
~ capilar 毛细管栓塞
~ cerebral 脑栓塞
~ coronaria 冠状动脉栓塞
~ gaseosa 气泡栓塞
~ venosa 静脉栓塞
embólico,-ca *adj.*〈医〉栓塞[子]的
emboliforme *adj.* 栓子状的
embolita *f.*〈矿〉溴氯银矿

embolización f. 〈医〉栓塞(现象)

émbolo m. ①〈机〉活塞,柱塞;②〈医〉栓子
~ gaseoso 气栓子
~ maligno 恶性栓子
~ paradójico 反常栓子

embolsador m. 〈机〉装包机

embonada f. 〈海〉(在船体上)加复板

embono m. ①〈海〉(船舶)复板;②〈缝〉补丁

emboriado,-da adj. ①有[多]雾的;②有烟雾的

embornal m. (船的)排水口

emborrachacabras f. 〈植〉番樱桃叶马桑

emborrado m.; **emborradura** f. 〈纺〉梳理

emborradora f. 〈纺〉梳理机

embotadura f. 钝(度),变钝

embotamiento m. ①变钝,钝;②变迟钝,迟钝

embotellador,-ra adj. 装瓶的‖m.f. 装瓶工(人)‖~a f. ①装瓶厂;②〈机〉装瓶机
compañía ~a 装瓶厂
máquina ~a 装瓶机
planta ~a 装瓶车间

embovedado m. 〈建〉拱顶工程

embrague m. 〈机〉①离合器;②离合器踏板;③(用离合器使两轴)连接;传动
~ automático 自动离合器
~ centrífugo 离心离合器
~ cónico(~ de cono) 锥式离合器
~ de dientes 犬牙式离合器
~ de discos 盘式离合器
~ de discos múltiples 多片式离合器
~ de fluido magnético 磁力流体离合器
~ de fricción 摩擦离合器
~ de ganchos[garras] 爪形离合器
~ de partículas magnéticas 磁粉离合器
~ de plato 闸片[盘式]离合器
~ hidráulico 液压离合器
~ magnético 磁性离合器
brazo de ~ 离合器压盘分离杆
manguito de ~ 离合器壳[箱]
plato de ~ 离合(器摩擦)片,离合器盘

embreado,-da adj. 涂有柏油[焦油,沥青]的‖m. 涂柏油[焦油,沥青]

embreadura f. 涂柏油[焦油,沥青]

embrear tr. ①涂焦油[柏油,沥青];②覆盖焦油[柏油,沥青]

embrechitas f. 〈地〉浸渗混合岩

embriague m. Arg.,Urug. 〈机〉(汽车的)离合器

embriectomía f. 〈医〉(宫外孕的)胎切除术

embriocardia f. 〈医〉胎样心音(一种心脏衰弱的征象)

embrioctonía f. 〈医〉碎胎术

embriofita f. 〈植〉有胚植物

embriogénesis; embriogenia f. 〈生〉胚胎发生

embriogénico,-ca adj. 〈生〉胚胎发生的

embriogenista m.f. 〈生〉胚胎发生学家

embrioideo,-dea adj. 〈生〉胚胎样的

embriología f. 〈生〉胚胎学
~ comparada 比较胚胎学

embriológico,-ca adj. 〈生〉胚胎学的

embriólogo,-ga m.f. 〈生〉胚胎学家

embrioma m. 〈医〉胚(组织)瘤

embrión m. ①〈动〉胚,胚胎;②(尤指受孕后8周内的)胎儿;③〈植〉胚

embrionado,-da adj. 〈植〉含[具]胚的

embrional; embrionario,-ria adj. ①〈生〉胚的;胚胎的;②初[萌芽]期的,未发育好的

embriónico,-ca adj. ①〈生〉胚的;胚胎的;②初[萌芽]期的,未发育好的
membrana ~a 〈生〉胚膜

embrionífero,-ra adj. 有一个或一个以上胚胎的

embrioniforme adj. 胚胎样[状]的

embriopatía f. 〈医〉胚胎病

embriopatología f. 〈医〉胚胎病理学

embrioscopio m. 〈医〉胚胎发育观察器

embriotomía f. 〈医〉碎胎术

embriotómico,-ca adj. 〈医〉碎胎术的

embriótomo m. 〈医〉碎胎刀

embriotoxicidad f. 〈生医〉胚胎毒性

embriotrofia f. 〈医〉胚胎营养

embroca f. 〈药〉泥罨敷剂

embrocación f. ①〈药〉擦剂;②〈医〉涂擦患处

embrochalar tr. 〈建〉用托梁支撑

embuchado m. ①〈印〉夹放散页[小册子];②〈戏〉(演员的)即席台词

embudo m. ①漏斗;②窄路,交通阻塞点;瓶颈(口);③(经过小口子产生的)拥挤现象;瓶颈现象
~ Buchner 〈化〉布氏漏斗

emburrado,-da adj. Méx. (母马)繁殖骡子的

embutición f. 〈机〉〈技〉(金属加工的)冲压,深冲压;深拉延

embutidera f. 〈机〉〈技〉冲[压]模;铆钉头模;钉形冲头

embutido m. 〈技〉①镶,嵌;镶嵌细工;②冲[模]压;③Cono S.,Méx.,Venez. 镶花边;嵌饰
acero ~ 压制钢

embutidor,-ra m.f. 〈技〉冲[模]压工

embutidora f. 〈机〉①灌肠机;②冲[模]压机

eme abr. 〈信〉(指空铅)全身;西文排版行长

单位

emelga *f.*〈农〉畦

emenagogo,-ga *adj.*〈药〉〈医〉通经的‖*m.*〈药〉通经剂,调经药

emergencia *f.* ①紧急情况;不测事件;②〈医〉急症(病人);③〈昆〉出壳
campo de ～ *Amér.L.* 飞机场

emergente *adj.* ①(国家、市场等)新兴的;②〈理〉出射的;⑤*Amér.L.* 危险的,紧急的;⑥〈信〉弹出式的‖*m.*〈信〉弹出式
aterrizaje ～ 紧急着陆

emergido,-da *adj.*〈植〉出水的

emersión *f.* ①浮现;出现;露头;②〈天〉(日蚀、月蚀后的)复现;③(与海平面相比)陆地相对升高,上升

emesia; emesis *f.*〈医〉吐,呕吐

emeticidad *f.*〈药〉催吐性

emético,-ca *adj.*〈药〉催吐的‖*m.*〈药〉催吐剂[药]

emetina *f.*〈药〉依米丁,吐根碱(用作催吐剂、祛痰剂和杀阿米巴剂)

emetizante *adj.*〈药〉催吐的

emetocatarsis *f.*〈医〉催吐导泻法

emetocatártico,-ca *adj.*〈药〉〈医〉催吐导泻的‖*m.* 吐泻药

emetofobia *f.*〈心〉吐泻恐怖

emetología *f.*〈医〉呕吐学

emetomorfina *f.*〈药〉阿扑吗啡

emétrope *adj.*〈医〉正视的;正视者的‖*m.f.* 正视者

emetropía *f.*〈医〉屈光正常,正视眼

emetrópico,-ca *adj.*〈医〉屈光正常的;正视的;正视者的

emeu *m.*〈鸟〉①(澳洲产的)鸸鹋;②高大而不会飞的鸟(如美洲鸵)

EMF *abr. ingl.* European Monetary Fund 欧洲货币基金

EMHO *abr.* en mi humilde opinión 依鄙人之见(常用于电子邮件中)

emictorio,-ria *adj.*〈药〉利尿的‖*m.* 利尿药

emídido,-da *adj.*〈动〉泽龟科的‖*m.* ①泽龟科动物;②*pl.* 泽龟科

emidosaurio *m.*〈动〉龟龙(一种爬行动物)

emigración *f.* ①移居(外地,外国);迁移出境;②(候鸟等的)迁徙,移栖;③〈集〉移民
～ del capital 资金外流
～ golondrina *Méx.* 季节性迁移

emigrante *adj.* ①移居的;②移民的‖*m.f.* 移居外国的人,移民
buque de ～ 移民船

emigratorio,-ria *adj.* ①移居的;②移民的

emilio *m.*〈信〉电子邮件

eminencia *f.* ①〈地〉高地,山丘;②〈解〉(尤指骨表面的)隆起[突]

emiocitosis *f.*〈生〉细胞分泌,细胞物质(如胰岛素)排出

emisión *f.* ①(光、热、电波、气味、声音、液体等的)发[射]出,散发;②发[放,辐]射;③(货币、证券等的)发行;④(电台、电视台的)播音,播放;广播[播出]节目;⑤〈信〉输出信号
～ a canal dividido 同频广播
～ acústica 声输出
～ alfa α(射线)辐射
～ de acciones[valores] 发售[行]股票
～ de[por] campo 〈电子〉场致放射
～ de cátodo 〈电子〉阴极发射
～ de empréstitos 发放贷款
～ de gas 〈矿〉瓦斯泄出
～ de luz ultravioleta 紫外线辐射
～ de moneda 发行货币
～ de neutrones 〈理〉中子辐射
～ de patrículas 〈理〉粒子发射
～ de radio 射电发射
～ de televisión 电视信号
～ deportiva 体育节目
～ directa 直接发射
～ electrónica 电子辐射
～ en directo 实况转播
～ estimulada 〈理〉受激发射
～ gratuita de acciones 发行红(利)股
～ infrarroja 红外线发射
～ primaria 〈电子〉初级发射
～ publicitaria (电台、电视台播放的)商业广告
～ secundaria 〈电子〉二次[级次]发射
～ termiónica[termoiónica] 〈理〉热离子发射
～es de CO_2 〈环〉二氧化碳排放

emisividad *f.* ①〈理〉(热)发射率;比辐射率;②发射本领[能力]

emisivo,-va *adj.* ①发[射]出的;散发的;②发射的;用来发射的

emisor,-ra *adj.* ①放[发]射的;②播送的;③发行的‖*m.f.*〈信〉发送人‖*m.* ①(电台、电视台的)发射台;〈无〉发射机;②发行公司;③〈理〉发射体;④〈晶体管的)发射极;⑤〈信〉发送器‖～a *f.* ①无线电台;广播电台;②广播电台所在地
～ de chispa 火花式发射机
～ de facsímiles 传真发送机
～ de llamadas 电键发送器
～ de radar 雷达(发射)台
～ de radiodifusión 广播发送机
～ estabilizado por cristal 晶控发射机

~a comercial 商业广播电台

~a de onda corta 短波广播电台

~a de onda extra corta 超短波广播电台

~a pirata 非法广播电台

banco ~ 发钞[发行]银行

emisor-receptor *m.* 步话机

emitrón *m.* 光电[电子]摄像管

emolescencia *f.* 软化(作用)

emoliente *adj.* 使(皮肤等)柔软的;使(肿瘤等)软化的 ‖ *m.* 润滑药[剂];润肤剂;软化剂

emoticón；emoticono *m.* ①(表示感情的)形象符号;②〈信〉表情[笑容]符

empacador,-ra *adj.* 打包的,包装的,捆扎的 ‖ ~a *f.* ①〈农〉(干草等的)压捆机;②〈机〉打包机

empachado,-da *adj.* ①(胃)不适的;消化不良的;②〈兽医〉(反刍动物)重瓣胃梗塞的

empacho *m.* 〈医〉消化不良,不消化

empadre *m.* *Méx.* (牲畜的)交配[尾]

empaje *m.* *Col.* 麦秸屋顶,稻草屋顶

empaletado *m.* 〈机〉叶片[栅](装置);装置叶片

empalmador *m.* 〈机〉连接[接续,结合]器

empalmadora *f.* (影片)接片机

empalmadura *f.* 见 empalme

empalme *m.* ①连接;连结;②〈技〉接头;接合(方式);③〈列车等的〉接续;衔接;联运列车;④(道路、公路等的)会合点;连接处;(铁道的)连轨点[站];⑤〈生理〉勃起;⑥〈体〉连续传球;⑦连接物;⑧(木工)榫头;榫接

~ a espiga 榫接

~ a media madera 嵌[榫]接

~ a tope(~ simple) 平接

~ de columna 〈建〉柱式接头

~ de correa 皮带接头

~ de cremallera 啮合榫接头

~ de inglete 斜(面)接合,斜角连接

~ de lengüeta doble 檐口人字木(接合)

~ de manguito 套(筒)接(头)

~ de película 〈摄〉胶片接头

~ dentado 锯齿(状)接合

~ en cola de milano 燕尾接合

~ flexible 绞编接头

~ telescópico 套接

aislante de ~ (电缆)终端套管

caja de ~ de cable 电缆分线盒[接续箱]

orejeta de ~ 连接端子

empalmo *m.* 〈建〉(门窗的)过梁

empalomado *m.* 堤,坝,堰

empalomadura *f.* 〈海〉(帆边绳与帆的)结[捆]扎

empañetado *m.* *Amér. L.*；**empañete** *m.*

Col.,Dom. 〈建〉刷[抹,粉]墙

empañicar *tr.* 〈海〉收卷(船帆)

empapelado *m.* ①裱糊(工作),糊墙纸;②墙[壁]纸

empaque *m.* ①包装,打包,装箱;②包装材料;③*Col.,C.Rica.* 皮垫,皮垫圈

~ para exportación 出口包装

lista de ~ 装箱单

empaquetado *m.* 包装,打包

empaquetador,-ra *adj.* 包装的,打包的 ‖ *m.f.* 包装[打包]工人 ‖ ~a *f.* 〈机〉打包[包装]机,装填机

empaquetadura *f.* ①打包,装箱,包装;②〈机〉垫圈;衬[密封]垫;填塞料,密封环

~ chata 扁平封装

~ de amianto 石棉包装

~ elástica 弹性密封

~ estanca 水密包装

empara *f.* *Esp.*；**emparamento；emparamiento** *m.* 〈法〉查封

emparejador *m.* 装配工

emparejadura *f.* ①配对;②使具有同一水平

emparejamiento *m.* ①〈生〉交配;②一雌一雄(结合);③〈心〉一夫一妻(结合);④〈信〉(相)匹配;配对(名单)

~ de ficheros secuenciales 〈信〉(相)匹配顺序文件

emparrillado *m.* ①〈建〉格排垛,格床;②〈建〉板桩;③炉栅

emparvadora *f.* 〈机〉〈农〉堆垛器[机];堆积机

empastado,-da *adj.* ①〈印〉(书)布面的,布面精装的;②(牙齿)补过的;补好的 ‖ *m.o f. Chil.* 种植牧草

empaste *m.* ①〈印〉装纸板书壳,装订;②(补牙)填充料;③涂糊状物;涂厚彩;④*Arg.,Chil.* 〈兽医〉(牲畜的)鼓胀病;腹胀

empastor *m.* 涂胶[贴笺]纸

empatado,-da *adj.* ①选票相等的;②〈体〉打成平局的

empate *m.* ①〈体〉平局,不分胜负的比赛;②(选票)同数;③*Amér. L.* 连接,连结;连接点[处]

empatía *f.* 〈心〉神入;感情移入,移情

empatronamiento *m.* (度量衡的)检定[验]

empavesada *f.* ①(船舰上装饰用的)彩[船]旗;②〈海〉舷墙

empavesado *m.* (船舰上装饰用的)彩[船]旗

empavonado *m.* 〈技〉〈冶〉烤[烧]蓝

empavonamiento *m.* ①〈技〉〈冶〉烤[烧]蓝;②*Amér. L.* 〈技〉涂油脂

empedrado *m.* 〈建〉①铺路[砌];②石板地;路[铺]面;砾石路面

empedrador *m.* ①〈机〉铺路[料]机;②石料

铺路工

empedramiento *m.* 〈建〉(用石头)铺路[砌]

empega *f.* 黏合材料;胶漆

empegado *m.* 柏油帆布,(防水)油布

empegadura *f.* ①涂漆[树脂,沥青,柏油];②沥青[树脂,柏油]涂层

empeine *m.* ①足背;足弓;②〈植〉棉株(上开的)花;③*pl.* 〈医〉脓疱病;皮肤病;④(马的)蹄甲

empeinoso,-sa *adj.* 〈医〉有皮肤病的;有脓疱病的

empelechar *tr.* 〈建〉①拼(大理石板);②用大理石板铺

empeltre *m.* 〈农〉①盾形嫁接枝;②嫁接的橄榄树(能结出大量优质橄榄)

empenaje *m.* (飞机的)尾部;尾翼面;尾翼

emperador *m.* 〈动〉箭鱼

empernado *m.* 〈机〉螺栓连结

empesado *m.* 〈纺〉加[上]浆[压]

empesador *m.* 〈纺〉经柄

empetráceo,-cea *adj.* 〈植〉欧石南科的 ‖ *f.* ①欧石南科植物;②*pl.* 欧石南科

empetro *m.* 〈植〉圣彼得草(一种生长于海岸岩缝间的伞形科多肉植物)

empiema *m.* 〈医〉①积脓;②脓胸

empiemático,-ca *adj.* 〈医〉①积脓的;②脓胸的

empiémico,-ca *adj.* 〈医〉脓胸的

empiesis *f.* 〈医〉①脓疱(疹);②眼前房积脓

empinado,-da *adj.* ①〈坡〉陡的,陡峭[直]的;②(建筑物)极高的,高耸的

empinada *f.*; **empinamiento** *m.* 〈航空〉(飞机)陡直上升,跃升

empinadura *f.* 陡(峭)度,坡度

empino *m.* ①高,高处;②〈建〉(交叉拱的)顶点,拱顶

empiocele *m.* 〈医〉①脓性疝;②(阴囊、睾丸等)脓肿

empiófalo; empiónfalo *m.* 〈医〉脐脓肿

empiosis *f.* 〈医〉积脓形成

empireuma *m.* 烧焦臭,焦臭

empireumático,-ca *adj.* 烧焦臭的;(有)焦臭的

empírico,-ca *adj.* ①以经验为依据的,单凭经验的,经验主义的;②经验(上)的;来自经验的

fórmula ～a ①〈理〉(基于实验而非理论的)实验式;②〈化〉经验(公)式;成分式

tratamiento ～ 经验疗法

empirismo *m.* (尤指自然科学中的)观察实验法;从实验得出的原则

empizarrado,-da *adj.* 〈建〉用石板瓦铺盖的 ‖ *m.* ①用石板瓦铺盖;②石板瓦屋顶

empizarrar *tr.* 〈建〉用石板(瓦)铺盖(屋顶)

emplantillado *m. Chil.* 〈建〉(垫墙基的)碎砖瓦,瓦砾

emplastador,-ra *m. f. Amér. L.* 装订工人 ‖ *m.* 〈画〉涂颜色笔

emplastadura *f.*; **emplastamiento** *m.* 贴膏药,敷泥罨剂

emplaste *m.* 〈建〉速凝石膏浆

emplastecer *tr.* 〈画〉使(底面)平整

emplástico,-ca *adj.* 粘胶状的

emplasto *m.* 〈医〉泥罨剂,膏药

emplastro *m.* 硬膏剂,贴膏剂

emplazador,-ra *m. f.* 〈法〉传讯人,传唤人

emplazamiento *m.* ①召唤;②〈法〉传唤[讯];传票;③安置;定位;④〈军〉安置武器;武器部署;⑤布[放]置;⑥〈商贸〉产品的布置

vuelo de ～ 定位飞行

emplectita *f.* 〈矿〉硫钢铋矿

empleo *m.* ①用,使[利]用;②〈商贸〉投资;③就业;工作,职业;职位;④〈军〉军衔

～ de fondos 资金运用

～ juvenil 青年就业

～ racional 合理就业

～ vacante 空缺职位

modo de ～ 使用[用法]说明

oficina de ～ ①职业介绍所;②(部分国家政府的)就业办公室

pleno ～ 充分就业

emplomado,-da *adj.* ①包[镀,填]铅的;②加铅封的 ‖ *m.* ①屋顶铅皮;②(固定)玻璃铅条

fardo ～ 加铅封的货包

emplomador,-ra *m. f.* ①盖屋顶铅皮工;玻璃铅条工;铅焊工;②铅封员

emplomadura *f.* ①铅皮覆盖;用铅条固定;②(盖在屋顶上的)铅皮;(固定在玻璃上的)铅条;铅封;③*Cono S.* 〈医〉补牙

empolladura *f.* (蜜蜂)产卵,孵化幼虫

empopada *f.* 〈海〉(因船尾风顺)前冲航行

emporético,-ca *adj.* 过滤的

papel ～ 过滤纸

empotrado,-da *adj.* ①〈建〉(家具等)嵌在墙壁内的;②〈机〉固定在地上的

empotramiento *m.* ①〈建〉砌在墙内;固定在地上;②(蜂箱)放入分箱坑

emprenderor,-ra *adj.* 有事业[进取]心的;富于创业精神的;具有开创能力的 ‖ *m. f.* 创业者;干事业的人;企业家

capacidad ～a 开创能力

empresa *f.* ①〈经〉〈商贸〉公司,企业;②管理部门

～ libre 自由企业制(指政府很少干预私营企业的经济活动并允许其自由竞争的制度)

～ colectiva 合资企业

~ constructora de ferrocarriles 铁路公司

~ de coinversión 合资(经营)企业

~ de construcción naval 造船公司

~ de pompas fúnebres *Arg.*, *Urug.* 殡
仪馆

~ de reparación de buque 修船公司

~ de seguridad 保安公司

~ de servicios informáticos 信息服务公
司;〈信〉计算机服务社

~ de servicios públicos 公用事业公司

~ de teléfonos 电话公司

~ de ventas por correspondencia 邮购公
司

~ fantasma 挂名公司

~ fiadora 担保公司

~ filial 附[下]属公司;子公司

~ fletadora 船务运输公司

~ funeraria 殡仪馆

~ industrial 工业公司[企业]

~ marginal 边际公司

~ matriz 母[总]公司

~ minera 矿业公司

~ multinacional 跨国公司

~ naviera 航运公司

~ no asociada 非会员公司

~ participante ①参展公司;②参加(利润
分成)公司

~ particular[privada] 私营公司,私人
[有]企业

~ pública 政府资助[控制]的企业,国营企
业

~ subsidiaria 子[附属]公司

~ transnacional 跨国公司

adquisión de ~ (跨国)公司收购

pequeñas y medianas ~s 中小型企业

empresarial *adj.* ①企业的;②企业主的;管
理方面的;经营上的‖ *m. pl.* 企业研究;商
务研究

empresario, -ria *m. f.* ①〈经〉〈商贸〉企业
主,企[实]业家;②商人;承包商;③(歌舞
剧团等的)经理;(文艺演出的)主办人;④
(拳击比赛的)承办人;赞助人

~ de obras 工程承包商

~ industrial 工业企业家,实业家

empresología *f.* 商业咨询(服务)公司

empréstito *m.* ①借[贷,放]款;(公)债;②
〈商贸〉贷款额

~ a corto/largo plazo 短/长期贷款

~ a mediano[medio]plazo 中期贷款

~ amortizable 分期偿还借款

~ con bajo interés 低息贷款

~ exterior 外债

~ fiduciario 信用贷款

~ garantizado 担保贷款

emprostótonos *m.* 〈医〉前弓反张

empujador *m.* 〈机〉推[顶]杆,推力[推进]
器,顶推装置

~ de carros 推车器

empujadora *f.* 〈工程〉〈机〉推土机

~ de ángulo 斜铲推土机

~ frontal 推土机

~ niveladora 推土机;筑路机

empujaterrones *m. inv.* 〈工程〉〈机〉推土机

empujatierra *f.* 〈工程〉〈机〉推土机

empujaválvula *f.* 〈机〉推阀杆

empuje *m.* ①推;操;②推动;推力;③(墙、柱
子等承受的)压力;④〈机〉侧向压[拉]力,轴
向(压)力;⑤〈理〉推[拉,驱动]力;(水中物
体向上的)浮力

~ de la tierra 土压力

~ de punta 轴向推力

~ estático 静推力

arandela de ~ 止推垫圈

inversor del ~ 反推力装置

puntal de ~ 止推(承)座,推力撑座

rangua de ~ 推力轴承,推力块

empulgueras *f. pl.* 〈机〉指螺旋钉,蝶[翼]形
螺钉

empuñidura *f.* 〈海〉(帆)耳索,帆眼绳

empupar *intr. Amér. L.* 〈昆虫〉化蛹,经历
蛹期

EMU *abr. ingl.* European Monetary U-
nion 欧洲货币基金联盟

emú *m.* 〈鸟〉(澳洲产)鸸鹋

emulación *f.* ①仿效;②〈信〉仿真;仿真器的
使用(技术)

~ de terminal 终端仿真

emulador *m.* 〈信〉仿真器;仿真程序

emulgente *adj.* 〈解〉(肾动脉或肾静脉)泄出
的,净化的‖ *m.* 〈化〉①乳化器;②乳化剂

emulsibilidad *f.* 〈化〉乳化性

emulsible *adj.* 〈化〉可乳化的

emulsificación *f.* 〈化〉乳化(作用)

emulsificador *m.* 〈化〉①乳化剂[物质];②
乳化器

emulsificante *adj.* 〈化〉①能乳化的,乳化性
的;②乳胶[剂]状的;乳胶[剂]性的

emulsificar *tr.* 〈工〉〈化〉使(油、脂等)乳化;
使成乳剂

emulsina *f.* 〈生化〉苦杏仁酶

emulsión *f.* ①乳胶,乳浊[状]液;②〈药〉乳
剂;③〈摄〉感光乳剂

~ fotográfica 感光乳剂

~ nuclear 核乳胶

índice de ~ 乳剂号

emulsionabilidad *f.* 〈化〉乳化性

emulsionadora *f.* 〈化〉〈机〉乳化器
emulsionamiento *m.* 〈化〉乳化(作用)
emulsionante *adj.* 〈化〉使乳化的 ‖ *m.* ①乳化器;②乳化剂
emulsionar *tr.* 〈工〉〈化〉使(油、脂等)乳化;使成乳剂
emulsivo,-va *adj.* 〈化〉①能乳化的;乳化性的;②乳胶[剂]状的;乳胶[剂]性的
emulsoide *m.* 乳胶(体);乳浊[状]液
emulsor *m.* 〈化〉乳化器
emunción *f.* 〈生理〉排泄
emuntorio,-ria *adj.* 〈生理〉排泄的 ‖ *m.* ①排泄器官(如肺、肾、皮肤等);②*pl.*(耳后、腋下等的)排泄腺,汗腺
en *prep.* ①在…之中;在…之上;在…(地方、城市、国家等);②在…(条件、状态)下;③按[以、用]…(比例、方式、形式、数量、单位等);④用…(材料、工具、交通工具等);⑤在…(月,年)
~ acuerdo de fases 同步,合拍
~ bruto 原始状的,天然的,原生的;未经加工的
~ caliente 〈信〉热点[门]的
~ camino 途中
~ cantidad 并联
~ cifras redondas 以整数计
~ circuito 接通
~ cruz 交叉,成十字状
~ cursiva 〈信〉斜体的
~ desarrollo 〈信〉(页面、内容等)在建[开发]中
~ desplome 不直
~ ejecución ①实施中;②〈信〉(在)执行中的
~ el mismo plano 共(平)面的;同(一平)面的
~ el vacío 在真空中,真空地
~ escala de grises 〈信〉灰阶,灰度(级)
~ equilibrio 保持[处于]平衡(状态)
~ estrella Y 形接法,星形连接
~ fábrica 工厂内(交货)
~ fases concordantes 同相(的)
~ fases discordantes 异相(的)
~ forma de cinta 带状的
~ forma de onda 波状的
~ funcionamiento (在)运转的;(在)工[操]作中
~ gestión 在办理中
~ la fuente 在原产地
~ la práctica 在实践[行]中
~ lata 罐装的
~ línea 联机的;在线的;实时操作的;互联网上的
~ liquidación 在清算中

~ marcha 运行[转]着的;使用中的;正在工作的
~ movimiento 在运转(着);在运动[行驶]中;正在工作的
~ operación 在使用着;在运行中;在经营中
~ paralelo 并联
~ polvo 粉状(的)
~ primer plano 〈信〉前端的;前端(处理)的
~ proporción 按比例
~ rama ①天然的,原生的;未经加工的;②未装订的(书)
~ reparación 在修理中
~ saledizo 悬伸[空,垂](着)
~ segundo plano 〈信〉后端的
~ serie ①串联;②成系列
~ servicio 在使用中;在经营中
~ su lugar 原[就]地;在(施工)现场,在原位置
~ sueño ligero 〈信〉休眠(中)
~ sueño profundo 〈信〉睡眠(中)
~ suspenso ①暂停;未定;待办;②〈信〉"挂起"(电池供电的计算机运行 Windows 系统的一种命令,它用于关闭几乎所有电子元件,但仍为主存提供足够的电力以保持正在运行的数据和程序)
~ tierra 在岸上
~ toma (齿轮)互相啮合[咬合]
~ tránsito 在途中,在运输中
~ vacío 空载[车,转];无负荷
~ vías de construcción 在建(设中)的
~ vigor 生[有]效的
en-línea *adj.* 〈信〉联机的;在线的;实时操作的;互联网上的
enación *f.* 〈植〉(叶等表面的)耳状突起,突出
enajenación *f.* ①〈法〉(财产的)转让,(所有权的)让渡;②〈心〉精神错乱
~ de bienes 财产转让
~ forzosa 〈法〉(对财产有补偿的)强制征收[征购]
~ mental 〈心〉精神错乱
enanismo *m.* 〈医〉侏儒症
~ renal 肾性侏儒症
~ senil 早老性侏儒症
~ hipofisario[hipopituitario] 〈生医〉垂体性侏儒症
enano,-na *adj.* 矮小的;〈医〉发育不全的 ‖ *m. f.* 侏儒
~ renal 肾性侏儒
~s blancas 〈天〉白矮星
estrella ~a 〈天〉矮星(如太阳)
enantaldehído *m.* 〈化〉庚醛

enante f.〈植〉茴香叶水芹(有毒)

enantema m.〈医〉黏膜疹

enantematoso,-sa adj.〈医〉黏膜疹的

enántico,-ca adj. 见 ácido ～
ácido ～ 庚酸

enantiobiosis f.〈生〉对抗生活;拮抗共生

enantioblastales f. pl.〈植〉异构胚层目

enantiomerismo m.〈化〉对映形态[现象]

enantiomero,-ra; enantiómero,-ra adj.
〈化〉对映(结构)的;对映体的

enantiomorfismo m.〈化〉对映形态

enantiomorfo,-fa adj.〈化〉对映(结构)的;
对映体的‖m.(左右)对映体,对映(结构)
体

enantiomorfoso,-sa adj.〈化〉对映(结构)
的;对映体的

enantiopatía f.〈医〉对抗疗法,拮抗疗法

enantiopático,-ca adj.〈医〉对抗疗法的,拮
抗疗法的

enantiotropía f.; enantiotropismo m.〈化〉
对映(异构)现象,互变(现象)

enantiotropo,-pa adj.〈化〉互变性的;对映
异构的

enarbolado m.〈建〉(塔楼或拱顶的)木支架

enarenación f.〈建〉①铺砂;②搀沙石灰

enargita f.〈矿〉硫砷铜矿

enarmonía f.〈乐〉等音

enarmónico,-ca adj.〈乐〉等音的
semitono ～ 等音半音

enartrosis f.〈解〉杵臼关节,球窝关节

encadenado,-da adj.〈信〉链接的‖m.①
(电影)(画面)叠化,淡入,淡出;②(墙的)
墩;〈建〉扶壁[垛];③〈矿〉系列扶壁[垛]

encadenamiento m.①用链条拴住;戴上锁
链;②(事实、思想等方面的)联系;连贯;③
〈信〉连接
～ activo〈信〉以雏菊链式连接(多个设备)

encajable adj. 可嵌[插,套]的

encajadas adj.inv. 成交替三角图案的(纹
章学用语)

encajado,-da adj. 各部分相互拼接的(纹章
学用语)

encajador,-ra m.f. 镶嵌工‖m. 镶嵌工具

encajadura f.〈建〉①插[嵌,镶]入;②(镶、
嵌等的)凹槽,孔,洞,榫眼;③构架

encaje m.①〈缝〉网眼织物;透孔织品;(网
眼)花边;②(两个部件等的)拼合;③〈建〉
镶嵌;镶嵌细工;④〈技〉孔,槽;⑤储备
(物)储备[准备]金;(银行的)库存现金;
⑥pl. 交替三角图案(纹章学用语);⑦(书
报等的)夹页
～ de aplicación 嵌[贴]花;贴花细工;嵌花
织物
～ de blanda 原色丝花边

～ de bolillos 枕结花边

～ de Malinas 梅希林花边

～ de oro 黄金储备

～ legal adicional 法定最低准备金

～s de Tientsín estampados 印花津编纱

encajonado m.〈建〉①围堰;②干打垒墙

encajonamiento m.①〈建〉(泥工)打基础;
(泥工)加固墙;②〈工程〉沉箱[箱式]基础

encalado m.〈建〉抹石灰;粉刷

encalador,-ra m.〈建〉粉刷的,抹石灰的‖
m.f. 粉刷工‖m.(制皮时脱毛用的)石
灰缸

encaladura f.①〈建〉刷白;粉刷;②〈农〉施
石灰肥料;③〈技〉石灰处理

encalladero m.〈地〉浅滩;沙洲

encalladura f.; encallamiento m.①〈海〉
搁浅;②停滞不前

encalmada f.〈海〉平静期,无风期

encalmado,-da adj.①〈海〉(因无风而)静止
不动的,停泊的;②〈商贸〉清淡的,不景气的

encalo m. And.〈建〉用石灰粉刷

encalostrarse r.〈医〉(婴儿)吸初乳生病

encamación f.〈矿〉(坑道的)细木支撑

encamado,-da adj.(因病)卧床不起的‖m.
〈农〉(庄稼)的倒伏

encame m.①(因病)卧床;〈医〉住院;②兽窝
[穴];③(野兽)白天栖息地

encaminadora f.〈信〉路由器
～ fronteriza 边界路由器

encaminadura f.; encaminamiento m.〈信〉
路径选择
～ de transacciones 事务块路径选择

encamisado m.〈机〉安[换]套;衬砌

encamonado,-da adj.〈建〉用板条结构建筑
的
bóveda ～a 板条结构的仿拱顶

encanalar; encanalizar tr.①在…开运河,
把…改造成运河;通过沟渠引(水等);②用
管子输送;用管道运输

encancerarse r.〈医〉患癌症;变成癌

encandelillado m. Chil.〈缝〉锁边

encantarillado m. Chil. 下水道系统[工程]

encañada f.〈地〉峡谷;隧道

encañado m. 水管;排水[沟]

encañizado m. 金属网栅(栏)

encapsulación f.①〈医〉成囊过程;②包围
(药学、病理学用语);③〈信〉封闭,封装

encaraxis f.〈医〉(在皮肤上)划痕

encarnación f.〈画〉肉色
～ de paletilla(～ mate)无光泽肉色
～ de pulimento 带光泽肉色

encarnadura f.〈医〉(皮肤等的)愈合能力

encarnamiento m.〈医〉(伤口的)愈合

encarnativo,-va adj.〈药〉促肉芽组织生成

的 ‖ *m*. 促肉芽组织生成的药剂

encarriladera *f*. 〈交〉〈机〉(铁路)复轨器

encarrilamiento *m*. 〈交〉(列车)入轨

encartado,-da *m*. *f*. 〈法〉被告

encarte *m*. ①〈印〉插页(指插入书中的附图、附表等材料,一般不编页码);(夹在报刊中的)散页广告

encartonado *m*. 〈印〉硬封面装订

encasar *tr*. 〈医〉使(折骨等)复位,正骨

encastillado,-da *adj*. ①〈建〉(在形状、设计、装饰等方面)像城堡的,城堡形的

encastre *m*. 〈机〉(齿轮等的)相咬,啮合

encauchado,-da *adj*. *Amér. L*. (布、衣服)上胶不透水的 ‖ *m. And., Cari*. 涂胶的雨布;雨衣

encausado,-da *adj*. 〈法〉被起诉的 ‖ *m. f*. 被起诉的人

encauste; encausto *m*. 〈画〉蜡画法(用颜料和蜡混合加热作画的方法)
pintura al ~ 彩色蜡画

encáustico,-ca *adj*. 〈画〉用蜡画作的(画) ‖ *m*. 上光[木器]蜡;地板蜡

encauzamiento *m*. ①〈工程〉在…开筑水道,(将水)引入…;②引导

encebadamiento *m*. 〈兽医〉(马等因吃过量大麦和精饲料后饮水过多而引起的)不适,胀肚

encefalalgia *f*. 〈医〉头痛

encefalauxia *f*. 〈医〉脑肥大

encefálico,-ca *adj*. 〈解〉脑的;头颅内的
masa ~a 脑髓

encefalina *f*. 〈生化〉脑啡肽

encefalitis *f. inv*. 〈医〉脑炎
~ equina 马脑炎
~ letárgica 昏睡[嗜眠,流行]性脑炎
~ tipo B 乙型脑炎

encefalización *f*. 〈动〉脑形成

encéfalo *m*. 〈解〉脑

encefalocele *f*. 〈医〉脑突[膨]出

encefalocélico,-ca *adj*. 〈医〉脑突[膨]出的

encefalodisplasia *f*. 〈动〉脑发育异常,脑发育不良

encefalófima *m*. 〈医〉脑瘤

encefalografía *f*. 〈医〉脑 X 射线摄影术,脑照相术

encefalógrafo *m*. 〈医〉脑电图仪,脑电描记器

encefalograma *m*. 〈医〉脑 X 射线(照)片,脑造影照片

encefaloide *adj*. 〈医〉脑样的
cáncer ~ 脑样癌

encefalolito *m*. 〈医〉脑石

encefalología *f*. 〈医〉脑学

encefalólogo,-ga *m. f*. 〈医〉脑学专家

encefaloma *m*. 〈医〉①脑瘤;脑样瘤;②脑疝,脑突出

encefalomalacia *f*. 〈医〉脑软化

encefalometría *f*. 〈医〉脑域测定(法,术)

encefalómetro *m*. 〈医〉脑域测定器

encefalomielitis *f. inv*. ①〈医〉脑脊髓炎;②〈兽医〉(马等的)传染性脑脊髓炎
~ equina 马脑脊髓炎
~ miálgica 肌痛性脑脊髓炎

encefalomielopatía *f*. 〈医〉脑脊髓病

encefalomiocarditis *f. inv*. 〈医〉(病毒性)脑心肌炎

encefalonarcosis *f*. 〈医〉脑病性木僵

encefalopatía *f*. 〈医〉脑病
~ espongiforme bovina 〈兽医〉牛海绵状脑病,疯牛病

encefalopático,-ca *adj*. 〈医〉脑病的

encefalopiosis *f*. 〈医〉脑脓肿

encefalopuntura *f*. 〈医〉脑穿刺术

encefalorragia *f*. 〈医〉脑出血

encefalosclerosis *f*. 〈医〉脑硬化

encefaloscopia *f*. 〈解〉脑检视法,窥脑术

encefaloscopo *m*. 〈医〉窥脑镜[器]

encefalosepsis *f*. 〈医〉脑坏疽

encefalosis *f*. 〈医〉变性性脑病

encefalotlipsis *f*. 〈医〉脑受压

encefalotomía *f*. 〈医〉脑切开术

encefalótomo *m*. 〈医〉脑刀

Encelado *m*. 〈天〉土卫二

encelamiento *m*. (动物的)发情

encelialgia *f*. 〈医〉内脏痛

encelitis *f. inv*. 〈医〉内脏炎;腹内器官炎

encendedor *m*. 点火[引燃]器,打火机
~ automático 自动打火机
~ de bolsillo 袖珍打火机
~ de cigarrillos 香烟打火机
~ de cocina 引火煤气棒(点燃后用来生火)
~ de gas (用以点燃煤气灶、煤气灯等的)煤气点火器;(以气体为燃料的)气体打火机
~ de gasolina 汽油打火机
~ de yesca 火绒打火器
~ eléctrico 电子打火机

encendido *m*. ①〈点〉燃;引燃;②〈机〉(汽车等的)点火;发火;点火装置;③〈火箭〉点火
~ adelantado 提前点火
~ anticipado 预[提前,过早]点火,预燃(作用)
~ eléctrico 电发火
~ espontáneo 自燃
~ por bujía 火花点火
~ por compresión 压缩点火
~ por magneto 磁电点火

~ prematuro 过早点火
bobina de ~ 点火线圈
encendimiento *m.* ①(点)燃；引燃；②〈机〉(汽车等的)点火；发火；③(火箭)点火
encepadura *f.* 用夹具固定
encepe *m.* 〈植〉扎根
encerado *m.* ①打蜡；②油布；蜡布；③〈海〉柏油帆布，(防水)油布；篷帆布；④(木器等表面的)蜡层；⑤(学校的)黑板；⑥(信)白板
encerador,-ra *m. f.* 打蜡工人 ‖ **~a** *f.* 〈机〉(电动)打蜡机
enceramiento *m.* 涂[打，上]蜡
encerrojado,-da *adj.* 锁定[紧]的
encerrojamiento *m.* 锁定[住]；封闭[锁]
encestador,-ra *adj.* 〈体〉投篮很准的 ‖ *m. f.* 投篮很准的运动员
enceste *m.* 〈体〉投球中篮；投篮得分
enchapado *m.* 〈建〉①(金属板的)外覆；外覆的金属板；②(木板的)薄板镶嵌；镶[饰面薄]板
enchapar *tr.* 〈建〉(用薄板)镶饰，饰面
enchavetar *tr.* ①〈海〉用销子固定(螺栓等)；②给…装楔子，用楔子固定
enchinarrar *tr.* 〈建〉用鹅卵石铺(地)
enchufe *m.* ①〈电〉插头[塞]；(尤指墙上的)插座；②(管子的)接头；套管[筒]
~ bipolar 两孔插座，两级插头
~ clavijero 插头
~ de base[hembra] 插座
~ de campana 承接插口
~ de pared 墙上插座
~ de porta-lámparas 灯头插座
~ de recarga 转换插座
~ de tres clavijas 三孔插座；三角插头
~ múltiple 转换[接]器，多相插座
enchuletar *tr.* 〈建〉用薄木片填塞
encía *f.* 〈解〉齿龈，牙床
enciclado *m. Amér. L.* 〈建〉加[装]天花板；加屋顶
enciclopedia *f.* ①百科全书；②(某一学科的)专科全书，大全；③百科词典
encina *f.*；**encino** *m.* ①〈植〉圣栎；②圣栎硬木；③*Esp.* 橡树子，橡实
encinal *m.* 圣栎林
encinar *m.* 圣栎木
encinilla *f.* 〈植〉①矮石蚕；②圣栎
encinta *adj.* ①怀孕的，妊娠的；②〈动〉怀幼崽的
mujer ~ 孕妇
encintado *m.* ①(由路缘石砌成的街道或人行道的)路缘；②〈海〉(给船)加外腰板
encivitis *f. inv.* 〈医〉齿龈炎
enclavadura *f.* ①(钉马钉掌时造成的)钉伤；②〈建〉榫眼

enclavamiento *m.* ①〈医〉骨折碎片嵌入；②〈医〉钢钉固定术；③锁定[住]；闭塞[锁]；④(柜子的)连锁装置
~ de tiempo 时间锁定
~ de trazado 路由闭塞
~ electrónico 电子锁定
dispositivo de ~ 锁定[闭塞]装置
placa de ~ (钟表)定闹盘
enclave *m.* ①飞地(指在本国境内的隶属另一国的一块领土)；②〈地〉包体；③〈医〉被包围物；④〈植〉大群落中的残遗小群落
enclavijado *m.* 销子连接
encobrado,-da *adj.* ①包[镀]铜的；②(金属)含铜的；③铜色的 ‖ *m.* 包[镀]铜
~ electrolítico 电镀铜法
encobrar *tr.* 用铜(皮)包，用铜板盖；镀铜
encofrado *m.* ①〈矿〉(矿井、坑道的)木支架；(在矿井、坑道)搭木支架；②〈建〉(用以浇灌混凝土的)模板[壳]；搭模板
encogido,-da *adj.* (织物)缩水的，缩小的
encogimiento *m.* ①(织物)缩水；②缩回，收缩
encolador,-ra *m. f.* 〈纺〉上胶工人 ‖ **~a** *f.* 〈纺〉上胶机
encoladura *f.* ①见 encolamiento；②(作为胶画的板面)涂热胶层
encolamiento *m.* ①胶合[接]，黏结[合，贴]；②(给板面)涂胶层；③(给经纱)涂黏性物质
encolpitis *f. inv.* 〈医〉阴道炎
encolpismo *m.* 〈医〉阴道投药法
enconado,-da *adj.* 〈医〉发炎的；(发炎)疼痛的
enconadura *f.* (伤口等)发炎，感染
enconamiento *m.* 〈医〉发炎，感染；(发炎)疼痛
enconchado *m. Per.* 珍珠母镶嵌；珍珠母镶嵌家具
encondral *adj.* 〈医〉软骨内的
encondroma *m.* 〈医〉内生软骨瘤
encondromatosis *f.* 〈医〉内生软骨瘤病；②软骨疣
enconoso,-sa *adj.* ①〈医〉能感受的，敏感的；②*Amér. L.* 感染的，发炎的；③*Amér. L.* (植物)有毒的
encontado *m.* 〈建〉凸圆线脚，串珠线脚
encope *m.* 〈医〉割[刀]伤，刺伤
encopresis *f.* 〈医〉(非病变所致的)大便失禁
encordado *m.* ①(职业)拳击赛；②*Cono S.* 〈乐〉吉他；(乐器的)弦
encoriación *f.* (伤口的)结痂，长皮愈合
encornadura *f.* 〈动〉角
encorvada *f.* 〈植〉一种巢菜，野豌豆
encosadura *f.* (缝)(女衬衣的)缝法
encostarse *r.* 〈海〉靠岸

encostillado *m*.（加固矿井、坑道支柱的）横档

encostradura *f*.〈建〉①（大理石等的）贴面；②粉刷

encrinita *f*.〈地〉石灰岩

encrinite *m*. 石莲(海百合化石)

encriptar *tr*.〈信〉把…编码；给…加密；把…译成密码

encristalado *m*. 嵌装玻璃

encuadernación *f*. ①（书籍的）装订［帧］；装（订式样）；②书皮，封面［皮］；③（书籍）装订车间
~ a la holandesa 荷兰装
~ a la rústica 平装
~ en cuero 皮面装订
~ en pasta 硬封面装订
~ en piel 皮面装订
~ en tela 布面精装

encuadramiento *m*. ①嵌入（框内）；框住；框架；②〈摄〉取景

encuadre *m*. ①〈摄〉取景；框架；②（电视机图像）调节钮

encubertado *m*.〈动〉犰狳

encubridor,-ra *m. f*. ①窝藏犯；窝藏赃物者；收受贼赃者；②〈法〉从犯，同谋

encubrimiento *m*. ①盖住，遮盖；②掩饰［盖］（罪行），收受（贼赃）；窝藏赃物；③〈法〉窝藏

encuentro *m*. ①会议；②会面；会见；相逢［遇］；③（宇宙飞船等的）会合；汇合；④〈军〉交〔遭遇〕战，小规模战斗；⑤〈体〉比赛；⑥（车辆等的）相撞［碰］；（动物用头角）顶撞；⑦〈鸟〉肢基；⑧〈印〉（为套色留着的）空白；⑨〈纺〉（印花的）吻合，(不同颜色的)调和；⑩〈建〉（横梁、柱基石构成的）角；壁垛；⑪〈解〉腋，腋窝；⑫〈动〉（四蹄动物的）肩
~ cumbre(~ en la cumbre)（政府首脑间讨论双边或国际性问题等的）最高级会议，峰会
~ de escritores（小型）作家代表大会
~ de ida 第一轮比赛
~ de vuelta 回访比赛，(同两个对手之间的)重赛

encuesta *f*. ①民意测验；民意测验记录［结果］；②调查；询问
~ de opiniones（尤指用户）意见调查
~ de población activa *Esp*. 对有劳动力人口的调查
~ judicial 验尸，尸体解剖
~ Gallup［E-］盖洛普民意测验
~ personal 面对面调查
~ por muestreo 抽样调查
~ por teléfono 电话民意测验；电话调查

~ pública 民意测验

endangeítis *f. inv*.〈医〉血管内膜炎

endangio *m*.〈解〉血管内膜

endaórtico,-ca *adj*.〈解〉主动脉内的

endaortitis *f. inv*.〈医〉主动脉内膜炎

endarco,-ca *adj*.〈植〉内始式的

endarterectomía *f*.〈医〉动脉内膜切除术

endarterial *adj*.〈解〉动脉内膜的

endarteritis *f. inv*.〈医〉动脉内膜炎

endecágono,-na *adj*.〈数〉十一角［边］形的 ‖ *m*. 十一角［边］形

endelionita *f*.〈矿〉车轮矿

endemia *f*.〈医〉地方病

endemial *adj*. ①地方性的；②〈医〉地方病的

endemicidad *f*. ①地方性；地方流行性；②（疾病的）地方性；（病人的）地方病病状

endémico,-ca *adj*. ①（疾病等）地方性的；②（疾病在某地、某国、某些人中）流行的；③（动植物等）某地特有的

endemiología *f*.〈医〉地方病学

endemismo *m*.〈生〉①地方特殊性；(地方性)特有现象；②(动、植物种的)特有分布

endentado,-da *adj*. ①锯齿形的；②啮合的

endentar *tr*.〈机〉使（齿轮等）啮合 ‖ *intr*.（相）啮合

endeñarse *r*.〈医〉（伤口）感染，发炎

enderezadora *f*.〈机〉矫直机［装置］

enderezamiento *m*. ①弄直；②扶直
momento de ~ 扶正力矩

endergónico,-ca *adj*.〈生化〉吸收能量的，吸能的

endérmico,-ca *adj*. ①〈医〉经皮肤（吸收）的；②皮下的；③涂于皮肤的
inyección ~a 皮内［下］注射

endermismo *m*. ①〈医〉经皮肤（吸收）；②涂于皮肤

endibia；endivia *f*.〈植〉①苣荬菜；②菊苣

endoaneutrismorrafia *f*.〈医〉动脉瘤内缝合

endoangiítis *f. inv*.〈医〉血管内膜炎

endoantitoxina *f*.〈医〉内抗毒素(细胞)

endoaórtico,-ca *adj*.〈解〉动脉内的

endoaortitis *f. inv*.〈医〉主动脉内膜炎

endoarterial *adj*.〈解〉主动脉内膜的

endoarteritis *f. inv*.〈医〉主动脉内膜炎

endobentos *m*.〈生态〉内层底栖生物

endobiótico,-ca *adj*.〈生〉生物体内生的，体内(寄)生的，组织内寄生的

endoblástico,-ca *adj*.〈生〉内胚层的

endoblasto *m*.〈生〉内胚层

endoble *m*.〈矿〉（每周交接班时赶上的）连续两班

endocardiaco,-ca *adj*.〈解〉心内的，心内膜的

endocardio *m.* 〈解〉心内膜
endocardítico,-ca *adj.* 〈医〉心内膜炎的
endocarditis *f. inv.* 〈医〉心内膜炎
endocarpio；endocarpo *m.* 〈植〉内果皮（指果皮的内层）
endocelular *adj.* 〈生〉细胞内的
endocervicitis *f. inv.* 〈医〉子宫颈内膜炎
endocinematografía *f.* 〈医〉体内摄影术
endocistitis *f. inv.* 〈医〉膀胱黏膜炎
endocitado,-da *adj.* 〈生〉(细胞)内含物的
endocítico,-ca *adj.* 〈生〉(细胞)内吞作用的
endocito *m.* 〈生〉细胞内含物
endocitosis *f.* 〈生〉(细胞)内吞作用
endocolitis *f. inv.* 〈医〉结肠黏膜炎，结肠内膜炎
endocondral *adj.* 〈解〉软内骨的
endoconidio *m.* 〈植〉内分生孢子
endocráneo *m.* ①〈解〉硬脑(脊)膜，颅内骨膜；②(昆虫头部的)幕骨
endocrínide *f.* 〈医〉内分泌疹，内分泌性皮肤病
endocrina *f.* 〈生理〉内分泌腺
endocrino,-na *adj.* 〈生理〉内分泌(腺)的
　glándula ～a 内分泌腺
endocrinología *f.* 〈生理〉内分泌学
endocrinológico,-ca *adj.* 〈生理〉内分泌学的
endocrinólogo,-ga *m. f.* 〈医〉内分泌学专家
endocrinopatía *f.* 〈医〉内分泌病
endocrinoterapia *f.* 〈医〉内分泌疗法，激素疗法
endodermal；endodérmico,-ca *adj.* 〈生〉内胚层的
endodermis *f.* 〈植〉内皮层
endodermo *m.* 〈生〉内胚层
endodoncia *f.* 〈医〉牙髓病学
endodontitis *f. inv.* 〈医〉牙髓炎
endoenergético,-ca *adj.* 〈化〉吸能的；吸热的
　reacción nuclear ～a 吸能核反应
endoenzima *f.* 〈生化〉(胞)内酶
endoeritrocítico,-ca *adj.* 〈医〉红细胞内的，(主要用以指疟原虫的增殖阶段)
endofílico,-ca *adj.* 〈生态〉生态上与人及其所处环境有关联的
endofito,-ta *adj.* 〈植〉内生植物的 ‖ *m.* 〈生态〉(植物内的)内[共]生生物
endoflebitis *f. inv.* 〈医〉静脉内膜炎
endogamia *f.* ①〈生〉同系配合；同系交配；②同族结婚；内部通婚；近亲繁殖
endogámico,-ca *adj.* ①同族结婚的，内部通婚的；②〈生〉同系配合的，同系交配的
endogástrico,-ca *adj.* 〈解〉〈医〉胃内的
endogástritis *f. inv.* 〈医〉胃粘膜炎，胃内膜炎

炎
endogénesis *f.* 〈生〉内生，内源
endogenético,-ca *adj.* 〈生〉内生[源]的
endógeno,-na *adj.* ①〈生〉内生[源]的；②〈生化〉〈医〉内源代谢的；③〈解〉自生[发]的；④〈地〉内成[生]的
endolinfa *f.* 〈解〉内淋巴(指在内耳的膜状迷路内的淋巴液)
endolinfático,-ca；endolínfico,-ca *adj.* 〈解〉内淋巴的
endolítico,-ca *adj.* 〈生〉石内的(指生活在石头内或其他石质物质内的)
endometrectomía *f.* 〈医〉子宫内膜切除术
endometrial *adj.* 〈解〉子宫内膜的
endometrio *m.* 〈解〉子宫内膜
endometrioma *m.* 〈医〉子宫内膜瘤
endometriosis *f.* 〈医〉子宫内膜异位
endometritis *f. inv.* 〈医〉子宫内膜炎
endometrosis *f.* 〈医〉子宫内膜异位
endomicetales *m. pl.* 〈生〉内胞霉目
endomicorriza *f.* 〈植〉内生菌根
endomiocarditis *f. inv.* 〈医〉心内膜心肌炎，心肌(心)内膜炎
endomisio *m.* 〈解〉肌内膜
endomitosis *f.* 〈生〉核内有丝分裂
endomixis *f.* 〈动〉内合，内融合(指某些纤毛类原生动物中核的间发性的分裂和再组合)
endomórfico,-ca *adj.* 〈矿〉内容矿物的；内变质的；矿物[岩块]中产生的
endomorfismo *m.* ①〈矿〉内变质(作用)；内容现象；②〈数〉自同态
endomorfo *m.* ①(人体测量学用语)胖型体质(者)，内胚层体型(者)；②〈矿〉内容[包]矿物，内容体
endonasal *adj.* 〈解〉〈医〉鼻内的
endoneurio；endoneuro *m.* 〈解〉神经内膜
endoneuritis *f. inv.* 〈医〉神经内膜炎
endonuclear *adj.* 〈生〉细胞核内的
endonucleasa *f.* 〈生化〉核酸内切酶
　～ de restricción 限制型核酸内切酶
endoparásito,-ta *adj.* 〈生〉体内寄生的 ‖ *m.* 体内寄生虫，内寄生物
endoparastario,-ria *adj.* 〈生〉体内寄生的
endopeptidasa *f.* 〈生化〉肽链内切酶
endoperidio *m.* 〈植〉内包被
endoplasma *m.* 〈生〉内质(指细胞质内部的半流质部分)
endoplástico,-ca *adj.* 〈生〉内质的；内质体的
endoplasto *m.* 〈生〉内质体
endopleura *f.* 〈植〉内种皮
endopleurita *f.* 〈动〉侧内骨

endopodito *m.* 〈动〉(甲壳纲动物的)内肢

endoprocto,-ta *adj.* 〈动〉内肛动物的 ‖ *m.* ①内肛动物;②*pl.* 内肛动物门

endopterigoto,-ta *adj.* 〈昆〉内翅类的 ‖ *m.* ①内翅类昆虫;②*pl.* 内翅类

endorfina *f.* 〈生化〉内啡肽

endorreico,-ca *adj.* 〈地〉流入内陆的;注入内地的
cuenca ～a 内流盆地
lago ～ 内流湖
región ～a 内流区

endorreísmo *m.* 流入内陆,注入内地

endosarco *m.* 〈生〉内质(指某些单细胞生物原生质中心通常呈半流质的部分)

endosatario,-ria *m.f.* 〈经〉被背书人;受让人

endoscopia *f.* 〈医〉内窥镜检查,内窥镜术

endoscópico,-ca *adj.* 〈医〉(用)内窥镜检查的;内窥镜的

endoscopio *m.* 〈医〉内窥镜,内腔镜

endosfera *f.* 〈地〉地心

endosimbionte *m.* 〈生〉内共生体

endosimbiosis *f.* 〈生〉内共生

endosmómetro *m.* 〈化〉〈医〉内渗压测定器

endosmosis; endósmosis *f.* 〈化〉内渗,内渗现象

endosmótico,-ca *adj.* 〈化〉内渗性的

endosoma *m.* 〈生〉核内体

endosperma; endospermo *m.* 〈植〉胚乳

endospérmeo,-mea *adj.* 〈植〉含有胚乳的;胚乳的

endospero *m.* ①〈植〉孢子内壁;花粉内壁;②〈生〉内生孢子

endospora *f.* 〈植〉孢子内壁

endostilo *m.* 〈动〉内柱

endostio *m.* 〈解〉骨内膜

endostosis *f.* 〈医〉软骨骨化

endotecio *m.* 〈植〉药室内壁;(苔藓藓)内层

endotelial *adj.* ①〈解〉内皮的;②〈植〉内种皮的

endotelio *m.* ①〈解〉内皮;②〈植〉内种皮
～ vascular 血管内皮

endoteliolítico,-ca *adj.* 〈医〉溶内皮的;内皮细胞分解的

endotelioma *m.* 〈医〉内皮瘤

endoteliosis *f.* 〈医〉内皮增殖

endotermia *f.* ①内温调节;体温的生理调节;内温法;②〈动〉温血性;温血状态

endotérmico,-ca *adj.* ①〈化〉吸能[热]的;吸热反应的;②〈动〉温血的,恒温的;内温动物的
compuesto ～ 吸热化合物
proceso ～ 〈化〉吸热过程

reacción ～a 〈化〉吸热反应

endotóxico,-ca *adj.* 〈生化〉内霉素的

endotoxina *f.* 〈生化〉内毒素

endotráquea *f.* 〈昆〉气管内层

endotraqueal *adj.* 〈医〉(置于)气管内的;通过气管的

endotraqueítis *f.inv.* 〈医〉气管黏膜炎

endotraquelitis *f.inv.* 〈医〉子宫颈内膜炎,宫颈内膜炎

endotrófico,-ca *adj.* 〈植〉(菌根)体内营养的;内生菌根的

endotrofo *m.* 〈生〉体内寄生虫,内寄生物

endovenoso,-sa *adj.* 〈解〉〈医〉静脉内的

endrina *f.* 〈植〉黑刺李果实;野李

endrinal *m.* 野李林

endrino,-na *adj.* 青黑色的 ‖ *m.* 〈植〉黑刺李;野李树

endulzamiento *m.* 〈水〉的软化
～ del agua 水软化

endulzante *m.* 甜味剂

endurecedor *m.* 硬[固]化剂

endurecimiento *m.* ①坚硬;②变硬;硬化;③(变得)能吃苦;(变得)坚[顽]强
～ de las arterias 动脉硬化
～ por envejecimiento 时效硬化
～ por trabajo 加工硬化,冷作硬化

ENE *abr.* estenordeste 东东北

ene 〈信〉(西文铅字)对开,半方,半身(eme 全身的一半)

enea *f.* ①〈植〉水烛;②*Cub.*(植物的)韧皮

eneaedro *m.* 〈数〉九面体

eneagino,-na *adj.* 〈植〉有九个雄蕊的

eneagonal; eneágono,-na *adj.* 〈数〉九边形的,九角形的 ‖ *m.* 九边[角]形

eneandro,-dra; eneántero,-ra *adj.* 〈植〉有九个雄蕊的

eneaspermo,-ma *adj.* 〈植〉(果实)含有九粒种子的

enebro *m.* ①〈植〉欧洲刺柏,杜松树;②欧洲刺柏木,杜松木
～ enano 欧洲矮刺柏

enecación *f.* 〈医〉毁灭生命

eneldo *m.* 〈植〉①莳萝;②茴香

enema *f.* ①〈医〉灌肠;灌肠法;②灌肠剂

enemador *m.* 〈医〉灌肠器

enepidérmico,-ca *adj.* 〈医〉皮肤用药的

enequema *m.* 〈医〉耳鸣

energética *f.* ①〈理〉〈力〉能学,能量学;②〈理〉能量关系;能量使用

energético,-ca *adj.* ①能量的;高能的;能源的;②(饮料、食品等)提供能量的;③*Amér.L.*(药品、化学品等)强(性)的
crisis ～a 能源危机

energetismo *m.* 〈理〉唯能说[论]

energía *f.* ①力量；活[精]力；干劲；②〈技〉〈理〉能；能量[源]；③效能[力]；④〈信〉电源；动力
~ alternativa 替代能(指不是由矿物燃料或核裂变产生的动能或热能)
~ atómica 原子能
~ calorífica 热能
~ cinética[potencial] 势[动]能
~ de activación 〈化〉活化能
~ de enlace[ligadura] 〈化〉〈理〉结合能
~ de fisión 〈化〉〈核〉裂变能
~ de fusión 〈化〉〈核〉聚变能
~ de ionización 〈化〉电离能
~ de posición 〈理〉位能
~ de reposo 〈理〉静止能量，静能
~ del movimiento molecular 分子能
~ del oleaje 〈环〉波浪能
~ disponible 有效能(量)，可利用能
~ eléctrica 电能
~ electromagnética 电磁能
~ eólica 风能
~ geotérmica 地热能
~ hidráulica 水能
~ inadecuada 〈信〉脏电源(会对电子组件造成损害的电源)
~ interna 〈化〉〈理〉内能
~ libre 自由能
~ limpia 〈环〉清洁能源
~ magnética 磁能
~ mecánica 机械能
~ nuclear 核能
~ oceánica 〈环〉海洋能(源)
~ potencial 〈理〉势[位]能
~ química 化学能
~ radiada[radiante] 辐射能
~ renovable 可再生能源
~ reticular 〈理〉晶格能
~ solar 太阳能
~ térmica 热能
crisis de ~ 能源危机

enérgido *m.* 〈生〉活质体

energismo *m.* 〈理〉唯能说[论]

energizado,-da *adj.* 供电的
~ por batería 电池供电的
~ por corriente alterna [C. A.] 交流电供电的

energizar *tr.* 〈理〉①供给…能量；对…供以电压，使通电；②使(电磁体)励磁；③使(线圈心)磁化

enervación *f.* ①软[柔]弱；②〈医〉神经衰弱

enésimo,-ma *adj.* ①〈数〉第 n 号[位]的；n 倍[次，阶]的；②第无数(次，个)的；(经过无数次以后)又一次的
por ~a vez 无数次(的,地)

enfardadora *f.* ①〈农〉(干草等的)压捆机；②〈机〉打包机

enfardadura *f.* 打包；包装

enfermedad *f.* ①患病；患病期；②病，疾病
~ aguda 急性(疾)病
~ azul ①青紫病(先天性心脏病)；②落基山斑疹热
~ autoinmune 自身免疫病(由于形成自身抗体并引起病理损害的疾病)
~ carencial(~ de carencia) 营养缺乏病
~ celíaca 〈医〉乳糜泻
~ común 常见病
~ congénita 先天性疾病
~ constitucional 体质病
~ contagiosa 传染病
~ crónica 慢性疾病
~ cutánea 皮肤病
~ de Addison 爱迪生氏病，(肾上腺性)青铜色皮病
~ de Alzheimer 阿尔茨海默氏病，老年性痴呆症
~ de Andersen 〈生医〉安德生氏症
~ de Bright 布莱特氏病，肾炎
~ de Chagas 查加斯病，南美洲锥虫病
~ de Creutzfeldt-Jakob 克罗伊茨费尔特-雅various各布病，克-雅二氏病(一种罕见、知名的海绵状病毒性脑病)
~ de Crohn 克罗恩氏病，节段性回肠炎，局限性肠(结肠)炎
~ de declaración obligatoria 须及时(向卫生当局)报告的疾病
~ de Gaucher 戈谢病(一种因葡萄糖脑苷脂酶缺乏引起的一组先天性糖鞘脂代谢异常的疾病)
~ de Graves[Basedow] 格雷夫斯氏病，突眼性甲状腺肿，甲状腺机能亢进
~ de Hartnup 哈特纳普氏病(遗传性烟酸缺乏症)
~ de Huntington 杭廷顿斯舞蹈病，遗传性慢性舞蹈病
~ de katayama 片山病，日本血吸虫病，亚洲裂体吸虫病
~ de Kawasaki 川崎病(一种以皮疹、腺肿等为症状有时殃及心脏的幼儿病，起因不明)
~ de la descompresión 减压病
~ de la piel 皮肤病
~ de Minamata 水俣病(汞中毒引起的一种严重神经疾病)
~ de Niemann-Pick 尼曼-皮氏病，尼-皮病
~ de Paget 〈生医〉佩吉特氏病(指变形性

骨炎,亦指乳晕乳头炎性癌变)

~ de Parkinson 帕金森氏病,震颤(性)麻痹

~ de Tay-Sachs 泰萨二氏病,家族性黑蒙性白痴,脑类脂质沉着症

~ de transmisión sexual 性传播疾病

~ de Wilson 威尔逊氏病(即进行性豆状核变性)

~ del beso 传染性单细胞增多症;吻病

~ del jarabe de arce 槭糖尿病,枫糖尿症

~ del legionario 军团病(一种大叶性肺炎)

~ del sueño 昏睡[睡眠]病(非洲锥虫病)

~ del suero 血清病

~ degenerativa 变性性疾病(伴随年老或器官衰退而发生的疾病,如动脉硬化)

~ difícil de curar 疑难病症

~ endémica 地方病

~ epidémica 流行病

~ erúptica 疹病

~ funcional 官[功]能病

~ genética[hereditaria] 遗传病

~ holandesa del olmo 荷兰榆树病(由小蠹虫带来的真菌感染所致,使榆树叶黄脱落终至枯死)

~ idiopática 自[特]发性疾病

~ infecciosa 传染病

~ inmunológica 免疫性病

~ intercurrente 间发病

~ mental 精神病,精神疾患

~ metabólica 代谢性疾病

~ negra 黑热病,黑疫

~ nerviosa 神经疾病

~ nutricional 营养性病

~ ocupacional[profesional] 职业病

~ orgánica 器质性病,器官性病

~ periódica 周期性疾病

~ reincidente 多发病

~ terminal 不治之症

~ transmisible 传染病

~ transmitida por virus 病毒感染疾病

~ venérea 性[花柳]病

~ verde 姜黄病,绿色贫血

enfermería f. ①医院;(学校、船舶等的)医务室;②护理专业;③〈集〉病人

enfermero,-ra m. f. ①护士,护理员;②〈军〉卫生员

~ ambulante 上门服务护士,家庭病房护士

~ de guardia 值班护士

~/~a jefe/jefa 护士长

~ practicante 实习护士

enfermizo,-za adj. ①有病的,多病的;容易

生病的;②(心理等)病态的;③致病的

enfermo,-ma adj. 有[患,生]病的 ‖ m. f. 病人

~ de amor 害相思病的

~ de consulta 门诊病人

~ de emergencia 急诊病人

~ internado en un hospital 住院病人

~ terminal 晚期病人

enfermoso,-sa adj. Amér. L. ①有病的,多病的;容易生病的;②(心理等)病态的;③致病的

enfilada f. ①〈军〉纵向射击,纵射;纵射炮火;②(房间等的)相对成行排列

enfisema m. ①〈医〉气肿;肺气肿;②〈兽医〉(马的)肺气肿病

~ pulmonar 肺气肿

~ senil 老年性肺气肿

enfisematoso,-sa adj. 〈医〉气肿的

enfiteusis f. 〈法〉①永久[长期]佃耕权;永久[长期]借权;②永久[长期]佃耕权契约;永久[长期]借权契约

enfiteuta m. f. 〈法〉永久[长期]佃户;永久[长期]租借人

enfitéutico,-ca adj. 〈法〉永久[长期]佃耕权的;永久[长期]租借的

enflurano m. 〈药〉安氟醚(一种吸入麻醉药)

enfocado m. 〈理〉调[聚]焦

enfocador m. 〈摄〉检像镜,取[检]景器

enfoque m. ①〈摄〉调[聚]焦,对焦点;②对光;光线投向;光线对准;③见 potencia de ~

~ concreto 实情研究,具体分析

~ electrostático 静电聚焦

potencia de ~ 放大率,放大倍数

enfosado m. 〈兽医〉(马等因吃精饲料后饮水过多而引起的)不适,胀肚

enfoscado m. 〈建〉①用灰泥抹;②灰泥层

enfraxia f. 〈医〉阻[闭]塞

enfrentamiento m. ①对抗,冲突;②相见[遇];③〈体〉遭遇

enfriadera f. (饮料的)冷却器

enfriadero m. 冷藏库;冷却室

enfriado,-da adj. (被)冷却的 ‖ m. 冷却

~ por aceite 油冷(却)的

~ por agua 水冷(式)的

~ por aire 气冷(式)的

enfriador,-ra adj. 冷却的;制[致]冷的 ‖ m. ①〈机〉冷却器,制冷装置;②冷藏间,冷库

~ de aceite 滑油冷却器

~ del aire 空气冷却器

~ serpentín 蛇管冷却器

~es de agua 冷却塔

cámara ~a (水)冷藏室

máquina ～a 制冷机

enfriamiento *m*. ①(液体的)冷却;(冰箱)冷藏;制[致]冷;②感冒,伤风;③〈经〉放慢增长;减缓

～ al aire 风力冷却

～ forzado 强迫[制]冷却

～ por agua 水冷(却)

～ por aire 气冷,空气冷却

～ por hidrógeno 氢冷却

～ por radiación 辐射冷却

～ rápido 淬[骤]冷

lecho de ～ (轧钢)冷床

superficie de ～ 冷却面

enfurtido *m*. ①缩(呢绒);②(毛)板结;结块

enganchador *m*. 〈交〉①〈铁路〉调车[扳道]员;②〈铁路〉转轨器,调机车[车头]

enganche *m*. ①钩(住);(用钩)吊;用钩连接;②〈交〉挂(火车车厢);③〈机〉连[联]接;结[接]合;④〈机〉钩(子);挂[吊]钩;(火车)车钩;⑤〈军〉招[征]募(新兵等);⑥〈讯〉通讯线;⑦*Méx.*〈商贸〉保证金,定金

～ automático 自动挂钩

bulón de ～ 接合螺栓

cabeza de ～ 垫块,敵尖枕木

engandujo *m*. 〈缝〉(衣服等上的)皱褶饰

engangrenarse *r. Ecuad.*, *Méx.* 〈医〉生坏疽,坏死

engañaojos *m. Col.* 〈画〉障眼法(指一种看起来很乱实际上表现多种物体的绘画)

engañapastores *m*. 〈鸟〉(欧)夜鹰

engarce *m*. ①(用金属丝)串起;②镶嵌;③(镶嵌宝石等的)底座,托架

engargante *m*. 〈机〉(轮齿的)啮合

engargolado *m*. ①(拉门的)滑槽;②〈建〉舌槽式接合,企口接合

engargoladora *f*. 〈机〉〈建〉制榫机,开[挖]槽机

engargoladura *f*. ①〈建〉舌槽式接合,企口接合;②槽,沟

engastado *m*. 镶嵌

engastador,-ra *adj*. 镶嵌的 ‖ *m. f*. 镶嵌工

engastadura *f*. 镶嵌

engaste *m*. ①镶嵌;②(镶嵌宝石等的)底座,托架;③(一面平的)异形珍珠

engatillado *m*. ①(金属板的)拼接;咬接;②〈建〉(使用夹具的)固定件

engauchido *m*. 〈建〉倾斜;倾斜度;斜角

engendrador *m*. ①生成元(素);②〈信〉(计算机)生成程序

engendramiento *m*. ①生育;繁殖;②产生,引起

engobe *m*. (涂在陶瓷半成品上的)釉子层

engomado *m*. 涂胶,胶粘[接]

engomadora *f*. 〈纺〉上浆机

～ mecánica 精整机

engomadura *f*. ①涂[上]胶;②(蜜蜂在蜂巢里分泌的)第一层蜡

engonzar *tr*. 用铰链接合

engordaderas *f. pl*. 〈医〉乳儿湿疹

engordadero *m*. ①催肥猪圈;②催[育]肥期;③催肥饲料

engorde *m*. ①育[催]肥;②长[发]胖

engotarse *r*. 〈医〉患痛风

engozne *tr*. 给…装上铰链;用铰链接合

engrama *m*. 〈医〉兴奋留迹,印迹

engranaje *m*. ①〈机〉(钟表、机器等齿轮的)轮齿;②齿轮,(齿轮)传动装置;③〈技〉啮[接]合;连接;④〈机〉机构

～ conductor 太阳齿轮

～ cónico 锥[伞]形齿轮,斜齿轮

～ cónico de dentado espiral 螺旋齿轮

～ cónico en ángulo recto 等径伞齿轮

～ cónico helicoidal 斜交伞齿轮

～ de cambio de velocidad 变速齿轮(装置)

～ de dientes angulares 双螺旋齿轮,人字齿轮

～ de distribución 正时齿轮,定时齿轮装置

～ de inversión de marcha(～ de marcha atrás) 回动[倒车]齿轮;回行机构;回动[逆转]装置

～ de multiplicación regulable 变速齿轮

～ de tornillo sin fin 蜗轮,螺旋齿轮传动装置

～ del árbol de levas 驱动齿轮

～ del eje de levas 凸轮轴齿轮

～ desmultiplicador 减速齿轮[机构]

～ diferencial[planetario] 差动齿轮,差速器行星齿轮

～ doble helicoidal 双螺旋齿轮

～ epicicloidal[planetario] 行星齿轮

～ helicoidal 斜[螺旋]齿轮

～ lateral 半轴齿轮,侧面齿轮

～ principal 太阳齿轮

～ recto 正齿轮

～ reductor 减速齿轮

～ satélite 卫星齿轮(传动系)

bomba de ～s 齿轮泵

cárter de ～s 齿轮箱

harnés de ～s 变速(齿)轮,配换(齿)轮

máquina de dentar los ～s 刨[插]齿机

turbina de ～s 齿轮降速涡轮机

engrane *m*. 〈机〉①啮合;②*Cono S.*, *Méx.* (机器等因过热、受压等)卡[咬,夹]住

engrapado *m*. 用两脚钉固定

engrasación *f*.;**engrasado** *m*. ①〈机〉〈技〉

润滑（法），油润；加[涂，注]油；润滑；②
〈农〉施肥；③〈纺〉(织物)上浆

engrasadera *f.* 〈机〉油杯，滑脂杯(固定于机
器上给轴承等加滑脂的容器)

engrasador,-ra *adj.* 注[涂]油的 ‖ *m. f.* 加
油[润滑]工 ‖ *m.* ①〈机〉(牛)油杯，滑脂
杯(固定于机器上给轴承等加润滑脂的容
器)；②(汽车等的)加[涂，注]油器；润滑器
　~ a presión 滑脂枪，(黄)油枪(一种用压
力将滑脂压入轴承中的手动小工具)
　~ de aguja 针孔润滑器，针孔油枪
　~ de caudal[goteo] visible 可视给油润滑
器
　~ de copa 滑脂杯
　~ de cuentagotas 滴油润滑器
　~ de pistón 滑脂枪，(黄)油枪(一种用压
力将滑脂压入轴承中的手动小工具)
　~ Stauffer 油脂[牛油]杯润滑器
　pistola ~a 滑脂枪

engrasamiento *m.* ①〈机〉〈技〉润滑(法)，油
润；加[涂，注]油；润滑；②〈农〉施肥；③
〈纺〉(织物)上浆

engrase *m.* ①〈机〉润滑(法)，油润，加[涂，
注]油；②润滑油[剂]
　~ exagerado 过量润滑
　~ forzado 压力润滑
　~ por anillos 油环润滑法
　~ por gravedad 重力润滑法
　~ por mecha 油绳润滑法
　~ por presión 加压[强制]润滑(作用)
　anillo de ~ 油环
　copa de ~ (润)滑脂杯，牛油杯
　grifo de ~ 油旋塞，润滑油开关
　orificio de ~ 油孔

engravado *m.* (路基上的)砾石层

engravar *tr.* 用砾石铺(路等)

engravilladora *f.* 〈建〉〈机〉铺砂机

engrilletar *tr.* ①〈海〉用铁环连接，用钩链连
结；②上镣铐于

engriparse *r.* 患[得]流感

engrudador,-ra *m. f.* 粘贴[裱糊]工 ‖ *m.*
粘贴[裱糊]用具

engrudamiento *m.* 用浆糊粘贴

engrudo *m.* ①浆糊；②胶水

engruño *m.* 起皱缩，收缩

enguijarrado *m.* 卵石(路面)

enguijarrar *tr.* 〈建〉用卵石铺(路等)

enguinchar *tr. Chil.* 给…镶[贴]边

engurra *f.* ①皱，皱纹；②收缩

enhebrado *m.* 〈信〉穿线

enherbolar *tr.* 涂毒药于

enhirita *f.* 含水矿物

enhornadora *f.* 〈机〉〈冶〉(高炉)进[装]料机

enjabegarse *r.* 〈海〉(缆绳在海底)缠结

enjalbegado *m.*；**enjalbegadura** *f.* 〈建〉刷
[涂]白；粉刷

enjalbegador,-ra *adj.* 〈建〉(用石灰水)粉刷
(墙壁)的 ‖ *m. f.* 粉刷工；泥水匠

enjalbiego *m.* 〈建〉刷[涂]白；粉刷

enjambre *m.* ①(离巢)蜂群，分蜂群；②牲畜
群；昆虫群；③〈天〉流星群；④*Cub.* 〈动〉石
斑鱼

enjarciar *tr.* 〈海〉给桅杆装配帆及索具

enjarje *m.* 〈建〉①待齿接，留砖牙；齿形待接
插口；②(圆拱的)拱肋连接

enjaulada *f.* 〈植〉山萝花

enjeridor *m.* 嫁接刀

enjertación *f.* 嫁接，接枝

enjertar *tr.* 嫁接，接枝

enjerto *m.* 嫁接枝；嫁接植物

enjillamiento *m.* ①〈医〉佝偻病；②(动植物
组织)发育不良

enjillirse *r. P. Rico.* (人、动物、果实)发育
不良

enjimelgado,-da *adj.* 耦合[联]的；连[联]接
的

enjimelgar *tr.* 使耦合[联]，使连[联]接

enjuagado *m.* 用清水漂净

enjuague *m.* 漱口水[剂]
　~ bucal 漱口水[剂]，洗口药

enjugador *m.* 〈机〉①干燥器，烘箱；②〈衣服〉
烘干器
　~ automático (汽车)刮水器，雨刷

enjuiciamiento *m.* ①考查，审议；②〈法〉(提
起)诉讼；③〈法〉审理[判]；判决
　~ civil 诉讼(尤指非刑事案件)
　~ criminal 审判[理]

enjulio；**enjullo** *m.* 〈纺〉(织机的)织轴；经轴

enjulladora *f.* 〈纺〉整经机

enjunque *m.* 〈海〉①压载；压舱物；②装压
载；装压舱物

enjutar *tr.* 〈建〉①使干，使干燥；②填(拱肩)

enjuta *f.* 〈建〉拱肩；圆穹顶支承拱；穹隅

enlacado *m.* ①上[涂]漆；②漆涂层

enlacar *tr.* 涂[上]漆

enlace *m.* ①联系，关系；②〈电〉连接；耦合；
③〈化〉键；④〈交〉(列车等的)接续；联运
(列车)；⑤〈交〉道路等的交叉，连接
线;(高速公路的)会合点；⑥〈军〉联络；⑦
婚[联]姻；⑧〈信〉链接；链路(从一个网页到
另一网页的超文本链接)
　~ π 〈化〉π键
　~ σ 〈化〉σ键
　~ ascendente 〈信〉上行链路；向上传输
　~ covalente 共价键
　~ covalente polar 极性共价键
　~ dativo 配(价)键
　~ de anotaciones 录音中继线

~ de comunicación 交通枢纽

~ de datos〈信〉①数据链路;②数据载体;③数据通道

~ de hidrógeno 氢键

~ de valencia 价键

~ doble〈化〉双键

~ en trébol (道路的)苜蓿叶式立体交叉,四叶立体交叉

~ etilénico 烯键

~ heteropolar 异极键

~ homopolar 无极键

~ inalámbrico 无绳链路

~ iónico 离子键

~ lógico 逻辑联系

~ matrimonial 结婚,婚姻(关系)

~ metálico〈化〉金属键

~ múltiple〈化〉重键

~ peptídico〈生化〉肽键

~ químico 化学键

~ semicíclico 半环键

~ semipolar 半极性键

~ sencillo〈化〉单键

~ sindical (工厂或公司中由工人选举出来与雇主打交道等的)工会管事

~ telefónico 电话联系

~ triple〈化〉三键

~s de correa 皮带接扣

~s dobles conjugados 共轭双键

electrodos de ~ 键电子

estación de ~ 枢纽站

enladrillado m.; **enladrilladura** f.〈建〉①砖铺路面;砖贴面;②砖地;砖建筑

enladrillar tr.〈建〉①用砖铺筑(路面);②砖砌

enlajar tr. Amér. L.〈建〉用石板铺(地面)

enlame m. Méx.〈农〉施淤泥肥

enlatado,-da adj.①罐[听]装的;②〈乐〉预先录制的;灌制唱片的;录音[像]的‖ m.①罐头食品制造;②Chil. 制成罐头;③Col.(铺天花板的)小口铁板

enlejiar tr.〈工〉〈化〉用碱水处理;使(水)含碱,使碱化,使成碱液

enlistonado m.〈建〉①板条;②板条构件

enlistonar tr.〈技〉〈建〉用板条做(构件等)

enllantar tr. 为…装轮胎;给…上轮箍

enlosado m.〈建〉①瓷砖[石板]路面;②铺石板[瓷砖]

enlosar tr.〈建〉用瓷砖[石板]铺(地);用瓷砖[石板]铺路面

enlozar tr. Amér. L. 给…上珐琅;给…上釉[搪瓷]

enlucido,-da adj. 粉刷过的,有涂层的‖ m.〈建〉灰泥[浆],墁灰

~ en dos capas 双层抹灰

enlucidor,-ra m. f.〈建〉抹灰[粉刷]工

enmacetar tr. 把(植物)栽种[移植]于花盆中

enmaderación f.①见 enmaderamiento;②〈矿〉坑木;支撑(坑道)

enmaderado,-da adj.〈建〉(地面)木板铺就的;(房间、墙壁等)木结构的‖ m. 见 enmaderamiento

enmaderador m.〈建〉支架工

enmaderamiento m.〈建〉①铺[镶]木板;②(地面)木板;(房间、墙壁等)木结构;木工部分(如天花板、屋架等)

enmaestrar tr.〈海〉给(船)装上纵桁

enmalle m. 渔网垂直捕鱼法(指把几张渔网垂直放在水里,让鱼游过时卡在网眼里的捕鱼法)

enmarcado m.①边[画]框;框架;②装入框内

enmascarable adj.〈信〉可屏蔽的

enmascaramiento m.①戴面具;②掩饰,隐瞒;③〈军〉伪装;掩蔽

~ antirradar 防雷达伪装

~ auditivo 听觉掩蔽

enmascarar tr.①给…戴上面具;用面具遮住(脸);②掩饰[盖],隐瞒;③〈军〉伪装;④〈信〉屏蔽

enmasillar tr.〈建〉涂油灰;用油灰接合[粘牢]

enmenia f.〈医〉月经;行经

enmeniopatía f.〈医〉月经病

enmenología f.〈医〉月经学

enmienda f.〈法〉修正案;修正条款;②pl. 肥料

enmohecido,-da adj.①(金属)生锈的;锈蚀的;②〈植〉发霉的

enmohecimiento m.①生锈;②〈植〉发霉;③(记忆力等的)衰退

enmotar tr.〈军〉筑城堡守卫

ennegrecimiento m.①染[涂]黑;变黑;②发黑(处理)

enocitos m. pl.〈生〉绛色细胞

enodio m.〈动〉(3-5岁的)鹿

enofobia f.〈心〉酒恐怖

enoftalmia f.;**enoftálmos** m.〈医〉眼球内陷

enoftálmico,-ca adj.〈医〉眼球内陷的

enografía f. 葡萄酒学,酿酒学

enográfico,-ca adj. 葡萄酒学的,酿酒学的

enógrafo m. 葡萄酒学专家,酿酒学专家

enol m.〈化〉烯醇

enolado m. 药酒

enolasa f.〈生化〉烯醇酶

enólico,-ca adj.〈药〉用酒作赋形剂的

enolizabilidad f.〈化〉烯醇化程度

enolización *f.*〈化〉烯醇化(作用)

enología *f.* 葡萄酒工艺学;酿酒学

enológico,-ca *adj.* 葡萄酒工艺学的;酿酒学的

enólogo,-ga *m. f.* 葡萄酒工艺学专家;酿酒学专家

enomanía *f.*〈医〉间发性酒狂

enomaníaco,-ca *adj.*〈医〉患有震颤性谵妄的‖*m. f.* 患有震颤性谵妄的人

enometría *f.*(葡萄酒)酒度测定(法)

enométrico,-ca *adj.*(葡萄酒)酒度测定法的

enómetro *m.*(测定葡萄酒的)酒度计

enosimanía *f.*〈医〉恐惧症

enostosis *f.*〈医〉内生骨疣

enotecnia *f.* 酿酒术,葡萄酒生产工艺

enotécnico,-ca *adj.*(葡萄酒)葡萄酒生产工艺的

enoteráceo,-cea *adj.*〈植〉柳叶菜科的‖*f.* ①柳叶菜科植物;②*pl.* 柳叶菜科

enquistado,-da *adj.* ①〈医〉囊肿状的;②嵌入的;③〈生〉包绕的,被[成]囊的

enquistamiento *m.*〈医〉成囊;包囊形成;被囊(作用)

enramado *m.*〈海〉(船的)骨架

enranciamiento *m.*〈生化〉腐败变质

enrasado; enrasamiento *m.* ①见 enrase;②〈建〉填实拱肩的石料

enrase *m.* ①(使)齐平,(使)一样高;(使在)同一水平面;②砌[修,磨,打]平

enrayado *m.* ①(扳住辐条)制动;②〈建〉檩(条)

enrayamiento *m.*(给车轮)上辐条

enrayar *tr.* ①给(车轮)上辐条;②扳住(一根)辐条制动(车轮)

enrazar *tr. And.* 使(家畜等)杂交

enredadera *adj.*〈植〉攀缘的‖*f.* 攀缘[葡匐]植物(如忍冬、牵牛、风铃草等)
~ de campanillas 一种爬山虎
~ de campo 旋花属植物;缠绕植物
~ de Virginia〈植〉小五叶爬山虎

enrejado *m.* ①(窗、门等的)花(铁)栅;格栅;栅栏;格(状结)构;②(植物等的)棚,架;③〈缝〉透雕细工;网状细工;透孔织物;④〈建〉格排垛,格床;板桩
~ de alambre 金属栅栏[丝网]
~ del radiador 辐射防护间,防护屏

enrejadura *f.*〈兽医〉(牲畜足部受到的)铧伤

enriado; enriamiento *m.* 浸渍,沤(麻)

enriar *tr.* 沤(麻)

enrieladura *f. Ecuad.* ①铁轨;②小金属铸条

enriostrar *tr.*〈建〉给…安支撑,给…安撑臂

enripiado *m.* 用碎砖石填补

enriquecimiento *m.* ①致富;富裕;②〈理〉增加浓度[含量];强化;浓集;③(核燃料的)浓缩;④〈矿〉富集
~ isotópico 同位素浓集
~ secundario〈地〉次生富集作用
~ sin causas 不正当得利

enrolamiento *m.* ①征募;招收[募](船员);②〈军〉应征入伍

enrollable *adj.*(幕帘、百叶窗等)可卷起的
cinturón ~(汽车上的)卷筒式惯性自动安全带

enrollador,-ra *adj.* ①卷的,使成卷状的,缠绕的;②用石子铺的‖*m.* ①卷[线]轴,卷(线)轴[筒];②〈机〉卷[绕]线机;盘管机

enrollamiento *m.* ①卷,成卷状,缠绕;②用石子铺

enroscadura *f.*; **enroscamiento** *m.* ①使呈螺旋形;②拧(螺丝);③缠绕

enrubiador,-ra *adj.* 使成亚麻色的,使成金黄色的

enrubio *m.* ①(使)成亚麻色,(使)成金黄色;②金黄色染液;③〈信〉花椒

enrutador *m.*〈讯〉〈信〉路由器

ensacadora *f.*〈机〉装袋机

ensalada *f.* ①色拉,凉拌菜;②〈乐〉集成曲(用几首歌曲的片段凑成的乐曲)

ensamblado *m.* ①〈汽车的〉装配,组装;②〈技〉拼[接]合;榫接
~ a cola de milano 鸠[鸽]尾榫接,鸠[鸽]尾接合
~ en cremallera 鸠[鸽]尾榫接,鸠[鸽]尾接合

ensamblador,-ra *m. f.* ①〈建〉细木工人;接[拼]合工;②〈机〉装配工;③〈信〉汇编程序员‖*m.*〈信〉①汇编程序;②汇编语言
~-desamblador de paquetes 数据[信息]包汇编-反汇编程序

ensambladura *f.* ①〈机〉〈技〉装配,组装;②〈建〉拼[接]合;连接
~ a cola de milano 鸽[鸠]尾接合
~ biselado 斜接
~ de almohadón 榫齿接合
~ de bayoneta 插销接合
~ de caja y espiga 交叉连接,十字形连接
~ de inglete 斜(面)接合
~ en pico de flauta 斜嵌连接
~ francesa 嵌接,斜接
~ lengueta y ranura 企口接合
~ media madera 半嵌插槽舌接

ensamblaje *m.* ①〈机〉〈技〉装配,组装;②〈航天〉(宇宙飞行器在轨道上的)对接;③〈建〉(木头等的)拼[接]合;拼[榫]接;④〈信〉汇编语言
~ de automóviles 汽车装配

ensamble *m.* ①〈机〉〈技〉装配,组装;②〈建〉

拼[接]合；连接

ensanchador,-ra *adj*. 加宽的，扩展的‖*m*.
①扩展[撑幅，延伸]器；②〈机〉伸延机
[器]；伸展[扩孔]器
~ de fondo 扩孔[眼]器(石油业用语)

ensanchamiento *m*. ①加宽，扩展；②扩大，
发展
~ del capital 〈经〉扩充资本

ensanchatubos *m*. 〈机〉扩管(口)器，管子扩
口器

ensanche *m*. ①加[扩，展]宽，扩展；②(城镇
的)新扩建区；③(缝)(衣服上被折在缝里可
以放出用来加宽的)部分
~ de banda 频带扩展

ensañamiento *m*. 〈法〉(因蓄意扩大犯罪活动
属)加重判刑情节

ensardinado *m*. *Chil*. 〈建〉立砖(建筑)工程

ensayador,-ra *m*. *f*. ①试验员；②(矿石、金
属)鉴定者，检验员‖*m*. 试验器[计]；检验
器，测试器[仪]

ensaye *m*. ①(对矿石、金属等的)鉴定；②(对
金银硬币的)成色分析

ensayo *m*. ①(性能、用途、质量等的)试验；测
试；②(金属、矿石等的)鉴定；检验；③〈教〉
小品文；④〈戏〉〈乐〉(戏剧、舞蹈、乐曲等
的)排练[演]；练[演]习；⑤〈体〉(橄榄球运
动中的)底线得分(即在对方球门线后带球
触地得三分并可获踢定位球射门的权利，如
射中，再得二分)
~ a baja temperatura 低温试验
~ a compresión 抗压试验
~ al[de] choque 碰撞试验
~ clínico 临床试验
~ crítico 临界[断裂]试验
~ cuantitativo 定量试验
~ de adherencia 黏结试验
~ de aglutinación 〈生化〉凝集试验
~ de aislamiento 绝缘试验
~ de alargamiento 扩管[扩大]试验
~ de Ames 〈医〉(检查致癌物质的)艾姆
斯氏试验
~ de calidad 质量鉴定
~ de corrosión 腐蚀试验
~ de disrupción (耐压)破坏[断裂]试验
~ de doblado[plegado,flexión] 弯曲试验
~ de duración 使用期限试验
~ de evaporación 蒸发试验
~ de fatiga 疲劳试验
~ de fluencia 蠕变试验
~ de maza caediza 落锤[冲击]试验
~ de muestras 抽样试验
~ de ocupación de la línea (电话)忙碌试
验
~ de perforación 穿孔[击穿]试验

~ de pilas 电池测试
~ de plegado alternativo en sentido inverso 回弯试验
~ de pliegue 弯[挠]曲试验
~ de punzonado 扩[穿]孔试验
~ de recepción 验收试验
~ de resilencia 抗冲击(性能)试验
~ de templabilidad 淬透性试验
~ de tracción 拉力[抗拉]试验
~ de un automóvil 试车，试验性运行
~ del oro 金鉴定
~ dieléctrico 介质试验
~ dinámico 动态试验
~ en carretera 行车试验
~ en frío 冷态[冷凉]试验
~ en laboratorio 室内试验
~ en vuelo 飞行试验
~ estático 静态试验
~ físico 物理试验
~ general ①〈戏〉(正式上演前的)彩排；②
总排演
~ límite 断裂[极限]试验
~ no destructivo 〈化〉无损试验
~ nuclear 核试验
~ por vía seca 干法化验
~ preliminar 初步鉴定
~ ultrasónico 超声(波)试验
~s de forja 锤击试验
balanza de ~ 试金天平
horno de ~ 试金炉
pedido de ~ 〈商贸〉试购
viaje de ~ 试行[车，航]
vuelo de ~ 试飞

ensenada *f*. 〈地〉水湾，小港[湾]

ensenado,-da *adj*. 凹形的，内弯的

enseñanza *f*. ①教育；②教学；讲授；③训练
~ a distancia 远程教学
~ asistida por ordenador 计算机辅助学
习
~ basada en el ordenador 计算机教学
~ básica 基础教育
~ cultural para adultos 成人文化教育
~ de casos prácticos 现场训练
~ de la Iglesia 教会教义
~ de niños con dificultades de aprendizaje (为学习困难儿童提供的)特殊教学
~ de primer grado(~ primaria) 初等教
育
~ de secundo grado(~ secundaria) 中等
教育
~ estatal[pública] 国立(学校)教育
~ general básica *Esp*. 基础[初级]教育
(6 岁至 14 岁儿童接受的教育)

~ infantil 幼儿教育

~ libre（学生无权听课但可以参加考试的）自由教育

~ media 中学教育

~ mutua（在老师指导下的优秀学生给后进学生的）互助教学

~ nocturna 夜间教学课程

~ obligatoria 义务教育

~ oficial 国家教育

~ por correspondencia 函授

~ privada 私立（学校）教育

~ programada ①（计算机）程序教学；②程序学习（一种按程序教程利用题解教科书的自学）

~ superior 高等教育

~ terciaria 第三级教育（即高等教育）

~ universitaria 大学教育

~ visual 直观教学

~s transversales *Esp.*（中小学）横向综合教育（含公民教育、道德教育、健康教育、性教育、交通教育、消费者教育）

primera ~ 初等教育

segunda ~ 中等教育

enseres *f. pl.* ①用品[具]；②〈法〉全部有形动产（如家具、家具等）

~ caseros[domésticos] 家庭用具

~ de guerra 军需品

~ eléctricos 电器

ensiforme *adj.* 〈生〉剑形的

ensillada *f.* 〈地〉鞍状山

enstatita *f.* 〈矿〉顽（火）辉石

ensullo *m.* 〈纺〉（织机的）织轴；经轴

entabicación *f.* 〈建〉壁板；隔墙

entabicar *tr.* 〈建〉砌墙隔断[开]；（用隔墙）分隔

entablado *m.* ①〈集〉木板；②〈建〉地板；木结构

entabladura *f.* ①〈集〉木板；②〈建〉用木板加固

entablamento *m.* 〈建〉（建筑物的）顶部

entablilladura *f.*；**entablillamiento** *m.* 〈医〉（骨科）上夹板

entablillar *tr.* 〈医〉用夹板固定

entado,-da *adj.* 两条曲线犬牙交错的（纹章学用语）

entalingadura *f.* 〈海〉拴锚

entalingar *tr.* 〈海〉拴住（锚），用钩链连接

entalladura *f.*；**entallamiento** *m.* ①雕刻；雕刻术；②雕塑；雕塑术；③槽[凹]口；沟；④（为取树脂在树干上开的）切口[痕]，刻痕

entalle *m.* ①（尤指用作印章的）石刻品；②石刻术

entallecer *intr.* 〈植〉长出（叶、枝、幼芽等）‖ ~se *r.*（叶、枝、幼芽等）长出；发芽

entalpía *f.* 〈理〉焓，热函（热力学单位）

~ de combustión 燃烧焓

~ de fusión 熔化焓

~ de hidratación 水化焓

~ de ionización 电离焓

~ de mezcla 混合焓

~ de reacción 反应焓，反应热函

~ de solidificación 凝固焓

~ de sublimación 升华焓

~ de transición 转变热函

~ de vaporización 汽化焓

~ libre 自由焓

entálpico,-ca *adj.* 〈理〉焓的，热函的；热含量的

entamebiasis *f.* 〈医〉内阿米巴病，内变形虫病

entamoeba *f.* 〈动〉内变形虫

entapizado,-da *adj.* 〈植〉蔓生的

entarimado,-da *adj.* 〈建〉铺上拼花地板的‖ *m.* ①铺拼花地板；②地板；镶木地板；拼花[镶嵌]地板；③（大厅等一端的）地台；讲台

~ a la francesa 人字形地板

~ a la inglesa 企口地板

~ de[en] espinapez(~ quebrado) 人字形地板

entarugado *m.* 〈建〉木块地板

entasia *f.* 〈医〉强直[紧张]性痉挛

éntasis *f.* 〈建〉圆柱收分线，柱上的微凸线

ente *m.* 组织；机构；单位

~ moral *Méx.* 非营利性组织

~ público 公共事务法人团体

enteje *m.* *Amér. L.* 〈建〉盖[铺]瓦

entena *f.* ①〈海〉三角帆桁，斜桁；②长圆木

entenalla *f.* 手[老虎]钳

enteolina *f.* 染料（从淡黄木犀草中提炼）

entera *f.* *Esp.* 〈建〉楣，过梁

enteral *adj.* 〈医〉肠的，肠内的

enteralgia *f.* 〈医〉肠痛

enterectasia *f.* 〈医〉肠扩张

enterectomía *f.* 〈医〉肠切除术

enterelcosis *f. inv.* 〈医〉肠溃疡

entérico,-ca *adj.* 〈医〉肠的，肠内的

enteritis *f. inv.* 〈医〉肠炎

~ crónica 慢性肠炎

~ mucosa 黏液性肠炎

entero,-ra *adj.* ①全部的，整个的；②〈数〉整的；③（水果）还未熟的‖ *m.* ①〈数〉整数；②〈商贸〉（用作计量单位的）百分点；点数（交易所指数单位）；③*Amér. L.* 支付，付款；④*Cono S.* 结[清]账；结存；⑤*Arg.*（衣裤相连的）工作服

~s porcentuales 百分点

número ～〈数〉整数

enteroanastomosis f.〈医〉肠吻合术

enterobacteria f.〈生〉肠细菌

enterobiasis f.〈医〉蛲虫病

enterobrosis f. inv.〈医〉肠穿孔

enterocele m.〈医〉肠疝

enterocélico,-ca adj.〈医〉①肠疝的;②患肠疝的

enterocentesis f.〈医〉肠穿刺(术)

enterocistocele m.〈医〉肠膀胱疝

enterocleisis f.〈医〉①肠缝合;②肠闭塞

enterococcus m.〈生〉肠(道)球菌

enterococo m.〈生〉肠(道)细菌

enterocolitis f. inv.〈医〉小肠结肠炎

enterocolostomía f.〈医〉小肠结肠吻合术

enterofimia f.〈医〉肠结核

enterogastritis f. inv.〈医〉肠胃炎

enterogastrona f.〈生化〉肠抑胃素

enterógeno,-na adj.〈医〉肠源的;源于小肠内的

enterohepatitis f. inv.①〈医〉肠肝炎;②〈兽医〉家禽肠肝炎

enterolitiasis f. inv.〈医〉肠石病

enterolito m.〈医〉肠石

enterología f. 肠学

enterón m.〈医〉肠;消化道

enteropatía f.〈医〉肠病

enteropeptidasa f.〈生化〉肠肽酶

enteropexia f.〈医〉肠固定术

enteroplastia f.〈医〉肠成形术

enteroplejía f.〈医〉肠麻痹,肠瘫

enteropostal m.①航空信;②航空邮筒

enteroptosis f. inv.〈医〉肠下垂

enteroquinasa f.〈生化〉肠激酶

enterorrafia f.〈医〉肠缝合术

enterósito m.〈医〉肠寄生物

enterospasmo m.〈医〉肠痉挛

enterostomía f.〈医〉肠造口术

enterotomía f.〈医〉肠切开术

enterótomo m.〈医〉肠刀

enterotoxina f.〈生〉肠霉素

enterotripia f.〈医〉肠穿孔

enterovirus m.〈医〉肠道病毒

enterozoo m.〈生医〉肠寄生虫

enterrador m.〈动〉埋葬虫

entesamiento m.①增强,增加强度;②绷紧

entibación f.①支撑;②〈矿〉支柱[架,撑],支托物,坑木
　　～ provisional (隧道)矢板,前部支撑
　　marco de ～ 井架

entibador m.〈矿〉支架工

entibiadero m. 冷却场[室]

entibo m.①〈建〉支柱,台,墩;②〈矿〉坑木,

支架;③Esp.(筑坝后的)蓄水量

entidad f.①实体,独立存在体;②〈信〉实体,单位,机关,团体,组织,机构;④〈商贸〉公司;商号[行]
　　～ aplicación〈信〉应用实体
　　～ bancaria 银行
　　～ comercial 公司,工商企业
　　～ crediticia 信贷公司
　　～ externa〈信〉外部实体
　　～ financiera 金融机构
　　～ tipo〈信〉实体类型

entimema m.〈逻〉三段论省略式

entimemático,-ca adj.〈逻〉三段论省略式的
　　razonamiento ～ 省略推理

entlasis f.〈医〉颅骨骨折内陷

entoblasto; entodermo m.〈生〉内胚层

entogástrico,-ca adj.〈动〉胃内的

entomecimiento m. 麻木,失去知觉

entomófago,-ga adj.〈动〉食(昆)虫的

entomofauna f. 昆虫志

entomofilia f.〈植〉①虫媒;②虫媒传粉

entomófilo,-la adj.①〈植〉虫媒的;②爱好昆虫的

entomofobia f.〈心〉昆虫恐怖

entomógeno,-na adj.〈生〉虫生的,昆虫体寄生的

entomolito m. 昆虫化石

entomología f. 昆虫学
　　～ cadavérica〈医〉尸体昆虫学
　　～ económica〈生〉经济昆虫学

entomológico,-ca adj. 昆虫学的

entomologista; entomólogo,-ga m. f. 昆虫学家

entomostráceo,-cea adj.〈动〉切甲类的,昆甲类的‖ m.①切[昆]甲类甲壳动物;②pl. 切[昆]甲类

entomótilo,-la adj.〈动〉杀伤昆虫的

entonación f.; **entonamiento** m.〈乐〉音调

entonadera f. (风琴的)踏板

entono m.〈乐〉①定音[调];起音;②音准,音调

entópico,-ca adj.〈解〉正位的

entoplastrón m.〈动〉内腹甲

entoproctos m. pl.〈动〉内肛纲

entóptico,-ca adj.〈医〉眼内的;内视的

entoptoscopia f.〈医〉眼内媒质镜检查

entoptoscopio m.〈医〉眼内媒质镜

entorchado,-da adj. (成)螺旋状的‖ m.〈乐〉低音乐器(尤指低音提琴)
　　columna ～a〈建〉螺旋柱

entornacional adj. 环境的

entorno m.①环境,周围状况;②室内气候环境(指温度、湿度等);③〈信〉环境

~ de aplicación 〈信〉应用环境

~ de implementación 〈信〉执行环境

~ de programación 〈信〉编制程序环境

~ de red 〈信〉网络环境

~ de trabajo 〈信〉工作环境

~ entero 〈信〉整数界限，整数边界

~ gráfico 〈信〉图形显示环境

~ informático distribuido 〈信〉分布式计算机环境

~ integrado de desarrollo 〈信〉集成开发环境

~ interactivo de desarrollo 〈信〉交互开发环境

~ natural 自然环境

entoturbinales *m. pl.* 〈动〉内鼻甲

en-tout-cas *m. fr.* ①晴雨两用伞，遮阳伞；②全天候网球场

entozoario; entozoo *m.* 〈动〉内寄生虫；内寄生动物

entozoico,-ca *adj.* 〈动〉内寄生虫的；内寄生动物的

entozoogénesis *f.* 〈动〉内寄生动物产生

entozoología *f.* 〈动〉内寄生动物学

entozoólogo,-ga *m. f.* 〈动〉内寄生动物学家

entrada *f.* ①进[入]口；②(房屋、酒店等的)门[前]厅；③进来[入]；抵达；(信件等)到达；④〈戏〉(演员等的)登[上]场；⑤开始[端]；(文章、作品等的)开头；⑥〈乐〉(某声部或乐器进入合唱或合奏的)开始；(指挥所做的)起奏[起唱]动作；⑦〈法〉进入(住宅)；(军队等)进入，入侵；⑧加入，参加(比赛、机构、俱乐部等)；⑨(外汇、旅游者等的)涌[流]入；⑩〈体〉门票收入；⑪〈戏〉(演出)收入；⑫〈商贸〉记[入]账；*pl.* 收入，⑬〈体〉〈戏〉观众；⑭〈机〉(水、气体等流入沟、管等的)入口；进气阀；⑮〈电〉〈信〉输入，输入端；⑯〈体〉(足球运动中的)阻截铲球；⑰(进入一国的)入境；⑱(词典的)词目[条]；⑲*pl.*(租赁)定金；⑳*Esp.*(购车、购房等时的)首付

~ de abono (铁路、音乐会、体育比赛等的)长期票

~ de aceite 进油门

~ de aire 进气口[孔]

~ de artistas (供演职员进出的)剧场后[边]门

~ de capital 资本流入

~ de datos 〈信〉数据输入

~ de divisas 外汇流入

~ de operación 营业收入

~ de protocolo 赠票

~ de taquilla 票房收入

~ de trabajos a distancia(~ de trabajos remotos)〈信〉远程作业输入

~ distal 〈信〉叶条目

~ en dique 进入干船坞

~ financiera 资金流入

~ gratuita 免费入场(券)

~ habitual 〈信〉标准输入

~ lateral 边门

~ manual 人工输入

~ negada 拒绝入境

~ prohibida 禁止入境

~ principal 大门

~s de divisas 外汇收入

~s familiares 家庭收入

~s y salidas 收入和支出，收支

~-salida 〈信〉输入-输出

~-salida programada 〈信〉可编程输入-输出

autorización de ~ 入境许可

puerto de ~ 入境口岸

solicitud de ~ 入境申请

tarjeta de ~ 入境登记卡

trámites de ~ 入境手续

entramado *m.* ①〈建〉构[框]架；木结构；构架(工程)；②〈信〉网格

~ de ladrillos 木架砖壁

~ de techo 屋架

entrante *adj.* 进[楔]人的 ‖ *m.* ①凹入[进](部分)；②〈建〉(墙壁等的)凹处；凹室；壁龛；③〈地〉小湾[港]；水湾

ángulo ~ 凹角

entraña *f.* ①核心；精髓；②中心，正中；③*pl.*〈解〉内脏

entrecalle *f.* 〈建〉装饰线条的间空

entrecanal *m.* 〈建〉(凹条花柱子的)楞条

entrecarril *m. Amér. L.* 〈交〉(铁道的)轨距

entrecava *f.* 浅挖，松土

entrechoque *m.* 互碰，相碰[撞]

entrecinta *f.* 〈建〉系梁，天沟侧板

entrecruzado,-da *adj.* 交叉[织]的 ‖ *m.* ①交叉[织]；②交叉[织]物

entrecruzador *m.* 〈信〉互见条目引用设备

entrecruzamiento *m.* ①交错；交织；②交叉耦合；③〈生〉〈遗〉品[变]种间杂交

entrecruzar *tr.* ①使交织；使交错编织；②使交错；③〈生〉〈遗〉使品[变]种间杂交；使混种；④〈信〉交叉引用 ‖ ~ se *r.* ①〈线、带等〉交织[错]；②〈生〉品[变]种间杂交；生混种

entrecubierta *f.* 〈海〉甲板间；主甲板下方的甲板

entrecuesto *m.* ①〈动〉脊柱[骨]；②里脊(肉)

entredoble *adj.* 〈纺〉(纺织品)中等厚度的

entredós *m.* ①〈缝〉(服装上的)嵌[边]饰；②矮木柜；③〈印〉10点西文活字

entreeje *m.* 〈机〉〈轮〉轴距

entrefase *f.* 〈化〉界面,面际(相与相之间的邻界)

entrega *f.* ①交给[付];递[提]交;②〈商贸〉交货;交割;③〈百科全书等分期出版的〉分册;(小说等分期连载的)部分;(刊物等的)期,号;版次;④〈信〉发行版(产品的版本)⑤(电视的)系列节目;⑥〈体〉传球;⑦〈建〉(木料或石料的)嵌入部分

~ a domicilio 送货上门

~ beta 〈信〉β 发行版

~ cercana/futura 近/远期交货

~ contra pago[reembolso] 货到付款

~ de divisas 交付外币,结汇

~ inmediata 即期交货

~ simbólica 象征性交货

orden de ~ 交货单,送货通知单

entrego *m.* 〈建〉(木料或石料的)嵌入部分

entrehierro *m.* 〈电子〉间[空,火花]隙

entrejuntar *tr.* 〈建〉拼接(门窗的)镶板

entrelaminado,-da *adj.* ①〈建〉层间敷放的;②〈地〉互层的,层间的

entrelazado,-da *adj.* ①交错的;②〈缝〉交错编织的,交织的;③〈电子〉隔行(扫描)的 ‖ *m.* 交织(纹);②〈信〉交叉存取;③〈电子〉隔行扫描

exploración ~a (电视)隔行扫描

entrelazamiento *m.* ①交错;②〈缝〉交错编织,交织

entrelazo *m.* 交织花纹(装饰图案)

entreliño *m.* (葡萄树或橄榄树的)行间[距]

entrelistado,-da *adj.* 有条纹的

entrelunio *m.* 〈天〉无月期

entremezcladura *f.* 混合,掺和[杂]

entremiche *m.* 〈海〉(船的)短纵梁

entrenador,-ra *adj.* 训练的,教练的 ‖ *m. f.* 教练;(体育运动等的)教练员 ‖ *m.* 〈航空〉教练机;飞行练习器

~ de pilotaje (地面上训练飞行人员用的)飞行模拟装置,飞行练习器

entrenamiento; entreno *m.* ①训练;培训;②(教练指导下的)训练课

~ contra incendio 消防训练

~ de personal 职工培训

entrene *m.* (带有比赛性质的)训练

entretenimiento *m.* 维持;保养

~ de la maquinaria 机器保养

entrenudo *m.* 〈植〉节间(茎上的节与节之间的部分)

entrepágina *f.* ①(插在书刊中的)特大折叠插页;②(报纸、杂志等中间一张折页的)跨页版面

entrepalmadura *f.* 〈兽医〉马蹄疫

entrepañado,-da *adj.* 〈建〉①有搁板的;②有镶板的

entrepaño *m.* ①〈建〉(柱间的)墙壁;②〈建〉(门窗等的)镶板;门板;③(墙壁、书橱等的)搁板

entrepeines *m. pl.* 〈纺〉精梳落毛

entrepelado,-da *adj.* ①(马)毛色斑驳的;②*Arg.*(马)黑、白、红三色的

entrepierna *f.* ①〈解〉两腿分叉处;胯部;②(男、女)生殖器,外阴部

entrepiso *m.* ①〈建〉夹层;②〈矿〉(上下坑道的)间空

entreplanta *f.* (商店、办公室的)夹层

entrepretado,-da *adj.* 〈兽医〉(马)胸部或前臂受伤的

entrepuente *m.* 〈船〉甲板间,二层舱

entrepuerta *f. Esp.* 闸门

entrepunzadura *f.* (肿瘤化脓时的)刺痛感

entrerriel *m.* 〈交〉(铁道的)轨距

entrerrosca *f.* 〈机〉螺纹接管[头],(螺丝)管接头

entresaca; entresacadura *f.* ①(数据、资料等的)挑选;选出;②(使)稀疏,间苗;③削薄(头发等)

entresijo *m.* 〈解〉肠系膜

entresuelo *m.* ①〈建〉夹层楼面(尤指一楼和二楼之间的楼面);②半楼(底层与二楼之间的低矮阁楼);③(戏院、音乐厅等中央供穿晚礼服观众的)第一层楼厅的前排座位

entresurco *m.* ①〈农〉垄;②(唱片的)槽脊

entretalla; entretalladura *f.* 浅浮雕

entretejedor,-ra *adj.* 〈缝〉交织的;交错编织的

entretejedura *f.*; entretejimiento *m.* 〈缝〉交织;交错编织

entretejido *m.* 〈缝〉交织;编织;交错编织

entretela *f.* ①〈缝〉用作内衬的材料;内衬;②〈印〉压平,去掉印痕

entretiempo *m.* ①春季;秋季;冷暖天气季节;②*Chil.*〈体〉足球比赛上、下半场间的)中场休息

entreventana *f.* 窗间(墙)壁

entrevía *f.* 〈交〉(铁道的)轨距

~ angosta (窄于标准规矩的)窄轨距

~ normal 标准轨距

entrevista *f.* ①接[会]见;会晤;②(记者等的)采访,访谈;③(接见记者时的)谈话,谈话录

~ de prueba 面试

~ de trabajo 招聘面试

~ personal 个人面谈[专访]

entrevistado,-da *m. f.* ①被接见者;被访问[采访]者;②被面试者

entrevistador,-ra *m. f.* ①会见[晤]者;采访者;②(对应试者进行考试的)面试者

entroncamiento *m.* ①相连接,相联系;②〈交〉铁路交叉点

entronque *m.* ①连接;相通;② *Amér. L.* 〈交〉(铁路)连轨站,枢纽站

entropía *f.* ①〈理〉〈数〉熵;②〈讯〉熵,平均信息量
　　~ de activación 〈理〉活化熵
　　~ de mezcla 〈化〉〈理〉混合熵

entrópico,-ca *adj.* 〈讯〉熵的,平均信息量的

entropión *m.* 〈医〉睑内翻

entubación *f.* 〈建〉敷设管道[路],装管

entubar *tr.* ①〈建〉敷设管道,装管;②用管道输送;③把…做成管形;④〈医〉给…插管子

entuertos *m. pl.* 〈医〉产后痛

entuercadora *f.* 〈机〉螺帽扳手

entumecimiento *m.* ①(四肢)麻木[痹];失去知觉;②(河、海等的)涨水,涨潮

enucleación *f.* 〈医〉剜出(术);摘出(术)

enunciado *m.* 〈逻〉〈数〉(问题、命题、定理等的)提出

enuresis *f.* 〈医〉遗尿
　　~ nocturna 夜遗尿

envaina *f.* 〈矿〉大锤

envasador,-ra *m. f.* ①包装工;②装瓶[罐]工人 ‖ *m.* (大)漏斗;仓斗

envase *m.* ①包(装);装(入);②装瓶[罐];罐[封]装;②包装(材料,容器);③马口铁器皿;④(盛满的)瓶子;空瓶
　　~ de cartón 包装箱
　　~ de lata 罐头
　　~ de vidrio 玻璃容器
　　~ original 原始包装
　　~ retornable 可回收(利用)容器
　　géneros sin ~ 散装货物[商品],未包装的货物[商品]
　　precio con ~ 含包装的价格

envejecimiento *m.* ①变(衰)老;变(陈)旧;②老化;③〈化〉陈[熟]化;④〈冶〉时效;⑤〈理〉时效化(指中子的慢化过程)
　　~ de la población(~ demográfico) 人口老龄化
　　~ por deformación 〈冶〉应变时效
　　~ por sumersión 〈冶〉淬火时效

envenenado,-da *adj.* ①中毒的;②(受)毒害的

envenenamiento *m.* ①放[下]毒;毒死;②中毒;③毒害
　　~ de un catalizador 〈化〉催化剂中毒

enverdecer *intr.* 〈农〉(田野)变绿;(作物)返青

envergadura *f.* ①范围;规模;②张[展]开,伸展;③〈海〉船宽[幅];(帆的)幅面;④〈航空〉〈鸟〉翼展;⑤(拳击手手臂伸出(的)距

离;⑥(人的)两臂全长

envergue *m.* 〈海〉系帆索

envero *m.* 〈植〉非洲紫檀

enviajado,-da *adj.* 〈建〉斜的,倾斜的
　　arco ~ 斜拱

envigar *tr.* 〈建〉给(…)上梁

envío *m.* ①寄(发),邮寄;②派,派遣;③发送;发货;④〈海〉用船发运的货物;⑤所寄物品;⑥汇款
　　~ a domicilio 送货上门
　　~ contra reembolso 货到付款;付款发运
　　~ con valor declarado 保价邮寄
　　~ de datos 数据传输
　　~ de segundo curso 第二类邮件(指定期邮寄的不封口的报纸、杂志等)

envoltura *f.* ①覆盖物;包装物;包装纸;②〈植〉包被;③〈航空〉(飞艇)的蒙皮;包囊;④〈机〉套,罩;⑤鞘;⑥ *pl.* 襁褓

envolvedero *m.* ①〈印〉书皮;②包装纸;③信封

envolvente *adj.* ①周围的;②围绕的,包围的;(音乐)环绕的;③(大气)吸收的;④〈军〉包抄的,迂回的;⑤全面的 ‖ *f.* ①〈数〉包络线,包络面;②〈信〉〈讯〉包络(曲)线
　　asiento ~ (赛车,飞机上的)凹背单人座椅
　　falda ~ 围裙
　　gafas de sol ~s 广角太阳镜
　　línea ~ 〈数〉包络线
　　movimiento ~ 〈军〉迂回运动
　　parachoques ~ 全框架保险杠
　　sonido ~ 环绕立体声
　　superficie ~ 〈数〉包络面

envolvimiento *m.* ①包,裹;②〈军〉包围

envuelta *f.* ①覆盖 ②覆盖物;套,罩
　　~ calorífuga 保热套

envuelto,-ta *adj.* ①包[裹]着的;②(药)裹着糖衣的,包着胶囊的;③(金属板)卷边的

enxebre *adj.* 纯的,不掺杂他物的

enyesado,-da *adj.* 上石膏的 ‖ *m.* ①〈建〉抹灰泥;粉刷;②〈医〉上石膏;筒形石膏夹,石膏绷带;③(为便于酒的贮藏)往酒里加石膏;④(为增加土地肥力)往土里加石膏

enyesadura *f.* 见 enyesado

enyuntar *tr.* ① *Amér. L.* 使连接[联]接;使接[结]合;②(给牛)上轭

enzima *m. o f.* 〈生化〉酶
　　~ de restricción 限制(性内切)酶
　　~ digestiva 消化酶
　　~ fosfolipasa 磷脂酶
　　~ gástrica 胃酶
　　~ hidrolílica 水解酶
　　~ kalicreína 激[卡利]肽释放酶

actividad de ～ 酶活性

enzimático,-ca；enzímico,-ca *adj.*〈生化〉酶的
inhibición ～a 酶抑制
ingeniería ～a 酶工程（指在工农业生产等中对酶或酶处理技术的应用）

enzimolisis *f.*〈生化〉酶解(作用)

enzimología *f.* 酶学(一门研究酶的化学本质、生物学活性和生物学意义的学科)

enzimológico,-ca *adj.* 酶学的

enzimologista；enzimólogo,-ga *m. f.* 酶学专家

enzimosis *f.* 酶性发酵

enzimopatía *f.*〈医〉酶病

enzimoterapia *f.*〈医〉酶疗法

enzolvarse *r. Méx.*(管道)堵[淤]塞

enzolve *m. Méx.*(管道中的)淤泥

enzootia *f.*〈兽医〉地方性兽病,动物地方病

enzoótico,-ca *adj.*〈兽医〉地方性兽病的

enzoquetadura *f.* 打楔子

eobionte *m.*〈生〉原生物(生命起源中的一个假想阶段)

eocénico,-ca；eoceno,-na *adj.*〈地〉始新世[系](岩石)的‖ *m.* 始新世[系]

EOF *abr. ingl.* end of file〈信〉文件结束(符)

EOL *abr. ingl.* end of line〈信〉行结束(符)

eolación *f.*〈地〉风蚀[化](作用)

eolianita *f.*〈地〉风成岩

eólico,-ca；eolio,-lia *adj.* ①风的,风成的；②风积的；风蚀的
central ～a 风力电站
energía ～a 风力；风能
erosión ～a 风蚀(作用)
generador ～ 风力发电机
roca ～a 风成岩

eolípila *f.* ①〈理〉气转球；②〈技〉焊[喷]灯

eolítico,-ca *adj.*〈地〉始石器时代的

eolito *m.*〈地〉始石器,原始石器

eolización *f.*〈地〉风成作用

eolofilo,-la *adj.*〈植〉风媒的

eolotropía *f.*〈理〉各向异性；有方向性

eón *m.*〈地〉极长时期(相当于两代或更长时间,或相当于 10 亿年)

eonismo *m.*〈心〉(尤指男性的)衣裳倒错症,异性装扮癖

eonofilo,-la *adj.*〈植〉常绿的

eosforita *f.*〈矿〉磷铝锰矿

eosina *f.* 曙(光)红(一种红色荧光染料)

eosinofilia *f.*〈医〉嗜曙红(粒)细胞增多

eosinófilo,-la *adj.* ①〈生〉嗜曙红(粒)细胞的；②〈医〉嗜曙红(粒)细胞增多的；③嗜曙红的,嗜酸性的‖ *m.* 嗜曙红(粒)细胞,嗜酸性(粒)细胞

eosinopenia *f.*〈医〉嗜曙红细胞减少,嗜酸性细胞减少

EOT *abr. ingl.* end of transmission〈信〉传输结束(符)

eozoico,-ca *adj.*〈地〉①始生代的；②始生代岩层的

eozoon *m.*〈地〉原生物

EPA *abr.* encuesta de población activa *Esp.* 对有劳动力人口的调查

epacigüil *m. Méx.*〈植〉蒜臭母鸡草

epacmástico,-ca *m.*〈生〉〈医〉增进期的,增长期的

epacmo *m.*〈生〉〈医〉增进期,增长期

epacridáceo,-cea *adj.*〈植〉掌脉石楠科的‖ *f.* ①掌脉石楠科植物；②*pl.* 掌脉石楠科

epacta *f.* ①〈天〉闰余(即阳历一年超过阴历的日数,约为 11 日)；②〈天〉岁首月龄(即阳历元旦回溯至阴历当月初一的日数)

epagoge *f.*〈逻〉归纳论证

epagógico,-ca *adj.*〈逻〉归纳论证的
método ～ 归纳论证法

eparterial *adj.*〈解〉动脉上的

epaxial *adj.*〈解〉轴上的；轴后的

epazote *m.* ①*Méx.* 药草浸剂；②*Guat.*, *Méx.*, *Salv.*〈植〉土荆芥

epecha *m. Esp.*〈鸟〉戴菊

epeira *f.*〈昆〉圆蜘蛛

epeiroforesis *f.*〈地〉大陆横向运动

epeirogénesis；epeirogenia *f.*〈地〉造陆作用[运动]

epencéfalo *m.*〈解〉①菱[后]脑；②小脑

ependima *f.*；**epéndimo** *m.*〈解〉〈生〉室管膜

ependimal；ependimario,-ria *adj.*〈解〉〈生〉室管膜的

ependimitis *f. inv.*〈医〉室管膜炎

ependimoma *m.*〈医〉室管膜瘤

eperlano *m.*〈动〉胡瓜鱼

epibentos *m.*〈生态〉浅海底栖生物(指生活在低潮线以下至 183 米之间的动物和植物)

epibionto *m.*〈生〉附生生物,体表寄生生物

epibiosis *f.*〈生〉附生生活

epibiótico,-ca *adj.*〈生〉〈生物〉附生生活的,体[生物体]表生的

epiblasto *m.*〈生〉外胚层

epiblema *m.*〈植〉根被皮

epibolia *f.*〈生〉外包(胚胎的一部分生长或扩展包围另一部分的现象)

epibranquial *m.*〈动〉上腮

EPIC *abr. ingl.* explicitly parallel instruction computing〈信〉显示并行指令计算

epicaliz *m.* 〈植〉副萼

epicanto *m.* 〈解〉内眦赘皮

epicardiólisis *f.* 〈解〉心外膜松解术

epicarpio；epicarpo *m.* 〈植〉果外皮（指果皮的外层）

epicelo *m.* 〈解〉第四脑室

epicentral *adj.* ①〈地〉震中的；②中心的

epicentro *m.* ①〈地〉震中[源]；②中心，集中点

epicíclico,-ca *adj.* 〈天〉天轮的
movimiento ～ 天轮运动

epiciclo *m.* ①〈天〉天轮；②〈数〉周转圆

epicicloidal *adj.* 〈数〉周转圆的，外摆线的
rueda ～ 外摆线轮

epicicloide *f.* 〈数〉外摆线，圆外旋轮线
～ esférica 球面外摆线

epicistitis *f.* 〈医〉膀胱上组织炎

epicistotomía *f.inv.* 〈医〉上膀胱切开术

epicito *m.* 〈解〉胞外膜

epiclorhidrina *f.* 〈化〉表氯醇（用于橡胶制造等）

epicondilitis *f.inv.* 〈医〉上髁炎

epicóndilo *m.* 〈解〉上髁

epicontinental *adj.* 〈地〉陆缘的
mares ～es 陆缘海

epicotíleo；epicótito *m.* 〈植〉上胚轴

epicraneal *adj.* ①〈昆〉头盖的；②〈解〉头盖上的

epicráneo *m.* ①〈昆〉头盖（昆虫头部的背板）；②〈解〉头部，头皮（头外部皮肤、腱膜、肌肉）

epicrisis *f.* 〈医〉再[第二次]骤退

epicrítico,-ca *adj.* 〈心〉（皮肤神经纤维）精细觉的

epicutícula *f.* 〈动〉上表皮

epidemia *f.* 〈医〉①流行病；②（流行病的）流行，传播

epidemial *adj.* 〈医〉（疾病）流行性的

epidemicidad *f.* 〈医〉流行性

epidémico,-ca *adj.* 〈医〉（疾病）流行性的

epidemiología *f.* 〈医〉流行病学

epidemiológico,-ca *adj.* 〈医〉流行病学的；流行病的

epidemiólogo,-ga *m.f.* 〈医〉流行病学家

epidérmico,-ca *adj.* ①〈解〉〈生〉表皮的；②表面的；肤浅的

epidermina *f.* 〈生化〉表皮素（一种构成表皮主要成分的纤维蛋白）

epidermis *f.inv.* ①〈动〉〈解〉表皮；②〈植〉表皮（层）；③表面；表层
～ vegetal 植物表皮（层）

epidermización *f.* 〈医〉皮移植法

epidermoideo,-dea *adj.* 表皮样的，像表皮的

epidermólisis *f.* 〈医〉表皮松懈
～ bullosa 大疱性表皮松懈症

epidermomicosis *f.inv.* 〈医〉表皮霉菌病

epidiagénesis *f.* 〈地〉外成岩作用

epidiascopio；epidiáscopo *m.* 透反射两用幻灯机

epididimectomía *f.* 〈医〉附睾切除术

epididimitis *f.inv.* 〈医〉附睾炎

epidídimo *m.* 〈解〉附睾

epididimotomía *f.* 〈医〉附睾切开术

epididimovasectomía *f.* 〈医〉附睾输精管切开术

epididimovasostomía *f.* 〈医〉附睾输精管吻合术

epidiorita *f.* 〈地〉变闪长岩

epidota *f.* 〈矿〉绿帘石

epidotización *f.* 〈地〉绿帘石化作用

epidural *adj.* 〈解〉硬脑（脊）膜上的；硬脑（脊）膜外的

epiestilbita *f.* 〈矿〉柱沸石

epifaringe *m.* 〈解〉咽上部，鼻咽

epifaringitis *f.inv.* 〈医〉咽上部炎

epifauna *f.* 〈动〉（海洋）底上动物

epifenomenal *adj.* 附带现象的，副现象的

epifenomenismo *m.* 〈心〉附现象论

epifenómeno *m.* ①附带现象；②〈医〉附[例外]现象，偶发现象；③〈心〉副现象

epífilo,-la *adj.* 〈植〉叶（面，上）附生的

epifisiólisis *f.inv.* 〈医〉髇脱离

epífisis *f.inv.* 〈解〉①髇；②松果体，脑上体

epifisitis *f.inv.* 〈医〉髇炎

epifita *f.* 〈植〉附生植物，气生植物（非寄生地生长在另一种植物上，从空气取得水分和养料）

epifito,-ta *adj.* 〈植〉附生的
planta ～a 附生植物

epifitología *f.* ①植物流行病学；②植物流行病消长因素

epifitótico,-ca *f.* 植物流行病的

epifora *f.* 〈医〉泪溢

epifragma *m.* ①〈动〉膜厣（某些越冬陆生贝类螺口上覆盖的膜状或石灰质的厣）；②〈植〉盖膜（某些藓类孢蒴上覆盖的膜）

epigámico,-ca *adj.* 〈动〉诱导性的，吸引异性的

epigastralgia *f.* 〈医〉腹上部痛，上腹部痛

epigástrico,-ca *adj.* 〈解〉腹上部的，上腹部的

epigástrio *m.* ①〈解〉腹上部，上腹部；②〈昆〉第一腹[板]

epigastrocele *m.* 〈医〉上腹疝

epigénesis *f.* ①〈生〉（胚胎的）渐成说；后生说；渐成发育；②〈地〉外成（作用），外力变质

epigenético,-ca *adj*. ①〈生〉渐成说的；后生说的；渐成发育的；②〈地〉外成的
mineral ～ 外成矿物

epigénico,-gea *adj*. 〈地〉表[外]成的

epigeo,-gea *adj*. ①〈植〉地面生长的；生于地上的；②〈动〉(叶子)出土的

epigino,-na *adj*. 〈植〉(花被、雄蕊)上位的；有上位的花被[雄蕊]的

epiglótico,-ca *adj*. 〈解〉会厌的

epiglotidectomía *f*. 〈医〉会厌切除术

epiglotis *f. inv*. 〈解〉会厌

epiglotitis *f. inv*. 〈医〉会厌炎

epigrafía *f*. 碑铭研究；铭文学

epilación *f*. 〈医〉脱毛(发)法；毛发脱落

epilepsia *f*. 〈医〉癫痫，羊痫风
～ adquirida 后天性癫痫
～ cardíaca 心病性癫痫

epiléptico,-ca *adj*. ①〈医〉癫痫的；②患癫痫的 ‖ *m. f*. 癫痫患者
ataque ～ 癫痫发作
convulsión ～a 癫痫痉挛

epileptiforme *adj*. 〈医〉癫痫样的

epileptógeno,-na *adj*. 〈医〉引起癫痫的，致癫痫的，由癫痫引起的

epileptoideo,-dea *adj*. 〈医〉①癫痫样的；②有癫痫样症状的

epileptología *f*. 〈医〉癫痫学

epileptólogo,-ga *m. f*. 〈医〉癫痫学专家

epilimnion *m*. 〈地〉表水层，变温层；温度跃变层(分层湖泊的最上水层)

epilítico,-ca *adj*. 〈植〉(植物)生于石面上的，石面的

epiloia *f*. 〈医〉结节性(脑)硬化

epimagma *f*. 〈地〉外岩浆

epimenorragia *f*. 〈医〉月经过频过多

epimenorrea *f*. 〈医〉月经过频

epimerasa *f*. 〈生化〉表异构酶，差向(异构)酶

epimerito *m*. 〈动〉光节；中胚层节

epimerización *f*. 〈化〉表[差向]异构化

epimero; epimero *m*. 〈生〉上段(中胚层)

epimerón *m*. 〈动〉后侧片

Epimeteo *m*. 〈天〉土卫十一

epimisio *m*. 〈解〉肌外膜[衣]，外肌束膜

epimorfosis *f*. ①〈生理〉割处再生，新建再生；②〈动〉(节肢动物的)表[不全]变态

epinastia *f*. 〈植〉(叶等的)偏上性

epinefrina *f*. 〈生化〉肾上腺素

epinefritis *f. inv*. 〈医〉肾上腺炎

epinefros *m. pl*. 〈解〉肾上腺

epineural *adj*. 〈解〉神经弓上的

epineurio; epineuro *m*. 〈解〉神经外膜

epiótico,-ca *adj*. 〈解〉耳上的 ‖ *m*. 耳上骨

epiparásito *m*. 〈生〉外寄生物

epipelágico,-ca *adj*. 〈海洋〉光合作用带的，上层的

epipétalo,-la *adj*. 〈植〉花冠上着生的

epiplancton *m*. 〈生〉上层浮游生物

epiplastron *m*. 〈动〉上腹甲(龟鳖类的腹甲之一)

epipleural *adj*. 〈解〉胸膜上的 ‖ *m*. 〈动〉上侧板

epiplocele *m*. 〈医〉网膜疝

epiploico,-ca *adj*. 〈解〉网膜的

epiploítis *f. inv*. 〈医〉网膜炎

epiplón *m*. 〈解〉网膜，大网膜

epiplopexia *f*. 〈解〉巩膜固定术

epiquerema *m*. 〈逻〉带证三段论法

epiqueya *f*. 〈法〉(按时间、地点、各人的具体情况对)法律的解释

epirogénesis *f*. 〈地〉造陆运动[作用]

episclera *f*. 〈解〉巩膜外层

episcleritis *f. inv*. 〈医〉巩膜外层炎，表层巩膜炎

episcopio *m*. 〈机〉反射幻灯机

episemático,-ca *adj*. 〈动〉①辨识的；②(天生的颜色、特征、气味等)可使同种动物间相互辨认的

episépalo,-la *adj*. 〈植〉(花)萼上的；对萼的

episiocele *m*. 〈医〉外阴疝

episioplastia *f*. 〈医〉外阴成形术

episiorrafia *f*. 〈医〉外阴缝合术

episiorragia *f*. 〈医〉外阴破裂

episiostenosis *f. inv*. 〈医〉外阴狭窄

episiotomía *f*. 〈医〉外阴切开术

episoma *m*. 〈生〉附加体，游离体，游离基因(指细菌中的一种遗传单元)

epispadíaco,-ca *adj*. 〈医〉尿道上裂的 ‖ *m. f*. 尿道上裂患者

epispadias *m*. 〈医〉尿道上裂

epispástico,-ca *adj*. 〈药〉(外敷时)起疱的，发泡的 ‖ *m*. 起疱剂，发泡药

episperma *f*.；**epispermo** *m*. 〈植〉种皮

epistasis *f*. ①〈遗〉上位，异位显性(一个基因对另一个非等位基因所表现的显性现象)；②〈医〉排泄制止；③〈医〉尿浮膜

epistático,-ca *adj*. 〈遗〉上位的，异位显性的

epistaxia *f*. 〈医〉鼻出血，鼻衄

episternón *m*. 〈解〉①(哺乳动物的)上胸骨；②(低级脊椎动物的)间销骨；③(昆虫的)前侧片

epistilbita *f*. 〈矿〉柱沸石

epistilo *m*. 〈建〉柱顶过梁

epistoma *m*. 〈解〉①(腕足类动物的)口上突；②(甲壳动物的)口上板；口上区；③(昆虫的)口上片

epsitrófeo *m*. 〈解〉枢[第二颈]椎

epitálamo *m*. 〈解〉丘脑上部,上丘脑

epitasis *f*. 〈戏〉(向高发展的)上升动作(古希腊悲剧结构的第二部分)

epitaxia; epitaxis *f*. 〈矿〉〈晶体〉取向附生,外延附生

epitelial *adj*. 〈生〉上皮的
tejido ～ 上皮组织

epitelio *m*. 〈生〉上皮
～ columnar 柱状上皮
～ cúbico 立方上皮
～ dental 牙上皮
～ germinal 生殖上皮
～ olfativo 嗅上皮

epitelioide *adj*. 〈生〉上皮样的;上皮状的

epitelioma *m*. 〈医〉上皮瘤,上皮癌

epitelitis *f*. *inv*. 〈医〉上皮炎

epitelización *f*. 〈生〉上皮形成(过程),上皮覆盖(过程)

epítema *f*. 〈药〉①泥罨剂;②涂剂

epitenón *m*. 〈解〉腱外膜[衣]

epitermal *adj*. 〈地〉(矿脉、矿床)浅成热液的

epitérmico,-ca *adj*. 〈理〉超热(能)的
neutrón ～ 超热中子

epítesis *f*. 〈医〉①矫正术;②夹板

epitimar *tr*. 涂外敷药于(身体某部分)

epitímpano *m*. 〈解〉鼓室上隐窝

epítome *m*. 梗概,摘[大]要

epitopo *m*. ①〈生化〉表位;②〈生医〉表位型

epitriquio *m*. 〈生〉皮上层(指哺乳动物胎儿表皮之外层)

epitróclea *f*. 〈解〉上滑车(肱)骨内上髁

epitroclear *adj*. 〈解〉上滑车的,上滑车(肱)骨内上髁的

epitrocoide *m*. 〈数〉长短幅圆外旋轮线

epituberculosis *f*. 〈医〉上部肺结核

epixilo,-la *adj*. 〈植〉木上生的

epizoario,-ria *adj*. 见 epizoico ‖ *m*. 〈动〉体表寄生虫;外寄生虫(指寄生在其他动物体表面的动物)

epizoico,-ca *adj*. 〈生〉体表寄生的,外寄生的

epizona *f*. 〈地〉浅成带

epizoo *m*. 〈动〉体表寄生虫;外寄生虫

epizootia *f*. 〈兽医〉①动物流行病;②*Chil*. (牲畜)口蹄疫

epizoótico,-ca *adj*. 〈兽医〉①动物流行病的;②*Chil*. (牲畜)口蹄疫的

epizootiología *f*. 动物流行病学,兽疫学

EPO *abr*. eritropoyetina 〈生化〉促红细胞生成素(一种运动员常用的兴奋剂,可治疗疗贫血)

época *f*. ①时期;时代;年代;②(一年当中

的)季节;③〈地〉期;世
～ de celo 〈动〉交配季节;发情期
～ de la serpiente de mar（新闻界的）无聊季节(指每年 8-9 月报纸因无重大新闻而只得登载些无聊内容)
～ de lluvias/sequías 雨/旱季
～ de ventas 销售季节
～ dorada（国家、个人、文艺等的）黄金时代,全盛时期
～ glacial 〈地〉冰(川)期;冰河时代
～ menstrual 〈生理〉经(潮)期
～ monzónica 季风季节
coche de ～（尤指 1917-1930 年间制造的）老式汽车
drama de ～ 古装戏

eponiquio *m*. ①〈生〉甲上皮;②〈解〉角质上皮

epoóforo *m*. 〈解〉卵巢冠

epoxi *adj*. *inv*. 〈化〉①环氧的;②环氧化物的 ‖ *m*. 环氧树脂
resina ～ 〈化〉环氧树脂

epóxido *m*. 〈化〉①环氧化(合)物

EPP *abr*. *ingl*. enhanced parallel port 〈信〉增强型并行端口

EPROM *abr*. *ingl*. erasable programmable read only memory 〈信〉可擦(可)编程只读存储器

epsomita *f*. 〈矿〉泻利盐

epucua *f*. *Méx*. 〈植〉龙舌兰

épulis *f*. *inv*. 〈医〉龈瘤

epulosis *f*. 〈医〉瘢痕成迹,结瘢

epulótico,-ca *adj*. 〈医〉结瘢的

EPZ *abr*. *ingl*. export processing zone 出口加工区

equiángulo,-la *adj*. 〈数〉各角相等的
triángulo ～ 正三角形

equiaxial *adj*. 〈晶体〉各方等大的,由等轴晶粒组成的

equicohesivo,-va *adj*. 〈理〉等内聚(力)的

equiconvergencia *f*. 〈数〉等收敛(性)

equidad *f*. ①公平[正];②(价格等的)公道;③(条约各方之间的)平等

equidensidad *f*. 〈理〉等密度

equidiferencia *f*. 〈数〉等差

equidimensión *f*. 等尺寸,同大小

equidimensional *adj*. ①等维的;等尺度的;②〈理〉等量纲的

equidireccional *adj*. 等方向的

equidistancia *f*. 〈测〉等距(离)

equidistante *adj*. ①〈测〉等距(离)的;②〈地〉(地图)等距投影的

equidistribución *f*. 等[均匀]分布

équido,-da *adj*. 〈动〉马科的 ‖ *m*. ①马科动

物(如马、驴、斑马等)；②pl. 马科

equifinal adj. 同样结果的；效果相同的

equifrecuencia f. 等频(率)

equigranular adj. 等粒度的,均匀粒状的,同样大小(颗粒)的

equilátero,-ra adj. ①〈数〉等边[面]的；(双曲线)等轴的,直角的；②两侧对称的
arco ～ 等边拱
triángulo ～ 等边三角形

equilibrado,-da adj. ①(饮食)均衡的；②平[均]衡的,保持平衡的；③(比赛)比分接近的 ‖ m. ①平[均]衡；②〈机〉(车)轮平衡
～ de ruedas 〈机〉(车)轮平衡
～ de particiones 〈信〉分区平衡
crecimiento ～ 平[均]衡发展

equilibrador m. 〈机〉〈技〉平衡器[装置]；稳定器

equilibramiento m. 〈信〉(使)平[均]衡

equilibrante adj. (使)平[均]衡的

equilibrio m. ①〈化〉〈理〉平[均]衡；②(收支等的)平[均]衡；③(身体的)平[均]衡(姿势)
～ absoluto 绝对平衡
～ biológico ①〈生〉生物学平衡(指稳定的天然群落中各成员间的动态平衡)；②生物平衡(指能自行移动的动物身体的平衡状态)
～ calorífico 〈理〉热量平衡
～ de color 〈电子〉彩色平衡
～ de fuerzas[poderes] (国际间的)均势
～ de mercado 市场(供需)平衡
～ de precios 价格平衡
～ de puente 电桥平衡
～ del agua 〈植〉水分平衡
～ del comercio exterior 对外贸易平衡
～ dinámico 动态平[均]衡
～ ecológico 生态平衡
～ económico 经济平衡
～ electrónico 电子平衡(法)
～ en la inversión 均衡投资
～ entre fases 〈化〉相平衡
～ estable 〈理〉稳定平衡
～ estático 静(态)平衡
～ indiferente[neutral] 〈理〉随遇平衡
～ inestable 〈理〉不稳定平衡
～ metaestable 〈理〉亚稳平衡
～ negativo 消极平衡
～ parcial 部分平衡
～ político (国际间的)均势
～ positivo 积极平衡
～ presupuestario 预算平衡
～ puntuado 点断平衡(说)
～ químico 化学平衡
～ radiactivo 放射平衡

～ relativo 相对平衡
～ térmico 〈理〉热平衡
diagrama de ～ 平衡图
potencial de ～ 平衡电位
tara de ～ 平衡重[块],均衡重[锤]

equilibristato m. 〈技〉平衡计

equimolecular adj. 〈化〉等分子(数)的,克分子数相等的

equimosis f. 〈医〉淤斑

equinado,-da adj. 〈植〉多刺的；有刺的

equino,-na adj. ①〈动〉马的；马科的；②似马的；③马性的 ‖ m. 〈动〉①马；②海胆
ganadería ～a 牧马业

equinocacto m. Amér. L.〈植〉仙人掌

equinoccial adj. 〈天〉①二分点的；二分时刻的,昼夜平分的；②春[秋]分时的
línea ～ 〈天〉天(球)赤道
punto ～ 〈天〉二分点(指春分点和秋分点)

equinoccio m. 〈天〉①二分时刻,昼夜平分时(指春分或秋分)；②二分点(指春分点或秋分点)
～ de otoño(～ otoñal) 秋分；秋分点
～ de primavera(～ vernal) 春分；春分点

equinococia；equinocococosis f. 〈医〉棘球蚴病,包虫病

equinococo m. 〈动〉棘球绦虫

equinodermo,-ma adj. 〈动〉棘皮动物的 ‖ m. ①棘皮动物；②pl. 棘皮动物门

equinoideo,-dea adj. 〈动〉①海胆的；海胆状的；②(属于)海胆纲的 ‖ m. ①海胆；海胆纲动物；②pl. 海胆纲

equinoplúteo m. 〈动〉海胆幼体

equinopsina f. 〈化〉刺头碱

equinozoos m. pl. 〈动〉有刺亚门

equipaje m. ①行李；②(成套)用品；用具；③〈海〉〈集〉全体船员
～ de mano 手提行李
compartamiento de ～ 行李舱
exceso de ～ 超重行李
zona de recogida de ～s 行李提取处

equipamiento m. ①配[装]备；②设备,器械；用具；③基础设施
～ social 社会基础设施

equiparación f. ①比较；对照；对[类]比；②相等；均等[衡]
～ fiscal 税务均衡；纳税均等

equipartición f. 〈化〉〈理〉均分
～ de energía 〈理〉能量均分

equipo m. ①〈体〉球队；②组,队,班(子)；③设[装]备；器械；用具；④〈信〉(电脑的)器械设备；⑤(电台或电视台的)播放设备；录音[音响]设备
～ cinematográfico móvil 移动式电影播放

设备

~ completo 成套设备

~ de alpitismo 登山用品[具]

~ de alta fidelidad 高保真音响设备

~ de antena 天线阵

~ de cámara 电影[视]摄制组

~ de capital 资本[固定]设备

~ de carga y transporte〈机〉装运机

~ de casa(~ local)〈体〉主队

~ de caza 打猎用具

~ de cinta〈信〉磁带驱动设备

~ de computadora 计算机硬件

~ de colegial 学生用品

~ de desactivación de explosivos 炸弹处理小组

~ de desarrollo para Java〈信〉Java 开发工具包

~ de descenso 起落装置,起落架

~ de elevación 起重设备

~ de entrada〈信〉输入设备

~ de fuera〈体〉客队

~ de música[sonidos]音响设备

~ de novia 嫁妆

~ de oficina 办公家具

~ de perforación 钻井机,钻塔

~ de primeros auxilios 急救用品

~ de prueba 试验装置

~ de radar 雷达设备

~ de relevos〈体〉替补队

~ de reparaciones 修理用具

~ de rescate[salvamento]抢救小组;〈军〉抢救队

~ de salida〈信〉输出设备

~ de salvaguardia〈信〉备份设备

~ de socorro ①抢救小组;〈军〉抢救队;②(火车失事时的)急救队,抢修队

~ de transcripción de datos〈信〉数据新录设备

~ de terminal〈信〉终端设备

~ de urgencia 急救器材

~ directivo 管理团队

~ eléctrico 电气设备

~ físico〈信〉硬件

~ general 通用设备

~ industrial 成套设备[装置]

~ lógico〈信〉软件

~ marino 船用设备

~ médico 医疗组[队]

~ modular Chil. 音响设备

~ para copias de salvaguardia〈信〉备份设备

~ radioeléctrico 无线电设备

~ refrigerante 冷冻设备

~ rodante (铁路拥有的)全部车辆(包括机车、车厢等)

~ rompedor〈信〉"虎队"(指一批电脑迷,受雇试图闯入电脑系统以检测其安全性)

~ terminal 终端设备

~ terminal de datos〈信〉数据终端设备

~ titular〈体〉甲级队

~ visitante〈体〉客队

~s de forja y laminado 锻压设备

~s energéticos 动力设备

equipolado,-da adj. 井字格形的(纹章学用语)

equipolencia f. ①〈测〉〈理〉(价值、力量、矢量等的)相[均]等;②〈逻〉(意义等的)相[均]等

equipolente adj. ①〈测〉〈理〉(力量、重量、矢量、效能等)相[均]等的;②〈逻〉(意义等)相同的

equiponderancia f. 均衡;等重

equiponderante adj. ①平衡的;等重的;②力量相等的;同等重要的

equipotencia f. 〈理〉等(电)位[势]

equipotencial adj. 〈理〉等(电)位的,等势的

equiprobabilidad f. ①〈数〉等概率;②〈逻〉等盖然性

equiprobable adj. ①〈数〉等概率的;②〈逻〉等盖然性的

equirreparto m. 〈化〉〈理〉均分

equis f. inv. ①"X"形;②〈数〉未知数;③Col.〈动〉(一种)洞蛇

eje de las ~〈数〉横坐标轴

equiseñal f. 〈讯〉等(强)信号

equisetáceo,-cea adj. 〈植〉木贼属的 ‖ f. ①木贼属植物;②pl. 木贼属

equiseto m.;**equisetópsida** f. 〈植〉木贼属植物

equitación f. ①骑马;②骑[马]术

escuela de ~ 骑术学校

equitante adj. 〈植〉套折的,(叶子)基部嵌叠的

hoja ~ 基部嵌叠叶

equitativo,-va adj. ①(价格等)公道的;公平合理的;(分配等)公平的;②公正的;③〈法〉衡平法的

gravamen ~ 衡平法留置权

juego ~ 公平博弈

equiunión f. 〈信〉等值连接

equiúrido,-da adj. 〈动〉星虫门动物的 ‖ m. ①蟲;②pl. 星虫门

equiuroideos m. pl. 〈动〉星虫目

equivalencia f. ①(力量、数量、意义、重要性等的)相等;②等价;等值;等效;③〈化〉等价,价;④〈数〉(几何学中的)等积

～ impositiva 课税等值

equivalente *adj.* ①相等[当,同]的;②等效[量]的;等价[值]的;③〈数〉(几何学中)等积的;④〈化〉等价的 ‖ *m.* ①相等物;等价物;等值;②〈化〉〈理〉当量
～ de agua〈气〉水当量
～ de Joule〈理〉焦耳当量
～ de referencia 基准等效值
～ eléctrico〈化〉电当量
～ electroquímico〈化〉电化当量
～ fiscal 税收等值
～ gramo〈化〉克当量
～ mecánico de la luz〈化〉光功当量
～ mecánico del calor〈理〉焦耳当量,热功当量
～ químico〈化〉化学当量
～ relativo 相对当量
altura ～ 等效高度
circuito ～ 等效电路
electrón ～ 等效电子
resistencia ～ 等效电阻
triángulo ～ 等积三角形

equivalvo,-va *adj.*〈动〉等(壳)瓣的

Er〈化〉元素铒(erbio)的符号

era *f.* ①时代;年代;历史时期;②纪元;③〈地〉代;④〈农〉打谷场;(菜)畦;(花)圃;⑤〈矿〉洗矿场;⑥(泥工)拌料处
～ antropozoica〈地〉灵生代
～ arcaica〈地〉太古代
～ atómica 原子(能)时代
～ cenozoica〈地〉新生界,第三纪
～ común[vulgar] 基督纪元,公元
～ cristiana(～ de Cristo) 基督纪元,公元
～ Cuaternaria [E-]〈地〉第四纪
～ espacial 航天[太空]时代
～ española[hispánica] 西班牙纪元(公元前38年为元年)
～ geológica 地质时期(指地质史的全部时期)
～ glacial ①冰期;②冰(川)期,冰河时代
～ mesozoica〈地〉中生代
～ neozoica〈地〉新生代
～ nuclear 核时代
～ paleozoica〈地〉古生代
～ Primaria [E-]〈地〉古生代
～ Secundaria [E-]〈地〉中生代

erasmismo *m.* 伊拉斯谟(荷兰人文主义学者)学说

eratema *m.*〈地〉界

erbedo *m. Esp.*〈植〉野草莓树

erbio *m.*〈化〉铒

erección *f.* ①(碑等的)树[竖]起;②〈建〉建造;建立;③〈生理〉勃起

eréctil *adj.* ①可建立的;②可竖立的;能竖起的;③〈生理〉能勃起的

erectilidad *f.* ①可竖立性;可建立性;②〈生理〉可勃起性

erecto,-ta *adj.* ①竖起的;②直立的;③挺[竖]直的

erector,-ra *m. f.* ①〈机〉〈技〉安装[装配]工;②建立者 ‖ *m.*〈机〉升降架;架设器

eremacausis *f.*〈化〉慢性氧化

eremófilo,-la *adj.*〈动〉栖荒漠的,荒漠生的 ‖ *m.*〈环〉荒漠生物

eremofita *f.*〈植〉荒漠植物

erepsina *f.*〈生化〉肠肽酶

eretismo *m.*〈医〉〈脑〉兴奋盛增

erg;ergamio *m.* ①〈理〉尔格(厘米/克/秒制中的功和能量的单位);②(撒哈拉沙漠中有随风移动大沙丘的)沙质沙漠

ergástico,-ca *adj.*〈生〉后含的(指细胞属于原生质非生命成分的)

ergastoplasma *m.*〈生〉酿造质(对碱性染料显示亲和力的一种细胞成分,是内质网的一种形态)

ergatandromorfo *m.*〈昆〉工雄蚁

ergataner *m.*〈昆〉无翅雄蚁

ergato *m.*〈昆〉工蚁

ergatógina *f.*〈昆〉无翅雌蚁

ergatoide *adj.*〈昆〉具有拟工蚁特征的 ‖ *m.* 拟工蚁

ergio *m.*〈理〉尔格(厘米/克/秒制中的功和能量的单位)

ergobasina *f.*〈化〉麦角巴辛,麦角新碱

ergocalciferol *m.*〈生化〉钙化甾醇,骨化醇,维生素 D_2

ergódico,-ca *adj.*〈数〉〈统〉各态历经的,遍历性的

ergofobia *f.*〈心〉工作恐怖(症),工作厌恶(症)

ergógrafo *m.* 测功计,疲劳记录计[器],肌(动)力描记器

ergograma *m.* 肌(动)力描记图,测功图

ergología *f.* 肌(动)力学

ergometría *f.* 测量肌(动)力

ergométrico,-ca *adj.* 测功(计)的;由测功计测得的

ergometrina *f.* 见 ergonovina

ergómetro *m.* 测功计,肌力计

ergón *m.*〈理〉尔格子(能量量子)

ergonomía *f.* 工效学,人类工程学(一门研究如何使工作及工作条件最适合工作者以发挥其最大效能的学科)

ergonómico,-ca *adj.* ①工效学的,人类工程学的;②能发挥工作者最大效能的

ergonomista;ergónomo,-ma *m;f.* 工效学

家，人类工程学家

ergonovina *f.* 〈药〉麦角新碱（用于催产和缓解偏头痛）

ergosoma *f.* 〈生化〉多核（糖核）蛋白体，动[多核糖]体

ergosterina *f.*；**ergosterol** *m.* 〈生化〉麦角甾醇，麦角固醇

ergot *m.* ①〈农〉(黑麦等的)麦角病；②〈植〉麦角(麦角菌的菌核)；麦角菌；③〈药〉麦角

ergotamina *f.* 〈药〉麦角胺（主要用于治偏头痛及防止产后大出血）

ergoterapia *f.* 〈医〉运动疗法

ergotismo *m.* 〈医〉麦角中毒

ergotocina *f.* 〈生化〉麦角新碱；麦角托辛

ergotoxina *f.* 〈药〉麦角毒

erial *adj.* 〈农〉未耕耘[开垦]的；未经耕作的 ‖ *m.* ①(农村中的)未开垦土地；②(城市中的)荒地；③*Esp.* 〈动〉小牝牛

eriazo,-za *adj.* 见 erial

erica *f.* 〈植〉欧石南属植物

ericáceo,-cea *adj.* 〈植〉杜鹃花科的；欧石南属的 ‖ *f.* ①杜鹃花科植物；②*pl.* 杜鹃花科；欧石南属

ericales *f. pl.* 〈植〉杜鹃花目

ericillo *m.* 〈动〉(一种盘状)海胆

erico *m.* 〈植〉①夏枯草；②块茎合生花

ericoide *adj.* 〈植〉似欧石南属植物的

Erídano *m.* ①〈天〉波江(星)座；②波江(希腊传说中北欧的一条大河)

erinita *f.* 〈矿〉翠绿砷铜矿

eriofilo,-la *adj.* 〈植〉具绵状毛叶的

eriómetro *m.* 〈理〉衍射测微器；微粒直径测定器

erionita *f.* 〈矿〉毛沸石

erioquita *f.* 〈矿〉硅磷铈石

erisifales *m. pl.* 〈生〉白粉菌目

erísimo *m.* 〈植〉十字花科植物

erisipela *f.* 〈医〉丹毒

erisipelatoso,-sa *adj.* 〈医〉丹毒的,丹毒性的

erisipeloide *m.* 〈医〉类丹毒

eritema *m.* 〈医〉红斑

~ del panal 尿布症

~ nudoso 结节性红斑

~ solar 日晒红斑

eritemático,-ca *adj.* 〈医〉红斑的；红斑性的

eritematoso,-sa *adj.* 〈医〉红斑的

lupus ~ 红斑狼疮

eritemoide *adj.* 〈医〉红斑样的

eritralgia *f.* 〈医〉红斑性肢痛病

eritrasma *m.* 〈医〉红癣

eritredema *m.* 〈医〉红皮水肿病

eritremia *f.* 〈医〉红细胞增多(症)；红细胞血症

eritrina *f.* 〈矿〉钴华

eritrismo *f.* 〈医〉红须发；(毛发、皮肤、羽毛等)异常的红色素沉着

eritrita *f.* ①〈矿〉钴华；②〈化〉赤鲜(糖)醇

eritritol *m.* 〈化〉赤鲜(糖)醇

eritroblasto *m.* 〈生化〉成红细胞,有核红(血)细胞

eritroblastosis *f.* 〈医〉成红细胞增多(症)

~ fetal 胎儿成红细胞增多症；新生儿成红细胞增多症

eritrocianosis *f.* 〈医〉红绀病

eritrocítico,-ca *adj.* 〈生理〉红(血)细胞的,红血球的

eritrocito *m.* 〈生理〉红(血)细胞

eritrocitólisis *f.* 〈医〉红(血)细胞溶解

eritrocitómetro *m.* 〈医〉红细胞计数器

eritrocitopenia *f.* 〈生化〉红细胞减少(症)

eritrocitosis *f.* 〈医〉红细胞增多(症)

eritrocituria *f.* 〈医〉红细胞尿,血尿

eritrodermatitis *f. inv.* 〈医〉红皮炎

eritrodermia *f.* 〈医〉红皮病

eritrodextrina *f.* 〈生化〉〈显〉红糊精

eritrófila *f.* 〈生化〉叶红素,花色素苷

eritrófilo,-la *adj.* 〈生〉(细胞等)嗜红(色)的,喜红(色)的

eritrofobia *f.* 〈心〉①红色恐怖；②赧颜恐怖,脸红恐怖

eritrógeno,-na *adj.* 〈生化〉红细胞发生的

eritroleucemia *f.* 〈医〉红白血病

eritrolisina *f.* 〈生化〉红细胞溶解素,溶红素

eritrolisis *f.* 〈生化〉红细胞溶解

eritromelalgia *f.* 〈医〉红斑性肢痛病

eritromicina *f.* 〈药〉红霉素

eritrón *m.* 〈生理〉红细胞系

eritropenia *f.* 〈医〉红细胞减少

eritropía；**eritropsia** *f.* 〈医〉红视症(一种所见物体均呈红色的视力异常)

eritropoyesis *f.* 〈生理〉红细胞生成

eritropoyetina *f.* 〈生化〉(促)红细胞生成素(一种运动员常用的兴奋剂)

eritrosa *f.* 〈生化〉赤藓糖

eritrosina *f.* 〈化〉赤藓红,四碘荧光素,新品酸性红

eritrosis *f.* 〈医〉(皮肤的)红变

eritroxiláceo,-cea *adj.* 〈植〉古柯属的 ‖ *f.* ①古柯属植物；②*pl.* 古柯属

eritroxíleo,-lea *adj.* 〈植〉古柯属的

eritroxilón *m.* ①古柯属；②〈药〉古柯碱

eritrulosa *f.* 〈生化〉赤藓酮糖

erizo *m.* ①〈动〉刺猬；②〈植〉刺果；刺球状花序；(栗子等)带刺硬壳；③(墙头上的)铁尖刺,铁蒺藜；④〈动〉海胆

~ de arena 紫蝐团海胆

~ de corazón 心形海胆

~ de mar(~ marino) 海胆

erizón *m*. ①〈植〉刺猬豆;②〈画〉刺猬头(18
世纪女人的一种发型)

ermitaño *m*. 〈动〉寄居蟹

erogénesis; erotogénesis *f*. 性欲发生

erógeno,-na *adj*. ①动欲[情]的;②性感的,
引起性感的
zona ～a (人体的)性欲发生区

eros *m*. ①〈心〉性爱本能(弗洛伊德用语);②
[E-]〈天〉爱神星(小行星 433 号)

erosión *f*. ①腐[侵]蚀;②〈地〉剥蚀;水土流
失;③〈医〉擦伤;糜烂;④(炮口、枪口等的)
磨损

~ del oleaje(~ marina) 海蚀

~ del suelo 土壤受侵蚀,水土流失

~ eólica 风蚀

~ fluvial 水蚀

~ glacial 冰川侵蚀

~ normal 正常侵蚀

erosionable *adj*. ①可腐[侵]蚀的;②〈医〉会
糜烂的;③〈地〉会剥蚀的;④可磨损的

erosionante; erosivo,-va *adj*. 腐[侵]蚀
(性)的

erostratismo *m*. (驱使进行犯罪的)名誉狂

erotismo *m*. ①性欲,性本能;性行为[冲动];
②色情性;③情欲过剩;性欲异常

erotofobia *f*. 〈心〉性爱恐怖

erotofóbico,-ca *f*. 〈心〉性爱恐怖的;憎恶性
爱的

erotología *f*. 色情描写;色情文艺(作品)

erotomanía *f*. ①〈心〉〈医〉色情狂;②性欲亢
进

erotómano,-na *adj*. 〈心〉〈医〉患色情狂症的
‖ *m. f*. 色情狂患者

erotopatía *f*. 〈医〉性欲异常

ERP *abr. ingl*. enterprise resource planning 企业资源计划

erradicación *f*. ①根除;消灭;杜绝;②连根
拔起

errada *f*. (台球运动中的)击球未中,失误

errado,-da *adj*. ①错误的;②(射击等)未击
中目标的

errante *adj*. 见 estrella ～
estrella ～ 行星

errata *f*. (书写)错误;印刷错误
~ de imprenta 印刷错误
fe de ～s 勘误表,正误表

errático,-ca *adj*. ①不稳定的;不确定的;不
规则的;②游移的,无固定路线的;流浪的;
③游牧的;④〈医〉游走的,移动的;⑤〈地〉
移动的,漂移性的

erratismo *m*. ①行踪无定;②漂移运动

erreal *m*. *Esp*. 〈植〉紫叶欧石南

error *m*. ①错[谬]误;差错;②误差

~ absoluto 〈军〉〈数〉绝对误差

~ accidental 〈技〉偶然误差

~ aleatorio 〈统〉随机误差

~ cuadrantal 象限误差

~ de agrupamiento 〈统〉分组误差

~ de cálculo 计算错误

~ de cero 〈电子〉零误差

~ de cierre 闭合误差

~ de código 〈信〉代码错误

~ de colimación 指示误差

~ de compás 〈海〉罗经误差

~ de copia (誊写工作中的)笔误

~ de datos 〈信〉数据误差

~ de derecho 〈法〉(判决或诉讼程序上的)
法律错误

~ de emplazamiento 位置误差

~ de hardware 〈信〉硬错误

~ de hecho 真实错误

~ de imprenta(~ tipográfico) 印刷错误

~ de la aguja 罗盘误差

~ de máquina 〈信〉机器误差

~ de noche(~ nocturno) 夜间误差

~ de polarización 〈讯〉极化误差

~ de posición 位置误差

~ de programa 〈信〉程序(错误)检查

~ de salto 遗漏

~ de sintonización 调谐误差

~ de situación 〈航空〉地点[位置]误差;由
地物引起的误差

~ esférico 球面误差

~ fatal 〈信〉致命错误

~ físico de datos 〈信〉数据(错误)检查

~ judicial 审判不公;误判

~ medio 平均[均方]误差

~ octantal 八分仪误差

~ paralático 视差(误差),判读误差

~ por defecto 亏差

~ por desbordamiento 〈信〉溢出错误

~ por exceso 盈差

~ probable 〈统〉或然误差

~ relativo 〈数〉相对误差

~ relativo de marcha 手表误差

~ residual 残余误差,残差

~ semicircular 半圆误差

~ sistemático 系统误差

~es de decisión 决策错误

salvo ~ u omisión (*abr*. S. E. u O.) 错
漏除外,错漏当查

erubescita *f*. 〈矿〉斑铜矿

eruciforme *adj*. 〈动〉蝎型的

eruginoso,-sa *adj*. 生锈的；发霉的

erupción *f*. ①〈地〉(火山等的)喷[爆]发；②〈医〉发疹；疹子；③(牙齿等的)长[萌]出
　～ cutánea 皮疹
　～ solar〈天〉太阳耀斑，日晕[辉]
　～ volcánica〈地〉火山喷发

eruptivo,-va *adj*. ①喷发的，爆发出来的；②〈地〉火山喷出[发]的；③〈医〉疹的，发疹性的；④(牙齿等)长[萌]出的
　roca ～a 喷发岩

ervato *m*.〈植〉药用前胡

Es〈化〉元素锿(einstenio)的符号

E/S *abr*. entrada-salida〈信〉输入-输出

esbardo *m*. *Esp*.〈动〉熊仔，小[幼]熊

esbatimentante *adj*. 投影的，画投影的

esbatimento *m*. ①〈画〉阴影；②〈印〉投影

esbozo *m*. ①〈画〉素描，速写；②草[略，示意]图；③梗概，概略[要]；④〈生〉芽体；⑤〈信〉(页面)布局；版面编排
　～ de las extremidades〈生〉肢芽
　～ embrionario〈生〉胚胎
　～ pulmonar〈生〉肺芽

Esc. *abr*. *ingl*. escape character〈信〉转义字符，换码字符

escabicida *m*.〈药〉疥疮消除灵

escabiosis *f*.〈医〉疥疮；疥螨病

escabiosa *f*.〈植〉①山萝卜属植物(如轮锋菊)；②*Cub*. 绢毛参

escabioso,-sa *adj*. ①〈医〉疥疮的；疥(疮)状的；②〈兽医〉(兽)疥癣的

escabro *m*. ①〈兽医〉疥癣；②〈医〉疮痂病

escafandra *f*.；escafandro *m*. ①潜水衣[服]；②潜水器
　～ autónoma 自携式水下呼吸器，水肺
　～ espacial 航天[宇航]服

escafandrismo *m*. ①深水捕鱼；②深海潜水

escafandrista *m*. *f*. ①深水捕鱼者；②深海潜水员

escafocefalia *f*.〈医〉舟状头(畸形)

escafocéfalo,-la *adj*.〈医〉舟状头(畸形)的

escafoide *adj*. (骨等)舟状的，船形的 ‖ *m*.〈解〉舟(状)骨

escafópodo,-da *adj*.〈动〉掘足纲的 ‖ *m*. ①掘足纲软体动物；②*pl*. 掘足纲

escagüil；escagüite *m*. *Méx*.〈植〉棉叶巴豆

escajo *m*. ①(准备开种的)生荒地；②*Esp*.〈植〉荆豆

escajocote *m*.〈植〉(中美洲的)蜜果树

escala *f*. ①等级，级别；②标[刻]度；标[刻]度]尺；③尺度，衡量标准；④(图画、地图、模型等实物与图表之间的)比例；比例尺；⑤规模，范围；⑥〈海〉(船舶航线上的)靠泊港，停靠港；〈航空〉中途停留；⑦梯子；⑧〈乐〉音阶；⑨〈理〉度，级；⑩〈军〉花名册
　～ absoluta de temperatura〈化〉〈理〉绝对温标
　～ azimutal〈技〉方向刻度盘
　～ centesimal 摄氏温度刻度
　～ centígrada[～ de 100] 摄氏温标；百分刻度
　～ cerrada 按年限晋升名册
　～ cromática〈乐〉半音音阶
　～ de 80[Reaumur] 列氏温标
　～ (de) Beaufort ①〈气〉蒲福风级；②〈海〉蒲福海况级
　～ (de) Celsius (温度计的)摄氏温标
　～ de colores 颜色标度，色标
　～ de contaje por décadas 十进位定标器
　～ de cuerda 绳梯
　～ de dureza[Mohs] (莫氏)硬度标示法
　～ (de) Kelvin〈理〉绝对温标，开尔文温标，开氏温标
　～ de medidas 量[标，刻度，比例]尺
　～ de Mercalli〈地〉麦加利震级，麦氏震级
　～ de operación 经营规模
　～ de producción 生产规模
　～ de Richter〈地〉里克特震级，里氏震级(地震等级的一种数值标度，数值范围从1到10)
　～ de Rossi-Forel〈地〉罗西-福莱震级
　～ de salarios(～ salarial) 工资等级[级别]
　～ de temperatura〈化〉〈理〉温标
　～ de tiempo〈地〉(用以表示事件发生或发展一段时间的)时标
　～ de toldilla 升降口梯，舱室扶梯
　～ de valores 价值尺度，价值观标准
　～ de viento〈海〉软[绳]梯
　～ diatónica〈乐〉自然音阶
　～ Fahrenheit〈化〉〈理〉华氏温标
　～ franca 自由港
　～ graduada 刻度尺，分度尺
　～ gradual〈法〉刑罚序列
　～ métrica 米尺
　～ móvil ①〈技〉滑尺；②〈经〉(按物价变化的)工资浮动(计算)标准
　～ móvil de salarios 工资浮动计算(法)
　～ musical 音阶
　～ Rankine〈理〉兰金刻度(一种基于华氏表刻度的绝对温度刻度标)
　～ Réaumur〈理〉列氏温标
　～ real〈海〉舷梯
　～ social 社会阶梯
　～ técnica〈海〉〈航空〉(为加油、备料等的)技术性停泊，技术性着陆
　～ termométrica〈化〉〈理〉温度计标度

escalación *f.* ①逐步上升[扩大,增强];②〈军〉(战争等的)逐步升级

escalada *f.* ①攀登[爬];②逐步扩大[升级,上升];③〈体〉(自行车比赛)爬斜坡
~ artificial 人工岩壁攀登
~ de bloqueo 〈信〉(扩展)升级
~ en rocas (借助于绳索、攀岩靴等的)攀岩运动
~ libre 徒手攀岩(运动)

escalado *m.* 见 ~ de grises
~ de grises 〈信〉灰阶,灰度(级)

escalador,-ra *m. f.* ①用梯攀登的人;攀登的人;②〈体〉登山运动员;③山地(自行车)赛车手
~ en rocas 攀岩运动员

escálamo *m.* 〈海〉(船的)桨耳[架,栓],橹挺

escalar *adj.* ①〈数〉纯[数,无向]量的;②按比例制作的;③梯状的,逐[分等]级的 ‖ *m.* 〈数〉纯[数,无向]量
campo ~ 量场
potencial ~ 标(电)位,无向量位

escalariforme *adj.* 〈植〉阶[梯]状的;梯纹的

escalatorres *m. f.* ①徒手爬高楼的人;②高空作业修建工

escaldrante *m.* 〈海〉(系帆索的)桅杆

escaleno,-na *adj.* ①〈数〉(三角形)不规则的,不等边的;②(锥体等)斜轴的;③〈解〉斜角肌的 ‖ *m.* ①〈数〉不等边三角形;②〈解〉斜角肌

escalenoedro *m.* (不规则的)十二面体晶体

escalentamiento *m.* ①〈兽医〉蹄炎;②*Ecuad.* 〈医〉皮炎

escalera *f.* ①楼梯;梯子;②台阶,阶梯;③(纸牌游戏中的)顺子;同花顺子;④梯状物
~ apainelada 悬梯
~ asensora *Amér. L.* 自动扶梯
~ automática[mecánica] 自动扶梯
~ corrediza 移动式楼梯
~ de auxilio 太平[救火]梯
~ de bomberos[gancho] 云[消防]梯
~ de caracol(~ espiral) 螺旋梯
~ de cuerda[nudos] 绳梯
~ de desahogo 内室楼梯
~ de escape[incendios, salvamento] 太平梯,安全出口
~ de escapulario 〈矿〉井壁梯
~ de espárrago (可用作梯子的)钉有攀登横撑的木桩
~ de honor(~ monumental) 〈建〉石[台]阶
~ de husillo 旋梯
~ de manos 梯子,活梯
~ de pintor 活梯,梯凳

~ de servicio (供仆人、送货人等使用的)后楼梯,辅助楼梯
~ de tijera(~ doble[plegable]) 折叠梯,人字梯
~ excusada[falsa, interio] 内室楼梯
~ extensible (可拉伸加长的)伸缩梯
~ hurtada 秘密楼梯
~ móvil[movediza] 自动扶梯,升降梯

escaleriforme *adj.* 〈植〉梯纹的

escalerilla *f.* ①小楼梯;小梯子;②〈海〉舷梯;升降口扶梯;③〈航空〉云梯;④梯状物;⑤〈兽医〉撬嘴器;⑥(纸牌游戏中的)顺子;同花顺子

escalinata *f.* 石[台]阶,露天梯级

escalio *m.* 〈农〉(准备耕种的)荒地

escalmo *m.* ①〈船〉(船舷上的)桨耳;②〈机〉楔子

escalofriado,-da *adj.* 〈医〉发寒热的

escalofrío *m.* 〈医〉(发烧引起的)风寒,寒热

escalonado,-da *adj.* ①有台阶[阶梯]的;阶梯式的;②分级[阶段]的
crecimiento ~ 阶梯式增长

escalonamiento *m.* 分阶段;分段,分级

escalonia; escaloña *f.* 〈植〉亚实基隆葱;青[韭]葱

escalpelo *m.* ①〈医〉解剖刀;②(作者的)剖析能力

escalplo *m.* 制革用刀

escalpriforme *adj.* 〈解〉(门牙)凿形的

escaluña *f.* 〈植〉亚实基隆葱;青[韭]葱

escama *f.* ①〈植〉鳞苞;鳞叶;②〈动〉鳞片;甲鳞;③小薄片;鳞(片)状物;④(皮肤的)鳞屑
~ cicloidea 〈动〉圆鳞
~ ganoidea 〈动〉硬鳞
~s de forja 锻铁鳞
~s de grafito 片状石墨粉粒
~s de laminado 轧屑
~s de parafina 鳞状蜡
jabón en ~s (洗衣等用的)(肥)皂片

escamada *f.* 〈缝〉鳞状刺绣

escamado,-da *adj.* ①长满鳞片的;长满鳞屑的;②布满鳞片的(纹章学用语) ‖ *m.* ①〈动〉鳞;②鳞状制品;③*pl.* 〈动〉有鳞目

escamiforme *adj.* 〈动〉鳞片形的

escamonda *f.*; **escamondo** *m.* ①修剪树木,除去枯枝;②洗,洗涤

escamonea; escamonia *f.* ①〈植〉药旋花;②药旋花干根;③药旋花干根树脂(用作泻药)

escamoso,-sa *adj.* ①〈动〉具鳞的,由鳞覆盖的;多鳞的;②〈植〉有鳞苞的;③有鳞屑的;④薄片(状)的 ‖ *m. pl.* 〈动〉有鳞目
animales ~s 有鳞动物

escamoteable *adj*. ①〈技〉可缩回[进]的,可收起的,收缩式的;②可撤[收]回的;可取消的

escamoteo *m*. ①〈技〉(零件)缩进、回[收]缩;②保核收缩(拓扑学用语)

escampavía *f*. ①缉私巡逻艇;②缉私船

escamudo,-da *adj*. ①〈动〉具鳞的,由鳞覆盖的;多鳞的;②〈植〉有鳞苞的;③有鳞屑的;④薄片(状)的

escamujo *m*. ①(橄榄树上修剪下来的)树枝;②(橄榄树等的)修剪季节

escámula *f*. ①〈动〉翅基片;②〈生〉小鳞片

escamuloso,-sa *adj*. 〈植〉有小鳞片的,多小鳞片的

escanda *f*. 〈植〉斯佩尔特小麦
~ menor 〈植〉矮脚小麦,单粒小麦

escandalosa *f*. ①〈海〉斜桁帆;②*And*.〈植〉郁金香

escandallo *m*. ①〈海〉测深锤;②〈商贸〉价格标签;定[标]价;③抽[采,取]样

escandente *adj*. 〈植〉攀缘的;附性的
planta ~ 攀缘植物

escandio *m*. 〈化〉钪

escaneadora *f*. 〈信〉扫描器[仪]
~ de base plana 平板式扫描仪
~ portátil 手持式扫描仪

escanear *tr*. 扫描

escaneo *m*. ①〈信〉扫描;②〈医〉扫描诊断法

escáner *m*. ①(电视、雷达等的)扫描器[设备];扫掠机构;②〈印〉选色器;③〈电子〉〈医〉扫描仪;④〈技〉扫描

escanografía *f*. 〈医〉扫描照相术

escanógrafo *m*. 〈医〉扫描(照相)仪

escanograma *m*. 〈医〉扫描显微图

escansión *f*. 〈医〉断续言语

escantillar *tr*. 〈建〉测,量,测定

escantillón *m*. 〈建〉①(木工、石工等用的)样[模,型]板;样本(草图);样式;②垫石;垫木

escañeto *m*. *Esp*.〈动〉熊崽,幼熊

escaparatismo *m*. (商店的)橱窗布置[设计],商品陈列艺术

escaparatista *m*. *f*. 擅长布置橱窗的人,橱窗设计师

escape *m*. ①逃跑[脱];逃避;②(气体、液体、辐射等的)逃逸,漏泄,漏[泄]出;③〈机〉排[放]出;排气管[口,装置];④〈信〉退出键;⑤(钟表等的)擒纵机构,摆[司行]轮;⑥*Chil*.(电影院等的)安全[太平]门
~ de áncora 锚形擒纵机
~ de gas 漏气
carácter de ~ 〈信〉转义字符,换码字符
gases de ~ (排出的)废气

tubo de ~ 排气管
válvula de ~ ①排气阀[装置];②安全阀
vía de ~ ①岔道;②逃避方式

escapiforme *adj*. 〈植〉花葶状的

escapo *m*. ①〈建〉柱身;②〈植〉花葶,花茎

escapolitas *f*. *pl*. 〈矿〉方柱石

escapolitización *f*. 〈地〉方柱石化

escápula *f*. ①〈解〉肩胛;肩胛骨;②(某些脊椎动物的)肩板

escapulalgia *f*. 〈医〉肩胛痛

escapular *adj*. 〈解〉肩的,肩胛(骨)的
~ alada 翼状肩胛
~ escafoidea 舟状肩胛
plumas ~es 〈鸟〉肩羽

escapulectomía *f*. 〈医〉肩胛切除术

escapuleto *m*. 〈动〉肩板

escapuloanterior *adj*. 〈解〉(胎位)肩前的
posición ~ 肩前位

escapulodinia *f*. 〈医〉肩胛痛

escapulohumeral *adj*. 〈解〉肩胛肱骨的,肩肱的

escapuloposterior *adj*. 〈解〉(胎位)肩后的
posición ~ 肩后位

escapulotorácico,-ca *adj*. 〈解〉肩胛胸的

escaqueado,-da *adj*. 棋盘花纹的,方格图案的

escara *f*. 〈医〉(焦)痂;腐痂,坏死组织

escarabajo *m*. ①〈昆〉甲虫;蜣螂,屎壳郎;②裂缝[隙,痕];(因纬线不直而引起的)布上瑕疵;③〈德国制〉大众牌小汽车
~ de agua 水生甲虫(如水虿、鼓甲、牙甲、水龟虫等)
~ de Colorado 科罗拉多甲虫,马铃薯甲虫
~ de la patata (~ papatero) 马铃薯甲虫
~ enterrador[sepulturero] 埋葬虫
~ estercolero 〈欧洲〉粪金龟,金龟子
~ pelotero 粪金龟
~ rinoceronte 〈动〉独角仙

escarabajuelo *m*. 〈昆〉(危害葡萄树的)甲虫

escarabeido,-da *adj*. 〈昆〉金龟子科的 ‖ *m*. *pl*. 金龟子科甲虫

escarabeiforme *adj*. 〈昆〉金龟子形的

escarabídeo,-dea *adj*. 似金龟子的

escaramón *m*. 〈植〉牡丹

escaramujo *m*. ①〈植〉野蔷薇;野蔷薇果;②〈动〉茗荷儿(属甲壳纲的节肢动物)

escaramuza *f*. ①〈军〉小规模战斗;前哨遭遇战;②小冲突

escarbadientes *m*. ①牙签;②〈植〉胡萝卜芹

escarcha *f*. 霜,白霜

escarchada *f*. 〈植〉冰叶日中花

escarche *m*. 〈缝〉金[银]丝霜花绣

escarchilla *f*. 冰雹

escarcho *m*. 〈动〉红鲂鮄

escarda *f*. 〈农〉①锄草;②锄草期;③小锄;④*Esp*. 整枝;整枝季节

escardador,-ra *m. f*. 锄草的人 ‖ *m*. 〈农〉锄

escardadura *f*. 〈农〉锄草

escardilla *f*. 〈农〉锄,钉耙

escariado *m*. 〈机〉拉削[孔],绞[扩]孔
~ de superficie 平面拉削,外拉法
~ interior 内拉削

escariador *m*. 〈机〉扩孔钻,绞刀;绞床
~ cónico 锥形绞刀
~ corona 套式[装]绞刀
~ estructural 桥工绞刀

escariar *tr*. 〈机〉(用钻子)扩(孔);(用埋头钻)绞[整](孔)

escarificación *f*. ①〈农〉翻松[挖],松土;(种子皮的)擦破;②〈医〉(在皮肤上)划痕,划破

escarificador *m*. ①〈农〉松土机;②〈医〉划痕器

escarificadora *f*. ①〈农〉松土机;种子破皮机;②〈建〉铲路面机

escarioso,-sa *adj*. 〈植〉干膜质的

escaristor *m*. 手写数字,字母阅读器

escarización *f*. 〈医〉清除伤口结痂

escarlata *f*. 绯[鲜,猩]红色 ‖ *f*. ①绯[鲜,猩]红色布;②〈医〉猩红热;③胭脂红;④*Esp*. 〈植〉海绿

escarlatina *f*. ①〈医〉猩红热;②鲜红色布

escarlatinal *adj*. 〈医〉猩红热的

escarlatinela *f*. 〈医〉轻型猩红热

escarlatiniforme; escarlatinoide *adj*. 〈医〉猩红热样的

escarlatinoso,-sa *adj*. 〈医〉猩红热的

escarmenador *m*. ①梳理工;②梳理器;③稀齿梳

escaro,-ra *adj*. 跛足的 ‖ *m*. 〈动〉(尤指希腊沿海产的)鹦嘴鱼 ‖ *m. f*. 跛足者

escarola *f*. ①〈植〉苣荬菜;菊苣;②*Méx*. 〈缝〉(衣裙上的)荷叶边

escarótico,-ca *adj*. 〈医〉生焦痂的

escarpa *f*. ①斜[陡]坡;②〈军〉(外壕的)内削壁;壕沟内岸;③〈地〉悬崖;马头丘;④*Méx*. 人行道

escarpadura *f*. 斜[陡]坡

escarpe *m*. ①陡坡,悬崖,峭壁;②〈建〉斜切口;③(保护足的)足甲;④*Chil*. 清理矿脉
~ de falla 〈地〉断层崖

escarpelo *m*. ①〈医〉解剖刀;②粗锉,木锉

escarpia *f*. ①钩;挂钩;②〈纺〉拉幅钩;③道[拐]钉

escarpiador *m*. (落水管的)卡子

escarrio *m*. *Esp*. 〈植〉枫树

escarza *f*. 〈兽医〉(马等的足)扎伤

escarzano,-na *adj*. 〈建〉弓形的
arco ~ 弓形拱,弓形门

escás *m*. 发球落点有效线

escasez *f*. ①不足;缺少[乏];②贫穷[困];拮据
~ de agua 供水不足
~ de crédito 银根紧,信贷紧缩
~ de divisas 外汇缺乏
~ de energía 能源短缺
~ de fondos 资金短缺
~ de géneros 缺货
~ de mano de obra 劳动力短缺
~ de peso 短重
~ de viviendas 住房短缺,房荒

escatofagia *f*. 〈医〉食粪癖

escatófago,-ga *adj*. 〈昆〉(甲虫等)食粪的 ‖ *m*. 食粪甲虫

escatófilo,-la *adj*. 〈昆〉在粪便中繁殖生长的

escatol *m*. 〈化〉粪臭素

escatología *f*. ①粪化石学;②〈医〉(通过粪便进行诊断的)粪便学

escatológico,-ca *adj*. ①粪化石学的;②〈医〉(通过粪便进行诊断的)粪便学的

escatoma *m*. 〈医〉粪瘤(指肠内积粪)

escatoscopia *f*. 〈医〉粪便检视法

escavanar; escavar *tr*. 〈农〉中耕

escay *m*. 仿皮,人造革

escayola *f*. ①(做模型用的)烧[熟]石膏;②〈建〉灰泥[浆],墁灰;③〈医〉石膏绷带

escayolado,-da *adj*. 〈医〉上(了)石膏的 ‖ *m*. 上石膏

escayolar *tr*. 给⋯上石膏

escayolista *m. f*. ①石膏匠;②室内装饰师

ESCD *abr. ingl*. extended system configuration data 〈信〉扩展系统配置数据

escelalgia *f*. 〈医〉小腿痛

escena *f*. ①舞台;②戏剧;③舞台艺术,表演艺术;④(戏剧等的)发生地点,(事件发生的)地点,现场;背景;⑤(电影、电视的)一个镜头;(戏剧的)一场;⑥场景;布景
~ retrospectiva (电影、电视等的)闪回;闪回镜头
guión de ~s 分镜头剧本

escenario *m*. ①〈戏〉舞台;②〈电影〉布景;③〈信〉方案

escénico,-ca *adj*. 舞台的;戏剧的

escenificable *adj*. 可改编成剧本的;可搬上舞台的

escenificación *f*. 改编成剧本,搬上舞台

escenografía *f*. 〈戏〉①舞台布景的透视画法(尤指古希腊舞台绘景);②布景;布景艺术

③环境,气氛

escenográfico,-ca *adj.* ①〈戏〉布景的;布景艺术的;②〈戏〉(绘制舞台布景)透视法的;③环境的,气氛的

escenógrafo,-fa *adj.* 〈戏〉舞台设计的,布景艺术的 ‖ *m.f.* 舞台设计师;绘景师

escenotecnia *f.* ①舞台技术;演出技术;②编剧艺术,编剧技巧

eschar *m.* 〈地〉蛇(形)丘

eschinita *f.* 〈矿〉易解石

esciagrafía *f.* ①投影法;②X射线照相(术)

esciagráfico,-ca *adj.* 投影法的

esciagrama *m.* ①投影图;②X射线照片

escialítico,-ca *adj.* (手术室)装有无影灯的

esciena *f.* 〈动〉石首鱼

esciénido,-da *adj.* 〈动〉石首鱼科的 ‖ *m. pl.* 石首鱼科

escifistoma *f.* 〈动〉螅状幼体,钵口幼虫

escifomedusa *f.* 〈动〉钵水母

escifozoo,-zoa *adj.* 〈动〉钵水母的;钵水母纲的 ‖ *m.* ①钵水母;②*pl.* 钵水母纲

escíncido,-da *adj.* 〈动〉石龙子科的 ‖ *m.* ①石龙子科动物;②*pl.* 石龙子科

escinco *m.* 〈动〉石龙子

escindible *adj.* ①可分裂的;②可裂变的;可受核裂变的

escintigrafía *f.* 〈医〉闪烁扫描法

escintígrafo *m.* 〈医〉闪烁(扫描)器

escintigrama *m.* 〈医〉闪烁(扫描)图

escintilación *f.* ①闪光;(发出)火花;②〈理〉闪烁(现象)

　contador de ~ 闪烁计数器[管]

　pantalla de ~ 闪烁屏

escintilador *m.* 〈理〉(闪烁计数器中的)闪烁体;闪烁计数器

escintilómetro *m.* ①〈理〉闪烁计数器,闪烁计;②(测量星星闪烁的)闪烁测量器

escintiscaneador *m.* 〈医〉闪烁扫描器

esciófilo,-la *adj.* 〈环〉〈生物〉喜荫的 ‖ *m.* 喜荫生物

esciofita *f.* 〈植〉荫处植物

esciografía *f.* ①投影法;②X射线照相(术)

esciógrafo *m.* ①X射线照片;②投影图

esciotera *f.* 〈天〉(日晷上的)金属指针(利用其太阳投射的影子来测定时刻)

escirro; escirroma *m.* 〈医〉①硬癌;②硬性肿瘤

escirroideo,-dea *adj.* 〈医〉硬癌样的

escirroso,-sa *adj.* 〈医〉硬癌的;硬癌引起的;似硬癌的

escisión *f.* ①分裂;②〈医〉切除(术);③〈生〉分裂;分裂生殖;④〈理〉裂变

　~ del átomo 原子裂变

~ nuclear 核裂变

escitamineales *f. pl.* 〈植〉姜目

esciúrido,-da *adj.* 〈动〉松鼠科(动物)的 ‖ *m.* ①松鼠科动物;②*pl.* 松鼠科

esciuro *m.* 〈动〉松鼠属

esclavitud *f.* ①奴隶制;②奴隶身份,奴隶地位;受奴役状态;③奴役;④〈动〉寄生

esclavo,-va *adj.* ①受奴役的;②受支配[控制]的;③从[随]动的;从属的 ‖ *m.f.* 奴隶;奴隶般工作的人 ‖ *m.* 〈信〉从属设备(受另外一台设备所控制的设备)

~ blanco 沦为奴隶的白人,白奴

~ sexual 性奴隶

esclera *f.* 〈解〉巩膜

escleradenitis *f. inv.* 〈医〉硬化性腺炎

escleratitis *f. inv.* 〈医〉巩膜炎

esclerectomía *f.* 〈医〉巩膜切除术

esclereida *f.*; **esclereido** *m.* 〈植〉石细胞,硬化细胞

esclerema *m.* 〈医〉硬化病

~ neonatorum 新生儿硬化病

esclerénquima *m.* 〈植〉厚壁组织

escleriasis *f.* 〈医〉①体组织硬化;②硬皮病

escleriris *f. inv.* 〈医〉巩膜炎

esclerito *m.* 〈昆〉骨片

escleroblastema *m.* 〈动〉成[生]骨胚组织

escleroblasto *m.* 〈动〉骨针细胞

esclerocoroiditis *f. inv.* 〈医〉巩膜脉络膜炎

esclerodactilia *f.* 〈医〉指[趾]硬皮病

escleroderma; esclerodermia *f.* 〈医〉硬皮病

esclerodermatoso,-sa *adj.* ①〈医〉硬皮病的;②〈动〉有硬皮的

esclerófilo,-la *adj.* 〈植〉硬叶的

　hoja ~a 硬叶

esclerofita *f.* 〈植〉硬叶植物

esclerógeno,-na *adj.* 〈医〉致硬化的

escleroma *m.* 〈医〉硬结

esclerómetro *m.* (尤指用以测定矿石硬度的)硬度计,测硬器

escleromucina *f.* 〈生化〉麦角黏蛋白,麦角粘液汁

escleroniquia *f.* 〈医〉指[趾]甲硬化

escleronixis *f.* 〈医〉巩膜穿刺术

escleroooforitis *f. inv.* 〈医〉硬化性卵巢炎

escleroproteína *f.* 〈生化〉硬蛋白

esclerosado,-da *adj.* ①〈医〉硬化的;患硬化症的;②〈植〉硬化的

esclerosante *adj.* 〈医〉致组织硬化的 ‖ *m.* 致组织硬化物质

escleroscópico,-ca *adj.* 硬度计的,测硬度的

escleroscopio *m.* 〈技〉测硬器;肖式硬度计,回跳硬度计

esclerósico,-ca *adj.* ①〈解〉〈医〉硬的;硬化

的;②〈植〉硬化的

esclerosis *f.* ①〈医〉硬化,硬化症;②〈植〉硬化

~ coronaria 冠状动脉硬化

~ lateral amiotrófica familiar 家族性肌萎缩侧索硬化症

~ múltiple 多发性硬化

~ presenil 早老性硬化,脑小血管硬化

~ valvular 动脉瓣硬化

~ vascular 血管硬化

escleroso,-sa *adj.* ①〈解〉〈医〉硬的;硬化的;②〈植〉硬化的

esclerostenois *f.* 〈医〉硬化性狭窄,硬缩

esclerotesta *f.* 〈植〉硬果皮

esclerótica *f.* 〈解〉巩膜

esclerótico,-ca *adj.* ①〈医〉硬的;硬化的;(患)硬化症的;②〈植〉硬化的;③〈解〉巩膜的

esclerotina *f.* 〈生化〉骨质,壳硬蛋白

esclerotitis *f. inv.* 〈医〉巩膜炎

esclerotoma *m.* 〈生〉生骨节

esclerotomía *f.* 〈医〉巩膜切开术

esclerótomo *m.* 〈医〉巩膜刀

esclusa *f.* ①〈运河的〉水闸,船闸;②防洪闸,泄水闸门

~ de aire 气闸[塞]

~ de molino 水闸

peaje de ~ 水闸通行税

esclusada *f.* ①(船通过运河时)上段运河流到下段运河的水量;②(水库一次开闸)流到河内的水量

~ de limpia (冲刷港口、水池底泥沙的)大水库

esclusero,-ra *m. f.* 船闸工人;水闸工人

escoba *m. f.* 〈体〉(足球等运动中的)自由中卫‖ *f.* ①扫[笤]帚;长柄刷;②〈植〉金雀花;金雀花属植物;③见 camión ~

~ amargosa 〈植〉龙胆

~ babosa *Amér. L.* 〈植〉粘胶黄花稔

~ de cabezuela 〈植〉扫帚菊

~ mecánica 扫地毯器,地毯清扫器

~ metática ①(长柄)耙,搂耙;②(拖拉机牵引的)耙机,搂草机

~ negra *C. Rica. , Nicar.* 破布木

camión ~ 〈体〉(用于自行车比赛场地的)扫路机

defensa ~ 〈体〉(足球运动中的)中后卫

escobén *m.* 〈海〉(船首两侧的)链[索]孔,锚链孔

~ del ancla 锚链孔

escobiforme *adj.* 锯[锉]屑状的

escobilla *f.* ①小扫[笤]帚;刷子;②鬃刷,钢丝刷;③(汽车的)挡风玻璃刮水器,风挡雨

刷;④〈电〉电刷,炭精刷;⑤〈植〉帚状矢车菊;扫帚欧石南;⑥〈植〉川续断(尤指川续断起绒草);起绒草;⑦〈植〉*Amér. C.* 黄花稔;*Cub. , Per.* 野甘草;*C. Rica* 独行草;*Per.* 解氏风车子;⑧*Amér. M.* (老火鸡的)颈部硬毛

~ colectora 集电[流]刷

~ de carbón 碳刷

~ de dientes *And.* 牙刷

~ de prueba 测试刷

~ limpiatubos 管(道)刷

escobillón *m.* ①〈医〉(培养细菌使用的)棉花球;②(擦洗枪炮膛用的)枪炮刷

escobino *m. Esp.* 〈植〉假叶树

escobizo *m. Esp.* 〈植〉白沙针

escobo *m.* 灌木丛,荆棘丛

escobón *m.* ①大扫[笤]帚,长柄扫[笤]帚;②板[硬毛]刷;③(棉制)拖把;④〈植〉(因寄生菌和病毒作用长成的)过密枝叶;⑤〈植〉金雀花

escocedura *f.* ①灼痛;②红肿

escocia *f.* 〈建〉(柱基等的)凹弧边饰

escocimiento *m.* 灼痛,火辣辣痛

escoda *f.* 羊角[石工]锤

escodegino *m.* 〈医〉齐头手术刀

ESCON *abr. ingl.* enterprise systems connection 〈信〉企业系统连接

escofina *f.* 〈建〉①粗锉刀;②(木工使用的)刮刀;木锉;*Col.* 刮刀

escogedor *m.* 〈农〉(筛谷物、泥土、砂石等的)粗筛,格筛

escolar *adj.* 〈教〉①学校的;②学生的‖ *m. f.* (中小学的)学生‖〈动〉①玉梭鱼;②*Cub.* 杖鱼

año[curso] ~ 学年

niños en edad ~ 学龄儿童

libros ~ 教科书

escolaridad *f.* 〈教〉①(学校)教育;②学生在校状况

~ obligatoria 义务教育

libro de ~ (每学年的学生)成绩手册

escolarización *f.* 〈教〉①(正规学校)教育;②入学人数;入学率

~ bruta 毛入学率

escoleciasis *f.* 〈医〉蠋害病

escoleciforme *adj.* 〈医〉头节样的

escolecita *f.* 〈矿〉钙沸石

escolecodonta *f.* 〈生〉虫牙

escolecología *f.* 蠕虫学

escolecósporo,-ra *adj.* 〈植〉具线形孢子的

escólex *m.* 〈动〉(绦虫等的)头节

escoliocifosis *f.* 〈医〉脊柱后侧凸

escoliosis *f.* ①注释,批注;②〈医〉脊柱侧凸

escoliosometría *f.* 〈医〉脊柱侧凸测量法

escoliosómetro *m.* 〈医〉脊柱侧凸测量计,脊柱侧凸计

escolítido,-da *adj.* 〈昆〉小蠹科的 ‖ *m.* ① 小蠹;② *pl.* 小蠹科

escólito *m.* 〈昆〉小蠹属

escollera *f.* 〈工程〉突[防波]堤;防浪墙,折流坝

escollo *m.* 礁石,暗礁

escolóforo *m.* 〈昆〉具榍神经胞

escolopendra *f.* ①〈动〉百脚(唇足纲节肢动物的通称,包括蜈蚣、蚰蜒等);②〈植〉荷叶蕨

escólopo *m.* 〈昆〉感榍

escolopóforo *m.* 〈昆〉具榍神经胞

escolta *f.* ①护送;护航;②护送部队;③〈体〉(篮球运动的)后卫
buque ~ 〈海〉〈军〉护航舰

escómbrido,-da *adj.* 〈动〉鲭科的 ‖ *m.* ①鲭科鱼;② *pl.* 鲭科

escombro *m.* ①〈动〉鲭;鲐;欧洲鲐;② *pl.* 〈建〉碎石[砖],瓦砾;③ *pl.* 〈矿〉矿渣

escombroideo,-dea *adj.* 〈动〉鲭亚目的 ‖ *m.* ①鲭,鲭亚目鱼;② *pl.* 鲭亚目

esconce *m.* (平面或直线上的)角,棱,凹,凸

esconzado,-da *adj.* 有角的,有棱的

escopa *f.* 〈昆〉(尤指蜂足上的)花粉刷[栉]

escopeta *f.* ①猎枪;火[滑膛]枪;②猎枪手
~ blanca 业余猎手
~ de aire comprimido(~ de viento) 气枪,气步枪
~ de cañones recortados(~ recortada) 枪管锯短的猎枪
~ de dos cañones 双筒[管](猎)枪
~ de perdigones[postas] 猎[滑膛]枪
~ de pistón 火枪
~ de tiro doble(~ paralela) 双筒[管](猎)枪
~ negra 职业猎手
~ rayada 来复枪

escopetería *f.* ①猎枪队,猎枪组;②(猎枪的)射击;③猎枪伤

escopetero *m.* ①枪炮工,枪炮匠;②〈军〉步枪手;(尤指用步枪武装的)步兵;③职业猎手

escopleador *m.* 〈机〉大凿子,大錾子

escopleadora *f.* 〈机〉凿榫[眼]机

escopleadura *f.* ①凿孔[眼];②(凿出的)孔,眼

escoplo *m.* ①〈机〉凿子,錾子;②〈医〉切骨刀
~ de cantería 石匠凿子
~ neumático 气(动)錾

escopofilia *f.* 〈心〉窥视症,窥阴癖,窥视色情癖

escopolamina *f.* 〈药〉东莨宕碱,天仙子碱(用作抗胆碱、镇静药等)

escopolina *f.* 〈药〉异东莨宕醇(用作镇静药)

escopómetro *m.* 〈光〉〈医〉视测浊度计,浊度计

escópula *f.* ①〈昆〉(尤指蜂足上的)花粉刷[栉];②毛丛

escopulito *m.* 〈地〉羽雏晶

escor *m. Amér. L.* 〈体〉(比赛中的)得[比]分

escora *f.* ①〈海〉(船的)中心线;(船的)载重(水)线;②〈船〉(造船或修船用的)顶撑,支[撑]柱;③〈海〉(船等的)倾侧(程度);④〈航空〉(飞机转弯时的)向内侧倾斜
~ lateral 〈航空〉侧滚
error debido a la ~ 倾斜误差

escoración;escorada *f.* ①〈海〉(船的)倾侧;②倾斜

escoraje *m.* 〈海〉(航行时)船身倾斜

escorbútico,-ca *adj.* 〈医〉坏血病的;患坏血病的 ‖ *m. f.* 坏血病患者

escorbuto *m.* 〈医〉坏血病

escoria *f.* ①〈冶〉(高炉的)炉[熔]渣;浮渣;②(铁块烧红之后表面起的)铁屑;③火山渣;④ *Amér. L.* 锈;(金属表面的)氧化物
~ básica 〈冶〉碱性(炉)渣
~ de metal 铁渣
~ lanosa(lana de ~s) (矿,熔)渣棉,(炉)渣绒
~ volcánica 〈地〉火山渣
agujero de ~ 渣口
cemento de ~ 矿渣水泥

escoriáceo,-cea *adj.* 像炉[熔]渣的;像矿渣的

escorial *m.* ①〈地〉熔岩层;火山灰层;②炉[熔]渣堆;倾倒炉[熔]渣处;③废矿

escorificación *f.* 〈冶〉①铅析(金银)法;②渣化,结[成]渣

escorificador *m.* 〈冶〉①渣化皿;试金坩埚;②渣化物

escorificar *tr.* 〈冶〉①使成熔渣,使渣化;②铅析(贵金属)

escoriforme *adj.* 熔渣状的;像火山渣的

escorodita *f.* 〈矿〉臭葱石

escorodonia *f.* 〈植〉林石蚕

escorpena;escorpina *f.* 〈动〉鲉

Escorpio *m.* 〈天〉天蝎(星)座

escorpioideo,-dea *adj.* ①〈动〉蝎目的;②蝎状的;③〈植〉蝎尾状的

escorpión *m.* ①〈动〉蝎; *pl.* 蝎目;②〈动〉鲉;③[E-]〈天〉天蝎(星)座

～ de agua〈动〉水蝎,蝎蝽,红娘华

～ de mar〈动〉杜父鱼,鲉

escorredero *m. Esp.*〈农〉(灌溉中的)排水沟

escorredor *m. Esp.* ①〈农〉(灌溉中的)排水沟;②(水沟的)闸门

escorzado; escorzo *m.* ①〈画〉(线条等)按透视法缩短;②缩短(部分)

escorzar *tr.* ①〈画〉按透视法缩短(线条等);②缩短,节略

escorzonera *f.*〈植〉鸦葱

escota *f.*〈船〉帆脚索,缭绳

escotado,-da *adj.* ①〈缝〉(领口)开得低的,胸式的;②穿祖胸露肩衣服的‖ *m.*〈缝〉低领口;祖胸领

escotadura *f.* ①〈缝〉低领口;祖胸领;②〈戏〉(舞台的)大地板门;③(铠甲的腋下的)轴孔;④(器物的)豁口,缺口

escotch *m. Amér. L.* 黏胶带

escote *m.* ①〈缝〉低领口,祖胸领;②(女性穿祖胸服时露出的两乳间的)乳沟

～ a la caja 圆领;水手领

～ barco[bote] ①船领(一种延伸至两肩的领口式样);②(女服的)汤匙领

～ cuadrado 方领

～ de bañera 露肩领

～ en pico[V] V形[字]领

～ profundo 低领口

～ redondo 圆领

escotilla *f.* ①〈海〉舱口;升降口(盖);②(战车的)进口

～ de proa 前舱口

～ principal 主舱口

escotillón *m.* ①(舞台的)地板门;②(船的)小舱口;小舱梯

escotín *m.*〈海〉中桅帆索

escotodinia *f.*〈医〉暗点性眩晕(伴有视力障碍及头痛)

escotofobia *f.*〈心〉黑暗恐怖,恐暗症

escotóforo *m.* 暗光磷光体

escotoma *m.*〈医〉暗点,盲点

escotomatógrafo *m.*〈医〉暗点描记器

escotometría *f.*〈医〉暗点测定(法)

escotómetro *m.*〈医〉暗点计

escotopía *f.*〈医〉暗适应

escotópico,-ca *adj.*〈医〉暗视的,暗适应的‖ *m.*〈动〉暗适应动物

adaptación ～a 暗适应

ojo ～ 暗视眼,适暗眼

visión ～a 暗视觉

escotopsia *f.*〈医〉暗适应,暗视

escotosis *f.*〈医〉暗点,盲点

escozor *m.* ①灼痛,火辣辣的痛;②悲伤[痛]

escrapie *m.*〈生医〉〈兽医〉(绵羊的)瘙痒病

escribanía *f.* ①书桌,写字台;②文具盒[箱];③文具;④〈法〉(法庭的)书记员职务;书记员办公室;⑤*Amér. L.*〈法〉公证处

escribano,-na *m. f.* ①(法庭的)书记员;②*Amér. L.* 公证员‖ *m.*〈鸟〉鹀

～ cerillo〈鸟〉黄鹀

～ del agua〈昆〉黄足豉虫

～ municipal(主管档案、人口统计等的)市[镇]文书

escrito,-ta *adj.* ①写下的;②书面的;(撰)的,写作的;③有斑纹的,有条纹的‖ *m.* ①笔迹;手稿;字据;②文件;〈法〉诉讼(要点);起诉书;③见 examen ～

～ de agravios〈法〉上诉书

～ de ampliación〈法〉(重要事实)补充书

～ de apoderamiento 委托书

～ de calificación〈法〉决定书

～ de conclusión[conclusiones]〈法〉(初审后的)诉讼书

acuerdo por ～ 书面协议

examen ～ 笔试

escritor,-ra *m. f.* ①执笔者;书写者;②撰写[稿]人;作[著]者;作家

～ consolidado 被社会承认的作家

～ de material publicitario 广告文字撰稿人

～ satírico 讽刺作家

escritorio *m.* ①书桌,写字台;②办公室;事务所;③〈信〉桌面

～ jurídico 律师事务所

objetos de ～ 办公用品,文具

escritura *f.* ①书写,写(字);②(个人的)笔[字]迹;笔[书]法;③文件;④〈法〉契约,证书;⑤〈信〉信息储存

～ a máquina 打字

～ aérea ①空中写字(指飞机放烟在空中成文字或构成图案);②(用飞机放烟等手段写或画出常用作广告的)空中文字[图案]

～ automática 自书动作(如扶乩中非有意的、似出自心灵感应的书写动作)

～ china 汉字

～ corrida[normal] 普通书写(与速记、打字或印刷相对)

～ de aprendizaje(尤指旧时的)师徒合同[契约];契约

～ de arrendamiento 租约

～ de cesión 转让契约

～ de donación 赠予证书

～ de propiedad 所有权证书(尤指地契)

～ de seguro 保险单

～ de traspaso 转让契约

～ hipotecaria 抵押契约

~ notarial 公证书

~ pública 政府文件

escrobiculado,-da *adj.* ①〈植〉具小网眼的；②〈动〉具粒陷的

escrobo *m.* 〈动〉触角窝

escrófula *f.* 〈医〉①淋巴结结核，瘰疬；老鼠疮(中医用语)；②腺病质，瘰疬质

escrofularia *f.* 〈植〉林生玄参

escrofulariáceo,-cea *adj.* 〈植〉玄参科的 ‖ *f.* ①玄参科植物；②*pl.* 玄参科

escrofulariales *m.* 〈植〉玄参目

escrofulismo *m.* 〈医〉腺病质，瘰疬质

escrofuloderma *m.* 〈医〉皮肤结核，皮肤瘰疬

escrofulosis *f.* 〈医〉腺病质，瘰疬质

escrofuloso,-sa *adj.* 〈医〉①淋巴结结核的；瘰疬性的；②患淋巴结结核的 ‖ *m.f.* 淋巴结结核患者；瘰疬患者

escrotal *adj.* 〈解〉阴囊的；有阴囊的

escrotiforme *adj.* 〈解〉囊形的

escrotitis *f.inv.* 〈医〉阴囊炎

escroto *m.* 〈解〉阴囊

escrotocele *m.* 〈医〉阴囊疝

escuadra *f.* ①矩[角]尺；直角[丁字]尺；三角尺[板]；②角铁[钢]；③角状物；④〈球门儿)上角；④〈军〉班；小队；⑤(工人露天作业时分的)班，组；⑥〈海〉(海军的)中队，舰队；⑦(轿车)车队；⑧*Amér. L.*〈体〉(运动)队；⑨*And.* 手枪；⑩[E-]〈天〉矩尺座

~ abordonada 圆[球]头角钢

~ con espaldón(~ de sombrete)〈测〉定线器

~ de agrimensor 十字杆

~ de carpintero 木工角尺；(测量用)定线器

~ de centro 求心矩尺

~ de delineante (制图用的)直角板

~ de demolición 爆破小组

~ de diámetro 中心角尺

~ de reflexión 〈技〉光学角尺

~ de rodete 圆头角钢

~ en T 丁字尺

~ falsa 斜角规

~ sutil 海岸警卫舰队

~ transportador 斜[(活动)量]角规，万能角尺

escuadrado,-da *adj.* 成直角的

escuadrador *m.* 〈机〉扩孔钻，绞刀；绞床

escuadrar *tr.* 使成直角；使成(四,正)方形

escuadreo *m.* 求面积

escuadría *f.* (木料的)横剖面面积

escuadrilla *f.* ①小舰队，小船队；②〈航空〉飞行小队

escuadrón *m.* ①〈军〉(海军、空军的)中队；②〈军〉(陆军的)骑兵中队；③*Esp.*〈农〉犁

escuagüil *m. Méx.*〈植〉棉叶巴豆

escualeno *m.* 〈生化〉〈角〉鲨烯，三十碳六烯

escualo,-la *adj.* 〈动〉角鲨亚目的 ‖ *m.* ①角鲨；②*pl.* 角鲨亚目

escuamiforme *adj.* 鳞状的，鳞形的

escucha *f.* ①听；②〈无〉监听；③(猎物的)耳朵 ‖ *m.f.* ①〈军〉侦察员；②〈无〉(对外国广播的)监听员

~ de portadora 〈信〉载波(信号)侦听

~ telefónica (对电话或电报的)搭线窃听

llave de ~ 监听键

escudete *m.* ①〈植〉白睡莲；②〈建〉锁眼盖；③〈缝〉(加固或放大衣物的)三角形或菱形衬料

escudo *m.* ①盾；盾牌；②盾形纹章，徽章；③保护[防御]物；屏障；④〈电〉屏蔽；⑤护板(装于炮架上保护机械及炮手免受敌火力伤害的装甲板)；⑥〈缝〉(加固或放大衣物的三角形或菱形)衬料；⑦〈建〉锁眼盖；⑧[E-]〈天〉盾牌(星)座；⑨〈动〉甲板；鳞甲；(昆虫的)盾片(甲壳类的)质板；⑩〈植〉(盾形)小囊盘

~ antidisturbios (防暴警察所持的)防暴盾

~ de armas (盾形)纹章，盾徽

~ humano 人体[肉]盾牌

~ lateral (电机)末端屏蔽，端罩

~ térmico (尤指宇宙飞船、导弹上的)热屏蔽，隔热屏，挡热板[罩]

escuela *f.* ①学校；(中、小)学校；②专科学校；学院，*Chil.*(大学的)系；③学校建筑物，校舍；④教学法；⑤学说；学派；⑥流派

~ artesanal(~ de oficios) 职业学校

~ clásica 古典学派

~ comercial 商业学校

~ comprensiva 综合(教育)学校

~ de administración (大学的)管理学院

~ de artes y oficios 职业学校

~ de baile 舞蹈学校

~ de ballet 芭蕾舞学校

~ de Bellas Artes 美术学校；美术学院

~ de cine 电影学院

~ de comercio (大学的)商学院

~ de conducir *Col.* 驾校

~ de conductores[chóferes] *Amér. L.* 驾校

~ de derecho[leyes] ①法律学校；②(大学的)法学院

~ de entrenamiento 培训学校

~ de enfermería 护士学校；护校

~ de equitación 骑术学校

~ de ingeniería 工程学院

～ de internos 寄宿学校

～ de manejo *Méx*. 驾校

～ de medicina（大学的）医学院

～ de párvulos(～ infantil) 幼儿[稚]园

～ de primera enseñanza(～ elemental) 初等学校,小学

～ de verano 暑期学校;暑期班

～ de vestíbulo 技工学校,新工人培训所

～ del magisterio(～ normal) 师范学校

～ dominical 星期天学校

～ gratuita 慈善学校

～ industrial[vocacional] 职业学校

～ integrada 综合(教育)学校

～ laboral 中等职业学校

～ laica（区别于教会学校的）世俗学校

～ militar 陆军军官学校;军事学院

～ naval 海军军官学校

～ nocturna 夜校

～ para enfermeros 护士学校

～ preparatoria（部分大学的）预科学校

～ primaria 初等学校,小学

～ privada 私立学校

～ pública 公立[办]学校

～ secundaria 中等学校,中学

～ secundaria de ciclo inferior/superior （中学的）初/高中

～ superior 高等院校

～ taller 职业培训中心

～ técnica 技术学校

～ técnica superior *Esp*.（大学的）高等技术学院(主要培养工程师和建筑师)

～ universitaria de arquitectura técnica *Esp*.（大学的）技术建筑师学院

～ universitaria de formación del profesorado *Esp*.（大学的）师范学院

～ universitaria de ingeniería técnica *Esp*.（大学的）技术工程师学院

escuerzo *m*. 〈动〉蟾蜍,癞蛤蟆

esculpidor,-ra *m. f.* 雕刻匠,雕塑匠

escultor,-ra *m. f.* 雕刻[塑]家

escultórico,-ca *adj*. 雕刻[塑]的

escultura *f*. ①雕刻[塑]术;②雕刻[塑]作品;雕像;雕塑品;③铸像

～ de bronce 青铜雕

～ de[en] cuerno 角雕

～ de jade 玉雕

～ en bambú 竹雕

～ en coco 椰雕

～ en madera 木雕

～ en piedra 石雕

escultural *adj*. ①雕刻[塑]的;②雕刻[塑]般的;铸像般的

escuna *f*. 〈海〉(二桅以上的)纵帆船

escupiña *f*. *Esp*. 〈动〉蛤蜊

escurribanda *f*. 〈医〉①腹泻;泻肚;②(溃疡等液体)流[渗]出

escurridor *m*. ①(放碟、盘的)餐具架;(过滤或淘洗食物用的)笊;滤器;②〈摄〉沥干架;③(洗衣机的)甩干器

escurridora *f*. 绞拧器

escusado,-da *adj*. 备用的

puerta ～a 暗门

escutelado,-da *adj*. 〈生〉①有小盾片的,鳞[小盾]片覆盖的;②形成鳞[小盾]片的;③(圆)盾状的;小片状的

escutelaria *f*. 〈植〉黄芩

escuteliforme *adj*. ①〈植〉圆盾状的;②〈动〉角质鳞片状的

escutelo *m*. ①〈植〉盾片;②〈动〉小盾片;③(鸟足、昆虫等的)角质鳞片

escuterudita *f*. 〈矿〉方钴矿

escutiforme *adj*. 〈生〉盾状的

ESDI *abr*. *ingl*. enhanced small device [disk] interface 〈信〉增强小型设备接口

ESE *abr*. estesudeste 东东南

esencia *f*. ①〈化〉精;香精[料];②精油;③精髓;要素

～ de alcanfor 樟脑精

～ de flor 香水精

～ de trementina 松脂(精)油

～ de vainilla 香子兰香精

～ vegetal（挥发性）植物(香)精油

quinta ～ ①(古代和中世纪哲学中认为除空气、火、水、土以外充满一切事物并构成天体的)第五要素,以太

esencial *adj*. ①精华[髓]的;②(油)含香精的;③〈医〉自[特,原]发的

aceites ～es（香）精油

fiebre ～ 自[特]发性热

hipertensión ～ 原发性高血压,特发性高血压

esencialidad *f*. ①必要性;实质性;②本[实]质;要素

esencismo *m*. 〈医〉醇制品中毒

esfacelarse *r*. 〈医〉生坏疽,坏疽化;形成腐肉

esfácelo; esfacelo *m*. 〈医〉腐肉;坏死物

esfagnáceas *f. pl*. 〈植〉泥灰藓科

esfagnales *f. pl*. 〈植〉泥灰藓目

esfagno *m*. ①〈植〉泥炭藓;②泥炭藓块(用于改良土壤、外科包扎、盆栽等)

esfagnoso,-sa *adj*. 〈植〉泥炭藓的;盛产泥炭藓的

esfalerita *f*. 〈矿〉闪锌矿

esfena *f*.; **esfeno** *m*. 〈矿〉榍石

esfenisciforme *adj*. 〈鸟〉企鹅目的‖ *m*. ①

企鹅目的鸟；②*pl.* 企鹅目
esfenodonte *m.* 〈动〉斑点楔齿蜥
esfenodóntidos *m. pl.* 〈动〉斑点楔齿蜥科
esfenofilales *f. pl.* 〈植〉楔叶目
esfenoidal *adj.* ①〈解〉蝶骨的；②楔形的
esfenoide *adj.* ①〈解〉蝶骨的；②楔形的 ‖ *m.* ①半面晶形，楔状结晶；②〈解〉蝶骨
esfenoiditis *f. inv.* 〈医〉蝶窦炎
esfenoidostomía *f.* 〈医〉蝶窦开放术
esfenoidotomía *f.* 〈医〉蝶窦切开术
esfenolito *m.* 〈地〉岩楔
esfenomaxilar *adj.* 〈解〉蝶上颌的
esfenopalatino,-na *adj.* 〈解〉蝶腭（骨）的
esfera *f.* ①〈数〉球（体）；球面［形］；②星（球）；天球［体］；地球；③天体仪；地球仪；④范围；领域；⑤〈钟、表〉面；表盘
　～ armilar 浑天仪
　～ celeste 天球［体］
　～ de acción 行动范围
　～ de actividad 活动范围
　～ de influencia 势力范围
　～ de jurisdición 管辖范围
　～ de ozono 臭氧层
　～ impresora （电动打字机上的）球形字头
　～ no productiva 非生产领域
　～ oblicua 〈天〉斜交球
　～ paralela 〈天〉平行球
　～ recta 〈天〉垂直球
　～ terrestre ①地球；②地球仪
esferal *adj.* ①球形［状］的；球面的；②球的，球面图形的；③〈天〉天体的
esfericidad *f.* 球状；圆体
　aberración de ～ 球（面像）差
esférico,-ca *adj.* ①球形［状］的；球面的；②球的，球面图形的；③〈天〉天体的 ‖ *m.* 〈体〉足球
　aberración ～a 球面像差
　ángulo ～ 〈数〉球面角
　armónicos ～s 球面谐波
　astronomía ～a 球面天文学
　bóveda ～a 圆形拱顶
　cojinete ～ 环形支座
　geometría ～a 球面几何（学）
　triángulo ～ 球面三角形，弧三角形
　trigonometría ～a 球面三角学
esferocito *m.* 〈医〉球形红细胞
esferocitosis *f.* 〈医〉球形细胞增多症
esferoidal *adj.* 〈数〉（扁，椭）球体的；球状的；回转扁球体的
esferoide *m.* 〈数〉球体；回转扁［椭］球（体）
esferolita *f.* 〈地〉球粒
esferometría *f.* 球径测量（法，术）

esferómetro *m.* 球径仪［计］，球面曲率计
esferoplasto *m.* 〈生〉（原生质）球形体；原生质球
esferosoma *m.* 〈生〉圆球体
esferráfido *m.* 〈植〉球状针晶丛
esfigmobolograma *m.* 〈医〉脉能图
esfigmobolómetro *m.* 〈医〉脉能描记器
esfigmocardiografía *f.* 〈医〉脉搏心动描记法
esfigmocardiógrafo *m.* 〈医〉脉搏心动描记器
esfigmocardiograma *m.* 〈医〉脉搏心动图
esfigmocronografía *f.* 〈医〉脉搏自动描记法
esfigmocronógrafo *m.* 〈医〉脉搏自动描记器
esfigmodinamometía *f.* 〈医〉脉力测量（法）
esfigmodinamómetro *m.* 〈医〉脉力计
esfigmófono *m.* 〈医〉脉音听诊器
esfigmografía *f.* 〈医〉脉搏描记法
esfigmógrafo *m.* 〈医〉脉搏描记器，脉波计
esfigmograma *m.* 〈医〉脉搏描记图，脉搏图
esfigmoideo,-dea *adj.* 〈医〉脉搏样的
esfigmología *f.* 〈医〉脉搏学，脉学
esfigmomanometría *f.* 〈医〉血压测量法
esfigmomanómetro *m.* 〈医〉血压计
esfigmómetro *m.* 〈医〉脉搏计；血压计
esfigmoscopia *f.* 〈医〉脉搏检查
esfigmoscopio *m.* 〈医〉脉搏检视器
esfinge *f.* 〈昆〉天蛾
esfíngido,-da *adj.* 〈昆〉天蛾科的 ‖ *m.* ①天蛾；②*pl.* 天蛾科
esfingolípido *m.* 〈生化〉〈神经〉鞘脂类
esfingolipidosis *f.* 〈医〉神经类脂增多症
esfingomielina *f.* 〈生化〉〈神经〉鞘磷脂
esfingosina *f.* 〈生化〉〈神经〉鞘氨醇
esfínter *m.* 〈解〉括约肌
　～ anal 肛门括约肌
　～ cardial 贲门括约肌
　～ de Oddi 胆道口括约肌，奥狄氏括约肌
　～ pilórico 幽门括约肌
esfinteralgia *f.* 〈医〉括约肌痛
esfinterectomía *f.* 〈医〉括约肌切除术
esfinterismo *m.* 〈医〉（肛门）括约肌痉挛
esfinteroplastia *f.* 〈医〉括约肌成形术
esfinterotomía *f.* 〈医〉括约肌切开术
esfragística *f.* 印章学
esfuerzo *m.* ①力；②活力；（器官等）活动量增加；③〈机〉应力，受力（状态，作用），应变
　～ cortante 剪应力，（剪）切应力
　～ de atracción eléctrica 电应力
　～ de cizalladura 剪应力
　～ de compresión 压应力
　～ de flexión(～ flexional) 挠［弯曲］应变

~ de presión axial por impresión 断裂应力

~ de reproducción 〈生〉(器官的)生殖力

~ de rotura 断裂应力

~ de tensión[tracción] 拉伸应力

~ de torsión 扭应力

~ medio 平均应力

~ propio 自身努力,自力

~ residual 残余应力

~s alternados[repetidos] 交变应力

~s cíclicos 周期(发生的)应力

esfumación *f.* 〈画〉①(用擦笔)擦出色调层次;②(轮廓、线条)变得模糊

esfumado,-da *adj.* 〈画〉①(轮廓等)模糊的;②(光、色调等)柔和的 ‖ *m.* ①用擦笔擦出色调层次;②(风景、海景画等上的雾蒙蒙)模糊轮廓

esfumino *m.* 〈画〉(绘制铅笔画或木炭画时可用以擦出色调层次的)擦笔

esgrima *f.* ①〈体〉击剑;②剑术

esgrimidor,-ra *m.f.* ①击剑者;②〈体〉击剑运动员

esgrimista *m.f. Amér.L.* 〈体〉击剑者;击剑运动员

esgucio *m.* 〈建〉凹弧饰

esguila *f. Esp.* 〈动〉①虾;②松鼠

esguince *m.* 〈医〉扭伤

eskebornita *f.* 〈矿〉铁硒铜矿

esker *f.* 〈地〉蛇(形)丘

eslabón *m.* ①(链状物的)环,节,(滑、链、连接)环;②环节;连接部分;③磨刀钢棒,(在燧石上打火用的)火镰;④〈动〉黑蝎;⑤〈兽医〉(马等的)掌骨疣

~ giratorio ①(回转机枪或炮的)架环;②〈海〉(船上的)转环

~ perdido ①〈生〉被推定存在于类人猿和人类之间的过渡动物;②(一系列互相关联事物中)缺少的环

eslálom;eslalon *m.* ①〈体〉障碍滑雪赛,回转(指运动员不断穿越旗门和障碍物连续转弯高速下滑的滑雪比赛);②(滑水、划艇或汽车等的)回旋赛

eslinga *f.* 〈海〉(船首或船尾的)吊货索套

eslizón *m.* 〈动〉蛇蜥

eslora *f.* ①〈海〉(船的)长度;② *pl.* (甲板的)加固列板;③ *pl.* 舱口(防水流入)栏板,围板

~ total 垂线间长

esloría *f.* 〈海〉〈集〉(船的)长度

esmachar *intr.* 〈体〉(网球等运动的)扣杀

esmaltado,-da *adj.* ①涂(有)搪瓷[珐琅]的;涂(有)瓷釉的;上釉的;②漆包的 ‖ *m.* ①搪瓷[珐琅]层;瓷釉层;②〈画〉〈摄〉上光

alambre ~ 漆包(绝缘)线

esmaltador,-ra *m.f.* 上釉工;上搪瓷[珐琅]工

lámpara de ~ (金银匠用的)上釉灯

esmaltadura *f.* 上釉;上搪瓷[珐琅]

esmalte *m.* ①搪瓷;珐琅;釉料;瓷漆[釉];②(牙齿的)釉[珐琅]质;③搪瓷[珐琅]制品;瓷釉制品;④搪瓷工艺;⑤(半)透明薄涂层;光滑釉层;⑥(饰在纹章上的)色彩

~ de uñas 指[趾]甲油

~ dental 〈解〉牙釉质

~ sintético 合成瓷漆

~ vitrificado 搪瓷釉

hilo con vaina de algodón sobre ~ 单纱包漆包线

esmaltín *m.* ①大青(氧化钴、钾碱、硅石制成的蓝玻璃);②大青色

esmaltina;esmaltita *f.* 〈矿〉砷钴矿

esmaltista *m.f.* 上釉工;上搪瓷[珐琅]工

esmaragdita *f.* 〈矿〉绿闪石

esméctico,-ca *adj.* 〈矿〉洗净的,去垢的

esmectita *f.* 〈矿〉蒙脱石(一种天然层状硅酸盐)

esmegma *f.* 〈生理〉阴[包皮]垢

esmegmolito *m.* 〈医〉包皮垢石

esmeralda *f.* ①〈矿〉祖母绿,纯绿柱石;②翡翠,绿宝石,绿刚玉;③翡翠绿,翠[鲜]绿色;④〈鸟〉极乐鸟;*Col.* 蜂鸟;⑤*Cub.* 〈动〉虾虎鱼

~ de Brasil 绿电气石

~ de níquel 翠镍矿

~ oriental 〈矿〉绿刚玉

esmeraldino,-na *adj.* 像绿宝石的;艳绿色的,翡翠色的

esmerejón *m.* 〈鸟〉灰背隼

esmeril *m.* ①(做磨料用的)刚玉;刚玉粉,(金)刚砂

muela de ~ 金刚砂轮,砂[磨]轮

papel de ~ 金刚砂纸,砂纸

piedra de ~ 磨[抛,打]光石

tela de ~ 金刚砂布,砂布

esmerilado *m.* 用金刚石打磨

esmerilador,-ra *m.f.* 打磨工,磨砂工

esmeriladora *f.* 〈机〉搪磨[研磨,磨光,砂轮]机

esmerilaje *m.* ①〈机〉磨;②〈电子〉研磨

esmerilazo *m.* 〈军〉小口径炮的射击

esmilacáceo,-cea *adj.* 〈植〉百合科的 ‖ *f.* ①百合科植物;② *pl.* 百合科

esmiláceo,-cea *adj.* 〈植〉百合科的

esmerillón *m.* ①转体(如转环等);②转椅座架;③〈军〉旋转机枪,旋转炮

esmirnio *m.* 〈植〉马芹

esmitsonita *f.* 〈矿〉菱锌矿

esmoladera *f.* 磨石；砂轮

esnaip *m.* 〈船〉两人帆船

esnórquel *m.* ①(潜水艇的)水下通气管；②(潜游者使用的)水下呼吸管

ESO *f. abr. Esp.* enseñanza secundaria obligatoria 中等义务教育

esódico,-ca *adj.* 〈医〉传入的，内向的

esofagalgia *f.* 〈医〉食管痛

esofagectomía *f.* 〈医〉食管切除术

esofágico,-ca *adj.* 〈解〉食管的

esofagismo *m.* 〈医〉食管痉挛

esofagitis *f. inv.* 〈医〉食管炎

esófago *m.* 〈解〉食管

esofagocele *m.* 〈医〉食管突出

esofagodinia *f.* 〈医〉食管痛

esofagogastrectomía *f.* 〈医〉食管胃切除术

esofagomalacia *f.* 〈医〉食管软化(症)

esofagoplastia *f.* 〈医〉食管形成术

esofagorragia *f.* 〈医〉食管出血

esofagoscopia *f.* 〈医〉食管镜检查，食管内窥检查

esofagoscopio *m.* 〈医〉食管镜

esofagospasmo *m.* 〈医〉食管痉挛

esofagostenosis *f.* 〈医〉食管狭窄

esofagostomía *f.* 〈医〉食管造口术

esofagostomiasis *f.* 〈医〉管口线虫病，结节线虫病

esofagotomía *f.* 〈医〉食管切开术

esofagótomo *m.* 〈医〉食管刀

esoforia *f.* 〈医〉内隐斜(视)

esonita *f.* 〈矿〉钙铝榴石，桂榴石

esotropía *f.* 〈医〉内斜视

ESP *abr.* entrada-salida programda 〈信〉可编程输入输出

espaciado,-da *adj.* 有间隔[距]的‖ *m.* ①〈信〉(调节)字[行]距；②〈印〉字距；行距

espaciador *m.* ①(打字机等上的)空格杆，间隔棒；②〈技〉隔片[板]

espacial *adj.* ①空间的；②〈航空〉太空的，与太空有关的；③〈医〉(间)隙的，腔(隙)的
carga ~ 〈电子〉空间电荷
ciencia ~ ①宇宙空间科学；②航天科学
guerra ~ 空间战
hombre ~ ①字航员；②太空人，外星人；③宇宙空间专家
laboratorio ~ 太空实验室；宇宙空间实验室
nave ~ 宇宙飞船
programa ~ (涉及空间探测和航天工程技术开发的)太空计划
viajes ~s 太空旅行

espacio *m.* ①太空，外层空间；②场[空，余]地；③间[空]隙，距离；(行间等的)空白；④(期刊等的)篇幅；⑤(电台或电视台节目的)一档；⑥〈航空〉〈数〉〈天〉空间；⑦〈理〉(绝对)空间；⑧〈讯〉空号；⑨〈医〉间隙，腔；⑩〈乐〉音程；(谱表的)线间空白，线间；⑪〈印〉铅条

~ abierto 空间

~ aéreo 空域，领空

~ afín 〈数〉仿射空间

~ automático 不印字间隔

~ contiguo 〈信〉邻近空间

~ cósmico 宇宙空间

~ de agrupamiento 漂移空间

~ de direcciones 〈信〉地址空间

~ de direcciones segmentado 〈信〉段地址空间

~ de maniobra 机动余地

~ de no-separación 〈信〉不间断空格

~ de pelo 〈印〉一点的间隔

~ de trabajo 〈信〉工作空间，工作区

~ en blanco (词间、行间的)空白[格]

~ endolinfático 〈解〉内淋巴隙

~ euclídeo 〈数〉欧几里得空间

~ exterior[extraterrestre] 宇宙[外层]空间

~ informativo 新闻节目

~ interlineal 行距

~ interestelar 〈天〉星际空间

~ intergaláctico 〈天〉星系际空间

~ interplanetario 〈天〉行星际空间

~ libre 〈讯〉自由空间，可用空间

~ métrico 〈数〉度量空间

~ muerto ①〈解〉死腔，无效区；②〈机〉间隙；③〈军〉防守死角

~ muestral 〈统〉样本空间

~ muestral continuo 〈统〉连续样本空间

~ muestral finito/infinito 〈统〉有/无限样本空间

~ natural 空地

~ oscuro de Aston 〈理〉阿斯顿暗区

~ para parches 〈信〉接插空间

~ perilinfático 〈解〉外淋巴隙

~ perjudicial 〈医〉死腔，死空间

~ publicitario (电台、电视台在两个节目之间播放的)广告插播[时间]

~ sideral[sidéreo] 宇宙[外层]空间

~ subaracnoideo 〈解〉蛛网膜下腔

~ vectorial 〈数〉向量空间

~ verde 〈环〉(城市)绿色空间

~ vital ①(一个地区人口的最优)生存空间；②生存空间(第二次世界大战前法西斯德国为发动侵略战争并奴役其他民族而提出的反动的地缘政治学理论)

~s verdes（城市中的）绿地

~-tiempo〈理〉空间时间关系；时空

a doble ~（打字）隔[空]行

carga de ~ 空间电荷

espaciotemporal *adj.*〈理〉①存在于时间和空间的；②时空的，与时空有关的

espacistor *m.*〈电子〉空间电荷（晶体）管，宽阔管

espacle *m.* ①*Amér. L.* 红[龙血]树脂；② *Méx.*〈植〉棉叶巴豆

espada *m. f.* ①击剑手；②斗牛士‖ *f.* ①剑，刀；②〈数〉矢；③〈动〉箭鱼；④ *pl.*（纸牌游戏中的）剑花；剑花牌

~ blanca 普通剑

~ de esgrima（~ negra）击剑用剑，钝头无刃剑

espadador,-ra *m. f.* 捶麻工

espadaña *f.* ①〈植〉宽叶香蒲；水烛；②〈建〉钟楼[塔]

espadarte *m.*〈动〉箭鱼

espadero *m.* ①铸剑师；②剑商

espádice *m.*〈植〉佛焰花序，肉穗花序

espadiceoso,-sa；espadicoso,-sa *adj.*〈植〉佛焰[肉穗]花序的；生佛焰[肉穗]花序的

espadicifloras *f. pl.*〈植〉佛焰花序目，肉穗花序目

espadiciforme *adj.*〈植〉佛焰[肉穗]花序状的

espadillado *m.* 捣[捶]麻

espadín *m. pl.*〈动〉西[季]鲱；小鲱；鳀；玉筋鱼

espalación *f.*〈理〉〈核〉散裂

~ nuclear 核散裂

espalda *f.* ①〈解〉背，背部；②〈体〉仰泳；③椅背；④（衣服等的）后身；⑤ *pl.*（房子等的）后[背，反]面；⑥ *pl.* 后卫[掩护]部队‖ *m. f.* 见 ~s mojadas

~ de filón 底壁，基础墙

~s mojadas "湿背人"（指偷渡格兰德河非法进入美国的墨西哥穷人或劳工）

espaldilla *f.*〈解〉肩胛骨

espaldista *m. f.*〈体〉仰泳运动员

espaldón *m.* ①（挡水、土的）防护堤；防护墙；②〈建〉榫；③〈军〉（城堡的）防火力墙

espaldonarse *r.*〈军〉（靠地形）掩护自己

espalmador *m.* ①船舶修造厂；军舰修造所；船底检修处；②清蹄掌用的刀

espalmo *m.*（船的）护底漆

espalto *m.* ①〈画〉暗透明色；②〈冶〉助熔矿石；③〈矿〉晶石

~ azul〈矿〉天蓝石

espanemia *f.*〈医〉贫血

espanémico,-ca *adj.*〈医〉贫血的；患贫血的

espanomenorrea *f.*〈医〉月经减少

espanopnea *f.*〈医〉呼吸减少

espantacaimán *m. Amér. C.*，*Cub.*〈鸟〉鹭，绿鹭

espantalobos *m.*〈植〉鱼鳔槐

espantamoscas *m.* 蝇[虫]拍

espantapastores *m.*〈植〉秋水仙

espantavaqueros *m.*〈植〉直立牵牛

españolismo *m.* ①崇尚西班牙文化；②西班牙特色；③（在其他语言中的）西班牙语词汇或表达法

esparagmita *f.*〈地〉破片砂岩

esparaguina *f.*〈生化〉天(门)冬酰胺

esparaguinasa *f.*〈生化〉天(门)冬酰胺酶

esparaván *m.* ①〈鸟〉雀鹰；②〈兽医〉（马的）飞节内肿

esparavel *m.* ①（浅水区捕鱼的）圆网；②托泥板

esparceta *f.*〈植〉驴食草

esparcidora *f.* ①撒布器；②〈农〉撒肥机；喷洒[喷液]机

esparcilla *f.*〈植〉①大爪草；②驴食草

esparcimiento *m.* ①撒，散开；（液体）扩散；②散布距离，宽度

~ de banda 频带[波段]展宽

esparganiáceo,-cea *adj.*〈植〉黑三棱科的‖ *f. pl.* 黑三棱科植物；② *pl.* 黑三棱科

esparganio *m.*〈植〉直立黑三棱种

espargano *m.*〈动〉裂头蚴

esparganosis *f.*〈医〉裂头蚴病

espargosis *f.*〈医〉①肿胀；②乳房（奶）胀

espárrago *m.* ①〈植〉石刁柏，芦笋，龙须菜；②〈机〉（平头）插销；螺杆[栓]

~ triguero 野芦笋

esparragón *m.*〈纺〉双料丝织品

esparraguera *f.* ①〈植〉石刁柏，芦笋，龙须菜；②芦笋田

espársil *adj.*〈星〉不属于任何星座的

esparteína *f.*〈化〉鹰爪豆碱，金雀花碱

esparteña *f.*〈植〉葫芦巴

espartería *f.* ①草编制业；②草编织品商店

espartillo *m.* ①*Amér. L.* 涂有粘鸟胶的细茎针茅；② *Esp.*〈植〉（藏红花的）须根；③ *Cub.*〈植〉（用作牧草的）禾本植物

esparto *m.*〈植〉①细茎针茅（产于西班牙、北非等地，可供编绳、制鞋、造纸等用）；②细茎针茅叶

~ basto〈植〉长叶利坚草丛

espasmo *m.*〈医〉痉挛，抽搐

espasmódico,-ca *adj.*〈医〉痉挛的，痉挛状[性]的；由痉挛引起的

abasia ~a 痉挛性步行不能，痉挛性失步行症

asma ～a 痉挛性哮喘

tortícosis ～a 痉挛性斜颈

espasmodizado,-da *adj*. 〈医〉处于痉挛状态的

espasmofilia *f*. 〈医〉痉挛素质

espasmógeno,-na *adj*. 致痉挛的 ‖ *m*. 〈药〉致痉药

espasmolítico,-ca *adj*. 〈药〉〈医〉解痉挛的 ‖ *m*. 〈药〉解痉药

espasticidad *f*. ①痉挛性,痉挛状态;②僵硬;强直

espástico,-ca *adj*. 〈医〉①痉挛的,痉挛性的;②僵硬的;强直(性痉挛)的;由痉挛引起的;③患痉挛性麻痹的 ‖ *m.f*. 〈医〉①痉挛性麻痹患者(尤指大脑性麻痹病人);②肌肉痉挛患者

espata *f*. 〈植〉佛焰苞

espático,-ca *adj*. 〈矿〉①晶石的,多晶石的;②似晶石的,晶石状的;③〈矿石〉易分成碎片的;④薄层状的

espato *m*. 〈地〉晶石

～ azul 天蓝石

～ calcáreo[calizo] 灰[方解]石

～ de Islandia 冰洲石,双折射透明方解石

～ de zinc 菱锌矿

～ flúor 氟[萤]石

～ perla[perlado] 白云石

～ pesado 重晶石

～ salinado 纤维石

espatofluor *m*. 〈矿〉氟[萤]石

espátula *f*. ①(上漆、涂敷、调拌等用的)刮[抹]刀;〈建〉刮[油灰]刀;②〈画〉调色刀;③(餐桌上用的)切[分]鱼刀;④〈医〉药[软膏]刀;压舌板;⑤〈鸟〉琵鹭;⑥〈昆〉匙突;⑦〈植〉红籽鸢尾

espatulado,-da *adj*. ①刮刀似的;②〈植〉匙[铲]形的;③〈动〉匙状的;④〈医〉药刀状的

especería *f*. ①香料店,调味品店;②〈集〉香料

especia *f*. 香料,调味品

nuez de ～ 肉豆蔻子

especiación *f*. 〈生〉〈生态〉物种形成

～ alocrónica 〈生态〉异时物种形成

～ alopátrica 〈生态〉异域[地]物种形成

～ simpátrica 〈生态〉同域[地]物种形成,分布区重叠物种形成

especial *adj*. ①专门的;特设[制]的;②特殊[别]的;③独特的 ‖ *m*. ①(电视的)特别节目;②专列(火车);③(报刊的)特刊,号外;④(餐馆菜单上的)特色菜;⑤ *Méx*. 〈戏〉表演

～ (de) deportes 体育特别节目

～ informativo 新闻特别节目

derechos ～es de giro (国际货币组织)特别提款权

educación ～ (为智力或身体上有缺陷、情绪或行为上有问题的学生所提供的)特殊教育

especialidad *f*. ①特殊性;特性;特质;②特点;③〈教〉专业;专长;④特产;特制品;(餐馆的)特色菜;⑤〈药〉调制药;特制药品

～ de dibujos animados 动画专业

～ de dirección 导演专业

～ del producto 产品特点

especialista *adj*. ①专业的;专(门学)科的;②专家的 ‖ *m.f*. ①专家;②〈医〉专科医生;③〈体〉有特长运动员(如百米蝶泳运动员);④(电影)(拍摄惊险镜头时被雇来代替电影演员的)特技替身演员 ‖ *m*. ①碎果钳;②〈生态〉(只吃少数几种食物生存的)狭食性动物

～ en planificación estratégica 战略规划专家

～ técnica 技术专家

especialización *f*. ①专门[业]化;特殊化;②专门[业]性;特殊性;③〈生〉专化性;特化(作用);④〈生〉特化机体[器官]

～ laboral 劳动专业化

～ técnica 技术专门化

especializado,-da *adj*. ①专门[科]的;专业[门]化的;②(工人等)熟练的,有技能的,有专长的;③(语言等)技术(性)的;④〈生〉专[特]化的

especie *f*. ①种,类;类型[别];②〈生〉(物)种;③〈化〉(化学)品种(即纯物质);④〈理〉核素;⑤〈乐〉声部;⑥〈药〉茶剂

～ accidental 〈生态〉偶见物种

～ amenazada 濒危物种

～ colonizadora[pionera] 〈生态〉先锋物种

～ críptica 〈生〉隐存(物)种

～ de extinción(～ en peligro)〈生态〉濒危物种

～ dominante 〈生态〉优势(物)种

～ endémica 〈生态〉地方性物种

～ estenohalina 〈生态〉狭盐性(物)种

～ eurihalina 〈生态〉广盐性(物)种

～ exótica 〈生态〉外来物种

～ gemela 〈生〉两似(物)种,兄弟[姐妹]种

～ indicadora 〈生态〉指示(物)种[生物]

～ invasora 〈环〉侵扰[袭]物种

～ politípica 〈生〉多亚种

～ protegida 〈环〉(受)保护物种

～ rara 〈环〉稀有物种

～ subdominante 〈生态〉亚优势(物)种

～ vulnerable 〈环〉易受伤害物种

~s alopátricas 〈生态〉分区物种,分布区不重叠种

~s metálicas 贵金属

~s simpátricas 〈生态〉同域种,分布区重叠种

especificación *f.* ①明细单;详细计划(书);②(产品等的)说明书;③(申请专利用的)发明物说明书;④*pl.* 规格;规范[程];技术条件

~ de calidad 质量规格

~ de datos 数据规格

~ de diseño 设计规约,设计说明书

~ de la producción 生产技术条件

~ de los gastos 费用结算清单

~ de operación 操作规程

~ de programa 〈信〉程序规范;程序说明书

~ de sistema 〈信〉系统规范,系统说明书

~ de un pedido 订货规格说明书

~ del surtido 花色品种明细单

~ normalizada 标准规范

~ técnica 〈工艺〉技术规格

~es de patente 专利说明书

especificidad *f.* ①特性[征];特殊性;②〈生〉特异性;③〈化〉专一性

específico,-ca *adj.* ①特有[定]的;特种的,独特的;②〈医〉有特效的;由特种微生物引起的;只对特定抗原[体]有效的;③〈医〉(症状)特殊的;④〈生〉种的;⑤〈理〉比率的;⑥〈商贸〉〈关税〉按数[重]量征取而不按货价征取的 ‖ *m.* 药)特效药

calor ~ 〈理〉比热

capacidad ~a ①〈理〉比容量,比功率,功率系数;②〈电〉电容率

carácter ~ 〈生〉种性状,种特征

causa ~a (致病的)特殊原因

impuesto ~ 〈商贸〉从量税

medicamento ~ 〈药〉特效药

peso ~ 比重

superficie ~a 〈化〉比表面

velocidad ~a 〈理〉比速,特有速度

volumen ~ 〈理〉比容

especifidad *f.* ①特性[征];特殊性;②〈生〉特异性;③〈化〉专一性

espécimen *m.* ①样本;标本;抽样;②供检查用的材[试]料;③〈医〉(临床检验用的尿、痰、血液等)抽样,标本

~ de firma 签字样本[底样]

~ de orina 尿样

~ de sangre 血样

espectáculo *m.* ①〈戏〉演出,表演;②〈球类〉比赛 ‖ *adj.inv.* ①(场面)壮观的,大规模的;②演出的,表演的

~ de luz y sonido 声光表演,实地历史剧(一种起始于法国的夜间文娱活动,在晚上于名胜古迹地利用变幻的灯光照明和音响效果再配以戏剧性的录音叙述展示当年的历史古迹场面)

~ de variedades (歌舞、杂技和滑稽短剧的)联合演出;杂耍表演

atletismo ~ 大规模田径运动

cine ~ 场面壮观的影片

fútbol ~ 娱乐性足球(赛)

programa ~ (电视台举办的歌舞、杂技和滑稽短剧)联合演出;(在电视上播出的)杂耍表演(节目)

sala de ~ 戏[电影]院;演出厅

espectador,-ra *m.f.* ①〈电影〉〈体〉〈戏〉观众;②(事件、事故的)旁观[目击]者

espectral *adj.* 〈理〉谱的,光谱的;单色的

análisis ~ 光谱分析

color ~ (光)谱色

distribución ~ 光谱分布

línea ~ 光谱线,谱线

sensibilidad ~ 光谱灵敏度

espectrina *f.* 〈生化〉血影[幽灵]蛋白

espectro *m.* ①〈理〉谱;光谱;能谱(核物理学用语);②〈讯〉频谱;射频频谱;③〈电〉电磁波谱;④〈药〉谱

~ acústico 声谱

~ atómico 原子光谱

~ continuo 〈化〉〈理〉连续谱

~ de absorción 〈化〉〈理〉吸收光谱

~ de difración 〈理〉衍射光谱

~ de emisión 〈化〉〈理〉发射光谱

~ de energía 能谱

~ de Fraunhofer 〈天〉(太阳光谱中的)夫琅和费谱线

~ de frecuencia 频谱

~ de frecuencias de impulsos 脉冲频谱

~ de línea oscura 〈理〉暗线光谱

~ de líneas[rayas] 〈化〉〈理〉线状谱

~ de masa(s) 〈化〉〈理〉质谱

~ de rayos X 〈化〉〈理〉X线(光)谱

~ de resonancia magnética nuclear 〈化〉〈理〉核磁共振谱

~ de rotación 转动光谱

~ electromagnético 〈理〉电磁光谱

~ ensanchado 〈信〉扩展频谱

~ infrarrojo 〈化〉〈理〉红外光谱

~ luminoso[visible] 〈化〉〈理〉可见光谱

~ magnético 〈理〉磁谱

~ molecular 〈化〉〈理〉分子光谱

~ radioeléctrico 射频谱

~ solar 太阳光谱

~ ultrahertziano 微波(波)谱

~ ultravioleta〈化〉〈理〉紫外光谱
analizador de ~ 频谱分析器
banda de ~ 〈药〉谱带
espectrobolómetro *m.* 〈理〉分光测热计
espectrofluorimetría *f.* 〈理〉分光荧光法
espectrofluorímetro; espectrofluorómetro *m.*
〈理〉分光荧光计
espectrofobia *f.* 〈心〉窥镜恐怖
espectrofotoeléctrico,-ca *adj.* 〈理〉分光光
电作用的
espectrofotometría *f.* 〈理〉分光光度（测定）
法；分光光度术
~ de absorción 吸收分光光度术
~ de llama 火焰分光光度术
espectrofotómetro *m.* 〈理〉分光光度计
espectrografía *f.* 〈理〉摄谱术，摄谱仪使用法
espectrográfico,-ca *adj.* 〈技〉〈理〉摄谱术的
espectrógrafo *m.* 〈技〉〈理〉光[摄]谱仪；声谱
仪
espectrograma *m.* 〈理〉光谱图；声谱图
espectroheliógrafo *m.* 〈天〉太阳单色光照相
仪
espectroheliograma *m.* 〈天〉太阳单色光照相
espectroheliómetro *m.* 〈天〉太阳分光计，太
阳光谱仪
espectrohelioscopio *m.* 〈天〉太阳单色光观测
镜
espectrolita *f.* 〈矿〉闪光拉长石
espectrometría *f.* 〈理〉光谱测定法；度谱术
espectrómetro *m.* 〈理〉谱[光谱]仪，分光仪
~ de masa(s)〈工艺〉质谱仪
~ de rayos β β 射线分光仪
espectromicroscopio *m.* （附有分光镜的）光
谱显微镜
espectroquímica *f.* 光谱化学
espectrorradiometría *f.* 〈理〉分光辐射度学；
光谱辐射测量（法）
espectrorradiómetro *m.* 〈理〉分光辐射度计
espectroscopia *f.* ①〈理〉光谱学；波谱法
[学]；②分光镜使用
~ de absorción atómica 〈化〉〈理〉原子吸
收光谱法
~ de infrarrojo 〈化〉〈理〉红外光谱学
~ de resonancia magnética nuclear 〈化〉
〈理〉核磁共振波谱法
~ de ultravioleta 〈化〉〈理〉紫外光谱学
espectroscópico,-ca *adj.* 〈理〉分光镜的；分
谱学的
espectroscopio *m.* 〈理〉分光镜
~ electrónico 电子分光镜
espectroscopista *m. f.* 光谱学专家；频谱学
专家

especulación *f.* 〈经〉〈商贸〉投机；投机买卖
[活动]
especular *adj.* ①镜的，镜子似的；反射的；②
〈理〉镜面的；③〈矿〉光亮如镜的；晶莹的
especularita *f.* 〈矿〉镜铁矿
especulativo,-va *adj.* 〈商贸〉投机(性)的；好
投机的
mercado ~ 投机市场
razones ~as 投机动机
espéculo *m.* ①〈医〉窥镜，扩张器；②〈光〉反
光镜
~ vaginal 阴道窥镜
~ urinal 尿道窥镜
espejismo *m.* 〈地〉海市蜃楼，蜃[幻]景
~ inferior/superior 下/上现蜃景
espejo *m.* ①镜,镜子；②反射[光]镜；反射
面；③〈动〉(马的)胸部旋毛；④〈建〉(凹线
上的)椭圆饰
~ cóncavo 凹面镜
~ de cuerpo entero(~ de vestir) 穿衣镜
~ de falla 〈地〉(断层)擦痕面
~ de los incas 〈矿〉黑曜岩
~ de popa 船尾面
~ de Venus 〈植〉镜花属植物；五(至八)叶
兰花
~ llano[plano] 平面(反射)镜
~ parabólico 抛物面镜
~ primario 〈天〉(反射望远镜的)主镜
~ retrovisor 〈汽车〉(汽车上的)后视镜
espeleoarqueología *f.* 洞穴考古学
espeleobuceo *m.* 洞穴潜水
espeleogénesis *f.* 〈地〉洞穴形成过程
espeleología *f.* ①〈动〉洞穴学；②洞穴探察
espeleológico,-ca *adj.* ①洞穴学的；②探察
洞穴的
espeleólogo,-ga *m. f.* 洞穴学家
espelta *f.* 〈植〉①斯佩尔特小麦；②二粒小麦
espelunca *f.* ①洞穴，山洞；②〈医〉肺空洞
espeluzno *m. Méx.* 〈医〉(发烧引起的)风寒，
寒热
espera *f.* ①等候[待]；②〈法〉(死刑等的)缓
期执行；(义务等的)暂缓履行；延缓；③槽
[凹]口
en ~ de su[tu] respuesta 盼复(信函、电
子邮件用语)
esperanza *f.* ①希[期,指]望；②〈数〉期望
值；(根据概率统计求得的)预期数额
~ de vida 预期寿命
~ matemática 〈统〉数学期望值
esperma *m. o f.* ①〈生〉精子；②精液；③
Cari.,Col. 蜡烛
~ de ballena 鲸蜡，鲸脑油
espermaceti *m.* 鲸蜡，鲸脑油

espermacrasia *f.* 〈医〉精子过少［缺乏］

espermaducto *m.* 〈解〉输精管

espermafita *m.*；**espermatofita** *f.* 〈植〉①种子植物（指产生种子的植物）；②*pl.* 种子植物门植物（包括裸子植物和被子植物）

espermaglutinación *f.* 〈生〉精子凝集

espermaglutinina *f.* 〈生化〉精子凝集素

espermario *m.* ①〈解〉精囊；睾丸；②〈植〉花粉管；雄器

espermateca *f.* 〈动〉受精囊

espermatelosis *f.* 〈生〉①精子形成；精子发生

espermatenfraxis *f.* 〈医〉排精受阻

espermatia *f.* 〈植〉①（红藻的）不动精子；②（锈菌）性孢子

espermaticida *adj.* 〈药〉杀精子的 ‖ *m.* 杀精子剂

espermático,-ca *adj.* ①精子的；（充满）精液的；精子状的；似精液的；生殖的；②精巢的；睾丸的
cordón ～ 〈解〉精索

espermatida；**espermátida** *f.* 〈生〉精子细胞，精细胞

espermátide *m.* 〈生〉精子细胞，精细胞

espermatina *f.* 〈生化〉精液蛋白

espermatismo *m.* ①射精；②〈生理〉精液生成

espermatitis *f. inv.* 〈医〉①输精管炎；②精索炎

espermatizado,-da *adj.* 含有精子的

espermatoblasto *m.* 〈生〉精子细胞，精细胞

espermatóbolo *m.* 〈农〉播种机

espermatocele *m.* 〈医〉精液囊肿

espermatocelectomía *f.* 〈医〉精液囊肿切除术

espermatocida *adj.* 〈药〉杀精子的

espermatocistectomía *f.* 〈医〉精囊切除术

espermatocistitis *f. inv.* 〈医〉精囊炎

espermatocisto *m.* 〈解〉精囊

espermatocito *m.* 〈生〉精母细胞
～ primario 初级精母细胞
～ secundario 次级精母细胞

espermatocitoma *m.* 〈医〉精母［原］细胞瘤

espermatocultivo *m.* 〈医〉精液培养（检查）

espermatófago,-ga *adj.* 〈动〉食种子的

espermatofobia *f.* 〈心〉遗精恐怖

espermatóforo *m.* 〈动〉精子包囊，精包，精荚

espermatogénesis *f.* 〈生〉精子发生［生成］

espermatogénico,-ca；espermatógeno,-na *adj.* 〈生〉①精子发生的；②生成精子的

espermatogonia *f.*；**espermatogonio** *m.* 〈生〉精原细胞

espermatografía *f.* 〈植〉种子学

espermatolisis *f.* 〈生〉精子溶解，精子破坏

espermatología *f.* 〈生〉精子［液］学

espermatólogo,-ga *m. f.* 精子学家

espermatopatía *f.* 〈医〉精液病

espermatorrea *f.* 〈医〉遗［滑］精，精溢

espermatosquesis *f.* 〈医〉精液分泌抑制

espermatotoxina *f.* 〈生化〉精子毒素

espermatozoario；espermatozoide；espermatozoo *m.* 〈生〉精子

espermaturia *f.* 〈生〉精液尿

espermicida *adj.* 〈药〉杀精子的 ‖ *m.* 杀精子剂

espermidina *f.* 〈生化〉亚精胺，精脒

espérmido,-da *adj.* 〈植〉生种子的

espermiducto *m.* 〈解〉精管（输精管与射精管的合称）

espermina *f.* 〈生化〉精胺，精素

espermio *m.* 〈生〉精子［液］

espermiogénesis *f.* 〈生〉①精子形成；②精子发生

espermiología *f.* 精子学

espermismo *m.* 〈生〉精源论

espermoflebectasia *m.* 〈医〉精索静脉曲张

espermogonia *f.*；**espermogonio** *m.* 〈植〉（锈菌）性孢子器

espermograma *m.* 〈医〉精子发生图

espermólisis *f.* 〈生〉精子溶解，精子破坏

espermoneuralgia *f.* 〈医〉精索神经痛

espernada *f.* ①〈机〉（轴，开口，保险）销；②（链条的）端环，端头环节

esperón *m.* 〈船〉①（艏）破浪材；②首柱分水处

esperrilita *f.* 〈矿〉砷铂矿

espesador *m.* 〈化〉〈冶〉增稠［稠化］器

espesamiento *m.* 〈化〉〈冶〉变浓［稠］

espesante *m.* 〈化〉增稠剂，稠化剂

espesartita *f.* 〈矿〉锰铝榴石，斜煌岩

espesativo,-va *adj.* 使变浓［稠，密］的

espeso,-sa *adj.* ①密的；稠［茂］密的；密实的；②浓的；稠的；厚的

espesor *m.* ①（流体等的）浓［稠］度；密度；②（固体的）厚度；厚；③（烟等的）浓密；（雪等的）深度

espesura *f.* ①见 espesor；②〈植〉灌木丛；植丛；密林深处

espía *adj.* 间谍的 ‖ *m. f.* ①间谍；②密［暗］探 ‖ *f.* ①（立杆的）拉绳；②〈海〉拖曳；③〈海〉拖索
avión ～ 间谍飞机
buque ～ 间谍船［舰］
satélite ～ 间谍卫星

espicho *m. Esp.* 〈农〉播［撒］种器

espiciforme *adj.* 穗状的

espícula f. ①〈动〉(海绵的)骨针;小针突;交合刺;②〈植〉小穗,空壳;③〈天〉针状物

espicular adj. ①骨针状的;似针的;②生满骨针的;③分成小穗的

espidómetro m. Amér. L. (尤指汽车的)速度[率]计,里程计[表],路码表

espiga f. ①〈植〉(小麦等谷物的)穗;②〈农〉结穗;③穗状花序;④〈技〉塞,塞栓;⑤〈机〉舌片;轴;销;⑥(刀、锉等工具插入柄中的)柄脚[舌];⑦钟锤;铃舌;⑧〈军〉引信,信管;⑨〈海〉桅顶[头];⑩(木工用的)铁(木)钉;无头钉;榫头[舌];⑪见 ~ de la Virgen

~ de madera 暗[定位,合缝,接合]销,木钉

~ de la Virgen 〈天〉角宿一

~ portaherramienta 刀杆[轴],刀具心轴

espigadilla f. 〈植〉鼠大麦

espigado,-da adj. ①〈植〉(一年生植物)长到种子完全成熟的,长老的;②〈植〉已抽穗的;③〈农〉结穗的;④(小树等)长得很高的,细长的

espigadora f. 〈机〉开[制]榫机

espigo m. ①(刀、剑等的)柄舌[脚];②〈海〉(设在岩石、浅滩等上的)杆状信标

espigón m. ①〈植〉(谷物的)穗;多芒的穗;②〈动〉整针[刺];③〈工程〉防波堤,防浪墙;折流坝

~ de ajo 蒜瓣

espiguilla f. ①鲱骨式,鱼脊形,人字形图案;穗形图案;②窄花[饰]边;③〈植〉小穗;早熟禾

espilita f. 〈地〉细碧岩

espín m. ①〈动〉豪[箭]猪;②〈理〉旋转;自旋

~ nuclear 核自旋

~es antiparalelos 反平行自旋

~es paralelos 平行自旋

puerco ~ 〈动〉豪[箭]猪

resonancia de ~ electrónico 电子自旋共振

espina f. ①〈植〉刺,刺,(谷物的)芒刺;②〈鱼〉骨头,刺;③〈解〉脊柱[椎];棘

~ bífida 〈医〉脊椎裂

~ blanca 苏格兰刺蓟

~ de canguro 刺相思树

~ de pescado ①鲱骨式,鱼脊形;②人字形图案;③鱼刺状花

~ de pez 鱼刺

~ dorsal 〈解〉脊柱[椎]

~ nasal 〈解〉鼻棘

~ neural 〈解〉神经棘

~ santa[vera] 〈植〉刺马甲子

~s de Cristo 〈植〉刺马甲子

espinablo m. Esp. 〈植〉英国山楂树

espinaca f. ①〈植〉菠菜;②pl. 菠菜(菜肴)

espinal adj. ①〈解〉脊的,脊柱[椎]的;②脊髓的;③棘的,针(棘)状突的

médula ~ 脊髓

músculo ~ 脊棘

nervio ~ 脊神经

espinapez m. 〈建〉人字形砌合,人字形铺面

espinaquer m. (赛艇的)大三角帆

espinazo m. ①〈解〉脊椎[柱];脊骨;②〈建〉拱顶石;塞缝石

espinel m. 曳绳钓(法)

espinela f. 〈矿〉尖晶石

espínera f. 〈植〉带刺灌木

espinero,-ra adj. ①〈植〉带[有]刺的;多刺的;②用刺做成的

espinescente; espiniscente adj. 〈植〉具刺的;刺状的

espineta f. 〈乐〉小型击弦古钢琴

espinglés m. 西英混合语(美国西部和拉丁美洲部分地区所使用的西班牙语和英语的混合语)

espinilla f. ①〈解〉胫骨;小腿;②黑头粉刺

espinillera f. ①(足球、冰球等运动员戴的)护胫;②(盔甲的)胫甲

espinillo m. 〈植〉①Arg. 牧豆树;②Arg.,Parag. 金合欢;③Arg.,Méx. 加芬相思树

espino m. ①〈植〉山楂;②〈植〉带刺植物;荆棘;③玫瑰属植物;④铁丝网

~ albar[blanco] 山楂

~ africano 非洲枸杞

~ amarillo[falso] 〈植〉沙棘

~ artificial 带刺铁丝网

~ cerval[hediondo] 〈植〉意大利鼠李

~ de canguro 刺相思树

~ de escobas 一叶荻

~ de fuego 〈植〉欧洲火棘

~ de los chilenos 相思树

~ de tintes(~ majoleto[majuelo]) 山楂

~ negro 黑刺李

espinocelular adj. 〈生〉棘细胞的

espinocromo m. 〈生化〉棘色素

espínodo m. 〈数〉尖[歧]点

espinor m. 〈数〉旋量

espinoso,-sa adj. ①长满刺的;多刺的;②棘的;棘状的;棘突的 ‖ m. 〈动〉刺鱼

espintariscopio m. 〈电子〉闪烁镜(用于计算α射线等粒子数)

espinterismo m. 〈医〉闪光幻觉

espinterómetro m. ①〈电〉火花隙;装有火花隙的装置(如放电器等);②〈医〉X线透度计

espinterropia f. 〈医〉闪光幻觉

espinudo,-da adj. Amér. L. ①长满刺的；多刺的；②棘的；棘状的；棘突的

espionaje m. ①间谍行为，谍报活动；②谍报机关

　~ industrial 工业谍报活动

espíquer m. 扬声器

espira f. ①螺旋线；②〈螺线、螺旋线的〉圈；③〈数〉螺旋，螺线；④〈动〉（螺壳的）壳阶；螺环［塔］；⑤〈电〉转动，旋转；⑥〈建〉柱基

espiración f. ①吐［呼］气；（气的）呼出；②（鱼等的）排水

espiráculo m. ①（鲸等的）鼻孔；②（节肢动物的）气孔［门］，鳃孔；③〈地〉气孔

espiradenitis f. inv. 〈医〉汗腺炎

espiradenoma m. 〈医〉汗腺腺瘤

espirador,-ra adj. 吐［呼］气的

　músculo ~ 呼气肌，呼吸肌

espiral adj. ①螺旋（式，形）的；盘旋的；②〈数〉螺［蜷］线的；③〈技〉螺旋形的 ‖ m.〈钟表内的）游丝，细发条 ‖ f. ①螺旋形［式］；（炊烟等的）圈；②〈数〉螺［蜷］线；③（子宫）节育环；④〈机〉螺旋状物；螺旋弹簧；⑤〈体〉旋球

　~ de Arquímedes 阿基米德螺［蜷］线

　~ de costos y precios 成本及价格螺旋式上涨

　~ inflacionista 膨胀螺旋，螺旋形膨胀（指工资增加和成本提高这两者交互作用引起的物价持续上涨）

　~ logarítmica 〈数〉对数螺旋线

　ángulo ~ 螺旋角

　balanza ~ 螺旋弹簧秤

　engranajes cónicos con dentado ~ 螺旋伞齿轮

　galaxia ~ 〈天〉旋涡［螺旋］星系

　muelle[resorte] ~ 螺旋弹簧

　tubería ~ 螺旋管

espiralado,-da adj. ①有螺旋的；②有螺线的；③盘旋（式）的

espiraliforme adj. ①螺旋形的；②（尤指希腊迈锡尼艺术）以螺旋装饰为基调的

espiramicina f. 〈生化〉螺旋霉素

espirea f. 〈植〉绣线菊

espiremo m. 〈生〉染色质纽

espirícula f. 〈植〉螺旋纹

espirilo m. 〈生〉螺菌

espiritrompa f. 〈昆〉喙

espíritu m. ①（与肉体相对而言的）精神；心灵；②（人的）头脑；智力；活［魄］力；③（法律等的）真实意义，实质；④〈化〉精（指蒸馏出来的液体）；酒精；⑤〈药〉醑剂

　~ alcohólico 酒精

　~ de alcanfor 樟脑醑

　~ de cuerpo 团结［集体］精神

　~ de empresa 企业精神

　~ de petróleo （用于油漆的）石油溶剂，白节油

　~ de equipo 团队精神

　~ de lucha 战斗精神

　~ de vino 酒精，乙醇

espiritusanto m. 〈植〉① Amér. C., Col., Méx. 鸽花兰；② C. Rica., Nicar. 红毛球花

espiróforo m. 〈医〉（柜式）人工呼吸器

espirogira f. 〈植〉水绵

espirografía f. 〈医〉呼吸描记法

espirógrafo m. ①〈医〉呼吸描记器；②〈动〉沙蚕

espirograma m. 〈医〉呼吸描记图

espiroidal adj. 螺旋形的

espirolactona f. 〈化〉〈药〉螺甾内酯

espirometría f. 肺活量测定（法），呼吸量测定（法）

espirómetro m. 肺活量计，呼吸量计

espironolactona f. 〈药〉安体舒通，螺内酯，螺旋内酯甾酮（一种利尿药）

espiroqueta f. 〈生〉螺旋体

espiroquetal adj. ①〈生〉螺旋体的；②由螺旋体引起的 ‖ m. pl. 〈生〉螺旋体目

espiroquetosis f. 〈医〉螺旋体病（由螺旋体引起的疾病，如梅毒、回归热等）

espiroscopia f. 〈医〉呼吸量检视法

espiroscopio m. 〈医〉呼吸量检视器

espirulina f. 〈生〉螺旋藻

espita f. ①（煤气、自来水等管道上的）龙头，阀门；②拃（长度单位）

　~ de entrada del gas （煤气）进气阀门

esplacnectopia f. 〈医〉内脏异位

esplácnico,-ca adj. 〈解〉内脏的

esplacnicectomía f. 〈医〉内脏神经切除术

esplacnicotomía f. 〈医〉内脏神经切断术

esplacnoblasto m. 〈医〉内脏始［原］基

esplacnocele f. 〈医〉内脏突出，内脏疝

esplacnodiastasis f. 〈医〉内脏移位

esplacnografía f. 〈医〉内脏解剖论

esplacnología f. 〈医〉内脏学

esplacnomegalia f. 〈医〉内脏巨大，巨内脏

esplacnomicria f. 〈医〉内脏过小

esplacnopatía f. 〈医〉内脏疾病

esplacnopleura f. 〈医〉胚脏壁，脏层

esplacnoptosis f. 〈医〉内脏下垂

esplacnosclerosis f. 〈医〉内脏硬化

esplacnoscopia f. 〈医〉内窥镜检查

esplacnotomía f. 〈医〉内脏解剖（学）

esplenalgia f. 〈医〉脾（脏）痛

espléncula m. 〈解〉副［小］脾

esplenectomía *f.* 〈医〉脾切除术

esplenectopia *f.* 〈医〉脾异位,游走脾

esplenemia *f.* 〈医〉脾充血

esplénico,-ca *adj.* 〈解〉脾的 ‖ *m.* 夹肌
arteria/vena ～a 脾动/静脉
fiebre ～a 脾热

esplenio *m.* 〈解〉夹肌

esplenitis *f. inv.* 〈医〉脾炎

esplenización *f.* 〈医〉脾样变

esplenocito *m.* 〈生〉脾细胞

esplenodinia *f.* 〈医〉脾痛

esplenografía *f.* 〈医〉脾造影术

esplenograma *m.* 〈医〉①脾造影片;②脾细
胞分类像

esplenología *f.* 〈医〉脾脏学

esplenomegalia *f.* 〈医〉脾(肿)大

esplenometría *f.* 〈医〉脾测定法

esplenopatía *f.* 〈医〉脾病

esplenopexia *f.* 〈医〉脾固定术

esplenorrafia *f.* 〈医〉脾缝合术,脾修补术

esplenorragia *f.* 〈医〉脾出血

esplenotomía *f.* 〈医〉脾切开术

esplenotoxina *f.* 〈医〉脾毒素

espliceosoma *m.* 〈生化〉剪接体

espliego *m.* ①〈植〉薰衣草;②薰衣草种子

espodita *f.* (火山的)岩浆

espodúmena *f.*; espodúmeno *m.* 〈矿〉锂辉
石

espoleta *f.* ①〈军〉导火线[索];引信;②〈解〉
(鸟、家禽等胸骨上的)叉[如愿]骨
～ de explosión retardada 延发引信
～ de ojiva 弹头引信
～ de percusión 着发引信
～ de proximidad 近炸引信
～ de seguridad 保险丝,安全熔线[引信]
～ de tiempo 定时引信,定时导火线

espolín *m.* ①〈植〉欧洲针茅;②〈纺〉花[锦]
缎

espolinado *m.* 〈纺〉①花[锦]缎;②织花缎法

espolón *m.* ①〈虫、鸟的〉距;球节(生距毛的
突起部分);②〈地〉(山脉的)山嘴,尖坡,山
鼻子;③〈海〉艏材[柱];④海[防波]堤;(桥
墩)分水角;⑤〈建〉扶壁[垛];⑥〈军〉炮架
栏杆;⑦〈医〉冻疮;⑧(动脉内壁的)隆突;
⑨〈植〉花距,(果树上的)短枝

espolonada *f.* (骑兵队的)突袭

espóndil *m.* 〈解〉脊椎

espondilalgia *f.* 〈医〉脊椎痛

espondilartritis *f. inv.* 〈医〉脊椎关节炎

espondilítico,-ca *adj.* 〈医〉脊椎炎的;脊椎
炎引起的

espondilitis *f. inv.* 〈医〉脊椎炎
～ tuberculosa 结核性脊椎炎

espóndilo *m.* 〈解〉脊椎

espondilodinia *f.* 〈医〉脊椎痛

espondilólisis *f.* 〈医〉脊椎滑脱

espondilolistesis *f.* 〈医〉椎骨前移

espondilopatía *f.* 〈医〉脊椎[柱]病

espondilosis *f.* 〈医〉脊椎关节强硬

espondiloterapia *f.* 〈医〉脊椎疗法

espondilotomía *f.* 〈医〉脊椎切开术

espongiario,-ria *adj.* 〈动〉海绵群的 ‖ *m.*
①海绵群动物;②*pl.* 海绵群

espongiforme *adj.* ①海绵状(组织)的;②与
海绵同类的

espongina *f.* 〈生化〉海绵硬蛋白

espongioblasto *m.* 〈生〉成胶质细胞;无轴索
细胞

espongioblastoma *m.* 〈医〉成海绵细胞瘤,胶
质母细胞瘤

espongiocito *m.* 〈生〉①(神经胶质)海绵状细
胞;②(肾上腺皮质)海绵状细胞

espongioideo,-dea *adj.* 海绵样的

espongiolita *f.* 〈地〉海绵岩

espongioplasma *m.* 〈生〉海绵质

espongiosis *f.* 〈医〉(皮肤的)海绵层水肿

espongiositis *f. inv.* 〈医〉阴茎海绵体炎

esponja *f.* ①〈动〉海绵;②海绵状物;③(橡
胶、塑料等制的)人造海绵
～ de baño 洗澡海绵,浴绵
～ de caucho 橡胶海绵
～ de platino 〈冶〉铂绒[棉]
～ de vegetal 用以洗碗、碟的)丝瓜络
～ de vidrio 〈动〉玻璃海绵
～ metálica 海绵(状)金属

esponjosidad *f.* ①海绵状;②松软;多孔性;
③吸水性

esponjoso,-sa *adj.* ①海绵状的;②松软的;
③多孔的,吸水性的
hierro ～ 海绵铁

espontaneidad *f.* ①自发(性);自生;②(举
止等的)自然;③自发动作[行为]

espontáneo,-nea *adj.* ①(动作等)无意识
的,不由自主的,自动的;②(自然现象等)自
发的;非出于强制的;③(举止等)自然的,非
勉强的;天真率直的;④〈植〉自生的
descarga ～a 自身放电
encendido ～ 自发燃烧,自然
generación ～a 自发[然]发生说,无生源说
vegetación ～a 自生植物

espora *f.* 〈生〉①孢子;②种子,胚芽;生殖细
胞
～ sexual 性(生殖)孢子
～ asexual 无性(生殖)孢子

esporación *f.* 〈生〉孢子形成

esporádico,-ca *adj.* ①〈医〉(疾病)散发的,

散在的;②(植物等)分散的,非集中于一处的

cretinismo ～ 散发性克汀病

esporagénesis *f.*〈生〉①孢子生殖;②孢子形成[发生]

esporangio *m.*〈植〉孢子囊

esporangióforo *m.*〈植〉孢囊柄[梗]

esporangiospora *f.*〈植〉孢囊孢子

esporicida *adj.* 杀孢子的‖ *m.* 杀孢子剂

esporidio *m.*〈植〉担孢子

esporífero,-ra *adj.*〈生〉产孢子的

esporinita *f.*〈地〉孢囊煤素质

esporo *m.*〈生〉孢子

esporoblasto *m.*〈生〉①孢子母细胞,成孢子细胞;②成孢子囊

esporocarpio; esporocarpo *m.*〈植〉①孢子果;②子实体

esporocisto *m.*①〈植〉孢母细胞;②〈动〉胞蚴;孢子囊

esporocito *m.*〈植〉孢囊,孢子被

esporodoquio *m.*〈植〉分生孢子座

esporoducto *m.*〈动〉孢子管

esporofilo *m.*〈植〉孢子叶

esporofito,-ta *adj.*〈植〉孢子繁殖的‖ *m.* ①孢子体;②隐花植物

esporóforo *m.*〈植〉子实体;孢子体

esporogénesis *f.*〈生〉①孢子生殖;②孢子形成[发生]

esporogénico,-ca; esporógeno,-na *adj.*〈生〉产生孢子的,造孢的;孢子发生的

esporogonia *f.*〈生〉①孢子生殖;②孢子发生

esporogonio *m.*〈植〉(苔藓)孢子体

esporonto *m.*〈动〉母孢子

esporopolenina *f.*〈生化〉孢子花粉素

esporosaco *m.*①〈植〉孢母细胞;②〈动〉胞蚴;孢子囊

esporotricosis *f.*〈医〉孢子丝菌病,分子孢菌病

esprorozoario *m.*; **esporozoos** *m. pl.*〈动〉孢子虫

esporozoito *m.*〈动〉孢子体,子孢子

esportivo,-va *adj. Amér. L.* ①体育运动的;②具有运动家品格的;参加多种体育运动的;③(汽车)竞赛车型的;(性能)像竞赛车的;④速度快的

esporulación *f.*〈生〉孢子形成

esporulado,-da *adj.*〈生〉有孢子的;形成孢子的

esporular *adj.*〈生〉(小)孢子的

espórulo *m.*〈生〉①小孢子;②孢子

espot *m.* 电影[电视]广告

espray *m.* ①喷雾,用作喷雾的液体;②喷雾

[飞沫]状物;③喷雾器

espressivo *adj. ital.*〈乐〉(演奏指挥)富于表情的

esprint *m.* ①短距离全速奔跑;②〈体〉短跑;③(长距离赛跑中的)冲刺

esprínter *m. f.* ①短距离全速奔跑者;②〈体〉短跑选手[运动员]

esprúe *m.*〈医〉口炎性腹泻;热带口炎性腹泻

espuela *f.* ①靴(踢马)刺;②(禽类)的矩(禽类胸部的)叉骨;③〈植〉花矩;④*And.*〈商贸〉商业头脑

～ de caballero〈植〉翠雀属植物

espul *m.*〈信〉假脱机

espuleado,-da *adj.*〈信〉假脱机(状态)的

～ de impresión 假脱机打印

espuleador *m.*〈信〉假脱机程序;假脱机系统

～ de impresión 打印假脱机系统;后台打印程序

espulear *tr.*〈信〉使假脱机

espuma *f.* ①泡[浮]沫;②浮渣[垢],渣滓;③泡沫材料;泡沫[多孔,海绵]橡胶;④〈纺〉泡泡纱;弹力尼龙

～ de afeitar 剃须膏

～ de baño ①泡泡浴(于浴水中加入泡沫剂使产生泡沫);②泡沫剂[粉]

～ de caucho[látex] 泡沫[多孔,海绵]橡胶

～ de jabón 肥皂泡沫

～ de hierro 铁渣

～ de la sal (海水在岸边岩石上结下的)水碱

～ de mar〈矿〉海泡石

～ de nitro (开采硝石后地面上形成的)硝石硬壳

～ de nylon 弹力尼龙

～ de poliuretano〈化〉聚氨酯泡沫

～ seca 地毯洗涤剂

goma ～ 泡沫[海绵]橡胶

medias de ～ (女性穿的)紧身裤袜

espumado *m.*〈冶〉撇渣

espumante *adj.* 起泡沫的,促成泡沫形成的‖ *m.* 起泡(沫)剂

espumeante *adj.* 使起泡沫的

espúmero *m.* 盐场,盐池

espumilla *f.*〈纺〉泡泡纱

espumillón *m.*〈纺〉粗纱丝绸

espumosidad *f.* 多泡沫性

espumuy *f. Guat.*〈鸟〉野鸽

espundia *f.* ①〈兽医〉(马的)溃疡;②*Amér. L.*〈医〉象皮病;利斯曼皮疹

espúreo,-rea; espurio,-ria *adj.*〈无〉(信号发射)寄生的,乱真的

descarga ～a 乱真放电

impulso ～ 乱真脉冲

esputo *m.* ①唾沫；②〈医〉痰
～ hemoptoico 血痰

esquech *m.* 〈戏〉(喜剧性的)短剧，独幕剧

esqueje *m.* 〈植〉扦插，插条

esquelético,-ca *adj.* ①〈解〉骨骼的；②〈建〉
骨[框]架的

esqueleto *m.* ①〈解〉骨骼；②(建筑物等的)
骨[框]架；③〈植〉标本；④〈动〉甲[介]壳；
⑤*Amér. C., And., Méx.*(印制的)表格
～ apendicular 附肢骨骼
～ axial 中轴骨骼

esquema *m.* ①概[纲]要；提纲；②图解[示]；
轮廓；③图表；草[简，略，示意]图；④〈经〉
〈信〉模式；⑤(形成基础的)结构，框架
～ alámbrico 配[布，接]线图，线路图
～ de conexiones 〈电〉电路图，接线图
～ de las cargas 荷载图
～ de reflexión 思考提纲
～ de trabajo 工作计划
～ económico 经济模式[形态]

esquemático,-ca *adj.* ①图解[表，式]的；②
示意的；图略的
diagrama ～ 略[示意]图
estilo ～ 图形
exposición[presentación] ～a 图示[解]

esquematismo *m.* 图解性表述；图解式论述

esquematización *f.* ①用图式表示；②图解化

esquematógrafo *m.* 体形缩绘器

esquenitis *f. inv.* 〈医〉尿道旁腺炎

esquí (*pl.* esquís, esquíes) *m.* ①滑雪板，滑
雪屐，雪橇；②〈体〉滑雪(运动)
～ acuático[náutico] 滑水[水橇]运动
～ alpino 高山滑雪(赛，运动)
～ de fondo[travesía] 越野滑雪，滑雪旅行
～ remolcado 马爬犁运动，马[车]拉雪橇

esquiable *adj.* 可滑雪的，适合滑雪的

esquiador,-ra *m. f.* 滑雪者
～ acuático[náutico] 滑水者，滑水运动员

esquiar *intr.* 滑雪，在雪上滑行

esquiascopia *f.* 〈医〉①X线透视检查；②视
网膜镜检查，(眼底)检影(法)

esquiascopio *m.* 〈医〉(眼底)检视镜，视网膜
镜

esquibob *m.* 〈体〉雪犁，连橇

esquibobbing *m. ingl.* 〈体〉雪犁运动，连橇
运动

esquife *m.* ①尖头方尾平底小划艇；(装有中
插板和斜杠帆的)划艇；②(有三角帆的)小
帆船；③摩托小快艇；(大船携带的登陆)小
艇；④〈体〉赛艇；⑤〈建〉筒形穹顶

esquijuche *m. Amér. C.* 〈植〉博雷亚树

esquila *f.* ①小铃，小钟；②剪羊毛；③〈动〉虾

蛄；螳螂虾；④〈植〉海葱；海葱的鳞茎

esquilado *m.* 剪羊毛

esquiladora *f.* 剪毛器，剪毛机

esquileo *m.* ①剪羊毛；②剪毛季节；③剪毛
场

esquina *f.* ①角；墙[壁]角；②街角；(道路交
叉形成的)弯角；③〈体〉角球，踢角球

esquinado,-da *adj.* ①有[带]角的；角状的；
②〈体〉(足球)突然转向的；③在角落的；
Amér. L.(家具)位于屋角的
tiro ～ (足球)低空射入网角

esquinante; esquinanto *m.* 〈植〉骆驼草

esquinco *m.* 〈动〉石龙子

esquindilesis *f.* 〈解〉夹合缝，夹合连接

esquinómeno,-na *adj.* 〈植〉敏感的

esquinudo,-da *adj.* ①有角的，有墙角的；②
有街角的

esquiografía *f.* X射线照相(术)；投影法

esquiógrafo *m.* X射线照片

esquiograma *m.* 投影图

esquirla *f.* (骨、石、木头、玻璃等的)裂[碎，
尖]片

esquirlado,-da *adj.* 〈医〉有骨头碎片的

esquirol *m. f.* (罢工中继续上班的)破坏罢
工者；受雇顶替罢工者工作的人；工贼 ‖ *m.*
Esp. 〈动〉松[花]鼠

esquirolaje; esquirolismo *m.* 破坏罢工的行
动[措施]

esquisto *m.* 〈地〉片岩
～ alumbroso[aluminoso] 明矾页岩
～ básico 基性片岩
～ bituminoso 油(母)页岩，可燃性页岩
～s cristalinos 结晶片岩
aceite de ～ 页岩油

esquistocelia *f.* 〈医〉腹裂(畸形)

esquistocito *m.* 〈生〉裂细胞，裂红细胞

esquistocitosis *f.* 〈医〉裂细胞症，裂红细胞症

esquistoglosia *f.* 〈医〉舌裂(畸形)

esquistoideo,-dea *adj.* 〈地〉片岩状的

esquistoma *f.* 〈动〉血吸虫，裂体吸虫

esquistorraquis *m.* 〈医〉脊柱裂

esquistosidad *f.* 〈地〉片理，劈理，片岩性
～ de fractura 破劈理

esquistoso,-sa *adj.* 〈地〉①片岩的；②片岩状
的，页状的

esquistosomiasis *f.* 〈医〉血吸虫病

esquistosomicida *f.* 〈药〉杀血吸虫药

esquisúchil *m. Méx.* 〈植〉博雷亚树

esquizado,-da *adj.* (大理石)有斑纹的，有花
纹的

esquizocarpio; esquizocarpo *m.* 〈植〉分果，
离果

esquizocefalia *f.* 〈医〉头裂(畸形)

esquizocito *m.*〈生〉裂细胞,裂红细胞

esquizocitosis *f.*〈医〉裂细胞症

esquizoficeo,-cea *adj.*〈植〉裂殖藻纲的‖ *f.* ①裂殖藻纲植物;②*pl.* 裂殖藻纲

esquizofita *f.*〈植〉裂殖植物

esquizofrenia *f.*〈心〉①精神分裂症;②人格分裂

esquizofrénico,-ca *adj.* ①〈心〉精神分裂症的;②患精神分裂症的‖ *m. f.* 精神分裂症患者

esquizofrenosis *f.*〈医〉(早年)精神分裂症

esquizogamia;esquizogénesis *f.*〈生〉裂殖生殖

esquizogenético,-ca;esquizogénico,-ca *adj.*〈生〉裂殖生殖的

esquizogenia;esquizogonia *f.*〈生〉裂殖生殖

esquizoide *adj.* ①〈心〉精神分裂样的,类精神分裂症的;②精神分裂症的,患精神分裂症的‖ *m. f.*〈心〉分裂性人格者

esquizoideo,-dea *adj.* 见 esquizoide

esquizoidia *f.*〈心〉(精神)分裂性素质,(精神)分裂性气质

equizomanía *f.*〈心〉精神分裂性躁狂

esquizomicete *adj.*〈生〉裂殖菌的‖ *m.* ①裂殖菌;②*pl.* 裂殖菌纲

esquizomicófitos *m. pl.*〈植〉裂殖菌植物门

esquizomicosis *f.*〈医〉裂殖菌病

esquizonticica *f.*〈药〉杀裂殖体剂[药]

esquizonto *m.*〈生〉(孢子虫的)裂殖体

esquizópodo,-da *adj.*〈动〉裂足类动物的‖ *m.* ①裂足类动物;②*pl.* 裂足类

esquizosis *f.*〈心〉孤独性,自我中心主义

esquizotimia *f.*〈心〉(精神)分裂性气质,(精神)分裂样人格

esquizotímico,-ca *adj.*〈心〉(精神)分裂性气质的,(精神)分裂样人格的

esquizotórax *m.*〈医〉裂胸(畸形)

esquizotripanosis *f.*〈医〉(南美洲的)锥体虫病,恰加斯氏病

esquizotriquia *f.*〈医〉毛发端分裂,头发分叉

equizozoito *m.*〈生〉裂殖子,裂体性孢子

essonita *f.*〈矿〉柱[钙铝]榴石

estábil *adj.* ①稳定的;稳[牢]固的;②(工作、就业等)固定的;持续的;③稳定平衡的,平稳的;④〈化〉〈理〉稳定的

estabilidad *f.* ①稳定;稳固;②稳(定)性;稳定度;稳定平衡;安定性;③永[耐]久(性)

~ ambiental 环境稳定

~ cambiaria 汇率稳定

~ ecológica〈生态〉生态稳定(性)

~ de fase 自动稳相(原理)

~ de frecuencia 频率稳定度

~ de precios 物价稳定

~ de volumen 容积不变

~ direccional 方向稳定性

~ económica 经济稳定

~ financiera 财政[金融]稳定

~ lateral 横向稳定性

~ longitudinal 纵向稳定性

~ mecánica 机械稳定性[度]

~ nuclear〈理〉核稳定性

~ política 政治稳定

~ química〈工艺〉化学稳定性

~ térmica 耐热性

estabilización *f.* ①稳定;稳固;②稳定作用;安定作用;③稳定经济的政策;④(债权等价格的)平抑;⑤(生态等的)稳定平衡;⑥〈电子〉稳定化

~ del cambio 汇率稳定

~ del empleo 就业稳定

~ giroscópica〈海〉〈航空〉陀螺[回转]稳定

planos de ~〈航空〉水平安定面

estabilizador *m.* ①稳定器[装置];②(汽车车体)角位移横向平衡杆,防车厢体侧倾稳定杆,抗侧倾杆;③〈化〉稳定剂;④〈航空〉(机翼的)水平安定面

~ de cola〈航空〉水平尾翼;(飞机的)方向舵

~ de tensión 稳压器

~ giroscópico〈海〉〈航空〉陀螺[回转]稳定器

factor ~ 稳定因素

estabilizante *m.* ①稳定器[装置];②(船)减摇装置;③〈航空〉水平安定面;④〈化〉稳定剂

estable *adj.* ①稳定的;稳[牢]固的;②(工作、就业等)固定的;持续的;③稳定平衡的,平稳的;④〈化〉〈理〉稳定的

establecimiento *m.* ①建[设,创]立,创建[办];②制订;确立;③〈法〉法令[规]规定;④建立的机构(如教会、学校、医院、军队、行政机关等);⑤商店;企业;商号;酒吧;⑥定居;⑦*Cono S.* 工厂[场]

~ agrícola 农场

~ benéfico 慈善机构

~ central 总部[行,公司]

~ comercial 商店,商号

~ de crédito 信贷机构

~ de las mareas〈海〉涨潮时间;涨潮日子

~ del objeto 制定目标

~ detallista 零售商店

~ hotelero 旅馆

~ industrial 工业企业

~ penal[penitenciario] 监狱

establo *m.* ①马厩；牛棚；畜栏；②〈天〉巨蟹座星群；③*Amér. L.* 谷[粮]仓；④*Cari.* 车库

estacada *f.* ①栅[围]栏，篱笆；②〈军〉(防卫用的)木栅；③〈军〉(阻止敌人战舰登陆设在港口的)水上障碍；④角[决]斗场；竞技场；⑤苗圃；⑥*Amér. L.* 堤坝

estacado *m.* 油橄榄树苗圃

estación *f.* ①车站；②(为某种业务活动而设立的)站，所，局；厂；③电台；电视台；④季，季节；⑤(文体、商业等的)活动季节；旺季；⑥〈天〉(行星)无明显移动，静止；⑦〈测〉〈地〉观测点；⑧(电台或电视台的)转播天线；⑨(动植物的)生长地，栖所
~ base 〈讯〉基站
~ ballenera (设在船上或岸上的)鲸油提炼站
~ balnearia 海滨浴场
~ carbonera 加煤港[站]
~ central[generadora] 发电站[厂]
~ clasificadora (铁路)编组场
~ climatológica 气候观测站
~ cósmica 航天站，宇宙空间站
~ de aeroplanos 航空站；空港
~ de bandera (铁路上的)旗站，信号停车站
~ de bombeo[elevación] 泵站，抽[扬]水站
~ de cabeza(~ terminal) ①(水陆空交通线等的)终点站[港]；②(邮政)终端局
~ de carga 装货站
~ de contenedores 集装箱码头
~ de distribución de servicio 修理[服务，加油]站
~ de emisión 发射[报]台，播送电台
~ de empalme[enlace] (铁路)联轨站，枢纽站；中继站
~ de envío 发货站
~ de escucha 监听站
~ de esquí 滑雪场
~ de ferrocarril(~ ferroviaria) 火车站
~ de fin de línea(~ extrema) (铁路的)终点站
~ de fuerza 发电站[厂]
~ de gasolina(~ gasolinera) 加油站
~ de invierno 冬季体育训练地
~ de (las) lluvias 雨季
~ de mercancías 货运车站
~ de peaje (收费道路上的)收费站[亭]
~ de radio[radiodifución] 广播电台
~ de radionavegación 无线电导航站
~ de rastreo[seguimiento] 〈无〉〈航空〉(对人造卫星、航天飞机等的)跟踪站

~ de servicio ①加油站；②(汽车等的)维修站；③(高速公路边所设的)服务区
~ de televisión 电视台
~ de término 终点站
~ de trabajo ①〈信〉工作站；②(生产流程中的)工作区，工作岗位
~ de trabajo sin disco 〈信〉无盘工作站
~ de trasbordo (铁路)联轨站，枢纽站
~ de vacaciones 休假胜地
~ depuradora 污水处理厂
~ difusora[emisora] 广播电台
~ esclava ①〈信〉从属设备；②〈讯〉(无线电导航系统中的)从属电台
~ espacial 航天站，宇宙空间站
~ intermedia 中途站
~ maestra[principal] 〈讯〉主站
~ marítima 摆渡终点站
~ meteorológica 气象站
~ móvil terrestre 地面移动电台
~ muerta ①淡季；②〈体〉非赛季
~ orbital ①航天站，宇宙空间站；②轨道航天站，轨道宇宙空间站
~ purificadora de aguas residuales 污水处理厂
~ repetidora 〈讯〉中继站，转发台
~ seca 旱季
~ telefónica 电话局
~ telegráfica 电报局
~ termal 矿泉疗养地
~ termoeléctrica 热电站
~ terrestre (卫星)地面站
~ topográfica 地形测绘所
~ transformadora 变压站
~ transmisora 发射台
~ veraniega 避暑胜地
~es del Vía Crucis 苦路 14 处(指天主教顺序排列于教堂中央或道旁供人膜拜的 14 个十字架,各配有介绍耶稣受难经历的图画或塑像)

estacional *adj.* ①季节的；季节性的；②〈天〉(行星)经度无明显移动的,静止的

estacionalidad *f.* ①季节性,季节变化性；②〈天〉(行星)经度无明显移动

estacionamiento *m.* ①停泊；停车；②〈军〉驻地；③停滞；④*Amér. L.* (汽车)停车场[处]
~ de azotea 屋顶平台停车场
~ en línea (路边与人行道平行的)画线停车位置
~ limitado 限制停车区
~ nocturno 通宵停车场
~ soterrado 地下停车场
contador de ~ 停车收费计[计时器]

estacionario,-ria *adj.* ①固定的；②〈理〉驻

（立）的；③静止的，停滞的；④稳定的；（病情）稳定的；⑤〈商贸〉清淡的，不景气的；⑥〈天〉（行星）经度无明显移动的

campo ～ 恒定［稳定，驻波］场

estado ～ ①静止［固定］状态；②〈理〉（能量）的定态

onda ～a〈理〉驻波

órbita ～a〈航空〉〈理〉静止轨道，定常轨道

universo ～〈天〉稳定宇宙

estacionómetro *m.* *Méx.* 停车计时器［收费计］

estacha *f.* 〈海〉①捕鲸镖索；②拖索，系缆

estadal *m.* ①埃斯塔达尔（长度单位，合 3.334 米）；②一人高（长度单位）

～ cuadrado 一平方埃斯塔达尔（面积单位，合 11.1756 平方米）

～ estadimétrico 视距尺［标杆］

estadía *f.* ①停［逗］留，逗留时间；②〈法〉〈海〉（船舶装卸货物的）滞留期；③〈商贸〉（船、车等的）滞留费；④〈测〉视距仪；视距尺；⑤（冰河期的）气候好转期

estadificar *tr.* 区分（肿瘤病的）严重程度

estadígrafo,-fa *m. f.* 统计学家

estadímetro *m.* 小型六分仪，手操测距仪

estadio *m.* ①时期，阶段；②〈体〉（设有看台的露天）体育场；③〈数〉弗隆（长度单位，等于 1/8 英里或 201.17 米）；④（疾病的）期；〈生〉

estadiómetro *m.* ①测距仪；②自计经纬仪

estadista *m. f.* 〈统〉统计学家；统计员

estadística *f.* 〈统〉①统计；统计学；②统计资料

～ bayesiana 〈统〉贝斯统计

～ cuántica 〈理〉量子统计学

～ de aduana 海关统计（册）

～ de población 人口统计

～ gráfica 统计图表

～ inferencial 〈统〉推理统计

～ matemática 数理统计学

estadístico,-ca *adj.* 〈统〉统计的；统计学的 ‖ *m. f.* 统计员；统计学家

ciencia ～a 统计学

mecánica ～a 统计力学

método ～ 统计方法

estádium *m.* 〈体〉运动［体育］场；竞技场

estado *m.* ①情［状］况，状态；（人的各种）状况；②〈理〉（物质的）形态，态；③〈军〉参谋部；④〈商贸〉报表，结算单；清单；⑤国家；（部分国家行政区划的）州，邦

～ anual 年度报表

～ alotrópico 〈化〉同素异形状态

～ amorfo 〈化〉无定形状态

～ asistencial（～ de previsión）福利国家

～ benefactor（～ del bienestar）见 ～ asistencial

～ civil 婚姻状况

～ colchón［tapón］缓冲国（两个敌对大国之间的小国）

～ coloidal 〈化〉胶态

～ cristalino 〈化〉晶态

～ consolidada 合并［综合］报表

～ crítico 〈理〉临界状态

～ de agregación 〈化〉〈理〉聚集态

～ de alarma［alerta］警戒［戒备］状态

～ de ánimo 精神状态；心境

～ de atención 警戒［戒备］状态

～ de coma 昏迷（状态）

～ de contabilidad *Méx.* 资产负债表；决算表

～ de cosas 事态

～ de cuenta ①（由银行定期寄给账户的）银行结单；②〈商贸〉结算表；清单

～ de cuentas 账目表，账单

～ de déficit 亏损表

～ de derecho 民主国家，法治国家

～ de emergencia［excepción］紧急状态

～ de entradas y salidas de caja 现金收支表

～ de equilibrio 〈化〉〈理〉平衡态

～ de espera 〈信〉等待状态

～ de flujo 流程表

～ de gracia （运动员的）良好竞技状态

～ de guerra 战争［交战］状态

～ de la red 〈信〉用户数量（状况）

～ de necesidad 〈法〉迫不得已的情况

～ de oxidación 〈化〉氧化态

～ de pérdidas y ganancias 〈经〉损益表

～ de reconciliación 调节表（指反映两个账户余额之间差异的明细表）；对账表

～ de salud 健康状况

～ de sitio 戒严

～ de superávit 盈余表

～ de transición 〈化〉过渡（状）态

～ de usuario 〈信〉用户状况（表）

～ del arte （学科、技术等当前的或某一时期的）发展水平，最新水平

～ del banco 银行结单

～ del cielo 〈气〉天空状况

～ del mercado 市场状况，市况

～ estacionario ①静止［固定］状态；②〈理〉（能量的）定态

～ excitado 〈理〉激发态

～ federal 联邦制国家

～ financiero 财务报表，决算表

～ físico ①健康状况；②生理形态（指饥、

渴、冷、热、发热、生病等);③物质形态,态

~ fundamental〈理〉基态

~ gaseoso〈化〉气态

~ interesante 怀孕,有喜

~ líquido〈化〉液态

~ Mayor [E-]〈军〉①参谋部;②师级指挥官

~ Mayor Central [E-]〈军〉(陆军、海军)指挥部

~ Mayor General [E-]〈军〉总参谋部

~ metálico〈化〉金属键(连接)状态

~ perfecto〈动〉①成熟阶段;②蝶形阶段

~ policial 警察国家;极权国家

~ polvoriente 污染情况,污染度

~ pormenorizado 明细项目一览表

~ satélite 卫星国

~ sólido〈化〉〈理〉〈信〉固态

~ supervisor〈信〉①特许状态,特权状态;②管理状态,监督状态

~ técnico 技术状况

~ vítreo〈化〉玻璃态

estafa *f.*〈法〉诈骗罪

estafilínido,-da *adj.*〈昆〉隐翅虫科的‖ *m.* ①隐翅虫;②*pl.* 隐翅虫科

estafilino,-na *adj.* ①〈解〉悬雍垂的;②葡萄状的

estafilitis *f. inv.*〈医〉悬雍垂炎

estafilococemía *f.*〈医〉葡萄球菌血症

estafilocócico,-ca *adj.*〈医〉葡萄球菌的;由葡萄球菌引起的

estafilococo *m.*〈生〉葡萄球菌(属)

estafilodermia *f.*〈医〉葡萄球菌性皮肤化脓

estafilolisina *f.*〈医〉葡萄球菌溶血素,葡萄球菌溶血毒素

estafiloma *m.*〈医〉(角膜或巩膜的)葡萄肿

estafiloplastia *f.*〈医〉悬雍垂成形术

estafilorrafia *f.*〈医〉软腭缝术,腭裂缝术,悬雍垂缝术

estafilotomía *f.*〈医〉悬雍垂切除术;葡萄肿切除术

estafilotoxina *f.*〈生化〉葡萄球菌毒素

estagflación *f.*〈经〉滞胀(指经济停滞、通货膨胀伴随发生)

estagflacionario,-ria *adj.*〈经〉滞胀的

estagnación *f. Amér. C., Cari.* ①不流动,呆滞;②不发展,停滞

estagnícola *adj.*〈生〉(动植物)生活于死水[沼泽]中的

estaje *m. Amér. C.* ①计件工作,件工;②计件工制,包工

estajero,-ra *m. f. Amér. C.* ①计件工;②小包工,承包工

estajo *m.* ①包工;②计件工,件工

estalactita *f.* ①〈地〉钟乳石;②钟乳石状

estalactítico,-ca *adj.* 钟乳石(状)的;钟乳石质的;生有钟乳石的

estalagmita *f.* ①〈地〉石笋;②石笋状

estalagmítico,-ca *adj.* 石笋(状)的;石笋质的;有石笋的

estalagmometría *f.*〈理〉滴重法

estalagmómetro *m.* (表面张力)滴重计

estallabilidad *f.* (可)爆炸性

estallable *adj.* 可爆炸的

estalladura *f.* ①爆裂;②车胎爆裂;③容器爆裂

estambay *m. Amér. L.*〈海〉(船长的)发号令器

estambrado,-da *adj.*〈纺〉像精纺毛织物的

estambre *m.* ①〈植〉雄蕊;②(长)羊毛;③(长羊毛纺成的)毛线,绒线;④〈纺〉经,经纱;⑤〈纺〉精纺毛纱,精纺毛织物

estameña *f.*〈纺〉哔叽,平纹呢

estameñete *m.*〈纺〉薄哔叽,薄平纹呢

estamina *f.*〈医〉精力;耐[持久]力

estaminado,-da *adj.*〈植〉①只生雄蕊的;②生有雄蕊的

estaminal *adj.*〈植〉雄蕊的

estamíneo,-nea *adj.*〈植〉(属)雄蕊的

estaminífero,-ra *adj.*〈植〉具雄蕊的

estaminodio *m.*〈植〉退化雄蕊

estampa *f.* ①〈印〉印,印刷;②版画,雕版印刷品;雕刻品;③(书中的)图片[画],插图[画];④〈印〉印刷术;印刷机;⑤印[痕,足]迹;⑥半身晕映照,写照;⑦〈机〉〈技〉模(子,片,具)

~ de Año Nuevo (中国)年画

~ de forjado 锻模[型]

~ de Navidad 圣诞(节)卡

~ inferior 下陷型模,下凹锻模

~ superior 上陷型模,上凹锻模

bloque para ~ 底模

estampación *f.* ①印刷;②雕刻(术);③印花(术);④〈机〉〈技〉冲压(件,片),模压(片)

~ de chapas 薄板冲压

matriz de ~ 压凹凸印刷

estampado,-da *adj.* ①盖(印)的,签(字)的;②印图的,印花的;③〈机〉〈技〉模[冲]压的‖ *m.* ①印刷;印花;②〈印〉(封面的)印刷,烫金;③(设计)花样;④〈纺〉印花布;⑤〈机〉〈技〉冲[模]压品[件];⑥〈机〉制造模子

vestido ~ 印花布服装

estampador,-ra *adj.* ①模压的;②印花的‖ *m. f.* ①模压工;②印花工

estampería *f.* ①图片印刷厂;②图片商店;③图片生意

estampero,-ra *m. f.* 印制图片者；图片商

estampido *m.* ①枪声，爆炸声；②轰[巨]响；
（雷的）隆隆声
~ sónico 〈航空〉（超音速飞行器的）轰声，
声震

estampilla *f.* ①印，图[印]章；橡皮图章；②
Amér. L. 邮票；印花税票
~ de correo(~ postal) 邮票
~ falsificada 伪造邮票
~ fiscal 印花税票，印花
~ de tiempo 〈信〉时间印章

estampillado *m.* 盖印；盖章
~ temporal 〈信〉日期戳

estampilladora *f.* 邮资机

estanco,-ca *adj.* ①不透水的，防水的，水密
的；②不透气的，气密的，密封的
~ a la humedad 防湿的
~ al agua 防水的，水密的
~ al aire[gas] 不透[漏]气的，气密的，密
封的
~ al goteo 不透水的
~ al polvo 防尘的
~ al vacío 真空密闭[气密]的，密闭真空的
~ al vapor 汽密的

estand *m.* （交易会或展览会的）摊位，展览室

estándar *adj.* 标准的；符合标准[规格]的；
规范的 ‖ *m.* ①标准，规格；②〈经〉水平
~ de emisión 排放标准
~ de facto 〈信〉①标准的；②标准
~ de vida 生活水平
~ flexible 弹[灵活]性标准
~ internacional 国际标准
~es industriales 行业标准

estandardización；estandarización *f.* ①标
准化；②标准化生产；③〈化〉标定
~ del producto 产品标准[定型]化

estandardizado,-da；estandarizado,-da *adj.*
标准化的；符合[合乎]标准的

estandardizar；estandarizar *tr.* ①使标准
化；使符合[合乎]标准；②按标准检验[校
准]

estandarte *m.* ①旗（如队旗、舰旗、军旗、王
旗等）；②〈植〉（豌豆花等的）旗瓣；④〈鸟〉
廓羽

estanflación *f.* 〈经〉滞胀（指经济停滞、通货
膨胀伴随发生）

estanflacionario,-ria *adj.* 〈经〉滞胀的

estangurria *f.* 〈医〉①痛性尿淋沥；②（痛性
尿淋沥患者的）尿导管

estannano *m.* 〈化〉锡烷

estannato *m.* 〈化〉锡酸盐
~ potásico 锡酸钾
~ sódico 锡酸钠

estánnico,-ca *adj.* 〈化〉锡的；正[四价]锡的
ácido ~ 锡酸
cloruro ~ 氯化锡，四氯化锡
óxido ~ 氧化锡，二氧化锡
sulfuro ~ 硫化锡

estannífero,-ra *adj.* 含锡的 ‖ *m.* 含锡物

estannita *f.* 〈矿〉黝锡矿

estannoideo,-dea *adj.* 〈化〉似锡的

estannoso,-sa *adj.* 〈化〉亚[二价]锡的
fluoruro ~ 氟化亚锡

estannuro *m.* 〈化〉锡化物

estanque *m.* ①（人工）池塘，水池；②养鱼池；
③（贮放液体或气体等的）罐；池；④*Cono
S.*（汽车等的）油箱
~ aerobio 〈环〉〈医〉需氧(稳定)池（利用阳
光净化污水的池塘）
~ de alimentación 给水箱
~ de deposición 〈工程〉沉淀箱，澄清槽

estanqueidad；estanquidad *f.* ①不透水性，
防水性，水密性；②不透气性，气密性，密封
性；③（船的）密闭性，不漏水性

estantal *m.* 〈建〉墩[拱]柱；护墙，扶壁

estañación *f. Amér. L.* 镀[包]锡

estañado,-da *adj.* 镀[包]锡的，锡焊的，包马
口铁的 ‖ *m.* ①镀[包]锡；②(用)锡焊

estañador *m.* 锡匠,白铁工；镀锡工，白铁工人

estañadura *f.* 镀[包]锡；(用)锡焊

estañero *m.* ①锡匠，白铁工；②（镀）锡制品
经销商；马口铁器皿商

estañífero,-ra *adj.* 含锡的

estaño *m.* 〈化〉锡
~ aluvial(~ de lavado) 砂锡，锡砂
~ en hojas 马口铁,白铁皮,镀锡钢[铁]皮
~ fosforado 〈冶〉磷锡合金
~ para soldar 焊锡
óxido de ~ 氧化锡；锡石
papel de ~ 锡箔
polvos de ~ 氧化锡，擦光粉
soldadura al ~ 锡钎料

estañoso,-sa *adj.* 锡的；含锡的

estapedectomía *f.* 〈医〉镫骨(足板)切除术

estapédico,-ca *adj.* 〈解〉镫骨的

estapedio *m.* 〈解〉镫骨肌

estapediolisis *f.* 〈医〉镫骨松动术

estapedioplastia *f.* 〈医〉镫骨成形术

estapediotenotomía *f.* 〈医〉镫骨肌腱切断术

estapediovestibular *adj.* 〈解〉镫骨前庭的

estapedotomía *f.* 〈医〉镫骨足板造孔术

estarcido *m.* （用模版或蜡纸印成的）图案[文
字]

estarlita *f.* 〈地〉蓝锆石

estarna *f.* 〈鸟〉山鹑；灰山鹑

estárter *m*. ①〈机〉（发动机的）启动装置；②〈电〉（日光灯的）起动器；开关
~ de luminiscencia 引燃开关
~ térmico 热控［热动］开关

estasfurtita *f*. 〈地〉纤硼石

estasimetría *f*. 稠度测量法

estasimorfia *f*. 〈医〉发育停滞畸形

estasis *f. inv*. 〈医〉淤滞，阻塞
~ intestinal 肠淤滞
~ venosa 静脉淤滞

estatalismo *m*. 国家所有制

estatalización *f*. 国有化

estatalizar *tr*. 使国有化

estatamperio *m*. 〈理〉静（电）安（培）

estatculombio *m*. 〈理〉静（电）库（仑）

estatfaradio *m*. 〈理〉静（电）法（拉）

estathenrio *m*. 〈理〉静（电）亨（利）

estática *f*. ①〈理〉静力学；②静（止状）态；③天电［静电，大气］干扰
~ de fluidos 〈理〉流体静力学
~ económica 经济静态
eliminador de ~s（收音时）消除［限制］大气干扰的设备

estático,-ca *adj*. ①静的；静力的；静态的；②静止的；停滞的；稳定的；③〈理〉静力学的
caída ~a 静水头［压］，（静）落差
economía ~a 静态经济学
empuje ~ 静推力
error ~ 静态误差
presión ~a〈理〉静压

estatificación *f*. 国有化；国营
~ de la banca 银行国有化

estatificado,-da *adj*. （被）国有化的；国有的

estatificar *tr*. 使国有化

estatismo *m*. ①静止［态］；②国家控制；中央集权下的经济统制

estatización *f*. 国有化

estatizar *tr*. 使国有化

estatoblasto *m*. 〈动〉休眠芽

estatocisto *m*. ①〈动〉平衡器；②〈植〉平衡囊；③〈昆〉平衡胞

estatocono *m*. 〈动〉平衡锥

estatohmio *m*. 〈理〉静欧

estatolito *m*. 〈动〉〈植〉平衡石

estator；estátor *m*. 〈电〉（发动机的）定子；（电容器的）定片
devanado del ~ 定子绕组

estatorreactor,-ra *adj*. 〈航空〉冲压喷气式的‖*m*. 冲压喷气（式）发动机
~ de cohete 火箭冲压喷气发动机

estatoscopio *m*. 〈航空〉微动气压计；灵敏高度表

estatuaria *f*. 雕塑术；铸像术

estatuario,-ria *adj*. ①雕塑的；适于雕塑的；雕塑用的；②雕［塑，铸］像般的‖*m. f*. 雕塑家，铸像家
arte~ 雕塑艺术
técnica ~a 雕塑技术

estatutario,-ria *adj*. ①成文法的，法令［规］的；②法定的；③符合法令［规］的
disposiciones ~as 法律规定
protección ~a 法定保护

estatuto *m*. ①〈法〉成文法；法令［规］；②〈法〉（地方政府制订的）地方法规；区域自治法；③〈法〉（国际法中的）人权法，物权法；④章程，规程；（团体等的）办事规则
~ de Autonomía［E-］*Esp*. 区域自治法
~s sociales〈商贸〉公司章程

estatuvolencia *f*.；**estatuvolismo** *m*. 〈医〉自我催眠状态

estatvolt *m*. 〈理〉静伏

estauractina *f*. 〈动〉十字骨针

estaurolita *f*. 〈矿〉十字石

estauroplegia *f*. 〈医〉交叉性偏瘫

estauroscopio *m*. 〈理〉十字镜

estaurótida *f*. 〈矿〉十字石

estaxis *f*. 〈医〉滴［渗］血

estay *m*. 〈船〉（船桅的）支索
~ de foque 艏三角帆支索
~ de galope（船桅的）最高支索
~ de popa 桅杆后支索
~ de proa 桅杆前支索
~ mayor（桅杆）主支索

este *adj. inv*. ①（在）东方的；（地区、国家等）东部的；②东面的；③来自东方的‖*m*. ①〈地〉东，东方；②东部（地区）；东方国家；③〈气〉东风
viento del ~ 东风

esteapsina *f*. 〈生化〉胰脂酶

estearato *m*. 〈化〉硬脂酸盐［酯］
~ bárico 硬脂酸钡
~ de hierro 硬脂酸铁
~ de litio 硬脂酸锂
~ de plomo 硬脂酸铅
~ de sodio 硬脂酸钠

esteárico,-ca *adj*. 〈化〉①硬脂的；取自硬脂的；似硬脂的；②用硬脂做的；③硬脂酸的，十八（烷）酸的
ácido ~ ①硬脂酸，十八（碳烷）酸；②商品硬脂酸（硬脂酸和棕榈酸的混合物）

estearina *f*. ①〈化〉（三）硬脂酸甘油酯；②硬脂（脂肪的固体部分）；③商品硬脂酸；④*Amér. L*. 蜡烛

estearopteno *m*. 〈化〉玫瑰蜡（香精油的固体氧化部分）

esteatita *f.* ①〈矿〉块滑石；皂石(一种用于制作实验室桌面、洗涤池等的石料)；②(绝缘用的)滑石瓷

esteatitis *f.inv.* 〈医〉脂肪(组)织炎

esteatitoso,-sa *adj.* 〈矿〉块滑石的；皂石的

esteatocelo *m.* 〈医〉阴囊脂肿

esteatoescultura *f.* 人体造型

esteatógeno,-na *adj.* 产生脂肪的

esteatolisis *f.* 〈医〉脂肪分[水]解

esteatoma *m.* 〈医〉①脂[粉]瘤；②皮脂囊肿

esteatonecrosis *f.* 〈医〉脂肪坏死

esteatopigia *f.* 〈医〉臀脂过多，女臀过肥

esteatopigo,-ga *adj.* 〈医〉臀脂过多的，女臀过肥的

esteatorrea *f.* 〈医〉脂肪痢[泻](儿科用语)

esteatosis *f.* ①脂肪变性；②〈医〉皮脂腺病

esteba *f.* ①〈植〉漂浮甜茅；②(装船时压紧羊毛包用的)杠子

estecolado *m.* 施肥；施粪肥

estefanita *f.* 〈矿〉脆银(矿)

estefanote *m.Venez.* 〈植〉多花千金子藤

estefanotis *f.* 〈植〉千金子藤

estegnosis *f.* 〈医〉①缩窄；②狭窄

estegomia *f.* 〈昆〉埃及伊蚊

estela *f.* ①〈海〉(航船等留下的)伴[尾]流，船流；②〈航空〉(螺旋桨引起的)滑流；螺桨尾流；③石柱[碑]；华表；④〈植〉中柱；⑤〈植〉斗篷草

～ de condensación[humo] (飞机等在高空飞行时留下的)雾化[凝结]尾迹，拉烟

estelar *adj.* ①〈天〉星的；星球的；星球构成的；②〈电影〉〈戏〉明星的；主角的；杰出的；③星似的，星形的；④主要的，重要的

combate ～ (拳击赛的)强手赛

cúmulo ～ 〈天〉星云

función ～ 全体明角合演

ganglio ～ 〈解〉星状神经节

luz ～ 星光

papel ～ 主要角色，主角

estelaria *f.* 〈植〉斗篷草

esteliforme *adj.* 星形[状]的

estelión *m.* 〈动〉壁虎，守宫

estelita *f.* 〈冶〉钴铬钨硬质合金

estelo *m.* 柱子

estemato *m.* (昆虫的)侧单眼

estematología *f.* 〈医〉感觉[官]学

estemma *f.* (昆虫的)侧单眼

estemple *m.* 〈矿〉坑木[柱]，窑木

esténcil *m.Amér.L.* ①(印刷图案或文字用的)模[型]版；(油印用的)蜡纸；②(用模版或蜡纸印成的)图案[文字]

estenia *f.* 〈医〉强壮，有力

esténico,-ca *adj.* 〈医〉(疾病、症状等)机能

亢进的

estenio *m.* 〈理〉斯坦(力的单位，等于 10^3 牛顿)

estenocardia *f.* 〈医〉狭心病

estenocefalia *f.* 〈医〉头狭窄，狭头

estenocéfalo,-la *adj.* 〈解〉〈医〉头狭窄的，狭头的

estenocoria *f.* 〈医〉狭窄；缩窄

estenocoriasis *f.* 〈医〉瞳孔狭小

estenófago *m.* 〈生态〉(只吃少数几种食物生存的)狭食性动物

estenografía *f.* 速记法[术]

estenografiar *tr.* 用速记法书写，速记

estenográfico,-ca *adj.* ①速记法[术]的；用速记法(做)的；②会速记的；用速记记下的

estenohalinidad；estenosalinidad *f.* 〈生态〉(水生生物)狭盐性(指只能在某一盐分范围的水域中生存)

estenohalino,-na *adj.* 〈生态〉(水生生物)狭盐性的

estenohígrico,-ca *adj.* 〈生态〉〈生物〉狭湿性的‖ *m.* 狭湿性生物(指只能经受很小湿度变化)

estenope *m.* 〈理〉(代替物镜的)小孔圆片

estenordeste；estenoreste *m.* 东东北

estenosado,-da *adj.* 〈医〉狭窄的，患狭窄症的

estenosis *f.* 〈医〉狭窄

～ aórtica 主动脉狭窄

～ bronquial 支气管狭窄

～ mitral 二尖瓣狭窄

estenotermia *f.* 〈生态〉(生物的)狭温性

estenotermo,-ma *adj.* 〈生态〉〈生物〉狭温性的‖ *m.* 狭温生物(指只能忍受温差幅度较小的生物)

estenótico,-ca *adj.* 〈医〉狭窄的；异常狭窄的

estenotipia *f.* ①表音符号速记法；②用表音符号速记机记录的文字

estenotipiadora *f.* 表音符号速记机(一种类似打字机的键盘机器)

estenotipista *m.f.* (用表音符号速记机记录的)速记员；速记员

estenotopo,-pa *adj.* 〈生态〉〈生物〉狭幅的，狭适应性的

estenotorax *m.* 〈医〉胸狭窄

estepa *f.* ①〈地〉(亚洲、东南欧和西伯利亚等地的)干草原；大草原；②〈植〉岩蔷薇

～ blanca 白叶岩蔷薇

～ negra (克氏)岩蔷薇

～ Juana (巴利阿利)金丝桃

estepal *m.Méx.* 〈矿〉石玉

estepario,-ria *adj.* 〈地〉(亚洲、东南欧和西伯利亚等地的)干草原的

estepero,-ra *adj*.〈植〉岩蔷薇丛生的‖*m*.
岩蔷薇丛生地

estepicursor *m*.〈植〉风滚草

estepilla *f*.〈植〉白页岩蔷薇

estequiología *f*. 细胞生理学(研究动物组织
的细胞成分)

estequiometría *f*. 化学计算(法,学),化学计
量(法,学),理想配比法

estequiométrico,-ca *adj*. 化学计算[计量]
的,理想配比的

estequiómetro *m*. 化学计量器;化学计算
(法)

ester；éster *m*.〈化〉酯
~ ácido 酸酯
~ celulósico 纤维素酯
~ metílico 甲酯

esterasa *f*.〈生化〉酯酶

esterautógrafo *m*.〈测〉立体自动测图仪

estercobilina *f*.〈生化〉粪胆素

estercobilinógeno *m*.〈生化〉粪胆素原

estercoladura *f*.；estercolamiento *m*. ①
〈农〉施肥;施粪肥;②(动物)排泄粪便

estercolito *m*.〈医〉粪石

estercolizo,-za *adj*. 粪质的;似粪便的

estercoráceo,-cea；estercoral *adj*. 粪的;含
粪的

estercorario,-ria *adj*. (蝇、甲虫等)食粪的;
粪栖的

estercoremia *f*.〈医〉粪性毒血症

estercóreo,-rea *adj*. 粪的,粪便的

estercorita *f*.〈矿〉磷钠铵石

estercoroma *m*.〈医〉粪结,粪瘤(肠内结粪)

estercuelo *m*. 施粪肥

esterculiáceo,-cea *adj*.〈植〉梧桐科的‖*f*.
①梧桐科植物;②*pl*. 梧桐科

estéreo,-rea *adj*. ①立体声的;②立体的‖
m.①立方米(常用作木材等的计量单位);
②立体声;立体声效果;③立体声装置
~ purpúreo〈植〉紫菌
amplificador ~ 立体声放大器
cámara ~a 立体照相机
televisión ~a 立体声电视机

estereoagnosia；estereoagnosis *f*.〈医〉立体
觉缺失

estereoautógrafo *m*. 体视绘图仪

estereóbato *m*.〈建〉墙[台]基;底[柱]基

estereoblástula *f*.〈动〉实胚囊

estereobloque *m*.〈化〉立构规正嵌段;定向嵌
段;立体块规

estereocartógrafo *m*. 立体测图仪

estereocaucho *m*.〈化〉立体橡胶

estereocomparador *m*. 立体[体视]比较仪

estereodinámica *f*.〈理〉固体动力学

estereoespecificidad *f*.〈化〉立体定向性

estereoespecífico,-ca *adj*.〈化〉立体定向的,
立体有择的

estereofluoroscopia *f*.(电子)立体荧光术

estereofonía *f*. ①立体声放音;立体声;②立
体声技术

estereofónico,-ca *adj*.(声音)立体效果的;
立体声的

estereófono *m*. 立体声耳机

estereofotografía *f*. 立体摄影(术),体视摄
影(术)

estereofotográfico,-ca *adj*. 立体摄影术的,
体视摄影术的

estereofotograma *m*. 立体相片,立体图片

estereofotogrametría *f*. 立体摄影测量(学,
法)

estereofotográmetro *m*. 立体摄影测量仪

estereofotomicrografía *f*. 立体显微摄影
(术),立体显微相片制作(术)

estereofotomicrograma *m*. 立体显微相片

estereognosia *f*. ①〈心〉实体辨别;②实体感
觉,立体感

estereognosis *f*.〈心〉实体辨别

estereogoniómetro *m*.〈测〉立体[体视]量角
仪

estereografía *f*. ①立体平画法;②立体摄影
术

estereográfico,-ca *adj*. ①〈画〉立体平画
(法)的;②〈摄〉立体摄影(术)的

estereógrafo *m*. ①立体相片,立体像对(使用
体视镜或特种眼镜观看的一张或一对立体
相片或图画);②立体图;实体镜画

estereograma *m*. ①立体图,体视图;②实体
镜画

estereoisomería；estereoisometría *f*.〈化〉立
体异构(现象)

estereoisomérico,-ca *adj*.〈化〉立体异构的

estereoisomerismo *m*.〈化〉立体异构现象

estereoisómero *m*.〈化〉立体异构体

estereología *f*. 体视学;立体测量学

estereológico,-ca *adj*. 体视学的;立体测量
学的

estereometría *f*.〈测〉测体积学,体积测定
法;立体测量学

estereométrico,-ca *adj*.〈测〉测体积(学)的,
立体测量(学)的

estereómetro *m*. 体积计;立体测量仪

estereometrógrafo *m*. 立体测图仪

estereomicrografía *f*.〈理〉体视显微术

estereomicrómetro *m*. 立体测微仪

estereomicroscopia *f*.〈技〉立体显微术

estereomicroscopio *m*. 立体[体视]显微镜

estereoplanígrafo *m.*〈测〉精密立体测图仪，立体伸缩绘图仪

estereoplasma *m.*〈动〉固质，固浆

estereoproyección *f.* 立体放映(法)

estereopsis *f.* 立体视觉

estereóptica *f.*〈理〉体现光学

estereoquímica *f.*〈化〉立体化学

estereorradián *m.*〈数〉立体弧度，球面(角)度

estereorregular *adj.*〈化〉有规立构的

estereoscopia *f.* ①立体视觉，体视；②体视学，体视研究

estereoscópico,-ca *adj.* ①有立体感的；②体视镜的

estereoscopio *m.* ①立体[实体]镜；②体视镜

estereostática *f.*〈理〉立体静力学

estereotáxico,-ca *adj.* ①〈医〉脑立体测定的；②脑功能区定位的
cirugía ～a 脑立体定向手术

estereotaxis *f.* ①〈医〉脑立体测定；②〈生〉向实体性，定向性

estereotipación *f.*〈印〉铅版浇铸；铅版印刷

estereotipado,-da *adj.*〈印〉浇铸成铅版的；用铅版印刷的

estereotipador,-ra *m. f.*〈印〉①铅版浇铸工，铸版工；②铅版印刷工

estereotipia *f.*〈印〉铅版印刷(术)；铅版浇铸(法)；②(精神分裂症患者动作、言语等的)机械重复；③〈医〉刻板症

estereotípico,-ca *adj.*〈印〉铅版的；铅版印刷的；铅版浇铸的

estereotipo *m.*〈印〉铅版；铅版浇铸；铅版印刷

estereotomía *f.* 实体物切割技术；切石法

estereotómico,-ca *adj.* 立体切割技术的；切石艺术的

estereotopografía *f.*〈测〉立体地形测量学

estereotopógrafo *m.*〈测〉立体地形测图仪

estereotrazador *m.*〈测〉立体绘[测]图仪，立体影像绘制仪

estereotrópico,-ca *adj.*〈生〉亲[向]实体性的

estereotropismo *m.*〈生〉亲[向]实体性

estereovisión *f.* 立体视觉

estérico,-ca *adj.*〈化〉空间(排列)的，位的
efecto ～ 位阻效应
factor ～ 位阻因素

esterificación *f.*〈化〉酯化(作用)

esterificar *tr.*〈化〉使酯化

esterigma *m.*〈植〉①小梗，小柄；②叶座

estéril *adj.* ①不能生殖的，无生育能力的，不育[孕]的；②不结果实的；③(土地)不肥沃的；(矿体、土地等)贫瘠的；④〈生〉无菌的；

无微生物的；消过毒的

esterilidad *f.* ①〈医〉不育(性)；②不结果实；③(土地)不肥沃；(矿体、土地等的)贫瘠；④〈生〉无菌(度)，无菌(状态)
～ cigótica 合子(性)不育
～ gamética 配子(性)不育
～ génica 基因性不育
～ incongruente 不遇合性不育

esterilización *f.* ①〈生〉消毒，灭菌；②〈医〉绝育(法,手术)；③〈经〉(资金等的)冻结，封存
～ de capitales 资本封存

esterilizador,-ra *adj.* ①〈医〉使不孕的；使绝育的；②消毒的，使无菌的‖*m.* 灭菌[消毒]器

esternal *adj.*〈解〉胸骨(部)的；近胸骨的

esternalgia *f.*〈医〉①胸骨痛；②心绞痛

esternebra *f.*〈昆〉胸骨节

esternelo *m.*〈昆〉小腹片

esternito *m.*〈昆〉腹片

esternoclavicular *adj.*〈解〉胸锁(骨)的

esternocleidomastoideo,-dea *adj.*〈解〉胸锁乳突(肌)的‖*m.* 胸锁乳突肌
músculo ～ 胸锁乳突肌

esternocostal *adj.*〈解〉胸肋的
músculo ～ 胸肋肌

esternodinia *f.*〈医〉胸骨痛

esternohioideo,-dea *adj.*〈解〉胸骨舌骨(肌)的‖*m.* 胸骨舌骨肌

esternón *m.* ①〈解〉胸骨；②〈昆〉腹板

esternópago *m.*〈医〉胸骨联胎

esternotiroideo,-dea *adj.*〈解〉①胸骨甲状(肌)的；②胸骨甲状腺的‖*m.* 胸骨甲状肌

esternotraqueal *adj.*〈解〉胸骨气管的

esternovertebral *adj.*〈解〉胸骨椎骨的

estero *m.* ①港湾，河口湾，(江河入海的)河口，河口景三角港；(潮水漫溢的)河滩；②*Amér. L.* 沼泽；水洼；泥塘；③*Cono S.*，*And.* 小溪，小川[河]；④*Ecuad.* 干涸河床

esteroide *m.*〈生化〉甾类化合物，类固醇
～ anabólico[anabolizante] 促蛋白合成甾类，促蛋白合成类固醇

esteroideo,-dea *adj.* ①(类似)甾类化合物的，(类似)类固醇的；②(类似)甾[固]醇的

esterol *m.*〈生化〉甾醇，固醇

estertor *m.* ①临终时的喉鸣；②〈医〉罗音(指呼吸道内伴随呼吸出现的一种异常声音)；鼾声[息]
～ húmedo/seco 湿/干性鼾息

estertoroso,-sa *adj.*〈医〉有罗音的；有鼾声[息]的

estesiodermia *f.*〈医〉皮肤感觉障碍

estesiódico,-ca *adj.* 〈医〉感觉传导的

estesiofisiología *f.* 〈医〉感觉生理学

estesiogénico,-ca *adj.* 〈医〉发生感觉的

estesiografía *f.* 〈医〉感觉描记法

estesiología *f.* 〈医〉感觉学

estesiometría *f.* 〈医〉触觉测量法

estesiómetro *m.* 〈医〉触觉(测量)计

estesionosis *f.* 〈医〉感觉性疾病

estética *f.* ①美学;美学标准;②美感;审美观;③〈医〉整容外科(手术)

estetricién; esteticista *m. f.* 美容师[专家];整容师

estético,-ca *adj.* ①美学的,美感的;②美[艺术]的;③审美的;具有审美趣味的
cirugía ~a 整容外科(手术)
distancia ~a 审美距离(用心理距离来解释审美现象的一种美学观点)

estetista *m. f.* 美[整]容师;美容专家

estetófono *m.* 〈医〉胸传音听音器

estetofonómetro *m.* 〈医〉胸音计,听诊测音器

estetografía *f.* 〈医〉胸动描记法

estetográfico,-ca *adj.* 〈医〉胸动描记法的

estetógrafo *m.* 〈医〉胸动描记器

estetómetro *m.* 〈医〉胸围计,胸廓张度计

estetopoliscopio *m.* 〈医〉(教学用的)多管听诊器

estetoscopia *f.* 〈医〉听诊器检查

estetoscópico,-ca *adj.* 〈医〉听诊器的;听诊器检查的

estetoscopio *m.* 〈医〉听诊器,听筒

estetospasmo *m.* 〈医〉胸肌痉挛

estezado *m.* ①干鞣皮革;②鹿皮;鹿皮革

estiaje *m.* ①(河等的)低水位;②枯水期;③〈动〉夏眠[蛰]

estiba *f.* ①〈军〉(枪炮的)推弹器,输弹器;②〈海〉装载[堆装](法);理舱;③(船的)装载[堆装,压舱]物
~ con huecos 〈海〉亏舱(船舶载杂货时损失的舱容)

estibación *f.* ①把(货物等)压紧,填满;装填;②〈海〉装载;③*Amér. L.* 堆放,堆存

estibador,-ra *adj.* 装运的 ‖ *m. f.* 装卸工,码头工
empresa ~a 船舶(运输)公司

estibia *f.* 〈兽医〉(马等的)颈部扭伤

estibiado,-da *adj.* 〈矿〉含锑的

estibialismo *m.* 〈医〉锑中毒

estibiarsénico *m.* 〈矿〉锑砷矿石

estibina *f.* ①〈化〉锑化(三)氢;②脒

estibio *m.* 〈化〉锑

estibnita *f.* 〈矿〉辉锑矿

estibofén *m.* 〈药〉脒(波)芬(一种抗血吸虫药)

estibosán *m.* 〈化〉氯脒胺

esticción *f.* 〈理〉静摩擦力

estiércol *m.* ①肥料;②(尤指牲畜的)粪;粪肥
~ de caballo 马粪
~ del diablo 〈植〉阿魏
~ líquido 液体肥料,厩(肥)汁

estigma *m.* ①〈植〉柱头;②〈昆〉气门;点斑;眼点;翅痣;③(留在身上的)疤[癥]痕;烙印;④〈医〉特征;滤泡小斑

estigmador *m.* 〈光〉〈理〉去[消]像散器

estigmasterol *m.* 〈生化〉豆甾醇

estigmático,-ca *adj.* ①疤痕的;烙印的;②〈医〉特征的;滤泡小斑的;③〈光〉〈理〉消像散的;④〈植〉柱头的;⑤〈昆〉气门的;点斑的;眼点的;翅痣的

estigmatismo *m.* ①〈理〉去像散性;②〈医〉有小斑状态

estigmatización *f.* ①留下疤痕;打烙印;②〈医〉斑痕生成;斑化

estigmatosis *f.* 〈医〉溃斑,烂斑

estigmatoso,-sa *adj.* 〈医〉有小斑的

estilbeno *m.* 〈化〉芪,1,2-二苯乙烯,均二苯代乙烯

estilbestrol *m.* 〈生化〉己烯雌酚

estilbita *f.* 〈矿〉辉沸石

estileñosa *f.* 〈生态〉夏绿林,夏生木本群落

estilete *m.* ①匕首,短剑;②(留声机的)唱针;③〈昆〉小针刺;④〈医〉(细)探针;管心针;⑤尖[刻]笔

estiliforme *adj.* ①尖笔状的;②刺针状的
antena ~ 〈昆〉(昆虫的)针状触角

estilista *m. f.* ①(时装等的)设计师;②发型师;③〈体〉自由泳运动员

estilización *f.* ①(根据新款式的)(时装)设计;②(使)符合特定程式;③(使)程式化

estilo *m.* ①款式,式样,特色;②方式[法];风格;③〈信〉样式(在格式化文档中文本的字形、字体、色彩、间距和边空);④〈体〉(游泳)姿势,式;⑤(刻划着印蜡纸的)铁笔;(刻写蜡版的)尖笔;(信)光笔;⑥(钟表、日晷等的)指针;⑦〈植〉花柱;⑧〈动〉茎突
~ antiguo 旧历法(格里历以前的历法)
~ braza 蛙式(游泳)
~ de un tipo 〈信〉字形
~ de vida 生活方式
~ del producto 产品式样
~ libre 自由式(游泳)
~ mariposa 蝶式(游泳)
~ nuevo 新[格]历法
~ recitativo 〈乐〉吟诵调
~ tectónico 〈地〉地壳构造方式

estilóbato *m*. ①〈建〉柱座；②〈古典庙宇建筑中的〉柱列台座

estilogloso,-sa *adj*. 〈解〉茎突舌（肌）的 músculo ~ 茎突舌肌

estilográfica *f*.；**estilógrafo** *m*. *Col*.，*Nicar*. 自来水笔

estilohioideo,-dea *adj*. 〈解〉茎突舌骨的；颞骨与舌骨茎突的

estiloide *adj*. ①茎状的；柱样的；尖长的；②〈解〉（颞骨、桡骨、尺骨等上的）茎突的 ‖ *f*. 〈解〉茎突

estilolito *m*. 〈地〉缝合岩面

estilopido *m*. 〈动〉①捻翅虫；②*pl*. 捻翅虫科

estilopisado,-da；estilopizado,-da *adj*.〈动〉为捻翅虫所寄生的

estilopodio *m*. 〈植〉（具伞形花序植物花柱的）柱基

estilostixis *f*. 〈医〉〈中医〉针刺，针刺疗法；针术[灸]

estilonomelana *f*. 〈矿〉黑硬绿泥石

estima *f*. 〈海〉航位推算

estimación *f*. ①估计[定，算]；②估价；评定[价]；估计数
~ aproximativa 初[概]算
~ de espacio 〈信〉空间估定
~ de riesgos 风险评估
~ media 平均估计数
~ óptima 最佳估计值
~ prudente 保守估计
~ puntual 〈统〉点估计

estimador,-ra *m. f*. 〈商贸〉估计者，评价者 ‖ *m*.〈统〉估计量
~ consistente 一致（统计）估计量

estimulador *m*. ①〈医〉（诊断用的）刺激器；②刺激剂

estimulante *m*. ①引起兴奋的食品[饮料，药物]；②〈生化〉兴奋剂

estimulina *f*. 〈药〉刺激素

estímulo *m*. ①刺激；鼓[奖]励；②〈生医〉〈心〉刺激物；③兴奋剂；④促进（因素）
~ a la inversión 鼓励投资
~s no monetarios 非金钱鼓[奖]励

estinco *m*. 〈动〉石龙子

estiomenar *tr*. 〈医〉腐蚀

estiómeno *m*. 〈医〉腐蚀性疮；女阴蚀疮

estipa *f*. 〈医〉药栓，药布

estipaje *m*. 〈医〉药栓使用

estipe *m*. ①〈植〉菌柄（蕨叶的）叶柄；（种子植物的）种[珠]柄；（某些藻类支持叶状体的）茎状柄；②〈植〉（棕榈等的不分叉植物的）茎

estípite *m*. ①〈建〉倒置金字墩；②〈植〉（棕榈等的不分叉植物的）茎

estipsis *f*. 〈医〉收敛（作用）；收敛疗法

estipticidad *f*. ①〈医〉收敛（性）；止血（作用）；②〈医〉便秘（性）

estíptico,-ca *adj*. ①〈药〉〈医〉止血的；收敛的；②便秘的，（肠道）秘结的 ‖ *m*. 〈药〉止血剂；收敛剂

estiptiquez *f*. *Amér. L*. 〈医〉便秘（性）

estípula *f*. 〈植〉托叶

estipulado,-da *adj*. 〈植〉具托叶的

estique *m*. 齿形雕刻凿

estiquidio *m*. 〈植〉孢囊枝

estiquirín *m*. *Hond*. 〈鸟〉雕鸮

estira *f*. 制革刮刀

estirabilidad *f*. 〈冶〉可延伸性

estirable *adj*. 可延伸的，可拉伸的；有弹性的

estiracáceo,-cea *adj*. 〈植〉安息香科的 ‖ *f*. ①安息香科植物；②*pl*. 安息香科

estirada *f*. 〈体〉（足球守门员的）鱼跃（动作），跳起来接球

estirado,-da *adj*. ①伸[拉]长的；拉[延]伸的；②（车辆等）加长型的 ‖ *m*. ①〈工艺〉（玻璃）拉丝；②〈冶〉冲压成形；③拉[弄]直（头发）；④〈纺〉并条；⑤（除去面部皱纹的）整容
~ de piel(~ facial)（除去面部皱纹等的）整容术
~ en caliente/frío 热/冷拉[拔]的；热/冷抽的
~ en duro 硬拉的

estirador *m*. 〈机〉①伸延[拉伸]机；延伸[扩展，伸展]器；②拉直器；撑幅器

estiramiento *m*. ①拉；拉[弄]直；拉紧；②〈工艺〉〈机〉拔丝；③烫平；④（文章等的）拉长；（任期的）拖长；⑤（孩子的）成长；⑥（四肢的）舒展
~ facial（面部除皱）整容术

estireno *m*. 〈化〉①苯乙烯；②聚苯乙烯

estítico,-ca *adj*. ①〈药〉止血的；收敛的；②便秘的，（肠道）秘结的

estivación *f*. ①〈动〉夏眠[蛰]；②〈植〉花被卷叠式

estivada *f*. 烧荒地

estivador *m*. 码头（装卸，搬运）工人

estocástico,-ca *adj*. ①或然的，有可能的；②〈数〉〈统〉随机的
matriz ~a 随机（矩）阵
proceso ~ 随机过程
variable ~ 随机变量

estofa *f*. 〈纺〉锦缎，织锦

estolón *m*. ①〈动〉生殖根；②〈植〉匍匐茎；③〈生〉匍匐枝（黑根霉的菌丝）

estolonífero,-ra *adj*. 〈植〉①（产生）匍匐茎

的;②产生生殖根的;③产生匍匐枝的
planta ～a 匍匐茎植物

estoma *m.* ①〈动〉口;②〈昆〉气门,呼吸孔;③〈植〉气孔;④〈医〉(经外科手术开在腹壁等部位的)人造口

estomacal *adj.* ①胃的;②〈药〉健[开]胃的;助消化的 ‖ *m.* 〈药〉健[开]胃药;助消化剂
bebida ～ 开胃酒
bomba del ～ 胃唧筒
dolor ～ 胃痛
jugos ～es 胃液
trastorno ～ 肠胃不适
tubo del ～ 胃管

estomacalgia; estomacodinia *f.* 〈医〉胃痛

estomacoscopia *f.* 〈医〉胃检查

estomadeo *m.* 〈生〉口道;口凹

estómago *m.* 〈解〉胃,肚子;腹部
dolor de ～ 胃痛,腹痛

estomalgia *f.* 〈医〉口(腔)痛

estomáquico *m.* 〈药〉健[开]胃药;助消化剂

estomatical *adj.* ①〈解〉〈医〉胃的;②〈药〉健[开]胃的;助消化的

estomático,-ca *adj.* 〈医〉口(腔)的;气孔的

estomaticón *m.* 〈药〉胃痛药膏

estomatífero,-ra *adj.* ①〈植〉气孔(性)的;②〈动〉(有)口的;有呼吸孔的,气门(性)的

estomatitis *f. inv.* 〈医〉口腔炎,口炎
～ aftosa 疱疹性口炎
～ fétida 臭性口炎

estomatocace *m.* 〈医〉溃疡性口炎

estomatodinia *f.* 〈医〉口(腔)痛

estomatodisodia *f.* 〈医〉口臭

estomatología *f.* 〈医〉①口腔学;②牙医学

estomatológico,-ca *adj.* 〈医〉口腔学的

estomatólogo,-ga *m. f.* 〈医〉口腔学家

estomatomalacia *f.* 〈医〉口腔软化

estomatomía *f.* 〈医〉宫口切开术

estomatoplastia *f.* 〈医〉①口腔形成术;②(子)宫口形成术

estomatópodo,-da *adj.* 〈动〉口足目甲壳动物的 ‖ *m.* ①口足目甲壳动物(如虾蛄);②*pl.* 口足目

estomatorragia *f.* 〈医〉口出血

estomatoscopia *f.* 〈医〉口腔镜检查

estomatoscopio *m.* 〈医〉口腔镜,口镜

estomatotomía *f.* 〈医〉宫口切开术

estomio *m.* 〈植〉裂口,裂缝

estomodeo *m.* 〈生〉口道;口凹

estopero *m. Méx.* (汽车的)油封

estopín *m.* (大炮的)点火管;雷管;起爆装置
～ instantáneo/lento 速/缓燃导火索

estopor *m.* ①〈海〉止链器,制缆索;②〈机〉制动器,闭锁装置

estoraque *m.* ①〈植〉安息香;②安息香脂
～ líquido (可提炼出肉桂酸的)美洲安息香脂

estornino *m.* ①〈鸟〉椋鸟;紫翅椋鸟;②〈动〉鲐[鲭]鱼
～ de los pastores 鹩[八]哥
～ pinto 椋鸟

estrábico,-ca *adj.* 〈医〉①斜眼[视]的;②患斜视的

estrabismal *adj.* 〈医〉斜眼[视]的

estrabismo *m.* 〈医〉斜视[眼]

estrabometría *f.* 〈医〉斜视测量法

estrabómetro *m.* 〈医〉斜视计

estrabotomía *f.* 〈医〉斜视(治疗)手术

estrabótomo *m.* 〈医〉斜视刀

estrada *f.* ①道路;公路;(高速)公路;②*And.*〈农〉橡胶林;橡胶种植园区

estradiol *m.* 〈生化〉雌(甾)二醇

estrado *m.* ①平台;讲台;②〈乐〉(室外)音乐台;(舞厅等处的)乐(队)池;③*pl.* 〈法〉法庭;法院
～ del testigo 〈法〉证人席

estradógrafo *m.* 车胎地面摩擦测量器

estragol *m.* 〈化〉草蒿脑

estragón *m.* 〈植〉①龙蒿;②龙蒿叶(用于烹调,尤用于增加醋香)

estral *adj.* 〈动〉①(雌性动物)动情期的;求偶期的;②动情周期的
ciclo ～ (雌性动物的)动情周期

estramíneo,-nea *adj.* 〈植〉麦秆(黄)色的

estramonio *m.* 〈植〉①曼陀罗;②(治气喘病的)曼陀罗叶

estrangol *m.* 〈兽医〉(马等的)传染性卡他,腺疫

estrangul *m.* 〈乐〉(乐器的)吹口

estrangulación *f.* ①扼[勒]死,绞死;②〈医〉勒颈(窒息);③〈医〉(肠、静脉等的)绞窄;④〈机〉节流(过程),扼流

estrangulado,-da *adj.* 〈医〉(肠、静脉等)绞窄的

estrangulador *m.* 〈机〉①节流阀[圈],扼流圈;②(汽车等的)阻气[风]门

estrangulamiento *m.* ①扼[勒]死,绞死;(使)窒息;②〈医〉(外科)绞扼,绞窄(血管等);③〈机〉扼[节]流;④窄路;交通阻塞点

estranguria *f.* 〈医〉痛性尿淋沥

estrapontín *m.* ①(汽车的)后座;②(汽车上)备用[折叠]座位

estrás *m.* 斯特拉斯假金刚石,假钻石,富铅质玻璃

estrategia *f.* ①战略；战略学；②策[谋]略；对策；③〈生〉(生物体为获得进化在行为、新陈代谢或构造等方面所产生的)重大适应性变化

~ demográfica 人口战略

~ maximin 极小(中的)极大策略

~ militar 军事战略

estratégico,-ca *adj.* 战略的；战略性的；根据战略的

armas nucleares ~as 战略核武器

decisión ~a 战略决策

materiales ~s 战略物资

posición ~a 战略地位

retirada ~a 战略撤退

estratificación *f.* ①成[分]层；②〈地〉层理；地层；③〈农〉(种子)层积沙藏

~ cruzada[entrecruzada] 〈地〉交错(地)层

~ secundaria 〈地〉次级层理

~ térmica 温度分层

~ torrencial 〈地〉流水层理

estratificado,-da *adj.* 分层的；成层的

roca ~a 〈地〉成层岩

flujo ~ 〈理〉分层流

fluido ~ 〈理〉分层流体

muestreo ~ 分层抽样(法)

estratificar *tr.* ①使成[分]层；②〈农〉成层堆积；沙藏(种子)；③〈信〉使(复杂图像)构成层次 ‖ ~se *r.* ①成[分]层；②层叠

estratiforme *adj.* ①〈解〉层状的；②〈地〉成层的；③〈气〉层状的

estratigrafía *f.* ①地层学；②(一个国家或地区的)地层情况；③〈医〉断[体]层摄影术

estratigráfico,-ca *adj.* ①地层学的；②地层情况的

estratígrafo,-fa *m. f.* 地层学家

estrato *m.* ①〈气〉层云；②(材料或物质、大气、海洋、语言等的)层；③〈地〉地层；④〈生〉组织层；⑤〈信〉层(图像软件的一种功能，常用于复杂图像的构成上)；层次(复杂系统的一部分)

~ córneo 〈解〉(皮肤的)角质层

~ de aplicación 〈信〉应用层

~ de carbón 〈地〉煤层

~ de presentación 〈信〉表示[显示，呈现]层

~ de protocolo 〈信〉协议[规约]层

~ de red 〈信〉网络层

~ de sesión 〈信〉对[会]话层

~ de transporte 〈信〉传输层

~ enlace de datos 〈信〉数据链路层

~ físico 〈信〉有形层

~ granuloso 〈解〉(皮肤的)粒状层

~ internet 〈信〉互联网层

~ superior 上〈覆〉层，覆盖层

estratocúmulo *m.* 〈气〉层积云

estratoexprés *m.* 〈航空〉平流层客机，高空客机

estratopausa *f.* 〈地〉平流层顶

estratoscopio *m.* 同温层观测镜

estratosfera *f.* 〈气〉同温层，平流层

estratosférico,-ca *adj.* ①〈气〉同温[平流]层的；②可在同温层进行的

estratovisión *f.* 同温层电视，飞机转播电视

estratovolcán *m.* 〈地〉成层火山

estrave *m.* 〈海〉艏柱头肘板

estrecho *m.* 〈地〉海峡

~ de Gibraltar [E-] 直布罗陀海峡

estrechón *m.* 〈海〉(船帆的)摆动

estrelitziáceas *f.* 〈植〉(产于非洲南部的)鹤望兰

estrella *f.* ①〈天〉星；恒星；②星，星体；天体；③星形；星形物；④(军官肩章上表示等级的)星，星章，(表示等级的)星级；⑤〈印〉星标[号](即 *)；⑥〈电影〉(戏)明星，名演员；⑦〈军〉星形堡，星状工事；⑧〈动〉(马、牛等牲畜)脸上的白斑，头上的灰[白]星；⑨(核子)核星；⑩五角星图案(纹章学用语)

~ binaria[doble] 〈天〉双星

~ circumpolar 拱极星

~ compañera[secundaria] 伴星

~ de Belén 〈植〉虎眼万年青(因花呈星状而得名)

~ de carbono 碳星

~ de cine 电影明星

~ de guía 路标

~ de la tarde(~ vespertina) 昏星(不用望远镜能看到在太阳下山后西落的一颗行星的不确切的名称)

~ de los Alpes 〈植〉高山火绒草；新西兰火绒草

~ de mar 〈动〉海星

~ de neutrones(~ neutrónica) 中子星

~ de rabo 彗星

~ de Venus 金星

~ del norte(~ polar) 北极星

~ eclipsante 食星

~ enana 矮星

~ enana blanca 白矮星

~ enana marrón 棕矮星

~ enana roja 红矮星

~ errante[errática] 行星

~ estándar[patrón] 〈天〉标准星

~ federal *Cono S.* 〈植〉一品红

~ fija 恒星

~ fugaz 流星

~ gigante 〈天〉巨星
~ gigante azul 蓝巨星
~ gigante roja 红巨星
~ matutina 晨星
~ múltiple 聚[多重]星
~ nova[nueva] 〈天〉新星
~ nuclear (核子)核星
~ oscura 暗星
~ peculiar 特殊恒星
~ pulsante 脉动(变)星
~ subgigante 亚巨星
~ supergigante 超巨星
~ temporaria 新星
~ triple 〈天〉三合星
~ variable 变星
~s de destellos 耀星
~s de helio 氦星
~s y listas 星条旗(美国国旗)

estrellada f. 〈植〉紫菀
estrellamar f. ①〈动〉海星；②〈植〉臭荠状车前
estrellar adj. 星的,星辰的
estrellato m. ①〈电影〉〈戏〉明星；明星界；②明星地位[身份]
estrellera f. 〈海〉主滑车组
estrellón m. ①Amér.L.〈航空〉飞机坠毁,失事；②Amér.L.(汽车)猛撞
estrematógrafo m. (铁路)道床压力自记仪
estremecimiento m. ①摇[震]动；②And.,Cari.(尤指地震前后的)小震,颤动
estrenista m.f. 〈戏〉常看首场演出者,首场观众
estreno m. ①初次使用；②〈艺术家〉首次登台演出,初次露面；③〈电影〉首映；④〈戏〉首次公演；⑤Cari. 定金；(分期付款的)首付款额
~ general (影片的)普遍发行
estreñido,-da adj. 秘结(性)的,便秘(性)的
estreñimiento m. 便秘
estrepada f. ①(划桨手的)用力划；②〈海〉(船只的)突然加速
estrepogenina f. 〈生化〉促长肽
estreptobacilo m. 〈生〉链球杆菌
estreptocinasa f. 〈生化〉链激酶,链球菌激酶
estreptococemia f. 〈医〉链球菌血症
estreptococo m. 〈生〉链球菌
estreptococosis f. 〈医〉链球菌病
estreptodornasa f. 〈生化〉〈药〉链道酶,链球菌去氧核糖核酸酶
estreptogenina f. 〈生化〉蛋白促生肽
estreptolisina f. 〈生化〉链球菌溶血素
estreptomices m. 〈生〉链霉菌
estreptomicina f. 〈药〉链霉素

estreptomicosis f. 〈医〉链霉菌病
estreptonigrina f. 〈药〉链黑菌素
estreptoquinasa f. 〈生化〉链激酶,链球菌激酶
estreptosepticemia f. 〈医〉链球菌败血症
estreptotricina f. 〈药〉链丝菌素
estreptotricosis f. 〈兽医〉链丝菌病(由放线菌引起,可使牛等家畜皮肤上生疥癣的慢性病)
estreptozotocina f. 〈药〉链脲菌素,链唑[链脲]霉素
estrés m. 〈医〉(致病的)紧张状态,应激
~ postraumático 〈医〉创伤后应激
estresante adj. 〈医〉引起紧张状态的,应激的
estría f. ①〈解〉纹；②〈建〉(柱子等上的)凹槽,柱身突筋；③〈生〉条纹；纹理；④〈地〉条[擦]痕；⑤〈动〉壳纹；(昆虫的)陷线
~ atrófica 〈解〉萎缩纹,妊娠纹,白纹(怀孕或体重增加过快期间由于皮肤之机械性伸张而在腹部或腿上产生的白色或无色纹)
~ de falla 〈地〉断层擦痕
~ de lubricación 滑油槽
~s glaciales 冰川擦痕
estriación f. ①〈建〉(开)细槽；②〈电〉辉纹；③〈医〉纹理；抓痕；④〈地〉条[擦]痕
estriado,-da adj. ①〈解〉纹状的；横纹的,有萎缩纹的,有白纹的；②〈建〉有柱[凹]槽的；③〈生〉有条纹的；④〈地〉有条[擦]痕的‖ m. ①〈建〉(柱子等上的)凹[柱]槽；②〈生〉条纹；纹理；③〈地〉条[擦]痕
membrana ~a 〈解〉纹状膜
músculo ~ 〈解〉横纹肌
estriadora f. 〈机〉〈技〉滚[压]花工具,滚花刀
estribación f. 〈地〉山嘴,尖坡,山鼻子
estribadura f. 〈建〉(柱子的)凹槽装饰；柱[沟]槽
estribo m. ①脚[马]蹬；踏脚板；②(汽车、机车等的)踏[脚蹬]板；③〈建〉(建筑物的)扶壁[垛]；(支撑拱顶的)间墙；托梁[架]；支架[柱]；④(桥的)支座[柱,墩]；⑤(用于固定接头的)槽形铁；⑥〈地〉山嘴,尖坡,山鼻子；⑦〈解〉(中耳的)镫骨
estribor m. (船舶或飞机的)右舷[边]
a todo ~ 〈海〉右满舵(航行)
estricador m. 〈纺〉拉幅机
estricción f. 紧[收]缩；束紧
estricnina f. 〈药〉马钱子碱,士的宁(中枢兴奋药)
estricninismo m. 〈医〉马钱子碱中毒,士的宁中毒
estricninomanía f. 〈心〉〈医〉士的宁狂

estricnización *f*. 〈医〉士的宁作用

estrictura *f*. 〈医〉(人体导管病变性的)狭窄；狭窄部位

estrido *adj*. 〈医〉喘鸣；哮(中医用语)；痰喘(中医用语)

estridulación *f*. 〈昆〉(蝉、蟋蟀等的)尖声鸣叫

estridulante；estridulatorio,-ria *adj*. 〈昆〉尖声鸣叫的

estriduloso,-sa *adj*. 〈医〉喘鸣的
respiración ~a 喘鸣呼吸

estrige *f*. 〈鸟〉猫头鹰，鸮

estrígido,-da *adj*. 〈鸟〉鸮形目的

estrigiforme *adj*. 〈鸟〉鸮形目的‖*m*. ①鸮形目鸟；②*pl*. 鸮形目

estrigilación *f*. 〈医〉刮身板[刮擦器]的刮擦

estrigilo *m*. 〈昆〉刮擦器；净角栉

estrigoso,-sa *adj*. ①〈植〉覆盖着糙伏毛的，被硬毛的；②〈动〉具细密槽纹的

estrina *f*. 〈生化〉雌(甾)酮；雌激素

estriol *m*. 〈生化〉雌(甾)三醇

estro *m*. ①(艺术家、诗人等的)灵感；②〈动〉〈兽医〉(雌性动物的)发情；发情周期；③〈生理〉〈医〉(女性的)性欲冲动期；④〈昆〉马[胃]蝇；马[胃]蝇幼虫；⑤*Chil*.〈海〉绳套

estrobila *f*. 〈动〉①(绦虫的)横[节]裂体；②(钵水母的)叠生体

estrobilación；estrobilización *f*. 〈动〉横[节]裂

estrobiliáceo,-cea *adj*. 〈植〉①(似)球果的；(似)孢子叶球的；②生球果的

estróbilo *m*. 〈植〉①球果；孢子叶球；②球穗花序

estrobo *m*. ①绳套，索环；②三眼滑轮

estrobofotografía *f*. 频闪射线照相术

estroboscopia *f*. 〈理〉频闪观察法，闪光测频法

estroboscópico,-ca *adj*. 〈理〉频闪(观测，观察)的
compás ~ 频闪式测向仪
disco ~ 频闪观察盘
efecto ~ 频闪效应
lámpara ~a (用于剧院、舞厅等出的)频闪闪光灯

estroboscopio *m*. 〈理〉频闪观测器[仪]，频闪仪

estrobotrón *m*. 〈电子〉频闪放电管

estrofa *f*. 〈信〉节

estrofantina *f*. 〈药〉毒毛旋花甙(一种强心剂)

estrofanto *m*. ①〈植〉羊角拗；②羊角拗种子

estrofiolado,-da *adj*. 〈植〉种阜的

estrofiolo *m*. 〈植〉种阜

estrofioide *f*. 〈数〉环索线

estrófulo *m*. 〈医〉婴儿苔藓，小儿丘疹性荨麻疹

estrogenicidad *f*. 〈动〉(雌性动物的)发情性；发情力

estrogénico,-ca *adj*. ①〈生化〉雌激素的；②〈动〉(雌性动物的)发情性的；发情期的

estrógeno *m*. 〈生化〉雌(甾)激素

estroma *m*. ①〈解〉基质；②〈植〉子座

estromanía *f*. 〈动〉发情

estromatita *f*. 〈地〉叠层混合岩

estromatolito *m*. 〈地〉叠层石(石)

estrona *f*. 〈生化〉雌(甾)酮

estronciana *f*. 〈化〉氧化锶

estroncianita *f*. 〈矿〉菱锶矿

estróncico,-ca *adj*. 〈化〉锶的

estroncio *m*. 〈化〉锶
sulfuro de ~ 硫化锶
~ 90 〈化〉锶 90(锶的重放射性同位素，存在于氢弹爆炸的放射性坠尘中)

estrongílido,-da *adj*. 〈动〉圆线虫科的‖*m*. ①圆线虫；②*pl*. 圆线虫科

estrongilo *m*. 〈动〉①圆线虫；②(海绵的)两头圆骨针

estrongiloide *adj*. 〈动〉圆线虫总科的‖*m*. 圆线虫

estrongiloidiasis；estrongiloidosis *f*. 〈医〉类圆线虫病

estrongilosis *f*. 〈医〉圆线虫病

estruciforme *adj*. 〈鸟〉鸵鸟目的‖*m*. ①鸵鸟目鸟；②*pl*. 鸵鸟目

estrucioniformes *m*. 〈鸟〉鸵鸟目

estructura *f*. ①结构，构造；组织(机构)；②〈建〉(建筑物的)构架；框[骨]架；③〈化〉〈理〉(物)结构；④〈social社)结构；⑤〈心〉构造，结构；⑥〈地〉构造；⑦〈数〉(格)结构
~ algebraica 〈数〉代数结构
~ atómica 原子结构
~ cristal[cristalina] 〈化〉〈理〉晶体结构
~ cuaternaria 〈生化〉四级结构
~ de acero 钢结构
~ de capital 资本构成
~ de crédito 信贷结构
~ de datos 〈信〉数据分类
~ de mandatos 〈信〉指令结构
~ de procesamiento 〈信〉处理结构
~ del poder (国家或组织等的)权力机构，统治集团
~ económica 经济结构
~ en árbol 〈信〉树形结构
~ fina 〈理〉(光谱线的)精细结构
~ financiera 金融结构
~ inferior 下部[底层，基体]结构

~ lógica de datos〈信〉逻辑数据结构

~ microscópica 显微组织

~ molecular 分子结构

~ orgánica ①组织结构；②有机构成

~ petrográfica〈地〉岩相结构

~ primaria〈生化〉一级结构

~ profunda/superficial 深/表层结构

~ química〈化〉化学结构

~ reticular〈化〉〈理〉网状结构

~ salarial 工资结构

~ secundaria〈生化〉二级结构

~ superior 上层[上部,加强]结构

~ técnica 技术结构

~ terciaria〈生化〉三级结构

~ topológica〈数〉拓扑结构

~ vítrea〈化〉玻璃体结构

estructuración *f.* ①(使)形成结构,构成；②见 estructura

estructural *adj.* ①结构(上)的,构造(上)的；②结构型[性]的；③〈化〉〈生〉结构的；④〈地〉构造的

acero ~ 结构钢

fórmula ~〈化〉结构式

gen ~〈生〉结构基因

geología ~ 构造地质学

inflación ~ 结构型通货膨胀

paro ~ 结构性失业

terraza ~〈地〉构造地阶

estructuralismo *m.*〈心〉构造主义(指以德国冯特为主要代表的构造心理学派,主张心理学应用实验内省法研究经验的内容或构造)

estructuralista *adj.*〈心〉构造主义的 ‖ *m. f.* 构造主义者

estruja *f.* ①压榨,挤压；紧压；②揉皱

estrujadora *f.*〈机〉压榨机

estrujadura *f.*；**estrujamiento** *m.* ①压榨,挤压；紧压；②揉皱

estruma *m.*〈医〉甲状腺肿；腺病；瘰疬

~ aberrante 甲状腺旁腺肿

~ maligno 恶性甲状腺肿,甲状腺体癌

estrumectomía *f.*〈医〉甲状腺肿切除术

estrumiforme *adj.*〈医〉甲状腺肿样的

estrumitis *f. inv.*〈医〉甲状腺肿炎

estrumoso,-sa *adj.*〈医〉①腺病的；腺病性的；②患腺病的

estuación *f.* 涨潮

estuarino,-na *adj.* 港湾的,河口(湾)的

estuario *m.*〈地〉港[河口]湾；(江河入海的)河口,河口段三角港

estucado,-da *adj.*〈建〉(墙壁)涂抹了灰泥的,粉饰[刷]过的 ‖ *m.* 灰泥[墁],粉饰灰泥；拉毛粉饰

estucador,-ra *m. f.*〈建〉粉刷工

estucar *tr.*〈建〉①拉毛；②在…上抹灰泥

estuco *m.*〈建〉①灰泥；灰浆,墁灰；②(仿大理石的)灰浆

estucurú *m. C. Rica.*〈鸟〉雕鸮

estudio *m.* ①研究,调查；②学习；攻读；③学问[识]；④ *pl.* 学业；学科；教育；⑤〈乐〉练习曲；⑥〈画〉习作；试作[画]；⑦论文；学术著作；⑧书房[斋]；(艺术家等的)工作室；⑨ *Cono S.* 律师事务所；⑩〈电影〉制片厂,摄影棚；⑪电台(广播)大楼；电视大楼

~ básico[fundamental] 基础研究

~ cinematográfico(~ de cine)电影制片厂

~ de campo 实地调查

~ de casos 实例研究

~ de casos prácticos (以个人、社区或家庭、社团以至整个社会为对象的)有组织的社会服务事业

~ de desplazamientos y tiempos(~ de trabajo)工作(效率)研究

~ de diseño 设计工作室

~ de factibilidad[viabilidad]〈信〉可行性研究

~ de fotografía 摄影室；照相馆

~ de grabación 录制室

~ de Gramática (中世纪的)大学预科

~ de inversión 投资研究

~ de mercado 市场调研,市场调查

~ de métodos de trabajo 工作程序研究,工序研究

~ de motivación 动机研究

~ de opiniones 民意调查

~ de preinversión 投资前研究

~ de registro de sonidos 录音室

~ de televisión 电视演播室

~ de tiempos 工时研究,操作时间研究

~ del crédito 资信调查,信用调查

~ del trabajo〈商贸〉时间与动作研究(指企业管理中研究工作程序的一种研究方法)

~ documental 纸上谈兵式研究

~ empírico 实证研究

~ estadístico 统计研究

~ jurídico *Cono S.* 律师事务所

~ piloto 初步研究

~ preliminar 预备性研究

~ provisional 不定期论文

~ radiofónico 播音室

~s complementarios 后续调研

~s avanzados[superiores] ①高级研究；②高等学业

~s de ingeniería 工程研究

~s de perfeccionamiento 进修；进修生学业

~s de postgrado 研究生学业
~s de televisión 电视台大楼
~s primarios 初等教育
~s secundarios 中等教育
~s superiores 高等教育
~s técnicos（工程）技术研究
~s técnicos detallados 精细工艺研究
~s universitarios ①大学学位；②大学学业

estufa *f.* ①火炉；炉子；②加热器；烘［干燥］箱；③〈农〉温室，暖房
　~ al alcohol 酒精炉
　~ de carbón 煤炉
　~ de cultivo 细菌培养炉
　~ de desinfección（加热）消毒器
　~ de electricidad（~ eléctrica）电热炉（尤指家用电炉）
　~ de esmaltar 釉窑
　~ de gas 煤气炉
　~ de petróleo（燃）油加热器
　~ de secado（~ para secar）烘干箱
　~ de vacío〈化〉真空炉

estupefaciente *adj.* ①麻醉的，有麻醉作用的；②麻醉性的；使人麻木的‖*m.* 麻醉剂［药］；致幻毒品
estupor *m.*〈医〉木僵，昏呆
estuque *m.*〈建〉粉饰灰泥，灰泥，灰墁
estuquería *f.*〈建〉粉刷；拉毛
estuquista *m.*〈建〉拉毛工，抹灰［粉刷］工，泥水匠
esturina *f.*〈生化〉鲟精蛋白
esturión *m.*〈动〉鲟
　~ blanco 大白鲟
ésula *f.*〈植〉泽漆
esvástica *f.* 卍字饰，万字饰
esviaje *m.*〈建〉倾斜，偏斜
etalaje *m.*〈冶〉（高炉的）炉腹［腰］
etalón *m.*〈理〉标准具（其上面有两个可调节的平行反射镜）
etamín *m.*；**etamina** *f.*〈纺〉①纱罗；筛娟；②绣花网形布
etanal *m.*〈化〉乙醛
etano *m.*〈化〉乙烷
etanodiol *m.*〈化〉乙硫醇
etanol *m.*〈化〉乙醇
etanolamina *f.*〈化〉胆［乙醇］胺，氨基乙醇
etapa *f.* ①阶段，时期；②（旅程中的）一段路［行］程；③〈体〉自行车比赛，接力赛跑等中的一段赛程；④〈体〉停留地，中间站；⑤〈军〉（行军途中）宿营地；⑥〈军〉行军口粮；⑦〈电子〉〈机〉级；⑧〈航空〉（火箭的）级；⑨〈地〉阶；期
　~ de crecimiento 增长阶段，增长期

~ de extracción 萃取级数
~ excitadora 激励级
~ experimental 试验阶段
~ impulsora 驱动级
~ inicial 起始阶段，初期
cohetes de tres ~s 三级火箭
desarrollo por ~s 分阶段发展

etario,-ria *adj.* 年龄的
　grupo ~ 年龄组
ETB *abr. ingl.* end of transmission block〈信〉数据块传送结束
eteno *m.*〈化〉乙烯
eteogénesis *f.*〈生〉孤雌生殖，雄体单性生殖
éter *m.* ①〈化〉二乙醚，醚；②〈理〉以太，能媒
　~ absoluto 纯乙醚
　~ amílico 戊醚
　~ butílico 丁烯醚
　~ de petróleo 石油醚
　~ debencílico （二）苄醚
　~ dietílico［etílico］（二）乙醚
　~ fórmico 甲酸乙醚
　~ metílico 甲醚
　~ sulfúrico 乙醚
　~ vinílico 乙烯醚

etéreo,-rea *adj.* ①〈化〉（乙）醚的，含（乙）醚的，似（乙）醚的；②〈理〉以太的
eterificación *f.*〈化〉醚化，醚化作用
eterificar *tr.*〈化〉使醚化，使（醇或酚）转化成醚
eterismo *m.*〈医〉①醚麻醉；②醚中毒
eterización *f.* ①〈医〉乙醚麻醉（法）；②（使）醚化；（使醇或酚）转化成醚
eterizar *tr.* ①以乙醚麻醉；②使醚化；使（醇或酚）转化成醚
eteromanía *f.*〈医〉醚瘾
eterómano,-na *adj.*〈医〉醚瘾的；醚瘾患者的‖*m.f.* 醚瘾患者
etesio,-sia *adj.*（地中海夏季的季风）一年刮一次的‖*m.* 地中海季风
　vientos ~s 地中海季风（地中海每年夏季的北风，为期约40天）
ethernet *f.*〈信〉以太网
　~ conmutada 交换以太网
　~ fina 细缆以太网
　~ gigabit 千兆比特以太网
　~ gruesa 粗缆以太网
　~ rápida 快速以太网

etilacetileno *m.*〈化〉乙基乙炔
etilación *f.*〈化〉乙基化（作用）
etilamina *f.*〈化〉乙胺
etilato *m.*〈化〉乙醇盐，乙氧基金属
etilbenceno *m.*〈化〉乙苯

etilefedrina *f*. 〈化〉乙基麻黄碱

etilendiamina *f*. 〈化〉乙二胺

etilenglicol *m*. 〈化〉甘[乙二]醇

etilénico,-ca *adj*. 见 resina ~a
resina ~a 乙烯树脂

etileno *m*. 〈化〉①乙烯；②乙撑
dicloruro de ~ 二氯〈化〉乙烯
óxido de ~ 乙撑氧；氧化乙烯

etiletanolamina *f*. 〈化〉乙基乙醇胺

etílico,-ca *adj*. ①〈化〉(含)乙基的；(含)乙
烷基的；②(含)酒精的
alcohol ~ 乙醇，酒精
éter ~ 二乙醚
intoxicación ~a 酒精中毒

etilideno *m*. 〈化〉亚乙基；乙缩醛

etilmercaptano *m*. 〈化〉乙硫醇，硫乙醇

etilmorfina *f*. 〈化〉乙基吗啡

etilo *m*. 〈化〉①乙基，乙烷基；②四乙基铅(加
于汽油中的抗爆化合物)
acetato de ~ 乙[醋]酸乙酯
malonato de ~ 丙二酸二乙酯
nitrato de ~ 硝酸乙酯
nitrito de ~ 亚硝酸乙酯
óxido de ~ 二乙醚
sulfuro de ~ 乙硫醚，二乙硫

etilómetro *m*. 〈技〉(血液中)含酒精量测量器

etiluretano *m*. 〈化〉氨基甲酸乙酯

etimología *f*. 词源学

etinilación *f*. 〈化〉炔化

etinilo *m*. 〈化〉乙炔基

etino *m*. 〈化〉乙炔

etiolación *f*. 〈植〉①(绿色植物的)黄化；②
(绿色植物的)白化

etiología *f*. ①原因论；②〈医〉病原[因]学；
病源论；③〈医〉病原[因]

etiológico,-ca *adj*. ①原因论的；②〈医〉病原
[因]学的；③〈医〉病原[因]的

etionamida *f*. 〈药〉乙硫异烟胺(一种抗结核
药)

etiopatogenia *f*. 〈医〉疾病发生学

etioporfirina *f*. 〈化〉初卟啉

etiotrópico,-ca *adj*. 〈医〉针对病因的

etiquencia *f. Cari.*, *Méx*. 〈医〉瘰病，肺结
核

etiqueta *f*. ①标签[牌]；签条；标记；②〈信〉
(指令的)标识符
~ autoadhesiva 涂有黏胶的标签
~ con marca 商标标签
~ de cabecera 〈信〉首标
~ de cola 〈信〉尾部标记
~ de graduación 登记标签
~ de volumen 〈信〉卷标，磁盘标签

~ del precio 价格标签
~ estándar 〈信〉标准标记
traje de ~ 礼服

etiquetación *f*. 贴标签；贴商标

etiquetado *m*. ①贴标签；贴商标；②〈信〉名
[品]牌标志

etiquetadora *f*. 〈机〉贴标签机；贴商标机

etiquetaje *m*. 贴标签；贴商标

etisterona *f*. 〈生化〉脱水羟基孕酮，孕烯炔
醇酮，乙炔基睾丸酮

etites *f*. 〈矿〉鹰石，泥铁矿

etmoesfenoidal *adj*. 〈解〉筛蝶的

etmofrontal *adj*. 〈解〉筛额的

etmoidal *adj*. 〈解〉筛骨的

etmoidectomía *f*. 〈医〉筛窦切除术

etmoidotomía *f*. 〈医〉筛窦切开术

etmoide *adj*. 〈解〉筛状的；筛骨的 ‖ *m. pl.*
筛骨

etmoiditis *f. inv*. 〈医〉筛窦炎

etmomaxilar *adj*. 〈解〉筛上颌的

etnia *f*. 族群(指同一文化的种族或民族群
体)；人种

etnicidad *f*. ①种族地位；种族特点；②种族
渊源

etnobiología *f*. 人种生物学(一门研究原始
人类社会与环境的动植物间关系的学科)

etnobotánico,-ca *adj*. 民族植物的 ‖ *f*. 民
族植物学

etnocéntrico,-ca *adj*. ①种[民]族中心主义
的；②种族[民族，社会集团]优越感的

etnocentrismo *m*. ①种[民]族中心主义；②
种族[民族，社会集团]优越感

etnocidio *m*. 种族文化灭绝(指对某一种族集
团文化的肆意破坏)

etnocracia *f*. 种族统治，民族统治

etnogenia *f*. 人种起源学

etnogénesis *f*. 人种形成；种族进化

etnografía *f*. 人种志；人种学

etnográfico,-ca *adj*. 人种志[论]的

etnógrafo,-fa *m. f*. 人种志[论]学者，人种
志[论]研究者

etnohistoria *f*. 人种历史学(研究人种或文化
的历史，尤指非西方的人种或文化的历史)

etnolingüística *f*. 人类文化语言学，民族学
派语言学(人类语言学的一个分支，研究语
言与文化之间的关系，尤其是社会、经济等
因素对语言的影响)

etnología *f*. ①人种学，民族学；②文化人类
学

etnológico,-ca *adj*. ①人种学的，民族学的；
②文化人类学的

etnólogo,-ga *m. f*. ①人种学者，民族学者；
②文化人类学者

etnometodología *f.* 〈社〉民族方法学(社会学的一分支学科)

etnomicología *f.* 民族真菌学(研究各社会中对致幻蘑菇及其真菌的使用)

etnomusicología *f.* ①人种音乐学,民族音乐学(研究音乐与种族文化的关系);②比较音乐学

etnopsicología *f.* 〈心〉民族心理学(研究民族或种族集团心理的学科)

etnos *m.* 种族,民族

etología *f.* ①性格(形成)学;道德体系学;②〈动〉(个体)生态学;(生物)行为学

etológico,-ca *adj.* ①性格(形成)学的;道德体系学的;②〈动〉(个体)生态学的,(生物)行为学的

etologista；etólogo,-ga *m. f.* (生物)行为学专家

etoxi *adj. inv.* 〈化〉乙氧基的;含乙氧基的

ETS *f. abr.* enfermedad de trasmisión sexual 〈医〉性传播疾病

ETSI *abr. ingl.* European Telecommunication Standards Institute 欧洲电信标准协会

etusa *f.* 〈植〉毒芹

ETX *abr. ingl.* end of text 〈信〉文本结束(符);传送结束(符)

EU *abr.* escuela universitaria (综合性)大学学院

Eu 〈化〉元素铕(europio)的符号

eubacteria *f.* 〈生〉真细菌

eubacteriales *f. pl.* 〈生〉真细菌目

eubiótica *f.* 〈医〉摄生学

eucaína *f.* 〈药〉优卡因(一种局部麻醉剂)

eucairita *f.* 〈矿〉硒铜银矿

eucalipto *m.* ①〈植〉桉属植物;②桉木
　aceite de ～ 桉(树)油,桉叶油
　goma de ～ 〈药〉桉树胶

eucapiptol *m.* 〈化〉桉树脑,桉油精

eucapnia *f.* 〈医〉血碳酸盐正常

eucarión *m.* 〈生〉真核(生物)

eucarionte *m.* 〈生〉真核细胞;真核生物

eucariota *f.* 〈生〉真核(细胞机体)

eucariótico,-ca *adj.* 〈生〉①真核(细胞)的;②真核生物的
　célula ～a 真核细胞

eucíclico,-ca *adj.* 〈植〉(花)同基数轮列的(指由每轮成员数相同的连续几轮组成的)

euciesis *f.* 〈医〉妊娠正常

eucinesia *f.* 〈医〉动作[运动]正常

euclasa *f.* 〈矿〉蓝柱石

euclídeo,-dea；euclidiano,-na *adj.* ①(古希腊数学家)欧几里得的;②〈数〉欧几里得几何的

　algoritmo ～ 欧几里得算法
　espacio ～ 欧几里得空间
　geometría ～ 欧几里得几何

euclorina *f.* 〈化〉优氯(氯与二氧化氯的混合物)

eucolia *f.* 〈医〉胆汁正常

eucrasia *f.* 〈医〉体质正常

eucrático,-ca *adj.* 〈医〉体质正常的

eucrita *f.* ①〈地〉钙长辉长岩;②〈矿〉钙长辉长陨石

eucromatina *f.* 〈生〉常染色质(染色体的一部分)

eucromatopsia *f.* 〈医〉色觉正常

eucromocentro *m.* 〈生〉常染色中心

eucromosoma *m.* 〈生〉常染色体(性染色体以外的任何染色体)

eudemonología *f.* 幸福学

eudiometría *f.* 〈化〉气体测定(法);空气纯度测定(法)

eudiométrico,-ca *adj.* 〈化〉①气体测定(法)的,空气纯度测定(法)的;②量气管的;空气纯度测定管的

eudiómetro *m.* 〈化〉量气管,空气纯度测定管,测气计

eufausiáceo,-cea *adj.* 〈动〉磷虾科(浮游甲壳动物)的‖ *m.* ①磷虾目浮游甲壳动物;②*pl.* 磷虾目

eufénica *f.* 优型学,表型改良学(一门研究化学、外科等方法来改变人的表型的学科)

euforbia *f.* 〈植〉大戟属植物

euforbiáceo,-cea *adj.* 〈植〉大戟科的‖ *f.* ①大戟科植物;②*pl.* 大戟科

euforbiales *f. pl.* 〈植〉大戟目

euforia *f.* ①精神[心情]愉快;②〈心〉欣快(症)

euforiante *adj.* ①(药物)使精神愉快[兴奋]的;②欣快的,〈心〉致欣快的‖ *m.* 〈药〉致欣剂

eufórico,-ca *adj.* ①精神[心情]愉快的;兴奋的;②〈心〉欣快(症)的

euforizante *adj.* ①使精神[心情]愉快的;使兴奋的;②〈心〉致欣快(症)的
　droga ～ 使兴奋致幻的毒品

eufótico,-ca；eufotoide *adj.* 〈海洋〉透光层的

eufrasia *f.* 〈植〉小米草(尤指药用小米草,旧时用以治眼疾)

eugenesia *f.；eugenismo** *m.* ①优生学;人种改良学;②人种改良过程[方法]
　～ pasiva 消极优生学
　～ positiva (主张鼓励智力和体质俱优的夫妇多生子女的)积极优生学

eugénica *f.* 优生学

eugénico,-ca *adj.* ①优生的,优生学的;人种改良的;②良种的

eugenista *m. f.* 优生学家

eugenol *m.* 〈化〉丁香酚,丁香油酚

eugeosinclinal *m.* 〈地〉优地槽

euglena *f.* 〈生〉眼虫(藻),裸藻

euglenido *m.* ①〈动〉眼虫,(单细胞)鞭毛虫;②*pl.* 眼虫目

euglenófitos *m. pl.* 〈植〉裸藻目

euglenoide *adj.* 〈生〉眼虫的,眼虫藻的,裸藻的
movimiento ～ 眼虫运动

euglobulina *f.* 〈生化〉优球蛋白

eugónico,-ca *adj.* (细菌)繁殖良好的,生长旺盛的

euhedral *adj.* 〈矿〉自形的

eukairita *f.* 〈矿〉硒铜银矿

eulitita *f.* 〈矿〉闪铋矿

eumenorrea *f.* 〈医〉月经正常

eumicetes *m. pl.* 〈生〉真菌

eumitosis *f.* 〈生〉常有丝分裂

eunucoide *adj.* 〈医〉①类无睾者的;(似)阉人的;②性无能者的‖*m.* ①类无睾者;类阉者;②性无能者;③趋向雌雄间体状态的人

eunucoidismo *m.* 〈医〉类无睾症;类阉状态

eunuquismo *m.* 〈医〉阉人状态,去势状态

euosmia *f.* 〈医〉①嗅觉正常;②欣快气味

eupatorio *m.* 〈植〉泽兰属植物

eupepsia *f.* 〈医〉消化(力)良好,消化(力)正常

eupéptico,-ca *adj.* ①消化良好的,消化正常的;②有助于消化的

euplasia *f.* 〈医〉适于组织形成

euplástico,-ca *adj.* 〈生理〉易机化的;适于组织形成的

euploide *adj.* 〈生〉整倍体的‖*m.* 整倍体

euploidía *f.* 〈生〉整倍性

eupnea *f.* 〈医〉正常[平静]呼吸

eupótamo,-ma *adj.* 〈生〉真河流浮游的,淡水中生长的

eupraxia *f.* 〈医〉协同动作正常

euribático,-ca *adj.* 〈生〉(水生生物)广深性的

euricéfalo,-la *adj.* 〈解〉阔头的

eurícoro,-ra *adj.* 〈生〉(动、植物等)广域分布的

eurífago,-ga *adj.* 〈动〉广食性的(指能吃各种食物生存的)

eurignato,-ta *adj.* 〈解〉阔颌的

eurihalino,-na *adj.* 〈生〉(水生生物)广盐性的(指能在不同盐分的水域中生存的)‖*m.* 广盐生物

eurihígrico,-ca *adj.* 〈生〉〈生态〉广湿性的(指能够承受各种不同湿度的)‖*m.* 广湿性生物

eurioico,-ca *adj.* 〈生〉〈生态〉广幅的,广适应性的

euriptérido,-da *adj.* 〈动〉板足鲎目的‖*m.* ①板足鲎目动物;②*pl.* 板足鲎目

euritérmico,-ca;euritermo,-ma *adj.* 〈生〉〈生态〉广温性的‖*m.* 广温生物(指能忍受幅度较宽的温度的生物)

euritmia *f.* ①〈建〉(建筑物等的)比例协调;②〈医〉脉搏整齐

eurítmico,-ca *adj.* ①〈建〉(建筑物等)比例协调的,②〈医〉脉搏整齐的;③体态律动的‖*f.* 体态律动学(把音乐节奏用人的身体运动或舞蹈动作表现出来)

euritnópolis *f.* 布局协调的城市

euritopo,-pa *adj.* 〈生〉〈生态〉广幅的,广适应性的
especie ～a 广适应性物种

euro *m.* ①欧元(欧盟国家的通用货币);②〈动〉岩大袋鼠(澳洲土著语);③东风
～ noto 东南风

eurobanco *m.* (尤指拥有欧洲各国及其他国家存款的)欧洲银行

eurobonos *m. pl.* 欧洲债券(由美国或其他非欧洲国家的公司在欧洲发行的以美元还本计息的公司债券)

Eurocámara *f.* 欧洲议会(欧盟的立法机构,成立于 1958 年)

eurocéntrico,-ca *adj.* 以欧洲为中心的

eurocentrismo *m.* 欧洲中心主义

eurocheque *m.* 欧洲货币支票(指可以在欧洲某些银行和商店使用的支票)

euroconector *m.* ①(用于连接录像等音频、视频设备的)21 插脚插座;②〈信〉SCART 接插件(为专用接插件,一般在视频设备之间传输视频或音频时使用)

eurocrédito *m.* 欧洲银行系统的信贷,欧洲(货币市场)信贷

eurodivisa *f.* ①欧洲货币(指在欧洲各国商业银行的外币存款);欧洲外汇;②欧盟单一货币(即欧元)

eurodólar *m.* 欧洲美元(指储存在欧洲或美国之外其他地方的美元,提款时需以美元支付)

euroflora *f.* 欧洲花会,欧洲园艺展览

euromercado *m.* 欧洲[盟]市场(指经营欧洲货币的金融市场)

euromisil *m.* (部署在欧洲的)欧洲中程导弹

euromoneda *f.* 欧洲货币(指在欧洲各国商业银行的外币存款)

europeización *f*. ①欧化,②(使)具有欧洲风味;③欧洲诸国经济一体化;④*Amér. L.* 欧洲化

europio *m*. 〈化〉铕

euroterrorismo *m*. (发生在任何一个西欧国家内的)西欧恐怖主义

eurotiáceas *f. pl.* 〈生〉散囊菌科

eurotiales *m. pl.* 〈生〉散囊菌目

Eurotúnel; eurotúnel *m*. 英吉利海峡隧道

Eurovisión *f*. 欧洲电视网(指大多数西欧国家参加的电视节目交换系统)

eustatismo *m*. 〈海〉海面升降,海面进退

eustela *f*. 〈植〉真中柱(存在于大多数裸子植物和被子植物的茎内)

eutanasia *f*. ①安乐死术,无痛苦致死术;②安然去世,安乐死
~ activa[positiva] 积极式安乐死(指为使患不治之症者减少痛苦而用致死药物等积极手段促其安然死去的做法)
~ negativa 消极式安乐死(指为使患不治之症者减少痛苦而停止用药治疗以促其安然死去的做法)

eutanásico,-ca *adj*. ①安乐死术的,无痛苦致死术的;②安然去世的,安乐死的

eutéctico,-ca *adj*. ①〈化〉低共熔的,易熔(质)的;②〈冶〉低共晶的 ‖ *f*. ①〈化〉低共熔点;低共熔混合物;易熔质;②〈冶〉共晶(体)
mezcla ~a 〈化〉低共熔混合物
punto ~ 低共熔点
temperatura ~a 低共熔温度

eutectoide *adj*. ①〈化〉类低共熔体的;②〈冶〉共析的,共析体的 ‖ *m*. ①〈冶〉共析体;②〈化〉类低共熔体

eutelegénesis *f*. 人工授精

EUTELSAT *abr. ingl.* European Telecommunication Satellite Organization 〈信〉欧洲通讯卫星组织

euténica *f*. ①优境学(一门研究通过改善环境来改良人种的学科);②优境术

euterio,-ria *adj*. 〈动〉真哺乳亚纲的(动物)

eutexia *f*. 易熔性

eutiforia *f*. 〈医〉直视

eutimia *f*. 〈医〉感情正常

eutineurio,-ria *adj*. 〈动〉真神经亚纲的 ‖ *m. pl.* 真神经亚纲

eutiroidismo *m*. 〈医〉甲状腺机能正常

eutocia *f*. 〈医〉顺产,正常分娩

eutricosis *f*. 〈医〉毛发发育正常

eutrofia *f*. ①〈医〉营养佳良;②〈环〉(湖泊等)的富养分性;富养分状态

eutroficación *f*. 〈环〉(水体的)富营养化过程,加富过程

eutrófico,-ca *adj*. ①〈环〉(湖泊等)富养分的;②〈医〉营养佳良的,改进营养的

eutrofización *f*. 〈环〉(水体的)加富过程,(水体的)富营养化过程

eutropía *f*. 〈化〉异序同晶(现象)

euxenita *f*. 〈矿〉黑稀金矿(一种褐黑色稀土矿物)

eV. 〈理〉电子伏特(electronvoltio)的符号

evacuación *f*. ①搬[撤,腾]空;②(居民、伤员等的)撤出[离];疏散;③〈技〉废料;④〈医〉排泄[空];排泄物(尤指粪便);⑤抽(成真)空,排出

evacuador *m*. ①〈机〉排出器;②(水库的)排水系统
~ de cenizas 排[冲]灰器

evacuante; evacuativo,-va *adj*. (尤指粪便等)排泄的,排除的;导泄的 ‖ *m*. 〈药〉①泻[排除]药;清除剂;②利尿剂

evaginación *f*. ①〈生理〉外翻;(细胞等的)外突;②外翻物;③外翻状态;④〈动〉外凸

evaluación *f*. ①估计[算];估价[值];②评价[估];鉴定
~ al coste promedio 按平均成本估价
~ continua 〈教〉持续性评估(指对学生的成绩不是通过一次期终考试而是根据平时学习过程中的进步所作的评估)
~ de actuación 绩效评价
~ de puestos ①职务评估;②职位评定
~ de resultados 业绩评估
~ de riesgos 风险评估
~ del impacto ambiental 环境影响评价
~ del trabajo 工作评价
~ escolar 〈教〉考试
~ ex ante/post 事先/后评价

evaporable *adj*. 可[易]蒸发的;挥发性的

evaporación *f*. ①〈化〉蒸发;汽化;②脱水(法)
~ en vacío 真空蒸发
~ súbita 〈工艺〉闪蒸
cápsula de ~ 蒸发器

evaporador,-ra *adj*. 使蒸发的;使挥发的 ‖ *m*. ①〈化〉蒸发器;②〈机〉脱水器
~ en vacío 真空蒸发器

evaporatividad *f*. 〈气〉蒸发能力

evaporativo,-va *adj*. (使)蒸发的,(使)挥发的

evaporatorio,-ria *adj*. (使)蒸发的,(使)挥发的 ‖ *m*. 蒸发剂
máquina ~a ①〈化〉蒸发(干燥)器;②〈机〉脱水器

evaporimetría *f*. 蒸法测定(法)

evaporímetro; evaporómetro *m*. 蒸法测定器,蒸发计

evaporita *f.* 〈地〉蒸发岩;蒸发盐

evaporítico,-ca *adj.* 见 roca ～a
roca ～a〈地〉蒸发盐

evaporización *f.* 汽化(作用);蒸发(作用)

evapotranspiración *f.* 〈生态〉①蒸发蒸腾作
用;②土壤水分蒸发蒸腾损失总量
～ efectiva 土壤水分蒸发蒸腾有效损失总
量
～ potencial 土壤水分蒸发蒸腾潜在损失
总量

evasión *f.* ①逃避(责任等);②(资金等的)
抽逃;外流;③(关税等的)偷漏
～ de capitales 资本抽[外]逃
～ de divisas 外汇外流
～ de impuestos(～ fiscal[tributaria])
逃[偷]税
literatura de ～ 消遣文学

evección *f.* 〈天〉出差(由于太阳的吸引而在
月球轨道上引起的摄动)

evento *m.* ①事件;大事;②〈体〉体育活动;比
赛(项目);③〈统〉〈信〉事件
～ aleatorio〈信〉随机事件
～ externo/interno〈信〉外/内部事件
～ social 社会事件

eventración *f.* 〈医〉腹脏突出

eversión *f.* 〈医〉外翻;翻转

evicción *f.* 〈法〉追回;剥夺

evidencia *f.* ①根据;②〈法〉证据
～ adicional 支持证据
～ de auditoría 审计证据

eviración *f.* ①〈医〉阉割,去势;②〈心〉变女
妄想

evisceración *f.* ①取出内脏;②〈医〉切除器
官;除脏术(妇科用语);剜出术(眼科用语)

evo *m.* 〈天〉十亿年

evolución *f.* ①〈生〉进化;发生;发育;②演变
[化,进];成长,发展;③〈医〉(病情)发[进]
展;④〈军〉(部队的)调动[遣];(队伍的)位
置变换;⑤〈天〉演化;⑥(飞机等的)盘旋;
旋转
～ biológica 生物进化
～ convergente 趋同进化
～ en mosaico〈生〉嵌合式进化
～ estelar〈天〉恒星演化
～ molecular 分子进化
～ paralela〈生〉平行进化
～ química〈生〉化学进化
círculo de ～(车辆的)回转圆
teoría de la ～ 进化论

evolucionismo *m.* 〈生〉进化论,进化主义

evoluta *f.* 〈数〉渐屈线,法包线

evolutivo,-va *adj.* ①演变[化,进]的;演变
产生的;②〈生〉进化论的;③促进进化的

evolvente *adj.* 渐伸[开]的,切展的 ‖ *m.* 渐
伸[开]线,切展线

evónimo *m.* 〈植〉卫矛属植物

evulsión *f.* ①拔[拉]出;扯掉;②〈医〉撕脱

exactitud *f.* 精确(性),正[准]确(性);精密
(度)

exaedrito *m.* 六面体式陨铁

exaedro *m.* 〈数〉正六面体

exagonal *adj.* 〈数〉六角[边](形)的
barra de hierro ～ 六角钢

exágono *m.* 〈数〉六角[边]形,六角体

exalbuminoso,-sa *adj.* 〈植〉(种子等)无胚乳
的

examen *m.* ①〈教〉考试;测验;考核;②检
[审]查;③〈医〉检查[验];④〈信〉浏览
～ cimológico 酶学检查
～ de admisión[entrada,ingreso]入学考
试
～ de capacidad mental 智力测验
～ de competencia(竞争)能力考核
～ de conciencia 自省[察],自我检查
～ de conducir(汽车驾驶员的)驾照考试
～ de conjunto *Esp.* (部分大学的)联合考
试
～ de mercancías 商品检验
～ de mitad de año 年中检验;年中考核
～ de nucleína radial 放射线核素检查
～ de rayos X X 射线检查
～ de salud 健康检查
～ de suficiencia 水平测试
～ eliminatorio 初试,及格考试
～ extraodinario *Esp.* (9 月份举行的对 6
月份未通过考试者的)特别考试
～ físico 体格检查
～ general de orina 尿常规检查
～ oral 口试
～ patológico〈医〉病理检查
～ por escrito 笔试
～ prenatal 产前检查
～ quirúrgico 外科检查
～ rutinario de sangre 血常规检查
～ tipo test 多选法测验
relación de ～es 化验单

examinador,-ra *m.f.* ①检[审]查人;②主
考人

exanimación *f.* 〈医〉昏[晕]厥;昏迷

exantema *m.* 〈医〉疹;疹病

exantemático,-ca *adj.* 〈医〉疹的;发疹的
～ súbito 猝发疹
tifus ～ 斑疹伤寒

exantrópico,-ca *adj.* 〈医〉体外病因的,疾病
外因的

exantropo *m.* 〈医〉体外病因,疾病外因

exaración *f.* 〈地〉冰川侵蚀(作用)

exarato,-ta *adj.* 〈昆〉(蛹)足翅不贴着在身体上的

exarco,-ca *adj.* 〈植〉外始式的

exarteritis *f. inv.* 〈医〉动脉外膜炎

exarticulación *f.* 〈医〉关节切断[断离]术

exarticulado,-da *adj.* 〈动〉无关节的

excavación *f.* ①开凿;挖土;挖[发]掘;②洞,穴;坑道;③发掘物

excavador,-ra *adj.* 挖的,(挖)掘的,开凿的 ‖ *m.f.* 开凿者;发[挖]掘者;挖土者

excavadora *f.* 〈工程〉〈机〉挖掘器[机];挖土机,掘凿机
　　～ a vapor 蒸汽挖掘机,汽力掘凿机
　　～ de pala dentada 铲斗挖土机
　　～ de tenazas 抓斗式挖泥机[船]
　　～ para fosos 挖沟机

excedencia *f.* ①(暂时)离职人员的地位;②(暂时)离职人员的薪俸
　　～ por maternidad 产假
　　～ primada 自愿离职金
　　～ voluntaria 无薪假期

excedente *adj.* (生产、劳动力等)过剩的;剩[多]余的 ‖ *m.f.* 准假者 ‖ *m.* ①过剩,剩余;②剩余物;剩余额
　　～ de demanda 需求过剩
　　～ de producción 生产过剩
　　～ del pasivo sobre el activo 负债大于资产,资不抵债
　　～ empresarial ①企业剩[盈]余;②(企业)利润率,利润幅度
　　～ laboral 剩余劳动力

excentración *f.* 〈机〉偏心

excentricidad *f.* ①〈数〉离[偏]心率;②〈机〉偏心距;③〈天〉偏心度

excéntrica *f.* 〈机〉偏心轮[器,装置]
　　～ de[para] marcha adelante 进程偏心轮

excéntrico,-ca *adj.* ①〈机〉偏心的;②〈数〉不同圆心的;离[偏]心的
　　circunferencias ～as 偏心圆

excentrismo *m.* 〈机〉偏心(状态)

excepción *f.* ①除去;作为例外;②除[例]外;③〈法〉除外条件;抗辩
　　～ dilatoria 〈法〉延缓判决的抗辩

exceso *m.* ①过量[多];②多[剩]余;多余部分;③〈经〉〈商贸〉盈余;溢[剩余]额
　　～ de demanda 供不应求
　　～ de equipaje 行李超重
　　～ de exportación/importación 出/入超
　　～ de habitantes 过分拥挤,人口过密
　　～ de mano de obra(～ de plantilla) 人员配备过多
　　～ de oferda 供大于求

　　～ de peso 超重
　　～ de producción 生产过剩
　　～ de tonelaje 超过[重]吨位
　　～ de velocidad 超速

exciclotropia *f.* 〈医〉外旋转斜视

excímero *m.* 〈化〉激基缔合物

excipiente *m.* 〈药〉赋形剂

excípula *f.*；excípulo *m.* 〈植〉囊盘被

excisión *f.* 〈医〉切除(术)

excitabilidad *f.* ①易激动性;②〈生理〉应激性,兴奋性;③〈理〉可激发性

excitable *adj.* 〈生理〉应激的,(可)兴奋的

excitación *f.* ①〈医〉刺激;兴奋;②〈电〉励磁;③〈理〉激发;④〈植〉激感(现象)
　　～ en serie 〈理〉串激
　　～ impulsiva 〈理〉碰撞激发,冲击波激发
　　～ independiente 〈理〉单独激励,他励[激]
　　～ por choque 〈理〉碰撞激发
　　～ propia 〈理〉自激(发,励),自励磁
　　～ sexual 〈医〉性唤醒,性觉醒
　　ánodo de ～ 〈理〉激励阳极
　　curva de ～ 〈理〉激发曲线
　　onda de ～ 〈医〉兴奋波

excitado,-da *adj.* ①〈电〉已励磁的;②〈理〉已激发的;受激的
　　átomo ～ 激发原子,受激原子
　　estado ～ 〈理〉激发态

excitador,-ra *adj.* 使激动的,使兴奋的;激励的;刺激(性)的 ‖ *m.* 〈电〉〈理〉激励器,励磁机
　　etapa ～a 激励级

excitante *adj.* 〈医〉使人兴奋的;刺激(性)的;使激动的,令人兴奋的 ‖ *m.* ①引起兴奋的食品[饮料];②〈医〉兴奋剂;刺激剂[物]

excitativo,-va *adj.* 刺激(性)的;有刺激[兴奋]作用的 ‖ *m.* 刺激物,兴奋剂

excitomotor *m.* 〈生理〉兴奋运动的

excitón *m.* 〈理〉激子

excitrón *m.* 〈电子〉励弧管

exclusión *f.* ①排斥,拒绝,排除在外;②〈医〉分离术(仅使器官的一部分与原器官脱离而不切除)
　　～ competitiva 〈生态〉竞争排斥
　　～ mutua 相互排斥
　　principio de ～ de Paul 〈理〉泡利不相容原理

exclusiva *f.* ①〈商贸〉专有[营]权;②独家新闻[专文]

exclusividad *f.* ①排除,排斥;②排斥[他,外]性;③〈商贸〉专有[营]权
　　～ de ventas 专卖权

exclusivista *adj.* ①(团体、学校、俱乐部等)

限制慎严的;选择成员严格的;②排外的;排他主义的

exclusivo,-va *adj.* ①唯[专]一的;专用的;②独有[占,享]的;③排斥[外]的;④(团体、学校、俱乐部等)限制慎严的;选择成员严格的

agente～ 独家代理

derechos ～s de venta 独家销售

exconjugante *m.* 〈动〉接合后体

excrecencia; excrescencia *f.* ①〈医〉赘生物,赘疣;瘤;②自然长出物(如指甲、头发等)

excreción *f.* ①排泄;分泌;②排便;③排泄[分泌]物

excremental; excrementicio,-cia *adj.* ①粪便的;排泄物的;②排泄[分泌]的

excremento *m.* ①排泄;②排泄[分泌]物

excreta *f.* 排泄物

excreto,-ta *adj.* 排泄的

excretor,-ra *adj.* 排泄的;有排泄功能的

órganos ～s 排泄器官

excretorio,-ria *adj.* 排泄的;有排泄功能的

sistema ～ 排泄系统

exculpación *f.* ①免[解]除(义务等);②〈法〉宣告无罪;无罪开释

excuria *lat.* 法庭外

excurrente *adj.* 〈植〉①(茎)贯顶的;②(树形)塔状的;③(叶脉)延伸的

excursión *f.* ①郊游,远足;(短途)旅行;旅[小]游;②(学术性的)参观活动;③〈天〉偏离正轨;④〈军〉袭击

～ a pie 徒步旅行

～ campestre (自带食物的)野餐郊游

～ con múltiples servicios 综合服务短途旅行

～ de caza 狩猎之旅

～ turística con boletos incluidos 包来回机票旅游

excusión *f.* 〈法〉依法追债(权)

exedra *f.* 〈建〉(半圆形)开敞式有座谈话间,有座前廊

exemia *f.* 〈医〉浓缩血(症)

exencefalia *f.* 〈医〉露脑(畸形)

exencéfalo *m.* 〈医〉露脑畸胎

exéresis *f.* 〈医〉切除术;外科切除

exergónico,-ca *adj.* 〈生化〉放能的

exértil; exerto,-ta *adj.* 〈植〉伸出的

exesión *f.* 〈医〉腐蚀

exestipulado,-da *adj.* 〈植〉无托叶的

exfetación *f.* 〈医〉宫外孕

exfiltración *f.* 渗[泄]漏

exflagelación *f.* 〈动〉小配子形成,鞭毛突出

exfoliación *f.* ①剥落;〈地〉页状剥落作用;

②剥落物(如树皮、表皮等);③〈缝〉脱落;④〈医〉(牙、表皮等的)脱落;鳞片样脱皮

exfoliado,-da *adj.* 片状的,鳞片状的

exfoliante *adj.* 去皮屑的 ‖ *m.*(用以去除死皮的)磨砂膏

exfoliativo,-va *adj.* 使片状剥落的

exhalación *f.* ①呼气;散发,呼出;②〈天〉流星

exhaustor *m.* 〈机〉排气机;排气装置

exheredación *f.*; **exheredamiento** *m.* 剥夺继承权

exhibición *f.* ①展示;展览;陈列;②展览会;③展览[陈列]品;④〈电影〉放[播]映;⑤〈体〉(体育活动的)表演;⑥*Méx.*〈商贸〉分期付款

～ aérea 飞行表演

～ ambulante[rodante] 巡回展出

～ automovilística ①汽车展览;②车展

～ de cuadros 画展

～ de escaparate 橱窗陈列

～ de gimnasia 体操表演

～ de mercancías ①商品展览;②商品展览会

～ de mostrador 柜台陈列

～ de productos ①产[商]品展览;②产品展览会

～ gráfica 图表展示

～ industrial 工业展览会

～ para minoristas 交易会,展销会

partido de ～ 〈体〉表演赛

exhibicionismo *m.* ①表现癖[狂];②〈心〉裸露癖;露阴狂;裸露[露阴]表现

exhibicionista *adj.* ①表现癖[狂]的;②〈心〉裸露癖的;露阴癖的 ‖ *m. f.* 〈心〉有裸露癖者;有露阴癖者

exhorto *m.* 〈法〉(同级法官间的)委托书

exina *f.* 〈植〉外壁

exinita *f.* 〈地〉壳质煤素质

existencia *f.* ①存在;实有;②生存;③ *pl.* 〈商贸〉库存;存量;库存物

～ de capital 资本储存[存量]

～ en caja 库存现金

～ militar 军事存在

～ real ①实际库存;②实际库存量

～s de mercancías 库存品,存货

lucha por la ～ 生存竞争

exitazo *m.* 〈戏〉〈乐〉轰动的演出

éxito *m.* ①成功;成绩[就];②〈戏〉〈乐〉成功之事(如演出、歌曲等);③好结果

～ de librería(～ editorial) 畅销书

～ de taquilla 卖[叫]座的(演出等)

～ de ventas 畅销书

exoatmósfera *f.* 〈天〉外大气层

exobiología *f.* 外空生物学,宇宙生物学

exocardia *f.* 〈医〉异位心

exocarditis *f. inv.* 〈医〉心外炎

exocarpio; exocarpo *m.* 〈植〉外果皮(指果皮的外层)

exocataforia *f.* 〈医〉外下隐斜视

exoccipital *adj.* 见 hueso ～
hueso ～ 〈解〉外枕骨,枕外骨

exocele *f.* 〈生〉外腔;胚外体腔

exocérvis *f.* 〈解〉外宫颈

exocitosis *f.* 〈生〉① 胞吐(作用);出胞;② 白细胞外渗

exocolitis *f. inv.* 〈医〉结肠腹膜炎

exocorión *m.* ① 〈昆〉(昆虫的)外卵壳;② 〈动〉(高等脊椎动物的)绒毛膜外层

exocrino,-na *adj.* 〈生理〉① 外分泌的;② 外分泌腺的
células ～as 外分泌细胞
glándulas ～as 外分泌腺

exocrinología *f.* 〈医〉外分泌学

exocrinosidad *f.* 〈医〉外分泌(性)

exodermis *f.* 〈植〉外皮层

exodermo *m.* 〈生〉① 外胚层;由外胚层长成的组织;② 外层

éxodo *m.* 〈社〉(人口大批的)移居

exodoncia *f.* 〈医〉拔牙学

exoelectrón *m.* 〈理〉外激电子

exoenergético,-ca *adj.* 〈理〉放能的

exoenzima *m.* 〈生化〉胞外酶,外(源)酶

exoérgico,-ca *adj.* 〈化〉放能的;放热的

exoesqueleto *m.* 〈动〉外骨骼

exoforia *f.* 〈医〉外隐斜视

exoftalmia; exoftalmía *f.* 〈医〉(尤指由于疾病或窒息所引起的)突眼,眼球突出

exoftálmico,-ca *adj.* 〈医〉突眼的,眼球突出的

exoftalmogénico,-ca *adj.* 〈医〉致突眼的,引起眼球突出的

exoftalmometría *m.* 〈医〉突眼测量(法)

exoftalmómetro *m.* 〈医〉突眼计,眼球突出测量器

exogamia *f.* ① 〈生〉异系配合[交配];② 〈植〉异孢传粉

exogámico,-ca *adj.* 〈生〉异系配合[交配]的

exogastritis *f. inv.* 〈医〉胃外膜炎

exogástrula *f.* 〈解〉外原肠胚

exógeno,-na *adj.* ① 〈生〉外生的,外源的;② 〈医〉外因的;由非遗传因素产生的;③ 〈地〉外成的,外生的;④ 〈植〉外长胚的
esporas ～as 〈生〉外生孢子
infección ～a 〈医〉外源性感染
intoxicación ～a 〈医〉外源性中毒

metabolismo ～ 外源代谢

psicosis ～a 〈医〉外因性精神病

roca ～a 〈地〉外成[生]岩

tallos ～s 〈植〉外长茎

exogenote *f.* 〈生〉外基因子

exohormona *f.* 〈生化〉外激素

exón *m.* 〈生化〉外显子,编码顺序

exonefro,-fra *adj.* 〈动〉有外肾的

exónfalo *m.* 〈医〉脐疝

exonucleasa *f.* 〈生化〉核酸外切酶,外切核酸酶

exoparásito,-ta *adj.* (寄生虫)生在寄主体外的 ‖ *m.* (体外)寄生虫

exopatía *f.* 〈医〉外因病

exopático,-ca *adj.* 〈医〉外因病的;病因在体外的

exopeptidasa *f.* 〈生化〉外肽酶,肽链端解酶

exoperidio *m.* 〈植〉外包被

exoplasma *m.* 〈生〉外质(指细胞基质外部的胶化区);外胞浆

exopodito *m.* 〈动〉(甲壳纲动物的)外肢

exopterigoto,-ta *adj.* 〈昆〉外翅类的 ‖ *m.* ① 外翅类昆虫;② *pl.* 外翅类

exorreísmo *m.* (地区水系)排入大海

exosfera *f.* 〈气〉外大气圈,外逸层

exosmosis; exósmosis *f.* 〈化〉外渗

exospora *f.* ① 〈植〉孢子外壁;② 〈生〉外生孢子

exosporio *m.* 〈植〉外孢壁

exosqueleto *m.* 〈动〉外骨骼

exosto *m.* *Amér. L.* (汽车的)排气管[装置];排气口

exostosis; exóstosis *f.* 〈医〉外生骨疣

exotecio *m.* 〈植〉① 蒴外层;② 药室外壁

exoterma *f.* 〈化〉放能;放热

exotérmico,-ca *adj.* 〈化〉放热的;放能的
gas ～ 放热气体
compuesto ～ 放热化合物
reacción ～a 放热反应

exótico,- ca *adj.* 外(国)来的,从(国)外引进的;外国种[产]的
especie ～a 外国(物)种

exotoxina *f.* 〈生化〉外毒素

exotropia *f.* 〈医〉外斜视,散开性斜视

expandible *adj.* ① 可扩大的;可扩展[张]的;② 〈理〉可膨胀的;膨胀性的

expandidor *m.* 〈机〉① 扩张[扩展]器;扩管器[装置];② 膨胀器

expansibilidad *f.* ① 可扩张[扩展]性;② 〈理〉可膨胀性

expansible *adj.* ① 可扩大的;可扩展[张]的;② 〈理〉可膨胀的;膨胀性的

expansión *f.* ① 扩大[展,张];发展;② 〈理〉

（温度升高或压力下降导致物质发生的）膨胀；③〈经〉（生产和需求的）增长

~ adiabática 绝热膨胀

~ clonal 克隆扩张

~ cósmica(~ del universo)〈天〉宇宙膨胀

~ cúbica 体积膨胀

~ económica 经济扩张[增长]

~ isotérmica 等温膨胀

~ térmica 热膨胀

curva de ~ 膨胀曲线

evaporación por ~ 闪[骤]蒸

mandril de ~ 胀管器

máquina de ~ 膨胀机

mecanismo de ~ 膨胀装置

ondas de~ 膨胀波

perno de ~〈机〉伸缩栓,扩开螺栓

tanque de ~ 膨胀箱

expansionario,-ria adj. ①扩大[展]的；②扩张[扩展]性的；③膨胀的

política monetaria ~a 扩张[扩展]性货币政策

expansividad f. ①扩大[充,展]性；②〈理〉体胀系数；膨胀性；③〈医〉夸张性

expansivo,-va adj. ①（气体）膨胀性的；②〈经〉扩张性的

bala ~a 裂开弹

demanda ~a 扩张性需求

onda ~a〈理〉冲击波,击波

política ~a 扩张(主义)政策

expansor m.〈电子〉扩展器；扩管器[装置]

expectante adj. ①期待的；预期的；②期望的；渴望的；③怀孕的,等待分娩的；④〈法〉期待得到的

expectantiva f. ①期待(的目标)；等待；②预期；期望

~(s) de vida 预期寿命

~s adaptables 适应性预期

expectantivo,-va adj. ①（可）期待的；预期的；②（可）期望的

expectoración f. ①咳出,吐痰；②〈医〉咳痰

expectorante adj.〈药〉祛痰的‖ m. 祛痰剂

expedición f. ①（为特定目标的）出行；探险；②〈军〉远征；③〈地〉考察；④〈体〉在客场进行的体育活动；⑤〈商贸〉寄发；发运,船运；航运货物；⑥办理；签发；⑦远征队

~ científica 科学考察

~ de salvamento 营救之行

~ directa 直接发运

~ militar 军事远征

~ parcial 分批发货,分运

~es parciales prohibidas 禁止分运

expedidor m. ①船舶业务代理人[行]；②发

货[托运]人

expediente m. ①履[经]历,记录；②卷宗,档案；(学校里留存档的)学生成绩单；③〈法〉诉讼；审判记录；④手续,程序

~ académico (学生)成绩报告单

~ de regulación de empleo〈经〉劳动力调整计划[措施]

~ del personal 人事档案

~ disciplinario 纪律处分程序

~ judicial 法定程序；法律诉讼

~ policial 刑事档案

~ profesional 工作经历

expendedor,-ra m. f. ①零售商；②代销者（尤指代售香烟、邮票、戏票、彩票等）‖ m.〈机〉售货机

~ automático 投币式自动售货机

~ automático de bebidas 饮料自动售货机

~ de billetes（尤指代售戏票、彩票的）售票处

máquina ~a 投币式自动售货机

experiencia f. ①经[阅]历；②经[体]验；感受；③试验

~ clínica 临床试验

~ de Guericke 居里克(德国物理学家)试验（即马格德堡半球压力试验)

~ de Hertz 赫兹(德国物理学家)试验(发现了光电效应)

~ de Young 杨(英国物理学家)试验(确证了光波动说)

~ en la dirección 管理[领导]经验

~ extracorporal〈医〉体外试验

~ laboral 工作经历

~ piloto〈经〉小规模试验计划

experimentación f. ①试[实]验；②实验法

~ científica 科学实验

~ cualitativa 定性试验

~ cuantitativa 定量试验

~ de cuerpo humao 人体实验

~ sistemática 系统实验

experimentador,-ra adj. 从事实验的,进行试验的‖ m. 实[试]验者

experimental adj. ①实[试]验(性)的；根据实[试]验的；②喜爱[善于]实[试]验的；③根据经验的,经验上的

fisica ~ 实验物理

granja ~ 实验农场

psicología ~ 实验心理学

experimentalismo m. ①实验主义,实验论；工具主义；②喜欢实验

experimentalista m. f. ①实验主义者,实验论者；②喜欢以实验进行探索的革新者

experimento m. 实[试]验

~ médico 医学实验

~s científicos 科学实验

experticia *f.* *Amér.L.* 专家鉴定[评价]；专门鉴定[评价]

expertización *f.* 专家鉴定[评价]

experto,-ta *m.f.* 专家；内行；高[老]手

~ contable 审计员；特许会计师

~ en huellas digitales 指纹专家

~ en inversión 投资专家；投资高手

~ técnico 技术专家

~ tributario 税务专家

~ valuador 鉴定专家；评价员

sistema de ~ 〈信〉(能够像人脑那样解决特定领域问题的)专家系统

expiatorio,-ria *adj.* 呼气的

dispnea ~a 呼气(性呼吸)困难

expillo *m.* 〈植〉母菊

expirar *intr.* 〈信〉超时

explanación *f.* 〈机〉〈技〉弄[校,调,整]平，平整

explanadora *f.* 〈机〉平地[路,土]机；校平器

~ cargadora[elevadora] 升降式平土机，电铲式平路机

~ de arrastre 拖式平地机

~ de motor 电动平地机

explante *m.* 〈生〉(组织培养)分离块

exploración *f.* ①探险；〈地〉勘探[查,测]，探测；②〈军〉侦察；③扫描；电子光束扫掠；④〈医〉(对身体某一部位的)探查；检查

~ a rodillo 滚筒扫描

~ de petróleo 石油勘探

~ de radioisótopo 放射性同位素扫描

~ electrónica 电子扫描

~ física 体检

~ infrarroja 红外线扫描

~ linear[rectilínea] 直线扫描

~ marina 海上勘探

~ mecánica 机械扫描

~ plana 平面扫描

~ por sectores 扇形扫描

~ progresiva 逐行扫描

~ sísmica 地震探查

~ submarina ①水下勘查[探]；②(只戴面罩、不穿潜水衣的)赤身潜水(运动)，裸潜

cabezal de ~ 扫描头

explorador,-ra *adj.* ①〈地〉勘探的；探险的；②〈军〉侦察的；③扫描的 ‖ *m.f.* ①〈地〉勘探者；考察者；探险者；②〈军〉侦察员 ‖ *m.* ①〈医〉探察器；探针[子]；②扫描器[设备]

~ fotoeléctrico 光电扫描器

~ indirecto de punto móvil 飞点扫描器

~ láser 激光扫描仪

~ óptico 光扫描器

exploratorio,-ria *adj.* ①勘探[查]的；探测的，②考察的，③〈医〉探察[查]的；试探的

operación ~a 探查(手)术

explosímetro *m.* 气体可爆性测定仪

explosión *f.* ①爆炸，炸裂(声)；爆发(声)；爆炸声；②〈机〉(引擎活塞的工作)冲程；(燃烧)膨胀冲程；③迅速扩大[发展]；激增

~ de gas 瓦斯爆炸

~ demográfica 人口爆炸[激增]

~ en el carburador 爆回，倒火

~ nuclear 核爆炸

~ por simpatía 二次爆炸

explosividad *f.* 爆炸性

explosivo,-va *adj.* ①爆炸的；会(引起)爆炸的；爆发的；②爆炸性的，激增的，迅速扩大的 ‖ *m.* 炸药

~ de alto poder 高爆炸药，烈性炸药

~ de baja potencia 低爆炸药

~ de gran potencia(~ de ruido) ①眩晕手榴弹；②高爆[烈性]炸药

~ de seguridad 〈矿〉塑性安全炸药

~ detonador[iniciador] 〈化〉引炸药

~ detonante 烈性炸药

~ nitro 硝基炸药

~ plástico 〈化〉塑料炸药；可塑炸药

~ rompedor[violento] 高爆[烈性]炸药

~ sólido 固体炸药

fuerza ~a ①爆破力；②〈体〉爆发力

explosor *m.* 信[雷]管，引信；引爆器

explotabilidad *f.* ①可开采[发]性；②可利用性；③可剥削性

explotación *f.* ①(资源等的)开发[采]；②(以发挥效能的)利用；经营；③〈机〉(用于开发开采用的)成套设备

~ a cielo abierto 露天开采

~ agrícola 农场；农业企业

~ continua 连续采煤法

~ conjunta 联合经营

~ de cantera 采石工程

~ de huella 煤矿业

~ de las minas 开[采]矿

~ de obreros 剥削工人

~ fiscal 国家经营

~ forestal 林业开发

~ ganadera ①畜牧场；②畜牧业

~ minera ①矿山；②采矿业

~ petrolífera 石油开采

gastos de ~ 运营成本

exponencial *adj.* ①〈数〉指数的；可用指数函数表示的；②〈增长〉呈几何级数的，激增的 ‖ *m.* 〈数〉指数

curva ～ 指数曲线
ecuación ～ 指数方程
función ～ 指数函数
tiempo ～〈信〉指数时间
exponente *m.* 〈数〉指数(如 10³ 中的 3)
～ cero 〈数〉零指数
exportable *adj.* 可出口的,可输出的
exportación *f.* ①出口;输出;②出口物[商品];输出品
～ de capitales 资本输出
～ de obreros 劳务输出
～ en pie (尤指活牲畜、活动物的)活物出口
exportar *tr.* ①出口,输出;②〈信〉输出,转出(数据)
exposición *f.* ①陈列,展出;展览;②〈商贸〉展[博]览会;交易会;③〈乐〉(奏鸣曲等的)呈示部;④〈摄〉曝光;曝光时间
～ ambulante[circulante,itineraria] 流动[巡回]展览
～ colectiva 联合展出
～ de electrodomésticos 家用电器展览(会)
～ de modas 时装表演,时装秀
～ de motivos 〈法〉(法规、法律等的)导言
～ de muestras 样品展览(会)
～ de novedades 新产品展览(会)
～ Económica y Comercial de R. P. C[E-] 中华人民共和国经济贸易展览会
～ internacional 国际展览会
～ mundial 世界展览会
～ universal 万国博览会,世(界)博(览)会
Buró Internacional de ～ (*abr.* BIE)[E-] 国际展览局
tiempo de ～ 曝光时间
exposímetro *m.* 〈摄〉曝光表[计]
expositor,-ra *m. f.* ①(艺术)展出者;②〈商贸〉参展者[商] ‖ *m.* ①玻璃陈列柜;②摊位
～ colectivo/individual 联合/个人参展者
～ desdes muchos años 历届参展者
exprés *adj.inv.* ①用蒸汽加压的;压力的;②快的,特快的;快运[递]的 ‖ *m.* ①浓咖啡;②快运[递];③*Amér. L.* 特快快[列]车;④*Méx.* 运输公司
carta ～ 快递信件
café ～ 浓咖啡
olla ～ 压力[高压]锅
tren ～ 特快快[列]车
expresión *f.* ①表达;表达法[方式];②〈数〉式;③〈信〉表达式;④(艺术上的)表现;表现力;⑤〈药〉汁;榨出的汁
～ absoluta 〈信〉绝对表达式

～ algebraica 〈数〉代数式
～ analítica 〈数〉分解式
～ bilinear 〈数〉双线性式
～ binaria 〈信〉二进制表达式
～ corporal (口译工作者在某种情况下所使用的)手势表达法
～ explícito/implícito 〈数〉显/隐式
～ fraccionaria 〈数〉分数式
～ genética 〈生化〉基因表达
～ regular 〈信〉正规表达式
～ relacional 〈信〉关系表达式
expresividad *f.* 〈生〉〈遗〉(遗传特性的)表现度
expreso,-sa *adj.* ①〈交〉〈火车〉快的;直达的;②明确的;③见 café ～ ‖ *m.* ①〈交〉(铁路)快车;②特种邮件投递员;③急[快]件;特快专递件;特种邮递;快递;④*Amér. L.* 捷运[快递]公司;⑤*Cari.* 长途公共汽车
～ aéreo 特快空运
café ～ (用蒸汽加压煮出的)浓咖啡
compañía de transporte ～ 快运公司
garantía ～a 明示保证
servicio de transporte ～ 快运业
tarifa de ～ 快递费率,快运费率
exprimelimones *m. inv.* 〈机〉柠檬榨汁机
exprimible *adj.* 可榨出(汁液)的
exprimidera *f.* 〈机〉榨汁机
exprimidor *m.* 〈机〉①(手动)柠檬榨汁机;(电动)榨汁机;②*Amér. L.* 压榨器
expropiación *f.* ①(财产、车辆、土地等的)征用,没收;②(被)征用物
～ forzosa (政府对土地等的)强制征购
orden de ～ (强制)征购令
expulsable *adj.* ①可驱逐的;可开除的;②可排出的
expulsión *f.* ①驱逐,逐出;开除;②驱逐出境;③〈体〉(足球比赛中裁判员)罚(球员)出场;④(气体、烟雾等的)排[呼]出
expulsivo,-va *adj.* ①驱逐的,逐出的;②驱除的,排出(性)的 ‖ *m.* ①驱除剂;②〈药〉排毒药
medicamento ～ 排毒药
expulsor,-ra *adj.* ①驱逐的;驱除的;②喷出的;排出的 ‖ *m.* ①〈机〉喷射器;推出器;②(枪炮子弹的)退壳器
asiento ～ 〈航空〉弹射座椅
exsanguinación *f.* 〈医〉放[驱,去]血法
exsanguino-transfusión *f.* 〈医〉交换输血(法)
exsecante *f.* 〈数〉外正割
exsicación *f.* ①干燥;除去水分,脱水;②干燥(法,作用)

exsorción f. 〈医〉外吸渗

exstrofia f. 〈医〉外翻
~ de la vejiga 膀胱外翻

éxtasi; éxtasis m. ①出神,入迷;②〈医〉精神恍惚;③〈药〉摇头丸

extendedor m. 〈机〉延长器;延展[伸]器[机];扩张[充,展]器

extendedora f. 见 extendedor

extensibilidad f. ①(可)延伸[伸长,延展,拉伸]性;②延伸[伸长]度

extensible adj. ①可延伸[伸长,伸展]的;②(梯子、桌子等)可伸的;能伸出[展]的;③可扩展的;④〈商贸〉可延[展]期的

extensimetría f. 伸长测定(法);变形测定(法)

extensimétrico,-ca adj. 测伸长的;测变形的

extensímetro m. 伸长计;变形测定器

extensina f. 〈生〉伸展蛋白

extensión f. ①面积;广阔区域;②(时间等的)长短;一段时间;③(活动、影响、知识等的)范围;程度;④扩大[展];延伸;⑤〈商贸〉(时限等的)延长;延[展]期;⑥伸长;(绳索、电缆等的)延长部分;⑦(火灾、病情等的)蔓延;⑧〈讯〉电话分机;分机号码;⑨(学校、组织等机构的)分部;⑩〈乐〉音域;⑪〈逻〉外延;⑫〈数〉伸延集;⑬〈信〉扩展[充]名
~ de la revisión 审核范围
~ del riesgo 风险扩大
~ Universitaria [E-] 大学扩展部
contractura de ~ 〈医〉伸展挛缩
filename ~ 文件扩展名

extensivo,-va adj. ①广阔[大]的;②扩展的;③延伸的,(延)长的;广[外]延的;④〈农〉粗放(经营)的;大面积浅耕粗作的
cultivo ~ 粗放耕作

estensómetro m. 伸长计;变形测定器

extensor,-ra adj. ①(使)伸展的;②致伸展的 ‖ m. ①〈解〉伸肌;②〈体〉弹簧拉力器,扩胸器
músculo ~ 〈解〉伸肌
punto ~ 〈解〉伸肌点
superficie ~a 〈解〉伸肌面

exterior adj. ①外面[部]的;外来的;②向外的,临街的;③对外的;外交上的 ‖ m. ①外部[面];②外国,国外;③pl. 〈电影〉外景(拍摄);④pl. [E-] 外交部;⑤外部空间
ángulo ~ 〈数〉外角
diámetro ~ 外径
espacio ~ 外层空间
habitación ~ 临街房间
mercado ~ 国外市场
muralla ~ 外墙

exteriolización f. ①〈医〉(使)外向化;(使)外置;②表[显]露

exterminable adj. ①可灭绝的,可根除的,可消灭的;②可(用武力)摧毁的

exterminador,-ra adj. ①灭绝的,根除的,消灭的;②(用武力)摧毁的,毁灭的 ‖ m. f. 根除者,消灭者;扑灭者 ‖ m. 杀虫剂;灭鼠药

externado m. 〈教〉①走读学校;②走读生制度;③走读生

externalidad f. ①〈经〉外部性;②外在性

externalización f. ①外包[购];②〈信〉(以立约形式将部分工作)外[转]包;②外表化;外表性

externalizar tr. ①(将一部分服务性工作)外[转]包;②外购

externo,-na adj. ①外面[部]的;②〈药〉外用的;③〈解〉外的;④外露的,表露的,露出来的;⑤〈信〉(主机)外部的;⑥外界[来]的;对外的;⑦〈教〉走读的 ‖ m. f. 〈教〉走读生
alumno ~ 走读生
ambiente ~ 外界环境
causa ~a 外因
fase ~a 外相
marcapasos ~ 体外起搏器
otiris ~a 〈解〉外耳炎
medicamento de uso ~ 〈药〉外用药
respiración ~a 〈医〉外呼吸

exteroceptivo,-va adj. 〈生理〉外感受性的

exteroceptor m. 〈生理〉外感受器

extinción f. ①消亡[灭];破灭;②熄灭;③〈生〉消亡,灭绝,绝种;④〈理〉消光;⑤(债务等的)偿清;⑥(权利等的)废除,取消;⑦(票据等的)到期;⑧〈法〉(法规等的)失效
~ del arco 火花猝熄
con ~ automática 自猝灭(地)
cono de ~ 静(锥)区

extinguible adj. ①可熄灭的,可扑灭的;可破灭的;②可消亡的;会灭绝的,会绝种的

extinguido,-da adj. ①灭绝的,绝种的;②(火等)熄灭了的;③(火山等)死的

extinguidor m. Amér. M. ①灭火器;②熄灯器
~ a espuma 泡沫灭火器
~ de incendios 灭火器
~ de llama 灭火器,火焰消除器

extino m. 〈植〉外壁;孢子外壁

extintivo,-va adj. ①使消亡的;使破灭的;②使熄灭的;③〈法〉取消的;失效的

extinto,-ta adj. ①已消亡的;已破灭的;已消失的;②已熄灭的;③Amér. L. 死亡的;亡[已]故的

volcán ～ 死火山

extintor,-ra adj. ①使消亡的；使破灭的；②使熄灭的 ‖ m. ①灭火器；②猝[熄]灭器；消除器
　～ de chispas 灭火花器
　～ de espuma 泡沫灭火器
　～ de incendios 灭火器

extirpable adj. ①可连根拔除的；②可摘除的；③可根绝[除]的

extirpación f. ①连根拔除；拔除；②消灭；根除(恶习、问题、物种等)；③〈医〉摘除(肿瘤等)

extirpador,-ra adj. ①连根拔起的；根除的；②〈医〉摘除的 ‖ m. ①〈农〉(锄草)耕耘机；园用手耘锄；②〈医〉摘除器

extorno m. ①〈商贸〉(作为减免或折扣的)退款；②(已定购货物、保险费等的)退还；(因保险条件的某些变化保方给被包保方的)退还金额

extorsión f. 〈法〉(利用职权或使用暴力、威胁等手段)勒索钱财

extra adj. inv. ①额外的，外加的；②极好的；(汽油因含高锌烷值而)优质的 ‖ m.f. 〈电影〉群众演员 ‖ m. ①另外的收费，额外费用；②附加工资；奖金；③刊有正常版截稿后的最新消息的)报纸特别版；增刊；④pl.(汽车、电视机等的)附件
　calidad ～ 特优质量，优质

extraarticular adj. 〈解〉〈医〉关节外的

extraaxilar adj. 〈植〉腋外生的

extrabronquial adj. 〈解〉〈医〉支气管外的

extrabucal adj. 〈解〉〈医〉口腔外的；颊外的

extrabulbar adj. 〈解〉〈医〉球外的

extracapsular adj. 〈解〉囊外的

extracardíaco,-ca adj. 〈解〉心外的

extracción f. ①抽[吸]出；②〈医〉拔出(牙齿)；取出(子弹、碎片等)；③〈矿〉提[淬]取；采掘；④〈化〉萃[提]取法；⑤〈数〉开方，求根；⑥〈信〉(数据、特征等的)提取
　～ continua 连续开采
　～ de fondo 泄料；放空，吹净
　～ de muestras 测井
　～ de piedras 采石(工程)
　～ de raíces 开方，求根
　～ líquido-líquido 〈化〉液-液萃取
　～ por disolventes 溶剂法，溶剂萃取
　～ sólido-líquido 〈化〉固-液萃取
　maquinista de ～ 司闸员，制动司机

extracelular adj. 〈生〉(位于或发生在)细胞外的，胞外的
　enzimas ～es 胞外酶
　matriz ～ 胞外基质

extrachato,-ta adj. Arg., Urug. (手表、电视机)超薄的

extracístico,-ca adj. 〈解〉①囊外的；②膀胱外的

extracomunitario,-ria adj. 见 países ～s
　países ～s 非欧盟国家

extracorporal adj. 〈医〉体外的
　circulación ～ 体外循环

extracorpóreo,-rea adj. 〈医〉(位于或发生在)体外的
　circulación ～a 体外循环
　corazón ～ 体外心，体外人工心脏

extracorriente f. 〈电〉额外(感应)电流

extracorta f. 超短波

extracorto,-ta adj. ①超短的；瞬息的；②超短波的(指波长在 10 米以下范围内的无线电波的)
　ondas ～as 超短波

extracraneal adj. 〈解〉〈医〉(位于或发生在)头颅外的，颅外的

extractivo,-va adj. ①拔出的，可拔出的；②提[萃]取的；可提[萃]取的

extracto m. ①〈化〉萃取物；②〈药〉浸出物，药膏；③提出[抽提，提取]物；精，汁；④提[摘]要；⑤〈法〉(案件材料等的)梗概
　～ codificado 〈信〉编码文摘
　～ de cuentas (银行)结算单
　～ de índigo 靛蓝精
　～ de malta 麦芽膏，麦精
　～ de operaciones 报表，结算单
　～ de rosa 玫瑰精油
　～ de saturno 〈化〉铅白
　～ de violeta 紫罗兰香精
　～ tánico 丹宁提取物
　～ tebaico 阿[鸦]片水提液

extractor,-ra adj. 提取[炼]的 ‖ m. ①〈化〉提[萃]取器；②(工厂等用的)排气扇；③(厨房用的)油烟机；④〈医〉拔[取]出器；⑤〈军〉(火炮等的)退壳器；退弹簧
　～ centrífugo 〈化〉离心萃取器
　～ de aire 排气扇；抽风器；通风设备
　～ de disolvente 溶剂萃取器
　～ de herramientas 工具拔出器
　～ de humedad 脱水器[机]
　～ de humos ①吸屑抽风机；②(用于厨房、工厂等的)排气扇
　～ magnético 选磁机

extracurricular adj. 〈教〉课外的；课程以外的

extradición f. 〈法〉(根据条约或有关法令对逃犯等的)引渡

extradicionar；extradir tr. 〈法〉①引渡；②获取(逃犯、凶犯等的)引渡

extraditable adj. 〈法〉可引渡的；足以使犯

者被引渡的 ‖ *m. f.* ①可引渡的人；②
Col.（美国警方所追捕的）大毒枭

extradós *m.* 〈建〉拱背（拱的外缘线）

extradural *adj.* 〈解〉硬膜外的

extraembrionario,-ria *adj.* 〈生〉胚外的

extraescolar *adj. Amér. L.* 〈教〉校外的
actividad ～ 校外活动

extragaláctico,-ca *adj.* 〈天〉银河系外的,河
外的
sistema ～ 河外星系

extragenital *adj.* 〈解〉〈医〉生殖器外的

extragrueso,-sa *adj.* 超[加,特]厚的

extrahepático,-ca *adj.* 〈解〉〈医〉肝外的

extraíble *adj.* ①可拆卸[除]的;可拔出的;
②可提[萃]取的,可榨取的;③〈信〉弹出式
的;④〈信〉可移动的

extrajudicial *adj.* ①〈法〉法庭管辖以外的;
超出法庭职权的;②发生在法庭外的;③在
通常法律程序以外的;违反通常法律程序的
solución ～ 庭外解决

extrajurídico,-ca *adj.* 法律管辖以外的

extralegal *adj.* 〈法〉①未经法律规定[准许]
的;②法律管辖以外的;③违法的

extraliviano,-na *adj.* (重量等)特轻的

extralunar *adj.* 〈天〉(来自或存在于)月球外
的

extramarital *adj.* 婚外的

extramedular *adj.* 〈解〉〈医〉髓外的
hematopoyesis ～ 髓外造血

extramural *adj.* ①城镇以外的;城墙以外
的;②〈解〉壁外的

extranatural *adj.* (位于或发生在)自然界之
外的

extranjería *f.* ①外侨(身份,地位);②外国
事物
ley de ～ 外侨权益法

extranjero,-ra *adj.* ①外国的;外国人的;②
国外的 ‖ *m. f.* ①外国人;②〈法〉外侨

extranuclear *adj.* ①〈理〉(原子)核外的;②
〈生〉(细胞)核外的,胞质的
electrones ～es 核外电子

extrañamiento *m.* ①疏远;②〈法〉放逐;流
放;驱逐出境

extraocular *adj.* 〈解〉〈医〉眼外的

extrapélvico,-ca *adj.* 〈解〉〈医〉盆[盂]外的

extrapesado,-da *adj.* 超[加,特]重的

extrapiramidal *adj.* 〈解〉锥体束外的

extraplacentario,-ria *adj.* 〈解〉〈医〉胎盘外
的

extraplano,-na *adj.* 超薄型的
reloj ～ 超薄型手表

extraplomado,-da *adj.* ①悬垂的;②伸[突]
出的

extraplomo *m.* ①悬垂,伸[突]出;②悬垂
物;突出物;悬垂[突出]部分

extrapolación *f.* 〈数〉〈统〉外推(法),外插
(法)

extrapolar *adj.* 两极之外的

extrapulmonar *adj.* 〈解〉〈医〉肺外的

extrarenal *adj.* 〈解〉〈医〉肾外的

extrarrápido,-da *adj.* 〈摄〉超速拍摄的

extrarred *f.* 〈信〉外联网

extrasensorial *adj.* 超感官的,超感觉[知]的

extraseroso,-sa *adj.* 〈解〉浆膜腔外的

extrasístole *f.* 〈医〉(心脏)期[额]外收缩,过
早收缩

extrasolar *adj.* 〈天〉太阳系之外的

extrasomático,-ca *adj.* 〈解〉体外的

extraterrenal; extraterreno,-na *adj. Amér.
L.* ①地球外的,行星际的;宇宙的;②来自
另一行星的;③超自然的

extraterritorial *adj.* ①〈法〉治外法权的;②
在疆界以外的;不受管辖的

extraterritorialidad *f.* 〈法〉治外法权

extratimpánico,-ca *adj.* 〈解〉〈医〉鼓室外的

extrauterino,-na *adj.* 〈解〉〈医〉子宫外的
embarazo ～ 宫外孕

extravaginal *adj.* ①〈解〉〈医〉阴道外的;鞘
外的;②〈植〉豆荚外的

extravasación *f.* ①(液体、血液等)外渗,
流出;②〈医〉外渗作用;外渗物;③喷出;④
〈地〉(熔岩)外喷

extravascular *adj.* 〈解〉①血[淋巴]管外的;
脉管系统外的;②非脉管的;无血管的

extravehicular *adj.* 〈航天〉①宇宙飞船外
的;座舱外的;②舱外活动的;供舱外活动的

extraventicular *adj.* 〈解〉室外的

extraversión; extroversión *f.* ①〈医〉外翻;
②〈心〉外倾,外向性

extravertido,-da; extrovertido,-da *adj.*
〈心〉外倾(性)的,好社交的 ‖ *m. f.* 性格
外向者

extremidad *f.* ①末[顶]端,端点;尽头;②
pl. 〈解〉四肢;(人的)手足
efecto de ～ 末端效应
esbozo de ～es 〈生〉肢芽

extremo,-ma *m. f.* ①〈体〉(足球运动中的)侧
翼队员 ‖ *m.* ①末端,尽头;顶点;②〈数〉
(比例的)外项;极值;③(牲畜的)过冬处[牧
场]
～ absoluto 〈数〉绝对极值
～ del ala 翼尖
～ derecho/izquierdo (足球等运动中的)
右/左翼队员
～ local[relativo] 〈数〉相对极值
～ muerte 空[闭,死]端

corona de ~ 端[短路]环

extrínseco,-ca *adj.* ①外在的;非固有的;非本质的;②外赋[源]的,外表[部,来]的;③〈医〉体外的
conductibilidad ~a 外赋传导率,非本征电导率

extrofia *f.* 〈医〉外翻

extrorso,-sa *adj.* 〈植〉外向的(指方向朝外或离开生长轴的)
antera ~a 外向花药

extrudibilidad *f.* 可挤压性,压出可能性

extrudido,-da *adj.* ①压[挤]出的;②〈机〉〈技〉挤压成形的;压制而成的

extrusión *f.* ①挤[压]出;②〈机〉〈技〉挤压(加工,成形),压制(法);③〈地〉喷出;喷出物(如熔岩)
~ en frío 冷挤压,冲挤
~ hacia adelante/atrás 正/反向挤压
prensa de ~ 压挤机,挤出机
proceso de ~ 挤压加工

extrusiva *f.* 〈地〉喷出岩

extrusivo,-va *adj.* 〈地〉喷出的
roca ~a 喷出岩

extrusor,-ra *adj.* 挤压的;压制的‖~a *f.* 〈机〉挤压机

extubación *f.* 〈医〉(从喉部)去掉管子,拔管

exuberancia *f.* ①生气勃勃,精力旺盛;②〈植〉茂盛,繁茂;③(尤指女性胸部的)丰满

exudación *f.* ①渗出;缓慢流出;②渗出物[液];流出物;③〈冶〉(金属)出汗

exudado *m.* 〈医〉渗出物

extrusor,-ra *adj.* 〈医〉渗出性的
diátesis ~a 渗出性素质
pleuritis ~a 渗出性胸膜炎

exulceración *f.* 〈医〉溃疡

exumbrela *f.* 〈动〉外伞,上伞

exuviación *f.* ①脱落;②〈医〉蜕皮

exuvial *adj.* 〈动〉蜕皮的

exuvio *m.* 〈动〉蜕(指蝉、蛇、蟹等脱下的皮、壳等)

eyaculación *f.* ①射出,排放;②〈生理〉射精;③射出物
~ precoz 〈医〉早泄

eyacutorio,-ria *adj.* ①射出的,排放的;②〈生理〉射精的

eyección *f.* ①喷[射]出,②〈航空〉弹射;顶出
cápsula de ~ 〈航空〉弹射(座)舱

eyectable *adj.* 可弹射出去的;用来弹射的
asiento ~ 〈航空〉弹射座椅

eyector *m.* ①〈机〉喷射器;喷射泵,推出器;喷嘴;②(枪炮的)排壳器;③(火箭的)喷气推进器组;弹射器
~ de aire 气动弹射器
~ de cenizas 排[冲]灰器
~ de chorro de vapor 射汽抽气机
~ de compensación 补偿喷嘴
~ principal 主喷嘴,(汽化器的)高速用喷嘴

EyG *abr.* Educación y Gestión 教育与管理

ezterí *m. Méx.* 〈矿〉红斑碧玉

F f

F ①〈化〉元素氟(flúor)的符号；②〈电〉法拉
(faradio)的符号

F *abr.* fuerza（风）力
(un) viento F8 8 级风

f. ᵃ *abr.* factura 发票

°F *f.* 华氏温度(grado Fahrenheit)的符号

fa *m.* ①〈乐〉固定唱法时之 F 音；C 大调音阶
中的第四音；②〈海〉竹筏 ‖ *abr.* femtoam-
pere〈电〉毫微微安
~ bemol 比 F 调低半音的音调
~ mayor F 大调
~ menor F 小调
~ sostenido 升 F(调)
clave de ~ F 谱号，低音符号

f. a. a. *abr. ingl.* free of all average〈商
贸〉全损赔偿；只赔全损

fab. *abr.* fabricante 工厂主；制造商

f. a. b. *abr.* franco a bordo〈商贸〉离岸价
格，船上交货价格

faba *f. Esp.* 〈植〉菜[四季]豆；菜豆角[粒]
~ crasa〈植〉紫花景天

fabáceo,-cea *adj.* 〈植〉①豆科的；②蝶形(花
科)的；有蝶形花冠的；(蚕)豆状的 ‖ *f.* ①
蝶形花科植物；② *pl.* 蝶形花科

fabacrasa; fabaria *f.* 〈植〉紫花景天

fabiano,-na *adj.* 费边(式)的，采取缓进待机
策略的 ‖ *m. f.* 费边社社员[支持者]
Sociedad ~ [F-] 费边社(1884 年成立于
英国，主张用缓慢渐进的改革方法实现社会
主义)

fabismo *m.* 〈医〉蚕豆病

fabo *m. Esp.* 〈植〉欧洲山毛榉

fábrica *f.* ①工厂[场]，制造厂；②生产，制
造；③〈建〉建筑(物)；(与 de 连用)石造(部
分)；石块[料]；④ *And.* 蒸馏器；蒸馏厂
[室]；⑤ *Méx.* 酿酒厂
~ central 总(电)站；总厂
~ de acero(~ siderúrgica) 炼钢厂
~ de alambre 金属丝(制品)厂
~ de algodón 纱[棉纺]厂
~ de cemento 水泥厂
~ de cerveza 啤酒厂
~ de clavos 制钉厂
~ de conservas 罐头食品厂
~ de electricidad 电力厂

~ de gas 煤气(制造)厂
~ de géneros de punto 袜厂；针织品厂
~ de hierro (炼)铁厂
~ de ladrillo 砖厂
~ de moneda 铸币厂
~ de montaje 装配厂
~ de pan *Méx.* 面包房；面包店
~ de papel 造纸厂
~ de productos químicos 化工厂
~ de tapices 壁毯厂
~ de vidrio 玻璃(工)厂
~ experimental 小规模试验性工厂，实验
[中间]工厂
~ filial 分厂，附属工厂
~ generadora 动力[发电]厂；发电站
~ metalúrgica 冶金[炼]厂
~ productora 制造厂，厂家
~ textil 纺织厂
de ~ 石造(部分)；石块[料]
en ~ (价格、交货方式)在工厂
marca de ~ 厂印[牌]，商标，牌号
muro de ~ 石[砖]墙
precio de ~ 出厂价

fabricación *f.* ①生产，制造[作]；②产[制
造]品
~ artesanal 手工生产
~ asistida por ordenador 计算机辅助生
产[制造]
~ continua[continual] 连续生产，流水作
业
~ de buena calidad 高档产品
~ de coches 汽车制造
~ de ladrillos 制砖
~ de pernos 螺栓制造
~ de tejas 制瓦，制瓷砖
~ del papel 造纸
~ en masa 成批生产
~ en serie 大量[大批]生产
~ integrada por computadora 计算机集
成生产
~ según pedidos 按订单生产
control de ~ 生产控制[管理]
de ~ casera 家里做的，自制的
fresadora de ~ 生产型铣床
nueva ~ 新产品

fabricado,-da *adj.* 生产的,制造的 ‖ *m.* 制成品
　~ a la orden(~ sobre pedido) 定制[做]的
　~ en China 中国制造(的)
fabricante *adj.* 生产的,制造的 ‖ *m.f.* ① 制造商,工厂主;② 制作[制造]者
　~ de fósforos 火柴制造商
　~ de herramientas 工[刀]具制造工,工具工人
　~ de molinos 水车工;磨轮机工
fábrico *m. Amér. L.* 〈工〉蒸馏器[甑]
fabril *adj.* 工厂的,制造(业)的;生产的
　actividad ~ 生产活动
　centros ~es 制造中心
　industria ~ 制造业
fac. *abr.* factura 发票
facción *f.* ① *pl.* 〈解〉面[相]貌;② 〈军〉值班[勤]
face *f.* 〈地〉地形
facectomía *f.* 〈医〉晶状体摘除术
facelita *f.* 〈矿〉钾霞石
facenta *f. Amér. L.* 田产,产业,庄园
faceta *f.* ①(多面体的)面;切[角]面;②(宝石,晶体等的)琢面;③ 〈昆〉个[小]眼面;④ 〈解〉(尤指骨上的)小(平)面
fachada *f.* ①(建筑物的)正面;临街正面;② 〈印〉书籍的封面;扉[书名]页;标题页
　~ principal (建筑物)正面
facial *adj.* ① 面部的;② 面部[美容]用的;③(硬币、纸币、邮票等)票面的(价值);④ 直觉的
　afeite ~ 修面,刮脸
　ángulo ~(头盖测定学上的)颜面角
　arteria ~ 面动脉
　cirugía ~ 面部外科
　crema ~ 面霜
　hueso ~ 面骨
　mascarilla ~ 面罩
　nervio ~ 面神经
　parálisis ~ 面神经麻痹,面瘫
　reflejo ~ 面反射
　técnica ~ 美容术
　valor ~(硬币、纸币、邮票等的)票面价值
　vena ~ 面静脉
facies (*pl.* facies) *f.* ① 面[外]貌;② 〈医〉病容;〈颜〉面;③ 〈地〉相;④ 〈信〉字形(特殊设计和特殊粗细的字符集)
　~ abdominal 腹病面容
　~ cardíaca 心(脏)病面容
　~ crítica 病危面容
　~ de Parkinson(~ parkinsoniana) 帕金森氏面容

　~ diafragmática 膈面
　~ hipocrática 垂危病人面容,希波克拉底氏面容
　~ labial 唇面
　~ leonina 狮面
　~ marina 〈地〉海相
　mapa de ~ 〈地〉相图
faciocervical *adj.* 〈医〉面颈的
faciolingual *adj.* 〈医〉面舌的
facioplastia *f.* 〈医〉面成形术
facioplejía *f.* 〈医〉面神经麻痹,面瘫
facocele *m.* 〈医〉晶状体突出
facochero *m.* 〈动〉(非洲所产面部有肉赘的)疣猪
facocistectomía *f.* 〈医〉晶状体囊切除术
facocistitis *f. inv.* 〈医〉晶状体囊炎
facocisto *m.* 〈解〉晶状体囊
facohimenitis *f. inv.* 〈医〉晶状体囊炎
facoide; facoideo,-dea *adj.* 〈医〉透镜状的
facoidoscopio *m.* 〈医〉晶状体镜
facolisina *f.* 〈生〉晶状体溶素(一种白蛋白)
facólisis *f. inv.* ① 〈医〉晶状体刺开术;② 晶状体溶解
facolita *f.* 〈矿〉扁菱沸石
facolito *m.* 〈地〉岩夹
facoma *m.* 〈医〉晶状体瘤
facomalacia *f.* 〈医〉晶状体软化,软内障
facomatosis *m. inv.* 〈医〉班痣性错构瘤病
facometacoresis *f.* 〈医〉晶状体移位
facométrico,-ca *adj.* 〈医〉检镜片计的
facómetro *m.* 〈医〉检镜片计
facóquero *m.* 〈动〉(脸部有内赘的)疣猪
facosclerosis *f. inv.* 〈医〉晶状体硬化
facoscopia *f.* 〈医〉晶状体镜检查
facoscópico,-ca *adj.* 〈医〉晶状体镜(检查)的
facoscopio *m.* 〈医〉晶状体镜
facoscotismo; facoscotoma *m.* 〈医〉晶状体混浊
facoterapia *f.* 〈医〉日光疗法,日光浴
facsímil; facsímile *adj.* ① 摹(真)本的,临摹的;复制(似)的;② 传真的 ‖ *m.* ① 摹真本;②〈讯〉(电,无线电)传真,传真通讯;传真图文像
facsimilar *adj.* (真迹等)临摹的,摹写的
fact.; fact.ª *abr.* factura 发票
factibilidad *f.* 可(实)行性,(实际)可能性
　estudio de ~ 可行性研究
factis *f.* 〈化〉(硫化)油膏;油胶
factor *m.* ① 因[要]素;②〈数〉因子,商;乘数,被乘数;③ 率;系数;④〈生〉〈医〉〈遗传〉因子 ‖ *m.f.* 〈商贸〉代理人;代理商
　~ activador de leucocito 白细胞活化因子

~ antifértil 抗生育因子

~ antihemofílico 抗血友病因子

~ antihemorrágico 抗出血因子

~ (de) antiinsulina 抗胰岛素因子

~ antineurítico 抗神经炎因子

~ carcinogénico 致癌因子

~ climático[climatológico] 气候因子

~ colicinogénico 大肠杆菌素生成因子

~ complementario 辅因子

~ común 〈数〉公因子,公因数

~ de acoplamiento 耦合系数

~ de acumulación 〈数〉积累因子

~ de amortiguamiento 阻尼[衰减]因数;
阻尼因子[系数]

~ de amplificación 〈电〉放大因数

~ de amplitud 振幅因素

~ de apantallamiento 屏蔽因数

~ de blocado 块[字组]因子

~ de capacidad 容量因素

~ de captación 拾音系数

~ de carga ①负载系数;②装填[载荷]因
子

~ de coagulación 凝血因子

~ de compensación 抵消系数

~ de compresibilidad 压缩因数

~ de consumo 〈航空〉〈客〉机座利用率;负
载系数

~ de conversión 转换因子

~ de corrección 校正系数

~ de crecimiento ①〈环〉〈生〉生长因子;
②增长系数

~ de crecimiento epidérmico〈医〉表皮生
长因子

~ de cresta 波峰[峰值]因素

~ de demanda 〈电〉需用[供电]因数,需用
率

~ de desviación 〈技〉偏差因数

~ de devanado 〈电〉绕线[组]系数

~ de difusión 〈理〉扩散系数,扩散率

~ de disipación 〈理〉耗散因数

~ de distorsión 〈理〉失真因[系]数;畸变
系数

~ de distribución ①分布因数;分配率;②
分布因子

~ de espacio ①(绕组)占空系[因]数;②
空间系数

~ de estímulo 促进因素

~ de forma ①〈数〉波形系数;②〈电〉形状
系数;③〈理〉形状因子

~ de frecuencia máxima utilizable 最大
使用频率系数

~ de fricción[rozamiento] 摩擦系数

~ de fuerza ①(转换器)张量系数,(加)力
因数;②〈电〉功率因数

~ de impedancia 阻抗系数

~ de incremento 〈航空〉增长系数

~ de interacción 互作用系数

~ de interfoliación 交叉因子

~ de la producción 生产要素

~ de multiplexado 多路因数

~ de pérdidas 损耗系数

~ de potencia 功率因数

~ de punta 峰值系数

~ de reflexión 反射系数,反射率

~ de reserva 储备[安全]系数

~ de resistencia 抵抗力因子

~ de ruido 噪声因[系]数

~ de saturación 饱和系数

~ de seguridad ①〈机〉〈军〉安全系数;②
〈理〉安全因子[系数]

~ de transcripción 〈生化〉转录因子

~ de transferencia ①(焊接)合金过渡系
数;②〈生〉转移因子

~ de utilidad[utilización] ①利用系数,利
用率;②利用因数

~ del trabajo 工作因素

~ determinante 决定(性)因数

~ edáfico 土壤因素

~ forma 〈信〉硬件的大小和形状

~ Hageman(~ XII de coagulación) 〈生
化〉(血浆中的)哈格曼因子,凝血因子 XII

~ humano 人的因素,人为因素

~ inhibidor 〈化〉〈医〉抑制因子

~ intrínseco ①内因子;②〈动〉内因

~ leucocitopénico 〈医〉白细胞减少因子

~ multiplicador 〈医〉倍增因子

~ quimiotáctico del leucocito 〈环〉〈生〉
趋化性因子

~ reactivo 〈电〉无功功率因素

~ reumatoide 〈医〉类风湿因子

~ Rh[rhesus] 〈医〉猕因子,Rh 因子

~ tiempo 时间因素,时间局限性

~es variables 可变因数

factorial *adj*. ①〈数〉商[因子]的,阶乘的,
析因的;②代理商的 ‖ *m*. 〈数〉阶乘(积),析
因

factorización *f*. 〈数〉因子分解

factorizar *tr*. ①〈数〉把…分解成因子;②编
制计算程序

factura *f*. ①发票;清[账]单;②制作,制造;
③〈画〉制作方法

fácula *f*. 〈天〉(太阳上的)光斑

facultad *f*. ①能力;技能;本领;②性能;③权
力;权能;④(大学的)系,科,院[学部;⑤

〈心〉官能；⑥〈生理〉承受力
~ absorbente 吸收能力[本领]，吸收性
~ creadora 创造力
~ de sobrecarga 过载能力[容量]，超载（能）量
~es discrecionales 权宜处置权，斟酌决定[处理]权
~es físicas 体力
~es intelectuales[mentales] 智力

facultativo,-va adj. ①才能[能力]上的；官能上的；②〈生〉兼性的；③学科[术]的；④医生[术]的；医疗[务]的‖ m. f. (内科)医生
dictamen ~ 医疗报告
informe ~ 学术报告
parásito ~ 兼性寄生物
prescripción ~a ①医生处方；②（关于疗法的）书面医嘱

faculto,-ta adj. Amér.L. 有才[技]能的；有能力的

FAD abr. ingl. flavin adenine dinucleotide 〈生化〉黄素腺嘌呤二核苷酸

FADE abr. Fondo Americano de Desarrollo Económico 美洲经济发展基金

fading m. ingl. （广播音量的）时强时弱；（电视画面的）时明时暗

faenero m. Amér.L. 农业工人

faenza f. 彩陶器；釉陶

faetón m. ①敞篷旅游车；游览车；②〈鸟〉蒙[热带]鸟

faetónidas f. pl. 〈鸟〉热带鸟科

fagáceo,-cea adj. 〈植〉山毛榉科的‖ f. ①山毛榉；②pl. 山毛榉科

fagales f. pl. 〈植〉山毛榉目

fagarina f. 〈药〉崖椒碱（抗心律失常药）

fagedenia f.; **fagedenismo**; **fagedeno** m. 〈医〉崩蚀性溃疡，蚀疮

fagedénico,-ca; **fagediano,-na** adj. 〈医〉崩蚀性溃疡的，蚀疮的
chancroide ~ 崩蚀性软下疳
gingivitis ~a 崩蚀性牙龈炎

fago m. 〈生〉噬菌体
~ inducible 可诱导噬菌体

fagocitable adj. 可被吞噬的

fagocitario,-ria adj. 〈生〉吞噬细胞的

fagocítico,-ca adj. 〈生〉①吞噬的，有吞噬作用的；②吞噬细胞的
poder ~ 吞噬（能）力

fagocitina f. 〈生化〉吞噬细胞素

fagocito m. 〈生〉吞噬细胞

fagocitoblasto m. 〈生〉成吞噬细胞

fagocitolisis f. inv. 〈生理〉吞噬细胞溶解

fagocitolítico,-ca adj. 〈生理〉吞噬细胞溶解

的

fagocitosis f. inv. 〈生〉吞噬(作用)；噬菌作用

fagofolia f. 〈心〉恐食症

fagolisis f. inv. 〈医〉吞噬(细胞)溶解（指由细菌等引起的吞噬细胞的分解或破坏）

fagolítico,-ca adj. 〈生〉吞噬(细胞)溶解的

fagomanía f. 〈医〉贪食癖

fagomaníaco,-ca adj. 〈医〉贪食癖的

fagopirismo m. 〈兽医〉荞麦中毒

fagosoma m. 〈生〉吞噬(小)体

fagot; **fagote** m. 〈乐〉低音管，大[巴松]管‖ m. f. 巴松管手，大管演奏者

fagoterapia f. 〈医〉①噬菌体疗法；②喂养疗法

fagoterápico,-ca adj. 〈医〉①噬菌体疗法的；②喂养疗法的

fagotista adj. 〈乐〉大管演奏者的，巴松管手的‖ m. f. 巴松管手，大管演奏者

fagotrofo m. 〈生〉吞噬营养体，营养吞噬体

fahid m. 〈动〉猎豹

Fahrenheit adj. 华氏(温度计)的‖ m. 华式温度计，华氏温标
escala ~ 华氏温标
termómetro ~ 华氏温度计

failear tr. Amér.C.,Cono S. 把(文件)归档

faique f. 〈植〉①Ecuad. 刺牧豆树；②Per. 扭曲相思树

fairchildita f. 〈矿〉碳酸钾钙石

fairfieldita f. 〈矿〉磷钙锰石

fair-play m. ingl. 按规则进行比赛[动作]

faisán m. 〈鸟〉①雉鸡，野鸡；②雉科鸟

faisana f. 〈鸟〉雌雉

faisanería f. ①雉鸡饲养；②雉鸡饲养场

faja f. ①带子[状物]；绶[饰]带；②〈医〉绷带；(加固等用的)带子，托；③腰带，束腰[护腹]带；(女子的)紧身褡；紧身胸衣；④〈建〉(柱头上的)挑口饰；(横梁上的)横带；扁带饰；⑤〈海〉(加固船帆用的)帆布条；⑥〈地〉带状地带；条状地块[段]；⑦〈印〉(新书的)腰封；Méx.(书脊上的)标[书号]签；⑧见 ~ postal；⑨And.(汽车水箱散热风扇上用的)风扇皮带
~ braga 束腹健美裤
~ corsé 连胸衣的紧身短内裤
~ de desgarre 〈空〉(气球或飞艇需要急放气时使用的)放气裂幅，扯裂式气门板
~ de isoterma 〈气〉等温带
~ de vegetación 植物带
~ divisora （道路上的)分隔带
~ medical 〈医〉三角(绷)带，丁字(绷)带
~ pantalón 紧身女衬裤，绑[束腹短]裤，绑

腹健美裤

~ postal ①（报纸、印刷品的）包装纸；②（尤指邮寄报纸、印刷品时贴在印刷品上代替封套的）纸条

~ presidencial（就职时挂在身上的）总统绶带

~ ventral 腹带

fajador,-ra *adj.*〈体〉耐力很强的‖*m.f.* 耐力很强的拳击手

fajadura *f.*〈海〉（用来加固绳索的）防水帆布条

fajín *m.*〈军〉饰[肩]带

fajina *f.* ①〈农〉草[禾]堆；柴垛；②（护岸用的）柴捆，柴笼；③〈军〉集合[宿营]号

fajol *m.*〈植〉荞麦

fajón *m.*〈建〉（柱头上的）挑口饰

fajuy *m. Méx.*〈植〉二色畸瓣花

falacrorácidos *m. pl.*〈鸟〉鸬鹚科

falacrosis *f. inv.*〈医〉秃发病，脱发

falange *f.*〈解〉指[趾]骨

    primera ~ 第一节指[趾]骨

    segunda ~ 第二节指[趾]骨

    tercera ~ 第三节指[趾]骨

falangéridos *m. pl.*〈动〉袋貂科

falangero *m.*〈动〉袋貂

falangeta *f.*〈解〉第三节指[趾]骨

falangético,-ca *adj.*〈解〉指[趾]骨的

falangia *f.*〈动〉长跻盲蛛

falangiano,-na *adj.*〈解〉指[趾]骨的

    articulación ~a 指[趾]关节

falángico,-ca *adj.*〈解〉指[趾]骨的

falángido,-da *adj.*〈动〉长跻目的‖*m.* ①长跻目动物；②*pl.* 长跻目

falangiforme *adj.* 指[趾]骨状的

falangina *f.*〈解〉第二节指[趾]骨

falangines *m. pl.*〈解〉指[趾]骨端

falangínico,-ca *adj.*〈解〉第二节指[趾]骨的

falangio *m.* ①〈植〉多枝百合；②〈动〉长跻盲蛛

falangitis *f. inv.*〈医〉指[趾]骨炎

falangosis *f. inv.*〈医〉多行睫

falaris *f.*〈鸟〉骨顶鸡，白骨顶

falaropo *m.*〈鸟〉瓣蹼鹬

falca *f.* ①楔子，垫木；②挡火板；〈海〉防波[浪]板；③ *And.* 小蒸馏器；④ *And., Cari., Méx.* 渡船[轮]

falce *f.* 镰刀；弯刀

falcicular *adj.* 镰刀（状）的

falciforme *adj.* ①镰刀形[状]的；②新月形的

    arco ~ 新月形拱

falcinelo *m.*〈鸟〉彩鹮

falcino *m. Esp.*〈鸟〉雨燕

falcirrostro,-tra *adj.*〈动〉〈鸟〉镰刀形嘴的

falco *m. Col.*〈植〉芳香球毛茉莉

falconero,-ra *m.f.* ①放鹰狩猎者；②养猎鹰者；猎鹰训练员

falcónido,-da *adj.*〈鸟〉隼科的‖*m.* ①隼；②*pl.* 隼科

falconiforme *adj.*〈鸟〉隼形目的‖*m.* ①隼形目动物；②*pl.* 隼形目

fálcula *f.*〈解〉小脑镰；②钩爪，爪

falculado,-da *adj.* 镰刀[钩爪]状的

falcular *adj.* 镰刀状的

faldeo *m.* ①*Cono S.* 山腰[坡]；②〈测〉（在山地铺路、避开陡峭坡地的）弯曲体系

faldilla *f.* ①（汽车等的）挡板；② *pl.*〈缝〉（尤指衬衣背部的）下摆；（大衣、男外衣等的）后下摆；（燕尾服的）燕尾

faldón *m.* ①〈缝〉（衣服的）下摆；裙子；②宽松短裙；③〈建〉（人字形屋顶的）三角形斜坡；④〈建〉壁炉架[台]

falectomía *f.*〈医〉阴茎切除术

falena *f.*〈昆〉蛾

falibilidad *f.* 易于弄错；出错性；可误性

falible *adj.* 容易弄[出]错的

fálico,-ca *adj.* ①生殖器的，阴茎的；②像生殖器的，阴茎状的；③生殖器[阴茎]崇拜的

falilis *f. inv.*〈医〉阴茎炎

falismo *m.* 生殖器[阴茎]崇拜（指某些宗教对生殖器代表的创造力的崇拜）

falla *f.* ①缺点；毛病；② *Amér. L.* 错误；疏忽（出错）；③（产品，货物等的）瑕疵；缺陷；④〈地〉断层；⑤〈矿〉矿脉中断；⑥ *Amér. L.*〈机〉故障，失灵[效]；⑦ *And.*（纸牌游戏中的）缺门

    ~ cruzada 横断层

    ~ de caja 资金短缺

    ~ de desgarre 扭转断层

    ~ de encendido（车辆）点火故障

    ~ de tiro〈军〉（火器等）不发火

    ~ elástica 弹性失效

    ~ inversa 逆断层

    ~ invertida 上冲断层，离心（逆）断层

    ~ normal[corriente, regular] 正常断层

    inclinación de una ~ 断层倾斜（角），倾[偏垂]角

falleba *f.*〈建〉（门、窗的）长插闩[销]

fallido,-da *adj.* ①不成功的，失败的；未到达预期效果的；②坏[收不回来]的（账）；③〈机〉失灵的，出故障的；④〈军〉炮[炸]弹未爆炸的，哑的；⑤ *Cari.* 破产的；⑥ *P. Rico* 发育不正常的‖*m.* 倒账

    cuentas ~as 呆[倒]账

fallo,-lla *adj. Chil.*〈机〉出故障的，有毛病的‖*m.* ①缺点[陷]；②错误；差错；③失

败,落空;④(比赛、有奖竞赛等的)决[选]定;⑤〈法〉判决,裁决;⑥〈医〉(部分器官的)衰竭;⑦〈机〉(发动机等运转)故障,失灵;⑧(枪炮)空弹,瞎炮[眼];⑨(纸牌游戏中的)缺门

~ arbitral 〈法〉裁定
~ cardíaco 心力衰竭
~ de diseño 设计错误
~ de energía 电源故障,电源中断;断电
~ de página 〈信〉页面失效,缺页
~ de protección general 〈信〉一般保护性错误
~ inapelable 〈法〉不能上诉判决
~ renal 肾衰竭

falo *m.* ①〈解〉阴茎;阴蒂;②〈生〉交接器原基(分化后成为阴茎或阴蒂的胚胎构造)

falocampsis *f. inv.* 〈医〉阴茎弯曲

falodiano,-na *adj.* 〈解〉阴茎状的

falodinia *f.* 〈医〉阴茎痛

faloideo,-dea *adj.* 〈解〉阴茎样[状]的

falonco *m.* 〈医〉阴茎肿

Falopio *m.* 见 trompa de ~
trompa de ~ 〈解〉输卵管

faloplastia *f.* 〈医〉阴茎成形术

falorragia *f.* 〈医〉阴茎出血

falotomía *f.* 〈医〉阴茎切开术

falsaarmadura *f.* 〈建〉(人字形屋顶的)第二层斜面

falsabraga *f.* 〈军〉(主工事的)抉壁,矮防护墙

falsarregla *f.* ①〈建〉斜角规;②(写字用的)标线;③*And., Per., Venez.* 衬格纸

falsedad *f.* ①虚假(性);不真实性;②〈法〉篡改[隐瞒]事实

falseo *m.* 〈建〉①切[使]成斜面;②(石头或木料切成的)斜面

falseta *f.* 〈乐〉(吉他演奏中的)装饰乐句

falsete *m.* 〈乐〉假声(尤指男高音)

falsificación *f.* ①假[伪]造;篡改,歪曲;弄虚作假;②失真,畸变;③赝[伪造]品;④〈法〉(文件、货币等的)伪造罪;(签字等的)假冒

falsilla *f.* ①(复印过程中的)控制装置;②衬格纸

falso,-sa *adj.* ①假的,伪造的;②人[仿]造的;〈医〉假的;③(马)有劣性的 ‖ *m. Amér. C., Méx.* 〈法〉假[伪]证
~ abadejo 〈动〉石斑鱼
~ arco 假拱
~ pilote 假桩
~ piso 活[假]地板
~ simonillo *Salv.* 〈植〉(饲料)卡里菊
~ testimonio 伪证

~ a bóveda 假拱
~ a cubierta (船舶)下层甲板
~ a escuadra 斜角规
~ a modestia 假谦虚
~ a pulmonía 假肺炎
acacia ~ a 〈植〉刺槐
decisión ~ a 错误决定

falta *f.* ①缺乏,不足;没有;②(人的)缺点;过错[失];错误;③(机器等的)故障,毛病;(产品等的)瑕疵;④〈体〉(足球、篮球比赛中的)犯规;(网球等比赛中的)发球失误;⑤缺席,不在;缺勤记录;⑥(妇女妊娠期的)闭经;⑦(货币)重量不足;⑧〈法〉犯法行为,罪行;过错
~ de asistencia 〈教〉缺课
~ de brazos 缺乏劳动力
~ de ortografía 拼写错误
~ grave 严重违法;重罪
~ leve 轻微违法;轻罪
~ personal 〈体〉侵人犯规
lanzamiento de ~ (足球比赛中的)任意球

falúa *f.* 〈海〉(载在大船上或拖在其后的)小船;汽[交通]艇

fam. *abr.* familia 见 familia

familia *f.* ①家,家庭;②子女,孩子;③家[亲]属;④家[氏]族;⑤〈动〉〈植〉科;⑥〈化〉〈数〉〈天〉族;⑦〈印〉(大小和式样相同的)一副铅字;⑧*Chil.* 蜂群
~ de acogida 寄养家庭
~ de cáncer 癌家族
~ de cometas 彗星族
~ extensa (三代以上)数代同堂家庭,大家庭
~ monoparental[monoparente] 单亲家庭
~ nuclear 小[核心,基本]家庭(指只包括父母和子女的家庭)
~ numerosa 多子女家庭
~ política 姻亲

fanal *m.* ①(港口)灯塔上的灯;船[信号,号志]灯;②灯罩;③钟形(防尘)玻璃罩;④*Méx.* (汽车)前灯,头灯;⑤(渔船上撒网时用来吸引鱼的)诱色灯
~ de proa 船头灯
~ de tráfico 交通管理色灯

faneca *f.* 〈动〉鳕鱼
~ plateada 银大眼鳕

fanega *f.* ①法内加(谷物计量单位;*Esp.* 等于1.58蒲式耳;*Méx.* 等于2.57蒲式耳;*Cono S.* 等于3.89蒲式耳);②一法内加的容量;③(面积单位)法内加(*Esp.* 等于1.59英亩;*Cari.* 等于1.73英亩)
~ de tierra 土地法内加

fanerita *f*.〈地〉显晶岩

fanerítico,-ca *adj*.〈地〉〈矿〉(火成岩、变质岩等)显晶质的
variedad ～a 显晶质类

fanerocristal *m*.〈地〉斑晶,显斑晶

fanerocristalino,-na *adj*.〈地〉〈矿〉(火成岩、变质岩等)显晶质的

fanerofita *f*.〈植〉高位芽植物

fanerofito,-ta *adj*.〈植〉高位芽的

fanerógamo,-ma *adj*.〈植〉显花(植物)的‖
f.①显花植物;②*pl*. 显花植物门

faneromanía *f*.〈医〉小动作癖

faneromaníaco,-ca *adj*.〈医〉小动作癖的‖
m. f. 小动作癖患者

faneroscopia *f*.〈医〉皮肤透照检查

faneroscópico,-ca *adj*.〈医〉皮肤透照检查的;皮肤透照镜的

faneroscopio *m*.〈医〉皮肤透照镜

fanerozoico *m*.(由古生代、中生代和新生代构成的地质年代)显生宙

fanerozonios *m. pl*.〈动〉显带目

fanfarria *f*.〈乐〉①军[铜管]乐;②军[铜管]乐队

fanglomerado *m*.〈地〉扇积砾

fango *m*.①泥浆;烂[淤]泥;②泥潭;困境
salmonete de ～〈动〉羊鱼

fangoterapia *f*. 泥土疗法

fanguito *m. Cub*.〈动〉一种食蚊鱼

fantasía *f*.①想象;幻想;②〈乐〉幻想曲;③*pl*. 成串的珍珠
joyas de ～(缀于服装上的)人造珠宝饰物

fantasma *m*.①幻觉[影,像];幻景;②[F-]鬼怪式飞机;(电视图像的)重像‖*adj.
inv*.①无人居住的;荒凉的;②幻觉[像]的
buque ～ 废弃船舶
circuito ～ 幻像电[线]路
ciudad ～ 荒芜城市
embarazo ～〈医〉假孕
miembro ～〈医〉幻肢(感)(指被截肢者感到被截肢体依然存在的感觉)

fantastrón *m*.〈电子〉幻像延迟器

fantomización *f*. 幻觉[影,像],构成幻路

FAO *abr*.①fabricación asistida por ordenador 计算机辅助生产[制造];②*ingl*.
Food and Agriculture Organization(联合国)粮食及农业组织(简称粮农组织)
(*esp*. Organización de las Naciones Unidas para la Alimentación y la Agricultura)

faquelita *f*.〈矿〉钾霞石

faquitis *f. inv*.〈医〉晶状体炎

fara *f*.〈动〉①(非洲的一种长一米左右有灰黑色斑点的)花蛇;②*Col*. 负鼠

farad; faradio *m*.〈电〉法拉(电容单位)
～ térmico 热法拉

faraday *m*.〈电〉法拉第(电量单位,约等于96,500 库伦)
constante de ～〈电〉法拉第常数
efecto ～〈理〉法拉第效应

farádico,-ca *adj*.〈电〉感应电的;法拉第的
corriente ～a〈电〉感应电流

faradímetro *m*.〈理〉〈医〉法拉第计,感应电流计

faradipuntura *f*.〈医〉感应电针术,感应电流针刺法

faradismo *m*.①感应电(流);②〈医〉感应[法拉第]电疗法

faradización *f*.〈医〉①感应电流应用;②感应[法拉第]电疗法

faradizar *tr*. 用感应电流治疗;用感应电流刺激(肌肉等)

faradoterapia *f*.〈医〉感应电疗法

faradoterápico,-ca *adj*.〈医〉感应电疗法的

farallón *m*.①〈地〉陆岬,海角;②(突出海面的)礁石;③露出地表;〈矿〉露头;④*Cono S.* 岩石(山)峰

farallonal *m. Amér. L.* 礁石

farandola *f. Esp*.〈缝〉(衣服等的)边饰,荷叶边

fardacho *m*.〈动〉蜥蜴

fardela *f. Chil*.〈鸟〉海燕

farellón *m*.①〈地〉陆岬,海角;②(突出海面的)礁石,(耸立地面的)岩石

farfallota *f. P. Rico*〈医〉腮腺炎

farillón *m*.①〈地〉陆岬,海角;②(突出海面的)礁石,(耸立地面的)岩石;③露出地表;〈矿〉露头

farináceo,-cea *adj*.①含淀粉的;具粉的;②淀粉制(成)的;由淀粉构成的;③粉状[质]的;淀粉似的
industria ～a 面粉工业

faringalgia *f*.〈医〉咽痛

faringe *f*.〈解〉咽

faríngeal *adj*.〈解〉咽的

faringectomía *f*.〈医〉咽切除术

faringenfraxis *f*.〈医〉咽阻塞

faríngeo,-gea *adj*.〈解〉咽(部)的
arteria/vena ～a 咽动/静脉
dolor ～ 咽痛
músculos ～s 咽肌

faringiano,-na *adj*.〈医〉咽的

faringismo *m*.〈医〉咽痉挛

faringitis *f. inv*.〈医〉咽炎
～ ulcerativa 溃疡性咽炎

faringobranquial *m*.〈动〉咽鳃

faringocele *m*.〈医〉咽突出,咽囊肿

faringodinia f. 〈医〉咽痛
faringoesofágico,-ca adj. 〈解〉咽食管的
faringoespasmo m. 〈医〉咽痉挛
faringoestenosis f. inv. 〈医〉咽狭窄
faringogloso,-sa adj. 〈解〉〈医〉咽舌的
faringolaríngeo,-gea adj. 〈解〉〈医〉咽喉的
faringolaringitis f. inv. 〈医〉咽喉炎
faringolito m. 〈医〉咽石
faringología f. 咽(科)学
faringológico,-ca adj. 咽(科)学的
faringomaxilar adj. 〈解〉〈医〉咽上颌的
faringomicosis f. inv. 〈医〉咽真菌病
faringonasal adj. 〈解〉〈医〉咽鼻的
faringopalatino,-na adj. 〈解〉〈医〉咽腭的
faringoparálisis f. inv. 〈医〉咽(肌)麻痹
faringopatía f. 〈医〉咽病
faringoperístole f. 〈医〉咽狭窄
faringoplastia f. 〈医〉咽成形术
faringoplejía f. 〈医〉咽(肌)麻痹
faringorragia f. 〈医〉咽出血
faringorrágico,-ca adj. 〈医〉咽出血的
faringorrinoscopia f. 〈医〉鼻咽镜检查
faringorrinoscópico,-ca adj. 〈医〉鼻咽镜检查的
faringorrintis f. inv. 〈医〉鼻咽炎
faringoscopia f. 〈医〉咽镜检查
faringoscópico,-ca adj. 〈医〉咽镜检查的
faringoscopio m. 〈医〉咽(窥)镜
faringospasmo m. 〈医〉咽痉挛
faringostenosis f. inv. 〈医〉咽狭窄
faringostomía f. 〈医〉咽造口术
faringoterapia f. 〈医〉咽病疗法
faringotifus m. 〈医〉咽型伤寒
faringotomía f. 〈医〉咽切开(术)
faringotómico,-ca adj. 〈医〉咽切开(术)的
faringótomo m. 〈医〉咽刀
faringoxerosis f. inv. 〈医〉咽干燥
farinómetro m. 量粉计
farinoso,-sa adj. ①产粉的;含淀粉的;②〈生〉具粉的;被粉的;③粉状[质]的
　　hojas ～as 〈植〉被粉叶
　　raíz ～a 粉质根
fariño,-ña adj. Esp.(土地)贫瘠的
farma. abr. farmacia 见 farmacia
farmaceuta m. f. Amér. L. ①药剂师;药师;②药商
farmacéutico,-ca adj. ①药(物)的;药用的;②配[制]药的;③药(剂)师的 ‖ m. f. ①药剂师;药师;②药商
　　industria ～a 制药(工)业
　　química ～a 药物化学
farmacia f. ①药(剂)学;制[配]药(学,业);

②药店[房];③(携带的)备用药物[品]
　　～ de guardia 通宵营业的药店
　　～ magistral 按方配药
fármaco m. 药物[品]
farmacocinética f. (研究人体对药物吸收、扩散、代谢和排泄等情况的)药物动力学
farmacodependencia f. 吸毒上瘾
farmacodependiente m. f. 吸毒者,瘾君子
farmacodiagnosis f. inv. 〈医〉药物诊断
farmacodinamia f. 〈药〉药效作用
farmacodinámica f. 药效学,药物效应动力学
farmacodinámico,-ca adj. 〈药〉药效的
farmacoendocrinología f. 药物内分泌学
farmacofobia f. 〈心〉药物恐怖
farmacogenética f. 遗传药理学,药物反应遗传学
farmacognosia; farmacognóstica f. (研究天然药物的)生药学
farmacografía f. 药物记载学
farmacográfico,-ca adj. 药物记载学的
farmacolita f. 〈矿〉毒石
farmacología f. 药理[物]学
　　～ clínica 临床药理学
farmacológico,-ca adj. 药理[物]学的
farmacólogo,-ga m. f. 药理[物]学家
farmacomanía f. 〈医〉药物癖
farmacomaníaco,-ca; farmacómano,-na adj. 〈医〉有药物癖的
farmacopea f. ①药典;②(一批)备用药物[品]
farmacopedia f. 制药学
farmacopólico,-ca adj. ①药物学的;②制药的;③药房[店]的;④药品[物]的
farmacopsicología f. 药物心理学
farmacopsicosis f. 〈医〉药物性精神病
farmacopsiquiatría f. 药物性精神病学
farmacoquímica f. 药物化学
farmacosiderita f. 〈矿〉毒铁矿
farmacoterapéutica f. 药物治疗学
farmacoterapia f. 药物疗法
farmacoterápico,-ca adj. 药物疗法的
farmacovigilancia f. 药物使用监护
farnaca f. Esp. 〈动〉小[幼]野兔
farnesiana f. 〈植〉金合欢
farnesol m. 〈化〉法呢醇
faro m. ①灯塔;②〈汽车〉前[头]灯;③信(号)标,信号(灯);标志(灯);④(飞机场等的)灯标;⑤Col., Venez.〈动〉负鼠
　　～ aéreo (飞机场的)灯标
　　～ antiniebla (雾天开车时使用的)雾灯,雾天行车灯

~ baliza 信(号)标;标志(灯,桩)

~ de acetileno 乙炔灯信标;乙炔灯塔

~ de aeródromo 航空站信标,机场信标

~ de automóvil 汽车前[头]灯

~ de color rojo 红色信标

~ de destellos 闪光(灯),闪光信号灯;手电筒

~ de marcha atrás (车辆)倒车灯,后照灯

~ de neón 氖光灯信标

~ de ruta 导航灯

~ flotante 灯(塔)船

~ halógeno 卤气灯

~ lateral 边灯

~ marcador 标志信号(灯)

~ piloto[trasero] 后[尾]灯

~ titilante 闪光标灯;闪光信号

~s de cruce (汽车的)停车小灯

~s de población[situación] (汽车的)停车指示灯,驻车指示灯

farol *m*. ①灯;提[挂,手,信号,号志]灯;灯笼;②街灯;③(汽车、火车头等的)前[头]灯;④*Cono S*. 〈建〉(装在房间突出部分的)凸窗;⑤*Chil*.〈植〉风铃草

~ a la veneciana 纸灯笼

~ de cola 后[尾]灯

~ de parada 停车灯

~ de popa/proa 船尾/头灯

~ de señal 信号灯

~ de situación 船位标志灯

~ de tráfico 交通管理色灯

~ de viento 防风灯;风暴灯

~ delantero 前[头]灯

~ delimitador 机场界限灯,边界指示灯

farola *f*. ①街[路]灯;②港口信号灯;③灯杆,路灯柱

farolería *f*. ①灯厂;②灯(具)店

farolillo *m*. ①〈电〉(尤指户外装饰用的)彩色小灯;中国灯笼;②〈植〉风铃草;③ *pl*. 〈植〉普通篓斗菜;④*Cub*.〈植〉白果酸浆

~ rojo 〈体〉①(竞赛的)失败者,最后一名;②(足球比赛的)末位球队

farra *f*.〈动〉(白,湖红点)鲑;硬头鳟

farringtonita *f*.〈矿〉磷镁石

fartet *m*. 见 ~ italiano, ~ español

~ español 〈动〉伊比利亚秘鳉

~ italiano[sudeuropeo]〈动〉斑条秘鳉

FAS *abr*. Fuerzas Armadas 武装力量

F. A. S. ; **f. a. s.** *abr*. *ingl*. free alongside ship〈商贸〉船边交货(价格)

fasaíta *f*.〈矿〉斜辉石

fascia *f*. ①〈解〉筋膜;②〈生〉横带

~ braquial 臂筋膜

~ cervical profunda/superficial 深/薄层颈筋膜

~ cinénea 灰筋膜

~ de Dupuytren 迪皮特朗筋膜

~ obturadora 闭孔筋膜

~ palmar 掌腱膜

~ pélvica 盆筋膜

~ profunda/superficial 深/浅筋膜

~ propia 固有筋膜

~ subcutánea 皮下筋膜

~ temporal 颞筋膜

~ transversa 横筋膜

fasciación *f*.〈植〉扁化(作用),带化(现象)(一种植物病)

fasciagrafia *f*.〈医〉筋膜造影术

fasciagrama *m*.〈医〉筋膜造影片

fascial *adj*.〈解〉〈医〉筋膜的

hernia ~ 筋膜疝

fasciaplastia *f*.〈医〉筋膜成形术

fasciculación *f*. ①成束;②〈解〉成束(现象);③〈医〉(肌纤维)自发性收缩;肌束震颤;④〈植〉束化(现象)

fascicular *adj*. ①成束的;②〈植〉束状的;丛[簇]生的;③〈解〉束状的

queratitis ~ 束状角膜炎

zona ~ 束状带

fascículo *m*. ①〈印〉(书刊等分期出版的)分册;分卷;②〈解〉(神经或肌纤维的)束

~ atrioventricular 房室束

~ de Goll 戈尔(瑞士解剖学家)束

~ dorsolateral 背外侧束

~ grácil 薄束

~ longitudinal dorsal 背侧纵束

~ propio del dorso 背侧固有束

~ semilunar 半月束

~ uncinado 钩束

fasciectomía *f*.〈医〉筋膜切除术

fascioliasis *f. inv*.〈医〉①片(形)吸虫病;②片吸虫感染

fasciolicida *f*.〈药〉〈医〉杀片吸虫剂

fasciolopsiasis *f. inv*.〈医〉姜片虫病

fasciolopsis *f*.〈动〉〈医〉姜片虫属

fasciorrafia *f*.〈医〉筋膜缝合术

fasciotomía *f*.〈医〉筋膜切开术

fasciscón *m*. *Guat*.〈植〉捷菊木

fascitis *f. inv*.〈医〉筋膜炎

fase *f*. ①阶段,时期;②〈信〉阶段;③〈电〉〈化〉相;④〈理〉相,位[周]相;相角;⑤〈数〉相(位),周期;⑥〈生〉(在减数分裂或有丝分裂过程中的)期;突变型;⑦方[侧]面;⑧〈天〉相;⑨〈医〉期;⑩〈航天〉(火箭的)级

~ aferente 〈医〉传入期

~ avanzada 超前相位

~ cariocinética 核分裂期

~ cicatrizal〈医〉瘢痕期

~ clasificatoria〈体〉预选赛阶段

~ continua〈化〉(胶体中的)连续相

~ cristalina〈冶〉结晶相

~ de la luna〈天〉月相

~ de toma〈信〉读取阶段

~ hipnótica〈医〉催眠相

~ narcótica〈医〉麻醉相

~ opuesta 反[逆]相(位)

~ partida 分相

~ secretoria〈生理〉分泌期

~ semifinal〈体〉半决赛阶段

~ terminal〈体〉决赛阶段

~ ultraparadójica 超反常相

ángulo de ~ ①〈天〉位相角;②〈理〉〈数〉相角

compensador de ~ 相位均衡器

conductor de ~〈理〉相(导)线

cuadratura de ~ 90°相位差

desplazamiento de ~〈理〉相(位)移,移相

retraso de ~ 相位滞后

tensión de ~ 相电压

faseolina f.〈生〉菜豆球蛋白

faséolo m.〈植〉菜豆属

faseolunatina f.〈生〉菜豆苷

fásico,-ca adj. ①阶段的;②〈生理〉阶段性的

arritmia ~a 阶段性心律失常

fasímetro; fasómetro m. 相位计

~ electrónico 电子相位计

fasitrón m.〈电子〉调频管[器]

fasmayector m.〈电子〉单像管

fasmidio m. ①〈动〉(线虫的)尾觉器;②〈昆〉竹节虫科昆虫(如竹节虫、叶子虫等)

fásol m.〈植〉菜豆

fasor m.〈理〉相[矢]量

fastial m. ①〈建〉盖[墙帽]石;②〈建〉山[三角]墙

fastigiado,-da adj. ①〈植〉扫帚状的;②〈动〉平突的,圆束状的

fastigial adj. ①〈医〉顶的,尖顶的;②(疾病等)极度的,顶点的

núcleo ~ 顶核

fastigio m. ①尖[顶]端;顶尖(如屋脊,山墙顶端);②顶峰,高潮;③〈建〉三角(形)尖顶;④〈医〉(疾病等的)极度,顶点;高峰期

FAT abr. ingl. file allocation table〈信〉文件分配表

fatal adj. ①(事故等)致命的;不幸的,灾难性的;②〈法〉(期限、约见等)不能延期的

fatiga f. ①疲倦,劳累;②〈技〉(金属材料等

的)疲劳;应变;③〈生理〉〈心〉疲劳

~ cerebral 脑[内心]疲劳

~ del metal 金属疲劳(指机器、车辆等的金属部件由于不断承受应力或载荷以致强度遭到削弱的状态)

~ fotoeléctrica 光电疲劳

~ muscular 肌疲劳

~ patológica 病理性疲劳

máquina de ensayo a la ~ 疲劳试验机

fatigabilidad f. 易疲劳性

fatigable adj. 易疲劳的

fatigámetro m. 应变计[仪]

fatula f. P. Rico〈昆〉大蟑螂,大东方蜚蠊

faucal adj. ①〈解〉咽门的;②〈动〉犬齿的

fauces m. pl. ①〈解〉咽门;②嘴;③ Amér. L.〈动〉(马等的)犬牙[尖]牙

faujasita f.〈矿〉八面沸石

faul(pl. fauls) m. Amér. L.〈体〉(运动、球类比赛中的)犯规

faulear tr. Amér. L.〈体〉(比赛中)对…犯规

fauna f.〈动〉①(尤指某一地区或某一时期的)动物群;②动物区系;③动物志

faunal adj.〈动〉动物区系的

zona ~ 动物区系区

fáunico,-ca; faunístico,-ca adj.〈动〉动物群[区系]的;动物区系研究的

faunizona f.〈地〉动物群岩层带

faurestina f. Cub.〈植〉阔叶合欢

fauvismo m. ①野兽派(20世纪初法国的一个激进的表现主义画派,使用鲜明的色彩和醒目的图案,以求得装饰效果);野兽派运动;②野兽派绘画理论和风格

fauvista adj.〈画〉野兽派的;野兽派风格的‖ m. f. 野兽派画家

favoso,-sa adj.〈医〉黄癣的

tinea ~a 黄癣

fax m. ①电传真;传真通信;传真图文像;②传真机

faxear tr. 传真传输;给…发传真

faxia f.〈动〉粗鳍鱼

faxteléfono m. 传真电话(一体)机

faya f.〈纺〉罗缎

fayalita f.〈矿〉铁橄榄石

FC; f. c. abr. ferrocarril 铁路

F. C. abr. ① ferrocarril 铁路;② Fútbol Club 足球俱乐部

fca abr. fábrica 见 fábrica

FCL abr. Federación Campesina Latino-americana 拉丁美洲农民联合会

FDD abr. ingl. floppy disk drive〈信〉软盘驱动器

FDDI abr. ingl. fiber distributed data interface〈信〉光纤分布数据接口

FDES *abr.* Fondo de Desarrollo Económico y Social 社会经济发展基金会

Fdo.；fdo. *abr.* firmado 经签字的(公文、合同、文件等)

Fe〈化〉元素铁(hierro)的符号

F. E. *abr.* fe de erratas 勘误表

FEB *abr.* frecuencia extremadamente baja〈无〉(低于 300 赫的)极低频

febrera *f.* 灌溉沟渠

febricitante *adj.*〈医〉发烧的,有热病症状的

febrícula *f.*〈医〉低[轻]热

febrifobia *f.*〈心〉发烧恐怖

febrífugo,-ga *adj.*〈药〉退[解]热的;退烧的
‖ *m.* 退[解]热药

febril *adj.*〈医〉发热[烧]的;热性的
antígeno ~ 热病抗原

febrilidad *f.*〈医〉发热

fecal *adj.* 粪便的,排泄物的

fecalito *m.* 粪石

fecaloide *adj.* 粪样的

facaloma *m.* 粪结;粪瘤(肠内结粪)

FECAMCO *abr.* Federación de Cámaras de Comercio de Centroamérica 中美洲商会联合会

FECAPIA *abr.* Federación Centroamericana de Cámaras y Asociaciones de la Pequeña Industria y Artesanía 中美洲小工业和手工业协会联合会

fecha *f.* ①日期[子];②*pl.* 时期,年代
~ astronómica 天文日期
~ de amortización[reembolso] 偿还日
~ de arribo ①抵达日期;②入港日期
~ de caducidad ①到期日,截止期;②(食品等保质期的)到期日
~ de corte 中止日期
~ de descuento 贴现日期
~ de desembolso 支付日期
~ de emisión ①发行日期;②开票[证]日期
~ de entrega 交货日期
~ de espiración〈信〉到期日
~ de nacimiento 生日
~ de partida[salida] 起航日期
~ de vencimiento〈商贸〉(账单等的)到期日
~ de vigencia〈商贸〉有效日期
~ juliana〈天〉儒略日
~ límite 最后期限
~ límite de venta(食品等保质期的)到期日
~ tope ①最后期限;②截止日期
~ ut retro(公文用语)日期如此所示

~ ut supra(公文用语)日期如抬头所示

FECOM *abr.* Fondo Europeo de Cooperación Monetaria 欧洲货币合作基金

fecundable *adj.* ①可受精[孕]的;②可授粉的

fecundación *f.* ①受精[孕](作用);受胎(作用);②授精;③〈植〉受精[粉]
~ artificial 人工受精[孕]
~ cruzada ①〈动〉异体受精;②〈植〉异花受精
~ externa/interna〈生理〉体外/内受精
~ in vitro〈生理〉体外受精

fecundador,-ra *adj.* ①使受精[孕]的;②使多产的,使肥沃的

fecundante *adj.* 使受精[孕]的

fecundidad *f.* ①繁[生]殖力;②〈生〉能育性;③多[丰]产;肥沃;〈植〉结(果)实性

fecundización *f.* 多[丰]产;肥沃

fecundizador,-ra *adj.* 使多产的,使肥沃的

fecundo,-da *adj.* ①能生育的;生殖力旺盛的;②(土壤)富[丰]饶的,肥沃的;③多[丰]产的;果实结得多的;④(画家、作家等)作品丰富的,多产的

FED *abr.* Fondo Europeo de Desarrollo 欧洲开发基金会

fedegoso *m. Bras.*〈植〉望江南

FEDER *abr.* Fondo Europeo de Desarrollo Regional 欧洲地区发展基金会

feed back *m. ingl.* ①〈电子〉〈生〉反馈;②(信息等的)返回;反应;反馈的信息

fehaciente *adj.* ①可靠的;〈法〉确凿的;②不能反驳的;不可辩驳的
de fuentes ~(来自)可靠来源(的)

FEI *abr.* fuente de energía ininterrumpida〈信〉不间断电源

feilíniodos *m. pl.*〈动〉无肢蜥科

feísmo *m.* 丑陋主义(一种艺术流派)

FELABAN *abr.* Federación Latinoamericana de Bancos 拉丁美洲银行联合会

felandrio *m.*〈植〉水芹

feldespático,-ca *adj.*〈矿〉长石质的,含长石的,由长石构成的

feldespatización *f.*〈地〉长石化

feldespato *m.*〈矿〉长石
~ alcalino 碱性长石
~ común 正长石
~ de cal 钙长石
~ potásico 钾长石
~ sódico 钠长石
~ verde 天河石
~ vitreo 透[玻璃]长石

feldespatoide *m.*〈矿〉似长石

felema *f.*〈植〉木栓层

félido,-da *adj.* 〈动〉猫科的‖ *m.* ①猫;猫科动物(如虎、豹、狮);②*pl.* 猫科

felino,-na *adj.* ①〈动〉猫的;猫科的;②猫状的,似猫的‖ *m. f.* 猫;猫科动物(如虎、豹、狮)

felodermo *m.* 〈植〉栓内层,绿皮层

felógeno *m.* 〈植〉木栓形成层

felpa *f.* 〈纺〉长毛绒

felpilla *f.* 〈纺〉绳绒线,雪尼尔花线

félsico,-ca *adj.* 〈矿〉石英质的
mineral ～ 长英矿石

felsita *f.* 〈矿〉致密长石;霏细岩

fem; F. E. M *abr.* fuerza electromotriz 电动势
～ inducida 感生电动势

femenil *adj.* ①妇女的;由妇女组成的;②〈体〉女(性)的
equipo ～ 女队

femenino,-na *adj.* ①妇女的;由妇女组成的;②雌[母]的;③〈体〉女(性)的
deporte ～ 妇女体育(运动)
equipo ～ 女队
pronúcleo ～ 雌性原核

fémico,-ca *adj.* 〈矿〉①铁镁质的;②〈矿物〉深色的
roca ～a 铁镁质岩石

fémina *f.* ①妇女;女子;②*Chil.*〈动〉雌性动物;③*Chil.*〈植〉雌株

femineidad *f.* 〈法〉(某些财产的)属女人所有性质

feminización *f.* 〈医〉(男子)女性化
～ testicular 睾丸女性化

femoral *adj.* 〈解〉股的;股骨的‖ *f.* 股动脉
arteria/vena ～ 股动/静脉
conducto ～ 股管
hueso ～ 股骨
músculo bíceps ～ 股二头肌
recto ～ 股直肌
reflejo ～ 股反射
tínea[tiña] ～ 股癣

femtoampere *m.* 〈电〉毫微微安

femtómetro *m.* 非(姆托)米(长度单位,等于 10^{-15} 米,尤用以计量原子核的距离)

femtosegundo *m.* 毫微微秒,千万亿分之一秒

femtovolt *m.* 〈电〉毫微微伏

fémur *m.* ①〈解〉股骨,大腿骨;②〈昆〉股[腿]节

fenacaína *f.* 〈药〉芬那卡因

fenacemida *f.* 〈药〉苯乙酰脲

fenacetina *f.* 〈药〉非那西汀(即乙酰氧乙苯胺,一种解热镇痛药)

fenacina *f.* 〈化〉吩嗪,夹二氮(杂)蒽(用作化学中间体和制备染料)

fenacita *f.* 〈矿〉硅铍石

fenal *m.* 〈农〉草地,牧场

fenantreno *m.* 〈化〉菲(用于合成染料和药物)

fenaquita *f.* 〈矿〉硅铍石

fenato *m.* 〈化〉(苯)酚盐,石炭酸盐
～ sódico 苯酚钠

fenazocina *f.* 〈药〉苯唑星(一种麻醉性镇痛药)

fenciclidina *f.* 〈药〉苯环己哌啶(即"天使粉",一种麻醉剂和致幻剂)

fencol *m.* 〈化〉葑醇

fencona *f.* 〈化〉葑酮

fenda *f.* (木头的)裂纹

fenec *m.* 〈动〉北非狐狸

fenelzina *f.* 〈药〉苯乙肼(用于治疗精神抑郁症)

fenergan *m.* 〈药〉非那根(即异丙嗪,一种抗过敏药,具有安定中枢神经和麻醉止痛作用)

fenestra *f.* ①〈解〉窗(指中耳内壁的窗状小孔);②(某些昆虫翅上的)透明斑点;膜孔

fenestración *f.* ①〈医〉(耳科手术中的)开窗术;②〈医〉(耳科开窗手术所开的)小孔;③穿通[孔]

feneticilina *f.* 〈药〉苯氧乙基青霉素

fenético,-ca *adj.* 〈生〉表现型分类法的

fenetidina *f.* 〈化〉氨基苯乙醚,苯乙定(用于合成染料和药物)

fenetilalcohol *m.* 〈化〉苯乙醇

fenetol *m.* 〈化〉苯乙醚(一种挥发性芳香液体)

fenformina *f.* 〈化〉〈药〉苯乙双胍,降糖灵(一种降血糖药)

fengofobia *f.* ①〈心〉日光恐怖;②〈医〉畏光,羞明

feng shui *m.* ①风水,堪舆(中国旧时的一种迷信);②看风水

fenicado,-da *adj.* 〈化〉含苯酚的

fenicita *f.* 〈矿〉红铬铅矿

fénico,-ca *adj.* 〈化〉石炭酸的,(苯)酚的
ácido ～ 石炭酸,(苯)酚

fenicocroíta *f.* 〈矿〉红铬铅矿

fenicopteriforme *adj.* 〈鸟〉红鹳科的‖ *m.* ①红鹳;②*pl.* 红鹳科

fenicopteriforme *adj.* 〈动〉叉鳞鱼科的‖ *m.* ①叉鳞鱼;②*pl.* 叉鳞鱼科

fenilacetaldehído *m.* 〈化〉苯乙醛

fenilacetilurea *f.* 〈药〉苯乙酰脲

fenilacetonitrido *m.* 〈化〉苄基氰

fenilacroleína *f.* 〈化〉肉桂醛

fenilalanina *f.* 〈生化〉苯(基)丙氨酸(一种氨基酸)

fenilamina *f.* 〈化〉苯胺

fenilbenceno *m.* 〈化〉联(二)苯,苯基苯

fenilbutazona; fenilbutina *f.* 〈药〉苯基丁氮酮

fenilcetona *f.* 〈化〉二苯甲酮

fenilcetonuria *f.* 〈医〉苯丙酮尿

fenildimetilpirazolona *f.* 〈药〉安替比林

fenilefrina *f.* 〈药〉苯肾上腺素

fenilenediamina *f.* 〈化〉苯二胺

fenileno *m.* 〈化〉亚苯基

fenilhidracina *f.* 〈化〉苯肼

fenílico,-ca *adj.* 〈化〉苯基的

fenilindanediona *f.* 〈药〉苯茚二酮

fenilmetano *m.* 〈化〉甲苯

fenilo *m.* 〈化〉苯基

fenilpiruvicaciduria *f.* 〈医〉苯丙酮尿

fenilpirúvico,-ca *adj.* 〈化〉〈医〉苯丙酮的
   ácido ～ 苯丙酮酸

fenilpropanol *m.* 〈化〉苄醇,苯甲醇

fenilpropanolamina *f.* 〈药〉苯丙醇胺,去甲麻黄碱
   clorhidrato de ～ 盐酸苯丙醇胺,盐酸去甲麻黄碱

fenilquetonuria *f.* 〈医〉苯丙酮尿症

feniltiocarbamida; feniltiourea *f.* 〈生化〉苯(基)硫脲(一种用于人类遗传学研究的味觉试验的结晶物质)

fenindamina *f.* 〈化〉苯茚胺

fenindiona *f.* 〈药〉苯茚二酮

fenitoína *f.* 〈药〉苯妥英,二苯乙内酰脲(用作抗惊厥和抗癫痫药)
   ～ de sodio 苯妥英钠

Fénix(*pl.* Fénix, Fénices) *m.* 〈天〉凤凰(星)座

fenobarbital *m.* 〈药〉苯巴比妥,鲁米那(一种安眠镇静剂)
   ～ de sodio(～ sódico) 苯巴比妥钠

fenobárbito *m.*; **fenobarbitona** *f.* 〈药〉苯巴比妥,鲁米那(一种安眠镇静剂)

fenocopia *f.* 〈生〉拟表型(一种环境影响引起的表现型非遗传性变更)

fenocristal *m.* 〈地〉斑晶,显斑晶

fenogenética *f.* 〈遗〉表型遗传学

fenol *m.* 〈化〉石炭酸,(苯)酚

fenolasa *f.* 〈生化〉酚酶

fenolemia *f.* 〈医〉酚血(症)

fenolftaleína *f.* 〈化〉(苯)酚酞(用作酸碱滴定指示剂和轻泻剂)

fenolftalina *f.* 〈化〉酚酞啉,还原酚酞

fenólico,-ca *adj.* 〈化〉①酚的;苯酚的;②酚醛(树脂)的
   plástico ～ 酚醛塑料

fenología *f.* ①(研究生物周期现象与气候的相关关系的)物(气)候学;②物候关系[现象]

fenolsulfonftaleína *f.* 〈化〉〈药〉酚磺酞

fenómeno *m.* ①现象;②迹象,表现;征候
   ～ atmosférico 大气现象
   ～ electromagnético 电磁现象
   ～ óptico 光学现象
   ～ parásito[parasitario] 寄生现象
   ～ piezoeléctrico 压电现象
   ～ postmortem 尸体现象
   ～ químico-físico 化学物理现象

fenoplástico *m.* 〈化〉酚醛塑料

fenosa *f.* 〈化〉酚糖

fenotalina *f.* 〈化〉酚酞

fenotiazina *f.* ①〈化〉吩噻嗪;②〈药〉吩噻嗪类药物

fenotípico,-ca *adj.* 〈生〉①表(现)型的;显型的;②有共同表现型的生物群体的

fenotipo *m.* 〈生〉①表(现)型(指一个生物体的可观测性状);显型;②有共同表现型的生物群体

fenoxibenzamina *f.* 〈药〉苯氧苄扎明,苯氧苄胺

fenóxido *m.* 〈化〉苯氧化物,(苯)酚盐

fenoximetilpenicilina *f.* 〈药〉苯氧甲基青霉素

fentolamina *f.* 〈药〉芬妥胺,酚妥拉明
   clorhidrato de ～ 盐酸芬妥胺

FENUDE *abr.* Fondo Especial de las Naciones Unidas para el Desarrollo Económico 联合国经济发展特别基金

feocromo,-ma *adj.* 〈医〉嗜铬的
   cuerpo ～ 嗜铬体

feocromoblasto *m.* 〈医〉成嗜铬细胞;嗜铬母细胞

feocromocito *m.* 〈医〉嗜铬细胞

feocromocitoma *m.* 〈医〉嗜铬细胞瘤(一种交感神经系统的肿瘤)

feofíceo,-cea *adj.* 〈植〉褐藻类的 ‖ *f.* ①褐藻类植物;②*pl.* 褐藻类

feofita *f.* 〈植〉水[褐]藻

feofitina *f.* 〈生化〉脱镁叶绿素

feófito,-ta *adj.* 〈植〉水[褐]藻(门)的 ‖ *m. o f.* ①水[褐]藻(门)植物;②*m. pl.* 褐藻门

FEP *abr. ingl.* front-end processor 〈信〉前端处理器

ferbam *m.* 〈化〉福美铁,二甲胺基荒酸铁(用作杀真菌剂)

ferberita *f.* 〈矿〉钨铁矿

ferghanita *f.* 〈矿〉水钒铀矿

fergusonita *f.* 〈矿〉褐钇祖[铌]矿

feri *m.* *Amér. L.* 渡船

feria *f*. ①(商业)展览会;(商品)交易会;博览会;②(定期露天)集市;③节[假]日,休息日;(星期六、星期日以外的)周日
　～ agrícola 农产品展览会;农业博览会
　～ ambulante 流动市场,流动集市
　～ comercial 商品交易会,商品博览会
　～ de Artículos Chinos para la Exportación [F-] 中国出口商品交易会
　～ de ganado 牛展(指菜牛和乳牛的展出和评奖)
　～ de muestras ①样品展览会,商展;②(新影片发行前的)行业内部试映
　～ de otoño/primavera 秋/春季交易会
　～ del libro 书展
　～ especial[monográfica] 专业性交易会
　～ industrial 工业品展览会;工业博览会
　～ internacional 国际博览会
　～ mundial 世界博览会
　～ regional 区域性交易会
　～ técnica 技术展览会
　visita de la ～ 参观交易会,参观博览会
feriante *m. f*. ①(展览会的)参观者;②(样品展览会的)参展者
ferino,-na *adj*. ①野的,野蛮的;②野兽的,凶残的
　tos ～a 〈医〉百日咳
fermentable *adj*. 可发酵的;发酵性的
fermentación *f*. ①发酵;②激[骚]动,动荡[乱];纷扰
　～ láctica 乳酸发酵
fermentado,-da *adj*. (经)发酵的 ‖ *m*. 发酵
　pan ～ 发酵面包
fermentador,-ra *adj*. 使发酵的 ‖ *m*. 发酵罐[槽,桶]
fermentante *adj*. 使发酵的
fermentativo,-va *adj*. ①可[使]发酵的;②发酵的;发酵而产生的
fermento *m*. 〈生化〉酵素,(发酵)酶
fermi *m*. 〈理〉飞(母托)米,费密(长度单位,等于 10^{-15} 米)
fermio *m*. 〈化〉镄
fermión *m*. 〈理〉费密子
fermorita *f*. 〈矿〉锶磷灰石
fernanbuco *m*. 见 palo de ～
　palo de ～ 〈植〉①洋苏木;②棘云实
fernandinita *f*. 〈矿〉纤钒钙石
fernico *m*. 〈冶〉铁镍钴合金
ferodo *m*. 〈机〉制动衬面,闸[刹车]片
feromona *f*. 〈生化〉信息素,外激素(生物体释放的一种化学物质)
ferrado,-da *adj*. 铁的
ferralítico,-ca *adj*. (热带气候带土壤)含有丰富氧化物和氢氧化铁的

ferrallista *m*. 〈建〉钢筋工
ferrato *m*. 〈化〉高铁酸盐
ferre *m. Esp*. 〈鸟〉游隼
ferredoxinas *f. pl*. 〈生化〉铁氧化还原蛋白
férreo,-rrea *adj*. ①铁的;铁类的;②〈化〉(含,类)铁的;③铁器时代的;④见 vía ～a
　metales ～s 类铁[铁(类),黑色]金属,铁合金
　metales no ～s 有色金属
　vía ～a 铁路
ferrería *f*. (炼,钢)铁厂,铁工厂;铸造厂[车间]
ferret *m. ingl*. 〈军〉电磁探测飞机[车辆,船只]
ferrete *m*. ①〈化〉硫酸铜;②烙印铁
ferretería *f*. ①(炼,钢)铁厂,铁工厂;铸造厂[车间];②五金店;③五金器具,五金制品;金属器件[具]
ferretretes *m. pl. Amér. L*. 工[器]具
ferrianfíbol *m*. 〈矿〉高铁闪石
ferricianuro *m*. 〈化〉铁氰化物
　～ potásico 铁氰化钾
　～ sódico 铁氰化钠
férrico,-ca *adj*. ①铁的;含铁的;②〈化〉(正)铁的,三价铁的
　óxido ～ 三氧化二铁
ferricromo *m*. 〈生〉铁色素
ferrierita *f*. 〈矿〉镁碱沸石
ferrífero,-ra *adj*. 含(三价)铁的
ferrificarse *r*. 〈矿〉铁化
ferrihemoglobina *f*. 〈生化〉高铁血红蛋白
ferrimagnetismo *m*. 〈理〉铁氧体磁性
ferrimolibdita *f*. 〈矿〉高铁钼华,水钼铁矿
ferristor *m*. 〈电子〉铁磁电抗器
ferrita *f*. ①〈冶〉铁素体;②〈理〉铁淦氧(磁体),铁氧体;③〈矿〉纯粒[自然]铁,纯铁体
　bobina con núcleo de ～ 铁氧体[铁淦氧]磁芯线圈
ferrítico,-ca *adj*. ①〈冶〉铁素(体)的;②〈理〉铁氧体的
　acero ～ 铁素体钢
ferritina *f*. 〈生化〉铁蛋白
ferrito *m*. 〈化〉(正)铁酸盐
ferritremolita *f*. 〈矿〉高铁透闪石
ferritungstita *f*. 〈矿〉高铁钨华
ferrizo,-za *adj*. 铁的
ferro *m*. 锚
ferro-cromo *m*. 〈冶〉铁铬合金
ferro-silicio *m*. 〈冶〉铁硅合金,硅铁
ferro-vanadio *m*. 〈冶〉钒铁合金
ferroacero *m*. 〈冶〉半钢,钢性铸铁
ferroactinolita *f*. 〈矿〉铁阳起石
ferroaleación *f*. 〈冶〉铁合金

ferroaluminio *m.* 〈冶〉铁铝合金，铝铁（合金）

ferroboro *m.* 〈冶〉铁硼合金

ferrobús *m.* 〈交〉柴油机轨道车，（单节）机动有轨车；轻型火车

ferrocarril *m.* 〈交〉① 铁路[道]，有轨车道；② 列车；③ 铁路运输（设施，系统，部门）
~ aéreo[suspendido] 架空[高架]铁道
~ de cercanías 近郊铁路网
~ de circunvalación （环绕城市等的）环形铁路线
~ de cremallera 齿轨铁道[路]
~ de entrevía estrecha (~ económico) 轻便[窄轨距]铁道
~ de montaña 爬山火车
~ de trocha ancha/angosta 宽/窄轨距铁道
~ de trocha normal 标准轨距铁道
~ de vía angosta[estrecha] 窄轨铁路
~ de vía normal 标准轨距铁路
~ de vía única 单轨铁道
~ elevado 高架铁路
~ estratégico 军用铁路
~ funicular 缆索铁路；（用缆索牵引车辆的）登山铁路
~ metropolitano[urbano] 市区铁路
~ monorraíl 单轨铁路
~ por gravedad 重力缆道
~ subterráneo 地下铁路
~ suburbano （从市中心开始的）市郊铁路
~ troncal 主干铁路
~es electrificados 电气化铁路
traviesa de ~ 轨枕

ferrocemento *m.Chil.* 〈建〉钢筋混凝土预制板

ferroceno *m.* 〈化〉二茂（络）铁

ferrocerio *m.* 〈冶〉铈铁（合金），铁铈齐

ferrocianhídrico,-ca *adj.* 〈化〉① 见 ácido ~；② 氰亚铁酸的；亚铁氰酸的
ácido ~ 氰亚铁酸，亚铁氰酸

ferrocianuro *m.* 〈化〉亚[低]铁氰化物，氰亚铁酸盐
~ férrico 亚铁氰化铁
~ potásico 亚铁氰化钾
~ sódico 亚铁氰化钠

ferrocinética *f.* 〈医〉铁动力学；铁动态；铁循环

ferrocolumbio *m.* 〈冶〉铌铁，铁铌（合金）

ferroconcreto *m.* 〈建〉钢筋混凝土，钢骨水泥

ferrocromo *m.* 〈冶〉铁铬合金

ferrodinámico,-ca *adj.* 〈电〉动铁式的

ferrodolomita *f.* 〈矿〉铁白云石

ferroelectricidad *f.* 〈电〉铁电(性,现象)

ferroeléctrico,-ca *adj.* 〈电〉铁电(性)的 ‖ *m.* 铁电体
cerámica ~a 铁电陶瓷
cristal ~ 铁电晶体

ferrofósforo *m.* 〈冶〉磷铁（合金）

ferrogabro *m.* 〈矿〉铁辉长岩

ferrohormigón *m.* 〈建〉钢筋混凝土

ferromagnesiano,-na *adj.* 〈矿〉含铁和镁的 ‖ *m.* 铁镁矿物

ferromagnético,-ca *adj.* 〈理〉铁磁(性)的
cuerpo ~ 铁磁体
resonancia ~a 铁磁共[谐]振

ferromagnetismo *m.* 〈理〉铁磁性

ferromagneto *m.* 〈理〉铁磁体

ferromanganeso *m.* 〈冶〉锰铁，铁锰合金

ferrometal *m.* 〈冶〉铁金属，铁有色金属

ferrometría *f.* 铁素体(含量)测[滴]定法

ferrómetro *m.* ① 血(液)铁(量)计，血铁测定器；② 铁磁计，铁素体(含量)测定计

ferromolibdeno *m.* 〈冶〉钼铁，铁钼合金

ferroniobio *m.* 〈冶〉铌铁（合金）

ferroníquel *m.* 〈冶〉铁镍合金，镍铁

ferropenia *f.* 〈医〉缺铁症

ferroproteína *f.* 〈生化〉铁蛋白

ferroprusiato *m.* ① 〈化〉亚[低]铁氰化物，氰亚铁酸盐；② 〈技〉〈建〉蓝图

ferrorresonancia *f.* 铁磁共[谐]振

ferrorresonante *adj.* 铁(磁)共[谐]振的

ferrosiderúrgico,-ca *adj.Chil.* 钢铁工业的

ferrosilíceo；ferrosilicio *m.* 〈冶〉铁硅合金，硅铁

ferrosilita *f.* 〈矿〉铁辉石

ferroso,-sa *adj.* ① 铁的，含铁的；② 〈化〉亚铁的，二价铁的
hidróxidos ~s 氢氧化亚铁
metal no ~ 非铁金属，非铁有色金属
nitrato ~ 硝酸亚铁
sulfato ~ 硫酸亚铁

ferroterapia *f.* 〈医〉铁剂疗法

ferrotipia *f.* 〈摄〉(上光版)上光法

ferrotipo *m.* 〈摄〉上光照片

ferrotitanio *m.* 〈冶〉钛铁合金

ferrotungsteno *m.* 〈冶〉钨铁合金

ferrovanadio *m.* 〈冶〉钒铁合金

ferrovía *f.* 〈交〉铁路[道]

ferrovial；ferroviario,-ria *adj.* 〈交〉铁路[道]的 ‖ *m.f.* 铁路员[职]工
red ~a 铁路网
tráfico ~ 铁路交通

ferruccita *f.* 〈矿〉氟硼钠石

ferrugíneo,-nea；ferruginoso,-sa *adj.* ① 铁的，含铁的；似铁的；② 铁锈色的，赤褐色的

agua mineral ～a 含铁矿泉水

cuerpo ～ 铁锈色体

ferrumbre *f.* ①〈铁〉锈，锈斑[铁]；②铁锈色；③〈植物的〉锈菌[病]

ferrumbroso,-sa *adj.* ①〈生,多〉锈的；②铁锈色的；③〈植〉患锈病的

ferry *m. ingl.* 〈船〉轮渡，渡船

ferry-boat *m. Amér. L.* 〈船〉渡船

fersmanita *f.* 〈矿〉硅钛钙石

fersmita *f.* 〈矿〉铌钙石

fértil *adj.* ①〈土地,土壤〉肥沃的,富[丰]饶的；②〈人,动物〉可繁殖的,能生育的；有生育能力的；③多[丰,盛]产的

fertilicina *f.* 〈生化〉受精素,精子凝集素

fertilidad *f.* ①肥沃[力]；②多[丰]产；繁殖[生育]力；④〈生〉能育性

～ del suelo 地力

fertilizable *adj.* ①可施肥的；②可受精的

fertilización *f.* ①受精[孕]（作用）；受胎（作用）；②〈植〉受精[粉]

～ cruzada ①〈动〉异体受精；②〈植〉异花受精

～ in vitro 体外受精

fertilizador,-ra *adj.* 施肥的 ‖ *m. f.* 施肥者

fertilizante *adj.* 使肥沃的,肥田的 ‖ *m.* 肥料,化肥

～ nitrogenado 氮肥

～ orgánico 有机肥

～ químico 化学肥料

～ refinado 堆肥

～s fosfóricos 磷肥

eficacia ～ 肥效

fuente ～ 肥源

fertilizar *tr.* ①使肥沃；使多产；②施肥于；③〈生〉使受精[胎]

férula *f.* ①〈机〉套圈,轭；②〈医〉（治疗骨折的）夹板；③〈铁,金属〉箍；（伞、木柄、手杖等顶端的）金属包头；④〈植〉阿魏（可供药用）

festinación *f.* 〈医〉慌张步态,急促步态（某种神经性疾病的症状）

festival *m.* ①节[喜庆]日；②庆祝[纪念]活动；③（常指定期举行的音乐、戏剧等）节（期）；汇[会]演

～ benéfico 义演

～ de cine 电影节

～ de cultura 文化节

～ de danza 舞蹈节

～ de drama 戏剧节

～ de los colegiales 学生节

～ de magia 魔术节

～ de moda 时装节

～ de música 音乐节

～ de TV 电视节

～ Internacional de Filmes [F-] 国际电影节

～ Internacional de Cometas Artesanales en Weifang [F-]（中国）潍坊国际风筝节

festón *m.* ①〈建〉华饰,花彩；垂花雕饰；②〈缝〉〈衣物〉穗边；荷叶[月牙]边；③花冠[环]

festonar；festonear *tr.* ①给…饰花彩,结彩于；用花彩连接；②给…绣月牙形花边；③〈建〉装垂花雕饰于；在…装扇形边；使成扇形

festura *f.* 〈植〉羊茅草

fetación *f.* 胚胎发育,成胎；妊娠,受胎

fetal *adj.* 胎（儿）的

movimiento ～ 胎动

posición ～ 胎位

vello ～ 胎毛

fetalismo *m.* 胎型（出生后仍有某些胎象的存留）

fetiche *m.* 〈心〉恋物（指迷恋引起变态性欲的物体）

fetichismo *m.* 〈心〉恋物癖

fetichista *adj.* 〈心〉恋物的 ‖ *m. f.* 恋物癖者

feticido *m.* 杀胎；(非法)堕胎

fétido,-da *adj.* 恶臭的

aliento ～ 口臭

bombas ～as 臭弹

sudoración ～a 臭汗症

feto *m.* 胎（儿）

～ arlequín 斑色胎

～s múltiples 多胎儿

fetografía *f.* 〈医〉胎儿造影术

fetología *f.* 胎儿学

fetometría *f.* 〈医〉胎儿测量法

fetopatía *f.* 〈医〉胎儿病

fetoplacental *adj.* 胎儿胎盘的

fetoproteína *f.* 〈生化〉胎球蛋白,甲胎（球）蛋白

fetor *m.* 臭气,恶臭

～ hepático 肝病性口臭

fetoscopia *f.* 〈医〉胎儿镜检查

fetoscopio *m.* 〈医〉胎儿镜

FF *abr. ingl.* form feed 〈信〉换页

FF；f. f. *abr.* franco (en) fábrica 出厂价

percio ～ 出厂价

f. f. a *abr. ingl.* free from alongside 〈商贸〉船边交货（价格）

FF. AA. *abr.* Fuerzas Armadas 武装力量

FF. CC.；FFCC *abr.* ferrocarriles 铁道[路]

FFNN *abr.* Fuerzas Navales 海军

f. i. *abr.* frecuencia intermedia〈无〉中频

FIAA *abr.* Federación Internacional de Atletismo Amateur 国际业余田径联合会

fiabilidad *f.* ①可靠性[度]；可信性；②〈机〉（机械、设备等的）可靠性，安全性

fiable *adj.*〈机〉（机械、设备等）可靠性高的，安全性高的

fiador,-ra *m. f.* ①〈法〉保证人；保人；②赊销人[者] ‖ *m.* ①〈机〉（轮）挡；掣子；（手枪等的）保险机[栓]；（锁的）制栓；（窗）闩；②〈缝〉纽襻
　～ en quiebra 破产（的）担保人
　～ personal 个人担保人
　～ solidario 联合[共同]担保人

fianza *f.* ①〈法〉保释；担保；②保释金；定[押，保证]金；③抵押品；保险单；④〈法〉保证人；保人
　～ carcelera 保释金
　～ de aduana 海关担保
　～ de arraigo 不动产抵押
　～ de averías 共同海损（承付）保证书
　bajo ～ 交保后
　depósito de ～ 保证金
　empresa de ～s 担保公司
　seguros y ～s 保险与担保

FIARP *abr.* Federación Interamericana de Asociaciones de Relaciones Públicas 美洲公共关系协会联合会

FIASE *abr.* Fondo Interamericano de Asistencia para Situaciones de Emergencia 美洲紧急救灾基金

FIBA *abr.* Federación Internacional de Baloncesto 国际篮球联合会

fibra *f.* ①（动物、植物或矿物性）纤维；丝；②（肌肉、神经等的）纤维；（人造）纤维；③纤维制品；硬化）纸板；④〈植〉须根；细枝；⑤（木材的）纹理；⑥〈矿〉矿脉
　～ acrílica 丙烯酸（类）纤维，丙烯腈系纤维
　～ animal 动物纤维
　～ apical〈解〉根尖纤维
　～ artificial[rayón] 人造纤维
　～ blanca 白纤维
　～ cerámica 陶瓷纤维
　～ colagenosa 胶原纤维
　～ corta 短纤维
　～ de algodón 棉纤维
　～ de amianto 石棉纤维
　～ de carbono 碳（化）纤维
　～ de cristal[vidrio] 玻璃纤维
　～ de cuarzo 石英[水晶]丝，石英棉[纤维]
　～ de láser 激光纤维
　～ de madera 木纤维
　～ de nilón〈纺〉玻璃丝

　～ de Sharpey(～ perforante) 沙比（英国解剖学家和生理学家）纤维，夏佩纤维；穿通纤维
　～ dacrón 涤纶纤维
　～ dietética（蔬菜、水果中的）饮食纤维素
　～ extrafina[superfina] 超细纤维
　～ intersticial 间质纤维
　～ mineral 矿物纤维
　～ muscular 肌纤维
　～ natural 天然纤维
　～ nerviosa 神经纤维
　～ neutra 中性纤维
　～ ocular 视神经纤维
　～ óptica 光学纤维
　～ ósea 骨纤维
　～ poliéster 涤纶纤维
　～ polipropilena 丙纶
　～ prensada 壁[墙]板（一种纤维板）
　～ química 化学纤维
　～ sintética 合成纤维
　～ textil 纺织纤维
　～ vegetal 植物纤维
　～ vulcanizada ①硬化[硫化]纤维；②硬化制版
　～s acetatas 醋酸纤维
　～s del corazón 心弦
　～s ópticas 光学纤维
　tubo de ～ 纤维管；硬纸板管

fibracemento *m.*〈建〉纤维水泥

fibradora *f.*〈纺〉回丝（机）

fibrana *f.*〈集〉人造纤维

fibratus *m.*〈气〉毛状云

fibravidrio *m.* 玻璃纤维，玻璃棉（一种隔音隔热防震材料）

fibrilación *f.*〈医〉①原纤维形成；②肌纤维震颤，纤颤
　～ auricular 心房颤动[纤颤]
　～ ventricular 心室颤动[纤颤]

fibrilado,-da *adj.* 纤维组成的；有纤毛的

fibrilar *adj.* ①纤丝的；纤维（状）的；根毛（状）的；②〈医〉肌纤维震颤的，纤颤的

fibrilla *f.* ①小纤维；②〈动〉纤丝，原纤维
　～ acromática 非染色质（纤）丝
　～ colagenosa 胶原纤维
　～ muscular 肌原纤维

fibriloblasto *m.*〈生〉成原纤维细胞

fibriloceptor *m.*〈医〉（神经）纤维变体

fibrilogénesis *f.*〈医〉原纤维发生[形成]

fibrina *f.*〈生化〉①（血）纤维蛋白；线聚血纤维蛋白；（交聚）血纤维蛋白；②谷朊

fibrinógeno *m.*〈生化〉（血）纤维蛋白原

fibrinogenopenia *f.*〈医〉（血）纤维蛋白原减

少

fibrinoide *adj.* 纤维蛋白样的 ‖ *m.*〈生化〉类纤维蛋白

fibrinolisina *f.*〈生化〉〈血〉纤维蛋白溶酶，溶纤维蛋白溶酶

fibrinólisis *f. inv.*〈生化〉〈血〉纤维蛋白溶解（作用）；纤溶

fibrinoso,-sa *adj.*〈生化〉〈血〉纤维蛋白的　degeneración ～a 纤维蛋白变性

fibrinuria *f.*〈医〉纤维蛋白尿

fibroadenoma *m.*〈医〉纤维腺瘤

fibroblástico,-ca *adj.*〈生〉成纤维细胞的

fibroblasto *m.*〈生〉成纤维细胞

fibroblastoma *m.*〈医〉成纤维细胞瘤

fibrobronquitis *f. inv.*〈医〉纤维支气管炎

fibrocalcificación *f.*〈医〉纤维钙化

fibrocartilaginoso,-sa *adj.*〈解〉纤维软骨的

fibrocartílago *m.*〈解〉纤维软骨

fibrocélula *f.*〈解〉纤维细胞

fibrocemento *m.*〈建〉石棉水泥

fibrocisto *m.*〈生〉成纤维细胞

fibrocistoma *m.*〈医〉纤维囊瘤，囊变性纤维瘤

fibrocito *m.*〈生〉纤维细胞

fibrocondritis *f. inv.*〈医〉纤维软骨炎

fibrocondroma *m.*〈医〉纤维软骨瘤

fibrodisplasia *f.*〈医〉纤维发育不良

fibroelastma *m.*〈医〉纤维弹性组织瘤

fibroelastosis *f. inv.*〈医〉纤维弹性组织增生

fibroepitelioma *m.*〈医〉纤维上皮瘤

fibroferrita *f.*〈矿〉纤铁矾

fibroglia *f.*〈医〉纤维胶质

fibroglioma *m.*〈医〉纤维胶质瘤

fibroide *adj.* 纤维性[状]的 ‖ *m.*〈医〉纤维瘤

fibroína *f.*〈生化〉丝心蛋白

fibrolipoma *m.*〈医〉纤维脂瘤

fibrolita *f.*〈矿〉夕线石

fibroma *m.*〈医〉纤维瘤
　～ del ovario 卵巢纤维瘤
　～ endoneural 神经内纤维瘤
　～ nasofaríngeo 鼻咽纤维瘤
　～ osificante 骨化性纤维瘤

fibromatosis *f. inv.*〈医〉纤维瘤病

fibromiectomía *f.*〈医〉纤维肌瘤切除术

fibromioma *m.*〈医〉纤维肌瘤
　～ uterino 子宫纤维肌瘤

fibromiomectomía *m.*〈医〉纤维肌瘤切除术

fibromiositis *f. inv.*〈医〉纤维肌炎

fibromixoma *m.*〈医〉纤维黏液瘤

fibromixosarcoma *m.*〈医〉纤维黏液肉瘤

fibronectina *f.*〈生化〉纤连蛋白

fibroneuroma *m.*〈医〉纤维神经瘤

fibroóptica *f.* 光学纤维，光纤

fibroosteoma *m.*〈医〉纤维骨瘤

fibropapiloma *m.*〈医〉纤维乳头瘤

fibroplasia *f.*〈医〉纤维组织形成，纤维增生

fibropólipo *m.*〈医〉纤维息肉

fibrosarcoma *m.*〈医〉纤维肉瘤

fibrosclerosis *f.*〈医〉纤维硬化

fibroscopio *m.*〈光〉纤维光学镜

fibrosis *f. inv.*〈生〉纤维变性，纤维化
　～ cística[quística] 囊性纤维变性，囊肿性纤维化
　～ del ovario 卵巢纤维化
　～ pulmonar radiactiva 放射性肺纤维化

fibrositis *f. inv.*〈医〉纤维织炎，肌风湿病

fibroso,-sa *adj.* ①纤维的，纤维状[构成]的；含纤维的；②能分成纤维的
　degeneración ～a 纤维变性
　mineral ～ 纤维矿物
　tejido ～ 纤维组织

fibrótico,-ca *adj.*〈医〉纤维变性的

fibrotórax *m.*〈医〉纤维胸

fibroxantoma *m.*〈医〉纤维黄瘤

fíbula *f.*〈解〉腓骨

fibular *adj.*〈解〉腓骨的；腓侧的
　arteria/vena ～ 腓动/静脉

ficción *f.* ①小说；②虚构，捏造，想象；③（捏造的）谎言 ‖ *adj. inv.* 虚构的，假的
　～ científica 科幻小说
　～ de derecho(～ legal)〈法〉法律上的推定，法律拟制（指法律事务上为权宜之计在无真实依据情况下所作的假定）
　obras de no ～ 非虚构类作品

ficha *f.* ①卡（片）；考勤卡；〈档案〉索引卡片；（旅馆的）登记表；②程序[节目]单；③〈信〉权标；④代币券；（公用电话）专用辅币；⑤〈体〉（运动员的）聘金
　～ antropométrica（尤指犯人的）人体测定记录卡
　～ catalográfica 图书馆目录卡
　～ de silicio〈电子〉硅(基)片
　～ del dominó 多米诺骨牌
　～ perforada 穿孔卡(片)
　～ policiaca[policial]（警察部门的）刑事档案材料；（某人的）前科纪录
　～ técnica（电影或电视片等的）片头[尾]字幕；摄制人员名单

fichador,-ra *m. f.* 档案[宗卷]管理员

fichaje *m.*〈体〉①招聘，聘用（运动员）；②（运动员的）聘金；③被聘运动员

fichero *m.* ①卡片盒[柜，箱]；②卡片；卡片(式)索引；③〈信〉文件；④（在警察部门存档的）前科纪录

~ al azar 随机文件

~ abierto 打开的文件

~ activo 常用存[归]档文件

~ archivado(~ en archivo)（不常用）存[归]档文件

~ binario 二进制文件

~ con valores separados por comas 逗号定界文件

~ de acceso aleatorio 随进存取文件

~ de arranque 启动文件

~ de configuración 配置文件

~ de datos 数据文件

~ de detalle 细目文件

~ de inicialización 初始化文件

~ de intercambio 交换文件

~ de procesamiento por lotes 批处理文件

~ de registro 日志文件

~ de reserva[salvaguardia] 备份文件

~ de texto 文本文件

~ de trabajo 工作文件

~ de transacciones 细目文件，事务(处理)文件

~ fotográfico de delicuentes（由警察部门存档的）罪犯照片集

~ indexado 索引文件

~ informático 计算机文件

~ maestro 主文件

~ nulo 空文件

~ oculto 隐藏文件

~ plano 平面文件

~ relativo 相对文件

~ sólo-lectura 只读文件

~ zipeado 压缩文件

ficobilina *f.* 〈生化〉藻胆素

ficocianina *f.* 〈生化〉藻青蛋白

ficocianobilina *f.* 〈生化〉藻青素

ficoeritrina *f.* 〈生化〉藻红蛋白

ficoeritrobilina *f.* 〈生化〉藻红素

ficófago,-ga *adj.* 食藻的

ficofeína *f.* 〈生化〉藻褐素

ficoideo,-dea *adj.* 〈植〉香杏科的 ‖ *f.* ①香杏科植物；②*pl.* 香杏科

ficología *f.* 〈植〉藻类学

ficólogo,-ga *m. f.* 〈植〉藻类学家

ficomicete *adj.* 〈生〉藻菌（目、纲）的 ‖ *m.* ①藻菌；②*pl.* 藻菌目[纲]

ficomicosis *f. inv.* 〈兽医〉〈医〉藻菌病

ficus *m.* ①〈植〉无花果属；橡胶植物；②〈动〉琵琶螺属；③*inv.* 橡胶厂

FIDA *abr.* Fondo Internacional de Desarrollo Agrícola 国际农业发展基金

fidecomiso; fideicomiso *m.* 〈法〉①信托（财产、遗产等）；②受[委]托

fideicomisario,-ria *adj.* 〈法〉①信托的；代客保管的；②委托遗产的 ‖ *m. f.* （财产、遗产等的）受托人

banco ~ 信托公司，信托银行

fideicomiso *m.* 〈法〉委托遗产

fideicomitente *m. f.* 〈法〉遗产托付人

fidelidad *f.* ①忠诚[实]；忠贞；②（收音机、录音机等的）逼真度，保真度；③（数据等的）精[准]确(性)；④〈生态〉确限度

alta ~ 高保真度(音响设备)

fíder *m.* 〈电〉馈(电)线，电源线

~ radial 径向馈(电)线

fiducial *adj.* ①信托[用]的；②〈测〉基准的 ‖ *m.* ①〈测〉基准[置信]点；②〈统〉置信

poder ~ 〈统〉置信权限

fiebre *f.* ①发热[烧]；热度；②热病

~ aftosa 口蹄疫，口疮热

~ amarilla 黄热病

~ compradora(~ de comprar) 抢购热

~ continuada 稽留热

~ cotidiana 每日热

~ cuartana 三日热，三日疟

~ de aborto 流产热

~ de agua negra 黑尿热

~ de amarilla 黄热病

~ de los labios 唇疱疹，冷疱疹，感冒疮

~ de Malta 布鲁斯杆菌病，布氏菌病；马耳他热，波状热

~ de rebajas 降价风

~ de Texas 〈兽医〉得克萨斯热，牛梨浆虫病，牛二联巴贝虫病

~ de Whitmore 惠特莫尔热，类鼻疽

~ del heno 枯草热

~ del Mediterráneo 地中海热，波状热，布鲁士(杆)菌热

~ dengue 登革热

~ efímera 短暂热

~ entérica 肠热(病)

~ eruptiva 发疹热

~ exantemática del Mediterráneo 地中海发疹热

~ glandular 腺热，传染性单核细胞增多症

~ héctica 潮热，痨病热

~ hemoglobinúrica 黑尿热，血红蛋白尿热

~ hemorrágica 出血(性)热

~ intermitente 间歇热

~ irregular 不规则热

~ láctea ①生乳热；轻性产褥热；②〈兽医〉产乳热

~ Lassa 拉沙热（由拉沙病毒引起的传染病）

~ malaria 疟疾
~ negra 黑热病
~ ondulante 波状热
~ palúdica 疟疾
~ paratifoidea 副伤寒热
~ persistente 持续热
~ petequial ①斑疹伤寒;②(流行性)脑脊膜炎
~ porcina 猪瘟,猪霍乱
~ puerperal 产褥热
~ recurrente 回归热
~ remitente 弛张热
~ reumática 风湿热
~ séptica 脓毒性热
~ terciana 间日热,间日疟
~ térmica 中暑性热
~ tifoidea 伤寒热
~ uterina 〈心〉慕男狂,女性色情狂
~ vacunal 接种热
fiebrón *m. Méx.* 高烧
FIEL *abr.* Fundación de Investigaciones Económicas Latinoamericanas 拉丁美洲经济研究基金会
fiel *adj.* ①(翻译、仪器等)准[精]确的;②(关系等)可靠的 ‖ *m. f.* 检查员 ‖ *m.* ①(仪表、天平称等上的)指针;②(剪刀的)轴
~ almotacén 度量衡检查员
~ cogedor 粮仓保管员
~ contraste 货币成色检查员
~ de fecho(没有公证员之村镇的)代理公证员
~ de lides (决斗的)公证人
~ de romana (屠宰场的)监秤员
fieltro *m.* ①(毛,油毛)毡;②毡帽;③毡(垫)圈;毡制品
~ de amianto 油毛毡
~ de techar 屋面油毡
sombrero de ~ 毡帽
zapatillas de ~ 毡鞋
fierra *f.* ①野[猛]兽;②*Amér. L.* 钉马蹄铁;(在牲畜身上)打烙印;③(牲畜身上的)烙印;④打烙印季节
fierrero,-ra *adj.Chil.* 铁的 ‖ *m. f. Chil.* 炼铁工人
fierro *m. Amér. L.* ①铁;②刀;枪,武器;③(汽车的)油门;④〈农〉(打在牲畜身上的)烙印;⑤(打烙印用的)烙铁
~ angular 角铁
~ canal 槽[凹形]铁
~ fundido 铸铁
fiesta *f.* ①联欢会;聚[舞]会;②节日,庆祝日;③*pl.* 庆祝活动;假期
~ civil 非宗教性节日

~ de armas (中世纪的)马上比武大会
~ de Claridad Pura(Día de los Difuntos) [F-] (中国的)清明节
~ de consejo (法院)照常工作的休假日
~ de cumpleaños 生日聚会
~ de disfraces 化装舞会
~ de Fantasma [F-] (中国的)中元节(鬼节)
~ de guardar 弥撒日
~ de la banderita 公益事业基金募捐日,旗日(捐赠者得一小旗,故名)
~ de la Hispanidad [F-] 哥伦布(发现美洲)纪念日
~ de las cabañuelas (~ de los tabernáculos) 结茅节(犹太人纪念其先人旷野生活的节日)
~ de los Faroles [F-] (中国的)元宵节
~ de Luna Llena(~ del Medio Otoño) [F-] (中国的)中秋节
~ de precepto 弥撒日
~ de Quinceañero [F-] 成人节
~ de Tamal de Arroz Glutinoso [F-] (中国的)端午节
~ del Trabajo [F-] (五一国际)劳动节
~ familiar 家庭聚会,家庆
~ fija (日期)固定的宗教节日(如圣诞节)
~ mayor 一年一度的庆典
~ movable[móvil] (日期)不固定的宗教节日(节期因年而异,如复活节)
~ nacional ①法定假日;(星期六和星期日以外的)银行假日;②国庆日
~ oficial 法定节日
~ patria *Amér. L.* 独立纪念日
~ religiosa 宗教节日
~ retribuida 带薪节假日
día de ~ oficial 法定节假日
FIF *abr.* Festival Internacional de Filmes 国际电影节
FIFA *abr.* Federación Internacional de Fútbol Asociación 国际足球联合会
FIFARMA *abr.* Federación Latinoamericana de la Industria Farmacéutica 拉丁美洲制药工业联合会
FIFO *abr. ingl.* first in, first out; First-in-First-out 〈信〉先进先出
FIG *abr.* Federación Internacional de Gimnasia 国际体操联合会
figítidos *m. pl.* 〈昆〉环腹蜂科
figle *m.* 〈乐〉蛇形大号,奥菲克莱德号
figo *m.* 〈植〉无花果
figueral *m.* 无花果林
figulino,-na *adj.* 陶土的;陶制的
arcilla ~a 陶土

figura 514 **filamentoso,-sa**

estatua ～a 陶俑[人]

figura *f.* ①外形;形状,轮廓;②(雕、画、塑、肖、铸)像;③〈测〉〈数〉图形[案,表];插图;④〈戏〉人物,角色;⑤〈乐〉音符;⑥(舞蹈、溜冰等的)花式;舞步

～ celeste 〈天〉星象

～ de bulto 塑[雕,铸]像

～ de culto 受到狂热崇拜的人物;偶像

～ de delito(～ penal) 〈法〉罪状

～ de nieve 雪人

～ decorativa ①装饰图案;②中心人物

～ geométrica 几何图形

～ paterna 父亲般的人物;长者

～ rectangular 矩形

figurado,-da *adj.* ①比[借]喻的;象征的;②〈画〉具象的,有形象的;③〈乐〉装饰(音)的

figural *adj.* ①外[体]形的;②形象的;③图像的;④人物的

figuranta *f.*;**figurante** *m. f.* ①〈戏〉群众角色[演员],龙套角色;②(电影等中的)配角,群众演员

figurativismo *m.* 形象[具象]艺术;形象艺术风格

figurativo,-va *adj.* ①比[借]喻的;象征的;②〈画〉具象的,有形象的;

arte ～ 形象[具象]艺术

figurilla *f.* (陶土、金属等的)小雕[塑]像

figurín *m.* ①〈服装〉图样;②时装杂志;③*Amér. L.* 〈动〉小蜥蜴

figurinismo *m.* 服装图样设计

figurinista *m. f.* 服装图样设计者

figurón *m.* 见 ～ de proa

～ de proa 〈海〉艏饰像

fija *f.* ①铰链,合[折]页;②〈建〉镘[泥]刀,抹子;③ *Arg.* 渔叉

fijación *f.* ①固定[着];钉住[牢];②〈摄〉定影[色];③(张)贴;④安装(门窗等);填缝;⑤〈化〉凝结,凝固(法);⑥(心)固着[恋],不正常的依恋[偏爱];⑦〈生〉〈医〉固定(法)

～ de precios 价格垄断,操纵物价(指制造商之间对其共同产品达成的非法协议)

～ de tejidos 〈生〉组织固定法

～ del complemento 〈医〉补体结合

～ del nitrógeno 〈化〉固氮(作用)

～ interna 〈医〉内固定

músculo de ～ 固定肌

fijado *m.* ①固定;②〈摄〉定影

fijador *adj.* ①固定[着]的;②〈摄〉定色的 ‖ *m.* ①定型胶发;定发型啫喱水;②〈摄〉定影液;定色剂;固定[着]剂;③〈医〉固定器;④〈建〉抹[填]缝工;门窗安装工

baño ～ de fotografía 定影液

fijante *adj.* 〈军〉(射击)高度的,大角度的

fijapeinados *m. inv.* 喷发定型剂

fijapelo *m.* 定型发胶;定发型啫喱水

fijasellos *m. inv.* (把邮票贴在集邮簿上的)透明胶水纸

fijativo *m.* ①固定剂;②〈摄〉定影液;定色剂

fijeza *f.* ①稳定[固];(持久)不变;②稳(定)性;凝固性;耐挥发性

fijo,-ja *adj.* ①固定的;不(能)动的;(持久)不变的;②定居的;③定位的;④〈化〉凝固的,不易挥发的;⑤(价格等)确定的;(日期)固定的;不变的;⑥(工作、工资等)固定的;(合同、职员等)长期的

ácido ～ 〈化〉固定酸

atenuador ～ 固定衰减器

barra ～a 〈体〉单杠

color ～ 不褪色

espasmo ～ 〈医〉持久[续]性痉挛

estación ～a aeronáutica 固定导航站

estrella ～a 恒星

fiesta ～a (日期)固定的宗教节日(如圣诞节)

imposición a plazo ～ 定期存款

punto ～ 〈理〉(固)定点,不变[动]点

servicio ～ aeronáutico 航空定点通讯服务,固定导航业务

virus ～ 〈医〉固定病毒

fila *f.* ①行,排;②〈军〉队[行]列;③菲拉(灌渠的流量单位,合 46 - 85 秒公升)

～ india 一路纵队

filáceo,-cea *adj.* 〈医〉丝性[状]的

filáctico,-ca *adj.* 防御(疾病)的,防护的

filactotransfusión *f.* 〈医〉免疫输血法

Filadelfia *f.* 见 cromosoma de ～

cromosoma de ～ 〈医〉Ph 染色体,费城染色体

filadelfo,-fa *adj.* 〈植〉山梅花科的 ‖ *f.* ①山梅花科植物;②*pl.* 山梅花科

filadiz *m.* (破茧缫出来的)丝

filamento *m.* ①(细)丝,(细)线;丝状物;②(电灯泡、电子管等的)灯丝;丝极;③〈纺〉长丝;单纤维;④〈植〉花[藻]丝,丝(状)体

～ de carbón 碳丝

～ doblemente arrollado 复绕[盘绕线圈式]灯丝

～ estirado 拉丝

～ metálico 金属丝

～ recubierto con pulverizado 喷挤灯丝

～ textil 纺织纤维

filamentoso,-sa *adj.* ①(细)丝的,细丝质的;有细丝的;②灯丝的;③纤维的;④〈医〉丝性[状]的

virus ～ 丝状病毒

filamina *f.*〈生化〉细丝蛋白

filandria *f.*（禽类尤指鹰的）肠寄生虫

filanteo,-tea *adj.*〈植〉叶上长花的‖*m.* 叶上长花的植物

filaria *f.*〈动〉丝[线]虫；丝虫属

filarial *adj.*〈医〉丝虫的
　　funiculitis ～ 丝虫性精索炎

filariasis *f. inv.*〈医〉丝虫病

filaricida *f.*〈药〉杀丝虫药

filariforme *adj.*〈医〉丝状的；丝虫状的

filario *m.*〈植〉（菊科植物的）叶状苞，总苞片

filarioideos *m. pl.*〈动〉丝虫目

filatelia *f.* ①集邮；②邮品商店

filatélico,-ca *adj.* ① 集邮的；有关集邮的；②集邮家的‖*m. f.* 集邮家[者]
　　asociación[sociedad] ～a 集邮协会
　　colección ～a 集邮
　　exhibición ～a 邮展
　　hoja ～a 小型张(邮票)
　　sellos ～s 集邮邮票

filatelista *adj.* 集邮的‖*m. f.* 集邮者[家]

filaxis *f.*〈医〉防御(作用)

fildeo *m. Chil.*〈体〉棒[垒]球比赛

filderretor *m.*〈纺〉细毛料

filete *m.* ①线(条),(条)纹,窄条；②〈缝〉(衣服的)锁边线,细褶缝；③〈建〉(花边旁的)平边,(凹条花圆柱的)楞条；压边[缝]条；④铅条；⑤〈机〉螺纹[线]；⑥〈解〉襻；丘系；⑦(马的)嚼子,马衔铁；⑧〈印〉饰线；(制作饰线的)金属工具
　　～ cuadrado[cuadrangular] 方螺纹
　　～ de aire 流[通量]线
　　～ de tornillo 螺纹
　　～ de tornillo invertido 反向螺纹
　　～ de tubo 管螺纹
　　～ fluido 河川径流
　　～ métrico internacional 公制螺纹
　　～ Sellers 赛勒螺纹
　　～ triangular 三角螺纹

fileteado *m.* ①〈机〉螺纹[线]；②饰线,嵌条

fileteadora *f.*〈机〉攻丝机,(车)螺纹刀具

filetear *tr.* ①加[镶]饰线,加[镶]嵌条；②车[刻,加工]螺纹,攻丝；③把(鱼,肉)切成片
　　～ con plantilla 用螺纹梳刀刻螺纹
　　fresa de ～ 螺纹铣[磨]床

filetero *m.* (车)螺纹工具

filético,-ca *adj.*〈生〉系统发育的；种[线]系的

filical *adj.*〈植〉陆生真蕨的‖*f.* ①陆生真蕨,羊齿植物；②*pl.* 陆生真蕨目

filicina *f.*〈化〉绵马酸

filicíneo,-nea *adj.*〈植〉蕨纲的‖*f. pl.* 蕨纲

filicismo *m.*〈化〉绵马酸中毒

filicornios *m. pl.*〈动〉丝角类

filiforme *adj.* ①〈植〉线状的；②〈动〉〈医〉丝[线]状的
　　células ～s 丝状细胞
　　larva ～〈动〉丝状蚴
　　pulso ～ 丝状脉

filigrana *f.* ①金[银]丝(细工饰品)；②(纸张上的)水印(图案),水纹压印；③*pl.*〈体〉(比赛中的)精彩打法；(拳击运动中的)技术高超步法；④*Cub.*〈植〉芬芳马缨丹

filigranista *m. f.* 金银丝细工饰品匠

filioma *m.*〈医〉巩膜纤维瘤

filipéndula *f.*〈植〉六瓣蚊子草

filipichín *m.*〈纺〉印花毛织品

filipsita *f.*〈矿〉斑铜矿

filirrostra *f.*〈鸟〉长嘴石鸡

filita *f.*〈地〉千枚岩,硬绿泥石

film (*pl.* films, filmes) *m.* ①〈电影〉胶片；胶卷；②〈电影〉电影,影片；③薄膜[片]；膜[软]片
　　～ abstracto 抽象电影
　　～ dadaísta 达达主义电影
　　～ expresionista 表现主义电影
　　～ impresionista 印象派电影
　　～ neorrealista 新现实主义电影
　　～ puro 纯电影
　　～ racionalista 理性电影
　　～ realista 现实主义电影
　　～ sonoro 有声电影
　　～ surrealista 超现实主义电影
　　～ transparente （食品）保鲜膜
　　～ vanguardista 先锋派电影

filmación *f.*〈电影〉①电影摄制,制片；②*pl.*（影片的）连续镜头

filmador,-ra *adj.*〈电影〉电影摄制的‖*m. f.* 电影摄制[制作]者‖～a *f.* ①（手提）电影摄像[影]机；②电影制片厂

filmaje *m.*〈电影〉电影摄制,制片

filme *m.* ①〈电影〉胶片；胶卷；②〈电影〉电影,影片；③薄膜[片]；膜[软]片
　　～ de bulto(～ en relieve) 立体电影
　　～ del Oeste 西部片
　　～ monomolecular 单分子膜
　　～ musical 音乐片

fílmico,-ca *adj.* ①〈电影〉电影的；有关电影摄制术的；②胶片的

filmina *f.* 幻灯片,透明正片

filmlet *m.*〈电影〉电影短片

filmografía *f.* 影片集锦(指某一导演、演员等所导演或主演的一组影片)

filmógrafo,-fa *m. f.* 电影史作者

filmología *f.* ①电影(制片)学；②电影摄制

术

filmoteca *f.* ①影片资料[档案]馆;文献电影馆;②影片集

filo *m.* ①(剑等的)刃,锋;刀口[刃];②(刀具)切削刃;③平分点[线];④〈生〉(生物分类上的)门;⑤见 ～ del viento;⑥*Amér. L.*(物体的)边缘;⑦*Amér. L.* 山脊[脉] ～ cortante(～ de la herramienta)(刀具)切削刃

～ del viento〈海〉风向

filobús *m.* 〈交〉无轨电车

filóclado *m.* 〈植〉叶状枝,代叶枝;代叶茎

filodio *m.* 〈植〉叶状柄

filodócidos *m. pl.* 〈动〉叶须虫科

filodoxia *f.* 〈心〉荣誉癖

filófago,-ga *adj.* 〈动〉食叶的(动物) ‖ *m. f.* 食叶动物

filofóridos *m. pl.* 〈鸟〉沙鸡子科

filogénesis;filogenia *f.* 〈生〉种系发生,系统发育(指生物种族发育史)

filogenético,-ca *adj.* 〈生〉种系发生的,系统发育的

filogeniáceas *f. pl.* 〈植〉带藓科

filogénico,-ca *adj.* 〈生〉种系发生的,系统发育的

filogenista *adj.* 〈生〉种系发生的,系统发育的 ‖ *m. f.* 种系发生研究者

filolépidos *m. pl.* 〈动〉叶鳞鱼目

filomanía *f.* (植物)叶过盛

filomela *f.* 〈鸟〉夜莺

filomelo *m.* 〈鸟〉雪松太平鸟

filomena *f.* 〈鸟〉夜莺

filón *m.* 〈矿〉矿脉;矿层

～ acintado 带状矿脉

～ ciego(～ sin afloramiento) 无露头矿脉

～ de plata 银矿脉

～ flotante 矿砾,漂流矿石

～ metalífero 金属矿脉

～ principal 母[巨矿]脉

～ ramal 支脉

～ rico 富矿脉;富矿带

filoncillo *m.* 〈矿〉细(矿)脉

filoneísmo *m.* 〈心〉嗜新癖

filopluma *f.* 〈动〉纤羽

filopodios *m. pl.* ①〈动〉丝(状伪)足;(根足虫的)外肉伪足;②〈植〉叶状柄

filopodo,-da *adj.* 〈动〉①叶足亚纲甲壳动物的;②有叶状足的 ‖ *m. pl.* 叶足亚纲甲壳动物(如丰年虫、水蚤等)

filopos *m. pl.* (将猎物引向狩猎地点用的)网围,布围

filoptéridos *m. pl.* 〈动〉长角鸟虱科

filoquinona *f.* 〈化〉叶绿醌,维生素 K_1(用作凝血药)

filorreticulopodios *m. pl.* 〈动〉丝网伪足

filosa *f.* 〈植〉岩蔷薇寄生花

filoseda *f.* 〈纺〉丝毛[绵]织品

filosia *f.* 〈动〉丝足亚纲

filosilicato *m.* 〈矿〉页硅酸盐

filoso,-sa *adj.* ①丝[线]状的;有线状突出物的;②*Amér. L.* 尖的,锋利的 ‖ *m. pl.* 〈动〉丝足亚纲

filospóndilo *m.* 〈动〉叶脊椎

filotaxia;filotaxis *f.* 〈植〉叶序

filotecnia *f.* 爱好工艺

filotécnico,-ca *adj.* 爱好工艺的

filoterapia *f.* 〈医〉草木叶治疗法

filotráquea *f.* 〈动〉书肺(某些蛛形纲动物的呼吸器官)

filoxera *f.* 〈昆〉①根瘤蚜;②葡萄根瘤蚜

filoxérico,-ca *adj.* 〈昆〉葡萄根瘤蚜的

filoxerinos *m. pl.* 〈昆〉根瘤蚜亚科

filtrabilidad *f.* ①过滤性[率,本领];滤过率;②可滤性

filtrable *adj.* ①可滤的;可滤过[去]的;②〈生〉可滤性的;滤过性的

virus ～〈生〉滤过性病毒

filtración *f.* ①过滤,滤除[清,波];②渗漏[出];渗透(性)

～ bajo presión 加压过滤

～ centrífuga 离心过滤

～ de agua 渗水

～ intermitente 间歇过滤

～ por etapas 分段过滤

～ por vacío 真空过滤

～ por vapor (蒸)汽过滤(作用)

instalación de ～ 袋滤室,袋室(气体过滤)

presión de ～ 滤过压

saco de ～ 滤袋

tasa de ～ 滤过率

filtrado,-da *adj.* ①(被)过滤的,滤过的;②泄[透]露的(信息等) ‖ *m.* ①〈化〉滤(出)液;②〈信〉过滤

bobina de ～ 滤波(器)扼流圈

filtrador,-ra *adj.* 过滤的 ‖ *m.* ①滤器;(多层)过滤物(如沙、炭、纸等);②〈技〉滤波[光]器;滤膜[片];滤色镜;③〈信〉过滤器(软件)

～ acústico〈理〉声滤波器

～ de aire 空气过滤器

～ de luz 滤光器

～ de paquetes〈信〉数据包过滤器

condensador de ～ 滤波电容器

filtraje *m.* 过滤

filtrante *adj.* (用以)过滤的

filtro *m.* ①滤器;（多层）过滤物（如沙，炭，纸等）;②〈技〉滤波[光]器;滤膜[片];滤色镜;③〈信〉过滤器（软件）;④筛选;审查;⑤公路[边防]检查站;⑥〈解〉人中
- ~ acústico 声波滤器
- ~ birrefringente 双折射滤光器
- ~ de aceite 滤油器
- ~ de aire 空气过滤[滤清]器;滤气器
- ~ de arena 砂滤池
- ~ de banda eliminada 带阻[止带]滤波器
- ~ de cavidad 空腔滤波器
- ~ de color 滤色镜
- ~ de cristal 晶体滤波器
- ~ de desacoplo 去耦滤波器
- ~ de entrada capacitiva 电容输入滤波器
- ~ de entrada inductiva 电感输入滤波器
- ~ de gasóleo 柴油过滤器
- ~ de limpieza automática 自净[清]滤器
- ~ de línea 线路滤波器
- ~ de llamadas 来电审查
- ~ de luz de día 昼光滤光器
- ~ de membrana 滤膜器
- ~ de ondas 滤波器
- ~ de paso alto/bajo 高/低通滤波器
- ~ de paso banda 带通滤波器
- ~ de paso inferior/superior 低/高通滤波器
- ~ de polvo 滤尘器
- ~ de ruidos 静噪滤波器
- ~ de todo paso 全通滤波器
- ~ de vacío 真空滤波器
- ~ direccional 分[方]向滤波器
- ~ eléctrico 电滤波器
- ~ mecánico 机械过滤[滤波]器
- ~ óptico 滤光片
- ~ pasa-altas/bajas 高/低通滤波器
- ~ pasa-banda 带通滤波器
- ~ percolador de las aguas cloacales 滴滤池
- ~ rotativo[rotatorio] 旋转过滤器
- ~ seco 干式过滤器
- ~-separador de aceite 汽油分离器
- cigarrillo con ~ 有过滤嘴香烟
- impedancia de ~ 滤波扼流圈

filtrónico,-ca *adj.* 过滤的
filum *m.* 〈生〉（生物分类的）门
filván *m.* ①（木板、刀具等的）薄缘;②（纸等的）毛边;③（金属、木材等经加工后留下的）毛边
fima *m.* 〈医〉（皮肤）肿块,结块
fimatología *f.* 肿瘤学
fimatosis *f. inv.* 〈医〉肿块病;肿瘤病
fimbria *f.* ①〈缝〉贴[褶]边;镶边,边饰;②

〈生〉纤[菌,伞]毛
fimbriado,-da *adj.* 〈生〉有毛缘的,流苏状的
fimbrial *adj.* 〈生〉菌毛的
fimia *f.* 〈医〉结核(病)
fímico,-ca *adj.* 〈医〉结核性的
fimósico,-ca *adj.* 〈医〉包茎的,包皮过长的
fimosiectomía *f.* 〈医〉包皮环切术
fimosis *f. inv.* 〈解〉包茎,包皮过长
- dilatador de ~ 包茎扩张器
fimótico,-ca *adj.* 〈医〉包茎的,包皮过长的
fin *m.* ①结束,终止;终[完]结;②尽头,末尾;最后部分;③目的
- ~ de fichero 〈信〉文件结束
- ~ de fiesta 〈戏〉压轴戏
- ~ de la cita 引文结束(用作插入成分说明)
- ~ de línea 〈信〉行尾
- ~ de programa 程序结束
- ~ de semana 周末
- ~ de texto 〈信〉文本结束
- ~ de transmisión 〈信〉传输结束
- ~-de-tiempo 〈信〉超时
- último ~ 最终目的
finado *m.* 〈技〉最后修整,精加工
final *adj.* 最后[终]的,末尾的 ‖ *m.* ①结束;终止;终[完]结;②尽头,末[结]尾;③〈乐〉终曲;④〈戏〉终场,最后一幕;⑤（故事、电影等的）结局 ‖ *f.* 〈体〉决赛
- ~ de consolación 〈体〉安慰赛
- ~ de línea (运输路线的)终点站
- beneficiario ~ 最终受益人
- consumo ~ 最终消费
- cuartos de ~ 〈体〉四分之一决赛,半准决赛
- decisión ~ 最终决策
- demanda ~ ①最终需求;②（债权人催逼债务人还债的）最后要求
- destinatario ~ 最终收货人
- destino ~ 最终目的地
- liquidación ~ 最终结算
- precio ~ 最终价格
- prima ~ 最终保费
- producto ~ 最终产品
- puerto ~ de descarga 最终卸货港口
- revendedor ~ 最终转售人
- riesgo ~ 最终风险
- servicio ~ 最终服务
- uso ~ 最终用途
- usuario ~ 最终用户
finalísima *f.* 〈体〉（淘汰赛的）决赛
finalista *adj.* 〈体〉参加决赛的 ‖ *m. f.* 参加决赛者

financiación *f.* ①筹措资金;融资;②提供资金
~ a largo/corto plazo 长/短期融资
~ directo/indirecto 直/间接融资;直/间接提供资金
~ compensatoria 补偿性融资
~ interna 内部筹资;国内筹资
~ previa 预先提供资金,先期资金融通
~ propia 自筹资金
coste de ~ 筹资费用

financiador,-ra *m. f.* 提供资金者

financiamiento *m.* ① 筹措资金;融资;② 提供资金

financiar *tr.* 供资金给…,为…筹措资金

financiera *f.* (专向私人贷款的)信贷[金融]公司

financiero,-ra *adj.* 财政的,财务的;金融的 ‖ *m. f.* 财政家,理财家;金融家
ajuste[arreglo] ~ 财务结算
análisis ~ 财务分析
año ~ 财政[会计]年度
arrendamiento ~ 财务租赁
auditoría ~a 财务审计
avalúo ~ 财务评定[评估]
balance[cuadro] ~ 财务报表
brecha ~a 财政缺口
ciencias ~as 财政学
círculos ~s 财界
compañía ~a 信贷[金融]公司
control ~ 财务控制
coste ~ 财务成本
cuenta ~a 财务账户
derecho ~ 财政法
diagnóstico ~ 财务调查分析
ejercicio ~ 财务年度
estadística ~a 财务统计
estructura ~a 财政结构
indicador ~ 财政指数
informe[reporte,estado] ~ 财务报表,财务决算表
palanca ~a 财务杠杆
subsidio ~ 财政补贴

financista *adj.* ①财政的,财务的;②金融的 ‖ *m. f.* ①*Amér. L.* 证券经纪人;金融(专)家;②*Chil.* 赞[资]助人

finanzas *f. pl.* ①财政;金融;②资金;财源;③财政学;④*Amér. L.* 国家财产[源],国民收入;⑤*Col.* 国[金]库
~ internacionales 国际金融
~ públicas 公共财政

finca *f.* ①不动产;地[田]产;②乡间别墅;③农庄,庄园
~ azucarera 甘蔗种植园

~ cafetera 咖啡种植园
~ ganadera 畜牧场
~ raíz *And.* 不动产,房地产
~ rústica 地[田]产
~ urbana 房地产

fincabilidad *f.* 不动产

fincado *m. Arg.* 庄园;地产

fineta *f.* 〈纺〉斜纹细布

fineza *f.* ①纤细;精细[巧,致];②〈机〉(精)细度;光洁度

finger(*pl.* fingers) *m.* 〈航空〉(航站大楼上下飞机的)走廊桥

finiglacial *adj.* 〈地〉冰河期结尾阶段的

finiquito *m.* ①清账,结算;②结账单据,账单;③(合同结束时支付给被雇人员的)结账付钱

finitud *f.* 有限;限度

finlaísmo *m. Cub.* 〈医〉分拉伊学说(古巴医生 Carlos J. Finlay 创始的理论,认为黄热病的传播媒介是埃及伊蚊,即黄热病伊蚊)

finn *m. ingl.* 〈体〉单人帆船

finnemanita *f.* 〈矿〉砷氯铅矿

fino,-na *adj.* ①细(致,密)的;(膜、纸等)薄的;②(手指、头颈、头发等)纤细的;细长的;(钢笔头等)尖端的;③(皮肤等)光滑[洁]的;④(细小颗粒的,细(纹,牙)的;⑤(晶体、瓷器、纸张等)精细[密,美,致]的;优良[秀,质]的;⑥(金属等)纯(净)的;无杂质的;精制[炼]的;⑦(视觉、听觉等)敏锐的;⑧(雪利酒)淡色而无甜味的,干的 ‖ *m.* ①淡色而无甜味的雪利酒,干雪利酒;②*pl.* (洗煤时的)煤屑;③*Amér. L.* 陶[瓷]片;④*Chil.* 纯金属(尤指纯铜)
cobre ~ 精炼铜
oro ~ 纯金
raya ~a 〈动〉蒙鳐

finquero *m. Amér. L.* 庄园主

fintada *f.* 〈体〉(以)假动作诱骗;(击剑等运动中的)佯攻

finura *f.* (金属等的)纯度,成色

fiñisachi *m. Méx.* 〈植〉鸭皂树

fío *m. Chil.*;**fiofío** *m.* 〈鸟〉白冠伊拉鹟

fiorita *f.* 〈矿〉硅华

fique *m. Amér. L.* 〈植〉龙舌兰

firma *f.* ①署名,签名[字,发,呈,署];②签字仪式;③(合伙)商行[号],公司;④(呈签的)文件(总称);⑤〈信〉签名
~ autógrafa 亲笔签字
~ autorizada 合法签名,授权签字
~ colateral 附带签名,副签
~ conjunta 联合签署,会签
~ de cheque 签署支票
~ digital 数字签名

~ en blanco 已签名空白介绍信[证件,票据]

~ en sello 签字印章

~ facsímil 模仿签字

~ social 公司签署

media ~（正式文件上）略掉教名的签字

firme *adj.* ①（土地等）坚固[实,硬]的；②（物件等）稳[牢]固的；平稳的；③（价格、货币等）坚挺的；（市场等）稳定的；④最终的（审判）；⑤（与岛屿相对的）陆地的；⑥（决定等）坚决的 ‖ *m.* ①坚实土层,硬土层；②地基；（公路的）路基[面]；③〈海〉（船只）最大倾斜点；④*Dom.* 斜坡顶点

~ del suelo 抛石基床

cláusula en ~ 不可抗辩条款

oferta en ~ 〈商贸〉确定的报价

pedido en ~ 〈商贸〉确认订单

precio ~ 价格坚挺

tierra ~ 大陆

firmoviscosidad *f.* 〈理〉固黏性

firmware *m. ingl.*（计算机的）固件（指具有软件功能的硬件）

fis. *abr.* física 见 física

fisa *f.* 〈动〉圆基

fisalífora *f.* 〈生〉空泡细胞

fisaloptéridos *m. pl.* 〈动〉泡翼科

fisaráceas *f. pl.* 〈生〉绒泡黏菌科

fiscal *adj.* ①财政的；国库的；②财务的 ‖ *m. f.* ①〈法〉检察官；②财政官

coste[costo] ~ 财务成本

delito ~ 〈法〉财务犯罪

derecho ~ 财政法

disciplina ~ 财务纪律

evitación[refugio] ~ 避税

impuesto ~ 财政税收

soberanía ~ 财政自主权

fiscorno *m.* 〈乐〉中音号

fisiatra *m. f.* 〈医〉理疗医师,理疗学家

fisiatría *f.* 〈医〉物理疗法,理疗

fisiátrico,-ca *adj.* 〈医〉物理疗法的,理疗的

fisible *adj.* ①可[易]裂的；②〈理〉可裂变的

materiales ~s 可裂变物质

física *f.* ①物理；物理学；②物理性质[现象]

~ aplicada 应用物理学

~ atómica 原子物理学

~ cuántica 量子物理学

~ de alta(s) energía(s) 高能物理学

~ de hiperenergía 高能物理学

~ de partículas 粒子物理学,高能物理学

~ de semiconductor 半导体物理学

~ del estado sólido 固态物理学

~ del globo 地球物理学

~ electrónica 电子物理学

~ experimental 实验物理学

~ matemática 数学物理学

~ nuclear（原子）核物理学

~ recreactiva 趣味物理学

~ superficial 表面物理学

~ teórica 理论物理学

~ ultrasónica 超声物理学

físico,-ca *adj.* ①物理的；物理学的；②自然（界,科学）的；③物质的,有形的；④身体的；肉体的 ‖ *m. f.* 物理学家 ‖ *m.* 〈解〉体格[形]

cambios ~s 物理变化

ciencias ~as 自然科学

cultura[educación] ~a 体育(课,教育)

examen ~ 身体检查

factor ~ 自然因素

fenómeno ~ 物理现象

geografía ~a 自然地理(学)

medicina ~a 物理医学

mundo[universo] ~ 物质世界

persona ~a 〈法〉〈经〉自然人

propiedades ~as 物理特性

química ~a 物理化学

trabajo ~ 体力劳动

fisicomatemático,-ca *adj.* 物理数学的 ‖ *m. f.* 物理数学家

físiconuclear *m.*（原子）核物理学

fisicoquímica *f.* 物理化学

fisicoquímico,-ca *adj.* 物理化学的 ‖ *m. f.* 物理化学家

fisiculturismo *m.* 健美运动

fisiculturista *m. f.* 参加健美运动者；健美运动员

físil *adj.* ①可[易]裂的；②〈理〉可裂变的

fisilidad *f.* ①易裂性；可裂性；②〈理〉可裂变性；③〈地〉易剥裂性

fisinosis *f. inv.* 物理原(因)病

fisiocracia *f.* ①重农主义；②自然法则政治（指重农主义倡导的政治体制）

fisiocrata *m. f.* ①重农主义者；②自然法则政治论者

fisiocrático,-ca *adj.* ①重农主义者的；②自然法则政治论者的

fisioculturismo *m.*（与饮食相合的）健美体操

fisioculturista *m. f.* 健美体操者

fisiognomía *f.* ①观相术,相面术；②面容[相]；③〈医〉面容诊断

fisiognosis *f. inv.* 〈医〉面容诊断法

fisiografía *f.* ①自然地理学；②地文学；③（区域）地貌学

fisiográfico,-ca *adj.* ①自然地理学的；②地

文学的;③〈区域〉地貌学的

fisiógrafo,-fa *m. f.* ①自然地理学家;②地文学家;③〈区域〉地貌学家

fisiol *abr.* fisiología 生理学

fisiología *f.* 生理学
~ animal 动物生理学
~ botánica[vegetal] 植物生理学
~ comparativa 比较生理学
~ oral 口腔生理学

fisiológico,-ca *adj.* ①生理学的;②生理(性,技能)的
amenorrea ~a 生理性闭经
anatomía ~a 功能[生理]解剖学
dependencia ~a 生理依赖
fenómeno ~ 生理现象
función ~a 生理机能
memoria ~a 生理记忆
psicología ~a 生理心理学

fisiologismo *m.* 生理病理学

fisiólogo,-ga *m. f.* 生理学家

fisión *f.* ①〈理〉核裂变,核分裂;②〈生〉分裂;分裂生殖
~ atómica 原子裂变
~ binaria 二分裂
~ desigual 不等分裂
~ espontánea 自发裂变
~ inducida 感生裂变
~ nuclear 核裂变
cámara de ~ (原子)核裂变箱,裂变室
productos de ~ 裂变产物

fisionabilidad *f.* ①分裂能力;能分裂度;②〈理〉可裂变性;能裂变度

fisionable *adj.* ①可分裂的;②〈理〉可裂变的,可作[受]核裂变的;③〈地〉易剥裂的

fisionar *tr.* ①使分裂;使发变;②〈生〉分裂繁殖,裂殖 ‖ ~se *r.* 裂变,分裂

fisiopatología *f.* 病理生理学

fisioquímica *f.* 生理化学

fisioquímico,-ca *adj.* 生理化学的

fisioterapeuta *m. f.* 〈医〉理疗学家,理疗医师

fisioterapéutico,-ca *adj.* 〈医〉物理疗法的,理疗的

fisioterapia *f.* 〈医〉物理疗法,理疗

fisioterápico,-ca *adj.* 〈医〉物理疗法的,理疗的

fisioterapista *m. f. Amér. L.* 〈医〉理疗学家,理疗医师

fisiparidad *f.* 〈生〉分裂生殖,裂殖

fisíparo,-ra *adj.* 〈生〉分裂生殖的,裂殖的

fisípedo,-da *adj.* 〈动〉裂足的,足趾分离的 ‖ *m.* 裂足动物(指裂足亚目动物,如猫,狗等);②*pl.* 裂足亚目

fisirrostro,-tra *adj.* 〈鸟〉①有裂缝很深的阔喙的;②(鸟喙)阔而带很深裂缝的

fisocelia *f.* 〈医〉鼓胀,肚中积气

fisocele *m.* 〈医〉①气瘤;②气疝

fisoclisto,-ta *adj.* 〈动〉〈鱼〉闭鳔的 ‖ *m. f.* 闭鳔的鱼

fisostigmina *f.* 〈化〉毒扁豆碱(一种眼科缩瞳药)

fisóstomo,-ma *adj.* ①〈动〉〈鱼〉通鳔的;②喉鳔类的 ‖ *m.* ①通[喉]鳔类鱼;②*pl.* 通[喉]鳔类

fisoterapeuta *m. f.* 〈医〉理疗学家,理疗医师

fistra *f.* 〈植〉大牙签草

fístula *f.* ①〈医〉瘘,瘘管;②(导流脓液的)管子,导管;③(芦)笛;管
~ anal 肛(门)瘘
~ anorectal 肛门直肠瘘
~ antrooral 窦口(腔)瘘
~ arteriovenosa 动静脉瘘
~ aural 耳瘘管
~ biliar 胆瘘
~ del fluido cerebrospinal 脑脊液瘘
~ del hueso 骨瘘
~ del seno nasal 鼻窦瘘
~ estercorácea[fecal] 粪瘘
~ hepatopeural 肝胸膜瘘
~ hepatopulmonar 肝肺瘘
~ interna/externa 内/外瘘
~ lagrimal 泪(囊)瘘
~ oral-antral 口窦瘘
~ pilonidal 藏毛瘘
~ tiroglosal 甲状(腺)舌(管)瘘
~ uretral 尿道瘘
~ uretroperineal 尿道会阴瘘
~ uretrorectal 尿道直肠瘘
~ uretrovaginal 尿道阴道瘘
~ urinaria 尿瘘
~ vesicocervical 膀胱宫颈瘘
~ vesicocutánea 膀胱皮肤瘘
~ vesicoenterética 膀胱肠瘘
~ vesicovaginal 膀胱阴道瘘
~ vesicovaginorrectal 膀胱阴道直肠瘘

fistulación *f.* 〈医〉瘘管形成

fistular *adj.* ①〈医〉瘘(管)的;②管状的

fistulectomía *f.* 〈医〉瘘管切除术

fistulina *f.* 〈植〉牛舌草

fistuliporidos *m. pl.* 〈生〉笛苔藓虫科

fistulización *f.* 〈医〉①成瘘,瘘管形成;②造瘘术

fistuloenterostomía *f.* 〈医〉瘘管肠吻合术

fistulografía *f.* 〈医〉瘘管造影术

fistuloso,-sa *adj.* ①〈医〉瘘的,瘘管的;②管

状的,中空如管的;③〈植〉(茎)中间空的
úlcera ～a 瘘口溃疡

fistulotomía *f.* 〈医〉瘘管切开术

fistulótomo *m.* 〈医〉瘘管刀

fisura *f.* ①〈物体、岩石等上的)裂缝[隙];②
龟裂;③〈物体上)的裂;(骨头上的)裂
口,缝隙;(口腔中的)裂隙,溃疡;④〈地〉裂
隙;⑤(木材的)轮裂
～ de Broca 布罗卡〔氏〕裂(第三左额回周
裂)
～ de cráneo 颅骨骨裂
～ del ano(～ anal) 肛裂
～ del maxilar 颌裂
～ del paladar(～ palatina) 腭裂
～ dorsal 背裂
～ interhemisférico 半球间裂
～ oral 口裂
～ palpebral 睑裂
～ timpanomastoidea 鼓乳裂
～ uretral 尿道裂

fisuración *f.* ①(开,龟,脆)裂;裂开;②(生
成)裂缝[隙]
～ en frío 〈技〉冷[凝]裂

fisurarse *r.* 〈医〉骨裂,骨折

fitasa *f.* 〈生化〉植酸酶

fiteral *m.* 〈地〉植物煤素质

fitina *f.* 〈化〉植酸钙镁

fitoalexina *f.* 〈植〉植物抗毒素

fitobiología *f.* 〈生〉①植物生物学;②植物培
植

fitocida *f.* 植物枯死剂,除草[莠]剂

fitoclimatología *f.* 〈气〉植物小气候学

fitocorología *f.* 〈植〉植物(生物)地理学

fitocromo *m.* 〈生化〉(植物的)光敏色素

fitocultura *f.* 植物培植

fitoecología *f.* 〈植〉植物生态学

fitófago,-ga *adj.* ①〈动〉食植物的,食叶类
的;②素食的 ‖ *m.f.* 食植物动物

fitofarmacia *f.* 〈药〉植物药剂学

fitofenología *f.* 〈植〉植物物候学

fitofito *m. Col.* 〈植〉波哥大庭菖蒲

fitoflagelado *m.* 〈生〉植物鞭毛虫,鞭毛藻

fitogénesis *f.inv.* 植物发生[进化]

fitogenético,-ca *;* **fitogénico,-ca** *adj.* ①植
物发生[进化]的;②起源于植物的

fitogeografía *f.* 〈植〉植物地理学

fitogeología *f.* 〈植〉植物地质学

fitografía *f.* 〈植〉记述植物学

fitográfico,-ca *adj.* 记述植物学的

fitógrafo,-fa *m.f.* 记述植物学家

fitohemaglutinina *f.* 〈生化〉植物血球凝集
素

fitohormona *f.* 〈生化〉植物激素

fitoideo,-dea *adj.* 植物状的

fitol *m.* 〈化〉植[叶绿]醇

fitolaca *f.* 〈植〉商陆

fitolacáceo,-cea *adj.* 〈植〉商陆科的 ‖ *f.* ①
商陆科植物;② *pl.* 商陆科

fitolita *f.* *;* **fitolito** *m.* 植物化石(古生物学
用语),植物岩

fitología *f.* 植物学

fitológico,-ca *adj.* 植物学的

fitólogo,-ga *m.f.* 植物学家

fitómetro *m.* (植物)蒸腾计

fitonadiona *f.* 〈化〉植物甲萘醌,维生素 K₁

fitonimia *f.* 植物名称学

fitónimo *m.* 植物名称

fitopaleontología *f.* 植物化石学,古植物学

fitoparásito *m.* 〈医〉寄生植物

fitoparasitología *f.* 〈植〉寄生植物学

fitopatógeno *m.* 植物病原体

fitopatología *f.* ①〈植〉植物病理学;②〈医〉
植物原(因)病病理学

fitopatológico,-ca *adj.* 〈植〉植物病理学的

fitopatólogo,-ga *m.f.* 〈植〉植物病理学家

fitoplancton *m.* 〈植〉浮游植物群落

fitoplasma *m.* 〈生〉植原体,植物原生质

fitoquímica *f.* 〈化〉植物化学

fitosanitario,-ria *adj.* 〈生〉①植物检疫的,
控制植物(尤指农作物)病害的;② *Chil.* 植
物保健的 ‖ *m.* 杀虫剂,农药

fitosociología *f.* 〈生〉植物社会学

fitosterol *m.* 〈生化〉植物甾醇(类)

fitotaxonomía *f.* 〈植〉植物分类学

fitotecnia *f.* 〈农〉经济作物改良学

fitoterapeuta *m.f.* 〈医〉植物(药)疗医师

fitoterapia *f.* ①〈医〉植物(药)疗法;②〈植〉
植物病虫害治疗法

fitotomía *f.* 〈植〉植物解剖学

fitotoxicante *adj.* 〈植〉危害植物的,对植物
有害的 ‖ *m.* 危害植物的毒素

fitotoxicidad *f.* 危害植物的毒性

fitotóxico,-ca *adj.* 〈植〉植物毒素的;毒[危]
害植物的 ‖ *m.* 植物毒剂

fitotoxina *f.* 〈化〉植物毒素(植物产生的有
毒物质)

fitotrón *m.* 人工气候室(指以人工调节光照、
湿度和温度的植物种植实验室)

fitozoario *m.* 〈动〉植形动物

FIV *abr.* fecundación in vitro 〈生理〉体外
受精

fixture *m. Arg.,Urug.* 〈体〉比赛日程

flabelado,-da *adj.* 〈动〉〈植〉扇形的

flabelicornio *adj.* 〈动〉扇形触角的

flabelífero *m.pl.* 〈动〉扇肢亚目

flabeliforme *adj.*〈动〉〈植〉扇形的

flabelo *m.*〈动〉扇形器官

flaccidez; flacidez *f.* ①（肌肉等的）松弛
[垂]；②软弱，无力；③〈植〉萎蔫[软]；④
（蚕的）流行病

fláccido,-da; flácido,-da *adj.* ①（肌肉等）
松弛[垂]的，不结实的；②软弱的，无力的；
③〈植〉萎蔫[软]的
parálisis ~a〈医〉松弛性瘫痪

flacourtráceo,-cea *adj.*〈植〉大风子科的‖
f. ①大风子；②*pl.* 大风子科

flagelación *f.* ①鞭打[笞]；②〈医〉鞭毛形
成；鞭毛排列；③〈心〉鞭挞淫狂

flagelado,-da *adj.* ①〈生〉有鞭毛的，鞭毛形
的；②〈动〉鞭毛虫的；鞭毛虫所致的‖ *m.*
〈动〉①鞭毛虫；鞭毛藻；②*pl.* 鞭毛虫纲

flageliforme *adj.* 鞭子状的，鞭形的

flagelina *f.*〈生化〉鞭毛蛋白

flagellata *f.*〈动〉①鞭毛虫；②鞭毛亚门原虫

flagelo *m.* ①鞭子；②〈动〉鞭毛；鞭状体；③
〈昆〉鞭状触角，鞭节

flagelosis *f.*〈医〉鞭毛虫病

flagelospora *f.*〈生〉鞭毛孢子

flageolet *m. ingl.*〈乐〉六孔竖笛

flagrancia *f.*〈法〉现行

flagrante *adj.*〈法〉正在进行的，现行的
en ~ delito 就在犯罪时刻，当场
delito ~ 现行罪

flajotolita *f.*〈矿〉黄锑铁矿

flamabilidad *f.* 可[易]燃性

flamable *adj.* 可[易]燃的‖ *m.* 可[易]燃物

flamboyán; flamboyano *m. Amér. L.*〈植〉
凤凰木

flamenco,-ca *adj.* ①〈乐〉弗拉门戈舞（曲）
的；②*Amér. C.* 瘦的，瘦削的‖ *m.* ①〈鸟〉
红鹳，火烈鸟；②〈乐〉弗拉门戈舞曲

flamencología *f.*〈乐〉弗拉门戈舞蹈音乐研
究

flamenquilla *f.*〈植〉万寿菊；金盏花

flameo *m.*〈医〉火焰消毒

flamígero,-ra *adj.* ①喷火的，火焰状的；②
〈建〉火焰式的
arquitectura ~a 火焰式建筑
estilo ~〈建〉火焰式哥特风格

flámula *f.* ①尖[长条，三角，燕尾]旗；②
〈植〉毛茛

flan *m.*〈气〉弗兰风

flanco *m.* ①侧面；②（人体的）侧边，胁[腹]；
（四足动物的）半边躯体；肋肉；③〈船〉船舷
[侧]；④〈军〉侧翼，翼侧；（堡垒的）翼墙；⑤
〈体〉（比赛场地的）边线；⑥轮胎胎壁；⑦
（螺纹的）齿侧面；⑧外倾斜车道；⑨〈地〉翼

flanela *f.*〈纺〉法兰绒；绒布

flaneleta *f.*〈纺〉绒布

flangoyán *m. Méx.*，*P. Rico*〈植〉凤凰木

flanqueado,-da *adj.* ①（左右）两侧有陪衬
物的；②〈军〉侧翼受到保护的

flanqueador,-ra *adj.* ①位于…侧面的，位于
…两侧的；②〈军〉保卫[掩护]…侧翼的；③
〈军〉攻击[包抄]…侧翼的，对…进行纵射的

flanqueo *m.* ①位于两侧；②〈军〉侧翼防御；
③〈军〉攻击[包抄]…侧翼；纵射

flap *m.*〈航空〉襟[副]翼，阻力板
~ con hendiduras 开缝襟翼
~ de chorro 喷气襟翼
~ de curvatura 简单襟翼
~ de intradós 分裂式襟翼
~s de aterrizaje 着陆襟翼
~s de picado 减速[制动]板

flaperón *m.*〈航空〉襟副翼

flash（*pl.* flashes）*m.* ①闪光[烁]；②〈摄〉
闪光灯，闪光操纵装置；③（电视台或播送
的）简明新闻（尤指中断其他节目而播出的
重要新闻）；④（注射海洛因等毒品后即刻感
受到的）瞬间快感；⑤〈电影〉闪[短]景
~ electrónico 电子闪光灯

flashback *m. ingl.* ①（小说、戏剧等的）倒
叙；倒叙情节；②（往事在记忆中的）突然重
现；③（电影、电视等的）闪回；闪回镜头；④
火舌回闪；⑤（致幻药效过后的）药效幻觉重
现

flato *m.* ①肠胃气；②〈医〉（胁部的）突然剧
痛

flatoso,-sa *adj.* ①肠胃气的；②〈医〉（肠胃）
气胀的；（食物）引起肠胃气胀的

flatulencia *f.*〈医〉（肠胃）气胀；腹胀

flatulento,-ta; flatuoso,-sa *adj.* ①〈医〉（肠
胃）气胀的；②（食物）引起肠胃气胀的
cólico ~ 气绞痛
dispepsia ~a 胀气性消化不良

flauta *f.* ①〈乐〉长笛，笛子；②见 ~ dulce；
③（刀具的）出屑槽‖ *m. f.*〈乐〉长笛手
~ de bambú 笛
~ de pan 排箫
~ dulce（装有舌簧的）八孔直笛
~ traversa[traversera] 长笛
~ vertical de bambú 箫

flautado *m.*〈乐〉（管风琴的）长笛音栓

flauteado,-da *adj.* 长笛般的；（声音）悦耳的

flautillo *m.*〈乐〉肖姆管（一种中世纪的双簧
管）

flautín *m.*〈乐〉短笛‖ *m. f.* 吹短笛者，短笛
手

flautista *m. f.* 吹长笛者；〈乐〉长笛手

flavanona *f.*〈生化〉①黄烷酮；②黄烷酮衍
生物

flavina *f.* ①〈生化〉黄素;核黄素;黄素蛋白;②〈生医〉吖啶黄素(作消毒灭菌剂)

flavivirus *m.* 〈生〉黄热病毒

flavobacterium *m.* 〈生〉〈医〉黄杆菌属

flavodoxina *f.* 〈生化〉黄素氧(化)还(原)蛋白

flavoenzima *m. o f.* 〈生化〉黄素酶

flavomicina *f.* 〈生〉黄霉素

flavona *f.* 〈生化〉黄酮;黄酮衍生物

flavonoide *m.* 〈化〉类黄酮,黄酮类化合物

flavonol *m.* 〈生化〉黄酮醇;黄酮醇衍生物

flavoproteínas *f. pl.* 〈生化〉黄素蛋白

flavopurpurina *f.* 〈化〉黄红紫素,媒染 3 号茜素红

flay *m.* 〈体〉(棒球运动中的)腾空球,高飞球

flebalgia *f.* 〈医〉静脉痛

flebanestesia *f.* 〈医〉静脉麻醉(法)

flebangioma *m.* 〈医〉静脉瘤

flebarteria *f.* 〈解〉动静脉

flebarteriectasia *f.* 〈医〉动静脉扩张

flebastenia *f.* 〈医〉静脉壁无力

flebectasia; flebectasis *f.* 〈医〉静脉扩张

flebectomía *f.* 〈医〉静脉切除术

flebectopia *f.* 〈医〉静脉异位

flebenfraxis *f.* 〈医〉静脉梗阻

flebeurisma *m. o f.* 〈医〉静脉曲张

flebexairesis *f.* 〈医〉静脉抽出术

flebitis *f. inv.* 〈医〉静脉炎
  ~ cancerosa 癌性静脉炎
  ~ obliterante 闭塞性静脉炎
  ~ portal 门静脉炎
  ~ tuberculosa nudosa 结节性结核性静脉炎

fleboanestesia *f.* 〈医〉静脉麻醉(法)

fleboclisis *f. inv.* 〈医〉静脉输液法

flebocolosis *f.* 〈医〉静脉病

fleboesclerosis *f. inv.* 〈医〉静脉硬化

fleboflebostomía *f.* 〈医〉静脉静脉吻合术

flebografía *f.* 〈医〉静脉搏动描记法;静脉造影术

flebógrafo *m.* 〈医〉静脉搏动描记器

flebograma *m.* 〈医〉静脉造影照片;静脉搏动描记图

flebolitiasis *f.* 〈医〉静脉石病

flebolito *m.* 〈医〉静脉(结)石

flebología *f.* 〈医〉静脉学

flebomanómetro *m.* 〈医〉静脉血压计

flebomiomatosis *f.* 〈医〉静脉肌瘤病

flebonarcosis *f. inv.* 〈医〉静脉麻醉(法)

flebopatía *f.* 〈医〉静脉病

flebopexia *f.* 〈医〉静脉固定术

flebopiezometría *f.* 〈医〉静脉压检查法

fleboplastia *f.* 〈医〉静脉成形术

fleborrafia *f.* 〈医〉静脉缝(合)术

fleborragia *f.* 〈医〉静脉出血

fleborrexis *f.* 〈医〉静脉破裂

flebosclerosis *f. inv.* 〈医〉静脉硬化;慢性静脉炎

flebostasia *f.* 〈医〉静脉止血法

flebostasis *f. inv.* 〈医〉①静脉郁滞法;②静脉止血法

flebostenosis *f.* 〈医〉静脉狭窄

flebostrepsis *f. inv.* 〈医〉静脉扭转术

flebotaxia *f.* 〈生〉趋血性

flebotomía *f.* 〈医〉静脉切开术,放血术

flebotomista *m. f.* 〈医〉静脉切开医师,放血医师

flebótomo *m.* 〈医〉静脉切开刀,放血刀

flebotrombosis *f. inv.* 〈医〉静脉血栓(形成)

flecada *f. Chil.* 〈缝〉穗状[流苏]边饰

flecadura *f. Amér. L.* 〈缝〉穗状[流苏]边饰

flecha *f.* ①箭,矢;(游戏中用的)飞镖;②箭状物;箭(形符)号(即→);③〈航空〉后掠(角);④(箭形)尖顶[塔];(拱、拱顶的)矢高;⑤〈数〉弧矢[高];⑥[F-]〈天〉天箭(星)座;⑦(房梁)垂曲线;垂度;⑧〈军〉双面工事;⑨*Méx.*〈机〉(汽车)车轴;*P. Rico* 车辕
  ~ bitoral 〈地〉堰洲嘴
  ~ de agua *Méx.* 〈植〉慈姑
  ~ de arco[bóveda] 拱高
  ~ de dirección (公路)路标
  ~ de la dirección del viento 风向箭[标]
  ~ de la línea 电线垂度
  ~ de mar 枪乌贼,柔[鱿]鱼
  ~ de un ala 〈航空〉后掠(角,形)
  ~ del cable 电缆垂度
  ~ máxima 最大弧高

flechadura *f.* (船上用的)绳梯

flechaste *m.* 〈海〉(绳梯的)横索

flechazo *m.* ①射箭;②箭伤

flechera *f. Venez.* 〈军〉轻型战舰

flechería *f.* 〈集〉箭,矢

flechero *m.* ①弓箭手;②*Col.*〈植〉葡萄叶巨棕

flechilla *f. Arg.* 〈植〉针刺茅(作牧草用)

fleco *m.* ①〈缝〉穗,缘饰,流苏;② *pl.* 〈缝〉饰以流苏的边;③ *pl.* (布等因磨损而起的)毛边;④〈植〉丛卷毛

flector,-ra *adj.* (可)弯[扭]曲的 ‖ *m.* 弯[扭](力)矩
  momento ~ 扭(力)矩

flegmasía *f.* 〈医〉炎症
  ~ celulítica 股蜂窝织炎

flegmón *m.* 〈医〉蜂窝织炎

flegmonoso,-sa *adj.* 〈医〉蜂窝织炎的

flejadora *f.* 〈机〉捆扎机

fleje *m.* ①〈机〉〈技〉铁箍［带］,箍铁［钢］,（窄）带钢；（弹簧）夹子；②*Col.* （钢筋混凝土中的）钢筋

flema *f.* ①〈医〉痰；②黏液（古生理学家所称四种体液之一）；③〈化〉冷凝液
~ espumosa 泡沫样痰

flemático,-ca *adj.* ①多痰的；②黏液质的

fleme *m.* 〈兽医〉放［刺］血针

flemón *m.* 〈医〉①蜂窝织炎；②龈脓肿
~ leñoso 板状蜂窝织炎

flemonoso,-sa *adj.* 〈医〉①蜂窝织炎的；②龈脓肿的

flemoso,-sa *adj.* 多痰的,产生黏痰的

fleta *f. And.,Cari.* 摩擦；揉,搓,按摩

fletada *f.* ①*Amér. L.* 摩擦；揉,搓,按摩；②*Arg.* 运送［输］

fletador,-ra *adj.* 船舶运输的；货运的 ‖ *m.* ①（船、飞机等的）租赁者；②（旅客、货物）运输船

fletamento；fletamiento *m.* ①租船；船舶租赁；②租船契约；（车辆、飞机等的）租赁契约；③（车辆、飞机等的）包租
~ por bodega 包舱舱位
~ por tiempo 定期包租（船、车辆、飞机）
avión de ~ 包机
carta［contrato］de ~ 租船合同
compañía de ~ 租船公司

fletán *m.* 〈动〉鲽鲽,大比目鱼
~ enano 拟鲽鲽
~ negro ①马舌鲽；②格陵兰鲽鲽

fletante *m.* ①（租船契约中的）船东［主］；②*Amér. L.* （船、飞机等的）租赁者；（船、车、马等运输工具的）出租人

flete *m.* ①（飞机、船舶等的）包租；租用；②*Amér. L.* （卡车、公共汽车的）租用；租金；③（货物）运费；（货运）货物；④〈动〉*Amér. L.* 快马；赛马用的马；*Cono S.* 老马
~ a plazo 期租船费
~ a tanto alzado 包干运费
~ ad valorem(~ sobre el valor) 从价运费
~ aéreo 空运费
~ debido 应付运费
~ entero 全部运费
~ global 包干运费
~ pagado ①预付运费；②运费已付
~ por cobrar 到付运费；应付运费
~ sobre compras 进货运费
vuelo ~ 包机,乘包机飞行

fletero,-ra *adj.* ①*Amér. L.* 乘租用（飞机）的；（卡车、船舶等）供出租的；②装载用的,货运的

flexibacteria *f.* 〈生〉屈菌属

flexibilidad *f.* ①柔（韧,顺）性；②（身体的）柔软性；柔韧（性）；③〈技〉易弯（性）；挠（曲）性；④〈解〉屈曲（性）；⑤灵活性；（易）适应性；（可）变通性
~ cérea 〈医〉蜡样屈曲

flexibilización *f.* ①使柔韧；使有挠性；②（控制、制裁等的）放宽［松］；③（规划、时间表等的）调整

flexibilizador *m.* 软化剂

flexible *adj.* ①柔韧的；（帽子）软的；②（身体）柔软的；③〈技〉（材料等）可［易］弯（曲）的；挠性的；有弹性的；④〈医〉能屈（曲）的；⑤灵活的；可变通的；易适应的 ‖ *m.* ①软帽；②〈电〉（多股）电［花,皮］线
horario ~ 弹性工作时间制

flexímetro *m.* 挠度计,弯曲（应力）测定计

flexión *f.* ①〈技〉弯曲；弯曲部分；挠曲；②〈数〉曲率,拐度；③〈解〉屈,屈曲；④〈医〉（产妇的）俯曲
~ elástica 挠［弯］曲,挠度
~ invertida 交变弯曲
~ por rotación 旋转弯［挠］曲
~es de piernas 蹲（坐）；盘腿坐
ensayo de resistencia de ~ ［doblado］（抗）弯曲试验

flexional *adj.* ①（可）弯［挠］曲的,挠性的；②〈解〉（可）屈曲的

flexo *m.* 可调节式台灯,鹅颈管台灯

flexoescritora *f.* 多功能打字机

flexografía *f.* 〈印〉苯胺印刷术

flexómetro *m.* 挠度仪［器］,挠曲［弯曲,曲率］计

flexor,-ra *adj.* ①（可）弯曲的；②〈解〉〈医〉屈曲的 ‖ *m.* 〈解〉屈肌
músculo ~ 屈肌

flexuosidad *f.* ①弯曲（性）,曲折（性）；②波状；蜿蜒

flexuoso,-sa *adj.* 〈植〉（多）曲折的,锯齿状的
tallo ~ 曲茎

flexura *f.* ①弯［挠］曲；②褶［折］皱
~ del codo 肘曲
~ nucal 颈曲

flictena *f.* 〈医〉水［小］疱

flinkita *f.* 〈矿〉褐砷锰矿

flint *m.* ①〈地〉燧［火］石；②（原始人用的）打火石

flint-glass；flintglass *m. ingl.* 燧［火］石玻璃,无色玻璃

flipe *m.* （服用毒品后产生的）幻觉

flipper *m.* 弹球机

flist *f.* 〈气〉弗利斯特雨

flit *m*. 杀虫剂

flitear *tr. Méx.* 喷洒杀虫剂

floating point *m. ingl.* 〈信〉浮点〔法〕

flocadura *f.* 穗状边饰，流苏边饰

flocilación *f.* 〈医〉摸空，捉空摸床

flocoso,-sa *adj.* ①絮〔柔毛，羊毛〕状的；②〈植〉具丛卷毛的

floculación *f.* 〈化〉凝絮〔作用〕；絮状反应；絮化

　ensayo de ~ 凝絮〔絮凝〕试验

floculador *m.* 絮凝器；絮凝池

floculante *adj.* 引起絮凝的‖ *m.* 絮凝剂

floculente; floculento,-ta *adj.* 絮凝〔结〕的；含絮状物的‖ *m.* 絮凝剂

flóculo *m.* ①絮片；〈化〉絮凝粒；絮状物〔体〕；絮状沉淀；②〈天〉（太阳表面的）小谱斑；③〈解〉（小脑的）绒球；④*Chil.*（土壤的）硬块

floema *m.* 〈植〉韧皮部

　~ primario 初生韧皮部

　~ secundario 次生韧皮部

flogístico,-ca *adj.* ①〈化〉燃素的；②〈医〉炎（症）的，炎性的

flogisto *m.* 〈化〉燃素

flogocito *m.* 〈生〉浆细胞

flogocitosis *f.inv.* 〈医〉浆细胞增多

flogogénico,-ca *adj.* 〈医〉致炎的

flogógeno *m.* 〈医〉致炎（物）质

flogopita *f.* 〈矿〉金云母

flogosis *f.inv.* 〈医〉①炎症；②丹毒

flogótico,-ca *adj.* ①〈化〉燃素的；②〈医〉炎（症）的，炎性的

flojel *m.* ①（呢绒的）绒毛；②（鸟的）绒羽

　pato de ~ 绒鸭，绵凫

flojito *m.* 〈气〉轻〔二级〕风

flojo,-ja *adj.* ①（螺母、绳索等）松的，松弛的；不紧〔牢〕的；②（绳、缆等）松动〔开〕的；不结实的；③（风等）（微）弱的；④（学生、球队水平等）差的；（能力等）弱的；⑤（工作等）无效的；⑥淡〔稀〕薄的；（茶、酒等味道）淡的；⑦（市场、需求等）不活跃的，呆滞的‖ *m.* 〈气〉轻〔软〕风

　estación a ~ 淡季

　viento ~ 〈气〉轻〔软〕风

　vino ~ 淡酒

flojuelo *m.* （呢绒的）绒毛

flokita *f.* 〈矿〉发光沸石

floppy *m. ingl.* 〈信〉软（磁）盘

flops *abr. ingl.* floating point operations per second 〈信〉每秒浮点计算

flor *f.* ①花；开花植物；②精华〔粹〕；③〈化〉华；④（皮革等的）粒〔粗糙〕面；⑤葡萄、李子等水果外皮的）粉霜〔衣〕；（浮在酒等液体

上的）霉花〔层〕；⑥（薄金属皮烧红后放入水中出现的）虹〔晕〕彩；⑦*Arg.,Chil.*（淋浴用的）莲蓬头；⑧*Chil.*（指甲上的）新月形斑

　~ aclamídea 无被花

　~ amarilla ①*Amér.L.* 黄钟花；②*Salv.* 椭圆黄花藤

　~ completa 完全花

　~ compuesta 复合花

　~ de abeja 蜜蜂花

　~ de agua ①*Salv.* 马利筋；②*P.Rico* 斑叶睡莲；③*Méx.* 睡莲

　~ de amor 〈植〉苋

　~ de ángel ①*Esp.*（阿拉瓦方言）一种黄色水仙；②*Col.* 金凤花

　~ de antimonio 锑华

　~ de arete *Méx.* 〈植〉倒挂金钟

　~ de arito *Salv.* 〈植〉①西方田菁；②杨叶悬铃花

　~ de azahar ①柑橘（属植物的）花；②*Col.* 长圆叶金鸡纳

　~ de azufre 〈化〉硫华

　~ de balile *Venez.* 昙花

　~ de barbona *Salv.,Guat.* 金凤花

　~ de cabeza *Méx.* 虎斑马车兰

　~ de calentura 马利筋

　~ de caracol *Méx.* 饭豆

　~ de cementerio[María] *Méx.* 红鸡蛋花

　~ de cera *Méx.* 球兰

　~ de chapa *Guat.* 金凤花

　~ de China *Amér.C.,Méx.* 凤仙花

　~ de cobalto 钴华

　~ de coliza 菜花

　~ de concepción *Salv.* 变色八粉兰

　~ de conserva *Méx.* 普迪鸡蛋花

　~ de corpus *Méx.* 大花八粉兰

　~ de cuchillo 刀状红花藤

　~ de diciembre *Méx.* 金英

　~ de dolores *Guat.* 柳叶千里光

　~ de enserta *Amér.C.,Méx.* 鸡蛋花

　~ de espina *Col.* 刺山黄皮

　~ de estrella ①*Méx.* 辐花水鬼蕉；②*Chil.* 苔叶银莲花

　~ de fuego *Méx.* ①一品红；②凤凰木

　~ de gallito *Méx.* 伸展鼠尾草

　~ de gato *Salv.* 寻常火焰草

　~ de gloria *Méx.* 〈植〉千年不烂心

　~ de guacamaya *Amér.L.* 金凤花

　~ de huauchinango *Méx.* 凤眼莲

　~ de hueso *Méx.* 晚香玉

　~ de incienso *Méx.* 镶边铁兰

　~ de invierno *Méx.* 红大丽花

~ de Jesús ①树状蓝花藤；②*Salv.* 卡里亚血苋

~ de Júpiter 伞形剪秋罗

~ de juventud 青春

~ de la calentura *Cub.* 马利筋

~ de la cruy *Amér.C.*，*Méx.* 红鸡蛋花

~ de la Habana *Col.* 欧洲夹竹桃

~ de la laguna *Méx.* 海寿

~ de la maravilla *Amér.L.* 金盏花

~ de la Pasión 西番莲

~ de la perla *Chil.* 雪球

~ de la sal 〈地〉盐华

~ de la sangre 旱金莲

~ de lis ①大燕兰；②鸢尾；鸢尾花

~ de loto 荷花

~ de luna *Salv.* 月光花

~ de macho 药用蒲公英

~ de madera *Amér.L.* 〈植〉槲寄生

~ de mano 假[人造]花

~ de mayo ①五月花；②*Amér.C.*，*Méx.* 鸡蛋花；③*Col.* 五月马利牡丹

~ de muchacha *Méx.* 白叶朗朗德茜

~ de muertos ①*Méx.* 万寿菊；②*Salv.* 伯乐豆；黄花波斯菊，黄秋英；③ *Amér. M.*，*Antill.* 金盏花

~ de nieve ①高山[新西兰]火绒草；②雪花莲(雪花属植物)；雪花莲花

~ de niño ①*Guat.*，*Méx.* 白头大戟；② *Méx.* 鸭皂树(金合欢)

~ de níquel 镍华

~ de nochebuena *Amér.L.* 一品红

~ de otoño 秋水仙

~ de pan *Nicar.* 白鸡蛋花

~ de Pascua ①一品红；②*Méx.* 白头大戟

~ de pavo *Col.* 金凤花

~ de plata *Salv.* 异株铁线莲

~ de príncipe ①红长春花；②*Col.* 柄叶石蒜

~ de sampedro *Méx.* 黄钟花

~ de sanfrancisco *Méx.* ①金凤花；②近缘山菊

~ de sansebastián ①*Salv.* 黄钟花；② *Méx.* 卡特来兰

~ de santacatarina *Méx.* 一品红

~ de santacruz *Salv.* 少花山菊

~ de santiago *Méx.* 火燕兰

~ de santodomingo *Méx.* 重萼龙胆

~ de señora *Salv.* 红鸡蛋花

~ de tierra *Méx.* 并肩倍蕊花

~ de un día ①萱草；②*Méx.* 虎皮花

~ de una hora *Méx.* 重瓣白花木槿

~ de viuda 疗喉草

~ de zinc 锌华

~ del aire *Arg.*，*Par.* 五叶旱金莲

~ del camarón *Méx.* ①金凤花；②凤凰木

~ del cuervo *Méx.* 鸡蛋花

~ del día *Salv.* 柔毛齿冠花

~ del embudo 马蹄莲

~ del Espíritu Santo 高兰

~ del granado *Chil.* 石榴花

~ del hombre ahorcado 人状兰花

~ del indio 墨西哥雪轮

~ del paraíso *Pan.* 大花苏兰

~ del príncipe *Col.* 下弯全能花

~ del sol 向日葵

~ del soldado *Méx.* 瓶儿花

~ del tigre *Méx.* 虎皮花(老虎莲)

~ del torito *Méx.* 虎斑马车兰

~ del toro *Nicar.* 红鸡蛋花

~ del viento ①银莲花；②〈海〉起风征兆

~ desnuda 无被花

~ doble 重瓣花

~ gamopétala 合瓣花

~ gamosépala 合萼花

~ incompleta 不完全花

~ irregular 不整齐花

~ natural 真花

~ negra *Méx.* 香子兰

~ regular 整齐花

~ sencilla 单瓣花

~ somnífera 罂粟

~ unisexual 单性花

~es blancas 〈生理〉(女性的)白带

~es conglomeradas 簇生花

~es cordiales 发汗用药花

flora *f.* ①〈植〉(尤指某一地区或某一时期的)植物群；②植物区系；③植物志；④〈生〉〈医〉菌群

~ bacteriana 菌群

~ imbalanceada 菌群失调

~ intestinal 肠内菌群

floración *f.* 〈植〉开花；开花期

florada *f. Esp.* 〈养蜂〉开花期

floral *adj.* ①花的；像[饰以，描绘]花的；② 〈植〉植物群的，植物区系的

flordelisado,-da *adj.* 见 cruz ~a cruz ~a 〈植〉鸢尾十字花

flordelisar *tr.* 用百合花图案装饰

florecimiento *m.* 〈植〉开花

florencita *f.* 〈矿〉磷铝铈石

floreo *m.* ①〈乐〉装饰颤音；装饰乐句；②(击剑中的)抖剑；挥舞

florería *f.* 花店

florero *m.* ①花瓶；花架[盆]；②〈画〉花卉

画;③盆花

florescencia *f.* ①〈植〉开花;开花期;②〈化〉
风[粉]化;起霜,白花;③〈电子〉模糊现象

floresta *f.* ①树丛[林];林地;②*Amér. L.*
森林;林区;③风景点,旅游胜地;田园美景

florestal *adj. Amér. L.* 森林的

florete *m.* ①花[轻]剑;②*pl.*〈体〉花剑剑术
[运动]

floretina *f.*〈化〉根皮素

floretista *m. f. Amér. L.*〈体〉剑术家,剑手

floricina *f.*〈化〉根皮甙(指从苹果树等果树
的根皮中提取的糖甙)

floricuerno *m. Méx.*〈植〉鼠尾掌(扭仙人指)

floricultor,-ra *m. f.* 种花者;花匠

floricultura *f.* 花卉栽培(业);花卉园艺学

floriculturista *m. f.* 花卉栽培家;花卉园艺
学家

floricundio *m. Méx.* (纺织品上的)大花

florida *f.*〈印〉花体字

florídeo,-dea *adj.*〈植〉真红藻类的 ‖ *f.* ①
真红藻类植物;②*pl.* 真红藻类

florido,-da *adj.* ①(田野,花园等)长满了花
的;花盛开的;②(花草)正在开花的;③
〈印〉(字)花体的

floridofíces,-esa *adj.*〈植〉红藻科的 ‖ *f.*
①红藻;②*pl.* 红藻科

florífero,-ra *adj.* (植物等)开[有]花的

florifundio *m. Méx.*〈植〉①白花曼陀罗;②
大红花曼陀罗

florígeno *m.*〈生化〉成花(激)素,促花素

floripón; floripondio *m.*〈植〉①木曼陀罗;
大红花曼陀罗;香曼陀罗;*Chil.*, *Méx.* 木
曼陀罗;*Méx.* 白花曼陀罗;②*And.* 铃兰

florista *m. f.* ①种花者;花卉栽培者;②卖花
人

floristero,-ra *adj.* ①种花的;②花卉栽培的
‖ *m. f.* ①种花者;花卉栽培者;②卖花人

florístico,-ca *adj.* 植物(群,种类)的,植物
区系的

florívoro,-ra *adj.*〈动〉食花的

florizina *f.*〈化〉根皮甙

floroglucina *f.*; **floroglucinol** *m.*〈化〉间苯
三酚,藤黄粉,根皮粉

florón *m.* ①大花;②〈建〉(大花)花饰;③花
形图案;④〈印〉章尾装饰;⑤*Amér. L.* 大
帽饰钉

floronado,-da *adj.*〈建〉有大花图案装饰的

flósculo *m.*〈植〉(复花序中的)小花

flosculoso,-sa *adj.*〈植〉有小花的;有复花序
的

flota *f.* ①舰队;②〈海〉船队;〈航空〉机群;③
(汽车)车队;④*And.* 长途公共汽车,城际
公共汽车

~ de altura 深海捕鱼船队

~ de bajura 近海捕鱼船队

~ de guerra 舰队

~ mercante 商船队

~ pesquera 捕鱼船队

flotabilidad *f.* ①〈静〉浮力;②(河道的)浮泛
[载]性;③〈矿〉可浮选性

~ de reserva 储备浮力

flotable *adj.* ①能漂浮的;能被浮起的;②
(水道)适合于流送木材的;可放排的;③
〈矿〉(矿石)可浮选的

flotación *f.* ①漂浮;浮动[游];②〈矿〉浮选
(法);③〈商贸〉(货币汇率等的)浮动;④
(旗帜的)飘动;⑤ 见 método de ~

~ conjunta 联合浮动

~ en carga ①〈电子〉浮动线;②(船只)载
重线

~ en lastre (船的)空载水线

~ libre 自由浮动

~ selectiva 优先浮选

línea de ~ (船的)吃水线

método de ~〈医〉浮集法,浮选法

método de ~ en agua salina saturada 饱
和盐水浮集法

flotador,-ra *adj.* 漂浮的 ‖ *m.* ①漂浮物,浮
游物;②(游泳时套在腰部的橡胶)救生圈;
(充气式)臂环;③(水上飞机的)浮筒,浮码
头;(测量用的)浮筒[子];(水箱等的)浮球;
④(钓鱼用的)鱼漂,浮子;⑤〈生〉(鱼等的)
浮囊;⑥〈海〉漂流瓶;⑦〈纺〉浮纬[纱];⑧
(防碰撞的)船侧竹筏;⑨〈技〉浮子式流量计

~ de alarma 锅炉报警器的浮球

~ de bastón 杆式(测流)浮子

~ de extremo de ala 翼尖浮筒

~ de golondrina 燕式浮筒

~ de señales 信号浮筒

~ esférico 浮球阀,球状浮体

~ tubular 管状浮标

cuba de ~ 浮筒[子]室,浮(子)箱

grifo de ~ 浮球旋塞,浮球阀

indicador del ~ 浮标

interruptor de ~ 浮控开关

válvula de ~ 浮(球)阀,浮子控制阀

flotante *adj.* ①漂浮的;②〈机〉(机件)浮置
的;③〈商贸〉(货币汇率等)浮动的;短期的;
(债务等)流动的;不固定的;④〈信〉浮点法
的;⑤〈医〉浮动[游]的

cabeza ~〈医〉浮动胎头,浮头

costilla ~〈医〉浮肋,浮动弓肋

cuerpo ~ 浮体

de coma ~〈信〉浮点(法)

deuda ~ 流动[短期]债务

embarcadero ~ 浮码头,趸船

hielo ～ 浮冰

población ～ 流动人口

puente ～ 浮桥

rejilla ～ 浮置栅极,自由栅(极)

riñón ～〈医〉游走肾

rótula ～〈医〉浮游髌骨

señal ～ 浮标

flotilla *f.* ①小吨位船队;②飞行小队

flou *m.*〈摄〉焦点弥散[模糊](效果)

flox *m.*〈植〉福禄考;福禄考花

fluctuación *f.* ①波[浮]动;起伏②〈商贸〉(价格等的)波[浮]动;③变动

　　～ cíclica 周期性变[波]动

　　～es del mercado 市况变[波]动

　　～es del muestreo 抽样变化

　　amplitud de ～ 波动幅度

　　límite inferior de ～ 波动下限

　　margen de ～ 波动边际

fluctuante; fluctuoso,-sa *adj.* ①波动的;起伏的;②〈商贸〉波[浮]动的;③变动的;④(人口等)流动的;不稳定的

　　población ～ 流动人口

　　tipo de cambio ～ 浮动汇率

　　tipo de interés ～ 浮动利率

fludrocortisona *f.*〈药〉氟氢可的松

fluellita *f.*〈矿〉氟钻石

fluencia *f.* ①流[涌]出;②泉眼,出水口;③〈理〉〈机〉蠕变

　　～ dinámica 动态蠕变

fluidal *adj.* 流体的

fluidextracto *m.*〈药〉流浸膏

fluidez *f.* ①流(动)性;②〈理〉流度[状];③〈经〉流动

fluídica *f.*〈理〉射流学;流体学

fluidificación *f.* ①液化;流(体)化;②〈冶〉熔解

fluidificar *tr.* ①使流动;使畅通;②使液化,使成流体;③〈冶〉熔解

fluidímetro *m.* 流度计,流量指示器

fluidización *f.* (使)流体化,(使)液化

fluidizador *m.* 强化流态剂

fluido,-da *adj.* ①(能)流动的;②液[流]体的;流质的(饮食) ‖ *m.* ①流体(包括液体和气体);②〈电〉电,电流

　　～ cerebrospinal〈医〉脑脊(髓)液

　　～ de cortar 润(滑)切(削)液

　　～ de perforación 钻井液

　　～ de punción〈医〉穿刺液

　　～ eléctrico 电流

　　～ espinal〈医〉脊髓液

　　～ ideal[perfecto] 理想流体

　　～ imponderable 不可称量流体(如光,热,电流等)

　　～ intersticial〈医〉(组织的)间隙液

　　～ magnético 磁性流体

　　～ peritoneal〈医〉腹膜液

　　～ sinovial〈医〉滑液

　　～s corporales〈医〉体液

　　～s elásticos〈理〉弹性流体(指气体)

　　cojinete de ～ 流体[油压]轴承

　　dieta ～a 流质饮食

　　mecánica de ～s〈理〉流体力学

flujo *m.* ①流,流动;流出;②(水,气)流;流动物;③涨潮;④〈化〉(助)熔剂,焊剂;⑤〈理〉(磁,电,光)通量;流动;⑥〈医〉(体液等的)流[溢]出

　　～ axial (流体)轴向流(动)

　　～ blanco〈生理〉白带

　　～ calorífico 热流

　　～ continuo 流线型流(动)

　　～ de caja[fondos]〈商贸〉现金流量

　　～ de conciencias〈心〉意识流

　　～ de control〈信〉控制流

　　～ de datos〈信〉数据流

　　～ de dispersión (～ disperso) 漏磁通[流]

　　～ de lava〈地〉熔岩流

　　～ de reacción 反应焊剂

　　～ de sangre 大出血

　　～ de trabajo〈信〉工作流

　　～ de vientre〈医〉腹泻

　　～ eléctrico 电通量

　　～ electrónico 电子流动

　　～ instantáneo de potencia acústica 声能瞬时通量

　　～ invertido 逆[回]流

　　～ laminar〈理〉层流

　　～ luminoso〈理〉光通量

　　～ magnético〈电〉磁通(量)

　　～ medio de potencia acústica 平均声能通量

　　～ menstrual〈生理〉月经

　　～ molecular〈理〉分子流

　　～ negativo/positivo de efectivo〈商贸〉负/正现金流量

　　～ radial 径向流动

　　～ radiante 辐射通量

　　～ sanguíneo 血流(量)

　　～ subsónico 亚音速流(动)

　　～ supersónico 超音速流(动)

　　～ térmico 热通量

　　～ turbulento〈气〉湍[紊]流

　　～ vaginal〈医〉阴道分泌物

　　～ viscoso (粘)滞流动,黏性流

~ y reflejo 涨潮(与)落潮

~s de costes y beneficios 成本-收益流量

~s compensatorios 抵补流量

~s de entrada 〈信〉流入量

citómetro de ~ 〈医〉流式血细胞仪,流式
血细胞(记数)器

velocidad de ~ 流速

flujobilidad *f.* 流动性

flujograma *m.* (生产)流程图,作业图,生产
过程图解

flujómetro *m.* 〈理〉磁通(量)计

flúme *m.* 〈地〉峡沟

fluoborato *m.* 〈化〉氟硼酸盐[脂]

~ sódico 氟硼酸钠

fluobórico,-ca *adj.* 见 ácido ~

ácido ~ 〈化〉氟硼酸

fluoborita *f.* 〈矿〉氟硼镁石

fluocinolona *f.* 〈药〉肤轻松,氟轻松

fluocirita *f.* 〈矿〉氟铈石

fluóforo *m.* 〈理〉发光体

fluolita *f.* 〈矿〉萤石

fluor; flúor *m.* ①〈化〉氟;②〈化〉氟化物,氢
氟酸盐;③〈矿〉萤石;④〈化〉助熔剂;⑤
〈理〉发光体

espato ~ 〈矿〉萤石,氟石

fluoración *f.* 加氟作用,氟化反应[作用]

fluorado,-da *adj.* 含氟的

fluorano *m.* 〈化〉氟烷

fluorapatita *f.* 〈矿〉氟磷灰石

fluoresceína *f.* 〈化〉荧光素,荧光黄

~ sódica 荧光素钠

fluorescencia *f.* ①荧光;荧光性;②发(射)
荧光

fluorescente *adj.* ①荧光的;荧光性的;②发
荧光的 ‖ *m.* ①荧光;②荧光管,荧[日]光
灯管

análisis ~ 荧光分析

cuerpo ~ 荧光体

lámpara ~ 荧[日]光灯

luz ~ 荧光

microscopio ~ 荧光显微镜

pantalla ~ 荧光屏

tubo ~ 荧光管,荧[日]光灯管

fluorescopio *m.* 荧光镜

fluorhidrato *m.* 〈化〉氢氟化物,氢氟酸盐

fluorhídrico,-ca *adj.* 〈化〉(含)氟化氢的;氢
氟(酸)的

ácido ~ 氢氟酸

fluórico,-ca *adj.* 〈化〉氟(代)的,含氟(素)的

fluoridización *f.* ①〈技〉(对饮用水的)氟化
(作用),加氟(作用);②〈医〉(治疗牙病的)
涂氟法

fluorimetría *f.* 荧光(光度)测定法,荧光分
析

fluorímetro *m.* 荧光计

fluorina *f.* 〈化〉氟

fluorita *f.* 〈矿〉萤石,氟石

fluorización *f.* 加氟作用,氟化作用

fluorobenceno *m.* 〈化〉氟(化)苯

fluorocarburo *m.* 〈化〉碳氟化合物

fluorocummingtonita *f.* 〈矿〉氟镁铁闪石

fluoroformo *m.* 〈化〉三氟甲烷,氯仿

fluoróforo *m.* 荧光团

fluorofosfato *m.* 〈化〉氟磷酸

fluorofosfórico,-ca *adj.* 〈化〉氟磷酸的

ácido ~ 氟磷酸

fluorofotometría *f.* 荧光光度测定法

fluorografía *f.* 荧光(图)照相术,X 光间接
摄影法

fluorometría *f.* 荧光(光度)测定法,荧光分
析

fluorómetro *m.* 荧光计

fluoroscopia *f.* (X 射线)荧光检查,荧光镜
[屏]透视检查;X(射)线透视检查

fluoroscópico,-ca *adj.* ①荧光镜[屏]的,荧
光检查仪的;②荧光镜[屏]透视检查的,X
(射)线透视的

pantalla ~a 透视屏

fluoroscopio *m.* 荧光镜[屏],荧光检查仪

fluorosilicato *m.* 〈化〉氟硅酸盐

~ de cobalto 氟硅酸钴

fluorosis *f. inv.* 〈医〉(慢性)氟中毒

~ del hueso 氟骨症

~ dental 氟牙症,牙釉中毒

fluorouracilo *m.* 〈药〉氟尿嘧啶,氟二氧嘧啶
(一种抗癌药)

fluoruro *m.* 〈化〉氟化物,氢氟酸盐

~ de amonio 氟化铵

~ de calcio 氟化钙

~ de hidrógeno 氟化氢

~ de manganeso 氟化锰

~ de plata 氟化银

~ de sodio 氟化钠

~ férrico 氟化铁

~ mercúrico 氟化汞

~ potásico 氟化钾

~ sódico 氟化钠

fluosilicato *m.* 〈化〉氟硅酸盐

fluosilícico,-ca *adj.* 见 ácido ~

ácido ~ 〈化〉氟硅酸

fluotano *m.* 〈化〉氟烷

fluoximesterona *f.* 〈化〉氟羟甲睾酮

fluoxitina *f.* 〈药〉氟西汀(抗抑郁药)

flute *m.* 〈地〉沟槽,竖沟

fluvial *adj.* ①河的，河流的；②河流冲积（作用）形成的

navegación ~ 内河航行

puerto~ 内河港

transporte ~ 内河航运

fluviátil *adj.* 栖[生长]于河流中的；栖[生长]于水流中的

fluviavio *m.* 自然（循环）水族馆

fluvioglaciar *adj.* 〈地〉冰水生成的，河冰生成的

fluviógrafo *m.* 水位计，河流水位自记仪

fluviolacustre *adj.* 〈地〉河湖生成的

fluviolacustrina *f.* 〈地〉河湖相

fluviomarino,-na *adj.* ①河海的；②〈动〉河海双栖(性)的

depósito ~ 河海沉积

fluviómetro *m.* 〈地〉河流水位自记仪；水位河川测量器

fluvioterrestre *adj.* 〈动〉河陆两栖(性)的

fluvoxamina *f.* 〈药〉氟伏沙明(抗抑郁药)

fluxígrafo *m.* 磁通仪

fluxímetro；fluxómetro *m.* 〈理〉磁通(量)计

fluxión *f.* 〈医〉①(炎症引起的)黏膜；②(感冒引起的)鼻塞

flysch *m. ingl.* 〈地〉复理层，厚砂页岩夹层

FM *abr.* frecuencia modulada ①〈电子〉频率调制，调频；②调频广播系统

Fm 〈化〉元素镄(fermio)的符号

fm *abr.* fermi〈理〉飞(母托)米，费密(长度单位)

FMI *abr.* Fondo Monetario Internacional 国际货币基金组织

FMN *abr. ingl.* flavin mononucleotide〈生化〉黄素单核苷酸

FNUAP *abr.* Fondo de las Naciones Unidas para Actividades en Materia de Población 联合国人口活动基金

FNUDC *abr.* Fondo de las Naciones Unidas para el Desarrollo de la Capitalización 联合国资本开发基金

Fo; fo; f° *abr.* folio ①对开[折]纸；②(一)张(纸)；(尤指编好张数号的)张；③〈书、文件等的〉页；④〈印〉(书、杂志等的)页首[栏外]标题

F.O.B.；f.o.b. *abr. ingl.* free on board〈商贸〉船上交货价，离岸价格

fobia *f.* 〈心〉恐怖[惧]症

~ a las alturas 恐高症

fóbico,-ca *adj.* 〈心〉恐怖[惧]症的

Fobos *m.* 〈天〉火卫一

fobotaxia *f.* 趋避性(恐惧辨向移动)

foca *f.* ①〈动〉海豹；②海豹(毛)皮

~ capuchina 冠海豹

~ de fraile 僧海豹

~ de trompa 象海豹

focal *adj.* ①〈理〉〈数〉焦点的；在焦点上的；有焦点的；②〈医〉病灶的，灶性的‖ *m.* 〈摄〉焦距

distancia ~ 焦距

eje ~ 〈聚〉焦轴

infección ~ 病灶感染，灶性感染

longitud ~ 焦距

mancha ~ ①〈理〉焦斑；②〈冶金〉焦点

necrosis ~ 局灶坏死

plano ~ 焦(点平)面

punto ~ ①〈理〉焦点；②(活动、兴趣、注意等的)中心，焦[集中]点

radio ~ 〈摄〉孔径焦距比，f 值

focalización *f.* 〈理〉聚焦，调(整)焦(距)

~ magnética 磁聚焦

devanado de ~ 聚焦线圈

focha *f.* 〈鸟〉白骨顶(鸡)

fócidos *m. pl.* 〈动〉海豹科

focímetro *m.* 焦距测量仪；焦点[距]计

foco *m.* ①〈理〉焦点；焦距；②〈数〉(椭圆、抛物线、双曲线等的)焦点；③(活动、兴趣、注意等的)中心，焦[集中]点；聚焦；④〈医〉病灶；⑤(光、热、地震)源；(火灾的)中心(位置)；⑥(剧场舞台等的)聚光灯；(体育场、纪念碑等的)泛光灯；⑦*Amér. L.* (电)灯泡；⑧*Amér. L.* (汽车)前[头]灯；街[路]灯；⑨〈海〉(单桅帆船的)主帆

~ acústico 聚声点

~ calorífico 热源

~ comercial 商业中心

~ de infección 传染灶

~ de luz 光源

~ eléctrico 电光源

~ frío 冷源

~ oral 口腔病灶

~ real/virtual 实/虚焦点

~ tuberculoso 结核病灶

~s conjugados 共轭焦点

de ~ preciso 锐[强,准]聚焦

fuera de ~ 焦点未对准的

focomelia *f.* 〈医〉短肢畸形，海豹肢畸形

focometría *f.* 〈理〉焦距测量，测焦距术

focométrico,-ca *adj.* 〈理〉焦距测量的；焦距计的

focómetro *m.* 〈理〉焦距计，焦距(测量)仪

foehn *m. ingl.* 〈气〉焚[热燥]风

~ alto 强焚风

foenicocroíta *f.* 〈矿〉红铬铅矿

fofadal *m.* ①〈农〉泥塘，沼泽；②沼泽地

fofoque *m.* 〈海〉三角帆

fogón *m.* ①（烹饪用的）炉；炉灶，灶具；②〈机〉（机车锅炉）炉膛，火箱，燃烧室；③烟囱［道］；④（炮、机器等的）火门；⑤*Amér. L.* 篝［营］火；壁炉

~ de gas 煤气炉

~ eléctrico 电炉

fogonadura *f.* ①〈海〉桅孔；②*Col.* 篝火，火堆

fogonero,-ra *m. f.* （蒸汽机的）司炉工；司炉

fogueo *m.* ①训练（士兵或战马）适应炮火声；②〈军〉（以发射少量火药方法进行）枪支清洗；③〈兽医〉（用烙器或烧灼剂）治病

bala［cartucho, municiones］de ~〈军〉空包弹（指没有弹头或弹丸的子弹）

disparo［tiro］de ~ 警告鸣枪

pistola de ~〈体〉发令枪

foja *f.* ①〈鸟〉白骨顶（鸡）；②*Amér. L.*（书刊等的）页，（纸）张

fol *abr.* folio ①对开［折］纸；②（一）张（纸）；（尤指编好张数号的）张；③〈书、文件等的〉页；④〈印〉（书、杂志等的）页首［栏外］标题

folacina *f.* 〈生化〉叶酸

fólade *f.* 〈动〉海笋

foliáceo,-cea *adj.* ①叶的；叶状的；有叶状器官的；②（岩石）分成薄层的

foliación *f.* ①（分，成）层；②〈地〉叶［片，板］理；③〈植〉发［生，长］叶（期）；（幼）叶卷叠式；叶序；④〈印〉（书籍、原稿等的）编张数号（别于页数号）

foliado,-da *adj.* ①有叶的，叶状的；②层状的，分成层的 ‖ *f.* 〈地〉叶片状

foliador,-ra *adj.* 〈印〉编张数号的 ‖ *m. f.* *Amér. L.* 编页码的人 ‖ *m.* *Amér. L.* 〈机〉编页码机

foliar *tr.* 〈印〉给（书籍、原稿等）编张数号；给…标号码，把…编号 ‖ *adj.* 叶的；叶状的

grándula ~〈解〉叶腺

fólico,-ca *adj.* 见 ácido ~

ácido ~〈生化〉叶酸

folícola *adj.* 〈植〉叶生的

folicular *adj.* ①〈植〉蓇葖的；②〈解〉小囊的；滤泡的；（囊状）卵泡的

ameloblastoma ~ 滤泡型成釉细胞瘤

célula ~（垂体的）滤泡细胞；卵泡细胞

fluido［líquido］~ 滤［卵］泡液

hidropesía ~ 滤［卵］泡积水［水肿］

hiperqueratosis ~ 毛囊角化过度（症）

linfoma ~ 滤泡性淋巴瘤

queratosis ~ 毛囊角化病

quiste ~ 滤泡［毛囊］囊肿

teca ~ 卵泡膜

tonsilitis ~ 滤泡性扁桃体炎

tracoma ~ 滤泡性沙眼

foliculitis *f. inv.* 〈医〉滤泡炎；毛囊炎

~ acneforme 痤疮样毛囊炎

~ queloide 瘢痕瘤性毛囊炎

folículo *m.* ①〈解〉小囊；滤泡；（囊状）卵泡；②〈植〉蓇突

~ maduro 成熟卵泡

~ ovárico 卵（巢滤）泡

~ piloso 毛囊

~ primario 初级卵泡

~ secundario 次级卵泡

~ tiroideo 甲状腺滤泡

foliculoma *m.* 〈医〉卵泡瘤

foliculosis *f.* 〈医〉（淋巴）滤泡增殖

folidoto,-ta *adj.* 〈动〉鳞甲目的 ‖ *m.* ①鳞甲目动物；②*pl.* 鳞甲目

folífero,-ra *adj.* 〈植〉生长叶子的

foliforme *adj.* 叶状的

folio *m.* ①对开［折］纸；②（纸等的）一张；（尤指编张数号的）张（仅正面标有号码）；张数号；③〈印〉（书、文件等的）页；④〈印〉（书、杂志等的）页首［栏外］标题；⑤〈冶〉金属箔

~ atlántico 全开，整张（纸张大小）

~ explicativo 页首［栏外］标题

~ recto/verso［vuelto］（编张数号纸张的）正/背面

doble ~ A3 号纸大小

en ~（书）对开的

tamaño ~ A4 号纸大小

foliobranquiado *m.* 〈动〉叶鳃

foliolado,-da *adj.* 〈植〉具小叶的

foliolar *adj.* 〈植〉小叶的

foliolo; folíolo *m.* 〈植〉（组成复叶的）小叶

folioso,-sa *adj.* 〈植〉①具有叶子的；多叶的；②叶状的

folívoro,-ra *adj.* 〈动〉（尤指灵长动物）食叶的 ‖ *m. pl.* 食叶动物

folk *adj. inv.* 民间的 ‖ *m.* 民歌，民间乐曲

folklore *m.* ①民间传说；②民俗；民间信仰；③民间谚语；④民俗学

folklórico,-ca *adj.* ①民间的；民间传说的；②民俗的 ‖ *m. f.* 民歌手，民歌演唱者

receta ~a 单［丹］方（民间流传的药方）

folklorista *adj.* ①民间传说的，民俗的；②民俗学研究的 ‖ *m. f.* ①民间传说研究者；②民俗学专家；民俗学研究者

follaje *m.* ①〈植〉叶，叶子（总称）；②〈建〉叶饰

folletín *m.* ①（报刊上的）连载小说；②（电视）肥皂剧；③传奇剧［小说，电影］；④连本电视节目；连本电台广播节目

follón *m.* 〈植〉根出条，（寄生性植物的）吸根

Fomalhaut *m.* 〈天〉北落师门，南鱼座 α（星）

fomentación f. ①〈医〉热敷[罨]；敷布；泥罨剂；膏药；②Cub., P. Rico（企业的）创建，开办

fomento m. ①鼓励；促进；助长；②〈医〉敷剂；泥罨剂，膏药；③（添加的）养料，材料
　～ de la exportación 促进出口
　～ de ventas 促销
　～ del comercio 促进贸易

fomes m. lat. 〈医〉污[传]染物；病媒

fomita f. 泡沫灭火剂，灭火泡沫

fon m. 〈理〉方（响度级的单位）

fonación f. 〈生理〉发声[音]

fonador,-ra adj. ①〈生理〉发声[音]的（器官）；②发声[音]系统[仪器]

fonastenia f. 〈医〉发声[音]无力

fondable adj. 可停船[抛锚]的（地方）

fondeadero m. ①（码头的）泊位；②锚[泊]地

fondeado,-da adj. ①停泊的，抛锚的；②Amér. L. 资金充足的；有钱的，富有的

fondeo m. ①抛[下]锚；停泊，靠岸；②搜查走私品；③Chil. 沉入大海

fondillo m. pl. Amér. L. 〈解〉臀部

fondismo m. Chil.〈体〉长跑运动；长距离赛跑

fondista adj. Chil.〈体〉长跑的，长距离赛跑的‖ m. f. 长跑运动员

fondístico,-ca adj. Chil.〈体〉长跑的，长距离赛跑的

fondo m. ①底；底部；②（湖泊、大海等的）底；(河)床；③（街道、走廊等的）尽头；深处；末[尾]端；④深（度）；（建筑物的）进深；（房间、橱柜等的）后部；⑤〈海〉船底（船体浸入水中部分）；⑥（织物等的）底子[色]；（画等的）背[前]景；⑦（商贸〉基金；（共同筹集的）一笔钱；pl. 资金；⑧pl.〈冶〉沉淀[积]物；⑨（图书馆、档案馆、博物馆等的）藏书；收藏品，档案；⑩体质；⑪〈体〉耐力；（中长距离）运动；⑫〈军〉(队列的)行间距离；⑬And. 庄园
　～ albinótico 〈医〉白化病眼底
　～ común[mutualista] 共同基金
　～ consolidado 统一基金
　～ de ahorros 储蓄基金
　～ de amortización 偿债基金
　～ de asignación 拨款基金
　～ de comercio 商[信]誉
　～ de empréstitos 贷款基金
　～ de garantía de depósito 存款保障基金
　～ de inversión 投资基金；投资信托公司
　～ de inversión abierto 不定额投资基金
　～ de operaciones 营运资金
　～ de pensiones 养恤[退休]基金
　～ de préstamo 贷款基金

　～ de previsión 福利(备用)基金，公积金
　～ de reptiles （政府部门的）内部开支基金
　～ de rotación 周转(资)金
　～ de seguros 保险基金
　～ de solidarida （为支持某种事业或运动而筹措的）声援基金
　～ en carretera 长距离公路赛；汽[摩托]车公路赛
　～ doble 假底板，活[假]底
　～ ético 道德投资基金
　～ falso ①假[活]底；②捣矿机砧块
　～ fijo de caja 定额备用(现)金
　～ muerto[vitalicio] 终身年金
　～ pignorado 抵押款
　～ posterior 后(档,插)板；底[背面]板
　～ rotativo 周转(资)金
　～ secreto[oculto] 活[假]底
　～ tigroide[teselado] 〈医〉豹纹状眼底
　～ vesical 〈医〉膀胱底
　～s bloqueados 冻结资产
　～s de cobertura 对冲基金
　～s de estabilización 稳定基金
　～s de reserva 储[准]备金
　～s en prenda 抵押款
　～s inactivos 闲置资金
　～s públicos 公债，政府有价证券
　～s secretos 秘密资金
　carrera de ～ 〈体〉长跑(赛)
　chapa de ～ (钟表)主夹板
　cheque[talón] sin ～s 空头支票
　corredor de ～ 〈体〉中长跑运动员
　esquí de ～ 越野滑雪(运动)
　falso ～ （箱子、抽屉等隐秘夹层的）假底板,活底
　música de ～ 背景音乐
　pintura de ～ 底漆，底涂(层)
　playa de mucho/poco ～ 深/浅海滩
　pruebas de ～ 〈体〉中距离比赛(项目)
　rata de ～ 〈动〉真腔吻鳕
　revestimiento de ～ （船舶）内底
　subvención a ～ perdido （政府或基金会等）授予(的)资本
　válvula de ～ 〈冶〉底浇口，底注(内)

fondomonetarista adj. 国际货币基金组织(Fondo Monetario Internacional)的

fonema m. 〈医〉音幻听

fonendoscopio m. 〈医〉(扩音)听诊器

foniatra; finíatra m. f. ①〈医〉语音矫正医生；②〈心〉言语矫治专家

foniatría f. ①〈医〉语音矫正法；②〈心〉言语矫治，言语治疗

fonil m. (灌注液体用的)漏斗

fonismo m. 〈医〉音联觉，牵连音觉

fono *m.* ①〈理〉方（音响级的单位）；②*Chil.* 〈讯〉耳机[塞]；电话号码

fonoabsorbente *adj.* 〈机〉吸[消]音的

fonoalternador *m.* 〈理〉声发电机

fonoangiografía *f.* 〈医〉（通过录取血流声音确定血管阻塞情况的）血管血流监听检查法

fonoautógrafo *m.* 声波记振仪

fonobuzón *m.* 语音邮件

fonocanalizador *m.* 声波方向测定仪

fonocaptor *m.* ①（唱机）电唱头；②〈无〉拾音[波]器
　　~ electrostático 静电拾音器

fonocardiografía *f.* 〈医〉心音描记法

fonocardiógrafo *m.* 〈医〉心音描记器

fonocardiograma *m.* 〈医〉心音图

fonofobia *f.* 〈心〉音响恐怖，高声恐怖

fonóforo *m.* ①〈解〉听小骨；②〈医〉扩音听诊器；③〈讯〉报话合用机；电报电话两用系统

fonografía *f.* ①（旧式留声机的）灌音；②表音速记法

fonográfico,-ca *adj.* ①唱[留声]机的；②表音速记法的

fonógrafo *m.* 唱机，留声机

fonolita *f.* 〈地〉响岩
　　~ leucítica 白榴响岩

fonolítico,-ca *adj.* 〈地〉响岩的

fonometría *f.* 〈理〉声强测量[定]法

fonométrico,-ca *adj.* 〈理〉声强测量[定]法的

fonón *m.* 〈理〉声子（核物理学用语，指晶体点阵振动能的量子）
　　~ acústico 声频声子

fonopsia *f.* 〈医〉音幻视，闻声见色

fonóptico,-ca *adj.* （磁带）录音录像的

fonoquímica *f.* 〈化〉声化学（研究声波和超声波对化学反应影响的一门学科）

fonorrecepción *f.* 〈生理〉（感觉器官的）感声，音感受

fonorreceptor *m.* 〈动〉感声器，音感受器

fonorrevelador *m.* 唱片音响复制设备

fonoscopia *f.* 〈医〉叩听检查法，叩听器检查

fonoscopio *m.* 〈医〉心音波照相器；内脏叩听器

fonoteca *f.* 音响资料馆；唱片租借馆

fonotecnia *f.* 声响学（指研究接受、传播、灌录、复制音响方法的一门学科）

fonotelémetro *m.* 声波测距仪

fonovisión *f.* 电话电视，有线电视（一种通过电话线传送的收费电视系统）

fontal；fontanal *adj.* 〈地〉泉的 ‖ *m.* 泉水

fontanar *m.* 〈地〉泉水

fontanela *f.* 〈解〉囟，囟门

~ anterior/posterior 前/后囟

fontanería *f.* ①管道工程；管子工行业；②〈集〉管道[水暖]设备；③管道（五金）店

fontanero,-ra *m. f.* （装修水管的）管子工，水暖工

fontículo *m.* 〈医〉（排脓血）切口；人工溃疡

football *m. ingl.* 〈体〉足球；足球运动[比赛]

foque *m.* 〈海〉艏三角帆

F. O. R.；f. o. r. *abr. ingl.* free on rail（商贸）火车上交货（价格）

foración *f.* 〈医〉环钻术

foral *adj.* ①法律的，法令的；符合法令的；②法定的
　　derecho ~ 法定权利
　　régimen ~ 法律制度

foramen *m.* ①〈生〉孔；小孔；②*Méx.* 洞，孔眼
　　~ carotídeo 颈动脉孔
　　~ de Bochdalek 博赫达勒克裂孔
　　~ infraorbitario/supraorbitario 眶下/上孔
　　~ obturador[obturatum] 闭孔
　　~ oval 卵圆窝
　　~ palatino mayor/menor 腭大/小孔
　　~ transverso 横突孔
　　~ yugular 颈静脉孔

foraminado,-da *adj.* ①有孔的；有小孔的；②有洞的；网形的

foraminífero,-ra *adj.* 〈动〉有孔虫（目）的 ‖ *m.* ①有孔虫；②*pl.* 有孔虫目

forastera *f.* ①*Chil.* 〈矿〉新矿脉；②*Col.* 〈植〉西欧麦瓶草

forbesita *f.* 〈矿〉纤砷钴镍矿

fórceps *m. inv.* ①〈医〉镊[钳]子；②〈昆〉尾铗
　　~ abortivo 流产钳
　　~ ciliar （拔）睫镊
　　~ de fijación 固定镊子
　　~ de ligación 结扎钳
　　~ de piel 皮镊
　　~ dental 拔牙钳
　　~ ganchado 钩钳
　　~ nasal 鼻用镊
　　~ obstétrico de Barton 巴顿式产钳
　　~ sostenedor 把持钳

forcipado,-da *adj.* 〈生〉钳形的，叉形的

forcipresión；forcipresura *f.* 〈医〉钳压（止血）法

forense *adj.* ①法庭的，用于法庭的；②法医的 ‖ *m. f.* 法医；验尸官
　　medicina ~ 法医学
　　médico ~ 法医

foresis *f.* ①〈理〉电泳现象；②〈医〉（离子）移

动

foresta *f*. 林地

forestación *f*. 造林,植林

forestal *adj*. 森林的;林业的
cobertura ～ 树木覆盖
guarda ～ 护林员
recursos ～es 林业资源
repoblación ～ 植树造林
zona ～ 林区

forestalista *m.f*. 林地所有者

forestar *tr*. ①植林于;在…植树;②*Amér. L*. 造林

forestina *f. Cub*.〈植〉阔叶合欢

forfait *m*. ①统一价格[收费率];②〈体〉退出(比赛);(比赛)缺席;③(租用滑雪器材的)长期票;④(旅行社组织的价格不变的)旅行
viajes a ～ 包价旅游

foria *f*.〈医〉隐斜;隐斜视

foriascopio *m*.〈医〉隐斜(视)矫正镜

forja *f*. ①〈冶〉锻(造,制);②锻[铸]造厂;锻[铸]造车间;铁匠工场;③锻[熔]铁炉;④泥灰,灰浆
pieza de ～ 锻件

forjabilidad *f*.〈冶〉可锻(造)性

forjable *adj*. 可锻的

forjado,-da *adj*.〈冶〉锻造的;锻成的 ‖ *m*.①〈冶〉锻(造,冶);②〈冶〉锻件;③〈建〉构[框]架
～ en caliente 热锻
～ en frío 冷锻
acero ～ 锻钢
hierro ～ 锻铁,熟铁

forjador,-ra *adj*.〈冶〉锻造的;打铁的 ‖ *m*. 铁匠;锻工

forjadura *f*.; **forjamiento** *m*.〈冶〉打铁,锻造

forma *f*. ①形状;形态;外形;②方法[式];③〈机〉模子[板,壳,型];④〈印〉印版;(出版物的)版式;(书的)开本;⑤ *pl*.(尤指妇女的)体型;⑥(鞋匠修鞋时的)铁脚;(制帽匠用的)帽模;⑦〈数〉形式;型(区别于题材内容的形式);⑧〈格〉式;⑨〈法〉程序;⑩笔迹;⑪〈体〉(运动员等的)竞技状态,健康(状态)
～ arqueada 弓形
～ de bobinar 绕线模
～ de dosis〈药〉剂型
～ de galope〈医〉奔马型
～ de la onda 波形
～ de pago 付款方式
～ física〈体〉(运动员等的)竞技状态,(良好的)健康(状态)
～ fulminante〈医〉暴发型

～ geométrica 几何图形
～ ideológica 观念形态
～ normal〈信〉范式
～ silogística〈逻〉三段论式
～s cuadráticas〈数〉二次型,二次形式
～s lineales〈数〉线性形式
cuchara de ～ de tetera 茶壶式浇包
en ～ de herradura 马蹄[掌]形的
en ～ de media luna 半[新]月形的,月牙形的
en ～ de silla de montar 马鞍形的
en ～ de T T形(截面)的,丁字形的
leva en ～ de corazón 心形凸轮
máquina de dar ～ 仿形铣床

formabilidad *f*. 可成形性;可(模)锻性

formable *adj*. 可以培养的;可造就的

formación *f*. ①形成;构[组]成;②培养;训练;教育;③〈军〉队形,编队;④〈体〉(运动员的)阵式;⑤形状,外形;⑥〈地〉(结构)地层;岩组;⑦(绣制花卉、树叶时的)轮廓;⑧(流行)乐队;⑨群[团]体;队伍;⑩〈生〉群系;生成,成[造]形;⑪〈信〉(数)组;陈列
～ de discos〈信〉磁盘组;盘陈列
～ de la espora 孢子形成
～ de la vena 矿脉层
～ laboral[ocupacional,profesional]职业培训[训练]
～ vegetal 植物群系

formado,-da *adj*. 经过培训的;受过训练的

formador *m*.〈机〉成形器[机,工具,设备];形成器

formaje *m*.〈机〉乳酪模子

formal *adj*. ①形式(上)的;表面的;②正式的,礼仪上的;③见 sistema ～
lógica ～ 形式逻辑
sistema ～〈数〉形式体系
visita ～ 正式访问

formaldehído *m*.〈化〉甲醛

formaleta *f. Amér. C., Col*.〈建〉木构架;拱腹架

formalete *m*.〈建〉半圆拱

formaleza *f*.〈海〉应急救生锚

formalina *f*.〈化〉甲醛(水溶)液,福尔马林

formalismo *m*. ①(文学、艺术等方面的)形式主义;②〈数〉形式体系

formámetro *m*. 形状计

formamida *f*.〈化〉甲[福]酰胺

formanita *f*.〈矿〉黄钇钽矿

formatación *f*.〈信〉编排
～ de datos〈信〉数据格式编排

formateado *m*.〈信〉编排格式,格式化

formatear *tr*. ①〈信〉将…格式化;②〈印〉为(书刊)安排版式

formateo *m.* 〈信〉编排格式,格式化

formativo,-va *adj.* ①形成的;有助于形成的;②〈生〉形成的
tejido 〜 〈生〉形成组织

formato *m.* ①〈印〉(出版物的)版式,开本;②〈电影〉〈摄〉(底片、影片等的)尺寸;大小;规格;③〈信〉〈印〉(数据或信息的编排)格式;④〈印〉(报纸等的)尺寸;版面;*Amér. L.* (报刊的)版面
〜 apaisado 横宽(竖窄)格式
〜 de dirección 地址格式
〜 de registro (指作为一个单位来处理的一组相连的数据之)记录格式
〜 fijo 固定格式
〜 libre 非传统格式
〜 normalizado 标准规格
〜 vertical 竖排格式

formero,-ra *adj.* 见 arco 〜 ‖ *m.* ①〈建〉(交叉状拱顶的)侧拱;②*Esp.* 拱架
arco 〜 侧拱

formiato *m.* 〈化〉蚁酸盐[酯],甲酸盐[酯]
〜 de butilo 甲酸丁酯
〜 sódico 甲酸钠

formica; fórmica *f. Amér. L.* 〈建〉福米加塑料贴面

formicación *f.* 〈医〉(皮肤上的)蚁走感

formicante *adj.* ①蚂蚁的;②缓慢的,迟缓的
pulso 〜 〈医〉弱脉

formícido,-da *adj.* 〈昆〉蚁科的 ‖ *m.* ①蚁;②*pl.* 蚁科

formicívoro,-ra *adj.* 〈生〉食蚁的

fórmico,-ca *adj.* ①蚁的;②见 ácido 〜;aldehído 〜
ácido 〜 〈化〉甲[蚁]酸
aldehído 〜 〈化〉甲醛

formilamina *f.* 〈化〉甲[福]酰胺

formilasa *f.* 〈生化〉甲酸生成酶

formilo *m.* 〈化〉甲酰

formívoro,-ra *adj.* 〈动〉食蚁的 ‖ *m. pl.* 食蚁动物

formoamida *f.* 〈化〉甲酰胺

formol *m.* 〈化〉甲醛(水溶)液;福莫尔

formón *m.* ①凿子[刀],錾(子);②打孔器
〜 de chaflanar 斜刃凿
〜 de filo oblicuo 边錾
〜 de mano 削凿刀
〜 para frío 冷凿

formonitrilo *m.* 〈化〉氢氰酸

fórmula *f.* ①〈数〉公[方程]式;计算式;②〈化〉分子式;③〈药〉〈医〉处[药,配]方;④(作为协商或行动基础的)准则,方案;(处理事情的)方法[式];⑤(公文、合同等的)格式;⑥(常以发动机排量表示的)赛车机械参数;赛车等级
〜 de Ambard 〈医〉昂巴尔氏常数
〜 de Arneth 〈医〉阿尔内特公式
〜 de cortesía 客套,礼节
〜 de crecimiento 增长公式
〜 de Euler 欧拉公式
〜 de inversión 投资方式
〜 de Mall 马尔氏公式(胎龄与胎长的关系)
〜 de Trapp-Haeser 〈医〉特拉普-黑泽尔氏公式
〜 dentaria ①牙式;②〈动〉齿式
〜 electrónica 电子式
〜 empírica 〈化〉经验(公)式,实验式
〜 en blanco 空白表格
〜 estructural 结构式
〜 leucocitaria 白细胞计数(公式)
〜 mágica 魔法,法术
〜 magistral 〈医〉特殊病例的处方;处方药
〜 molecular 分子式
〜 química 化学结构式
〜 tipo 标准格式
coches de 〜 1 一级方程式赛车

formulación *f.* ①公式化的表述;公式化;列出公式;②(计划等的)构想;(政策、理论、制度等的)规划;制定;③(药的)配制;(加工)制剂
〜 de datos 〈信〉数据捕捉(指借助与数据处理中心相连的设备进行数据自动记录和处理)
〜 de política 制定政策

formulaico,-ca *adj.* ①(根据)公式的;②刻板的

Fornax *m. ingl.* 〈天〉天炉(星)座

fornitura *f.* ①〈机〉机械装置;②〈缝〉(制衣的)附料;③〈军〉子弹带(可挂饭盒、罗盘等的)腰带;④*Amér. C., Cari.* 家具;⑤〈印〉(大)空铅,填充材料

fornix *m. ingl.* 〈解〉穹隆,穹

foro *m.* ①论坛;讨论[座谈]会;会议;集会;②(广播、电视等的)专题讨论节目;③〈法〉法庭;④律师职业;⑤〈戏〉舞台后部;⑥(土地等的)租约;地租,租金

foronídeo,-dea *adj.* 〈动〉帚虫(类)的 ‖ *m.* ①帚虫(类)动物;②*pl.* 帚虫类

forónido,-da *adj.* 〈动〉帚虫门的 ‖ *m.* ①帚虫;②*pl.* 帚虫门

foronomía *f.* 运动规律学

forótono *m.* 〈医〉眼肌操练器

forraje *m.* ①〈农〉秣,饲料;草料;②搜寻粮秣;搜寻饲料

forrajero,-ra *adj.* (植物)可用作饲料的

cereales ~s 饲料粮

hierbas ~as 饲草

forro *m.* ①(衣服、箱包等的)衬里[料]，里子；②(保护管道等内壁的)内衬，衬垫[层]；③〈印〉书壳[皮]；封面；④〈机〉衬垫[套，板，片]；⑤(汽车座椅的)被覆材料；套子，外[护]皮；*Chil.*(自行车的)轮胎；⑥〈船〉船壳板

~ ártico 北极棉衬

~ acolchado (软)衬垫

~ de cojinete 轴承衬

~ de embrague 离合器摩擦片衬片

~ de freno (汽车)制动衬面[带]，刹车垫

~ de papel 护封

forsitia *f.* 〈植〉①连翘；②连翘的花

fortaleza *f.* ①〈军〉要塞，堡垒；②〈经〉(货币)坚挺，稳定

forte *m.* 〈乐〉强音记号

fortificación *f.* ①筑城[垒]，设防；②〈军〉防御工事；③设防区，要塞；④筑城学，工事构筑学

~ de campaña 野战工事

~ improvisada 简易工事

~ permanente 永久工事

fortificador,-ra；**fortaficante** *adj.* 增强的；使强壮的

fortín *m.* 〈军〉①小防御工事；(坚固)机枪掩体；②小城堡，小堡垒

FORTRAN；**fortran** *m. ingl.* 〈信〉(计算机)语言，公式翻译程序语言

fortuna *f.* 〈海〉暴风雨

fórum *m.* ①论坛；讨论[座谈]会；会议；集会；②(广播、电视等的)专题讨论节目

forúnculo *m.* 〈医〉疖

forunculosis *f. inv.* 〈医〉疖病

forunculoso,-sa *adj.* 〈医〉疖性的

fosa *f.* ①(地面的)(地，凹，竖，铸，检修)坑；池；注；②(地下的)洞，穴；③〈地〉(地，海)沟；④〈解〉腔，盂，窝

~ abisal 海(底)沟

~ acetabular 髋臼窝

~ atlántica 大西洋海沟

~ canina 尖牙窝

~ cigomática 颞下窝

~ común ①公用墓穴；合葬穴；②(埋葬战士、俘虏等的)万人坑

~ coronoide 冠突窝

~ craneal anterior/media/posterior 颅前/中/后窝

~ de colada 铸坑

~ de excretar 污水池[坑，渗井]

~ de grisú 沼气池

~ de la vesícula 胆囊窝

~ de reparaciones (汽车)检修坑

~ del saco lagrimal 泪囊窝

~ fecal[séptica] 化粪池

~ hélix 耳轮窝

~ hipofisaria 垂体窝

~ infraspinosa/supraspinosa 冈下/上窝

~ infratemporal 颞下窝

~ intercondiloidea 髁间窝

~ mandibular 下颌窝

~ marina 〈地〉海沟

~ nasal 鼻腔

~ navicular 舟状窝

~ poplítea 腘窝

~ romboide 菱形窝

~ subescapular 肩胛下窝

~ tectónica 地壳构造沟

~ tonsilar 扁桃体窝

~ yugular 颈静脉窝

~s nasales 鼻孔[腔]

fosfágeno *m.* 〈生化〉磷酸原

fosfamina *f.* 〈化〉磷化氢

fosfatado,-da *adj.* 含磷酸盐[酯]的 ‖ *m.* ①磷酸盐[酯]；②施磷肥

fertilizante ~ 磷肥

fosfatasa *f.* 〈生化〉磷酸(脂)酶

~ ácida 酸性磷酸(脂)酶

~ alcalina 碱性磷酸(脂)酶

fosfatemia *f.* 〈医〉磷酸盐血(症)

fosfático,-ca *adj.* 〈化〉磷酸(盐，酯)的；(含)磷酸盐[酯]

cálculo ~ 磷酸盐结石

fosfatidiletanolamina *f.* 〈生化〉磷脂酰乙醇胺

fosfátido *m.* 〈化〉磷脂

fosfatización *f.* 〈化〉用磷酸盐[酯]处理；磷化

fosfato *m.* ①〈化〉磷酸盐[酯]；②磷肥

~ ácido/alcalino 酸/碱式磷酸盐

~ cálcico(~ del cal) 磷酸钙

~ de amonio 磷酸铵

~ de roca 〈地〉岩状磷钙土，磷酸岩

~ sódico 磷酸钠

~ trisódico 磷酸三钠

fosfaturia *f.* 〈医〉(高)磷酸盐尿(症)，尿磷酸盐增多

fosfeno *m.* 〈生理〉压眼闪光，光幻视

fosfina *f.* ①〈化〉磷化氢；②膦，膦染料

fosfito *m.* 〈化〉亚磷酸盐[酯]

fosfocreatina *f.* 〈化〉磷酸肌酸

fosfoesterasa *f.* 〈生化〉磷酸酯酶

fosfoferrita *f.* 〈矿〉铁磷锰矿

fosfofilita *f.* 〈矿〉磷叶石

fosfofluorescencia *f.* 〈理〉紫外辐射线发光性

fosfofructocinasa *f.* 〈生化〉磷酸果糖激酶

fosfoglicerato *m.* 〈生化〉磷酸甘油酸盐［酯］

fosfoglicérico,-ca *adj.* 见 ácido ～
ácido ～〈生化〉磷酸甘油酸

fosfoglicerol *m.* 〈化〉磷酸甘油

fosfogliceromutasa *f.* 〈生化〉磷酸甘油酸变位酶

fosfoglucomutasa *f.* 〈生化〉磷酸葡萄糖变位酶

fosfoglucoproteína *f.* 〈生化〉磷酸葡萄糖蛋白

fosfohexoisomerasa *f.* 〈生化〉磷酸己糖异构酶

fosfolipasa *f.* 〈生化〉磷脂酶

fosfolípido *m.* 〈生化〉磷脂

fosfomonoesterasa *f.* 〈生化〉磷酸单酯酶

fosfonecrosis *f.* 〈医〉磷毒性颌骨坏死

fosfonucleasa *f.* 〈生化〉核苷酸酶

fosfoproteína *f.* 〈生化〉磷蛋白

fosfoquinasa *f.* 〈生化〉磷酸激酶

fósfor *m.* 磷光体;磷光剂

fosforado,-da *adj.* 含［加］磷的;与磷化合的
compuesto ～ 含磷化合物

fosforemia *f.* 〈医〉磷血(症)

fosforeo *m. Amér. L.* 磷光

fosfóreo,-rea *adj. Amér. L.* 发磷光的

fosforescencia *f.* ①磷光;磷光;发磷光;闪磷火;②〈理〉荧光(现象);③(物质的)发磷光特征,磷光(性)

fosforescente *adj.* ①发磷光的;闪磷火的;②磷光性的
cuerpo ～ 磷光体
substancias ～s 磷光物质

fosfórico,-ca *adj.* 〈化〉磷的,含(五价)磷的
ácido ～ 磷酸
fertilizantes ～s 磷肥

fosforilación *f.* 〈化〉磷酸化(作用)
～ fotosintética 光合磷酸化(作用)

fosforilasa *f.* 〈生化〉磷酸化酶
～ de nucleósido 核苷磷酸化酶
～ hepática 肝磷酸化酶

fosforimetría *f.* 〈化〉磷光分析

fosforismo *m.* 慢性磷中毒

fosforita *f.* 〈地〉磷钙土,磷灰岩

fosforización *f.* 磷化作用,增磷

fosforizado,-da *adj.* (被)磷化的

fósforo *m.* ①〈化〉磷;磷光物质,磷光体;②*Amér. L.* 火柴;③*And.*〈军〉火帽,雷管
～ amorfo［rojo］红［赤］磷
～ blanco 白磷

quemadura por ～ 磷烧伤

fosforógeno *m.* 〈理〉磷光激活剂

fosforografía *f.* 〈摄〉磷光摄影

fosforógrafo *m.* 〈摄〉磷光图片

fosforólisis *f.* 〈生化〉磷酸解(作用)

fosforoscopio *m.* 磷光镜［计］

fosforoso,-sa *adj.* 〈化〉亚磷的,含(三价)磷的
ácido ～ 亚磷酸
bronce ～ 磷青铜

fosfurado,-da *adj.* 〈化〉含(低)磷的;与磷化合的

fosfuranilita *f.* 〈矿〉磷铀矿

fosfuro *m.* 〈化〉磷化物,磷脂
～ de galio 磷化镓

fosgenita *f.* 〈矿〉角铅矿

fosgeno *m.* 〈化〉光气,碳酰氯

foshagita *f.* 〈矿〉变针硅钙石

fosia *f.* 〈医〉光幻视

fósil *adj.* ①化石的;②化石般的;陈旧的 ‖ *m.* 化石
～ de plantas 植物化石
～ humano 人类化石
～ viviente 活化石

fosilífero,-ra *adj.* 含化石的

fosilización *f.* 化石作用,化石化(的东西)

fosilizado,-da *adj.* 变成化石的

foso *m.* ①坑;(壕,明)沟;②(城堡等的)护城河;城壕;③〈地〉海沟;④〈体〉沙坑;⑤(舞台前的)乐池;⑥见 ～ olímpico
～ de agua〈体〉(障碍赛马中的)水沟障碍
～ de cable 电缆沟
～ de colada 铸坑
～ de la orquesta(～ orquestal) 乐池
～ de reconocimiento (汽车)检修坑
～ generacional〈社〉代沟
～ olímpico〈体〉射飞碟
～ séptico 化粪池

FOT; **f.o.t.** *abr. ingl.* free on truck〈商贸〉〈铁路〉敞［卡］车上交货(价格)

fot *m.* ①〈理〉辐透,厘米烛光(照度单位,等于 1 流明/厘米²);② *abr.* fotografía 见fotografía

fotalgia *f.* 〈医〉光痛(眼)

fótico,-ca *adj.* ①光的;光产生的;②透光的(尤指透日光的);③(有机体)发［感］光的
zona ～a〈地〉〈环〉透光区;透光层(海水或湖水的上层)

fotio *m.* 〈理〉辐透,厘米烛光(照度单位,等于 1 流明/厘米²)

fotismo *m.* 〈心〉光联觉

foto *f.* ①照［相］片;(摄影)图片;②〈理〉辐透,厘米烛光(照度单位,等于 1 流明/厘

米²）；③*Méx.* 摄影术

~ aérea 航摄照片

~ de carnet［pasaporte］报名照；证件照

~ de conjunto（同事）集［团］体照

~ familia ①家庭（成员）照，全家福；②（同事）集［团］体照

~ fija（一定时期的）写照

~ robot 快照

foto-finish；foto finish *f. inv.* 〈体〉摄影定名次（指比赛者到达终点时十分接近故需用照片来判断结果）

foto-robot（*pl.* foto-robots）*f.*（警方根据证人对嫌疑犯或罪犯脸部和头发特征的描述综合多张照片而成的）肖像合成照片

fotoabsorción *f.* 〈理〉光吸收

fotoacabado *m.* 〈摄〉照相洗印加工［服务］

fotoactínico,-ca *adj.*（发出）光化射线的；能产生光化作用的

fotoactivo,-va *adj.* 〈理〉光（激）活的；光敏的

fotoalergia *f.* 〈生〉〈医〉光变态反应；光过敏

fotoalérgico,-ca *adj.* 〈医〉光过敏的

fotoalidada *f.* 〈摄〉相片量角仪

fotoampliadora *f.* 〈摄〉（相片）放大机

fotoautotrofia *f.* 〈生〉光合自养

fotoautotrófico,-ca *adj.* 〈生〉能光合自养的

bacteria ~a 光能自养菌

fotoautótrofo *m.* 〈生〉光合自养生物

fotobiología *f.* 光生物学

fotobiológico,-ca *adj.* 光生物学的

fotobiólogo,-ga *m. f.* 光生物学家

fotobiótico,-ca *adj.* 〈生〉感［需］光生存的 ‖ *m.* 感［需］光生存生物

fotoblanqueamiento *m.* 〈生化〉光（致）漂白

fotobotánica *f.* 光植物学

fotobulbo *m.* 〈电〉〈电子〉光电管［元件］

fotocalco *m.* 影印（画，件），照相复制品

fotocarcinogénesis *f. inv.* 〈生医〉（太阳光有害照射引起的）癌扩散

fotocarta *f.* 〈测〉照相制图；空中摄影地图

fotocartógrafo *m.* 〈测〉投影测图仪

fotocatálisis *f. inv.* 光催化（作用）

fotocatalítico,-ca *adj.* 光催化作用的

fotocatalizador *m.* 光催化剂

fotocátodo *m.* 〈电子〉光（电）阴极

fotocélula *f.* 〈理〉光电池［管］

~ de capa de detención 阻挡［带密封］层光电管

fotocerámica *f.* 〈工艺〉（用照相图案装饰陶瓷的）陶瓷照相法

fotocerámico,-ca *adj.* 〈工艺〉陶瓷照相的

fotocincografía *f.* 〈印〉照相锌版（印刷品）

fotocinesis *f. inv.* 〈生理〉（发生在对光线强度变化的反应中的）光激运动，趋光运动

fotocoagulación *f.* 〈医〉激光凝固法

~ de láser 激光凝结

fotocoagulador *m.* 〈医〉激光凝固器

~ de láser 激光凝结器

fotocolor *m.* ①彩色摄影（术）；②*Chil.* 彩色照片

fotocolorímetro *m. Amér. L.* 光比色计

fotocomponedora *f.* 〈印〉照相排版机

fotocomponer *tr.* 〈印〉照相排版，照排

fotocomposición *f.* 〈印〉照相排版（法）

fotocompositora *f.* 照相排版机

fotoconducción *f.* 〈理〉光电导（性）

fotoconductividad *f.* 〈理〉光电导性，光电导率

fotoconductivo,-va *adj.* 〈理〉光电导的

detector ~ 光电导探测器

efecto ~ 光电导效应

fotoconductor,-ra *adj.* 〈理〉光电导的 ‖ *m.* 光电导体［元件］；光敏电阻

fotoconductriz *adj.* 〈理〉光电导的

fotocontrol *m.* 见 resultado comprobado por ~

resultado comprobado por ~〈体〉摄影定名次（指比赛者到达终点时十分接近故需用照片来判断结果）

fotocopia *f.* ①照相版；（照相）复制（术）；②摄影复制品，影印本［件］

fotocopiable *adj.* 可（照相）复制的，可影印的

fotocopiado *m. Chil.* 影印

fotocopiador,-ra *adj.* 摄影复制的，复印的 ‖ ~a *f.* ①摄影复制机；影印机；②照相复制店

fotocopiar *tr.* 照相复制，影印

fotocopista *m. f.* 摄影复制机，影印机

fotocopistería *f.* 照相复制店；影印店

fotocorriente *f.* 〈理〉光电流

fotocrisia *f.*（某些生物对光刺激的）正感受性

fotocromía *f.* ①彩色照相术；②彩色照片

fotócromo *m.* 彩色照片

fotocronografía *m.* ①照相计时术；②动体定时摄影术

fotocronógrafo *m.* ①照相计时仪；②动体定时摄影机

fotodegradable *adj.* 〈化〉可光降解的

plástica ~ 光降解塑料

fotodegradar *tr.* 〈化〉使光降解，使光致分解

fotodermatosis *f. inv.* 〈医〉光照性皮肤病

fotodesintegración *f.* 〈理〉光致分裂

fotodesprendimiento *m.* 〈理〉光致分离

fotodetector *m.* 〈电子〉光电探测器

fotodicroísmo *m.* 〈理〉光二向色性

fotodinámica *f.* ①（研究植物等光动效应的）光动力学；②〈植〉（植物等的）光动效应

fotodinámico,-ca *adj.* ① 光动力学的；②〈植〉光动效应的
terapia ～a 光动力（学）疗法［治疗］

fotodinia *f.* 〈医〉光痛

fotodiodo *m.* 〈电子〉光电［敏，控］二极管

fotodisforia *f.* 〈医〉畏光，羞明

fotodisociación *f.* 〈化〉〈理〉光离解，光解（作用）

fotodispositivo *m.* 〈电子〉光电探测器

fotodosimetría *f.* 〈理〉照相剂量学

fotodrama *m.* 〈电影〉故事片，戏剧片

fotoefecto *m.* ①光（电）效应；②〈电子〉光电（现象）

fotoelasticidad *f.* 〈理〉光弹性（效应）

fotoelasticimetría *f.* 〈技〉〈理〉光测弹性法

fotoelástico,-ca *adj.* 〈理〉光（测）弹（性）的

fotoelectricidad *f.* 〈理〉〈电子〉① 光电（现象）；②光电学

fotoeléctrico,-ca *adj.* ①〈电子〉光电（效应）的；②灯光摄影装置的
célula ～a 光电池［管］
colorímetro ～ 光电比色计
corriente ～a 光电流
efecto ～ 光电效应［现象］
microfotómetro ～〈摄〉光电测微显微光度计
tubo ～ 光电管

fotoelectrón *m.* 〈电子〉光电子

fotoelectrónico,-ca *adj.* 〈电子〉光电子的 ‖ *f.* 光电子学
emisión ～a 光电子发射

fotoemisión *f.* 〈电子〉光电（子）发射；光（致）发射

fotoemisividad *f.* 〈电子〉光电发射能力

fotoemisor *m.* 〈电子〉光电（子）发射体［器］

fotoenvejecimiento *m.* 〈医〉（皮肤的）光老化

fotoeritema *m.* 〈医〉光照性红斑

fotoesfera *f.* 〈天〉光球（指用肉眼可看到的太阳强烈发光部分）；发光球体

fotoexcitación *f.* 〈理〉光致激发

fotofase *f.* 〈生〉光照阶段，光期

fotofet *m.* 〈电子〉光控场效应晶体管

fotófigo,-ga *adj.* 〈生〉阴生的

fotofílico,-ca *adj.* 〈环〉喜光的（指在强日照中生长更好的）

fotófilo,-la *adj.* 〈生〉嗜光的，适［喜］光的

fotofiltro *m.* 〈摄〉滤光器

fotofisión *f.* 〈理〉光致（核）裂变

fotoflash *m.* ①〈摄〉闪光灯；②用闪光灯拍摄的照片

fotofluorografía *f.* （X 射线）荧光图像摄影

fotofobia *f.* ①〈医〉畏光，羞明；②〈心〉光恐怖，恐光症

fotofóbico,-ca *adj.* ①〈医〉畏光的，羞明的；②〈心〉光恐怖的；③〈生〉避光的

fotofobo,-ba *adj.* 见 fotofóbico ‖ *m. f.* ①〈医〉患畏光的人，羞明的人；②〈心〉光恐怖患者 ‖ *m.* ①〈生〉避［畏］光生物；②避［畏］光器官

fotófono *m.* 光［光线］电话（机）

fotoforesis *f.* ①〈化〉光泳（现象）；②〈理〉光致迁动［漂移］

fotóforo *m.* ①〈动〉（尤指海洋动物的）发光器官；②〈医〉检鼻喉灯

fotofosforilación *f.* 〈生化〉光（合）磷酸化（作用）

fotofosforilasa *f.* 〈生化〉光合磷酸化酶

fotoftalmía *f.* 〈医〉光照性眼炎

fotogelatino,-na *adj.* 〈印〉珂罗版（印刷）的

fotogelatinografía *f.* 〈印〉珂罗版印刷术

fotogelatinotipia *f.* 〈印〉珂罗版制版法

fotogénesis *f.inv.* 发光，光产生

fotogenia *f.* ①光原性；②上照，上镜头

fotogénico,-ca *adj.* ①〈生〉发光的，发磷光的；②光原性的，光所致的；③适于拍照的，上照的
bacteria ～a 发光菌
cuerpo ～ 发光体

fotógeno,-na *adj.* 〈生〉发光的，发磷光的 ‖ *m.* 〈生〉发光器（指某些生物发光或发磷光的器官）；发光体
cuerpo ～ 发光体
insecto ～ 发光昆虫

fotogeología *f.* 〈地〉摄影地质学（用空中摄影图片研究地质现象的一门学科）

fotograbado *m.* ①照相（雕版）制版法；②照相雕版；③照相雕版印刷品

fotograbador *m.* 照相（雕版）制版工人

fotograbar *tr.* 照相（雕版）制版，用照相制版复印

fotografía *f.* ①摄影，照相；②摄影术；③（一组）照片；④〈信〉图像
～ al［con］flash 闪光摄影术
～ al magnesio 闪光摄影术
～ aérea 航空摄影术
～ de carnet 报名照；证件照
～ en colores ①彩色摄影术；②彩色照片
～ en relieve 照相浮雕法
～ estereoscópica 立体摄影术
～ estroboscópica 频闪摄影术
～ instantánea 快照

fotográfico,-ca *adj.* ①摄影(术)的,照相[摄影](用)的;②摄影制的
ametralladora ~a 摄像枪;空中摄影[照相]枪
arte ~ 摄影艺术
cámara[máquina] ~a 照相机
lente ~a 摄影镜头
negativo ~ 照相底片
papel ~ 照相纸

fotografismo *m. Amér. L.* 摄影术

fotógrafo,-fa *m. f.* 摄影[照相]师;摄影者
~ aficionado 摄影业余爱好者
~ ambulante[callejero] 街头摄影者
~ de estudio 人像摄影师
~ de presna 摄影记者

fotograma *m.* ①〈摄〉黑影照片;②〈电影〉定格画面

fotogrametría *f.* 摄影测量(术,学),摄影测绘(法),摄影制图(法)
~ aérea 航空摄影测量(学)
~ terrestre 地面摄影测量(学)

fotogramétrico,-ca *adj.* 摄影测量的;摄影测绘[制图]的

fotogrametrista *m.* 摄影测绘者

fotoheliógrafo *m.* 〈天〉太阳(全色)照相仪

fotoheterotrófico,-ca *adj.* 〈生〉〈医〉光(能)异养的
bacteria ~a 光(能)异养菌

fotohuecograbado *m.* 〈印〉照相凹版制版

fotoinactivación *f.* 〈生〉〈医〉光灭活作用

fotoinducido,-da *adj.* ①光感应[生]的;②光诱导的;光致的

fotoionización *f.* 〈理〉光(致)电离,光化电离(作用)

fotolámpara *f.* 〈电子〉光电管

fotolisis;fotólisis *f.* 〈化〉光(分)解(作用)

fotolito *m.* 〈印〉照相平版印刷品

fotolitografía *f.* ①〈印〉照相平版印刷(术,法),照相平印术;②〈电子〉光刻[蚀]法

fotolitográfico,-ca *adj.* 〈印〉照相平版印刷(法)的

fotolitógrafo,-fa *adj.* 〈印〉用照相平版印刷的 ‖ *m. f.* 照相平版印刷工

fotolitotrofia *f.* 〈生〉〈医〉光(能)无机营养

fotolitotrófico,-ca *adj.* 〈生〉〈医〉光(能)无机营养的
bacteria ~a 光(能)无机营养菌

fotología *f.* 〈理〉光学

fotoluminiscencia *f.* 〈理〉光致[激,照]发光

fotoma *m.* 〈医〉闪光(幻觉)

fotomacrografía *f.* 〈摄〉近等比摄影,超近摄影

fotomacrógrafo *m.* 〈摄〉低倍放大摄影照片

fotomagnético,-ca *adj.* 〈理〉光磁的
efecto ~ 光磁效应

fotomagnetismo *m.* 〈理〉光磁性;光磁学

fotomapa *m.* (由空中摄影照片制成的)照相地图

fotomatón *m.* 〈摄〉无底片照相机,(可几分钟内印出照片的)自动摄印相机

fotomecánica *f.* ①〈印〉照相制版法[工艺];②光(学)机械

fotomecánico,-ca *adj.* ①〈印〉照相制版(法,工艺)的;②光(学)机械的

fotomesón *m.* 〈理〉光(生)介子

fotometría *f.* 〈理〉光度学;光测量;测光(法)

fotométrico,-ca *adj.* 〈理〉光度(计,学)的;光测量的;测光(法)的

fotómetro *m.* 〈理〉光度计;测光仪.
~ automático 自动光度计
~ Bunsen 本生光度计
~ de destellos 闪变[烁]光度计
~ de flama 火焰光度计
~ electrónico 电子光度计
~ fotoeléctico 光电光度计
~ integrador 积分(球)光度计
~ logarítmico 对数光度计

fotomicrografía *f.* 显微(镜)照相[摄影](术)

fotomicrográfico,-ca *adj.* 显微照相[摄影]的

fotomicrógrafo *m.* 显微照片

fotomicroscopia *f.* 显微摄影术

fotomicroscopio *m.* 显微摄影镜;照相[摄影]显微镜

fotomodelo *m. f.* 摄影模特

fotomontaje *m.* 〈摄〉集[合]成照片(术)

fotomorfogénesis *f. inv.* 〈植〉光形态发生(作用)

fotomosaico *m.* 〈摄〉照相镶嵌

fotomultiplicador *m.* 〈电子〉光电倍增器[管]

fotomural *m.* (装饰性)大幅照片,(单幅或数幅合成的)壁画式照片

fotón *m.* ①〈理〉光(量,电)子;②光度(视网膜照度单位)

fotonastia *f.* 〈生〉感光性

fotonegativo,-va *adj.* 〈电子〉负光电导性的

fotoneutrón *m.* 〈理〉光(激)中子

fotónica *f.* 〈理〉光子学

fotonosis *f. inv.* 〈医〉光源(性)眼病

fotonoticia *f.* 摄影报道

fotonovela *f.* (用一组照片配以简略的文字说明表现浪漫故事或犯罪内容的)摄影小说

fotonuclear *adj.* 〈理〉光核的,光致核反应的

fotoorganotrofia *f.* 〈生〉〈医〉光能器官营养

fotoorganotrófico,-ca *adj.* 〈生〉〈医〉光能器官营养的
bacteria ～a 光能营养菌

fotoparestesia *f.* 〈医〉光觉异常

fotopatía *f.* 〈医〉光源病

fotoperiodicidad *f.* 〈生态〉光周期性

fotoperiodismo *m.* ①摄影新闻(工作),摄影图片报道;②〈生〉光周期性[现象]

fotoperiodista *m.f.* 摄影新闻工作者

fotoperiodo; fotoperíodo *m.* 〈生〉光周期(指每24小时内动植物受日照的时间)

fotoperspectógrafo *m.* 摄影透视仪

fotopia *f.* 〈医〉光视觉,昼视

fotópico,-ca *adj.* 〈医〉光视觉的,昼视的

fotopigmento *m.* 〈生化〉(感)光色素

fotopila *f.* 〈电〉(贮存太阳能以用作燃料的)光电堆

fotoplano *m.* (由空中摄影照片制成的)照片镶嵌(地)图

fotopolimerización *f.* 光聚作用;光化聚合(作用)

fotopolímero *m.* 〈化〉光敏聚合物,感光聚合物

fotopositivo,-va *adj.* 〈电子〉正趋光性的,光正性的,正光电导的

fotoprotección *f.* 防紫外(线)辐射;防晒

fotoprotector,-ra *adj.* 防紫外(线)辐射的,防晒的 ‖ *m.* 紫外(线)辐射保护剂;防晒霜

fotoprotón *m.* 〈理〉光质子

fotopsia *f.* 〈医〉①闪光幻觉;②闪光感

fotoptometría *f.* 〈医〉光觉测定(法)
unidad de ～ 光觉(测定)单位

fotoptómetro *m.* 〈医〉(眼科检测用的)光觉计

fotoquímica *f.* 〈化〉光化学

fotoquímico,-ca *adj.* 〈化〉①光化(学)的;②光化作用的
efecto ～ 光化效应
humo ～ 光化烟雾
oxidante ～ 光化学氧化剂
radiación ～a 光化(学)辐射
reacción ～a 光化(学)反应

fotorradiación *f.* 光辐射

fotorradiograma *m.* 〈讯〉无线电传真图片

fotorreacción *f.* 〈化〉光致[化]反应

fotorreactivación *f.* 〈生化〉光(致)复活(作用)

fotorrecepción *f.* 〈生理〉光感受(作用),感光(作用);视觉

fotorreceptor *m.* 〈动〉〈生理〉光(感)受器,感光器[体]

fotorreducción *f.* ①〈化〉光致还原(作用);②照相缩小

fotorreportaje *m.* 连环照片画

fotorresistencia *f.* 〈电子〉光敏电阻

fotorresistente *adj.* 耐晒[光]的,(晒)不褪色的

fotorresistor *m.* 〈电子〉光敏电阻(器),光电导管

fotorrespiración *f.* 〈植〉光呼吸(作用)

fotorretinitis *f.inv.* 〈医〉光照性视网膜炎

fotorreversión *f.* 〈环〉〈医〉光照逆转(作用)

fotorrobot (*pl.* fotorrobots) *f.* (警方根据证人对嫌疑犯或罪犯脸部和头发特征的描述综合多张照片而成的)肖像合成照片

fotoscopia *f.* 〈医〉X线透视检查

fotoscopio *m.* 〈医〉X线透视检查镜;透视镜(荧光屏)

fotosensibilidad *f.* 〈理〉感光性,光敏(感)性;感光灵敏度

fotosensibilización *f.* ①〈理〉光敏作用;光感状态;②〈医〉感光过敏(作用),光致敏(作用),光感作用

fotosensible; fotosensitivo,-va *adj.* 〈理〉感光的,光敏的;对光敏感的
dermatosis ～a 光敏性皮肤病
lente ～a 光敏镜

fotosensor *m.* 〈电子〉光敏元件[器件];光传感器,光电探测器

fotosfera *f.* 〈天〉光球(指用肉眼可看到的太阳强烈发光部分);发光球体

fotosíntesis *m.inv.* 〈生化〉光合作用,光能合成

fotosintético,-ca *adj.* 〈生化〉光合(作用)的
bacteria ～a 光合(作用)细菌

fotosistema *m.* 〈生化〉光合体系

fotostatar *tr.* 用直接影印机复制,照相复制

fotostático,-ca *adj.* 用直接影印机影印的,直接影印件的

fotostato; fotóstato *m.* ①直接影印件[制品];②直接影印机

fototaqueómetro *m.* 摄影经纬仪(在拍摄导弹、火箭等飞行时所使用的光学追踪仪器)

fototaxia; fototaxis *f.*; **fototaxismo** *m.* 〈生〉趋光性

fototeca *f.* ①照片集;②摄影图片档案馆[资料室]

fototelegrafía *f.* 〈讯〉①传真电报(术),电传真;②(利用日光反射的闪光等的)光通讯

fototelégrafo *m.* 〈讯〉①传真[照片]电报;②传真电报机

fototelegrama *m.* 〈讯〉传真[图像]电报

fototeodolito *m.* 摄影经纬仪(在拍摄导弹、火箭等飞行时所使用的光学追踪仪器)

fototerapia *f.*〈医〉光线疗法,光照疗法

fototerapéutico,-ca *adj.*〈医〉光线[照]疗法的

fototérmico,-ca *adj.*〈理〉光热的,光致发热的

fototermoelasticidad *f.*〈光〉光热弹性

fototermometría *f.*〈理〉光测温学,光计温术

fototermómetro *m.*〈理〉光测温计,光计温器

fototintura *f.*〈纺〉照相印花

fototipia *f.*〈印〉①照相制版(术);②照相版印刷件

fototípico,-ca *adj.*①照相制版(术)的;②照相版印刷件的

fototipo *m.*〈印〉①照相制版;②照相印版;③照相版印刷件

fototipografía *f.*〈印〉照相凸版制版法;照排文字版印刷

fototipográfico,-ca *adj.*〈印〉照相凸版制版法的;照排文字版印刷的

fototono *m.*〈医〉光(性)紧张

fototopografía *f.*〈测〉摄影测量(术,学),摄影测绘(法),摄影制图(法)

fototoxicidad *f.*〈医〉光毒性

fototóxico,-ca *adj.*〈医〉光毒(性)的
dermatitis ～a 光毒性皮炎

fototransistor *m.*〈电子〉光敏晶体(三极)管,光电晶体管

fototrofo *m.*〈生〉(利用光作为代谢能源的)光养生物;光能利用菌

fototropia *f.*〈理〉光致变色(现象),光色互变(现象)

fototrópico,-ca *adj.*①〈理〉趋光性的;光致变色的;②〈植〉向光(性)的

fototropismo *m.*①〈理〉趋光性;光致变色(现象),光色互变(现象);②〈植〉向光性

fototubo *f.* , **fotoválvula** *f.*〈电子〉光电管
～ de gas 充气光电管
～ multiplicador 光电倍增管

fotovaristor *m.*〈电子〉光敏电阻,光电变阻器

fotovoltaico,-ca *adj.*〈电子〉光生伏打的
célula ～a 光生伏打电池

fotrónico,-ca *adj.*〈电子〉光电池的;使用光电池的

foul *m. ingl. Amér. L.*〈体〉犯规

foulero,-ra *adj. Amér. L.*〈体〉无运动员道德的

foulard *m.*〈纺〉薄绸

fourchita *f.*〈地〉钛辉沸煌岩

fourmarierita *f.*〈矿〉红铀矿

fourré *m.*〈生态〉温带和寒带密灌丛

fóvea *f.*〈解〉凹,窝;(视网膜的)中央凹

foveola *f.*〈生〉小凹[窝];小孔穴

foveolado,-da *adj.*〈生〉凹洼的;有小凹[窝]的

fovismo *m.*〈画〉野兽派(20世纪上半叶西方的艺术流派)

FOW;f. o. w. *abr. ingl.* free on wagon(铁路)货车上交货(价格)

fowlerita *f.*〈矿〉锌锰辉石

foyaíta *f.*〈地〉流霞正长岩

FP *abr.* formación profesional *Esp.*〈教〉(为14-18岁年龄组人口开设的)职业培训课程

FQDN *abr. ingl.* fully qualified domain name〈信〉完全合格域名

Fr〈化〉元素钫(francio)的符号

fra. *abr.* factura 发票

fracaso *m.*①失败;落空;②(发出巨响的)跌落,倒塌
～ académico 不及格
～ en la comunicación 通讯故障
～ sentimental 失恋

fracción *f.*①分割;②(小)部分;碎片;③〈数〉分[小]数;分式;④〈化〉(分)馏分;级分
～ compleja[compuesta] 繁分数
～ continua 连分数;连分式
～ de petróleo 石油分馏(物)
～ decimal (十进位制)小数
～ impropia/propia 假/真分数
～ ligera 初馏分
～ periódica 循环小数
～ simple 简分数
motor de ～ de caballo 分数功率电动机,(小于1马力的)小功率电动机

fraccionable *adj.*①可分割的;②〈化〉可分馏的

fraccionación *f.*①〈化〉分级;②〈医〉分次(放疗);〈药〉分次
～ química 化学分级(法)

fraccionado,-da *adj.*①(被)分割的;②〈数〉用分数表示的;③〈化〉分级的;分馏(物)的;④分(步,次,期)的
condensación ～a 分(级)凝(聚),分凝作用
cristalización ～a〈化〉分级结晶
explosor ～ 猝熄火花隙
pago ～ 分期支付

fraccionador,-ra *adj.*①分割的;②〈化〉使分馏的;分级的‖ *m.*〈化〉分馏器[塔,柱]

fraccionamiento *m.*①分割[隔];②〈化〉分馏(法,作用);馏分;③〈工〉(石油)裂化[解];④分次[段,期];⑤*Méx.* 住宅区,居民区
～ de pagos 分期支付
～ de tierras 土地分配

torre de ～ 分馏塔

fraccionario,-ria *adj.* ①零碎的;部分的,局部的;②〈数〉分[小]数的;分式的;③〈化〉分步[段,级]的;分馏(物)的
número ～ 〈数〉分数

fractal *m.* ①〈数〉(经典几何学中没有表示的)不规则碎片形;②〈信〉分形(不管如何放大图像,其任何局部总是表现出与其整体相似的几何图形)

fractocúmulo *m.* 〈气〉碎积云

fractografía *f.* 〈冶〉断口组织[金属断面]的显微镜观察;断口组织检验

fractostrato *m.* 〈气〉碎层云

fractura *f.* ①破[断]裂;折断;②〈矿〉断口[面];断裂;③裂缝[痕,面];④〈医〉骨折,折断,挫伤
～ abierta/cerrada 开放/闭合性骨折
～ agenética 骨发育不良[全]性骨折
～ apofisial 骨突折断
～ completa/incompleta 完全/不完全骨折
～ complicada 哆开骨折,复杂性骨折
～ con luxación 脱位骨折
～ concoidea 〈矿〉贝壳状断口[裂痕]
～ condílea 踝骨折
～ condiloidea 髁骨折
～ conminuta 粉碎性骨折
～ de Bennet 贝奈特骨折(第一掌骨纵折)
～ de copa 〈矿〉杯状断口
～ de Dupuytren 迪皮特朗骨折(腓骨下端骨折)
～ de fatiga 疲劳骨折
～ de grano fino/grueso 〈矿〉细/粗晶状断口
～ de[en] tallo verde 青枝骨折
～ directa 直接骨折
～ doble 双[两处]骨折
～ en mariposa 蝶形骨折
～ epifisaria 骺骨折
～ escalonada 〈矿〉阶状断层
～ espiral[espiroidea] 螺旋骨折
～ estrellada 星形骨折
～ fibrosa 〈矿〉纤维状断口[裂缝]
～ intracapsular (关节)囊内骨折
～ múltiple 多发性骨折
～ patológica 病理性骨折
～ perforante 穿孔[纽孔形]骨折
～ por flexión 屈曲骨折
～ simple 单纯骨折
～ subperióstica 骨膜下骨折
～ supracondílea[supracondiloidea] 踝上骨折
～ tibial 胫骨骨折

～ transcervical 经颈骨折
～ transversa 横断骨折
～ trocantérea 转子骨折
～ ulnar 尺骨骨折
osteoma de ～ 骨折骨瘤
reducción de ～ 骨折复位术

Fraga *f.* 见 maza de ～
maza de ～ 〈机〉打桩机

fraga *f.* 〈植〉①覆盆子;②*Arg.* 草莓

fraganti *m.* 见 in ～
in ～ 〈法〉就在犯罪时刻,当场

fragaria *f.* 〈植〉草莓

fragata *f.* ①〈鸟〉护舰鸟;②〈海〉护航[卫]舰

frágil *adj.* ①(材料,物品等)脆(性)的;易碎的;易损坏的;②(身体等)脆[纤,虚]弱的
material ～ 易[破]碎物质
sitio ～ 脆弱部位

fragilidad *f.* ①易碎性,脆(性);②脆弱;③纤[虚]弱
～ capilar 毛细管脆性
～ de revenido 〈冶〉回火脆性
～ del acero por el hidrógeno 〈冶〉(钢的)氢脆
～ en caliente 〈冶〉热脆性
～ ósea 骨脆症
prueba de ～ 脆性试验
tendencia a la ～ 脆化性

fragilitas *f.* 〈医〉脆弱;脆性

fragilización *f.* 〈理〉脆变

fragilocito *m.* 〈医〉脆性红细胞

fragilocitosis *f.* 〈医〉脆性红细胞增多症

fragmentación *f.* ①破碎(作用);破[分,碎]裂;②〈生理〉裂殖;③(晶粒的)碎化;④〈信〉存储(碎)片;⑤〈心〉行为错乱

fragmentariedad *f.* 不完整性

fragmentario,-ria *adj.* ①碎片[块]的;残破的;②〈地〉碎屑(状)的

fragmento *m.* ①碎片[块,屑];②(雕像或建筑物的)残迹;③〈信〉段(在向因特网发送之前,必须将信息分成几个小单元,段就是其中的一种单元)
～ de Okazaki 冈崎(日本遗传学家)片段[断]

fragmoblasto *m.* 〈生〉成膜体

fragmoide *adj.* 〈植〉成膜的

fragmoplasto *m.* 〈生〉成膜体

fragmosoma *m.* 〈生〉(细胞)成膜粒

fragosidad *f.* ①(道路、地面等的)崎岖,高低不平;②(森林、丛林等的)浓[稠]密

fragoso,-sa *adj.* ①(道路、地面等)崎岖的,高低不平的;②(森林等)浓[稠]密的;植被蔓生的

fragua *f.* ①〈冶〉锻[熔]铁炉;②锻造工厂;铁匠铺[工场];③凝固[结]
~ baja 土法熟铁吹炼炉,精炼炉床
~ de calentar remaches 铆钉炉
~ de templar 回火炉
~ final (水泥等的)终凝
~ inicial (水泥等的)初凝
~ portátil 轻便型[移动式]炉
fuelles de ~ 锻炉风箱

fraguado *m.* ①〈冶〉(金属等的)锻,锻造;②(水泥等的)凝固[结];(混凝土的)变硬
~ rápido 快凝[结]
~ térmico 热固[凝]
cemento de ~ rápido 快凝水泥
de ~ rápido (水泥)快硬(化)的

fraguador *m.* 〈冶〉锻[铁]工

fragüe *m. Chil.* (水泥等的)凝结[固]

fragüero *m. Chil.* 〈冶〉锻造工人

frailecillo *m.* ①〈鸟〉角嘴海雀;②*Cub.* 一种鸽;③*Cub.* 〈植〉西门木

frailecito *m.* ①〈鸟〉*Cub.*, *P. Rico* 一种鸽;*Cub.* 双领鸽;②*Cub.* 〈植〉棉叶麻风树;③*Per.* 〈动〉松鼠猴

frailejón *m. Amér. L.* 〈植〉大花高山菊

fraillollos *m. pl.* 〈植〉天南星

frambesia *f.* 〈医〉雅司病(指经皮肤接触感染雅司螺旋体而发生的皮肤病)

framboyán *m.* 〈植〉凤凰木

frambuesa *f.* 〈植〉覆盆子;悬钩子(属植物)

frambuesero; frambueso *m.* 〈植〉覆盆子树;悬钩子灌木

frame relay *ingl.* 〈讯〉帧中继

francesilla *f.* 〈植〉①毛茛属植物;②洋李

franchipán *m. Amér. L.* ①香脂;②〈植〉白鸡蛋花

franchipana *f. Amér. L.* 〈植〉白鸡蛋花的果实

franchipaniero *m. Amér. L.* 〈植〉白鸡蛋花

francio *m.* 〈化〉钫

franclinita *f.* 〈矿〉锌铁尖晶石,锌铁矿

franco,-ca *adj.* ①直率的,坦白的;真诚的;②(道路等)畅通的;③〈商贸〉自由的(港口等);④〈商贸〉免费[税]的;免除…的
~ a[en] bordo 船上交货(价格),离岸价格(*abr. ingl.* FOB; f. o. b.)
~ a domicilio 买方住所交货价
~ al costado del buque 船边交货价
~ de avería particular[simple] 单独海损不赔
~ de coladura 破损不赔
~ de derechos 免税的
~ de derrame 渗漏不赔
~ de porte 邮资免付的;邮资[运费]已付

的
~ de servicio 〈军〉不在值班的
~ de todo gasto 免除一切费用的
~ hasta gabarra 目的港船边交货价格(*abr. ingl.* FOS; f. o. s.)
~ puesto sobre vagón 火车上交货价格(*abr. ingl.* FOR; f. o. r.)
~ sobre avión 飞机上交货价格(*abr. ingl.* FOP; f. o. p.)
~ sobre camión 卡车上交货价格(*abr. ingl.* FOT; f. o. t.)
~ sobre muelle 码头交货价格(*abr. ingl.* FOQ; f. o. q.)
~ sobre vagón 火车上交货价格(*abr. ingl.* FOW)
locha ~a 〈动〉条鳅
paso ~ 自由通道
precio ~ en barcaza 驳船交货价格
precio ~ (en) fábrica 出厂价

francobordo *m.* 〈船〉①干舷高;②出水高度

francolín *m.* ①〈鸟〉鹧鸪;②*Ecuad.* 无[秃]尾

francolino,-na *adj. Chil.*, *Ecuad.* 〈鸟〉(母鸡或小鸡)无尾的

francolita *f.* 〈矿〉结晶磷灰石

frangollán *m. Méx.* 〈植〉凤凰木

franja *f.* ①条;带(状物),束;②缘饰;条纹;③类别;④(带状)地带;⑤*pl.* 滑移带
~ de edad 年龄组
~ de interferencia 〈光〉干涉条纹
~ de tierra 带状地带
~ horaria 时区
~ intermedia 带通,通(频)带
~ profesional 专业类别
~ undosa 波带

franjolín,-ina *adj. Amér. L.* 〈鸟〉无[秃]尾的

franjolino,-na *adj. Guat.*, *Méx.* 〈鸟〉无[秃]尾的

frankeita *f.* 〈矿〉辉锑锡铅矿

franklin; franklinio *m.* 〈理〉富兰克林,静库仑数

franklinismo *m.* 〈医〉静电疗法

franklinita *f.* 〈矿〉锌铁尖晶石

franqueadora *f.* (大公司用以在众多邮件上盖上邮资额和邮资已付标记、内附计算装置能自动结算邮资总额的)邮资机

franqueniáceo,-cea *adj.* 瓣磷花科的‖ *f.* ①瓣磷花科植物;②*pl.* 瓣磷花科

franqueo *m.* ①付邮资,贴邮票;②邮资

franquía *f.* ①结〈通〉关(手续);②(船只)动动作余地;自由活动余地;③飞行许可

franquicia *f.* ①（赋税、邮资、关税等的）免付（权）；豁免（权）；②（政府给予个人或团体的）特许[权]；③特许经销权[合同]
~ aduanera[arancelaria] 海关免税
~ de correos 免付邮资
~ de equipaje 〈航空〉免费行李限额
~ diplomática 外交豁免
~ postal （对顾客等来函）邮资总付业务

frasco *m.* ①瓶；(细颈)瓶；②（打猎时用的）火药筒；③弗拉斯科（液量单位，*Cari.* 合 2.44 升；*Cono S.* 合 2.37 升；*Méx.* 约合 2 升）；④*Venez.* 〈鸟〉鹈鹕，大嘴鸟
~ con tara 称瓶
~ cuentagotas 滴(漏)瓶
~ de campaña *Amér. L.* 水袋[瓶]；(常有帆布套的)水壶；(军用)水壶
~ de cultivo 培养瓶
~ de filtración[filtrar]（过）滤瓶
~ de lavado[lavar] 洗涤瓶
~ de perfume 香水瓶
~ gotero 滴(漏)瓶
~ para gas 液化气瓶

frase *f.* ①句子，句；②〈乐〉短[乐]句
~ musical 〈乐〉短[乐]句
diccionario de ~s 引语词典

fraseo *m.* 〈乐〉短[乐]句划分

fratás *m.* 〈建〉(泥工用的)镘[刮，泥]刀，抹子

fratricida *f.*；**fratricidio** *m.* 〈法〉杀兄弟[姐妹]的行为

fraude *m.* ①欺骗(行为)；骗局；诡计；作弊；②〈法〉诈欺[骗]
~ de impuestos(~ fiscal) 偷[漏]税
~ del empleado 雇员作弊
~ electoral 选举骗局

freático,-ca *adj.* ①〈地〉地下(水)的；潜水(层)的；②〈地〉准火山的；③井的
explosión ~a 准火山爆发
nivel ~ 地下水位

freatofita *f.* 〈植〉(根深达地下潜水层的)地下水生植物

freatofito,-ta *adj.* 〈植〉地下水生的（根深达地下潜水层的）
planta ~a 地下水生植物

frecuencia *f.* ①次数；(重复)发生率；频率；②〈数〉频率；③〈理〉频率；周频；④〈统〉次[频]数；频率；⑤(期刊的)出版周期
~ acumulada 累计次数
~ acústica[auditiva] 〈电子〉声[音]频
~ angular 〈理〉角频率
~ crítica de un filtro(~ de corte) 截止频率
~ de alimentación 电源频率

~ de barrido[cuadro] 帧频
~ de batido[tabimiento] 拍频
~ de campo 场频
~ de chispa 火花放电振荡频率
~ de corriente portadora （频率调制时）中频
~ de diferencia 差频
~ de exploración 扫描频率
~ de grupo 〈数〉群频率
~ (de) imagen 图[镜]像频率；影像(信号)频率
~ de impulsos 脉冲频率
~ de línea 〈电子〉行频
~ de modulación(~ modulada) ①〈电子〉频率调制，调频；②调频广播系统
~ de mutación 〈遗〉突变频率
~ de onda 〈理〉〈无〉波长
~ de portadora 载频
~ de punto 点频率
~ de recurrencia (脉冲)重复频率
~ de referencia 基准[标准，参考]频率
~ de refrescamiento[renovación] 刷新频率
~ de reloj 〈信〉时钟频[速]率
~ de repetición de impulsos 脉冲重复频率
~ de reposo （频率调制时）中频
~ de resonancia 共振频率
~ de siniestros 灾害发生率
~ de televisión 视频
~ de voz 音[话]频
~ del pulso 脉搏率
~ efectiva de corte 有效截频
~ extremadamente alta（30,000-300,000 兆赫的)极高频
~ extremadamente baja(低于 300 赫的)极低频
~ fundamental 〈理〉基频
~ impulsiva 脉冲频率
~ infraacústica 亚音频，声频下频率
~ instantánea 瞬时频率
~ intermedia[media] 中频
~ máxima utilizable 最大使用频率
~ musical 声[音]频
~ muy alta/baja 甚高/低频
~ natural[propia] 〈理〉自然[固有]频率
~ normal 标准频率
~ óptima de trabajo 最佳工作频率
~ óptima de tráfico 最佳通讯频率
~ portadora 载(波)频(率)
~ pulsada 拍频
~ radioeléctrica 射电频率，无线电频率

~ relativa〈统〉相对频数

~ resonante 共振频率

~ superada 超高频

~ supersónica[ultrasónica] 超音频

~ teórica de corte 理论截止视频

~ ultraacústica 声频上频率,超声频

~ vertical 垂直频率;(美国)帧频,(英国)半帧频

~ vocal 声[音,话]频

~s de banda lateral 边[旁]频率

~s de potencia mitad 半功率频率

alta/baja ~〈无〉高/低频

analizador de ~ 频率分析器

arrastre de ~ 频率牵引

cambiador de ~s 变频器[机]

combinación de altavoces de alta y baja ~ 高低音两用喇叭

constante de ~ 频率常数

corriente de alta ~ 高频率电流

distorsión de ~s 频率失真

distorsión en baja ~ 低频失真

duplicador de ~ 倍频器

gama de ~s 频率范围,频率档

máxima ~ utilizable 最高可用频率

mínima ~ útil 最低可用频率

relé de ~ 频率继电器

ultra alta ~ 超[特]高频

umbral de ~ 临界频率

frecuencímetro *m.* 频率计

fredí *m.*〈动〉(海里的)绿鱼

freemartin *f ingl.*〈动〉雌化牝犊

freeware *m. ingl.*〈信〉免费软件

freezer *m. Amér. L.* ①制冷器;冰[冷藏]箱;②冷藏车;冷藏室

fregués *m. Bol.* (分成制)橡胶园佃农

freibergita *f.*〈矿〉银黝铜矿

freidora *f.* (电)油炸锅

frejol; fréjol *m.*〈植〉菜豆

fremontita *f.*〈矿〉钠磷锂铝石

frenada *f.* (汽车)(急)刹车;制动

frenado *m.* 制动[止],刹车,施闸;控制

~ antibloqueo 防抱死制动

~ atmosférico〈航空〉大气制动

~ de recuperación(~ regenerador)(电力)再生制动

~ diferencial 差动制动

~ dinámico 动力制动

~ eléctrico 电力制动

~ magnético 电磁制动

~ reostático 电阻制动

dispositivo de ~ 制动器;制动[停机]装置

distancia de ~ 刹车后滑行距离

frenador *m.*〈机〉闸,刹车,制动器[装置]

frenaje *m.* 制动[止],刹车,施闸;控制

frenalgia *f.*〈医〉①膈痛;②精神性痛

frenectomía *f.*〈医〉膈切除术

frenero *m.* ①马具匠[商];②(火车上的)司闸员;③*Chil.* 生产[修理]制动器机师

frenesí *m.*〈医〉精神错乱

frenético,-ca *adj.*〈医〉精神病[错乱]的

freniatría *f.*〈医〉精神病学

frenicectomía *f.*〈医〉膈神经切除术

freniclasia *f.*〈医〉膈神经压轧术

frénico,-ca *adj.*〈解〉膈的

arteria ~a inferior/superior 膈下/上动脉

avulsión ~a 膈神经抽出术

nervio ~ 膈神经

neuralgia ~a 膈神经痛

frenicoarteria *f.*〈解〉膈动脉

frenicoexéresis *f.*〈医〉膈神经抽出术

frenicotomía *f.*〈医〉膈神经切断术

frenillo *m.* ①〈解〉系带;②(动物的)口套,口络;③〈海〉缆,绳索,短绳;④〈生理〉(舌系带问题造成的)言语缺陷

frenitis *f. inv.*〈医〉①膈炎;②脑炎

freno *m.* ①马勒[嚼子];衔铁;②〈机〉闸,刹车,制动器;③〈机〉(泵,制动)杆;④锁紧用钢丝;(火炮后坐力的)限制装置

~ a[en] las cuatro ruedas 四轮制动器

~ a vapor 蒸汽制动器,汽闸

~ al pie 脚踏闸,脚踏式制动器

~ aerodinámico 空气制动机[器];气[风]闸

~ antiderrapante 防滑制动器

~ automático 自动闸,自动制动器

~ auxiliar hidráulico 液压伺服刹车,液压制动器

~ continuo 连续制动器

~ de acción interna 内胀闸

~ de accionamiento mecánico 机械制动器

~ de aire 气[风]闸,空气制动机[器]

~ de aire comprimido 压缩空气刹车,气压制动器

~ de automóvil 汽车制动器

~ de auxilio[socorro, urgencia] 紧急刹车,紧急制动器

~ de cable 索闸,张索制动器

~ de cinta[collar, correa] 带闸,带式制动器

~ de contrapedal(~ pedal) 脚刹车

~ de corriente de Foucault 涡流制动器

~ de corrientes parásitas 涡流制动器

~ de cuerda 绳索制动器

~ de cuña[expansión] 胀闸

~ de disco 圆盘闸,圆盘制动器

~ de electroimán 电磁制动器

~ de[por,sobre] embrague 离合器制动器

~ de fricción 摩擦制动器,摩擦闸

~ de hélice 螺桨制动器

~ de mano 手闸,手制动器

~ de pie 脚踏闸,脚刹车

~ de picado 俯冲制动器

~ de seguridad 安全制动器

~ de solenoide 电磁(线圈)制动器,摩擦闸

~ de tambor 鼓形制动器

~ de zapata 闸瓦[蹄式]制动器

~ delantero/trasero 前/后刹车

~ eléctrico 电力制动器

~ electromagnético 电磁制动器

~ electroneumático 电动气动制动器

~ en V V形制动器

~ fiscal 财政拖累

~ hidráulico 液[水]力闸

~ hidroneumático 液压气动制动器

~ interior 内蹄制动器

~ magnético 电磁制动器

~ neumático 空气制动器,气闸

~ sobre llanta 轮缘刹车,轮缘作用制动器

~ sobre rueda 轮闸,车轮制动器

~s ABS 防抱死制动器

~s asistidos 动力制动器,机动闸

~s y contrapesos[equilibrios] 制衡制度(指国家权力分由不同机关或人员掌握,以相互制约,平衡权力)

aceite de ~ 刹车油

cable de ~ 制动拉索[软管]

cinta de ~ 闸[刹车]带

corona de ~ 制动器折合盘

fluido de ~ 刹车油,制动液

forro de ~ 闸衬[刹车]垫,制动衬带

guarnición de ~ 闸衬(片),制动[刹车]垫,制动衬带

líquido de ~s 制动液,刹车油

patín de ~ 闸瓦,刹车[制动]片

pedal del ~ 刹车踏板

polea de ~ 闸轮

portazapata del ~ 闸瓦托

segmento[zapata] de ~ 闸瓦,制动靴

válvula de ~ 制动阀

frenoclonia f. 〈医〉膈挛缩

frenocolopexia f. 〈医〉膈结肠固定术

frenodinia f. 〈医〉膈痛

frenogástrico,-ca adj. 〈医〉膈胃的

frenoglótico,-ca adj. 〈医〉膈声门的

frenoglotismo m. 〈医〉膈声门痉挛

frenógrafo m. 〈医〉膈动描记器

frenohepático,-ca adj. 〈医〉膈肝的

frenología f. 颅相学

frenológico,-ca adj. 颅相学的

frenólogo,-ga m. f. 颅相学者

frenoparálisis f. 〈医〉膈(肌)麻痹

frenopatía f. 〈医〉①精神病学;②精神变态

frenopático,-ca adj. 〈医〉精神病的;治疗精神病的 ‖ m. Méx. 精神病院

frenopericarditis f.inv. 〈医〉膈心包炎

frenoplegia f. 〈医〉精神病发作

frenoplejía f. 〈医〉①膈瘫痪;②精神功能缺失

frenoptosis f. 〈医〉膈下垂

frenosina f. 〈生化〉羟脑苷脂

frenosis f.inv. 〈医〉精神病

frenospasmo m. 〈医〉膈痉挛

frental adj. ①见 frontal ‖ m. Méx. (马笼头的)额带

frente f. ①〈解〉额,前额;脑门子;②(书信或书页上端的)眉[天]头,书眉;③(物体,建筑物等的)(正)面;④头,头部 ‖ m. ①前部[面];②〈气〉锋;③阵[战]线;前方;④〈军〉前线;(队伍的)前排[列];⑤〈矿〉工作面;(波)阵面⑥(连接棱堡等的)幕墙;⑦(钱币的)正面;⑧〈印〉(书的)第一页

~ cálido/frío 暖/冷锋

~ calor 暖锋

~ calzada 窄(小)额头

~ de arranque[trabajo] ①〈矿〉煤层采掘面;②〈军〉工作面(思想、理论得以实践的地方)

~ de batalla 〈军〉前[战]线;战斗[作战]正面

~ de derribo 〈矿〉(矿井)工作面

~ de fase 〈理〉相(位波)前

~ de llama 焰锋,焰前

~ de onda 〈理〉波前,波阵面

~ del oeste 西线

~ muerto 死[静]面

~ polar 〈气〉极锋

~ popular 人民阵线

~ unido 联合阵线;统一战线

salto de ~ 〈体〉向前跳水

frentero m. Amér. L. 〈矿〉在掌子面工作的矿工

frénulo m. ①〈解〉系带;②〈昆〉翅缰

~ del prepucio 〈解〉包皮系带

freo m. 海峡;水道

freón m. 〈化〉氟利昂,氟氯烷(用作冷却剂和推进剂)

nevera sin ～ 无氟冰箱

fresa *f.* ①〈植〉草莓(指植物或其果实)；*E-cuad.* 欧洲草莓；②〈机〉铣刀；钻；③〈医〉牙钻

～ angular 角铣刀；梅花钻

～ cilíndrica 圆柱形[三面刃]铣刀

～ circular 回转刀，圆盘刀具

～ con volante 飞刀，横旋转刀，高速切削刀

～ cónica 锥形钻(头)

～ cónica angular (斜)角铣刀，圆锥指形铣刀

～ de costado 侧面铣刀

～ de disco(～ de dos cara) 平侧两用铣刀，三面刃铣刀

～ de[para] escariar 镗孔刀

～ de espiga(～ en punta) 立[端]铣刀，(刻模)指铣刀

～ de fisura 裂隙牙钻

～ de forma 成形铣刀

～ de forma cóncava/convexa 凹/凸半圆成形铣刀

～ de fresadora cepilladora 平面铣刀

～ de perfil constante 铲齿铣刀；螺旋钻

～ de perfiliar(～ perfilada[perfiladora]) 成[定]形刀具

～ de planear 平(面)铣刀

～ de ranurar 铣槽刀具

～ de tres cortes 平侧两用铣刀，三面刃铣刀

～ en ángulo 角铣刀

～ espiral 螺旋铣刀

～ estriadora 槽[沟]铣刀

～ helicoide 涡轮铣刀

～ matriz 滚(铣)刀

～ para engranaje 齿轮铣刀

～ para filetear 螺纹铣刀

～ para retornear 铲齿铣刀

～ plana 端[平面]铣刀

～ plana de dos bordes cortantes 倒棱[角]工具

～ pudidora 磨光牙钻

matriz de ～ 刀坯

torno de ～ de copiar 仿形铣刀

fresabilidad *f.* 〈机〉(可)切削性，切削加工性，机械(切削)加工性能

fresable *adj.* 〈机〉可切削的

fresado,-da *adj.* ①〈机〉铣成的；②(周缘)滚花的 ‖ *m.* 〈机〉铣(削，齿，法)

fresador *m.* 铣工

fresadora *f.* 〈机〉(螺纹)铣床；(螺丝)车[磨]床

～ a mano 手动铣床

～ cepilladora 刨式铣床

～ copiadora 仿形[靠模]铣床

～ de banco 台式铣床

～ de columna 柱式铣床

～ de engranajes 滚齿铣[磨]床

～ de fabricación 生产型铣床

～ de grabar 刻模铣床

～ de perfilar 仿形[靠模]铣床

～ de reproducir 制锻模铣床，靠模铣床

～ de roscar[roscas] 螺纹铣[磨]床

～ horizontal/vertical 卧/立式铣床

～ múltiple 组合铣床

～ para trabajos generales(～ universal) 万能铣床

～ simple 普通铣床

fresal *m.* 草莓田

frescachón,-ona *adj.* ①(风)强劲的；②(气色)健康的；(显示)健康[壮]的 ‖ *m.* 〈海〉〈气〉疾风(七级风)

fresco,-ca *adj.* ①(空气等)清凉[新]的，(轻风、天气等)凉爽的，(风、天气等)冷(飕飕)的；②(风格、想法等)新颖的；③新鲜的；非冷藏的，未经烹饪的，未经腌制的；④(奶酪)未经加工贮存即准备食用的；⑤(漆)未干的；⑥(纺)(布料、衣服)轻薄的，凉爽的；⑦(水、饮料等)清凉的；冷的；⑧精力充沛的；气色好[健康]的；⑨(创伤、皮肤等)新的 ‖ *m.* ①清凉，凉爽；②(凉爽)清新的空气；③〈气〉强风(六级风)；④〈画〉湿壁画技法；⑤〈纺〉(做男式夏装用的)轻薄布料；⑥*Amér. L.* 冷饮；*Col. , Per. , Venez.* (无气泡的)水果饮料；充气饮料(如汽水、香槟酒等)

flores ～as 鲜花

jugador ～ 精力充沛的运动员

pintar al ～ 〈画〉作湿壁画

pintura al ～ 〈画〉湿壁画

"pintura ～a""油漆未干!"(提请注意的话语)

frescor *m.* ①(尤指夏季清晨和傍晚气温、空气等的)清新；凉爽；②清凉；新鲜(食品)；冰冻[镇](饮料)；③〈画〉肉色

fresera *f.* 〈植〉草莓

fresia *f.* 〈植〉小苍兰

fresnada *f.* 〈植〉白蜡树丛，桦(树)丛

fresnal *adj.* 〈植〉白蜡树的

fresneda *f.* ；**fresnedo** *m.* 〈植〉白蜡树林，桦(树)林

fresnel *m.* 〈理〉菲涅耳(频率单位，等于 10^{12} 赫兹)

fresnillo *m.* 〈植〉白鲜

fresno *m.* ①〈植〉白蜡树，桦；②桦木；*Col.* 〈植〉胡桃叶漆树

fresón *m*. 〈植〉(大)草莓(指植物或其果实)

fresquedal *m*. 四季常青(潮)湿地

fresquera *f*. ①食品橱;②冰箱;冷藏室

fresquilla *f*. 〈植〉(粉红色)蜜桃

fresquista *m*. 〈画〉湿壁画家

fresquito *m*. ①清凉;(微风的)凉爽;②(凉爽)清新的空气;③〈气〉清风(五级风)

frete *m*. 交织纹饰

freudismo *m*. 弗洛伊德(奥地利精神病学家)学说

freza *f*. ①(鱼)卵,子;②(鱼)产卵,产卵期;③(某些鱼产卵时在水底蹭出来的)排卵沟;④(蚕的)吃桑期;⑤(尤指牲畜的)粪,粪肥;⑥(野兽扒过的)痕迹,(拱的)坑

frezadero *m*. (鱼等的)产卵地

friabilidad *f*. 脆性,易碎性

friable *adj*. 脆的,易碎的;易成粉状的

frialdad *f*. ①冷,寒冷;②〈医〉(尤指女人)缺乏性欲,性冷淡

fricación *f*. 擦药法

fricción *f*. ①〈机〉摩擦;摩擦力;②摩(擦);③〈医〉按摩,推拿
　～ cinética/estática 动/静摩擦
　～ de deslizamiento 滑动摩擦
　～ de fluido 液体摩擦
　～ de rodamiento 滚动摩擦
　～ magnética 磁力摩擦
　～ pelicular 表面[皮]摩擦
　arrastre por ～ 摩擦传动装置[机构]
　coeficiente de ～ 摩擦系数
　embrague de ～ 摩擦离合器
　fuerza de ～ 摩擦力

friccional *adj*. 摩擦的,由摩擦而产生的

friedelita *f*. 〈矿〉红锰铁矿

friegaplatos *m. inv*. 〈机〉洗碗机

friera *f*. 〈医〉冻疮

frigana *f*.;**frígano** *m*. 〈昆〉石蛾

frigerativo,-va *adj*. 使冷却的;有冷却功能的

frigidaire *m. Amér. L*. 冰箱;冷藏[冻]室

frigidez *f*. 〈医〉(尤指女性的)性感缺失,性冷淡

frígido,-da *adj*. (尤指女人)性感缺失的,性寒的

frigo *m. Esp*. 冰箱;冷冻室

frigolábil *adj*. 不耐寒的;易受寒冷影响的

frigoría *f*. 千卡/时(冷冻率单位,略作 fg.)

frigorificación *f*. 制冷;冷冻[藏]

frigorífico,-ca *adj*. 冷却的,致[制]冷的;冷藏的 ‖ *m*. ①冰箱;冷藏库[室];②冷藏车[船];③*Cono S*. 肉类加工冷藏库
　almacén ～ 冷藏库
　aparato ～ 制冷器[机,装置];冷冻器[机]

　camión ～ 冷藏车
　instalación ～a (肉类)加工冷藏库
　máquina ～a 制冷机
　mezcla ～a 制冷[冷冻,冷凝]剂
　vagón ～ (火车)冷藏车

frigorífigo-congelador (*pl*. frigorífico-congeladores) *m*. 立式冷藏冷冻箱

frigorímetro *m*. 低温计,深冷温度计

frigorista *m. f*. ①制冷工程师;②冷藏库保管员

frigorización *f*. 冷藏[冻]
　～ industrial 工业冷藏

frigoterapia *f*. 〈医〉冷疗法

frijol; fríjol *m*. 〈植〉菜豆
　～ ayacote[ayocote] *Méx*. 红花菜豆
　～ colorado 菜[云,四季]豆
　～ de adorno *Salv*. 扁豆
　～ de café 咖啡豆
　～ de maíz *Salv*. 具爪豇豆
　～ de palo *Amér. C*. 木豆
　～ de soja 大豆
　～ grande del Perú *Amér. L*. 麻疯树
　～ guandus *Col*. 木豆
　～ iztagapa *Salv*. 金甲豆

frijolar *m*. ①菜豆田;②*Guat*. 〈植〉菜豆

frijolillo *m*. ①*Cub*.,*P. Rico* 〈植〉宽叶枪果豆;②*Méx*. 〈动〉美洲豹猫
　～ de la india *Amér. L*. 〈植〉一种扁豆属植物

frijolito *m*. 〈植〉小豆

frijón *m. Esp*. 〈植〉菜豆,四季豆

fringilago *m*. 〈鸟〉大山雀

fringílido,-da *adj*. 〈鸟〉雀科的 ‖ *m*. ①雀;②*pl*. 雀科

fringilino,-na *adj. Chil*. 〈鸟〉雀科的

fringilo *m. Chil*. 〈鸟〉雀
　～ chanchito 巴塔哥岭雀鹀
　～ plebeyo 灰胸岭雀鹀
　～ yal 黑岭雀鹀

frinina *f*. 〈药〉蟾毒,蟾蜍毒蛋白

frininismo *m*. 〈医〉蟾蜍中毒

frinoderma *m*.;**frinodermia** *f*. 〈医〉蟾皮病

frinolisina *f*. 〈生化〉〈医〉蟾溶素

frío,-ría *adj*. ①(气温、天气等)冷的,寒冷的;②热过后变凉的;冰冻的;③(光、色等)给人冷淡感的,冷的;冷色的;④(子弹等)失去效能的;⑤(头脑)冷静的;⑥(尤指女人)缺乏性欲的,性冷淡的;⑦(关系)疏远的;⑧*Amér. M*. 死的 ‖ *m*. ①冷,寒冷;低温;②寒冷感;③ *pl*. *Amér. C*.,*And*.,*Méx*. 〈医〉间歇热;疟疾

~ helado 冰[极]冷的

~ industrial 工业制冷

~ intenso ①极冷的;②严寒

~ polar ①北极严寒(气候);②严寒

absceso ~ 寒性脓肿

calenturas de ~ *Amér. L.* 间日热,间日疟

cátodo ~ 冷阴极

extruido en ~ 冷挤压的

extrusión en ~ 冷镦(粗),冷挤压

fuente ~a 冷源

gota ~a (钢铁上的)冷疤,白疗;(透明塑料体内的)斑瑕

laminado en ~ 冷轧的

laminador ~ 三辊轧机

prensa de enderezar en ~ 冷压机

friofrío *m. Cub.* 〈植〉双花山扁豆

friolento,-ta *Amér. L.*; **friolero,-ra** *adj.* 对冷敏感的

friorizado,-da *adj.* 〈技〉深度冷藏的

friorreceptor *m.* 〈生理〉冷觉感受器

friqui *m.* 〈体〉(足球比赛中的)任意球

frisa *f.* ①〈纺〉起绒粗呢;②*And., Cono S.* (织物表面的)绒毛;*Cono S.* (毛毯等的)绒毛;③*Cari.* 毛毯,毯子;④〈军〉(城墙与壕沟之间护堤的)斜桩;⑤〈海〉(缝隙的)垫皮[布]

frisado *m.* 〈纺〉卷毛丝绒

frisador,-ra *m. f.* 〈纺〉(呢面的)卷结整理工

friser *m. Col.* 冷藏箱,冰箱

friseta *f.* 〈纺〉毛绵混纺织物

friso *m.* ①〈建〉壁缘,饰带;②〈建〉(顶柱过梁与挑檐之间的)雕带;③〈海〉(舰舷墙肋之间的)距离

frisol; **frísol** *m.* 〈植〉菜豆,四季豆

frita *f.* 釉料

fritilaria *f.* ①〈植〉贝母;②〈昆〉豹文蝶,豹峡蝶

bulbo de ~ 贝母

fritura *f.* 〈讯〉噪[噼啪,嘶嘶]声;干扰

friura *f.* 〈医〉(由冻伤引起的)坏死组织,腐肉[痂]

frivolité *m.* 〈缝〉梭织(法);(手工)梭织花边

frízer *m. Cono S.* ①制冰淇淋的机器;②制冷器;冰[冷藏]箱

froga *f.* 〈建〉砖结构

fronda *f.* ①〈医〉四头绷带;②〈植〉(蕨类、棕榈类、苏铁类的)叶;③ *pl.* 〈植〉叶(总称),叶子(尤指生长的绿叶)

fronde *m.* 〈植〉(蕨类的)叶

frondelita *f.* 〈矿〉锰绿铁矿

frondífero,-ra *adj.* 〈植〉树叶茂盛的

frondosidad *f.* 〈植〉(枝叶)茂盛

frondoso,-sa *adj.* 〈植〉①叶茂的;多叶的;茂密的;②具叶的

frontal *adj.* ①〈解〉额的;额平面的;②前面[部]的;(位置)在前的;③开头的,起首的;④〈信〉前端的 ‖ *m.* ①〈解〉额骨;②〈建〉横[大]梁

arteria ~ 额动脉

ataque ~ 〈军〉正面进攻

hueso ~ 额骨

muñón ~ 端轴颈,端枢

músculo ~ 额肌

frontenis *m.* 〈体〉(起源于墨西哥、球场有三面围墙的)网拍回力球(运动)

frontera *f.* ①边[国]境;边界[疆];边境地区;②〈建〉(建筑物的)正面;(房屋的)主立面;③(土墙模板的)堵头板;④界限[线]

comercio en ~s 边境贸易

precio franco[libre] en ~ 边境交货价格

fronterizo,-za *adj.* ①边[国]境的;边[国]界的;边疆的;②接界[壤]的

comercio[tráfico] ~ 边境贸易

disputa ~a 边境争端

paso ~ 边境通道

frontis *m. inv.* 〈建〉(建筑物的)正面;(房屋的)主立面

frontispicio *m.* ①〈印〉(书籍等的)卷首插图,扉画;②〈建〉(建筑物的)正面;(房屋的)主立面;③〈建〉三角墙;④(门窗等上的)三角顶饰

frontofocómetro *m.* 〈光〉镜片额间距离测量仪

frontogénesis *f. inv.* 〈气〉锋生

frontogenético,-ca *adj.* 〈气〉锋生的

zona ~a 锋生区

frontolisis *f. inv.* 〈气〉锋消

frontología *f.* 〈气〉锋面学

frontón *m.* ①〈建〉三角墙,山花;三角梁;②〈建〉(壁炉、门窗等上的)三角楣饰,山花饰;③〈体〉回力球球场;(回力球场的)回球墙;④〈矿〉井下作业面;⑤(海岸的)陡壁

frontonasal *adj.* 〈解〉额鼻的

frontoparietal *adj.* 〈解〉额顶的

frontudo,-da *adj.* (动物)脑门大的

frotación *f.* ①摩擦;②〈机〉摩擦;摩擦力

frotado *m.* (摩)擦

frotador *adj.* 摩擦(用)的 ‖ *m.* (摩擦)缓冲器

frotadura *f.*; **frotamiento**; **frote** *m.* 摩擦

frotis *m. inv.* 〈医〉①(化验用的)涂片;②(显微镜)涂片(检查法)

~ cervical 宫颈涂片(检查法)

~ vaginal 阴道涂片(检查法)

ensayo de ～ 涂片试验

frottage *m. ingl.*〈画〉①擦印画法(将纸放在不平的有图形的表面上,通过擦印而拓取艺术图案的技法);②擦印画作品

fructífero,-ra *adj.*〈植〉结[产]果实的

fructificable *adj.*〈植〉能结[产]果实的

fructificación *f.* ①〈植〉结果实;②〈解〉〈医〉结实体,结实器官

fructificador,-ra *adj.*〈植〉结果实的

fructívoro,-ra *adj.*〈动〉食果的,以果实为食的

fructocinasa *f.*〈生化〉果糖激酶

fructofuranosa *f.*〈生化〉呋喃果糖

fructopiranosa *f.*〈生化〉吡喃果糖

fructosa *f.*〈化〉果糖;左旋糖
difostado de ～ 二磷酸果糖

fructosanas *f. pl.*〈化〉果聚糖

fructosido *m.*〈生化〉果糖苷

fructosuria *f.*〈医〉果糖尿(症)

fructovegetativo,-va *adj.*〈植〉果类植物的

frugal *adj.* ①节约[俭]的;②饮食有节制的

frugalidad *f.* ①节俭[省];②饮食节制

frugívoro,-ra *adj.*〈动〉食果的,以果实为食的 ‖ *m.* 食果动物

frumentario,-ria;frumenticio,-cia *adj.* 小麦的;谷类的

frunce *m.*〈缝〉皱[褶]裥

fruncido,-da *adj.*〈缝〉(布料)打褶的 ‖ *m.* 皱[褶]裥

fruncimiento *m.*〈缝〉皱[褶]裥

frústula *f.*〈植〉硅藻细胞壳

fruta *f.* ①〈植〉水果;② *Arg.*〈植〉杏; *Chil.*〈植〉西瓜;③ *Col.*〈医〉毛线虫病,旋毛虫病,囊尾蚴病
～ bomba *Cub.* 香木瓜
～ confitada 果脯,蜜饯
～ de burro *Col.* 巴杜山柑
～ de hueso 核果
～ de la pasión 西番莲子,鸡蛋果
～ de mono[murciélago] *Pan.* 宽叶婆婆茜
～ de pava *Amér.C.* 反卷紫金牛
～ de pitillo *Guat.* 菜豆鹿藿
～ de sartén 带(果)馅油炸面团
～ del dragón 火龙果
～ del tiempo 时鲜水果
～ en dulce ①果脯,蜜饯;②糖水水果;果酱[冻]
～ en reserva 水果罐头
～ escarchada 蜜饯果品,裹糖结晶蜜饯
～ pasa[seca] 干果
～s confitadas 果脯,蜜饯

frutaje *m.*〈画〉水果(鲜花)静物画

frutal *adj.*〈植〉结果实的,果树的;水果的 ‖ *m.* 果树
árbol ～ 果树

frutería *f.* ①水果店;②蔬菜水果店

frutero,-ra *adj.* (运,装)水果的 ‖ *m.* ①水果盒[篮],果盘;②〈画〉水果静物画
barco ～ 运水果船
plato ～ 水果盘

frutescente *adj.*〈植〉(近)灌木状的

frútice *m.*〈植〉多年生灌木

frutícola *adj.* 果树栽培[种植]的

fruticultor,-ra *m.f.* ①果树种植者,果农;②果树栽培家

fruticultura *f.* 果树栽培[种植]

frutilla *f.* ① *And.*, *Cono S.*〈植〉草莓(指植物或其果实);② *C. Rica*〈医〉毛线虫病,旋毛虫病;③ *Chil.*〈植〉一种悬钩子属植物

fruto *m.* ①〈植〉果实;②(土地的)出产;产物,成果;③得[利,收]益
～ carnoso 肉质果
～ cítrico 柑橘果
～ de bendición 婚生子女
～ del pan 面包果(树)
～ en especie 实物收益
～ indehiscente 闭果(指成熟时不开裂水果)
～ monospermo/polispermo 单/多种子果
～ múltiple 繁(花)果
～s del país *Amér. L.* 农产品
～s civiles〈法〉非劳动收入,非工资收入(如租金、银行利益利息等)
～s secos 干果

frutosidad *f.* 水果味

Fs *abr.* femtosegundo 毫微微秒

FSE *abr.* Fondo Social Europeo 欧洲社会基金会

FSH *abr. ingl.* follicle-stimulating hormone〈生化〉促卵泡激素

ftalato *m.*〈化〉酞酸盐[酯];邻苯二甲酸盐[酯]

ftalazina *f.*〈化〉酞嗪

ftaleína *f.*〈化〉酞

ftálico,-ca *adj.*〈化〉酞酸的;邻苯二甲酸的
ácido ～ 酞酸,邻苯二甲酸

ftalimida *f.*〈化〉酞酰[邻苯二甲酰]亚胺

ftalina *f.*〈化〉酞灵,二 R 甲基苯酸

ftalocianina *f.*〈化〉酞花青(染料),酞菁染料,苯二甲蓝染料

ftalonitrilo *m.*〈化〉酞腈,(邻)苯二甲腈

FTAM *abr. ingl.* File Transfer, Access and Management〈信〉文件传输访问和管理

ftanita *f.* 燧石

ftiocol *m.*〈生化〉结核菌茶醌(结核菌中的一种黄色色素)

ftiriasis *f. inv.*〈医〉虱病

ftísico,-ca *adj.*〈医〉(患)消耗病的;(患)痨病(尤指肺结核)的‖ *m. f.* 消耗病患者;痨病(尤指肺结核)患者

ftisiogénesis *f.*〈医〉痨病发生

ftisiología *f.*〈医〉痨[结核]病学

ftisiólogo,-ga *m. f.*〈医〉结核病学家

ftisiomanía *f.*〈心〉痨[结核]病妄想

ftisis *f.*〈医〉消耗病,痨病(尤指肺结核)

FTP *abr. ingl.* File Transfer Protocol〈信〉文件传送协议

fucáceo,-cea *adj.*〈植〉马尾藻科的‖ *m.* ①马尾藻科植物②*pl.* 马尾藻科

fucales *f. pl.*〈植〉岩藻目

fucilazo *m.* 片状电闪

fucívoro,-ra *adj.*〈动〉食藻的(动物)

fuco *m.*〈植〉墨角藻,岩[石生]藻

fucofíceas *f. pl.*〈植〉岩藻纲

fucoideo,-dea *adj.*(似)海[岩]藻的;具有海藻特征的‖ *f. pl.*〈植〉墨角藻状海藻

fucoidina *f.*〈生化〉岩藻多糖

fucosa *f.*〈生化〉海[岩,墨角]藻糖

fucosana *f.*〈生化〉岩藻聚糖

fucoxantina *f.*〈生化〉墨角藻黄素,岩藻黄素

fucsia *f.*〈植〉倒挂金钟属植物‖ *adj.* 紫红色的‖ *m.* 紫红色

fucsina *f.*〈化〉品红,洋红
~ básica 碱性品红

fucsinófilo,-la *adj.*〈生〉亲品红的

fucsita *f.*〈矿〉铬云母

fucumán *m. Venez.*〈植〉一种棕榈

fucuo *m.*〈植〉墨角藻,岩[石生]藻

fuego *m.* ①火;火焰;②*pl.* 烟[焰]火;③失火,火灾;④点火物(如火柴,打火机);⑤〈军〉射击;炮火,火力;⑥〈医〉(体内的)灼热感;疹(子);⑦*Méx., Chil., Col.* 唇疱疹,嘴边疱疹;⑧(炉灶上的)煤气头;⑨〈海〉信号浮标,烟火信号;⑩灯塔;⑪住户[宅],人家;⑫〈兽医〉烧灼疗法,烫烙
~ a discreción 全面进攻
~ antiaéreo[artillero]〈军〉炮火
~ cruzado〈军〉交叉火力
~ de andanada〈军〉舷侧炮火
~ de artificio(~s artificiales) ①焰[烟]火;②〈军〉烟火信号弹
~ de campamento 篝火,萤火
~ de mortero〈军〉迫击炮火
~ de Santelmo〈海〉(暴风雨中出现的)桅头电光,无电光球
~ del hígado(由于生肝病出现在脸上的)红斑

~ fatuo 鬼火,磷火
~ fijo〈海〉固定光,(船的)固定舷窗
~ graneado〈军〉(快速)持续射击
~ incendiario 燃烧性轰击;火攻
~ intencional 故意放火,纵火
~ loco *Chil.* 桅头电光
~ nutrido〈军〉密集炮火;(快速)持续射击
~ pérsico〈医〉带状疱疹
~ por descarga〈军〉群射
~ potencial〈医〉腐蚀剂,苛性药
~ real〈军〉实弹射击
~s sofocados(高炉)压[封]火
a prueba de ~ 耐[防]火(的)
armas de ~ 火器,枪炮
entre dos ~s 遭到两面夹攻
pérdida al ~〈化〉烧损
retardador de ~(涂料)阻燃剂

fueguear *tr. Amér. C.* 点燃,使燃烧

fuel; fuel-oil *m. ingl.* 燃(料)油

fuelle *m.* ①(折式)风箱;②(风箱的)风袋[囊];(钱袋、手提箱等内的)衬料;③(照相机的)皮腔,折箱;(公文包等的)折叠部分;④(风笛的)鼓风皮袋;⑤(汽车的)折叠式车篷;(火车、公共汽车等铰接部的)折棚;⑥(肺囊的一次)呼吸(能力);⑦*Amér. L.*〈解〉肺
~ de piel 脚踏泵;脚定位手泵
~ magnético 磁灭弧器,(磁力)熄弧器
~ quitasol 风[遮阳]帽
pez ~ 长吻鱼,鹭管鱼
respiradero de ~ 防洪[挡潮]闸(门);泄洪闸门

fuelóleo *m.* 燃(料)油

fuente *f.* ①泉;喷泉;②〈建〉喷泉;喷水池;③根[起]源;源头;④来源;(作者用作参考资料的)文件;⑤〈电〉电源;⑥〈信〉源;⑦〈印〉(同样大小和式样的)一副铅字;⑧〈信〉字体;⑨〈医〉(排脓、血的)切口;⑩*Cub., Méx.* 胎[胞]衣
~ artesiana 自流泉
~ de abastecimiento[sumistro] 供应来源
~ de (agua) minenal 矿泉
~ de alimentación〈电〉〈信〉电源
~ de beber (设于公共场所的)喷泉式饮水器
~ de datos 数据源
~ de energía ininterrumpida 不间断电源
~ de hornear[horno] 耐热盘
~ de infección 传染源
~ de información 情报[信息]来源
~ de ingresos 收入来源
~ de río 河流发源地

~ de soda *Amér. L.* (装有水龙头的)汽水桶;冷饮柜

~ del documento 文本(资)源

~ inmodificable 固有[内部]字体

~ interna 内部[驻留]字体

~ luminosa 光源

~ mineral 矿泉

~ proporcional 非等宽字体,均衡字体,比例字

~ reajustable 矢量字(体),可缩放字体

~ termal 温泉

~ traspasable 可下载字体

pluma ~ 自来水笔

salvelino de ~ 〈动〉溪斑鲑

fuera *adv.* ①外面;在…之外;②向外(面);在外(面);③外地;外国

~ de aplomo 不垂直

~ de banda 〈体〉界外(的),出界(的)

~ de bordo 船[舷]外(的);向船[舷]外(的)

~ de causa 〈法〉不相关的

~ de centro 离开中心,偏心

~ de circuito 断路状态[位置]

~ de combate 失去战斗力(的)

~ de duda 毫无疑问(的)

~ de estación 不合时令[季节]的;不适时的

~ de fase 异[反]相的,不同相的

~ de juego 〈体〉(足球比赛的)越位

~ de la plantilla 编外

~ de la vía 出轨

~ de lo normal 超过常规(的),不一般(的)

~ de lógica 不合逻辑(的)

~ de lugar ①不合时宜(的);②*Amér. L.*〈体〉(足球比赛的)越位

~ de moda 过时(的),不合时尚(的)

~ de propósito 离[不切]题(的)

~ de registro 未登记(的)

~ de servicio 报废(的)

~ de uso 已不用(的)

~ del lugar 场外

longitud de ~ a ~ 总[全]长(度)

fuera-borda *m. inv.* 见 fueraborda

fueraborda; fuerabordo *m. inv.* ①舷外发动机;②装有舷外发动机的船

fuerista *adj.* 〈法〉法学[典]的 ‖ *m. f.* 地方特权法学家

fuero *m.* ①地方法典;②特权,豁免;③〈法〉司法权,裁[审]判权;管辖权

~ del trabajo 劳动法

~ exterior[externo] 法庭

a ~ 据[依]法

fuerte *adj.* ①强壮[健]的;健全的;②结实的;坚[牢]固的;(金属等)坚硬的;③坚强的;(强)有力的;④(风等)猛[强]烈的;(光线等)强烈的;⑤(疼痛等)剧烈的;(辩论等)激烈的;(情感、愿望等)强烈的;⑥过度的;(声音等)响亮的;⑦(酒等)烈性的;(药物等)高效的;⑧(色、味)浓的;(气味等)浓烈[重]的;⑨〈经〉(货币、经济等)坚挺的;⑩(损失等)巨[重]大的;(危机等)严重的;(增长、下降等)急剧的;⑪(资金等)大量的,可观的;⑫(地面)高低不平的;难行的 ‖ *m.* ①〈军〉堡垒,要塞;②高潮[峰];③擅长,长处;强项;④〈乐〉强音

~ baja (物价等)暴跌

~ hemorragia 大出血

adversario ~ 劲敌

caja[cofre] ~ 保险箱

capital ~ 雄厚资金

ciudad ~ 设防城市

gastos ~s 大量开支

moneda ~ 硬通货

pérdidas ~s 重大损失

viento ~ 强风

fuerza *f.* ①(肉体上的)力量[气],体力;②(精神上的)力量,能[活,魄]力;③〈法〉(法律、条约等)效[约束]力;④承受力;⑤武[暴]力;⑥〈法〉暴力行为;⑦〈电〉电(力);势;⑧〈理〉力,(力的)强度;(风)力;⑨〈机〉(承载)压力;功率;⑩〈军〉队伍;兵力,军队;*pl.* 军事力量;⑪〈军〉要塞,据点;⑫说服[感染]力;支配力

~ aceleratriz 加速力

~ adhesiva 黏着力

~ animal 畜力

~ ascensional ①〈航空〉升[上升,提升]力;②浮力;举力

~ axial 轴心力

~ bruta 蛮力

~ centrífuga/centrípeta 离/向心力

~ coercitiva 〈电〉矫顽(磁)力

~ cohesiva(~ de cohesión) 聚[黏]合力

~ contraelectromotriz 〈电〉反[逆]电动势

~ cortante 剪[切]力,剪(切)应力

~ de acción 作用力

~ de agua (可用以发电等的)水力[能]

~ de apoyo 后备力量

~ de arrastre 拉[拖]力

~ de brazos 人力

~ de choque 〈军〉打击力量;突击部队

~ de cizallamiento 剪[切]力,剪(切)应力

~ de Coriolis 〈理〉科里奥利力(在转动系统中出现的惯性力之一,如地球的自转偏向力)

~ de disuasión(~ disuasoria) 威慑力量

~ de flotación 浮力

~ de fricción 摩擦力

~ de gravedad 〈理〉重力;地心吸力;(万有)引力

~ de inercia 〈理〉惯性力

~ de intervención rápida 快速干预力量

~ de la marea 潮力

~ de las señales (雷达)信号发射强度

~ de pacificación 维和部队

~ de sangre 畜力

~ de sustentación 〈航空〉升[上升,提升]力

~ de tareas ①〈军〉特遣部队;特混舰队;②特别工作组

~ de torsión(~ torsional)〈理〉扭力

~ de trabajo(~ laboral)劳[劳动]力;劳动人口

~ de tracción 拉[张]力

~ de tracción al gancho 拉杆牵[拉]力,(挂钩处的)牵引力

~ de vapor 蒸汽动力

~ de ventas 销售队伍

~ de voluntad 意志力,毅力

~ del frenado 制动(作用)力

~ del viento 风力

~ efectiva 有效力,实际功率

~ eficaz 有效力

~ elástica 弹性力,弹力

~ eléctrica 电力

~ electromotiva[electromotriz]〈电〉电动势

~ expedicionaria 远征队

~ exterior[externa] 外力

~ giratoria 转动力

~ hidráulica 水力

~ interior[interna] 内力

~ irresistible[mayor]〈法〉不可抗力(如战争、自然灾害等)

~ legal 法律效[约束]力

~ magnética 磁力

~ magnetomotriz 〈电〉磁动[通]势

~ mecánica 机械力

~ motriz 原动力;驱[推]动力

~ multiplicada 放大(功)率,倍率

~ nuclear 〈理〉核力

~ portadora[portante]〈机〉承(载)压力;负荷[支撑]能力

~ propulsora 推进力

~ pública 警察部门[机关];维持和平部队

~ reactiva 反作用力

~ repulsiva 〈理〉推斥力

~ retardatriz 减速力

~ sustentadora ①〈航空〉升[上升,提升]力;②〈机〉承(载);负荷[支撑]能力

~ tangencial 切向力

~ tensorial 张量力

~ termoelectromotriz 〈电〉热电动势

~ vital (被认为产生生命体的机能和活动的)生命力;活力

~ viva 〈理〉动能

~ aérea(~s de aire) 空军

~s aliadas 联合部队

~s armadas 武装部队

~s combativas 战斗力

~s de seguridad 治安部队

~s de tierra(~s terrestres) 陆军

~s del orden (público) 治安部队

~s navales (~s de mar) 海军

~s productivas 〈经〉生产力

~s vivas 有生力量

componente de ~ 分力

composición de ~ 力的合成

polígono de ~ 〈数〉力多边形

resultante de ~ 合力

toma de ~ 动力输出(轴)

triángulo de ~ 〈数〉力三角形

fuga f. ①逃避[跑,脱,走];②漏(磁,电);③(气体、液体等的)漏泄,逃逸;④(资金等的)抽[外]逃;⑤〈乐〉赋格曲;⑥〈心〉神游(症);⑦Col.(鱼)大量回游;⑧ P. Rico〈医〉癫[躁]狂症,怪癖,癖好

~ a tierra 通地漏泄

~ de capitales 资本外逃

~ de cerebros 人才外流[流失]

~ de divisas 逃汇

~ de gas 煤气泄漏,漏气

~ de la cárcel 越狱

~ de domicilio 离家出走;私奔

~ magnética 磁漏

fugacidad f. (物质的)挥发性,发散性

fugato m. ital.〈乐〉赋格段;赋格风乐曲

fugaz adj. ①短暂的,瞬息间的,飞逝的;②〈植〉先[早]落的(指过早落叶、落花等);③(物质)易挥发的

estrella ~ 流星

fuina f.〈动〉貂

fuína m. Salv.〈动〉负鼠

fulbito m. ①〈体〉(室内)五人制足球(运动);②Amér. L. 桌式足球(运动)

fulcro m. ①(杠杆的)支点;支架[座],(托)轴架;②〈动〉支点;喙基骨;转节;舌骨;棘状鳞

fulcronógrafo m. 闪电(电流特性)记录器

fulguración *f*. ①发[闪]光;闪耀;②〈医〉电灼疗法;③〈医〉雷电击伤,闪电状感觉;④〈天〉耀斑

fulgurador *m*. 火焰闪烁器

fulgurita *f*. 〈地〉闪电熔岩[石]

fulgurómetro *m*. 闪电测量仪

fúlica *f*. 〈鸟〉白骨顶(鸡)

fuligo *m*. ①烟(炱,子);②舌苔;③黏菌

fullback *m*. *Arg*. 〈体〉(足球等运动的)防守后卫

fulmar *m*. 〈鸟〉风暴鹱;南极大鹱

fulmicotón *m*. ①〈化〉硝棉;②〈军〉强棉药,火(药)棉

fulminante *adj*. ①爆炸的,起爆的;雷爆的;②(疾病)暴[突]发(性)的 ‖ *m*. ①〈军〉雷管;起爆器;②起爆剂;爆炸物;③*Cub*.〈植〉双花芦莉草

anoxia ~ 暴发性缺氧
apendicitis ~ 暴发性阑尾炎
cápsula ~ 〈军〉火帽,雷管
cólera ~ 暴发性霍乱
forma ~ 暴发型
gangrena ~ 暴发性坏疽
glaucoma ~ 暴发性青光眼
golpe ~ 沉重打击
hepatitis ~ 暴发性肝炎,急性重症肝炎
infección ~ 暴发性感染
mercurio ~ 雷汞
oro ~ 雷爆金
púrpura ~ 暴发性紫癜
tiro ~ 〈体〉(足球运动中的)快射
viruela ~ 暴发性天花

fulminato *m*. ①〈化〉雷酸盐;②烈性炸药
~ de mercurio 雷粉,雷(酸)汞

fulmínico,-ca *adj*. 爆炸的
ácido ~ 〈化〉雷酸

fulveno *m*. 〈化〉富烯

fumagilina *f*. 〈生〉〈药〉烟曲霉素

fumagina *f*. 〈生〉烟霉

fumante *adj*. 冒[发]烟的,烟化的
ácido ~ 发烟酸
ácido nítrico ~ 发烟硝酸

fumarasa *f*. 〈生化〉延胡索酸酶

fumarato *m*. 〈化〉延胡索酸盐[酯]

fumarel *m*. 〈鸟〉燕鸥

fumariáceo,-cea *adj*. 〈植〉紫堇科的 ‖ *f*.
①紫堇;②*pl*. 紫堇科

fumárico,-ca *adj*. 见 ácido ~
ácido ~ 〈化〉延胡索酸,富马酸

fumarola *f*. 〈地〉(火山区的)喷气孔,气孔

fumífugo,-ga *adj*. 驱[消]烟的

fumigación *f*. ①熏蒸(法),烟熏(法);②熏仓;③〈农〉作物喷粉(尤指用飞机向作物撒粉状的杀虫剂或杀菌剂)

fumigador,-ra *adj*. 烟熏的;喷洒农药的 ‖ *m. f*. (实施)烟熏者,(实施)熏蒸者 ‖ *m*. 烟熏[熏蒸]器;熏蒸消毒器

fumigante *m*. (杀虫、消毒用)熏蒸剂;熏剂

fumigar *tr*. ①〈环〉(为杀虫、消毒)烟熏,熏蒸;②〈农〉撒(粉),(把粉)撒于;向…喷射(杀虫剂等)

fumígeno,-na *adj*. 发[冒,生]烟的
bomba[granada] ~a 发烟(炸)弹,烟幕弹

fumívoro,-ra *adj*. 无烟的(炉灶,烟道);消烟的

fumulus *m*. 〈气〉缩状云

funambulismo *m*. (杂技演员等表演的)走钢丝,走绷索

funambulista; funámbulo,-la *m. f*. ①走钢丝演员;②绷索舞蹈演员

funariales *m. pl*. 〈植〉葫芦藓目

funboard *m. ingl*. 快速帆板,快速风帆冲浪板

función *f*. ①作用;(机器等的)功能;(工作)性能;用途;②(肌体、器官等的)官[功,机]能;③职能[务];*pl*. 职责;④〈数〉函数;⑤表演,演出;展(出,览);⑥〈信〉(计算机的任何基本)功能;⑦〈军〉战斗;⑧〈化〉特性
~ aditiva 加性函数
~ algébrica 代数函数
~ analítica 解析函数
~ armónica 调和函数
~ benéfica 义演
~ circular 圆[三角]函数
~ cóncava 凹函数
~ convexa 凸函数
~ continua ①连续函数;②*Amér. L*. 连续演出
~ continuada *Cono S*. 连续演出
~ cuadrática 二次函数
~ de administración 管理职能
~ de densidad (概率)密度函数
~ de despedida 告别演出
~ de estado 〈理〉状态函数
~ de Gibbs 〈理〉(美国理论物理学家)吉布斯函数
~ de Helmholtz 〈理〉(德国物理学家)亥姆霍兹函数
~ de liquidez 周转功能
~ de noche 夜场演出
~ de onda 波函数
~ de partición 划分函数
~ de probabilidad 概率函数
~ de proporcionalidad directa/inversa 正/反比例函数

~ de tarde 午场演出

~ de transferencia 传递[转换]函数

~ de transferencia con bucle 环路传递函数

~ de transferencia regresiva 返回传递函数

~ del hígado 肝功能

~ delta δ 函数

~ entera 整函数

~ escalar 纯量函数

~ explícita/implícita 显/隐函数

~ exponencial 指数函数

~ hiperbólica 双曲函数

~ inversa 反函数

~ irracional/racional 无/有理函数

~ lineal 线性函数

~ logarítmica 对数函数

~ monótona 单调函数

~ objetivo 目标函数

~ perceptiva 感知功能

~ periódica 周期函数

~ real 实函数

~ recíproca 逆函数

~ recurrente 递归函数

~ secundaria （马戏等演出中的）穿插表演

~ senoidal 正弦函数

~ (de) trabajo 功函数

~ trigonométrica ①圆[三角]函数；②反圆[三角]函数

~ vegetativa 营养机能

examen de la ~ nasal 鼻功能检查(法)

funcional *adj*. ①(肌体、器官等的)官[功,机]能的；②功能(性)的；有功能的；在起作用的；③职能的；职务(上)的；④(房子、设计等)实用的；⑤〈数〉函数的 ‖ *m*. 〈数〉泛函

~ lineal 线性泛函

analfabetismo ~ (尤指未受满六年初级教育的)半文盲

análisis ~ 泛函分析

anesia ~ 功能性失语(症)

arquitectura ~ (以使用为主、美观为次的)实用建筑

cálculo ~ 〈逻〉〈数〉命题函数演算

desorden ~ 〈医〉机能紊乱,功能障碍

diagrama ~ 功能图,工作原理图

enfermedad ~ 功[官,机]能病

espacio ~ 函数空间

grupo ~ 〈化〉官[功]能团

memoria~ 功能存储器

funcionalidad *f*. ①实用；*Amér. L.* 实用性；②〈知〉功能性；③〈化〉官能度

funcionalismo *m*. ①〈建〉功能主义建筑；实用建筑主义；②功[机]能主义(强调实用性或功能关系的学说或实践)

funcionalista *adj*. 〈建〉实用主义的；功[机]能主义的 ‖ *m. f.* 〈建〉实用主义者

funcionamiento *m*. ①(机器等)运转[行]；工作；②行使职能；③作用,功能；④运算,操作

~ del vapor 蒸汽带[驱]动

~ en dúplex 〈讯〉双工运行

~ en paralelo 并行操作[运算]

~ en vacío 空转

~ intermitente 间歇运行

~ irregular 异[反]常运行

~ normal 正常运行

~ seguro 安全运转[行]

margen de ~ 工作[作用,运转]范围

seguridad de ~ 工作[运行]可靠[安全]性

funcionariado *m*. 〈集〉(政府机关等的)工作人员,官员；公务员

funcionario,-ria *m. f.* ①(尤指政党、政府机关等的)工作人员,官员；公务员；②(公司、银行等的高级)职员

~ aduanero 海关官员

~ de banco 银行(高级)职员

~ de compañía 公司(高级)职员

~ de intervención 税务官；税务员

~ de línea 生产线经理

~ de policía 警察,警官

~ de prisioneros(~ penitenciario) 狱警

~ directivo 高级官员

~ fiscal[liquidador] 税务官

~ público 文职官员,公务员

functor *m*. 〈数〉函子

funda *f*. ①覆盖物；套(子),罩(子),盒；②(外,机)壳

~ de almohada 枕(头)套

~ de edredón 被套

~ de gafas 眼镜盒

~ de pistola (手)枪套

~ protector del disco 磁盘套

~ sobaquera 腋下手枪套

fundación *f*. ①建[创]立,创办[建]；②底[基]座；基础；③〈建〉地基[脚]；④基金会

~ benéfica 慈善基金会

~ corrida 连续底座

~ ensanchada 扩展基础[底座]

~ escalonada 阶式底座,阶形基础

~ sobre enrejado 格排基础

~ sobre pilares 桩基(础)

fundamental *adj*. ①基础的，根[基]本的；②起源的；③主[重]要的；④〈理〉基频的；基波的；⑤〈乐〉基[根]音的

ley ~ 根本法(尤指宪法)；基本法

línea ~ 基本(点阵)线

longitud de onda ~ 基波波长

nota ~〈乐〉根音

oscilación ~ 基波振荡

piedra ~ 基石

supresión ~ 基频抑制

tono ~〈乐〉基音

fundamento *m.* ①基础;②〈建〉地基[脚];③〈纺〉纬;纬纱[线];④ *pl.* (某一学科或艺术的)基础,基本原理[原则];⑤(公司等的)可靠性

fundente *adj.* ①〈冶〉助熔的;熔化的;②〈化〉溶解的;有溶解力的‖ *m.* ①〈化〉(助)熔剂;焊剂;②〈冶〉(金属的)熔化;助熔剂;③〈医〉(瘤的)溶剂

~ decapante para soldar 焊剂[料]

fundería *f.* ①铸造;②铸造厂[车间];③(玻璃的)熔制;(玻璃)熔制车间

~ de acero 铸钢厂[车间]

~ de hierro 铸铁厂[车间]

coque de ~ 铸造(用)焦炭,冲天炉焦(炭)

fundible *adj.* ①可熔化的,易熔的;②可铸造的

fundición *f.* ①(矿物、金属等的)熔化[炼];(金银珠宝、金属器物等的)熔化;熔毁;(在铸模中)浇铸,铸造;②铸造厂[车间];③〈生〉铁;④〈印〉(同样大小和式样的)一副铅字;⑤*Chil.*(发动机因温度过高而)烧[损]坏

~ afinada 精炼生[熟]铁

~ aleada 合金铸铁,铸铁合金

~ blanca 白(铸)铁,白口铸铁,白口(生)铁

~ bruta 生[铸]铁

~ colada al descubierto 明浇(铸造),地面浇铸

~ de acero 炼钢厂,钢铁厂

~ de afino 锻冶生铁

~ de aire caliente 热风高炉生铁

~ de moldeo(~ moldeada) 浇铸生铁,铸锭

~ de viento frío 冷风生铁

~ dúctil 延[韧]性铸铁

~ dura 硬生[铸]铁

~ en cáscara[coquilla] 冷(硬)铸(造)

~ endurecida 冷硬[冷淬]铁,激冷[冷硬]铸铁

~ fundida al aire[descubierto] 明浇(铸造),露天[地面]浇铸

~ gris 灰铸铁,灰口铁

~ hecha en molde abierto 开放型浇铸,敞开式铸造,明浇

~ líquida 铁[钢]水

~ maleable 韧性铸铁,锻铁

~ negra 黑铸铁

~ nodular 球状铸铁

~ templada (淬火)冷硬铁

~ veteada 带铁

chatarras de ~ 废铁,熔渣

cuchara de ~ 铁水包,浇铸包,(浇)铸勺

fundido,-da *adj.* ①(金属、钢铁等)熔化的;熔融的;铸造的,浇铸的;②(蜡、奶酪等)融化的;③(灯泡等)烧坏的;(炸)成碎片的;④*Amér. L.* 破产的‖ *m.* ①铸造(塑像);模制艺术品;②〈影〉(画面的)淡入[出];(电视画面的)时明时暗;③熔化;④见 ~ nuclear

~ a blanco〈电影〉(画面)渐显白色

~ a[en] negro〈电影〉(画面)渐显黑色

~ de cierre〈电影〉(画面的)淡出

~ en arena 砂铸,翻砂

~ encadenado (电影、电视画面的)叠化,淡入淡出

~ nuclear〈技〉核熔毁(核反应堆突发事故的特点)

acero ~ 铸钢

fundidor,-ra *m. f.* ①熔[冶]炼者;(车间、工厂里的)铸(造)工,翻砂工;②铸字工‖ **~a** *f.* ①浇铸机;铸(造)机;②〈印〉铸字机;③铸造厂[车间]

~ de mineral 熔铸工(人),冶炼者

~a a presión 压[模]铸机

~a mecánica de caracteres 铸字机

máquina ~a de tipos 铸字机

fundillo *m. Amér. L.*〈电影〉(画面的)淡出[人];渐显[隐]

fundo *m. Per., Chil.* 庄园;〈法〉地[田]产

fundus *m.*〈解〉(胃、眼、膀胱、子宫等的)底;基底

funduscopio *m.*〈医〉眼底镜

fune *m. Col.*〈植〉有毛花药

fungible *adj.* ①消[损]耗的;②〈法〉可代替的;可互[调]换的

bienes ~s 消[易]耗品;易腐烂食物(尤指鱼、食品、水果等)

fungicida *adj.*〈生化〉杀真菌的‖ *m.* 杀真菌剂

fungicidina *f.*〈生化〉杀[制]真菌素

fungiforme *adj.* 真菌状的;蘑菇状的

fungistasis *f.*〈生化〉抑真菌作用

fungistático,-ca *adj.*〈生化〉抑制真菌的‖ *m.* 抑真菌剂

fungistoxicidad *f.* 真菌毒性

fungívoro,-ra *adj.*〈昆〉食真菌的

fungo *m.* ①〈医〉海绵肿;②〈植〉真菌;真菌类植物

fungoideo,-dea *adj.* ①真菌状的,似真菌的;

真菌覆盖的;②〈医〉蕈状[样]的

fungosidad *f.*〈医〉蕈状赘肉

fungoso,-sa *adj.* ①真菌的;真菌样的;②海绵质的

funguicida *m.*〈生化〉杀真菌剂

fúnico,-ca *adj.*〈解〉①索的;②脐带的

funicular *adj.* ①索状[带]的;②用缆[绳]索牵引[运转]的‖ *m.*〈交〉①缆索铁路;(用缆索牵引车辆的)登山铁道;索道;②(电动)缆车,索车

~ aéreo 架空索道

~ de cable 电缆(登山)铁道

ferrocarril ~ 缆索铁路

funiculitis *f. inv.*〈医〉①精索炎;②脊神经根炎

funículo *m.* ①〈植〉珠柄;菌丝索;②〈解〉索;脐带;精索;索节;白索

funiculopexia *f.*〈医〉精索固定术

funiforme *adj.*〈解〉〈医〉索状的

FUPAD *abr.* Fundación Panamericana de Desarrollo 泛美发展基金会

furacilina *f.*〈药〉呋喃西林

furadantina *f.*〈药〉呋喃丹啶

furano *m.*〈化〉呋喃

furanosa *f.*〈化〉呋喃糖,五环糖

furanósido *m.*〈化〉呋喃糖苷,呋喃配糖物

furantoina *f.*〈药〉呋喃妥英

furazolidona *f.*〈药〉呋喃唑酮,痢特灵

furca *f.*〈动〉弹器

furcado,-da *adj.* 分叉的;叉状的

furcal *adj.*〈解〉叉状的;分[有]叉的

fúrcula *f.* (鸟的)锁[叉]骨

furcular *adj.* 叉状的

furfur *m.*〈医〉(糠状)头皮屑;皮肤屑

furfuráceo,-cea *adj.* 糠状的;皮肤屑似的

furfuradehído; furfural *m.*〈化〉糖醛,呋喃甲醛

furfurano *m.*〈化〉呋喃

furfurilo *m.*〈化〉糠基

furgón *m.* ①有篷载重汽车;货运汽车;②(铁路上用的)货车车厢;③〈军〉辎重车

~ acorazado[blindado] 装甲车

~ celular[policial] 囚车

~ de cola (货车的)守车

~ de equipaje (铁路上用)行李车

~ de mudanzas 搬场[运]车

~ de reparto 运货车

~ funerario 灵[柩]车

~ guardafrenos (铁路上用)司闸车,缓急车

~ nevera 冷藏车

~ postal 邮车

furgonada *f.* 货车载荷(量)

furgoneta *f.* ①厢式[轻型]货车;②旅行车,客货两用轿车

~ de reparto 送货车

~ familiar 家庭旅行车

furnia *f. Antill.* 天然排水沟

furor *m.* ①狂[暴]怒;②狂热;(暂时的)疯狂

~ uterino〈心〉慕男狂,女性色情狂

furosemida *f.*〈药〉利尿磺胺,速尿灵

furriel; furrier *m.*〈军〉军需官

furuncular *adj.*〈医〉疖的

furúnculo *m.*〈医〉疖

furunculosis *f. inv.*〈医〉疖病

fusa *f.*〈乐〉三十二分音符

fusado,-da *adj.* 有菱形纹饰的

fusán *m.*〈地〉丝炭,乌煤

fusca *f.*〈鸟〉黑番鸭

fuscina *f.*〈化〉暗褐霉素

fuselación *f.* 流线型化

fuselado,-da *adj.* ①流线型的;流线的;② *Amér. L.* 纺锤[流线]型的‖ *m.*〈航空〉整流罩,成流线型

fuselaje *m.* ①〈航空〉机身;②车身

~ monocasco ①〈航空〉硬壳式机身;②单壳体车身

de ~ ancho (大型喷气式飞机)机身宽大的;宽体飞机的

fuseno *m.*〈地〉丝炭,乌煤

fusia *f. Amér. L.*〈植〉倒挂金钟

fusibilidad *f.* (可,易)熔性;熔度

fusible *adj.* 易熔的;可熔化的‖ *m.*〈电〉熔丝[线],保险丝;熔断器

~ con alarma 报警熔丝,弹簧保安器

~ de seguridad 保险丝,安全熔线

~ de tapón 插头熔线

~ renovable 再用保险丝

arandela ~ 熔丝塞子

cartucho de ~ 熔丝盒

mental ~ 易熔金属

plomo ~ 安全熔线,保险丝

fusiforme *adj.* ①〈生〉梭形[状]的;纺锤状的;②纺锤[流线]型的

célula ~ 梭形细胞

figura ~ 纺锤形图案

músculo ~ 梭状肌

fusil *m.*〈军〉枪,步枪

~ ametrallador 冲锋枪

~ automático 自动步枪

~ de aguja 撞[击]针枪

~ de aire comprimido 气枪

~ de asalto 突击步枪

~ de cañón rayado 滑膛枪;来复枪

~ de caza 猎枪

~ de chispa 燧发枪

~ de electrón 电子枪

~ de pequeño calibre 小口径步枪

~ de pistón 滑膛枪

~ de repetición 连发枪

~ de retrocarga 后膛枪

~ máuser 毛瑟枪

~ sin retroceso 无后座力步枪

~ submarino 水下短枪

~ Tommy 汤姆枪

fúsil *adj.* 易熔的;可熔化的

fusilada *f.* 〈军〉①(枪炮的)连续齐射;② *Méx.*(步枪的)排[齐]射

fusilazo *m.* 〈军〉①步枪射击;②步枪射击声

fusilería *f.* 〈军〉①步枪;②步枪射击;(别于使用刺刀、手榴弹的)火器射击;③步枪射手

fusilero,-ra *adj.* 〈军〉步枪(手)的 ‖ *m.* ①步枪手;(尤指用步枪武装的)步兵

fusimotoneurona *f.* 〈生理〉肌梭运动神经元

fusimotor,-ra *adj.* 〈生理〉肌梭运动神经的

fusinita *f.* 〈地〉丝炭煤素质

fusinización *f.* 〈地〉丝炭化

fusiómetro *m.* 熔化温度测量仪,熔点测定器

fusión *f.* ①(金属等的)熔化[解];(冰灯等的)溶化;②熔断,熔化状态;③熔合;④(企业、团体、政党等的)联合;合并;⑤〈理〉(核)聚变;⑥〈信〉合并;⑦〈医〉融合术;⑧〈乐〉(爵士乐、摇滚乐或其他流行音乐形式的)融合;演奏风格的改变

~ cáustica 苛性碱熔解,碱熔(法)

~ completa 〈冶〉完全熔化

~ de empresas 企业合并

~ empresarial defensiva 保护性企业合并

~ en vacío 真空熔化

~ espinal 〈医〉脊柱融合术

~ fraccionada 〈化〉分步[级]熔化

~ horizontal/vertical 横/纵向联合

~ nuclear 核聚变

~ termonuclear 热核聚变

calor ~ 〈理〉熔化[解]热

punto de ~ 熔点

fusionamiento *m.* (企业等的)合并

fuslina *f.* 熔炼场

fusor *m.* 熔炼器

fustán *m.* 〈纺〉纬起毛织物,纬起绒织物

fuste *m.* ①木材;树干;②(箭、矛等的)杆;③〈建〉(烟囱等的)筒[柱]身;④鞍桥

~ de chimenea 烟囱[筒]

~ de columna 柱身

fustero *m.* 〈机〉车[旋]工

fustete *m.* 〈植〉黄栌

fustic *m.* ①黄木(热带美洲产桑科乔木);② *Amér. M.* 黄色(植物性)染料

fúsula *f.* 〈动〉吐丝器

futarra *f.* 〈动〉鳛

futbito *m.* (室内)五人制足球(赛)

futbol;**fútbol** *m.* 〈体〉足球;足球运动;足球比赛

~ americano 美式足球(运动)

~ asociación 英式足球(运动)

~ ofensivo 进攻型足球比赛

~ sala 室内足球(运动)

fútbol-sala *m.* 〈体〉室内足球(运动)

futbolero,-ra *adj.* ①〈体〉足球运动的;②爱好足球(运动)的 ‖ *m. f.* ①〈体〉足球运动员;②足球迷

futbolín *m.* ①桌式足球;②*pl.* (装置自动化游戏设施的)娱乐场

futbolista *m. f.* 〈体〉足球运动员

futbolístico,-ca *adj.* 〈体〉足球运动的

torneos ~s 足球比赛

futura *f.* 〈法〉未来所[享]有权;继承权

futurario,-ria *adj.* 〈法〉待继承的

futurición *f.* 未来可能性

futuridad *f.* ①将[未]来;②未来性

futuro,-ra *adj.* 将[未]来的 ‖ *m.* ①未[将]来;②*pl.* 〈经〉期货(交易)

~ cliente 未来顾主,预期客户

~s de granos 谷物期货

valor ~ 未来(价)值

futurología *f.* 未来学

futurólogo,-ga *m. f.* 未来学家

FV *abr.* ①folio verso 〈印〉(编张数字之纸张的)背面;②frecuencia de voz 〈理〉话[音]频

f. v. *abr.* folio verso 〈印〉(编张数字之纸张的)背面

G g

g *abr.* ①gramo 克；②gravedad〈理〉重力；地心吸力；(万有)引力；③gauss〈理〉高斯(电磁系单位制中的磁感应强度或磁通密度单位)

g/*abr.* giro 邮政汇票；邮购(订单)

Ga〈化〉元素镓(galio)的符号

GA *abr.* Grupo Andino 安第斯集团

gabarda *f.* ①〈植〉野蔷薇；*Arg.* 犬蔷薇；②野[犬]蔷薇籽

gabardina *f.* ①〈纺〉华达呢(亦称轧别丁)；②华达呢衣服

gabari；gabarit；gabarito *m.* ①〈技〉量[间]隙，测厚]规，塞尺；②〈机〉样[卡，仿形]板；靠模；③轨距；④外形(尺寸)，外廓

gabarra *f.* 驳[逷]船，平底(货)船

~ automática 自航驳，机动驳船

~ de grúa 起重船，浮式起重机

riesgo de ~ 驳船[驳运]险

transporte por ~s 驳(船)运(送)

gabarraje *m.* ①驳运(费)；②驳船运送[装卸]

gabarrero,-ra *m. f.* ①驳[平底货]船驾驶员[船员]；驳[平底货]船装卸工；②樵夫

gabarro *m.* ①〈织物上的〉疵；②〈兽医〉温热(一种动物传染病)；③禽鸟舌喉炎(症状为口腔及喉头分泌黏液，舌上生痂或鳞屑)；④(马等牲畜的)瘤；⑤(账目上的)错误；⑥〈植〉淡黄木犀草；⑦(石缝的)填料，油灰；⑧*Amér. L.*〈矿〉石块；⑨*Esp.*〈昆〉雄蜂

gabarrón *m.* ①大驳[逷]船，大平底货船；②〈海〉(用作水箱的)旧船体

gabato,-ta *m. f.*〈动〉①(未满一岁的)小鹿；②小狗子

gabela *f.* ①〈赋，捐〉税；②(需要缴纳的)费用；③*Col.* 坏[砖，瓦]模；④*Col.，Dom.，Ecuad.，P. Rico，Venez.*〈体〉(体育比赛时强者让给弱者的)优势条件，优先条件

gabelo *m.*〈解〉眉间

gabera *f. Méx.*〈建〉砖[瓦]模

gabia *f. Méx.*〈植〉金合欢

gabinete *m.* ①处，所，公司；②书房[斋]；陈列[工作，实验]室；③起居室；④(画家的)画室；(雕塑家的)雕塑室；(摄影师的)摄影室；⑤博物[陈列]馆；⑥内阁；内阁全体成员；⑦(供科学研究的)物品；艺术品；稀世物品；⑧办公(室内的)家具；⑨诊所；事务所；

⑩*And.* 玻璃(封闭的)阳台；⑪座舱；⑫见

~ de teléfono

~ de consulta 诊室

~ de diseño 设计工作室

~ de estrategia 智囊团

~ de física 物理实验室

~ de grabación 录音室

~ de guerra 战时内阁

~ de historia natural 博物陈列室

~ de imagen 公共关系事务所

~ de lectura 阅览室

~ de prensa (政府部门等的)新闻处

~ de teléfono *Méx.* 电话间

~ fiscal 税务咨询事务所

~ jurídico ①公司法律部；②律师事务所

correo de ~ 外交信件

gablete *m.* ①〈建〉山[三角]墙；花山头；人字形尖顶；②天篷[棚]；③座舱盖，(拱顶)盖

gabro *m.*〈地〉辉长岩(基性岩)

gabrohipersteno *m.*〈矿〉紫苏辉长岩

gacel *m.*；**gacela** *f.*〈动〉瞪羚(产于非洲和亚洲的一种小羚羊)

gachipá *m. Amér. L.*〈植〉加佩斯桃叶棕

GA clause *abr. ingl.* general average clause〈商贸〉共同海损条款

gádido,-da *adj.*〈动〉鳕科的‖ *m.* ①鳕；②*pl.* 鳕科

gadiforme *adj.*〈动〉鳕形目的‖ *m.* ①鳕形目的鱼，鳕；②*pl.* 鳕形目

gado *m.*〈动〉鳕属

gadoideos *m. pl.*〈动〉鳕形目

gadolinia *f.*〈化〉氧化钆

gadolinio *m.*〈化〉钆

gadolinita *f.*〈地〉硅铍钇矿

gafa *f.* ①抓钩[具]，钩子，挂钩；②〈海〉吊物的钳子；③*pl.* (运送建筑材料的)吊钩；④夹头[具]，(夹)钳；⑤*pl.* 眼镜，(风，墨，护目，防护，遮灰)镜；⑥(弩的)弦钩；⑦扒[两脚]钉；镪子；订书钉

~s bifocales 双光眼镜

~s de aro 金属边框眼镜

~s de baño[bucear] 潜水眼睛

~s de cerca[leer] 阅读用放大镜

~s de esquiar 滑雪护目镜

~s de media luna 半月形镜片眼镜

~s de motorista 骑摩托车者用的眼镜

~s de protección(~s protectoras) 保护镜,安全眼镜

~s graduadas 验光磨制眼镜

~s negras[oscuras] 墨镜

~s para el sol(~s parasoles) 太阳镜

~s protectoras de soldador 焊工护目镜

~s sin aro 无框眼镜

~s submarinas 潜水眼镜

gafarrón *m. Esp.*〈鸟〉红雀

gafedad *f.*〈医〉①爪形手[足];弓形足;②(使手指成爪形的)麻风(病)

gafeira *f. Amér.L.*〈医〉麻风病

gafete *m.* ①钩[扣,夹]子;②(衣服的)领钩;③*Amér.L.* 信用证;④*Amér.M.*(别在衣服上或挂在脖子上的)身份证

gafetí *m.*〈植〉欧龙牙草

gaguey *m. Amér.N.*〈植〉一种树

gaguillo *m.* ①*Amér.L.*〈解〉咽喉;②*Pan.* 脖子

gahnita *f.*〈矿〉锌尖晶石

gaicano *m.*〈动〉鲋

gaita *f.* ①〈乐〉风[竖,长]笛;②〈乐〉喇叭,号(某些管乐器的泛称);③〈乐〉手摇风琴,摇弦琴;④*Antill.*〈植〉锥花蜜果

~ gallega 风笛

gajo,-ja *adj. Col.*〈动〉蹄甲受伤的‖*m.* ①(橘子等水果的)瓣,室;②(葡萄、香蕉等的)串,簇;③(洋葱)的果实;④(从树上折下来的)枝[树]条;⑤(叉、耙等的)尖齿;⑥(兽角的)丫杈;⑦〈地〉山嘴,尖坡,山鼻子;⑧(山脉的)支脉;⑨〈植〉裂片;⑩〈农〉插[接]穗

gajoso,-sa *adj.* ①分成簇[小串]的;②(果实)分瓣[室]的;③多齿的;分杈的;④〈植〉有裂片的

GAL *abr.* Grupo Antiterrorista de Liberación *Esp.* 反恐怖解救队

gal *m.*〈理〉伽(重力加速度单位,等于1厘米/秒^2)

galabardera *f.* ①〈植〉犬蔷薇;②犬蔷薇果

galacho *m. Esp.*(山坡上水流形成的)溪涧

galacita *f.* 漂白土

galactacrasia *f.*〈医〉乳液异常

galactagogo,-ga *adj.*〈药〉〈医〉催乳的‖*m.*〈药〉催乳剂[药]

galactán *m.*〈生化〉半乳聚糖

galactangioleucitis *f.*〈医〉乳房淋巴管炎

galactasa *f.*〈生化〉乳蛋白酶

galactemía *f.*〈医〉乳血症

galáctico,-ca *adj.* ①〈天〉银河(系)的;星系的;②极[巨]大的

coordenadas ~as 银河坐标系

galactina *f.*〈生化〉催乳(激)素

galactirrea *f.*〈医〉乳溢[泣]

galactisquia *f.*〈医〉乳汁分泌抑制

galactita;**galactites** *f.* ①漂白土;②〈地〉针钠沸石

galactitol *m.*〈生化〉半乳糖醇,卫矛醇

galactoblasto *m.*〈医〉成初乳小体

galactocele *m.*〈医〉①积乳囊肿;②乳性鞘膜积液

galactocerebrosido *m.*〈生化〉半乳糖脑苷脂

galactocrasia *f.*〈医〉乳液异常

galactodentro *m. Venez.*〈植〉牛乳树

galactofagia *f.*〈动〉①乳养法;②单纯食乳的习惯

galactófago,-ga *adj.*〈动〉①乳养的;②惯于食乳

galactófigo,-ga *adj.*〈医〉回[止]乳的

galactoforitis *f.inv.*〈医〉输乳管炎

galactóforo,-ra *adj.*〈解〉输[排]乳的

conducto ~(输)乳管

galactógeno,-na *adj.*〈医〉催[生]乳的

galactogogo,-ga *adj.*〈药〉〈医〉催乳的‖*m.*〈药〉催乳剂[药]

galactografía *f.*〈医〉乳导管造影术,乳腺导管造影术

galactoideo,-dea *adj.* 似乳的

galactolípido *m.*;**galactolipina** *f.*〈生化〉半乳糖脂

galactoma *m.*〈医〉①积乳囊肿;②乳性鞘膜积液

galactomanano *m.*〈生化〉半乳甘露聚糖

galactometría *f.* 乳(液)比重测定(法)

galactómetro *m.* 乳(液)比重计

galactopiranosa *f.*〈生化〉吡喃半乳糖

galactoplanía *f.*〈医〉异位泌乳

galactopoesis *f.inv.* 乳液的产生和分泌;产[生]乳

galactoposia *f.*〈医〉乳疗法

galactopoyesis *f.inv.*〈生理〉乳生成

galactorrea *f.*〈医〉乳溢[泣]

galactosa *f.*〈生化〉半乳糖

galactosamina *f.*〈生化〉半乳糖胺

galactoscopio *m.* 乳酪[脂]计

galactosemia *f.*〈医〉半乳糖血(症)

galactosémico,-ca *adj.*〈医〉半乳糖血症的

galactosidasa *f.*〈生化〉半乳糖苷酶

galactósido *m.*〈生化〉①半乳糖苷;②半乳糖配物(类)

galactosis *f.inv.*〈动〉乳液生成

galactosquesis *f.*〈医〉乳液分泌抑制

galactostasis *f.inv.*〈医〉①泌乳停止;②乳液[汁]积滞

galactosuria *f.*〈医〉半乳糖尿

galactoterapia *f*. 〈医〉〈经〉乳疗法
galactotoxina *f*. 〈医〉乳毒素
galactotoxismo *m*. 〈医〉乳中毒
galactotrofia *f*. 〈医〉乳营养法
galacturia *f*. 〈医〉乳糜尿(症)
galacturónico,-ca *adj*. 〈生化〉半乳糖醛的
ácido ～ 半乳糖醛酸
gálago *m*. 〈动〉丛[夜]猴
galalita *f*. 乳石(用酪蛋白制的塑料,可作角质、赛璐珞、象牙等的代用品)
galambao *m*. *Méx*.〈鸟〉大蓝鹭
galambote *m*. *Cub*.〈动〉小花鳅
galamina *f*. 〈医〉弛肌碘,三碘季铵酚
galán *m*. ①〈戏〉(除老生外的)男主角;② *Amér*. *M*.〈植〉夜香树;③*Méx*.〈鸟〉一种鸭
～ de día 〈植〉昼开夜香树
～ de noche 〈植〉①夜香树;②*C. Rica*, *P. Rico* 昙花;③*Salv*. 月光花
～ del monte *P. Rico* 〈植〉桂叶夜香树;大叶夜香叶;阔叶夜香树
joven ～(扮演)青少年主角(的演员)
primer/segundo ～ 男/配主角
galanga *f*. 〈植〉①良姜;②海芋;③*Cub*. 芋头疆南星
galano *m*. 〈动〉(真)鲨
～ de ley 〈动〉短吻基齿鲨
tiburón ～〈动〉短吻柠檬鲨
galanol *m*. 〈化〉棓醇
galantina *f*. *Méx*.〈鸟〉西蓝鸲
galanto *m*. 〈植〉①雪花莲;②雪花莲的鳞茎[花]
galápago *m*. ①〈动〉(海,淡水)龟;②〈冶〉(铅,锡,铜,金属)锭;③(犁上的)铧托;④〈建〉小拱架;瓦模;⑤〈建〉(地下工程防止坍塌的)护面;⑥〈建〉(涂在屋檐突出部分的)石膏灰浆层;⑦〈建〉(屋顶角的)圆形浮雕;⑧马鞍;*Amér*. *L*.(女用)马[横,侧坐]鞍;⑨(自行车)车座;夹具;⑩〈医〉(四角裂开的)方形纱布,绷带;⑪〈兽医〉(马、驴等蹄甲上的)葡萄疮
～ de metal 金属锭[块]
estaño de ～s 锡锭
latón de ～s 黄铜锭
plomo en ～s 铅锭,生铅
galapero *m*. *Esp*.〈植〉野梨树
galatea *f*. *Méx*.〈植〉蓝花蕉
galateidos *m*. *pl*.〈动〉铠甲虾类
galatites *m*. 漂白土
galato *m*. 〈化〉棓酸盐[酯],五倍子酸盐[酯],没食子酸盐[酯]
galaxia *f*. ①[G-]〈天〉银河系;天[银]河;②〈天〉星系;③漂白土
～ elíptica 椭圆星系
～ espiral 旋涡[螺旋]星系
galayo *m*. 〈地〉孤石;巉岩
gálbano *m*. 〈化〉古蓬香脂,波斯树胶,阿魏脂
gálbula *f*.; **gálbulo** *m*. 〈植〉(柏树等一类树木的)球果,坚果
galdón *m*. 〈鸟〉伯劳
gálea *f*. ①〈医〉帽状绷带;②〈植〉盔瓣;③〈动〉外颚叶
galega *f*. 〈植〉山羊豆
galembo *m*. *And*., *Cari*.〈鸟〉红头美洲鹫,兀鹫
galena *f*. 〈矿〉方铅矿
～ argentífera 银方铅矿
～ falsa 闪锌矿
radio[receptor] de ～ 矿石收音机
galenismo *m*. 盖伦学说(古希腊医师创立的学说)
galeno,-na *adj*. 〈海〉(风)微弱的
galenobismutita *f*. 〈矿〉辉铅铋矿
gáleo *m*. 〈动〉①猫鲨;②锯鳐
galeofilia *f*. 〈心〉爱猫狂
galeofobia *f*. 〈心〉猫恐怖
galeopiteco *m*. 〈动〉猫[鼯]猴
galera *f*. ①〈印〉活字版盘,铁盘;②〈印〉毛[长]条校样;③〈冶〉反射炉组;④〈数〉除法竖式符号;⑤(有篷)四轮马车;⑥〈动〉虾蛄
galerada *f*. ①〈印〉活版,长条(铅字板);②〈印〉毛[长]条校样;③运载马车[货车]载荷
galeria *f*. 〈昆〉(大)蜡螟
galería *f*. ①廊;长[走,游,柱,门]廊;②画廊,美术馆;(艺术作品等的)陈列[展览]室;③(平,看,阳,观众)台;④架空过道;栈桥;⑤(横)坑道;⑥〈矿〉(水平)巷道;⑦地(下通)道,风[集水]道;⑧门[窗]帘盒;⑨〈海〉(船的)弦侧通道,甲板中部通道;⑩*Amér*. *L*. 百货公司,商场;⑪*And*., *Cari*. 商店,店铺;⑫(家具顶部的)列柱饰,拱形饰
～ atravesada 横巷,石门
～ avanzada[preliminar] 导坑洞,巷道
～ comercial ①大型购物中心;②(商店林立、绿树成行的)步行街
～ cubierta 暗道(史前建筑)
～ de alimentación (百货公司内的)食品柜台
～ de arte 美术馆
～ de captación (渗流)集水管道
～ de columnas (列)柱廊
～ de desagüe 排水(巷)道
～ de dirección 导坑
～ de drenaje 排水廊道
～ de extracción 坑道,平峒,运输道
～ de imágenes 〈信〉剪贴画

~ de la muerte（监狱的）死囚区

~ de popa 船尾通道

~ de prueba de filón（~ lateral）小暗井

~ de tiro 射击[打靶]场

~ de ventilación[viento] 风洞[道]

~ filtrante（渗流）集水管道

~ secreta 秘密通道

~ subterránea（水平）坑道,地下通道

galerín *m.* 〈印〉手盘[托]

galerita *f.* 〈鸟〉风头百灵

galerna *f.*；**galerno** *m.* ①〈地〉〈气〉大[烈]风,风暴（八级风）；②（西班牙北部沿海常刮的）西北烈风

galerón *m. Amér. C.* 〈建〉单斜屋顶

galeropia *f.* 〈医〉视力超常

galfarro *m.* 〈鸟〉雀鹰

galga *f.* ①〈地〉（山上下来的）滚石,巨[飘]砾；（由于气候或水侵蚀而形成的）卵石；②（油坊的）石碾,碾砣,碾滚子；③制动器,刹车杠；④〈技〉（量,卡,线）规；（量,压力,压强）计,测量仪表；⑤〈海〉小［副］锚；⑥*Hond.* 〈昆〉黄蚁；⑦〈矿〉（用作支撑的）斜木柱

~ de Birminghan para hilos metálicos 伯明翰线规

~ de espesores 厚薄[厚度]规,厚度计

~ de profundidad 深度规[计]；测深规[计]

~ micrométrica 测微计[规]

~ normal de los alambres （英国）标准线规

~ patrón 标准量规,标准计

galgana *f.* 〈植〉小鹰嘴豆

galgo,-ga *m. f.* 〈动〉猎狼狗

~ afgano 阿富汗猎犬

~ ruso 俄罗斯猎狼狗

gálgulo *m.* 〈鸟〉灰喜鹊

galibado *m.* ①（船体）放样；②模压；造型（法）

galibar *tr.* ①（为船的构件）放样；②模压

prensa de ~ 模压机

gálibo *m.* ①（火车装载的）限界（架）；量载规；②〈海〉（造船部件的）放样；样[模]板；③警示灯,闪光信号灯；④〈建〉（柱子的）适中比例

~ de carga 测载器,装载限界,量载规

sala de ~s 放样[模板]间

galibrador *m.* 〈技〉放样员

gálico,-ca *adj.* ①〈化〉稼的；正[三价]稼的；②栎子的；五倍子的,没食子的；③〈医〉梅毒(性)的 ‖ *m.* 〈医〉梅毒

ácido ~ 稼[栎,五倍子,没食子]酸

morbo ~ 梅毒

galicoso,-sa *adj.* ①〈医〉梅毒(引起)的；②患梅毒的 ‖ *m. f.* 〈医〉梅毒患者

galifardo *m. Amér. L.* 〈鸟〉雀鹰

galígeno,-na *adj.* 〈生〉瘿栖的

galileo *m.* ①伽利略（重力加速度单位）；②[G-]伽利略号（美国于 1989 年发往木星的探空航天器）

galillo *m.* 〈解〉悬雍垂,小舌

galio *m.* ①〈化〉稼；②〈植〉白猪殃殃,白拉拉藤

galipierno *m.* 〈植〉鹅膏（一种巨菌菌）

galipote *m.* 〈海〉（用来填塞船缝的）沥青

galiquiento,-ta *adj. Amér. L.* 〈医〉患梅毒的

galla *f.* ①〈昆〉（长在橡树上的）五倍子；〈植〉虫瘿；②〈动〉鱼赘疣；③（马的胸部、蹄弯处的）鬐毛

gallano *m.* 〈动〉一种海鱼

gállara *f.* ①〈植〉虫瘿；②〈动〉鱼赘疣

gallardete *m.* 〈海〉尖[三角]旗

gallardetón *m.* 〈海〉燕尾旗

gallareta *f.* 〈鸟〉黑海番鸭；白骨顶

gallarón *m.* 〈鸟〉小鸨

gallego *m.* ①〈气〉（西班牙和葡萄牙寒冷的）西北风；②*Cub., P.Rico* 〈鸟〉笑鸥；③*C.Rica* 〈动〉髭鳞蜥

~ real *Cub.* 〈鸟〉美国银鸥

galleo *m.* 〈冶〉（铸件的）毛刺

gallerbo *m.* 〈动〉鳎鱼

galleta *f.* ①饼干,（供船上食用的）硬饼干；②*Cono S.* 黑[麸皮]面包；③〈矿〉无烟煤；④〈海〉（桅杆、旗杆等顶端的）圆盘；⑤*Amér. L.* 交通事故[阻塞]；⑥螺旋形线圈

~ del tráfico 交通阻塞

gallete *m.* 〈解〉①小舌,悬雍垂；②咽喉

galliforme *adj.* 〈鸟〉鸡形目的 ‖ *m.* ①鸡形目禽鸟；②*pl.* 鸡形目

gallina *f.* ①〈鸟〉母鸡；②鸡肉；③*Col.* 〈鸟〉一种猛禽；④*Méx.* 〈植〉长柔毛刀豆

~ castellana （生蛋多的）黑鸡

~ ciega ①*Arg., Col., Chil.* 帕拉夜鹰；②*Amér. C., Cari.* （白色）蝴[毛]虫

~ clueca 抱窝母鸡

~ de agua ①白骨顶；②黑水鸡

~ de bantam 矮脚鸡

~ de Guinea （珍）珠鸡

~ de la tierra *Méx.* 雌火鸡

~ de mar （豹,锯）鲂鮄

~ de Moctezuma *Méx.* 一种秧鸡

~ de papada *Amér. L.* 火[吐绶]鸡

~ de río 白骨顶

~ olorosa *Amér. L.* 秃鹫

~ ponedora 生蛋母鸡

~ sorda 丘鹬

gallináceo,-cea *adj.* ①(似)家鸡的;②〈鸟〉鸡形目的,鸡类的 ‖ *f.* ①〈鸟〉鸡形目禽鸟(包括松鸡、鹧鸪、家鸡、火鸡、雉等);②*pl.* 鸡形目

gallinacera *f.* ① *Amér. L.* 秃鹫群;② *Ecuad.*, *Per.* 禽类

gallinacito *m. Col.* 〈鸟〉一种窜鸟

gallinaza *f.* 〈鸟〉红头美洲鹫;*Col.* 兀鹫

gallinazo *m.* ①〈鸟〉红头美洲鹫;*Amér. M.* 兀鹫;②*Col.* 〈植〉无舌花;万寿菊;③*Méx.* 〈鸟〉大蓝鹭

gallineta *f.* ①〈鸟〉丘[山]鹬;②〈鸟〉白骨顶;③〈动〉硬骨鱼;④*Amér. L.* 〈珍〉珠鸡;⑤毛色类似母鸡的公鸡 ‖ *m. Ecuad.* 〈鸟〉(羽毛与母鸡毛相似的)雄鸡

gallino,-na *adj. Amér. L.* 毛色斑驳的(公鸡) ‖ *m.* 〈鸟〉秃尾巴公鸡

gallinuela *f. Cub.* 〈鸟〉黑水鸡,红骨顶;王秧鸡

gallipato *m.* 〈动〉一种肋螈

gallipavo *m.* ①〈鸟〉火[吐绶]鸡;②〈乐〉(唱歌时发出的)尖声

gallo *m.* ①〈鸟〉公[雄]鸡;(未满一岁的)小公鸡;②〈动〉海鲂;③〈建〉脊檩;④〈体〉(拳击赛的)轻量级;⑤〈鸟〉戴胜;⑥*Col.*,*Méx.* 〈体〉羽毛球,板羽球;⑦*Amér. L.* 〈解〉悬雍垂,小舌;⑧*And.* 消防[救火]车

~ .de la tierra(~ de papada) *Méx.* 火[吐绶]鸡

~ de mar 〈动〉海鲂

~ de pelea[riña] 斗鸡

~ de roca[peñasco] *Venez.*,*Col.*,*Per.* 一种齿嘴鸟

~ de San Martín 〈鸟〉戴胜

~ del campo[monte] *Esp.* 樫鸟

~ lira 〈鸟〉黑琴鸡

~ pinto *Amér. C.* 豆类和米饭

~ silvestre 〈鸟〉细嘴松鸡

pez ~ 〈动〉①银鲛;②*Amér. M.*,*Antill.* 一种海鲂

gallocresta *f.* 〈植〉①彩叶鼠尾草;②小鼻花

gallón *m.* ①草地[皮,泥,坪];②(船的)尾部肋骨;③〈建〉慢形饰

gallonado,-da *adj.* 〈建〉慢形饰的 ‖ *f.* 草皮墙

galludo *m.* 〈动〉角鲨,白斑角鲨

galmei *m.* 〈矿〉硅锌矿,异极(锌)矿

galón *m.* ①加仑(液量单位,英制合 4.546 升,美制合 3.785 升);②饰[绶,金银丝]带,镶边;③〈军〉军衔条纹[标志];④〈海〉舷墙肋

~es por minuto(G. P. M) 每分钟加仑数

~es por segundo(G. P. S.) 每秒钟加仑数

galoneadura *f.* 〈缝〉金银丝带边饰

galonera *f. Chil.* (量桶容积的)铁尺

galopada *f.* ①(马等的)飞跑,疾驰;②〈体〉(场上足球运动员的)飞跑

galopante *adj.* 奔马式的;促使迅速死亡的(疾病)

tisis ~ 〈医〉奔马痨

galope *m.* ①(马等的)飞跑,疾驰;②〈医〉奔马律

~ protodiastólico 〈医〉舒张早期奔马律

~ sostenido (马)中速前进

~ tendido (马的)飞[狂]奔

forma de ~ 奔马型

medio ~ 驱(马)慢跑;使放慢速度

ritmo de ~ 奔马律

galopín *m.* 〈海〉见习海员

galotanato *m.* 〈化〉丹宁酸盐

galotánico,-ca *adj.* 〈化〉鞣[丹宁]酸的

galotanino *m.* 〈化〉鞣[丹宁]酸

galpón *m.* ①*Amér. M.* 棚(子,屋),小[披]屋;②库房,堆[货]栈;③汽车间[房,库];④*And.* 陶瓷厂[作坊];⑤*Col.* 瓦[坯砖]模子;⑥*Arg.* 廊,游[回,走]廊

~ de botes 船[艇]库

~ de cargas 货棚,仓库

~ de coches 车库

~ de locomotoras 机车[火车头]库

galúa *f.* 〈动〉鲻

galupe *m.* 〈动〉大[金]鲻

galusa *f. Méx.* 〈植〉红大丽花

galvánico,-ca *adj.* ①〈电〉(伏打)电流的,产生(伏打)电流的;(伏打)电流引起的;②伽伐尼(电)的;③电镀的,镀锌的

batería ~a 伏打[伽伐尼]电池(组)

corriente ~a 动电电流(指稳定的直流电)

corrosión ~ 电(化锈)蚀

dorado ~ 电镀金

electricidad ~a 伽伐尼电,伏打电,由原电池产生的电

par ~ 电偶

pila ~a ①伏打[伽伐尼]电池,原电池;②(伏打)电堆(一种早期的原电池)

galvanismo *m.* ①〈电〉(伏打)电,由原电池产生的电;电流(电);②〈伏打〉电学;③〈医〉(伏打)电疗(法);流电疗法;④(对神经或肌肉)电流刺激

galvanización *f.* ①通电流;②电镀,镀锌;③〈医〉施行电疗

~ en caliente 热镀锌,热电镀

galvanizado,-da *adj.* 镀锌的,电镀的 ‖ *m.*

电镀

galvanizador,-ra *adj*. 电镀的‖ *m*. 电镀工

galvano *m*. ①〈印〉电铸版;②电铸复制;③
Cono S. 纪念牌

galvanocáustica *f*. 电烙术

galvanocáustico,-ca *adj*. 电烙术的

galvanocauterio *m*. 〈医〉(直流)电烙器

galvanocautia *f*. 〈医〉直流电烙疗法

galvanografia *f*. 〈印〉电铸版术

galvanográfico,-ca *adj*. ①〈印〉电(铸)版
的;②电流记录图的‖ *m*. ①〈印〉电(铸)版
(印刷品);②电流记录图

galvanoluminescencia *f*. 电解发光

galvanomagnético,-ca *adj*. 〈电〉电磁的

galvanomagnetismo *m*. 〈电〉电磁现象

galvanometría *f*. 〈电〉电流测定(法,术)

galvanométrico,-ca *adj*. 〈电〉电流[检]计
的,电流测定的

galvanómetro *m*. 〈电〉〈理〉电[检]流计,电流
测定器

  ~ aperiódico 非周期[直指]电流计

  ~ astático 无定向电流计

  ~ balístico 冲击(式)电流计

  ~ de aguja 磁针电流计

  ~ de bobina[espira] móvil 动圈式电流计

  ~ de cuerda 弦线电[检]流计,恩托霍文电
流计

  ~ de Einthoven 恩托霍文电流计

  ~ de reflexión 镜检流计,镜[反射]式电
[检]流计

  ~ de senos 正弦检流计

  ~ de tangentes 正切电流计

  ~ de torsión 扭转电流计

  ~ diferencial 差绕[动]电流计,差绕[动]
检流计

galvanoplasta *m*. *f*. 电镀[电铸法]专家

galvanoplastia *f*. 〈化〉〈理〉电铸(术,技术);
电镀

galvanoplástico,-ca *adj*. 〈化〉〈理〉电铸(法,
技术)的,电镀的‖ *f*. 电铸(术,技术);电
镀

  dorado ~ 电镀金

  impresión ~a 电铸版印刷

  reproducción ~a 电铸复制

galvanoquímico,-ca *adj*. 〈化〉电化学的‖
f.(流)电化学

galvanoscopia *f*. 〈医〉电(流)检查

galvanoscópico,-ca *adj*. ①〈医〉电(流)检查
的;②〈电〉验电(流)器的

galvanoscopio *m*. 〈电〉验电(流)器

galvanostato *m*. 〈电〉恒流器

galvanostega *m*. *f*. 电铸专家;镀锌专家

galvanostegia *f*. 电铸,镀锌

galvanotaxis *f*. 〈生〉趋电性

galvanotecnía *f*. 〈技〉电镀术,镀锌术

galvanoterapéutica; galvanoterapia *f*. 〈医〉
(流)电疗法

galvanoterápico,-ca *adj*. 〈医〉电疗法的

galvanotermia *f*. 〈医〉电热[灼]

galvanotérmico,-ca *adj*. 〈医〉电热[灼]的

galvanotipia *f*. 〈印〉电铸制版术,制电版术

galvanotipista *m*. *f*. 〈印〉电版技师

galvanotipo *m*. 〈印〉电铸版,电版(印刷物)

galvanotono *m*. 〈医〉电紧张

galvanotropismo *m*. 〈生〉向电性

gama *f*. ①〈乐〉音阶[域];②〈理〉色域;③
(研究、活动、有效、听觉、视觉、影响等的)范
围,(变化等的)幅度;④波段[幅];⑤〈动〉
扁角雌鹿;*Arg*. 平地鹿

  ~ de frecuencias 频率范围

  ~ de onda 波幅

  ~ montés *Amér. L*. 〈动〉淡赤鹿

  ~ sonora 声波

  de amplia ~ 宽波段(的)

gamada *adj*. 弯臂的(十字)(如卍,卐)

  cruz ~ 卍字,卐字

gamarza *f*. 〈植〉欧骆驼蓬

gamba *f*. ①〈动〉(对,条,明)虾;② *Col*.
〈植〉树瘤

gámbaro *m*. 〈动〉虾

gambeta *f*. ①(马的)直立,前蹄腾空;腾跃;
②〈体〉(足球等运动中的)运球

gambeteo *m*. 〈体〉运球

gambia *f*. *Amér. L*. ①钩子,铁钩;②〈海〉
吊艇钩

gambirina *f*. 〈化〉棕儿茶碱

gamboa *f*. 〈植〉榲桲(树,果实)

gambota *f*. 〈船〉〈海〉肋材;(船的)尾部斜肋

gambusia *f*. 〈动〉食蚊鱼,柳条鱼

gambusino *m*. 〈动〉①一种硬骨鱼;② *Cub*.
一种食蚊鱼

gambute *m*. ; **gambutera** *f*. *Antill*. 〈植〉茑
萝

gambuza *f*. 〈海〉贮藏室,物料间

gametangio *m*. 〈生〉〈植〉配子囊

gametangiogamia *f*. 〈生〉(真菌)配子交配

gamético,-ca *adj*. 〈生〉配子的

gamétido *m*. 〈动〉配子细胞

gameto *m*. 〈生〉配子

gametocida *m*. 〈化〉杀配子剂,坏配子素

gametocisto *m*. 〈生〉配子囊

gametocitemia *f*. 〈医〉配子体血症

gametocito *m*. 〈生〉配子(母)细胞

gametofilo *m*. 〈植〉配子叶

gametofito *m*. 〈植〉配子体

gametóforo *m.* 〈植〉配子托

gametogénesis *f.* 〈生〉配子发生[形成]

gametogénico,-ca *adj.* 〈生〉配子发生[形成] 的

gametogonia *f.* 〈生〉配子生殖

gametogonio *m.* 〈生〉配原细胞

gametonúcleo *m.* 〈生〉配子核

gamezno,-na *m. f.* 〈动〉扁角幼鹿

gámico,-ca *adj.* 〈生〉性的;〈需〉受胎[精]的

gamilo *m.* 〈化〉克密尔(微量化学的浓度单位)

gamma *f.* ①微克(质量单位,百万分之一克);②〈理〉伽马(磁场强度单位,等于0.00001 奥斯特);③伽马(希腊语的第三个字母,Γ,γ);④〈天〉γ 星(星座中亮度居第三位的星);⑤〈化〉γ 位;⑥(照片、电视图像的)反差[灰度]系数;⑦见 rayos ~ ‖ *adj. inv.* 〈化〉第三位的,γ 位的

~ globulina 丙种球蛋白,γ-球蛋白

bisturí ~ 伽马刀

coeficiente ~ 伽马系数

radiación ~ γ 辐射

rayos ~ γ 射线(高能光子或波长极短的电磁辐射)

gammaexano *m.* 〈化〉六六六(杀虫剂),六氯化苯

gammaglobulina *f.* 〈生化〉丙种球蛋白,γ-球蛋白

gammagrafía *f.* 〈理〉γ 射线照相术

gammágrafo *m.* γ 射线照相机[装置]

gammahexano; gammexane; gammexano *m.* 〈化〉林丹(六氯化苯 γ 异构体的商标名,杀虫剂)

gammapatía; gammopatía *f.* 〈医〉γ-球蛋白病,丙种球蛋白病

~ monoclonal 单克隆丙种球蛋白病

gammaterapia *f.* 〈医〉γ 辐射治疗(用于辐射器官深处治疗癌症)

gamo *m.* 〈动〉①扁角雄鹿;②*Hond.* 墨西哥赤鹿;*Bras.* 一种骆驼科动物

gamoadelfo,-fa *adj.* 〈植〉单夹竹桃的

gamobio *m.* 〈动〉有性世代

gamocarpelar *adj.* 〈植〉复雌蕊的

gamodema *m.* 〈生〉隔育群落

gamófilo,-la *adj.* 〈植〉合生花被片的;合被(片)的;合叶的

gamofobia *f.* 〈心〉结婚恐怖

gamogénesis *f.* 〈生〉有性生殖

gamogonia *f.* 〈生〉配子生殖,孢子发生

gamomanía *f.* 〈心〉求婚[偶]狂

gamón *m.*; gamonita *f.* 〈植〉白阿福花,日光兰

gamonalismo *m. Amér. L.* 酋长制

gamonito *m.* 〈植〉新枝[芽]

gamonte *m.* 〈生〉配细胞

gamonto *m.* 〈动〉配子体,配子母细胞

gamopétalo,-la *adj.* 〈植〉合瓣的

flor ~a 合瓣花

gamosépalo,-la *adj.* 〈植〉合萼的

flor ~a 合萼花

gamostilo,-la *adj.* 〈植〉合生中柱的

gampsodactilia *f.* 〈医〉爪形足

gamuza *f.* ①〈动〉岩羚羊;②鹿[羚羊]皮;鹿皮革,油鞣革;③揩拭用(鹿)皮;④仿羚羊皮;仿鹿皮织物;⑤〈植〉(一种灰黄色的)食用伞菌

gamuzón *m.* 〈动〉大岩羚羊

GAN *abr.* Grupo Andino 安第斯集团

ganadería *f.* ①牲畜;畜群;②畜牧业;③畜牧场;④(牲畜的)属,种

ganaderil *adj. Amér. L.* 畜牧业的

ganadero,-ra *adj.* 牲畜的;畜牧业的

granja ~a 牧场

perro ~ 牧犬

región ~a 牧区

riqueza ~a 畜牧资源

ganado *m.* ①〈集〉牲[家]畜;②畜群;③蜂群;④*Amér. L.* 〈动〉牛

~ asnal 驴群

~ bravo 未经驯养的牲畜(尤指斗牛)

~ caballar 马群

~ cabrío 山羊群

~ de aparta *Col.*, *Méx.* 断奶幼畜

~ de cerda (~ moreno) 猪

~ de cría *Amér. L.* 种畜

~ de engorde[repasto] *Amér. L.* 肉用畜

~ de matadero 食用家畜

~ de pata (~ de pezuña hendida) 偶蹄类家畜(指牛、羊、猪)

~ en pie 牲[家]畜

~ en vena 未阉的牲畜

~ equino 马

~ lanar 绵羊,产毛畜

~ lechero 产乳畜

~ mayor 大牲畜(如牛、马、驴、骡等)

~ menor 小牲畜(如羊、猪)

~ menudo 幼畜

~ merino 细毛羊

~ mular 骡群

~ ovejuno 绵羊群

~ porcino 猪群

~ vacuno 牛群

ganancia *f.* ①收[得,增]益;②*pl.* 〈商贸〉利润,盈余,盈[红]利;③〈电〉增益,放大

~ de decibel 分贝增益

~ de inserción〈电〉插入增益

~ de potencia disponible〈电〉可用功率增益

~s de capital 资本收益,资本利得

~s y pérdidas (账簿的)盈亏(栏),损益(栏)

ganchillo *m.* ①钩[编织]针;②钩编编织品

gancho *m.* ①钩,钩针,钩状物;②(残留在树上的)枝丫;③爪,掣[夹,卡]子,扣[挂,拖]钩;④〈法〉共犯;⑤(拳击运动中的)勾拳;〈体〉钩手投球

~ de botalones 鹅颈钩

~ de clavija 牵引挂钩

~ de cola 尾钩

~ de eslinga 吊钩

~ de ojo 眼[链]钩

~ de remolque[tracción] 牵引钩

~ de retenida (航空)停机钩

~ disparado 快速脱钩装置

~ giratorio 转动钩

~ hacia arriba〈体〉上勾拳

~ obtuso 钝钩

aguja de ~ 钩针

ganchoso,-sa *adj.* ①钩状的,弯曲的;②带钩的‖ *m.*〈动〉钩骨

ganchudo,-da *adj.* ①钩状的,弯曲的;②带钩的;*Col.* 带刺的;③〈动〉钩骨的

gandola *f. Amér. L.* ①铰链式卡车,载重拖车;②(电影)预告片

gandujado *m.*〈缝〉(衣服上的)装饰褶

gandumbas *f. pl.*〈解〉睾丸

ganeta *f.*〈动〉小斑獴

ganga *f.* ①脉[废,矸]石,废[石]屑;②尾矿,矿渣;③〈鸟〉沙鸥;④〈鸟〉*Cub.* 杓鹬;*Antill.*, *Méx.* 一种鸟

~ estéril 尾材[渣,砂,矿,煤];石屑[渣]

gangliastenia *f.*〈医〉神经节性衰弱

gangliectomía *f.*〈医〉神经节切除术

gangliforme *adj.*〈解〉神经节状的

ganglio *m.* ①〈医〉腱鞘囊肿;②〈解〉神经节;淋巴结;③(身体上的)肿块

~ bronquial 支气管淋巴结

~ espinal 脊神经节

~ linfático 淋巴结

~ trigeminel[trigémino] 三叉神经节

~s basales 基底神经节

gangliocito *m.*〈生〉〈医〉神经节细胞

gangliocitoma *m.*〈医〉神经节细胞瘤

ganglioglioma *m.*〈医〉神经节胶质瘤

ganglioide *adj.*〈解〉类似神经节的

ganglioma *m.*〈解〉神经节瘤

ganglión *m.*〈解〉神经节;〈医〉腱鞘囊肿

ganglionar *adj.*〈解〉神经节的;①淋巴结的

ganglionectomía *f.*〈医〉神经节切除术

ganglioneuroblastoma *m.*〈医〉成神经节细胞瘤

ganglioneuroma *m.*〈医〉神经节瘤

ganglionitis *f. inv.*〈医〉神经节炎

gangliopatía *f.*〈医〉神经节病

gangliopléjico,-ca *adj.*〈生医〉〈医〉神经节阻滞的‖ *m. pl.* 神经节阻滞剂

ganglioplexo *m.*〈解〉神经节(内)纤维丛

gangliósido *m.*〈生化〉神经节苷脂

gangliosidosis *f.*〈医〉神经节苷脂贮积病[症]

gangochi *m. Amér. L.*〈纺〉粗[麻袋]布

gangoso,-sa *adj.* 带鼻音的,(像)从鼻腔发出的‖ *f.*〈生医〉毁形性鼻咽炎

gangrena *f.* ①〈生医〉〈医〉坏疽;坏死;②〈植〉树瘤

~ arterioclerótica 动脉粥样硬化性坏疽

~ diabéica 糖尿病性坏疽

~ enfisematosa 气性坏疽

~ hemostática 血淤滞性坏疽

~ húmeda/seca 湿/干性坏疽

~ nasal 鼻坏疽

~ pulmonar 肺坏疽

~ senil 老年性坏疽

gangrenado,-da *adj.*〈生医〉〈医〉患坏疽的,坏死的

gangrenoso,-sa *adj.*〈生医〉〈医〉坏疽性的,坏死性的;生坏疽的

gánguil *m.* ①单桅渔船;②泥驳;③密眼渔网捕鱼法

~ de compuertas 开底泥驳,敞口驳

Ganimedes; Ganímedes *m.*〈天〉木卫三

ganíster *m.* ①〈地〉致密(细晶)硅岩,硅石;②〈冶〉硅质涂料,硅火泥

ganoblasto *m.*〈生〉成釉细胞

ganofilita *f.*〈矿〉辉叶矿

ganoideo,-dea *adj.*〈动〉光[硬]鳞鱼的;(鱼)光[硬]鳞的‖ *m.* ①光[硬]磷鱼;②*pl.* 硬[光]鳞目

ganoína *f.*〈动〉(鱼鳞)硬鳞质,闪光质

ganomalita *f.*〈矿〉硅钙铅矿

gansillo *m. Amér. L.*〈鸟〉灰雁

ganso *m.*〈鸟〉①鹅;②灰雁

~ bravo 野鹅

~ silvestre 大雁

ganta *f.* 甘塔(菲律宾用的容量单位,合 3 升)

gantrisina *f.*〈药〉磺胺异恶唑

gañafote *m. Esp.*〈昆〉蚱蜢,蝗虫

gañil *m.* ①〈解〉咽喉;*pl.* (动物的)咽喉部;②〈解〉气管;③*pl.* 鳃

gao *m.*〈昆〉虱子,白虱

gaollo *m. Esp.*〈植〉一种欧石南

gaón *m.*〈海〉圆桨

gáraba *f. Esp.*〈植〉荆豆(尤指荆豆的木质部分)

garabatillo *m. Méx.*〈植〉二穗含羞草

garabato *m.* ①吊[铁,抓]钩,钩子[形物];锄;②〈海〉(钩住敌船等用的)抓钩;③〈植〉*Arg.,Méx.* 带刺灌木;④*Méx.*〈植〉避霜花;⑤*Arg.*〈植〉一种合金欢;⑥*Amér.L.* 干草叉,草耙;⑦*Méx.*(割草用的)叉形木棍

garaje *m.* ①(汽)车库,汽车间[房];②汽车修理厂;③(飞)机库

garambola *f. Amér.L.*〈植〉杨桃,五敛子

garambullo *m.*〈植〉①*Amér.L.* 迦南山影掌;仙影拳(果);②*Méx.* 熊果;③头状腺果藤;④墨西哥蔷薇

garantía *f.* ①保证;商品使用保证;②〈法〉担保;③担保物,抵押品;保证金;④〈商贸〉保修(单)

~ a la inversión 投资保证金

~ absoluta[completa] 绝对保证

~ bancaria 银行担保

~ contra defectos de construcción 工程质量保证金

~ cruzada 交叉担保

~ de calidad 质量保证

~ de empleo 雇佣担保

~ de pago 付款保证

~ de reembolso 偿还保证

~ de ruta 航线保证

~ de servicio del primer año 第一年服务保证

~ de trabajo 工作保障,职业安全感

~ en efectivo 保证金

~ escrita 明示保证;书面[确认]担保

~ implícita 默认保证

~ legal 法律担保

~ mancomunada 共同担保,联保

~ personal 个人担保

~ s del comprador/vendedor 买/卖方担保

~ s individuales *Amér.L.* 受宪法保护的公民权利

período[plazo] de ~ 保修期

garañón *m.*〈动〉①种驴;②*Amér.L.* 种马;③种骆驼;④*Esp.* 种羊

garañona *f. Méx.*〈植〉墨西哥金星菊

garapia *f. Bras.*〈植〉豆木

garapiñera *f.*〈机〉制冰淇淋机

garapito *m.*〈动〉仰泳蝽,松藻虫;水蝽

garauna *f. Amér.M.*〈植〉乌木豆树

garavatá *f. Arg.,Bras.*〈植〉一种龙舌兰

garbanza *f.*〈植〉大粒鹰嘴豆

garbanzo *m.*〈植〉鹰嘴豆;鹰嘴豆树

~ mulato 小鹰嘴豆

garbanzón *m. Esp.*〈植〉①小橥;②柠檬香

garbanzuelo *m.*〈兽医〉(马的)正节内侧瘤

garbi *m.*〈地〉东部的微风

garbí *m.*〈气〉西南风

garbillo *m.* ①(筛谷物用的)筛子;②(金属或布的)筛网,滤网;③(筛选矿石用的)粗筛,圆眼筛,格筛;④〈矿〉筛选过的碎矿石

garbino *m.*〈气〉西南风

garbón *m.*〈鸟〉雄石鸡

garcero,-ra *adj.* 见 halcón ~ ‖ *m. Amér.L.* 草鹭栖地

halcón ~ 捕鹭游隼

garceta *f.*〈鸟〉白鹭

garcilla *f.*〈鸟〉小白鹭

~ bueyera 牛背鹭

~ cangrejera 灰鹭

garcilote *m. Cub.*〈鸟〉大蓝鹭

gardacho *m. Esp.*〈动〉蜥蜴,四脚蛇

gardama *f. Esp.*〈动〉蛀木虫,木蠹

gardenia *f.*〈植〉栀子属植物,栀子花

gardón *f.* 见 ~ rojo

~ rojo〈动〉红眼鱼

gardubera *f. Esp.*〈植〉苦苣菜

garduña *f.*; **garduño** *m.*〈动〉石[榉]貂

gareado *m. P.Rico*〈植〉月桂叶海葡萄

garete *m.*〈海〉漂流,随波逐流

garetear *intr. Amér.L.* 顺水航行;漂流

garfa *f.* ①(脚)爪;②(电车和电力铁路等接触导线的)线夹

garfio *m.* ①铁钩;②〈航〉抓钩;③(登山靴上的)铁钉助爬器;④捞蛤蜊钩

~ en S S形钩

~ para izar madera 铁[抓]钩,两爪铁扣[钩]

acoplamiento[embrague] de ~ s 爪形连接器[联轴节]

gargajillo *m.*(石鸡患的)白喉

gargal *m. Chil.*〈植〉①(栎树的)虫瘿;②一种蘑菇

gargamello *m.*〈解〉气管

garganta *f.* ①〈解〉喉咙,咽喉;(咽)喉(部);②〈解〉颈(部);脖子;③足弓[背];④(器物等的)颈部;颈状部位,细长部分;⑤山[峡]谷,隧道;沟壑(河流等)狭窄部分;⑥〈建〉柱颈;⑦〈冶〉炉喉;⑧(排出刨花的)凹槽;⑨(滑轮等的)槽沟;⑩〈军〉(碉堡的)小枪炮眼;枪托握把;⑪〈电〉绝缘子颈;⑫〈植〉喉部

gargantón *m. Amér. L.* 〈兽医〉放线菌病

gargavero *m.* ①〈解〉咽喉；②〈乐〉双管笛

gárgol *m.* 凹槽，槽沟

gárgola *f.* ①〈建〉滴水瓦［嘴］，笕槽；②〈植〉亚麻果

gargolismo *m.* 〈医〉脂肪软骨营养不良

garguero *m.* 〈解〉①咽喉；②气管

garimpo *m. Amér. L.* ①钻石开发公司；②钻石矿区

gariofilea *f.* 〈植〉野生麝香石竹，野生康乃馨

garita *f.* ①岗［哨］亭；②（卡车）驾驶室；③（碉堡上的）瞭望哨，碉楼；④*Amér. L.*（警察）岗亭；⑤*Méx.* 城门收税；进城关卡；关卡收税所
　～ de centinela 岗亭
　～ de control 边防［公路］检查站
　～ de señales（铁路上的）信号楼［房］

garitea *f. And.* 〈船〉（内河运输用的）平地船，筏子

garjao *m. Amér. L.* 〈鸟〉鲣鸟

garlopa *f.* 〈建〉（木工用的）长刨，粗［大］刨
　～ ladera（修）边刨

garlopín *m.* 〈建〉（木工用的）小细［长］刨

garneo *m.* 〈动〉琴鲂鲱

garnierita *f.* 〈地〉〈矿〉硅镁镍矿

garopa *f. Méx.* 〈动〉一种石斑鱼

garra *f.* ①〈鸟、兽、昆虫、猛禽等的）爪；②手（掌）；③〈医〉爪形手；④（抓，卡，钩，锚）爪，爪状物，爪形器具，爪钩（杆），伞形锚钩；⑤〈机〉（汽车、机器等的）离合器；离合器杆［踏板］；⑥（皮革、毛皮的）腿皮，边皮
　～ cubital 尺骨神经性爪形手
　～ de seguridad 安全离合器
　llave de ～s ①钩形扳手；②〈医〉弓［爪］形足
　tipo de ～ 箝入［紧嵌］式（轮胎）

garrancha *f.* 〈植〉佛焰苞

garrancho *m.* 〈植〉①（树枝的）断枝［杈］；②（残留在树上的）枝丫

garranchuelo *m.* 〈植〉红马唐

garrapata *f.* ①〈昆〉（牲畜身上的）扁［壁］虱，蜱；②*Méx.* 〈植〉卢艾德康达木

garrapatea *f.* 〈乐〉三十二分音符

garrapatero *m.* ①〈鸟〉牛鹂；②*Amér. L.* 啄虱鸟（专门啄食动物身上的虱）；③*Ecuad.*, *Méx.* 大犀鹃；④*Col.*, *Venez.* 一种犀鹃；⑤*Antill.*, *Méx.* 滑嘴犀鹃

garrapaticida *adj.* 杀虫的 ‖ *m.* 杀虫剂［药］；去虱剂

garrapato *m.* ①吊［铁，抓］钩；②〈海〉（钩住敌船等用的）抓钩；②*Esp.* 〈植〉绿菜豆

garrapito *m.* 〈动〉仰泳蝽；水蝽

garrapo *m. Esp.* 〈动〉乳猪

garrar *intr.* 〈海〉（渔船）拖锚漂流

garrete *m. Amér. C.*, *And.*, *Cono S.* 〈解〉①（马的）跗关节，飞节；②腘，膝弯

garriga *f.* 〈植〉（由常青灌木退化而形成的）植物群落

garro *m. Amér. L.* 〈植〉（植物上的）霉菌

garroba *f.* 〈植〉角豆荚

garrobilla *f.* ①角豆树木屑（用于制革）；②*Venez.* 〈植〉鞣料云实

garrobillo *m. P. Rico* 〈植〉鞣料云实

garrobo *m.* ①*Amér. C.* 〈动〉鬣蜥；带鳞厚皮蜥蜴；②*Amér. C.* 〈动〉小鳄鱼；③〈植〉角豆树

garrocha *f.* ①（装有尖铁头的）长杆；②*Amér. L.* 〈体〉撑杆；③*Méx.* 加罗恰（长度单位，约合 2 米）；④*Riopl.* 〈植〉黄钟花
　salto con［de］ ～ 〈体〉撑竿跳

garrocho *m. Amér. L.* 〈植〉岗棉树

garrofa *f.* 〈植〉角豆荚

garrofero *m.* 〈植〉角豆树

garrón *m.* ①（禽类的）距；②（动物的）爪子；③足跟；④（牲畜的）后蹄拐；⑤（牛、羊等的）腿肉；⑥（树枝的）断枝；⑦*Amér. L.* 〈解〉（马等的）飞［跗关］节

garronuda *f. Bol.* 〈植〉①气根棕；②佛肚棕

garronudo,-da *adj. Méx.* 〈解〉飞节大的

garrotal *m.* 油橄榄苗圃

garrote *m.* ①棍（状物），棒（状物）；②〈医〉止血带，压脉器；③（油橄榄树的）插条；④*Méx.* 刹车，制动器［装置］；⑤（用木棍将绳子扭紧的）绞扎法；⑥〈海〉桅栓；⑦*Méx.*（山上下来的）滚石，漂砾；⑧（墙面等的）隆起
　la política del ～ y la zanahoria "胡萝卜加大棒"的政策；软硬兼施的政策

garrotillo *m.* ①〈医〉咆哮；②〈喉〉白喉；③*Cono S.*（夏季的）冰雹，雹暴［灾］

garrubia *f.* 〈植〉野豌豆

garrucha *f.* ①滑轮［车］，单轮滑车；②〈纺〉绞纱环
　～ combinada 复合式滑轮，滑轮组
　～ fija 定滑轮
　～ movible 动滑轮
　～ simple 单体滑车

garrucho *m.* 〈海〉桅箍，帆环；索耳［眼］

garú *m. Col.* 〈植〉亚麻叶瑞香

garujo *m.* 混凝土

garza *f.* 〈鸟〉鹭
　～ cucharera 一种涉禽
　～ imperial 草鹭
　～ real 苍鹭

garzal *m. Amér. L.* 草鹭筑巢栖息地

garzilote *m. Cub.* 〈鸟〉一种草鹭

garzo *m.* 〈植〉伞菌

garzón *m.* 〈鸟〉① *Col.* , *Venez.* 秃顶鹭；② *Méx.* 大蓝鹭；③ *Cub.* 一种涉禽

gas *m.* ①〈化〉〈理〉气，气体；②煤[可燃]气；③〈矿〉瓦斯；天然气；④毒气；⑤ *Amér. C.* , *Méx.* 汽油；⑥〈生理〉肠[胃]气；⑦ *pl.* 〈医〉肠胃气胀

~ amoníaco 氨气

~ asfixiante 窒息性毒气

~ asociado 伴生气

~ azul de agua 蓝水煤气

~ blanco 一氧化碳

~ butano 液化石油气，丁烷气

~ carbónico 二氧化碳，碳酸气

~ (de) ciudad（城市管道）煤气

~ cloacal(~ de alcantarilla) 下水道（放出的）气体，沟道气

~ cloro 氯毒气

~ comburente 燃气

~ combustible 可燃气体，气体燃料

~ de aceite[petróleo] 石油气

~ de agua(~ hidráulico) 水煤气

~ de agua carburado 增碳水煤气

~ de aire 风煤气

~ de alto horno 高[鼓风]炉煤气

~ de carbón[hulla] 煤气

~ de chimenea 烟气

~ de combustión ①燃气；②废[烟道]气

~ de desecho[escape] 废气

~ de (efecto) invernadero 温室气体（如二氧化碳等）

~ de gasógeno 发生炉煤气

~ de generador 发生器气体

~ de guerra 〈军〉毒气

~ de hidrocarburo 烃气

~ de hornos de coque 焦炉气

~ de los pantanos 沼气

~ de madera 木(煤)气

~ de síntesis 合成气

~ del alumbrado 温室气体（如二氧化碳等）

~ en la sangre 血气

~ exhilarante[hilarante] 笑气，一氧化二氮

~ grisú 沼(煤)气

~ ideal[perfecto] 理想气体

~ imperfecto 非理想气体

~ inactivo[inerte] 不活泼气体，惰性气体

~ intestinal 肠胃气

~ lacrimógeno 催泪性毒气，催泪瓦斯

~ licuado 液化气体

~ licuado de petróleo 石油液化气

~ liquidable del petróleo 液化石油气，丁烷气

~ mostaza 芥子气

~ natural[verde] 天然(煤)气，石油气

~ nervioso[neurotóxico] 神经(错乱)性毒气

~ noble 稀有气体，惰气

~ ocluido 包(藏)气，吸留气体

~ oil 粗柴油，瓦斯油

~ pobre ①发生炉煤气；②风煤气

~ propano 丙烷气

~ raro 稀有气体

~ residual ①爆后气；②（真空管中的）剩余气

~ resificante 糜烂性毒气

~ sarín 〈军〉沙林，甲氟磷酸异丙酯（一种含神经性毒气的化学剂）

~ tóxico 毒气

~ vesicante 〈军〉起疱毒气

~ vomitivo（用于防暴等的）呕吐性毒气

~es de escape 废气，烟(道)气

~es freáticos 准火山瓦斯

~es perdidos 废气

agua (mineral) con/sin ~ 有/无气(矿泉)水

botella de ~ 储气瓶[筒，钢瓶]；气缸

cable lleno de ~ 充气电缆

cámara de ~ 死刑毒气室

canalización de ~ 煤气管道(化)

cocina de ~ 煤气灶

contador de ~ 煤气表

encendedor de ~ ①气体打火机；②（用于点燃煤气灶、煤气灯等的）煤气点燃器

(enlucido) impermeable a los ~es 不透[漏]气的，气密的，密封的

exhalaciones de ~ 〈矿〉气窒息

hornillo de ~ 煤气炉

mechero de ~ ①煤气喷嘴；②煤气炉

motor de ~ 燃[煤]气(内燃)机

soldadura por ~ 气[乙炔]焊

tubo de conducción de ~es 煤气总管

turbina a ~ 燃气轮机，气体涡轮机

gas. *abr.* gasolina 汽油

gasa *f.* ①(薄，轻罗)纱；②皱丝[线，织物]；③(线，纱，滤，金属丝)网；④(医用)纱布，软麻布，绒布；⑤ *pl.* (影院银幕前的)纱幕

~ absorbente[desgrasada] 脱脂纱布

~ antiséptica 消毒纱布

~ de alambre 铁[金属]丝网

~ de vaselina 凡士林纱布

~ desinfectada[esterilizada] 消毒纱布

~ enyesada 石膏纱布

~ estéril absorbente 无菌脱脂纱布

~ hemostática 止血纱布

gaseado,-da *adj.* 充满二氧化碳的,泡腾的 ‖ *m.* 〈纺〉烧毛

gaseiforme *adj.* 气态[状]的,(形成)气体的

gaseoducto *m.* 煤[输]气管(道)

gaseoso,-sa *adj.* ①气体的;似气体的;②气(体状)态的;③(蒸汽)过热的

agua ~a 苏打水

bebida ~a 含气饮料

cuerpo ~ 气体

edema ~ 〈医〉气性水肿

estado ~ 气态

rectificador ~ 充气管整流器

vapor ~ 气态[过热]蒸汽

gásfiter; gasfitero *m. Amér. L.* 煤气安装工;水管[管道]工;

gasificación *f.* ①气化;气化过程;②〈化〉〈理〉气化(法,作用);气体生成;③(城市的)煤气供应;④(在液体中)充二氧化碳

~ subterránea 地下气化

gasificador *m.* ①燃气发生器,汽化器;②煤气发生炉,煤气取暖器

gasificar *tr.* ①使气化,使[转化]成气体;②为(液体)充气,充二氧化碳

~ el carbón 使煤炭气化

gasipaes *m. Bras.* 〈植〉加斯佩桃木棕

gasístico,-ca *adj.* (煤)气的;气体的

gasoducto *m.* 煤气管(道),输气管道

gasofa *f.* 汽油

gasógeno *m.* ①(煤气)发生炉[器];②(附设于汽车等外的)木炭燃气发生器,可燃气体发生器;③洗涤汽油,照明汽油(汽油和酒精混合物)

~ de acetileno 乙炔发生器

gas de ~ 发生炉煤气

gas oil; gas-oil; gasoil *m. ingl.* 粗柴油,瓦斯油

gasoleno *m.* 汽油

gasóleo *m.* 粗柴油,瓦斯油

~ B 红色柴油

gasolero *m.* 柴油发动机车

gasolina *f.* ①汽油;②*Cari.* 加油站

~ con plomo 加铅汽油

~ corriente 车用汽油

~ de alto octanaje 高辛烷值汽油

~ de aviación[avión] 航空汽油

~ de cracking[piroescisión] 裂化汽油

~ de destilación 直馏汽油

~ de gas natural 井汽油

~ extra[súper] 四星汽油

~ mezclada 掺混汽油

~ natural 天然气,石油气

~ normal 二星汽油

~ reformada 裂化气

~ regular 低辛烷值汽油

~ sin plomo 无铅汽油

~ sintética 合成汽油

lata de reserva de ~ (军用五加仑装的)简便油桶

gasolinera *f.* ①汽艇;②加油站;③零售汽油商店;④*Col.* 柴油机轨道车

gasometría *f.* 〈化〉①气体定量分析;②气体定量分析法

gasométrico,-ca *adj.* 〈化〉①气体定量分析的;②气体定量分析法的

gasómetro *m.* ①〈化〉贮气器;②〈化〉气量计[表,瓶];③〈化〉气体定量器;④(储)煤气柜;储(煤)气柜

gasoscopio *m.* 气体检验器

gasparito *m. Méx.* 〈植〉珊瑚刺桐(花)

gásquet(*pl.* gásquets) *m. Amér. L.* 〈机〉垫圈,衬[密封]垫

gastador,-ra *m. f.* 〈军〉工兵

gastamiento *m.* 消[损]耗,磨损

gasteromicetes *m. pl.* 〈植〉腹菌目

gasteromiceto,-ta *adj.* 〈植〉腹菌目的 ‖ *m. pl.* 腹菌目

gasterópodo,-da *adj.* 〈动〉腹足纲软体动物的 ‖ *m.* ①腹足纲软体动物;②*pl.* 腹足纲

gasto *m.* ①花费[钱];② *pl.* 费用,开支[销];支出;③〈理〉(水、气、电等的)流[排]量;④消耗(量)

~ crítico 临界流量

~ de aceite 耗油量

~ de agua 耗水量,水量消耗

~ de calor 耗热量,热量消耗

~ de costo 成本开支

~ de crecida 洪流

~ de representación (政府官员的)公职津贴

~ de residencia 房贴

~ social 福利开支

~s administrativos(~s de administración) 管理费

~s aduaneros 报关费用

~s comerciales 营业费[开销]

~s comunes *Amér. L.* 服务费

~s corrientes ①(公司等的)经营费用;运转费;日常开支;②(行政管理的)营业[收益]支出

~s de amortización 折旧费

~s de asistencia médica 医疗费

~s de barcaza[gabarra] 驳船费

~s de compostura 修理费

~s de comunidad 服务费,小费

~s de conservación 保养费

～s de contabilidad 簿记费用

～s de defensa〈军〉防御开支

～s de demolición 拆除[迁]费

～s de depósito en aduana 保税仓储费

～s de desplazamiento ①旅费;②搬迁费

～s de establecimiento[fundación] 创办费

～s de estadía 港口装卸滞期费

～s de explotación 营业费

～s de flete 运输费

～s de instalación ①基本建设费用,资本费用;②安置费

～s de mantenimiento 维修[养护,保养]费

～s de representación 招待费

～s de servicio 服务费

～s de tramitación 手续费

～s de transporte ①运输费;②旅费

～s de viaje 旅费

～s diferidos 递延费用

～s falsos 杂费,从属费用

～s generales 管理[总务]费用,间接费用;总[一般]开支

～s imprevistos 应急[临时]费,意外开支

～s judiciales 诉讼费

～s menores (de caja) 小额现[备用]金

～s menudos 杂费

～s operacionales[operativos] 经营费用,日常费用

～s vendidos 应计费用

coeficiente de ～ 流量系数

gastón *m. Amér. C.*〈医〉腹泻

gastralgia *f.*〈医〉胃痛,胃脘痛

gastrálgico,-ca *adj.*〈医〉胃痛的

gastralgocenosis; gastralgoquenosis *f.*〈医〉胃空痛

gastraneuria *f.*〈医〉胃神经机能不良

gastratrofia *f.*〈医〉胃萎缩

gastrea *f.*〈动〉原肠蛆[幼虫]

gastrectasia; gastrectasis *f.*〈医〉胃扩张

gastrectomía *f.*〈医〉胃切除术

gastremia *f.*〈医〉胃充血

gástrico,-ca *adj.*〈解〉〈医〉胃(部)的

atrofia ～a 胃萎缩

cálculo ～ 胃石

crisis ～a 胃危象

fiebre ～a 胃热

fístula ～a 胃瘘

hemorragia ～a 胃出血

úlcera ～a 胃溃疡

gastrícola *adj.*〈动〉寄生在胃里的

gastrina *f.*〈医〉促胃液素,胃泌素

gastrinoma *m.*〈医〉胃泌素瘤

gastrítico,-ca *adj.*〈医〉胃炎的

gastritis *f. inv.*〈医〉胃炎;胃粘膜炎

～ aguda/crónica 急/慢性胃炎

～ antral[ántrico] 胃窦炎

～ atrófica 萎缩性胃炎

～ corrosiva 腐蚀性胃炎

～ erosiva 糜烂性胃炎

～ esclerótica 硬化性胃炎

～ hipertrófica 肥厚性胃炎

～ infectiva 感染性胃炎

～ poliposa 息肉性胃炎

gastroadenitis *f. inv.*〈医〉胃腺炎

gastroanastomosis *f.*〈医〉胃胃吻合术

gastrobosis *f.*〈医〉胃穿孔

gastrocámara *f.*〈医〉胃内照相机

gastrocardíaco,-ca *adj.*〈解〉胃心的

gastrocele *m.*〈医〉胃膨出

gastrocnemio,-mia *adj.*〈解〉腓肠肌的 ‖ *m.* 腓肠肌(小腿后方的一块大肌肉)

músculo ～ 腓肠肌

gastrocólico,-ca *adj.*〈解〉胃结肠的

gastrocolitis *f. inv.*〈医〉胃结肠炎

gastrocoloptosis *f.*〈医〉胃结肠下垂

gastrocolostomía *f.*〈医〉胃结肠吻合术

gastrocolotomía *f.*〈医〉胃结肠切开术

gastrodiafanía *f.*〈医〉胃透照镜检查

gastrodiáfano *m.*〈医〉胃透照灯

gastrodiafanoscopia *f.*〈医〉胃透照镜检查

gastrodiafanoscopio *m.*〈医〉胃透照镜

gastrodinamómetro *m.*〈医〉胃动力测定器

gastrodinia *f.*〈医〉胃痛

gastrodisco *m.*〈解〉〈医〉胚盘

gastroduodenal *adj.*〈医〉胃十二指肠的

gastroduodenitis *f. inv.*〈医〉胃十二指肠炎

gastroduodenoscopia *f.*〈医〉胃十二指肠镜检查

gastroduodenostomía *f.*〈医〉胃十二指肠吻合术

gastroenteralgia *f.*〈医〉胃肠痛

gastroentérico,-ca *adj.*〈解〉胃肠的

gastroenteritis *f. inv.*〈医〉胃肠炎

gastroenterocolitis *f. inv.*〈医〉胃小肠直肠炎

gastroenterología *f.*〈医〉胃肠病学;胃肠学

gastroenterólogo,-ga *m. f.*〈医〉胃肠病学家;胃肠学家

gastroenteropatía *f.*〈医〉胃肠病

gastroenteroplastia *f.*〈医〉胃肠成形术

gastroenterostomía *f.*〈医〉胃肠吻合术

gastroenterotomía *f.*〈医〉胃肠切开术

gastroepiloico,-ca *adj.*〈解〉胃网膜的

gastroesofágico,-ca *adj.* 〈解〉胃食管的

gastroesofagostomía *f.* 〈医〉胃食管吻合术

gastrofibroscopia *f.* 〈医〉胃纤维内(窥)镜检查

gastrofibroscopio *m.* 〈医〉胃纤维内(窥)镜

gastrofotografía *f.* 〈医〉胃内照相术

gastrofrénico,-ca *adj.* 〈解〉胃膈的

gastrogastrostomía *f.* 〈医〉胃胃吻合术

gastrogavaje *m.* 〈医〉胃管饲法

gastrógeno,-na *adj.* 〈医〉胃源性的

gastrografía *f.* 〈医〉胃动描记法

gastrógrafo *m.* 〈医〉胃动描记器

gastrohepático,-ca *adj.* 〈解〉胃肝的

gastroileostomía *f.* 〈医〉胃回肠吻合术

gastroiliaco,-ca *adj.* 〈解〉胃回肠的

gastrointestinal *adj.* 〈解〉胃肠的

gastrolavado *m.* 〈医〉洗胃(法)

gastrolienal *adj.* 〈解〉胃脾的

gastrolisis *f.* 〈医〉胃松懈术

gastrolitiasis *f.* 〈医〉胃石病

gastrolito *m.* 〈动〉胃石

gastrología *f.* ①烹饪[美食]学;美食法;②〈医〉胃病学;胃学

gastrólogo,-ga *m.f.* ①〈医〉胃病学家;②烹饪[美食]学家;美食家

gastromegalia *f.* 〈医〉巨胃

gastromicosis *f.* 〈医〉胃霉菌病

gastromiotomía *f.* 〈医〉胃肌切开术

gastromixorrea *f.* 〈医〉胃黏液溢

gastronomía *f.* 美食[烹饪]学,美食[烹饪]法

gastroparálisis *f.* 〈医〉胃麻痹

gastropatía *f.* 〈医〉胃病

gastroperitonitis *f.inv.* 〈医〉胃腹膜炎

gastropexia *f.* 〈医〉胃固定术

gastroplastia *f.* 〈医〉胃成形术

gastroplejía *f.* 〈医〉胃麻痹,胃瘫

gastroplicación *f.* 〈医〉胃折叠术

gastrópodo,-da *adj.* 〈动〉腹足纲软体动物的 ‖ *m.* ①腹足纲软体动物;②*pl.* 腹足纲

gastroptosis *f.* 〈医〉胃下垂

gastrorrafia *f.* 〈医〉胃缝(合)术

gastrorragia *f.* 〈医〉胃出血

gastrorrea *f.* 〈医〉胃液分泌过多

gastroscopia *f.* 〈医〉胃镜检查

gastroscopio *m.* 〈医〉胃镜

gastrosis *f.* 〈医〉胃病

gastrospasmo *m.* 〈医〉胃痉挛

gastrosplénico,-ca *adj.* 〈解〉胃脾的

gastrosquisis *f.* 〈医〉腹裂(畸形)

gastrostaxis *f.* 〈医〉胃渗血

gastrostenosis *f.* 〈医〉胃狭窄

gastrostogavaje *m.* 〈医〉胃瘘管饲法

gastrostolavado *m.* 〈医〉胃瘘注洗法

gastrostomía *f.* 〈医〉胃造口术

gastrosucorrea *f.* 〈医〉持续性胃液分泌过多

gastrotimpanitis *f.* 〈医〉胃鼓胀,胃积气

gastrotomía *f.* 〈医〉胃切开术

gastrotonometría *f.* 〈医〉胃内压测量法

gastrotonómetro *m.* 〈医〉胃内压测量器

gastrotrico,-ca *adj.* 〈动〉腹毛动物的 ‖ *m. pl.* 腹毛动物(指腹毛类微小的假体腔动物)

gastrovascular *adj.* 〈动〉肠腔的

gastroxia *f.* 〈医〉胃酸过多(症)

gastroyeyunostomía *f.* 〈医〉胃空肠吻合术

gastrozoide *m.* 〈动〉营养个体(属群体腔动物,其特征为具有一个口和消化器官)

gástrula *f.* 〈动〉〈生〉原肠胚

gastrulación *f.* 〈生〉原肠胚形成

gata *f.* ①山岚;〈气〉岚烟;②〈植〉刺芒柄花;③〈军〉伪装披风;④*Chil.* 〈机〉曲柄,摇把;⑤*Chil.*,*Per.*(汽车等用的)起重器,千斤顶;⑥〈纺〉粗节

gateadera *f.* *Col.* 〈植〉石松

gatera *f.* ①(猫自己开启的)猫洞;②〈海〉导缆孔;③〈建〉(斜屋面上的)透气孔

gatillazo *m.* ①扣扳机;②〈医〉急性阳痿

gatillo *m.* ①(枪等的)扳机,击针,触发器;②(木工用的)夹具;③〈机〉(脉冲)触发信号;④(牙医师用的)拔牙钳;⑤〈动〉(部分四蹄动物的)颈背;⑥*Chil.*(马鬃甲部位的)长鬃;⑦*Esp.* 〈植〉刺槐花

~ doble 双脉冲触发信号

gatismo *m.* 〈医〉大小便失禁

gato,-ta *m.f.* 〈动〉猫 ‖ *m.* ①〈机〉千斤顶,起[顶]重器;②〈机〉虎钳,(木工用的)夹具;③*Méx.* 扳机,引爆器;④捕鼠器;铁钩子;⑤炮筒检查器;⑥猫科动物;⑦*Amér.L.* 〈医〉梅毒;⑧*Amér.C.* 肌肉

~ alzacarriles 起轨器,钢轨起重器

~ ardilla *Méx.* 蓬尾浣熊

~ bermejo *Bras.* 山猫

~ cerval[clavo] ①蓑猫;②*Amér.L.* 美洲豹猫

~ cervante *Amér.L.* 斑纹豹猫

~ de agua(放在水缸上让鼠掉入水中的)捕鼠器

~ de algalia 灵猫

~ de Angora 安哥拉猫

~ de corredera 桥式起重器

~ de cremallera 齿条齿轮千斤顶

~ de husillo 螺旋千斤顶[顶重器]

~ de las pampas *Amér.M.* 潘帕猫

~ de locomotora 机车吊机,机车起重机

~ de mar〈动〉①银鲛;②*Chil.* 水獭

~ de pistón 活塞千斤顶

~ de tornillo 螺旋千斤顶[起重器]

~ gallinero *Col.* 美洲野猫

~ hidráulico 液压千斤顶,液力起重器

~ libre 豹猫

~ lince *Méx.* 墨西哥猞猁

~ manual 手动千斤顶[起重器]

~ marino 角鲨

~ montés ①*Méx.* 墨西哥猞猁;灰狐;②*Per.* 美洲豹猫

~ murisco *Bras.* 美洲豹猫

~ negro *Par.* 美洲豹猫

~ neumático 气压千斤顶,气力起重器

~ pampeano 美洲野猫

~ pantero *Bol.* 美洲豹猫

~ persa 波斯猫

~ pintado *Bras.* 虎猫

~ retractor del aterrizador 升降机;(飞机起落架的)收放机构

~ romano 家猫,(带有深色斑纹或斑点的灰色或褐色毛皮的)斑猫

~ sencillo 普通手动千斤顶

~ siamés 暹罗猫

~ tigre *Amér. L.* 美洲豹猫

~ zambo *Amér. M.* 蛛猴

gatopardo *m.*〈动〉豹猫

GATT *abr. ingl.* General Agreement on Tarrifs and Trade 关税及贸易总协定(*esp.* Acuerdo General sobre Aranceles Aduaneros y Comercio)

gatuna; gatuña *f.*〈植〉刺芒柄花

gatuno,-na *adj.* (似)猫的‖*f.*〈植〉刺芒柄花

gatuño *m. Méx.*〈植〉绒毛果含羞草

Gaucher *m.* 见 enfermedad de ~

enfermedad de ~ 戈谢病(一种因葡萄糖脑苷脂酶缺乏引起的一组先天性糖鞘脂代谢异常疾病)

gaudiniano,-na *adj.*〈建〉(西班牙建筑师)高迪(Gaudi)的,具有高迪建筑风格的

gaur *m.*〈动〉白肢[印度]野牛(产于印度、缅甸等国)

gausímetro *m.*〈理〉高斯计,(以高斯,千高斯表示的)磁强计

gausio; gauss; gaussio *m.*〈电〉①高斯(电磁系单位制中的磁感应强度或磁通密度单位);②奥斯特,高斯(电磁单位制中的磁场强度单位)

distribución de ~ 高斯分布,正态分布

fuerza magnetomotriz expresada en ~s 高斯数(以高斯为单位的磁感应强度)

teorema de ~〈数〉高斯定理

gaussiano,-na *adj.* (德国数学家)高斯(Gauss)的

distribución ~a 高斯分布

gaussiómetro *m.*〈理〉高斯计,(以高斯,千高斯表示的)磁强计

gavaje *m.* ①(使用胃管喂养的)管饲(法);②(使家禽肥壮的)强饲(法)

gavanza *f.*〈植〉犬蔷薇花

gavanzo *m.*〈植〉①犬蔷薇;②蔷薇丛;蔷薇树

gavera *f.* ① *Amér. L.* 板[柳]条箱;② *Col.,Méx.,Venez.*〈建〉砖[瓦]坯模;③ *Per.*〈建〉(打土墙用的)模板;④*Col.*(甘蔗糖浆的)冷凝槽

gavia *f.* ①〈海〉中[主]帆;②〈海〉桅顶平台,桅楼;③沟(渠)排水沟;分界沟;④〈鸟〉海鸥;⑤笼子;(尤指禁闭精神病人用的)囚笼;⑥*Esp.*〈植〉植树坑;⑦*Méx.*〈植〉鸭皂树(合金欢)

gavial *m.*〈动〉①印度食鱼鳄,恒河鳄,长吻鳄;②马来鳄

gaviao *m. Bras.*〈鸟〉双齿鹰

gaviero *m.*〈海〉桅楼瞭望员

gavieta *f.*〈海〉小桅楼

gaviete *m.*〈海〉起锚杆,吊(艇,锚)杆[柱]挂艇架

gaviforme *adj.*〈鸟〉潜鸟目的‖*m.* ①潜鸟;②*pl.* 潜鸟目

gavilán *m.* ①〈鸟〉雀鹰;*Cub.* 古巴鹰;②〈植〉刺菜蓟花;*C.Rica,Nicar.* 丝线五柳豆;③*Amér. L.* 长入肉里的指甲刺

~ de monte *Amér.L.*〈鸟〉一种鸶

~ pescador *Méx.*〈鸟〉鹗

gavilana *f.*〈植〉①*C.Rica* 养生菊;②*Nicar.,C.Rica* 瓣脉菊

gavilancillo *m.* ①〈植〉(洋蓟)钩状叶尖;*Méx.*〈鸟〉美洲隼

gavilucho *m.*〈鸟〉①*Amér. L.* 雏幼鹰;②*Col.* 雀鹰

gavina *f.*〈鸟〉海鸥

gavinote *m.*〈鸟〉雏鸥

gavión *m.* ①〈建〉(水利工程、建筑工程用的)土石筐,沙袋;②〈军〉沙袋工事;堡垒

gaviota *f.* ①〈鸟〉海鸥;②*Méx.* 飞行员

~ argente[argéntea] 银鸥

gaviotín *m. Amér.L.*〈鸟〉南美洲燕鸥

gay *m. P. Rico*〈植〉灰白毛楝

gaya *f.* ①〈鸟〉喜鹊;②色条,条纹

gayadura *f.*〈缝〉(衣服等的)异色边饰

gayera *f.*〈植〉(大种)樱桃

gaylusita *f.*〈地〉斜钠钙石

gayomba *f.*〈植〉鹰爪豆

gayuba *f.* 〈植〉熊果

gayubal *m. Amér.L.* 熊果树林

gayumba *f. Dom.* 〈乐〉加雍巴(一种乐器)

gaza *f.* ①〈绳、线等打成的)圈,环;②〈海〉绑结(指绑在其他绳索或柱上的结);绳套索,绳耳[扣]

gazapo *m.* ①〈动〉幼兔;②〈书写或讲话中的)疏忽,漏洞;③〈印〉错排,印刷错误;④〈信〉计算机程序[系统]错误

gaznate *m.* 〈解〉食管;咽喉;颈;气管

gazul *m.* 〈植〉番杏

Gb *abr.ingl.* gigabit 见 gigabit

GB *abr.ingl.* gigabyte 见 gigabyte

GC *abr.* Guardia Civil 〈(农村的)治安警察;民防部队)；②宪警,武装警察

Gd 〈化〉元素钆(gadolinio)的符号

GDP *abr.ingl.* gross domestic product 国内生产总值

Ge 〈化〉元素锗(germanio)的符号

gea *f.* ①(一个地区的)地理;②地理著作

geanticlinal *adj.* 〈地〉地背斜的 ‖ *m.* 地背斜

geco *m.* 〈动〉壁虎,守宫

gecónido,-da *adj.* 〈动〉壁虎科的 ‖ *m. pl.* 壁虎科

gehlenita *f.* 〈地〉钙(铝)黄长石

géiser *m.* 〈地〉间歇喷泉

geiserita *f.* 〈地〉硅华

geitonogamia *f.* 〈植〉同株异花受精

gel(*pl.* gels；geles) *m.* ①凝胶,凝胶体,(液)冻胶;胶滞体;②(定型)发胶;③见 ~ de baño
　　~ de baño 沐浴露[液]
　　~ de sílice 硅胶,二氧化硅凝胶

gelamonita *f.* 胶状炸药

gelatina *f.* ①果子冻;②(白)明胶,(水,骨,动物)胶,凝胶体;③植物胶;胶质;胶状物质;④见 ~ explosiva
　　~ de pescado 鱼胶
　　~ de piel de burro 驴皮胶
　　~ explosiva 甘油凝胶,明胶炸药

gelatinado,-da *adj.* ①(明)胶的;②胶状的

gelatinar *tr.* 涂胶于,在…上涂明胶

gelatinasa *f.* 〈生化〉白明胶酶

gelatinífero,-ra *adj.* 产[含]胶的

gelatinificación *f.* 胶凝(作用)

gelatiniforme *adj.* 胶状的

gelatinización *f.* 胶凝(作用)；胶质化

gelatinizante *m.* 凝胶剂

gelatinizar *tr.* ①使成胶状；使成明胶；使胶(质)化；②〈摄〉在…上涂明胶 ‖ *intr.* 成胶状；成为明胶；胶(质)化

gelatinobromuro *m.* 溴化银胶溶液(摄影胶片感光剂)

gelatinografía *f.* 〈印〉明胶[珂罗版]制版法

gelatinoideo,-dea *adj.* 胶状的

gelatinoso,-sa；gelatinudo,-da *adj.* ①胶的；明胶的；②胶样[状]的；明胶状的；③含明胶的
　　tumor ~ 〈医〉胶样瘤

gelcromatografía *f.* 〈化〉凝胶色谱(法)

geldre *m.* 〈植〉欧洲荚蒾(花)

gelfiltración *f.* 〈化〉凝胶过滤

gelificación *f.* 胶凝(作用)；胶化(作用)

gelificar *tr.* 〈化〉使成凝胶体；使成胶状 ‖ ~se *r.* 形成胶体,胶凝,胶化

gelifracción *f.* 〈地〉融冻崩解(作用)

gelignita *f.* ①葛里炸药,胶质达纳炸药；②爆炸胶,硝酸爆胶

gelinita *f.* 炸胶

gelisol *m.* 〈地〉冻地,(永)冻土

gelivación *f.* 〈地〉融冻崩解(作用)

gelividad *f.* 〈建〉建筑材料的冻裂

gelosa *f.* 〈生化〉琼脂糖；半乳聚糖

gelosis *f.* 〈医〉凝[硬]块
　　~ muscular 肌硬结

geloterapia *f.* 〈医〉欢笑疗法

gelsemina *f.* 〈生化〉钩吻碱

gelsemio *m.* ①〈植〉常绿钩吻，钩吻属植物；②(常绿)钩吻根(用作药物)

gelsolina *f.* 〈医〉球溶胶蛋白,凝胶溶胶素

gema *f.* ①宝石；②珍宝,精[珍]品；宝石雕件；〈植〉(叶)芽,蓓蕾；③(木材上面的)树皮
　　~ industrial 工业宝石
　　~ reina 钻石

gemación *f.* 〈生〉①出芽生殖,芽生；②出[发]芽

gemela *f.* 〈植〉茉莉

gemelación *f.* 〈医〉双胎妊娠[分娩]

gemelípara *adj.* 〈医〉双胎产妇的 ‖ *f.* 双胎产妇

gemelo,-la *adj.* ①孪[双]生的；双胎的；②(成)双[对]的；③双芯的；④〈解〉孖肌的；⑤(木头)双料的；⑥(晶体)孪晶的 ‖ *m. f.* 孪生儿之一,双胞胎之一 ‖ *m.* ①〈解〉孖肌；②(衬衫的)袖口链扣；③(船)姐妹船,同型船；④[G-]〈天〉双子(星)座 ‖ *m. pl.* ①孪生儿,双(胞)胎；②双筒望远镜；③〈建〉对[孪]柱；④双[孪]晶
　　~s biovulares 双卵性双胎(儿)
　　~s de campaña[campo] (野外用)双筒望远镜
　　~s de teatro (看戏用的)观剧镜
　　~s fraternos[heterólogos] 异卵双生[胎],异卵双胞(儿)

~s homólogos[idénticos] 同卵双生[胎]，单卵李[双]生，单卵双胞(儿)

~s monocorial 单绒膜双胎(儿)

~s monocoriónico 单绒膜双胎(儿)

~s monoovular[uniovular] 单卵性双胎(儿)

~s periscópicos 潜望镜式双筒望远镜

~s prismáticos 棱镜双目望远镜

columnas ~as〈建〉双柱

gemífero,-ra *adj*. ①产宝石的;含有宝石的;②〈生〉有[出]芽的,出芽生殖的,芽生的;③〈植〉生枝的

gemificación *f*.〈生〉①出芽生殖,芽生;②出[发]芽

gemificar *intr*.〈生〉出芽;出芽生殖,芽生

gemífloro,-ra *adj*.〈植〉芽状的,胞芽形的

gemiforme *adj*.〈生〉芽状的,胞芽的;蓓蕾状的

geminación *f*. ①成双[对];加倍,重复;②(牙齿的)双[并]生

geminado,-da *adj*. ①分开的,双分的;②〈生〉成双[对]的,双[对]生的;③〈建〉成对[双]的;④*Méx*. 一分为二的

células ~as 对生细胞

columnas ~as〈建〉双柱

Gemínidas *f. pl*.〈天〉双子座流星群

geminifloro,-ra *adj*.〈植〉对状花的,成对花的

Géminis *m. inv*. ①〈天〉双子(星)座;②〈天〉双子座的 α 星和 β 星

gemiparidad *f*.〈生〉发芽生殖

gemíparo,-ra *adj*.〈生〉发芽生殖的

gemología *f*. 宝石学

gemológico,-ca *adj*. 宝石学的

gemólogo,-ga *m. f*. 宝石学家

gémula *f*. ①〈生〉嫩[胚,原]芽;②〈医〉芽球;③〈医〉芽突(神经细胞)

gen; gene *m*.〈生〉基因

~ alélico 等位基因

~ cancerígeno 致癌基因

~ complemetario 互补基因

~ de cadena pesada 重链基因

~ detrimental 有害基因

~ dominante 显性基因

~ estructural 结构基因

~ hipermorfo 超效等位基因

~ hipomorfo 亚效等位基因

~ holándrico 限[全]雄基因

~ hologínico 限[全]雌基因

~ inestable[lábil] 不稳定基因

~ integral 整合基因

~ letal 致死基因

~ ligado al sexo 性连锁基因

~ marcador 标记基因

~ mayor 主基因

~ modificador[modificante] 修饰基因

~ mutable 易突变基因

~ mutante 突变基因

~ operador 操纵基因

~ recesivo 隐性基因

~ regulador〈遗〉调节基因

~ repetitivo 重复基因

~ sexo-acondicionado 从性基因,性依从基因

~ sexo-limitado 性限定基因

~ silencioso 沉默基因

~ subletal 亚致死基因

~ suicida 自杀基因

~ suplementario 补加基因

~ supresor 抑制基因

~ transformador 转化基因

banco de los ~s 基因库

mapa del ~ 基因图,基因图谱

mutación del ~ 基因突变

gen. *abr*. ①genitivo 见 genitivo;②[G-] General 将军

gena *f*. ①〈动〉颊;②(用来掺假大麻麻醉剂的)产品;③劣质大麻麻醉剂

genal *adj*.〈解〉面颊的

genciana *f*.〈植〉①龙胆;龙胆属植物;黄[欧]龙胆;②*Bras*. 垂头滑豆花

gencianáceo,-cea *adj*.〈植〉龙胆科的;龙胆属植物的‖*f*. ①龙胆属植物;②*pl*. 龙胆科

~ violeta 龙胆紫

gencianales *f. pl*.〈植〉龙胆属

gencianela *f*.〈植〉龙胆(草);无茎龙胆

gencianeo,-nea *adj*.〈植〉龙胆科的;龙胆属植物的

genealogía *f*. ①家[系,宗]谱(图);②〈生〉(动植物的)系,系统;③系谱[图,统]学,家谱[系]学

genealógico,-ca *adj*. ①家[系,宗]谱的;②〈生〉(动植物)系统的

árbol ~ ①家谱[系]图;②(动植物进化的)系统图[树];系谱树[图]

genealogista *m. f*. 系谱学家;家谱学者

geneantropía *f*. 人类起源,系谱学

genecología *f*. 遗传生物学

generable *adj*. ①可生殖[育]的;②可产[发]生的

generación *f*. ①生殖;②辈,(一)代;一代人;③(人、动物、植物的)后代[裔];④一窝孵出的雏鸡[鸟],(鱼等)一次产出的卵;(昆虫等)一次孵化的幼虫;⑤类,种;⑥发[产]

生;⑦〈数〉(运行)形成;(线、面、体的)生成;⑧〈信〉(计算机等产品的)一代;⑨创造(就业岗位等)

~ asexual 无性生殖

~ espontánea 〈生〉①自然发生;②无生源说;自发[然]发生说(一种认为动植物起源于无生命有机物的过时概念)

~ hidroeléctrica 水力发电

generacional *adj.* ①生殖的;②一代人的;③后代的;④(雏鸡、雏鸟等)一窝孵出的,(昆虫、鱼等)一次产卵的;(幼虫)一次孵化的
abismo[barrera] ~ 代沟(尤指青少年与其父母在情趣、抱负、社会准则以及观点等方面存在的差距)

generador,-ra *adj.* ①(使)产[发]生…的;②〈数〉生成(线,面,体)的 ‖ *m.* ①〈机〉发电[动]机;②(蒸汽,气体,脉冲,信号)发生器;③见 ~ de programas

~ a intensidad constante 恒流发电机

~ a potencia constante 恒功率发电机

~ a tensión constante 恒压发电机

~ acústico 发声器,声换能器

~ amplidino 微场扩流发电机,放大发电机

~ armónico 谐波发生器

~ compound 复激发电机

~ de acetileno 乙炔发生器

~ de agua dulce 软水器,水质软化器

~ de arco 弧光发生器

~ de barrido 扫描发生器

~ de base de tiempos 〈电〉时基(信号)发生器

~ de corriente alterna/continua 交/直流发电机

~ de dientes de sierra 锯齿波发生器

~ de dos corrientes 双[交直]流发电机

~ de forma de onda 波形发生器

~ de gas 气体[燃气]发生器;(内燃机)汽化器

~ de impulsos 脉冲发生器[发动机]

~ de inducción 感应发电机

~ de llamada 铃流(发电)机

~ de plasma 等离子体发生器

~ de programas 程序生成器;生成程序

~ de radioisótopo 放射性同位素发生器

~ de señal 信号发生器,信号机

~ de sincronización 同步(信号)发电机

~ de sobrecorrientes 冲击[浪涌]发生器

~ de tensiones muy altas 脉冲[冲击,浪涌]发生器

~ de tono 音调产生器

~ de trama 条形[栅形场,格子]信号发生器

~ de ultrasonidos 超声波发生器

~ de ultravioleta 紫外线发生器

~ de vapor 蒸汽发生器

~ eléctrico 发电机

~ electrostático 静电发生器[发动机]

~ magnetoeléctrico 永磁发电机,磁电机

~ marcador 标志(信号)发生器

~ polifásico 多相发电机

~ polimórfico 双[交直]流发电机

~ sincrónico 同步发电机

~ solar 太阳能发电机

~ unipolar 单极发电机

~-volante 飞轮式发电机

curva ~a 〈数〉母曲线

general *adj.* ①全体的;总的;普遍的;②干(道,管,线)的;③〈医〉全身的 ‖ *f.* ①(公路)干道,大路;②~ es de la ley 〈法〉例行提问(如法官问证人年龄、性别、职业等)

administración ~ 综合管理

alimentación ~ 主馈线,干线

anemia ~ 〈医〉全身性贫血

carretera ~ (公路)干道,大路

generala *f.* 〈军〉警戒号;准备战斗号

generalista *m. f.* 〈医〉全科医生;(通看各科的)普通医生

médico ~ 全科医生

generalizable *f.* ①可普及的,可推广的;②可概括的,归纳的

generalización *f.* ①普及,推广;②概括,归纳;③普遍化,一般化;④〈逻〉概括

generalizado,-da *adj.* ①分布[散]广的;②〈理〉〈数〉普遍的;推广的;广义的;③〈医〉全身性的,非局部的

generativo,-va *adj.* ①生殖[育]的;生产的;②有生殖能力的;有生产力的

generatriz *adj.* ①〈植〉生长层的;②〈机〉发电的;③见 curva ~ ‖ *f.* ①〈数〉母点[面,线];生成元(素);②发电[动]机

~ asincrónica 异步电动机

~ de flujos alternados(~ heteropolar) 异极发电机

~ de flujos ondulados(~ homopolar) 单极发电机

~ de polos salientes 凸极发电机

~ de rueda hidráulica 水轮发电机

~ sincrónica 同步电动机

curva ~ 〈数〉母曲线

genérico,-ca *adj.* ①〈生〉属的;类的;②(同类事物)共同的,普通的,一般的

nombre ~ 〈生〉属名

género *m.* ①种,类;种类,类型;②(文学、艺术作品的)体裁;③式,方[样]式;④〈生〉

属；⑤*pl.* 商品；⑥织物，料子；纺织品

~ artístico ①〈信〉插图；②艺术作品

~ chico 说唱剧（西班牙的一种轻松小歌剧）

~ dramático 话剧

~ humano 人类

~ lírico 歌剧

~ literario 文学体裁

~ narrativo 小说体裁

~s de algodón 棉纺（织）品

~s de lana[lino] 亚麻[粗纺毛]纺（织）品

~s de punto 针纺（织）品

~s de seda 丝纺（织）品

pintor de ~ 风俗画家

geneserina *f.*〈化〉氧化毒扁豆碱

genésico,-ca *adj.* ①生殖的；发生的；起源的；②遗传(性)的

genesiología *f.* 生殖学

génesis *f. inv.* ①形成，发生；②起源，诞生；③〈生〉生殖

genesistasis *f.* 生殖制止(法)

genética *f.* ①遗传学；②(有机体的)遗传性；遗传现象

~ biométrica 生物统计遗传学

~ bioquímica 生化遗传学

~ clínica 临床遗传学

~ cromosómica 染色体遗传学

~ cuantitativa 数量遗传学

~ de conducta 行为遗传学

~ de desarrollo 发育遗传学

~ de poblaciones 群体遗传学

~ estadística 统计遗传学

~ médica 医学遗传学

~ microbiana 微生物遗传学

~ molecular 分子遗传学

~ somática 体细胞遗传学

ingeniería ~a 遗传工程(学)

geneticista *m. f.* 遗传学家

genético,-ca *adj.* ①遗传的；遗传(学)的；②起源的；发生的；自然生长的；③〈生〉基因的，遗传(性)的 ‖ *m. f.* 遗传学家

código ~ 遗传密码

conversión ~a 基因转变

discriminación ~a 基因歧视

enfermedad ~a 遗传性疾病

frecuencia ~a 基因频率

ingeniería ~a 遗传工程(学)

inmunidad ~a 遗传免疫，免疫遗传

mapa ~ 遗传(学)图，连锁图

marca ~a 遗传标记

material ~ 遗传物质

polusión ~a 基因污染

población ~a 遗传群体

transplantación ~a 基因移植

genetista *m. f.* 遗传学家

genetopatía *f.*〈医〉生殖机能病

génico,-ca *adj.*〈生〉基因的，由基因产生[引起]的；有基因性质的

terapia~a 基因治疗法

geniculado,-da *adj.*〈解〉〈生〉①膝状的；膝状弯曲的；②有膝状关节的

cuerpo ~〈解〉膝状体

genicular *adj.* ①〈植〉长在节上的；在节组织内出现的；②见 geniculado

genículo *m.* ①〈植〉节；②〈解〉膝，小膝

geninas *f. pl.*〈生化〉甙配基

geniofaringeo,-gea *adj.*〈解〉颏咽部的

geniogloso,-sa *adj.*〈解〉颏舌肌的 ‖ *m.* 颏舌肌

geniohioideo,-dea *adj.*〈解〉颏舌骨的 ‖ *m.* 颏舌骨肌

genioplastia *f.*〈医〉颏成形术

genipa *f.*；**genipabo** *m. Amér. L.*〈植〉健立果

genipapeiro；**genipapo**；**genipe** *m. Bras.* 见 genipa

genipí *m.*〈植〉香花蒿

geniquén *m. Méx.*〈植〉优雅龙舌兰

genista *f.*〈植〉金雀花，染料木

genital *adj.* ①生殖的；②〈解〉生殖器的 ‖ *m. pl.* 生殖器；宗筋(中医用语)

~es externos 外生殖器

~es femeninas 阴门，外阴

etapa ~ 生殖器欲期

órganos ~es 生殖器官

genitalidad *f.* ①性行为；性功能；②生殖力

genitivo,-va *adj.* ①生殖[育]的；生产的；②有生殖能力的；有生产力的

genitofemoral *adj.*〈解〉生殖股的

genitoplastia *f.*〈医〉生殖器成形术

genitourinario,-ria *adj.*〈医〉生殖泌尿(器)的，泌尿生殖的

genízaro,-ra *adj.* 混血[种]的

genoblasto *m.*〈生〉①成熟生殖细胞；②受精卵核

genocopia *f.*〈生〉拟基因型

genofobia *f.*〈心〉性恐怖

genol *m.*〈船〉(复)肋材

genoma *m.*〈生〉基因组，染色体组

~ humano 人类基因组

genómero *m.*〈生〉基因粒

genómico,-ca *adj.*〈生〉基因组的，染色体组的

medicina ~a 基因组医学

genomio *m.*〈生〉基因组，染色体组

genopatía *f.* 〈医〉遗传疾病

genoterapia *f.* 〈医〉基因治疗法

genotípico,-ca *adj.* 〈生〉遗传（型）的，基因型的

genotipo *m.* 〈生〉遗传型，基因型
~ bioquímico 生化遗传型

gentamicina *f.* 〈药〉庆大霉素，艮他霉素

gentex *m.* 〈讯〉①国际自动通讯系统；②通讯频道系统

genu *f.* 〈解〉①膝；②膝状体

genuidad *f.* ①纯正性；②真实性

genuino,-na *adj.* ①纯正的，地道的；真正的；②〈医〉真性的；③典型的
demencia ~a 真性痴呆
manuscritos ~s 真迹手稿

genupectoral *adj.* 〈解〉〈医〉膝（与）胸的
posición ~ 膝胸卧位

geoacústica *f.* 地声学

geoambiental *adj.* 地球环境的

geoanticlinal *m.* 〈地〉地背斜，大（地）背斜

geobío *m.* 〈生〉在地球上生存的动植物

geobiología *f.* 地生物学（一门研究动植物地理分布的学科）

geobiológico,-ca *adj.* 地生物学的

geobiótico,-ca *adj.* 生活在陆地的

geobotánica *f.* 植物地理学（一门研究植物地理分布的学科）

geobotánico,-ca *adj.* 植物地理学的 ‖ *m. f.* 植物地理学家

geobotanista *m. f.* 植物地理学家

geocarpia *f.* 〈植〉地下结果性

geocéntrico,-ca *adj.* ①〈天〉地心的；由地心出发观察的；从地心开始测量的；②以地球为中心的
latitud/longitud ~a 地心纬/经度
teoría ~a 地球中心说

geocentrismo *m.* 地球中心说，地心说

geocerita *f.* 硬蜡

geocidio *m.* 地球的毁灭

geociencia *f.* 地球科学（如地质学、地球物理学和地球化学）

geocorona *f.* 地冕（主要由氢组成的大气层的最外层）

geocronología *f.* 地质年代学

geoda *f.* ①〈地〉晶洞［球］；晶洞状物；②空心石核；③〈解〉淋巴腔

geodemografía *f.* 地球人口学

geodesia *f.* ①〈地〉大地测量学（地球物理学的一个分支）；②〈地〉〈测〉大地测量术；③〈数〉最短线，（最）短程

geodésica *f.* 〈地〉〈测〉测［大］地线

geodésico,-ca *adj.* ①〈地〉〈测〉大地测量（学）的；②具地球曲率状曲线的；③〈数〉短程的，最短线的；④〈建〉呈网格球顶式的
línea ~a 测［大］地线

geodesta *m. f.* ①大地测量学家［者］；②测量［勘测，测地］员

geodético,-ca *adj.* ①〈地〉〈测〉大地测量（学）的；②具地球曲率状曲线的；③〈数〉短程的，最短线的；④〈建〉呈网格球顶式的

geodímetro *m.* 光速测距仪，光电测距仪

geodinámica *f.* 〈地〉地球动力学

geodinámico,-ca *adj.* 〈地〉地球动力学的

geoecología *f.* 〈生态〉地球生态学

geoeconomía *f.* 〈地〉地缘经济学，地球经济学（一门研究地理对资源、人口等影响的学科）

geoeconómico,-ca *adj.* 〈地〉地理经济学的

geoelectricidad *f.* 〈地〉大地电

geoeléctrico,-ca *adj.* 〈地〉大地电的

geoestacionario,-ria *adj.* （人造地球卫星）与地球旋转同步的，对地静止的
órbita ~a （与地球）同步轨道，对地静止轨道
satélite ~ （地球）同步卫星，对地静止卫星

geoestrategia *f.* 地缘战略学，地理战略学（地缘政治学的一个分支）

geoestratégico,-ca *adj.* 地理位置具有战略意义的

geoétnico,-ca *adj.* （涉及）种族［部落］间地理关系的

geofagia *f.* 〈环〉食土；食土癖

geófago,-ga *adj.* 〈环〉食土的，有食土癖的 ‖ *m.* ①食土癖；②食土动物

geofílico,-ca *adj.* 〈植〉长在地上的

geófilo,-la *adj.* ①〈动〉（蜗牛、蚯蚓等）适［喜］土的；②〈植〉适［喜］土的；具地下芽的

geofísica *f.* 〈理〉地球物理学（一门研究地球本身及其周围空间的物理性质和物理现象的学科）

geofísico,-ca *adj.* 〈理〉地球物理（学）的 ‖ *m. f.* 地球物理学家
prospección ~a 地球物理勘探

geofita *f.* 地下芽植物（指休眠芽深埋在土层中的多年生植物）

geofito,-ta *adj.* 〈植〉（具）地下芽的
planta ~a 地下芽植物

geófono *m.* ①小型地震仪，地震检波器；②地音探测器，地声测听器

geofotogrametría *f.* 地面摄影测量术

geogenia *f.* 地球成因学

geogénico,-ca *adj.* 地球成因学的

geo-geo *m.* P. Rico 〈植〉长叶楠

geognosia *f.* 地球构造学，构造地质学

geognosta *m. f.* 地球构造学家，构造地质学家

geognóstico,-ca *adj*. 地球构造学的,构造地质学的

geogonía *f*. 地球成因学

geogónico,-ca *adj*. 地球成因学的

geogr. *abr*. geografía 见 geografía

geografía *f*. ① 地理;地理学;② 地貌[形,势];③ 地理学论著;④ 地区[域]
~ astronómica 宇宙学
~ botánica 植物地理学
~ económica 经济地理学
~ física 自然地理(学)
~ histórica 历史地理学
~ humana 人文[生]地理学
~ lingüística 语言地理学
~ política 政治地理(学)
~ zoológica 动物地理学

geográfico,-ca *adj*. ① 地理(学,上)的;② 地区(性)的
latitud/longitud ~a 地理纬/经度
mapa ~ 区域图
medicina ~a 地理医学

geógrafo,-fa *m. f*. 地理学家,地理学工作者

geohidrología *f*. 地下(水)水文学;水文地质学

geohistoria; geo-historia *f*. 地球历史学

geoide *m*. 〈地〉① 地球体;② 大地水准面

geoisotermas *f. pl*. 〈地〉等地温线,地内等温线

geol. *abr*. geología 见 geología

geolingüística *f*. 地球语言学

geología *f*. ① 地质学;② (地区或天体的)地质情况
~ ambiental 〈环〉〈医〉环境地质学

geológico,-ca *adj*. 地质(学)的;地质(学)上的
era ~a 地质时代
exploración[prospección] ~a 地质勘探
sección ~a 地质剖面
tiempo ~ 地质时间(指地质史的全部时期)

geologizar *tr*. ① 作地质调查;研究地质;② 收集地质标本

geólogo,-ga *m. f*. 地质学家,地质学工作者

geom. *abr*. geometría 见 geometría

geomagnética *f*. 地磁学

geomagnético,-ca *adj*. ① 地磁的;② 地磁场的

geomagnetismo *m*. ① 地磁学;② 地磁(性)

geomecánica *f*. 地质力学

geomedicina *f*. 风土医学(一种研究疾病的地理分布以及地理因素对人类健康等的学科)

geómetra *m. f*. 几何学家[者] ‖ *m*. 〈动〉尺蠖(蛾)

geometral *adj*. ① 几何的;几何(学,学上)的;② 成几何级数增长的

geometría *f*. ① 几何(学);② (几何)图形;(几何)形状,外形(尺寸);结构;③ 几何学(教科)书;④ 几何学研究
~ afín 仿射几何(学)
~ algebraica 代数几何(学)
~ analítica 解析几何(学)
~ del espacio(~ en el espacio) 立体几何
~ descriptiva 画法几何(学)
~ elíptica 椭圆几何(学)
~ euclídea 欧几里得几何
~ métrica 度量几何(学)
~ no euclídea 非欧几里得几何
~ plana 平面几何(学)
~ proyectiva 射影几何学
~ pura 纯粹几何学
~ tridimensional 三维几何学
~ variable 变量几何学
~ vectorial 向量几何学

geométrico,-ca *adj*. ① 几何的;几何学的,几何学上的;② 几何图形的;成几何级数增加的;③ 精[准]确的
cálculo ~ 精确计算
progresión ~a 几何[等比]级数

geométrido,-da *adj*. 〈动〉尺蠖(蛾)的;尺蠖(科)的 ‖ *m*. ① 尺蠖(蛾);② *pl*. 尺蠖科

geometrodinámica *f*. 几何动力学

geomorfía *f*. 地貌[形]学;地球形态学

geomorfogénesis *f. inv*. 地形发生学

geomorfología *f*. 地貌[形]学

geomorfológico,-ca *adj*. 地貌[形]学的
mapa ~ 地形图

geonavegación *f*. 〈海〉地标航行

geonemia *f*. 生物地理学

geonomía *f*. 植物地理学

geonómico,-ca *adj*. 植物地理学的

geopolítica *f*. ① 地缘[理]政治学;② 根据地缘政治学制定的政策;③ (国家、特定资源等的)地理和政治因素

geopolítico,-ca *adj*. 地缘[理]政治学的

geoponía *f*. 农业[艺];农作学

geopónico,-ca *adj*. ① 农业[艺]的;② 田园的

geópono,-na *m. f*. 农业研究者

geopotencial *m*. 〈地〉地重力势(指相对于海平面的单位质量的位能,数值等于把单位质量从海平面举到它所处的高度时克服重力所做的功)

geoquímica *f*. 〈地〉地球[地质]化学(一门研究地壳或地质体中元素的迁移和富集及其时间、空间的分布规律的学科)

geoquímico,-ca *adj.* 〈地〉地球化学的

georama *m.* (供人站在里面观看、内壁绘有世界地图的)世界全景大圆球

geórgico,-ca *adj.* ①农业的;②乡村(生活)的;田园的

geosere *m.* 地史(地质期)演替系列

geosfera *f.* 〈地〉陆界;地圈

geosinclinal *adj.* 〈地〉地槽的 ‖ *m.* 地向斜,(大)地槽
　　～ continental 大陆地槽

geosistema *m.* 地球系统

geostático,-ca *adj.* ①地面压力的,地压的;②耐地压的

geostrófico,-ca *adj.* ①地转的;②〈气〉地转风的
　　viento ～ 地转风

geotaxis *f.* 〈生〉趋地性

geotécnia *f.* 土工技术;土工学

geotécnica *f.* ①土工技术;土工学;土地工程学

geotécnico,-ca *adj.* 土工技术的

geotecnología *f.* 地下资源开发工程学

geotectología *f.* 大地构造学

geotectónico,-ca *adj.* 地壳[大地]构造的 ‖ *f.* 大地构造学
　　geología ～a (大地)构造地质学,大地构造学

geotermal *adj.* 〈地〉地热[温]的;地热[温]产生的

geotermia *f.* ①地热(学);②地热研究

geotérmico,-ca *adj.* 〈地〉地热[温]的;地热[温]产生的
　　energía ～a 地热能
　　recursos ～s 地热资源

geotermómetro *m.* ①地温计(一种测量钻孔或深海沉积层中的温度的温度计);②〈地〉地质温标

geotricosis *f.* 〈医〉地丝菌病,地霉病

geotrópico,-ca *adj.* 〈植〉向地性的

geotropismo *m.* 〈植〉向地性

geoturístico,-ca *adj.* 兼有地理和旅游特点的

geraniáceo,-cea *adj.* 〈植〉牻牛儿苗科的 ‖ *f.* ①牻牛儿苗科植物;②*pl.* 牻牛儿苗科

geranial *m.* 〈化〉牻牛儿苗醛,香叶醛 ‖ *f. pl.* 〈植〉牻牛儿苗目

geranio *m.* 〈植〉①老鹳草属植物,老鹳草花;②天竺葵属植物,天竺葵花
　　～ de rosa 玫瑰天竺葵

geraniol *m.* 〈化〉牻牛儿苗醛,香叶醇

gerbo *m.* 〈动〉(北非产的)跳鼠

gerencia *f.* ①管理,经营;②管理人员
　　～ de línea(～ lineal)垂直管理,各级负责管理

gereología *f.* 老年(医,病)学

geriatra *m. f.* 老年(医,病)学专家

geriatría *f.* 老年(医,病)学

geriátrico,-ca *adj.* ①老年(医,病)学的;②老年医院的 ‖ *m.* 老年医院

gericultura *f.* 老人教育学

gerifalte *m.* 〈鸟〉矛隼;大猎鹰

geriopsicosis *f.* 〈医〉老年期精神病

germanato *m.* 〈化〉锗酸盐

germanio *m.* 〈化〉锗
　　diodo de ～ 锗二极管
　　óxido de ～ 氧化锗

germanita *f.* ①〈矿〉锗石;②〈化〉亚锗酸盐,二价锗酸盐

germaniuro *m.* 〈化〉锗化物

germarita *f.* 〈地〉紫苏辉石

germen *m.* ①〈生〉芽(孢);胚,胚芽;种子;②〈生〉生殖细胞;③〈植〉幼芽;④微生物;⑤〈医〉病(原)菌;细菌
　　～ de trigo 麦芽(小麦的胚芽)
　　～ infeccioso[patógeno] 病菌
　　～ plasma 〈生〉①生殖细胞的细胞质;②生殖细胞;③种质;遗传物质

germicida *adj.* ①杀菌的,有杀菌力的;②杀菌剂的 ‖ *m.* 杀菌剂

germinable *adj.* 能发芽[育]的

germinación *f.* ①发[萌]芽;②萌发
　　～ epigea 出土[地面]发[萌]芽
　　～ hipogea 留土[地下]发[萌]芽

germinador,-ra *adj.* 〈植〉使发芽的 ‖ *m.* ①(用于啤酒生产的)发芽池;②种子发芽室;种子发芽器

germinal *adj.* ①〈生〉胚(似)的;芽(似)的;生殖细胞(似)的;萌发的;②处于萌芽状态的,未成熟的,初级阶段的;③〈医〉生发的
　　área ～ 胚区
　　capa ～ 生发层
　　centro ～ 生发中心
　　vesícula ～ 核[生发]泡

germinante *adj.* 发[萌]芽的;有生长[发育]力的

germinativo,-va *adj.* ①发[萌]芽的;②能发芽的,有生长力的;有发育力的;③〈医〉生发的
　　capa ～a 生发层

germinicida *adj.* 灭种子发芽的 ‖ *m.* 灭种子发芽剂

germiníparo,-ra *adj.* 产生胚胎的

germoplasma *m.* 〈生〉①生殖细胞的细胞质;②生殖细胞;③种质;遗传物质

gerocomía *f.* 老年摄生法,老年保健

gerodermia *f.* 老年状皮肤,老年样皮肤营养

不良

gerodoncia *f.* 老年口腔医学;老年牙医学

geromorfismo *m.* 早老现象;早老[衰]形象
~ cutáneo 皮肤早老现象

geróntico,-ca *adj.* 老年的;衰老的

gerontismo *m.* 老年

gerontocomía *f.* 〈医〉老年卫生

gerontocomio *m.* 老残收容所

gerontología *f.* 老年病[医]学;老人学

gerontólogo,-ga *m. f.* 老年病[医]学专家;
老年病[医]学大夫

gerontopatología *f.* 老年病理学

gerontopía *f.* 老年近视

gerontoterapia *f.* 老年病治疗(学)

gerontoxon *m.* 〈医〉老人弓[环]

geropsiquiatría *f.* 〈医〉老年精神病学

geropsiquiátrico,-ca *adj.* 老年精神病学的
‖ *m.* 老年精神病学医疗服务

gerovital *m.* 〈药〉益康宁,维生素 H₃,防老维
他,褒春维他(一种奴佛卡因类防衰老药物)

gersdorfita *f.* 〈地〉辉砷镍矿

gesneriáceo,-cea *adj.* 〈植〉苦苣苔科的 ‖ *f.*
①苦苣苔科植物;② *pl.* 苦苣苔科

gestación *f.* ①怀孕,妊娠;②怀孕期,妊娠
期;③(计划、思想等的)构思,酝酿,形成,孕
育;④(种子的)萌芽,发芽
~ cervical 宫颈(管)妊娠
~ cornual 宫角妊娠
~ ectópica[extrauterina] 子宫外妊娠,宫
外孕
~ intraperitoneal 腹膜内妊娠
~ tuboovárica 输卵管卵巢妊娠
~ tubouterina 输卵管子宫妊娠
~ uterina 宫内妊娠

gestacional *adj.* 妊娠的,怀孕的
edad ~ 孕龄
edema ~ 妊娠水肿
período ~ 妊娠期

gestión *f.* ①经营;管理;② *pl.* 手续;张罗;
办理
~ de datos 〈信〉数据管理
~ de ficheros 〈信〉文件管理
~ de instalación 〈信〉设备[工具]管理
~ de personal 人事管理
~ de red 〈信〉网络管理
~ del conocimiento 〈信〉〈知〉知识管理
~ del transporte marítimo 航运管理
~ empresarial 企业管理
~ financiera 财务[金融]管理
~ forestal 林区管理
~ interna 〈信〉内务处理,整理工作
~ por contrato 承包经营

~ presupuestaria 预算管理
~es diarias 日常业务

gestionable *adj.* ①可管理的;易办[处理]
的;②易驾取的

gestología *f.* 身势语研究

gestor,-ra *adj.* 管[办]理的;经办的;经营的
‖ *m. f.* ①(公司、企业等的)经理;经营
者;②促进者,提倡者,发起者,引发者;③经
办人;④(商业)代理人 ‖ *m.* 〈信〉管理程序
~ administrativo (替私人、社团、公司、政
府部门等办理经营业务的)经办人,代理人
~ de colas 〈信〉队列管理程序
~ de información personal 〈信〉个人信息
管理(程序)
~ de negocios 〈法〉产业代管人
~ de red 〈信〉网络管理程序

gestoría *f.* (替私人、社团、保险公司、政府部
门等办理经营业务的)代理机构,代办处

gestosis *f. inv.* 〈医〉妊娠中毒

gestualidad *f.* ①手势;②身势语

getapú *m. Bol.* 楔(子)

géyser *m.* 〈地〉间歇(喷)泉

Ghz *abr.* gigahertzio 见 gigahertzio

giardiasis *f.* 〈医〉贾第(鞭毛)虫病,梨形(鞭
毛)虫病

gibbsita *f.* 〈地〉三水铝矿

giberelina; giberilina *f.* 〈生化〉赤霉素(一
种植物生长调节剂)

giberélico,-ca *adj.* 〈生化〉赤霉(素)的
ácido ~ 赤霉酸

gibón *m.* 〈动〉长臂猿

gibosidad *f.* ①驼背,脊柱后凸;(驼)峰;②突
[隆]起

gigabit *m.* 〈信〉①吉(咖)位,吉(咖)二进制
位;②吉(咖)比特,千兆比特(量度信息的单
位)

gigabyte *m. ingl.* 〈信〉吉(咖)字节

gigaciclo *m.* 〈理〉吉(咖)周,千兆周

gigaflop *m. ingl.* 〈信〉每秒 10 亿次浮点运算

gigahertcio; gigahertzio *m.* 〈理〉吉(咖)赫,
千兆赫(千兆周/秒)

gigametro *m.* 吉咖米,千兆米,十亿米,百万
公里

giganta; gigantea *f.* 〈植〉向日葵

gigantillo *m. Méx.* 〈植〉一种合金欢

gigantismo *m.* ①〈医〉巨大畸形[发育],巨人
症;②巨[庞]大(性);③(企业等的)大型化
趋向
~ fetal 胎性巨大发育
~ normal 全面[匀称]性巨大发育
~ parcial 局部性巨大发育
~ pituitario 垂体性巨人症

gigantón *m.* ①十亿吨(TNT)级(核武器爆

炸力的量度单位）；②*Méx.*〈植〉向日葵；③
Cub.〈植〉变形大丽花；④〈植〉曼陀罗

gigantopografía *f.* 〈印〉（大张宣传画等的）
巨印刷

gigavatio *m.* 〈电〉吉(咖)瓦，千兆瓦，十亿瓦

gigualtí *m. Nicar.*〈植〉健立果

gilbert；**gilbertio** *m.* 〈理〉吉伯(电磁单位制
中的磁通势单位)

gilsonita *f.* 〈矿〉硬沥青

gimnasia *f.* ①〈体〉体操；体操训练[技巧]；
②(艺术、智力等的)训练；③〈教〉(学校的)
体操课

　～ aeróbica 有氧操；健美[身]操
　～ artística 艺术体操
　～ con aparatos 器械体操
　～ correctiva 治疗[矫正]训练
　～ de mantenimiento 健身操[活动]
　～ deportiva 器械体操
　～ jazz 增氧健身法
　～ mental 智力训练
　～ pasiva (依赖机械的)被动体操
　～ respiratoria 呼吸训练
　～ rítmica (带绳、球等的)韵律艺术体操
　～ sobre suelo 自由体操
　～ sueca 徒手操

gimnasta *m.f.* 〈体〉体操运动员

gimnástica *f.* ①〈体〉体操；体操训练[技
巧]；②(艺术、智力等的)训练

gimnástico,-ca *adj.* 体操的；体操训练的，似
体操的

gímnico,-ca *adj.* 竞技的，体育运动的

gimnocito *m.* 〈生〉裸细胞

gimnodermo,-ma *adj.* (皮)无毛的

gimnofobia *f.* 〈心〉裸体恐惧症

gimnoplasto *m.* 〈生〉裸质体

gimnospermo,-ma *adj.* 〈植〉(属)裸子植物
的；(植物)裸子的 ‖ *f.* ①裸子植物；②*pl.*
裸子植物门

gimnospora *f.* 〈生〉裸子孢子

gimnoto *m.* 〈动〉电鳗

ginandra *adj.* 〈植〉雌雄蕊合体的

ginandria *f.*；**ginandrismo** *m.* ①女性男
化；女性假两性畸形；②〈生〉两性畸形，半阴
阳，雌雄同性体

ginandro *m.* 〈生〉雌雄嵌体，两性体

ginandroblastoma *m.* 〈医〉成雌雄细胞瘤

ginandromorfismo *m.* ①〈生〉雌雄嵌性，两
性体②〈医〉雌雄畸形

ginandromorfo,-fa *adj.* 〈生〉雌雄嵌体的，
两性体的 ‖ *m.* 雌雄嵌体，两性体

ginantropía *f.* 女性男化，女性假两性畸形

ginatresia *f.* 〈医〉阴道闭锁

gincana *f.* ①(尤指青少年的)赛马会；竞技
表演；②(障碍)汽车赛；③运动场，体育馆

ginecanor *m.* 〈昆〉拟雌蚁

gineceo *m.* 〈植〉雌蕊；雌蕊群

ginecofobia *f.* 〈心〉女性恐怖，极度恐女症

ginecoforal *adj.* 〈解〉抱雌的

ginecóforo *m.* 〈解〉抱雌沟

ginecoide *adj.* ①女性的；②似女性的；具女
性特点的

ginecología *f.* 〈医〉妇科学；妇科

ginecológico,-ca *adj.* 〈医〉妇科学的；妇科的
　clínica ～a 妇科医院[诊所]
　patología ～a 妇科病理学

ginecólogo,-ga *m.f.* 〈医〉妇科医生；妇科学
家

ginecomanía *f.* 〈医〉求雌狂

ginecomastia；**ginecomazia** *f.* 〈医〉(男子
的)女性型乳房

ginecopatía *f.* 〈医〉妇科病

ginecotocología *f.* 〈医〉妇产科学

ginecotocólogo,-ga *m.f.* 〈医〉妇产科医师

ginesta *f.* 〈植〉金雀花

gineta *f.* 〈动〉麝(香)猫

gingiva *f.* 〈医〉(齿)龈，牙床

gingival *adj.* 〈医〉(齿)龈的，牙床的
　absceso ～ 龈脓肿
　hiperplasia ～ 牙龈增生
　margen ～ 龈缘
　masaje ～ 牙龈按摩
　recesión ～ 牙龈退缩

gingivarragia *f.* 〈医〉龈出血

gingivectomía *f.* 〈医〉龈切除术

gingivitis *f.inv.* 〈医〉龈炎

gingivoglositis *f.inv.* 〈医〉龈舌炎

gingivoplastia *f.* 〈医〉龈成形术

gingivostomatitis *f.inv.* 〈医〉龈口炎

gínglimo *m.* 〈解〉屈戌关节，铰链关节

giniatría *f.* 〈医〉妇科治疗(学)

giniátrica *f.* 〈医〉妇科治疗(学)

ginkana *f.* ①(尤指青少年的)赛马会；竞技
表演；(障碍)汽车赛；②运动场，体育馆

ginkgo *m.* 〈植〉银杏

ginkgoáceo,-cea *adj.* 〈植〉银杏纲的 ‖ *f.* ①
银杏纲植物；②*pl.* 银杏纲

ginkgoales *f.pl.* 〈植〉银杏目

ginko *m.* 〈植〉银杏树

ginlet *m.* 杜松子鸡尾酒

ginóforo *m.* 〈植〉雌蕊柄

ginogénesis *f.* 〈动〉雌核发育，雌核生殖

ginostemo *m.* 〈植〉合蕊柱

ginsén *m. Méx.*〈植〉西洋参

ginseng *m.* ①〈植〉人参；②人参制剂
　～ americano 西洋参

té de ～ 人参茶[汤]

giobertina f. 〈地〉菱镁矿

Giorgi m. 见 sistema ～

～ sistema ～ 〈理〉(意大利物理学家)乔吉制,米-千克-秒-安制

GIP abr. ingl. personal information manager 〈信〉个人信息管理(程序)

gipsofila f. 〈植〉丝石竹,满天星

gipsografia f. 石膏雕刻(术)

gipsómetro m. 石膏量测定器

gira f. ①旅行,游历,观光;②远足,短途旅行;③巡回演出;④ Méx. 砍龙舌兰;⑤见 ～ campestre
　　～ artística[teatral] 巡回演出
　　～ campestre (自带食物的)郊游野餐
　　～ de conciertos 巡回音乐会

giración f. ①环[回]旋;回[旋]转;② Méx. 转动

giradiscos m. inv. ①(唱机的)唱盘;② Urug. 电唱机

girado,-da m. f. 〈商贸〉(票据的)受票人‖ adj. (票据等)已开出的

girador,-ra m. f. 〈商贸〉(票据的)开票人,出票人

giralda f. 风标

girasa f. 〈化〉促旋酶,旋转酶

girasol m. ①〈植〉向日葵;向日葵花[籽];②〈矿〉青[蓝]蛋白石

giratorio,-ria adj. ①转动的;②回旋[转]的,环动的,旋转(式)的‖ f. ①回旋器,旋[回]转器;②旋转式家具(如书架、货架、卡片柜等)
　　collarín ～ 旋转颈接头
　　distribuidor ～ 旋转阀
　　escenario ～ 旋转舞台
　　facultades ～as 旋转本领[功能]
　　junta ～a 旋转接头
　　montón ～ 转环滑车
　　placa ～a 转(车)台,转[旋]车盘,(旋)转台[盘]
　　puente ～ 开合[平旋,平转]桥
　　puerta ～a 旋[旋]转门
　　restaurante ～ 旋转餐厅
　　tornillo ～ 旋转座老虎钳

giravión m. 〈航空〉自转旋翼机

girectomía f. 〈医〉脑回切除术

girifalte m. 〈鸟〉矛隼;大猎鹰

girino m. ①〈昆〉一种豉虫;②〈动〉蝌蚪

girl f. ①〈戏〉(歌舞喜剧等中的)歌舞(队)女演员;②〈体〉新手

giro m. ①转动[圈],旋转;②〈天〉自转;③转向;④(事情等的)趋向;(话题、议题等的)转换;⑤汇兑[票];汇款单;⑥营业额;⑦(商

号的)业务,汇付;⑧〈解〉脑回
　　～ a la derecha 右转弯
　　～ a la izquierda 左转弯
　　～ a la vista 即期汇票
　　～ bancario 银行(与银行之间的)汇票
　　～ cerebral 〈医〉大脑回
　　～ copernicano ①U 形转弯,180°转弯;②掉头,向后转;③(观点、态度等的)彻底改变
　　～ de 180 grados ①180°的转变;②(观点、态度等的)彻底改变
　　～ dentado 〈医〉齿状回

girocompás m. 〈海〉〈航空〉陀螺罗盘[经],回转(式)罗盘,电罗经

girodino m. 〈航空〉旋翼式螺旋桨飞机(一种旋翼机)

giroédrica adj. 片面的

giroestabilizador m. 〈海〉〈航空〉陀螺[回转]稳定器

girofaro m. 闪光信号灯;警灯

giroflé m. 〈植〉丁香

girofrecuencia f. 〈理〉(电子等的)旋转频率,回旋频率

girohorizonte m. 〈航空〉陀螺地平仪

girola f. 〈建〉回廊,步道

giromagnético,-ca adj. 〈理〉回转磁的,旋磁的
　　frecuencia ～a 旋磁频率

girómetro m. 陀螺测试[速]仪

giropéndulo m. 〈机〉陀螺摆

giropiloto m. 〈陀螺〉自动驾驶仪,陀螺驾驶仪

giroplano m. 〈航空〉旋翼机,自转旋翼机

giróptero m. 〈航空〉旋翼飞机

giroscópico,-ca adj. 陀螺的,回转(式)的,回旋(器,运动)的
　　compás ～ 定向陀螺,航向陀螺仪,回转[陀螺]罗盘
　　momento ～ 回转力矩
　　par ～ 陀螺力矩

giroscopio；**giróscopo** m. 〈海〉〈航空〉陀螺仪,回转仪;回转[旋]器

girosextante m. 〈海〉陀螺六分仪

girostática f. 〈理〉陀螺(静)力学,回转仪(静)力学

girostático,-ca adj. 〈理〉①回转轮的;②陀螺学的;回转学的

giróstato m. ①〈理〉回转轮[仪],陀螺仪;②〈船〉回转[陀螺]稳定器

girotrón m. 振动陀螺仪,陀螺振子,回旋管

GIS abr. ingl. geographic information system 〈信〉地理信息系统(esp. sistema de información geográfica)

gismondita f. 〈矿〉水钙沸石

gitagismo *m.* 麦仙翁中毒，瞿麦中毒

gitalima *f.* 〈化〉洋地黄金甙

gitanilla *m. Esp.* 〈植〉攀缘天竺葵

gitogenina *f.* 〈药〉吉托吉宁

gitomate *m. Méx.* 〈植〉番茄，西红柿

gitonina *f.* 〈化〉吉托宁（获自洋地黄的植物皂甙）

gitoxigenina *f.* 〈药〉羟基洋地黄毒苷配基

gitoxina *f.* 〈药〉羟基洋地黄毒苷

glabrescente *adj.* 〈植〉几乎无毛的

glaciación *f.* 〈地〉①冰川作用；冰蚀；②（被）冰覆盖

glacial *adj.* ①冰的；冰川〔河〕的；②〈地〉冰河时代的；冰（川）期的；③〈地〉冰成的；④〈化〉冰状（结晶）的；⑤冰冷的；寒冷的
casquete ～ 冰帽
edad ～ 冰河期
época ～ 冰河时代
Océano ～ Ártico〔G-〕北冰洋
viento ～ 寒风
zona ～ 寒带

glaciar *adj.* 冰川〔河〕的‖*m.* 冰川〔河〕
período ～ 冰（川）期

glaciarismo *m.* ①冰川现象；②冰川〔河〕学；③冰川期

glacioeólico,-ca *adj.* 由冰川和风力作用形成的（沉积物）

glaciología *f.* ①冰川〔河〕学；②（地区的）冰河特征；③（某地区的）冰川层〔地形〕

glaciológico,-ca *adj.* 冰川〔河〕学的

glaciólogo,-ga *m.f.* 冰川〔河〕学家

glaciómetro *m.* 测冰仪

glacis *m. inv. ingl.* ①〈地〉缓（斜）坡；②（堡垒前的）斜堤〔坡〕；③缓冲国〔区，地带〕

gladiado,-da *adj.* ①剑形的；②〈植〉（叶等）剑状的

gladio *m.* 〈植〉宽叶香蒲，水烛

gladiola *f.* 〈植〉① *Méx.* 唐菖蒲，菖兰；② *Amér.L.* 唐菖蒲属植物的花

gladiolo; gladíolo *m.* ①〈植〉唐菖蒲属植物，菖兰；②〈解〉胸骨体

glande *m.* 〈解〉龟〔阴茎〕头‖*f. Esp.* 〈植〉橡树子（果）
～ del pene 阴茎头

glandífero,-ra; glandígero,-ra *adj.* 〈植〉①结坚〔槲〕果的；②橡实的

glándula *f.* 〈解〉〈植〉腺；无分泌功能的腺状组织
～ adrenal〔suprarrenal〕肾上腺
～ ciliar 睫腺
～ de Bartholin 巴托林腺，前庭大腺
～ de Bowman 鲍曼腺，嗅腺
～ de Brunner 布伦纳腺

～ de Cobelli 柯贝利腺，食管贲门腺
～ de Cowper 考珀腺，尿道球腺
～ de Ebner 埃布纳腺，味腺
～ de Kowper 库珀氏腺，尿道球腺
～ de Krause 克老泽腺
～ de Littré ①利特雷腺；②尿道腺
～ de secreción externa/interna（～ exocrina/endocrina）外/内分泌腺
～ de veneno 毒腺
～ genital 生殖腺
～ gustativa 味腺
～ lagrimal 泪腺
～ linfática 淋巴腺
～ lingual 舌腺
～ mamaria 乳腺
～ nasal 鼻腺
～ olfactiva〔olfactoria〕嗅腺
～ palpebral 睑板腺
～ parótida 腮腺
～ pituitaria 垂体腺
～ prepucial 包皮腺
～ prostática 前列腺
～ salival〔salivatoria〕涎〔唾液〕腺
～ sebácea 皮脂腺
～ sexual 性〔生殖〕腺
～ sudorípara 汗腺
～ tiroides 甲状腺
～ uretral 尿道腺
～ uterina 子宫腺
～ verde（甲壳动物头部的）绿〔排泄〕腺

glandular *adj.* ①〈解〉腺的；起腺功能的；似腺的；②有腺的，由腺组成的

glanduloso,-sa *adj.* ①〈解〉腺的；似腺的；②〈解〉有腺的，由腺组成的

glaréola *f.* 〈鸟〉海燕

glasé *m.* ①〈纺〉闪光〔色〕绸；② *Amér.L.* 漆皮

glaseado,-da *adj.* ①仿闪光〔色〕绸的；闪光〔色〕绸似的；②〈技〉上〔砑〕光的；亮面的；③（糕饼等）挂糖衣的‖*m.* 〈技〉上〔砑〕光

glaseo *m.* ①〈技〉上〔砑〕光；②挂〔浇〕糖衣

glasis *m.* ①〈地〉缓（斜）坡；②（堡垒前的）斜堤〔坡〕

glasto *m.* 〈植〉菘蓝

glauberita *f.* 〈矿〉钙芒硝

glaucio *m.* 〈植〉黄花海罂粟

glauco,-ca *adj.* ①淡灰绿〔蓝〕色的；② *Amér.L.* 绿色的‖*m.* 〈动〉海神鳃

glaucodoto *m.* 〈矿〉钴硫砷铁矿

glaucofana *f.* 〈矿〉蓝闪石

glaucoma *m.* 〈医〉青光眼，绿内障
～ de Donders 东德氏青光眼（单纯性青光

眼)
~ fulminante 暴发性青光眼
~ primario 原发性青光眼
glaucomatociclítico,-ca *adj.* 见 crisis ~a
　crisis ~a〈医〉青光眼睫状体炎危象
glaucomatoso,-sa *adj.*〈医〉(患)青光眼的 ‖
　m.f. 青光眼患者
　catarata ~a 青光眼性白内障
　copa ~a 青光眼杯
　halo ~ 青光眼晕(轮)
glauconífero *m.* 生[湿,新]砂,海绿石砂
glauconita *f.*〈矿〉海绿石
glaucosis *f.*〈医〉青光眼盲
glaucosuria *f.*〈医〉青尿症,尿蓝母尿
glayo *m. Esp.*〈鸟〉樫鸟
glena *f.*〈解〉关节盂
glenoideo,-dea *adj.*〈解〉关节盂的;盂样的
　cavidad ~a 关节盂
gley *m.*〈地〉潜育土(层),灰黏土(层)
glía *f.*〈解〉神经胶质
gliacito *m.*〈生〉胶质细胞
gliadina *f.*〈生化〉①麦醇溶蛋白,麦胶蛋白;
　②醇溶谷蛋白
glicación *f.*〈生化〉糖基形成
glicemia *f.*〈医〉血糖过高,高血糖,糖血(症)
gliceraldehído *m.*〈生化〉甘油醛
glicerato *m.*〈化〉甘油酸盐[酯]
gliceria *f.*〈植〉甜茅属
glicérico,-ca *adj.*〈化〉甘油的
　ácido ~ 甘油酸
glecérido *m.*〈生化〉甘油酯
glicerilo *m.*〈化〉甘油基,丙三基
glicerina *f.*〈化〉甘油,丙三醇
　~ de iodo 碘甘油
glicerocola *f.*〈化〉甘油胶
glicerofosfato *m.*〈化〉磷酸甘油
glicerol *m.*〈化〉甘油,丙三醇
glicerotanino *m.*〈化〉甘油丹宁酸
glicida *f.*; **glicidol** *m.*〈化〉缩水甘油,甘油
　醇[酒精]
glicina *f.*〈化〉甘氨酸,氨基乙酸 ‖ *m.*〈植〉
　紫藤
　~ oxidasa 甘氨酸氧化酶
glicinia *f.*〈植〉紫藤
glicinuria *f.*〈医〉甘氨酸尿症
glicobiarsol *m.*〈化〉甘铋胂
glicocalix *m.*〈生〉(细胞外被的)多糖-蛋白质
　复合物,腊梅糖
glicocola *f.*〈化〉甘氨酸,氨基乙酸
glicófila *f.*〈植〉甜土植物
glicogénesis *f.inv.*〈生化〉糖原生成(作用);
　糖生成(作用)
glicogenia *f.*〈生化〉葡萄糖生成

glicógeno *m.*〈生化〉糖原
　~ hepático 肝糖原
　~ muscular 肌糖原
glicogenólisis *f.*〈生化〉糖原分解(作用)
glicogenosis *f.*〈医〉糖原贮积病,糖原病
　~ hepatorrenal 肝肾型糖原(贮积)病
glicol *m.*〈化〉①乙二醇,甘醇;②二(元)醇,
　二羟基醇
glicolípido *m.*〈生化〉糖脂(类)
glicolisis *f.*〈生化〉(糖原)酵解,糖酵解
gliconeogénesis *f.inv.*〈生化〉糖原异生(作
　用)
glicoproteínas *f.pl.*〈生化〉糖蛋白
glicosaminoglicano *m.*〈生化〉粘多糖
glicosidasa *f.*〈生化〉糖苷酶
glicósido *m.*〈生化〉糖苷
glicosilación *f.*〈生化〉糖基化
glicosuria *f.*〈医〉葡糖尿
glífico,-ca *adj. Amér. L.*〈建〉竖沟装饰的
glifo *m.*〈建〉束雕竖沟,竖沟装饰;竖面浅槽
　饰
glioblasto *m.*〈生〉成胶质细胞,胶质母细胞
glioblastoma *m.*〈医〉成胶质细胞瘤,胶质母
　细胞瘤
gliofibrilla *f.*〈医〉(神经)胶质原纤维
glioma *m.*〈医〉神经胶质瘤
　~ ependimario 室管膜神经胶质瘤
　~ retinal 视网膜神经胶质瘤
gliomatosis *f.*〈医〉神经胶质瘤病
gliosis *f.*〈医〉神经胶质增生,神经胶质瘤病
gliosoma *m.*〈医〉(神经)胶质粒
gliotoxina *f.*〈医〉胶霉毒素
glioxal *m.*〈化〉乙二醛
glioxalina *f.*〈化〉咪唑
glioxisoma *m.*〈医〉乙醛酸循环体
gliptal *m.*〈化〉甘酞树脂,丙三醇邻苯二甲酐
　树脂
glíptica *f.* 雕刻术,玉石雕刻术
glíptico,-ca *adj.* 雕刻的;玉石雕刻的
gliptografía *f.* ①玉石雕刻学;②玉石雕刻术
gliptoteca *f.* ①石雕馆,雕花宝石馆;②石雕
　(总称),雕花宝石
glis *m.*〈动〉睡鼠
global *adj.* ①总(共)的,全(面,部,体)的;
　总体的;②综合的,总括的;③全[环]球的,
　全世界的;④〈信〉全面的,全局的
　caída ~ 总[毛]水头,总落差
　estructura ~ 总体结构
　memoria ~〈信〉全局内存
　radiación~ 环球辐射
globalización *f.* ①全球化;②概[总]括法,
　综合法
　~ económica 经济全球化

~ financiera 金融全球化

globalizar *tr.* ①使全球化；使全世界化；②概[总]括，综合；③综观

globe-trotter *m. ingl.* 环球旅游者；周游世界者

globiforme *adj.* 球状的

núcleo ~ 球状核

globigerina *f.* 〈动〉球房虫，抱球虫（一种生活于接近海面处的原生动物）

globina *f.* 〈生化〉珠蛋白

globito *m.* ①〈体〉（网球运动中发出的）高弧线（球）；② *pl. Arg.* 〈植〉一种爬藤植物

globo *m.* ①球；②〈理〉（氢，探测）气球，航空气球；③球形物；球形（大玻璃）瓶，球形玻璃容器；球状灯罩；④地球；⑤〈天〉天体；⑥〈天〉地[天]球仪；⑦〈体〉（网球、足球等运动中）吊[挑]出的高球

~ aerostático 浮[航]空球

~ barrera 〈军〉（防空袭用的）阻塞气球

~ cautivo 风筝[系留]气球

~ celeste 天球仪

~ cometa 风筝[系留]气球

~ de aire caliente 热（空气）气球飞行器

~ de fuego 〈天〉火流星，流火，火球

~ de lámpara 圆灯罩

~ de sondeo 探测[空]气球

~ del ojo 眼球

~ dirigible 飞艇，可操纵气球

~ histérico 〈医〉癔症球

~ meteorológico[metereológico] 气象气球

~ ocular 眼球

~ piloto 测风气球

~ sonda(~-sonda) 探测[空]气球

~ terráqueo[terrestre] 地球（仪）

barrea de ~s cautivos（防空袭用）气球拦阻网

globosidad *f.* 〈成〉球状，球形

globosido *m.* 〈生化〉红细胞糖苷酯

globular *adj.* ①球形的；小球状的；圆的；②由小球构成的；红细胞的

globularia *f.* 〈植〉球花

globulariáceo,-cea *adj.* 〈植〉球花科的‖ *f.* ①球花科植物；② *pl.* 球花科

globulímetro *m.* 〈医〉血球计，血细胞统计仪

globulina *f.* 〈生化〉球蛋白

~ aceleradora 促凝血球蛋白

~ antihemofílica 抗血友病球蛋白

~ antitimocítica 抗胸腺细胞球蛋白

~ del suero 血清球蛋白

~ gamma γ-球蛋白

~ inmune de vacuna 牛痘免疫球蛋白

globulinemia *f.* 〈医〉球蛋白血（症）

globulinuria *f.* 〈医〉球蛋白尿（症）

globulisis *f.* 〈医〉血（球）溶（解）

globulita *f.* 〈地〉球雏晶

glóbulo *m.* ①小球（体），球状体；②〈解〉血细胞；③〈天〉云球；④〈医〉液滴；⑤〈药〉小滴，药丸

~ blanco 白细胞

~ de Bok（美籍荷兰天文学家）博克球状体

~ rojo 红细胞

globuloso,-sa *adj.* ①小球（状）的；球形的；圆的；②滴状的；③血细胞的；④由小球状组成的

glomangioma *m.* 〈医〉血管球瘤

glomectomía *f.* 〈医〉球切除术

glomerula *f.* 〈植〉团（集聚）伞花序

glomerular *adj.* ①〈解〉（肾）小球的；（肾）小球产生的；②〈植〉团（集聚）伞花序的；似团（集聚）伞花序的

glomerulitis *f. inv.* 〈医〉肾小球炎

glomérulo *m.* ①〈解〉（肾）小球；②〈植〉团（集聚）伞花序；③密集群

~ renal 肾小球

glomerulonefritis *f. inv.* 〈医〉肾小球性肾炎

~ aguda/crónica 急/慢性肾小球性肾炎

~ focal 局灶性肾小球肾炎

glomerulosclerosis *f.* 〈医〉肾小球硬化（症）

glomus *m.* 〈解〉血管球；球

gloquidiado,-da *adj.* 〈生〉具钩[倒刺]毛的；尖端具钩毛的

gloquidio *m.* 〈生〉钩[倒刺]毛

glorieta *f.* ①〈交〉环形交叉；环形交通枢纽；道路交叉口，道路交叉处的环行中心广场；（车辆的）绕行路线；②街心广场[花园]；花园空地；③凉亭，亭子；（树枝、蔓藤等交叉而成的）遮阴篷；④消暑别墅

glosa *f.* ①注解[释]；评注，解释；②（表格，账目上的）备注，说明；③〈乐〉自由变调

glosalgia *f.* 〈医〉舌痛

glosántrax *m.* 〈医〉舌痈

glosectomía *f.* 〈医〉舌切除术

glosilla *f.* 〈印〉小于九点的铅字

glosina *f.* 〈昆〉舌[采采]蝇

glosis *f.* 〈昆〉（昆虫的）中唇舌

glositis *f. inv.* 〈医〉舌炎

~ migrante 游走性舌炎

~ migratoria 移行性舌炎

~ venenosa 毒性舌炎

glosocatoco *m.* 〈医〉压舌器

glosocele *m.* 〈医〉巨舌，大舌病；舌肿

glosodesmo *m.* 〈解〉舌系带

glosodinamómetro *m.* 〈医〉舌力计

glosodinia *f.* 〈医〉舌痛

glosofaríngeo,-gea *adj.* 〈解〉舌咽的 ‖ *m.*
舌咽肌, 舌咽神经

glosofitia *f.* 〈医〉黑舌(病)

glosofobia *f.* 〈心〉谈话[言语]恐怖, 恐说症

glosógrafo *m.* 〈医〉舌动描记器

glosohial *adj.* 〈解〉舌(与)舌骨的

glosohipertrofia *f.* 〈医〉舌肥大

glosolalia *f.* 〈医〉言语不清

glosolisis *f.* 〈医〉舌麻痹

glosología *f.* ①〈医〉舌学;②命名学;③言语
学

glosólogo,-ga *m.f.* ①〈医〉舌学专家;②命
名学家

glosopatía *f.* 〈医〉舌病

glosopeda *f.* 〈兽医〉口蹄疫

glosopirosis *f.* 〈医〉舌灼痛

glosoplastia *f.* 〈医〉舌成形术

glosoplejía *f.* 〈医〉〈兽医〉舌瘫痪[麻痹]

glosoptosis *f.inv.* 〈医〉舌下垂

glosorrafia *f.* 〈医〉舌缝合术

glosorragia *f.* 〈医〉舌出血

glososcopia *f.* 〈医〉舌检查

glosospasmo *m.* 〈医〉舌痉挛

glosoteca *f.* 〈昆〉(蛹的)喙鞘

glosotomía *f.* 〈医〉舌切开术

glotal; glótico,-ca *adj.* 〈解〉声门的

glotis *f.inv.* 〈解〉声门

glotocronología *f.* 语言年代学;词语统计分
析法

glotodidáctica *f.* 语言教学

glotogonía *f.* 语源学

glotografía *f.* 〈医〉声门描记(法)

glotología *f.* 言语学

glotón *m.* ①狼獾皮;②*Col.*〈动〉狐鼬;③见
～ de América
～ de América 〈动〉狼獾

gloxinia; gloxínea *f.* 〈植〉大岩桐(属植物)

glucagón *m.* 〈生化〉胰高血糖素, 升糖素

glucagonoma *m.* 〈医〉升[高血]糖素瘤, 胰升
糖素瘤

glucanasa *f.* 〈生化〉葡聚糖化酶

glucano *m.* 〈生化〉葡聚糖

glucatonía *f.* 〈医〉血糖极度降低, 胰岛素休
克

glucemia *f.* 〈医〉血糖过高, 高血糖, 糖血
(症)

glúcido *m.* 〈化〉糖精;糖及糖苷, 糖类

glucina *f.* 〈化〉氧化铍(耐火材料)

glucinio *m.* 〈化〉铍
cobre al ～ 铍(青)铜, 铜铍含金(铍
2.25%)

glucoamilasa *f.* 〈生化〉葡糖淀粉酶

glucocerebrósido *m.* 〈生化〉葡糖脑苷脂

glucocinasa *f.* 〈生化〉葡糖激酶

glucocorticoide *m.* 〈医〉糖皮质激素, 糖皮质
素

glucóforo *m.* 〈化〉生甜味基

glucogénesis *f.inv.*; **glucogenia** *f.* 〈生〉糖
生成, 生糖作用

glucogénico,-ca *adj.* 〈化〉〈生〉生(成葡)糖
的;葡萄糖生成作用的

glucógeno,-na *adj.* 〈生化〉生糖原的 ‖ *m.*
糖原

glucogenólisis *f.* 〈生〉糖原分解

glucogenosis *f.* 〈医〉糖原(沉积, 贮积)病

glucohemia *f.* 〈医〉糖血症

glucolípido *m.* 〈生化〉糖脂

glucólisis *f.* 〈生化〉糖酵解(作用)

glucolítico,-ca *adj.* 〈生化〉糖酵解的

glucometabolismo *m.* 〈生〉糖(新陈)代谢

glucometría *f.* 〈医〉糖定量法

glucómetro *m.* 〈医〉糖量计, 糖定量器

gluconato *m.* 〈化〉葡(萄)糖酸盐[酯]
～ de calcio 葡糖酸钙
～ de hierro 葡糖酸铁

gluconeogénesis *f.inv.* 〈医〉葡(萄)糖异生
(作用);糖原异生(作用)

glucónico,-ca *adj.* 〈化〉葡(萄)糖的
ácido ～ 葡萄糖酸

gluconolactona *f.* 〈化〉葡(萄)糖酸内酯

glucopexia *f.* 〈医〉糖储藏[固定]

glucopiranosa *f.* 〈生〉吡喃葡萄糖

glucoproteína *f.* 〈生化〉糖蛋白

glucoproteinasa *f.* 〈生化〉糖蛋白酶

glucoproteinuria *f.* 〈医〉糖蛋白尿(症)

glucorolactona *f.* 〈药〉肝泰乐

glucorregulación *f.* 〈医〉糖代谢调节

glucosa *f.* 〈生化〉①葡萄糖, 葡糖;②淀粉糖
浆
～ salina 葡萄糖盐水

glucosamina *f.* 〈生化〉葡糖胺, 葡萄糖胺

glucosán *m.* 〈生化〉葡聚糖

glucosidasa *f.* 〈生化〉葡(萄)糖苷酶

glucósido *m.* 〈化〉葡(萄)糖苷

glucosiltransferasa *f.* 〈生化〉葡(萄)糖基转
移酶

glucosuria *f.* 〈医〉糖尿
～ alimentaria 饮食性糖尿
～ emocional 情绪性糖尿
～ patológica 病理性糖尿
～ renal 肾性糖尿

glucosúrico,-ca *adj.* 〈医〉(患)葡糖尿的

glucurónico,-ca *adj.* 〈生化〉葡糖醛的
ácido ～ 葡糖醛酸

gluma *f.* 〈植〉颖(片)

glumífero,-ra *adj.* 〈植〉具颖（片）的；颖（片）状的

glumilla *f.* 〈植〉①（禾本科植物的）内稃；②（菊科植物的）托苞；③鳞毛

glusida *f.* 〈化〉糖精

glutamato *m.* 〈化〉①谷氨酸盐［酯］；②谷氨酸
　～ de calcio 谷氨酸钙
　～ de monosodio 谷氨酸一钠（味精的化学成分）
　～ de potasio 谷氨酸钾
　～ de sodio(～ sódico) 谷氨酸钠

glutámico,-ca *adj.* 见 ácido ～
　ácido ～ 〈化〉谷氨酸

glutamina *f.* 〈化〉谷氨酰胺

glutaminasa *f.* 〈生化〉谷氨酰胺酶

glutatión *m.* 〈生化〉谷胱甘酞

glutelinas *f. pl.* 〈生化〉谷蛋白

glutenina *f.* 〈生化〉麦谷蛋白

glúteo,-tea *adj.* 〈解〉臀的；臀（肌）的；近臀肌的 ‖ *m.* ①臀（大，中，小）肌；②*pl.* 臀部
　músculo ～ 臀肌
　nervio ～ 臀神经
　región ～a 臀区

gluteo *m.* 石鸡叫声

glutetimida *f.* 〈药〉导眠能，多睡丹，苯乙哌喧酮（一种镇静安眠药）

glutinosidad *f.* 黏性［度］；胶状

glutinoso,-sa *adj.* 黏(性)的，胶状的

gmelinita *f.* 〈地〉钠菱沸石

GMT；G. M. T. *abr. ingl.* Greenwish mean time 格林尼治标准时间

gnatión *m.* 〈解〉颌下点，颏端点

gnatitas *f. pl.* 〈动〉颚形附器（节肢动物的一种口器）

gnatitis *f. inv.* 〈医〉颌炎

gnatobase *f.* ①〈昆〉(昆虫的)基颚；②〈动〉(虾、蟹的)腮［颚］基

gnatodinamómetro *m.* 〈医〉(牙齿的)颌力计

gnatología *f.* 〈医〉颌学

gnatoplastia *f.* 〈医〉颌成形术

gnatópodo *m.* ①〈动〉腮足；②〈昆〉(昆虫的)颚足

gnatoquilario *m.* 〈昆〉(昆虫的)颚唇

gnatosquisis *f.* (上)颌裂(畸形)

gnatostomado,-da *adj.* 〈动〉颚口亚目的 ‖ *m. pl.* 颚口亚目

gnatostomiasis *f.* 〈医〉颚口线虫病

gnatostomúlido,-da *adj.* 〈医〉颚口线虫科的 ‖ *m.* ①颚口线虫；②*pl.* 颚口线虫科

gnatoteca *f.* 〈鸟〉(鸟的)下嘴鞘

gnatótórax *m.* 〈动〉颚胸

GND *abr. ingl.* gross national demand 国民总需求

gneis *m. inv.* 〈地〉片麻岩

gnéisico,-ca *adj.* 〈地〉①片麻岩的；②有片麻岩性质的，片麻岩似的

gneisoide *adj.* 〈地〉(尤指构造上)似片麻岩的

gnetáceo,-cea *adj.* 〈植〉买麻藤科的 ‖ *f.* ①买麻藤；②*pl.* 买麻藤科

gnetales *f. pl.* 〈植〉买麻藤目

GNI *abr. ingl.* gross national income 国民总收入

gnomon *m.* ①〈天〉日圭，圭表；(日晷)指针；太阳高度指示器；②〈数〉磬折形；③(石工用的)角尺

gnomónica *f.* ①日晷；②圭表制造术，日晷原理

gnomónico,-ca *adj.* ①〈天〉日圭的，圭表的；日晷的；日晷指针的；②用日晷［圭表，日晷指针］测定的；③球心(投影)的
　proyección ～a 球心投影

gnotobiología *f.* 限［无］菌生物学(一门研究限菌动物的饲养和应用的学科)

gnotobiótica *f.* 〈生〉限［无］菌生物学

gnotobiótico,-ca *adj.* 〈生〉限［无］菌动物的；(动物或其环境)限［无］菌的
　cultivo ～ 限菌动物培养

GNP *abr. ingl.* gross national product 国民生产总值

gnu *m.* 〈动〉角马，牛羚

goa *f.* 〈冶〉生［铸〕铁块；浇铸，铸铁
　muelas de ～s 浇铸台，铸床［场］

goacuaz *m. Amér. L.* 〈植〉秘鲁胶树

goal average *ingl.* 〈体〉进球平均数(用以在获胜场数相等的球队之间决定名次)

gobernabilidad *f.* ①可统治性；可管理性；②可领导性；可支配性；③可控制性

gobernable *adj.* ①可统治的，可管理的，可统辖的；②〈海〉可操纵的，可驾驶的；③可领导的，可支配的；可控制的；④可指挥的

gobernación *f.* ①统治，治［管］理，统辖；②执［当］政；③支配，控制；④执政者的私邸［办公室］；⑤*Amér. L.* 内政部；⑥(某些国家的)中央政府直辖区；⑦*Méx.* 内务部大楼；⑧*Col.* 省政府

gobernado,-da *adj.* ①(被)操纵的；②〈信〉驱动的
　～ por menús 〈信〉(计算机或程序)选单驱动的

gobernadora *f. Méx.* 〈植〉三齿霸王

gobernalle *m.* ①〈海〉(方向)舵；②指针

góbido,-da *adj.* 〈动〉虾虎鱼科的 ‖ *m.* ①虾虎鱼；②*pl.* 虾虎鱼科

gobierna *f.* 风向标

gobierno *m.* ①管[治]理;②领[引]导;③政府,内阁;④政体;⑤〈海〉舵;操舵装置;舵效;⑥驾驶;⑦(风车的)方向舵

~ autonómico[autónomo] 自治(州,区)政府

~ central 中央政府

~ civil ①省长职务;②省长官邸

~ de coalición 联合政府

~ de gestión(~ en funciones) 看守政府

~ de la casa(~ doméstico) 管家

~ de transición 过渡政府

~ electrónico 电子政务

~ interino 过渡政府

~ militar ①(负责在占领区实施军法的)军事管制政府;②军(人)政府

gobio *m.* 〈动〉①鮈鱼(用作钓饵的淡水小鱼);②虾虎鱼

~ de algas(~ negro) 黑虾虎鱼

~ de cristal 晶虾虎鱼

~ de río 鲤鱼

~ de roca(~ gigante) 似鳅虾虎鱼

~ dorado 黄虾虎鱼

~ sangrante 红嘴虾虎鱼

gob.ⁿᵒ *abr.* gobierno 见 gobierno

goboya *f. Bras.* 〈动〉一种蛇

godo *m. Amér. L.* 〈医〉行经期

godorna *f. Méx.* 〈鸟〉(鹑)鹑

goethita *f.* goetita *f.* 〈地〉针铁矿

gofrado,-da *adj.* 有皱纹的,压成波浪形的 ‖ *m.* ①压[形]成皱纹;②压[形]成浮花;纺物上的凹凸图案

papel ~ 皱纹纸

gofrador,-ra *adj.* 压印图案的 ‖ *m.* 〈机〉压印图案机

gofrar *tr.* ①(在布,纸上)压波纹;压浮花;压印图案;作皱褶;②(在假花的叶片上)镂刻叶脉

gogo *m.* ① *Cub.* 〈兽医〉鸡舌疮;② *Méx.* 〈植〉椭圆五层龙

goguta *f. Esp.* 〈鸟〉鹌鹑

gol *m.* 〈体〉①射门;投篮;②得分进球;得分数

~ average 进球平均数(用以在获胜场数相等的球队之间决定名次)

~ cantado 射门而未进的球,险球

~ fantasma (不知是踢进还是没有踢进的)有争议之球,捉摸不定的球

gola *f.* ①〈建〉S形(曲)线,S形[波纹]线脚,反曲线饰;双弯曲形;②〈解〉喉(咙),咽喉;③(港口或河口的)航道;④〈军〉〈军〉工事翼端的)直线距离;⑤〈军〉(堡垒的)出入口

golazo *m.* 〈体〉(大力射人的)好球

goleada *f.* 〈体〉(球类运动的)接连进球得分

goleador,-ra *adj.* 〈体〉接连进球得分的 ‖ *m. f.* 接连进球得分者

goleta *f.* 〈船〉(二桅,三桅)纵帆船

golf *m. ingl.* ①高尔夫球运动;②高尔夫球场;③高尔夫俱乐部(会所)

~ miniatura (在小型球场上玩的)高尔夫球

campo de ~ 高尔夫球场

palo de ~ 高尔夫球棍

golfán *m.* 〈植〉睡莲

golferas *m. inv.* 高尔夫球场

golfin *m.* 〈动〉海豚

golfismo *m.* 高尔夫球运动,打高尔夫球

golfista *adj.* 高尔夫球运动的 ‖ *m. f.* 高尔夫球运动员

golfístico,-ca *adj.* 高尔夫球运动的

golfo *m.* ①〈地〉海湾;②外海[洋],公海;③长铰链,大合页

golfón *m. Esp.* 铰链,合页

golilla *f.* ①(水泵的)管道接头;瓦管接头; *Chil.* (车轴上防止车轮滑落的)铁箍;② *Amér. L.* 围[颈]巾;③(鸡的)颈羽; *Amér. L.* (鸟的)翎领

golleta *f.* 〈动〉一种鳎鱼

gollería *f. Esp.* 〈鸟〉云雀

golondrina *f.* ①〈鸟〉燕;②汽[摩托]艇;③〈动〉飞鱼;④ *Amér. C., Méx.* 〈植〉地锦草(大戟属)

~ (de) cola tijera 家燕

~ de mar ①海燕;②飞鱼

~ purpúrea (北美产的)紫燕

golorito *m. Esp.* 〈鸟〉一种朱顶雀

goloso,-sa *m. f. Amér. L.* 〈动〉家狗

golpe *m.* ①(敲,捶,拍)打;(冲,打,撞)击;撞;②〈机〉冲程;③〈农〉(栽植,点播的)坑;(每个坑中的)植株,种子;④(心脏的)跳[搏]动;⑤(碰撞等造成的)损伤;⑥〈医〉(跌碰引起的)青肿,淤青;⑦(足球运动中的)踢(球);(高尔夫球运动中的)击球;(拳击运动中的)一击;⑧〈体〉(赛马等中)表示得分的计算单位;⑨〈海〉短而有力的汽笛声

~ antirreglamentario (拳击运动中的)犯规拳

~ bajo (拳击运动中的)击打腰部以下部位

~ blanco 不流血的政变

~ cruzado[directo] (拳击运动中的)直拳

~ de acercamiento (高尔夫球运动中的)打上球穴区的一杆

~ de agua[compuerta] 水锤击

~ de ariete (被堵截水流的)冲力

~ de aspiración 吸入[气]冲程

~ de barrida (拳击运动中的)扫击

~ de calor 中暑热射病

~ de castigo（足球运动中的）罚点球；（橄榄球运动中的）罚球

~ de chispa eléctrica(~ eléctrico) 电击

~ de efecto（演员等的）噱头

~ de empuje（拳击运动中的）轻推

~ de Estado 政变

~ de expulsión 排气冲程

~ de gracia（为解除垂死痛苦而给予的）慈悲的一击

~ de guantada（拳击运动中的）摆拳

~ de martillo（网球运动中的）扣［高压］球

~ de ojo［vista］①一瞥，很快的一看；扫视；②眼力，观察力

~ de palacio 宫廷政变

~ de pinchazo〈体〉（拳击运动中的）刺拳

~ de pistón 活塞冲程

~ de retardo 后［反］冲

~ de salida（高尔夫球运动中的）开球

~ de salpicadura（高尔夫球运动中的）溅击

~ de sol 日射病

~ excavador（高尔夫球运动中的）掘击

~ franco［libre］（足球运动中的）任意球

~ largo（高尔夫球运动中的）击远球

~ largo al hoyo（高尔夫球运动中的）长打入穴

cerradura de ~ 弹簧（碰）锁

golpeador m. ①（钟，撞）锤；大铁锤；②撞针，冲击仪；③Amér. L. 门环

golpecito m. pl. 〈医〉轻扣（法）

golpete m. 〈建〉门扣［钩］，窗钩

goma f. ①树脂［胶］；（部分）植物渗出液；②橡皮［胶］，胶皮；③胶水［浆］；④橡皮筋［圈，带］，松紧带；⑤Cono S.（橡胶）轮胎；⑥〈医〉梅毒瘤，树胶肿；⑦Amér. M. 发胶；⑧Amér. C.（酗酒后的）宿醉（指头痛、恶心等不良反应）；⑨Amér. L. 橡胶套鞋；⑩Amér. L. 疾〔狂，大〕风

~ acajá 槚如树树脂

~ adragante 黄芪胶

~ arábiga(~ de acacia) 阿拉伯树胶

~ blanda 生橡胶

~ ceresina（李、杏、樱桃树等）渗出液

~ copal 硬［矿］树脂，芳香树脂

~ de almidón 糊精

~ de Australia 澳洲胶

~ de balón 低压大轮胎

~ de borrar 擦字橡皮

~ de cuerdas 绳织轮胎

~ de mascar 胶姆糖，口香糖

~ de pegar 胶水

~ de Perú Méx. 加州胡椒树脂

~ de silicona 硅(氧)橡胶

~ de tela 帘布轮胎

~ elástica 弹性树胶，生橡胶

~ espuma[espumosa] 泡沫［海绵，多孔］橡胶

~ guta〈药〉藤黄

~ kauri 贝壳松脂，栲树脂

~ laca 虫［紫］胶（片），天然树脂

~ laca en escamas 虫胶片

~ quino 吉纳树胶（红褐色，用于医药、制草染料等）

~ sonora Méx. 湖摇蚊的分泌物（可入药）

~s de éster 酯树脂

goma-espuma; gomaespuma f. 多孔［泡沫，海绵］橡胶

gomal m. And. 橡胶园

gomba f.; **gombo** m. Antill.〈植〉木槿

gomena f.〈海〉粗缆

gomeral m. Amér. L. 橡胶林

gomería f. ①Cono S. 轮胎修理店；②Amér. L. 橡胶制品店；车胎店

gomero,-ra adj. 橡胶的‖ m. ①〈植〉橡胶树；②胶水瓶；③Amér. L. 橡胶经营商‖ m. f. ①Amér. L. 橡胶工人；②Amér. L. 橡胶种植园主；③Cono S. 轮胎修理工

gomespuma f. 泡沫［海绵，多孔］橡胶

gomífero,-ra adj. 产树胶［脂］的；产橡胶的 árbol ~ 桉树属，橡胶树

gomina f. ①发蜡；定型发胶；②Amér. L. 润发浆

gomista m. 橡胶制品商

gomorresina f. 树胶脂

gomosidad f. (胶)黏性，附着性

gomosis f. 〈植〉流胶症

gomoso,-sa adj. ①含树胶的，含［涂］有树脂的；②胶粘的，有黏性的；③〈医〉患梅毒瘤的

gónada f. 〈解〉性［生殖］腺；卵巢；睾丸

gonadal; gonádico,-ca adj. 〈解〉性腺的，生殖腺的

gonadectomía f. 〈医〉性腺切除术

gonadoblastoma m. 〈医〉成性腺细胞瘤

gonadocinético,-ca adj. 〈医〉促性腺（活动）的

gonadogénesis f. 〈医〉性［生殖］腺发生

gonadopausia f. 〈医〉性腺机能停止［丧失］

gonadoterapia f. 〈医〉性激素疗法

gonadotrofina f. 〈生化〉促性腺素

gonadotrofinuria f. 〈生化〉促性腺素尿

gonadotrópico,-ca adj. 〈生理〉促性腺的

gonadotropina f. 〈生化〉促性腺激素

gonadotropinoma m. 〈医〉促性腺素瘤

gonagra *f.* 〈医〉膝关节痛风

gonalgia *f.* 〈医〉膝痛

gonangio *m.* 〈动〉生殖壶

gonapófisis *f.* 〈昆〉(昆虫的)生殖突

gonartritis *f.inv.* 〈医〉膝关节炎

gonartromeningitis *f.inv.* 〈医〉膝关节滑膜炎

gonartrosis *f.* 〈医〉膝关节病

gonartrotomía *f.* 〈医〉膝关节切开术

gonatocele *m.* 〈医〉膝(关节肿)瘤

gonce *m.* ①铰链,折[合]页,门枢;②〈动〉(蛤蚌类的)蝶铰接点,铰合部

gonda *f. Amér. L.* 〈植〉草原看麦娘

góndola *f.* ①(大型)平底船,艇;②(意大利威尼斯式的)凤尾船,贡多拉;③(飞艇等的)吊舱[篮];④〈铁路〉无盖[敞篷]货车;⑤ *And.,Chil.* 公共汽车;*Méx.*(铁路上的)平车;⑥(超市中一组单立的)商品陈列台;⑦(商品)解说员
～ de cable 缆[索]车
carro ～ 敞篷货车

Gondwana *f.* 〈地〉①(印度等地的)冈瓦纳岩系;②冈瓦纳大陆

gonecisto *m.* 〈解〉精囊

gonfiasis *f.* 〈医〉①牙松动;②牙周馈坏

gongilonemiasis *f.* 〈医〉筒线虫病

gonguipo *m. Méx.* 〈植〉锈色破布木

gonia *f.* 〈生〉孢泵细胞

gonial *m.* 〈解〉棱骨

gonidio *m.* 〈生〉①微生子;②(地衣中的)藻胞

gonimoblasto *m.* 〈生〉产孢丝

gonio *m.* 〈无〉无线方向性调整器

goniocraniometría *f.* 〈医〉颅角测量法

goniógrafo *m.* 角测绘仪

gonioma *m.* 〈医〉生殖细胞瘤

goniometría *f.* ①测角(术);②角度测定

goniométrico,-ca *adj.* ①测角(术)的;②测角计的

geniómetro *m.* ①测角器[计],测角仪;②测向器;〈无〉天线方向性调整器
～ cristalográfico 晶体测角仪
～ de espejo 直角(转光,旋光)器,光直角定规
～ multicanal 多道测角器

gonión *m.* 〈解〉下颌角点

gonioscopia *f.* 〈医〉前房角镜检查(法)

gonioscopio *m.* 〈医〉前房角镜

goniotomía *f.* 〈医〉前房角切开术

gonitis *f.inv.* 〈医〉膝关节炎
～ tuberculosa 结核性膝关节炎

gonoblasto *m.* 〈生〉卵[生殖]细胞,精子

gonocelo *m.* 〈动〉生殖腔

gonocito *m.* 〈生〉性原细胞,配子[生殖]母细胞;卵[精]母细胞

gonococemia *f.* 〈医〉淋球菌血症

gonococia *f.* 〈医〉淋球菌感染

gonocócico,-ca *adj.* 〈医〉淋球菌的

gonococida *m.* 〈生医〉〈医〉杀淋球菌剂

gonococo *m.* 〈生医〉〈医〉淋病(双)球菌,淋病奈瑟氏球菌

gonocorismo *m.* 〈生〉雌雄异体

gonoducto *m.* 〈生〉生殖管

gonofago *m.* 〈生〉〈医〉淋球菌噬菌体

gonóforo *m.* ①〈动〉生殖芽体;②〈植〉雌雄蕊柄;③〈解〉副生殖器(如输卵管、子宫、输精管、精囊等)

gonomería *f.* 〈生〉两亲染色体分立

gononefrótomo *m.* 〈动〉生殖肾节

gonopodio *m.* 〈动〉生殖鳍

gonóporo *m.* 〈动〉(昆虫、蚯蚓等的)生殖孔

gonorrea *f.* 〈医〉淋病

gonorreacción *f.* 〈生〉淋菌补体结合反应

gonorreico,-ca *adj.* 〈医〉淋病的

gonosoma *m.* 〈生〉生殖体,性染色体

gonóstilo *m.* 〈生〉生殖刺突

gonoteca *f.* 〈生〉生殖鞘

gonotoconte *m.* 〈生〉性母细胞

gonótomo *m.* 〈生〉生殖节

gonotoxemia *f.* 〈医〉淋球菌性毒血症

gonozoide *m.* 〈生〉生殖个体

gonzalito *m. Col.,Venez.* 〈鸟〉一种黄鹂

gopher *m.ingl.* 〈信〉黄鼠工具

gorache *m. Méx.* 〈动〉鼹蜥

gorbión *m.* 〈纺〉①丝线;②粗绸

gorbiza *f. Esp.* 〈植〉欧石南

gordolobo *m.* 〈植〉①毛蕊花;②毒鱼草

gorfe *m.* (河中的)漩涡

gorgí *m. Riopl.* 〈植〉尖叶灯心草

gorgojera *f. Col.* 象甲虫灾

gorgojo,-ja *adj. Amér. L.* 生虫的,被虫蛀的‖ *m.* 〈昆〉蛴螬,象甲[虫],豆象
～ de arroz 稻螟虫

gorgojoso,-sa *adj.* 长[生]虫的

gorgón *m. And.* 混凝土

gorgonia *f.* 〈动〉柳珊瑚

gorgorán *m.* 〈纺〉格罗格兰姆呢(丝与马海毛织成的粗松斜纹织物)

gorguera *f.* ①〈植〉花被;萼[总]苞;②〈建〉柱顶;③〈建〉凹型线脚

gorila *m.* 〈动〉大猩猩

gorja *f.* 〈建〉(凹凸)复合线脚

gorra *f.* ①便帽,帽子;②童帽;③保护帽;④〈军〉(禁卫军的)熊皮高帽;⑤ *Col.* 〈植〉(巴西)吐根

gorrín *m.* 〈动〉(不满四个月的)猪崽,乳猪

gorrinera *f.* 猪栏[圈]

gorrino,-na *m. f.* 〈动〉猪;乳猪

gorrión *m.* 〈鸟〉①麻雀;②*Amér. L.* 蜂鸟
　~ de pradera *Méx.* 一种鸟
　~ panalero *Amér. L.* 肝色比蓝雀

gorrionera *f. Méx.* 〈昆〉一种大胡蜂

gorro *m.* ①便[女]帽;无边帽;②童帽;③帽状物;④〈机〉(阀,管)帽,(阀)盖,(机,保护,烟囱)罩,(引擎)顶盖;⑤〈体〉(篮球运动中的)盖帽防守
　~ frigio 自由帽(一种无边锥形软帽)
　~ verde 一种食用蕈

gorrón *m.* ①〈机〉(端,止推)轴颈,辊颈,枢[心]轴;轴销;②小卵石,圆石;③(未做完茧的)病蚕
　~ acanalado 带环轴颈
　~ de eje 轴颈[头]
　~ de gancho 转向主销
　~ esférico 球体耳轴
　~ frontal 端轴颈,端枢

gorupo *m.* ①〈海〉(缆索的)接结;②*Méx.* 〈昆〉羽虱

gos *m. Esp.* 〈动〉狗

goshenita *f.* 〈矿〉白玉,玫瑰玉

gosipino,-na *adj.* 棉花的;含棉的;似棉的

goslarita *f.* 〈矿〉皓矾

gospel *m.* 〈乐〉福音音乐(美国黑人的一种宗教音乐,具有爵士音乐和美国黑人伤感歌曲色彩)

gota *f.* ①(点,汗,涓,水,液)滴;点;②滴珠;③〈建〉吊饰;圆锥饰;④〈医〉痛风;⑤ *pl.* 〈医〉滴剂;⑥见 ~ cálida/fría ‖ *m.* 见 ~ a ~
　~ a ~ 〈医〉(静脉)滴注;点滴
　~ artética 手关节痛风
　~ caduca[coral,oral] 癫痫,羊癫风
　~ cálida/fría 〈气〉暖/冷池
　~ de leche *Chil.* 儿童福利医院;福利食物救济中心
　~ de sangre 〈植〉伞形埃蕾
　~ en la rodilla 膝痛风
　~ intestinal 肠痛风
　~ poliarticular 多数关节痛风
　~ serena 〈医〉黑朦,全盲
　~s amargas 苦味液[药]
　~s de oído(~s para los oídos) 滴耳剂
　~s nasal 滴鼻剂
　~s para los ojos 眼药水
　ensayo a la ~ 点滴试验
　método de ~ 〈医〉滴入法

gotario *m. Chil.* 滴管

gotelé *m.* 〈建〉(墙壁)微粒状喷漆法

goteo *m.* ①滴;滴水;②滴漏,漏(出);③滴流;(流)淌;④〈医〉(静脉)滴注;点滴
　anillo de ~ 润滑环
　bandeja de ~ de aceite 油样收集器,承油盘
　condensador de ~ 蒸发凝汽[冷凝]器
　lubricación por ~ 液滴润滑
　riego por ~ 〈农〉滴灌

gotera *f.* ①〈建筑物的〉滴(漏,渗)水;②〈建筑物的〉漏洞[缝,隙];漏水处,漏水裂缝;③(水,流,檐)槽;④(房屋,墙面的)漏水痕迹;⑤〈医〉慢性疾病;(老年人的)病痛;⑥ *pl. Amér. L.* 城郊,郊外;周围,四周

gotero *m.* ①〈医〉(静脉)滴注器;②*Amér. L.* (实验室用的)滴管

goterón *m.* 〈建〉①列锥饰;②檐沟,落水

goticismo *m.* (建筑、绘画、文艺作品等的)哥特风格

gótica *f.* 〈印〉哥特体;花[黑]体字

gótico,-ca *adj.* ①〈建〉哥特式[风格]的;尖拱式的;②(绘画、文艺作品等)哥特风格的;③〈印〉(铅字)花体的,光[黑粗]体字的 ‖ *m.* 哥特式建筑,尖拱式建筑
　~ flamígero 〈建〉火焰式哥特建筑
　arco ~ 〈解〉哥特式弓

gotita *f.* 飞沫
　~s infecciosas 传染性飞沫

gotoso,-sa *adj.* ①〈医〉患痛风(病)的;痛风引起的;②(猛禽)(因患病)爪子不灵便的 ‖ *m. f.* ①〈医〉痛风患者;②(因患病)爪子不灵便的猛禽
　artritis ~a 痛风性关节炎
　nefropatía ~a 痛风性肾炎

gouache *m. fr.* 〈画〉①水粉画法;②水粉画;水粉(画)颜料

goundou *m.* 〈医〉根突病(西非洲雅司病患者的鼻根两侧骨性肿起)

gourmet(*pl.* gourmets) *m. f. fr.* 美食家

goyave *m. Méx.* 〈植〉可口番石榴

goyesco,-ca *adj.* (西班牙画家)戈雅(Goya)的;戈雅风格的

gozgo *m. Amér. L.* 〈动〉美洲犬

gozne *m.* ①铰链,折[合]页,门枢;②〈动〉(蛤蚌类的)蝶铰接点,铰合部

gozque;gozquejo *m. Amér. L.* 〈动〉美洲犬

g. p.；g/p *abr.* giro postal 邮(政)汇(票)

gr. *abr.* ①gramos 克;②grado 度

grabación *f.* ①录音[像];②(声音、图像等的)录制;②唱片;录音[像]带
　~ a velocidad constante 定速录音
　~ digital 数字录音
　~ en cinta(~ magnetofónica) 磁带录音

~ en directo 现场录音

~ en video 电视录像

~ fonográfica 唱片

~ instantánea 即席录音

~ sobre disco 唱片录音,灌唱片

grabado *m.* ①刻,雕[蚀,镂]刻;雕刻术;②雕[铜,镂]版;③版[铜版]画;雕版印刷品;④(书中的)插图

~ a la cera 蜡刻

~ a puntos(~ punteado) 点刻

~ al[con] agua fuerte ①蚀刻;②蚀刻法[版,画];腐蚀法

~ al agua tinta 凹版腐蚀制版法

~ al boj 黄杨木雕

~ al humo 金属版印刷(法);照相[网目]铜版(印刷品)

~ en cobre[dulce] ①铜版;②铜版画[雕刻]

~ en damasquinado 虫蚀状雕刻

~ en fondo[hueco] 凹雕(刻)

~ en madera 木刻;版画

~ rupestre 岩刻

grabador,-ra *adj.* (有关)雕刻的 ‖ *m. f.* ①雕刻师;雕刻[镂版]工;铜板雕刻者;②版画家 ‖ *m. of.* 录音机 ‖ ~a *f.* ①(唱片)录制公司;②雕刻刀[工具]

~ al agua fuerte 蚀刻工

~ en hueco (~ de medallas) 制模工

~a de cinta 磁带录音机

~a de sonido 录音机

~a de video 磁带录像机

máquina ~a 雕刻机

técnica ~a 雕刻技术

grabadura *f.* 刻;雕[镂]刻

grabazón *f.* ①雕饰;②群雕

graben *m.* 〈地〉地堑

graciola *f.* 〈植〉①水八角;②*Cub.* 美洲玄参草

grada *f.* ①梯级,台[梯]阶;(阶梯式)看台;②〈海〉船台;下水滑道;③〈农〉耙;④〈矿〉梯形开采面;(矿层上凿出的)踏脚处;⑤*Amér. L.* (大楼的)门廊;庭院,天井;⑥*pl.*(建筑物前面的)高大台阶;⑦*Ecuad.* 楼梯

~ abierta 〈矿〉空场工作面

~ de construcción 船台;下水滑道

~ de cota 轻型覆土耙,荆条拖耙

~ de dientes 钉齿耙

~ de disco 圆盘耙

~ de halaje 造船滑道[台]

~ de mano 手耘锄

~ seco 干式船台

~s de lanzamiento 下水滑道,(新船)下水

台

asientos de ~ 看台

polea de ~s 锥(形)滑轮,塔[快慢]轮

gradación *f.* ①次第,序列;②(深浅,灰度)等级,(色彩)层次;③渐变,渐进(法,性);④粒级[分粒]作用;⑤递增[减];⑥〈乐〉渐强

gradado,-da *adj.* ①阶梯状的;②渐进的,有层次的

gradecilla *f.* 〈建〉(柱的)环状饰

gradería *f.*; **graderío** *m.* ①〈集〉阶梯;②〈集〉看台;③*pl.*(足球场四周的)露天阶梯看台

~ cubierta 大看台

~ del estadio 体育场看台

gradiente *m.* ①坡度;(公路、河道等的)斜面;②〈理〉(温度、压力等的)梯度;梯度变化曲线;③〈数〉梯度,斜率;④〈生〉轴性[生理]梯度 ‖ *f. Bol., Chi., Ecuad., Nicar., Per.* 斜面[坡],坡道

~ de energía 能量梯度

~ de potencial 势梯度

~ de temperatura 气温梯度变化曲线

~ de tensión 电压陡度

~ de velocidad 流速梯度

~ geotérmico 地热[温]梯度

~ hidráulico 水力梯度(线)

~ normal de módulo de refracción〈气〉标准折射模数梯度

gradilla *f.* ①手提式梯子;②砖[坯]模;③(实验室的)试管架;④*P. Rico*(牲畜踏出的)沟道,沟道辙

gradiola *f. Amér. L.* 〈植〉黄菖蒲

gradiolo; gradíolo *m.* 〈植〉宽叶菖蒲

gradiómetro *m.* ①〈测〉坡[梯]度(测量)仪;②〈地〉(重力)梯度仪

grado *m.* ①程度;(等级中的)级,级别;次第;②(湿,温)度;度数;〈地〉(经,坡,斜,纬)度;③〈军〉军阶[衔];④(发展过程的)阶段;时期;⑤〈教〉(学校的)年级;⑥〈教〉(大学)学位[衔];⑦(台,梯)阶;⑧〈数〉〈理〉度;⑨(代数的)次,次数;(代数变数的)最高指数;⑩〈法〉(罪行的)轻重程度;(定罪、量刑的)等级

~ académico 学位

~ alcohólico 酒精度

~ alcohométrico centesimal 酒精浓度百分比

~ Baumé 〈理〉波美标度

~ (de) Celsius 摄氏温度,摄氏度数

~ centesimal 百分度

~ centígrado 摄氏温度

~ de bachiller 学士学位

~ de carga 负荷率

~ de color 色度

~ de curvatura 弯曲度

~ de disociación 〈化〉离解度

~ de doctor 博士学位

~ de humedad 湿度

~ de libertad 自由度

~ de licenciado 硕士学位

~ de precisión 精确[精密]度

~ de pureza 精[纯,光洁]度

~ de saturación 饱和度

~ de servicio 服务等级

~ de solubilidad 溶度

~ de temple 回火度,韧度

~ de vacío 真空度

~ estándar 标准度

~ Fahrenheit 华氏温度

~ geotérmico 地热温度

~ hidrotimétrico 水的硬度

~ Kelvin 开式绝对温度

~ Rankine 兰金刻度

~ standard 标准等级

~ universitario 大学学位

colación de ~ *Arg.* 授予学位

parientes de primer ~ 直系亲属

parientes de segundo[tercer] ~ 旁系亲属

gradolux *m.* 活动百叶窗

gradómetro *m.* ①〈测〉坡[梯]度(测量)仪；②〈地〉(重力)梯度仪

graduable *adj.* ①可调节[整]的；可校准的；②可分度[级]的

graduación *f.* ①调节[整]，校正；②(酒类的)酒精)度数；③度数测定，标出刻度；④(视力)检查；⑤毕业，授予[接受]学位[毕业文凭]；⑥〈军〉军衔[阶]；⑦分等[级]；⑧(标,分,刻)度；⑨〈画〉色调,(色彩)层次；⑩渐变

~ centesimal 百分度

~ de créditos 贷款等级

~ octánica 辛烷值

graduado,-da *adj.* ①分[标]度的；标[有]刻度的；②分等级的；分阶段的；③(税)累进的；④(大学)毕业的，获得学位的；⑤〈军〉被委任(有军衔)的 ‖ *m. f.* 〈教〉(应届)大学毕业生 ‖ *m.* 见 ~ escolar

~ escolar *Esp.* 〈教〉(基础教育)学业证书

escala ~a 标度

gafas ~as 验光磨制眼镜

probeta ~a 量筒[杯]

vaso ~ 量[刻度]杯

graduador *m.* 分度器；刻度[线]机

gradual *adj.* ①逐[渐]渐的；逐步的；②渐进

[次,变]的；③(斜坡)不陡峭的；逐渐上升[下降]的

desvanecimiento ~ (电视图像)淡入淡出，慢转换

relé ~ 步进式继电器

gradualidad *f.* 逐步，逐渐

gradualismo *m.* ①(在政治或社会改革等方面的)渐进主义；②〈生〉物种缓变论，种系渐进说

gradualista *adj.* 渐进主义的 ‖ *m. f.* 渐进主义者

graduando,-da *m. f.* 〈教〉即将毕业的学生；即将获得学位者

grafémica *f.* 字位学

gráfica *f.* ①图示；图(示)学；制图法[学]；图解学；②〈数〉图像；图(形)；图解(计算法)；③(图标上的)曲线；④〈信〉图形显示

~ de costos 成本曲线

~ de fiebre[temperatura] 〈医〉体温记录图表

~ de flujo de programa 程序流程图

~ de la natalidad 出生率曲线

~ de procedimientos 程序图

~ de volumen 容积图

~ del punto de equilibrio 保本图

~ para atributos 特性图

graficación *f.* ①〈信〉图形显示；②〈数〉图像[形,解]

gráfico,-ca *adj.* ①图(解,式,形)的；用图[图表]表示的，图示的；②(矿物或岩石)有类似书写痕迹的,文像的；③写的；书写的；印刷术的；④(轮廓)分明的,生动的；形象的；⑤〈信〉图形的 ‖ *m.* ①图解[表],曲线图,示意图；②*pl.* 〈信〉图形显示

~ aritmético 算术图表

~ cronológico 周期图

~ de barras 〈统〉条形图,长条图

~ de caudal 流量图

~ de espiral 螺旋图

~ de natalidad 出生率图表

~ de puntos 点状图

~ de ratios 比率图

~ de representación de punto crítico 保本图

~ de sectores[tarta] (用圆的扇形图面积表示相对量的)饼分图,圆形分析图

~ de serie cronológica 时间数列图

~ fluviométrico[hidráulico] 水文曲线

~ logarítmico 对数图

~ semilogarítmico 半对数图

~s computarizadas 计算机图形法

análisis ~ 图解(法,分析),图像分析

artes ~as 印刷术

diccionario ~ 图解词典

esquema ~ 图表

información ~a 照[相]片

reportero ~ 摄影记者

tarjeta ~a 图形卡;电视图像适配卡

grafio *m.* 雕刻工具,雕刀

grafiosis *f. inv.* 〈植〉荷兰榆树病

grafismo *m.* ①平面造型艺术;书画刻印艺术;绘画艺术;②〈信〉图形显示;③标识,商标;④(尤指由笔迹推断人的性格、才能等的)笔迹学

grafista *m. f.* 平面造型艺术家;平面造型设计师

grafitar *tr.* 在…涂[披覆]石墨,用石墨涂抹

grafítico,-ca *adj.* 石墨(做成)的

carbón ~ 石墨碳

grafitización *f.* 石墨化;石墨处理,涂石墨

grafito *m.* 〈矿〉石墨;笔铅

~ coloidal 胶体[态,状]石墨

~ escamoso 片状石墨

copo de ~ 石墨片[粉],片状石墨(粉粒)

electrodos de ~ 石墨电报

grafitoso,-sa *adj.* 含石墨的

grafo *m.* ①图;图解[表];②〈数〉图像;图(形);图解(计算法)

grafoanálisis *m.* 〈心〉书写分析;笔迹分析

grafocinético,-ca *adj.* 书写运动的

grafofobia *f.* 〈心〉书写恐怖

grafología *f.* ①图表法;②(尤指用笔迹推断人的性格、才能等的)笔迹学

grafológico,-ca *adj.* 笔迹学的

grafólogo,-ga *m. f.* 笔迹学家,字体学家

grafomanía *f.* 〈心〉书写狂[迷]

grafómetro *m.* 〈测〉测[量]角器[仪]

graforrea *f.* 〈医〉书写错乱

grafoscopio *m.* ①〈医〉近视弱视矫正器;②显示器(所显示数据可用光笔等修改)

grafospasmo *m.* 〈医〉书写痉挛

grafostática *f.* 图解静力学

grafoterapia *f.* 〈医〉书写疗法(指根据病人书法诊断并治疗其精神或情感方面的问题)

gragea *f.* 〈药〉糖衣药片[丸]

graja *f.* 〈鸟〉雌秃鼻乌鸦

grajea *f. And.* (打猎用的)铅[霰]弹

grajero,-ra *adj.* 〈鸟〉秃鼻乌鸦栖息的

grajilla *f.* 〈鸟〉寒鸦,鹣哥

grajo,-ja *m. f.* ①〈鸟〉秃鼻乌鸦;②*Amér. L.* 汗[体,腋下]臭;③*Cub.* 〈植〉小瘤番樱桃

grajuno,-na *adj.* (像)秃鼻乌鸦的

grama *f.* ①*Amér. L.* 〈植〉狗牙草[根],绊根草;②*Cari.* 草坪[地]

~ bermuda *Arg.* 狗牙根,绊根草

~ de caballo *Cub.* 凹陷疏尾草

~ de castilla *Amér. L.* 〈植〉铺地禾

~ de las boticas(~ del notre) 葡萄冰草;小糠草,红顶草

~ de los prados (~ de olor) 黄花茅

~ de playa *Cub.* 对开钝叶草

~ en jopillos 鸭茅

gramaje *m.* 〈印〉(纸的)克重,平方米克重量

gramalote *m.* 〈植〉①*Col. , Ecuad. , Per.* 羊草;②*Col. , Ecuad.* (寄)簇生雀稗

gramarí *m.* 〈植〉燕麦草

gramatita *f.* 〈矿〉透闪石

gramicidina *f.* 〈生化〉短杆菌肽

gramil *m.* 划线器[规,针];(木工用的)划线尺

~ de ebanista 划线器[针],划针

~ de precisión 精密划线器

gramilar *tr.* ①(用划线器)划线于,划痕;②缝写

gramilla *f.* ①*Amér. L.* 草(坪,地);②*Arg.* 〈植〉阿根廷雀稗,两耳草;③*Amér. L.* 〈植〉狗牙根,绊根草

gramináceo,-cea *adj.* ①草的;似草的;②〈植〉禾本科的 ‖ *f.* ①禾本科植物;②*pl.* 禾本科

graminales *f. pl.* 〈植〉禾本科

gramíneo,-nea *adj.* ①草的;似草的;②〈植〉禾本科的 ‖ *f.* ①禾本科植物;②草;③*Amér. L.* 豆类植物

graminícola *adj.* 〈植〉禾本科寄生的

graminívoro,-ra *adj.* 〈动〉食草的;食谷物的;以草[谷物]为食的

graminoide *adj.* 〈植〉似禾本科植物的

gramnegativo,-va *adj.* 〈生〉〈医〉革兰氏(染色)阴性的

gramo *m.* 克(重量或质量单位)

gramofónico,-ca *adj.* 留声机的,唱机的

gramófono *m.* 留声机,唱机

gramola *f.* ①唱机,留声机;②(酒吧、咖啡厅等处的)投币式)自动唱机

gramómetro *m.* 〈印〉排字器

gramoso,-sa *adj.* ①狗牙草[根]的,绊根草的;②长满狗牙草的

grampa *f.* ①骑马[U 型]钉,订书钉;肘钉;②卡箍[子],锚子;夹箱

~ de alambre 线夹,接线端子

~ de correa 引[皮]带扣

grampositivo,-va *adj.* 〈生〉〈医〉革兰氏(染色)阳性的

bacteria ~a 革兰氏阳性性菌

gran *adj.* (grande 的短尾形式,用于单数名词前)大的;伟大的;宏伟的

~ aguja 〈动〉尖海龙,杨枝鱼

~ bestia *Amér. L.* 〈动〉美洲貘

~ cantor *Amér. L.* 〈鸟〉一种鸣声悦耳的鸟

~ correlación positiva 高正相关

~ tormenta 大暴雨

~-angular 大角度的,广角的

de ~ potencia 大功率的

de ~ velocidad 高[快]速的

grana *f.* ①籽,种(子);(橡树等的)果实;②(谷物等)结实[籽]期,③ *Amér. L.* 草;④ *Amér. C.*, *Méx.* 草坪[皮];⑤〈动〉胭脂虫;⑥(用胭脂虫制成的)红颜料;⑦猩[鲜,绯]红色;⑧〈纺〉细红呢

~ del paraíso 〈植〉小豆蔻

~ encarnada 〈植〉美国商陆(果)

granada *f.* ①〈军〉手[枪]榴弹,灭火弹;②〈植〉石榴(果实);③ *Amér. C.* 烟[焰]火;④ *Esp.* 街区

~ albar 白粒石榴

~ anticarro[anti-tanque] 反坦克榴弹

~ cajín *Esp.* 胭脂红石榴

~ ciñuela 酸石榴

~ de fragmentación 杀伤炸弹

~ de humo 浓烟炸弹

~ de mano 手榴弹

~ de metralla 榴霰弹,开花弹

~ de mortero 迫击炮弹

~ detonadora 眩晕手榴弹

~ lacrimógena 催泪手榴弹

~ rompedora 开花弹,榴霰弹

~ submarina 深水炸弹

~ zafarí[zaharí,zajarí] 方粒石榴

granadal *m.* 石榴园

granadero *m.* 〈军〉掷弹兵,投弹手

granadilla *f.* 〈植〉① 西番莲花[果];② *Amér. L.* 西番莲

~ fructífera *Méx.* 西番莲,鸡蛋果

granadina *f.* ①〈纺〉格拉纳达羽纱;② *Méx.* 〈植〉车桑仔

granadino,-na *adj.* 〈植〉石榴的 ‖ *m.* 石榴花

granadita *f.* *Méx.* 〈植〉鸡蛋果

~ de China *Méx.* 〈植〉鸡蛋果

granado *m.* 〈植〉石榴树

granador *m.* 〈军〉①(使火药成颗粒状的)筛子;②筛颗粒状火药处

granalino *m.* *Dom.* 〈植〉银合欢

granalla *f.* 〈冶〉颗粒状金属

~ de carbón 炭粉金属

chorreo con ~ 吹(金属)粒,喷[抛]丸(清理)

sonda de ~ de acero 金刚合金钻头

granallado *m.* 喷[抛]丸(清理);喷珠[丸]硬

化,喷射(加工硬化法)

granallar *tr.* ①做喷丸处理;喷丸[砂](表面强化);②使(金属)成为颗粒

granangular *adj.* ①广角的(照相机镜头);②视野开阔的,目标远大的

objetivo ~ 广角镜头

granate *m.* ①〈矿〉石榴石;②石榴红,深[猩]红色

~ almandino[noble,oriental,sirio] 贵榴石,铁铝榴石

~ de Bohemia 葡萄色

granatita *f.* 〈矿〉①白榴石;②十字石(一种硅酸铝铁矿)

granazón *f.* ①〈农〉(农作物)结实,(葡萄、石榴等)结粒;② *Amér. L.* 〈医〉皮疹

grandífloro,-ra *adj.* 〈植〉大花的

grandifoliado,-da *adj.* 〈植〉叶大于茎的,大叶的

grandón,-ona *adj.* 建筑坚固的

grandrel *m.* 〈纺〉杂色花线衬衫布

graneador *m.* ①(使火药成颗粒的)筛子;②点刻工具

granelero,-ra *adj.* (船)散装的;运油的 ‖ *m.* 散货船;油船

graneo *m.* ①〈农〉撒播种子;②点刻;刻画;③(把火药)筛成颗粒状

granerío *m.* *Méx.* 〈集〉谷物

granero,-ra *adj.* *Amér. L.* (牲畜)吃玉米的 ‖ *m.* ①〈农〉谷[粮]仓;②〈农〉产粮区;③〈建〉顶楼

granetario *m.* 精密天平

granete *m.* 〈机〉中心冲头;定心冲压机

granetear *tr.* (用压印器)压印,(用凸模冲头)冲印

granévano *m.* 〈植〉黄芪

granguardia *f.* 〈军〉前卫[先遣]骑兵

granífugo,-ga *adj.* (装置或设施)用于驱云消除冰雹的

cañón ~ 驱云消冰雹炮

granilla *f.* ①〈纺〉(呢料上的)毛粒;② *Méx.* 〈昆〉胭脂虫

granipórfido *m.* 〈地〉花斑岩

granitado,-da *adj.* 像花岗岩的

granitiforme *adj.* 花岗岩状的

granitita *f.* 〈地〉黑云母花岗岩

granitización *f.* 〈地〉花岗岩化(过程);花岗岩化作用

granito *m.* ①〈地〉花岗石[岩];②颗粒;③〈医〉丘疹,小脓包

~ alcalino 碱性花岗岩

~ veteado 片麻[花岗]岩

granitoide *adj.* 似花岗岩状的;具花岗岩结构的

granívoro,-ra *adj.* 〈鸟〉(尤指鸟类)食谷[种子]的

granizal *m. Amér. L.* 雹暴

granizo *m.* ①雹子;冰雹;②下冰雹;③〈医〉角膜薄翳;④*Col.*〈植〉包氏雪香兰

granja *f.* ①农场[庄],庄园;②〈禽畜〉饲养场;畜牧场;③别墅
~ agrícola 农场,庄园
~ avícola 家禽饲养场
~ colectiva 集体农庄
~ experimental 试验农场
~ de multiplicación 工厂化农场
~ de pollos 养鸡场
~ escuela 儿童教养所
~ marina 养鱼场
~ modelo 标准[示范,样板]农场
~ piloto 试验农场
~ porcina 养猪场
huevo de ~ 自由放养场的鸡产的鸡蛋
pollo de ~ 自由放养的鸡

granjería *f.* ①〈农〉农场[庄园]收益;②〈商贸〉利润,盈利;③农业;饲养业

grano *m.* ①谷(物);②谷粒,颖果;③籽,种(子);④〈颗,晶,磨,微,细〉粒,粒料;⑤〈摄〉颗粒(经显影和定影后分散于感光乳剂中的金属颗粒);⑥〈医〉(丘,疱)疹;小疙瘩;脓疱;⑦(石头、木头、织物等的)纹理;⑧(皮、纸等的)粗糙面,毛面;(结晶、矿物等的)晶粒;⑨谷(药衡,约合五厘克);⑩格令(金衡,约合五厘克);格拉诺(宝石衡,合1/4克拉);1/4开(纯金含量单位)
~ abierto 粗粒(料),粗大晶粒
~ cerrado 细晶粒
~ de belleza 美人斑,痣
~ de cacao 可可豆
~ de café 咖啡豆
~ de cebada 大麦粒
~ de sésamo 芝[胡]麻籽
~ de trigo 小麦粒
~ fino 细(晶)粒,细粒料
~ gordo[grueso] 粗粒(料),粗大晶粒
~ malo *Arg.*〈医〉痈
~ oleaginoso 含油种子
~s de amor 〈植〉药用紫草
~s del paraíso 〈植〉豆蔻子
acero de ~s orientados 晶粒取向电钢片
de ~ gordo 纹理粗的,质地粗的
de ~s apretados[finos] 细粒(状)的,细颗粒的;细绞的
de ~s gruesos 粗(颗,晶)粒(结构)的,大粒度的;粗纹的
lija de ~ fino 细砂纸

granoblástico,-ca *adj.*〈地〉花岗变晶状的

granodiorita *f.*〈地〉花岗闪长岩

granofírico,-ca *adj.* 花[文像]斑状的;花[文像]斑岩的

granófiro *m.*〈地〉花[文像]斑岩

granolino *m. Dom.*〈植〉朱缨花

granolítico,-ca *adj.* ①〈建〉人造石铺面的;②(用碎花岗岩与水泥混合制成的)人造石的

granolito *m.*〈建〉人造铺地石,人造石铺面

granosidad *f.* 粒度,(颗,成)粒性

granoso,-sa *adj.* 粒面的,(颗)粒状的

granujo *m.*〈医〉(丘)疹,疙瘩,痤疮,瘤子

granulación *f.* ①形成颗粒[粒状],粒化作用,成粒状;②〈矿粉〉造球,粒度;③〈天〉米粒组织(太阳光球层上面的米粒状斑点);④〈生理〉(伤口愈合时等的)肉芽(形成)
curación[unión] por ~ 肉芽性愈合
de ~ fina 细(颗,晶,微)粒(结构)的;细纹的
de ~ gruesa 粗(颗,晶)粒(结构)的;粗纹的

granulado,-da *adj.* 成粒的,颗粒状的;晶[颗,团]粒的 ‖ *m.* ①细粒药丸;②*Amér. L.* 砂糖;③金[银]丝细工技术
azúcar ~ 砂糖

granulador *m.* ①(筛糖粒的)糖筛子;②〈机〉碎石机

granuladora *f.* ①〈机〉碎石[轧碎]机;②〈机〉成粒器[机],制粒机;③粒化器[管]

granular *adj.* ①颗粒状的;含颗粒的;具颗粒表面[结构]的;②成粒状的;粒状[面,料]的 ‖ *tr.* ①使成粒状,使成颗粒;使粒化;②使表面粗糙(起粒) ‖ ~se *r.* ①形成颗粒;成粒状;粒化;表面变得粗糙;②〈生理〉(伤口等)形成肉芽;③发疹,长满疙瘩
estructura ~ 粒状结构
leucocito ~ 粒细胞,有粒白细胞

granulia *f.*〈医〉粟粒性结核

granulita *f.*; **granulito** *m.*〈矿〉麻粒岩

granulítico,-ca *adj.* (成)粒状的

gránulo *m.* ①小[细,微]粒;小颗粒;②粒(状)斑(点);③〈天〉米粒组织(太阳光球层上面的米粒状斑点);④糖衣药丸;⑤〈生〉颗粒;颗粒体
~ basal 基粒,基底粒
~ basófilo 嗜碱颗粒
~ citoplásmica 胞质粒
~ cromático(~ de la cromatina) 染色质粒
~ metacromático 异染颗粒
~ neutrófilo (嗜)中性(颗)粒
~ pigmentario 色素(颗)粒
~ secretivo 分泌颗粒

~ tóxico 中毒性颗粒

granuloblasto *m.*〈生〉成粒细胞

granulocito *m.*〈生〉粒细胞

granulocitopenia *f.*〈医〉粒细胞减少(症)

granulocitosis *f.*〈医〉粒细胞增多(症)

granuloma *m.*〈医〉肉芽肿[瘤]

~ del seno nasal 鼻窦肉芽肿

~ dental 牙肉芽肿

~ inflamatoria 炎性肉芽肿

~ maligno de la nariz 鼻恶性肉芽肿

~ piogénico 化脓性肉芽肿

granulomatosis *f.*〈医〉肉芽肿病

granulomatoso,-sa *adj.*〈医〉肉芽肿的

granulometría *f.* ①筛析,颗粒分析;②颗粒测定法,粒度测定术,测量术

granulométrico,-ca *adj.* (沙粒等)颗粒测定的,粒度测定的

granulómetro *m.* 颗粒测量仪,粒度计

granulopenia *f.*〈医〉粒细胞减少

granulosidad *f.* 粒度,(颗,成)粒性

granulosis *f.inv.* ①颗粒形成,肉芽肿形成;②(昆虫幼虫的)微粒子病

granulosa *f.*〈生化〉①淀粉粒质,直链淀粉;②多糖

granuloso,-sa *adj.* ① 颗粒状的;(具)粒状结构的;含颗粒的;②(似)颗粒的

capa ~a 颗粒层

célula ~a 颗粒细胞

granza *f.* ①〈植〉染料[西洋]茜草;②(15-25毫米的)碎块煤;③ *pl. Méx.* 谷粒;④ *pl.* (筛出来的)石膏渣子;⑤ *pl.* (金属的)碎屑;⑥ *Arg.* 钢筋混凝土;⑦ *Amér. L.* 残渣,沉淀物(尤指巴拉圭茶的沉淀)

grao *m.* (充当码头的)海[河]滩

grapa *f.* ①扒[两脚,订书,骑马]钉,铰子;②链钩,卡环;③线卡;(夹)钳;④ 葡萄梗[串];⑤〈兽医〉(马腿关节下部和飞节上部的)溃疡;瘤

~ de banco 台钳

~ de tensión 耐拉线夹

~s para correas 皮[引]带扣

máquina de remachar ~s 订书机

grapadora *f.* ①订书机,②钉枪

grapar *tr.* ①用 U 形[两脚]钉固定;②用订书钉钉

grape *m.* ①填[敛]缝,填隙[实,密];②填料

grapiapuña *f. Amér. L.*〈植〉豆木

grapón *m.* ①肘[卡,扒,扣]钉;②铁[抓,把]钩,两爪铁扣,铁夹钳,夹[钳]子;③(门、窗的)插销钩

~ para madera 扒钉

graptolites *m.pl.* 笔石纲(古生代化石)

grasa *f.* ①(油,动物)脂;②〈解〉脂肪;③

〈机〉(润)滑脂[膏,油];④ *pl.*〈冶〉炉[熔]渣;⑤欧洲刺柏树胶;⑥香松树胶粉,吸墨粉

~ animal 动物脂肪

~ anticongelante 防冻脂

~ consistente 稠[杯滑,润滑]脂

~ consistente fibrosa 纤维润滑脂

~ de ballena 鲸脂

~ de cerdo 猪脂

~ de copa 杯滑脂

~ de pescado 鱼油

~ grafitada 石墨(滑)脂

~ natural de la leche 乳脂

~ no saturada 不饱和脂肪

~ para ejes 轴用(润)滑脂

~ vegetal 植物油脂

caja[cubeta] de ~ 滑脂盒,(车轴上的)油脂箱,润滑油箱

inyector de ~ 润滑脂注入器

grasería *f.* ①蜡烛厂;② *Amér. L.* 动物油脂厂

graseza *f.* 油脂[脂肪]性,多脂,油腻

grasilla *f.* ①(涂在上等纸上防止墨水渗开的)吸墨粉;香松树胶粉;② *Chil.* (植物的)寄生虫病;③ *Cub.*〈植〉紫花捕虫堇

graso,-sa *adj.* ①脂肪的,油脂(状)的;肥的;②(食物等)油腻的;③(头发、皮肤等)油性的;④〈矿〉(矿石)油腻的,油乎乎的;⑤〈植〉多液汁的,肥美的 ‖ *m.* 油脂[脂肪]性

ácidos ~s 脂肪酸

barniz ~ 油基清漆,清油漆

cabello ~ 油性头发

cutis ~ (piel ~) 油性皮肤

gratel *m.*〈海〉手编麻辫

gratil; grátil *m.*〈海〉①(帆的)接桁缘;②(帆桁中间的)拴收帆索部位

grauvaca *f.*〈地〉硬[杂]砂岩

grava *f.* ①砂砾[石];②(河床里的)卵石;③(铺路用的)砾[碎]石;道砟;④〈矿〉(尤指含金砂的)沙砾层;⑤ *pl.* 金属渣

~ provechosa 富矿沙,含矿泥沙

gravable *adj.* 应纳[课]税的

gravamen *m.* ①税;税款;②(进口)关税;③不动产税;④〈法〉负担(指存在于他人不动产上的一种权利或利益,如抵押权);留置权

~ adicional 附加税

~ anterior 优先留置权

~ bancario 银行留置权

~ continuado[flotante, corriente] 流动留置权

~ convenido 约定留置权

~ del vendedor 卖方留置权

~ fiscal 国家财政税,国库税

~ general 一般(占有)留置权,统括留置

权,一般占有优先权

~ marítimo 海上留置权,海上优先受偿权

~ privilegiado 第一留置权

~es a los negocios 工商税

~es concurrentes 并存留置权

doble ~ 复税

grave *adj*. ①危急的;〈医〉病重的;②严重的,重大的;③重的,沉的 ‖ *m*. 重物

gravedad *f*. ①〈理〉重力,地心吸力;(万有)引力;②重(量);③〈乐〉(音调的)低沉

~ cero 失重

~ específica 比重

~ nula 零重力

aceleración de ~ 重力加速度

centro de ~ 重心

separación por ~ 重力分离,按比重(大小)分离

tabla de ~ específica 比重表

gravera *f*. ①砾床[坑];②(伴着沙的)碎石,砾石

Graves *m*. 见 enfermedad de ~

enfermedad de ~ 〈医〉(爱尔兰医生)格雷夫斯氏(Graves)病,突眼性甲状腺肿,甲状腺机能亢进

gravidez *f*. 〈医〉妊娠,怀孕

gravídico,-ca *adj*. 妊娠(期)的,怀孕的

grávido,-da *adj*. ①负重[载]的;②怀孕的

gravífico,-ca *adj*. (万有)引力的,重力的,地心吸力的

campo ~ (万有)引力场,重力场

gravilla *f*. 砾石,砂砾

gravilladora *f*. 〈机〉细碎机

gravimetría *f*. ①〈理〉重量[重力,密度,比重]测定(法);②重力测量分析;③〈化〉重量分析

gravimétrico,-ca *adj*. ①测定重量的;重量(分析)的;②(用于测距和绘制地图的)重力测定法的;③重力仪的;重差计的,比重计的

análisis ~ 〈化〉重量分析

método ~ 〈化〉重量分析法

gravímetro *f*. 〈理〉①重力仪[计](用于重力大小的相对测定);②比重计(用于测定溶液等的比重)

gravirreceptor *m*. 重力感受器

gravitación *f*. ①〈理〉(万有)引力;地心吸力,(万有)引力作用;②重力,重力作用

~ terrestre 地球引力

~ universal 万有引力

gravitacional *adj*. 〈理〉①(万有)引力的;地心吸力的;②重力的

aceleración ~ 重力加速度

energía ~ 重力能

onda ~ 引力波

gravitante *adj*. 有引力的,受重力的

gravitario,-ria; gravitatorio,-ria *adj*. 〈理〉①(万有)引力的,地心吸力的;②重力的

campo ~ 〈理〉重力场,引力场

graviterapia *f*. 〈医〉重力疗法

gravitómetro *m*. 验重(力)器

gravitón *m*. 〈理〉引力子(指由理论推得得出的一种假设的基本粒子)

gray *m*. ①〈理〉戈瑞(吸收剂量的国际制单位,相当于每千克 1 焦耳);②〈信〉二进制码

greca *f*. ①〈缝〉(女服的)绲[窄]边;②〈建〉回纹饰

grecorromano,-na *adj*. ①希腊罗马(风格)的;②〈体〉(摔跤)希腊罗马式的,古典式的

arquitectura ~a 兼有希腊与罗马风格的建筑

greda *f*. 漂(白)土;〈技〉漂泥

gredal *adj*. 含漂(白)土的

gredoso,-sa *adj*. ①有漂(白)土的;②黏土的,多黏土的;黏土质的

green(*pl*. greens) *m*. 球穴区(高尔夫球运动中球穴周围特设的草地);高尔夫球场

greenockita; greenoquita *f*. 〈地〉硫镉矿

gregal *adj*. 〈动〉(羊等动物)群居的 ‖ *m*. 〈气〉(尤指地中海中部冬天刮的)东北强风

gregario,-ria *adj*. ①〈动〉群居的;②合群的 ‖ *m*. 〈体〉(负责帮助主力队员的)自行车运动员

especie ~a 群居物种

instinto ~ (人或动物的)群居本能,成群趋向

gregarismo *m*. 〈生〉群居习性

gregarización *f*. (蝗虫等的)群聚

gregorio *m*. *Méx*. 〈动〉蓬尾浣熊

gregré *m*. *Cub*. 〈植〉黄麻;黄麻纤维

greifrut *m*.; **greifruta** *f*. *Amér. M*. 〈植〉柚子,文旦;香橼

greisen *m*. 〈矿〉云英岩

greita *f*. 〈建〉细裂纹

grelos *m. pl*. 〈植〉芜菁叶(作蔬菜食用)

grenadina *f*. *Méx*. 〈植〉车桑仔

grenate *m*. *Ecuad*. 〈植〉石榴树

grengué; grenguete; grénguere *m*. *Cub*. 〈植〉黄麻;黄麻纤维

greñudo *m*. 〈动〉(关在畜栏里用来刺激母马发情的)公马

gres; grés *m*. ①陶土;②砂岩;③粗陶器,缸瓦器

~ de construcción 褐色砂岩

~es flameados 彩色陶土

gresite *m*. 陶土

greta *f*. ①*Amér. L*. 釉;②*Amér. L*. 炉[浮]渣,渣滓;废弃物;③*Méx*. 〈化〉密陀僧,

氧化铅,铅黄,黄丹

gretear *tr. Amér. L.* 上釉

grevillo *m. C. Rica*〈植〉银桦

gridistor *m.*〈电〉栅极晶体管,隐栅管

grieta *f.* ①裂缝[口,纹,隙],裂隙;②〈医〉裂;(皮肤等的)皲[龟]裂;③(关系上的)裂痕

　　~ capilar 细裂缝,发裂

　　~ de contracción 收缩裂缝,缩裂

　　~ de desecación 风干裂缝,干缩裂缝

　　~ de retracción〈地〉缩进裂缝

　　~ térmica 热裂(纹)

　　~s en el corazón 生理心裂(林业学用语)

grietado,-da *adj.* 有裂口[缝]的

grietoso,-sa *adj.* ①(使)有裂缝[口]的;使布满裂缝的;② 热裂的;③〈化〉裂化[开,解]的

grifado,-da *adj.*〈印〉(铅字)书写体的,斜体的

grifería *f.* ①(水管)龙头,活门,开关;②(供卫生间使用的)龙头管子店

grifo *m.* ①(水管等的)龙头,阀门,开关,旋塞(阀),管闩;② *Amér. L.* 汽油加油泵;*And.* 加油站;③*Cono S.* 给水栓,消防栓

　　~ calibrador 水(位)标(尺),水位表,水位指示器;②(量)水表

　　~ contra[de] incendios 消防栓,灭火塞

　　~ de admisión 进给阀门[旋塞]

　　~ de admisión del aire 进[给]气阀门[旋塞]

　　~ de alimentación 给水旋塞

　　~ de boca curva 弯嘴旋塞,水龙头,活门

　　~ de calibración 仪表开关,试水位旋塞

　　~ de descarga[tornillo] 水龙头,小旋塞(阀),弯管[嘴]旋塞

　　~ de extinción de fuegos 消防栓,灭火塞

　　~ de interrupción 旋塞阀

　　~ de mar 船底[海水]阀

　　~ de parada 旋塞阀,管塞,停车开关

　　~ de paso cuádruple 四通阀[旋塞]

　　~ de punzón 针状阀

　　~ de purga 排除[泄放]旋塞;泄放开关

　　~ de purga de sedimentos 沉淀物[泥浆泵]排除阀

　　~ de seguridad 安全阀[旋塞]

　　~ de tres vías 三通旋塞,三通[路,向]阀

　　~ (del) indicador 仪表开关,试水位旋塞

　　~ separador 减压[安全]旋塞,减压[放泄]开关,去[降]压管闩

　　agua del ~ 自来水

　　cerveza (servida) al ~ (取自桶中的)散装啤酒

　　llave de ~ 龙头[旋转]扳手

grifón *m.* ①〈动〉布鲁塞尔小种犬;粗毛向导犬(一种荷兰猎犬);②(水管等的)大龙头

grigallo *m.*〈鸟〉黑琴鸡

grike *m. ingl.*〈地〉岩(溶)沟

grilla *f.*〈昆〉雌蟋蟀

grillarse *r.*〈植〉发[抽]芽

grillete *m.* ①钩环[链];铁[带销 U 形]环;② *pl.* 脚镣,镣铐

　　~ de motón 旋转接头

　　~ del ancla 锚环,钩环

　　~ para ancla 锚环

　　perno de ~ 钩环螺栓

grillo *m.* ①〈昆〉蟋蟀;②〈植〉嫩[新,幼]芽;嫩枝

　　~ cebollero[real, topo]〈昆〉(欧洲)蝼蛄

grillotalpa; grillotopo *m.*〈昆〉蝼蛄

grimanso *m. Venez.*〈植〉金凤花

grímpola *f.*〈海〉小[风向]旗

gringuele *m. Cub.*〈植〉长蒴黄麻

griñolera *f.*〈植〉栒子

gripa *f. Amér. L.*〈医〉流行性感冒,流感

gripado,-da *adj.* (机件等被)卡住的

gripaje *m.* (机件等的)卡住

gripal *adj.*〈医〉流感的

　　proceso ~ 流感过程

　　síntoma ~ 流感症状

gripazo *m.* 患流感

gripe *f.*〈医〉流感;流行性感冒

　　~ asiática 亚洲性流(行性)感(冒)

　　~ aviar(~ del pollo) 禽流感

　　~ del cerdo(~ porcino)〈兽医〉猪瘟,猪流感

griposo,-sa *adj.*〈医〉患流感的(人)

griptografía *f.* 宝石雕刻术

gris *adj.* 灰色的;(头发)灰白的;偏灰的‖*m.* ①灰色;②灰色(物,染料,颜料,纺物);③〈动〉西伯利亚松鼠,灰鼠

　　~ carbón 深灰色(颜料)

　　~ ceniza/marengo 浅/深灰色

　　~ perla 珠灰色

　　~ pizarra 蓝灰色

　　~ visón 红灰色

　　atrofia ~〈医〉灰色萎缩

grisalla *f.* ①(陶瓷装饰、油画等的)灰色模拟浮雕画法;②用灰色模拟浮雕画法制作的油画[彩色玻璃]

griseína *f.*〈生〉灰霉素

griseofulvina *f.*〈生化〉〈药〉灰黄菌素

griseoluteina *f.*〈药〉灰腾黄菌素

griseomicina *f.*〈药〉灰色霉素

griseoviridina *f.*〈药〉灰绿霉菌

grisómetro *m.*〈矿〉矿井瓦斯测量表[计]

grisú *m.*〈矿〉①沼气,甲烷;②矿井瓦斯

grisumetría *f*. 〈矿〉矿井瓦斯测量法

grisúmetro *m*. 〈矿〉矿井瓦斯测量表［计］

grisunita *f*. 〈化〉硝酸甘油,硫酸镁,棉花炸药

grisura *f*. 灰度

griva *f*. 〈鸟〉木解鸫

grizzli *m*. 〈动〉(北美)灰熊

Gro. *abr.* género 见 género

gro *m*. 〈纺〉罗缎

groera *f*. 〈海〉(船的)缆索孔

grojo *m*. *Esp*. 〈植〉欧洲刺柏

gromo *m*. 〈植〉芽胞,嫩芽

grosella *f*. ①〈植〉红醋栗,红茶藨子;② *Arg*.〈植〉长根茎仙人棒;③红醋栗色
~ colorada 红醋栗,红茶藨子
~ espinosa 醋栗,茶藨子
~ negra 黑加仑,黑茶藨子
~ roja 红醋栗,红茶藨子

grosellero *m*. 〈植〉醋栗树,茶藨子树
~ espinoso 醋栗,茶藨子
~ negro 黑茶藨子
~ silvestre 野红醋栗树,鹅莓

grosello *m*. *Amér. L*.〈植〉红醋栗树

grosor *m*. 厚度,粗细

grosulariáceo,-cea *adj*. 〈植〉醋栗科的,茶藨子科的 ‖ *f*. ①醋栗科植物,茶藨子科植物;② *pl*. 醋栗科,茶藨子科

grosularita *f*. 〈矿〉钙铝榴石

grotesca *f*. 〈印〉(西文)无衬线字体

groupware *m*. *ingl*. 〈信〉群组软件,组件

GRT *abr. ingl.* gross registered tonnage 〈船〉注册总吨位

grúa *f*. ①〈机〉(转臂)起重机,吊车［机］;机动升降台架;②〈海〉(船用)吊杆式起货设备;升降设备;③〈交〉(故障)牵引车,(吊)拖车;拖运车
~ a mano 手摇起重机
~ a vapor 蒸汽［汽力］起重机,蒸汽吊车
~ alzacápsalas 移动升降台,车载升降台(用于修理高空电线等)
~ ascendente 攀缘式起重机
~ atirantada 牵索(桅杆)起重机
~ basculante 摇臂起重机
~ camión 汽车吊,汽车起重机
~ cantiléver(~ deconsola) 悬臂起重机
~ con imán de alzar 磁力起重机
~ corredera［corrediza］移动式起重机,桥式起重机,行车
~ de alimentación (给机车上水的)水鹤,水压式起重机
~ de almeja 抓斗式起重机
~ de aplique［pared］墙装［墙上,沿墙]起重机

~ de arbolar［calafatear］桅杆(式)［柱形塔式]起重机
~ de auxilio 打捞［救援]起重机
~ de brazo amantillable 俯仰起重机
~ de brazo horizontal(~ de martillo) 锤头式起重机
~ de brazos horizontales 转［悬]臂式起重机
~ de caballete［portada］门式起重机,龙门吊车
~ de cadena 链式起重机
~ de columna 塔式起重机
~ de construcción 建筑用起重机,塔式起重机
~ (de) contrapesada［contrapeso］(有)平衡(重的)起重机
~ de cuchara［desmontar, mandíbulas] 抓斗式起重机
~ de electroimán 电磁［磁力]起重机
~ de escotilla 舱口起重机
~ de fuste 柱式［转柱,塔式]起重机
~ de horca［pescante, pluma］悬臂［挺杆]起重机
~ de locomóvil 机车吊［起重]机
~ de maniobra 应急起重机
~ de maniobra de los trépanos 水上吊机,浮式起重机
~ de mantenimiento 机车吊机,机车起重机
~ de martillo pilón 锻造起重机
~ de monorriel 单轨吊车
~［puente]de montaje 装配吊车,安装(用)起重机
~ de muelle 码头起重机
~ de［sobre]orugas 履带［爬行]式起重机
~ de patio 场内(移动)起重机,移动吊车
~ de pivote(~ giratoria) 旋臂［旋转式]起重机
~ de placa giratoria 转盘起重机
~ de pórtico 龙门［门式,塔架,高架]起重机
~ (de) puente 龙门［门式,桥式]起重机
~ de puente de buque 甲板起重机
~ de retenidas 转臂［人字]起重机,斜撑式起重机,转臂吊机
~ de salvamento 救险起重机
~ de socorro 救援起重机
~ de techo 屋顶起重机
~ de tijera 人字起重机
~ de tirantes 脱模［剥片]吊车
~ de todo uso 活动［轻便式]起重机
~ de tomo［torre］塔式起重机,塔吊
~ de transbordo 装卸桥,龙门吊

~ de vía(~ magnética) 机车起重机

~ derrick 转臂吊机,动臂起重机

~ desplazable 桥[移动]式起重机,移动桥式吊车,行车

~ electromagnética 电磁起重机

~ equilibrado （有）平衡(重的)起重机

~ fija 固定起重机

~ flotante 浮吊,水上[浮式]起重机,起重船

~ gigante 强力[巨型轨道,移动式大型]起重机

~ hidráulica 水力[液压]起重机

~ horquilla Chil. 叉[铲]车,叉式升降机

~ locomotora[locomotriz] 机车起重机,机车吊

~ móvil 移动高架吊车,构架式起重机

~ mural 墙装[墙上,沿墙]起重机

~ neumática 气动葫芦

~ pivotante 旋臂起重机

~ pontón 浮式[水上]起重机,浮吊

~ pórtico sobre pilares 桥式吊车,桥式[高架]起重机,行车

~ suspendida 悬臂式加料吊车

~ Titán 巨型[强力]起重机

accionador de ~ 吊车工,起重机手

aguilón de ~ 起重机梁,吊[行]车梁

barca de ~ 浮船

camión de ~ 汽车吊

gancho de ~ 起重机吊钩

guinche de ~ 起重绞车

pluma de ~ 起重机臂

gruero,-ra *adj*. (猛禽)善于捕鹤的

gruesa *f*. ①罗(记数单位,等于 12 打);②总量[额],毛重

a la ~ 整批,全数,大量

grueso *m*. ①厚度;粗细;②主体[要]部分;③(物体的)粗[厚]的部分;④〈数〉高[厚]度;⑤〈解〉大肠;⑥〈书写中的〉粗笔画

gruiforme *adj*. 〈鸟〉鹤形目的 ‖ *m*. ①鹤形目的鸟;②*pl*. 鹤形目

gruja *f*. 碎石混凝土

grulla *f*. ①(艇,锚)吊柱,挂艇架,吊艇[锚]杆;②〈鸟〉鹤,鹭,鹳;③[G-]〈天〉天鹤(星)座

~ común 鹤

~ de coronilla roja 丹顶鹤

grullero,-ra *adj*. (猎鹰)捕鹤的

grumete *m*. 〈海〉见习水手

grumo *m*. ①凝[结,粘,血]块;②团,簇,串,小堆;③〈植〉嫩芽;④〈鸟〉翅[翼]尖,翼梢

~ de leche 凝乳

~ de sangre 血块

grupaje *m*. 边境运输

grupal *adj*. 群(组)的;集团的;团队的

espíritu ~ 团队精神

grupeto; gruppetto *m*. 〈乐〉回音

grupo *m*. ①(小)组;群;队;班;②集团;集[团,群]体;③〈电〉成套设备[装置];④〈技〉装配;⑤〈生〉(生物分类)群;⑥〈动〉类群;⑦〈化〉(周期表中的)族;基;根;(原子)团;⑧(树)丛;(花,果实等的)簇;串;⑨〈艺〉群像(指雕塑或绘画中形成整体的一组人或物)

~ abeliano 〈数〉交换群,阿贝耳群

~ alternado[alternante] 〈数〉交代群

~ asegurador 保险集团

~ carboxilo 〈化〉羧基

~ compresor 压缩机组

~ conmutativo 〈数〉交换群,阿贝耳群

~ conmutatriz y motor 电动变流机,电动机-发动机组

~ convertidor(~ de motor y generador) 电动发电机组

~ de bombeo 抽水[气]泵组

~ de caldeo 供暖机组

~ de carga 蓄电池充电池组

~ de contacto 联络小组

~ de control （用作对照试验比较标准的)对照组

~ de desplazamiento 搬运队[组]

~ de discusión 〈信〉(定期聚在一起讨论特定主题的)讨论组

~ de encuentro "交心"治疗小组(一种精神病集体疗法,鼓励患者与其他人进行身体上的接触并自由表现情绪,以增进对于他们的敏感性,产生自我意识及相互了解)

~ de estafas (警方部门的)反诈骗科

~ de estupefacientes (警察部门的)缉毒科

~ de homicidios (警察部门的)凶杀案科

~ de lámpara 〈电〉白炽电灯组

~ de los Diez 十国集团

~ de los Siete 七国集团

~ de los 77 77 国集团

~ de noticias 〈信〉新闻组

~ de permutaciones 〈数〉置换群

~ de presión （谋求对立法者、舆论等施加压力的)压力集团

~ de soldadura 电焊装置

~ de trabajo (对提高生产效率等特定专题进行调查的)工作队,特派组

~ de transformaciones 〈数〉变换群

~ del dólar 〈经〉美元集团

~ electrógeno[generador] 发电机组

~ escultorico 雕塑群像

~ esencial 〈化〉必需基团

~ experimental 〈统〉试验组

~ funcional 〈化〉官[功]能团

~ local 〈天〉本星系群

~ motobomba 机动泵组

~ motogenerador 电动发电机

~ motopropulsor 电机驱动装置

~ motor 电动机组

~ paritario 同辈群体；同龄群体

~ prostético 〈生化〉辅基(一种共轭蛋白的非蛋白基)

~ sanguíneo 〈医〉血型

~ secundario 超[大]群，大组

~ simétrico 〈数〉对称群

~ testigo (用作对照试验比较标准的)对照组

~ turboalternador 涡轮(交流)发电机组

~ turbodínamo 涡轮(直流)发电机组

~ turboelectrógeno 涡轮发电机组

gruppetto *m. ital.* 〈乐〉回音

Grus *m.* 〈天〉天鹤星座

gruta *f.* ①岩洞，洞穴[室]；②人工开挖的洞室

grutesco,-ca *adj.* ①岩洞的；洞室的；②(绘画、雕刻等)奇异风格的 ‖ *m.* ①(绘画、雕刻等的)奇异风格；(绘画、雕塑中)形状怪诞的图案[人物]；②(带有花叶饰的使人物和动物变形的)奇异装饰美术

GSM *abr. ingl.* Global System Mobile 〈信〉全球通

g. s. w. *abr. ingl.* gross shipping weight 〈商贸〉总载货量

GT *abr.* Gran Turismo (符合赛车标准的)高性能轿车

Gta. *abr.* glorieta 见 glorieta

guá *m. Méx.* 〈植〉无翼铁兰

guabá *m.* 〈动〉狼蛛

guabairo *m. Amér. L.* 〈鸟〉卡罗琳夜鹰

guabán *m. Cub.* 〈植〉①酸枣鸦鹄花；②槟榔青毛楝

guabico *m. Cub.* 〈植〉钝叶木瓣树

guabijú *m. Arg.* 〈植〉南美香樱桃

guabina *f.* ①*Amér. L.* 〈动〉(鲈)塘鳢；吻鲍；②*Col.* 瓜比纳民歌

guabiniquímar；guabiniquínar *m. Amér. L.* 〈动〉刺豚鼠；南美大豚鼠

guabiniquinaje；guabiniquínax；guabiquinaje *m. Amér. L.* 见 guabiniquímar

guabirá *m. Arg.* 〈植〉卵叶香桃木

guabiraguazú *m. Arg.* 〈植〉南美番樱桃

guabiyú *m. Arg.* 〈植〉①番樱桃；②卵叶双珠

guabo *m.* 〈植〉棕榈树

guacaba *f. Venez.* 〈鸟〉一种鸦鹄

guacací *m. Col.* 〈植〉无瓣八粉兰

guacacoa *f. Cub.* 〈植〉古巴圭亚那香

guacaica *f. Amér. L.* 〈鸟〉蜥鹊

guacal *m. Amér. L.* 〈植〉加拉巴木

guacalada *f. Amér. L.* ①瓢，钵(量词,加拉巴木果壳制的器皿容器)；②背筐[篓](量词,指背筐的容量)

guacalero *m. Amér. C.* 〈植〉加拉巴木

guacalote *m.* ①*Cub.* 〈植〉大托叶云实；②(树)籽

guacamarí *f. Cub.* 〈植〉桂叶西印藤

guacamaya *f.* ①*Amér. L.* 〈鸟〉金刚鹦鹉；②*Cub.*，*Hond.* 〈植〉鱼鳔槐；③*Cub.* 〈植〉金黄蝴蝶；④*Cub.* 〈植〉雁来红

guacamayo *m.* ①*Amér. L.* 〈鸟〉金刚鹦鹉

guacamico *m. Amér. L.* 〈植〉巴拿马马钱子

guacamote *m. Méx.* 〈植〉①丝兰植物；②木薯

guacán *m. Par.* 〈植〉乌桕

guacanaco *m. Arg.* 〈昆〉虱

guacanalá *m. Méx.* 〈植〉墨西哥杨梅

guacanare *m. Venez.* 〈植〉痕油麻藤

guacanijo *m. Cub.* 〈植〉坚硬叶下珠

guacarán *m. Antill.* 〈植〉埃索木

guacarí *m. Per.* 〈动〉一种猴

guacarico；guacarito *m. Venez.* 〈动〉(奥里诺科河产的)水虎鱼

guacatay *m. Per.* 〈植〉①万寿菊；②一种印度康乃馨

guachácata *f. Méx.* 〈植〉黄钟花

guachamaca；guachamacá *f. Col.*，*Venez.* 〈植〉箭毒木

guachamo *m. Amér. L.* 已检标志

guachapali *m. Pan.* 〈植〉美洲相思树

guachapelí *m. C. Rica*，*Ecuad.*，*Venez.* 〈植〉美洲相思树

guachaperí；guachapure *m. Méx.* 〈植〉细刚毛蒺藜草

guachapurillo *m. Méx.* 〈植〉二色畸瓣花

guáchara *f. Salv.* 〈动〉癞蛤蟆

guacharaca *f. Col.*，*Venez.* 〈鸟〉一种鸡

guacharaguero *m. Venez.* 〈植〉刺朴

guácharo *m.* ①*Amér. C.* 〈鸟〉夜莺；②*Salv.* 〈动〉蟾蜍；③*Amér. L.* 〈鸟〉一种油鸥

guache *m.* ①〈画〉水粉画(法)；树胶水粉画(法)；②*Col.* 〈动〉南美浣熊；③一种蜂蛇；③*Col.* 〈植〉阔叶猪屎豆

guachichi *m. Méx.* 〈植〉桂叶丝穗木

guachimol *m. Salv.* 〈植〉金龟树

guachinango *m. Cari.*，*Méx.* 〈动〉笛鲷

guachiván *m. Pan.* 〈植〉巴拿马草(茎)

guacho,-cha *adj.* ①*And.*,*Cono S.*〈动〉离
开[失去]母畜的;②*Arg.*,*Chil.*〈植物〉野
生的‖*m.*①〈鸟〉雏鸟;②〈动〉幼畜[兽];
③*C.Rica*〈动〉鼷蜥;④*Arg.*〈鸟〉美洲鸵

guacia *f.* ①〈植〉金合欢;②金合欢胶,阿拉
伯树胶

guácima *f.* *Amér.L.*〈植〉①肥猪树;②榆叶
梧桐

guácimo *m.* *Amér.L.*〈植〉榆叶梧桐

guacis *m.* *Méx.*〈植〉落叶白花豆

guaco *m.* ①〈植〉瓜柯,南美蛇藤菊,米甘菊;
②瓜柯叶(可用于治疗被蛇、虫咬伤);③
〈鸟〉库拉索鸟;④*Amér.L.*〈鸟〉肉垂凤冠
雉;黑凤冠雉;盔凤冠雉

guacoa *f.* *Venez.*〈鸟〉①裸眶鸽;②磷斑鸽

guacópporo *m.* *Méx.*〈植〉扁(叶)轴木

guacoyol; **guacoyul** *m.* *Méx.*〈植〉墨西哥毛
头棕

guacú *m.* ①*Amér.L.*〈医〉颤抖病;②
Amér.M.〈动〉淡赤鹿

guacuco *m.* *Amér.C.*〈植〉光亮金虎尾

guacuz *m.* *Méx.*〈植〉奶子果榄

guadamací (*pl.* guadamacíes); **guadama-
cil**; **guadamecil** *m.* 雕皮,皮雕工艺品

guadamacilería *f.* 皮雕业[作坊,店]

guadamacilero *m.* 皮雕生产者

guadamecí (*pl.* guadamacíes) *m.* 雕皮,皮
雕工艺品

guadaña *f.* 〈农〉长柄大镰刀,(大)钐镰[刀]

guadañador,-ra *adj.* 〈农〉用大钐镰割草的
‖*f.* 〈农〉〈机〉割草机,钐割机

guadañil *m.* 〈农〉刈割者;用大钐镰割草者

guadaño *m.* *Cub.*,*Méx.*(港口用的)小船
[艇]

guadapero *m.* 〈植〉野梨树

guadari *m.* *Méx.*〈植〉臭戈豆

guadillo *m.* *P.Rico*〈植〉枣花驼峰楝

guadua; **guadúa**; **guaduba**; **guáduba** *f.*
Amér.L.〈植〉窄叶蓟竹

guagua *f.* ①*Col.*〈动〉刺豚鼠;②*Cub.*,
Arg.,*Dom.*〈昆〉柑橘木虱;③*Cub.*〈植〉
一种辣椒

guaguán *m.* *Chil.*〈植〉齿叶香料木

guaguana *f.* *Méx.*〈医〉荨麻疹,风疹块

guaguanche *m.* *Antill.*〈动〉鲟鱼

guaguasí *m.* *Cub.*〈植〉香脂树

guagüilque *m.* *Chil.*〈植〉心叶缬草

guai *m.* *Venez.*〈植〉吉贝,木棉

guaica *f.* *Col.*,*Venez.*〈植〉互生叶风车子

guaicume *m.* *Salv.*〈植〉帕尔默果榄

guaicurú *m.* *Arg.*,*Chil.*〈植〉药用丰花草

guaijacón *m.* *Cub.*〈动〉一种食蚊鱼

guaile *m.* *Chil.*〈动〉四只角的绵羊

guaima *f.* *Venez.*〈动〉蜥蜴,四脚蛇

guainica *f.* *Cub.*〈鸟〉黑顶拟黄鹂

guainumbí *m.* *Amér.M.*〈鸟〉蜂鸟

guaipanete *m.* *Venez.*〈植〉豌豆

guáiper *m.* *Amér.C.*(汽车的)挡风玻璃刮
水器,风挡雨刷

guaipinole *m.* *Méx.*〈植〉弯茎猴耳环

guaipura *f.*; **guaipurú** *m.* *Bol.*,*Per.*〈植〉
野生欧洲酸樱桃

guaira *f.* ①*Amér.C.*〈乐〉(印第安人的)多
管笛;②*And.*,*Cono S.* 炼银炉;③〈海〉
三角帆;④*Arg.*〈昆〉一种蜘蛛

guairabo *m.* *Chil.*〈鸟〉夜鹭

guairachina *f.* *Per.*; **guaira-china** *f.* *Bol.*
炼银炉

guairao *m.* *Chil.*〈鸟〉一种夜鹭

guairo *m.* ①*Cub.*,*Venez.*〈船〉(用三角帆
的)双桅小船;②*Per.*〈植〉龙牙花

guairoro; **guairulo** *m.* *Per.*〈植〉龙牙花

guairuro *m.* *Per.*〈植〉刺桐;龙牙花;珊瑚珠

guaita *f.* ①〈军〉夜间暗哨;②*P.Rico*〈植〉
硬毛毛楝

guajá *m.* ①*Amér.M.*〈鸟〉草鹭;②*Méx.*
〈植〉可食合金欢

guajaba *f.*; **guajabo** *m.* *Antill.*〈植〉有翅
决明

guajabón *m.* *Cub.*〈植〉(用作绳索的)一种藤
本植物

guajaca *f.* *Cub.*,*Dom.*,*Méx.*〈植〉丛生铁
兰

guajacón *m.* *Cub.*〈动〉一种食蚊鱼

guajaje *m.* *Méx.*〈植〉墨西哥一枝黄花

guaje *m.* 〈植〉①槐树;②*Amér.C.*,*Méx.*金
合欢;③*Méx.* 葫芦

guaje,-ja *m.f.* 采矿学徒

guajeri *m.* *Amér.L.*〈植〉椰李

guajerú *m.* *Amér.M.*〈植〉椰李

guajica *f.* *Cub.*〈动〉一种食蚊鱼

guajilote *m.* 〈植〉①*Méx.* 掌叶木棉;②
Amér.C.,*Méx.* 可食桐花树;③*C.Rica*
大马兜铃

guajilla *f.*; **guajillo** *m.* *Méx.* 〈植〉①金合
欢;②小果[披针]银合欢

guajinicuil *m.* *Amér.C.*〈植〉小茵豆

guajino,-na *m.f.* *P.Rico*〈动〉猪崽,奶猪

guajiote *m.* *Amér.C.*〈植〉胶裂榄
~ **cirial**[**cirián**] *Méx.*〈植〉加拉巴木(炮弹
果)

guajojó *m.* *Bol.* ①〈植〉南美褐磷木;②〈鸟〉
(南美食虫的)夜鹰

guajolota *f. Méx.*〈鸟〉雌火[吐绶]鸡

guajolotada *f. Méx.*〈集〉〈鸟〉火[吐绶]鸡

guajolote *m. Méx.*〈鸟〉火[吐绶]鸡
~ **montés** *Méx.*〈鸟〉一种吐绶鸡

guajolotito *m. Méx.*〈鸟〉一种鸱鸮

guajurú *m. Amér. M.*〈植〉椰李

guala *f.*〈鸟〉① *Chil.* 智利骨顶鸡；② *Col., Venez.* 一种秃鹫

gualacate *m. Arg.*〈动〉一种犰狳

gualanday *m. Col.*〈植〉蓝花楹；高大蓝花楹

gualda *f.*〈植〉染料木；淡黄木犀草

gualdapera *f.*〈植〉洋[毛]地黄

gualdrilla *f.*〈矿〉洗矿槽板

guale *m. Col.*〈鸟〉红头美洲鹫

gualeta *f. Amér. L.* ①〈动〉鳍；②〈农〉(用来挡泥的)犁壁

gualiqueme *m. Hond.*〈植〉龙牙花

gualle *m. Chil.*〈植〉歪叶假山毛榉(高可达50米)

guallento *m.*；**gualleria** *f. Chil.*〈植〉栎树林

gualpe *m. Chil.*〈植〉辣椒

gualputa *f. Chil.*〈植〉褐斑苜蓿

gualtata *f.*〈植〉① *Chil.* 一种多年生草本植物(可入药)；② *Per.* 皱叶酸模

gualte *m. Col.*〈植〉一种棕榈

gualul；**gualulo** *m. Méx.*〈植〉南部无患子

guama *f.*〈植〉瓜麻树；瓜麻果

guamachi *m. Méx.*〈植〉金龟树

guaman *m. Amér. L.*〈鸟〉一种鵟

guamanga *f. Per.*〈矿〉雪花石膏

guamango *m. Arg.*〈鸟〉游隼

guamao *m. Cub.*〈植〉稀子矛荚豆

guámara *f. Méx.*〈植〉软滑锦梨

guamica *f. Cub.*〈鸟〉卡尔斯巴鸽

guamil *m.*〈植〉① *Guat., Hond.* (在开垦的土地上长出的)树木荒草；② *Amér. L.* 自然生长的植物

guaminiquinaje *m. Amér. L.*；**guaminiquinax** *m. Cub.*〈动〉一种臭鼬

guamis *m. Méx.*〈植〉三齿霸王

guamo *m. Col., Venez., Hait.*〈植〉秘鲁合欢树

guampada *f. Chil.* 牛角杯(量词，指牛角杯的容量)

guamuche；**guamuchi**；**guamúchil** *m. Méx.*〈植〉金龟树

guamuchilar *m.*；**guamuchilera** *f. Méx.*〈植〉金龟树林

guamuchilillo *m. Méx.*〈植〉加利福尼亚相思树

guamúchite *m. Méx.*〈植〉金龟树

guamuco *m. Col.*〈植〉①木曼陀罗；②大红花曼陀罗

guamufate *m. Venez.*〈植〉长叶香桃木

guana *f. Cub.*〈植〉西方鹅掌楸

guanabá *m. Cub.*〈鸟〉黄顶夜鹭

guanábano *m.* ①〈植〉刺果番荔枝树；② *Antill., Méx.*〈植〉刺果番荔枝；③ *Amér. L.*〈动〉刺猬

guanabo *m. Antill., Méx.*〈植〉刺果番荔枝

guanacaste *m. Amér. C.*〈植〉象耳豆树

guanacastero,-ra *adj. Méx.*〈植〉象耳豆树的

guanacastle *m. Méx.*〈植〉象耳豆树

guanaco *m.*〈动〉南美野生羊驼

guanaguana *f. Venez.*〈鸟〉丽色军舰鸟

guanaguanare *m. Venez.*〈鸟〉银鸥

guanaguare *m. Venez.*〈鸟〉笑鸥

guanaico *m. Venez.*〈动〉狐鼬

guanajo,-ja *m. f. Amér. L.*〈鸟〉火[吐绶]鸡

guanajuatita *f.*〈矿〉硒铋矿

guanal *m. Per.*〈鸟〉南美鸬鹚，秘鲁鸬鹚(为鸟粪肥料的主要来源)

guanana *f.* ① *Cub.*〈鸟〉雪雁；② *Cub., Ecuad.*〈鸟〉一种雁；③ *Cub.*〈植〉古巴云实

guanaraiba *f. Cub.*〈植〉美国红树

guanaro *m. Cub.*〈鸟〉野鸽

guanasa *f.*〈生化〉鸟嘌呤酶

guanay *m. Chil.*〈鸟〉鸬鹚

guanazolo *m.*〈药〉〈医〉氮鸟嘌呤，8-氮杂鸟嘌呤(抗肿瘤药)

guancanalá *m. Méx.*〈植〉墨西哥杨梅

guandirá *m. Bras.*〈动〉蝙蝠

guandú *m. Amér. C., Antill., Col., Cub., Venez.*〈植〉木豆

guandur *m. Amér. M.*〈植〉胭脂树

guanera *f.* ① *Amér. L.* 天然鸟粪场；② *Amér. M., Antill.* 棕榈林

guanero,-ra *adj. Amér. L.* ①海鸟粪的，粪肥的；②鸟粪开采业的；③棕榈叶的‖ *m.* 海鸟粪运输船

guanetidina *f.*〈药〉胍乙啶(一种降血压药)

guaney *m. Cub.*〈植〉多明马亚木槿

guangana *f. Per.*〈动〉西猯，一种野猪

guango *m.* ① *Chil., P. Rico*〈植〉萨曼朱缨花；② *Col.*〈植〉阔叶合欢；③ *Chil.*〈动〉一种田鼠

guaní *m. Cub.*〈鸟〉蜂鸟

guanidina *f.*〈生化〉胍(用于有机合成、制药等)

guanina *f.* ①〈生化〉鸟嘌呤(核酸的基本成分)；② *Cub.*〈植〉决明

guaniquí *m. Cub.*〈植〉八蕊瑞威那

guaniquiquí *m. Cub.*〈植〉①八蕊瑞威那；②青葙

guano *m.* ①（海）鸟粪；②*Amér. L.* 粪便［肥］；（仿海鸟粪制成的）矿物肥料；③*Amér. L.*〈植〉棕榈树［叶］；④*P. Rico*〈植〉西印度轻木；芦竹

guanosina *f.*〈生化〉鸟苷，鸟嘌呤核苷

guanque *m. Chil.* ①〈植〉薯蓣，山药；②〈鸟〉美洲鸵

guanquero *m. Arg.*〈昆〉熊蜂

guanta *f.* ①*Ecuad.*〈动〉豚鼠；②*Chil.*〈植〉（用作饲草的）茄科植物

guante *m.* ①手套；②*Chil.* 鞭子（刑具）
　～ con puño（骑马或击剑等用的）长手套，防护手套
　～ de boxeador[boxeo] 拳击手套
　～ de cirujano（～ para uso quirúrgico）外科手套
　～ de goma 橡胶手套
　～ de jardinería 园艺手套
　～ sensor〈信〉数据手套
　crimen de ～ blanco 白领犯罪（指脑力劳动者在工作中犯的诈骗、挪用公款等犯罪行为）

guantelete *m.* ①（骑马或击剑等用的）长手套，防护手套；②〈医〉手指绷带

guanto *m. Ecuad.*〈植〉大红花曼陀罗

guantusa; guantuza *f. Méx.*〈动〉刺豚鼠，南美大豚鼠

guañil *m. Chil.*〈植〉穗花菊

guao *m.* ①*Antill., Cub., Ecuad., Méx.*〈植〉毒漆树；②*Méx.*〈动〉大麝香龟

guapa *f. P. Rico, Venez.*〈植〉斑叶阿若母

guapante *m. Col.*〈植〉木替斯假连翘

guapaque *m. Méx.*〈植〉①美洲铁木；②危地马拉铁木；③墨西哥铁木

guapeba *f. Bras.*〈植〉桂叶果榄

guapi *m. Chil.* 林中空地

guapilla *m. Méx.*〈植〉镰[条纹,加州]龙舌兰

guapillo *m. Guat., Hond.*〈植〉铺地鸡头薯

guapinol; guapinole *m. Amér. L.*〈植〉李叶豆

guapito *m. Venez.*〈植〉白花丹

guapoí *m. Arg.*〈植〉巨榕

guapomó *m.*〈植〉一种攀缘植物

guaporú *m. Arg.*〈植〉茎花番樱桃

guaporunga *m. Bras.* 见 guaporú

guapote *m.* ①*Amér. L.*〈动〉一种鲱鱼；②*Venez.*〈植〉攀缘蓝茉莉

guapuro *m.*〈植〉茎花番樱桃

guapuronga *f. Amér. M.*〈植〉绒毛马利果

guapurú *m. Bol.*〈植〉酒香桃

guapurucito *m. Bol.*〈植〉龙葵

guaquear *intr. Amér. C., And.* 发掘古墓［珍宝］

guaqueche; guanqueque *m. Méx.*〈动〉豚鼠

guaqueo *m. Amér. C., And.* 发掘古墓

guaquería *f. Amér. L.* 发掘古墓［珍宝］

guaqui *m. Arg.*〈动〉一种负鼠

guara *f.* ①*Cub., Antill., Hond., P. Rico*〈植〉美洲库盘尼；②*Cub.*〈植〉南美木尊藤；③〈鸟〉*Venez.* 兀鹫；*Hond.* 金刚鹦鹉；④*Arg.*〈解〉生殖器官
　～ blanca *Amér. L.*〈植〉美洲库盘尼

guará *f.* ①*Amér. M.*〈动〉（大草原里的）狼；②*Bras.*〈鸟〉一种鸟

guaraba *f. Amér. C., Venez.*〈植〉宝冠豆

guarabú *m. Bras.*〈植〉密叶紫心木

guaracabuya *f. Cub.*〈植〉黄蝴蝶

guaracaro *m. Venez.*〈植〉①棉[扁,香,雪,金甲]豆；②棉豆种子

guarachi *m. Bras.*〈植〉多花摩顿豆

guaracú *m. Col.*〈地〉玄武岩

guarago *m. Ecuad.*〈植〉一种树（其木材用于造船）

guaraguaíllo *m. P. Rico*〈植〉矮小[枣花]驼峰楝

guaraguao *m.*〈鸟〉①*Antill., Col., Méx., Venez.* 鵟；②*Venez.* 兀鹫

guaraiba *m. Amér. L.*〈鸟〉欧[古巴,三声,卡罗琳]夜鹰

guarajura *m. Venez.*〈鸟〉兀鹫

guarán *m.* ①〈动〉种驴；种猪；②*Arg.*〈植〉黄钟花

guarana; guárana *f. Cub.*〈植〉①小叶库攀木；②珀氏锡叶藤

guaraná *m.*〈植〉①*Amér. L.* 泡林藤；珀氏锡叶藤；②小叶库攀木

guaranga *f.* ①*Ecuad., Per.* 扭曲相思树籽；②*Col.*〈植〉卡拉云实

guarango *m.*〈植〉①*Ecuad., Per.* 扭曲相思树；②*Col.* 斑点金合欢；③*Venez.* 鞣料云实

guarapa *m. Venez.*〈植〉钝叶羊蹄甲

guarapariba *m. Venez.*〈植〉太平洋雪松

guarapiapuña *f. Amér. M.*〈植〉豆木

guarapillo *m.*〈药〉①*Hond.*（用于医治梅毒的）菝葜丸；②*P. Rico* 煎剂

guaraquinaj *m. Amér. L.*〈动〉一种河狸

guarasapo *m. Méx.*〈动〉蛆，蠕虫

guarataro *m. Venez.* ①燧石，石英；毛石,粗石块；②鹅卵石，圆石子；③〈植〉蟋蟀草

guaratura *m. Venez.* 燧[火]石；石英

guarda *m. f.* ①(公园、墓地等的)看管[守]人；(大楼等建筑物的)保安；② *Cono S.* (铁路)检票员；③ *Arg.* (公交)售票员 ‖ *f.* ①〈印〉(书的)扉页；②(钥匙的)榫槽，齿凹；(锁中相应的)圆形凸挡；③ *pl.* 〈天〉(大熊星座后面的)两守护星座；④(刀、剑的)护手；保[防]护物；⑤ *Cono S.* (衣服的)饰边
　～ aduanero 关务员
　～ de almacén 仓库管理员
　～ de caza[coto] (防止偷猎的)猎物看守人，猎场看守人
　～ de dique (运河)闸门管理人
　～ de pesca 渔业管理员
　～ de ruedas 〈建〉(屋角的)护墙石
　～ de seguridad 保安
　～ de vista ①盯梢者；②监护人
　～ fluvial ①(检查船只的)海关官员；②渔业管理员，(防止偷渔的)水上警察
　～ forestal 守[看]林人
　～ jurado 武装保安

guardaaguas *m. inv.* 〈海〉(舷窗或舷门的)防水板；② *pl.* 〈建〉护墙，拔水板

guardaagujas *m. f. inv.* 〈交〉①(铁路)扳道工，扳闸[转辙]手；②(在固定岗位值勤的)交通警察

guardaalmacén *m. f.* 仓库管理员

guardabanderas *m. inv.* 〈海〉(舰船)信号员

guardabarranca *m. Méx.* 〈鸟〉棕顶翠鸲

guardabarranco *m. Amér. C.* 〈鸟〉一种鸣禽

guardabarrera *m. f.* 〈交〉①(铁路)道口看守员；②(平交)道口(指铁路、公路、人行道或其组合在同一平面的交叉)

guardabarros *m. inv.* (车辆等的)挡泥板
　～ delantero 前挡泥板
　～ trasero 后挡泥板

guardabosque *m. f.*；**guardabosques** *m. f. inv.* ①守[看]林人；②猎场看守人

guardabrisa *f.* ①(汽车等的)挡风玻璃；②风挡，(灯、蜡烛的)挡风罩

guardacaballo *m. Col.，Per.* 〈鸟〉滑嘴犀鹃

guardacabo *m.* 〈海〉索眼环，钢丝绳套环，索端嵌环

guardacadena *f.* (自行车)链罩[盒]

guardacalada *f.* ①(房檐上的)滴水口；②(船的)锅炉舱棚

guardacantón *m.* ①护墙石，路缘石，道牙，侧石；②(用以保护自行车安全的)安全柱

guardacarril *m.* 〈交〉(铁路)护轨

guardacartuchos *m. inv.* 〈海〉弹药箱

guardachoques *m. inv.* 保险杆[杠]，防冲挡[器]，车挡，挡板

guardacostas *m. f. inv.* ①海岸警卫队队员；②海岸防卫艇[缉私船]

guardacuerpos *m. inv.* ①栏杆，扶手；②(船的)锅炉舱棚

guardacuños *m. inv.* (印币厂的)印模保管人

guardaescobas *m. inv. Col.* 〈建〉踢脚线，墙角板

guardaesquina *f.* 〈建〉墙角护[饰]条

guardafango *m.* (车辆等的)挡泥板

guardafrenos *m. inv.* ①(火车上的)司闸员，制动员；② *Amér. L.* (车辆的)挡泥板

guardafuego *m.* ①〈海〉(船用)碰垫，护舷木，防擦材；②(烟囱的)炉栏；③〈建〉防火墙

guardaganado *m. Riopl.* (庄园入口处的)拦畜壕

guardaguas *m. inv.* 〈海〉(舷窗或舷门的)防水板

guardagujas *m. f. inv.* 〈交〉①(铁路)扳道工，扳闸[转辙]手；②(在固定岗位值勤的)交通警察

guardahielo *m.* 〈建〉(桥墩的)冰挡[栏]

guardahílos *m. inv. Arg.* ①(铁路)扳道工；②电话线维修工

guardahinfante *m.* 〈海〉绞盘凸筋

guardahúmo *m.* 〈海〉挡烟帆

guardalado *m.* (桥等的)栏杆

guardalagua *m. Méx.* 〈植〉气根毒藤

guardallama *f.* 挡火[锅炉]门

guardalmacén *m. f.* ①仓库[军需]管理[保管]员；② *Cub.* 火车站站长

guardalobo *m.* 〈植〉白沙针

guardalodos *m. inv.* (车辆等的)挡泥板

guardamancebo *m.* 〈海〉舷梯扶索；扶手绳，安全绳

guardamano *m.* ①(焊工用)手持面罩；②(刀，剑的)护手[挡]；③(猎枪枪筒上的)护手件

guardamateriales *m. inv.* (铸币厂的)原材料采购员

guardameta *m.* 〈体〉足球守门员

guardamonte *m.* 〈军〉扳机护套

guardamozo *m.* 〈海〉舷梯扶索；扶手绳，安全绳

guardanieve *m.* (铁路等的)防雪棚

guardapalos *m. inv.* 〈体〉(足球运动的)守门员

guardapesca *f.* 捕鱼监督艇

guardapolvo *m.* ①防尘罩[套，板]；②罩衣[衫]；③〈建〉(门或阳台的)防雨檐；④(飞轮、表的)内盖；⑤鞋罩；⑥ *pl.* (马车横档至车轴的)铁链；⑦ *pl. inv.* 避孕[安全]套

guardaposte *m.* 护轮板，汽车挡泥板

guardapuente *m.* 大桥守[警]卫

guardapuerta *f.* ①门帘；②(防雨、雪及冷风等用的)外重门

guardarraíl *m.* ①(楼梯的)扶手；②(公路的)护栏；(铁路的)护轨

guardarraya *f. Amér. L.* (庄园等的)地界

guardarriel *m.* ①(铁路的)护轨；②(房屋的)披水条

guardarrío *m.* 〈鸟〉翠鸟，鱼狗

guardarropía *f.* 〈戏〉①服装，道具；②服装道具室

guardarruedas *m. inv.* ①护轮[挡泥]板；②(保护屋角的)护角石；③门槛护铁

guardasilla *f.* 〈建〉(房间内的)护墙板

guardasitio *m.* 〈信〉占位符号

guardasol *m.* ①阳伞；②*Per.* (汽车的)遮阳篷

guardatiempo *m.*; **guardatiempos** *m. inv.* 计时员

guardatierra *f.* 〈建〉翼[八字]墙

guardatimón *m.* 〈军〉(轰击尾追敌船的)艉炮

guardatinaja *m.* 〈动〉*Amér. L.* 刺豚鼠，南美大豚鼠；②水豚

guardatinajo *m. Amér. L.* 〈动〉刺豚鼠，南美大豚鼠

guardatrén *m. Cono S.* (铁路的)司闸员，制动司机；列车长

guardavacas *f. inv. Chil.* (防止动物接近铁路的)护路壕沟

guardavalla; **guardavallas** *m. f. inv. Amér. L.* 〈体〉(足球等运动的)守门员

guardavela *m.* 〈海〉束帆索

guardaventana *f.* 〈建〉①风雨[双层]窗；(防雨、雪及冷风等用的)外重窗；②屋顶窗，老虎窗

guardavía *m.* (铁路的)巡道员，护[养]路工

guardavidas *m. f. inv. Arg.* 救生员；警卫

guardavientos *m. inv.* 防风罩，挡风盖，烟囱帽

guardaviñas *m. inv. Amér. L.* 葡萄园管理员

guardavista *m.* 〈建〉遮阳板[篷]

guardia *f.* ①警戒[卫]，戒[防]备，守卫，看守[管]；②卫队，警卫[保安]队；③(击剑时)防御(姿态)；④(尤指工作时间之外的)值班；见 turno de ～ ‖ *m. f.* ①卫[哨]兵，警卫；警[看守]员；②宪警；警察

~ civil ①(农村的)治安警察；民防部队；②宪警，武装警察

~ de Corps ①国家卫队；②国王卫士

~ de honor 仪仗队

~ de prevención (兵营)警卫队

~ de seguridad 治安警察

~ de tráfico 交通警察

~ forestal 守[看]林人

~ fronteriza 边防军

~ guardimarina ①海军士官生；②海军学校学员

~ jurado 武装保安

~ marina ①海军学校学员；②见习船员

~ montada 骑兵卫队

~ municipal[urbano] 城市警察

~ nacional 国民警卫队

~ pretoriana 禁卫军

~ rural *Cub.* 农村警察

~s de asalto 防暴警察，突击部队

turno de ～ (医生、护士等的)轮班(班次工作时间)

guardián *m.* ①〈海〉(管理小艇和缆索的)水手长；②〈海〉(有风浪时拴小艇的)缆绳；③(永久磁铁)御铁，卫铁

guardilla *f.* 〈建〉①天[老虎]窗；②阁[顶]楼

guardín *m.* 〈海〉①炮门索；②舵缆[绳，索]

guare *m. And.* 〈植〉蒿

guareao *m. Antill.* 〈鸟〉秧鹤

guarema *f. P. Rico, Venez.* 〈植〉五蕊美洲苦树

guarén *m.* 〈动〉①*Amér. L.* 水老鼠；②*Chil.* 蹼足大鼠

guarena *f. Venez.* 〈鸟〉一种鸽

guareno,-na *m. f. Chil.* 〈动〉蹼足大鼠

guareque *m. Venez.* 〈动〉蟾蜍

guargar *m. Per.* 〈植〉大红花曼陀罗

guarguar *m. Chil.* 〈植〉大红花曼陀罗

guargüerón *m. Col.* 〈植〉金鱼草

guari *f. Méx.* 〈鸟〉鸽

guaria *f. C. Rica* 〈植〉墙头附生兰

guariao *m. Antill.* 〈鸟〉秧鹤

guariare *m. Venez.* 〈植〉刺山柑

guariate *m. Venez.* 〈植〉绿花山柑

guariba *m. Amér. L.* 〈动〉吼猴

guaribay *m. Urug.* 〈植〉加州胡椒树

guaribo *m. Méx.* 〈植〉岳杨；拨兰氏杨

guaricamaco; **guaricamo** *m. Venez.* 〈植〉毒根桃

guarichi *m. Venez.* 〈植〉女贞木瓣树

guarima *f. Amér. C., Méx.* 〈植〉惜古比

guarimán *m. Amér. M.* ①〈植〉厚壳桂；②厚壳桂果

guarimba *f.* 〈植〉惜古比

guarín *m.* 〈动〉(同一窝中最后生出的)猪崽

guarisapo *m. Chil.* 〈动〉蝌蚪

guaritinajo *m. Amér. L.* 〈动〉一种河狸

guaritoto *m. Venez.* 〈植〉①五裂毒刺草；②褐麻疯树；葡萄麻疯树

guarnecido *m.* ①抹灰泥；粉刷；②镶嵌；③

(汽车座椅等的)装饰
～ de hierro 包铁(的)
～ de metal antifricción 镶衬巴氏合金(的)
guarnición *f*. ①配备;②垫[填]料,衬(圈,垫),垫圈,密封垫(片,板),环圈;③(宝石的)镶嵌底座;④(刀、剑的)护手[挡];⑤*pl*.(房屋内的)固定装置;器材;⑥〈建〉抹灰泥,粉刷;⑦装饰;⑧〈军〉(城防)驻军
～ de cáñamo 麻(丝封)填,麻垫
～ de caucho 橡皮垫
～ de freno 闸衬(片),掣动垫,刹车垫,制动衬带
～ de junta deslizante 弹性垫[填]料,弹性衬垫(物)
～ de prensaestopas 压盖填料,密封垫
～ espiralóidea 迷宫式密封(片),曲折轴垫
～ estanca 水密封垫[圈]
～ impermeable 气密封垫[圈]
～ metálica 金属填料;活塞环圈
～ metaloplástica 软金属填料
～s de alumbrado 照明器材
guarnigón *m*.〈鸟〉雏鹌鹑
guarnimiento *m*.〈海〉索具
guarrilla *f*.〈鸟〉雀[小种]鹰
guaruba *f*. *Bras*.〈鸟〉一种红颈鹦鹉
guarura *f*. *Venez*.〈动〉海螺
guasabana *f*. *Venez*.〈植〉多刺仙人掌
guasábara *f*.〈植〉①*Venez*. 多刺仙人掌;②*P. Rico* 四子[生锈,艾格氏]番樱桃
guasalo *m*. *Hond*.〈动〉美洲负鼠
guasasa *f*. *Cub*.〈昆〉一种毒蚊
guasaza *f*. *Cub*.〈昆〉毒蚊
guascama *f*. *Col*.〈动〉白颈黑色毒蛇
guascanal *m*. *Hond*., *Salv*.〈植〉海因德金合欢
guasch *m*.〈画〉水粉画(法,颜料)
guasdua *f*. *Venez*.〈植〉窄叶箣竹
guaseta *f*. *Cub*.〈动〉一种鱼
guasgüín *m*. *Col*.〈植〉伞房小毛菊
guash *m*. *Méx*.〈植〉可食银合欢
guasilla *f*. *Ecuad*.〈植〉缬草
guásima *f*. *Antill*., *Col*., *Méx*.〈植〉①肥猪树;②榆叶梧桐
guasimal *m*. *Antill*., *Méx*.〈植〉肥猪树林
guasimilla *f*.〈植〉①*Cub*., *P. Rico* 小花山黄麻;②*Pan*. 印度蛇婆子
guasmara *f*. *Salv*.〈植〉多穗鼠尾草
guaso *m*. *Bol*.〈动〉鹿
guasoncle; **guasontle** *m*. *Méx*.〈植〉亨利藜
guaspó *m*. *Méx*.〈植〉具网亮果椴
guasquilla *f*. *Amér*. *L*.〈植〉佛手瓜
guastapana; **guastatán** *m*. *Antill*.〈植〉鞣料云实
guastotame *m*. *C. Rica*〈植〉反卷紫金牛
guasú *m*. *Arg*.〈动〉一种鹿
guasupita; **guasupitá** *m*. *Amér*. *M*.〈动〉淡赤鹿
guatacare; **guatacaro** *m*. *Venez*.〈植〉白花肉果树
guatalear *tr*. *Amér*. *L*. 清理(荒芜山地)
guatambú *m*. *Arg*.〈植〉①绿果白坚木;②巴西芸木
～ amarillo *Arg*. 白坚木
guatapán; **guatapaná** *m*. *Antill*.〈植〉鞣料云实
guatapanar; **guatapanare** *m*.〈植〉鞣料云实
guataplasma *m*. *Amér*. *L*.〈医〉泥敷剂,糊剂
guate-guate *m*. *Col*.〈植〉龙珠果
guatemala *f*.〈植〉①*C. Rica* 老虎莲;②*Méx*. 金凤花;③*Col*. 危地马拉(优质)牧草
guatepereque *m*. *Venez*.〈昆〉神圣金龟子
guatera *f*.〈农〉①*Amér*. *L*. 青饲料玉米田;②*Guat*.(用作饲料的)嫩玉米
guatiguati *m*. *Venez*.〈鸟〉黑头鸥
guatil *m*.〈植〉格尼帕树(一种产于热带美洲的茜草科植物)
guatilla *f*. *Ecuad*.〈动〉刺豚鼠,南美大豚鼠
guatín *m*. *Col*., *Ecuad*.〈动〉南美刺豚鼠
guatiní *m*. *Amér*. *L*.〈鸟〉一种咬鹃
guatope *m*. *Méx*.〈植〉假茵豆
guatuza *f*.〈动〉①*Amér*. *L*. 刺豚鼠;②*Ecuad*. 一种鼠
guau *m*.〈植〉①欧洲忍冬;②*Méx*. 气根毒藤;五叶地锦
guauchi *m*. *Amér*. *L*.〈植〉乔木剥光花
guaucho *m*. *Chil*.〈植〉引火菊
guayaba *m*.〈植〉番石榴;番石榴果
guayabita *f*. *Amér*. *L*.〈植〉多香果
guayabito *m*. *Cub*., *P. Rico*〈动〉小老鼠,鼷鼠
guayabo *m*.〈植〉番石榴树
～ falso〈植〉番石榴树
guayaboschi *m*. *Amér*. *M*.〈植〉栓皮椿
guayabota *f*. *P. Rico*〈植〉印度乌木
guayacán *m*.〈植〉愈疮木
guayacana *f*. ①*Cub*.〈植〉印度乌木;②*Col*.〈植〉绒毛菝葜;③*Amér*. *L*.〈动〉一种毒蛇
guayacanabo; **guayacanal** *m*. *Antill*.〈植〉愈创木树林
guayacancillo *m*. *Antill*.〈植〉神圣愈创木
guayacileno *m*.〈化〉愈创蓝油烃
guayaco *m*. ①〈植〉愈疮木;②〈化〉愈创木

脂；③*Amér.M.*〈植〉太平洋雪松

guayacol *m.*〈化〉愈疮木酚，邻甲氧基苯酚

guayacón *m. Cub.*〈动〉一种食蚊鱼

guayaibí *m. Arg.*〈植〉美洲紫木

guayal *m.Méx.*〈植〉①一种合金欢；②格雷格蛇藤；③一种蔷薇科植物

guayamé *m.Méx.*〈植〉神圣冷杉

guayamón；guayamure *m. Venez.*〈植〉金叶树

guayanicuil *m. C.Rica*〈植〉小[假，可食]茵豆

guayapul *m. Amér.L.*〈植〉油椰花

guáyara *f.*；**guayaro** *m. Cub.*〈植〉泽米

guayarrote *m. P.Rico*〈植〉木果假橄榄

guayave *m. Chil.*〈植〉仙人掌果

guayeca *f. Méx.*〈植〉笋瓜

guayín *m.Chil.*〈植〉宿萼草

guáyira *f. Dom.*〈植〉泽米

guayita *f. Méx.*〈植〉半矮棕；欧-奥矮棕

guayna *f. Amér.L.* 旅行车，客货两用轿车

guayo *m.*〈植〉①*Chil.* 智利蔷薇木；②*Col.* 异邦合金欢；③*Méx.* 蜜果
roble ~ *Cub.*〈植〉喜温厚壳树

guayote *m. Amér.C.*〈植〉可食合掌消

guayparín *m. Méx.*〈植〉墨西哥柿

guaypinole *m. Méx.*〈植〉弯茎猴耳环

guayul；guayule *m.Méx.*〈植〉①银胶菊；②一种蔷薇科植物

guayumú *m. Bras.*〈动〉一种圆轴蟹

guayun *m. Méx.*〈植〉蜜果

guayún *m. Chil.*〈植〉一种多刺灌木

guazabé *m. Riopl.*〈鸟〉鸡鸮，大嘴鸟

guazara；guazará *m. Amér.L.*〈动〉美洲狮

guazemilla *f. Méx.*〈植〉渐尖白珠树

guázima *f.*；**guázimo** *m. Amér.L.*〈植〉榆叶梧桐

guazoara *m. Amér.L.*〈动〉美洲狮

guazobira；guazobirá *m. Amér.L.*〈动〉一种原驼

guazú *m. Arg.,Bol.*〈动〉一种鹿

guazuapará *m. Par.*〈动〉平地鹿

guazuará *m. Urug.*〈动〉美洲狮

guazubira；guazubirá *m. Arg.,Urug.*〈动〉①一种鹿；②一种原驼

guazueta *f. Parag.*〈动〉一种鹿

guazueté *m. Amér.M.*〈动〉淡赤鹿

guázuma *f.*〈植〉①*Amér.L.* 榆叶梧桐；②*Bol.* 惜古比

guazumillo *m. Pan.*〈植〉多苞巴翁葵

guazúpara *m. Parag.*〈动〉平地鹿

guazupita；guazupitá *m. Amér.L.*〈动〉淡赤鹿

guazupucú *m. Riopl.*〈动〉一种鹿

guazurá *m. Amér.L.*〈动〉美洲狮

guazutí；guazuy *m. Parag.*〈动〉平地鹿

guba *f. Méx.*〈植〉狗牙根，绊根草

gubaguí；gubaguy *m. Méx.*〈植〉芦竹

gubarte *m.*〈动〉座头鲸

gubernáculo *m.*①〈动〉副刺；②引带

gubernamental *adj.*①政府的；②亲[拥护]政府
organización no ~ 非政府组织

gubernamentalización *f.* 政府干预[控制]

gubernata *f. Chil.* 管[治]理，统治；领导，指挥

gubernativo,-va *adj.*①政府的；政治（上）的；②行政的；③治安的

gubia *f.*①〈建〉(木工用的)半圆[弧口]凿；②〈军〉(大炮的)火门检查器；③〈医〉(外科)剔骨工具

guchachi *m. Méx.*〈动〉鬣蜥

güecho *m. Méx.*〈医〉甲状腺肿

güecú *m.Méx.*〈鸟〉紫冠雉

güeda *f. Chil.*〈海洋〉红色海潮

guedavo *m. Chil.*〈鸟〉一种夜鹭

guedeja *f.*〈动〉狮鬣

güegüeche *m. Amér.L.*〈医〉甲状腺肿

güegüecho,-cha *adj. Amér.C.,Méx.*〈医〉甲状腺肿的 ‖ *m. f.* 甲状腺肿大患者 ‖ *m.* ①*Amér.C.,Méx.*〈医〉甲状腺肿；②*Amér.C.*〈鸟〉火鸡；③〈植〉大花马兜铃

güejocote；güejote *m. Méx.*〈植〉柳树

güelde *m.*〈植〉荚蒾属植物

guembé *m.*〈植〉①麻蕉；②*Riopl.* 一种花朵美丽的寄生植物

güembre *m.*〈植〉①*Amér.L.* 马尼拉麻；②*Riopl.* 一种寄生植物

güemul *m. Arg.,Chil.*〈动〉一种鹿

guendabixú *m. Méx.*〈植〉南美番荔枝

guendaxiña *m. Méx.*①〈植〉人心果树；②人心果

güengüe *m. Amér.L.*〈动〉一种兔

guenguenré *m. Cub.*〈植〉长朔黄麻

guepardo *m.*〈动〉①猎豹；②猞猁

guepinia *f.*〈植〉(橘红色的)耳状蘑菇

guereguere *m.*〈鸟〉乌鸦

güerequeque *m. And.*〈鸟〉凤头麦鸡

guerguero *m. Amér.L.*〈解〉咽喉，喉咙

güérigo *m. Méx.*〈植〉墨西哥杨

güérmeces *m.pl.*〈兽医〉(猛禽患的)皮肤病

guerra *f.*①〈军〉战争；(武装)冲突，交战；战斗；②〈军〉战术；③(联合)行动，斗争
~ a muerte 殊死战斗
~ abierta 公开作[敌]对

~ agresiva 侵略战争

~ arrancelaria 关税战

~ atómica 原子战争

~ bacteriana[bacteriológica] 细菌战

~ biológica 生物战

~ blanca[fría] 冷战

~ caliente 热战

~ civil 内战

~ comercial 贸易战

~ convencional 常规战争

~ de agotamiento[desgaste] 消耗战

~ de bandas（歹徒帮派间的）打群架，派仗，火并

~ de cifras（冲突双方的）数据分歧

~ de defensa 防御战

~ de defensa propia 自卫战争

~ de guerrillas 游击战

~ de las galaxias "星球大战"计划

~ de liberación 解放战争

~ de minas 地雷战

~ de montaña 山地战

~ de movimiento 运动战

~ de nervios 神经战

~ de ondas（利用电台等进行的）宣传战

~ de posición[posiciones] 阵地战

~ de precios 价格战

~ de sabotaje 破袭战

~ de sucesión 西班牙王位继承战争

~ de tarifas 费率战

~ de trinchera 堑壕战

~ de túneles 地道战

~ diplomática 外交战

~ económica 经济战

~ en la selva 丛林战

~ especial 特种战争

~ galana ①小规模战争；②海上炮战

~ injusta 非正义战争

~ justa 正义战争

~ limitada 有限战争

~ marítima[naval] 海战

~ monetaria 货币战

~ mundial 世界大战

~ no convencional 非常规战

~ nuclear 核战争

~ pesquera 捕鱼战

~ preventiva（以为别国要进攻而发动的）预防性战争

~ prolongada 持久战

~ psicológica 心理战

~ química 化学战

~ radiológica 辐射战

~ (de) relámpago 闪电战

~ sin cuartel 全面战争

~ sucia（社会利益集团践踏宪法的）肮脏行动

~ táctica electrónica 电子战术战

~ termonuclear 热核战争

~ terrestre 陆战

riesgos de ~ 兵险

guerrilla *f.* ①〈军〉游击队；②游击战；③游兵线；④侦察[搜索]部队；⑤*Amér. L.*（孩子间的）投石战

guetarda *f. Bras.*〈植〉一种茜草科植物（可入药）

guetepereque *m. Venez.*〈昆〉神圣金龟子

guetobichi *m. Méx.*〈植〉葫芦；瓜

guetoxiga *m. Méx.*〈植〉可食桐花树

güévil；**güevul** *m. Chil.*〈植〉臭枸杞

guezalé *m. Col.*〈鸟〉鹩鹆，大嘴鸟

GUI *abr. ingl.* graphical user interface〈信〉图像用户界面（*esp.* IGU, inferfaz gráfica de usuario）

guía *f.* ①指南，手册，要览，(邮政，电话)簿；②指导；准则；③旅行[游览]指南，导游图；入门书；④路标[向碑]；⑤〈商贸〉单据；表(册)；⑥(运输货物的)许可证；⑦(炸药)导火[爆]线；⑧〈机〉导杆[轨]，导向装置；⑨(自行车等的)把手；⑩*P. Rico*（汽车）方向盘；⑪〈植〉茎，主干；(攀缘植物修剪后剩下的)枝条；*Amér. L.* 枝条尖端；⑫〈海〉定位索，张索，索具；⑬〈信〉提示[醒]；⑭〈矿〉导脉；导槽[矿]；⑮(沟渠的)放水口；⑯〈乐〉(赋格曲的)领音；⑰〈动〉(马车的)前套[领头]马；⑱*Méx.* 前套牛；⑲*Amér. L.*〈植〉花冠

~ de abastecedores 厂[供应]商名录

~ de antena 引线孔，导引片

~ de bicicleta 自行车龙头，车把

~ de campo（教人如何在野外自然环境下辨认鸟兽、植物、矿物等的）野外指南

~ de carga 运货单

~ de circulación 许可证，执照

~ de conducta 行动标准

~ de datos〈信〉数据字典

~ de depósito 仓单

~ de embarque 船上收货单

~ de envase 装箱清单

~ de fabricantes 厂商名录

~ (oficial) de ferrocarriles 列车时刻表

~ de mercaderías 商品目录

~ de negocios（~ industrial）工商行[企业]名录

~ de ondas〈电子〉波导(管)

~ de teléfono 电话簿

~ de válvula 阀导承[管]，气门导管

～ del correo 邮政簿

～ de turismo[viajero] 旅游手册，观光指南

～ del vapor 船上收货单

～ sonora 声迹[带]

～ telefónica 电话簿

～ vocacional 就业指导

～-cadena 护链槽

cable ～ (起吊或拖曳物件时用的)导向绳

manual ～ 手册，指南，要览

traviesa ～ ①横[十字，丁字]头；②〈矿〉横坑道，联络巷道

guíabar m.；**guiabara**；**guialera** f. Cub. 〈植〉海葡萄

guiadera f. 导杆[架，梁]；导索[轨]

guiado,-da adj. 〈商贸〉(商品)有运行许可证的 ‖ m.〈航空〉(宇宙飞船、导弹等的)制导

guiahílos m. inv. 〈纺〉(织机的)后梁；导纱钩

guiamiento m. ①引[指，领，向]导；②导向(装置)，导槽[板，承，轨]

guiamol m. Salv.〈植〉多穗槲藤子

guíaondas m.〈电子〉波导；波导管

～ articulado 脊形波导管

～ fungiforme 哑铃形波导管

～ revirado 扭型[曲]波导管

guíbar m. Cub.；**guibasa** f. Bras.〈植〉海葡萄

guibi m.〈地〉沙漠风

güichera f. Venez.〈植〉猴梳藤

güichibidú m. Méx.〈植〉大荨麻

güichichi m.〈鸟〉蜂鸟

güichichil；**güichichile** m. Méx.〈植〉墨西哥美花葱

güichigo；**güichigu**；**guichigu** m. Méx.〈植〉避霜花

guichigüichi m. Amér. L.〈动〉蝌蚪

güichire m. Col.〈植〉大叶巨棕

güico m. Méx.〈植〉墨西哥猴梳藤

guicombo m. Amér. M.〈植〉木槿

güicoy m. Amér. C.〈植〉密生西葫芦

güicume m. Salv.〈植〉帕尔梅果榄

guiebiche m. Méx.〈植〉①锥板拉丁豆；②黄钟花

guiechachi m. Méx.〈植〉鸡蛋花

guieyana f. Méx.〈植〉熊果

guiezaa m. Méx.〈植〉光滑风轮菜

guiezee m. Méx.〈植〉橙花约木

guigue m. ①〈船〉Arg.，Chil. 浮艇；Amér. L. 小艇；②Ecuad.(轻木制的)游泳划水板

guiguí m.〈动〉飞鼠

güigüí m. Méx.〈植〉木棉

guija f. ①卵[小圆]石，(小)石子；漂砾；②〈植〉草香豌豆

guijarral m. 多卵石地面；多卵石海滩

guijarreño,-ña adj. 卵石的；多卵[小]石的；多(漂)砾的

guijarro m. 卵[砾，小圆，铺路]石

guijarroso,-sa adj. 多卵石的(地方，地面)；铺卵石的(道路)；覆盖着砂石的(海滩)

gaijeño,-ña adj. 卵石的；多卵[小]石的；多(漂)砾的

guijo m. ①(铺路用的)碎[砾]石；②〈机〉轴(颈)；Cub.，Méx. 榨蔗机轴；Col.，Méx. 水轮轴

güíjolo m. Méx.〈鸟〉火[吐绶]鸡

guijón m. ①〈医〉齲；②Esp.〈植〉草香豌豆

guilalo m.(船)(菲律宾的)近海货船

güilcar tr. Chil.〈缝〉锁边

güilén m. Chil.〈植〉一种菊科植物(可用来提取黄色染料)

guileña f.〈植〉普通楼斗菜

güilí m. Arg.〈植〉番樱桃

güiligüíste m. Amér. L.〈植〉霍姆鼠李

guillabe m. Amér. M.〈植〉仙人掌果

guillame m.〈建〉(木工用的)窄[边，槽]刨

～ de acanalar 槽[凹]刨

～ de cola de milano 鸠[燕]尾刨

güillegüílle m. Ecuad.〈动〉①蝌蚪；②海鞘幼虫

güillín；**guillino** m.〈动〉一种水獭

guillipatagua f. Chil.〈植〉短尖维氏冬青

guillomo m.〈植〉卵圆叶唐棣

guillotina f. ①〈机〉剪[切]断机；裁切机，立式切纸机；②〈医〉铡除刀

～ tonsilar 扁桃体铡除刀

tijeras de ～ 剪板机，闸刀式剪切机

ventana de ～ 框格窗

vidriera[persiana] de ～ 升降式玻璃门窗，升降式百叶窗

güílmo m. Chil.〈植〉泻雀麦

güilo,-la m. f. Méx.〈鸟〉火[吐绶]鸡

guiloche m. Méx.〈植〉西鞍豆

güilota f. Méx.〈鸟〉哀鸽

güilque m. Chil.〈鸟〉田鹑

guimbalete m.〈机〉(抽水机的)压杆，液压制动器

～ de bomba 唧筒手柄

guimbarda f.〈建〉(木工用的)槽刨

güimo,-ma m. f. P. Rico〈动〉豚鼠

guimpe m.〈纺〉(装饰用)嵌芯狭辫带

güin m. Cub.〈植〉①(节茎植物的)细茎；②芦竹

güincha f. ①And.，Cono S. 布条[带]；发带；Chil. 钢刀布带；②And.，Cono S.

〈体〉终点线；起点；③*And.*，*Cono S.* 卷［皮，软］尺

güinche *m. Amér. L.* ①〈海〉绞车，卷扬机；起货机；②〈机〉吊车［机］；（转臂）起重机
~ carril［locomóvil］机车吊［起重］机
~ corredizo［trasladable］移动式起重机
~ de vapor 蒸汽绞车，蒸汽起重机

güinchero *m.* ①*Amér. L.* 绞车［起货机］操作工；吊车［起重机］操作工；②*Chil.* 土地测量员助手；③*Chil.* 带锯工；④*Méx.* 绞车工

guinchiguaipen *m. Pan.*（汽车挡风玻璃上的）雨刷，刮水器

guinchil *m. Pan.*，*P. Rico*（汽车等的）挡风玻璃

guincho *m.* ①*Cub.*〈鸟〉鹗；②*Col.*〈植〉须松萝

guinda *f.* ①〈植〉欧洲酸樱桃；②〈海〉桅高；③*Cari.* 排水系统；④*Col.*，*Cub.*〈建〉屋顶坡

guindal *m.* ①〈植〉欧洲酸樱桃树；②*Amér. L.* 欧洲酸樱桃园

guindaleta *f.*〈海〉（手指粗细的）缆绳，麻绳

guindaleza *f.*〈海〉钢［粗］缆（绳），大索，锚链

guindamaina *f.*〈海〉旗礼

guindaste *m.*〈海〉①框架，门形架；②（桅杆侧的）帆索桩座；②绞盘，辘轳

guindilla *f.*〈植〉（尖）辣椒

guindillo *m.* 见 ~ de Indias
~ de Indias〈植〉辣椒

guindo *m.* ①〈植〉欧洲樱桃树；②*Amér. C.* 沟壑；皱谷，冲沟；③*Per.*〈植〉一种蔷薇科植物
~ griego 甜樱桃树

guindola *f.*〈海〉①（拴在船尾舷外可以投入海中的）救生圈［浮标］；②（绳索吊板的）高处工作台，高空操作坐板；③测程器

guinduri *m.*〈动〉美洲豹猫

guiné *m. Bras.*，*Col.*〈植〉锥序雀稗

guineal *m. C. Rica*，*Méx.* 大［香］蕉园

guineillo *m. Méx.*〈植〉垂花房瓣木

guinga *f.*；**guingán** *m.*〈纺〉方格（条纹）布

guingambó *m. P. Rico*〈植〉黄葵

güingo *m. Col.*〈动〉刺豚鼠

guinjo *m.*〈植〉枣树

guinjolero *m.*〈植〉枣树

güinque *m. Arg.*〈植〉南美半盏花

guiña *f. Chil.*〈动〉野猫

güiña *f. Méx.*〈植〉辣椒

guiñada *f.* ①〈海〉艏摇，偏航［向］；②〈海〉〈航空〉偏航，偏荡，摇首

guiñame *m. Amér. L.*〈建〉（木工用的）窄刨

guiñar *intr.* ①〈海〉艏摇，偏航［向］；②〈海〉

〈航空〉偏航，偏荡，摇首

guiñote *m. Méx.*〈植〉角豆树

guió *m. Col.*〈动〉①水蛇；②（6 公尺长的）蟒蛇

guión *m.* ①剧本；电影剧本；（电台、电视台的）广播稿；②〈印〉连字符，连号（即"-"）；③〈数〉减号；负号；④〈音〉反复符号；⑤〈鸟〉（鸟群的）领头鸟；⑥〈动〉（畜群的）领头畜
~ corto/largo 短／长划线
~ de codornices〈鸟〉长脚秧鸡
~ de montaje（电影）剪辑脚本
~ de rodaje（电影摄影或电视节目制作的）摄影台本，分镜头剧本

güión *m. Col.*〈动〉水蛇

guionista *m. f.* ① 电影［戏剧，电视剧］剧本作者；电影字幕编者；②广播［电视］节目撰稿人

guipur *m.*〈缝〉镂空花边

güiqui *m. Antill.*〈植〉南美崖柏

güiquilite *m. Méx.*〈植〉假蓝靛

güira *f.*〈植〉①加拉巴木；②加拉巴果

guiraca *m. Amér. L*〈鸟〉一种鸟

güiral *m. Chil.* 加拉巴木林，炮弹果林

güirambo *m. Méx.*〈植〉白背大管竹桃

guiratinga *m. Amér. M.*〈鸟〉一种鹭

guire *m. Venez.*〈植〉加拉巴木（炮弹果）

güiriche *m. Guat.*〈动〉小牝牛；瘦公牛

güirigo *m. Méx.*〈植〉墨西哥杨

güirindo *m. Méx.*〈昆〉神圣金龟子

güirito *m. Cub.*〈植〉乳茄
~ de pasión *Cub.*〈植〉西番莲

guirlanda；**guirnalda** *f.*〈植〉千日红

güiro *m.* ①*Cari.*，*Méx.*，*P. Rico*〈植〉葫芦；②*Antill.*，*Venez.*〈乐〉锯琴（一种打击乐器，把葫芦刻制成锯齿状，用棒摩擦而发音）；*Col.*，*Dom.*〈乐〉（用铁皮做的或碟床状的）锯琴；④*Méx.*〈植〉对叶加拉巴木；⑤〈植〉*Chil.* 马尾藻；*Bol.*，*Per.* 海藻

güirote *m. Méx.*〈植〉①倒地铃；②帕尔梅三翼果藤

güirque；**güirqui** *m. Arg.*〈鸟〉一种鸨

güirriza *f. C. Rica*〈动〉一种大鬣蜥

güirro, -rra *adj. Amér. L.*〈医〉生病的

güis *m. Méx.*〈植〉刺茄

güisache *m. Méx.*〈植〉①鸭皂树；②缀缩相思树；③扭曲相思树；④合欢花

guisantal *m.*〈农〉豌豆田

guisante *m.* ①〈植〉豌豆；②豌豆粒
~ de olor 宿根香豌豆（花）
~ flamenco［mollar］煮的嫩豌豆

güísaro *m.*〈植〉①*C. Rica* 柔毛番石榴；②*Méx.* 团花牛膝

guisaso m. Cub.〈植〉蒺藜草

güisayote m. Amér. C.〈植〉佛手瓜

güisclacuache m. Méx.〈动〉箭[豪]猪

güisclacuachi m. Méx.〈动〉豪猪

güiscolote m. Méx.〈动〉一种毒蜘蛛

güiscoyol m. Amér. C.〈植〉①羽叶刺棕；②
墨西哥毛头棕

güishigüishi m. Amér. L.〈动〉蝌蚪

guisisil；güisisil m. Guat.〈动〉淡赤鹿

güisisile m. Méx.〈植〉①乔[灌]木剥光花；
②墨西哥美花葱

güisquelite m. Méx.〈植〉洋蓟

güisquil m. Amér. C. , Méx.〈植〉佛手瓜

güisquilar m. Amér. C.〈农〉佛手瓜田

güiste m. Salv.〈矿〉箭石,黑曜岩

güistomate m. Méx.〈植〉刺茄

güistora f. Hond.〈动〉龟

guitarra f.①〈乐〉吉他,六弦琴；②〈动〉鳐‖
m. f.吉他手
~ baja 低音吉他
~ clásica 古典吉他
~ de mar 犁头鳐
~ eléctrica 电吉他
~ solista 独奏[首席]吉他手

guitarrillo；guitarro m.〈乐〉四弦[高音]吉
他

guitarrista m. f.〈乐〉吉他手

guitarrón m.①Méx.〈乐〉大吉他；②Amér.
C.〈昆〉一种胡蜂；③Chil.〈乐〉二十五弦琴

guit-guit m. Amér. M.〈鸟〉一种鸟(俗称蓝
鸟)

güitite m. C. Rica〈植〉乔木艾茄

güitlacoche m. Méx.①〈植〉黑粉菌；②长黑
粉菌的玉米穗；③〈鸟〉百灵

guito m. Cub.〈医〉白癜风,白斑病

güito m.①杏核；②〈医〉白癜风,白斑病

guiyave m. Chil.〈植〉仙人掌果

güizache m. Méx.〈植〉金合欢

güizachera f. Méx.〈植〉金合欢树

güizacillo m.〈植〉刺蒺藜草

güizapol；güizapole m. Méx.①〈植〉美洲绳
椴树；②美洲绳椴树纤维

güizaro m. C. Rica〈植〉柔毛番石榴

güizcal m. Amér. C.〈植〉佛手瓜

güizizil m. Guat.〈动〉一种鹿

gulaber；gulabere m. Méx.〈植〉白破布木

gular adj.〈解〉咽喉的；外咽的

gulloría f.〈鸟〉百灵

gulosa f.〈生化〉古洛糖

gulungo m. Col.〈鸟〉谷鹃哥(其窝悬挂在树
枝间)

gulupa f. Col.〈植〉粉花坡根莲

guma f.〈鸟〉母鸡

gumamela f.〈植〉朱槿

gumarra f. Col.〈鸟〉母鸡

gumbo m.①〈地〉强[坚硬]黏土；②〈植〉秋葵
(荚)

gumbotil m.〈地〉黏韧冰碛

gúmena f.〈海〉粗缆[绳]

gumífero，-ra adj. 产树胶的

gummita f.〈矿〉脂铅油矿(含油铀、钍和铅
的含水氧化物)

gunita f.〈建〉(喷浆用)水泥砂浆

gunneráceo，-cea adj.〈植〉根乃拉草科的‖
f.①根乃拉草；②pl. 根乃拉草科

gura f.〈鸟〉鸽

gurbia f. Amér. L.〈建〉半圆[弧口]凿

gurbión m.〈纺〉①丝线；②粗绸

gurgurús m. Col.〈植〉葡萄叶巨棕

gurnet m. 美食家

gurre m. Col.〈动〉犰狳

gurrí m.〈鸟〉①Col. , Ecuad. 野吐绶鸡,野
火鸡；②Col. 一种冠雉

gurriato m.〈鸟〉小麻雀；麻雀

gurrión m.〈鸟〉①麻雀；②Amér. L. 蜂鸟

gurripato m.〈鸟〉小麻雀；麻雀

gurrufeo m. Col.〈动〉劣[瘦]马

guruguso m. Venez.〈鸟〉兀鹫

gurullón m. Col.〈鸟〉鹤

gus m. And.〈鸟〉红头美洲鹫

gusana f.〈撒在河、海里喂鱼的〉蠕虫

gusanero m. Col.〈植〉臭褐鳞木

gusaniento，-ta adj. 长蛆的,生虫的

gusanillo m.①〈刺绣用的〉金[银]丝；②〈电〉
(金属的)螺旋线圈；③Venez.〈植〉石松
encuadernado en ~〈印〉螺旋装订

gusano m.①〈动〉虫,蛆,毛虫；②〈动〉蛔虫；
③〈动〉蚯蚓；④〈蝶类的〉幼虫；⑤pl.〈动〉
蠕虫类；⑥〈信〉蠕虫病毒；⑦〈电〉螺旋线
圈；⑧Hond. , Méx.〈植〉洪都拉斯矛荚豆
~ barbas de indio Col. 美绒蛾的幼虫
~ blanco (野蜂的)蛹
~ de algodón 红铃虫
~ de cartucho Cub. 一种农作物的害虫
~ de cosecha Col. 一种农作物的害虫
~ de la carne 蛆
~ de las raíces (吃植物根茎的)幼虫
~ de (la) luz 萤火虫
~ de maguey Méx. 一种鳞翅目昆虫的幼
虫(可食用)
~ de monte Col. 牛皮蝇的幼虫
~ de pollo Col. 美绒蛾的幼虫
~ de San Antón 潮湿虫
~ de sangre roja 环节动物

~ de (la) seda 蚕
~ gordiano 线虫目
~ nematode 钩虫
~ revoltón 葡萄卷叶蛾的幼虫
~ rosado *Amér. L.* 棉红铃虫
capullo de ~ de seda 蚕茧
cría de ~ de seda 蚕蚁
crisálida de ~ de seda 蚕蛹
mariposa de ~ de seda 蚕蛾

gusanoso,-sa *adj.* ①虫蛀［咬］的,蛀成洞的；②生蛆的；长虫的

gusarapo *m.* ①〈动〉蝌蚪；②虫子(泛指某些昆虫,如蚂蚁、甲虫、苍蝇等)；③(尤指水中的)蛆

gúsare *m. Venez.* 〈植〉柔毛番石榴

gusaticha *m. Venez.* 〈植〉合蕊藤

gusmayo *m. Méx.* 〈植〉白匙叶南星

gusnay *m. Salv.* 〈植〉柊匙叶南星

gustativo,-va *adj.* 〈解〉味觉的
área ~a 味区
bulbo ~ 味蕾
glándula ~a 味腺

nervio ~ 味觉神经
órgano ~ 味觉器官

gusto *m.* 味觉

gutagamba *f.* ①〈植〉藤黄；②藤黄树胶

gutapercha *f.* ①杜仲(树)胶,古塔(波)胶,胶木胶(一种类似橡胶的热塑性物质)；②树胶汁

gutiámbar *f.* 黄胶

gutífero,-ra *adj.* 〈植〉藤黄科［胶］的 ‖ *f.* ①藤黄；②*pl.* 藤黄科

gutural *adj.* ①〈解〉喉的；②喉中形成的；喉中发出的
sonido ~ 喉音

guyave *m. Chil.* 〈植〉仙人掌果

guyebiche *m. Méx.* 〈植〉锥花拉美豆

guyot *m.* 〈地〉海底平顶山,平顶海山

guzla *adj.* 〈乐〉古斯勒琴(巴尔干半岛的一种独弦琴)

guzpatara *f. Amér. L.* 〈医〉麻风病

gymkhana *f. ingl.* ①(障碍)汽车赛；②(尤指青少年的)赛马会；竞技表演

H h

H 〈化〉元素氢(hidrógeno)的符号

H；Ha. *abr.* hectárea 公顷

h *abr.* ①hora 小时；②henrio，henry〈电〉亨(利)(电感单位)

h，；hab. *abr.* habitantes(城市、国家、地区等的)(常住)居民；住户

haabí；haabin *m. Méx.* 〈植〉鱼豆属植物

haar *m.* 〈气〉哈雾(苏格兰东部、英格兰东北部一种湿冷海雾)

haas *m. Méx.* 〈植〉大蕉树；香蕉树

haba *f.* ①〈植〉蚕豆(植物与果实)；*Amér. L.* 豌豆；*Esp.* 菜[四季]豆；②蚕豆粒(某些植物的豆籽(如咖啡豆、可可豆等)；③蚕豆状物，豆状颗粒；④(皮肤上的)疙瘩，肿块；⑤〈兽医〉(马腭上的)瘤；⑥〈矿〉结核，小结节；⑦(脉石中的)圆形矿石；⑧〈解〉龟头；⑨指甲

~ de cacao 可可豆，咖啡豆

~ de Egipto 野芋

~ de Guatemala[indio] *Méx.* 〈植〉多蕊沙箱树

~ de la costa *Méx.* 〈植〉檀藤子

~ de las Indias 〈植〉香豌豆；香豌豆花

~ de San Ignacio 〈植〉药用白花马钱子，吕宋豆

~ de soja[soya]大豆

~ del Calabar 〈植〉卡拉巴豆，毒扁豆

~ marina 〈动〉蝾螺

~ panosa 一种蚕豆(用作饲料)

~ verde 青蚕豆

habano *m.* ①哈瓦那[古巴]雪茄烟；②*Col.* 〈植〉大蕉树；香蕉树

habar *m.* 〈农〉蚕豆地[田]

habascón *m. Amér. L.* 〈植〉防风(伞形科植物，根茎可食用)

hábeas corpus *lat.* 〈法〉①人身保护令(指传讯诉讼当事人出庭的令状，当事人得据以请求法庭裁决其受拘禁是否符合法律程序)；②人身保护权

habénula *f.* ①〈解〉缰，系带；松果体缰；②缰绳

habenular *adj.* 〈解〉缰的

triángulo ~ 缰三角

haber *m.* ①〈经〉贷方；②*pl.* 资[财]产

~es diferidos 递延资产

deber y ~ 借方与贷方

haberío *m.* ①〈集〉牲[家]畜；②牲口，驮畜

habichuela *f.* 〈植〉菜[云，四季，红花菜]豆

habiente *adj.* 〈法〉拥[所]有的

derecho ~ 所有权

hábil *adj.* ①有能力的，能干的；②熟练的，有技术的，灵巧的；③有效的；④〈法〉有法定资格的

día ~ 工作[劳动]日

tiempo ~ 有效期间

habilidad *f.* ①能力(指体力或智力)；才能[干]；本领；②(专门)技能[巧，艺]；③熟练(性)，机智，灵[熟]巧；④〈法〉作证能力

~ administrativa 管理才能

~ de marinero 航海术

~ natural 天赋

~es sociales 社交技能[巧]

prueba de ~ 〈体〉障碍滑雪赛，回转赛(指运动员不断穿越旗门等连续转弯高速而下的滑雪比赛)

habilitación *f.* ①〈经〉提供资金；②〈法〉给予资格

habilitado *m. Amér. L.* 代理商

habilla *f.* 〈植〉① *Amér. L.* 沙箱树；② *Cub.，Hond.* 碱皮树；③ *And.* 菜[四季]豆

habitabilidad *f.* 可居住性，适于居住

habitación *f.* ①房间，住房；(卧)室；②住[寓]所；③住，居住；④〈生〉(动植物的)生境，栖息[身]地；聚集地

habitáculo *m.* ①住[寓]所；(房屋的)居住面积；②(飞机)座舱，(车辆等的)里座；车厢；③(动植物)可生长的地方

~ cerrado 密闭[气密]座舱

~ descubierto 敞口[无盖]座舱

habitado，-da *adj.* ①(房间等)长期有人居住的；(村镇、岛屿等)有人居住的；②(火箭、卫星等)载人的，由人操纵的

habitante *m. f.* ①(常住)居民；住户；定居者；②(某地区等的)栖息动物‖ *m.* 〈昆〉虱(子)；白虱

consumo por ~ 人均消费(量)

ingreso por ~ 人均收入

producción por ~ 人均产量

hábitat（*pl.* hábitats）*m. fr.* ①〈生态〉(动植物的)生境,栖息[身]地;②(人的)居住环境[条件]

hábito *m.* ①习惯[性];②(实践获得的)经验;才能;③〈地〉〈理〉晶体习性(指晶质固体中晶体的大小和形状);④〈药〉耐(药)量;⑤〈医〉(毒)瘾

~ cristalino acicular〈地〉针状晶体习性

~ cristalino foliar〈地〉叶状晶体习性

~ cristalino planar〈地〉平面(型)晶体习性

~ cristalino prismático〈地〉棱柱形晶体习性

~ cristalino tabular〈地〉片状晶体习性

~ de compra 购买习惯

~ del diablo〈植〉乌头

~s de consumo 消费习惯

habituación *f.* ①成为习惯;②(因躯体的抗药性)药物失效;③〈医〉成瘾;耐药性

habitual *adj.* ①习惯性的;②惯(通)常的;常规的,经常的;③(罪犯)已养成习惯的;积习很深的

aborto ~ 习惯性流产

cliente ~ 长[老顾]客

constipación ~ 习惯性便秘

espasmo ~〈医〉习惯性痉挛(布里索氏病)

reunión ~ 例会

habitus *m.*〈医〉(尤指易患某种疾病的)体型

habub *m.*〈气〉(发生在非洲北部或印度的)哈布尘[沙]暴

habugo *m.*〈鸟〉戴胜

hacamari *m. Per.*〈动〉一种熊

hacayote *m. Méx.*〈植〉南瓜

hacecillo *m.*〈植〉束,簇;密簇聚伞花序

hacedero,-ra *adj.* 能实行的;可行的

dirección ~a 可行[容许]方向

hacedor,-ra *m. f.* 制造者;创作者

hacendario,-ria *adj. Méx.* 资金的,经费的;财政的;预算的

déficit ~ 财政赤字

política ~a 财政政策

hacendista *m. f.* ①经济学[专]家;②财政[金融]专家;③善于理财者;理财专家

hacendístico,-ca *adj.* 财政的

hacha *f.* ①斧(子,头),短柄小斧;②斧状物;斧状兵器;③(有四个烛芯的)大蜡烛;④稻草堆;⑤火把[炬];⑥牛角;⑦*Chil.*〈动〉智利乌鲂

~ de armas 战斧,钺(古兵器)

~ de carpintero 木工斧

~ de fuego〈植〉黄鸡冠

~ de leñador[talar] 伐木斧

~ de mano 手[小]斧

~ de pico 鹤嘴锄

~ de plata〈动〉银鱼

~ de viento 火炬[把]

hachador,-ra *m. f. Amér. C.* ①伐木工;原木采运工;②(贮林场的)上垛工

hachazo *m.*〈体〉有意猛踢(人)

hacheada *f. Méx.* 砍伐林木

hachero,-ra *m. f.* ①伐木者,樵夫;②伐木工,原木采运工;③(贮林场的)上垛工;④〈军〉(开路的)工兵

hachich; hachís *m.* ①〈植〉大麻;②〈生医〉(由印度大麻的花、叶或茎制成的)大麻麻醉剂;③印度大麻制剂

hachichinoa *f. Méx.*〈植〉一种紫丹属植物

hachinal *m. Méx.*〈植〉斑点胶漆木

hacho *m.* ①烽火;②火炬[把];松明;③〈地〉(山峦中的)高地(古时常用作烽火台)

hachogue *m. Méx.*〈植〉帕尔梅胡椒

hachuela *f.* ①扁[手]斧,锛子;②*Amér. L.* 小斧子;③*Cub.*〈鸟〉古巴八哥

hacienda *f.* ①庄园,田庄;农庄[场];②财[田,资]产;③国家财产;④[H-]财政部;⑤*Amér. L.* 大牧场;畜牧场;⑥〈动〉*Amér. L.* 畜群;*Cono S.* 家[牲]畜;*Arg.* 牛

~ al corte *Arg.* 混合畜牧场

~ central 中央财政

~ compensatoria 补偿性资产

~ comunera *Amér. L.* 合营牧场

~ ganadera 牧场

~ pública 国家财产,公共财富,国库

~ social 公司财产

Ministerio de ~[H-] 财政部

hacinador *m.*〈机〉〈农〉堆积[码垛]机;堆垛器

hacinal *m. Méx.*〈植〉斑点胶漆木

hacinamiento *m.* ①〈农〉堆垛;②堆积,积累

hacker *m. f.*〈信〉①非法闯入他人计算机系统者,电脑黑客;②*ingl.* 电脑编程专家

hadátide *f.*〈医〉水疱疹

hadefobia *f.*〈心〉地狱恐怖

hadopelágico,-ca *adj.* 海深(水深在 5,000 米以上)的

fauna ~a（水深在 5,000 米以上的)海深动物区系

zona ~a（水深在 5,000 米以上的)海深海域

hadroma *m.*〈植〉无纤维木质部

hadrón *m.*〈理〉强子(参与强相互作用的基本粒子,包括介子和重子两大类)

haemophilus *m.*〈生〉嗜血杆菌属

haemorroidolisis *f. inv.*〈医〉消痔术

hafalgesia *f.*〈医〉触痛

hafefobia *f.*〈心〉①接触脏物恐怖;怪洁癖;

②恐触症

hafemetría *f.* 〈医〉触觉测定

hafemétrico,-ca *adj.* 〈医〉触觉(测定)的

hafnio *m.* 〈化〉铪

hagioterapia *f.* 〈医〉奇迹疗法

haico *m. Amér. L.* 〈地〉泥石流

haircords *m. ingl.* 〈纺〉麻纱

halación *f.* ①〈摄〉光晕,晕光;②〈电视〉晕影

halacubayas *m. inv.* 〈海〉新水手

halado *m.* ①拖运,拉,牵引;②牵引费,拖船费

halcón *m.* ①〈鸟〉(游)隼;猎鹰;②(主张强硬的)"鹰派"人物,不妥协者
~ abejero 蜂鹰
~ campestre (与鸡、鸭生活在一起的)家鹰
~ común[peregrino] 游隼
~ coronado 白头鹞
~ garcero 捕鹭的鹰
~ palumbario 苍鹰
~ zahareño 不驯的鹰,悍鹰
los ~es y las palomas "鹰派"和"鸽派"

halconería *f.* ①猎鹰训练术;②放鹰狩猎,鹰猎

haleche *m.* 〈动〉鳀

halibut (*pl.* halibuts) *m.* 〈动〉庸鲽,大比目鱼

halieto *m.* 〈鸟〉鹗,鱼鹰

haliéutico,-ca *adj.* 捕鱼的

halifagia *f.* 嗜盐性,好吃盐

haliotis *m.* 〈动〉鲍属软体动物

haliri *m. Bol.* 〈动〉矮马

halistéresis *f.* 〈医〉软骨化,骨钙缺乏

halisterético,-ca *adj.* 〈医〉①软骨化的,骨钙缺乏的;②患软骨化的(人)

halita *f.* 〈地〉石[岩]盐;石盐类,天然氯化钠

hálito *m. inv.* ①(动物或人的)呵气,呼气;②蒸气

halitosis *f. inv.* 〈医〉口臭;(呼气时的)臭气
~ hepática 肝病性口臭

hallarín *m. Méx.* 〈植〉短尖头黄杉

hallazgo *m.* 〈法〉(动产的)偶然发现

halleflinta *f.* 〈地〉长英角岩

halloysita *f.* 〈地〉单晶硅酸盐

hallux *f.* ①〈解〉大[拇]趾;②〈鸟〉后趾
~ rígidus 僵趾指
~ valgus 趾指外翻
~ varus *lat.* 趾指内翻

halo *m.* ①〈气〉〈天〉(日、月等的)晕;②〈摄〉晕圈[影],光晕
~ galáctico 〈天〉银晕
~ glaucomatoso 青光眼晕,青光眼晕轮

~ lunar 〈天〉月晕
~ solar 〈天〉日晕
~s pleocroicos 〈地〉(晶体等的)多向色晕,多色晕

halobacteria *f.* 〈生〉盐杆菌

halobiótico,-ca *adj.* 〈生〉海洋(生物)的;盐[海洋]生的

haloclina *f.* (海洋的)盐(度)跃层

halocromía *f.*; **halocromismo** *m.* 〈化〉加酸显色,卤色化

halodendro,-dra *adj.* (树)长在硝土上的

halófila *f.* 〈植〉适[喜]盐植物

halofilia *f.* 〈生〉好盐性,喜盐性

halofílico,-ca *adj.* 〈医〉(细菌)嗜[适]盐的

halófilo,-la *adj.* ①〈植〉适[喜]盐的;②〈生〉嗜盐的 ‖ *m.* ①嗜盐菌;②适[喜]盐生物
plantas ~as 适[喜]盐植物

halofita *f.* 〈植〉盐生[土]植物

halofito,-ta *adj.* 〈植〉生长于盐土的
plantas ~as 盐生[土]植物

halófobo,-ba *adj.* 〈植〉避[嫌]盐的

haloformo *m.* 〈化〉仿卤

halogenación *f.* 〈化〉加卤(作用),卤化[代,合]作用

halogenado,-da *adj.* 〈化〉卤化的;含卤素的

halogenar *tr.* 〈化〉使卤化

halógeno,-na *adj.* 〈化〉含卤的,卤素的,卤化物的 ‖ *m.* 卤(素,族),成盐元素
lámpara ~a 卤素灯

halogenoide *m.* 〈化〉类卤基

halogenuro,-ra *adj.* 〈化〉卤化物的,卤素的 ‖ *m.* 卤化矿物
~ alcalino 卤化碱,碱(金属)卤化物
~ de plata 卤化银

halografía *f.* 〈化〉卤素[类]学

halógrafo,-fa *m. f.* 卤素学家,卤类专家

haloideo,-dea *adj.* 〈化〉卤(族)的;似卤的 ‖ *m.* 卤化物
sal ~ 卤盐

haloisita *f.* 〈地〉埃洛石

halómetro *m.* 〈化〉盐量计

halón *m.* 〈化〉卤化物

haloperidol *m.* 〈药〉氟哌丁苯,氟哌啶醇(一种强安定药)

haloplacton *m.* 〈生〉盐[海]水浮游生物

haloragáceo,-cea *adj.* 〈植〉桃金娘科的 ‖ *f.* ①桃金娘科植物;②*pl.* 桃金娘科

halotano *m.* 〈药〉氟烷,三氟溴氯乙烷(一种麻醉药)

halotecnia *f.* 〈化〉制盐术

halotriquita *f.* 〈地〉〈化〉铁明矾

haltera *f*. 〈体〉哑铃；杠铃

halteres *m. pl*. 〈昆〉(双翅目昆虫的)平衡棒 [器]

halterios *m. pl*. 〈昆〉替代后翅的平衡线

halterofilia *f*. 〈体〉举重

halterófilo,-la *adj*. 举重的‖ *m. f*. 〈体〉举 重运动员

haluros *m. pl*. 〈化〉卤化〈矿〉物

hamaca *m*. ①吊床；吊带；②躺[帆布]椅， *Cono S*. 摇椅；③*Cono S*. 秋千；④圆[小， 冰]丘；⑤滑竿；⑥ *P. Rico*〈机〉(装在有轨 电车头部用来清除障碍的)扫除器
~ plegable (户外用的)折叠帆布躺椅

hamada *f*. 〈地〉石质沙漠

hamadríade *f*. 〈动〉阿拉伯狒狒

hámago *m*. 蜂胶

hamamelidáceo,-cea *adj*. 〈植〉金缕梅科的 ‖ *f*. ①金缕梅科植物；②*pl*. 金缕梅科

hamamelidales *f. pl*. 〈植〉金缕梅目

hamangioendoteliosarcoma *m*. 〈医〉血管内 皮细胞肉瘤

hamartoblastoma *m*. 〈医〉错构瘤

hamartofobia *f*. 〈心〉①过失恐怖；②犯罪恐 怖

hamartoma *m*. 〈医〉错构瘤

hamartoplasia *f*. 〈医〉组织增生过多

hamartritis *f. inv*. 〈医〉全身关节炎

hambergita *f*. 〈矿〉硼铍石

hambre *m*. ①〈饥〉饿；②饥荒
~ canina 〈医〉大嚼食欲，极饿
~ de aire 空气饥
~ de sal 盐饥饿
cura[terapia] de ~ 饥饿疗法
glicosuria de ~ 饥饿性糖尿(症)
huelga de ~ 绝食抗议

hamburguesera *f*. 〈机〉家用汉堡包烤箱

haming *m*. 〈信〉汉明码，改错码

hammerless *adj. ingl*. (枪)内击铁的；内击 锤的

hampa *f*. ①下流[罪犯]社会；②地痞[恶棍] 生活
gente del ~ 罪犯；群氓

hámster(*pl*. hámsters) *m*. 〈动〉仓鼠

hámula *f*. 〈动〉〈解〉〈植〉①翅钩；小钩；②钩 形突

hanchinal; hanchinol *m*. *Méx*. 〈植〉斑点胶 漆木

hand *m*. *Amér. C*. 〈体〉手球(运动)
~ ball *ingl*. 手球运动

hand ball *m. ingl*. 〈体〉①手球(运动)；② (足球运动中的)手球(犯规)

hándbol *m*. 〈体〉手球(运动)

handbolista *m. f*. 〈体〉手球运动员

handicap *m. ingl*. 〈体〉①(为使强弱竞赛选 手得胜机会均等，对强者略加不利条件或让 弱者略占优势的)让步赛；②让步赛开始时 对较弱者施加的)障碍，不利条件

hándicap(*pl*. hándicaps) *m*. 见 handicap

handling *m*. 〈航空〉行李搬运(服务)

hangar *m. fr*. ①〈航空〉飞机棚，机库；棚厂；②货场，库房，停车库
~ de aeroplanos(~ para avión)飞机库

hapálido *m*. 〈动〉①狨，绢毛猴；②*pl*. 狨科

hapaloniquía *f*. 〈医〉软甲

haplito *m*. 〈地〉细晶岩，半花岗岩；红钻银矿

haplobacteria *f*. 〈生〉单形细菌

haplobionte *m*. 〈植〉①单型时代植物，单倍 体植株；②一年开一次花的植物

haplocárpico,-ca *adj*. 〈植〉结一次果的

haplocarpo *m*. 〈植〉单果实

haplocaulo,-la *adj*. 〈植〉具单级茎轴的

haploclamídeo,-dea *adj*. 〈植〉单被的(花)，
有单被花的
flor ~a 单被花

haplodiploide *adj*. 〈遗〉单倍二倍体的

haplodiploidía *f*. 〈遗〉(染色体的)单倍二倍 性

haplodiplonte *m*. 〈植〉单元孢子体

haplodoci *m*. 〈动〉同斑鱼目

haplofase *f*. 〈生〉单倍期

haploide *adj*. 〈生〉〈遗〉单倍体的‖ *m*. 单倍 体

haploidía *f*. 〈生〉〈遗〉单倍性

haplonte *m*. 〈生〉〈遗〉单元[倍]体，单倍性生 物

haplopía *f*. 〈医〉单视

haplosépala *adj*. 〈植〉单萼的(花)

haplosis *f*. 〈生〉〈遗〉减半作用

haplostela *f*. 〈植〉单中柱

haplostémono,-na *adj*. 〈植〉具单轮雄蕊的

haplotipo *m*. ①〈生〉单元[倍]型；②〈遗〉单 体型

haploxílico,-ca *adj*. 〈植〉单维管束的

happening(*pl*. happenings) *m. ingl*. 〈戏〉 机遇[事件]剧(一种即兴自发的演出节目， 常将观众卷入)

haptefobia *f*. 〈心〉触摸恐惧

hapténico,-ca *adj*. 〈生化〉〈医〉半抗原的，不 全抗原的

hapteno *m*. 〈生化〉〈医〉半抗原
~ bacteriano 细菌半抗原

hapterio *m*. ①〈植〉附着器；②〈动〉〈植〉固着 器

háptica *f*. 触[肤]觉学

háptico,-ca *adj*. 触(觉)的
alucinación ~a 幻触

haptina *f.* 〈生化〉〈医〉半抗原,不全抗原

haptodisforia *f.* 〈医〉不愉快触觉

haptóforo,-ra *adj.* 〈生〉结合簇的 ‖ *m.* 结合簇

haptoglobina *f.* 〈生化〉触珠蛋白

haptonomía *f.* (与胎儿)情感沟通法

haptotropismo *m.* 〈生〉向触性

haraguazo *m. Venez.* 〈植〉蒜味破布木

harakiri *m. jap.*; **haraquiri** *m.* ①切[剖]腹自杀;②自杀;自我毁灭

harda *f.* ①〈动〉松鼠;②*And.* (海面的)磷光

hardenita *f.* 〈冶〉细马氏[细马登斯,硬化]体

hardware *m. ingl.* ①(计算机)硬件;②硬件;设[装]备;③〈集〉金属器件
　～ compatible 兼容硬件
　～ de computadora 计算机硬件
　～ de sistema 系统硬件
　～ terminal 终端硬件
　bloque de ～ 硬件模块
　comprobación de ～ 硬件测试
　conexión de ～ 硬件接口
　diseño de ～ 硬件设计
　estructura de ～ 硬件结构
　separador de ～ 硬件离析器
　suspensión de ～ 硬件中断

harem; **harén** *m.* 〈动〉共配一雄的一群雌性动物

harina *f.* ①面粉,面;②粉(末,剂),粉状物
　～ con levadura (～ leudante) 自发面粉
　～ de animales marinos 鱼粉
　～ de arroz 米粉
　～ de avena 燕麦粉[片]
　～ de castilla *Amér. L.* 面粉,白面
　～ de[en] flor 精白面粉
　～ de hoja *Amér. L.* (未筛的)黑面
　～ de huesos 骨粉
　～ de linaza 亚麻籽粉
　～ de maíz 玉米面[粉]
　～ de patata 马铃薯面
　～ de pescado 鱼粉
　～ de roca 〈地〉岩粉
　～ de soja 大豆粉
　～ de trigo (小麦)面粉,小麦粉
　～ fósil 〈地〉硅藻土
　～ integral 全麦面粉
　～ lacteada 麦乳精,代乳粉

harma *f.* 〈植〉欧骆驼蓬

harmalina *f.* 〈药〉(二氢)骆驼蓬碱,哈马灵

harmatán *m.* 〈地〉〈气〉哈麦丹风(非洲旱季时从撒哈拉沙漠吹向非洲西海岸的干燥带沙的风)

harmina *f.* 〈化〉骆驼蓬碱,肉叶芸香碱

harmonía *f.* 〈乐〉和声;和声学

harmónica *f.* ①〈数〉谐(调和)函数;②〈乐〉口琴

harmónico,-ca *adj.* ①和谐的,融洽的,协调的;②〈理〉谐波的,谐(声)的;③〈数〉调和的;④〈乐〉和声(学)的,泛音的

harmonio *m.* 〈乐〉簧风琴

harmonización *f.* ①和谐,协调;谐和[波],调谐[和];②〈乐〉谐和音;③(各国)法令的协调

harmotoma *f.* 〈矿〉交沸石

harnero *m.* ①(网,粗)筛;②滤器[锅]

harpa *f.* 〈乐〉竖琴

harpactófago,-ga *adj.* 〈动〉捕食的

harpago *m.* 〈动〉抱器

harpaxofobia *f.* 〈心〉盗贼恐怖

harrado *m.* 〈建〉①组成回廊穹顶的角;②拱肩;拱间角;穹隅

harriero *m. Cub.* 〈鸟〉黄嘴美洲鹃

harrijasotzaile *m.* 〈体〉举石运动员

harstigita *f.* 〈矿〉铍柱石

harvard *m.* 〈纺〉哈佛斜纹条子布

has *abr.* hectáreas 公顷

haschich *m.* (印度)大麻

haschichismo *m.* 大麻瘾

hass *m.* 毒品,大麻

hassio *m.* 〈化〉𬭳

hastial *m.* ①〈建〉山(形)墙,三角墙;②〈矿〉坑道[矿井]壁

hathórico,-ca *adj.* 见 capitel ～
　capitel ～ 〈建〉爱神柱(古埃及的一种柱子,柱头刻有爱神哈索尔的头像)

hato *m. Cub.*, *P. Rico* 阿托(地积单位)

hauchinal; **hauchinol** *m. Méx.* 〈植〉斑点胶漆木

hauerita *f.* 〈地〉方硫锰矿

hauina; **hauinita** *f.* 〈地〉蓝方石

hausmanita *f.* 〈地〉黑锰矿

haustelo *m.* 〈动〉(昆虫和某些甲壳纲动物的)吸缘

haustorial *adj.* 〈植〉(寄生植物)吸器的;有吸器的

haustorio *m.* 〈植〉(寄生植物的)吸器

haustra *f.*; **haustro** *m.* 〈解〉(结肠)袋

haustración *f.* 〈医〉袋形成

haya *f.* ①〈植〉山毛榉;山毛榉树;②山毛榉木材

hayo *m. Col.*, *Venez.* ①〈植〉古柯;②古柯叶;③古柯叶嚼剂

hayornal; **hayucal** *m.* 山毛榉林

hayorno *m.* 〈植〉山毛榉

hayuco *m.* 〈植〉山毛榉果

haz *m.* ①束,把,捆,扎;②〈理〉(波,光,射,

线,电子,粒子,射线)束;注;③〈军〉(排成方阵或队列的)军队;④〈生〉(神经等的)束 ‖ *f.* ①(衣料的)正面;②(物体等的)表面;③〈植〉叶缘正面

~ atómico 原子束

~ convergente 集光束

~ de abanico 扇形射束

~ de antenas 架空线

~ de electrones 电子束[注]

~ de faro 头[前]灯[光]束,照明灯[光]束

~ de la tierra 地球表面

~ (de) láser 激光束

~ de luz 光束

~ de ondas 束状波,横(向)波

~ de partículas 粒子束

~ de rayos catódicos 阴极射线束

~ de ruta 航向制导波束

~ divergente 散光束

~ electrónico 电子束

~ hertziano 赫兹波束

~ nervioso 神经束

~ radárico en abanico 扇形雷达波束

oscilógrafo de doble ~ 双射线[双电子束]示波器

tetrodo de ~ 束射四极管

tubo de ~ electrónico 电子束管

HD *abr. ingl.* hard disk〈信〉硬盘

HDD *abr. ingl.* hard disk drive〈信〉硬盘驱动器

HDL *abr. ingl.* high density lipoprotein〈生化〉高密度脂蛋白

He〈化〉元素氦(helio)的符号

hebdómeda *f. Esp.*〈农〉(每周)轮流灌溉

hebefrenia *f.*〈医〉青春期痴呆

hebefreníaco *m. f.*〈医〉青春期痴呆者

hebefrénico,-ca *adj.*〈医〉青春期痴呆的

  excitación ~a 青春期痴呆性兴奋

hebético,-ca *adj.* (有关)青春期的;青春期发生的

hebijón *m.* ①舌饰;舌状物;②雄[公]榫,榫舌;③〈机〉舌簧[片],衔铁,(木模)楔片;④(游标尺的)挡块

hebillaje *m.* (皮带等的)卡子,搭口

heboide *f.*〈医〉青春期精神病

hebra *f.* ①(切在针上的)线;②(棉,毛,麻,肌肉,化学)纤维;纤维状物;③(木材,金属的)纹理;④棉[麻,绒]丝;⑤〈矿〉矿脉;⑥(豆荚的)筋(蚕,蜘蛛及其他昆虫吐的)丝;⑦(藏红花的)花柱(用作香料);⑧〈信〉(公告板等上同一话题的)一连串帖子

~ de algodón 棉丝[线,纤维]

~ de pelo *Méx.*〈动〉一种毒蛇

aserrar a ~ 顺茬锯

hebroso,-sa; **hebrudo,-da** *adj.* ①纤维状[质]的;②有筋的(肉)

hecho,-cha *adj.* ①做[制]成的;完成的;②特制的;③煮熟的;④现成的;⑤成熟[年]的;长成的;⑥见 bien/mal ‖ *m.* ①行为[动];②事实,事件;③业[功]绩;④〈法〉案情

~ a la medida 按尺寸做的

~ a mano 手工做[制,造]的

~ a máquina 机械制造的

~ consumado〈法〉既成事实

~ de armas 军功;战功[绩]

~ de sangre *Amér. L.* 伤亡;暴行

~ en China 中国制造

~ en el país 本国造

~ imponible 应纳税收入的依据

~ jurídico 带有法律后果的事实

~ probado〈法〉(在初审法庭判决书上)已证明的事实

bien/mal ~ (人肢体)匀/不匀称的

hechor,-ra *adj. Amér. M.*〈动〉(马,驴)配种的 ‖ *m. Amér. L.* 种驴;种马

hechura *f.* ①制作[造];②手[做]工,工艺;③雕塑[像],塑像;④作品,创造物;⑤体形[质];(身体)构造,组织;⑥ *pl.* 加[手]工费,工钱

hectárea *f.* 公顷

héctico,-ca *adj.* ①〈医〉肺痨的;患肺痨的;②潮红的;有潮热的

hectiquez *f.*〈医〉肺痨

hectocótilo *m.*〈动〉化茎腕,交接腕

hectografía *f.*〈印〉胶版誊写法

hectógrafo *m.*〈印〉胶版誊写机

hectogramo *m.* 百克(重量单位)

hectolitro *m.* 百升(容量单位)

hectómetro *m.* 百米(长度单位)

~ cuadrado 百平方米

~ cúbico 百立方米

hectovatio *m.*〈电〉百瓦特(功率单位)

hedenbergita *f.*〈地〉〈矿〉钙铁辉石

hederáceo,-cea *adj.*〈植〉洋常春藤的;似洋常春藤的 ‖ *f. pl.* (洋)常春藤属

hedionda *f.*〈植〉①臭卷笑豆;②曼陀罗;③ *Amér. L.* 望江南

hediondilla *f.*〈植〉① *Méx.* 三齿牙胃木;② *Méx.* 望江南;③ *Méx.* 盐天芥菜;④ *P. Rico* 银合欢

hediondillo *m. Méx.*〈植〉①望江南;②裂叶藜

hedonía *f.* ①乐趣;②〈医〉快感

hedónico,-ca *adj.* ①乐趣的;②〈医〉快感的;③〈心〉享乐的,愉快的;④享乐主义

（者）的

hedonismo *m.* ①乐趣；②〈医〉快感；③享乐
主义；④〈心理〉欢乐主义

hedonofobia *f.* 〈心〉快乐恐怖

hedor *m.* 臭气[味]；恶[腐]臭

hegemonía *f.* 支配（权），统治（权）；霸[领导，
盟主]权

helable *adj.* 可以冰冻的

helada *f.* 霜，（冰，霜）冻，结冰
~ blanca 霜，白霜
~ de madrugada 晨霜
~ del suelo 〈气〉地面霜
inalterabilidad a la ~ 抗冷冻性，耐冷冻性
punto de ~ 冰点

heladera *f.* ①制冰[冷冻]机；②冰箱；③
Amér. L. 冷食盘

heladerita *f. Arg., Urug.* 手提式电冰箱

heladizo,-za *adj.* 易结冰的

helado,-da *adj.* ①结冰的，（冻）结）的；寒冷
的；②冰冷[凉]的；③*Cari.* 糖渍的；挂糖
衣的 ‖ *m.* 冷饮[食]
~ de agua ①冰糕；②（由水直接冻成的）
水冰

heladora *f.* ①（制冷食用的）冷冻机；②（冰
箱内的）冷冻室；*Cono S.* 冰箱

heladura *f.* ①（木材的）冻裂，裂缝[口，隙]；
②（木材的）质地松软；③〈医〉冻伤[僵]

helamiento *m.* 冰冻，结冰

helechal *m.* 〈植〉蕨类植物丛生地

helecho *m.* 〈植〉蕨；欧洲蕨
~ florido[real] 王紫萁
~ hembra ①雌三叉蕨；②*Méx.* 欧洲蕨
~ macho 绵马；绵马根茎
~ marrano *Col.* 尾羽蕨
~ peine *Col.* 流苏鳞片多足蕨

helena *f.* 〈海〉桅头电光

helenio *m.* 〈植〉土木香

heleoplancton *m.* 〈动〉池沼浮游生物

helero *m.* ①〈地〉冰川；冰河；②山上积雪

helgadura *f.* ①（牙齿的）隙缝；②（牙齿的）
不整齐

heliaco,-ca; helíaco,-ca *adj.* 〈天〉（靠近）太
阳的；跟太阳同时升落的
puesta/salida ~a〈天〉偕日落/升

heliantemo *m.* 〈植〉半日花（属）

heliantina *f.* 〈化〉甲基橙；半日花素

helianto *m.* 〈植〉向日葵属植物

helicarga *f.* 〈交〉直升机运载

hélice *f.* ①螺旋（管，弹簧，结构）；②〈数〉螺
旋线[面]；③（轮船、飞机的）螺旋桨[体，装
置]，推进器；④〈机〉螺杆；⑤〈解〉耳轮；⑥
〈动〉蜗牛 ‖ *m.* ①[H-]〈天〉大熊星座；②
〈建〉螺旋饰

~ aérea（飞机）螺旋桨

~ aérea de paso variable[regulable] 变
距螺旋桨

~ con engranaje reductor 齿轮降速螺旋
桨

~ contrarrotativa 反向旋转螺旋桨

~ de cola（飞机）尾桨

~ de freno 制动[阻制]螺旋桨

~ de paso a derecha/izquierda 右/左旋
转螺旋桨

~ de paso constante[fijo] 定距螺旋桨

~ de paso regulable[variable] 调距螺旋
桨

~ de paso reversible 反距螺旋桨

~ de propulsión 推进式螺（旋）桨

~ de velocidad constante 恒速螺旋桨

~ dextrórsum 右旋螺杆

~ doble〈生〉（脱氧核糖核酸分子结构中
的）双螺旋

~ propulsora 推进式螺旋桨

~ sinistrórsum 左旋螺杆

~ subsónica 亚音速螺旋桨

~ supersónica 超音速螺旋桨

~ tractora 牵引式螺旋桨，拉力螺旋桨

barrena de ~ 螺旋钻

estela de la ~（螺旋桨形成的）艉流

freno de ~ 螺（旋）桨制动器

muelle de ~ cilíndrica 螺旋弹簧

núcleo de ~ 螺旋毂

pala de ~ 螺旋桨叶片

torbellino de una ~（螺旋桨形成的）艉流

helicicultura *f.* 蜗牛养殖业

helícido,-da *adj.* 〈动〉蜗牛类的 ‖ *m.* ①蜗
牛类软体动物；②*pl.* 蜗牛类

hélico,-ca *adj.* 螺（旋）的；螺旋（线，纹，面，
形，状）的
antena ~a 螺旋天线
engranaje ~ 斜齿轮，螺（旋齿）轮
estría ~a 螺旋状条[凹]纹
línea ~a 螺旋线
resorte ~ 螺旋（形）弹簧，盘簧

helicoidal *adj.* ①〈数〉螺旋面的；螺旋（线，
形）的；②螺旋形[状]的；形成螺旋的
engranaje ~ 螺旋形[状]齿轮
línea ~ 螺旋线

helicoide *m.* ①〈数〉螺旋面；②螺圈；旋涡形

helicoideo,-dea *adj.* 见 cima ~a
cima ~a〈植〉螺旋聚伞花序

helicómetro *m.* 〈船舶〉螺旋桨动力[测定]计

helicón *m.* 〈乐〉（掮着吹奏的）海力空大号；
圈形大号

helicóptero *m.* 直升机

~ artillado 武装直升机

~ de ataque[combate] 武装直升机

~ de salvamento 救援直升机

~ fumigador (给作物)喷洒农药直升机

helicotrema *f.* 〈动〉蜗孔

heliesquí *m.* 直升机滑雪

helio *m.* 〈化〉氦

~ líquido 液态氦

helioaeroterapia *f.* 日光空气疗法

heliocéntrico,-ca *adj.* 〈天〉日心的,以日心测量的,以太阳为中心的

teoría ~a 日心说

heliocentrismo *m.* 〈天〉日心说,地动说

heliocromía *f.* 〈摄〉天然色照相[摄影]术,彩色照相[摄影]术

heliodinámica *f.* 〈理〉太阳热力学

heliodora *f.* 〈矿〉金绿柱石

heliodoro *m.* 〈矿〉一种绿玉

helioesquí *m.* 直升机滑雪

heliofanía *f.* 日照(期)

~ efectiva 实际日照(期)

~ relativa 相对日照(期)

heliófilo,-la *adj.* 〈生〉阳生的(指动植物需充足阳光下生长的)

heliofísica *f.* 〈天〉太阳物理学

heliofísico,-ca *adj.* 〈天〉太阳物理学的

heliofita *f.* 〈植〉阳生植物(指在充足阳光下茂盛生长的植物)

heliofobia *f.* 〈心〉阳光恐怖

heliofotómetro *m.* 日光仪

heliograbado *m.* 〈印〉①照相凹版印刷术;②日光胶版印刷术

heliografía *f.* ①日光反射信号法[术];②〈印〉日光胶版法[术];③拍摄太阳;〈天〉太阳面记述

heliográfico,-ca *adj.* ①日光反射信号(法,术)的;②日光胶版(法,术)的

heliógrafo *m.* ①日光反射信号器;回光(反射)仪;②(拍太阳用的)太阳摄影[照相]机[仪];〈天〉日光仪;③〈气〉(感光)日照计;④〈印〉日光胶版

heliograma *m.* (日光反射信号器发射的)日光电报信号[息];回光信号

heliometría *f.* 〈天〉测量天体距离术

heliómetro *m.* 〈天〉量[测]日仪(用以测量天体的间距,原用以测定太阳直径)

heliomielitis *f. inv.* 〈医〉日射性脊髓炎

heliomotor *m.* 太阳能发动机

helión *m.* 〈理〉氦核,α质子,α粒子

heliopatía *f.* 〈医〉日光病

helioplastia *f.* 〈印〉胶版制版[字模]术

heliorregulación *f.* 〈环〉〈动〉日照调节体温

heliorresistente *adj.* (染料)耐晒的

helioscopia *f.* 〈天〉(目视)观测太阳

helioscopio *m.* ①〈天〉太阳目视(观测)镜,太阳望远镜;②〈天〉回照器;③〈测〉〈天〉量日镜

heliosensibilidad *f.* 日光敏感性

heliosfera *f.* 日光层(指750-1,250英里高度的大气层)

heliosis *f. inv.* 〈医〉日射病,中暑

heliosismología *f.* 〈天〉太阳震动学

heliostático,-ca *adj.* 〈天〉定日镜的

helióstato *m.* 〈天〉定日镜

heliotaxis *f.* 〈生〉趋日[光]性

heliotecnia *f.* 〈理〉日光能技术

heliotelegrafía *f.* 〈讯〉日光反射信号通讯,回光信号通讯

helioterapia *f.* 〈医〉日光(浴)疗法;日光浴

heliotermia *f.* 〈动〉(爬行动物、两栖动物吸收太阳热的)调节功能

heliotipia *f.* 〈印〉①珂罗版印刷法;②珂罗版;③胶版(画),胶版印刷

heliotropina *f.* 〈化〉天芥菜精,胡椒醛

heliotropio *m.* 见 heliotropo

heliotropismo *m.* 〈植〉向日[阳]性;向光性

heliotropo *m.* ①〈植〉天芥菜(又称香水草)属植物;向阳开花的植物;缬草;②〈矿〉鸡血石,血滴石;③〈测〉(日光)回照器,回光仪,日光反射信号器;④〈天〉手摇定日镜

heliox *f.* 氦氧混合气(含98%氦和2%氧,供潜水员在深水中维持呼吸用)

heliozoo,-zoa *adj.* 〈动〉太阳虫目的 ‖ *m.* ①太阳虫目动物;②*pl.* 太阳虫目

helipuerto *m.* 直升机机场,直升机航站

helitransportado,-da *adj.* 用直升机运输的

helitransportar *tr.* 用直升机运输

hélix *m.* 〈解〉耳轮

fosa ~ 耳舟

helmintiasis *f.* 〈医〉蠕[肠]虫病

helminticida *f.* 驱[杀]蠕虫药

helmíntico,-ca *adj.* ①蠕[肠]虫的,肠虫引起的;②驱[杀]肠虫的(药)

helmintismo *m.* 〈医〉蠕虫寄生

helminto *m.* 〈动〉蠕[肠]虫

helmintofobia *f.* 〈心〉蠕虫恐怖

helmintoide *adj.* 蠕[肠]虫状的

helmintología *f.* 〈动〉蠕[肠]虫学

helmintológico,-ca *adj.* 蠕[肠]虫学的

helmintólogo,-ga *adj.* 研究蠕[肠]虫的 ‖ *m. f.* 蠕[肠]虫研究者

helmintoovoscopia *f.* 蠕虫卵镜检查

helobial *adj.* 〈植〉柔膜目的 ‖ *f.* ①柔膜目植物;②*pl.* 柔膜目

helociales *f. pl.* 〈植〉柔膜菌目

helofita *f.* 〈植〉沼生植物(指芽在水下越冬

的沼泽植物)

helofito,-ta *adj.* 〈植〉沼生的(植物)
　planta ～a 沼生植物

helor *m.* 严[酷]寒

helvela *f.* 〈植〉马鞍菌

hemabarómetro *m.* 〈医〉血比重计

hemacitometría *f.* 〈医〉血细胞计数法

hemacitómetro *m.* 〈医〉血细胞计数器

hemacrimo,-ma *adj.* 〈动〉冷血的

hemadinamometría *f.* 〈医〉血压测量法

hemadromómetro *m.* 〈医〉血流速度计

hemafeína *f.* 〈医〉血褐质

hemafeísmo *m.* 〈医〉血褐质尿(症)

hemafibrita *f.* 〈矿〉红纤维石

hemafobia *f.* 〈心〉血恐怖

hemaglutina *f.* 〈医〉血细胞凝集素

hemaglutinación *f.* 〈医〉血细胞凝集(作用,
反应),血凝(反应)
　～ indirecta 间接血凝反应
　～ pasiva 被动血细胞凝集
　inhibición de la ～ 血凝抑制

hemaglutinina *f.* 〈医〉血凝素,血细胞凝集
素
　～ inmune 免疫血凝素

hemaglutinógeno *m.* 〈医〉血细胞凝集素原

hemal *adj.* ①〈生理〉血的;血[脉]管的;②
〈动〉(脊柱)腹侧的

hemalinfangioma *m.* 〈医〉血管淋巴瘤

hemalopía *f.* 〈医〉眼内渗血

hemanálisis *m.* 〈医〉血(液)分析

hemangioendo-telioblastoma *m.* 〈医〉血管内
皮细胞肉瘤

hemangioma *m.* 〈医〉血管瘤
　～ capilar 毛细血管瘤
　～ cavernoso 海绵状血管瘤
　～ cerebelar 小脑血管瘤
　～ esofágico 食管血管瘤
　～ hepático 肝血管瘤
　～ plexiforme 丛状血管瘤
　～ simple 单纯性血管瘤

hemapófisis *f.* 〈动〉脉管弓突起

hemartrosis *f.* 〈医〉关节积血

hemasa *f.* 〈生化〉血过氧化氢酶

hemateína *f.* 〈化〉氧化苏木精

hematemesis *f.* 〈医〉呕[吐]血

hematermo,-ma *adj.* 〈动〉温血的,恒[同]温
的 ‖ *m.* 温血动物,恒温动物

hemático,-ca *adj.* ①血的;②补血的,(药
物)作用于血的
　ácido ～ 血酸
　tónico ～ 补血药

hematidrosis *f.* 〈医〉血汗(症)

hematíe *m.* 〈生〉红细胞

hematimetría *f.* 〈医〉红细胞计数法

hematímetro *m.* 〈医〉血细胞计数器

hematina *f.* 〈医〉〈生化〉正[(羟)高]铁血红
素;氯化高[正]铁血红素

hematinuria *f.* 〈医〉高[正]铁血红素尿(症)

hematita; hematites *f.* 〈矿〉①赤[红]铁矿;
赤血石;②低磷生铁,三氧化二铁锈层
　～ parda 褐铁矿
　～ roja 赤铁矿,低磷生铁

hematobilia *f.* 〈医〉胆道出血

hematoblasto *m.* 〈生〉成[原]血细胞

hematocele *m.* 〈医〉血囊肿,积血
　～ de vaginal 鞘膜积血
　～ pélvico 盆腔积血

hematocelia *f.* 〈医〉腹腔积血

hematocianina *f.* 〈医〉血蓝[青]蛋白

hematocistis *f.*; **hematocisto** *m.* 〈医〉①膀
胱积血;②血囊肿

hematocito *m.* 〈医〉血球,血细胞

hematoclorina *f.* 〈医〉胎盘绿色素

hematocolpómetra *f.* 〈医〉阴道子宫积血

hematocolpos *m.* 〈医〉阴道积血

hematocrito; hematócrito *m.* ①〈生医〉血细
胞比容;红细胞压积血;②(测量血细胞和血
浆容积比的)血球容量计

hematocromo *m.* 〈动〉血色素

hematodiálisis *f.* 〈医〉血液透析

hematodoca *f.* 〈昆〉(蜘蛛的)血囊

hematoencefálico,-ca *adj.* 〈医〉血脑的
　barrera ～a 血脑屏障

hematofagia *f.* 〈动〉①吸血;②血液寄生

hematófago,-ga *adj.* ①〈动〉〈环〉以吸血为
生的;②〈生医〉噬血细胞的

hematofito *m.* 〈植〉血寄生真菌

hematofobia *f.* 〈心〉恐血症,血恐怖

hematogénesis *f.* 〈医〉血细胞发生,生[造]
血,血液生成

hematogénica *f.* 〈医〉血原性,血源性

hematogénico,-ca *adj.* 〈医〉①生血的;②血
原[源]性的
　choque ～ 血源性休克
　ictericia ～a 血源性黄疸
　inmunidad ～a 血源性免疫

hematógeno,-na *adj.* 〈医〉①血原[源]性的;
(细菌、癌细胞等)由血流传播的;血行的;②
形成血的,生血的 ‖ *m.* 血原[源]性[质]
　infección ～a 血原[源]性传染
　siderosis ～a 血原性铁质沉着

hematohidrosis *f.* 〈医〉血汗(症),红汗,汗血

hematoidina *f.* 〈医〉橙色血质

hematolítico,-ca *adj.* 〈医〉溶血(性)的,血
细胞溶解的

hematología *f.* 血液学
~ nuclear 核血液学

hematológico,-ca *adj.* 血液学的

hematólogo,-ga *m. f.* 血液(病)学者

hematoma *m.* ①(人体跌、碰后产生的)青肿,挫伤;②〈医〉血肿
~ intracerebral 脑内血肿
~ intracraneal 颅内血肿
~ intraorbitario 眶内血肿
~ nasoseptal 鼻中隔血肿
~ pélvico 盆腔血肿
~ perianal 肛门周围血肿
~ perirrenal 肾周围血肿
~ subdural 硬膜下(腔)血肿

hematomanómetro *m.* 〈医〉血压计

hematómetra *f.* 〈医〉子宫积血

hematometría *f.* 〈医〉血成分测定法

hematomielia *f.* 〈医〉脊髓出血

hematomielitis *f. inv.* 〈医〉出血性脊髓炎

hematomielopora *f.* 〈医〉出血性骨髓空洞(症)

hematonefrosis *f.* 〈医〉肾盂积血

hematopatía *f.* 〈医〉血液病

hematopatología *f.* 〈医〉血液病理学

hematoperitoneo *m.* 〈医〉腹腔积血

hematoporfirina *f.* 〈医〉血卟啉,血紫质

hematoporfirinemia *f.* 〈医〉血卟啉血,血紫质血

hematoporfirinismo *m.* 〈医〉血卟啉病,血紫质病

hematoporfirinuria *f.* 〈医〉血卟啉尿(症)

hematopoyesis *f. inv.* 〈生理〉血细胞生成;血生成,造血
~ extramedular 髓外造血
~ extravascular 血管外造血

hematopoyético,-ca *adj.* 〈生理〉血细胞生成的;〈生医〉造血的 ‖ *m.* 〈药〉造血药
célula tallo ~a 造血干细胞
órgano ~ 造血器官
sistema ~ 造血系统
tejido ~ 造血组织
trastorno ~ 造血功能障碍

hematopoyetina *f.* 〈生化〉红细胞生成素

hematoquiluria *f.* 〈医〉血性乳糜尿

hematorraquis *f.* 〈医〉(脊)椎管内出血

hematosalpinge *m.* 〈医〉输卵管积液

hematosalpinx *m.* 〈医〉①输卵管积血;②宫颈积血

hematosepsis *f.* 〈医〉败血病[症]

hematosis *f.* 〈生理〉血液氧合作用

hematospectrofotómetro *m.* 〈医〉血红蛋白分光光度计

hematospectroscopio *m.* 〈医〉血分光镜

hematospermia *f.* 〈医〉血性精液

hematosteona *f.* 〈医〉骨髓腔积血

hematotímpano *m.* 〈医〉鼓室积血

hematoxicosis *f.* 〈医〉血中毒

hematoxilina *f.* 〈化〉苏木精[素]

hematozoario *adj.* 〈医〉血内寄生虫的

hematozoo *m.* 〈生〉血原虫

hematuresis *f.* 〈医〉血尿

hematuria *f.* 〈医〉血尿,尿血,小便出血
~ recurrente 反复发作性血尿
~ renal 肾性血尿
~ vesical 膀胱性血尿

hematúrico,-ca *adj.* 〈医〉血尿的

hembra *adj.* ①母的,雌的;②〈机〉内孔的,凹形[入]的,凹件[部]的 ‖ *f.* ①〈动〉雌性动物;②〈植〉雌性植物,雌株;③〈机〉(凹凸配件中的)凹部[件];插销眼;(部件的)眼,孔
~ del enchufe 插座[眼]
~ de un corchete 风纪扣钩眼
~ de un tornillo 螺母
~ de terraje 阴模
macho y ~ ①(衣服上用作纽扣的)钩和环,钩眼扣;②(门上的)钩扣铰链

hembraje *m. Amér. L.* 〈集〉母畜

hembrero,-ra *adj. Col., Méx.* ①只生育女孩的;②只繁殖母畜的

hembrilla *f.* ①〈机〉眼螺栓[杆],环首[有眼]螺栓,螺丝圈;羊眼(五金零件);②插销眼,孔,锁环;③(小的凹凸配件中的)凹件;④*Ecuad.* 芽;⑤*Amér. L.* 胚(胎)

hembrimachar *tr. C. Rica* 〈建〉榫接

hembruca *f. Chil.* 〈鸟〉雌朱顶雀

hemélitro *m.* 〈昆〉半鞘翅(异翅亚目昆虫的前翅)

hemerálope *adj.* 〈医〉夜盲的,患夜盲症的

hemeralopia; hemeralopía *f.* 〈医〉夜盲,夜盲症

hemeritrina *f.* 〈生化〉蚯蚓血红蛋白

hemerología *f.* 编写历书学

hemeropatía *f.* 〈医〉日重(夜轻)病

hemiacetal *m.* 〈化〉半缩醛

hemiacromatopsia *f.* 〈医〉偏(侧)色盲

hemiageusia *f.* 〈医〉偏侧味觉缺失

hemialgia *f.* 〈医〉偏侧痛

hemiambiopía *f.* 〈医〉偏侧弱视

hemiamiostenia *f.* 〈医〉偏侧肌无力

hemianacusia *f.* 〈医〉偏侧聋

hemianalgesia *f.* 〈医〉偏身痛觉缺失

hemianencefalia *f.* 〈医〉偏侧无脑畸形

hemianestesia *f.* 〈医〉半身麻木,偏侧感觉缺失
~ cerebral 大脑性偏身麻木

~ espinal 脊髓性偏身麻木

hemianopía; hemianopsia f. 〈医〉偏（侧）盲
　~ bilateral/unilateral 两/单侧偏盲
　~ binasal 两[双]鼻侧偏盲
　~ binocular 双眼偏盲
　~ heteronismosa 异侧偏盲
　~ horizontal 水平性偏盲
　~ ipsolateral 同侧性偏盲
　~ nasal 鼻[内]侧偏盲

hemianosmia f. 〈医〉偏侧嗅觉缺失

hemiapraxia f. 〈医〉偏侧失用症

hemiartrosis m. 〈医〉半关节强直症

hemiasinergia f. 〈医〉偏侧协同不能，偏侧失协同症

hemiataxia f. 〈医〉单侧共济失调

hemiatetosis f. 〈医〉偏身手足徐动症

hemiatrofia f. 〈医〉单[偏]侧萎缩
　~ facial 〈医〉面偏侧萎缩，龙贝格式病

hemicardia f. 〈医〉半心畸形；半心

hemicefalia f. 〈医〉半无脑畸胎

hemicéfalo,-la adj. 〈动〉半无脑的 ‖ m. 半无脑畸胎

hemicelulasa f. 〈生化〉半纤维素酶

hemicelulosa f. 〈生化〉半纤维素

hemiciclo m. ①〈建〉半圆形墙[建筑，房间，剧场，大厅]；②半圆，半圆形

hemicolectomía f. 〈医〉半结肠切除术，结肠部分切除术

hemicoloide m. 〈化〉半胶体

hemicordado,-da adj. 〈动〉半索动物的；半索动物（亚）门的 ‖ m. ①半索动物；② pl. 半索动物（亚）门

hemicorea f. 〈医〉半[偏]侧舞蹈病

hemicránea; hemicrania f. 〈医〉偏头痛

hemicraniectomía f. 〈医〉偏侧颅骨切除术

hemicraniosis f. 〈医〉偏侧颅骨肥大

hemicriptofita f. 〈植〉地面芽植物

hemicriptofito,-ta adj. 〈植〉地面上长芽的（植物）
　planta ~a 地面芽植物

hemicristalino,-na adj. 〈化〉半结晶的，半晶质[状]的

hemidesmosoma m. 〈生〉半桥粒

hemidisergia f. 〈医〉偏侧性共济失调

hemidisestesia f. 〈医〉偏侧感觉迟钝

hemidistrofia f. 〈医〉偏侧发育障碍

hemidrosis f. 〈医〉偏侧出汗

hemiectromelia f. 〈医〉偏侧缺肢畸形

hemiedría f. 〈晶体〉半对称，半面体

hemiédrico,-ca adj. 〈晶体〉半面的
　forma ~a 半面晶形

hemiedro,-dra adj. 〈化〉（结晶）半面（形）的 ‖ m. 半面形结晶

hemielastina f. 〈医〉半弹性硬蛋白

hemiencéfalo m. 〈医〉半脑畸胎，偏侧无大脑半球畸胎

hemiepilepsia f. 〈医〉偏侧[身]癫痫

hemiesferoidal adj. 半球形的

hemigastrectomía f. 〈医〉半胃切除术

hemiglosectomía f. 〈医〉半舌切除术

hemiglositis f.inv. 〈医〉偏侧舌炎

hemihédrico,-ca adj. （晶体）半面的
　formas ~as 半面晶形

hemihepatectomía f. 〈医〉半肝切除术

hemihidrato m. 〈化〉半水(化)合物

hemihidrosis f. 〈医〉偏侧出汗

hemihiperestesia f. 〈医〉偏侧感觉过敏

hemihipertonía f. 〈医〉偏侧肌强直症

hemihipertrofia f. 〈医〉偏侧肥大

hemihipoestesia f. 〈医〉偏侧感觉减退

hemihipotonía f. 〈医〉偏身张力减退

hemilaminectomía f. 〈医〉偏侧椎板切除术

hemilaringectomía f. 〈医〉半喉切除术

hemilateral adj. 偏侧的

hemimelia f. 〈医〉半肢(畸形)

hemimelo m. 〈医〉半肢畸胎

hemimetabolia f. 〈生〉半变态

hemimetabolismo m. 〈昆〉半变态

hemimetábolo,-la adj. 〈昆〉半变态的，具有半变态特性的

hemimorfia f.; **hemimorfismo** m. ①半对称性；异极性；②〈地〉异极象

hemimórfico,-ca adj. 〈矿〉异级的

hemimorfita f. 〈矿〉异极矿

hemimórula f. 〈动〉半桑葚胚

hemina f. ①埃米纳（古时干量、液量和面积单位）；②〈生化〉正[高]铁血红素；氯化正[高]铁血红素

hemiobesidad f. 〈医〉偏侧[身]肥胖

hemión; hemíono m. 〈动〉（亚洲西部的）野驴

hemiopalgia f. 〈医〉偏侧头眼痛

hemiparálisis f. 〈医〉半身不遂，偏瘫

hemiparaplejía f. 〈医〉偏侧下身麻痹

hemiparasítico,-ca adj. 〈生〉〈生态〉半[兼性]寄生的

hemiparásito m. 〈生〉〈生态〉半[兼性]寄生物

hemiparesia f. 〈医〉轻偏瘫，偏侧不全麻痹

hemiparestesia f. 〈医〉偏身感觉异常

hemiparkinsonismo m. 〈医〉偏侧[身]震颤麻痹

hemipelágico,-ca adj. 〈生态〉半海洋的

hemipenes m.pl. 〈动〉半阴茎（蛇与蜥的生殖器）

hemipeptona f. 〈生化〉半蛋白胨

hemiplégico,-ca *adj.*〈医〉偏瘫的

hemiplejia；hemiplejía *f.*〈医〉偏瘫，半身不遂
- ～ alterna facial 面神经交叉性偏瘫
- ～ cerebral 脑性偏瘫
- ～ facial 面偏瘫

hemipléjico,-ca *adj.*〈医〉偏瘫的，半身不遂的‖*m.f.* 半身不遂者

hemiptero,-ra *adj.*〈昆〉半翅目的‖*m.* ①半翅目昆虫；②*pl.* 半翅目

hemirraquisquisis *f.*〈医〉隐形脊柱裂

hemiscotoma *m.*；hemiscotosis *f.*〈医〉偏(侧)盲

hemisección *f.*〈医〉(口腔)半切除；对切

hemisfera *f.*〈解〉(大脑)半球
- ～ dominante 优势(大脑)半球

hemisférico,-ca *adj.* 半球(形,状)的

hemisferio *m.* ①(地球或天体的)半球；②半球地图[模型]；③(活动、工作、知识等的)范围，领域；④〈解〉(大脑)半球
- ～ austral/boreal 南/北半球
- ～ cerebelar〈解〉小脑半球
- ～ de Magdeburgo〈理〉马德堡半球
- ～ del cerebro〈解〉大脑半球
- ～ norte/sur 北/南半球
- ～ occidental/oriental 西/东半球
- ～s cerebrales〈解〉大脑半球

hemisferoideo,-dea *adj.* 半球(形,状)的

hemispora *f.*〈医〉半孢子

hemiterata *f.*〈医〉轻度畸形儿

hemiterático,-ca *adj.*〈医〉轻度畸形的

hemitermoanestesia *f.*〈医〉偏侧热觉缺失

hemitetania *f.*〈医〉偏侧手足搐

hemitiroidectomía *f.*〈医〉偏侧甲状腺切除术

hemitremor *m.*〈医〉偏身震颤

hemitrópico,-ca *adj.* (晶体)半体双晶的

hemivagotonía *f.*〈医〉偏侧迷走神经紧张症

hemivértebra *f.*〈医〉半脊椎

hemoaglutinación *f.*〈医〉血细胞凝集，血凝

hemobarómetro *m.* 血比重计

hemocianina *f.*〈生化〉血清素，血蓝蛋白

hemocito *m.*〈生〉血细胞

hemocitoblasto *m.*〈生〉成血细胞，原(始)血细胞

hemocitólisis *f.*〈动〉溶血作用，血球[血细胞]溶解

hemoconia *f.*〈生化〉血尘

hemoconiosis *f.*〈医〉血尘病

hemocroma *m.*〈医〉血色素

hemocromatosis *f.inv.*〈医〉血色(素)沉着病

～ crónica 慢性血色素沉着病

hemocromógeno *m.*〈化〉血色原

hemocromómetro *m.*〈医〉血色素计

hemocultivo *m.*；hemocultura *f.* 血培养

hemoderivado,-da *adj.* 由血液产生的‖*m.* 血液衍化物

hemodiafiltración *f.*〈医〉血液透析滤过

hemodiálisis *f.inv.*〈医〉血液渗[透]析
sala de ～ (血液)透析室

hemodialítico,-ca *adj.*〈医〉血液透析的

hemodializador *m.*〈医〉血液透析器

hemodilución *f.*〈医〉血液稀释

hemodiluente *m.*〈医〉稀血剂，血液稀释剂

hemodinámica *f.*〈生理〉血液[血流]动力；血液[血流]动力学
- ～ cerebrovascular 脑血管血液动力学

hemodinámico,-ca *adj.*〈生理〉血液[血流]动力的；血流动力学的

hemodinamometría *f.*〈医〉血压测量法

hemodinamómetro *m.*〈医〉血压计

hemodonación *f.* 献血

hemodonante *adj.* 献血的‖*m.f.* 献血的人

hemofilia *f.*〈医〉血友病
- ～ C 丙型血友病
- ～ neonata 新生儿血友病

hemofílico,-ca *adj.*〈医〉血友病的；患血友病的‖*m.f.* 血友病患者
globulina ～a 血友病球蛋白

hemofiltración *f.*〈医〉血液滤过(法)

hemoflagelato *m.*〈医〉血鞭毛虫

hemofobia *f.*〈心〉恐血症，血恐怖

hemoftalmía *f.*〈医〉眼内出[积]血

hemoftisis *f.*〈医〉贫血

hemogénesis *f.*〈医〉血细胞发生[生成]

hemogénico,-ca *adj.*〈医〉①血细胞发生[生成]的；②血源性的
diseminación ～a 血源性传播

hemógeno *m.*〈医〉血源性

hemoglobina *f.*〈生化〉血红蛋白
- ～ arterial 动脉血红蛋白
- ～ glicada[glicosilada] 糖化血红蛋白
- ～ oxigenada 氧合血红蛋白
electroforesis ～ 血红蛋白电泳

hemoglobinemia *f.*〈医〉血红蛋白血(症)

hemoglobinometría *f.*〈医〉血红蛋白测定法

hemoglobinómetro *m.*〈医〉血红蛋白计

hemoglobinopatía *f.*〈医〉血红蛋白病

hemoglobinuria *f.*〈医〉血红蛋白尿(症)

hemoglobinúrico,-ca *adj.*〈医〉血红蛋白尿的

hemograma *m.*〈医〉血象[图]

hemolinfa *f*. 〈动〉(无脊椎动物的)血淋巴
hemolisina *f*. 〈生化〉〈生医〉溶血素
　　~ inmune 免疫溶血素
hemolisis; hemólisis *f*. 〈生理〉溶血现象,血细胞溶解
　　~ inmune 免疫溶血
　　~ intravascular 血管内溶血
　　~ osmótica 渗透性溶血
hemolítico,-ca *adj*. 〈医〉溶血(性,现象)的,血细胞溶解的
　　anemia ~a 溶血性贫血
　　crisis ~a 溶血危象
　　esplenomegalia ~a 溶血性脾大
　　ictericia ~a 溶血性黄疸
　　reacción ~a 溶血反应
hemolizable *adj*. 可溶血的
hemolización *f*. 〈医〉溶血(作用)
hemología *f*. 血液学
hemometra *m*. 〈医〉子宫积血
hemopatía *f*. 〈医〉血液病
hemopático,-ca *adj*. 〈医〉血液病的
hemopatología *f*. 血液病理学
hemoperfusión *f*. 〈医〉血液灌流
hemopericardio *m*. 〈医〉心包积血
hemoperitoneo *m*. 〈医〉腹膜积血
hemopneumotórax *m*. 〈医〉血气胸
hemopoyesis *f*. 〈生理〉血细胞生成;血生成,造血
hemoproccia; hemoproctia *f*. 直肠出血
hemoproteína *f*. 〈生化〉血红素蛋白
hemoptísico,-ca *adj*. 咯血的
hemoptisis *f. inv*. 〈医〉咯血
　　~ tuberculosa 结核咯血
hemorragia *f*. 〈医〉出[溢]血(尤指大出血)
　　~ anteparto/postparto 产前/后出血
　　~ cerebral 脑出血
　　~ cíclica 周期性出血
　　~ copiosa[cuantiosa] 大出血
　　~ digestiva 消化道出血
　　~ extradural/intradural 硬膜外/内出血
　　~ gástrica 胃出血
　　~ interna 内出血
　　~ intracraneal 颅内出血
　　~ intradérmica 皮内出血
　　~ intraocular 眼球内出血
　　~ medular 脊髓出血
　　~ mucocutánea 皮肤黏膜出血
　　~ nasal 鼻出血
　　~ oculta 潜出血
　　~ primaria 原发性出血
　　~ pulmonar 肺出血
　　~ remota 陈旧性出血

　　~ subcutánea 皮下出血
　　~ venosa 静脉出血
　　~ visceral 内脏出血
　　~ vítrea 玻璃体出血
hemorrágico,-ca *adj*. 〈医〉出血的
hemorroida *f*. 〈医〉痔(疮)
hemorroidal *adj*. 〈医〉痔的;患痔疾的
hemorroide *f*. 〈医〉痔(疮)
　　~ combinada[mixta] 混合痔
　　~ externa/interna 外/内痔
hemorroidectomía *f*. 〈医〉痔切除术
hemorroidólisis *f*. 〈医〉痔灼除术,消痔术
hemorroo *m*. 〈动〉毒蛇
hemorroso *m*. 〈动〉角蝰
hemoscopia *f*. 显微镜验血
hemoscopio *m*. 验血显微镜
hemosiderina *f*. 〈生化〉含铁血黄素,血铁黄蛋白
hemosiderosis *f*. 〈医〉含铁血黄素沉着(症)
hemospasto *m*. 抽[吸]血器[杯]
hemospermia *f*. 〈医〉血性精液
hemosporidio,-dia *adj*. 〈昆〉血孢子虫(目)的 ‖ *m*. ①血孢子虫;②*pl*. 血孢子虫目
hemostasia; hemostasis *f*. 〈生理〉止血(法)
　　~ por compresión 压迫止血
　　~ por láser 激光止血
　　~ por ligadura 结扎止血
　　~ por presión digital 指压止血
hemostático,-ca *adj*. 〈药〉〈医〉止血的 ‖ *m*. 〈药〉止血药[剂]
hemóstato *m*. 〈医〉止血钳[器]
hemostíptico *m*. 〈药〉止血剂[药]
hemotacómetro *m*. 血流速度计
hemoterapia *f*. 〈医〉血液疗法
hemotórax *m*. 〈医〉血胸
hemotóxico,-ca *adj*. 〈生化〉血毒的,(使)血中毒的
hemotoxina *f*. 〈医〉(溶)血毒素
henar *m*. 草地[场,田]
henchidura *f*. 塞[填,装,注,吸]满
henchimiento *m*. ①塞[填,装,注,吸]满;②〈海〉填缝木料
hendedura *f*. ①裂缝[口,隙];②槽沟,凹槽
hendibilidad *f*. ①劈度,可劈性;②易裂性,可裂变性
hendible *adj*. ①可[易]分裂的;②可裂变的;③可劈[砍,剖,破,切]开的
hendido,-da *adj*. ①裂开[解,口,缝]的;②劈[砍,剖,切]开的;③豁唇的;④(蹄)分趾的;偶蹄的;⑤(树叶)分成小叶瓣的,裂片的
　　labio ~ 豁[裂,兔]唇
　　martillo de uña ~a 拔钉锤

perno ~ para contrachaveta 端缝螺栓

remacho ~ 开口铆钉

hendidura *f.* ①劈[裂,断,分]开,劈[分]裂；②裂缝[纹,隙,口]；③沟,槽,（滑）轮槽；④（岩石的）劈理,（矿物、晶体的）解理

~ glótica 声门裂

~ nasobucal 鼻颊裂

~s pulmonares 肺部裂纹

con ~s 有槽[沟,裂缝]的,开缝的,切槽的

hendija *f. Amér. L.* （小）裂缝[隙]

hendimiento *m.* ①裂开,劈；②裂变；③切槽

~ del núcleo atómico 原子核裂变

henequén *m.* ①*Amér. L.*〈植〉龙舌兰（属植物）；*Méx.* 优雅龙舌兰；②〈植〉剑麻（一种从龙舌兰属植物取得的纤维）；③*Méx.* 纤维

henificación *f.* 制备[翻晒]干草

henil *m.* 干草棚[垛],草料场

heniquén *m. Cari., Méx.* ①〈植〉龙舌兰（属植物）；优雅龙舌兰；②龙舌兰纤维

henna *f.* ①〈植〉散沫花；②散沫花剂（一种从散沫花叶中提炼出来的棕红色化妆染剂,用于染发或染指甲）

heno *m.* ①干[粮,牧,饲]草；②〈植〉绛东轴草；③*Méx.*〈植〉铁兰,散沫花

~ barbón *Méx.*〈植〉铁兰松萝

~ blanco 绒毛草

henrio; henry(*pl.* henries) *m.*〈电〉亨(利)（电感单位）

equivalente del ~ 秒欧（姆）

heparina *f.*〈生化〉肝素（可用于防治血栓形成等）

heparinatos *m.*〈医〉肝素盐（类）

heparinemia *f.*〈医〉肝素血（症）

hepatalgia *f.*〈医〉肝痛

hepatatrofia *f.*〈医〉肝萎缩

hepatectomía *f.*〈医〉肝切除术

hepática *f.*〈植〉①苔；地钱；②欧龙牙草；③獐耳细辛；④*pl.* 苔纲植物；⑤*pl.* 獐耳细辛属

~ blanca〈植〉梅花草

~ dorada〈植〉金腰子

hepático,-ca *adj.* ①〈解〉肝的；②肝色[状]的；③〈医〉患肝病的；④〈植〉苔纲的 ‖ *m.*, *f.* 肝病患者

adiposis ~a 肝性肥胖症,肝积脂病

biopsia ~a 肝(穿刺)活组织检查

coliangioyeyunostomía ~a 肝内胆管空肠吻合术

cólico ~ 肝绞痛

disfunción ~a 肝功能缺陷[失常]

ictericia ~a 肝性黄疸

infarto ~ 肝梗死

leucemia ~a 肝性白血病

trasplante ~ 肝移植

hepaticocolangiocolecistenterostomía *f.*〈医〉肝胆管胆小肠胆吻合术

hepaticocolangiogastrostomía *f.*〈医〉肝管胃胆管吻合术

hepaticocolangioyeyunostomía *f.*〈医〉肝管胆管空肠吻合术

hepaticoduodenostomía *f.*〈医〉肝管十二指肠吻合术

hepaticoenterostomía *f.*〈医〉肝管小肠吻合术

hepaticogastrostomía *f.*〈医〉肝管胃吻合术

hepaticoliasis *f.*〈医〉肝毛细线虫病

hepaticolitotomía *f.*〈医〉肝管(切开)取石术

hepaticolitotripsia *f.*〈医〉肝管碎石术

hepaticostomía *f.*〈医〉肝管造口术

hepaticotomía *f.*〈医〉肝管切开术

hepaticoyeyunostomía *f.*〈医〉肝管空肠吻合术

hepatita *f.*〈矿〉重晶石

hepatitis *f. inv.*〈医〉肝炎

~ crónica 慢性肝炎

~ infecciosa 传染性肝炎

~ tipo A/B/C 甲/乙/丙型肝炎

~ tóxica 中毒性肝炎

~ viral[vírica] 病毒性肝炎

hepatización *f.*〈医〉肝样变

hepatoblastoma *m.*〈医〉肝母细胞瘤,成肝细胞瘤

hepatocele *m.*〈医〉肝突出

hepatocelular *adj.* 肝细胞的

hepatocirrosis *f.*〈医〉肝硬变

hepatocito *m.*〈解〉肝(实质)细胞

hepatocolangeítis; hepatocolangiítis *f. inv.*〈医〉肝胆管炎

hepatocolángeo,-gea *adj.*〈医〉肝胆的

conducto ~ 肝胆管

hepatocolangioduodenostomía *f.*〈医〉肝胆管十二指肠吻合术

hepatocolangiostomía *f.*〈医〉胆肝管造口术

hepatocólico,-ca *adj.*〈医〉肝结肠的

hepatocupreína *f.*〈医〉肝铜蛋白

hepatoduodenostomía *f.*〈医〉肝十二指肠吻合术

hepatoflebitis *f. inv.*〈医〉肝静脉炎

hepatoflebografía *f.*〈医〉肝静脉造影术

hepatogástrico,-ca *adj.*〈医〉肝胃的

hepatogénico,-ca *adj.*〈医〉①肝原[源]的；②生成肝组织的

hepatógeno,-na *adj.*〈医〉①肝原[源]性的；②产生[生成]肝组织的

hepatografía *f.*〈医〉肝造影术

hepatograma *m.*〈医〉肝造影片;肝功能图

hepatolenticular *adj.*〈医〉肝豆状核的

hepatólisis *f.*〈医〉肝细胞溶解

hepatolitectomía *f.*〈医〉肝石切除术

hepatolitiasis *f.*〈医〉肝内胆管结石病,肝石病

hepatolito *m.*〈医〉肝石,肝胆管结石

hepatología *f.*〈医〉肝脏学,肝脏病学

hepatólogo,-ga *m. f.*〈医〉肝脏病学家

hepatoma *m.*〈医〉肝细胞瘤;肝脏肿瘤

hepatomalacia *f.*〈医〉肝软化

hepatomegalia *f.*〈医〉肝(肿)大

hepatomelanosis *f.*〈医〉肝黑变病

hepatonefritis *f. inv.*〈医〉肝肾炎

hepatonefromegalia *f.*〈医〉肝肾(肿)大

hepatopáncreas *f. pl.*〈动〉①(甲壳动物的)肝胰腺;②(无脊椎动物的)肝胰脏

hepatopancreático,-ca *adj.*〈医〉肝胰腺的

hepatopatía *f.*〈医〉肝病

hepatópato,-ta *m. f.*〈医〉肝病患者

hepatoperitonitis *f. inv.*〈医〉肝腹膜炎

hepatopexia *f.*〈医〉肝固定术

hepatoptosis *f.*〈医〉肝下垂

hepatopulmonar *adj.*〈医〉肝肺的

hepatorrafia *f.*〈医〉肝缝合术

hepatorragia *f.*〈医〉肝出血

hepatorrea *f.*〈医〉肝液溢;胆汁分泌过多

hepatorrexis *f.*〈医〉肝破裂

hepatoscopia *f.*〈医〉肝检查

hepatosis *f.*〈医〉肝机能病,肝机能障碍

hepatosplenitis *f. inv.*〈医〉肝脾炎

hepatosplenografía *f.*〈医〉肝脾造影术

hepatosplenomegalia *f.*〈医〉肝脾肿大

hepatoterapia *f.*〈医〉肝质疗法

hepatotomía *f.*〈医〉肝切开术

hepatotoxicidad *f.*〈医〉肝(细胞)毒害性,毒肝脏性

hepatotóxico,-ca *adj.*〈医〉肝(细胞)毒的;毒害肝细胞的

hepatotoxina *f.*〈医〉肝(细胞)毒素

hepatóxico,-ca *adj.*〈医〉肝(细胞)毒的

heptacloro *m.*〈化〉七氯(杀虫剂)

heptacordio; **heptacordo** *m.*〈乐〉七声音阶

heptadecanol *m.*〈化〉十七(烷)醇

heptaedro,-dra *adj.*〈测〉七面(体)的 ‖ *m.*〈数〉七面体

heptagonal *adj.*〈数〉七边[角]形的

heptágono,-na *adj.*〈数〉七边[角]形的 ‖ *m.* 七边[角]形

heptano *m.*〈化〉庚烷

heptatlón *m.*〈体〉女子七项全能

heptavalente *adj.*〈化〉七价的

heptodo *m.*〈无〉七级管

heptosas *f. pl.*〈化〉庚糖

heptóxido *m.*〈化〉七氧化物

heráldica *f.* 纹章学[术]

herátula *f.* 贝壳化石(博物学用语)

herbácea *f.*〈植〉草本植物

herbáceo,-cea *adj.*〈植〉草本[质]的
planta ~a 草本植物
tallo ~ 草质茎

herbada *f.*〈植〉肥皂草

herbaje *m.* ①〈牧〉草;②(对外来牲口征收的)放牧费,草钱;③牧畜税;④〈纺〉粗呢

herbal *adj. Esp.*〈农〉谷类的

herbario,-ria *adj.*〈植〉草的;草本植物的 ‖ *m.* ①蜡叶(植物)标本集;植物标本集;②〈动〉(反刍动物的)瘤胃

herbazal *m.* 草地[场,皮]

herbero *m.*〈动〉(反刍动物的)食管

herbicida *adj.* 除草[莠]的 ‖ *m.* 除草[莠]剂

herbiforme *adj.* 草形[状]的

herbívoro,-ra *adj.*〈动〉食草的;食草动物的 ‖ *m. f.* 食草动物
carpa ~a 草鱼

herbodietética *f.* 植物健康食品
productos de ~ 植物健康食品

herbodietético,-ca *adj.* 植物健康食品的

herbolán *m.*〈植〉藿香蓟

herbolario,-ria *m. f.* ①(草本)植物学家;②药草采集者;药用植物栽培者;草药铺店主 ‖ *m.* ①蜡叶(植物)标本集;植物标本集;②草药(商)店

herboricida *adj.* 除草[莠]的 ‖ *m.* 除草[莠]剂

herborista *m. f.* ①草药采集者;②草药商

herboristería *f.* 草药店

herborización *f.* 植物采集

herborizador,-ra *adj.* 采集植物的

herboso,-sa *adj.* (多)草的;长满草的,草深的

herciano,-na *adj.*〈电〉赫兹波的

herciniano,-na *adj.*〈地〉海西(造山运动)的

hercinita *f.*〈矿〉铁尖晶石

hercio *m.*〈理〉赫(兹)(频率单位)

Hércules *m.*〈天〉武仙(星)座

heredabilidad *f.* 可继承性;可遗传性

heredad *f.* ①田地;②田[地]产

heredado,-da *adj.* ①继承的,遗传的;②富(有)的;③得到遗产的;④有田庄的,有地产的

heredamiento *m.* ①田[地]产;②〈法〉遗产婚约

heredero,-ra *adj.* ①有继承权的,继承(遗产)的;②有田产的,有产业的;③得自遗传的‖*m.f.* ①(遗产)继承人;②因遗传而得(某特征)的人;③田产主,产业主
~ forzoso[legal] 〈法〉法定[当然]继承人
~ presunto 〈法〉假[推]定继承人
~ substituto[sustituto, suplente] 替代继承人
~ universal 全财产继承人

heredidad *f.* ①遗传;②〈生〉遗传性
hereditabilidad *f.* 〈生〉遗传力
hereditable *adj.* ①可以继承的;②可遗传的
hereditación *f.* 遗传(影响,作用)
hereditario,-ria *adj.* ①承[世]袭的;②遗传(性)的;③祖传的,传统的
ataxia ~a 弗里德赖氏病,遗传性共济失调
bienes ~s 世袭遗产
derecho ~ 继承权
enfermedad ~a 遗传病
variación ~a 遗传性变异

heredoataxia *f.* 〈生〉遗传性共济失调
heredodegeneración *f.* 〈医〉遗传退化,遗传性变性
heredofamiliar *adj.* 〈医〉家族遗传性的
heredopatía *f.* 〈医〉遗传病
heredosífilis *f.* 〈医〉遗传梅毒
heredosifilítico,-ca *adj.* 〈医〉遗传梅毒的‖*m.f.* 遗传梅毒患者
herén *f.* 〈植〉兵[滨]豆
herencia *f.* ①继承;继承权;②继承物,遗产;③〈生〉遗传;④遗传(而得)的特征
~ ancestral 隔代遗传
~ anfígona[biparental] 父母遗传
~ combinada 融合遗传
~ compleja 复杂遗传
~ cuantitativa 数量遗传
~ cultural 文化遗产
~ dominante/recesiva 显/隐性遗传
~ extracromosómica 染色体外遗传
~ genética 基因遗传
~ incorpórea[inmaterial] 无形遗产
~ individual 个体遗传
~ intermedia 中间性遗传
~ lamarckiana 拉马克(法国生物学家)遗传
~ lineal 直线遗传
~ maternal 母体[系]遗传
~ monogénica/poligénica 单/多基因遗传
~ multifactorial 多因子遗传
~ paternal 父性遗传
~ sexolimitada 限性遗传
~ (recesiva) sexo-vinculado 伴性(隐形)遗传

~ yacente 〈法〉暂缓决定[暂时搁置]的继承权[遗产]
adición/repudiación de ~ 〈法〉接受/拒绝遗产

hereque *adj. Amér. L.* 〈医〉天花的‖*m. Cari.* ①〈医〉一种皮肤病;②〈生〉咖啡树病
herga *f. Amér. L.* 〈纺〉粗斜纹呢
herida *f.* 伤(口);创伤
~ contusa 挫伤
~ cortada 切伤
~ desgarrada 拉伤
~ incisiva 割伤
~ morta 致命伤
~ penetrante 贯通伤口
~ perforante 穿破创伤
~ por explosión 爆炸伤
~ punzante 刺伤

herido,-da *adj.* 受伤的‖*m.f.* 负伤者,伤员‖*m. Cono S.* (明,壕)沟,〈建〉地基沟
herma *m.* (路碑、柱端等上的)头[胸]像;头像方碑
hermafrodismo *m.* ①两性畸形,半阴半阳;②〈动〉雌雄同体(现象);③〈植〉雌雄同株(现象)
hermafrodita *adj.* ①两性(畸形)的,半阴半阳的;②〈动〉雌雄同体的;③〈植〉雌雄同株的;雌雄(蕊)同花的‖*m.f.* ①两性体,半阴阳体,阴阳人;②〈动〉雌雄同体(如蚯蚓);③〈植〉雌雄同株;两性花,雌雄(蕊)同花
flor ~ 两性花,雌雄(蕊)同花

hermafroditismo *m.* ①两性畸形,半阴半阳;②〈动〉雌雄同体(现象);③〈植〉雌雄同株(现象)
hermafrodito,-ta 见 hermafrodita
hermanado,-da *adj.* ①相同的,同样的;②〈植〉成双的
hermanamiento *m.* ①成为兄弟;②结合,协调;③见 ~ de ciudades
~ de ciudades 结成姊妹[友好]城市

hermangioma *m.* 〈医〉血管瘤
~ de la piel 皮肤血管瘤

hermética *f.* 炼金术
hermeticidad *f.* ①密封[闭];不透水性,水密(封)性,闭水性;②(理论等的)严密性
hermético,-ca *adj.* ①炼金术的;②密封的,气密的,不透[漏]气的;不漏[透]水的,水密的
~ a la luz 不透光的
~ a los gases 不漏气的
~ al aceite 不透[漏]油的
~ al agua 不漏[透]水的,防渗的,水密的
~ al vapor 不透气的,汽密的

cabina ~a 增压舱,气密座舱

caja ~a 密封箱

envase ~ 密封包装

hermodátil *m.*〈植〉秋水仙

hermosilla *f.*〈植〉疗喉草

hernia *f.*〈医〉疝,突出

~ abdominal 腹(壁)疝

~ de Birkett 滑膜突出

~ de Cooper 腹膜后疝

~ de disco(~ discal) 椎间盘突出,滑行椎间盘

~ de hiato 食管裂孔疝

~ de Richter 肠壁疝

~ diverticular(~ de Littre) 憩室疝

~ estrangulada 绞窄性疝

~ externa/interna 外/内疝

~ fascial 筋膜疝

~ femoral 股骨疝

~ incisional 切口疝

~ inguinal 腹股沟疝

~ obturadora 闭孔疝

~ parietal 肠壁疝

~ parumbilical 脐旁疝

~ perineal 会阴疝

~ postoperativa 手术后疝

~ postraumática 创伤后疝

~ reducible 可复性疝

~ retrocecal 盲肠后疝

~ retroperitoneal 腹膜后疝

~ sinovial 滑膜突出

~ umbilical infantil 小儿肚[脐]疝

~ uterina 子宫突出

herniación *f.*〈医〉疝形成

~ cerebral 脑疝形成

herniado,-da *adj.*〈医〉患疝的 ‖ *m. f.* 患疝的人

herniaria *f.*〈植〉光赫尼亚草

herniario,-ria *adj.*〈医〉(治疗)疝的

reposición ~a 疝复位术

repositor ~ 疝复位器

hernioplastia *f.*〈医〉疝根治[整复]术

herniopunción *f.*〈医〉疝穿刺术

herniorrafia *f.*〈医〉疝缝(合)术,疝修补术

hernioso,-sa *adj.*〈医〉患疝的(人)

herniotomía *f.*〈医〉疝切开术

herniótomo *m.*〈医〉疝刀

hernista *m. f.* 治疝医生

heroica *f.*①*Méx.* 海洛卡(一种含吗啡、可卡因等物质的毒品);②*Arg.* 海洛因

heroico,-ca *adj.*(药的剂量)大的,(药物)烈性的

heroína *f.*〈药〉海洛因,二乙酰吗啡

heroinismo *m.*〈医〉海洛因瘾

heroinomanía *f.*〈医〉海洛因瘾

heroinómano,-na *adj.* 吸食海洛因成瘾的 ‖ *m. f.* 吸食海洛因成瘾的人

herpangina *f.*〈医〉疱疹性咽峡炎

herpe *m.*;**herpes** *m. inv.*〈医〉(带状)疱疹

~ facial 面疱疹

~ febril (发)热性疱疹

~ generalizado 全身性疱疹

~ genital 生殖器疱疹

~ gestacional 妊娠疱疹

~ iris 环状疱疹

~ labial 唇疱疹,嘴边疱疹

~ prepucial 包皮疱疹

~ zóster 带状疱疹

herpesencefalitis *f. inv.*〈医〉疱疹性脑炎

herpesvirus *m.*〈生〉疱疹病毒

herpético,-ca *adj.*〈医〉①疱疹(性)的;(似)疱疹的;②患疱疹的 ‖ *m. f.* 疱疹患者

herpetiforme *adj.*〈医〉疱疹样的

dermatitis ~ 疱疹样皮炎

herpetismo *m.*〈医〉疱疹素质

herpetología *f.*〈动〉爬行类学,爬行动物学

herpetólogo,-ga *adj.*〈动〉爬行类学的,爬行动物学的 ‖ *m. f.* 爬行类学专家,爬行动物学家

herradura *f.*①马掌,马蹄铁;②马掌形(物),U形(物),马蹄形;③〈动〉菊头蝠

~ de la muerte〈口〉(人临死前出现的)青眼窝

~ hechiza 马掌,马蹄铁

arco de ~ 马蹄形拱门

camino de ~ (不通车辆的)马道

en forma de ~ U[马蹄]形

herraje *m.*①包[镶]铁;②*Cono S.* 马掌与马掌钉(总称)

herramienta *f.*①工[刀,机,器,用]具;(车)刀;②器械

~ acabadora 切槽工具,终饰插刀

~ acodada 偏[鹅颈]刀

~ adiamantada ①金刚石刀,金刚石修整器;②钻石针头

~ al carburo aglomerado 硬质合金刀具,烧结碳化物刀具

~ con pastilla de carburo 硬质合金刀具,碳化物刀具

~ cortante(~ de filo) 切削刀具,有刃口刀具

~ de acabado[acabar] 精削[精切,精加工]刀具,终饰插刀

~ de caldeo 拨火棒,火钳[钩]

~ de carpintero 木工工具

~ de cepilladora 刨床刀具

~ de composición 〈信〉(程序等的)制[创]作工具

~ de conformar 成形刀具[车刀]

~ de corte lateral 侧刀

~ de desbastar 粗加工刀具

~ de extrusión 挤压(成型)机

~ de filetear 车螺纹刀具

~ de forma 成形刀(具),样板刀,定形刀具

~ de mano (~ manual) 手工工具

~ de moletear 滚[压]花刀具,滚花刀

~ de perforar[escariar,taladrar] 镗刀

~ de punta de diamante 金刚石刻刀

~ de reproducir 成形刀具[车刀]

~ de torno 车刀

~ de trocear 切削刀具

~ máquina 机床

~ mecánica 机床,机械工具

~ múltiple 组合刀具

~ neumática 风动[气压]工具

~ para agricultura 农具

~ para renurar interiormente 凹槽车刀

~ pivotante 飞刀,横旋转刀,高速切削刀

~ tajante 切削刀具

acero de ~s 工具钢

arca[caja] de ~s 工具箱

filo de la ~ (切削)刀具刃口[刀锋]

juego de ~s〈集〉工具,成套工具

máquina ~ 机床

herrén *m.* 草[饲]料 ‖ *f.* 草场

herrenal; **herreñal** *m.* 草场

herrería *f.* ①锻工厂,锻工车间;②铁厂,铁匠铺;③铁匠业

herrerillo *m.* 〈鸟〉山雀

herrero *m.* ①铁匠;②锻[铁,冶]工;③*Méx.*〈鸟〉王秧鸡

~ de grueso 铸造工;铁匠

herreruelo *m.* 〈鸟〉煤山雀

herrín *m.* 锈,铁锈

herrumbre *f.* ①铁锈,锈斑[铁];②(锈)铁味;③〈植〉锈菌[病]

herrumbroso,-sa *adj.* ①(生,多)锈的;②铁锈色的;③〈植〉患锈病的

hertz; **hertzio** *m.* 〈理〉赫(兹)(频率的单位)

hertziano,-na *adj.* 〈理〉赫兹的

ondas ~as 赫兹(电)波

oscilador ~ 赫兹振荡器

hervederas *f. pl. Cari.*〈医〉胃灼热;烧心

hervezón *f. Amér. L.*; **hervidero** *m.* ①(人或动物的)群;②〈地〉(富含矿盐和溶解气的)泉;温泉

hervidor *m.* ①蒸煮[发]器,汽锅,锅炉;(汽力)热水器;水壶;②(锅炉的)热虹管

~ de inmersión 浸没式加热器,浸入式热水器

hervidora *f.* 水壶

~ de agua 热水壶

hervor *m.* ①煮沸;沸腾,滚(开);②鼓[起]泡

~ de la sangre 〈医〉皮疹

herzenbergita *f.* 〈矿〉硫锡矿

hesita; **hessita** *f.* 〈矿〉天然碲银矿

hesonita; **hessonita** *f.* 〈地〉钙铝榴石,桂榴石

Hespérides *f. pl.* 〈天〉昴星团

hesperidio *m.* 〈植〉柑果(如橙、柚、柑橘、柠檬等)

Héspero *m.* 〈天〉昏星,长庚星(金星的别名)

heterandria *f.* 〈植〉(花)雄蕊异样(现象)

heterandro,-dra *adj.* 〈植〉(花)雄蕊异样的

heterecia *f.* 〈生〉转主寄生(现象),异种(寄主)寄生(现象)

heterecio,-cia *adj.* 〈生〉①转主寄生的,异种(寄主)寄生的;②(苔藓)(雌雄)杂生同苞的

heterecismo *m.* 〈生〉转主寄生(现象),异种(寄主)寄生(现象)

hetero,-ra *adj.* ①〈生〉异性的,不同性别的;②异性恋的 ‖ *m. f.* 异性恋者

heteroaglutinación *f.* 〈动〉异种凝集

heteroaglutinina *f.* 〈生化〉异种凝集素

heteroanticuerpo *m.* 〈生医〉异种抗体

heteroantígeno *m.* 〈生医〉异种抗原

heteroátomo *m.* 〈化〉杂原子,杂环原子

heteroauxina *f.* 〈生〉〈生化〉异植物生长激素;吲哚乙酸

heterobasidiomicétidas *f. pl.* 〈植〉异担子菌亚纲

heterocario; **heterocarión** *m.* 〈生〉异核体

heterocariosis *f.* 〈生〉异核性[现象]

heterocarpo,-pa *adj.* 〈植〉果实异形的

planta ~a (果实)异形果树

heterocerco,-ca *adj.* 〈动〉歪尾的,不等鳍的 ‖ *m.* 歪尾鱼,不等鳍鱼

heterocíclico,-ca *adj.* 〈化〉杂环的,杂环化合物的

heterociclo *m.* 〈化〉杂环,杂环化合物

heterocigosis *f.* 〈生〉①杂合现象;②异形接合性

heterocigote *m.* 〈生〉杂合子

heterocigótico,-ca *adj.* ①〈生〉杂合(体)的;异型接合体的;②〈生〉杂合子的;异型子的;③不完全相像的(孪生兄弟)

heterocinético,-ca *adj.* 〈生〉异形配子的 ‖ *m.* ①杂合子[体];②异型配子

heterocinesis *f.* 〈生〉①异化分裂;②〈医〉动作倒错

heterocinético,-ca *adj.* 〈理〉异速运动的

heterocisto m. 〈植〉异形(细)胞

heteroclamídeo,-dea adj. 〈植〉异轮的(花)

heterocontas f. pl.; **heteroconto** m. 〈生〉长短鞭毛体

heterocromatina f. 〈生〉〈生化〉异染色质
　～ constitutiva 〈生化〉组成[结构]性异染色质
　～ facultativa 〈生化〉兼[功能]性异染色质

heterocromía f. ①〈医〉异色(性);②〈生理〉异色症
　～ del iris 〈医〉虹膜异色

heterocromo,-ma adj. ①〈杂[多]色的;②〈生〉异染色质的;③〈植〉异色的

heterocromosoma m. 〈生〉异染色体

heterocronía f. ①异时发生;②异时性[现象];时间差异

heterocronismo m. 〈生〉异时发生

heterocrono,-na adj. 〈生〉异时发生的

heterocutáneo,-nea adj. 〈医〉异体的
　injerto ～ 异体植皮

heterodeterminación f. (本民族事务由)外族[国]决定

heterodinación f. 〈理〉(不同频率信号的)混入

heterodinar tr. 〈电子〉使与另一频率混合(以产生外差效果)

heterodinizar tr. 〈电子〉成拍,致差,使混合

heterodino,-na adj. 〈电子〉外差的,成[他,差]拍的 ‖ m. ①〈无〉外差[差频,拍频,本机]振荡器;外差(式)接收器;②〈电子〉外差(法,作用)
　detector ～ 外差检波器
　receptor ～ 外差式接收机

heterodonto,-ta adj. ①(哺乳动物)有异形牙[齿]的;②(双壳类动物)异形[型]齿的

heterodúplex m. 〈生化〉〈遗〉异源双链核酸分子

heteroecio,-cia adj. 〈生〉①转主寄生的,异种(寄主)寄生的;②(苔藓)(雌雄)杂生同苞的

heteroecismo m. 〈生〉转主寄生(现象),异种(寄主)寄生(现象)

heteroerotismo m. 〈心〉①异体性欲;②异体恋;③异体性欲期

heterófago,-ga adj. 〈动〉杂食的

heterofermentación f. 〈生化〉异型发酵

heterofilia f. 〈植〉异形叶性;异形叶植物

heterofilo,-la adj. 〈植〉具异形叶的
　planta ～a 异形叶植物

heterófilo,-la adj. 〈医〉异嗜性的;异染性的 ‖ m. 异嗜白细胞
　antígeno ～ 异嗜性抗原

heterofita f. 〈植〉异养植物(指依靠从活的或死的动植物或其产物中取得营养为生的植物)

heterofito,-ta adj. 〈植〉异养(性)的(植物)
　planta ～a 异养植物

heteroforia f. 〈医〉隐斜视

heterogameto m. 〈生〉异形配子

heterogamia f. 〈动〉①异配生殖;配子异型;②世代交替

heterógamo,-ma adj. ①〈植〉具异形花的;②〈生〉异配生殖的;③〈生〉世代交替的

heterogene m. 〈生〉异基因

heterogeneidad f. ①〈化〉多相性,不(均)匀性,不均一性;②〈数〉不纯一性;非均匀性;③不等同;异成分混杂;④〈生〉异质性
　～ genética 遗传异质性

heterogéneo,-nea adj. ①〈化〉多相的;不均一的;②〈数〉非齐次的,参差的;不统一的
　catálisis ～a 〈化〉多相催化

heterogénesis; heterogenia f. 〈生〉①异型生殖;②(异型)世代交替;③自然发生;无生源说

heterogenético,-ca adj. 〈生〉①异型生殖的;②(异型)世代交替的;③自然发生的;无生源说的;④异染性的,异嗜性的

heterogenicidad f. 〈生〉异质性
　～ del antígeno 抗原异质性

heterogénico,-ca adj. 〈生〉异型[种,质]的
　anticuerpo ～ 异种抗体
　antígeno ～ 异种抗原

heterogenita f. 〈矿〉水钴矿

heterogonía f. ①〈生〉异型生殖;②(异型)世代交替;③〈植〉花柱异长;④〈生〉异速生长

heterohemolisina f. 〈医〉异种溶血素

heterohemolisis f. 〈生〉异种溶血

heteroinjerto m. 〈医〉异种移植术,异体[异种]移植物

heteroinmune adj. 〈医〉异种免疫的
　suero ～ 异种免疫血清

heteroinmunidad f. 〈医〉异种免疫

heterointrospección f. 〈心〉异省

heteroión m. 〈化〉(混)杂离子,离子-分子复合体

heterolecital adj. 〈生〉(鸟蛋等)外卵黄的,卵黄不均匀地分布在卵内的

heterolisis f. ①〈化〉异裂;②〈遗〉异种溶解;外力溶解

heterolítico,-ca adj. ①〈化〉异裂的;②〈遗〉异种溶解的
　ruptura ～a 异裂

heterolito m. 〈矿〉锌黑锰矿

heterología f. ①〈化〉异源[种]性;②〈化〉异系性;③〈医〉(尤指组织或发展的)不正常性

heterólogo,-ga adj. ①〈生〉异源[种]的;②

〈化〉异系的;③〈医〉有不正常组织的

heterómero,-ra *adj.* ①〈动〉异跗节的;②〈化〉异质的;③〈植〉异基数的 ‖ *m. pl.* 〈动〉异跗节动物

heterometabolismo *m.* 〈昆〉不全变态

heterometábolo,-la *adj.* 〈昆〉不全变态的 ‖ *m.* 半[不全]变态类

heterómido,-da *adj.* 〈动〉异形鼠科的 ‖ *m.* ①异形鼠;②*pl.* 异形鼠科

heteromorfia *f.*; **heteromorfismo** *m.* ①〈生〉异形[型];②〈昆〉异态性[现象];③〈化〉多晶[型]现象

heteromórfico,-ca; **heteromorfo,-fa** *adj.* ①〈动〉异态[形]的;②〈化〉多晶(型)的;③〈生〉异形[型]的

heteromorfosis *f.* 〈生〉①异形化,异形形成;②形态变异

heterónimo,-ma *adj.* 〈医〉异侧的(相关疾病) ‖ *m.* 异侧(相关)疾病

heteronomía *f.* ①他治,不自主;受制于人;②他律;受制于异律

heterónomo,-ma *adj.* ①他治的,不自主的;受制于人的;②他律的;受制于异律的;③〈生〉异律[规]的

heteropatía *f.* 〈医〉①对抗[症]疗法;②反应性异常

heteropétalo,-la *adj.* 〈植〉(花)异瓣的

heteropicnosis *f.* ①〈遗〉异固缩(现象);②非匀质性

heterópico,-ca *adj.* 〈地〉(沉积层)异相的;呈多面的

heteroplastia *f.* 〈医〉①异种成形术;②异种(器官)移植术

heteroplástico,-ca *adj.* 〈医〉①异体的;异型发育的;②异种(器官)移植的
injerto ～ 异体移植物

heteroploide *adj.* 〈生〉异倍(体)的;非整倍体的 ‖ *m.* 异倍体,非整倍体

heteropolar *adj.* 〈化〉〈理〉异[有]极的

heteropsia *f.* 〈医〉双眼不等视

heteróptero,-ra *adj.* 〈昆〉异翅(亚)目的;异翅的 ‖ *m.* ①异翅昆虫;②*pl.* 异翅亚目

heteroscio,-cia *adj.* 〈地〉异影的,在赤道两侧相对的

heterosexismo *m.* (蔑视同性恋者的)异性恋主义,异性恋者对同性恋者的歧视

heterosexual *adj.* ①〈生〉异性的,不同性别的;②异性恋的 ‖ *m. f.* 异性恋者

heterosexualidad *f.* 异性恋,异性性欲;异性性行为

heterosfera *f.* 非均质层,异质层(指离地球表面约 90 公里以上的大气层)

heterosis *f.* 〈生〉杂种[异配]优势

heterosita *f.* 〈矿〉异磷铁锰矿

heterosporia *f.* 〈植〉孢子异型[形]

heterospórico,-ca *adj.* 〈植〉具异形孢子的

heterostático,-ca *adj.* 〈电〉异位[势]差的

heterostemonia *f.* 〈植〉雄蕊异型

heterostilia *f.* 〈植〉花柱异长

heterosugestión *f.* 〈心〉他人[外源]暗示

heterotalia *f.*; **heterotalismo** *m.* ①〈植〉异宗配合,雌雄异株;②〈动〉雌雄异体

heterotálico,-ca *adj.* ①〈植〉异宗配合的,雌雄异株的;②〈动〉雌雄异体的

heteroterapia *f.* 〈医〉抗症状疗法

heterotermo,-ma *adj.* 〈动〉异温的 ‖ *m.* 异温动物

heterotopia *f.* 〈医〉(内脏等的)异位;(组织的)异位移植

heterótopo *m.* 〈化〉①异位素,异(原子)序元素;②(同量)异序(元)素

heterotransplante *f.* 〈生〉〈医〉异种移植物;异种移植

heterótrico,-ca *adj.* 〈植〉异丝体的

heterotrofia *f.* 〈生〉异养(性)

heterotrófico,-ca *adj.* 〈生〉异养(性,生物)的
bacteria ～a 异养菌
organismo ～ 异养生物
sucesión ～a 异养演替

heterótrofo *m.* 〈生〉异养生物(指通过摄取和分解有机物质获得养料的生物)

heterotropía *f.* 〈医〉斜视
～ manifiesta 显性斜视

heterotropo,-pa *adj.* 〈化〉(原子)同质异数的

heterovacuna *f.* 〈医〉异种菌[疫]苗

heterozigótico,-ca; **heterozigoto,-ta** *adj.* 〈生〉①杂合体的,异型接合体的;②杂合子的,异型子的

heterozigoto *m.* 〈生〉①杂合体,异型接合体;②杂合子,异型子

heticarse *r. Cari.* 〈医〉患结核病

hético,-ca *adj.* 〈医〉①肺痨的;消耗病的;②潮热(病)的;③患肺痨病的
fiebre ～a 〈医〉潮[痨病]热

hetiquencia *f. Cari.* 〈医〉结核(病),肺结核

hetiquez *f.* 〈医〉痨病,肺结核;潮热病

heulandita *f.* 〈矿〉片沸石

heurística *f.* ①〈医〉发明术;②启发式;③(科学)探索[试];〈信〉探索[试]

heurístico,-ca *adj.* ①〈医〉发明术的;②启发的;启发式的;③探索的;考证的;④〈信〉探索[试]的
método ～ ①〈教〉启发法;②〈信〉探索法

hevea *m.* 〈植〉三叶胶(一种产于南美洲的橡胶树)

hevicultivo *m.* 橡胶种植

hevicultor,-ra *adj.* 种植橡胶的 ‖ *m.f.* 橡胶种植者

hewetita *f.* 〈矿〉针钒钙石

hexaclorida *f.* 〈化〉六氯化合物

hexaclorobenceno *m.* 〈化〉六氯(代)苯

hexaclorobutadieno *m.* 〈化〉六氯丁二烯

hexacloroetano *m.* 〈化〉六氯乙烷

hexaclorofeno *m.* 〈化〉六氯酚;菌螨酚

hexacordio; hexacordo *m.* 〈乐〉①(中世纪的)六声音阶,六音音列;②第六音程;③六弦乐器

hexacromía *f.* 〈医〉六色症

hexacrómico,-ca *adj.* 〈医〉六色症的

hexadactilia *f.*; **hexadactilismo** *m.* 〈医〉六指[趾](畸形)

hexadecano *m.* 〈化〉(正)十六(碳)烷,鲸蜡烷

hexadecimal *adj.* 〈数〉十六进制的 ‖ *m.* 十六进制

hexaédrico,-ca *adj.* ①〈测〉有六面的;②〈数〉六面体的

hexaedro *m.* 〈数〉(正)六面体
～ regular 正六面体,立方体

hexafásico,-ca *adj.* 〈电〉六相的

hexafluoruro *m.* 〈化〉六氟化物

hexagonal *adj.* ①〈数〉六角[边][(形)的;②分成六角[边]形的;③〈晶体〉六方晶的
tornillo de cabeza ～ 六角螺钉
tuerca ～ 六角螺母

hexágono,-na *adj.* 〈测〉成六边[角]形的 ‖ *m.* 〈数〉六边[角]形

hexahidrobenceno *m.* 〈化〉六氢化苯,环己烷

hexámero,-ra *adj.* ①有六部分的;②〈植〉(花轮)六基数的;③〈动〉(具有放射状排列的)六个[六的倍数]部分的

hexametileno *m.* 〈化〉六甲撑,己撑,环己烷

hexametilenotetramina; hexamina *f.* 〈化〉〈药〉乌洛托品,环己亚甲基四胺

hexángulo,-la *adj.* 〈测〉〈数〉成六边[角]形的 ‖ *m.* 〈数〉六边[角]形

hexano *m.* 〈化〉(正)己烷;己(级)烷

hexapétalo,-la *adj.* 〈植〉六瓣的

hexápodo,-da *adj.* ①〈动〉六足的;②昆虫的 ‖ *m.* ①〈动〉六足[节肢]动物;②昆虫

hexarco *m.* 〈植〉六原型

hexástilo,-la *adj.* 〈建〉有六柱的,六柱式的 ‖ *m.* 六柱式(门廊)

hexavacuna *f.* 〈医〉六联疫苗

hexavalencia *f.* 〈化〉六价

hexavalente *adj.* 〈化〉六价[元]的

hexobarbital *m.* 〈药〉环己烯巴比妥

hexocinasa *f.* 〈生化〉己糖激酶

hexodo *m.* 〈电子〉六级管

hexoesterol; hexoestrol *m.* 〈化〉己烷雌酚

hexona *f.* 〈化〉①六碳碱;②异己酮,甲基异丁基(甲)酮

hexosa *f.* 〈生化〉己糖
difosfatasa de ～ 己糖二磷酸(脂)酶
difosfato de ～ 己糖二磷酸

hexosamina *f.* 〈生化〉己糖胺,氨基己糖

hexostrol *m.* 〈化〉己烷雌酚

hexurónico,-ca *adj.* 〈化〉己糖(醛酸)的
ácido ～ 己糖醛酸

hez *f.* ①(残,沉,熔,铁)渣;②(酒缸等中的)沉淀[积]物,渣滓;③ *pl.* 粪便,排泄物

Hf 〈化〉元素铪(hafnio)的符号

Hg 〈化〉元素汞(mercurio)的符号

hg *abr.* hectogramo 百克(重量单位)

Híadas; Híades *f. pl.* 〈天〉(金牛宫中的)毕(宿)星团

hialina *f.* 〈生化〉透明蛋白

hialinización *f.* 〈医〉玻璃样化,透明化;透明样变化

hialino,-na *adj.* ①玻璃的,玻璃般的;②透明的;③〈生化〉透明素的;④〈矿物〉似玻璃的;非晶态的
cuarzo ～ 水晶
degeneración ～a 透明变性
necrosis ～a 玻璃样坏死

hialinosis *f.* 〈医〉透明变性
～ mucocutánea 皮肤黏膜透明变性

hialinuria *f.* 〈医〉透明蛋白尿

hialita *f.* 〈地〉玻璃蛋白石,玉滴石

hialitis *f.* 〈医〉玻璃体(囊)炎

hialoclastita *f.* 〈地〉玻质碎屑岩

hialoencondroma *m.* 〈医〉透明软骨瘤

hialofagia *f.* 〈医〉食玻璃癖

hialofana *f.* 〈地〉〈矿〉钡冰长石

hialofobia *f.* 〈心〉①玻璃恐怖;②吞食玻璃碎片恐怖

hialógeno *m.* 〈医〉透明蛋白原

hialografía *f.* 玻璃雕[蚀]刻术

hialógrafo *m.* 玻璃雕[蚀]刻器

hialoide *adj.* 〈解〉透明的;玻璃样的
canal ～ 玻璃体管
membrana ～ 玻璃体膜

hialoideo,-dea *adj.* 〈解〉透明的;玻璃样的
arteria ～a 玻璃体动脉
miembro ～(眼球的)玻璃体膜

hialoiditis *f. inv.* 〈医〉玻璃体炎

hialomitoma *m.* 〈医〉透明质

hialomucoide *m*. 〈医〉玻璃体黏液质

hialoplasma *m*. 〈生〉〈生化〉(细胞的)透明质

hialotecnia *f*. 〈工〉玻璃工业

hialotekita *f*. 〈矿〉硼硅钡铅矿

hialótero *m*. 〈理〉(利用电火花的)玻璃钻孔器

hialurgia *f*. 〈工〉玻璃工业

hialúrgico,-ca *adj*. 〈工〉玻璃工业的

hialuronata *f*. 〈生化〉透明质酸盐[酯]

hialurónico,-ca *adj*. 见 ácido ~
　ácido ~ 〈生化〉透明质酸

hialuronidasa *f*. 〈生化〉透明质酸酶；玻璃酶

hiatal *adj*. 〈解〉裂孔的

hiato *m*. ①裂口，空隙；②〈解〉裂孔，孔；③(时间、空间的)间断[隙]
　~ de Falopio(~ del canal facial) 面神经管裂孔
　~ esofágico 食管裂孔
　~ eucémico 白血病性裂隙
　~ pleuroperitoneal 膈裂
　~ sacral 骶管裂孔
　~ semilunar 半月裂孔

hibernación *f*. ①〈动〉〈生理〉冬眠，蛰伏；②〈医〉人工冬眠疗法

hibernante *adj*. 〈动〉冬眠的(动物)

hibisco *m*. 〈植〉木槿

hibridación *f*.；**hibridaje** *m*. ①〈生〉杂交；②杂(交生)成；杂化(作用)
　~ distante 远缘杂交
　~ in situ 原位杂交
　~ molecular 分子杂交

hibridez *f*.；**hibridismo** *m*. ①〈生〉杂(交生)成；杂交，混血；②杂种性[型，状态]

hibridización *f*. 〈生〉杂交；杂(交生)成；混合(形成)
　~ in situ 原位杂交

hibridizar *tr*. ①使杂交，使产生杂种；②混(合形)成；杂交生成

híbrido,-da *adj*. ①混合(源)的，混成的；②〈生〉杂种的；杂交成的 ‖ *m*. ①〈生〉杂交种；混合种；②混合[合成]物；混合源物；③〈电〉混合电路，桥接岔路
　anticuerpo ~ 杂交抗体
　computador ~ (模拟-数字)混合计算机
　especie ~a 杂交品种
　parámetro ~ (传播)混合变量，h 参数，杂系参数
　semilla ~a 杂交种子
　sistema ~ 混杂[合]系统
　vigor ~ 杂种优势

hibridoma *m*. 〈生〉杂种瘤；(细胞融合后形成的)杂种细胞

hicaco *m*. *Antill*.，*Méx*.〈植〉可可李(树)

hicho *m*. *Per*.〈植〉安第斯山针茅

hicore *m*. *Méx*.〈植〉乌羽玉

hicotea *f*. ①*Cub*.，*Méx*.，*P. Rico*〈动〉北澳洲蛇颈龟，淡水甲鱼；②*P. Rico*〈植〉霍姆维氏冬青

hidadítico,-ca *adj*. 〈医〉囊[水泡]状的

hidátide *f*. 〈动〉①囊；②包虫囊；棘球(蚴)囊

hidatídico,-ca *adj*. 〈医〉①囊的；②包虫囊的
　mola ~a 葡萄胎

hidatidiforme *adj*. 〈医〉①囊状的；②包虫囊状的

hidatidosis *f*. 〈医〉棘球蚴病

hidatismo *m*. 〈医〉腔液音

hidatogénesis *m*. 〈矿〉水成作用

hidatógeno,-na *adj*. 〈矿〉水作用形成的

hidatoide *m*. 〈医〉玻璃体膜；房水

hidenita *f*. 〈矿〉翠绿锂辉石

hidno *m*. 〈植〉齿菌

hidra *f*. ①〈动〉长吻海蛇；②〈动〉水螅；③[H-]〈天〉长蛇(星)座

hidrácido *m*.；**hidrácidos** *m. pl*. 〈化〉(含)氢酸

hidracina *f*. 〈化〉肼，联氨

hidracinólisis *f*. 〈化〉肼解(作用)

hidración *f*. 〈化〉水合(作用)

hidractivo,-va *adj*. 水力驱动的

hidradenitis *f*. 〈医〉汗腺炎

hidraemia *f*. 〈医〉血水分过多(症)；稀血症

hidraeroperitoneo *m*. 〈医〉水气腹

hidragogo *m*. 〈药〉水泻剂

hidramida *f*. 〈化〉醇[羟基]胺

hidramnios *m. pl*. 〈医〉羊水过多(症)

hidrante *m*. *Amér. L*. 水龙头，给水栓；消防栓[龙头]
　~ de incendios 消防栓[龙头]

hidranto *m*. 〈动〉水螅体

hidrargilita *f*. 〈矿〉①三水铝石；水铝矿；②银星石

hidrargírico,-ca *adj*. 〈化〉汞的，水银的

hidrargirio；**hidrargiro** *m*. 〈化〉汞，水银

hidrargirismo *m*. 〈医〉汞[水银]中毒

hidrartrosis *f*. 〈医〉关节积水

hidrasa *f*. 〈生化〉水化酶

hidratabilidad *f*. 〈化〉水合性[本领]

hidratable *adj*. 〈化〉能水合的

hidratación *f*. ①〈化〉水合(作用)，与水结合；②(给皮肤增加水分以)滋润皮肤
　agua de ~ 结合水
　calor de ~ 水合热

hidratado,-da *adj*. ①〈化〉水合的，与水结合的；②(皮肤)被滋润的；滋润皮肤的

hidratador,-ra *adj*. 使水合的 ‖ *m*. 水合器

hidratante *adj.* ①使(皮肤)增加水分的；滋润皮肤的；②使水合的 ‖ *f.* 润肤乳[油，膏，霜]
　crema ～ 增水霜

hidratar *tr.* ①(给皮肤)增加水分，使恢复水分，使湿润；②〈化〉使成水合物，使水合，使吸水，水化 ‖ *r.* 涂润肤乳

hidrato *m.* 〈化〉水合物
　～ de carbono 碳水化合物，糖类
　～ de cloral 水合氯醛

hidraturba *f.* 〈动〉蝘状幼体，钵口幼体

hidráulica *f.* 水力学
　～ aplicada 应用水力学

hidraulicidad *f.* (水泥)水凝[硬]性

hidráulico,-ca *adj.* ①水力(学)的，水工的；与水有关的；②液[水]力的，液[水]压的；③〈建〉水硬的，在水中凝固的 ‖ *m. f.* 水力[利]学家，水利工程师
　ariete ～ 水锤泵，水压扬吸机，水力夯锤
　ascensor ～ 液压升降机[电梯]
　cabrestante ～ 水力绞盘，水力起锚机
　cal ～a 水硬石灰
　cemento ～ 水硬[凝]水泥
　central ～a 水力发电站
　cilindro ～ 液压缸
　embrague ～ 液压传动
　energía ～a 水能
　fracturación ～a 水力压裂，(采矿)高压水砂破裂法
　freno ～ 水力闸，液压制动器
　fuerza ～a 水力[能]
　gato ～ 液压千斤顶
　ingeniería ～a 水力[利]工程(学)
　ingeniero ～ 水利工程师
　maquinaria ～a 液压机械
　minería ～a 水力采矿
　motor ～ 液压马达
　obras ～as 水利工程
　prensa ～a 水[液]压机
　puntal de amortiguador ～ 液压减震柱
　resalto ～ ①尾[回，倒，喷]流，回卷浪；②回[后，背]洗
　turbina ～a 水轮机

hidrazida *f.* 〈化〉酰肼

hidrazina *f.* 〈化〉肼(用作火箭推进剂等)

hidrazoatos *m. pl.* 〈化〉叠氮化物

hidrazonas *f. pl.* 〈化〉(苯)腙

hidremia *f.* 〈医〉血水分过多(症)，稀血症

hídrico,-ca *adj.* ①〈化〉(含)氢的，(含)羟的；②〈生〉水[湿]生的；③〈医〉(病人)只能喝水的；④水的
　recursos ～s 水资源

hidrido *m.* 〈化〉氢化物

hidriódico,-ca *adj.* 〈化〉氢离子的

hidrión *m.* 〈化〉①氢离子；②质子

hidroa *m.* 〈医〉水疱(病)
　～ estival 夏令水疱(病)

hidroadenoma *m.* 〈医〉汗腺腺瘤

hidroala *m.* 〈船〉①水翼；②水翼船[艇]

hidroavión *f.* 水上飞机，飞船

hidrobilirubina *f.* 〈医〉氢化胆红素

hidrobiología *f.* 〈生〉水生生物学

hidrobiotita *f.* 〈矿〉水黑云母

hidrobob *m. ingl.* 〈体〉漂流

hidrobromato *m.* 〈化〉氢氯酸盐

hidrobromuro *m.* 〈化〉氢溴化物

hidrocaína *f.* 液体可卡因

hidrocalicosis *f.*; **hidrocáliz** *m.* 〈医〉肾盏积水

hidrocalumita *f.* 〈矿〉水铝钙石

hidrocarbonado,-da *adj.* 〈化〉①碳酸氢盐的；②(含)烃的，(含)碳氢化合物的 ‖ *m.* 碳酸氢盐

hidrocarbonato *m.* 〈化〉碳酸氢盐

hidrocarbono *m.* 〈化〉烃，碳氢化合物
　～ cloratado 氯化烃

hidrocarburo *m.* 〈化〉碳氢化合物，烃(类)
　～ acíclico 无环烃
　～ alicíclico 脂环烃
　～ alifático 脂肪烃
　～ cíclico 环烃
　～ cloratado 氯化烃
　～ de cadena cerrada 闭链烃
　～ de enlace cerrado 闭合烃
　～ (graso) saturado 饱和(脂肪)烃
　～ líquido 液态烃
　～ parafínico 烷(属)烃，石蜡族烃，链烷烃，饱和链烃
　～ aromático 芳香烃
　gas de ～ 烃气
　resinas de ～ 烃类树脂

hidrocaritáceo,-cea *adj.* 〈植〉水鳖科的 ‖ *f.* ①水鳖科植物；②*pl.* 水鳖科

hidrocaulis *f.* 〈动〉蝘茎

hidrocefalia; **hidrocefalía** *f.* 〈医〉脑积水，水脑
　～ comunicante 交通性脑积水
　～ obstructiva 梗阻性脑积水

hidrocéfalo,-la *adj.* 〈医〉患脑积水的

hidrocele *m.* 〈医〉①积水；水疝；②鞘膜积水[液]，(阴囊)水囊肿
　～ testicular 睾丸鞘膜积液

hidrocelectomía *f.* 〈医〉鞘膜积水切除术

hidrocelulosas *f. pl.* 〈化〉水解纤维素(用以造纸和丝光棉等)

hidrocenosis *f.* 〈医〉导液法

hidrocerusita *f.* 〈矿〉水白铅矿

hidrociánico,-ca *adj.* 〈化〉(含)氢化氰的;含氢和氰的;氢氰(酸)的
  ácido ~ 氢氰酸

hidrocianismo *m.* 〈医〉氢氰酸中毒

hidrocianuro *m.* 〈化〉氢氰化合物

hidrociclón *m.* 〈机〉水力旋流器

hidrocincita *f.* 〈矿〉水锌矿

hidrocinemática；hidrocinética *f.* 水[液]动力学

hidrocinesiterapia *f.* 水中运动疗法

hidrocladios *m. pl.* 〈动〉螅枝

hidroclorato *m.* 〈化〉氢氯[盐酸]化物,盐酸盐
  morfina de ~ 盐酸吗啡
  procaína de ~ 盐酸普鲁卡因

hidroclórico,-ca *adj.* 〈化〉含氢和氯的;含氯化氢的;盐酸的,氢氯酸的

hidroclorotiazida *f.* 〈药〉二氢氯噻,双氢克尿塞

hidrocloruro *m.* 〈化〉盐酸盐,盐酸(化)合物,氢氯(化)合物,氯化氢

hidrocoloide *m.* 〈化〉水胶体

hidrocolpos *m.* 〈医〉阴道积水

hidrocoralino,-na *adj.* 〈动〉水螅珊瑚目的 ‖ ①水螅珊瑚;②*pl.* 水螅珊瑚目

hidrocoro,-ra *adj.* 水播的

hidrocortisona *f.* 〈生化〉氢化可的松,皮质醇,考的索

hidrocótila *f.* 〈植〉石胡荽

hidrocraqueo *m.* 〈化〉加氢氧化,氢化裂解

hidrodeslizador *m.* 滑行艇

hidrodesulfuración *f.* 〈化〉氢化脱硫作用;加氢脱硫(过程)

hidrodiascopio *m.* 散光矫正镜

hidrodinámica *f.* 流体动力学,流体力学

hidrodinámico,-ca *adj.* ①流体动力的;水力[动,压]的;②流体动力学的;③液力[液动,液压]的

hidrodinamómetro *m.* 流速[量]计,水速计

hidrodiuresis *f.* 〈医〉低比重多尿

hidroeléctrica *f.* 水力发电公司

hidroelectricidad *f.* 〈电〉水力发(的)电,水电

hidroeléctrico,-ca *adj.* 〈电〉水力发电的,水电的
  central[planta] ~a 水电站,水电厂
  energía ~a 水电能

hidroelectrización *f.* 水电疗法

hidroelectrolítico,-ca *adj.* 〈理〉水电解的
  equilibrio ~ 水电解质平衡

hidroencéfalo *m.* 〈医〉脑积水

hidroenergía *f.* 水能源,水能

hidroenfriar *tr.* 〈技〉用水冷却,水冷

hidroesfera *f.* 〈地〉水圈,水界

hidroesquís *m.* 〈水上飞机的〉滑水撬

hidroestabilizador *m.* 水上安定面;水上稳定器

hidroestable *adj.* (物质等)在水中具有稳定性的,不会在水中失去其特性的

hidroestática *f.* 流体静力学

hidroextractor *m.* 脱水器[机],离心干燥机

hidrófana *f.* 〈矿〉水蛋白石

hidrofilacio *m.* 〈地〉地下湖,地下水穴

hidrofilia *f.* ①〈化〉亲水性;②〈植〉水授粉,水媒

hidrofilicidad *f.* 〈化〉亲水性

hidrofílico,-ca *adj.* ①〈化〉亲[喜]水的;〈生〉喜水的;②吸水的,收湿的
  canal ~ 亲水管
  ungüento ~ 亲水软膏

hidrófilo,-la *adj.* ①〈环〉〈植〉水媒的;水生(植物)的;②吸水的,收湿的;③〈生〉喜水的 ‖ *m.* 〈昆〉适水昆虫,水龟虫
  algodón ~ 脱脂棉
  plantas ~as 喜水植物

hidrofita *f.* 〈植〉水[湿]生植物

hidrofito,-ta *adj.* 〈植〉(在)水中[湿地]生长的
  planta ~a 水[湿]生植物

hidrofobia *f.* ①〈心〉恐[畏]水;〈医〉恐水症;②〈医〉狂犬病;③〈化〉(物质的)疏[憎]水性

hidrofobicidad *f.* 〈化〉疏水性

hidrofóbico,-ca *adj.* ①恐[畏]水的;〈医〉(患)狂犬病的;②〈化〉疏[憎]水的

hidrófobo,-ba *adj.* ①〈化〉疏[憎]水的;〈医〉(患)狂犬病的 ‖ *m.* 〈化〉疏[憎]水物;防水剂 ‖ *m. f.* 狂犬病患者
  cemento ~ 憎水水泥
  coloide ~ 疏水胶体

hidrofoil *m.* 〈船〉①水翼;②水翼船[艇]

hidrófono *m.* ①水听器,水中[下]测音器;②(水管等的)漏水检查器;③〈医〉隔水听诊器

hidroformación *f.* 〈工艺〉油液挤压成形,液压(橡皮膜)成形

hidróforo *m.* 采水样器

hidroftalmía *f.*；**hidroftalmos** *m.* 〈医〉眼积水,水眼

hidrofuerza *f.* 水力(发的)电

hidrófugo,-ga *adj.* 防潮[水]的,抗水的 ‖ *m.* 干燥剂,防潮物,抗水剂
  pintura ~a 防潮漆
  hormigón ~ 防潮混凝土

hidrogel *m.* 〈化〉水凝胶

hidrogenación *f.* 〈化〉氢化(作用),加氢(作

用)

～ a alta presión 高压氢化作用

hidrogenado,-da *adj.* 〈化〉氢化的，加氢的，用氢处理的

 aceite ～ 氢化油

hidrogenar *tr.* 〈化〉使与氢化合；使氢化，加氢处理；用氢处理

hidrogenasa *f.* 〈生化〉氢化酶

hidrogeneración *f.* 水力发电

hidrogenión *m.* 〈化〉〈理〉氢离子

hidrógeno *m.* 〈化〉氢

 ～ activo 活性氢

 ～ arseniurado 砷化三氢，三氢化砷

 ～ atómico 原子氢

 ～ comprimido 压缩氢

 ～ fosforado 硫化氢

 ～ interestelar 〈天〉星际氢

 ～ líquido 液体氢

 ～ pesado 重氢

 bomba de ～ 氢弹

 energía del ～ 氢能

 enfriamiento por ～ 氢冷却

 fragilidad de acero por el ～ （钢的)氢脆

 ión de ～ 氢离子

 peróxido de ～ 过氧化氢

 reactor de ～ 氢反应堆

hidrogenocarbonato *m.* 〈化〉碳酸氢盐，重［酸式］碳酸盐

hidrogenólisis *f.* 〈化〉氢解(作用)，加氢分解(作用)

hidrogeología *f.* 水文地质学

hidrogeológico,-ca *adj.* 水文地质学的

hidrogeólogo,-ga *m. f.* 水文地质学家

hidrogeoquímica *f.* 水文地球化学

hidrognosia *f.* 水质学

hidrogogía *f.* 引水技术

hidrografía *f.* ①水文学；水文地理学；②水文［道］图；水道测量术；③(一个国家或地区的)水文地理

hidrográfico,-ca *adj.* ①水文(地理)的；水文地理学的；②水道(测量术)的

 estación ～a 水文站

hidrógrafo,-fa *m. f.* ①水道测量者，水文测量工作者；②水文(地理)学家，水文(地理)工作者 ‖ *m.* 水文(测量)记录计

hidrograma *m.* 水的过程线，流量过程线

hidrohalita *f.* 〈矿〉冰盐

hidrohemia *f.* 〈医〉血分过多(症)，稀血症

hidroide *adj.* 〈动〉螅状的；水螅类的

hidrojardinera *f.* (可保持土壤水分的)带水箱(的)花盆架

hidrojet *m.* (船上的)水力喷射设备

hidrol *m.* 〈化〉二聚水分子，(单)水分子

hidrolaberinto *m.* 〈医〉迷路积水

hidrolabilidad *f.* 〈医〉水分不稳定性

hidrolado *m.* 〈药〉水剂

hidrolasa *f.* 〈生化〉水解酶

hidrolipídico,-ca *adj.* 水脂肪构成的

hidrólisis *f. inv.* 〈化〉水解(作用)，加水分解

hidrolita *f.* 〈地〉水生岩

hidrolítico,-ca *adj.* 〈化〉水解的；产生水解(作用)的

 enzima ～a 水解酶

 proteína ～a 水解蛋白

 reactivo ～ 水解剂

hidrólito *m.* 〈化〉水解(产)物；水解质

 ～ de proteína 水解蛋白

hidrolizable *adj.* 〈化〉可水解的

hidrolizado,-da *adj.* 〈化〉〈被〉水解的 ‖ *m.* ①水解产物；②〈地〉水解沉积物

hidrolizar *tr.* 〈化〉(使)水解 ‖ ～se *r.* 水解

hidrología *f.* 水文［理］学

 ～ médica 医用水文学

hidrológico,-ca *adj.* 水文［理］学的

 estación ～a 水文站

hidrólogo,-ga *m. f.* ①水文［理］学家，水文工作者；②水利灌溉技术员

hidroma *m.* 〈医〉水囊瘤

hidromagnesita *f.* 〈矿〉水菱镁矿

hidromagnética *f.*; **hidromagnetismo** *m.* 磁流体动力学

hidromagnético,-ca *adj.* ①磁流体动力(学)的；②磁流体波的

hidromancia; **hidromancía** *f.* 水占卜，液卜

hidromanía *f.* ①烦渴，嗜水；②〈心〉自溺狂，投水狂

hidromasaje *m.* 水疗按摩

hidromático,-ca *adj.* 液压自动传动(系统)的

hidromecánica *f.* 液体力学

hidromecánico,-ca *adj.* ①液体力学的；②液压机械的

hidromeduso,-sa *adj.* 〈动〉水螅水母纲的 ‖ *f.* ①水螅水母；② *pl.* 水螅水母纲；③ *Amér. M.* 〈动〉一种龟

hidromel *m.* ①蜂蜜水；②水蜜剂

hidrometalurgia *f.* 〈冶〉湿法冶金(学)；水冶

hidrometeoro *m.* 〈气〉水汽凝结体，水汽现象

hidrometeorología *f.* 〈气〉水文气象学

hidrometra *m. f.* 液体比重测定员［专家］

hidrometría *f.* ①(河水)流速测定(法)；水量测定法；②液体比重测定(法)

hidrométrico,-ca *adj.* ①液体比重测定法的；②液体比重计的

hidrómetro *m*. ①液体比重计；②流速计［表］
~ de álcali 碱液比重计

hidrómica *f*.〈动〉水云母

hidrómico,-ca *adj*.〈动〉水云母的

hidromiel *m*. ①蜂蜜水；②水蜜剂

hidromielia *f*.〈医〉脊髓积水

hidromielocele；hidromielomeningocele *m*.
〈医〉积水性脊髓膜突出

hidromineral *adj*. 矿泉水的

hidromioma *m*.〈医〉水囊性肌瘤

hidromodelismo *m*.（船、渠、堤等）模型制造
技术

hidromolysita *f*.〈矿〉水铁盐

hidromoscovita *f*.〈矿〉水钾云母

hidromotor *m*.〈机〉射水［水压］发动机，油
［液压］马达

hidrona *f*.〈化〉①铅钠合金；②单体水分子

hidronefrosis *f*.〈医〉肾盂积水，肾积水

hidroneumática *f*. 液压气动学

hidroneumático,-ca *adj*. 液气的，水气并用
的

hidronimia *f*. 水域名称学

hidronímico,-ca *adj*. 水域名称学的

hidrónimo *m*. 水域名称

hidronio *m*.〈化〉水合氢离子

hidroovario *m*.〈医〉卵巢积水

hidroparesis *f*.〈医〉水肿性轻瘫

hidrópata *m.f*. ①〈医〉水疗医生，水疗工作
者；②（赞成）水疗法者

hidropatía *f*. ①〈医〉水疗法；②（由于水或出
汗引起的）恐惧症

hidropático,-ca *adj*.〈医〉（使用）水疗法的

hidropedal *m*. 脚踏游艇

hidropenia *f*.〈医〉（体内）缺水

hidropericardio *m*.〈医〉心包积水［液］

hidropericarditis *f.inv*.〈医〉积水性心包炎

hidroperitoneo *m*.〈医〉腹水

hidroperóxido *m*.〈化〉氢过氧化物，过氧化
氢物

hidropesía *f*.〈医〉积水，水肿

hidropexis *f*. 水滞留，水固定

hidropicarse *r*. *Amér. L*.〈医〉水［浮］肿

hidrópico,-ca *adj*.〈医〉①水肿的；（尤指腹
部）积水的；②患水肿的，有积水的‖ *m.f*.
水肿［积水］患者
degeneración ~a 水肿性变性

hidroplano *m*. ①水上飞机；②（水上）滑行
艇；③（水上飞机的）水翼

hidroplastia *f*.〈冶〉化学涂覆

hidropneumopericardio *m*.〈医〉水气心包，
心包积水气

hidroponia *f*.（植物的）水栽法，营养液栽培

法，溶液培养，化学栽培

hidropónico,-ca *adj*.（植物）水栽的，营养液
栽培的，溶液培养的
cultivo ~ 营养液栽培

hidróporo *m*.〈动〉水门

hidroprensa *f*. 水［液］压机

hidropsia *f*.〈医〉积水

hidropsicoterapia *f*.〈医〉水浴心理疗法；精
神病水疗法

hidroquinina *f*.〈药〉氢化奎宁

hidroquinona *f*.〈化〉氢醌，对苯二酚

hidrorrea *f*.〈医〉液溢

hidrorregulador *m*. 水压调节器

hidrosalpinge；hidrosalpinx *m*.〈医〉输卵管
积水

hidroscopia *f*. 地下水勘探

hidroscopio *m*. ①地下水勘探仪；②深水探
测仪，水中望远镜

hidroseparador *m*. 水力分离器，分水机

hidroserie *f*.〈环〉〈生〉水生演替系列

hidrosfera *f*. ①〈地〉水界［圈］；②（大气中
的）水气

hidrosilicato *m*.〈化〉氢化硅酸盐，硅酸盐水
合物

hidrosol *m*.〈化〉（脱）水溶胶

hidrosolubilidad *f*. 水溶性

hidrosoluble *adj*. 水溶性的，溶于水的

hidrospirómetro *m*.〈医〉水柱（式）肺量计

hidrosporo *m*.〈动〉水孔

hidrostable *adj*. 在水中具有稳定性的（物
质）

hidrostática *f*. 水静力学；流体静力学

hidrostático,-ca *adj*. 水静力的；流体静力
（学）的；流体静压（力）的；液压（静力）的；
（静）水压（力）的
balanza ~a 比重［静水］天平
dilatación ~a 水压扩张术
espoleta ~a 水压式引信
presión ~a 流体静压（力），流体静力压
transmisión ~a 液压传动（装置）

hidrostatímetro *m*. 水速计〔仪〕

hidrostato *m*. ①（汽锅）防爆装置，警水器；②
水压调节器；③液体水位计

hidrosudoterapia *f*.〈医〉水浴发汗疗法

hidrosulfato *m*.〈化〉①硫酸氢盐；②硫酸化
物，酸性硫酸盐

hidrosulfito *m*.〈化〉①亚硫酸氢盐；②连二
亚硫酸盐

hidrosulfúrico,-ca *adj*.〈化〉含氢和硫的，全
硫（酸）的
ácido ~ 氢硫酸

hidrosulfuro *m*.〈化〉氢硫化物

hidrosulfuroso,-sa *adj*.〈化〉连二亚硫酸的

低亚硫酸的

hidrotalcita *f*. 〈矿〉水滑石

hidrotaquímetro *m*. 水速计[仪]

hidrotaxia *f*. 〈生〉趋[向]水性;趋湿性

hidroteca *f*. 〈动〉螅鞘

hidrotecnia *f*. 水(利,力)工(程)学;水利技术

hidroterapia *f*. 〈医〉水疗法
  ～ del colon 〈医〉结肠灌洗

hidroterápico,-ca *adj*. 〈医〉水疗法的

hidrotermal *adj*. 〈地〉热液[水]的;水热作用的
  agua ～ 热液水
  fuente ～ 热泉
  metamorfismo ～ 热液变质

hidrotermorregulador; **hidrotermostato** *m*. 水柱式恒温器

hidrotimetría *f*. 〈化〉水硬度测定法

hidrotimétrico,-ca *adj*. 〈化〉水硬度测定(法)的

hidrotímetro; **hidrotratador** *m*. 水硬度测定器,(水)硬度计

hidrotórax *m*. 〈医〉胸膜[腔]积水,水胸

hidrotratamiento *m*. 〈化〉氢化处理;加氢精制

hidrotroilita *f*. 〈矿〉水单硫铁矿

hidrotropismo *m*. 〈环〉〈生〉向水性

hidrotropo *m*. 〈化〉助水溶物(能增加某些微溶于水的有机化合物的溶解度)

hidrotubación *f*. 〈医〉输卵管通液术

hidrouréter *m*. 〈医〉输尿管积水

hidroventrículo *m*. 〈医〉脑室积水

hidrovía *f*. 水路,航[水]道

hidroxiácido *m*. 〈化〉①含氧酸;②羟(基)酸,醇酸

hidroxibutirato *m*. 〈化〉羟基丁酸根[盐]

hidroxibutírico,-ca *adj*. 〈化〉羟(基)丁的
  ácido ～ 羟丁酸

hidróxido *m*. 〈化〉氢氧化物
  ～ amónico(～ de amonio) 氢氧化胺
  ～ de aluminio 氢氧化铝
  ～ de calcio 氢氧化钙
  ～ de magnesio 氢氧化镁
  ～ de potasio 氢氧化钾,苛性钾
  ～ de sodio 氢氧化钠
  ～ estannoso 氢氧化亚锡
  ～ férrico 氢氧化铁
  ～ platínico 氢氧化铂,四羟化铂
  ～ sódico 氢氧化钠,苛性钠
  ión de ～ 氢氧离子,羟离子

hidroxilación *f*. 〈化〉羟(基)化

hidroxilamina *f*. 〈化〉羟胺

hidroxilapatito *m*. 〈矿〉羟磷灰石

hidroxilasa *f*. 〈生化〉羟化酶

hidroxilisina *f*. 〈生化〉羟(基)赖氨酸

hidroxilo; **hidróxilo** *m*. 〈化〉羟基;氢氧(基)

hidroxitriptamina *f*. 〈化〉5-羟色胺

hidroxiurea *f*. 〈化〉羟基脲

hidroyector *m*. 喷射器[泵],射流抽气泵

hidrozincita *f*. 〈矿〉水锌矿

hidrozoario,-ria *adj*. 〈动〉水螅虫的,水螅纲的 ‖ *m*. ①水螅虫;②*pl*. 水螅纲

hidrozoo,-zoa *adj*. 〈动〉腔肠动物纲的 ‖ *m*. ①腔肠动物;②*pl*. 腔肠动物纲

hidruro *m*. 〈化〉氢化物
  ～ de estaño 锡烷,氢化锡
  ～ de litio 氢化锂
  ～ de sodio (～ sódico) 氢化钠

hiedra *f*. 〈植〉①洋常春藤;②*Méx*. 电灯花;大花胶藤

hiel *f*. 〈解〉胆汁

hielera *f*. ①*Chil*.,*Méx*. 冰箱;②*Méx*. 冷藏箱,冷却器;③*Méx*. 〈植〉佛焰龙胆;④*Amér*.*L*. 冷却器

hielo *m*. ①冰(块);②冰[霜]冻,结冰;③*Amér*.*L*. 柠檬软糖
  ～ a la deriva 〈地〉流[浮]冰
  ～ carbónico[seco] 干冰,固体二氧化碳
  ～ de ancla[fondo] 底冰
  ～ de chispas 屑冰
  ～ flotante[movedizo] 〈地〉流[浮]冰
  ～ frappé[picado] 碎冰
  ～ paleocrístico 长期冻结冰
  con ～ (饮料)加冰块的
  desviación a causa del ～ 〈海〉冰封绕航
  escultura en ～ 冰雕
  formación de ～ 结冰
  formación de ～ sobre un avión 积冰(机翼上的结冰现象)
  máquina de ～ 制冰[冷冻]机
  patín de ～ 冰鞋

hiemación *f*. ①越[过]冬;②〈植〉越冬能力

hiemal *adj*. 冬季的
  deporte ～ 冬季运动
  solsticio ～ 冬至

hiena *f*. ①〈动〉鬣狗;②〈动〉袋狼;③残酷的人

hiénido,-da *adj*. 〈动〉鬣狗科的 ‖ *m*. ①鬣狗;②*pl*. 鬣狗科

hierba *f*. ①草;饲草,草料;②草地;③草本植物;(叶或茎可作药用或调味等用的)芳草;④大麻,毒品,麻醉品;⑤(牲畜的)口,年龄,岁;⑥(绿宝石等的)瑕疵;⑦*pl*.(用毒草做的)毒药;⑧*pl*. 迷魂药水;⑨*pl*.

（尤指修道院中吃的）蔬菜；⑩*Amér. M.*
马黛茶叶；马黛茶(饮料)

~ abejera 蜜蜂花

~ artificial 人造草坪

~ buena[santa] 薄荷

~ callera 紫花景天

~ cana 千里光属植物

~ cañamera 药用蜀葵

~ de Aquiles (~ meona) 欧蓍草

~ de bálsamo 俯垂脐景天

~ de cuajo 刺菜蓟花

~ de Guinea 羊草

~ de la excelencia 印度大麻

~ de las coyunturas 麻黄

~ de las siete sangrías 香叶草

~ de limón *Cub.* 骆驼草

~ de punta 早熟禾

~ de San Guillermo 欧龙牙草

~ de San Juan 黑点叶金丝桃

~ de San Lorenzo 变豆菜

~ de Santa Catalina 凤仙花

~ de Santa María 母菊

~ de Santa María del Brasil 土荆芥

~ de Túnez 药用前胡

~ del ala 土木香

~ del asno 月见草，夜来香

~ del Paraguay 巴拉圭茶(树)，马黛茶
(树)

~ doncella ①长春花；②*Cub.* 伞形虎眼万
年青

~ estrella 大车前

~ frailera[tora] 列当科植物

~ fuerte ①苦花不蚤；②南欧丹参

~ gatera 假荆芥，樟脑草

~ gigante 莨菪花

~ guardarropa ①树[香]蒿；②艾菊

~ hormiguera 土荆芥

~ jabonera 肥皂草

~ julia 藿香蓟

~ lombriguera ①艾菊；②香蒿

~ luisa 防臭木

~ mate *Cono S.* 马黛茶

~ medicinal 药草

~ melera 牛舌草

~ mora 龙葵

~ pastel 菘蓝

~ pejiguera 春蓼

~ pulguera 亚麻籽车前

~ puntera 屋顶长生花

~ rastrera 羊胡子草

~ sagrada 马鞭草

~ tosera 耳状报春花

~ zapatera 番樱桃叶马桑

~s marinas 海藻

en ~ ①(谷物)未成熟的；②潜在的，处于
萌芽阶段的

mala ~ ①杂[野]草；②害群之马

hierbabuena *f.* 〈植〉①唇形科植物；薄荷属
植物；②薄荷

~ de burro 〈植〉圆叶薄荷

hierbal *m. Amér. L.* ①草地[场]；②巴拉圭
茶园

hierbaluisa *f.* 〈植〉①(叶具柠檬香味的)马
鞭草；②防臭木

hierbatero *m.* ①*Chil.*，*Méx.* 草医；②
Amér. L. 巴拉圭茶农

hierbear *intr. Amér. L.* 喝巴拉圭茶

hiero *m.* 〈植〉滨[兵]豆

hierofobia *f.* 〈心〉神圣[宗教]恐怖

hierra *f. Amér. L.* ①(给牲畜)打烙印；②
烙印；③打烙印季节；④打烙印节

hierre *f. Amér. L.* ①(给牲畜)打烙印；②
烙印

hierro *m.* ①铁；②铁器；铁制品，铁制工具；
③(铁制的)武器；④(箭、矛等的)金属头；
⑤〈农〉(打烙印用的)烙铁；⑥(在牲畜、犯
人和奴隶身上打的)烙印；⑦*pl.* 镣铐，锁
链；⑧(高尔夫的)铁头球棒；⑨*Amér. L.*
〈农〉耕耘

~ al carbón de leña 木炭生铁

~ al molibdeno 钼铁

~ al níquel 镍铁

~ al titanio 钛铁

~ acanalado[ondulado] 波纹铁，瓦楞铁

~ afinado 精炼生铁，熟铁

~ albo 烧红的铁

~ alfa   α铁

~ angular[esquinal](~ en ángulo)角钢
[铁]

~ antiherrumbroso 不锈钢[铁]

~ Armco 阿姆克工业纯铁

~ arriñonado 〈矿〉肾矿石

~ batido[forjado] 熟[锻]铁

~ beta   β铁

~ blanco 白[马口]铁；镀锡钢[铁]皮

~ bruto 生铁

~ colado[fundido] 生[铸]铁

~ colado en barras 生铁

~ comercial(~ del comercio) 商品型钢，
(商品)条钢

~ comercial en barras 小型型钢[轧材]

~ cromado 烙铁

~ cuadradillo 方钢[铁]

~ de bordura 角铁；铁制边缘

~ de bulbo 球头角钢[铁]

~ de contornear 整锯器，锯齿修整器

~ de desecho 废[烂,碎]铁,铁屑

~ de forja 熟[锻]铁

~ de fragua(~ fraguado) 锻[熟]铁

~ de fundición 铸铁

~ de lanza *Antill*. 〈动〉马提尼蝮蛇

~ de marcar 路面刻压铁滚;烙(印)铁

~ de pantanos 〈矿〉沼铁矿

~ de paquetes(~ empaquetado) 束铁

~ de primera calidad (最)优质铁

~ de soldar 焊[烙]铁

~ del macho 芯铁

~ delta δ铁

~ (de) doble T 宽缘工字钢,工字铁

~ dulce 软[熟]铁

~ en barra 条(状)钢[铁],型钢[铁],钢[铁]条

~ en cintas 条钢[铁],扁钢[铁]

~ en I 工字钢[铁]

~ en lingotes 生[铣]铁,铁锭

~ en planchas 铁板

~ en polvo 铁粉

~ (en) T T形钢[铁],丁字钢[铁]

~ (en) U 槽[凹形]铁,槽钢

~ en varilla 铁棒

~ (en) Z Z形铁,Z字钢

~ enfriado 激冷[冷淬]铁

~ espático 〈矿〉菱铁矿

~ especular 镜铁

~ esponjoso[poroso] 海绵铁

~ fundido austenítico 奥氏体铸铁

~ galvanizado 镀锌铁(皮),白铁(皮),马口铁

~ gamma γ铁

~ gris 生[铸]铁

~ homogéneo 软铁,低碳钢[铁]

~ laminado 轧[拉]制铁,碾[辊轧]铁

~ magnético ①磁铁;②〈化〉氧化亚铁

~ maleable 锻铁,纯铁,展[韧]性铸铁

~ manganésico 锰铁

~ moteado[truchado] 麻口(生)铁

~ móvil 动[活]铁

~ olivino 〈地〉铁橄榄石

~ pentacarbonilo 五羰钢

~ perfilado 型钢[铁]

~ pirofórico 自燃铁

~ plano (平)箍钢,带钢,扁钢[铁]

~ pudelado 搅炼(熟,锻)铁

~ puro 极软钢,低碳钢

~ quebradizo en caliente/frío 热/冷脆(性)铁

~ redondo 圆(形)铁

~ semicircular(~ semirredondo) 半圆(形)钢[铁]

~ tetracarbonilo 四羰烙铁

~ tierno 冷脆铁

~ viejo 废[烂,碎]铁,铁屑

alambre de ~ 铁丝

aleación de ~ 铁合金

chapa de ~ 铁板

chatarra de ~ 废[烂,碎]铁,铁屑

cinta de ~ 扁铁

fleje de ~ (打包窄)带钢[铁],箍钢[铁]

fundería de ~ 铸铁厂,铸铁车间

gris ~ 铁灰色

herramientas de ~ 铁器

hoja de ~ 铁皮

lingote de ~ 铁锭

mineral de ~ 铁矿砂[石]

moho de ~ 铁锈

tungstato de ~ 钨铁矿

hierro-silicio *m*. 硅铁

hietal *adj*. (降)雨的;雨量的

hietografía *f*. 雨量(分布)学;雨量图法

hietógrafo *m*. ①雨量计;②雨量(分布)图;年平均雨量分布图表

hietograma *m*. 雨量(分布)图

hietología *f*. 降水(量)学,雨学

hietometría *f*. 雨量测定(法)

hietómetro *m*. 雨量表[计,器]

hietoscopia *f*. 雨量测定

hifa *f*. 〈植〉菌丝

hifema *m*. 〈医〉(眼)前房出[积]血

hi-fi *f. ingl*. 高保真度音响设备

hifoloma *m*. 〈植〉一种伞菌

hifomicetoma *m*. 〈医〉丝状菌瘤

hifomicetos *m. pl*. 〈医〉丝状菌类

hifomicosis *f*. 〈医〉丝状菌病

hifopodio *m*. 〈植〉附着枝

higadilla *f*. *Col*., *Cub*. (家禽的)肝病

higadillo *m*. ①(禽鸟和小动物的)肝脏;②*Amér. L*.(家禽的)肝病

higadita *f. Méx*.(禽类的)肝脏

hígado *m*. ①〈解〉肝脏;②*pl*. 内脏

~ pigmentado 肝色素沉着

atrofia del ~ 肝萎缩

carcinoide del ~ 肝类癌

hiperfunción/hipofunción del ~ 肝功能亢进/减退

punción del ~ 肝穿刺

retractor de ~ 肝脏牵开器

teratoma del ~ 肝畸胎瘤

hígado-protectivo,-va *adj*. 保护肝脏的

higiene *f*. ①卫生;②卫生学,保健学

~ ambiental 环境卫生

~ individual[íntima] 个人卫生

~ industrial 工业卫生

~ mental 心理卫生

~ oral 口腔卫生

~ personal[privada] 个人卫生

~ pública 公共卫生

higiénica f. 卫生学

~ industrial 工业卫生学

~ mental 心理卫生学

~ nutricional 营养卫生学

higiénico,-ca adj. ①卫生的;保健的,促进
[有利]健康的;②卫生学的

aparatos ~s 卫生洁具

bacteriología ~a 卫生细菌学

médico ~ 保健医生

papel ~ 卫生纸

higienista adj. 卫生学的,保健(学)的‖m.
f. ①卫生学家;保健医生[专家];②卫生
(保健)工作者;卫生医师

~ dental 牙齿保健医生

~ industrial 工业卫生学家

médico ~ 保健医生

higienización f. 卫生化;(使)合乎卫生

higienizado,-da adj. 消毒的,无菌的,卫生
的

higienizar tr. ①使合乎卫生;②消毒,使无菌

higieología f. 卫生学

~ industrial 工业卫生学

higiología f. 卫生学

higo m. ①〈植〉无花果;②〈兽医〉(马的)蹄叉
腐烂;③发皱物,干瘪物;④〈医〉肛门赘肉

~ boñigar 一种大无花果

~ chumbo(~ de pala[tuna]) ①〈植〉仙
人果;②霸王树(仙人掌科)果实

~ de tetetza[tetetzo] Méx.〈植〉一种仙
人掌科植物

~ del infierno Méx.〈植〉墨西哥蓖麻粟

~ doñegar[doñigar] 一种大无花果

~ melar 一种小而甜的无花果

~ paso[seco] 无花果干

~ tuno Col. 仙人掌果

~ zafarí 一种甜无花果

higrodeico m.〈气〉图示湿度计

higrófilo,-la adj.〈植〉喜水生的,喜湿的

planta ~a 喜湿植物

higrofita f.〈植〉水[湿]生植物

higrofito,-ta adj.〈植〉(在)水中[湿地]生长
的(植物)

planta ~a 水[湿]生植物

higrofobia f.〈心〉潮湿恐怖,嫌水

higrófobo,-ba adj.〈生〉宜干燥环境生长的,
嫌水的‖m. 宜于干燥环境生长的生物;嫌
水生物

organismo ~ 嫌水生物

higrógrafo m.（自记)湿度计,湿度记录器
[表,仪],湿度仪

higrograma m. 湿度图

higrología f. 湿度学

higroma m.〈医〉水囊瘤

higrometría f.〈环〉湿度测定(法),测湿法

higrométrico,-ca adj. ①测(量)湿(度)的;
湿度的;②对湿气敏感的;(易)吸湿的

higrómetro m.〈环〉湿度表[计]

~ de cabello 毛细管湿度表[计]

~ registrador（自记)湿度计,湿度记录器
[表,仪]

higroscopia f.〈环〉湿度测定(法),测湿法

higroscopicidad f.〈理〉吸[收]湿性;吸湿度
[率]

higroscópico,-ca adj. ①(易)吸湿的,收湿
的;②湿度计[器]的

higroscopio m. ①〈环〉湿度器[仪,计],测
[验]湿器;②(因吸湿而引起变化)显示晴雨
的玩具

higróscopo m.〈纺〉湿度计

higrostato m. 恒湿器,湿度调节器

higrotermógrafo m. 湿温(自记)计[器](能
同时记录温度和湿度)

higuaca f. Amér. M.〈鸟〉绯红鹦

higuana f.〈动〉鬣蜥

higuera f. ①〈植〉无花果树;②Amér. M.
〈鸟〉绯红鹦;③Méx.〈植〉蓖麻

~ breval（两熟的)大无花果树

~ chumba 仙人掌霸王树

~ de Egipto 野生无花果树

~ de India[pala,tuna] 仙人掌霸王树

~ del diablo(~ del infierno) 蓖麻

~ infernal 蓖麻

~ loca[moral,silvestre] 桑叶榕

higüera f. P.Rico〈植〉加拉巴木果(炮弹
果)

higueral m. 无花果林

higuereta; higuerilla f.Méx.〈植〉蓖麻

higuerillero m. ①Amér.L.〈植〉蓖麻;②P.
Rico〈植〉宿萼草;③Méx.〈鸟〉黄喉歌雀

higuerillo m. Amér.L.〈植〉蓖麻

higüero m. Antill.①〈植〉加拉巴木;②加拉
巴木果

higuerón; higuerote m.〈植〉巨榕

higueruela f.〈植〉阿拉伯补骨脂

higuito m. C.Rica〈植〉美味榕

hijato m.〈植〉芽,新枝

hijero,-ra adj. Méx. 繁殖力强的

hijo,-ja m.f. ①儿子;女儿;②女婿;儿媳;
③pl. 后裔,子孙,后代,儿女;④〈动〉仔;

崽,羔,驹,犊‖*m.* ①〈植〉芽,嫩[新]枝;②(动物角中的)松软物质

~ adoptivo 养子

~ adulterino 奸生子

~ bastardo 私生子(其父一般为贵族)

~ biológico 私[非婚]生子

~ de algo 贵族,绅士

~ de bendición 婚生子

~ de confesión(~ espiritual) 忏悔者

~ de familia 受父亲或保护人管束的孩子

~ de ganancia(~ natural) 私[非婚]生子;婚前生子

~ de la cuna 弃儿,育婴堂里的孩子

~ de la piedra (无父母的)流浪儿

~ de la tierra (既无父母又无亲属的)孤儿

~ de leche 收养的孩子

~ de palqui *Chil.* 私生子(其父一般为贵族)

~ del diablo 淘气的孩子

~ espurio[mancillado] 私生子(不知其父是谁)

~ incestuoso 乱伦关系所生子

~ ilegítimo/legítimo 非婚/婚生子

~ político 女婿

~ póstumo 遗腹子

~ único 独生子

hijuela *f.* ①分支机构,(机构的)分部;②派生物,附[从]属物;③〈法〉(遗产分配的)份;遗产分配文书;④*And.*,*Cono S.* 小块土地;农村地产;⑤(加宽衣服用的)布条;⑥〈农〉支[毛]渠;⑦*Méx.*〈矿〉矿层;⑧岔路[道],支路;⑨邮政分[支]局;⑩〈植〉棕榈树种

hijuelación *f.* (田产,遗产等的)分派

hijuelo *m.* ①〈植〉芽,嫩[新]枝;②幼畜[禽];③*And.* 旁(侧)路;④*Amér. L.* 支[分]渠

hila *f.* ①行,排,串;②(牲畜的)小肠;③*pl.* 〈医〉(经刮绒后外科用的)软麻布,(包扎伤口的)旧way布;④(蚕)吐丝作茧,(蜘蛛等)吐丝;⑤〈纺〉纺纱

hilacha *f.*;**hilacho** *m.* 〈纺〉(布上露出的)线头,回丝,纱头

~ de vidrio 玻璃纤维

hilachoso,-sa *adj.* 〈纺〉回丝[纱头,线头]多的

hilada *f.* ①行,排,串;②〈建〉(砖、石的)层;③*Chil.* 水平拉线;④〈船〉〈海〉(物件横向一件挨一件码放到顶的)层

~ a soga 顺砌层

~ a tizón 露[丁]头层,丁头行

~ de rosca 拱圈层

~ del plinto 墙基石

mampostería por ~s 砌石工程,毛石工程

poner ~s en voladizo 用撑架托住,用梁托支撑

hiladizo,-za *adj.* 〈纺〉可以纺(成线或纱)的

hilado,-da *adj.* 线[丝]状的‖*m.* ①〈纺〉纺(纱,丝);②线,丝,纱;③挤压(加工,成形)

~ de algodón 棉纱

~ de nilón 尼龙线

~ en bobinas 筒子纱

~ en caliente/frío 热/冷挤压

~ fino 细纺

~s de seda natural 桑绢丝

~s en conos 宝塔线

cristal ~ 玻璃丝

estampadoras para ~s 〈纺〉纱线印花机

fábrica de ~s 纺纱厂

perchadoras de ~ 〈纺〉纱线起绒机

retorcedoras para ~s de fantasía〈纺〉花式捻线机

seda ~a 绢(丝)纺

hilador,-ra *adj.* 〈纺〉纺纱[丝,线]的;缫丝的‖*m. f.* 纺纱[缫丝]工(人)‖**~a** *f.* 纺纱[丝,线]机;詹妮纺纱机;缫丝机

~a continua de anillos 环锭纺纱机

~a de acción propia 自动(走锭)纺纱机

~a de lino 亚麻精纺机

~a mecánica 纺纱[丝]机,细纱机

máquina ~a 纺纱机

hiladura *f. Amér. L.* 〈纺〉纺纱

hilandería *f.* 〈纺〉①纺纱厂;②纺纱技术[工艺]

~ de algodón 纱厂,棉纺厂

hilandero,-ra *m. f.* 〈纺〉纺纱[缫丝]工(人)‖*m.* 纺纱车间[工场];缫丝车间

hilanhilán *m. Méx.* 〈植〉大花茉莉

hilanza *f.* 〈纺〉纺(纱);纱,(丝)线

hilar *tr.* ①〈纺〉纺(纱);②*Amér. L.* 用绳子量‖*intr.* (蚕)吐丝作茧,(蜘蛛)吐丝结网

~ en verde (活蚕蛹的)缫丝

máquina de ~ 〈纺〉纺纱机,精纺机

hilaracha *f.* 〈纺〉(布上露出的)线头,回丝,纱头

hilarante *adj.* 逗人发笑的

gas ~ (用作麻醉剂的)笑气,一氧化二氮

hilatura *f.* 〈纺〉①纺(纱,线);②纺纱工艺;③纺纱工业,纱[丝]商业;④纱[纺织]厂,纺纱工场

~ de algodón 棉纺

~ de lana 毛纺

~ de mechas 粗纱

~ en canillas 管纱

hilaza *f*. ①〈纺〉纱,(纱)线,丝;②(纺得不匀的)粗线;③编织结构;织物,编织品;④(包伤口的)纱布

hilera *f*. ①行,列,排,串;②一层(砖);③〈建〉(脊)檩;层脊梁;④模(子,片,具);⑤〈机〉板牙头;(管子,螺丝)绞板;⑥〈纺〉喷丝板;⑦〈机〉抽(拉,拔)丝机;⑧(纺锤尖端的)螺纹细槽;⑨〈纺〉细纱[线];⑩〈军〉纵队[列];⑪(常用 *pl*.)〈动〉(蜘蛛、蚕等的)丝腺

~ de cojinetes(~ partida) 板牙扳手,螺丝绞板

~ de coronamiento 檐头墙

~ de estirar 拉板[模],牵引板

~ de paleta[trefilar] 印模,模板

~ diamantada 金刚石(拉丝,挤压)模

~ mecánica 拉[拔]丝机

~ simple 模板,印模

hilero *m*. 水流;(水等的)流线[束]

~ de aire 气流,流线(型)

hilio *m*. 〈解〉门

~ del bazo (~ lienal) 脾门

~ del pulmón 肺门

~ del riñón (~ renal) 肾门

hilo *m*. ①(棉,麻,毛)线,丝,丝[线]状物,纱(状体);②线材,金属丝;电[导]线;③细(水)流;④〈矿〉细(矿)脉;⑤(动植物)纤维;⑥(蚕、蜘蛛等吐的)丝;⑦(亚)麻布[织物];⑧(刀等的)刃,锋;⑨串;⑩*Col.*, *Venez*. 棉花

~ aislado 绝缘线

~ argumental (小说、戏剧等的)情节

~ conductor ①导线;②主题[旨]

~ conector(~ de cierre de circuito) 连接(电)线

~ de acarreto *And*. 麻绳

~ de alcarreto *Pan*. 麻绳

~ de algodón 棉纱

~ de bobinado 线圈[绕组]线

~ (de) Bramante [empalomar] 麻绳[线];棉绳

~ de bujía 引[导]线

~ de camello 驼毛线

~ de cartas 细麻绳

~ de cobre 铜丝

~ de cómputo 计算器引线

~ de conejo (狩猎时用的)兔套线

~ de coser 缝纫线

~ de Escocia 莱尔线

~ de lana 毛线

~ de llegada 引入[药]线

~ de monjas 优质线

~ de pita 龙舌兰纤维

~ de platino 铂[白金]丝

~ de protección 保护线

~ de puente 跨接[搭]线

~ de resorte 游丝,发条

~ de retorno 回线

~ de salmar 麻绳

~ de seda 丝线

~ de (toma de) tierra (接)地线

~ de unión 接合线,焊线

~ de vela (~ volatín) ①细[麻]绳,双股[两股以上的]线;②〈海〉缝帆麻绳

~ de zurcir 羊毛织线

~ dental 洁牙线

~ desnudo 裸线

~ directo 热线

~ equilibrio 中性[和]线

~ estirado en frío 冷拉[拔,抽]钢线

~ flexible ①软[花,皮]线;②保险丝,熔丝

~ fusible 熔丝,熔线,保险丝

~ galvanizado 镀锌线

~ metálico 金属丝

~ metálico tejido 钢[铁]丝网

~ musical ①(公共场所播放的)背景音乐;②(通过接在电话线上的收音机收听的)电话音乐(不影响别人通话)

~ neutro 中性[和]线

~ primo (鞋匠用的)细麻线

~ resistente 电阻线

~ reticular 交叉瞄准线,叉丝

~s de rayón 人造丝

~s de termopar 温差电偶线

~s para coser de algodón en conos 宝塔线

~s para empaquetar[envolver] 包装用线

~s trenzados 绞合线

al ~ del viento 顺着风向

anemómetro de ~ caliente 热线式风速仪

aparato de ~ dilatable 热线式仪器[表]

detectores de ~s rotos 〈纺〉线自停装置

mercerizadoras para ~s 〈纺〉纱线丝光机

purgadores de ~s 〈纺〉滑纱机

hilófago,-ga *adj*. 〈昆〉食木的

hilología *f*. 材料学

hilotropía *f*. 〈化〉(物质)保组变相

hilotrópico,-ca *adj*. 〈化〉(物质)保组变相的

hilván *m*. 〈缝〉①疏[粗]缝,缝粗针脚;②*Cono S*. 疏缝用的线,绷线;③*Cari*. (衣服等的)褶边[缝],贴边;④*Venez*. 缝衣服折边用的线

hilvanado *m*. 〈缝〉疏[粗]缝,缝粗针脚

hilvanar *tr*. 〈缝〉①疏缝,打绷线;②*Venez*.

缝折[卷]边

himen *m.* 〈解〉处女膜
atresia del ~ 处女膜闭锁

himeneal *adj.* 处女膜的
atresia ~ 处女膜闭锁

himenio *m.* 〈植〉子实层

himenitis *f. inv.* 〈医〉处女膜炎

himenóforo *m.* 〈植〉子(实)层体

himenogastrales *m. pl.* 〈植〉腹菌目

himenología *f.* 〈医〉膜学

himenomicetes *m. pl.* 〈植〉层担子菌类

himenomiceto,-ta *adj.* 〈植〉伞菌类的 ‖ *m.
pl.* 伞菌类

himenopólipo *m.* 〈解〉处女膜息肉

himenopterismo *m.* 〈心〉(被膜翅目昆虫刺后
产生的)对膜刺目昆虫的恐惧心态

himenóptero,-ra *adj.* 〈昆〉膜翅目的 ‖ *m.*
①膜翅目昆虫(如蜜蜂、胡蜂、蚁类等);②
pl. 膜翅目

himenorrafia *f.* 〈医〉处女膜缝合术

himenotomía *f.* 〈医〉处女膜切开术

hinca *f.* 〈建〉(把桩、钢管等)打入地基

hincador *m.* 〈机〉锤,夯,打桩机

hincapilotes *m. inv. Cono S.* 〈机〉打桩机

hincha *m. f.* ①〈体〉狂热支持者;②(对明星
人物等的)追星族

hinchable *adj.* 可吹胀[气]的,可膨胀的

hinchada *f.* 〈体〉球迷;狂热支持者;追星族

hinchador *m.* ①见 ~ de ruedas;②*C. Rica*
〈植〉核桃叶盐肤木
~ de ruedas 打气筒

hinchahuevos *m. Méx.* 〈植〉气根毒藤

hinchazón *f.* ①肿块,隆起;②〈医〉虚肿;③
(河流)涨水

hinco *m. Cono S.* (标)桩,柱

hincón *m.* ①(岸边的)系船柱;②界桩

hiniesta *f.* 〈植〉金雀花
~ blanca 白金雀花
~ de escobas 金雀花

hinojal; hinojar *m.* 茴香地[园]

hinojo *m.* 〈植〉茴香
~ acuático 水芹
~ marino 肉叶岩芹

hinterland *m. al.* 〈地〉腹[内,后置]地

hintimorreal *m. Méx.* 〈植〉粗糙麻黄,具梗
麻黄

hioglosal *adj.* 〈解〉舌骨舌的
músculo ~ 舌骨舌肌

hiogloso,-sa; hioideo,-dea *adj.* ①〈解〉舌骨
的;②U 形的
músculo ~ 舌骨舌肌

hiomandibular *adj.* 〈解〉舌(下)颌的

hioplastón *m.* 〈动〉舌腹甲

hiosciamina *f.* 〈化〉天仙子胺

hioscina *f.* 〈生化〉〈药〉东莨菪碱,天仙子碱
(用作抗胆碱、镇静药等)

hiostilia *f.* 〈动〉舌接型

hiotiroideo,-dea *adj.* 〈医〉舌骨甲状软骨的

hipalgesia; hipalgia *f.* 〈医〉痛觉减退

hipanacinesia *f.* 〈医〉蠕动功能减退

hipandrio *m.* 〈动〉生殖板

hipantio; hipantodio *m.* 〈植〉隐头花序

hipantro *m.* 〈动〉(爪虫类动物的)下体腔

hipapófisis *f.* 〈动〉椎体下突

hipema *m.* 〈医〉〈眼〉前房出[积]血,眼内渗
血

hiper *m. inv.* 超级商场,超市

hiperacidez *f.* 〈医〉胃酸过多

hiperácido,-da *adj.* 〈医〉胃酸过多的

hiperactividad *f.* (尤指儿童)活动过度
[强],活动亢进,极度活跃

hiperactivo,-va *adj.* ①活动亢进的,极度活
跃的;②(儿童)有多动症的

hiperacusia *f.* 〈医〉听觉过敏

hiperadiposis *f.* 〈医〉肥胖过度

hiperadrenalismo *m.* 〈医〉肾上腺机能亢进

hiperadrenocorticismo *m.* 〈医〉肾上腺皮质
功能亢进

hiperaemia *f.* 〈医〉充血
~ arterial/venosa 动/静脉性充血
~ reactiva 反射性充血

hiperafia *f.* 〈医〉触觉过敏

hiperagudo,-da *adj.* 异常敏锐的

hiperalbuminemia *f.* 〈医〉高白蛋白血症

hiperaldosteronismo *m.* 〈医〉高醛固酮症

hiperalgesia *f.* 〈医〉痛觉过敏

hiperalimentación *f.* ①营养过度;过量营养
摄入;②(尤指对无法通过消化道摄取食物
的病人所进行的)营养液静脉输入

hiperalimentosis *f.* 〈医〉营养过度病

hiperaminoacidemia *f.* 〈医〉高氨基酸血症

hiperaminoaciduria *f.* 〈医〉高氨基酸尿(症)

hiperamonemia *f.* 〈医〉高氨血(症)

hiperazoturia *f.* 〈医〉高氮尿(症)

hiperbárico,-ca *adj.* 〈医〉①(指脊椎麻醉药
物)高比重的(即比重大于脊椎液的);②高
(气)压的
oxígeno ~ 高压氧

hiperbilirrubinemia *f.* 〈医〉高胆红素血(症)

hipérbola *f.* 〈数〉双曲线
~ conjugada 共轭双曲线
~ equilátera 等轴双曲线

hipérbole *f. Amér. L.* 〈数〉双曲线

hiperbólico,-ca *adj.* 〈数〉双曲(线)的,双曲
(线)函数的
función ~a 双曲(线)函数

líneas ～as 双曲(性)直线

navegación ～a〈无〉双曲线导航

paraboloide ～ 双曲(线)抛物面

hiperboloide *m*.〈数〉双曲面;双曲线体[面]

～ de dos cascos[hojas] 双叶双曲面

～ de revolución 回[旋]转双曲面

～ de un casco[una hoja] 单叶双曲面

～ elíptico 椭圆双曲面

～ hiperbólico 双曲(线)双曲面

hiperbóreo,-rea *adj*. 极北地区的;靠近北极的

vegetación ～a 极北地区植物[被]

hipercalcemia；hipercalcinosis *f*.〈医〉高钙血症,高血钙

hipercalciuria *f*.〈医〉高钙尿(症)

hipercapnia *f*.〈医〉高碳酸血症

hipercarga *f*.〈电〉超荷

hipercarotenemia；hipercarotinemia *f*.〈医〉高胡萝卜素血症

hipercianótico,-ca *adj*.〈医〉高度青紫的,高度发绀的

angina ～a 发绀型心绞痛

hiperciesis *f*.〈医〉异期复孕

hipercinesia；hipercinesis *f*.〈医〉运动过度;运动功能亢进

hipercitemia *f*.〈医〉红细胞过多(症)

hipercloremia *f*.〈医〉高氯血症

hiperclorhidria *f*.〈医〉胃酸过多(症)

hiperclorhídrico,-ca *adj*.〈医〉胃酸过多的;患胃酸过多症的

hipercloruria *f*.〈医〉高氯尿(症)

hipercolesteremia *f*.〈医〉高胆固醇血(症),高胆甾醇血(症)

～ familiar 家族性高胆固醇血症

hipercolesterinemia；hipercolesterolemia *f*.〈医〉血胆固醇过多(症),血胆甾醇过多(症)

hipercolia *f*.〈医〉胆汁过多

hipercomplejo,-ja *adj*.〈数〉超复数的

número ～ 超复数(或结合代数)

hipercompresor *m*. 超压缩[气]机

hipercompundar *tr*.〈电〉过复绕[卷],过[超]复励

hipercorticalismo *m*.〈医〉肾上腺皮质功能亢进

hipercrialgesia；hipercriestesia *f*.〈医〉冷觉过敏

hipercrisis *f*.〈医〉危象

hipercrítico,-ca *adj*. 超临界的

hipercromasia *f*.；**hipercromatismo** *m*.〈医〉着色过度;染色过深

hipercromatosis *f*.〈医〉染色吸收力增加;着色过度

hipercromía *f*.〈医〉①血红蛋白过多;②着色过度,染色过深

hipercrómico,-ca *adj*.〈医〉深色的,浓染的

hiperdactilia *f*.〈医〉多指[趾]

hiperdiploide *adj*.〈生〉〈遗〉超二倍体的

hiperdiploidia *f*.〈生〉〈遗〉超二倍体

hiperdisco *m*.〈信〉管理磁盘

hiperecrisis *f*.〈医〉排泄过多

hipereléptico,-ca *adj*. 超椭圆的

hiperémesis *f*.〈医〉(尤指怀孕头几个月的)剧吐

hiperemia *f*.〈医〉充血

hiperemización *f*.〈医〉人工充血法,(尤指为治疗目的的)致充血

hiperempleo *m*. 过度就业

hiperenergía *f*.〈理〉高能

hiperenlace *m*.〈信〉超链接(指多台计算机通过同一网络的链接)

hiperespacio *m*. ①〈数〉超(越)空间；②〈数〉〈信〉多维空间；③非欧(几里德)空间

hiperesplenismo *m*.〈医〉脾功能亢进

hiperestático,-ca *adj*. 超静(稳)定的

hiperestenia *f*. ①体力过盛,精力过旺；②生命力增强,活力增加

hiperestenita *f*.〈矿〉①紫苏岩；②苏长岩

hiperestesia *f*.〈医〉感[知]觉过敏

～ acústica 听觉过敏

～ cutánea 触觉过敏

～ muscular 肌觉过敏

hiperestésico,-ca *adj*.〈医〉感[知]觉过敏的

hiperestomático,-ca *adj*.〈植〉气孔上生的

hiperestrogenemia *f*.〈医〉高雌激素血症

hiperestrogenismo *m*.〈医〉雌激素过多

hipereuripia *f*.〈医〉睑裂过大

hipereutéctico,-ca *adj*.〈理〉〈冶〉过共晶的;过低熔的;超低共熔体的

hipereutectoide *m*.〈理〉〈冶〉过共析(体);超低共熔体

hiperexcitación *f*. 兴奋过度,超兴奋性

hiperextensión *f*.〈生理〉伸展过度,过伸

hiperfagia *f*.〈医〉食欲过盛

hiperfísico,-ca *adj*. 超肉体的;超物质的,超自然的

hiperflexión *f*.〈医〉屈曲过度

hiperflujo *m*. 最大(密度,强度)流,强力流

reactor nuclear de ～ neutrónico 高通量(反应)堆

hiperfluorescencia *f*.〈电〉(电视图像的)模糊,敷霜

hiperfocal *adj*.〈摄〉超焦(距)的

hiperfosfatasia *f*.〈化〉高碱性磷酸酯酶血(症)

hiperfosfatemia *f*.〈医〉高磷酸盐血(症)

hiperfosfaturia *f*.〈医〉高磷酸盐尿(症)

hiperfosforemia *f.* 〈医〉高磷酸盐血

hiperfrecuencia *f.* 〈理〉超高频

hiperfunción *f.* 〈医〉功[机]能亢进

hipergalactosis *f.* 〈医〉乳汁(分泌)过多

hipergammaglobulinemia *f.* 〈医〉高丙球蛋白血(症)

hipergénesis *f.* 〈医〉发育过度

hipergeométrico,-ca *adj.* 〈数〉〈统〉超几何的;超比的
distribución ~a 〈统〉超几何分布

hipergeusestesia; **hipergeusia** *f.* 〈医〉味觉过敏

hiperglicemia; **hiperglucemia** *f.* 〈医〉血糖过多,高血糖(症)

hiperglicinuria; **hiperglucinemia** *f.* 〈医〉高甘氨酸尿

hiperglobulinemia *f.* 〈医〉高球蛋白血症

hipergol *m.* 自燃(式)火箭燃料

hipergólico,-ca *adj.* ①(火箭燃料)自燃的,自发火的;②(使用)自燃燃料的

hipergonadismo *m.* 〈医〉性腺功能亢进

hiperhemoglobinemia *f.* 〈医〉高血红蛋白血症

hiperhepatía *f.* 〈医〉肝功能亢进

hiperhidrosis *f.* 〈生理〉多汗(症)

hipericáceo,-cea; **hipericíneo,-nea** *adj.* 〈植〉金丝桃属的 ‖ *f.* ①金丝桃属植物;② *pl.* 金丝桃科

hipérico *m.* 〈植〉黑点叶金丝桃

hipericón *m. Méx.* 〈植〉①细齿金丝桃;帚枝金丝桃;②西南金丝桃

hiperidrosis *f.* 〈生理〉多汗(症)

hiperinflación *f.* 〈经〉超[极度,恶性]通货膨胀

hiperinmune *adj.* 〈医〉高免疫的
suero ~ 高免疫血清

hiperinmunidad *f.* 〈医〉高[超]免疫性(由于过度免疫作用,引起特异性抗体大量增加)

hiperinmunización *f.* 〈医〉高免疫(作用);超免疫法

hiperinosis *f.* 〈医〉血纤维蛋白过多,高纤维素血症

hiperinsulinemia *f.* 〈医〉高胰岛素血症

hiperinsulinismo *m.* 〈医〉①胰岛素(分泌)过多;②高胰岛素血症

hiperinvolución *f.* 〈医〉复旧过度

hiperiodemia *f.* 〈医〉高碘血(症)

hiperita *f.* 〈矿〉辉长[橄榄]苏长岩

hiperlactación *f.* 〈医〉乳汁过多

hiperleidigismo *m.* 〈医〉雄激素分泌过多

hiperleucocitemia *f.* 〈医〉白细胞过多(症)

hiperlipemia *f.* 〈医〉高血脂(症)
~ alcohólica 酒精性高血脂病

~ diabética 糖尿病高脂血症

hiperlipidemia *f.* 〈医〉高脂血症
~ esteroidogénica 类固醇高脂血(症)
~ estrogénica 雌激素高脂血症

hiperlipoproteinemia *f.* 〈医〉高脂蛋白血(症)
~ familiar 家族性高脂蛋白血症

hiperlisinemia *f.* 〈医〉高赖氨酸血(症)

hiperlumínico,-ca *adj.* 超光速的

hiperluminiscencia *f.* 〈电〉(电视图像的)模糊,敷霜

hipermaduro,-ra *adj.* ① 过熟的;②〈医〉成熟过度的

hipermagnesemia *f.* 〈医〉高镁血症

hipermastia *f.* 〈医〉乳腺肥大;多乳腺

hipermedia *m. inv.* 〈信〉(集计算机、录像机、立体声等于一体的教学用)大型传媒装置,超媒体

hipermenorrea *f.* 〈医〉月经过多

hipermercado *m.* 超级市场;超市

hipermetabolismo *m.* 〈医〉高代谢

hipermetamorfosis *f.* 〈昆〉复变态(期)

hipermetioninemia *f.* 〈医〉高蛋氨酸血(症)

hipermétrope *adj.* 〈医〉(患)远视的 ‖ *m. f.* (患)远视者

hipermetropía *f.* 〈医〉远视

hipermetrópico,-ca *adj.* 〈医〉远视的
astigmatismo ~ 远视散光

hipermimia *f.* 表情过分

hipermiotonía *f.* 〈医〉肌张力过度

hipermnesia *f.* 〈医〉记忆增强

hipermorfo,-fa *adj.* 〈医〉超效等位的
gene ~ 超效等位基因

hipermotilidad; **hipermovilidad** *f.* 〈医〉(肠、胃等的)运动过强

hipernatremia *f.* 〈医〉高钠血症

hipernefroide *adj.* 〈医〉肾上腺的

hipernefroma *m.* 〈医〉肾上腺样瘤

hipernervioso,-sa *adj.* 高[过]度紧张的

hiperneuria *f.* 〈医〉神经机能亢进

hipernúcleo *m.* 〈理〉超(子)原子核,(含)超核

hipernutrición *f.* 〈医〉营养过度

hiperón *m.* 〈理〉超子

hiperopía *f.* 〈医〉远视

hiperorexia *f.* 〈医〉食欲过盛,善饥

hiperorquidia *f.*; **hiperorquidismo** *m.* 〈医〉睾丸功能亢进

hiperosfresia; **hiperosmia** *f.* 〈医〉嗅觉过敏

hiperosmótico,-ca *adj.* 〈化〉〈医〉高渗的;渗透过速的
solución ~a 高渗溶液

hiperostosis *f.* 〈医〉①外生骨疣;②骨肥厚

hiperoxalemia *f*.〈医〉高草酸盐血症

hiperoxaluria *f*.〈医〉高草酸尿(症)

hiperoxemia *f*.〈医〉高氧血(症),血酸过多

hiperoxia *f*.〈医〉〈组织内〉氧过多

hiperoxidación *f*.〈化〉氧化过度

hiperparasitismo *m*.〈生〉重寄生现象

hiperparásito *m*.〈生〉重寄生物(寄生于寄生物的寄生物)

hiperparatiroidismo *m*.〈医〉甲状旁腺功能亢进

hiperpatía *f*.〈医〉痛觉过度

hiperpepsia *f*.〈医〉胃酸过多性消化不良

hiperperistalsis *f*.〈医〉蠕动过强

hiperpiesa；hiperpiesia；hiperpiesis *f*.〈医〉(原发性)高血压,血压过高

hiperpigmentación *f*.〈医〉色素沉着过度,着色过度

hiperpinealismo *m*.〈医〉松果体功能亢进

hiperpiresia；hiperpirexia *f*.〈医〉高热,体温过高

hiperpituitarismo *m*.〈医〉垂体机能亢进

hiperplano *m*.〈数〉超平面

hiperplasia *f*.〈医〉增生；超常[过度]增生

~ atípica 不典型增生

~ endometrial 子宫内膜增生

~ inflamatoria 炎性增生

~ linfoide 淋巴样增生

~ lobular 小叶增生

~ muscular 肌性增生

~ neoplásica 肿瘤性增生

hiperplástico,-ca *adj*.〈医〉增生的

hiperploide *m*.〈生〉〈遗〉超倍体

hiperploidía *f*.〈生〉〈遗〉超倍性

hiperpnea *f*.〈医〉呼吸深快[过度],气喘

hiperpolarizabilidad *f*.〈生〉超极化率

hiperpolarización *f*.〈生〉超极化

hiperpotasemia *f*.〈医〉高钾血症

hiperpraxia *f*.〈医〉活动过度,动作过多

hiperprebetalipoproteinemia *f*.〈医〉高前 β 脂蛋白血症

hiperpresbiopía *f*. 过度老视

hiperprolactinemia *f*.〈医〉高催乳素血症

hiperproteinemia *f*.〈医〉高蛋白血(症)

hiperpselafesia *f*.〈医〉触觉过度

hiperpuro,-ra *adj*. 超[高]纯的

hiperqueratosis *f*.〈医〉角化过度(症)；角质增生

hiperrealismo *m*.(绘画、雕塑等的)高度写实主义,照相写实主义

hiperrealista *adj*. 高度写实主义(者)的 ‖ *m.f*. 高度写实主义者

hiperreflexia *f*.〈医〉反射亢进

hiperresonancia *f*.〈医〉反响过度

hipersalemia *f*.〈医〉高盐血症

hipersalino,-na *adj*.〈医〉多盐的

hipersecreción *f*.〈医〉分泌过多

~ lagrimal 泪液分泌过多

hipersensibilidad *f*.〈医〉超敏感性

~ estimulatoria 刺激型超敏反应

~ tardía 迟发性超敏感性

hipersensibilización *f*. ①超敏感；②促development敏作用；③〈摄〉对(感光乳剂)作增感处理

hipersensible *adj*. ①过分过敏的；②〈医〉感觉过敏的

hipersensitividad *f*. ①过敏性；②超敏感性；高灵敏度

hipersensitivo,-va *adj*. ①过敏的；②高灵敏度的

prueba ~a 过敏试验

hipersensor *m*.〈电子〉超敏断路器

hipersexual *adj*.〈医〉性欲过度的；纵欲的

hipersexualidad *f*.〈医〉①性欲过度[亢进]；②色情狂

hipersialosis *f*.〈医〉唾液(腺)分泌过多

hipersomía *f*.〈医〉巨大畸形；巨大发育,巨体

hipersomnia *f*.；hipersomnio *m*.〈医〉睡眠过度,嗜睡症

hipersónico,-ca *adj*. ①高超音速的(指超音速 5 倍以上的)；②〈理〉特超声的(指声频超过 500 兆赫的)

avión ~ 高超音速飞机

hipersonido *m*. 高超音速

hiperspace *m. ingl*.〈数〉①超(越)空间；②〈信〉多维空间；③非欧(几里德)空间

hiperstenia *f*.〈医〉体力过盛

hipersteno *m*.〈矿〉紫苏辉石

hipersustentación *f*.〈航空〉高垫起(指由机翼运动提供的升力支承的空气动力学作用或状态)

hipersustentador,-ra *adj*.〈航空〉高垫起的

hipertecosis *f*.〈医〉卵泡膜细胞增殖症

hipertelorismo *m*.〈医〉(器官)距离过宽

~ ocular 两眼距离过宽

hipertensinasa *f*.〈医〉血管紧张酞酶

hipertensinogenasa *f*.〈医〉血管紧张原酶

hipertensinógeno *m*.〈医〉血管紧张酞原

hipertensión *f*. ①〈医〉高血压(症)；②(情绪等的)过度紧张

~ arterial 动脉高血压,高动脉压

~ asintomática 无症状性高血压

~ esencial 自发性高血压

~ intracraneal 颅内高压

~ portal 门静脉高血压

~ primaria 原发性高血压

~ pulmonar 肺动脉高血压

~ renal 肾性高血压
~ senil 老年性高血压

hipertensivo,-va *adj.* 〈医〉高血压(症)的
cardiopatía ~a 高血压心脏病
crisis ~a 高血压危象
encefalopatía ~a 高血压性脑病

hipertenso,-sa *adj.* 〈医〉患高血压的 ‖ *m.f.* 高血压患者

hipertermal *adj.* 〈医〉高温的;高热的

hipertermalgesia; hipertermestesia *f.* 〈医〉热觉过敏

hipertermia *f.* 〈医〉体温过高,高[过]热

hipertérmico,-ca *adj.* 〈医〉体温过高的,高温的
baño ~ 高温浴

hipertexto *m.* 〈信〉超文本

hipertimia *f.* 〈医〉情感增盛

hipertireosis *f.* 〈医〉甲状腺功能亢进症

hipertiroida *f.* 〈医〉甲状腺功能亢进,甲亢

hipertiroidismo *m.* 〈医〉甲状腺功能亢进(症状)

hipertiroxinemia *f.* 〈医〉高甲状腺素血症

hipertonía *f.* 〈医〉①(肌肉等)张力过高[强];②〈医〉高血压(症);③〈化〉高渗
~ policitémica 红细胞增多高血压

hipertonicidad *f.* 〈医〉高渗性,高张性

hipertónico,-ca *adj.* ①〈化〉高渗的;②〈医〉(肌肉等)张力过强的
solución ~a 高渗溶液

hipertono *m.* 〈理〉泛音;和声

hipertoxicida *f.* 〈医〉剧毒性

hipertóxico,-ca *adj.* 〈医〉剧毒的

hipertricosis; hipertriquiasis *f.* 〈医〉多毛症

hipertrofia *f.* ①〈生理〉〈医〉肥大;过度生长;②〈植〉过度生长,肥肿;③过分膨胀[发展]
~ adaptativa 适应性肥大
~ concéntrica/eccéntrica 向/离心性肥大
~ fisiológica 生理性肥大
~ funcional 机能性肥大
~ hemangiectática 血管扩张性肥大症
~ inflamatoria 炎症性肥大
~ muscular 肌肥大

hipertrófico,-ca *adj.* ①肥大[厚]的;②导致肥大的,变肥厚的;③过分膨胀[发展]的
acné ~a 肥厚性痤疮
cicatriz ~a 肥大性瘢痕
cirrosis ~a 肥大性肝硬变
liquen ~ 肥大性苔藓
osteoartropatía ~a 肥大性骨关节病
rinitis ~a 肥厚性鼻炎

hiperuricemia *f.* 〈医〉高尿酸血(症),血尿酸过多

hiperuricuria *f.* 〈医〉高尿酸尿(症),尿内尿酸过多

hipervagotonía *f.* 〈医〉迷走神经紧张过度

hipervalinemia *f.* 〈医〉高缬氨酸血(症)

hipervelocidad *f.* 〈机〉超[极]高速

hiperventilación *f.* 〈医〉换气过度;强力呼吸

hipervínculo *m.* 〈信〉超链接
~ incluido 嵌入(式)超链接

hiperviscosidad *f.* 〈医〉高黏滞性

hipervitaminosis *f. inv.* 〈医〉维生素过多(症)

hipervolemia *f.* 〈医〉血容量过多

hipestesia *f.* 〈医〉感觉减退

hipiatra *m.f.* 兽医

hipiatría *f.* 兽医药;兽医术

hipiátrica *f.* 兽医学

hipiátrico,-ca *adj.* 兽医学的

hipiatro *m.* 兽医

hípica *f.* 〈体〉马术运动

hípico,-ca *adj.* ①马(科)的;②马术的,骑马运动的
club ~ 马术俱乐部
concurso ~ 赛马
deporte ~ 骑马运动

hipidomorfo,-fa *adj.* 〈地〉半自形的

hipismo *m.* ①赛马[马术]运动;②养[驯]马术

hipnoanálisis *m.* 〈心〉催眠(精神)分析

hipnodia *f.* 〈动〉昏睡

hipnofobia *f.* 〈心〉睡眠恐怖

hipnofrenosis *f.* 〈医〉睡眠混乱(症)

hipnogénico,-ca *adj.* 〈药〉催眠的

hipnoidización *f.* 催眠样状态

hipnolepsia *f.* 〈医〉发作性睡眠,昏睡症

hipnología *f.* 睡眠学

hipnólogo,-ga *m.f.* 睡眠学家

hipnonarcosis *f.* 催眠麻醉法

hipnopatía *f.* 〈医〉睡眠病

hipnopedia *f.* 〈教〉睡眠中教学(指让学习者在睡眠前收听唱机或录音机等播放的学习内容,据说能将信息输入学习者的潜意识);睡眠教学法

hipnopómpico,-ca *adj.* 〈心〉半醒的,半有意识的
estado ~ 半醒状态

hipnosis *f. inv.* ①似[受]催眠状态;②催眠术,催眠术研究

hipnospora *f.* 〈植〉厚壁休眠孢子

hipnoterapia *f.* 〈心〉〈医〉催眠疗法

hipnótico,-ca *adj.* ①催眠的;②催眠术的;③易受催眠的;④在受催眠状态的;⑤(易)引起睡眠的;(药物)安眠的 ‖ *m.* ①〈药〉催眠剂;安眠药;②催眠方法 ‖ *m.f.* (易)受

催眠的人

hipnotismo *m.* ①催眠;②催眠术;催眠术研究;③受催眠状态

~ leve 浅催眠状态

~ mayor 深催眠状态

hipnotista *adj.* 催眠(术)的 ‖ *m.f.* 施行催眠术的人,催眠术士;催眠师

hipnotizable *adj.* 可催眠的;可受催眠的

hipnotización *f.* 诱导催眠

hipnotizado,-da *adj.* 进入催眠状态的

hipnotizador,-ra *adj.* 使进入催眠状态的,施行催眠(术)的 ‖ *m.f.* 实行催眠术的人,催眠术士

hipnotizante *m.f.* 施行催眠术的人,催眠术士;催眠师

hipnotoxina *f.* 〈生化〉催眠毒素

hipoacidez *f.* 〈医〉胃酸过少症

hipoacusia *f.* 〈医〉听觉减退

hipoadrenalismo *m.* 〈医〉肾上腺功能减退

hipoadrenia *f.* 〈医〉肾上腺机能减退

hipoadrenocorticismo *m.* 〈医〉肾上腺皮质功能减退

hipoalbuminemia;hipoalbuminosis *f.* 〈医〉低白蛋白血症

hipoalcalino,-na *adj.* 〈化〉弱碱性的

hipoaldosteronismo *m.* 〈医〉低醛固酮症,醛固酮减少症

hipoalergénico,-ca;hipoalérgeno,-na *adj.* 〈医〉低变应原的,低过敏的

hipoalgesia *f.* 〈医〉痛觉减退

hipoalimentación *f.* 营养不足;进食不足

hipoaminoacidemia *f.* 〈医〉低氨基酸血症

hipoazoturia *f.* 〈医〉低氮尿,尿氮过少

hipobárico,-ca *adj.* 〈麻醉剂〉低比重的

hipobaropatía *f.* 〈医〉低气压病,高空病

hipobasidio *m.* 〈植〉下担子

hipobentos *m.* 〈环〉(水深1,000米以上)深海生物

hipobilirubinemia *f.* 〈医〉低胆红素血症

hipoblasto *m.* 〈生〉内[下]胚层

hipobosco *m.* 〈昆〉寄生蝇

hipobranquial *m.* 〈动〉鳃下的

hipocalcemia *f.* 〈医〉血钙过少,低血钙,低钙血症

hipocalcia *f.* 〈医〉钙过少

hipocalcificación *f.* 〈医〉钙化不足

hipocalciuria *f.* 〈医〉低钙尿

hipocalórico,-ca *adj.* 〈医〉低热量的,低卡路里的

alimento ~ 低热量食品

dieta ~a 低热量饮食

hipocampo *m.* ①〈动〉海马;②〈解〉海马

hipocapnia;hipocarbia *f.* 〈医〉低碳酸血;

低碳酸血症

hipocardia *f.* 〈医〉低位心

hipocastanáceo,-cea;hipocastáneo,-cea *adj.* 〈植〉七叶树科的 ‖ *f.* ①七叶树科植物;② *pl.* 七叶树科

hipocausto *m.* 〈建〉火炕供暖(系统)(指古罗马建筑中地板下的空间,集中供暖系统由此向室内供暖)

hipoceloma *m.* 〈解〉下体腔

hipocentro *m.* ①〈地〉(地震)震源;②(尤指核弹的)爆心投影点

hipocicloidal *adj.* 〈数〉圆内旋轮线的,内摆线的

hipocicloide *m.* 〈数〉圆内旋轮线,内摆线

hipocinesia *f.* 〈医〉运动功能减退

hipocinético,-ca *adj.* 〈医〉运动功能减退的

hipocístide *m.* 〈植〉金雀花

hipocitaemia *f.* 〈医〉红细胞减少

hipocloremia *f.* 〈医〉低氯血症

hipoclorhidria *f.* 〈医〉胃酸过少症

hipoclorhídrico,-ca *adj.* 〈医〉①胃酸过少的;②患胃酸过少症的

hipoclorito *m.* 〈化〉次氯酸盐

~ cálcico 次氯酸钙

hipocloroso,-sa *adj.* 见 ácido ~

ácido ~ 〈化〉次氯酸

hipocloruria *f.* 〈医〉低氯尿(症)

hipocolesterinemia;hipocolesterolemia *f.* 〈医〉低胆固醇血症

hipocolesterolemiante *m.* 〈药〉降胆固醇药

agente ~ 降胆固醇药

hipocolia *f.* 〈医〉胆汁过少

hipocoluria *f.* 〈医〉低胆汁尿(症)

hipocondria;hipocondría *f.* 〈医〉疑病(症)(指病态的自疑患病)

hipocondriaco,-ca;hipocondríaco,-ca *adj.* 〈医〉患疑病症的 ‖ *m.f.* 疑病症患者

hipocondríasis *f.* ①〈解〉季肋区;②〈医〉疑病(症)

hipocóndrico,-ca *adj.* ①〈解〉季肋部的;②〈医〉疑病症的

hipocondrio *m.* 〈解〉季肋部

hipocondro *m.* *Amér.L.* 〈解〉季肋部

hipocorda *f.* 〈动〉底索

hipocotíleo,-lea *adj.* 〈植〉下胚轴的

hipocotilo *m.* 〈植〉下胚轴

hipocrateriforme *adj.* 〈植〉高脚碟状的

hipocreales *m.pl.* 〈植〉肉座菌目

hipocrinismo *m.* 〈医〉内分泌过少

hipocristalino,-na *adj.* 〈岩石〉半晶质的 ‖ *m.* 半结晶,半晶质

hipocromasia;hipocromía *f.* 〈医〉着色不足,低色素

hipocrómico,-ca *adj.*〈医〉着色不足的, 低色素的

hipocromotriquia *f.*〈医〉毛发着色不足

hipocupremia *f.*〈医〉低铜血(症)

hipodactilia *f.*〈医〉缺指[趾]

hipodermatomía *f.*〈医〉皮下切开术

hipodérmico,-ca *adj.* ①皮下的; 皮下注射的; ②〈动〉真皮的; ③〈植〉下皮的
aguja ～a 皮下注射器(针头)
inyección ～a 皮下注射
jeringa ～a 皮下注射器

hipodermis *f. inv.* ①〈解〉皮下(组织); ②〈动〉真皮; ③〈植〉下皮

hipodermoclisis *f.*〈医〉皮下灌注术, 皮下输液

hipodinamia *f.*〈医〉力不足, 乏力

hipodinámico,-ca *adj.*〈医〉乏力的

hipodipsia *f.*〈医〉渴感减退

hipodontia *f.*〈医〉牙发育不良

hipódromo *m.* 跑[赛]马场

hipoelectrolitemia *f.*〈医〉低电解质血(症)

hipoendocrinismo *m.*〈医〉内分泌技能减退

hipoequilibrio *m.*〈医〉平衡觉减退

hipoergia *f.*〈医〉反应性减弱

hipoesoforia *f.*〈医〉下内隐斜视

hipoestesia *f.*〈医〉感觉减退

hipoestrinemia; hipoestrogenemia *f.*〈医〉低雌激素血症

hipoeutectoide *adj.*〈冶〉亚共析的 ‖ *m.* ①〈化〉低易融质, 低级低共熔体, 低碳; ②〈冶〉亚共析

hipoexoforia *f.*〈医〉下外隐斜视

hipofalangia *f.*; **hipofalangismo** *m.*〈医〉少节指[趾]

hipofamina *f.*〈生医〉垂体胺

hipofaringe *f.* ①〈昆〉舌; ②〈解〉下咽(部); 喉咽(部)

hipofaríngeo,-gea *adj.* ①〈昆〉舌的; ②〈解〉下咽(部)的; 喉咽(部)的

hipofarinx *m.*〈医〉咽下部

hipofférrico,-ca *adj.*〈医〉缺铁的
anemia ～a 缺铁性贫血

hipofibrinogenemia *f.*〈医〉低纤维蛋白原血症

hipófilo,-la *adj.*〈植〉叶背着生的, 叶下着生的

hipofisario,-ria *adj.*〈医〉垂体的
síndrome ～ 垂体综合征

hipofisectomía *f.*〈医〉垂体切除[摘除]术

hipófisis *f. inv.*〈解〉垂体

hipofisitis *f. inv.*〈医〉垂体炎

hipofisoma *m.*〈医〉垂体瘤

hipofosfatasia *f.*〈医〉(碱性)磷酸酶过少

(症), 低磷酸脂酶症

hipofosfatemia *f.*〈医〉低磷酸盐血症

hipofosfato *m.*〈化〉连二磷酸盐

hipofosfaturia *f.*〈医〉低磷酸盐尿(症)

hipofosfito *m.*〈化〉次磷酸盐

hipofosforemia *f.*〈医〉低磷酸盐血症

hipofosfórico,-ca *adj.*〈化〉连二磷酸的

hipofosforoso,-sa *adj.*〈化〉次磷酸的

hipofrenia *f.*〈心〉智力薄弱[低下, 衰退]

hipofrenosis *f.*〈心〉智力薄弱症

hipofunción *f.*〈医〉功[机]能减退

hipogalactia *f.*〈医〉乳汁减少

hipogammaglobulinemia *f.*〈医〉低丙种球蛋白血(症), 血(内)丙种球蛋白过少

hipogastralgia *f.*〈医〉下腹痛

hipogástrico,-ca *adj.*〈解〉①下腹(中部)的; ②腹下部的
nervio ～ 腹下神经

hipogastrio *m.*〈解〉下腹中部, 腹下部

hipogastro *m. Amér. L.*〈解〉小腹部

hipogastrocele *m.*〈医〉下腹疝

hipogénesis *f.*〈医〉发育不全

hipogénico,-ca *adj.*〈地〉①(矿物等)上升水生[形]成的; 上升的; ②深成的
roca ～a 深成岩

hipogenitalismo *m.*〈医〉性腺功能减退症

hipógeno,-na *adj.*〈地〉地下(生成)的, 深成的 ‖ *m.* 深成岩

hipogeo,-gea *adj.* ①〈植〉地下生的; (子叶)留土的; ②地下的 ‖ *m.* 地下室[墓室, 建筑]

hipogeusestesia; hipogeusia *f.*〈医〉味觉减退

hipogíneo,-nea; hipógino,-na *adj.*〈植〉(花瓣, 雄蕊等)下位的

hipoglicemia *f.*〈医〉低血糖(症), 低糖血症
～ reactiva 反射性低血糖

hipoglicémico,-ca *adj.*〈医〉低糖血症的
choque ～ 低血糖休克
terapia ～a 低血糖疗法

hipoglobulia *f.*〈医〉红细胞减少症

hipoglosis *f.* ①〈昆〉(昆虫的)颏下片; 舌下部; ②〈医〉舌下囊肿

hipogloso,-sa *adj.*〈解〉①舌下的; ②舌下神经的

hipoglotis *f.*〈医〉舌下囊肿

hipoglucemia *f.*〈医〉低血糖(症), 低糖血症

hipognato,-ta *adj.*〈动〉下口式的

hipogonadismo *m.*〈医〉性腺机能减退

hipogonadotrópico,-ca *adj.*〈医〉低促性腺素的

hipogranulocitosis *f.*〈医〉粒细胞减少症

hipohepatía *f.*〈医〉肝功能减退

hipohidrosis *f.* 〈医〉少汗(症)

hipoide *adj.* 〈机〉(齿轮等)双曲面的；双曲面齿轮的
engranaje ~ 双曲面齿轮

hipoinmunidad *f.* 〈医〉免疫力减退

hipoinsulinemia *f.* 〈医〉低胰岛素血症

hipolimnion *m.* 〈地〉(湖的)下层滞水带，均温层

hipolipemia *f.* 〈生医〉低脂血(症)

hipolipoproteinemia *f.* 〈生医〉低脂蛋白血(症)

hipoliposis *f.* 〈生医〉脂肪过少

hipología *f.* 马学

hipólogo,-ga *m. f.* 马医

hipomagma *m.* 〈地〉深岩浆

hipomagnesemia *f.* 〈医〉血镁过少，低镁血症

hipomanía *f.* ①爱马癖；②〈医〉轻躁狂

hipomaníaco,-ca; hipomaníaco,-ca *adj.* ①有爱马癖的；②〈医〉患轻躁狂的

hipomenorrea *f.* 〈医〉月经过少

hipometabolismo *m.* 〈医〉代谢减退

hipometría *f.* 〈医〉运动范围不足，伸展不足

hipometropía *f.* 〈医〉近视

hipomnesia *f.* 〈医〉记忆减退

hipomoclio; hipomoclión *m.* 〈理〉支点

hipomorfo,-fa *adj.* (动物)外形似马的 ‖ *m.* ①〈遗〉亚(效)等位基因；②肢短体高者，下型体材者

hipomoria *f.* 〈医〉轻度童样痴呆

hipomotilidad; hipomovilidad *f.* 〈医〉(胃、肠等的)运动不足，运动减弱

hiponastia *f.* 〈植〉偏下性

hiponatremia *f.* 〈医〉低钠血症

hiponea *f.* 〈医〉精神[思想]迟钝

hiponiquio *m.* 〈动〉甲下皮

hiponitremia *f.* 〈医〉低氮血(症)，血氮过少

hipónomo *m.* 〈动〉水囊

hipoorquidia *f.*; **hipoorquidismo** *m.* 〈医〉睾丸功能减退

hipoovaría *f.*; **hipoovarianiamo** *m.* 〈医〉卵巢功能减退

hipoparatiroidismo *m.* 〈医〉甲状旁腺功能减退

hipopepsia *f.* 〈医〉(胃酸过少而致的)消化不良

hipopepsinia *f.* 〈医〉胃蛋白酶过少

hipoperistalsis *f.* 〈医〉蠕动迟缓
~ del intestino 肠蠕动迟缓

hipopigio *m.* 〈动〉①肛门；②肛下板；③(双翅目的)膨腹端；④(鞘翅目的)露腹节

hipopigmentación *f.* 〈医〉色素减退

hipopión *m.* 〈医〉〈眼〉前房积脓；黄膜[浓，液]上冲(中医用语)

hipopituitarismo *m.* 〈医〉垂体功能减退

hipoplancton *m.* 〈生〉亚浮游生物

hipoplasia *f.* ①〈医〉(器官、组织等的)发育不全，再生不全；②细胞减生(现象)
~ dentaria 牙发育不全
~ uterina 子宫发育不全

hipoplástico,-ca *adj.* 〈医〉发育不全的，再生不全的

hipoploide *adj.* 〈生〉〈遗〉亚倍体的 ‖ *m.* 亚倍体

hipoploidía *m.* 〈生〉〈遗〉亚倍性

hipopnea *f.* 〈医〉呼吸浅慢[不足]

hipoporosis *f.* 〈医〉骨痂形成不足

hipopotámido,-da *adj.* 〈动〉河马科的 ‖ *m.* ①河马科动物；②*pl.* 河马科

hipopótamo *m.* ①〈动〉河马；②彪形大汉

hipoproteico,-ca *adj.* 〈生〉低蛋白(质)的

hipoproteinemia *f.* 〈医〉低蛋白血(症)，血蛋白过少

hipoproteinosis *f.* 〈医〉蛋白缺乏(症)

hipoprotrombinemia *f.* 〈医〉低凝血酶原血(症)

hipopselafesia *f.* 〈医〉触觉迟钝[减退]

hipopsia *f.* 〈医〉视力减退

hipoquilia *f.* 〈医〉胃酸分泌过少

hipoquinesia *f.* 〈医〉运动功能减退

hiporraquis *f.* 〈动〉副羽

hiporreactivo,-va *adj.* 〈医〉低反应(性)的

hiporreflexia *f.* 〈医〉反射减退

hiposalemia *f.* 〈医〉低盐血(症)

hiposarca *f.* 〈医〉(全身)水肿，普遍性水肿

hiposecreción *f.* 〈医〉分泌减少[不足]

hiposensibilidad *f.* 〈医〉低敏感性

hiposensibilización *f.* 〈医〉脱敏作用

hiposexualidad *f.* 〈医〉性欲减退

hiposincrónico,-ca *adj.* 次同步的

hiposmia *f.* 〈医〉嗅觉减退[迟钝]

hiposódico,-ca *adj.* 低钠的

hiposomía *f.* 〈医〉身体发育不良[全]

hiposomnia *f.* 〈医〉睡眠过少；失眠

hipospadias *f. pl.* 〈医〉尿道下裂
~ perineales 会阴尿道下裂

hipostasis *f.* 〈医〉〈血液〉坠积；沉淀；(尤指尿中的)沉积物
~ de sangre 血液坠积

hipostático,-ca *adj.* ①〈医〉〈血液〉坠积的；似坠积的；②〈遗〉(基因)下位的
neumonía ~a 坠积性肺炎

hipostenia *f.* 〈医〉(轻度)衰弱，体力不足

hipostenuria *f.* 〈医〉低渗尿

hipóstilo,-la *adj.* 〈建〉多柱式的(建筑物) ‖ *m.* 多柱式建筑；多柱厅

hipostoma *m*.〈动〉①(腔肠动物的)垂唇;②(壁虱的)下口喙;③(多足动物类的)下口板;④(双翅目的)下颜;⑤(甲壳动物的)口后片

hipostomático,-ca *adj*.〈植〉气孔下生的

hipostroma *m*.〈植〉下子座

hiposulfato *m*.〈化〉连二硫酸盐

hiposulfito *m*.〈化〉①次[低]亚硫酸盐;②连二亚硫酸盐;③连二亚硫酸钠;④硫代硫酸钠

~ de soda 硫代硫酸钠

~ sódico〈摄〉海波,硫代硫酸钠

hiposulfúrico,-ca *adj*.〈化〉连二硫酸的

hiposulfuroso,-sa *adj*.〈化〉连二亚硫酸的

hipotálamo *m*.〈解〉下丘脑;〈动〉丘脑下部

hipoteca *f*.①抵押(借款,贷款);②抵押权;③押款品;抵押借据

~ a cobrar/pagar 应收/付抵押款

~ a la gruesa 船舶[船货]抵押

~ abierta/cerrada 敞/闭口抵押

~ amortizable 可赎回典押

~ cerrada[limitada] 限额抵押

~ conjunta(~ de participación) 共同抵押

~ consolidada 合并抵押

~ de prioridad 第一担保抵押,优先抵押

~ directa[limpia] 直接抵押

~ dotal 人寿保险抵押(指以人寿保险所得的钱偿付买房借款)

~ en primer grado 第一抵押权,优先抵押

~ garantizada 保证抵押

~ general 一般[总括]抵押

~ inmobiliaria 不动产抵押

~ legal 法定抵押权

~ marítima[naval] 船舶抵押

~ mobiliaria 动产抵押

~ posterior 低次抵押权

~ precedente[prioritaria] 第一担保抵押,优先抵押

~ secundaria 次[二]级抵押

~ subordinada 次级抵押(权)

~ tácita 默认抵押

~ voluntaria 自愿抵押

pago mensual de ~ 按月抵押付款

primera/segunda ~〈经〉第一/二抵押权

hipotecario,-ria *adj*.①抵押的;②(以抵押作)担保的

crédito ~ 抵押贷款,担保借贷

préstamo ~ 按揭,抵押借[贷]款

hipotecio *m*.〈植〉囊层基

hipotecnia *f*. 养马学

hipotenar *m*.〈解〉小鱼际

hipotensión *f*.〈医〉①(尤指血压)压力过低;

低血压;②低血压症状

~ idiopática 特发性低血压

~ ortostática 直立[直体]性低血压

~ postural 体位性低血压

hipotenso,-sa *adj*.〈医〉患低血压的‖ *m. f.* 低血压患者

hipotensor,-ra *adj*.①〈医〉低血压的;低血压引起的;②引起低血压的;③〈药〉降低血压的‖ *m*.〈药〉降压药

hipotenusa *f*.〈数〉(直角三角形的)斜边,弦

hipotermia *f*.〈医〉体温过低,低温症

hipotérmico,-ca *adj*.〈医〉低温的,(使)体温过低的

anestesia ~a 低温麻醉

esterilización ~a 低温灭菌法

hipótesi *f*.; **hipótesis** *f.inv*.①假设[说];〈逻〉前提;②(学说的)假设[定];看[想]法

~ alternativa〈统〉备选[交替]假设

~ de acumulación 积累假说

~ de Bernoulli 伯努利假设

~ de Gaia (英国科学家)盖亚假设

~ estadística 统计假设

~ nula 零假设

~ simple〈统〉简单假设

hipotiroideo,-dea *adj*.〈医〉甲状腺功能减退的‖ *m*. 甲状腺功能减退

hipotiroidismo *m*.〈医〉甲状腺功能减退(症)

hipotirosis *f*.〈医〉甲状腺功能减退

hipotonía *f*.①〈医〉(肌肉等)张力过低[减退];②〈化〉低渗性;③〈医〉低血压

~ muscular 肌紧张减退

~ vascular 血管张力过低

hipotonicidad *f*.①〈医〉低张性;低张状态;②〈化〉低渗性

hipotónico,-ca; **hipotono,-na** *adj*.①〈化〉低渗的;②〈医〉低血压的;③〈医〉(肌肉等)张力过低的

deshidratación ~a 低张性脱水

solución ~a〈化〉低渗溶液

hipotoxicidad *f*.〈医〉低[弱]毒型

hipotricosis *f*.〈医〉稀毛症

hipotrofia *f*.〈医〉营养不足,生长不足;生活力缺失

hipotropía *f*.〈医〉下斜视

hipouresis *f*.〈医〉排尿减少

hipoventilación *f*.〈医〉肺换气不足,呼吸减弱,通气不足

~ alveolar 肺泡通气不足

hipovitaminosis *f*.〈医〉维生素缺少(症)

hipovolemia *f*.〈医〉低血容量(症),血容量不足

hipovolémico,-ca *adj*.〈医〉低血容量的,血容量减少的

hipoxantina *f*. 〈化〉次黄嘌呤

hipoxemia *f*. 〈医〉低氧血(症)

hipoxia *f*. 〈医〉低氧,氧不足[过少]
　　~ alveolar 肺泡性低氧(症)
　　~ hipoxémica 低氧血症性缺氧

hipoxidosis *f*. 〈医〉缺氧症

hippus *m*. 〈医〉虹膜震颤

hipsocromo *m*. 〈化〉浅色团,向紫增色基

hipsodonto *m*. 〈动〉高冠齿

hipsofilo *m*. 〈植〉苞(片)

hipsofobia *f*. 〈心〉高处恐怖,居高恐怖,恐高症

hipsografía *f*. ①比较地势学;②地形起伏,地势;③(地图上的)地形起伏部分;地势图;④测高法[术]

hipsometría *f*. ①(沸点)测高法[术];沸点测定法;②高程测量

hipsométrico,-ca *adj*. 测高术的

hipsómetro *m*. ①沸点测高计;②三角测高仪
　　~ para cohete meteorológico 〈气〉火箭测候器

hipsoquinesis *f*. 〈医〉后倾[仰]

hipural *adj*. 〈动〉尾下的

hipuricasa *f*. 〈生化〉马尿酸酶

hipúrico,-ca *adj*. 〈化〉马尿酸的
　　ácido ~ 马尿酸

hiráceo,-cea; hiracoideo,-dea *adj*. 〈动〉(似)蹄兔目的 ‖ *m*. ①蹄兔;②*pl*. 蹄兔目

hirana *f*. *Arg.,Bras.* 〈动〉狐鼬

hircismo *m*. 〈医〉狐臭

hirco *m*. 〈动〉①北山羊,羱羊;②〈古〉雄山羊

hircus *m*. *lat*. 〈医〉狐臭

hirsutez *f*. 〈医〉多毛(症)

hirsutismo *m*. 〈医〉(尤指女性的)多毛(症)

hirsuto,-ta *adj*. ①(人)多毛的;(胡子)刚毛的;②硬毛状的;长满刺毛的;③〈生〉具长硬毛的
　　fruto ~ 刺果
　　piel ~a 粗毛皮

hirtela *f*. *Amér.L.* 〈植〉一种蔷薇科植物

hirudina *f*. 〈医〉水蛭素

hirudíneo,-nea *adj*. 〈动〉蛭纲的 ‖ *m*. ①蛭纲环节动物;②*pl*. 蛭纲

hirudinido,-da *adj*. 〈鸟〉燕科的 ‖ *m*. ①燕科鸟;②*pl*. 燕科

hirudinización *f*. 〈医〉水蛭疗法;蛭素抗凝

hisca *f*. (涂在树枝上捕鸟的)粘鸟胶

hisopillo *m*. ①〈植〉冬香薄荷;②〈医〉口拭子

hisopo *m*. ①〈植〉海索草(一种药用植物);②*Amér.L.* 刷子,油漆刷;刷状物;③ *Cono S.* 棉签[棒];④*Méx*. 〈植〉腺花鼠尾草;多穗鼠尾草

hispanidad *f*. ①西班牙特点;西班牙民族

[文化];②西班牙语世界

hispanismo *m*. 〈教〉(大学的)西班牙(语言文化)研究

hispanista *m.f*. 〈教〉(大学的)西班牙语言[文学,文化]学者

híspido,-da *adj*. ①〈植〉具粗硬毛的;多刚毛的;②〈生〉有鬃的

hispinglés *m*. 西英混合语(美国西部和拉丁美洲部分地区所使用的西班牙语和英语的混合语)

histamina *f*. 〈生化〉组胺

histaminasa *f*. 〈生化〉组胺酶

histaminemia *f*. 〈医〉组胺血症

histamínico,-ca *adj*. 〈医〉组胺(性)的
　　cefalalgia ~a 组胺性头痛

histeralgia *f*. 〈医〉子宫痛

histerectomía *f*. 〈医〉子宫切除(术)
　　~ abdominal 经[剖]腹子宫切除术
　　~ radical 子宫根治性切除术
　　~ total 全子宫切除术
　　~ vaginal 阴道子宫切除术

histeresímetro *m*. 〈理〉磁滞测定器

histéresis *f*. ①〈理〉磁滞(现象);滞后(现象);②滞后作用
　　~ del costo 成本滞后作用
　　~ dieléctrica 介质电滞

histerético,-ca *adj*. 〈理〉磁滞的,滞后的

histeria *f*. 〈医〉癔症,歇斯底里
　　~ colectiva 群众性歇斯底里
　　~ de ansiedad 焦虑性歇斯底里

histérico,-ca *adj*. ①癔症的,患歇斯底里的;②〈医〉有癔症的,患歇斯底里的;③神经紧张的 ‖ *m.f*. ①〈医〉歇斯底里发作者,癔症患者;②神经紧张的人
　　aura ~a 癔症先兆
　　coma ~ 癔症性昏迷
　　espasmo ~ 癔症性痉挛
　　mutismo ~ 癔症性哑症
　　parálisis ~a 癔症性瘫痪
　　paroxismo ~ 歇斯底里的反应,癫狂举动
　　personalidad ~a 癔症性人格

histeriforme *adj*. 癔病[症]样的

histerismo *m*. ①〈医〉癔症,歇斯底里;②歇斯底里的反应,癫狂举动

histeritis *f.inv*. 〈医〉子宫炎

histerizarse *r*. 〈医〉患歇斯底里,患癔症

histerocele *m*. 〈医〉子宫疝

histerocervicotomía *f*. 〈医〉宫颈切开术

histerocolpectomía *f*. 〈医〉子宫阴道切除术

histeroepilepsia *f*. 〈医〉癔症性癫痫

histerografía *f*. 〈医〉①子宫收缩描记术;②子宫(X线)造影术

histerógrafo *m*. 〈医〉子宫收缩描记器

histerograma *m*. 〈医〉子宫(X 线)照片

histerólisis *f*. 〈医〉子宫松解术

histerolito *m*. 〈医〉子宫石

histeroma *m*. 〈医〉子宫瘤

histerometría *f*. 〈医〉子宫测量法

histerómetro *m*. 〈医〉子宫测量器

histeromioma *m*. 〈医〉子宫肌瘤

histeromiomectomía *f*. 〈医〉子宫肌瘤切开术

histeropexia *f*. 〈医〉子宫固定术

histeroptosis *f*. 〈医〉子宫脱[下]垂

histerorrafia *f*. 〈医〉子宫缝(合)术

histerosalpingectomía *f*. 〈医〉子宫输卵管切除术

histerosalpingografía *f*. 〈医〉子宫输卵管(X线)造影术

histerosalpingoooforectomía *f*. 〈医〉子宫输卵管卵巢切除术

histerosalpingostomía *f*. 〈医〉子宫输卵管吻合术

histeroscopia *f*. 〈医〉宫腔镜检查

histeroscopio *m*. 〈医〉宫腔镜

histerospasmo *m*. 〈医〉子宫痉挛

histerostato *m*. 〈医〉子宫内镭管支持器

histerotermometría *f*. 〈医〉子宫温度测量法

histerotomía *f*. 〈医〉子宫切开术

histerótomo *m*. 〈医〉子宫刀

histerotónico *m*. 〈医〉子宫收缩剂

histerotraquelectasia *f*. 〈医〉宫颈扩张术

histerotraquelectomía *f*. 〈医〉宫颈切除术

histerotraqueloplastia *f*. 〈医〉宫颈成形术

histerotraumatismo *m*. 〈医〉创伤性癔症

histerotubografía *f*. 〈医〉子宫输卵管造影术

histerovaginoenterocele *m*. 〈医〉子宫阴道肠疝

hístico,-ca *adj*. 〈医〉组织的

histidasa *f*. 〈生化〉组氨酸酶

histidina *f*. 〈生化〉组氨酸

histidinemia *f*. 〈医〉组氨酸血(一种遗传性代谢病)

histiocito *m*. 〈生〉组织细胞

histiocitoma *m*. 〈医〉组织细胞瘤

histiocitosis *f*. 〈医〉组织细胞增生症
~ lipoide 类脂质组织细胞增生症

histioma *m*. 〈医〉组织瘤

histoautorradiografía *f*. 〈医〉组织自显影摄影术

histoautorradiograma *m*. 〈医〉组织自显影照片

histoblasto *m*. 〈生〉成组织细胞

histocito *m*. 〈动〉组织细胞

histocitoma *m*. 〈医〉组织细胞瘤

histocitomatosis *f*. 〈医〉组织细胞瘤病

histocitosis *f*. 〈医〉组织细胞增生瘤

histocompatibilidad *f*. 〈医〉组织相容[适合]性

histodiagnosis *f*. 〈医〉组织学诊断

histodiferenciación *f*. 〈医〉组织分化

histofisiología *f*. 〈生理〉组织生理学

histofluorescencia *f*. 〈医〉组织荧光

histogénesis *f*. 〈生〉组织发生

histogenia *f*. 〈医〉组织发生

histógeno *m*. 〈植〉组织原

histograma *m*. 〈数〉〈统〉直方[矩形]图

histohidria *f*. 〈医〉组织水过多

histoincompatibilidad *f*. 〈医〉组织不相容性

histolisado *m*. 〈医〉组织溶解物

histolisis *f*. 〈生〉组织溶解

histolítico,-ca *adj*. 〈生〉组织溶解的
enzima ~a 溶组织酶

histología *f*. 〈生〉①(有机)组织学;②组织结构;③显微解剖学
~ patológica 病理组织学

histológico,-ca *adj*. 〈生〉①组织学的;②显微解剖学的

histólogo,-ga *m. f*. 〈生〉〈医〉①组织学家;②显微解剖学家

histoma *m*. 〈医〉组织瘤

histomorfología *f*. 〈生〉组织形态学

histona *f*. 〈生化〉组蛋白

histonuria *f*. 〈医〉组蛋白尿(症)

histopatología *f*. 〈医〉组织病理学,病理组织学

histopatológico,-ca *adj*. 〈医〉组织病理学的,病理组织学的

histoplasmosis *f*. 〈医〉组织胞浆菌病,网状内皮细胞真菌病
~ capsular (荚膜)组织胞浆菌病

histoquimia; histoquímica *f*. 〈生化〉组织化学

histoquimioterapia *f*. 〈医〉组织化学疗法

historia *f*. ①历史;②史[历史]学;③(个人)经历;病历[史]
~ antigua (公元 476 年西罗马帝国灭亡以前的)西洋古代史
~ clínica 病历[史]
~ contemporánea 现代史
~ del arte 艺术史
~ económica 经济史
~ moderna 近代史(指公元 1450 年左右或罗马帝国灭亡迄今的历史)
~ natural 博物学
~ obstétrica 生育史
~ pediátrica 儿科病史
~ universal 世界史

historial *m*. ①(事件的)详细记载;②(个人)履历;③〈医〉病历

~ médico 病历

~ personal 个人履历

historicidad *f.* (事件等的)历史真实性;实际
存在

historiología *f.* 历史学

historrexis *f.* 〈医〉组织破碎

histosol *m.* 〈地〉有机土

histoterapia *f.* 〈医〉组织疗法

histotomía *f.* 〈医〉组织切片(法,术)

histótomo *m.* 〈医〉组织切片机

histotrófico,-ca *adj.* 〈医〉组织营养的;促组
织生成的

histotrofo *m.* 〈医〉组织营养质

histozoico,-ca *adj.* 〈动〉组织(内)寄生的

histrionismo *m.* ①戏剧表演;演戏;表演(艺
术);②戏剧演员;③戏剧界;④〈医〉表演症

hit *m. ingl.* ①击;击中;②成功而风行一时
的作品(如电影、歌曲等)成功而轰动一时
的人物(如作家、歌唱演员等);③〈信〉(网站
的)点击数;④〈信〉命中(指两个数据项的成
功比较或匹配)

~ parade (尤指流行歌曲等的)风行曲目
集锦;流行唱片目录

hita *f.* ①折[道,无头]钉;②界[路]标;
Arg. 〈动〉蜱螨;④〈昆〉大蠊,蜚蠊,蟑螂;
⑤*Arg.* 〈昆〉臭虫

hitación *f.* 立界[路]标

hito *m.* ①导木,柱桩,路[地]标,指向牌,界
标[桩];②里程碑[标];③锥形交通路标;
④〈体〉掷木套桩游戏;⑤〈军〉靶子,目标

HIV *abr. ingl.* human immunodeficiency
virus 人体免疫缺损病毒,艾滋病病毒
(*esp.* virus de la inmunodeficiencia humana)

hiza *f. Méx.* 〈植〉侧花乌桕

hl *abr.* hectolitro 百升(容量单位)

HLL *abr. ingl.* high-level language 〈信〉高
级语言

hm *abr.* hectómetro 百米(长度单位)

Ho 〈化〉元素钬(holmio)的符号

hoacin; hoactín *m. Méx.* 〈鸟〉麝雉

hoactli *m. Méx.* 〈鸟〉一种草鹭

hoactzin; hoatzín; hoazín *m.* 见 hoacin

hoaxacán *m. Méx.* 〈植〉愈疮木

hoaxin *m. Méx.* ①葫芦;②加拉巴木果(炮
弹果)

hoaxinus *m. Méx.* 〈植〉西方酸豆

hobo *m.* 〈植〉槟榔青

hocino *m.* ①镰刀,柴镰;②移栽铲;③溪涧;
④(挨近山脚的)谷壁;(峡谷在河边留下的)
沟壑地

hockey *m.* ①曲棍球;②见 ~ sobre hielo

~ sobre cesped 草地曲棍球

~ sobre hielo 冰上曲棍球,冰球

~ sobre hierba 草地曲棍球

~ sobre patines[ruedas] (穿四轮溜冰鞋
进行的)旱冰冰球运动

hoco *m.* 〈鸟〉①凤鸡;②*Amér. C.* 一种凤尾
雉

hodográfico,-ca *adj.* ①〈数〉矢端曲线的;②
〈机〉速度图的

hodógrafo *m.* ①〈数〉矢端曲线;②〈机〉速度
图

hodómetro *m.* ①〈测〉测[计]距器;②(车辆
等的)里程计[表,器];路码表;③计步[步
程]器;④〈机〉转速[数]测量仪

hodoscopio *m.* 〈理〉①描迹仪[器];宇宙射线
描迹仪;②辐射计数器

hogar *m.* ①(火,熔)炉,灶;②〈机〉炉膛,火
室[箱],燃烧室;③〈机〉加煤机;④家,家
园;家庭(生活);⑤*Esp.* 〈教〉家政学;家政
学指导[实践]

~ cuna (昔日的)孤儿院

~ de acogida 孤儿院,收容所

~ de alimentación inferior 下给[下饲]加
煤机

~ de alimentación superior 火上[上饲]
加煤机

~ de ancianos 老人院

~ de cadena 链式加煤机

~ de fusión 锻造[熔铁]炉

~ del estudiante (某些学校的)学生之家

~ del jubilado[pensionista] 退休职工之
家

~ del soldado (某些兵营的)士兵俱乐部

artículo del[para] ~ 家庭必需品

labores del ~ 家务活

hoguido *m. Amér. L.* 呼吸困难,气喘[闷]

hoitzcolotli; hoitziloxite *m. Méx.* 〈植〉刺芹

hoitziltotol *m. Méx.* 〈鸟〉蜂鸟

hoitzmamazali; hoizmamaxali *m. Méx.* 〈植〉
牛角相思树

hoja *f.* ①〈植〉叶;叶子[片];②〈植〉(花的)
瓣;③(剑、刀具、溜冰鞋等的)刀片;(片弹簧
的)簧片;④(金属)薄片;(锡,金属)箔;④板
(材,料);⑤(书刊等的)页,(纸)张;⑥(门、
窗的)扇,门扉,天窗;⑦〈商贸〉单据,报表;
⑧(层状物的)层;⑨(衣服,甲胄等的)拼
片;⑩〈农〉(轮作的)地块

~ abrazadora[amplexicaule]抱茎叶

~ aciculada[acicular] 针状叶

~ acorazonada[cordiforme]心形叶

~ acuminada 渐尖叶

~ áfila 缺[无]叶

~ aovada 卵形叶

~ aserrada[serrada]锯齿(状)叶

~ bipinnada 二回羽状叶

~ chigüe *Amér. C.*〈植〉美洲库拉藤

~ compuesta 复叶

~ crenada 圆齿状叶

~ crenulada 细圆齿状叶

~ de afeitar 刮脸刀片

~ de aján[anís] *Méx.*〈植〉仙胡椒

~ de alumnio 铝箔

~ de amiante 石棉板[片]

~ de bisturí 手术刀片

~ de cálculo 〈信〉①空白表格程序；②工作表

~ de caucho 生胶片

~ de cobro 收款单

~ de concentración[resumen] 汇总单

~ de conciliación 对账表

~ de control 存根，副表

~ de corcho 软木薄板，软木纸

~ de coste[costo] 成本单

~ de cumplido （附在礼物上表示敬意等的）赠礼便条，礼帖

~ de cupones 息票单

~ de destajos 计件账单

~ de detalle 借贷分列表

~ de dietas 费用单

~ de embalaje 装箱单

~ de enumeración 磅码单

~ de estaño 锡箔[纸]

~ de estilo 〈信〉样式表

~ de estudios 学历表

~ de expedición 运[发货]单

~ de Flandes[Milán] 镀锡铁皮，白[马口]铁

~ de gastos 支出报表

~ de guarda （书籍的）扉页

~ de impuesto 征税通知单

~ de inscripción 登记表

~ de instrucciones(~ explicativa) 说明书

~ de inventario 盘存表

~ de jabón *Méx.*〈植〉银叶安息香

~ de lata 白[马口]铁，镀锡铁皮

~ de lechuga *Cub.* 钞票

~ de oro 金箔

~ de paga 工资表

~ de parra 遮羞布；裸体画像[雕刻]中常见的遮蔽阴部的叶形物

~ de pases 过账（凭证）表

~ de pedido 订单，配货提单

~ de plata 银箔

~ de puerta 门扇

~ de reclamación 投诉表

~ de respaldo 单据存根，副表

~ de ruta 货运单

~ de servicios[trabajo, vida] 履历表

~ de sierra 锯条

~ de tabaco 烟叶

~ de tapa *Salv.*〈植〉曼陀罗

~ de tarja 理货单

~ de trabajo ①〈信〉作业表；②〈商贸〉加工单

~ de vidriera 窗玻璃

~ de zinc 锌板，白[锌]铁皮

~ de zope *Amér. C.*〈植〉塔形豆腐柴

~ delgada de metal 箔，金属薄片，薄金属片

~ decurrente 下延叶

~ dentada 齿状叶

~ denticulada 细齿状叶

~ digitada[digital] 指状复叶

~ discolora （正反面）异色叶

~ doble aserrada 重锯齿状叶

~ electrónica 〈信〉空白表格程序

~ entera 全缘叶

~ envainadora 鞘状叶

~ equitante 套折叶

~ esclerófila （小）硬叶

~ fina de plomo 铅板[皮]

~ imparipinnada 奇数羽状叶

~ informativa 传单，散页印刷品

~ intercalar 〈印〉（订在书页间供批注用的）空白页

~ lacerada 撕裂状叶

~ lanceolada 披针形叶

~ lirada 大头羽裂叶

~ lobulada 裂叶

~ maestra 钢板弹簧主片

~ man *Méx.*〈植〉美洲库拉藤

~ marcescente 凋存叶

~ metálica 金属片[板,皮]，薄（钢）板

~ nerviosa 具脉叶

~ niveladora 铲运机铲刀

~ ondulada 浅波状

~ oval 广椭圆形

~ palmaticompuesta 掌状复叶

~ palmatífida 掌状半裂叶

~ palmatisecta 掌状全裂叶

~ palmeada 掌状叶

~ palmeado-compuesta 掌状复叶

~ paripinnada 偶数羽状叶

~ partida 深裂叶

~ peciolada corta/larga 短/长柄叶

~ peltada 盾状叶

~ perenne （二年以上的）多年生叶

~ perfoliada 贯穿叶，穿茎叶

~ pinnada 羽状叶

~ pinnaticompuesta 羽状复叶

~ pinnatífida 羽状半裂叶

~ pinnatipartida 羽状深裂叶

~ pinnatisecta 羽状全裂叶

~ pinta *Méx.*〈植〉虎尾兰

~ plegadiza （桌子的）折板，铰链板

~ sagitada 矢状叶

~ santa *Amér. L.*〈植〉仙胡椒

~ sencilla[simple] 单叶

~ sentada[sésil] 无柄叶

~ suelta 活页印刷品

~ tomentosa 被绒毛的叶子

~ trifoliolada 三小叶复叶

~ urceolada 坛状叶

~ verde 预算明细比较表（美国编制联邦预算的标准格式）

~ volante[volandera] 传单

~s alternas 互生叶

~s compuestas 复叶

~s de zinc 锌片[皮]

~s estípulas 无托叶

~s opuestas 对生叶

~s sueltas 活页印刷品

~s veticiladas 轮生叶

de ~ caduca ①每年落叶的；②阔叶的

hojalata *f.* ①〈冶〉马口铁，白铁皮，镀锌钢[铁]皮；②*Amér. L.* 波纹[瓦楞]铁

~ al coque 镀锡薄钢板

artículos de ~ 马口铁器皿，锡器

bote de ~ 锡罐，罐头盒

hojalatada *f. Méx.* 钣金加工

hojalatería *f.* ①锡制品；②白铁铺[工场，制品店]；③*Amér. L.*〈集〉镀锡铁皮制品，马口铁器皿；④*Amér. L.* 白铁手艺

hojalaterío *m. Amér. C.*, *And.*, *Méx.*〈集〉镀锡铁皮制品，马口铁器皿

hojalatero,-ra *m. f.* 白铁工[匠]，锡工[匠]；白铁制造商

hojaranzo *m.*〈植〉①岩蔷薇；②夹竹桃；③杜鹃花

hojarasca *f.* ①枯[落]叶；②〈建〉叶状饰

hojelata *f. Amér. L.* 白[马口]铁

hojelatero *m. Col.* 白铁匠

hojoso,-sa *adj.* ①叶子茂密的，多叶的；②（叶）片状的，层状的

hojudo,-da *adj.* 叶子茂密的

hojuela *f.* ①〈植〉小[嫩]叶；②〈植〉（复叶的）叶瓣；③小薄片，箔，金属薄片

~ de estaño 锡箔[纸]

hol *m. Méx.*〈植〉管花木槿

holán *m.* ①〈纺〉细（麻）布；②*Méx.*（衣物的）饰[褶，荷叶]边

holanda *f.*〈纺〉洁白亚麻细布，荷兰麻布

lágrima de ~ [H-] 钢化玻璃珠

tierra de ~ [H-]〈矿〉赭土

holandesa *f.*〈印〉四开纸

a la ~ ①荷兰装（指封面是纸或布、书脊是皮的装帧）；②荷兰式

holandeta *f.* 衬里亚麻布

holandilla *f.* ①衬里亚麻布；②荷兰烟草

holándrico,-ca *adj.*〈生〉限雄（遗传）的，全雄遗传的

gene ~ 限雄基因

herencia ~a 限雄遗传

holco *m.*〈植〉绒毛草

holding *m. ingl.* ①〈商贸〉受控股公司控制的公司；②〈体〉（排球运动中的）持球；（橄榄球、篮球、足球等运动中的）拉人[阻挡]犯规

holgura *f.* ①〈机〉（机器零部件的）游[余，空，间，缝，齿]隙；隙；间距；②（衣物等的）宽绰[松]式

holillo *m. Nicar.*〈植〉南美酒椰

holismo *m.*〈环〉〈生〉整体主义

holístico,-ca *adj.* ①全面[盘]的；②〈环〉〈生〉整体主义的

hollejo *m.* ①谷壳，粗糠，饲料；②废物，渣滓；③（雷达干扰）金属箔片，敷金属纸条，（电磁辐射金属）箔条；④膜片；⑤（葡萄、豆类等的）皮；⑥*Amér. L.* 香蕉树皮；⑦*P. Rico* 芭蕉树的棕毛纤维皮

hollí *m. Amér.L.* 胶乳；橡浆

hollín *m.* 烟黑[灰，碳，垢]，煤烟[灰]，炭黑

soplador de ~ 吹灰机

hollinar *m.* 烟黑[灰，碳，垢]

hollinoso,-ta; hollinoso,-sa *adj.* 被煤烟[油烟，烟垢]污染的，被煤炱覆盖的，满是煤烟的

hollywoodiano,-na; hollywoodiense *adj.*〈电影〉①好莱坞电影业的；②好莱坞的；好莱坞人的；③好莱坞式的（风格）

holmio *m.*〈化〉钬

láser ~ 钬激光器

holó *m. Méx.*〈植〉黄槿

holobionte *adj.* 生活在单一环境的

holoblástico,-ca *adj.*〈生〉（卵，分生孢子）全裂的

holobranquio *m.*〈动〉全鳃

holocaína *f.*〈药〉霍洛卡因，芬那卡因

holocárpico,-ca *adj.*〈植〉整体果的

holocéfalo,-la *adj.*〈动〉全头亚纲的 ‖ ①银鲛；②*pl.* 全头亚纲

holoceno,-na *adj.*〈地〉全新统的，全新世的 ‖ *m.* 全新统[世]

holocenosis *f.inv.*〈生〉生态系统

holocrino,-na *adj.* 〈生理〉全分泌的，全浆［质］分泌的

holocristalino,-na *adj.* 全晶质的

holodonto,-ta *adj.* 〈动〉全齿［牙］系的

holoédrico,-ca *adj.* 〈理〉全对称（晶形）的；全［多］面的
cristal ～ 全对称晶体

holoedro *m.* 〈矿〉全面体

holoenzima *m. o f.* 〈生化〉全酶

holofita *f.* 〈生〉自养植物

holofítico,-ca *adj.* 〈生〉自养的

holofoto *m.* 〈理〉全光反射系统

hologamia *f.* 〈生〉配子大型，成［整］体配合，全融合

hologénesis *f.* 〈环〉泛［全］生说

hologínico,-ca *adj.* 〈生〉限［全〕雌遗传的
gene ～ 全雌因子

holografía *f.* 〈摄〉①全息（摄影）学；②全息（摄影）术
～ ultrasónica 超声全息（摄影）术

holográfico,-ca *adj.* 〈摄〉全息（摄影）术的；用全息（摄影）术制作的

hológrafo,-fa *adj.* 〈法〉（遗嘱等）全部亲笔书写的‖ *m.* ①亲笔遗嘱；②亲笔文件，手书

holograma *m.* ①〈理〉全息图；②〈摄〉全息摄影（底片）

holográmico,-ca *adj.* 〈理〉全息图的

holohialino,-na *adj.* （岩石）全玻璃纸的

holometabólico,-ca *adj.* 〈昆〉全变态的

holometabolios *m. pl.* 〈昆〉全变态类

holometabolismo *m.* 〈昆〉全变态

holometábolo,-la *adj.* 〈昆〉全变态的‖ *m. pl.* 全变态类

holómetro *m.* 〈测〉测高计

holomorfosis *f.* 〈动〉完全再生

holonefros; holonefrótomo *m.* 〈动〉全肾

holoparásito,-ta *adj.* 〈生〉全寄生的‖ *m.* 全寄生物

holoplancton *m.* 〈生〉〈环〉终生浮游生物

holopnéustico,-ca *adj.* 〈动〉全气门（式）的

holóptico,-ca *adj.* 〈动〉接眼（式）的

holorrino *m.* 〈动〉全鼻型

holosimétrico,-ca *adj.* 〈理〉全对称（晶形）的，全［多］面的

holosistema *m.* 〈矿〉全面体

holosteosclerosis *f.* 〈医〉全身骨硬化

holostérico,-ca *adj.* 全固体的
barómetro ～ 无液气压计

holostilia *f.* 〈动〉全接型

holotipo *m.* ①〈动〉全型；②〈生〉正模（标本）

holoturia *f.* 〈动〉海参

holotúrido,-da; holoturoideo,-dea *adj.* 〈动〉①海参的；②海参纲动物的‖ *m.* ①海参纲动物；②*pl.* 海参纲

holozoico,-ca *adj.* 〈动〉全动物营养的

holqualhuiti *m. Méx.* 〈植〉巴拿马橡胶

holter *m.* 〈医〉（24 小时的便携式）心脏监测器

hombre *m.* ①人；②（成年）男人［子］；③大［成年〕人，男子汉，大丈夫；④人类；⑤〈体〉（男）球队队员；⑥〈军〉士兵
～ bueno ①正直［老实］的人；②〈法〉调解人
～ de acción 实干家
～ de ambas sillas ①多才多艺的人，有多种才干的人；②骑术高超的人
～ de armas 全副武装的人
～ de Beijing 北京［中国〕猿人
～ de bien 正直［老实］的人
～ de cabeza 有头脑的人，有才能的人
～ de cabo （旧时）水手，海员
～ de campo 经常到野外去的人（指经常打猎或下地干活的人）
～ de ciencia 科学家
～ de dos caras 两面派
～ de edad 老人，上年纪的人
～ de Estado 国务活动家，政治家
～ de guerra[pelea]士兵
～ de las cavernas 穴居野人（尤指石器时代的穴居人）
～ de letras ①学者，文人；②作家
～ de lunas 疯子
～ de manga 僧侣，教士
～ de mar 海员，水手
～ de negocios 商人，实［事］业家
～ de paja 下［帮］手，跟班
～ de palabras 说话算数的人
～ de punto 权贵，达官贵人
～ del día 当今要人；新闻人物
～ del tiempo 气象报告员
～ exterior 躯［肉〕体
～ fuerte 有权势的人
～ grande C. Rica, Nicar. 〈植〉一种灌木
～ hecho 成年人
～ interior 灵魂，内心
～ mosca 高空秋千表演者
～ orquesta 能同时演奏几种乐器的乐师
～ público 社会［政治〕活动家
～ rana 蛙人，潜水员
～ viejo 旧人（指未悔过自新的人）
devorador de ～s 〈动〉大白鲨

hombrecillo *m.* 〈植〉忽布，啤酒花

hombre-gol (*pl.* hombres-gol) *m.* 〈体〉得分手

hombre-lobo (*pl*. hombres-lobo) *m*. 狼人

hombre-masa (*pl*. hombres-masa) *m*. 普通人

hombre-mito (*pl*. hombres-mito) *m*. 神秘的人

hombre-mono (*pl*. hombres-mono) *m*. 猿人

hombre-rana (*pl*. hombres-rana) *m*. 蛙人

hombro *m*. ①〈解〉肩,肩膀[胛];②(衣服的)肩部;③肩状物;〈机〉台[轴,突]肩;④〈印〉字肩

hombrón *m*. *C. Rica*〈植〉庇特尤龙芋

homeobox *m. ingl*.〈遗〉同源框(一种 DNA 结合区)

homeomórfico,-ca *adj*. ①〈化〉异质同晶的;②〈数〉同胚的 ,拓扑映射的,连续函数的

homeomorfismo *m*. ①〈化〉异质同晶(现象);②〈数〉同胚,拓扑映射,连续函数

homeópata *adj*.〈医〉使用[提倡]顺势疗法的 ‖ *m. f*. 使用[提倡]顺势疗法的医生

homeopatía *f*.〈医〉(用一种与病原体相似但不相同的物质进行治疗的)顺势疗法

homeopático,-ca *adj*. ①〈医〉顺势疗法的;②(像顺势疗法中所用药物剂量那样)微小[量]的,(用药)小剂量的

homeosis *f*.〈遗〉同源异形现象,同形异位现象

homeostasia；homeostasis；homeóstasis *f*. ①〈生理〉体内平衡;②(社会组织等内部的)稳定

homeostático,-ca *adj*. ①〈生理〉体内平衡的;②(社会组织等内部)稳定的

homeoterapia *f*.〈医〉顺势疗法

homeotermia *f*.〈动〉温血,同[恒]温

homeotérmico,-ca；homeotermo,-ma *adj*.〈动〉温血的,同[恒]温的

homeotípico,-ca *adj*.〈生〉同型的

homeotipo *m*.〈生〉同型

homero *m*.〈植〉胶[欧洲]桤木

homicidio *m*. ①谋[凶]杀,杀人;②〈法〉过失杀人

homicillo *m*. (对严重伤害犯或杀人犯缺席审判所处的)罚款

hominal *adj*. 人(类)的

homínido,-da *adj*.〈动〉人科的 ‖ *m*. ①人科动物;②人科

hominización *f*. (灵长类动物等的)人化,人化过程

hominoideo,-dea *adj*.〈动〉人形的,似人的;人上科的 ‖ *m. pl*. 人上科动物;类人动物

homo *m. lat*. 人(学名)
　　～ erectus 直立人
　　～ sapiens 智人,人类

homobasidiomicétidas *f. pl*.〈植〉同担子菌亚纲

homocarpo,-pa *adj*.〈植〉同果(实)的

homocéntrico,-ca *adj*. 同(中)心的,共心的

homocentro *m*. 同心圆

homocerca *f*.〈动〉正形尾鱼,正尾

homocerco,-ca *adj*.〈动〉①同鳍的;②(鱼)正(形)尾的;(鱼)具正(形)尾的
　　peces ～s 正(形)尾鱼

homocíclico,-ca *adj*.〈化〉碳环的;同素环的

homociclo *m*.〈化〉碳[同素]环化合物

homocigosis *f*.〈生〉纯质性

homocigótico,-ca *adj*.〈生〉纯合的;同型接合的

homocigoto *m*.〈生〉纯合(子)体,同型接合体[子]

homocinético,-ca *adj*.〈理〉(粒子)同速运动的

homocistinemia *f*.〈医〉高胱氨酸血(症)

homocistinuria *f*.〈医〉(同型)高胱氨酸尿症

homocitrópico,-ca *adj*.〈生医〉亲同种细胞的(指抗体等)
　　anticuerpo ～ 亲同种细胞抗体

homoclamídeo,-dea *adj*.〈植〉萼冠同形的(花)
　　flor ～a 萼冠同形花

homoclinal *m*.〈地〉同[单]斜层,单科褶曲

homocromía *f*.〈环〉单[同]色

homocromo,-ma *adj*. ①〈环〉单[同]色的;②〈植〉单色的;③〈动〉(马所生存的环境)同色的

homócrono,-na *adj*.〈生〉(遗传特性在亲子之间)同龄发生的;同期[时]的
　　herencia ～a 同期遗传
　　superfecundación ～a 同期复孕

homodésmico,-ca *adj*. 纯键的(晶体)

homodonto,-ta *adj*.〈动〉同型齿[牙]的 ‖ *m*. 同型齿

homódromo,-ma *adj*. ①〈植〉同向旋转的;②同向运动的

homo erectus *lat*. (人类)直立人

homoerótico,-ca *adj*. 同性恋的,同性恋性欲的

homoerotismo *m*. ①同性恋欲,同性恋;②同性恋期

homoespecificidad *f*.〈医〉同特异性

homoestimulación *f*.〈医〉同种刺激法

homofermentación *f*.〈生化〉纯[同型]发酵

homofobia *m*.〈心〉对同性恋(者)的憎恶[恐惧]

homofóbico,-ca *adj*. 对同性恋(者)憎恶[恐惧]的

homófobo,-ba *adj*. 对同性恋(者)憎恶[恐惧]的 ‖ *m. f*. 对同性恋(者)憎恶[恐惧]的

人

homofonía *f.* 〈乐〉同音；齐唱［奏］

homófono,-na *adj.* 〈乐〉同音的；齐唱［奏］的

homogamético,-ca *adj.* 〈生〉同（型）配（子）的

homogameto *m.* 〈生〉同型配子

homogamia *f.* ①〈生〉同配生殖，同型交配；近亲繁殖；②〈植〉雌雄（蕊）同熟；③〈植〉具同性花

homógamo,-ma *adj.* 〈植〉①具同性花的；②雌雄蕊同熟的；③〈生〉同配生殖的，近亲繁殖的

homogeneidad *f.* ①同种［质］，均匀性，同质性；同［划］一性；②〈数〉齐［同质］性
～ de producto 产品同一性

homogeneización *f.* ①〈环〉〈医〉（均）匀化；均［同］质化；纯一化；②（尤指对牛奶的）均质处理

homogeneizador；homogeneizante *adj.* 均［同］质化的 ‖ *m.* 〈机〉匀化器，均质器

homogéneo,-nea *adj.* ①同种［质，源］的，同种类的；②均匀［一，质］的；③〈生〉同质化的；④〈数〉齐次的，齐（性）的；⑤〈化〉（同）相的
coordinadas ～as 齐次坐标
producto ～ 同类产品

homogénesis *f.* 〈生〉同质，同型生殖，纯一生殖

homogenia *f.* 〈生〉同源发生

homogenización *f.* 〈环〉〈医〉（均）匀化；均［同］质化；纯一化

homogenizador *m.* 均质［化，浆］器

homógeno,-na *adj.* 〈生〉同源发生的，同质的

homografía *f.* 〈数〉单应性

homográfico,-ca *adj.* 〈数〉单应（性）的

homohemoterapia *f.* 〈医〉同种血疗法

homolisina *f.* 〈生化〉同种溶素

homolisis *f.* 〈化〉均裂，均匀分解，同种溶解

homolítico,-ca *adj.* 〈化〉均裂的

homologa *f.* ①同系物（如同系化合物，同系器官，同系染色体等）；②同系部分；③同种组织

homologable *adj.* 可认可［确认］的；可类比的

homologación *f.* ①〈法〉正式批准，核准，认可；②〈体〉承认［认可］（记录）

homologado,-da *adj.* 〈法〉正式批准的

homologar *tr.* ①〈法〉正式批准，核准，认可；②使标准化，使合乎标准；③〈体〉承认［认可］（记录）；④使类比，使相等同，使类似，使相应；⑤确认（在国外学习成绩）有效；⑥（对产品）检［认］定，认可

homológeno *m.* 〈医〉同系物

homología *f.* ①相应，类似；相应物；②〈数〉同调；透射；③〈生〉同源［种］；④〈化〉同系（现象）

homológico,-ca *adj.* ①相应的，类似的；②〈数〉同调的；③〈生〉同源［种］的；④〈化〉同系的（化合物）

homólogo,-ga *adj.* ①相应的；类似的；②〈生〉同种异体的，同源的；③〈数〉同调的；对应的；④〈化〉（化合物）同系的；⑤〈逻〉同义的；⑥〈医〉（组织、血清等）同种的
anticuerpo ～ 同种抗体
lados ～s 〈数〉对应边
suero ～ 同种血清

homomorfismo *m.* ①形状相似［同］；②〈动〉成幼同型；③〈生〉同形［型］；④〈植〉同形性；⑤〈数〉同态

homomorfo,-fa *adj.* ①形状相同［似］的；②〈生〉同形［型］的；③〈数〉同态的

homónimo,-ma *adj.* 〈视觉〉同侧的

homopausa *f.* 〈气〉均质层顶

homopétalo,-la *adj.* 〈植〉同瓣的（花）

homoplasia *f.* 〈生〉趋同性；(非同源)相似

homoplastia *f.* 〈医〉①同种移植术；②非同种相似

homoplástico,-ca *adj.* 〈医〉①同型的；(非同源)相似的；②同种（移植）的

homopolar *adj.* ①同极的；②〈化〉无极的，共价的；③〈无〉单［同］极的

homopolímero *m.* 〈化〉均聚（合）物

homopolisacárido *m.* 〈生化〉匀［同］多糖

homóptero,-ra *adj.* 〈昆〉同翅（亚目）的 ‖ *m.* ①同翅亚目昆虫；②*pl.* 同翅亚目

homo sapiens *lat.* ①智人（现代人的学名）；②人类

homoscedasticidad *f.* 〈统〉方差齐性，同方差性

homosexual *adj.* 同性恋的，同性性欲的 ‖ *m. f.* 同性恋者

homosexualidad *f.* ；**homosexualismo** *m.* 同性恋，同性性欲

homosfera *f.* 〈气〉均质层

homosinapsis *f.* 〈动〉同型联会

homosista *f.* 〈地〉同地震曲线

homósporo,-ra *adj.* 〈植〉具同形孢子的

homostilia *f.* 〈植〉花柱等［同］长

homotalia *f.* ①〈生〉（真菌等）同宗配合；②〈植〉雌雄同株

homotálico,-ca *adj.* ①〈生〉同宗配合的；②雌雄同株的

homotalismo *m.* 〈植〉〈生〉同宗配合现象

homotaxia *f.* 〈地〉（地层等的）排列类似

homotecia *f.* 〈数〉〈同〉位〈相〉似

homotermia *f.* 〈动〉〈生〉恒温，温血

homotérmico,-ca; homotermo,-ma *adj.* 〈动〉〈生〉恒[同]温的，温血的

homotético,-ca *adj.* 〈数〉〈同〉位〈相〉似的；同位的，相似的

homotipia *f.*; **homotipo** *m.* 〈生〉同型

homotípico,-ca *adj.* 〈生〉同型的

homotopia; homotopía *f.* 〈数〉同伦，伦移

homotransplante *m.* 〈医〉同种移植物

homotrópico,-ca *adj.* 〈医〉同[等]位的
transplantación ～a 同位移植

homótropo,-pa *adj.* 〈植〉同向弯曲的

homozigótico,-ca; homozigoto,-ta *adj.* 〈生〉纯合的，同型接合的 ‖ *m.* 纯合体[子]；同型接合体[子]

honda *f.* ①投石器，弹弓；②吊绳[索]

hondable *adj.* 可以泊船的

hondear *tr.* ①〈海〉测量水深；②（从船上）卸货

hondo,-da *adj.* ①深的，深处的；②高深的；③〈音〉低的；④〈地〉低洼的；⑤*Cub.* 涨水的（河流） ‖ *m.* ①深（度）；②深处[渊]；深水（600 米以上）；③底（部）
terreno ～ 洼地

hondón *m.* ①底，底部；②洼[凹]地；③深谷

hondonada *f.* ①（深，峡，皱）谷，沟壑，山涧；②凹[洼]地

hondura *f.* ①深；深度；②*pl.* 深处[渊，海]；③*Méx.* 〈植〉一种洋李树

hongo *m.* ①〈植〉真菌；②〈植〉（可食用的）蘑菇，伞菌，蕈；（不可食用的）毒蕈，毒菌；③*pl.* 〈植〉蕈纲，真菌纲；④〈医〉真菌病；海绵肿（一种鱼皮肤病）；⑤蘑菇状烟云；⑥阀（舌）；⑦〈海〉（船上带菌状盖的）通风管出口
～ ascomiceto 子囊菌
～ atómico（氢弹、原子弹爆炸而产生的）蘑菇云
～ basidiomiceto 担子菌
～ de mosaico 镶嵌真菌
～ ficomiceto 藻菌
～ marino 〈动〉海葵
～ parásito 寄生菌
～ perfecto 完全真菌
～ primaveral 春菇
～ saprofítico 腐生菌
～ venenoso 毒菌
～ yesquero 〈植〉引火菌
sombrero ～ 碗形硬毡帽

hongoso,-sa *adj.* ①真菌的，似真菌的；②蘑菇状的，海绵状的；蓬松的

hontanal *m.* 〈地〉泉眼[源] ‖ *f. pl.* 泉水节

hontanar; hontanarejo *m.* 〈地〉泉眼[源]

hook *m. ingl.* ①钩，吊[挂]钩，爪；②〈机〉掣[夹，卡]子；钩形物

hopo *m.* ①（羊、狐狸等的）大尾巴；②毛[发]缕
～ de zorro 〈植〉狐尾草

hora *f.* ①小时，钟点；②〈教〉课时；学时；③预[约]定（时间）；④〈天〉时，赤经 15 度；⑤〈天〉时区，标准时间
～ astronómica 天文时
～ cargada 忙时，最大负荷小时
～ civil 民用时
～ de acceso 〈信〉存取[访问]时间
～ de apertura 开始营业时间
～ de cierre ①（报纸的）截稿时间；②（电台、电视台的一天节目结束的）停播时间
～ de clase 〈教〉课时
～ de Greenwich 格林尼治时间（国际标准时间）
～ de la modorra（执勤的）黎明班
～ de máquina 机器小时
～ de mayor afluencia(～ del tropel) 高峰时间
～ de oficina[despacho] 办公时间
～ de recreo 游戏[娱乐，休息]时间
～ (de) trabajo 工时；工作时间
～ de verano 夏令时
～ de visita（医院等的）接待时间，探望时间
～ extra 加班时间
～ fijada 规定时间，固[特]定时间
～ h[hache] ①〈军〉进攻发动时刻；②行动开始时间
～ libre(～s muertas) 空闲时间
～ local 当地时间
～ oficial 标准时间
～ pico *Méx.* 高峰（时间）
～ punta/valle（交通、用电等的）高峰/非高峰时间
～ santa 星期四午夜祷（夜十一时至十二时）
～ solar 〈天〉太阳时
～ tope 时限
～ universal（协调）世界时，格林尼治平均时
～ valle（公益服务的）空闲时间
～s comerciales(～s de comercio) 营业时间
～s de mayor audiencia（广播与电视节目的）黄金时间
～s de mayor intensidad（～s punta）高峰[拥挤]时间
～s de negocios 营业时间
～s de vuelo ①航班起飞时间；②经验

［历］；③年长［高］；资深

~s descargadas 非峰荷［非高峰］时间

~s estándar de trabajo 标准工时

~s hábiles 工作［办公］时间，工时

~s extraordinarias 加班时间

~s normales 正常工作时间

~s suplementarias 业余时间，下班后时间

a la ~ horada 准时地，卡紧时间地

cláusula de ~ estándar 标准时间条款

entre ~s ①在两顿饭之间；②除吃饭、睡觉以外的时间

las cuarenta ~s 四十小时祭（纪念耶稣在墓中度过的四十个小时）

hora-hombre（*pl.* horas-hombre）*f.* 人力，人工小时

producción ~ 按人工小时计算的产量

hora-máquina *f.* 机器小时

hora-trabajo *m.* 人工小时

horadable *adj.* 可以穿透的

horadación *f.* 打穿；穿透

horadador,-ra *adj.* 穿透（某物）的 ‖ *m.* ①钻（孔）机；②钻（探）工

horadante *adj.* 穿透（某物）的

horadar *tr.* ①钻眼，钻［穿，扩，镗］孔，穿透，打穿；②挖掘（地道）

horado *m.* ①（打的）孔，眼，窟窿，透穿孔；②（地下的）洞穴，山洞

horario,-ria *adj.* 时间的；(每)小时的 ‖ *m.* ①（工作等的）时间表；（火车等的）时刻表；②（钟表的）时［短］针；③钟表

~ comercial 营业［办公］时间

~ de atención al público 向公众开放时间

~ de ferrocarril 火车时刻表

~ de máxima audiencia（~ estelar）（广播与电视节目的）黄金时间

~ de oficina ①（股市）交易时段；②办公时间（表）

~ de visitas 门诊时间（表）

~ escolar〈教〉课程表

~ flexible 弹性时间（制）

~ intensivo 连续工作时间

~ partido 间隔班（指工作时间分成间歇较长的两段或几段的轮班）

diferencia ~a 时差

huso ~ 标准时区，时区

señal ~a 报时［时间］信号

variación ~a 时变化

horcajadura *f.*〈解〉（人体的）两腿分叉处，胯部

horcajo *m.* ①（牛，骡）轭；②（树的）分叉（处）；③（两条河、滨的）汇合处；④（两条山脉、沟渠的）接合处

horchata *f.* ①地栗茶；②杏仁茶

horcomolle *m. Arg.*〈植〉①一种人心果树；② 一种桃金娘科植物；③麦哲伦美登木

horcón *f.* 草叉，草耙

hordáceo,-cea *adj.*〈植〉大麦属的

hordeína *f.*〈化〉大麦醇溶蛋白

hordeolum *m.*〈医〉睑腺炎，麦粒肿

hordiate *m.* ①大麦茶；②大麦粒

horero *m. And., Méx.*（钟表的）时［短］针

horizontal *adj.* ①地平线（上）的；接近地平线的；②水平的；横（向）的；③（机器等）平放的，卧式的；④平（坦）的 ‖ *f.* ①水［地］平线；②横线；③水平面［物］

célula ~ 水平细胞

comercio ~ 横向贸易

diferencial ~ 水平差价

dirección ~ 水平方向，方位

diversificación ~ 横向多种经营

integración ~ 横向合并［联合］

línea ~ 水平线

plano ~ 水平面

propiedad ~〈法〉水平产权（指拥有一幢楼房中的一套或一层、数层住房的产权）

sección ~ 水平剖［断］面，平截面

sindicato ~ 横向工会，同业公会

tabulación ~ 横向［水平］制表

vuelo ~ 水平飞行

horizontalidad *f.* ①水平状态［位置，性质］；②横置状态

horizontalizar *tr.* ①使成水平状态［位置］；②横置

horizonte *m.* ①地平线，天际，地平；水平（线）；②〈天〉视地平；（天球）地平圈；③〈技〉地［水］平仪；④（思想、阅历、知识等的）范围；眼界；视域；⑤〈画〉（透视画中的）视平线；⑥〈地〉层；层位

~ aparente 视地平

~ artificial 人工地平，人工［陀螺］地平仪

~ de inversión 投资前景

~ de reflexión 反射层

~ matemático［natural, racional］（天球）地平圈；真地平圈

~ sensible［visible］视［可见］地平线；可见水平线

línea de ~ 水平线

horma *f.* ①鞋［帽］楦，楦子；鞋撑；②〈机〉模［内，卷］型；③量规，样板；④干砌［垒］墙；⑤*Amér. L.*（做糖块用的）模子

~ para curvas 曲线规

hormanguillo *m. Méx.*〈植〉拉美破布木

hormaza *f.*〈建〉（干垒的）石墙

hormiga *f.* ①〈昆〉蚂蚁；②*pl.*〈医〉蚁走感

~ agrícola *Méx.* 一种切叶蚁

~ arriera *Amér. L.* 热带切叶蚁
~ blanca 白蚁
~ león 蚁狮[蛉]
~ obrera 工蚁
~ roja 厨蚁
palo de ~ *Bras.* 〈植〉结节破布木
hormigante *adj.* 引起蚁走感的,致痒的
hormigón *m.* ①〈建〉混凝土;凝结物;②〈昆〉大(蚂)蚁;③〈植〉(某些植物上的)一种虫害;④〈兽医〉(牛的)一种疾病
~ acorazado[armado, reforzado] 钢筋混凝土
~ alquitranado 捣实混凝土
~ biruminoso (~ de asfalto) 沥青混凝土
~ celular 泡沫[加气]混凝土
~ ciclópeo 蛮[块]石混凝土
~ clavable[clavadizo] 受钉混凝土(可打钉的混凝土)
~ colado 成堆混凝土,未摊铺混凝土
~ común[ordinario, simple] 素(水泥)混凝土,普通[无筋]混凝土
~ de cemento 水泥混凝土
~ de escorias 矿渣混凝土
~ de fibrocemento 纤维性混凝土
~ de grano fino 微粒混凝土
~ de ladrillo 混凝土砖
~ en masa 大块[大体积]混凝土
~ hidráulico 水硬混凝土
~ ligero/pesado 轻/重混凝土
~ moldeado 浇注的混凝土
~ precompreso[pretensado] 预应力混凝土
~ premoldeado 预制(钢筋)混凝土
~ refractario 耐火混凝土
~ seco 干硬(性)混凝土,稠混凝土
~ tipo 混凝土标准件
~ vibrado 振捣(过的)混凝土
arena para ~ 固结砂
hormigonado *m.* 混凝土工程
hormigonadora *f.* 〈机〉混凝土搅拌机
hormigonar *tr.* 浇筑[注]混凝土(于),用混凝土修筑,制成混凝土
hormigonera *f.* 〈机〉混凝土搅拌机
~ ambulante 运送混凝土搅拌机
~ automóvil(~ de camión) 混凝土拌和车
hormigonero, -ra *adj.* 混凝土(制)的
hormigonio *m.* 〈植〉连锁体
hormigoso, -sa *adj.* 蚁蛀(蛀坏)的
hormigueo *m.* 〈医〉发痒,有蚁走感
hormiguero, -ra *adj.* 〈医〉蚁走感的,发痒的 ‖ *m.* ①蚁冢[穴],蚂蚁窝;②(动物或人)密集处;③〈鸟〉蚁䴕;④〈农〉(田地里烧后

用作肥料的)草堆;⑤*Amér. L.* 〈兽医〉(马的)蹄叶炎;⑥*Amér. L.* 〈动〉食蚁兽;⑦*Méx.* 〈植〉拉美破布木;⑧*Col.* 〈植〉蓼树
~ grande *Per.* 〈动〉食蚁兽
hierba ~a 土荆芥
oso ~ 食蚁兽[动物](如大食蚁兽、穿山甲、土豚、针鼹等)
hormiguesco, -ca *adj.* (蚂)蚁的
hormiguilla *f.* 〈医〉痒,蚁走感
hormiguillo *m.* ①〈医〉发痒,蚁走感;②〈兽医〉(马的)蹄叶炎;③*Amér. L.* 〈冶〉(银矿石的)汞齐作用;汞齐化;④*Méx.* 〈植〉白破布木;蒜味破布木;拉美破布木
hormino *m.* 〈植〉彩叶鼠尾草
hormón *m.* 见 hormona
hormona *f.* 〈生化〉激素,荷尔蒙
~ cerebral 脑激素
~ cortical 皮质激素
~ de corazón (心脏)激素
~ de crecimiento ①促生长素,生长激素;②植物生[激]长素
~ de muda 蜕皮激素
~ del vago 迷走神经(激)素
~ diabetógena 致糖尿激素
~ endocrina 内分泌激素
~ esteroidal 类固醇激素
~ folicular 卵泡激素
~ gastrointestinal 胃肠道刺激
~ gonadotrópica 促性腺激素
~ juvenil 保幼激素
~ lactogénica 催[生]乳(激)素
~ paratiroidea 甲状旁腺(激)素
~ sexual 性激素
~ somatotrófica 促生长激素
~ testicular 睾丸激素
~ tímica 胸腺激素
~ tiroidea 甲状腺激素
~ tiroidestimulante 促甲状腺激素,甲状腺刺激素
hormonal *adj.* 〈生化〉激素的,荷尔蒙的
tratamiento ~ 激素治疗[疗法]
hormonarse *r.* 接受激素治疗
hormonogénesis *f.* 〈医〉激素发生
hormonogenético, -ca *adj.* 〈医〉激素发生的
hormonopoyesis *f.* 〈生理〉激素生成
hormonopoyético, -ca *adj.* 〈生理〉激素生成的
hormonoprivia *f.* 〈医〉激素缺乏
hormonosis *f.* 〈医〉激素过多
hormonoterapia *f.* 〈医〉激素疗法
horn *m. al.* 〈地〉角峰
hornabeque *m.* 〈军〉角堡

hornabique *m.* *Méx.*〈军〉角堡
hornablenda *f.*〈地〉〈矿〉角闪石
hornablendita *f.*〈矿〉角闪石岩
hornagueo *m.* 采煤
hornaguera *f.* 沥青(褐)煤
hornaguero,-ra *adj.* 有煤的
hornblenda *f.*〈地〉〈矿〉角闪石
hornblendita *f.*〈矿〉角闪石岩
hornecino *m.*〈植〉(葡萄藤下部的)不结果枝
hornerito *m.* *Arg.*,*Bol.*,*Chil.*〈鸟〉①棕灶鸟;②冠灶鸟
hornero,-ra *m. f. Bol.*,*Riopl.* 砖瓦厂工人 ‖ *m.* ①司炉;②*Arg.*,*Bol.*,*Chil.*〈鸟〉灶鸟
hornfelsa *f.*〈地〉角页岩
hornillero *m.* *Per.*〈鸟〉灶鸟
hornillo *m.* ①轻便炉,小灶,小炉子;②燃烧器[炉,室,嘴];(烟斗的)斗;③喷灯;④〈军〉(埋在地下待爆的)炸药箱[包];⑤〈矿〉(开矿的)炮眼
　～ de atanor 炼丹炉
　～ de charolar 搪瓷炉灶
　～ de ensayo 试金炉
　～ de gas 煤气(喷)灯,煤气炉
　～ de kerosén 煤油炉
　～ de mina 雷室,地雷炸药室
　～ eléctrico 电炉
hornito *m.Méx.*〈地〉小火山岩锥
horno *m.* ①(火,高,烤,电,加热)炉;熔炉;②炼金属炉;③(砖,石灰,烧炭)窑;④(食品的)烤箱;⑤火炉(指很热的地方);⑥(蜂箱外的)蜂巢;(蜂箱壁上的)蜂窝(孔)
　～ Acheson (制金刚砂用的)阿克逊电炉
　～ Ajax-Wyatt 阿贾斯-瓦特铁心感应电炉
　～ alto 高炉
　～ calentador al gas 煤气炉
　～ continuo 连续式加热炉
　～ crematorio 焚尸炉
　～ de aceite pesado (燃,烧)油炉
　～ de afinar 精炼炉
　～ de antecrisol 前炉
　～ de arco (eléctrico)电弧炉
　～ de arco directo/indirecto 直/间接电弧炉
　～ de atmósfera controlada 保护气体炉
　～ de baja frecuencia 低频电炉
　～ de balsa 槽炉
　～ de[para] cal 石灰窑
　～ de calcinación[calcinar] 焙[煅]烧炉
　～ de carbón vegetal 木炭窑
　～ de carbonización 碳化器
　～ de cementación 渗碳炉
　～ de cemento 水泥窑
　～ de colmena 巢式窑
　～ de copela[copelación] 灰吹炉,提银炉
　～ de[para] coque[coquizar] 炼焦炉
　～ de corriente monofásica 单项电炉
　～ de cracking 裂解炉
　～ de crisol 罐[坩埚]炉
　～ de cuba 高[鼓风]炉
　～ de curvar 管坯炉
　～ de esmaltar 搪瓷炉
　～ de extender 平板(玻璃)炉
　～ de fosa[resudar]均热炉
　～ de fundición[fundir,fusión] 冶炼[熔化]炉
　～ de gas 煤气灶,毒气室
　～ de inducción de alta frecuencia 高频感应电炉
　～ de[para] ladrillos 砖窑,烧砖炉
　～ de manga 低压高[鼓风]炉,化铁[冲天]炉
　～ (de) microondas 微波炉
　～ de muflas 马弗炉,套[隔焰,回热]炉
　～ de precalentamiento 预热炉
　～ de pudelar 搅炼炉
　～ de rayos catódicos 阴极射线炉
　～ de recalentamiento[recalentar]再热[熔焊]炉
　～ de recocido 退火炉
　～ de resistencia eléctrica 电阻(加热)炉
　～ de revenido 回火炉
　～ de reverbero 反射炉
　～ de Schneider 谢利得高频感应炉
　～ de Seassano 旋转电弧炉
　～ de secar (木材)干烘窑
　～ de solera abierta 平炉
　～ de solera móvil 活底炉
　～ de soleta(～ Martín)平[马丁,开膛]炉
　～ de tejas 瓦窑
　～ de tostación 焙烧炉
　～ de tratamientos térmicos 热处理炉
　～ de túnel 隧道式烘[退火]炉
　～ de vidrio 玻璃熔炉
　～ eléctrico 电炉
　～ (eléctrico) de inducción 感应电炉
　～ Hering 赫林电炉
　～ Keller 凯勒电炉
　～ ladrillero 砖窑
　～ ondulado 波形炉
　～ oscilante (正反向)摇摆炉,摇滚[动]式炉
　～ pit 均热炉
　～ rotativo (烧水泥用的)回转[旋转]窑
　～ solar 太阳能炉

~ Wild-Barfield 热电阻丝电炉

altar de ~ 火桥,(锅炉)火坝,火砖拱

alto ~ 高[鼓风]炉

bajo ~ 精炼炉

cuba de ~ 炉体

cubresoldadura en ~ 炉内钎焊

envuelta de ~ (高炉)环梁壳

parada momentánea de alto ~ 休风,压火

parrilla de ~ 炉条[箅],火床

puente de ~ 火桥

puerta de ~ 炉门,防火门

secado al ~ (木材)炉内烘[烤]干

solera de ~ 障热固定板,固定炉条

horodatador; horofechador *m.* 时间日期自动打印(显示)器

horokilométrico,-ca *adj.* 计里程和时间的

horología *f.* ①钟表[时计]学;②钟表[时计]制造术

horológico,-ca *adj.* ①钟表[时计]学的;②钟表的;时计的

horólogo *m.* ①钟表研究[制造]者;②钟表商

horometría *f.* 测时法;时计法

horómetro *m.* 测时仪[计]

horqueta *f.* ①叉,草[树]叉;②叉子[斗,架];③*Amér. L.* 岔道[口];④*Arg., Chil.* 港[河]汊

horquetilla *f.* 〈植〉①*P. Rico* 辐花虎尾草;②*C. Rica* 沙拉普山黄皮

horquilla *f.* ①发夹[叉,卡];②〈农〉草叉,耙;③(自行车的)前叉;④(音,轮,拨,分)叉;⑤叉子[架,臂],叉形接头,叉状物,轭状物;⑥(支撑树枝的)叉形支棍;⑦(船的)桨托[轴];⑧(搁电话听筒的)叉簧,听筒架;⑨〈医〉发梢分叉病;⑩(收入等的)等级段,档次;⑪(最小和最大数之间的)差距

~ de acomplamiento 叉(形联)接,叉形接头

~ de correa 移带叉

~ de replicación 〈医〉复制叉

~ de salarios 工资档次差距

~ del selector 换挡叉

en forma de ~ 叉形[状]的;有分叉的

horquillado,-da *adj.* 叉形的 ‖ *m.* (葡萄藤等的)支架

horra *adj. Col.* 〈动〉(雌性动物)不会生育的

hórreo *m.* ①粮[谷]仓;②*Esp.* (用柱子架空的)木制粮仓

horripilación *f.* 〈医〉寒战

horripilancia *f. Amér. L.* 〈医〉寒战

horro,-rra *adj.* 〈动〉①(母畜)未孕的,不育的;②(牧人的牲畜)免费放牧的

horrura *f.* ①屑,渣,废物;②*pl.* 〈矿〉(仍可提炼的)浮渣

horse-power *m. ingl.* 〈机〉马力

horsfodita *f.* 〈矿〉锑铜矿

horst *m. al.* 〈地〉地垒

horsteno *m.* 〈地〉燧[黑硅]石,角岩

hortaliza *f.* ①蔬[青]菜;②*Méx.* 菜园

~s deshidratadas 脱水蔬菜

~s tempranas 时鲜蔬菜

hortelano,-na *adj.* 菜[果]园的 ‖ *m. f.* ①园丁;②菜农 ‖ *m.* 〈鸟〉圃鹀

agricultor ~ 菜农

hortense *adj.* 菜[果]园的,蔬菜的

productos ~ 菜园产品

hortensia *f.* 〈植〉绣球花(又称八仙花)属植物

hortícola *adj.* ①园艺(学)的;②菜园的 ‖ *m. f.* 园艺师[家]

ciencia ~ 园艺学

cultivos ~s 菜园作物

horticultor *m.* ①园艺师[家];②苗木培养工,花圃工;③菜农

horticultura *f.* ①园艺(学);②菜园种植

horticultural *adj.* 园艺(学)的

horticulturista *m. f.* 园艺(学)家

hortofrutícola *adj.* 蔬菜水果的;菜园果树的

hortofruticultura *f.* 果蔬种植(业,技术)

hospedador,-ra *adj.* (动植物)有寄生虫的 ‖ *m.* ①〈生〉寄[宿]主;受体;②有寄生虫的动[植]物

hospedante *adj.* (动植物)有寄生虫的

hospitalidad *f.* (病人)住院

hospitalización *f.* 住院治疗

hostelería *f.* ①旅馆业;②旅馆经营[管理]

hostigador,-ra *adj.* 〈军〉侵[骚]扰的

hostigamiento *m.* 〈军〉侵[骚]扰

hotel *m.* ①旅馆,饭店;②(独门独院的)住宅,公馆,官邸;别墅;花园住宅

~ a bajo precio 廉价旅馆

~ alojamiento *Cono S.* (按小时计费的)旅店

~ con fuente termal 温泉旅馆

~ de alta comodidad 四星级饭店

~ de apartamento 公寓旅馆

~ de bote 汽艇游客旅店

~ de cadena 连锁饭店

~ de cinco estrellas(~ del lujo) 五星级饭店

~ de estándar turístico 旅游标准饭店

~ de joint-ventura 合资饭店

~ de matrimonio 夫妻旅馆

~ de primera clase 头等饭店

~ de super lujo 超豪华级饭店

~ de vacación 度假旅馆

~ del Estado(~ rejas) 监狱

~ económico 一星级旅馆

~ frente a la playa 海滨旅馆

~ garaje *Méx.* (按小时计费的)旅店

~ ordinario 三星级饭店

~ residencial (游客)常住旅馆；供膳寄宿处

hotelería *f.* ①旅馆业；②旅馆经营[管理]

hotelero,-ra *adj.* 旅馆的
industria ~a 旅馆业

hotelito *m.* 〈建〉(独门独院的)花园住宅，花园宅邸

hovercraft *m.ingl.* 气垫船，气垫飞行器[运载工具]

hoya *f.* ①洼地，坑；②〈地〉盆地；③〈建〉屋顶排水沟；④〈地〉山[溪]谷，*Amér.L.* 河床；*Col.,Chil.* 流域；⑤〈农〉苗床；⑥(河中的)漩涡；⑦墓穴；⑧*Amér.L.* 〈动〉咽窝
~ de arena (高尔夫球场上的)沙土障碍
~ de inundación 泛滥[洪水]区，淹没地区
lima ~ 〈建〉天沟
plantar a ~ 〈农〉点播[种]

hoyo *m.* ①(凹，地，料，竖，检修，浸蚀，铸锭)坑；洼地；②凹点[处，槽，穴，痕，窝，座]；③砂(缩，纹)孔，浸蚀麻点，矿井[坑]；④(石灰，炭)窑，(地)窖；地下温室；⑤掩体，堑壕；⑥(均热)炉；⑦(高尔夫球运动的)穴，洞；(高尔夫球)从球座到球穴的距离；⑧(出天花后留下的)痘痕，麻子
~ bordeado 〈植〉具缘纹孔
~ de colada 铸坑
~ de disparo 爆破井[坑]，炮眼
~ de recalentar 均热炉
~ de templar 淬火炉
~ para cenizas 灰坑[仓，池]，除渣井
~ primitivo 〈动〉原沟[窝]
~ táctil 〈植〉触觉窝

hoz (*pl.* hoces) *f.* ①镰刀，切割器；②峡谷，山涧，隧道；③〈动〉(解剖学上的)镰状结构
~ cerebelar 小脑镰
~ del cerebro 大脑镰
~ inguinal 腹股沟镰

HP; hp. *abr.ingl.* horsepower 〈理〉马力(功率单位)

Hs 〈化〉元素𬭯(hassio)的符号

hs *abr.* horas 小时

HTLV *abr.ingl.* human T-lymphotropic virus 〈生化〉人类 T 淋巴细胞病毒

HTML *abr.ingl.* hypertext markup language 〈信〉超文本标记语言(*esp.* lenguanje de marcado de hipertexto)

HTTP; http *abr.ingl.* Hypertext Transfer Protocol 〈信〉超文本传送协议

huabrasco *m. Per.* 〈植〉铁兰

huacalillo *m. Méx.* 〈植〉天蓝美洲茶

huacamote *m. Méx.* 〈植〉木薯

huacán *m. Per.* 〈植〉多果杨梅

huacanalán *m. Méx.* 〈植〉墨西哥杨梅

huacáporo *m. Méx.* 〈植〉扁(叶)轴木

huacatay *m.* 〈植〉小万寿菊

huacha *f.* 〈机〉①*And.* 洗衣机，洗涤器；②垫圈

huachipilín *m. Amér.C.* 〈植〉槐花鞍豆

huacú *m.* ①*Amér.L.* 〈兽医〉颤抖病；②*Amér.M.* 〈动〉淡赤鹿

huacux *m. Amér.C.,Méx.* 〈植〉卡氏洋铁橄

huaichuachi *m. Per.* 〈动〉松[灰]鼠

huaico *m.* 〈地〉①山洪，泥石流；②*And.* 冲[淤]积层；③(长满树的)山谷，沟壑

huaira *f. Chil.* 熔炉

huairo *m. Per.* 〈植〉①龙牙花；②珊瑚珠树

huairona *f. Amér.L.* 石灰窑

huairuro *m. Per.* 〈植〉珊瑚珠

huaje *m. Méx.* 〈植〉①葫芦；②加拉巴木(炮弹果)；③葫芦；④加拉巴木果(炮弹果)

huajilla *f. Méx.* 〈植〉①一种合金欢；②小果银合欢，拔针银合欢

huajolote *m. Méx.* 〈鸟〉吐绶鸡，火鸡

hualhuahua *m. Méx.* 〈植〉墨西哥达老玉兰

hualicón *m. Amér.M.* 〈植〉一种角蕊花属植物

huallanca *f. Per.* 〈植〉一种仙人掌

hualle *m. Chil.* 〈植〉①一种栎树；②橡胶砍伐后长的新枝

huallenta *f. Chil.* 橡胶新树林

huaman *m. Amér.M.* 〈鸟〉一种鸳

huamanga *f. Per.* 〈矿〉雪花石膏

huamis *m. Méx.* 〈植〉三齿霸王

huamuche; huamúchil *m. Méx.* 〈植〉金龟树

huamuchilar *m.* **; huamuchilera** *f. Méx.* 金龟树林

huanacanalá *m. Méx.* 〈植〉墨西哥杨梅

huanacaste *m. Amér.C.* 〈植〉象耳豆树

huanaco *m. Amér.M.* 〈动〉原驼

huanauvé *m. Venez.* 〈鸟〉灰鸩

huanca *f.* ①〈乐〉①*Amér.L.* 万卡(一种乐器和一种乐曲的名称)；②*Venez.* 芦号(一种印第安人的吹管乐器)

huanita *f.* ①*Méx.* 〈植〉一种紫草科植物；②*Amér.L.* 玉米花

huano *m. Amér.L.* 海鸟粪

huapani *m. Amér.M.* 〈植〉杀蛇马兜铃

huaque *m. Guat.* 〈植〉一种辣椒
chile ~ *Guat.* 〈植〉一种辣椒

huaraco *m. Per.* 〈植〉软毛仙人掌

huarahuan *m. Antill.*, *Méx.* 〈鸟〉一种鵟

huarango *m. Per.* 〈植〉长刺相思树

huaranhuay *m. Per.* 〈植〉软毛黄钟花

huarapa *f. Méx.* 〈乐〉大鼓

huaras *f. pl. Amér. L.* 〈乐〉瓦拉(一种曲调)

huarhuar *m. Per.* 〈植〉大红花曼陀罗

huari *m. Bol.* 〈动〉羊驼

huariche *m. Méx.* 胡蜂巢

huarisapo *m. Chil.* 〈动〉蝌蚪,海鞘幼虫

huaro *m.* ①*Guat.*, *Per.* 渡缆;②*Venez.* 〈鸟〉鹦鹉;③*Venez.* 〈鸟〉一种鹦鹉

huarumbo *m. Méx.* 〈植〉葡萄叶木棉

huascho *m. Arg.* 〈农〉犁[垄]沟

huashuin *m. Col.* 〈植〉伞房小毛菊

huatari *m. Per.* 〈动〉一种鼬

huatli *m. Méx.* 〈植〉繁穗苋

huaturo *m. Per.* 〈植〉乳香绞煞藤

huatusa; **huatuza** *f. C. Rica* 〈动〉刺鼠,刺豚鼠

huauchinago *m. Méx.* 〈动〉一种鲷鱼

huauchinal *m. Méx.* 〈植〉斑点胶漆木

huausoncle *m. Méx.* 〈植〉亨利藜

huausontle *m. Méx.* 〈植〉藜科植物

huaute; **huautli** *m. Méx.* 〈植〉繁穗苋

huaxe; **huaxi** *m. Méx.* ①〈植〉葫芦;②〈植〉加拉巴木(炮弹果);③葫芦壳器皿;加拉巴木果壳器皿

huayán *m. Per.* 〈植〉柳树

huayco *m.* 〈地〉①*And.*, *Chil.* 泥石流;②*Amér. L.* 山崩

huayurcuma *f. Per.* 〈植〉渐尖寻菊木

huazonte *m.* 〈植〉藜科植物

húbare *m. Méx.* 〈动〉蜘蛛

hubnerita *f.* 〈矿〉钨锰矿

húcar *m. P. Rico* 〈植〉榄仁树

huchaco *m. Méx.* 〈植〉北方采木

hucucha *f. Arg.* 〈动〉老[家]鼠

hucux *m. Méx.* 〈植〉卡式鸡蛋果

huebra *f.* ①〈农〉日耕量(指两头牛拉一张犁一天所耕的土地面积);②套(指供出租用的一对牲口和一个人);③〈农〉休耕地

huech; **hueche** *m. Méx.* 〈动〉犰狳

hueco,-ca *adj.* ①空的,空心的,中空的;②凹(形)的 ‖ *m.* ①穴,窟窿;②〈建〉(用作门窗的)洞,口,孔;③凹室;壁龛

~ de la escalera 楼梯井

~ de la puerta 出入口,门(道)

~ del ascensor 升降机井,电梯竖井

~ del macho 型芯座

~ epigástrico 胃小凹

~ nasal 鼻窝

en ~ 内[中]空的

ladrillos ~s 空心砖

loza ~a 凹形器皿

muro ~ 空心墙

muro sin ~s 无窗墙

huecograbado *m.* 〈印〉①〈轮转〉照相凹版印刷;②〈轮转〉照相凹版印刷品

huecograbador *m.* 〈机〉靠模铣床,刻模[雕刻]机

huecorrelieve *m.* 〈工艺〉低[镂空]浮雕

hueinacaztle *m. Amér. C.* 〈植〉象耳豆树

huejocote; **huejote** *m. Méx.* 〈植〉柳树

hualán,-ana *adj.* ①发育未全的,未(成)熟的;②(木头)未经干燥处理的;③(草)干枯的,枯萎的;④*Chil.* 未干透的,半干的

huelatave *m. Méx.* 〈植〉光滑华来藤

huele *m.* ①见 ~ de día;②见 ~ noche

~ de día *Amér. L.* 〈植〉夜香树

~ noche *Amér. L.* 〈植〉夜香树

huélfago *m.* 〈兽医〉气喘病

huelga *f.* ①罢工;②〈机〉间[游]隙;③〈农〉(土地的)休耕期;④〈农〉(尤指肥沃的)耕地

~ de brazos caídos 怠工,静坐罢工

~ de cello[reglamento] 怠工,变相罢工(指工人死扣规章制度有意降低工作效率罢工)

~ de comerciantes 罢市

~ de compradores 罢购

~ de hambre 绝食

~ de pago de alquiler 拒付房租,集体抗租(指房客们因房租过高、修理服务太差等而采取的集体抗议行动)

~ de sentados 静坐

~ de[por] solidaridad 声援[同情]性罢工(指为声援别的罢工工人而举行的罢工)

~ de trabajo lento 怠工

~ estudiantil 罢课

~ general 总[大]罢工

~ intermitente[pasiva] 怠工

~ laboral 经济罢工

~ oficial 正式罢工

~ patronal 休业;闭厂,停工(资方对付罢工工人的一种手段)

~ política 政治性罢工

~ relámpago 闪电式罢工

~ salvaje (未经工会批准或自发举行的)"野猫"式罢工

derecho de[a la] ~ 罢工权

seguro contra pérdidas por ~ 罢工损失保险

subsidio de ~ 罢工津贴

huelgo *m*. ①〈机〉间[容，游]隙；②〈技〉容(许误)差
～ negativo 余容差，过盈
～ positivo 正容差，间隙
huella *f*. ①足迹，脚印；痕[踪]迹；②印痕；车辙；(轨，航)迹；③电视[影]图像的圆形变化；④*Arg*.，*Chil*.，*Urug*.(人、牲口、车辆等)走[压]出的路
～ dactilar[digital] 手印；指[趾]纹
～ estipular 〈植〉托叶迹
～ genética 基因指纹(识别)(通过对个体身体组织或体液的 DNA 采样分析进行鉴别)
～ metálica 〈地〉条纹
～ plantar 脚掌纹
～s de lluvia 〈地〉雨痕
～s onduladas 〈地〉波痕
huellero,-ra *adj*. *And*. 追[跟]踪的
perro ～ 循迹追踪的警[猎]犬
huemul *m*. 〈动〉安第斯山鹿
huequera *f*. *Col*.〈兽医〉黏膜炎
huérfago *m*. 〈兽医〉气喘病
huérfano *m*. 〈印〉〈信〉孤[单词]行
huero,-ra *adj*. ①空(心)的；②(蛋)未受精的；③*Amér*. *L*. 体弱多病的；脸色苍白的
huevo ～ 喜蛋，毈蛋(指没有孵出鸡的蛋)
huerta *f*. 〈农〉①(大)菜[果]园；②水浇地，水[园]田；*Esp*. 大灌溉地区；③*And*. 可可种植园；④*Arg*.(庄园内的)甜瓜田，西瓜田
huertano,-na *adj*. *Esp*. 〈农〉大灌溉地区的 ‖ *m*. *f*. ①*Esp*. 大灌溉地区居民[农民]；②菜农
huesear *intr*. 〈印〉排字
huesecillo *m*. 〈解〉①小骨；②*pl*. 听小骨
huesero *m*. *Amér*. *L*. 〈印〉排字工人
huesito *m*. *Col*. 〈植〉红果金虎尾，光滑金尾虎
hueso *m*. ①〈解〉骨，骨头；②骨质；骨质[状]物；③〈植〉果核；(硬质的)种子；④〈矿〉骨煤；⑤〈印〉(排字)工作；⑥*Méx*. 原稿；⑦〈建〉(石灰中未烧透的)石块；⑧*Méx*. 〈植〉外蕊木属植物；⑨*Cub*.，*P*. *Rico*〈植〉密花插柚紫；⑩*And*.〈动〉骡；⑪*pl*. 尸[遗]体；⑫*Amér*. *L*. 公职；⑬ *Méx*. 工作，职业
huésped *m*. 〈生〉寄[宿]主；受体 ‖ **～a** *f*. 〈信〉主机 ‖ *adj*. 见 ordenador ～
～ accidental 偶见[然]宿主
～ definitivo[permanente] (最)终宿主
～ ilustre 贵宾
～ intermediario 中间宿主
～ reservorio 储存宿主；贮主
～a remota 〈信〉远程主机
～a V[virtual] 〈信〉虚拟主机
ordenador ～ 〈信〉主机
hueva *f*. *Amér*. *L*. 〈集〉卵
huevada *f*. *Chil*. 〈矿〉矿苗，露头
huevecillo *m*. 虫卵
～s de pez 鱼子
huévil *m*. *Chil*.〈植〉臭枸杞
huevo *m*. ①蛋，卵；②鸡蛋；③蛋[卵]形物；④〈生〉卵细胞，卵子；⑤(鞋匠用的)鞋底型板；(织袜用的)袜撑
～ al plato (用黄油、西红柿酱等调好，用文火做成的)蒸鸡蛋，鸡蛋羹
～ amelcochado *Amér*. *C*. (带壳)水煮嫩鸡蛋(溏心鸡蛋)
～ batido 蛋奶酒(加糖、牛奶、酒等调合后生喝的鸡蛋)
～ cocido[duro] (带壳)水煮鸡蛋(煮得老的鸡蛋)
～ crudo (未经烹煮的)生鸡蛋
～ de cien[mil] años 皮[松花]蛋
～ de Colón (de Juanelo) 哥伦布蛋(指会者不难、难者不会的事)
～ de corral 自由放养场生产的鸡蛋
～ de faltriquera(～ mejido) 蛋黄奶酒(用蛋黄加糖、牛奶、酒等调合后生喝的饮料)
～ de Pascuas 复活节彩蛋
～ de Paslama *Amér*. *C*. 海龟蛋
～ de pulpo 〈动〉海兔
～ del piojo 〈动〉虮
～ en cascara(～ pasado por agua) (带壳)水煮嫩鸡蛋(溏心鸡蛋)
～ en polvo 蛋粉
～ escalfado 水煮荷包蛋
～ estrellado[frito] 油煎荷包蛋
～ fresco (刚生下的)新鲜鸡蛋
～ huero ①未受精卵；②毛[毈]蛋
～ meroblástico 〈生〉局部裂卵，部分分裂卵，不全裂卵
～ pintado 彩蛋
～ polilecital 多黄卵
～ tibio *Amér*. *C*.，*And*.，*Méx*. (带壳)水煮嫩鸡蛋(溏心鸡蛋)
～s chimbos ①鸡蛋甜食；②*Amér*. *L*. 蛋黄点心
～s dobles 用蛋黄和糖做的甜食
～s hilados 拔丝鸡蛋
～s moles 糖拌鸡蛋
～s pericos *Col*. 炒鸡蛋
～s quemados (用蛋和糖调合后用平底锅烤的)蛋黄甜食
～s revueltos 炒(鸡)蛋
hugro *m*. *C*. *Rica* 〈植〉月桂无翅果

huibá *f*. *Amér.L.* 〈植〉箭竹

huichacame *m*. *Méx.* 〈植〉具被仙人掌

huichagorare *m*. *Méx.* 〈植〉美洲茶

huichichi *m*. *Méx.* 〈鸟〉蜂鸟

huichichiltemel *m*. *Méx.* 〈植〉曲折南美槐

huichín *m*. *Méx.* 〈植〉常见硬果菊

huichullu *m*. *Per.* 〈植〉二裂方氏花

huichuri *m*. *Méx.* 〈植〉寇式马利筋

huico *m*.*Méx.* ①〈植〉帕尔梅果榄;②(播种时挖坑用的)掘棍;③〈动〉鼹蜥

huicón *m*. *Méx.* 〈植〉帕尔梅果榄

huida *f*. ①〈经〉(资本等的)抽[外]逃;②〈建〉(墙上搭脚手架的孔洞或其洞眼留出的)余隙

~ de capitales 资本抽逃

~ de dinero[fondos] 资金外逃

huilamole *m*. *Méx.* 〈植〉墨西哥闭鞘姜

huilcado *m*. *Chil.* 〈缝〉①缝,绷;②缝[织]补;③绷线

huilco *m*. *Per.* 〈植〉铺地紫茉莉

huille *m*. *Chil.* 〈植〉百合花植物

huilota *f*. *Méx.* 〈鸟〉哀鸽

huilte *m*. *Chil.* 〈植〉海藻茎

huina *f*. *Chil.* 〈动〉石[桦]貂

huinacaste *m*. *Amér.C.* 〈植〉象耳豆树

huinchar *intr*. *Arg.* 驾驶起重机

huinchero *m*. ①*Chil.* 起重机手;②*Méx.* 绞车工

huindongas *m.pl*. *Méx.* 〈解〉睾丸

huindurí *m*. *Méx.* 〈动〉美洲豹猫

huinecastle *m*. *Amér.C.* 〈植〉象耳豆

huinque *m*. 〈植〉①*Arg.* 南美半盏花;②*Chil.* 锈红叶

huiquilite *m*. *Méx.* ①〈植〉假蓝靛;②靛(蓝)

huirahuira *f*. *Amér.L.* 〈植〉①南美鼠麴草;②苏叶千里光

huirigo; huirivo *m*. *Méx.* 〈植〉墨西哥杨

huiro *m*. 〈植〉①*And.*,*Cono S.* 海草[藻];②*Amér.L.* 葫芦;③*Amér.L.* 加拉巴木(炮弹果)

huisachal *m*.*Méx.* 鸭皂树林,相思树林

huisache *m*. 〈植〉①*Amér.L.* 金合欢种;②*Méx.* 鸭皂树;③*Méx.* 缝缩相思树;④*Méx.* 扭曲相思树

huisapole *m*.*Méx.* 〈植〉沙丘蒺藜草

huiscoyul *m*. *Amér.C.* 〈植〉羽叶刺棕

huisquelite *m*.*Méx.* 〈植〉洋蓟,刺菜蓟

huísquil *m*. *Amér.C.*,*Méx.* 〈植〉①佛手瓜;②刺葫芦(一种攀援植物)

huisquilar *m*. ①*Amér.C.*,*Méx.* 〈植〉刺葫芦;② *Guat.* 刺葫芦地;③ *Amér.C.*,

Méx. 佛手瓜田

huisquilla *f*.*Col.* 〈植〉佛手瓜

huistacuache *m*.; **huistlacuache** *m*. *Méx.* 〈动〉美洲豪猪

huistomate *m*. *Méx.* 〈植〉刺茄

huitatobe *m*. *Méx.* 〈植〉光滑华来藤

huitlacoche *m*. ①*Amér.C.*,*Méx.* 〈植〉黑蘑菇;②*Méx.* 〈生〉黑粉菌;③〈植〉长黑粉菌的玉米穗

huitoc *m*. *Per.* 〈植〉健立果

huitumtío *m*. *Méx.* 〈植〉锥序紫金牛

huitzilín; huitzitzilin *m*. *Méx.* 〈鸟〉蜂鸟

huitzitziltémbel *m*. *Méx.* 〈植〉鲜绿山黄皮

huizapol *m*.*Méx.* ①〈植〉美洲绳椴树;②美洲绳椴树纤维

huizapotillo *m*.*Méx.* 〈植〉古巴刺荨麻

huizote *m*.*Méx.* 〈鸟〉蛇鹈

huiztlacuache *m*. 〈动〉①*Méx.* 墨西哥豪猪;②(灌木丛中的)老鼠

huje *m*. *Méx.* 〈植〉坚果面包树

hulado *m*. *Amér.C.* 防水油布(层)

hular *m*. ①*Méx.* 橡胶种植园;②*Amér.L.* 橡胶树林

hule *m*. ①橡胶;②(防水)油[胶,漆]布;③〈植〉*Amér.C.*,*Méx.* 橡胶树;*Méx.* 三叶胶;④*Méx.* 避孕[安全,保险]套

hule-espuma *m*.*Méx.* 多孔[泡沫,海绵]橡胶

hulería *f*.*Amér.L.* 橡胶种植园

hulero,-ra *adj*. ①*Amér.C.* 橡胶制成的;②*Amér.L.* 橡胶工业的‖ *m.f*. 采橡胶工人

industria ~a 橡胶工业

hulita *f*. ①〈地〉褐绿泥石;②玄玻杏仁体

hulla *f*. ①〈矿〉烟煤,煤

~ aglutinante 黏结性煤

~ azul 潮汐动力

~ blanca 白煤(指用作动力的水流)

~ brillante 硬[无烟]煤

~ conglutinante 炼焦[焦性]煤

~ de caldera 锅炉煤

~ de grosor medio 卵石级煤(颗粒大小在65-260mm 之间)

~ de llama corta 短焰煤,锅炉煤

~ de llama larga 长焰煤,烛煤

~ esquistosa 叶状[板岩]煤

~ flambante[semi-grasa] 非结焦性煤

~ grasa 烟[肥,沥青]煤

~ magra 低级煤

~ menuda 煤粉

~ seca 棕色褐煤

~ verde 河流动力

alquitrán de ～ 煤焦油,煤(焦)沥青

carbonización de ～ 焦化,炼焦;结焦

extracción de ～ 采煤

hidrogenación de la ～ 煤的氢化

mina de ～ 煤矿[井],矿山

minería de la ～ 采煤业

hullera *f.* 煤矿[井]

hullero,-ra *adj.* 烟煤的,煤炭的;含煤[炭]的‖*m.* ①煤矿工人;②(运)煤船;③(运)煤船船员

cuenca ～a 煤矿区

explotación ～a 采煤

industria ～a 煤炭工业

región ～a 煤田,产煤区,煤矿区

hullupa *f. Bol.* 〈动〉小羊驼

hulsita *f.* 〈矿〉黑硼锡铁矿

hulte *m. Chil.* 〈植〉海藻茎

humanismo *m.* ①人道主义;②人本主义;③人文学,人文学科研究

humanístico,-ca *adj.* ①人道[人本,人文]主义的;②〈教〉人文学科的

humano,-na *adj.* ①人的;人类的;②〈教〉人文的(学科)

anatomía ～a 人体解剖学

capital ～ 人力资本

ciencias ～as 人文学科

criogénica ～a 人体冷冻学

cuerpo ～ 人体

derechos ～s 人权

ecología ～a 人文生态学

fisiología ～a 人体生理学

genética ～a 人类遗传学

genoma ～ 人类基因组

geografía ～a 人类[人生]地理学

maqueta ～a 人体模型

potencial ～ 人力

recursos ～s 人力资源

humanoide *adj.* 具人的形状[特性]的;类人的‖*m. f.* 类人动物(尤指原人或科学幻想小说中的外星人)

humarada;humareda *f.* (尤指车辆排气管排出的)烟雾

humato *m.* 〈化〉腐植酸盐[酯]

humectabilidad *f.* ①可[润]湿性;②〈化〉潮湿度;湿润度

humectable *adj.* 可(润)湿的

humectación *f.* (变,润,浸)湿

humectador *m.* ①增湿[润]器;②保湿器

humectante *adj.* ①湿润的;致湿的;②致湿物的‖*m.* 湿润剂,保湿剂;致湿物

humectativo,-va *adj.* 使湿(润)的

humedad *f.* ①(潮)湿;②湿[潮]气;③(空气)湿度,水分含量

～ absoluta/relativa 绝/相对湿度

～ de la tierra (土壤)墒情

～ específica 比湿

～ porcentual 百分湿度

～ saturada 饱和湿度

índice[grado] de ～ 湿度

humedal *m.* 〈地〉湿地

humedecedor *m.* 〈机〉增湿[湿润,加湿]器

humedecido *m.* ①弄湿,(使)湿润;②湿润性;③〈化〉增湿,湿化;增湿[湿化]作用;④〈纺〉给湿

húmedo,-da *adj.* ①湿的;潮(湿)的;湿润的;②湿式的;③(地方、气候等)湿气重的

análisis por vía ～a 〈冶〉(湿)分析法

compresa ～a 湿敷

demasiado ～ 过湿的

verruga ～a 湿疣

humeral *adj.* 〈解〉①肱骨的,近肱骨的;②肩的,近肩的

humero *m.* ①烟囱[道,筒];②〈植〉胶桤木,欧洲桤木

húmero *m.* 〈解〉肱骨

cabeza del ～ 肱骨头

húmico,-ca *adj.* 腐殖(质)的

ácido ～ 腐殖酸

hulla ～a 腐殖煤,泥煤

humícola *adj.* 〈动〉生长在腐殖质丰富之处的

humidad *f.* ①(潮)湿;②湿[潮]气;③(空气)湿度,水分含量

humidificación *f.* ①弄湿,(使)湿润;②湿润性;③〈化〉增湿,湿化;增湿[湿化]作用;④〈纺〉给湿

humidificador,-ra *adj.* 使湿润的,增湿的‖*m.* 增[加]湿器;湿润器

humidificar *tr.* ①使湿润,使潮湿;②〈纺〉增[加]湿;调湿

humidímetro *m.* 湿度计

humidistato *m.* 恒湿器[箱],保湿箱;湿度调节器

humífero,-ra *adj.* 含腐殖质多的,腐殖质丰富的

humificación *f.* 腐殖化(作用);腐殖质形成

humina *f.* 〈化〉腐殖物

humiro *m. Per.* 〈植〉象牙椰子

humita *f.* 〈矿〉硅镁石

humo *m.* ①烟,烟尘[雾];②烟状物;③水(蒸)气;③*Cub., Méx.* 〈植〉金龟树,猴耳环

～ fotoquímico 光化学烟雾

caja de ～s (汽锅的)烟箱[室]

pólvora sin ～s 无烟火药

humor *m.* ①〈生〉液,体液;②诙谐,幽默(感)

～ ácueo (眼球的)水状液,(眼)房水

~ acuoso 水状液

~ vítreo（眼球的）玻璃体液

humoral *adj.*〈生〉〈医〉体液的

inmunidad ~ 体液免疫

humoralismo *m.* 体液病理学（中世纪生理学中认为血液、黏液、胆汁和忧郁液对人的健康和性情起决定的作用）

humoralista *adj.*〈医〉体液病理学的；信奉体液病理学的‖*m.f.* 体液病理学家

humorismo *m.*〈医〉体液学说；体液病理学（说）

humuleno *m.*〈化〉葎草烯

humus *m.inv.* ①〈生化〉腐殖质；②〈农〉腐殖土壤

hunco *m. Amér. L.*〈植〉灯心草

hundimiento *m.* ①下沉［陷］，沉没［下，落，降］，沉［凹，低］陷；②倒［坍］塌；③〈医〉（完全断裂的）骨折

hundura；huntura *f. Méx.*〈植〉一种洋李树

hunter *m. ingl.* ①〈动〉狩猎用马；②〈动〉猎犬；③〈动〉（猎食其他动物的）猎兽；④［H-]〈天〉猎户星座

huracán *m.* ①〈地〉〈气〉飓风；热带气旋［风暴］；狂［龙卷］风；②风暴

huracanado,-da *adj.* 飓风（般，式）的

viento ~ 飓风

huracararse *r.* 形成飓风

hureaulita *f.*〈矿〉红磷锰矿

hurina *m. Bol.*〈动〉一种鹿

hurivarí *m.*〈地〉〈气〉加勒比飓风

hurón,-ona *m.f.*〈动〉① 白鼬，雪貂；② *Méx.* 墨西哥松鼠；③ *Venez.* 狐鼬

~ mayor *Amér. M.*〈动〉狐鼬

~ menor *Amér. M.*〈动〉南美鼬

huroncito *m. Méx.*〈动〉巴西鼬

hurraca *f.*〈鸟〉喜鹊

hurta *f.*〈动〉一种鲈鱼

hurto *m.* ①〈矿〉（矿井里为采矿或通风等的）分支坑道；②〈法〉偷窃

husada *f.*〈纺〉锭（量词，指一个纱锭的纱量）

~ bastarda 中型管纱

~ de trama 小纡子

~ de urdimbre 走锭大管纱

husera *f.*〈植〉欧卫茅

husero *m.*〈动〉（一岁小鹿的）鹿茸

husillo *m.* ①〈机〉（心，指，主，转）轴；②〈机〉（压力机等的）螺［蜗］杆；（导）杆；③排水沟［道，渠］排水管；④ *Chil.*〈纺〉纬纱管

~ giratorio 旋转心轴

~ prisionero 暗［定位，合缝，开槽，接合］销

husky *m. ingl.*〈动〉北极犬

huso *m.* ①〈纺〉纱锭［管］，锭子；（梭子的）梭芯；②纺锤，（手纺用的）绕线杆［架］；③〈机〉鼓轮，滚筒；（机床上的）（心）轴，杆；④〈生〉纺锤体；⑤长菱形；⑥ *Col.*〈解〉髌，膝盖骨；骨突；⑦见 ~ horario

~ horario〈地〉标准时区，时区

~ mitótico〈生〉有丝分裂纺锤体

~ muscular〈解〉肌梭

huspí *m. Méx.*〈植〉十二蕊瑰皮花

hustlacoche *m. Méx.*〈生〉黑粉菌

huta *f. Per.*〈医〉面部溃疡病

hutchinsonita *f.*〈矿〉红铊铅矿

hutia；hutía；hutra *f. Antill.*〈动〉一种硬毛鼠

huttonita *f.*〈矿〉硅钍石

hutú *m. Par.*〈鸟〉棕顶翠鸟

hutupa *m. Méx.*〈植〉腺木豆树

huyaguonagua *f. Méx.*〈植〉悬铃掌蕊花

huyama *f. Hait.*〈植〉笋瓜

huyuya *f. Cub.*〈昆〉一种蚁

huyuyo,-ya *m.f.*〈鸟〉林鸳鸯

hypercard *m. ingl.*〈信〉多媒体创作系统（该软件可建立超文本文档）

hypercompuesta *f.*〈电〉过复绕［卷］，过［超］复励

hypocompuesta *f.*〈电〉欠复励

Hz〈理〉赫（兹）（hercio,hertzio）的符号

I i

I ①〈化〉元素碘(yodo)的符号；②波强(intensidad de onda)的符号

I *f*. ①Ⅰ型；②罗马数字Ⅰ；③〈逻〉特定的肯定命题；④〈乐〉固定唱法时之 B 音
en ～ 工(字)型的

I+D *abr*. Investigación y Desarrollo 研究与开发

IA *abr*. inteligencia artificial 人工智能

IAB *abr*. *ingl*. Internet Architecture Board〈信〉因特[互联]网架构委员会

IAC *abr*. ingeniería asistida por computador *Amér. L*.〈信〉计算机辅助工程

IAD *abr*. inteligencia artificial distribuida 分布式人工智能

IAE *abr*. impuesto de[sobre] actividades económicas *Esp*. 经济活动税

IAN *abr*. identificación automática de número〈信〉自动号码识别

IANA *abr*. *ingl*. Internet Assigned Number Authority〈信〉因特[互联]网地址分配委员会

IAO *abr*. ①instrucción asistida por ordenador〈信〉计算机辅助教学；②ingeniería asistida por ordenador〈信〉计算机辅助工程

IATR *abr*. inteligencia artificial para tiempo real〈信〉实时人工智能

iatí *m. Méx*.〈植〉墨西哥丁香

iátrico,-ca *adj*. 医生[药]的

iatrogenia *f*.〈医〉医原病发生

iatrogénico,-ca *adj*.（症状，疾病）医源性的，由医师诱发的（指由医师诊断时的言谈举止所无意引起的）

iatroquímica *f*.〈医〉①化学医学(派)(16-17世纪流行于欧洲的一种医学理论及学派)；②化学疗法

ib *m*. ①*Méx*.〈植〉菜豆；② *abr*. *lat*. ibídem 出处同上[前]

Ib〈化〉元素镱(iterbio)的符号

ibahay *m. Amér. L*.〈植〉可食番樱桃

ibapita *m. Amér. L*.〈植〉斯密德果

ibapoy *m. Amér. L*.〈植〉伊拜榕

ibaró *m. Arg*.〈植〉南部无患子

ibes *m. Méx*.〈植〉菜豆

ibex *m. inv*.〈动〉北山羊，巨角塔尔羊

IBI *abr*. impuesto de[sobre] bienes inmuebles *Esp*. 不动产税

ibica *f. Cub*.（车辆的）轴头铁箍

íbice *m*. 见 ibex

ibirá *f. Amér. M*.〈植〉长叶凤梨

ibiracatú *m. Amér. M*.〈植〉鼠李良榆

ibirapitanga *m. Amér. M*.〈植〉屹立鸡豆

ibis *f. inv*.〈鸟〉鹮

ibiyaú *m. Riopl*.〈鸟〉一种夜鹰

IBM *abr*. *ingl*. International Business Machines（美国)国际商用机器公司

ibón *m*.（比利牛斯山上的）湖泊

icaco *m*.〈植〉椰李

ícaro *m. Amér. L*.〈体〉悬挂式滑翔机（运动员）

icástico,-ca *adj*. 自然的，未加修饰的

iceberg *m. ingl*.〈海洋〉冰山，浮在海洋上的巨大冰块

icefield *m. ingl*. ①〈地〉冰原(指山岳地区的大块陆冰)；②〈海洋〉冰原(指直径大于 8 千米的平板形海冰)

ICEX *abr*. Instituto de Comercio Exterior *Esp*. 西班牙对外贸易发展局

ichíntal *m. Amér. C*.〈植〉(佛手瓜的)根

icho; ichu; ichú *m. Arg*., *Per*.〈植〉安第斯山针茅

icipó; icipú *m. Amér. M*.〈植〉美洲菟丝子

icneumón *m*. ①〈动〉埃及獴；②〈昆〉姬蜂

icneumónido,-da *adj*.〈昆〉姬蜂科的‖ *m. pl*. 姬蜂科

icnita *f*.〈地〉化石足迹

icnofauna *f*.〈地〉动物遗迹群

icnoflora *f*.〈地〉植物遗迹群

icnografía *f*.〈建〉①平面图；②平面图制作(法)

icnográfico,-ca *adj*.〈建〉平面图的；按平面图建造的

icnograma *m*.〈医〉足印

icnolita *f*.〈地〉化石足迹，足迹化石

icnología *f*. 化石足迹学，足迹化石学

icón; icono *m*. ①画[肖，雕，塑]像；②〈信〉图标[符]

iconicidad *f*. 形象性；图像表示

iconófono *m*. 可视电话机

iconógeno *m*.〈摄〉显影[色]剂

iconografía *f.* ①图像说明，图示法；②画[塑，肖]像研究；③画[肖]像集；④画[肖]像学；肖像学著作

iconomanía *f.* 美术品热爱狂

iconometría *f.* 量影学

iconómetro *m.* ①〈测〉量影仪；②直视取景器

iconoscópico,-ca *adj.* 〈电子〉光电摄像管的，电子(积储式)摄像管的

iconoscopio *m.* ①〈电子〉光电摄像管，电子(积储式)摄像管；②〈物〉电视摄像管

icor *m.* ①〈医〉(从伤口或溃疡流出的)败[腐]液；②〈地〉岩精，溢浆

icoroso,-sa *adj.* 〈医〉败液般的；含[流]败液的

icorremia *f.* 〈医〉败血病

icosaedro *m.* 〈数〉(正)二十面体

icosígono,-na *adj.* 〈数〉二十角形的 ‖ *m.* 二十角形

icotea *f.* *Méx.* 〈动〉海龟；甲鱼，鳖；玳瑁

ICP *abr.* infraestructura de clave pública 〈信〉公开密钥基础设施

ICT *abr.* integración de computadoras y telefonía 〈信〉计算机电话组合

ictamol *m.* ①〈化〉鱼石磺酸铵；②〈药〉依克度

ictericia *f.* 〈医〉黄疸(病)

ictericiado,-da；ictérico,-ca *adj.* 〈医〉黄疸的，患黄疸的 ‖ *m.f.* 黄疸病患者

ictérido,-da *adj.* 〈鸟〉拟椋鸟科的 ‖ *m.* ①拟椋鸟；②*pl.* 拟椋鸟科

icteroanemia *f.* 〈医〉黄疸性贫血

icterogénico,-ca；icterógeno,-na *adj.* 〈医〉致黄疸的

icterohepatitis *f.inv.* 〈医〉黄疸性肝炎

ícterus *m.* 〈医〉黄疸(病)

ictidina；ictilepidina *f.* 鱼鳞硬蛋白

ictíneo,-nea *adj.* 似鱼的 ‖ *m.* 〈海〉潜艇

ictiocola *f.* 鱼胶

ictiofagia *f.* 〈动〉〈鸟〉食鱼，以鱼为食

ictiófago,-ga *adj.* 〈动〉〈鸟〉食鱼的，以鱼为食的

ictiofauna *f.* 鱼类区系，鱼类区域志

ictiogénico,-ca *adj.* 产鱼的

ictiografía *f.* 鱼类志

ictioideo,-dea *adj.* 似鱼的，鱼状的 ‖ *m.* 〈动〉鱼状脊椎动物

ictiol *m.* ①〈化〉鱼石磺酸铵；②〈药〉依克度

ictiolita *f.；ictiolito** *m.* 鱼化石

ictiología *f.* 鱼类学

ictiológico,-ca *adj.* 鱼类学的

ictiólogo,-ga *m.f.* 鱼类学家

ictiosis *f.inv.* 〈医〉(鱼)鳞癣，干皮病

ictiosulfónico,-ca *adj.* 〈化〉鱼石脂磺酸的

ictiótomo,-ma *adj.* 〈动〉肋棘类的 ‖ *m.pl.* 肋棘类

ictiotoxismo *m.* 〈医〉鱼中毒

ictiricia *f.* 〈医〉黄疸(病)

ictus *m.* 〈医〉猝发，发作；搏动，冲击

ICYT *abr.* Instituto de Información y Documentación sobre Ciencia y Tecnología 科学技术信息研究所

iczotli *m.* *Amér.C.,Méx.* 〈植〉粗茎丝兰

id *m.* 〈心〉伊德，本我(指潜意识的最深层)

ida *f.* ①往，(离)去；②启程，出发；③〈体〉(击箭运动中的)击，刺；④(猎物的)踪[足]迹

～ y vuelta ①往返；②〈技〉推拉，推挽

IDE *abr.* ① Iniciativa de Defensa Estratégica 战略防御计划；②*ingl.* integrated development environment〈信〉集成开发环境；③*ingl.* integrated drive electronics〈信〉电子集成驱动器

IDEA *abr.ingl.* international data encryption algorithm 〈信〉国际数据加密算法

ideación *f.* ①形成思想[概念]；②构思[思维]过程

ideal *adj.* ①观[理]念的；②理想的，完美的 ‖ *m.* ①楷模，典范；完美典型；②*pl.* 理想，信念

índice ～ 理想指数

línea ～ 〈数〉理想直线

idempotencia *f.* 〈数〉幂等性

idéntico,-ca *adj.* ①相同的，一模一样的；②同一的；③〈数〉恒等[同]的

gemelos ～s 同卵双胎[生]；单卵双胎[生]；单卵孪生

nota ～a 同文照会

identidad *f.* ①身份；本身[体]；②同一(性)；相同(性)，一致(性)；③〈数〉恒等(式)

～ algebraica 代数恒等式

～ de intereses 利益的一致

～ de Lagrange 拉格朗日恒等式

carnet[documento] de ～ 身份证

signo de ～ 恒等号

signo de no ～ 不等号

identificación *f.* ①识[辨]别(法)；认出；鉴定；验明；②确认，认证；身份证明；③〈心〉自居作用

～ de caracteres 字符识别

～ de proyectos 项目鉴定

～ óptica de caracteres 光符识别

identificador,-ra *adj.* ①识别的；②确定身份的；身份证明的 ‖ *m.* 〈信〉标识[识别]符

～ de grupo 组标识符

～ de llamadas 来电显示(服务)

～ de mensajes 文电鉴[识]别码

identificativo,-va; identificatorio,-ria *adj.*
（用以）辨认[确定]身份的

ideofrenia *f.* 〈医〉观念倒错

ideografía *f.* ①表意文字[符号]系统；②表
意文字学,意符学

ideograma *m.* ①表意字(如汉字)；②表意符
号,意符

ideomotor,-ra *adj.* 〈心〉(观)念(运)动的

ideotipo *m.* 表意标本

IDG *abr.* identificador de grupo 〈信〉组标
识符

idioblástico,-ca *adj.* 〈矿〉自形变晶的

idioblasto *m.* ①〈植〉异细胞；②〈生〉生[细
胞]原体；③〈矿〉自形变晶

idiocia *f.* 〈医〉白痴(状态)；极度低能
~ cretinoide 克汀病性白痴(呆小症)

idiocrasia *f.* 〈医〉(人体对药物的)特异反
应,过敏；特异体质

idiocromático,-ca *adj.* (矿物等)自色的,本
质(色)的

idiocromatina *f.* 〈生〉性染色质

idioeléctrico,-ca *adj.* (物体)能摩擦生电的

idioglosia *f.* 〈医〉(发音不清只有自己才懂
的)自解(言)语症

idioglótico,-ca *adj.* 〈医〉自解(言)语症的

idiograma *m.* 〈生〉染色体组型,染色体模式
图

idiomórfico,-ca; idiomorfo,-fa *adj.* 〈矿〉
(矿物等)自形的

idiomuscular *adj.* 〈生理〉肌肉自发的

idioneurosis *f. inv.* 〈医〉自发性神经(机能)
病

idioparásito *m.* 〈医〉自体寄生物

idiopatía *f.* 〈医〉特[自]发病

idiopático,-ca *adj.* 〈医〉(疾病)特[自]发病
的

idioplasma *m.* 〈生〉异胞质；种质

idiosincrasia *f.* ①(个人特有的)气质,习性；
②(某作者特有的)表现手法,风格；③〈医〉
(人体对药物的)特异反应,过敏；特异体质

idiosincrásico,-ca *adj.* ①(人的)特质[性]
的；②(作者的)表现手法的；③〈医〉(人体
对药物)特异反应的,过敏的；特异体质的

idiosoma *m.* 〈生〉核旁体,初(浆)粒

idiostático,-ca *adj.* 〈电子〉同电(位)的,同
势[位]差的

idiotipo *m.* 〈生〉个体基因[遗传]型

idiovariación *f.* 〈生〉自发性变异[突变]

idioventricular,-ra *adj.* 〈生〉〈医〉心室自身
的

IDL *abr. ingl.* interactive data language
〈信〉交替式数据语言

idocrasa *f.* 〈矿〉符山石

idología *f.* 偶像学

idoneidad *f.* ①适合,合适(性)；适用性；②
合格；③才能；胜任性
~ de los testigos 证人的合适性

idoneizar *tr.* 使适应[合]

IDP *abr. ingl.* integrated data processing
〈信〉综合[集中]数据处理

idrosis *f.* 〈医〉汗病

IEB *abr.* índice de errores de bit 〈信〉误码
率

IED *abr.* intercambio electrónico de datos
〈信〉电子数据交换

IEEE *abr. ingl.* Institute of Electrical and
Electronics Engineers (美国)电机及电子
工程师协会

IETF *abr. ingl.* Internet Engineering
Task Force 〈信〉因特[互联]网工程任务组

IFN *abr.* interferón 〈生化〉干扰素

Ig *abr.* inmunoglobulina 〈生化〉免疫球蛋白

IgA *abr.* inmunoglobulina A 〈生化〉免疫球
蛋白 A

igarapés *m. pl.* ① *Amér. L.* 支流；②
Amér. M. 运河水系；航运网

IgD *abr.* inmunoglobulina D 〈生化〉免疫球
蛋白 D

IgE *abr.* inmunoglobulina E 〈生化〉免疫球
蛋白 E

IgG *abr.* inmunoglobulina G 〈生化〉免疫球
蛋白 G

iglú *m.* ①〈建〉(北极地区土著人的)拱形圆
顶小屋(用冰块或坚厚雪块砌成)；②〈建〉拱
形建筑物；③〈军〉圆顶弹药库

IgM *abr.* inmunoglobulina M 〈生化〉免疫
球蛋白 M

ignacia *f. Amér. L.* 〈植〉药用白花马钱子

ígneo,-nea *adj.* 〈地〉火成的
roca ~a 火成岩

ignescencia *f.* 点燃,发[着]火

ignescente *adj.* ①猝发成火焰的,发火的；②
(撞击后)发出火花的

ignición *f.* ①着火；燃烧；②〈机〉点[发]火,
引[点,爆]燃；③〈化〉灼烧
orden de ~ 点火次序
punto de ~ 燃点

ignifugación *f.* ①防[耐]火；②防[耐]火材
料[装置]

ignifugado,-da *adj.* 进行防火处理的；不易
燃的

ignifugar *tr.* 使防[耐]火；对…进行防火处理

ignífugo,-ga *adj.* 防[耐]火的；不燃的 ‖ *m.*
防火材料

ignimbrita *f.* 〈地〉熔结凝灰岩；熔灰岩

ignipedites *f.* 〈医〉足底灼痛

ignipuntura *f.*〈医〉火针术

igniscible *adj.* 易[可,速]燃的

ignitibilidad *f.*（焦炭）可燃性

ignitor *m.*①〈机〉发火器；点火器[装置]；引爆装置；②〈电子〉点火[引燃]（电）极；③点火剂[药]

ignitrón *m.*〈电子〉点火器；点火[引燃,放电]管

ignografía *f.*〈建〉①平面图；②平面图制作（法）

IGU *abr.* interfaz gráfica de usuario〈信〉图像用户界面

igual *adj.*①相同的,一样的；②相似的；③相称[符]的；④（节奏、速度等）平稳的；（压力,温度等）稳定的；（持久）无变化的；⑤〈数〉相等的；⑥〈体〉(得）分数相同的；⑦（土地等）平坦的,光滑的‖ *m.*①〈数〉等号(=)；②*pl.*〈体〉(得）分数相同

signo ~ 等号

iguala *f.*①相等,一样；②〈商贸〉协定[议]（商）定额；③服务合同（尤指顾客定期付费、而医生等提供服务的合同)；④按合同支付的酬金；⑤〈建〉(泥水匠等使用的）水平尺

igualable *adj.*①可弄平[平整]的；②可同样对待的；③可订立服务合同的

igualación *f.*①相等；均[平]等；均等化；②平衡；③调整,调[均]和；④〈数〉列方程式；⑤（把土地、草坪等）拉[弄,整]平；⑥（医药等的）服务合同；⑦（定期缴纳的）合同金

~ de impuestos 捐税均等化

~ de oferta y demanda 供需平衡

igualada *f.*〈体〉①平局；②（足球比赛等）拉平比分的进球

igualado,-da *adj.*①相同的；相似的；②（比赛、竞争、球队、竞争者等）同一水准的；不相上下的；③比分相平的；④（土地、草坪等）平整（过)的；平坦的；⑤（禽鸟）羽毛丰满的

igualador *m.*①〈电〉均衡[均压,均值]器；均压线；②平衡器[装置]‖ ~ *a f.*〈电〉平衡机；平衡发电机

~ de camino（路面）整平机,平路机

~ de fase 相位[(时间)延迟]均衡器

~ de línea 路线均衡器

~ de presión 均压器[装置]

~ de retraso 延迟均衡器

igualatorio *m.*（根据合同医生给病人治疗、病人按期支付酬金的）医疗合作社

igualdad *f.*①均[平]等；相等[同]；一致；②（特点、方式等）相似点；类似处；相仿处[性]；③〈数〉等式

~ ante la ley 法律面前人人平等

~ de oportunidades 机会均等

~ de salario（男女)同工同酬

~ y beneficio mutuo 平等互利

en ~ de condiciones 以同等条件

igualización *f.*①相[均,平]等；均等化；②均衡

iguana *f. Amér. M.*〈动〉鬣蜥

iguánido,-da *adj.*〈动〉鬣蜥科的‖ *m.*①鬣蜥；②*pl.* 鬣蜥科

iguanodonte *m.*〈动〉禽龙（一种古代的大蜥蜴)

iguaza *f. Col.*〈鸟〉一种水禽

igüedo *m.*〈动〉公山羊

IIOP *abr. ingl.* Internet Inter-ORB Protocol〈信〉互联网内部对象请求代理协议

IIS *abr. ingl.* internet information server〈信〉互联网信息服务器

ijada *f.* ; **ijar** *m.*①〈解〉肋[腹]；②〈医〉肋[腹]痛；③〈鱼的〉前下腹部

ijolita *f.*〈地〉霓霞岩

ikebana *f. jap.*〈植〉插花（术)

IL *abr.* interleuquina〈生化〉白(细胞）介素

ilang-ilang *m.*①〈植〉依兰；②依兰香精油

ILARI *abr.* Instituto Latinoamericano de Relaciones Internacionales 拉丁美洲国际关系协会

ilectomía *f.*〈医〉回肠切除术

ilegalidad *f.*①非[违]法（性)；②非[违]法活动；违[不合]法行为

ilegitimidad *f.*①非[不]法（性)；②私[非婚]生；③（男女关系）不正当；④不合理性,不合逻辑

ilegítimo,-ma *adj.*①非[不合]法的；②假的,伪造的；③私[非婚]生的；④（男女关系)不正当的；⑤不合理的,不合逻辑的

ileítis *m. inv.*〈医〉回肠炎

íleo *m.*〈医〉肠梗阻,肠扭结

ileocecal *adj.*〈解〉回肠盲肠的

válvula ~ 回盲瓣

ileocecostomía *f.*〈医〉回肠盲肠吻合术

ileocecum *m.*〈解〉回肠盲肠

ileocistoplastia *f.*〈医〉回肠膀胱成形术

ileocólico,-ca *adj.*〈解〉回肠结肠的,回结肠的

ileocolitis *m. inv.*〈医〉回肠结肠炎

ileocolostomía *f.*〈医〉回肠结肠吻合术

ileocolotomía *f.*〈医〉回肠结肠切开术

ileoileostomía *f.*〈医〉回肠回肠吻合术

íleon *m.*〈解〉①回肠；②髂骨

ileoproctostomía *f.*〈医〉回肠直肠吻合术

ileorrafia *f.*〈医〉回肠缝合术

ileosigmoidostomía *f.*〈医〉回肠乙状结肠吻合术

ileostomía *f.*〈医〉回肠造口术

ileotomía *f.*〈医〉回肠切开术

ileotranversostomía *f.*〈医〉回肠横结肠吻合

术

ileoyeyunitis *f. inv.* 〈医〉回肠空肠炎

iliaco,-ca；ilíaco,-ca *adj.* 〈解〉①髂骨的；②回肠的
hueso ~ 髂骨
músculo ~ 髂肌
vena ~a 回肠静脉

ilicíneo,-nea *adj.* 〈植〉冬青科的 ‖ *f.* ①冬青科植物；②*pl.* 冬青科

ilicitud *f.* 非[违]法性，违禁性

ilimitación *f.* 无限制(性)，无限(性)，无界限(性)

ilimitado,-da *adj.* ①无界限的，无边无际的；②无限的；无限制的；③〈经〉(责任)无限的
compañía ~a 无限公司
crédito ~ 无限制信贷
plazo ~ 无限期

ilinio *m.* 〈化〉钷

iliocostal *adj.* 〈解〉髂肋的

ilioespinal *adj.* 〈解〉髂脊柱的

iliofemoral *adj.* 〈解〉①髂股的；②髂股动脉的

iliolumbar *adj.* 〈解〉髂腰的

ilion；ílion *m.* 〈解〉髂骨

iliotoracópago *m.* 〈解〉髂胸联胎

iliquidez *f.* 非兑现[流动]性

ilíquido,-da *adj.* ①非流动(资金)的；不能立即兑现的；②未清偿的，未结算的
activo ~ 不能立即兑现的资产
fondos ~s 非流动资金

illanco *m.* ①*And.*(水)缓流；②*Amér. L.*〈地〉泥石流

illmu *m. Amér. L.*〈植〉二叶拼药花

ilmenita *f.* 〈矿〉钛铁矿

ilote *m. Amér. C.*〈植〉玉米穗

iluminación *f.* ①照明[亮]；光照；②照(明)度；③照明设备；灯；④*pl.* 彩灯，灯饰；⑤(采)光；⑥*pl.* (书稿等的)小插图；⑦〈画〉胶画；⑧〈画〉(画面的)光线明暗协调；⑨(版画的)着色
~ artificial 人工采光
~ concentrada 点光源照明，局部照明
~ crítica 临界照明度
~ de socorro (事故)信号灯
~ difusa 漫射[散光]照明
~ directa/indirecta 直/间接照明；直/间接光
~ eléctrica 电光(照明)
~ estroboscópica 电子闪光
~ fluorescente 荧光
~ intensiva (体育场等的)泛光[投光，强力]照明；泛光灯

~ natural 采光
~ por acetileno 乙炔灯
~ por fluorescencia 荧光灯
~ por gas 煤气灯
~ por incandescencia 白炽灯
~ por luminiscencia 发[冷,磷,荧]光灯
~ por luz negra 黑光,不可见光
~ proyectada 强力[泛光]照明
~ uniforme 均匀照明(度)
aparato[dispositivo] de ~ 发光[照明]设备；照明体
cable de ~ 电灯线；照明电缆
tablero de distribución de ~ 灯[照明]配电[分配]盘
unidad de ~ 照明单位(勒克司,米烛光)

iluminador *m.* 发光器[体]，照明器[灯，装置]；施照体 ‖ *m. f.* ①照明灯具工人；②(书籍、手稿等的)图案花饰绘制者

iluminancia *f.* 〈理〉照(明)度，光通量密度；施照度

iluminante *adj.* ①用彩灯装饰的；②照明的；发光的
bomba ~ 照明弹

iluminista *m. f.* (电影、电视台等的)电工；电气技术员；照明工程师

iluminómetro *m.* 照度计[表]，流明测定计

ilusión *f.* 幻[错]觉；假象
~ monetaria 货币幻觉
~ óptica 视错觉

ilustración *f.* ①画报[刊]；②(书籍等的)插图；图案

ilustrado,-da *adj.* (书籍等)有插图的；有图解的
catálogo ~ 图解商品目录

ilustrador,-ra *m. f.* 插图画家

ilutación *f.* 〈医〉泥疗法

iluviación *f.* 〈地〉淀积作用

iluvial *adj.* 〈地〉淀积的

ilvaíta *f.* 〈矿〉黑柱石

imada *f.* 〈船〉(船只下水的)滑道；船台

IMAE *abr.* integración a muy alta escala 〈电子〉超大规模集成(电路)

imagen *f.* ①〈光〉〈摄〉图[影]像；肖像；②(照片,图片,电视屏幕等上的)图像；画面；③反射[照]；映[镜]像；④(头脑中,公众面前的)形象,概念；⑤〈理〉〈数〉像；像点
~ a la mediatinta 中间色图像
~ accidental 〈生理〉意外像,后像
~ antes/después 前/后像
~ auditiva 听觉形象
~ brillante 明亮[清晰]图像；明亮[清晰]画面
~ corporativa 公司形象

~ de bulto 雕[塑，铸]像

~ de marca 商标图像

~ eco 回波图像

~ eléctrica 电像

~ especular 〈理〉〈印〉镜像

~ falsa[fantasma] （电视图像的）重[幻]像

~ invertida 倒像

~ latente 潜像[影]

~ negativa/positiva 负/正像

~ nítida 清晰图像

~ pública 公众形象

~ real/virtual 〈理〉实/虚像

~ visual 视觉形象

desgaste de ~ （电视）图像撕裂

distorsión de ~ 畸变（像差），失真

doble ~ ①双重形象；②〈理〉双像；③〈医〉重[复]像

impedancia de ~ 镜[影]像阻抗

predistorsión de ~ 图像预矫

imageología f. 〈技〉〈医〉显像学

imaginaria f. 〈军〉①后[预]备队；②夜间警卫[执勤]

imaginario,-ria adj. ①想象中的，假想的，虚构的；②〈数〉虚数的 ‖ m.f. 圣像画[雕塑]家

fondo ~ 假想基金

línea ~a 虚线

número ~ 虚数

imaginología f. X 光照片[超声波]临床研究和应用

imago m. 〈昆〉成虫

imán m. 磁铁[石，体]，吸铁石

~ apagador 吹熄弧磁铁

~ artificial 人造磁铁

~ circular 圆磁铁

~ compensador 补偿磁铁

~ corrector 磁铁校正器

~ de campo 场磁体[铁]

~ de[en] herradura （马）蹄形磁铁

~ de láminas 迭层磁铁

~ director 控制磁铁

~ en barra 条形磁铁，磁棒

~ inductor 场磁体[铁]

~ lamelar 薄片磁铁

~ levantador 起重机磁铁

~ natural 天然磁石[铁]

~ permanente 永久磁铁

~ portante 吸持电磁铁

~ supraconductor 超导（电）磁铁

núcleo ~ 磁（铁）芯

imanación f. 磁化（强度，作用），起磁

~ transversal 交叉磁化

imanado,-da adj. （被）磁化的；有磁性[力]的

imanador,-ra adj. 使磁化的；使起磁的；使有磁力的 ‖ m. 〈机〉磁化机[器，装置]；充磁器，起磁机

imanar tr. 〈理〉使磁化，使起磁；使有磁力[性]

imantación f. 磁化（强度，作用），起磁

bobina de ~ 磁化线圈

coeficiente de ~ 磁化（强度）系数

curva de ~ 磁化曲线，B-H 曲线

línea de ~ 磁化线

imantado,-da adj. （被）磁化的；有磁性[力]的

aguja ~a 磁针

imantar tr. 〈理〉使磁化，使起磁；使有磁力[性]

IMAP abr. ingl. Internet Message Access Protocol 〈信〉因特[互联]网邮件访问协议

imbatibilidad f. 不可[难以]战胜；〈体〉未被打破的记录

imbatido,-da adj. ①未被击败的，未曾被超越的；②〈体〉（记录等）未被打破的

imbécil adj. 〈医〉低能的，弱智的 ‖ m.f. 低能者，弱智者

imbecilidad f. 〈医〉低能，弱智，智力低下

imbibición f. ①吸入[收]；②〈化〉吸液；③〈植〉吸胀（作用）；④浸湿

imbira f. Arg.〈植〉绢毛木瓣树

imbombera f. Venez.〈医〉恶性贫血

imbombo,-ba adj. Venez.〈医〉贫血的；贫血症的

imbornal m. ①〈海〉（甲板）排水口[孔]；②〈建〉檐槽，天沟；（房屋的）泻水口；③（道路的）排水边沟；污水道

canal de los ~es 污水管；污水道

tapa de ~ 污水沟活动盖板

imbricación f. 〈建〉（瓦，板等）互搭，复叠，搭接；瓦[鳞]状叠覆

imbricado,-da adj. 〈建〉（瓦，板等）复叠的，搭接的；瓦状叠覆的

imerinita f. 〈矿〉钠透闪石

imidas f. pl. 〈化〉酰亚胺

imidazoles m. pl. 〈化〉①咪唑；②咪唑衍生物

imidazolilo m. 〈化〉咪唑基

imina f. 〈化〉亚胺

imino m. 〈化〉亚氨基

iminoácido m. 〈化〉亚氨基酸

iminocompuesto m. 〈化〉亚氨化合物

imitación f. ①模仿[拟]，仿效；学样；②仿造[制]；③〈戏〉扮[饰]演

imitador,-ra adj. ①模仿[拟]的；②仿制的，

伪造的 ‖ *m. f.* ①模仿者;仿效[造]者;②〈戏〉扮[饰]演者;漫画式模仿名流的演员

imitativo,-va; imitatorio,-ria *adj.* ①模仿[拟](性)的;②仿造[制]的
capacidad ～a 模仿能力

IML *abr. ingl.* initial microprogram load 〈信〉初始微程序装入

imoscapo *m.* 〈建〉柱座[头]凹线脚

impacción *f.* ①〈医〉阻生,嵌塞;②冲[撞]击
～ dental 牙阻生

impactado,-da *adj.* 〈医〉阻生的,嵌塞的

impacto *m.* ①(车辆等的)碰撞;②(子弹等的)击[命]中;弹着(区);③一拳,(用拳)一击;④〈体〉(拳击运动中的)击中;⑤(消息、变化、法律等的)影响;作用;冲击
～ ambiental 环境影响
～ de bala 弹痕
～ político 政治影响
punto de ～ de un proyectil 弹着点

impactor *m.* 〈机〉①冲击器;②冲击式打桩机

impala *m.* 〈动〉黑斑羚

impar *adj.* ①〈数〉单[奇]数的;②单只的,不成对的;③无双的,独一无二的 ‖ *m.* 〈数〉单[奇]数
número ～ 奇数

imparcialidad *f.* 公正,不偏不倚;公平(性)

imparidígito,-ta *adj.* 〈动〉奇蹄的

imparipinada; imparipinnada *adj.* 〈植〉(复叶)奇数羽状的

impartible *adj.* 不可分的;(产业,土地等)不可分[割]的

IMPE *abr.* Instituto de la Mediana y Pequeña Empresa *Esp.* 中小企业联合会

impedancia *f.* ①阻抗,全电阻;〈电〉(二端)阻抗元件;②〈理〉阻抗
～ acústica 声阻抗
～ acústica característica 特性声阻抗
～ acústica por unidad de superficie 单位面积声阻抗,声阻抗率
～ amortiguada 阻挡阻抗
～ anódica 阳极阻抗
～ característica 特性阻抗
～ compleja 复数阻抗
～ de carga 加载阻抗
～ de entrada 输入[入端]阻抗
～ de estátor 定子阻抗
～ de placa 板极阻抗
～ de transferencia 转移阻抗
～ dinámica 动态阻抗
～ imagen 镜[影]像阻抗
～ infinita 阻挡[停塞]阻抗
～ iterativa 累[叠]接阻抗,交等阻抗
～ mecánica 力[机械]阻抗

～ mutua 互(转移)阻抗
～ negativa 负阻抗
～ propia 自[固有]阻抗
～ sincrónica 同步阻抗
～ superficial 表面阻抗
～ terminal 终端阻抗
～s conjugadas 共轭阻抗
adaptación de ～ 阻抗匹配
desequilibrado de ～s 阻抗失配

impedancímetro *m.* 阻抗仪;阻抗计

impedido,-da *adj.* 有残疾的,丧失能力的;(四肢)瘫痪的 ‖ *m. f.* 残疾人;(四肢)瘫痪的人

impedimenta *f.* 〈军〉辎重

impedimento *m.* ①妨[障,阻]碍;困难;②〈医〉残疾,伤残;③〈法〉(合法)婚姻障碍
～ del habla 言语障碍(尤指口吃)
～ dirimente 禁绝性婚姻障碍
～ impediente 非禁绝性婚姻障碍
～ legal 禁止翻供

impedómetro *m.* 阻抗计,阻抗测量仪

impelente *adj.* 推动[进]的
bomba ～ 压力[增压]泵
fuerza ～ 推动力

impenetrabilidad *f.* ①〈理〉不可入性;不(渗)透性;②不能穿[通,透]过

impenetrable *adj.* ①不能穿[通]过的;透不过的;②〈理〉不可入性的;③抗渗的
capa ～ al agua 防水层

impensa *f.* 〈法〉费用,经费

imperante *adj.* ①统治的,控制的;②主导的,居[占]支配地位的;③〈天〉值年的(星宿)
viento ～ 季风

imperativo,-va *adj.* 命令(式)的,强制的 ‖ *m.* (强制性的)原则,命令
ley ～a 强制法
planificación ～a 指令性计划

imperatoria *f.* 〈植〉前胡属植物

impercuso,-sa *adj.* 〈工艺〉(奖章等)花纹凹下的,阴文的

imperforable *adj.* 〈技〉不能穿孔的;(车胎)防刺穿的;自动封口的

imperforación *f.* 〈医〉无孔,闭锁

imperforado,-da *adj.* ①不穿孔的,无孔(眼)的;②〈医〉无孔的,闭锁的

imperio *m.* ①统治[辖];②帝权[位,制]
mero ～ 〈法〉(在某些情况下)行政[司法]长官的判决权
mixto ～ (民事案件中)法官的判决权

impermanencia *f.* 非永久(性),短暂(性),暂时(性)

impermanente *adj.* 非永久的,短暂的,暂时

的

impermeabilidad *f.* ①〈理〉不浸[渗]透性；②防[不透]水(性)；密封

impermeabilización *f.* ①防[不透]水；密封；②(布料等的)防水处理；③(汽车的)车身下部防水材料；④封锁[边境]

anillo de ~ 密封环[圈]

impermeabilizador *m.* 防水布[材料]；防[隔]水层

impermeabilizante *adj.* 使防[不透]水的；进行防水处理的；使密封的 ‖ *m.* 防水剂

impermeabilizar *tr.* ①使防[不透]水；给⋯上胶；将⋯防水处理；②在(汽车的车身下部)涂防水材料；③封闭[锁](边境)

impermeable *adj.* ①不(可)渗透的，不能透过的；②防[不透]水的；防湿的；密封的
~ a la lluvia 防雨(的)
~ al agua 防[耐，不透]水的；防湿的
embalaje ~ 防水包装
papel ~ 防水纸
reloj ~ 防水表
tejidos ~s 不透水织物
tela ~ 防水布

impermutabilidad *f.* 不可交[互]换性

impermutable *adj.* 不可交[互]换的

imperpetuidad *f.* 非永久[恒](性)

imperpetuo,-tua *adj.* 非永久[恒]的

impetiginoso,-sa *adj.* 〈医〉脓疱病的

impétigo *m.* 〈医〉脓疱病

ímpetu *m.* ①(原,推)动力；②〈理〉〈机〉动量；③冲力

implantable *adj.* 〈医〉可植入的，可移植的

implantación *f.* ①位置，状态，(发射)阵地；②〈医〉(四肢等的)移植(术)；植入(术)；装假体；③(高等哺乳动物等的)胚胎植入；④(公司等的)设[成,建]立
~ del contrato 履行合同

implantador,-ra *adj.* ①建立的；实施的；②〈医〉植入的，移植的；③嵌入的，理置的

implante *m.* 〈医〉①植入；②植入物[片]；(治疗癌症用的镭等放射性物质)植入管

implementación *f.* 〈信〉执行

implemento *m.* ①工[器,用]具；② *Amér. L.* 工具；手段
~s agrícolas 农具

implícito,-ta *adj.* ①包[内]含的,固有的；②〈心〉内隐的
costo ~ 隐含成本
interés ~ 内[隐]含利息

implosión *f.* ①〈理〉内爆；向心聚爆[压挤]；②〈天〉(球体)骤然缩小

implume *adj.* 〈鸟〉无羽毛的(未长出羽毛的)

impolarizable *adj.* 〈理〉不能极化的,不能偏振的

imponderabilidad *f.* 不能衡量(性)；不可称量(性)

imponible *adj.* 可[应]征税的；(应)纳税的
base ~ 纳税基数,税基
ingreso ~ 应税收入
no ~ 免税的
propiedad[riqueza] ~ 应(征)税财产

importación *f.* ①输入；进口；② *pl.* 输入物；进口货[商品]
~ con franquicia aduanera 免税进口
~ contingentada 定额进口
~ directa/indirecta 直/间接进口
~ libre 自由进口
~ suplementaria 补充进口

importado,-da *adj.* 进[口]的；输入的
desperdicios ~s 洋[输入]垃圾

importar *tr.* ①〈信〉输入；②〈商贸〉进口,输入

imposibilidad *f.* ①不可能性；②不能,无力；③(妨碍担任公职或从事某种职业的)生理障碍[缺陷]
~ física (不能担任公职的)生理障碍[缺陷]

imposibilitado,-da *adj.* ①(肢体)不能活动的；②〈医〉有残疾的；丧失能力的；③无财力的

imposición *f.* ①安[置]放；②(税的)征收；③(惩罚、负担等的)给予；(奖金、奖章等的)授予；④税；课[征]税；⑤〈印〉拼[整,装]版；⑥存款；⑦(法令、款式等的)采用；流行
~ a plazo (fijo) 定期存款
~ directa/indirecta 直/间接税
~ en el origen 从源课税
~ fiscal 国家征税,国税
~ múltiple 多重课税
~ proporcional 按比例课税,比例税
~ regresiva 递减课税
~ sobre capitales 资本税
~ sobre exportaciones/importaciones 征收出/进口税

impositivo,-va *adj.* 赋[征]税的；税(收)的
base ~a 课税基数,税基
código ~ 税收法规
sistema ~ 税制

impositor,-ra *m. f.* ①〈印〉装版工；②课[征]税人；③储户

imposta *f.* 〈建〉①拱墩[基],拱端托,起拱点；②层檐,挑檐带[底面]；③楣[气]窗

impotabilidad *f.* 不可饮用(性)

impotencia *f.* ①无力气[量]；虚弱；②〈医〉阳痿

impotente *adj.* ①无力气[量]的;虚弱的;②〈医〉阳痿的 ‖ *m.* 阳痿患者

impracticabilidad *f.* ①不能实行,行不通;②(道路等)不能通行;③(门、窗等)不能开关

impracticable *adj.* ①不能实行的,行不通的,不实用的;②不能穿透的;③(道路)不能通行的;④(门,窗)不能开关的

impredecibilidad *f.* 不可预测;无法预言性

impregnable *adj.* ①可浸渍的;②可渗透的;可浸润的;可饱和的

impregnación *f.* ①浸渍[泡];②注入;③浸润,渗透;④充满,饱和;⑤(不受大气侵蚀的)材料保护法

~ de aceite 油(浸)渍

~ de barniz 漆浸渍

~ en vacío 真空浸渍

material de ~ 饱和[浸渍]剂,饱和物

tanque de ~ 浸渍容器(槽,箱,柜,罐等)

impregnado,-da *adj.* 浸渍的;浸染的

papel ~ 浸染纸

impregnante *m.* 浸渍剂,浸渗剂

impregnar *tr.* ①浸渍;浸泡;②浸润,渗透;③使充满,使饱和

imprenta *f.* 〈印〉①印刷(术);②印刷厂[所];③印刷品,出版物,书刊;④印刷机;⑤(印刷品的)字形

~ con bloques de madera 雕版印刷

~ de tipos móviles 活字印刷

~ literaria 文学书刊

~ política 政治书刊

letra de ~ 印刷(字)体

leyes de ~ 出版法

libertad de ~ 出版自由

papel de ~ 白报纸

pie de ~ (版权页上的)版本说明

prueba de ~ (正式付印前的)清样

imprescriptibilidad *f.* 〈法〉不受法律约束性,不可剥夺性,不可侵犯性

imprescriptible *adj.* 〈法〉不受法律约束的;不受惯例支配的;不可剥夺[侵犯]的

impresión *f.* ①印[压]痕;痕迹;②〈印〉印刷;印数;③印刷品;④感受,印象;⑤〈信〉打印;打印输出;⑥〈摄〉印相;⑦〈生〉〈心〉印刻作用(一种行为模式)

~ a[en] color[colores] 彩色印刷

~ azul (晒)蓝图

~ Baumann 硫印,硫磺检验法

~ de los tejidos 织物印花

~ dactilar[digital] 指纹

~ directa 拔染印花,放电印刷

~ en cuadro(~ por estarcido) 网板[丝幕]印刷

~ en cuatricromía 四色印刷

~ en hueco 凹版印刷

~ en policromía 彩色印刷

~ en relieve 凹凸印刷

~ en seco 压纹,浮雕

~ fotográfica 影印

~ sobre algodón 平布印刷

~ tipográfica 凸版印刷

derecho de ~ 版权

impresionabilidad *f.* ①易感性,敏感性;②可印性

impresionable *adj.* 易印的;可塑的

impresionado,-da *adj.* 〈摄〉曝光的

excesivamente ~ (底片)曝光过度

impresionar *tr.* ①〈摄〉使感光;②录制(唱片,磁带等)

impresionismo *m.* ①(绘画、文学、音乐等方面的)印象派[主义];②印象派艺术手法

impresionista *adj.* ①印象派[主义]的;②印象派艺术手法的 ‖ *m. f.* 印象派画[作]家

impreso,-sa *adj.* 〈印〉刷[制]的,印刷出来的 ‖ *m.* ①印刷品,出版物,书刊;②(印制的)表格(纸);③*pl.* (信封上印有特种费率的)印刷品

~ de declaración 报关单

~ de giro 汇款单;划拨单

~ de pedido(~ para pedidos) 订货单

~ litográfico 平板[胶印法]印刷品

~ postal 邮寄印刷品

circuito ~ 印制电路

impresor,-ra *adj.* 〈印〉印刷[字]的 ‖ *m.* 印字(电报)机,电传打印[打字]机

~ en cinta 印字电报机

cilindro ~ 印字滚筒

sistema ~ Hell 海尔电传打字电报系统

telégrafo ~ 印字电报(机)

impresora *f.* ①印刷机;②〈信〉(电脑)打印(输出)机

~ de agujas 针式打印机;点阵式打印机

~ de banda 带式打印机

~ de barras 杆式打印机

~ de barril[tambor] 鼓式打印机

~ de cadena 链式打印机

~ de caracteres 字符打印机

~ de chorro de tinta 喷墨打印机

~ de consola 键盘式打印机

~ de imagen 图像打印机

~ de[por] impacto 行式打印机

~ de inyección de burbujas 喷墨打印机

~ (de) láser 激光打印机

~ de línea(~ por renglones) 行式打印机

～ de margarita 菊瓣字轮打印机

～ de matriz de puntos(～ matricial) 点阵式打印机

～ de memoria 默认打印机

～ de no impacto 无压印刷机

～ de páginas 页式印刷机

～ de ruedas 轮式印刷机

～ dúplex 双向打印机

～ electrosensible 电灼式打印机

～ electrostática 静电印刷机

～ en paralelo 并行印刷机

～ (en) serie(～ serial) 串行打印机

～ paralela 行式打印机

～ por puntos 点阵式打印机

～ térmica 热敏式打印机

～ terminal 终端输出打印机

～ xerográfica 静电印刷机

imprimación f. ①夹盘[具,头],卡盘;②染前整理用料;③(涂)底色[料,漆];④〈冶〉防腐层

imprimadera f. 底色[料,漆]刀

imprimador,-ra adj. ①染前整理的;②涂底色[料,漆]的‖ m. f. ①染前整理工;②底色[料,漆]工

imprimar tr. ①(对织物等进行)染前整理;②(漆绘之前给漆物)打底子,上底色,涂底漆;③Col. 涂柏油于

imprimatura f. (涂)底色[料,漆]

imprimibilidad f. 适印性

imprimible adj. 可印刷[出版]的

improbabilidad f. 不大可能;不大可能性;无或然性

improcedencia f. ①〈法〉(证据)不可接受;②不合法;③不合适;不适宜

improcedente adj. ①〈法〉(证据)不可接受的;②不合法的;③不合适的;不适宜的 despido ～ 不当解雇

improductividad f. ①无出产,无收益(性);②无成效(性);无效果

improductivo,-va adj. ①无出产的,无收益的;②无成效的;无效果的;③非生产性的 ～ de interés 不生息(的) acreencias ～as 不生利信贷 capital ～ 不生息资本 esfuerzo ～ 徒劳 fondos ～s 不生息资金 labor[trabajo] ～ 非生产(性)劳动 terreno ～ 不毛之地

impromptu m. 〈乐〉即兴曲

impronta f. ①压印图案;印记;②摹拓,拓印;③(空心)模子;④邮戳;⑤〈生〉(小动物短时期的)模仿学习过程

impropio,-pia adj. ①不相称的,不适合的;不恰当的;②见 fracción ～a fracción ～a〈数〉假分数,可约分数

imprudencia f. 见 ～ temeraria ～ temeraria〈法〉严重玩忽职守(罪)

Impte. abr. importe ①金额;价值;总[数]额;②成本

impúber adj. ①〈生理〉青春期前的;(尤指)性未成熟的;②不成熟的

impublicable adj. ①不能公布[发表]的;②(由于法律或道德等原因)不可[宜]刊印的

impuesto m. 税(款,金);捐[赋]税

～ a la exportación/importación 出/进口税

～ a la renta 所得税

～ ad valorem 从价税

～ al[sobre el] capital 资本税

～ al producto 产品税

～ al rédito 收益[所得]税

～ accesorio[adicional] 附加税

～ acumulado 应计税金[款]

～ antidumping 反倾销税

～ arancelario 关税

～ básico 主[基本]税

～ comercial 商[营]业税

～ compensatorio 补偿税

～ de actividades económicas 营业税

～ de[sobre] bienes inmuebles 财[不动]产税

～ de circulación 养路税,道路基金税

～ de consumo 消费税

～ de herencias 遗产税

～ de lujo 奢侈品税

～ de peso (容量,重量)检定费

～ de plusvalía 资本收益税,财产增值税

～ de sociedades 公司(所得)税

～ de transferencia de capital 资本转让税

～ de venta 销售税

～ del timbre 印花税

～ degresivo 递减税

～ diferencial 差别税

～ directo/indirecto 直/间接税

～ ecológico[verde] 绿色环保税

～ específico 从量税;特定税

～ impersonal 对物税;间接税

～ per cápita 人头税

～ por contaminación 污染税

～ predial Amér. L. 房产税

～ progresivo/regresivo 累进/递减税

～ sobre adquisiciones 购置税

～ sobre documentos 单据(印花)税

～ sobre el precio 从价税

～ sobre Valor Agregado Amér. L. [I-

增值税(常缩略为 IVA)

~ sobre Valor Añadido [I-] *Esp.* 增值税(常缩略为 IVA)

~ sobre espectáculos 娱乐税

~ sobre la renta 所得税

~ sobre la renta de las personas físicas 自然人所得税

~ sobre la riqueza 财富税

~ sobre los bienes heredados 遗产税,继承税

~ sobre los ingresos 所得税

~ territorial 地产税,地皮税

~ único 单一税

sujeto a ~ 应纳税的

impulsado,-da *adj.* ①〈机〉从[传]动的；②被驱动[激励]的

~ por cable 钢索传动的

~ por cadena 链(条,式,齿轮)传动的

~ por motor 发动机驱动的,机动的

~ por tornillo sin fin y engranaje 涡轮传动的

~ por vapor 蒸汽带动的,汽动的

impulsador *m.* 〈航空〉推进器

impulsión *f.* ①推；推动；驱使；②推进；促进,加强；③推动力；推动作用；④冲动[击],传[驱]动；⑤〈电〉脉冲

~ de[por] cadena 链(条,式,齿轮)传动

~ directa 直接传动[驱动]

~ eléctrica ①电传动；②电脉冲

~ en las cuatro ruedas 四轮驱动

~ hacia lo alto 推进[升],抬高

~ hidráulica 液压传动

~ modulada 调制脉冲

~ por correa 皮带传动

~ por maroma 钢索传动

~ por tornillo sin fin 蜗杆传动

excitación por ~ 冲击激励

impulsividad *f.* 冲动[击]作用；脉冲作用

impulsivo,-va *adj.* 推动的；有推动力的；驱使的

fuerza ~a 推动力

impulso *m.* ①冲击[动]；推动；②推(动,进)力；推动[冲力]作用；冲力；③〈电〉脉冲；④〈理〉冲量；⑤促进；加[增]强；激励；刺激；⑥〈生理〉神经冲动

~ barrera 截止[禁止,阻塞]脉冲

~ de borrado 消隐[熄灭]脉冲

~ de cierre 接通电流脉冲

~ de igualación 均衡脉冲

~ de la inversión 投资冲动

~ de marcado[marcador] 标志[标记,信号]脉冲

~ de radiofrecuencia 射频脉冲

~ de recomposición 复位脉冲

~ de sincronismo 同步脉冲

~ fiscal 财政刺激

~ fraccionado 开槽[顶切口]帧同步脉冲；槽[缺口]脉冲

~ gatillo de disparo 触发脉冲

~ intensificador de brillo 照明[扫描辉度]脉冲

~ nervioso 神经冲动

~s de alta frecuencia 高频脉冲

corrector de ~s 脉冲校正电路

duración de un ~ 脉冲长度

generador de ~s 脉冲发生器

inclinación del frente del ~ 脉冲波前沿斜度[率]

oscilador de ~s 脉冲振荡器

radar de ~s coherentes 相关脉冲雷达

regeneración de ~s 脉冲再生[恢复]

repetidor de ~s 脉冲重发器

señal de comienzo de ~s numéricos 脉冲始发信号

señal de fin de ~s numéricos 脉冲终止[完成]信号

sistema descodificador por ~s 脉冲译码系统

transformador de ~s 脉冲变压器

transmisión por ~s 脉冲传输[传送]

tren de ~s 脉冲序列

voltímetro de amplitud para ~s 脉冲幅度[高度]电压表

impulsor,-ra *adj.* ①推动[进]的；②促进的,激励的；③〈机〉传[驱]动的 ‖ *m.* 〈机〉①脉冲发送器；叶轮激动器；②传动装置,驱动机构；③〈航空〉推进器

~ encerrado 闭式叶轮激动器

impureza；impuridad *f.* ①(水、物质等的)不纯[洁]；搀杂[假]；②杂质,污染物

~ donadora 施主性杂质

imputabilidad *f.* 可归罪[咎,因]性

imputación *f.* ①〈商贸〉记入账目；(资金等的)分配[摊]；②〈被控告的〉罪名；非难

~ de costos 成本分摊

imputado,-da *adj.* 〈经〉估算的

valor ~ 估算价值

imputrescibilidad *f.* 不易腐烂性

imputrescible *adj.* 不易腐烂的,不会腐败的

In 〈化〉元素铟(indio)的符号

inabordable *adj.* 无法停靠的

inacabado,-da *adj.* ①(工作等)未完成的,未结束的；②(问题等)未解决的；③〈技〉未经最后加工的,未润饰的；④非(直接性)生产的

trabajo ~ 〈矿〉非直接性生产工作

inacción f. ①不活动；②闲散[置]；③〈经〉呆滞
~ fiscal 非课税期

inacidez f. 无酸性

inactínico,-ca adj. 无光化性的；非光化的

inactivación f. 〈化〉钝化(作用)，失活[效]；僵化

inactividad f. ①不活动(性)；不活跃；②〈医〉静止性，非活动性；③〈化〉钝[不活泼]性；④〈理〉非放射性，不旋光(性)；⑤〈经〉〈商贸〉(市场等的)呆滞

inactivo,-va adj. ①不活动[跃]的，无活动力的；②〈医〉静止的，非活动性的；③〈化〉钝性的；不活泼的；④〈理〉非放射性的，不旋光的；⑤闲置的；失效的；⑥〈经〉〈商贸〉(市场等)呆滞的；(人口)无工作的；闲散的
cuenta ~a 呆滞[静止]账户
dinero ~ 呆滞货币

inadaptabilidad f. ①无适应性；不适合[配]性；②不可改编性

inadaptación f. ①无适应性；不适合[配]性；②〈医〉排斥；排斥反应
~ social 社会不平衡

inadecuado,-da adj. ①(方法，手段的)不适[恰]当的；②(时候、电影等)不适宜的
embalaje ~ 包装不当

inadherente adj. 不[难]黏结的

inadhesividad f. 无黏(着,附)性，无黏附度

inaflojable adj. 〈机〉防松的
tuerca ~ 锁定[防松]螺母

inajenable adj. ①〈法〉不可分割[剥夺,让予]的；不能放弃的；②不可转让的

inalámbrico,-ca adj. ①无线的，不用电线的；用无线电波传送的；②〈讯〉无塞绳式的 ‖ m. 无线话筒，无绳电话
comunicación ~a 无线电通讯
teléfono ~ 无绳电话

inalienabilidad f. 〈法〉不可分割[剥夺,让予]；不能放弃

inalienable adj. ①〈法〉不可分割[剥夺,让予]的；不能放弃的；②不可转让的

inalterabilidad f. ①不变性，持久性；②(人、质量等)永远不变

inalterable adj. ①(物质等)不可改变[变更]的；②(人、质量等)永远不变的；③(颜色)耐久的，不退色的；④(光泽等)长期不变的

inalterado,-da adj. ①不变的，未改变的；②未风化的

inamalgamable adj. ①〈冶〉不能汞齐化的；②不能混[搀]合的

inamortiguado,-da adj. 〈理〉无[不,未]阻尼的，无衰减的

inamovible adj. ①不能变动的；固定的，不能移动的；②〈技〉不可拆卸的；③不能撤[调]换的

inamovilidad f. ①不能变动性；②不可撤换性，不能罢免性

inanalizable adj. ①不可分析的；②不可解析的；不可分解的

inanición f. 〈医〉(由营养不良所造成的)虚乏；虚弱

in ánima vili lat. 〈医〉在动物身上(作试验)

inapagable adj. (火、火灾等)扑不灭的，不能熄灭的

inapelable adj. ①〈法〉(案件、判决等)不能上诉的；②不可挽回的；不可避免的
fallo ~ 不能上诉的判决

inapelación f. 〈法〉不上诉

inapendiculado,-da adj. 〈动〉无阑尾的

inapetencia f. 〈医〉食欲不振

inapollilable adj. 防蛀的

inapropiado,-da adj. ①不适[恰]当的；不合适的；②不适宜的
~ al mar 不适于航海的

inaptitud f. ①不胜任，无能力；②不相称

inarrugable adj. ①不皱的；不易起皱的

inarticulado,-da adj. ①〈机〉不连接的；关节脱开的；②〈动〉无关节的，(腕足动物的介壳)无铰的

in artículo mortis lat. 〈法〉临终时，弥留之际

inartístico,-ca adj. 非[缺乏]艺术性的；缺乏艺术修养的

inasentado,-da adj. ①不稳定的，未固定的；②未解决的

inasimilabilidad f. 不吸收；不同化

inasimilable adj. 不(可)吸收的；不(可)同化的

inastillable adj. (玻璃)防[不]碎的
cristal[vidrio] ~ 安全[保护]玻璃

inatacable adj. 耐(腐蚀,侵蚀)的
~ por el ácido 防[抗,耐]酸的

inautenticidad f. 不可靠性，不真实性

incalcinable adj. 〈化〉不能煅[焙]烧的

incandescencia f. ①白热[炽]；②火[炽]热；③炽热发光
~ residual 余晖，晚霞，夕照
lámpara de ~ 白炽灯(泡)

incandescente adj. ①白炽的，炽[白]热的；②火[炽]热的

incapacidad f. ①不能[会]；②无能(力)；不胜任，不称职；③〈医〉机能不全；④(身体心理)缺陷，障碍；⑤〈法〉无资格，无行为能力
~ física (身体)残疾

~ jurídica 无民事行为能力

~ laboral permanente 永久丧失工作能力;(永久)残疾

~ legal〈法〉无资格

~ mental 弱智,智力缺陷

~ parcial ①部分残疾;②部分无行为能力

~ total ①全残;②全部无行为能力

incapacitación *f.* 无(工作)能力;伤残

incapacitado,-da *adj.* ①无(工作)能力的;不胜任的;不合格的;②有生理缺陷的;有残疾的;③〈法〉无资格的

incapacitante *adj.* ①(使)无(工作)能力的;②(引起)伤残的

incapaz *adj.* ①不能[会]做的,无能力的;②〈法〉无资格的

incarceración *f.*〈医〉箝闭

incasable *adj.* ①(年龄)不适宜结婚的;未到结婚年龄的;②(机)(部件等)不相匹配的

incausto *m.*〈画〉蜡画法(用颜料和蜡混合加热作画)

incendiario,-ria *adj.* (物质)能(引起)燃烧的

bomba ~a(proyectil ~)燃烧弹

incendiarismo *m.*〈法〉放[纵]火(罪)

incendio *m.* ①火(灾),失火;大火;②点火

~ forestal 森林火灾

~ intencionado[provocado](尤指保险条款中的)自行放火,(人为)纵火

bomba de ~s 救火机,消防车

detector de ~s 火灾探测器

extintores de ~s 灭火器

lucha contra el ~ 消防,防火

peligros de ~ 易引起火灾的物品

potencial de ~ 点火电位

precauciones contra el ~ 火灾预防(措施,方法)

salida de ~s (火灾)安全出口

incentivación *f.* ①动力,诱因,刺激;激励;②奖励方案;生产奖励

incentro *m.*〈数〉内(切圆)心

incesto *m.*〈法〉乱伦(罪)

inchis *m. Per.*〈植〉花生

incidencia *f.* ①(偶发)事件;事故;②发生率;③〈数〉关联,接合;④〈理〉入射;入射角;⑤(税等的)归宿,负担;⑥〈法〉附带事项

~ de acciones (意外)事故发生率

~ del impuesto 赋税负担[归宿]

~ rasante 掠[切线]入射

ángulo de ~ 入射角

espacio de ~ 关联空间

plano de ~ 入射面

rayo de ~ 入射线

transmisión con ~ oblicua 斜入射传播

incidental *adj.* ①偶然发生的;②附带的;伴随的;次要的

costo ~ 附带成本

daños ~es 偶发性损失

gastos ~es 附带支出

incidente *adj.* ①偶然发生的;伴随而来的;意外的;②〈理〉入射的;③〈数〉关联的;④〈法〉附带的 ‖ *m.* ①意外事情;故障;②〈法〉附属于财产的权利和义务,附带条件

~s fronterizos 边境事件[冲突]

onda ~ 入射波

rayo ~ 入射线

incienso *m.* ①(熏)香;②〈植〉香蒿;*Cub.* 药蒿

~ de playa *Cub.*〈植〉滨紫

~ hembra (从树木切口中分泌出来的)割香

~ macho (树木的)溢香

inciensón *m. Amér.C.,Méx.*〈植〉益母草

incineración *f.* ①焚烧(垃圾等);(尸体的)焚[火]化;烧成灰烬;②煅灰(法)

incinerador *m.*;**incineradora** *f.* ①(垃圾等)焚化[烧]炉;(尸体)火化炉,焚尸炉;②煅烧炉(装置);(废料)燃烧炉,化灰炉

~ de basuras 废料焚化炉;废渣炉

incipiente *adj.* 刚开始[出现]的;早期的;初期[发]的

cáncer ~ 早期癌症

industria ~ 幼稚[新兴]工业

incisión *f.* ①切入[开];②伤[刀]口;〈医〉切口

incisivo,-va *adj.* ①切(割)的;作切割用的;②〈解〉切牙的,门齿的 ‖ *m.*〈解〉切牙,门齿

dientes ~s 切牙,门牙

inciso *m. Amér.L.*〈法〉(条款的)分款[项]

incisor *m.*〈解〉门齿,切牙

incisorio,-ria *adj.*〈医〉适于切(割,开)的

incisura *f.*〈解〉切迹

~ nasal 鼻切迹

incitante *m.*〈医〉(诱发疾病等的)刺激[激发]因素

incitativa *f.*〈法〉催[督]促

incitativo,-va *adj.*〈法〉催[督]促性的

inclasificable *adj.* 无法分类的

inclemencia *f.*〈气〉①(气候、天气等的)险恶,恶劣;②严寒;③狂风暴雨

inclemente *adj.*〈气〉①(气候,天气)险恶[恶劣]的;②严寒的;③狂风暴雨的

inclinación *f.* ①(地面等的)倾斜;弯下;②〈技〉倾斜(角);倾斜度;③(性格等方面的)倾向;爱好;偏爱

~ amorosa 爱慕,爱恋

~ de onda 波前倾斜

~ del costado hacia dentro （船舷）内倾；内倾度

~ hacia delante 前向倾斜

~ hacia dentro 内向倾斜；内倾度

~ interior de los raíles （铁道弯线的）外轨加高

~ lateral/longitudinal 〈海〉横/纵倾，横/纵向颠簸

~ magnética 〈理〉磁倾角

~ máxima （飞机）最大倾斜(度)，侧滚

~ media 中等倾斜(度)

~ mínima 最小倾斜(度)

~ sexual 性(选择)偏爱

indicador de ~ 倾斜指示器

inclinado,-da *adj.* ①倾斜的，成(斜)角的；②斜坡[面]的；③倾向…的，有…意向的；④〈植〉俯垂的

~ a comprar 有意购买

cara ~a 斜面

plano ~ 斜(平)面

inclinativo,-va *adj.* 使倾斜的；使弯曲的

inclinómetro *m.* 〈测〉测斜仪[计，器]；量坡仪；倾角[向]仪

incluido,-da *adj.* ①包括在内的；计入的；②〈信〉嵌入的

embalaje ~ 包装费包括在内(即由卖方负责)

incluir *tr.* ①包含[括]；②列为…的一部分；把…装入(信封，包裹等)；③〈信〉嵌入

inclusión *f.* ①包含[括]；夹杂；②列入；③内含物；④〈数〉包含

~ de escoria 夹(杂熔)渣

~ gaseosa 气体夹附(物)

cuerpo de ~ 〈医〉包涵体(病毒增殖过程中出现于细胞核或细胞质中的病变结构)

incoagulable *adj.* 不能凝固的

incoercible *adj.* ①〈理〉(气体)不能压缩成液态的；②不能强制的；不可控[抑]制的；止不住的

hemorragia ~ 大出血

incógnita *f.* 〈数〉未知数[量]

incoherencia *f.* 〈理〉无内聚力[性]；无胶黏性；松散

incoherente *adj.* 〈理〉无内聚力[性]的；无胶黏性的；松散的

incolcable *adj.* 不适销的

producto ~ 不适销产品

incoloro,-ra *adj.* (光、油漆、液体等)无色的

incombinable *adj.* ①不能结[联，组]合的；②〈化〉不能化合的

incombustibilidad *f.* 不燃(烧)性

incombustible *adj.* 不燃烧的；不燃性的；(布料，家具等)防火的

incombusto,-ta *adj.* ①未燃烧的，未烧坏的；②(耐火砖等)未煅烧的

incomerciable *adj.* ①不可买卖的；不可供出售的；②不适销的，无销路的，不易脱手的

incomestible；incomible *adj.* 不可食的；不适合食用的

incomparabilidad *f.* 不可比性

incompatibilidad *f.* ①不相容(性)；不协调，不能和谐相处；不一致；②(设备、程序等的)不兼容；③〈医〉(药物)配伍禁忌；④(血型、机体组织)不能配合；⑤〈法〉(职务)不能兼任；⑥〈法〉无(担任某种职务的)法律资格；⑦〈数〉(方程式等的)不相容，互斥

incompatible *adj.* ①不相容的；不协调的，不能和谐相处的；不一致的；②(设备、程序等)不兼容；③〈医〉配伍禁忌的，④(血型、机体组织)不能配合的；⑤(职务)不能兼任的；⑥〈数〉(方程式等)不相容的，互斥的；⑦〈教〉(在另一科目通过之前)不能参加考试的

incompetencia *f.* ①无能力，不胜任，不称职，不合适；②〈法〉无行为能力，无资格

incompetente *adj.* ①无能力的，不胜任的，不称职的，不合适的；②〈法〉无行为能力的，法律上无资格的

testigo ~ 无资格的证人

incomplexo,-xa *adj.* 分离的，脱节的

incompresibilidad *f.* 不可压缩性

incompresible *adj.* 不可压缩的

incomunicable *adj.* ①不能传达[言传]的；②不可交流[往]的；不能联络的；③交通阻塞的

incomunicación *f.* ①不相通；②断绝往来；③〈法〉(对被告或证人的)隔离；④〈法〉(对囚犯等的)单独监禁[禁闭]

incomunicado,-da *adj.* ①不相通的；不能与外接触的；②〈法〉(被告或证人)被隔离的；③〈法〉(囚犯等)被单独监禁的；④与外界交通中断的

incondensable *adj.* 不能浓[压]缩的；不能冷凝的；不能聚集的

incondicionalismo *m.* 无条件(性)；无保留(性)；绝对(性)

inconducente *adj.* 〈理〉不传导的，绝缘的

inconductible *adj.* 〈理〉不传导[传热]的，不导电的，绝缘的

inconel *m.* 〈冶〉因康镍合金(一种耐热合金)

inconexión *f.* (数据等)不相关，无关联

inconexo,-xa *adj.* ①(数据等)不相关的，无关联的；②(课本等)脱节的，支离破碎的

incongelable *adj.* 不(结)冻的；耐[抗]寒的

inconmensurabilidad *f.* ①不可度量性；②巨大；无比；③〈数〉不可通约，无公度

inconmensurable *adj.* ①不可度量的，难以测量的；②〈数〉不可通约的，无公度的；无理的

inconmutabilidad *f.* 不可改变(性)；不可取代(性)

inconsciencia *f.* ①不知道；无意识；②〈医〉昏迷；失去知觉，神志不清

inconsciente *adj.* ①无意识的；②不知道的；没有意识到的；③〈医〉昏迷的；失去知觉的，神志不清的 ‖ *m.* 无意识；〈心〉潜意识

inconsistencia *f.* ①不坚固[实]的；(土地)疏松；②(表面等)不平坦；高低不平；③(布料)轻薄

inconsistente *adj.* ①不坚固[实]的；(土地)疏松的；②(表面)不平坦的；高低不平的；③(布料)轻薄的

inconstancia *f.* ①(天气等的)不定，易变；②(事物、设备、系统等的)多变；无规则；反复无常

inconstante *adj.* ①(天气等)不定的，易变的；②(事物、设备、系统等)多变的；无规则的；反复无常的

inconstitucionalidad *f.* 不符合宪法(性)，违反宪法(性)

inconsútil *adj.* (衣物)无(接)缝的

incontaminación *f.* 不污染

incontaminado,-da *adj.* 未受污染的

incontaminante *adj.* 不会引起污染的

incontinencia *f.* ①无节制；不能自制；②〈医〉失禁
～ de las heces 大便失禁
～ de orina 小便失禁

incontinente *adj.* ①无节制的；不能自制的；②〈医〉失禁的 ‖ *m. f.* 失禁的病人

inconvertibilidad *f.* ①不能变[转]换(性)；不可逆(性)；②(货币)不可兑换性

inconvertible *adj.* ①不能变[转]换的；不可逆的；②不可兑换的；不能(自由)兑换外[硬]币的
dinero[moneda] ～ 不能自由兑换的货币
papel moneda ～ 不可兑换纸币

incoordinación *f.* 〈医〉(肌的)共济失调，协调不能

incordio *m.* 〈医〉腹股沟淋巴结炎

incorporación *f.* ①组建公司[社团]；合并；②加[编，并]入；应征入伍；③添加；搀和
～ bancaria 银行合并

incorporadero *m.* 〈冶〉搀和水银的场地

incorporado,-da *adj.* ①〈技〉嵌入(墙内)的；②加入的；组成公司的

incorporal *adj.* ①非物质的；无形体的；非实体的；②〈法〉无形的

incorporeidad *f.* 无形体性；非物质性；非实体性

incorpóreo,-rea *adj.* ①非物质的；无形体的；非实体的；②〈法〉无形的
herencia ～a 无形遗产，非物质遗产

incorregibilidad *f.* ①不可改[纠，矫]正(性)；②不可改造

incorrosible *adj.* ①抗腐烂[侵]蚀的，不腐(蚀)的；②不[防，抗]锈的

incorrupción *f.* ①不腐烂[败]；②廉洁

incorruptibilidad *f.* ①不腐烂性；②廉洁

incrasación *f.* 〈生〉〈医〉①增[变]厚，增浓；②吸入[气]

incrasante *adj.* 〈生〉〈医〉增厚的，变(浓)厚的；肿起的

incrasar *tr.* 〈生〉〈医〉使增厚；使变(浓)厚 ‖ *intr.* 增厚；变(浓)厚

increado,-da *adj.* 非创造的；本来就存在的，自存的

incremental *adj.* ①增加的，递增的；②增值的
beneficio ～ 增值收益

incremento *m.* ①(工资、价格、产量等数量的)增加；增大；②(经济、知识等的)增长；③(产品、利润等的)增加量；④〈数〉增数
～ de la demanda 需求增加
～ de temperatura 温度上升
～ de valor 增值
～ económico 经济增长

incriminación *f.* 〈法〉控告，指控

incriminatorio,-ria *adj.* 〈法〉控告(性)的，指控(性)的

incristalizable *adj.* 不结晶的

incromado *m.* ①铬酸盐处理；②渗铬，铬化

incrustación *f.* ①(物体表面的)硬皮，硬壳状物；结壳；②(管道、锅炉、水壶等的)水垢[锈]；③镶嵌；镶嵌物；镶嵌细工；④〈医〉(结，生)痂；⑤〈医〉(皮肤的)鳞屑；⑥〈缝〉(两块布之间的)接缝点
con ～es 结水(垢)垢；结(锅)垢

incrustado,-da *adj.* ①结垢的；有积垢的；②镶嵌的，嵌入的

incrustador,-ra *adj.* 镶嵌的 ‖ *m. f.* 镶嵌工

incrustante *adj.* (使)结垢的；(使)结硬壳的 ‖ *m.* (水的)硬垢
aguas ～s 带积垢的水；水垢[锈]

incubación *f.* ①孵卵[化]；保温(培养)；②〈医〉(病)潜伏(期)；③酝酿；逐渐发展；④〈经〉(对新兴企业等的)帮助和扶持，孵化
～ artificial 人工孵化
～ de empresas 孵化公司
período de ～ 潜伏期，孵卵期

incubador,-ra *adj.* 孵卵的 ‖ ～a *f.* ①孵化器；②(放置早产婴儿的)恒温箱；③细菌培

养器,恒温箱

máquina ～a 孵卵器

incubo,-ba *adj.* 〈植〉(叶子)蔽前式的

incudectomía *f.* 〈医〉砧骨切除术

incudeo,-dea *adj.* 〈解〉砧骨的

incudiforme *adj.* 〈铁〉砧形的

inculpación *f.* 〈法〉① 控告,指控;② (被控告的)罪名

incultivable *adj.* 不能[宜]耕种的

inculto,-ta *adj.* ① 未开垦[耕种]的;未经耕作的;② 不文明的,没文化的;无[缺乏]教养的;未开化的

incultura *f.* ① 未开垦;荒芜;② 不文明,无文化;无教养

inculturación *f.* 融入另一种文化

incumbencia *f.* 〈植〉(子叶)依靠(状态)

incumbente *adj.* 〈植〉(花药)内曲的;(子叶)背倚的

incunable *m.* 〈印〉① 古版书;② (在欧洲指1500 年前所印的)初期[摇篮]刊本

incurabilidad *f.* 〈医〉不可医治性

incurable *adj.* 〈医〉(疾病)无法治愈的,不可医治的 ‖ *m.f.* 患不治之症的病人
enfermedad ～ 不治之症

incurvación *f.* ① 折弯;挠[弯]曲;② 弯(管,头,道),弯曲(处);接头

incurvado,-da *adj.* 〈植〉内弯的

incus *m.* 〈解〉砧骨(位于中耳内)

indagatoria *f.* 〈法〉(对被告或嫌疑犯的)侦讯供述

indagatorio,-ria *adj.* 〈法〉调[侦]查的

indamina *f.* 〈化〉吲达胺,苯撑蓝(一种染料)

indantreno *m.* 〈化〉阴丹士林(一种蓝色染料)

indantrona *f.* 〈化〉阴丹酮(一种蓝色染料),标准还原蓝,靛蓝醌

indayé *m. Riopl.* 〈鸟〉一种雀鹰

indefensión *f.* ① 无法保护[防御];② 〈法〉拒绝辩护

indeformabilidad *f.* 不变形性

indeformable *adj.* 不变形的,不走形[样]的;不易弯的

indehiscencia *f.* 〈植〉(成熟时)不开裂

indehiscente *adj.* 〈植〉(成熟时)不开裂的
fruto ～ 闭果

indemallable *adj.* (织物等)防[不]抽丝的;防脱散的

indemnización *f.* ① 赔[补]偿;② 赔偿物;补偿费[金];③ 〈军〉(战败国须付的)赔款
～ compensatoria 损失[财政]补偿
～ de seguros 保险赔偿
～ doble 双倍赔偿
～ obligatoria 强迫性赔偿

～ por daños 损失赔偿

～ por despido 裁员[解雇]费;解雇补偿

～ por desplazamiento 调动(安置)补偿费
causión de ～ 补偿保证

independiente *adj.* ① (政治等方面)独立的;(经济上)自主的;② 不依赖[靠]的,自立的;③ (房屋、公寓等配套齐全)独门独户的;④ 〈信〉独立的;⑤ 〈数〉无关的
contador ～ 独立会计师
excitación ～ 分[他]激,他励
motor de excitación ～ 分[他]激发动机;分[他]激电动机
programa ～ 〈信〉独立程序

inderogabilidad *adj.* 不可撤销[废除]

inderogable *adj.* 不可撤销[废除]的

indescifrable *adj.* ① (密码)不可破译的;② (字迹)难辨认的

indesgastable *adj.* 耐[抗]磨损的

indesmallable *adj.* (织物等)防[不]抽丝的;防脱散的

indespegable *adj.* 不脱落的;不松开的

indesviable *adj.* 不能引开的;难使转向的

indeterminación *f.* ① 不确定(性,度);不明确;② 模糊不清;未决定;③ 未解决

indeterminado,-da *adj.* ① 不确定的,不明确的;② 模糊的,不清楚的;③ 未解决的;未决定的;④ 〈数〉不定的,未定元的
contrato por cantidad ～a 开口合同,不定量合同
ecuación ～a 〈数〉不定方程

índex *m.* ① 食指;② 示指;③ (刻度盘等上的)指针

indexación *f.* ① 〈经〉指数化;(工资、利率等)与生活[物价]指数挂钩;② 〈信〉编(人)索引;索引,变址,下[附]标
～ de precios 按指数调整价格;价格指数化

indexado,-da *adj.* 〈经〉(工资、利率等)与生活[物价]指数挂钩的;指数化的
bono ～ 按指数偿还的债券;指数化债券
préstamo ～ 按指数计算偿还的贷款

indialita *f.* 〈矿〉印度石

indiana *f.* 〈纺〉单面印花棉布

indicación *f.* ① 指示;指点;② (指示器等上的)读数;③ 〈医〉症状;医嘱;④ *pl.* 操作指南;用法说明(书)
～ de origen 标明产地;产地标记
～ del rumbo 方位指示
～ del sentido 指向探测
～ luminosa de ocupado 〈讯〉占线闪光
～ óptica automática 自动光视距
～es del servicio 业务规章[指南,须知]
～es para el empleo 使用手册

indicado,-da *adj*. ①指示的；②(日期、时间等)指定[明]的

caballos ～s 指示马力

indicador,-ra *adj*. 指示的；(用作)显示的‖ *m*. ①迹象，征兆；②指示器[灯]；指示物；③〈机〉显示[示功]器；压力计；④〈技〉表，计；⑤〈经〉指标；(交易所等的)指数；⑥〈化〉指示剂；⑦〈信〉(用以表明储存数据特征的)标记，特征位

～ ácido-base 酸碱指示剂

～ adelantado[anticipado] 先行指标[指示数]

～ atrasado 滞后指标[指示数]

～ de acarreo 〈信〉进位标志

～ de aceite 油位表

～ de alarma 预警器

～ de apertura 游动凡尔

～ de blanco móvil 活动目标指示器，动靶

～ de calidad/cantidad 质/数量指标

～ de carga 充电指示器

～ de carretera 路标

～ de caudal 流量表；流量计

～ de cero 零(位指)示器

～ de combustible[gasolina]燃料[油]表，油量计；油规[表]

～ de consumo máximo 最大需量指示器

～ de control 监测[控]器

～ de corriente (电)流速计

～ de deformación 应变仪[器，计]

～ de deriva 并斜指示器

～ de desbordamiento 〈信〉溢出标记

～ de deslizamiento lateral 侧滑指示器

～ de dirección (车辆上的)变向指示灯

～ de dirección de aterrizaje 着陆航向指示器

～ de estado 〈信〉状态指示器

～ de fase 相位计

～ de gasto de aceite 油位指示器

～ de inclinación lateral 倾斜指示器

～ de inclinación longitudinal 俯仰指示器

～ de llamador 呼号指示器

～ de mercurio 汞压力计

～ de nivel 液面指示器

～ de oxidación-reducción 氧化还原指示剂

～ de pendiente 倾[测]斜仪；量坡仪；梯度计

～ de pérdidas 漏电探测器

～ de pérdidas a tierra (漏电)接地探测器

～ de polaridad 极性指示器

～ de presión 压力表[计]

～ de presión del aceite 油压(力)表

～ de radar 雷达显示器

～ de recorrido aéreo 空气测程仪

～ de rumbo 航向指示器

～ de secuencia de fases 相序指示器

～ de sentido de corriente (电)极性指示器

～ de tierra 漏泄指示器，检漏计

～ de torsión 扭力计，扭规计[仪]

～ de vacío 真空计[仪]

～ de velocidad 示速器，速度表[计]，速率计

～ de velocidad de aire 空速指示器

～ de velocidad de aterrizaje 着陆速度指示器

～ de viscosidad 黏度计[表]

～ de volumen 音量指示器

～ del ángulo de cable 拖曳钢索下垂角指示器

～ del nivel de agua 水位标；水位指示器

～ económico 经济指标

～ externo/interno 〈化〉(液)外/内指示剂

～ luminoso 灯光指示器

～ monocromo 单色指示器

～ numérico de llamada 呼叫指示器

～ quelatométrico 螯合指示剂

～ redox 氧化还原指示剂

～ universal 通用指示剂

～ variable 变动指标

～ visual 目测[视觉]指示器

～s de precios 物价指数[标]

curvas de ～ 示功图；器示压容图

plato ～ 标[分，刻]度盘，刻度板，指针盘

registrador ～ de velocidad 示速器；速度表[计]

indicán *m*. ①〈植〉〈生化〉β-吲哚葡糖苷；②〈动〉〈生化〉尿蓝母，β-吲哚硫酸钾

indicanemia *f*. 〈医〉尿蓝母血

indicante *adj*. 指[表]示的

indicanuria *f*. 〈医〉尿蓝母尿

indicativo,-va *adj*. 指[表]示性的‖ *m*. ①〈讯〉代号字母；代码[号]；②(电台等)呼叫信号，呼号

～ de nacionalidad (车辆等的)国籍牌

precio ～ 指示性价格

síntoma ～ 征兆[候]

indicatriz *f*. ①〈数〉指标线[图]，标形；②〈地〉蒂索指标图；③〈理〉折射率椭球

índice *m*. ①〈经〉指数；②〈统〉(比)率；③标志[记]；④(刻度盘上的)指针；⑤(书刊的)索引；(图书馆)目录；⑥见 dedo ～；⑦〈数〉(根)指数；指标；⑧〈信〉索引；变址；下[附]标

～ al por menor 零售价格指数

~ alfabético 按字母排列的目录[索引]

~ cefálico 〈医〉颅指数

~ comercial 商业指数

~ compuesto 综合指数

~ cruzado 对照索引

~ de acciones 股票(价格)指数

~ de acidez 〈化〉酸值

~ de apalancamiento 杠杆比率

~ de aridez 干燥指数

~ de audiencia (广播节目的)收听率;(电视节目的)收视率

~ de bromo 〈化〉溴值[价]

~ de ciclos 循环指数

~ de compresión 压缩比

~ de comprobantes 凭单索引

~ de coquización 焦值

~ de desempleo/empleo 失/就业率[指数]

~ de disparidad 差异指数

~ de errores de bit 〈信〉误码率

~ de humedad 潮湿指数

~ de humos 发烟点

~ de mercado 市场指数

~ de mortalidad 死亡率

~ de movimiento 周转(比)率

~ de natalidad 出生率

~ de octano 〈化〉辛烷值

~ de ocupación 占用率

~ de precios al consumo 零售物价指数

~ de precios de consumo (IPC) 消费物价指数

~ de producción industrial 工业生产指数

~ de quantum 数量指数

~ de refracción(~ refractivo) 折射率

~ de refracción modificado 修正折射率

~ de Reuter 路透社(商品行情)指数

~ de rotación 周转率

~ de saturación 饱和指数

~ de solvencia 清偿[偿债]能力指数

~ de un radical 〈数〉根指数

~ de utilidad 利润率

~ de vida 预期寿命

~ del coste de (la) vida 生活费用指数

~ del poder adquisitivo 购买力指数

~ divisor 读数器

~ Dow-Jones 道-琼斯(股票)平均指数

~ en cadena 环比指数

~ en el corte 拇指索引,书边挖月索引

~ general 总指数

~ ideal de Fisher 费希尔理想指数

~ ponderado 加权指数

~s de Miller 米勒指数

actualizar a un ~ 按指数调整

dedo ~ 食指

indiciación f. 〈经〉(工资、利率等)与生活[物价]指数挂钩,指数化

indiciario,-ria adj. 〈法〉有迹象[痕迹]的;有证据的

indicio m. ①标记;迹象,征候[像,兆],苗头;②〈信〉标记;③pl.〈法〉(罪行或罪证的)痕迹;证据

indicolita f. 〈矿〉蓝电气石

indiferenciación f. 无差异;失去个性

indiferenciado,-da adj. ①〈化〉(细胞等)未显露差异的;②无差别的

indiferente adj. 〈理〉中[惰]性的;随遇的 equilibrio ~ 随遇平衡

indigestión f. ①消化不良,不消化;积食;②消化不良症

indigesto,-ta adj. ①难[不能]消化的;②患消化不良症的

índigo m. ①〈化〉靛蓝[青];靛蓝染料;②〈植〉槐[木]蓝属植物

indigotina f. ①〈化〉靛蓝[青];②靛蓝染料(素)

indio m. ①〈化〉铟;②[I-]〈天〉印第安(星)座

~ al plomo 铅铟

seleniuro de ~ 硒化铟

indirecto,-ta adj. 间接的 cátodo de calentamiento ~ 旁热(式)阴极 evidencia ~a 间接证据 lámpara de iluminación ~a 间接[反射]光灯

indisciplina f. ①无[不守]纪律;②〈军〉违抗命令

indisciplinado,-da adj. ①(小孩、学生等)无[不守]纪律的;②〈军〉违抗命令的

indisociable adj. 不能分离的;分不开的

indisolubilidad f. ①不溶性;不溶[分]解性;②不可[能]分离性

indisoluble adj. (物质等)不溶(解)的;不溶解的;不能分解的

indispensable adj. 必需的,必不可少的 condiciones ~s 必要条件 proteína ~ 必需蛋白

indisponibilidad f. 不能支配(性),不能利用(性)

indisputabilidad f. 不可抗辩性 cláusula de ~ 不可抗辩条款

individual adj. ①个人[体]的;②(床,房间等)单独[个]的,供一人使用的;③个别[性]的;独特的 ‖ m. 〈体〉(网球、羽毛球等运动的)单打比赛 economía ~ 个体经济

propiedad ～ 个体所有制
trabajo ～ 个体劳动

individualidad *f.* 个[特]性;个人特征

individualismo *m.* ①个人主义;②(国家对经济和政治的)不干涉主义,自由放任主义

individualización *f.* 个性化

individuo,-dua *adj.* ①个人[体]的;单独[个]的;②不可分的;③〈数〉除不尽的

indivisibilidad *f.* ①不可分(割)性;②〈数〉除不尽

indivisible *adj.* ①不可分(割)的;②〈数〉除不尽的,不能被整除的
crédito ～ 不可分割信用证

indivisión *f.* ①未分开,完整;②〈法〉不可分(性)

indiviso,-sa *adj.* 未分割[开]的;未分(享)的
utilidad ～a 未分利润

indización *f.* ①〈经〉(工资、利率等)与生活[物价]指数挂钩;②编目录;③〈信〉编(人)索引

indizado,-da *adj.* ①(工资、利率等)与生活[物价]指数挂钩的;②〈信〉被变址的

indizar *tr.* ①使(工资、利率等)与生活[物价]指数挂钩;使指数化;②给…编目录;给…编索引,把…编入索引;〈信〉用变址进行(重复顺序的操作)

indocumentado,-da *adj.* ①未带身份证的;②在文献上未曾有过记载的 ‖ *m. f.* ①未带身份证者;②*Méx.* 非法移民

indofenol *m.* 〈化〉靛酚;靛酚染料

indol; indole *m. ingl.* 〈生化〉吲哚,氮(杂)茚

indólico,-ca *adj.* 〈生化〉吲哚的,氮(杂)茚的
compuestos ～s 吲哚化合物

indomesticable *adj.* 不可驯养的,难驯服的

indoméstico,-ca *adj.* 非家养的

indometacina *f.* 〈药〉消炎痛;茚甲新

indoxilo *m.* 〈化〉吲哚酚,羟基吲哚

indrí *m.* 〈动〉大狐猴

inducción *f.*; **inducimiento** *m.* ①引[劝]诱;②〈电〉(电磁)感应;③〈理〉感应(现象);④〈逻〉归纳,归纳法;⑤〈生〉诱导(指胚胎发育过程中一组织对另一组织的影响);⑥〈医〉人工引导(方法);诱导
～ eléctrica 电感应
～ electromagnética 电磁感应
～ electrostática 静电感应
～ magnética 磁感应(强度)
～ mutua (电磁)互感应
～ nuclear 核感应
～ propia 自感应
～ residual 残[剩]余磁感

～ telúrica 地球感应
acoplo por ～ 电感耦合
altavoz de ～ 感应扬声器
balanza de ～ 感应[电感]电桥
bobina de ～ 感应线圈
calentamiento por ～ 感应加热
generador de ～ 感应发电机
horno de ～ 感应电炉
motor de ～ de jaula de ardilla 鼠笼式感应电动机
motor de ～ de rotor bobinado 转子绕组式感应电动机
motor de ～ de varias jaulas 多栅[网,笼]式感应电动机
sintonizador de ～ 感应[电感]调谐装置

inducido,-da *adj.* ①〈电〉感应的;②感生的;诱导[发]的 ‖ *m.* 〈电〉①(电机的)电枢,转子;(磁铁或继电器的)衔铁;②感应电路
～ a la forma (de) tambor 鼓形电枢
～ al tambor 鼓形电枢
～ articulado 活节式衔铁
～ centrado[equilibrado] 平衡式衔铁
～ de disco 盘形[圆板]电枢;圆板衔铁
～ de doble T H 形界面电枢[衔铁];梭形电枢
～ de dos circuitos 双路电枢
～ en anillo 环形电枢
～ Siemens H 形界面电枢[衔铁]
～ sin núcleos 空心[无铁芯]电枢;空心衔铁
barra del ～ 电枢条
circuito del ～ 电枢线[电]路
consumo ～ 劝诱消费
conductor útil de un ～ 电枢导线
corriente del ～a 感应电流
hierro del ～ 衔[引]铁
inflación ～a 诱发性通货膨胀
núcleo del ～ 电枢铁芯
radioactividad ～a 感生放射性
relleno de ～a 〈冶〉打结炉底,涂抹

inductancia *f.* 〈电〉①电感;感应(系数);②电感线圈;③感应器[体]
～ concentrada 集总电感
～ de conexiones 引线电感
～ de fuga 漏电感
～ distribuida 分布电感
～ incremental 增量电感
～ mutua 互感(系数)
puente de ～ 电感电桥

inductilidad *f.* 无延性,低塑性

inductividad *f.* ①感应[电感]性;②诱导性;诱导率

inductivo,-va *adj.* ①〈电〉感应的,电感(性)

的;②〈逻〉归纳的;归纳法的;③〈生理〉诱导的

circuito ~ 电感电路

devanado no ~ 无感绕组

método ~ 归纳法

no ~ ①无(电)感的,无感应的;②非诱导的

pregunta ~a 诱导性问题

reactancia ~a 感抗

inductómetro *m.* 〈电〉电感计

inductor *m.* ①〈电〉感应器[体];扼流圈;②〈化〉诱导物

~ de tierra 地磁感应器

inductotermia *f.* 〈医〉感应电热(疗)法

indumento *m.* 〈昆〉〈植〉(毛状)外被

induplicado,-da *adj.* 〈植〉(幼叶等)内向镊合状的

induración *f.* ①〈医〉硬斑[结];②硬化;硬化部分

indurar *tr.* 〈医〉使硬化

indusio *m.* ①〈植〉柱头下毛圈;囊群盖;菌裙;②〈昆〉胚被;幼虫膜

indusium *m.* 〈解〉苞膜

industria *f.* ①工业;产[实]业;(行)业;②企业;工厂

~ a domicilio 家庭手工业

~ aeronáutica 航空工业

~ agraria[agrícola] 农产品加工业,农业企业

~ alimentaria[alimenticia] 食品工业

~ artesana[artesanal] 手工业

~ aseguradora 保险业

~ aurífera 金矿工业

~ automovilística(~ del automóvil) 汽车工业

~ auxiliar 辅助行业

~ básica[fundamental] 基础工业;重工业

~ camionera 卡车运输业

~ casera (承揽活计回家、使用自备工具从事的)家庭小工业

~ cerámica 陶瓷工业

~ cíclica 周期性产[行]业

~ cinematográfica[fílmica] 电影业

~ clave[vital] 关键[基础]工业

~ con gran intensidad de mano de obra 劳动密集型工[产]业

~ con protección aduanal[aduanera] 受关税保护的工[产]业

~ conservera 罐头工业

~ creciente[en ascenso] 朝阳工业,新兴产业

~ cultural 文化产业

~ curtidora 制革业

~ de colorantes 染料工业

~ de contenidos 内容产业

~ de electrodomésticos 家电业

~ de extracción 采掘工业

~ de la celulosa 纸浆工业

~ de maquinaria 机器制造业

~ de plásticos 塑料工业

~ de servicios 服务性行业,服务业

~ de tecnología intensiva 技术密集工业

~ de transporte 运输业

~ del contenido 内容产业

~ del medio ambiente 环境保护工业,环保业

~ decreciente(~ en recesión) 夕阳工业

~ doméstica[nacional] 本国工业

~ editorial 出版业

~ eléctrica 电力工业

~ electrónica 电子工业

~ electrónica e informática 电子信息工业

~ empacadora 包装工业

~ en cierne 新兴产业,未来产业

~ energética 能源工业

~ exportadora 出口工[产]业

~ exportadora de la educación 教育出口产业

~ fabril[manufacturera] 制造业

~ gastronómica 食品工业

~ hotelera 旅馆业

~ hulera 橡胶工业

~ incipiente[naciente] 新兴产业

~ informática 信息产业

~ intensiva en conocimientos 知识集约工业

~ láctea[lechera] 乳品加工工业,乳品工业

~ ligera[liviana]/pesada 轻/重工业

~ local 地方工业

~ madera 木材工业

~ maquiladora 客户加工业

~ marginal 边际工[产]业

~ metalúrgica 冶金工业

~ militar 军事工业

~ minera 采矿工业,矿业

~ mueblera 家具业

~ naval 造船业

~ papelera 造纸工业

~ pecuaria 畜产加工业

~ pesquera 捕鱼业

~ petrolera[petrolífera] 石油工业

~ pilar 支柱产业

~ piscícola 水产业

~ rayonera 人造纤维工业

~ siderúrgica 钢铁工业

~ sombrerera 制帽业

~ subsidiaria 附属工业

~ textil 纺织工业

~ transformadora 加工业

~ turística 旅游业

~ vinícola 酿酒业

~s conexas 联合工业[企业]

nacionalización de ~s 产业国有化

industrial *adj.* ①工[产]业的；实业的；②（工业）生产的；工厂加工的

banco ~ 工[实]业银行

capital ~ 产[工]业资本

centro ~ 工业中心[基地]

crédito ~ 产业信贷

dibujo ~ 工程画；工程制图

enriado ~ 工业浸渍

estructura ~ 产业结构

inversión ~ 产业投资

ley ~ 产业法

organización[tejido] ~ 产业组织

política ~ 产业政策

rama[ramo] ~ 产业部门

revolución ~ 产业革命

sistema ~ 工业体系

industrialismo *m.* 工[产]业主义

industrialista *m. f. Amér. L.* 工[实]业家

industrialización *f.* 工业化

industrializar *tr.* ①使工业化；②将…组建成产业

inecuación *f.* 〈数〉不等；不等式

inefectivo,-va *adj.* ①不起作用的，无效果的；②无效率的

~ y duro（飞机）潮湿的，浸水的

ineficacia *f.* ①（方法等）无效力；②（药物等）无（疗）效；无灵验；③无效率；④（人）不称职，（政府等）无能

ineficaz *adj.* ①无效的，（方法等）无效（果，力）的；②（药物等）无（疗）效的，不灵验的；③无效率的，（工作）效率低的；④（人）不称职的，无能力的，（政府等）无能的

demanda/oferta ~ 无效需求/供给

ineficiencia *f.* 无效率；无能

inelasticidad *f.* 无弹力[性]

inelástico,-ca *adj.* ①无弹力[性]的，无伸缩性的；②〈理〉非弹性的

demanda ~a 无弹性需求

inencogible *adj.* 防（收）缩的

inentregable *adj.* 〈信〉无法投递的

inercia *f.* ①〈理〉惯性；惯量；②惰性；迟钝；不活动；③〈医〉不活动，无力

~ en las ventas 滞销

arrancador de ~ 惯性起动器

coste[costo] de ~ 惯性成本

fuerza de ~ 惯性力

método de ~ 惯性运动法

momento de ~ 惯性矩

inercial *adj.* ①〈理〉惯性[量]的；②惰性的

masa ~ 惯性质量

inerme *adj.* ①〈动〉〈植〉无刺的；②无武器的；未武装的；③无保护[防御]的；无自卫能力的

inerrante *adj.* 〈天〉（星座）恒定的

inerte *adj.* ①〈化〉惰性的；不活泼的；钝的；②无生命的，无自动力的

cromatina ~ 惰性染色质

elemento ~ 惰性元素

gas ~ 惰性气体

máquina al arco con protección de gas ~ 惰性气体保护电弧焊机

pila ~ 惰性电池

inertidad *f.* 〈化〉惰性，反应缓慢性

inervación *f.* 〈生理〉①神经分布；②神经支配（作用）

inervador,-ra *adj.* 〈生理〉产生神经支配作用的

inespecífico,-ca *adj.* ①非特有的，非特定的；②未特指的

inestabilidad *f.* ①不稳定；不坚定；②不稳定现象；〈化〉不稳定；③〈理〉能衰变

~ atmosférica 气候多变

~ cíclica 周期性不稳定

~ del tipo de cambio 汇兑率不稳定

~ dimensional 尺寸不稳定性

~ social 社会不稳定

coeficiente de ~ 不稳定系数

inestable *adj.* ①不稳定的；②不稳固的；〈化〉不稳定的；③〈理〉能衰变的

inestanco,-ca *adj.* （有）漏隙[孔，洞]的；漏泄的，不密闭的

inexactitud *f.* ①不准[精]确（性）；②不确切；③不真实

inexpansibilidad *f.* 不可膨胀性

inexpansible *adj.* 不可膨胀的；不能扩张的

inexplorable *adj.* 无法勘探[探测]的；不可考察的

inexplorado,-da *adj.* （土地、领域等）未经勘探[探测]的；尚未考察的

inexplosible *adj.* 不（会）爆炸的；无爆炸性的

inexplotable *adj.* 不可开发[采]的；无法开发[采]的

inexpuesto,-ta *adj.* ①〈摄〉未曝光的；②未暴露的

inextensibilidad *f.* 非[不可]延伸性，无伸展性

inextensible *adj.* 不能延[拉]伸的；不能扩[伸]展的

infancio,-cia *adj.* 青橄榄油的‖ *m.* 青橄榄油

infante *f.* 〈军〉步兵

infantería *f.* 〈集〉〈军〉步兵(部队)
~ de marina 海军陆战队
~ ligera 轻步兵
~ motorizada 机械化部队

infanticidio *m.* 杀害婴儿；〈法〉杀婴罪

infantilismo *m.* ①幼稚(言行)；②〈医〉幼稚[婴儿]型；③〈心〉幼稚病[行为]

infantiloide *adj.* (成人)有儿童特性[行为]的

infartación *f.* 〈医〉〈血管〉梗塞形成；梗死形成

infartante *adj.* (惊险、紧张或激动得)使心脏几乎停止跳动的

infartar *tr.* 〈医〉使(血管)梗塞，使发生血栓塞

infarto *m.* 〈医〉①(血管)梗塞，栓塞；梗死；②心力衰竭；心脏病发作(如心肌梗塞)
~ anémico 贫血性梗死
~ blanco 白色梗死
~ cerebral 脑梗塞[死]
~ de miocardio 心肌梗塞
~ pulmonar 肺梗塞
~ rojo 红色梗死

infauna *f.* 〈海洋〉底内动物

infección *f.* ①传[感，浸]染；②传染病；③〈信〉病毒感染
~ contagiosa 接触传染
~ cruzada 交叉传染
~ de la herida 创伤感染
~ de olor 串味
~ mixta 混合感染
~ secundaria 二次感染
~ viral 病毒(性)感染
foco de ~ 传染灶，疫源地

infecciosidad *f.* 传染性

infeccioso,-sa *adj.* 传染的；传染性的

infectado,-da *adj.* 被传[感]染的

infectividad *f.* 传染力[性]

infectivo,-va *adj.* (会)传染的；(有)传染性的

infecto,-ta *adj.* ①(伤口等)受感染的；②被传染上的；(思想)受侵蚀的；③〈信〉受病毒感染的

infectocontagioso,-sa *adj.* 〈医〉(容易)传染的；传染性的

infectología *f.* 传染病学

infecundidad *f.* ①(妇女)不能生育；②不结果实；(土地)贫瘠，不肥沃

infecundo,-da *adj.* ①(妇女)不生育的；②不结果实的；(土地)贫瘠的，不肥沃的

inferencia *f.* 推理[断，论]
~ estadística 统计性推断

inferioridad *f.* ①下方[部，层]；②下[劣]等；③下级
complejo de ~ 〈心〉自卑感；自卑情结[心理]

infernal *adj.* 见 máquina ~
máquina ~ 〈军〉诡[饵]雷

infernillo *m.* ①(电，汽油)炉；火锅；②酒精灯[炉]；(供桌上烹调用的)轻便炉

ínfero,-ra *adj.* ①〈植〉下位的，在下的；②(鱼的气孔)在嘴下腹部的

infértil *adj.* ①(妇女)不生育的；②不结果实的；③(土地)贫瘠的，不肥沃的

infertilidad *f.* (妇女)不生育

infestación *f.* ①侵[骚]扰；②(动植物的)寄生虫侵扰；③传[污]染

infestante *adj.* ①入侵的，侵略(性)的；②〈医〉(对健康机体组织等)侵袭的

infibulación *f.* 〈兽医〉(为防止性交实施的)阴部封锁，给(牲畜)戴禁交器

infibular *tr.* 〈兽医〉(为防止性交)封锁阴部，给(牲畜)戴禁交器

inficionamiento *m.* ①传[污，感]染；②毒害，腐蚀

infidencia *f.* 〈法〉背信(指受托人的违反义务)

infielder *m.* Col., Venez. 〈体〉(棒球运动中的)内场手

infiernillo *m.* ①(电，汽油)炉；火锅；②酒精灯[炉]；(供桌上烹调用的)轻便炉
~ campestre 野营炉
~ de alcohol 酒精灯[炉]
~ de gasolina 汽油炉

infiltración *f.* ①渗入[透]；②〈地〉渗滤[入，透]；渗润(作用)；③〈医〉浸润
~ económica 经济渗透
~ subterránea 下方渗流

infinidad *f.* ①无限[边，穷]；②〈数〉无穷大，无穷(符号为∞)

infinitesimal *adj.* ①极(微)小的；②〈数〉无穷[限]小的
cálculo ~ 微积分

infinitésimo,-ma *adj.* 很[极]小的‖ *m.* 〈数〉无穷[限]小
~s equivalentes 等价无穷小

infinito,-ta *adj.* ①无限[边，穷]的；②极[巨]大的；无数的‖ *m.* ①(空间等的)无限；(时间等的)无穷；②〈数〉无穷大，无穷(符号为∞)；③〈摄〉无限远(聚焦区)
elasticidad ~a 无限弹性

inflable *adj.* 可膨胀的,可吹胀的,可充[打,吹]气的

inflación *f.* ①膨胀,充气;②〈经〉通货膨胀
~ abierta 非隐蔽性通货膨胀
~ de costes[costos] 成本膨胀
~ desbocada[incontrolable, irrefrenable] 恶性通货膨胀,无法控制的通货膨胀
~ encubierta 隐蔽性通货膨胀
~ monetaria 通货膨胀
~ perniciosa[viciosa] 恶性通货膨胀

inflacionario,-ria *adj.* (有关)通货膨胀的,具有通货膨胀性质的,造成[引起]通货膨胀的

inflacionismo *m.* ①通货膨胀论;通货膨胀政策;②膨胀状态

inflacionista *adj.* ①(有关)通货膨胀的,造成[引起]通货膨胀的;②支持[主张]通货膨胀政策的 ‖ *m. f.* 通货膨胀政策的支持者

inflador *m.* 〈机〉①增压[压送]泵;②充气机;打气筒

in flagrante delicto *lat.* 〈法〉在作案中,当犯罪的时候

inflamabilidad *f.* 易[可]燃性

inflamable *adj.* 可[易]燃的,易着火的
madera no ~ 耐火木材
material ~ 易燃材料

inflamación *f.* ①点火,引燃;燃烧;②〈医〉发炎,红肿
~ espontánea 自燃

inflamador,-ra *adj.* 点燃的 ‖ *m.* ①点火器;②点[引]火剂

inflamamiento *m.* 膨胀,充气

inflamar *tr.* ①点燃;②〈医〉使发炎,使红肿 ‖ ~se *r.* ①燃烧;②〈医〉发炎

inflamatorio,-ria *adj.* 〈医〉(发)炎的,炎性的;炎症的;炎症引起的

inflativo,-va *adj.* (使)充气的,使膨胀的

inflatorio,-ria *adj.* (有关)通货膨胀的,具有通货膨胀性质的,造成[引起]通货膨胀的

inflexibilidad *f.* 不可弯曲性,不(弯)曲(性),刚性

inflexión *f.* ①(反)弯曲,内向弯曲;②变化,曲折;③〈数〉拐点[折],回折点;④〈乐〉转调,变音;⑤〈理〉偏差[向]
punto de ~ 〈数〉拐点,回折点

inflexivo,-va *adj.* 弯曲的

inflexo,-xa *adj.* 〈生〉内折[曲]的

inflorescencia *f.* 〈植〉①花序[簇];②开花
~ en umbela 伞形花序

influencia *f.* ①影响(力),作用;②势力,权势;③ *pl.* 有影响的(熟)人;有用的社会关系
~ económica 经济影响

tráfico de ~s 权钱交易

influente *adj.* ①流[注]入的;进水的;②有影响的;有权势的 ‖ *m.* (因干旱蒸发而失去水量的)河流

influenza *f. Amér. L.* 〈医〉流行性感冒,流感
~ A 甲型流感
~ B 乙型流感
~ C 丙型流感
virus de la ~ 流感病毒

influenzavirus *m. inv.* 〈医〉流感病毒

influjo *m.* ①影响(力),作用;②满[涨]潮

infografía *f.* 〈信〉电脑绘图;图形显示

infográfico,-ca *adj.* 〈信〉电脑绘图的

infolio *m.* 〈印〉对开本

infopista *f.* 〈信〉信息高速公路

información *f.* ①通[告]知,报告;②〈信〉信息(量);数据;③〈经〉〈军〉〈商贸〉情报;④查询,问讯处;⑤〈讯〉电话号码查询台;⑥新闻(报道);⑦〈法〉调查(罪行等);⑧个人情况调查(报告)
~ calienta 刚获知的内情;内部最新情报
~ comercial 商业情报
~ de entrada 输入信息
~ de pasillo 小道[马路]消息,传闻
~ de primera mano 第一手资料
~ deportiva (报纸、电台等的)体育专栏;(电视台的)体育新闻(报道)
~ estructural 结构信息
~ financiera ①(报纸、电台等的)金融专栏;(电视台的)金融新闻(报道);②财务报告;财务数据
~ financiera comparativa 比较财务报告
~ genética 〈生〉基因信息
~ selectiva 选择性信息
unidad de ~ 〈信〉信息单元

informateado,-da *adj.* 〈信〉无格式的

informática *f.* 〈信〉①计算机的使用;计算机(操作)技术;②信息(科)学
~ agrícola 农业信息学
~ aplicada 应用信息学
~ geográfica 地理信息学
~ gráfica 计算机制图学

informático,-ca *adj.* 〈信〉①(有关)计算机的;②信息(科)学的 ‖ *m. f.* ①计算机专家;②计算机程序[编程]员 ‖ *m.* 计算机设备
programa ~ 计算机程序
sistema ~ 信息系统

informativo *m.* (电台、电视台的)新闻节目

informatización *f.* 计算机的使用;计算机化

informatizar *tr.* ①用计算机操作[分析,控制,生产,编译];②给…安装计算机,用计算

机装备,使计算机化

informe *adj*. ①不成形的,无形状的;②形状不美的;(体形等)不匀称的;③不完善[整]的 ‖ *m*. ①报告;通[汇]报;②报道;③ *pl*. 消息,情报,资料;④〈法〉陈[申]述,答辩;案情报告;⑤(政府等的)白皮书

~ bursátil 交易所业务报告

~ de auditoría 审计报告

~ de avance 进度报告

~ de avería 海损报告

~ de calidad 质量检验报告

~ de costes[costos] 成本报告

~ de evaluación 估价[评估]报告

~ de inspección 检验[检查]报告

~ de mar 海事报告

~ de prensa (通讯社或政府机构等发布的)新闻稿

~ de pruebas[ensayos] 试验报告

~ del contador 会计报告

~ del juez (诉讼案中)法官的总结性概述

~ del mercado 市况[行情]报道

~ final 决算报告(书)

~ jurídico (原告的)述状;(被告的)申诉书,答辩状

~ mensual 月度报告,月报

~ negativo (查账、检验等的)反面意见报告(书)

~ sobre accidente 事故(调查)报告

~ técnico 技术性报告

~s técnicos 技术资料

informosoma *m*. 〈生〉信息体

informotecnia *f*. 信息技术

infosura *f*. 〈兽医〉(马的)蹄叶炎

infovía *f*. 〈讯〉网络电话

infraacústico,-ca *adj*. 〈理〉声下的,亚音频的,亚次声的

infraalimentación; infralimentación *f*. 营养不足

infraalimentado,-da; infralimentado,-da *adj*. 营养不足的

infraaxilar *adj*. 〈解〉(位于)腋下的,胳肢窝下的

infrabraquial *adj*. 〈动〉鳃下的

infracción *f*. ①(法规等的)违反[背];②〈法〉违法

~ aduanera 违反海关规定

~ de contrato 违反合同,违约

~ fiscal 违反税法

infraclase *f*. 〈生〉次纲

infraclavícula *f*. 〈动〉锁下骨

infracostal *adj*. 〈解〉(位于)肋骨下的

infractor,-ra *adj*. 〈法〉违法的;犯规的 ‖ *m.f*. 违法者;犯规者

infradesarrollado,-da *adj*. ①不发达的,未充分发展的;②发育不全的

infradesarrollo *m*. ①不发达,发展不充分;②发育不全

infradino *m*. 〈无〉低外差法

infradotado,-da *adj*. ①资金不足的;供应不足的;②人员配备不足的

infraepimerón *m*. 〈动〉下后侧片

infraepisternón *m*. 〈动〉下前侧片

infraespinoso,-sa *adj*. 〈解〉肩胛下的 ‖ *m*. 肩胛下肌

infraestructura *f*. ①基础;基础结构(如运输、动力、通信、教育等);②〈建〉底层[下面]结构;基础(设施);③永久性军事设施

~ económica 经济基础结构

~ industrial 工业基础结构

infraexplotación *f*. 开发不足

infrafolial *adj*. 〈植〉叶下的

infraglenoideo,-dea *adj*. 〈解〉关节炎的

infrainversión *f*. 〈经〉投资不足

infralabial *adj*. 〈动〉在唇下的

infrallenado *m*. 〈信〉下溢

inframedida *f*. 尺寸过小[不足]

infrangible *adj*. ①不易折断的;②不易打碎[破]的

infraocupación *f*. 〈经〉就业不充分,就业不足

infraocupado,-da *adj*. 〈经〉就业不充分的,就业不足的

infraorbitario,-ria *adj*. 〈解〉眶下的

infraorden *m*. 〈生〉次目

infrapatelar *adj*. 〈解〉膑下的

infrapoblación *f*. 人口不足[稀少]

infraproducción *f*. 〈经〉生产不足

infrarrojo,-ja *adj*. 红外(线、区)的,产生红外辐射的,对红外辐射敏感的 ‖ *m*. 红外辐射

~ próximo 近红外线的

espectro ~ 红外波谱

microscopio ~ 红外线显微镜

radiación ~a 红外辐射线

rayos ~s 红外线

terapéutica ~a 红外线疗法

infrasónico,-ca *adj*. 〈理〉①亚[低于]音频的;②次声的;使用次声的;次声产生的

infrasonido *m*. 〈理〉次声

infrautilización *f*. 未充分利用,使用不足

infrautilizado,-da *adj*. ①未被充分利用的,使用不当的;②〈资源〉未开发的

infravivienda *f*. 〈建〉(不够标准的)简易住房

infricción *f*. 〈医〉涂擦法

infructífero,-ra *adj*. 〈植〉不结果的

infructuoso,-sa *adj.*（企业，经营等）无收益
的；无利的

infrutescencia *f.* 〈植〉聚花果

infumable *adj.* ①（电影等）不适合观看的；
②（书刊等）不适宜读的；不值一读的

infundibuliforme *adj.* 〈植〉(花)漏斗状的

infundíbulo *m.* 〈解〉漏斗(指漏斗状器官或
通道)

infungible *adj.* 多次使用的，可回收的

infusibilidad *f.* 不熔性，难熔性

infusible *adj.* ①不能[难以]熔化的；②耐热
的

infusión *f.* ①注入，灌输；②泡制，浸渍；③
〈医〉浸[煎]剂；④〈医〉输液[注]
　～ de manzanilla 黄春菊花茶
　～ de solución salina 盐水输注
　～ gota a gota 点滴滴注

infusorio,-ria *adj.* 〈动〉纤毛虫的；含有纤毛
虫的；纤毛虫纲的 ‖ *m.* ①纤毛虫；②*pl.*
纤毛虫纲

ing. *abr.* ingeniero 见 ingeniero

inga *adj.* 见 piedra ～
　piedra ～ 黄铁矿

ingá *m. Per.* 〈植〉秘鲁合欢树

ingeniería *f.* 工程；工程学
　～ administrativa 管理工程学
　～ agrícola[agronómica] 农业工程
　～ ambiental 环境工程学
　～ automovilística 车辆工程
　～ biológica 生物工程
　～ civil 土木工程
　～ computarizada 计算机工程
　～ de administración económica 经济管理
工程
　～ de biomedicina 生物医学工程
　～ de caminos 道[公]路工程(学)
　～ de campo 安装工程
　～ de conocimiento 知识工程
　～ de control 控制工程
　～ de fabricación 制造工程
　～ de iluminación 照明工程
　～ de los programas (计算机)软件工程
　～ de métodos 方法工程
　～ de minas 采矿工程
　～ de obras hidráulicas 水利工程
　～ de recursos energéticos 能源工程学
　～ de sistemas[sistematización] 系统工
程
　～ de software asistida por computadora
计算机辅助软件工程
　～ de tránsito 交通工程
　～ de valor 价值工程

　～ dinámica 动力工程
　～ ecológica 生态工程
　～ eléctrica 电力工程
　～ electromecánica 电机工程
　～ electrónica 电子工程
　～ en sistemas 系统工程
　～ financiera 金融工程
　～ genética 遗传工程
　～ geológica 地质工程(学)
　～ hidráulica 水利工程学
　～ industrial 工业工程；工业(企业)管理学
　～ inmunológica 免疫工程
　～ inversa 倒序工程(指得到竞争者的产品
后根据拆开的机件进行仿制)
　～ marina[naval] 造船工程
　～ mecánica 机械工程(学)
　～ militar 军事工程学
　～ nuclear 核工程
　～ oceanográfica 海洋工程学
　～ plástica 塑料工程
　～ química 化学工程
　～ sanitaria 卫生工程
　～ social 社会工程
　～ térmica 热工学
　～ urbana 市政工程(学)
　～ vial 道[公]路工程(学)
　administración de ～ 工程管理学
　estudios de ～ 工程研究
　física de ～ 工程物理学
　mecánica de ～ 工程力学

ingeniero,-ra *m. f.* ①工程师；②技[机械]
师；③〈船〉轮机员；④〈军〉工兵
　～ aeronáutico 航空工程师
　～ agrónomo 农艺师
　～ civil 土木工程师
　～ comercial 商业[推销]工程师
　～ consultor 顾问工程师
　～ de mantenimiento 维护工程师
　～ de marina(～ naval)造船工程师
　～ de minas(～ minero) 采矿工程师
　～ de montes (～ forestal)林业工程师
　～ de seguridad 安全工程师
　～ de sistemas 系统工程师
　～ de sonido 音响工程师
　～ de telecomunicaciones 通讯工程师
　～ de vuelo 随机[航]工程师,空勤机械师
　～ electrical[electricista] 电气[电工]技
师,电机工程师
　～ electrónico 电子工程师
　～ general[jefe] ①总工程师；②〈海〉轮机
长
　～ industrial 工业[机械]技师；工业[机械]

工程师

~ inspector 验收工程师

~ maquinista[mecánica] ①机械工程师, 机械师;②〈海〉轮机员

~ militar 军事工程师

~ químico 化学工程师

~ tasador 估价师[员]

~ técnico 工程技术员

~-asesor 顾问工程师

ingenio m. ①聪明;智慧,才能[智];才干;② 〈机〉机器[械];器具[械];③〈军〉炮;兵器; ④工厂;⑤And. 炼钢厂,钢铁厂;铸造厂; ⑥〈印〉切书机,裁切机

~ azucarero(~ de azúcar) 炼[制]糖厂; 糖坊

~ espacial 航天器,宇宙飞船

~ nuclear 核装置

ingesta f. ①消耗(量);②摄取[入](量);纳 入(数)量

ingestión f. 咽下,摄取,吸收

ingle m. 〈解〉腹股沟

inglete m. ①(成)45°角;②(45°角)斜接;斜 角连结

a ~ 斜接(的)

caja de ~ (木工用的)45°角尺;辅锯箱

unión a ~ 斜(面)接合;斜角连接

ingobernabilidad f. ①(机械等的)不能[无 法]控制;②(城市、国家等的)难[无法]管 理;难治理;③(船舶等的)难[无法]驾驶

ingobernable adj. ①(机械等)不能[无法]控 制的;②(城市、国家等)难[无法]管理的;难 治理的;③(船舶等)难[无法]驾驶的

ingravidez f. ①〈理〉失重(性,状态,现象); ②轻;没分量

ingrávido,-da adj. ①〈理〉失重的;②轻的; 没分量的

ingresado,-da m.f. ①(入院)病人;②犯人, 囚犯;③〈教〉(大学)新生

ingresar tr. ①参加(组织等),加[进]入;② 把(钱、支票等)存入(银行账户);③(定期获 得)收入;④把(病人)送进(医院),准许…… 住院;⑤〈信〉转入‖ intr. ①参加;②收入; ③见 ~ cadáver ‖ -se r. Méx. ①登记, 加入(组织、俱乐部等);②参军,入伍

~ cadáver 〈医〉人到医院时已死亡

ingreso m. ①(允许)进入,加入;走进[入]; 入口处;②(病人)住院;③ pl. (各项)收入; 收益;所得,进账;(国家的)岁入,存入 (款项);④见 examen de ~

~ antes de impuestos 税前收入

~ del producto marginal 边际产品收益

~ en especie 实物收入

~s adicionales[suplementarios] 额外收

入

~s anuales 年收入[益]

~s aplazados[diferidos] 递延收入

~s brutos 总[毛]收入

~s de operación 营业收益

~s eventuales 不固定收入

~s gravables 应税收入

~s nacionales 国民收入

~s netos 纯[净]收入

~s por dividendos 股息[红利]收入

~s por regalías 版权收入;专利权收益

~s presupuestarios 预算收入

~s totales 总收入

~s y egresos en efectivo 现金收支

examen de ~ (大学)入学考试

inguinal; inguinario,-ria adj. 〈解〉腹股沟 的;近[位于]腹股沟的

ingurgitable adj. 〈医〉可吞服[食]的

ingurgitación f. 〈医〉吞服[食]

inhabilitación f.; **inhabilitamiento** m. ① 〈法〉取消资格;剥夺权利;②〈医〉无能力,伤 残

inhabitable adj. 不能居住的;不适于居住的

zona ~ 不适于居住地区

inhalación f. ① 吸入(法);② pl. 吸入药 [剂];吸入物

~ de colas[pegamento] (意在获得麻醉 和迷幻效果的)吸胶毒

~ por aerosol 气雾[雾化]吸入(法)

inhalador,-ra adj. 〈医〉吸入的 ‖ m. (气雾) 吸入器,人工呼吸器

~ de Allis 艾利斯氏吸入器

inhalante m. 〈药〉吸入药[剂]

inhalatorio m. 〈药〉吸入治疗室

inherencia f. 内在(性),固有(性)

inherente adj. 内在的,固有的;生来就有的

contradicción ~ 固有矛盾

defectos ~s 固有缺陷[瑕疵]

inhibición f. ①抑制;制[禁,阻]止;约束;② 〈化〉〈医〉抑制;〈心〉抑[压]制;③(火药柱) 铠装;④加抑制剂

~ irreversible 不可逆抑制

inhibidor,-ra adj. ①阻止的;〈医〉抑制的; ②起抑制作用的,起约束作用的 ‖ m. ① 〈化〉抑制剂;阻[抗氧]化剂;②〈遗〉抑制因 子;③抑制物[因素]

~ de corrosión 减蚀[抗腐蚀]剂

~ de detonación 防爆剂

~ de senescencia 抗老化剂

~ del crecimiento 生长抑制剂

~ enzimático 酶抑制剂

~ natural 天然抗氧(化)剂

fase ~ 抑制相

inhibina *f.* 〈生化〉抑制素

inhibitoria *f.* 〈法〉阻[禁]止令

inhibitorio,-ria *adj.* ①抑制的;〈法〉阻[禁]止的;②有阻化性的

inhospedable; **inhospitable** *adj.* ①(房屋、气候等)不适宜居住的;②(地带等)不安全的

inhospitalario,-ria; **inhóspito,-ta** *adj.* ①(房屋、气候等)不适宜居住的;②(地带等)不安全的

inhospitalidad *f.* 不宜居住性

inía *m.* 〈动〉(亚马逊河的)灰鳍豚

iniciación *f.* ①开[创,起]始;着手;②起动;③传授;入门;④允许参加

   ~ de negocios 开业

   curso de ~ 入门课程

iniciador,-ra *adj.* 开始[创]的;发起的 ‖ *m. f.* ①创始人;发起者;②(技术等的)开发者;先驱 ‖ *m.* ①(炸弹的)雷管;起爆管[器];点火装置;②〈信〉初始程序

inicial *adj.* ①开始的,最初的;②(工资等)起始的;初始[期]的;③原始的;开头的 ‖ *f.* ①首字母;②*Cari.* 定金;(分期付款的)初付款额,首付

   capital ~ 创办资本

   condición ~ 〈数〉原始[初值]条件

   dato ~ 原[初,开]始数据

   pago ~ 定金

   protección ~ 保险初期赔付

   velocidad ~ 初速度

inicialista *m. f.* 〈体〉(棒球运动的)一垒;一垒手

inicialización *f.* ①〈信〉预置;初始化;②草签

inicializar *tr.* ①〈信〉预置;将(磁盘)格式化;②草签(合同等)

iniciativa *f.* ①发起;倡议;②首创精神,进取心;③主动权;(在议会里的)动议权;④领导权[地位];⑤〈心〉主动性

   ~ de ley 法律动议

   ~ de paz 和平倡议

inimitable *adj.* 不可模仿[模拟]的

ininclinable *adj.* 非倾侧(式)的

ininflamabilidad *f.* 不(可)燃性

ininflamable *adj.* 不易燃的;防[耐]火的

ininvertivilidad *f.* 不可逆性;不可倒置性

injerencia *f.* 干涉[扰,预]

injeridor *m.* 〈农〉嫁接刀[工具]

injerta *f.* ①〈农〉〈植〉嫁接;②〈医〉移植

injertable *adj.* ①〈农〉〈植〉可嫁接的;②〈医〉可移植的

injertador,-ra *adj.* 〈农〉〈植〉嫁接的 ‖ *m. f.* 进行嫁接的人 ‖ *m.* 嫁接刀[工具]

injertar *tr.* ①〈农〉〈植〉嫁接(树等);②〈医〉移植,嫁接(骨,皮肤等)

injertera *f.* (移植后的幼树)种植园

injerto *m.* ①〈农〉〈植〉嫁接;②嫁接枝;嫁接植物;③〈医〉移植;移植物[片]

   ~ cutáneo(~ de piel) 皮移植,植皮

   ~ de ápice 高接(园艺学用语)

   ~ de[por] aproximación 靠接(枝,芽等)

   ~ de botella 瓶接

   ~ de cañutillo 环状芽接

   ~ de corona[coronilla] 冠[根头]接

   ~ de corteza 皮接

   ~ de escudete 嵌芽接

   ~ de genes 基因移植

   ~ de púa 插接

   ~ de yema 芽接[植]

   ~ epidérmico 表皮移植物

injuria *f.* ①〈医〉(机体)损伤;②〈法〉口头诽谤(罪)

inlandsis *f. inv.* 〈地〉(北极的)大冰团

inmaleable *adj.* (金属)无展延性的;不可锻的;不可延展[锤展]的

inmanencia *f.* 内在(性);固有(性)

inmanente *adj.* 内在的,固有的

inmaterial *adj.* ①非物质的;非实体的;②无形的

   bienes ~es 无形资产

   capital ~ 无形资本

   fuerzas ~es 非物质力量

inmaterialidad *f.* ①非物质性;非实体性;②无形物

inmediación *f.* ①邻接[近];挨[靠]近;②〈法〉亲缘关系最近的继承人的权利;③*pl.* 临近[周围]地区;近郊

inmediato,-ta *adj.* ①紧接的,贴[最靠]近的;②紧接的;立即的;紧接着的;③(货物)当场交的

   entrega ~a 当场货物

   renta ~a 即期年金

inmedible *adj.* 不可测量的

inmedicable *adj.* 无法医治的;不可救药的

inmergido,-da *adj.* 〈植〉①嵌入植物纤维中的;②浸沉在水中生长的

inmersión *f.* ①浸(入,渍,没);浸沉;②〈天〉掩始;③〈教〉(学习外语的)浸入式强化学习法

   ~ en caliente 热浸

   ~ en un líquido 浸渍法

   campana de ~ 潜水钟

inmerso,-sa *adj.* 浸[没]入的

inmersor *adj.* 浸渍的

   tubo ~ 浸渍管

inmigración *f.* ①移(居)入(境),移居;②

〈集〉(外来)移民

ley de ~ 移民法

oficina de ~ 移民局

inmigrado,-da *m. f.* (外来)移民

inmigrante *adj.* (从外国)移入的 ‖ *m. f.* (外来)移民

inmisario,-ria *adj.* 流入河道[大海,大湖]的

inmiscibilidad *f.* (液体等的)不可混合性;不溶混性

inmiscible *adj.* (液体等)不能混[溶]合的;不溶混的

inmobiliaria *f.* 房地产公司;房屋建筑公司

inmobiliario,-ria *adj.* 地[不动]产的

activos ~s 不动产

banco ~ 地产银行

bienes ~s 不动产

crédito ~ 不动产抵押贷款

derecho de prenda ~a 不动产抵押权

derecho ~ 不动产法

inversión ~a 不动产投资

mercado ~ 不动产市场

propiedad ~a(valores ~s)不动产

transacciones ~as 不动产交易

inmovilidad *f.* ①不动,固定;静止;②(海面)平静

~ de capital 资本不流动性

inmovilismo *m.* 不发展,停滞

inmovilización *f.* ①(使)不动,(使)固定;限制行动;②〈经〉呆滞;瘫痪;(将资金等)搁死[置];③〈商贸〉变(流动资本)为固定资本;④〈法〉限制财产自由转让

~ de capital 搁死[置]资本

~ de coches[carros] *Méx.* 交通阻塞

~ de vehículos con cepo 用车轮固定器固定非法停车

inmovilizado *m.* 〈经〉资本[固定]资产,固定资金

inmovilizador *m.* ①〈机〉固定[锁定]装置;②〈医〉固定器

inmueble *adj.* 固定的;不动的(财产) ‖ *m. pl.* ①地[房地]产,不动产;②房屋

bienes[valores] ~s 不动产

propiedad ~ 不动产

inmune *adj.* ①〈医〉免疫的;有免疫力的;②免除的,豁免的 ‖ *m.* 〈生〉免疫血清

~ de gravamen 免税的

proteína ~ 免疫蛋白(质)

inmunidad *f.* ①免除;豁免;免受(性);②〈医〉免疫;免疫力[性];③豁免权;④不感受性

~ adaptativa 适应性免疫

~ adoptativa 过继性免疫

~ adquirida 后天性免疫

~ cruzada 交叉免疫

~ diplomática 外交豁免权

~ específica 特异性免疫

~ fiscal[tributaria] 免税

~ humoral 体液免疫性

~ inespecífica 非特异性免疫

~ innata 先天免疫

~ natural 天然免疫

~ parlamentaria 议员豁免权

~ pasiva 被动免疫

inmunitario,-ria *adj.* 〈医〉免疫的;有免疫力的;免疫性的

respuesta ~a 免疫响应[应答]

sistema ~ 免疫系统

inmunización *f.* ①免疫(法,作用,接种);使具有免疫力;②免受伤害

inmunizado,-da *adj.* 有免疫力的

inmunizador,-ra *adj.* 使产生免疫力的

inmunoadsorbente *m.* 〈生化〉免疫吸附剂

inmunoadsorción *f.* 〈生化〉免疫吸附

inmunobiología *f.* 免疫生物学

inmunoblasto *m.* 〈生〉免疫(母)细胞

inmunocirugía *f.* 〈医〉免疫外科(学)

inmunocito *m.* 〈生〉免疫细胞

inmunocitoquímica *f.* 免疫细胞化学

inmunocompetencia *f.* 〈生化〉免疫活性

inmunocompetente *adj.* 〈生化〉有免疫活性的

inmunocomplejo *m.* 〈生化〉免疫复合物

inmunoconglutinina *f.* 〈生化〉免疫胶固素

inmunodefensivo,-va *adj.* 〈生化〉免疫防御的

sistema ~ 免疫防御系统

inmunodeficiencia *f.* 〈生化〉免疫缺陷[损]

inmunodeficiente *adj.* 〈生化〉免疫缺陷的

inmunodepresión *f.* 〈生〉免疫抑制;免疫力减弱

inmunodepresor,-ra *adj.* 〈医〉免疫抑制的 ‖ *m.* 免疫抑制剂

inmunodeprimido,-da *adj.* 〈医〉免疫力受到抑制的,免疫力减弱的

inmunodeterminación *f.* 〈医〉免疫测定(法)

inmunodiagnosis *f. inv.* 〈医〉免疫诊断

inmunodifusión *f.* 〈生〉免疫扩散

inmunoelectroabsorción *f.* 〈生化〉免疫电吸附(法)

inmunoelectroforesis *f.* 〈生化〉免疫电泳

inmunoensayo *m.* 〈医〉免疫测定

inmunoenzimología *f.* 免疫酶学

inmunoestimulación *f.* 〈医〉免疫刺激

inmunofarmacología *f.* 免疫药理学

inmunoferritina *f.* 〈生化〉免疫铁蛋白

inmunofiltración *f*. 免疫过滤(法)

inmunofisiología *f*. 免疫生理学

inmunofluorescencia *f*. 〈生化〉免疫荧光

inmunogénesis *f*. *inv*. 〈生化〉免疫发生

inmunogenética *f*. 免疫遗传学

inmunogenicidad *f*. 〈生化〉免疫原性

inmunógeno *m*. 〈生化〉免疫原

inmunoglobulina *f*. 〈生化〉免疫球蛋白
   ～ A   免疫球蛋白 A
   ～ D   免疫球蛋白 D
   ～ E   免疫球蛋白 E
   ～ G   免疫球蛋白 G
   ～ M   免疫球蛋白 M

inmunoglobulinopatía *f*. 〈医〉免疫球蛋白病

inmunohematología *f*. 免疫血液学

inmunología *f*. 免疫学

inmunológico,-ca *adj*. 免疫学的;免疫的
   competencia ～a 免疫潜能
   rechazo ～ 免疫排斥
   sistema ～ 免疫系统

inmunólogo,-ga *m*. *f*. 免疫学家

inmunomodulación *f*. 〈生〉免疫调节

inmunopatía *f*. 〈医〉免疫性疾病

inmunopatogénesis *f*. 〈医〉免疫发病机制

inmunopatología *f*. 免疫病理学

inmunopotenciación *f*. 〈生化〉免疫增强

inmunopotenciador *m*. 〈生化〉免疫增强剂

inmunoprecipitación *f*. 〈生〉免疫沉淀反应

inmunoprofilaxis *f*. 〈医〉免疫预防

inmunoproteína *f*. 〈生化〉免疫蛋白质

inmunoquímica *f*. 免疫化学

inmunorradiometría *f*. 〈生〉〈生医〉免疫放射测定

inmunorreacción *f*. 〈生〉免疫反应

inmunorreactividad *f*. 〈生〉免疫反应性

inmunorregulación *f*. 〈生〉免疫控制

inmunorrespuesta *f*. 〈生〉免疫应答

inmunosuero *m*. 〈生化〉免疫血清

inmunosupresión *f*. 〈生〉免疫抑制

inmunosupresivo,-va;   inmunosupresor,-ra *adj*. 〈生〉〈药〉免疫抑制的 ‖ *m*. 〈药〉免疫抑制剂
   tratamiento ～ 免疫抑制治疗

inmunoterapia *f*. 〈医〉免疫治疗;免疫疗法

inmunoterápico,-ca *adj*. 〈医〉免疫治疗的

inmunotolerancia *f*. 免疫耐受性

inmunotoxina *f*. 〈医〉免疫毒素

inmunotransfusión *f*. 〈医〉免疫输血法;免疫输液

inmunovigilancia *f*. 〈医〉免疫警戒(作用)

inmutabilidad *f*. 不变(性)

innato,-ta *adj*. 天生的,先天的,固有的

calor ～ 本体热

innatural *adj*. 非自然的

innavegabilidad *f*. ①(水域)不(可)通航;不能航行;②(船)不适航,不能出航

innavegable *adj*. ①不(可)通航的(水域);不能航行的;②(船)不适于航行的

innervación *f*. 〈生理〉①神经分布;②神经支配(作用)

inning *m*. *ingl*. 〈体〉(板球、棒球等运动的)局,回合

innocuidad *f*. 无毒[害](性)

innovación *f*. 改革;革[创]新
   ～ del producto 产品革新
   ～ educativa 教育创新
   ～ técnica 技术创新
   ～ tecnológica 工艺[技术]革新

innovamiento *m*. 改革;革[创]新

inocuidad *f*. 无害[毒]

inoculable *adj*. 〈医〉可接种的

inoculación *f*. ①〈冶〉孕育(处理),加孕育剂(法);②〈医〉接种,预防注射

inoculador,-ra *m*. *f*. 〈医〉接种员

inoculante *m*. 〈冶〉孕育剂;变质剂

inóculo *m*. 〈医〉接种物

inocuo,-cua *adj*. 无害[毒]的

inodoro,-ra *adj*. ①无[没有]气味的;无嗅的;②(设备)消除臭味的 ‖ *m*. 除臭器

inoficioso,-sa *adj*. ①〈法〉(遗嘱等)损害继承人权利的;违反道德上义务的;②*Amér. L.* 无用的

inoperable *adj*. ①〈医〉不宜动手术的;②(机械、车辆等)不能运行[运转,操作]的;③(计划、制度等)不能实行的,行不通的

inoperculado,-da *adj*. ①〈动〉无厣的;②〈植〉无蒴[囊]盖的

inorgánico,-ca *adj*. ①〈化〉无机的;②无生物的;无组织(系统)的
   compuesto ～ 无机化合物
   esfera ～a 〈地〉无生物界
   química ～a 无机化学

inosculación *f*. ①交[连]接,结合;②〈植〉网结;③〈动〉〈医〉(血管等的)吻合

inosilicato *m*. 〈地〉链硅酸盐

inosina *f*. 〈生化〉肌苷,次黄(嘌呤核)苷

inosínico,-ca *adj*. 见 ácido ～
   ácido ～ 〈生化〉肌苷酸,次黄(嘌呤核)苷酸

inosita *f*.; inositol *m*. 〈化〉肌醇,环己六醇

inotrópico,-ca *adj*. 〈医〉影响肌肉收缩力的;变力的

inoxidabilidad *f*. 不锈性,抗[不可]氧化性;耐腐蚀性

inoxidable *adj*. ①不[抗]氧化的;②不(生)锈的;抗锈的

acero ～ 不锈钢

in personam *lat*. 〈法〉对人地(指专以要求诉讼一方承担责任或履行债务为目标,而不以财产为目标)

in propia persona *lat*. 亲身[自](的),无律师代理的

input *m*. *ingl*. ①(材料、资金、劳动力等的)投入(量);投入物;②〈信〉输入信息[程序];③〈电〉〈信〉输入;④〈电〉输入功率[电压]

inquietar *tr*. 〈法〉企图剥夺(某人的)财产

inquilinato *m*. ①(房屋)租赁;②(房屋)租赁权;③房租税

inquilinismo *m*. 〈生〉寄居[食]

inquilino,-na *m*. *f*. ①〈动〉寄居动物;②〈昆〉寄食昆虫

inquisición *f*. ①调查,查询,询问;②〈商贸〉询价[盘]

inquisidor *m*. 〈商贸〉询价人

inrayable *adj*. 防擦[刮]痕的

insalivación *f*. 〈生理〉混[和]涎作用

insanable *adj*. 〈医〉无法医治的;无法治愈的

insania *f*. 〈医〉精神病;疯病

insano,-na *adj*. ①(患)精神病的;疯癫的;②不利于健康的,有损健康的;不卫生的

insaponificable *adj*. 〈化〉不(可)皂化的

insaturable *adj*. 〈化〉不(能)饱和的

insaturación *f*. 〈化〉不饱和

insaturado,-da *adj*. 〈化〉不饱和的

inscribible *adj*. ①〈数〉可内接的;②可登记的,可注册的

inscripción *f*. ①登记,注册;编入名单;②刻写;〈印〉印字;③铭刻[记];④碑[铭]文;(钱币、奖章、徽章等上的)雕刻文字;⑤(记名)公债(券)
～ de patente 专利(权)登记
～ de transferencia 过户[转让]登记

inscripto,-ta *adj*. ①〈数〉内接的;②登记的,注册的;记名的

inscrito,-ta *adj*. ①〈数〉内接的;②登记的,注册的;记名的
bonos ～s 记名债券
marca ～a 注册商标

insecticida *adj*. 杀虫的 ‖ *m*. 杀虫剂[药]

insectil *adj*. 昆虫的;由昆虫组成的

insectívoro,-ra *adj*. 〈生〉①食虫的,以虫为食的;②食虫动物的;食虫植物的 ‖ *m*. ①〈生〉食虫动[植]物;②*pl*. 〈动〉食虫目

insecto *m*. 〈昆〉①昆虫;虫;② *pl*. 昆虫纲
～ benéfico/nocivo 益/害虫
～ palo 竹节虫
～ parásito 寄生虫
～ social 群居昆虫

insectología *f*. 昆虫学

insectólogo,-ga *m*. *f*. 昆虫学家

inselberg *m*. *al*. 〈地〉岛(状)山,孤[残]山

inseminación *f*. 授精
～ artificial 人工授精

inseminador *m*. ①人工授精操作者;②人工授精器

inseminar *tr*. 使怀孕;使受精,对…施人工授精

insensibilidad *f*. 无感觉;失去知觉

insensibilizaión *f*. ①无感觉;无知觉;②麻醉

insensibilizador,-ra *adj*. ①使无感觉的;无知觉的;②麻醉的 ‖ *m*. 麻醉剂

insensible *adj*. ①无感觉的,麻木的;②〈医〉无[失去]知觉的

inserción *f*. ①插[嵌]入;②插[嵌]入物,衬垫;③〈生〉(器官等的)着生(处);④〈解〉(肌肉等的)附着(处);⑤(广告的)刊登;⑥〈印〉插页(指夹在书中的附图、附表等材料,一般不编页码)
～ repetitiva 邮件合并

inserta *f*. 〈机〉①插头,塞子;②衬垫[套],垫圈[片]

insertable *adj*. 〈电〉插入式的

insertado,-da *adj*. ①插[嵌,镶]入的;②〈生〉(尤指花的组成部分)着生的;③〈解〉(肌肉等)附着的

insertadora *f*. 插入物,插件;隔板

inserto *m*. 插入物

inservible *adj*. ①无用的,不能使用的;②〈机〉发生故障的,损坏的

insidioso,-sa *adj*. 〈医〉(疾病)隐伏的

insignia *f*. ①旗,旗帜,旗号;②〈海〉尖[三角]旗(用作航海信号);③标志,(识别)符号

insinuación *f*. ①暗示[指];影射;②〈法〉提请备案[认可];③见 ～es eróticas
～es eróticas[amorosas](尤指对异性的)性挑逗

insociabilidad *f*. 不爱交际;不合群

insolación *f*. ①(日)晒;②〈医〉中暑,日射病;③〈气〉日射[照](率)
horas de ～ 日照时间

insoldable *adj*. 无法焊接的

insolubilidad *f*. ①〈化〉不(可)溶(解)性;②不可解性

insolubilizar *tr*. 〈化〉使不溶解

insoluble *adj*. ①〈化〉不溶的;不易[难以]溶解的;②(问题等)不易解决的
～ en el agua 不溶于水的
residuo ～ 不溶残余物

insoluto,-ta *adj*. 未偿[支]付的;未付清的
deuda ～a 未偿债务

insolvencia *f*. 无力清偿债务；破产
~ legal 合法破产

insolvente *adj*. ①无偿付[清偿]能力的；破产的；②不能胜任的
deudor ~ 无偿付[清偿]能力的债务人

insomne *adj*. 〈医〉失眠的,患失眠症的 ‖ *m. f*. 失眠症患者

insomnio *m*. 〈医〉失眠；失眠症

insondable *adj*. （海、深渊等）无底的；极深的,深不可测的

insonoridad *f*. 不传声性质

insonorización *f*. 隔音；防[降低]噪音

insonorizado,-da *adj*. 隔音的；防噪音的
cabina ~a 隔音室

insonorizador *m*. 隔音装置；消音[减声]器

insonorizar *tr*. 给…隔音,使隔音；降低…噪音

insonoro,-ra *adj*. ①不响的；无声的；寂静的；②隔音的

inspección *f*. ①检查[验]；勘察；②视察（工作）；检阅
~ aduanera 海关检查
~ de avería 海损检验
~ de mercancías 商品检验
~ de origen 产地检查
~ de sorpresa 突击检查,抽检
~ fitosanitaria 动植物检疫
~ geológica 地质勘察
~ médica 体格检查
~ ocular 视力检查
~ por expertos 专家检验
~ por muestreo 抽样检查[验]
~ sanitaria 检疫
~ técnica de vehículos 车辆检验,验车
~ y acepción 验收
trampilla de ~ 入[检查]孔盖

inspeccionar *tr*. ①检查[验]；②视察；检阅；③〈信〉取数

inspector,-ra *m. f*. ①监工；监督[管理]人[员]；②检查[检验,督察]员；③*Cono S.*（公共汽车的）售票员
~ de aduanas 海关稽查员
~ de control 商检员,督查员
~ de enseñanza 学校视导员,督学
~ de Hacienda 税务员,税务稽查员
~ de policía（警察）巡官
~ general 督察长；总监
~ viajero 巡回检查员

inspectoscopio ; inspectroscopio *m*. 违禁品 X 光检查仪

inspiración *f*. 吸入[气]

inspirador,-ra *adj*. 〈解〉吸气的 ‖ *m*. 吸入[吸气]器；喷射器

músculo ~ 吸气肌

inspiratorio,-ria *adj*. ①吸入[气]的；②（肌肉）起吸气作用的

inspirómetro *m*. 吸气测量计

instabilidad *f*. ①不稳定；②不稳固；③〈化〉不稳定；③〈理〉能衰变

instable *adj*. ①不稳定的；②不稳固的；③〈化〉不稳定的；③〈理〉能衰变的

instalación *f*. ①设[装]备；(照明,煤气,电气等的)装置；②安装；设置；③厂矿,工场；④安顿[家]；定居；⑤(开展活动的)场地；⑥〈画〉装置作品；⑦*pl*. (包括服务在内的)设施
~ al aire libre 露天装配
~ completa 成套设备
~ de concentración 选矿工场
~ de corriente alterna 交流电设备[装置]
~ de corriente continua 直流电设备[装置]
~ de fuerza 动力设备[装置]
~ de mando 指挥[传令]装置
~ de maniobras 调车装置
~ de socorro 备用机组[工厂]
~ de sondeo 探测设备[装置]
~ eléctrica 电气设备[装置]
~ frigorífica 冷冻厂,制冷设备
~ militar 军事设施
~ productiva（生产）车间
~ sanitaria 卫生设备
~es de almacenamiento y carga 仓储装运设施
~es deportivas 体育场地
~es portuarias 港口设备
~es recreativas 娱乐场地

instancia *f*. ①要[请]求；②申请书；③〈法〉诉讼(手续)；审级；④当局；行政管理机构；*pl*. 影响集团
~s del poder 权力走廊(指暗中左右决策的权力中心)

instantánea *f*. 〈摄〉快摄[照]

instantáneo,-nea *adj*. ①瞬间的；即刻的；②〈理〉瞬[即]时(作用)的；同时(发生)的；③(食物)速溶的
aceleración ~a 瞬时加速度
café ~ 速溶咖啡
condición ~a 瞬态
de acción ~a 快[闪]动作(的),快[迅]速(的)；瞬时[间]作用(的)
efecto ~ 瞬时效应
frecuencia ~a 瞬时频率
muestra ~a 瞬时采样
potencia ~a 瞬时功率
relé ~ 瞬息(动作)继电器

valor ～ 瞬时值

velocidad ～a 瞬时速度

instante *m*. ①瞬间[息],即[顷]刻;刹那;②〈摄〉瞬得胶片

fotografía al ～ "一分钟"快照

instar *m*. 〈昆〉龄(幼虫两次蜕皮之间的虫期)

instilación *f*. 〈医〉①滴注;滴注法;②(逐渐)灌输

instilador *m*. 〈医〉滴注器

instintivo,-va *adj*. (出于)本能的,天性的,(来自)直觉的

conducta ～a 本能行为

reacción ～a 本能反应

reflejo ～ 本能反射

instinto *m*. ①本能,天性;②直觉;③天资[分]

～ asesinato(～ de matar) 嗜杀本性

～ de supervivencia 求生(的)本能

～ maternal 母性

institucionalidad *f*. 制度性,体[法]制性

institucionalismo *m*. 〈经〉制度学派;制度学理论

institucionalización *f*. 制度化;固定化,稳定化

instrucción *f*. ①教育;教导;②(体育,语言等的)训练;〈军〉操[训]练;③〈法〉预审;审理;④〈信〉指令;⑤*pl*. 指示;命令;⑥*pl*. (用法)说明(书);(操作)指南;须知;⑦学识[问]

～ absoluta 〈信〉绝对指令

～ de desplazamiento 〈信〉移位指令

～ de direcciones múltiples 〈信〉多地址指令

～ de llamada 〈信〉呼叫指令

～ de máquina 〈信〉机器指令

～ de parada 〈信〉停机指令

～ de retorno 〈信〉返回指令

～ del sumario 〈法〉预审

～ individual 个别辅导;单人训练

～ militar 军事训练

～ primaria 初等教育

～ programada 程序教学(一种按程序教程循序渐进的教学方法)

～ pública 国民教育

～es breves 简要说明(书)

～es de[para] embalaje 包装说明(书)

～es de funcionamiento 操作指南

～es de montaje 安装说明(书)

～es de servicio 业务指南[须知]

～es de utilización 使用说明

～es para el uso 使用说明

instructor,-ra *adj*. ①训练的;指导的;②审理的 ‖ *m*. *f*. ①〈体〉教练(员);②〈军〉教

员;③指导员[者];④〈法〉(地方)审案法官

～ de vuelo 飞行指导员

instrumentación *f*. ①〈乐〉配器(法);器乐谱写,曲谱写作;②〈集〉仪器

instrumental *adj*. ①(使用)器械的;(使用)仪器[表]的;②〈乐〉乐器的,器乐的;为器乐谱写的;用乐器演奏的;③ 见 prueba ～ ‖ *m*. ①(总称)(一套)器械[具];仪器;②〈乐〉乐器

música ～ 器乐曲

partes ～es 器乐部

prueba ～ 〈法〉书面证据

instrumentalización *f*. (以发挥效能为目的的)利用;(出于自私目的的或用不正当手段的)利用

instrumentista *m*. *f*. ①乐器制造者;②乐器演奏者;③配器音乐家;④手术室护士;⑤机工;机械师

instrumento *m*. ①器械;工[器,用]具;(测试,量测)仪,仪器[表];②〈法〉(法定)文件;证[文]书;③〈乐〉乐器;④途径;手段;工具;⑤票据;有价证券

～ auditivo 监听器[装置]

～ científico 科学仪器

～ de arista viva 有刃刀具

～ de canto[perfil] 边缘仪器

～ de carco 弓弦乐器

～ de cuerda 弦乐器

～ de deuda 债券

～ de hipoteca 抵押契据

～ de mando 〈航空〉控制器,操纵器

～ de medición[medida] 测量[计量]仪器,量具

～ de medida de cero central 刻度盘中心为零的仪器

～ de membrana 膜鸣乐器

～ de metal[cobres] 铜管乐器

～ de música(～ musical) 乐器

～ de pago 支付工具

～ de percusión 打击乐器

～ de precisión 精密仪器[表]

～ de puntería 瞄准装置

～ de ratificación 批准书

～ de tecla 键盘乐器

～ de venta 销售证,买卖证书

～ de viento(～ neumático) 管乐器

～ de viento-madera 木管乐器

～ electrónico 电子仪器

～ estereotáxico 脑立体测定仪

～ graduador 校准仪

～ negociable 可转让票据,流通证券

～ óptico 光学仪器

～ portátil 便携式[手提式]仪器

~ registrador[gráfico] 记录仪

~ totalizador 积31仪器,积分器

~s de labranza 农具

~s de navegación 导航仪器[表]

~s electrónico-ópticos 电子光学仪器

~s giroscópicos 回转仪,回转(式)罗盘

~s internacionales de crédito 国际信用票据

~s quirúrgicos 手术器械

~s topográficos 测绘仪器

panel[cuadro, tablero] de ~s 仪表板[盘]

insubnable adj. (错误等)无可补救的;不可弥补的

insuficiencia f. ①不充分,不足;缺乏;②〈医〉闭锁[机能,关闭]不全;③无能力;不称职;不合适;④ pl. 不足之处,缺陷

~ cardíaca 心机能不全

~ de liquidez 清偿力不足

~ de peso 分量不足,短秤

~ de reservas 储备不足

~ renal 肾机能不全

insuficiente adj. ①不充分的,不足的;②不够格的 ‖ m. 〈教〉不及格

embalaje ~ 包装不足

insuflación f. 吹入;〈医〉吹入法;吹[灌,注]气法

~ de chispas 吹熄[灭]

~ pulmonar 肺吹气法

anestesia por ~ 吹入麻醉

insuflado,-da adj. 〈冶〉鼓[送,吹]风的

horno ~ 高[鼓风]炉

insuflador m. 〈医〉①吹入器;吹药器;②吹气者

ínsula f. ①〈地〉岛,岛屿;②〈解〉脑岛

insular adj. ①岛屿的,海岛的;在岛上生活的;②〈医〉岛(状)的;③〈解〉脑岛的

arteria/vena ~ 岛动/静脉

giro ~ 岛回

lobo ~ 岛叶

insularidad f. ①岛国状态[性质];②海岛生活状况

insulina f. ①〈生化〉胰岛素;②〈药〉胰岛素制剂

~ semilenta 半慢胰岛素

insulinasa f. 〈生化〉胰岛素酶

insulinización f. 〈医〉用胰岛素治疗

insulinodependiente adj. 〈医〉胰岛素依赖型的

insulinogénesis f. 〈医〉胰岛素发生[生成]

insulinoma m. 〈医〉胰岛瘤

insulinoterapia f. 〈医〉胰岛素治疗法

insuloma m. 〈医〉胰岛瘤

insumergibilidad f. 不沉性

insumergible adj. 不会[易]下沉的

insumo m. ①〈经〉(资金等的)投入;②(用于生产的)原材料;③Cono S. 组成部分;④ pl. Amér. L. 〈经〉(在一定价格下的商品)供应量,供(给)投入量

~ no monetario 非现金投入

~ total 总投入

insumo-producto m. 〈经〉投入产出

insuperable adj. ①(质量等)不可超越的;不可胜过的;②(障碍等)不可逾越的;难以[无法]克服的;③(价格等)不能容忍的

intangibilidad f. ①触摸不到,无形(性);②不可触犯(性);不可侵犯(性)

intangible adj. ①触摸不到的,无形的;②不可侵犯的,不应触犯的 ‖ m. 〈商贸〉无形资产

activo ~ 无形资产

propiedad ~ 无形财产

integrabilidad f. 〈数〉可积(分)性

integrable adj. 〈数〉可积(分)的

integración f. ①〈数〉积分(法);求积(法);②〈电〉〈电子〉集成;③结[综]合;合成(一体);合并;一体化;④〈生理〉整合(作用);⑤种族融合

~ a gran/pequeña escala ①(电路的)大/小规模集成;②(企业等的)大/小规模合并[一体化]

~ comercial 贸易一体化

~ de computadora y telefonía 计算机电话组合

~ de operación 联合作业;经营一体化

~ diagonal 斜向一体化

~ económica 经济一体化

~ horizontal/vertical 横/纵向一体化,横/纵向合并

~ monetaria 货币一体化

~ organizacional 组织一体化

~ por descomposición 分解求积法

~ por partes 分部积分法

~ por reducción 归约积分

~ racial 种族融合

~ regional 地区[区域]一体化

~ subregional 小地区[区域]一体化

tasa de ~ (产品的)本国成分比例

integracionista adj. ①主张[赞成]取消种族隔离的;②(主张)一体化的

integrado,-da adj. ①〈电子〉(电路)集成的;②〈信〉(软件)集成的;③(计划等)综合的

circuito ~ 集成电路

integrador,-ra adj. ①主张取消种族隔离的;②(使)一体化的 ‖ m. ①〈数〉〈信〉积分(描图,曲线)仪,积分器;积分元件;②〈电〉

积分电路

circuito ～ 积分电路

política ～a 主张取消种族隔离的政策

intégrafo *m.* 〈数〉积分仪[器]

integral *adj.* ①整体的,完整;完全的;②组[集]成的;(计划、改革、服务等)综合的;③〈数〉整的,积分的;④(大米)糙的;(面粉)用全(小)麦做的;(面包)用全麦面粉做的;⑤用天然谷物制成的 ‖ *f.* 〈数〉积分;积分号(∫)

～ asociada 积分(学)

～ de Cauchy 柯西积分

～ de Riemann 黎曼积分

～ definida/indefinida 定/不定积分

～ determinada/indeterminada 定/不定积分

arroz ～ 糙米

cálculo ～ 积分学

ecuación ～ 积分方程

pan ～ 全麦面粉面包

signo ～ 积分符号

integrando *m.* 〈数〉被积函数

integrante *adj.* ①组成的,构成整体的;②〈信〉(软件)集成的

parte ～ 组成部分

integridad *f.* ①完整(性);整体(性);完全;全部;②〈信〉(数据的)完整性

integrifoliado,-da *adj.* 〈植〉全缘叶的

integrina *f.* 〈生化〉整合素

integrodiferencial *adj.* 〈数〉积分微分的

integrómetro *m.* 惯性矩面积仪

integumento *m.* 〈动〉〈植〉(天生的)覆盖物;包裹物(如壳、荚、皮肤、包膜、果皮、株被等)

intelectiva *f.*; **intelecto** *m.* 智力;理解[领悟]力;思维能力

intelectivo,-va *adj.* 智力的;理解力的;有智[理解]力的

capacidad ～a 理解力

intelectual *adj.* ①智力的;知识的;②用脑力的;需智力的;③知识分子的

capital ～ 智力资本

cociente ～ 智力商数,智商

composición ～ 智力构成

desarrollo ～ 智力开发

educación ～ 智育

inversión ～ 智力投资

propiedad ～ 〈知〉知识产权,版[著作]权

trabajo ～ 脑力劳动

intelectualidad *f.* ①智力;思维能力;②知识性;③知识界[阶层]

estructura de ～ 智力机构

inteligencia *f.* ①智力[慧],才智;②〈军〉情报(工作);③〈信〉智能;④(总称)知识界

[阶层]

～ artificial 人工智能

～ (de)máquina 机器智能

～ emocional 感情智力

～ verbal 语言能力

ensayo de ～ 智力测试

inteligente *adj.* ①聪明[颖]的;有才智的;有灵性的;②〈信〉智能的

copiador ～ 智能复印机

edificio ～ 智能楼宇

tarjeta ～ 智能卡

inteligibilidad *f.* ①可理解性,明白易懂;②(声音)清晰(度)

intemperie *f.* 变化无常的天气[气候];恶劣天气[气候]

al abrigo de la ～ 经得起各种天气[气候]的

desgastado por la ～ 风化的

intemperización *f.* 〈地〉风化作用

intención *f.* ①意图[向];②*pl.* 计划,打算;③(动物的)恶癖;④(法律条文等的)含义

～ de compra 购买意图

～ de los contratantes 缔约各方意图

～ del contrato 合同意向,契约意旨

buena/mala ～ 好/恶意

acuerdo de ～ 意向协定

carta de ～ 意向书

doble[segunda] ～ 用心不良

intendencia *f.* ①管理;监督;②〈军〉后勤部队;陆军军需部队;③后勤

～ militar 陆军后勤部

cuerpo de ～ 陆军军需部队

intensidad *f.* ①(热、光、声、地震等的)强度;烈度;②〈电〉(电流)强度;③(颜色、味道、疼痛等的)强烈;④(记忆等的)清晰;⑤密集(度),集约(度)

～ acústica[sonora] 声强

～ de arranque 起动电流强度

～ (lumínica) de bujías ①标准烛光(发光强度单位);②(用烛光数表示的)发光强度

～ de campo 场强

～ de campo eléctrico 电场强度

～ de campo magnético 磁场强度

～ de campo perturbador 射频噪声场强度

～ de campo radioeléctrico 射电场强度

～ de capital 资本集约程度,资本密集度

～ de corriente 电流强度

～ de la precipitación 降水强度

～ de radiación(～ radiante) 辐射强度

～ de trabajo 劳动强度;劳力密集度

～ física 声强

～ luminosa 光强,照度,发光强度

~ luminosa esférica 球面平均发光强度

~ magnética 磁强度

~ máxima de señal 极大信号强度

~ media de radiación 平均辐射强度

~ sonora 声强

intensificación *f*. ①加[增]强,强化;②〈摄〉加厚

intensificador *m*. ①增强器;增强剂;②〈摄〉加厚剂

intensímetro; intensitómetro *m*. 〈理〉X 射线强度计

intensión *f*. ①(热、光、声、地震等的)强度;烈度;②〈电〉(电流)强度;③(颜色、味道、疼痛等的)强烈

intensivo,-va *adj*. ①加强的;集中的,密集的;强化的;②集约(经营)的

~ en capital 资本密集的

~ en trabajo 劳动密集的

bombardeo ~ 密集轰炸

cultivo ~ 集约耕种,精耕细作

curso ~ 强化班

entrenamiento ~ 强化训练

lecturas ~as 精读材料[课外读物]

interacción *f*. 相互作用[影响,制约];交互(作用,影响)

~ débil/fuerte 〈理〉弱/强相互作用

~ gravitatoria 〈理〉(基本粒子间一种假设的)引力相互作用

~es fundamentales 基本相互作用

atenuación por ~ 互作用损耗

interacinoso,-sa *adj*. 〈解〉腺泡间的

interactivamente *adv*. ① 相互作用[影响]地;②〈信〉人机对话地,交互地

interactividad *f*. ①互相作用[影响](性);②〈信〉交互性,人机对话型性,人机互动性

interactivo,-va *adj*. ①互相作用[影响]的;②〈信〉交互的,人机对话的,人机互动的

computación ~a 交互计算

sistemas gráficos ~s 交互(式)制图系统

interactuación *f*. 相互作用[影响,制约];交互(作用,影响)

interactuar *intr*. ①互相作用[影响];②〈信〉人机对话

interalveolar *adj*. 〈解〉①牙槽间的;②小泡间的

interambulacro *m*. 〈动〉间步带

interarticular *adj*. 〈解〉关节间的

interastral *adj*. 〈天〉星际[间]的

interatómico,-ca *adj*. 〈理〉(同一分子中)原子间的

interbancario,-ria *adj*. 银行间的

transferencia ~a 银行间转账

interbibliotecario,-ria *adj*. (图书馆)馆际(间)的

préstamo ~ ①(图书馆)馆际出借(制度);②根据馆际出借制度所借的书

intercadencia *f*. 〈医〉介脉,脉间脉

intercalación *f*. ①插[夹,嵌]入;②插[夹,嵌]入物;③〈农〉(作物的)间隔轮种;④〈信〉(文档等的)归并;排序

intercalador,-ra *adj*. 插[夹,嵌]入的 ‖ *m*. 〈信〉排序装置

intercalo *m*. 〈印〉(不同字体的)插入字句

intercambiabilidad *f*. 可交换性;互换性

intercambiable *adj*. 可交换[互换,更换]的;可交替的

piezas ~s 可互换零件

intercambiador *m*. ①〈机〉交换器[机,程序];②交换剂;③(公路或高速公路的)互通式立体交叉,道路立体枢纽;交换道

~ de aniones 阴离子交换剂

~ de calor 热交换器

~ de temperatura 热交换器

intercambio *m*. ①交[互]换,交流;②换接[置];③〈交〉交换道(口)

~ comercial 贸易往来,通商

~ cultural 文化交流

~ de equivalentes 等价交换

~ de experiencias 交流经验

~ de informaciones 情报交换;信息交流

~ de mercancías 商品交换

~ de notas 互换照会,换文

~ de servicios 劳务交换

~ de valores desiguales 不等价交换

~ de valores iguales 等价交换

~ de visitas 互访

~ electrónico de datos 电子数据交换

~ iónico 离子交换

~ térmico 热交换,换热

economía de ~ 交易经济

intercapilar *adj*. 〈解〉毛细(血)管间的

intercarpiano,-na *adj*. 〈解〉腕骨间的

intercavernoso,-sa *adj*. 〈解〉腔间的;海绵间的

intercelular *adj*. 〈生〉(细)胞间的

capa ~ (细)胞间层

espacio ~ (细)胞间隙

puente ~ (细)胞间桥

substancia ~ (细)胞间质

intercepción; interceptación *f*. ①截获;(对信件等的)拦截;挡住,遮挡;②(对导弹等的)截击[住];③(情报等的)窃[侦]听;截取;④〈数〉截断[取];⑤(车辆的)堵[阻]塞

interceptador *m*. ①〈机〉拦截[遮断]器,截断装置;②窃听器;③〈军〉截[拦]击机;截击导弹

interceptómetro *m.* 阻流雨量计

interceptor, -ra *adj.* ①拦截的;截取的;②截击的‖*m.* ①捕捉[捕集,截除]器;②分离器;分割器[装置];③*Chil.*〈电〉开关,断路器
~ de aceite 捕油器,集油槽
~ de aire 气穴[阱,潭]
~ de arena 泥沙采集器,拦砂装置
~ de sedimento 沉积阱
avión ~ 截击机

interclavícula *f.*〈解〉锁间骨

interclavicular *adj.*〈解〉锁骨间的

inter-club *adj.* (两个)俱乐部之间的

intercolumnio; intercolunio *m.*〈建〉柱间

intercompañías *adj. inv.* 公司间的

intercomunicación *f.* ①相互联系[沟通];②〈讯〉双向[多向]通信,内部通讯(联络);③〈讯〉内部[对讲]电话

intercomunicador *m.*〈讯〉①内部通话系统[设备];②(用于不同房间或车辆通话的)对讲机

intercomunión *f.* 相互交融[沟通]

intercondensador *m.* 中间[介]电容器;中[级]间冷凝器

interconectividad; interconexión *f.* 互相连接

intercontinental *adj.* 跨洲的;(在)洲际(进行)的
cable telegráfico ~ 洲际电报电缆
cohete[misil] ~ 洲际导弹
línea aérea ~ 洲际航空线

interconvertibilidad *f.* 可互相转换性;可互换性

interconvertible *adj.* 可互相转换的;可互换的

intercostal *adj.* ①〈解〉肋(骨)间的;肋(骨)肌的;②〈船〉肋骨间的‖*m.* ①〈解〉肋(骨)间;②〈船〉加强肋,间隔构件
dolor ~ 肋间痛

intercristalino, -na *adj.* 晶(粒)间的,沿晶界的‖*m.* 内结晶

intercultural *adj.* 不同文化间的

intercurrente *adj.*〈医〉(疾病)并[间]发的
enfermedad ~ 间发病

intercutáneo, -nea *adj.* 皮肉之间的

interdepartamental *adj.* 各部门间的;(大学)各系之间的

interdependencia *f.* 互相依赖[存];(内部)相依性

interdependiente *adj.* 相互依赖[存]的
ecosistema ~ 相互依存的生态系统
relación ~ 相互依赖[存]关系

interdicción *f.* ①禁[制]止;②禁令;③〈法〉(对所有权的)即决裁判
~ civil 剥夺公民权利

interdicto, -ta *adj. Chil., Méx., Arg.* 被剥夺公民权利的‖*m.* ①禁止;②禁令;③〈法〉对(财产)所有权的即决裁判

interdigital *adj.*〈解〉指[趾]间的

interdisciplinar; interdisciplinario, -ria *adj.* (各)学科(之)间的,跨学科的

interdisciplinariedad *f.* 跨学科性;多学科性质

intereje *m.*〈机〉(车)轴距

interelectródico, -ca *adj.*〈电子〉(电)极间的

interenfriador *m.* ①中间冷却器;②中间冷却剂

interenfriamiento *m.* 中间冷却

interés *m.* ①(个人、国家等的)利益;权益;②利息[率];*pl.* 息金
~ a 365 días 按 365 天计算的利息;精确利息
~ activo 放款利息
~ básico 法定贴现率
~ bruto 毛[纳税前]利息
~ compuesto/simple 复/单利
~ común 共同利益
~ controlador 控股权益
~ corriente 现行[活期]利息
~ de demora 逾期利息;滞纳金
~ de depósito/préstamos 存/贷款利息
~ de doble prórroga 重复延期(交割)利息
~ de usura 高利贷利息,重利
~ devengado (自然)累积利息
~ dudoso[inseguro] 保留利息
~ escalonado 分阶梯递增利息
~ fijo 固定利益
~ hipotecario 抵押利息
~ legal[lícito] 法定利息;合法权益
~ líquido[neto, puro] 净利息
~ moratorio[penal] 惩罚性利率,迟延付款利息
~ nominal 名义[息票]利息
~ pasivo 存款利息
~ por cobrar/pagar 应收/付利息
~ público 公共利益
~ reducido 低息
~es a tipo legal 按法定利率计算的利息
~es acumulados (自然)累积利息
~es capitalizados 本金化(的)利息
~es creados (集团的)既得利益
~es exorbitanes 暴利
~es superpuestos 重叠利息
a la tasa de ~ convenida 按约定利率

interesante *adj.* (价格、工资等)有吸引力的

interespacio *m.* ①两个物体之间的空间；间[空]隙；②〈天〉星际空间

interespecífico,-ca *adj.* 〈动〉种间的
híbrido ～ 种间杂交

interestatal *adj.* ①国与国之间的；②州与州之间的，州际的

interestelar *adj.* 〈天〉星际的

interestratificado,-da *adj.* ①〈地〉层间（化）的；②（分层）镶嵌的

interetapa *f.* 级[际，段]间

interétnico,-ca *adj.* （不同）种族间的

interfabril *adj.* 企业间的

interface *m. o f.* 〈信〉①接口，连系装置；连接；②界面；接口程序
～ de serie 串行接口
～ de usuario 用户界面
～ gráfica 图形界面
～ gráfica de usuario 图像用户界面
información de ～ 界面信息

interfacear *tr.* 〈信〉使联系，使接合 ‖ *intr.* 联系，接合

interfacial *adj.* 界面（上，间）的；分界面的；面间的

interfacie *f.* 〈化〉面际（相与相之间的邻界）

interfascicular *adj.* 〈植〉〈维管〉束间的

interfase *f.* ①〈化〉界面；面际（相与相之间的邻界）；②〈生〉（细胞）的期间，分裂期间；③〈信〉接口，连系装置；连接；界面；接口程序

interfásico,-ca *adj.* ①〈化〉相间的；界面的，面际的；②〈生〉（细胞分裂）期间的；③级间的
acoplamiento ～ 级间耦合
reacción ～a 面际反应
transformador ～ 相间变压器

interfaz *f.* 〈信〉接口，连系装置；连接；界面；接口程序

interfemoral *adj.* 〈解〉股[大腿]间的

interferencia *f.* ①干涉[预]；打扰；②〈理〉（电波、光波、声波等的）干涉[扰]；③〈讯〉串扰；电话窃听；（电话）人为干扰；④〈信〉（电脑）故障
～ acústica 声音干涉
～ constructiva （全息）结构干涉，相长干涉
～ cromosómica 染色体干扰
～ de banda ancha 宽频带干扰
～ de canal común 公用频[信]道干扰
～ de otro canal 第二频[信]道干扰
～ destructiva 相消干涉
～ en el propio canal 同频[信]道干扰
～ gubermental 政府干预
～ léxica 词汇介入

～ perjudicial 危害性干扰
～ radioeléctrica 无线电干扰
～s estáticas 静[天]电干扰
filtro de ～s 干扰抑制器
franjas de ～s 干涉条纹

interferencial *adj.* 〈理〉干涉[扰]的

interferente *adj.* 〈理〉有[产生]干扰现象的

interferograma *m.* 〈摄〉干扰图[借助干涉仪得到的冲击波或其他流体的照片]

interferometría *f.* 〈理〉干涉量度学；干涉测量(法，术)
～ de haces múltiples 多光束干涉

interferómetro *m.* 〈理〉干涉仪（根据光的干涉原理制成的仪器）
～ láser 激光干涉仪

interferón *m.* 〈生化〉干扰素

interfibrilar *adj.* 〈生〉纤丝间的，小纤维间的

interfluvial；**interfluvio** *m.* 〈地〉河间地，江河分水区，分野

interfoliáceo,-cea *adj.* 〈植〉（两）叶间的

interfoliación *f.* 〈印〉（将空白页）插入；（在印刷品中）插入空白页

interfono *m.* 〈讯〉①内部通话系统[设备]；②（用于不同房间或车辆通话的）对讲机；③门铃电话

interformacional *adj.* ①内部构造的，结构的；②〈地〉岩层[相]间的

interfrontal *adj.* 〈解〉额骨间的

intergaláctico,-ca *adj.* 〈天〉星系际的

intergeneracional *adj.* 两[多]代人之间的

intergenérico,-ca *adj.* 〈生〉属间的

interglacial；**interglaciar** *adj.* 〈地〉间冰期的

intergranular *adj.* 〈颗〉粒间的；晶（粒，格）间的，内在(晶)粒状的
corrosión ～ 晶间[内在(晶)粒状]腐蚀

intergubernamental *adj.* 政府间的

intergular *adj.* 〈动〉外咽间的

interhalógeno,-na *adj.* 〈化〉卤间化合物的 ‖ *m.* 卤间化合物

interhioidal *adj.* 〈解〉舌间的

interhumano,-na *adj.* 人与人之间的；人间关系的

interín；**ínterin** *m.* 间歇，过渡期间

interinato *m.* *Amér. C.* 〈医〉实习医师的职位[务]

interinidad *f.* 临时性；代理性

interino,-na *adj.* ①临[暂]时的，代理的；②过渡期间的；临时性质的；③做临时性工作的 ‖ *m. f.* ①临时代理职位者；②〈戏〉临时替代演员；③〈医〉临时代替医师；实习医生

gobierno ～ 过渡政府

presidente ～ 代理主席

interinsular *adj*. 岛与岛之间的,岛屿间的;岛际的

interior *adj*. ①内的,内部的;②〈地〉内地[陆]的;腹地的;③(贸易、市场、政策等)国内的;④〈电影〉(电影场景等)室内的 ‖ *m*. ①内部[侧];②〈地〉内地[陆];腹地;③〈体〉(足球、曲棍球等运动的)内锋;④〈电影〉内景

～ derecho/izquierdo 〈体〉右/左内锋

comercio ～ 国内贸易

costura ～ 内面接缝

diseño de ～es 内部[室内]装饰(术)

lago ～ 内陆湖

transportación ～ 内地[陆]运输

interiorismo *m*. 内部[室内]装饰(术,设计)

interiorista *m.f*. 内部[室内]装饰设计师

interisquiático,-ca *adj*. *Amér. L.*〈解〉坐骨间的

interlabial *adj*.〈动〉唇间的

interlabio *m*.〈动〉唇间

interlaminado,-da *adj*. ①层[板]间的;②〈建〉层间敷放的

interleucina *f*.〈生化〉白细胞介素

interleuquina *f*.〈生化〉白介素;白细胞介素

interlínea *f*. ①〈印〉(印刷物的)行间空白;行间文字;(行间的)铅条,插铅;②〈信〉换行,进行

interlineado *m*.〈印〉①加铅条;②行间书写;行间空白

interlineal *adj*. 书写[印刷]于行间的

nota ～ 行间评注

traducción ～ 行间译文

interlobular *adj*. ①〈解〉(小)叶间的;②〈植〉(小)裂片间的

interlock *m. ingl*. ①连锁;连锁装置;连结;②〈纺〉双罗纹针织物

interlocutor,-ra *m.f*. ①说话者;对话者;参加谈话者;②(电话另一端的)交谈者

～ social 社会伙伴(指参加互惠合作的个人或组织)

～ válido 官方发[代]言人

interlocutorio,-ria *adj*.〈法〉中间的,非最后的

intérlope *adj*. 走私的;无证经营的 ‖ *m*.〈商贸〉无执照营业者

navío ～ 走私船

interludio *m*.〈乐〉①间奏,过门;②幕间音乐演奏

interlunar *adj*.〈天〉无月期的

interlunio *m*.〈天〉无月期

intermareal *adj*.〈海洋〉落潮和涨潮之间

intermaxilar *adj*.〈解〉(上)颌间的

intermediación *f*. ①调解[停];②居间;③〈经〉中介;④〈商贸〉经纪业

intermediador,-ra *adj*.〈经〉中介的 ‖ *m.f*. 中介人

intermediario,-ria *adj*. ①中间的;居间的;②调解[停]的,中间人的;③〈经〉中介的;中间商的 ‖ *m.f*. ①调解[停]人;②中间人,中间商

～ de aceptaciones 承兑商

circuito ～ 中间电路

comercio ～ 中间贸易

frecuencia ～a 中频

puerto ～ 中途口岸

reactor ～ 中能(中子反映)堆

refrigerante ～ ①中间冷却器;②中间冷却剂

resistencia ～a 中间电阻

servicios ～s 中间性劳务

tecnología ～a 中间技术

intermedina *f*.〈生化〉促黑激素

intermedio,-dia *adj*. ①(介于)中间的,居间的;②(尺寸、大小等)中等[型]的 ‖ *m*. ①间隙[歇];②〈电影〉〈戏〉幕间休息;幕间插播广告时间;③〈化〉中间体[物]

árbol ～ 中轴

comercio ～ 中间贸易

estación ～a 中途站

mercado ～ 中间市场

intermenstrual *adj*.〈医〉月经期间的

intermetálico,-ca *adj*. 金属间(化合)的 ‖ *m. pl*. 金属间化合物

intermetamérico,-ca *adj*.〈解〉体节间的

intermetatarsiano,-na *adj*.〈解〉跖骨间的

intermezzo *m. ital*. ①〈乐〉间奏曲;②〈戏〉幕间表演;幕间剧

interministerial *adj*. 各部门间的

comité[comisión] ～ 部际(联合)委员会

intermitencia *f*. 中[间]断;间歇性,周期性

intermitente *adj*. 间歇的,中[间]断的;断断续续的;周期性的 ‖ *m*. ①(车辆)转弯示向灯;方向灯;②〈信〉指示灯

corriente ～ 间歇[断续]电流

destilación ～ 分批蒸馏

fiebre ～ 间歇热

fuente ～ 间歇泉

pulso ～ 间歇脉

tratamiento ～ 间歇疗法

intermitosis *f*.〈生〉分裂间期

intermodulación *f*.〈电子〉相互调制,交[互]调

efecto de ～ 互调制效应[作用]

frecuencia de ～ (变)互调(制)频率,相互

调制频率

ruido de ～ 互调噪声

intermolecular *adj.* 〈化〉〈理〉分子间的；存在[作用]于分子间的

condensación ～ 分子间缩合(作用)

intermural *adj.* ①墙与墙之间的；(用墙隔开的)城区间的；②〈医〉壁间的

intermuscular *adj.* 〈解〉肌间的

internacional *m.f.* 〈体〉世界赛选手，国际比赛参加者

internacionalidad *f.* ①国际性，世界性；②〈体〉(运动员)参加国际比赛资格

internacionalista *m.f.* ①〈体〉国际比赛选手；②国际事务专家；③〈法〉国际法学家

internacionalización *f.* 国际化

～ de la educación 教育国际化

～ económica 经济国际化

internacionalizar *tr.* ①使国际化；②把…置于国际共管之下

internado,-da *adj.* ①〈教〉寄宿的；②住进(医院)的 ‖ *m.* ①〈教〉寄宿；寄宿制；②〈教〉寄宿学校；③〈集〉寄宿生 ‖ *m.f.* ①〈军〉拘留犯[民]；被居留者；②〈教〉寄宿生

internalización *f.* ①内在化；②〈经〉(成本的)内在化

internamiento *m.* ①〈医〉住院；②〈法〉关押

internauta *m.f.* 〈信〉因特网用户，互联网用户

Internet；**internet** *m. o f.* 〈信〉因特网；互联网

Internetwork *f. ingl.* 〈信〉因特网；互联网

internista *adj.* 〈医〉内科的 ‖ *m.f.* 内科医生[师]

interno,-na *adj.* ①内的；内部的；②国内的；③〈医〉内科[用]的；内用的；④〈医〉住院的(医生)；⑤〈教〉寄宿的 ‖ *m.f.* ①〈教〉寄宿生；②实习医师 ‖ *m.* Cono S. (电话)分机

alumnos ～s 寄宿生

ángulo ～ 内角

causas ～as 内因

medicamento de uso ～ 内服药

médico ～ 住院医生

internodio *m.* 〈植〉节间(茎或枝的节与节之间的部分)

internuclear *adj.* ①〈生〉(细胞)核间的；视网膜核层间的；②〈理〉(原子)核间的

interoceánico,-ca *adj.* 两大洋间的，连结两大洋的

interoceptivo,-va *adj.* 〈生理〉内感受(器)的

interoceptor *m.* 〈生理〉内感受器

interocular *adj.* 〈解〉两眼间的

interorbital *adj.* 〈解〉眼眶间的

interóseo,-sea *adj.* 〈解〉骨间的；小腿[前臂]骨间的

músculo ～ 骨间肌

nervio ～ 骨间神经

interpaginar *tr.* 把…插[放]入书页间；把…印在插页上

interpares *adj.* 〈信〉(计算机网络)对等的(指网络内的每一台计算机均可用作其他计算机的服务器，并允许文件与外围设备的共享)

interparietal *adj.* 〈解〉①顶骨间的；②壁间的

interparlamentario,-ria *adj.* (各国)议会之间的

interpenetración *f.* 互相渗透[贯穿，渗入]

interpersonal *adj.* 人与人之间的；个人之间的；人际(关系)的

interplanetario,-ria *adj.* 〈天〉行星际的；行星与太阳间的

viaje ～ (行)星际航行

interpluvial *adj.* 〈地〉间雨期的

Interpol *abr. ingl.* International Criminal Police Organization 国际刑警组织(*esp.* Organización Internacional de Policía Criminal)

interpolación *f.* ①插[夹]入；②插入物；③插入文字(如评注、按语等)；④〈数〉插植法，内插[推]法

método de ～ 〈数〉插值法

interpolador *m.* ①〈数〉内插器；分数计算器；②〈信〉(穿孔卡片的)校对机，分类机

interpolo *m.* 极间极；〈电〉中间极

interposición *f.* ①插入；介于；②调停，干涉[预]；③〈法〉提出(异议)；提出(上诉)

interpretación *f.* ①解释，说[阐]明；②理解；③翻[口]译；④〈戏〉〈乐〉演出；表演；演奏

～ alternativa (同时用两种语言的)交替口译

～ en directo 现场观看演出

～ falsa 误解[会]，曲解；解释错误

～ judicial 法律解释

～ simultánea 同声传译

～ técnica 技术性说明

interpretador *m.* 〈信〉译印机；解释程序

interpretativo,-va *adj.* 解释(性)的，说[阐]明(性)的

datos ～s 解释性数据

intérprete *m.f.* ①译员，口译者；②〈乐〉演出[演奏]者；歌唱家；歌手；③解释者 ‖ *m.* 〈信〉译印机；解释程序

interprovincial *adj.* 省与省之间的，省际的

interracial *adj.* (不同)种族间的

interradial *adj.* 〈动〉(海星、海胆等棘皮类动物)间辐的，径间的

interradio *m.* 〈动〉(海星、海胆等棘皮类动物的)间辐条

interrail *m.* (可在大部分欧洲国家旅行的)火车月票

interred *f.* 〈信〉互联网

interrefrigerador *m.* 〈机〉中间冷却器

interregional *adj.* 地区[区域]间的
cooperación ～ 区域间合作

interrelación *f.* 相互关系，相互联系(性)

interrelacionado,-da *adj.* 相互联系的，相互关联的

interrenal *adj.* 〈解〉肾间的

interrogación *f.* ①质[讯，审]问；查问；②〈印〉问号

interrogador-respondedor *m.* 问答器[机]

interrogante *m. o f.* 〈印〉问号

interrogatorio *m.* ①质问；②〈法〉讯[查]问；盘问；③一组问题；问题[调查]表

interrumpible *adj.* 中[遮]断的；可中断的；(有)阻碍的
potencia ～ 可断续电功率

interrumpido,-da *adj.* ①中断的，断续的；②被打断的；③断开的；④〈植〉间断的；不规则的(花序等)
corriente ～a 断续电流
proyección ～a 分瓣投影
temple ～ 分级淬火

interrumpilidad *f.* 可中断性；中断率

interrupción *f.* 遮[中]断；中止；暂停
～ de operaciones 中断业务；暂停营业
～ de servicios eléctricos 断路，跳闸
～ (voluntaria) del embarazo 终止妊娠
～ del fluido eléctrico 断电
～ del negocio 中断交易
～ del servicio 中断运行[转]；服务中断
～ del suministro 供货[应]中断
～ en el transporte 运输中断
～ momentánea 临时故障
conmutación sin ～ 先接后离接点
distancia de ～ 断开距离

interruptor *m.* ①中断器；②〈电〉断路器，开关，电门；③断续器(常用于电铃、蜂鸣器及感应线圈中)
～ a distancia 遥控开关
～ a[de] mano 手动开关
～ a presión 压力开关
～ a ras de pared 平装开关
～ antifarádico 抗电容开关
～ automático 自动开关；自动断路器
～ automático de[en el] aterrizaje (飞机)

应急自动开关，安全开关
～ automático de excitación 自动励磁开关
～ auxiliar 辅助开关
～ bipolar 双极开关
～ centrífugo 离心断路器，离心式开关
～ colgante 悬吊开关
～ con regulador de intensidad (舞台灯光的)调光器开关
～ conmutador de barras 十字开关
～ cuelga-receptor (电话机)挂钩开关
～ de acción retardada 时限开关
～ de[en] aceite 油(断路)开关
～ de aire 空气开关，空气断路器
～ de antena 天线转换开关
～ de arranque(～ de puesta en marcha) 起动开关
～ de botón[pulsador] 按钮开关
～ de cerradura 锁定开关
～ de conexión[derivación] 分路开关
～ de conexión momentánea 快动[瞬时]开关
～ de control de potencia 电源控制开关
～ de cordón 拉线开关[电门]
～ de cuchilla 闸刀开关
～ de desmagnetización 去[消，退]磁开关
～ de doble ruptura[dos cuchillas] 双刀开关
～ de dos direcciones 双向开关
～ de efecto alejado 遥控开关
～ de escalones 步进[分档]开关
～ de lámpara 照明[电灯]开关
～ de (la) línea 线路开关
～ de llamada 呼叫开关
～ de mando por motor 电动操纵开关，电动断路器
～ de[en] mercurio 水银开关
～ de motor 电动机(驱动)开关
～ de palanca 杠杆(操纵)开关
～ de palanca articulada 拨[跳]动式开关，搬钮开关
～ de pera[perilla, suspensión] 悬吊[梨形拉线]开关
～ de pie 脚踏开关
～ de poste 柱式开关，杆上[极柱式]开关
～ de puerta (门)接触[触簧]开关
～ de regulación de la intensidad luminosa 光度调节器
～ de resistencia regulable 调光器开关
～ de resorte 弹簧[快动，瞬动]开关
～ de ruptura brusca[rápida] 速断开关快[瞬]动开关
～ de ruptura simple 单刀开关

~ de sección[seccionamiento] 分段[区域]开关

~ de seccionamiento automático 机械控制开关

~ de seguridad 保险[安全]开关

~ de techo[tiro] 拉线开关

~ de tiempo(~ horario) 自动按时启闭的电动开关,定时开关

~ de vacío 真空开关;真空断路器

~ de varillas 联动开关

~ disyuntor 断路[电]器

~ eléctrico 电开关

~ electrolítico 电解断续器

~ electromagnético 电磁开关

~ estanco 防水开关

~ general 总[主控]开关

~ giratorio 旋转[转换]开关

~ para servicio exterior/interior 室外/内开关

~ periódico 断路[续]器

~ permutador 转换开关

~ pluridireccional 多路[向]开关

~ principal 主开关[电门]

~ seccionador 隔离[切断]开关

~ trifásico 三相开关

~ tripolar 三极开关

~ unipolar 单极开关

intersecarse *r*. 〈数〉(线或面)相交,交叉

intersección *f*. ①横断;②〈数〉交,相交(点,处),交集;③〈交〉(道路、公路等的)交[回合]点;交叉口

intersectorial *adj*. 各部门间的

intersegmental; intersegmentario,-ria *adj*. 〈动〉节间的

intersexo *m*. 〈生〉①(雌雄)间性;雌雄间体;②阴阳人

intersexual *adj*. ①〈生〉间性的;雌雄间体的;②两性间的

intersexualidad *f*. 〈生〉雌雄间性

intersideral *adj*. 〈天〉星际的

nube ~ 星际云

intersolubilidad *f*. 〈化〉互溶性;互溶度

intersticial *adj*. ①〈技〉空[间,缝,裂]隙的;②〈理〉填隙的;③〈解〉细胞间的;间质的

célula ~ 间质细胞

fibra ~ 间质纤维

glándula ~ 间质腺

intersticialoma *m*. 〈医〉间质瘤

intersticio *m*. ①空[间,缝,裂]隙;②裂缝[口],缝隙;③间隔,间歇

diámetro del ~ (麻花钻的)留隙直径,隙径

interterritorial *adj*. 领土间的(事项)

intertidal *adj*. 高潮线与低潮线之间的

zona ~ 〈地〉潮间带

intertítulo *m*. 〈电影〉字幕

intertrigo *m*. 〈医〉擦烂

intertropical *adj*. 〈地〉南北回归线之间的,热带地区的

interuniversitario,-ria *adj*. 大学间的,大学校际的

interurbano,-na *adj*. 城市与城市之间的;城[市]际的(电话、车辆、运输等);长途的 ‖ *m*. (城市间的)长途汽车;*Amér. C.* 城[市]际出租车

comunicación[conferencia] ~ a 市际[长途]电话

interusorio *m*. 〈法〉物品过期不归还的利息

intervalo *m*. ①(空间、时间上的)间隔[距];间[空]隙;②时段;期间;③范围;④〈乐〉音程;⑤〈数〉区间

~ abierto/cerrado 〈数〉开/闭区间

~ claro[lúcido] 〈医〉清醒期

~ de aplazamiento 延期期间

~ de clase (次数分布的)组距

~ de confianza 〈统〉置信区间

~ de muestreo 抽样间隔[区间]

~ de seguridad 安全范围[间距]

~ de temperatura 温度范围[间距]

~ entre fases 相(位)移

~ entre los suministros 交货间隙

~ igual a 1/1,200 de octava 森特(声学单位)

~ semiabierto/semicerrado 半开/半闭区间

~s de pago 付款[偿付]间隔期

medidor de ~s de tiempo 时间间隔计[表]

modulación de ~ de impulsos 脉冲间隔调制

intervalómetro *m*. ①时间间隔计[表];②〈摄〉定时曝光控制器

intervalvular *adj*. 〈解〉瓣膜间的

intervención *f*. ①插[介]入;参与;②干涉[预];调解[停];③〈医〉手术;④〈戏〉〈乐〉演出;表演;演奏;⑤〈讯〉窃听(电话);⑥〈经〉(对生产等的)监督[控];控制(价格);⑦没收(毒品、走私物等);⑧审计;查账;检查;⑨*Amér. L.* (政府对电台、学校、工会组织等的)接管

~ a posteriori/priori 事后/前审计

~ armada 武装干涉

~ de cuentas 查账

~ diplomática 外交干预

~ fiscal 税务检查[审计]

~ interna 内部审计

~ quirúrgica（外科）手术

intervencionismo *m*. ①（尤指主张干涉国际事务的）干涉主义；②（国家对本国经济的）干预主义［政策］

intervenido,-da *adj*. 受干预的；受管［控］制的
economía ~a 受控［统制］经济

interventor *m*. ①检查［检验，监察，监督］员；管理人；②查账员，审计员；③（选举时的）监票员；④（火车的）检票员
~ de averías 海损检查员
~ de cuentas 查账员
~ general 审计长
~ interna 内部审计员
~ judicial ①（法院指定临时接管破产人财产的）破产管理人；②*Amér. L.*（政府指定临时接管破产人财产的）破产管理人

intervertebral *adj*. 〈解〉椎（骨）间的

interview *f. ingl.*；**interviú** *f*. ①（记者的）采访，访问；（接见记者的）谈话；谈话录；②会［接］见

interzonal *adj*. 地区间的；地带间的
comercio ~ 地区间贸易

intestado,-da *adj*. 〈法〉无遗嘱的；无遗嘱嘱明处置的 ‖ *m*. 无遗嘱嘱明处置的财产；未列入遗嘱的财产 ‖ *m. f*. 未留遗嘱的死亡者

intestinal *adj*. 〈解〉肠的；肠内的
adhesión ~ 肠粘连
amibiasis ~ 肠阿米巴病
estasis［éstasis］~ 肠停滞
flato ~ 肠内积气
gota ~ 肠痛风
gripe［influenza］~ 肠流感
infarto ~ 肠梗塞（形成）
lavado ~ 灌肠
lombrices ~es 肠内蛔虫
obstrucción ~ 肠堵塞［梗阻］
perforación ~ 肠穿孔
polipo ~ 肠道息肉
torsión ~ 肠扭转［结］
vello［vellosidad］~ 肠绒毛

intestino,-na *adj*. ①内部的；②国内的 ‖ *m*.〈解〉肠
~ ciego 盲肠
~ delgado/grueso 小/大肠
guerra ~a 内战

intina *f*. 〈植〉内壁

intolerancia *f*. 〈医〉不耐性，（对药物、食物等的）过敏反应

intorsión *f*. 〈植〉（茎等的）内缠［卷］

intoxicación *f*. 中毒
~ agrícola 农业中毒

~ alimenticia 食物中毒
~ amoniaca 氨中毒
~ con gas 煤气中毒
~ de insecticida 杀虫剂中毒
~ de metal 金属中毒
~ etílica 酒精中毒
~ industrial 工业中毒
~ por barniz 漆中毒
~ por el alcohol metílico 甲醇中毒
~ por medicamento 药物中毒
~ por veneno de ciempies 蜈蚣咬中毒
~ por veneno de escorpión 蝎咬中毒
~ por veneno de serpiente 蛇咬中毒
~ proteina 蛋白质中毒
~ radiactiva 放射性中毒

intoxicado,-da *adj*. 中毒的

intraabdominal *adj*. 〈解〉腹内的

intraacinoso,-sa *adj*. 〈解〉腺泡内的

intraapenidicular *adj*. 〈解〉阑尾内的

intraarterial *adj*. 〈解〉动脉内的
inyección ~ 动脉注射

intraarticular *adj*. 〈解〉关节内的

intraatómico,-ca *adj*. 〈理〉原子内的

intraaural *adj*. 〈解〉耳内的
audífono ~ 耳内助听器

intrabloque *adj*. 集团内部的

intracapsular *adj*. 〈解〉〈医〉囊内的

intracardiaco,-ca；**intracardíaco,-ca** *adj*. 〈解〉心脏内的

intracelíaco,-ca *adj*. 〈解〉体腔内的

intracelular *adj*. 〈解〉〈医〉细胞内的；胞内的
canalículo ~ 胞内小管
digestión ~ 胞［细胞］内消化
enzima ~ 胞内酶
microorganismo ~ 胞内微生物

intracerebral *adj*. 〈解〉大脑内的

intracervical *adj*. 〈解〉（子宫）颈管内的

intracitoplásmico,-ca *adj*. 〈医〉胞浆［胞质］内的
canal ~ 胞浆［胞质］内管

intracostal *adj*. 〈解〉肋内的

intracraneado,-da；**intracraneal** *adj*. 〈解〉头颅内的；颅骨内的

intracomunitario,-ria *adj*. 欧共体内部的

intraconexción *f*. 内［互］连；内引线

intracontinental *adj*. 陆内的

intracorporal *adj*. 体内的
inyección ~a 皮内注射
prueba ~a 皮内试验

intradós *m*. ①〈建〉拱腹（线）；②（机翼等的）下表面

intraducible *adj*. 无法翻译的；难以表达的

intraduodenal *adj*. 〈解〉〈医〉十二指肠内的

intraempresa *adj*. 企业内的;公司内部的
　transferencia ～ 公司内部转让

intraepitelial *adj*. 〈解〉〈医〉上皮内的
　linfocito ～ 上皮内淋巴细胞

intraesofágico,-ca *adj*. 〈解〉〈医〉食道内的

intraespecífico,-ca *adj*. 〈生〉种内的

intraespinal *adj*. 〈解〉脊柱内的

intraestado,-da; intraestatal *adj*. 州内的;国内的

intrafascicular *adj*. 〈植〉束内的

intragénico,-ca *adj*. 〈生〉基因内的

intraglúteo,-tea *adj*. 〈解〉臀肌内的

intrahepático,-ca *adj*. 〈解〉〈医〉肝内的

intraintestinal *adj*. 〈解〉肠内的

intraleucocítico,-ca *adj*. 〈解〉〈医〉白细胞内的

intralingual *adj*. 〈解〉舌内的

intraluminal *adj*. 〈解〉〈医〉管腔内的

intramarginal *adj*. ①〈植〉边缘内的;②页边内的;边缘内的

intramatrical *adj*. 〈植〉衬质内生的

intramedular *adj*. 〈解〉〈医〉①骨[脊]髓内的;②骨髓腔内的

intramembranoso,-sa *adj*. 〈解〉〈医〉膜内的

intramolecular *adj*. 〈化〉分子内的

intramural *adj*. 〈解〉(某一器官)壁内的

intramuscular *adj*. 〈解〉〈医〉肌肉内的
　inyección ～ 肌(肉)内注射

intranasal *adj*. 〈解〉〈医〉鼻内的

intranet *f*. 〈信〉内联网

intranscribible *adj*. (由于法律或道德等原因)不可[宜]刊印的

intransferible *adj*. 不可转让的
　activo ～ 不可转让资产
　bono ～ 不可转让债券
　carta de crédito ～ 不可转让信用证
　conocimiento ～ 不可转让提单
　derecho ～ 不可转让的权利
　documento ～ 不可转让票据
　pagaré ～ 不可转让期票

in transitu *lat*. 在运输[运转]中

intransmisibilidad *f*. ①不可传送[达];②不能传播[播送];③〈医〉不传染;④不传导;不可传动;⑤不能转让

intransmisible *adj*. ①不可传送[达]的;②不能传播[播送]的;③〈医〉不传染的;④不传导的;不可传动的;⑤不能转让的

intransmutabilidad *f*. ①不(能)变化[形];②〈化〉〈理〉不能嬗[蜕]变

intransmutable *adj*. ①不(能)变化[形]的;②〈化〉〈理〉不能嬗[蜕]变的

intransportable *adj*. 无法[难以]运输的

intranuclear *adj*. ①〈理〉(原子)核内的;②〈生〉细胞核内的

intraocular *adj*. 〈解〉〈医〉眼内的

intrapaginar *tr*. 〈信〉转入

intraparietal *adj*. 〈解〉①壁内的;②脑区内的

intraparto,-ta *adj*. 〈医〉分娩期内的;产时的

intraperitoneal *adj*. 〈解〉〈医〉腹膜内的;引入腹膜腔内的

intrapleural *adj*. 〈解〉〈医〉胸膜内的

intrapulmonar *adj*. 〈解〉〈医〉肺内的

intrarraquídeo,-dea *adj*. 〈解〉脊柱内的

intrarred *f*. 〈信〉内联网

intrarregional *adj*. 地区[区域]内的

intrasegmental *adj*. 〈动〉段[节]内的;节片内的

intrasmisibilidad *f*. ①不可传送[达];②不能传播[播送];③〈医〉不传染;④不传导;不可传动;⑤不能转让

intrasmisible *adj*. ①不可传送[达]的;②不能传播[播送]的;③〈医〉不传染的;④不传导的;不可传动的;⑤不能转让的

intratabilidad *f*. 〈医〉不能治疗,无有效治疗方法

intratable *adj*. 〈医〉不能治疗的,无有效治疗方法的

intratarsal *adj*. 〈解〉〈医〉跗骨内的

intratecal *adj*. ①〈解〉鞘[膜]内的;②〈动〉(尤指珊瑚)壳内的

intratelúrico,-ca *adj*. 〈地〉①地内(形成)的;出现于地内的;②地下岩浆期的
　cristalización ～a 地内结晶

intratorácico,-ca *adj*. 〈解〉胸内的;胸廓内的

intratraqueal *adj*. 〈解〉气管内的

intrauterino,-na *adj*. 〈解〉子宫内的,宫内的
　dispositivo ～ 宫内避孕套

intravaginal *adj*. 〈解〉阴道内的

intravenoso,-sa *adj*. 〈解〉静脉内的;进入静脉的
　inyección ～a 静脉注射

intraventricular *adj*. 〈解〉心室内的

intravesical *adj*. 〈解〉膀胱内的

intravital *adj*. 〈生〉活体的,发生[作用]于活体内的

intriga *f*. ①〈戏〉情节;②阴谋
　～ secundaria (剧本等的)次要情节
　novela de ～ 恐怖小说
　película de ～ 恐怖电影

intrínseco,-ca *adj*. ①内在的;固有的;本质的;②〈解〉本体内的;内部的

actividad ～a 内在活性

factor ～ ①内因子；②〈生化〉内在因素

motivo ～ 内在原因

semiconductor ～〈理〉本征半导体

valor ～ 本质[固有]价值

introducción *f.* ①引[导，绪]言，导[绪]论；②插[刺]入，纳入；③引进[领]，传入，采纳[用]；④介绍，引见[荐]；⑤入门(书)，初阶；⑥〈乐〉序曲；⑦〈信〉输入信息

～ de capital extranjero 引进外资

～ de nueva tecnología 引进新技术

～ del producto 产品介绍

introflexión *f.* 〈技〉向内弯曲

introgresión *f.* 〈生〉基因渗入

introito *m.* ①引[前，序]言；引子；②序曲；③〈戏〉开场白；④〈解〉(人)口

intromisión *f.* ①干预[涉]；②插[进]入，纳入

intromitente *adj.* 〈动〉插入的；(尤指生殖器官)适于进入的

intrón *m.* 〈生〉基因内区

introrso,-sa *adj.* 〈植〉(花药等)向内的

introspección *f.* 内[反，自]省

introspectivo,-va *adj.* (好)内[反，自]省的

introversible *adj.* 可向内翻[弯]的

introversión *f.* ①内翻[弯]；②内向；内省；③〈心〉内向性，内倾性

introvertido,-da *adj.* 〈心〉内向，内倾

intrusión *f.* ①闯[侵]入；②〈地〉侵入，侵入岩浆；③〈法〉非法侵入他人土地；非法占有他人财产

～ de agua salina 盐水浸蚀

～ informática 非法闯入(电脑网络)

～ visual 视觉侵扰

intrusismo *m.* ①非法开业；非法行医；②〈地〉渗润[填](作用)

intrusivo,-va *adj.* ①闯[侵]入的；②〈地〉侵入的；形成侵入岩的

intruso,-sa *adj.* ①闯[侵]入的；②非法占有的，侵占的；③非法开业的 ‖ *m. f.* ①闯[侵]入者；〈军〉渗入[透]者；②〈法〉非法占有者，侵占者；③非法开业者；④外人；(聚会上的)不速之客

～ informático 电脑黑客

intubación *f.* 〈医〉插管术

～ endotraqueal 气管插管术

intubador *m.* 〈医〉插管器；插管导引器

intuible *adj.* 可凭直觉获知[发现]的

intuicionismo *m.* 〈数〉直觉主义

intuicionista *adj.* ①直觉主义的；②直觉主义者(倡导)的 ‖ *m. f.* 直觉主义者

lógica ～ 直觉主义逻辑

matemática ～ 直觉主义数学

intuitivo,-va *adj.* ①直觉的；②凭直觉获知的；③有直觉力的；有直觉性质的

intumescencia *f.* ①膨胀；肿大；隆起；②〈医〉肿块；膨胀[隆起]部分；小脓疱

intumescente *adj.* 膨胀的；肿大的；隆起的

intussusceptum *m. lat.* 〈医〉肠套叠套入部

intussuscepción *f.* ①(营养等的)摄取；(思想等的)吸收，接受；②缩入，反折；③〈生〉内填[滋]；④〈医〉肠套叠

ínula *f.* 〈植〉旋复花，土木香

inulasa *f.* 〈化〉菊粉酶

inulina *f.* 〈化〉菊粉

inunción *f.* ①涂油(膏)，软膏；② *pl.* 涂擦法；涂擦剂

inundado *m.* 灌[注]水

inundador *m.* 浸泡器

inusual *adj.* 不常用的；不常有的；非常的

ganancias o pérdidas ～es 非常损益

inútil *adj.* ①无用[益]的；②无价值的；③丧失能力的；有残疾的，伤残的；③〈军〉不适合(服兵役)的 ‖ *m. f.* 伤残者，残疾(人)

inutilización *f.* ①(设备等的)报废；②(印章的)作废

inutilizado,-da *adj.* ①无用的；报废的；(宣布)无效的；②伤残的

in utroque *lat.* 民法教法两方面的

invadeable *adj.* ①(公路、桥梁等)不能通行的，无法通过的；②不可逾越的，难以克服的

invaginación *f.* ①反折；缩入；反折处；缩入部分；②〈医〉肠套叠

invalidación *f.* ①(结果、证件等的)无效，作废；废弃；②(决议等的)撤销

invalidante *adj.* 无能力的，丧失能力的，伤残的

invalidez *f.* ①〈法〉失效，无效力；②〈医〉伤残，残疾

～ absoluta[total] 完全丧失(工作)能力，全残

～ parcial 部分丧失(工作)能力，部分残疾

～ permanente 永久丧失(工作)能力，永久(性)残疾

inválido,-da *adj.* ①〈法〉无[失]效的；作废的；②〈医〉丧失能力的，有残疾的 ‖ *m. f.* 残疾人

～ de guerra 残废(退役)军人

cheque ～ 无效支票

documento ～ 无效单证

invar *m.* 〈冶〉(制钟和科学仪器用的)因[不变，恒范]钢，因瓦(铁镍)合金

invariabilidad *f.* 不变(性)，恒定(性)

invariable *adj.* 不变的，恒定的

gastos ～s 不变费用

invariación *f.* 不变，无变化

invariado,-da *adj.* 不变的,未发生变化的

invariancia *f.* 不变性;恒定性

invariante *adj.* 不变的,恒定的;无变度的 ‖ *f.* ①〈数〉不变式[量];②〈理〉不变形

invasión *f.* ①入侵,侵略;进犯;②（疾病、声音等的）侵袭;③〈生〉侵入;④〈法〉(对权利等的)侵犯[害];(对权力、功能等的)侵占;非法使用

invasivo,-va *adj.* 〈医〉(病菌等)侵入机[人]体的

invención *f.* ①发明,创造;②创造能力,发明才能;③〈乐〉创意曲
patente de ～ 发明专利权

invendibilidad *f.* 非卖(性);卖不掉

invendible *adj.* 非卖的,不能卖的;卖不掉的,无人要买的
artículos ～s 非卖品;无销路的货物

inventario *m.* ①(商品等的)清单[册];存货(清单),存货盘存(报表);②财产目录;③清点,盘存;④自然资源调查(目录)
～ al costo 按成本盘存
～ actualizado 存货永续盘存
～ de bienes 财产清单[目录,清册]
～ de entrada/salida 期初/末存货
～ de existencias 存货清单
～ inicial/final 期初/末存货
ciclo de ～ 存货循环
contaduría de ～s 存货核算

inventiva *f.* ①独创性;②创造能力,发明才能

inverna *f. Per.* ①(牲畜的)育肥期;②育肥场

invernación *f.* ①〈动〉〈生理〉冬眠,蛰伏;②〈医〉人工冬眠疗法

invernáculo *m.* 温室,暖房

invernada *f.* ①过[越]冬;冬眠;②冬季;③*Amér. L.* (牲畜的)育肥期;育肥场;④*And.,Cono S.* (牲畜的)冬季牧场

invernadero *m.* ① 避寒胜地;② *Amér. L.* (牲畜的)冬季牧场;③温室,暖房 ‖ *adj.* 温室的,暖房的
efecto de ～ 温室效应(地球大气吸收太阳热的一种效应)

invernal *adj.* ①冬天[令,季]的;②(气候等)冬天似的;寒冷的 ‖ *m.* 越冬畜栏
irrigación ～ 冬灌
labranza ～ 冬耕

invernante *m.* 〈鸟〉(越冬)候鸟

invernazo *m.* ①*Cari.* 雨季(7-9月);②*P. Rico* (产糖工业)停产期

inverne *m. Amér. L.* 冬季放牧[育肥]

inversión *f.* ①(次序等的)倒置;颠倒;(方向的)反向;②〈遗〉(染色体的)倒位;③〈机〉倒[逆]转;回动;④(精力、时间等的)投入;⑤〈经〉〈商贸〉投资;⑥〈数〉(比例项变换的)反演;⑦〈电〉换[变]流;⑧〈乐〉转位;⑨〈医〉内翻;⑩〈化〉转化;⑪〈心〉同性恋,性倒错
～ a corto/largo plazo 短/长期投资
～ a la defensiva(～ defensiva) 保护性投资
～ automática 自动倒转[反转]
～ autónoma 自主投资
～ competitiva 竞争性投资;竞相投资
～ de capital 资本投资
～ de corriente 电流反转[反向]
～ de dinero 货币投资;货币投放[入]
～ de fase 反[倒]相,相位改变
～ de fondos 基金投资
～ de marcha 倒[逆]转,回动
～ de polos 极性变换[反向]
～ de riesgo 风险投资
～ del empuje 反向推力,(飞机)喷流偏转
～ del magnetismo 磁反向
～ directa/indirecta 直/间接投资
～ en capital humano 人力资本投资
～ en la creación de empresas 创业投资
～ en tecnología 技术投资
～ financiera 金融投资
～ internacional 国际投资
～ marginal 边际投资
～ óptima 最佳投资
～ sexual 同性恋
～ térmica 〈气〉温度逆增;逆温
～ ultramarina 海外投资
～es en acciones 证券投资
～es públicas 公共[政府]投资
mecanismo de ～ de marcha 换向[逆转,回动]机构

inversionista *m. f.* 投资者
～ marginal 边际投资者
～ patrimonial 产权投资者
～ potencial 潜在投资者

inversivo,-va *adj.* ①反向的;倒转的;颠倒的;②〈数〉反演的

inverso,-sa *adj.* ①相反的,反[逆]向的;倒转的;颠倒的;②背[反]面的;③〈数〉反[逆]的
arbitraje ～ 倒套利
corriente ～a de rectificación 整流反向[反转]电流
dirección ～a 反方向
en sentido ～ a[de] las manecillas del reloj 逆时针方向
relación ～a 反比
salto ～ 〈体〉反身跳水

inversor,-ra *adj.* 投资的 ‖ *m.* ①〈电〉换流器;反相器;电流换向器;转换开关;②〈机〉换向器 ‖ *m. f.* 投资者
~ de fase〈电〉倒相器
~ de frecuencias vocales 语言频谱反演器,倒频器
~ de polaridad 极性转换[反转]开关
~ financiero 金融投资者
~ inmobiliario 房地产投资者
~ institucional 机构投资者
conmutador ~ 电流换向开关
manipulador ~ 转换开关
invertasa *f.*〈化〉转化酶,蔗糖酶
invertebrado,-da *adj.*〈动〉无脊椎(动物)的 ‖ *m.* ①无脊椎动物;②无脊椎动物群
invertibilidad *f.* 可逆性
invertible *adj.* ①可逆的;②(可)颠倒[倒置]的;(可)倒转的
invertido,-da *adj.* ①(被)倒置的;(被)颠倒的;②倒转的,反向的;倒相的;③(已)投入的;④〈心〉同性恋的 ‖ *m. f.*〈心〉同性恋者,性倒错者
amplificador ~ 倒相放大器
arco ~ 仰[反]拱
bóveda ~a 反拱
capital ~ 已投入资本
compás ~ 倒置罗经
escritura ~a 左右倒写,反写(常是失语症或神经疾病的一种症状)
filtro ~ 反滤层
flujo ~ 逆流
grada ~a〈矿〉仰采,上向梯段采矿
impulso ~ 倒[反向]脉冲
máquina ~a 反用电机
mercado ~ 倒挂市场
microscopio ~ 倒置显微镜
relaminado ~〈技〉反拉深,反压延
vuelo ~（飞机)倒飞
invertidor *m.* ①〈电〉(转换,闭合)开关;②〈交〉转辙器;路闸,道岔
~ de marcha 换[反]向开关
~ de polaridad 极性转换[反转]开关
invertina *f.*〈化〉转化酶,蔗糖酶
investigación *f.* ①(对事故、罪行、市场等问题的官方)调查;调查研究;②(科学、学术等领域的)研究;考察
~ aplicada 应用研究
~ científica 科学研究
~ de auditoría 审计调查
~ de costos 成本研究
~ de mercado 市场调研
~ de motivaciones(~ motivacional)〈商贸〉〈心〉动机作用研究

~ de operaciones(~ operativa) 运筹学
~ del consumidor 消费者情况调查
~ dinámica 动态研究
~ estadística 统计调研
~ oceanográfica 海洋考察
~ típica 典型调研
~ y desarrollo（产品、工艺等的)研究和开发,研发
investigador,-ra *adj.* ①(官方)调查的;调查研究的;②(深入)研究的;考察的 ‖ *m. f.* ①研究者[员];研究工作者;②调查(研究)者;考察者;③(警察)侦探
~ bancario 银行调查员
~ de mercado 市场调研工作者
~ en economía 经济(学)研究员
~ privado 私人侦探
capacidad ~a 研究能力
labor ~ 研究工作
invidencia *f.* 盲,瞎;失明
invidente *adj.* 盲的,瞎的,失明的 ‖ *m. f.* 盲人
invierno *m.* ①冬季,冬天;② *Amér. C.*, *And.*, *Cari.* 雨季;③ *Cari.* 暴[阵]雨
~ nuclear 核冬天
deportes de ~ 冬季运动
inviolabilidad *f.* 不可侵犯性;不可违背性;神圣
~ de la correspondencia 信件的不可侵犯性
~ del domicilio 住宅的不可侵犯性
~ parlamentaria 议员豁免权
invisibilidad *f.* 看不见;无形;隐匿
invisible *adj.* ①看不见的;无形的;隐匿的;②〈经〉〈商贸〉非贸易的;无形的(指未反映在统计表上的)
capital ~ 无形资本
exportaciones/importaciones ~s 无形输出/入(亦称非贸易输出/入)
línea ~ 隐[虚]线
invitación *f.* ①邀请;招待;②〈信〉提示[醒]
~ a concurso(~ de oferta) 邀请投标,招标
~ a suscripción 邀请认购(股票),招股
invitado,-da *adj.* 被邀请的;应邀的 ‖ *m. f.* (应邀)客人;来宾[客] ‖ *m.*〈信〉来宾
~ de honor 贵宾
~ de piedra 多余的客人
~ especial 特邀客人
~ estelar 特邀明星
estrella ~a 特邀明星
invitar *tr.*〈信〉提示[醒]
in vitro *lat.*〈生〉在试管中(的);在(生物)活体(的);在(生物的)体外

fecundación[fertilización] ～ 体外受精

in vivo *lat.* 在活的有机体内;在生物体内

invocación *f.* 〈法〉(法规等的)援引

involucelado,-da *adj.* 〈植〉有小总苞的

involucelo *m.* 〈植〉小总苞

involución *f.* ①内[包]卷,回旋,错乱;②〈生〉〈植〉退化;衰退;③〈医〉(器官等的)复旧;(功能的)衰退;④倒退

～ demográfica 人口退化

involucionista *adj.* ①倒[后]退的;主张倒[后]退的;②衰退的;退化的

involucrado,-da *adj.* 〈植〉有花被的;有蒴苞的;有总苞的

flor ～a 总苞花

involucro *m.* ①〈植〉花被,蒴苞,总苞;②〈解〉外皮,包膜

involuntario,-ria *adj.* ①无[没有]意识的,不由自主的;本能的;②非自愿的;非出本意的;不随意的;③非故意(做)的;无心的

actos ～s 无意识行动

homicidio ～ 过失杀人

movimiento ～ 不随意运动

músculo ～ 不随意肌

involuto,-ta *adj.* ①〈动〉回旋的;②〈植〉内卷的

inyección *f.* ①注射;②注射液[剂],针剂;③(资金、基金等的)投[注]入;④〈机〉喷射;压力灌浆,压力灌水泥;⑤注射模塑,注射铸造法,注塑;⑥(宇宙飞船的)射入轨道,入轨;⑦〈地〉贯入

～ cardiotónica 强心针

～ de capital 注入资本

～ de combustible 燃料喷射,注油

～ de líquidos 注入流动资金

～ de sentina 舱底进水

～ electrónica 电子燃油喷射,电子喷油

～ en corriente ascendente 逆流喷射

～ hipodérmica[intradérmica, subcutanea] 皮下注射

～ intramuscular 肌肉注射

～ intravascular 血管注射

～ intravenosa 静脉注射

～ letal 死亡注射(一种安乐死或死刑的方式)

～ mecánica[directa](～ sin aire) 无气喷射

～ nasal 鼻内注射

～ neumática 〈矿〉风力注射(不燃灭火)

～ por aire 空气喷射

agua de ～ 地层注水

bomba de ～ 注油泵,喷射泵

grifo de ～ 喷射阀

impresión por ～ de burbujas 喷墨打印

motor de ～ 燃油喷射发动机

tobera de ～ 注入[给水]管

válvula de ～ 喷射阀

inyectable *adj.* (可)注射的 ‖ *m.* 针[注射]剂;疫苗

administración por vía oral o ～ 口服或注射

fábrica de ～ 针剂药厂

inyectado,-da *adj.* ①(尤指眼睛)充血的;②〈机〉注[灌]入的;压出的

fundición ～a 压铸(件)

ojos ～s en sangre 两眼布满血丝

inyectador; inyector *m.* ①注入[射]器;②喷射器[泵];喷油器,喷(油,雾)嘴;喷枪;③(锅炉、煅铁炉等的)注水器

～ de barro[lodo] 压浆泵,泥枪

～ de carburante 燃料[油]喷管;燃料[油]喷嘴

～ de combustible 燃料喷射器,注油器

～ de grasa 注油枪,滑脂枪

～ de retorno 回油式喷嘴

～ de turbulencia 旋流式喷雾器

caudal de ～ 喷雾器排量

inyectar *tr.* ①注射(药液等);②〈机〉喷射;压出;③投[注]入(资金,基金等)

～ cloruro de zinc 氯化锌浸渍

inyectología *f.* ①注射(法);打针实习;②打针部位

Io 〈化〉元素镄(ionio)的符号

Ío *m.* 〈天〉木卫一

IOC *abr.* identificación óptica de caracteres 〈信〉光符识别

iodado,-da *adj.* (含)碘的

preparación ～a 碘剂

sal ～a 碘盐

iodargirita *f.* 〈矿〉碘银矿

iodato *m.* 〈化〉碘酸盐

iodipamida *f.* 〈化〉胆影酸,碘肥胺

iodismo *m.* 〈医〉碘中毒

iodo *m.* 〈化〉碘

tintura de ～ 碘酒[酊]

iodobromita *f.* 〈矿〉卤银矿

iodoformismo *m.* 〈医〉碘仿中毒

iodoformo *m.* 〈化〉碘仿,三碘甲烷

iodometría *f.* 碘滴定法;碘定量法

iodométrico,-ca *adj.* 碘滴定的;碘定量的

método ～ 碘滴定法

iodoproteína *f.* 〈生化〉碘蛋白

iodoventriculografía *f.* 〈医〉碘剂脑室造影术

iodurar *tr.* 〈化〉用碘(化物)处理,使碘化

ioduro *m.* 〈化〉碘化物

～ de amonio 碘化铵

~ de plata 碘化银

~ de potasio 碘化钾

iofobia *f*. 〈心〉恐毒症

ion；**ión** *m*. 〈化〉离子

~ carbonio 碳离子

~ de amonio 铵离子

~ (de) hidrógeno 氢离子

~ dipolar[híbrido] 偶极离子

~ gaseoso 气体离子

~ hidronio 水合氢离子

~ hidroxilo 羟基离子

~ negativo/positivo 负/正离子

~ oxonio 氧鎓离子

~es complejos 络[复]离子

acelerador de ~es pesados 重离子加速器

manantial de ~es 离子枪

motor de ~ 离子发动机

óptica de los ~es 离子光学

iónico,-ca *adj*. 〈化〉离子的

bomba ~a 离子泵

contador de ~s 电离计数器

cristal ~ 离子晶体

efecto ~ 离子效应

enlace ~ 离子键

fuerza ~a 离子强度

intercambio ~ 离子交换(法)

modulación ~a 离子调制

refracción ~a 离子折射

semiconductor ~ 离子半导体

teoría ~a 离子理论[学说]

ionio *m*. 〈化〉铴(天然存在的放射性元素，钍的同位素)

ionización *f*. 〈化〉电离；离子电渗作用；离子化(作用)

~ atmosférica 大气电离

~ de gas 气体电离

cámara de ~ 电离室[箱]

constante de ~ 电离常数

corriente de ~ 电离电流

energía de ~ 电离能

entalpía de ~ 电离焓

potencial de ~ 电离电势，离子电位

ionizado,-da *adj*. 〈化〉离子化的；电离的

átomo ~ 离子化原子

capa ~a 电离层

energía ~a 电离能

gas ~ 电离气体

molécula ~a 离(子)化分子

nube ~a 离子云

ionizador *m*. ①离子器；电离剂；②〈环〉负离子发生器(产生负离子以改善室内空气质量的装置)

ionizante *adj*. (致)电离的；(使)离子化的

partículas ~s (致)电离粒子

radiación ~ (致)电离辐射

ionizar *tr*. 使电离,使成离子,使离子化

ionoféresis *f*. 〈生化〉离子电泳作用

ionófono *m*. 〈无〉离子扬声器；阴极送话器

ionoforesis *f*. *inv*. 〈生化〉离子电泳作用

ionograma *m*. 〈理〉电离图(电离层探测仪作出的记录)

ionómero *m*. 〈化〉离聚物,离子交联聚合物

ionómetro *m*. 〈医〉离子计

ionona *f*. 〈化〉紫罗(兰)酮(用于制造香水)

ionosfera *f*. 〈理〉电离层[圈]；离子层

reflejo en la ~ 电离层反射

ionosférico,-ca *adj*. 〈理〉电离层的,离子层的

capa ~a 电离子层

onda ~a 电离层(反射)波；〈无〉天波

reflexión ~a 电离层反射

ionosonda *f*. 电离层探测仪[装置]

ionoterapia *f*. 〈医〉①离子疗法；②紫外线疗法

ionotoforesis *f*. *inv*. 〈医〉①离子电渗疗法,电离子透入疗法；②紫外线疗法

IP *abr*. *ingl*. Internet Protocol 〈信〉网际协议

IPC *abr*. índice de precios al consumo 消费价格指数

ipeca；**ipecacuana** *f*. ①〈植〉吐根；②吐根制剂

iperita *f*. 〈化〉芥子气

ipil *m*. 〈植〉镰刀豆

IPM *abr*. índice de precios al por menor 〈商贸〉零售物价指数

ipomea *f*. 〈植〉牵牛

iproniacida *f*. 〈药〉异烟酰异丙肼(原为抗结核药,现用作治疗精神抑郁症)

ipsófono *m*. (电话机上的)自动录音装置

ipso jure *lat*. 根据法律,法律上

Ir 〈化〉元素铱(iridio)的符号

iracaba *f*. *Amér. L*. 〈植〉一种无花果树(果实如梨)

iraiba *f*. 〈植〉巴西棕榈树

irayol *m*. *Amér. C*. 〈植〉健立果

IRC *abr*. *ingl*. internet relay chat 因特[互联]网聊天隧道(一在线聊天系统)

iribis *m*. 〈动〉(西藏)雪豹

iribú *m*. 〈鸟〉红头美洲鹫

iridáceo,-cea *adj*. 见〈植〉鸢尾科的 ‖ *f*. ①鸢尾科植物；②*pl*. 鸢尾科

iridalgia *f*. 〈医〉虹膜痛

iridaurexis；**iridauxesis** *f*. 〈医〉虹膜肥厚

íride *m*. 〈植〉红籽鸢尾；鸢尾科植物

iridectomía *f.* 〈医〉虹膜切除术

iridéctomo *m.* 〈医〉虹膜刀

iridemia *f.* 〈医〉虹膜出血

iridencleisis *f.* 〈医〉虹膜嵌顿术;虹膜嵌入巩膜术

iridentropia *f.* 〈医〉虹膜内翻

irídeo,-dea *adj.* 见 iridáceo

irideremía *f.* 〈医〉无虹膜,虹膜缺失

iridescencia *f.* ①彩虹色;灿烂的光辉;②〈气〉虹彩

iridescente *adj.* ①彩虹色的;灿烂光辉的;②〈气〉虹彩的

iridesis *f.* 〈医〉虹膜固定术

iridiado,-da *adj.* 〈化〉含铱的
platino ~ 含铱白金

iridiano,-na *adj.* 〈解〉虹膜的

iridiar *tr.* 〈冶〉使与铱冶炼

irídico,-ca *adj.* ①〈化〉(四价)铱的;②〈解〉虹膜的

iridio *m.* 〈化〉铱

iridiscencia *f.* ①彩虹色;灿烂的光辉;②〈气〉虹彩

iridiscente *adj.* ①彩虹色的;灿烂光辉的;②〈气〉虹彩的

iriditis *f.inv.* 〈医〉虹膜炎

iridoavulsión *f.* 〈医〉虹膜撕脱

iridocapsulitis *f.inv.* 〈医〉虹膜晶状体囊炎

iridocele *f.* 〈医〉虹膜突出

iridoceratitis *f.inv.* 〈医〉虹膜角膜炎

iridociclectomía *f.* 〈医〉虹膜睫状体切除术

iridociclitis *f.inv.* 〈医〉虹膜睫状体炎

iridocito *m.* 〈动〉虹色[彩]细胞

iridocoloboma *m.* 〈医〉虹膜缺损[裂开]

iridocorneosclerectomía *f.* 〈医〉虹膜角膜巩膜切除术

iridodesis *f.* 〈医〉虹膜固定术

iridodiagnosis *f.inv.* 〈医〉虹膜诊断

iridodiálisis *f.* 〈医〉虹膜(根部)断离

iridodiastasis *f.* 〈医〉虹膜(根部)脱离

iridodilatador *m.* 〈医〉①虹膜扩大肌;②瞳孔扩大剂

iridodonesis *f.* 〈医〉虹膜震颤[震荡]

iridoleftinsis *f.* 〈医〉虹膜薄[萎]缩

iridólisis *f.* 〈医〉虹膜松解术

iridología *f.* 〈医〉虹膜学

iridólogo,-ga *m.f.* 〈医〉虹膜专家

iridomalacia *f.* 〈医〉虹膜软化

iridomesodiálisis *f.* 〈医〉虹膜内缘黏着部分离

iridoparálisis *f.* 〈医〉虹膜麻痹

iridopatía *f.* 〈医〉虹膜病

iridoperifaquitis *f.inv.* 〈医〉虹膜晶状体囊炎

iridoplejía *f.* 〈医〉虹膜麻痹

iridoqueratitis *f.inv.* 〈医〉虹膜角膜炎

iridoquinesia *f.* 〈医〉虹膜伸缩

iridosclerotomía *f.* 〈医〉虹膜巩膜切开术

iridoscopio *m.* 〈医〉虹膜镜

iridosmina *f.* 〈矿〉铱锇矿

iridoso,-sa *adj.* 〈化〉亚铱的,三价铱的

iridosteresis *f.* 〈医〉虹膜缺失;虹膜切除

iridotomía *f.* 〈医〉虹膜切开术

iris *m.inv.* ①〈气〉彩虹;②〈解〉虹膜;③〈植〉鸢尾;鸢尾属植物;④〈矿〉彩虹色石英;贵蛋白石(一种宝石)

irisación *f.* ①彩虹色;灿烂的光辉;②〈气〉虹彩

irisado,-da *adj.* ①彩虹色的;灿烂光辉的;②〈气〉虹彩的

iritis *f.inv.* 〈医〉虹膜炎

iritoectomía *f.* 〈医〉虹膜部分切除术

iritomía *f.* 〈医〉虹膜切开术

irlanda *f.* 〈纺〉爱尔兰细麻[棉]布

irona *f.* 〈化〉鸢尾酮

IRPF *abr.* impuesto sobre la renta de las personas físicas 自然人所得税

irracional *adj.* ①无理性的;②不合理的;荒谬的;③〈数〉无理的
función ~ 〈数〉无理函数
número ~ 〈数〉无理数

irracionalidad *f.* 无理性

irradiación *f.* ①照射[耀,光];光照;②〈理〉辐照;光渗;辐照度;放射(性);③〈医〉(射线)照射(法);映射
~ iónica 离子辐射
~ isotópica 同位素辐照
~ por pila(~ en reactor) 反应堆辐射[照]

irradiador *m.* ①辐射体[源],照射源;②〈理〉辐照器

irradiante *adj.* ①辐射(状)的;②发光的;光亮的;灿烂的
capacidad ~ 辐射本领
estructura ~ 辐射状组织

irradiar *tr.* ①照[放]射;②辐射[照]

irrayable *adj.* 防擦[刮,划]痕的

irrazonable *adj.* 无[不合]理的
transporte ~ 不合理运输

irrealismo *m.* 非现实主义

irrealizable *adj.* ①不能实现的,无法实行的;②不可变成现金的,不能变卖[变现]的

irrechazable *adj.* 不可抵抗[拒]的

irrecuperable *adj.* ①不能恢复的,不能挽回的;②收不回的
costo ~ 不能收回的成本

irrecurrible *adj.* 〈法〉不能上诉的

irredentismo *m.* 领土收复主义,民族统一主义

irredimible *adj.* ①不能赎[买]回的;②(债券等)不能提前清偿的;不能兑换(硬币)的;③无法弥补的
deuda ~ 不能提前偿还的债务
empréstito ~ 不能提前偿还的贷款

irreducible; irreductible *adj.* ①不能减缩[小]的;②〈数〉不可简化的,不可约的;③不能还原的;④不能复原的

irreductibilidad *f.* ①不能减缩[小](性);②〈数〉不可约(性);③不可调和(性);④不能复原

irreembolsable *adj.* ①不能偿还的,无法退款的;②不能退还的

irreemplazable *adj.* ①不能替换[取代]的;②不能恢复原状的

irreflectividad *f.* 〈医〉反射缺失

irreformable *adj.* ①不能改革的;②不能改造的

irregular *adj.* ①不规则的,无规律的;不稳定的;混[紊]乱的;②〈数〉(图形、多边形等)不规则的;③不定期的(存款等);④(地面、表面等)不平整的,参差不齐的;⑤(球队、运动员等的水平)反复无常的;⑥(刀刃)有缺口的;⑦〈植〉不整齐的
depósito ~ 不定期存款

irregularidad *f.* ①不规则,无规律,(气候变化等的)不正常;②(地面、表面等的)不平整,参差不齐;③(球队、运动员等水平的)反复无常

irrellenable *adj.* (瓶子、打火机等)用后即丢弃的,不回收的,一次性的

irremediable *adj.* ①(损失等)不可弥补[补救,挽救]的;②(恶习等)不能矫正的;③(人、疾病等)无法医治的

irrenovable *adj.* ①不可更新的;②无法回收利用的

irreparable *adj.* ①不能修复的;无法修理[修补]的;②无法弥补的
daños ~s 无法弥补的损失

irrepetibilidad *f.* 〈信〉不可重复性

irreproducible *adj.* 不可复制的

irresistible *adj.* ①不可抗拒[抵抗]的;②不能压制的;不可[难以]抑制的
impulso ~ 〈医〉不可抑制性冲动

irrespirable *adj.* ①不适[宜]于呼吸的,不宜吸入的;②(空气)不干净的

irresponsabilidad *f.* ①不承担责任,不负责任;不需负责任;②无责任感

irresponsable *adj.* ①不承担责任的,不负责任的,不需负责的;②无责任感的

irretractivo,-va *adj.* 〈医〉不能缩回的

irrestricto,-ta *adj.* 无[不受]限制的,不受(条件)制约的
apoyo ~ 无条件援助

irretroactividad *f.* 〈法〉无追溯性,无追溯效力

irreversibilidad *f.* ①不能翻转[倒转];不能倒置;②不可逆性

irreversible *adj.* ①不能翻转[倒转]的;②不能倒置的;不可逆(转)的;③不可改变的
ciclo ~ 不可逆循环
dirección ~ 不可逆转转向
proceso ~ 〈理〉不可逆过程
reacción ~ 〈化〉不可逆反应

irrevocabilidad *f.* ①不可取消[撤销,废止];②不可改变

irrevocable *adj.* ①不可取消[撤销,废止]的;②不可改变的
acreditivo ~ 不可撤销信用证
beneficiario ~ 不变受益人
carta de crédito ~ 不可撤销的信用证
contrato de compra ~ 不可撤销购货合同
crédito documentario ~ 不可撤销跟单信用证
decisión ~ 不可改变的决定
nota de pedido ~ 不可撤销订货单
póliza ~ 不可撤销保险单

irrigable *adj.* ①〈农〉可灌溉的;②〈医〉可冲洗的
área ~ 可灌面积

irrigación *f.* ①〈农〉灌溉[注],灌水(法),浇地;②〈医〉冲洗(法);灌注;③*pl.* 冲洗剂[液]
~ por aspersión 喷灌(系统)
~ por goteo 〈农〉细流灌溉,滴灌

irrigador *m.* ①〈农〉灌溉设备[用具,装置];喷洒器;②〈医〉冲洗[灌注]器

irritabilidad *f.* ①易怒;暴躁;②〈生〉应激性;兴奋性;③〈医〉兴奋增盛;过敏
~ química 化学应激性

irritable *adj.* ①易怒的;暴躁的;②〈生〉应激性的;③〈医〉(器官等)过敏的;④〈法〉可废除的

irritación *f.* ①〈医〉刺激;(轻度)红肿[发炎];兴奋增盛;过敏;②〈法〉失效,废除
terapia de ~ 刺激疗法

irritado,-da *adj.* 〈医〉(皮肤等因受刺激)发红[炎]的,过敏的

irritador,-ra *adj.* ①刺激性的;②〈医〉引起发炎的;产生过敏的

irritante *m.* 〈医〉刺激物[剂]

irritativo,-va *adj.* ①〈生理〉刺激性的,因刺激引起的;②引起红肿的;使过敏的

írrito,-ta *adj.* 〈法〉无效的,废除的

irrompible *adj.* 不会破(损)的;不易打[破]

碎的

mercancías ～s 不易破碎商品

vidrio ～ 不易破碎的玻璃

irrupción *f.* ①侵入；闯进［入］；②强［突］袭；③（动物的）激剧繁殖

IRTP *abr.* impuesto sobre el rendimiento del trabajo personal *Esp.* 个人收入所得税

irubú *m. Arg.*〈鸟〉兀鹫

irupé *m. Amér. M.*〈植〉王莲

ISA *abr. ingl.* industry standard architecture〈信〉工业标准体系结构

isabelita *f. Antill.*〈动〉一种鱼，属棘鳍类

isalobara *f.*〈气〉等变压线

isalobárico,-ca *adj.*〈气〉等变压线的

isaloterma *f.*〈气〉等变温线

isanomal *m.*〈气〉等距平(线)

isanomala *adj.* 见 línea ～

línea ～〈气〉等距平线

isatide *f.*〈植〉菘蓝

isatina *f.*〈化〉靛红，吲哚满二酮

isatis *m. inv.*〈动〉北极狐

isauxesis *f.*〈生〉等称发育［增长］；均等增生

ISBN *abr. ingl.* International Standard Book Normalized Number 国际标准图书编号（*esp.* Número Internacional Normalizado para los Libros）

iscocolia *f.*〈医〉胆汁闭上

iscogalactia *f.*〈医〉乳液闭上，乳郁阻

iscomenia *f.*〈医〉月经停止；闭经

iscuria *f.*〈医〉尿闭

isentrópico,-ca *adj.*〈理〉等熵的

iserina；iserita *f.*〈矿〉钛铁矿砂

isipó *m.*〈植〉美洲菟丝子

isla *f.* ①〈地〉岛，岛屿；②〈交〉(道路等的)安全岛［带］；交通岛；③〈建〉街区；④岛状物；⑤小片森林；⑥*Chil.*(河岸的)低洼地；⑦*Venez.*〈交〉(高速公路的)中间安全带；中央分车带，路中预留地带

～ de calor(～ térmica) 热岛(指市内由于街道和建筑群密集，吸热和贮热较周围地区高得多)

～ ósea〈解〉骨岛

～ peatonal (行人的)安全岛

islario *m.* 海岛图

islay *m. Amér. N.*〈植〉冬青叶樱

isleo *m.* ①(与大岛毗邻的)小岛；②(与周围自然环境截然不同的)独岛

isleta *f.* ①小岛；岛状孤立地带；②(道路的)安全岛

islilla *f.* ①腋下；②〈解〉锁骨

islote *m.* ①小岛；岛状孤立地带；②大礁石

ISO *abr. ingl.* International Organization for Standardization 国际标准组织

isoaglutinación *f.*〈生〉同族［种］凝集(作用)

isoaglutinina *f.*〈生〉同族［种］凝集素

isoamilo *m.*〈化〉异戊基

isoanticuerpo *m.*〈生〉同族［种］抗体

isoantígeno *m.*〈生〉同族［种］抗原

isobara；isóbara *f.* ①〈气〉等压线；②〈理〉同量异位素

isobárico,-ca *adj.* ①〈气〉等压(线)的；②〈理〉同量异位的；③〈医〉等比重的；④〈生理〉等压(收缩)的

contracción ～a 等压收缩

línea ～a 等压线

solución ～a 等比重溶液

superficie ～a 等压面

isobaro,-ra；isóbaro,-ra *adj.* ①〈气〉等压(线)的；②〈理〉同量异位的；③〈医〉等比重的；④〈生理〉等压(收)的

isobata；isobática *f.*〈海洋〉等(水)深线

isobático,-ca *adj.*〈海洋〉等深的

isobatiterma *f.*〈海洋〉等温深度线［面］

isobato,-ta *adj.*〈海洋〉等深的

isobutano *m.*〈化〉异丁烷

isobutanol *m.*〈化〉异丁醇

isobutileno；isobutileno *m.*〈化〉异丁烯

isobutílico,-ca *adj.*〈化〉异丁烯的

ácido ～ 异丁烯酸

isobutilo *m.*〈化〉异丁基

isoca *f. Cono S.*〈昆〉毛虫

isocalórico,-ca *adj.* ①等卡热的，等热量的；②(化学反应)恒温的

isocasma *f.* 极光等频率线

isocatálisis *f.*〈化〉等催化(作用，现象，反应)

isocentro *m.*〈航空〉等角点，航摄失真中心

isoceráunico,-ca *adj.*〈气〉等雷雨的(指雷暴活动的频率或强度相等的)

isocianato *m.*〈化〉异氰酸盐［酯］

isociánico,-ca *adj.* 见 ácido ～

ácido ～〈化〉异氰酸

isocianida *f.*〈化〉胩，异氰化物，异腈

isocianina *f.*〈化〉异化氰

isocíclico,-ca *adj.*〈化〉①同素的；②碳环的

compuesto ～ 等［碳］环化合物

isoclina *f.*〈理〉等(磁)倾线

isoclínico,-ca *adj.*〈理〉等(磁)倾的，等(磁)倾线的

isoclino,-na；isóclino,-na *adj.*〈理〉等(磁)倾的，等(磁)倾线的

líneas ～as 等(磁)倾线

isoconcentración *f.*〈化〉等浓度

isócora *f.*〈理〉等容线，等体积线

isocoria *f.* 〈医〉瞳孔等大

isocórico,-ca；isocoro,-ra *adj.* 〈理〉等容的，等体积的

isocoste *adj.* 见 línea ~ ‖ *m.* 等值，等成本
curva ~ 等成本曲线
línea ~ 等成本线，等值线

isocromático,-ca *adj.* ①〈理〉〈光〉等色的；②单[一]色的；③〈摄〉正色(性)的

isocromosoma *m.* 〈生〉(细胞)等臂染色体

isocrona *f.* ①〈理〉等时线；②交通等时区

isocronismo *m.* 〈理〉等时性

isócrono,-na *adj.* 〈理〉等时的；同时的
líneas ~as 同(时感)震线
movimientos ~s 等时运动
radiolocalización ~a 等时[同步]无线电定位；等时[同步]无线电定位测定

isodáctilo,-la *adj.* 〈动〉等指[趾]的

isodiamétrico,-ca *adj.* ①〈植〉等(直)径的；②(晶体)等轴的

isodínama *f.* 〈地〉等磁力线

isodinámico,-ca *adj.* ①〈理〉等力的；等磁力的；②(放出)等能的；等热量的
comida ~a 等热量食品
líneas ~as 等(磁)力线

isodonte *adj.* 〈动〉同形齿的

isodulcitol *m.* 〈生化〉鼠李糖

isoédrico,-ca *adj.* (晶体)等面的

isoeléctrico *m.* ①〈理〉等电位[势]的；②〈化〉等电的
enfoque ~ 等电焦聚法
punto ~ ①等电离点；②等电点

isoelectrónico,-ca *adj.* 〈理〉等电子(数)的

isoentálpico,-ca *adj.* 〈理〉等热函的，等焓的

isoentrópico,-ca *adj.* 〈理〉等熵的

isoenzima *m. o f.* 〈生化〉同工[功]酶

isoenzimograma *m.* 〈生化〉同工[功]酶谱

isoestático,-ca *adj.* ①〈地〉(地壳)均衡的；②等压的

isoestructural *adj.* (晶体)同构的

isoete *m.* 〈植〉水韭属植物

isoeugenol *m.* 〈化〉异丁子香酚

isofena *f.* 〈生〉①等物候线；②(植物的)等始开花线

isofilo,-la *adj.* 〈植〉等叶的

isoflavona *f.* 〈生化〉异黄酮

isoforia *f.* 〈医〉两眼视线等平

isófota *f.* 〈理〉等照度线

isofotómetro *m.* 〈理〉等光度线记录仪

isogameto *m.* 〈生〉同形配子

isogamia *f.* 〈生〉同配生殖

isógamo,-ma *adj.* 〈生〉同配生殖的

isogenia *f.* 〈生〉同源

isogénico,-ca *adj.* 〈生〉同基因的；同系[源]的

isógeno,-na *adj.* 〈生〉同源的

isogeoterma *f.* 〈地〉等地温线，地下等温线

isógiro *m.* 〈理〉等施干涉条纹，同消色线

isogonia *f.* 〈生〉等称发育[增长]

isogónica *f. pl.* 〈地〉等(磁)偏线

isogónico,-ca；isógono,-na *adj.* ①〈地〉等偏角的，等(磁)偏(线)的；②〈数〉等角的
líneas ~as 等(磁)偏线

isógrafo *m.* ①〈电子〉〈数〉(解代数方程用的)求根仪；②〈数〉量角三角板

isogramas *m. pl.* 〈气〉等值线(图)

isohalina *f.* 〈海洋〉等盐(度)线

isohela；isohelia *f.* 〈气〉等日照线

isohemoaglutinación *f.* 〈生〉同种血细胞凝集作用；同种血凝；同族血凝反应

isohemoaglutinina *f.* 〈生〉同种血细胞凝集素；同种[族]血凝素

isohemolisina *f.* 〈生〉同族[族]溶血素

isohemolisis *f.* 〈生〉同族[族]溶血(作用)

isohídrico,-ca *adj.* ①〈化〉等氢离子的；②〈生理〉等水的；等氢的
ciclo ~ 等氢离子循环
concentración ~a 等氢离子浓度
solución ~a 等氢离子溶液

isohieta *f.* 〈气〉等雨量线

isohieto,-ta *adj.* 〈气〉等雨量的

isohispa *f.* 〈测〉等高(度)线，轮廓线

isohispo,-pa *adj.* 〈测〉〈地〉等高的
línea ~a 等高(度)线

isohistocompatibilidad *f.* 〈生〉〈医〉同系组织相容[适合]性

isohistoincompatibilidad *f.* 〈生〉〈医〉同系组织不相容性

isoinhibidor *m.* 〈生〉〈医〉同效抑制剂

isoinmunización *f.* 〈生〉同族[种]免疫

isoiónico,-ca *adj.* 〈生化〉等离子的
punto ~ 等离子点

isokeráunico,-ca *adj.* 〈气〉等雷雨的(指雷暴活动的频率或强度相等的)

isolantita *f.* 艾苏兰太特(陶瓷高频绝缘材料)

isolecito,-ta *adj.* 〈动〉等黄的

isoleucina *f.* 〈生化〉异亮氨酸

isolíneas *f. pl.* ①〈气〉等值线；②等量(生产)线

isolisina *f.* 〈生化〉同族[种]溶素

isólogos *m. pl.* 〈化〉同构(异素)体

isomagnético,-ca *adj.* ①〈理〉等磁(力)的；②〈地〉等磁(力)线的

isomerasa *f.* 〈生化〉异构酶

isomería *f.* ①〈化〉(同分)异构(现象)；②

〈理〉同质异能性［现象］

~ cis-trans 顺反异构

~ de cadena 链异构

~ de constitución(~ estructural）构造异构

~ de posición 位置异构

~ geométrica 几何异构

~ óptica 旋光异构

isomérico,-ca *adj.* ①〈化〉(同分)异构的;②〈理〉同质异能的

isomerismo *m.* ①〈化〉(同分)异构(性,现象);②〈理〉同质异能(性,现象);③〈生〉异构现象

isomerización *f.* 〈化〉异构化(作用)

isómero,-ra *adj.* ①〈化〉(同分)异构的;②〈理〉同质异能的 ‖ *m.* ①〈理〉同质异能素;②〈化〉(同分)异构体［物］

~ de cadena 链异构体

~ de posición 位置异构体

~ estructural 构造异构体

~ óptico 旋光异构体

isometría *f.* ①〈数〉等距;②等轴;③〈生理〉等长(收缩)

isométrica *f.* 静力锻炼法

isométrico,-ca *adj.* ①〈化〉〈理〉等轴(晶)的,立方的;②等体［容］积的,等量的;③尺寸的;③〈数〉等距的;④〈生理〉(肌肉)等长(收缩)的;⑤〈生〉(有机体各部)等称增长的

adiestramiento ~ 等长训练

contracción ~a 等长(性)收缩

crecimiento ~ 等称增长;协调性生长

isomorfismo *m.* ①〈数〉同构;②〈生〉同形性,同态性［现象］;③〈化〉同晶(型)性,同形性

isomorfo,-fa *adj.* ①〈数〉同构的;②〈生〉同形［态］的;③〈化〉同(晶)型的,同形的 ‖ *m.* ①〈数〉同构;②〈化〉同晶［形］体

efecto ~ 〈遗〉同形效应

isonefa *f.* 〈气〉等云量线(在图上云量各点相等的连线)

isoniacida; isoniazida *f.* 〈药〉异烟肼(一种抗结核药)

isonomía *f.* 〈法〉法律平等;法律面前人人平等;特权平等;政治权利平等

isooctano *m.* 〈化〉异辛烷

isopacas *f. pl.* 〈地〉等厚线

isopáquica *f.* 〈地〉等厚线

isopatía *f.* 〈医〉同源疗法

isoperimetría *f.* 等周图形(学)

isoperimétrico,-ca *adj.* 等周图形的

isoperímetro *m.* 等圆周

isopiéstica *f.* 〈理〉等压线

isopleta *f.* ①〈气〉〈数〉等值线;②〈化〉〈理〉等浓度线;等成分面

isopluvial *adj.* 〈气〉等雨量的 ‖ *m.* 等雨量线

isópodo,-da *adj.* 〈动〉等足类［目］动物的 ‖ *m.* ①等足类［目］动物(如海蟑螂等);②*pl.* 等足类［目］

isopolimorfismo *m.* 〈化〉等多晶形［现象］;(晶体)等多形性

isoprenalina *f.* 〈药〉异丙(去甲)肾上腺素

isopreno *m.* 〈化〉异戊二烯

isoprenoide *m.* 〈化〉类异戊二烯

isoprinosina *f.* 〈药〉异丙肌苷

isoproducto *m.* 等产量

curva de ~ 等产量曲线

isopropanol *m.* 〈化〉异丙醇

isopropílico,-ca *adj.* 〈化〉异丙基的

alcohol ~ 异丙醇

isopropilo *m.* 〈化〉异丙基

isoproterenol *m.* 〈药〉异丙(去甲)肾上腺素

isóptero,-ra *adj.* 〈昆〉等翅目的 ‖ *m.* ①等翅目昆虫;②*pl.* 等翅目

isoptina *f.* 〈药〉异搏定

isoquímena *f.* 〈地〉〈气〉等冬温线

isoquímeno,-na *adj.* 〈地〉〈气〉等冬温(线)的

línea ~a 等冬温线

isorotación *f.* 等旋光度

isorradial *m.* 等放射线

isósceles *adj. inv.* 〈数〉(梯形、三角形等)等腰的

trapecio ~ 等腰梯形

triángulo ~ 等腰三角形

isoscopio *m.* 〈医〉眼动测位镜

isosexual *adj.* 同性的

isosímica *f.* 〈地〉等震线

isosímico,-ca *adj.* 〈地〉等震(线)的

línea ~a 等震线

isosista *f.* 〈地〉等震线

isosmótico,-ca *adj.* 〈地〉等渗压的

isospin *m.* 〈理〉同位旋

isospondilio,-lia *adj.* 〈动〉等椎目的 ‖ *m.* ①等椎目动物;②*pl.* 等椎目

isóspora *f.*; **isósporo** *m.* 〈生〉同形孢子

isostasia *f.* 〈地〉(压力)均衡;地壳均衡(说)

isostático,-ca *adj.* 〈地〉等压的;〈地〉地壳均衡的

isóstero,-ra *adj.* 〈医〉电子等排的 ‖ *m.* 电子等排

isotaca *f.* 〈气〉等风速线

isotáctico,-ca *adj.* 〈化〉全规的,全同立构的

isote *m. Amér. C., Méx.*〈植〉粗茎丝兰

isotelo *m. Amér. L.*〈动〉三叶虫

isotenuria *f.* 〈医〉等渗尿(症)

isótera *f.* 〈气〉等夏温线

isoterma *f.* 〈地〉〈气〉等[恒]温线

isotérmico,-ca *adj.* ①〈地〉〈气〉等[恒]温(线)的;②〈器皿〉保温的;〈衣服〉保暖的;③有冷藏设备的(车辆)
atmósfera ~a 等温大气
líneas ~as 等温线
vagón ~ 冷藏车厢

isotermo,-ma *adj.* 〈地〉〈气〉等[恒]温(线)的 ‖ *m.* 恒温车厢
expansión ~a 等温膨胀
recocido ~ 等温退火(的)

isótero,-ra *adj.* 〈气〉等夏温(线)的

isotípico,-ca *adj.* 〈生〉同种型的
exclusión ~a 同种型排斥
variación ~a 同种型变异

isotipo *m.* ①〈生〉同种型;②〈矿〉同位型

isotonicidad *f.* ①〈化〉〈理〉等渗性;②〈生理〉等张性

isotónico,-ca *adj.* ①〈化〉〈理〉等渗[压]的;②〈生理〉〈肌肉〉等张(收缩)的;③〈乐〉平均律的
adiestramiento ~ (肌肉)等张训练
concentración ~a 等渗[压]浓度
contracción ~a (肌肉)等张收缩
solución ~a 等渗溶液

isotono *m.* 〈理〉同中子异荷[异位]素;等中子(异位)素

isotopía *f.* 〈理〉同位素现象,同位素性质

isotópico,-ca *adj.* 〈理〉同位素的;同位旋的
número ~ 同位素数
separación ~a 同位素分离
trazador ~ 同位素示踪物;同位素示踪剂

isótopo *m.* 〈理〉同位素;核素
~ impar-impar 奇-奇同位素
~ inestable[radioactivo] 放射性同位素

isotopología *f.* 同位素学

isotoscopio *m.* 〈医〉同位素探测仪

isotoxina *f.* 〈医〉同种[族]毒素

isotransplantación *f.* 〈医〉同系[基因]移植(术)

isotransplante *m.* 〈生〉(同卵双胎之间或同系动物之间)同系[基因]移植体

isotrimorfismo *m.* 〈化〉同三晶形(现象)

isotrón *m.* 〈理〉同位素分析器

isotropía *f.* ①〈理〉〈生〉各向同性(现象);②〈动〉等轴性;③单向折射

isótropo,-pa *adj.* ①〈理〉〈生〉各向同性的;②〈动〉等轴性的;③单向折射的

isovolumétrico,-ca *adj.* ①〈理〉等容的,等体积的;②〈医〉等容的
contracción ~a 等容收缩

isoyeta *f.* 〈气〉等雨量线

isoyético,-ca *adj.* 〈气〉等雨量的

isozima *m. o f.* 〈生化〉同工[功]酶

ISP *abr. ingl.* Internet services provider 因特[互联]网服务供应商

isquemia *f.* 〈医〉局部缺[贫]血

isquémico,-ca *adj.* 〈医〉局部缺[贫]血的

isquialgia *f.* 〈医〉坐骨神经痛

isquiático,-ca *adj.* ①〈解〉坐骨的;②〈动〉(甲壳动物的)坐肢节的

isquiatitis *f. inv.* 〈医〉坐骨神经炎

isquidrosis *f.* 〈医〉闭汗

isquión *m.* ①〈解〉坐骨;②〈动〉(甲壳动物的)坐肢节

ISS *abr. ingl.* International Space Station 国际太空[空间]站

ISSN *abr. ingl.* International Standard Serial Number 国际标准期刊编号(*esp.* Número Internacional Normalizado de Publicaciones en Serie)

istacoate; istacuate *m. Mex.* 〈动〉(白色)毒蛇

istmeño,-ña *adj.* ①(居住在)地峡的;②巴拿马地峡的;③*Méx.* 特旺特佩克地峡的

ístmico,-ca *adj.* 地峡的

istmo *m.* ①〈地〉地峡;②〈解〉峡
~ de la tiroides 甲状腺峡
~ de las fauces 咽峡
~ de Panamá 巴拿马地峡
~ uterino 子宫峡

isuate *m. Amér. C.*，*Méx.* 〈植〉一种棕榈

isuria *f.* 〈医〉平均排尿

itabo *m.* ①*Venez.* 〈地〉(两条河流之间的)天然沟渠;②*C. Rica* 〈植〉粗茎丝兰;③*Amér. L.* 低洼地

itacolumita *f.* 〈地〉可弯砂岩

itacónico,-ca *adj.* 见 ácido ~
ácido ~ 〈化〉衣康酸,甲叉丁二酸

itaiitai *m.* 〈医〉镉中毒;痛痛病(背部有剧痛,1955 年首先在日本发现)

itálica *f.* 〈印〉斜体(活字);斜体字[字母,数码]

itálico,-ca *adj.* 〈印〉斜体的

italita *f.* 〈矿〉白榴石

ítem *m.* ①条,项,款;项目;条目[款];②增补,补充;③〈信〉单元;信息单元
~ de egresos/ingresos 支出/收入项目
~ de pago 支付款项

iteración *f.* 〈数〉迭代(法)

iterativo,-va *adj.* ①〈数〉迭代的;②〈电〉累接的
circuito ~ 累接[迭代]电路
filtro ~ 累接滤波器

impedancia ～a 累接阻抗
método ～ 迭代法
proceso ～ 迭代过程
secuencia ～a 迭代序列
iterbio *m*. 〈化〉镱
itinerancia *f*. ①(剧团、图书馆、展览会等的)巡回[游];②流动
itinerario,-ria *adj*. ①旅行[程]的;路线的;②道路的 ‖ *m*. ①旅[行]程;(旅行等的)路线;②旅行指南;游览图;③航海日程表;④〈军〉先遣队;⑤*Méx*.(火车)时刻表
～ aéreo 航空线
～ de llegadas y salidas de trenes 火车时刻表
～ de montaje 〈工〉装配(路)线
～ domésico/internacional 国内/国际旅行路线(图)
mapa de ～ (旅行)路线图
medida ～a 里程单位
itría *f*. 〈化〉氧化钇,三氧化二钇
ítrico,-ca *adj*. 〈化〉(含)钇的
itrio *m*. 〈化〉钇
itrotantalita *f*. 〈矿〉钇(铌)钽(铁)矿
ITV *abr*. *ingl*. interactive television 互动[交互]电视
IUPAC *abr*. *ingl*. International Union of Pure and Aplied Chemistry 国际理论和应用化学联合会(*esp*. Organización Internacional de Química Pura y Aplicada)
ius privatum *lat*. 民法
ius publicum *lat*. 公法
i/v *abr*. ida y vuelta 往返
IVA *abr*. ① impuesto sobre el valor añadido *Esp*. 增值税;②impuesto sobre el valor agregado *Amér*. *L*. 增值税
ivernófilo,-la *adj*. 〈植〉冬季发育的;喜冬的
ixioda; **ixodes** *m*. 〈动〉硬蜱
ixquisúchil *m*. *Amér*. *C*., *Méx*. 〈植〉玫瑰香白花树
izada *f*. *Amér*. *L*. 升[提]起
izador *m*. 〈机〉吊升机械;起重机;升举器;绞车
～ de botalón 臂式吊车[绞车];臂式起重机
izamiento *m*. 升[提]起,举起[扬]
izar *tr*. 吊[绞,举,升]起;提起[升];举扬
aparato de ～ 提升绞车,卷扬机;升举器
aparejos de ～ 起重葫芦
tambor de ～ 提升滚筒
izote *m*. 〈植〉丝[千手,凤尾]兰
izqdo,-da *abr*. izquierdo 见 izquierdo
izquierdo,-da *adj*. ①左侧[边,面]的;用在左边的;②用左手的,左撇子的

J j

jab *m. ingl.* ①刺,戳,捅;②攻[打]击;刺激[痛];③〈体〉(拳击中的)刺拳(指伸直手臂的一击);④〈计〉集线器(将几台终端或计算机连接在一起的设备);⑤(电器面板上的)电线插孔

jaba *f.* ①*Amér. C.*,*Méx.*(运输瓷器等易碎物品用的)板[柳条、运输]箱;②*Amér. L.*〈植〉蚕豆

jabachobo *m.*〈植〉刚毛铁苋菜

jabado,-da *adj.*(禽鸟)黑白花色的;毛色斑驳的

jabalcón *m.*〈建〉系[圈]梁,系[支,撑,压]杆,支[斜,隔]撑;托座

jabalconado *m.*〈建〉支撑(物),加固

jabalconar *tr.*〈建〉(用隔撑)支撑,给…加托座

jabalí *m.*〈动〉野猪
~ verrugoso (非洲产脸部有肉赘的)疣猪

jabalina *f.* ①〈体〉标枪(比赛);②〈动〉母野猪

jabarís,-isa *m. f. Amér. L.*〈动〉野猪

jábega *f.* ①(在岸上拉的用于捕捞的)拖网,地[大]拉网;②〈船〉小渔船

jabeque *m. Esp.*〈船〉三桅三角帆船

jabín *m.*〈植〉脂松

jabiru *m.*〈鸟〉①美洲大白鹳;②热带美洲鹳;非[澳]洲鹳

jable *m.*(木桶的)口槽,盖槽

jabón *m.* ①(洗衣服用的)肥皂;②〈化〉皂,肥皂(脂肪酸的碱金属盐);③*Amér. L.*〈植〉南部无患子;*Cub.* 皂树
~ blando 软[钾]皂
~ de afeitar 剃须皂
~ de olor[tocador] 香皂
~ de sastre (裁缝用的)划粉
~ en escamas (肥)皂片
~ en polvo 洗衣粉
~ líquido 液体皂
~ medicinal 药皂
~ transparente 透明皂

jabonado *m.* ①用肥皂洗,擦[涂]肥皂;②待洗衣物;③洗好的衣物

jabonadura *f.* ①用肥皂洗,涂[擦]肥皂;②*pl.* 肥皂水的泡沫

jaboncillo *m.* ①小块肥皂;香皂;②(裁缝用的)划粉,粉块;③〈植〉南部无患子
~ de sastre 裁缝用划粉

jabonería *f.*〈工〉肥[制]皂厂

jabonero,-ra *adj.* 肥[制]皂的 ‖ *m. f.* ①肥皂商;肥皂厂商;②做肥皂的人
industria ~a 肥皂工业

jabonoso,-sa *adj.* ①含肥皂的;肥皂构成的;②(似)肥皂的
agua ~a 肥皂水

jabonudo,-da *adj. Amér. L.* 皂性的

jabota *f. Bras.*〈植〉西番异籽瓜

jabutra *f. Amér. L.*〈鸟〉(一种)草鹭

jacamar *m.*〈鸟〉中南美鵼(食虫林鸟,嘴尖利,羽毛呈青铜色)

jacana *f.*〈鸟〉水雉

jácana *f.* ①砧座;②〈建〉主[大]梁;桁架[梁]

jacanido,-da *adj.*〈鸟〉雉鸻科的 ‖ *m. pl.* 雉鸻科

jacapo *m. Bras.*〈植〉狗牙根,绊根草

jacarandá (*pl.* jacarandas, jacarandaes) *m. o f.*〈植〉①(蕨叶)蓝花楹;② 角豆树(木)

jacaré *m. Amér. L.*〈动〉鳄鱼

jachís *m.* 印度大麻(毒品)

jacinto *m.* ①〈矿〉红锆石;橘红色宝石;锆土;②〈植〉风信子,洋水仙;百合科植物;④*Méx.*〈植〉(美丽)凤眼蓝
~ de agua〈植〉(美丽)凤眼蓝
~ de ceilán 锆石
~ de compostela 红水晶石
~ occidental 黄玉
~ oriental 红宝石

jack *m. ingl.* ①〈机〉起重机,千斤顶;②〈电〉插座[口],塞孔;③锯木架;木支柱;④〈船〉〈海〉船首旗;⑤〈体〉屈体跳水;⑥〈鸟〉寒鸦,鹊哥
~ de enlace[unión] 有[弹]簧塞孔
~ de línea 线路塞孔
~ de ocupación 切断[断路接点]塞孔
~ de respuesta 应答塞孔
~ doble 双手锤;双柱钻架
~ local 本席插孔
~ múltiple 复式插孔

jacket *m. ingl.*〈机〉(海上石油钻探采用的)自

升式钻塔,石油钻塔,海上油井

jaco *m.* 〈动〉小马;马驹

jacobillo *m. Méx.* 〈植〉多蕊沙箱树

jacobsita *f.* 〈矿〉锰尖晶石

jacote *m. Amér. L.* 〈植〉深黄槟榔青

jacquard *m. fr.* (毛衣等上的)提花(饰)

jactitación *f.* 〈医〉辗转不安

jacupirangita *f.* 〈地〉钛铁霞辉岩

jade *m.* ①〈矿〉(碧,硬,软)玉,翡翠;②绿玉色

~ blanco 白玉

~ tallado 玉刻[雕]

jadeita *f.* 〈矿〉硬玉,翡翠

jaez *m.* ①马[挽]具,马饰;②种类,类别;品级[种]

jagua *f.* 〈植〉①健立果树;健立果;②美洲坚尼茜

jaguape *m. Cub. , Venez.* 药酒

jaguar *m.* ; **jaguareté** *m. Amér. L.* 〈动〉美洲豹;美洲虎

jaguarondi *m.* 〈动〉美洲山猫

jaguay *m. Col. , Guat.* 〈植〉金龟树

jagüel ; **jagüey** *m. Amér. L.* 水塘[池],蓄水池

jagüilla *f.* ①*Hond. , Nicar.* 〈动〉野猪;②*Antill.* 〈植〉卡努黄花夹竹桃

jaharrar *tr.* 〈建〉粉刷(墙壁等),抹灰泥

jahuactal *m. Méx.* 棕榈林

jahuei *m. Amér. L.* 蓄水池,水塘

jai alai *m.* 回力球;〈体〉回力球运动

jaiba *f. Amér. L.* 〈动〉蟹;河[海]蟹

jailaif *adj. Amér. L.* 上流社会的 ‖ *f.* 上流社会

jaiva *f.* 〈动〉海蟹

Jakob *m.* 见 enfermedad de Creutzfeldt-~
enfermedad de Creutzfeldt-~ 〈医〉克罗伊茨费特-雅各布病,克-雅二氏病(一种罕见、知名的海绵状病毒性脑病)

jalamina *f.* 〈矿〉异极矿,天然硅[碳]酸锌,菱酸锌

jalapa *f.* 〈植〉①球根牵牛,药喇叭;②药用旋花

jalapeño *m. Méx.* 〈植〉哈拉帕辣椒

jalbegar *tr.* 〈建〉粉刷(墙壁)

jalbegue *m.* ①石灰水,白涂料;②粉刷(饰)

jalca *f. Per.* 〈地〉山中高地

jalcocote *m. Méx.* 〈植〉番石榴

jalea *f.* ①果冻[酱];②胶冻,胶状物

~ de guayaba 番石榴酱

~ real 蜂皇浆

jales *m.* 尾材[矿,砂];石屑[渣]

jaletina *f.* 明胶,动物胶

jaljocote *m. Méx.* 〈植〉番石榴

jalocote *m.* 〈植〉①番石榴;②*Méx.* 卷叶松

jalón *m.* ①〈测〉杆,桩;②定位木桩,标杆[桩],觇标;②水准标尺;③里程碑;④分水岭;④*Amér. L.* 距离,间距

~ de agrimensura 水准(标)尺

~ parlante 测杆,(T形)测平板,测(水)平杆

jalonamiento *m.* 立标杆标出;竖立标杆[桩];设标志

jalonar *tr.* 立标杆标出,给…立觇标;设标志

jaloque *m.* 〈气〉东南风,西罗科风

jamacua *f. Méx.* 海滩地

jamaica *f.* 〈植〉①木槿;②*C. Rica* 塔巴斯科香桃木

jamba *f.* ①〈建〉(门窗)侧壁,门窗梃[边框],侧柱(墙);壁炉侧墙;②〈矿〉矿柱;③*Guat.* 捕虾网

~ de puerta 门侧柱,门框边框

~ esquinal (转)角柱

jambaje *m.* 〈集〉〈建〉(门窗的)框

jamelgo *m.* 〈动〉老马,驽马

jamesonita *f.* 〈矿〉羽毛矿

jámparo *m. And.* 〈船〉小船,小舟

jan *m. Cari.* 〈农〉条播机

janamo *m. Méx.* 〈地〉火山岩

janíceps *m.* 〈医〉双面联胎

janipaba *f. Per.* 〈植〉健立果树

Jano *m.* 〈天〉土卫十(土星 10 颗卫星中最小的一颗)

japa *m.* 〈动〉淡赤鹿

japuta *f.* 〈动〉鲳,银鲳,瞻星鲳

jaque *m.* (棋类的)将军

~ mate 将死(对手的"王"、"帅"或"将")

jaqueador *m.* ①〈信〉计算机窃贼,电脑黑客;②计算机迷,计算机爱好者

jaquear *tr.* ①〈信〉侵入,非法进入(某计算机或机构的计算机系统);②窃取,非法获取(其他计算机内的信息);③使(敌人)受到威胁;④〈军〉骚扰;⑤(棋类的)将(军)

jaqueca *f.* ①〈医〉偏头疼;②头痛[疼]

jara *f.* ①〈植〉岩蔷薇,半日花;②植[灌木]丛;③尖木棍;飞镖

jarabe *m.* 〈糖,糊,膏〉浆,糖汁

~ contra[para] la tos 止咳糖浆

~ de arce 槭树汁,槭糖浆

~ de glucosa 葡萄糖浆

jaral *m.* 岩蔷薇地

jaramago *m.* 〈植〉帚状砾芥

jarcería *f.* 〈集〉〈海〉索具

jarcia *f.* ①〈海〉绳索,索具,钢索,钢(丝)绳,缆;②渔具;③*Cub. , Méx.* 龙舌兰纤维绳;④*Amér. C.* 〈植〉龙舌兰

~ firme[muerta] 固定索具

jardín *m.* ① 花圃，花［果，庭］园；② *Cub.* 〈植〉凤仙花

~ alpestre[rocoso] 岩石园，假山庭园

~ botánico 植物园

~ de infancia 幼儿园

~ de infantes *Amér. L.* 幼儿园

~ zoológico 动物园

jardinaje *m. Amér. L.* 园艺(学)

jardinería *f.* 园艺(学)

jardinero,-ra *m. f.* 园丁；花匠，园林工人 ‖ *m. Cono S.* ①工装裤，紧身制服裤；②(儿童)连衫裤

jareta *f.* ①〈缝〉(衣物上尤其是裤腰部穿带子用的)卷边；(衣服上装饰用的)褶，裥；②〈海〉加强［固〕索；防护栅［网〕

jarete *m. Cari.* 短桨，宽叶桨

jargonafasia *f.* 〈医〉杂乱性失语

jargones *m. pl.* 〈矿〉黄锆石，烟色红锆石

jaripeo *m. Méx.* 马匹展览会(通常有马术等表演)

jaro *m.* 〈植〉马蹄莲

jarosita *f.* 〈矿〉黄钾铁矾

jarrada *f. Amér. L.* 罐(量词)

jarrete *m.* ①〈解〉(人或四肢动物的)腘(窝)，膝弯；(有蹄类动物的)跗关节；② *And.* 脚［足，鞋，袜〕后跟

jarrón *m.* ①(装饰用的)大花瓶；②〈建〉瓶状饰

jaspe *m.* ①〈矿〉斑［花〕纹大理石；②〈矿〉碧［水苍〕玉，玉髓；③墨绿色

~ negro 试金石，碧玄岩

jaspeado,-da *adj.* 〈矿〉斑纹大理石的；有大理石花纹的

mármol ~ 花纹大理石

jatata *f. Bol.* 〈植〉棕王，大王椰子

jato *m.* 〈动〉①(奶)牛犊；② *Cari.* 杂种狗；③ *Amér. L.* 畜群

jaujau *m. Dom.* 〈植〉芳香含羞草

jaula *f.* ①笼子；笼状物；②〈矿〉罐笼；③〈机〉(滚珠)隔档，(轴承)保持器［架〕；④板［柳〕条箱；⑤汽车库［房，间〕；⑥ *Méx.* (铁路)敞篷货车，运货车皮

~ de ardilla 鼠笼式(的)

~ de hilera 板牙头，模头，冲垫

java *f. Amér. L.* 〈植〉豌豆

Java *f.* 〈信〉①(计算机)Java 语言；②动态环球网

javarí; javarís *m. Amér. L.* 〈动〉野猪

javí *m. Amér. L.* 〈植〉脂豆

jazmín *m.* 〈植〉素馨(花)，茉莉(花)

~ de la India 栀子(花)

~ del cabo *Amér. L.* 栀子(花)

jazz *m. ingl.* 〈乐〉爵士乐，爵士乐曲

JDBC *abr. ingl.* Java database connectivity〈信〉Java 数据库连接标准

JDK *abr. ingl.* Java development kit〈信〉Java 语言开发工具

JEA *abr.* Junta Empresarial de Asesoramiento (美洲国家组织)企业家顾问委员会

jeanette *m. ingl.* 〈纺〉细斜纹布

jebe *m.* ① *Amér. L* 〈植〉橡胶树；橡胶；②〈化〉明矾；③ *Cono S.* 橡皮筋

jebero *m.* 橡胶种植工人，割胶工人

jeep *m. ingl.* ①吉普车，小型越野汽车，小型水陆两用车；②小型［护航〕航空母舰；③小型侦察联络飞机

jefe,-fa *m. f.* ①首脑［领〕长，主任；长官；上司；②经理；③〈军〉校官；④ *Amér. L.* 首长

~ civil *Cari.* 户籍员

~ de almacén 仓库管理员

~ de cocina 炊事班长；厨师长

~ de contabilidad(~ contador) 会计主任，总会计师

~ de día 〈军〉值日官

~ de estación 站［局、台〕长

~ de Estado 国家元首

~ de Estado Mayor 〈军〉总参谋长

~ de filas 政党领袖

~ de Gobierno 政府首脑，首相，总理

~ de máquinas 〈海〉轮机长

~ de marketing 销售部主任［总管〕

~ de obras 〈工程〉施工经理

~ de oficina 办公室［办事处〕主任

~ de personal 人事科长，人事部主任

~ de pista (常兼报幕的)马戏演出指挥

~ de plató (电影、电视)舞台监督

~ de producción 生产部主任

~ de realización 〈电影〉制片主任

~ de redacción 总编辑；主编

~ de taller 车间主任；工长，领班

~ de tren 列车长

~ de ventas 推销经理，营业主任

~ ejecutivo ①(公司)总经理；②(政府最高)行政首长

~ mecánico 总机械师

~ supremo 总司令，最高统帅

comandante en ~ 总司令，最高统帅

ingeniero ~ ①总工程师；②(船)〈海〉轮机长

mecánico ~ 〈船〉〈海〉轮机长

jején *m. Amér. L.* 〈昆〉(一种)小蚊子，蠓

JEN *abr.* Junta de Energía Nuclear *Esp.* 核能委员会

jengibre *m.* 〈植〉①(生)姜；②姜属植物

jenique; jeniquén m. Antill. 〈植〉龙舌兰

jennerización f. 〈医〉减毒接种

jenny f. ingl. ①〈纺〉詹妮纺纱机；②移动式起重机，机车起重机；③〈鸟〉雌鸟；④〈动〉母驴[兽]

jerarquía f. ①等级体系；分级系统；②〈生〉级系，阶层系统
~ de consumo 消费层次
~ de datos 数据层次
~ taxonómica 〈生〉分类级系

jerárquico,-ca adj. ①等级体系的，分级系统的；②〈生〉级系的

jararquización f. 分等级，等级化

jerbo m.〈动〉①(非洲)跳鼠；②袋鼬

jerga f. ①行业术语，行话；②Amér. L.〈纺〉粗呢，台面呢
~ informática 计算机术[用]语
~ publicatoria 推销术[用]语

jeringa f. ①〈医〉注射器[管，筒]；②注油[水]器，灌注器，喷射[水]器；③Bras., Parag.〈植〉橡胶树
~ de engrase 润滑油注入器，黄油[滑脂]枪

jeringar tr. ①注射[入]；灌注；灌肠；②烦扰，打搅

jeringazo m. ①注射(液)；灌肠(液)；②一次性注射的剂量，一针

jeringuilla f. ①小型注射器；②〈植〉西洋山梅花
~ desechable 一次性注射器

jerrumbre m. Amér. L. 铁锈

JES abr. ingl. ① Japanese Engineering Standards 日本技术标准规格；②Job Entry Subsystem 〈信〉作业录入子系统

jet-foil m. ingl. 喷流水翼船；气垫船

jet lag m. ingl. 飞行时差综合征(指乘坐飞机作跨时区飞行后引起的生理节奏失调)

jet ski m. ingl. 喷气式滑水车

jetón m. Col.〈植〉金鱼草

jibia f. ①〈动〉乌贼，墨鱼；②乌贼[墨鱼]骨

jibión m. ①〈动〉鱿鱼；②乌贼骨

jibonita f.〈动〉刺豚鼠，南美大豚鼠

jicaco m. Antill., Méx.〈植〉可可李

jícama f. Amér. C., Méx.〈植〉豆[凉]薯

jícara f. Amér. C., Méx.; jícaro m. Amér. C.〈植〉加拉巴木果，加拉巴炮弹果

jiche m. Amér. C., Méx.〈解〉腱，韧带

jicote m. Amér. C., Méx.〈昆〉丸花蜂；黄[胡，泥]蜂

jicotea f. Cub., Méx. 乌龟；海龟

jicotera f. Amér. C., Méx. 丸花蜂巢；黄[胡，泥]蜂巢

jifería f. 屠宰业

jifia f.〈动〉箭鱼，锯鳐

jigüero m. Antill.〈植〉加拉巴木

jilguero,-ra m. f.〈鸟〉金额翅(雀)；黄雀

jilote m. Amér. C., Méx.〈植〉嫩玉米穗

jimba f. Méx.〈植〉竹

jimbal m. Méx. 竹林

jimilile m. Amér. C. 芦苇

jineta f. ①Amér. L. 女骑手[师]；②〈动〉灵猫，麝(香)猫

jinete m. ①骑手[师]；②〈军〉骑兵

jineteada f. Amér. L. 驯马

jinicuil m. Amér. C., Méx.〈植〉小[假，可食]茵豆

jínjol m.〈植〉枣

jinjolero m.〈植〉枣树

jiote m. Méx.〈医〉疹(子)，钱癣；脓疱病

jiotoso,-sa adj. Méx.〈医〉患钱癣的 ‖ m. f. 钱癣患者

jipijapa f. Amér. L.〈植〉巴拿马草

jiquima f. Amér. M.〈植〉块茎豆薯

jirafa f. ①〈动〉长颈鹿；②(摄影机升降机的)支臂；③(电影、电视录音用的)话筒吊杆

JIT abr. ingl. ① just-in-time〈商贸〉按需及时发送的，零库存的；及时提供的；及时盘存调节法的；②job instruction training 工作指导训练

jitazo m. Méx. ①(一)击；击中；②〈体〉(板球、网球等运动中的)击(球)；打法

jitomate m. Méx.〈植〉西红柿，番茄

jiu-jitsu m. jap. 柔道，柔术

JJ.OO. abr. Juegos Olímpicos〈体〉奥林匹克运动会，奥运会

jobillo m. Antill.〈植〉槟榔青

jobo m. Amér. C., Méx.〈植〉①雪松；柏；②Amér. L. 深黄槟榔青

jockey m. ingl. 职业赛马师

joco,-ca adj. Amér. C., Méx. (水果)多酸的，发酵的；苦味的

jocote m. Amér. L.〈植〉槟榔青

jogging m. ingl. ①〈体〉慢跑；②〈电〉微动；③Arg. 慢跑运动服

jojoba f.〈植〉加州希蒙得木(种子)

jolocinal m. Amér. C., Méx. 椴树林

jolocinero,-ra m. Amér. C., Méx.〈植〉椴树的 ‖ m. 椴树林

jolón m. ①Méx. 胡蜂(巢)；②〈海〉(未拉紧风帆的)弧度，弯曲度

jolote m. Amér. C., Méx.〈鸟〉火[吐绶]鸡

jónico,-ca adj.〈建〉爱奥尼亚式的；爱奥尼亚柱式的 ‖ m. 爱奥尼亚柱式(建筑)
capital ~ 爱奥尼亚式柱顶

columna ～a 爱奥尼亚柱
orden ～ 爱奥尼亚柱式

jonrón m. 〈体〉(棒球运动中的)本垒打

jornada f. ①(工作,节)日;②(一)天[昼夜];③旅[日行]程;④〈军〉出[远]征;⑤pl.(大学里的)学术报告[讨论]会,讲座[演];⑥(动植物的)寿命;⑦〈戏〉(旧时戏剧)场次;⑧Cono S. 日薪,日工资

　　～ anual 年度工作日
　　～ completa 全工作日
　　～ continua[intensiva] 紧张工作制(连续工作,不因吃饭而停下来)
　　～ de ocho horas 八小时工作日
　　～ de huelga 罢工日
　　～ de reflexión 思考日(大选日前一天)
　　～ informática 接待日(指学校等接受公众参观的日子)
　　～ inglesa 英式工作制(每周5天工作制)
　　～ laboral ①工作日;②工作周;一周工作日;③一年工作日
　　～ legal 法定最高工作时间
　　～ partida 交替分次轮班工作制
　　～ semanal 一周工作日
　　media ～ 半天工作制
　　trabajo por ～ 日班;计日工作,日工

jornal m. ①日工资;②工作日,人工
　　～ adeudado 欠付工资
　　～ mínimo (维持生活必需的)最低工资,(法定)最低工资限额
　　～ por hora 计时工资
　　política de ～es y precios 工资与物价政策
　　trabajar a ～ 打短工,做临时工

jorra adj. Col. 〈动〉(雌性动物)不能生育的,不孕的

jote m. Cono S. 〈鸟〉智利兀鹰,红头美洲鹫

joule m. 〈理〉焦耳(米千克秒单位制功或能的单位)
　　ciclo ～ 焦耳循环
　　efecto ～ 焦耳效应

journal m. ingl. ①〈航海〉日记,日志;②流水[日记]账;③杂[会]志,期刊

joya f. ①珠宝,(贵重)首饰;②珍[瑰]宝,宝贝[物]
　　～s de fantasía (缀于服装的)人造珠宝饰品

joyería f. ①珠宝业;首饰业;②珠宝首饰店

joystick m. ingl. ①(飞机的)操纵[驾驶]杆;②(赛车的)方向盘;③〈信〉(计算机)控制杆[台]

juana f. Méx. 大麻(麻醉品)/印度大麻

juanete m. 〈海〉上桅帆

jubilación f. ①退休;②退休[养老]金
　　～ anticipada 提前退休

～ forzosa 强制退休
　　～ por enfermedad 因病退休
　　～ por invalidez 因病[伤]残退休
　　～ voluntaria 志愿退休

judía f. 〈植〉①菜豆[角];芸豆;②菜豆粒,菜豆籽
　　～ blanca 菜豆
　　～ colorada[escarlata] 红花菜豆
　　～ de careta 黑型扁豆;扁豆荚
　　～ de la peladilla(～ de Lima) 利马豆
　　～ pinta (产于美国西南部用作食品或饲料的)菜豆
　　～ verde 嫩菜豆角

judicial adj. ①法官的,审判员的;法庭的;法院(判定)的;②司法的,审判(上)的
　　poder ～ 司法权
　　sentencia ～ 法院判定

judío m. 〈动〉大犀鹃

judión m. 〈植〉宽荚菜豆

judo m. jap. 现代柔道[术]

judoca; judoka m. f. jap. ①柔道练习者;②柔道家[师];③柔道运动员

juego m. ①玩,玩耍;游[嬉]戏;娱乐;②〈体〉比赛;运动会;③(比赛中的)一局,一盘,一场;④(纸牌游戏中的)一手牌;⑤〈机〉间[余,空,缝]隙,铰接处;⑥(活动器物之间的)轴;关节;⑦〈信〉(软件的)套件,(器物的)套,副;⑧〈机〉活[运]动,活[运]动空间[范围];⑨(网球、棒球等运动的)球场;球道
　　～ de azar 赌博;靠碰运气决定胜负的游戏
　　～ de bolas 〈机〉(一套)滚珠轴承,球轴承
　　～ de bombas 泵组装置
　　～ de café (一套)咖啡具
　　～ de caracteres 〈信〉字符集
　　～ de comedor 餐厅[室]餐具
　　～ de computadora 计算机游戏[博弈]
　　～ de curvas 曲线族,一组曲线
　　～ de destreza 凭技艺取胜的游戏(如象棋)
　　～ de fresas 成套铣刀
　　～ de gestión 经营管理手段
　　～ de ingenio 智力游戏
　　～ de la cuna 翻绳游戏,挑绷子
　　～ de luces (户外装饰用的)一套彩灯
　　～ de manos ①拍掌游戏;②戏法;③障眼法
　　～ de mesa ①需用棋盘进行的游戏;②(一套)餐具
　　～ de operaciones 集合运算
　　～ de palabras ①双关诙谐语;②文字游戏
　　～ de programas 〈信〉程序套件
　　～ de protocolos 〈信〉协议套件
　　～ de protocolos Internet 互联网际协议

套件

~ de recambio 成套备件

~ de resortes 簧片组

~ de rol 角色扮演

~ de salón[sociedad] ①室内游戏；②社交活动

~ de simulación 模拟博弈

~ de té (一套)茶具

~ educativo 教育游戏

~ en vacío 空转，无效运动

~ entre dientes 齿隙

~ infantil 儿童游戏

~ lateral 侧隙，侧向间隙，轴端余隙

~ limpio ①按规则(光明磊落)行事，正直的做法；②〈体〉公正比赛

~ longitudinal[terminal] 端隙，轴向间隙

~ sucio ①不按规则[道德]行事，肮脏行径；②〈体〉不公正比赛(如打假球等)

~ universal de caracteres 〈信〉通用字符集

~s de adivinación de números 猜数字游戏

~s de vestimenta infantil 婴儿(套)装

~s malabares 手技杂耍；变戏法

~s Olímpicos [J-] 奥林匹克运动会

~s Olímpicos de Invierno [J-] 冬季奥林匹克运动会

juez *m. f.* ①法官，审判员；②(争端、纠纷等的)仲裁[公断]人；③〈体〉裁判员；评判员；④鉴定人；鉴赏家

~ arbitro 仲裁[公断]人

~ de banda[línea] (足球等比赛的)边线裁判，巡边[司线]员

~ de diligencias[instrucción] (刑事)预审员，预审法官

~ de paz (法庭)调解员，调停官

~ de primera instancia (民事)预审员，预审法官

~ de quiebra 破产公断人

~ de salida (赛跑时的)发令员

~ de silla (网球、排球等比赛中的)主裁判

~ de testamentarias 执行遗嘱公断人

~ instructor (民事)预审员，预审法官

~ municipal 市政法官

jugada *f.* ①〈体〉(比赛中的)一局，一盘，一场；②(棋类比赛中的)一步棋；一着；③(高尔夫球赛中的)一杆

~ a balón parado (足球赛中)精心组织的进攻

jugador,-ra *m. f.* ①〈体〉(球类参赛)运动员；②(参加)游戏者；赌博者；③投机者

~ a la baja y a la alza 买空卖空者

~ de bolsa 股票[交易所]投机者

~ de manos 变戏法的人，魔术师

jugo *m.* ①(水果、蔬菜、肉等的)汁，液；②〈生理〉体液

~ de naranja 橙汁

~s digestivos 消化液

~s gástricos 胃液

jugosidad *f.* 多汁(性)，饱含水分

jugua *f. Amér. L.* 〈植〉美洲坚尼茜

juguera *f. Cono S.* 〈机〉榨汁机[器]

juicio *m.* ①见解，判断，判断力；②〈法〉判决，审判[理]

~ civil 民事审判

~ criminal[penal] 刑事审判

~ de faltas 违章(事件)判决

~ de valor 价值判断

~ en rebeldía 缺席审判

~ imparcial 公正审判[判决]

~ oral 对质[证]

~ pericial 专家判断，内行人见解

~ preliminar 初审

~ público 公共审判

~ sumario 简易判决，即决裁定

~ sumarísimo 〈军〉即决裁定

juil *m. Méx.* 〈动〉美洲鲤

juilín *m. Amér. L.* 〈动〉美洲鲤

juilipío *m. And.* 〈鸟〉麻雀

jujure *m. Venez.* 〈植〉棉花

jujuste *m. Amér. L.* 〈植〉寻常牛乳树

julio *m.* 〈理〉焦耳(米千克秒单位制功或能的单位)

jumbo *m.* 〈航空〉巨型喷气式飞机

jumento *f.* 〈动〉驴

jumper *m. ingl.* 〈信〉跳接线，跨接片

juncáceo,-cea *f.* 〈植〉灯心草科的(植物) ‖ *f.* ①灯心草科植物；②*pl.* 灯心草科

juncal *adj.* 〈植〉灯心草的 ‖ *m.* 灯心草地

juncar *m.* 灯心草地

juncia *f.* 〈植〉莎草，香附子

junco *m.* ①〈植〉灯心草；类似灯心草的植物；②〈植〉芦苇；③*Amér. L.* 〈植〉水仙；④中国式帆船，舢板

jungla *f.* ①热带植丛，丛[密]林；②生存竞争激烈的地方

~ de asfalto ①"水泥丛林"(指竞争激烈、弱肉强食的城市)；②"柏油丛林"(指都市中犯罪猖獗的区域)

junior *adj.* ①较年幼的；年轻人的，由青少年组成的；②地位[等级]较低的；③〈地〉幼年的；④〈教〉(美国四年制大学或中学的)三年级(生)

júnior (*pl.* juniores) *m. f.* 〈体〉青少年运动员

junípero *m.* 〈植〉桧树植物；杜松；欧洲刺柏

Juno *m.*〈天〉婚神星

junquera *f.* ①〈植〉灯心草;②灯心草地

junquillo *m.* ①〈植〉长寿花;②〈建〉细突圆饰;灯心草形饰

junta *f.* ①结[接]合,连[搭,胶,衔,焊,粘]接;[点,面,缘]合缝处;③〈机〉联轴节;④〈机〉(管子)接头;衬垫,填充物;⑤(河流)汇合处;⑥理事会,政务会,委员会

~ a escuadra 斜接口;斜节理

~ a la cerusa 填铅白接合[缝]

~ a tope 平贴结合,平(灰)缝,齐平接缝

~ a tope con cubrejunta 对[平]接,对抵接头

~ acodada 弯头套管;球节[承],球窝接头[接合,关节]

~ acodillada 弯头接合,肘节连接

~ angular 边缘[刃型]连接

~ articulada 铰链[关节,活节]接合;肘(形)接,铰接

~ biselada 斜接

~ cardán 万向节[轴],万向接合[头],铰链接头

~ ciega (法兰)盲板,盲[死]法兰,管口盖板,无孔[管口盖]凸缘

~ con fuga 渗漏[不密闭]的接缝

~ consultiva 咨询[协商]委员会

~ de acreedores 债权人会议[理事会]

~ de bayoneta 卡口[插旋]式连接,销形[插销]接合;螺扣接头,插销节

~ de brida 法兰接合[头],法兰[凸缘]联轴节

~ de casquillo[manguito] 球窝接合

~ de choque (波导管)扼流凸缘接头

~ de collarín 法兰接合;法兰接头

~ de comercio 商会

~ de dilatación[dilatancia, expansión, vaina]①〈建〉伸缩(接)缝;②〈机〉伸缩接头;胀缩接合

~ de empotramiento 嵌接

~ de enchufe 套筒接合,龙头接嘴;滑动缝,滑动接合

~ de enchufe con chaveta 插管接头;套管接合,连接管接合

~ de espiga 榫齿接合;榫钉缝

~ de estanquidad 气密焊缝

~ de extremidades ①搭接,叠接;②搭接接头,搭接缝

~ de fuelle 波纹管连接;膜盒连接

~ de gobierno 管理委员会

~ de inspección 监察委员会

~ de laberinto 迷宫式密封,迷宫式填充物[密封件]

~ de pernos 螺栓接合

~ de puente 架[桥]接

~ de rótula 球窝接合[关节],旋转接合,转接

~ de solape(~ solapada) ①对接,搭接,叠接;②搭接接头,搭接缝

~ de tope(~ plana) 对[平]接;对抵接头

~ de vigilancia 监督委员会

~ dentada 榫齿结合,啮合接,榫接

~ deslizante 滑动接头[接合],伸缩结合,伸缩式连接

~ directiva 董事会

~ elástica 弹性接合;弹性关节

~ electoral 选举[竞选]委员会

~ en bisel 斜接

~ en chaflán 斜节理

~ en cola de milano 燕尾结合

~ en escuadra 弯头套管

~ en laberinto(~ simulada) 假[半]缝;假结合

~ en pico de flauta 凹角接

~ en zig-zag 迷宫式密封

~ enrasada 平贴接合;平(灰)缝,齐平接缝

~ ensamblada 榫接,啮合(扣)

~ entrante 暗接

~ entre dos arcos 端接(合);直角接(合)

~ esférica 球窝关节;球窝接合

~ esquinada 弯头连接;弯管接头

~ estanca 气密接缝

~ estañada 焊接(接缝)

~ guarnicionada 堵塞[填实];包垫接头

~ hermética al agua 水密接缝

~ hermética al vapor 汽密接缝

~ hidráulica 水密[防水]接头

~ lisa 平缝,直线[直缝,无分支]接头;无分支连接

~ llena (法兰)盲板,盲[死]法兰,无孔[管口盖]凸缘,管口盖板;无间隙接头

~ militar 军事委员会

~ móvil 活动连接;活节

~ municipal 市政务委员会

~ notarial 公证人委员会

~ Oldham 十字联轴节

~ plana 对接[对抵,端接]接头,对[端]接

~ plomada 填铅接合;填铅接缝

~ rectora 管理委员会;理事会

~ remachada 铆接

~ salteada 错缝接合,间砌法

~ solapada 叠接;搭接缝

~ telescópica 卡口[插旋]式连接,销形[插销]接合;螺扣接头,插销节

~ universal 万向[虎克]接头,万向联轴节,万向节

~s cruzadas[alternadas] 错(列)接(缝)；错缝

~s intergranulares 晶(粒边)界，颗粒间界

filtro de ~ 结型滤波器

mástique para ~s 封口[补胎]胶；密封油膏，密封接合(物)，油灰

rótula de ~ cardán 十字头[轴，架]

juntera *f.* ①接合器[物]，连接[接线]器，接缝器，涂缝器，涂缝镘；②(长，修边，接缝)刨；③管子工(人)

juntura *f.* ①〈技〉平[对，连]接(缝)；接头[结]点，接合(方式)，连接(方式)；②接合点[处]；③接合[连接]件；④〈解〉关节

~ de pestaña 法兰连接

~ montante 竖(接)缝

~ para manguera 软管(用)接头

material de ~ 接合密封(填密)材料，填料

jupa *f. Cari.*, *Méx.* 〈植〉葫芦

jupe *m. Arg.* 〈植〉沙漠稷

Júpiter *m.* 〈天〉木星

jurado *m.* 〈法〉陪审团

juramento *m.* ①宣[发，起]誓；②誓言[词，约]

~ de fidelidad 效忠宣誓

~ falso 假誓

~ hipocrático 希波克拉底誓言(学生接受医学学位时的誓言，相传为"医学之父"希波克拉底所订)

~ promisorio 保证[允诺]誓言

jurásico,-ca *adj.* 〈地〉侏罗纪的；侏罗系的，侏罗纪岩系的 ‖ *m.* 侏罗纪，侏罗系

fósiles ~s 侏罗纪化石

juratorio,-ria *adj.* 〈法〉宣誓的，立誓性的；宣誓表达的

caución ~a 立誓保证

jurel *m.* 〈动〉鲹科鲗鱼；长面鲹

jurídico,-ca *adj.* ①法律(上)的，法学(上)的；②司法(上)的，审判(上)的

entidad ~a 法律实体

lenguaje ~ 法律用语

persona ~a 法人

personalidad ~a 法人地位

práctica ~a 司法惯例

procedimiento ~ 司法程序

términos ~s 法律术语

jurisconsulto,-ta *m. f.* 法学家；(尤指精于国际法与民法的)法理学家

jurisdicción *f.* ①司法[审判，裁判]权；②管辖权；③权限，管辖区域[范围]；④(法庭)当局

~ aduana 海关管辖权

~ arbitral 仲裁权

~ competente 有裁决权的法庭

~ delegada 代表审判权

~ forzosa 强制审判权

~ militar 军事当局

~ ordinaria 普通审判权

jurisdiccional *adj.* ①权限的，管辖[裁判，司法]权的；②管辖区域的

aguas ~es 领海，领水

disputa ~ 管辖权争议

mar ~ 领海

territorio ~ 领土

jurispericia *f.* 见 jurisprudencia

jurisperito,-ta；jurista *m. f.* 法学家，法律专家[学者]；法学著述家

jurisprudencia *f.* ①法律学，法学；②(某一方面的)法律[规]；法律理论；③(民法中)法院的裁判规程；判决录

~ administrativa 行政法

~ comercial 商法

~ criminal 刑法

juro *m.* ①〈法〉永久所有权；②年金

jusgentium *m. lat.* 〈法〉①国际法，万民法；②(古罗马的)侨民法

jus privatum *m. lat.* 〈法〉私法

jus publicum *m. lat.* 〈法〉公法

jus sanguinis *m. lat.* 〈法〉(根据血统决定国籍的)血统主义

jusilla *f. Amér. L.* 折刀

justicia *f.* ①公平[正，道]；正义；天[公，道]理；②(国家)司法(机关)；③依法行事；④审判；⑤(正当要求方面的)权利

~ civil 民事审判

~ gratuita 法律后援(指对无钱进行诉讼者所给予的经济援助)

~ ordinaria 普通审判

~ social 社会正义

justificatión *f.* ①〈印〉整板，齐行；②〈法〉辩护词

~ automática 〈信〉〈印〉自动齐行

justificado,-da *adj.* ①正当的；有足够理由的；②〈印〉齐行的

costo ~ 正当成本

reclamación ~a 合理索赔

justificante *m.* ①(清，账，凭，报，传，节目)单，(报)表；②票据，(支，汇，发)票

~ de enfermedad 病假条

~ de liquidación 结算凭证

~ de pago 支付凭证

justificativo,-va *adj.* ①用作证明的；②起辩护作用的；用于辩解的

certificado ~ 辩护证书

documento ~ 证明[件，据]

jutamo *m. Méx.* 〈植〉美洲旋果藤

jute *m. Amér. L.* 〈动〉罗马蜗牛

jutia; jutía *f*. *Amér*. *L*. 〈动〉硬毛鼠

jutus *m*. *Méx*. 〈植〉万寿菊

juvabiona *f*. 〈生化〉保幼酮

juvenil *adj*. ①青年[春]的；青春时期的；②
〈体〉青少年(级)的 ‖ *m*. *f*.〈体〉青少年
(组)运动员

   acné ~ 青春痘

juvia *f*. 〈植〉巴西果

juzgado *m*. 法[审判]庭；法院

   ~ de aduanas 海关法院

~ de guardia 治安[违警罪]法庭

~ de instrucción 第一审法庭，初审法庭，
预审庭

~ de lo penal 刑事法庭

~ de menores 少年法庭

~ de primera instancia 第一审法庭，初审
法庭，预审庭

JV *abr*. *ingl*. joint venture 合资企业

JVM *abr*. *ingl*. Java virtual machine 〈信〉
Java 语言虚拟机

K k

K ①〈理〉开(kelvin)的符号;②〈化〉元素钾
(potasio)的符号

K *abr. ingl.* kilobyte(s)〈信〉千字节

k. *abr.* kilo 千克,公斤

ka *abr.* kiloamperio〈电〉千安(培)

kabuki *m. jap.* 歌舞伎(日本传统歌舞)

kahuis *m. Amér. M.*〈乐〉响板(土著人用以击节拍的木棍)

kainita *f.*〈矿〉钾盐镁矾

kakemono *m. jap.*(挂在壁上的)字[长,画]轴

kaki *m.*〈植〉①柿树;②柿子

kalaazar *m.*〈医〉黑热病,内脏利什曼病

kaléps *m. Amér. L.* 捕鱼箭

kali *m.*〈植〉钾猪毛菜

kalium *m.*〈化〉钾

kallirotrón *m.*〈无〉负阻抗管,负电阻管

kalmia *f.*〈植〉山月桂属植物

kamala *f.* ①〈植〉粗康柴(一种树木);②〈药〉卡马拉;吕宋楸荚粉(由粗康柴的蒴果制成,用作驱虫药、泻药和染料)

kanamicina *f.*〈生化〉〈药〉卡那霉素
~ B 卡那霉素 B

kaolin *m.* 瓷[高岭]土;(白)陶土

kapoc;kapok *m.* ①木棉(吉贝树种子外面的丝质纤维);②耳帽

Kaposi *m.* 见 sarcoma de ~
sarcoma de ~〈医〉卡波济氏肉瘤(皮肤多发性出血性肉瘤)

karate;kárate *m. jap.* 空手道(一种徒手武术)

karateca;karateka *m. f. jap.* 空手道武师

kardista *m. o f.* 卡片式账簿

karst *m. ingl.*〈地〉喀斯特(区);岩溶(区)

kárstico,-ca *adj.*〈地〉喀斯特的;岩溶的

kart (*pl.* karts) *m. ingl.* 卡丁车(一种微型单座赛车)

karting;kárting *m.* 卡丁车运动;卡丁车比赛

kata *f. jap.*(空手道的)形(即套路)

kava *m. ingl.* ①〈植〉卡瓦胡椒;②卡瓦根(旧时用作利尿药)

Kawasaki *m.* 见 enfermedad de ~
enfermedad de ~〈医〉川崎病(一种以皮疹、腺肿等为症状有时殃及心脏的幼儿病,

起因不明)

kayac;kayak *m.* ①(用动物皮绷在木架上做成的)单人划子;②(用帆布或塑料布绷的类似单人划子的)小艇;③皮划艇,皮艇;④〈体〉划艇运动;皮划艇赛
~ biplaza k-2 双人皮艇
~ monoplaza k-1 单人皮艇
~ doble 双人皮艇

kayser *m. ingl.* 凯塞(光谱波数单位)

KB;Kb *abr. ingl.* kilobyte(s)〈信〉千字节(1 个千字节实为 1,024 个字节)

kb *abr. ingl.* ①kilobit〈信〉千(二进制)位,千比特(度量信息单位);②kilobase〈生化〉千碱基

Kbar *abr. ingl.* kilobar〈理〉千巴(压强单位)

Kbps *abr. ingl.* kilobits per second〈信〉千比特/秒

K/c *abr.* kilociclo(s)〈理〉〈无〉千周

kcal *abr.* kilocaloría〈理〉千卡,大卡(热量单位,等于 1,000 卡)

kcps;kc. p. s. *abr. ingl.* kilocycles per second 千周/秒,千赫

keirin *m. jap.* 公路自行车赛

kelp *m.*〈植〉①海草;巨[大型褐]藻;②海草灰(含钾、钠和碘)

kelvin;kelvinio *m.*〈理〉开(开尔文温标的计量单位,符号为 K)
escala ~ 绝对温标,开尔文温标,开氏温标

kenaf *m. ingl.*〈植〉洋[槿]麻;洋[槿]麻纤维

kendo *m. jap.* 剑道

kenotrón;kenotrono *m.*〈无〉高压整流二极管,大型热阴极二极管

kentallenita *f.*〈地〉橄榄二长岩

kentia *f.*〈植〉装饰棕榈(一种观赏植物)

kepí;kepis *m. inv.*〈军〉(平圆顶、硬帽舌的)法国军帽

keratina *f.*〈生化〉角蛋白

keratitis *f. inv.*〈医〉角膜炎

keratófiro *m.*〈地〉角斑岩

kernita *f.*〈矿〉四水硼砂(一种无色或白色的结晶体)

kerógeno *m.*〈地〉油母岩质(蒸馏后转变为石油产品)

kerosén;querosene *m. Amér. L.* 见 queroseno

keroseno *m*. 煤油,火油
　～ de aviación 航空煤油
kerosina *f*. *Amér. C.* 见 queroseno
kerria *f*. 〈植〉棣棠属植物
kersantita *f*. 〈地〉云斜煌岩
ketamina *f*. 〈生医〉〈药〉氯胺酮(一种快速麻醉剂)
keynesianismo *m*. 〈经〉凯恩斯主义
keynesiano,-na *adj*. 凯恩斯(英国经济学家 Keynes)的;凯恩斯主义的
　economía ～a 凯恩斯经济学
　modelo ～ 凯恩斯模式
kg;kg. *abr*. kilogramo(s) 千克,公斤
kgf. *abr*. kilogramo-fuerza 〈理〉千克力
kgm. *abr*. kilográmetro 〈理〉千克米,公斤米(力的单位)
KGPS;kg. p. s. *abr. ingl.* kilograms per second 千克秒,公斤秒
khamseen;khamsin *m*. 〈气〉① 喀新风(埃及春季吹的一种干热南风);②喀新热浪
KHz *abr*. kilohertzio(s),kilohercio(s) 〈理〉千赫(兹)
kianizar *tr*. 氯化汞冷浸防腐处理(木材);用氯化汞浸渍电杆(以防腐)
kick boxing *m. ingl.* 跆拳道(一种融空手道和拳击动作为一体的武术运动)
kief *m*. 昏倦;(吸服麻醉剂等引起的)迷离惶惑状态
kieselgur *m*. 〈地〉硅藻土
kieserita *f*. 〈矿〉硫镁矾
kif *m*. (吸服后使人迷离惶惑或陶醉的)毒品;大麻
kilate *m*. ①克拉,公制克拉(钻石等珠宝的重量单位,等于 200 毫克);②开(金等贵金属纯度单位,24 开为纯金)
kiliárea *f*. 千公亩(面积单位)
killas *f. pl.* 〈地〉(泥)板岩;片[板]岩
kilo *m*. (kilogramo 的缩写)千克,公斤
kiloamperio *m*. 〈电〉千安(培)
kilobait;kilobyte *m*. 〈信〉千字节(1 个千字节实为 1,024 个字节)
kilobar *m. ingl.* 〈理〉千巴(压强单位)
kilobase *f. ingl.* 〈生化〉千碱基
kilobit *m. ingl.* 〈信〉千(二进制)位,千比特(量度信息单位)
kilocaloría *f*. 〈理〉千卡,大卡(热量单位,等于 1,000 卡)
kilociclo *m*. 〈理〉〈无〉千周
　～ por segundo 千周/秒,千赫
kilodina *f*. 〈理〉千达因(力的单位)
kiloelectrón-volt *m*. 〈理〉千电子伏特
kilográmetro *m*. 〈理〉千克米,公斤米(力量单位)

kilogramo *m*. 千克,公斤
kilohercio;kilohertzio *m*. 〈理〉千赫(兹)
kilojoule;kilojulio *m*. 〈理〉千焦耳(功的单位)
kilolínea *f*. 千磁力线
kilolitro *m*. 千升(容量单位)
kilometraje *m*. ①千米制;公里制;②以千米[公里]计算的行程
kilometrar *tr*. 以千米[公里]计算,以千米[公里]测量;以千米[公里]立标
kilométrico,-ca *adj*. ①千米(制)的;公里的;②很[极]长的
　billete ～ (持有人)可乘坐一定英里数的火车票;里程客票
　palabra ～a 长篇大论
kilómetro *m*. 〈理〉千米,公里(长度单位)
　～s por hora 每小时公里数
kilooocteto *m*. 〈信〉千比特
kilopondio *m*. 〈理〉千克力
kilotón *m*. ①千吨(重量单位),千吨级;②千吨(用来规定原子弹或氢弹当量的单位,等于一千吨 TNT 炸药的爆炸力)
kilovar *m*. 〈电〉千乏
kilovatio *m*. 〈理〉千瓦(特)
kilovatio-hora *m*. 〈电〉①千瓦(特)时;②一度电(能量单位)
kilovoltamperio *m*. 〈电〉千伏(特)安(培)
kilovoltímetro *m*. 〈电〉千伏计[表]
kilovoltio *m*. 〈电〉千伏(特)
kimberlita *f*. 〈地〉(南非、西伯利亚等地的)角砾云母橄榄岩,金伯利岩
kimona *f*. *Cub.*,*Méx.* 见 kimono
kimono *m. jap.* ①和服;②和服式女晨衣
kincajú *m. Bras.* 〈动〉浣熊
kinescopio *m*. ①(电视)显像管;②屏幕录像
kinesiología *f*. 运动学(身体运动的力学,为体育学的一个分科)
kinesiólogo,-ga *m. f.* 运动学家
kinesiterapia *f*. 〈医〉运动疗法;体疗(法)
kinetics *m*. ①〈理〉动力学;②(物理或化学变化的)历程
kinkajú *m. Amér. M.* 〈动〉南美浣熊
kión *m. And.* ①〈植〉姜(指植物或其根茎);姜属植物;②姜制调味品
kip *m. ingl.* 千磅(重量单位)
kit (*pl.* **kits**) *m. ingl.* ①(供购买者装配成套件的)配套元件;②成套工具[用品];③工具包,用品箱
　～ de montaje 自组装构件
　～ para desarrollo de software 软件开发工具
kiwi *m*. ①〈动〉〈鸟〉鹬鸵,几维(一种新西兰无翼鸟);②〈植〉猕猴桃;猕猴桃树
kl. *abr*. kilolitro 千升(容量单位)

klaprotina *f.Amér.L.* 矾土，氧化铝

klaxon *m.ingl.* 电喇叭，电警笛，高音警报器

klebsiella *f.*〈生〉克雷白氏杆菌

Klinefelter *m.* 见 síndrome de ～
～ síndrome de ～ 克莱恩费尔特氏综合征，
遗传性细精管发育不全（男性遗传性疾病，
其症状是睾丸萎缩，不能生育）

klistron；klistrón *m.*〈电子〉速调（电子）管
～ oscilador 速调管振荡器
～ reflex 反射速调管

km；km. *abr.* kilómetro(s) 千米，公里

km/h *abr.* kilómetro por hora 千米[公里]/
小时

kn；k/n *abr.ingl.* knot〈理〉节（航速和流
速单位；1 节＝1 海里/小时）

knock-how *m.ingl.*（企业拥有的用于生产
或管理的）企业技术

knock-out *m.ingl.* ①击昏[倒]；②（拳击比
赛中的）判败击倒（被击倒的运动员在规定
的 10 秒钟内不能站起来继续比赛，即被判
为击败）

K.O. *abr.* knock-out 见 knock-out

koala *f.*〈动〉树袋熊，考拉（一种澳洲产树栖
无尾动物）

kodak(*pl.* kodaks) *m.* ①小型照相机；②
[K-]柯达相机

koljhose；koljoz *m.rus.*（苏联的）集体农庄

koljós (*pl.* koljoses) *m.* 见 koljhose

konímetro *m.* 尘度计（用以测定空气浮尘量）

kovar *m.* 柯伐（镍基合金）；铁镍钴合金

KP *abr.* knowbot program〈信〉（计算机）
网上智人程序

kpg *abr.* kilómetros por galón de gasolina
千米[公里]/每升汽油

k.p.h. *abr.* kilómetros por hora 千米[公
里]/小时

k.p.l. *abr.* kilómetros por litro 千米[公
里]/升（汽油）

kpm *abr.* kilómetros por minuto 千米[公
里]/分

Kr〈化〉元素氪(criptón)的符号

kraft *m.al.* 牛皮纸

krik *m.Amér.M.*〈鸟〉一种绿色鹦鹉

kril；krill *m.*〈动〉磷虾

kriptón *m.*〈化〉氪

kt *abr.* kilotonelada ①千吨（重量单位）；②
〈理〉千吨（用来规定原子弹或氢弹当量的单
位）

kung-fu *m.*（中国）功夫；中国传统武术

kuru *m.*〈医〉库鲁病（一种曾流行于巴布亚-
新几内亚的致命病毒性脑疾病）

kv *abr.* kilovoltio(s)〈电〉千伏

kw *abr.* kilovaltios〈理〉千瓦

kw/h *abr.* kilovatios-hora〈电〉千瓦（特）时

kwic *abr.* key word in context〈信〉（计算
机）上下[前后]文外关键字

kyudo *m.jap.* 弓道

L l

l *abr.* ①litro(s) 升(米制容量单位);②libro 见 libro;③ley 见 ley

L/ *abr.* letra de cambio 期票,票据

La 〈化〉元素镧(lantano)的符号

labelo *m.* ①〈昆〉唇瓣;②〈植〉(兰花花冠)顶瓣

laberintectomía *f.* 〈医〉迷路切除术

laberíntico,-ca *adj.* ①迷宫的;迷宫式的;②(建筑物、街道、城镇)布局凌乱的;④〈解〉迷路的
　arteria ～a 迷路动脉
　vena ～a 迷路静脉
　vértigo ～ 迷路性眩晕

laberintitis *f. inv.* 〈医〉迷路炎

laberinto *m.* ①迷宫[网];曲径;②〈技〉迷宫(环,式密封),曲径(环,式密封),曲折(密封);③〈解〉(内耳的)迷路
　～ membranoso 膜迷路
　～ óseo 骨迷路
　cierre de ～ 〈机〉〈技〉迷宫气[密]封

laberintotomía *f.* 〈医〉迷路切开术

labiado,-da *adj.* 〈植〉唇形的;唇形科的‖ *f.* ①唇形植物;②*pl.* 唇形科

labial *adj.* ①唇状的;②〈昆〉〈植〉下唇瓣的;③〈乐〉(以唇)吹奏的
　herpes ～ 唇疱疹

labiérnago *m.* 〈植〉窄叶欧女贞,水蜡树

labihendido,-da *adj.* 兔唇的,唇裂的,豁嘴的

lábil *adj.* ①〈化〉不稳定的;易分解的;活泼的,易变的;②滑动的,易滑脱的

labilidad *f.* ①〈化〉不稳定(性),易变性;②易滑性

labio *m.* ①〈嘴〉唇;②唇状物;唇状边缘;(器皿等的)边;③〈解〉阴唇
　～ hendido 〈医〉兔唇;唇裂
　～ inferior/superior 下/上唇
　～ leporino 兔唇,唇裂,豁嘴
　～s mayores/menores 〈解〉大/小阴唇

labor *f.* ①劳动(尤指体力劳动),工作;干活;②劳动力,熟练工;③〈缝〉缝纫;刺绣;针线活;编结法;④*pl.* 〈矿〉采掘;⑤〈农〉农活,干(农)活;翻耕;犁地;⑥*Amér. C., Cari.* 小块土地
　～ de aguja 针线活;刺绣(活)

　～ de equipo 集体工作,协作
　～ de ganchillo 钩针编织
　～ preparatoria 〈矿〉预采
　～ social 社会工作;公益事业工作
　～es agrícolas 农活
　～es antiguas 〈矿〉熟练工
　～es de punto ①编结[针织]法;②编结[针织]业
　～es de rutina 例行[日常]工作
　～es domésticas 家务
　～es hulleras 煤矿采掘;采煤工作

laborable *adj.* ①(从事)劳动的;(用于)工作的;②(土地)可耕的,适于耕种的;可开垦的
　día ～ 工作日

laboral *adj.* ①劳动的,工作的;②(进行)职业教育的
　código ～ 劳动法
　economía ～ 劳动经济学
　emulación ～ 劳动竞赛
　enseñanza ～ 职业教育
　jornada ～ ①工作日;②一周工作日;③一年工作日
　mercado ～ 劳动力市场

laboralista *adj.* (精通)劳动法的;劳工的‖ *m. f.* ①劳动法专家;劳保律师;②*Amér. L.* 化验室工作人员
　abogado ～ 劳保律师

laborantismo *m. Cub., P. Rico* 分离主义

laboratorio *m.* ①实验[化验,试验]室;②研究室;③(制)药厂,配药间
　～ de campo 工地试验室
　～ de ensayos 试验室
　～ de idiomas 语言实验室
　～ de investigación 研究室
　～ de pruebas 试制车间
　～ de unificación[normalización] 标准(化)实验室,规格化实验室
　～ espacial 太空实验室

laboreo *m.* ①劳动(尤指体力劳动),工作;②〈矿〉采掘,开采[挖];③〈农〉耕[种]地;干活;*Amér. L.* 农活
　～ al derrumbe 崩[陷]落开采法
　～ de gradería 梯段形开采
　～ de gran fondo 深井开采
　～ de subnivel(～ por subpisos) 分段回

采

~ del carbón 煤矿业

~ subterráneo 地下开采

~ superficial 露天开采法

laborterapia *f.* 〈医〉(治疗神经或心理疾病的)工作疗法,劳动疗法

labra *f.* ①(石料、木材、金属等的)加工;雕刻[琢];②*Méx.* 〈农〉中耕

~ de piedras 雕琢[加工]石料

labrabilidad *f.* 可(机)加工性,机制性,机械加工性能

labradío,-día *adj.* (土地)可耕的,适于耕种的;可开垦的

labrado,-da *adj.* ①锻造的(金属);加工过的,加过工的;雕刻[琢]过的(木器);②有图案[花纹]的(布料);绣花的 ‖ *m.* ①〈农〉耕地(播种);②〈植〉种[栽]植;③〈技〉加工;④(锯齿形物的)切削[削平]面

labrador,-ra *adj.* 〈农〉种[耕]地的,务农的;种田的 ‖ *m. f.* ①农民,自耕农;②农场工人;③〈动〉拉布拉多寻回犬(一种猎犬,有叼物归主的习性)

labradorita *f.* 〈矿〉拉长石;富拉玄武岩

labrantío,-tía *adj.* 〈农〉(土地)可耕的,适于耕种的;可开垦的 ‖ *m.* 可耕地;农田

labranza *f.* ①〈农〉耕作[种],种田;农活[事];②活计,劳作

tierra de ~ 农田,耕地

labriego,-ga *m. f.* 〈农〉①农民,自耕农;②农场工人

labro *m.* ①(昆虫等的)上唇;②〈动〉孔缘(甲壳类动物的壳口外缘)

labrusca *f.* 〈植〉美洲葡萄

laburno *m.* 〈植〉金链花;水黄皮;高山金链花

laburo *m. Cono S.* ①劳动,工作;②职业

laca *f.* ①虫胶,紫(胶虫)胶;②(虫,光,清)漆,虫胶清漆;腊克;③漆器;漆制品;④*Cono S.* 〈医〉溃疡,烂疮;痂;⑤胭脂红;⑥发蜡,喷发定型剂

~ de[para] uñas 指[趾]甲油

~ en barras 虫胶,虫胶清漆

~ en escamas 虫胶(漆,片),虫胶漆片[清漆];虫胶制剂

~ japonesa 日本漆器

goma ~ 树(胶虫)胶

lacar *tr.* ①给…上漆,用漆涂;②使表面光洁

lacasa *f.* 〈生化〉漆酶

lacayote *m. Amér. L.* 〈植〉南瓜

laceración *f.* ①划破,撕裂;②(身体)弄伤;③〈医〉撕裂(伤)

lacerada *f.* 〈植〉撕裂状叶

lacerado,-da *adj.* ①〈植〉撕裂状的;②受伤的;割碎了的

lacería *f.* 〈建〉花叶形条饰,扭索饰

lacértido,-da *adj.* 〈动〉蜥蜴类的 ‖ *m.* ①蜥蜴亚目爬行动物;②*pl.* 蜥蜴类

lacertiforme *adj.* 蜥蜴状的

lacertilio *m.* 〈动〉蜥蜴

lacertino,-na *adj.* ①〈动〉蜥蜴类的;②蜥蜴状的

lacinia *f.* 〈植〉条裂

laciniado,-da *adj.* 〈植〉(叶片)条裂的

lacio,-cia *adj.* ①(头发)平直的,不鬈的;②〈植〉(植物)枯萎的;凋谢的

lacolito *m.* 〈地〉岩盖

lacra *f.* ①〈医〉疤,伤疤[痕],瘢痕;②*Amér. L.* 〈医〉溃疡,烂疮;痂

lacrado,-da *adj.* 用火漆[封蜡]封住的;有火漆印的

lacrador *m.* 火漆印

lacre *adj. Amér. L.* 鲜红的;红色的 ‖ *m.* ①火漆,封蜡;②*Chil.* 红色

lacrimal *adj.* ①〈解〉泪(腺)的;②〈生〉泪的;流泪的

bolsa ~ 泪囊

glándulas ~es 泪腺

hueso ~ 泪骨

lacrimógeno,-na *adj.* ①催泪的,引起流泪的;②(歌曲、故事等)感伤的;多愁伤感的

gas ~ 催泪(性)毒气

lacrimotomía *f.* 〈医〉泪囊切开术

lacrosse *f.* 兜网球,长曲棍球(用带网的曲棍捕球、持球和掷球的一种户外球类运动)

lactalbúmina *f.* 〈生化〉乳清[白]蛋白

lactama *f.* 〈化〉〈生化〉内酰胺,乳胺

lactamasa *f.* 〈生化〉内酰胺酶

lactasa *f.* 〈生化〉乳糖酶

lactato *m.* 〈化〉乳酸盐[酯]

lacteal *adj.* ①〈解〉乳糜管的;②乳的,乳汁的

lactescencia *f.* 奶[乳汁]状;乳(汁)色

lactescente *adj.* ①乳汁状的;②产乳汁的;③具[分泌]乳汁的

láctico,-ca *adj.* ①乳的,乳汁的;②与生产乳酸有关的

ácido ~ 乳酸

lactida *f.* 〈化〉丙交酯;交酯

lactífero,-ra *adj.* ①输送乳汁的;②(植物)分泌乳汁的

lactima *f.* 〈化〉内酰亚胺

lactina *f.* 〈化〉乳糖

lactobacillus *m.* 〈生〉乳(酸)杆菌(属)

lactodensímetro *m.* 〈技〉乳比重计

lactoferrina *f.* 〈生化〉乳铁传递蛋白

lactoflavina *f.* 〈生化〉核黄素,维生素 B_2

lactogénesis *f.* 〈生理〉通乳,乳发生

lactogénico,-ca *adj*. 生[催]乳的,乳发生的

lactoglobulina *f*. 〈生化〉乳球蛋白

lactómetro *m*. ①〈化〉乳(比)重计;②乳汁密度计

lactona *f*. 〈化〉内酯

lactónico,-ca *adj*. 〈化〉①内酯酸的;半乳糖酸的,乳糖醛酸的;②具内酯环结构的

lacto-ovo-vegetariano,-na *adj*. (饮食包括乳制品和蛋类的)乳蛋素食者的 ‖ *m.f.* 乳蛋素食者

lactopreno *m*. 〈化〉聚酯橡胶

lactoproteína *f*. 〈生化〉乳蛋白(质)

lactoproteinoterapia *f*. 〈医〉乳蛋白疗法

lactosa *f*. 〈化〉乳糖

lactoscopio *m*. 乳酪计

lactosuero *m*. ①脱脂乳,酪乳(由脱脂乳经发酵而成);②乳清,乳水

lactosuria *f*. 〈医〉乳糖尿

lactovegetariano,-na *m.f.* (饮食包括乳制品的)奶[乳]素食者

lacunario *m*. 〈建〉①花格平顶;②(花格平顶上的)花格

lacunosus *f*. 〈气〉网状云

lacustre *adj*. ①湖的,湖泊[沼]的;②〈生〉湖生[栖]的;③〈地〉湖成的;④*Amér. L.* (多)沼泽的;沼泽般的

fauna ～ 湖栖动物

plano ～ 湖成平原

planta[vegetación] ～ 湖生植物

población ～ 湖区居民

región ～ 湖区

ládano *m*. 〈化〉劳丹树脂;半日花脂

ladeado,-da *adj*. ①倾[偏]斜的,不正的;②〈植〉(叶、花等)生在一侧的;③〈海〉(载重)侧于一边的

ladeo *m*. ①偏(转,移,斜,离,差,度,向,射,光);倾斜;②〈航空〉倾斜前进

ladera *f*. 山坡;山腰

ladero,-ra *adj*. ①旁边的,边上的;侧面的;②*Amér. M.* (马惯于)在右边拉车的

ladilla *f*. 〈昆〉毛[阴]虱

ladillento,-ta *adj*. *Amér. C.*, *Méx*. 多虱的,布满虱子的

ladillo *m*. 〈印〉①副[小]标题;②边[旁]注

lado *m*. ①(物体等的)边,缘;侧;②(人体的)侧面,胁;③〈数〉边;面;④(布,纸,磁带,唱片,钱币等两面中的)一面;⑤〈体〉半边球场;⑥〈军〉侧翼,翼侧;⑦方面;⑧〈军〉一方,一派;⑨(被隔开的)部分,地区;(从分界线出发的)方向

～ de carne[correa] (皮带的)肉面

～ del crédito[haber] 贷方

～ del debido(～ deudor) 借方

～ flaco 弱点,短处

～ posterior 尾端,背面

～ servidor 〈信〉服务器终端

～s adyacentes 邻边

ladrillado *m*. 〈建〉砖地,辅砖地面

ladrillador *m*. 〈建〉砌砖工(人),泥(瓦)工

ladrillar *tr*. 〈建〉用砖铺 ‖ *m*. 砖场[厂]

ladrillera; ladrillería *f*. ①*Amér. L.* 砖场[厂];②〈建〉砖建筑物;砖结构;③〈建〉(建筑工程中的)砖造部分;砌砖工作

ladrillero,-ra *adj*. 砖的 ‖ *m.f.* ①制砖工;②砖商

industria ～a 制砖业

ladrillo *m*. ①砖,砖块;②花[瓷]砖;③砖形物

～ aislante 绝缘砖

～ alivianado[ventilador] 空心砖

～ azulejo 瓷[花]砖

～ cintrado[circular] 拱砖,弧形砖

～ cocido al aire 空心砖,干砖坯

～ de asiento 铺地砖,砌砖

～ de bóveda 楔形[拱形]砖;砌拱用砖

～ de desecho 半烧砖

～ de escorias 炉渣砖

～ de fuego 耐火砖

～ de orejeta 企口砖

～ de paramento 面砖

～ de sílice 硅砖

～ de vidrio 玻璃砖

～ delgado 薄砖

～ dentado 齿砖

～ en bisel 削面砖

～ fundido superficialmente 缸[炼,熔]渣砖

～ hueco/macizo 空/实心砖

～ inglés 砂砖,巴斯磨石

～ mal cocido 半烧砖,未烧透的砖

～ mecánico 机制砖

～ normalizado 标准砖(22.8×12×6.3cm)

～ para esquinas agudas 异型砖

～ para pavimentar 铺路砖

～ perfilado (成)型砖

～ refractario 炉[耐火,火泥]砖

～ refractario con alto contenido en sílex pulverulento 燧石[坚硬]砖

～ secado al aire 风干砖,半焙烧[干]的砖

albañil que pone ～s 砌砖工(人),泥(瓦)工

aparato de aire caliente de ～s 格砖炉

arcilla para ～s 砖土;(制砖用)黏土

armazón de ～s 砖填木架隔墙,木架砖壁

bóveda de ～s 砖拱顶(建筑)

construcción[mampostería] de ～s 砌砖，砖衬

hecho de ～s 砖造(部分)，砖砌(体)

horno de ～s 砖窑[场]

mampostería de ～s revestidos 抹灰工(程)

trozo de ～ 砖块[片]，碎砖

ladrón,-ona *m. f.* 贼，强盗，小偷 ‖ *m.* ①(河流等的)泄[偷]水口；②〈电〉偷电接线；③〈电〉转接器；接线板

～ de guante blanco 白领罪犯

lagar *m.* ①〈机〉(葡萄)榨汁机，榨油机；②压榨作坊；③葡萄酒厂，酿酒厂

lagarta *f.* ①〈动〉短吻鳄，鳄(鱼)；②〈昆〉舞毒蛾；③〈动〉雌蜥蜴

～ falsa〈昆〉天幕蛾

lagartija *f.* ①〈动〉小蜥蜴，壁虎；② *Méx.* 救生圈[衣，设备]；③〈体〉俯卧撑

lagarto *m.* ①〈动〉蜥蜴，四脚蛇；蜥蜴亚目爬行动物；② *Amér. L.* 短吻鳄，鳄(鱼)

～ de Indias 鳄(鱼)，短尾鳄

～ verde 绿蜥蜴

lageniforme *adj.* 葫芦形[状]的

lago *m.* 湖，湖泊

～ de agua dulce/salada 淡/咸水湖

～ distrófico〈环〉无滋养湖

～ eutrófico〈环〉富营养湖

～ glacial〈地〉冰川湖

～ mesotrófico〈环〉中等滋[营]养湖

～ oligomíctico〈地〉贫营养湖

～ salado〈地〉盐湖

lagoftalmía *f.*〈医〉兔眼

lagomorfo,-fa *adj.* ①〈动〉兔形目(动物)的；②兔形[样]的 ‖ *m.* ①兔形目动物；② *pl.* 兔形目

lagrimal *adj.* ①泪的；生泪的；流泪的；②〈解〉泪(腺)的 ‖ *m.*〈解〉眼(内)角

canal ～ 泪小管

conducto ～ 泪管

punto ～ 泪点

saco ～ 泪囊

lagrimótomo *m.*〈医〉泪管刀

laguna *f.* ①小湖，池塘；水池；②〈地〉潟湖；(环)礁湖；濒海湖；③(书稿中的)脱漏，空白处；④(知识方面的)空白；⑤(资金等的)缺乏[少]；⑥间隙；间断[隔]

～ de capital 资金不足

～ de estabilización〈环〉〈医〉稳定池(利用阳光净化污水的池塘)

～ fiscal[impositiva, tributaria]税收漏洞，漏[逃]税

～ legal 法律漏洞[空子]

agunar *m.*〈建〉①花格平顶；②(花格平顶上的)花格

lagunoso,-sa *adj.* 多小湖泊的，多水塘的

laja *f.* ① *Amér. C.*〈地〉(由圆形石英颗粒组成的)砂岩，板石，石板；② *And.* 陡坡；③ *And.* 细(龙舌兰)纤维绳

lalofobia *f.*〈医〉言语恐怖，谈话恐怖

lalopatía *f.*〈医〉言语障碍

lama *f.* ①淤[海，烂]泥，泥浆；②〈地〉软泥；③ *Amér. L.* 霉，锈；④〈化〉铜绿；⑤〈植〉水[海]藻；浮萍；⑥ *Méx.* 苔藓，绿藻；地衣；⑥(百叶窗的)百叶板；⑦金银锦缎织物；⑧〈矿〉矿尘淤；碎矿砂

lamarckismo *m.*〈生〉(关于生物进化的)拉马克(Lamarck)学说

lambrija *f.*〈动〉蚯蚓

lame *m. Chil.*〈动〉海豹

lamé *m. fr.*〈纺〉金银锦缎

lamela *f.* ①薄片[层]；薄板；②〈动〉瓣，鳃；壳层

lamelar *adj.* ①〈植〉片[层]状的；②有薄层[片]的；③由薄片[层状体]组成的

lamelibranquio,-quia ①〈动〉瓣鳃纲的 ‖ *m.*①〈动〉瓣鳃纲软体动物；② *pl.* 瓣鳃纲

lamelicornio,-nia *adj.*〈昆〉①鳃角类的；②鳃叶状的 ‖ *m.* ①鳃角类甲虫；② *pl.* 鳃角类

lameliforme *adj.* 薄片形的，片层状的

lamelipodio *m.*〈动〉片状伪足

lamelirrostro,-tra *adj.*〈鸟〉扁嘴的；扁嘴类的 ‖ *m.* ①扁嘴禽鸟(如鸭、天鹅等)；② *pl.* 扁嘴类

lamellar *adj.*〈解〉〈医〉①板[层]的；②板[层]状的

catarata ～ 板层白内障

hueso ～ 板[板层]骨

queratoplastia ～ 板层角膜移植术

lamiáceo,-cea *adj.*〈植〉唇形科的 ‖ *f.* ①唇形科植物；② *pl.* 唇形科

lamiales *m.*〈植〉野芝麻目

lamido *m.*〈技〉研[精]磨，磨[抛]光

lamilla *f. Chil.*〈植〉海藻

lámina *f.* ①薄片[板，层]；层状体；②〈印〉铜[雕，镂，图]版；(印)版；③〈摄〉(感光)版；④〈印〉(书籍等的整版)插图，铜版画；⑤〈信〉(计算机和电子组件心脏部分的)芯片；⑥〈植〉(叶)片；〈动〉〈解〉板，层，叶

～ acanalada 瓦垅[波纹]薄铁板[片]

～ bimetálica 双层金属片

～ calibradora 测杆，测量标尺

～ de afeitar (安全)刮胡刀片

～ de chapa gruesa 薄钢坯，铁皮[板，片]

～ de cobre (厚度＜0.5mm)薄[紫]铜板，镀铜层

~ de cristal 玻璃板

~ de goma 生胶片

~ de metal(~ metálica) 金属薄板［片］；板料

~ de muelle 钢板弹簧主片

~ de oro 金叶［箔］

~ de platino 铂［白金］叶

~ de plomo 铅板［皮,片］

~ de queso 干酪片

~ de silicio 硅片

~ en colores 彩色插图

~ fuera del texto 插页

~ vertiente (溢流)水舌

~s de acero 薄钢板

~s radiales 整流器片

cobre en ~ 铜薄片［板］

de ~s (装)有叶片的；有刀身的

en ~s 分成薄层［片］的,分［成］层的；层压［状］的；薄板状的,叠片(组成)的

estaño en ~ 马口铁皮,白铁皮,镀锡钢［铁］皮

laminable *adj.* 可制成薄层［板,片］的；(金属)能锤打［展压］成薄片［层］的

laminación *f.* ①轧制(工艺),压延(技术)；②(做成)薄层［片］,层压(成型)；③叠片［层压,层积］结构,层合

acanaladura de ~ 初轧孔型

conformado por ~ en frío 冷轧成型

tosco de ~ 轧制的

tren de ~ de desbastes planos 扁(钢)坯轧机,板坯机,平面铣刀

tren de ~ de flejes 带钢轧机

laminado,-da *adj.* ①层压［积］的；②由薄片组成的；③分成薄层［片］的,轧成薄板的；④有金属包皮的,叠层(构成)的 ‖ *m.* ①轧制,压延；②轧制品,薄板构件,金属包皮

~ en caliente ①热轧［压,碾］的；②热轧

~ en duro ①冷轧的；②冷轧

~ en frío ①冷轧［压,碾］的；②冷轧,冷压延,冷滚压

chapa ~a 轧制铁皮［板］；轧制钢皮［板］

cobre ~ 铜片［板］；包铜

escamas de ~ 轧［锻］制铁鳞,热轧钢锭表面的氧化皮

hierro ~ 轧［拉］制铁,辊轧铁,碾铁

materiales plásticos ~s 层压塑料

plomo ~ 铅皮

productos ~s 层压制件［板］,层［薄片］制品

tren de ~ 滚轧机,轧(钢)机

laminador,-ra *m. of.* ①(轧)辊,轧机,滚轧［碾轧,轧钢,压延］机；②层压机 ‖ *m. f.* ①轧制［压延］工；②层压工

~ acabador 精轧［整］轧辊

~ con cilindros de soporte 多辊轧机

~ cuatro 四辊［重］(式)轧机,复二辊［重］式轧机

~ de barras 钢坯轧机

~ de cambio de marcha 可逆(式)轧(钢)机

~ de carriles 轨道轧制机

~ de chapas ①钢板轧机；②钢板轧制厂

~ de chapas finas 薄板轧机

~ de cilindros de apoyos múltiples 多辊(式)轧(钢)机

~ de cuatro pases(~ de doble pase doble) 四辊［重］(式)轧机,复二辊［重］式轧机

~ de grueso 初轧［开坯］机

~ de hierros comerciales 条钢轧机

~ de[para] perfiles 型钢轧机

~ de ruedas 车轮轧机

~ de tres cilindros superpuestos 三辊［重］(式)轧机

~ desbarbador[desbastador] 初轧［开坯］机

~ doble-dúo 四辊［重］(式)轧机,复二辊［重］式轧机

~ dúo 二辊式轧机

~ en frío 冷轧机

~ para alambres 金属丝轧机

~ para chapas finas 带钢轧机

~ para hilo de máquina 线材轧机

~ perforador 穿孔机

~ trío[triple] 三辊［重］(式)轧机

cilindros del ~ 层压(滚)轧机

desbastar con ~ 开坯,初轧

operario ~ 钢坯工

tren ~ 钢坯轧机

tren ~ continuo 连续轧钢机

tren ~ continuo de bandas 续条形轧钢机

tren ~ de alambre 线材［盘条］轧机

tren ~ de redondos 杆式研磨机,棒磨机

tren de alambre de ~ 线材滚轧机,环轧机

laminar *adj.* ①薄层［片,板］的；②层状的,薄板状的,由薄片［层状体］组成的；③〈理〉层流的 ‖ *tr.* ①制成薄层［片,板］,胶合；轧制,②压延,把(金属)锤打［辗压］成薄片；把…分割成薄片；③包以薄片；用薄片覆盖；④用薄片叠成

flujo ~ 层流

máquina de ~ los filetes de los tornillos 滚轧螺纹机

resorte ~ 片［扁,平］簧,板［状形］簧

tejas ～es 片瓦

tren de ～ en caliente 热轧机

laminaria *f.* 〈植〉海带

laminarina *f.* 〈生化〉海带多糖(医学上用作抗凝剂)

laminarización *f.* 〈航空〉〈航天〉分层;层(流)化

laminectomia *f.* 〈医〉椎板切除术

laminilla *f.* ①〈解〉板层,瓣,片;②〈植〉菌褶

laminina *f.* 〈生化〉层粘连蛋白,层粘蛋白

laminitis *f. inv.* 〈兽医〉蹄叶炎

lampa *f. Chil.*, *Per.* ①锄,(长柄)耘锄;②镐;铲

lampalagua *f.* 〈动〉①*Chil.* 蛇;②*Arg.* 大水蟒;王蛇

lampalague *f. Cono S.* 〈动〉①王蛇(一种大蟒);②狼獾

lámpara *f.* ①灯;灯具,照明用具;电灯泡;②〈无〉电子[真空]管;③*pl. Amér. L.* 眼睛

　～ bronceador (能产生紫外线的)太阳灯

　～ Carcel 卡索灯

　～ colgante (上下滑动的)吊灯

　～ con filamento de tungsteno 钨丝灯

　～ de acetileno 乙炔灯

　～ de alcohol 酒精灯

　～ de alto 停车灯

　～ de arco 弧光灯

　～ de arco eléctrico 电弧灯

　～ de arco en derivación 并联弧光灯

　～ de arco en recipiente cerrado 封闭式弧光灯

　～ de bolsillo 手电(筒)

　～ de 60 bujías　60 支光的灯(泡)

　～ de cadmio 镉灯

　～ de cielo raso 吊[悬,舱顶]灯

　～ de criptón 氪灯

　～ de cuadrante 信号灯

　～ de cuarzo 石英灯

　～ de descarga 放电管

　～ de descarga luminosa 辉光放电管

　～ de destellos 闪光灯(泡),小电珠

　～ de escritorio 台灯,书桌用灯

　～ de estañar(～ soplete) 喷管,吹管

　～ de filamento[incandescencia] 白炽灯

　～ de fin de conversación 话终信号灯

　～ de fotoimpresión 复制用灯泡

　～ de gas 煤气灯

　～ de iluminación indirecta 间接光灯;反射光灯

　～ de lectura 阅读用灯

　～ de llamada 呼叫[号]灯

　～ de luz solar 日光灯,太阳灯

　～ de mesa 桌面灯,台灯

　～ de (los) mineros 矿[安全]灯

　～ de neón 氖[霓虹]灯

　～ de pantalla 屏蔽电子管

　～ de pared 壁灯

　～ de petróleo 石油灯

　～ de pie 落地灯

　～ de potencia 输出电子管

　～ de proyección(电影)放映灯(泡),投射灯

　～ de radio 电子管,收音机灯泡

　～ de salida 输出电子管

　～ de seguridad (～ testigo) 信号灯;指示灯

　～ de señales 矿[安全]灯

　～ (de) sobremesa 台灯

　～ de sol artificial 人造太阳灯

　～ de[para] soldar 焊接灯,喷灯,吹管

　～ de techo 吊[悬,吸顶,舱顶]灯

　～ de tres electrodos 三(电)极电子管

　～ de tungsteno 钨丝灯

　～ de vacío perfecto 高真空电子管

　～ de vapor a alta presión 高压水银灯

　～ de vapor al cadmio 镉光灯,镉气灯

　～ de vapor de mercurio 汞气灯,水银(蒸气,荧光)灯,人工太阳灯

　～ de vapor de sodio 钠光灯,钠(蒸)气灯

　～ eléctrica 电灯

　～ electrónica 电子管

　～ emisora 发射管;发送管

　～ en vacío 真空管

　～ flexo 可调节台灯

　～ fluorescente 荧[日]光灯

　～ fotoeléctrica 光电管

　～ fotoquímica 光化灯

　～ Hefner 亥夫钠灯

　～ indicadora[avisadora] 信号灯

　～ luminiscente 荧[冷]光灯

　～ miniatura 小型灯泡,指示灯;小型电子管

　～ monorrejilla 单栅极电子管

　～ para copiar 晒图灯,复制用灯泡

　～ para mineros 矿[安全]灯

　～ plegabe 伸缩灯

　～ portátil 行[轻便]灯

　～ que contiene poco gas 柔性(电子)管

　～ rectificadora 整流管

　～ rellena de gas inerte 充[灌]气灯

　～ solar 太阳灯

　～ solar ultravioleta 紫外线太阳灯

　～ superamplificador 功率放大管

cubierta de la ~ 灯罩;〈矿〉灯房

soporte de ~ 灯(插)座,(电子管)管座

lamparería *f.* ①灯具厂;②灯具店

lamparilla *f.* ① 小灯;油[酒精]灯;② *Amér. L.* 电灯泡;③〈植〉(欧洲)山杨;(北美)颤杨,大齿杨

lamparón *m.* ①〈医〉淋巴结核,瘰疬;②〈兽医〉(马等牲畜的)淋巴结核肿瘤;③ *Méx.* 〈兽医〉鼻疽病;④ *Chil.* 〈医〉鹅口疮

lampazo *m.* 〈植〉牛蒡;牛蒡属植物

lampista *m. f.* ①矿灯管理员;②(装修水管的)管子工,水暖工

lampistería *f.* 电气商店

lampistero *m.* 〈交〉〈矿〉信号灯手,信号灯工

lampote *m. Méx.* 〈植〉向日葵

lamprea *f.* ①〈动〉七鳃[八目]鳗;②〈医〉溃疡,疮

lamprófido; lamprófiro *m.* 〈地〉煌斑岩

~ mica 云母煌斑岩

lamprofillita *f.* 〈矿〉闪叶石

lana *f.* ①(纺织用的)毛;羊毛,②(呢)绒,呢子,毛料,毛织品;③绒[毛]线;渣棉[绒];④ *C. Rica* 〈植〉苔藓

~ aislante 绝热[保温]棉

~ de acero 钢丝绒

~ de cabra 山羊绒

~ de escorias 矿渣棉,矿物纤维

~ de madera 木丝;刨花

~ de oveja 绵羊绒

~ de vidrio 玻璃棉[绒],玻璃纤维

~ en barro 精梳毛

~ mineral 矿[石]棉;渣绒

~ para labores 编结用毛线

~ pétrea 石毛

~ virgen 初剪羊毛,新[纯]羊毛

~-poliéster 毛涤纶

artículos de ~ 毛织品

cardado[peinado] de la ~ 梳理毛

cardadora de ~ 梳毛[棉]机

con ~ larga 长毛绒(的)

de ~ ①羊毛(制)的,毛织(线)的;②毛织品的,呢绒的

géneros de ~ 毛织品

productos de ~ 毛制品

lanado,-da *adj.* 〈植〉有[多]绒毛的;毛茸茸的

lanar *adj.* (羊)毛的;产毛的

ganado ~ 羊,绵羊

industria ~ 毛纺业

lanaria *f.* 〈植〉肥皂草

lanarquita *f.* 〈矿〉黄铅矾

lanceolado,-da *adj.* 〈生〉〈植〉披针状的;矛尖状[形]的

lanceta *f.* ①〈医〉刺血针;小[柳叶]刀;② *Amér. L.* 〈昆〉螫针

lancetada *f.* ; **lancetazo** *m.* 〈医〉刺血;切开

lancha *f.* ①小船[艇],舟,舢板,驳船;②〈游〉艇;③板石[岩];④ *Cono S.* 警车;⑤ *And.* 雾;(白)霜

~ bombardera[cañonera] 炮艇

~ de carga 驳船,平底船

~ de carrera(s) 高速汽艇,快艇

~ de desembarco[desembarque] 登陆艇

~ de pesca 捕鱼船

~ de salvamento[socorro] 救生船[艇]

~ del práctico 领港船

~ fuera borda 舷外[尾挂]机船,舷外[尾挂]机艇

~ inchable[inflable] 充气船[艇]

~ motora 摩托艇,汽[快]艇

~ neumática 橡皮船

~ patrullera 巡逻艇

~ rápida 快艇

~ salvavidas 救生船[艇]

~ torpedera 鱼雷(快)艇

lanchaje *m.* ①用船运输,水运;②(船)运费

lanchón *m.* 〈船〉①艇,舨船;②驳[平底]船

~ de desembarco 登陆艇

landa *f.* 〈地〉荒原

landrecilla *f.* 〈解〉肉枣,肉核

land rover *m. ingl.* ①路虎(一种多用途越野车,原为商标名);②农用汽车(*esp.* todo-terreno)

lanería *f.* ①羊毛制品,毛织品;②毛线[料]商店

lanero,-ra *adj.* 羊毛的;呢绒的

langita *f.* 〈矿〉蓝铜矾

langosta *f.* ①〈动〉海[龙]螯虾,龙虾,淡水螯虾;②〈昆〉蝗虫

langostera *f.* (诱捕)龙(螯)虾笼

langostero,-ra *adj. Amér. L.* (捕)龙虾的 ‖ *m.* 捕(龙)虾船

barco ~ 捕(龙)虾船

langostín; langostino *m.* 〈动〉①对[明]虾;宽沟对虾;②蝲蛄

langur *m.* 〈动〉叶猴

lanífero,-ra *adj.* ①有羊[柔]毛的;②羊毛似的

lanificación *f.* ; **lanificio** *m.* ①羊毛加工(工艺);②羊毛制品

lanolina *f.* 〈化〉羊毛脂

lanoso,-sa *adj.* ①羊毛的,羊毛(制)的;②羊毛似的,像羊毛的;③多绒毛的,毛茸茸的

lanosterol *m.* 〈化〉〈生化〉羊毛甾醇,羊毛固醇

lantana *f.* 〈植〉马缨丹

lantanaturo; lantánido *m.* 〈化〉镧系（元素），镧族[稀土]元素，镧（系卤）化物

lantano *m.* 〈化〉镧

lanudo,-da *adj.* ①〈动〉多毛的；② 多绒毛的，毛茸茸的
animales ~s 多毛动物

lanugo *m.* （新生儿的）胎毛

lanza *f.* ①矛，长矛；②长矛手；③〈军〉长矛轻骑兵；④（水管等的）管[喷]嘴；⑤〈技〉喷枪；（喷雾机的）喷杆；⑥车辕，辕杆

lanzabengalas *m.inv.* （闪光）信号枪

lanzable *adj.* 可发[弹]射的

lanzabombas *m.inv.* 〈军〉投弹器；迫击炮
alza para ~ 轰炸瞄准器[具]

lanzacabos *m.inv.* 〈海〉投索器，救生索发射器

lanzacargas *m.inv.* 深水炸弹发射器

lanzacohetes *m.inv.* 火箭发射器[装置]；火箭筒
~ múltiple 多功能火箭发射装置

lanzadera *f.* ①〈纺〉（织机的）梭，梭子；（缝纫机的）摆[滑]梭；梭状物；②见 ~ espacial；③短程穿梭运行（的）车辆[火车，飞机]；④（火车、飞机等的）短程穿梭运行
~ de misiles 导弹发射装置
~ espacial 航天飞机
~ mecánica 梭子织布机
servicio de ~ 往复行车，短距离的区间车
telar sin ~ 无梭织布机

lanzadestellos *m.inv.* ①（车辆等的）闪光信号灯；②〈摄〉闪光灯；③手电筒

lanzado,-da *adj.* 藉火箭起动[飞]的，火箭助推的，利用火箭运载的 ‖ *m.* （使用装有绕丝轮、轻钩丝和轻饵的钓竿的）旋式诱饵钓鱼法

lanzador,-ra *adj.* 投掷的；发射的 ‖ *m.f.* ①（火箭等的）发射者；②（风尚等的）提倡者；促进者；③（产品等的）推销商；④投掷运动员；⑤〈体〉（棒球的）投手；（板球的）投球手；（自行车等比赛中的）冲刺运动员 ‖ *m.* 发射器[装置]
~ de bala *Amér.L.* 掷铅球运动员
~ de jabalina 掷标枪运动员
~ de martillo 掷链球运动员
~ de peso 掷铅球运动员

lanzaespumas *m.inv.* 泡沫喷枪

lanzafuegos *m.inv.* ①火焰喷射器，喷火器；②（旧时放炮用的）火绳杆

lanzagranadas *m.inv.* 〈军〉掷弹筒，迫击炮；榴弹发射器

lanzallamas *m.inv.* 火焰喷射器，喷火器

lanzamiento *m.* ①扔，抛，（猛）投；（力）掷；②〈军〉伞投；③（航天飞机、导弹等的）发射；升空；④〈体〉投掷运动；⑤〈体〉（足球的）踢球，射门；（篮球的）投篮；⑥〈商贸〉（产品、股票等的）投放（市场）；发行；⑦（船）下水（典礼）；⑧〈法〉重新拥[占]有
~ a canasta （篮球运动中的）投篮
~ de bala *Amér.L.* 掷铅球
~ de disco 掷铁饼
~ de falta[penalties] （足球运动中的）罚球
~ de jabalina 掷标枪
~ de martillo 掷链球
~ de misiles 导弹发射
~ de peso 掷铅球
aparato de ~ 发射器[架]，装置，启动装置
aparato de ~ con tornillo sinfín 螺旋盘车装置，蜗杆传动装置
grada de ~ 造船滑道，(新船)下水台，船台
motor de ~ 启动[发动]机，启动电动机
plataforma de ~ 发射台[架]
rampa de ~ 发射站[台]
vibrador de ~ 磁电机启动线圈

lanzaminas *m.inv.* 〈军〉①迫击炮；②水雷发射器；③布雷舰艇

lanzamisiles *m.inv.* 〈军〉导弹发射装置

lanzamortero *m.* 〈建〉水泥喷枪

lanzaplatos *m.inv.* 〈体〉碟靶投射器

lanzatorpedos *m.inv.* 〈军〉鱼雷发射管；鱼雷发射器

laña *f.* ①夹头[具]；夹[紧]钳；②锔子；轧头；③扣[铆]钉

lañador *m.* 锔匠

lapa *f.* ①〈动〉蛾（尤指笠贝，帽贝）；② *Amér.L.* 〈鸟〉赤[金刚]鹦鹉；③ *Col.* 〈动〉刺豚鼠；④〈植〉牛蒡

lapachal; lapachero *m. P.Rico* 低湿地，沼泽地

laparectomía *f.* 〈医〉腹壁部分切除术

laparocistectomía *f.* 〈医〉剖腹囊肿切除术

laparocistotomía *f.* 〈医〉剖腹囊肿切开术

laparohisterectomía *f.* 〈医〉剖腹子宫切除术

laparorrafia *f.* 〈医〉腹壁缝合术

laparoscopia *f.* 〈医〉腹腔镜检查

laparoscópico,-ca *adj.* ①〈医〉腹腔镜（检查）的；②用腹腔镜进行的（手术）

laparoscopio *m.* 〈医〉腹腔镜

laparotomía *f.* 〈医〉剖腹术；结肠切开术

laparótomo *m.* 〈医〉剖腹刀

LAPB *abr.ingl.* link access protocal balanced 〈信〉链路访问协议平衡

lapicera *f.* ① *Cono S.* 钢[自来水]笔；圆珠笔；② *Arg.* （自动）铅笔

lapicero *m.* ① 活动铅笔；② *Esp.* 铅笔；*Amér.L.* 钢[自来水]笔；③ *Per.* 钢笔杆

lapicida *m.f.* 石刻工；碑文镌刻工

lápida *f.* 石碑；墓碑

  ~ funeraria[conmemorativa] 纪念碑

  ~ mortuoria[sepulcra] 碑石，墓碑

  ~ mural 纪念墙

lapidario,-ria *adj.* ①宝[玉]石的；②石碑的；宝[玉]石雕琢术的；③适宜于碑文的；碑文式(文字、语言等)的 ‖ *m. f.* ①宝石商[专家]；②宝[玉]石工；③碑文镌刻工 ‖ *m.* 金刚石切割器，玻璃刀

lapídeo,-dea *adj.* 〈建〉石头(堆砌)的

lapidícola *adj.* ①〈昆〉(昆虫等)生长在石头底下的；②〈植〉生长在石缝里的

  planta ~ 石隙植物

lapidificación *f.* 〈地〉石化(作用)；成岩(作用)

lapilli *m.* 〈地〉火山砾

lapislázuli *m.* 〈矿〉天青[青金]石

lapiz(*pl.* **lápices**) *m.* ①〈矿〉石墨；②铅[炭]笔；(彩色)炭笔；③铅笔芯；④化妆笔

  ~ a pasta *Cono S.* 圆珠笔

  ~ de carbón 炭笔

  ~ de carmín[labios] 唇(线)笔，唇膏，口红

  ~ de cejas 眉笔

  ~ de cera 蜡笔

  ~ de color 彩色铅笔，色笔

  ~ de luz 光笔

  ~ de mina(~ estilográfico) 活芯铅笔，自动铅笔

  ~ de ojos 眼线笔

  ~ (de) plomo (软)铅笔

  ~ electrónico 电子笔，光笔

  ~ fotosensible 见 ~ óptico

  ~ labial 唇(线)笔，唇膏

  ~ lector 〈信〉数据阅读笔

  ~ negro (审查电影、书刊、新闻等用的)蓝色笔

  ~ óptico ①〈信〉光笔；②条形码识别器

  ~ para labios 唇笔，口红

  ~ selector 〈信〉选择笔，光笔

  dibujo a ~ 铅笔画

lapizar *m.* 石墨产地

lapizlázuli *m.* 〈矿〉天青[青金]石

laplaciano *m.* 〈数〉拉普拉斯算子，调和算子

lapsus *m. inv. lat.* 失误，过失，差错

  ~ cálami 笔误

  ~ de memoria 记错，记忆差错

  ~ freudiano (下意识的)失言，无意中说出心里话

  ~ línguae 口误，失言

laqueado,-da *adj.* 涂漆的，上漆的

lardalita *f.* 〈地〉歪霞正长岩

larga *f.* ①(汽车大灯)远光；②〈体〉(比赛中可作为度量单位的)自首至尾长度；③(台球用的)长弹子棒

  luz ~ (汽车大灯)远光

largada *f.* ①〈体〉起跑；②*Amér. L.* 松[放，解]开

largavistas *m. inv. Cono S.* 双筒[双目]镜(如双筒望远镜等)

largo,-ga *adj.* ①(长度、距离等)长的；②长时间的；长久[期]的；③〈乐〉徐缓的；④*Esp.*〈农〉丰收的；丰富的 ‖ *m.* ①长；度；②(衣物等)长(短)；③〈电影〉正[故事]片；④〈乐〉广板；⑤〈体〉身(比赛中领先距离的计算单位)；(游泳池纵向的)全长

  compuestos de cadena ~a 长链化合物

  de carrera ~a 长冲程(活塞行程大于缸径)

  distribuidor en D ~ 长 D 形滑阀

largometraje *m.* 〈电影〉(放映时间超过一小时的)长片；故事影片

largomira *m.* 望远镜；小型望远镜

largor *m.* 长度；长短

larguero *m.* ①〈建〉横[顶]梁（纵、桁、翼、托、大)梁；桁(架)；②〈建〉门窗边框；侧柱；③〈体〉(球门)横木，(跳高架的)横杆；④长枕(床上用品)；⑤〈矿〉(矿井用)坑木

  ~ a caja 箱形梁

  ~ anterior 前梁

  ~ central 门中梃，竖框，石质中梃

  ~ de escalera 楼梯梁，短梯基，斜梁

  ~ de locomtora 构架梁，机车大梁

  ~ de piso 楼板骨架

  ~ de vía 铁道枕木

  ~ posterior 后梁

  ~ principal 主梁

  ~ único 单梁

  ala de ~ 梁翼

  alma de ~ (工字)梁腹

  falso ~ 辅助梁

largueto *m.* 〈乐〉徐缓曲；徐缓调

largura *f.* 长，长度

lárice *m.* 〈植〉落叶松；落叶松木

laricino,-na *adj.* 落叶松的

laringalgia *f.* 〈解〉喉痛

laringe *f.* 〈解〉喉

laringectomía *f.* 〈医〉喉切除术

laringiasmo *m.* 〈医〉喉痉挛

laringítico,-ca *adj.* 〈医〉喉炎的；患喉炎的 ‖ *m. f.* 喉炎患者

laringitis *f. inv.* 〈医〉喉炎

laringocentesis *f.* 〈医〉喉穿刺术

laringofaringectomía *f.* 〈医〉喉咽切除术

laringofaringitis *f. inv.* 〈医〉喉咽炎

laringofisura *f.* 〈医〉喉裂开术

laringofonía *f.* 〈医〉喉听诊音

laringófono *m.* 〈医〉喉听诊器；喉头送话器

laringografía *f.* 〈医〉喉描记(法)

laringograma *m.* 〈医〉喉造影片

laringología *f.* 〈医〉喉科学

laringólogo,-ga *m.f.* 〈医〉喉科医生[专家]

laringomalacia *f.* 〈医〉喉软化

laringoplastia *f.* 〈医〉喉成形术

laringoscopia *m.* 〈医〉喉镜检查(法)

laringoscópico,-ca *adj.* 〈医〉喉镜的，检喉镜的

laringoscopio *m.* 〈医〉喉镜，检喉镜

laringospasmo *m.* 〈医〉喉痉挛

laringostomía *f.* 〈医〉喉造口术

laringotomía *f.* 〈医〉喉切开术

laringótomo *m.* 〈医〉喉刀

laringotraqueobroncoscopia *m.* 〈医〉喉气管支气管镜检查

laringotraqueoscopia *m.* 〈医〉喉气管镜检查

larjita *f.* 〈地〉斜硅钙石

larva *f.* 〈动〉幼虫[体]

larvado,-da *adj.* ①(疾病、危险等)潜在的，隐伏[性]的；②(现象等)潜在的，隐蔽的

larval *adj.* 〈动〉①幼虫[体]的；②幼虫[体]形的；③有幼虫[体]特征的

larvario,-ria *adj.* 〈动〉幼虫的，幼体的

larvicida *f.* 杀幼虫剂

larvícola *adj.* 寄生在幼虫身上的

larvíparo,-ra *adj.* 〈动〉产幼虫的，蚴生的

larviquita *f.* 〈地〉歪碱正长岩

larvívoro,-ra *adj.* 〈动〉食幼虫的

laser *m.ingl.*；**láser** *m.* ①激[莱塞]光；②激光器，光激射器
  rayo ~ 激光，激光束

laserdisc *m.ingl.* 光碟[盘]

láserdisc；**láser disc** *m.* 光碟[盘]

lasérico,-ca *adj.* 激光的，激光束的；激光(发射)器的

laserterapia *f.* 激光治疗(法)

Lassa *f.* 〈医〉拉萨热(由拉萨病毒引起的传染病)

lastimada；**lastimadura** *f. Amér.L.* 擦[挫，损]伤

lastra *f.* 平滑石板，片石

lastrado *adj.* 有负载的，荷重的 ‖ *m.* 加压载，装底货
  proyectil ~ 负载导弹

lastrante *adj.* 施加重物的

lastre *m.* ①压载；②〈船〉〈技〉压载[舱]物；③〈航空〉镇重物，压块；④ *Chil.* 〈铁路〉路基
  ~ de agua(~ líquido) 水镇(重)，(镇船)水载，水载压，镇重液体

~ de estabilidad 加固[强]

~ de plomo en barras 镇重铅

~ permanente 压重料，(铣铁)压块，压载铁

~ sólido 镇重固体
  saco de ~ 压载袋[包]；(镇重)沙袋

lata *f.* ①白[马口]铁，镀锡铁皮；②罐[听]头；③罐头[听装]食品；④〈建〉(架瓦用的)木板条，条板；橡子；⑤〈军〉刀

latah *f.* 〈医〉拉塔病(表现共济失调、言语障碍及抽搐的一种神经病)

latania *f.* 〈植〉(马斯卡林群岛产的)蒲葵属植物

latencia *f.* ①潜在；潜[隐]伏；②〈医〉潜[隐]状期；③潜状物；潜在因素

latente *adj.* ①潜在的，隐伏的；②〈医〉潜状的，隐性的；③〈植〉休眠的，潜状的；④〈心〉潜在的，隐性的；⑤ *Amér.L.* 有活力的
  calor ~ 潜热
  foco ~ 潜在病灶
  imagen ~ 潜像；潜影
  infección ~ 潜在性感染，隐性感染
  período ~ 潜伏期
  raíces ~s 隐伏[本征，特征]根

lateral *adj.* ①旁边的，边上的；侧面的；②横的，横向的；③〈医〉侧的，外侧的 ‖ *m.* ①侧(边)；②(交通干道的)小[支]路；③ *pl.* 〈戏〉(舞台的)侧景[面] ‖ *m.f.* 〈体〉(足球等运动中的)边锋，边卫
  ~ derecho 〈体〉右边锋
  ~ izquierdo 〈体〉左边锋
  banda ~ inferior 下边带
  banda ~ única 单边带
  cadena ~ 〈生化〉侧链
  carlinga ~ 旁内龙骨
  combinación ~ 横向联合[合并]
  crus ~ 〈医〉外侧脚
  decúbito ~ 侧卧
  fuerza ~ 横向力
  movimiento ~ 横向运动
  presión ~ 旁[侧]压力
  receptor de banda ~ única 单边带接收机
  receso ~ 〈医〉外侧隐窝
  refracción ~ 旁向折射
  resistencia ~ 横向抗力
  sacudida ~ 横向振[摆]动
  transmisión por una banda ~ única 单边带传输

lateralización *f.* 〈生理〉(尤指脑部的)偏侧性[优势]，偏利

latería *f.* ① *Amér.C.* 镀锡铁皮，马口铁，白铁；② *Cari.*，*Cono S.* 白铁制品[器皿]店

laterita *f.* 〈地〉红土(带)；砖红壤

laterítico,-ca *adj.* 〈地〉红土带的;砖红壤的

laterización *f.* 〈地〉红土化(作用),砖红壤化(作用)

latero,-ra *m. f. Amér. L.* 白铁匠;白铁制品商

lateroabdominal *adj.* 〈医〉腹旁的,侧腹的

lateroposición *f.* ①侧向位置,侧方[星,层]位;②〈医〉偏侧变位

lateropulsión *f.* 侧向推进

laterotorsión *f.* 〈医〉侧旋

lateroversión *f.* 〈医〉侧倾(尤指子宫侧倾)

látex *m.* 〈化〉〈植〉①胶乳;橡(胶)浆,乳液[汁];②树脂乳剂

laticífero,-ra *adj.* 〈植〉具乳汁的;产乳汁的

latido *m.* (脉搏、心脏等的)搏[跳]动

latifolio,-lia *adj.* 〈植〉阔叶的

latifundio *m.* 大庄园;大片领地

latifundismo *m.* 大庄园制

látigo *m.* ①鞭子;②鞭状物;(收音机等的)鞭状天线;③〈体〉*Cono S.* (赛马或赛跑的)终点线;④(游乐场等处的)过山车;⑤*And.*, *Cono S.* 骑士;马术师

latiguillo *m.* ①〈技〉(连接两个通道的)软管,细软接管;②〈戏〉过火(的)表演;③〈植〉匍匐茎,生根蔓

latilla *f.* 〈建〉(灰)板条,条板

latinismo *m.* ①(用于其他语言中的)拉丁语现象(指单词、成语等);②拉丁语特有词汇,拉丁语特有表达方式

latitud *f.* ①〈地〉纬度;②宽度,幅员;③幅度;④〈天〉黄纬;⑤*pl.* 地方[区]
~ celeste 黄纬
~ geodésica[geográfica] 地理纬度
~ Norte 北纬
~ Sur 南纬
~ topográfica 地理纬度

latitudinal *adj.* 纬度的,纬度方向的;横向的

latón *m.* ①黄铜(铜锌合金);②*Cono S.* 黄铜器,黄铜制品;③*And.* 铁桶
~ blanco 白铜
~ blando 软铜
~ cobrizo 红(色黄)铜
~ corriente 黄铜
~ de aluminio 铝黄铜
~ en chapas 铜箔[片]
~ en lingotes 铜块,铜锭
~ en tira 铜条棒,铜棒
~ naval 海军黄铜
~ para pernos de navío 海军黄铜
de ~ 黄铜(制,色,般)的
efectos de ~ 黄铜材,黄铜货(品,物)
fundición de ~ 黄铜铸件

hilo de ~ 黄铜丝
placa de ~ 黄铜板;黄铜片
soldado con ~ 铜焊的
soldadura con ~ 铜[硬,钎]焊
tubo de ~ 黄铜管

latonado *m.* 镀铜

latonaje *m.* 黄铜铸件,黄铜制品

latonería *f.* ①黄铜(器制造)厂;黄铜制品工场;②铜器(商)店

latrocinio *m.* 〈法〉盗窃(罪)

lauca *f. Cono S.* 〈医〉脱发[毛](病)

lauco,-ca *adj. Cono S.* 秃顶的;无头发的

laúd *m.* ①〈乐〉诗琴,鲁特琴(14-17世纪流行使用);②小型单桅帆船;③〈动〉棱皮龟

láudano *m.* 〈药〉鸦片酒[酊];劳丹[半月花]酊

laudo *m.* 〈法〉裁决

laumonita *f.* 〈矿〉浊沸石

lauráceo,-cea *adj.* 〈植〉樟科的 ‖ *f.* ①樟科植物(如月桂树、鳄梨树);②*pl.* 樟科

Laurasia *f.* 〈地〉劳亚古陆

lauratos *m.* 〈化〉月桂酸;月桂酸盐[酯],根]

laurdalita *f.* 〈地〉歪霞正长岩

laurel; lauro *m.* 〈植〉月桂属植物,月桂树;山月桂
~ cerezo 桂樱树
~ de jardín *Amér. L.* 夹竹桃

laurencio *m.* 〈化〉铹

laureola; lauréola *f.* 〈植〉①野生月桂;②月桂树

laurilo *m.* 〈化〉月桂基,十二烷基

lautarita *f.* 〈地〉碘钙石

lava *f.* ①〈地〉(火山流出的)熔岩;岩浆;(熔岩冷却凝结而成的)火山岩;②〈矿〉洗选,洗矿(石)
~ ácida 酸性熔岩
~ alcalina 碱性熔岩

lavabilidad *f.* 可[耐]洗性,洗涤能力

lavable *adj.* 可[耐]洗的,可洗涤的

lavacoches *m. inv.* ①汽车擦洗行[房];②汽车擦洗

lavada *f.* ①冲[清,刷]洗,洗涤;②*Chil.* 〈矿〉洗矿,洗选

lavadero *m.* ①〈矿〉洗矿场;②洗涤池[盆,处];洗涤店;③*Amér. L.* 淘金场[处]

lavado *m.* ①冲[清]洗;洗涤[净];盥洗;②〈画〉淡涂;水墨画;③〈医〉灌洗(法);④〈矿〉洗矿(石),洗选(煤)
~ a mano (用)手洗
~ de automóviles 洗车,车辆清洗
~ de bonos 证券回购(以非法手段带股利高价卖出证券,再以低价不带股利买回,以逃避税收)

~ de cabeza（用洗发液）洗头（发）
~ de cara（除去面部皱纹等的）整容（术）
~ de cerebro 洗脑
~ de dinero 洗钱（非法行为）
~ de estómago(~ gástrico)〈医〉洗胃
~ de la lana 洗毛
~ de los minerales（矿砂）碎淘
~ del mineral 淘洗矿石
~ en seco 干洗
~ inferior con vapor 洗去［刷］
~ intestinal〈医〉灌肠
~ vaginal〈医〉冲［灌］洗（疗法）
cabina de ~ 洗涤房
criba para el ~ de minerales 移动式摇动
洗矿槽,淘汰机,淘金槽
dibujo al ~ 淡水彩画
instalación de ~ de minerales 洗矿工场;
洗矿装置
mesa de ~ 洗矿槽,洗矿床
mesa de ~ de sacudidas 振动式（洗矿）摇
床
oro de ~ 砂金

lavador,-ra adj. 洗（涤）的 ‖ m. ① 清除
［洗,理］器,洗涤器;②Cono S. 洗涤槽;③
Amér. M.〈动〉食蚁兽;④（擦洗火器的）通
条 ‖ ~a f. 洗衣［涤］机
~ ciclón 旋流式洗涤器
~ de arena 洗砂机［设备］
~ de gas 气体净化器,净气器
~ por pulverización 喷射式洗涤器
~a de carga frontal 前［正］面装入式洗衣
机
~a de carga superior 顶［上］部装入式洗
衣机
~a de coches 汽车擦洗机
~a de mineral 洗矿机
~a de platos 盘碟洗涤机
~a programable 程控洗衣机
~a mecánica 洗衣机
~a secador 干洗机
criba ~a de gravilla 砂砾洗筛设备

lavafaros m. inv. ①（矿工、医生等用的）头
［额,帽］灯清洗器;②（汽车、火车头等的）前
灯清洗器

lavaje m. ①〈医〉灌洗［肠］;灌肠法;灌肠剂;
②〈纺〉洗（羊）毛;③Cono S. 洗（涤）;清
［盥］洗

lavaluneta m.（汽车）后窗玻璃刮水器

lavanco m.〈鸟〉野鸭

lavanda; lavándula f.〈植〉熏衣草
agua de ~ 熏衣草香水

lavandería f. 洗衣店［房］;洗衣部［处］
~ automática 自助洗衣店

~ industrial 工业洗衣店

lavandina f. Cono S. 洗涤［去污,漂白］剂

lavaojos m. inv.〈医〉洗眼杯［器］

lavaparabrisas m. inv.（汽车）挡风玻璃自动
清洗器;刮水器,雨刷

lavaplatos m. inv. ① 洗碗 机;② Col.,
Chil., Méx. 洗涤槽 ‖ m. f. inv. 洗碟
工;洗碟者

lavarropas m. inv. Amér. L.〈机〉洗衣机 ‖
m. f. 洗衣工

lavasecadora f.〈机〉洗衣干燥两用机

lavaseco m. Chil. 洗染［干洗］店

lavativa f.〈医〉①灌肠剂;②灌肠（法）

lavatorio m. ①〈医〉洗涤剂［液］;②Amér.
L. 盥洗室;卫生间

lavavajillas m. inv. ①（餐具）洗涤剂;②洗
碟［餐具］机

lave m.〈矿〉洗选

lávico,-ca adj.〈地〉熔岩的

lawrencio m.〈化〉铹

laxante adj. ①使放松［松弛］的;②〈药〉致
轻泻的,通便的 ‖ m.〈药〉轻泻［通便］剂

laxitivo,-va adj. ① 使放松［缓解］的;②
〈药〉轻泻［通便］的 ‖ m.〈药〉轻［缓］泻药,
通便剂

laxitud f. ①〈医〉（尤指肌肉、神经纤维等的）
疏松;松弛;放松;②（尤指肠）的松动;缓泻
（性）

laxo,-xa adj. ①松（弛）的;②（土壤、岩石、
生物组织等）质地松的

lazariento,-ta adj. Amér. C., Cono S.,
Méx. ①〈医〉患麻风（病）的;引起麻风病
的;②（像）麻风（病）的;（像）麻风病人的 ‖
m. f. Méx.〈医〉麻风病患者

lazarino,-na adj.〈医〉患麻风（病）的;引起
麻风病的 ‖ m. f. 麻风病患者

lázaro,-ra m. Amér. L.〈医〉麻风病患者

lazo m. ①（带,花,活,领,绳）结;结状物;②
〈缝〉花［帽,蝴蝶］结;③〈建〉花结饰;（花园
等的）花草图案［造型］;④〈农〉（套捕马匹等
用的）套索;（捕捉鸟禽、兔子等网上的）活
套;系绳;（捆扎东西的）绳,带;⑤（捕猎用
的）陷阱,罗网;圈套;套索;⑥〈交〉（汽车道
等的）急转弯处;⑦pl. 关［联］系,纽带
~ corredizo 活结
~ de amor〈植〉（非洲南部产的）珠状吊兰
~ de zapatos 鞋带
~s de familias 家族关系
~s de parentesco 血缘关系

lázuli m.〈矿〉天青［青金］石

lazulita f.〈矿〉天蓝石

lazurita f.〈矿〉天青石,青金石

L/C abr. letra de cambio 汇票

LCAT *abr.* lecitina-colesterol aciltransferasa 〈生化〉卵磷脂甾醇胆碱基转移酶

LCD *abr. ingl.* liquid crystal display 〈电子〉液晶显示〈屏〉

LDAP *abr. ingl.* Lightweight Directory Access Protocol 〈信〉轻型[量]目录接入协议

LDD *abr.* lengua de definición de datos 〈信〉数据定义语言

LDI *abr.* lengua de definición de interfaces 〈信〉接口定义语言

LDL *abr. ingl.* low-density lipoprotein 〈生化〉低密度脂蛋白

LDP *abr.* lengua de descripción de página 〈信〉页面描述语言

lealtad *f.* ①忠诚[实];忠心;②诚实,忠厚
~ de marca 品牌忠诚

leasing *m. ingl.* 租借;租赁
~ financiero 财务租赁
~ operativo 业务租赁

leberquisa *f.* 〈矿〉磁性黄铁矿

lebrato *m.* 〈动〉小[幼]野兔

lebrel,-la；lebrero,-ra *adj.* 〈动〉猎兔的
(狗) ‖ *m.* 猎兔狗[犬]

lebrón *m.* 〈动〉大野兔

LEC *abr.* Ley de Enjuiciamiento Civil *Esp.* 民事审判程序法

lección *f.* 〈教〉①功课,课业;②课,一节[堂]课;(教科书的)一课;③课[教]程
~ magistral ①(教师的)示范课;公开课;②(由音乐大师授课的)高级音乐讲习(班)
~ particular 特色课程
~ práctica 实验[直观]教学课

lecha *f.* ①雄鱼精液,鱼白;②雄鱼生殖腺

lechada *f.* ①〈建〉(灰,砂,水泥)浆,白[石]灰水;②薄胶泥;③纸浆;④乳剂;⑤〈生理〉精液
~ de cal 氢氧化铝洗液,白泥洗液;白涂料,白[石]灰水
~ de papel 纸浆
rellenar con ~ 灌(薄,水泥)浆,涂薄胶泥;粉饰,浆砌

lechal *m.* 〈植物、果实等的〉乳汁;乳胶

leche *f.* ①〈牛〉奶,乳;②〈植〉(植株、果实等的)浆,乳(状)液;乳胶;③〈生理〉精液;④洗液,洗[搽,涂]剂;⑤乳状饮料;⑥ *Bol.* 〈植〉橡胶；*Cari.* 橡胶树
~ completa[entera] 全脂牛奶;全乳
~ concentrada[condensada] 炼乳
~ de coco 椰奶[汁]
~ de larga duración[vida] 高温消毒奶;保鲜期较长的牛奶
~ de paloma 鸽乳浆液

~ del día 鲜[当日]奶
~ descremada[desnatada] 脱脂奶[乳]
~ en polvo 奶粉
~ evaporada 淡炼乳
~ frita 煎蛋奶糕
~ hidratante 润肤液
~ homogeneizada 均质牛奶
~ limpiadora ①清洁剂;②洗面奶
~ materna 母乳
~ merengada 蛋清奶茶
~ pasteurizada 消毒牛奶
~ semidesnatada 半脱脂奶
~ sin desnatar *Esp.* 全脂牛奶;全乳
~ UHT 高温消毒奶

lechecino *m.* 〈植〉苦苣菜

lechemiel *m. Col.* 〈植〉甜味果

lechero,-ra *adj.* ①牛奶的;牛奶制的;乳品的;②产乳[奶]的;产乳品的
ganado ~ (vaca ~a) 奶[乳]牛
industria ~a 奶制品工业
producción ~a 乳品生产

lechetrezna *f.* 〈植〉泽漆(大戟科草本植物)

lechiguana *f. Amér. L.* 〈昆〉(产蜜的)小蜜蜂

lechino *m.* 〈医〉塞条

lecho *m.* ①床,(床)铺;②层;〈地〉地[岩]层;③河[海,岩,基,路,矿,苗]床;水[湖,海]底;④机[台]架;⑤〈农〉(苗)床,坛
~ caliente 〈农〉(培育植物的)温床
~ de colada 浇铸台,铸床[场]
~ de enfermo 病床,病榻
~ de filtración 过滤层[床]
~ de goas 〈冶〉铁水沟[槽]
~ de grava 砾石层
~ de mortero 灰浆层,化灰池
~ de muerte 临终床,灵床
~ de roca 〈地〉基岩
~ de rosa 称心如意;舒适环境,安乐窝
~ de siembra 苗床,种子田
~ de tizones 联系层,黏结层
~ de transferencia 机动台架
~ del mar 海床,海底
~ filtrante[percolador] 滤床[垫]
~ fluidizado 〈化〉流化床
~ marino 海床;海底
~ mortuoso 临终床,灵床

lechosa *f. Venez.* 〈植〉木瓜(果实)

lechoso,-sa *adj.* 〈植〉(植株、果实等)有乳(状)液的 ‖ *m.* ①木瓜树;② *Méx.* 牛奶树

lechuga *f.* ①〈植〉生菜,叶用莴苣；莴苣；②〈缝〉(衣物等的)褶[饰,荷叶]边;皱褶领
~ Cos[francesa,orejana] *Méx.* 直立莴苣

lechuguilla *f.* ①〈缝〉(衣物等的)褶[饰,荷叶]边;皱褶领;②〈植〉毒莴苣

lechuguino *m.* 〈植〉嫩莴苣;莴苣苗

lechuza *f.* ①〈鸟〉猫头鹰,鸮枭;②*Cono S.*, *Méx.* 〈医〉白化病患者
~ common 仓鸮

lecitina *f.* 〈生化〉卵磷脂

lecitinasa *f.* 〈生化〉卵磷脂酶

lecitoproteína *f.* 〈生化〉卵磷脂蛋白

lectina *f.* 〈生化〉〈医〉外源凝集素,植物(种子)血凝素

lectivo,-va *adj.* 〈教〉①学校的;②上课的;教学的
año ~ 学年
hora ~a 课时

lectoescritura *f.* 〈教〉读写教学(法)

lector,-ra *adj.* 阅读的;用于阅读的 ‖ *m. f.* ①读者;②(出版机构特约)审稿人;第一读者;③〈教〉(大学)助教;外籍外语教师 ‖ *m.* 〈信〉(计算机)阅读器,读数器;输入机
~ cabezal 读(数,出)头
~ de código de barras 条码阅读器[扫描器]
~ de discos compactos (CD) 激光(唱片)唱机
~ de disco óptico 光盘阅读器
~ de documentos 文档[件,献]阅读机
~ de fichas[tarjetas] 读卡器[机]
~ de marcos ópticos 光标记阅读器
~ de tarjeta magnética 磁卡阅读器
~ óptico 光阅读机
~ óptico de caracteres 光字符阅读器
(el) público ~ 读者公众

lectotipo *m.* (标本的)选模式

lectura *f.* ①读(书);阅[朗]读;②读物,阅读材料;(课程)讲义;③(密码等)解读,阐释;(课文、电影、文学作品等的)讲解;④(论文的)宣读;答辩;⑤〈信〉读,读出;⑥(仪表、标度盘等上的)读[度,指示]数;⑦〈印〉十二点活字
~ activa 积极阅读(法)
~ de atrás 后视(表尺)
~ de mira 标尺读数
~ del pensamiento 看透他人心思(的能力)
~ dramática 戏剧式表现
~ frontal 前视(表尺)
~ labial (通过观察说话人嘴唇动作理解话意的)唇读法
~ por reflexión 镜示读数法
medidor de ~ directa 直读(式)仪表[器]
ee El J... Manual 〈信〉(请)读…用户手册(尤用于电子邮件中,作为对显而易见的问题的回复)

leenoticias *m.* 〈信〉新闻阅读器

legado *m.* 〈法〉遗赠,遗赠物;遗产

legalidad *f.* ①合法性;依[守]法;②法制,法律(性);③法律[合法]地位

legalización *f.* ①合法化;②合法性;③〈法〉(对文件等)认证,确认;证明[实]
~ consular 领事认证

legalizado,-da *adj.* 经法律证明的,法律上认可的

légamo *m.* ①淤[烂,稀]泥;②黏土

legamoso,-sa *adj.* ①淤[烂,稀]泥的;泥泞的;②黏土的

legatario,-ria *m. f.* 〈法〉遗产承受人;受遗赠者

legibilidad *f.* ①(字迹、印刷等)清楚易读;②可读性

legible *adj.* ①(字迹、印刷等)清楚的,易读的;②可(以)阅读的
~ por máquina 〈信〉用机器可阅读的

legionelaceae *m.* 〈生〉军团菌科

legionella *f.* 〈医〉军团病(一种大叶性肺炎,因于1976年美国退伍军人大会期间首次得到确认,故名)

legionelosis *f.* 〈医〉军团菌病

legislación *f.* ①立法;②(国家的行业等)法律,法规;③法学,法律学
~ antimonopolio 反垄断法
~ bancaria 银行法
~ comercial 商法
~ fiscal[tributaria] 税法;税收法规
~ marítima 海运法

legista *m. f.* ①法学家;法律工作者;②法学(专业)学生;③*Amér. L.* 见 médico ~
médico ~ 法医;犯罪病理学家

legitimación *f.* 合法化,法律认可[确认]

legitimidad *f.* ①合法(性);正统(性);②(要求等的)合理(性);正确(性);③(文件、签字等的)可靠[真实]性

legítimo,-ma *adj.* ①合法的,法律认可的;②合理的,正当的;③合法婚姻所生的;④真(实,正)的(签字、画作等)
en ~a defensa 属正当防卫

legón *m.* 〈农〉(长柄)耘锄;锄

legra *f.* ①〈医〉骨刮,骨膜刀;②(木工用的)挖[旋]刀

legración *f.*; **legrado** *m.* 〈医〉刮宫(术)

legua *f.* ①西班牙里(里程单位,合5,572.7米);②*Amér. L.* 莱瓜(里程单位)

leguario *m. Bol.*, *Chil.* 里程标(牌,桩);里程碑

legumbre *f.* 〈植〉①豆角[荚];②豆科植物;③蔬菜

legumina *f.* 〈生化〉豆球蛋白

leguminoso,-sa *adj.* 〈植〉①豆科植物的；②豆荚的；豆类的 ‖ *f.* ①豆科[类]植物；②*pl.* 豆科

leiomioma *m.* 〈医〉平滑肌瘤

leishmania *f.* 〈动〉〈生〉利什曼虫，锥体虫

leishmaníasis *f.* 〈医〉利什曼病(一种热带常见流行病)

lejano,-na *adj.* 远的；遥〈偏〉远的；远方的
　ultravioleta ～ 远紫外线

lejía *f.* ①〈化〉碱液[水]；②漂白剂；洗涤剂

lejido *m. Col.* 〈农〉村社

lema *m.* ①箴[格]言；座右铭；②(词典等的)词[条]目；③〈数〉引[辅助定]理；④(讲话、演说、文艺作品等的)主题；主题词；(文章论点的)标题

lemma *f. ingl.* 〈植〉外稃

lemming *m. ingl.* 〈动〉旅鼠

lemnáceo,-cea *adj.* 〈植〉浮萍科的 ‖ *f.* ①浮萍科植物；②*pl.* 浮萍科

lemniscata *f.* 〈数〉双扭(曲)线

lémur *m.* 〈动〉狐猴

lengua *f.* ①〈解〉舌，舌头；②舌状物；③钟锤[舌]；铃锤[舌]；④(秤的)指针；(管乐器的)簧片；⑤语言；方言；(某)国语，(某民族)语；⑥见 ～ de tierra
　～ de destino 〈信〉目标语言
　～ de origen 〈信〉源语言
　～ de tierra ①山甲，沙嘴；②狭长陆地
　～ de trabajo 工作语言
　～ de trapo (语言错误、发音不准的)幼儿语
　～ franca 混合[通用，交际]语言
　～ glaciar 〈地〉冰舌
　～ larga[viperina] 刻薄嘴(指尖酸刻薄的人)
　～ madre 母语(构成某些语言的原始语言)
　～ materna ①本族语，本国语；②母语，衍生其他语言的原始语言
　～ minoritaria 少数民族语言
　～ moderna 现[近]代语言
　～ muerta 死语，死语言(指无人作为本族语使用的语言，如拉丁语)
　～ natural 自然语言(区别于计算机语言或世界语一类的人造语言)
　～ oficial 官方语言，国语
　～ segunda 第二语言(指本族语以外的第一外语)
　～ viva 活语言，现用语言
　～s hermanas (由同一母语派生的)姊妹语言

lenguado *m.* 〈动〉〈舌〉鳎

lenguaje *m.* ①语言；②术[专门]语；行话；集团语；③〈信〉(计算机)语言；语言(符号)
　～ a compilar 〈信〉编译程序语言，汇编语言
　～ algorítmico 〈数〉算法语言
　～ anfitrión 〈信〉宿主语言
　～ artificial 〈信〉人工语言
　～ bursátil 交易所术语
　～ comercial 商业用语
　～ corporal 体势语，身[形]体语言
　～ de alto/bajo nivel 〈信〉高/低级语言
　～ de composición 〈信〉创作[合成]语言
　～ de control de trabajo 〈信〉作业控制语言
　～ de cuarta generación 〈信〉第四代语言
　～ de definición de datos 〈信〉数据定义语言
　～ de definición de interfaces 〈信〉接口定义语言
　～ de directivas 〈信〉脚本[指导]语言
　～ de ensamblaje condicional 〈信〉条件编汇语言
　～ de gestos(～ gestual) 手(势)语；身势语
　～ de las manos(～ de los signos) 手(势)语；身势语
　～ de mandatos 〈信〉命令语言
　～ de manipulación de datos 〈信〉数据操作语言
　～ (de) máquina 〈信〉机器语言
　～ de programación 〈信〉①程序(设计)语言；编程语言；②机器语言
　～ de tercera generación 〈信〉第三代语言
　～ del cuerpo 身势语，形[身]体语言
　～ declarativo 〈信〉陈述[说明]性语言
　～ descriptor de páginas 〈信〉页面描述语言，PDL 语言
　～ en la máquina(～ informático) 〈信〉机器语言
　～ ensamblador 〈信〉汇编语言
　～ formal 形式语言
　～ fuente[originario] ①(译本的)原[译出]语；②〈信〉源语言
　～ intermedio 〈信〉媒介语言
　～ interpretable 〈信〉解释程序语言
　～ natural 自然语言(区别于计算机语言或世界语一类的人造语言)
　～ objetivo 〈信〉目标语言
　～ periodístico (多陈词套套语等的)新闻文体
　～ procedimental 〈信〉过程型语言
　～ simbólico 符号语言
　～ vulgar 通俗语言；通用语言

lengüeta *f.* ①舌状物；②(秤、天平等的)指

针；③〈机〉舌片键，榫梢；④〈技〉棘爪；滑
键；⑤〈乐〉(管乐器等上的)簧片；⑥〈解〉会
厌；⑦鞋舌；⑧*Amér. L.* 裁纸刀；⑨*Amér.
L.* 〈缝〉(衬裙的)边[穗状缘]饰；⑩〈建〉扶
垛；(木工用等)榫舌；(泥工用的三角形)小
铲

~ de ranura 滑键；榫舌

lenificativo,-va *adj.* ①缓和(作用)的；减轻
(疼痛)的；②有润泽功能的 ‖ *m.* 〈药〉缓和
[缓解，润泽]剂

lenitivo,-va *adj.* ①(有)缓和(作用)的；缓解
疼痛的；②润泽的；轻泻的 ‖ *m.* 〈药〉缓和
[润泽]剂；轻泻剂

lente *m. o f.* ①透镜，镜片；②〈理〉(聚集微
波、电子等的)透镜 ‖ *f.* ①〈摄〉镜头，(接)
物镜；② 见 ~ cristalina ‖ *m. pl.* ①眼
镜；②夹鼻眼镜；③见 ~ monóculo

~ acromática 消色差透镜
~ anular 环状镜头
~ aplanática 消球差透镜
~ bicóncava/biconvexa 双凹/凸透镜
~ colectora[convergente] 会聚透镜，聚
光(透)镜
~ cóncava/covexa 凹/凸透
~ cóncavo-convexa 凹凸透镜，一面凹一
面凸的透镜
~ concéntrica 同心透镜
~ convergente 聚光镜
~ cristalina (眼球的)晶状体
~ de aumento 放大(透)镜
~ de campo 向场(透)镜
~ de dieléctrico artificial 人工电介质透镜
~ de dieléctrico no metálico 非金属电介
质透镜
~ de escalones 波纹透镜
~ de gafas[anteojos] 柔性焦距透镜(组)；
软焦点透镜(组)
~ de gran ángulo(~ granangular) 广角
透镜
~ de placa metálica 金属片透镜
~ de proyección 投影透镜
~ de rectificado 调整[校正]透镜
~ dióptrica 屈光(透)镜
~ divergente 发散透镜
~ electrónica 电子透镜
~ electrostática 静电透镜
~ escalonada 棱镜，分步透镜
~ esférica 〈理〉球面(透)镜
~ Fresnel 菲涅耳透镜
~ gravitacional 〈天〉引力透镜
~ magnética 磁透镜
~ monóculo 单片[独脚]眼镜

~ objetiva 物镜
~ ocular 接目镜
~ plano-cóncava 平凹透镜
~ plano-convexa 平凸透镜
~ simple 单透镜，单目镜
~ telefotográfica 摄远透镜[镜头]
~ telescópica 远焦[望远]镜头
~ zoom 〈摄〉可变焦距镜头
~s (de) bifocales 双光眼镜；双焦透镜
~s de contacto 隐形[接触]眼镜
~s de sol(~s negros[oscuros]) 墨[太
阳]镜
~s multifocales 复焦透镜
foco de una ~ 镜头焦点；镜头聚光点

lentectomía *f.* 〈医〉晶状体切开术

lenteja *f.* ①〈植〉兵[滨]豆(指小扁豆属植物
或其种子)；②(钟摆上的兵豆形)吊锤

~ de agua 浮萍

lentejilla *f. Ecuad.* 〈植〉浮萍

lentejuela *f.* 〈缝〉(衣物上用作装饰的)闪光
片

lenticela *f.* 〈植〉皮孔

léntico,-ca *adj.* 〈生〉静水的；生活在静水中
的

lenticular *adj.* ①透镜(形)的，(双凸)透镜
状的；②扁豆状的；③(眼球的)晶状体的；
〈解〉锤状的 ‖ *m.* 〈解〉锤骨

cristal ~ 双[两面]凸玻璃片
hueso ~ 锤骨

lentiforme *adj.* 透镜形[状]的

lentigo *m.* 〈医〉雀[着色]斑；小痣

lentilla *f.* 隐形眼镜，接触眼镜

~s blandas 软接触(隐形)眼镜
~s duras 硬接触(隐形)眼镜
~s semirígidas 透气(隐形)眼镜

lentiscal *m.* 〈植〉乳香黄连木林

lentisco *m.* 〈植〉乳香黄连木

lentivirus *m.* 〈医〉慢病毒

lento,-ta *adj.* ①慢的，缓慢的；行动[进展]
缓慢的；②〈摄〉(胶片)曝光慢的；(镜头)小
孔径的；③〈药〉胶质的，黏(性)的；作用缓
慢的；慢性的；④〈乐〉徐缓的，缓慢的‖
conmutador de ruptura ~a 缓动断路器
fraguado ~ 慢凝(结)
línea ~a (道路的)慢车线
marcha ~a 缓速行进[运行，运转]，慢转
pólvora ~a 慢燃火药
revenido ~ 慢回[退]火
veneno ~ 慢性毒药

Lenz *m.* 见 ley de ~
ley de ~ 〈理〉楞次定律

leñero,-ra *m. f.* ①木料商；柴商；②〈体〉(动
作，作风)粗野的运动员

leño *m*. ①原木,圆[干]材;②木材;锯制板

leñoso,-sa *adj*. 木头的,木质的;木本的

Leo *m*. ①〈天〉狮子(星)座;②狮子宫(黄道十二宫的第五宫)

león *m*. ①〈动〉狮,雄狮;②*Amér. L*.〈动〉美洲狮;③[L-]〈天〉狮子(星)座;④[L-]〈天〉狮子宫(黄道十二宫的第五宫);⑤*pl*. 灌铅骰子
　～ marino〈动〉海狮

leona *f*.〈动〉母狮

leonino,-na *adj*.〈法〉(合同等)有利于一方的;不公正的

leontiasis *f*.〈医〉狮面(麻风)

leontina *f*.(挂表、怀表的)表链

leonuro *m*.〈植〉益母草

leopardo *m*. ①〈动〉豹;美洲豹[虎];②豹(毛)皮;③(纹章上的)狮像
　～ cazador 非洲猎豹

leopoldina *f*. 怀表短链

LEP *abr. ingl*. large electron-positron collider〈理〉大型正负电子对撞机

lepidio *m*.〈植〉(可做药用的)独行菜

lepidocrosita *f*.〈矿〉纤铁矿

lepidolita *f*.〈矿〉锂云母

lepidóptero,-ra *adj*.〈昆〉鳞翅目的 ‖ *m*. ①鳞翅目昆虫;②*pl*. 鳞翅目

lepidopterología *f*. 鳞翅昆虫学

lepidopterólogo,-ga *m. f*. ①鳞翅昆虫学家;②鳞翅昆虫采集者

lepidosirena *f*.〈动〉美洲肺鱼

lepidoto,-ta *adj*.〈生〉具鳞皮的;有鳞屑的;外有鳞皮的

lepisma *f*. ①〈动〉银色鱼;②〈昆〉(蛀蚀纸、糖、皮草等的)蠹[蚀]虫

leporino,-na *adj*. ①野兔的;②似野兔的;labio ～〈医〉兔唇,唇裂

lepra *f*.〈医〉麻风(病)
　～ de montaña *Amér. L*.〈医〉利什曼病(一种热带常见流行病)

lépride *f*.〈医〉麻风疹

leprofobia *f*.〈医〉麻风恐怖

leprología *f*.〈医〉麻风学

leprólogo,-ga *m. f*.〈医〉麻风病医师[专家]

leproma *m*.〈医〉麻风结节

lepromatoso,-sa *adj*.〈医〉麻风结节的

lepromina *f*.〈医〉麻风菌素

leprosario *m*.;**leprosería** *f*.〈医〉麻风病院;麻风病人隔离区

leproso,-sa *adj*. ①〈医〉患麻风的;(像)麻风的;②(像)麻风病人的;引起麻风病的 ‖ *m. f*. 麻风病人

leprosorio *m*. *Méx*.〈医〉麻风病院

leprótico,-ca *adj*.〈医〉麻风的

leptina *f*.〈生化〉消瘦素

leptocéfala *f*.〈动〉叶鳗

leptocefalia *f*.〈医〉狭长头

leptocefálico,-ca *adj*.〈医〉狭长头的;颅骨窄小的

leptodactilia *f*.〈医〉细长指[趾]

leptofonía *f*.〈医〉声弱

leptómeninges *f*.〈解〉软脑膜

leptomeningitis *f. inv*.〈医〉软脑膜炎

leptón *m*.;**leptonas** *f. pl*.〈理〉轻子

leptonema *m*.〈生〉细丝期

leptónico,-ca *adj*.〈理〉轻子的;产生轻子的

leptorrino,-na *adj*. 窄[狭]鼻的(人类学用语)

leptosomático,-ca *adj*. 瘦长型的 ‖ *m. f*. 瘦长型者

leptosómico,-ca *adj*. 细长(型)的,瘦弱(型)的,外胚层体型的 ‖ *m. f*. 细长型者,瘦弱型者,外胚层体型者

leptosomo,-ma *adj*. 细长(型)的,瘦弱(型)的,外胚层体型的

leptospira *f*.〈生〉细[钩端]螺旋体

leptotena *f*.〈生〉(细胞分裂中的)细线期

lepus *m*. ①〈动〉兔属;②[L-]〈天〉天兔(星)座

lequeleque *m*. *Bol*.〈鸟〉凤头麦鸡

lesbianismo *m*. 女性同性恋关系

lesbiano,-na *adj*. 女性同性恋的 ‖ *f*. 同性恋女子

lésbico,-ca;**lesbio,-bia** *adj*. 女性同性恋的

lesión *f*. ①〈医〉(伤、病导致的)机能障碍,器官损害;伤;②见 agresión con ～es
　～ celebral 脑损伤
　～ de ligamentos 韧带拉伤
　～ mortal 致命伤害
　agresión con ～es〈法〉暴力殴打(罪);人身攻击

lesividad *f*. 伤害性;有害性

lesna *f*.(木工、鞋匠等用的)钻子,尖锥;锥[冲]子

leso,-sa *adj*.(置名词前)受到伤害的;受损的;损坏的
　crimen de ～a patria 叛国罪
　crimen de ～a humanidad 危害人类罪
　crimen de ～a majestad 冒犯君主罪,大逆不道罪

let *m. ingl*.〈体〉(网球、羽毛球等运动中发球时的)触网重发

letal *adj*. 致死[命]的;会致死的
　coeficiente ～ 致死系数
　dosis ～ 致死量
　gases ～es 致命毒气
　gen ～ 致死基因

letalidad *f.* ①致死性；②致死力
tasa de ～ 致死率

letárgico,-ca *adj.* ①〈医〉昏[嗜]睡的；患嗜眠症的；②催人昏睡的
encefalitis ～a 昏[嗜]睡性脑炎

letargo *m.* ①〈动〉冬[休]眠；②〈医〉嗜眠（症），昏[迷]睡

letra *f.* ①字；字母；文[活]字；②〈印〉（一个）铅字；全副铅字；③书写；笔迹[法]，字体；④〈商贸〉票据；汇[期]票；分期交付；⑤ *pl.* 〈教〉人文学科，文科；⑥（词典中同一字母的）词条[词目]；⑦书信，信件
～ a la vista 即期汇票
～ abierta 开口[无条件]信用证
～ aceptada 已承兑汇票
～ bancaria 银行汇票，银行本票[票据]
～ bastarda 手写斜体字
～ bastardilla(～ itlica) 印刷斜体字
～ capital[versal]大写字母
～ corrida 草体字
～ cursiva〈印〉①印刷斜体字；②草体字
～ de agua *Méx.*〈印〉水印文字
～ de cambio 汇[期]票，票据
～ de crédito 信用证
～ de imprenta 印刷体（字）
～ de molde 正文字体，印刷体
～ de pago 支付票据
～ de patente〈法〉专利证
～ del Tesoro 国库券
～ doble 复合字母（如 ch,ll,rr)
～ florida[historiada]花体大写字母
～ gótica〈印〉歌特体字，花体字
～ inicial〈印〉首字母
～ limpia[simple]光票
～ mayúscula/minúscula 大/小写字母
～ menuda[pequeña]（文件中）小字体部分
～ muerta ①不再受人重视的规章，一纸空文；②邮局保存的无法投递信件
～ negrita[negrilla]黑体字
～ redonda 罗马字体，正白体字
～ reespacial 出格字母
～ sin documentos 光票
～ titular 标题字母
～ versalita 与小写字母同样大小的大写字母
～ voladita 上标字母[符]，上（角）标
bellas[buenas]～s 文学
cambio de ～s（电传打字机上的）换字母档
filosofía y ～s 人文学科
primeras ～s 启蒙教育，入门知识
(un) hombre de ～s 一个有学问的人

letrado,-da *m.* 律师

letraset *m.* 粘贴标签

letrero *m.* ①牌；标[路，招，指示]牌；②海报，广[布]告；③（铸币、徽章等上的）刻印文字；铭文
～ luminoso 霓虹灯广告牌

letrista *m.f.* 〈乐〉歌词作者

leucemia *f.* 〈医〉白血病
～ de célula tallo 干细胞白血病
～ monocítica 单核细胞性白血病

leucémico,-ca *adj.* 〈医〉白血病的；患白血病的 ‖ *m.f.* 白血病患者

leucina *f.* 〈生化〉亮[白]氨酸

leucita *f.* 〈矿〉白榴石

leucitófido *m.* 〈地〉白榴斑岩

leucoaglutinina *f.* 〈生医〉白细胞凝集素

leucobases *f. pl.* 〈化〉无色母体

leucoblasto *m.* 〈生〉成白细胞

leucoblastosis *f.* 〈医〉白细胞增生

leucocidina *f.* 〈医〉杀白细胞素

leucocitemia *f.* 〈医〉白血病

leucocito *m.* 〈生〉白细胞，白血球
～ basófilo 嗜碱性白细胞
～ eusinófilo 嗜伊红白细胞
～ neutrófilo 嗜中性白细胞

leucocitoblasto *m.* 〈生〉成白细胞

leucocitoideo,-dea *adj.* 〈医〉白细胞样的

leucocitolisis *f.* 〈医〉白细胞溶解

leucocitología *f.* 〈医〉白细胞学

leucocitoma *m.* 〈医〉白细胞瘤

leucocitopenia *f.* 〈医〉白细胞减少

leucocitosis *f.* 〈医〉白细胞增多

leucocitotáctico,-ca *adj.* 〈医〉白细胞趋向性的

leucocitotaxis *f.* 〈医〉白细胞趋向性

leucocitoterapia *f.* 〈医〉白细胞疗法

leucocitotoxicidad *f.* 〈医〉白细胞毒害性[力]

leucocrato *m.* 〈矿〉淡色岩

leucodermia *f.* 〈医〉白斑病

leucodistrofia *f.* 〈医〉脑白质营养不良

leucoedema *f.* 〈医〉白色水肿

leucoencefalitis *f. inv.* 〈医〉白质脑炎

leucoencefalopatía *f.* 〈医〉白质脑病

leucólisis *f.* 〈医〉白细胞溶解

leucoma *f.* 〈医〉角膜白斑

leucomaína *f.* 〈生化〉蛋白碱

leucón *m.* 〈动〉复沟型

leuconiquia *f.* 〈医〉白甲病

leucopenia *f.* 〈医〉白细胞减少

leucoplaquia；leucoplastia *f.* 〈医〉①（黏膜）白斑；②（黏膜）白斑病

leucoplasto *m.*〈植〉白色体[粒]

leucopoyesis *f.*〈医〉白细胞生成

leucopterina *f.*〈化〉〈生化〉无色蝶呤

leucorrea *f.*〈医〉白带

leucosarcoma *m.*〈医〉白血病性肉瘤

leucosis *f.*〈兽医〉家禽白血病

leucotomía *f.*〈医〉脑白质切断术,叶切断术

leucotoxina *f.*〈医〉白细胞毒素

leucotrieno *m.*〈生化〉白三烯,白细胞三烯

leucovirus *m.*〈医〉白血病病毒

leucoxeno *m.*〈矿〉白钛石

leucozafiro *m.*〈矿〉刚玉

leudante *adj.*（使）发酵的,（使）面肥的;（含）酵母的

    agente ～ 发酵剂

leva *f.*①〈机〉凸[偏心]轮;②〈海〉起锚,起航;③〈军〉招[征]兵

    ～ correctora 校正凸轮

    ～ de admisión 吸进[进气]凸轮

    ～ de cara 端面凸轮

    ～ de disco 盘形凸轮

    ～ de doble juego 双针凸轮

    ～ de escape 排气凸轮

    ～ de retroceso 反转凸轮

    ～ de tambor 圆柱凸轮

    ～ excéntrica 偏心轮

    ～ forma corazón 心形凸轮

    ～ simétrica 对[匀]称凸轮

    accionamiento de ～ 凸轮驱动

    anillo de ～s 凸轮环;(叶片泵的)定子

    árbol de ～ para la marcha adelante/atrás 正/反转凸轮轴

    árbol de ～s 凸轮;凸[桃,偏心]轮轴

    botón de ～ 凸轮按钮

    chaveta del árbol de ～ 凸轮轴销

    cursor de ～ 凸轮滑板[滑座]

    eje de palanca de ～ 凸轮销,凸轮枢(轴)

    montaje para ～s 凸轮夹具[型架]

    palier de ～ 凸轮轴承

    rampa de ～ 凸轮轮廓

    rodillo de ～ 凸轮随动件

    roldana de ～ 凸轮滚子

    rollete de ～ 凸轮轧辊[滚轮]

levadizo,-za *adj.* 可吊[升]起的;可曳起的

    puente ～ 吊[开合]桥

levadura *f.*①酵母;酒母;发酵剂;②〈植〉酵母菌

    ～ de cerveza 啤酒酵母

    ～ de panadero 面包酵母

    ～ en polvo 发酵粉

levamisol *m.*〈生医〉〈药〉左咪唑,左旋（四）咪唑,左旋驱虫净

levana *f.*〈化〉左[果]聚糖

levantacarriles *m. pl.*〈机〉钢[铁,路]轨升降机;轨道升降机

levantador,-ra *adj.* 举[抬,提,吊]的‖*m.*〈机〉升运[提升,起重]机‖*m. f.* 见 ～ de pesos

    ～ de pesos 举重运动员;举重者

levantamiento *m.*①举[抬,提,吊]起;提升[高];升高;隆[凸]起;②竖起;③（禁令等的）撤销;（包围、封锁、制裁等的）解除;④〈建〉建造[筑];⑤〈测〉〈地〉测量[绘,勘],勘测,绘制;⑥（物体表面的）隆[凸]起

    ～ altimétrico 地形测量

    ～ cartográfico ①〈工程〉地形测量;②测图

    ～ de detalle 详查[测]

    ～ de la mercadería （付清关税后的）起货

    ～ de las sanciones económicas 解除经济制裁

    ～ de localización 定线测量

    ～ de pesas[pesos] 〈体〉举重

    ～ de restricciones 取消限制

    ～ de tierras 路堤[基],堤岸[防]

    ～ del cadáver 〈法〉现场验尸

    ～ fotogramétrico 摄影测量

    ～ geodésico 大地测量

    ～ geológico 地质勘测,地质调查

    ～ ordinario[planimétrico, plano] 平面测量

    ～ taquimétrico 视距测量

    altura de ～ 提升高度

    aparatos de ～ 提升设备;起重设备

    dispositivo de ～ 升降装置

    electroimán de ～ 起重电磁铁

    patín de ～ 千斤顶垫座

levantarrieles; levantavía *m.*〈机〉起轨器,路[铁]轨起重器

levantaválvulas *m. inv.*〈机〉起阀器;阀[气门]挺杆

levante *m.*①〈地〉东,东方;②〈地〉〈气〉累范特风(指地中海上的强烈东风);东风

levator *m.*〈解〉提肌

levigación *f.*〈矿〉淘选

levigado,-da *adj.*〈植〉光滑的

levitación *f.*①飘浮,升高[腾];②〈理〉悬浮;③飘浮感

    ～ magnética 〈理〉磁(悬)浮

    tren de ～ electromagnética 磁(悬)浮列车

levógiro,-ra *adj.*①〈化〉〈理〉左旋的;②逆时针方向旋转的,（使）左旋的

    azúcar ～ 左旋糖

levoglucosa *f.*〈化〉左旋葡萄糖

levorrotación *f.* ①(向)左旋(转),逆时针方向旋转;②〈化〉〈理〉左旋(现象)

levorrotatorio,-ria *adj.* ①〈化〉〈理〉左旋的;②逆时针方向旋转的,(使)左旋的

levulosa *f.* 〈化〉果[左旋]糖

lewisita *f.* ①刘易斯毒气;②〈矿〉锑钛烧绿石

lexicografía *f.* ①词典编纂;②词典编纂学[业]

lexicográfico,-ca *adj.* 词典编纂(学)的

lexicología *f.* 词汇学

lexicón *m.* (某一语言、作家、学科的)特殊[专门]词汇

ley *f.* ①法,法律;法制;②(特定领域的)法规[案];③定律[则];规律;④守[准]则;惯例;⑤〈体〉规则;⑥(金、银等贵金属的)成色,品位;⑦(重量、质量等的)标准;⑧不成文法,习惯法;⑨法学,法律学;⑩(法律)权威,权威制约
  ~ adjetiva 程序法(与实体法相对)
  ~ aduanera 海关法
  ~ agraria 土地法
  ~ antidumping 反倾销法
  ~ biogenética 〈生〉生物发生率
  ~ británica (金银制品)英制标准,细牙螺纹标准
  ~ cambiaria 货币兑换条例
  ~ civil 民法
  ~ comercial 商[贸易]法
  ~ cuadrática 〈数〉平方律
  ~ de Avogadra 〈理〉阿伏伽德罗定律
  ~ de base 总则
  ~ de Charles 〈理〉查理定律
  ~ de conservación 〈理〉守恒定律
  ~ de Coulomb 〈电〉库仑定律
  ~ de Dalton 〈理〉道尔顿定律
  ~ de emergencia 紧急法,应急制度
  ~ de Engel 恩格尔定律
  ~ de exención 豁免法
  ~ de extranjería 移民法
  ~ de Faraday 〈理〉法拉第感应定律
  ~ de ferrocarriles 铁路法案
  ~ de Gay-Lussac 〈理〉盖-吕萨克定律
  ~ de Haeckel 〈生〉生物发生率
  ~ de Hooke 〈理〉胡克定律
  ~ de Joule 〈理〉焦耳定律
  ~ de la calle 暴民法;私刑
  ~ de la gravedad 〈理〉引力定律
  ~ de la gravitación universal 〈理〉万有引力定律
  ~ de la oferta y la demanda 供求规律,供求定律
  ~ de la selva 丛林法则,弱肉强食(法则)

  ~ de la ventaja 〈体〉有利法则
  ~ de Lenz 〈理〉楞次定律
  ~ de Moisés (基督教的)摩西律法
  ~ de Ohm 〈理〉欧姆定律
  ~ de patentes 专利法
  ~ de probabilidad 概[几]率论
  ~ de Proust 〈化〉定比定律
  ~ de similitud 相似定律
  ~ de valor 价值规律
  ~ de Wien 〈理〉维恩(黑体辐射位移)律
  ~ del embudo 不公正的准则,偏袒一方的法律
  ~ del más fuerte 强权即公理(法则)
  ~ del Talión 同态复仇法则[原则]
  ~ fundamental 基本法;根本法(尤指宪法);国家大法
  ~ general 普通法
  ~ marcial 戒严法;军法
  ~ moral 道德准则,道德率
  ~ natural ①(一项)自然法则;自然规律(总称);②〈法〉自然法
  ~ orgánica 组织法
  ~ positiva (由国家权利机关制定或认可的)实在法,实[制]定法
  ~ seca 禁酒法
  ~ senoidal 〈数〉正弦定律
  ~ universal 普遍规律
  ~es de higiene pública (环境)卫生法
  ~es de Kirchhoff 〈电〉基尔霍夫定律
  ~es de Mendel 〈生〉孟德尔定律
  ~es de Newton del movimiento 〈理〉牛顿运动定律
  oro de ~ 纯金,标准黄金

LF *abr. ingl.* line feed 〈信〉换行

LFSR *abr. ingl.* linear feedback shift register 〈信〉线性反馈移位寄存器

LGE *abr.* Ley General de Educación *Esp.* 普通教育法(1979 年颁发)

LH *abr. ingl.* Luteinizing hormone 〈生化〉促黄体(生成)激素

Li 〈化〉元素锂(litio)的符号

liana *f.* 〈植〉①藤本植物;②攀缘植物

lías *m.* 〈地〉①(早侏罗世的)里阿斯统;②(早侏罗世时期的)里阿斯岩石;③(产于欧洲西南部的)青石灰岩

liasa *f.* 〈生化〉裂合[解]酶

liásico,-ca *adj.* 〈地〉(早侏罗世)里阿斯统的

libélula *f.* 〈昆〉蜻蜓

líber *m.* 〈植〉韧皮部

liberación *f.* ①解放;②(罪犯等的)释放;③(对价格等的)解除管[控]制;④(赋税、义务等的)解[免]除;豁免;⑤(欠款等的)清偿收据;⑥*Col.* 分娩

~ condicional〈法〉假释
~ de aduana 结关，海关放行
~ de deuda 免除债务
~ de fondos 资金解冻
~ de gases 放气；排气
~ de hipoteca 赎回抵押品
~ de la mujer 妇女解放
~ de los cambios 解除外汇管制

liberalización *f.* 自由化
~ del comercio 贸易自由化

liberiano *m.* 〈植〉韧皮部

líbero *m.* 〈体〉(足球等运动中的)自由中卫

libertad *f.* ①(行动、言论等方面的)自由；②自由，独立自主；③免[解]除；④释放；自由(权)；⑤*pl.* 特许，特权
~ bajo fianza〈法〉保释
~ bajo palabra〈法〉保释；凭誓言获释[释放]
~ civil 公民自由(指国家法律给予保证的自由，如言论自由、行动自由、信仰自由等)
~ condicional ①〈法〉假释，有条件释放；②(在狱中的)有条件自由
~ de asociación 结社自由
~ de cambio 外汇自由兑换
~ de cátedra 学术自由
~ de comercio 贸易[通商，外贸]自由
~ de conciencia 信仰自由
~ de cultos 宗教(信仰)自由
~ de empresa 企业自由
~ de expresión[palabra] 言论自由
~ de huelga 罢工自由
~ de imprenta[prensa] 出版自由
~ de precios 解除物价管制
~ de reunión 集会自由
~ de voto 选举[投票]自由
~ individual 人身自由
~ política 政治自由
~ provisional〈法〉保释；临时释放
~ vigilada〈法〉假释；缓刑

libidinal *adj.* ①性欲的；②〈心〉里比多的

libido *f.* ①性欲；②〈心〉里比多(奥地利心理学家弗洛伊德used用语，指性本能背后的一种潜在力量)

libra *f.* ①磅(重量单位)；②镑(货币单位)
~ de ensayador 化验磅
~ esterlina 英镑
~ por pie 英尺磅
lectura en ~s 磅数，以磅计算的重量

libración *f.* ①摆动；(保持)平衡；②〈天〉天平动

libramiento *m.* ①〈商贸〉汇票；支付单[命令]，支取通知单；②开具(票据、单证等)

libranza *f.* ①〈经〉汇票；支付单[命令]；取款单；②开具(票据、单证等)；③(劳动者的)休息时间
~ de correos *Amér. L.* 邮政汇票；(尤指邮局或银行的)汇票，汇款单
~ de un documento 开立单证
~ postal 见 ~ de correos

librapié *m.* 英尺磅(功的单位)

libre *adj.* ①自由的；不受拘束的；不受奴役[监禁]的；②(国家)独立自主的；有个人自由的；③(道路、通道等)畅通的；不受阻碍的；④(时间等)空闲的，有空的；(空间等)空着的，未被占用的；⑤〈化〉游离的；(单体的；自由的；⑥(与 de 连用)免除…的；无…的；摆除…的；⑦〈体〉(游泳等)自由式的；⑧(翻译)不拘泥于字面的；⑨〈建〉独立式的 ‖ *m.* ①〈体〉(足球运动中的)任意球；②*Méx.* 出租汽车 ‖ *m. f.* 〈体〉(足球等运动中的)自由中卫
~ a bordo (LAB) 船上交货价，离岸价
~ cambio ①自由贸易；②自由兑换[汇兑]
~ de daños 残损不赔
~ de derechos[gravamen] 免税
~ de derechos de aduana 免付关税
~ de deuda 无[不负]债
~ de flete[porte] 运费已付
~ de franqueo 邮资已付[付讫]，免付邮费
~ de goteo 防滴漏[水]的，防滴式的
~ de ida y vuelta (船方)不负担装卸费用
~ de impuestos 免税
~ de mareas 无潮(汐)的，不受潮汐影响的
~ de ruidos 隔[不透]声的，防声响的，防噪声的
~ de toda avería 一切海损不赔
~ de vibraciones 抗[防]振的；耐[抗，防]震的
~ directo〈体〉(足球等的)(直接)任意球
~ indirecto〈体〉(足球等的)间接任意球
~ tránsito 自由过境[通过]
al aire ~ ①户外；露天；②户[室，野]外(式)的，露天(式)的
altura ~〈工程〉净空(高度)，净[余]高
comercio ~ 自由贸易
economía ~ 自由经济
eje ~〈机〉不连轴
estilo ~〈体〉自由式
frecuencia ~ 自[固有]频率
los 200 metros ~s〈体〉200米自由泳
traducción ~ 意译

librecambio *m.* ①自由贸易；②自由贸易制度；③自由汇兑[外汇]

librecambismo *m.* 自由贸易主义；自由贸易

论

librecambista *adj.* ①自由贸易主义的；②自由贸易论的；自由贸易的 ‖ *m. f.* ①自由贸易论者，自由贸易主义者；②主张自由贸易者

librepensamiento *m.* (18 世纪主张不受宗教思想束缚的)自由思想；自然神论

librería *f.* ①书店；②书架[橱]；③书业；④图书馆；图[藏]书室；书库；⑤〈信〉库
~ anticuaria(~ de antiguo) 文物(书)店
~ de genes〈遗〉基因库
~ de ocasión[viejo] 二手书店，旧书店

libreta *f.* ①本[簿]子；②笔记簿[本]；记事本；③(工作，航行)日记[志]；④账簿；(银行)存折；⑤*Cono S.*(汽车)驾驶证，驾照；⑥*Amér. L.* 见 ~ militar
~ de ahorros[depósitos] 储蓄[银行]存折
~ de anillas 螺旋装订笔记簿
~ de campo 工[外]地记录本，野外工作记录本
~ de cheques *Arg.*，*Parag.* 支票本[簿]
~ de direcciones 通讯录，地址簿
~ militar 兵役[军人]证

libreto *m.* ①(歌剧，音乐剧等的)歌剧剧本；②*Amér. L.* 电影剧本

libro *m.* ①书，书本，书籍；②簿册，本子；③登记簿；名册；账[票据]簿；④(工作，航行)日记[志]；⑤〈解〉(反刍动物的)重瓣胃；⑥(政府部门报告某一专题的)官方文件，书
~ agotado 脱销书
~ amarillo 黄皮书
~ azul 蓝皮书(尤指阿根廷外交文件)
~ blanco 白皮书
~ de actas 会议记录本
~ de apuntes 笔[摘]记本
~ de banco (银行)存折
~ de bolsillos 纸面本，平装本，袖珍本
~ de bordo〈海〉航海日志
~ de cabecera ①(供睡前阅读的)床头书[消遣读物]；②特别喜爱的书
~ de caja 现金账[出纳]簿
~ de calificaciones *Esp.* (尤指中小学校)学生成绩报告单
~ de cheques 支票簿
~ de cocina 烹调书；食谱
~ de consulta 参考书
~ de contabilidad 账簿[本]，会计账簿
~ de cría 族[家，系]谱
~ de cuentas 账簿[本，册]
~ de cuenta y razón 银行存折
~ de cuentos (尤指供儿童阅读的)故事书，小说书

~ de estilo (出版)体例样本，字体及印刷式样本
~ de facturas 发票簿
~ de familia 户口簿
~ de honor[visitas] 来[贵]宾登记簿
~ de imágenes 图画书，画册
~ de instrucciones 使用说明书
~ de inventarios 存货簿
~ de lectura 课本，教科书
~ de mayor venta 畅销书
~ de memoria 备查簿，备忘录
~ de música 乐谱
~ de orígenes 家[族，系]谱
~ de pedidos 订货簿
~ de reclamaciones 申诉书，投诉状
~ de ruta 旅行指南；游记
~ de texto 教科书，课本
~ de vuelos〈航空〉飞行日志
~ desplegable[mágico，móvil] 立体书
~ diario 日记[流水]账簿
~ electrónico ①(书籍的)电子版，电子书；②电子书刊
~ en pasta(~ encuadernado) 精装书
~ en rústica 纸面(装订)本，平装本[书]
~ escolar ①学生成绩报告单；②课本，教科书
~ genealógico〈农〉(牛、羊等家畜)良种登记册
~ gris 灰皮书(日本外交文件)
~ mayor 分类[分户]账簿
~ rojo〈环〉〈医〉红皮书
~ talonario 存根簿
~ usado 二手书，旧书
~ verde 绿皮书

librotrónico *m.* 电子书刊

Lic *abr. Méx.* licenciado 见 licenciado

licantropía *f.*〈心〉变狼[兽](妄想)症

licantropo *m.*〈心〉变狼[兽](妄想)狂患者

librotrónico *m.*〈动〉(非洲)四趾猎狗

licencia *f.* ①(政府等的)许可，特许；②执照；许可[特许]证；③(经批准的)休假；假期；④〈军〉(军人等的)休假；⑤〈教〉(大学的)学位[衔]
~ a instalación〈信〉站点许可
~ absoluta〈军〉退伍[役]证书
~ de armas 持枪证
~ de caza 狩猎许可证[执照]
~ de conducir[conductor] (汽车)驾驶证，驾照
~ de construcción 建筑(规划)许可证
~ de exportación/importación 出/进口许可证
~ de fabricación 生产执照

~ de manejar *Amér. L.*（汽车）驾驶证,驾照

~ de maternidad（法定）产假（分娩假期）

~ de matrimonio 结婚证书

~ de obras（建造或改建房屋前必须获得的）建筑许可（证）

~ de pesca 捕鱼许可证

~ de piloto[vuelo] 驾驶[领航]员执照

~ fiscal（企业必须交纳的）财政税

~ por enfermdad 病假

~ por estudios 学术修假；离职进修

~ sin sueldo 无薪休假,停薪留职

licenciado,-da *m. f.* ①〈教〉大学毕业生（尤指学士学位获得者）②〈教〉（在部分西班牙语国家指）硕士学位获得者；③*Amér. C.*, *Méx.* 律师；④*Méx.* 医生（一种称呼,放在名字前）；⑤〈军〉（尤指服兵役期满的）复员军人

licenciatario,-ria *m. f.* 〈法〉（获得所有者同意可进入其地界的）被许可人

licenciatura *f.* 〈教〉①学位[衔]；硕士学位[衔]；②学位课程（必修课）；硕士学位课程（必修课）；③毕业典礼；授予硕士学位仪式

licitación *f.* ①（拍卖时的）出价；投标；②招[竞]标；③*Amér. L.* 拍卖

~ pública ①公开拍卖；②公开招[竞]标

~ pública international 国际公开招标

licitador,-ra *m. f.* ①（拍卖时的）出价人[者]；投标者；②*Amér. L.* 拍卖商

licitante *m. f.* ①（拍卖时的）出价人[者]；投标者

licitud *f.* ①合法（性）；依法；②正当性,合理性

licopeno *m.*；**licopina** *f.* 〈生化〉番茄红素

licopodiáceo,-cea *adj.* 〈植〉石松科的 ∥ *f.* ①石松属植物；②*pl.* 石松科

licopodial *adj.* 〈植〉石松目的

licopodíneo,-nea *adj.* 〈植〉石松纲的

licopodio *m.* ①〈植〉石松（属植物）；②石松粉

licópsida *f.* 〈植〉石松（属植物）

licor *m.* ①甜（香）酒,利口酒；②*pl.* 酒；含酒精饮料；烈性酒；③液体,液态物；（水）溶液

~ de cacao 可可豆酒

~ de Fehling 〈化〉费林（氏）溶液（检尿糖用）

~ de frutas（水）果酒

~ de Libavins 二氯化锡液

~ de pera 洋梨酒

~ fumante de Boyle 玻意耳发烟液体

~ medicinal 药酒

licorería *f.* ①*Amér. L.* 酿酒厂；②酒店

licorero,-ra *adj.* 酿酒的 ∥ *m. f. Amér. L.*

①酿酒者；②酒商

empresa ~a 酿酒厂

industria ~a 酿酒业

licuabilidad *f.* ①可液化性；②能熔[融]化性

licuable *adj.* ①能[引起]液化的；液化（作用）的；溶解的；②（能）熔化的；（能）融化的

licuación *f.* ①熔化[解]；〈冶〉熔析；②液化（作用）；溶解；融化

horno de ~〈冶〉熔析炉

licuado,-da *adj.* ①液化的,（变成）液态的；②熔化的

aire ~ 液化空气

gas ~ 液化气

licuadora *f.* ①〈机〉①（厨房用）搅和器；食物液化器；②*Méx.* 粉碎机

licuefacción *f.* ①液化（作用）；②熔化

temperatura de ~ 熔化温度

licuefactible *adj.* ①可液化的；②可熔化的；可融化的

licuefactivo,-va *adj.* ①引起液化的；液化（作用）的；②使熔化的；使融化的

licuefactor *m.* 〈机〉液化器

licuescencia *f.* （可,易）液化性,可冲淡性

líder *adj. inv.* ①领导的；指引的；带领的；②最前[先]的；③主[最重]要的 ∥ *m. f.* ①领袖,首领；领导者；②居首位者；③〈体〉领头[跑,先]者

~ del mercado 位居市场首位者,市场领先者

marca ~ 领先品牌

lidita *f.* ①〈地〉〈矿〉燧石板岩；②〈化〉立德炸药

liebre *f.* ①〈动〉野兔；②（队友中至终点前退场的）领跑者；③*Chil.* 小[微型]公共汽车

liencillo *m. Amér. L.* 〈纺〉土[粗棉]布

liendre *f.* 〈昆〉（虱）卵,幼虮

lienzo *m.* ①〈纺〉亚麻布,麻布；粗[本色]棉布；②〈画〉画布；油画；③〈建〉墙；建筑物的（正）面；④*Amér. L.*（一段）围墙[栅]；*Méx.* 畜栏

~ alquitranado 油[苫]布

~ de muro 窗格玻璃（墙）

LIFO *abr. ingl.* last in, first out; last-in-first-out 〈信〉后进先出法

liftado *m.* 〈体〉（网球等运动中的）抽[提]拉（球）

lifting *m.* 〈医〉（除去面部皱纹等的）整容术；整容

liga *f.* ①〈体〉（球队）俱乐部联合会；联赛；②（涂在树上捕鸟的）粘（鸟）胶；黏合剂；③（金银币、金银首饰中的）含铜量；④*Méx.* 合金；⑤〈植〉槲寄生属植物；⑥见 ~ para soldar

~ para soldadura acetilénica 乙炔焊（接）
剂

~ para soldar 焊剂［料］

~ europea de fútbol 欧洲足球联赛

ligación *f*.〈医〉①结扎（法）;②缚［结扎］线

ligado,-da *adj*.〈信〉联机的;在线的 ‖ *m*.
①〈乐〉连奏;连唱;②连（接）线;〈印〉连字
(如 &. 等)

ligador *m*. 粘合［结］剂

ligadura *f*. ①捆,缚,结扎;②（捆扎用的）带
子;绑扎带［绳］;③〈医〉缚［结扎］线;④
〈乐〉连音;⑤〈海〉系索

~ de trompas〈医〉输卵管结扎

hilo de ~ 捆扎用钢丝

ligamen *m*.〈法〉(因未解除婚约时而构成的)
再婚障碍

ligamento *m*. ①捆,缚,结扎;②〈解〉韧带;③
(电视)隔行扫描

ligamentoso,-sa *adj*.〈解〉韧带的;有韧带的

ligando *m*. ①〈生化〉配（位）体;②〈化〉配位
体

ligante *m*. ①黏合［胶合,黏结］剂;黏［胶］结
料;②结合件,包扎物,扎线,绷带

ligasa *f*.〈生化〉连接酶

ligazón *f*. ①连接,联结［系］;结［粘］合;②
〈海〉(船的)肋材

~ de piso 砌［贴］琢石(地面)

energía de ~ 结合能

ligero,-ra *adj*. ①轻的;轻质的;薄型的;②
快［轻快］的;敏［轻］捷的;③(气味、香味、
食物等)清淡的;淡味的;④弹［挠,韧］性的

armamento ~ 轻武器

industria ~a 轻工业

metal ~ 轻金属

paso ~〈军〉急步;急速

resistencia ~a 挠性电阻器

light *adj.ingl*. ①(烟卷)烟碱含量低的;②
(食物)热量［大卡］含量低的;③(计划、政策
在价值或力度上)降低了的

lignáloe *m*.〈植〉沉香木

lignario,-ria *adj*. 木质的;木料的

lignícola *adj*. ①〈动〉(凿船虫等)木栖的;②
〈植〉(真菌等)生于木材的

lignificación *f*.〈植〉木质化

ligniforme *adj*. (呈)木状的;木质似的

lignina *f*.〈化〉木质素

lignítico,-ca *adj*. ①褐煤的;②含褐煤的

lignitizar *tr*.〈地〉使变为褐煤

lignito *m*.〈地〉褐煤

~ trapezoide 沼煤,松散褐煤

lignívoro,-ra *adj*.〈昆〉(昆虫幼虫等)食木
的

lignocelulosa *f*.〈生化〉木素纤维素

lignosa *f*. ①〈生化〉木纤维素;②〈植〉木本植
被

lignoso,-sa *adj*. 木质的,木本的

ligroína *f*.〈化〉石油英,里格若英(汽油和煤
油间的一种石油馏分);石油醚(石油的一种
挥发性馏分)

liguero,-ra *adj*.〈体〉联赛的

competencia ~a 联赛

jornada~ 联赛日程

lider ~ 联赛第一名

liguilla *f*.〈体〉小型比［锦标］赛;(为进入联
赛的)小组赛

ligula *f*. ①〈植〉舌叶;舌状;②〈昆〉唇舌

ligulado,-da *adj*.〈植〉有舌叶的;舌状的

ligustro *m*.〈植〉女贞(树)

lija *f*. ①砂(皮)纸;②〈动〉狗鲨;弓鳍鱼;③
狗鲨皮

~ esmeril 砂纸

papel de ~〈金刚〉砂纸

lijado *m*.; **lijadura** *f*. (用砂纸)打磨,擦
［磨］光

lijadora *f*.〈机〉(砂轮)磨光机,打磨机

~ de banda 砂带磨光机

~ de cinta［correa］砂带磨光机

~ de disco (粘砂)圆盘磨光机

lijante *m*. 研磨材料［器具］;打磨用具

lijar *tr*. 用砂纸打磨,擦［磨］光

piedra de ~ (抛光)磨石

lila *f*.〈植〉①丁香;②丁香花 ‖ *m*. 丁香花
色,丁香紫,淡紫色,淡雪青

liliáceo,-cea *adj*.〈植〉①百合的,似百合的;
②〈属〉百合科的 ‖ *f*. ①百合科植物;②
pl. 百合科

liliales *m.pl*.〈植〉百合目

lilo *m*.〈植〉丁香

liliópsidas *f.pl*.〈植〉百合纲

lima *f*. ①锉,锉刀;②锉平［光］;擦光［亮］;
③〈建〉(屋顶的)天沟,戗脊;天沟椽,戗脊
椽;④〈植〉酸橙;酸橙树

~ almendrilla (纵横)锉刀

~ angular 角锉

~ basta 毛锉,(中)粗锉,粗齿锉

~ bastarda［media］粗锉

~ carleta 钢锉

~ carretela 粗齿方锉

~ circular para sierras 圆锯锉

~ cola de rata 圆锉

~ con primera picadura 切割锉

~ cuadrada 粗齿方锉,方锉,粗齿锉

~ cuchilla 刀锉;手锯

~ curva(~ de triángulo)三角锉

~ de aguja 针锉

~ de alisar 整［修,弄］平锉

~ de bóveda 曲面锉

~ de cola de milano 燕尾锉，楔形锉

~ de cola de ratón 鼠尾锉，圆锉

~ de cuatro cuartos 方锉

~ de desbastar (中)粗锉，粗齿锉

~ de dientes finos 细齿锉

~ de doble picadura 双纹木锉

~ de ebanista[media caña]半圆锉

~ de hueso 骨锉

~ de picadura cruzada 横割纹锉，交[双]纹锉

~ de picadura[talla] irregular 不规则纹锉

~ de picadura sencilla[simple] 单纹锉

~ de piñón 锐边小锉

~ de ranurar 刀锉

~ de redondear 半圆锉

~ de relojero 钟表锉

~ de rombo 薄边[刃]锉

~ de uñas 指甲刀

~ extrafina （油）光锉

~ fina 细纹锉

~ gruesa 粗齿锉

~ hoya 〈建〉天沟，屋谷

~ para colas de milano 三角锯锉

~ para sierras 扁锯锉

~ paralela 直边锉

~ plana 扁[板，平]锉

~ plana de media caña 平[扁]半圆锉

~ plana pequeña puntiaguda 圆边锉

~ puntiaguda 锥形锉

~ redonda 圆锯锉

~ semifinal 中纹锉；中齿锉

~ tesa〈建〉戗脊

~ triangular （修）锯锉

~ triangular en bisel 三角锯锉，斜角锉

~ triangular pequeña con una cara abombada 管锉

~ viva 锐角锉

diente de ~ 锉牙[齿]

picadora de ~s 錾锉刀

temple de las ~s 锉刀淬火

limaciforme *adj.* (尤指昆虫的幼虫)蛞蝓形的

limaco *m.* 〈动〉蛞蝓，鼻涕虫

limado *m.* 锉(磨，削，法)；锉平[光]

limador,-ra *adj.* 锉的‖ *m.* ①粗纹圆锉；②磨[削]具‖ *m. f.* 锉工‖ **~a** *f.* 〈机〉牛头刨床

~a de columna 柱架(牛头)刨床

máquina de ~a 剥皮车床，切[修]边车床

tornillo ~ para sierras 锯锉钳

limadura *f.* ①锉；锉削；② *pl.* 锉[锯，镗]

屑；钻粉

~s de hierro 铁屑[粉]

~s de perforación 钻粉，岩屑

limar *tr.* ①(用锉刀)锉，把…锉平[光]；②擦[磨]光，擦亮；③润色(文章、作品等)；使完美，改进；④消除(分歧等)‖ *m. Guat.,
Méx.*〈植〉酸橙(树)

~ a lo largo 拉锉，纵(向)锉

~ transversalmente 横(向)锉

máquina de ~ 牛头刨床

limatón *m.* ① *Amér. L.* 粗齿[纹]锉；②〈建〉横[顶]梁

~ cuadrado 粗齿方锉

limaza *f.* ①〈动〉蛞蝓，鼻涕虫；② *Venez.* 大锉(刀)

limazo *m.* (鱼、蜗牛等的)黏液

limbo *m.* ①边，缘；②〈数〉(象限四分仪等的)分度弧；③〈植〉叶[瓣]片，冠[萼]檐；④〈天〉(日、月等天体的)边缘；外圈

limburgita *f.* 〈地〉玻基辉橄岩

limera *f.* 〈船〉舵杆孔

limero *m.* 〈植〉酸橙树

limitación *f.* ①限制[定]；②边界；界线；③限度[幅]，范围；④局限(性)；限制因素

~ a la exportación 限制出口

~ de armamentos 军备限制

~ de dividendos 股息限制；股息限度

~ de velocidad 速度限制，限速

~ finita 有限限幅

limitacorriente *m.* 〈电〉电流限制器，限流器

limitado,-da *adj.* ①有限的；②受限制的；(权利等)受(宪法)限制的；③〈商贸〉有限责任的(公司，企业)；限额的

~ por salida 〈信〉(计算机)输出受限制的

acuñación ~a 限额铸币

responsabilidad ~a 有限责任

sociedad ~a 有限(责任)公司；股份公司

limitador *m.* ①〈机〉〈技〉限制器；②〈电子〉限幅器；③见 ~ de velocidad

~ de corriente 电流限制器

~ de picos de audiofrecuencia 音频峰值限制器

~ de ruido 噪音限制器

~ de velocidad (汽车)限速器

limitativo,-va；limtatorio,-ria *adj.* 限制(性)的；约束(性)的

límite *m.* ①限度；范围；②限制；限额；③极限；④〈数〉限，极限；⑤ *pl.* 边界[疆，境]；疆界；分界线；⑥〈地〉边缘，尽头；⑦见 ~ de página

~ de aguante[continuación] 疲劳极限

~ de contracción 缩限

~ de crédito 信贷限额

~ de deuda 债务限额

~ de elasticidad 〈理〉弹力极限

~ de exención 豁免范围

~ de explosión 爆炸范围

~ de flexión 弯曲度极限

~ de fluctuación 浮动限度

~ de flujo 徐[蠕]变极限

~ de gastos 费用[支出]限额

~ de intervención superior e inferior 官价上下限

~ de página 〈信〉页面极限,页界

~ de peso 重量限度

~ de proporcionalidad 比例限

~ de resistencia al plegado 极限抗弯强度

~ de responsabilidad 责任范围

~ de rotura 断(裂)点,破损强度

~ de rotura a la tracción 极限抗拉强度

~ de seguridad 安全限度

~ de temperatura 温度极限

~ de velocidad（尤指在特定地区为汽车行驶规定的）速度极限

~ elástico 〈理〉弹力极限

~ forestal 林木线(指山区或高纬度地区树木生长的上限)

~ inferior/superior 〈数〉下/上限；最小/大限度

~ inversamente proporcional al tiempo 反时限

~ líquido 液限

~ plástico 塑性下限,(下)塑限

capa ~ 边[临]界层,附[界]面层

capa de ~ 边界膜

carga ~ de rotura 抗拉强度极限,极限抗拉强度

caso ~ 极端事例

concentración ~ 最大浓度

condiciones ~s 边界条件

limítrofe *adj.* 接壤的,毗连[邻]的；位于边界上的

limívoro,-ra *adj.* (蚯蚓等动物)吞食泥土的

limnético,-ca *adj.* ①湖泊[沼]的；湖栖的；②〈生〉湖泊[沼]生物的

zona ~a 湖水层；湖沼带

límnico,-ca *adj.* ①湖泊[沼]的；②〈生〉湖栖的

limnígrafo *m.* 自记水位图

limnobiología *f.* 〈生〉湖泊[沼]生物学,淡水生物学

limnobios *m.* 〈生〉湖泊[沼]生物

limnófilo,-la *adj.* 〈动〉喜沼泽的；沼泽类的

limnógrafo *m.* 自记水位器

limnología *f.* 湖泊[沼]学

limnologista *m.f.* 湖泊[沼]学家

limo *m.* ①〈矿,软〉泥,烂[淤]泥；泥浆；② *Amér. M.* 〈植〉酸橙(树)

~ de avenidas 冲积土,含矿土

limón *m.* ①〈植〉柠檬；②〈植〉柠檬树；③柠檬[淡黄]色；④（天然）柠檬汁饮料；⑤ *Cari.* 〈植〉酸橙

limonado,-da *adj.* ①柠檬[淡黄]色的；②柠檬味[香]的；含柠檬的

limonar *m.* ①柠檬(种植)园；②〈植〉柠檬

limonaria *f. Hond. , Méx.* 〈植〉九里香

limoncillo *m.* 〈植〉柠檬香树；云香科树

limoneno *m.* 〈化〉苧[柠檬]烯

limonero *m.* 〈植〉柠檬树

limonita *f.* 〈矿〉褐铁矿

limonítico,-ca *adj.* ①〈矿〉褐铁矿的；由褐铁矿构成的；②像褐铁矿的

limpia *f.* ①清[打]扫；扫除；清洗,去污；②清除[洗]；肃清；③ *Amér. C. , Méx.* 〈农〉除[锄]草；剪枝‖ *m.*（汽车）挡风玻璃自动清洗器；刮水器,雨刷

limpiabilidad *f.* 可清洗性

limpiabrisas *m. inv.* ；**limpiaparabrisas** *m. inv.*（汽车）挡风玻璃自动清洗器；刮水器,雨刷

limpiacabezales *m. inv.*（录音机等的）磁头清洁器

limpiacasa *f. Méx.* 〈昆〉一种蜘蛛

limpiachimeneas *m.f. inv.* 打扫烟囱的工人

limpiacoches *m.f. inv.*（街头）汽车擦洗工；（街头）以擦洗汽车挡风玻璃谋生的人

limpiacristales *m. inv.* ①玻璃窗清洁剂；②（擦）玻璃窗抹布；③（汽车）挡风玻璃自动清洗器；刮水器,雨刷‖ *m.f.*（玻璃）窗户清洁工

limpiada *f.* ①清[打]扫；扫除；清洗,去污；②除伐(指在幼林中进行的抚育采伐)

limpiador,-ra *adj.* ①清洗[扫]的；②起清洁作用的‖ *m.f.* ①清洁工；环卫工人；②干洗工‖ *m.* ①清除[洁,洗,理]器；除垢器；②清洁[洗涤,去垢]剂

~ automático 自动清除[清洗]器

~ de metales ①金属清洁剂；②金属抛光[擦亮]器

~ de tubos 管子清洁器,管内除垢器,洗[净]管器

~ del cable 〈电〉线路弧刷

~ químico 化学清洁[洗涤,去污]剂

limpiadura *f.* ①清[打]扫；扫除；清洗,去污；② *pl.*（清扫出来的）垃圾,污[赃]物

limpiafaros *m. inv.*（汽车、医生、矿工用的）前[头]灯揩抹器

limpiahogares *m. inv.* 家用清洁剂

limpiahornos *m. inv.* 〈机〉烤[烘]箱清洁器

limpialunas *m. inv.* (汽车)刮水器,雨刷

limpialuneta *m.* 见 ～ trasero

～ trasero[posterior] (汽车)后窗玻璃刮水器

limpiametales *m. inv.* 〈机〉金属抛光[擦亮]器

limpiamuebles *m. inv.* 家具上光[清洁]剂

limpianieves *m. inv.* 〈机〉扫雪机

limpiapeines *m. inv.* 剔梳器

limpiapipas *m. inv.* (清烟斗的)烟斗通条

limpiaplicador *m.* (化妆或清理耳朵用的)棉签[棒]

limpiaplumas *m. inv.* 揩笔器,擦钢笔布

limpiapozos *m. inv.* 泥浆泵,抽泥筒

limpiatubos *m. inv.* 管[烟,风]道刷

limpiauñas *m. inv.* 剔指甲用具

limpiaventanas *m. f. inv.* (玻璃)窗户清洁工 ‖ *m.* (玻璃)窗户清洗液[剂]

limpiavía *m. Amér. L.* 〈机〉①(火车前面的)排障器;②(电车)的救助物

limpieza *f.* ①清[打]扫;扫除;清洗,去污;②清除[洗];肃清;③〈军〉扫荡,肃清残敌;④洁净(度),纯净[正]

～ de manos 廉洁,清白

～ de sangre 血统[种族]纯正

～ en seco (衣服的)干洗

～ étnica 种族清洗

～ general 大扫除,清除[理]

～ por arena de presión 喷砂清理,喷粒处理

～ por chorro de líquido 液体喷砂[丸]清理

～ por el vacío 真空吸尘

aparato de ～ de las conducciones 输油管清扫器

operación de ～ 〈军〉扫荡

puerta de ～ (冲天炉)工作门[窗],修炉口

substancias de ～s 清洁剂

limpio,-pia *adj.* ①干净的,清洁的;②净的;纯净的,无杂质的;③〈体〉(比赛)公正的,遵守规则的;④(瓜果、蔬菜等)去壳[皮]的

almendras ～as 扁桃杏仁

conexión ～a 紧密[直接]连接

conocimiento ～ 干净提单

documento ～ 清洁单据

letra ～a 光票

madera ～a 无节疤木材

lina *f. Cono S.* 〈纺〉粗(羊)毛

lináceo,-cea *adj.* 〈植〉亚麻科的 ‖ *f.* ①亚麻科植物;②*pl.* 亚麻科

linar *m.* 〈农〉亚麻地

linarita *f.* 〈矿〉青铅矿

linaza *f.* 〈植〉①亚麻籽[仁];②*Chil.* 亚麻

lince *m.* 〈动〉猞猁,林狸;山猫

～ ibérico 西班牙山猫

lincomicina *f.* 〈生化〉〈药〉洁[林可]霉素

lindano *m.* 〈化〉林丹,高丙体六六六(代替DDT,用作杀虫剂)

lindante *adj.* ①交界的,毗邻的,接壤的;②接近的

linde *amb.* 地[边,房]界;分界线

línea *f.* ①线,线条;轮廓(线);②〈数〉线,(直)线;③〈乐〉谱线;④〈体〉界线;场界;⑤〈缝〉(服装等的)款式;(服饰、发式、家具)时式;⑥〈技〉线路;管道;(输电)线;⑦赤道(线);⑧(政治、思想、行动等的)路线;方针;⑨行,排,列;(电视图像的单条扫描轨迹)行;⑩〈印〉字行;⑪〈军〉战[防,前]线;⑫〈交〉交通路线;⑬〈讯〉(通讯等的)线路;‖ *m.* 〈体〉①线上球员;②(足球比赛的)巡边员,边裁;(排球、网球比赛的)司线员;(橄榄球比赛的)边[中区]线裁判员

～ a trazos ①虚线(即"…");②〈数〉折线

～ abscisa 〈数〉横坐标

～ aérea ①〈航空〉航(空)线;②*pl.* 航空公司;③〈电〉架空线路

～ aérea de corta distancia 短程航线

～ aérea de gran recorrido 远程航线

～ aérea de transmisión de fuerza 架空输电线

～ agónica 无偏线,零磁偏线

～ base[básica] ①〈测〉基线;②(网球场等的)底线

～ blanca (白色)家用电器系列[工业](如冰箱,洗衣机等)

～ bloqueada 封锁线

～ caliente[roja] ①(尤指政府间首脑通话的)热线(电话);专线;②私人问题咨询服务(电话)

～ cero 零[基准]线

～ clonada 〈生〉〈遗〉克隆系

～ coaxial 〈电〉同轴线;同轴电缆

～ colateral 旁系

～ compartida 共用电话线;共[合]用线

～ común de cuatro abonados 四户共用(电话)线路

～ con impedancia terminal 终端阻抗线路

～ conmutada (开关)切换线

～ continua 全[实]线

～ cortada 安全界线

～ costanera (海,河)岸线

～ curva 曲线

～ de abastecimiento 供应线

～ de abonado 用户(专用)线

~ de acoplamiento（直达）通信［耦合］线路，直达连接线

~ de agua a flote〈海〉吃水线

~ de alta tensión 高压线

~ de alto el fuego〈军〉停火线

~ de árboles 轴线

~ de arranque 起拱线

~ de atención rápida（电话）快速关注线，热线

~ de balón muerto〈体〉(橄榄球球门后的)死球线

~ de banda〈体〉(足球、橄榄球场等的)边线

~ de base ①〈测〉基线；②(网球场等的)底线

~ de batalla〈军〉战［火，前］线；战斗队形

~ de cambio de fecha 国际日期变更线

~ de campo〈理〉力线

~ de carga ①(船的)载重(水)线；②〈电子〉负载线

~ de centro［medio campo］〈体〉(足球场的)中场线

~ de circunvalación（市内交通）环行线

~ de colimación 视准线

~ de conducción eléctrica 电力［源］线，输电线

~ de consulta 回答［回叫］信号线

~ de contacto 切线

~ de cota 尺寸线

~ de demarcación(~ divisoria)分界线

~ de derivación 分［支］线；引出线

~ de dislocación〈地〉断层线

~ de doble hilo 双线线路

~ de doble vía［dos vías］〈交〉双轨线(路)，复线

~ de empalme 中继［连接］线，渡线

~ de enlace 中继［连接］线

~ de estado〈信〉状态条［行］(在屏幕顶部或底部显示当前执行的任务信息的状态条)

~ de exploración 扫描线；析像［分解］行

~ de extensión ①(电话)分机线；②引出［延伸］线；展接［扩充］线

~ de fe 准标；基准标记；信标

~ de fecha internacional 国际日期变更线，日界线

~ de ferrocarril 铁路

~ de flotación (船的)水(平)线；(船的)吃水线

~ de fondo〈体〉(篮球场等的)底［端］线；(足球的)球门线

~ de Fraundofer〈天〉夫琅和费谱线

~ de fuego ①〈军〉火线；射击线；②防火线，消防警戒线

~ de fuerza ①〈理〉力线；②〈电〉输电［电源，电力］线

~ de fuerza magnética 磁力线

~ de gol［puerta］(足球场等的)球门线

~ de gran distancia 中继［长途］线，干线

~ de hilo único 单线线路

~ de isoterma 等温线

~ de la vida ①生命线；②救生索

~ de levantamiento 方位线

~ de llegada〈体〉(跑道的)终点线

~ de mandatos〈信〉指挥线，命令行

~ de meta〈体〉①(跑道的)终点线；②(足球场的)球门线

~ de mínina resistencia 最小电阻线

~ de mira 视［瞄准］线

~ de montaje 装配［生产］线

~ de nivel 水平［水准，基准］线

~ de partida 引出线

~ de puntas［puntos］(尤指文件签名处的)虚［点］线

~ de puntería 瞄［照］准线

~ de puntos y rayas 点划线，点划相间虚线

~ de quilla 轴［中心］线；中纵线，首尾线

~ de recorte〈信〉剪裁路径

~ de saque〈体〉①(网球、手球等球场的)发球线；②(棒球场的)垒线

~ de selectores 选择器线路

~ de separación 边界，界线

~ de situación〈信〉状态条［行］(在屏幕顶部或底部显示当前执行的任务信息的状态条)

~ de socorro［ayuda］(求助)服务热线(电话)

~ de tierra 基［水］准线；地平线

~ de tiro〈军〉射击［瞄准］线

~ de toque〈体〉(足球、橄榄球场等的)边线

~ de tránsito［transporte］运输［交通］线

~ de transmisión 传输线；馈［输］电线

~ de transporte áereo 架空索道线

~ de turbonada〈气〉飑线

~ de unión entre centralitas privadas 专用交换机间的直达通信线路

~ de vía estrecha 窄轨(距)线(路)

~ de vía única 单轨线(路)

~ de vuelo 飞行单线［方向］

~ del biquini 比基尼线；(服装)比基款式

~ delantera〈体〉(篮球等的)前锋线

~ derivada 电话分机，分机号码

~ digital asimétrica de abonado〈信〉非对称数字用户线路

~ directa (电话)直达线，直线

～ discontinua ①虚线(即"…");②〈数〉折线

～ ecuatorial[equinoccial] 赤道线

～ emplazada 加感线路

～ en cuarto de onda 四分之一波长线

～ equilibrada 平衡线(路)

～ equilibrada abierta 平衡明线(路),平衡开通线路

～ erótica 色情电话,性热线

～ espectral 〈理〉谱[光谱]线

～ exclusiva 专用线

～ exterior (电话)外线

～ femenina 母系,雌系品族

～ férrea 铁路,铁道(线)

～ flujo de fuerza 〈理〉力线,力通量

～ gratuita 免费电话

～ isobara[isobárica] 〈气〉等压线

～ isógona ①〈地〉等方位线,等(磁)偏线;②〈数〉等角线

～ isoquímena 〈气〉等冬温线

～ isótera 〈气〉等夏温线

～ isoterma 〈气〉等温线

～ lateral ①〈体〉(足球、橄榄球场等的)边线;②〈动〉(鱼类等的)侧线

～ libre 空(闲)线

～ marrón (棕色)家用电器系列[工业](如电视机、录像机等)

～ masculina 父系,父本品系

～ media 中线

～ neutral ①(磁铁的)中性线;②〈电〉中[不带电]线

～ nodal 〈理〉节点线

～ oculta 隐藏[阴暗]线

～ poligonal 折线

～ portante 载波线路

～ principal 〈交〉干[主]线

～ quebrada 折[虚]线

～ recta 直线;直系

～ regular 〈交〉定期航班;定期列车

～ resonante 谐[共]振线

～ secundaria 公路支线

～ serial 〈信〉串行线,串行链路

～ simple 单线[路]

～ subsidiaria ①(电话)分机线;②引出[延伸]线;展接[扩充]线

～ sucesoria 〈生〉演替(系列)线

～ telefónica 电话线路

～ telefónica internacional 国际电话线路

～ telegráfica 电报线路

～s artificiales 仿真[人工]线

～s bifurcadas 分支[引出]线路

～s convergentes 会聚线,辐合线

～s de campo eléctrico 电场线

～s de campo magnético 磁场线

～s de código 〈信〉代[编]码线路

～s de cuadrícula[rejilla] 〈信〉网格线

～s de influencia 影响线

～s existentes 现有线路

～s isoclinas 〈理〉等(磁)倾线

～s paralelas 平行线

aeronave de ～ 班[客]机

avión de ～ 航线飞机,班机

carguero de ～ 定期货轮,运货班机

conjunto de ～ 系族,谱系;系属(结构)

en ～ ①成一直线,成一行[排];②〈信〉在线(的);联线[机](的)

exploración por ～s continuas 实[连续]线扫描

fuera de ～ 〈信〉脱线[机](的)

prolongación irregular de las ～s horizontales (电视)图像拖尾,拖影

lineación *f.* ①线条排列方式;②〈地〉线理

lineaje *m.* 衬(板,层,带,垫,里,料,皮,砌,套,筒);镶[包,里,炉,内,搪,砖]衬

lineal *adj.* ①线的,直线的;②线构的;利用线的;③〈数〉线性的,一次的;④直系的;⑤〈画〉(绘画等风格)注重线条的;以线条表现的;⑥〈植〉线形的;⑦〈信〉在线上的;联机的,联线的

aceleración ～ 线性加速度

álgebra ～ 线性代数

amplificador ～ 线性放大器

combinación ～ 线性组合

dependencia ～ 〈数〉线性相关

detección ～ 〈理〉线性检波

dibujo ～ 线条画

distorsión ～ 线性失真

distorsión no ～ 非线性失真

distribución ～ 线性电阻分布特性

distribución no ～ 非线性电阻分布特性

elemento ～ 线性元素

expansión ～ 线膨胀

función ～ 线性函数

hojas ～es 线形叶

independencia ～ 〈数〉线性无关

no ～ 非线性的,非直线的

poliamidas ～es 线型聚酰胺[尼龙]

rectificador ～ 线性整流器

linealidad *f.* ①线性,直线性;②〈理〉直线性

no ～ 非线性

linealización *f.* 直线[线性]化

linealizado,-da *adj.* 直线[线性]化的

linear *adj.* 见 lineal

linfa *f.* ①〈解〉淋巴;②〈生理〉淋巴液;③

〈医〉浆,苗
linfadenectomía *f.* 〈医〉淋巴结切除术
linfadenitis *f. inv.* 〈医〉淋巴结炎
linfadenograma *m.* 〈医〉淋巴结造影片
linfadenoma *m.* 〈医〉淋巴结瘤
linfadenopatía *f.* 〈医〉淋巴结病
linfadenotomía *f.* 〈医〉淋巴切开术
linfadenovarix *f.* 〈医〉淋巴结增大
linfagogo *m.* 〈药〉利淋巴药,催淋巴剂
linfangeítis *f. inv.* 〈医〉淋巴管炎
linfangiectasia *f.* 〈医〉淋巴管扩张
linfangiectomía *f.* 〈医〉淋巴管切除术
linfangiofibroma *m.* 〈医〉淋巴管纤维瘤
linfangiografía *f.* 〈医〉淋巴管造影术
linfangiograma *m.* 〈医〉淋巴管 X 射线照片
linfangiología *f.* 〈医〉淋巴管学
linfangioma *m.* 〈医〉淋巴管瘤
linfangiosarcoma *m.* 〈医〉淋巴管肉瘤
linfangiotomía *f.* 〈医〉淋巴管切开术
linfangitis *f. inv.* 〈医〉淋巴管炎
linfático,-ca *adj.* ①〈解〉淋巴的;输送淋巴
  的;分泌淋巴的;②(人)迟钝的;呆滞的
  sistema ~ 淋巴系统
  tronco ~ 淋巴干
  vaso ~ 淋巴管
linfaticostomía *f.* 〈医〉淋巴造口术
linfatismo *m.* 〈医〉淋巴体质
linfatitis *f. inv.* 〈医〉淋巴系炎
linfectasia *f.* 〈医〉淋巴性扩张
linfoblasto *m.* 〈医〉成[原]淋巴细胞,淋巴母
  细胞
linfocítico,-ca *adj.* 〈解〉淋巴细胞的
  leucemia ~a 淋巴细胞白血病
  serie ~a 淋巴细胞系
linfocito *m.* 〈解〉淋巴细胞;淋巴球
  ~ activado 活化淋巴细胞
  ~ B B 淋巴细胞
  ~ específico 特定淋巴细胞
  ~ T T 淋巴细胞
  ~ T citotóxico 细胞毒性 T 淋巴细胞
linfocitoma *m.* 〈医〉淋巴细胞瘤
linfocitopenia *f.* 〈医〉淋巴细胞减少
linfocitopoyesis *f.* 〈医〉淋巴细胞生成,淋巴
  细胞发生
linfocitosis *f.* 〈医〉淋巴细胞增多
linfocitotoxicidad *f.* 〈医〉淋巴细胞毒
linfocitotoxina *f.* 〈医〉淋巴细胞毒素
linfoedema *m.* 〈医〉淋巴水肿
linfoepitelioma *m.* 〈医〉淋巴上皮瘤[癌]
linfogénesis *f.* 〈医〉淋巴生成,淋巴发生
linfografía *f.* 〈医〉淋巴系造影(术)
linfoide; linfoideo,-dea *adj.* 〈医〉①淋巴细
  胞的;淋巴系统的;②淋巴(细胞)样的,淋巴

组织样的
linfoidectomía *f.* 〈医〉淋巴组织切除术
linfoideocito *m.* 〈解〉淋巴样细胞
linfología *f.* 〈医〉淋巴学
linfoma *m.* 〈医〉淋巴(组织)瘤;淋巴癌
  ~ de Hodgkin 霍奇金淋巴瘤
linfopoyesis *f.* 〈医〉①淋巴组织生成;淋巴生
  成;②淋巴细胞生成
linfoquina *f.* 〈医〉淋巴因子,淋巴激活素
linforrea *f.* 〈医〉淋巴溢
linforroide *f.* 〈医〉淋巴管痔,肛周淋巴管扩
  张
linfosarcoma *m.* 〈医〉淋巴肉瘤
linfotoxina *f.* 〈医〉淋巴毒素
linfotrófico,-ca *adj.* 〈生〉嗜淋巴细胞的
lingote *m.* 〈冶〉①锭(块,坯,料),铸块;铸
  模;②坯料
  ~ de acero 钢坯
  ~ de acero fundido (钢)坯锭
  ~ de hierro 铁块,铁铸块
  ~ de oro 金锭
  ~ de plata 银锭
  ~ de primera fusión 生铁,铸块
  ~ de segunda fusión 再生锭
  ~ hueco 空心锭
  ~ nativo 金属颗粒,金属小球
  cobre en ~s 铜锭
  fundición en ~s[galápagos] 生[铣]铁,
  (金属)锭[块]
  máquina de moldear los ~s 铸锭机
lingotera *f.* 〈冶〉铸模[型];铸[钢]锭模
lingotismo *m.* 〈冶〉钢锭偏析,(树枝状)巨晶
  (钢锭结构缺陷)
lingual *adj.* ①〈解〉舌的;②舌状[旁]的
  arteria ~ 舌动脉
  nervio ~ 舌神经
linguete *m.* 〈机〉棘[制轮,止回,制动]爪;掣
  [卡]子
  ~ de cabrestante 绞盘棘[卡]爪
  ~ de seguridad 安全挡[掣子]
  ~ de una rueda de escape 棘轮掣爪,制逆
  轮爪
lingüiforme *adj.* 舌形[状]的
lingüística *f.* 语言学
  ~ aplicada 应[实]用语言学
  ~ computacional 计算语言学
  ~ de contrastes 对比语言学
lingula *f.* 〈动〉海豆芽
linier *m. f.* 〈体〉(足球比赛的)巡边员,边裁
linimento; linimiento *m.* 〈药〉搽[擦]剂
linina *f.* 〈生〉核丝
lino *m.* ①〈植〉亚麻;②亚麻布[纤维];③
  〈纺〉亚麻织品;④*Cono S.* 亚麻籽;⑤帆布

~ en rama 原(亚)麻

~ fósil 石棉

~ mineral 石麻[棉,绒]

~ purgante 〈药〉导泻亚麻

aceite de ~ 亚麻(子,仁)油

camisa de ~ 亚麻布衬衫

de ~ 亚麻(制,色)的,淡黄色的

desfibradora de ~ 剥亚麻纤维机

géneros de ~ 亚麻纺织品

hilo de ~ 亚麻线[纱]

peinado de ~ 亚麻梳[清]理

peine para ~ 亚麻梳

linoleico,-ca adj. 亚(麻)油的 ‖ m. 罂[亚油]酸

ácido ~ 罂[亚油]酸

linóleo; linóleum m. (亚麻)油地毡;漆布

linón m. 〈纺〉上等细布;上等细麻布

linotipia f.; **linotipo** m. 〈印〉①整行铸排机;莱诺整行铸排机(商标名);②整行铸排机排版;整行铸排机排版印刷品

linotipista m. 〈印〉莱诺整行铸排机铸排工;铸排工

linoxina f. 氧化亚麻仁油

linterna f. ①(挂,幻,手,号志,信号)灯;灯笼;提灯;②〈海〉航标灯;③〈建〉穹隆顶塔;塔式天窗,(屋顶上的)百叶式气窗;④Riopl.〈昆〉萤火虫;⑤pl. Méx. 眼睛;⑥〈机〉灯笼形小齿轮

~ avisadora 信号灯

~ de acetileno 乙炔灯

~ delantera 前灯

~ eléctrica 手电筒

~ mágica(~ de proyección) 幻灯机

~ sorda 带遮光罩的提灯

~ trasera 尾灯

rueda de ~ (钟表等的)销轮,小齿轮

liofilización f. 〈化〉〈技〉〈生化〉冷冻干燥(法);(低压)冻干(法);升华干燥(法)

liofilizado,-da adj. 〈化〉〈技〉〈生化〉(被)冷冻干燥的;(低压)冻干的

liofilizador m. 〈化〉〈技〉(低压)冻干器;冷冻干燥器

liofilizar tr. 〈化〉〈技〉用低压冻干

liófilo,-la adj. ①〈化〉亲液的;②〈化〉〈技〉〈生化〉低压冻干法的;冻干的

coloide ~ 亲液胶体

liófobo,-ba adj. 〈化〉疏[憎]液的

coloide ~ 疏液胶体

liólisis f. 〈化〉液解(作用)

liosorción f. 〈化〉吸收溶剂(作用)

liparita f. 〈地〉流纹岩

lipasa f. 〈生化〉脂(肪)酶

lipectomía f. 〈医〉脂肪切除术

lipemanía f. 〈医〉忧[抑]郁症

lipemia f. 〈医〉脂血症

lipes f. inv. Amér. L. 〈化〉胆[蓝]矾,五水(合)硫酸铜

piedra ~ 胆矾,蓝矾

lípido m. 〈生化〉(类)脂,脂质

lipoaspiración f. 〈医〉脂肪抽吸术,吸脂术

lipocito m. 〈解〉脂细胞

lipocromo m. 〈生化〉脂色素

lipodistrofia f. 〈医〉①脂肪[脂质]营养不良;②脂肪代谢失调

lipoescultura f. 〈医〉削脂美腿手术

lipogénesis f. 〈生化〉脂肪生成

lipoideo,-dea adj. 〈生化〉脂肪性的,类脂的 ‖ m. 类脂

lipolisis; lipólisis f. 〈生化〉脂解(作用);溶脂术

lipolítico,-ca adj. 〈生化〉脂解的;脂解性质的

lipoma m. 〈医〉脂肪瘤

lipomatosis f. 〈医〉脂肪过多症

lipometabolismo m. 〈医〉脂肪代谢

lipopenia f. 〈医〉脂肪减少

lipoplastia f. 〈医〉①削脂美腿手术;②皮下脂肪抽吸术

lipoproteína f. 〈生化〉脂蛋白

liposarcoma m. 〈医〉脂肪肉瘤

liposis f. 〈医〉脂肪过多症

liposoluble adj. 〈化〉脂溶(性)的

liposoma m. 〈生〉脂质体

liposucción f. 〈医〉脂肪抽吸术,吸脂术

liposuccionador m. 〈医〉(整形外科用的)脂肪吸取器

lipotimia f. 〈医〉晕厥,(脑缺氧引起的)暂时性眼前昏黑

lipotrofia f. 〈医〉脂肪增多

lipotrópico,-ca adj. 〈生化〉①亲脂性的;②防脂肪肝的 ‖ m. 促脂解剂

lipotropina f. 〈生化〉促脂素

lipotropismo m. 〈生化〉防脂肪肝性[现象]

lipovacuna f. 〈医〉类脂疫苗

lipovitamínico,-ca adj. 〈生化〉含脂肪和维生素的

lipoxidasa f. 〈医〉脂氧化酶

lipuria f. 〈医〉脂肪尿

liquefacción f. 液化(作用)

liquen m. ①〈植〉地衣;②〈医〉苔藓病

liquenáceo,-cea adj. 〈植〉地衣状的

liquenificación f. ①苔藓形成;②〈医〉苔藓样硬化;苔藓样硬化斑

liquenina f. 〈生化〉地衣淀粉,地衣多糖

liquenoide adj. 〈医〉苔藓样的

liquidable *adj*. ①能液化的;②可清偿的;可付[偿]清的;③可停业清理的

liquidación *f*. ①〈化〉液化(作用);熔解[析];②(债务的)清偿,了结;(公司等的)(停业)清理,清[结]算;③清仓(处理);甩[贱]卖;④裁员费
~ a prorrata 按比例分摊结算
~ bilateral 双边清算
~ de averías 海损理算
~ de facturas 发票结算
~ de las deudas 清偿债务
~ del inventario 廉价出售存货
~ forzosa[obligatoria] 强制清算;忍痛抛出(股票等)
~ mensual 月结账
~ por cierre del negocio 歇[停]业大拍卖,歇[停]业大贱卖
~ por fin de temporada 季末清货大贱卖,季末削价处理
~ quincenal 半月交割,十五天结算

liquidador,-ra *m. f*. ①清算人;②理算人[师] ‖ *m*. 液化剂
~ de averías 海损理算师
~ judicial 法定清[理]算人

liquidámbar *m*. ①〈植〉枫香树;②枫香树香脂

liquidez *f*. ①流动性;②拥有流动资产;③〈经〉清偿能力[手段]
~ bancaria ①银行资产流动性;②银行清偿能力[手段]
~ internacional 国际清偿能力[手段]

líquido,-da *adj*. ①液体[态]的;流动[淌]的;②流质的;③〈商贸〉易变为现金的;④净(剩)的;纯(净)的;净得的 ‖ *m*. ①〈化〉〈理〉液体[态];液态物;②液(体)剂;③余额;净额;④流动资金;现钞[金]
~ al contado 现金余额
~ amniótico 〈生理〉羊水
~ anticongelante 防[抗]冻剂
~ ascítico 〈医〉腹水
~ cerebroespinal 〈解〉脑脊(髓)液
~ de amalgamar 混合液体
~ de aspersión 肥皂水,肥皂泡[沫]
~ de belleza 美肤水
~ de freno 〈机〉刹车油,制动液
~ de llenado 密封液(体)
~ de quinina 奎宁水
~ de quitar grasa 去脂液
~ del cuerpo(~s corporales) 〈生理〉体液
~ excitador 激活液体,活性液体
~ imponible 应纳税收入;应纳税值
~ seminal 〈生理〉精液

~ sinovial 〈生理〉滑液
~s corrosivos 酸洗[浸]液,浸(洗)液
bailoteo del ~ 液面晃动
beneficio ~ 净[纯]利
capital ~ 流动资本
caudal ~ 流动资金
combustible ~ (常用作火箭燃料的)液体燃料
comestible ~ 流质食物
compás ~ 充液(体)罗盘,湿式罗盘
cristal ~ 液晶(体)
dieta ~a 流质饮食
extracto ~ 〈药〉流浸膏
fase ~a 液相
fluidizado con ~ 液[流]体化的,流动[态]化的
fricción ~a 液相阻力
fundición ~a 液态金属(如铁水,钢水)
ganancia ~a 纯利润
gas ~ 液化气
reóstato ~ 液浸[液体]变阻器
saldo ~ 净余额
sueldo ~ 净工资
termostato de dilatación de ~ 液体恒温器
utilidad ~a 纯[净]利润
vidrio ~ 水[液态]玻璃

lira *f*. ①〈数〉象限;②四分(之一)圆,四分体;③象限[四分]仪;④〈技〉扇形体[板,齿轮];⑤〈乐〉里拉(琴);⑥〈天〉[L-]天琴(星)座

lirio *m*. 〈植〉鸢尾;百合(科植物)
~ blanco 白百合
~ de los valles 铃兰

lirón *m*. 〈动〉榛睡鼠

lis *f*. 〈植〉①百合;②百合花;百合(指百合的根茎)

lisa *f*. ①*Cari*. 啤酒;②*And*. 〈动〉鲻鱼;鲻科鱼;花鳅

lisado *m*. 〈生化〉溶解产物(尤指溶菌液)

lisérgico,-ca *adj*. 见 ácido ~
ácido ~ 〈化〉麦角酸

lisiado,-da *adj*. ①〈医〉(肢体)伤残的,残疾的;②跛的 ‖ *m. f*. ①〈医〉肢体伤残者;②跛子

lisimaquia *f*. 〈植〉黄莲花

lisímetro *m*. ①土壤渗漏仪;测渗仪;②液度(估定)计

lisina *f*. 〈生化〉①赖氨酸;②溶素;溶(细)胞素,细胞溶素

lisinógeno *m*. 〈生化〉〈医〉溶素原

lisis *f*. ①〈生化〉溶解;溶解[菌](作用);②〈医〉渐退,消散

lisle *f*. ①〈纺〉莱尔线;②莱尔线织物

liso,-sa *adj*. ①(地面、布面、表面等)平的,平坦[整]的;②(头发等)直的;平直的;③(海面等)平静的;④(衣服)简朴的;无装饰的,(布料)单色的;⑤〈体〉平地[无障碍]赛跑的;平地[无障碍]赛马的

cañón ~ 滑膛炮

de ánima ~a 滑膛的

superficie ~a 平面

lisofosfolipasa *f*.〈生化〉溶血磷脂酶

lisogenia *f*.〈生〉溶原性[现象]

lisol *m*.〈化〉来苏儿(即杂酚皂液)

lisosoma *m*.〈生〉(细胞中的)溶酶体

lisozima *m*.〈生化〉溶菌酶

lista *f*. ①表(格,册),一览表,目录(表),(清,名,价目)单;②(布、纸、金属、皮革等的)条,带;狭条;纸片;③(布、织物等的)条纹;④〈信〉列表

~ anexa a la póliza 保险单附件

~ blanca 白名单(指守法的可信赖的人或机构名单)

~ cerrada 保密名单;密表

~ de argumentos〈信〉(计算机)参数列表

~ de boda (供宾客送礼时参考的)结婚礼品表

~ de cambio 外汇行市表

~ de clasificación 分级明细单

~ de comida[platos]菜单

~ de correo-e〈信〉发送列表(指用户电子邮件地址的列表)

~ de correos ①(广告、宣传品、印刷料等的)邮寄名单[列表];②(邮局)邮件存局候领处

~ de direcciones (读者)通讯名址录

~ de distribución〈信〉发送列表(指用户电子邮件地址的列表);分配表

~ de embalaje 装箱单;包装单

~ de encuentros〈体〉预定日期的比赛项目一览表

~ de espera 待任命者名单;候选人[等候者]名单;等候项目一览表

~ de éxitos〈乐〉每周流行唱片选目

~ de importaciones permitidas (L. I. P.) 准予进口的商品清单

~ de pagos 工资表;在职人员名单

~ de partes 零件单;零件目录

~ de precios 价目表;价目[格]单

~ de premios ①受表彰人员名单;②(通过优等生考试的)优秀学生名单

~ de raya *Méx*. 工资表;在职人员名单

~ de recambios 备(用零)件表

~ de remisiones (快速)寄发[送]名单

~ de revocación de certificados〈信〉证书废除清单

~ de salidas 开航班机[轮]一览表

~ de tandas 值勤名单,勤务轮值表

~ de vinos (餐馆里的)酒单,酒类一览表

~ electoral 选民名册

~ enlazada〈信〉链接表

~ FIFO〈信〉(计算机)先进先出存储表;上推表

~ general 总清单

~ LIFO〈信〉(计算机)后进先出存储表;下推表

~ negra 黑名单

~ roja〈环〉〈医〉红名单(反映生存环境受威胁的物种之清单)

~s de audiencia (广播、电视等)收听[视]率

a ~s 有条纹的

pasar ~〈军〉点名

listado,-da *adj*. 有条纹(图案)的 ‖ *m*. ①条纹,色条;②*And*.,*Cari*.〈纺〉条纹织物;黑白双色棉布;③〈信〉(打印)列表

~ de comprobación (核对用的)一览表(尤指完整的清单)

~ de contribuyentes 纳税人名册

listel *m*.〈建〉平线脚;板条;窄条饰

listeria *f*.〈医〉利斯特氏菌,李氏杆菌

listeriosis *f*.〈医〉利斯特氏菌病,李氏杆菌病

listín *m*. ①电话本;简表[录];②*Cari*. 报纸

~ de direcciones〈信〉地址簿

~ de teléfonos 电话簿

~ telefónico 电话簿

listón *m*. ①〈建〉板[木板]条;板条;②〈建〉(凹条花圆柱的)楞条;(花边旁的)平边;(金属、橡胶等的)条;③〈体〉(球门等的)横木;(跳高架等的)横杆;④水平[准];⑤〈缝〉丝[绸,绒]带

~ cubrejunta ①板间盖条,盖缝条;②椅背中部纵板

~ de la pobreza 贫困线

~ de los precios 物价水平[准]

litarge; litargirio *m*.〈化〉密陀僧,铅黄,黄丹

litera *f*. (火车、轮船等依壁而设常有上下铺的)床铺[位];(有上下铺的)双层床

~ alta/baja 上/下铺

literal *adj*. ①逐字逐句的(翻译);②照字面的;原义的;③字母的,文字上的;用字母[文字]表达的

traducción ~ 逐字翻译,直译

litiasis *f*.〈医〉结石病

lítico,-ca *adj*. ①〈医〉结石的;②石头的;石制的

litificación *f*.〈地〉岩化

litigación f.；litigio m.〈法〉诉讼
litina f.〈化〉氧化锂,锂氧
litinado,-da adj.〈化〉〈水〉含氧化锂的
litio m.〈化〉锂
　mica de ～ 锂云母
　nitrato de ～ 硝酸锂
　titanato de ～ 钛酸锂
litisexpensas f. pl.〈法〉诉讼费
litito m.〈动〉（触手囊或石囊中的）平衡石
litmus m.〈化〉石蕊（色素）
litoclasa f.〈地〉石裂缝,石裂隙
litódomo m.〈动〉石蛏
litofacies m. pl.〈地〉岩相
litófago,-ga adj.〈动〉〈环〉食石的；穿石（栖
　居）的‖ m. 食石（软体）动物
litófilo,-la adj.①〈生〉〈植〉石生的；亲岩
　的；②〈昆〉适[喜]石的
　planta ～a 石生植物
litofita f.〈植〉石生植物
litofotografía f.①〈印〉照相平版印刷术,石
　印术；②照相平版印刷品
litogenesia f.〈地〉岩石生成
litogénesis f.①〈地〉岩石生成；②〈医〉结石
　发生
litografía f.①〈印〉平版印刷术,石印术；②
　平版印刷品；石印品；③平[石]版画
litografiar tr.〈印〉用平版印刷,石印
litógrafo,-fa m. f.〈印〉平[石]版印刷工人
　‖ m. 石版印刷品,石印品
litólito m.〈医〉溶石液灌注器
litología f.①〈地〉岩性；岩性学；②〈医〉结石
　学
litológico,-ca adj.①〈地〉岩性（学）的；②
　〈医〉结石学的
litomarga f.〈地〉〈矿〉密高岭土
litometeoro m.〈气〉大气尘粒
litómetro m.〈医〉结石测定器
litopedión m.〈医〉石胎
litopón m.〈化〉锌钡白,硫化亚铅,立德粉
litoral adj.① 海岸的；近[沿]海岸的；②
　〈生〉生长在海岸的‖ m. 海岸[边,滨]；沿
　海地区,沿（海）岸地区
　aguas ～es 沿海水域
　fauna ～ 沿海动物群落
　zonas ～es 沿海地区,沿岸带
litosfera f.〈地〉岩石圈,陆[岩]界
litosol m.〈地〉石质土
litospermo m.〈植〉紫草
litotomía f.〈医〉切石术,膀胱结石切除术
litótomo m.〈医〉切结石刀
litotresis f.〈医〉结石钻孔术
litotricia；litotripsia f.〈医〉碎石术

litotrofo m.〈环〉无机营养菌
litre m. Chil.〈植〉漆疮树（指人接触后引发
　皮疹的树）
litro m. 升（米制容量单位）
lixiviable adj.〈化〉浸出[析]的,可沥滤[滤
　取,滤出]的
lixiviación f.〈化〉浸滤（作用）,沥滤（作用）；
　浸提（作用）
　～ al amoníaco 氨浸滤
lixiviado m.〈化〉浸滤[提]（法）,沥滤[法]
lixivialidad f.〈化〉可沥滤[浸滤,浸提]性
lixiviar tr.〈化〉①（用滤液）沥滤；②（用滤
　液）浸提
lixivio m.〈化〉①碱汁；②浸滤液
lizo m.〈纺〉经纱[线]
llachiguana f. Amér. L.〈昆〉胡蜂
llacsa f. Cono S. 熔融金属,金属液
llaga f.①〈医〉溃疡,烂疮；②〈建〉砖缝
llagoso,-sa adj.〈医〉溃疡的
llaguero m.〈建〉砖缝抹子,镘（刀）
llalla f.〈医〉小伤口;小疮疖
llama f.①〈动〉美洲驼；大羊驼；②Ecuad.
　〈动〉绵羊；③〈火〉焰,火舌[苗]；火炬；④沼
　泽地
　～ aeroacetilénica 空气-乙炔（火）焰
　～ auxiliar 领航灯,指示灯
　～ calorífica[oxidante]〈化〉氧化焰
　～ del arco 弧焰
　～ descubierta 明（火）焰
　～ luminosa[reductora]〈化〉还原焰
　～ piloto 指示灯,信号灯
　～ solar 日晕[辉]
　canal[tubo] de ～s 焰管；火焰筒
　cementación a la ～ 火焰淬火
　corriente de ～ 焰路[道]
　dispositivo antirretroceso de ～ 灭火器；
　火焰消除器
　espectrofotometría a la ～ 火焰分光光度
　技术
　estabilidad de la ～ 火焰稳定[持久]性
　pantalla de retroceso de ～ 防火墙,火隔
llamada f.①叫,喊；呼叫[号,唤]；②（一次）
　电话,通话；③〈讯〉振铃；信号；④〈印〉参见
　符号；⑤〈军〉集合号；⑥〈信〉调用
　～ a[de] cobro revertido 受话人付费电话
　～ a[de] larga distancia 长途电话
　～ a licitación 招标通知
　～ a procedimiento 〈信〉过程调用
　～ al supervisor 〈信〉管理程序调用
　～ armónica 调谐信号；选频振铃
　～ armónica sintonizada 调谐选频振铃
　～ automática 自动呼叫；自动振铃；自动信
　号

~ cercana 本地电话

~ de alerta 警告[警报,示警,提醒]信号

~ de atención 提醒信号,警示标志

~ de consultas 咨询电话

~ de socorro 求救信号

~ dinámica 动力电话;动力振铃

~ entrante 打入电话

~ interlenguanjes〈信〉人工辅助语言调用

~ internacional 国际长途电话

~ interprovincial 国内长途电话

~ interurbana〈本省〉城市间电话

~ local[metropolitana, urbana]市内[本地]电话

~ maliciosa 恶意电话

~ manual 手动[人工]电话

~ por cobrar 受话人付费电话

~ por magneto 磁振铃

~ por silbato 鸣(汽)笛;汽笛声

~ provincial 省内长途电话

~ sin llave 无钥信号;无键振铃,插塞式自动振铃

~ sucesiva 持续通话

~ telefónica 通话,打电话

botón de ~ 电话按钮

cómputo automático de ~s 通话自动计账

densidad de ~s en hora cargada 忙时通话频率

indicador acústico de ~ 呼叫指示器

indicador de ~ (电台)呼号

onda de~ 呼号波

llamador m. 门铃[钹,环];(门铃)按钮

llamamiento m. ①叫唤,呼吁[请];号召;②请[要]求

~ a filas〈军〉征召〈青年〉入伍

~ de fondos 招股,筹集资金

~ de socorro (紧急)求救,呼救

llamazar m.〈地〉沼泽地

llambrisa f.〈地〉峭壁,山崖

llame m. Chil., Cono S. 捕鸟套索

llamingo m. Ecuad.〈动〉骆马

llampo m. And., Cono S.〈矿〉矿砂;矿(石)屑

llana f. ①〈地〉平原;平川;②〈建〉镘[泥,瓦]刀,抹子;泥铲

llanada f.〈地〉平原;平川

llanadora f.〈工程〉〈机〉平地[土,路]机

llanca f. Amér. L. ①〈矿〉铜矿砂;②孔雀石(饰物)

llanear intr.〈车辆〉缓慢巡行;沿岸旅行

llano m. 平地;〈地〉平原

Los ~s [L-] 委内瑞拉平原

llanta f. ①〈机〉〈车轮的〉轮辋;轮胎辋圈;②Amér. L. 轮[车]胎

~ articulada 履带

~ de goma 橡胶轮胎

~ de madera 木制轮缘[箍,辋,圈]

~ de oruga 履带

~ de refuerzo 加固轮

~ de repuesto 备用胎

~ de talones 翻边轮胎

~ maciza 实心轮胎

~ móvil 可卸轮胎

~ neumática 气胎

~s de aleación 合金(车)轮

prensa de ~s 轮胎[箍]压机

renovar las ~s 更换轮胎

llantén m.〈植〉车前

llantón m. 薄板坯;板料

llanura f. ①〈地〉平原;平川;②大草原

~ abisal 深海平原

~ aluvial 冲积平原

~ costera 沿岸平原

~ de inundación (洪水)冲积平原

llareta f.〈植〉香茎芹

llaucha f. Amér. L.〈矿〉银铅矿石

llave f. ①钥匙;②(自来水、煤气等的)龙头,旋塞;③〈电〉开关;电门,闸阀;④〈机〉扳手[子,钳];⑤〈乐〉(钢琴等的)键;连谱号;⑥〈印〉大括弧,方括号;⑦〈体〉(摔跤中的)抱,夹;⑧〈武器〉的枪[闭锁]机;⑨Cono S.〈建〉檩,桁,托梁

~ a botón[pulsador] 按钮开关;按钮机键

~ acodada 弯头扳手

~ ajustable 活动[活络]扳手,活扳子

~ cerrada 插销

~ colgante 悬吊开关

~ de apriete 扳手

~ de arcabuz (螺帽)扳手[钳,头,子]

~ de bola[flotador] 浮球阀,浮球旋塞

~ de cambio (打字键盘上的)字形变换键

~ de cierre 截止旋塞,龙头,管闩

~ de cilindro 汽缸阀(门)

~ de combinación 字[暗,号]码键

~ de comprobación[prueba] 试液位旋塞

~ de contacto ①(机动车的)点火开关钥匙,启动钥匙;②电话电键

~ de cuatro vías 四通电路开关

~ de cubo 套筒扳手

~ de doble curva S形双头死扳手

~ de escucha 监听电键

~ de horquilla 叉形扳手

~ de macho 有栓旋塞

~ de manguito[muletilla, casquillo] 套筒扳手

~ de mordazas móviles 活动[活络]扳手,

活扳子

~ de nivel 试液位旋塞

~ de observación 监听[测,察,视]电键

~ de oro (城市的)金钥匙

~ de paso 龙头,管闩,开关

~ de picarote 止动监听按钮,监听电键

~ de riego 消防栓,消防龙头

~ de rosca 螺旋[活络]扳手

~ de tirafondos(~ tubular)套筒扳手

~ de transmisión 电报电键

~ de uñas 叉形扳手

~ doble 双头扳手

~ espacial 间隔键[条]

~ falsa 假[偷配的]钥匙

~ fija 死扳手

~ flotador 浮球阀,浮球旋塞

~ giramachos 螺丝攻扳手

~ inglesa 活动[活络,螺丝] 扳手,万能螺旋扳手;螺旋钳

~ inglesa dentada 钩形扳手

~ maestra 万能钥匙;总电钥[电键,钥匙]

~ para dar cuerda 开发条的钥匙

~ para[de] tubus 管[套筒]扳手

~ para[de] tuercas 螺母扳手

~ sencilla ①螺旋键;②螺丝扳手

~ universal 万能螺旋扳手

LLC abr. ingl. logical link control 〈信〉逻辑连接控制

lleco m. 处女地,生荒地

llegada f. ①到达[来],来到;②(水、气等的)入口;③〈体〉(赛跑等的)终点

~ de agua 进水口

~ de aire 进气口

~ de gasolina 汽油注入口

~ del vapor 蒸汽入口

ángulo de ~ (电波)到达角

línea de ~ 〈体〉(赛跑等的)终点线

tiempo de ~ ①到[抵]达时间;②波至时间

llena f. (江河等)涨水[潮];泛滥

llenado m. ①充[填,装]满,满载;②注入,注油

~ a presión 压力加油

~ del depósito 加注燃料

~ sobre el aire 空中加油

indicador de nivel de ~ 注油液面指示器

presión de ~ 加油压力

llenador m. ①填充物[剂];填(充,缝,隙)料;②填充器

llenante f. Amér. L. 〈海〉满潮(期)

lleno,-na adj. ①满的;②充满的;挤[塞,装]满的;③〈医〉(脉搏)均匀的 ‖ m. ①(影剧院等)客满;满座[员];②〈天〉满月(期)

agua ~a 〈海〉满潮

luna ~a 〈天〉满月(期)

lleuque m. Chil. 〈植〉安第斯罗汉松

llevabarrenas m. 钳[锯,夹]子;拔钳

llichi m. Amér. L. 〈植〉新枝,新芽

llicta f. And. 奎宁膏,金鸡纳膏

llongo m. Chil. 〈植〉蘑菇,真菌

lloredo m. 月桂树丛林,月桂树林地

llovedera f. Amér. C. , And. , Cari. ; **llovedero** m. Cono S. ①梅[连阴]雨(期);②雨季;③阴雨;④〈气〉雨暴

llovedizo,-za adj. ①(屋顶等)漏水的;滴水的;②雨水的

agua ~a 雨水

llovida f. Amér. L. ①下雨;雨天;②阵雨

Lloyd's m. (英国伦敦的)劳埃德(船级)保险社

Registro del ~ ①劳氏船级社;②(由劳氏船级社出版的)劳氏船名录;劳氏船级年鉴

regla de ~ 劳氏规范

llubina f. 〈动〉锯盖鱼

lluvia f. ①〈气〉雨,雨水,雨天;(一次)降雨,一场雨;②喷雾;雾状液;③枝状饰物;玫瑰花饰;④Cono S. 淋浴;淋浴器

~ ácida 酸雨

~ artificial 人工降雨,人造雨

~ de estrellas fugaces (彗星解体后形成的)流星雨

~ de meteoritos[meteoros] 〈天〉流星雨,陨石雨

~ de oro 〈植〉高山金链花;水黄皮;金链花属植物

~ menuda 细雨,蒙蒙细雨

~ moderada 中雨

~ radiactiva 放射性微粒回降

~ torrencial 暴雨

~s monzónicas 季风雨

gota de ~ 〈气〉雨滴

zona de ~ 〈气〉雨区

lluvioso,-sa adj. ①下雨的;②多雨(水)的;带雨的

estación ~a 雨季

Lm 〈理〉(光通量单位)流明(lumen)的符号

LMD abr. lengua de manipulación de datos 〈信〉数据操作语言

LMO abr. lector de marcos ópticos 〈信〉光标记阅读器

ln abr. logaritmo neperiano 〈数〉自然[纳皮尔]对数

LOAPA abr. Ley Orgánica de Armonización del Proceso Autonómico Esp. 〈法〉协调自治进程组织法

lob m. 〈体〉(网球、足球等运动中的)挑[吊]

出的高球

loba *f*. ①〈动〉雌[母]狼;②〈农〉(田地的)垄,埂

lobaganta *m*. 〈动〉龙[大螯]虾

lobanillo *m*. ①〈医〉粉瘤,皮脂[表皮]囊肿;②〈植〉(虫)瘿;③〈生〉囊胞,包囊;孢囊

lobato,-ta *m*. 〈动〉小狼,狼崽子

lobectomía *f*. 〈医〉(肺、脑或甲状腺等的)叶切除术

~ hepática 肝叶切除术

lobelia *f*. 〈植〉①半边莲;②祛痰菜

lobelina *f*. 〈药〉山梗菜碱,半边莲碱

lobero,-ra *adj*. 善于猎狼的(狗) ‖ *m. f*. (以狩猎狼为业的)捕狼人

perro ~ 猎狼犬

lobezno,-na *m. f*. 〈动〉小狼,狼崽

lobito *m. Cono S*. 〈动〉水獭

lobo *m*. ①〈机〉小型冲(孔)机;②〈纺〉清棉机;③〈植〉裂片;④〈解〉(脑、肺、肝等的)叶;⑤〈动〉狼;⑥*Méx*. 交(通)警(察)

~ cerval[cervario] 猞猁,山猫

~ de mar 老海员,经验丰富的水手

~ gris 灰狼

~ marino 海豹

~ rojo 红狼

lobopodio; lobópodo *m*. 〈医〉叶状假足,叶足

lobotomía *f*. 〈医〉(脑、肺、肝等的)叶切断术,脑白质切断术

lobulado,-da *adj*. ①〈解〉具小叶的;分成小叶的;②〈植〉具[分成]小裂片的;③〈建〉(有)小叶装饰的

arco ~ 叶状饰拱

hoja ~a 裂片叶

lóbulo *m*. ①(波形)突起部;叶形饰;②耳垂;③〈植〉小裂片;④〈解〉(肺、肝、脑等的)叶,小叶;⑤波瓣

~s secundarios (天线方向图的)旁[后,副波]瓣

conmutación de ~s (天线)小瓣[束]转换

LOC *abr*. lector óptico de caracteres 〈信〉光字符阅读器

locación *f*. 〈法〉租赁[借]

locador,-ra *m. f. Amér. M*. (不动产)出租人

local *adj*. ①地方(性)的;本[当]地的;②〈医〉局部的;③〈讯〉本市(通话)的;局内[本市]的;④〈信〉局域的,本地的 ‖ *m*. ①(企业、机构等使用的)房屋连地基;经营[生产]场所;②地点,场所

~ comercial 商场

~ público 公共场所

anestesia ~ 局部麻醉

atracción ~ 局部(磁)吸引

batería ~ 本机[局部]电池

cable ~ 局内电缆

colorido ~ 地方色彩

dolor ~ 局部疼痛

llamada ~ 本市通话

ocupación ~ 局部占线

oscilación ~ 本机振荡,本振

señal ~ 局内[自局,本地]信号

tiempo ~ 当地时间

localizabilidad *f*. 可定位性

localizable *adj*. 可确定位置的;可找到的

localización *f*. ①(确)定位(置);找到;②地方化;③〈医〉(使疾病、疼痛等)局部化;④地点;位置;⑤〈讯〉〈信〉跟踪

localizado,-da *adj*. 被定位的;找到的

localizador *m*. ①定位器;②飞机降落用无线电信标

localizar *tr*. ①〈医〉使局部化;②确定位置[地点];定位;找出[到];③〈信〉〈讯〉跟踪 ‖ ~se *r*. ①〈医〉局部化;②*Méx*. 位于

locatario,-ria *m. f. Amér. L*. ①〈法〉承租人;②租户;佃户

locería *f*. ①*Amér. L*. 陶器;陶器厂;②*Méx*. 〈集〉陶[瓦]器

locero,-ra *m. f. Amér. L*. ①陶工,制陶工人;②陶瓷器商

locha *f*. 〈动〉条[泥]鳅

loción *f*. ①(用以冲洗、消炎、止痛等的)洗液[剂];②(化妆等用的)搽液,涂剂;(护理)水

~ capilar 洗发液

~ de afeitado 剃须液

~ de atildadura 整容(护理)水

~ desodorante 除汗臭水

~ facial ①洗面液;洁肤霜;②紧肤水

~ fragante 香液

~ para después del afeitado (剃须后用的)润肤香水

~ para el cabello 洗发液

lock-out *m. ingl*. ①〈信〉封锁;②〈电子〉锁定;③〈船〉潜水员水下出入口舱;④闭厂,停工(资方对付罢工工人的一种手段)

loco,-ca *adj*. ①〈机〉〈运转〉失灵的;(螺丝等)松动的;未紧固的;②〈植〉疯长的

enfermedad de vacas ~s 疯牛病

locomoción *f*. ①运[移]动(力);②*Amér. L*. 交通,运输

~ colectiva 公共运输[交通]

locomotiva *f*. 〈交〉(牵引)机车,火车头

locomotividad *f*. 运[移]动(能)力

locomotivo,-va *adj*. ①运[活,移]动的;②机动的

locomotor,-ra *adj*. ①运动的;②〈解〉运动

（器官，系统）的；③机动的；有运转能力的 ‖
~a f. ①〈交〉(牵引)机车，火车头；②（经济、发展等的)推动[进]力
~a a vapor 蒸汽机车
~a de batería de acumuladores 蓄电池机车
~a de bogas 小矿机车
~a de cremallera（山区)齿轨机车
~a de maniobras（铁路)调车
~a de motor de explosión（爆发)内燃机机车
~a de motores de corriente alterna/continua 交/直流电动机机车
~a de turbina 涡轮机车
~a de turbina de gas 燃气轮机机车
~a de turbina de vapor 蒸汽轮机车
~a Diesel 柴油[内燃]机车
~a Diesel eléctrica 内燃电力传动机车
~a eléctrica 电力[气]机车
~a eléctrica para minas 矿用电力机车
~a ténder 带水柜机车
aparato ~ 运动器官
ataxia ~a 运动性共济失调
función ~a 运转功能
músculo ~ 运动肌
sistema ~ 运动系统

locomotriz *adj*. (修饰阴性名词）①运动的；②〈解〉运动（器官，系统)的；③机动的；有运转能力的
ataxia ~ 运动性共济失调
fuerza ~ 动力

locomóvil *adj*. 自动推进的，自行移动的；可移动的 ‖ *f*. 〈机〉牵引机车；牵引车
máquina ~ 移动式发动机

locotractor *m*. 〈机〉轻型机车，轻型牵引车

loculicido,-da *adj*. 〈植〉室背开裂的

lóculo *m*. ①〈植〉室(指子房、花药等)；子囊腔；②〈生〉小腔室

locus *m*. ① 地点，所在地；集中地，中心；②〈遗〉轨迹；③〈遗〉座位

LODE *abr*. Ley Orgánica del Derecho a la Educación *Esp*. 〈教〉教育权组织法(1985年颁发)

lodo *m*. ①（煤、矿、软、污、油、淤、钻)泥；泥浆；②（泥状、氧化)沉积物；(酸、碱)渣；③ *pl*.〈医〉泥浴
~ acidificado 无机泥酸
~ de depuradora 污水污泥（常用作肥料)
~ de peróxido 过氧(化)沉积物
~ digerido 水化污泥
~ mineral 矿泥
~ salino 含盐泥浆

~s ácidos[alquitranes] 酸渣
~s de pulido 污物[垢，渣]，油泥
baños de ~s 〈医〉泥浴
bomba de ~s 泥浆泵

LOE *abr*. Ley Orgánica de Estado *Esp*. 〈法〉国家组织法

loes; loess *m*. 〈地〉黄土

lofiforme *adj*. 〈动〉鮟鱇目的 ‖ *m*. ①鮟鱇目鱼；②*pl*. 鮟鱇目

lofobranquio,-quia *adj*. 〈动〉总鳃类的 ‖ *m*. 总鳃类鱼

lofodonto *m*. 〈动〉脊牙[齿]动物

lofóforo *m*. 〈动〉触手冠，总担

log *abr*. logaritmo 〈数〉对数

loganiáceo,-cea *adj*. 〈植〉马钱科的 ‖ *f*. ①马钱科植物；②*pl*. 马钱科

logarítmico,-ca *adj*. 〈数〉①对数的；②对数式的
curva ~a 对数曲线
decremento ~ 对数衰减率
diagrama ~ 对数图
escala ~a 对数尺度[标度，标尺]
función ~a 对数函数
papel ~ 对数坐标纸
tabla ~a 对数表

logaritmo *m*. 〈数〉对数
~ común[ordinario, vulgar] 普通[常用，十进]对数(以 10 为底的对数)
~ integral 积分对数
~ natural 自然对数
~ neperiano 自然[纳皮尔]对数
~s hiperbólicos[naturales] 自然[纳皮尔]对数
~s ordinarios 布氏对数，常用对数
tabla de ~ 对数表

logia *f*. 〈建〉凉廊

lógica *f*. ①〈逻〉逻辑；逻辑学；②（某一学科)原[学]理；③逻辑性；推理(法)；④〈信〉逻辑(操作)
~ booleana 布尔逻辑
~ borrosa[difusa] 〈信〉模糊逻辑
~ cableada 〈信〉硬接[连]线逻辑，固定逻辑
~ de ordenador 〈信〉计算机逻辑
~ formal 形式逻辑
~ matemática 数理逻辑
~ programada 程序逻辑
~ simbólica 符号逻辑

logicalización *f*. 逻辑化

logicial *m*. 〈信〉软件

lógico,-ca *adj*. ①逻辑(上)的；逻辑学的；②合乎[符合]逻辑的；③自然的，正常的；按逻

辑发展的;④〈信〉逻辑的 ‖ *m. f.* 逻辑学家

logística *f.* ①〈军〉后勤学;②后勤;③〈数〉计算术,算术运算;④〈逻〉数理[符号]逻辑;⑤物流

logístico,-ca *adj.* ①〈军〉后勤(学);②〈数〉计算的,算术的;③〈逻〉数理[符号]逻辑,逻辑斯蒂的;④逻辑的;⑤物流的 ‖ *m.*〈逻〉数理[符号]逻辑;逻辑斯蒂
compañía[corporación]～a 物流公司

logo *m.* ①〈印〉连合活字,连铸铅字条;②(路标、广告等用的)标识;(公司、机构等)专用标识;徽记

logograma *m.* ①语标,缩记符(指代表单词的字母或符号);②(路标、广告等用的)标识

logonio *m.* ①构成信息的一个单位;②〈信〉注册,登录;计入
capacidad de ～s 信息(计入)容量

logopatía *f.*〈医〉言语障碍

logopeda *m. f.* 言语治疗[矫正]专家,言语治疗[矫正]学家

logopedia *f.*〈医〉言语矫正法;言语矫正学

logoproceadora *f.*〈信〉文字处理机,字处理程序

logorrea *f.*〈信〉急促而不清的话

logorreico,-ca *adj.*〈信〉急促而不清的(话)

logoterapeuta *m. f.* 言语治疗[矫正]专家,言语治疗[矫正]学家

logoterapia *f.*〈医〉〈心〉言语矫正;言语矫正

logotipo *m.* ①〈印〉连合活字,连铸铅字条;②(路标、广告等用的)标识;(公司、机构等)专用标识;徽记

logotomo *m.* (试音用的)音节
nitidez en～s 音节清晰度

LOGSE *abr.* Ley de Ordenación General del Sistema Educativo *Esp.*〈教〉教育体系总体调整法(1990 年颁发)

loma *f.*〈地〉鞍形山

lombricida *f.*〈药〉驱蛔虫药;杀蠕虫药

lombriciento,-ta *adj. Amér. L.* ①有蚯蚓的(地方);②多蛔虫的

lombricina *f.*〈药〉驱蛔虫药

lombriz *f.*〈动〉①蠕虫;②蛔[肠]虫;③蚯蚓
～ de mar 沙蚕,海蚯蚓(常作钓饵用)
～ de tierra 蚯蚓
～ intestinal[solitaria] 绦[蛔]虫

lomería *f.* ;**lomerío** *m. Amér. L.* 丘陵

lomillo *m.* ①*Amér. M.* 鞍垫;②*Méx.* 驮垫;③〈缝〉十字交叉针法

lomo *m.* ①(人体的)背;脊背;②(猪等四足动物的)脊背肉;③〈解〉腰(部);*pl.* 肋骨;④〈印〉书脊;⑤(刀,斧,弓,锯)背;⑥〈农〉田埂[垄]
～ de asno 豚背丘,猪背岭

lona *f.* ①(制帐篷、画布等用的)帆布;(制船帆用的)厚篷帆布;防水布;②粗麻布;③〈体〉(拳击、摔跤竞技台用的)帆布地板
～ engomada (防水)油布,漆布
～ pegada 黏性帆布;绝缘帆布
cubre-equipajes de ～ 油布防水衣,(防水)帆布

loncha *f.* 石板

londri *m. Amér. L.* 洗衣房

loneta *f. Cono S.* 细[薄]帆布

longevidad *f.* ①长寿[命];②寿命;存活力;③长期供职

longevo,-va *adj.* 长(寿)命的;有长寿特征的

longicornio,-nia *adj.*〈昆〉具长角的

longímetro *m.* 测[卷,皮]尺

longitud *f.* ①长,长度;②〈地〉经度;③横距;④〈天〉黄经;银经
～ celeste 黄经
～ de desgarramiento 裂(开)长(度)
～ de onda 〈理〉波长
～ de onda umbral 临界[限度]波长
～ de rodado 轴[轮]距,前后轮距,(机车)轮组定距
～ entre perpendiculares 两柱间长
～ fija 〈信〉定长,固定长度
～ geodésica[geográfica] 大地经度
～ total 总长度,全长(度)
en el sentido de la ～ del ala 翼展方向(的)
salto de ～ 〈体〉跳远

longitudinal *adj.* ①纵的,纵向的;②〈地〉经度的;③长度的;④〈天〉黄[银]经的
circuito ～ 纵向电路
corriente ～ 纵向电流
corte ～ 纵坡面
en sentido ～ 纵向[长]的
estudio ～ 纵向研究
hendido ～ 纵裂(缝,隙)
magnetización ～ 纵向磁化
oscilación ～ 纵向摆动
sección ～ 纵断[剖,切]面
separación ～ 纵向间距,前后距离
vibración ～ 纵向振动

longuetas *f. pl.*〈医〉绷带

lonja *f.*〈建〉门廊

lontananza *f.*〈画〉远[背]景

lopigia *f.*〈医〉脱发,秃发病

LOPJ *abr.* Ley Orgánica del Poder Judicial *Esp.*〈法〉司法权组织法

lopolito *m.*〈地〉岩盆

loquería *f. Amér. L.*〈医〉精神病院,疯人院

loquero,-ra *m. f.*〈医〉精神病人护理员

loquios *m. pl.* 〈医〉恶露

lora *f. Amér. L.* 〈鸟〉(雌)鹦鹉

loran *m.* 〈无〉罗兰导航系统;双曲线远程导航系统

    cadena ~ 罗兰链

    guía ~ 罗兰[远程]制导

    indicador ~ 罗兰显示管,远程导航指示器

    línea ~ 罗兰线

lorantaceo,-cea *adj.* 〈植〉槲寄生科的 ‖ *f.*
①槲寄生科植物;②*pl.* 槲寄生科

lorcha *f.* 〈船〉(中国式)三桅帆船

lordoscosis *f.* 〈医〉脊椎前侧凸

lordosis *f.* 〈医〉脊椎前凸

lordótico,-ca *adj.* 〈医〉脊椎前凸的

loricado,-da *adj.* 〈动〉①有护身硬壳的,有兜甲的,有甲(壳)的;②有甲目(动物)的 ‖ *m.*
①有甲目动物;②*pl.* 有甲目

loriga *f.* ①(钢制的)鳞片甲;②护马甲;③(车辆的)轴枕加固件

loro *m.* ①〈鸟〉鹦鹉;②收音机

losa *f.* ①〈建〉(铺路用)石板,板[扁]石;②
〈建〉(铺)地面砖;长[瓷]砖;③墓石[碑]

    ~ de hormigón 混凝土石板

    ~ de mármol 大理石配电板

    ~ de refuerzo (柱顶)托板

    ~ de revestimiento (铺设楼面、地面的)水泥板

    ~ plana 无梁楼盖,平板

    ~ nervada 肋(构楼)板

    ~ radiante *Arg.* (通过地板下暖气设备)热地板供暖

    ~ sepulcral 墓石[碑]

    ~s de lana de madera 〈建〉木丝板

    ~s de piedra 缸砖

losange *m.* ①菱形物;(纸牌的)方块;②〈数〉菱形;菱形六面体;③〈体〉(棒球)内场;棒球场

loseta *f.* 〈建〉小石板;小瓷砖

lota *f.* 〈动〉江鳕

lote *m.* ①(遗产等的)份(额);②(拍卖时的)(一)组(商品);(一)件(货品);(一)批(货);③〈信〉(一)批;成批(数据);④
Amér. L. 一束(光线);一块地;⑤*Amér.
L.* 〈建〉建筑工地;地块;⑥*Amér. L.* 毒品秘库;⑦洛特(地积单位;*Méx.* 约等于100公顷;*Cono S.* 约等于400公顷)

    ~ de programas 〈信〉程序组,软件包

lótico,-ca *adj.* 激流的;生活在激流中的

lotificación *f. Méx.* 按洛特(lote)划分(土地)

lotiforme *adj.* 〈建〉①莲花形的;②(石柱)有荷花状饰的

loto *m.* ①〈植〉莲属莲植物;埃及白睡莲;②

〈植〉莲,荷(花);③(建筑饰物)莲蓬[荷花]型;④〈植〉(产于非洲的)落拓枣树

    ~ blanco 白莲

    ~ índico 荷(花)

    azufaifo ~ 莲枣树

loxodromía *f.* 〈海〉等角(穿过子午线)航行术,恒向航行术;斜航法

loxodrómico,-ca *adj.* ①〈海〉斜航[驶]的;等角(穿过子午线)航行的;②〈测〉等角航线的,恒向线的

    curva ~a 斜驶曲线

    línea ~a 斜驶线,斜[等角]航线

loxotomía *f.* 〈医〉卵圆形切断术,斜切断术

loza *f.* ①陶(土);瓷土;②〈集〉陶器;陶瓷器(皿)

    ~ fina 瓷器;瓷餐具,瓷花瓶

    ~s sanitarias (陶瓷)卫生洁具

lozanía *f.* 〈植〉茂盛,繁茂

lozano,-na *adj.* ①〈植〉茂盛的;郁郁葱葱的;②〈动、植物〉健[茁]壮的

LPAR *abr. ingl.* Logical partition 〈信〉逻辑分区[划分]

LQ *abr. ingl.* Letter Quality 〈信〉字符质量打印;(文件)优质打印

Lr 〈化〉元素铹(laurencio)的符号

LRC *abr. ingl.* Longitudinal Redundancy Check 〈信〉纵向冗余码校验

LRU *abr. Ley de Reforma Universitaria Esp.* 〈教〉大学改革法(1983年颁发)

LSD *abr. ingl.* lysergic acid diethylamide 〈药〉麦角酸酰二乙胺(一种致幻剂)

Lu 〈化〉元素镥(lutecio)的符号

lubigante *m.* 〈动〉海螯虾

lubina *f.* 〈动〉海鲈

lubricación *f.* ①〈技〉润滑(法,作用);②
〈机〉上[加]油,油润

    ~ forzada 压力润滑

    ~ por anillo 油环润滑

    ~ por chapoteo[salpicaduras] 飞溅润滑(法),溅喷润滑(法)

    ~ por mecha 油绳润滑

    copa de ~ (加)油杯,油储存器

lubricador,-ra *adj.* 润滑的 ‖ *m.* ①润滑器[装置];②加油器,油壶[杯]

lubricante *adj.* (使)润滑的 ‖ *m.* 润滑剂[液,脂],润滑油

    ~ a base de bisulfuro de molibdenio 二硫化钼润滑剂

    ~ puro 纯[无杂质]润滑剂,纯[无杂质]润滑油

    aceite ~ 润滑油

lubricar *tr.* ①润滑,使润滑;②给⋯上润滑油

lubricidad *f.* ①滑润，光滑；滑溜；②润滑性能，润滑能力，油（脂）性

lúbrico,-ca *adj.* 润滑的；光滑的

lubricoso,-sa *adj.* ①润滑的；光滑的；②油滑的，不稳定的

lubrificación *f.* ①〈技〉润滑（法，作用）；②〈机〉上[加]油，油润
~ por anillo 油环润滑法
~ por barboteo 飞溅润滑（法），溅喷润滑（法）

lubrificador,-ra *adj.* 润滑的 ‖ *m.* ①润滑器[装置]；②加油器，油壶[杯]

lubrificante *adj.* （使）润滑的 ‖ *m.* 润滑剂[液，脂]；润滑油

lubrificar *tr.* ①润滑，使润滑；②给…上润滑油

lucaica *f. Col.* 〈植〉巴拿马草

lucera *f.* ①〈天〉天光；②（屋顶，船舱的）天窗

lucerna *f.* ①枝形吊灯，（悬吊在天花板的）花灯；②〈建〉天窗

lucernario *m.* 〈建〉①天窗；②通风[采光]顶

lucero *m.* ①[L-]〈天〉金[太白]星；②明亮之星，启明星；③（马等四足动物额上的）白斑
~ de la mañana(~ del alba) 晨星；启明星
~ de la tarde(~ vespertino) 昏星；长庚星
~ maturino 晨星；启明星

lucha *f.* ①斗争；②奋[战]斗；③搏斗；〈体〉摔跤；角[格]斗
~ armada 武装斗争
~ biológica 〈环〉〈医〉生物战，生物控制（指利用寄生虫、食虫动物、病原体等天敌方式对害虫进行控制）
~ contraincendios 消防；消防工作
~ de clases 阶级斗争
~ grecorromana （希腊罗马式）摔跤
~ libre （自由式）摔跤
~ química 〈环〉〈医〉化学战，化学防治（指利用化学产品对危害动植物的物种的防治）

luchador,-ra *m. f.* 〈体〉摔跤运动员；角[格]斗者

luche *m. Cono S.* 〈植〉宽石莼（一种海带）

luciérnaga *f.* 〈昆〉萤火虫；萤科昆虫

Lucifer *m.* 〈天〉启明星

luciferasa *f.* 〈生化〉虫荧光素酶

luciferina *f.* 〈生化〉虫荧光素

lucímetro *m.* 照度计；光度计

lucio *m.* 〈动〉①白斑狗鱼；②（北美）狗鱼

lución *m.* 〈动〉慢缺肢蜥

lucioperca *f.* 〈动〉梭鲈

lúcumo *m. Chil., Per.* 〈植〉路枯玛树

ludoparque *m.* 体育运动中心

ludopata *adj.* 〈医〉有病态性赌博瘾的 ‖ *m. f.* 嗜赌成性的人，赌博狂

lúes *f.* ①〈医〉梅毒；②瘟疫

luético,-ca *adj.* ①〈医〉梅毒的；梅毒引起的；患梅毒的；②瘟疫的

lugano *m.* 〈鸟〉黄雀

lugar *m.* ①地方[点]；场所，所在地；②小镇；村落；居民点；③地[职]位，位置；④（竞赛获得的）名次；⑤空间；场地；⑥（书刊的）部分（如段落，页等）；⑦座[席]位
~ aparente 视在位置
~ ciego 盲点，静[死]区
~ de destino 目的地
~ de encuentro ①会场；②会面地点
~ de nacimiento 出生地
~ de origen 原产地
~ de pago 付款[支付]地点
~ de salida 出发地
~ de trabajo 工作区[场所]；操作位置
~ geométrico 〈测〉（几何）轨迹
~ solar 使用面积；楼面面积
~ turístico 旅游点

luge *m.* （供）仰卧滑行雪橇；仰卧滑行雪橇比赛

lugo *m. And.* 〈动〉公羊

lugre *m.* 〈船〉斜桁四角帆帆船

luisa *f.* 〈植〉①防臭木过江藤；②*Per.* 防臭木

lujuriante *adj.* 〈植〉茂盛的，繁茂的

lulú *m. f.* 〈动〉绵毛狗；博美犬

lumaquela *f.* 〈地〉贝壳大理岩

lumbago *m.*；**lumbalgia** *f.* 〈医〉腰痛

lumbar *adj.* 〈解〉腰（部）的；在腰部的
ejercicios ~es 腰部锻炼
punción ~ 腰椎穿刺
tracción ~ 腰椎牵引
vértebra ~ 腰椎

lumbarización *f.* 〈医〉腰椎化

lumbocolostomía *f.* 〈医〉腰部结肠造口术

lumbocolotomía *f.* 〈医〉腰部结肠切开术

lumbodinia *f.* 〈医〉腰痛

lumbodorsal *adj.* 〈解〉腰背的

lumbosacral *adj.* 〈医〉腰骶的

lumbre *f.* ①（炉、灶）火；②（灯、烛等的）光③点火物（如火柴，打火机）；④〈建〉天[气]窗
~ del agua 水面

lumbrera *f.* ①〈海〉天[舷，通风]窗；②〈机〉气[通风]孔；③发光[反射光]的天体（如日月等）；④*Chil.* 〈矿〉通风井
~ de admisión 进气口
~ de cubierta 固定舷窗，牛眼（窗）

~ de escape 排气口

~s del cilindro 汽缸孔

lumbrical *adj.* 〈解〉蚓状(肌)的

lumbricalis *f. ingl.* 〈解〉蚓状肌

lumen *m.* 〈理〉流明(光通量单位)

luminancia *f.* ①〈理〉亮度,发光率;②发光(性)

luminar *m.* ①〈天〉发光天[星]体;②(在学识、道德或精神等方面有影响的)杰出人物;名人,泰斗

luminaria *f.* ①〈机〉发光[照明]设备,光源,发光体;②*pl.* 灯彩[饰];彩灯

luminescencia *f.* 〈理〉①发冷光;发光;②冷光

lumínico,-ca *adj.* 光的

luminiscencia *f.* 〈理〉①发冷光;发光;②冷光

~ azul[azulina] 蓝辉光

~ catódica 阴性射线发光

lámpara de ~ 荧[冷]光灯

luminiscente *adj.* ①发冷光的;发光的;②冷光的

activador ~ 荧光激活剂

lámpara ~ 荧[冷]光灯

pantalla ~ 荧光屏

sustancias ~s 发光体

luminismo *m.* 〈画〉光色主义(指印象主义画派画家的绘画艺术或风格)

luminista *adj.* 〈画〉光色画家的;光色主义的 ‖ *m.f.* 光色画家,外光派画家;善于表现光的画家

luminóforo *m.* 〈化〉发光团

luminosidad *f.* ①发光[亮];②(发)光度,亮度

~ de fondo 本底[背景]亮度

~ remanente[residual] 余晖,晚霞,夕照,滞光

curva de ~ 发光度曲线

función de ~ 发光度函数

luminoso,-sa *adj.* 发光的;光亮的 ‖ *m.* ①霓虹灯广告牌;②〈体〉电子记分牌

colorido ~ 闪光色

cuerpo ~ 发光体

espectro ~ 〈理〉光谱

flujo ~ 〈理〉光通量

intensidad ~a 发光强度

pintura ~a 发光(油)漆,发光涂料

rampas ~as 着陆[进场,指示,降落信号]灯(光)

luminotecnia *f.* ①照明;②〈技〉照明技术

luminotécnico,-ca *adj.* ①照明的;②〈技〉照明技术的 ‖ *m.f.* 照明师

ingeniería ~a 照明工程学

ingeniero ~ 照明工程师

proyecto ~ 照明设计方案

lumisterol *m.* 〈生化〉光甾醇

lumitipia *f.* 〈印〉照相排字机,照排机

lumpo *m.* 〈动〉圆鳍鱼

luna *f.* ①月亮;月球;②月光;③〈天〉卫星;④〈天〉月相;太阴月,朔望月;⑤玻璃板;(橱窗)玻璃;⑥窗玻璃片;(汽车的)窗玻璃;⑦(眼)镜片

~ creciente 〈天〉盈月

~ de la cosecha 〈天〉获月(指 9 月 22 日或 23 日秋分后两周内的第一次满月)

~ de miel ①新婚之月,蜜月;②(建立新关系后的)和谐时期,新鲜期

~ llena 〈天〉满月

~ menguante 〈天〉亏月

~ nueva 〈天〉新月,朔月

claro de ~ 月光

media ~ 半月,月牙儿

lunación *f.* 〈天〉朔望月,太阴月,会合月(平均为 29.5 天)

lunado,da *adj.* 半月形的

lunajord *m. rus.* 〈航天〉月球车

lunar *adj.* ①月的;月球(上)的;②以月球公转测度的,太阴的;③月亮似的;月[新]牙形的 ‖ *m.* ①〈解〉痣;②(动物身上的)异色斑点;③(布匹等上形成图案的)点子,斑点,圆形图案

~ postizo 美人痣

eclipse ~ 月蚀

órbita ~ 月球轨道

lunarejo,-ja *adj. Amér. L.* ①有斑点的;有点子(图案)的;②有痣的;多粉刺的

luneta *f.* ①〈机〉(撑,刀,扶,托,支)架,中心架;②〈建〉檐口瓦;③(汽车的)窗玻璃;④〈建〉(门上方的)半圆窗,弦月窗;⑤〈军〉小碉堡

~ de un péndulo 钟摆摆锤

~ fija 固定中心架

~ móvil 跟[移动]刀架,移动中心架

~ trasera (汽车的)后窗玻璃

luneto *m.* 〈建〉半圆壁弧形窗

lúnula *f.* ①(指甲下端的白色)弧影,甲弧影;②新月状物;月牙形记号

lupa *f.* (带柄)放大镜

lupia *f.* 〈医〉粉瘤,皮脂腺囊瘤

lúpico,-ca *adj.* 〈医〉狼疮的

lupulino *m.* 蛇麻素,啤酒花苦味素

lúpulo *m.* 〈植〉蛇麻草,啤酒花(忽布)

lupus *m.* 〈医〉狼疮(尤指寻常狼疮)

~ eritematoso 红斑狼疮

luquete *m.* ①硫磺引火线;②*Cono S.* 〈农〉荒[未耕]地

lustrador,-ra *m. f. Amér. L.* ①抛光[打磨]工人;②以擦皮鞋为业者;擦鞋童 ‖ *m.* 〈技〉磨[擦]光器;擦亮器具 ‖ **~a** *f.* 〈机〉抛光机

lustramuebles *m. pl.* 家具上光剂

lútea *f.* 〈鸟〉黄鹂

lutecio *m.* 〈化〉镥

luteína *f.* ①〈生化〉叶黄素;②黄体制剂

luteinización *f.* 〈生化〉黄体化

lutenar *tr.* 用封泥封,用泥封固,涂油[灰]

lux *m.* 〈理〉勒克斯,勒,米烛光(照度单位)

luxación *f.* 〈医〉(骨骼、关节等的)脱白[位]

luxómetro *m.* 〈理〉照度计,勒[勒克斯]计

luz(*pl.* luces) *f.* ①光;光线;②光,灯火;光源;③天窗;窗户[口,洞];④日光,白昼;⑤〈画〉亮部;⑥〈建〉跨;跨度;跨距;孔间距;*Cono S.* 距离;⑦(供)电;⑧(观察人、物等的)角度
　~ al suelo 车底净空,车底净距
　~ artificial 人工光照[采光],人造光
　~ blanca 白光
　~ cenital 天窗光线
　~ cromática 色光
　~ de aterrizaje 〈航空〉着陆灯
　~ de aviso 演播室彩色信号灯,(彩色)提示灯
　~ de balizaje 机场界线灯;边界[障碍物]指示灯
　~ de Bengala ①*Amér. L.*(放出小火花的)烟火,花炮;②〈军〉信号[照明]弹
　~ de carretera (汽车等的)前[头,远光]灯
　~ de cortesía ①(轿车的)礼貌灯,门控车室照明灯;②*Amér. C.* 侧灯
　~ de costado ①〈海〉舷灯[窗];②侧光
　~ de cruce (汽车的)近光[照地]灯
　~ de destellos ①闪光灯,闪光信号灯;②手电筒
　~ de gas 煤气灯(光)
　~ de giro (车辆的)变[转]向指示灯
　~ de (la) luna 月光
　~ de las velas 烛光
　~ de llamada 呼叫灯,号灯
　~ de población (汽车的)前小灯
　~ de posición ①锚位灯;位置灯(光);②(汽车的)测[位置]灯
　~ de (posición) trasera (车辆的)尾[后]灯
　~ de señalización 信号灯
　~ de situación ①侧灯;②(汽车的)停车指示灯
　~ de techo 吊[悬]灯;屋[舱,车]顶灯
　~ de tráfico 交通(指挥)灯,交通管理色灯;红绿灯

　~ del día 日[昼,太阳]光,白天光照
　~ del día artificial 人造日光
　~ del sol(~ solar) 日[阳]光;日照
　~ del vapor de neón 氖光灯,霓虹灯
　~ difusa 漫射光
　~ directa 直射光
　~ efectiva 有效跨度
　~ eléctrica 电灯;电照明
　~ esfumada (车头)小灯
　~ franca[libre] 净跨(度)
　~ giratoria 旋转灯
　~ incidente 入射光
　~ indicadora 指示灯,信号灯
　~ intermitente 闪光灯
　~ lateral ①侧光;侧灯;②〈海〉舷灯[窗]
　~ máxima/mínima 最大/小跨距
　~ monocromática 单色光
　~ natural 天[自]然光,日光
　~ negra 不可见光,黑光(指紫外线或红外线)
　~ piloto ①〈海〉领航信号灯;②(非照明用的)指示[表盘]灯
　~ polarizada 偏振光
　~ refleja 反射光
　~ relámpago 〈摄〉闪光灯
　~ roja ①〈交〉红灯,停止信号;禁止通行信号;②危险信号
　~ secundaria 次要光,反射光
　~ ultravioácea 紫外光
　~ verde 〈交〉绿灯,安全信号;通行信号
　~ visible 可见光
　~ vuelta *Méx.* 变[转]向指示灯
　~ zodiacal 〈天〉黄道光(指日出前或日落后出现的弱光)
　luces cortas (汽车的)近光[照地]灯
　luces de aterrizaje ①(飞机)着陆灯;②(机场)降落信号灯
　luces de balización 〈航空〉(机场的)跑道灯;信号标灯
　luces de detención[frenado, freno] (汽车尾部的)刹车时点亮的红灯;制动信号灯
　luces de estacionamiento (汽车的)停车指示灯
　luces de gálibo ①净空指示灯;②(大型车辆的)大灯
　luces de navegación 〈海〉〈航空〉航行灯
　luces de pista 跑道指示灯
　luces de posición ①(飞机的)夜航标位灯(左翼红灯,右翼绿灯,机尾白灯);②(汽车的)位置灯;侧[边]灯;③〈海〉舷灯[窗]
　luces de ruta 导航灯
　luces largas (汽车等的)前[头,远光]灯
　año-~ 光年

cristal de portillo de ～（船舰上的）照明装置，照明器［灯］
haz de ～ 光束
portillo de ～ 天［气，舷］窗，小舱口
primera ～ ①黎明，破晓；②（室内的）直接照射光
transmitencia de ～ 透光度
lycra *f. ingl.* 〈纺〉莱卡
lynx *m. ingl.* 〈动〉猞猁

L & E *abr. ingl.* linking & embedding 〈信〉联接与嵌入
L2TP *abr. ingl.* Layer 2 Tunneling Protocol 〈信〉第二层隧道协议
L3G *abr.* lenguaje de tercera generación 〈信〉第三代语言
L4G *abr.* lenguaje de cuarta generación 〈信〉第四代语言

M m

M *abr.* mega 兆,百万

M. *abr.* ①Madrid 马德里;②Metropolitano 地铁;③meridiano〈地〉〈天〉经[子午]线

m *abr.* metro 米

m. *abr.* ①mes 月;②monte 山;③murió 死亡,去世

MA *abr.* modulación de amplitud〈无〉振幅调制,调幅(*ingl.* AM)

MAC *abr. ingl.* medium access control〈信〉介质访问控制

maca *f. Cari.*〈鸟〉鹦鹉

macaco *m.* ①〈动〉猕[恒河]猴;(黑)狐猴;②*Amér. L.* 中国移民
~ rhesus 猕[恒河]猴(多用于试验)

macadam; macadám *m.* ①碎石;②碎石路;碎石路面
~ asfaltado 沥青碎石路(面)
~ de alquitrán 柏油碎石路(面)

macagua *f.* ①*Amér. L.*〈鸟〉笑猎鹰;②*Venez.*〈动〉大毒蛇

macano *m.*〈植〉相思树

maceadora *f.*〈纺〉捶布机

macerador *m.*〈机〉浸渍机[器]

maceta *f.* ①花盆;②〈植〉盆(栽)花;③〈植〉伞房花序;④〈建〉(瓦工、石工用的)锤子;小锤

mach *m.*〈理〉马赫
número ~ 马赫数

macha *f.*〈动〉三角蛤

machaca *f.*〈机〉破碎器

machacadera *f.* ①〈机〉破碎器;②研钵

machacadora *f.* ①〈矿〉(矿石、岩石等的)碾[捣,破,轧]碎机;破碎器;②捣具,碾锤
~ de carbón 碎煤机
~ de martillos 锤式破碎机
~ de piedras 碎石[矿]机
~ de pulpa 碎浆机,搅碎机
~ giratoria 圆锥[旋回]破碎机

machado *m.* (印第安人用作武器或工具的)轻便斧

machaque; machaqueo *m.* 捣[碾,舂,破]碎

machete *m.* ①(中南美洲人用作刀具和武器的)大砍刀;②〈军〉(军用)大[短]刀

machiega *adj.* 见 abeja ~

abeja ~ 蜂王

machihembrado *m.*〈建〉榫[楔形,鸠尾]接

machihembrador,-ra *adj.*〈建〉榫接的
‖ ~a *f.*〈机〉榫接机

machihembrar *tr.* ①〈建〉以鸠尾形接合;在…开凿鸠尾榫;给…榫接;②使吻合;和…吻合

machina *f.* ①〈机〉(大型)起重机;转臂起重机;②〈船〉吊杆式起货设备[装置];③打桩机

machío,-chía *adj.*〈植〉不结果实的

máchmetro *m.*〈航空〉马赫(数)表,马赫计,M 数表

macho,-cha *adj.* ①男(性)的,男子的;②雄[公]的;③〈机〉阳的,凸形的,插入的;④〈植〉雄性的,具雄蕊的 ‖ *m.* ①〈机〉阳[凸]螺旋;凸[阳,插入]件;②旋塞,丝锥;③〈缝〉(衣物上的)钩状扣;④(锻工等用的)大[铁]锤;⑤〈动〉雄性动物;⑥〈植〉雄性植物,雄株;⑦〈建〉扶撑[垛],壁[半露]柱;⑧〈电〉插头[塞];⑨〈动〉骡,马骡;⑩*Amér.*
C. 美国海军陆战队
~ acabador 精丝锥
~ cabrío 公羊
~ de aspiración 用压皮碗泵
~ de aterrajar[roscar, terrajar] 螺丝攻,丝锥
~ de desconexión[expansión] 伸缩丝锥
~ de timón 舵栓[销]
~ de tope 缓冲垫
~ paralelo 中丝锥

machón *m.*〈建〉扶壁[垛],壁[半露]柱

machota *f.* 大木槌

machote *m.* ①*Amér. L.* 模[样]本;草稿;图样;②*Méx.* 草[略]图;初稿;粗[图]样;〈印〉空白表格

machucadura *f.*; machucamiento *m.* ①压[碾]碎;打瘪;②(人体跌、碰、擦后产生的)挫伤;③擦[凹,伤]痕

macicez *f.* 实心

macillo *m.*〈乐〉①(钢琴等的)音槌;②(打击乐器的)小锤子

macintosh *m. ingl.*〈信〉Macintosh 计算机(是最早提供图形用户界面的个人计算机)

macizo,-za *adj.* ①实心的;②牢[坚]固的

厚[结]实的(物品);③大块的 ‖ *m.* ①(汽车)实心轮胎;②实心物体;〈机〉〈基〉底[座];③〈地〉山丘;地块;④(聚成一体的)团,块;⑤(花草)丛,簇;群;花坛;⑥〈建〉建筑群;一段[面]墙,间壁

~ de asiento 底[机]座,底[基]板

~ montañoso 群山

~ protector 矿[支,台]柱

~ tectónico 〈地〉(地壳)构造板[地]块

macla *f.* 〈地〉〈矿〉①双晶;空晶石;②(矿石的)暗斑;③中空菱形图案

macolla *f.* ; **macollo** *m.* 〈植〉(花、果实等的)簇,丛;束,串

macramé *m.* (装饰家具等用的)流苏花边

macrencefalia *f.* 〈医〉巨脑

macro *f.* 〈信〉宏;宏指令(一条单个字的计算机指令,可生成多余其他指令)

macroanálisis *m.inv.* 〈生化〉(对 0.1 克以上样本的)常量分析

macrobacteria *f.* 〈生〉巨型细胞

macrobiota *f.* 〈生〉大型生物群,大生物区系

macrobiótica *f.* (只吃蔬菜、水果、糙米等素食的)长寿饮食法;长寿法

macrobiótico,-ca *adj.* ①(能促进)长寿的;②(素食)长寿饮食(法)的

macroblasto *m.* 〈生化〉巨成红细胞,巨幼红细胞

macroblefaria *f.* 〈医〉巨睑

macrobraquia *f.* 〈医〉巨臂

macrocardio *m.* 〈医〉巨心畸胎

macrocarpo,-pa *adj.* 〈植〉有大果实的

macrocefalia *f.* 〈解〉巨头(畸形)

macrocefálico,-ca *adj.* 〈医〉畸形巨头的

macrocéfalo,-la *adj.* 〈医〉畸形巨头的 ‖ *m.* 巨头人;巨头

macrocerco,-ca *adj.* 〈动〉长尾巴的

macrociclo *m.* 〈生化〉大环(环数超过 12 个)

macrocitemia *f.* 〈医〉大红细胞血症

macrocito *m.* 〈医〉大红细胞

macrocitosis *f.* 〈医〉大红细胞症

macrociudad *f.* (超)大城市;人口剧增城市;机动车辆过多城市

macroclícito,-ta *adj.* ①〈生化〉大环的;②〈植〉(真菌)常循环的

macroclima *m.* 〈气〉大气候(指广大地理区域的气候)

macroclimatología *f.* 〈气〉大气候学

macroclítoris *f.* 〈医〉阴蒂肥大

macrocnemia *f.* 〈医〉巨小腿

macrocolon *m.* 〈医〉巨结肠

macrocomando *m.* 〈信〉宏指[命]令

macrocosmo ; macrocosmos *m.* ①宏观世界,整个宇宙;②(视为单一体的)社会组织;③

(大而复杂的)整体

macrocrania *f.* 〈医〉巨颅

macrocristalino,-na *adj.* 宏晶的,粗(粒结)晶的,大(块粒)结晶的 ‖ *m.* 宏[粗]晶,粗晶质

macrodactilia *f.* 〈医〉巨指[趾](畸形)

macrodemografía *f.* 〈社〉宏观人口学

macrodonte *adj.* 〈医〉(有)巨牙的

macrodontia *f.* ; **macrodontismo** *m.* 〈医〉巨牙(症)

macroeconomía *f.* ①宏观[总体]经济学;②宏观[总体]经济

macroeconómico,-ca *adj.* ①宏观[总体]经济学的;②宏观[总体]经济的

análisis ~ 宏观经济分析

política ~a 宏观经济政策

macroempresa *f.* 〈经〉大型企业

macroencefalia *f.* 〈医〉巨脑

macroestructura *f.* 宏观[目视,大型]结构;宏观[目视,大型]构造

macroestructural *adj.* 〈医〉巨大结构的;大体构造的

macroevolución *f.* 〈生〉(动植物的)宏(观)进化

macrófago *m.* 〈生〉巨噬细胞

macrofalo *m.* 〈医〉巨阴茎

macrofilo,-la *adj.* 〈植〉具长叶的

macrofísica *f.* 〈理〉宏观物理学

macrofita *f.* 〈植〉大型水生植物

macrofito,-ta *adj.* 〈植〉大型(水生)的

planta ~a 大型水生植物

macrofósil *m.* 大[巨体]化石

macrofotografía *f.* 〈摄〉宏观[超近,低倍]摄影;宏观照相

macrofotográfico,-ca *adj.* 〈摄〉宏观[超近,低倍]摄影的

macroftalmía *f.* 〈医〉巨眼,大眼睛

macrofunción *f.* 〈信〉大[宏观]指令

macrogameto *m.* 〈生〉大配子

macrogametocito *m.* 〈生〉大配子母细胞

macrogénesis *f.* 〈生〉巨大发育

macrogingiva *f.* 〈医〉巨龈症

macroglía *f.* 〈医〉大胶质

macroglobulina *f.* 〈生化〉巨球蛋白

macroglobulinemia *f.* 〈医〉巨球蛋白血症

macroglosia *f.* 〈医〉巨舌(症)

macrognato *m.* 〈医〉巨颌(症)

macrografía *f.* ①〈技〉〈冶〉宏观[肉眼]检查;低倍摄影,低倍制图;②巨大字体;③〈医〉写字过大症(尤指作为神经错乱的一种症状)

macrográfico,-ca *adj.* 宏[巨]观的,低倍(放大)的

ensayo ～ 低倍[宏观]检验

macrógrafo *m.* 宏观[低倍,肉眼]图,宏观照片;微缩(的)物像

macroinstrucción *f.* 〈信〉宏指令

macrojuicio *m.* ①宏观审判;②〈信〉宏处理程序

macrolabia *f.* 〈医〉巨唇

macrolido *m.* 〈生化〉大环内酯物

macrolinfocito *m.* 〈生〉大淋巴细胞

macromastia *f.* 〈医〉巨乳房

macromelia *f.* 〈医〉巨肢

macrómero *m.* 〈生〉大分裂球

macrometeorología *f.* 〈气〉大气象学

macromolécula *f.* 〈化〉大[高]分子

macromolecular *adj.* 〈化〉大[高]分子的

macronivel *m.* 宏观水平[能级]

macronúcleo *m.* 〈动〉大核,滋养核(原生动物纤毛虫类体内较大的细胞核)

macronutriente *m.* 〈生〉常量营养物

macroorganismo *m.* 〈生〉(肉眼能见的)大生物体

macropatología *f.* 〈医〉肉眼病理学,大体病理学

macropétalo,-la *adj.* 〈植〉巨花瓣的

macroplancton *m.* 〈环〉大型浮游生物

macropodia *f.* 〈医〉巨足

macrópodo,-da *adj.* 〈动〉巨足的 ‖ *m. pl.* 巨足亚纲

macroproceso *m.* 〈信〉宏处理程序

macroprosopia *f.* 〈医〉巨面

macroproyecto *m.* 大型规[计]划

macropsia *f.* 〈医〉视物显大症

macróptero,-ra; **macróptero,-ra** *adj.* 〈动〉有巨[大]翅的;有长[大]鳍的

macroqueira; **macroquiria** *f.* 〈医〉巨手

macroquilia *f.* 〈医〉巨唇

macroquímica *f.* 〈化〉常量化学

macrorrinia *f.* 〈医〉巨鼻

macroscelia *f.* 〈医〉巨腿

macroscopia *f.* 〈医〉肉眼检查

macroscópico,-ca *adj.* ①宏观的,宏[目]视的;肉眼(检查)的;②低倍放大的
anatomía ～a 宏观解剖学

macrosismo *m.* 〈地〉强震

macrosmático,-ca *adj.* 〈动〉嗅觉敏锐的

macrosomia *f.* 〈医〉巨体

macrosponragio *m.* 〈植〉大孢子囊

macrospora *f.* 〈植〉大孢子

macrostomía *f.* 〈医〉巨口(畸形),颊横裂

macrotía *f.* 〈医〉巨耳

macrovirus *m.* 〈信〉宏病毒

macruro,-ra *adj.* 〈动〉虾的;有长尾的;长尾亚目的 ‖ *m.* ①虾(甲壳纲十足长尾亚动物的通称);②长尾亚目动物;③ *pl.* 长尾亚目

mácula *f.* ①(皮肤上的)斑点;②〈天〉(太阳)黑子;黑斑;③〈解〉(视网膜上的)盲点
～ lútea 〈解〉(视网膜的)黄斑
～ solar (太阳)黑子

macular *adj.* ①(有)斑点的;有污点的;②〈医〉黄斑的
degeneración ～ 黄斑变性

maculatura *f.* 〈印〉废页(如有有污迹的印张)

maculopatía *f.* 〈医〉黄斑病学

madera *f.* ①木;木材;木质部;②〈建〉木材[料,头];②(足球场的)球门框架;(高尔夫球的)木头球棒;③〈乐〉木管乐器(如笛子,巴松管等);(乐队的)木管乐器部;④〈动〉(马蹄等的)角质
～ aglomerada[conglomerada] 刨花板
～ alburente 白木质,边材
～ aserradiza 锯制板材,板材
～ blanca ①白木树;②白色木
～ blanda[tierna] 软[松]木
～ brava 脆质硬木
～ bruta 原木
～ contrachapada[laminada] 胶合板,层压木板
～ de balsa (西印度)轻木木材
～ de construcción 建筑用木材
～ de deshecho 废木料
～ de estiba 楔[垫]木
～ de fibra cruzada 横纹木
～ de papel 纸浆原材
～ de raja 劈制材,四开开材
～ de sierra(～ serradiza) 锯制板材,板材
～ dura 硬(木)材
～ en blanco 未上漆的木材
～ en rollizos[rollo] 原木;(未去皮的)树干
～ escuadrada[escuadreada] 方木
～ estratificada 胶合板,叠层木材
～ fina 软木
～ fósil 褐煤
～ maciza 实心木
～ muerta 枯[死]木;枯枝
～ multilaminada 胶合板,层压木板
～ no inflamable 耐火[燃]木
～ no trabajada 原木
～ plástica 塑料板;塑化板(一种填缝浆膏)
～ podrida 腐[朽]木
～ preciosa 贵重木材
～ preparada[sazonada] 晾干木,风干木材
～ regenerada 再生木

~ resinosa 充脂材

~ sana y limpia 良木,好材

~ seca 干(木)材

~ secada al aire 气干材

~ secada al horno 烘干材

~ terciada 胶合板,层压木板

~ verde ①新(伐)材,生木;②〈农〉生[湿]材

~ veteada 纹理木

maderable *adj.* (树木)可作木材用的;(树林)可提供建筑木材的

maderaje; **maderamen** *m.* ①木材[料],原木;②成[方]材;③木构件;大木料,栋材

~ de cubierta 船壳板

maderería *f.* 木材场,贮木场

maderero,-ra *adj.* 木材的,木材业的 ‖ *m. f.* ①木材商;②木工[匠]

industria ~a 木材工业

productos ~s 木材产品

madero *m.* ①木材[料];②木板,条木;〈建〉横梁;桁;③(木)船

~ de suelo 〈建〉桁条,(横)梁;檩

madre *f.* ①母亲;②(动,植物的)母(本);③根[起]源;发[策]源地;④河床[道];⑤(酒,醋,咖啡等的)沉淀物,残渣,渣滓;⑥〈农〉干渠;主排水道;主下水道;⑦支撑物,主轴[柱];⑧〈解〉子宫;⑨〈医〉痫;*And.* 死皮

~ adoptiva 养母

~ alquilada(~ de alquiler)(通过人工授精代人怀孕分娩的)代孕母亲

~ biológica 生身母亲,亲母

~ de familia 家庭主妇

~ de leche[teta] 奶妈[娘],乳母

~ genética[legal] 生身母亲,亲母

~ nodriza[subrogada, suplente](通过人工授精代人怀孕分娩的)代孕母亲

~ patria 祖国

~ política 岳母,婆婆

~ soltera 单身母亲

acequia ~ 干渠

alcantarilla ~ 主排水道

buque ~ 母舰,补给船

madrejón *m. Cons S.* 河[水,渠]道,沟渠

madreperla *f.* 〈动〉珍珠母,珠母贝

~ de río 淡水贻贝,河蚌

madrépora *f.* 〈动〉石珊瑚(石珊瑚目腔肠动物)

madrepórico,-ca *f.* 〈动〉石珊瑚的

madreselva *f.* 〈植〉①忍冬,忍冬属;②杜鹃花;缕斗菜

madrina *f.* ①〈建〉支[撑]柱,支撑物,顶撑;托[支]架;②〈海〉加固支架;③〈动〉领群

[头]母马[驴];④*Amér. L.* 〈动〉家畜

madroñal *m.* 〈植〉野草莓丛

madroño *m.* ①〈植〉野草莓(指植物或其果实);②野草莓树;莓实树;③缨(球);穗,流苏

maduración *f.* ①(水果等)成熟;②〈医〉化脓

~ tardía/temprana 晚/早熟

madurante *adj.* 促进成熟的;正在成熟的 ‖ *m.* 〈药〉催脓药

madurativo,-va *adj.* ①使[促进]成熟的;②〈药〉〈医〉使化脓的;催脓的 ‖ *m.* 〈药〉催脓药

maduro,-ra *adj.* ①成熟的;②成年人的;壮年的;③〈医〉(已)化脓的

edad ~a 成年

hombre ~ 中年男子

mercado ~ 成熟市场

MAE *abr.* Máster en Administración de Empresas 工商管理学硕士

maelstrom; **maelstrón** *m.* 大旋涡;大旋流

maesa *f.* 〈昆〉蜂王

maestra *f.* ①〈昆〉蜂王;②〈建〉(制图用的)标线;(泥瓦工用的)标线板条

maestranza *f.* ①军械[兵工]厂;军火[械]库;②海军造[修]船厂;③(集)兵工厂员工;海军造[修]船厂员工;④*Amér. L.* 机械[器]厂

maestrería *f.* ①熟练[巧]精通,掌握;②专长,技能[艺];③〈教〉教师资格证书;*Esp.* (业务)资格证书;④*Amér. L.* 〈教〉硕士学位

maestro,-tra *adj.* ①杰出的,优秀的;精通[湛]的;②〈技〉主导[要]的(部件,装置等);③〈动〉训练过的,驯服的 ‖ *m. f.* ①〈教〉教[老]师,(尤指幼儿园、中小学)教师;②导师;大[名,宗]师,名家;③(行业的)师傅;技[工艺]师;能手 ‖ *m.* ①权威,大家;②*Amér. L.* (行业的)熟练工人;工[巧]匠;③〈乐〉杰出作曲家;演奏家;④(国际象棋的)大师;⑤〈船〉主桅

~ concertador 合唱指挥

~ consultor 辅导教师

~ de aguañón 水利工程施工员

~ de aja 造船技师

~ de albañil 熟练泥瓦工[砖瓦匠];石匠领班

~ de armas[esgrima] 剑师

~ de caminos 熟练筑路工,筑路技师

~ de ceremonias 典仪官,司仪

~ de coches 造车师傅

~ de cocina 厨师长

~ de escuela 小学教师

~ de grado extraordinario 特级教师

~ de obras ①施工员；营造师；②工头[长]，领班

~ de sastre 裁缝师傅

~ de tiempo completo 全日制教师；专任教师

~ de tiempo parcial 兼职教师

~ orientador 指导教师

~ reemplazante 代课教师

~ responsable de grupo 班主任

cloaca ~a 主下水道，主污水管

llave ~a 总[万能]钥匙

obra ~a 杰[代表]作

plan ~ 总体设计[规划]，蓝图

viga ~a〈建〉正[主，大]梁

mafafa *f.* ①〈植〉大麻；②大麻烟[毒品]

máfico,-ca *adj.*〈矿〉铁镁质的

mineral ~ 铁镁质矿

magarza *f.*〈植〉母菊

magenta *adj.* 品[洋]红色的 ‖ *f.* ①品[洋]红色；②（碱性）品红（指品红色染料）

magisterio *m.*〈教〉①教师职业；②教学；教学工作；③教师培训；教师教育；④〈集〉中小学教师；教师界；⑤*Amér. C.* [M-]（大学）教育系

magistral *adj.* ①〈教〉教师的，师长的；②〈医〉按方配制的，非药典规定的；③精湛的，完美的 ‖ *m.* 见 reloj ~

farmacia ~ 按方配制药房

obra ~a 杰作

reloj ~〈信〉主时钟，主记时脉冲

maglia rosa *f. ital.*（意大利公路自行车赛冠军所穿的）红色运动衫

magma *m.* ①〈化〉稠液；（矿物或有机物的）稀糊；②〈地〉岩浆；③〈药〉乳[乳浆]剂；糊状胶质

~ eruptivo 熔岩

magmático,-ca *adj.* ①〈地〉〈环〉岩浆的；②糊状的；〈化〉稠液的

magmatismo *m.*〈地〉岩浆（现象，作用）

magnalio *m.*〈冶〉镁铝（铜）合金

magnamicina；magnamicyna *f.*〈药〉大[碳]霉素

magnascopio *m.* 放像镜·

magnate *m.* ①大企业家；巨头；富豪；②要人，权贵

~ de acero 钢铁大王

~ financiero 金融巨头

magnavoz *m. Méx.* 扬声器，喇叭

magnesia *f.* ①〈化〉氧化镁；②〈化〉水合碳酸镁；③镁氧（矿）

magnesiano,-na *adj.* 镁(质)的；含镁的；像镁的

magnésico,-ca *adj.* 镁的；含镁的

magnesio *m.* ①〈化〉镁；②〈摄〉闪光；闪光灯

aleación al ~ 镁基合金

destello de ~ 镁光

magnesiotermia *f.*〈化〉〈冶〉镁热法

magnesita *f.*〈矿〉菱镁矿

magnética *f.*〈理〉磁学

magnético,-ca *adj.* ①磁的；有磁性[力]的；②（可）磁化的；③地磁的

análisis ~ 磁力分析法

atracción ~a 磁吸力

campo ~ 磁场；（磁场中的）磁力

circuito ~ 磁路

declinación ~a〈地〉磁偏角

ecuator ~〈地〉地磁赤道

embrague ~ 磁性离合器

flujo ~〈电〉磁通（量）

fuerza ~a 磁力

inclinación ~a〈地〉磁倾角

inducción ~a 磁感应

mina ~a 磁性水雷

momento ~〈理〉磁（偶极）矩

polo ~〈理〉磁极

resonancia ~a nuclear 核磁共振

tarjeta ~ a 磁卡

tempestad ~a 磁暴

magnetismo *m.*〈理〉磁性[力]；磁(学)

~ animal 动物磁力（18 世纪奥地利医师 F. A. Mesmer 认定人体内潜在的一种催眠力）

~ libre 自然磁性

~ nuclear 核磁

~ permanente 恒磁，永久磁性

~ remanente[residual]剩磁

~ terrestre 地磁

magnetita *f.*〈矿〉磁铁矿

magnetizabilidad *f.* 磁化能力[强度]；可磁化性，磁化率

magnetizable *adj.* ①可磁化的；②可被催眠的

magnetización *f.* ①磁化，起磁；磁化作用；磁化强度；②催眠（状态）

magnetizador,-ra *adj.* ①使磁化的；能产生磁性的；②催眠的 ‖ *m.* ①〈机〉磁化机[器]，装置；充磁器；起磁机；②传[感]磁物，导磁体

magnetizar *tr.* ①使磁化，使有磁性；使起磁；②催眠

magneto *m.*〈电〉磁(石发)电机，永磁发电机

magnetocardiógrafo *m.*〈医〉磁心动记录器

magnetocardiograma *m.*〈医〉磁心动图，磁心动描记波

magnetoelasticidad *f.*〈理〉磁致弹性

magnetoelectricidad *f.* 〈电〉磁电；磁电学

magnetoeléctrico,-ca *adj.* 〈电〉磁电的

magnetoencefalografía *f.* 〈生医〉脑磁描记器

magnetoencefalograma *m.* 〈生医〉脑磁描记图

magnetoestricción *f.* 〈理〉① 致磁伸缩（现象）；②（受机械应力物体的）磁性变化

magnetofluidodinámica *f.* 〈理〉磁流体动力学

magnetofluidodinámico,-ca *adj.* 〈理〉磁流体动力(学)的

magnetofón；magnetófono *m.* 磁带录音机
~ de bolsillo 袖珍（磁带）录音机；随身听
~ de cinta abierta 盘式（磁带）录音机

magnetofónico,-ca *adj.* 磁带录音的
cinta ~a 录音带

magnetogasdinámica *f.* 〈理〉磁气体动力学

magnetogasdinámico,-ca *adj.* 〈理〉磁气体动力(学)的

magnetógrafo *m.* 〈理〉地磁(强度)记录仪，磁强记录仪

magnetohidrodinámica *f.* 〈理〉磁流体动力学

magnetohidrodinámico,-ca *adj.* 〈理〉磁流体动力(学)的

magnetometría *f.* 磁强测定法；测磁强术；测磁学

magnetómetro *m.* 磁强计；地磁仪

magnetomotriz *adj.* 〈电〉磁势的
fuerza ~ 磁通势，磁动势

magnetón *m.* 〈理〉磁子

magnetoóptica *f.* 〈理〉磁光学

magnetoóptico,-ca *adj.* 〈理〉磁光的；磁场对光线的影响的

magnetopausa *f.* 磁顶，磁(大气层)顶层

magnetoplasmadinámica *f.* 〈理〉磁等离子流体力学

magnetoplasmadinámico,-ca *adj.* 〈理〉磁等离子流体动力(学)的

magnetoquímica *f.* 〈化〉磁化学

magnetorresistencia *f.* 〈理〉磁致电阻；磁阻效应

magnetoscopio *m.* ①验磁器；②盒式磁带录像机

magnetosfera *f.* 〈天〉(围绕地球或其他行星等天体的)磁层

magnetostático,-ca *adj.* 〈理〉静磁的

magnetoterapia *f.* 〈医〉磁疗(法)

magnetotropismo *m.* 〈环〉向磁性

magnetrón *m.* 〈电子〉磁控(电子)管

magnificación *f.* ①放大；②放大率[倍数]；
③放大的复制品

magnitud *f.* ①数量；大小；②〈天〉星等(指星的亮度)；⑤量值；量级
~ absoluta 绝对星等
~ aparente 视星等(指地球上肉眼所见的一个星体相对于其他星体的亮度的等级)
~ escalar 〈理〉标量(如温度、能量)
~ estelar 星等级
~ vectorial 〈理〉矢量(如力、速度)
diferencia de ~ 〈天〉星等差
orden de ~ 数量级

magnolia *f.* 〈植〉木兰；木兰花；(洋)玉兰花

magnoliáceo,-cea *adj.* 〈植〉木兰科的 ‖ *f.* ①木兰科植物；② *pl.* 木兰科

magnolio *m.* 〈植〉洋玉兰(花)；木兰

maguey *m.* 〈植〉龙舌兰(属)

maguillo *m.* 〈植〉野苹果树

mahoga *f.* 〈植〉桃花心木

mahón *m.* 〈纺〉紫花布；南京棉布

mailing *m. ingl.* ①邮件群发；②邮购目录

maillechort *m. fr.* 〈冶〉白铜，铜镍锌合金

mainel *m.* 〈建〉拱间柱

maíz *m.* ①〈植〉玉米，玉蜀黍；②玉米粒

maizal *m.* 〈农〉玉米田

majador *m.* 捣具，杵，臼

majoleto *m.* 〈植〉山楂

majordomo *m.* 〈信〉(计算机电子邮件地址的)列表服务器主管

majuela *f.* 〈植〉①山楂果；②山楂

majuelo *m.* 〈植〉山楂树

makefile *m. Esp.* 〈信〉制作文件

mal *m.* 〈医〉①疾病，病(痛)；② *Amér. L.* 癫痫发作
~ caduco(~ de corazón) 羊痫风，癫痫
~ de altura 高空病
~ de amores 相思病
~ de Chagas 恰加斯病，南美洲锥虫病(以发现该病病因的巴西医生 Carlos Chagas 的名字命名)
~ de la tierra 思[怀]乡病
~ de mar 晕船
~ de montaña 高山病
~ de ojo (迷信认为会伤人的)恶毒眼光
~ de ojos 眼疾病
~ de piedra 结石病
~ francés 梅毒
~ público 公害

mala *f.* ①(运送邮件的)邮袋；②邮政

malabsorción *f.* 〈医〉(营养)吸收障碍，吸收不良

malacate *m.* ①〈机〉绞[吊]车，卷扬机；(畜力)绞盘；② *Amér. C.* 〈纺〉绽子，纺锤

malacatero *m.* 绞[吊]车工

malacia *f.* 〈医〉①异嗜症;嗜调味品癖;②软化

malacodermos *m. pl.* 〈动〉软皮动物(如海葵、珊瑚等)

malacófilo,-la *adj.* 〈植〉柔叶的

malacología *f.* 〈动〉软体动物学

malacológico,-ca *adj.* 〈动〉软体动物学的

malacólogo,-ga *adj.* 软体动物学家[学者]

malacopterigio,-gia *adj.* 〈动〉软鳍类的 ‖ *m.* ①软鳍鱼;②*pl.* 软鳍类

malacosis *f.* 〈医〉软化

malacostráceo,-cea *adj.* 〈动〉软甲亚纲的 ‖ *m.* ①软甲亚纲动物;②*pl.* 软甲亚纲

maladaptación *f.* 不适应,适应不良

maladaptativo,-va *adj.* 不适应的,适应不良的

malagueta *f.* ①〈植〉白[小]豆蔻(指种子);②药用卡满龙(指种子)

malaquita *f.* 〈矿〉孔雀石,石绿
～ azul 蓝铜矿,石青
～ verde 孔雀石

malar *adj.* 〈解〉颧骨的;颊的 ‖ *m.* 颧骨
hueso ～ 颧骨
región ～ 面颊部位

malaria *f.* 〈医〉疟疾

malarial *adj.* 〈医〉疟疾的;患疟疾的

malario,-ria *adj.* *Arg.* 〈医〉疟疾的;患疟疾的

malariología *f.* 〈医〉疟疾学

malariologista *m. f.* 〈医〉疟热学家

malarioterapia *f.* 〈医〉疟热疗法

malatía *f.* 〈医〉麻风病

malato,-ta *adj.* 〈医〉麻风(病)的 ‖ *m. f.* 麻风病患者

malaxación *f.* ①〈医〉揉捏法;②按摩

malaxador,-ra *adj.* 揉捏的;按摩的 ‖ *m. f.* 揉捏医生;按摩师 ‖ ～a *f.* 〈机〉拌[搅]土机,捏和机

maleabilidad *f.* ①〈金属〉可展延性的,可延压性;韧性,可锤[锻]性;②温顺,顺从;可塑造性

maleable *adj.* ①〈金属〉展延性的;(有)韧性的,可锤[锻]的,可锤展的;②易成型的;可塑的

maleato *m.* 〈化〉马来酸盐[酯],顺丁烯二酸盐[酯];马来酸阴离子,顺丁烯二酸阴离子

malecón *m.* ①(突)堤,堰,坝;②防波堤,突[登岸]码头;③*Amér. L.* 海滨大道

maleolar *adj.* 〈解〉踝的

maléolo *m.* 〈解〉踝

maleotomía *f.* 〈医〉①踝切离术;②锤骨切开术

malformación *f.* 〈医〉畸形(体);变形(体);缺陷
～ fetal 胎儿畸形

malformado,-da *adj.* 畸[变]形的

malgama *f.* 〈化〉汞合金

malhecho,-cha *adj.* 畸形的

málico,-ca *adj.* ①苹果的;从苹果中提取的;②〈化〉苹果酸的
ácido ～ 苹果酸,羟基丁二酸

malignación *f.* 恶性化

malignante *adj.* 〈医〉恶性的

malignidad *f.* 〈医〉恶性;有害性

maligno,-na *adj.* 〈医〉恶性的;有害的
fiebre ～a 恶性热
tumor ～ 恶性肿瘤

malla *f.* ①网(眼,孔,格,状物,结构);②筛(孔,网,分机);③(舞蹈演员、体操运动员穿的)紧身衣;*Amér. L.* 游泳衣;④〈电〉闭电路;⑤*pl.* 球网
～ ancha 粗孔筛
～ angosta 细孔筛
～ de alambre 铁[钢,金属]丝网
～ de calafate 填[捻]缝机
～ eterna 女士游泳衣
～ metálica 金属网

mallo *m.* ①(用以敲击刀、凿或锤平金属片的)大头槌;②〈体〉(槌球的)木槌;(马球的)球棍

malnutrición *f.* 〈医〉营养不良

malnutrido,-da *adj.* 〈医〉营养不良的

maloclusión *f.* 〈医〉错[位]咬合

malonato *m.* 〈化〉丙二酸

malónico,-ca *adj.* 见 ácido ～
ácido ～ 〈化〉丙二酸

malonilurea *f.* 〈化〉丙二酰脲,巴比土酸

malpaís *m.* 〈地〉(美国南部的)熔岩区

malparto *m.* 〈医〉流[小]产

malpigia *f.* 〈植〉金虎尾科

malpigiáceo,-cea *adj.* 〈植〉金虎尾科的 ‖ *f.* 金虎尾科植物;②*pl.* 金虎尾科

malposición *f.* 〈医〉错位

malpractice; malpraxis *f.* 〈医〉医疗差错;治疗失当

malpresentación *f.* 〈医〉先露异常

malta *f.* ①麦芽;②*Chil.* 黑啤酒

maltasa *f.* 〈化〉麦芽糖酶

maltosa *f.* 〈生化〉麦芽糖

maltosuria *f.* 〈医〉麦芽糖尿

maltratamiento; maltrato *m.* 虐待,伤害
～ conyugal 殴打[虐待]妻子
～ infantile 殴打[虐待]儿童
～ psicológico 心理[精神]虐待

maltusianismo *m.* 马尔萨斯(Malthus)主

义,马尔萨斯人口论

maltusiano,-na *adj.* 马尔萨斯的;马尔萨斯人口论的

doctrina ～a 马尔萨斯学说

malura *f. Cono S.* 病[疼]痛;不适

～ de estómago 胃疼

malva *f.* 〈植〉锦葵 ‖ *adj.inv.* 深紫色的

～ loca[real, rósea] 〈植〉蜀葵

malváceo,-cea *adj.* 〈植〉锦葵科的 ‖ *f.* ① 锦葵科植物;② *pl.* 锦葵科

malvaloca; malvarrosa *f.* 〈植〉蜀葵

malvavisco *m.* 〈植〉① 药用蜀葵;② 草芙蓉

malvón *m. Amér. L.* 〈植〉天竺葵

mama *f.* ①〈解〉乳腺;乳房[头];②胸(部)

cáncer de ～ 乳腺癌

mamario,-ria *adj.* ①〈解〉乳房的;乳腺的;②乳房样的

glándula ～a 乳腺

mamba *f.* 〈动〉树眼镜蛇

mambo *m.* 〈乐〉曼博舞音乐

mamectomía *f.* 〈医〉乳房切除术

mamey *m.* 〈植〉①曼密苹果树;② *Amér. L.* 曼密苹果

mameyal *m. Amér. L.* 曼密苹果园

mamífero,-ra *adj.* 〈动〉哺乳动物的,哺乳纲的 ‖ *m.* ①哺乳纲动物;② *pl.* 哺乳纲

mamiforme *adj.* 乳头状的,乳房形的

mamila *f.* 〈解〉乳头;乳房状器官;乳房形突出物

mamilación *f.* 〈医〉乳头形成;乳头状隆突

mamilario,-ria *adj.* 乳房[头]的;乳头状的;乳房形的

mamilitis *f. inv.* 〈医〉乳头炎

mamitis *f. inv.* 〈医〉乳腺炎

mammato-cumulus *m. lat.* 〈气〉乳房状积云

mamógeno *m.* 〈生化〉〈垂体〉激乳腺素,乳腺发育激素

mamografía *f.* 〈医〉乳房 X 线照相术

mamógrafo *m.* 〈医〉乳房 X 线照相机

mamograma *m.* 〈医〉乳房 X 线照片

mamoplastia *f.* 〈医〉乳房成形术

mamoretá *f. Amér. L.* 〈昆〉薄翅螳螂

mamotropina *f.* 〈生化〉促乳素,催乳激素

mampara *f.* 屏(风);幕,帘,帷,幔;②隔板[墙];分隔物

mamparo *m.* ①〈海〉(船的)舱壁;②〈航空〉(飞机的)隔板[框];③(矿井的)隔墙

～ estanco[impermeable] 防水壁

mampostería *f.* ①石工(工程),砖瓦工(工程);砖石建筑;②砌筑,围砌;③石[砖瓦]工技艺;石[砖瓦]工行业

mampuesto *m.* ①粗凿石块,毛坯石料;②掩体,胸墙;③ *Amér. L.* (射击时支撑武器的)

依托物;撑[支]架

mamut *m.* 猛犸,毛象(均为古生物用语)

manano *m.* 〈生化〉甘露聚糖

manantial *m.* ①〈地〉泉;②源泉[头];③根源;④〈理〉能源装置 ‖ *adj.* 见 agua ～

～ termal[térmico] 温泉

agua ～ 活[流]水

manatí *m.* 〈动〉海牛(水生哺乳动物)

mancha *f.* ①(油、漆、血、墨水、食物等形成的)污点[痕,渍];②(唇膏等的)暗影;③斑(点);污点;④〈天〉(太阳、月亮等的)黑子;⑤(动物皮毛的)斑点,色斑;⑥〈画〉(画面上的)暗部;暗[阴]影;(照片等上的)色斑;⑦〈印〉印刷面;⑧〈医〉(肺部)阴影;(麻疹、疱疹,丘疹)斑;⑨ *Amér. C., Méx.* 鱼[龙虾]群;⑩畜[兽]群;蜂[昆虫]群

～ amarilla 〈解〉(视网膜上的)黄斑

～ ciega 〈理〉盲点

～ de color (画面上的)色斑

～ de edad 老人斑

～ de nacimiento 胎记

～ de petróleo 油斑;浮油

～ de radar 雷达可视信号

～ del sarampión 麻疹斑

～ oscura 黑点[斑],暗子

～ solar 太阳黑子

manchado,-da *adj.* ① 有污[斑]点的;②(鸟、动物等皮毛上)有斑点的,花斑的;③(绘画等艺术品)用明暗法的

manchesterismo *m.* 〈经〉曼彻斯特(Manchester)主义,自由贸易主义

mancheta *f.* 〈印〉(报纸等的)刊头;(书籍护封上的)简介

manco,-ca *adj.* ①断臂的,独手的;②〈海〉没有桨的(船) ‖ *m. f.* 断臂[独手]人 ‖ *m.* 无桨船

mancomunado,-da *adj.* 联合的,共同的,协调一致的

cuenta ～a 银行联名账户,共同账户

firmas ～as 联合签名,会签

mancomunal *adj. Amér. L.* 见 mancomunado

mancomunidad *f.* ①联合,协同;② 共同[联合]体,联邦;③〈法〉连带责任;④共有;共用物

La ～ Británica [M-]英联邦

mancornas *f. pl. Amér. L.* 〈缝〉(衬衫的)袖口链扣;鸳鸯扣

mancuernas; mancuernilleas *f. pl. Amér. C., Méx.* 见 mancornas

mandamiento *m.* ①命[指,训]令;②〈法〉(法院等的)令状,命令;③ *Esp.* 见 ～ de pago

~ de ejecución 判决执行令状

~ de entrada y registro *Esp.* 搜查令 [证]

~ de pago（客户委托银行按期代付某项支出的）长期委托书

~ de prisión 收监令

~ judicial 法院令状[命令]

mandante *m. f.* 〈法〉委托人，委任者

mandarina *f.* 〈植〉柑橘

mandarinero; mandarino *m.* 〈植〉柑橘树

mandatario,-ria *adj.* ①〈法〉受托人，代理人；②管理者；*Amér. L.* 领导人；统治者

~ comercial 商业代理人

Primer ~ *Amér. L.* [M-]国家元首

mandato *m.* ①〈书面〉命[训]令；②〈法〉受委托事项；授权书，委托书；③〈司法〉令状；③〈信〉命[指]令；④见 ~ internacional

~ de canal 〈信〉通道命令

~ de restitución 归还财物令

~ general 全权委托书

~ Hayes 海斯命令

~ internacional ①国际汇款单；②国际托管

~ judicial 法院令状[命令]

territorio bajo ~ 托管地

mandíbula *f.* ①〈动〉颌，颚；（尤指脊椎动物的）下颌骨；②〈解〉（下）颌骨；③〈鸟〉（鸟喙的）上[下]部；③〈昆〉上[大] 颚；⑤（技）（扳手，虎钳，量具等的）夹片[头]，颚（形夹）爪；钳口

mandibulado,-da *adj.* 〈动〉有颚的 ‖ *m.* 〈昆〉有颚昆虫

mandibular *adj.* ①〈解〉下颌骨的；②〈昆〉颚的；③〈鸟〉喙的

mandioca *f.* ①〈植〉木薯；②木薯根茎；木薯（根茎）淀粉

mando *m.* ①指挥（权），管辖；控制；②操纵（器，装置）；控制（器，装置）；传动；③ *pl.* 〈军〉上[高]级军官；领导人

~ a distancia(~ alejado) ①远程操纵；②遥控（器）

~ a la izquierda （汽车等）左座驾驶

~ a mano(~ manual) 手动控制[操纵]，人工控制[操纵]

~ a potencia 动力操纵

~ de teclado 按钮操纵器

~ de timón 方向舵操纵；航线控制

~ del voltaje 电压控制

~ eléctrico 电传动

~ electrónico 电子传动

~ hidráulico 液压传动

~ inalámbrico 无线操纵

~ invertible 可反转控制，双向控制

~ por botón 按钮控制

~ por correa 皮带传动

~ por pulsadores 按钮控制[操纵]

~ por resistencias 电阻器控制

~ selector （收音机等的）选择（控制）旋钮

~ supremo 最高统帅；总司令

~s medios *Amér. L.* 中层管理人员，中层干部

~s militares 高级军官

cuadro[tablero] de ~s 控制[配电、仪表]盘

palanca de ~ 控制[操纵，驾驶]杆

mandolín *m.*; **mandolina** *f.* 〈乐〉曼陀林（琴）

mandora *f.* 〈乐〉大曼陀林琴

mandrágora *f.* ①〈植〉曼德拉草；②〈药〉曼德拉草根（旧时用作药物）

mandril *m.* ①〈动〉山魈（灵长目猕猴科动物）；②〈机〉心[紧]轴；（车床等的）夹[卡]盘；③〈医〉轴柄；④〈冶〉芯棒，顶杆

mandrilador,-ra *m. f.* 镗（车）工 ‖ ~a *f.* 〈机〉镗[拉]床，绞孔机

maneb *m.* 〈化〉代森锰（用作杀真菌剂）

manecilla *f.* ①（钟表、天平等的）指针；②〈机〉把手，遥杆；③参见号，指方向记号；④〈植〉卷须

~ grande 分针

~ pequeña 时针

manejabilidad *f.* 可操作性；易驾驶性

manejable *adj.* ①易操作[操纵]的；②易驾驶[驶]的，可控制的；③易处理的

manejador,-ra *adj.* 操作[纵]的；控制的 ‖ *m. f. Amér. L.* 驾驶员，司机 ‖ *m.* 〈信〉驱动程序；驱动器

~ de disco 磁盘驱动器

~ de dispositivo 设备驱动程序

~ de eventos 事件驱动程序

~ de impresora 驱动程序

~ de video 录像驱动程序

~ para dispositivos gráficos 图解设备驱动程序

manejo *m.* ①（机器等的）操作[纵]；控制；②（工具、武器等的）使用；③（语言等的）使[运]用，掌握；运用能力；④ *Amér. L.* （汽车等的）驾驭；⑤（公司，生意，资金等的）管理；处理

~ de excepciones 异常处理

~ de gastos 开支管理

~ del fondo 基金管理

maneta *f.* 〈机〉杠[操纵，控制，旋转]杆，把手

manga *f.* ①袖子；②（灭火）水龙带，软管；挠性导管；③（厨房用的）滤器；滤[筛]网；（为蛋糕裱花时用的）管（状）袋（兜）；④〈航空〉

〈气〉风向袋；⑤〈气〉(龙卷风引起的)海
[水]龙卷；⑥〈海〉船宽；船幅；⑦〈体〉(比
赛)阶段，赛段；一轮；(网球比赛的)一盘；
(桥牌比赛的)一局；⑧〈植〉芒果树；⑨
Amér. L.〈农〉(供牲畜通过的)窄道；⑩
Amér. C. 套头斗篷[披风]

~ clasificatoria 〈体〉入及格[预选]赛

~ de agua ①阵雨；②*Amér. C.* 雨披

~ de aire 〈气〉风向袋

~ de consolación 〈体〉安慰赛

~ de incendios 消防水龙(带)

~ de mariposas 捕蝶网袋

~ de riego 浇水软管

~ de viento 〈气〉旋风

~ marina 〈气〉海[水龙]卷

~ pastelera 蛋糕裱花袋[兜]

mangal *m.* ①*Amér. L.* 红树林(沼泽)地；②
And. 芒果树林，芒果种植园

manganato *m.* 〈化〉锰酸盐

manganesa；**manganesia** *f.* 〈化〉二氧化锰

manganeso *m.* 〈化〉锰

~ de los pintores 氧化锰

~ en arena 硬锰砂

~ gris 水锰矿

bióxido[dióxido] de ~ 二氧化锰

bronce al ~ 锰青铜

óxido de ~ 氧化锰

mangánico,-ca *adj.* 〈化〉锰的；三[六]价锰
的

manganin *m.*；**manganina** *f.* 〈冶〉锰镍铜合
金(80-85％铜，12-15％锰，2-4％镍)

manganita *f.* ①〈矿〉水锰矿；②〈化〉亚锰酸
盐

manganosis *f.* 〈医〉锰中毒

manganoso,-sa *adj.* 〈化〉(亚)锰的；二价锰
的

manglano *m.* 〈植〉石榴树

manglar *m.* 〈环〉红树林(沼泽)地

mangle *m.* 〈植〉红树属树木(尤指美国红树)

mango *m.* ①〈植〉芒果；芒果树；②柄，把手；
③〈信〉盗版软件

~ de escoba ①扫帚柄；②〈航空〉操纵[驾
驶]杆

~ de pluma 笔杆[架，筒]

mangosta *f.* 〈动〉獴

mangostán *m.* 〈植〉①倒捻子树；②倒捻子
(一种原产于东南亚的水果)

manguardia *f.* 〈建〉(桥墩的)扶壁

manguera *f.* ①(灭火)水龙带；软管；挠性导
管；②(船)通风筒；〈海〉抽水用软管；③
〈气〉(龙卷风引起的)海[水]龙卷；④*And.*
自行车内胎；⑤*Cono S.* 牲畜栏

~ antidisturbios (尤指卡车上的)防暴)高

压水枪

~ de aspiración 〈机〉抽吸[真空]泵

~ de[para] incendios 消防水龙带

mangueta *f.* ①(尤指连接抽水马桶及下水道
的)短管；②〈医〉灌[洗]肠器；③〈建〉(门，
窗)侧柱；支柱，托座；系梁；④〈机〉(汽车前
轴的)转向节；(车轴)轴心

manguitería *f.* 鞣皮业，制革业

manguito *m.* ①〈机〉〈技〉套筒，衬[轴]套；②
〈机〉离[联]合器；③〈电〉绝缘套管；(电缆
等的)护皮[套]

~ incandescente 煤气灯白炽罩(受热后灼
热发光的网罩)

maní (*pl.* maníes，manises) *m.* 〈植〉花生，
长生果

manía *f.* 〈医〉躁狂(症)；疯狂

~ de grandezas 〈心〉夸大狂

~ depresiva 〈医〉躁狂抑郁症

~ persecutoria 〈心〉受迫害妄想症，被迫
害情结症

maniaco,-ca；**maníaco,-ca** *adj.* 〈心〉①躁
狂的；②狂热的；疯狂的 ‖ *m. f.* 躁狂症者；
狂人；疯子

maniaco-depresivo,-va *adj.* 〈医〉躁狂抑郁
(性)的 ‖ *m. f.* 躁狂郁症患者

maniático,-ca *adj.* 〈心〉躁狂症的；躁狂症者的
‖ *m. f.* 躁狂症者；狂人；疯子

manicomio *m.* 疯人院

manicordio *m.* 〈乐〉大键琴；古钢琴

manifiesto *m.* ①宣言，声明；②〈海〉船货清
单，舱单；③〈商贸〉申报单

~ aduanal(~ de aduana) 海关申报单，报
关单

~ de carga 舱单

~ de exportación e importación 进出口
载货清单

~ de salida 船舶离港申报单

manigua *f.*；**manigual** *m.Col.* 热带森林

manigueta *f.* ①柄，把手；柄状物；②〈机〉(摇
把)曲柄；*Cono S.* (汽车)起动曲柄，摇把

manija *f.* ①柄，把手；柄状物；②*Arg.* 球形
门拉手；③夹具；(颈)圈；(马)轭；④〈机〉金
属箍；(铁路用)铁箍；联合[接]器；⑤马脚
绊；(绑在牲畜腿上的)绳勒；⑥*Cono S.* (汽
车)起动曲柄，摇把

manilla *f.* ①〈机〉(钟表的)指针；②柄；(门
窗的)拉手

manillar *m.* 〈机〉(尤指)自行车把手

maniluvio *m.* 〈医〉手浴

maniobra *f.* ①操作[纵]；②(汽车、船舶等
的)机动操[动]作，调向[头]；③(火车的)
转轨[辙]；④ *pl.*〈军〉(对抗)演习，操作；
⑤(船用)索具

~ de cambio de dirección（飞机）换[转]向

~ dilatoria 拖延战术

~s ferroviarias 铁路车辆调度

~s militares 军事演习

facilidad de ~ 机动[可控,可操纵,可运用]性

zona de ~（船舶）调头区

maniobrabilidad *f.* ①机动性,可调动性;②（车、船等的）易驾驶[操纵]性;③（仪器等的）易使用性

maniobrable *adj.* ①机动的,可调动的;②（车、船等）易驾驶[操纵]的;③（仪器等）易使用的

manipulable *adj.* ①可操作的;可操纵的;②〈生〉可控制的

manipulación *f.* ①操作,使用;②操纵,控制;③〈信〉处理(即移动、编辑和更改文本或数据);④〈医〉推拿(一种理疗技术);⑤（食品等的）经营

~ de datos（计算机）数据操作

~ del mercado 操纵市场

~ genética〈生〉〈遗〉遗传操作

manipulado *m.* ①（手工）操作;②操纵,控制

manipulador,-ra *adj.* 操作[纵]的;控制的‖ *m. f.* ①操作者;②操纵者;控制者‖ *m.*〈电〉〈讯〉操纵[控制]器;电键

~ de alimentos 食品经营者

~ de marionetas 演[设计]木偶剧的人

manipulativo,-va *adj.* 操作[纵]的,的控制的

maniquí *m.* ①（尤指服装师、陈列服装等用的）人体模型;②（木偶剧中使用的）木偶‖ *f.*（尤指职业的）女模特儿,时装模特

manita *f.*〈生化〉甘露醇

manitol *m.*〈生化〉甘露醇

manitosa *f.*〈生化〉甘露糖

manivela *f.* ①柄,把手;柄状物;②〈机〉摇把[柄];曲柄

~ de arranque[brazo]（汽车）起动曲柄,摇把

~ doble 双曲摇柄

~ simple 单曲摇柄

mano *f.* ①〈解〉手;②（猿猴的）脚;（四足动物如狗、猫、狮、熊等的）前爪;（马等的）前蹄[足];（鸟的）爪,足;③〈机〉（时钟、仪表等的）指针;④杵;⑤边,侧;⑥绘画、涂漆等的涂层;（涂肥皂的）遍;⑦（分发东西等的）遍数,次数;⑧〈体〉一局[盘];手球(犯规);⑨ *pl.* 人手;〈经〉劳动力;⑩〈乐〉音阶;⑪ *Amér. L.*（车辆行驶的）方向;⑫ *Amér. L.*（香蕉等的）串;⑬（尤指动手的）帮忙[助]

~ de almirez[mortero]（捣研用的）杵

~ de aparejo〈画〉底涂[层]

~ de ballesta 填缝铁条

~ de obra 人[劳]工,劳[人]力

~ de obra directa ①（直接雇用的）直接劳动力;②直接人工(直接参与产品生产的工人)

~ de obra especializada 技术熟练工人,技工

~ de santo 灵丹妙药

~ derecha ①右手;②（不可或缺的）得力助手

~ dura 强硬手段;牢固控制

~ izquierda ①左手;②精明,机敏;奸猾

~ negra 黑手(指暗中起作用者)

~ oculta 秘密参与者

~ única *Amér. L.*（汽车）单行道

~s de cerdos（供食用的）猪蹄

~s de mantequilla 常失踪的手

~s limpias（工资之外的）正当收入

~s sucias（以权谋私的）非法收入

a ~ ①手工[制]的;②人工的;③手边的,近便的;在手头的

de primera ~ 第一手的;直接的

de segunda ~ 第二手的;旧的

dirigido a ~ 人工操纵的

hecho a ~ 手工造[制]的

manola *f.*〈医〉注射器

manometría *f.* 测压法[术],压力测量法

manométrico,-ca *adj.*（流体）测压计的;用压力计量的

manómetro *m.*〈化〉〈理〉（流体）压力计,压力表,测压计

~ de Bourdon〈理〉布尔登(管式)压力计

~ diferencial（流体）差示压力计

~ registrador 压力自记器,流压记录器

manopla *f.* ①金属护手;（从烤炉中拿取盘碟的）烤炉抗热手套;（洗涤用的）劳动[防护]手套;②（击剑、骑马时等用的）防护手套;③连[独]指手套,手掌套;④ *Amér. L.* 指节铁[铜]套(套在指节上的一种打人武器);⑤ *Cono S.*〈机〉活动扳手

manorreductor *m.* 流体调压器

manosidasa *f.*〈生化〉甘露糖苷酶

manósido *m.*〈生化〉甘露糖苷

manóstato *m.* 恒[稳]压器;压力稳定器

mansarda *f.*〈建〉①屋顶室,顶[阁]楼;②复折(式)屋顶

manta *f.* ①毛毯;毯[被]子;棉被;②（女用）披[方,头]巾;③〈动〉蝠鲼;④闲散;〈经〉失业(状态);⑤ *Amér. L.* 套头披风[斗篷];〈纺〉粗棉布

~ eléctrica 电热毯

~ ignífuga 不燃毯,防火毯

mantadril *m. Amér. C.* 〈纺〉普通棉布，粗[土]布

manteca *f.* ①黄[奶]油；②脂肪（油），动[植]物油；③油[发]膏，香脂
~ de cacahuete 花生酱
~ de cacao 可可油[脂]
~ de cerdo 猪油
~ de vaca 牛[黄]油
~ vegetal 植物油

mantenibilidad *f.* 易维护(性)；易保养(性)

mantenimiento *m.* ①维[保]持；维护；②〈机〉〈技〉保养，维修[护]；养护；③〈体〉健身活动；保持健康；④供[扶，抚]养，养活
~ adaptador 〈信〉适应性维护
~ correctivo 〈信〉校正[矫正，补救]性维修
~ ordinario[rutinario] 日常保养，定期维修
~ de la paz 维护和平
~ de las carreteras 公路养护
clase de ~ 体育锻炼课
ejercicios[gimnasia] de ~ 健康操

mantequería *f.* ①黄油炼制厂；②奶品商店

mantilla *f.* ①（女子用的花边）披肩头巾[纱]；②〈印〉滚筒衬布
~ de blonda[encajes] 花边披巾

mantillo *m.* ①腐殖质，粪肥；②〈环〉（尤指富于腐殖质的）松软沃土

mantis *f.* 〈昆〉螳螂
~ religiosa 〈薄翅〉螳螂

mantisa *f.* 〈数〉(对数的)尾数

manto *m.* ①披巾[风]，斗篷；②〈地〉地层[幔]；③〈动〉(软体动物的)套膜；④〈矿〉(薄)矿层

mantón *m.* 〈动〉(猛禽的)大覆羽

mantudo,-da *adj.* （翅膀）下垂的

manuabilidad *f.* 易操作性；易操纵性

manuable *adj.* 易于操作[纵]的；易于掌握的

manual *adj.* ①手的；②手工的，手工操作的；体力的；③易于操作[纵]的；易于掌握的 ‖ *m.* ①手册，便览，指南；②教[课]本；③〈信〉手册(有关系统或软件操作的指导性文档)
~ de consulta 工具[参考]书；参考手册
~ de estilo 〈印〉书写及印刷式样本；体例样本
~ de funcionamiento 操作手册
~ de instituciones 说明书；操作指南
~ de lengua 语言教[课]本
~ de mantenimiento[reparaciones]维修[修]手册
~ de mecánica 机械(操作)手册

~ de operación 操作手册；作用说明书
~ del usuario 用户手册
habilidad ~ 手的灵巧
trabajo ~ 体力劳动

manualidades *f. pl.* ①手工；(手)工艺；②(手)工艺品

manuar *m.* 〈机〉纺纱机

manubrio *m.* ①〈机〉曲柄；摇把[柄]；②〈乐〉手摇风琴；③*Amér. L.* (自行车等的)把手；④*Par.* (汽车的)方向[驾驶]盘；⑤〈动〉(水母或其他腔肠动物的)垂管；⑥〈解〉胸[锤]骨柄

manucodiata *f.* 〈鸟〉凤[极乐]鸟

manuelino,-na *adj.* 〈建〉曼奴埃尔式的(建筑)

manufactura *f.* ①（尤指大量的）制造；加工；②产[制造]品；③生产[制造]厂；④制造业
~ de fibra 纤维制品
~ de metal 金属制品
~ falsa 赝品

manufacturero,-ra *adj.* ①制造的，生产的；②制造业的；(制造)工业的 ‖ *m. f.* 制造者[商]；工厂主
industria ~a 制造业

manupraxia *f.* 〈医〉推拿

manuscrito,-ta *adj.* 手写[抄]的 ‖ *m.* ①手抄[写]本；手抄件；②手[原，打字]稿
~ del Mar Muerto 死海古卷(1947年以来在死海西北岸库姆兰地区洞穴中发现的大量古卷)

manutención *f.* ①扶[抚，供]养（家庭）；②供养品；给养；③〈机〉〈技〉保养，维修[护]；养护
gastos de ~ 保养[维修]费

manzana *f.* ①苹果；②(城市)街区；建筑群；③(家具等的)球形饰物；④(土地)面积单位(*Amér. C.* 合1.75英亩；*Cono S.* 合2.5英亩)；⑤*Amér. L.* 见 ~ de Adán
~ ácida 宜煮熟吃的苹果
~ de Adán 〈解〉喉结
~ de casas (城市)街区；建筑群
~ de mesa 可食用苹果
~ de sidra 酿制苹果酒用的苹果
~ golden 黄苹果
~ reinerta 莱因苹果
~ silvestre 野苹果；(用于制果酱等的)沙果，花红
~ starking 蛇果

manzanal *m.* ①苹果园；②〈植〉苹果树

manzanar *m.* 苹果园

manzanera *f.* 〈植〉野苹果树

manzanilla *f.* ①〈植〉母[黄春]菊；②〈植〉黄春菊花茶；小橄榄；③〈药〉母菊花浸剂；④

（家具等的）球形装饰

manzano *m.*〈植〉苹果树

MAO *abr.* monoamino-oxidasa〈生化〉单胺氧化酶

mapa *m.* ①地图；②（类似地图的）图；③〈数〉映象；〈信〉映射[象]
~ celestre 天体图
~ cromosómico〈遗〉染色体（基因）图
~ de bits〈信〉位图；位映象
~ de carreteras[rutas] 道路图；公路（交通）图
~ de flujo 流程图
~ de imagen cliqueable〈信〉点击映象图
~ de píxeles〈信〉像素图
~ del estado mayor 军用地图
~ del tiempo 天气[气象]图
~ en relieve（地形测量中表示地面起伏的）地势[形]图
~ estructural〈地〉（地壳）构造图
~ físico 地形图
~ fluvial 水系图
~ génico〈遗〉（染色体，基因组的）基因图
~ geológico 地质图
~ hipsométrico 地势图
~ itinerario 旅游图
~ litológico〈地〉岩性图
~ meteorológico 天气[气象]图
~ militar 军事地图
~ mudo 暗射地图
~ mural 挂图（大型地图）
~ pluviométrico 雨量图
~ político 行政区域图
~ topográfico〈地〉地形图
~ vial 公路交通图
camarote de ~s 海图室

mapache *m.*〈动〉浣熊

mapamundi *m.* 世界地图

mapeado *m.* ①绘制地图；测图；②〈生〉基因图的绘制；染色体图谱写法；③〈数〉映象；映象；④〈数〉〈信〉变换

mapear *tr.* ①绘[制]图；在地图上标出；②（为绘制地图而）勘测；③〈数〉〈信〉使变换，映射

mapeo *m.* 见 ~ génico
~ génico〈遗〉（基于基因重组频率的）基因图谱写法

MAPI *abr. ingl.* messaging application programming interface〈信〉信息传输应用编程接口

maque *m.* ①漆；清漆；②〈植〉漆树；③漆器；④固定发型胶水

maqueador *m.* 油漆工

maqueta *f.* ①〈工艺〉（设计）模型；图样；②〈工艺〉（船舶内部结构设计）立体模型；③〈印〉（装帧）样本；④〈乐〉录音样带；试样唱片

maquetación *f.*〈印〉版面编排[设计]

maquetador, -ra *adj.*〈信〉（程序）编排的‖ *m.* 程序编排

maquetista *m. f.* ①〈建〉制作模型者；②〈印〉版面设计[编排]者

maquila *f.*〈工〉客户来料加工

maquilador, -ra *adj.*〈工〉客户来料加工的‖ ~a *f.* 客户来料加工厂，装配厂
industria ~a 客户来料加工业

maquillador, -ra *adj.* 化妆的‖ *m. f.* ①化妆师；②〈戏〉化妆师；化装人员

maquillaje *m.* ①化妆；②化妆品
~ base(~ de fondo)（化妆用的）粉底霜

máquina *f.* ①〈机〉机器；机械（装置）；②〈机〉（电，轧，发动）机；（车）床；③〈交〉机车，火车头；*Amér. L.* 汽车；④〈摄〉照相机；⑤（体）赛〔摩托，自行〕车；（琴的）机件；〈戏〉换景机械[装置]；⑦机构[器]；⑧（人或动物的）机体；器官
~ a extrusión 挤[模]压机
~ a inyección 喷油机
~ a[de] vapor 蒸汽机
~ acabadora 修整机
~ aspirante 吸风机
~ atadora 打捆机
~ auxiliar 备用[辅助]发动机
~ cajista 排字机
~ calculadora(~ de calcular) 计算机[器]
~ cargadora 充电机
~ combinadora[cosechadora] 联合收割机
~ compound 复合式整汽机
~ con número finito de estados〈电子〉〈信〉有限状态机器
~ congeladora 制冷[冷却]机
~ contabilizadora[contable] 会计计算机
~ copiadora 复印机
~ cortadora(~ de cizallar) 剪切机
~ curvadora 折板机
~ de acanalar 开槽机
~ de acuñar 制[刻]模机
~ de adamascar 描图机
~ de afeitar（安全）刮胡刀
~ de afeitar eléctrica 电动剃须刀
~ de afilar 研磨机；磨光机
~ de afilar herramientas 工具磨床
~ de alizar[cepillar] 刨床[机]
~ de alzar 吊机
~ de amachambrar[machihembrar] 榫接

机

~ de aplanar 压平机；矫直［正］机

~ de arrancar pilotes 拔桩机

~ de arrollar 滚轧机

~ de azar 吃角子老虎机（一种赌具）

~ de bases de datos 〈信〉数据库机

~ de batir hierro 初轧机

~ de biela directa 直接传动发动机，正相旋转发动机

~ de biela invertida 反相旋转发动机

~ de biselar［escuadrar］斜切机，倒斜角机

~ de bobinar 卷线机

~ de bordear pestañas 折边机，折边压床

~ de bruñir 打磨机

~ de calandrar 碾压机，研光机

~ de cardar 〈纺〉梳理机

~ de centrar 定心机

~ de colar a presión 压铸机

~ de combar （钢轨，钢梁）矫直机

~ de combustión interna 内燃机

~ de condensación 冷凝蒸汽机

~ de conformar ①成形机；②牛头刨床

~ de congelar［refrigerar］制冷机

~ de contabilidad ①加法机，算术计算机；②过账机

~ de cortar angulares 角铁［钢］剪切机

~ de cortar los hierros en U 槽钢剪切机

~ de coser 缝纫机

~ de coser exteriormente 外拉床，外拉削机

~ de curvar chapas 卷板机

~ de curvar tubos 弯管机

~ de dentar los engranajes 滚齿机

~ de desbarbar 清理机，修整机

~ de destalonar 铲齿车床

~ de dictar 口述记录机，指令机

~ de disco ①（投币式按钮选听唱片的）自动唱机；②自动电动机（可同时容纳几张CD-ROM 盘片并能在需要时自动装入和播放的驱动器）

~ de dividir 分度机，刻线机

~ de doblar［retorcer］捻线机

~ de embalar［empaquetar］打包机

~ de empalmar dentado 折曲机

~ de encorvar 弯曲机

~ de encuadernar 装订机

~ de enderezar ①刨床；②矫直［正］机

~ de enderezar y pulir 表面切削机

~ de ensayo［pruebas］测试机，检验机

~ de equilibrar 平衡试验机

~ de escariar ①钻孔［探］机；②镗床

~ de escribir 打字机

~ de estado 〈电子〉〈信〉状态机器

~ de estampar 〈冶〉旋［环］锻机

~ de estirar 拔丝机

~ de fabricar remaches （制）铆钉机，铆机

~ de fabricar resortes 盘弹簧机

~ de fabricar tornillos 制螺钉机

~ de filetear 车［切］螺纹机，切削丝机

~ de filetear a la muela 螺纹磨床

~ de forjar 锻打机

~ de franquear(~ franqueadora)（加盖“邮资已付”标记的）邮资机

~ de fresar matrices 刻模机

~ de grujir 分段剪切机，步冲轮廓机

~ de guerra 火炮［器］

~ de hacer machos 型［制］芯机

~ de hacer muescas 刻槽机，切缝机

~ de hacer punto 编织机

~ de hilar jenny 纺纱机

~ de imprimir 印刷机

~ de lavar 洗衣机

~ de machacar(~ machacadora)破碎机，轧石机

~ de marcar 印字机

~ de mecanizar hélices 螺旋桨加工机

~ de moldear［moldurar］铸模机，造型机

~ de mortajar ①凿榫机；②铡［立刨］床

~ de oficina 办公用机具

~ de ondular 波纹板轧机

~ de oxicorte 氧炔切割机，气割机

~ de perfilar 仿形机床，靠模铣床

~ de perforar(~ perforadora)钻床［机］

~ de perforar radial 径向钻床［机］

~ de pesar 衡器，台秤

~ de picar limas 錾锉刀具［机］

~ de plantillar 复制机

~ de poner aros 箍钢轧机；带钢压延机

~ de predecir mareas 潮汐预报［测］器

~ de propaganda 宣传机器

~ de puntear［taladrar］钻孔［探］机；镗缸机

~ de rayar 镗床

~ de recalcar 镦粗［锻］机，振实造型机

~ de rectificar 磨床；研磨［磨光］机

~ de reproducir 复制机

~ de ribetear 折［滚］边机，外缘翻边机

~ de roscar 螺丝车床；螺纹铣床

~ de sacar espigas 开榫机

~ de soldar con gas 气焊机

~ de soldar por aproximación 对焊机

~ de soldar por arco eléctrico 电［弧］焊机

~ de soldar por puntos 点焊机

~ de sumar 加法器

~ de superpulir 超精加工机床

~ de tabaco 卷烟机

~ de taladrar engranajes 刨齿机

~ de taladrar tuercas 螺帽加工机

~ de tejer(~ tejedora)编[针]织机

~ de torcer 折叠机

~ de trenzar[tricotar] 编结机

~ de trocear 切割[断]机

~ de troquelar a inyección 压挤机

~ de turbinas 涡轮机

~ de volar 飞行器;航空机

~ eléctrica 发电机

~ elevadora 升降机,起重机

~ estatal 国家机器

~ excavadora 挖掘[土]机;汽铲

~ expendedora (投币式自动)售货机

~ fotográfica 照相机

~ frigorífica 制冷机;冷冻机

~ heliográfica 晒图机

~ herramienta 机床,工作母机

~ hidráulica 水轮机;水泵

~ horizontal 卧式发动机

~ infernal 〈军〉饵雷

~ limadora 牛头刨床;成形机

~ marina 船用发动机

~ medidora 测长机,量皮机

~ motriz 发[原]动机

~ multicopista 复写[印]机

~ neumática 气泵

~ numeradora 号码机

~ ordeñadora 挤奶机

~ para engatillar 封口[缝]机

~ para la industria farmacéutica 制药机械

~ para soldadura a tope 对焊机

~ para sondar 测深机;触探机

~ picadora[abridora]打[切,剁,碾,捣,粉]碎机

~ plegadora 弯曲[板,筋]机;(钢筋)弯折机

~ quitanieves 扫雪机

~ reductora 磨碎机

~ refrigerante 制冷机;冷冻机

~ registradora Amér. L. 现金收入记录机

~ retorcedora 折叠机

~ rígida 重型摇臂钻床

~ rotativa 转缸式发动机

~ sembradora 条播机,播种机

~ sin condensación 排汽蒸汽机

~ síncrona 同步电机

~ soplante[sopladora] 鼓风机

~ térmica 热机

~ traganíqueles[tragaperras] ①投币自动售货机;②投彩器;吃角子老虎(一种赌具)

~ trilladora 脱粒[打谷]机

~ trituradora 碎[轧]石机

~ virtual 〈信〉虚拟机

~ voladora 飞行器;航空机

maquinabilidad *f.* ①〈工艺〉切削性;切削加工性;②机械(切削)加工性

maquinable *adj.* 可切削的,可用机器[械]加工的

maquinal *adj.* ①机械的,机械制的;机械方面的;②(行动)机械的

maquinaria *f.* ①〈集〉机器;机械;②机械装置;③机构

~ agrícola 农业机械

~ de extracción 采掘机械

~ electoral 竞选[选举]机构

~ empaqueteadora 包装机械

~ pesada 重型机械

maquinilla *f.* ①小型机器,小器械;②吊车;③理发推子

~ de afeitar 安全剃刀,剃须刀

~ desechable 一次性剃刀

~ eléctrica 电动剃须刀

~ para cortar el pelo 理发推子

~ para liar cigarrillos 卷烟机

maquinismo *m.* ①机械化;②机械论

maquinista *m. f.* ①〈机〉机工,机械师;②火[机]车司机;(轮船等的)轮机员;③机器制造[发明]者;④〈戏〉布景员;置景工;⑤〈电影〉摄影师助手

maquinización *f.* 机械化

mar *m. o f.* ①海,海洋;②内海,大淡水湖;③海潮;海[大]浪,波涛,海面状况

~ abierto ①外海[洋];②公海

~ Adriático [M-] 亚得里亚海

~ ancha[larga] 公海

~ arbolada 巨浪翻滚的海面(浪高超过6米)

~ Báltico [M-] 波罗的海

~ bonanza(~ en calma[leche]) 风平浪静的海面;无浪,零级浪(海面)

~ Caribe [M-] 加勒比海

~ Caspio [M-] (亚洲的)里海

~ de fondo[leva] (飓风或地震引起的)海[激]涌

~ de proa 顶头浪

~ encontrado 逆[横]浪

~ epicontinental 〈地〉陆缘海

~ gruesa 大浪,怒涛,波涛汹涌的海面

~ interior 内海,内陆海

~ Jónico [M-] 爱奥尼亚海(地中海一部分)

~ jurisdiccional[territorial] 领海

~ llena 满潮

~ Mediterráneo [M-] 地中海

~ montañosa[picada] 巨浪滔天的海面(浪高达 9-14 米)

~ Muerto [M-] 死海

~ Negro [M-] 黑海

~ patrimonial 承袭海

~ profundo 深海

~ rizada 波涛涌动的海面;大浪

~ Rojo [M-] 红海

~ tendida 涌动的大海

mará *m.* 〈动〉巴塔哥尼亚野兔

marabú *m.* 〈鸟〉秃鹳

marabunta *f.* 〈环〉蚁灾[害]

maraca *f.* 〈乐〉沙球(一种打击乐器)

maracuyá *m.* 〈植〉西番莲子,鸡蛋果

maranta *f.* 〈植〉竹芋

marañón *m.* 〈植〉① 腰果;② 腰果树;③ *Amér. L.* 檟如树

marasmo *m.* ①〈医〉(尤指由于营养不良、年老而不是于疾病引起的)消瘦,损[消]耗;②停[呆]滞;瘫痪

~ económico 经济停滞

maratón *m.* 〈体〉①马拉松赛跑;②(尤指滑冰、游泳等的)耐力赛,长距离比赛

~ radiofónico 广播马拉松

maratoniano,-na; maratonista *adj.* ①〈体〉马拉松赛跑的;②马拉松式的;(距离、时间等)漫长的 ‖ *m. f.* 马拉松赛跑运动员

maravilla *f.* ①奇迹[观];奇物[事];②〈植〉万花菊;③〈植〉金盏花;④〈植〉(尤指)圆叶牵牛;⑤*Chil.*〈植〉向日葵

~s de la tecnología 技术奇迹

marbete *m.* ①标签,签条;商标;②〈缝〉边,缘

~ de equipaje 行李标签

~ de precio 价格标签

~ engomado (背面的)粘胶标签

marbeteador *m.* 〈机〉贴标签机

marca *f.* ①记[标]号;②印[痕]迹;脚[手]印;足迹;③(产品、商品等的)牌子;型号;(衣服的)标签;商标,品牌,唛头;④做标记[记号];(在牲畜身上)打烙印;(牲畜身上的)烙印,印记;⑤做标记用具,(打烙印的)烙铁;⑥〈海〉(海上的)浮[航]标,(陆地的)导航标志;⑦〈体〉记录;⑧〈体〉(运动员的)最好时期

~ a fuego 火印

~ al agua 水印(图)画

~ comercial (注册)商标

~ de agua ①(钞票等的)水印;②水位标志

~ de bajamar 〈海〉低水位标志,低水位线

~ de calidad 质量标志

~ de chequeo 骑缝印;核对符号

~ de cinta 磁带标记[号]

~ de clase 〈统〉类代表值

~ de embalaje 包装标志,唛头

~ de fábrica 厂印[牌],商标,牌号

~ de ley ①(金银制品上的)纯度印记;②品[优]质证明标志

~ de nacimiento 胎记[痣]

~ del fabricante 厂[制造]商商标

~ general (系列产品的)共同商标

~ líder del mercado 最畅销品牌

~ registrada 注册商标

~ transparente (钞票等的)水印

escala de ~ 〈海〉潮位计

ropa de ~ 标有设计师名字的服装,名牌服装

sello de ~ ①(金银制品上的)纯度印记;②品[优]质证明标志

marcación *f.* ①做记号,贴标签;②〈测〉测[定](方)位;③〈海〉(船的)方位;方位角;方[航]向;④〈讯〉(电话)拨号;⑤*Amér. L.*〈体〉盯人防守

~ a larga distancia 远距离(无线电)定位

~ aparente 实[观]测方位

~ automática (电话等)自动拨号

~ directa 直接(引导)方位

~ magnética 〈海〉磁方位角

~ radiogoniométrica 无线电(测向)方位

~ recíproca 〈海〉相互方位

~ relativa 〈海〉相对方位

~ reversa 〈海〉反方位

~ verdadera 〈海〉真方位,真航向

marcado,-da *adj.* 打上标记的,有记号的;标明的 ‖ *m.* ①做记号,做标志;印记[迹];②〈讯〉(电话)拨号;③(在牲畜身上)打烙印

~ digital 手印;指[趾]纹印

~ directo a extensión (电话)内线直线

~ por impulsos 脉冲拨号

~ por tonos 按钮式拨号

artículos con precios ~s 明码标价商品

marcador,-ra *adj.* 做标记的;做记号用的 ‖ *m.* ①〈讯〉(电话机的)拨号盘;转盘;②标记;指示标;③标志[指示,显示,标识]器;打印机;④〈体〉记分牌;⑤(球类等的)划线装置;⑥书签;⑦*Amér. L.*(划线、写标题时用的)粗笔;划印器 ‖ *m. f.* ①*Esp.*〈体〉记分员;②〈印〉续纸工

~ de caminos 道路标志(牌)

~ de fecha y hora 日期时间打印机

~ de límite ①边界指示标;②机场标志板

~ de zona 区域标志器

~ electrónico 电子记分牌

~ en abanico 扇形(辐射)指点标;扇形记分器

~ genético〈生化〉遗传标记

marcaje m. ①〈体〉记分;②〈体〉(足球运动中的)阻截(铲球);盯人防守;③指[趾]纹(提取);(对罪犯的)盯梢

~ al hombre(~ personal)〈体〉一对一阻截(铲球)

~ anónimo 匿名指[趾]纹提取

~ asimétrico 非对称指[趾]纹提取

~ digital 指[趾]纹提取

~ por zonas(~ zonal)〈体〉防守阻截(铲球)

marcamiento m. ①路标(设置);②〈信〉检索(指导)

marcapasos m. inv. ①定步速者;②〈医〉起搏器;③〈解〉起搏点

~ artificial〈医〉人工起搏器

marcasita f.〈地〉白铁矿

marcescente adj.〈植〉凋存的(指凋谢但未掉落的)

marcha f. ①行进[走];出发,动身,起程;②行[进]军;行[进]军号;③运行[转,动];〈机〉工[操]作,工序;④〈机〉(汽车)排挡;⑤行进速度;⑥〈体〉竞走;⑦(病情等的)发展;态度;(暴风等的)发[进]展;⑧游行抗议[示威];⑨〈乐〉进行曲;⑩Méx.〈机〉(装在汽车发动机上的)启动电动机

~ a pie ①步行;②徒步旅行,远足;③游行抗议[示威]

~ a plena velocidad 全[高]速前进;全[高]速行军

~ atáxica〈医〉共济失调步态

~ atlética(~ de competición)〈体〉竞走

~ atrás (汽车等变速器的)倒车挡

~ caliente〈机〉热作,热加工

~ corta (汽车等变速器的)慢速挡;低挡

~ de ensayo 试验性运转

~ directa[larga] (汽车等变速器的)高速挡,高挡

~ en paralelo 并行运行

~ en vacío(~ sin carga)空[无负]载运转

~ forzada 急[强]行军

~ fría〈机〉冷作,冷加工

~ fúnebre 丧礼进行曲

~ invertida 反转,回程

~ militar 军队进行曲

~ miopática〈医〉肌病步态

~ nupcial 婚礼进行曲

~ parkinsoniana〈医〉帕金森病步态

~ por impulsión cinética (火车)滑行

~ triunfal〈军〉胜利进军;(向目标)胜利前进

primera ~ (汽车等的)头[第一]挡

marchador, -ra m. f.〈体〉竞走运动员

marchamo m. ①(海关加盖的)戳,海关检查章;②标签,签条;商标

marchand m. f. 艺术品(经销)商

marchataje m. Amér. L.〈集〉顾客;主顾

marchista m. f. Amér. L.〈体〉竞走运动员

marchitez f.〈植〉枯萎,凋谢

marchito, -ta adj.〈植〉枯萎的,凋谢的

marciano, -na adj.〈天〉火星的;(假想的)火星人的 ‖ m. f. (假想的)火星人

marco m. ①〈建〉(门,窗)框;边框,框架;②范围;界限;框框;③度量衡标准;④(建筑物、艺术品等的)构架(工程);骨架;⑤镜框;(舞台等的)布景;⑥〈体〉球门柱;球门;⑦〈信〉框架;分框命令(一组命令,可使浏览器的主窗口分成几个部分,而每个部分可以独立地滚动);⑧Amér. L. 眼镜框

~ de guillotina 上下拉动的窗子,框格窗

~ de la chimenea 壁炉架

~ de lectura abierto〈生〉〈生化〉可读[译]框

~ de página〈信〉页帧

~ de puerta 门框

~ de referencia 参照标准,参比依据;(判断)准则

~ de sierra 锯框[弓]

~ de suspensión 悬[吊]梁,过[托墙]梁

~ de ventana 窗框

~ del distribuidor 阀套

~ institucional 宪法框架

~ jurídico[legal] 法律体制[框架]

~ para cuadro 画框

acuerdo ~ 框架协议

pestillo de ~ 挡泥板

plan ~ 计划草案

márcola f. 整枝钩刀

marconigrafía f. (马可尼式)无线电报技术

marconigrama m. (马可尼式)无线电报

mare m. ①海;②〈天〉海(指月球、火星等表面的阴暗区);③Venez.〈植〉芦苇

~ clausum lat. 领海

~ liberum lat. 公海

~ nostrum lat. 属于一国或数国共有的海

marea f. ①潮,潮汐[水];②潮[水]位;③潮流;④(海上)微风;⑤毛毛雨;⑥鱼讯;⑦Cono S. 海霭(海面上空形成的薄雾)

~ a sotovento 下[顺]风潮

~ alta/baja 高/低潮；高/低水位
~ ascendiente 涨潮
~ astronómica 天文潮
~ creciente 涨潮
~ de cuadradura 小[低，弦]潮
~ descendiente[menguante] 落[退]潮
~ entrante/saliente 涨/落潮
~ muerta/viva 小/大潮
~ negra 黑潮，浮油（均指因事故流入海中的大量石油）
~ roja〈环〉赤[红]潮（指由于产毒双鞭甲藻的聚集使海岸水表面变成红色）
~ semidiurna 半日潮
~ solar 太阳潮

mareaje *m.*〈海〉①航海；航海术[技能]；②（船舶）航向

mareal *adj.* 潮的，潮汐[水]的

marejada *f.*〈海〉大[巨]浪，浪涛[涌]

marejadilla *f.*〈海〉中浪

maremoto *m.* ①海啸；②〈地〉海底地震；③潮（汐）波

mareógrafo *m.*（记录潮汐的）自动记潮仪；潮位自记仪

mareograma *m.* 潮汐曲线

mareología *f.* 潮汐学

mareómetro *m.* 验潮计，潮位计

mareomotriz *adj.* 潮汐推动的
central ~ 潮汐发电站

marero *m.*〈地〉海风

maretazo *m.* 激[巨]浪

Marfan *m.* 见 síndrome de ~
síndrome de ~〈医〉马方氏综合征（臂、腿、手指和脚趾先天遗传性细长）

marfil *m.* ①象牙（海象的长牙）；②象牙制品；③象牙[乳白]色；④*Amér. L.* 细齿梳子
negro de ~〈化〉象牙墨

marga *f.* ①〈地〉泥灰岩；壤土；②泥灰，泥灰土（常用作肥料或制水泥原料）

margal *m.* ①〈地〉泥灰岩地；②〈采掘〉泥灰坑

margárico,-ca *adj.* 见 ácido ~
ácido ~〈化〉十七（烷）酸（其晶体形似珍珠）

margarina *f.*〈生化〉人造奶油

margarita *f.* ①〈植〉雏[春白]菊；②珍珠；③〈动〉滨[峨，油，玉黍]螺；④（打印机等上的）菊瓣字轮

margarito *m.*〈矿〉珍珠云母；串珠雏晶

margay *m. Amér. C.*〈动〉虎猫

margen *m.* ①边，缘，边沿[缘]；②页边空白，页[白]边；③旁注；④（时间、空间等方面的）余地，余裕；范围；⑤〈经〉（成本与售价的）差额；⑥〈商贸〉利润，赢利；⑦差数，幅度；⑧极[界]限；⑨〈建〉（楼寓间的）限定空地‖ *f.* ①（河的）岸（边）；②（田地、道路等的）边
~ bruto（销售）毛利，边际收益
~ comercial 商业利润，销售毛利
~ de acción[actuación] 活动余地
~ de beneficio[ganancia] 利润幅度，利润率
~ de canto 振鸣边际
~ de confianza[credibilidad] 信用差距
~ de error 误差幅度
~ de explotación 营业利润，毛利
~ de fluctuación 波动幅度
~ de frecuencias medias 中频有效范围
~ de maniobra 操作[活动]余地
~ de mantenimiento 维修范围
~ de peso 负载限度
~ de preferencia 优惠幅度
~ de ruido 噪声限度
~ de seguridad 安全边际[幅度]
~ de utilidad 利润幅度，利润率
~ derecha 右岸
~ efectivo（仪器的）有效范围
~ en precio 价差
~ entre los tipos de intereses 利率差幅
~ excavado〈地〉凹岸
~ neto 净利润

marginación *f.* ①（个人的）被排斥，疏远；（群体等的）被社会边缘化；②〈经〉（城市周围的）边缘人口；③歧视；④（边）旁注
~ social ①社会排斥[歧视]；②社会福利短缺

marginado,-da *adj.* ①被边缘化的；②被隔离的；被排斥的；③有（空白页）边的；④贫困[穷]的‖ *m. f.* ①（经选举产生的）组织之外的人，外人；②〈社〉（歧视形成的）社会经济地位低下的人；生活在社会边缘的人；贫困阶层

marginal *adj.* ①边缘的，沿边的；边缘地区的；②（记在）页边的，有旁注的；③处于社会边缘的，脱离（主体）社会的；④贫困[穷]的；⑤〈经〉边际的，界限的；⑥（艺术家）非主流的；⑦地下的（出版物）
beneficio ~ 边际利润
nota ~ 旁注
utilidad ~ 边际效用

marginalidad *f.* ①〈经〉边际，界限；②（个人）被排斥状态；（群体等）被社会边缘化；③次要性；边缘性
zonas de ~ 被社会边缘化地区

marginalismo *m.*〈经〉边际主义（一种强调边际因素在均衡中之决定作用的经济分析）；

②边际效用论

marginalista *adj.* 〈经〉边际主义的 ‖ *m. f.*
　边际主义者;边际效用论者

marginalización *f.* 社会边缘化;排斥,被排
　斥在外的状态

margoso,-sa *adj.* 〈地〉泥灰(土,岩)的;含泥
　灰的

margullo *m. Cari.* 〈植〉(发)芽;嫩[抽,纤
　匍]枝;新梢

mariachi *m.* 〈乐〉①墨西哥流浪[街头]乐队;
　②(墨西哥流浪乐队或街头乐队所演奏的)
　街头音乐 ‖ *m. f.* ①墨西哥流浪[街头]乐
　队队员;②马利亚奇乐曲音乐[演奏]家

marica *f.* 〈鸟〉喜鹊

mariconeo *m.* 同性恋活动

maricultura *f.* 海上养殖

mariguana; marihuana; marijuana *f.* ①
　〈植〉大麻;②大麻烟[毒品]

marimba *f.* 〈乐〉马林巴琴(即木琴)

marimoña *f.* ①〈植〉毛茛属植物;②中国玫
　瑰

marina *f.* ①海岸[滨];沿海地区;②航海技
　能;航海术[学];③海军;舰队;④(一个国
　家的)船[商船]队;⑤海景;〈画〉海景画
　～ de guerra 海军
　～ mercante 商船队
　término de ～ 航海用[术]语

marinería *f.* ①〈集〉海员,水手;全体船员;
　②海员[水手]职业;③航海技能

marinero,-ra *adj.* ①航海的;以航海为业
　的;②(船舶)适宜航海的,经得起风浪的;③
　海军的;水手的 ‖ *m. f.* ①海员,水手;航海
　者;②(海军)水兵

marinesco,-ca *adj.* ①海员[水手]的;②海
　员般的

marinista *adj.* 海景的 ‖ *m. f.* 〈画〉海景画
　家

marino,-na *adj.* ①海(洋)的;海产[生]的;
　②航海的;船[海上]用的 ‖ *m.* ①海员,水
　手;②(海军)水兵;海军军官;③航海学家
　～ mercante 商船海员
　brisa ～a 海风
　caldera ～a 船用锅炉
　corriente ～a 海流
　corrosión ～a 海水腐蚀
　fauna ～a 海洋动物
　pez ～ 海鱼
　productos ～s 海产品
　vegetación ～a 海生植物

mariposa *f.* ①〈昆〉蝴蝶;飞蛾;②〈体〉蝶泳;
　③〈机〉蝶形螺帽[母];④蝶形阀,双瓣阀;
　⑤*Ecuad.,Méx.* 〈植〉兰花
　～ cabeza de muerte 骷髅天蛾

　～ cervical 蝶形枕头,(颈部)矫形枕头
　～ de calavera 骷髅天蛾
　～ de la col 大菜粉蛾,(小)菜粉蛾
　～ de la luz 飞蛾;灯蛾
　～ de la seda 蚕蛾
　～ del almez 扑蛾
　～ nocturna 蛾(子),飞蛾
　braza[estilo] ～ 蝶泳
　cien metros ～ 百米蝶泳比赛

mariposilla *f.* 〈昆〉①蛾(子),飞蛾;②衣蛾

mariposista *m. f.* 〈体〉蝶泳运动员

mariquita *f.* ①〈昆〉瓢虫;②〈鸟〉(长尾小)
　鹦鹉

marisco *m.* ①〈动〉海贝;有壳水生动物;②海
　产品,海鲜

marisma *f.* ①〈地〉盐碱滩;淤泥滩;②海滨
　沼泽(地)

marisqueo *m.* 采拾海贝

marisquería *f.* 贝类海鲜专卖店;贝类海鲜餐
　馆

marisquero,-ra *adj.* 贝类(海鲜)的 ‖ *m.*
　f. 采拾[出售]贝类海鲜的人
　barco ～ 海贝捕捞船
　industria ～a 贝类海鲜加工业

marital *adj.* ①婚姻的;②夫妻的,夫妻之间
　的
　discordia ～ 夫妻不和
　problema ～ 婚姻问题
　vida ～ 夫妻生活

marítimo,-ma *adj.* ①近[靠,沿]海的;②海
　的;海上的;航海的;海事的;③海洋的;海洋
　性(气候)的
　agencia ～a 海运事务所
　agente ～ 海运代理人
　arbitraje ～ 海事仲裁
　asegurador ～ 海事[运]担保人
　ciudad ～a 滨海城市
　comercio ～ 海上贸易
　corredor ～ 海运经纪[代理]人
　costumbres ～as 航海惯例
　legislación ～a 海洋法
　ley ～a 海事法
　negocios ～s 海运业务,航海事务
　paseo ～ 入海通道
　recursos ～s 海洋资源
　ruta ～a 航线,海路
　seguro ～ 海上[运]保险

marjal *m.* 湿[洼,沼泽]地

marketing *m. ingl.* 见 márketing

márketing *m.* ①(市场上的)交易,买卖;②
　销售,经[营]销;③营销学
　～ directo 直销

marlín *m.* 〈动〉枪鱼;青枪鱼

marlita *f.* 〈地〉(抗风化的)泥灰岩

marmajera *f.* 喷砂器

marmatita *f.* 〈地〉〈矿〉铁闪锌矿

marmita *f.* ①有盖有耳小锅;砂[高压]锅;②见 ~ de gigante
~ de gigante 〈地〉壶[锅,沼]穴,瓯穴(大孔)

mármol *m.* ①〈地〉大理石;②〈地〉(密实)石灰岩;③大理石制[雕刻]品
~ artificial 人造大理石
~ brocatel 彩色斑纹大理石
~ de enderezar 测平仪
~ de taller 平[面]板
~ de trazar 划线台,平台[板]
~ estatuario 雕刻用大理石,白云大理石,汉白玉
~ magnesiano 镁质大理石
~ serpentino 蛇纹大理石

marmolejo *m.* 大理石小柱子

marmolería *f.* ①大理石制品;②〈建〉大理石构件;③大理石雕刻工场
~ funeraria 大理石碑

marmolina *f.* 人造大理石

marmolista *m. f.* 大理石雕刻者;大理石制品商

marmolita *f.* 〈地〉淡绿蛇纹石

marmosete *m.* 〈印〉(扉页或章节首尾的)蔓形花饰,小花饰;尾花

marmota *f.* 〈动〉土拨鼠,旱獭
~ de Alemania 仓鼠
~ de América 美洲旱獭

marojo *m.* 〈植〉槲寄生

maroma *f.* ①绳(索),索;钢索,钢丝绳,缆;缆索;②*Amér. L.*(供杂技演员表演用细紧的)钢丝;绳索;③*Amér. L.*(杂技演员表演的)走钢丝,走缆索
~ de acero 钢缆
~ de cáñamo 麻缆[绳]
~ de cáñamo de Manila 粗麻绳,吕宋绳,白棕绳
~ trazada a derechas 右旋缆索
~ trazada a izquierdas 左旋缆索

maromero,-ra *m. f. Amér. L.* 走钢丝[绳索]杂技演员

marquesina *f.* ①(火车)司机室;(起重机等的)驾驶室;②〈建〉(大门等的)遮[天]棚,防雨罩,挡雨板;(建筑物外侧的)走廊;阳台;③(公共汽车站旁的)候车棚;④(帐篷的帆布)篷顶

marquesita *f.* 〈矿〉白铁矿

marquetería *f.* 镶嵌细工;细木镶嵌(工艺)

márquetin *m.* ①(市场上的)交易,买卖;②销售,经[营]销

marrajo *m.* ①〈动〉鲨,鲨鱼,鲛;②挂[扣]锁

marrana *f.* 〈动〉母猪

marrano *m.* ①〈动〉猪;②(构架的)木档[杠]

marroquinería *f.* ①(摩洛哥)制革业;②(摩洛哥)皮革制品;③制革厂;④皮革制品商店

marrubio *m.* 〈植〉普通夏至草(药用)

marsopa *f.* ①鼠海豚(尤指大西洋鼠海豚);②海豚

marsupial *adj.* ①〈动〉有袋目的;②有袋的;袋状的 ‖ *m.* ①有袋(目)动物;②*pl.* 有袋目

marsupialización *f.* 〈医〉袋形缝(合)术,造袋术

marsupio *m.* 〈动〉①(有袋目动物的)育儿袋;②(鱼类等的)卵袋

marta *f.* ①〈动〉貂;②貂毛皮
~ cebellina[cibelina] 紫[黑]貂

martegón *m.* 〈植〉头巾百合

martellina *f.* ①(石匠等用的)带齿锤;②(锻工等用的)大锤

martensita *f.* 〈冶〉马氏体,马登斯体

martensítico,-ca *adj.* 〈冶〉马氏体的
acero ~ 马氏体钢
temple diferido ~ 分级淬火[回火]
transformación ~a 马氏体式变化

martillada *f.* 锤击

martillado,-da *adj.* 〈动〉锤状的 ‖ *m.* 锤击[打];锻(打,造)
~ en frío 冷锤[锻]

martillo *m.* ①锤子,榔头;(锣,音,钟)锤;②(会议主席用的)小木槌;③(钢琴师用的)调音扳头[子];④(调乐器的)调音键;④〈军〉(使枪炮得以发射的)击锤[铁];⑤拍卖行[场];⑥〈解〉(中耳的)锤骨;⑦〈体〉链球;⑧〈动〉槌头双髻鲨;⑨*Amér. L.*〈建〉(建筑物的)耳[厢]房;配[裙]楼
~ con amortiguador 不反跳弹簧锤
~ de agua 水锤(现象),水击作用
~ de batir hierro(~ de pudelaje) 锻锤
~ de caída libre 落[吊,打桩]锤
~ de carpintero 木工锤
~ de cincelar[picar] 琢[碎,破]石锤,錾[平]锤
~ de dos manos (锻工用)大[铁]锤
~ de forja 锻锤
~ de fragua 锻锤
~ de fundidor 錾锤
~ de hielo (餐桌上用的)碎冰锥
~ de madera 木槌
~ de orejas[uña] 拔[平头]钉锤;羊角榔头
~ de peña[remachar] 铆锤
~ de plancha 夹板(落)锤,木柄摩擦落锤

~ de prensa de forjar 撞锤

~ de punta 尖锤

~ de quebrantar（锻工用）大[铁]锤

~ de resorte 不反跳弹簧锤

~ de vaciar las cajas 轻击锤

~ delantero 手用大锤；手用大榔头

~ embutidor 钉锤

~ mecánico 落[吊,打桩]锤

~ neumático[picador] ①气动（空气）锤；②风镐[钻]，手持式风钻，轻型凿岩机

~ para calafatear 敛[密]缝锤

~ percusor[percutor]（医生叩诊用的）小锤

~ perforador 风镐[钻]，手持式风钻

~ pilón 蒸汽锤

~ sacaclavos 拔钉锤

martín m. 见 ~ pescador

~ pescador〈鸟〉翠鸟，鱼狗（一种食鱼鸟）

martinete m.①〈机〉〈建〉落[打桩]锤；打桩机；②（钢琴等的）音键；③〈鸟〉（苍）鹭

~ a vapor 汽油打桩锤

~ de báscula 轮[摇]锤

~ de caída libre 落[打桩]锤

~ de hinca de pilotes 夯[捣]锤，夯实机

~ de mano 锤式打桩机

~ para hincar pilotes 打桩机

juanillo de ~ 铆顶棍

maruto m. Cari.①〈解〉（肚）脐；②〈医〉疣，肉赘；青块[肿]

marxismo m. 马克思主义

más m.〈数〉①加号；正号"＋"；②数[正]量

masa f.①块（状物），团，堆；②（人群）群众；③〈理〉质量；④〈电〉接地；⑤民[群]众；⑥〈经〉（数）量，（数）额；⑦灰[砂]浆

~ atómica（relativa）〈理〉原子量（各种元素原子的相对重量）

~ consumidora 消费群体

~ crítica ①〈理〉临界质量；②（达到预期效果的）必要数量

~ de acreedores 债权队团体

~ de equilibrado 平衡重量；质量平衡

~ encefálica 脑髓，大脑

~ específica〈理〉密度

~ gravitatoria[pesante]〈理〉引力质量

~ inerte〈理〉惯性质量

~ molecular〈化〉分子量

~ molecular relativa〈化〉相对分子质量

~ monetaria 货币供应量

~ natural 原始森林

~ polar〈地〉极地冰盖

~ salarial 工资总额

~ subcritical〈理〉次临界质量

una ~ de aire frío〈气〉冷空气团

una ~ de nubes 云团[块]

masaje m. 按摩，推拿；揉捏

~ cardíaco〈医〉心脏按压

~ de álgebra 正骨按摩

~ de operación dactilar 指压按摩

~ de quigong 气功按摩

~ ocular 眼保健按摩

aparato de ~ 按摩器

salón de ~ 按摩院

tratamiento de ~ 按摩治疗[疗法]

masajista m. f. 按摩[推拿]师

~ terapéutico 按摩（治疗）医师；理疗师

máscara f.①面具[罩]；②防护面罩；防毒面具[罩]；③〈信〉屏蔽；④染睫毛膏；面膜（化妆品）

~ antigás 防毒面具

~ de dirección〈信〉地址屏蔽

~ de gas 防毒面具

~ de oxígeno ①（飞行员、潜水员或急救时用的）氧气面具；②〈医〉氧气罩

~ de pesca submarina 潜水捕鱼面具

~ de pestañas 染睫毛膏

~ de subred〈信〉子网屏蔽

~ facial ①面具[罩]；假面具；②洁肤面膜

~ para esgrima 击剑防护面具

mascarilla f.①面具[罩]；假面具；②（医用）口罩；半截面罩；③（美容）洁肤面膜；膏（剂）；④脸部石膏模型

~ capilar 发油；护发膏

~ de arcilla 泥膏

~ de oxígeno 氧气罩

~ facial ①面具[罩]；假面具；②洁肤面膜

~ mortuoria 死者[尸体]面膜

mascarón m.①大型面具[罩]；②（一些建筑物上的）古怪面部塑像

~ de proa 艏饰（雕）像

mascón m.〈天〉质量密集（指月球表面阴暗区下巨大的高密度的质量集中）

masculinidad f.①阳[男,雄]性；②男子气概[质]，男性特征，阳刚气

masculinización f.①男性化；②雄性化

masculinizador,-ra；masculinizante adj.（使）男性化的

masculino,-na adj.①〈生〉男（性）的；男子的；②雄（性）的

masectomía f.〈医〉乳房切除术

máser m.〈理〉微波激射器；微波激射，脉泽

masera f.〈动〉螯虾；（小）龙虾

masetérico,-ca；maseterino,-na adj.〈解〉咬肌的

nervio ~ 咬肌神经

tuberculosidad ~a 咬肌粗隆

masetero,-ra adj. 见 músculo ~‖ m.〈解〉

咬肌

músculo ～〈解〉咬肌

masicote *m.* 〈矿〉天然一氧化铅,铅黄,黄丹

masificación *f.* ①（车辆等）过度拥挤;挤[塞]满;②（广告、宣传等的）传播,扩散;③（文化、教育等的）大众化;适应大众需求

masificador,-ra *adj.* 使大众化的;使适应大众需求的

masilla *f.* 〈建〉（填缝隙用的）油灰,泥子,（油灰状）黏性材料

masillo *m. Cari.* 〈建〉灰泥[浆];墁灰

masivo,-va *adj.* ①〈药〉大剂量的;②大量的;巨大的,大规模的;③群众性的

dosis ～a〈药〉大剂量

exportación ～a 大量出口

producción ～a 大规模生产

reunión ～a 群众性集会

maslo *m.* 〈动〉尾根,尾莛

masmediádico,-ca *adj.* 大众传播媒介的,大众传播工具的

masoca *adj. inv.* 〈心〉①性受虐狂（者）的;②受虐狂（者）的‖ *m. f.* ①性受虐狂者;②受虐狂者

masoquismo *m.* 〈心〉〈医〉①性受虐狂;受虐色情狂;受虐淫;②受虐狂

masoquista 见 masoca

masoterapia *f.* 〈药〉按摩疗法

mastadenitis *f. inv.* 〈医〉乳腺炎

mastalgia *f.* 〈医〉乳腺痛

mastatrofia *f.* 〈医〉乳腺萎缩

mastauxa *f.* 〈医〉乳房增大

mastectomía *f.* 〈医〉乳房切除术

mastelcosis *f.* 〈医〉乳房溃疡

méstel *m.* 〈船〉〈海〉樯,桅杆

mastelerillo *m.* 〈船〉〈海〉顶[上]桅

mastelero *m.* 〈船〉〈海〉中桅

master; máster *m.* 复制品之原版的,母带的‖ *m.* ①〈教〉（大学授予的）硕士学位;②唱片模版;（录音或录像的）原版,母带;③〈体〉（网球、高尔夫球等运动的）高手比赛;④〈电影〉〈乐〉拷贝,复制品

～ de Administración de Empresas [M-] 工商管理硕士(MBA)

mástic *m.* ①〈化〉玛琍脂,乳香;②油灰,胶泥,砂胶;粘胶剂;③〈建〉黏合辅料

～ asfáltico（地）沥青砂胶,乳香沥青

masticador,-ra *adj.* 咀嚼的;适于咀嚼的;咀嚼器官的‖ *m.* 〈解〉咀嚼器官

masticatorio,-ria *adj.* 咀嚼的;适于咀嚼的;咀嚼器官的‖ *m.*（刺激唾液分泌的）咀嚼剂

masticino,-na *adj.* ①〈化〉玛琍脂,乳香脂的;②乳胶的

mástil *m.* ①〈船〉〈海〉樯,桅杆,船桅;②（吉

他等的）琴颈;③〈动〉羽干;④〈植〉树干,（主)茎;⑤支柱;〈建〉（支撑建筑物的）直柱;⑥旗[天线]杆

～ de tienda 帐篷支柱

mastín *m.* 〈动〉獒,大驯犬

～ danés 大丹犬(毛短而力大)

～ del Pirineo 大白熊犬(浓毛大白狗)

mastique; mástique *m.* ①〈建〉灰泥[浆];②（填缝隙用的）油灰,泥子,（油灰状）黏性材料;③黏接剂,胶结材料

～ antióxido 防锈膏

～ de hierro 铁油灰,铁质胶合剂

mastitis *f. inv.* 〈医〉乳房[腺]炎

mastocarcinoma *m.* 〈医〉乳(房)癌

mastocitoma *m.* 〈医〉肥大细胞瘤

mastodinia *f.* 〈医〉乳痛症

mastodonte *m.* 〈动〉乳齿象(古哺乳动物)

mastodóntico,-ca *adj.*（体积）巨大的,庞大的

mastografía *f.* 〈医〉乳突 X 线照相术

mastoidectomía *f.* 〈医〉乳突小房切除术,乳突切除术

mastoideo,-dea *adj.* ①〈解〉乳突的;乳突部分的;②乳头状的

mastoideocentesis *f.* 〈医〉乳突穿刺术

mastoides *adj. inv.* ①〈解〉乳突的;乳突部分的;②乳头状的‖ *f.* 〈解〉乳突

mastoiditis *f. inv.* 〈医〉乳突炎

mastoidotomía *f.* 〈医〉乳突凿开术

mastomenia *f.* 〈医〉乳房倒经

mastopatía *f.* 〈医〉乳房[腺]病

mastopexia *f.* 〈医〉乳房固定术

mastoplasia *f.* 〈医〉乳房组织增生

mastoplastia *f.* 〈医〉乳房形成术

mastoptosis *f.* 〈医〉乳房下垂

mastorragia *f.* 〈医〉乳腺出血

mastoscirro *m.* 〈医〉乳腺硬癌

mastotomía *f.* 〈医〉乳房切开术

mastozoología *f.* 哺乳动物学

mastozoólogo,-ga *m. f.* 哺乳动物学家

mastranto; mastranzo *m.* 〈植〉圆叶薄荷

mastuerzo *m.* 〈植〉①水田芥;②独行菜

～ de agua 水田芥

masturbación *f.* 手[自]淫

masturbador,-ra *adj.* 手[自]淫的‖ *m. f.* 手[自]淫者

masurio *m.* 〈化〉锝

Mat.; mat. *abr.* matemática 数学

mata *f.* ①〈冶〉锍,冰铜;②〈农〉（小块）土地;（作特定用途的）小块地皮;③（植）小树;（一）簇,束;（一）扎;（一）捆;④〈植〉乳香黄连木;⑤〈植〉丛枝灌木;盆栽植物;*Amér. L.*（一株）植物;⑥ *pl.* 灌木丛;*Amér. L.*

〈植〉树丛,小树林;小片森林
~ blanca[concentrada] 蓝铜矿
~ de bananos *Amér. L.* 香蕉种植园
~ de cobre 铜矿,冰铜
~ de coco *Cari.* 椰子树
~ de plátano *Cari.* 香蕉树
~ rubia〈植〉胭脂虫栎,大红栎

matabuey *f.*〈植〉灌木柴胡

matacabras *m. inv.*〈地〉朔风

matacán *m.* ①〈植〉小橡树;②*And.*,*Cari.*〈动〉幼鹿;③〈军〉墙上的)枪眼;④*Amér. C.*〈动〉小牛,牛犊

matacandelas *f. inv.* 熄烛器

matacandiles *m. inv.*〈植〉(一种)万年青

matafuego *m.* ①灭火器;②消防队员

matagallegos *m. inv.*〈植〉矢车菊

matagigantes *m. inv.* ①能打败强大对手的人;②〈体〉能打败强大对手的运动队[员]

matahambres *m. inv.*〈植〉女贞

matajudío *m.*〈动〉鲻

matalahúga;**matalahúva** *f.*〈植〉①茴芹;②茴芹籽

matalobos *m. inv.*〈植〉乌头(供药用);狼毒乌头

matalotaje *m.*〈海〉(船舶运营及保养等所需要的)船用品[物料],储备品;食品储备

matamoscas *m. inv.* ①苍蝇拍,灭蝇器具;灭蝇(喷射)剂;②粘[毒]蝇纸;喷蝇油

mataparda *f.*〈植〉小橡树

matapolillas *m. inv.* 卫生球,樟脑丸;防蛀灵

matapolvo *m.* 零星小雨

mataratas *m. inv.* 灭鼠药

matarrubia *f.*〈植〉胭脂虫栎;大红栎

matasellado *m.* 邮戳,日戳戳记

matasellos *m. inv.* ①邮戳;②邮戳印;(用于大宗邮件的)邮资机
~ de puño 手盖邮戳

match *m. ingl.* ①比[竞]赛;②对[敌]手;③配对物;④婚姻;⑤〈信〉匹配

mate *adj.* 无光泽的,暗淡的 ‖ *m.* ①(国际象棋中的)将死;②(网球等的)扣[高压]球;扣杀;③*Amér. L.* 马黛茶,巴拉圭茶;④(喝马黛茶的)葫芦形茶杯;马黛茶具;⑤〈植〉巴拉圭茶树
~ cocido 煮沸后饮用的马黛茶
~ de coca 古柯叶茶
~ de menta 薄荷茶
carbón ~ 暗煤

matemática *f.* (常用 *pl.*) 数学
~(s) aplicada(s) 应用数学
~(s) pura(s) 纯数学
~s financieras 金融数学
~s superiores 高等数学

matemático,-ca *adj.* ①数学的;②精[准]确的 ‖ *m. f.* ①数学家;②善作数字计算的人
estructura ~a 数学结构
simulación ~a 数学模拟

matematización *f.* 数学化;数字处理

materia *f.* ①物质;(物质世界的)实体;实物;②〈理〉物质;③材[原]料,物资;物料[品];④〈医〉脓;⑤〈教〉学科;课程
~ activa ①活性物质;②活性材料
~ bruta 原材料,主要原料
~ colorante 染[颜]料
~ cristalina 晶系[状]物质
~ de deshecho 废料
~ explosiva 炸药,爆炸物
~ extraña 杂质;外来的物质
~ fecal 粪便
~ grasa 油脂[料]
~ gris ①(中枢神经的)灰质,灰白质;②头脑
~ inerte 填料
~ inorgánica/orgánica 无/有机物
~ interestelar〈天〉星际物质
~ intergaláctica〈天〉星系际物质
~ médica〈医〉药物
~ nuclear 核材料
~ optativa〈教〉选修课
~ prima[primera] 原料
~ saporífera 调料
~ sin mineral 尾矿[材,砂],残[筛]余物
~ vegetal 有机物,植物性材料
~ volatizable 挥发性物质
~s aislantes 绝缘材料
~s brutas 原料
índice de ~s 目录

material *adj.* ①物质的;实体的;有形的;②肉体的,身体上的 ‖ *m.* ①材[原]料;物资;②设备,装置,器材[械];用具[品];③皮革;④〈印〉原稿
~ agrícola 农具
~ bélico(~ de guerra) 战争物质,军事装备
~ compuesto〈化〉复合材料
~ de arranque 采矿设备
~ de construcción 建筑材料
~ de desecho 废弃材料,废品[料]
~ de envasado 包装材料
~ de guarnición 修饰[补]材料
~ de limpieza 清洁用具
~ de oficina 办公用品
~ de perforación 凿[钻]井设备
~ de terracería 运土[土方]机械
~ deportivo 运动器材[具]

~ escolar 学校设施

~ fotográfico 照相器材[设备]

~ friable 〈技〉(脆性的)易碎材料

~ híbrido 〈化〉混合材料

~ ignífugo 〈工艺〉防火材料

~ impreso (可以特种费率邮寄的)印刷品

~ informático 〈信〉计算机硬件

~ infusible[refractario] 耐火材料

~ legible por máquina 〈信〉机器可读资料

~ magnético 磁性材料

~ móvil[rodante] (铁路拥有的)全部车辆
(包括机车、车厢等)

~ plástico alveolar 泡沫塑料

~ reciclado (被回收利用的)再生材料(如
再生纸等)

~ tipo[uniforme] 标准材料

~es antitérmicos 隔[绝]热材料

~es de derribo 〈建〉破碎物料,旧料

~es didácticos 教材

~es incombustibles 防火材料,抗燃材料

dolor ~ 肉体(上的)痛苦

materialidad f. ①物质性;实质性;②实[物]
体;③外形;有形

materialista m. Méx. ①(尤指建筑营造业
的)建筑承包商;②卡车司机

materializable adj. (目标等)可实现[达到]
的

materialización f. ①(目标等的)实现;②具
体化,具体表现

maternal adj. ①母亲的,母亲般[似]的;②
母系的;母亲一方的;③母体(遗传)的
gene ~ 母体遗传基因
herencia ~ 母体[系]遗传
inmunidad ~ 母源免疫

maternidad f. ①母性;②母亲身份;为母之
道;③见 casa de ~
casa[hospital] de ~ 产科医院,产院

materno,-na adj. ①母亲[性]的;②母系的;
母亲一方的;③母语的
amor ~ 母爱
apellido ~ 母姓
distorcia ~a 母源性难产
hospital ~-infantil 母婴医院,母婴保健院
leche ~ 母奶[乳]
lengua ~a 本国[本族]语言,母语

matico m. 〈植〉狭叶胡椒;狭叶胡椒叶;马替
可叶

matiz(pl. matices) m. 色调

matización f. ①调配;配色;②染[着]色

matizador m. 〈化〉掩蔽剂

matojal; matojo m. 〈植〉尖叶盐木

matorral m.; **matorro** m. And. 植[灌木]
丛;灌木丛林地

matraz m. 〈化〉烧瓶;长颈瓶;瓶状容器
~ de Erlenmeyer 锥形烧瓶,爱伦美氏烧
瓶

matriarcado m. ①母权制;母系氏族制;②妇
女管理[统治]

matriarcal adj. ①母权制的,母系氏族的;妇
女管理[统治]的;②女家[族]长的

matricería f. 〈印〉压凹凸印刷

matricero,-ra m. f. 〈技〉模具专家

matricial adj. 〈数〉矩阵的
operaciones ~es 矩阵演算

matricidio m. 〈法〉杀母(罪)

matrícula f. ①登记,注册;②登记[注册]
簿;名册;〈集〉注册学生;③(汽车)牌照[登
记]号码;(汽车)牌照;(驾驶)执照;④〈海〉
(船舶国籍的)登记[注册](簿);⑤登记[注
册]证;⑥见 ~ de honor
~ de alumnos 学生名册
~ de buque 船舶注册[登记](簿);船籍簿
~ de conductor 驾驶执照
~ de contribuyentes 纳税人名册
~ de encargo (由车主选定的)个性化号牌
~ de honor 〈教〉(可在大学下一学年免交
课程费的)优异成绩
~ de mar ①海员注册[登记];②注册[登
记]海员(总称)

matriculación f. ①注册,登记;②〈教〉注册
入学

matrilineal adj. 母系的;母女相传的
sociedad ~ 母系社会

matrilinealidad f. 母系继嗣

matrimonial adj. 婚姻的,结婚的;夫妇[妻]
的
agencia ~ 婚姻介绍所
capitulaciones ~es 婚约
enlace ~ 结婚[亲]
vida ~ 夫妻生活

matrimonialista adj. 专门研究婚姻问题的;
婚姻专家
abogado ~ 婚姻问题律师

matrimonio m. ①结婚;婚姻(生活);婚礼;
②婚姻关系;夫妻生活;③夫妇
~ abierto (允许婚外性关系的)开放婚姻
~ canónico 按宗教仪式结婚
~ civil 公证结婚(不举行宗教仪式而由政
府官员证婚)
~ clandestino 秘密结婚,无证人结婚
~ consensual (未举行通常仪式的)事实婚
姻,同居婚姻
~ de conveniencia[interés] 基于利害关
系的婚姻,权宜婚姻
~ de la mano izquierda(~ morganático)
门第不当的婚姻

~ in artículo mortis(~ in extremis) 弥留之际举行的婚礼,死前举行的婚礼

~ mixto 异族通婚

~ por poder 代行婚礼

~ por sorpresa 非自愿结婚

~ rato 新人未同房的婚姻

~ religioso 宗教仪式的婚礼

~ tardío 晚婚

matriz (*pl.* matrices) *f.* ①〈解〉子宫;②〈技〉〈冶〉模[铸]型;冲[压,铸,拉丝]模;③〈印〉字[铸]模;纸型;④〈地〉脉石;母岩;〈生〉基质;⑤〈矩,方〉阵,矩阵;真值表;⑥(发票等的)存根,票根;⑦〈法〉(文件等的)原[底]件;原物;⑧〈信〉数组,阵列;矩阵;⑨唱片模版;⑩总行,总公司‖ *adj.* 母[主]体的;主要的,总的

~ activa ①〈信〉有源阵列;②〈电子〉主动式矩阵;③〈电子〉薄膜晶体管

~ asimétrica 反对称矩阵

~ cerrada[reborde] 封闭模

~ de dar forma 成形模,定形冲模

~ de depósito 存款单

~ de forma 精整压模,成形钢[冲]模

~ de input-output 投入产出矩阵

~ de puntos 点阵(指用来组成图形、字符或数字的点的矩阵)

~ de ribetear(~ estampa) 阴模

~ de terraja 挤压机

~ de yeso 石膏模型

~ diagonal 对角矩阵

~ ortogonal 正交(矩)阵

~ para alfarería 沟管模板

~ rebordeadora 卷边(压)模

~ rectangular 直角矩阵

~ simétrica 对称矩阵

~ triangular 三角阵

~ (de) unidad 单位矩阵

casa ~ 总行,总公司

eyector de la ~ 冲模垫

lengua ~ 母语

máquina para fresar las matrices 靠模铣床;刻模[雕刻]机

matrizado,-da *adj.*〈技〉加压的,模[冲,挤]压的

~ en caliente 热压成形的

mauveína *f.*〈化〉苯胺紫,(碱性)木槿紫

maxila *f.* ①〈解〉颌,上颌,上颌骨;②〈昆〉下颚;(甲壳动物的)下颚

maxilar *adj.*〈解〉上颌的‖ *m.* ①〈解〉颌骨;②〈动〉下颌肢,小[下]颚

~ superior/inferior 上/下颌骨

arteria/vena ~ 上颌动/静脉

maxilectomía *f.*〈医〉上颌骨切除术

maxilitis *f. inv.*〈医〉上颌骨炎

maxilodental;maxilodentario,-ria *adj.*〈解〉上颌牙的

maxilofacial *adj.*〈解〉上颌面的

maxilolabial *adj.*〈解〉上颌唇的

maxilonasal *adj.*〈解〉上颌鼻的

máxima *f.*〈气〉最高温度

~ estacional 季节最高气温

maximalidad *f.* 极大性

maximización *f.* ①〈数〉(求)最大值;②〈信〉最大化(增大窗口尺寸,使之填满整个屏幕)

máximo,-ma *adj.* ①(高度、速度、温度等)最大的;最高的;②〈数〉极大(值)的‖ *m.* ①极[顶]点,极限;②最大量[值,限度];③〈数〉极大值;④(法定)最高极限

~ común divisor 〈数〉最大公约数

~ crítico 临界最大值

~ histórico 历史最高纪录

~ relativo 〈数〉相对极大值

frecuencia ~a 频率

potencia ~a 峰值[最大]功率,巅(值)功率

precio ~ (法定)最高价格

relé ~ 过载继电器

velocidad ~a 最高速度

visibilidad ~a 最大能见度

máximum *m.* ①极[顶]点,极限;②最大量[值,限度];③〈数〉极大值;④(法定)最高极限

maxisencillo;maxisingle *m.* 密纹[慢转]唱片

maxvelio;maxwell *m.*〈理〉麦克斯韦,麦(磁通量的厘米·克·秒制电磁单位)

maya *f.* ①〈植〉雏[春白]菊;② *Cub., P. Rico* 凤梨

mayólica *f. And.*〈建〉围墙砖

mayor *adj.* ①更[较]大的;②成年的;③年长的,年龄较大的;④主要的;⑤〈乐〉大调的;大音阶的‖ *m.* ①祖先,先辈;② *pl.* 〈成年〉人;老人;③〈军〉少校;④头领,领班,工头;⑤总账(簿);分类账‖ *f.*〈逻〉(三段论中的)大前提

~ de edad 成年人(指达到法律规定成人年龄的人)

~ de existencias 库存物资分类账

~ de varios 杂项总账

~ del activo fijo 固定资产分类账,固定设备明细账

~ general[principal] 总账,总[普通]分类账

~ que 大于(数学符号">"的读法)

calle ~ 大[主]街

escala ~〈乐〉大调音阶

mayorazga f. 〈法〉①（享受继承权的）长子；②女继承人

mayorazgo m. 〈法〉①长子继承制；②长子继承的财[地,不动]产

mayoreo m. 〈商贸〉批发,趸售

mayoría f. ①较大,更多；②多[大多,过半]数；大多数人；③（选举等中的）多数票；④见 ~ de edad
~ abrumadora[aplastante] 压倒多数
~ absoluta/relativa 绝/相对多数
~ de edad 成年,法定年龄
~ de edad penal 承担刑事责任的年龄,法定年龄
~ de votos 多数票
~ minoritaria 简单多数；相对多数
~ silenciosa "沉默的大多数"(指在政治上不大发表意见的公众或其他缄默的大多数)
~ simple 简单多数(指投给某个候选人的票超过第二个得票者,但并未获得绝大多数票)
~ suficiente 足够多数

mayoridad f. 成年,法定年龄

mayúscula f. ①大写字母；②〈印〉大写体[铅字]

mayúsculo,-la adj. ①（字母）大写的；②极大的
error ~ 极大错误

maza f. ①〈机〉落[吊,打柱]锤；捣具；②〈乐〉鼓槌；③〈体〉(棒球的)球棒[板球的)球板；(网球、乒乓球等的)球拍；④（警察用的）警棍；⑤〈机〉Amér. L. (轮)毂；And., Cari. (制糖机的)鼓轮,轧辊；⑥〈农〉连枷(脱粒用的农具)；⑦(亚麻等的)麻梳
~ de bombo 大槌,大夯,捣棒
~ de fraga 落[打柱]锤；打桩机
~ de gimnasia 〈体〉(锻炼臂力用的)瓶状体操棒
~ de hincar 打桩锤
~ de martinete 打桩机

mazacote m. ①〈建〉混凝土；②海草灰

mazo m. ①捣[碾,大头]锤；②铃[钟]锤；③棍[大头]棒；捣具；④（槌球的）木槌；⑤〈农〉连枷(脱粒用的农具)；⑥一把；一副(纸牌)；一札(纸)；(一)叠(钞票)；(一)包；捆,束
~ de cables 电缆束[扎]

mazorca f. ①（谷物等的）穗；玉米(棒子)芯；②〈建〉(栏杆的)纺锤形立柱；③〈机〉〈技〉绕线杆(心,指)轴；④〈植〉燕麦草
~ de maíz 玉米(棒子)芯

mazorquera f. 〈植〉自体愈合植物

mazut m. 〈化〉重油(用作燃料油)

MB abr. ingl. megabyte〈信〉兆字节(量度信息的单位；＝100万字节)

Mb abr. ingl. ①megabyte〈信〉兆字节(量度信息的单位；＝100万字节)；②megabit〈信〉兆位,兆比特(量度信息的单位；＝100万比特)

mb abr. ①milibar(es)〈气〉毫巴(气压单位)；②ingl. milibar〈理〉毫巴(压强单位)

MBA abr. ingl. Master in Business Administration 工商管理学硕士(esp. MAE)

Mbone abr. ingl. multicast backbone〈信〉多播主干网

Mbytes abr. ingl. megabytes〈信〉兆字节(量度信息的单位；＝100万字节)

MCA abr. ingl. micro channel architecture〈信〉微通道(体系)结构(在 IBM PS/2系计算机内部的一种扩展线连接器设计)

MCCA abr. Mercado Común Centroamericano 中美洲共同市场

MCD abr. máximo común divisor〈数〉最大公约数

MCI abr. ingl. media control interface〈信〉媒体控制接口

MCM abr. mínimo común múltiplo〈数〉最小公倍数

Md 〈化〉元素钔(mendelevio)的符号

MDI abr. ingl. multiple document interface〈信〉多文档界面

MDRAM abr. ingl. multibank dynamic random access memory〈信〉多组动态随机访问存储器

meandro m. ①弯道；②〈地〉曲流；河渠；③〈建〉回纹波形饰
~ abandonado[muerto]〈地〉死河渠

meato m. ①〈解〉道,管；②〈植〉细胞间隙
~ auditivo 听道,外耳道
~ urinario 尿道

MEC abr. Ministerio de Educación y Ciencia Esp. 教育科学部

mecánica f. ①力学,机械学；②（机器等的）结构；构成；③机械装置
~ analítica 分析力学
~ aplicada 应用力学
~ celeste[celestial] 天体力学
~ clásica 牛顿力学
~ cuántica 量子力学
~ de fluidos 流体力学
~ de gases 气体力学
~ de materiales 材料力学
~ de matriz 矩阵力学
~ de ondas(~ ondulatoria) 波动力学
~ de precisión 精密工程学
~ de terreno(~ del suelo) 土(壤)力学
~ estadística 统计力学

~ newtoniana 牛顿力学

~ racional 抽象[理论]力学

mecánico,-ca *adj.* ①用机械的;机械制的;②机器[械]的;机器[械]操纵[作]的;③力学的;④机械方面的;机(械)工(程)的‖*m. f.* ①(汽车)机工,技(械)工,修理工;②机械师;③钳[装配]工;飞机装配工;④司机

~ de vuelo 空勤机械师;随航工程师

construcción ~a 机械工程

constructor ~ 机械师

eje ~ 机械轴

enderezador ~ 机械整流器

energía ~a 机械能

erosión ~a 机械侵蚀

escalera ~a 升降梯,自动(扶,电)梯

exploración ~a 机械扫描

impedancia ~a 力学阻抗

ingeniería ~a 机械工程(学)

mano ~a 机械手

movimiento ~ 机械运动

mecanismo *m.* ①机械装置;机械作用;②机构;结构;③〈生〉机制;机理

~ administrativo 行政机构

~ automático de escape 自动排气装置

~ de aislamiento 〈环〉〈生〉隔离机制

~ de arranque 启动装置

~ de avance 进给[送料]机构;供应装置

~ de cambios 汇率机制;汇价机制

~ de centrar 定心装置

~ de competición 竞争机制

~ de conmutación 开关装置,交[互]换设备

~ de defensa ①〈法〉辩护程序;②〈心〉防御机制;③〈心〉(心理)机制;④防护装置[机构]

~ de dirección ①(车辆等的)转向装置;②(船的)操舵装置

~ de distribución 分配装置,阀装置[机构]

~ de inversión 换[把]向器,倒逆装置

~ de la expansión 膨胀装置

~ de movimiento por biela y corredera 曲柄转动装置

~ de proximidad 位置临近机构

~ de seguridad 安全[保险]装置[机构]

~ del cambio 转换装置

~ del mercado 市场机制

~ financiero 金融机制

mecanización *f.* 机械化

~ administrativa 办公设备机械化;行政管理自动化

~ agrícola 农业机械化

~ de carga y descarga 装卸作业机械化

mecanizado,-da *adj.* 机械化的;机械装备的‖*m.* 机械加工(过程)

tropas ~as 机械化部队

mecanoagitador *m.* (机械)振荡[振动,摇筛,搅拌]器

mecanoelectrónico,-ca *adj.* 机(械)电(子)的

mecanografía *f.* ①打字;打字技术;②机械复制法

~ al tacto (不看键盘的)按指打字,盲打

mecanografiado *m.* ①打字;②(手稿、文件等的)打字稿;③打字材料,打印文字

mecanógrafo,-fa *m. f.* 打字员‖*m.* 机械复制品

mecanorrecepción *f.* 〈生医〉机械性刺激感受作用,机械感受作用

mecanorreceptivo,-va *adj.* 〈生医〉能起机械性刺激感受作用

mecanorreceptor *m.* 〈生医〉机械性刺激感受器

mecanoterapia *f.* 〈医〉机械疗法,力学疗法

mecasúchil *m. Méx.* 〈植〉香子兰

mecatrónica *f.* 机械电子学

mecedero *m.* 〈机〉搅拌器

mecedor,-ra *adj.* ①摇[摆]动的,摇晃的;②作摇动用的‖*m.* 〈机〉搅拌器

mecha *f.* ①灯[烛]芯,灯捻子;②导火索[线];引信,信管;③(毛、头发的)绺,缕,*pl.* 产生强光效果的头发部分;④小包(纱线的计量单位);⑤〈医〉塞条;⑥*Amér. L.* 〈机〉钻(头)

~ de cebo de combustión 导爆线,雷管,引信

~ de gubia 匙头钻

~ de tres puntas 三叉钻头

~ directora 定心钻

~ espiral 扳[螺纹,麻花]钻

~ lenta 安全[慢性]引信

~ plana 扁[平,三角]钻

~ tardía 定时引信

engrasador de ~ 油绳润滑器

mechadora *f.* (往鸡、鸭肚内塞咸肉片的)塞肉器[钎]

mechazo *m.* 〈矿〉哑炮

mechero *m.* ①灯(具);②打火机;③(炉灶等的)喷烧器;火[喷]嘴;④*And.*, *Cono S.* 油灯,蜡(烛)座

~ Bunsen 本生灯,瓦斯灯

~ de alcohol 酒精灯

~ de Argand 阿根灯

~ de gas 煤气灯

~ de petróleo 石油灯

mechón *m.* ①(毛、头发的)绺,缕;②小包(纱

线的计量单位)

meción *f. Amér. C. ,Cari.* 摆[抖,搅,摇]动

mecómetro *m.* 〈测量〉婴儿长度计

meconato *m.* 〈化〉袂康酸盐

meconio *m.* ①〈昆〉蛹便;②胎粪;③鸦片

mecóptero,-ra *adj.* 〈昆〉长翅目的 ‖ *m.* ① 长翅目昆虫;②*pl.* 长翅目

M. Ed. *abr. ingl.* Master of Education 教 育学硕士

medalla *f.* ①〈军〉〈体〉奖[勋,纪念]章;②大 奖牌;③〈建〉圆形浮雕
~ al valor（因)勇敢(获得)勋章

madallero *m.* 〈体〉(参赛国得到的)奖牌数目 表

medallista *m. f.* ①〈军〉〈体〉奖[勋,纪念] 章获得者;奖牌获得者;②奖[勋,纪念]章设 计[制造]者
~ de bronce 铜牌获得者
~ de oro 金牌获得者
~ de plata 银牌获得者

medallón *m.* ①〈军〉〈体〉大奖[勋,纪念]章; 大奖牌;②(大奖章形的)圆形图案[装饰]; ③〈建〉圆雕饰;④(珍藏亲人头发、小照片 的)圆形饰物
~ de pescado 煎鱼饼

medano; médano; medaño *m.* 〈地〉①(陆地 的)沙丘;②(海中的)沙坝[滩,洲]

media *f.* ①〈数〉平均数,平均(值);中数 [项];②〈信〉中介,介质;③〈体〉(足球场 等的)中线;④*pl.* (妇女穿的)裤[连裤]袜;⑤ 长筒袜;袜子;*Amér. L.* 短袜;⑥针织衣; ⑦见 ~ de cerveza ‖ *m. pl.* 大众传播媒 介[工具]
~ aritmética 等差中项;算术平均(值)
~ armónica 调和中数[项];调和平均
~ de cerveza 1/4 升的啤酒瓶
~ general 总平均数
~ geométrica 等比中数[项];几何平均
~ ponderada 加权平均(值)
~ proporcional 比例中项
~ verdadera 真实平均数
~s de malla[red,rejilla] 网眼长筒袜;网 眼连裤袜
~s pantalón 裤袜

mediación *f.* 调解[停];斡旋
~ comercial 商事调停;经纪

mediador,-ra *m. f.* 调解[停]人,调解[停] 者;斡旋者 ‖ *m.* 〈化〉〈生〉介质
~ comericial 经纪人;中间商

mediagua *f. Cono S.* 〈建〉单坡屋顶建筑

medial *adj.* ①居中的,中间的;②平均(数) 的;③〈解〉内侧的,近中的
eminencia ~〈解〉内侧隆起

mediana *f.* ①〈数〉(三角形或梯形的)中线; 中点;②〈交〉(公路的)中央分隔带;中间分 车带;③沟,槽;缺口;④〈信〉中缝(两栏文 字之间的空白)

medianera *f. And. ,Cono S.* ①〈法〉界[共 有]墙;②隔[间]墙

medianería *f.* ①〈法〉界[共有]墙;②*Cari. , Méx.* 合伙[伙伴,合作]关系;③*Cari. , Méx.*〈农〉(土地)收益分成制

medianero,-ra *adj.* 〈建〉①(建筑物)有界 [共有]墙的;②(墙壁等)居中的,中间的 ‖ *m.* 隔墙,共用墙 ‖ *m. f.* ①调解[停]人; 中间人;②*Cari. ,Méx.* 合伙人;〈农〉(土 地)收益分成佃农;③经纪人;掮客;④毗连 房屋[地产]业主,毗连房屋[地产]物主
pared ~a 界[共有]墙

medianía *f.* ①中等(水平);中间;中点;② 〈经〉中等水平;小康;(社会中的)中等社会 地位;③*Col.*〈建〉隔墙

medianil *m.* ①〈法〉界[共有]墙;②〈印〉中 线;③〈交〉(高速公路等的)中间分隔线

mediapunta *m. f.* 〈体〉(足球运动的)中前卫

mediastinitis *f. inv.* 〈医〉纵隔炎

mediastino,-na *adj.* 〈解〉纵隔的 ‖ *m.* 纵 隔;纵隔腔

mediastinocopia *f.* 〈医〉纵隔镜检查术

mediastinocopio *m.* 〈医〉纵隔镜

mediastinografía *f.* 〈医〉纵隔造影术,纵隔 X 线照相术

mediastinograma *m.* 〈医〉纵隔造影照片

mediastinotomía *f.* 〈医〉纵隔切开术

mediático,-ca *adj.* 新闻媒体[介]的

mediatinta *f.* 〈画〉〈摄〉中间色调

mediatriz *f.* 〈测〉〈数〉中垂线

medible *adj.* ①可测[计]量的;②可观测到 的;可测出的

medicable *adj.* 可用药物治疗的

medicación *f.* ①用[敷]药;药物治疗;②药 物

medical *adj. Esp.* ①医学[术]的;医疗[用] 的;②医生的

medicamento *m.* 药,药剂[物]
~ anticonceptivo 避孕药
~ antidínico 抗眩晕药
~ antipalúdico 抗疟药
~ auxiliar 佐药
~ de patente 专利药
~ específico 特效药
~ externo 外用药
~ principal 主药
~ quiral 〈生医〉手性药
~s traumáticos 外伤药

medicamentoso,-sa *adj.* 有药效的,药用的

baño ～ 药浴
incompatibilidad ～a 药物配伍禁忌
vino ～ 药酒

medicina *f.* ①医学；医术；②医生行业；③
药，药剂[物]
～ clínica 临床医学
～ de empresa 工业医学
～ del espacio 宇宙医学，航天医学
～ deportiva 运动医学
～ experimental 实验医学
～ forense[legal] 法医学
～ general ①普通医学；②综合医学；全科
医生(的)行业
～ herbácea 草药
～ homeopática 顺势疗法医学
～ interna 内科(学)
～ natural 自然(疗法)医学
～ nuclear 核医学
～ olfatoria 嗅药
～ para el adelgazamiento 减肥药
～ patente 专利药
～ preventiva[profiláctica] 预防医学
～ psicosomática 心身医学
～ tradicional china 中医学
～ veterinaria 兽医学

medicinal *adj.* (医)药的；药用的，有药效的
planta ～ 药用植物

medición *f.* ①测定；②测量
～ cuantitativa 数量测定
～ del rendimiento 效[生产]率测定
～ del riesgo 风险测定
～ trigonométrica 三角测量
aparatos[instrumentos] de ～ 测量仪器

médico,-ca *adj.* ①医学[术]的；医疗[用]
的；②医生的 ‖ *m.f.* 医生，大夫
～ cirujano 外科医生
～ consultor 顾问医生
～ de apelación 顾问医生
～ de cabecera ①家庭医生(指家庭成员经
常求诊的开业医生)；(个人)保健医生；②全
科医生
～ de familia 家庭医生(指家庭成员经常求
诊的开业医生)
～ de la escuela 校医
～ (de medicina) general 全科医生
～ dentista 牙科医生，牙医
～ deportivo 运动医学医师
～ forense[legista] 法医
～ interno[residente] 实习医生[师]
～ interno residente *Esp.* 住院医生
～ jefe 主任医师
～ militar 军医

～ naturista 自然疗法医士
～ partero 产科医师
～ pediatra[puericultor] 儿科医师
～ podólogo 足科医师
～ rural 乡村医生
～ titular 主治医师
asistencia ～a gratuita 公费医疗
dedo ～ 无名指
receta ～a 处[药]方
servicio ～ cooperativo 合作医疗

medicolegal *adj.* 法医学(上)的

medida *f.* ①测[丈]量，量度；②度[计]量单
位；度量法；计量制；③(量得的)尺寸，分量，
大小；④比例；程度；⑤(常用 *pl.*)措施；⑥
Amér. L. (鞋、衣服等的)尺码
～ a pasos 步测
～ a simple vista 目测
～ agraria 土地面积单位
～ cautelar(～ de precaución) 预防措施
～ compensatoria 补偿措施
～ cúbica(～ de capacidad) 体积量度单位
～ de superficie 面积量度单位
～ de urgencia 紧急措施
～ de volumen 体积量度单位
～ estándar 标准度量衡
～ legal 法定度量衡
～ métrica 公制度量衡
～ para áridos 干量(干货的容积量度)
～ para líquidos 液量单位(制)
～ preventiva 预防措施
～ represiva 镇压措施
～s antidumping 反倾销措施
～s correctivas 调整[纠正]措施
～s de austeridad 紧缩措施
～s de control de cambios 外汇管制措施
～s de estabilización 稳定措施
～s de protección 保护措施
～s de seguridad (防盗、防攻击等的)安全
[保安]措施；(防火等的)安全措施
～s económicas 经济手段[措施]
～s jurídicas[legales] 法律手段[措施]
pesas y ～s 度量衡

medidor,-ra *adj.* 测[度]量的；测量用的 ‖
m.f. 测量员 ‖ *m. Amér. L.* (计量水、
电、煤等的)仪表；计量器
～ de(l) agua 水表，水量计
～ de chorro 流量表[计]
～ de deslizamiento 滑差表
～ de dilatación 张力计
～ de esfuerzo 应变仪[计]
～ de flujo 流量表
～ de flujo electromagnético 电磁流量计，

电磁通计

~ de gas 煤气表;气量计[表]

~ de gasto de vertedero 堰顶水位计,流量计

~ de intervalo de tiempo 时距计量表

~ de ionización 电离真空计

~ de lluvia 雨量器

~ de presión 压力计

~ de profundidad 深度计

~ electrolítico 电解式仪表

~ Geiger 〈理〉盖革计数器[管](用来测量放射能量)

mediería *f.* ①合股[伙]关系;②*Amér. L.* 土地收益分成制

mediero,-ra *m. f.* ①合股人;②*Amér. L.* 收益分成佃民

medio,-dia *adj.* ① 一半的;②中间的;中等[级]的;中等程度的;③平均的;适中的 ‖ *m.* ①中部[间,央];当[正]中;②〈体〉中线[场]队员;③*pl.* 工具,方法,手段;④〈理〉媒[介]质;媒介(物);⑤*pl.* 财力;资源;⑥(生活)环境;气氛;⑦〈生〉培养基;⑧〈数〉中项;⑨〈解〉中指;⑩(社会)圈子;界;⑪〈法〉辩词

~ abiótico 〈环〉〈医〉无生命环境

~ acuático 水环境

~ agravífico 〈环〉〈医〉失重环境

~ ambiente (生存)环境

~ (ambiente) aeroespacial 〈天〉空间环境

~ ambiente físico 〈环〉自然环境

~ ambiente humano 〈环〉〈医〉①人类(生存)环境;②生物物理环境

~ ambiente natural 〈环〉〈医〉自然(生存)环境

~ ambiente tecnológico 技术环境

~ apertura 〈体〉(橄榄球运动的)中前卫,外侧前卫

~ biofísico 〈环〉〈医〉生物物理环境

~ biótico 〈环〉〈医〉生命环境

~ centro 〈体〉(足球、曲棍球等运动的)中前卫

~ ciclo 半周期

~ circulante(~ de circulación) 流通媒介

~ compartido ①〈信〉共享[用]工具;②共享介质

~ competitivo 竞争性环境

~ cultural 文化环境[氛围]

~ de almacenamiento 〈信〉存储媒体

~ de cambio 交换媒介

~ de cultivo 〈生〉培养基

~ de embalaje 包装方式

~ (de) melé 〈体〉(橄榄球运动的)争球前卫

~ de pago 支付手段

~ de transporte 交通工具

~ dispersivo[dispersor]〈理〉弥散介质

~ económico 财力;经济手段

~ filtrante 〈化〉过滤介质

~ físico 〈环〉〈医〉生物物理环境

~ fondista 〈体〉中长跑运动员

~ fondo 〈体〉中距离(长跑)(通常指 800 至 1,500 米)

~ pago[sueldo] 半薪

~ precio 半价

~ social 社会环境

~a palabra 〈信〉半字

~a hora 半小时,30 分钟

~a luna 〈天〉半月

~s de comunicación 通讯工具;交通工具

~s de comunicación de masas 大众通讯工具

~s de difusión 传播工具[媒介],新闻媒体

~s de enlace 联络手段[工具]

~s de información 信息媒介

~s de masas 大众(传播)媒介

~s de producción 生产资料

~s de publicidad 广告宣传工具

~s de subsistencia[vida] 生活资料

~s económicos 钱财,财力

~s escasos 稀有[缺]资源

~s informativos 信息媒介;大众传播媒体

~s por extracción 〈信〉获取(数据)手段

~s por imposición 〈信〉进(栈)手段

escala ~a 中型(的),中等规模(的)

frecuencia ~a 中频

precio ~ 平均价格

temperatura ~a 平均温度

medioambiental *adj.* 环境的;有关环境(保护)的;旨在环境保护的

medioambientalista *m. f.* 环境(保护)论者;环境保护主义者;研究环境问题专家

medioambiente *m.* 环境

mediocampista *m. f.* 〈体〉(足球等运动中的)中锋(队员)

mediocampo *m.* 〈体〉(足球场等的)中场

mediocarpiano,-na *adj.* 〈解〉腕骨间的,腕骨中部的

mediodía *f.* ①正[中]午;②〈地〉南;南部

medioeval *adj.* 中世纪的

medioevo *m.* 中世纪

mediofírico,-ca *adj.* 〈矿〉中ä晶的

mediofondista *m. f.* 〈体〉中长跑运动员

mediolateral *adj.* 〈解〉〈医〉中间外侧的,中侧的;中横向的

mediometraje *m.* 〈电影〉(一小时以内的)电影;电影摄制

mediopensionista *m. f.*〈教〉①半膳宿学生；②(尤指大学的)走读生

mediopié *m.*〈解〉脚中部

mediotarsiano,-na *adj.*〈解〉跗中部的

mediterráneo,-nea *adj.* ①内地的；被陆地包围的；②地中海的
clima ~ 地中海气候
fiebre ~a 地中海热，波状热

medra *f.*；**medro** *m.* ①(动、植物)生长，长大；②〈经〉兴旺，繁荣，昌盛

medula；**médula** *f.* ①〈解〉髓(质)；脊髓；髓鞘；②〈植〉髓部，(木)髓；树心
~ adrenal 肾上腺髓质
~ espinal 脊髓
~ oblonga 延髓
~ ósea 骨髓

medular *adj.*〈解〉骨髓的；髓状[样]的
transplante[transplantación] ~ 骨髓移植

meduloso,-sa *adj.* 含[有]髓的

medusa *f.*〈动〉水母；水螅水母

mefenesina *f.*〈药〉麦酚生，甲酚甘油醚，甲苯丙醇(松肌药)

mefítico,-ca *adj.* ①臭的，发恶臭的；②有毒[害]的；对呼吸有害的；③毒气的
gas ~ 有毒气体

mefitismo *m.* 有害毒气，毒气

meg. *abr.* magnetoencefalograma〈生医〉脑磁描图

megabait *m.*〈信〉兆字节(量度信息的单位＝100万字节)

megabara *f.*〈理〉〈气〉兆巴(气压单位＝100万巴)

megabit *m. ingl.*〈信〉兆位，兆比特(量度信息的单位＝100万比特)

megabyte *m. ingl.*〈信〉兆字节(量度信息的单位＝100万字节)

megacariocito *m.*〈医〉巨核细胞

megacefálico,-ca *adj.*〈医〉巨头的

megaciclon *m.*〈理〉〈无〉兆周

megacolon *m.*〈医〉巨结肠

megadina *f.*〈理〉兆达因(力的单位＝100万达因)

megadonte *adj.*〈医〉巨牙的

megaergio *m.*〈理〉兆尔格(厘米·克·秒制中的功能和动量的单位＝100万尔格)

megafaradio *m.*〈电〉兆法拉(电容单位＝100万法拉)

megafauna *f.*〈动〉巨型动物群

megaflop(s) *m. ingl.*〈信〉〈计算机〉百万次浮点运算，每秒进行一百万次浮点运算

megafonía *f.* ①扩音[有线广播]系统；②(街道上的)(高音)喇叭

megafónico,-ca *adj.* 扩音器的

megáfono *m.* 扩音器，话[喇叭]筒

megagameto *m.*〈生〉大配子

megahercio；**megaherzio** *m.*〈理〉〈信〉兆赫(频率单位＝100万赫)

megajulio *m.*〈理〉兆焦(耳)(米千克秒单位制功或能的单位＝100万焦(耳))

megalítico,-ca *adj.* 巨石造成的；使用巨石的

megalito *m.* (古建筑物用的)巨石

megalencefalia *f.*〈医〉巨脑

megaloblasto *m.*〈医〉巨成红细胞，幼巨红细胞，巨母红细胞

megalocardia *f.*〈医〉心肥大

megalocefalia *f.*〈医〉巨头，巨头畸形

megalocéfalo,-la *adj.*〈动〉巨头的

megalocito *m.*〈医〉巨红细胞

megalocitosis *f.*〈医〉巨红细胞症

megalomanía *f.* ①〈医〉夸大狂；②妄自尊大

megalopía；**megalopsia** *f.*〈医〉视物显大症

megalópolis *f. inv.* ①特大城[都]市(群)；②特大城市生活方式

megalóptero,-ra *adj.*〈昆〉广翅目的‖ *m.* ①广翅目昆虫；②*pl.* 广翅目

megaloscopio *m.* 放大镜；显微幻灯

megalosplenia *f.*〈医〉巨脾

megalouréter *m.*〈医〉巨输尿管

megámetro *m.* 兆米(米制长度单位＝100万米)

mégano *m.*〈地〉沙坝[丘，洲]

megaocteto *m.*〈信〉兆字节(量度信息的单位＝100万字节)

megapodio *m.*〈鸟〉冢雉

megarrecto *m.*〈医〉巨直肠

megasismo *m.*〈地〉伟震，剧烈地震

megaspora *f.* ①〈植〉大孢子；②(种子植物的)胚囊

megasporofilo *m.*〈植〉①大孢子叶；②心皮

megaterio *m.* 大地懒属(古生物用语)

megatón *m.* ①兆[百万]吨；②百万吨级(原子武器爆炸力计算单位)

megatonelada *f.* 兆[百万]吨

megatrón *m.*〈电子〉塔形(电子)管，盘封管

megavatio *m.*〈电〉兆瓦(特)，100万瓦(特)

megavitamina *f.* 大剂量维生素

megavoltaje *m.*〈电〉兆伏数；兆伏级

megavoltio *m.*〈电〉兆伏(特)

megawatio；**megawatt** *m.* 见 megavatio

megger *m. ingl.*〈电〉兆欧(姆)表；高阻表

megóhmetro；**megohmiómetro** *m.*〈电〉兆欧计

megohmio *m.*〈电〉兆欧(姆)(电阻单位＝100万欧(姆))

megomita *f.* 整流子云母片,绝缘物质

mehari *m.* 〈动〉非洲单峰驼

meiofauna *f.* 〈生态〉中型动物区系

meiosis *f.* ①〈生〉减数分裂;②〈医〉瞳孔缩小

meitnerio *m.* 〈化〉鿏

mejana *f.* 〈地〉河中小岛

mejillón *m.* 〈动〉贻贝,淡[壳]菜

mejillonera *f.* 贻贝养殖场

mejillonero,-ra *adj.* 贻贝养殖的,捕贻贝的 ‖ *m. f.* 养殖贻贝者,捕贻贝者
industria ~a 贻贝养殖业

mejora *f.* ①改善[进];增进;②提高;③*pl.*(工程等的)增建;改良;④(拍卖中)抬价,加码;⑤〈信〉升级;增强
~ de la definición 〈信〉增强清晰度
~ del suelo 改良土壤
~s de productividad 提高生产率
~s del proceso 工艺流程的改良

mejorable *adj.* ①可以改进[良]的,能改善的;②可以提高的

mejorado,-da *adj.* ①已改进[良]的;②〈信〉升级的,增强的

mejoral *m. Urg.* 〈药〉止痛药

mejorana *f.* 〈植〉牛至

melaconita *f.* 〈矿〉土黑铜矿

melamina *f.* 〈化〉密胺,三聚氰胺

malancolía *f.* 〈医〉忧郁症

melanina *f.* 〈生化〉黑色素

melanismo *m.* ①〈生〉黑化;②〈医〉黑变(病),黑素沉着(病)
~ industrial 工业黑化现象(指栖息在煤炭漫布工业区里的昆虫等生物群体逐渐黑化的现象)

melanita *f.* 〈矿〉黑榴石

melanoblasto *m.* 〈生〉成黑素细胞

melanoblastoma *m.* 〈医〉成黑素细胞瘤

melanocarcinoma *m.* 〈医〉黑素瘤

melanocioma *m.* 〈医〉黑色素细胞瘤

melanocito *m.* 〈生〉黑色素细胞;含黑素淋巴细胞

melanocrata *f.* 〈矿〉暗色岩

melanocrato,-ta *adj.* ①暗色的;②〈矿〉黑色的
mineral ~ 黑色矿

melanoderma *f.* 〈医〉黑皮病

melanóforo *m.* 〈生〉载黑素细胞

melanogénesis *f.* 〈生化〉黑素生成

melanógeno *m.* 〈生化〉黑(色)素原

melanoglosia *f.* 〈医〉黑舌(病)

melanoide *adj.*;**melanoideo,-dea** *adj.* ①〈医〉患黑变病的;患黑素沉着病的;②浅黑的;黑素样的;③〈生理〉色素代谢失常的 ‖

m. 〈生化〉类黑素

melanoma *m.* ①〈医〉(恶性)黑色素瘤;②(良性)胎记瘤
~ maligno 恶性黑色素瘤

melanomatosis *f.* 〈医〉黑色素瘤病

melanonosis *f.* ①〈医〉黑色素沉着病;②〈生理〉黑素代谢失常

melanosoma *f.* 〈生〉黑色素体

melanotekita *f.* 〈矿〉硅铅铁矿

melanovanadita *f.* 〈矿〉黑钙钒矿

melanterita *f.* 〈矿〉水绿矾

melanuria *f.* 〈医〉黑尿

malarchía *f. Amér. C.* 〈医〉忧郁症

malatonina *f.* 〈生化〉褪黑素,N-乙酰-5-甲氧基色胺

melca *f.* 〈植〉高粱

melcocha *f.* 乳脂糖

melé *f.* 〈体〉(橄榄球赛中的)并列[密集]夺球

melena *f.* 〈医〉黑粪症

melgacho *m.* 〈动〉星鲨

melgar *m.* 苜蓿地

meliáceo,-cea *adj.* 〈植〉楝科的 ‖ *f.* ①楝科植物;②*pl.* 楝科

melífago,-ga *adj.* 〈动〉食蜜的

melífero,-ra *adj.* 产蜜的

melificación *f.* (蜜蜂)酿蜜

melífico,-ca *adj.* ①产蜜的;②含蜜的

melilita *f.* 〈矿〉黄长石

meliloto *m.* 〈植〉草木犀属植物(尤指黄香草木犀)

melinita *f.* 麦宁炸药(主要成分为苦味酸)

melisa *f.* 〈植〉蜜蜂花

melita *f.* ①〈矿〉蜜蜡石;②*pl.* 〈药〉蜜剂

melito *m.* 〈药〉蜜剂

melívora *f.* 〈动〉食蜜兽

mella *f.* ①裂缝[口];凹[槽]口;缺口;②(铸件等的)凹[裂]痕;③损伤,伤痕;④(牙齿掉落后形成的)洞,豁口

mellado,-da *adj.* ①有裂[缺]口的;②牙齿不齐全的(人);齿间豁缝很大的;③兔唇的,唇裂的

melo *m.* 〈戏〉①音乐戏剧;②情节[传奇]剧

melocotón *m.* 〈植〉①桃;②桃树

melocotonar *adj.* 桃园,桃树林

melocotonero *m.* 〈植〉桃树

melodía *f.* ①〈乐〉旋律;曲调;②(旋律)优美,悦耳;③音乐性

melodrama *m.* 〈戏〉①音乐戏剧;②情节[传奇]剧

melojo *m.* 〈植〉比利牛斯栎

melolonta *f.* 〈动〉鳃角金龟

melón *m.* ①〈植〉瓜;甜[香]瓜;②葫芦科植

物;③〈动〉埃及獴

melonar *m*. 〈农〉甜瓜地,瓜田

meloncillo *m*. 〈动〉埃及獴

melonita *f*. 〈矿〉碲镍矿

melton;meltón *m*. 〈纺〉麦尔登呢

melva *f*. 〈动〉(扁)舵鲣

membrana *f*. ①〈解〉〈生〉膜;细胞膜;②〈技〉(薄,隔)膜,膜状物;③〈信〉外壳(运行在用户和操作系统之间的软件);④〈医〉假膜;⑤〈鸟〉羽瓣;⑥Cono S. 〈医〉白喉(症)
~ articular 关节膜
~ basilar 〈解〉基底膜
~ celular 细胞膜
~ de fertilización 〈生〉受精膜
~ del huevo(~ pelúcida) 〈生〉卵膜
~ decidual 蜕膜
~ embrionaria 〈生〉胚膜
~ ependimal 室管膜
~ fetal 胎膜
~ impermeable 〈工艺〉不透膜
~ inicial 〈信〉登录外壳
~ interdigital 〈动〉指[趾]间膜
~ mucosa 黏膜
~ nictitante 〈动〉瞬膜
~ nuclear 〈生〉核膜
~ pituitaria 鼻黏膜
~ postsináptica 〈生〉突触后膜
~ presináptica 〈生〉突触前膜
~ semimpermeable 〈化〉半透膜
~ serosa ①浆膜;〈动〉〈解〉绒(毛)膜;②〈昆〉卵膜
~ sinovial 滑膜
~ virginal 处女膜
~ vitelina 〈动〉卵黄膜

membranectomía *f*. 〈医〉膜切除术

membranoso,-sa *adj*. ①〈解〉〈生〉膜的;细胞膜的;②〈医〉生成膜的;假膜(性)的;③膜样的,薄膜的

membrillar *m*. 榅桲林,榅桲种植园

membrillero *m*. 〈植〉榅桲树

membrillo *m*. 〈植〉①榅桲果;榅桲果肉;②榅桲树

memorando;memorandum *m*. ①备忘录[便条];记事簿;②外交备忘录;③〈商贸〉代销委托书;交易通知单;清单
~ de acuerdo 谅解备忘录
~ de disconformidad 异议备忘录
~ jurídico (交易条件的)法律摘要

memoria *f*. ①记忆力,记性;②回[记]忆;③〈信〉存储器;(存储器的)存储量;内存;④记录[载];清单;流水账;⑤ *pl*. 回忆录;⑥〈教〉〈学位〉论文;⑦报告(书);备忘录;⑧纪念(碑)

~ ampliada 〈信〉扩充内存;扩充存储器
~ anual 年度报告
~ asociativa ①联想记忆;②相联存储器
~ automática 动态存储器;栈存储器
~ auxiliar 后备[辅助]存储器
~ bordable[borrable] 可擦存储器
~ burbuja 磁泡存储器
~ cache 高速缓冲存储器
~ caché externa 外高速缓冲存储器
~ central 主[中央]存储器
~ colectiva (尤指从上一代传给下一代的)集体记忆
~ compartida 共享[用]存储器
~ convencional(~ de base) 常规存储器;常规内存(指 PC 机上可由 MS-DOS 控制的 0 到 640 KB 的随机存取存储器)
~ cúmulo 堆积存储器,堆内存
~ de acceso aleatorio[directo] 随机存取存储器
~ de acceso aleatorio dinámica 动态随机存取存储器
~ de acceso aleatorio no volátil 非易失性随机存取存储器
~ de acceso inmediato[rápido] 立即[快速]存取存储器
~ de almacenamiento temporal 高速缓冲存储器
~ de cilindro 磁鼓存储器
~ de gallo[grillo] 健忘的人,记忆力差的人
~ de información 信息存储器
~ de lectura-grabación 读写存储器
~ de lectura sola (~ de sólo lectura) 只读存储器
~ de licenciatura 〈教〉硕士学位论文
~ de núcleos 磁心存储器
~ del teclado 键盘存储器
~ del usuario 用户存储器
~ dinámica 动态存储器,栈存储器
~ direccionable por contenido 按内容访问存储器,相连存储器
~ DRAM 动态随机存取存储器
~ EDO EDO 存储器
~ EEPROM 电可擦式程序设计只读存储器
~ en cinta magnetofónica 磁带存储
~ EPROM [sólo de letura programable] 可擦编程只读存储器
~ expandida[extendida,extensiva] 扩充内存;扩充存储器
~ externa 外存储器
~ flash 闪存
~ fotográfica 惊人的记忆力;过目不忘

~ incluida 嵌入存储器
~ instantánea 瞬时内存;瞬存
~ interfoliada 插入存储器
~ intermedia 缓冲存储器
~ interna 内[主]存储器
~ libre 可用内存;自由存储
~ magnética 磁存储器
~ magnética de disco 磁盘存储器
~ muerta 只读存储器
~ no-volátil 非易失性存储器
~ NVRAM 非易失性随机存取存储器
~ principal 主存储器
~ programable 可编程(只读)存储器
~ RAM 随机存取存储器
~ real 实存储器(可以由 CPU 寻址的实际物理内存芯片组)
~ ROM 只读存储器
~ sólo de letura programable eléctricamente borrable 电可擦式程序设计只读存储器
~ virtual 虚拟存储器
~ volátil 易失性存储器
capacidad de ~ 存储[记忆]容量
registro de ~ 存储寄存器
memorial m. ①记事本;备忘录;纪念之作;②〈法〉诉讼要点;案情摘要
memorialista m.f. 誊写员;文书助手
memorismo m. 〈教〉死记硬背式教学(法)
memorístico,-ca adj. ①记忆力的;②〈教〉死记硬背的
enseñanza ~a 死记硬背式教学
memorización f. ①记住,熟记;死记硬背;②〈信〉存储
mena f. 〈地〉矿石[砂]
menadiona f. 〈生化〉甲萘醌,维生素 K₃
menaje m. ①家具(总称);②〈教〉教材[具];③家务(劳动);④家庭;一家人
~ de tres 三角家庭(指西方国家中结婚双方连同其中一方之情人住在一起的家庭)
menaquinona f. 〈生化〉甲基萘醌类,维生素 K₂ 类
menarquia; menarquía f. 〈生理〉月经初期,初经
mendelevio m. 〈化〉钔
mendeliano,-na adj. ①(奥地利遗传学家)孟德尔的;孟德尔(遗传)定律的,孟德尔学说的;②孟德尔式遗传的 ‖ m.f. 孟德尔学派学者;孟德尔学说的支持者
mendelismo m. ①孟德尔学说;②孟德尔式遗传
mengua f. ①减少,缩小;②〈天〉月亏,缺
menguante adj. ①减少的,缩小的;衰落[退]的;②〈天〉(满月后的月)亏缺的;③落

[退]潮的 ‖ f. ①〈海〉落[退]潮;②〈天〉月亏;③河水枯干,枯水期;④衰落[退]
meninge f. 〈解〉脑(脊)膜
meníngeo,-gea adj. 〈解〉脑(脊)膜的
meningioma m. 〈医〉脑(脊)膜瘤
meningismo m. 〈医〉假性脑(脊)膜炎
meningítico,-ca adj. 〈医〉脑(脊)膜瘤的;患脑(脊)膜瘤的
meningitis f.inv. 〈医〉脑(脊)膜炎
meningitofobia f. 〈医〉脑(脊)膜炎恐怖
meningococo m. 〈生〉脑膜炎球菌
meningoencefalitis f.inv. 〈医〉脑膜脑炎
meningomielitis f.inv. 〈医〉脊膜脊髓炎
meningorradiculitis f.inv. 〈医〉脑膜神经根炎
meningovascular adj. 〈解〉〈医〉脑膜血管的
meninscectomía f. 〈医〉半月板切除术
meninscitis f.inv. 〈医〉半月板炎
meninscotomía f. 〈医〉半月板切开术
menisco m. ①弯[新]月形物;弯[新]月形(零件);②〈理〉弯(月)液面;③〈理〉弯月形透镜;④〈解〉半月板;⑤〈数〉弯月形图
~ convergente[positivo] 凹凸透镜(一面凹一面凸的透镜)
~ divergente[negativo] 凸凹透镜(一面凸一面凹的透镜)
menispermáceo,-cea adj. 〈植〉防己科的 ‖ f. ①防己科植物;②pl. 防己科
menjuí m. ①〈植〉安息香树;②安息香;安息香胶
menofanía f. 〈生理〉(月)经初期,初经
menolipsia; menolipsis f. 〈生理〉停经
menopausia f. 〈生理〉绝经;绝经[更年]期
menopáusico,-ca adj. ①〈生理〉绝经[更年]期的;②〈医〉有绝经[更年]期的
menoplania f. 〈医〉异位月经,代偿性月经
menor m.f. 未成年人;儿童 ‖ f. 〈逻〉(三段论中的)小前提
~ de edad 未成年
~ que 小于(数学符号"<"的读法)
escala ~ 〈乐〉小调音阶
menorragia f. 〈医〉月经过多
menorrea f. 〈医〉行经;(正常)月经
menos m. 〈数〉①减(号);负号(一);②负量[数]
menostasia; menostasis f. 〈生理〉〈医〉闭[绝]经
menostaxis f. 〈医〉经期延长
mensacorre m. 〈信〉电子邮件(E-mail)
mensáfono m. 〈讯〉寻呼机,BP 机
mensaje m. ①口信;②信件;③文电,电报[讯];④咨文;⑤〈电〉〈信〉信息;⑥〈生〉遗传信息

~ acolado〈信〉排队[队列]信息

~ de buenos augurios〈商贸〉信[商]誉信息

~ de congratulación 贺电

~ de error〈信〉错误信息

~ de pésame 唁电

~ de saludo 致敬电[信]

~ interceptable〈信〉可拦截[截取]的信息

~ secreto 密电

~ subliminal 潜意识遗传信息

~ telegráfico 电报

~ urgente 紧急信件,加急电报

~ verbal 口信

mensajeo *m.* (电子邮件等的)发送

mensajería *f.* ①(急件、特种邮件等)传[投]递服务;②(急件等)传[投]递服务公司

mensajero,-ra *m. f.* ①送[报]信人;信使;②传[投]递公司业务员;特种邮件投递员

mensrea *f. lat.* 〈法〉犯罪意图,犯意

menstruación *f.* 〈生理〉月[行]经;月经来潮;月[行]经期

menstrual *adj.* 〈生理〉月经的

dolores ~es 经痛

menstruo *m.* ①〈生理〉月[行]经;月经来潮;月[行]经期;②*pl.* 月经来潮;经血;③〈化〉溶媒,溶[溶]剂

ménsula *f.* ①撑[托]架;②〈建〉隔撑;梁托,托臂[座]

mensura *f.* 测[计,丈]量;量度

mensurabilidad *f.* 可测[度,计]量性

mensurable *adj.* ①可测[计]量的;②有固定范围的

mensuración *f.* ①测量;测量法[术];②〈数〉求积分法

mensural *adj.* (有关)度量的,用于测[计]量的

menta *f.* 〈植〉薄荷;薄荷属植物

~ romana[verde] 绿薄荷,留兰香

mental *adj.* ①智[脑]力的;②精神的,思想(上)的;③内心的

cálculo ~ 心算

deficiencia ~ 〈心〉〈医〉精神发育不全;智力缺陷,低能

enfermedad ~ 精神(疾)病

reservación ~ (尤指在陈述、宣誓等时的)内心保留

trabajo ~ 脑力劳动

mentalidad *f.* ①智[脑]力;②心理(状态),思想,精神能力

mentalismo *m.* 〈心〉心灵主义

mentalista *m. f.* ①〈心〉心灵主义者;②具有心灵感应能力者

mentano *m.* 〈化〉蓝[薄荷]烯

mente *f.* ①头脑;②智力;③思想,想法;精神能力;④记忆;意识

~ consciente 意识

~ subconsciente 下[潜]意识

mentira *f.* ①(指甲上的)白斑;②(书写,印刷)错误,错字

mentol *m.* 〈化〉蓝[薄荷]醇

mentolabial *adj.* 〈解〉颏唇的

mentolado,-da *adj.* ①含蓝[薄荷]醇的;②薄荷醇处理过的

mentón *m.* 〈解〉颏,下巴

alargar ~ 拉长下巴(美容用语)

doble ~ 双下巴

mentona *f.* 〈化〉薄荷酮

mentoniano,-na *adj.* 〈解〉颏的

menú *m.* ①(饭店等的)菜单;②饭菜,菜肴;③〈信〉菜[选]单

~ contextualizado〈信〉上下文关联菜单

~ de la casa *Esp.* 主[标准]菜(单)

~ del día *Esp.* 当日(特色)套菜(单)

~ desplegable〈信〉下拉选单

~ jerárquico〈信〉分级式选单

meñique *adj.* 小指的‖*m.* 〈解〉小指

meollo *m.* 〈解〉(骨)髓;(人的)脑浆[髓]

mepacrina *f.* 〈药〉麦帕克林,阿的平(抗疟药)

meprobamato *f.* 〈药〉安宁,眠尔通(安定药)

meralgia *f.* 〈医〉股痛

merbromino *m.* 〈药〉汞溴红,红汞(局部抗菌药)

mercadeable *adj.* 适合市场销售的

mercadeo *m.* ①〈商贸〉经[营]销;②〈经〉营销技术;③(市场上的)交易;买卖

mercader *m.* 商[买卖]人

~ de libros 书商

mercadería *f.* ①买卖;②商品,货物

~ de contrabando 走私货,违禁品

~ de difícil/fácil venta 滞/畅销货

~ disponible[en plaza] 现货

~ en almacén 库存商品

~ nacional 国货

mercadillo *m.* (定时定点出售廉价商品的)设摊集市

mercado *m.* ①市场;集市;②商场;商业中心;③销路;④商品买卖;~ a la vista 现货市场

~ a plazo[témino] 期货市场

~ bursátil 证券[股票]市场,股市

~ comprador/vendedor〈经〉买/卖方市场

~ Común [M-] 共同市场

~ de cambios[divisas]外汇兑换市场

~ de datos〈信〉数据(买卖)市场

~ de demanda 卖方市场

~ de dinero(~ monetario)货币[金融,短期资金]市场

~ de eurobonos 欧洲债券市场

~ de eurodivinas 欧洲外汇市场

~ de futuros 期货市场

~ de inversiones 投资市场

~ de la calle 场外市场；场外证券市场

~ de la vivienda 房产市场

~ de mano de obra 劳动力市场

~ de oferta 买方市场

~ de productos básicos 初级产品市场

~ de productos culturales 文化市场

~ de servicios 劳务市场

~ de signo favorable al comprador/vendedor〈经〉买/卖方市场

~ de trabajo(~ laboral)劳动力市场

~ de viejo(~ tipo rastro)旧货[跳蚤]市场

~ del dólar 美元市场

~ en alza/baja（股票交易的）牛/熊市，多/空头市场

~ exterior/interior 国外/内市场

~ extraterritorial 境外市场

~ financiero internacional 国际金融市场

~ firme/flojo 市况坚挺/疲软，坚挺/疲软的行市

~ inmobiliario 不动产市场，房地产市场

~ internacional de tecnología 国际技术市场

~ libre 自由市场

~ mayorista/minorista 批发/零售市场

~ mundial 世界市场

~ nacional 国内市场

~ negro 黑市

~ objetivo 目标市场

~ persa Cono S. 削价(货物)市场

~ regional 地区市场

~ secundario 二级市场

~ sobre ruedas Amér. L.（定时定点出售廉价商品的）设摊集市

~ único（尤指欧洲的）单一市场

adecuado[apropiado] al ~ 适销

economía de ~ 市场经济

mercadología f. 市场学

mercadológico,-ca adj. 有关市场的；市场研究的

mercadotecnia f. ①经[营]销(方法)；销售(技术)；②营销学

mercadotécnico,-ca adj. 经[营]销方法的，销售技术的

mercallita f.〈矿〉重钾矾

mercancía f. ①商品，货物；②贸易，买卖 ‖

m. pl. inv. 货运列车

~ a granel 散装货，大宗货

~ a transportar 待运货物

~ de alta calidad 高档商品

~ de calidad 一级品

~ de exportación/importación 出/进口商品

~ de poca calidad 劣等商品

~ de primera necesidad 生活必需品

~ de uso corriente 日用品

~ entrante 进口货，舶来品

~ frágil 易碎品

~ imperfecta 残次品

~ ligera 轻泡货,体积货物（按体积计算运费的货物）

~ líquida 湿货

~ no retirada 不退换商品

~ peligrosa 危险品

~ perecedera 易腐商品

~ rara 稀缺商品

~ sensible (a la coyuntura) 敏感商品

~ sin declarar 未申报[报关]商品

~ sin movimiento 滞销货

~ vendible 易销商品

~s de dificil/fácil venta 滞/畅销货

~s de exposición 展览[出]品

~s de general(~s generales)〈海〉杂货,混合货物

~s de longitud excesiva 超长货物

~s defectivas 残缺商品

~s económicas 经济商品

~s en depósito 保税货物

~s en descubierto 短缺商品

~s en existencia 仓内存货

~s finas 精致商品

~s invendibles[muertas]滞销商品

~s reexportadas 再出口商品

~s secas 干货

~s usadas 旧货

~s voluminosas 泡货,(大)体积货物

mercante adj. ①商业的；商人的；②商船的 ‖ m. ①商人；②商船

barco[buque] ~ 商船

flota[marina, navío] ~（一个国家的）全部商船；商船队

mercantil adj. ①商业的；商人的；②经商的；贸易的；③商人本性的；④〈经〉重商主义的

derecho ~ 商法

documentos ~es 商业票据

mercantilismo m. ①商业主义；营利主义；②商人本性；③〈经〉重商主义

mercantilización f. 商业[品]化

mercaptano *m.* 〈化〉硫醇

mercaptidos *m. pl.* 〈化〉硫醇盐

mercaptoetano *f.* 〈化〉巯基乙醇

mercaptopurina *f.* 〈药〉巯(基)嘌呤

mercerización *f.* 〈纺〉(对棉布、棉纱等的)丝光处理;碱化处理

mercerizar *tr.* 〈纺〉对(棉布、棉纱等)作丝光处理;碱化处理

Mercomún *m.* (欧洲)共同市场

Mercosur *abr.* Mercado Común del Cono Sur 南锥地区共同市场

mercromina *f.* 〈药〉红药水,红汞,汞溴红

mercurial *adj.* ①汞[水银]的;含汞的;由汞引起的;②〈天〉水星的

mercurialismo *m.* 〈医〉汞[水银]中毒

mercurialización *f.* ①(用)汞处理;汞化;②〈医〉(用)药剂治疗

mercúrico,-ca *adj.* 〈化〉(正)汞的,二价汞的

mercurio *m.* ①〈化〉汞,水银;②[M-]〈天〉水星;③〈植〉山靛属植物

~ cromo 红汞,红药水

~ dulce 甘[氯化亚]汞

arco de ~ 汞弧

banómetro de ~ 水银气压计

cloruro de ~ (二)氯化汞(俗称升汞)

lámpara de vapor de ~ 汞汽灯,水银灯,人工太阳灯

manómetro de ~ 水银压力计

óxido de ~ (一)氧化汞

mercurioso,-sa *adj.* 〈化〉亚[一价]汞的

mercurocromo *m.* 〈药〉红汞,汞溴红

mercurofilina *f.* 〈药〉汞非林(利尿药)

mergánsar *m.* 〈鸟〉秋沙鸭

mergo *m.* 〈鸟〉鸬鹚;秋沙鸭

meridiano,-na *adj.* ①正[中]午的;日中的;②(光线)充足的,明亮的 ‖ *m.* 〈测〉〈地〉〈天〉经[子午]线

~ astronómico 天文子午线

~ celeste 天球子午线

~ de Greenwich (~ cero)格林尼治子午线,本初子午线

~ geográfico 地理子午线

~ magnético (地)磁子午线

~ occidental/oriental 西/东经

merino,-na *adj.* ①美利奴(细毛)羊的,螺角羊的;②用美利奴羊毛制成的 ‖ *m. f.* 美利奴(细毛)羊,螺角羊 ‖ *m.* ①美利奴(细毛)羊毛,螺角羊毛;②美利奴羊毛(针)织品

meristemo *m.* 〈植〉分生组织

~ apiral 顶端分生组织

~ lateral 侧生分生组织

~ primario 初生分生组织

~ primitivo 原生分生组织

~ secundario 次生分生组织

~ separado 分离分生组织

merístico,-ca *adj.* ①〈植〉分生组织的;②分成(体)节的;〈生〉(器官)数目的;(器官)排列的

variación ~a 〈植〉分生组织变异

meritocracia *f.* ①精英领导[管理];②精英领导阶层;精英管理班子;③〈教〉英才教育(制)

merla *f.* 〈动〉黑隆头鱼

merlan; merlán *m.* ①〈动〉(欧洲)牙鳕;(北大西洋)银无须鳕;小鳍鳕;②白粉,白垩粉

merlango *m.* 〈动〉(北大西洋)黑线鳕

merlo *m.* 〈动〉黑隆头鱼

merlucera *f.* 〈船〉捕狗[无须]鳕船

merluza *f.* ①〈动〉狗[无须]鳕;海鳕;②酒醉

merma *f.* ①缩小,减少;耗减;②收[皱]缩;缩水;③损失

~ de peso 短重

~ natural 正常耗损

~ por derramamiento 漏损

mero *m.* 〈动〉石斑鱼,鮨科鱼

meroblástico,-ca *adj.* 〈生〉(卵)不全裂的

meroblasto *m.* 〈生〉部分裂卵,不全裂卵

merocrino,-na *adj.* 〈生理〉①(腺)局部分泌的;部分分泌的;②局泌腺分泌的

meroédrico,-ca *adj.* 〈晶体〉缺面的,缺面对称的

meroedro *m.* 缺面晶体

cristal ~ 缺面晶体

merogamia *f.* 〈动〉〈医〉小体配合,配子小型

merogénesis *f.* 〈生〉卵裂

merogenético,-ca *adj.* 〈生〉卵裂的

merogonia *f.* 〈动〉卵片发育;(无核)卵块发育

meromorfosis *f.* 〈医〉再生不全,复原不全

meroplancton *m.* 〈环〉〈生〉季节[暂时性]浮游生物

merosmia *f.* 〈医〉嗅觉不全

meroxeno *m.* 〈矿〉黑云石

merozoito *m.* 〈动〉裂殖子

mes *m.* ①月;月份;②一个月的时间;③〈商贸〉三十天;④月薪;⑤〈医〉月经

~ anomalístico 近点月

~ civil 〈天〉历月(一个月的时间)

~ lunar 〈天〉太阴月

~ sinódico 〈天〉朔望月

~ solar 〈天〉太阳月

~es fecha 发票后…月付款

~es vista 见票后…月付款

mesa *f.* ①桌,台子;书[办公]桌;②餐[饭]桌;③膳食;④〈机〉(机床)工作台;(选矿用)摇床;⑤(会议)讲台;⑥〈印〉〈装订机的〉

夹板;⑦宝石的正面;(工具等的)侧面;平
面;⑧〈建〉楼梯(过渡)平台;⑨〈地〉高[台]
地;高原;⑩(领导)委员会;(公司等的)董事
会

~ auxiliar (尤指餐室中的)墙边桌,(餐桌
旁供上菜用的)桌边桌;临时茶几

~ camarera (旅馆送饭菜用的)小餐车

~ camilla 火盆桌

~ de alas abatibles 折叠式桌子

~ de batalla (邮局)分信台

~ de billar 台球桌,弹子盘

~ de café[centro] 咖啡茶几,矮茶几

~ de comedor 餐桌

~ de despacho[trabajo] 办公桌

~ de juego 牌桌

~ de juntas 会议桌

~ de la Cámara (~ del Parlamento)
[M-] 议会

~ de lavado 洗[选]矿床

~ de mezclas (录制磁带用的)调音台

~ de negociación 谈判桌

~ de noche 床头柜

~ de operaciones(~ operatoria)手术台

~ de sacudidas 圆形振动台,碰撞式摇床

~ de tijera(~ plegable) 折叠桌

~ electoral 选举委员会

~ escritorio 写字台

~ giratoria ①转盘;②转车台

~ Nacional [M-] 全国(领导)委员会

~ petitoria 募捐桌

~ portapieza 工作台

~ ratona *Cono S.* 咖啡茶几

~ redonda 圆桌;圆桌会议

~ templeque 淘矿机,振动台

~ y cama 膳宿

~(s) nido 套叠式桌子

mesana *f.* 〈海〉①(三桅船的)后桅;②船尾
斜桁帆

mesaraico,-ca *adj.* 〈解〉肠系膜的

mescal *m. Méx.* 〈植〉暗绿龙舌兰

mescalina *f.* 〈化〉〈生医〉墨斯卡灵,三甲氧
苯乙胺,仙人球毒碱(一种致幻剂)

mesectodermo *m.* 〈生〉中外胚层

mesembriantemo *m.* 〈植〉日中花,松叶菊

mesencefálico,-ca *adj.* ①〈解〉中脑的;②位
于脑中间的

mesencefalitis *f. inv.* 〈医〉中脑炎

mesencéfalo *m.* 〈解〉中脑

mesenquimona *f.* 〈医〉间充质瘤,间叶瘤

mesentérico,-ca *adj.* ①〈解〉肠系膜的;②
〈动〉隔膜的

mesenterio *m.* ①〈解〉肠系膜;②(无脊椎动
物的)隔膜

mesenteritis *f. inv.* 〈医〉肠系膜炎

mesentodermo *m.* 〈生〉中内胚层

meseta *f.* ①〈地〉高[台]地;高原;②〈建〉楼
梯平台

mesetario,-ria *adj.* 〈地〉高原的;有高原特
性的

clima ~ 高原气候

meseteño,-ña *adj.* 〈地〉高原的

mesial *adj.* ①〈解〉(位于)正中的;向正中
的;②〈医〉向齿弓中线的

mésico,-ca *adj.* ①〈植〉(生长于)湿地的;②
〈生〉湿度适中的

planta ~a 湿地植物

mesmerismo *m.* 〈医〉催眠;催眠术

mesoapéndice *m.* 〈解〉阑尾系膜

mesobentos *m. inv.* 〈生〉中深度海底生生物
(生息在 200－1,000 米的海底的动植物)

mesobilirrubina *f.* 〈生化〉中胆红素

mesobiliverdina *f.* 〈生化〉中胆绿素

mesoblasto *m.* 〈生〉中胚层

mesocardia *f.* 〈医〉中位心

mesocarpio; meocarpo *m.* 〈植〉中果皮

mesocecal *adj.* 〈解〉盲肠系膜的

mesocefalia *f.* 〈医〉中型头

mesocéfalo,-la *adj.* ①中型头的(人类学用
语);②〈解〉中脑的 ‖ *m.* 〈解〉中脑

mesociclón *m.* 〈气〉中气旋(指直径 16 公里
以下的旋风)

mesociego *m.* 〈解〉盲肠系膜

mesocolon *m.* 〈解〉结肠系膜

mesocrática *adj. inv.* 〈地〉(尤指火成岩等)
中色的

mesodérmico,-ca *adj.* 〈生〉中胚层的

mesodermo *m.* 〈解〉〈生〉中胚层

mesodonte *adj.* 〈解〉中型牙的

mesofauna *f.* 〈生态〉中型动物区系

mesófilo,-la *adj.* 〈环〉〈生〉(细菌)嗜温的 ‖
m. 嗜温细菌(指在摄氏 25-40°条件下生长
的细菌)

planta ~a 〈植〉(在中等温度条件下生长
的)中生植物

mesofita *f.* 〈植〉(在中等温度条件下生长的)
中生植物

mesogastrio *m.* 〈解〉①脐部;②胃系膜

mesoglea *f.* 〈动〉中胶层

mesogleal *adj.* 〈动〉中胶层的

mesognático,-ca *adj.* 〈解〉①中型颌的;②
切牙骨的

mesolita *f.* 〈矿〉中沸石

mesolítico,-ca *adj.* 〈地〉中石器时代的 ‖ *m.*
中石器时代

mesolito *m.* 〈地〉中石器时代

mesología *f.* 生态学,环境学

mesomería *f.* 〈化〉中介

mesomerismo *m.* 〈化〉中介现象

mesómero *m.* 〈生〉① 中胚叶节,中节,中分裂球;② 中型卵裂球

mesometeorología *f.* 中尺度气象学

mesometrio *m.* 〈解〉子宫系膜

mesomórfico,-ca *adj.* ①〈化〉介晶的;②（人体测量学用语）具有体育型体质的,具有中胚层体型的

mesomorfo *m.* 体育型体质者,中胚层体型者

mesón *m.* 〈理〉介子

mesonasal *adj.* 〈解〉鼻中部的

mesonéfrico,-ca *adj.* 〈动〉中肾的

mesonefro *m.* 〈动〉中肾

mesónico,-ca *adj.* 〈理〉介子的

mesopausa *f.* 〈气〉中间层顶

mesopelágico,-ca *adj.* ①〈海洋〉中层的（水深 200－700 米之间的）;② 生活在海洋中层的

mesopico *m.* 〈气〉中间层最高温度点

mesosfera *f.* 〈气〉中间层

mesosoma *m.* ①〈生〉(中)间体;②〈动〉中体

mesotelial *adj.* 〈动〉〈解〉间皮的

mesotelio *m.* 〈动〉〈解〉间皮

mesotelioma *m.* 〈医〉间皮瘤

mesoterapia *f.* 〈医〉美塑疗法(一种通过多次向皮肤中胚层注射药物、维生素等以减少脂肪的疗法),中胚层疗法

mesotermal;mesotérmico,-ca *adj.* 中等温度的,中温的

mesotórax *m.* 〈昆〉中胸

mesotorio *m.* 〈化〉新钍

mesotrófico,-ca *adj.* 〈地〉(水体)中滋养的,中营养的
lago ~ 〈环〉中(等)滋[营]养湖

mesotrón *m.* 〈理〉介子

mesovario *m.* 〈解〉卵巢系膜

mesozoico,-ca *adj.* 〈地〉① 中生代的;② 中生代地层的 ‖ *m.* ① 中生代;② 中生代地层

mesozoos *m. pl.* 〈动〉中生动物

mestizaje *m.* ① 杂交;② 混血;种族(间)通婚;③〈集〉混血种人

mestizo,-za *adj.* ① 混血的(人);种族混合的;(社会)阶层混合的;②〈动〉〈植〉杂交的;杂种的,杂交成的 ‖ *m.* 〈动〉〈植〉杂(交)种;混(合)种

meta *f.* ①〈体〉(径赛的)终点线;(赛马场的)终点柱;②〈足球场的)球门;③ 目标[的];指标 ‖ *m. f.* (足球等运动的)守门员
~ de exportación 出口指标
~ de importación 进口指标
~ de inversión 投资目的

metaantracita *f.* 偏无烟煤

metabasis *f. inv.* 〈医〉疾病的转变;疾病症状[治疗]的转变

metabasita *f.* 〈地〉〈矿〉变基性岩

metabiosis *f.* 〈环〉〈生〉后继共生,半共生,随从生活

metabólico,-ca *adj.* 〈生理〉新陈代谢的,新陈代谢作用的

metabolismo *m.* ①〈生理〉代谢(作用),新陈代谢作用;②〈昆〉变态
~ basal 基础代谢
~ intermediario 中间代谢

metabolito *m.* 〈生化〉代谢物

metabolizable *adj.* 可代谢的

metabolización *f.* (使)新陈代谢

metabolizador,-ra *adj.* (使)新陈代谢的,有代谢作用的

metábolo,-la *adj.* ① 形[蜕,质]变的;②〈生〉〈医〉变态的

metacarpal;metacarpiano,-na *adj.* 〈解〉掌的 ‖ *m.* 掌骨
hueso ~ 掌骨

metacarpo *m.* 〈解〉掌骨

metacéntrico,-ca *adj.* ①〈理〉定倾中心的;②〈生〉(染色体的)中央着丝点的

metacentro *m.* 〈理〉定倾中心

metacinabrario *m.* 〈矿〉黑辰砂

metacinabrarita *f.* 〈矿〉黑辰砂矿

metacomunicación *f.* ① 元信息传递(指用比较直观的方式传递信息);② 元信息传递学(一门研究元信息传递原理的学科)

metacrilato *m.* 〈化〉① 甲基丙烯酸盐[脂],异丁烯酸盐[脂];② 甲基丙烯酸酯系塑料,甲基丙烯酸酯系树脂

metacromasia *f.* ①〈化〉因光异色性;②〈医〉异染性

metacromático,-ca *adj.* ①〈化〉因光异色的;(因生锈、温度变化等)变色的;②〈医〉异染性的

metacromatina *f.* 〈生〉异染质

metacromatismo *m.* ①〈化〉因光异色现象;②〈医〉异染性,变色反应性

metacromía *f.* 〈生〉异染粒;变色粒

metacrosis *f.* 〈动〉变色技能

metadatos *m. inv.* 〈信〉元数据

metadino *m.* 〈机〉微场扩流发电机(供调整电压或变压用的一种直流电机),微场电机放大器,旋转式磁场放大机

metadona *f.* 〈药〉美沙酮,美散痛(一种镇痛药)

metaestabilidad *f.* 〈化〉〈理〉亚[准]稳性

metaestable *adj.* 〈化〉〈理〉亚[准]稳的
límite ~ 亚稳极限
mineral ~ 准稳矿物

nivel ~ 亚稳能级

metafase *f.* 〈生〉(细胞核分裂的)中期

metaficción *f.* 超小说(现代小说流派或其作品)

metafichero *m.* 〈信〉元文件

metafita *f.* 〈植〉后生植物,多细胞植物

metafosfato *m.* 〈化〉偏磷酸盐

metagalaxia *f.* 〈天〉总星系

metagenésico,-ca *adj.* 〈生〉时代交替的

metagénesis *f.* 〈生〉时代交替

metahemoglobina *f.* 〈生化〉高[正]铁血红蛋白

metal *m.* ①金属,合金;②金属制品;③〈乐〉铜管乐器;④〈乐〉音品[色,质];⑤黄铜
~ alcalino 碱金属
~ alcalino-terreno 碱土金属
~ alveolar 泡金属
~ antifricción 减[耐]磨金属;巴氏合金
~ antimagnético 防[抗]磁金属
~ blanco ①白金属;镍银,德银(镍、铜、锌合金);②巴氏合金
~ bruto[crudo] 粗金属,生金属材料
~ campanil 钟铜
~ común(~ de base) ①贱金属(如铁、铜、铅、锌等);②(合金的)基底[体]金属;(被切割、焊接或电镀的)母体金属
~ de aporte 填充[料]金属,焊条
~ de cañón 炮铜,炮合金
~ de imprenta 〈印〉活[铅]字合金
~ delta 高强度黄铜
~ en laminas(~ laminado) 金属薄板[板材]
~ ensanchado[forminado] 多孔[拉制]金属网
~ ferroso 黑色金属
~ ligero 轻金属
~ monetario 铸币金属
~ no ferroso 非铁金属,有色金属
~ noble[precioso] 贵金属(指金、银、铂等)
~ pesado 重金属
~ plástico 软金属
~ virgen 原生金属
~es cerámicos 金属陶瓷(合金)
~es de tierras raras 稀土金属
~es no férricos[férreos, ferrosos] 有色金属

metaldehído *m.* 〈化〉(低)聚乙醛;四聚乙醛;介乙醛

metalero,-ra *adj. And., Cono S.* (含)金属的

metálico,-ca *adj.* ①金的;金属性的;②含金属的;③金属制的;④(颜色、光泽等)有金属特性的;(声音)似金属撞击声的 ‖ *m.* ①硬币;②现金;③金[银]条
~ en circulación 流通硬币

metalífero,-ra *adj.* 含[产]金属的

metalistería *f.* ①五金加工;金属加工术;②金属制品(尤指艺术品)

metalización *f.* 〈工艺〉金属喷镀,镀金属;金属化

metalizado,-da *adj.* ①(颜色)像金属的画;②镀[敷]以金属层的

metalmecánico,-ca *adj. Cono S.* 〈冶〉冶金的;冶金学[术]的
industria ~a 冶金工业

metalocromía *f.* 〈技〉金属着色法

metalografía *f.* ①〈冶〉金相学,金属结构研究;②〈印〉金属平印术

metalográfico,-ca *adj.* 〈冶〉金相学的

metaloide *m.* ①类[准]金属;②非金属

metaloideo,-dea *adj.* ①类[准]金属的;②非金属的;③准金属性的

metaloproteína *f.* 〈生化〉金属蛋白

metaloterapia *f.* 〈医〉金属(盐)疗法

metalurgia *f.* 〈冶〉①冶金学;冶金术;②冶金(联合)企业

metalúrgico,-ca *adj.* 〈冶〉冶金的;冶金学[术]的 ‖ *m. f.* ①冶金工人;②冶金学家
industria ~a 冶金工业

metamatemática *f.* 〈数〉元数学

metamérico,-ca *adj.* ①〈化〉位变异构体的;②〈动〉体[分]节的;由体节构成的

metamerismo *m.* ①〈化〉位变异构(现象);②〈理〉条件配色(谱成分不同而看上去完全相同的两种颜色之一);③〈动〉(生物)分节现象

metámero *m.* 〈动〉体节

metamórfico,-ca *adj.* ①变形的;变性的;②〈地〉变质的;③〈生〉〈医〉变态的(现象)
roca ~a 变质岩

metamorfismo *m.* ①变形;变性;②〈地〉变质(作用);③〈生〉〈医〉变态
~ cataclástico 碎裂变质作用
~ de contacto 接触变质作用
~ hidrotermal 热液变质(作用)
~ regional 区域变质作用
~ térmico 热力变质(作用)

metamorfoseado *m.* 〈信〉(计算机)图像变形技术

metamorfosis;metamórfosis *f.* ①变化;(环境、外貌、性格等的)显著[彻底]变化;②形[质]变;变形;③〈生〉变态;③〈信〉(图像)变形;④〈医〉(某些组织的)变态

metanefros *m.* 〈医〉后肾

metano *m.* 〈化〉甲烷;沼气

metanogénesis *f.* 〈生〉产甲烷(作用)

metanol *m.* 〈化〉甲醇

metanómetro *m.* 甲烷指示计

metaplasia *f.* 〈医〉转化,化生,组织变形

metaplasma *m.* 〈生〉后成质,滋养质,副浆

metapolítica *f.* 抽象政治学,理论政治学

metaproteína *f.* 〈生化〉变性蛋白

metapsíquica *f.* 心理玄学,心灵学

metaquímica *f.* 〈化〉①超级化学,纯理论化学;②原子结构(化)学

metascopio *m.* 〈电子〉红外线显示器

metasilicato *m.* 〈化〉硅酸盐

metasoma *m.* 〈地〉新成体

metasomático,-ca *adj.* 〈地〉交代的
　depósito ～ 交代矿床

metasomatismo *m.* 〈地〉交代(作用),交代变质(作用)

metástasis *f.* ①〈生医〉(癌细胞等的)转移;转移瘤;转移灶;②〈地〉同质蜕变

metastático,-ca *adj.* 〈医〉〈生医〉转移的,迁徙的

metatarsiano,-na *adj.* 〈解〉跖的 ‖ *m.* 跖骨

metatarso *m.* ①〈解〉跖骨,跖;②〈动〉跗跖骨;③〈昆〉跖[跗基]节

metaterio,-ria *adj.* 〈动〉后哺乳下纲的,后兽下纲的 ‖ *m.* ①后哺乳下纲动物,后兽下纲动物;②*pl.* 后哺乳下纲,后兽下纲

metatesis *f.* ①〈化〉复分解(作用),置换(作用);②〈医〉病变移植

metatitanato *m.* 〈化〉偏钛酸盐

metatórax *m.* 〈昆〉后胸

metaxenia *f.* 〈植〉后生异粉性;果实直感

metaxilema *m.* 〈植〉后生木质部

metazoario,-ria *adj.* 〈动〉后生动物的,多细胞动物的

metazoo,-zoa *adj.* 〈动〉后生动物的,多细胞动物的 ‖ *m. pl.* 后生动物,多细胞动物

meteduría *f.* 走私(活动)

metemuertos *m. inv.* 〈戏〉道具员

metencefálico,-ca *adj.* 〈解〉后脑的

metencéfalo *m.* 〈解〉后脑

meteórico,-ca *adj.* ①流星(体)的;②流星(似)的;③大气的,气象的

meteorismo *m.* 〈医〉腹中积气,鼓胀

meteorito *m.* 〈天〉①陨星;②流星

meteoro *m.* ①〈气〉大气现象;②〈天〉流星;陨星;(进入地球大气层的)流星体

meteorógrafo *m.* 〈气〉气象计,气象记录器[自记仪]

meteorograma *m.* 〈气〉气象(记录)图,气象记录曲线

meteoroide *m.* 〈天〉流星体,陨星群

meteorolito *m.* 〈天〉①陨星;②流星

meteorología *f.* ①气象学;②(某地区的)气象

meteorológico,-ca *adj.* ①气象学的;②气象的
　estación ～a 气象站
　observatorio ～ 气象台
　parte[boletín] ～ 气象报告
　previsiones ～as 气象预报

meteorologista；meteorólogo,-ga *m. f.* 气象工作者;气象学家

meteoropatía *f.* 〈医〉气候病

meteoropatología *f.* 〈医〉气候病理学

meteosat *m.* 欧洲气象卫星(第一颗气象卫星发射于 1977 年)

methanobacteium *m.* 〈生〉甲烷杆菌属

metilación *f.* 〈化〉甲基化(作用)
　～ del DNA 〈生化〉DNA 甲基化(作用)

metilado,-da *adj.* 〈化〉甲基的

metilal *m.* 〈化〉甲缩醛,甲缩醛二甲醇,二甲氧基甲烷

metilamina *f.* 〈化〉甲胺

metilato *m.* 〈化〉甲基化产物,甲醇金属

metilbenceno *m.* 〈化〉甲苯

metilcelulosa *f.* 〈化〉甲基纤维素

metileno *m.* 〈化〉甲叉[撑],亚甲(基)
　azul de ～ 亚甲基蓝

metiletilcetona *f.* 〈化〉甲基乙基(甲)酮,丁酮

metílico,-ca *adj.* 〈化〉甲基的
　alcohol ～ 甲[木]醇,木精

metilmercaptano *m.* 〈化〉甲硫醇

metilo *m.* 〈化〉甲(烷)基
　sulfuro de ～ 二甲硫

metilonaranja *f.* 〈化〉甲基橙

metionina *f.* 〈生化〉蛋氨酸,甲硫(基丁)氨酸

método *m.* ①方[办]法;方式;②条理,秩序;③基础读物;入门
　～ abstracto 抽象方式
　～ anticonceptivo 避孕法
　～ audiovisual 视听法
　～ científico 科学方法
　～ crioscópico 〈化〉冰点测定法
　～ cuantitativo 定量方法
　～ de acceso 〈信〉存取方法
　～ de acceso secuencial indizado 〈信〉索引顺序存取方法
　～ de bisección 〈数〉(对)等分方法
　～ de comparación 〈数〉比较方法
　～ de deducción 演绎法
　～ de depreciación 折旧法
　～ de desviación de nodo 角(度偏)移法

~ de diferencias variantes 变差法

~ de extrapolación〈统〉外推法, 外差法

~ de Gauss〈数〉高斯方法

~ de imágenes〈电子〉镜像法

~ de inducción 归纳法

~ de infiltración-percolación〈医〉渗滤法

~ de liquidación 结算方式

~ de Montercarlo〈统〉蒙特-卡洛法, 统计试验法

~ de muestreo 抽样法

~ de piano 钢琴入门

~ de retiros 废弃法, 退废折旧法

~ de substitución 替代法

~ de tanteo 检误法, 反复试验法

~ de trabajo 操作方法

~ del cero 零测(量)法, 衡消[补偿]法

~ del ritmo 安全期避孕法(指在妊娠可能性最高期间避免房事的节育法)

~ del símplex〈数〉单形法

~ deductivo 演绎法

~ directo〈教〉(外语教学中的)直接教学法

~ ebulloscópico〈化〉沸点测定法

~ espectrográfico 光谱法

~ estroboscópico 频闪观测法, 闪光测频法

~ FIFO (存货记价的)先进先出法(first in, first out)

~ heurístico ①〈教〉启发式教学法, 启发法; ②探索法

~ inductivo 归纳法

~ integrado 结合法

~ iterativo 迭代法

~ LIFO 后进先出法(last in, first out, 指存货盘点时按最后进货价格估价的办法)

~ paramétrico 参数法

~ sintético 综合法

metodología f. ①方法论[学]; ②(学科等的)一套方法; ③教学法

metodológico,-ca adj. ①方法的; ②方法论[学]的; ③教学法的

metoestro m.〈动〉动情后期, 后情期

metol m. 米吐尔(一种照相显影剂)

metonimia f.〈医〉代[选]语失当

metopa; métopa f.〈建〉陶立克柱式雕带上的)三槽板间平面

metotrexato m.〈药〉甲氨蝶呤, 氨甲蝶呤, 氨甲叶酸(抗肿瘤药)

metoxamiana f.〈药〉美速克新命, 甲氧氨(拟肾上腺素药)

metoxibenceno m.〈化〉茴香醚

metoxicloro m.〈化〉甲氧氯, 甲氧滴滴涕(杀虫剂)

metóxido m.〈化〉甲醇盐, 甲氧基金属

metoxiflurano m.〈生医〉〈药〉甲氧氟烷, 二氟二氯乙基甲醚(吸入性全身麻醉剂)

metoxilo m.〈化〉甲氧基

metraje m. ①〈电影〉(以米计量的)影片长度; ②距离

cinta de largo ~ 正[故事]片

metralgia f.〈医〉子宫痛

metralla f. ①〈军〉(榴)霰弹, 群子弹; ②炮弹碎片

metralleta f.〈军〉冲锋枪, (轻型)自动步枪

metratonía f.〈医〉子宫无力, 子宫张力缺乏

metratrofia f.〈医〉子宫萎缩

metrectomía f.〈医〉子宫切除术

metrectopía f.〈医〉子宫异位

métrico,-ca adj. ①〈公制长度主单位〉米的; 采用公[米]制的; ②度[测]量的

cinta ~a 米[卷, 皮, 带]尺

espacio ~ 度量空间

sistema ~ 公[米]制

metritis f. inv.〈医〉子宫炎

metro m. ①米(公制长度的主单位); ②米尺; ③〈交〉地下铁道, 地铁

~ aéreo 高架铁路

~ cuadrado 平方米

~ cúbico 立方米

metrobús m.〈交〉地铁公共汽车联票

metrocele m.〈医〉子宫疝

metrodinia f.〈医〉子宫痛

metroendometrisis f. inv.〈医〉子宫肌层内膜炎

metrología f. ①度量衡学, 计量学; ②度量衡制, 计量制

metrológico,-ca adj. ①计量学的; ②计量制的

metromalacia f.〈医〉子宫软化

metrónomo m.〈乐〉节拍器

metropatía f.〈医〉子宫病

metroperitonitis f. inv.〈医〉子宫腹膜炎

metropolis; metrópolis f. 大城市, 大都会

metropolitano,-na adj. 大城市的; 大都会的 ‖ m.〈交〉地铁

metroptosis f.〈医〉子宫脱垂

metrorragia f.〈医〉子宫不规则出血, 血崩; 血崩不止(中医用语)

metrorrea f.〈医〉子宫溢液

metrosalpingitis f. inv.〈医〉子宫输卵管炎

metroscopio m.〈医〉宫腔镜

metrostaxis f.〈医〉子宫渗血; 经[月]漏(中医用语)

metrostenosis f.〈医〉子宫腔狭窄

metrotomía f.〈医〉子宫切开术

MEV；MeV；Mev；mev *abr. ingl.* million electron volts〈电〉兆电子伏(特)，百万电子伏(特)

mezanine *m. Amér. L.*〈建〉(尤指一楼和二楼之间的)加层楼面

mezcal *m. Méx.*〈植〉暗绿龙舌兰

mezcalina *f.*〈化〉〈生医〉墨斯卡灵，三甲氧苯乙胺;仙人球毒碱(一种致幻剂)

mezcla *f.* ①(成分、颜色等的)混合;(文化、种族等的)混合;(不同品种酒、咖啡、烟叶等的)混[掺]合;调和[制];②〈电影〉混声;③〈电子〉混频;④混合物[体];混合料[品];⑤〈乐〉混录;⑥〈建〉灰[砂]浆;⑦〈纺〉混色织物
　～ de sonidos 混录，配音
　～ detonante[explosivo, explotante] 混合炸药，爆鸣混合体，爆炸物
　～ eutéctica〈化〉低共熔混合物
　～ frigorífica[refrigerante] 混合制冷剂[物]
　～ gaseosa 气体混合物
　～ pobre 贫燃性混合物;贫灰混合料
　～ racémica〈化〉外消旋混合物

mezclado *m.* ①混合[和];拌[掺]和;调和[制];②〈信〉对(图像)作褪色处理

mezclador,-ra *adj.* 混合[和]的;拌[掺]和的;调和[制]的‖ *m. f.* ①(电台、电视台)混频[调音]技术员;②混合者;拌和者‖ *m.* ①(电台、电视台、拍摄电影用的)声(频)混合器;②〈电子〉混频;(录制磁带用的)调音台‖ **～a** *f.*〈机〉混合机;混合[混料,调和,搅拌]器;搅拌[拌和,混砂]机
　～ de canales 混频器
　～ de cristal equilibrado 平衡晶体混频器
　～ de imágenes ①图像混合者;②图像调节器
　～ de sonido ①(负责音响效果的)调音员;(电影)混录技术员;②调音台
　～ de video *Amér. L.* 视频混合器;音像调制器
　～a de hormigón 混凝土搅拌机
　～a de mortero 砂[灰]浆拌和机
　～a de sonidos 声频混合器

mezclilla *f.*〈纺〉混色织物

mezéreon *m.* ①〈植〉欧亚瑞香,紫花欧瑞香;②瑞香皮

mezote *m. Méx.*〈植〉龙舌兰

mezquital *adj.* 牧豆树林

mezquite *m. Méx.*〈植〉牧豆树(其汁可作药用)

mezzanine *m.* ①〈建〉夹楼;(尤指一楼和二楼之间的)夹层楼面;②(剧场的)楼厅包厢

mezzosoprano *f.*〈乐〉①女中音;次高音;②女中音歌手;次高音歌手

M. F. *abr.* modulación de frecuencia〈电子〉频率调制,调频

Mg〈化〉元素镁(magnesio)的符号

mg. *abr.* miligramo(s) 毫克

MHC *abr. ingl.* major histocompatibility complex〈生〉主要组织相容性复合体(*esp.* complejo principal de histocompatibilidad)

mho *m.*〈电〉姆欧(ohm 的反拼;电导、导纳和电纳的单位)

MHz *abr.* megahertzio(s), megahercio(s)〈理〉兆赫

mialgia *f.*〈医〉肌痛

miasma *m.* (腐烂有机物发出的)臭气,瘴气

miasmático,-ca *adj.* (腐烂有机物)散发腐臭气的,有瘴气的;由臭[瘴]气引起的

miastenia *f.*〈医〉肌无力,肌肉衰弱

miastonia *f.*〈医〉肌松弛,肌张力缺乏

miatrofía *f.*〈医〉肌(肉)萎缩

MIB *abr. ingl.* Management Information Base〈信〉管理信息库

Mibor *abr. ingl.* Madrid inter-bank offered rate 马德里交易所银行间利率(*esp.* tipo de interés interbancario en el mercado bursátil de Madrid)

mica *f.* ①〈地〉〈矿〉云母;②〈动〉雌(长尾)猴;③*Cari.*〈汽车的)侧光
　～ blanca 白云母
　～ negra 黑云母

micáceo,-cea *adj.* ①云母的;②云母质的;含云母的;云母似的

micacita *f.* 云母片岩

micanita *f.* ①人造云母,云母(塑胶)板,胶合[层压]云母板;②绝缘石

micción *f.*〈医〉排[撒]尿,小便

micela *f.* ①〈化〉〈生〉胶束[团];微团;胶态离子;②〈理〉晶子

micelio *m.*〈植〉菌丝体

micelización *f.*〈化〉胶束形成,胶束化(作用)

micetismo *m.*〈医〉真菌中毒,蕈中毒

michurinismo *m.*〈遗〉(原苏联植物育种家)米丘林主义,米丘林的遗传学理论

mico,-ca *f.*〈动〉猴,长尾猴

micobacteria *f.*〈生〉分枝杆菌

micodermatitis *f. inv.*〈医〉真菌皮炎

micófago,-ga *adj.* ①〈动〉食菌的;②食蘑菇的‖ *m.*〈生〉真菌噬菌体

micoflora *f.*〈植〉真菌区系

micohemia *f.*〈医〉真菌血症

micología *f.*〈生〉真菌学

micológico,-ca *adj.*〈生〉真菌学的

micólogo,-ga *f*. 〈生〉真菌学家[者]

micoplasma *m*. 〈生〉支原体，支原菌

micoplasmosis *f*. 〈生〉支原体病，支原菌病

micorriza *f*. 〈植〉菌根
~ ectotrófica 外生菌根
~ en otrófica[endofítica] 内生菌根

micosis *f*. *inv*. 〈医〉霉[真]菌病

micótico,-ca *adj*. 〈生〉〈医药〉① 真菌的；② 由真菌引起的
infección ~a 真菌感染

micotoxina *f*. 〈药〉真菌霉素；微枝菌素

MICR *abr. ingl.* magnetic ink character recognition 〈信〉磁墨水字符识别

micra *f*. 微米，10^{-6} 米（长度单位）

micrita *f*. 〈地泥〉[微] 晶灰岩

micro *m*. ①微音器，话筒，麦克风；②〈信〉微型计算机；③*And.，Cono S.*（短途）小型公共汽车；*Cono S.*（长途）公共汽车

microabsceso *m*. 〈医〉微脓肿

microaerófilo,-la *adj*. 〈生〉微嗜[需]氧的 ‖ *m*. 微嗜氧菌，微嗜氧微生物

microaerotonómetro *m*. 〈医〉微量血气计

microalgas *f. pl.* 〈植〉微藻类（指肉眼看不见的藻类）

microamperímetro *m*. 〈电〉微安（培）计，微安表

microamperio *m*. 〈电〉微安（培），10^{-6} 安（培）（电流单位）

microanálisis *m*. 〈化〉微量分析

microanalístico,-ca *adj*. 〈化〉微量分析的

microanalizador *m*. 〈化〉〈技〉微量分析仪，显微分析器

microanatomía *f*. 〈解〉显微[微观]解剖学；组织学

microaneurisma *m*. 〈医〉微动脉瘤

microangiopatía *f*. 〈医〉微血管病

microangioscopia *f*. 〈医〉微血管显微镜检查

microauricular *m*. 微型耳机

microbalanza *f*. 〈化〉微量天平

microbar *m*. 微巴，10^{-6} 巴（压强单位，等于 1 达因/厘米^2）

microbarógrafo *m*. 〈气〉（自记）微（气）压计，微（气）压记录器

microbarómetro *m*. 〈气〉微[精测]气压计，微气压记录表

microbiano,-na *m*.; **micróbico,-ca** *adj*. 〈生〉〈医〉微生物的；微生物引起的；（因）细菌引起的

microbicida *f*. 〈生〉〈医〉杀微生物剂，杀菌剂

microbio *m*. 〈生〉〈医〉微生物；（尤指引起疾病的）细菌

microbioensayo *m*. 〈生〉〈医〉微生物测定

microbiofotometría *f*. 〈生〉〈医〉微生物浊度测定（法）

microbiofotómetro *m*. 〈生〉〈医〉微生物浊度计

microbiología *f*. 〈生〉微生物学；细菌学

microbiológico,-ca *adj*. 〈生〉微生物学的

microbiólogo *m*. 〈生〉微生物学家；细菌专家

microbioscopio *m*. 〈生〉〈技〉微生物显微镜

microbiota *f*. 〈生〉小型生物群；微生物区系

microbívoro *m*. 〈环〉〈生〉小噬细胞

microbureta *f*. 〈医〉微量滴定管

microcaloría *f*. 微卡，10^{-6} 卡（热量单位）

microcalorimetría *f*. 微量量热学，微（观）量热法

microcalorímetro *m*. 微热量计

microcámara *f*. 微型照相机

microcampo *m*. 微场；微指令段

microcápsula *f*. 微胶囊；微囊体（含有化学物质或药物等，囊体破裂或溶化时含有物便被释放）

microcasete; microcassette *m. o f.* 微型磁带盒；微型盒式磁带放音机

microcasualidad *f*. 微观因果性

microcavidad *f*. 〈解〉微（型空）腔

microcefalia *f*. 〈医〉小头，小头畸形

microcéfalo,-la *adj*. 〈医〉畸形小头的

microchip *m*. ①微型芯片；②〈信〉微芯片；③〈电〉集成电路片

microcinematografía *f*. 显微电影摄影

microcircuitería *f*. 〈电〉微电路学；微电路系统

microcircuito *m*. ①〈电〉微（型）电路；②〈信〉（电子计算机等中用的）微型电路

microcirculación *f*. 〈医〉微循环（指毛细血管或小血管中的血液循环）

microcirugía *f*. 〈医〉显微外科；显微手术

microcirujano,-na *m. f.* 〈医〉显微外科医生

microclima *m*. 〈气〉小气候；小环境气候

microclina *f*. 〈矿〉微斜长石

micrococo *m*. 〈生〉微球菌，小球菌属

microcódigo *m*. 〈信〉微代码

microcolorimetría *f*. 测微比色法

microcolorímetro *m*. 微量比色计

microcomponente *m*. 〈电〉〈电子〉微型电路元件

microcomputador *m*.; **microcomputadora** *f*. 〈信〉微型（电子）计算机
~ de placa simple 单片微（型）计算机

microconcreto *m*. 微粒混凝土

microconstituyente *m*. 微量成分，微观组分

microcontroladora *f*. 〈信〉微控制器

microcopia *f*. 缩微复制品，缩微本

microcorrosión *f*. 微[显微，微观]腐蚀

microcorte *m*. 〈信〉失灵，小故障

microcósmico,-ca *adj.* ①微观世界的；②缩图[影]的

microcosmos *m. inv.* ①微观世界；小天地；小宇宙；②缩图[影]

microcristal *m.* 微晶体

microcristalino,-na *adj.* 微晶(质)的；微晶体的

microcristalografía *f.* 微晶体学，微晶学

microcromosoma *m.* 〈遗〉小染色体

microcuerpo *m.* 〈生〉微体(细胞)

microcultivo *m.* 〈生〉极微有机体培养

microcultura *f.* ①狭域文化；狭域文化圈；②〈生〉极微有机体培养

microcurie *m.* 〈理〉微居里，10^{-6} 居里(放射性强度单位)

microdemografía *f.* 微量人口统计学

microdensimetría *f.* 微量密度测量(法)

microdensímetro *m.* ①〈理〉微量密度计；②〈摄〉测微密度计

microdermátomo *m.* 〈医〉微型切皮刀[机]

microdetector *m.* ①微量[微动]测定器；②〈电〉灵敏电流计

microdeterminación *f.* 微量测定(法)

microdiagnóstico *m.* 微诊断法[程序]

microdisección *f.* 〈生〉〈医〉显微解剖

microdistribución *f.* 〈生〉微观分布

microdonte *adj.* 〈医〉小牙的 ‖ *m.* 〈变态〉小牙

microdosimetría *f.* 〈医〉微剂量测定(法)

microdosis *f.* 〈药〉微(剂)量

microdureza *f.* 显微硬度

microecología *f.* 〈环〉〈生态〉狭域生态学(研究小块地区生态的学科)

microeconomía *f.* 〈经〉微观经济学

microeconómico,-ca *adj.* 〈经〉微观经济(学)的

microecosistema *m.* 〈环〉微生态系(统)

microelectrodo *m.* 微电极

microelectroforesis *f.* 〈化〉微量电泳

microelectrónica *f.* ①〈电子〉微电子学；②〈理〉微电子技术

microelectrónico,-ca *adj.* ①〈电子〉微电子学的；②〈理〉微电子技术的

microelemento *m.* ①微量元素；②〈电子〉微型元件，微型组件；③微量饲料

microemisor,-ra *adj.* 〈讯〉微型发射[报]机的 ‖ *m.* 微型发射[报]机

microempresa *f.* 〈经〉微型企业，微型公司

microencapsulación *f.* 〈生化〉(尤指药物的)微型胶囊

microespecie *m.* 〈生〉小种(指与亲缘类型显然有别的地方性物种)

microespectrofotometría *f.* 显微分光光度

计使用(学)

microespectrofotómetro *m.* 显微分光光度计

microespectroscopio *m.* 显微分光镜

microesporocito *m.* 〈生〉〈植〉小孢子母细胞

microestrabismo *m.* 〈医〉微斜视

microestructura *f.* 微观结构，显微结构(需用放大倍数超过 10 的显微镜才能展现出来的物体、组织或物质的结构)；显微构造

microevolución *f.* 〈生〉(动植物的)微(观)进化，小[种内]进化

micrófago *m.* 〈环〉〈生〉小噬细胞

microfalda *f.* 微型裙

microfaradio *m.* 〈电〉微法(拉)，10^{-6} 法(拉)(电容单位)

microfauna *f.* 〈动〉微动物群

microfenómeno *m.* 微观现象

microfibrilla *f.* 微纤维(尤指普通显微镜下看不见的构成植物细胞壁的微纤维)

microficha *f.* 〈摄〉缩微胶片

microfilamento *m.* 〈生〉微丝，纤纤维(细胞骨架系统成分之一)

microfilm; microfilme *m.* ①缩微胶卷；②缩微照片

microfilmado *m.* ①缩微胶卷，显微胶片；②缩微照片

~ de salida de computadora 计算机输出缩微胶卷

microfilmadora *f.* 缩微胶卷拍摄机

micrófilo,-la *adj.* 〈植〉小型叶的
planta ~a 小型叶植物

microfiltración *f.* 超滤作用

microfísica *f.* 〈理〉微观物理学

microflora *f.* 〈生〉微植物群

microfluorimetría *f.* 〈生〉显微荧光测定法

micrófono *m.* ①扩音[传声，送话]器，麦克风，话筒；②〈信〉(计算机的)口承；话器

~ de bobina móvil 动圈传声器

~ de carbón 炭粒传声器，炭精式话筒

~ de contacto 接触传声器

~ de cristal 晶体话筒[传声器]

~ de diagrama en cardiode 心形(方向性)话筒[传声器]

~ de granalla de carbón 炭(精)粒传声器

~ de magnetostricción 磁致伸缩传声器

~ diferencial 差动传声器

~ electrostático 静电传声器

~ en contrafase 推挽传声器

~ espía 窃听器

~ inalámbrico[sin hilos] 无绳送话器

~ miniatura 小型传声器

~ piezoeléctrico 压电传声器

~ sin diagrama 无膜片传声器

~ térmico 热线传声器

~ transmisor 送话器

microforma *f.* ①缩微成像；缩微复制；②（印刷品等的）缩微版[样]本，缩微复制品

microfósil *m.* ①微体化石（古生物学用语）；②微化

microfotografía *f.* ①缩[显]微照相（术），显微摄影术；②显微照[印]片

microfotógrafo *m.* ①微型[缩微]照片；②显微照片

microfotogrametría *f.* 分光光度术

microfotometría *f.* 显微光度术

microfotómetro *m.* ①显微光度计；②〈摄〉测微显微光度计

microftalmía *f.* 〈医〉小眼；小眼球

microfundio *m.* 〈农〉小农庄[场]；小块农田

microgalvanómetro *m.* 〈电〉微量电流计[检流表]

microgameto *m.* 〈生〉小配子

microgametocito *m.* ①〈生〉小配子母（细胞）；②〈动〉小配子体

microgamia *f.* 〈医〉小型配子结合

microgastria *f.* 〈医〉小胃（畸形）

microgausio *m.* 〈电〉微高斯，10⁻⁶高斯（电磁系单位中的磁感应强度或磁通密度单位）

microgénesis *f.* 〈医〉发育矮小，矮小发育

microglobulina *f.* 〈生化〉微球蛋白

microglosia *f.* 〈医〉小舌，舌过小

micrograbador *m.* 微型盒式磁带录音机

micrografía *f.* ①显微镜检查[验]；显微镜使用（术）；②微写术；③显微绘图

micrográfico,-ca *adj.* ①显微镜检查[验]的；②微写术的；③显微绘图的

micrógrafo *m.* ①显微照片；显微[微观]图；②微写器；③微动描记器

micrograma *m.* 显微照片；显微[微观]图

microgramo *m.* 微克，10⁻⁶克（重量或质量单位）

microgranito *m.* 〈地〉微花岗岩[岩]

microgranular *adj.* 微晶粒状的

microgravedad *f.* 〈理〉微重力（指由弱引力引起的失重状态）

microhábitat *m.* 〈环〉〈生〉（动植物的）微环境

microhematócrito *m.* 〈生化〉微量红细胞比容

microhenrio *m.* 微亨（利），10⁻⁶亨（利）（电感单位）

microhistología *f.* 〈医〉显微组织学

microhmio；micromho *m.* 〈电〉微欧（姆），10⁻⁶欧（姆）（电阻单位）

microindicador *m.* 〈测〉微指示器，指针测微器

microinstrucción *f.* 〈信〉微指令

microinyección *f.* 〈医〉（在显微镜下进行的）显微注射

microinyectar *tr.* 〈医〉显微注射，微量注射

microinyector *m.* 〈医〉显微注射器

microlaringoscopia *f.* 〈医〉显微喉镜检查法

microlentillas *f. pl.* 隐形眼镜

microlingüística *f.* 微观语言学

microlita *f.* ①〈矿〉细晶石（钽烧绿石）；②微晶

microlitiasis *f. inv.* 〈医〉小结石病

microlitro *m.* 微升，10⁻⁶升（容量单位）

micrología *f.* 显微学

microlux *m.* 〈理〉微勒克司（照度单位）

micromagnetómetro *m.* 微磁磁力仪，测微磁强计

micromanipulación *f.* 〈医〉显微操纵[操作]（术）

micromanipulador *m.* 〈医〉显微[微型]操纵器；显微检验装置

micromanómetro *m.* ①〈医〉微量测压计；②测微压力计

micromarketing *m. ingl.* 〈经〉〈商贸〉微观营销，微观销售

micromastia *f.* 〈医〉小乳房，过小乳房

micromecánica *f.* 〈理〉微观力学

micromercado *m.* 微[小]型市场

micromercadotecnia *f.* 小型市场学，小型市场推销术

micrómero *m.* 〈生〉小（分）裂球

micrometabolismo *m.* 〈环〉〈生〉微代谢

micrometástasis *f. inv.* 〈医〉（残留癌肿的）微小转移

micrometeorito *m.* 〈天〉微陨星

micrometeoroide *m.* 〈天〉微流星体

micrometeorología *f.* 〈气〉微气象学

micrométodo *m.* 〈技〉微量法，微量测定（法）

micrometría *f.* 〈技〉测微术

micrométrico,-ca *adj.* 〈技〉测微（术）的；微米的

micrómetro *m.* ①测微计[尺，器]，千分尺；②〈机〉千分卡尺；③〈理〉微米，10⁻⁶米（长度单位）

~ de chispas 火花放电测微计

~ neumático 气动测微仪

~ ocular 目镜测微计[尺]

~ para interiores 内径千分尺

micromicrocurie *m.* 〈理〉微微居里，10⁻¹²居里（放射性强度单位）

micromicrofaradio *m.* 〈电〉微微法（拉），10⁻¹²法（拉）（电容单位）

micromicrón *m.* 微微米，10⁻¹²米（长度单位）

microminiaturización *f.* （电子设备等的）超

小型化，微型化

microminiaturizado,-da *adj.* 超小型的，微型的

micromódulo *m.* （微型电子电路的）微型组[元,器]件，超小型器[组]件

micromorfología *f.* ①微观形态学；②（尤指土壤的）微形态，微结构

micromotor *m.* 〈机〉微型马达，微型电动机

micromundo *m.* 微观世界

micrón *m.* 微米，10^{-6} 米（长度单位）

micronización *f.* 微粉[粒]化

micronizador *m.* 超微粉碎机

micronúcleo *m.* 〈动〉微[小]核

micronutriente *m.* 〈生〉微量养料，微量营养（元）素

microobjetivo *m.* 显微物镜

microobjeto *m.* 显微样品

microohmio *m.* 〈电〉微欧（姆），10^{-6} 欧（姆）（电阻单位）

microómnibus *m.* 微型公共汽车

microonda *f.* 〈理〉微波（波长通常为 1 毫米至 30 厘米的高频电磁波）

microondas *m. inv.* ①〈理〉微波（波长通常为 1 毫米至 30 厘米的高频电磁波）；②微波炉
　　horno ～ 微波炉
　　terapia de ～〈医〉微波透热法

microoperación *f.* 微操作

microordenador *m.* 〈信〉微（型）计算机

microorgánico,-ca *adj.* 微生物的

microorganismo *m.* 〈生〉微生物

microoscilación *f.* 微振动，微观波动

micropaleontología *f.* 微体古生物学

microparásito *m.* 〈生〉微寄生物，寄生性微生物

micropastilla *f.* 〈信〉芯[薄,晶]片

micropatología *f.* 〈医〉①显微病理学；②微生物病理学

micropelícula *f.* ①缩微胶卷；②缩微照片

micropilo; micrópilo *m.* ①〈植〉珠[生殖]孔；②〈动〉卵（膜）孔

micropinocitosis *f.* 〈医〉微胞饮作用

micropipeta *f.* 〈医〉①微量吸管，微量吸移管；②（在显微镜下进行注射时用的）小型微量吸管

microplaqueta; microplaquita *f.* （硅，芯，晶,薄）片
　　～ de silicio 硅片

micropolución *f.* 微污染

microporo *m.* 〈植〉微孔

microporosidad *f.* ①微孔性[率]；②〈冶〉显微疏松

microporoso,-sa *adj.* 微孔性的，多微孔的

microportaobjetos *m.* 〈医〉显微镜玻片

microposición *f.* 〈测〉〈技〉微定位

micropotenciómetro *m.* 〈测〉〈技〉微电位器

microprecipitación *f.* 〈生〉〈医〉微量沉淀（反应）

microprisma *m.* 〈摄〉微棱镜

microprocesador *m.* 〈信〉微处理机

microprograma *m.* 〈信〉微程序（设计，控制）

microprogramación *f.* 〈信〉微程序设计

microprogramador *m.* 〈信〉微程序编制器 ‖ *m. f.* 微程序设计员

micropropagación *f.* 〈植〉微体繁殖

microproyección *f.* 〈医〉显微投影

microproyector *m.* 〈医〉显微投影器

micropulgada *f.* 微英寸，10^{-6} 英寸（长度单位）

micropunción *f.* ①〈医〉微穿刺；②〈生理〉微穿刺术

micropunto *m.* （只有针头般大小的）微粒照片

microquímica *f.* 〈化〉微量化学

microrelé *m.* 〈电〉微动继电器

microrradiografía *f.* ①X 射线显微照相[摄影]术；②显微放射显影术

microrradiograma *m.* X 射线显微照片

microrradiómetro *m.* 微（量）辐射计

microrreacción *f.* 显微反应

microrreproducción *f.* 缩微印刷品复制（件）

microrrespirómetro *m.* 〈医〉微量呼吸计

microrroentgen *m.* 〈医〉微伦琴

microscopia *f.* ①显微镜学；②显微镜检查；③显微（技）术
　　～ electrónica 〈理〉电子显微镜学；电子显微（技）术
　　～ óptica 〈理〉光学显微镜学；光学显微（技）术
　　～ para contraste de fases 相衬显微（镜）学

microscópico,-ca *adj.* ①显微镜下可见的，极[微]小的；②显微镜的，用显微镜的；③与显微镜检查有关的
　　anatomía ～a 显微解剖学

microscopio *m.* 显微镜
　　～ binocular 双筒[目]显微镜
　　～ de lectura 读数显微镜
　　～ de parpadeo 闪视[烁]比较镜，瞬变显微比较镜
　　～ de protones 质子显微镜
　　～ de rayos X　X 射线显微镜
　　～ electrónico 〈理〉电子显微镜
　　～ óptico 〈理〉光学显微镜
　　～ solar 日光显微镜

microsección *f.*〈医〉显微镜切片

microsegundo *m.* 微秒,10⁻⁶ 秒(时间单位)

microsfigmia *f.*〈医〉微[细]脉

microsismo *m.*〈地〉微震,脉动

microsismología *f.*〈地〉微震学

microsismometría *f.*〈地〉〈技〉微震测定法

microsismómetro *m.*〈地〉〈技〉微震计

microsistema *m.* ①〈信〉(微处理机的)微型数字系统;②微观体系

microsoma *m.*〈生〉微粒体

microspora *f.*〈植〉①小孢子;②(种子植物的)花粉粒

microsporangio *m.*〈植〉小孢子囊

microsporidios *m. pl.*〈动〉小孢子虫

microsporocito *m.*〈植〉小孢子母细胞

microsporófilo *m.*〈植〉小孢子叶

microstomía *f.*〈医〉小口(畸形)

microsurco *m.* ①(唱片的)密纹;②密纹唱片

microtecnia;microtecnología *f.*〈工艺〉微工艺;微技术

microtécnica *f.*〈工艺〉显微技术;显微镜使用术

microteléfono *m.* 小[微]型话筒

microtenis *m. Amér. L.*〈体〉乒乓球运动

microtermómetro *m.* 微[精密]温度计

micrótomo *m.*(为作显微镜检查把组织切成极薄切片的)超薄切片机

microtón *m.*〈理〉电子回旋加速器

microtonómetro *m.*〈医〉微测压计

microtransmisor *m.*〈讯〉微发射[报]机

microtubular *adj.*〈生〉微管的

microtúbulo *m.*〈生〉微管

microunidad *f.*〈医〉微单位

microvariación *f.* 微变化,小扰动

microvariómetro *m.* 微型变感器

microvasculatura *f.*〈解〉微脉管系统

microvatio *m.*〈理〉微瓦(特),10⁻⁶ 瓦(特)(功率单位)

microvello *m.*〈生〉(细胞表面的)微绒毛

microvibrógrafo *m.*〈地〉〈技〉微震计

microviscómetro;microviscosímetro *m.*〈医〉微量黏度计

microvivisección *f.*〈医〉显微活体解剖

microvolt;microvoltio *m.*〈电〉微伏(特),10⁻⁶ 伏(特)(电压单位)

microvoltímetro;microvoltómetro *m.* ①〈电〉微伏(特)计;②〈医〉微伏计

MIDI *abr. ingl.* musical instrument digital interface〈信〉音乐设备数字界面,迷迪

midriasis *f.*〈医〉瞳孔开[扩,散]大

miectomía *f.*〈医〉肌切除术

miectopía *f.*〈医〉肌异位

mieditis *f.*(极度)紧张不安;恐慌

miedo *m.* ①害怕,恐惧;②担心,忧虑

~ al público(~ escénico)〈戏〉(演员上场前后的)怯场

~ cerval 惊恐

miel *f.* ①蜜;蜂蜜;②糖浆[蜜]

~ virgen 原蜜

caña de ~ 甘蔗糖浆

mielemia *f.*〈医〉髓细胞血症;髓性白血病

mielencéfalo *m.*〈解〉①末脑;②脑脊髓

mielga *f.* ①〈植〉苜蓿;紫苜蓿;②〈农〉垅,土埂;③〈动〉角鲨

mielina *f.*〈生化〉髓磷脂

mielitis *f. inv.*〈医〉脊髓炎

mieloblástico,-ca *adj.*〈生〉成髓细胞的

mieloblasto *m.*〈生〉成髓细胞,原粒细胞

mielocelo *m.*〈医〉脊髓突出

mielocito *m.*〈生〉髓[中幼粒]细胞

mielocitoma *m.*〈医〉髓细胞瘤

mielodisplasia *f.*〈医〉髓细胞发育不良

mieloesclerosis *f.*〈医〉骨髓硬化症

mielografía *f.*〈医〉脊髓造影术

mielograma *m.*〈医〉①脊髓造影片;②脊髓细胞分类像

mieloideo,-dea *adj.*〈医〉①髓细胞样的;②骨髓的;髓(状)的

mieloma *m.*〈医〉骨髓瘤

mielomalacia *f.*〈医〉脊髓软化

mielomatosis *f.*〈医〉骨髓瘤病

mielopatía *f.*〈医〉骨[脊]髓病

mieloplejía *f.*〈医〉脊髓麻痹;脊髓瘫痪

miembro *m.* ①(团体、组织等的)成[会]员;一分子;②四肢之一;手;足;器官;③〈建〉构[部]件;④〈机〉机[部]件;⑤〈数〉元;(方程的)端边;⑥〈信〉成员;⑦见 ~ viril

~ de honor(~ honorífico)名誉成员

~ viril〈解〉阴茎

~ vitalicio 终身成员

~s inferiores/superiores〈解〉下/上肢

mies *f.* ①〈农〉①成熟谷物;②收割季节);③ *pl.* 麦田;庄稼地

MIF *abr. ingl.* management information file〈信〉管理信息文件

migala *f.*〈动〉(美洲)猛蜘

migma *m.*〈地〉混合岩浆

migmatita *f.*〈地〉混合岩

migmatización *f.*〈地〉混合岩化(作用);混合作用

migración *f.* ①迁移,移居(外地,外国);②〈化〉〈理〉徙[移]动;③〈环〉移栖[居];(候鸟等的)迁[移]徙;④(鱼类的)洄游;⑤〈信〉迁[转]移;⑥〈医〉游走,移行

~ estacional 季节性迁移

~ molecular 分子徙动

migraña *f*. 〈医〉偏头痛

migratorio,-ria *adj*. ①迁移[徙]的，移居[栖]的；迁移的；②回游的；③〈医〉游走性的，移行的；④〈化〉〈理〉徙[移]动的

ave ~a 候鸟

célula ~a 游走细胞

neurisis ~a 游走性神经炎

oftalmia ~a 移动性眼炎

miiasis；miiosis *f*. 〈医〉蝇蛆病

miiodeopsia *f*. 〈医〉飞蝇幻视

miitis *f*. *inv*. 〈医〉肌炎

mijo *m*. 〈植〉小米，黍，稷

milamores *f*. 〈植〉红花缬草

milano *m*. ①〈鸟〉鸢；②〈植〉冠毛

~ real 红鸢

mildeu；mildiu；mildiú *m*. ①〈植〉(葡萄树等的)霉(菌)病；②霉；霉菌

milenrama *f*. 〈植〉蓍草，欧蓍草

milerita *f*. 〈矿〉针硫镍矿

milflores *m*. *inv*. 〈植〉香花藤

milgrana *f*. 〈植〉石榴

milgranar *m*. 石榴园

milgranero；milgrano *m*. 〈植〉石榴树

milhojas *f*. *inv*. 〈植〉欧蓍草

miliamperímetro *m*. 〈电〉毫安(培)计[表]

miliamperio *m*. 〈电〉毫安(培)(电流单位)

miliar *adj*. ①粟粒状的；②〈医〉(疹或其他疾病)粟粒性[状]的；伴有粟粒疹

miliaria *f*. 〈医〉汗[粟]疹，痱子

miliario,-ria *adj*. ①海[英]里的；②罗马里(＝1,000 步)的

milibar *m*. 〈理〉毫巴(压强单位)

milicia *f*. ①兵法；②军人职业；③军人；武装部队；④民兵组织；全体民兵；⑤兵役；⑥队伍

miliciano,-na *m*. *f*. ①民兵；②*And*., *Cono S*. 应征士兵，被征入伍者

milicrón *m*. 毫微米，纳米，10⁻⁹ 米(长度单位)

milicurie *m*. 〈理〉毫居(里)(放射性强度单位)

milifaradio *m*. 〈电〉毫法(拉)(电容单位)

miligal *m*. 〈理〉毫伽(重力加速度单位)

miligramo *m*. 毫克(重量单位)

milihenrio *m*. 〈电〉毫亨(利)(电感单位)

mililambert *m*. *ingl*. 〈理〉毫朗伯(亮度单位)

mililitro *m*. 〈理〉毫升(容量单位)

milimetrado,-da *adj*. 有(毫米)方格的(纸) papel ~ (有方格的)绘制图表纸，方格[坐标，标绘]纸

milimétrico,-ca *adj*. ①毫米的；②精确的

cálculo ~ 精确计算

milímetro *m*. 毫米(长度单位)

milimho *m*. 〈电〉毫姆(欧)(电导、导纳和电纳单位)

milimicra *f*.；**milimicrón** *m*. 毫微米，纳米，10⁻⁹ 米(长度单位)

miliohmímetro *m*. 〈电〉毫欧计[表]

milipulgada *f*. 密耳(测量金属线直径的长度单位)

~ circular 圆密耳(直径为 1 密耳的金属丝面积单位)

milirrand *m*. 〈理〉毫拉德(致电离辐射吸收计量的单位)

milirrandián *m*. 〈数〉毫弧度

milirrem *m*. 〈理〉毫雷姆，10⁻³ 雷姆(核物理计量单位)

milirroentgen *m*. 〈理〉毫伦琴

milisegundo *m*. 毫秒(时间单位)

militar *adj*. ①军事[用]的；②军人的；③军队的

arte ~ 军事艺术

ciencia ~ 军事科学

comunicación ~ 军用通信设备

disciplina ~ 军纪

equipamiento ~ 武装[器]

fuerza ~ 兵力，军事力量，武装部队

ingeniería ~ 军事工程(学)

instrucción ~ 军事训练

orden ~ 军令

policía ~ 宪兵队

servicio ~ 兵役

militarada *f*. 军事政变

militarización *f*. 军事化；军国主义化

milivaltímetro *m*. 〈电〉毫瓦特计，毫瓦表

milivaltio *m*. 〈理〉毫瓦(特)(功率单位)

milivoltímetro *m*. 〈电〉毫伏(特)计[表]

milivoltio *m*. 〈电〉毫伏(特)

milla *f*. ①(法定)英里；②海里

~ atlética 〈体〉中长跑

~ geométrica[medida] 实测英里

~ marina[náutica] 海里

~ ordinaria[terrestre] 法定英里

~ patrón de velocidad 测(速)标间距，实测英里

~s por galón 每加仑汽油所行里数

~s por hora 每小时里数

millardo *m*. 〈数〉十亿

millas-pasajero *f*. *pl*. 客英里(旅客周转量)

millerita *f*. 〈矿〉针镍矿

millo *m*. (常用于 *Amér. L*.)〈植〉黍，稷；小米，粟

millón *m*. ①〈数〉百万；②百万元，巨额资产

③(常用于 *Amér. L.*)〈植〉黍,稷;小米,粟

milonita *f.* 〈地〉糜棱岩

milpa *f. Amér. C.*, *Méx.* ①〈农〉玉米田,玉米种植园;②〈植〉玉米,玉蜀黍

milpiés *m. inv.* 〈动〉①倍足(亚)纲节肢动物;②潮虫,千足虫(如蜈蚣等)

miltomate *m. Amér. C.*, *Méx.* 〈植〉①酸浆(果);②(小个绿色或白色)西红柿

Mimas *m.* 〈天〉土卫一

mimbre *m. o f.* ①〈植〉杞[青刚]柳,柳树;②柳条[枝]

mimbrera *f.* 〈植〉杞[青刚]柳,柳树

mimbrería *f. Amér. L.* 柳筐编制术

mimbroso,-sa *adj.* ①柳条的;青刚柳的;②柳条编[做]的

MIME *abr. ingl.* Multipurpose Internet Mail Extensions 〈信〉多用途因特网邮件扩展标准,多用途互联网邮件系统

mimeografía *f.* 蜡纸油印,誊写油印

mimeógrafo *m.* ①蜡纸油印机,誊写板印刷机;②*Amér. L.* 复印机

mimesis *f.* ①模拟;②〈生〉拟态;③疾病模仿

mimético,-ca *adj.* ①模仿[拟]的;②〈生〉拟态的;③〈晶体〉类似的,模拟的;④〈医〉模仿疾病的
músculo ~ 表情肌

mimetismo *m.* ①模仿[拟];学样;②〈生〉拟态
~ mülleriano 〈环〉(德国动物学家Müllerian)缪氏拟态(指不同种动物间为保护自己免被对方捕食而互相模拟形态)

mimetita *f.* 〈矿〉砷铅矿

mímica *f.* ①模仿术;模拟(表演);学样;②手势语;做手势

mímico,-ca *adj.* ①模仿[拟]的;②〈生〉拟态的
intérprete ~ 手语翻译者
lenguaje ~ (聋哑人等用的)手语,身势语
músculo ~ 表情肌

mimo,-ma *m. f.* 〈戏〉哑剧演员 ‖ *m.* ①哑剧;②模拟(表演)

mimodrama *m.* 〈戏〉哑剧

mimología *f.* (声音或表情的)模仿

mimosa *f.* 〈植〉含羞草属树;含羞草

mimosáceo,-cea *adj.* 〈植〉含羞草科的 ‖ *f.* ①含羞草科植物;②*pl.* 含羞草科

Min. *abr.* Ministerio (政府的)部

min. *abr.* ①minuto(s) 分(时间单位);②minúscula(s) 小写字母

mín. *abr.* mínimo 最小数,最少量;最低点;最低限度

mina *f.* ①矿,矿山[井];矿场;②矿藏;③坑[巷,地]道;④地[水]雷;⑤铅笔芯

~ a cielo abierto 露天(开采)矿
~ anticarro[antitanque] 反坦克地雷
~ antipersonal 地[杀伤]雷
~ de cantera 采石场
~ de carbón(~ hullera) 煤矿
~ de contacto 触发水雷
~ de hierro 铁矿
~ de información 信息库
~ de oro ①金矿;②宝库
~ de plomo 铅矿
~ de profundidad 深水炸弹
~ magnética 磁性水雷
~ metal 金属矿
~ salífera 盐矿
~ submarina 水雷
~ terrestre 地雷
agujero de ~ 井眼,钻孔
avión fondeador de ~s 布雷飞机
campo de ~s 布雷场[区]
detector de ~s 地雷探测器,侦[探]雷器
draga de ~s 扫雷艇[舰]
locomotora de ~ 矿(山机)车
pólvora de ~ 爆破火药

minada *f.* 〈军〉布雷

minador,-ra *m. f.* 〈矿〉矿山技师;采矿工程师 ‖ *m.* ①〈军〉布雷[坑道]工兵;②〈海〉布雷艇[舰]

minal *adj.* ①矿的,矿山的;②矿藏的;③坑[巷,地]道的

Minamata *f.* 见 enfermedad de ~
enfermedad de ~ 水俣病(汞中毒引起的一种严重神经疾病,因最初发现于日本的Minamata 市,故名)

Mindel *m.* 〈地〉民德冰期(欧洲更新世的二个冰期)

mineral *adj.* ①矿物的;②含矿物的,有矿物质的;③〈化〉无机的 ‖ *m.* ①矿物;②矿石[产];③〈化〉无机物;④*Méx.* 矿山

~ asociado 伴生矿
~ bajo de ley 低级矿石(砂)
~ bruto[crudo] 原矿(石)
~ carbonatado 碳酸盐矿(物)
~ de cobre 铜矿
~ de estaño 锡矿
~ de fusión propia 自熔矿
~ de hierro(~ ferroso) 铁矿
~ de plata 银矿
~ de plomo 铅矿
~ de turberas 沼铁矿
~ de zinc 锌矿
~ en granos 豆[褐]铁矿
~ en trozos 大块矿石

~ energético 能源矿物(如煤炭、铀等)

~ epigenético 〈地〉外成矿物

~ graso 富矿石(砂)

~ idiomórfico 〈地〉自形成矿物

~ nativo 天然矿

~ orgánico 〈地〉有机矿物

~ petrográfico 〈地〉岩类矿物

~ pobre/rico 低/高级矿石,贫/富矿石

~ singenético 〈地〉共生矿物

~ virgen 原生矿

~es pesados 重矿物

aguas ~es 矿泉水

ensayo de ~es 矿石分析

lona ~ 矿物棉,矿质毛,石纤维

preparación mecánica de los ~es 选矿

reino ~ 矿物界

sustancias ~es 矿物质

mineralero *m*. 〈矿〉矿石(运输)船

mineralización *f*. 〈地〉矿化(作用),成矿作用

mineralizador *m*. 〈地〉①造矿元素；②矿化剂

mineralogénesis *f*. 〈地〉矿物生成

mineralogía *f*. 〈矿〉矿物学

mineralógico,-ca *adj*. 〈矿〉矿物学的

mineralogista *m*.*f*. 〈矿〉矿物学家

mineralografía *f*. 〈矿〉矿相学

mineraloide *m*. 〈矿〉类(似,准)矿物

mineralurgia *f*. 〈矿〉选矿学

minería *f*. 〈矿〉①采矿；②(包括设备和人员的)采矿业；矿业

minero,-ra *adj*. 〈矿〉①采矿的；(关于)矿业的；②矿工的 ‖ *m*.*f*. ①矿工；②矿业主，矿山经营者 ‖ *m*. 矿〉矿场[山]

~ de carbón 煤矿工人

~ de interior 在采掘面工作的矿工,工作面工人

industria ~a 采矿工业

zona ~a 矿区

mineromedicinal *adj*. (矿泉水)有疗效的

agua ~ 有疗效矿泉水

minerva *f*. 〈印〉小型印刷机,圆盘平压印刷机

mingitorio,-ria *adj*. 排尿的,小便的

mingrano *m*. 〈植〉石榴树

mini *m*. ①微型汽车；②〈信〉小型计算机,微型电脑 ‖ *f*. 超短裙

miniaeropuerto *m*. (市区的)小型飞机场

miniamplificador *m*. 小型放大器

miniatura *f*. ①缩影[图]；微型；小型物；②小画像；微型[袖珍]画

miniaturista *m*.*f*. 微型图画画家；微型图画

绘制者

miniaturización *f*. 〈理〉微[小]型化

miniaturizar *tr*. (为压缩体积和重量而)使微[小]型化；使成小型

minibasket；minibásket *m*. 〈体〉少年篮球运动

minicadena *f*. 高保真袖珍组合音响

minicalculadora *f*. 袖珍(电子)计算器

minicélula *f*. 〈生〉(由细菌细胞不正常分裂产生的)微[小]细胞

minicines *m*. *pl*. 小型电影院

minicomponente *m*. 小型元件

minicomputador *m*.；**minicomputadora** *f*. 〈信〉小型计算机

miniconcierto *m*. 小型音乐会

minicristal *m*. 微[小]型晶体,微晶

minicumbre *f*. 小型最高级会议,小型(国际)峰会

minidisco *m*. 微型唱[碟]片；激光唱片

miniestadio *m*. 小体育[运动,竞技]场

minifundio *m*. ①小庄园,小农场；②小地产

minigolf *m*. (在简易场所进行的)迷你高尔夫球运动

minihorno *m*. 小炉；小烘箱

minilaboratorio *m*. 小型实验室

mínima *f*. ①〈气〉最低气温；②最小数,最少量；最低点；最低限度；③〈乐〉半[二分]音符

minimal *adj*. (关于)极简抽象派艺术的

minimalidad *f*. 最小性

minimalismo *m*. 极简抽象(派)艺术

minimalista *adj*. 极简抽象派艺术的,极简抽象派艺术家的 ‖ *m*.*f*. 极简抽象派艺术家

minimalización *f*. 极[最]小化,化为极[最]小值

minímetro *m*. 〈测〉指针测微计[器],测微仪

minimicrófono *m*. ①微型话筒；②微型窃听器

minimización *f*. ①极[最]小化,最简化；化为极[最]小值；②减少[缩小]至最低限度；③〈信〉(某一程序窗口的)缩小

mínimo,-ma *adj*. ①最低的(水平、数量等)；②微小的；最[异常]小的(空间、体积等)；最低的(开支、利润等) ‖ *m*. ①最小量[数]，最低点[限度]；②〈气〉低气压区；③〈数〉极小(值)；④*Cari*. 〈汽车等的〉阻风门

~ relativo 相对极小值

impuesto ~ 最低税额

minimosca *f*. 〈体〉(拳击)最轻量级的 ‖ *m*. (拳击)最轻量级

mínimum *m*. 最小数,最少量；最低点；最低限度

mininoticia *f*. 简明新闻

minio *m*. 〈化〉铅[红]丹,四氧化三铁

miniordenador *m.* 〈信〉小型计算机

minipantalón *m.* ①女式超短裤；②女运动裤

miniparque *m.* ①小公园；②儿童公[乐]园

minipíldora *f.* 小型药片；小丸剂（尤指口服避孕丸）

minipimer *m.* 〈机〉电动搅拌器

miniserie *f.* ①电视连续短片；②连续性小型演出；连续性小型音乐会

minitorre *f.* （计算机的）小型塔式机箱

minitrén *m.* 游览小火车

minivacación *f.* 短假期

minoría *f.* ①少数；②少数民族；③未成年，未到法定年龄；④少数党[派]
～ de edad 未成年，未达法定年龄
～ étnica 少数种族；少数族裔

minoridad *f.* 未成年，未达法定年龄

minoritario,-ria *adj.* 少数(人)的；构成少数的；②少数党[派]的；③少数民族的
gobierno ～ 少数党[派]政府

minuendo *m.* 〈数〉被减数

minúscula *f.* ①西文小写字母；②〈印〉小写铅字

minusvalía *f.* ①〈医〉(身心等的)残疾，伤残；②〈商贸〉贬[减]值；资本流[损]失
～ física 身体伤残；生理缺陷
～ psíquica 智力缺陷，智障，弱智

minusvalidez *f.* 〈医〉残疾，伤残

minusválido,-da *adj.* 〈医〉残疾的；伤残的
‖ *m. f.* 残疾人，伤残人
～ físico 体残疾者
～ psíquico 智障者

minutería *f.* 断路器

minutero *m.* ①(钟表的)分针；②(钟表的)定时器

minutista *f.* 〈植〉美国石竹

minuto *m.* ①分(时间单位)；②〈数〉分(角的度量单位)

mioalbumina *f.* 〈生化〉肌白[清]蛋白

mioatrofia *f.* 〈医〉肌萎缩

mioblasto *m.* 〈生〉成肌细胞

mioblastoma *m.* 〈医〉成肌细胞瘤

miocárdico,-ca *adj.* 〈解〉心肌(层)的

miocardio *m.* 〈解〉心肌(层)

miocardiógrafo *m.* 〈医〉心肌运动描记器

miocardiograma *m.* 〈医〉心肌运动(描记)图

miocardiopatía *f.* 〈医〉心肌病

miocardiorrafia *f.* 〈医〉心肌缝合术

miocarditis *f. inv.* 〈医〉心肌炎

mioceno *m.* 〈地〉中新世；中新统

miocito *m.* 〈生〉肌细胞

mioclonía *f.* 〈医〉肌阵挛(症)

miocoma *m.* 〈解〉肌节；肌隔

miodegeración *f.* 〈医〉肌变性

miodesopsia *f.* 〈医〉飞蝇幻视

miodiastasis *f.* 〈医〉肌分离

miodinamia *f.* 〈医〉肌(动)力

miodinámica *f.* 〈医〉肌动力学

miodinámico,-ca *adj.* 〈医〉肌动力的

miodinamómetro *m.* 〈医〉肌力计

miodinia *f.* 〈医〉肌痛

miodistrofia *f.* 〈医〉肌营养不良[障碍]

mioelástico,-ca *adj.* 〈解〉肌弹性的

mioeléctrico,-ca *adj.* 〈生理〉(假体)肌电的

miofibrilla *f.* 〈解〉〈生化〉肌原纤维

miofibroblasto *m.* 〈生〉成肌纤维细胞，肌成纤维细胞

miofibroma *m.* 〈生〉肌纤维瘤

miofibrosis *f.* 〈医〉肌纤维变性，肌纤维化

miofilamento *m.* 〈解〉肌丝(肌原纤维的组成部分)

miófono *m.* 〈医〉肌音听诊器

miogénico,-ca *adj.* ①〈生理〉肌(原)性的；②〈生〉生肌的
célula ～a 生肌细胞
teoría ～a 肌原学说

miógeno *m.* 〈生化〉肌浆蛋白

miogeosinclinal *f.* 〈地〉冒地槽

mioglobilinuria *f.* 〈医〉肌球蛋白尿

mioglobina *f.* 〈生化〉肌红蛋白

mioglobinuria *f.* 〈医〉肌红蛋白尿

miografía *f.* 〈医〉①肌动描记法；②肌组织造影

miógrafo *m.* 〈医〉肌动描记器

miograma *m.* 〈医〉肌动(描记)图

miohemoglobina *f.* 〈生化〉肌红蛋白

miohisterectomía *f.* 〈医〉子宫肌瘤切除术

mioideo,-dea *adj.* 〈解〉肌样的

mioidismo *m.* 〈医〉自发性肌收缩

mioinositol *m.* 〈生化〉肌醇

miolipoma *m.* 〈医〉肌脂瘤

miólisis *f.* 〈医〉肌溶解

miología *f.* 〈医〉肌学(研究正常与病态肌肉的医学分支)

mioma *m.* 〈医〉肌瘤

miomagénesis *f.* 〈医〉肌瘤发生[生成]

miomalacia *f.* 〈医〉肌软化

miomatosis *f.* 〈医〉肌瘤病

miomectomía *f.* 〈医〉①肌切除术；②子宫肌瘤切除术

miometrio *m.* 〈解〉子宫肌膜

miomotomía *f.* 〈医〉肌瘤切开术

mionecrosis *f.* 〈医〉肌坏死

mioneural *adj.* 〈解〉肌神经的

mioparálisis *f.* 〈医〉肌麻痹[瘫痪]

miopatía *f.* 〈医〉肌病

miope *adj.* ①〈医〉近视眼的；②目光短浅的，短视的‖ *m. f.* 近视眼患者

miopía *f.* ①〈医〉近视；②目光短浅，缺乏远见

mioplasma *m.* 〈医〉肌浆[质]

mioplastia *f.* 〈医〉肌成形术

miorrafia *f.* 〈医〉肌缝合术

miosarcoma *m.* 〈医〉肌肉瘤

miosclerosis *f.* 〈医〉肌硬化

miosina *f.* 〈生化〉肌球蛋白，肌凝蛋白

miosinizesis *f.* 〈医〉肌粘连

miosis *f.* 〈医〉瞳孔缩小，缩瞳

miositis *f. inv.* 〈医〉肌炎

miosota *f.* 〈植〉毋忘草

miosotis *f. pl.* 〈植〉毋忘草

miospasmia *f.* 〈医〉肌抽搐，肌痉挛病

miospasmo *m.* 〈医〉肌痉挛

miotasis *f.* 〈医〉肌伸张

miotenotomía *f.* 〈医〉肌腱切断[开]术

miótico,-ca *adj.* 〈药〉〈医〉缩瞳的‖ *m.* 〈药〉缩瞳药

miotoma *m.* 〈解〉〈生〉生肌节

miotomía *f.* 〈医〉肌切开术

miótomo *m.* ①〈解〉同神经肌组[群]；②(切开肌肉的)肌刀

miotonía *f.* 〈医〉肌强直

miotónico,-ca *adj.* 〈医〉肌强直的

miotonómetro *m.* 〈医〉肌张力测量器

miotrofia *f.* 〈生理〉肌营养

miotubo; miotúbulo *m.* 〈医〉肌管

miovascular *adj.* 〈医〉肌血管的

MIPS *abr.* millón de instrucciones por segundo〈信〉每秒钟执行 100 万条指令，100万(条)指令/秒(*ingl.* MIPS)

MIR *abr.* médico interno residente *Esp.* 住院医生

Mir *m.* 和平间站(苏联于 1986 年发射成功，2001 年被沉毁于太平洋)

mira *f.* ①〈军〉(尤指枪炮上的)瞄准具；观测器；②〈技〉水准标尺；③(要塞等的)瞭望塔[台]
~ de bombardeo 轰炸瞄准器
~ taquimétrica 视距尺，标尺
~ telescópica 望远瞄准器；(枪的)瞄准镜
amplio[ancho] de ~s 心胸[胸襟]开阔的
ángulo de ~ 瞄准[目标]角
corto de ~s 心胸[胸襟]狭窄的
de ~s estrechas 见 corto de ~s
punto de ~ 准星

mirabel *m.* 〈植〉①地肤；②向日葵

mirabilita *f.* 〈矿〉芒硝

miracidio *m.* 〈动〉纤毛幼虫，毛蚴

miradero *m.* (观测、眺望的)有利[优越]地位；瞭望塔[台]

mirador *m.* ①瞭望塔[楼，台]；(观测、眺望的)有利[优越]地位；观测位置；②〈建〉内阳台；(房间的)凸窗；③见 ~ de popa
~ de popa 〈海〉艉部眺台

miraguano *m.* 〈植〉①吉贝树，丝棉树(木棉科乔木)；②木棉(吉贝树种子外面丝质纤维)

miramerindos *m. inv.* 〈植〉凤仙花

mirasol *m.* 〈植〉向日葵

miriagramo *m.* 万克(即 10 公斤)

mirialitro *m.* 万升

miriámetro *m.* 〈测〉万米(即 10 公里)

miriápodo,-da *adj.* 〈动〉①多足纲节肢动物的；②多足的‖ *m.* ①多足纲节肢动物；②*pl.* 多足纲；多足纲节肢动物群

mirica *f.* ①〈植〉蜡果杨梅；②蜡果杨梅根皮(可入药)

miricáceo,-cea *adj.* 〈植〉(蜡果)杨梅科的‖ *f.* ①(蜡果)杨梅植物；②*pl.* (蜡果)杨梅科

miricales *f. pl.* 〈植〉(蜡果)杨梅目

miricina *f.* 〈化〉蜂蜡素，软脂酸蜂酯

mirilla *f.* ①(门上的)猫眼，观察孔[窗]；②窥视[检]视孔；③〈摄〉取景器；④(坦克的)展望孔

miringa *f.* 〈解〉鼓膜

miringitis *f. inv.* 〈医〉鼓膜炎

miringodectomía *f.* 〈医〉鼓膜切除术

miringoplastia *f.* 〈医〉鼓膜成形术

miringoruptura *f.* 〈医〉鼓膜破裂

miringoscopio *m.* 〈医〉鼓膜镜

miringotomía *f.* 〈医〉鼓膜切开术

miringótomo *m.* 〈医〉鼓膜刀

miriópodo,-da *adj.* 〈动〉①多足纲节肢动物的；②多足的‖ *m.* 见 miriápodo

mirística *f.* 〈植〉肉豆蔻(树)

miristicáceo,-cea *adj.* 〈植〉肉豆蔻科的‖ *f.* ①肉豆蔻植物；②*pl.* 肉豆蔻科
ácido ~ 〈化〉(肉)豆蔻酸，十四(烷)酸

mirístico,-ca *adj.* 〈植〉肉豆蔻的

mirlo *m.* ①〈鸟〉黑鸟，乌鹈；紫色鹩哥
~ blanco 珍禽

mirmecófago,-ga *adj.* 〈动〉食蚁的

mirmecófilo,-la *adj.* ①(昆虫等)喜欢蚁的，与蚁一起生活的；②(植物)靠蚁异化受精的

mirmecófita *f.* 〈植〉喜蚁植物

mirmecología *f.* 〈昆〉蚁类研究，蚁学

mirmestesia *f.* 〈医〉蚁走感

mirobálano *m.* ①〈植〉榄仁树；樱桃李；②榄仁树干果(可用于制墨水、鞣革及作染料)

mironismo *m.* 〈心〉窥淫癖，窥阴部色情

mirra *f.* ①〈植〉没药树；②没药(没药树的树

胶脂)

mirtáceo,-cea *adj.* ①〈植〉桃金娘科的；②(似)爱神木的‖*f.* ①桃金娘科植物；②*pl.* 桃金娘科

mirtal *adj.* 〈植〉桃金娘目的‖*m.* ①桃金娘目植物；②*pl.* 桃金娘目

mirtilo *m.* 〈植〉欧洲越橘(树)

mirtino,-na *adj.* 〈植〉爱神木的；似爱神木的

mirto *m.* 〈植〉爱神木,香桃木；桃金娘科植物

miscibilidad *f.* ①可混合[杂]性；②溶[搀]混性,可拌和性

miscible *adj.* ①可[易]混合的；②可溶[搀]混的,可拌和的

misera *f.* 〈动〉龙[海]螯虾；龙螯虾

misil *m.* ①发射物,投射器；②〈军〉导[飞]弹；弹道导弹
~ aire-aire 空对空导弹
~ antiaéreo 防空导弹
~ antibalístico 反弹道导弹
~ antimisil 反导弹导弹
~ autodirigido (自导)导弹
~ balístico 弹道导弹
~ balístico de alcance intermedio 中程弹道导弹
~ balístico intercontinental 洲际弹道导弹
~ buscador del calor 跟踪热导弹,红外线自导导弹,热辐射自导引导弹
~ con cabeza nuclear 带核弹头导弹
~ de alcance medio 中程导弹
~ (de) crucero 巡航导弹
~ de tres etapas 三级导弹
~ intercontinental 洲际导弹
~ nuclear 核导弹
~ superficie[tierra]-aire 地对空导弹
~ superficie-superficie 地对地导弹

misilístico,-ca *adj.* ①(关于)导弹的；②(用以)发射导弹的

misofobia *f.* 〈心〉不洁恐怖(指病态的洁癖)

misogamia *f.* 〈心〉厌婚症,婚姻嫌忌

misógamo,-ma *m.f.* 〈心〉厌婚者,婚姻嫌忌者

misoginia *f.* 〈心〉厌女症,女人嫌忌

misogino *m.* 〈心〉厌恶女人者,嫌忌女人者

misoneísmo *m.* 〈心〉厌新症,新事物嫌忌；革新嫌忌

misoneísta *m.f.* 〈心〉厌新者,新事物嫌忌者；革新嫌忌者

míspero *m.* 〈植〉①欧楂；欧楂属植物；欧楂果；②枇杷

mispiquel；mispíquel *m.* 〈矿〉毒砂,砷黄铁矿

mistificación *f.* ①神秘化；②欺骗

~es técnicas 技术欺骗

mistral *m.* 〈地〉密史脱拉风(地中海北岸的一种干冷西北或北风)

mitad *f.* ①一半；②当[正]中,中间；③〈体〉(篮球赛、足球赛等的)半场,半时；(棒球赛的)半局
~ inferior 下半部
~ superior 上半部
la primera/segunda ~ 〈体〉上/下半场

mitescente *adj.* 〈医〉①减轻的；②缓和[解]的

mitigación *f.* ①减轻；②缓和；(疼痛、口渴等的)缓解；消除

mitilicultura *f.* ①贻贝[淡菜]养殖业；②淡水养殖业

mitin *m.* ①〈体〉田径运动会；②大会,(政治性)集会

mitocondria *f.* 〈生〉线粒体

mitofobia *f.* 〈心〉谎言恐怖

mitogénesis *f.* 〈生〉有丝分裂发生

mitogenético,-ca *adj.* 〈生〉促[致]有丝分裂的

mitógeno *m.* 〈生〉促细胞分裂剂

mitomanía *f.* 〈心〉说谎狂

mitómano,-na *m.f.* 有说谎癖的人；说谎狂

mitomicina *f.* 〈生〉丝裂霉素(一种抗肿瘤抗生素)

mitoplasma *m.* 〈生〉染色质

mitósico,-ca *adj.* 〈生〉有丝分裂的

mitosis *f.inv.* 〈生〉有丝分裂

mitospora *f.* 〈生〉有丝分裂孢子

mitótico,-ca *adj.* 〈生〉有丝分裂的

mitra *f.* ①〈鸟〉尾臀；②〈建〉〈角〉斜接

mitral *adj.* 〈解〉僧帽瓣[状]的；二尖瓣的
célula ~ 僧帽细胞
valvotomía ~ 二尖瓣切开术
válvula ~ 二尖瓣

mitridatismo *m.* 耐毒性

mítulo *m.* ①〈动〉贻贝,淡[壳]菜；②珠[河]蚌

mix *m.* (几种金属熔合而成的)混合金

mixadenitis *f.inv.* 〈医〉黏液腺炎

mixastenia *f.* 〈医〉黏液分泌机能衰弱,黏液(分泌)不足

mixedema *m.* 〈医〉黏液浮[水]肿

mixiote *m.* 龙舌兰叶外皮

mixocondroma *m.* 〈医〉黏液软骨瘤

mixofibroma *m.* 〈医〉黏液纤维瘤

mixoide *adj.* 〈生〉黏液的

mixoma *m.* 〈医〉黏液瘤

mixomatosis *f.* ①〈医〉黏液瘤变性；②〈兽医〉多发性黏液瘤病

mixomiceto *m.* 〈生〉〈植〉黏菌

mixoneurosis *f.* 〈医〉黏液分泌神经机能病

mixotrófico,-ca *adj.* 〈生〉混合营养的,兼养的

mixovirus *m.* 〈生〉黏病毒

mixtilíneo,-nea *adj.* 〈数〉混合线的

mixto,-ta *adj.* ①混合[杂]的;搀和的;②(公司、委员会等)混[联]合的;③(男女)混合的;④(火车)客货混合的;⑤〈技〉混合结构的;复合[式]的‖*m.* ①〈军〉混合炸药;②〈交〉客货混合列车
　comité ~ 混[联]合委员会
　conexión en series paralelas o ~as 复[混]联,串并联
　dínamo de excitación ~a 复绕[复激]发电机
　doble ~ 〈体〉(乒乓球等运动中的)混合双打
　economía ~a 混合经济(指多种经济成分并存的经济体制)
　raza ~a 杂种
　tren ~ 客货混合列车

mixtura *f.* ①混合;②混合物[料,体];③〈医〉混[调]合剂

mizaonita *f.* 〈矿〉针柱矿

Mizar *m.* 〈天〉开阳,北斗六

ml *abr.* mililitro(s) 毫升

MLD *abr.* modelo lógico de datos 〈信〉逻辑数据模型(*ingl.* LDM)

MLM *abr.* material legible por máquina 〈信〉机器可读资料(*ingl.* MRM)

mm *abr.* milímetro(s) 毫米

MMS *abr.* multimedia messaging service 多媒体短信服务

Mn 〈化〉元素锰(manganeso)的符号

M. N.;M-N;m-n. *abr.* moneda nacional 本国货币

m/n *abr. Amér. L.* moneda nacional 本国货币

mnemónica;mnemotécnica *f.* ①记忆术;②助记方法(如符号、代号、公式等)

mnemotécnico,-ca *adj.* ①记忆术的;②记忆的;记忆性的;③助记(忆)的;(用以)助记的

Mo 〈化〉元素钼(molibdeno)的符号

moai *m. Chil.* (太平洋复活节岛上的)巨石雕像(重量可达 10 - 100 吨)

moaré *m.* 〈纺〉云[波]纹绸,云纹型织物

mobilhome *f. ingl.* (汽车拖拉的)活动房屋

mobiliario,-ria *adj.* ①家具的;②动产的;(证券、票证等)可转让的‖*m.* 家具(总称)
　~ auxiliar 辅助家具,小件家具
　~ de cocina 厨房家[用]具
　~ de cuarto de baño 卫生间家具

~ de oficina 办公家具
　~ sanitario(陶瓷)卫生洁具;卫生间家具
　~ urbano 城市街道用具(指路灯柱、交通灯、候车亭、废物箱及放在人行道上的长凳等)
　industria ~a 家具业

moblaje *m.* 家具(总称)

moca *m.* ①摩卡咖啡;②优质阿拉伯咖啡;优质咖啡;③沼泽地,泥泞地

mocárabe *m.* 〈建〉蝶花装饰

mocasín *m.* ①"莫卡辛"鞋(北美印第安人穿的无后跟软皮鞋);鹿皮鞋,硬底软(拖)鞋;②"莫卡辛"型鞋,船[软帮]鞋;③〈动〉食鱼蝮(一种北美大毒蛇)

mocejón *m.* 〈动〉贻贝,淡[壳]菜

mocheta *f.* 〈建〉(门窗等的)外缘;凹角

mochila *f.* ①(登山或旅行用的)帆布背包;(士兵或徒步旅行者用的帆布、皮制)背包,挎包;②军用背包[囊];③(自行车两侧的)挂包[篮];④〈信〉(计算机的)硬件键;⑤*Cono S.* 书包,小背包

mochuelo *m.* 〈鸟〉纵纹腹小鸮

moción *f.* ①(尤指在会议上正式提出的)提案,动议;②移[运]动
　~ compuesta 综合提案
　~ de censura 不信任案,不信任动议
　~ de confianza 信任票
　~ de página 〈信〉页面移动
　~ dilatoria (主张推迟表决、审理等的)延期动议

moco *m.* ①(动植物的)黏液;鼻涕;②烛泪;灯花;③(禽类的)肉[羽]冠;④炉[熔]渣;矿渣

mod *m.* 〈数〉模;加法群;②〈信〉模组

moda *f.* ①(服饰等的)(时新)式样;(流行)款式;②时式服装;时装;③〈统〉众数(一组数字资料中出现次数最多的值)
　~ bruta 〈统〉概约众数

modacrílica *adj.* 〈纺〉(纤维)变性聚丙烯腈的

modal *adj.* ①形[方,样]式的;形态的;②〈逻〉模态的;③〈统〉众数的
　lógica ~ 模态逻辑

modalidad *f.* ①方[形,样]式;形态;②程[模]式;③〈体〉类,类别;④〈信〉(计算机系统的)操作方法;方[模]式
　~ de acceso 〈信〉(计算机)存取方式,访问方式
　~ de entrada/salida 输入/出方式
　~ de pago 〈商贸〉支付方式
　~ de texto 〈信〉文本模式
　~ del empleo 就业形式

modelado *m*. ①模型制造，建模；塑像；造型；②（雕刻、图画等的）立体感；③〈地〉（侵蚀形成的）地形构造；④〈数〉〈信〉模型设计；造型（给图形着色并做明暗处理，使之具有立体感和真实感）

modelador,-ra *m. f*. ①木［制］模工；制造模型者；②造型者，塑像者‖*m. Amér. L*. 卷发［发型］器

modelaje *m*. 模型制造，建模；塑像；造型

modélico,-ca *adj*. ①用作模型的；②模［典］范的，榜样的，可作楷模的

modelismo *m*. ①模型制造，建模；塑像；造型；②做模型术

modelista *m. f*. ①木［制］模工；制造模型者；②造型者，塑像者；③服装设计师

modelización *f*. ①模型制造，建模；塑像；造型；模式化；②〈信〉模型设计；③（尤指妇女服饰款式的）创造性设计

　~ cognoscitiva 认知模型设计

　~ informática 信息模型设计；计算机建模

　~ matemática 数学模型设计

modelo *m*. ①模型；②样品［式］；型号；③〈数〉模型；（供研究的）模式［型］；④范［模］本；型（号）；⑤（衣物等的）样式；设计图样；⑥〈机〉〈技〉样［模，型］板，靠模‖*m. f*. （艺术，摄影，时装等的）模特儿

　~ a escala 比例模型，缩尺模型

　~ aleatorio［estocástico］随机模式

　~ analógico［análogo］模拟模型

　~ antiexplosivo 防爆型

　~ atómico de Bohr 〈理〉（丹麦物理学家）玻尔原子模型

　~ (atómico) de Rutherford 〈理〉（英国物理学家）卢瑟福原子模型

　~ básico 基本型

　~ conexionista 连接模式

　~ de alta costura 高级时装模特儿

　~ de Ampère 〈理〉（法国物理学家）安培模型

　~ de contrato 标准合同，合同格式

　~ de datos 数据模型

　~ de decisión lineal 线性决策模型

　~ de escritura 习字范本，习字帖

　~ de flujo de datos 数据流模型

　~ de insumo-producto 投入产出模型

　~ de mercadotecnia 市场营销模型

　~ de objetos 对象模型

　~ de portada （刊物的）封面女郎

　~ de programación lineal 线性规划模型

　~ de referencia 参考模型

　~ de regresión lineal 线性回归模型

　~ de Watson-Crick 〈生化〉瓦特生-克里克模型

　~ dinámico 动态模型

　~ económico 经济模式

　~ ejecutivo cíclico 周期性执行模型

　~ en red 网络模型

　~ ER ER 模型

　~ estándar 标准模型

　~ físico 物理［直观］模型

　~ lógico de datos 逻辑数据模型

　~ matemático 数学模型

　~ normal 标准型

　~ relacional de datos 〈信〉关系数据模型

　~ simbólico 象征性模型

　~ vivo 裸体模特儿

　desfile de ~s 时装展［秀］

　taller de ~s 制模车间，模型工场

módem (*pl*. **módems**) *m*. 〈信〉调制-解调器

　~ de banda ancha 宽（频）带调制解调器

　~ de voz 语音调制解调器

　~ interno 内（部）调制解调器

　~ nulo 虚调制解调器

　~ para cable 〈讯〉线缆调制解调器

moderador,-ra *m. f*. ①仲裁人，调解人；②（会议、会谈等的）主席；③（电视或广播等的）节目主持人；④〈信〉主持（负责阅读发送给电子邮件列的报文的人，并且负责编辑不符合列表所规定原则的任何报文）‖*m*. ①〈理〉减速剂；慢化剂；②调节器；缓和剂

modernez；modernidad *f*. 现代性；现代特色［状态］

modernismo *m*. ①（文学、艺术等方面）现代主义；②（文学、艺术、音乐、建筑等领域的）现代派

modernización *f*. 现代化

moderno,-na *adj*. ①近［现］代的；②现代化的；新式的；③（文学、艺术、音乐、建筑等）现代派的

modificabilidad *f*. 可更［修］改性

modificación *f*. ①更［修］改；改变；②改［变］型；变体；③变更；更改；④改造［装］；⑤〈生〉〈生化〉诱发变异

　~ alostérica 〈生化〉（蛋白质的）变构（象）变化

　~ de (la) conducta 〈心〉行为矫正

　~ de la fecha 更改日期

　~ del contrato 修改合同

　~ del registro 变更商业登记

modificador *m*. 〈生〉修饰基因

modificar *tr*. ①更［修］改；改变；变更；②改造［装］；③〈信〉更新，（对信息的）修改，改写

modillón *m*. 〈建〉飞檐托饰

modiolo *m*. 〈解〉耳蜗轴

modo *m*. ①方式，方法；②样式；模式；③〈理〉

波型;波模;④〈逻〉(三段论的)式;形式;⑤〈乐〉调式;⑥〈信〉(计算机系统的)操作方法;方[模]式

~ asíncrono 〈信〉异步模式

~ banda-ancha 〈信〉宽带模式

~ de acceso 〈信〉存取方式,访问方式

~ de adquirir 〈法〉获得方式

~ de arrollamiento periódico 〈信〉周期滚动方式

~ de direccionamiento 〈信〉编[寻]址模式

~ de empleo 使用方法

~ do financiamiento 筹[融]资方式

~ de gobierno 管[治]理方法

~ de operación 操作[经营]方式

~ de pago 支付方式

~ de pensar 思想方法

~ de producción 生产方式

~ de radiación axil 轴向辐射型

~ de red 〈信〉开隧道方法(将一种类型网络的数据分组包含在另一类报文之中的方法)

~ de residencia 〈信〉常驻方式

~ de respuesta asíncrono 〈信〉异步响应方式

~ de ser 性格,脾气

~ de transferencia asíncrono 〈信〉异步传送模式

~ de un guíaondas (电磁波的)波导管模式

~ de vibración 〈理〉振荡[震动]模式

~ de vida 生活方式

~ del silogismo 三段论程式

~ flipfop 触发器模式

~ fundamental 〈理〉主[波基]型

~ insertar 〈信〉插入方式

~ invisible 〈信〉透明方式

~ LPAR 〈信〉逻辑分区模式

~ mayor/menor 〈乐〉大/小调式

~ núcleo 〈信〉内核模式

~ plagal 〈音〉变格调式

~ protegido 〈信〉保护模式

~ reemplazar 〈信〉替换[代替]方式

~ resonante 谐振模(式)

~ seguro 〈信〉安全模式

~ sincrónico 〈信〉同步模式

~ sobreescribir 〈信〉覆盖方式

modorra *f*. 〈兽医〉家畜晕倒病

modorro,-rra *adj*. ①〈兽医〉(家畜)患晕倒症的;②(水果)熟透的,变[发]软的

modulabilidad *f*. 〈无〉调制能力[本领]

modulación *f*. ①调节[整];②〈电子〉〈无〉调制;③〈乐〉转调;(声调的)抑扬

~ de alto nivel 高电平调制

~ de[en] amplitud 调幅,振幅调制

~ de corriente catódica 阴极调制

~ de corriente constante 恒流调制

~ de[en] fase 相位调制,调相

~ de frecuencia 调频,频率调制

~ de iluminación 亮[明]度调制

~ de impulsos en amplitud 脉冲幅度[振幅]调制

~ de impulsos en duración 脉冲持续时间调制

~ de intensidad 强度调制

~ de intervalo de impulsos 脉冲间隔调制

~ de subportadora 副载波调制

~ doble 双[双重]调制

~ en frecuencia de impulsos 脉冲频率调制

~ en rejilla 极栅调制

~ multidimensional 多维调制

~ perfecta 准确调制

~ por absorción 吸收调制

~ por amplitud de impulsos 脉幅调制

~ de codificación de impulsos 脉幅调制

~ por desplazamiento de amplitud 移幅调制,移幅键控(法)

~ por desplazamiento de frecuencia 移频调制

~ por diapasón 叉音调制

~ por impulsos 脉冲调制

~ por impulsos en duración variable 脉冲时间调制

~ por número de impulsos 脉冲编码调制

~ positiva 正调制

~ según dos tipos distintos 双[双重]调制

electrodo de ~ 调制电极

índice de ~ 调制指数

transmisor de ~ de frecuencia 调频发射机

modulador,-ra *adj*. ①〈电子〉〈无〉调制的;②〈乐〉(使)转调的;(使)声调抑扬的 ‖ *m*. ①〈电子〉〈无〉调制器;②〈生〉抑扬调节剂;③见 ~ de luz

~ de amplitud 调幅器

~ de frecuencia 调频器

~ de luz 〈理〉调光器

~ de reactancia 电抗调制器

~ equilibrado 平移调制器

modulador-demodulador *m*. 〈信〉调制-解调器

modular *tr*. ①〈乐〉使转调;②〈电子〉〈理〉

〈无〉调制‖*adj.* ①〈理〉〈数〉模的；模数［量］的；②组［模］件的，积木式的；③〈部件等〉按标准尺寸制造的，标准化的；模块化的；④〈教〉(课程教学)分单元的

modularidad *f.* ①组件性，积木性，模化程度；②组件应用

madularización *f.* 组件化，积木化，用组件制造

módulo *m.* ①〈数〉模，加法群；②模数(家具、建筑部件等选定的尺度单位)；③〈技〉模量；系［模］数；④(微型、积木式或软的)组［模］件；⑤〈建〉预制件；⑥〈航空〉(航天器、宇宙飞船等的)舱；⑦〈信〉模组(一种软件程式)；程序片；模块；⑧〈教〉单元(指主修课程的一个学习单位)；⑨(人体的)比例；⑩*And.* 平台

~ cargable 装入模式

~ conectable de autenticación 〈信〉连接［插入］认证模块

~ de comando［mando］指挥舱

~ de compresión［masa］体［容］积(弹性)模量［模数，系数］

~ de elasticidad(~ elástico) 弹性系数(致使物体变形的力的比率)；弹性模量

~ de refracción 折射模数

~ de resistencia 截面模量

~ de rigidez 刚性模量

~ de un logaritmo 〈数〉对数的模

~ de Young 杨氏模量

~ del producto vectorial 〈数〉向量积的模

~ fuente 〈信〉源模块

~ lunar 登月舱

~ objeto 目标模块

~ regulador de voltaje 电压调节(器)模块

modulómetro *m.* 调制计［表］

modus habilis *lat.* 生活方式

modus operandi *lat.* 工作方法

modus vivendi *lat.* 临时解决方法，权宜之计

moer *m.* 〈纺〉云［波］纹绸，云纹型织物

mofeta *f.* ①〈动〉臭鼬；②〈矿〉沼气，甲烷；③〈地〉(碳酸喷气口喷出的)气体

mofle *m. Amér. L.* (汽车上装的)消声［音］器

mogiatria *f.* 〈医〉构音困难

mogifonia *f.* 〈医〉发音困难

mogilalia *f.* 〈医〉出语困难，难语症(如口吃)

mogote *m.* ①〈地〉小圆丘；②(角锥状)堆，垛；③〈动〉(新长的)鹿角

mohair *m.* ①马海毛，安卡拉山羊毛；②马海毛纱；马海毛(混纺)织物

moho *m.* ①(金属上的)锈；②(食物上的)霉；霉菌；③〈植〉苔藓；地衣

mohoso,-sa *adj.* ①生锈的；②发霉的

mojarra *f.* ①〈动〉鲷科海鱼；银鲈(美洲产的生小鱼)；丽鱼(热带美洲产的淡水鱼)

mojera *f.* 〈植〉白面子树

mojinete *m.* 〈建〉①屋脊；墙头；②(建筑物正面的)人字墙，山形饰；③(墙上的)盖瓦；④*Cono S.* 山［三角］墙

mojón *m.* ①界标［石］；②路标［牌］；③(一次排出的)粪，大便；④见 ~ kilométrico

~ kilométrico 里程标［碑］

mol *m.* 〈化〉摩尔，克分子(量)

mola *f.* ①圆头山；②〈医〉胎块

molalidad；molaridad *f.* 〈化〉〈理〉摩尔浓度，容模(浓度)

molar *adj.* ①〈解〉白齿的；近白齿的；②〈化〉〈理〉摩尔的；(浓度)容模的；③用于研磨的‖*m.* 〈解〉白齿

molasa *f.* 〈地〉磨砾层(相)

molcajete *m.* 臼；三脚研钵

moldavita *f.* 〈矿〉绿玻陨石

molde *m.* ①〈工艺〉模子［型］；铸模［型］；模板，②〈地〉(贝壳化石的)压痕；印痕；③〈生化〉(分子的)定型物；④〈印〉印版；⑤〈缝〉针织用针；裁剪样板；(服装)纸样

~ de yeso 石膏模型

~ metálico de moldeo a presión 压铸件

moldeabilidad *f.* ①可铸性；展延性；②可塑性

moldeable *adj.* ①(金属等材料)展延性的；可锤展的；可浇铸的；可模制的；②可塑的；③可塑造的

moldeado,-da *adj.* 〈冶〉浇铸的；模制的‖*m.* ①〈冶〉浇铸(法)，铸造(法)；②造型(法)；模制；③模制件；(石膏)铸件；④(头发的)烫发

~ al vacío (塑料板的加热)真空塑型

~ de arena seca 干砂造型

~ en coquilla ①冷硬铸造(法)；②冷激铸件

pieza ~a 压铸件，模制零件

pieza ~a en coquilla bajo presión 冷压铸件

moldeador,-ra *adj.* 模制的，铸造的‖*m. f.* ①铸［翻砂，制模］工；②模塑［造型］者‖*m.* ①模，薄板坯，造型［翻砂］物；②(烫发、美发用的)卷发器‖~ **a** *f.* 〈机〉模压机，压型机

moldeo *m.* ①〈冶〉浇铸(法)，铸造(法)；②造型(法)；模制；③模制件；④模型

~ a descubierto 明浇，地面浇铸

~ a la cera perdida 熔模［失蜡］法造型

~ a［por］presión 压塑，模压法

~ bajo presión 压力铸造

~ centrífugo 离心浇铸(法)

~ de fundición 铁铸件

~ de precision 精密[熔模]铸造

~ en arena seca 干砂模型

~ en cáscara 冷[硬]铸

~ en coquilla ①冷硬铸造(法);②冷激铸件

~ en coquilla bajo presión 冷压铸造

~ en matriz 模铸,压铸(法,件)

~ en yeso 石膏模型

~ por compresión 压[模]塑,模压法

~ por extrucción[recalcado] 挤压成型,挤压模塑法

~ por inyección 喷射铸造法

caja de ~ 型[砂]箱

moldura *f.* ①〈建〉线脚;(墙、门等的)装饰线条;贴缝板条;②画框;框架

molduradora *f.* 〈建〉线条刨;木模机

molectrónica *f.* 分子电子学

molécula *f.* 〈化〉〈理〉分子

~ diatómica 二原子分子

~ gramo[mol] 克分子(量)

~ heteronuclear/homonuclear 异/同核分子

molecularidad *f.* 〈化〉①(参与反应的)分子数;②分子性,分子状态

molecular *adj.* ①〈化〉分子的;②〈理〉摩尔的;③〈生〉(组织)分子构成的;④研究分子层现象的

atracción ~ 分子吸引力

biología ~ 分子生物学

bomba ~ 分子[高真空]泵

estructura ~ 分子结构

flujo ~ 分子流

fórmula ~ 分子式

patología ~ 分子病理学

peso ~ 分子量

rotación ~ 分子旋光度

vibración ~ 分子振动

moledor,-ra *adj.* 捣[碾,压]碎的;(研)磨的 ‖ *m. f.* 〈机〉①砂轮;研磨器械;②(研)磨机,磨床;③(岩石、矿石等的)碾碎机,磨矿机;捣碎机

~a de arena 研砂机

moledura *f.* 磨,碾,捣[碾,压]碎

~ cilíndrica 外圆磨削

~ de forma 成型磨削

~ en seco 干磨

moleña *f.* 火[燧]石

moleta *f.* ①研[捣]棒,滚子[轮];②(玻璃)磨光器

~ de extracción 〈矿〉天[头]轮

moleteado,-da *adj.* (周缘)滚花的 ‖ *m.* 滚[压]花

tuerca ~a 周缘滚花螺母

molibdato *m.* 〈化〉钼酸盐

molibdenita *f.* 〈矿〉辉钼矿

molibdeno *m.* 〈化〉钼

acero al ~ 钼钢

bisulfuro de ~ 二硫化钼

molibdenoso,-sa *adj.* 钼的;二价钼的

molíbdico,-ca *adj.* 〈化〉钼的;正[三价,六价]钼的

ácido ~ 钼酸

molibdita *f.* 〈矿〉钼华

molibilidad *f.* (可)磨削性,可磨性

molido,-da *adj.* 磨[碾]碎的;磨细的;粉末状的

molienda *f.* ①磨[碾]碎;磨细;研磨;②研磨的量

molificación *f.* ①软化(作用),变软;②缓和,减轻

molificador *m.* 软化[缓和]剂

molinería *f.* ①磨坊;②碾磨加工业

molinero,-ra *m. f.* ①磨坊工人;碾磨工;②磨坊主

molinete *m.* ①〈机〉叶片[轮];②(装在门窗上的)排风扇;③〈船〉绞车[盘];④旋转门;⑤〈体〉(单杠、吊环等上的)翻滚动作

~ del ancla 绞车[盘];卷扬机

~ regulador 风扇叶片

molinillo *m.* ①手推磨;②〈机〉手摇碾磨机;③〈机〉绞肉机

~ de aceite (手动)橄榄油压榨机

~ de café 咖啡碾磨机

~ de carne 绞肉机

molino *m.* ①磨,碾磨机;②磨坊;碾磨加工厂

~ arrocero 碾米厂

~ de agua(~ hidráulico) 水磨

~ de bolas 球磨机

~ de cemento 水泥厂

~ de cubo 水轮[车];汲水辘轳

~ de disco 圆盘磨

~ de harina(~ harinero) ①磨面机;②面粉厂

~ de jaula 笼式粉碎机

~ de sangre 畜力磨

~ de trigo ①磨面机;②面粉厂

~ de vapor 蒸汽磨

~ de viento 风力磨;风力涡轮

molisol *m.* 〈地〉软土

molleja *f.* ①(鸟等的)砂囊,胗;②*pl.* (牛的)胰脏,胸腺;杂碎

molo *m.Cono S.* 〈工程〉防波堤,堤坝;防浪

墙；折流坝

molotov *adj. inv.* 见 cóctel ～

cóctel ～ 莫洛托夫燃烧［汽油］弹；莫洛托夫鸡尾酒

moltura；molturación *f.* 磨，碾；磨［碾］碎

molusco,-ca *adj.* 〈动〉软体动物的；软体动物门的 ‖ *m.* ①〈动〉软体动物；② *pl.* 软体动物门

momento *m.* ①片刻；刹那；②时刻［候］；③〈理〉动［冲］量；（力）矩

～ angular 角动量

～ de flexión 弯矩

～ de fuerza 力矩

～ de inercia 惯性矩，转动惯量

～ de torsión(～ torsional) 扭转［旋转］力矩，扭矩

～ de volteo 倾覆力矩

～ dipolar 偶极矩，磁偶极矩

～ flector 弯矩

～ impulsivo 冲量矩

～ límite ①〈信〉最后时限；②（报纸等稿件的）截稿线

～ lineal 线性动量

～ magnético 磁矩

～ real 〈信〉实时

～ recuperador 回复［改正］力矩

momia *f.* 木乃伊，干尸

momificación *f.* （尸体变成）木乃伊；干尸化

mónada *f.* ①〈化〉一价物；一价基；②〈理〉单轴；③〈生〉单分体；④单一体，（不可分的）单体

monadelfo,-fa *adj.* 〈植〉（雄蕊）单体的；（花朵）有单体雄蕊的

monandria *f.* 〈植〉单雄蕊式；单体雄蕊花式

monandro,-dra；monandroso,-sa *adj.* 〈植〉具单一雄蕊的；单一雄蕊花的

monaural *adj.* 单耳（听觉）的

monaxón,-ona *adj.* 〈动〉单轴（型）的

monaxónido,-da *adj.* 〈动〉单轴目的 ‖ *m.* ①单轴目动物；② *pl.* 单轴目

moneda *f.* ①硬币；②货币（尤指纸币）；通货；③（一国的）货币单位

～ blanda［débil］软通货，（不易兑换的）软性货币

～ circulante［corriente］流通货币，通货

～ contante y sonante ①硬币；②现金

～ convertible 可兑换货币

～ de cuenta 记账货币

～ de curso legal 法定货币，法偿币（由法律规定在所有公私债务的支付中必须接受的货币）

～ de libre convertibilidad 自由兑换货币

～ de oro 金币

～ de plata 银币

～ de reserva 储备货币

～ decimal 十进制货币

～ divisionaria［fraccionaria, subsidiaria］辅币

～ dura［fuerte］硬通货；硬性货币（指价值稳定的货币）

～ falsa 伪币

～ fiduciaria 信用纸币，不兑现纸币

～ imaginaria 记账货币

～ legal 法定货币

～ menuda［suelta］零钱，小币值硬币

～ metálica 硬币

～ nacional 本国货币

～ papel 纸币

～ única 欧洲单一货币（即 2002 年取代欧盟 12 国货币的欧元）

mónera *f.* 〈生〉无核原生物，原核生物

monetario,-ria *adj.* 〈经〉货币的，金融的

sistema ～ 货币制度

monetarismo *m.* 〈经〉货币主义

monetarista *adj.* 〈经〉①货币主义（者）的；②货币性的，以货币为基础的 ‖ *m. f.* 货币主义者

monetización *f.* ①货币化；②造币；确定为法定货币

～ de crédito 信用货币化

～ del oro 黄金货币化

mongólico,-ca *adj.* 〈医〉（患）先天愚型的，（患）伸舌样白痴的 ‖ *m. f.* 〈医〉先天愚型患者，伸舌样白痴患者（症状为脸宽、塌鼻、眼稍上翘）

mongolismo *m.* 〈医〉先天愚型，伸舌样白痴（一种先天性白痴）

moniato *m.* 〈植〉白［甘］薯

monicongo *m. Amér. L.* 动画（影）片，卡通片

moniliasis *f.* 〈医〉念珠菌病

moniliforme *adj.* 〈生〉念珠状的

monitor,-ra *m. f.* ①〈体〉教练；（体育队的）领队；②监听员 ‖ *m.* ①〈技〉监控［视，听］器；②（放射性污染辐射剂量等的）监测器；剂量计；③〈信〉显示器（荧光屏）；监督程序，管程；④〈矿〉（喷）水枪

～ de alta definición 〈信〉高清晰度显示器（荧光屏）

～ de campamento 野营（活动）领队

～ de esquí 滑雪教练

～ de natación 游泳教练

～ de radiación 辐射监测器

～ de teleprocesamiento 〈信〉远程处理显示器（荧光屏）

～ deportivo 体育教练（员）

~ fisiológico 〈医〉生理监护器

~ hidráulico 〈矿〉高压水枪

monitoreado *m.* ①监控[视，听]；②检[监]测

monitorización *f.* ①监控［视，听］；②检［监］测；③配备监控［视，听］器；④〈医〉(用监护器)监护

mono,-na *adj.* 〈乐〉单声道(放音)的 ‖ *m. f.* 〈动〉猴子；猿 ‖ *m.* ①漫[讽刺，幽默]画人物；(人或动物的)画像；②(衣裤相连的)工作服，工装服；连衫裤工作服；粗蓝布工作服；③戒毒过程产生的症状(如盗汗、恶心、抑郁等)

~ araña 蛛猴

~ ardilla 松鼠猴

~ aullador *Amér. M.* 吼猴

~ capuchino *Amér. M.* 泣[悬，卷尾，僧帽]猴

~ de aviador[vuelo] 飞行服

~ de esquí 滑雪服

~ de imitación ①(无创造性的)模仿者；②专门抄袭他人作业的学生

~ sabio (在马戏团表演的)驯猴

~s animados *Cono S.* 连环漫画

monoácido,-da *adj.* 〈化〉一(酸)价的；一元的，一酸的 ‖ *m.* 一元酸

monoamina *f.* 〈化〉一元胺

monoaminoxidasa *f.* 〈生化〉单胺氧化酶

monoanestesia *f.* 〈医〉局部麻醉

monoatómico,-ca *adj.* 〈化〉①单原子的；②一元的

monoaural *adj.* 〈乐〉①单声道的；②单声部音乐的

monobase *f.* 〈化〉一(碱)价，一元

monobásico,-ca *adj.* ①〈化〉一(碱)价的，一元的；②〈生〉单(种)基的

monoblástico,-ca *adj.* 〈生〉单核细胞的

monoblasto *m.* 〈生〉单核细胞

monobloque *adj.* 单块的，整体的；单层的

monocable *m.* 〈机〉〈交〉单索架空索道

monocarpelar *adj.* 〈植〉单[一]心皮的

monocárpico,-ca *adj.* 〈植〉结一次果的

monocarril *m.* 〈交〉单轨的 ‖ *m.* ①单轨，②(尤指高架的)单轨铁道；单轨铁路车辆

tren ~ 单轨列车

monocasco *m.* ①〈航空〉硬壳式机身；硬壳式构造；②单壳体车身；③单体船

monocasio *m.* 〈植〉单歧聚伞花序

monocelular *adj.* 〈生〉单细胞的

Monoceros *m.* 〈天〉麒麟(星)座

monocíclico,-ca *adj.* ①〈生〉单轮的；单周期[循环]的；②〈化〉单[一]环的

monociclo *m.* (尤指杂技演员用的)独轮车

monocigótico,-ca；monocigoto,-ta *adj.* 〈动〉单卵的，单精合子的

monocilíndrico,-ca *adj.* 〈机〉单(汽)缸的

motor ~ 单缸发动机

monocilindro *m.* 单(汽)缸

monocito *m.* 〈生〉单核细胞

monocitopexia *f.* 〈医〉单核细胞减少(症)

monocitosis *f.* 〈医〉单核细胞增多(症)

monoclamídeo,-dea *adj.* 〈植〉单(花)被的

monoclinal *adj.* 〈地〉单斜的 ‖ *m.* 单斜(结构)，单斜褶皱

monoclínico,-ca *adj.* 单斜(晶体)的，单结晶的；单斜晶系的

monoclino,-na *adj.* 〈植〉雌雄(蕊)同花的

monoclonal *adj.* 〈生〉单克隆的

anticuerpo ~ 单克隆抗体

monocloruro *m.* 〈化〉一氯化物

monocolor *adj.* ①单色的；②(政府、议会)由一个政党构成的

gobierno ~ 一党政府

monocorde *adj.* ①〈乐〉单弦的；②(声音)单调的

monocordio *m.* 〈乐〉单弦琴

monocotiledóneo,-nea *adj.* 〈植〉单子叶(纲)的 ‖ *f.* ①单子叶植物；②*pl.* 单子叶纲

monocristal *adj.* 单晶的 ‖ *m.* 单晶(体)

monocromador *m.* 〈理〉单色器[仪]，单色光镜

monocromasia *f.* ；**monocromatismo** *m.* 〈医〉全色盲(症)

monocromático,-ca *adj.* ①(光、辐射等)单色的；产生单色光的；②〈理〉单色的；③〈医〉全色盲(症)的

monocromatizar *tr.* 〈理〉使成单色，使单色化

monocromía *f.* ①(艺术作品等的)单色性；②〈画〉单色画；③〈画〉单色绘画法

monocromo,-ma *adj.* ①单色的；②〈电影〉单色的，黑白的；(电视)黑白的 ‖ *m.* ①单色，黑白；②单色[黑白]照片

pintura ~a 单色画

monocular *adj.* ①单眼的，单目的；②单目的，单筒的 ‖ *m.* 单目镜仪器

monóculo,-la *adj.* 单眼用的 ‖ *m.* ①单片眼镜；②〈医〉单眼绷带

monocultivador *m.* 〈农〉小型机犁

monocultivo *m.* ；**monocultura** *f.* 〈农〉单一种植，单作

monodactilia *f.* 〈动〉单指[趾](畸形)

monodáctilo,-la *adj.* 〈动〉单指[趾]的；单爪的

monodifusión *f.* ①单传播；②〈信〉单播，单

点转播

monodrama *m.* 〈戏〉单人[独角]剧

monoecia *f.* 〈植〉雌雄同株

monoecio,-cia *adj.* ①〈植〉雌雄同株的；②〈动〉雌雄同体的

monoenergético,-ca *adj.* 单一能量的

monoespaciado *m.* 〈信〉等间距

monoestable *adj.* 〈电子〉单稳态的

monoéster *m.* 〈化〉单酯

monoestro,-tra *adj.* 〈动〉(每年)一次发情的

monoetápico,-ca *adj.* 单级的

monoexportación *f.* 〈商贸〉单一出口

monofagia *f.* 〈生〉单食性；〈医〉偏食

monófago,-ga *adj.* 〈环〉〈生〉单食性的，单主寄生的

monofase *f.* 〈电〉单相

monofásico,-ca *adj.* 〈电〉单相(位)的
contador ～ 单相位计
generatriz ～a 单相发电机
motor ～ 单相电动机
motor ～ de inducción 单相感应电动机

monofilamento *m.* 〈纺〉单(根长)丝，单纤(维)丝

monofilético,-ca *adj.* 〈生〉单元[源]的

monófilo,-la *adj.* 〈植〉单叶的，具一叶的

monofiodonto,-ta *adj.* 〈动〉不换性齿的 ‖ *m.* 不换性齿动物

monofobia *f.* 〈心〉孤居[身]恐怖

monofonia *f.* ①〈信〉单声道放[录]音；②〈乐〉单声部音乐

monofónico,-ca *adj.* ①〈乐〉〈信〉单声道的；②单声部音乐的

monofronte *adj.* 〈信〉单边的

monogamia *f.* ①一夫一妻制；②〈动〉单配偶，单配性

monógamo,-ma *adj.* ①一夫一妻制的；主张一夫一妻制的；②〈动〉单配(性)的，一雌一雄的

monogástrico,-ca *adj.* ①(人、某些动物)单胃的；②(肌肉)单腹的

monogénesis *f.* ①〈动〉单[无]性生殖；②〈生〉一元发生说(认为人类由一对夫妇繁衍而来的)人类同源论

monogenético,-ca *adj.* ①〈动〉单性生殖的；单(亲生)殖的；②〈生〉一元发生的；③人类同源论的；④〈地〉单成的；⑤(染料)单色的

monogénico,-ca *adj.* ①〈遗〉单基因的；②〈动〉单殖的；单性子裔的

monogenismo *m.* (认为人类由一对夫妇繁衍而来的)人类同源论

monogenista *adj.* 人类同源的 ‖ *m. f.* 人类同源论者

monografía *f.* 专著[论]，专题著作

monográfico,-ca *adj.* 专题性的；专著的
investigación ～a 专题研究

monohíbrido,-da *adj.* 〈化〉单因子杂种的

monohidratado,-da *adj.* 〈化〉一水化[合]物的

monohidrato *m.* 〈化〉一水化[合]物

monoico,-ca *adj.* ①〈植〉雌雄同株的；②〈动〉雌雄同体的
planta ～a 雌雄同株植物

monolarguero *m.* 〈建〉单梁

monolítica *f.* 〈建〉整体式(建筑)

monolítico,-ca *adj.* ①〈地〉独块巨石的；独石碑[柱]的；整(体)料的；②〈建〉整体式的；③〈电子〉单片的

monolito *m.* ①〈地〉独块巨石；整(块)料；②独石碑[柱，雕像]

monólogo *m.* 〈戏〉独白；独白词
～ interior 内心独白

monomando *m.* (冷热水)混合龙头

monomanía *f.* ①〈心〉〈医〉单[偏]狂；②狂热

monomaniaco,-ca；monomaníaco,-ca *adj.* ①〈心〉〈医〉单[偏]狂的(人)；②狂热的 ‖ *m. f.* ①单[偏]狂者；②狂热者

monomercado *m.* 〈经〉〈商贸〉单一市场

monómero *m.* 〈化〉〈生化〉单体

monometálico,-ca *adj.* ①〈化〉单[一]金属的；②〈经〉单(金属)本位制的

monometalismo *m.* 〈经〉①单(金属)本位制；②单(金属)本位制政策

monometalista *m. f.* 〈经〉单(金属)本位制论者

monomial *adj.* 〈数〉单项的

monomineral *adj.* (岩石)单矿物的 ‖ *m.* 单矿物

monomio *m.* 〈数〉单项式

monomolecular *adj.* 〈化〉单个分子的，一分子的；单层分子的

monomorfismo *m.* ①〈生〉单态性[现象]；②〈化〉单晶现象

monomorfo *m.* 单晶物

monomotor *adj.* 〈航空〉单发动机的 ‖ *m.* 单发动机飞机

mononucleado,-da；mononuclear *adj.* ①〈生〉〈细〉单核的；②〈化〉单核[环]的

mononucleosis *f. inv.* 〈医〉①单核细胞增多症；②见 ～ infecciosa
～ infecciosa 传染性单核细胞增多症

monooxigenasa *f.* 〈生化〉单加氧酶

monoparental *adj.* 〈社〉只有父[母]亲的，单亲的
familia ～ 单亲家庭

monoparentalidad *f.* 〈社〉〈家庭〉单亲性

monopartidismo *m.* 一党制

monopatín *m.* ①滑板（一种运动器具）；②（儿童）单脚踏板车

monopatinaje *m.* 滑板运动；踩滑板

monopenia *f.* 〈医〉单核细胞减少症；单核白细胞减少症

monopétalo,-la *adj.* 〈植〉(花、花冠)单瓣的

monoplano *m.* 〈航空〉单翼飞机
~ biplaza 双座单翼(飞)机

monoplaza *adj.* 〈航空〉单座的(飞)机 ‖ *m.* 单座(飞)机
caza ~ 单座歼击机

monoplejía *f.* 〈医〉单瘫

monoploide *m.* 〈生〉单倍体

monopódico,-ca *adj.* 〈植〉单轴的

monopodio *m.* 〈植〉单轴

monópodo,-da *adj.* 单足[脚]的

monopolar *adj.* 单极的

monopolio *m.* ①〈经〉垄断；②〈商贸〉专卖；③〈法〉(政府给予的)垄断权；专卖[专利]权；④垄断企业；⑤独有[占]；控制
~ absoluto[total] 绝对[完全]垄断
~ bancario 银行垄断
~ de compra[compradores] 买方垄断，(买主)垄断性收买
~ de demanda 买方垄断，(买主)垄断性收买
~ de emisión 发行垄断(制)
~ de oferta 供[卖]方垄断
~ de tabaco 烟草专卖
~ de vendedores 卖方垄断
~ de venta 垄断销售；包销
~ estatal 国家专卖[垄断]
~ nuclear 核垄断
~ parcial 部分垄断
~ técnico 技术垄断
~ tecnológico 工艺技术垄断

monopolismo *m.* 〈经〉〈商贸〉垄断；垄断主义；垄断制度

monopolístico,-ca *adj.* 〈经〉〈商贸〉①垄断的，垄断性的；②垄断者的；专卖者的
competencia ~a 垄断性竞争
mercado ~ 垄断性市场

monopolización *f.* ①〈经〉〈商贸〉垄断；专卖；②独占；全部占有

monopolizador,-ra *adj.* ①〈经〉〈商贸〉垄断的，垄断性的；②〈经〉〈商贸〉垄断者的；专卖者的；③独占的；全部占有的

monopolo *m.* ①〈电〉单极；②〈无〉单极天线
~ magéntico 磁单极

monoproducción *f.* 单一生产

monopropelente *m.* 〈航空〉用单元燃料的 ‖ *m.* 单元燃料；单元推进制

monopsia *f.* 〈医〉单眼畸胎

monopsonio *m.* 〈经〉买方独家垄断的市场结构

monóptero,-ra *adj.* 〈建〉圆形外柱廊式的 ‖ *m.* 圆形外柱廊式建筑(尤指庙宇)

monoquidia *f.* 〈医〉单睾症

monorraíl；monorriel *m.* 〈交〉①单轨；②(尤指高架的)单轨铁路；单轨铁路车辆

monorrino,-na *adj.* 〈医〉单鼻孔的

monorrítmico,-ca *adj.* 〈乐〉单节奏的

monorrueda *f.* 单轮

monosabio *m.* 〈动〉受训猴子

monosacárido *m.* 〈生化〉单糖

monoscopio *m.* 〈电子〉单像管，测试图像信号发生管

monosépalo,-la *adj.* 〈植〉合萼的；具有单萼片的

monosexual *adj.* 〈教〉(学校等)单性别的；专为一种性别的

monosilicato *m.* 〈化〉单硅酸盐

monosimétrico,-ca *adj.* 〈植〉单轴对称的

monosintoma；monosíntoma *m.* 〈医〉单症状

monosintomático,-ca *adj.* 〈医〉单症状的

monosoma *m.* ①〈生〉〈遗〉单染色体；②〈生〉单体；③〈生〉单核(糖核)蛋白体，单核糖体

monosomía *f.* 〈遗〉单体性

monospermia *f.* 〈动〉单精入卵

monospermo,-ma *adj.* 〈植〉单种子的

monóstico,-ca *adj.* 〈植〉单列的

monostomo,-ma *adj.* 〈动〉具单口的，具单(吸)盘的

monotema *m.* ①单一题目；单一话题；②〈乐〉单(一)主题

monotemático,-ca *adj.* ①单一题目[话题]的；②〈乐〉单主题的

monoterapia *f.* 〈医〉单药治疗(法)

monotipia *f.* ①〈印〉单字铸排术；②[M-]莫诺铸排机(商标名)；③(彩色图画在玻璃或金属板上直接压印到纸上的)单版画制作法

monotipo *m.* ①〈印〉单字铸排机；②(彩色画在玻璃或金属板上直接压印到纸上的)单版画；③〈生〉单型

monotoco,-ca *adj.* 〈动〉一次产一卵的，(产)单卵的；一胎产一仔的

monotonicidad *f.* 单调性，单一性

monótono,-na *adj.* ①单调的；无变化的；②〈数〉单调的

monotrema *adj.* 〈动〉单孔目(动物)的 ‖ *m.* ①单孔目动物；②*pl.* 单孔目

monótrico,-ca *adj.* 〈细菌〉单鞭毛的

monótropa *f.* 〈植〉水晶兰

monotrópico,-ca *adj.* 〈理〉单变性的

monotubo *m.* 单[独]管

monousuario *adj.* 〈信〉单一用户(使用)的

monovalencia *f.* ①〈化〉单[一]价;②〈生〉(染色体的)单一性

monovalente *adj.* ①〈化〉单[一]价的;②〈生〉单价的

monovía *adj.inv.* 单轨的

monovolumen *adj.* 〈交〉单一车厢的(汽车) vehículo ~ 单厢汽车

monóxido *m.* 〈化〉一氧化物
~ de carbono 一氧化碳
~ de cloro 氧化氯
~ de nitrógeno 一氧化氮
~ de potasio 一氧化钾
~ de sodio 一氧化二钠,氧化钠

monstruo *m.* ①畸形动[植]物;②〈医〉畸[怪]胎

monstruosidad *f.* (动植物的)畸形

monta *f.* ①总数[额];②骑马;上马;骑(上),乘;③(鸟、兽等的)交配;交配期;④〈军〉上马号

montacargas *m.inv.* ①〈机〉升降[提升]机;Cono S. 叉车;②(员工、送货人专用的)电梯,货运电梯
~ de cubetas 链斗提升机
~ neumático 空气提升机

montado,-da *adj.* ①骑(马)的;②(马)备好的;③乘在(车上)的;④布置[安装]好的‖*m.* 安装,装配
~ en derivación 并列[排],相并
guardia ~a 骑兵卫队
policía ~a 骑警(队)

montador,-ra *m.f.* ①〈机〉〈技〉安装[装配]工;(宝石)镶嵌工;②〈信〉(程序)编辑者;③(影片、电视片)剪辑员;④骑马者,骑手;乘车者‖*m.* ①〈机〉安装[架设]器,(拖车的)升降架;②〈信〉编辑程序;编辑器
~ de enlaces 〈信〉连接编辑程序
~ de escena (电影、舞台)布景师

montaje *m.* ①〈机〉〈技〉装配,〈组〉装;连接;组合;②〈电影〉剪辑,蒙太奇;③(展览会等的)布置;④(戏剧等的)演出)布景;⑤〈戏〉搬上舞台;⑥(电台、电视台)联播,联播网;⑦〈信〉挂[加]载;⑧镶嵌;⑨台架;*pl.* 炮架
~ continuo 流水线装配
~ de antivibraciones 抗振台[托架]
~ de automóviles 汽车装配
~ directo 直接安装[组合]
~ en cadena[serie] 连接安装;流水线装配
~ en estrella 星形连接
~ en paralelo 组合
~ en polígono 网状连接

~ en triángulo 三角形连接(法)
~ final 总装;最末组件
~ fotográfico 照片剪辑,合成照片
~ publicitario 宣传花招
cadena[línea] de ~ 装配线

montallantas *m.inv.* ①(换)装新车胎车间;②装新车胎工

montante *m.* 〈建〉①(门上的)楣[气]窗;扇形窗;②柱子;(窗、屋顶、甲板等的)支[直]柱;③(门窗的)过梁;(窗扇间的)竖档,中梃‖*f.* 〈海〉涨潮
~ compensatorio monetario 财政补偿(金)总额
~ provisional 辅助支柱

montaña *f.* ①山,山岳;②山区;③*Amér.L.* 山林;④*Col.* 丛莽,荒野‖*m.f.*〈动〉大白熊犬
~ rusa (游乐场的)过山车;环滑车

montañero,-ra *adj.* ①山的;(位于)山区的;②在山区使用的‖*m.f.* 登山运动员

montañés,-sa *adj.* ①山的;②高地的;高山地带的

montañismo *m.* 爬[登]山;登山运动

montañoso,-sa *adj.* 多山的;有山的

montaplatos *m.inv.* (大饭店楼上楼下之间的)送饭菜升降机

montaraz *adj.* 〈动〉野生的,生长在山上的

montarrón *m.And.* 山林;山(大)森林

monte *m.* ①山,山岳;②山冈;*pl.* 山脉;③农[乡]村;*Amér.C.,Cari.* 市郊,郊区;④林地[区];⑤见 ~ de Venus;⑥*Amér.L.* (印度)大麻制剂;⑦*Méx.* 牧场
~ alto 林区,森林
~ bajo 密灌丛,低矮丛林
~ blanco 待造山林
~ de Venus 〈解〉(女性的)阴阜
~ irregular 不整齐树林(指至少有三类树的树林)
~ regular 整齐树林(指只有一类树的树林)

montera *f.* ①〈建〉(屋顶等的)天窗;②〈技〉(上)升;升起,提高;隆起;③〈海〉三角帆;④(庭院等的)玻璃顶

montería *f.* ①打[狩]猎(尤指打大猎物);狩猎术;②猎人(队伍);③狩猎场[区];④猎物;⑤*And.* 独木舟;小船;⑥*Amér.C.,Méx.* 伐木场

montés,-esa *adj.* ①(动、植物)长在山上的;野的,野生的;②山(区)的
cabra ~a 野山羊
gato ~ 山猫
temperatura ~a 山区气温

montgolfier *m.* 〈气〉热(空气)气球

monticelita *f.* 〈矿〉钙镁橄榄石

montículo *m.* ①〈地〉小山,土丘陵;②假山

montmorillonita *f.* 〈矿〉蒙脱石;高[胶]岭石

montmorillonoide *m.* 〈矿〉蒙脱矿;高[胶]岭矿

montuno,-na *adj.* ①山的;②*Amér. L.* 野的;野生的;未驯化的

montuosidad *f.* 多山特点

montuoso,-sa *adj.* ①多山的;有山的;②多小山的;丘陵的

montura *f.* ①〈眼镜〉架(子);〈镶宝石的〉底[托]板;底座;②马鞍;鞍具[座];③坐骑(如马等牲畜);④〈天〉(显微镜、望远镜的)载片;座架;⑤装配,组装
～ acimutal[altacimutal] 地平经纬望远镜载片

monzón *m.* ①〈气〉季风;②(印度等东南亚地区的)西南季风季节

monzónico,-ca *adj.* 〈气〉季风的
lluvias ～as 季风雨

monzonita *f.* 〈地〉〈矿〉二长岩

moñudo,-da *adj.* 〈鸟〉有羽冠的

moquillo *m.* ①〈兽医〉(狗、猫等的)传染性卡他;温热(一种动物传染病);②禽鸟舌喉炎

mora *f.* 〈植〉①桑葚;②黑莓;③*Hond.* 覆盆子;④*Méx.* 桑树

moráceo,-cea *adj.* 〈植〉桑科的‖*f.* ①桑科植物;②*pl.* 桑科

moracho,-cha *adj.* 浅紫色的‖*m.* 浅紫色

morado,-da *adj.* 紫的;紫红的‖*m.* ①紫色;紫红色;②〈医〉青肿,挫[瘀]伤

moradura *f.* 〈医〉青肿;挫[瘀]伤

moral *f.* ①道德,品行;道德规范[行为];②伦理学‖*m.* 〈植〉桑树,黑桑
～ social 社会道德
doble ～(对不同对象宽严不同的)双重标准(尤指在性问题上对男子宽对女子严)

moratón *m.* 〈医〉青肿;挫[瘀]伤

moratoria *f.* 〈法〉①(债务人的)延期偿付(权),延期履行债务(权);②延期偿还期
～ bancaria 法定银行延期偿还期

morbididad; morbilidad *f.* 〈统〉发病率(某一地区或国家每10万或百万居民中患某一疾病者的数量)

mórbido,-da *adj.* 〈医〉病的;致病的;疾病所致的

morbo *m.* 〈医〉病,疾病
～ comicial 癫痫,羊痫风
～ gálico 梅毒,性病
～ regio 黄疸病

morbosidad *f.* ①〈医〉发[成]病;病情[势];②〈统〉(某一地区或国家的)发病率;③病态

morboso,-sa *adj.* 〈医〉①病的;疾病的;②病态的

morceguillo; morciguillo *m.* 〈动〉蝙蝠

morcilla *f.* 〈戏〉即席演出,临时插本(脚本中没有的台词等)

mordacidad *f.* 腐蚀性

mordaz *adj.* 腐蚀的,腐蚀性的

mordaza *f.* ①塞口物;②〈技〉夹具[头];③〈医〉夹持钳;④〈海〉掣链器;⑤〈军〉(炮的)后坐力消减器
～ dental 〈医〉张口器

mordente; mordiente *m.* ①〈冶〉腐蚀剂,酸洗剂;②〈化〉媒染剂;③〈乐〉波音

mordihuí *m.* 〈动〉象皮虫

morena *f.* ①〈地〉冰碛;②〈动〉海鳝;欧洲海鳝

morenata *f.* 〈动〉深海鳗

morenez *f.* ①褐[棕,咖啡]色;②〈皮肤〉浅黑色

moreno *m.* 褐[棕,咖啡]色;黄褐色,棕黄色

morera *f.* 〈植〉桑树

morfa *f.* 〈植〉(危害柠檬树和柑橘树的)寄生真菌

morfactinas *f. pl.* 〈生化〉形态素

morfalaxis *f.* 〈生〉变形再生

morfina *f.* 〈生化〉〈药〉吗啡

morfinismo *m.* 〈药〉吗啡瘾,吗啡中毒

morfinomanía *f.* 〈心〉吗啡瘾[狂]

morfinómano,-na *adj.* 有吗啡瘾的‖*m.f.* ①有吗啡瘾的人;②〈心〉吗啡瘾[狂]

morfógenesis; morfogenia *f.* ①〈生〉形态发生[建成];②〈地〉地貌形成(作用)

morfogenético,-ca; morfogénico,-ca *adj.* ①〈生〉形态发生[建成]的;②〈地〉地貌形成作用的

morfolina *f.* 〈化〉吗啉(一种吸湿性液体)

morfología *f.* ①〈生〉形态;②〈地〉〈生〉形态学;结构研究;③结构,形态

morfológico,-ca *adj.* ①〈生〉形态的;②〈地〉〈生〉形态学的

morfometría *f.* ①形态测定;②〈地〉(湖、湖盆等的)地貌量测

morfosis *f.* 〈生〉形态形成

morfotropia *f.* 变(晶)形性,变(晶)形研究

morganático,-ca *adj.* (婚姻)贵贱的(指王室、贵族成员与平民通婚的;贵贱婚规定低贱方不能因此而继承对方的地位,其子女也不能继承世袭的荣誉、封地和财产)

morganita *f.* 〈矿〉铯绿柱石

morocha *f. Cari.* 双筒枪;双管炮

morocho *m.* 硬玉米

morondo,-da *adj.* ①秃顶[头]的;②光秃秃的;③〈植〉无叶的

morrena *f.* 〈地〉冰碛
~ frontal 正（面冰）碛
~ lateral 侧（面冰）碛

morriña *f.* 〈兽医〉（羊等牲畜的）水肿，积水

morriñoso,-sa *adj.* 〈兽医〉（羊等牲畜）患水肿病的

morro *m.* ①（动物的）口鼻部，口吻；②（昆虫的）喙；③口状物；④〈技〉（前端）突出部分（如喷嘴、车头、弹头、船头、飞机机头等）；⑤〈地〉岬（角），海角；⑥卵[小圆]石；⑦〈海〉海边航标岩石

morrocoy *m. Amér. C.*；**morrocoyo** *m. Cari.* 〈动〉陆龟

morrongo,-ga *m. f.* 〈动〉猫

morsa *f.* 〈动〉海象

Morse；morse *m.* 〈讯〉莫尔斯电码

mortaja *f.* 榫眼，榫槽

mortajadora *f.* 〈机〉①凿榫[眼]机，制榫机；②插[铡，立刨]床

mortalidad *f.* ①致命性；必死性；②（人口的）死亡率；（事故等的）死亡人数；③（事业、教育等）失败率
~ en masa （动植物的）大量死亡
~ esperada[prevista] 预期死亡率
~ infantil 儿童死亡率
~ real[verdadera] 实际死亡率

mortecino,-na *adj.* 〈动〉自然死亡的

mortero *m.* ①砂[灰，泥]浆；胶泥；②白，研钵；③白炮；（烟火、礼花等的）发射器；④〈军〉迫击炮
~ aéreo 加气砂浆
~ de cal 石灰砂浆
~ de cemento 水泥砂浆
~ hidráulico 水凝砂浆
mezcladora de ~ 砂[灰]浆拌和机

mortificación *f.* ①〈医〉坏疽；②〈植〉枯斑，坏死；③〈医〉苦行；禁欲，克己

mortinatalidad *f.* 〈医〉死产率（某一时期出生后的死亡数与存活数的比例）

mortinato,-ta *adj.* 〈医〉死产的

mortis causa *lat.* 临终时作的（如遗嘱作，捐赠等）

morueco *m.* 〈动〉种[公]羊

mórula *f.* 〈生〉桑葚胚

MOS *abr.* metal-óxido-semiconductor 〈理〉金属氧化物半导体

mosaicismo *m.* 〈遗〉镶嵌现象

mosaico,-ca *adj.* ①马赛克的，镶嵌的，拼花的；②〈生〉〈遗〉镶嵌性的；③〈生〉（卵裂）镶嵌的 ‖ *m.* ①马赛克，镶嵌细工；镶嵌画[图案]；②镶嵌式；镶嵌工艺；③〈生〉〈遗〉镶合体；④〈信〉嵌镶面；⑤〈植〉花叶病

mosca *f.* ①〈昆〉蝇，苍蝇；②（作钓饵的）假

蝇；③见 peso ~
~ artificial （作钓饵的）假蝇
~ azul 〈昆〉粉虱
~ blanca 〈昆〉粉虱
~ de burro 马蝇，虻
~ de España ①西班牙芫青；②〈药〉斑蝥，欧芫青（可供药用）
~ de la carne 麻[肉]蝇
~ de la fruta 果蝇
~ doméstica 家蝇
~ drosofila 果蝇
~ tsetsé 舌[采采]蝇
~s blancas 雪花[片]
~s volantes 〈医〉飞蚊幻视；漂浮物
peso ~ 次最轻量级（体重51公斤以下）职业拳击手；次最轻量级（体重48-51公斤）业余拳击手

moscadero *m.* 〈植〉肉豆蔻（树）

moscarda *f.* ①〈昆〉（反吐）丽蝇（体有毛，腹部蓝色）；②麻蝇卵

moscardón *m.* 〈昆〉①（反吐）丽蝇；②大麻蝇（如牛蝇、马蝇）；③大胡蜂，大黄蜂

moscatel *adj.* ①麝香葡萄的；②麝香葡萄酿造的（酒）‖ *m.* 〈植〉麝香葡萄；麝香葡萄干

mosco *m.* 〈昆〉①*Amér. L.*〈虫〉蝇；②蚊

moscón *m.* ①〈昆〉（反吐）丽蝇（体有毛，腹部蓝色）；②〈植〉槭树，槭（俗称枫树）

moscovita *f.* 〈矿〉白云母

mosquete *m.* 火[滑膛]枪

mosquetón *m.* ①〈军〉短枪；短卡宾枪；②弹簧钩

mosquita *f.* 〈鸟〉鸣禽

mosquitero *m.* ①蚊帐；②〈鸟〉（食虫的）灰莺；③纱门[窗]

mosquito *m.* ①〈昆〉蚊；②〈昆〉蝗蛹；③〈体〉双体船[舟]

mostacho *m.* ①髭，小胡子，八字须；②〈海〉（船首斜桁的）左右支索

mostaza *f.* ①〈植〉芥菜；芥菜花；②芥末，芥子粉[酱]；③芥（末）色；④（打猎用的）铅弹
~ blanca 白芥
~ de Dijon （法国）第戎芥末糊（微辣）
~ inglesa 英式芥末酱
~ negra 黑芥
~ nitrogenada 〈化〉氮芥
baño de ~ 芥末浴
gas ~ 芥子气

mosto *m.* ①葡萄汁；②（发酵中的）葡萄汁

mostrador *m.* ①柜台；②办公桌[台]；③表[钟]盘，表[钟]面

mota *f.* ①微[颗]粒，细末；②斑[圆]点；③（布料、织物等上的）粒结；毛球；④〈地〉小土岗；小圆丘；⑤*Amér. L.*〈植〉大麻

motel *m.* 汽车旅馆(设在公路旁,供自驾汽车的旅客住宿)

motif *m. ingl.* ①(文艺作品的)主题;中心思想;②(图案画、室内装饰、服装设计等的)基调;③(衣服的)花边;④〈理〉型主;⑤〈信〉基本图案,基本色彩;⑥〈乐〉动机,乐旨

mótil *adj.* ①〈生〉能动的;②〈心〉运动表象型的

motilidad *f.* ①〈生〉能动力[性];②〈心〉运动表象型

motivación *m.* ①〈心〉动机;原因;②积极性

motivo,-va *adj.* ①原动的;(引起)运动的;能动的;②推动的 ‖ *m.* ①理由;原因;②动机;(行动的)缘由;目的;③(文艺作品的)中心思想,主题;④〈乐〉动机,乐旨;⑤(装饰图案的)基本花纹[色彩]
~ conductor 〈乐〉主导主题
~ de compra 购买动机[原因]
~ decorativo[ornamental] 装饰(图案)基调;装饰(图案)基本花纹
~ directo/indirecto 直/间接原因
~s de divorcio 离婚理由
~s ocultos 别有用心的动机

moto *f.* 摩托车,机器脚踏车 ‖ *m.* 界[路]标
~ acuática(~ de agua) ①喷气式滑水车;②〈体〉摩托艇运动
~ de nieve 摩托雪橇
~ náutica 水上摩托车

moto-cross *m. inv.* 〈体〉摩托车越野赛

motobomba *f.* ①〈机〉机动(水)泵;②消防[救火]车

motocaminera *f.* 〈机〉自动平地机

motocamión *m.* 卡[载重汽]车

motocarro *m.* 三轮(运)货(汽)车

motoceptor *m.* 〈医〉运动感受器

motocicleta *f.* 摩托车,机器脚踏车
~ con sidecar 带边斗的摩托车

motociclismo *m.* 〈体〉摩托车运动

motociclista *m. f.* ①骑摩托车的人;②〈体〉摩托车运动员
~ de escolta (为车辆等开道的)摩托车警卫

motociclo *m.* 机动车;摩托车

motocultivo *m.* 〈农〉机器耕作,机耕

motocultor *m.* 〈农〉耕耘机,中耕机;手扶机动犁

motódromo *m.* 汽[摩托]车赛车场

motoesquí *m.* 摩托滑雪板

motoexplanadora *f.* 〈机〉自动平地机

motogenerador *m.* 〈电〉电动发电机

motómetro *m.* 转数计,转速表

motomezclador *m.* 混凝土拌和车

motón *m.* 滑轮[车]

motonauta *m. f.* 喷气式滑水运动员

motonáutica *f.* 〈体〉摩托艇运动;摩托艇赛

motonave *f.* 内燃[柴油]机船

motoneta *f. Amér. L.* 小型摩托车;机动脚踏车;(尤指残疾人使用的)助动车

motoneurona *f.* 〈生理〉运动神经元

motonieve *f.* 雪地机动车,摩托雪橇

motoniveladora *f.* 〈工程〉〈机〉平地[路]机;推土机

motopesquero *m.* (小型)机动渔船

motoplaneador *m.* 〈航空〉电动滑翔机

motopropulsión *f.* 内燃机推[助]动

motor,-ra *adj.* ①原动的;引起运动的;②〈解〉运动原(指肌肉、运动神经或其中枢等)的;③〈生理〉肌肉运动的 ‖ *m.* ①原动力;②发动机;引擎;③电动机;马达;④内燃机;⑤〈解〉运动原(指肌肉、运动神经或其中枢等)
~ a[de] gas 煤气(内燃)机,燃气(内燃)机
~ a[de] inyección 燃油喷射发动机
~ a pistón[chorro]活塞发动机
~ a[de] reacción 喷气发动机
~ a vapor 蒸汽机
~ abierto 敞开式发动机
~ aéreo 航空发动机
~ antideflagrante 防爆式发动机
~ asincrónico 异步电动机
~ auxiliar 辅助[备用]电动机
~ axial 轴向式发动机
~ blindado[acorazado,cerrado] 封闭式发动机
~ cohete 火箭发动机
~ compound 复[混合]式发动机
~ con cambio de velocidad 变[多]速电动机
~ (con cilindro) en V V型发动机
~ con compresor 增压式发动机
~ con decalaje de escobillas 移刷型电动机
~ con enfriamiento por agua 水冷式发动机
~ con enfriamiento por aire 气冷式发动机
~ con reductor 齿轮降速马达
~ de aletas 风冷式发动机
~ de anillos 滑环电机
~ de arranque[lanzamiento] 起[发]动电动机
~ de ascensor 升降电动机
~ de aviación[avión] 航空发动机
~ de azimut 方位电动机
~ de balancín 横梁发动机
~ de base de datos 〈信〉数据库引擎

~ de búsqueda〈信〉搜索引擎
~ de colector 整流式电动机，整流子电动机
~ de combustión interna 内燃机
~ de condensador 电容启动电动机
~ de corriente alterna/continua 交/直流电动机
~ de desanclar 绞车，卷扬机
~ de doble efecto 双动发动机
~ de dos tiempos 二冲程发动机
~ de efecto único 单动发动机
~ de escape libre 排汽蒸汽机
~ de expansión triple 三级膨胀式蒸汽机
~ de explosión（爆发）内燃机
~ de fuera de borda 艇[舷]外推进器
~ de gasolina 汽油机，汽油内燃机
~ de inducción 感应电动机
~ de jaula de ardilla 鼠笼式电动机
~ de mando 步进电动机
~ de pistón 活塞发动机
~ de puesta en marcha 起[发]动电动机
~ de repulsión 排斥电动机
~ de reserva 备用电动机
~ de tracción 牵引电动机
~ de tranvía 电车用电动机
~ de turbina de gas 煤气涡轮发动机
~ de velocidad ajustable[regulable] 可调速电动机
~ delantero 前置发动机
~ diesel 柴油机
~ eléctrico 电动机
~ en abanico 扇形发动机[马达]
~ en derivación 分绕电动机
~ en estrella(~ radial) 星形发动机
~ en serie 串激电动机[马达]
~ en W 双 V 形发动机,箭形发动机
~ exterior/interior 艇外/内推进器[发动机]
~ fijo 固定式发动机
~ fuera (de) borda[bordo] 艇[舷]外推进器
~ generador 电动发电机
~ hermético 全封闭式电动机
~ hidráulico 水力发动机；液压马达
~ horizontal 卧式发动机
~ invertible[reversible] 可逆式电动机
~ marino 船用发动机
~ monofásico 单相电动机
~ polifásico 多相电动机
~ portátil 轻型发动机
~ primario 原动机；牵引机；发动机
~ rápido 高[快]速电动机

~ refrigerado por aire 气冷式发动机
~ rotativo 旋转发动机
~ sincrónico 同步发动机
~ sobrealimentado 增压发动机
~ térmico 热机
~ trasero 后置发动机
~ turbo compound 涡轮混合发动机
~ vertical 立式发动机
árbol de ~ 主[传,驱]动轴
carenaje del ~ 发动机罩
fuerza ~a 原[推]动力
grupo ~ generador 电动发电机组
grupo de ~es 发电机组
músculo ~ 运动肌
nervio ~ 运动神经
potencia ~a 原动力
motora f.；**motorbote** m. 摩托艇，汽艇[船]
motoricidad f.〈医〉运动力；运动(的)性能
motorismo m. ①〈体〉摩托车运动；②汽车热；汽车运动
motorista m. f. ①骑摩托车的人；②〈体〉摩托车运动员；③Amér. L.（经常）开汽车的人；（经常）驾车旅行的人；司机，驾驶员；④摩托巡警
motorístico,-ca adj. 汽车赛的；赛车运动的
motorización f. ①机动[摩托]化；机械化；②发动机容量
motorizado,-da adj. 机动的；摩托化的；机动化的
trineo ~ 机动雪橇
tropas ~as 摩托化部队
motorola f.〈讯〉①手机；②汽车电话
motorreactor m.〈机〉喷气发动机
motosegadora f.〈农〉机动[动力]割草机
motosierra f.〈机〉链[动力]锯
mototractor m.〈农〉拖拉机
motovelero m.〈船〉机帆船
motovolquete m. 自卸汽车[装置]
motramita f.〈矿〉钒铜铅矿
motricidad f. ①机动性；②〈生理〉运动机能；③〈生理〉(使)肌肉收缩能力
motriz adj. ①引起运动的；推动的；②〈技〉原动的；③〈解〉运动原(指肌肉、运动神经或其中枢)的
causa ~ 动因
fuerza[potencia] ~ 原[推]动力
generador de fuerza ~ 原动机
movedizo,-za adj. ①（土壤等）易移[流]动的；②漂流[移]的
ángulo ~ 偏航[漂移]角
arena ~a 流沙
corrección ~a (零点)漂移改正
movido,-da adj. ①〈摄〉影像模糊的；②〈海

面)波浪翻滚的;(海浪)汹涌的;③(飞机、轮船等)颠簸的

movidón *m.* 锐舞音乐(会)

móvil *adj.* ①(可)动的;活动的;②〈讯〉移动式的(电话、电台等);③流动的‖*m.* ①动机;②〈讯〉移动电话,手机;③汽车;④(以木片、纸片、金属片、塑料片等制成且能转动的)活动雕塑;活动装饰物;⑤活[运]动物体;活动部件

alza ~ (调节水位的)汇水闸板

estación ~ 移动[便携式]电台

paridad ~ 可调整平价

movilidad *f.* ①活[流,移]动性;②机动性;③〈社〉(人员的)流动;④易变性;⑤〈理〉迁移率

~ ascendente (个人或群体向经济地位、社会地位较高阶层流动的)上向流动倾向;上向流动能动性

~ del capital 资本流动性

~ del empleo 就业流动性

~ iónica〈理〉离子迁移率

~ social 社会流动(性)

movilización *f.* ①〈军〉〈社〉动员;调动;②(资源等的)调动;(资金的)增加,提升

~ de capital 资金增加

~ de recursos 资源调动

~ general 总动员

~ social 社会动员

orden de ~ 动员令

movimiento *m.* ①〈机〉〈理〉(物体的)运动;②活[移,行]动;(击剑时的)摆[挥]动;③(人员、资金等的)流动;(营业)活动;④流动(的)车辆(含行人);交通量;⑤〈商贸〉(账目等的)办理;周转;⑥(政治、社会、思想等领域的)运动;⑦〈乐〉乐章;速度;拍子;⑧〈军〉调动;⑨(文学艺术的)流派;倾向;⑩(绘画、雕刻的)动态感;(价格、气温、统计数字等的)变动[化];⑪〈机〉机件[构];动程;⑫见 ~ de bloques

~ acelerado 加速运动

~ alternativo 往复[交互]运动

~ alterno 往复[变速]运动

~ angular 角运动

~ armónico〈理〉谐运动

~ browniano〈理〉布朗运动(悬浮在液体或气体中的微粒所作的永不停止的无规则运动)

~ cíclico ①周期变[运]动;②循环[往复]运动

~ circular[giratorio] 圆(周)运动;旋转[循环]运动

~ constante[continuo] 连续[永恒]运动

~ contrario 反[逆]向运动

~ curvilíneo 曲线运动

~ de atrás adelante 来回[往返]运动

~ de avance〈机〉进给运动

~ de bloques〈信〉(一组)数据移动,信息组移动

~ de caja〈财〉现金流转

~ de capitales 资本流动

~ de excéntrica 偏[离]心运动

~ de mercancías 商品周转

~ de pinza〈军〉钳形运动

~ de precios 价格变动

~ de relojería 钟表机构,钟表[发条]装置

~ de rotación 转动,旋转运动

~ de traslación〈天〉轨道运动

~ de vaivén 往复[前后,来回]运动

~ deslizante 滑动

~ diurno〈天〉(星球)周日运动

~ ecologista 生态保护运动

~ ecuable 匀[等]速运动

~ en falso 莽撞行动(步骤)

~ helicoidal 螺旋运动

~ laminar〈理〉层流动

~ literario 文学流派

~ máximo 交通高峰,高峰期交通

~ mecánico 机械运动

~ migratorio 迁徙[回游]运动

~ obrero 工人运动

~ ondulatorio〈理〉波动

~ oscilante[oscilatorio] 振[摆]动

~ pacifista 和平运动

~ paralelo 水平移动,平行运动

~ paralelo al eje 轴向位移

~ perdido 无效运动,空动

~ periódico 周期运动

~ perpetuo〈理〉永恒运动

~ propio〈天〉(天体)自行(运动)

~ real 固有[自然]运动

~ rectilíneo 直线运动

~ retardado 减速运动

~ retrógrado〈天〉逆行(运动)

~ sacádico〈医〉扫视运动

~ simple 简单运动

~ sindical 工会运动

~ sísmico 地震

~ uniforme 匀[等]速运动

~ uniformemente acelerado/retardado 匀加/减速运动

~ uniformemente variado 匀变速运动

~ variable[variado] 变速运动

~ vibratorio 振动

~ de existencias 存货[库存]周转

moviola *f.* 〈电影〉声片剪接器,音像同步编

辑器

moxa *f.* ①〈医〉(针灸用的)艾(料,绒);灸法;②〈植〉艾蒿

moxibustión *f.* 〈医〉灸术;艾灼

mp *abr. ingl.* Multi-link Point-to-Point Protocol 〈信〉多链路点对点协议

MPC *abr. ingl.* multimedia PC 〈信〉多媒体个人计算机

Mph.; m. p. h. *abr. ingl.* miles per hour 英里/小时

MPPP *abr.ingl.* mp 见 mp

MRI *abr. ingl.* magnetic resonance imagining 〈医〉核磁共振成像

ms *abr.* milisegundo 毫秒(时间单位;等于 1/1,000 秒)

ms.; mss. *abr.* manuscrito 见 manuscrito

MSH *abr. ingl.* melanocyte-stimulating hormone 〈生化〉促黑(素细胞)激素(*esp.* hormona estimulante de los melanocitos)

MSIE *abr. ingl.* microsoft internet explorer 〈信〉微软互联网浏览器

Mt 〈化〉元素鿏(meitnerio)的符号

muaré *m.* 〈纺〉云纹绸;云纹型织物

muca *f. Per.* 〈动〉负鼠

mucígeno *m.* 〈生化〉黏蛋白原

mucilaginoso,-sa *adj.* ①黏液质的;(有)黏(性)的;②黏液的;含黏液的

mucilago; mucílago *m.* ①(植物分泌的)黏液;黏胶;②胶浆

mucina *f.* 〈生化〉①黏蛋白;②黏蛋白类

mucinógeno *m.* 〈生化〉黏蛋白原

mucoide *m.* 〈生化〉类黏蛋白

mucolítico,-ca *adj.* 〈生化〉黏液溶解的

mucopéptido *m.* 〈生化〉黏肽

mucopolisacárido *m.* 〈生化〉黏多糖

mucopolisacaridosis *f.* 〈医〉黏多糖(贮积)病

mucoproteína *f.* 〈生化〉黏蛋白

mucopurulento,-ta *adj.* 〈医〉黏浓性的

micosa *f.* 〈解〉黏膜

mucosanguíneo,-nea *adj.* 〈医〉黏液血的

mucosidad *f.* 黏性

mucoso,-sa *adj.* ①(似,像)黏液的;②含[分泌]黏液的

mucoviscidosis *f.* 〈医〉①黏液黏稠病;②囊性纤维化病

mucronato,-ta *adj.* ①〈生〉有尖端的;棘状的;②〈解〉剑形的

mucus *f.inv.* 〈生化〉(黏膜分泌的) 黏液

MUD *abr. ingl.* multi-user dungeon[dimension]〈信〉多用户地牢(一种供多用户同时玩的游戏)

muda *f.* ①〈鸟〉(猛禽的)巢;②〈动〉脱毛;换羽期;蜕[脱]皮;③〈鸟〉换羽期;蜕[脱]皮期;④(发育过程中)变嗓音;⑤〈信〉角色(角色可以是独立的图像、声音片段或文本)
~ de tipo 角色分配

mudo,-da *adj.* ①〈医〉哑的;②〈电影〉无声的;③见 papel ~
letra ~a 不发音字母
mapa ~ 空白地图
papel ~ 〈戏〉龙套角色

mueblaje *m.* 〈集〉家具

mueble *adj.* ①动产的;②可动的,活动的 ‖ *m.* 家具
~ cama 折叠床
~ de acero-madera 钢木(组合)家具
~ de caoba 红木家具
~ de elementos adicionales (家具配套用的)组合件
~ librería 书柜[橱,架]
~s de cocina 厨房(家具配套)组合件
~s de época 特定时代家具
~s de oficina 办公家具
bienes ~s 动产

mueblería *f.* ①家具厂;②家具店

mueblista *m. f.* 家具商

muela *f.* ①碾碌子;磨盘;②砂轮,磨石;③〈地〉高地;小[圆]丘;④〈解〉牙,齿;臼齿;⑤〈植〉草香豌豆
~ abrasiva 砂(磨)轮
~ acopada(~ en cubeta) 杯形砂轮
~ cordal(~ del juicio) 智齿[牙]
~ corriente 磨轮(机),碾子
~ de afilar 磨石,砂轮
~ de alundón 刚铝石
~ de bruñir 抛光轮,弹性磨轮
~ de carborundum (金刚)砂轮
~ de esmeril[esmerilar](金刚)砂轮
~ de grés 砂石轮
~ de lijar 研磨盘
~ de polvo de diamante(~ diamante) 金刚石砂轮
~ de talla 砂轮
~ periférica 外圆砂轮
~ picada 蛀牙,龋齿
~ plana 盘形砂轮
~ postiza 假牙
~ rodante[vertical] 磨轮(机),碾子
~ superior 上磨盘
~ vitrificada 黏土烧结磨轮
molino de ~s verticales 轮碾[磨]机,碾碎机
protector de ~ 护轮板,汽车挡泥板

muellaje *m.* 入坞[码头]费

muelle *adj.* ①软的；柔软的；②有弹力[性]的 ‖ *m.* ①码头，停泊处；②〈铁路〉货运站台；(建筑物内的)装卸室；③〈机〉弹簧；发条

~ aduanero 设关码头

~ carbonero 煤码头

~ de atraque ①停泊[系留]码头；②〈航空〉对接栈桥

~ de carga ①(铁路)货运站台；②(建筑物内的)装卸室

~ de desembarco 趸船，浮码头

~ de hojas 叠板式弹簧

~ de parachoque 缓冲弹簧

~ equilibrador 游丝

~ espiral 螺旋弹簧，盘[蜷]簧

~ flotante 浮码头

~ hélico[helizoide] 螺旋(形)弹簧，盘簧

~ real ①(钟表)发条；②(枪械)挺锤簧

~ resorte ①片[扁]簧，簧片；②汽车(钢板)弹簧

~ resorte espiral ①发丝簧，细弹簧；②游[灯]丝

~ saliente (凸式)码头，突[防波]堤，突栈桥

~ tensor 拉(力弹)簧，张簧，拉伸(弹)簧

cerradura de ~ 弹簧锁

muérdago *m.* 〈植〉槲寄生(属植物)

muerte *f.* ①死，死亡；灭亡；消亡；②杀死；③(植物的)枯萎；④见 pena de ~

~ a mano airada 暴力致死，凶杀

~ accidental 〈医〉事故死亡

~ aparente 假死

~ cerebral 脑死亡

~ civil 剥夺公民权

~ clínica 临床死亡

~ dulce 无痛苦死亡

~ natural 自然死亡

~ prematura 夭折

~ repentina 暴死[卒，亡]

~ súbita ①〈医〉暴死[卒，亡]；②〈体〉(网球、高尔夫比赛平局后的)平分决胜法；(足球比赛因胜负未决而延长决赛时间的)金球制，突然死亡法

~ violenta 暴力致死，凶杀

pena de ~ 死刑

muerto,-ta *adj.* ①死的；死亡的；②无生命的；非生物的；③无活力的，无生气的；(手、臂等)软弱(无力)的；④(色彩)灰[晦]暗的；⑤(石灰、石膏)熟的 ‖ *m.* 〈信〉(因某一程序或某一器件失效而导致的)死机

aguas ~as 死水

ángulo ~ (车辆等的)死角

capital ~ 不生息资本

cuenta ~a 死[坏]账

lengua ~a 死语，死语言(指无人作为本族语使用的语言，如拉丁语)

naturaleza ~a 〈画〉静物；静物画

punto ~ ①〈机〉空档；静点；②僵局，停滞

muesca *f.* ①(记数、作记号等用的)刻[凹]痕，②凹槽；槽[凹，缺]口；③槽沟，榫眼

~ de chabeta 键[销]槽，销座

~ de la biela de excéntrica 偏心盘杆凹节[口]

muescadora *f.* 〈机〉开槽机

muestra *f.* ①(商店的)招[门]牌；广[布]牌；②(商贸)样品，货[式，试]样；③〈统〉样本；④(医)(临床检验用的)抽样，标本；⑤〈缝〉(服装)纸样，剪裁样板；⑥展览会；⑦(钟表)表盘；⑧〈农〉初结果实

~ al azar(~ aleatoria) 随机(抽样)样品

~ comercial 货样

~ de aceptación 认可货样

~ de compra 买方来样[样品]

~ de criterio 判定样品

~ de ensayo 试样

~ de perforación[sondeo] 岩芯样品，岩样

~ de referencia 参考样品

~ de tela 布样

~ de vendedores 卖方样品

~ destructiva 破坏性(抽样)样品

~ exhaustiva (人口普查中)全面而彻底的采样

~ expuesta 陈列[展览]品

~ fidedigna 〈矿〉代表性试样

~ fortuita(~ sin escoger) 手选[简单]取样，随机抽样

~ gratuita 免费货样

~ maestra 标准样品

~ media 全级试样，从各水平位置取出的液体试样

~ probabilística 概率样本

~ representativa 代表性样品，选样

~ stantard[tipo] 标准样品

tomar[sacar] ~s 取[选，抽，采]样

muestral *adj.* ①样品[本]的，试样的；②取[抽，采]样的

muestreador *m.* 取[采，抽]样器

~ de sonido 声音取样器

muestreo *m.* ①取[抽，采]样；②抽样试验(法)

~ aleatorio 随机抽样

~ de aceptación 认可抽样试验

~ de dos fases 双相抽样

~ de probabilidad 概率抽样

~ discreto 〈数〉离散取样

~ doble 双重[复式]抽样

~ en serie 序列抽样

~ estadístico 统计抽样

~ estratificado 分层抽样

~ intensivo 密集抽样

~ periódico 定期抽样

~ por grupos 集群[分组]抽样

~ proporcional 比例抽样

~ simple 单[一]次抽样

~ variable 变动抽样

~ vibrátil 〈信〉图像跳动采样(进行信号测量)

aparato de ~ 〈电子〉取[抽,采]样器

error del ~ 抽样误差

mufla f. 〈冶〉马弗炉,隔烟炉,回热炉

muflón m. 〈动〉长毛栗色羊

muguete m. ①〈植〉铃兰;②〈医〉鹅口疮

mujel m. 〈机〉衬(圈,垫),垫圈[板,片],密封垫

mujer f. ①女人[性];妇女,成年女子;②妻子

~ bandera 出众[引人注目]的妇女

~ de campo 农妇

~ de gobierno 女管家

~ de la limpieza 清洁女工

~ de la vida(~ de mala vida) 妓女

~ de negocios(~ empresaria) 女商人,女实业家

~ de vida alegre(~ fatal) 荡妇

~ fácil 水性杨花的女人

~ maltratada 受虐妻子

~ objeto ①性交对象;②性感尤物

~ piloto 女飞行员

~ policía 女警察

~ pública 妓女

~ rana ①女潜水员,女蛙人;②潜水采珠女

mujer-rana f. ①女潜水员,女蛙人;②潜水采珠女

mújol m. ①〈动〉鲻鱼,鲻科鱼;②鲱鲤

mula f. Col. 叉车,叉式装卸车

mulato m. Amér. L. (墨绿色的)银矿石

muletón m. 〈纺〉麦尔登呢(一种呢料)

mulita f. 〈动〉(南美洲)犰狳

mullita f. 〈矿〉多铝红柱石

mullo m. 〈动〉①鲱鱼;胭脂鱼;②鲻鱼

mulo m.f. 〈动〉骡,马[驴]骡

multiacceso,-sa adj. 〈信〉多路存取的;多处访问的‖m. 多路存取

multiacoplador m. 〈电子〉多路耦合器

multiarrancar tr. 〈信〉(使)多路启动

multiarranque m. 〈信〉多路启动

multiaxial adj. 多轴的

multibajante adj. 〈信〉多点的‖f. 〈信〉多点

multibanda f. 〈讯〉多频带

multicampeón,-ona m.f. 多次冠军(获得者)

multicanal adj. ①〈讯〉多信道的,多路的;②〈电子〉多频[声,通]道的;③〈电〉(电缆)多管道的

multicapa adj. ①多层的,由多层组成的;②〈摄〉(摄影材料或方法)多层的‖f. 〈化〉多分子层,多层(膜)

multicelular adj. 〈生〉多细胞的

multicéntrico,-ca adj. 多发源点的,多中心(性)的;影响多中心的

reticulohistriocitosis ~a 〈医〉多中心性网状组织细胞瘤病

multicentro m. 商业长廊

multichip adj. 〈信〉芯片组

multicíclico,-ca adj. 多(次)循环的

multicine m. 多银幕放映电影系统;大型电影城;多厅电影院

multicolinealidad f. 〈统〉多重共线性

multicolor adj. ①多[彩]色的;②(场景等)富于色彩的;丰富多彩的;③〈植物〉杂色的,斑驳的‖m. 多色

multicopia f. ①复印;②〈机〉复印件

multicopiadora;multicopista f. 〈机〉复印机

multicultural adj. 多种文化的,融合多种文化的;多元文化的

multiculturalidad f. 多种文化共处;多元文化(主义)

multidifusión f. 〈信〉组播

multidimensional adj. ①〈数〉多维的;②多方面的

multidireccional adj. ①〈电〉〈讯〉多向的;②多方面的

multidisciplinar;multidisciplinario,-ria adj. 结合多种学科的,(涉及)多种学科的

estudio ~ 多学科研究

multielectródico,-ca adj. 〈电〉多电极的

multiempleo m. (有报酬的)兼职,多种兼职,第二职业

multiespiral adj. 多螺旋的

multietapa adj. ①〈火箭等〉多级的;②〈统〉多级的,多阶段的‖f. 〈统〉多级[段],分阶段进行

multifacético,-ca adj. ①多方面的;多才多艺的;②(宝石等)多刻面的

multifamiliar adj. 多户家庭(居住)的(楼房);供多户家庭使用[居住]的

edificio ~ 多户家庭居住楼房

multifario,-ria *adj.* 由不同成分形成的；多种类的；多重性的

multifase *f.* 〈电〉多相

multifásico,-ca *adj.* 〈电〉多相的

multifido,-da *adj.* 〈生〉多裂的

multifilamento *m.* 〈纺〉多丝，多纤〔维〕丝

multifiliar *adj.* 多[复]线的，多缆的

multifloro,-ra *adj.* 〈植〉多花的

multiforme *adj.* ①多种形式的，多[各]种各样的；②〈医〉多形(性)的
　eritema ~ 多形性红斑

multifrecuencia *f.* 多频率，宽频带，复频

multifunción *f.* 多功[官]能

multifuncional *adj.* 多功[官]能的；起多种作用的

multigrado,-da *adj.* (润滑油)多级通用的，多品位的；稠化的

multigrávida *f.* 〈医〉经产孕妇

multiindustrial *adj.* 〈经〉经营多种行业的

multilaminar *adj.* 多层薄板(胶合成)的
　madera ~ 胶合板

multilateral *adj.* ①〈数〉多边的；②多方面的，多边的；多国[方]参加的，多国[方]间的
　comercio ~ 多边贸易
　conversación ~ 多边会议
　tratado ~ 多边协定[条约]

multilateralismo *m.* ①多边主义，多边政策；②多边贸易政策

multilateralización *f.* 多边化

multilatero,-ra *adj.* 〈数〉多边的

multilocular *adj.* 〈生〉多室的(指有许多小室或囊泡的)

multimedia *adj. inv.* 使用多媒体(如录音带、电影、唱片、幻灯片等)的；使用多种媒介(手段)的 ‖ *f.* ①多媒体；②运用多种媒介的通信技术

multímetro *m.* 〈电〉万用表；通用[万能]测量仪器

multimodal *adj.* ①〈统〉多峰的；②多种方式的
　distribución ~ 多峰分布
　transporte ~ 多种方式运输

multinacional *adj.* ①多国的；在多国经营的；②多民族的；③跨国公司的 ‖ *f.* 跨国公司
　empresa ~ 多[跨]国公司
　país ~ 多民族国家

multinodular *adj.* 〈医〉多小结的

multinomial *adj.* 〈数〉多项式的

multinomio *m.* 〈数〉多项式

multinuclear *adj.* 〈生〉(细胞等)多核的

multiorgánico,-ca *adj.* 多器官的
　donante ~ 多器官捐赠人

multiparidad *f.* ①多儿胎(一次妊娠产数个婴儿)；②〈医〉多[经]产

multiparo,-ra *adj.* ①一胎多仔的；②〈医〉多[经]产的，非初产的 ‖ *f.* 多[经]产妇，非初产妇

multipartidismo *m.* 多党制

multipartito,-ta *adj.* ①分成多部分的；②(条约等)有多方[国]参加的

multiplano *m.* 〈航空〉多翼(飞)机；多翼滑翔机

multiplaza *f.* 〈航空〉多座(飞)机

múltiple *adj.* ①多个[种]的；多部分的；②多次(发生)的；③*pl.* 许多的，多种多样的；④多重[级]的，复(合,式)的；反[重]复的；多方的；⑤〈电〉多路的；并[复]联的；⑥〈植〉聚花的；⑦见 de tarea ~
　~ tasa de cambio 复汇率
　~ fractura 多发性骨折
　arco ~ 多[连]拱
　eco ~ 多重回声
　de tarea ~ 〈信〉多重(任务)处理的
　de usuario ~ 〈信〉①有多人使用的；多用户的；②(网络游戏)多人同时玩的
　enchufe ~ 多用途插座
　error ~ 多重[次]误差
　estrella ~ 〈天〉聚[多重]星
　inyector ~ 多级喷射器
　misiles de cabeza ~ 多弹头导弹
　perforadora ~ 多轴钻床[机]
　personalidad ~ 多重人格
　preguntas de elección ~ 多项选择问答(题)

multiplex *m.* 〈无〉〈讯〉多路传输[复用，转换]
　~ por división de frecuencia 频分多路传输系统
　~ por división de tiempo 时分多路复用

multiplexación *f.* ①〈无〉〈讯〉多路传输[复用,转换]；②〈信〉多路系统
　~ por división de frecuencia 频分多路转换，频分复用
　~ por división de longitud de onda 波分多路复用
　~ por división temporal 时分多路复用

multiplexar *tr.* 多路传输

multiplexor *m.* 〈信〉多路传输[复用]器

multiplicable *adj.* ①可乘的，可倍增的；②可增加的；可增殖的

multiplicación *f.* ①(数量等)增加[多]；②〈生〉(动植物等)繁[增]殖；③倍增；按比例增加；④〈数〉乘法，乘法运算；相乘

multiplicador,-ra *adj.* ①②倍增的；③繁[增]殖的；④〈数〉乘数的；⑤〈经〉倍[乘]数的 ‖ *m.* ①〈理〉倍加器；②引爆

物；③〈数〉乘数；④〈经〉倍［乘］数
　～ acumulativo 累积乘数
　～ de electrones 电子倍增管
　efecto ～〈经〉倍［乘］数效应
　fototubo ～ 光电倍增管
　klistrón ～ 电子倍增速调管
multiplicando m.〈数〉被乘数
multiplicativo,-va adj. ①（能，趋于）增加
　的；②能倍增的；③能繁［增］殖的；④〈数〉
　相乘的
multiplicidad f. ① 多样性；多种多样；②
　〈理〉多重性
múltiplo,-pla adj.〈数〉倍数的 ‖ m. 倍数
　mínimo común ～ 最小公倍数
multipolar adj. ①多极的；②（开关）多接点
　的
　neurón ～〈解〉〈医〉多极神经元
multipolaridad f.（辐射的）多极性
multipotencia f. 多潜能［在］性
multipotencial adj. ① 多潜能［在］的；②
　〈医〉能分化成几种细胞之一的
multipotente adj. ①多潜能［在］的；②能产
　生多种效果的
multiprocesador m.〈信〉多（重）处理机［器］
multiprocesamiento m.〈信〉多重处理
　～ simétrico 对称多重处理
multiproceso m.〈信〉多重处理
multiprogramación f.〈信〉多道程序设计
multipropiedad f. 分时享用度假住房所有权
multipuesto,-ta m. 见 multiusuario
multipunto adj.〈信〉多点（式）的 ‖ m. 多点
　（式）
multirracial adj. 多人种［民族，种族］；多
　人种［民族，种族］和睦相处的
multirregional adj. 多区域的
multirregulable adj.（可）多位置调整的
multirreincidencia f. 多次犯罪；多次过失
　［犯规］
multirreincidente m. f. 多次犯法者；多次
　犯规者
multirriesgo adj.inv. 综合险的；一切项目
　保险的
　póliza ～ 综合险
multirrotación f.〈化〉变旋（现象），变（异）
　旋光（作用），旋光改变（作用）
multisectorial adj. 多部门的
multisensibilidad f.〈医〉多敏感性
multitarea adj.inv.〈信〉多（重）任务处理的
　‖ f. 多（重）任务处理（指同一台计算机同
　时执行多种不同任务，如数据处理、打印等）
　～ desalojante 抢先多任务（处理）
multitubular adj. 多管（式，状）的
multiuso adj.inv. 有多种用途的；多功能的

multiusuario adj.inv. ①〈信〉多用户的，有
　多人使用的；②（电脑游戏）多人同时玩的
multivalencia f. ①〈化〉〈生〉多价；②多种价
　值；多义
multivalente adj. ①〈化〉〈生〉多价的；②多
　种价值的；多义的
multivaluación f. 多值性
multivaluado,-da adj. 多值的
　función ～a 多值函数
multivariante adj.〈数〉〈统〉多变量的，多元
　的
　análisis ～ 多元分析
multivesicular adj.〈医〉多（囊）泡的
　cuerpo ～ 多泡体
multiviaje adj.inv. 可多次旅行用的（车票）
　billete ～ 可多次旅行用车票
multivibrador m.〈电子〉多谐振荡器
　～ monoestable 单稳态多谐振荡器
mu-mesón；muón m.〈理〉μ（介）子
mu-metal m.〈冶〉μ 金属［合金］，镍铁高导磁
　（率）合金
mundial adj.（全）世界的，世界范围内；世界
　性的 ‖ m.〈体〉世界冠军锦标赛
　economía ～ 世界经济
mundialización f. 全球化
mundificación f. 洗净（伤口等）
mundo m. ①世界；天下；②领域，…界；世
　界；③（有生物存在的）天体，星球；④地球
　仪；⑤地球
　～ animal 动物界
　～ científico 科学界
　～ de los negocios 商界
　～ mayor/menor 宏/微观世界
　～ mineral 矿物界
　～ objetivo/subjetivo 客/主观世界
　～ vegetal 植物界
mundovisión f. 卫星转播电视
munición f. ①军火，军需［用］品（尤指枪炮、
　炮弹、炸弹等）；②（打猎用）铅砂，小铅弹
　～es de boca〈军〉〈日需〉给养，（日需）口
　粮；军粮
　～es de Guerra〈军〉军火，枪支弹药
municionamiento m. 军需品（供应）
munitoria f.〈军〉工事建术
muñó m. ①〈医〉残肢［株］；残牙；②（树的）
　残株［干］；③〈解〉三角肌；④〈机〉（耳，心，
　枢）轴；轴头；⑤（炮的）炮耳
muonio m.〈理〉μ 子素
murajes m. pl.〈植〉海绿
mural adj. ①墙（壁）上的；②画在墙上的
　‖ m. ①壁画；壁饰；②墙报；挂图（指挂在
　墙上的地图）
　mapa ～ 挂图（指挂在墙上的地图）

periódico ～ 墙报

muralismo *m.* 壁画艺术;壁饰技巧

muralista *adj.* 壁画艺术的,壁饰技巧的 ‖ *m. f.* 壁画家,壁饰家

muralla *f.* ①城墙;②*Amér. L.* 墙
la Gran ～ [M-](中国的万里)长城

murciélago *m.* 〈动〉蝙蝠

murena *f.* 〈动〉海鳝

murexida *f.* 〈化〉紫脲酸铵

muriático,-ca *adj.* 〈化〉盐酸化的

muriato *m.* 〈化〉氯化物,盐酸盐;氯化钾

muricado,-da *adj.* 〈生〉〈植〉多刺的
fruto ～ 多刺果实

múrice *m.* ①〈动〉骨螺;②骨螺紫(一种染料)

múrido,-da *adj.* 〈动〉鼠的,鼠科的;啮齿目动物的 ‖ *m.* ①鼠科动物;啮齿目动物(如鼠、松鼠、河狸等);②*pl.* 鼠科

muro *m.* ①墙,(墙)壁;②城[围]墙;③屏障;隔阂;间隔层
～ cortina (房间)隔墙
～ de avance 工作面
～ de Berlín 柏林墙
～ de carga 承重墙
～ de cerramiento ①〈建〉悬墙;②(连接两座塔楼等的)幕墙
～ de cierre 围墙
～ de contención(～ retenedor)挡土墙,护坡
～ de defensa 防护墙,护岸
～ de las Lamentaciones [M-] 哭墙(指公元70年被罗马人所毁的耶路撒冷第二圣殿残存的西墙,犹太人作为祈祷的场所)
～ de muelle 岸墙[壁],岸壁型码头
～ de seguridad 巷道壁柱
～ de sostenimiento 胸墙[壁];防浪墙
～ de zócalo 地龙墙
～ del calor(～ térmico)(飞机的)热障
～ del sonido (飞机的)音[声]障
～ divisorio 承重墙,隔墙,间壁
～ en ala 翼[八字]墙
～ medianero 共用[界]墙
～ orbe 暗墙

murta *f.*; **murto** *m.* 〈植〉爱神木

murtal *m.* 爱神木林

murtilla *f.* 〈植〉(智利)石榴树;石榴

murueco *m.* 〈动〉种羊

musáceo,-cea *adj.* 〈植〉香蕉科的 ‖ *f.* ①香蕉科植物;②*pl.* 香蕉科

musaraña *f.* 〈动〉鼩鼱;(如老鼠一类的)小动物

Musca *f.* 〈天〉苍蝇(星)座

muscarina *f.* 〈生化〉毒蝇碱

múscido,-da *adj.* 〈昆〉蝇科的 ‖ *m.* ①蝇;②*pl.* 蝇科

muscívoro,-ra *adj.* 〈动〉食苍蝇的

musco *m.* 〈植〉苔藓

muscoide *adj.* 藓状的

muscoviscidosis *f.* 〈医〉外分泌腺黏性物过多症

muscovita *f.* 〈矿〉白云母

musculación *f.* 〈体〉肌肉锻炼;肌活动

muscular *adj.* ①(有关)肌(肉)的;由肌(肉)组成的;②肌肉发达的

musculatura *f.* ①〈解〉肌肉系统;②肌活动

músculo *m.* 肌肉;〈解〉肌
～ abdominal 腹肌
～ abductor 外展肌
～ aductor 内收肌
～ bíceps 二头肌
～ constrictor 缩肌
～ cuádriceps 四头肌
～ de antebrazo 前臂肌
～ liso 平滑肌
～ masetero 咬[嚼]肌
～ sartorio 缝匠肌
～ tríceps 三头肌
～ voluntario 随意肌

museística *f.* 博物馆研究,博物馆学

museístico,-ca *adj.* 博物馆[院]的;陈列[文物]馆的

muselina *f.* 〈纺〉麦斯林纱,平纹细布

museografía; museología *f.* 博物馆学

musgaño *m.* 〈动〉鼩鼱

musgo *m.* 〈植〉苔藓;藓类植物;苔藓样植物(如地衣、藻类、石松等)
～ irlandés 爱尔兰苔藓
～ marino 珊瑚藻
～ terrestre 石松

musgoso,-sa *adj.* ①苔藓的;②布满苔藓的;③苔藓样的

música *f.* ①音乐;②乐曲[谱],曲谱;③乐队
～ ambiental[ambiente](在公共场所播放的)背景音乐
～ antigua 早期音乐
～ armónica[vocal]声乐
～ atonal 无调性音乐
～ budista 佛教音乐
～ celestial 圣乐
～ clásica[culta]古典音乐
～ concreta ①具体音乐(一种将自然音响录制后加以剪辑而成的音乐);②电子音乐
～ coreada 合唱曲
～ cristiana 基督教音乐
～ de cámara 室内乐
～ de fondo (在公共场所播放的)背景音乐

~ de moda 流行音乐

~ de programa 标题音乐

~ disco 迪斯科音乐

~ electrónica 电子音乐

~ enlatada ①唱片音乐;②(在公共场所播放的)背景音乐

~ fílmica 电影音乐

~ folk 民间音乐

~ incidental (戏剧、电影等的)配乐

~ instrumental 器乐

~ ligera 轻音乐

~ militar 军乐

~ pop 流行[通俗]音乐

~ popular 通俗音乐

~ rítmica 弦乐

~ rock 摇滚乐

~ sinfónica 交响乐

~ taoísta 道教音乐

~ tonal 调性音乐

musical *adj*. ①(有关)音乐的;用于音乐的;②配乐的;有音乐伴奏的 ‖ *m*. ①音乐喜剧;②音乐(影)片

comedia ~ 音乐喜剧

festival ~ 音乐节

instrumento ~ 乐器

película ~ 音乐片

teoría ~ 音乐理论

musicalidad *f*. 音乐才能[知识],音乐欣赏能力

músico,-ca *adj*. (有关)音乐的 ‖ *m*. *f*. ①音乐家;②乐师;③作曲家

~ callejero 街头音乐家

~ mayor 军乐队指挥

musicógrafo,-fa *m*. *f*. 音乐理论家

musicología *f*. 音乐学;音乐(理论)研究

musicólogo,-ga *m*. *f*. 音乐研究者;音乐理论家

musicoterapia *f*. 音乐疗法

musiquilla *f*. 曲调[子];小调[曲]

~ de fondo 背景音乐

muslera *f*. (有弹性的)护腿绑绷带

muslo *m*. ①〈解〉股,大腿;②〈鸟〉腿部;③〈昆〉股节

musmón *m*. 〈动〉摩弗伦羊(南欧产的野山羊)

musola *f*. 〈动〉星鲨

mustango *m*. 〈动〉(尤指北美平原的)野马

mustela *f*. 〈动〉雪鼬,银鼠

mustélido,-da *adj*. 〈动〉鼬科的 ‖ *m*. ①鼬科动物;②*pl*. 鼬科

mutabilidad *f*. ①易变(性);可变性;②反复无常,不定性,常变;③〈生〉(可)突变性

mutable *adj*. ①会[可]变的;②常变的;不定的,反复无常的;③〈生〉能突变的;易经常突变的

mutación *f*. ①变化,改变;②〈戏〉更换布景;③〈生〉〈遗〉突变;突变体

~ ámbar 琥珀型突变

~ auxotrófica 营养缺陷型突变

~ cromosómica 染色体突变

~ espontánea 自发突变

~ génica 基因突变

~ genómica 基因组突变

~ morfogenética 形态发生突变

~ somática 体细胞突变

mutacionismo *m*. 〈生〉突变论

mutador *m*. ①变换[压,流,频]器,交换器;②〈生〉突[增]变基因

mutafaciente *adj*. 〈生〉诱变的,突变加强的

mutagene *m*. 〈生〉诱变剂;致(突)变物

mutagénesis *f*. 〈生〉突变形成,变异发生

mutágeno,-na *adj*. 〈生〉诱变的;致突变的 ‖ *m*. 诱变剂;致(突)变物

~ teratógeno 畸形性诱变剂

mutante *adj*. ①变化的;②〈生〉突[诱]变的;突变产生的 ‖ *m*. 〈生〉①突变体[型];变种生物,突变型生物;②突变

gene ~ 突变基因

proporción ~ 突变比例

virus ~ 诱变病毒

mutarrotación *f*. 〈化〉变旋(现象),变(异)旋光(作用),旋光改变(作用)

mutasa *f*. 〈生化〉①氧化-还原催化酶;②变位酶

mutilación *f*. 去掉(手、足等);肢体丧失,肢体残缺

mutilado,-da *adj*. ①(人)肢体残缺的;残疾的;丧失能力的;②(尸体)被碎尸的;③(雕刻、纪念碑等外貌)被毁[损]坏的 ‖ *m*. *f*. 残肢[废]者,伤残者;残疾人

~ de guerra 战争伤残[残废]者

cheque ~ 残缺支票

mutón *m*. 〈生〉突变子

mutua *f*. 共济会;互助会

mutualidad *f*. ①互助;共济;②相互性[关系];相关性;共同性;③互助会,共济会

~ de seguros 相互保险

mutualismo *m*. ①〈环〉〈生〉协同作用;互惠共生,(互利)共栖;②互助论[主义];③互助体制

MV *abr*. ① máquina virtual 〈信〉虚拟机(*ingl*. VM);②megavoltio 〈电〉兆伏(特)

MW *abr*. megawatio 〈电〉兆瓦(特)

N n

N 〈化〉元素氮(nitrógeno)的符号

N *abr*. ① nacional(赛车)全国性比赛；② Norte 北；北方[部]；③ noviembre 十一月；④*Amér. L.* moneda nacional 本国货币

n-tupla *f*. 〈数〉见 n-upla

n-upla *f*. 〈数〉n 元组

Na 〈化〉元素钠(sodio)的符号

n. a. *abr*. no se aplica；no aplicable 不适用

naba *f*. 〈植〉芜菁甘蓝；瑞典甘蓝

nabam *m*. 〈化〉代森纳(水溶性无色晶体，用作杀菌剂)

nabina *f*. 〈植〉①芸苔，欧洲油菜；②油菜籽

nabiza *f. Esp*. 〈植〉(作蔬菜食用的)芜菁叶

nabo *m*. ①〈植〉芜菁，芜菁甘蓝；②芜菁块根；芜菁甘蓝块根；③〈解〉(马等的)尾茎；④〈建〉(盘旋楼梯等的)中心柱；⑤〈海〉船桅，桅杆；樯

　　～ gallego 〈植〉芜菁，欧洲油菜

　　～ sueco 瑞典甘蓝

nácar *m*. ①珍珠母；珍珠贝；②珍珠质[层]

nacarado,-da；**nacarino,-na** *adj*. ①珠母层的；珍珠母的；珍珠质的；螺钿的；②珍珠色彩的；珠母样的

　　nube de ～ 〈气〉珠母云

nacatete *m. Méx*.；**nacatón,-ona** *m. f. Amér. C.，Méx*. 〈鸟〉(未长出羽毛的)雏鸡

nacedera *f. Amér. C.* 树篱；篱笆；防护物

nacela *f*. ①〈建〉(柱基的)凹圆线脚；②吊[短]舱

　　～ de motor 发动机(短)舱

nacencia *f. Amér. L.* 见 nacimiento

nacimiento *m*. ①出[诞]生；②〈植〉发芽；长叶；③(禽、鸟等的)孵出；④发源地；源头；原由；起点；⑤长头发；(头发等的)根；根部；⑥泉

　　～ sin violencia 无痛分娩

　　acta de ～ 出生证

　　control de ～ 节育，节制生育

　　partida de ～ 出生证

　　tasa de ～ 出生率

nación *f*. ①民族；②国家(领土)；③〈集〉国民

　　～ acreedora/deudora 债权/务国

　　～ anfitriona[huésped] 东道国

　　～ beneficiaria 收益国；受援国

　　～ desarrollada 发达国家

　　～ en vía de desarrollo 发展中国家

　　～ más favorecida 最惠国

　　～ miembro 成员国

nacional *adj*. ①民族的；②国民的；国家[有，立]的；③国内的；全国(性)的 ‖ *f*. (赛车)全国性比赛

　　bandera ～ 国旗

　　capital ～ 民族资本

　　carretera ～ 国道

　　defensa ～ 国防

　　economía ～ 国民经济

　　Fiesta ～ [N-] 国庆节

　　territorio ～ 国土

nacionalidad *f*. ①国籍；②民族，族；③民族性；民族风格

　　～ de consanquinidad 血统国籍

　　～ de nacimiento 出生国籍

　　～ de persona jurídica 法人国籍

　　～ del producto 产品的国别

　　～ original 原(始)国籍

　　doble ～ 双重国籍

nacionalismo *m*. 民族主义；国家主义

nacionalización *f*. ①〈经〉国有化；②入国籍，归化入籍，取得国籍；③(动植物的)驯化

　　～ de industrias 工[产]业国有化

　　～ de la tierra 土地国有化

　　～ de minas 矿山国有化

　　carta de ～ 入国籍证书

nacionalizado,-da *adj*. ①国有化的，收归国有的；②取得(某国)国籍的

nacrita *f*. 〈矿〉珍珠陶土

nadaderas *f. pl*. (学习游泳的人用的)漂浮物，游圈，浮袋，水翼

nadador,-ra *adj*. 游泳的；会游水的 ‖ *m. f.* ①游泳者；游泳运动员；②〈动〉会游水动物

　　～ de espalda 〈动〉仰泳蝽科(动物)

　　ave ～a 游禽，水鸟

NADPH *m. ingl*. 〈生化〉还原型烟酰胺腺嘌呤二核苷酸

nadir *m*. 〈天〉天底，最低点

nadiral *adj*. 天底的，最低点的

nado *m. Amér. L.* 游泳；游水

NADP *abr. ingl.* nicotinamide-adenine dinucleotide phosphate〈生化〉烟酰胺腺嘌呤二核苷酸磷酸

NADPH *m. ingl.*〈生化〉还原型烟酰胺腺嘌呤二核苷酸磷酸

NAFTA *abr. ingl.* North American Free Trade Agreement 北美自由贸易协定(区)

nafta *f.* ①石脑油；石油(精)；②*Arg.* 汽油
~ de madera 甲醇
~ disolvente 溶剂石脑油

naftalénico,-ca *adj.*〈化〉萘的

naftaleno；**naftalina** *f.* ①〈化〉萘；②卫生球

nafténico,-ca *adj.*〈化〉环烷的，(脂)环烃的
ácido ~ 环烷酸，环酸

nafteno *m.*〈化〉环烷；环烷属烃

naftilamina *f.*〈化〉萘胺，氨基萘

naftilo *m.*〈化〉萘基

naftol *m.*〈化〉萘酚

naftolismo *m.*〈化〉萘酚中毒

naftoquinona *f.*〈化〉萘醌

nahuel *m. Arg.*〈动〉美洲狮

nahuo *m. Amér. L.*〈植〉玉米穗

naif *m.* ①纯朴派(艺术)；②童稚艺术家；③〈画〉纯朴派画家

nailon *m.* ①〈纺〉尼龙；尼[耐]纶；②尼龙织品；耐纶织品

naja *f.* ①〈动〉眼镜蛇；②*Col.*〈植〉虎刺

najadales *m. pl.*〈植〉茨藻目

NAK *abr. ingl.* Negative Acknowledgement〈信〉(计算机)确认未收到；否定回答，否认

nal. *abr.* nacional 见 nacional

nalguiento,-ta *adj.* 臀部大的

nalguiseco,-ca *adj.* 臀部瘦削的

naloxona *f.*〈药〉纳洛酮，烯丙羟吗啡酮

nana *f.*〈乐〉催眠曲，摇篮曲

náncenes *m. Amér. L.*〈植〉厚叶贝森尼木

nandapoa *f. Bras.*〈鸟〉鹳

nanismo *m.*〈医〉矮小，侏儒症

nanobacteria *f.*〈生〉纳米细菌

nanocrystal *m. ingl.* 纳米晶体

nanofanerofita *f.*〈植〉矮株高位芽小灌木

nanogram(me) *m. ingl.* 毫微克(重量单位，＝10^{-9} 克)

nanomachine *f. ingl.* 纳米机器

nanomaterial *m. ingl.* 纳米材料

nanómetro *m.* 纳米，毫微米(长度单位，＝10^{-9} 米)

nanoparticle *f. ingl.* 纳米粒子

nanorobot *m. ingl.* 纳米机器人

nanosegundo *m.* 毫微秒(时间单位，＝10^{-9} 秒)

nanosomía *f.*〈医〉矮小，侏儒症

nanotecnología *f.*〈工艺〉(技)纳米技术

nanotransistor *m. ingl.*〈电子〉纳米晶体管

nanotube *m. ingl.*〈化〉纳米管

nanovatio *m.* 毫微瓦(特)(功率单位＝10^{-9} 瓦特)

nanquín *m.*〈纺〉紫花布，南京棉布

napa *f.* ①仿真皮革；熟皮革；②〈建〉(溢流)水舌
~ freática〈建〉(门窗)披水

napalm *m.* ①〈化〉纳旁(一种铝皂)；②凝固汽油；③铝皂型胶状油
bomba de ~ 凝固汽油弹

napiforme *adj.*〈植〉(根茎)芜菁状的

napo *m. Méx.*〈鸟〉兀鹫

napoleonita *f.*〈矿〉球状闪长岩

naranja *f.* ①〈植〉柑橘(尤指甜橙、酸橙)；②〈植〉橙，柑，橘 ‖ *m.* 橙黄色 ‖ *adj.* 橙[橘]黄色的
~ amarga[cajel, zajarí] 塞维利亚橙，酸橙
~ mandarina 中国柑橘
~ navel[ombligona] 脐橙
~ sanguina 血橙
color ~ vivo 鲜橙色
media ~〈建〉圆屋顶

naranjado,-da *adj.* 橙色的，橘黄色的

naranjal *m.* 柑橘园

naranjero,-ra *adj.* 柑橘的；种[卖]柑橘的 ‖ *m. f.* 种植[销售]柑橘的人 ‖ *m.*〈植〉柑橘树，甜橙树
región ~a 柑橘种植区

naranjo *m.* ①〈植〉柑橘[甜橙]树；②橙木

narceína *f.*〈化〉那碎因(用作麻醉剂)

narcisismo *m.*〈心〉自恋(癖)

narcisista *adj.*〈心〉自恋(癖)的 ‖ *m. f.*〈心〉自恋(癖)者

narciso *m.*〈植〉水仙；水仙花
~ atrompetado[trompón] 水仙花

narco *m.* 毒品贩子，贩毒分子 ‖ *m.* 贩运[卖]毒品

narcoanálisis *m.*〈医〉麻醉精神分析，麻醉(心理)分析

narcocorrupción *f.* 毒品腐败

narcodependencia *f.*〈心〉毒品依赖(心理)

narcodólar *m.* (常用 *pl.*)毒品美元

narcolepsia *f.*〈医〉发作性睡(眠)病(一种无法控制的阵发性嗜睡或突然的沉睡)

narcoma *m.*〈医〉麻醉性昏睡

narcomanía *f.*〈医〉麻醉剂狂；麻醉剂瘾

narcosis *f.* ①〈医〉麻醉作用；②睡眠[思睡]状态；③麻醉状态(电、热、寒冷、二氧化碳等导致的)失去知觉，昏迷，昏睡欲睡

narcoterapia *f.*〈医〉麻醉疗法；麻醉催眠疗法(一种精神疗法)

narcoterrorismo *m.* 毒品恐怖主义

narcótico,-ca *adj.* ①麻醉的；②麻醉剂的，致幻毒品的；③有麻醉作用的；麻醉剂[致幻毒品]引起的 ‖ *m.* 麻醉剂，致幻毒品

narcotina *f.* 〈药〉那可汀，鸦片宁(一种镇咳药)

narcotismo *m.* 〈医〉麻醉剂成瘾；致幻毒品嗜好

narcotización *f.* 麻醉；起麻醉作用

narcotizante *adj.* ①麻醉剂的；②致幻毒品的；③有麻醉作用的；麻醉剂[致幻毒品]引起的 ‖ *m.* 麻醉剂，致幻毒品

narcotizar *tr.* 〈医〉麻醉，使昏迷

narcotraficante *m. f.* 毒品贩子，贩毒分子

narcotráfico *m.* 贩运[卖]毒品

nardo *m.* ①〈植〉甘松；缬草；甘松香；②〈植〉美洲樱木；③甘松油膏

nariz *f.* ①〈解〉鼻，鼻子；②鼻孔；(动物的)鼻口部；③嗅觉；④鼻状物；前端突出部，突出部分(如喷嘴、弹头、船头、飞机机头等)；⑤(曲颈瓶的)曲颈
　～ aguileña 鹰钩鼻
　～ chata 扁鼻子，狮子鼻
　～ de boxeador 拳击手鼻
　～ griega 希腊鼻
　～ respingada[respingona] 翘鼻

narval *m.* 〈动〉独[一]角鲸；北极鲸

NASA *abr. ingl.* National Aeronautics and Space Administration 美国国家航空与航天管理局(*esp.* Administración Nacional para la Aeronáutica y el Espacio)

nasal *adj.* 〈解〉鼻的
　hueso ～ 鼻骨
　punto ～ 鼻根点，鼻根

nasciturus *m.* 胎儿

násico *m.* 〈动〉长鼻猴

nasofaringe *f.* 〈解〉鼻咽

nasofaríngeo,-gea *adj.* 〈解〉鼻咽的

nasofaringoscopio *m.* 〈医〉鼻咽镜

nasofrontal *adj.* 〈解〉鼻额骨的

nasolabial *adj.* 〈解〉鼻唇的

nasolacrimal *adj.* 〈解〉鼻泪的

nasopalatino,-na *adj.* 〈解〉鼻腭的

nasoscopio *m.* 〈医〉电(光)鼻镜

nasoseptal *adj.* 〈解〉鼻中隔的

nastia *f.* 〈环〉〈植〉感性(运动)

nástico,-ca *adj.* 〈环〉〈植〉感性的

nata *f.* *Amér. L.* 〈冶〉浮[熔]渣

natación *f.* ①游泳(术)，游水；②〈体〉游泳运动；③浮(动)；④〈信〉漂移
　～ a braza 蛙泳
　～ de costado 侧泳
　～ de espalda 仰泳

～ de pecho 蛙泳
～ en cuchillo 侧泳
～ libre 自由泳
～ sincronizada 花样游泳，水上芭蕾
～ submarina 潜水游泳

natalidad *f.* 出生率

natalismo *m.* 〈社〉鼓励生育政策

natalista *adj.* 鼓励生育的
　política ～ 鼓励生育政策

natátil *adj.* ①会游泳的；②能漂浮的

natatorio,-ria *adj.* 游泳(用)的 ‖ *m. Arg.* (尤指室内的)游泳池
　técnica ～a 游泳技能，泳技
　vejiga ～a (鱼)鳔；气泡，气囊

nativo,-va *adj.* ①出生的；土生土长的；本地[国]出生的；②本国[土]的；③天[原]生的；(金属、矿产品等)天然的；呈天然纯态的；④〈信〉本机的
　cobre ～ 自然铜
　lengua ～a 母语
　oro ～ 原金，天然金块

nato,-ta *adj.* ①天生的，生来的；②出于职务[权]的，(由于职务而成为)当然的
　enemigo ～ 天敌

natriuresis *f.* 〈医〉尿钠排泄

natriurético,-ca *adj.* (促)尿钠排泄的

natrolita *f.* 〈矿〉钠沸石

natrón *m.* 〈矿〉泡碱

natura *f.* ①大自然；自然界；②〈解〉生殖器(尤指外生殖器)；③天性；④种类，类型
　contra ～ 违背天伦[人性]的，不合常理的

natural *adj.* ①有关自然(界)的，大自然的；自然的，非人为的；天然的；②固有的；天生[赋]的；生就的；③自然状态的；常态的；逼真的；④〈乐〉本位音的；标有还原号的；⑤〈数〉自然(数)的，正整数的；⑥非法的，私生的 ‖ *m.* ①〈画〉实[原]物；模特儿；②〈数〉自然数
　ciencias ～es 自然科学
　color ～ 天[自]然色
　cristal ～ 天然矿石；天然晶体
　fenómeno ～ 自然现象
　frecuencia ～ 固有[自然]频率
　fruta ～ 新鲜水果
　gas ～ 天然气
　hijo ～ 私[非婚]生子
　ley ～ 自然规律
　nota ～ 〈乐〉本位音
　número ～ 〈数〉自然数
　oscilación ～ 自由摆[振]动，基本[固有]振荡，自振
　parámetro ～ 物性参数
　persona ～ 〈法〉自然人

recurso ～ 自然资源
seda ～ 真丝
selección ～〈生〉自然选择(指生物界适者
生存不适者淘汰的现象)

naturaleza *f*. ①大自然;自然界;②天然[原
始]状态;③自然力;④体格[质];⑤性[本]
质,⑥〈画〉实物;静物;⑦籍贯,国籍
　～ muerta〈画〉静物;静物画
　～ radioactiva 放射特性,放射性起源
　～ segunda 第二天性,习性[惯]
　ciencias de la ～ 自然科学
　dialéctica de la ～ 自然辩证法
　leyes de la ～ 自然法则

naturalidad *f*. 自然;朴实;纯真(度)

naturalismo *m*. ①(尤指文学、艺术创作中追
求细节精确并强调实验性的)自然主义,写
实主义;②裸体主义

naturalista *adj*. (尤指文学、艺术方面的)自
然主义的;写实主义的 ‖ *m. f*. ①自然主义
者;②〈生〉自然科学家;③裸体主义者(指认
为裸体有益于身体健康的人);④自然疗法
医士

naturalización *f*. ①入国籍,归化入国籍;②
(动植物)归[驯]化,本地化

naturismo *m*.〈医〉自然疗法

naturista *adj*.〈医〉自然疗法的 ‖ *m. f*.
〈医〉主张自然疗法者
　alimento ～ 自然疗法食品
　médico ～ 自然疗法医师

naturópata *m. f*.〈医〉自然疗法医生

naturopatía *f*.〈医〉自然疗法

naufragio *m*. ①船舶失事,海难;遇难;②失
败;破产;毁灭

náufrago,-ga *adj*.〈海〉(船只)失事的,遇难
的 ‖ *m. f*. 船只失事遇难者 ‖ *m*.〈动〉鲨鱼

náutica *f*. 航海学;航海术
　conocimientos de ～ 航海知识

náutico,-ca *adj*. 航海的;海员的;船舶的
　carta ～a 航海地图
　club ～ 航海俱乐部

nautilo *m*.; **nautilus** *m. lat*.〈动〉①鹦鹉
螺;②船蛸

nautiloideo,-dea *adj*.〈动〉鹦鹉螺目软体动
物(状)的 ‖ *m*. 鹦鹉螺目软体动物

nautófono *m*.〈海〉(航海用)雾信号器,高音
[电动]雾笛

nav. *abr*. navegación 见 navegación

nava *f*.〈地〉山间洼地

navaja *f*. ①折(叠式)刀;袖珍折刀;*Amér.
L*. 铅笔刀;②〈动〉竹蛏;竹蛏壳;③〈动〉
(野猪等的)獠牙;④〈昆〉螯针[刺]
　～ automática 弹簧折刀
　～ barbera 剃须刀

　～ de afeitar 剃须刀
　～ de muelle[resorte] 弹簧折刀(常作武
器用)
　～ multiuso(s) 瑞士军用折刀,多功能折刀

naval *adj*. ①海军的;拥有海军的;②航海
的;由军舰实施的;③海洋的;④船舶(建造)
的
　arquitectura ～ 造船工程,造船学[术]
　base ～ 海军基地
　combate ～ 海战
　construcción ～ 造船(业);舰艇建造
　escuela ～ 航海学校
　fuerzas ～es 海军
　industria ～ 造船工业
　ingeniería ～ 船舶工程
　ingeniero ～ 船舶工程师

nave *f*. ①船,舰;②见 ～ espacial;③仓库,
货栈;库房,厂(房);④〈建〉正厅;(教堂等
的)中殿;⑤*Méx*. 汽车
　～ aérea 飞船
　～ capitana 旗舰
　～ central〈建〉正厅;中殿
　～ de almacenado 库房
　～ de combate[guerra] 战舰
　～ de estación 车站候车厅
　～ de exposición 展览大厅
　～ de laminación 轧钢厂
　～ espacial 宇宙飞船,航天器
　～ industrial 工厂附属建筑
　～ insignia 旗舰
　～ lateral 教堂走[侧]廊,边殿
　～ mercante 商船
　～ nodriza 母船,供应船
　～ principal 主厅,大殿

navegabilidad *f*. ①(船舶、飞机等的)适航
性;②(河流、海峡等的)可通航性

navegable *adj*. ①(船舶)适宜航海的,经得
起风浪的;②(河流、海峡等)可通航的,可航
行的;③〈信〉可浏览到的

navegación *f*. ①航行[海,空];航海术;航行
学;②导[领]航(术);③〈信〉漫游;导航(使
用热点、按钮和用户界面漫游多种媒体节
目)
　～ a ciegas〈信〉盲目浏览,漫游
　～ a la estima 推测[算]航行(法)
　～ a remolque 拖曳(船舶)
　～ a vela ①张帆航行;②〈体〉帆船运动
　～ aérea 空中航行;航空运输,空运
　～ astronómica 天体导航(法);天文导航
(法)
　～ costanera[costera] 近岸航行
　～ de alta mar 远洋航行
　～ de altura ①远洋航行;②天体[文]导

航
~ de cabotaje 近岸航行
~ espacial 宇宙航行
~ fluvial[interior] 内河航行
~ inercial (仪表)惯性导航[航行]
~ irregular 不定期航行
~ loxodrómica 斜航(法)
~ marítima 航海,海上航行
~ por inercia (仪表)惯性导航[航行]
~ regular 定期航行
~ submarina 潜水[水下]航行
compás de ~ 驾驶罗盘
instrumentos de ~ 航行仪器,助航设备
línea de ~ 船舶航线;航路
patente de ~ 船籍证书

navegador,-ra *adj.* ①航行[海,空]的;②导航的‖ *m. f.* ①航海者,航空员②(船舶、飞机、宇宙飞船的)领航员[者];③(早期的)航海探险家‖ *m.* ①(飞机、导弹的)导航仪[装置];②〈信〉浏览器
~ basado en texto 〈信〉基础文本浏览器
~ giroscopio 陀螺[回转]驾驶仪;(陀螺)自动导航仪

navegante *adj.* ①航行[海,空]的;②导航的;③〈信〉(使用网络)浏览的‖ *m. f.* ①见 navegador;②航海者,水手,海员;③〈信〉(网络)用户
~ a vela (男,女)帆船运动员,帆船运动爱好者
~ aéreo 飞机师,领航员,航空员

navegar *intr.* ①〈海〉(船舶)航行于;横渡;②〈航空〉(飞机)飞行于;飞越;③为(船舶,飞机)导[领]航,操纵(导弹等);④〈信〉漫游
~ por Internet 浏览;漫游

navicular *adj.* ①船[舟]形的;②〈植〉舟形的‖ *m.* 〈解〉舟状骨
hoja ~ 舟形叶
hueso ~ 舟状骨

naviera *f.* 海运公司,船舶公司

naviero,-ra *adj.* 船舶的;航运[海]的‖ *m. f.* 船主
compañía[empresa] ~a 船舶[海运]公司
consignatorio ~ 船务代理
seguros ~s 船舶保险

navío *m.* (大)船;舰
~ de alto bordo(~ de línea) 远洋船
~ de aviso 通讯舰
~ de cabeza/cola (舰队的)首/尾舰
~ de carga 货轮
~ de guerra 战舰
~ de transporte 运输舰
~ mercante[mercantil] 商船,货船
~s de superficie 水面船舶;水面舰艇

naya *f. Col.* 〈植〉马蹄莲

Náyade *f.* 〈天〉海王星卫星(由美国行星探测器"旅行者"II 号于 1989 年发现)

naylón *m.* ①〈纺〉尼龙;尼[耐]纶;②尼龙织品;耐纶织品

Nb 〈化〉元素铌(niobio)的符号

NB *abr. lat.* nota bene(*esp.* nótese bien) 请注意;请看以下注意事项

NCP *abr. ingl.* network control program 〈信〉网络控制程序

NCSA *abr. ingl.* National Center for uper-computing Aplications 〈信〉美国国家超级计算应用中心

Nd 〈化〉元素钕(neodimio)的符号

ND *abr.* nombre diferenciado 〈信〉重要域名,区分[变异]域名(*ingl.* distinguished name)

N/D *abr. ingl.* not dated 未注明日期

N. de la R. *abr.* nota de la redacción 编者注

N. de la T. *abr.* nota de la Traductora 女译者注

N. del T. *abr.* nota del Traductor 译者注

NDIS *abr. ingl.* network driver interface specification 〈信〉网络驱动器接口规范

NDS *abr. ingl.* netware (novell) directory services 〈信〉网件目录服务

Ne 〈化〉元素氖(neón)的符号

NE *abr.* nordeste 东北;东北方

nebladura *f.* 〈农〉雾害

neblina *f.* ①〈气〉薄雾,霭;②雾气;烟雾

nébula *f.* ①〈医〉薄翳;角膜云翳;喷雾剂;②〈天〉星云

nebular *adj.* 〈天〉星云的;星云状的

nebulización *f.* 〈医〉喷雾治疗;雾化

nebulizador *m.* 喷雾器;雾化器

nebulosa *f.* 〈天〉星云
~ de absorción 吸光星云,暗星云
~ de emisión 发射星云
~ de reflexión 反射星云
~ difusa 弥散星云
~ espiral 漩涡星云,梭状星云
~ extragaláctica 河外星云
~ oscura 暗星云
~ planetaria 行星状星云

nebulosidad *f.* ①〈天〉星云状态;星云状物质;②模糊(状态),朦胧;③多雾,多云;昏[阴]暗

nebuloso,-sa *adj.* ①〈天〉星云的;星云似的;②云雾状的;③模糊不清的;朦胧的;混浊的;④多云的

necesidad *f.* ①必要(性);②必然(性);③(迫切)需要;急[必]需;需求;④必需品;⑤

见 ～ mayor/menor
～ de materias primas 原材料需求
～ general 总需求
～ mayor/menor 大/小便
～ temporal 季节性需求
～es básicas 基本需要,基本需求
～es de capital 资本需求
～es de crédito 信贷需求
～es de importación 进口需求
～es de seguridad 安全需求,必要的安全
条件
～es fisiológicas 生理需要
～es interiores[nacionales] 内部[国内]需
要,内需
～es materiales 物质需要
～es sociales 社会需要
～es vitales 生活必需品
artículos de primera ～ 生活必需品
reino de la ～ 必然王国

nécora f. 〈动〉(大西洋和地中海里生存的)
海蟹
necrobacilosis f. 〈医〉坏死杆菌病
necrobia f. 〈生〉坏死杆菌
necrobiosis f. 〈医〉渐进性(细胞)坏死,细胞
坏死
necrófago,-ga adj. 〈动〉〈昆〉食尸的,食腐肉
的 ‖ m. 〈环〉食尸动物
necrofilia f. 〈心〉恋尸癖,恋尸狂
necrófilo,-la adj. 〈心〉恋尸癖[狂]的 ‖ m.
f. 有恋尸癖的人,恋尸者
necrofobia f. 〈心〉死亡恐怖,尸体恐怖
necróforo m. 〈昆〉埋葬虫
necrolatría f. 〈心〉死者崇拜
necrólisis f. 〈医〉坏死溶解(症)
～ epidérmica tóxica 中毒性表皮坏死溶解
症
necropsia; necroscopia f. 〈医〉尸体剖检;验
尸
necrosar tr. 〈医〉使(组织、器官等)坏死 ‖ ～se
r. (组织、器官等)坏死
necroscópico,-ca adj. 〈医〉尸体剖检的;验
尸的
necrósico,-ca; necrótico,-ca adj. 〈医〉坏死
的
necrosis f. ①〈医〉坏死;②〈植〉枯斑
necrotizar tr. 〈医〉使(组织、器官等)坏死
néctar m. 〈植〉花蜜
～ de melocotón 桃花蜜
nectarina f. 〈植〉蜜[油]桃
nectario m. 〈植〉蜜腺
necton m. 〈动〉〈环〉自泳生物(如鱼类)
nefelina f. 〈地〉〈矿〉霞石

nefelinita f. 〈地〉霞岩
nefelio m. 〈医〉角膜薄翳
nefelismo m. 〈气〉云状,云的状况
nefelita f. 〈地〉〈矿〉霞石
nefelometría f. ①〈化〉浊度(测定)法,比浊
法,散射测浊法;②〈气〉测云速和方向法;③
〈光〉〈理〉悬浮体散射术
nefelométrico,-ca adj. 〈化〉浊度(分析)的
análisis ～ 浊度分析
nefelómetro m. ①〈化〉散射浊度计,比浊计;
②浑浊度表,能见度测定表;③〈光〉〈理〉悬
浮体散射仪
nefómetro m. 〈气〉测云计,量云器
nefoscopio m. 〈气〉(反射式)测云器[镜]
nefralgia f. 〈医〉肾痛
nefrectasia f. 〈医〉肾扩展,囊状肾
nefrectomía f. 〈医〉肾切除术
nefrelcosis f. 〈医〉肾溃疡
nefridio m. 〈动〉①原肾;②(胚胎的)前肾小
管,肾管
nefrita f. 〈矿〉软玉
nefrítico,-ca adj. ①〈解〉肾的;②〈医〉肾炎
的
nefritis f. inv. 〈医〉肾炎
nefroangiosclerosis f. 〈医〉肾血管硬化
nefroblastoma m. 〈医〉肾母细胞瘤,成肾细
胞瘤
nefrocapsectomía f. 〈医〉肾被膜剥离术
nefrocele m. 〈医〉肾突出;肾疝
nefrocistisis f. inv. 〈医〉肾膀胱炎
nefrogénesis f. 〈医〉肾发生
nefrogénico,-ca adj. 〈医〉肾发生的
nefrografía f. 〈医〉肾造影术
nefrograma m. 〈医〉肾图
nefrohipertrofia f. 〈医〉肾肥大
nefrólisis f. 〈医〉肾松解术
nefrolitotomía f. 〈医〉肾切开取石术
nefrología f. 〈医〉肾病学,肾脏学
nefrólogo,-ga m. f. 〈医〉肾病[肾脏]学家
nefromalacia f. 〈医〉肾软化
nefrón m.; **nefrona** f. 〈解〉肾单位
nefropexia f. 〈医〉肾固定术
nefropiosis f. 〈医〉肾化脓
nefroptosis f. 〈医〉肾下垂
nefrorrafia f. 〈医〉肾缝(合)术
nefrosclerosis f. 〈医〉肾硬化
nefroscopia f. 〈医〉肾盂镜检查
nefroscopio m. 〈医〉肾盂镜
nefrosis f. 〈医〉肾(变)病
nefrostoma m. 〈医〉肾口,肾孔
nefrostomía f. 〈医〉肾造口术;肾造瘘术
nefrotomía f. 〈医〉肾切开术
nefrotomografía f. 〈医〉肾断层造影(术)

nefrotóxico,-ca *adj.* 〈医〉肾中毒的

nefrotoxina *f.* 〈医〉肾毒素

nefroureterectomía *f.* 〈医〉肾输尿管切除术

negación *f.* ①否定；否认；拒绝（承认）；②〈逻〉（命题的）否定

negativa *f.* 否定；拒绝
~ absoluta 绝对否定
~ de acepción 拒收
~ rotunda 断然拒绝

negatividad *f.*；**negativismo** *m.* ①否定[消极]态度；怀疑主义；②〈心〉抗拒性

negativizar *tr.* 中和，抵消

negativo,-va *adj.* ①否定的；②否决的；反对的；③反[负]面的；相反的；消极的；④〈数〉负（数）的；〈电〉阴极[性]的，负电的；⑤〈摄〉底[负]片的；⑥〈医〉阴性的 ‖ *m.*〈摄〉底[负]片；负像
cantidad ~a 负数
efectos ~s 反作用
electricidad ~a 负电
factores ~s 消极因素
polo ~ 负极
prueba ~a 底片，底版
reacción ~a〈医〉阴性反应
voto ~ 反对票

negatrón *m.*〈电子〉负电子；负阻(电子)管

negb. *abr. ingl.* negotiable 可转让的

negligencia *f.* ①疏[玩]忽，玩忽行为；②过失
~ común 普通疏忽，一般性过失
~ concurrente 互有疏忽，共同过失
~ criminal 犯罪性疏忽
~ en su cargo 玩忽职守
~ inexcusable 不可原谅的疏忽
~ intencional 任性疏忽

negociabilidad *f.*（票据、证券等）可转让性；（可）流通性

negociable *adj.* ①可谈判[磋商]的；②（票据、证券等）可转让的，可流通的
documento ~ 可转让单据，流通单据

negociación *f.* ①谈判，洽谈；协[磋]商；②〈经〉转让；议付，洽兑；③交易；买卖
~ colectiva de salarios（由工会代表劳工就工资、工时、工作条件所进行的）劳资谈判，(工资)集体谈判
~ comercial 交易磋商，贸易洽谈
~ de terrenos 土地[地产]交易
~es bilaterales 双边谈判
~es económicas 经济洽谈
~es multilaterales 多边谈判
~ es en calidad de invitado y anfitrión por turno 客主座轮流谈判
arte de ~ 谈判艺术

negociador,-ra *adj.* ①做买卖的；②协商的，谈判的，交涉的 ‖ *m. f.* ①谈判人，洽谈人；②〈经〉转让人；议付人，洽兑人；③交易者

negociante *m. f.* 商人，生意人
~ al por mayor 批发商
~ al por menor 零售商
~ de títulos[valores] 证券商
~ en antigüedades 古玩商
~ en madera 木材商
~ en semillas 种子商

negocio *m.* ①〈商贸〉交[生]意；贸易；买卖；②业[事]务；③商号，店铺
~ a la comisión 中间贸易；代售业务
~ a plazos 分期付款交易
~ bancario 银行业务
~ de comercio exterior 对外贸易业务；外贸
~ de compensación(~ compensatorio) 补偿贸易
~ de consignación 寄售业务
~ de propietario único 独资经营；独资商号
~ en paquete 一揽子交易
~ en participación 合资经营；合资企业
~ ficticio 虚拟[假]交易
~ fingido 形式交易
~ invisible 无形贸易
~ marginal 边际交易
~ marítimo[naviero] 航海业
~ monetario 金融业
~ prohibido 走私，非法交易
~ sucio[turbio] 肮脏交易
~ turístico 旅游业
~s de cambio[divisas] 外汇业务
~s en acciones 股票交易
~s en cadena 连锁商店，联号商号
~s particulares familiares 家族商行，家族企业
~s personales 个人事务，私事
~s por pagar 应付贸易账项
~s urgentes 急迫事务，急事

negocio-e *m.* 电子商务

negra *f.* ①〈乐〉四分音符；② *Amér. L.* 污点

negrilla *f.* ①〈印〉黑体字，粗体字；②〈植〉榆(树)；③〈动〉海鳗

negrillo,-lla *adj.* 〈印〉黑[粗]体的 ‖ *m. Amér. L.* 〈矿〉深色含铜银矿石；深色铁矿石
letra ~a 黑[粗]体字

negrita *f.* ①〈印〉黑体字，粗体字；② *Amér. L.* 污点

negritud *f.* 黑色人种历史遗产，黑色人种文

化

negro,-gra *adj.* ①黑(色)的;②暗[深]的;
③黑人的;④非法的,地下的;⑤黑色的(电
影、小说等) ‖ *m.* ①黑色;②*Cari.* 清咖啡
　～ animal(～ de huesos) 骨炭
　～ de acetileno 乙炔炭黑
　～ de anilina 苯胺黑,颜料黑
　～ de antimonio 锑黑,硫化锑
　～ de carbón[carbono] 炭黑
　～ de humo 烟黑,灯黑
　～ de márfil 象牙墨
　～ de plomo 石墨
　～ túnel 气黑,槽法炭黑
　aguas ～as 污[废]水
　caja ～a (飞机的)黑匣子
　cerveza ～a 黑啤酒
　cine ～ 黑色电影,警匪片
　cuerpo ～ 黑体,全吸收辐射能的物体
　dinero ～ 黑钱
　economía ～a 地下经济
　humor ～ 黑色幽默
　marea ～a (因油船泄漏在海面形成的)黑
潮
　mercado ～ 黑市
　novela ～a 黑色小说(暴露性写实性警匪题
材小说)
　raza ～a 黑色人种
　terrorismo ～ 法西斯恐怖
　trabajo ～ 黑工
negroide *adj.* 黑人的;具有黑人特性的
neguanmel *m. Méx.* 〈植〉龙舌兰
neguilla *f.* 〈植〉黑种草
neisseria *f.* 〈生〉奈瑟菌属
nelubio *m.* 〈植〉莲属植物
nelumbo *m.* 〈植〉莲
nelumbonáceo,-cea *adj.* 〈植〉莲科的 ‖ *f.*
　①莲科植物;②*pl.* 莲科
nematelminto,-ta *adj.* 〈动〉线形动物门的
　‖ *m.* 线形动物;②*pl.* 线形动物门
nematercio *m.* 〈植〉生殖菌
nemático,-ca *adj.* 〈理〉(液晶)向列的 ‖ *m.*
　向列液晶
nematócero,-ra *adj.* 〈昆〉长角亚目的 ‖ *m.*
　①长角虫;②*pl.* 长角亚目
nematocida *f.* 〈环〉〈医〉杀线虫剂
nematocisto *m.* 〈动〉刺丝囊
nematodo,-da *adj.* 〈动〉线虫纲的 ‖ *m.* ①
　线虫;②*pl.* 线虫纲
neme *m. And.* 沥青,柏油
nemertino,-na *adj.* 〈动〉纽性动物(门)的 ‖
　m. ①纽性动物;②*pl.* 纽性动物门
nemoral *adj.* 〈生〉适林的
　especie ～ 适林物种

nemotécnica *f.* 记忆法
nenúfar *m.* 〈植〉睡莲
　～ amarillo 黄睡莲
　～ blanco 白睡莲
neo *m.* 〈化〉氖
neoaislamiento *m.* 新孤立主义
neoantígeno *m.* 〈生〉新抗原
neoceno,-na *adj.* 〈地〉晚[上]第三纪的 ‖
　m. 晚[上]第三纪
neocerebelo *m.* 〈解〉新小脑
neoclasicismo *m.* 新古典主义
neocolonialismo *m.* 新殖民主义
neocórtex *m.* 〈解〉新(大脑)皮层
neodarwinismo *m.* 〈生〉新达尔文主义[学
　说]
neodimio *m.* 〈化〉钕
neoformación *f.* 〈医〉新[赘]生物
neoformativo,-va *adj.* 〈医〉新生的
neogénesis *f.* 〈生〉(组织的)新生
neógeno,-na *adj.* 〈地〉晚[上]第三纪的 ‖
　m. 晚[上]第三纪
neogótico,-ca *adj.* 〈建〉新哥特式的
neoimpresionismo *m.* 〈画〉新印象画派,新印
　象主义
neolamarckismo *m.* 〈生〉新拉马克学说
neolítico,-ca *adj.* ①新石器时代的;②早先
　的;过时的
neomaltusianismo *m.* 〈经〉新马尔萨斯主义
neomenia *f.* 〈天〉新月
neomicina *f.* 〈生化〉〈药〉新霉素
neomorfo *m.* 〈生〉新效等位基因
neón *m.* 〈化〉氖
　anuncio de ～ 氖灯光信号;氖[霓虹]灯广
　告
neonatal *adj.* 新生儿的;新生期的
neonato,-ta *m. f.* 〈医〉新生婴儿;不足四周
　的婴儿
neonatología *f.* 〈医〉新生儿(科)学
neonatólogo,-ga *m. f.* 〈医〉新生儿(科)学家
neonazismo *m.* 新纳粹主义
neopalio *m.* 〈解〉新皮质
neoplasia *f.* 〈医〉瘤形成
neoplasma *m.* 〈医〉(肿)瘤,赘生物
neoplásmico,-ca *adj.* 〈医〉(肿)瘤的,赘生
　(物)的
neoplastia *f.* 〈医〉造型[修补]术
neoplasticismo *m.* 〈画〉新造型主义
neoplástico,-ca *adj.* ①〈医〉(肿)瘤的,赘生
　(物)的;②〈画〉新造型主义的
　fractura ～a 肿瘤性骨折
　hiperplasia ～a 瘤性增生
neopreno *m.* 〈化〉氯丁(二烯)橡胶

neóptero,-ra *adj.* 〈昆〉新翅类的 ‖ *m. pl.* 新翅类

neorrealismo *m.* 〈电影〉新现实主义(指第二次世界大战后意大利的电影运动)

neorromantismo *m.* 新浪漫主义

neosalvarsán *m.* 〈药〉新肿凡纳明,九一四(一种黄色粉末,用以治疗梅毒)

neosóptilos *m. pl.* 〈动〉雏羽

neostigmina *f.* 〈药〉新斯的明(一种胆碱能药)

neotenia *f.* 〈动〉①幼态持续;②幼期性熟

neotérico,-ca *adj.* ① 新近的,现代的;② 新式的;新发明的

neotipo *m.* 〈生〉新模(指正模标本损坏后随原始描述之后选择一个标本作为模式)

neotoma *f.* 〈动〉林鼠属

neotropical *adj.* 〈地〉新热带区的

neozoico,-ca *adj.* 〈地〉新生代的;上第三系的 ‖ *m.* 新生代;上第三系

nepentáceo,-cea *adj.* 〈植〉猪笼草科的 ‖ *f.* ①猪笼草科植物;②*pl.* 猪笼草科

nepente *m.* 〈植〉猪笼草

néper *m.* 〈理〉奈培(表示两个电流、电压等比值时或表示两个功率的比值时用的单位)

neperiano,-na *adj.* 〈数〉纳皮尔(英国数学家)对数的,自然对数的

neptuniano,-na; neptúnico,-ca *adj.* 〈地〉水成论的 ‖ *m. f.* 水成论者

neptunio *m.* 〈化〉镎

neptunismo *m.* 〈地〉水成论

neptunista *adj.* 〈地〉水成论的 ‖ *m. f.* 水成论者

Neptuno *m.* 〈天〉海王星

Nereida *f.* 〈天〉海(王)卫二

nerita *f.* 〈动〉蜒螺科

nerítico,-ca *adj.* 〈地〉近海的;浅海的

neroli *m.* 〈化〉橙花醇

nervación *f.* 〈昆〉〈植〉脉序

nervado,-da *adj.* ①有神经的;②〈昆〉有翅脉的;③〈植〉有叶脉的

nervadura *f.* ①〈建〉扇形拱;(圆拱的)肋,拱肋;②〈矿〉导脉;③〈昆〉翅脉;④〈植〉叶脉
　　～ de refuerzo 加劲肋
　　chapa de ～ 肋凸缘

nerveo,-vea *adj.* ①〈解〉神经(系统)的;②经脉状的

nerviación *f.* ①〈昆〉翅脉;②〈植〉叶脉

nerviado,-da *adj.* 〈植〉具脉的

nervino,-na *adj.* ①〈解〉神经的;②〈医〉镇定神经的,健神经的 ‖ *m.* 健神经剂

nervio *m.* ①〈解〉神经;②筋,腱;③〈植〉叶脉;④〈昆〉翅脉;⑤〈乐〉弦;⑥〈印〉(图书装帧中的)书脊凸带;⑦〈建〉(圆拱的)肋,拱肋;交叉侧肋
　　～ auditivo[acústico] 听神经
　　～ cerebral 脑神经
　　～ ciático 坐骨神经
　　～ dental 牙神经
　　～ facial 面神经
　　～ motor 运动神经
　　～ neumográstrico 迷走神经
　　～ oftálmico 眼神经
　　～ olfatorio 嗅神经
　　～ óptico 视神经
　　～ trigémino 三叉神经
　　～ vago 迷走神经

nerviosera *f.* ①神经打击;②〈医〉神经病发作

nerviosidad *f.*; **nerviosismo** *m.* 神经过敏,神经质

nervioso,-sa *adj.* ①〈解〉神经的;神经系统的;②神经过敏的,神经质的;③〈植〉具脉的
　　ataque ～ 歇斯底里发作,神经病发作
　　centro ～ 神经中枢
　　crisis ～a 神经衰弱(症)
　　depresión ～a 精神
　　sistema ～ 神经系统
　　tejido ～ 神经组织

nervoso,-sa *adj.* ①神经过敏的;②(肉)多筋的;多肌[筋]腱的

nervudo,-da *adj.* ①身体强健[壮]的;②多肌腱的;肌肉发达的

nervura *f.* 〈印〉(图书装帧中的)书脊凸带

net *m. ingl.* ①网,罗网;②〈信〉(计算机)网络;电脑网络;③[N-]互联网,因特网;④网状系统;通信[广播,间谍]网;⑤〈体〉(网球、羽毛球等运动中的)落网球;擦网球

netBIOS *abr. ingl.* Network Basic Input/Output System 〈信〉网络基本输入/出系统

netfind *m. ingl.* 网上[络]寻找

neto,-ta *adj.* ①净的,纯的;②无杂质的;③*Amér. L.* 青的,未熟的(水果) ‖ *m.* 〈建〉(无饰边)柱脚;墩身
　　beneficio ～ 净利
　　pérdida ～a 净损失,净[纯]损
　　peso ～ 净重
　　precio ～ 净[实]价
　　sueldo ～ 净工资

netscape *m. ingl.* 〈信〉网景,网络景象
　　～ navigator 〈信〉网景导航仪〔员〕

netware *m. ingl.* 〈信〉网件

neumática *f.* ①〈理〉气体力学;②气动装置

neumático,-ca *adj.* ①充气的;可充气的;②空气的;气体的;风(力)的;③〈理〉气体力学的;④气[风]动的 ‖ *m.* 充气轮胎;轮胎

~ a prueba de pinchazos 自封轮胎
~ balón(~ de baja presión) 低压轮胎
~ de recambio[repuesto] 备用胎
~ estriado 卷边轮胎
~ radial 辐射状轮胎,子午线轮胎
~ sin cámara 无内胎轮胎
calibre ~ 空气压力表,气压计
chapaleta ~a 空气闸[阀],风闸
criba ~a〈矿〉风力跳汰机
extractor ~ 空气升液器
freno ~ 气[风]闸,空气制动器
máquina ~a 抽气机
martillo ~ 气锤
montacargas ~ 空气提升机
relé ~ 气动继电[替续]器
relleno ~〈矿〉风力充填
remachado ~ 风动铆接
neumatocele *m*.〈医〉肺膨出;气瘤
neumatóforo *m*. ①〈植〉出水通气根;②〈动〉
浮囊,气胞囊
neumatólisis *f*.〈地〉气化,气成作用
neumatometría *f*.〈医〉呼吸气量测定法
neumatómetro *m*.〈医〉呼吸气量测定器;肺
活量计
neumatosis *f*.〈医〉气肿
neumaturia *f*.〈医〉气尿
neumectomía *f*.〈医〉肺部分切除术
neumocele *m*.〈医〉肺膨出;气瘤
neumocentesis *f*.〈医〉肺穿刺术
neumocito *m*.〈解〉肺泡上皮细胞
neumococo *m*.〈医〉肺炎球菌
neumoconiosis *f*.〈医〉肺尘埃沉着病,尘肺;
矽肺病
neumogástrico,-ca *adj*.〈解〉①肺(与)胃的;
②迷走神经的‖ *m*.〈解〉迷走神经
nervio ~ 迷走神经
neumografía *f*.〈医〉①呼吸描记法;②充气
造影术;③肺 X 线摄影术
neumógrafo *m*.〈医〉呼吸描记器
neumohemotórax *m*.〈医〉气血胸
neumohidráulico,-ca *adj*. 气动液压的
neumohidrotórax *m*.〈医〉气水胸
neumólisis *f*.〈医〉肺松解术
neumolitiasis *f*.〈医〉肺石病
neumolito *m*.〈医〉肺石
neumología *f*.〈医〉肺病学
neumólogo,-ga *m*. *f*.〈医〉肺病专科医生
neumomalacia *f*.〈医〉肺软化
neumonectomía *f*.〈医〉肺切除术
neumonía *f*.〈医〉肺炎
neumónico,-ca *adj*. ①肺的;②(患)肺炎的
‖ *m*. *f*. 肺炎患者

neumonitis *f*. *inv*.〈医〉肺炎;局限性肺炎
neumonotomía *f*.〈医〉肺切开术
neumopatía *f*.〈医〉肺病
neumopericardio *m*.〈医〉心包积气
neumopexia *f*.〈医〉肺固定术
neumopiopericardio *m*.〈医〉心包积脓气,气
脓心包
neomopiotórax *m*.〈医〉脓水胸
neumorresección *f*.〈医〉肺切除术
neumotacógrafo *m*.〈医〉呼吸速率计
neumotacómetro *m*.〈医〉呼吸速度计
neumoterapia *f*.〈医〉肺病治疗
neumotórax *m*.〈医〉气胸
~ artificial 人工气胸
neural *adj*.〈解〉神经的;神经系统的;神经
中枢的
neuralgia *f*.〈医〉神经痛
neurálgico,-ca *adj*. ①〈医〉神经痛的;②关
键(部位)的;中枢的
neuraminidasa *f*.〈生化〉神经氨酸酶
neurapraxia *f*.〈医〉神经失用
neurastenia *f*. ①〈医〉神经衰弱;②易激动
性,兴奋性
neurasténico,-ca *adj*. ①〈医〉神经衰弱的;
②易激动的,易兴奋的‖ *m*. *f*.〈医〉神经衰
弱者
neurectasia *f*.〈医〉神经牵引术
neurectomía *f*.〈医〉神经切除术
neurectopia *f*.〈医〉神经异位
neurexéresis *f*.〈医〉神经抽出术
neuriatría *f*.〈医〉神经病疗法
neurita *f*.〈解〉轴突,神经突
neurítico,-ca *adj*.〈医〉神经炎的
neuritis *f*. *inv*.〈医〉神经炎
neuroalergia *f*.〈医〉神经变应性,神经变态
反应性
neuroanastomosis *f*.〈医〉神经吻合术
neuroanatomía *f*. 神经解剖学
neurobiología *f*. 神经生物学
neurobiotaxis *f*.〈医〉神经生物趋向性
neuroblastoma *m*.〈医〉成神经细胞瘤
neurociencia *f*. 神经系统科学
neurocirugía *f*.〈医〉神经外科学
neurocirujano,-na *m*. *f*.〈医〉神经外科医生
[专家]
neurocráneo *m*.〈解〉脑颅,神经颅
neuroeje *m*. ①中枢神经系统;②轴突
neuroelectricidad *f*.〈医〉神经电
neuroendocrinología *f*.〈医〉神经内分泌学
neuroendocrinólogo,-ga *m*. *f*.〈医〉神经内
分泌专科医生
neurofibrillas *f*. *pl*.〈生〉神经原纤维
neurofibroma *m*.〈医〉神经纤维瘤

neurofibromatosis f. 〈医〉神经纤维瘤病
neurofilamento m. 〈生〉神经丝
neurofisiología f. 〈医〉神经生理学
neurogénesis f. 〈医〉神经发生；神经形成
neuroglía f. 〈解〉〈生〉神经胶质
neuroglioma m. 〈医〉神经胶质瘤，胶质瘤
neurohipófisis f. 〈解〉神经垂体
neurohormona f. 〈生化〉神经激素
neurohumor m. 〈生化〉神经(元)介质，神经体液
neurohumoralismo m. 〈医〉神经体液学说
neurolaberintitis f. inv. 〈医〉神经迷路炎
neurolema m. 〈解〉神经鞘[膜]
neuroléptico,-ca adj. 〈药〉〈医〉抑制[安定]神经的 ‖ m. 〈药〉神经抑制药，安定药
neuroleptoanestesia f. 〈医〉神经安定麻醉；安定止痛(法)
neurólisis f. 〈医〉①神经松解术；②神经组织崩溃
neurología f. 〈医〉神经病学
neurológico,-ca adj. 〈医〉神经病学的；神经学的
neurólogo,-ga m. f. 〈医〉神经病学家，神经科医生
neuroma m. 〈医〉神经瘤
neuromediador m. 〈生医〉神经介质
neuromelanina f. 〈生化〉〈生医〉神经黑色素
neuromodulador m. 〈生化〉〈生医〉神经调质
neuromuscular adj. ①〈解〉神经肌肉的；②影响神经和肌肉的
neurona f. 〈解〉神经细胞，神经元
neuronal adj. 〈解〉神经元的，神经细胞的
neuronofagia f. 〈医〉嗜神经细胞现象
neurootología f. 〈医〉神经耳科学
neuroparálisis f. 〈医〉神经麻痹性
neurópata m. f. 〈医〉神经病患者
neuropatía f. 〈医〉神经病
neuropático,-ca adj. 〈医〉神经病的
neuropatogénesis f. 〈医〉神经病发病机理；神经病发生
neuropatología f. 〈医〉神经病理学
neuropatológico,-ca adj. 〈医〉神经病理学的
neuropéptido m. 〈生化〉神经肽
neuroplasma m. 〈解〉神经浆，神经胞质
neuroplastia f. 〈医〉神经成形术
neuróporo m. 〈解〉〈医〉神经孔
neuropsicofarmacología f. 〈医〉神经精神药理学
neuropsicología f. 神经心理学
neuropsicólogo,-ga m. f. 神经心理学专家，神经心理医生
neuropsiquiatra m. f. 〈医〉神经精神病学专家，神经精神科医生
neuropsiquiatría f. 〈医〉神经精神病学
neuropsíquico,-ca adj. 〈医〉神经精神的
neuróptero,-ra adj. 〈动〉脉翅目昆虫(昆虫)的 ‖ m. ①脉翅目昆虫；②pl. 脉翅目
neuroquímica f. 神经化学
neurorrafia f. 〈医〉神经缝合术
neurosarcocleisis f. 〈医〉神经移入肌肉术
neurosarcoma m. 〈医〉神经肉瘤
neurosecreción f. ①〈生理〉神经分泌；②〈生化〉神经分泌物
neurosis f. ①〈医〉神经机能病，神经(官能)症；②恐惧症
~ de guerra(~ bélica) 炮弹休克，战斗疲劳症
neurosífilis f. 〈医〉神经梅毒
neurosoma m. 〈医〉神经微粒；神经胞体
neurosutura f. 〈医〉神经缝合术
neuroticismo m. 〈心〉神经过敏症
neurótico,-ca adj. 〈医〉神经机能病的；神经(官能)症的 ‖ m. f. 神经(官能)症患者，神经质者
neurotización f. 〈医〉神经植入术
neurotomía f. 〈医〉神经切断术；神经解剖
neurótomo m. 〈医〉①神经刀；②神经管节
neurotoxicidad f. 〈生化〉〈医〉神经毒性
neurotóxico,-ca adj. 〈生化〉〈医〉神经中毒的，神经毒素引起的；毒害神经的
neurotoxicología f. 〈医〉神经毒理学
neurotoxina f. 〈生化〉神经毒素
neurotransmisor m. 〈生化〉〈生医〉神经传递素，神经递质
neurotrofia f. 神经营养
neurotrófico,-ca adj. 神经营养的
neurotropismo m. 〈生〉向[亲]神经性
neurotropo,-pa adj. 〈生〉向[亲]神经的；嗜神经组织的
neurovegetativo,-va adj. 〈医〉植物性神经系统的；由植物性神经系统控制的
neurovirulencia f. 〈生化〉神经毒力
neurovirulente adj. 〈生化〉神经毒力的
neustón m. 〈生〉漂浮生物
neutonio m. 〈理〉牛顿(力的单位)
neutral adj. ①中立的；中间的；②中立国[地带]的
permanencia ~ 保持中立
territorio ~ 中立地带
neutralidad f. ①中立；中立地位；②〈化〉中性
neutralismo m. ①中立；②中立主义[政策]
neutralización f. ①〈化〉中和(作用)；②

立（化，状态）；③抵消，无效

neutreto *m.* 〈理〉中（性）介子

neutrino *m.* 〈理〉中微子

neutro,-tra *adj.* ①中立的；中间的；②中立
国［地带］的；③〈化〉〈生〉中性的；中和的；
④〈理〉不带电的；⑤〈环〉〈生〉中［无］性的；
⑥〈机〉空档的‖ *m.* 〈电〉见 ~ aislado
 ~ aislado 不接地中点（线）
 abeja ~a 工蜂
 aceite ~ 中性油
 conductor ~ 中性（导）线
 elemento ~ 〈数〉零［中间］元素
 flor ~a 无性［蕊］花
 género ~ 中性
 reacción ~a 中性反应
 sal ~a 中性盐
 tinte ~ 中性色（灰色），中性色调

neutrodinación *f.* 〈电〉中和作用；抵消

neutrodino *m.* 〈无〉中和式高频调谐放大器

neutrofílico,-ca *adj.* 〈环〉〈生〉（细胞等）嗜
中性的
 célula ~a 嗜中性粒细胞，嗜中性白细胞

neutrófilo,-la *adj.* 〈环〉〈生〉（细胞等）嗜中
性的‖ *m.* 〈解〉嗜中性粒细胞，嗜中性白细
胞

neutrón *m.* 〈理〉中子
 ~ diferido 缓发〔减速〕中子
 ~ lento 慢中子
 ~ rápido 快中子
 ~ térmico 热中子
 bomba de ~es 中子弹

neutrónica *f.* 中子（物理）学

neutrónico,-ca *adj.* 〈理〉中子的
 bomba ~a 中子弹

neutropenia *f.* 〈医〉嗜中性白细胞减少症；中
性白细胞减少（症）

nevada *f.* 降雪；降雪量

nevasca *f.*；**nevazón** *f. And., Cono S.* 雪
暴，暴风雪

névé *m. fr.* 〈地〉粒雪，永久冰雪；冰原

nevera *f.* ①〈电〉冰箱，雪柜；②冷藏室；冷冻
库；③积〔堆〕雪处；冰窖；④*Amér. L.* 监狱

nevera-congelador *f.* 立式冷藏冷冻箱；冰箱

nevero *m.* ①〈地〉冰原（指山岳地区的大块陆
冰）；②（北极地区的）雪原

nevisca *f.* 小雪

neviza *f.* 〈地〉粒雪，永久冰雪；冰原

nevización *f.* 粒雪形成（过程）；永久冰雪形
成（过程）

nevo *m.* 〈医〉痣

nevocítico,-ca *adj.* 〈医〉痣细胞的

nevocito,-ca *m.* 〈医〉痣细胞

nevoide *adj.* 〈医〉痣样的

nevolipoma *m.* 〈医〉痣脂瘤，脂瘤痣

nevón *m. Amér. L.* 〈乐〉手风琴

nevoso,-sa *adj.* ①（融）雪的；下雪的；多雪
的；②积雪的；③〈医〉痣的
 zona ~a 多雪地区

nevoxantoendotelioma *m.* 〈医〉痣黄内皮瘤

nevus *m.* 〈医〉痣

newtoniano,-na *adj.* 〈理〉牛顿的；牛顿学说
的
 mécanica ~a 牛顿力学

newtonio *m.* 〈理〉牛顿（力的单位）

n/f *abr.* nuestro favor 我方为受益人

NFS *abr. ingl.* Network File System 〈信〉
网络文件系统

Ni 〈化〉元素镍（níquel）的符号

niacina *f.* 〈生化〉烟［尼克］酸

niara *f. Arg.* （干）草垛；谷堆；麦秆堆

NIC *abr. ingl.* network information center
〈信〉网络信息中心

nicaragua *f.* 〈植〉凤仙花

nicho *m.* ①壁龛；②见 ~ de mercado；③
〈生〉生态龛
 ~ de mercado 〈商贸〉热销市场，有利可图
的市场
 ~ ecológico 〈生〉生态位（决定某种生物或
物种在生态系统中方位的各种性状的总和）

nicol *m.* 〈理〉尼科尔棱镜

nicolita *f.* 〈矿〉红砷镍矿

nicopirita *f.* 〈矿〉镍黄铁矿

nicotiana *f.* 〈植〉烟草；花烟草

nicotina *f.* 〈化〉烟碱，尼古丁

nicotinamida *f.* 〈生化〉烟铣胺，尼克铣胺，抗
糙皮病维生素

nicotínico,-ca *adj.* ①〈化〉烟碱的；②〈生
化〉烟酸的
 ácido ~ 烟［尼克］酸

nicotinismo；nicotismo *m.* 〈医〉烟碱［尼古
丁］中毒

nicromo *m.* 〈冶〉镍铬合金

nicrosilal *m. ingl.* 〈冶〉镍铬硅铸铁

nictación *f.* （鸟、哺乳动物等）迅速眨眼，瞬
眼

nictalgia *f.* 〈医〉夜［睡时］痛

nictálope *m. f.* 〈医〉夜盲者

nictalopía *f.* 〈医〉夜盲（症）

nictinastia *f.* 〈植〉夜感性

nictitación *f.* （鸟、哺乳动物等）迅速眨眼，瞬
眼

nictitante *adj.* 〈动〉瞬眼的，迅速眨眼的

nictofobia *f.* 〈医〉黑夜［暗］恐怖

nidación *f.* 〈生理〉营巢，着床（指怀孕时受精
卵植入子宫内膜）

nidal *m.* ①鸟巢[窝];人造巢穴;②留窝蛋;③储备金

nidícola *adj.* ①(被孵出后)暂被喂养在巢里的;②居住[生活]在别种动物巢里的

nidificación *f.* 营[作,筑]巢

nido *m.* ①(昆虫、鱼类、龟、兔等的)巢,窝,穴;②隐蔽处;巢穴;③储备金;④(医院初生儿的)婴儿房;⑤小[婴儿]床;(供婴儿在内爬着玩的携带式)游戏围栏;⑥〈军〉掩体
　~ de abeja (织物的)蜂窝状花样[边]
　~ de ametralladoras 〈军〉机枪掩体
　~ de amor 爱巢,情人幽会处
　~ de víboras 蝰蛇洞[窝];坏人窝

niebla *f.* ①雾,雾气;霭;②〈植〉霉,霉菌
　~ artificial 人造雾,烟幕
　~ de humo 〈环〉烟雾(一种污染)
　~ meona 细雾雨

nielado *m.* ①乌银(由铜、银、铅的硫化物混合而成);②乌银镶嵌装饰

nieve *f.* ①〈气〉雪;②下[降,积]雪;③*Amér.L.* 刨冰;④粉末可卡[海洛]因;⑤(电视、雷达屏的)雪花效应,雪花干扰
　~ abundante[copiosa]大雪
　~ artificial 人工降雪;人造雪
　~ carbónica 干冰
　~ en polvo 粉状积雪
　~s perpetuas 终年积雪
　copo de ~ 雪花[片]

nievemóvil *m.* 滑雪车,机动雪橇

NIF *abr.* número de identificación fiscal *Esp.* 财政验明号;税号

nife *m.* 〈地〉镍铁,镍铁带

nigrómetro *m.* 黑度计

nigrosinas *f. pl.* 〈化〉尼格(洛辛),苯胺黑

nigua *f.* *Amér.L.* 〈昆〉穿皮潜蚤

niguatoso,-sa *adj.* *Amér.L.* 有穿皮潜蚤的

nigüero *m.* *Amér.L.* 穿皮潜蚤孳生处

nilón *m.* ①〈纺〉尼龙;尼[耐]纶;②尼龙织品;耐纶织品

nilpotente *adj.* 〈数〉幂零的 ‖ *m.* 幂零

nimbo *m.* ①〈气〉雨云;②〈天〉(环绕日、月等的)晕

nimboestrato; nimbostrato *m.* 〈气〉雨层云

nimbus *m.* 〈气〉雨云

nimónico,-ca *adj.* 〈冶〉尼孟合金的 ‖ *m.* 尼孟合金;镍铬钛(合金)

ninfa *f.* ①〈昆〉蛹;(北美产)眼蝶;②〈解〉小阴唇

ninfálido,-da *adj.* 〈昆〉蛱蝶科的 ‖ *m.* ①蛱蝶;②*pl.* 蛱蝶科

ninfalo *m.* 〈昆〉蛱蝶

ninfea *f.* 〈植〉睡莲

ninfeáceo,-cea *adj.* 〈植〉睡莲科的 ‖ *f.* ①睡莲;②*pl.* 睡莲科

ninfectomía *f.* 〈医〉小阴唇切除术

ninfitis *f. inv.* 〈医〉小阴唇炎

ninfómana *f.* 〈心〉〈医〉慕男狂,女性色情狂

ninfomanía *f.* 〈心〉慕男狂(心态)

ninfomaníaco,-ca *adj.* 〈心〉慕男狂的,女性色情狂的

ninfotomía *f.* 〈医〉①小阴唇切开术;②阴蒂切开术

niña *f.* 瞳孔

niño,-ña *adj. And.* (果实)尚绿的,未成熟的 ‖ *m. f.* 孩子,儿童
　~ azul 〈医〉青紫婴儿(因心脏有先天性缺陷生下来皮肤呈蓝色)
　~ bien[bonito] 轻浮[自负]少年
　~ burbuja (生活在无菌环境里)无抵抗力的婴儿,泡泡婴儿
　~ de la calle 街头流浪儿
　~ de pecho 吃奶的孩子
　~ expósito 弃儿
　~ pera[pijo] 被娇宠的孩子;富家子弟
　~ probeta 〈医〉试管婴儿
　~ prodigio 神童
　~ terrible (言行)使大人难堪的孩子
　El ~ [N-] 〈气〉"厄尔尼诺"现象(指地处太平洋热带地区的海水大范围异常增温现象,它会造成地球温度升高,从而导致气候异常)
　La ~a [N-] 〈气〉"拉尼娜"现象(指赤道附近太平洋水温异常下降的现象,并导致气候异常)

niobio *m.* 〈化〉铌

niobita *f.* 〈矿〉铌铁矿

NIP *abr.* Número de Identificación Personal 〈信〉个人识别号

niple *m.* ①*Amér.L.* 套管;②*Venez.* 炸药

níquel *m.* ①〈化〉镍;②*Amér.L.* 镍币

níquel-cromo *m.* 〈冶〉镍铬(耐热)合金

niquelado *adj.* 〈技〉镀镍的 ‖ *m.* 镀镍

niquelar *tr.* 〈技〉镀镍(于)

niquelina *f.* 〈矿〉砷镍矿

NIS *abr. ingl.* ① network information service 〈信〉网络信息服务;②network information system 〈信〉网络信息系统

nisáceo,-cea *adj.* 〈植〉紫树科的 ‖ *f.* ①紫树科植物;②*pl.* 紫树科

níscalo *m.* 〈植〉(可食用的)松乳菌

nisina *f.* 〈化〉〈生化〉乳酸链球菌肽;乳链菌肽

níspero *m.* 〈植〉①欧楂树;②欧楂果;③*Amér.L.* 人心果树;人心果
　~ del Japón 枇杷;枇杷树

níspola *f.* 〈植〉欧楂果

nistagmo *m.* 〈医〉眼球震颤；眼颤，眼震颤

nistagmografía *f.* 〈医〉眼震描记

nistagmoideo,-dea *adj.* 〈医〉眼震样的；眼球
震颤样的

nistagmus *m.* 〈医〉眼球震颤；眼颤，眼震颤

nitidez *f.* ①清澈[晰，楚]，透明；②清晰度；
锐度

~ de banda 频带清晰度

~ de sonido 声音清晰度

~ ideal 理想清晰度

nitón *m.* 〈化〉氡

nitración *f.* 〈化〉硝化(作用)，硝化反应

nitrado,-da *adj.* 〈化〉硝化的

nitral *m.* 〈矿〉硝石层；硝石矿床

nitraminas *f. pl.* 〈化〉(三硝基甲)硝胺

nitrar *tr.* 使硝化，用硝酸处理

nitratación *f.* 〈化〉硝酸化，硝酸盐化

nitrato *m.* 〈化〉硝酸盐，硝酸(根)

~ amónico(~ de amonio) 硝酸铵

~ de calcio 硝酸钙

~ de celulosa 硝化纤维(素)；棉花火药

~ de Chile 硝酸盐

~ de cobre 硝酸铜

~ de etilo 硝酸乙酯

~ de glicerilo 硝化甘油,甘油三硝酸酯

~ de hierro 硝酸铁

~ de magnesio 硝酸镁

~ de mercurio(~ mercúrico) 硝酸汞

~ de plata 硝酸银,银丹

~ de plomo 硝酸铅

~ de potasa[potasio] 硝酸钾

~ de sodio[sosa] 硝酸钠

nitrera *f. Cono S.* 〈矿〉硝石矿床,硝石层

nitrería *f.* 〈矿〉硝石矿

nítrico,-ca *adj.* 〈化〉①(含)氮的；含(五价)
氮的,②硝石的,硝酸根的

compuestos ~s 硝酸化合物

nitrificación *f.* 〈化〉硝化作用

nitrificador,-ra *adj.* (使)硝化的 ‖ *m.* 硝化
(细)菌

nitrificante *adj.* 〈化〉起硝化作用的

nitrificar *tr.* (使)硝化

nitrilo *m.* 〈化〉腈

nitrio *m. Amér. L.* 〈矿〉硝石

nitrito *m.* 〈化〉亚硝酸根；亚硝酸盐[脂]

~ de potasio 亚硝酸钾

nitro *m.* 〈化〉①硝酸钾,硝石；②硝酸钠

nitroalgodón *m.* 〈化〉〈军〉硝[火药]棉；强棉
药

nitroaminas *f. pl.* 〈化〉硝基胺

nitroanilinas *f. pl.* 〈化〉硝基苯胺

nitrobacteria *f.* 〈生〉硝化细菌

nitrobenceno *m.* 〈化〉硝基苯

nitrobencina *f.* 〈化〉硝基(代)苯

nitrobenzol *m.*; **nitrocelulosa** *f.* 〈化〉硝化
纤维(素)；棉花火药

nitrocal *m.* 〈化〉氰氨化钙

nitrocelulósico,-ca *adj.* 见 explosivo ~

explosivo ~ 〈化〉硝化纤维(素)；棉花火药

nitrocloroformo *m.* 〈化〉硝基氯仿,氯化苦,
三氯硝基甲烷

nitrocompuesto *m.* 〈化〉硝基化合物

nitrocotón *m.* 〈化〉〈军〉强棉药,硝棉,火
(药)棉

nitroderivado *m.* 〈化〉硝基衍生物

nitrofenol *m.* 〈化〉硝基苯酚

nitrófilo,-la *adj.* 〈植〉亲[喜]氮的

planta ~a 亲氮植物

nitrofosfato *m.* 〈化〉硝化磷酸盐

nitrofurana *f.* 〈药〉硝基呋喃,呋喃西林

nitrofurantoína *f.* 〈药〉呋喃妥英

nitrogelatina *f.* 〈军〉硝化明胶炸药

nitrogenado,-da *adj.* 〈化〉含氮的

fertilizantes ~s 氮肥

nitrogenasa *f.* 〈生化〉固氮酶

nitrógeno *m.* 〈化〉氮

~ activo 活性氮

bióxido de ~ (一)氧化氮

peróxido de ~ 过氧化氮

protóxido de ~ 一氧化二氮

nitroglicerina *f.* 〈化〉硝化甘油,甘油三硝酸
酯

nitroguanidina *f.* 〈化〉硝基胍

nitrometano *m.* 〈化〉硝基甲烷

nitrómetro *m.* 〈化〉测氮计,测氮管；氮量计
[器]

nitrón *m.* 〈化〉硝酸灵,硝酸试剂

nitronaftalina *f.* 〈化〉硝基萘

nitroparafina *f.* 〈化〉硝基烷

nitroprusiatos *m. pl.* 〈化〉硝普盐,硝基氢氰
酸盐

nitrosamina *f.* 〈化〉亚硝胺

nitrosidad *f.* 〈化〉含硝量

nitrosilo *m.* 〈化〉亚硝酰(基)

nitroso,-sa *adj.* ①〈化〉亚硝基的；②(亚)硝
的；(含)硝石的；③(亚)氮的；含(三价)氮
的

ácido ~ 亚硝酸

óxido ~ 氧化亚氮,笑气

nitrotolueno *m.* 〈化〉硝基甲苯

nitroxilo *m.* 〈化〉硝酰(基)

nitruración *f.* 〈冶〉氮化(法),渗氮

nitrurar *tr.* ①〈冶〉渗氮；②〈化〉硝化

nitruro *m.* 〈化〉氮化(物)

nivación *f.* 〈地〉雪蚀

nival *adj.* 降雪的;雪的
precipitaciones ~es 降雪量

nivel *m.* ①(教育、经济、生活、文化等的)水平;水准;程度;②级别;等级;③水平面[线],水平高度[状态];④水平仪[器,尺];水准仪[器];⑤〈理〉级;电平;⑥〈信〉(能,位)级
~ cultural 文化水平
~ de acceso 〈信〉存取能级
~ de aceite 油位[面,窗]
~ de administración 管理水平
~ de agua ①水位,水平[准]面;②水准器
~ de aire[burbuja] 气泡水准[平]仪
~ de aislamiento 隔离[绝缘]能级
~ de albañil 施工水平仪;测[铅]锤
~ de altura 水平标志
~ de anteojo 定镜水准仪
~ de audiencia (电视节目的)收视率
~ de calidad 质量标[水]准
~ de comparación 基准面;基准水位
~ de confianza 信赖程度[水准];可靠度
~ de consumo 消费水平
~ de crucero (飞机)巡航高度
~ de demanda 需求水平;需求程度
~ de empleo 就业水平
~ de energía 能级
~ de equipamento técnico 技术装备水平[程度]
~ de existencias 库存水平
~ de Fermi 费米(能,数量)级
~ de flotador 浮标[尺,规]
~ de ingresos 收入水平
~ de intensidad 强度级
~ de negro 基准黑电平
~ de onda portada 载波电平
~ de plomada 定垂线尺,铅垂水准器
~ de pobreza 贫困线
~ de precios 物价水平,价格水平
~ de producción 生产水平
~ de referencia 基准面,基准高程
~ de señal 信号电平
~ de servicio 服务水平
~ de sueldos 工资水平
~ de utilización de las instalaciones 设备利用率
~ de utilización de recursos 资源利用率
~ de ventas 销售水平
~ de vida 生活水平
~ del agua[mar] 海平面,水位
~ económico 经济水平
~ freático 地下水位[面],潜水面
~ geodésico 大地基准面

~ industrial 产[工]业水平
~ mental 智力(发展)状况
~ rígido 定镜水准仪
~ social 社会地位
~ telescópico 定镜水准仪
~es de audiencia 听[观]众水平;读者水平
a ~ internacional (根据)国际标准
conferencia de alto ~ 高级会谈
conversaciones a ~ de embajadores 大使级会谈
curva de ~ (地图上的)等高线
de ~ automático 自动校[调,找]平的
de ~ constante 恒定水准(的),等高面(的)
sobre el ~ del mar 海拔

nivelación *f.* ①〈测〉水准测量;②校[拉,调,整]平;③平衡
~ de los tipos de cambio 平衡外汇兑换率,平衡汇价
~ trigonométrica 三角水准测量
mira para ~ 水准标尺

nivelado,-da *adj.* ①平坦[展,整]的;(成)水平的,齐平的;贴合成一个平面的;②平衡的;拉平的 ‖ *m.* 水准[平]测量;矫[整]平

nivelador,-ra *m. f.* 水准测量员 ‖ *m.* 〈测〉〈技〉校平器 ‖ ~a *f.* 〈机〉平地[路,土,整]机;推土机
~a cargadora[elevadora] 升降式平土机,电铲式平路机
~a de subrasantes 路基(面)整平机

nivelante *adj.* 〈技〉校平的
tornillo ~ 校平螺钉

niveleta *f.* 〈测〉测杆

nivelímetro; nivelómetro *m.* 〈测〉〈技〉水平仪;水平[位]指示器

nivómetro *m.* 量雪器,雪规

nivosidad *f.* 降雪;降雪量

NL *abr. ingl.* newline character 〈信〉换行字符

NLQ *abr. ingl.* near letter quality 〈信〉接近信函质量(的)

n/l *abr.* nuestra letra 我方(合同)条款

N/N *abr. ingl.* not negotiable 不可转让的

NN *abr.* ningún nombre ①〈商贸〉无商标(的);②*Amér. L.*(军人统治时期的)失踪者

NNE *abr.* nornordeste 北东北

NNO *abr.* nornoroeste 北西北

NNTP *abr. ingl.* Network News Transfer Protocol 〈信〉网络新闻传输协议

NN. UU. *abr. pl.* Naciones Unidas 联合国

N. *abr.* número 第…号

N/O *abr. ingl.* no order 不记名,不指定人

NO *abr.* noroeste 西北

No 化学元素锘(nobelio)的符号

N.°; n.° *abv.* número 号码;数字

no *adv.* ①(用于表示否定的回答)不,不是;没有;不要,别;②(用于形容词、现在分词前表示与该词相反的意思)(并)非[不,无];③(用于名词前表示与该词相反的意思)不
~ ajustable 未调整的
~ amortizable 不可摊提的,不可摊销的
~ aplicable 不适用的
~ auditado 未审计的
~ beligerancia 非交战国
~ calificado 不[非]熟练的
~ clasificado 未[不]分类的
~ comprobado 未经核实的,未证实的
~ condicionado 不附带条件的
~ confirmado 未确认[证实]的
~ conformismo 不一致,不符合
~ controlable 不能[可]控制的
~ controlado 未[非]控制的
~ declarado 未(向海关)申报的
~ ejecutado 未执行的
~ entrelazada 〈信〉逐行的,非隔行的
~ escrito 非书面的;空白的
~ expirado 期限未满的,未到期的
~ expuesto (设备等)非外露的,不暴露的
~ factible 不可行的
~ importable 不可进口的,不适于进口的
~ interactivo 〈信〉离线的
~ perecedero 非易腐[坏]的;耐用的
~ renovable (资源等)不可再生的
~ sellado 不密封的,开口的
~ signado 未[不]加标记的
~ transferible 不可出[转]让的
~ utilizable 不可使[利]用的
~ volcar 切勿倒置,不可翻倒
~-conmutado 非交换的
~-obligatoriedad 任选,随意,非强制
~-paginable 不可调页的
~-procedimental 非过程(性)的
~-repudio 不抛弃
~-serif 〈印〉无衬线字体
pacto de ~ agresión 互不侵犯条约
países de ~ alineados 不结盟国家
política de ~ intervención 不干涉政策

n/o *abr.* nuestra orden 本命令,此令

nobel *m. inv.* 诺贝尔奖
premio ~ ①诺贝尔奖;②诺贝尔奖获得者

nobelio *m.* 〈化〉锘

noble *adj.* ①名贵的;贵重的;②〈化〉(气体)惰性的
gas ~ 惰性气体
madera ~ 名贵木材

metal ~ 贵重金属

nocardíasis *f.* 〈生〉诺卡氏放线细菌

nocardiosis *f.* 〈医〉诺卡(氏放线)菌病

nocaut; nocáut *m. Amér. L.* (拳击中的)判败击倒

nocdáun *m.* (拳击中的)击倒对方

noceda *f.; nocedal* *m.* 胡桃园;胡桃树林

noche *f.* ①夜,夜晚[间];②夜生活(指夜间在剧场或夜总会等场所的娱乐活动)
~ buena 圣诞节前夜
~ cerrada 漆黑的夜;深夜
~ de boda 新婚之夜
~ de estreno (戏剧等)首场演出之夜
~ toledana 不眠之夜
~ vieja 除夕夜

nocherniego,-ga *adj.* 〈动〉夜间活动的,夜行的 ‖ *m.* 〈鸟〉猫头鹰

nociasociación *f.* 〈医〉(外科等手术时的)伤害性联合反应

nociceptor *m.* 〈解〉伤害感受器

nocividad *f.* 害处,有害;危害性

nocivo,-va *adj.* 有害的;致伤的

noctambulación *f.* 〈医〉梦游症

noctambulante *adj.* 〈医〉梦游的

noctambulismo *m.* ①昼伏夜出习性;②〈医〉梦游[行]症

noctámbulo,-la; noctívago,-ga *adj.* ①夜间活动[徘徊]的;②夜游的;③〈医〉梦游的 ‖ *m. f.* ①(喜欢)夜间活动的人;②梦游[行]者;③〈医〉梦游症患者

noctifloro,-ra *adj.* 〈植〉夜间开花的

noctifobia *f.* 〈心〉黑夜恐怖

noctiluca *f.* 〈昆〉①夜光虫(一种原生动物);②萤火虫

noctilucencia *f.* 夜间发光;生物(性)发光

noctilucente *adj.* 夜间发光的;夜间可见的;生物(性)发光的
nube ~ 〈气〉夜光云

noctilucina *f.* 〈化〉夜光素

noctíluco *m.* 〈昆〉欧洲萤

noctli *m.* 〈植〉仙人掌

noctovisión *f.* ①暗[夜]视;②红外线电视

noctovisor *m.* (用于航海、航空的)红外线夜视仪

nóctulo *m.* 〈动〉(产自欧洲的)山蝠

nocturia *f.* 〈医〉夜尿(症)

nocturno,-na *adj.* ①夜的;夜间[晚](发生)的;②〈动〉夜间活动的,夜行性的;③〈植〉夜间开花的 ‖ *m.* ①〈乐〉夜曲;②〈教〉夜校
~s de Chopin 肖邦(的)夜曲
clases ~as(escuela ~a) 夜校
rapaz ~a 夜间猛禽
tarifa ~a 晚上价目表

turno ～ 夜班

vigilante ～ 守夜人员

vuelo ～ （飞机）夜航

nodal *adj.* ①（似）节的；结的；②〈理〉（似）波节的；③〈数〉（似）结点的；④〈天〉交点的

punto ～ 〈理〉波节点

nodalizador *m.* 波节显示器

nodo *m.* ①〈天〉交点；②〈物〉（波）节；③〈医〉结节；④〈植〉节（茎上生叶处）；⑤〈电影〉（西班牙 1947-1976 年的）新闻（短）片（是 noticiearo documental 的缩略，亦缩略为 No-do）；⑥〈信〉节点，网络连接点；⑦〈数〉结，结点；交［节］点；⑧〈解〉结，结节，淋巴结

～ ascendente[boreal] 升交点

～ austral[descendente] 降交点

～ de intensidad 电流波节

～ de tensión 电压波节

～ distal ①叶节点；②终端节点

～ local 本地节点

～ progenitor 亲［父］代节点

～ raíz 根节点

nodoso,-sa *adj.* 〈生〉〈医〉（多）结节的；有结的，结节状的

nodriza *f.* ①供船船；加油车；②加油飞机；③（汽车上的）给［加］油器

avión ～ （空中）加油（飞）机

bomba ～ 增压泵

buque ～ 供应舰

nodulación *f.* 生节（块），根瘤形成；②〈医〉小结化；小结形成；③〈地〉结核；④〈植〉藻节；（菌）瘤

nodular *adj.* ①（有）小节［结］的；（有）结节的；②〈医〉小结状的；③〈冶〉球状的；④〈地〉结核状的

fundición ～ 球状铸铁

grafito ～ 球状石墨

nodulización *f.* 成球［粒］，球化

nodulizar *tr.* 做成丸［球，粒］状，制粒

nódulo *m.* ①〈地〉〈矿〉结核；矿瘤；②〈解〉结，小结；③〈植〉藻节；菌瘤；④〈医〉小结节，小瘤

～ linfático 淋巴结

noesis *f.* ①理智；②〈心〉认识，认知

noética *f.* 〈逻〉理智论

nogal *m.* 〈植〉①胡桃树；胡桃木；②*Col.* 黑壳胡桃；③*Méx.* 梨果胡桃；山核桃；④*Cub.* 灰胡桃；⑤*Parag.* 澳洲桃

noguera *f.* 〈植〉胡桃树

nogueral *m.* 胡桃林，胡桃树园

nolimetangere *m. lat.* ①〈植〉凤仙花；②〈医〉侵蚀性溃疡

noma *f.* 〈医〉走马牙疳，坏疽性口炎

nomadismo *m.* ①游牧生活；流浪生活；②〈环〉漫游现象（指动物逐地迁移、无固定栖息地的习惯）

nombre *m.* ①名，名字；②姓名；③名称

～ artístico （作家等的）笔名；（演员等的）艺名

～ calificado 〈信〉受限名；合格域名

～ civil 真［正〕名

～ comercial （公司等的）牌号，招牌；商标［号〕名称

～ de asignación 〈信〉指定名

～ de bautismo 教名

～ de camino ①路名；②〈信〉路径名

～ de datos 数据名

～ de dominio totalmente calificado 〈信〉完全合格域名

～ de fábrica 厂商名称，制造厂名

～ de familia(～ gentilicio) 姓

～ de fichero 〈信〉文件名

～ de guerra （尤指做地下工作时的）化［假〕名

～ de lugar （城、镇、山等的）地名

～ de propiedad 专利商标名

～ de religión 修行或出家后的名字，法名

～ de soltera 闺名；婚前姓

～ genérico 通用名称

～ social 社团名称；法人名称

nomeolvides *f. inv.* 〈植〉勿忘我

nominal *adj.* ①名字的；②提［列］名的；③标［额］定的；④名义上的；挂名的；⑤（文件或银行票证）记名的

cargo ～ 挂名职位

director ～ 挂名董事

frecuencia ～ 未调制频率

suelo ～ （税前）名义工资

valor ～ 票面价值

nominativo,-va *adj.* 〈商贸〉记名［具］名的；有抬头的

cheque ～ 记名支票

nomocracy *m. ingl.* 法治

nomografía *f.* 〈数〉列线图法，图算法，图解构成术

nomograma *m.* ①〈数〉算［列线〕图，诺模图；②列线图装置

nomología *f.* 〈法〉法律学

nomónica *f.* 〈天〉日圭，圭表；日晷指针

nomónico,-ca *adj.* 〈天〉①日圭的，圭表的；日晷指针的；日晷的；②用日圭［圭表，日晷指针〕测定［测时〕的

nomparell *m.* 〈印〉六点铅字

nomusu *m.* 〈信〉用户名

non *adj.* 〈数〉单［奇〕数的 ‖ *m.* 单［奇〕数

nonagonal *adj.* 〈数〉九边形的

nonágono *m*.〈数〉九边形

nonano *m*.〈化〉壬烷

nonapéptido *m*.〈生化〉九肽(指由 9 个氨基酸残基组成的肽)

nonato,-ta *adj*.①〈医〉剖宫产的;②未出[诞]生的

noneca *f*.〈鸟〉兀鹫

nonilo *m*.〈化〉壬基

nonio *m*.(计算尺等上的)游标;游尺

nonosa *f*.〈化〉壬糖

noosfera *f*. 心智层,智力圈

NOP;**nop** *abr*. *ingl*. Not otherwise provided (for) 除非另有规定

nopal *m*.〈植〉①*Amér*. *L*. 仙人掌;②仙人果

noqueada *f*.;**noqueo** *m*.〈体〉(拳击中的)击倒[昏];判败击倒

NOR *abr*. *ingl*. Not or〈信〉"或非","非或"

noradrenalina *f*.〈生化〉〈药〉去甲上腺素,降肾上腺素

noray *m*.①〈海〉系船柱,缆桩;②(马路上的)保护桩

nordeste;**noreste** *adj*.①(在)东北的,东北部的;②向[面朝]东北的;③从东北来的,来自东北的(风)‖ *m*.①东北,东北方;②东北部地区;③东北风

nordestino,-na *adj*. 见 nordeste ‖ *m*. 见 nordeste

nórdico,-ca *adj*.①北的;向北的,向北方的;②从北面来的;来自北方的;③北部地区的

nordmarquita *f*.〈地〉英碱正长岩;锰十字岩

norepinefrina *f*.〈生化〉〈药〉去甲肾上腺素,降肾上腺素

noretindrona *f*.〈药〉炔诺酮(一种口服避孕药)

nori *m*. *jap*. 海苔,紫菜

norita *f*.〈地〉苏长岩

norma *f*.①尺;矩尺;②标准,规范;③准[规]则;④(工作日的)定额,⑤〈技〉〈建〉技术规格[细则];⑥〈数〉范数;模方
　～ de calidad 质量标准
　～ de comprobación (实验结果的)核对[对照]标准
　～ de consumo 消费标准
　～ de origen 原产地规则
　～ de vida 节操,德性,生活准则
　～ internacional 国际标准
　～ jurídica 法定标准
　～s aprobadas 公认的规则,惯例
　～s británicas Withworth 英制惠氏标准
　～s de codificación 编码规则
　～s de conducta 行为准则
　～s de diseño 设计标准

　～s de seguridad 安全条例[规则]
　～s DIN 德意志工业标准(Deutsche Industrie Norm)
　～s en vigor 现行规则
　～s fitosanitarias 植物卫生标准
　～s legales 法规
　～s legales concernientes a la navegación en alta mar 公海[远洋]航运法规
　～s UNE 西班牙工业标准(Una Norma Española)
　～s veterinarias 兽类卫生标准
　～s York-Amberes para liquidar averías gruesas 约克-安特卫普共同海损规则

normal *adj*.①正常的;通常的;②正规的;规范的;标准的;③师范(教育)的;④〈数〉垂直的,正交的,法线的;⑤〈化〉规(定浓)度的,当量(浓度)的;⑥三星级的(汽油)‖ *f*.①〈数〉法[垂直]线;正交;②*Amér*. *L*. 见 escuela ～
　escuela ～ 师范学校
　estado ～ 常态
　plano ～〈数〉法面
　recta ～〈数〉法线

normalidad *f*.①正常状态,常态;②〈化〉当量浓度;规(定浓)度;③〈统〉正态性(指统计数据符合正态分布即高斯分布的规律)

normalista *adj*. *Amér*. *L*. 师范学校的‖ *m*. *f*.①师范学校学生;(本人是学生的)实习教师;②师范学校教师;(尤指幼儿园,小学)教师

normalización *f*.①正常化;②〈技〉〈商贸〉标准化;规范化
　～ del producto 产品标准化
　～ lingüística 语言规范化

normalizado,-da *adj*.〈技〉〈商贸〉标准的,符合标准[规格]的;规范的

normalizar *tr*.①使正常化;使规范化;使符合常规;②〈技〉〈商贸〉使标准化,使符合标准;按标准检验[校准]‖ ～ se *r*. 正常化;规范化;正规化

normar *tr*. *Amér*. *L*.①使标准化;使合乎规范;②制定规[准]则,确定标准

normativa *f*.①标准,准[规]则;规范;②条例;规章
　～ fiscal 税收规则,税则

normativo,-va *adj*.①标准的,规范[定]的;②符合法律条文的;③合乎规范的
　marco ～ vigente 符合现行法律条文框架
　medidas ～as 标准度量
　procedimiento ～ 规范[标准]程序

normoblasto *m*.〈生〉正成红血细胞,成正红细胞

normocito *m*.〈生〉正红细胞

normotensión *f.*〈医〉正常血压

normotermia *f.*〈医〉体温正常

noroccidental *adj.*①(在)西北的,西北部地区的;②向西北的;③来自西北的

noroeste *adj.*①在西北部的;②向[面朝]西北的;③从西北来的,来自西北的(风)‖ *m.*①西北部(地区);②西北风

nororiental *adj.*①(在)东北的,东北部的;②向东北的;③来自东北的

nortada *f.*(强)北风,朔风

nortazo *m.Amér.L.* 凛冽北风

norte *adj.*①(在)北方[部]的;②向北方的;③从北方来的,来自北方的(风)‖ *m.*①北,北方;②北部(地区);③北风

　～ magnético 北磁极,磁北

　hemisferio ～ 北半球

norteada *f.Amér.L.* 刮北风

nosetiología *f.*〈医〉病因学,病源学

nosocomio *m.Amér.L.* 医院,诊所

nosofobia *f.*〈心〉〈医〉疾病恐怖

nosogénesis *f.*〈医〉发病机理,发病原理

nosogenia *f.*〈医〉①病因学;②发病机制

nosogénico,-ca *adj.*〈医〉致病的,病源的

nosogeografía *f.*〈医〉疾病地理学

nosografía *f.*〈医〉病情学

nosología *f.*〈医〉①疾病分类学;②疾病分类(表)

nosológico,-ca *adj.*〈医〉疾病分类学的

nosomanía *f.*〈心〉疾病妄想

nosometría *f.*〈医〉发病率计算法

NOT *m.ingl.*①"非"(一种逻辑运算子);②〈电子〉〈信〉"非"门

nota *f.*①记[符]号;②(报刊等的)按语;注解[释];批注;③(报纸上的)简讯,短文;④〈教〉(用数字或字母表示的)成绩,评分等级,分数;⑤〈商贸〉票[借,收]据;⑥通知书,备忘录;〈外交〉照会;⑦清单;⑧〈乐〉(一个)音;音符[调]

　～ a pie de página 页面脚注

　～ al pie 脚注

　～ de aviso 通知单

　～ de cargo[débito] 借项清[通知]单

　～ de compra 购货单,认购单

　～ de empeño 抵押凭单;当票

　～ de entrega 交货[付]单,送货通知单

　～ de envío 发货(通知)单

　～ de gastos 费用[支出]清单,支出账

　～ de inhabilitación (在驾照等上注明的)违章记录

　～ de la redacción 编者按,编者注

　～ de pedidos 订货单

　～ de prensa 新闻稿

　～ de protesta 抗议照会

　～ de protesto 拒付单

　～ de reserva de espacios 船位备妥[预定]通知单

　～ de sociedad (报纸)杂谈栏

　～ de transbordo 转船[运]通知单

　～ de tránsito 过境通知书

　～ de venta 销售清单

　～ diplomática 外交照会

　～ discordante ①〈乐〉不和谐音调;②不协调言行

　～ dominante ①〈乐〉(全音阶的)第五音;属音;②主[基]调,特色

　～ informática 新闻稿

　～s al margen(～ marginal) 边[旁]注

notable *m.Esp.*〈教〉(考试评分)良(10 级分制的 7-8.4 分)

notación *f.*①记法;(以标志、记号代表数目、音高度或长短等的)标志法;②〈数〉〈乐〉(使用的系统成套)标志[记号,记号]符号;④注释;批注;⑤〈乐〉乐谱,记谱法

　～ binaria 二进位法,二进制记数法

　～ científica 科学记数[标志]法

　～ de base 基数记数法

　～ de puntos 点记法

　～ decimal 十进制记数法,十进位法

　～ duodecimal 十二进位法

　～ en coma flotante 浮点制表示法,浮点记数法

　～ hexadecimal 十六进位法,十六进制记数法

　～ Jackson 杰克逊标志法

　～ musical 音乐符号;乐谱,记谱法

　～ polaca inversa 逆波兰表示法

　～ química 化学符号标示法

notaría *f.*①公证员职务[工作];②公证员办公室,公证处

　gastos de ～ 公证费

notarial *adj.*①公证(人)的;②法律认可的,符合法律条文的

　acta ～ 公证书

　acta ～ de antecedentes 履历公证书

　acta ～ de antecedentes de estudio 学历公证书

　acta ～ de ausencia de registro penal 未受刑事处分公证书

　acta ～ de cargo profesional 专业职务公证书

　acta ～ de cónyuges 夫妻关系公证书

　acta ～ de divorcio 离婚公证书

　acta ～ de matrimonio 结婚公证书

　acta ～ de nacimiento 出生公证书

　acta ～ de no contraer segundas nupcias 未再婚公证书

acta ～ de parentesco 亲属关系公证书

acta ～ de registro de familia y residencia 户籍与住所公证书

acta ～ de soltería 未婚公证书

acta ～ de título académico 学位公证书

escritura ～ 公证人证书

firma ～ 公证人签名

notarizado,-da adj. 经过公证的

documento ～ 经公证的文件

notebook m. ingl. 〈信〉笔记本电脑，手提电脑

noticia f. ①消息；新情况；②新闻（报道，节目）；③pl. 知识

～ bomba 爆炸性新闻；引起轰动的事

～ de portada 头版新闻

～ falsa 假新闻（捏造的新闻）

noticiable adj. 有新闻价值的；值得报道的

noticiario m. ①新闻简报；②〈电影〉新闻（短，纪录）片；③Méx. 新闻报道

noticiero,-ra adj. 新闻的；报道的 ‖ m. ①报纸；②Amér.L. 新闻简报；③Cari. 〈电影〉新闻（短，纪录）片

notición f. 爆炸性新闻；引起轰动的事

noticioso,-sa adj. Amér.L. ①新闻的；新闻报道的；有报道［新闻］价值的；②消息灵通的 ‖ m. 新闻简报；新闻节目

agencia ～a 通讯社

texto ～ 新闻文稿

notificación f. ①通知［报］；②通［布］告；③通知书［单］

～ de avería 海损通知书

～ de la cuota a pagar 应付份额通知书

～ de protesto 拒付通知

～ de reclamación 索赔通知

～ por escrito 书面通知

notocordio; notocordo m. 〈动〉脊索

nova f. 〈天〉新星

novación f. 〈法〉（合同、债权人、债务人等的）更替

novaculita f. 〈地〉均密石英岩

novador,-ra adj. 革新的；革新者的 ‖ m.f. 革[创]新者

noval adj. 〈农〉（土地）新开垦的

novela f. ①〈长篇〉小说；小说体裁；②〈法〉（罗马法中法典的）新律令，新附律，新法

～ corta 短篇小说

～ de amor 爱情小说

～ de aprendizaje（～ iniciática）教育小说；学徒小说

～ de aventuras 惊险小说

～ de caballerías 骑士小说

～ de ciencia ficción 科幻小说

～ de deducción[misterio] 推理小说

～ de tesis 说理小说

～ epistolar 书信体小说

～ gótica 哥特派小说

～ histórica 历史小说

～ negra 黑色小说，恐怖小说

～ picaresca 流浪汉小说

～ policíaca[policial] 侦探小说

～ política 政治小说

～ por entregas 连载小说

～ pornográfica 黄色小说

～ psicológica 心理小说

～ radiofónica 广播小说

～ río（长篇）家世小说，传记体小说

～ rosa 玫瑰小说，现代爱情小说，柔情小说

～ traducida 翻译小说

novelación f. 小说化，改编成小说

noventayochista adj.（十九世纪西班牙文学运动）九八年代派的

novia f. 〈军〉步[来复]枪

novilla f. 〈动〉（尤指未生育过的）小母牛

novillo m. 〈动〉（2-3 岁的）小公牛

novillona f. Amér.M. 〈动〉（2-3 岁的）小母牛

novilunar adj. 〈天〉新月的

novilunio m. 〈天〉新月；朔

novobiocina f. 〈生化〉〈药〉新生霉素

novocaína f. 〈化〉〈药〉奴佛卡因，盐酸普鲁卡因（局部麻醉药）

novolacas f.pl. 〈化〉酚醛清漆，酚醛树脂

Np 〈化〉元素镎（neptunio）的符号

N. P. abr. notario público 公证人

N. R. abr. nota de redacción 编者注

NRT abr. ingl. net registed tonnage 净注册吨位

NRZ abr. ingl. non-return to-zero 〈信〉不归零制

ns abr. nanosegundo 纳秒，毫微秒

NSAP abr. ingl. network service access point 〈信〉网络服务接入点

NSAPI abr. ingl. netscape serves API 〈信〉应用编程接口（API）网络退出服务器

nslookup abr. ingl. name server lookup 〈信〉名字服务器查索

N. T. abr. nuevas tecnologías 〈工艺〉新技术，新工艺

nto. abr. neto 净，纯

NTP abr. ingl. Network Time Protocol 〈信〉网络时间协议

NTSC abr. ingl. National Television Standards Committee 美国国家电视标准委员会

NU abr. Naciones Unidas 联合国

nubarrón *m*. （预示暴风雨的）暴风云，雷雨云

nube *f*. ①云；云雾；②烟雾[尘]；云状物；③〈医〉(眼的)薄翳；④〈天〉星云
- ~ alta/baja〈地〉〈气〉高/低云
- ~ atómica（尤指核爆炸后形成的）蘑菇云
- ~ de agua〈地〉〈气〉水云
- ~ de hielo〈地〉〈气〉冰[晶]云
- ~ de lluvia 雨云
- ~ de Oort〈天〉奥尔特云
- ~ de tormenta 暴雨云
- ~ de verano 夏日阵雨
- ~ electrónica〈化〉电子云
- ~ lenticular〈地〉〈气〉荚状云
- ~ madre〈地〉〈气〉母云，主云体

nubiforme *adj*. 云样[状]的

núbil *adj*. ①（女子在年龄或身体发育条件上）适合结婚的；②（年轻女子）性机能发育成熟的
- edad ~ 结婚年龄

nubilidad *f*. （女子）适婚性；(达)结婚年龄

nublado,-da *adj*. ①（天空）多云的，阴的；②被云遮住的‖ *m*. ①乌云，暴雨云；②群[麇]集；一大群(飞虫、飞鸟等)；人群

nublazón *m*. *Amér.L*. 乌云(密布)；暴雨云

nublo,-la *adj*. *Amér.L*. （天空）多云的，阴的；被云遮住的

nuca *f*. 〈解〉颈背，后颈

nucela *f*. 〈植〉珠心

nucleación *f*. 〈化〉成核作用[现象]，核化；晶核形成

nucleado,-da *adj*. 具[有]核的

nuclear *adj*. ①核的；有[果]核的；②〈理〉(原子)核的；③（使用）核能的；核动力的；④〈生〉细胞核的‖ *f*. 核电站
- armas ~es 核武器
- central ~ 核电站
- combustible ~ 核燃料
- detonación ~ 核爆破
- emulsión ~ 核乳胶
- energía ~ 核能
- escisión[fisión] ~ 核裂变，核分裂
- espín ~ 核自旋
- física ~ 核物理
- magnetismo ~ 核磁性
- países no ~es 无核国家
- proliferación ~ 核扩散
- prueba ~ 核试验
- reactor ~ 核反应堆
- sombrilla ~ 核保护伞
- submarino ~ 核潜艇

nuclearización *f*. 拥有核能，核能化

nuclearizado,-da *adj*. 拥有核能的，核能化的；拥有核电站的
- países ~s 核能化国家

nucleasa *f*. 〈生化〉核酸酶

nucleico,-ca *adj*. 〈生化〉①核的；②核素的
- ácido ~ 核酸

nucleína *f*. 〈生化〉核素

núcleo *m*. ①核；核心；中心；②〈化〉(晶)核环；③〈理〉(原子)核；④〈生〉细胞核；⑤〈植〉果仁，果核；籽；⑥〈天〉(彗)核；⑦〈解〉(神经、细胞)核；⑧〈电〉铁心；芯(线，子)；⑨见 ~ de población
- ~ atómico 原子核
- ~ celular 细胞核
- ~ cerrado 闭合[式，口]铁芯
- ~ de hierro 铁芯
- ~ de inducido 电枢铁芯
- ~ de la Tierra 地核
- ~ de láminas 叠片铁芯
- ~ de perforación 岩芯
- ~ de población 居民点
- ~ de transformador 变压器芯
- ~ dirigente 领导核心
- ~ duro ①核心[中坚]分子；②（用以铺路基路面的）碎砖块[石]；矿渣[岩石]碎块
- ~ generativo〈植〉生殖核
- ~ magnético〈电〉〈信〉磁心
- ~ nervioso 神经核
- ~ polar 磁极铁芯
- ~ rural 农村居民点
- ~ tórico 环形铁[磁]芯；圆环柱芯

nucleohistona *f*. 〈生化〉〈医〉核酸组蛋白

nucleolar *adj*. 〈生〉核仁的

nucleolo；nucléolo *m*. 〈生〉核仁

nucleón *m*. 〈理〉核子

nucleónica *f*. 〈理〉核子学

nucleónico,-ca *adj*. 〈理〉①核子的；②核子学的

nucleoplasma *m*. 〈生〉核质

nucleoproteína *f*. 〈生化〉核蛋白

nucleoquilema *m*. 〈医〉核汁，核液

nucleosidasa *f*. 〈生化〉核苷酶

nucleósido *m*. 〈生化〉核苷

nucleosíntesis *f*. 〈化〉(元素的)核合成

nucleosis *f*. 〈医〉核增生

nucleosoma *m*. 〈生化〉核小体

nucleotidasa *f*. 〈生化〉核苷酸酶

nucleótido；nucleótido *m*. 〈生化〉核苷酸

nucleotoxina *f*. 〈生化〉核毒素

nuclido；núclido *m*. 〈理〉核素

nudibranquio,-quia *adj*. 〈动〉裸鳃亚目的‖ *m*. ①裸鳃亚目软体动物；②裸鳃亚目

nudicaulo,-la *adj.* 〈植〉裸茎的

nudillo *m.* ①(人的)指节(尤指掌指关节); ②(四足兽的)膝关节;③〈机〉〈技〉(关,肘状,转向)节;钩爪

nudismo *m.* 裸体主义

nudo *m.* ①(绳等)结,结点;②〈植〉节;节瘤;(木材上的)节疤;③〈海〉节(1海里/小时,航海速度单位);波节;④(公路、铁路等的)交接口,汇合点;⑤联接[系];结[接]合;纽带;⑥〈医〉结节;结[硬]块
　　~ articulado 枢接合
　　~ ciego 死结
　　~ corredizo 活结
　　~ de alimentación 馈电点
　　~ de comunicación 交通枢纽
　　~ de intensidad 电流波节
　　~ de rizos 〈海〉平结
　　~ de tejedor 〈纺〉接头
　　~ ferroviario 铁路枢纽
　　~ gordiano 难解的结;难办[棘手]的事
　　~ llano[marinero] 〈海〉平结,水手结
　　~ sano (木料)坚固节
　　~ vicioso 朽节,木料死节

nudoso,-sa *adj.* ①(木材等)多节的;②有[多]结的;③〈医〉结节(性)的
　　eritema~ 结节性红斑

nudum pactum *m. lat.* 〈法〉〈商贸〉无报酬合约,无偿合约,无约因的合约

nuevaolero,-ra *adj.* (音乐、艺术等领域的)新浪潮运动的;新浪潮音乐的

nuevo,-va *adj.* ①新的;②未使用过的;③重新的;④新(型)的;刚生产的;⑤(农产品)刚收获的,时鲜的
　　~ material 新型材料
　　~ pedido 新订货
　　~a casa 新居
　　~a edición(de un libro) (一本书的)新版
　　~a línea 新线(路)
　　~a tasación 重新估价[税]
　　casa ~a 新房子(指新造房屋)
　　luna ~a 〈天〉新月,朔

nuez *f.* ①〈植〉核[胡]桃;坚果;② *Méx.* 〈植〉美洲山核[胡]桃;③〈解〉喉结
　　~ chiquita 山核桃
　　~ de Adán 〈解〉喉结
　　~ de Brasil 巴西核桃,巴西果
　　~ de Castilla *Méx.* 胡桃,山核桃
　　~ de coco 椰子
　　~ de corojo[corozo] 油椰
　　~ de Pará 巴西核桃,巴西果
　　~ de tagua 象牙椰子
　　~ moscada 〈植〉肉豆蔻

nueza *f.* 〈植〉泻根植物;异株泻根

Nul *abr. ingl.* null character 〈信〉空[零]字符

nulidad *f.* ①〈法〉无效;无效的东西(如法案、文件等);②无用[能]

nulípara *adj.* (女子)未生育过的 ‖ *f.* 未产妇(指从未生育过的女子)

nulisómico,-ca *adj.* 〈遗〉缺对的(指染色体)

nulivalente *adj.* 〈化〉零价的

nulo,-la *adj.* ①〈法〉无效的;②无价值的;③(拳击比赛)平局的

núm *abr.* número 见 número

numeración *f.* ①计算;读数;②〈数〉数;数字;③〈数〉命数法;计数法
　　~ arábiga 阿拉伯数字
　　~ binaria 二进位制记数法
　　~ de línea 〈信〉行读数
　　~ decimal 十进位制记数法
　　~ romana 罗马数字(如 I. II. V.)

numerador *m.* ①〈机〉计数器,号码机;②〈数〉(分数的)分子

numeral *adj.* 数字的;示数的 ‖ *m.* 数字

numerar *tr.* ①数,计算;读数;②以数字表示;③给…编号
　　páginas sin ~ 无编码页

numerario,-ria *adj.* ①数字的;②在编的(职工);③享有终身职位的 ‖ *m.* 现金[款]
　　catedrático ~ (大学)终身教授
　　empleados ~s 在编职员
　　profesor ~ 在编[正式]教师

numérica *f.* 数字显示

numérico,-ca *adj.* ①数字的;用数字表示的;②数值的
　　cálculo ~ 数值计算
　　control ~ 数控
　　datos ~s 数字数据
　　símbolo ~ 数字标记[志]

número *m.* ①数目[量,字,额];②〈数〉数;③〈化〉数值;④(鞋等产品的)尺码[寸];型号,⑤(期刊等的一)期;(书等的一)册;⑥号码,编号(用于数字前,略作 No. 或 no.);彩票(号数);⑦〈戏〉幕;短节目;⑧〈军〉士[列]兵;⑨〈乐〉韵[旋]律;节奏性
　　~ abstracto 不名数,抽象数
　　~ abundante 〈数〉过剩数
　　~ aleatorio 随机数
　　~ algebraico 代数数
　　~ arábigo 阿拉伯数字
　　~ atómico 〈理〉原子序(数)
　　~ atrasado 过期期刊;过期报纸
　　~ binario 〈信〉二进制数字
　　~ cabal 整数;精确数
　　~ cardinal 基数
　　~ complejo 〈数〉复数

~ compuesto 复合数

~ concreto〈数〉名数

~ conmensurable/inconmensurable 可/不可通约数

~ consecutivo 连(续)号

~ de alumnos registrados 注册学生数目

~ de Avogadro〈理〉阿伏伽德罗数(1 克分子重的物质中包含的分子数)

~ de cetano〈化〉十六烷值

~ de coma flotante 浮点数

~ de contrato 合同号

~ de distrito postal 邮政区[编]号

~ de identificación 参照号数,顺序号,货号

~ de identificación fiscal 财税收验号,纳税代号

~ de identificación personal〈信〉个人识别号,标志用户代码

~ de llamada ①(电话)呼叫号码;②(程序)调用编号

~ de lote 彩票号码

~ de Mach〈航空〉马赫数,M 数

~ de matrícula (汽车)登记号码

~ de octano〈化〉辛烷值

~ de onda 波数

~ de operación 操作号码

~ de orden 编[顺序]号

~ de oxidación 氧化值

~ de página 页码

~ de referencia 参考数字[号码]

~ de registro 登记[注册]号

~ de Reynolds〈化〉〈理〉雷诺数

~ de serie 编[序列,系列]号

~ de teléfono 电话号码

~ decimal 十进制(小)数,小数

~ decimal con zonas 区域十进制数

~ dígito 个[单]位数

~ diploide〈遗〉二倍数

~ dos 第二号人物,二把手,第二名

~ entero 整数

~ extraordinario (报纸)特别版

~ fraccionario[quebrado] 分数

~ haploide〈遗〉单倍数

~ imaginario/real 虚/实数

~ impar/par〈数〉奇/偶数

~ índice 指数

~ índice relativo 相对指数

~ irracional/racional 无/有理数

~ mixto 带分数

~ natural 自然数

~ negativo/positivo 负/正数

~ ordinal 序数;次序号码

~ perfecto 完全数

~ personal de identificación〈信〉标志用户代码,个人识别号

~ primo 素[质]数

~ progresivo 连续号码

~ relativo de registro 相对记录号

~ redondo 概[约整]数

~ romano 罗马数字

~ sordo 不尽数

~ transfinito〈数〉超限序数

~ triangular 三角形数

~ uno 第一号人物,一把手;第一名

~s congruentes 同余数

~s conjugados〈数〉共轭复数

~s rojos 赤字(差额,结余),透支

~s significativos 有效数字

numerología f. 数字命理学;数字占卜术

numismática f. ①钱币学,古钱学;②古钱研究;钱币收集

núms abr. números 见 número

numular adj. ①扁圆的;碟[硬币]形的;②钱币形的;钱串状的

eccema ~〈医〉钱币形湿疹

numulita f. 货币虫(古生物学用语)

nunatak m. ingl.〈地〉冰源岛峰

nupcialidad f. 结婚率

nutación f. ①下垂[俯];垂[点]头;②〈天〉章动;③〈植〉转头运动;自动旋转运动

~ de la Tierra 地球章动

~ lunar 月球章动

nutria f. ①〈动〉海狸鼠;水獭;②海狸鼠毛皮;水獭皮

nutriceptor m.〈生〉营养受体

nutrición f. ①营[滋]养;②营[滋]养物;③营养学

~ autotrafa〈生〉自养型营养

~ heterotrofa〈生〉异养型营养

~ holozoica〈生〉全动物型营养

~ parenteral〈生〉肠胃外型营养

nutricional adj. ①营[滋]养的;②营养物的;食物的

anemia ~ 营养性贫血

edema ~ 营养性水肿,营养不良性水肿

mararmo ~ 营养不良性消瘦

nutricionista m. f. 营养学家;营养师

nutricultura f. 营养液培植,无土栽培

nutrido,-da adj. ①(富于)营养的;滋补的;②大量的,众多的;密集的

~s aplausos 热烈(的)掌声

bien/mal ~ 营养良好/不良的

fuego ~ 密集(的)炮火

nutriente adj. 营[滋]养的 ‖ m. ①食[滋养]物;②营养品;③〈生〉养分

arteria ~ 营养动脉

canal ～ 营养管
medio ～ 营养培养基
nutrimento *m.* 食[营养，滋养]物；营养品
nutriología *f.* 营养学
nutriólogo,-ga；nutrólogo,-ga *m. f.* 营养学家
nutritivo,-va *adj.* （有）营养的，富于营养的；滋养的
alimento ～ 营养品，滋补品

equilibrio ～ 营养平衡
función ～a 营养作用
polo ～ 营养极
NVRAM *abr. ingl.* nonvolatile random access memory ⟨信⟩非暂时性随机存取存储器
nylon；nylón *m.* ①⟨纺⟩尼龙；尼[耐]纶；②尼龙织品；耐纶织品

Ñ ñ

ñacaniná *f. Arg.* 〈动〉(有毒)大蝰蛇

ñácara *f. Amér. C.* 〈医〉溃疡

ñacaratiá *m. Arg.* 〈植〉一种洋木瓜

ñacurutú *m. Arg.Urug.* 〈鸟〉猫头鹰,鸮

ñadi *m. Chil.* 沼泽

ñagual *m. Méx.* 〈机〉垫圈

ñajú *m. Per. Salv.* 〈植〉夜葵

ñamcú *m. Chil.* 〈植〉马铃薯

ñame *m.* 〈植〉薯蓣,山药;参薯

ñamera *f. Amér. L.* 〈植〉薯蓣

ñancú *m. Cono S.* 〈鸟〉幼鹰

ñandú *m. Cono S.* 〈鸟〉美洲鸵

ñandubaizal *m. Amér. L.* 牧豆树林

ñandubay *m. Amér. L.* 〈植〉牧豆树

ñandutí *m. Cono S.* 〈纺〉细白棉布

ñanga *f. Amér. C.* 〈地〉沼泽,湿地;潮淹区

ñangado,-da *adj. Cari.* 〈医〉膝内翻的;弓形腿的

ñangapiré;ñangapirí *m. Amér. L.* 〈植〉香叶番樱桃

ñangara *f.* ①*Hond.* 〈医〉溃疡;②*Cari.* 游击队

ñangarabato *m. Venez.* 〈昆〉蝗虫;蚱蜢

ñangate *m. Méx.* 〈植〉薯蓣

ñangué *m. Cub.* 〈植〉洋金花

ñanjú *m. C. Rica* 〈植〉夜葵

ñapindá *m. Riopl.* 〈植〉阿根廷合金欢

ñapo *m. Chil.* 〈植〉省藤

ñaure *m. Venez.* 〈植〉金龟树

ñausa *adj. Per.* 〈医〉失明的,瞎的

ñenday *m. Amér. L.* 〈鸟〉(红蓝点)鹦鹉

ñeque *adj.* ①*C. Rica* ,*Hond.* ,*Nicar.* 健壮的,有力的;精力充沛的;②*Arg.* 眼皮下垂的 ‖ *m. And.* ,*Cono S.* 力量[气]

ñervo *m. Amér. L.* 〈解〉腱

ñervoso,-sa *adj. Amér. L.* 腱的;多腱的

ñisñel *m.* 〈植〉宽叶香蒲

ñoca *f. And.* 〈建〉(地板或石板地面的)裂缝[隙]

ñoco,-ca *adj. Amér. L.* ①缺一只手指的;②断臂的;独手的

ñongareto,-ta *adj. Col.* 弯曲的;驼背的

ñongué *m. Cub.* 〈植〉紫花曼陀罗

ñopera *f. Amér. L.* 〈医〉爪形手

ñopo,-pa *adj. Amér. L.* ①金黄头发的;②〈医〉爪形手的

ñora *f.* 〈植〉小尖辣椒

ñorba *f.*; norbo *m. And.* 〈植〉(双花,斑点)西番莲;苦难花

ñoriba *f. Amér. L.* 〈植〉丝龙舌兰

ñu *m.* 〈动〉(非洲产的)牛羚,角马

ñuco,-ca *adj. And.* ①〈动〉(动物)无角的;角小的;②(人)无肢的

ñucurutu *m. Amér. L.* 〈鸟〉雕鸮

ñudoso,-sa *adj.* ①(木材等)多节的;②有[多]结的;③〈医〉结节(性)的

ñufla *f. Cono S.* 废品[料];废弃零部件

ñulñul *m. Chil.* 〈动〉水獭

ñuñu *m. Chil.* 〈植〉豚鼻花

ñurumí *m. Par.* 〈动〉食蚁兽

ñuto,-ta *adj.* ①〈机〉磨[轧,破]碎的;磨成粉的;②(肉)去骨的

O o

O 〈化〉元素氧(oxígeno)的符号

O *abr*. ①oeste 见 oeste；②octubre 十月；③见 ～ exclusivo
～ exclusivo〈信〉"异或"门

o *abr*. orden 见 orden

OACI *abr*. Organización de la Aviación Civil Internacional（联合国）国际民用航空组织

oasis *m. inv*. ①〈地〉(亚洲、非洲沙漠中的)绿洲；②〈信〉时分操作系统；③(枯燥或不愉快环境中的)慰藉物；安全之地

obducción *f*. ①〈地〉(地球的)板块挤压；②尸体剖验(法医用语)

obcomprimido,-da *adj*. 〈植〉倒扁形的

obcónico,-ca *adj*. 〈植〉(果实)倒圆锥形的

obcordado,-da *adj*. 〈植〉倒心形的

obelisco *m*. ①〈建〉方尖塔[碑]；方形碑状物；②〈印〉剑号

obenques *m. pl*. 〈海〉(桅)侧[左右]支索

Oberón *m*. 〈天〉天(王)卫四

obertura *f*. 〈乐〉(歌剧等的)序曲，前奏曲

obesidad *f*. ①过度肥胖；②〈医〉肥胖(症)，脂肪过多症

obeso,-sa *adj*. ①(过度)肥胖的；②〈医〉(患)肥胖症的；(患)脂肪过多症的

obispillo *m*. 〈鸟〉尾臀

objetividad *f*. 客观(性)，客观现实；公正

objetivo,-va *adj*. ①客观的，不带感情的；公正的；如实的；②目标[的]的；③〈医〉(症状)客观的，他觉的 ‖ *m*. ①〈理〉(显微镜、望远镜等上的)物镜；②〈摄〉镜头；③目标；目的；④〈军〉出击目标；弹着点；⑤〈医〉客观症状；⑥(可见的)实物
～ acromático 消色差透镜
～ anastigmático 消像差透镜，消像散透镜
～ apocromático 复消色差透镜
～ de inmersión 浸没物镜，油镜
～ de microscopio 显微镜物镜
～ de proyección 投影物镜
～ gran angular 广角透镜
～ revestido 镀膜透镜，滤光镜
～ zoom 可变焦距镜头
～s administrativos 管理目标
～s de comportamiento 行为目的
～s educacionales 教育目标

～s operacionales 经营目标
obturador de ～ 中心快门，透镜光闸

objeto *m*. ①物，物体；实物；物品；②(情感、思想或行动的)对象；③目标[的]；④〈信〉目标；⑤标的(物)；⑥〈摄〉景物
～ a subastar 拍卖品
～ asegurado 保险对象，保险标的物
～ contundente（用作武器的)钝器
～ de antigüedades 古玩
～ de arriendo 租赁物品
～ de arte 艺术品
～ de barro[cerámica] 陶器
～ de bisutería 首饰赝品
～ de oro y esmalte 烧蓝制品
～ de regalo 可作礼物的物品
～ de tratado 契约对象
～ de valor 贵重物品
～ del contrato 契约对象，合同标的物
～ expuesto 陈列品
～ fabricado 制成品
～ incluido〈信〉嵌入对象
～ raro 珍品，稀有物品
～ reflejado 反射物
～ sexual ①性交对象；②性感尤物
～ vinculado〈信〉链接对象
～ volador[volante] no identificado 不明飞行物，飞碟
～s de escritorio 文具，办公用品
～s de regalo 礼品
～s de tocador 化妆品
～s de valor 贵重物品
～s frágiles 易碎品，易破损物品
～s perdidos 失物，丢失物品

O.B/L *abr. ingl*. ocean bill of lading 海运提单

oblada *f*. 〈动〉鲷鱼

oblea *f*. ①(封信或文件用的)干胶片，封缄纸；②〈医〉(包药用的)糯米纸，胶囊；③〈信〉(计算机和电子组件心脏部分的)芯片；④〈电子〉晶片；集成电路片；⑤*Cono S.* 邮票

oblicua *f*. 〈数〉斜线

oblicuangular *adj*. 有斜角的；斜角形的

oblicuángulo,-la *adj*. 〈数〉斜角的 ‖ *m*. 斜角

oblicuidad *f.* ①倾斜;倾斜性,斜交,歪斜(失真);②〈数〉偏斜度,斜角
~ de la eclíptica〈信〉黄赤交角

oblicuo,-cua *adj.* ①斜的,倾斜的;非垂直的;②〈信〉斜的,倾[偏]斜的;③歪斜的,斜(视)的;④〈解〉斜肌的 ‖ *m.*〈解〉斜肌
ángulo ~ 斜角
clavo ~ 斜钉
cono ~ 斜圆锥
corte ~ 斜刃切削
línea ~a 斜线
músculo ~〈解〉斜肌
sección ~a 斜切[剖]面

obligación *f.*（法律上或道义上的）义务,责任;②〈商贸〉债务[券];票[债,字]据
~ civil 民事责任
~ comercial 商业债务
~ convertible 可兑[互]换债券
~ de arriendo 租赁契约,租约
~ de banco 银行票据;银行(间)汇票
~ del Tesoro 国库债券
~ hipotecaria 抵押债券
~ mancomunada 共同责任
~ moral 道义责任
~ solidaria 连带责任
~ tributaria 纳税义务
~es a pagar 应付票据
~es con garantía 担保债券
~es del Estado 公债(券),政府[国家]债券
~es por cobrar 应收票据
~es quirografarias 无担保债券

obligado,-da *adj.* ①应承担…责任的,负有…义务的;必须的;②〈生〉固[专]性的 ‖ *m.*〈乐〉助奏声部;助奏 ‖ *m. f.* ①债务人;②承担义务者;③(城镇上某些商品的固定)供应者
~ solidario 共同债务人;连带责任者
aerobio ~ 专性需氧性
anaerobio ~ 专性厌氧性

obligatoriedad *f.* ①强制(性);约束(性);义务(性);②见 ~ escolar
~ escolar 义务教育

obligatorio,-ria *adj.* ①(法律上或道义上)有义务的,必须的;强制性的;②(诺言、协议等)有约束[束缚]力的;必须(遵守)的
asignaturas ~as 必修课
educación ~a 义务教育
escolaridad ~a 义务教育期

obliteración *f.* ①〈医〉(管腔的)闭塞;消除[失];②擦[抹]去;(邮票的)盖戳注销

obliterante *adj.*〈医〉闭塞性的(指引起或伴随管腔闭塞的)

obliviscencia *f.*〈医〉遗忘症;遗忘倾向

oblongo,-ga *adj.* 长方形的;(长)椭圆形的

obnubilación *f.*〈医〉视力模糊

oboe *m.* ①〈乐〉双簧[欧巴]管;②〈航空〉欧波系统(一种雷达领航和仪表轰炸系统) ‖ *m. f.*〈乐〉双簧管吹奏者

oboísta *m. f.*〈乐〉双簧管吹奏者

obovado,-da *adj.*〈植〉倒卵形的

obovaide *adj.*〈植〉倒卵球形的

obopiramidal *adj.* 倒金字塔形的

obra *f.* ①(与言论相对而言的)行动[为];②〈建〉(建筑)工程;建筑工地;③ *pl.* (房屋)修缮(工程);装修工程;④(工作)成果;(文学、戏剧、艺术、音乐等方面的)作品,著作,专著;⑤(成品的)做工,工艺;(手工业者的)活计;⑥剧本;戏剧;⑦事业;业绩;⑧工作(量);人工;劳动;作业;⑨〈化〉(高炉的)炉缸[膛];⑩*Chil.*〈建〉砌砖工程
~ accesoria 辅助工程
~ benéfica ①行善,善行[举,事];②慈善机构[团体];②慈善事业
~ clásica 经典著作
~ de arte 艺术品,工艺品
~ de caridad[misericordia] 行善;善行[举,事]
~ de carpintería 木工活,木制品
~ de consulta 参考书;工具书
~ de divulgación(非小说类写实文学)普及本
~ de madera 木工,木工作业
~ de manos 手工[人力]工程,手工制品
~ de romanos 浩大工程
~ de teatro(~ dramática[teatral]) 剧本,戏剧(作品)
~ en ejecución ①在建工程;②在制品
~ exterior〈军〉外侧工程
~ hidráulica 水利工程
~ maestra 杰[代表]作
~ nivelada (乌金)镶嵌细工
~ pía 慈善机构[团体]
~ piadosa 行善;善行[举,事]
~ social ①(为艺术、体育等事业设立的)慈善基金;②行善;善行[举,事]
~s civiles 民用工程;土木工程
~s de ampliación del aeropuerto 机场扩建工程
~s de construcción del hospital 医用建筑工程
~s de defensa 军事工程
~s de riega 灌溉工程
~s muertas〈船〉干舷,水线以上船体
~s portuarias 港口工程
~s públicas 公共[市政]工程

~s viales[viarias] 道路施工(常见于禁止车辆通行的告示牌)

~s vivas〈船〉水下船体

cerrado por ~s ①(道路等)因施工封闭;②(商店等)因装修停业

página en ~s〈信〉在建网页

obrabilidad *f.* 可加工性

obradera *f. Amér. C. , And.* 〈医〉腹泻

obrador *m.* ①作坊,工场,车间;②(专业类)工作室

obraje *m.* ①制造[作],加工;②工场,车间,作坊;③*Cono S.* 锯木场;④*Méx.* 屠宰场;⑤*And.* 〈纺〉纺织厂;⑥*Arg.* 林场

obrera *f.* 〈昆〉①工蜂;②工蚁

obrerado *m.* 〈经〉劳动力,劳动人口

obrero,-ra *adj.* ①工人的;劳动[工]的;②做工的(指蜂、蚁群体中无生殖能力而从事劳作的个体)‖ *m.f.* 工人,专业工人

~ autónomo 个体经营工人;自主经营者

~ calificado[cualificado] 熟练工人

~ de la madera 木工

~ de villa 泥瓦工

~ diestro 熟练工,技工

~ escenógrafo 舞台工作人员

~ especializado 技术工人

~ gastronómico 烹饪工人,厨师

~ industrial 产业工人

~ migratorio 流动工人

~ petrolero 石油工人

~ portuario 码头工人

~ temporero 季节[临时,兼职]工

abeja ~a 工蜂

condiciones ~as 工作条件

hormiga ~a 工蚁

observación *f.* ①观察[测];监[注]视;②(尤指经过观察或思考后发表的)评[谈,言]论;批评[注]

~ astronómica 天文观测

~ científica 科学观察[测]

~ de aves (在大自然中)观察(研究)野鸟

~ postal 邮件(中途)截取

enfermo en ~ 观察中的病人

observancia *f.* (对法律、风俗、礼仪等的)遵守;奉行

~ de las normas de origen〈商贸〉遵守原产地规则

observatorio *m.* ①观测台[站];瞭望台;②观象[天文]台;③气象台[站]

~ astronómico 天文台

~ del tiempo(~ meteorológico) 气象站

obsesión *f.* 〈心〉心强迫观念;强迫症

obsesivo,-va *m.f.* 〈心〉强迫性神经症患者

obsidiana *f.* 〈矿〉黑曜岩

obsolescencia *f.* ①过时;废弃;淘汰;②〈医〉(器官的)废退;③〈生〉(生理机能)退化

~ de activos 资产陈旧

~ incorporada (商品的)内在陈旧性

obstaculización *f.* (设置)障碍;阻碍(作用)

obstáculo *m.* ①障[阻]碍;阻碍物;②困难;③见 carrera de ~s

~s al comercio 贸易壁垒[障碍]

carrera de ~s ①〈体〉障碍[越野]赛马;障碍赛;②(儿童的)障碍赛跑

obstetra *m.f.* 〈医〉产科医生

obstetricia *f.* 〈医〉产科学;助产术

obstétrico,-ca *adj.* 〈医〉产科(学)的;分娩的,生产的‖ *m.f.* 产科医生

choque ~ 产科休克

fórceps ~s 产钳

obstipación *f.* 〈医〉顽固(性)便秘

obstrucción *f.* ①阻[妨]碍;阻[堵]塞;②〈医〉(肠等的)梗阻;③〈体〉阻挡(行为,犯规)

~ de trompas〈医〉输卵管阻塞

~ del tránsito 交通堵塞

~ intestinal〈医〉肠梗阻

obstruccionismo *m.* 蓄意阻挠(尤指在立法机关等中的阻挠议事)

obstruccionista *m.f.* 蓄意阻挠者

obstructivo,-va; obstructor,-ra *adj.* ①(引起)阻[堵]塞的;起阻[妨]碍作用的;②〈医〉(引起)梗阻的,梗阻性的

ictericia ~a 梗阻性黄疸

disfagia ~a 梗阻性吞咽困难

obtenible *adj.* ①(信息等)能获得[得到]的;能买到的;②(目标等)能达到的

obturación *f.* ①封闭;充填;闭[填]塞;②〈军〉气密,紧塞;③(龋齿的)填料;填补物(尤指用来补牙的材料)

velocidad de ~〈摄〉快门速度

obturador,-ra *adj.* 引起堵塞的;(用作)封闭的‖ *m.* ①塞子,堵塞物;〈化〉(盖试管、试杯等的)玻璃板;②〈摄〉(照相机的)快门;(摄像机的)遮光器;③〈军〉气密装置,紧塞具;④〈机〉闭[阻,紧]塞器;密闭[封]件;(汽车等的)阻风[气]门;⑤〈医〉充填器

~ antipolvo 防尘罩

~ de pulsómetro 瓣阀,止回阀

~ de ranura del ala 扰流器

arteria/vena ~a〈解〉闭孔动/静脉

músculo ~〈解〉闭孔肌

obtusángulo,-la *adj.* 〈数〉钝角的

triángulo ~ 钝角三角形

obtusifoliado,-da *adj.* 〈植〉钝(叶)的

obtuso,-sa *adj.* ①钝的,不锋利的;②〈数〉(角)钝的;钝角的;③(智力等)迟[愚]钝的

ángulo ~ 钝角

obús *m.* ①〈军〉榴弹炮；②〈军〉炮弹；③（汽车轮胎的）气门芯
~ fumígeno 烟幕弹
~ iluminador 照明弹

OC *abr.* onda corta 短波

OCA *abr.* Organización de las Cooperativas de América 美洲合作社组织

oca *f.* ①鹅；②*And.*〈植〉块茎酢浆草；圆齿酢浆草的块茎(可食用)

ocasión *f. Amér.L.* 廉[特]价商品，便宜货
librería de ~ 旧书店
precio de ~ 廉价

ocasional *adj.* ①偶尔[然]的；间或发生的；②临时(性)的
línea ~〈航空〉临时航线

ocaso *m.* ①〈天〉日没[落]；(天体的)沉落；②〈地〉西方

occidentalizado,-da *adj.* 被西方化的，被欧美化的

occidente *m.* ①西，西方；②[O-]西方国家，西方世界；西欧；欧美；③[O-]（地球的）西半部[球]

occipital *adj.*〈解〉枕部的；枕骨的‖ *m.* 枕部；枕骨
arteria ~ 枕动脉
hueso ~ 枕骨
lobo ~ 枕叶

occipitoatloideo,-dea *adj.*〈解〉枕寰的（枕骨和寰椎的）

occipitocervical *adj.*〈解〉枕颈的（枕骨和颈部的）

occipitofacial *adj.*〈解〉枕面的（枕部和颜面的）

occipitofrontal *adj.*〈解〉枕额的（枕骨和前额的）

occipucio *m.* ①〈解〉枕部；②〈昆〉后头

occiso,-sa *adj.*〈法〉被杀死的；横[惨]死的‖ *m. f.* 死者，被害人，受害者；罹难者

OCDE *f. abr.* Organización para la Cooperación y el Desarrollo Económico 经济合作与发展组织

oceánico,-ca *adj.* ①海[大]洋的；②产于海洋的，在海洋中生活的；③大洋洲的；④〈气〉海洋性的
clima ~ 海洋性气候

oceanicultura *f.* 海产养殖

oceanita *f.*〈地〉海绿岩

oceanización *f.*〈地〉洋化作用

océano *m.* ①洋（指地球上的四大洋之一）；②海洋
~ Atlántico [O-] 大西洋
~ Boreal(~ Glaciar Ártico) [O-] 北冰洋
~ Índico [O-] 印度洋
~ Pacífico [O-] 太平洋

oceanofísica *f.* 海洋物理学

oceanografía *f.* 海洋学

oceanográfico,-ca *adj.* 海洋学的
buque ~ 海洋考察船

oceanógrafo *m.* 海洋学家

oceanología *f.* 海洋学

oceanológico,-ca *adj.* 海洋学的；有关海洋学的

ocelado,-da *adj.*〈昆〉①具单眼的；②具眼点[斑]的

ocelar *adj.* ①〈昆〉具单眼的；②〈地〉眼斑的

ocelífero,-ra *adj.*〈植〉具眼孔斑的

ocelo *m.* ①〈昆〉单眼；②眼点[斑]（如蝴蝶、孔雀羽毛上的眼状斑点）

ocelote *m.*〈动〉(可驯养的)豹猫

ochava *f.* ①〈建〉八角形建筑；②截角面[形]；③*Amér.L.* 街角

ochavado,-da *adj.* ①(成)八角[边]形的；②*Amér.L.* 截角(形)的

ochote *m.*〈乐〉八重唱

ocioso,-sa *adj.* ①无效[用]的；②闲置的；③空闲的，闲暇的；懒[闲]散的
capital[dinero] ~ 闲散资金，游资
máquinas ~as 闲置的机器
trabajo ~ 无效劳动

OCL *abr. ingl.* ① operation control language〈信〉操作控制语言；② output control line〈信〉输出控制线

oclesis *f.*〈医〉拥挤病

oclofobia *f.*〈心〉人群恐怖，恐群症

ocluido,-da *adj.* ①闭[阻]塞的；②〈化〉吸留[着](气体)的
gas ~ 包[藏]气，吸留气体

oclusión *f.* ①闭[阻]塞；②〈医〉闭塞[合](症)；(上下齿的)咬合；③〈化〉包藏；吸留[着]；④〈气〉锢囚；锢囚锋
~ intestinal〈医〉肠梗塞

oclusivo,-va *adj.*〈医〉闭塞[合]的

ocotal *m. Amér.C., Méx.* 卷叶松林

ocote *m. Amér.C., Méx.*〈植〉卷叶松；引火松(树脂含量高，常用作松明)

ocotera *f. Amér.L.* 松树林

ocotero,-ra *adj. Amér.L.*〈植〉松树的

ocozoal *m. Méx.*〈动〉响尾蛇

OCR *abr. ingl.*〈信〉① optical character reader 光字符阅读器；② optical character recognition 光字符识别

ocre *m.* ①〈矿〉赭石；②赭[黄褐]色‖ *adj.* 见 tonos ~s

~ amarillo 黄赭石

~ rojo 代赭石

tonos ~s 黄褐色

ocrómetro *m*. 〈医〉毛细管血压计

ocronosis *f*. 〈医〉褐黄病

ocroso,-sa *adj*. ①〈矿〉赭石的;含赭石的;②赭[黄褐]色的

octacorde *adj*. 〈乐〉八弦的

octacordio *m*. 〈乐〉八弦琴

octaédrico,-ca *adj*. 〈数〉八面的;八面体的

octaedrita *f*. 〈矿〉锐钛矿

octaedro *m*. 〈数〉八面体

octagonal *adj*. 〈数〉八边[角]形的

octágono *m*. 〈数〉八边[角]形

octal *adj*. ①〈数〉八进制的;②〈电子〉(电子管)八脚的 ‖ *m*. ①〈电子〉八脚管座;②〈信〉(从 0 到 7 三字节的)八进制编码(法)

octana *f*. 〈医〉每隔八日出现的发热

octanaje *m*. 〈化〉辛烷值

octano *m*. 〈化〉正辛烷;辛级烷
índice de ~ (汽油)辛烷值[数]

octanol *m*. 〈化〉辛醇

octante *m*. ①〈数〉卦限,八分圆(圆周的八分之一);②〈海〉〈航空〉八分仪

octaploide *m*.; **octaploidia** *f*. 〈生〉八倍体

octava *f*. 〈乐〉八度;八音度;八音度阶

octavalencia *f*. 〈化〉八价

octavalente *adj*. 〈化〉八价的

octavilla *f*. ①〈印〉八开(纸);②传单;小册子;(时事问题等的)活页文选

octavín *m*. 〈乐〉短笛

octavo *m*. ①八分之一(部分);②第八个;③见 libro en ~
~s de final 〈体〉八分之一决赛
libro en ~ 〈印〉八开本的书

octete *m*. ①〈信〉(计算机三字节的)八位位组;②〈化〉八隅体;③〈理〉八重态

octeto *m*. ①〈乐〉八重唱[奏];②〈信〉(计算机)字节

octilamina *f*. 〈化〉辛胺

octileno *m*. 〈化〉辛烯

octílico,-ca *m*. 〈化〉辛基的

octilo *m*. 〈化〉辛基

octino *m*. 〈化〉辛炔

octodo *m*. 〈电子〉八极管

octogonal *adj*. 〈数〉八边[角]形的

octógono *m*. 〈数〉八边[角]形

octopamina *f*. 〈药〉真蛸胺,章(鱼)胺

octopo *m*. 〈动〉章鱼

octópodo,-da *adj*. 〈动〉具八腕的,八腕(亚)目的 ‖ *m*. ①八腕(亚)目软体动物(尤指章鱼);②八腕(亚)目

octopolar *adj*. 八极的

octosa *f*. 〈化〉辛糖

octóstilo,-la *adj*. 〈建〉八柱(式)的 ‖ *m*. 八柱式(建筑)

octovalencia *f*. 〈化〉八价

octovalente *adj*. 〈化〉八价的

ocular *adj*. ①眼(睛)的;视觉的;②用眼睛的,凭视觉的;③目击的,亲眼目睹的 ‖ *m*. (望远镜、显微镜的)目镜
~ del alza 〈军〉瞄准镜
campo ~ 视野[域,场]
dominancia ~ 〈医〉眼优势
gimnasia ~ 眼保健操;眼肌体操
humor ~ 眼液
testigo ~ 目击者,见证人

oculista *m*. *f*. ①〈医〉眼科医生;②验光师

oculofacial *adj*. 〈解〉眼面的

oculogiración *f*. 眼球旋动

oculomotor,-ra *adj*. ①眼球运动的;动眼的;②见 nervio ~
nervio ~ 〈解〉动眼神经

oculomuscular *adj*. 〈解〉眼肌的

oculonasal *adj*. 〈解〉眼鼻的

oculorreacción *f*. 〈医〉眼反应

ocultación *f*. ①〈天〉掩星;②掩蔽,隐藏[蔽,匿]
~ de bienes 隐藏财产;隐匿资产

ocultador *m*. 〈摄〉遮光黑纸,遮光框

oculto,-ta *adj*. ①隐藏[蔽,匿]的;②(力量、能力等)超自然的;神秘的;③〈医〉(潜)隐的
ciencias ~as 神秘学
dumping ~ 〈商贸〉隐蔽倾销

ocumo *m*. 〈植〉芋(头)

ocupable *adj*. ①(人员)可雇[使]用的;②(职位)可以取得的;③(职业)可以从事[胜任]的
plaza ~ 可以获得的职位

ocupación *f*. ①(对房屋、土地等的)占用[有](期);(房屋、旅馆等的)居住(期);②〈军〉占据[领];③就业;④职业,工作
~ plena[total] 充分就业
~es auxiliares[secundarias] 副业

ocupacional *adj*. ①职业的;职业引起的;②工作的;就业的
enfermedad ~ 职业病
formación ~ 职业培训
medicina ~ 职业病医学
plan ~ 工作[就业]计划
terapéutica ~ 职业(病)疗法

ocupado,-da *adj*. ①(场地、座位等空间)被占用的;使用中的;②〈军〉(国家、领土等)被占据[领]的;③〈讯〉(电话线等)(正)被占用的;④有工作[职业]的;劳动(用)的;忙(碌)的 ‖ *m*. *f*. 就业

el porcentaje de ～s 就业人口比例
la población ～a 劳动人口

odalisca *f.* 〈画〉宫女画

ODBC *abr. ingl.* open database connectivity 〈信〉开放数据连接

ODECA *abr.* Organización de los Estados Centroamericanos 中美洲国家组织

ODEPA *abr.* Organización Deportiva Panamericana 全美洲体育组织

ODI *abr. ingl.* open data-link interface 〈信〉开放数据链路接口

odinacusis *f.* 〈医〉听音痛

odinofagia *f.* 〈医〉吞咽痛

odinofobia *f.* 〈医〉疼痛恐怖

odinómetro *m.* 〈医〉痛觉计

ODO *abr. ingl.* on-line digital output 〈信〉在线数字量输出

odógrafo *m.* ①(车辆等的)里程计[表,器]; 路码表;②计步[步程]器

odometría *f.* 计程法,里程测量法

odómetro *m.* ①(车辆等的)里程计[表,器]; 路码表;②计步[步程]器;③〈机〉转速[数] 测量仪

odonato,-ta *adj.* 〈昆〉蜻蜓目的 ‖ *m.* ①蜻蜓;②*pl.* 蜻蜓目

odontalgia *f.* 〈医〉牙痛

odontálgico,-ca *adj.* 〈医〉牙痛的;患牙痛的 ‖ *m.* 〈药〉止牙痛药

odontoblasto *m.* 〈医〉成牙本质细胞

odontoblastoma *m.* 〈医〉成牙本质细胞瘤

odontobotritis *f. inv.* 〈医〉牙槽炎

odontoceto,-ta *adj.* 〈动〉齿鲸类的 ‖ *m.* ① 齿鲸动物;②*pl.* 齿鲸类

odontocia *f.* 〈医〉牙软化

odontocirugía *f.* 〈医〉牙外科

odontoclasto *m.* 〈医〉破牙细胞

odontofobia *f.* 〈医〉牙科手术恐怖

odontóforo *m.* (软体动物的)舌突起

odontogénesis *f.* 〈医〉牙发生,牙生成

odontogénico,-ca *adj.* 〈医〉牙源的;生牙的 quiste ～ 牙源(性)肿瘤

odontógrafo *m.* ①〈机〉画齿规;②〈医〉牙面 描记器

odontoideo,-dea *adj.* ①〈解〉(枢椎)齿突的; ②牙的,牙样的

odontólisis *f.* 〈医〉牙质溶解

odontolitiasis *f.* 〈医〉牙垢症

odontolito *m.* 〈医〉牙垢[积石]

odontología *f.* 〈医〉①牙科学;②口腔科学

odontológico,-ca *adj.* 〈医〉牙科(学)的 gabinete ～ 牙科诊所 tratamiento ～ 牙科治疗

odontólogo,-ga *m. f.* 〈医〉牙科医生,牙医

odontoma *m.* 〈医〉牙瘤

odontómetro *m.* (集邮者使用的)邮票齿缘尺

odontonosología *f.* 〈医〉牙病理学

odontopatía *f.* 〈医〉牙病

odontoplastía *f.* 〈医〉牙整形术;镶牙术

odontoplerosis *f. inv.* 〈医〉补牙(术)

odontoprisis *f.* 〈医〉(夜间)磨牙,咬牙

odontorrizo,-za *adj.* 〈植〉具齿状根的

odontoscopia *f.* 〈医〉牙镜检查

odontoscopio *m.* 〈医〉齿镜(检查牙齿的口腔 镜)

odontoteca *f.* 〈医〉牙囊

odontotomía *f.* 〈医〉牙切除术

odontotripsis *f.* 〈医〉牙磨损

odorimetría *f.* 〈化〉气味测定法

odorímetro *m.* 气味计(测定气味浓度的仪 器)

OEA *abr.* Organización de Estados Americanos 美洲国家组织

OECD *abr. ingl.* Organization for Economic Cooperation and Development 经 济合作与发展组织

OECE *abr.* Organización Europea de Cooperación Económica 欧洲经济合作组织

OECO *abr.* Organización de Estados del Caribe Oriental 东加勒比国家组织

OEEC *abr. ingl.* Organization for European Economic Cooperation 欧洲经济合 作组织

OELA *abr.* Organización de Estados Latinoamericanos 拉丁美洲国家组织

OEM *abr. ingl.* Original Equipment Manufacturer 初始设备制造商(指从其他 厂商买进配件或基本元件再生产如计算机 系统等复杂装备的厂家)

oersted; oerstedio *m.* 〈电〉〈理〉奥(斯特)(磁 场强度单位)

oesnoroeste; oesnorueste *m.* ①西北西;②西 北西风

oeste *adj.* ①〈地〉西部的;②西方的;(向)西 的;③(风)来自西方的 ‖ *m.* ①〈地〉西;西 部(地区);②西方;③西风;④西方国家

oestita *f.* 〈冶〉钴钛合金钢

oestradiol *m.* 〈化〉雌(甾)二醇

oestriol *m.* 〈化〉雌(甾)激素

oestrógeno *m.* 〈生化〉雌(甾)三醇

oestrona *f.* 〈生化〉雌(甾)酮

oessudoeste; oessurueste *m.* ①西南西;②西 南西风

ofelimidad *f.* 〈经〉利润

oferente *m. f.* ①提供者;②〈商贸〉报价人; 发盘者

oferta *f.* ①〈商贸〉发[报,递]价;发[报,递]盘;投标(价格);②〈经〉(商品、物质等的)供应(量);③(就业等的)建议;提供;④(减价商品的)推销;廉[减]价商品

~ abierta/cerrada 公开/密封投标

~ adicional 补充供货

~ combinada 联合报价,合并发盘

~ con muestras 附样品报价

~ condicional 附条件报价[发盘]

~ de empleo[colocación] 招聘[工];职业介绍

~ de pago 支付,付款

~ de personal 提供人员

~ de servicios 提供服务

~ elástica 弹性供应

~ en firme 实盘

~ excedentaria 过量供给,供大于求

~ formal 提议[案]

~ indirecta 间接报价[发盘]

~ lacrada 密封投标[递盘]

~ monetaria 货币供应(量)

~ no favorecida 未中标的递盘,不成功的投标

~ oculta 隐蔽报价

~ por escrito 书面递价[盘]

~ promocional 促销开价[发盘]

~ pública de adquisición (de acciones) (以收购股票方式实现对企业吸收合并的)接受出价,盘进出价,吸收合并出价

~ revocable 虚盘(可撤销的报价)

~ sujeta a alteración 有权变更的报价

~ tentativa 试探性报价

~ verbal 口头报价

~s de trabajo (报纸上的)招聘广告

la ley de la ~ y la demanda 供求规律

ofertante *m.* (拍卖时的)出价人

ofertor *m.* (投标时的)投标人

offset *m. ingl.* 〈印〉①胶印;胶印印张;②胶版印刷机

offside *m. ingl.* 〈体〉越位(*esp.* fuera de juego)

offshore *adj. ingl.* 〈矿〉近海的(海底矿物勘探)

oficial *m. f.* ①(工艺车间等的)工[巧]匠;手艺人;②(工厂等的)熟练工人;满师学徒工;短[计日]工;③(办公室等的)办事员;文书;④〈军〉军官;⑤(政府部门长官手下的)官员;⑥(公司等的)管理员;高级船员

~ administrativo 管理员

~ aduanero 关务员,海关职员

~ de cuarentena 检疫官[员]

~ de enlace 联络军官;联络人

~ de guardia 舰上值班军官

~ de la sala 〈法〉(法庭)书记员

~ de marina 海军军官

~ de sanidad 卫生检疫官[员]

~ del día 传令(军)官;值班军官

~ del préstamo 信贷员

~ del proyecto 项目主管[经理]

~ ejecutivo 〈军〉①主任参谋;②副舰长

~ mayor (办公厅等的)主任,主管

~ médico (地方或卫生机关的)卫生官员

~ pagador (负责发放薪金或工资的)工薪出纳员

primer ~ 〈船〉大副

oficina *f.* ①办公室;②办事[管理]处;营业[事务]所;③部,处,局,所,署;协会;③(制药厂,配药间;药房;④车间,工场;作坊;⑤*Chil.* 〈矿〉硝石厂

~ automatizada 自动化办公室

~ central 总行;总公司;本[总]部

~ comercial(~ de comercio) 商务处;贸易署

~ de administración 管理处[局]

~ de asuntos exteriores 外事处[局]

~ de cambio ①(货币)兑换所[处];②外汇局

~ de colocación[empleo] 职业介绍所;就业服务中心

~ de contrastes[ensayo] 检验[鉴定]局

~ de control de precios 物价管理局[处,所]

~ de correos 邮局

~ de declaración (海关)申报处

~ de entrada/salida 入/出境办事处

~ de estadística 统计局

~ de impuestos 税务局[所]

~ de industria y comercio 工商局

~ de información 情报处[局]

~ de informes 问询处

~ de investigación económica 经济研究[调研]室

~ de marcas 商标管理局[处]

~ de minas 矿务局

~ de objetos perdidos 失物招领处

~ de pagos 付款处

~ de patentes 专利局

~ de prensa (政府部门等的)新闻处

~ de publicidad 广告部

~ de representación 代表处

~ de Seguros Marítimos [O-] (英国)劳埃德(海运)保险社

~ de servicios públicos 公共事业局

~ de trabajo 劳动局

~ del censo 人口统计[普查]局

~ marítima 海运事务所

~ meteorological 气象局

~ paisaje 开敞式(平面布置)办公室

~ receptora 接待处

horas de ~ 办公时间

oficinal *adj*. ①〈植〉药用的;②〈药〉〈药剂〉按药典配制的

oficio *m*. ①手艺;②行[职]业;③功能;作用;④公文,公函;⑤斡旋,调停

~ calificado 技术性工种[行业]

~ clave 关键工种;重要行业

~ de difuntos (教会为死者举行的)祭奠

~ manual 手艺

oficioso,-sa *adj*. (外交上)非官方的,非正式的

informaciones ~as 非官方消息

nota ~a 非正式照会

ofidiasis *f*. 蛇(咬)中毒

ofídico,-ca *adj*. 蛇的,蛇类的

ofidio,-dia *adj*. ①〈动〉蛇的;(属)蛇亚目的;②蛇状的 ‖ *m*.〈动〉①蛇;蛇亚目动物;②*pl*. 蛇类;蛇亚目

ofidiofobia *f*.〈心〉蛇恐怖

ofidismo *m*.〈医〉蛇咬中毒

ofimática *f*. ①办公室自动化;②办公室自动化设备

ofimático,-ca *adj*. 办公室自动[电脑]化的

sistema ~ 办公室自动化系统

ofiolita *f*.〈地〉蛇绿岩,蛇纹石

ofiología *f*. 蛇学

ofiológico,-ca *adj*. 蛇学的

ofiotoxemia *f*.〈医〉蛇咬中毒血症

ofiotoxina *f*.〈医〉蛇毒素

ofita *f*.〈地〉纤闪辉绿岩

ofítico,-ca *adj*.〈地〉辉绿状的

textura ~a 辉绿状纹理

Ofiuco *m*.〈天〉蛇夫(星)座

ofiura *f*.〈动〉海蛇尾(一种海生动物)

ofiuroideo,-dea *adj*.〈动〉海蛇尾纲(动物)的 ‖ *m*. ①海蛇尾纲动物;②*pl*. 海蛇尾纲

ofrio *m*.〈解〉印堂,眉间中点

oftalmalgia *f*.〈医〉眼痛

oftalmatrofia *f*.〈医〉眼萎缩

oftalmectomía *f*.〈医〉眼球摘除术

oftalmia; oftalmía *f*.〈医〉眼炎

oftalmiatría *f*.〈医〉眼科治疗学

oftálmico,-ca *adj*.〈医〉①眼的;②眼炎的;患眼炎的;③眼用的

arteria/vena ~a〈解〉眼动/静脉

oftalmitis *f*. *inv*.〈医〉眼炎

oftalmocele *f*.〈医〉眼球突出

oftalmocopia *f*.〈医〉眼疲劳;视力衰弱

oftalmodinamómetro *m*.〈医〉视网膜血压计;视网膜动脉血压计

oftalmodinia *f*.〈医〉眼痛

oftalmoflebotomía *f*.〈医〉眼静脉切开术

oftalmografía *f*.〈医〉眼球运动照相术

oftalmolito *m*.〈医〉眼石

oftalmología *f*.〈医〉眼科学

oftalmólogo,-ga *m*. *f*.〈医〉眼科学专家;眼科医生

oftalmomalacia *f*.〈医〉检球软化

oftalmometría *f*.〈医〉眼屈光测量法

oftalmómetro *m*.〈医〉检眼镜;(眼)屈光计

oftalmomicroscopio *m*.〈医〉眼屈光检查镜,检眼屈光镜

oftalmomiositis *f*. *inv*.〈医〉眼肌炎

oftalmomiotomía *f*.〈医〉眼肌切开术

oftalmoneuritis *f*. *inv*.〈医〉眼神经炎

oftalmopatía *f*.〈医〉眼病

oftalmoplastia *f*.〈医〉眼成形术

oftalmoplejía *f*.〈医〉眼肌麻痹[瘫痪]

oftalmorragia *f*.〈医〉眼出血

oftalmorrexis *f*.〈医〉眼球破裂

oftalmoscopia *f*.〈医〉检眼镜检查(法)

oftalmoscopio *m*.〈医〉检眼镜,眼底镜

oftalmostasis *f*.〈医〉眼球固定法

oftalmóstato *m*.〈医〉眼球固定器

oftalmoterapia *f*.〈医〉眼病治疗

oftalmotermómetro *m*.〈医〉眼温度计

oftalmotomía *f*.〈医〉眼球切开术

oftalmotonometría *f*.〈医〉眼压测量法

oftalmotonómetro *m*.〈医〉眼压计

oftalmotoxina *f*.〈医〉眼毒素

OH *abr*. *ingl*. ① operational hardware〈信〉操作硬件 ②over-the-horizon〈讯〉视距外通信

ohm; ohmio *m*.〈电〉欧姆(电阻单位)

óhmico,-ca *adj*.〈电〉欧姆的;电阻性的;用欧姆计量的

pérdidas ~as 欧姆[电阻]损耗

resistencia ~a 欧姆电阻

ohmímetro *m*.〈电〉欧姆计[表],电阻表

ohmiómetro; óhmmetro *m*. 欧姆计[表],电阻表

OAA *abr*. Organización de Alimento y Agricultura (联合国)粮食及农业组织

OIA *abr*. Oficina Internacional de Azúcar 国际食糖组织

OIAC *abr*. Organismo Internacional de Aviación Civil 国际民用航空组织

OIC *abr*. ①Organización Internacional del Comercio 国际贸易组织;② Organización Internacional del Café 国际咖啡组织

OICE *abr*. Organización Interamericana de Cooperación Económica 美洲经济合作组

织

OICI *abr.* Organización Interamericana de Cooperación Internacional 美洲国际合作组织

oídio *m.* 〈植〉①粉孢菌；②（粉孢菌等真菌的）粉[节]孢子；（粉孢菌引起的）白粉病（尤指葡萄白粉病）

oído *m.* ①〈解〉耳，听觉器官；②〈生〉听觉；③〈乐〉听力
～ externo/interno 外/内耳
～ medio 中耳

OIEA *abr.* Organismo[Organización] Internacional de la Energía Atómica 国际原子能机构

OIEC *abr.* Oficina Internacional de Enseñanza Católica 国际天主教教育局

OIN *abr.* Organización Internacional de Normalización 国际标准化组织

OIP *abr.* Organización Internacional de Periodistas 国际新闻工作者协会

OIPC *abr.* Organización Internacional de Policía Criminal 国际刑警组织（*ingl.* Interpol，也用于西班牙语国家）

OIPM *abr.* Organización Internacional de Pesas y Medidas 国际度量衡组织

OIPN *abr.* Oficina Internacional de Protección de la Naturaleza 国际自然保护局

OIR *abr.* ① Organización Internacional para los Refugiados（联合国）国际难民组织；② Organización Internacional de Radiodifusión 国际广播组织

OIRSA *abr.* Organismo Internacional Regional de Sanidad Agropecuaria 国际农牧业卫生区域组织

OIS *abr. ingl.* office information system 办公信息系统

oisanita *f.* 〈矿〉锐钛矿

OISS *abr.* Organización Iberoamericana de Seguridad Social 拉丁美洲社会保障局

OIT *abr.* ①Oficina Internacional del Trabajo 国际劳工局；② Organización Internacional del Trabajo 国际劳工组织

ojada *f. And.* 〈建〉①（墙上的）脚手架孔；②天窗

ojal *m.* ①环扣；②（丝线上的）环结；③〈缝〉纽孔，扣眼；④〈医〉（小的直）切口
～ metálico 铁环
barra de ～ 眼[带环]杆

ojalador,-ra *m. f.* 〈缝〉锁眼工 ‖ ～ **a** *f.* 〈机〉锁眼机

ojaranzo *m.* 〈植〉①岩蔷薇；②夹竹桃

OJD *abr.* Oficina de Justificación de la Difusión *Esp.* 报刊发行合法证明局

ojeador,-ra *m. f.* 〈体〉发掘专业人才者；物色新秀者

ojete *m.* ①〈缝〉（供穿线用的）圆孔眼；②（穿系带用的）小洞眼

ojetera *f.* ①〈缝〉扣眼儿边；②〈机〉锁眼机

ojetero,-ra *m. f.* 〈缝〉锁眼工

ojiazul *adj.* 蓝眼珠的

ojibajo,-ja *adj.* 〈医〉近视眼的

ojigrande *adj.* 大眼睛的

ojímetro *m.* 快速估算能力

ojimoreno,-na *adj.* 褐色眼珠的

ojinegro,-gra *adj.* ①眼睛乌黑的；②黑眼珠的

ojituerto,-ta *adj.* 〈医〉内斜眼的；内斜视的；斜眼的

ojiva *f.* ①〈建〉葱形穹顶；S形线脚；尖拱；②〈统〉累积曲线；③〈军〉弹头

ojival *adj.* ①〈建〉尖顶式的；有葱形穹顶的；有尖顶[拱]的；②〈军〉弹头（形）的

ojivoleo,-lea *adj.* 眼球突出的

ojizarco,-ca *adj.* 蓝眼珠的

ojo *m.* ①〈解〉眼，目；眼睛[部]；眼眶[球]；②（台）风眼；泉眼；③眼力，洞察力；④孔，（孔，洞，网）眼；眼状物；⑤〈动〉（孔雀等的）翎[眼状]斑；⑥（山墙上的）通风口；⑦（拱顶上）圆孔；⑧〈船〉锚链孔
～ a la funerala[virulé, pava] 青肿眼眶
～ amoratado 黑眼睛
～ catódico[mágico]〈电子〉电眼；光电管
～ clínico[médico]（医生的）诊断能力
～ compuesto〈动〉复眼
～ de agua *Amér. L.*（平原上的）泉眼
～ de aguja 针孔[眼]
～ de buey ①〈船〉舷窗；圆窗；②〈植〉牛眼菊，水生黄花菊
～ de cristal 玻璃假眼
～ de gallo[pollo]（脚上的）鸡眼
～ de gato 猫眼石
～ de la tempestad 台风眼
～ de liebre〈医〉兔眼（眼睛不能完全闭合）
～ de patio 天井
～ de pez〈摄〉鱼眼[超广角]镜头
～ de puente 桥孔[洞]
～ de tigre 虎眼石
～ de vidrio *Amér. L.* 玻璃假眼
～ del émbolo〈机〉活塞孔
～ del huracán〈气〉台风眼
～ eléctrico〈电子〉电眼；光电池[管]
～ pineal〈动〉（长在某些冷血脊椎动物头顶上的）顶[松果]眼
～ simple ①〈动〉（侧单眼动物的）单眼；②单片眼镜

~s almendrados 杏眼(指眼部呈椭圆形、眼梢细长向上)

banco de ~s 〈医〉眼库

levantamiento a ~ 目测草图,略[草测]图

sombra de ~ 眼影

surco de ~s 鱼尾纹

okapi *m.* 〈动〉獾㹢狓(产于非洲中部,类似长颈鹿)

okenita *f.* 〈矿〉水硅钙石

OL *abr.* onda larga 长波

ola *f.* ①浪,波浪[涛];②波纹;波状物;③〈气〉气流;④〈理〉波;⑤浪潮,潮流;(活动等的)高潮

~ de calor 〈气〉热浪;奇热期

~ de fondo 〈海〉涌浪

~ de frío 〈气〉寒潮;骤冷期

~ de marea(~ sísmica) ①潮(汐)波;②海啸

~ encrestada 滚[拍岸]浪

~ estacionaria 〈物〉驻波

nueva ~ 新浪潮音乐(指 20 世纪 70 年代后期的摇滚乐)

OLADE *abr.* Organización Latinoamericana de Energía 拉丁美洲能源组织

OLAP *abr. ingl.* online analytical processing 〈信〉联机分析处理

OLAVU *abr.* Organización Latinoamericana del Vino y de la Uva 拉丁美洲葡萄和葡萄酒组织

oldhamita *f.* 〈矿〉陨硫钙石

OLE *abr. ingl.* object linking and embedding 〈信〉对象链接与嵌入

oleáceo,-cea *adj.* 〈植〉木犀科的 ‖ *f.* ①木犀;②*pl.* 木犀科

oleada *f.* ①〈海〉大浪;波浪拍击;②潮流;涌现

oleaginosa *f.* 油(料)产品

oleaginosidad *f.* 含油性,油质[性]

oleaginoso,-sa *adj.* ① 油质[性]的;② 产[含]油的

cultivos ~s 油料作物

oleaje *m.* 波[巨]浪,长浪;波涛

oleandomicina *f.* 〈生〉〈生化〉竹桃霉素

oleandrismo *m.* 夹竹桃中毒

oleandro *m.* 〈植〉欧洲夹竹桃

oleanol *m.* 〈化〉①油醇;②石竹酸

oleato *m.* 〈化〉油酸盐[酯]

olécranon *m.* 〈解〉鹰嘴(指肘部的骨性隆起)

olefina *f.* 〈化〉烯烃

olefínico,-ca *adj.* 〈化〉烯属的,烯烃族的

oleico,-ca *adj.* 〈化〉油酸的

ácido ~ 油酸

oleícola *adj.* 橄榄种植业的;榨橄榄油的

oleicultor,-ra *m. f.* 橄榄种植者;榨橄榄油的人

oleicultura *f.* 油橄榄种植业

oleiducto *m.* 输油管

oleífero,-ra *adj.* 〈植〉含油的;产油的

plantas ~as 油料植物

oleína *f.* 〈化〉油精,三油精,三油酸甘油酯

óleo *m.* ①油;②〈画〉油画

pintura al ~ 油画

oleodinámico,-ca *adj.* 〈机〉油液压动力的;油液压推动的

oleoducto *m.* 〈工〉输油管

~ transarábico 横穿阿拉伯输油管线

oleografía *adj.* 〈画〉(用油画色代替印刷油墨的)仿油画石板画;石印油画

oleolato *m.* 香油精

oleólito *m.* 〈药〉油剂

oleómetro *m.* 油比重计,油量计,验油计

oleonafta *f.* 〈石油〉石脑油,粗汽油

oleorresina *f.* ①〈化〉含油树脂;精油树脂油松脂;②〈药〉油松脂

oleorresinoso,-sa *adj.* 含油树脂的

oleosidad *f.* (含)油性,油质

oleoso,-sa *adj.* (含,多,似)油的;油质[状,性]的

oleosoluble *adj.* (胡萝卜素等)油溶性的

oleotécnica *f.* 〈技〉油料加工技术;榨油技术

oleotécnico,-ca *adj.* 〈技〉油料加工技术的;榨油技术的

oleoterapia *f.* 〈医〉油疗法

oleotórax *m.* 〈医〉油胸

oleovitamina *f.* 维生素油剂

oleráceo,-cea *adj.* 〈植〉熟食叶菜类的

olestra *f.* (不含热量的)合成脂肪[油脂]

óleum *m.* ①〈化〉发烟硫酸;②〈药〉油

olfactometría *m.* 嗅觉测量法

olfactómetro *m.* 嗅觉计;嗅觉测量器

olfativo,-va *adj.* 〈解〉嗅觉(器官)的

nervio ~ 嗅(觉)神经

olfato *m.* 嗅觉

olfatometría *m.* 嗅觉测量法

olfatómetro *m.* 嗅觉计;嗅觉测量器

olfatorio,-ria *adj.* 〈解〉嗅觉(器官)的

bulbo ~ 〈解〉嗅球

examen ~ 嗅诊

órgano ~ 嗅觉器官

tracto ~ 〈解〉嗅束

olfatrocnia *f.* 气味测定学;气味测定术

oligisto *m.* 〈矿〉结晶赤铁矿

oligoamnios *m.* 〈医〉羊水过少

oligocarpo,-pa *adj.* 〈植〉几乎没有果实的,果实不多的

oligoceno,-na *adj.* 〈地〉渐新世的；渐新统的 ‖ *m.* 渐新世；渐新统

oligocístico,-ca *adj.* 〈医〉少囊的

oligoclasa *f.* 〈矿〉奥长石

oligodactilia *f.* 〈医〉少指［趾］（畸形）

oligodendrocito *m.* 〈生〉少突（胶质）细胞

oligodendroglia *f.* 〈解〉少突神经胶质

oligodendroglioma *m.* 〈医〉少突（神经）胶质瘤

oligodinámica *f.* 微动力学，微动活动［作用］

oligodinámico,-ca *adj.* 微动力的，微量活动［作用］的

oligoelemento *m.* 〈生〉（生物体生长所需的）微量元素

oligófago,-ga *adj.* 〈动〉寡［狭］食性的

oligofrenia *f.* 〈医〉精神发育不全；心理［智力］缺陷

oligofrénico,-ca *adj.* 〈医〉有智力缺陷的；弱智的 ‖ *m. f.* 智力缺陷者；弱智者

oligogalactia *f.* 〈医〉乳汁减少

oligomenorrea *f.* 〈医〉月经过少，月经稀发

oligómero *m.* 〈化〉〈生化〉低［寡］聚体

oligomicina *f.* 〈生〉寡霉素

oligonita *f.* 〈矿〉菱锰铁矿

oligonitrófilo,-la *adj.* 〈生〉嗜微氮的 ‖ *m.* 嗜微氮生物

oligonucleótido *m.* 〈生〉寡核苷酸

oligoovulación *f.* 〈医〉排卵过少

oligopnea *f.* 〈医〉呼吸迟缓

oligopolio *m.* 〈经〉寡头卖主垄断；少数卖主垄断市场
　　～ parcial 少数卖主（部分）垄断
　　～ perfecto 完全由卖主寡头垄断

oligopolístico,-ca *adj.* 〈经〉卖主寡头垄断的；少数卖主垄断的
　　competencia ～a 卖主寡头垄断竞争
　　mercado ～ 卖主寡头垄断市场，少数卖主垄断的市场

oligopsonia *f.*; **oligopsonio** *m.* 〈经〉寡头买主垄断；少数买主垄断市场

oligosacárido *m.* 〈生化〉寡［低聚］糖

oligospermia *f.* 〈医〉少精症，精子减少（症）；少精（中医用语）

oligoterapia *f.* 〈医〉微量元素疗法

oligotrofia *f.* ①（湖泊、池塘等）贫营养；②〈医〉营养不足［过少］

oligotrófico,-ca *adj.* ①（湖泊、池塘等）贫营养的；②〈医〉营养不足［过少］的
　　lago ～ 贫养湖

oligozoospermia *f.* 〈医〉少精症，精子缺乏［减少］

oliguria *f.* 〈医〉尿过少，少尿［症］

olimpiada; **olimpíada** *f.* 〈体〉（现代）奥林匹克运动会
　　～ de invierno 冬季奥运会

olímpico,-ca *adj.* 〈体〉奥林匹克运动（会）的；奥运会的

olimpismo *m.* 〈体〉①奥林匹克运动；②奥林匹克运动会

oliva *f.* ①〈植〉油橄榄（亦称齐墩果或洋橄榄）；橄榄，青果；②〈植〉橄榄树；③橄榄（绿）色；④〈动〉猫头鹰；⑤〈解〉橄榄体 ‖ *adj.* ①橄榄（绿）色的；茶青色的；黄绿［褐］色的；②油橄榄的

olivar *adj.* 〈解〉橄榄（形，状）的 ‖ *m.* 橄榄园
　　cuerpo ～ 〈解〉橄榄体

olivarda *f.* 〈植〉黏脂旋复花

olivarero,-ra *adj.* ①油橄榄的；②产［种植］橄榄的；橄榄加工业的 ‖ *m. f.* 种植橄榄的人；油橄榄栽培［种植］者
　　industria ～a 橄榄加工业

olivenita *f.* 〈矿〉橄榄铜矿

olivera *f.* 〈植〉油橄榄树

olivero,-ra *adj.* ①油橄榄的；②产［种植］橄榄的；橄榄加工业的 ‖ *m.* 橄榄堆放处

olivícola *adj.* 栽［种］植油橄榄的

olivicultor,-ra *m. f.* 种植橄榄的人；油橄榄栽培［种植］者

olivicultura *f.* 油橄榄种植业

olivífugo,-ga *adj.* 〈解〉离橄榄体的

olivino *m.* 〈矿〉橄榄石

olivipetal *adj.* 〈解〉像橄榄体的

olivo *m.* ①〈植〉橄榄树；②橄榄树木（材）

olivospinal *adj.* 见 tracto ～
　　tracto ～ 〈解〉橄榄脊髓束

olla *f.* ①锅；②荤素什锦（菜）；③（河流的）旋涡；涡流；④（登山运动中岩石间可供人攀登的）管状裂缝［口］
　　～ a［de］ presión（～ exprés）高压锅
　　～ carnicera 大锅
　　～ de campana 行军锅
　　～ freidora 油煎锅
　　～ presto *Méx.* 压力锅

olma *f.* 〈植〉大榆树

olmo *m.* 〈植〉榆属；榆树
　　～ campestre 普通榆
　　～ montaña 无毛榆

olor *m.* ①气味；②*pl. Cono S.，Méx.* 调［佐，香］料
　　～ a quemado 烧焦气味，焦糊味
　　～ corporal ①（动物）身体独特气味；②人体气味；体［汗］臭
　　buen/mal ～ 香/臭味

olorímetro *m.* 气味计（测定气味浓度的仪器）

olote *m. Amér. L.* 〈植〉玉米芯

olotera *f. Amér. C.*，*Méx.* 〈机〉玉米脱粒机

OLTP *abr. ingl.* on line transaction processing 〈信〉在线交易处理

OM *abr.* ①Orden Ministerial 行政命令；②onda media 中波

omagra *f.* 〈医〉肩痛风

omalgia *f.* 〈医〉肩痛，漏肩风

omartritis *f. inv.* 〈医〉肩关节炎

omasitis *f. inv.* 〈兽医〉（重）瓣胃炎

omaso *m.* 〈兽医〉重瓣胃（反刍动物的第三胃）

omateo *m.* 〈动〉复眼

omatidio *m.* 〈动〉小眼

ombligo *m.* ①〈解〉（肚）脐；②脐带；③中心（点）

ombraculífero,-ra *adj.* 〈植〉伞形叶的

ombraculiforme *adj.* 伞形[状]的

ombrífero,-ra *adj.* 成雨的

ombrífugo,-ga *adj.* 驱雨的

ombrofilia *f.* 〈环〉〈植〉适[喜]雨性

ombrófilo,-la *f.* 〈环〉〈植〉适[喜]雨的

ombrófobo,-ba *f.* 〈植〉嫌[避]雨的

ombrografía *f.* 〈气〉雨量测定法

ombrógrafo *m.* 〈气〉自记雨量器

ombrograma *m.* 〈气〉雨量图

ombrología *f.* 〈气〉测雨学

ombrometría *f.* 〈气〉雨量测定术

ombrómetro *m.* 〈气〉雨量器[计]

ombú *m. Amér. M.* 〈植〉树商陆（一种软木树）

OMC *abr.* Organización Mundial del Comercio 世界贸易组织（*ingl.* WTO）

omegatrón *m.* （电子）奥米伽器，高频[回旋]质谱仪，真空管余气测量仪

omental *adj.* 〈解〉网膜的

omentectomía *f.* 〈医〉网膜切除术

omentitis *f. inv.* 〈医〉网膜炎

omento；omentum *m.* 〈解〉网膜

omentofijación；omentopexia *f.* 〈医〉网膜固定术

omentoplastia *f.* 〈医〉网膜成形术

omentorrafia *f.* 〈医〉网膜缝合术

omentotomía *f.* 〈医〉网膜切开术

OMGI *abr.* Organismo Multilateral de Garantía de Inversiones（世界银行）多边投资担保局

OMI *abr.* Organización Marítima Internacional 国际海事组织

omitis *f. inv.* 〈医〉肩炎

OMM *abr.* Organización Meteorológica Mundial 世界气象组织

omnidireccional *adj.* 〈理〉全向的，非定向的 antena ～ 全向天线，非定向天线 focos ～es 全向聚光灯

omnifocal *adj.* 双光镜片的

omnígrafo *m.* （发送电报电码的）电动拍发器

omnímetro *m.* 全向经纬仪

omnipresencia *f.* 普遍存在，无所不在；普遍性

omnirange *m.* 〈航空〉全向导航；全向无线电信标

ómnium *m.* 〈体〉①场地（自行车）赛；②马赛

omnívoro,-ra *adj.* ①（动物）杂食（性）的；什么食物都吃的；②什么书都读的（人）

omocravicular *adj.* 〈解〉肩锁的

omodinia *f.* 〈医〉肩痛

omofagia *f.* （尤指肉的）生食

omoplato；omóplato *m.* 〈解〉肩胛（骨）

OMPI *abr.* Organización Mundial de la Propiedad Intelectual 世界知识产权组织

OMS *abr.* Organización Mundial de la Salud 世界卫生组织（*ingl.* WHO）

OMT *abr.* Organización Mundial del Turismo 世界旅游组织

onagra *f.* 〈植〉月见草，夜来香

onagráceo,-cea *adj.* 〈植〉柳叶菜科的 ‖ *f.* ①柳叶菜；②*pl.* 柳叶菜科

onagro *m.* 〈动〉野驴

oncocercosis *f.* 〈医〉盘尾丝虫病

oncofetal *adj.* 〈医〉癌胚的，肿瘤胚胎的

oncogén；oncogene *m.* 〈医〉（致）癌基因

oncogénesis *f.* 〈医〉瘤形成

oncogénico,-ca *adj.* 〈医〉瘤原性的，致癌[瘤]的

oncología *f.* 〈医〉肿瘤学

oncólogo,-ga *m. f.* 〈医〉肿瘤学专家；肿瘤科医生

oncoma *m.* 〈医〉肿瘤

oncometría *f.* 〈医〉肿胀测量（法）

oncómetro *m.* 〈医〉①肿胀测量器；②器官体积测量器

oncorratón *m.* 〈医〉（研究肿瘤勇用的）实验老鼠

oncosis *f.* 〈医〉肿瘤病

oncotomía *f.* 〈医〉肿块切开术

oncotrópico,-ca *adj.* 〈医〉向[亲]癌的

onda *f.* ①波，波浪；（水面等的）波纹；②（电，光，声，水）波；③〈理〉〈无〉波长；④〈缝〉（衣服等的）波形边饰；荷叶边，月牙边；⑤（头发的）鬈曲；波浪形；波状物

～ acústica[sonora] 声波

～ amortiguada 阻尼[减辐]波

~ armónica 〈理〉谐波
~ complementaria 余[补,副,补偿]波
~ continua 连续[等幅]波
~ corta/larga 短/长波
~ cuadrada 方[矩形]波
~ de choque 〈理〉激[冲击]波
~ de espacio 空间(电)波;间隔波
~ de gravedad 〈理〉重力波(指液体表面上主要依赖于重力的一种波)
~ de la luz(~ luminosa) 光波
~ de marea 潮波
~ de presión 〈理〉①压力波;②纵向超声波
~ de radar 雷达波
~ de radio 无线电波
~ de reposo 间隔波
~ de retorno 负波,空号[补偿]波
~ de señal 信[符]号波
~ de superficie (表,地)面波,地表电波
~ de tierra 地波
~ del agua 水波
~ decimétrica 分米波
~ directa 直达[非反射]波
~ elástica 弹性波
~ eléctrica 电波
~ electromagnética 电磁波
~ entretenida[inamortiguada] 无阻尼[衰减]波,等幅波
~ esférica 球面波
~ estacionaria 驻[定]波
~ éterea 电磁[以太]波
~ expansiva 〈理〉激[冲击]波;扩张波
~ explosiva 〈理〉激[冲击]波;爆炸气浪
~ extracorta 超短波
~ extraodinaria X 型波
~ fundamental[natural] 基波
~ guiada 导[循轨,定向]波
~ hertziana 赫兹波
~ indirecta 间接波
~ ionosférica 电离层反射波
~ libre 自由波
~ longitudinal 〈理〉纵波
~ magnética transversal E 型波,横磁波
~ media[normal] 中波
~ métrica 米波
~ ordinaria O 型波,寻常波
~ periódica 周期波
~ permanente 〈理〉(流体的)永久波
~ piloto 导频波
~ plana 平面波
~ polarizada en un plano 平面偏振波
~ portadora[portante] 载波

~ radial 径向波
~ radioeléctrica 无线电波
~ rectangular 矩形波
~ reflejada 反射波
~ reflejada por tierra 地面反射波
~ refractiva 折射波
~ sinusoidal 正弦波
~ sísmica ①〈理〉激[冲击]波;②〈地〉地震波
~ sísmica primaria 〈地〉P[纵]波,地震纵波
~ sísmica secundaria 〈地〉S 波,地震横波
~ sísmica superficial 〈地〉(地震引起的)表面波
~ transversal 〈理〉横波
~ ultracorta 超短波
~ ultrahertziana 微波,超高频波
~ ultramicroscópica[cuasióptica] 准光波
~ ultrasónica[ultrasonora] 超声波
~s celebrales 脑电波
~s cimétricas 分米波
~s dirigidas 被导[循轨]波
~s electrónicas 电子波
~s hertzianas 赫兹波,电磁波
forma de ~ 波形
gama de longitudes de ~ 波段
guía de ~ 波导管
guía de ~ de rendija 开槽波导
línea en cuarto de ~ 四分之一波长线
longitud de ~ 波长
modelado de ~ 波形形成[整行]
tren de ~ 波列

ondámetro；ondímetro m. 〈理〉〈无〉(测定无线电波频率或波频的)波长[频]计
~ de cavidad resonante 空腔共[谐]振波长计
~ de zumbador 蜂鸣器波长器
~ heterodínico 外差波长器

ondatra f. 〈动〉麝鼠;麝鼠属

ondígrafo；ondógrafo m. 〈电子〉电容式波形记录器;高频示波器

ondometría f. 〈理〉〈无〉波形测量法

ondómetro m. 〈理〉〈无〉波长计,频率计;测波器,波形测量器

ondoscopio m. 〈电子〉示波器,辉光管振荡指示器

ondulación f. ①波动;波浪式运动;②(水面等的)波纹;涟漪;③波状曲线;④〈理〉(光、声等的)波荡;⑤(头发的)鬈曲;波浪形;⑥ pl. (地面等的)起伏
~ en frío (头发的)冷烫
~ periódica 〈理〉周期性波动
~ permanente (烫发)烫出的波浪发型,烫

成的鬈发
frecuencia de ～es 波纹频率

ondulado,-da *adj.* ①波纹(形)的,皱纹[褶皱]的,瓦楞状的;②(景色等的)波浪起伏的,成波浪形的,③(道路、地面等的)起伏[高低]不平的;崎岖的;④(头发)鬈曲的;波浪形的 ‖ *m.* ①(头发)鬈曲;卷发;②(声音的)升降起伏
cartón ～ 瓦楞纸
chapa ～a 波形板,褶皱板

ondulador *m.* ①波纹(收报)机;②〈理〉波荡器;③〈讯〉时号自记仪

ondulante *adj.* ①见 ondulado;②(声音)升降起伏的

ondulatorio,-ria *adj.* ①波动的;②波(浪,纹)形的;起伏的;蜿蜒的
mecánica ～a 波动力学
movimiento ～ 〈理〉波动
teoría ～a 〈理〉(光的)波动说

onegita *f.* 〈矿〉针铁矿

onfacita *f.* 〈矿〉绿辉石

onfalectomía *f.* 〈医〉脐切除术

onfálico,-ca *adj.* 〈解〉脐的

onfalitis *f.inv.* 〈医〉脐炎

onfaloangiópago *m.* 〈医〉脐血管联胎

onfalocele *m.* 〈医〉脐突出

onfalocorión *m.* 〈医〉脐绒毛膜

onfaloflebitis *f.inv.* 〈医〉脐静脉炎

onfalogénesis *f.* 〈医〉脐发生,脐形成

onfaloma *m.* 〈医〉脐瘤

onfalópago *m.* 〈医〉脐部联胎,单脐联胎

onfalorragia *f.* 〈医〉脐出血

onfalorrexis *f.* 〈医〉脐破裂

onfalotomía *f.* 〈医〉断脐术

ONG *abr.* Organización No Gubernamental 非政府组织(*ingl.* NGO)

ónice *m.* 〈矿〉石华,缟玛瑙

onicoclasis *f.* 〈医〉(指,趾)甲折断

onicocriptosis *f.* 〈医〉嵌甲

onicofagia *f.* 〈医〉咬(指)甲癖

onicóforo,-ra *adj.* 〈动〉有爪动物门的 ‖ *m.* ①有爪动物门;②*pl.* 有爪动物门

onicógrafo *m.* 〈医〉指[趾]甲毛细血管搏动描记器

onicograma *m.* 〈医〉指[趾]甲毛细血管搏动图

onicomalacia *f.* 〈医〉(指,趾)甲软化

onicólisis *f.* 〈医〉(指,趾)甲剥[松]离

onicomicosis *f.* 〈医〉(指,趾)甲真菌病,甲癣

onicopatía *f.* 〈医〉(指,趾)甲病

onicopatología *f.* 〈医〉指[趾]甲病理学

onicoptosis *f.* 〈医〉(指,趾)甲脱落

onicorrexia *f.* 〈医〉脆(指,趾)甲症,甲脆折

onicotomía *f.* 〈医〉(指,趾)甲切开术

ónique; ónix *m.* 〈矿〉石华,缟玛瑙

oniquia *f.inv.* 〈医〉(指,趾)甲床炎

ONL *abr.* ①Organización No Lucrativa 非营利组织;②on line 见 on line

on line *adj.ingl.* ①〈信〉联机的;在线的;因特网上的;实时操作的;②〈讯〉联机密码系统的 ‖ *adv.* ①〈信〉联机地;在线地;因特网上地;实时操作地;②〈讯〉通过联机密码系统

onoflita *f.* 〈矿〉硒汞矿

onomasiología *f.* (研究专有名称的意义和起源的)专名学

onomatología *f.* ①(研究专有名称的意义和起源的)专名学;②命名学

ontogénesis; ontogenia *f.* 〈生〉个体发生[育]

ontogenético,-ca; ontogénico,-ca *adj.* 〈生〉个体发生[育]的

ONU *abr.* Organización de las Naciones Unidas 联合国

ONUDI *abr.* Organización de las Naciones Unidas para el Desarrollo Industrial 联合国工业发展组织

onusiano,-na *adj.* 联合国(组织)的

onza *f.* ①盎司(英制重量单位,常衡等于1/16 磅,略作 oz;金衡或药衡等于1/12 磅,略作 oz.t.);②*Amér. L.* 〈动〉雪豹;美洲虎
～ troy 金衡盎司

ooblasto *m.* 〈生〉成卵细胞

oocinesis *f.* 〈生〉卵核分裂

oocisto *m.* 〈动〉卵囊

oocito *m.* 〈生〉卵母细胞

oofagia *f.* 〈动〉(环)食卵(生活)

ooforectomía *f.* 〈医〉卵巢切除术

ooforitis *f.inv.* 〈医〉卵巢炎

ooforo *m.* 〈解〉卵巢

ooforoma *m.* 〈医〉卵巢瘤

ooforopexia *f.* 〈医〉卵巢固定术

ooforoplastia *f.* 〈医〉卵巢成形术

ooforosalpingectomía *f.* 〈医〉卵巢输卵管切除术

ooforostomía *f.* 〈医〉卵巢囊肿造口术

oogameto *m.* 〈生〉雌配子

oogamia *f.* 〈生〉卵式生殖,异配生殖

oógamo,-ma *adj.* 〈生〉卵配生殖的

oogénesis *f.* 〈生〉卵生成,卵发生

oogenético,-ca *adj.* ①〈生〉卵子发生的;②形成卵母细胞的

oogonio *m.* ①〈生〉卵原细胞;②〈植〉卵囊,藏卵器

oolema *m.* 〈生〉卵膜;卵膜细胞

oolita *f.* ①〈地〉鲕粒岩;②〈矿〉鲕[鱼卵]石

oolítico,-ca *adj.* 〈地〉①鲕粒岩的;像鲕粒岩的;②由鱼卵石构成的;鲕[鱼卵]状的

oolito *m.* ①〈地〉鱼耳石;②钙化卵

ooplasma *m.* 〈生〉卵细胞质

oosfera *f.* 〈植〉卵球

oospermo *m.* 〈动〉受精卵

oospora *f.* 〈植〉卵孢子菌属

oosporo *f.* 〈植〉卵孢子

ooteca *f.* 〈生〉卵囊[鞘];卵巢

ootide *f.* 〈生〉卵(细胞)

oozo *m.* 〈地〉软[海]泥;硅藻软泥

O. P. *abr.* Obras Públicas 公共工程;公用事业

op. *abr.* opus 见 opus

OPA *abr.* oferta pública de adquisición 〈经〉(对企业的)接受出价,购买[盘进]出价,吸收合并出价
~ hostil 恶意收购出价

opacidad *f.* ①不透明[光]性;②〈理〉不透明度;阻光度;③无光泽

opacificación *f.* ①〈医〉(角膜或晶体的)浑浊化;②乳饰化,乳饰作用

opacímetro *m.* 暗度计;乳浊度计

opaco,-ca *adj.* ①不透明[光]的;②无光泽的;〈理〉不透的(光,声,射线)
radio ~ 辐射不透明的,射线透不过的

OPAEP *abr.* Organización de Países Árabes Exportadores de Petróleo 阿拉伯石油输出国组织

opal *m.* 〈纺〉轧光细棉布,府绸

opalescencia *f.* ①乳[蛋白]色;②〈理〉乳[蛋白]光

opalescente *adj.* 乳白[色]的;(发)乳光的
mármol ~ 乳白色大理石

opalgia *f.* 〈医〉面神经痛

opalino,-na *adj.* ①蛋白石的;②蛋白石似的;③乳白色的;(发)乳光的
vidrio ~ 乳白色玻璃

ópalo *m.* ①〈矿〉蛋白石;②乳(白)色玻璃

OPANAL *abr.* Organización para la Proscripción de las Armas Nucleares en América Latina 拉丁美洲禁止核武器组织

op art; op-art *m. ingl.* 光效应艺术,视幻艺术

OPC *abr.* oferta pública de compra 〈经〉收购出价;购买企业投标价

opción *f.* ①选择;②选择权;③〈经〉〈商贸〉选购权,期权
~ a[de] compra 购买选择权;(在交易所的股票)认购期权
~ a futuro 期货期权
~ al doble 加倍买进选择权

~ americana/europea 现/期货期权
~ con prórroga 延期交割(选择)权
~ de adquisición 购买选择权;(在交易所的股票)认购期权
~ de renovación 更新[续约]选择权,续订权
~ de venta (在交易所的股票)出售权;(商品的)出售选择权
~ doble 双重选择权
~ por omisión(~es por defecto)〈信〉缺省[默认]选项
a ~ del comprador 按买主选择

opcional *adj.* ①可选择的,任选的,选择性的;②随意的,非强制的
capital ~ 选择性资本
puerto ~ 任选港,选择港

opcom *abr. ingl.* optical communication 〈讯〉光通讯

OPEP *abr.* Organización de Países Exportadores del Petróleo 石油输出国组织(*ingl.* OPEC,简称欧佩克)

open GL *abr. ingl.* open graphics library 〈信〉开(放)图形库

ópera *f.* ①歌剧;②歌剧艺术;③歌剧院;剧场
~ bufa[cómica] 喜歌剧
~ de Beijing 京剧
~ farsa 闹剧
~ prima (文艺作品)处女作

operable *adj.* ①可实行的,可实施的;②可操[运]作的;③〈医〉可行手术的

operación *adj.* ①操作,作业;运行[转];②实施,施工;③〈数〉运[演]算;④〈信〉操作,运算;⑤作用,效力;⑥活[行]动;⑦〈军〉作战,军事行动;⑧〈医〉外科手术;⑨〈商贸〉交易;业务;营业;⑩ *Amér. L.* 〈矿〉开采[发];⑪〈商贸〉经[运]营,管理;⑫见 ~es accesorias
~ a corazón abierto 〈医〉心内直视外科手术
~ a plazo 〈商贸〉期货交易
~ al contado 现金交易
~ aritmética binaria 二进制算术运算
~ asincrónica 〈信〉异步操作
~ asociativa 联营作业[业务]
~ automática 自动化作业
~ bancaria(~ de banco)银行业务
~ bélica 作战[军事]行动
~ binaria 二进制算
~ capital 大手术(尤指有生命危险的手术)
~ cesárea 剖宫产手术
~ comercial[mercantil]商业活动,买卖

~ conjunta 合资[联合]经营,联营
~ continua ①〈化〉连续操作;②流水作业
~ de ablandamiento 〈军〉安抚行动
~ de cambio 外汇交易[业务]
~ de cobro 托收[收款]业务
~ de complacencia 美容手术
~ de contado 现金交易
~ de demostración 示范性操作
~ de estómago 〈医〉胃部手术
~ de limpia[limpieza] 〈军〉扫荡
~ de máquina 机器操作
~ de reciprocidad 互惠(双边)交易
~ de trueque 易货交易
~ dilatada 耗时作业
~ directa 直接交易
~ discontinua[intermitente] 〈化〉间歇操作
~ en efectivo 现金交易
~ en firme 实盘买卖
~ en línea 〈信〉(计算机)联机操作
~ en serie 〈信〉(计算机)串行操作
~ equilibrante 平衡手术
~ ficticia 虚假交易,虚买虚卖
~ fuera de línea 〈信〉(计算机)脱机操作
~ interna 内部交易
~ inversa 逆运作,逆向操作
~ lógica 逻辑操作[运算]
~ "llave en mano" "交钥匙"业务;全[总]承包作业
~ manual 手工操作
~ matemática 数学运算
~ mecánica 机械操作
~ militar 军事行动
~ normal 常规操作,正常作业[交易]
~ paralela 并行作业[操作]
~ plástica 整形手术
~ por cargas 〈信〉异步操作
~ química 化学作用
~ quirúrgica 外科手术
~ retorno (对主要节日后返回大城市车辆实施的)调整运行
~ secuencial 时序运算
~ simultánea 同时操[运]作,并行处理
~ triangular 三角贸易
~es a opción del comprador 由买主选择的交易
~es accesorias 〈信〉(计算机)内务处理,整理工作
~es bancarias 银行[金融]业务
~es bursátiles(~es de bolsa) 交易所交易[业务]
~es conjuntas 〈军〉联合作战

~es de cheques 支票往来
~es de giro 票据划汇
~es de opción 选择权交易
~es de rescate[salvamento] 抢救作业;营救[救援]行动
~es en artículos disponibles 现货交易
~es fiscales de las empresas 企业财务
~es marítimas 海运业务
~es portuarias 港口业务
~es sobre acciones 股票交易
~es sobre el terreno 野外测量[考察],实地测量,外业

operacional adj. ①操作上的;用于操作的;运转[行]的;实施的;②业务(上)的;营业上的;经营上的;③〈数〉运算(上)的;④起作用的;⑤活动的;〈军〉用于军事行动的;作战上的;能投入战斗的
análisis ~ 运算分析
contol ~ 业务管理[控制]
fórmula ~ 运算公式
sistema ~ 操作系统

operador,-ra m. f. ①操作员;技工;②报[话,机]务员;接线员;③(尤指证券市场的)经纪人,掮客;投机商;④〈医〉外科医生;(外科)手术者;⑤(电影、幻灯等)放映员;⑥(影视)摄影师‖m. ①〈数〉(运)算子,算符;②〈信〉操作[运算]符;③(通过电话网络传递的)信息资料公司;信息网站
~ binario 二元算符[子]
~ booleano 布尔(代数)算符,逻辑算符
~ de cabina ①(电影、幻灯等)放映员;②报[话,机]务员;接线员
~ de comparación 比较运算符
~ de computadora 计算机操作员
~ de consola 键盘操作者
~ de grúa 绞车工,卷扬[起重]机操作工
~ de la bolsa 股票[交易所]经纪人
~ de sistemas ①系统操作员;②〈信〉系统管理员
~ de télex 电报员
~ de terminal 终端操作员
~ del telégrafo Amér. L. 电报员
~ lógico 逻辑运算符
~ relacional 关系运算符
~es aritméticos 算术运算符,算术算子

operancia f. Chil. 效率;功效
operando m. ①〈数〉运算对象;②〈信〉操作数
~ posicional 〈信〉位置操作数
operante adj. ①操[工]作的;运行[转](中)的;②起作用的,有效(力)的,效力大的;有影响的
operario,-ria m. f. ①操作(人)员;技工;②

Amér.L. 工人

~ calificado 技工,熟练工人

~ de máquina 机[挡车]工,缝纫机工

~ electricista 电工

~as textiles 纺织女工

operatividad *f.* ①可操作性,可运转性;②有效性;③操作能力;经营能力

operativo,-va *adj.* ①操作的,工作的,运行[转]着的;②起作用的;产生影响的;③有效(力)的;④〈医〉手术的 ‖ *m. Cono S.*(军事,警察)作战(行动)

riesgo ~ 手术危险性

operatorio,-ria *adj.* 〈医〉手术的;与手术有关的 ‖ *m.* 手术手册

choque ~ 手术后(的)休克

operculado,-da *adj.* ①〈动〉有盖的;有鳃盖(骨)的;②〈植〉有囊[叶,蒴]盖的

opercular *adj.* ①〈动〉(鱼类)鳃盖骨的;②〈动〉(软体动物)厣的;③〈昆〉盖的;④〈植〉(瓶状叶)叶盖的,(苔藓植物)蒴帽的

opérculo *m.* ①〈动〉(鱼类的)鳃盖骨;(软体动物的)厣;(蜂巢的)封盖;②〈植〉(苔藓植物的)蒴帽;(瓶状叶的)叶盖;③〈昆〉盖

operón *m.* 〈生〉〈遗〉操纵子

opesis *m. f.* 〈信〉系统管理员

opiáceo,-cea *adj.* ①含鸦片的;②催眠的;③使镇静的,麻醉性的 ‖ *m.* 〈生医〉鸦片药剂

efecto ~ 镇静作用

fármacos ~s 含鸦片药物

opiado,-da *adj.* 含鸦片的

opiata *f.* ①鸦片制剂;②麻醉[镇静]剂;③慰藉物

opilación *f.* 〈医〉①闭塞;(妇女的)闭经;②水肿

opilativo,-va *adj.* 〈医〉(引起)闭塞的;阻塞性的

opioísmo *m.* ①鸦片瘾;②鸦片中毒

opiómano,-na *m. f.* 吸鸦片成瘾者

opisómetro *m.* 〈测〉曲线计

opistobranquio,-quia *m.* 〈动〉后鳃目的 ‖ *m.* ①后鳃目(软体)动物;②*pl.* 后鳃目

OPOC *abr.* Oficina Pequeña, Oficina en Casa 〈商贸〉家庭办公室,家庭企业(通常指只有一人在办公室或家里办公的小企业)(*ingl.* SOHO)

opopanax *m. ingl.* ①〈植〉愈伤草;②愈伤草树脂

oportunista *adj.* ①〈医〉(微生物或病毒等)极少感染人的,机会性的;②〈环〉易于向适宜环境迁移的(生物) ‖ *m. f.* 〈环〉易于向适宜环境迁移的生物

infección ~ 〈医〉机会性感染

patógeno ~ 〈生〉机会性病原体

oposición *f.* ①反对;对[反]抗;②*Esp.*(公务员含教师的)资格考试(制度);③〈天〉冲

~ de luna 〈天〉月冲

~ frontal 正面冲突,直接对抗

gran ~ 〈天〉大冲

opositipolar *adj.* 〈理〉对极的

opositisépalo,-la *adj.* 〈植〉对瓣的

opositor,-ra *m. f.* ①〈教〉参加大学教师资格考试者;②申请求职者

opsum *m.* 〈动〉①负鼠科动物(尤指负鼠);②袋貂

opoterapia *f.* 〈医〉液汁疗法

opresión *f.* ①压迫[制];②压抑;③〈医〉呼吸困难;胸闷

OPS *abr.* Organización Panamericana de la Salud 泛美卫生组织

opsialgia *f.* 〈医〉面神经痛

opsina *f.* 〈生化〉视蛋白

opsiómetro *m.* 视力计

opsónico,-ca *adj.* 〈医〉调理素的

índice~ 调理素

inmunidad ~a 调理素免疫

opsonificación;opsonización *f.* 调理素作用

opsonina *f.* 〈生化〉〈医〉调理素

opsonizar *tr.* 〈医〉①(通过免疫法等)在…中增加调理素;②使(细菌)受调理,使(细菌)受调理素作用

opsoterapia *f.* 〈医〉调理素疗法

optativa *f.* ①〈教〉选修课;②选择(权)

optativo,-va *adj.* 可选择的,(可)供挑选的;任选的

asignatura ~a 〈教〉选修课

óptica *f.* ①〈理〉光学;②眼镜店;光学仪器店;③光学仪器;眼镜;④光学仪器制造术;镜片制造术

~ azul 蓝色镜;蓝色镜光学仪器

~ de los iones 离子光学

~ eléctrica 电(场,子)光学

~ física 物理光学

~ geométrica 几何光学

~ molecular 分子光学

óptico,-ca *adj.* ①〈理〉光学的;光的;旋光的;②视觉[力]的;眼的;视(神经)的 ‖ *m. f.* ①眼镜商,光学仪器商;②光学仪器制造者[师];眼镜制造者,配制眼镜技师

actividad ~a 〈化〉旋光性

ángulo ~ 视角

centro ~ 〈理〉光心

eje ~ ①〈理〉光轴;②〈解〉视轴

fibra ~a 光学纤维

isomerismo ~ 〈化〉旋光异构(现象)

nervio ~ 视神经

paralaje ~ 视差

pirómetro ～ 光学高温计

tracto ～〈解〉视束

óptico-cinético *m*.（在歌舞演出中的）光影闪烁表演

opticociliar *adj*.〈解〉视神经睫状神经的

optimación *f*. ①最优[佳]化；②〈数〉最优化

optimar *tr*. 使优化，使最佳化

optimetrista *m*. *f*. 验[配]光技师

optímetro *m*.〈测〉光学比长仪，光学计

optimización *f*. ①最优[佳]化；②〈数〉最优化；③〈统〉线性规划

～ de la utilización de energía 能源利用最佳选择

～ de parámetros 参数（最）优化

optimizar *tr*. ①使…最优化；使尽可能完善；选择…的最佳条件；②充分利用；优选；③〈数〉〈信〉使优化，使最佳化

óptimo,-ma *adj*. 最优[佳]的；最适（宜）的 ‖ *m*. ①最佳条件；最适度；最佳值；②（生物生长繁殖的）最适条件；③见 ～ de población

～ de Pareto〈经〉帕累托（意大利社会学家和经济学家）最优[佳]的（理论）

～ de población〈经〉人口最佳值

combinación ～a 最优组合

condiciones ～as 最佳条件

programación ～a〈信〉最佳程序设计

optoelectrónica *f*.〈理〉光电子学

optoelectrónico,-ca *adj*. ①〈理〉光电子的；光电的；②光电子学的

detector ～〈无〉光电子检波器

optófono *m*.〈理〉光声机；盲人光电阅读装置（一种将普通印刷字符转换为盲人能辨别的特征声的光电阅读装置）

optografía *f*.〈医〉视网膜照相

optograma *m*.〈医〉视网膜像

optomagnético,-ca *adj*.〈理〉光磁的

optomeninge *m*.〈解〉视网膜

optometría *f*. ①视力测定（法）；验光（配镜法）；②验光配镜业

optometrista *m*. *f*. 验光师；配镜师

optómetro *m*. 视力计

optomiómetro *m*.〈医〉眼肌力计

optotipo *m*.（视力表上的）测视力字体；视力测试符号

optotransistor *m*.〈电子〉光晶体管

opuesto,-ta *adj*. ①对面的；②〈体〉对方的；③相对[反]的；④反[敌]对的，对立的；⑤〈植〉对生的；⑥〈数〉（边、顶、角等）对的；⑦（利益等）冲突的

ángulos ～s por el vértice〈数〉对顶角

hojas ～as〈植〉对生叶

motor ～〈机〉对置式发动机

opuncia *f*.〈植〉①仙人掌属；②*Méx*. 仙人果；仙人掌果实

opus（*pl*. opus）*m*. ①作品，著作；主要作品；②〈乐〉作品编号（其后常标以号数以示创作的先后次序）

opúsculo *m*.（科学等）小作品；文学[音乐]小品

OPV *abr*. Oferta Pública de Venta（de acciones）（股票）公开销售

oquenita *f*.〈矿〉硅钙石

oral *adj*. ①口头的；口头表达的；口述的；②口部的；③〈医〉口用[服]的；④〈动〉口的；口侧的

acuerdo ～ 口头协议

contraceptivo ～ 口服避孕药

implantología ～ 口腔种植学

patología ～ 口腔病理学

por vía ～ 口服的

orangután *m*.〈动〉猩猩

orbe *m*. ①圆；球（体）；球状物；②天体，星[地]球；③世界；宇宙；④〈天〉轨道

orbicular *adj*. ①圆形的；球状的；②〈植〉（叶等）正圆形的，近圆形的；③〈解〉轮匝状的；环状的

músculo ～ 轮匝肌

órbita *f*. ①〈天〉轨道；②〈解〉眼眶[窝]；③（活动）范围；界限；④〈理〉（电子、粒子等运行的）轨道[迹]

～ circular 圆[环]形轨道

～ de la Tierra 地球（运行）轨道

～ estacionaria〈航空〉〈理〉静止轨道，定常轨道

～ geoestacionaria[geosincrona]〈航天〉（同步卫星的）地球同步轨道，对地静止轨道

～ kepleriana 开普勒（Kepler）轨道

～ lunar 月球轨道

～ polar 两极轨道（南北方向运行的卫星轨道）

～ sincrona〈航天〉（地球同步卫星的）同步轨道

orbitador *m*.〈航天〉轨道飞行器（如航天飞机，人造卫星等）

orbital *adj*. ①轨道的；②边缘的，核外的；③〈解〉（眼）眶的；眶最下点的；④活动范围的 ‖ *m*. ①〈理〉（单电子）轨道波函数；轨函数；②〈解〉（眼）眶最下点

～ híbrido 杂化轨函数

estabilidad ～ 轨道[公转]稳定性

movimiento ～ 轨道运动

período ～ 轨道周期，（绕轨道）运行周期

quiste ～ 眶囊肿

velocidad ～ 轨道速度

orbitario,-ria *adj.* ①〈解〉〈眼〉眶的；②轨道的

orbitonometría *f.* 〈医〉眶压测量法

orbitonómetro *m.* 〈医〉眶压计

orbitosferoide *m.* 〈解〉眶蝶骨

orbitóstato *m.* 〈医〉眶轴计

orbitotomía *f.* 〈医〉眶切开术

orca *f.* 〈动〉虎[逆戟]鲸

orden *m.* ①次[工，顺]序；序列；②〈社会，公共〉秩序；③〈信〉序[列]；（词汇、符号等的）组合指令；④〈数〉阶，级；序，次序；⑤种类；类型；⑥〈军〉队形；序列；⑦〈生〉目；⑧〈建〉柱式；⑨（社会）等[阶]级 ‖ *f.* ①命[指]令；②汇单[票]；③〈商贸〉订货，定量货；订单；④〈商贸〉通知书；⑤〈军〉军团
　～ abierto 〈军〉疏开队形
　～ alternado 游荡焊接工序
　～ ascendente/descendente 〈信〉升/降序
　～ bancaria （银行）长期有效委托书
　～ compuesto 〈建〉混合柱式
　～ corintio 〈建〉科林斯柱式
　～ de allanamiento *Amér. L.* 搜查令
　～ de arresto[detención] 拘[逮]捕令（状）
　～ de batalla 〈军〉战斗序列，作战队形
　～ de búsqueda y captura 拘[逮]捕令（状）
　～ de carga 装货通知单，装货令
　～ de cateo *Chil.,Méx.* 搜查令
　～ de citación[comparación] *Méx.* （法院）传票
　～ de cobro 收款通知书
　～ de compra 定[购]货单；订单
　～ de desalojo （发给佃户、房客等的）迁[逐]出令
　～ de despacho 发货单
　～ de embargo （商品等）查封通知单
　～ de exportación 出口订货单
　～ de giro 汇款单
　～ de las explosiones 〈机〉点火顺序
　～ de pago ①付款通知单；②（邮局或银行的）汇票
　～ de pago por expreso 快递邮政汇票；急汇单
　～ de reflexión 反射级
　～ de registro 搜查令（状）
　～ de tráfico 交通秩序
　～ del día ①（议事）日程；议程；②〈军〉日日命令；每日安排
　～ del encendido 〈机〉点火次序
　～ dórico 〈建〉陶立克柱式
　～ económico internacional 国际经济秩序
　～ establecido 现存秩序
　～ jónico 〈建〉爱奥尼亚柱式

　～ judicial 〈法〉法院指令，庭谕
　～ ministral 部颁行政命令
　～ natural 正常[自然]顺序；常规
　～ parcial 〈数〉偏序
　～ permanente 常年定单，长期订货单
　～ por escrito 书面指令
　～ público 公共秩序
　～ social 社会(治安)秩序
　～ sucesorio 〈生〉演替顺序
　～ total 〈数〉全序

ordenación *f.* ①整理，调整，安排；管理；处置，规划；②次[顺]序；③法规，条例；④〈建〉〈房间〉布局；⑤〈画〉构图
　～ de las aguas 水资源管理
　～ de pagos 财务室
　～ del suelo *Esp.* 土地使用法规
　～ del territorio(～ territorial) ①城乡规划；②国土资源分布调研
　～ del tráfico 交通规划[管理]
　～ por categorías 等级次序
　～ por prioridades 先后顺序，轻重缓急次序
　～ salarial 工资调整
　～ urbana 城镇规划

ordenada *f.* 〈数〉纵坐标

ordenador *m.* （电子）计算机，电脑
　～ adicional 子计算机
　～ analógico 模拟计算机
　～ central[base] 主计算机，中央电脑
　～ clónico 拼装计算机(相对品牌计算机而言)
　～ de compilación y traducción 编译计算机
　～ de gestión 商业计算机
　～ de[sobre] mesa 台式计算机，台式电脑
　～ de tercera generación 第三代计算机
　～ digital 数字计算机
　～ doméstico 家用电脑，家用计算机
　～ fuente 源计算机
　～ objeto 目标计算机
　～ personal 个人用计算机
　～ portátil[transportable] 便携[手提]式计算机，笔记本电脑
　～ universal 通用计算机

ordenamiento *m.* ①整理[顿]；安排，调配；②法律[规]；条例[令]；③〈生态〉排列；分类
　～ constitucional 宪法
　～ de recursos 资源调配

ordenanza *f.* 条例[令]；法规 ‖ *m. f.* ①（办公室等的）勤务员，收发员；②〈军〉勤务兵
　～s militares 军规

~s municipales 地方政府法规

ordeñadora *f.* 〈机〉挤奶器[机]

ordinal *adj.* 次[顺]序的‖*m.* 〈数〉序数
número ~ 序数

ordinario,-ria *adj.* ①通[惯,正]常的;②平
[寻]常的,普通的;平民的;③(开支)日常
的;④(邮政)普通的,平邮的;⑤〈法〉初审
的‖*m.* ①日常开支;②〈法〉初审员;③(邮
政)平邮
acciones ~as 普通股(票)
dividendo ~ 定期股息
temperatura ~a 〈寻〉常温(度)

ordinograma *m.* ①〈工艺〉组织系统图;②
(生产)流程图;作业图;生产过程图解

ordoviciano,-na; ordovícico,-ca *adj.* 〈地〉
奥陶纪的,奥陶系的‖*m.* 奥陶纪,奥陶系

orégano *m.* 〈植〉①牛至(可提取芳香油);②
Méx. 大麻

oreja *f.* ①〈解〉耳;耳朵;②(器物的)耳子;
③耳状物
~ de burro (书页的)折角
~ de mar 鲍鱼

orejudo,-da *adj.* 〈动〉大耳朵的;耳朵长的
‖*m.* 大耳蝠

orfada *f.* 〈海〉(船的)颠簸

orfebre *m.* *f.* ①金银匠;②金银器商

orfebrería *f.* ①金匠术[业];②银器制作;③
金银手工艺;贵金属手工艺

organdí *m.* 〈纺〉蝉翼纱,薄棉纱布,奥甘迪

organela *f.* 〈解〉〈生〉细胞器

organicismo *m.* ①〈生〉机体说;②〈医〉器质
病说

organicista *m.* *f.* ①〈生〉机体论者;②〈医〉
器质病论者

orgánico,-ca *adj.* ①器官的;②生物体的;有
机体的;有机物的;③不可分割的,有机的;
④〈化〉有机的;⑤组织的,建制的;⑥〈医〉
器质性的;组织结构的
abono ~ 有机肥料
ácido ~ 有机酸
artillería ~a 建制炮兵
depósito ~ 矿床
enfermedad ~a 器质性疾病
estructura ~a 组织结构
función ~a 器官结构
química ~a 有机化学
reglamento ~ 组织条例
seres ~s 生命

organigrama *m.* ①〈工艺〉组织系统图;②
〈信〉流程图;作业图
~ del sistema 系统流程图

organillo *m.* 〈乐〉①手摇风琴;②摇弦琴

organismo *m.* ①〈环〉〈生〉生物,有机体;机

体;有机组织;②机构[关];组织;团体;③
(机关、组织内部的)组织系统
~ autónomo 自治机构
~ coordinador 协调机构
~ crediticio 信贷[用]机构
~ de contraparte 对应机构
~ de derecho público 法定机构[团体]
~ de ejecución 执行机构
~ de gobierno 政府机构[关]
~ director 领导机构[关]
~ especializado 专门机构
~ estatal 国家机构
~ internacional 国际组织[机构]
~ Internacional de Energía Atómica
[O-] 国际原子能机构
~ local 地方机构
~ multilateral 多边机构
~ oficial 官方[政府]机构
~ paraestatal 半[准]国营机构
~ pluricelular 〈生〉多细胞体
~ rector 管理[领导]机构
~ social 社会组织

organista *m.* *f.* 〈乐〉风琴演奏者,风琴手

organito *m.* *Cono S.* 〈乐〉①手摇风琴;②摇
弦琴

organización *f.* ①组织;机构;②(活动等的)
组织;筹备;安排;③体[编]制;结构;④(生
物的)构造
~ administrativa 行政部门,管理机构
~ burocrática 官僚机构
~ de Estados Américanos [O-] 美洲国
家组织
~ de ficheros 〈信〉文件组织
~ de las Naciones Unidas [O-] 联合国
组织
~ de las Naciones Unidas para la Educación,la Ciencia y la Cultura [O-] 联合
国教科文组织(*abr.* *ingl.* UNESCO)
~ económica 经济组织
~ funcional 职能机构
~ Internacional de Estandarización [O-]
国际标准化组织
~ lucrativa 赢利性组织
~ no gubernamental 非政府组织
~ política 政治体制;政治结构
~ secuencial 时序结构;按序编排
~ social 社会结构
~ vertical 跨行业联合组织

organizacional *adj.* ①组织(上,方面)的;②
编制的
personal ~ 在编人员

organizador,-ra *adj.* 组织的;有组织能力的

organizativo,-va *adj.* 组织(上,方面)的

capacidad ～a 组织能力

órgano *m*. ①〈解〉器官；②机构[关]；③〈机〉部[机,元]件；④工具；手段；设备；⑤〈乐〉(管)风琴；⑥机关报；喉舌；⑦*Méx*.〈植〉巨型[风琴管]仙人掌

～ auditivo 听觉器官

～ de enlace 通讯[联系]工具

～ del habla 言语器官

～ directivo 领导机关

～ ejecutivo 执行[行政]机关

～ eléctrico ①电风琴；电子琴；②(某些鱼类的)发电器官

～ final 〈解〉终器

～ retráctil 〈动〉能缩回器官

～ regulador 管理机构

～ sexual 性器官(尤指外生殖器)，生殖器官

～ sexual primario 第一性征器官

～ vestigial 〈动〉退化器官

～s de la digestión 消化器官

～s de recepción y entrega 输入输出设备

～s estatales 国家机关

～s genitales 生殖器官

～s homólogos 〈植〉同系器官

transplantación de ～ 器官移植

organoborano *m*.〈化〉有机硼烷

organoférrico,-ca *adj*.〈化〉有机铁的

organofosfato *m*.〈生化〉有机磷酸酯

organogel *m*.〈化〉有机凝胶

organogénesis；organogenia *f*.〈生〉器官发生[形成]

organogenético,-ca *adj*.〈生〉器官发生的

organografía *f*. ①〈医〉器官 X 线照相术，器官造影术；②〈生〉器官论，器官学

organoléptico,-ca *adj*. ①〈生理〉器官感觉的；传入感觉器官的；②用感官鉴[检]定的 ～a 感官检定

organología *f*. ①器官学，颅相学；②〈乐〉乐器结构研究

organomagnésico,-ca *adj*.〈化〉有机锰(化合物)的

compuesto ～ 有机锰化合物

organometálico,-ca *adj*.〈化〉有机金属的 ‖ *m*. 有机金属化合物

organopatía *f*.〈医〉器官病

organopexia *f*.〈医〉器官固定术

organosilanos *m. pl.*〈化〉有机硅烷

organosilícico,-ca *adj*.〈化〉有机硅(化合物)的 ‖ *m*. 有机硅(化合物)

organosol *m*.〈化〉①有机溶胶；②增塑溶胶

organoterapia *f*.〈医〉器官[脏器]疗法

organotrófico,-ca *adj*.〈环〉〈医〉器官营养的

organotropia *f*.；**organotropismo** *m*.〈生理〉亲器官性

organotrópico,-ca *adj*.〈生理〉亲器官的

orgánulo *m*.〈生〉细胞器

organza *f*.〈纺〉(丝或人造丝制的)透明硬纱；蝉翼纱，薄棉纱布

orgásmico,-ca *adj*. ①〈生理〉性高潮的；性乐的；②(人)能达到性高潮的

orgasmo *m*.〈生理〉性高潮；性乐

orgástico,-ca *adj*.〈生理〉(表现)性高潮的

oribi；oribí *m*.〈动〉侏羚

oricenina *f*.〈化〉米谷蛋白

oricio *m*.〈动〉海胆

orientable *adj*. ①可调整的；②可定向的

orientación *f*. ①(房子、房间等的)方[朝]向；方位；②〈测〉定向；定位；确定方向；③方针；倾[趋]向；取向；④〈体〉定向赛跑，定向越野比赛，越野识途赛(参加者在野外利用指南针和地图寻路跑向目的地)；⑥〈动〉〈鸟〉(鸟、动物等的辨向)归巢本能；⑦指导[引]

～ a objetos 〈信〉面向对象

～ cristal 晶(体取)向

～ educacional 教育方针

～ fiscal 财政方针

～ política 政策方针；政治方针

～ preferecial 择优定[取]向，最佳[优先]取向

～ profesional 职业指导

～ sexual 性倾[取]向，性定位

～ vocacional 就业指导

orientado,-da *adj*. ①朝…方向的；面向…的；②以…为方向的，以…为目的的，旨在…的

～ a objetos 〈信〉面向对象的

orientador,-ra *m. f*. ①〈教〉学生辅导员；②(职业)指导者

oriental *adj*. ①东方的；东部的；东部地区的；②东方国家的；东方人的

orientalismo *m*. ①东方(文化)研究，东方学；②东方(人)特征，东方(人)风格；东方习俗

orientativo,-va *adj*. ①指导性的；②起说明作用的

dato ～ 指导性资料

precio ～ 指导价

oriente *m*. ①东，东方；东部(地区)；②东方国家；③东风；④(珍珠)光泽，珠光

Cercano[Próximo] ～ [O-] 近东(地区)

Extremo[Lejano] ～ [O-] 远东(地区)

～ Medio [O-] 中东(地区)

orificio *m*. ①孔，洞；②〈技〉〈机〉(出,开,孔)口；③〈解〉管口，口，门

~ cardíaco 〈解〉贲门口
~ ciego 盲[不通]孔
~ de admisión 进气口
~ de bala 枪眼,弹孔
~ de colada 出铁口
~ de desarenado 岩芯钻孔
~ de desincrustación 排泥[渣,垢]孔
~ de entrada/salida (枪伤的)弹入/出口
~ de escape 排气口
~ de escorias 出渣口
~ de grapa 埋头孔,锥口孔
~ de inspección 窥[检]视孔,观察孔
~ de mina 炮眼;井孔[眼]
~ de sondeo 钻孔,井眼
~ vaginal 〈解〉阴道口;产门

oriforme *adj.* 口形[状]的

origen *m.* ①起源;开[起,始]端;②〈数〉〈坐标〉原点;起[始]点;③产[出生,发源]地;④〈解〉(肌)起端;⑤(商品的)产地证明书
~ de la contaminación 污染源
~ de la trayectoria 〈测〉弹道起点
~ de la vida 生命的起源
~ de las coordenadas 〈测〉坐标原点
~ de músculo 肌起端
~ de riqueza 财源
~ del hombre 人类起源
~ del universo 宇宙起源
en ~ 〈商贸〉在始发地,在源头

original *adj.* ①起[最]初的;原来[先]的;初[原]期的,原创性的;②新奇[颖]的;新奇[颖]的;③独[奇]特的;④创作的,第一次出版的;⑤有独创性的;⑥(动植物)原产于…的;来[源]自…的 ‖ *m.* ①原件[物,文,作];②原型;③(画像等的)本人,真物;④〈印〉原稿
~ de imprenta 〈印〉原稿,送排版稿
coste[costo] ~ 原始成本
edición ~ 〈印〉原版(本)
estado ~ 最初状态
pecado ~ 〈法〉原罪

originalidad *f.* ①原本[始](性);②原[独]创性;独创能力;③新颖[奇]独特

orileyita *f.* 〈矿〉砷铜铁矿

orimulsión *f.* 沥青乳油

orín *m.* ①铁锈;②尿

orina *f.* 尿

orinacamas *m. inv.* 〈植〉蒲公英属植物;药蒲公英

orinasal *adj.* 〈解〉口鼻的

orines *m. pl.* 尿

oriol *m.* 〈鸟〉黄鹂,金莺

orión *m.* ①〈化〉合成纤维;②[O-]〈天〉猎户(星)座

orismología *f.* 术语学

órix *m.* 〈动〉大羚羊

orizocultor,-ra *m. f.* 〈农〉水稻种植者,稻农

orizocultura *f.* 〈农〉水稻种植(业)

orla; orladura *f.* ①〈衣物、照片等的)边[缘]饰;滚[饰,贴]边;②装饰品;③〈教〉毕业班(留念)照片
~ litoral 海岸美化带

orlón *m.* ①〈纺〉奥纶;②奥纶纤维[织物]

ormesí (*pl.* ormesís; ormesíes) *m.* 〈纺〉绫绸

ormino *m.* 〈植〉鼠尾草

ormolu *m.* ①〈冶〉金色铜(铜锌合金);②(装饰用的)仿金箔

ornamentación *f.* ①装饰,点缀;②〈集〉装饰品,饰物

ornamental *adj.* ①装饰的;②装饰用的;装饰性的;③〈植〉供观赏的

ornamentalismo *m.* 装饰主义

ornamento *m.* ①装饰品;点缀品;饰物;②〈建〉浮雕,花饰

ornítico,-ca *adj.* 鸟类的;禽类的

ornitina *f.* 〈生化〉鸟氨酸

ornitívoro,-ra *adj.* 〈动〉食鸟的

ornitodelfo,-fa *adj.* 〈动〉单孔目(动物)的 ‖ *m.* ①单孔目动物;②*pl.* 单孔目

ornitofauna *f.* 鸟[禽]类

ornitología *f.* 鸟类学

ornitológico,-ca *adj.* 鸟类学的

ornitólogo,-ga *m. f.* 鸟类学家

ornitopodos *m. pl.* 鸟脚亚目恐龙(古生物学用语)

ornitóptero *m.* 〈航空〉扑翼飞机

ornitorrinco *m.* 〈动〉鸭嘴兽

ornitorrínguidos *m. pl.* 〈动〉鸭嘴兽科

ornitosis *f.* 鸟疫,饲鸟病

ornitotomía *f.* 鸟类解剖学

ornitotrofia *f.* 鸟类饲养术,养鸟术

oro *m.* ①金,黄金;②金(黄)色;③金器;金首饰;④金币;⑤〈体〉金牌;⑥金粉[箔];金色涂层
~ acuñado 金币
~ amarillo 黄金
~ batido(~ en hojas) 金叶(比金箔薄,用以贴饰器物)
~ blanco 人造白金(金80%、镍10%、锌10%的合金,制首饰用)
~ bruto 块[条]金
~ coronario[obrizo] 纯金
~ de ley 纯[标准]金
~ en barras 金条
~ en ligotes 金块[锭]
~ en polvo 金粉[末];砂金
~ fino 纯金

~ fulminante 〈化〉雷爆金
~ laminado 轧制金箔
~ macizo 赤金
~ molido ①金粉；砂金；②仿金箔
~ monetario 货币黄金
~ musivo 铜锌合金，装饰用黄铜
~ nativo 天然纯金
~ negro 石油
~ reducido 〈化〉还原金
~ verde 绿金（四成金和一成银的金银合金）
~ viejo 古金色；浅黄色

orobanca *f.* 〈植〉列当

orobancáceo,-cea *adj.* 〈植〉列当科的 ‖ *f.* ①列当科植物；②*pl.* 列当科

orofaringe *f.* 〈解〉口咽；口咽部

orofaríngeo,-gea *adj.* 〈解〉口咽的；口咽部的

orofibia *f.* 〈环〉（植物等）适[喜]山地性

orofito,-ta *adj.* 〈植〉（生长在）山地的
planta ~a 山地植物

orofobia *f.* 〈心〉高山恐怖；恐高症

orogénesis；orogenia *f.* 〈地〉造山运动；造山作用

orogénico,-ca *adj.* 〈地〉造山运动的

orógeno *m.* 〈地〉造山地带

orografía *f.* 〈地〉山志学，山岳形态学

orográfico,-ca *adj.* ①山志学，山形的；地形的；②〈气〉地形造成的

orógrafo,-fa *m. f.* 山志学家，山岳形态学家 ‖ *m.* 山形仪

orohidrografía *f.* 高山水文地理学，山地[山岳，地形]水文学

orología *f.* 〈地〉山理学，山岳成因学

orometría *f.* 山岳高度测量，山地测量法

orómetro *m.* 山岳高度计；山岳气压计

oronasal *adj.* 〈解〉口鼻的

oronimia *f.* 〈地〉山岳名称原意学

orónimo *m.* 〈地〉山岳名称

oronja *f.* 〈植〉橙盖鹅膏菌

oropel *m.* （闪光的）金属箔；铜[仿金]箔，金属丝[线]

oropéndola *f.* 〈鸟〉金黄鹂

oropimente *m.* 〈地〉〈矿〉雌黄，（天然）三硫化二砷

orótico,-ca *adj.* 乳清（酸）的
ácido ~ 乳清酸

oroya *f. And.* ①（渡河用的）吊篮；②（用缆索牵引车辆的）登山铁道

orozuz *m.* 〈植〉甘草；洋甘草；似甘草植物

orquectomía *f.* 〈医〉睾丸切除术

orquesta *f.* ①（管弦）乐队；②（乐队的）乐

器；③（剧场的）乐队席，乐池
~ de baile 舞会伴奏乐队
~ de cámara 室内乐队
~ de cuerda 弦乐队，弦乐团
~ de jazz 爵士乐队
~ sinfónica 交响乐队

orquestación *f.* ①〈乐〉配器法；②（为管弦乐队）谱写乐曲

orquestal *adj.* ①管弦乐队的；②管弦乐队演奏的

orquidáceo,-cea *adj.* 〈植〉兰科的 ‖ *f.* ①兰科植物；②*pl.* 兰科

orquidal *adj.* 〈植〉兰目的 ‖ *f.* ①兰目植物；②*pl.* 兰目

orquídea *f.* 〈植〉①兰科；②兰花

orquidología *f.* 〈植〉兰花学

orquiectomía *f.* 〈医〉睾丸切除术

orquiocatabasis *f.* 〈医〉睾丸下降

orquiocele *m.* 〈医〉睾丸突出；阴囊疝

orquiopatía *f.* 〈医〉睾丸病

orquionco *m.* 〈医〉睾丸瘤

orquioneuralgia *f.* 〈医〉睾丸神经痛

orquioscirro *m.* 〈医〉睾丸硬癌

orquiosqueocele *m.* 〈医〉阴囊疝瘤

orquiotomía *f.* 〈医〉睾丸切开术

orquitis *f. inv.* 〈医〉睾丸炎

orroinmunidad *f.* 〈医〉血清免疫

orrorreacción *f.* 〈医〉血清反应

orroterapia *f.* 〈医〉血清疗法

orsay *m. ingl.* 〈体〉越位（*esp.* fuera de juego）

orticonoscopio *m.* 〈电子〉正摄[析]像管，直线性光电显像管

ortega *f.* 〈动〉沙鸡

ortiga *f.* 〈植〉荨麻

ortita *f.* 〈矿〉褐帘石

orto *m.* 〈天〉（太阳或其他星体的）升起，出现

ortoácido *m.* 〈化〉原[正]酸

ortocefalia *f.* 正颅[头]型（人类学用语）

ortocefálico,-ca *adj.* 正颅[头]型的

ortocéntrico,-ca *adj.* 〈数〉垂心的

ortocentro *m.* 〈数〉垂心

ortoclasa *f.* 〈矿〉正长石

ortocresol *m.* 〈化〉邻甲酚

ortocromático,-ca *adj.* 〈摄〉①正色（性）的；②正染（色）的
film ~ 正色胶片

ortodiagrafía *f.* 〈技〉〈医〉X 线正摄像术；X线正影描记法

ortodiágrafo *m.* 〈技〉〈医〉X 线正摄像仪；矫形用 X 射线机

ortodiagrama *m.* 〈医〉X 线正影描记图

ortodoncia *f.* 〈医〉① 正牙学；口腔正畸学；② 正牙，畸齿矫正

ortodoncista *m. f.* 〈医〉正牙医生

ortodóntico,-ca *adj.* 〈医〉口腔正畸的

ortodoxia *f.* ① 正统观念[信仰，做法]；② 正统性

ortodromia *f.* 〈海〉大圆航线，最短距离航路

ortoedro *m.* 〈数〉正六面体

ortófido *m.* 〈地〉正长斑岩

ortofonía *f.* (尤指矫正口吃等发音缺陷的) 正音法；发音正常

ortofonista *m. f.* 言语矫治专家；正音法专家

ortoforia *f.* 视轴正常，正位

ortofórico,-ca *adj.* 直视的，正位的

ortofosfato *m.* 〈化〉正磷酸盐

ortofrenopedia *f.* 〈教〉弱智儿童教育

ortogénesis *f.* ① 〈生〉〈遗〉直生论，定向进化学说；直[定]向进化；② 〈社〉直向演化论

ortogenia *f.* 优生学

ortogeotropismo *m.* 〈环〉〈植〉直向地性

ortognatia *f.* 正颌学

ortognático,-ca *adj.* ① 正颌学的；② 直颌的
cirugia ～a 〈医〉正颌外科学

ortognatismo *m.* (人种)直颌

ortognato,-ta *adj.* (人种)直颌的

ortogneis *f. inv.* 〈矿〉正[火成]片麻岩

ortogonal *adj.* 〈数〉〈统〉正交的；(相互)垂直的；矩形的
función ～ 正交函数

ortogonalidad *f.* 〈数〉〈统〉正交性；正直状态；相互垂直

ortogonalizar *tr.* 〈数〉〈统〉使正交化，使成为正交，使相互垂直

ortogradismo *m.* 直体步行

ortogrado,-da *adj.* 直体步行的

ortografía *f.* ① 〈数〉正交射影；② 〈建〉正射投影

ortográfico,-ca *adj.* 〈数〉正交的

ortógrafo *m.* 〈建〉正射投影图

ortoimagen *f.* 〈信〉高清晰度图像

ortología *f.* ① 正音学[法]；正确发音；② 准确表达

ortómetro *m.* 〈医〉突眼比较计

ortomixovirus *m.* 〈生〉〈医〉正粘病毒

ortomorfia *f.* 〈医〉矫形术

ortomórfico,-ca *adj.* ① 〈医〉矫形术的；② 〈地〉正形的

ortonixia *f.* 〈医〉指甲矫形术

ortonormal *adj.* 〈数〉标准正交的；正规化正交的

ortopantomografía *f.* 〈医〉上下颌骨 X 射线照相术

ortopeda *m. f.* 〈医〉矫形外科医生，矫形外科专家

ortopedia *f.* 〈医〉矫[整]形外科

ortopédico,-ca *adj.* 〈医〉矫形外科(学)的

ortopedista *m. f.* 〈医〉矫形外科医生[师]；矫形外科学专家

ortopercusión *f.* 〈医〉直指叩诊法

ortoplastia *f.* 〈医〉局部矫形外科(手术)

ortopnea *f.* 〈医〉端坐呼吸，直体呼吸

ortóptero,-ra *adj.* 〈昆〉直翅目(昆虫)的 ‖ *m.* ① 直翅目昆虫；② *pl.* 直翅目

ortoptoscopio *m.* 〈医〉视轴校正器

ortorrómbico,-ca *adj.* 正交(晶)的，斜方晶系的，正菱形的

ortosa *f.* 〈地〉〈矿〉正长石

ortoscopia *m.* 〈理〉无畸变

ortoscópico,-ca *adj.* 〈理〉无畸变的

ortoscopio *m.* (旧时的)水检眼镜

ortoselección *f.* 〈生〉直[定]向选择

ortosis *f.* 〈医〉① 矫正法；(歪扭部)整直法；② 矫正装置，支具

ortosilicato *m.* 〈化〉原硅酸盐[酯]

ortostático,-ca *adj.* 直立[体]的

ortostatismo *m.* 直立位[姿势]

ortostilo *m.* 〈建〉直线形列柱式，列柱式柱廊

ortoterapia *f.* 〈医〉矫形疗法

ortótico,-ca *adj.* 〈医〉整直的；矫正的

ortotipografía *f.* 〈印〉正确排版[字]规则；活页印刷术(使用)标准

ortotrópico,-ca *adj.* ① 〈植〉直生的；② 〈建〉正交各向异性的

ortotropismo *m.* 〈植〉直生性

ortótropo,-pa *adj.* 〈植〉(胚珠)直生的

oruga *f.* ① 〈昆〉毛虫，鳞翅类幼虫；② 〈植〉芝麻菜，紫花南芥；③ 〈机〉履带，履带式车辆；④ 〈军〉履带式人[兵]员运输车
～ marina 大鲨鱼
tractor de ～ 履带拖拉机

orza *f.* ① 陶罐；② 〈船〉纵帆前缘；③ 〈海〉抢风行驶

orzada *f.* 〈海〉抢风行驶

orzaga *f.* 〈植〉(地中海)滨藜

orzuelo *m.* 〈医〉麦粒肿，睑腺炎

Os 〈化〉元素锇(osmio)的符号

OS *abr. ingl.* ① operative[operating] system 〈信〉操作系统；② *lat.* oculus sinister (处方用语)左眼

O. S. *abr. ingl.* ① out of stock 脱销；② outsize (鞋、衣服等)特大号

osa *f.* 〈动〉母熊
～ Mayor/Menor[O-] 〈天〉大/小熊星座

osamenta *f.* 骨架[骼]

Oscar; óscar *m.* 〈电影〉奥斯卡金像奖

oscarizado,-da *adj*. 〈电影〉获奥斯卡金像奖
的 ‖ *m*. *f*. 奥斯卡金像奖获得者
OSCE *abr*. Organización para la Seguridad
y Cooperación en Europa 欧洲安全和合作
组织(*ingl*. OSCE)
oscilación *f*. ①摆动;②〈电〉〈理〉〈讯〉振荡;
振动;③(物价、温度、重量等的)波动;起伏;
④(光等)闪烁(一明一灭);(火焰等的)闪动
　　~ amortiguada 衰减[阻尼]振荡
　　~ armónica 谐波振荡
　　~ cíclica 周期性波动
　　~ continua 等幅振荡
　　~ de precios 价格波动
　　~ de relajación 〈电〉张弛振荡
　　~ estacional 季节性变化
　　~ parásita 寄生振荡
　　~es forzadas 强[受]迫振荡;强制振荡
　　~es libres 自由振荡
　　~es mensuales 日历差异[变动]
　　~ es inamortiguadas[no amortiguadas]
无阻尼振荡,无衰减振荡
oscilador,-ra *adj*. 振荡的,振动的;引起振荡
的 ‖ *m*. 〈电〉〈理〉振荡[振动]器;发生器;
振(动)子
　　~ armónico 〈理〉谐振子;谐波[简谐]振荡
器
　　~ autoexcitado 自激振荡器
　　~ de acoplo electrónico 电子耦合振荡器
　　~ de audiofrecuencia 音频振荡器
　　~ de bloqueo 间歇振荡器
　　~ de cristal 晶体振荡器
　　~ de diapasón vibrador 音叉振荡器
　　~ de impulsos 脉冲振荡器
　　~ de línea resonante 谐振线振荡器
　　~ de relajación 张弛振荡器
　　~ de velocidad modulada 速调振荡器
　　~ en contrafase 推挽振荡器
　　~ equilibrado 平衡振荡器
　　~ estabilizado por línea 线稳振荡器
　　~ estabilizado por Resistencia 电阻稳频
振荡器
　　~ heterodino 外差[拍频]振荡器
　　~ local 本机振荡器
　　~ maestro 主控振荡器
　　~ paramétrico 参数振荡器
　　~ piezoeléctrico 压电振荡器
　　~ polifásico 多相振荡器
　　~ sincronizado 同步振荡器
　　~ sinusoidal 〈理〉正弦发生器
oscilante *adj*. ①振动[荡]的;②摆动的;摇
动[摆]的
　　descarga ~ 振荡放电

horno ~ 摇动[滚]式炉,摇摆炉
oscilatorio,-ria *adj*. 〈电〉振荡[动]的
oscilatriz *f*. 〈电〉〈讯〉振荡管;振(动)子;
(波、脉冲等的)发生器
oscilatrón *m*. 〈电子〉(阴极射线)示波管
oscilografía *f*. 示波法;示波术
oscilográfico,-ca *adj*. 示波的
oscilógrafo *m*. ①〈电〉示波器[仪];录波器;
②振动描记器
　　~ de doble haz 双束示波器
　　~ de rayos catódicos 阴极射线示波器
　　~ magnético 磁示波器
oscilograma *m*. ①〈电〉波形图;②示波图;振
荡图
oscilómetro *m*. ①〈船〉示波器[仪]〈测量船
只横摇角或纵摇角的仪器);②〈医〉动脉波
动描记器
osciloscopio *m*. 〈电〉示波器;〈理〉录[示]波
器;示波管
osculación *f*. 〈数〉密切
osculatorio,-ria *adj*. 〈数〉密切的
ósculo *m*. ①(海绵动物等的)出水孔[口];②
小孔[口]
oscurantismo *m*. ①蒙昧主义;愚民政策;②
(文学、艺术的)朦胧(风格),隐晦(风格)
oscurecimiento *m*. ①(颜色、皮肤等)变暗;
变暗淡;②(记忆的暂时)丧失,模糊;③
〈信〉断电;信号中断
oscuro,-ra *adj*. ①暗的,黑[阴]暗的;暗淡
的;②色深的,暗色的;③阴天的;天黑的 ‖
m. ①暗[深]色;②〈画〉阴影
　　color ~ 深色
　　gris ~ 深灰色
oseína *f*. 〈生化〉骨胶原
óseo,-sea *adj*. ①〈解〉骨的;骨状的;多骨的;
②似骨的
　　fractura ~a 骨折
　　tejido ~ 骨组织
oseoalbuminoide *m*. 〈生化〉骨硬蛋白
oseocartilaginoso,-sa *adj*. 〈解〉骨软骨的
oseofibroso,-sa *adj*. 〈解〉骨纤维组织的
oseointegración *f*. 〈医〉骨整合(作用)
oseomucoide *m*. 〈生化〉骨粘蛋白
osezno *m*. 〈动〉熊仔,幼熊
osfresiología *f*. 嗅觉学
osfresiómetro *m*. 嗅觉测量器,嗅觉计
osfresis *f*. 嗅觉
OSI *abr*. *ingl*. open systems interconnec-
tion 〈信〉开放系统互连
osiculectomía *f*. 〈医〉听小骨切除术
osículo *f*. 〈解〉听小骨
osiculotomía *f*. 〈医〉听小骨切开术
osiferoso,-sa *adj*. 〈地〉(山洞等)含骨化石的

osífero,-ra adj.〈生理〉生骨的

osificación f.〈生理〉骨化作用,成骨作用

osífico,-ca adj.〈生理〉骨化的,成骨的

osifluencia f.〈医〉骨软化

osífono m.〈医〉骨导助听器

osiforme adj.〈医〉骨样的

osito m.〈动〉小[幼]熊
~ lavador Amér. L. 南美浣熊

osmático,-ca adj. 嗅觉的;具有嗅觉的

osmato m.〈化〉锇酸盐

ósmico,-ca adj.①〈化〉锇的,四价锇的;②嗅觉的;气味的
ácido ~ 锇酸

osmidrosis f.〈医〉臭汗症;腋臭

osmio m.〈化〉锇

osmiridio m.〈矿〉铱锇矿

osmoceptor m.〈生〉〈生理〉渗透压感受器,嗅觉感受器

osmofílico,-ca adj.〈生〉嗜高渗性的;亲高渗的‖ m. 亲[嗜]高渗生物

osmofobia f.〈心〉气味[臭气]恐怖

osmol m.〈化〉渗摩(用克分子表示的渗透压单位)

osmolalidad f.〈化〉同渗重摩

osmolaridad f.〈化〉同渗容摩

osmología f.①〈化〉渗透学;②嗅觉学

osmómetro m.〈化〉渗透计;渗透压计

osmondita f.〈冶〉奥氏体变态体(淬火钢400℃回火所得的组织)

osmorreceptor m.〈生〉〈生理〉渗透压感受器,嗅觉感受器

osmorregulación f.〈生〉渗透调节

osmosis;ósmosis f.〈化〉〈生〉渗透(作用)
~ inversa〈化〉逆渗透(一种用于海水除盐、污水处理的技术)

osmotasis f.〈生〉趋渗性

osmoterapia f.〈医〉渗透疗法

osmótico,-ca adj.〈化〉渗透作用的;渗透性的
coeficiente ~ 渗透系数
difusión ~a 渗透性扩散
desequilibrio ~ 渗透性失衡
fragilidad ~a 渗透脆性
presión ~a〈化〉渗透压力
shock ~ ①〈医〉渗透性休克;②〈心〉渗透性冲击

OSO abr. oessudoeste 西西南

oso m.〈动〉熊
~ bezudo 懒熊
~ blanco[polar] 白[北极]熊
~ colmenero Amér. L.〈动〉小食蚁兽
~ común[pardo] 棕熊

~ de las cavernas 洞[穴]熊(古生物学用语)

~ de peluche 玩具熊

~ gris 灰熊

~ hormiguero 食蚁兽

~ lavador 南美浣熊

~ marino 海狗

~ marsupial 树袋熊,考拉

~ negro 黑熊

~ panda 熊猫

~ perezoso 树懒(产于中南美洲林地,动作迟缓)

osófono m. 助听器,奥索风

osona f.〈化〉邻酮醛糖

OSPF abr. ingl. open shortest path first〈信〉优先开放最短路径

osqueítis f.inv.〈医〉阴囊炎

osqueocele m.〈医〉①阴囊肿大;②阴囊瘤[疝]

osqueoma m.〈医〉阴囊瘤

OSS abr. ingl. orbital space station〈航天〉轨道空间站

osta f.〈海〉张帆索

osteal f.〈医〉①骨的;骨骼的;②骨性的

ostealgia f.〈医〉骨痛

ostartritis f.inv.〈医〉骨关节炎

ostectomía f.〈医〉骨切除术

ostectopía f.〈医〉骨异位

osteíctio,-tia adj.〈动〉硬骨鱼(类)的‖ m.①硬骨鱼;②pl. 硬骨鱼类[亚纲]

osteína f.〈生化〉骨胶原

osteítico,-ca adj.〈医〉骨炎的;患骨炎的

osteítis f.inv.〈医〉骨炎

ostempiesis f.〈医〉骨化脓

osteoacusis f.〈医〉骨传导

osteoanabrosis f.〈医〉骨萎缩

osteoanagénesis f.〈医〉骨再生

osteoanestecia f.〈医〉骨感觉缺失

osteoaneurismo m.〈生〉骨内动脉瘤

osteoartritis f.inv.〈医〉骨关节炎

osteoartrotomía f.〈医〉骨关节端切除术

osteoblasto m.〈生〉成骨细胞

osteoblastoma m.〈生〉成骨细胞瘤

osteocampsia f.〈医〉骨屈曲

osteocaquexia m.〈医〉骨性恶病质

osteocele m.〈医〉含骨疝;(睾丸或阴囊的)骨性瘤

osteocemento m.〈医〉骨样牙质骨

osteocistoma m.〈生〉骨囊瘤

osteocito m.〈生〉骨细胞

osteoclastia f.〈医〉折骨术

osteoclasto m.①〈生〉破骨细胞;②〈医〉折骨器

osteocondritis *f. inv.* 〈医〉骨软骨炎
osteocondrodistrofia *f.* 〈医〉骨软骨营养不良
osteocondrofibroma *m.* 〈医〉骨软骨纤维瘤
osteocondrólisis *f.* 〈医〉骨软骨脱离
osteocondroma *m.* 〈医〉骨软骨瘤
osteocondromatosis *f.* 〈医〉骨软骨瘤病
osteocondrosarcoma *m.* 〈医〉骨软骨肉瘤
osteocondrosis *f.* 〈医〉骨软骨病
osteocopo *m.* 〈医〉骨剧痛
osteocranium *m.* 〈医〉骨颅
osteodentina *f.* 〈医〉骨性牙质
osteodentinoma *m.* 〈医〉骨牙质瘤
osteodermia *f.* 〈医〉皮肤骨化
osteodiástasis *f.* 〈医〉骨分离
osteodinia *f.* 〈医〉骨痛
osteodistrofia *f.* 〈医〉骨营养不良
osteoencondroma *m.* 〈医〉骨软骨瘤
osteoesclerosis *f.* 〈医〉骨硬化
osteofibroma *m.* 〈医〉骨纤维瘤,纤维骨瘤
osteofibromatosis *f.* 〈医〉骨纤维瘤病
osteofibrosarcoma *m.* 〈医〉骨纤维肉瘤
osteofito *m.* 〈医〉骨赘
osteoflebitis *f. inv.* 〈医〉骨静脉炎
osteogénesis *f.* 〈生理〉骨生成,骨发生
osteógeno,-na *adj.* 〈医〉成骨的,骨发生的
osteografía *f.* 〈解〉骨论
osteohalisteresis *f.* 〈医〉骨钙质缺乏
osteoide *adj.* 〈医〉骨样的 ‖ *m.* 〈生〉类骨质
osteointegración *f.* 〈医〉与骨结合
osteolipoma *m.* 〈医〉骨脂瘤
osteolisis; osteólisis *f.* 〈医〉骨质溶解
osteolita *f.* 〈地〉〈矿〉土磷灰石
osteolito *m.* 〈地〉骨化石
osteología *f.* ①〈解〉骨骼学；②〈动〉骨结构
osteológico,-ca *adj.* 〈医〉骨骼学的
osteólogo,-ga *m. f.* 〈医〉骨骼学家
osteoma *m.* 〈医〉骨瘤
osteomalacia *f.* 〈医〉骨软化症
osteometría *f.* 〈医〉骨测量法
osteomielitis *f. inv.* 〈医〉骨髓炎
osteomielodisplasia *f.* 〈医〉骨髓发育不良
osteomielografía *f.* 〈医〉骨髓造影术
osteonecrosis *f.* 〈医〉骨坏死
osteoneuralgia *f.* 〈医〉骨神经痛
osteonosis *f.* 〈医〉骨病
osteópata *m. f.* 〈医〉按[整]骨医生
osteopatía *f.* 〈医〉①按[整]骨术；②骨病
osteopatología *f.* 〈医〉骨病理学
osteopecilia *f.* 〈医〉脆弱性骨硬化
osteopenia *f.* 〈医〉骨质减少
osteoperiostitis *f. inv.* 〈医〉骨骨膜炎

osteopetrosis *f.* 〈医〉骨硬化病[症]
osteoplastia *f.* 〈医〉骨成形术
osteopontina *f.* 〈生化〉骨桥蛋白
osteoporosis *f.* 〈医〉骨质疏松
osteoporótico,-ca *adj.* 〈医〉①骨质疏松的；骨质疏松引起的；②患骨质疏松症的
osteorrafia *f.* 〈医〉骨缝合术
osteorragia *f.* 〈医〉骨出血
osteosarcoma *m.* 〈医〉骨肉瘤
osteosclerosis *f.* 〈医〉骨硬化
osteoseptum *m.* 〈医〉骨性鼻中隔
osteosinovitis *f. inv.* 〈医〉骨滑膜炎
osteosíntesis; osteosurura *f.* 〈医〉骨缝合术
osteosis *f.* ①〈生理〉骨质生成；②骨化病
osteotilo *m.* 〈医〉骨痂
osteotomía *f.* 〈医〉切骨术,骨切开术
osteotomista *m. f.* 〈医〉切骨术医生[专家]
osteótomo *m.* 〈医〉骨凿
osteotrofia *f.* 〈医〉骨营养
osteotrombosis *f.* 〈医〉骨内血栓形成
ostexia *f.* 〈医〉骨化异常
ostia *f.* 〈动〉牡蛎,蚝
ostial *adj.* 〈解〉口的；门[管]口的 ‖ *m.* ①〈动〉珍珠贝,珍珠母；②珍珠贝采集场
ostiolo *m.* ①〈生〉〈植〉小孔,孔口；②〈动〉圆口；大毛孔
ostión *m.* 〈动〉大牡蛎
ostitis *f. inv.* 〈医〉骨炎
óstium *m.* ①〈解〉口,门；②〈动〉流入口
ostra *f.* 〈动〉牡蛎,蚝
~ perlera[perlífera] 珍珠母贝,珍珠贝
ostráceo,-cea *adj.* 〈动〉牡蛎科的 ‖ *m.* ①牡蛎；②*pl.* 牡蛎科
ostracita *f.* 〈地〉贝化石
ostracodermos *m. pl.* 甲胄鱼（古生物学用语）
ostrácodo,-da *adj.* 〈动〉介形亚纲的 ‖ *m.* ①介形亚纲动物；②*pl.* 介形亚纲
ostrachica *f.* 〈动〉赤贝
ostral *m.* 牡蛎繁殖地；牡蛎养殖场
ostranita *f.* 〈矿〉锆石
ostrera *f. Esp.* 牡蛎养殖场
ostrero,-ra *adj.* 〈养殖〉牡蛎的 ‖ *m.* ①牡蛎养殖场；②〈鸟〉蛎鹬
industria ~a 牡蛎加工业
ostrícola *adj.* 牡蛎养殖的
ostricultor,-ra *m. f.* 牡蛎养殖者
ostricultura *f.* ①牡蛎养殖业；②水产养殖（业）
ostrífero,-ra *adj.* 牡蛎养殖场的；盛产牡蛎的
ostrón *m.* 〈动〉大牡蛎
osuno,-na *adj.* 像熊的

otacústico,-ca *adj.* (器械)助听的

otalgia *f.* 〈医〉耳痛

otálgico,-ca *adj.* ①〈医〉耳痛的；②〈药〉止耳痛的 ‖ *m.* 〈药〉止耳痛药

OTAN *abr.* Organización del Tratado del Atlántico Norte 北大西洋公约组织(*ingl.* NATO,简称北约)

otaria *f.* 〈动〉海狮

otárido,-da *adj.*〈动〉海狮科的 ‖ *m.* ①海狮科动物；②*pl.* 海狮科

OTAS *abr.* Organización del Tratado del Atlántico Sur 南大西洋公约组织

OTASA *abr.* Organización del Tratado del Sudeste Asiático 东南亚条约组织(*ingl.* SEATO)

OTI *abr.* Organización de la Televisión Iberoamericana 伊比利亚美洲电视组织

otiatría *f.* 〈医〉耳科

otiátrico,-ca *adj.* 〈医〉耳科的

ótico,-ca *adj.* 〈解〉耳的

otítico,-ca *adj.* 〈医〉耳炎的

otitis *f.inv.* 〈医〉耳炎
　　~ externa/interna 外/内耳炎
　　~ media 中耳炎

oto *m.* 〈鸟〉鸮

otoacariasis; otocariasis *f.* 〈医〉耳螨病

otocisto *m.* 〈动〉①(脊椎动物胚胎期的)听囊[泡]；②(无脊椎动物的)平衡胞[器]

otoconia *f.* 〈医〉耳砂

otófono *m.* 助听器

otolito *m.* 〈动〉〈解〉耳石

otología *f.* 〈医〉耳科学

otológico,-ca *adj.* 〈医〉耳科(学)的

otólogo,-ga *m.* *f.* 〈医〉耳科学家；耳科医生[师]

otomasaje *m.* 〈医〉耳按摩

otomastoiditis *f.inv.* 〈医〉耳乳突炎

otomicosis *f.* 〈医〉耳真菌病

otoneuralgia *f.* 〈医〉耳神经痛

otoneurología *f.* 〈医〉耳神经科学

otoño *m.* ①秋,秋季；②〈植〉秋草；③渐衰期,中年后期

otópata *m.* *f.* 〈医〉耳科医生

otopiorrea *f.* 〈医〉耳浓溢

otoplastia *f.* 〈医〉耳成形术

otopiosis *f.* 〈医〉耳化脓

otorgamiento *m.* ①同意,允许[诺]；②(法令等的)颁布；③给[授]予；④〈法〉(签署的合法)文件；契约

otorinología *f.* 〈医〉耳鼻科学

otoronco *m.* *And.* 〈动〉山地熊

otorragia *f.* 〈医〉耳出血

otorrea *f.* 〈医〉耳液溢,耳漏

otorrino *m.* *f.* 〈医〉耳鼻喉科医生

otorrinolaringología *f.* 〈医〉耳鼻喉科(学)

otorrinolaringólogo,-ga *m.* *f.* 〈医〉耳鼻喉科医生

otosclerosis *f.* 〈医〉耳硬化

otoscopia *f.* 〈医〉耳镜检查

otoscopio *m.* 〈医〉耳镜,检耳镜

otosis *f.* 〈医〉错听

otospongiosis *f.* 〈医〉耳硬化症

ototoxicidad *f.* 〈医〉耳毒性

ototóxico,-ca *adj.* 〈医〉耳毒性的

OTP *abr.* *ingl.* open trading protocol 〈商贸〉开放贸易协定

otrosí *m.* 〈法〉附加请求

OTU *abr.* *ingl.* operational taxonomic unit 〈生〉操作分类(组成)单位(*esp.* UTO)

OUA *abr.* Organización de[para] la Unidad Africana 非洲统一组织

out *m.* *ingl.* 〈体〉出界

output *m.* *ingl.* ①〈信〉输出；输出信息；(信息或数据的)打印；②〈电〉输出；输出端；输出功率；③〈医〉排出量；排出物；④〈经〉产量

outsourcing *m.* *ingl.* ①〈商贸〉外包,外购；②就业流失

ova *f.* 〈植〉水藻,海藻

ovado,-da *adj.* ①卵[椭圆]形的；②〈植〉卵圆形的；③(母禽等)受过精的

oval *adj.* ①卵[椭圆]形的；②〈机〉椭圆孔型的
　　ventana ~ 卵圆窗

ovalado,-da *adj.* (成)卵[椭圆]形的

ovalbúmina *f.* 〈生化〉卵白[清]蛋白

ovalización *f.* 成卵[椭圆]形

óvalo *m.* ①卵[椭圆]形(物)；②〈测〉〈数〉卵形线；③〈建〉卵形饰

ovalocito *m.* 〈生〉卵形红细胞

ovarialgia *f.* 〈医〉卵巢痛

ovárico,-ca *adj.* ①〈植〉子房的；②〈解〉卵巢的

ovariectomía *f.* 〈医〉卵巢切除术

ovario *m.* ①〈植〉子房；②〈解〉卵巢
　　~ apocárpico 离心皮子房
　　~ biovulado 双卵子房
　　~ ínfero/súpero 下/上位子房
　　~ semiínfero 半下位子房
　　~ sincárpico 合心皮子房

ovariocele *m.* 〈医〉卵巢疝

ovariocentesis *f.* 〈医〉卵巢穿刺术

ovariociesis *f.* 〈医〉卵巢妊娠

ovariohisterectomía *f.* 〈医〉卵巢子宫切除术

ovariolo *m.* 〈解〉卵巢管

ovariopatía f.〈医〉卵巢病

ovariopexia f.〈医〉卵巢固定术

ovariosalpingectomía f.〈医〉卵巢输卵管切除术

ovariostomía f.〈医〉卵巢囊肿造口术

ovariotestis f.〈解〉卵睾体，两性生殖腺

ovariotomía f.〈医〉卵巢切开术；卵巢肿瘤切除术

ovariótomo m.〈医〉卵巢切除手术刀

ovaritis f. inv.〈医〉卵巢炎

ovarrexis f.〈医〉卵巢破裂

ovas f. pl. 鱼卵[子]

oveja f.〈动〉①(绵)羊；②母[雌]羊；母绵羊

ovejería f. Chil. ①〈动〉绵羊(总称)；②养羊业；③羊牧场

ovejero,-ra adj. 牧羊的‖ m. f. 牧羊人‖ m.〈动〉牧羊狗[犬]
~ alemán 德国牧羊狗；阿尔萨斯狼狗

ovejo m. Amér. L.〈动〉公绵羊

ovejón m. Amér. L.〈动〉公绵羊

ovejuno,-na adj. (绵)羊的
ganado ~ 绵羊

overa f.〈鸟〉卵巢

ovicida adj. 灭[杀]卵的‖ f. 灭卵药；杀卵剂

óvido,-da adj.〈动〉羊科的

oviductal adj.〈动〉〈解〉输卵管的

oviducto m.〈解〉输卵管

ovífero,-ra adj. 含[产,带]卵的

oviforme adj. 卵[蛋]形的

ovigénesis f.〈医〉卵子发生

ovigenético,-ca adj.〈医〉卵发生的

ovígeno,-na adj.〈医〉生卵的；卵生的

ovígermen m.〈生〉胚[原]卵

ovígero,-ra adj. 含[产,带]卵的

ovilladora f.〈机〉绕线机

ovino,-na adj.〈动〉①(绵)羊的；②羊科的‖ m. ①羊；②pl. 羊科
carne de ~ 羊肉
ganado ~ 绵羊

ovíparo,-ra adj.〈动〉卵生的‖ m. 卵生动物

oviposición f.〈昆〉产卵

ovipositor m.〈昆〉产卵器

ovisaco m.〈动〉卵囊[鞘]

oviscapto m.〈昆〉产卵器

OVNI；ovni abr. objeto volador[volante] no identificado 不明飞行物，飞碟

ovo m.〈建〉卵形饰

ovoalbúmina f.〈生化〉卵白[清]蛋白

ovocito m.〈生〉卵母细胞

ovogénesis f.〈生〉卵子发生

ovogonia f.〈生〉〈植〉卵原[子]细胞

ovoide adj. 卵[梨,椭圆]形的‖ m. ①卵形体[面]；卵形物；②Amér. L.〈体〉橄榄球(运动)

ovoideo,-dea adj. 卵[梨,椭圆]形的

ovolactovegetariano,-na m. f. (饮食包括乳制品和蛋类的)乳素食者

óvolo m.〈建〉圆凸形线角装饰，卵形饰

ovomucina f.〈生〉卵粘蛋白

ovopariedad f.〈生〉卵生

ovoplasma m.〈生〉卵细胞质，卵浆

ovopositor m.〈昆〉产卵器

ovoproducto m. 蛋副产品

ovotestis f. ①〈动〉〈解〉卵睾体；②〈动〉(蜗牛等的)卵精巢

ovovegetariano,-na m. f. (饮食中包括蛋类的)蛋素食者

ovoviviparidad f.〈动〉卵胎生

ovovivíparo,-ra adj.〈动〉卵胎生的

ovulación f.〈生理〉排卵，卵的产生

ovular adj. ①〈生〉排卵的；〈动〉小卵的；②〈植〉具胚珠的‖ intr.〈生〉排卵
conducto ~ 输卵管
fecundación ~ 卵子受精

ovulatorio,-ria adj.〈生理〉产[排]卵的
periódo ~ 排卵期

ovulífero,-ra adj. ①〈植〉产胚珠的；②〈动〉小卵的

ovulígeno,-na adj.〈动〉①生小卵的；②小卵性的

óvulo m. ①〈动〉卵，卵子；小卵；②〈植〉胚珠，幼籽；③〈药〉阴道药拴

óvum m.〈生〉卵细胞

oxácido m.〈化〉含氧酸

oxalato m.〈化〉草酸盐[酯]，乙二酸盐[酯]
~ de potasio 草酸钾

oxalemia f.〈医〉草酸盐血

oxálico,-ca adj. ①〈化〉草酸的，乙二酸的；②〈植〉酢浆草的
ácido ~ 乙二酸，草酸

oxalidáceo,-cea adj.〈植〉酢浆草科的‖ f. ①酢浆草；②pl. 酢浆草科

oxalis f.〈植〉酢浆草

oxalismo m.〈医〉草酸中毒

oxalosis f.〈医〉草酸盐沉积症

oxaluria f.〈医〉草酸尿

oxamida f.〈化〉草酰二胺，乙二酰二胺

oxazina f.〈化〉噁嗪

oxazol m.〈化〉噁唑

oxhídrico,-ca adj.〈化〉氢氧(气)的
soplete ~ 氢氧吹管

oxhidrilo m.〈化〉羟基

oxiacanta *f*. 〈植〉①带刺植物;荆棘;②山楂

oxiacetilénico,-ca *adj*. 〈化〉氧乙炔的
 soplete ~ 氧乙炔焊炬[吹管]

oxiacetileno *m*. 〈化〉氧乙炔

oxiácido *m*. 〈化〉①含氧酸;②羟基酸

oxiacoya *f*. 〈医〉听觉过[锐]敏

oxiarco *m*. 〈技〉吹氧切割弧

oxiblepsia *f*. 〈医〉视觉锐敏

oxibromuro *m*. 〈化〉溴氧化物

oxicefalia *f*. 〈医〉尖头畸形

oxicéfalo,-la *adj*. 〈医〉尖头畸形的

oxicelulosas *f*. *pl*. 〈医〉氧化纤维素

oxicloruro *m*. 〈化〉氯氧化物

oxicorte *m*. 〈技〉氧气切割,气割

oxicromático,-ca *adj*. 〈生化〉嗜酸染色的

oxicromatina *f*. 〈生化〉嗜酸染色质

oxidabilidad *f*. (可)氧化性,氧化度

oxidable *adj*. (可)氧化的

oxidación *f*. ①(金属的)生锈;②〈化〉氧化
 (作用)
 ~ anódica 阳极氧化
 ~ progresiva 慢性氧化
 índice de ~ 氧化指数
 inhibidor de la ~ 氧化剂
 potencial de ~ 氧化电势

oxidación-reducción *f*. 〈化〉氧化还原作用

oxidado,-da *adj*. ①(金属)生锈的;②〈化〉
 被氧化的

oxidante *m*. 〈化〉氧化剂
 ~ fotoquímico 光化氧化剂

oxidar *tr*. ①使氧化;②使生锈 ‖ ~se *r*. ①
 氧化;②生锈

oxidasa *f*. 〈生化〉氧化酶

oxidásico,-ca *adj*. 〈生化〉氧化酶的

óxido *m*. ①〈化〉氧化物;②(金属上的)锈
 ~ alcalino-terroso 碱土氧化物
 ~ cúprico 氧化铜
 ~ cuproso 氧化亚铜
 ~ de aluminio 氧化铝
 ~ de antimonio 氧化锑
 ~ de azufre 氧化硫
 ~ de bario 氧化钡
 ~ de boro 氧化硼
 ~ de cal[calcio] 氧化钙,生石灰
 ~ de carbono 一氧化碳
 ~ de cinc[zinc] 氧化锌
 ~ de cobalto 氧化钴
 ~ de cobre 氧化铜
 ~ de cromo 氧化铬
 ~ de etileno 环氧乙烷
 ~ de germanio 氧化锗
 ~ de hierro 氧化铁

~ de manganeso 氧化锰

~ de níquel 氧化镍

~ de nitrógeno(~ nítrico) 一氧化一氮,
 氧化氮

~ de plata 氧化银

~ de plomo 氧化铅,红[铅]丹

~ de potasio 氧化钾

~ de silicio 氧化硅

~ de sodio 氧化纳

~ estánico 二氧化锡

~ férrico 三氧化二铁,红色氧化铁

~ ferroso 氧化亚铁

~ hídrico 水

~ mercúrico 氧化汞

~ mercurioso 氧化亚汞

~ metal 金属氧化物

~ nitroso 一氧化二氮,氧化亚氮,笑气(可
 用作麻醉剂)

~ túngstico 氧化钨

oxidorreducción *f*. 〈化〉氧化还原作用

oxidorreductasa *f*. 〈化〉氧化还原酶

oxiecoya *f*. 〈医〉听觉过[锐]敏

oxifílico,-ca *adj*. 〈生〉嗜酸性的

oxigenación *f*. ①〈化〉〈医〉充氧作用;②
 〈医〉氧合作用;加氧作用

oxigenado,-da *adj*. 〈化〉含氧的 ‖ *m*. (美发
 用的)过氧化氢[物]
 sal ~a 含氧盐

oxigenador *m*. ①〈化〉充氧器;②〈医〉氧合器

oxígeno *m*. 〈化〉氧;氧气
 ~ líquido 液体[态]氧
 ~ pesado 重氧
 bar de ~ 氧吧
 bomba de ~ ①氧气瓶;;②氧弹
 carpa de ~ (输氧用的)氧幕
 máscara[mascarilla] de ~ ①氧气面具;
 ②(呼吸供气装置上的)氧气罩

oxigenoterapia *f*. 〈医〉(吸)氧疗法;氧气疗
 法

oxihemocianina *f*. 〈生化〉〈医〉氧合血蓝
 [青]蛋白

oxihemoglobina *f*. 〈生化〉〈医〉氧合血红蛋
 白

oxihidrato *m*. 〈化〉氢氧化物

oxihidrogenado,-da *adj*. 〈化〉氢氧气的

oxilíquido *m*. 〈化〉液态氧

oxilita *f*. 〈化〉过氧化钠

oxiluminiscencia *f*. 氧发光

oxima *f*. 〈化〉肟

oximel *m*. 〈药〉醋蜜剂(祛痰用)

oximetileno *m*. 〈化〉甲醛

oximetría *m*. 〈医〉血氧测定[定量]法

oxímetro *m*. 〈医〉血氧定量计,光电血氧计

oximida *f*. 〈化〉草酰亚胺

oximorfona *f*. 〈药〉羟基吗啡酮

oxineurina *f*. 〈化〉甜菜碱

oxíntico,-ca *adj*. 〈化〉泌酸的

oxiopia；oxiopía；oxiopsia *f*. 〈医〉视觉锐敏

oxiosis *f*. 〈医〉酸中毒

oxipurina *f*. 〈化〉羟[氧]嘌呤

oxirrino,-na *adj*. 尖鼻的

oxisal *m*. 〈化〉含氧盐

oxisulfato *m*. 〈化〉氧硫化物,硫氧化物

oxitetraciclina *f*. 〈药〉氧四环素,地[土]霉素

oxitocia *f*. 〈医〉分娩急速

oxitócico,-ca *adj*. 〈药〉〈医〉催产的 ‖ *m*. 〈药〉催产药[剂]

oxitocina *f*. 〈生化〉催产素

oxitoxina *f*. 〈生化〉氧(化)毒素

oxiuriasis *f. inv*. 〈医〉蛲虫病

oxiuricida *f*. 〈药〉杀蛲虫药

oxiurifugo *m*. 〈药〉驱蛲虫药

oxiuro *m*. 〈动〉蛲虫

oxoacetileno *m*. 〈化〉氧乙炔

oxoácido *m*. 〈化〉①含氧酸；②羟基酸

oxonio,-nia *adj*. 见 ión ～
　ión ～〈化〉氧鎓离子

oyamel *m*. 〈植〉棕树,神圣松

oz. av. *abr. ingl*. ounce avoirdupois 常衡盎司

ozena *f*. 〈医〉臭鼻(症)

ozenoso,-sa *adj*. 〈医〉臭鼻的

ozocerita；ozokerita *f*. 〈矿〉地[石]蜡

ozona *m*. 〈环〉臭氧

ozonación *m*. 臭氧化(作用),臭氧消毒(处理)

ozonador *m*. 〈化〉臭氧发生器

ozónico,-ca *adj*. (含)臭氧的；似臭氧的

ozónido *m*. 〈化〉臭氧化物

ozonífero,-ra *adj*. 〈化〉产[含]臭氧的

ozonización *f*. 〈环〉〈气〉臭氧化(作用)

ozonizador *m*. 臭氧发生器

ozonizar *tr*. ①使臭氧化；②用臭氧处理

ozono *m*. 〈化〉臭氧
　capa de ～〈气〉臭氧层
　generador de ～ 臭氧发生器

ozonólisis *m*. 〈化〉臭氧分解

ozonometría *f*. 〈环〉〈气〉臭氧测定术

ozonómetro *m*. 〈化〉臭氧计

ozonoscopio *m*. 〈环〉〈气〉臭氧测量器

ozonosfera *f*. 〈气〉臭氧层

ozonoterapia *f*. 〈医〉臭氧疗法

ozoquerita *f*. 〈地〉地[石]蜡

ozostomía *f*. 〈医〉口臭(症)

oz. t. *abr. ingl*. ounce troy 金衡盎司

P p

P 〈化〉元素磷(fósforo)的符号

p. *abr.* ①página 〈印〉页；②punto 〈缝〉针脚

P% *abr.* por ciento 百分比

Pa ①〈化〉元素镤(protactinio)的符号；②〈理〉帕斯卡(pascal)的符号

p. a. *abr.* por autorización 授权；代理(签署时用于头衔前)

PAAU *abr.* Pruebas para el Acceso a la Universidad 大学入学考试

pabellón *m.* ①〈建〉(博览会等的)展出馆[亭,篷]；(公园、花园等中的)凉亭,阁；②(医院、疗养院内的)厢[耳]房；专用病房；③〈乐〉(管乐器的)号[喇叭]口；④〈海〉国旗；(商船)国籍；⑤〈军〉(三支步枪支起的)三角枪架；⑥帐篷；*Amér. M.* (独柱支撑的)钟形帐篷；⑦见 ～ de la oreja

～ de aduanas 海关

～ de armas 军火库

～ de caza (狩猎者)在狩猎季节住的小屋

～ de conciertos[música] (露天)音乐台

～ de conveniencia 〈海〉方便旗

～ de exposición 展厅[馆]

～ de hidroterapia ①水泵间,泵房；②(温泉的)药用水供应室

～ de la oreja 〈解〉外耳,耳廓

～ del rey mejicano *Méx.* 〈植〉小叶鼠尾草

～ deportivo 体育馆

～ nacional 国旗

pábulo *m.* ①食物,饲[燃]料；②鼓励,促进

PAC *abr.* Política Agraria Común(欧洲经济共同体)共同农业政策

pac *m. Méx.* 〈植〉番茄,西红柿

paca *f.* 〈动〉①*Amér. L.* 刺豚鼠,南美大豚鼠；②*Amér. M.* 小羊驼

pacaá *m. Arg.* 〈动〉鸟腿冠雉

pacac *m. Méx.* 〈植〉仙人掌果

pacae *m. Amér. M.* 〈植〉甜牧豆树

pacán *m.*；pacana *f.*；pacanero；pacano *m. Amér. L.* 〈植〉美洲山核桃(树)；皮坎山核桃

pacanero,-ra；pacano,-na *adj. Méx.* 〈植〉山核桃的‖ *m.* 橄形山核桃

pacapaca *m.* 〈鸟〉*Venez.* 伞鸟‖ *f. And.* 猫头鹰

pacaria *f. Amér. L.* 〈植〉山核桃

pacarua *f. Chil.* 〈动〉一种大蟾

pacas *f. pl. Méx.* 〈植〉心形[圆叶]菝葜

pacay(*pl.* pacayes, pacaes) *m. Amér. L.* 〈植〉①秘鲁合欢树；②秘鲁合欢树果

pacaya *f. C. Rica, Hond.* 〈植〉山茶棕

pacayar *m. Per.* 合欢树林；合欢树种植园

pacedura *f.* 放牧；放青

pachol *m. Amér. L.* 〈农〉秧田[畦]

pachón,-ona *adj.* ①*Amér. C., Cono S.* 多毛发的,毛茸茸的；②*Amér. C., Méx.* 羊毛(制)的,有羊毛(或羊毛织物)覆盖的；多[有]绒毛的‖ *m.* 〈植〉①*Amér. L.* 棕叶襄衣；②*Méx.* 一种仙人掌

pachul *m. Méx.* 〈植〉广藿香；(制香料用的)广藿香(油)

pachulí *m.* 〈植〉广藿香；广藿香料

pacienta *m. f. Méx.* 〈医〉病人,患者

pacificación *f.* ①媾和,和解；②平定,绥靖；③和约

pacifismo *m.* 和平[反战]主义,(出于道德或宗教原因的)拒绝参战；不抵抗主义

paco *m.* ①〈军〉(旧时的)狙击手,神枪手；②*Amér. L.* 警察；③*And., Cono S.* 〈动〉羊驼；④*Amér. L.* 〈矿〉银矿石；⑤*Per.* 〈医〉口疮

～ llama *Amér. M.* 羊驼

pacotilla *f.* 〈海〉(船员,旅客等可以携带的)免收运费的商品

pacoyuyo *m. Per.* 〈植〉小花牛膝菊

pacpután *m.* 〈纺〉(巴基斯坦出产的)帕克普坦粗羊毛

pactable *adj.* 可谈判的,可商议的

pacto *m.* 协定,条[盟,公]约；契约

～ Andino [P-] 安第斯条约组织

～ bilateral 双边条约

～ colectivo 劳资协议,集体合同

～ de asociación 合伙契约

～ de[entre] caballeros 君子协定

～ de comercio 通商[商务]条约

～ de compraventa 买卖协定[契约]

～ de no agresión 互不侵犯条约

～ de recompra 回购[再购入]契约

～ de retroventa 回购[赎回]契约

~ de trabajo 雇佣契[合]约

~ de Varsovia [P-] 华沙条约

~ laboral 劳资协议[合同]

~ no escrito en perjuicio de terceros 损害第三者的默契

~ regional 区域性条约

~ social 社会(福利)契约

padecimiento m. 〈医〉病痛

padre m. ①父亲;②〈动〉雄性公畜,动物之父;③〈学科等的〉创始人,奠基人;作者;发明者;④pl. 父母,双亲;父[前]辈,祖先

padrejón m. Arg. 〈动〉①牡马(尤指种马);②留种的雄兽

padrillo m. And.,Cono S. 〈动〉种马

pardrón m. ①人口调查[普查];②〈技〉图,模型,样[模]式;③纪念碑[柱];④选民名册;⑤Amér.M.,Antill. 〈农〉种畜;种马,种牛

~ electrol Amér.L. 选民名册

padrote m. 〈动〉①Amér.L. 牡马(尤指种马);②留种的雄兽;③种牛

caballo ~ 种马

paellera f. ①〈无〉截抛物面天线;②电视圆盘式卫星接收天线

paflón m. 〈建〉拱腹

pág. abr. página 见 página

paga f. ①〈商贸〉支付,付款,缴纳;②工资,月薪,薪水;津贴

~ a destajo 按工作支付报酬,计件工资

~ de antigüedad 工龄工资[津贴]

~ de beneficios 分红工资,工资股利

~ de Navidad 圣诞节津贴(相当于一个月的工资)

~ de verano 夏季奖金

~ extra 奖金,工资外津贴

~ extraordinaria ①加班费;②工资外津贴

~ líquida 实得工资

~ parcial 分期付款

entrega contra ~ 货到[交货]付款

págalo m. 〈鸟〉大贼鸥

pagaré m. ①本[期]票,票据;②借据

~ a corto/largo plazo 短/长期票据

~ a la presentación[vista] 即期[见票即付]票据

~ a plazo intermedio 中期票据

~ al portador 持票人票据,不记名票据

~ bursátil 永久债券,公司借款券,信用债券

~ comercial 商业票据

~ con cupón 附息票期票

~ con resguardo 附带期票,保证期票,有抵押的期票

~ de capital 资本票据

~ de cortesa[favor] 通融票据

~ de tesorería 国库券

~ del Tesoro 流通券,纸币;国库券

~ descontado 已贴现票据

~ endosado 经背书的票据

~ fiscal 国库券;政府发行的纸币

~ no negociable 不可转让的期票

~ no pagado 拒付票据

~ prendario 担保[有抵押]期票,附带期票

~ prorrogado[renovado] 展期[更新]票据

~ sin interés 无息期票

~s a bancos 应付银行的票据

~s a particulares 应付个人的票据

~s a proveedores 应付供应商的票据

~s a socios 应付合伙人的票据

pagaya f. 〈海〉铲状桨

pagel m. 〈动〉海鲷

página f. ①(书、报、杂志、信等的)页;②值得记载的事件[时期];③记录[载];④〈印〉一页版面;页;⑤〈信〉页面;页;存储桶

~ de inicio(~ inicial) 〈信〉主页

~ web[Ueb] 〈信〉网页

~s amarillas[doradas] (电话)黄页

~s blancas ①白皮书;②(任何组织发表的)官方[详情]报告

anuncio a toda ~ (anuncio a ~ entera) 整版广告

primera ~ (报纸的)头版

paginación f. ①编[标注]页码;②页码;③(书等的)页数;④〈信〉分页;页式调度

~ por demanda 请求调页

paginador m. 〈讯〉寻呼机;BP 机

pago m. ①支付,付款;②支付款项[实物];③报偿,酬谢;④地产;(尤指种有橄榄、葡萄的)农区

~ a cuenta 赊账付款,暂[垫]付;部分偿付

~ a destajo 计件工资,按工作付酬

~ a la orden(~ domiciliado) 直接借计

~ a la presentación[vista] 即期付款

~ a plazos 分期付款

~ a través de cuentas 转账付款

~ al contado(~ en efectivo) 现付,现金支付

~ adelantado[anticipado] 预付款

~ adicional 追加[额外]付款

~ antes de entrega 付款后交货

~ antes de vencimiento 到期前支付

~ atrasado 后[补]付款

~ compesatorio 补偿付款

~ con orden 订货付款

~ condicional 有条件支付(款项)

~ contra conocimiento 凭提单付款

~ contra documentos 凭单付款，交单即付

~ contra entrega[reembolso] 货到[交货]付款

~ de capital del periodo 到期本金偿付

~ de cupones 息票支付

~ de dividendo 股息支付，支付红利

~ de divisa al contado 现汇支付

~ de entrada 订[定]金

~ de facturas 结付账单，照单付账

~ de igualación[igualamiento] 平衡支付

~ de letra a la vista 即期汇票付款

~ de liberación 全付，付讫

~ de suma principal 支付本金

~ de transferencia[traspaso] 转账性付款，转拨款项；转让费，过户费

~ de una letra 票据兑现

~ del remanente[saldo] 结账，支付差额

~ deducible[descontable] 可扣除费用

~ diferido[aplazado, dilatado] 延期付款

~ directo de letra 直接汇票支付

~ electrónico 电子支付

~ en[por] cheque 支票付款

~ en el acto 即付，付现

~ en especie 以实物支付，以货代款

~ en excesivo 多付钱款，超[溢]付

~ extra 额外酬劳，奖金，加班费

~ final （分期付款）最后一笔大额付款

~ fraccionado 分期付款

~ global 整笔支付；付全款

~ inicial （分期付款的）初付款额；定金

~ íntegro 全付，付讫

~ moroso 延付

~ negado[rechazado, rehusado] 拒付（款项）

~ no comercial 非贸易支付

~ obligatorio 合同规[约]定的付款，债务偿还

~ periódico 年金

~ por averas communes[gruesas] 共同海损分担款项

~ por consignación 委托销售费用，寄售费；寄存费

~ por crédito bancario 银行信贷支付；信用证付款

~ por factores 支付生产要素费用

~ por transferencia 转账性支付；转付[拨]款项

~ por visión （有线电视网络中的）按次付费服务

~ previa aceptación 承兑付款

~ provisional 暂付，临时付款

~ retardado[retrasado] 拖欠款项；延期付款

~ sin contrapartida 无偿支付

~ sobrevencido 逾期支付

~ telegráfico 电付

~ unilateral 单边支付，直接结汇

~ vencido 拖欠款项，逾期支付款项

~ virtual 推定支付款项

~s compensatorios 差价[额]补贴

~s contractuales 合同规定的支付款，协议支付款

~s en abonos 分期支付

~s internacionales 国际结算，国际支付

~s multilaterals[múltiples] 多边支付

~s pendientes 债务

~s y cobros 付款与收款

pagoda f. 〈建〉①（中国、日本等东方国家的）塔式寺庙；②宝塔

pagodita f. 〈矿〉寿山石，冻石

pagro m. 〈动〉鲷鱼

pagua f. ① Cono S. 〈医〉疝，突出；肿胀处；② Méx. 〈植〉鳄梨，鳄梨树

paguacha f. ①见 pagua 〈植〉大圆甜瓜；未莅西瓜；②箱[柜]子，盒子

paguala f. Cari. 〈动〉箭鱼

paguro m. 〈动〉（一种）寄居蟹

pagro m. 〈植〉土荆芥（常用作驱蠕虫剂）

paidología f. ①儿童教育；②儿童学

paidológico, -ca adj. ①儿童教育的；②儿童学的

paidólogo, -ga m. f. ①儿童教育家；②儿童学家

pailebot; pailebote m. ①〈航海〉领港船，引水船；②〈军〉无帆小船

paiño m. 〈鸟〉海燕

pairar intr. 〈海〉（船）张帆待航

país m. ①国家；国土；②区域，地区；③〈画〉陆上风景画

~ acreedor 债权国

~ adelantado[avanzado] 先进国家

~ agrícola 农业国

~ agropecuario 农牧国

~ anfitrión[huésped] 东道国

~ comprometido 承诺国

~ consumidor 消费国

~ contribuyente[donante] 捐助国

~ de destino 目的地国

~ de franja litoral estrecha 狭长海岸国

~ de las maravillas ①仙境，奇境；②非常美丽或奇妙的地方[景色]

~ de nunca jamás ①人烟稀少的偏远地区；②（想象中或幻想中的）理想去处[状态]

~ de origen[procedencia] 产地国，原产

国;原籍国

~ de registro(船、飞机等的)注册[登记]国

~ de tránsito 中转国

~ declarante[informante] 申报国

~ deficitario 赤字国,逆差国家

~ desarrollado 发达国家

~ en (vías de) desarrollo 发展中国家

~ exportador/importador 出/进口国;输出/入国

~ expositor 展出国,参展国

~ industrial 工业国

~ industrializado 工业化国家

~ limítrofe 邻国

~ mediterráneo (无海岸的)内陆国

~ miembro 成员国

~ nacional[natal] 祖国,故乡

~ no alineado 不结盟国家

~ productor 生产国

~ receptor 受援国

~ satélite 卫星国,附庸国

~ sede ①本国;原居住国;原籍国;②总公司所在地

~ subdesarrollado 不[欠]发达国家

~ vasallo 附属国

paisaje m. ①地形,地貌;②风景,景色[物];③〈画〉风景画

~ campestre 野外风光

~ folklórico natural 天然民俗景观

~ interior 心情[境];精神状态

~ montañosa 山区景色

~ natural 自然景色[风光]

~ pradera 草原景色

paisajismo m. ①〈画〉风景画;山水画;②(园林的)景观美化工作;造园术

paisajista f. ①风景画家;山水画家;②园林学家,造园师

pájara f. ①〈鸟〉雌鸟,雌禽;②纸做的鸟;风筝;③〈体〉瘫软,倒下

~ pinta 罚物游戏

pajarada f. And. 鸟群

pajarería f. ①鸟店;②鸟群

pajarero,-ra adj. 〈鸟〉鸟的 ‖ m.f. 捕[养]鸟人;卖鸟人

pajaridad f. 〈集〉鸟

pajarita f. ①蝶形领结;②纸叠的鸟;纸风筝

~ de las nieves 〈鸟〉白鹡鸰

pajarito m. ①〈鸟〉幼小的鸟;②Cari.〈昆〉昆虫,虫

pájaro m. 〈鸟〉①鸟;②pl. 鸟纲[类]

~ amarillo Col. 一种多刺灌木

~ arañero 一种攀禽

~ atey Riopl. 一种夜鹰

~ azul ①蓝知更鸟(美国产);②Méx. 一种灌丛鸡

~ bitango 风筝

~ bobo[niño] 企鹅

~ burro 大军舰鸟

~ campana Riopl. 一种鸟

~ cantarín[cantor] 鸣鸟[禽]

~ capirote 凤头百灵

~ carnero Méx. 黄翅酋长鸟

~ carpintero 啄木鸟

~ comunero Amér.M. 一种霸鹟

~ cu Méx. 棕顶翠鸟

~ de la lluvia Jam. 蜥鹃

~ de la noche Amér.L. 蝙蝠

~ del sol 太阳鸟

~ diablo 海燕

~ gallo Méx. 雉鹃

~ loco[solitario] 仙人鸟

~ mono Per. 一种小鸟

~ mosca[recusitado] 蜂鸟

~ mosquito Amér.L. 蜂鸟

~ penitente Riopl. 火烈鸟

~ polilla 翠鸟

~ tonto 蠢[呆]鸟(西班牙一种很容易捉的鸟)

~ verde Méx. 一种鸦

paje m. 〈海〉船上男服务员

pajea f. 〈植〉粘蒿

pajel m. 〈动〉鲷;白鲂

paji m.Chil.〈动〉美洲狮

pajilla f.Cub.〈植〉习见鸭趾草

pajita f. (喝饮料用的)麦秆吸管,麦管

pajitos m. 〈植〉①茼蒿;②粗茎菊

pajón m. ①〈农〉(收割后留在田里的)麦[稻,庄稼]茬;②Amér.L.〈植〉安第斯针茅

pajonal m. 〈农〉(收割后的)留茬地

pajuela f. Cari.〈乐〉(弹奏弦乐器用的)拨子

pala f. ①铲,锹,锨;②(厨房或餐桌上用的)薄刀;炊铲;③〈体〉球棒[板,拍];④(螺旋桨的)桨片,叶[片];⑤〈机〉(单斗)挖土机;⑥〈乐〉(管乐器的)塞孔板;⑦〈海〉副横帆,翼横帆

~ a cuchara 单斗挖土机,机[动力]铲

~ a vapor 蒸汽铲

~ automática (挖土机)抓斗[戽]

~ de excavación (~ excavadora) 斗式[链斗]挖泥机

~ de hélice 螺旋桨叶片

~ de patatas 土豆耙

~ eléctrica 电动挖土机,电力铲

~ fija 静[固定]叶片

~ matamoscas 苍蝇拍

~ mecánica 单斗挖土机,机械铲

~ para carbón 煤铲

~ para el pescado ①(餐桌上用的)切[分]鱼刀;②煎鱼锅铲

~ quitanieve 扫雪机

~ retrocavadora 反铲挖土[掘]机

~ retroexcavadora 反[拉,索]铲

~ topadora 推土机;(推土机前的)推土刀

~ zanjadora 拖铲

palabra *f.* ①词,单词;字;②言词[语];③诺言,保证;信用;④〈信〉(计算机)字符

~ clave (索引或暗号等中的)关键词

~ clave y contexto 〈信〉上下文[前后文]关键字

~ de casamiento[matrimonio] 结婚保证[诺言]

~ de clave 代[电]码字

~ de honor 郑重承诺,誓言

~ reservada 〈信〉保留字

~ telegráfica 电报字

~s al aire 耳旁风

~s cruzadas 纵横字谜(一种填字游戏)

tiempo de ~ 〈信〉(取,出)字时间

palacete *m.* 〈建〉豪华小建筑;小宫殿

palacio *m.* 〈建〉① 宫,宫殿;②宏伟的建筑物,大厦;③(显赫人物的)邸,公馆,府第

~ de Comunicaciones [P-] 电信大楼

~ de congresos 会议中心,会堂

~ de los deportes 体育运动中心

~ de justicia 法院大楼

~ municipal 市政厅

~ real[imperial] 王[皇]宫

palacra; **palacrana** *f.* 金砂

paladar *m.* ①〈解〉腭;②味觉,口味;③(对美酒或食品的)判断力;鉴赏力

~ blando/duro 软/硬腭

paladio *m.* 〈化〉钯

palagonita *f.* 〈地〉橙玄玻璃

palana *f.* ①*And.* 铲[锹,锨];②锄

palanca *f.* ①(拉,控制,操纵,旋转)杆,柄,把手;②杠杆;③〈机〉杠杆作用;④〈海〉拉帆索;⑤*And.*, *Méx.*(撑船用的)篙;⑥*Amér.C.*〈植〉臭洋李

~ acodillada 直角形杠杆

~ ahorquillada 叉杆

~ alzaprima 撬杆

~ de arranque (摩托车等的)脚踏启动器

~ de ataque (汽车)转向臂

~ de cambio (de velocidad) 变速[换挡]杆,齿轮变速手柄

~ de cambio de vía 偏心自锁搭扣

~ de capital 资本杠杆(作用);资本杠杆率

~ de carraca 手扳钻,棘轮摇[扳]钻

~ de control 控制杆

~ de desembrague 脱开式离合器

~ de embrague 离合器分离[操纵]杆

~ de frenar[freno] 刹车杆

~ de hierro 铁杆[钎,梃]

~ de inversión de marcha 反转杠杆,回动杆

~ de mando 控制[操纵]杆,驾驶盘

~ de mando del timón (航空用)方向舵脚蹬

~ de maniobra 手柄[杆],把手

~ de parada 制动操作杆,定位杆

~ de pie de cabra 爪杆

~ de sufridera 铆顶棍

~ de timón 舵杆

~ gruesa 撬棍[杆,杠],铁撬[钎,杆,梃],起货钩

~ financiera 财务杠杆

~ para juegos 〈信〉控制杆;操纵杆;游戏杆

~s del poder 权力手段

palán-palán *m. Riopl.* 〈植〉光烟草

palanquera *f.* (防卫用的)围桩,栅栏

palanquero *m. And.* ①司闸员;②制材业者,木材商

palanqueta *f. Cono S.*, *Méx.* 重体(如镇纸、钟锤、机器中的压铁等);重物

palanquín *m.* ①轿子,滑竿;②〈海〉拉帆索;③〈海〉双饼滑车组

palapa *f. Méx.* 〈植〉棕榈树

Palas *m.* 〈天〉(位于木星和火星之间的)智神星(小行星 2 号)

palasan *m.* 〈植〉白藤

palastro *m.* 钢[铁]板

palatal *adj.* 〈解〉腭的

palatino,-na *adj.* 〈解〉腭的;近腭的

hueso ~ 腭骨

reflejo ~ 腭反射

palatografía *f.* 〈医〉腭动描记法

palatógrafo *m.* 〈医〉腭动描记器

palatomaxilar *adj.* 〈解〉腭上颌的

papatoplastia *f.* 〈医〉腭成形术

palatoplejía *f.* 〈医〉腭麻痹

palatorrafia *f.* 〈医〉腭修复术

palatosquisis *f.inv.* 〈医〉腭裂

palca *f. And.* 〈交〉(道路的)交叉点,岔路口

palco *m.* ①〈戏〉(剧场的)包厢;②(娱乐场所用木板搭起的)看台

~ de autoridades[honor] 王室专用包厢,杰出人物的包厢

~ de proscenio 舞台幕前两侧的包厢

~ (de) platea 剧场底楼的包厢

palemón *m.* 〈动〉长臂虾

paleobiología *f.* 古生物学

paleobotánica *f.* 古植物学

paleoclimatología *f.* 古气候学

paleocristiano,-na *adj.* 纪元初年的(艺术)

paleoecología *f.* 古生态学

paleofitología *f.* 古植物学

paleogénesis *f.* 〈生〉重演性发生

paleogeografía *f.* 古地理学

paleolítico,-ca *adj.* 旧石器时代的 ‖ *m.* 旧石器时代

paleología *f.* 古语言学

paleólogo,-ga *m. f.* 古语言学家

paleomicrobiología *f.* 古微生物学

paleontografía *f.* 化石学

paleontográfico,-ca *adj.* 化石学的

paleontología *f.* 古生物学

paleontólogo,-ga *m. f.* 古生物学家

paleozoico,-ca *adj.* 〈地〉①古生代的;②古生代岩石的 ‖ *m.* ①古生代;②古生代岩石

paleozoología *f.* 古动物学

palestesia *f.* 〈医〉振动觉

palestético,-ca *adj.* 〈医〉振动觉的 sensación ~a 振动感觉

paleta *f.* ①小铲(如锅铲、灰铲、拨火铲等);②(瓦工用的)泥铲;③〈画〉(绘画用的)调色板;④〈螺旋桨、风扇、水车、风车等的〉叶片[板];⑤球拍;⑥〈解〉肩胛骨;⑦〈信〉面板 ‖ *m.* 〈建〉泥瓦工,砌砖工人

~ articulada de una rueda 活桨叶

~ de rueda hidráulica (水车的)承水板,轮翼

~ de turbina 涡轮叶片

~ directriz 导叶(片)

~s regulables 可调叶片

paleteréa *f.* 味觉

paletero *m. And.* 〈医〉结核病

paletilla *f.* 〈解〉肩胛骨

paleto *m.* ①〈动〉雄鹿;②〈建〉泥瓦工,砌砖工人

paliativo,-va *adj.* ①减轻的,缓和的;②〈药〉〈医〉姑息的,治标的 ‖ *m.* 〈药〉姑息剂,治标药物

palier *m.* ①〈机〉轴承;支承[座,架];支轴[承]面;②(用于堆放或移动货物的)集装架

~ frontal 端部轴承

~ oblicuo 斜[托架]轴承

~ ordinario[soporte] 轴台

~-consola 承重墙

carga de ~ 承载[支承]应力

palillo *m.* ①牙签;②〈乐〉鼓槌;*pl.* 响板;③筷子;④(斗牛士的)短扎枪;⑤*Cono S.*

〈缝〉绒线编织针

palimpsesto *m.* ①(将原有文字擦去后)重新书写的羊皮纸;②(刮去原文)重刻的碑;③(先前文字已被拭去的)重写手稿

palindrómico,-ca *adj.* ①回文的;②〈生化〉回文结构的,旋转对称的

palíndromo *m.* ①回文字(按顺序读和倒读都一样的词、词组、句、数字等);②〈生化〉回文结构,旋转对称

palingenesia; palingénesis *f.* ①再[新]生;②〈生〉重演性发生

polingenético,-ca *adj.* ①再[新]生的;②〈生〉重演性发生的

palinuro *m.* 〈动〉龙虾

palisantro *m.* 黑黄檀;红[黄檀]木

palista *m. f.* ①划独木舟的人;②〈体〉划船运动员;回力球运动员

pallar *m. And., Cono S.* 〈植〉金甲豆

pallasita *f.* 〈矿〉石铁陨石,橄榄陨铁

pallete *m.* (船用)防磨席[垫],垫席

pallón *m.* 金[银]粒,金[银]珠

palma *f.* 〈植〉①棕榈树,棕榈科植物;②棕榈叶,棕榈科植物叶

~ brava 小顶棕

~ cana *Cub.* 一种野生棕榈

~ enana 矮扇棕

~ indiana 椰子树

~ negra 蜡棕

~ real 大王椰子树

palmáceo,-cea *adj.* 〈植〉①棕榈科的;棕榈(树)的;②棕榈状的 ‖ *f.* 〈植〉①棕榈科植物;②*pl.* 棕榈科

palmado,-da *adj.* ①掌状的;②〈动〉有蹼的

palmar,-ra *adj.* ①(手)掌的;②蹄掌的 ‖ *m.* 棕榈树林

palmarés *m.* ①〈体〉获胜者名单;②履历表

palmatífido,-da *adj.* 〈植〉掌状半裂的

palmatina *f.* 〈生化〉巴马亭,非洲防己碱

palmatisecto,-ta *adj.* 〈植〉掌状全裂的

palmeado,-da *adj.* ①〈植〉掌状的;②〈动〉有蹼的

hoja ~a 掌状叶

palmejar *m.* 〈船〉〈海〉内龙骨

palmer *m.* 千分(卡)尺,千分卡规,测微计,螺旋测径器

palmera *f.* 〈植〉①棕榈(树);椰子树;②棕榈

~ datilera 海枣树,椰枣树

palmero *m. And., Cono S., Méx.* 〈植〉棕榈(树)

palmicha *f. Col.* 〈植〉大王椰子树

palmichal *m. Col.* 大王椰子林

palmiche *m.* 〈植〉①美洲油棕;②大王椰子树;③大王椰子

palmicho *m. Amér. L.*〈植〉大王椰子树

palmilla *f.* ①手掌心;②〈纺〉(西班牙生产的)帕尔尼亚呢

palmípedas *f. pl.*〈鸟〉蹼足目

palmípedo,-da *adj.*〈鸟〉(有)蹼足的‖*f.*蹼足鸟,水禽

palmiste *m.* ①棕榈仁[核];②棕榈油

palmítico,-ca *adj.*〈化〉十六(烷)酸的,软脂的(酸)

ácido ～ 十六(烷)酸,软脂酸,棕榈酸

palmitina *f.*〈化〉棕榈精,(三)棕榈酸甘油酯

palmito *m. Amér. L.* 棕榈芽

palmo *m.* 帕尔莫(一拃宽,长度单位,合20.95厘米)巴掌大小(表示面积小)

～ menor (除大拇指以外的)四指宽

pálmula *f.*〈动〉爪垫

palo *m.* ①木棍[棒];②柱,杆,桩;③棍[棒,柱,杆,桩]状物(器具的把,木(材,头),木制品;⑤〈船〉〈海〉船桅;⑥〈体〉球门柱;曲棍球球棍,曲棍;高尔夫球杆;(斗牛时用的)扎枪;⑦〈印〉(b,d,p,q 等字母的上下)竖划;⑧*Amér. L.*〈植〉树;⑨〈乐〉(弓)杆

～ aloe(～ de águila) 沉香木

～ borracho 木棉树

～ brasil 巴西木,苏木

～ cajá 褐背木

～ campecha 洋苏木

～ cochino *Cub.* 香脂木

～ codal (挂在脖子上的)赎罪木

～ de balsa 轻木

～ de bañón 〈植〉意大利鼠李

～ de golf 高尔夫球杆

～ de hierro 黑硬木

～ de hule 美洲橡胶树

～ de jabón 皂素树

～ de mango 芒果树

～ de mesana 〈船〉后桅

～ de Pernambuco[Fernambuco] ①血瓜树,洋苏木;②棘云实

～ (de) rosa ① 红木(指黑檀,紫檀等);②蔷薇木

～ de trinquete 〈船〉前桅

～ dulce 甘草根

～ ensebado (游戏时增加攀爬或行走难度的)涂油杆

～ macho 〈船〉帆桁

～ mayor 〈船〉主桅

～ nefírtico 辣木

～ provisional 〈船〉应急桅杆

～ santo 愈疮木

cuchara de ～ (烹调用的)木匙

paloduz *m.*〈植〉甘草

paloma *f.* ①〈鸟〉鸽;*pl.* 鸽属;②(锻炼时的)手倒立;③*pl.*〈海〉白浪;④鸽[温和]派人物;⑤[P-]天鸽(星)座

～ bravía[silvestre] 野鸽

～ buscadora de blancos 传书鸽,信鸽

～ de la paz 和平鸽

～ doméstica 家鸽

～ mensajera 信鸽

～ torcaz 斑尾林鸽

～ zurita 灰鸽

palomería *f.*〈鸟〉猎鸽

palometa *f.* ①〈动〉一种鲳鱼;②〈技〉蝶形螺母

palomilla *f.* ①〈昆〉麦蛾,灯蛾;②〈昆〉蛹;③〈机〉蝶形螺母;④墙上托架,角铁;⑤(马的)背,背脊;⑥〈植〉蓝堇,染料红根草;⑦*pl.*〈海〉白浪

palomino *m.* ①〈鸟〉野雏鸽;②〈植〉雪利葡萄(西班牙 Jérez 产的一种用于制酒的葡萄)

palomita *f.* ①〈体〉标准长度潜水;②〈体〉(足球等守门员的)跳起接球;③*Méx.* (核对等时使用的)记号(如勾号等)

palomo *m.*〈鸟〉雄鸽

～ de arcilla 泥鸽(练习射击用的泥制盘形飞靶)

palosanto *m.* (坚硬的)愈疮木

palote *m.* ①(写字时的)笔画;②〈乐〉鼓槌

palpación *f.* ①触,摸;②〈医〉触[扣]诊

palpamiento *m. Amér. L.* 搜身[查]

palpatorio,-ria *adj.*〈医〉(医生诊断时)触摸(检查)的

persecución ～a 触扣诊

pálpebra *f.*〈解〉眼睑

palpebral *adj.*〈解〉眼睑的;眼睑上的,眼皮的

aleteo ～ 眼睑颤动

edema ～ 眼睑水肿

placa ～ 眼睑板

palpi *m. Chil.*〈植〉线叶蒲包花

palpífero *m.*〈动〉负颚须节

palpígero *m.*〈动〉负唇须节

palpitación *f.* ①(心脏、脉搏等)跳动;②*pl.* 心悸;③(身体某部的)颤动[抖]

palpo *m.*〈动〉(触)须;须肢

palqui *m.*〈植〉智利夜香树

palta *f. And.,Cono S.*〈植〉鳄梨(果实)

palto *m. And.,Cono S.*〈植〉鳄梨树

palúdico,-ca *adj.* ①沼泽的;多沼泽的;②〈医〉疟疾的;患疟疾的‖*m. f.*〈医〉疟疾患者

caquexia ～a 疟疾恶病质

vacuna ～a 疟疾疫苗

paludina *f*. 〈动〉田螺

paludismo *m*. 〈医〉疟疾

palustre *adj*. 沼泽的‖*m*. 〈建〉(泥工用的)泥铲,三角铲

pampa *f*. ①*Amér. L.* 〈地〉南美大草原,潘帕斯草原;②*Cono S.* 〈矿〉硝酸盐矿藏区域;③*And.* 山间草原

pámpana *f*. 〈植〉葡萄叶

pámpano *m*. 〈植〉①嫩葡萄枝;卷须;②葡萄叶

pampero,-ra *adj*. ①南美大草原的;②南美大草原上的强冷风的‖*m*. 南美大草原上的强冷风

pamplina *f*. 〈植〉①繁缕;②罂粟属植物

pamporcino *m*. 〈植〉仙客来

pan *m*. ①面包;②块(状物);③〈农〉小麦,麦类;④金[银]箔

～ ácimo[ázimo] 未发酵面包

～ bendito 圣餐面包

～ blanco[candeal] 白面包

～ casero 家制面包

～ de azúcar 糖块

～ de centeno (全部或部分用黑麦粉制的)黑面包

～ de flor 上等面包,精白粉面包

～ de hierba (铺草坪用的)草皮块

～ de jabón 肥皂条[块]

～ de molde (可切片的)长方形面包

～ de munición (给犯人等吃的)劣等面包

～ duro 不新鲜的面包

～ francés 法式棍子面包

～ integral 全麦面包

～ lactal *Arg.* 三明治面包

～ moreno 黑面包

～ rallado 面包屑[粉]

～ tiempo[tierno] 新鲜面包

～ tostado 烤面包片

pana *f*. ①〈纺〉平[灯芯]绒;②*Chil.* 〈动物的〉肝脏

pánace *f*. 〈植〉香参根草

panadizo *m*. 〈医〉瘭疽,指头脓炎

panaglutina *f*. 〈生化〉〈医〉泛凝集素,全凝集素

panaglutinación *f*. 〈医〉泛凝集(反应),全凝集

panal *m*. ①蜜蜂巢;蜂房;②蜂窝(器,结构,状物)

bobina de ～ 蜂窝线圈

bobina en ～ 蜂房式线圈

panamá *m*. 〈纺〉巴拿马薄呢

panamericanismo *m*. 泛美主义;泛美运动

panamericano,-na *adj*. 泛美的,全美洲的,美洲各国的

panamitos *m. pl. And.* 〈植〉豆科植物

panaris *f*. 〈兽医〉瘭疽

panarofia *f*. 〈医〉全身萎缩

panarteritis *f. inv.* 〈医〉全身动脉炎

panartritis *f. inv.* 〈医〉全关节炎

panatrofia *f*. 〈医〉全身萎缩

panavisión *f*. 〈电影〉潘那维申(一种宽银幕电影系统)

panca *f. And.* 〈植〉干玉米叶

pancada *f*. 〈商贸〉以堆计价的买卖

pancarditis *f. inv.* 〈医〉全心炎,心包肌内膜炎

pancarpia *f*. 〈植〉花冠

panchana *f. Col.* 〈鸟〉一种鹦鹉

pancitopenia *f*. 〈医〉全血细胞减少症,各类全血细胞减少症

pancolectomía *f*. 〈医〉全结肠切除术

páncreas *m*. 〈解〉胰腺

pancreatectomía *f*. 〈医〉胰切除术

pancreático,-ca *adj*. 〈解〉胰腺的

conducto ～ 〈解〉胰管

fibrosis ～a 胰腺纤维化

jugo ～ 胰液

pancreatina *f*. 〈生化〉胰酶制剂

pancreatitis *f. inv.* 〈医〉胰腺炎

pancreatitolito *m*. 〈医〉胰石

pancreatolitectomía *f*. 〈医〉胰石切除术

pancreatolitotomía *f*. 〈医〉胰切开取石术

pancreatotomía *f*. 〈医〉胰切开术

pancreozimina *f*. 〈生化〉促胰酶素

pancromático,-ca *adj*. 〈摄〉全色性的

film ～ (película ～a) 全色性胶片

pancromatismo *m*. 〈摄〉全色感性,返色感性

pancromatizar *tr*. 〈摄〉使成全色性

panda *m. f*. 〈动〉(大)熊猫

pandectas *f. pl*. ①[P-]〈东罗马皇帝下令编纂的〉《学说汇纂》(又译《法学汇编》);②法令全书,法典

pandemia *f*. 〈医〉大流行病

pandémico,-ca *adj*. 〈医〉(疾病等)大流行的,泛流行的

pandeo *m*. 〈建〉①(木头)变弯;②(墙壁)膨胀;③桁(椽)下垂

pandera *f*. 〈乐〉手鼓,铃鼓

pandereta *f*. 〈乐〉小手鼓,铃鼓

pandero *m*. ①〈乐〉小手鼓,铃鼓;②(人或动物的)臀部;③风筝

pando,-da *adj*. ①〈建〉(墙壁)膨胀的;②〈建〉(木头、房梁等)变形的;③〈建〉(天花板)下垂的;④(水流等)缓慢的;⑤(土地)平坦的

pane *m. And.* (汽车等的)故障,停止运转

panel *m.* ①（门，嵌，围，罩）板；②〈建〉护墙板；*pl.* 镶板；镶板材料；③〈机〉〈技〉（控制，接插）面板；（控制，仪表）板；（配电）盘；④布告[广告]牌

~ absorbente 吸收板[盘]

~ de consumidores（被选定的）消费者小组

~ de control 控制盘[板，屏]，操纵板[台]

~ de instrumentos〈交〉（汽车等上的）仪表板

~ de mandos〈航空〉〈机〉控制盘；配电盘

~ deprimido（柱顶）托板

~ solar 太阳电池板

panelería *f.*〈建〉①（总称）镶板；②镶板材料；③镶板细工；木板饰面

panencefalitis *f.inv.*〈医〉全脑炎

panestesia *f.*〈医〉全部感觉

paneuropenismo *m.* 泛欧主义

panga *f.Amér.C.,Méx.*〈船〉驳船，小船；渡船

pangelín *m.*〈植〉红斑木

pangeno *m.*〈生〉泛子，胚芽

pangolín *m.*〈动〉穿山甲，鲮鲤

pangue *m.Chil.*〈植〉智利根乃拉草

panhematopenia *f.*〈医〉全血细胞减少

panhiperemia *f.*〈医〉全身充血，全身多血

panhipogonadismo *m.*〈医〉全性腺功能减退（症）

panhipopituitarismo *m.*〈医〉全垂体功能减退症

panhisterectomía *f.*〈医〉全子宫切除术

panhisteroooforectomía *f.*〈医〉全子宫卵巢切除术

panhisterosalpingectomía *f.*〈医〉全子宫输卵管切除术

panhisterosalpingoooforectomía *f.*〈医〉全子宫输卵管卵巢切除术

pánico *m.* ①恐慌，惊恐；②〈医〉恐怖[慌]；③经济恐慌

~ bancario 银行挤兑

~ financiero 金融恐慌

panícula *f.*〈植〉圆锥花序；散穗花序；复总状花序

paniculado,-da *adj.*〈植〉具圆锥花序的，圆锥花序状的

panicular *adj.*〈解〉膜的

panículo *m.*〈解〉膜

paniego,-ga *adj.Arg.*〈农〉种小麦的

tierra ~a 麦田

panil *m.Cono S.*〈植〉芹菜

paninmunidad *f.*〈医〉多种免疫

panique *m.*〈动〉狐蝠

panizo *m.* ①〈植〉粟，谷子；小米；玉米；②

Chil.〈矿〉矿层[脉]

~ negro 高粱

panjí *m.*〈植〉楝树

panmieloftisis *f.*〈医〉全骨髓再生障碍

panmielopatía *f.*〈医〉全骨髓病

panneau *m.fr.*〈建〉镶板；门心板

pannus *m.lat.* ①〈医〉血管翳，角膜翳；②〈气〉碎片云

panocha; panoja *f.*〈植〉（玉米，小麦的）穗；②*Méx.* 粗红糖；红糖糖果

panoftalmía; panoftalmitis *f.inv.*〈医〉全眼球炎

panóptico,-ca *adj.* ①一眼见全貌的；显示全貌的，一览无遗的；②〈建〉全视的（建筑物）；③（用图）表示物体全貌的

panorama *f.* ①（反映历史事件的）全景画，环视图景；回转画；②全图；全息[周视]图；③全貌，概述[论]；④景色，全景；⑤〈画〉风景画；⑥〈摄〉风景照片

cambio de ~ 换布景

panorámica *f.*〈摄〉全景拍摄；（电影）全景

panorámico,-ca *adj.* 全景的

cámara ~a 全景照相机

pantalla ~a 宽银幕

punto ~ 观察位置

receptor ~ 扫描接收器

vista ~a 全景[貌]

panostetis; panostitis *f.inv.*〈医〉全骨炎

pansinusectomía *f.*〈医〉全鼻窦切除术

pansinusitis *f.inv.*〈医〉全鼻窦炎

panspermia *f.*〈生〉有生源说，胚种论；泛种子学说

pansporoblasto *m.*〈动〉泛成孢子细胞；泛孢子母细胞，泛孢母细胞

pantalán *m.Filip.*（伸入海中的）木结构码头

pantalgia *f.*〈医〉全身痛

pantalla *f.* ①灯[遮光]罩；②〈电影〉银[屏]幕；③〈信〉屏，显示屏，图像显示终端；④屏蔽[遮掩]物；挡风墙；⑤（带烟囱炉子的）护栏；⑥屏风，帘，隔[挡，网]板；⑦*Amér.L.*（带反光镜的）壁式烛台

~ acústica 隔音板

~ completa 全屏幕

~ contra radiación（辐射）防护屏

~ de ayuda 帮助屏幕

~ de cabeza（焊工用）护目头罩

~ de cristal líquido 液晶显示屏

~ de Faraday 法拉第屏蔽

~ de plasma 等离子体板

~ de proyección 银幕，投影屏

~ de radar 雷达屏

~ de rayos（机场的）X 射线安全检查仪

~ de televisión 电视屏

~ de video 视频显示屏

~ electrónica 电脑显示屏

~ electrostática 静电屏蔽

~ fluorescente 荧光屏

~ fraccionada 分裂屏面，分画面，画中画
（指在电视、电影、电脑屏幕上同时显示两个
或两个以上单独的画面）

~ magnética 磁屏蔽

~ matafuegos 火隔，防火墙

~ panorámica 平面位置[环视扫描]显示
器

~ plana 平板显示屏

~ táctil 触摸屏

la pequeña ~ 小屏幕，电视

pantalón m. 裤子

~ bombacho 灯笼裤

~ de montar （多为粗呢制的）马裤

~ pitillo 瘦腿紧身裤

~es cortos 短裤

~es tejanos[vaqueros] 牛仔裤；紧身裤，
紧身工作裤

pantamima f. 〈戏〉哑剧

pantamorfia f. 〈医〉全畸形

pantamórfico,-ca adj. 〈医〉全畸形的

pantanal m. 沼泽地

pantanencefalia f. 〈医〉全无脑畸形

pantanencéfalo m. 〈医〉全无脑畸形胎

pantano m. ①水库，蓄水池；②沼泽，泥塘

pantatrofia f. 〈医〉全身萎缩，全身营养不良

pantelegrafía f. （早期）传真电报（术）

pantelégrafo m. （早期）传真电报

panteón m. ①Amér. L. 墓地，公墓；②Co-no S. 〈矿〉矿，石[物]

~ familiar 家族墓地

panteonero m. Amér. L. 掘墓人

pantera f. ①〈动〉豹，黑豹；②Cari. 〈动〉美
洲豹[狮]；③〈矿〉斑纹黄玛瑙

~ negra 黑豹

pantófago,-ga adj. 〈动〉杂食的

pantografía f. （绘图）缩放法，比例绘图法

pantógrafo m. ①比例绘图仪[器]，缩放仪，
放大尺[器]；②（电车或电气列车顶上的）导
电弓架

pantómetra f.；**pantómetro** m. 〈测〉①万
能角尺，经纬[万能]测角仪；②斜量[角]规

pantomima f. 〈戏〉①哑剧；哑剧表演艺术；
②滑稽剧

pantomimo m. 〈戏〉①哑剧演员；②滑稽剧演
员

pantomografía f. 〈医〉全断层显像

pantomográfico,-ca adj. 〈医〉全断层显像的

pantóque m. 〈海〉船舭

agua de ~ 舱底(污)水

pantorrilla f. 〈解〉腓肠(俗称腿肚)

pantoscópico,-ca adj. 〈摄〉全景的

pantoscopio; pantóscopo m. ①广角[大角
度]透镜；②〈摄〉广角[大角度]照相机

pantotenato m. 〈生化〉泛酸盐[酯]

pantrópico,-ca adj. ①〈生〉泛向性的，泛嗜
性的；②泛热带的，遍布于热带的

virus ~ 泛嗜(性)病毒

panturbinado m. 〈解〉〈医〉全鼻甲

panturbinal adj. 〈解〉〈医〉全鼻甲的

panzer m. al. 〈军〉坦克，装甲车

pañera f. ①〈纺〉呢绒(总称)；②呢绒店

pañero,-ra adj. 〈纺〉呢绒的，毛织品的 ‖ m.
f. 呢绒商，绒生产者

industria ~a 毛纺业

pañi m. Cono S. 避风向阳处

paño m. ①〈纺〉呢绒；毛[料]织品；②壁毯；
罩布，帷，幔，帐；③〈缝〉(布或呢绒的)幅
面；④(皮肤上的)黑斑，斑点；pl. 〈医〉白内
障；⑤〈建〉墙段；围墙；⑥Cari. 渔网

~ buriel 原色呢

~ catorceno (14 根经纱的)粗呢

~ de Altar 祭坛罩布

~ de Arrás 阿拉斯(法国城市)壁毯

~ de filtrar 滤布

~ de lágrimas 知己，贴心人

~ de lampazo 植物画壁毯

~ de los platos(~ de secar) (擦拭茶具
的)茶巾

~ de manos (擦手)毛巾

~ higiénico Esp. 卫生巾，月经垫

~ pardillo 粗灰呢

~s calientes[tibios] ①折中办法[政策]；
②〈医〉热敷布

~s de corte 保暖壁毯

~s menores 衬[内]衣

pañol m. ①〈海〉(船上的)舱室；②储藏室

~ de bomba 炸弹舱

~ de farolas 矿灯房

~ de las velas 帆具舱

~ de víveres 食品舱

~ del carbón (轮船等的)煤舱

pañolería f. ①手帕[头巾]厂；②手帕[头
巾]店；手帕[头巾]业

papa f. Amér. L. 〈植〉马铃薯，土豆

~ de caña 菊芋，洋姜，洋蓟

~ del aire 野生薯蓣

~ dulce 番[甘]薯

~ espinosa Chil. 曼陀罗

~ lisa Bol. 块根落葵

~s colchas *Amér.C.* 油炸薯片

~s fritas 法式炸薯条

papadilla *f.* 〈动〉颈部(下面的)垂皮

papafigo *m.* 〈船〉主帆

papagayo,-ya *m.f.* 〈鸟〉鹦鹉 ‖ *m.* ①〈植〉杯芋;②*Ecuad.*〈动〉一种毒蛇

papaína *f.* ①〈生化〉木瓜蛋白酶;②木瓜蛋白酶消化剂

papal *m. Amér.L.* 〈农〉土豆田

papamoscas *m. inv.* 〈鸟〉鹟(在飞行时捕食蝇、昆虫的小鸟)

papaturra *f. Amér.C.* 〈植〉大花甜果藤

papaturro *m. Amér.C.* 〈植〉海葡萄

papaveráceo,-cea *adj.* 〈植〉罂粟科的 ‖ *f.* ①罂粟;罂粟科植物;②*pl.* 罂粟科

papaverina *f.* 〈化〉罂粟碱

papaya *f.* 〈植〉①番木瓜果;②巴婆果

papayo *m.* 〈植〉①番木瓜树;②巴婆树

papel *m.* ①纸;纸张;②*pl.* 身份证件;证件;③〈电影〉〈戏〉角色;④纸币;⑤证券,股票;流通票据;⑥*Amér.L.* 纸袋;⑦*pl.* 报纸

~ a corto plazo 短期证券,短期票据

~ a la orden 指示票据,记名票据,记名证券

~ al bromuro 溴素[放大,相片]纸

~ al ferroprusiato 蓝图纸

~ absorbente 吸水纸

~ aislante 绝缘纸

~ apergaminado[pergamino] 硫酸纸,仿羊皮纸

~ atrapamoscas 粘蝇纸,毒蝇纸

~ autográfico 复印纸

~ biblia 圣经纸,字典纸;摩拓纸(一种植物纤维薄纸)

~ carbón[carbónico] 复写纸

~ cello 透明胶带

~ (de) celofán (包装用的)玻璃纸

~ charol 釉[蜡光]纸

~ continuo (多用来记账的)折子

~ craft *Amér.C.,Méx.* (包装等用的)蜡纸

~ cuadriculado 坐标纸

~ cuché 〈技〉涂料纸,插图纸

~ de aluminio (包装等用的)锡箔,锡纸

~ de arroz 米纸

~ de barba 毛边纸

~ de calcar[calco] 描图(透明)纸,摩图纸

~ de cera (油印用的)蜡纸

~ de comercio 商业证券,商业票据

~ de copiar[copias] 〈摄〉印相纸,感光纸

~ de cúrcuma 〈化〉姜黄试纸

~ de China 宣纸

~ de[para] dibujo 绘[制]图纸

~ de desecho 废纸;废纸般的东西

~ de embalaje[embalar] 包装纸

~ de empapelar[paredes] 墙[壁]纸

~ de escribir 信纸

~ de esmeril[lija] 〈金刚〉砂纸

~ de estaño 锡纸[箔]

~ de estraza 粗包装纸,牛皮纸

~ de excusado(~ higiénico) 手[草]纸,卫生纸

~ de filtro[filtrar] 滤纸

~ de fumar 卷烟纸

~ de grasa 防油纸

~ de lija 〈技〉砂纸

~ de mano[tina] 手工纸

~ de música 五线谱纸

~ de pagos 印花税票

~ de periódico 新闻纸

~ de plata ①(包银器的)细白薄纸;②(包糖果等的)锡纸,银箔

~ de seda 薄[棉,纱]纸

~ de tina 手工纸

~ (de) tornasol(~ indicador) 〈化〉石蕊试纸

~ de vidrio 玻璃纸

~ del Estado 公债,政府债券,国库券

~ descontable 可贴现票据,合格商业票据

~ dúplex 双层纸

~ (en) blanco 空白纸

~ enaceitado 油纸

~ encerado (包装等用的)蜡纸

~ engomado 胶纸

~ estucado 上光的美术纸,铜版纸,涂料纸

~ guarro 粗纹图画纸

~ impermeable 防[不透]水纸

~ litográfico 石印纸,平版印刷纸

~ maché 制型板纸;混凝纸浆

~ madera *Cono S.* 本色[未经漂白的]包装纸

~ milimetrado 坐标纸

~ mojado 废纸;无用的文件[条约]

~ moneda 钞票,纸币

~ negociable[transmisible] 可转让票据,流通票据

~ offset 胶印[版]纸

~ oleoso 厚纸,图画纸

~ ondulado 瓦楞纸,波纹纸

~ para impresión tipográfica 凸版纸

~ para máquina de escribir 打字纸

~ para notas 便条纸;信纸[笺]

~ pergamino 羊皮纸;仿羊皮纸

~ pinocho (装饰用的)皱纸

~ pintado 墙[壁]纸

~ plisado 瓦楞纸

~ prensa 新闻纸,白报纸

~ reciclado 再生纸

~ sanitario *Méx.* 手[草]纸,卫生纸

~ satinado 压光纸

~ secante 吸墨纸

~ sellado 有水印的纸

~ sensible〈摄〉感光纸

~ tela 绢,帛

~ timbrado ①(贴有印花税票或印有印花税的)文件;②(没撕开的)整张邮票;③专用信笺

~ transparente 描图(透明)纸,摩图纸

~ vegetal 抗油纸

~ vergé[verjurado] 布纹纸

~ vitela 仿犊皮纸

~ volante 传单

pasta de ~ 纸浆

pasta para ~ 纸浆原材

papelería *f.* 文具店;纸张店

papalero,-ra *adj.* ①纸的;纸张的;造纸的‖ *m. f.* 造纸商;文具商

industria ~a 造纸工业

papeleta *f.* ①纸片[条];索引卡,资料卡;考签;*Amér. C.* 名片;②证书[件];凭证,单据;③选票;④见 ~ de examen

~ de empeño 当票,抵押凭据

~ de entrada 入场券

~ de examen〈教〉①(大学考试的)成绩报告单;②考卷

~ en blanco 空白选票

~ nula 无效选票

papelito *m.*〈电影〉〈戏〉小[次要]角色

papelón *m.*〈电影〉〈戏〉主角,大角色

papera *f.*〈医〉①甲状腺肿;②*pl.* 流行性腮腺炎

papialbillo *m.*〈动〉小斑獴

papila *f.* ①〈解〉乳头[突];乳头状物;②〈解〉视神经乳头;③〈植〉乳突

~ gustativa〈解〉味蕾

papilar *adj.* ①〈解〉乳头[突]状的;长乳突的;②〈解〉视神经乳头的;③〈植〉乳头状突起的

papilectomía *f.*〈医〉乳头切除术

papiledema *m.*〈医〉视(神经)乳头水肿,视盘水肿

papilforme *adj.* 乳头状的

papilionáceo,-cea *adj.*〈植〉有蝶形花冠的;蝶形花科的‖ *f.* ①蝶形花科植物;②*pl.* 蝶形花科

papilitis *f. inv.*〈医〉①乳头炎;②视乳头炎,视神经盘炎

papilocarcinoma *m.*〈医〉乳头状癌

papiloma *m.*〈医〉乳头(状)瘤

~ genital 生殖器湿疣

papilomavirus *m. inv.*〈医〉乳头状瘤病毒

papión *m.*〈动〉狒狒

papiro *m.*〈植〉纸莎草

papiroflexia *f.* 日本折纸术;日本折纸

papo *m.* ①双下巴;②(动物颈下的)垂肉;③(鸟类的)嗉囊

paprika *f.*〈植〉红灯笼辣椒

pápula *f.* ①〈医〉丘疹;疣;②〈植〉乳突状物

papulación *f.*〈医〉丘疹形成

papular *adj.* ①〈医〉多丘疹的;②〈植〉多乳突的

papuloide *adj.*〈医〉丘疹样的

papulopústula *f.*〈医〉丘疹脓疱

papuloso,-sa *adj.* ①〈医〉丘疹状的;②〈植〉乳突状的

paquebote *m.*〈海〉(定期)邮轮,班轮

~ postal 邮船

paquerette *m. fr.*〈植〉雏菊

paquete *m.* ①包,束,捆,包裹;②(计划、措施等)一揽子;③〈信〉组合程序,程序包;④〈海〉(定期)邮轮,班轮;⑤〈医〉(一次)剂量,一剂[服];⑥*Amér. L.*(由旅行社安排一切的)包价旅游

~ accionario 大宗股票

~ bomba 包裹炸弹

~ certificado 挂号包裹

~ de aplicaciones〈信〉(计算机)应用程序包;软件包

~ de datos〈信〉数据包

~ de medidas 一整套措施

~ de negociación 一揽子交易

~ estadístico〈信〉统计程序包

~ postal 邮包

hierro pudelado en ~ 束铁,成束熟铁块,(成捆)熟铁板条

paquete-bomba *m.* 包裹炸弹

paquidactilia *f.*〈医〉指[趾]肥大

paquidermatocele *f.*〈医〉皮肤肥厚松垂症;神经瘤性象皮病

paquidermia *f.*〈医〉皮肥厚

paquidérmico,-ca *adj.*〈动〉厚皮动物的

paquidermo,-ma *adj.*〈动〉厚皮动物的‖ *m.* ①厚皮动物(如象、犀牛、河马等);②厚皮亚门(动物)

paquiglosia *f.*〈医〉舌肥厚,厚舌

paquimeningitis *f. inv.*〈医〉硬脑脊膜炎

paquinema *m.*〈生〉(细胞的)粗线

paquinsis *f.*〈医〉肥厚

paquisandra *f.*〈植〉富贵草属长青地被植物

paquiteno *m.*〈生〉粗线期(指细胞减数分裂前期的第三期,其间配对的染色体变粗并分

裂成单体)

par *adj.* ①〈数〉偶数的；②〈动〉对称的，成对的(器官)；③(在大小、数量、价值、程度、能力等方面)相等的，同样的 ‖ *m.* ①(一)对[双]，(一)副[套，把]；②〈理〉力矩，力偶；(电)线对；③〈建〉(桁架上缘的)杆件，弦杆；④〈数〉偶数；⑤〈体〉(高尔夫球比赛)规定击球次数(18 个穴共 72 次)；⑥[地位、才能、学识等方面]相匹敌的人；⑦相同[水平]，同等 ‖ *f.* ①〈经〉证券票面价值；平价；②*pl.*〈解〉胎盘

~ antagonista 复原力矩
~ de arranque 起动力矩，起动扭[转]矩
~ de electrones 电子对
~ de fuerza 力偶
~ de llamada 恢复力矩
~ de moneda 货币平价
~ de reacción 反应对
~ de sincronización 同步力矩
~ de torsión 扭转力矩
~ de volteo 倾覆力矩
~ magnético 磁力矩，磁力耦合
~ motor 转矩
~ ordenado 序偶；序对
~ resistente 复原力矩
~ termoeléctrico 热[温差]电偶
~ torcido〈电子〉双绞线
medidor del ~ motor 扭矩计，扭力测定仪

para *m.*〈军〉伞兵
paraba *f. Bol.*〈鸟〉鹦鹉
parabarros *m. pl.* (车辆)挡泥板
parabellum *m. inv.* (自动)手枪
parabiósis *f.*〈生〉① 异种共生；②联体生活，并生，并体结合；③间生态
parablasto *m.*〈生〉①卵[蛋]黄；②副胚层
parábola *f.* ①〈数〉抛物线；②抛物面反射器；碗状物
parabólica *f.*〈无〉圆盘式卫星接收天线
parabólico, -ca *adj.* ①〈数〉像抛物线的；②抛物面状的；(天线等)碗状的
bóveda ~a 抛物型拱顶
velocidad ~a 抛物线(轨道运动的)速度
paraboloide *m.* ①〈数〉抛物面；抛物(线)体；②抛(物)面镜；抛物面反射器
~ elíptico 椭圆抛物面
~ hiperbólico 双曲(线)抛物面
parabrisas *m. inv.* (汽车前部的)挡风玻璃，挡风板
paraca *f.* ①〈军〉伞兵；②*And.*〈气〉强海风
paracaídas *m. inv.* ①降落伞；②(巷道用)保险器，空气通路
~ automático 自开降落伞

~ de extremo de ala 翼尖式降落伞
~ de frenado[freno] 减速伞，制动伞
bengala con ~ 伞投照明弹
paracaidismo *m.*〈军〉〈体〉①跳伞法；②降落伞装置
~ acrobático 延缓张伞跳伞(运动)，特技跳伞
paracaidista *m. f.* ①〈军〉跳伞员；伞兵；②特技跳伞(表演)者
paracasena *f.*〈生化〉衍酪蛋白，副酪蛋白
paracentesis *f.*〈医〉放液穿刺术
paracentético, -ca *adj.*〈医〉放液穿刺术的
paracéntrico, -ca *adj.* ①〈医〉旁中心的(眼科用语)；②〈解〉中央旁的
paracetamol *m.*〈药〉扑热息痛，醋氨酚，对乙酰氨基酚
parach *m. Riopl.*〈鸟〉一种小鸟
parachispas *m. inv.* ①火花防护板[消除器，避雷器]；②(烟囱)火星护罩，烟囱罩
parachoques *m. inv.* ①(车辆等的)缓冲器[垫，装置]；保险杆[杠]，防冲器；②〈机〉缓冲器，减震器
~ delantero 前保险杠
~ trasero 后保险杠
paracma; paracme; paracmé *m.*〈医〉衰退期
paracólera *m.*〈医〉副霍乱
paracompacidad *f.* 仿紧密性[度]，仿结实[填充]度
paracónido *m.*〈动〉〈解〉下前尖
paracono *m.*〈动〉〈解〉前尖，上前尖
paracor *m.*〈理〉等张比容
paracromatina *f.*〈生化〉〈医〉副染色质；副核染质
paracromatismo *m.*〈医〉色盲
paracronismo *m.* (尤指迟于正确日期的)年代错误
paracuerda *f.* (克分子)等张比容[体积]
paracusis *f.*〈医〉听觉倒错，错听
parada *f.* ①停，停[终，中]止；停车场；站，车站；②停车，(执行任务的马的)替换组；④〈军〉阅兵队形，阅兵行进，阅兵场；⑤〈乐〉休止；⑥〈体〉(足球等运动中的)救球；⑦河坝；⑧〈农〉配种站；⑨*Per.* 公开市场，农贸市场
~ cardíaca〈医〉心搏停止，心脏停跳
~ de manos〈体〉手倒立
~ de máquinas 停机，故障
~ discreciona(公共汽车等的)招呼站
~ imprevista 故障，事故
~ inesperada〈信〉意外停机
~ nupcial〈鸟〉求偶炫耀行为
distancia de ~ 停[刹]车距离
mecanismo de ~ 隔断器，断开装置

órgano de ～ 制动[制轮]器

potencial de ～ 遏[截]止电势,遏[截]止电位

punto de ～ y de arrastre 制动道岔,安全线道岔

paradesmosa f.〈生〉〈医〉副连丝

paradiafonía f.〈讯〉近端串话[音]

paradiclorobenceno m.〈化〉对二氯苯(用作杀虫剂)

paradigma m. ① 范例,样式;②〈社〉范式

paradigmático,-ca adj. ①范例的;②〈社〉范式的

paradoja f. ①自相矛盾的荒谬说法;②(与通常见解对立的)反论,逆说

～ hidrostática〈理〉流体静压佯谬

paraestatal adj. ①公众[开]的(组织);(活动)半官方的;②半[准]国营的;国家参股的(企业)

parafase f.〈电〉倒相

amplificador de ～ 倒[分]相放大器

parafasia f.〈医〉错语症,言语错乱

parafernalia f. ①(个人的)随身物品;②〈法〉(除嫁妆外)妻子可自由处理的财产

parafia f.〈医〉触觉倒错

parafilia f.〈医〉性欲倒错

parafina f. ①石蜡;硬石蜡;②〈化〉链烷(属)烃,石蜡烃;③石蜡油

～ bruta en escamas 粗石蜡

～ líquida 液态石蜡

aceite de ～ 石蜡油

cera de ～ 固体石蜡

parafinado,-da adj. ①涂过石蜡的;②防水[雨]的

parafinar tr. 涂石蜡于,用石蜡处理

parafínico,-ca adj. ①石蜡族的;②〈化〉链烷烃的

paráfisis f.〈植〉侧丝

parafrenia f. ①〈心〉妄想痴呆;②〈医〉膈周炎

paraganglioma m.〈医〉副神经节瘤,神经节细胞瘤

paraganglios m.pl.〈动〉嗜铬体

parageusia f.〈医〉味觉倒错[异常]

parageosinclina f.〈地〉准[副,陆旁]地槽

parageosinclinal adj.〈地〉准[副,陆旁]地槽的

paragirita f.〈矿〉深红银矿

paragneis f.〈地〉副片麻岩,水成片麻岩

paragnosis f.〈医〉死后诊断

paragnóstico,-ca adj.〈医〉死后诊断的

paragolpes m.inv. Cono S.〈交〉(车辆等的)防冲挡[器],防撞器

paragonimiasis f.〈医〉并殖吸虫病

paragonita f.〈矿〉钠云母

paragotas m.〈技〉〈机〉挡水环,水封

paragrafía f.〈医〉书写倒错,错写

paragranizo,-za adj. 防[驱]雹的 ‖ m. ①防雹布棚;②驱雹器

paraguas m.inv. ①雨伞;伞状物;②阴茎[安全]套;③And.,Cari.,Méx.〈植〉可食用蘑菇;毒蕈,真菌

～ nuclear 核保护伞

～ protecto (比喻政治等方面的)保护伞

paraguay m. ①Par.〈鸟〉鹦鹉;②Col.〈植〉野甘草;③Per.〈植〉玉米须

paraguaya f.〈植〉蟠桃,扁桃

paraguayo m.〈植〉蟠[扁]桃树

paragüey m.Venez. 轭

paraguta m.〈化〉(巴拉格塔)合成树胶

parahemofilia f.〈医〉副血友病

parahepático,-ca adj.〈解〉肝周[旁]的

parahepatisis f.inv.〈医〉肝周炎

parahidrógeno m.〈化〉仲氢

parahipnosis f.〈医〉睡眠异常

parahormona f.〈医〉类荷尔蒙,类激素

parahúso m.〈机〉拉钻

parainfluenza f.〈医〉副流感

paral m. ①杆,柱;顶撑,支柱;②〈建〉(脚手架的)横杆;③〈海〉(船台的)滑道

paraláctico,-ca adj.〈理〉〈天〉视差的

ángulo ～〈星位〉视差角

paralaje f. ①〈摄〉〈天〉视差;②(因观察位置改变而引起的)视差(量)

～ anual 周年视差

～ relativo 相对视差

sin ～ 无视差

paralalia f.〈医〉言语障碍;构音倒错

paraldehído m.〈化〉仲(乙)醛,三聚乙醛

paralela f. ①平行线;②〈电〉并联;③〈信〉并行;④pl.〈体〉双杠

～s asimétricas〈体〉高低杠

paralelepípedo m.〈数〉平行六面体

paralelepipédico,-ca adj.〈数〉平行六面体的

paralelismo m. ①平行(度,性,现象);②对应,类似;③〈信〉并行计算

paralelo,-la adj. ①平行的;②并列的;〈电〉并联的;③类似的,相同的;相对应的;④〈信〉并行的;⑤非官方的,非正式的 ‖ m. ①纬线,(黄)纬圈;②平行;平行线;③并列;④〈电〉并联;⑤〈信〉并行

～ celeste 天球纬圈

barras ～as〈体〉双杠

en ～〈电〉并联(的)

conexión en ～〈电〉并联(线路)

financiación ～a 平行资助,平行集资

importaciones ～as 平行进口商品(指从未获许可证的批发商处以低于生产商所规定的零售价进口购得的商品)

marcha en ～ 并行运行(自动化数据处理)

medicina ～a 另类医学,非传统医学

resonancia ～a 并联谐振

paralelogramo *m.* ①〈数〉平行四边形;长菱形,长斜方形;②平行四边形物

～ de fuerzas 力的平行四边形

paralexia *f.* 〈医〉阅读倒错,错读

paralimpiada *f.* 〈体〉残疾人奥运会,残奥会

paralímpico,-ca *adj.* 〈体〉残疾人奥运会的 ‖ *m. f.* 残疾人奥运会运动员

parálisis *f. inv.* ①〈医〉麻痹(症),瘫痪(症);②停顿,瘫痪

～ agitante[tembloroso] 震颤麻痹

～ cerebral 大脑性麻痹

～ infantil 小儿麻痹症

～ progresiva 脊髓痨,运动性共济失调

paralítico,-ca *adj.* 〈医〉①(似)麻痹的,(似)瘫痪的;②患麻痹症的 ‖ *m. f.* ①瘫痪病人;②麻痹者

paralización *f.* ①停止,中止;阻塞;②〈医〉麻痹,瘫痪;③〈商贸〉不流动,呆滞

paralizador,-ra; paralizante *adj.* ①使麻痹的,使瘫痪的;瘫痪性的;②使停滞[顿]的

parallamas *m.* 灭火器,火焰消除器

paralogismo *m.* 谬误推理;谬论

paraluteína *f.* 〈生化〉副黄体

paramagnet *m. ingl.* 〈理〉顺磁体,顺磁物质

paramagnético,-ca *adj.* 〈理〉顺磁(性)的

resonancia ～a 顺磁谐[共]振

susceptibilidad ～a 顺磁磁化率

paramagnetismo *m.* 〈理〉顺磁性

paramar *m. And., Cari.* 〈气〉刮风下雪的季节

paramédico,-ca *adj.* 与医学有关的;辅助医务的;医务辅助人员的 ‖ *m. f.* 医务辅助人员;护理人员 ‖ *f.* 医学护理,辅助医务

paramento *m.* ①罩饰;②壁毯;帷幔;帘帐;③〈建〉石面;墙面

parametrial *adj.* 〈解〉〈医〉子宫旁组织的,子宫旁的

paramétrico,-ca *adj.* 〈理〉〈数〉参(变)数的,参(变)量的

amplificador ～ 参数[量]放大器

parametrio *m.* 〈解〉子宫旁组织

parametrítico,-ca *adj.* 〈医〉子宫旁炎的

parametritis *f. inv.* 〈医〉子宫旁炎,子宫旁组织炎

parametrización *f.* 〈理〉〈数〉参数化[法]

parámetro *m.* ①〈理〉〈数〉参变数[量,项];②参数,起限定作用的因素

～ crítico 临界参数

～ de retículo 晶格参[常]数

～ efectivo 实际参数

～ estadístico 统计参数

～ preestablecido (计算机)预置参数

～ relativo 相对参数

paramilitar *adj.* ①准军事的;辅助军事的;②(半官方或秘密的)准军事部队的 ‖ *m. f.* 准军事部队成员

paramnesia *f.* 〈医〉记忆倒错

páramo *m.* 荒地;高寒稀疏草原

paramorfo *m.* ①〈矿〉同质异晶体,副像;②〈生〉同质异形体,变种体

paramotor *m.* 动力降落伞

paramuno,-na *adj. And.* 高地[原]的,山地的

paranera *f. Amér. L.* 草场[原,地];牧场[地]

paranéfrico,-ca *adj.* 〈解〉①肾周[旁]的;②肾上腺的

parangona *f.* 〈印〉大三号铅字

paranoia *f.* ①〈心〉妄想狂,偏执狂;②多疑症

paranoico,-ca *adj.* 〈心〉妄想狂的,偏执狂的;多疑的 ‖ *m. f.* 妄想狂患者,偏执狂患者

paranoide; paranoideo,-dea *adj.* ①有妄想狂倾向的,类偏执狂的;多疑的;②妄想型的,偏执型的

paranoidismo *m.* 妄想,偏执

paranormal *adj.* ①超出科学可知范围的,超自然的,超感觉的;②〈医〉轻度异常的

paranuclear *adj.* ①〈医〉核旁的;②〈生〉〈医〉副核的

paranúcleo *m.* 〈生〉〈医〉副核

paranza *f.* (狩猎时的)隐蔽所;埋伏处,伏击处

parao *m. Filip.* 〈船〉大船

paraolimpiada *f.* 〈体〉残疾人奥运会,残奥会

paraolímpico,-ca *adj.* 〈体〉残疾人奥运会的 ‖ *m. f.* 残疾人奥运会运动员

Juegos ～s [P-] 残疾人奥运会

paraparo *m.* 〈植〉南部无患子树

parapente *m.* 〈体〉① 滑翔伞运动[飞行];② 翼伞飞行器;滑翔伞,翼伞

parapentista *m. f.* 〈体〉滑翔伞运动运动员

parapeto *m.* ①〈军〉胸[护,拦]墙,掩体;栏栅[杆],防御物;②〈建〉(屋顶,桥梁,露台等边上的)低矮挡墙

paraplasma *m.* 〈生〉副质

paraplejia; paraplejía *f.* 〈医〉截瘫,下身瘫

parapléjico,-ca *adj.* 〈医〉(患)截瘫的,下身
麻痹的 ‖ *m. f.* 截瘫患者,下身麻痹者
paraproteína *f.* 〈生化〉副蛋白
parapsicología; parasicología *f.* ①〈心〉诡
异心理学,通灵学,心理玄学;②心灵学
parapsicológico,-ca *adj.* ①〈心〉诡异心理学
的,通灵学的,心理玄学的;②心灵学的
paraqueratosis *f.* 〈医〉角化不全(症)
pararrayos *m. inv.* 避雷针[器,装置]
  ~ de capa de óxido 氧化膜避雷器
  ~ de cuernos 角形避雷器
  ~ de punta 梳形避雷器
  ~ electrolítico 电解式避雷器
  varilla de ~ 避雷针
pararrosanilina *f.* 〈化〉副品红碱,副玫瑰
红,副蔷薇苯胺
paraselene *f.* 〈气〉幻月,假月(一种淡色的月
晕)
parasimpático,-ca *adj.* 〈解〉副交感神经的
‖ *m.* 副交感神经
parasinapsis; parasíndesis *f.* 〈生〉(染色体
的)平行联会;平行配合
parasitario,-ria; parasítico,-ca *adj.* ① 寄
生的,寄生生物似的;②(疾病等)由寄生生
物引起的
parasiticida *f.* 杀寄生虫药
parasitismo *m.* ①〈生〉寄生;寄生现象;②
〈医〉寄生物感染;③寄生(生活方式),寄生
行为
parásito,-ta *adj.* ①寄生的,寄生生物(似)
的;②〈无〉(大气)干扰的 ‖ *m.* ①〈生〉寄生
生物;②(附着在其他植物或墙上生长的)攀
附植物;③ *pl.* 〈无〉天电,大气干扰(指闪电
等时大气放电对无线电接收设备造成的杂
音等干扰) ‖ *m. f.* 寄生虫(指过寄生生活
的人)
  ~ atmosférico (无线电的)大气干扰噪声
  ~ de la sociedad 社会寄生虫
  capacidad ~a 寄生电容
  oscilaciones ~as 寄生振荡
parasitoide *f.* 拟寄生物
parasitología *f.* 寄生物学,寄生虫学
parasitólogo,-ga *m. f.* 寄生物学家,寄生虫
学家
parasitosis *f. inv.* 〈医〉寄生物病,寄生虫病
parasol *m.* ①阳伞;②〈植〉伞形花序;③〈摄〉
遮光罩;物镜遮光罩;④(汽车上的)遮阳板
parástade *m.* 〈建〉副柱
parastiquia *f.* 〈植〉①斜列线;②斜列线式数
叶排列
parata *f.* 〈农〉梯田
parathormona *f.* 〈生化〉甲状旁腺(激)素
paratífico,-ca *adj.* 〈医〉副伤寒的 ‖ *m. f.*

副伤寒患者
paratifoidea *f.* 〈医〉副伤寒
paratifoideo,-dea *adj.* 〈医〉副伤寒的;伤寒
样的
paratión *m.* 〈化〉对硫磷,拍拉息昂,硝苯硫
磷酯,一六五(杀虫剂)
paratiroideo,-dea *adj.* 〈解〉甲状旁腺的;甲
状腺旁的
paratiroides *f.* 〈解〉甲状旁腺
paratiroidectomía *f.* 〈医〉甲状旁腺切除术
paratiroidoma *m.* 〈医〉甲状旁腺瘤
paratopes *m. inv.* 〈交〉(火车上的)缓冲器
paratorpedos *m.* 防鱼雷网
paratrófico,-ca *adj.* (活物)寄生的;偏寄生
营养的
paratuberculosis *f.* 〈医〉副结核病;类结核病
paraulata *f. Venez.* 〈鸟〉灰鸫
paraurdimbres *f.* 〈纺〉断经自停装置,经停
装置
paravanes *m.* 〈军〉扫雷器,防水雷器,破雷卫
paravientos *m.* 风挡,挡风板
paraxial *adj.* 〈动〉〈解〉轴旁的
parazoo *m.* 〈动〉侧生动物(即海绵动物)
parcha *f. Amér. L.* 〈植〉西番莲
  ~ granadilla 鸡蛋果
parchazo *m.* 〈海〉帆对桅杆的猛烈撞击
parche *m.*; **parcho** *m. Cari.* ①〈补丁[片];
贴片;(保护病伤眼睛用的)眼罩;②〈医〉泥
罨剂,膏药;*Chil.* 橡皮膏,护创膏;③〈乐〉
鼓面
  ~ de nicotina (戒烟用的)尼古丁贴片
parcheo *m.* 临时解决[应急]的办法
parchita *f. Cari.* 〈植〉西番莲子,鸡蛋果
parcial *adj.* ①部分的,不完全的;②〈植〉局
部的,个别的;③〈数〉〈天〉偏的;④有偏见
的,偏袒的
  eclipse ~ 〈天〉偏食(尤指日偏食)
  examen ~ 〈教〉期中考试
  imagen ~ 分像图
  juicio ~ 不公正裁决
  parálisis ~ 部分[局部]瘫痪
parcómetro *m.* 汽车停放计时器,汽车停放收
费计
pardal *m.* ①〈鸟〉麻雀,家雀;②〈鸟〉红雀(即
朱胸朱顶雀);③〈植〉乌头;④〈动〉豹
pardillo *m.* 〈鸟〉红雀(即朱胸朱顶雀)
pardo *m.* 〈动〉豹
pared *f.* ①〈建筑物,房间等的)墙,壁;间隔
层;②〈解〉(内,器)壁;③〈体〉(登山运动中
的)陡坡
  ~ abdominal 腹壁
  ~ aislante 隔离墙
  ~ arterial 动脉壁

~ celular〈生〉细胞壁

~ de asta entera 双层墙

~ de la cuba 细胞壁

~ de ladrillo 砖墙

~ de media asta 单墙

~ diatérmana〈理〉透热墙

~ divisoria 分隔墙

~ en escarpa 护坡墙

~ insonora 隔音墙

~ interior 内壁,内衬

~ maestra 主墙,承重墙

~ medianera 隔墙,间壁

paredón *m*. ①〈建〉厚壁,高墙;防护墙;②（垂直)岩面;③(遗址的)残墙断壁

paregoria *f*.〈药〉止痛药

paregórico,-ca *adj*.〈药〉止痛的 ‖ *m*. 止痛剂

pareja *f*. ①一对,一双,一副;(由两个相同部分组成的)一条,一把;②(夫妻,情侣)一对;③伙伴,同伴,搭档;配偶(指夫或妻);④*Amér. L.*〈动〉(一起拉车或拉犁的)一组役[耕]畜,(同轭的)一对牛

~ abierta（允许婚外性关系的)开放婚姻

~ de baile 舞伴

~ de hecho 未婚夫妻

~ estable 固定搭档

~ reproductora〈鸟〉繁殖伴侣

parejo,-ja *adj*. ①一样的,相同的;②*Amér. L.* 水平的,平整的;③(地,地面)平坦的

paremiología *f*. 谚语学

parénquima *m*. ①〈动〉〈解〉实[主]质;②〈植〉薄壁组织

parenquimatoso,-sa *adj*. ①〈动〉〈解〉实质的,主质的;②〈植〉薄壁组织的

parenquímula *f*.〈动〉实胚,实囊体

parenteral *adj*.〈生理〉肠胃外的,不经肠的,非肠道的;注射用药物的

inyección ~ 静脉注射

paréntesis *m. inv*.〈印〉圆括号

~ angulares 尖角括号

~ cuadrados 方括号

pareo *m*. ①超小游泳裤;②匹[相]配;结成配偶;③〈动〉配对,交配

paresia; paresis *f*.〈医〉①轻瘫,不全麻痹;②麻痹性痴呆

parestesia *f*.〈医〉感觉异常(指皮肤上无客观原因的痒、刺痛、蚁走感、烧灼感等异常感觉)

pargasita *f*.〈矿〉韭闪石

parhelia *f*.; **parhelio** *m*.〈气〉幻日;假日

parhélico,-ca *adj*.〈气〉幻日的;幻日似的

parhilera *f*.〈建〉栋梁[木],屋脊梁

parias *f*.〈解〉胎盘

parición *f*. ①(牲畜的)产仔期;②分娩,生产

paricnos *f*.〈植〉通气道

paridad *f*. ①相同;对[相]等;②对比[照];③〈经〉比价;平价;票面价值;④〈信〉奇偶校验;⑤〈数〉奇偶性;⑥〈理〉宇称(性)

~ adquisitiva 购买力平价(两种货币的兑换率以其购买的比较为基础)

~ cambiaria 外汇平价,(法定)汇兑平价

~ competitiva 竞争均势

~ de cremallera 蠕动比价

~ fija 固定平价

~ impar/par 奇/偶宇称性

~ monetaria 货币平价

~ oficial 法[官]定平价

~ oro 金平价

paridera; paridora *adj*.〈动〉繁殖力强的

párido,-da *adj*.〈鸟〉山雀科的 ‖ *m*. ①山雀;②*pl*. 山雀科

parietal *adj*. ①墙(壁)的;②〈植〉周壁[缘]的;侧膜的;③〈解〉腔[体]壁的;顶骨的 ‖ *m*.〈解〉顶骨

parietaria *f*.〈植〉药用墙草

paries *m*.〈生〉壁

parima; parina *f. Arg*.〈鸟〉一种红鹳

paripinada; paripinnada *adj*.〈植〉(复叶)偶数羽状的

parisiena *f*.〈印〉五点铅字

paritario,-ria *adj*. ①同等的,相匹敌的;②同辈的

comisión ~a 劳资协商委员会

grupo ~〈社〉同辈群体,同年龄群体

parka *f*. (登山运动员等穿的)派克式外套

parkerización *f*.〈化〉金属表面磷化;磷酸防蚀处理

parking *m. ingl*. ①停[泊]车;准许停车;②停车场地

Parkinson; párkinson *m*.〈医〉帕金森氏病,震颤(性)麻痹

enfermedad de ~ 帕金森氏病

parkinsonismo *m*. ①帕金森氏综合征,震颤(性)麻痹;②帕金森神经机能障碍

parlamentarismo *m*. 议会政体;议会制度

parlamento *m*. ①议会,国会;议会两院;②〈军〉会谈,谈判

~ autónomo 地方议会;*Esp*. 自治区议会

~ Europeo [P-] 欧洲议会(欧盟的立法机构)

parlana *f. Amér. C.*〈动〉海龟;玳瑁;鳖;甲鱼

parlante *m. Amér. L.* 扩音[扬声]器,喇叭

paro *m*. ①〈鸟〉山雀;山雀属;②停[罢、歇]工;停[中]止;③失业(现象);④(由国家或工会支付的)失业救济金,失业津贴

~ biológico 临[暂]时禁捕(渔业用语)

~ carbonero 大山雀

~ cardíaco 〈医〉心搏停止,心脏停跳

~ cíclico 周期性失业

~ del sistema 〈信〉系统停止

~ encubierto ①就业不足,不充分就业;②未按专长受雇

~ estacional 季节性失业

~ estructural 结构性失业

~ forzoso 被迫停工

~ involuntario 解雇

~ laboral 罢工

~ técnico ①(机器等运行时的)技术性中断;②技术性失业

parodia f. 〈乐〉模仿作品(通常指对严肃作品嘲弄性的模仿)

parolimpiada f. 〈体〉残疾人奥运会,残奥会

parolímpico,-ca adj. 〈体〉残疾人奥运会的 ‖ m.f. 残疾人奥运会运动员

paroniquia f.inv. 〈医〉甲沟炎

paroniquiáceo,-cea; **paroniquieo,-quiea** adj.〈植〉石竹科的 ‖ f. ①石竹科植物;② pl. 石竹科

paroóforon m. 〈解〉卵巢体

parótida f. ①〈解〉腮腺;② pl.〈医〉腮腺炎

parotidectomía f. 〈医〉腮腺切除术

parotiditis f.inv. 〈医〉腮腺炎

parotidosclorosis f. 〈医〉腮腺硬变

parovario m. 〈动〉〈解〉卵巢冠,旁卵巢

parovaritis f.inv. 〈医〉卵巢冠炎

paroxismal adj. 〈医〉①突发性的,阵发性的;②〈医〉发作性的

paroxismo m. ①〈医〉发作,阵发;②(感情等的)突发

~ histérico 歇斯底里的反应,癫狂举动

párpado m. 〈解〉眼睑;眼皮

~ doble 双眼皮

parque m. ①公园;园地;②(器材的)存放处;停放场,堆放场;③(统一指挥下的或在一起活动的)车队;④ Méx.〈军〉弹药,军火;军需库;⑤ Amér. L.〈机〉设备,器材[具]

~ acuático 水上乐园

~ automovilístico 小汽车队

~ botánico 植物园

~ central Méx. 市镇广场

~ científico-tecnológico 科技公园

~ de artillera 炮兵器械场

~ de atracciones 露天游乐场

~ de aviación 飞机场

~ de bombers 消防站

~ de diversiones 游乐园,游艺场

~ de estacionamiento (道路以外的)停车场,停车区

~ de incendios 消防器材

~ empresarial 工业园区

~ industrial científico 科学工业园区

~ infantil 儿童游乐场

~ nacional 国家公园;国家自然保护区

~ natural 自然保护区

~ sanitario 卫生器具

~ subacuástico 水下公园

~ tecnológico 科技园区

~ temático 主题乐园

~ zoológico 动物园

parqué; **parquet** m. fr. ①〈建〉镶木[拼花,席纹]地板;②见 el ~
el ~ 交易厅[场];股票[证券]市场,股票[证券]交易所

parqueadero; **parqueo** m. Amér. L. 〈交〉(道路以外的)停车场,停车区

parquímetro m. 汽车停放计时器,汽车停放收费计

parra f. 〈植〉①葡萄藤[蔓,架];②葡萄属植物;攀缘藤本植物

~ cimarrona Antill. 加勒比葡萄

~ de Corinto 无籽葡萄

~ virgen 五叶地锦

parragón m. (用于鉴定银含量的)标准银棒

parral m. ①〈农〉葡萄架;②葡萄园

parricidio m. 〈法〉弑亲罪,弑尊长罪

parrilla f. ①〈交〉(车辆等的)散热器护栅;②〈体〉(赛车前车的)出发点;(赛马前各马站位的)单间马房;③ Amér. L. 车顶上的行李架;④(自行车的)置物架

parriza f. 〈植〉野葡萄

parroqiano,-na m.f. 〈商贸〉主顾,顾客

parsec; **pársec** m. 〈天〉秒差距(一秒差距,等于3.26光年)

parte f. ①部分,局部;②(辩论、交易、谈判等的)(一)方,当事人;③…分之一,等分;④〈数〉整除部分;部分分数;⑤(事物的)部[侧]面;⑥(剧中的)角色;台词;⑦〈歌舞、戏剧团体的)演员;⑧〈解〉(身体的)器官,部分;pl. (人的)生殖器;⑨〈体〉(球类比赛等的)半场[时];⑩部[零,元]件;Méx. 备件 ‖ m. ①报告;通知;②〈军〉通报,简报;③〈无〉简明新闻,最新消息;④电文,电报

~ actora 〈法〉起诉人,原告

~ acusadora 〈法〉原告及其律师

~ alicuanta 〈数〉非整除数

~ alícuota 〈数〉整除数

~ compradora/vendedora 买/卖方

~ contraria 〈法〉(诉讼的)对方

~ de alta 就职[业]证书

~ de baja (laboral) ①医生所作的病史记录;②离职证书

~ de defunción 死亡证书

~ de luto *Chil.* 讣告

~ de por medio 〈戏〉配角演员

~ del león (不公平分配中的)大份

~ del mundo 〈地〉洲

~ facultativo[médico] 病情公告

~ ganadora en el litigio 胜诉方

~ imaginaria 〈数〉虚数部分

~ interesada 有关方面

~ litigante 〈法〉诉讼方

~ meteorológico 天气预报,气象报告

~ negociadora 谈判方

~ real 〈数〉实数部分

~s íntimas[pudendas, vergonzosas] 〈解〉(人的)外生殖器,阴部

~s sociales (公司)合股部分

primera/segunda ~ 〈体〉上/下半场

parteaguas *m. inv.* 分水岭

~ continental 大陆分水岭

parteluz *m.* 〈建〉(窗扇间的)直棂,竖框

partenaire *m. f. fr.* 合作者,合伙人,搭档

partenocarpia *f.* 〈植〉单性结实

partenogamia *f.* 〈生〉单性核配

partenogénesis *f. inv.* 〈生〉孤雌生殖

partenogenético,-ca *adj.* 〈生〉孤雌生殖的

partenogonidio *m.* 〈生〉孤雌生殖细胞

partenospora *f.* 〈植〉非接合子;无配合子,单性孢子

partenueces *m. inv.* 轧坚果钳,核桃钳

partero,-ra *m. f.* 〈医〉①接生员,助产士;②*Méx.* 产科医师;妇科学家

parterre *m.* ①花圃[坛];花园;②*pl.*〈戏〉(剧场的)正厅前座区

partible *adj.* 可分的;(尤指财产、遗产)可分割的

partición *f.* ①分(开);分割;②瓜[划]分,分割;③〈数〉除〈法〉;划分;④〈信〉(硬盘)分区

participación *f.* ①参加[与];②分摊;分享;③股份[本];入股;④(彩票中的)分彩票

~ accionarial 股份[本];股权

~ electoral 投票人

~ en el mercado 市场份额,市场占有率

~ en los beneficios 收益分摊[配]

~ en los costos 成本分摊

~ en personal 人员出资

~ en una inversión 合伙投资

~ minoritaria 少数股权,无控制权的股份

~ neta 净权益

participante *m. f.* 〈体〉参加竞赛者,参赛者

participativo,-va *adj.* ① 参与[加]的;积极参加的;②吸引参与的

democracia ~a 公民参与决策的民主;分享民主制

partícula *f.* ①微[颗,粉]粒;②极小量;③〈理〉粒子,质点

~ aislante 绝缘质点,介质粒子

~ alfa α粒子

~ atómica 原子[基本]粒子

~ beta β粒子

~ cargada 带电粒子

~ elemental ① 基本粒子;②氧化体

~ energética 高能粒子

~ fundamental 基本料子

~ subatómica 亚原子粒子

particulado *m.* 微粒;颗粒,粒子

particularidad *f.* ①特殊性;特征;②特性[质],独特性

partida *f.* ①证书;登记证;②入账;(会计的)款项,项[账]目;(预算的)项目;③(商品的)宗,批;④(棋牌游戏等的)一场[盘,局];⑤(棋牌游戏等中的)搭档

~ bautismal 受洗证书

~ de campo 成队郊游

~ de caza 结队出猎

~ de crédito/débito 贷/借方项目

~ de defunción 死亡证书

~ de matrimonio 结婚证书

~ de nacimiento 出生证

~ doble 复式簿记[记账]

~ invisible/visible 无/有形项目

~ simple[sencilla, única] 单式簿记[记账]

carta de ~ 租船契约[合同]

partidillo *m.* 〈体〉练习比赛

partidismo *m.* 党派性;党派行为,党派偏见;派性

partido,-da *adj.* ①(被)分开的;裂开的;垂直对分的;②〈植〉(叶子)深裂的 ‖ *m.* ①党,政党,党派;②〈体〉比赛,(比赛的)场,局,盘;③*And.*,*Cari.* 土地收益分成制

~ amistoso 友谊赛

~ de casa (体育比赛)在本地[主队]球场举行的比赛,主场比赛

~ de desempate 重新举行的比赛,重赛

~ de dobles (网球等的)双打比赛

~ de exhibición 表演赛

~ (de) homenaje 义赛

~ de ida 客场赛

~ de vuelta ①回访比赛;②(同两个对手之间的)重赛

~ de la oposición 反对党

~ en casa 主场赛

~ fuera de casa 外出比赛,客场赛

~ internacional 国际比赛
~ político 政党
~ Verde［P-］绿党(一关注环保的政党)
hoja ~a〈植〉深裂叶
sistema de ~ único 一党制

partidor *m.* ①分割[隔]物；②分割器,破碎器；③〈农〉(灌溉的)分水工程；④〈数〉除数,约数

partija *f.* 分割；分开

partitivo,-va *adj.* 分隔的；划分的

partitura *f.* 〈乐〉总谱；(总谱中的)乐[歌]曲

parto *m.* ①〈医〉分娩,生产；②〈动〉产仔；③创作
~ del ingenio 脑力劳动的产物
~ doble 双胎产
~ múltiple 多胎产
~ natural 自然分娩
~ prematuro 早产
~ provocado 引产
~ sin dolor 无痛分娩
ante ~〈医〉分娩前
post ~〈医〉分娩后

parturición *f.* 〈医〉分娩,生产

parturienta *f.* 产妇

parvada *f. Amér. L.* 一窝(禽,鸟)

parvifoliado,-da *adj.* 〈植〉小叶子的

parvolina *f.* 〈化〉杷沃啉,二乙基吡啶

parvovirus *m. inv.* 〈生〉细小病毒

pas *m.* 〈化〉对氨基水杨酸,派司粉

pasa *f.* ①葡萄干；②(浅滩间的)航路[道],水路
~ de Corinto 无核葡萄干
~ de Esmirnas 无核小葡萄

pasabola *f.* (台球的)反弹球

pasabombas *m.* 榴弹校准器

pasacana *f. Arg.,Col.* 〈植〉球果,刺果

pasacasete；**pasacassette** *m. Amér. L.* 盒式录音磁带

pasacólica *f.* 〈医〉阵发性腹痛,绞痛

pasacorrea *f.* 〈机〉移带[相]器

pasadera *f.* ①(供人过河的)踏脚石[板]；②〈交〉人[步]行桥

pasadillo *m.* 〈缝〉双面绣

pasadiscos *m. inv. Amér. L.* 电唱机

pasadizo *m.* ①(内部的)走廊,过道；②〈交〉(街道间的)通道[路]

pasador *m.* ①(过滤或淘洗食物用的)笊；滤器；(茶叶的)滤网；②〈技〉滤器；③〈机〉插销,销子；螺栓[钉,柱,杆]；④(用于固定的)领带夹,领扣,裙钩；⑤发夹；⑥ *pl.* (衬衫的)袖口链扣；鞋带；⑦〈海〉接索器
~ central 中心销[轴],中心销中枢[球端心轴]

~ de bisagra[charnela] 连接销,接合针
~ de bucle 带环螺栓
~ de cadena 链销
~ de cizallamiento[seguridad] 安全销
~ de detención 防松[制动]销
~ de eje 车轴销,制轮楔
~ de grillete 关节销,钩销,(万向)接头插销
~ de madera 木楔[栓,桩,销]
~ de retención 有眼螺栓
~ de sujeción 固定销
~ dentado 棘[地脚]螺栓
~ hendido 开尾[口]销
tornillo de ~ 插销[环首]螺栓

pasaje *m.* ①通[穿,经]过；横渡；②海峡；③船[飞机]票；*Amér. L.* 火车票；④通行费[税]；⑤(船、飞机上的)乘[旅]客；⑥〈建〉过[通]道;拱廊；⑦〈解〉道；⑧〈乐〉经过句,段落；⑨*And.* (大城市贫民区里供多户)分租的房屋,经济公寓
~ de ida y vuelta 往返票
~ electrónico 电子机票

pasajero,-ra *adj.* ①(时间)短暂的,暂时的；②〈环〉〈鸟〉过路的；迁徙的
ave ~a 候鸟

pasajuego *m.* 〈体〉(球类运动中的)传球

pasamanera *f.* ①金银线镶[穗]边,珠饰；②金银线镶边业[作坊,工艺]

pasamano *m.*；**pasamanos** *m. inv.* ①〈建〉(栏杆,楼梯等的)扶手；②*Cono S.* (渡船等的)舷侧通道；③〈缝〉穗[饰]带

pasamontañas *m. inv.* (包头护耳、长及肩部的)盔式帽；(只露眼睛和嘴的)滑雪帽

pasamuros *m. inv.* 〈电〉套管

pasante *m. f.* ①见习[实习]员；助手；②〈法〉培训律师；③〈教〉(学校的)助教,辅导教师；家庭[私人]教师
~ de pluma 见习律师

pasaperro *m.* 〈印〉细绳穿订,线装(一种装订方法)

pasaporte *m.* 护照；通行证
~ colectivo(~ del grupo) 集体护照
~ de comerciante 商人护照；商务护照
~ de estudiante 学生护照
~ de extranjero 外国人护照
~ de marinero 海员护照
~ de refugio 难民护照
~ de residente de ultramar 侨民护照
~ de servicio 公务护照
~ de servicio laboral 劳工护照
~ del buque 海上通行证；船舶护照
~ de un grupo de jóvenes 青年人团体护照

～ de un grupo de funcionarios 集体官员护照

～ de viaje 旅行护照

～ diplomático 外交护照

～ diplomático del niño 外交儿童护照

～ electrónico 电子护照

～ especial 特别护照

～ oficial 官员护照

～ protector 保护性护照

～ provisional 临时护照

～ regional 地区护照

～ para asuntos oficiales[públicos] 因公护照

～ para asuntos privados 因私护照

～ para persona sin nacionalidad 无国籍护照

anotación del ～ 护照的加注

anulación del ～ 护照的作废

pasapuré m.; **pasapurés** m. inv. 〈机〉食品手工碾磨[粉碎]机

pasarela f. ①〈交〉人[步]行桥；②〈戏〉天桥（舞台上方设置的狭窄通道）；舞台前沿；③〈海〉舷梯；步桥，跳板；④入口，通路；⑤门框；（大门上方的）门楼；⑥〈信〉网关

～ telescópica 机场通[走]道；旅客登机桥[梯]

pasaríos m. Méx. 〈动〉一种蜥蜴

pasatodo m. 〈电〉全通

pasavante m. 〈商贸〉货物准行证

pascal m. ①〈理〉帕斯卡（压强单位，1 帕＝1 牛顿/米²）；②[P-]〈信〉（训练用）PASCAL 语言

pascícola adj. 放牧的，放牧法的

pase m. ①通行证；②〈法〉执照，特许证；③〈电影〉放[上]映；④〈商贸〉许可证；过账；⑤〈体〉传球；⑥毒品走私；Amér. L. 毒品的一次注射量

～ al mayor 过账

～ adelante 向前传球

～ (hacia) atrás （传给球门员的）回传球

～ de embarque 登机牌[卡]

～ de favor 安全通行权[证]，通行许可证

～ de lista 〈军〉点名（信号，时间）；名单，登记表

～ de modas[modelos] 时装展

～ de prensa 记者通行证

～ de temporada 〈戏〉〈乐〉季[月]票，长期票

～ financiero 互惠（外汇）信贷

～ pernocta 〈军〉有效期为一夜的通行证

～ salteado 逃避过账

paseo m. ①散步；远足；②散步场所（如林荫大道等）；③短距离

～ a caballo 骑马兜风

～ cívico Méx. 喜庆节日的庆祝行列[队伍]；国庆检阅游行

～ de vigilancia 巡视，巡逻

～ en barco 坐船出行

～ en bicicleta 骑自行车兜风

～ en coche 驾车兜风

～ espacial 太空行走，航天舱外活动

～ por la naturaleza （乡间或森林中）通向自然景点的小径

～ marítimo 乘船游览

paseriforme adj. 〈鸟〉雀形目的 ‖ m. ①雀形目鸟；②pl. 雀形目

pasiflora f. 〈植〉西番莲

pasillo m. ①走廊，过道；②〈戏〉幕间短剧

pasionaria f. 〈植〉西番莲；西番莲的花

pasividad f. ①被动性；消极性；消极状态；②〈化〉钝态[性]；③〈电〉〈理〉（电子元件等）的无源性

pasivo,-va adj. ①被动的，消极的；②〈化〉钝态[性]的；③〈电〉〈理〉（电子元件等）无源的；④养老的，抚恤的 ‖ m. 〈商贸〉负债，债务

～ absorbido 承担负债，盘入负债，代人承担负债

～ acumulado 应计负债

～ circulante[corriente] 流动[短期]负债

～ contingente 不确定的债务，或有债务

～ convertible 未付可换债务

～ declarado 账面负债

～ devengado 应计负债

～ diferido 递延负债，延期负债

～ flotante 流动负债

～ patrimonial 固定负债，资本负债

～s varios 杂项负债

factor ～ 消极因素

pasmo m. 〈医〉①受寒，着凉；②伤风，感冒；破伤风；③Amér. L. 发热[烧]

paso,-sa adj. 无水分的，（晒）干的 ‖ m. ①经[穿，通，走，驶，渡]过；②道路；〈建〉通道；③〈海〉海峡；④〈地〉（山坳）通道；山口；⑤步子[伐]；脚步；步行；⑥脚印，足迹；舞步；⑦（人的）步态；（马的）步法；⑧（电机、计算器等的）跳动（一次）；⑨节奏，速率；⑩（一步的）距离；⑪（梯，等）级，阶；⑫〈教〉（学生的）升级；⑬〈技〉〈机〉螺距；节距；孔道；⑭〈戏〉短剧，幕间节目；⑮〈体〉走步（犯规）

～ a desnivel 立交桥，上跨立体交叉，高架公路

～ a nivel 水平[平面]交叉（道路）

～ alto 高通（滤波器）

～ bajo 低通（滤波器）

~ cíclico 周期螺距
~ constante 固定螺距
~ corto ①小螺距;②〈军〉(行军)小步
~ de banda 带通
~ (de) cebra 斑马纹人行横道
~ de conmutación 机键[转换]级
~ de devanado 绕组[圈]节距
~ de dos vías 双通道
~ de (la) oca 〈军〉正步走
~ de mensajes 报文[消息]传送
~ de parámetros 参数传递
~ de peatones 人行横道,人行过街道
~ de testigo 〈信〉权标[令牌]传递
~ de tornillo 螺距[节]
~ de trabajo 〈信〉作业步
~ de una cadena 链节距
~ de velocidades 变速,换挡
~ doble 进行曲
~ eficaz 有效螺距
~ elevado 高架[立体,上跨]交叉
~ franco[libre] 安全(畅通)道路
~ inferior (立体交叉的)下穿桥,跨线桥
~ largo ①大[粗]螺距;②(行军)大步
~ lento (行军)慢步
~ ligero (行军)急步
~ navegable 航道
~ nulo (螺旋桨的)低螺距
~ óptico 〈理〉光程
~ polar (磁)极距
~ reversible 反螺距
~ subterráneo 地下通道
~ superior 天[旱,跨线]桥
~ variable 可变节距,可调变距
ciruela ~a 李子干
errores en el ~ 齿[螺]距误差
uva ~a 葡萄干
vía de ~ 直通通道

pasoso,-sa adj. ①Amér. L. 有孔的,多孔的;可渗透的;能吸收(水、光、热等)的;②And.〈医〉触染性的;触染的

paspa; paspadura f. 皲裂[裂开]的皮肤

paspartú m. 框边;衬[饰]边

pasquín m. 墙上招贴

pasta f. ①糊,浆,酱,膏;糊[浆,酱,膏]状物;②纸浆;③〈印〉(制封面的)厚纸板
~ activa (蓄电池)活性材料
~ antideslizante para correas (鞣革用)皮带油
~ cementicia 水泥浆
~ de carne 肉酱
~ de celulosa[madera] 木浆(造纸原料)
~ de cierre 封口胶
~ de dientes(~ dentífrica) 牙膏

~ de papel (造纸用)纸浆
~ de soldar 焊剂
~ española 皮面精装
~ italiana 薄皮面精装
~ quebrada 脆皮油酥
libro en ~ 硬封面书,精装本
media ~ 半皮面装订

pastaje m. Amér. C. ,And. ,Cono S. ①牧草地,牧场;②〈植〉牧草

pastal m. Amér. L. 见 pastaje

paste m. 〈植〉①C. Rica ,Hond. 丝瓜;②Hond. 丛生铁兰

pasteca f. 〈海〉扣绳滑轮,开口滑车

pastel m. ①糕饼[点],馅饼;②〈画〉彩色粉笔,蜡笔;③〈植〉菘蓝;④〈印〉(版面或字行的)散乱,错乱;油墨过重;废字;⑤〈军〉(根据地形地势修建的)异形工事,无定形工事
~ de boda 结婚蛋糕
~ de carne 肉馅饼
~ de crema 奶油蛋糕
~ de cumpleaños 生日蛋糕
pintura al ~ 蜡笔[粉彩]画

pastelista m. f. 〈画〉蜡笔[粉彩]画家

pastelón m. Cono S. 大块铺路石

pasterizar; pasteurizar tr. (对牛奶、啤酒等)进行巴氏消毒

pasteurización f. ①巴氏消毒法,低温消毒法;②(对鲜果、生鱼等的)γ射线消毒法

pasteurizador m. 巴(斯德)氏灭菌[消毒]器

pastiche m. fr. ①(音乐的)集成曲;(美术等的)混成作品;②风格模仿曲;模仿画[作品]

pastilla f. ①〈医〉药片,片剂;药丸,锭剂;②(女用)口服避孕药;③片状器件;④〈信〉集成电路片,集成块;微(型)电路
~ de freno 刹车皮[片]
~ de fuego (生炉子的)引火物
~ de herramienta 刀尖[头],刀片
~ de silicio 〈电子〉硅(基)片
con ~ de carburo (头上镶有碳化物)硬质合金的

pastilloterapia f. 〈医〉药物治疗

pastinaca f. 〈植〉①欧洲防风,欧洲萝卜;②欧洲防风根,欧洲萝卜直根;③类欧洲防风,类欧洲萝卜

pastizal m. 牧草地,牧场

pasto m. ①〈农〉放牧;②牧场;牧草;饲料;③Amér. L. 草坪[地]
~ espiritual 精神食粮
~ seco 干饲料
~ verde 青饲料

pastor,-ra m. f. 〈农〉牧羊人;牧牛人‖ m.

〈动〉牧羊犬

~ alemán[alsaciano] 德国牧羊犬,阿尔萨斯狼狗

~ escocés 粗毛牧羊犬

perro ~ （保护羊群的）牧羊犬

pastoreo m. ①草场;草地上的牧草;②放牧;放牧法

pastoría f. ①放牧,②放牧业

pastura f. ①牧场;②食物,饲料;牧草

pasturaje m. ①公共牧场;②放牧税

pat m. （高尔夫球的）转击;转击入穴,推球入洞

pat. abr. patente 见 patente

pata f. ①〈动〉腿,脚,蹄,爪;②（人的）腿;③（支柱);（家具的）腿

~ de agarre 制块

~ de araña （滑）油槽,油沟[道]

~ de cabra 撬棍[杆,杠],铁橇,起货钩

~ de gallo ①〈纺〉〈布上的）犬牙格子花纹;②后挡[插]板,护板

~ de ganso 系船[缆]柱;限动器[物]

~ de liebre 翼轨

~ de oleoneumática 油液空气减震柱,油减震柱

~ de palo （木制）假腿

~ de rana （潜水时缚在脚上的）脚蹼,鸭脚板

~ hendida 〈动〉分趾蹄,偶蹄

~ telescópica （可)伸缩柱

~s de araña 十字形油槽

~s de gallo 眼角皱纹

patabán m. Cub. 〈植〉假红树

pataca f. 〈植〉菊芋,洋姜

patache m. 〈船〉(尤指在浅水河道航行的）平底船

patacho m. Cono S. 〈船〉平底船

patagio m. ①〈鸟〉翅膜;②〈昆〉(鳞翅目昆虫的）领[翅基]片;③〈动〉(飞鼠等的）飞[翼]膜

patajú m. Amér. L. 〈植〉旅人蕉

pataleta f. 〈医〉昏迷,昏厥,惊厥

patanco m. Cub. 〈植〉绵毛毒刺掌

patao m. Cub. 〈动〉银鲈

patarráez m. 〈海〉支索护索

patata f. 〈植〉①马铃薯,土豆,洋芋;②甘薯,山芋,白薯

~ caliente 烫手山芋(指难以处理的事情或棘手的问题)

~ de siembra 种用马铃薯

~s deshechas 土豆泥

~s dulces 甘薯

~s fritas 炸薯条(片)

~s nuevas (本季作物中)最早收获的土豆,时鲜土豆

~s tempranas 时鲜土豆

patatal; patatar m. 〈农〉马铃薯地;土豆地

patatera f. 〈植〉土豆植株

patatús m. （疾病）发作;昏厥,昏倒;歇斯底里发作

patchouli; patchuli m. 〈植〉广藿香

pate m. Hond. 〈植〉刺桐

pateador m. 〈体〉(足球、橄榄球等运动中的）踢劈弹球[定位球,抛踢球]的队员

patela f. ①〈解〉膑(骨),膝盖骨;②〈植〉盘状体;③〈动〉帽贝

patelado,-da adj. ①〈生〉有盘状体的;②〈解〉有膑(骨)的

pateliforme adj. 〈生〉①膝形的,膑样的;②碟状的,小盘状的

patentado,-da adj. ①个人独创的;有个性的;②专利的,专卖的

marca ~a 注册商标

no ~ 未获准专利的

patente f. ①专利;专利权;专利证书;专利发明,专利品;②〈法〉特许状,许可证;特权;③Cono S. 〈交〉汽车牌照;汽车驾驶执照 ‖ m. Cari. 专利药品

~ de acarreador 货车驾驶执照

~ de comercio 营业执照[许可证]

~ de corso ①（海事上的）捕拿（敌船或货物）特许证,报复许可证;②（海事上的）特许捕拿船,特许报复船

~ de invención 发明专利权;专利证

~ de navegación 船籍证书

~ de privilegio （国王或国家授予个人或公司的）特许状,专利证

~ de sanidad 卫生证书,检疫证书

~ exclusiva 独家经营权

~ limpia （船只的）无疫证书

ley de ~ 专利法

patentización f. 〈冶〉(拉丝)退火处理,钢丝韧化处理

patera f. ①〈建〉环[扇贝]形装饰;②Esp. 小船(通常用于运送非法移民)

paternal adj. ①父亲(般)的,父爱的;②父系的,父亲一方的;③得自父亲的,由父亲遗传的,自父亲继承的

paternidad f. ①父亲身份;父性;父权;父亲的责任;②〈法〉父系血统;③作者(身份);来源

~ literaria （作品的）来源

prueba de ~ 亲子鉴定[试验]

patiabierto,-ta adj. 〈医〉弓形腿的,腿并不拢的

patialbo,-ba adj. 〈动〉白蹄[爪]的(动物)

paticorto,-ta adj. 〈动〉腿短的

patiestevado,-da *adj.* 〈医〉罗圈腿的，两腿向外弯曲的

patihendido,-da *adj.* 〈动〉分趾的，偶蹄的

patilargo,-ga *adj.* 〈动〉腿长的

patilla *f.* ①眼镜腿[脚]；②〈信〉针；(电子设备的)金属管脚；③〈建〉扒钉，铜子；④〈乐〉(弹拨乐器时的)左手指法；⑤〈植〉压条；用压条法分出的植物；⑥(火器的)扳机；⑦ *Cari.* , *Col.* 〈植〉西瓜

patillano,-na *adj.* *C. Rica* , *Cub.* 〈动〉(马等)宽蹄的

patín *m.* ①冰鞋，冰刀；四轮溜冰鞋，旱冰鞋；②(雪橇的)滑板，雪板；③〈航空〉(飞机的)起落橇，滑橇[座]；④〈鸟〉海燕；⑤见 ～ de pedal
  ～ de cola 〈航空〉(飞机停航或降落时支撑尾部的)尾橇
  ～ de cruceta 十字头滑块[板]
  ～ de cuchilla[hielo] 〈体〉冰鞋，冰刀
  ～ de pedal(～ playero) (单人或双人)脚踏小游船，脚踏驱动的船
  ～ de rail (飞机的)方位图板，支承[承重]板
  ～ magnético frenador 电磁制动器
  ～ retractil 收缩式滑橇
  ～es en linea 滚轴溜冰鞋，直排轮旱冰鞋

pátina *f.* ①铜绿，绿锈；②(附在物体表面的)薄层；③(因长期使用而使表面产生的)光泽[润]，古色

patinado,-da *adj.* 有光泽的，光亮的

patinadura *f. Cari.* 打滑，侧滑，滑行

patinaje *m.* ①〈体〉滑冰(运动)，溜冰(运动)；②(车)打滑，滑行
  ～ artístico(～ de figuras) 〈体〉花样滑冰
  ～ sobre hielo 〈体〉滑冰
  ～ sobre ruedas 穿四轮溜冰鞋溜冰，溜旱冰

patinazo *m.* (车)打滑；滑行

patio *m.* ①(家里的)院子，庭院；天井；②(学校的)操场，运动场；③〈戏〉(剧场的)正厅后座；(舞台前的)乐池
  ～ de armas 阅兵场
  ～ de butacas 正厅前座区
  ～ de luces (大楼的)采光井
  ～ de operaciones (股票或证券交易所的)交易厅[场]
  ～ de recreo ①(儿童)游乐场；②游憩胜地

patito *m.* 〈鸟〉小鸭，幼鸭
  ～ feo 丑小鸭

patituerto,-ta *adj.* 〈医〉罗圈腿的，两腿向外弯曲的

patizambo,-ba *adj.* 〈医〉膝内翻的

pato *m.* 〈鸟〉鸭；鸭子

  ～ colorado 红头潜鸭
  ～ de reclamo 野鸭圈子
  ～ laqueado de Beijing 北京烤鸭
  ～ malvasía 白头鸭
  ～ real[silvestre] 绿头鸭(见于欧洲、北亚和北美的一种野鸭)，野鸭

patoanatomía *f.* 〈医〉病理解剖学

patofobia *f.* 〈医〉疾病恐怖

patofórmico,-ca *adj.* 〈医〉病初的

patogénesis；**patogenia** *f.* 〈医〉发病机理

patogenético,-ca *adj.* 〈医〉①发病机理的；②发[致]病的

patogénico,-ca *adj.* 〈医〉致病的，病原的
  base ～a 发病基础

patógeno *m.* 〈生〉病原体

patognomia *f.* 〈医〉病征学

patognomona *f.* 〈医〉特殊[异]病征性

patognomónico,-ca *adj.* 〈医〉特殊[异]的(病征)

patografía *f.* 〈医〉病情记录

patol *m. Méx.* 〈植〉刺桐

patología *f.* ①病理学；②病理，病状，病症；③病变
  ～ vegetal 植物病理学

patológico,-ca *adj.* ①病理学的；病的；②疾病的，由疾病引起的；③病态的

patólogo,-ga *m. f.* 病理学家

patomorfismo *m.* 〈医〉病理形态学

patopoyesis *f.* 〈医〉①致病作用；②罹病性

patopsicología *f.* 〈医〉病理心理学

patopsis *f.* 〈医〉病态

patria *f.* ①故乡，出生地；②祖国
  ～ adoptiva 移居入籍的国家
  ～ celestial 天空
  ～ chica 故乡，家乡
  madre ～ 母国(指出生的国家)

patriarcal *adj.* (动、植物等)古老的

patrilineal *adj.* 父系的，父子相传的

patrimonio *m.* ①祖传[世袭]财产；祖业；②(艺术、文化的)遗产；传统；③〈商贸〉净值；财产，固定资产
  ～ de la humanidad 世界遗产
  ～ nacional 国家财产

patrio,-ria *adj.* ①故乡的；②祖国的；③〈法〉父亲的，父方的；父系的

patriota *m. Amér. C.* 〈植〉香蕉

patriotería *f.* ；**patrioterismo** *m.* ①沙文主义，狭隘[盲目]的爱国主义；②侵略主义；武力外交政策

patrocinado,-da *m. f.* 〈法〉委托人，委托方

patrocinador,-ra *m. f.* ①〈商贸〉保证人；②(对艺术或出于慈善目的)赞助者，资助者；承办人，出资人

patrón,-ona *m. f.* ①老板；雇[店]主，东家；②厂[企业]主；‖ *m.* ①〈海〉船主[东]，(小商船等的)船长；②(货币)本位(制)，模式；③〈技〉标准，规范，准则；④〈植〉(嫁接的)砧木；⑤(树木、作物等的)支柱[杆] ‖ *adj. inv.* ①标准的；符合标准[规格]的，规范的；②样品的，试样的
　～ cojo 跛行本位(制)
　～ de imágenes 清晰度测试卡
　～ (de) oro 金本位(制)
　～ (de) plata 银本位(制)
　～ doble 金银双本位(制)，复本位(制)
　～ monetario 货币的价值标准，货币本位制
　～ papel 纸币本位(制)
　～ paralelo 平行本位(制)
　～ único 单本位(制)

patronaje *m.* 〈工艺〉〈技〉模式[样式，模具，花样]设计

patronato *m.* ①(对艺术或出于慈善目的)资助，赞助；②〈商贸〉雇主公[协]会，企业主公[协]会；③物主，业主，所有人；④管理委员会，管理小组；⑤(为促进或保护的目的而设的)信托基金机构，基金会

patronista *m. f.* 模式[样式，模具，形式，花样]的设计者

patronita *f.* 〈矿〉绿硫钒矿

patrono,-na *m. f.* ①物主，业主；雇主；②保护者，支持者；赞助者

patrulla *f.* ①巡逻[查]；②巡逻兵；巡逻队，巡逻艇[机]队，侦察队
　～ ciudadana (自发组织的)治安维持队

patrullera *f.* 巡逻艇

patrullero,-ra *adj.* 巡逻[查]的 ‖ *m.* ①巡逻[视]车；②〈海〉巡逻艇；③*Méx.* (尤指公共汽车上的)巡警，警察

patulina *f.* 〈药〉展青曲霉素

paúl *m.* 〈地〉沼泽(草地)；湿地

paular *m.* 沼泽地，低湿地

paulinia *f.* 〈植〉泡林藤

paulonia *f.* 〈植〉日本泡桐

pauperización *f.* 贫困化，赤贫化

pausa *f.* ①中断；(计划、会议等的)暂停，(谈话、阅读等的)停顿；②〈乐〉休止，休止符；③(盒式磁带录音机的)暂停(按钮)(录像)中断
　～ publicitaria 插播广告(时间)

pauta *f.* ①模式；标准，准则，规范；②(画在纸上的)格线；③〈乐〉乐谱线；④界尺，划线板
　～ cronológica 时间准则，时间分布模式
　～ económica 经济模式

pautado,-da *adj.* 见 papel ～ ‖ *m.* 〈乐〉五线谱
　papel ～ 画有格线的纸

pava *f.* 〈鸟〉雌吐绶鸡，母火鸡
　～ real 〈鸟〉孔雀

pavía *f.* 〈植〉(意大利产的)帕维亚桃，帕维亚桃树

pavimentación *f.* ①铺路(面)，铺地(面)；铺砌；②路面

pavimento *m.* ①(沥青，柏油)马路，路[地，护，铺]面；②(石板)铺路面；(室内)铺设地板[面]；③〈建〉铺砌层，辅料
　～ de cemento 水泥地面

pavipollo *m.* 〈鸟〉雏吐绶鸡，雏火鸡

pavo,-va *m. f.* 〈鸟〉吐绶鸡，火鸡
　～ marino 一种涉禽
　～ real[ruán] 孔雀
　～ ruante 开屏孔雀
　～ trufado 蘑菇炖火鸡

pavón *m.* ①〈鸟〉孔雀；②〈昆〉斑翅蝴蝶；③(钢铁器物经发蓝处理后留在表面上的)防锈薄膜层；烧蓝；④[P-]〈天〉孔雀(星)座

pavonado *m.* ①烧蓝；②(钢铁器物经发蓝处理后留在表面上的)防锈薄膜层 ‖ *adj.* ①(钢铁器物表面上)有防锈薄膜(层)的；②深蓝色的

pavonar *tr.* 烧[烤]蓝，镀防锈层

pavonazo *m.* 〈矿〉(矿物质的)深红颜料

payo,-ya *adj.* *Arg.* 〈医〉〈植〉患白化病的

payuelas *f. pl.* 〈医〉水痘

pazote *m.* 〈植〉土荆芥

Pb 〈化〉元素铅(plomo)的符号

PBI *abr.* Producto Bruto Interno 〈经〉国内生产总值

p. c. *abr.* por cien ①每一百个；②百分比，百分率

PCB *abr.* policlorobifenilo 〈化〉多氯化联(二)苯

PCL *abr.* pantalla de cristal líquido 液晶显示屏

PdP *abr.* punto de presencia 〈信〉接入[入网]点

Pd 〈化〉元素钯(paladio)的符号

peaje *m.* ①(道路桥梁等的)通行费，路捐；②通行费[税]征收处
　～ de aeropuerto 机场使用费
　～ de autopista 高速公路通行费[税]
　～ de instalaciones portuarias 海港设施使用费
　～ de puente 过桥费
　autopista de ～ 收费高速公路

peal *m. Amér. L.* (套捕马、牛等用的)套索

peana *f.* ①支座，基座；柱脚；②(花瓶、台灯等的)座墩；(塑像等的)垫座；③〈体〉(高尔

夫球的)球座,发球区

peatón *m.* 步行者,行人

paso de ～es 人行横道,人行过街道

peatonal *adj.* 〈交〉行人的,人行的

calle ～ 步行街

peatonalización *f.* ①使(街道等)无车辆行驶,使成为行人专用区;②步行

pebete *m. Méx.* 〈植〉多花紫茉莉,紫茉莉花

pecado *m.* (尤指道德或宗教方面的)罪行,罪过

～ capital ①(使灵魂死亡的)七大罪;②弥天大罪

～ de comisión 违犯罪

～ de omisión 怠慢罪

～ nefando 鸡奸罪

～ original 原罪(基督教的重要教义之一)

pecari; pécari; pecarí *m. Amér. L.* 〈动〉西貒(一种美洲产动物,形如小猪)

pecblenda *f.* 〈矿〉沥青[晶质]铀砂

pechera *f.* ①*C. Rica* 〈缝〉衬衫的(假)前胸;衣服的前胸部;②〈军〉护胸

～ postiza (只有前胸的)假衬衫,节约式衬衫

pechina *f.* ①贝壳;②〈建〉突角拱

pechirrojo *m.* 〈鸟〉红雀,朱顶雀

pecho *m.* ①〈解〉胸;胸部;胸膛[腔];②(女人的)胸部,胸围;乳房;③(牛、羊、猪等家畜的)前胸;④〈地〉斜坡,(公路、河道等的)斜面

pechuga *f.* ①(禽类的)胸脯;(禽类的)胸脯肉;②(女人的)乳头,胸脯;③ *pl.* 乳房;④(妇女穿袒胸服时露出的)乳沟;⑤〈地〉斜坡,小山坡

～ de pollo 鸡胸脯肉

peciento,-ta *adj.* 沥青色的,黑色的

pecio *m.* ①失事船,沉船;失事船的残骸;② *pl.* (船舶失事后的)沉船漂浮残骸;残货;沉船漂浮物

peciolo; pecíolo *m.* 〈植〉(叶子的)柄

pécora *f.* 〈动〉羊,绵羊

pecotra *f. Cono S.* ①〈解〉(头盖骨上的)隆起部分;鼓起,隆起;②(木头上的)节疤

pectasa *f.* 〈生化〉果胶酶

pectina *f.* 〈生化〉果胶

pectinado,-da *adj.* 梳状的;栉形的

pectíneo,-nea *adj.* 〈解〉耻骨肌的 ‖ *m.* 耻骨肌

pectiniforme *adj.* 〈动〉〈植〉梳状的,齿状的

pectización *f.* 〈生化〉果汁胶化作用,成果胶

pectolita *f.* 〈矿〉针钠钙石

pectoral *adj.* ①〈解〉胸的,胸部的;②祛痰的,舒胸(镇咳)的 ‖ *m. pl.* 〈解〉胸肌;胸鳍;胸部器官

cavidad ～ 胸腔

músculo ～ mayor 胸大肌

pastillas ～es 止咳片

retractor ～ 胸部牵开器

pectoriloquia *f.* 〈医〉胸语音

pectosa *f.* 〈生化〉果胶糖

pectus *m.* 〈解〉胸,胸廓

～ carinatum 〈医〉鸡胸

pecuaca *f. And.,Cari.* 〈动〉(动物的)蹄

pecuario,-ria *adj.* ①家畜的,牲畜的;②畜产的

industria ～a 畜产加工业

pecueca *f. And.,Cari.* 〈动〉(动物的)蹄

peculiaridad *f.* 独特性,特性,特质[色]

PED *abr.* procesamiento electrónico de datos 〈信〉电子数据处理

pedagogía *f.* ①教学,教授,教学工作;②教学法;③教育学

pedal *m.* (自行车、汽车等的)踏板,脚蹬

～ (del) acelerador (汽车的)加速踏板

～ de embrague 离合器踏板

～ de freno 刹车[制动]踏板

～ de mando del timón (航空器的)方向舵脚蹬

～ dulce[piano,suave] 〈乐〉(钢琴等上的)弱音踏板

～ fuerte 〈乐〉(钢琴等上的)强音踏板

pedalfer *m.* 〈地〉淋余土,铁铝土

pédalo *m.* 脚踏(驱动)的船,脚踏小游船

pedaliáceo,-cea *adj.* 〈植〉胡麻科的 ‖ *f.* ①胡麻科植物;② *pl.* 胡麻科

pedernal *m.* ①燧石,火石;(原始人用的)打火石;②(打火机用的)电石

pedestal *m.* ①支座,基座;柱脚;(雕像等的)垫座;(花瓶、台灯等的)座墩;②〈机〉轴架,轴承

pedestre *adj.* ①徒步的,步行的;②行人的,人行的;③〈体〉径赛的

carrera ～ 竞走

viaje ～ 徒步旅行

pedestrismo *m.* ①步行,徒步;②〈体〉径赛;竞走

pediatra *m. f.* 〈医〉儿科医师;儿科学家

pediatría *f.* 〈医〉儿科学

～ preventiva 儿科病预防学

pediátrico,-ca *adj.* 〈医〉儿科的,儿科学的

historia ～a 儿科病史

pediatrista *m. f.* 儿科医师

pedicula *f.* 〈医〉①足医术,足病学;②手足医术

pedicular *adj.* ①虱的;②〈医〉患虱病的

pedículo *m.* 〈植〉花梗

pediculosis *f.* ①生虱;②〈医〉虱病

pedicuro,-ra *m. f.* 〈医〉治鸡眼者;足医
pedido *m.* ①〈商贸〉订购,订货(单);②请求
  ~ al contado 现金订货
  ~ abierto 统括订单,开口订单
  ~ cablegráfico[telegráfico] 电报订货
  ~ de comisión 代购
  ~ de cotización[precio] 询价[盘]
  ~ de ensayo 试用订货(单)
  ~ de fuerza eléctrica 电力需用量
  ~ de muestra 样品订货
  ~ de repetición 再次订货,再订同类货
  ~ económico 经济订货量,最佳订货量
  ~ en firme 实盘订单[订货]
  ~ imprevisto 或有订货,参考订单
  ~ no preferente 非优先订单,非额定订货单
  ~ no surtido 未发货订单,未交付订货
  ~ pendiente 未交付的订货
  ~ permanente 常年订单
  ~ por teléfono 电话订货
  ~ verbal 口头订货
  ~s no cumplidos 积压未交付的订货
pediluvio *m.* 〈医〉足浴
pedimento *m.* ①〈法〉起诉书;申诉状;②*Méx.* 〈商贸〉许可证,准许
pedo *m.* 见 ~ de lobo
  ~ de lobo 〈植〉马勃菌
pedocal *m.* 〈地〉钙层土
pedofilia *f.* 〈心〉恋童癖
pedología *f.* ①土壤学;②儿童(发育)学
pedólogo,-ga *adj.* ①土壤学家;②儿童(发育)学家
pedómetro *m.* 步数[程]计,计步器
pedrea *f.* 〈气〉雹暴(下大冰雹)
pedregal *m.Méx.* 〈地〉熔岩区,熔岩荒野
pedregoso,-sa *adj.* 岩石的;多石的
pedregullo *m.Cono S.* 沙砾,砾石,铺沙砾的表面;(尤指含金矿的)沙砾层
pedrera *f.* 采石场
pedrería *f.* 宝石;珠宝(总称)
pedrero *m.* ①采石工,石匠;②*And.*,*Cono S.* 〈地〉熔岩区,熔岩荒野
pedrisco *m.* ①大冰雹;雹暴;②石堆
pedrusco *m.* ①粗[毛]石,未经加工的石头;②石片[块];③*Amér. L.* 〈地〉熔岩区,熔岩荒野
peduncular *adj.* ①〈植〉花序梗的;花梗的;②〈解〉脚的,蒂的,茎的;③〈动〉肉柄的;梗节的
pedúnculo *m.* ①〈植〉叶、花、果等的)柄,梗,茎,秆;②〈动〉肉柄,梗节;③〈解〉脚,蒂,茎
peeling *m.ingl.* 去死皮的美容法

pega *f.* ①〈鸟〉鹊,喜鹊;②(器皿上涂的)胶漆;③*Cari.*(涂在树枝上捕鸟的)粘鸟胶;④*Cono S.* 〈医〉(疾病的)传染期;⑤*Cari.*,*Cono S.*,*Méx.* 工作,劳动,作业
pegachento,-ta *adj.* 黏(性)的;涂[覆]有黏胶物质的
pegada *f.* ①吸引力,诱惑力;②见 ~ de carteles;③〈体〉(足球赛中的)射门;(拳击赛中的)击打;④*Cono S.* 击中,命中
  ~ de carteles 张贴布告[海报,标语]
pegadillo *m. And.* 〈缝〉花边,饰带
pegadizo,-za *adj.* ①(歌声、旋律、曲调、笑声等)有感染力的;②〈医〉(疾病)传染性的;③黏的,有黏性的;④假的,伪造的;人造的
pegado *m.* 〈医〉橡皮膏,胶布,护伤[创]膏
pegadura *f.* ①粘,贴;②粘[贴]着;缝合;③黏合处;缝合处
pegajosidad *f.* 黏[胶]性
pegajoso,-sa *adj.* ①(表面、地上、手上等)黏的,(蜂蜜等)黏性的;②〈医〉传染性的;③〈体〉(后卫球员)靠近盯人的;④*Amér. L.*(歌声、旋律等)有感染力的,吸引人的
pegamento *m.* ①胶水,黏合[结,着]剂;②浆糊
  ~ de caucho (车用修补橡胶品的)橡胶胶水
pegamoide *m.*(涂在布或纸上以增加厚度的)人造胶
pegamoscas *f.inv.* 〈植〉捕蝇雪松;芒柄花
pegaso *m.* ①[P-]〈天〉飞马(星)座;②〈动〉海蛾鱼
pegatina *f.* 胶黏物,黏性物质;背面涂有黏胶的东西(如标签,封口,邮票等)
pegativo,-va *adj. Amér. C.*,*Cono S.* 黏的,黏性的,涂[覆]有黏胶物质的
pegmatita *f.* 〈地〉伟晶岩,黑花岗石
pegujal *m.* ①财产;钱;地产;②〈农〉小块土地,小块私有土地,小块租用[承封]农田
peinado,-da *adj.* 〈纺〉精纺的 ‖ *m.* ①(头发的)发式,发型;②(新)做好的头发;(尤指女子)做发;③调查,检查;搜索[寻];(警察的)突入查抄,(逐户地)搜查
  tejido ~ 〈纺〉精纺毛织物
peinadora *f.* 〈纺〉梳毛[麻]机
peine *m.* ①梳子;②梳形物;③〈纺〉梳毛机;④〈戏〉布景架;⑤〈解〉脚背
  ~ de balas 弹夹
  ~ de púas 细齿梳子
  ~ de roscar 螺纹梳刀
  ~ espeso 密齿梳
  ~ hembra 内螺纹梳刀
  ~ macho 外螺纹梳刀
peje *m.Méx.* 〈动〉鱼

~ ángel 扁鲨

~ araña 龙腾

~ Diablo 鲉鱼

~ sapo 鲛鳒

pejebuey *m. Amér. L.* 〈动〉海牛

pejerrey *m.* 〈动〉银汉鱼属

pejesapo *m.* 〈动〉鲛鳒

pejivalle *m. Amér. C.* 〈植〉一种棕榈树

peladera *f.* 〈医〉脱发,秃(发)

peladero *m. Amér. L.* 〈机〉去皮[壳]机,剥皮机,削皮器

pelado,-da *adj.* ①剃光的,去毛的;②(被太阳晒得)脱皮的;③(水果、土豆等)去皮的,(虾)去壳的;④(地面)无树的,赤裸的,(树干)光秃的;⑤(数字)整数的

pelador *m.* 〈机〉去皮[壳]机,剥皮机,削皮器

pelágico,-ca *adj.* ①大[远,海]洋的;深海的;②(海洋生物)栖居于中上水层的,浮游的;③(地质构造)由远洋物质沉积形成的 zona ~a 远洋带

pelagoscopio *m.* 海底镜

pelagra *f.* 〈医〉蜀黍红斑,糙皮病

pelagroso,-sa *adj.* 〈医〉蜀黍红斑病的 ‖ *m. f.* 蜀黍红斑病患者

pelaire *m.* 〈纺〉起绒机,拉绒机

pelairía *f.* 〈纺〉起绒,拉绒

pelaje *m.* ①〈动〉柔毛,软毛;毛皮,皮毛;②〈集〉毛发

pelambre *m.* ①〈动〉皮,毛皮;(动物身上剪下来的)毛;②(制革用的)石灰水;褪毛剂

pelapapas; pelapatatas *m. inv. Amér. L.* 〈机〉马铃薯去皮机

pelarela *f.* 〈医〉脱发(病)

pelargonio *m.* 〈植〉天竺葵

peldaño *m.* ①〈建〉台阶;②(移动式扶梯的)横档,踏步;③梯级

peletería *f.* ①毛皮店,皮货商店;②皮货业,皮毛加工业;③*Cari.* 鞋店

peletero,-ra *m. f.* ①皮货商;②皮毛加工者;皮货裁缝;裘皮服装洗涤者

peli *f.* 〈电影〉影片,电影

peliagudo,-da *adj.* 〈动〉细长毛的

pelicalgia *f.* 〈医〉骨盆痛

pelicano; pelícano *m.* ①〈鸟〉鹈鹕,伽蓝鸟,淘河鸟,塘鹅;②〈医〉拔牙钳;③*pl.* 〈植〉普通楼斗菜

película *f.* ①〈电影〉影片,电影;②〈摄〉胶卷,胶[软]片;③〈技〉薄层[皮],箔;薄[胶,表]膜

~ argumental 故事片

~ autoadherible *Méx.* (食品)保鲜膜

~ de acción 动作片

~ de animación[animados] 动画片,卡通

~ de ciencia ficción 科幻片

~ de dibujos 动画片,卡通

~ de episodios 连本电影

~ de gángsters 匪帮片

~ de miedo[terror] 恐怖电影,恐怖片

~ de óxido 氧化膜

~ (de) video 电视片,录像片

~ del Oeste (描写19世纪下半叶美国西部牛仔或边疆居民生活的)西部片

~ de la serie B B级影片(电影院所映正片的辅助片)

~ doblada 翻译[译制]片

~ documental 纪录片

~ educativa 教学片

~ en blanco y negro 黑白片

~ en color[colores] 彩色影片

~ en jornadas 连本电影

~ fotográfica 照相胶卷

~ muda 无声电影

~ musical 音乐片

~ negativa 负[底]片

~ neorrealista 新现实主义电影

~ pesimista 黑色电影

~ positiva 正片

~ S 色情影片

~ sonora 有声电影

~ virgen 〈摄〉未曝光的胶片

~s en rollo 摄影胶卷

carrete de ~ 软片暗包

pelicular *adj.* 〈技〉薄膜[皮]的

peliculón *m.* 〈电影〉大片

peligro *m.* 危险,险情[境,事];风险

~ amarillo "黄祸"(指黄种人发展对世界,尤其是西方形成的所谓威胁)

~ del mar 海难[险]

pelita *f.* 〈地〉泥质岩

pelitre *m.* 〈植〉除虫菊

pelleja *f.* 〈动〉皮;毛[兽]皮

pellejería *f.* ①皮毛业;②鞣皮厂,制革厂;③皮毛店

pellejo *m.* ①〈动〉毛[兽]皮;②(人的)皮肤;皮屑

pellet *m.* ①颗粒状物,小团,丸;②(猎枪、气枪、玩具枪等的)子弹,钻弹,弹丸;炮弹;③药丸;④(猛禽难消化或未消化的)颗粒状呕吐物;(啮齿动物等的)颗粒状粪便

pelo *m.* ①(人或动物的)毛;②(人的)头发,毛发,汗毛;③(水果的)茸毛;(植物的根)须;④(织物或皮革表面的)绒毛;⑤(钟表内的)游丝;⑥〈技〉丝;细丝状物;⑦(金刚石、钻石的)裂隙[缝];⑧毛细裂缝,发状裂纹[缝];⑨(弓锯的)锯齿

~ de camello ①〈骆〉驼毛;②〈纺〉驼绒,

混纺驼绒,驼绒织品驼绒衣;③(制画笔用的)松鼠尾长毛

peloría *f.*〈植〉反常整齐花

pelota *f.*①球;球状物;②球类运动;〈体〉(体操中的)球操
~ base 棒球
~ de goma〈军〉(防暴用的)橡皮子弹
~ de rugby 橄榄球
~ de fútbol 足球
~ vasca 回力球

pelotazo *m.*〈体〉猛烈地击球[射门,投篮]

peloteo *m.*①〈体〉(网球运动中的)赛前练习[试打];对打;②〈体〉(足球)赛前热身[准备]活动;③往返旅程

pelotero,-ra *m. f. Amér. L.*〈体〉球类运动员;足球[棒球]运动员

pelotillerro *m. Bol.*〈植〉橡胶树

pelotón *m.*①(田径、自行车运动的)组,队;②〈军〉(分遣)队;班,小队

peltre *m.*〈冶〉白鑞(锡铅合金,锡基合金);锌(棒,块)

pelú *m. Chil.*〈植〉四翅槐树

peluco *m.* 钟,时钟;表,手[挂]表

peludo,-da *adj.* ①多毛发的,长毛发的;②〈动〉毛茸茸的 ‖ *m. Cono S.*〈动〉犰狳科动物

peluquería *f.* ①理发店;②理发业

pelusa *f.* ①〈植〉绒[茸]毛;②〈缝〉绒毛

peluso *m.*〈军〉新兵

pelviano,-na;pélvico,-ca *adj.*〈解〉骨盆的;骨盆区的
axis[eje] ~ 骨盆轴
inclinación ~a 骨盆斜度
neumagrafía ~a 骨盆充气(X线)造影术
piso ~ 骨盆底
plexo ~ 骨盆丛
plano ~ 骨盆平面

pelvimetría *f.*〈医〉骨盆测量法
~ combinada 骨盆(内外径)合并测量法
~ digital 骨盆指测量法
~ externa 骨盆外径测量法
~ interna 骨盆内径测量法

pelvímetro *m.*〈医〉骨盆测量器

pelvioscopia *f.*〈医〉盆腔镜检查

pelvis *f. inv.*〈解〉①骨盆;盆腔;②(肾)盂
~ androide 男子型骨盆
~ aplanada 扁骨盆
~ contrada 骨盆狭窄
~ blanda 软性骨盆
~ espondilolitética 脊柱滑出性骨盆
~ oblicua 扁斜骨盆
~ obtecta 覆盖骨盆
~ osteomalácica 骨软化性骨盆

~ raquítica 佝偻病性骨盆
~ renal 肾盂

PEMEX *abr.* Petróleos Mexicanos 墨西哥石油公司

pena *f.*〈法〉课刑,刑[处]罚
~ capital 死[极]刑
~ corporal 体罚
~ de cadena perpetua 无期徒刑
~ de muerte(~ última)死刑
~ máxima ①最高刑罚,极刑;②(足球比赛中对犯规者的)罚点球;罚下场
~ pecunaria 罚款[金]
~ privativa de libertad 拘留

penacho *m.*①〈鸟〉冠毛[羽];②(烟、蒸气等形成的)羽状物

penal *adj.*〈法〉①触犯刑律的;②作为处[刑]罚的;③刑事的;刑罚的 ‖ *m.* ①监狱;②*Amér. L.*〈体〉(对足球比赛中犯规者的)罚点球
código ~ 刑事法典

penales *m. inv.* ①(警察部门的)刑事档案材料;②(某人的)前科记录

penalidad *f.*〈法〉处罚,惩罚,处刑

penalista *m. f.* 刑法学家[者]

penalización *f.* ①〈体〉(对犯规者的)处罚;②〈法〉处罚,处刑;宣告(某人或某种行为)犯法

penalti;pénalti *Amér. L.*;**penalty** *m. ingl.*〈体〉(足球比赛中对犯规者的)罚点球;罚下场

penca *f.*〈植〉叶子;肉质叶;叶状茎(如龙舌兰,仙人果等);①(叶的)主脉

penco *m. Amér. L.*〈植〉龙舌兰

pendiente *adj.* ①未偿付的,未付清的;②(地面、路面)有坡度的;倾斜的;③悬而未决的;悬挂着的 ‖ *m.*〈矿〉上盘,矿床表面 ‖ *f.* ①(地面、路面的)斜面[坡],坡(道);②坡[梯],倾斜)度;比降,变化率
~ abajo/arriba 下/上坡
~ crítica 临界坡度
~ de determinante[dominante] 限制[控制,最大]坡度
~ de frotamiento 摩擦比降
~ de la energía 能量变化率
~ de temperatura 温度梯度,温度差
~ de vaivén 之字形路线
~ en descenso/subida 下/上坡
~ fuerte 高坡[斜,梯]度
~ hacia atrás 后[反]坡
~ hidráulica[piezométrica]水力梯度,水力坡降线
~ lateral 边坡
~ leve[ligera,suave]平缓[顺]坡度

~ negativa 〈机〉负前角

~ reguladora 限制[控制,最大]坡度

~ transversal 横坡,横斜度

indicador de ~ 倾斜[梯度]计,测坡[斜]器

registrador de ~ 倾斜[角]仪

pendol *m.* 〈海〉(为清扫船底)使船倾斜(多用复数形式)

péndola *f.* ①羽毛笔;②(吊桥的)吊索;③(钟的)摆;④摆钟;⑤〈建〉双柱桁架,支[中]柱

pendolaje *m.* 〈海〉(对被俘船只的)甲板货物没收权

pendolón *m.* 〈建〉桁架支柱

pendular *adj.* ①摆动的;钟摆运动的;②(钟)摆的

péndulo *m.* ①〈理〉摆;②钟摆

~ de Foucault 傅科摆(一种演示地球绕轴自转的仪器)

~ de torsión 扭摆

~ sidéreo 恒星(时)钟

pene *m.* ①〈解〉阴茎;②〈动〉(一些无脊椎软体动物的)性器官

penesísmico,-ca *adj.* 少地震地区的,几震的

penetrabilidad *f.* ①穿[渗,可]透性;②〈理〉透明性

penetrable *adj.* 可穿透的,可渗透[入]的,能透过[贯穿]的

penetración *f.* ①贯穿,穿[浸,渗]透;②穿透力,穿透(深)度

penetrómetro *m.* 〈测〉〈技〉透度计,贯入度计(用于测量射线贯穿力)

pénfigo *m.* 〈医〉天疱疮

penfigoide *adj.* 〈医〉天疱疮样的

eritema ~ 天疱疮红斑

penicilamina *f.* 〈药〉青霉胺

penicilina *f.* 〈药〉①青霉素(又译盘尼西林);②青霉素盐[酯];复合青霉素盐[酯]

~ G de potasio 青霉素 G 钾盐

~ semisintética 半合成青霉素

~ X 青霉素 X

anafilaxis a la ~ 青霉素过敏

unidad de ~ 青霉素单位

penicilinasa *f.* 〈生化〉青霉素酶

penillanura *f.* 〈地〉风化高原

peninita *f.* 〈矿〉叶绿泥石

península *f.* 〈地〉半岛

penitenciado,-da *m. f. Amér. L.* 因犯,被监禁的人

penol *m.* 〈船〉〈帆〉桁端,桅横杆端

pensamiento *m.* ①想,思考(能力),思维(能力);②思想;③〈植〉(圆)三色堇(花)

~ lógico 逻辑思维

~s violetes 紫三色堇花

pensión *f.* ①养老金,抚恤金,退职金;津[补]贴;②(供膳食的)家庭旅馆;(大学的)校外寄宿宿舍;③膳食费,寄宿费;④(大学的)奖学金;旅行补助金

~ alimenticia 生活费,赡养费

~ completa 全膳寄宿,膳宿

~ contributiva 共醵年金

~ de invalidez[inválidos] 伤残抚恤金,残废津贴

~ de jubilación[retiro] 退休金

~ de viudedad 鳏寡抚恤金

~ vitalicia 终身年金

pensionado,-da *adj.* 领取养老金[抚恤金,退职金]津贴,补贴]的 ‖ *m. f.* 领取养老金[抚恤金,退职金]津贴,补贴]的人,靠养老金[抚恤金,退职金]津贴,补贴]生活的人 ‖ *m.* 〈教〉寄宿学校

pensionista *m. f.* ①领取养老金的(老年)人;②住膳宿公寓的人,(公寓)房客;③〈教〉寄宿生;④*Amér. L.* 订户,订购[认购,承购]者

~ por invalidez 残废津贴领取者

pentacíclico,-ca *adj.* 〈植〉五轮列的

pentaclorofenol *m.* 〈化〉五氯苯酚

pentacrino *m.* 〈动〉五角海百合

pentada *f.* ①〈气〉候(即 5 天连续时间);②〈化〉五价原子

pentadáctilo,-la *adj.* 〈动〉五指[趾]的,五指[趾]状的

pentadecágono *m.* 〈测〉〈数〉十五边形

pentaedro *m.* 〈数〉五面体

pentagonal *adj.* 〈数〉五角形的,五边形的

prisma ~ 五角棱镜

pentágono *m.* ①〈数〉五边[角]形;②[P-]五角大楼(指美国国防部五角形办公大楼,常用作美国国防部的代称)

pentagrama *m.* 〈乐〉五线谱(表)

pentaleno *m.* 〈化〉戊搭烯

pentalobunado *m.* 〈建〉五瓣[梅花形]饰

pentalogía *f.* 〈医〉五联症

pentámero,-ra *adj.* 〈动〉五跗节的;②〈植〉五基数的(花) ‖ *m. pl.* 〈动〉五跗节目

pentano *m.* 〈化〉(正)戊烷,戊级烷

pentanol *m.* 〈化〉戊醇

pentanona *f.* 〈化〉戊酮

pentaploide *m.* 〈生〉五倍体

pentaploidía *f.* 〈生〉五倍性

pentastilo *m.* 〈建〉五柱式

pentatleta *m. f.* 〈体〉五项全能运动员

pentatlón *m.* 〈体〉五项全能运动

pentatónico,-ca *adj.* 〈乐〉五声(音阶)的

pentatrón *m.* 〈电子〉五级二屏管

pentavalencia *f.* 〈化〉五价

pentavalente *adj.* 〈化〉五价的

pentedecágono *m.* 〈测〉〈数〉十五角形,十五边形

penteno *m.* 〈化〉戊烯

pentilo *m.* 〈化〉戊烷基

pentlandita *f.* 〈矿〉镍黄铁矿,硫镍铁矿

pentodo *m.* 〈电子〉五极管,晶体五极管

pentosanas *f. pl.* 〈生化〉戊聚糖,多缩戊糖

pentosas *f. pl.* 〈生化〉戊糖

pentotal *m.* 〈药〉喷妥撒钠

pentóxido *m.* 〈化〉五氧化物

  ~ de fósforo 五氧化二磷

  ~ de vanadio 五氧化二钒

penumbra *f.* ①昏暗,半明半暗;②〈理〉〈天〉半影;③〈画〉明暗交界部分

peña *f.* ①〈地〉砂质泥灰岩;岩石;②锤顶[头,尖]

  ~ deportiva(球队或球类运动的)拥护追随者俱乐部

peñasco *m.* ①高大的岩石,巨砾;②〈地〉岩石,砂质泥灰岩

peñista *m. f.* 〈体〉(球队或球类运动的)拥护追随者俱乐部

peñón *m.* 大石块,巨石,石墙[山]

peños *m. pl.* 〈解〉牙,牙齿

peón *m.* ①体力劳动者,〈工〉工人;②*Amér. L.* 〈农〉农场工人;③步行者;④〈军〉步兵;⑤〈机〉轴;⑥*Méx.* 学徒,徒工,助手;⑦(棋类中的)兵,卒

  ~ caminero(公路的)养路工

  ~ de albañil(给泥瓦匠帮忙的)小工

peonía *f.* 〈植〉①芍药,牡丹;②芍药花,牡丹花

pepinazo *m.* 〈体〉(足球运动中的)快球,劲射球

pepinillo *m.* 〈植〉嫩[小]黄瓜

pepino *m.* 〈植〉黄瓜

pepita *f.* ①〈兽医〉禽鸟舌喉炎;(禽鸟舌上生)痂;鳞屑;②〈植〉(苹果、柑橘、梨等的)籽,种子,核;③〈矿〉天然金块

pepónida; **pepónide** *f.* 〈植〉瓜,瓜类

pepsina *f.* ①〈生化〉(胃液中的)胃蛋白酶;②(用猪、牛等的胃提取的)胃蛋白酶制剂

péptico,-ca *adj.* ①消化性的,促进消化的;有消化功能的;②〈生化〉胃蛋白酶的;产生[分泌]胃蛋白酶的;胃蛋白酶促成的;③消化液的

peptidasa *f.* 〈生化〉肽酶

péptido *m.* 〈生化〉肽,缩氨酸

peptídico,-ca *adj.* 〈化〉〈生化〉肽的,缩氨酸的

  ácido ~ 缩氨酸

  enlace ~ 肽键

peptización *f.* 〈化〉胶溶作用,解胶,分散作用

peptona *f.* 〈生化〉胨,蛋白胨

peptónico,-ca *adj.* 〈生化〉胨的;含胨的

peptonización *f.* ①〈生化〉胨化,蛋白胨化,与胨化合;②〈食物〉受胃蛋白酶分解

pequinés,-esa *m. f.* 〈动〉北京犬,京巴(一种中国种的玩赏狗)

pera *f.* ①〈植〉梨;②梨状物;③(喷雾器的)球部,球状物;④〈电〉灯泡;⑤(按钮)开关;⑥*Amér. L.* 〈体〉(练习拳击用的)梨球,吊球

perácidos *m. pl.* 〈化〉高酸;过酸

peral *m.* 〈植〉梨树;梨树木

peraleda *f.* 梨园

peraltado,-da *adj.* ①〈建〉斜面的,侧斜的;②(弯道、公路等转弯处)筑成从内侧至外侧向上倾斜的(以保障行车安全),呈弧形的 ‖ *m.* ①(弯道、公路、铁路等转弯处)路面向内侧倾斜,边[斜]坡;②路面从内侧至外侧的向上倾斜度,边坡度

  ~ del riel exterior 外轨加高

peralte *m.* ①(弯道、公路、铁路等转弯处)路面向内侧倾斜,边[斜]坡;②路面从内侧至外侧的向上倾斜度,边坡度

peralto *m.* 高;(垂直)高度

perborato *m.* 〈化〉过硼酸盐

perca *f.* 〈动〉①鲈;金[河]鲈;②(鲈科等)真骨鱼

percal *m.*; **percala** *f. And., Méx.* 〈纺〉高级密织棉布,细棉布

percalina *f.* 〈纺〉高级丝光色布,珀克林(常用作衬里或书籍封面等)

percán *m. Chil.* 霉,霉菌

percance *m.* ①事故;②〈航空〉飞机故障

percanque *m. Cono S.* 霉,霉菌

per cápita *adv. lat.* ①按人口[头];②每人平均(地)

  ingreso ~ 平均每人收入

  rendimiento ~ 按人口平均产量

percebe *m.* 〈动〉(岩石、船底等处的)附着甲壳动物

percentil *m.* 〈统〉百分位(数);百分位之一

percepción *f.* ①感[发]觉,觉察;②〈心〉知觉;③领会能力,感知能力;④收入,收取

  ~ artificial 人工识[判]别

  ~ auditiva 听觉

  ~ bruta 总收入;工资总额

  ~ de derechos 收税,征税

  ~ de portadora 载波监听

  ~ de rentas 收租

  ~ estéreo 立体感觉

~ extrasensorial 超感知觉

~ selectiva 选择性收入

perceptor,-ra *m. f.* 领取者；收取者；收受人
~ de subsidio de desempleo 失业救济金
领取者

perceptrón *m.* ①〈电子〉视感控器（模拟人视
觉神经控制系统的电子仪器）；②〈信〉感知
器

percha *f.* ①衣(帽)架,衣钩；②支架；③(猎
人用的)捕鸟套；④(挂猎物的)钩带；⑤(录
音话筒)吊架；⑥(鸟类的)栖息处,栖木
[枝]；⑦〈纺〉拉绒
~ de herramientas 工具架

perchador,-ra *m. f.* 〈纺〉拉[起]绒工

perchar *tr.* 〈纺〉使起绒,拉[刮]绒

perciforme *adj.* 〈动〉鲈形的‖*m.* ①鲈形
鱼；②*pl.* 鲈(鱼)形目

perclorato *m.* 〈化〉高(过)氯酸盐

perclórico,-ca *adj.* 〈化〉高(氯)酸的
ácido ~ 高氯酸

percloruro *m.* 〈化〉高(过)氯化物

percolación *f.* ①渗透[滤,漏]作用,深层渗
透；②穿[渗]流法

percolador *m.* 过滤器,(渗)滤器

percolar *intr.* 〈技〉渗滤,砂滤

percristalización *f.* 〈化〉透析结晶(作用)

percromatos *m. pl.* 〈化〉过铬酸盐

percusión *f.* ①撞[敲,叩]击；②〈医〉叩[敲]
诊；③(枪、炮等火器的)击发；④〈乐〉打击
乐器(总称)；(打击乐器的)敲打,演奏；⑤
(敲击、撞击等产生的)振动；(声音对耳膜
的)震动
~ en tierra 水上降落,溅落
estopín de ~ 冲击起爆(器)
instrumento de ~ 〈乐〉打击乐器；弹击乐
器
perforación por ~ 冲击钻探,冲击钻孔

percusionista *m. f.* 〈乐〉打击乐器敲打手；弹
击乐器弹奏者

precursor; percutor *m.* ①锤；②(武器的)击
铁[锤],击发器[装置]；③〈医〉叩诊器

pérdida *f.* ①丢[遗,丧]失；失去；②损失
[耗]；耗[坏]损；③亏损(额)；④〈法〉丧失；
没收；⑤漏出,渗漏,逸出；⑥〈军〉兵员[器]
损失,伤员及被俘人员数；⑦*pl.* 〈医〉子宫
出血
~ actuarial 精算损耗
~ aleatoria 偶然损失,投机性损失
~ bruta 毛损,总损
~ cambiaria 〈商贸〉外汇贴水
~ consecuente[consiguiente] 灾后损失
~ constructiva[convenida] 推定损失
~ contable 账面损失[亏损]

~ contigente 意外损失,或有损失

~ de calor 热损失

~ de carga(~ piezométrica) 水头[压头,
落差]损失,水头抑损

~ de conocimiento 失去知觉

~ de energía 能量损失

~ de energía por viento 风阻损失,通风
损耗

~ de fuerza 功率损耗

~ de inserción 插入损耗

~ de peso 短重,重量损耗

~ de propagación 传播损耗

~ de retorno 回程[波]损耗

~ de transmisión 传输[配水]损耗

~ de valor 〈商贸〉贬值,失去价值

~ de velocidad 平坠着陆,平降

~ del color 褪[脱,变]色

~ efectiva 实际损失

~ en el espacio libre 自由空间损失

~ en libros 账面亏损

~ en vatios 功率损失

~ neta 〈商贸〉净[纯]损失,净损

~ por absorción 吸收损失

~ por corriente de Foucault 涡流损失

~ por fricción 摩擦损失

~ por fugas 〈商贸〉漏损

~ por radiación 辐射损失

~ por reflexión 反射损失

~ sufrida 〈商贸〉实现的亏损

~s de carga 水头损失,空转损耗

~s de línea 线损

~s en el cobre 铜损

~s en el hierro 铁损,铁芯损耗

~s en el núcleo(~s totales) 铁芯损耗,
电阻损失

~s en la línea 线损

~s óhmicas 欧姆[电阻]损耗

~s por histéresis 滞后损耗

perdigón *m.* ①〈鸟〉幼[雏]山鹑；②(猎枪等
的)子弹,铅弹
~ zorrero (猎鹿等用的)大号铅弹

perdiguero *m.* 〈动〉(跟随带枪猎人的)猎狗

perdiz *f.* 〈鸟〉山鹑,灰山鹑
~ blanca[nival] 雷鸟(羽毛在夏季呈灰、
褐或黑色,冬季呈白色)

perdón *m.* ①原谅，饶[宽]恕；②〈法〉赦免
[罪]；③〈经〉(债务等)免除,豁免；注[勾,
冲]销

perdurabilidad *f.* 持久性；永恒

perdureno *m.* 〈化〉硫化橡胶

peregrino,-na *adj.* ①旅行的,游历的；②
〈鸟〉迁徙的,移栖的；③(习惯、动植物等)外

国的,新引进的

perejil *m.* ①〈植〉皱叶欧芹,荷兰芹;类皱叶欧芹,类荷兰芹;② *pl.*〈缝〉(纽扣和蝴蝶结等)装饰物

perenne *adj.*〈植〉多年生的
planta ～ 多年生植物

perennibranquiado,-da *adj.*〈动〉具恒鳃的

perennifolio,-lia *adj.*〈植〉四季常青的,常绿的
arbustos ～s 常青灌木(丛)

perestroika *f. Rus.* 改革

perezoso *m.*〈动〉树懒

perfectibilidad *f.* 可完美性,可臻完满性;可改善性

perfecto,-ta *adj.* ①完满[美,善]的;②完好[整]的;③理想的;④精确的;⑤〈法〉法律上有效的
competencia ～a〈经〉完全竞争
combustión ～a 完全燃烧
gas ～ 理想气体
vino ～ 美酒

perfil *m.* ①侧面[影];②轮廓,外形[观];③〈地〉〈建〉断[截,剖]面(图);④〈摄〉侧视[面]图,侧面形状;⑤〈冶〉型材,条钢;⑥(数据)图表;⑦人物简介,概况;⑧〈画〉素描(侧身像);⑨ *pl.* 特点[性,征];⑩ *pl.* (完工前的)最后修饰
～ aerodinámico 流线(翼)型
～ antigénico〈遗〉抗原全貌
～ construccional 条钢,商品型钢
～ cuadrado 方铁条,方杆
～ de ala 翼剖面
～ del cliente〈商贸〉顾客情况图表
～ demográfico 人口变化图表,人口统计图表
～ en doble T 工字钢
～ en T 丁形钢[铁],丁字铁[钢]
～ extruido 型材[钢,铁]
～ hexagonal 六角钢
～ laminado 轧制型材,钢筋
～ longititunal 纵断面,纵剖面(图)
～ psicológico 心理(测试)图
～ transversal 横断[截]面(图)
～ Z Z形钢[铁],Z字钢
de medio ～ 半侧面的
neumáticos de ～ bajo 低断面轮胎
vista de ～ 侧视图,侧面图

perfilado,-da *adj.* ①形状完美的,成[整]形的;②〈航空〉流线型的
fresa ～a 成[定]形刀具,成[定]形铣刀

perfilador *m.* ①〈机〉整形器;②化妆笔 ‖ ～a *f.*〈机〉仿形铣床;成形机
～ de cejas 眉笔

～ de labios 唇线笔,唇笔
～ de ojos 眼线笔

perfilómetro *m.*〈测〉自记纵断面测绘器

perfoliado,-da *adj.*〈植〉穿叶的 ‖ *f.*〈植〉圆叶柴胡
hoja ～a 贯穿叶

perfolla *f.*〈植〉(玉米的)大苞

perforación *f.* ①〈印〉孔,孔眼;(邮票等的)齿孔;②〈电影〉〈摄〉链齿;③〈矿〉(尤指为探寻水或石油而凿的)深狭洞;④钻[冲]孔,打眼;⑤〈矿〉钻[打,凿]井;⑤〈印〉打[穿]孔;⑥〈医〉穿孔
～ al diamante (用)金刚钻头钻探[孔]
～ con inyección inversa 反循环钻进
～ chadless 部分[无屑]穿孔,带屑穿孔
～ de fichas 卡片穿孔
～ de la válvula cardiaca〈医〉心瓣膜穿孔
～ de un pozo 打竖[直]井
～ petrolífera en mar abierta 海上钻井[探]
～ vertical 回采(凿岩)
cabra de ～ 绞车
capacidad de ～ 钻机能力
ensayo[prueba] de ～ 击穿试验
herramientas de ～ 镗刀,钻[头,床,机],钻孔器
torno de ～ 钻塔,井架
torre de ～ 钻塔[架],钻井架

perforado,-da *adj.* ①〈纸〉打孔的;有孔眼线的;②有齿孔的;③〈动植物〉有孔的 ‖ *m.* 打[穿]孔

perforador,-ra *adj.* 钻孔的,打眼的,穿凿的

perforadora *f.* ①〈印〉穿孔机,穿孔器;②〈机〉〈技〉钻[头,床,机],钻孔机;③〈矿〉凿岩[钻孔]机;④剪票钳;⑤〈医〉胎(儿)穿颅器
～ a brazo(～ de mano) 手钻
～ a mano 手摇钻机[床]
～ automática 手压自动钻
～ de brocas múltiples 多轴钻床
～ de columna 柱形钻床,柱形凿岩机
～ de fichas〈信〉卡片[键盘]穿孔机
～ de percusión a mano 凿岩机
～ de tarjetas〈信〉卡片穿孔机,键盘穿孔机
～ de trépano(～ vertical) 立式钻床
～ eléctrica 电动钻床[机]
～ giratoria 旋转钻床
～ horizontal 卧式钻床
～ múltiple 排式钻床,群钻
～ mural 墙装钻床
～ neumática 风动钻
～ por choques 冲击钻

~ radial 摇(旋)臂钻床

~ rígida 重型钻床

~ taladradora 钻孔[探]机,镗床,镗缸机

~ transportable a mano 钻模

~ universal 通用[万能]钻床,通用[万能]钻机

perforista *m. f.* 〈信〉卡片[键盘]穿孔工

performado *adj.* 雏形的;〈技〉预制的 ‖ *m.* 预制[型]件,雏形,塑坯预塑

performar *tr.* 〈技〉预制,预成[定]形,预塑

perfumador *m.* 香水喷雾器

perfume *m.* ①香水;②香料;③香气[味]

perfumería *f.* ①(总称)香水;②香水调制法;香水调制业;③香水店;④香水调制厂;香料厂

perfusión *f.* 〈医〉①涂抹;②灌注,输液
cánula de ~ 〈医〉灌注套管

perhidrol *m.* 〈化〉〈强〉双氧水

perianal *adj.* 〈解〉肛周的,肛门周围的

periantio; perianto *m.* 〈植〉花被,萼苞,总苞

periarteritis *f. inv.* 〈医〉动脉外膜炎,动脉周炎

periarticular *adj.* 〈医〉关节周围的

periartritis *f. inv.* 〈医〉关节周围炎

periastro *m.* 〈天〉近星点

periblemo *m.* 〈植〉皮层原

pericárdico,-ca *adj.* 〈解〉心包的
adhesión ~a 心包粘连
cavidad ~a 心包腔
efusión ~a 心包渗出物
pseudocirrosis ~a del hígado 心包性假性肝硬变
quiste ~a 心包囊肿
taponado ~ 心包填塞

pericardiectomía *f.* 〈医〉心包切除术

pericardio *m.* 〈解〉心包
seno transverso del ~ 心包横窦

pericardiocentesis *f.* 〈医〉心包放液穿刺术

pericardiólisis *f.* 〈医〉心包松解术

pericardiomediastinitis *f. inv.* 〈医〉心包纵隔炎

pericardiorrafia *f.* 〈医〉心包缝合术

pericardiostomía *f.* 〈医〉心包造口术

pericardiotomía *f.* 〈医〉心包切开术
~ y drenaje abierto 心包切开引流术

pericarditis *f. inv.* 〈医〉心包炎

pericarpio *m.* 〈植〉①果皮;②(藻类的)囊果皮

pericia *f.* 技能,专长;熟巧,实践经验
~ natural 固有技能

pericial *adj.* 专家的,内行的,鉴定人的
tasación ~ 专家估价[值]
testigo ~ 专家证人

periciclo *m.* 〈植〉中柱鞘

pericintio *m.* 〈天〉近月点

periclasa *f.* 〈矿〉方镁石

periclina *f.* ①穹顶;②〈矿〉肖钠长石

periclinal *adj.* 穹状的

perico *m.* ①〈鸟〉鹦鹉;②〈植〉大芦笋;③粉末海洛因;吗啡;可卡因

pericolitis *f. inv.* 〈医〉结肠周围炎

pericolpitis *f. inv.* 〈医〉阴道周围炎

pericondrio *m.* 〈解〉软骨膜

pericondritis *f. inv.* 〈医〉软骨膜炎

pericote *m. And.*, *Cono S.* 〈动〉一种大老鼠

pericráneo *m.* 〈动〉颅骨膜

peridermo *m.* 〈植〉周皮

peridio *m.* 〈植〉(某些真菌的)包被

peridotita *f.* 〈地〉橄榄岩

peridoto *m.* 〈矿〉贵橄榄石

perieco,-ca *m. f.* 〈地〉居住在同纬度对向地区的人

periferia *f.* ①〈数〉圆周,周线;②〈地〉外围,边缘;③市郊,郊区;④外部;外表面;外[周]围;边缘;⑤〈信〉外围[部]设备

periférico,-ca *adj.* ①〈数〉圆周的,周线的;②周边[围]的;外围的,边缘的;③市郊的,郊区的;④外部的;外表面的;⑤〈信〉外围[部]设备的 ‖ *m. pl.* 〈信〉外围[部]设备
autopista ~a 环城高速公路
velocidad ~a 圆周(线)速度
visión ~a 〈生理〉周边视觉

periflebitis *f. inv.* 〈医〉静脉周围炎

perifollo *m.* 〈植〉雪维菜;细叶芹

perigalciar *adj.* 〈地〉冰川边缘的,冰缘区的

perigeo *m.* 〈天〉近地点

perigonio *m.* 〈植〉花被;(苔藓的)雄器苞

perihelio *adj.* 〈天〉近日点

perihepatisis *f. inv.* 〈医〉肝周炎

perilinfa *f.* 〈解〉外淋巴

perilla *f.* ①(人的)山羊胡子;②梨形饰品;③〈电〉开关;④*Méx.* (器物的)柄,把手;⑤球形门拉手;⑥〈植〉紫苏
~ de la oreja 〈解〉耳垂
~ del timbre 电铃按钮

perimetral *adj.* ①周的,周长的;②周边的,边缘的;③〈医〉〈用〉视野计的

perimetría *f.* 〈医〉视野测量

perimétrico,-ca *adj.* ①周的,周长的;②周边的,边缘的

perimetrio *adj.* 〈解〉子宫外膜

perimetritis *f. inv.* 〈医〉子宫外膜炎

perímetro *adj.* ①〈数〉周,周长;②周边,边缘;③〈医〉视野计

perimisio *m.* 〈解〉肌束膜

perinatal *adj.*〈医〉围产期的
perinatalogía *f.*〈医〉围产期学；围产医学
periné *m.*〈解〉会阴
perineal *adj.*〈解〉会阴的
　laceración ～ 会阴裂伤
　hipospadia ～ 会阴尿道下裂
　uretrostomía ～ 会阴尿道造口术
　ruptura ～ 会阴破裂
　hernia ～ 会阴疝
　nervio ～ 会阴神经
　reparación ～ 会阴修复术
perinefritis *f.inv.*〈医〉肾周炎
perineo *m.*〈解〉会阴(部)
perineoplastia *f.*〈医〉会阴成形术
perineorrafia *f.*〈医〉会阴缝合术
perineotomía *f.*〈医〉会阴切开术
perineovaginal *adj.*〈解〉会阴阴道的
perineovulvar *adj.*〈解〉会阴外阴的
perineurio *m.*〈解〉神经束膜
perineuritis *f.inv.*〈医〉神经束膜炎
perinio *m.*〈植〉孢子周壁
perinuclear *adj.*〈生〉细胞核周的
periodicidad *f.* ①定期[间歇]性，周期性；②〈数〉循环性；③〈统〉频数；④〈电〉频率，周波；⑤(出版)周期
periódico,-ca *adj.* ①间歇(性)的，定期的，周期性的；②定期出版的；③〈数〉循环的 ‖ *m.* ①报纸；日报；②期刊
　～ de la tarde 晚报
　～ del domingo(～ dominical) 星期日报
　～ libre de escarcha 无霜期
　～ matutino 晨报
　～ mural 墙报
　fiebre ～a〈医〉间歇热
　fracción ～a 循环小数
　ley ～a〈化〉周期律
periodismo *m.* ①新闻业[工作]；②新闻报道；③新闻学专业
　～ amarillo 追求轰动效应的报道[新闻]
　～ deportivo 体育报道[新闻]
　～ de investigación 调查性报道[新闻]
　～ gráfico 图片新闻
periodista *m.f.* ①新闻工作者；②新闻记者
　～ de radio 无线电台记者
　～ de televisión 电视台记者
　～ deportivo 体育新闻记者
　～ gráfico 摄影记者
　～ radiofónico 新闻广播评论员
periodización *f.* 时期[时代]划分
periodo；período *m.* ①时期，阶段；期间；②周期；③〈地〉纪；④〈数〉(周期函数的)周期；⑤(数字 3 位分级法的)节；⑥(小数点后

的)循环节；⑦〈医〉期；经期；⑧〈乐〉乐段[节]
　～ actual 现时期
　～ base 基准期
　～ contable 会计期，会计年度
　～ de bloqueo 断开期间
　～ de conducción 接通时期
　～ de incubación ①(发育的)孵育期；②(传染病的)潜伏期
　～ de ejecución〈信〉运行时间
　～ de latencia〈生理〉(肌肉等的)反应时间(介于刺激与反应之间的时间)
　～ de prueba 试用期
　～ de retención 保存[留](周)期
　～ económico[fiscal] 会计期[年度]，财政年度
　～ efectivo 有效期
　～ estatutario 法定期限
　～ flojo[inactivo] 淡季，萧条期
　～ glacial〈地〉冰川期，冰河时代
　～ impositivo 应[课]税期
　～ improductivo 不生产时期；无收益时期
　～ inflacionario 通货膨胀时期
　～ libre 自由振荡周期
　～ propio 固有周期
　～ refractario〈生理〉(肌肉、神经等每次对刺激反应之后短暂出现的)不应期
　～ regenerado 再生循环
　～s por minuto 周/分
　～s por segundo 周/秒
periodograma *m.* 周期图
periodoncia；periodontología *f.*〈医〉牙周病学
periodontitis *f.inv.*〈医〉牙周炎
periooforitis；periootecitis；periovaritis *f.inv.*〈医〉卵巢周炎
periósteo,-tea *adj.*〈解〉①骨膜的，连接骨膜的；②生于骨外的，骨周的
　diastasis ～a 骨膜分离
　osficación ～a 骨膜骨化
　reacción ～a 骨膜反应
periosteofito *m.*〈医〉骨膜骨赘
periosteolisis *f.*〈医〉骨膜分离
periostético,-ca *adj.*〈解〉骨膜的
　elevador ～ 骨膜起子
periostio *m.*〈解〉骨膜
periostitis *f.inv.*〈医〉骨膜炎
periostracum *m.*〈动〉(软体动物介壳的)角质层
peripatetismo *m.* 逍遥派(亚里士多德学派的别称，传说亚里士多德边散步边给弟子讲课，故名)
periplasto *m.* ①〈生〉质膜；②(尤指裸藻的)

周质体

periplo *m.* ①长途旅行[游];②〈海〉航海

peripnéustico,-ca *adj.* 〈动〉侧气门式的

periproctitis；perirrectitis *f. inv.* 〈医〉直肠周炎

periprocto *m.* ①（昆虫的）尾节；②（无脊椎动物的）围肛部

períptero,-ra *adj.* 〈建〉围柱式的 ‖ *m.* 围柱式殿，围柱式建筑

periquecio *m.* 〈植〉雌器苞

periquito *m.* ①〈鸟〉鹦鹉；②粉末海洛因；吗啡；可卡因

perisalpingitis *f. inv.* 〈医〉输卵管周炎

perisarco *m.* 〈动〉（某些水螅体的）围鞘

periscio,-cia *adj.* 〈地〉居住在极圈里的

periscópico,-ca *adj.* ①（照相机等的镜头）广角的，大角度的；②潜望镜的；用潜望镜的

periscopio *m.* 潜望镜；潜望镜镜头

periselenio *m.* 〈天〉近月点

perisístole *f.* 〈医〉（心脏收缩前的）间歇期

perisodáctilo,-la *adj.* 〈动〉奇蹄的；奇蹄目的 ‖ *m.* ①奇蹄动物；②*pl.* 奇蹄目

perispermo *m.* 〈植〉外胚乳

perisplenitis *f. inv.* 〈医〉脾周炎

peristalsis *f.* 〈生理〉蠕动

peristáltico,-ca *adj.* ①〈生理〉蠕动的；蠕动引起的；②（泵等）蠕动式的

peristilo *m.* 〈建〉①周柱列；②周柱廊；周柱中庭

peritación *f.* ①〈船〉（对船舰的）测定[量]，测量图[纪录]；②（专家做的）鉴定报告

peritoneal *adj.* 〈解〉腹膜的

　absceso ～ 腹膜脓肿

　adhesión ～ 腹膜粘连

　carcinoma ～ 腹膜癌

　cavidad ～ 腹膜腔

　diálisis ～ 腹膜透析

　efusión ～ 腹膜渗出物

　fluido ～ 腹膜液

　inyección ～ 腹膜腔注射

　irrigación ～ 腹腔冲洗

　mixoma ～ 腹腔黏液瘤

peritoneo *m.* 〈解〉腹膜

peritoneografía *f.* 〈医〉腹膜造影术

peritoneopatía *f.* 〈医〉腹膜病

peritoneopexia *f.* 〈医〉腹膜固定术

peritoneoplastia *f.* 〈医〉腹膜成形术

peritoneorragia *f.* 〈医〉腹膜出血

peritoneoscopia *f.* 〈医〉腹腔镜检查

peritoneoscopio *m.* 〈医〉腹腔镜

peritoneotomía *f.* 〈医〉腹膜切开术

peritonitis *f. inv.* 〈医〉腹膜炎

peritonización *f.* 〈医〉腹膜被覆术

peritriquia *f.* 〈生〉周毛菌

perivaginitis *f. inv.* 〈医〉阴道周炎

perivascular *adj.* 〈解〉血管周的

perjurio *m.* 〈法〉伪证罪；假誓罪

perjuro,-ra *adj.* 〈法〉①作伪证的，发假誓的；②伪证的，假誓的 ‖ *m. f.* 〈法〉作伪证者，发誓誓者

Perl *m. ingl.* 〈信〉实用摘录和报告语言（一种高级编程语言）

perla *f.* ①珍珠；②珠，珠状物；③微粒；④〈印〉西方5点活字，珠型活字；⑤〈建〉珠形饰

　～ cultivada 人工养殖珠

　～ de oriente 天然珍珠

　～ fino[natural] 天然珍珠

perlático,-ca *adj.* ①瘫痪的；麻痹的；②患麻痹症的

perlesía *f.* ①〈医〉瘫痪症；麻痹症；②（因年迈）肌肉松弛

perlífero,-ra *adj.* 产珍珠的，含珍珠的

　ostra ～a 珍珠母贝，珍珠贝

perlita *f.* ①〈地〉珍珠岩；②〈冶〉珠光体，珠粒体

perlítico,-ca *adj.* 〈冶〉珠光[粒]体的；珠层铁的

　hierro ～ 珠光体可锻铸铁

perlón *m.* 〈纺〉贝伦，聚酰胺纤维

permagel *m.* 〈地〉永久冻土

permaleación *f.* 〈冶〉透磁钢，透磁合金，坡莫合金

permanencia *f.* ①永[持，耐]久性；②*pl.*〈教〉（教师在校开展的）课外辅导[补习]

　～ en filas 服兵役时期

permanente *adj.* ①永[持，经，耐]久的；②恒[固]定的；③常设的 ‖ *f.* 烫出的波浪发型

　eco ～ 不变回波

　error ～ 永久性误差

　gas ～ 永久体

　imán ～ 永久磁体

　onda ～ 永久波

　régimen ～ 定常条件

　viento ～ 恒定风

permanganato *m.* 〈化〉高锰酸盐

　～ de potasio 高锰酸钾

　～ de soda 高锰酸钠

permangánico,-ca *adj.* 见 ácido ～

　ácido ～ 〈化〉高锰酸

permatrón *m.* 贝尔麦特管，磁控管

permeabilidad *f.* ①渗透(性,度,率)；②穿透性[率]，透气性；③〈理〉磁导性[率]

　～ de aire 空气渗透率，透气率

　～ de calor 导[透]热性

~ magnética 磁导率

permeable *adj.* 可渗[穿]透的,可透过的;不密封的

plástico ~ 可透塑料

permeámetro *m.* ①〈理〉磁导计[仪];②渗透仪,渗透性试验仪

permeancia *f.* ①〈理〉磁导,导磁性[率];②渗透(性)

permeasa *f.* 〈生化〉透性酶

pérmico,-ca *adj.* 〈地〉二叠纪[系]的 ‖ *m.* 二叠纪[系]

perminvar *m.* 〈冶〉高导磁率合金(镍、钴和铁的合金)

permisividad *f.* 〈电〉电容率

permiso *m.* ①允许,许可,准许;②许可证;执照;③休假;准假

~ de armas 枪支[火器]许可证

~ de circulación 驾驶执照

~ de conducción[conducir] 驾驶证[执照]

~ de entrada 入境许可;进口许可证

~ de exportación/importación 出/进口许可证

~ de obras (建造或改建房屋前必须取得的)建筑许可

~ de reingreso 再入境许可证

~ de residencia 居住许可证

~ de salida 结关出港证,出港许可证

~ de trabajo 工作许可证;绿卡

~ para ausencia 缺席许可

~ por enfermedad 病假

~ por maternidad 产假

~ provisional 临时许可证

permitancia *f.* 〈电〉(电)容性电纳,电容

permitibilidad; permitividad *f.* 〈电〉(绝对)电容度,介电常数

~ relativa 相对电容率

permuta *f.* ①(财产、商品等的)交[对]换;②(工作、职位等的)调换;③〈数〉置换,排列

permutabilidad *f.* ①可对[交,调]换性;②〈数〉可置换性

permutable *adj.* ①可变更的;②可[能]交换的,可互[对]换的;③〈数〉可置换的,可排列的

permutación *f.* ①变更;②置[互,交]换;③〈数〉重排列

~ impar/par 奇/偶数排列

~es cíclicas 〈数〉循环排列

permutador *m.* ①〈电〉转换开关;②〈机〉变[交]换器

~ de la correa 移带器

permutatriz *f.* 〈电〉换向整流器

permutoide *f.* 〈化〉交换体

reacción de ~ 交换(体沉淀)反应,交换型反应

pernil *m.* ①〈动〉(动物的)臀和股;②猪后腿肉;*Cari.* 猪腿;③〈缝〉裤腿

pernio *m.* ①铰链,折[合]页;门枢;②〈医〉冻疮

lupus ~ 冻疮样狼疮

perniosis *f.* 〈医〉冻疮病

perno *m.* ①螺栓[杆,柱,钉];②插销;闩;③栓状物;④(铰链的)带销页扳

~ acanalado 环螺栓

~ ahorquillado giratorio 钩环螺栓

~ ajustado 铰[镶嵌]螺栓,密配合螺栓

~ de anclaje 锚定螺栓;地脚[系紧]螺栓

~ de apriete 拉紧螺栓

~ de argolla[ojal] 环首[有眼]螺栓

~ de arrastre (车床的)夹头

~ de asiento 基础[地脚]螺栓

~ de brida[cubrejunta] 鱼尾[甲板]螺栓

~ de cabeza 倒角螺栓,盖螺栓

~ de cabeza inteligente[plana] 平头螺栓

~ de cabeza perdida 埋头螺栓

~ de cabeza redonda 轮毂螺栓

~ de charnela 接合[插销]螺栓

~ de cierre 板座栓,锚栓

~ de clavija 键螺栓,螺杆销

~ de detención 防松[制动]螺栓

~ de émbolo 轴[杆]头销,耳轴销,活塞销

~ de empotramiento[empotrar] 棘[地脚]螺栓

~ de enganche[retención] 防松[锁紧]螺栓

~ de rosca (~ fileteado) 螺栓

~ de rótula 关节销,钩销,(万向)接头插销

~ de sombrerete 有头螺松,内六角螺钉,有帽[封口]螺钉

~ de sujeción 锚定螺栓;地脚[系紧]螺栓

~ de tapa 枪闩

~ de traviesa 支撑[拉杆]螺栓,锚栓

~ de unión 接合螺栓,装配螺栓

~ en T T形螺栓

~ travieso 贯穿螺栓,穿钉

~s de biela 连杆螺栓

cabeza de ~ 螺栓头

pero *m. And.*, *Cono S.* 〈植〉梨树

peroné *m.* 〈解〉腓骨

perovskita *f.* 〈矿〉钙钛矿

peroxicarbónico,-ca *adj.* 〈化〉过氧碳酸的

ácido ~ 过氧碳酸

peroxidar *tr.* ①〈化〉使过氧化；②用过氧化物处理

peroxidasas *f. pl.* 〈生化〉过氧化物酶

peróxido *m.* 〈化〉过氧化物
~ de bario 过氧化钡
~ de hidrógeno 过氧化氢；双氧水
~ de magnesio 过氧化镁
~ de manganeso 过氧化锰
~ de nitrógeno 过氧化氮
~ de plomo 过氧化铅
~ de sodio 过氧化钠

perpendicular *adj.* ①(与…)垂直[正交，成直角]的；②直[立]的；③铅垂的 ‖ *f.* 铅垂线；垂直面

perpendicularidad *f.* ①垂直(性，度)，正交；②直立

perpendículo *m.* ①铅[测，吊]锤；垂[吊]线，线铊；②〈数〉(三角形的)高

perpetua *f.* 〈植〉四季开花蔷薇；千日红

perpiaño *m.* 〈建〉贯石，顶[条]砖

perrenatos *m. pl.* 〈化〉高铼酸盐

perrénico,-ca *adj.* 〈化〉高铼酸的
ácido ~ 高铼酸

perrillo *m.* ①〈动〉小狗，幼犬；②〈军〉扳机

perrito,-ta *m. f.* 〈动〉小狗

perro,-rra *m. f.* 〈动〉狗，犬
~ afgano 阿富汗猎犬
~ antiexplosivos[buscadrogas] (经训练专嗅毒品、炸药等特种气味的)嗅探犬
~ caliente 热狗，红肠面包
~ callejero[vagabundo] 走失的狗，流浪狗
~ cobrador (经过训练会衔回猎物的)寻回犬
~ dálmata 达尔马提亚犬，大麦町犬(一种黑斑或棕斑的白色短毛大犬)
~ de agua *Amér. C.* 〈动〉(产于南美的)河狸鼠
~ de aguas 〈动〉猭(一种长毛垂耳短尾矮足小犬)
~ de casta[raza] 纯种狗
~ de ciego 导盲犬
~ de lanas 贵宾[妇]犬，卷毛狗
~ de muestra (会示意指出猎物位置的)指示犬
~ de presa(~ dogo) 斗牛犬，叭喇狗(一种头大毛短、身体结实的猛犬)
~ de San Bernado 圣伯纳犬
~ de Terranova 纽芬兰犬
~ de trineo 拉雪橇狗
~ esquimal 爱斯基摩犬(常用于拖曳雪橇及捕猎)
~ faldero (可抱放在膝上玩赏的)小狗，叭儿狗
~ guardián 警卫狗，看门狗
~ lazarillo 导盲犬
~ lebrel (赛跑用的)惠比特犬
~ lobo 德国牧羊狗，阿尔萨斯狼狗
~ marino 狗鲨
~ pastor 牧羊犬
~ pequinés 北京犬，京巴(一种中国种的玩赏狗)
~ podenco 小猎狗
~ policía 警犬
~ raposero[zorrero] 猎狐狗
~ rastreador[rastrero] 循迹追踪的警犬[猎犬]
~ salchica 腊肠犬(德国种小猎狗)

perro-guía *m.* 〈动〉导盲犬

perroquete *m.* 〈海〉中桅

persal *f.* 〈化〉过盐酸

persecución *f.* ①追赶，追逐[捕]；②追踪，探测；③迫害，迫害运动，大迫害；④强求
~ espacial 空间探测
~ sexual 性骚扰
delito de ~ 〈心〉受迫害妄想症

perseguible *adj.* 〈法〉可能被起诉的

Perseidas *f. pl.* 〈天〉英仙座流星，八月流星

Perseo *m.* 〈天〉英仙星座

perseveración *f.* ①〈心〉(动作、行为等的)持续症；②〈医〉持续语言

persiana *f.* ①百叶窗；卷帘；②〈机〉风门片；③〈纺〉波斯安绸绸
~ de radiador 散热器风门片
~ enrollable 卷帘式百叶窗
~ veneciana 活动百叶窗，软百叶帘

persicaria *f.* 〈植〉春[桃叶]蓼

pérsico *m.* 〈植〉桃树；桃

persistencia *f.* ①持续性，持久性；②释放延迟，尾长部分；③(荧光屏上余晖)保留[持续]时间

persona *f.* ①人；②见 ~ física
~ física[natural] 〈法〉自然人
~ jurídica 〈法〉法人；法人资格
~ legal[social] 〈法〉法人
~ mayor 成年人

personación *f.* 〈法〉出庭

personaje *m.* 〈戏〉人物，角色

personal *adj.* ①个人的，私人的；②涉及个人的；有关私人的；涉及隐私的；③亲自的；④人身的；⑤人的 ‖ *m.* ①〈集〉人员；②人，大众 ‖ *f.* 〈体〉(篮球运动的)侵人犯规
~ de cabina 客舱乘务员；货舱服务员
~ de exterior 地面上的工人，(煤矿的)井上工人
~ de interior 地面下的工人

~ de servicios 维修人员

~ de tierra〈航空〉地勤人员

ataque ~〈体〉侵入犯规

el ~〈信〉人件(指从事计算机工作的人员)

personalidad *f.* ①人格;②个性;③〈法〉法人;法人资格

~ desdoblada〈心〉〈医〉分裂人格

~ extrovertida/introvertida 外/内向性格

doble ~ 双重人格

multiple ~ 多重人格

personalismo *m.* ①个人倾向,偏向;②个人关系;③个人主义,利己主义

personera *f.* ①*Cono S.* 人格;个性;天资,才能[干];②*Amér. L.*〈法〉法律地位[身份]

personero,-ra *m. f. Amér. L.*〈法〉代理人

perspectiva *f.* ①透视;〈画〉透视画法;②透视图;③〈数〉透视法;④景象,景色[观],远景;⑤(观察问题的)视角,角度;观点;⑥远景研究(社会科学的一个分支)

~ aérea ①鸟瞰图;②〈画〉空间透视法

~ angular 斜透视

~ caballera 俯瞰图

~ lineal〈画〉直线透视法

en ~〈画〉透视画(法)的

perspectógrofo *m.* 透视画绘图器

perspectograma *m.* 透视图表

persulfato *m.*〈化〉过二硫酸盐

persulfuro *m.*〈化〉过硫化物

pertenencia *f.* ①所有[属],所有权;② *pl.*(归某人所有的)财物,产业;(不动产的)附属物;③(俱乐部、协会)成员[会员]身份[资格,地位];④〈矿〉矿山租让面积单位(等于1公顷);⑤〈数〉从属关系

pértica *f.* 竿(丈量土地的长度单位,约等于2.70米)

pértiga *f.* ①杆,竿;②吊杆;③〈体〉(撑竿跳用的)撑杆

~ de bambú 竹篙

~ de micrófono 话筒吊杆

~ de trole(电车)触轮杆,接电杆

salto de ~〈体〉撑竿跳高

pertiguista *m. f.*〈体〉撑竿跳运动员

pertita *f.*〈矿〉条纹长石

pertosita *f.*〈地〉淡钠二长石

pertrechos *m. pl.* ①用具[品];②〈军〉装备,军火[械],军需品

~ de pesca 捕鱼索具;钓具

perturbación *f.* ①〈气〉干扰,扰动;②扰乱,骚乱,动乱[荡];③〈医〉紊乱,不适;(精神)紊乱,失调;④〈天〉摄动;⑤〈理〉微扰[动]

~ atmosférica 大气扰动,天电干扰

~ de la aguja〈海〉磁针偏动

~ del orden público 扰乱公共秩序

~ energética 电力不正常现象

~ magnética 磁扰,磁扰动

~ mental 精神紊乱

~es del corazón 心脏功能失调

pertussis *f. lat.*〈医〉百日咳

Hemophilus[Bacillus] ~ 百日咳嗜血杆菌

peruétano *m.*〈植〉野梨树;野梨

pervaporación *f.* 全蒸发(过程)

perveancia *f.* ①导流系数,空间-电荷因子;②〈电子〉电子管导电系数

perversión *f.* ①颠倒,倒错;②〈医〉性欲倒错[反常]

~ sexual 性欲倒错

pervibración *f.*〈建〉(混凝土)内部振捣

pervibrador *m.*〈建〉内部振捣器;插入式振捣器

pervibrar *tr.*〈建〉内部振捣

pervinca *f.*〈植〉小长春花;长春花

peryodatos *m. pl.*〈化〉高碘酸盐

peryódico,-ca *adj.*〈化〉高碘的

pes *f. lat.*〈动〉足,脚

pesa *f.* ①〈体〉投掷器械(包括铁饼、铅球、链球等);②(杠铃的)杠铃片;哑铃;③秤锤[砣],砝码;④钟锤;⑤〈讯〉送受话器

levantamiento de ~s〈体〉举重

pesa-ácidos *m.* 酸浓度计

pesadez *f.*〈医〉感觉沉重,不适

~ de estómago 胃气胀

pesado,-da *adj.* ①重的,沉重的;重型的;笨重的;②闷热的,沉闷的;③〈气〉低压的;④睡眠深沉的;⑤〈医〉不适的;⑥〈体〉重量级的‖ *m.* 称量

aceite ~ 重油,重柴油

agua ~a 重水

alimento ~ 难消化食物

electrón ~ 重电子,介子

hidrógeno ~ 重氢(H_2)

industria ~a 重工业

línea ~a(图表中的)粗[黑]线

óxido ~ 重氧

partícula ~a 重粒子

sueño ~ 沉睡

pesaje *m.* ①称量;②〈体〉(赛马后对骑师,拳击或摔跤比赛前对参赛者的)称体重

pesaleche *m.* 乳比重计

pesalicores *m. inv.* 酒精比重计;液体比重计

pesantez *f.*〈理〉万有引力;地心吸力;重力;②重量,重

pesario *m.*〈医〉①(纠正子宫错位的)子宫托;②(避孕用的)膈状子宫托,子宫帽;③阴道栓剂

～ de útero 子宫托

pesca *f*. ①捕鱼;钓鱼;②捕鱼业;捕鱼术;③鱼类;④捕获物(指水生动物)

～ a caña 钓鱼,垂钓

～ a la luz 灯光捕鱼

～ a la rastra(～ de arrastre) 拖网捕鱼

～ a mosca 用蝇钓鱼

～ costera 近海捕鱼

～ de altura(～ mayor) 深海捕鱼

～ de bajura 近[沿]海捕鱼

～ de la ballena 捕鲸业

～ de perlas 采珠,珍珠采集

～ submarina 水下捕鱼

pescada *f*. ①〈动〉狗鳕,无须鳕;海鳕;②鳕类鱼干,鱼干

pescadilla *f*. 〈动〉(欧洲)牙鳕;(北大西洋)银无须鳕;小鳍鳕;小无须鳕

pescado *m*. ①(供食用的)鱼;②(水中的)鱼(部分地方用语);③*And*.,*Cono S*. 秘密警察

～ a vapor 清蒸鱼

～ azul ①(北美大西洋沿岸等处产的)蓝鱼,跳鱼;②(太平洋沿岸产的)银牙;③(美国加利福尼亚州沿岸产的)浅蓝色食用小鱼;④短吻秋刀鱼

～ con curry 咖喱鱼

pescante *m*. ①〈海〉吊艇柱[杆];②〈戏〉(木偶的)牵线;③〈机〉(起重机等的)悬臂,挺杆

pescata *f*. 捕获物(指水生动物)

pescatubos *m*. *pl*. 套接,承插接口

pescuezo *m*. ①〈动〉颈;②〈解〉颈背,后颈

pesebre *m*. 〈农〉(马、牛等的)食槽

pesgua *f*. *Venez*. 〈植〉白珠树

peso *m*. ①重;重[分]量;体重;②〈理〉(作用在物体上的)重力;地心吸力;③称重;④秤,天平;⑤〈医〉(身体某部感受到的)沉重,难受;⑥〈体〉铅球;⑦(拳击、摔跤等运动员的)重量级别

～ adherente[adhesive] 附着力

～ atómico 〈化〉原子量

～ bruto 毛[总]重(区别于净重)

～ completo *Amér*. *C*.,*Méx*.,*Venez*. 〈体〉最重量级拳击手[摔跤运动员]

～ de baño 浴室用秤

～ de catorce libras 石(英国重量名,=14磅)

～ de cocina 厨房用秤

～ de cruz 天平

～ de embarque 运输[出运]重量

～ de joyería (英国)金衡制

～ de resorte 弹簧秤

～ en vacío 干[净]重,无载[空机]重量

～ en vivo 活重(牲畜被宰前的重量)

～ equivalente 化合当量

～ escurrido 净重

～ específico 比重

～ gallo ①最轻量级;②最轻量级拳击运动员;③次轻量级摔跤运动员

～ legal 标准重量[砝码]

～ ligero[liviano] *Chil*.,*Venez*. ①轻量级;②轻量级职业[业余]拳击手;轻中量级摔跤运动员

～ máximo autorizado 毛重

～ medio ①中量级;②中量级摔跤[拳击]运动员

～ medio fuerte ①次重量级;②次重量级拳击手[摔跤运动员]

～ molecular 〈化〉分子量

～ mosca ①次最轻量级;②次最轻量级职业[业余]拳击手

～ muerto 净[自]重;恒[静]载荷

～ neto 净重

～ pesado ①最重量级;②最重量级拳击手[摔跤运动员]

～ pluma ①次轻量级;②次轻量级拳击手[摔跤运动员]

～ sofométrico 噪声评价系数

～ vacío 净重,无载重量

～ útil 有效荷载,实用负载

～ welter 〈体〉①次中量级;②次中量级职业[业余]拳击手;次中量级摔跤运动员

～s y medidas 度量衡

pésol *m*. 〈植〉豌豆

pesor *m*. *Amér*. *C*.,*Cari*. ①重力,地心引力;②*Méx*. 体重

pespunte *m*. 〈缝〉(缝纫中的)回针,缉针

pesquera *f*. ①渔场,捕鱼区;②水坝,鱼梁(拦截游鱼的枝条篱)

pesquería *f*. ①渔场,捕鱼区;②捕鱼业;③捕捞;捕鱼

pesquero,-ra *adj*. 捕鱼的,渔业加工的 ‖ *m*. 渔船

industria ～a 渔业加工业

puerto ～ 渔港

pestaña *f*. ①睫毛;②〈植〉毛缘;③(某些器物的)凸缘;(盒子的)口盖;④〈机〉(车轮气胎的)轮辋[缘]

pestañadora *f*. 〈机〉起[折,凸]缘机,翻边机,弯边压力机

pestañoso,-sa *adj*. 〈植〉有纤毛的

peste *f*. 〈医〉①瘟疫;鼠疫;②*Cono S*. 传染病;天花;③*And*. 感冒

～ aviar[avícola] 鸡瘟,家禽疫

～ bóvina 牛瘟

～ bubónica[levantina] 〈医〉腺鼠疫,腹股沟淋巴结鼠疫

~ negra 〈医〉黑死病(14 世纪蔓延于欧亚两洲的鼠疫)

~ porcina 猪瘟

pesticida m. 杀虫剂;农药

pesticina f. 〈医〉鼠疫菌素

pestífero,-ra adj. (能)引起瘟疫的

pestilencia f. ①〈医〉瘟疫;鼠疫;②臭味,恶臭

pestilencial adj. ①传染病的,瘟疫的,疫病(尤指鼠疫)的;②传播疾病的,引起瘟疫的;致死的

pestillo m. ①(门、窗等的)插销,闩;②锁舌;③Cono S. 门拉手

~ de cerradura 锁簧[舌]

~ de golpe 弹簧插销,撞锁锁舌

pesuña f. Amér.L. 〈动〉蹄,爪

petabait m. 〈信〉10^{15} 字节

petalado,-da adj. 〈植〉具花瓣的

petaliforme adj. 〈植〉花瓣状的

petalita f. 〈矿〉透锂长石

pétalo m. 〈植〉花瓣

petaloide adj. 〈生〉①花瓣状的;②由花瓣状部分构成的

petanque m. 〈矿〉银矿石,天然银块

petardero m. 爆破手

petequia f. 〈医〉淤斑,淤点

petequial adj. 〈医〉淤斑的

petición f. ①请求,要求,申请;②〈法〉申诉;起诉书;③请求书,申请书

~ de divorcio 离婚申请

~ de extradición 引渡申请

~ de mano 求婚

~ de orden 〈信〉提示,提醒

~ no justificada 不正当要求

~ por naturalización 入籍申请

~ voluntaria 自愿申请

petifocque; petifoque m. 〈海〉飞三角帆

petigrís m. 〈动〉松鼠

petirrojo m. 〈鸟〉旅鸫;欧亚鸲

peto m. ①(连衣裙的)上身,(工装裤)上部;②〈军〉胸铠;③(斗牛用)马胸甲;④〈体〉(棒球手的)护胸

petrel m. 〈鸟〉①海燕;②鹱形目鸟类

pétreo,-rea adj. ①石质的,岩石的;②岩石般的;③多石的;④〈地〉化石的,硬化的

petrificación f. 〈地〉成为化石,石化,石化作用;化石

petrificado,-da adj. 化石的,石化的

petrodólar m. 石油美元(指石油出口收入,尤指在扣除用于发展国民经济和国内其他开支后的剩余部分)

petrogénesis f. ①岩石成因;②岩石成因说

petrografía f. 岩相[类]学

petrográfico,-ca adj. 岩类学的,岩相学的

análisis ~ 岩相分析

petrolato m. 〈化〉矿脂,石油冻

petróleo m. ①石油;②Amér.L. 煤油,火油

~ bruto[crudo] 原油

~ combustible 燃油

~ crudo ligero/pesado 轻/重质原油

~ de alumbrado 煤油,火油

~ de lámpara(~ lampante) ①煤油,火油,石油;②石蜡油

~ dulce 无硫油

crudo de ~ 原油

ensayo de ~ al plumbito sódico (汽油)检[含]硫试验

éter de ~ 石油醚

motor de ~ 柴[燃]油机,汽油机

pozo de ~ 油井

quemador de ~ 油燃烧器,燃[烧]油灯

refinación del ~ 炼油

petrolero,-ra adj. 石油的 ‖ m. ①〈海〉油轮;②〈商贸〉石油商,石油经营家;石油业工人

buque ~ 油轮;运油车

campo ~ 油田

industria ~a 石油工业

petrolífero,-ra adj. ①〈矿〉含[产]石油的;②〈商贸〉石油的;供石油的

arena ~a 油砂

campo ~ 油田

compañía ~a 石油公司

petrolizador m. 油雾喷射器

petrología f. 〈地〉岩石学

petroquímica f. ①石油化学;②岩石化学;③〈工〉石化公司;石化工厂

petroquímico,-ca adj. ①石油化学(制品)的;②岩石化学的

industria ~a 〈工〉石油化学工业

planta ~a 〈工〉石油化工厂

productos ~s 石油化工产品

petrosa f. 〈解〉颞骨岩部

petrosal adj. 〈解〉颞骨岩部的

petunia f. 〈植〉矮牵牛;矮牵牛花

peyote m. Amér.L. 〈植〉(一种产于墨西哥的)佩奥特仙人掌

pez (pl. peces) m. ①〈动〉鱼;②pl. 鱼类;③鱼形物 ‖ f. 树脂;地沥青

~ anadromo 溯河产卵的海鱼

~ ángel ①扁鲨;②刺蝶鱼;③天使鱼

~ catadromo 下海繁殖[产卵]的淡水鱼

~ cinta 带鱼

~ de colores 金鱼

~ diadromo 洄游于淡水与海水间的鱼

~ emperador[espada] 箭鱼

~ globo 河豚,鲀

~ griega 松香

~ guitarra 犁头鳐(形似吉他)

~ luna 月鱼,翻车鲀

~ marino 咸水鱼

~ martillo 锤头双髻鲨

~ mujer 海牛

~ piloto ①引水鱼;②柱白鲑

~ pulmonado 肺鱼

~ sierra 锯鳐

~ volador[volante] 飞鱼,燕鳐鱼

peces vivíparos 胎生鱼类

pezón *m*. ①(人或动物)的乳头;②〈植〉(叶、花、果的)柄,梗;③见 ~ de engrase

~ de engrase (润)滑脂喷嘴

pezonera *f*. ①〈机〉车轮销,制轮楔;②乳头矫形器

pezuña *f*. ①〈动〉蹄,爪;②(人的)脚

pH 〈化〉(描述氢离子浓度的)pH 值

phishing *m*. "网络钓鱼"(一种旨在盗取网络用户银行账户信息等的欺诈行为)

phonovisión *f*. 〈讯〉电话电视,有线电视

phot *m*. 〈理〉辐透(照度单位)

photofinish *f. ingl*. 〈体〉(赛跑)终点摄像[影]记录;摄影定名次的比赛终局

photoflash *m. ingl*. 〈摄〉照相闪光灯

photophone *m. ingl*. 光线电话

pi *f*. 〈数〉圆周率(π)(即 3.14159…)

pial *m*. 套索,套马索

piamadre; piamáter *f*. 〈解〉软膜(覆盖在脑和脊髓表面的血管膜)

piamontita *f*. 〈矿〉红帘石

pian *f*. 〈医〉热带毒疮

pianista *m. f*. 〈乐〉钢琴家;钢琴演奏者

pianístico,-ca *adj*. 〈乐〉钢琴的;钢琴演奏的

piano *m*. 〈乐〉钢琴

~ de cola 平台式钢琴,大钢琴

~ de media cola 小型卧式钢琴

~ mecánico 自动钢琴

~ recto[vertical] 立[竖]式钢琴

pianoforte *m*. 〈乐〉钢琴

pianola *f*. 〈乐〉自动钢琴

piasava *f*. 〈植〉巴西棕

PIB *abr*. producto interior bruto 国内生产总值

pica *f*. ①〈鸟〉鹊,喜鹊;②梭镖;〈军〉长矛,长枪;③*And*.〈农〉割胶

picada *f*. ①〈蜂〉螫;(蚊子)叮;②(蛇)咬;(鱼)咬钩;(禽类)啄;③*Amér. L*. 林间小道;④*And*. 浅滩

picado,-da *adj*. ①(牙)朽蚀的,腐烂的,生锈的;②剁[切]碎的,捣[碾]碎的;③〈乐〉断音的;断奏的 ‖ *m*. ①剁[切]碎;捣[碾]

碎;②〈航空〉〈鸟〉俯冲;③〈乐〉断音;断奏;④(价格、产量等的)暴跌,急剧下降

ángulo de ~ 俯冲角度

bombardeo en ~ 俯冲轰炸

bombardero en ~ 俯冲轰炸机

freno de ~ 俯冲减速器

picador *m*. ①驯马者;(斗牛中的)骑马斗牛士;②〈矿〉在采掘面工作的矿工,工作面工人 ‖ ~**a** *f*. 〈机〉①绞肉机;粉[切]碎机;②凿,錾;风铲[凿,镐]

picadura *f*. ①(虫等)叮,咬;刺[咬,螫]伤;②锉齿;③切削;④剁[切,捣]碎;⑤〈医〉龋

~ doble 双纹锉

~ dulce 细纹锉;细切削

~ simple 单纹锉

~ superfina 极细纹(锉)

primera ~ 粗切削

segunda ~ 细切削

picaflor *m. Amér. L*. 〈鸟〉蜂鸟

picagallina *f*. 〈植〉鹅不食

picagrega *f*. 〈动〉伯劳

picahielos *m. inv*. (登山运动员使用的)冰镐

pical *m*. 〈交〉公路交叉点

picamaderos *m. inv*. 〈鸟〉啄木鸟

picapedrero *m*. 石工[匠]

picaposte *m*. 〈鸟〉啄木鸟

picaraza *f*. 〈鸟〉喜鹊

picasiano,-na *adj*. 〈画〉(著名西班牙画家)毕加索(Picasso)的;具有毕加索风格的

picaza *f*. 〈鸟〉鹊,喜鹊

picazo *m*. ①(禽鸟的)啄;②击,捅,刺

picazón *f*. ①〈医〉痒;②刺痛(感)

píccolo *m*. 〈乐〉①短笛;②(风琴的)锐音栓

pícea *f*. 〈植〉云杉

piceno *m*. 〈化〉䓛,二萘品并苯

piceo,-cea *adj*. ①树脂状的;②沥青的;沥青状的

pichagüero *m. Venez*. 〈植〉加拉巴木

pichanga *f. Cono S*. 〈体〉足球友谊赛

pichango *m. Cono S*. 〈动〉狗

pichelería *f*. 锡器业

pichelero *m*. 锡匠

pichicata *f. Amér. L*. ①可卡因粉;②(麻醉剂等)一次注射;(疫苗等的)注射

pichichi *m*. 〈体〉(足球运动中)进球得分最多者,最佳射手

piciforme *adj*. 〈鸟〉形目的

pickeringita *f*. 〈矿〉镁明矾

pick-up *m. ingl*. ①〈理〉拾取反应;②〈无〉检波器;拾波器,拾音器;拾音头;拾音器臂[心];干扰;③接收到的广播[电视]节目;④传感器;⑤(电视)摄像;摄像管;⑥*Amér. L*. 小卡车,轻型货车,轻便小货车,皮卡

picnidio *m*. 〈植〉分生孢子器
picnoclina *f*. 〈环〉密度跃层
picnogonidos *m*. *pl*. 〈动〉海蜘蛛,皆足虫
picnómetro *m*. 〈理〉比重瓶
picnosis *f*. 〈生化〉核固缩
pico *m*. ①(禽类、昆虫的)喙;鸟嘴;②(虾蟹的)螯;(半翅目的)吸嘴;③(物体的)角,尖端;④山尖[峰],巅;⑤鹤嘴锄,丁字镐;⑥〈鸟〉啄木鸟;⑦(毒品的)一次注射,毒品注射;⑧(器皿的)嘴,茶壶嘴
picofaradio *m*. 〈电〉皮法拉,微微法拉,10^{-12}法拉
picofeo *m*. *Col*. 〈鸟〉大嘴鸟
picolinas *f*. *pl*. 〈化〉皮考啉,甲基吡啶
picornavirus *m*. 〈生〉小核糖核酸病毒
picosegundo *m*. 〈信〉皮(可)秒,微微秒,10^{-12}秒(时间单位)
picota *f*. ①〈建〉尖部,顶部;②〈地〉山顶[峰];③〈植〉甜樱桃(心脏形,肉质坚硬);④〈海〉(泵把上的)夹板
picotada *f*.; **picotazo** *m*. ①(鸟的)啄;(蜂的)刺,螫;②(蛇、蚊子的)咬
picotita *f*. 〈矿〉铬尖晶石
picrato *m*. 〈化〉苦味酸盐[酯]
pícrico,-ca *adj*. 〈化〉苦味酸的;由苦味酸产生的
ácido ～ 苦味酸
picrita *f*. 〈地〉苦橄岩
pictograma *m*. 象形图[符号]
pictórico,-ca *adj*. ①绘画(艺术)的;②具有绘画价值的;适于入画的
picú *m*. 留声机,唱机
picuda *f*. 〈鸟〉丘鹬,山鹬;北美山鹬
picudilla *f*. 〈动〉沙锥
picup *m*. *Amér*. *L*. 小卡车,轻型货车,轻便的小货车,皮卡
picuro *m*. *Amér*. *L*. 〈动〉刺鼠,刺豚鼠
PID *abr*. proceso integrado de datos 〈信〉综合数据处理,集中数据处理
pie *m*. ①〈解〉足,脚;蹄,爪;②(器物的)脚,腿;底座[脚,板];③支点[架,座,脚],基础[座];④(书信等的)结尾,下款;页末空白;(照片、图片等的)说明;⑤〈植〉(树木的)干;(植物的)茎;株棵;(玫瑰花的)类,原种砧木;幼树,树苗;⑥英尺;⑦〈戏〉(暗示另一演员出场或说话的)尾白;结束语;⑧(酒的)沉淀[积];残渣;⑨*Cono S*. (合同的)保证金,押金,定金;⑩*pl*. (某些东西与头部对称的)脚部;(书页)地脚;⑪〈体〉脚球(犯规)
～ cuadrado 平方英尺
～ cúbico 立方英尺
～ de atleta 〈医〉足癣
～ de cabra 撬棍,羊脚起钉器
～ de carnero 舷梯柱
～ de foto 照片说明
～ de imprenta 〈印〉出版事项,版本说明
～ de muro (墙)基脚
～ de página 脚注
～ de pilar 柱脚;(桥梁)支座
～ de rey 游标尺,游[滑]尺,游标卡尺[钳]
～ de roda 前脚[肢],足前段
～ de vía *Amér*. *C*. (车的)变向指示灯
～ de yunque 砧座
～ derecho 支柱[杆],壁柱,桁架中柱
～ equino[zambo]〈医〉(先天)畸形足
～ plano 〈医〉蹠足,扁平足
～ valgo 〈医〉足内翻,内翻足
～ varo 〈医〉足外翻,外翻足
～s cúbricos por minuto 立方英尺/分
～s cúbricos por segundo 立方英尺/秒
～s de cerdo (供食用的)猪蹄[爪]
especie de ～ de cabre 大螺帽扳手,转动杆
freno de ～ 踏脚闸,踏脚式制动器
longitud del ～ (齿轮的)齿高
pie-buja *m*. 英尺-烛光(照度单位)
pie-lambert *m*. 英尺-郎伯(亮度单位)
pie-libra *m*. 英尺磅(功的单位)
piecera *f*.; **piecerío** *m*. 〈机〉部件,零件
piecero,-ra *m*. *f*. 〈缝〉服装裁剪者;(服装的)制作人
piedra *f*. ①石,石头[块];岩石;②燧石,火石;(打火机用的)电石;③〈医〉结石;④〈气〉冰雹,雹子;⑤〈建〉石料;⑥石碑;⑦磨盘
～ acicular 金红针水晶
～ afiladera[aguzadera] 磨刀石
～ angular (～ de ángulo)〈建〉隅石,墙脚石,基石
～ arenisca 〈地〉砂岩[石]
～ azul 筑路用青石
～ berroqueña 花岗石
～ caliza(～ de cal)〈地〉灰[石灰]岩
～ de aceite 油石,磨刀石
～ de afilar[amolar] 磨刀石,(天然)磨石,研磨石料
～ de alisar (饰,护)面石
～ de asentar 油石
～ de cal hidráulica 水泥用灰岩
～ de chispa[lumbre] 火[燧]石
～ de cuchillas 巴斯磨石,砂砖
～ de la luna 月长石
～ de mano 磨刀石,砥石,(带柄)手用油石
～ de molino 磨石;磨盘
～ de pipas 火石,海泡石

~ de pulir 磨石，砂轮

~ de remate 盖石，墙帽

~ de sangre 鸡血石，赤铁矿

~ de sillería 毛[粗，削，乱]石

~ de talla 石板，琢石，细方石

~ de toque 试金石，砥砺

~ del águila 鹰石，泥铁矿

~ esmeril 磨[抛，打]光石

~ filosofal 点金石（指点金术士寻求的能使其它金属变为黄金的仙石）

~ flotante[ligera] 浮石

~ fundamental（奠）基石；根基[底]

~ imán 天然磁石

~ jaspe 碧玉

~ labrada[lallada] 毛[粗，削，乱]石

~ litográfica〈印〉石版用石

~ meteórica 陨石

~ poma[pómez] 浮[漂]石，浮[泡沫]岩

~ preciosa 宝石

~ quebrantada[rota] 碎[砾]石

~ refractaria 耐火石，耐火粘土

~ sepulcral 墓石

~ sonora 响岩，响石

~ viva 礁石

primera ~ 基石，奠基石

piel *f.* ①皮；皮肤；②兽皮；皮毛，毛皮，皮革；③果皮，外皮

~ de ante ①绒面革，起毛革；②仿麂皮

~ de becerro(~ de ternera) 小牛皮；小牛皮革

~ de cabra 山羊皮；山羊皮革

~ de cerdo 猪皮；猪皮革

~ de gallina 鸡皮疙瘩

~ de naranja〈医〉(蜂窝织炎)橘皮样皮肤

pielectasia *f.*〈医〉肾盂扩张

pielitis *f. inv.*〈医〉肾盂炎

pielocaliectasia *f.*〈医〉肾盂肾盏扩张

pielocistanastomosis *f.*〈医〉肾盂膀胱吻合术

pielocistitis *f. inv.*〈医〉肾盂膀胱炎

pieloflebitis *f. inv.*〈医〉肾盂静脉炎

pielografía *f.*〈医〉肾盂造影术

pielograma *m.*〈医〉肾盂 X 线照片，肾盂造影照片

pielolitiasis *f.*〈医〉肾盂结石(症)

pielolitotomía *f.*〈医〉肾盂切开取石术

pielometría *f.*〈医〉肾盂测量法

pielonefritis *f. inv.*〈医〉肾盂肾炎

pielonefrolitotomía *f.*〈医〉肾盂肾石切除术

pielonefrosis *f.*〈医〉肾盂肾病

pielopatía *f.*〈医〉肾盂病

pieloplastia *f.*〈医〉肾盂成形术

pieloscopio *m.*〈医〉肾盂镜

pielostomía *f.*〈医〉肾盂造瘘术

pielotomía *f.*〈医〉肾盂切开术

pieloureterectasia *f.*〈医〉肾盂输尿管扩张

pieloureteritis *f. inv.*〈医〉肾盂输尿管炎

pieloureterografía *f.*〈医〉肾盂输尿管造影术

pieloureterólisis *f.*〈医〉肾盂输尿管松解术

pieloureteroplastia *f.*〈医〉肾盂输尿管成形术

pieloureterostomía *f.*〈医〉肾盂输尿管吻合术

piemia *f.*〈医〉脓血症，浓毒症

pierna *m.* ①〈解〉腿，小腿；②(禽、兽的)腿(肉)；③(字母的)竖笔画

pierrot *m. fr.*（法国哑剧中）定型男丑角

pieza *f.* ①块，件，片，个，块；部分；②展览[陈列]品；③〈机〉(机器、发动机等的)零[部，构，组，机，配，工]件；④艺术样品；作品，工艺品；〈戏〉剧本，剧作；⑤猎获物；⑥棋子；⑦〈缝〉补丁；布匹；⑧*Amér. L.* 房间；⑨〈乐〉乐曲；⑩见 ~ bucal

~ amueblada 配备家具的房间

~ arqueológica（特定文化或技术发展阶段的）手工艺品

~ bucal[dental，dentaria] 牙齿

~ clave 主要部分；关键部件

~ corta ①〈乐〉短曲；②〈戏〉短剧，小戏

~ de acuñado〈建〉托梁，承接梁

~ de afianzado[refuerzo] 加固[强]件

~ de agarre 紧固件

~ de artillería〈军〉重型武器(指不能由一个人随身携带的武器)

~ de autos〈法〉案卷，卷案

~ de convicción〈法〉证据，物证

~ de fundición(~ moldeada) 铸件[锭，模]

~ de garras 钩形扳手

~ de montaje ①〈建〉砌块；②基础材料

~ de museo（值得收藏在博物馆里的）艺术品；珍品，珍贵文物

~ de oro 金币

~ de prueba 试件，试验片

~ de recambio[repuesto] 通用配件，可互换零件

~ de recibo ①(宾馆等中的)活动室，会议厅；②(私人住宅中的)休息室，餐厅；接待室，会客室

~ forjada 锻件，锻钢

~ justificativa 证明件

~ literaria 文学作品

~ matrizada 冲压件

~ musical 乐曲

~ oratoria 演说

~ polar 磁极片

piezocristalización *f.*〈地〉压结晶作用

piezoefecto *m.*〈理〉压电效应

piezoelectricidad *f.*〈理〉压电（现象）；压电学

piezoeléctrico,-ca *adj.*〈理〉压电的

efecto ~ 压电效应

indicador ~ 压电显示器

transductor ~ 压电式换能器

piezometría *f.*〈测〉〈理〉流体压力测定

piezómetro *m.*〈理〉流体压力[强]计，测压管[器]，流[水]压计

piezooscilador *m.* 晶体（控制）振荡器，压电振荡器

piezoquímica *f.*〈化〉高压化学

piezorresonador *m.* 压电（晶体）谐振器

pífano *m.*〈乐〉（军乐中与鼓合奏发尖音的）横笛

pifia *f.*〈体〉（台球比赛中的）球杆滑脱；击空

pifiado,-da *adj.*〈信〉（计算机程序或系统）操作时有错误的

pigargo *m.*〈鸟〉①鹗；②海雕

pigeonita *f.*〈矿〉易变辉石

pigmentación *f.*〈生〉①色素沉着，着色，染色；②（动植物的）天然颜色

pigmentado,-da *adj.* ①（人造丝等）纺前染色的，无光的；②有色人种（尤指黑种）的，混血种的‖ *m.f.* 有色人种的人（尤指黑人）；混血人

pigmentario,-ria *adj.* ①〈生〉色素的；②颜[涂]料的

pigmento *m.* ①颜[涂]料；②〈生〉色素

~ respiratorio 呼吸色素

pigopagia *f.*〈医〉臀部联胎畸形

pigópago *m.*〈医〉臀部联胎儿

pigostilo *m.*〈鸟〉尾综骨

pijojo *m.Cub.*〈植〉一种野生用材树

pila *f.* ①叠，堆，垛；②〈信〉〈存贮〉栈，栈式存储器；后进先出存储器；③〈建〉桥墩；④石[水]槽，水池；⑤〈电〉电池

~ al[de] bicromato de potasa 重铬酸（盐）电池

~ alcalina 碱性电池

~ articulada 摇式桥墩

~ atómica 原子反应堆

~ (de) botón 纽扣电池

~ de Bunsen 本生电池

~ de cadmio 镉电池

~ de cocina 厨房洗涤槽[池]

~ de concentración 浓差电池

~ de Daniell 丹聂尔电池（一种初级电池）

~ de datos〈信〉数据栈

~ de dos líquidos 浓差电池

~ de estribación 靠岸桥墩，墩式桥台

~ de lavar 洗涤池

~ de Leclanché 勒克朗谢电池

~ de polarización 极化电池

~ de protocolos〈信〉协议栈

~ de reacción en cadena 原子反应堆

~ de retén 锚墩

~ de varios circuitos 并联电池组

~ de Volta(~ voltaica) 伏打[动电]电池

~ eléctrica 电池组

~ fotoeléctrica 阻挡层光[硒]电池

~ galvánica 原[伽伐尼]电池

~ hidroeléctrica 湿电池

~ inerte 惰性电池

~ patrón 标准电池，镉电池

~ reversible 可逆电池

~ seca 干电池，干堆原电池

~ solar 太阳能电池

~ termoeléctrica 温差[热电]电池，热[温差]电偶

~s secas 手电筒电池，闪光灯用电池

batería de ~s en derivación 并联原电池组

batería de ~s en series paralelas 串并联原电池组

pilar *m.* ①路标，里程碑；②〈桥，支〉墩；③柱，支柱，桩；④大水槽[池]；（牲畜的）饮水槽；⑤〈解〉柱，脚

~ del diafragma〈解〉隔脚

célula ~ 柱细胞

pilastra *f.*〈建〉①壁[半露，挨墙]柱，（桥台前墙的）扶壁；②*Cono S.* （门的）框架

pilca *f.Amér.L.*〈建〉泥石墙

píldora *f.* 药丸，丸剂；药片

~ abortiva(~ del día después[siguiente]) 事后避孕药

~ antibaby 避孕药丸

~ antifatiga 兴奋丸[片]

~s para mareo 防晕药

la ~ (anticonceptiva) 避孕药丸

pildorazo *m.* ①〈军〉火器射击，炮击；齐射；②〈体〉猛烈射门[投篮]

pileflebectasia *f.*〈医〉门静脉扩张

pileflebitis *f.inv.*〈医〉门静脉炎

pileta *f.* ①水池；存[浇]水池；②〈矿〉蓄水坑；③牲畜饮水槽

~ de natación 游泳池

piletromboflebitis *f.inv.*〈医〉血栓性门静脉炎

piletrombosis *f.*〈医〉门静脉血栓形成

pilier *m.*〈体〉（英式橄榄球比赛的）第一排边

锋

pilífero,-ra *adj.* 〈植〉有[具]毛的；须根（毛）的；有须根的

pilme *m.* 〈昆〉一种花萤

pilocarpina *f.* ①〈化〉毛果（芸香）碱；②〈药〉匹鲁卡品（一种缩瞳药）

pilón *m.* ①柱台，支架[台]；②标杆；路标，桩子；③〈电〉（架高压输电线的）电缆塔；④落锤；打柱锤；⑤研钵；⑥*Cari.* 〈农〉粮仓，仓房；⑦牲畜饮水槽；大水池[槽]；*Méx.* 饮用喷泉

piloncillo *m. Méx.* 红糖粉

piloralgia *f.* 〈医〉幽门痛

pilorectomía *f.* 〈医〉幽门切除术

pilórico,-ca *adj.* 〈解〉幽门的
　antrectomía ～a 幽门窦切除术
　antro ～ 幽门窦
　esfínter ～ 幽门括约肌
　obstrucción ～a 幽门梗塞
　orificio ～ 幽门口
　válvula ～a 幽门瓣

piloritis *f. inv.* 〈医〉幽门炎

píloro *m.* 〈解〉幽门

pilorodilatador *m.* 〈医〉幽门扩张器

pilorodiosis *f.* 〈医〉幽门扩张术

piloroduodenitis *f. inv.* 〈医〉幽门十二指肠炎

pilorogastrectomía *f.* 〈医〉幽门胃切除术

piloromiotomía *f.* 〈医〉幽门肌切开术

piloroplastia *f.* 〈医〉幽门成形术

piloroptosis *f.* 〈医〉幽门下垂

piloroquesis *f.* 〈医〉幽门闭[阻]塞

piloroscopia *f.* 〈医〉幽门镜检查

pilorospasmo *m.* 〈医〉幽门痉挛

pilorostenosis *f.* 〈医〉幽门狭窄

pilorostomía *f.* 〈医〉幽门造口术

pilorotomía *f.* 〈医〉幽门切开术

pilosidad *f.* ①〈解〉（皮肤）多毛，盖满毛；②（织物表面）毛状，毛糙多毛

piloso,-sa *adj.* ①〈解〉（皮肤）多毛的，盖满毛的；②（织物表面）毛状的，毛糙多毛的

pilotado,-da *adj.* 有人驾驶的

pilotaje *m.* ①〈海〉〈航空〉领[引]航，引水；②〈海〉〈航空〉领航术；引水术；③领航费，领港费，引水费；④〈建〉（打入土中的）桩子
　～ obligatorio 强制引水
　～ sin visibilidad（仅靠无线电导航的）盲目航行

pilote *m.* 〈建〉桩，（支）柱；（标，柱）杆
　～ amortiguador 防护柱，缓冲棒
　～ de disco 盘头桩
　～ de rosca 螺旋桩
　～ de sostén de tablastacado[estacado]

灌注[填补]桩
　～ metálico de sección redonda[exagonal] 箱形桩
　～ sustentador 支[承重]柱
　azuches de ～s 板（桩）靴

piloto *m. f.* ①〈航空〉飞行员，飞机驾驶员；②汽车驾驶员；赛车手；③〈海〉领航（港）员，引水员；④向导；（探险中的）探路者 ‖ *m.* ①驾驶仪，导向器；②表盘灯，指示灯；③（车的）后灯，尾灯 ‖ *adj. inv.* ①引航的；②指引的，引导的；③〈机〉导向的；控制的；④试验性的，试点的，小规模的
　～ automático 自动驾驶仪，自动导航（装置），自动舵
　～ de alarma（机场、灯塔等的）闪光信号灯
　～ de niebla 雾灯，雾天行车灯
　～ de pruebas ①试飞员；②（车辆）试车员
　～ de puerto 领港员
　～ experto de combate 王牌[一级，一流]飞行员
　～ suicida 敢死队飞行员
　estudio ～ 试点研究
　planta ～ 实验工厂
　segundo ～ （飞机）副驾驶员

pilpinto *m. And.,Cono S.* 〈昆〉蝴蝶

pimeloma *m.* 〈医〉脂肪瘤

pimelosis *f.* 〈医〉①脂肪化；②肥胖（病）

pimeluria *f.* 〈医〉脂尿症

pimentero *m.* 〈植〉胡椒

pimentón *m.* 〈植〉①红灯笼辣椒；②*Amér. L.* 甜椒（果实）

pimienta *f.* ①胡椒粉，辣椒粉；②〈植〉胡椒，胡椒料植物；③〈植〉辣椒，甜椒
　～ de cayena ①（红）辣椒粉；（红）辣椒（果实）；②〈植〉辣椒
　～ inglesa ①〈植〉多香果；②多香果（浆果）；③多香果粉（一种香料）
　～ negra 黑胡椒粉

pimiento *m.* 〈植〉①辣椒，甜椒（果实）；②辣椒，甜椒；胡椒，胡椒科植物
　～ del piquillo 甜椒，红椒
　～ morrón[rojo] 甜椒，红椒
　～ verde 青甜椒，青椒

pimpinela *f.* 〈植〉海绿；海绿花

pimpollo *m.* 〈植〉①树苗，幼树；②芽，嫩芽；花蕾

pimpón *m.* 〈体〉乒乓球；乒乓球运动

pimponista *m. f.* 〈体〉乒乓球运动员

pin *m.* ①（背面有别针的）徽章，证章，奖章；②识别符号，标记；③〈电〉（电器插头等的）插钉

pina *f.* 〈机〉轮辋[缘]，车轮外缘

pinabete *m.* 〈植〉①冷杉，枞；②冷杉木，枞木

pinacate *m. Méx.* 〈昆〉蟑螂

pináceo,-cea *adj.* 〈植〉冷杉科的‖ *f.* ①冷杉科植物;② *pl.* 冷杉科

pinacocitos *m. pl.* 〈动〉扁平细胞

pinacoide *m.* 〈地〉(晶体)轴面

pinacoteca *f.* 美术馆,画廊

pináculo *m.* ①高峰;山峰;②尖柱[锥]形岩石,石塔;尖礁,海塔(指凸出海面的岩石);③〈建〉(尤指哥特式建筑上的)小尖塔;尖顶

pinado,-da *adj.* 〈植〉(复叶等)羽状的

pinar *m.* 松树林

pinatífido,-da *adj.* 〈植〉(叶)羽状半裂的

pinaza *f.* ①舢板;小艇,舰载艇;②〈植〉松针

pinatipartido,-da *adj.* 〈植〉(叶)羽状深裂的

pinatisecto,-ta *adj.* 〈植〉(叶)羽状全裂的

pincel *m.* ①刷子;漆刷;②画[毛]笔;③〈画〉(绘画)笔法

pinchadiscos *m. f. inv.* (广播或电视台的)流行音乐栏目主持人

pinchanzo *m.* ①〈讯〉窃听器;②(轮胎上的)刺孔;③(抗生素、胰岛素的)皮下注射,注射;(可卡因、海洛因的)注射;④刺痛;刺伤

pineacitomía *m.* 〈医〉松果体细胞瘤

pineal *adj.* 〈医〉松果状的;松果体的cuerpo[glándula] ~ 〈解〉松果体[腺]hormona ~ 〈医〉松果体激素

pinealectomía *f.* 〈医〉松果体切除术

pinealismo *m.* 〈医〉松果体机能障碍

pinealocito *m.* 〈生〉〈医〉松果体细胞

pinealoma *m.* 〈医〉松果体瘤

pinealopatía *f.* 〈医〉松果体病

pineno *m.* 〈化〉松萜,蒎烯

pingopingo *m. Chil.* 〈植〉安第斯麻黄

pingüécula; pingüícula *f.* 〈医〉结膜黄斑

pingüino *m.* 〈鸟〉企鹅

pinllo *m.* 〈植〉①矮筋骨草;②地肤

pinita *f.* 〈矿〉块云母

pinna *f.* ①〈植〉(复叶的)羽片;②〈解〉耳廓

pinnado,-da *adj.* 〈植〉羽状的hoja ~a 羽状叶nervadura ~a 羽状叶脉

pinnípedo,-da *adj.* 〈动〉①有鳍状肢的;②鳍足亚目的‖ *m.* ①鳍足亚目动物;② *pl.* 鳍足亚目

pino *m.* ①〈植〉松,松树;②松木~ albar 欧洲赤松~ araucano 智利南美杉~ blanco[plateado] 五针松~ bravo[marítimo,rodeno] 南欧海松~ carrasco 阿勒颇松~ de tea 北美油松~ doncel[piñonero] 意大利五针松

~ negral 南欧黑松

~ negro 中欧山松

~ resinero 北美油松,含脂松木

~ resinoso 多脂木材

~ silvestre 欧洲赤松

pinocanfona *f.* 〈化〉松莰烷

pinocha *f.* 〈植〉松叶[针]

pinol *m.* 〈化〉松油精

pinsapo *m. Esp.* 〈植〉西班牙冷杉

pinta *f.* ①斑点[纹];(形成图案的)点;②(水、酒、油等液体的)滴,珠;③〈动〉(动物羽毛或皮上的或昆虫翅上的)斑点[纹];④ *Amér. L.* (动物的)毛色;⑤〈医〉品他病;⑥品脱(液量或干量单位,用作液量单位时等于 1/8 加仑,英制等于 0.568 升,美制等于 0.473 升;用作干量单位时等于 1/2 夸脱,美制等于 1/64 蒲式耳或 0.5506 升);品脱的量[容]器;⑦ *Cono S.* 〈矿〉纯度高的矿石

pintada *f.* 〈鸟〉珍珠鸡

pintado,-da *adj.* 〈动〉有斑点[纹]的;杂色的,斑驳的‖ *m.* ①〈画〉画,绘;②〈技〉涂[外]层,覆盖层

pintarroja *f.* 〈动〉狗鲨

pintor,-ra *m. f.* ①〈画〉画家;②油漆工~ de brocha gorda ①漆工;粉刷工;②拙劣画家~ de suelo ①马路画家;②画丐~ decorador (油漆墙壁的)漆工;粉刷工~ escenógrafo 布景画师,美工

pintoresquismo *m.* ①生动性;②追求生动性

pintura *f.* ①〈画〉绘画;画法;绘画艺术;②画,图画;描画[绘];③颜[涂]料;油漆;④涂[漆]层;⑤颜色笔(如炭笔,蜡笔)~ a la acuarela[aguada] 水彩画~ a la cola ①胶料颜料;②丹配拉画颜料,蛋彩画颜料~ acrílica ①丙烯画;②丙烯画颜料~ al aceite[óleo] 油画~ al agua 水彩画~ al alquitrán 煤焦油颜料~ al aluminio(~ alumínica) 铝漆~ al encausto 蜡画~ al esmalte 瓷釉画~ al fresco(~ mural) 壁画~ al pastel 蜡笔画,粉彩画~ al temple ①胶画;②蛋彩[丹配拉]画~ aislante 绝缘漆~ anticalórica 耐热颜料~ anticorrosiva 防腐涂料~ antihumedad[hidrófuga] 防水颜料~ antioxidante 防锈漆~ bordada 刺绣画

~ cerífica 彩蜡画
~ clásica 古典绘画,古典画作
~ de aguazo 水粉画
~ de cera 蜡笔
~ de miniatura 纤细画
~ de porcelana 瓷画
~ figulina 陶画
~ luminosa 发[磷,夜]光漆
~ preparada 预配颜料,现成颜料
~ rupestre 洞穴壁画
~ tejida 织锦画

pínula *f.* 〈测〉瞄准仪[器,孔],照准仪[器];视准[距]仪

pinza *f.* ①（弹簧）筒夹,夹头[套],套筒;衣夹;② *pl.* 镊子;（冰、糖的）夹具;③ *pl.* 〈医〉医用镊[钳]子;④〈缝〉褶裥;⑤（蟹、虾等的）螯足
~ de pelo 小发夹
~ elástica 弹簧（套筒）夹头
~ sujetadora de papel 纸夹
~s americanas 弹簧筒夹
~s cortantes 中心剪丝钳
~s de cadena 锚链钳
~s de curvar 弯折钳
~s de electricista 绝缘钳
~s de gasista(~s para gas) 气管钳
~s finas de resorte 镊子,捏钳

pinzamiento *m.* 见 ~ discal
~ discal 〈医〉椎间盘突出,滑行椎间盘

pinzón *m.* 〈鸟〉雀科鸣鸟（如燕雀、金翅雀等）
~ real ①红腹灰雀;②加勒比鹀（雀科鹀属鸣鸟）
~ vulgar 花鸡,苍头燕雀
~es de Darwin 达尔文雀

pinzote *m.* 〈海〉舵栓

piña *f.* ①〈植〉松果;②〈植〉菠萝;③〈海〉（缆绳的）球状结;④ *Cari.* , *Méx.* （轮）毂; *Méx.* （手枪的）弹膛
~ de América(~ americana) 菠萝
~ de las Indias 菠萝

piñón *m.* ①〈植〉松子[仁];②〈鸟〉鸟翅的端部[端关节];翼尖,前翼;③〈机〉小[副]齿轮,链轮
~ cónico(~ de ángulo) 伞[斜]齿轮
~ de arrastre 驱动小齿轮
~ de dentado doble 双齿轮
~ grande（自行车的）链轮
~ libre（自行车的）飞轮
~ planetario 行星齿轮
~ recto 小正齿轮
~ y cremallera 齿条-小齿轮,齿条齿轮传动

piñonero *m.* 〈鸟〉燕雀,花鸡

piocha *f.* ①丁字镐,鹤嘴锄;②〈建〉（泥瓦工用的）鹤嘴锤

piocisto *m.* 〈医〉脓囊肿

piocito *m.* 〈医〉脓细胞

piocolpos *m. pl.* 〈医〉阴道积脓

piocultivo *m.* 〈医〉脓液培养法

pioderma; piodermia *f.* 〈医〉脓皮病

pioftalmía *f. inv.* 〈医〉脓性眼炎

piogénesis; piogenia *f.* 〈医〉化[生]脓

piogénico,-ca; piógeno,-na *adj.* 〈医〉化[生]脓的

piohemia *f.* 〈医〉脓血症,脓血症

piohemotórax *m.* 〈医〉脓血胸

piojo *m.* 〈昆〉虱;白虱

piola *f. Amér. L.* 〈植〉龙舌兰

piolaberintitis *f. inv.* 〈医〉脓性迷路炎

piolet *m. fr.* （登山运动员使用的）冰镐

piometritis *f. inv.* 〈医〉脓性子宫炎

piomiositis *f. inv.* 〈医〉脓性肌炎

pionefritis *f. inv.* 〈医〉脓性肾炎

pionefrolitiasis *f.* 〈医〉脓性肾石病

pionero,-ra *adj.* ①先驱的,先锋的;②创始[创新]的 ‖ *m. f.* ①拓荒者;开拓[发]者;②先驱者,先锋;创始人,创办者;倡导者;③先锋队队员;④〈生〉先锋生物

pioneumocisto *m.* 〈医〉脓气囊肿

pioneumocolecistitis *f. inv.* 〈医〉脓气性胆囊炎

pioneumohepatitis *f. inv.* 〈医〉脓气性肝炎

pioneumopericardio *m.* 〈医〉脓气心包

pioneumopericarditis *f. inv.* 〈医〉脓气性心包炎

pioneumotórax *m.* 〈医〉脓气胸

pioooforitis *f. inv.* 〈医〉脓性卵巢炎

pioopericarditis *f. inv.* 〈医〉脓性心包炎

pioperihepatitis *f. inv.* 〈医〉脓性肝周炎

pioperitonitis *f. inv.* 〈医〉脓性腹膜炎

piopielectasis *f.* 〈医〉脓性肾盂扩张

pioplania *f.* 〈医〉脓扩散

piopoyesis *f.* 〈医〉脓生成

pioquecia *f.* 〈医〉脓性粪

piorrea *f.* 〈医〉脓溢

piosalpingoooforitis; piosalpingooootectitis *f. inv.* 〈医〉脓性输卵管卵巢炎

piosclerosis *f.* 〈医〉脓性硬化

pioserocultivo *m.* 〈医〉脓血清培养物

piospermia *f.* 〈医〉脓性精液症

pioterapia *f.* 〈医〉脓液疗法

piotórax *m.* 〈医〉脓胸

piotoxinemia *f.* 〈医〉脓毒素血症

pipa *f.* ①〈乐〉簧舌,簧片;②（酒的）桶,一桶之量(液量单位)(最)大桶;③〈植〉种子,籽;葵花籽;④ *Amér. C.* , *And.* 〈植〉青椰

子；⑤*Amér. L.*〈运水的〉槽罐车‖*m.*〈乐〉助手

piperáceo,-cea *adj.*〈植〉胡椒科的‖*f.* ① 胡椒科植物；② *pl.* 胡椒科

piperacina *f.*〈化〉哌嗪，对二氮己环

piperidina *f.*〈化〉哌啶，氮杂环己环，氮己环

piperina *f.*〈化〉胡椒碱

piperismo *m.*〈医〉胡椒中毒

piperitona *f.*〈化〉薄荷烯酮，胡椒酮

piperonal *m.*〈化〉胡椒醛，洋茉莉醛

pipeta *f.*（玻璃制）吸（量）管，移液管，滴〔球〕管

  ~ cuentagotas 滴管

pipirigallo *m.*〈植〉驴食草

piporro *m.* ①〈乐〉低音管，大〔巴松〕管；②大管演奏者，巴松管手

pique *m.* ① *Amér. L.*〈矿〉矿道；*Méx.* 水井；② *And.*〈昆〉穿皮潜蚤；③ 毒品注射

piqué *m.*〈纺〉凹凸织物，凸纹布

piquera *f.* ①〈冶〉出渣〔铁〕口；② *Cari.*（候租的）出租车行列

  ~ de colada 出铁口

  ~ de escorias 出渣口

  ~ de evacuación de escorias（化铁炉的）中央渣口

piquero *m.* ① *And.*, *Cono S.*〈矿〉矿工；② *And.*〈鸟〉鲣鸟

piqueta *f.* ① 丁字镐，破〔碎，琢〕石锤；②（帐篷的）桩

  ~ mecánica 松土机，翻路机

piquete *m.* ①〈军〉（执行特殊任务的）小队；②（罢工时的）纠察队；③〈测〉小标杆，桩柱，标〔测〕尺；④ *Cari.*〈乐〉街头小乐队

  ~ de agrimensor 偏距尺

piquetilla *f.*〈建〉开洞锤

piquillín *m.*〈植〉条纹康达木

piquituerto *m.*〈鸟〉红交嘴雀

piracinas *f. pl.*〈化〉吡嗪，对二氮杂苯

piragüismo *m.* ①用独木舟载运；②〈体〉独木舟运动

piragüista *m. f.* ①划独木舟的人；②〈体〉独木舟运动员

piramidal *adj.* ①金字塔形的，尖塔状的；②〈解〉锥体的

pirámide ①金字塔；②〈数〉棱〔角〕锥（体），锥形；③〈解〉锥体

  ~ de población〈社〉人口金字塔（表示人口的性别、年龄等分布情况的三角形图表）

  ~ regular 正棱锥体

  ~ truncada 截棱锥，斜截头角锥

piramidón *m.*〈药〉匹拉米洞，氨基比林

piranometría *m.* 日射强度测量

piranómetro *m.* 日射强度计，(平面)总日射

表

piraña *f.*〈动〉水虎鱼

pirargirita *f.*〈矿〉深红〔硫锑〕银矿

pirata *m. f.* ①海盗；②见 ~ informático；③剽窃〔抄袭〕者；非法翻印者；④〈商贸〉不诚实的商人‖*adj. inv.* ①海盗的；②从事剽窃的；③非法的，地下的

  ~ aéreo 空中强盗，劫持飞机者

  ~ informático〈信〉电脑黑客

  barco ~ 海盗船

  edición ~ 盗印版

  emisora ~ 非法广播电台

piratería *f.*；**pirateo** *m.* ①（船的）海盗行为，海上劫掠；②〈知〉（唱片、音乐会、录音的）侵犯版权，非法仿制〔翻印〕；剽窃行为

  ~ aérea 空中劫持，劫持飞机

  ~ de vídeo 录像盗版

  ~ informática〈信〉非法闯入电脑网络；软件盗版

piraya *f. Amér. L.*〈动〉水虎鱼

pirazina *f.*〈化〉吡〔胡〕椒嗪

pirazol *m.*〈化〉吡唑

pirazolona *f.*〈化〉吡唑啉酮

pirca *f. And.*, *Chil.*〈建〉干垒石墙，墙垣干砌，无浆砌墙

pirena *f.*〈植〉①小坚果；②分核

pireneíta *f.*〈地〉灰黑榴石

pirenina *f.*〈生化〉核仁素

pireno *m.*〈化〉芘，嵌二萘

pirenoide *m.*〈植〉淀粉核，蛋白核

pirenomicetos *m. pl.*〈生〉①囊果菌；②核菌

pirético,-ca *adj.*〈医〉发热的；热病的

piretogénesis *f.*〈医〉热发生，发热

piretógeno *m.*〈医〉热原，致热物

piretología *f.*〈医〉热病学

piretoterapia *f.*〈医〉发热疗法

piretrinos *m. pl.*〈化〉除虫菊酯

piretro *m.* ①〈植〉除虫菊；②〈药〉除虫菊杀虫剂

piretroide *m.*〈环〉〈医〉拟除虫菊酯

pírex *m.* 硼硅酸盐耐热硬质玻璃

pirexeofobia；**pirexiofobia** *f.*〈医〉发热恐怖

pirexia *f.*〈医〉发热

pirgua *f. And.*, *Cono S.*（用树枝围成的）玉米穗囤；粮〔谷〕仓

pirgün *m.*〈动〉肝片吸虫

pirheliómetro *m.*〈天〉太阳热量计

piridina *f.*〈化〉吡啶，氮杂苯

piridoxina *f.*〈生化〉吡多醇，维生素 B_6

pirimidinas *f. pl.*〈化〉嘧啶，间二氮〔杂〕苯

pirita *f.*〈矿〉黄铁矿；硫化铁矿类（如黄铜矿等）

  ~ arriñonada 肾铁矿

~ arsenical 毒砂,砷黄铁矿

~ blanca 白铁矿

~ cobriza(~ de cobre) 黄铜矿(检波器用晶体)

~ de hierro(~ marcial) 黄铁矿

~ magnética 磁黄铁矿

~ obligista 镜铁(矿)

~ plumosa[quebradiza] 羽毛矿,脆琉锑铅矿

~s calcinadas 硫[黄]铁矿烧渣

pirítico,-ca *adj.* 黄铁矿的

piritoedro *m.* 〈矿〉五角十二面体

piritoso,-sa *adj.* 含黄铁矿的,含二硫化铁的

pirlán *m. And.* 〈建〉门阶

pirobitumen *m.* 焦(性)沥青

piroboratos *m. pl.* 〈化〉焦硼酸盐

pirocatecol *m.*；**pirocatequina** *f.* 〈化〉焦儿茶酚,邻苯二酚

pirocelulosa *f.* 〈化〉焦纤维素,高氮硝化纤维素

piroclásico,-ca *adj.* 〈地〉火成碎屑的

piroclasto *m.* 〈地〉火成碎屑岩

pirocloro *m.* 〈矿〉烧[焦]绿石

pirocondensación *f.* 〈化〉热缩(作用)

piroconductividad *f.* 〈理〉高温导电性,热传导性

piroelectricidad *f.* 〈理〉①热电(性,现象)；②热电学

piroeléctrico,-ca *adj.* 〈理〉热电的

cristal ~ 热电晶体

efecto ~ 热电效应

piroestibnita *f.* 〈矿〉红锑矿

pirofilita *f.* 〈矿〉叶蜡石

pirofórico,-ca *adj.* 〈化〉可自燃的,引[发]火的,生火花的

pirofosfato *m.* 〈化〉焦磷酸盐[酯]

pirofosfórico,-ca *adj.* 〈化〉焦磷酸的

ácido ~ 焦磷酸

pirogálico,-ca *adj.* 〈化〉焦棓酸的

ácido ~ 焦棓酸

pirogalol *m.* 〈化〉焦棓酚,焦棓酸

pinogenación *f.* 加热,热解

pinogénesis *f.* 〈化〉热的产生

pirogénico,-ca *adj.* ①〈地〉火成的；②发[生]热的

pirógeno,-na *adj.* ①〈地〉火成的；高温生成的；②〈生医〉致热的 ‖ *m.* 〈生〉〈生医〉致热原

roca ~a 火成岩

sustancias ~as 致热物质

pirogeñoso,-sa *adj.* 〈化〉焦木的,干馏木材而得的

ácido ~ 木乙酸,焦木酸

pirograbado *m.* 〈工艺〉①(在木板上的)烙[烫]花术；②烙[烫]花图案

pirograbador,-ra *m. f.* 〈技〉烙[烫]花技工 ‖ *m.* 烙[烫]花器

pirografía *f.* 〈工艺〉烙花技术；烫花工艺

pirólilis *f.* 〈化〉热解作用,高温分解

pirolítico,-ca *adj.* 〈化〉热解的,高温分解的

pirología *f.* 热工学

pirolusita *f.* 〈矿〉软锰矿

piromagnético,-ca *adj.* 〈理〉热磁的

pirometalurgia *f.* 〈冶〉高温冶金学；热冶学[术]

pirometría *f.* 测高温学[法]；高温测定(学,法)

pirométrico,-ca *adj.* 高温测量的；高温计的

pirómetro *m.* 〈理〉高温计

~ de inmersión 浸入式高温计

~ electrónico 电子高温计

~ fotoeléctrico 光电高温计

~ óptico 光测高温计

~ registrador 自记[记录式]高温计

piromorfita *f.* 〈矿〉磷氯铅矿

pironina *f.* 〈化〉焦[派若]宁(一种染料)

piropo *m.* ①〈矿〉镁铝榴石(用作宝石或磨料)；②红宝石

piroquímica *f.* 高温化学

piroquímico,-ca *adj.* 高温化学的

piroscopio *m.* 测高温器,辐射热度计,高温计

pirosfera *f.* 〈地〉火界,熔界

pirosis *f.* 〈医〉胃灼热

pirotecnia *f.* ①烟火；②烟火制造术,烟火使用法；③(烟火)信号弹制造术

pirotécnico,-ca *adj.* ①烟火的；②烟火制造(术)的；③(烟火)信号的

proyector ~ 信号发射器,信号枪

reación ~a 烟火反应

pirotoxina *f.* 〈医〉酿热毒素

piroxena *f.*；**piroxeno** *m.* 〈矿〉辉石

piroxenita *f.* 〈地〉辉岩

piroxidina *f.* 〈生化〉吡多醇,维生素 B_6

piroxilina *f.* 〈化〉火棉,焦木素,低氮硝纤维素

piróxilo *m.* 〈化〉硝化物

pirquén *m.* 见 mina al ~

mina al ~ *Chil.* 〈矿〉随意开采矿藏

pirrol *m.* 〈化〉吡咯

pirrolidina *f.* 〈化〉吡咯烷

pirrolina *f.* 〈化〉吡咯啉

pirrotina；**pirrotita** *f.* 〈矿〉磁黄铁矿

pirul *m.* 见 el ~

el ~ [P-] 马德里电视塔

pisadera *f. And.* 地毯；地毯状物

pisadora *f.* 〈机〉榨葡萄机

pisapapeles *m. inv.* 镇纸

pisasfalto *m.* 软沥青

piscatorio,-ria *adj.* 捕鱼的；渔民的

piscícola *f.* 养鱼业的

piscicultor,-ra *m. f.* ①养鱼场主；养鱼人；②养鱼专家

piscicultura *f.* 养鱼业；鱼类养殖

piscifactoría *f.* 养鱼场；养鱼设施

piscigranja *f. Amér. L.* 养鱼场

piscina *f.* ①〈体〉游泳池；②鱼塘[池]；③浴池

~ climatizada 温水游泳池

~ cubierta 室内游泳池

~ de saltos 跳水池

~ olímpico 奥林匹克型游泳池（长 25 米，与游览胜地的旅馆或公寓住所相连）

Piscis *m.* 〈天〉双鱼座

piscívoro,-ra *adj.* 〈动〉食鱼类的

pisco *m. And.* 〈鸟〉火鸡，吐绶鸡

pisiforme *m.* 〈解〉豌豆骨

piso *m.* ①地[路]面；②*Amér. L.* 地面铺设材料；（房间等的）地[楼]板；地面；③（楼房、汽车等的）层；④楼面；（楼房内的）套间；⑤（轮胎的）着地面，胎面；⑥〈地〉地[岩]层；⑦（碟、盘）垫；*Amér. L.*（铺于桌面等的）长条饰布；地垫；*And., Cono S.* 长条小地毯

~ alto 顶层

~ bajo 底层

~ de baño 浴室地垫

~ de caldeo 踏板，脚板[盘]

~ de calderas 锅炉舱，火舱，汽锅室

~ de dársena 护桥，码头前沿

~ de mosáico 镶嵌地面

~ de piedra 铺石地面

~ de seguridad(~ franco) ①（谍报人员或秘密警察等藏身用的）安全房屋；②（避难用的）安全藏身处；③（家庭暴力受害者的）临时避难所

~ de sótano 底层，地下室

~ del techo 屋顶，顶板[棚]

~ del valle 河漫滩；谷底

~ entablado 地板，楼面板

~ incombustible 耐火地板

~ piloto 〈建〉样板房

pisolita *f.* 〈地〉豆石

pisolítico,-ca *adj.* 〈地〉豆状的

pisón *m.* 〈机〉夯（具，锤），夯实机

~ saltarín 蛙式打夯机

pisoteo *m.* 〈法〉违背，破坏（法令等）

pisporra *f. Amér. C.* 〈医〉疣

pista *f.* ①足[踪]迹，脚印；②滑道[槽]；③〈体〉跑道，场地；圆形竞技场；④滑雪场；溜冰场；⑤飞机跑道；⑥（录音磁带的）音轨，磁道；⑦车行道；*Amér. C.* 大街，通道；高速公路

~ alternativa（计算机）替换磁道

~ cubierta 室内跑道

~ de aprendizaje 练习坡地（供初学滑雪者练习的缓坡）

~ de asfalto 沥青跑道

~ de aterrizaje（机场）起落[着陆]跑道，可着陆地区

~ de baile 舞池

~ de bolos ①保龄球道，滚球槽；②保龄球场

~ de carreras（径赛）跑道

~ de ceniza 煤渣跑道

~ de esquí 滑雪场[道]

~ de hielo 滑冰场；溜冰场

~ de hierba（网球）草地球场

~ de patinaje 滑冰场；溜冰场

~ de rodamiento a bolas 滚球座圈，（轴承）滚道

~ de sonido（电影胶片上的）声迹

~ de tenis 网球场

~ de tierra batida 红土网球场，沙地球场

~ dura（网球）硬地球场

~ en servicio 现用跑道

~ hormigonada 混凝土跑道

luces de ~ 跑道指示灯

pistachero *m.* 〈植〉阿月浑子树，开心果树

pistacho *m.* 〈植〉阿月浑子果；开心果

pistilo *m.* 〈植〉雌蕊；雌蕊群

pistola *f.* ①手枪；②〈机〉（手持）喷枪

~ ametralladora 冲锋枪，轻型自动枪

~ de agua 玩具喷水手枪

~ de barrilete 左轮手枪

~ de engrase[engrasar]（润）滑脂枪，（注）油枪

~ de pintar 喷漆枪

~ de pirotécnica 信号枪

~ de señales 信号枪

~ engrasadora（润）滑脂枪，（注）油枪

~ metalizadora 喷枪，金属喷镀枪

~ pulverizadora 喷（漆）枪，喷浆器，水泥喷枪

~ rociadora 喷浆器，水泥喷枪，喷漆枪

pistón *m.* ①〈机〉活塞，塞柱；②〈乐〉带活塞乐器；*Col.* 军号，短号；③火帽；雷管

~ buzo con camisa(~ en camisado) 塞柱，筒状活塞

~ buzo de prensa hidráulica 水压机活塞

~ con camisa 筒状活塞

~ de equilibrio 假[平衡]活塞

~ de faldilla abierta 沟槽活塞裙

~ hidrostático 静液压活塞

~ libre 自由活塞

~ tubular 筒形[状]活塞

culata de ~ 活塞头

eje de ~ 活塞销

faldilla de ~ 活塞裙

golpeteo del ~ 活塞敲击声

segmentos del ~ 活塞环

tapa de ~ 活塞顶

pita *f*. ①〈植〉龙舌兰;②龙舌兰纤维;龙舌兰纤维纺的线

pitahaya *f*. *Amér. L.* 〈植〉①仙影掌;老头掌;②火龙果树;火龙果

pitajana *f*. *Amér. L.* 〈植〉大花仙人掌

pitay *m*. *And.*,*Cono S.* 〈医〉疹,疹子

pitayó *m*. *Bol.* 〈植〉金鸡纳霜,奎宁

pitcher;**pítcher** *m. f*. 〈体〉(棒球运动的)投手

pitecantropo;**pitecántropo** *m*. ①猿人;②爪哇(直立)猿人

pitecoideo,-dea *adj*. (似)猿的;(似)类人猿的

pitera *f*. 〈植〉龙舌兰

pitiatismo *m*. 〈医〉暗示病(一种精神疾病)

pítima *f*. 〈医〉泥罨剂,膏药

pitiminí (*pl*. pitimíníes,pitimínís) *f*. 〈植〉小花蔷薇;小花蔷薇花

pitipié *m*. (地图,图纸等的)比例尺

pitiriasis *f*. 〈医〉糠疹,蛇皮癣

pitiroide *adj*. 〈医〉糠状的

pito *m*. 见 ~ real

~ real 绿啄木鸟

pitómetro *m*. (测流速的)皮氏压差计,流速计

pitón *m*. ①〈动〉蟒蛇,蚺蛇;②(动物初生的)角;③(器皿的)嘴;喷口;*Amér. L.* (软管的)喷嘴;④〈植〉新芽;⑤凸榫,样[板]条,夹板;⑥(供登山运动员攀爬用的)登山钉

~ de roca 岩石的尖角

~ recto (木工)直角组接

pitopausia *f*. 〈生理〉男性更年期

pitorra *f*. 〈鸟〉丘鹬

pitosporáceo,-cea *adj*. 〈植〉海桐花科的 ‖ *f*. ①海桐花科植物;②*pl*. 海桐花科

pitósporo *m*. 〈植〉①海桐花属;②海桐花

pitot *m. ingl*. 全压管

tubo de ~ 皮托管,皮氏流速测定管

pitra *f*. *Cono S.* 〈医〉发疹;疹

pitufa *f*. 〈鸟〉小鸟

pituita *f*. 〈医〉黏液

pituitaria *f*. 〈解〉黏膜

pituitario,-ria *adj*. ①〈解〉〈医〉垂体的;②〈医〉垂体分泌失调引起的;③分泌黏液的

adenoma ~ 垂体腺瘤

amenorrea ~a 垂体性闭经

apoplejía ~a 垂体卒中

caquexia ~a 垂体性恶病质

enanismo ~ 垂体性侏儒症

gigantismo ~ 垂体性巨人症

glándula ~a 垂体,脑下垂体

glicosuria ~a 垂体性糖尿

involución ~a 垂体退化

tumor ~ 垂体肿瘤

pituitrina *f*. 〈药〉垂体后叶素

piuria *f*. 〈医〉脓尿

pivot;**pívot** *m. f*. 〈体〉(篮球运动中)持球策应队员

pivotamiento *m*. ①回[旋]转,转向[动];②驱冰航行

pivotante *adj*. ①可旋转[转动]的;②〈植〉根垂直入地的

bogie ~ 转向架

plato ~ 转(动底)座,旋转支承基面

rueda ~ 自位轮

pivote *m. f*. ①〈体〉(篮球运动中)持球策应队员;②〈机〉轴颈;枢[支,心]轴;旋转[摆动]中心,中枢

píxel *m*. 〈信〉(电视等屏幕图像的)像素

pixidio *m*. 〈植〉盖果

pizarra *f*. ①〈建〉石板;石板瓦;②〈地〉板岩;③黑板;*Cono S.* 布告板;④*Amér. L.* 〈体〉记[示]分牌;⑤(商业活动等的)记录牌

~ carbonosa 灰青碳质页岩

~ de alambre 矾板岩

~ de techar 石板瓦

tejado de ~ 石板瓦屋顶

pizarral *m*. ①〈地〉〈矿〉板岩矿,板岩地带;②〈建〉石板;石板瓦

pizarreño,-ña *adj*. 〈地〉〈矿〉板岩的

pizarrería *f*. 〈矿〉板岩开采场

pizarrero *m*. 〈建〉石板瓦工,铺石板工

pizarrón *m*. *Amér. L.* ①黑板;②〈体〉记[示]分牌

pizarroso,-sa *adj*. ①〈地〉〈矿〉含板岩的,多板岩的;石板的;②石板色的

pizca *f*. *Méx.* 〈农〉收获玉米

pizote *m*. *Amér. C.* 〈动〉浣熊

pizzicate *m. ital*. 〈乐〉拨奏;拨奏乐曲

placa *f*. ①(金属等)平[薄]板;片;板状[片状]物;②〈摄〉感光板,(玻璃等)干版;③〈电子〉板板;阳极板;④(写有姓名、职业的)金属门牌;路[标记]牌;〈汽车〉的牌照;⑤〈印〉印版;⑥暖气片;⑦*Amér. L.* 〈乐〉唱片;⑧〈地〉板块;⑨*Amér. L.* 〈医〉红斑,疹

状,(皮肤上的)疤

~ adaptadora de red〈信〉网络接口卡

~ anódica 阳极板

~ circuitada〈电〉电路板

~ colocada sobre el macho 顶[冠]板

~ conmemorativa 纪念碑

~ cubierta 围护板,挡板

~ de acumulador 蓄电池(极)板

~ de anclaje 系[固定]板

~ de apoyo 后[背面]板

~ de asiento 台[座,底,基础]板

~ de asiento de carril 底座,垫板

~ de asiento de raíl 支承[承重]板,垫板

~ de atirantado 垫[固定]板

~ de base ①机[底]座,底座板;②〈信〉母[主]板

~ de blindaje 装甲板,护铠板,防弹钢板

~ de cabeza 端面板

~ de características 名号牌,厂名牌

~ de casco 船壳板

~ de circuito impreso〈印〉电路板

~ de condensador 电容器板

~ de conexión 连接[接线]板

~ de contraviento[dama, desviación] 挡[隔]板,折风板

~ de corcho 软木板

~ de energía solar 太阳能采集板

~ de expansión〈信〉扩展[充]卡

~ de fundación 机[底]座,底座板

~ de guarda (机车的)轴箱架,车轴护挡

~ de hilerar 模板,印模

~ de interfaz〈信〉接口卡

~ de mármol (大理石)镶面板

~ de matrícula 登记号码牌,车牌

~ de memoria (数码相机等使用的)记忆卡

~ de núcleo 芯片

~ de Petri 皮氏培养液皿

~ de piquera 整铸双面型板

~ de presión 压力盘

~ de protección 防护[挡风,挡泥,遮热,遮光]板,屏蔽(板,物)

~ de rejilla (蓄电池)涂浆极板,铅板

~ de revestimiento 底[后,背]板,后部挡板,挡[遮,面]板

~ de silicio〈电子〉硅片

~ de sonido〈信〉声卡

~ de tierra 接地(导)板

~ de tope 防松板,制动板

~ de unión 接合[连接]板

~ de vidrio 玻璃片

~ de vitrocerámica 玻璃陶瓷电路板

~ de yunque 砧面垫片

~ de zinc 锌板,白[锌]铁皮

~ del constructor[fabricante] 名牌,厂商[名]牌

~ del nombre 名牌(指标有姓名、商标名、路名、建筑物名等的牌子)

~ deflectora 偏转[导向,折流]板

~ dental〈医〉牙斑,菌斑

~ empastada[engrudada] 糊制蓄电池极板,涂浆极板

~ esmerilada〈摄〉对[聚]焦屏

~ extrema 端面[末端]板,蓄电池侧板

~ fotográfica 感光板,底[胶]片

~ giratoria 转(车)台[盘],转[旋]车盘

~ impresionada 曝光胶片

~ madre〈信〉母板,主板

~ negativa 负[阴]极板

~ Planté 普兰特式蓄电池极板,铅极板

~ positiva 正[阳]极板

~ refrigerante 水冷壁

~ solar ①(房顶上的)太阳电池板;②(墙上的)暖气片

~ tectónica 板块构造

~ tubular 端板,蓄电池侧板

~ Tudor 都德阳极板,都德电池极板

~ virgen 未曝光胶片

~s continentales 大陆板块

~s fijas de condensador (电容器)定片

placaje *m.*〈体〉(橄榄球运动)阻截时的擒抱摔倒

placaminero *m. Amér. M.*〈植〉美洲柿

placebo *m.*〈药〉(仅用以安慰病人的)安慰剂

placenta *f.* ①〈解〉胎盘;②〈植〉胎座

placentación *f.* ①〈生理〉胎盘形成;②〈植〉胎座式

placentario, -ria *adj.* ①〈动〉有胎盘的;②〈植〉胎座的‖ *m.* ①有胎盘类动物;② *pl.*〈动〉有胎盘类

placentografía *f.*〈医〉胎盘造影术

placentograma *m.*〈医〉胎盘造影片

placentología *f.*〈医〉胎盘学

placentoterapia *f.*〈医〉胎盘制剂疗法

placer *m.* ①〈地〉〈矿〉(含金等的)砂矿,砂积矿床;砂矿开采地;②〈海〉沙滩[洲,坝];③〈农〉清理后待耕种土地;④*Col.* (城市或郊区的)空地

~ aurífero 金砂(矿)

pladur *m.*〈建〉石膏灰泥板

plafón *m.*〈建〉①(装饰性)顶棚,天花板;天花板顶灯;②挑檐底面;③*Amér. L.* 天花板

plaga *f.* ①〈农〉害虫;蝗灾;②〈植〉枯萎病;③瘟疫

~ bubónica〈医〉腺鼠疫,腹股沟淋巴结鼠疫

~ de la vid 葡萄类植物枯萎病

~ de langostas 蝗灾

~ del jardín 园圃害虫

plagiocefalia *f.*〈医〉斜头畸形

plagioclasa *f.*〈矿〉斜长岩;斜长石

plagioclástico,-ca *adj.*〈矿〉斜长岩的

plagiotropismo *m.*〈环〉〈植〉斜向性

plaguicida *m.*〈农〉害虫控制物,杀虫剂[药]

plan *m.* ①计划,规划;方案;②平面[设计,示意]图;③〈医〉治疗安排,医疗方案;④〈地〉水平高度,海拔高度;⑤〈地〉*Amér. L.* 平原[川];*Cono S.* 山麓丘陵,小山坡;⑥*Cono S., Méx.*〈船〉(船的)平底;⑦*And., Amér. C., Cari.*(刀剑等武器的)面

~ de avance del trabajo 工作进度计划

~ de choque 作战行动计划

~ de desarrollo 发展计划

~ de ejecución 执行计划

~ de estudios ①学习计划;②(学校)全部课程

~ de incentivos 奖励计划

~ de jubilación 退休计划

~ de pensiones 养老[退休]金计划,抚恤金计划;恤养金制

~ de vuelo 飞行计划

~ maestro 总体规划

~ para contingencia 应变[急]计划

~ perspectivo 远景规划

~ previo 预定计划

~ quinquenal 五年计划

plana *f.* ①(纸的)面,页;②〈印〉版面;(纸张上有字的)页;③(学生)习字的篇,张;④〈动〉(泥工用的)镘刀,抹子;⑤〈地〉平川[原];⑥见 **~ mayor**

~ de anuncios 广告版

~ mayor〈军〉参谋人员[班子];领导班子

planaria *f.*〈动〉涡[真涡]虫

plancha *f.* ①(金属等)薄板,板(坯,钢);②〈印〉版;③〈海〉跳板;桥板;浮桥;④〈医〉托牙板;⑤熨斗,烙铁;熨烫衣服;⑥烤架;*Cono S.* 平底锅,圆烤盘;⑦俯卧撑;⑧〈体〉跳水;(体操等运动中用双手的)水平支撑动作

~ a[de] vapor 蒸汽电熨斗

~ de base 基[底,座,支承]板

~ de cubierta 铁[钢]甲板

~ de estibar 板桩

~ de vela〈体〉帆板

~ eléctrica 电熨斗

~ emplomada 镀铅锡合金薄钢板

~ para cuadro de distribución 配电板

~ rodillera 护膝

planchada *f.* ①码头(尤指浮码头),趸船;②〈船〉跳板,步桥;③〈建〉屋顶

planchado *m.* ①熨[烫]衣服;②*And., Cono S.*〈技〉(汽车车身等的)钣金加工

planchadora *f.*〈机〉熨烫[衣]机

planchaje *m.* ①(电,喷)镀;电镀[包金]术,(电)镀金属;②镀色[层]

plancheta *f.*〈测〉平板仪,平板绘图器

planchón *m.* ①〈船〉平底船;②*Cono S.* 冰川;(山脉的)雪冠[盖]

~ de limpieza 渠首闸门,进水闸门

plancton *m.*〈环〉〈生〉浮游生物

planeador *m.*〈航空〉滑翔机

planeadora *f.* ①〈工程〉〈机〉平地机,推土机;②〈海〉快艇;机动艇,汽艇;③〈机〉刨床

planeo *m.* 滑翔(运动);滑行[动]

~ en espiral 旋冲

trayectoria de ~ 下滑路线[航迹],滑翔道

planeta *m.*〈天〉行星

~ exterior[superior] 外行星

~ interior[inferior] 内行星

~ mayor 大行星(大于地球的行星)

~ menor 小行星

~ primario 主星

~ secundario 卫星

~ terrestre〈天〉类地行星(指水星、金星、地球或火星)

planetario,-ria *adj.* ①〈天〉行星的;②行星式的;③〈机〉行星(齿轮)的;④全球的 ‖ *m.* ①〈机〉行星齿轮;②天文馆;③天象仪,天象放映馆

crisis ~a 全球性危机

engranaje ~ 行星齿轮

sistema ~(太阳)行星系

transmisiones ~as 行星变速器[齿轮传动]

planetestimal *adj.*〈天〉星子的

planetoide *m.*〈天〉小行星,类行星体

planetología *f.*〈天〉行星学

planialtimetría *f.*〈测〉地形测量

planicidad *f.* ①平面[滑]度,光滑(度);②均匀度[性]

planicie *f.*〈地〉平原[地];平川

planificación *f.* ①规划;计划;②〈信〉调度

~ corporativa 公司规划

~ del desarrollo 发展规划;开发计划

~ desalojante〈信〉优先调度

~ económica 经济计划

~ familiar(~ de nacimiento) 计划生育

~ global[integral] 综合规划,全面规划

~ urbana 城市规划

planificador *m.*〈信〉调度程序 ‖ *m. f.* ①计划(制订)者;规划者;②策划者;设计者

~ de tareas 任务调度程序

~ de trabajos 作业调度程序

planígrafo *m*. (绘图用)比例规,缩放图器

planimetrado *m*. ①测[标]绘,绘[制,标]图;
②标示航线

planimetría *f*. ①〈测〉〈数〉测面积学[法],
面积测量学;②地形平面投影法

planimétrico,-ca *adj*. 〈测〉〈数〉平面测量
的;面积测量的

planímetro *m*. 〈数〉面积仪[计],测面仪,(平
面)求积仪

~ polar 定极求(面)积仪

planisferio *m*. 平面球形图,天体平面图;星
座一览图;球体投影图

planning *m*. ①计划编制,规划;②计划的部
署;③设计;策划

plano,-na *adj*. ①平的,平坦的;②〈数〉平面
的;③(厚度)薄的 ‖ *m*. ①〈机〉〈数〉平面;
②水平面;③〈航空〉翼面,机翼;④〈电影〉
〈摄〉镜头;(画、照片等的)景;⑤〈机〉〈建〉
平面图,设计图;(城市)地图

~ acotado 〈测〉等高线地图

~ aerodinámico 〈航空〉翼剖面

~ central 腰面

~ con curvas de nivel 〈测〉等示线平面
图,地形图

~ corto 〈电影〉〈摄〉特写镜头

~ de cola 〈航空〉尾翼

~ de comparación 基准面,水准平面,假
设零位面

~ de crucero 〈矿〉顺层面,垫层面

~ de deslizamiento 滑动[移]面

~ de dirección compensado 〈航空〉平衡
操纵面

~ de estiba 〈船〉装载图

~ de estratificación 层理面

~ de fondo 〈画〉背景

~ de incidencia 入射面

~ de nivelado 〈测〉等示线平面图,地形图

~ de polarización 偏振面

~ de referencia 参考面,基础(平)面

~ del ejército 〈陆军〉地形测量

~ detallado 总装[组装,安装]图

~ en relieve 地形[势]图

~ esquemático 草[略,简]图,示意图

~ fijo 〈航空〉水平安定面,(水平)尾翼

~ fijo en V 〈航空〉蝶形尾翼

~ fijo horizontal 〈航空〉水平尾翼

~ focal 〈理〉焦平面

~ general 〈摄〉全景

~ horizontal 水平面

~ inclinado 斜面

~ largo 〈摄〉远景

~ medio 中线面

~ principal[sustentador] 主平面

~ tangente 〈数〉切面

~s de cola 〈航空〉机[尾]翼

primer ~ 〈电影〉〈摄〉特写镜头

productos ~s 扁材,板片

planocóncavo,-va *adj*. (透镜)平凹的

planoconvexo,-xa *adj*. (透镜)平凸的

planografía *f*. 〈印〉①平版印刷;②平印品

planometría *f*. 〈测〉平面测量法

planómetro *m*. 〈测〉测平仪[器],平面规

planta *f*. ①〈植〉植物;花草;②作物;庄稼;
③〈建〉楼层;④〈建〉平面图,设计图;⑤工
厂;车间;⑥电站;⑦计划,方案

~ acaule 无[短]茎植物

~ acuática 水生植物

~ aerofita 气生植物

~ anfifita 两栖植物

~ anual 一年生植物

~ arbórea 木本植物

~ autotrófica 自养植物

~ baja 〈建〉①底层;②一楼

~ basífila 嗜碱植物

~ basífuga 离基植物

~ bienal 两年生植物

~ biofita 寄生植物

~ calcícola 钙生植物

~ calcífuga 避[嫌]钙植物

~ carnívora[carnivorofita] 食虫植物

~ caulícola 茎生植物

~ coprofita 粪生植物

~ criofita 冰雪植物

~ criptogama 无[隐]花植物

~ de carga de acumulador 蓄电池室

~ de día corto 短日照植物

~ de día largo(~ diurna) 长日照植物

~ de ensamblaje 装配厂

~ de sol 阳地植物

~ de sombra 阴地植物

~ de tratamiento témico (垃圾)焚烧厂,
焚化装置

~ decidua 落叶性植物

~ depuradora 水净化厂

~ eléctrica 发电厂[站],动力站[厂]

~ epifita 附生植物

~ escandente[trepadora] 攀缘植物

~ estolonífera 匍匐茎植物

~ fanerofita 高位芽植物

~ freatófila 地下水湿生植物

~ frutescente (近)灌木状植物

~ geofita 地下芽植物

~ glicófila 甜土植物

~ halófila 适[喜]盐植物
~ halofita 盐生[土]植物
~ helofita[palustre] 沼生植物
~ hemicriptofita 地面芽植物
~ herbácea 草本植物
~ heterocarpa（果实）异形果树
~ heterofita 异养植物
~ horizontal 平面图
~ humícola 腐殖质植物
~ lapidícola 石隙植物
~ litófila 石生植物
~ macrofita/microfita 大/小型水生植物
~ malacófila 柔叶植物
~ monoica 雌雄同株植物
~ nitrófila 亲氮植物
~ ornamental 观赏植物
~ orofita 山地植物
~ pelagofita 海生植物
~ perenne[vivaz] 多年生植物
~ piloto 小规模试验性工厂,中间工厂
~ potabilizadora（城市的）自来水厂;水净
化处理厂
~ psammófila 沙生植物;适沙生物
~ rosulada 莲座状植物
~ ruderal 生长在荒地[垃圾堆]上的植物;
生长在路旁的植物
~ rupestre[rupícola] 岩[石]生植物
~ sarmentosa 长匐茎植物
~ saxícola 岩生植物
~ serotina 迟季[晚花]的植物
~ siderúrgica 钢铁厂
~ transgénica 转基因植物
~ tropofita 湿旱生植物
~ vascular 维管植物
~ vista 顶[俯]视图
~ xerocamefita[xerofita]旱生植物
plantación f. ①种[栽]植;②（种植植物的）
土地;③种植园;④种植季节
plantador,-ra m. f. 种植者 ‖ m. 挖[掘]穴
器 ‖ ~ **a** f. 〈农〉种植机
plantagináceo,-cea adj. 〈植〉车前科的 ‖ f.
①车前科植物;②pl. 车前科
plantaina f. 〈植〉车前
planteamiento m. ①〈建〉城市规划;②（方
案、问题等的）提出,阐明[述];③计划,打
算;④（小说、电影的）第一部分,提示部分
~ **urbanístico** 城市规划
plantel m. ①群,组;②培训机构;③〈植〉苗
圃[床];④Amér. L. 学校
plantígrado m. 〈动〉蹠行动物
plantilla f. ①样[模,型]板;②〈信〉模板;③
〈体〉参赛队员;④（总称）编制人员;人员名

册;⑤（鞋的）内底;鞋垫
~ **de curvadura** 曲线板
~ **de madera**（木工用的）样板,木模
~ **de mecanizado** 机床夹具,定位模具
~ **de montaje** 装配夹具,装配架
~ **de personal** 全体职员[雇员];学校的教
职员工
~ **de taladrar** 钻模,钻床夹具
~ **rayadora** 钉刮样板
plantillazo m. 〈体〉（足球运动中的）铲断;蹬
踏（犯规动作）
plantillero m. 模塑[造型]者,制模工,铸工
planto m. 〈农〉①种[栽]植;②刚种下植物的
田地;苗床
plantón m. ①〈植〉树苗;插条[枝];②〈农〉秧
苗
plántula f. 〈植〉①籽[幼]苗,秧苗;苗木;②
（微体繁殖的）籽生植物
planudo,-da adj. 〈船〉平底的
plánula f. 〈动〉浮浪幼体
plaqueta f. ①〈解〉血小板;②小板,小片
~ **táctil** 〈信〉触摸板
cofactor de la ~ **sanguínea** 血小板辅因子
cuenta de las ~s **sanguíneas** 血小板计数
factor de ~ **sanguínea** 血小板因子
plaquetario,-ria adj. 〈解〉血小板的
plasma m. ①〈矿〉深绿玉髓;②〈解〉〈生理〉
浆;血浆;肌浆;③〈生〉原生质,原浆;④
〈理〉等离子体,离子区
~ **sanguíneo** 血浆
~ **solar** 太阳等离子体(流)
plasmación f. 形状;成型;塑造
plasmacitoma m. 〈生医〉浆细胞瘤
plasmaféresis f. 〈技〉〈医〉血浆除去法
plasmagén m. 〈遗〉细胞质基因
plasmalema m. 〈生〉〈原生〉质膜
plasmasfera f. 〈天〉（地球或星行周围的）等
粒子体层
plasmático,-ca adj. ①〈生理〉〈原,血〉浆的;
②〈生〉原生质的;③〈理〉等离子体
plasmina f. 〈生〉纤维蛋白溶酶,纤溶酶;胞
浆素
plasmocito m. 〈生〉浆细胞
plasmocitoma m. 〈医〉浆细胞瘤
plasmodial adj. ①〈动〉疟原虫的;②〈生〉合
胞体的
plasmodio m. ①〈动〉疟原虫;②〈生〉变形
[合胞]体,原质团
plasmogamia f. 〈生〉胞质配[融]合,胞配
plasmógeno m. 〈生〉生动原浆
plasmólisis f. 〈植〉胞质皱缩,质壁分离
plasmón m. 〈生〉细胞质基因组,胞质团
plástica f. ①雕塑[造型]艺术;②塑胶学

plasticador *m.* 〈机〉塑炼机

plasticidad *f.* ①〈理〉塑性；②（物质的）可塑性[度]，柔软性；③〈生〉可塑性；④〈画〉立体感，三维性

plasticímetro *m.* 塑性计

plasticina *f.* ①造型材料，型砂；蜡泥塑料；②*Cono S.* 彩[橡皮]泥

plástico,-ca *adj.* ①可[易]塑的，塑性的；②塑料的；③〈医〉整形（外科）的；④塑造的，造型的 ‖ *m.* ①塑料[胶]，塑料制品；②唱片；③〈军〉塑料[可塑]炸药

~ biodegradable 生物降解塑料

~ esponjoso 泡沫塑料

~ fenólico 酚醛塑料

~ termoestable 耐热塑料

~ vinílico 乙烯基塑料

~s estratificados 层压塑料

~s para ingeniería 工程塑料

artes ~as 造型[雕塑]艺术

bomba ~a 塑料炸弹

deformación ~a 塑[范]性形变

explosivo ~ 可塑炸药

flujo ~ 塑性流动

material ~ alveolar 泡沫[多孔，海绵状]塑料

resbalamiento ~ 塑性流动

plastificación *f.* 增塑[塑化]作用，塑炼[制]

plastificado,-da *adj.* 增塑[韧]的，塑化[炼]的

plastificante *adj.* 增塑的，塑化的 ‖ *m.* 增塑[韧]剂，塑化剂

plastificar *tr.* ①增塑[韧]，使塑化，塑炼；②〈乐〉将声音录下

plastímetro *m.* 塑度[可塑]计

plastisol *m.* 塑料[性]溶胶，增塑溶液[胶]

plasto *m.* 〈生〉细胞质

plastocemento *m.* 塑胶，塑料黏结料

plastocianina *f.* 〈生化〉质体蓝素

plastogamia *f.* 〈生〉胞质配[融]合，胞配

plastogen *m.* 〈生〉质体基因

plastometría *f.* 塑性测定法

plastómetro *m.* 塑性[度]计

plastrón *m.* ①胸甲；②〈动〉（龟的）腹甲

plata *f.* ①银；②银制物；银器；③银币；④〈体〉银牌；⑤*Amér.L.* 钱财

~ alemana 德国银；锌黄铜，锌镍铜合金

~ batida 银箔

~ córnea 角银矿

~ de ley 标准成色银（用于首饰）

~ en barras 银锭

~ fulminante 雷酸银

~ gris[agria] 辉银矿

~ negra 脆银矿

~ níquel 镍银，白铜

~ roja clara 硫砷[淡红]银矿

~ roja oscura 硫锑[深红]银矿

~ vítrea 辉银矿

halogenuro de ~ 卤化银

ioduro de ~ 碘化银

nitrato de ~ 硝酸银，银丹

papel de ~ 锡箔[纸]

platada *f.* *Amér.L.* 盘（量词，指一盘的容量）

plataforma *f.* ①平台；②月[站]台；③讲台，工作台；④导航台；⑤台架；脚手架；钻井架；栈桥；⑥平（板）车；⑦〈信〉平台；⑧（谈判中提出的）一整套建议；⑨（政党等的）纲领，政纲；⑩（为获得某物利用的）跳板；⑪〈军〉炮床；⑫〈地〉台地

~ continental 大陆架

~ de lanzamiento （火箭等的）发射台[架]

~ de perforación 钻井平台[台架]

~ de pruebas 试验平台[台架]

~ de red 〈信〉网络平台

~ de transporte 运货车；矿车；（铁路）敞车

~ electoral 竞选纲领

~ espacial 〈航天〉宇宙空间站，太空站

~ giratoria 机车调向盘，转盘

~ petrolífera[petrolera]（海上）石油钻探开采平台

plátano *m.* ①〈植〉香蕉；大蕉；②〈植〉香蕉树；③悬铃木

platea *f.* 〈电影〉〈戏〉（剧场）正厅前座区

plateado,-da *adj.* ①银色的，有银色光泽的；②〈工艺〉包银的，镀银的 ‖ *m.* 〈工艺〉包银，镀银

platelminto,-ta *adj.* 〈动〉扁形动物（门）的 ‖ *m.* ①扁形动物（如涡虫、血吸虫、猪肉绦虫等）；②*pl.* 扁形动物门

plateresco,-ca *adj.* 〈建〉仿银器装饰的（16世纪西班牙的一种装饰风格），装饰华丽的

platería *f.* ①银器工艺；银器业；②银楼，首饰店；③银器，银制品

platicefalia *f.* 〈医〉扁头

platicéfalo,-la *adj.* 〈医〉扁头的

platicelo,-la *adj.* 〈医〉前凹后凸的

platicoria *f.* 〈医〉瞳孔放大

platija *f.* 〈动〉鲽

platilla *f.* *Cari.* 〈植〉西瓜

platillo *m.* ①（圆，轮，磁）盘，小盘；碟状物；②（天平的）秤盘；③圆片[板，面]；④*pl.* 〈乐〉铙

~ ciego （法兰）盲板

~ volador[volante] 飞碟

válvula de ~ 片状阀

platina *f.* ①(粗，天然)铂，白金；②(显微镜的)载物玻璃片；③〈乐〉(唱机的)转盘支托面；(磁带录音机的)走带机构；④〈印〉(平压式或手摇式印刷机的)压印板[盘]；⑤(机床上的)工作平台

platinado *m.* 镀铂；包白金

platinato *m.* 〈化〉铂酸盐

platínico,-ca *adj.* ①(含)铂的；②(含)四价铂的
ácido ～ 〈化〉铂酸

platinífero,-ra *adj.* 含[产]铂的

platinita *f.*；**platinito** *m.* ①〈冶〉铁镍合金，代[赛]白金；②〈矿〉硫硒铋铅矿

platino *m.* ①铂，白金；②*pl.* (汽车发动机继电器的)白金触点‖*adj.* 见 rubia ～
～ esponja 铂棉
crisol de ～ 铂[白色]坩埚
disco de ～ 白色唱片
negro de ～ 铂绒
rubia ～ ①淡金黄色；②淡金黄色头发的人(尤指女子)

platinoide *m.* 铂铜，赛[假]白金

platinoso,-sa *adj.* (似)铂的；亚[二价]铂的

platinotipia *f.* ①铂盐印像法；②铂盐印像法印出的照片

platipodia *f.* 〈医〉扁平足

platirrino,-na *adj.* ①(人)有阔鼻的；②〈动〉阔鼻类的‖*m.* ①阔鼻人；②阔鼻类动物(如美洲的吼猴、卷尾猴等)；③阔鼻猴类

platisma *f.* 〈解〉(颈)阔肌

plato *m.* ①盘，碟；②(天平的)秤盘；③碟形物；④〈机〉夹盘[具，头]，卡盘；⑤盘(量词)；⑥〈体〉(抛入空中作为射击目标的)黏土制圆盘，泥鸽；⑦菜
～ aislante 隔[挡]板
～ combinado ①复动夹头；②拼盘菜
～ conductor del mandril 传动拨盘
～ de arrastre (车床的)拨盘，驱动盘，传动板
～ (de) dulce 甜食
～ de garras[portamandrino] 爪形夹盘，爪卡盘
～ divisor[indicador] 分度[标度]盘
～ famoso 名菜
～ fresador (铣)刀盘
～ giradiscos (唱机上的)唱盘
～ giratorio (石油工程用的)转盘
～ magnético 磁性卡盘
～ oscilante 旋转斜盘
～ principal 主菜
～ universal 万能夹头[卡盘]

plató *m.* (摄影棚内的)平台，摄影场

plauenita *f.* 〈地〉钾正长岩

playa *f.* ①海滩；沙滩；②海边[滨]；③*Amér. L.* 场地，(停)车场，仓库
～ de carga y descarga (铁路)货物堆场
～ de estacionamiento (道路以外的)停车场[区]
～ de formación de ramas (铁路)调[编]车场
～ de juegos (学校的)操场，运动场；(儿童)游乐场
～ de maniobra 调度场
～ de mercancías 货物堆(置)场
～ de recreo 海滨浴场
～ Girón [P-] (加勒比海)猪湾

play-off *m. ingl.* 〈体〉①(平局后的)延长[加时]赛；②(常规赛季之后的)季后赛

plaza *f.* ①广场；②集市，市[商]场；③座位，位子；④职位；空额[职]；⑤市，镇；⑥〈军〉要塞，城堡；据点，大本营；⑦地盘，空间
～ de aparcamiento 停车场
～ de armas(～ fuerte) 练[演]兵场
～ de atraque 〈海〉锚地，泊位
～ de cambios 外汇市场
～ de ejercicios físicos 文娱场所
～ de garaje (车库的)停车位
～ de toros 斗牛场
～ hotelera 旅馆床位

plazo *m.* ①期限，期；②期货；③(分期付款中的)每期付的款项
～ de cumplimiento 履约期限
～ de entrega 交货期限
～ de expiración 满期期限
～ de prescripción 〈法〉时效期，有效期限
～ de prolongación 延付期限
～ de reclamación 索赔期限
～ de reembolso 偿还期限
～ de registro 注册期限
～ de validez 有效期限
～ inicial/límite 起始/截止期

pleamar *f.* 〈海〉①高潮，涨潮；②高潮期，涨潮期
～ media 平均高潮位

pleca *f.* 〈信〉反斜杠(即"\")

plectro *m.* 〈乐〉(弹奏弦乐器用的)拨子，琴拨，拨弦片

plegabilidad *f.* ①柔韧[顺，和，曲]性；②可挠[弯]性

plegable *adj.* 可折叠[折合，收缩]的；活动的
cartabón ～ 斜[活动量]角规，万能角尺
paraguas ～ 缩折伞

plegadizo,-za *adj.* 易折叠[折合，收缩]的

plegado *m.* ①折叠(纸)；(使某些硬物)起折痕；(布的)打褶[裥]；②〈缝〉褶，裥；褶痕[缝]；折痕[印]，皱褶；③〈印〉折页

plegadora *f.* ①〈印〉折页[折纸]机；②〈机〉折弯机
～ de papel 折纸机
～ de varillas 弯条机，钢筋弯折机

plegamiento *m.* ①〈地〉（波浪状的）褶皱；②（卡车制动时牵引车与单挂车意外发生的）弯折现象

pleiocasio *m.* 〈植〉①多歧聚伞花序；②多歧式

pleiómero,-ra *adj.* 〈植〉多基数的

pleión *m.* 〈气〉正距平中心

pleiotaxia *f.* 〈植〉多轮式

pleiotropía *f.* 〈生〉多效性

pleiotrópico,-ca *adj.* 〈生〉多效性的

pleiotropismo *m.* 〈生〉多效性

pleistoceno,-na *adj.* 〈地〉更新世的，更新统的‖*m.* 更新世[统]

pleiteante *adj.* 〈法〉诉讼的，打官司的‖*m. f.* 诉讼当事人，打官司者

pleitista *adj.* 〈法〉好讼的，好打官司的

pleito *m.* 〈法〉诉讼，案件
～ civil/criminal 民事/刑事案件[诉讼]
～ de acreedores（破产案中）债权人的起诉
～ histórico（可供司法裁定援引的、成为判例的）案例
～ legal 诉讼

plenamar *m.* 〈海〉①高潮，涨潮；②高潮期，涨潮期

plenilunio *m.* 〈天〉满月期

pleocroico,-ca; pleocromático,-ca *adj.*（晶体等）多向色的，多色的

pleocroísmo; pleocromatismo *m.*（晶体等的）多向色性，多[复]色（现象）

pleocromático,-ca *adj.*（晶体等的）多向色性的，多色的

pleomastia *f.* 〈医〉多乳房畸形

pleomórfico,-ca *adj.* 〈化〉〈生〉多态[型]的

pleomorfismo *m.* 〈化〉〈生〉多态[型]性

plesita *f.* 〈矿〉合纹石，辉砷镍矿

pletina *f.* ①〈冶〉薄钢板坯，钢[方]坯，（金属）坯段；②〈乐〉（唱机的）转盘支托面；（磁带录音机的）走带机构

pletismografía *f.* 〈医〉体积描记术[法]

pletismógrafo *m.* 〈医〉体积描记器

pletismograma *m.* 〈医〉体积描记图

plétora *f.* 〈医〉多血症；多血质

pletórico,-ca *adj.* 〈医〉多血（症，质）的

pleura *f.* 〈解〉胸膜，肋膜

pleural *adj.* 〈解〉胸膜的，肋膜的
adhesión ～ 胸膜粘连
cúpula ～ 胸膜顶
derrame ～ 胸膜积液

líquido ～ 胸膜液
paquinsis ～ 胸膜肥厚

pleurectomía *f.* 〈医〉胸膜（部分）切除术

pleuresía *f. inv.* 〈医〉胸膜炎

pleurítico,-ca *adj.* 〈医〉胸[肋]膜炎的；患胸[肋]膜炎的‖*m. f.* 胸[肋]膜炎患者

pleuritis *f. inv.* 〈医〉胸膜炎

pleurocele *m.* 〈医〉胸膜疝

pleurocentesis *f.* 〈医〉胸膜穿刺

pleurodesis *f.* 〈医〉胸膜固定术

pleurografía *f.* 〈医〉胸膜腔造影术

pleurolito *m.* 〈医〉胸膜石

pleuroscopia *f.* 〈医〉胸膜腔镜检查

pleurotomía *f.* 〈医〉胸膜切开术

pleuston *m.* 〈环〉水浮生物

pleuxiforme *adj.* 〈解〉（血管、神经等）丛生的

plexiglás *m.* ①珀斯佩有机玻璃；②普列克斯玻璃（常用以制造飞机座舱罩、镜片等）

plexo *m.* 〈解〉（神经、血管等的）丛
～ solar 太阳神经丛，腹腔神经丛

pléyade *f.* 〈天〉昴（宿）星团

plica *f.* ①（须在指定时间或场合才能开启的）密封信函[文件]；②〈医〉纠发痛；③〈解〉皱襞，褶

plicación *f.* 〈医〉折术

pliego *m.* ①对折纸；②一页纸；③〈印〉印张；书贴；④密封信件；文件；⑤表格，单据
～ cerrado 〈海〉（交给船长等的）密封命令
～ de aduana 报关单
～ de cargos 指控书
～ de condiciones ①（合同等条款的）说明书；②投标条件
～ de descargo 申辩书
～ de muestras 技术规格[要求]，（规格）说明书
～ de peticiones（工人向厂主提出的）要求书

pliegue *m.* ①折痕[印]；②〈缝〉褶裥；③〈地〉（波浪状的）褶皱[曲，层]；折皱；④〈解〉皱襞，褶
～ anticlinal 鞍状峰，鞍形山脊

plima *f.* 见 flor de la ～
flor de la ～ Cono S. 〈植〉紫藤；紫藤属植物

plinto *m.* ①〈建〉底座，柱基，勒脚；墙基层；门线条板座块；②〈体〉跳箱
～ radiante 护壁板，踢脚[壁脚]板

plioceno,-na *adj.* 〈地〉上新世的，上新统的‖*m.* 上新世[统]

pliodinatrón *m.* 〈电子〉负互导管（屏栅压高于阳压的四级管）

pliotrón *m.* 〈电子〉功率（电子）管，三级真空

管

plisamiento *m.* 褶皱[曲，层]，(地形)起伏

ploida *f.* 〈遗〉倍数性，倍性

plomada *f.* ①〈建〉铅[测]锤，线坠[砣]；②〈海〉测深锤；③(渔网上的)铅坠

plombagina；**plumbagina** *f.* 〈矿〉石墨
~ a los moldes 涂[烧]黑，发黑处理，黑化

plomería *f.* ①〈建〉铅皮屋顶；②铅管制造[敷设]；管道工程；③*Amér. L.* 铅管业；铅管工手艺；铅管[管子，白铁]工场

plomero,-ra *m. f.* 〈建〉①白铁工，管工，铅管工；②*Amér. L.* 水暖工

plomífero,-ra *adj.* 含铅的

plomillo *m.* ①〈电〉保险丝；②引信，导火线

plomizo,-za *adj.* ①含铅的；②铅色的(天空)；③似铅的

plomo *m.* ①铅；②测锤[铅]；铅垂合；③(渔网上的)铅坠；铅块；④〈电〉保险丝；⑤*Amér. L.* 铅[子]弹；⑥*Méx.* 枪击[战]
~ amarillo 钼铅矿
~ antimónico 锑铅，锑铅合金
~ azul 蓝铅，金属铅
~ blanco 铅白，碱式碳酸铅
~ comercial 商品条铅
~ de obra 粗铅
~ de plomada 测锤[铅]
~ de sonda (测)铅球，垂标坠
~ dulce 纯铅，精炼铅
~ duro 硬铅
~ en hojas[láminas] 铅皮
~ en lingotes[panes] 生铅
~ espático 黑铅矿，石墨矿
~ esponjoso 铅绒，海绵状铅
~ refinado 精铅
~ rojo 铅丹，四氧化三铅
~ tetraetilo 四乙基铅，四乙铅
~ verde 磷氯铅矿
acumulador de ~ 铅蓄电池
arandela de ~ 铅销，铅塞子
bromulo de ~ 溴化铅
fundería de ~ 铅矿熔炼工厂，制铅工厂
hilo de ~ 引(入，出)线
hoja delgada de ~ 铅箔
lámina de ~ 铅板[皮，片]
mina[mineral] de ~ 铅矿(石)
monóxido de ~ 一氧化铅
peróxido de ~ 过氧化铅
protosulfuro de ~ 硫化铅
sulfuro de ~ 方铅矿
tapón de ~ 铅销，铅塞子
tetraacetato de ~ 四乙酸铅

plomoso,-sa *adj.* ①含铅的；②铅色的(天空)；③似铅的

plotter *m. ingl.* 〈信〉标绘器，绘图仪，数据自动描绘器

pluma *f.* ①羽毛；②羽饰；③(金属或塑料制的)笔；笔尖[头]；④书法；〈画〉钢笔画法；⑤〈体〉羽毛球；⑥文学创作；写作(风格)；⑦*And.，Cari.，Cono S.* 〈机〉水龙头，旋塞；⑧*Cono S.* 〈机〉悬[转，起重]臂，起重机[杆] ‖ *m.* 〈体〉①(拳击运动的)羽[次轻]量级运动员；羽[次轻]量级；②(摔跤中的)轻量级运动员；③(赛马让步赛中马能携带的)最小重量
~ a mano 转[动]臂起重机
~ atómica *Méx.* 圆珠笔
~ de cartógrafo 绘图笔
~ de grúa 起重臂
~ electrónica ①〈信〉光笔；②手持式条形码阅读器
~ esferográfica *Amér. L.* 圆珠笔
~ estilográfica[fuente] 自来水笔
peso ~ ①(拳击运动的)次轻量级；②次轻量级拳击运动员

plumado,-da *adj.* 〈动〉〈鸟〉有羽毛的

plumbagina *f.* 〈矿〉石墨

plumbagináceo,-cea *adj.* 〈植〉白花丹科的 ‖ *f.* ①白花丹科植物；②*pl.* 白花丹科

plumbato *m.* 〈化〉(高)铅酸盐

plumbemia *f.* 〈医〉铅中毒

plúmbeo,-bea *adj.* ①铅的；②(似，含)铅的

plúmbico,-ca *adj.* 〈化〉①含铅的；②高[四价，含四价]铅的

plumbífero,-ra *adj.* 含[产]铅的

plumbismo *m.* 〈医〉(慢性)铅中毒

plumbito *m.* 〈化〉(亚)铅酸盐

plumboterapia *f.* 〈医〉铅疗法

plumeado *m.* 〈画〉影线

plumería *f.* 〈植〉鸡蛋花(属)

plumete *m.* 〈机〉摆锤

plumilla *f.* ①〈植〉胚芽；②笔尖

plumón *m.* ①〈鸟〉绒羽[毛]；②(用鸭绒作填料的)欧陆式盖被，鸭绒被[褥，睡袋]；③*Amér. L.* (书写标签等用的)毡制粗头笔

plumoso,-sa *adj.* ①有羽毛的；长满羽毛的；②羽毛状的

plúmula *f.* ①〈植〉胚芽；②〈解〉(中脑水管的)细沟；③〈鸟〉绒羽[毛]

pluralismo *m.* ①复数，多种；多数状态；②多重性；③〈社〉多元主义[文化]；④兼职

pluralista *adj.* ①〈社〉多元主义[文化]的；②多元的；③有兼职的 ‖ *m. f.* ①〈社〉多元主义者；主张多元文化者；②有兼职者

plurianual *adj.* ①〈植〉多年生的；②延续多年的

pluriaxial *adj*. 多轴的

pluricelular *adj*. 〈生〉多细胞的

pluricultural *adj*. 多种文化的；具有[融合]多种文化的

pluridimensional *adj*. 多维的，多元的

pluridisciplinar *adj*. 结合多种学科的；（涉及）多种学科的

pluriempleo *m*. 多种职务；多种兼职

plurietápico,-ca *adj*. （导弹、火箭等）多级式的，多段的

plurifamiliar *adj*. 多户家庭的；供多户家庭使用的

plurifetación *f*. 〈医〉多胞胎（发育）

plurifetal *adj*. 〈医〉多胞胎的

plurífloro,-ra *adj*. 〈植〉多花的

plurifuncional *adj*. ①多官[功，机]能的；②起多种作用的

pluriglandular *adj*. 〈医〉多腺性的

plurigrávida *f*. 〈医〉经产孕妇

plurilingüe *adj*. ①用多种语言（表达）的；②（能）使用多种语言的

plurilingüismo *m*. 多种语言的使用；使用多种语言的能力

plurilocular *adj*. 〈生〉多室的，多房的

plurinuclear *adj*. 〈生〉（细胞等）多核的

pluripara *f*. 〈医〉多[经]产妇

pluriparitidismo *m*. 多党制

pluripolar *adj*. 多极的

mitosis ～ 多极有丝分裂

pluripotente *adj*. 〈生〉多能(性)的

plurivalencia *f*. ①〈化〉多价；②多种效能[价值]

plurivalente *adj*. ①〈化〉多价的；②多种效能[价值]的

plus *m*. 津[补]贴，附加工资

～ de carestía de vida 生活费用上涨津贴

～ de peligrosidad 高危工作津贴

～ por desplazamiento （重新）安置补贴

plusmarca *f*. 〈体〉(体育运动的)纪录，最好成绩

plusmarquista *m. f*. 〈体〉(体育运动的)纪录保持[创造]者

Plutón *m*. 〈天〉冥王星

plutoniano,-na *adj*. 〈地〉深成（岩体）的；火成论的

plutónico,-ca *adj*. 〈地〉深成（岩体）的；火成论的

plutonio *m*. 〈化〉钚（放射性元素）

plutonismo *m*. 〈地〉深成现象；火成论

plutonista *m. f*. 〈地〉深成（岩体）的火成论的 ‖ *m*. 火成论者

pluvial *adj*. ①多雨的；雨水的；②〈地〉洪水的，雨水作用而成的

erosión ～ 洪水侵蚀

precipitación ～ 降雨量

pluvimetría；pluviometría *f*. 雨量测定(法)，测雨法

pluvímetro；pluviómetro *m*. 雨量器[计]

pluviógrafo *m*. （自记）雨量计

pluviograma *m*. 雨量图

pluviométrico,-ca *adj*. 雨量测定的

pluviosidad *f*. 降水[雨]，(降)雨量

pluvioso,-sa *adj*. 雨的；多雨的

pluviselva *f*. （热带）雨林

Pm 〈化〉元素钷（prometio）的符号

p. m. *abr*. ①post meridiem 午后，下午；②por minuto 每分钟

PMA *abr*. ① Programa Mundial de Alimentos （联合国）世界粮食计划署；②peso máximo autorizado 毛重

PMP *abr*. procesamiento masivamente paralelo 〈信〉大规模并行处理

PNB *abr*. producto nacional bruto 〈经〉国民生产总值

P. N. D. *abr*. personal no docente 〈教〉非教学人员

pneumatocisto *m*. 〈动〉气囊

pneumatóforo *m*. 〈动〉浮[气胞]囊

pneumatolisis *f*. 〈地〉气化，气成作用

pneumatología *f*. 〈医〉气(体)(治疗)学

pneumatosis *f*. 〈医〉气肿

pneumatoterapia *f*. 〈医〉空气疗法

pneumectomía *f*. 〈医〉肺部分切除术

pneumoconiosis *f. inv*. 〈医〉肺尘埃沉着病，尘肺

pneumografía *f*. 〈医〉①肺呼吸描记法；②充气造影术

pneumógrafo *m*. 〈医〉呼吸描记器

pneumonectomía *f*. 〈医〉肺切除术

pneumorragia *f*. 〈医〉肺出血

pneumotomía *f*. 〈医〉肺切开术

pneumotórax *f*. 〈医〉肺胸

PNN *abr*. producto nacional neto 〈经〉国民生产净值

PNUD *abr*. Programa de las Naciones Unidas para el Desarrollo 联合国开发计划署

PNUMA *abr*. Programa de las Naciones Unidas para el Medio Ambiente 联合国环境规划署

Po 〈化〉元素钋（polonio）的符号

poáceo,-cea *adj*. 〈植〉禾木科的 ‖ *f*. ①禾木科植物；②*pl*. 禾木科

población *f*. ①全体居民；人口；②城镇，居民点；③定居，安顿；④〈生〉群；种群；⑤*Chil*. （城市的）贫民窟，棚户区；穷镇

~ activa 有劳动力的人口,劳动人口

~ de derecho 合法人口(指有正式户口的人口)

~ fija 常住人口

~ flotante 流动人口

~ ocupada 劳动人口,就业人口

~ pasiva 非劳动人口,非就业人口

~ de conejos 兔子种群

poblado,-da *adj.* ①居住的,住人的;②长[布,充]满…的 ‖ *m.* 村落,乡镇,居民点

    ~ de absorción(~ dirigido) 新镇,卫星城镇

pobo *m.* 〈植〉银白杨(树)

pocera *f.* 钻[凿]井

pocha *f.* 〈植〉菜豆

pócima;poción *f.* ①〈药〉汤药,药水;②〈兽医〉兽用顿服药

poco *adv.* ①(放在名词前表示)少的,稍许的;不多的;②(放在形容词前表示)不…;没有[缺乏]…;不大…

    ~ agradable 不大愉快的

    ~ amable 不亲切的;不大友好的

    ~ costoso 廉价的,便宜的

    ~ firme 不稳定[固]的

    ~ importante 不重要的,无价值的

    ~ inteligente 缺乏才智的,不大聪明的

    ~ profundo 浅(薄)的,薄层的,表面的

    ~ seguro 不安全的,不可靠的

    ~a luz 微弱的光线

    ~a memoria 记性不好

poda *f.* 〈农〉①整枝;②整枝季节

podadera *f.* 〈农〉修枝剪[镰]

podadora *f. Méx.* 〈机〉〈农〉割草机,园圃刈草机

podagra *f.* 〈医〉足痛风

podalgia *f.* 〈医〉足痛

podálico,-ca *adj.* 〈解〉足的,脚的

podartritis *f. inv.* 〈医〉足关节炎

podelcosis *f.* ; **podelcoma** *m.* 〈医〉足溃疡

podenco *m.* 〈动〉小猎兔犬

poder *m.* ①力,力量;②能力;本领;③势力;权势,影响力;④〈军〉兵力;⑤权,权力;政权;⑥授权,代理权;授权[委托]书;⑦效力,作用;⑧〈机〉〈理〉功率;能[容]量;⑨ *Amér. L.* 毒品贩

    ~ absoluto 绝对权力

    ~ absorbente 吸收本领

    ~ adquisitivo 购买力

    ~ amplificador 放大倍数

    ~ calorífico 〈理〉发热量,热[卡]值;热量功率

    ~ de corte[ruptura] 断开容量

    ~ de detención[parada] (核子的)阻止本领

    ~ de iluminación 照明本领;亮度

    ~ de resolución 分辨能力[本领]

    ~ de retención 〈技〉保持力

    ~ de una palanca 杠杆效率,力臂比

    ~ dieléctico 电介质强度

    ~ disyuntor 致断容量

    ~ ejecutivo 行政权

    ~ emisivo 辐射本领

    ~ emisor 发射本领

    ~ judicial 司法权

    ~ legislativo 立法权

    ~ magnetizante 磁化力

    ~ notarial 代理证书;授权[委托]书

    ~ rotatorio 〈理〉旋光本领

    ~ separador (光学仪器等的)分辨能力

    ~es notariales 授权书

poderante *m. f.* 〈法〉授权[委托]人

poderhabiente *m. f.* 〈法〉受权[托]人,代理人

podiatra;podíatra *m. f. Amér. L.* 〈医〉足医学家;足医

podiatría *f.* 〈医〉足医学[术]

podio;podium;pódium *m.* ①〈建〉墩座;②(学校的)讲台;乐队指挥台;③〈交〉指挥台;④〈体〉(优胜者受奖时站立的)名次台

pododinamómetro *m.* 足力计;腿肌力计

pododinia *f.* 〈医〉足(神经)痛

podógrafo *m.* 〈医〉足印器

podología *f.* 〈医〉足医术,足病学

podólogo,-ga *m. f.* 〈医〉足医学家

podómetro *m.* 步数[程]计,计步[程]器

podón *m.* (整枝用)大钩刀

podoteca *f.* 〈动〉〈鸟〉足鞘

podre *f.* 〈医〉脓

podredumbre *m.* ①腐烂;②腐烂物;腐烂部分;③(社会、政治、道德等的)腐败,腐化;④〈医〉脓

    ~ noble (葡萄腐烂时出现的一种能用于酿制葡萄酒的)贵腐

podsol;podzol *m.* 〈地〉灰壤,灰化土

podzolización *f.* 〈地〉灰壤化作用,土壤灰化作用

poiquiloblasto *m.* 〈生〉异形成红细胞

poiquilocito *m.* 〈生〉异形红细胞

poiquilotermia *f.* 〈动〉变温(性),能力)

poiquilotérmico,-ca;poiquilotermo,-ma *adj.* 〈动〉变温的 ‖ *m.* 变温动物

poise *m.* 〈理〉泊(流体动力黏度单位)

polar *adj.* ①〈南北〉极的;②〈磁,电〉极的;③(近)地极的;极性的

    casquete ~ 〈天〉(火星表面的)极冠

círculo ～〈地〉极圈

coordinadas ～es 极坐标

diagrama ～ 极坐标图,极线图

ecuación ～〈数〉极方程

estrella ～ 北极星

masa ～ 极靴[部],磁极片

núcleo ～ 磁极铁芯

paso ～ 磁极距

polaridad *f.* ①〈理〉极性;极化,极性现象；②(光的)偏极

～ directa 正极性

～ invertida 反[异]极性

～ magnética 磁极性

polarimetría *f.* 〈理〉旋光测定(法);偏振测定(法),测极化(术)

polarimétrico,-ca *adj.* 〈理〉测定偏振的

polarímetro *m.* 〈理〉偏振计;旋光计[仪]

polariscopia *f.* 旋光镜检(法);偏振镜检查

polariscopio *m.* 偏振[偏旋]光镜;〈理〉偏光仪

polarizabilidad *f.* 〈理〉极化性[率,度]

polarizable *adj.* 〈理〉可极化的

polarización *f.* ①〈理〉极化作用;偏振现象；②两极分化;③〈机〉偏置

～ automática 自动偏移,自偏流,自偏

～ cero 零偏压

～ circular 圆偏振

～ de la luz 光偏振

～ del vacío 真空偏化

～ elíptica 椭圆偏振

～ horizontal 水平偏振;水平极化

～ lineal 线偏振

～ magnética 磁性极化

～ mecánica 机械偏置

ángulo de ～ 起偏振角

tensión de ～ 偏压

polarizado,-da *adj.* ①极化的,偏振的；②(有,加)偏压的;③〈机〉偏置的

polarizador *m.* ①〈起〉偏振镜[器],(起)偏光镜;②〈理〉起偏镜[器]

polarografía *f.* 〈化〉极谱(分析)法

polarográfico,-ca *adj.* 〈化〉极谱(分析)的

dosificación ～a 极谱测定

reducción ～a 极谱还原(法,作用)

polarógrafo *m.* 〈化〉极谱仪[记录器]

polarograma *m.* 〈化〉极谱图

polaroide *m.* ①〈理〉(人造)偏振片;②即显胶片[卷]

pólder *m.* 〈农〉圩田(尤指荷兰等国围海而造的低田);围垦地

polea *f.* ①滑轮[车];②滚轮,轧辊;③〈机〉皮带轮;(汽车散热风扇上用的)风扇皮带

～ colgante 悬臂式滑轮

～ combinada 复式滑车

～ conducida 从动轮

～ de arrastre[mando] 主动[驱动]轮

～ de escalones 变速滑车

～ (de) guía 导向轮,惰轮,空转轮

～ de retorno(～ pasteca) 紧线[扣绳]滑轮,开[凹]口滑车

～ de transmisión (带式运输机的)托辊

～ de violín 提琴式滑轮

～ diferencial 差动滑轮[车]

～ entera 整体传动轮

～ escalonada 锥[塔,级]轮,宝塔(皮带)轮

～ fija[inmóvil] 定滑轮,(复式滑车的)游滑轮

～ impulsada 从动轮

～ loca 游(滑)轮,惰轮,独立滑轮

～ motriz 主[传]动轮

～ móvil 动滑轮

～ para correa 带轮

～ partida 拼合皮带轮

～ ranurada 绳索轮

～ simple 单体滑车

～ tensora 导[辅,惰,支持]轮

～ virgen 双滑轮[车]

～ volante 飞[惯性,储能]轮

polemología *f.* 战争研究;战争学

polemólogo,-ga *m. f.* 战争研究者;战争学家

polemoniáceo,-cea *adj.* 〈植〉花葱科的 ‖ *f.* ①花葱科植物;②*pl.* 花葱科

polemonio *m.* 〈植〉花葱

polen *m.* 〈植〉花粉

poleo *m.* ①〈植〉(唇萼)薄荷;②〈地〉冷[寒]风

poliacetileno *m.* 〈化〉聚乙炔

poliácido *m.* 〈化〉多元酸,缩多酸

poliacrilamida *f.* 〈化〉聚丙烯酰胺

poliacrílico,-ca *adj.* 见 ácido ～

ácido ～ 〈化〉聚丙烯酸

poliacrilonitrilo *m.* 〈化〉聚丙烯腈

poliadelfo,-fa *adj.* 〈植〉多体雄蕊的;(雄蕊)多体的

polialcohol *m.* 〈化〉多元醇

poliamida *f.* 〈化〉聚酰胺

poliandria *f.* ①一妻多夫制;②〈植〉多雄蕊式;③〈动〉一雌多雄(配合)

poliándrico,-ca *adj.* ①一妻多夫制的;多夫的;②〈植〉多雄蕊式的;③〈动〉一雌多雄(配合)的

polianita *f.* 〈矿〉黝锰矿

poliatómico,-ca *adj.* 〈化〉①多原子的;②有机多元的

polibásico,-ca *adj.* 〈化〉①多碱(价)的,多元的;②多代的

polibasita *f.* 〈矿〉硫锑铜银矿

poliblenia *f.* 〈医〉黏液分泌过多

policarbonato *m.* 〈化〉聚碳酸酯

policarpelar *adj.* 〈植〉多心皮的

policárpico,-ca *adj.* 〈植〉多次结实的

policelular *adj.* 〈生〉多细胞的

policéntrico,-ca *adj.* ①多中心的;〈生〉具有多着丝点的;②多中心主义的,多中心论的

policentrismo *m.* 多中心论

policía *m. f.* 警察;警务人员 ‖ *m.* 见 ～ acostado ‖ *f.* 警察(组织);警方;治安组织
～ acostado "隐身警察",减速带(指为防止车速过快在住宅区道路上建造的路面突起)
～ antidisturbio 防暴警察
～ antiterrorista 防恐特警
～ armada 武装警察,武警
～ caminera 交通警察;高速公路巡逻警
～ de barrio 社区警察
～ de paisano 便衣警察
～ de Tráfico [P-] 交通警察
～ judicial 司法警察,法警
～ Militar [P-] 宪兵队
～ Montada [P-] 骑警队
～ municipal[urbana] 市政警察
～ nacional *Esp.* 国家治安警察
～ Secreta [P-] 秘密警察

policíclico,-ca *adj.* ①〈化〉多环的;②〈动〉多周期的;③〈生〉多轮的

policiesis *f. inv.* 〈医〉多胎妊娠

policilíndrico,-ca *adj.* 〈机〉多(汽)缸式的

policinético,-ca *adj.* 多速的

policístico,-ca *adj.* 〈医〉多囊的

policitación *f.* 〈法〉尚未接受的合同建议

policlínica *f.*; policlínico *m.* ①综合性医院;②〈军〉(接纳野战医院伤病员的)综合性军医院,总医院

policloropreno *m.* 〈化〉聚氯丁烯,氯丁橡胶

policondensación *f.* 〈化〉缩聚作用

policotiledóneo,-nea *adj.* 〈植〉多子叶的
planta ～a 多子叶植物

policrasa *f.* 〈矿〉复稀金矿,锗铀钇矿石

policristal *m.* 〈理〉多晶体

policristalino,-na *adj.* 〈理〉多晶的,复晶的,多晶体的

policroísmo *m.* ①(晶体等的)多色性,多向色性;②〈理〉多色现象

policromado,-da *adj.* ①多色的;变色的;②彩绘的,彩饰的 ‖ *m.* 〈画〉彩绘画

policromático,-ca *adj.* 多色的;变色的

policromatismo *m.* 多色性

policromatofilia *f.* 〈医〉①多染色性;②多染(性)细胞增多

policromatófilo,-la *adj.* 〈医〉多染(色)性的 ‖ *m.* 多染(色)性细胞

policromo,-ma; polícromo,-ma *adj.* ①多色的;变色的;②彩绘的,彩饰的

policultura *f.* ①〈农〉混合栽种,种植多种植[作]物;②混合养殖

polidactilia *f.* 〈医〉多指[趾]畸形

polidáctilo,-la *adj.* 〈动〉多指[趾]畸形的

polideportivo *m.* 体育运动中心

polidinámico,-ca *adj.* 多动态的

poliducto *m. Per., Venez.* 输油管(道)

poliédrico,-ca *adj.* 〈数〉多面体的

poliedro,-ra *adj.* 〈数〉多面的 ‖ *m.* 多面体
ángulo ～ 多面角
～ regular 正多面体

polielectrolitos *m. pl.* 〈化〉聚合(高分子)电解质

polieno *m.* 〈化〉多[聚]烯(烃)

poliéster *m.* 〈化〉①聚酯;②聚酯纤维,涤纶

poliestireno *m.* 〈化〉聚苯乙烯(高频绝缘材料)
～ expandido 泡沫塑料

polietápico,-ca *adj.* 多级式的,多段[阶]的;分段进行的

polietileno *m.* 〈化〉聚乙烯

polifagia *f.* ①〈医〉进食过多;贪食症;②〈动〉多[杂]食性

polifarmacia *f.* ①复方用药;混杂给药;②过多给药

polifase *f.* 〈电〉多相

polifásico,-ca *adj.* 〈电〉多相的
corriente eléctrica ～a 多相电流
motor ～ 多相电动机
rectificador ～ 多相整流器

polifenol *m.* 〈化〉多酚

polifilético,-ca *adj.* 〈生〉多源的

polifilia *f.* 〈生〉多源性

polífilo,-la *adj.* 〈植〉多叶的

polifonía *f.* ①〈乐〉复调音乐(作品)②复音现象(如回声等)

polifónico,-ca *adj.* ①有多种声音的;②〈乐〉复调音乐的;(乐器)复调的

polifuncional *adj.* ①多官[功,机]能的;②起多种作用的

polígala *f.* 〈植〉远志

poligaláceo,-cea *adj.* 〈植〉远志科的 ‖ *f.* ①远志科植物;②*pl.* 远志科

poligalactia *f.* 〈医〉泌乳过多

poligamia *f.* ①多配偶(制),一夫多妻(制);②〈动〉多偶性,一雄多雌(配合);③〈植〉杂性式

polígamo,-ma *adj.* ①多配偶的,一夫多妻

的；②〈动〉多偶性的，一雄多雌（配合）的；
③〈植〉杂性的‖ *m.* 多配偶者；主张多配偶
者，多配偶论者

poligénesis *f. inv.* 〈生〉①（人种或物种）多
源发生说；②多细胞繁殖，有性生殖

poligenético,-ca *adj.* ①〈生〉多元发生说的，
多源的；②〈地〉复成的，多种特质构成的

poligenismo *m.* （人种）多元发生说，多源论

poligonáceo,-cea *adj.* 〈植〉蓼科的‖ *f.* ①
蓼科植物；②*pl.* 蓼科

poligonal *adj.* 〈数〉多边[角]形的；多边[角]
的

poligonales *m. pl.* 〈植〉蓼目

polígono *adj.* ①〈数〉多边[角]形；②多边形
物体[地区]；③场地，工(作)场；④见 ～ de
tiro
　～ cóncavo 凹多边形
　～ convexo 凸多边形
　～ de ensayos （武器等的）试验场
　～ de fuerza 〈数〉力多边形
　～ de tiro 〈军〉射击场，打靶场；试炮场
　～ funicular 索(状)多边形
　～ industrial （圈地在市郊专供建厂或兴办
　其他企业和设置仓库的）工业区
　～ regular 〈数〉正多边形
　～ residencial （尤指作为一个单元营造和
　管理的）住宅区，居民村

poligrafía *f.* ①测谎器测谎法；②密码术
[学]；③多题材写作

polígrafo *m.* ①复写器；②〈医〉多种波动描
记器，多路描记器；③测谎器‖ *m. f.* ①密
码(破译)专家；②多题材作家，杂家

polihídrico,-ca *adj.* 〈化〉多羟(基)的

poliinsaturado,-da *adj.* 〈化〉多不饱和的‖
m. 多不饱和物（如脂肪等）

poliisobutileno *m.* 〈化〉聚异丁烯

poliisopreno *m.* 〈化〉聚异戊二烯

polilla *f.* ①〈昆〉蛾；②蠹，蛀虫

polimastia *f.* 〈医〉多乳房(畸形)

polimelia *f.* 〈医〉多肢(畸形)

polimería *f.* 〈化〉聚合(性，现象)

polimérico,-ca *adj.* 〈化〉聚合物的

polimerización *f.* 〈化〉聚合(作用，反应)
　～ térmica 热聚合
　～ vinílica 乙烯聚合作用

polimerizar *tr.* 〈化〉使聚合(反应)

polímero *m.* 〈化〉聚合物，多聚物
　～s elevados 高分子聚合物

polímetro *m.* ①〈测〉复式物性计，多能测定
计，多测计；②〈气〉(多能)湿度计

polimixina *f.* 〈药〉多粘菌素

polimórfico,-ca *adj.* ①〈化〉多晶型的；②
（晶体）多形的；③〈生〉(动植物)多态的；④

多种形式的

polimorfismo *m.* ①〈化〉多晶形[现象]；(晶
体的)多形性；②〈生〉多态性；多型现象

polimorfo,-fa *adj.* ①〈化〉多晶型的；②（晶
体）多形的；③〈生〉(动植物)多态的；④多
种形式的‖ *m.* ①〈化〉多晶型(物)；②（晶
体）多形体；③〈生〉分叶核白细胞

polimorfonuclear *adj.* 〈生〉(白细胞)分叶核
的‖ *m.* 分叶核白细胞

polinación *f.* 〈植〉①传粉(作用)；②(已)授
粉状态

polineural *adj.* 〈医〉多神经性的

polinia *f.* 〈植〉花粉块

polínico,-ca *adj.* 〈植〉花粉的

polinización *f.* ①〈植〉传粉(作用)；②已授
粉状态
　～ cruzada ①〈植〉异花传粉；②相互得益
　的交流

polinizar *tr.* 〈植〉给…传授花粉

polinómico,-ca *adj.* 〈数〉多项式的

polinomio *m.* 〈数〉多项式

polinosis *f.inv.* 〈医〉枯草热；花粉病；花粉
过敏

polinuclear *adj.* ①〈生〉多核的；②〈化〉多环
的
　célula ～ 多核细胞

polio *m.* 〈医〉脊髓灰质症，小儿麻痹症

polioencefalomeningomielitis *f. inv.* 〈医〉
脑脊髓灰质脑脊膜炎

polioencefalomielitis *f. inv.* 〈医〉脑脊髓灰质
炎

poliolefinas *f. pl.* 〈化〉聚烯烃类

poliomielítico,-ca *adj.* 〈医〉脊髓灰质类的，
患脊髓灰质炎的；患小儿麻痹症的‖ *m.* 脊
髓灰质炎患者；小儿麻痹症患者

poliomielitis *f.* 〈医〉脊髓灰质症，小儿麻痹
症

poliopía *f.* 〈医〉(单眼)视物显多症

poliorquida *f.* 〈医〉多睾(畸形)

poliosas *f. pl.* 〈化〉多糖类

poliosis *f.* 〈医〉白[灰]发(症)

poliotía *f.* 〈医〉多耳畸形

polipasto *m.* 〈机〉滑轮[车]组，复滑车

polipectomía *f.* 〈医〉息肉切除术

polipéptido *m.* 〈生化〉多肽

polipero；polépero *m.* 〈地〉珊瑚岩

polipétalo,-la *adj.* 〈植〉多瓣的
　flores ～as 多瓣花

polipiel *f.* 人造革

polipiforme *adj.* 〈医〉息肉状的

polipito *m.* 〈动〉(苔藓虫等的)个虫，虫体

poliplano,-na *adj.* 〈航空〉多机翼的‖ *m.*
多翼飞机

poliploide *m.* 〈生〉多倍体生物

pólipo *m.* ①〈医〉息肉;②〈动〉(水螅型)珊瑚虫,水螅虫;③〈动〉章鱼
~ nasal 鼻息肉

polipodio *m.* 〈植〉水龙骨属植物

polipolar *adj.* 多极的

polipolaridad *f.* 多极性

polipropileno *m.* 〈化〉聚丙烯

poliqueto,-ta *adj.* 〈动〉多毛纲的 ‖ *m.* ①多毛虫,环节动物;②多毛纲

polireacción *f.* 〈化〉聚合反应

polisacárido *m.* 〈化〉多糖

polisépalo,-la *adj.* 〈植〉多萼片的

polispermia *f.* 〈医〉精液过多;多精入卵

polispermo,-ma *adj.* 〈植〉多种子的

polistilo,-la *adj.* ①〈建〉多柱的;②〈植〉多花柱的 ‖ *m.* 〈建〉多柱式
pórtico ~ 多柱门廊

polisulfuro *m.* 〈化〉聚硫化物,多硫化物

politécnica *f.* 理工专科学校;工学院(由地方教育当局兴办的一种继续教育机构)

politécnico,-ca *adj.* 多种工艺的;综合技术的;工艺教育的

politelia *f.* 〈医〉多乳头(畸形)

politene; politeno *m.* 〈化〉聚乙烯

politetrafluoroetileno *m.* 〈化〉聚四氟乙烯

política *f.* ①政治;政治学;②政策,方针;③策略;(处理问题的)方式[法]
~ agraria[agrícola] 农业政策
~ de cañonera (以武力解决相威胁的)炮舰外交
~ de incentivos 刺激[奖励]政策
~ de pasillo(s) (在议会外为影响议员投票而进行的)游说[疏通]活动
~ de rentas 〈经〉收入政策
~ de tierra quemada ①焦土政策;②非常手段,极端措施
~ económica 经济政策
~ exterior 对外[外交]政策
~ fiscal 〈经〉财政政策;税收政策
~ interior ①(国家的)国内政策;②(组织的)对内政策
~ monetaria 〈经〉货币政策
~ presupuestaria 预算政策
~ salarial 工资政策

politización *f.* ①(使)具有政治性,政治化;②政治化训练

politología *f.* 政治学

politonal *adj.* 〈乐〉(具有或使用)多调的

politonalidad *f.* 〈乐〉多调性;多调和声

politraumatismo *m.* 〈医〉(同时发生的)多处严重创伤

politriquía *f.* 〈医〉多毛(症)

politrofia *f.* 〈医〉营养过度

politrófico,-ca *adj.* ①〈医〉营养过度的;②〈昆〉(卵巢等)多滋的;③〈动〉杂食的;(细菌等)广食性的

politrópico,-ca *adj.* 〈晶体〉多变的

poliuretano *m.* 〈化〉聚氨基甲酸乙酯,聚氨脂

poliuria *f.* 〈医〉多尿症

poliúrico,-ca *adj.* 〈医〉多尿症的

polivalencia *f.* ①〈化〉多价;〈生〉多价染色体;②多种用途;〈医〉多种效用

polivalente *adj.* ①〈化〉多价的;〈生〉多价染色体的;②有多种用途的;〈医〉多效用的

polivinílico,-ca *adj.* 〈化〉聚乙烯基的

polivinilo *m.* 〈化〉聚乙烯(化合物)

póliza *f.* ①〈商贸〉凭单,单据;(进出口货物的)批单;②保险单;③印花税票;④〈印〉字模清单
~ a todo riesgo 一切险保单
~ amplia 综合保单
~ de avería 海损保单
~ de incendio ordinario 火险保单
~ de seguro 保险单,保单
~ de seguro de ida y vuelta 往返保险单
~ de seguro marítimo 海运保单
~ dotal 养老保险单
~ evaluada 定值保险单
~ modelo 样本保单
~ prendaria 当票,典当凭据
~ renovada 续保单
~-cheque 凭单支票,支付凭证支票

polla *f.* 〈鸟〉小母鸡;小鸡

pollastre *m.* 〈鸟〉雏禽(尤指雏鸡)

pollito *m.* 〈鸟〉小鸡

pollo *m.* ①〈鸟〉鸡,小鸡;②鸡肉;③肉鸡;子鸡
~ de corral 自由放养鸡

polo *m.* ①〈地〉地极;地极区域;②〈电〉电极;③〈理〉磁极;④〈数〉(球体的)轴极;(极坐标的)极点;⑤〈天〉天极;⑥〈体〉马球(运动);水球(运动);⑦〈技〉依据
~ acuático 〈体〉水球(运动)
~ antártico[austral] 南极
~ ártico[boreal] 北极
~ auxiliar(~ de conmutación) 整流[换向磁,辅助]极
~ blindado 屏蔽磁极,罩极
~ celeste 天极
~ de atracción 〈理〉引力中心
~ de desarrollo (政府鼓励工业投资的)开发地区
~ de referencia 参照标准[依据]
~ inductor 磁场极
~ intermedio 极间极,辅助(整流)极

~ magnético 磁极

~ negativo/positivo 负/正极,阴/阳极

~ norte/sur 北/南极

~ saliente 凸极,显(磁)极

~s consecuentes 中间磁极,庶极

~s de mismo nombre 同性[名]极

~s de signo contrario 异性极

polocito *m.* 〈生〉极体

pololo *m. Chil.* 〈昆〉蛾;飞[衣]蛾

polonio *m.* 〈化〉钋

polución *f.* ①污染,公害;②〈生理〉遗精

~ ambiental 环境污染

~ de la atmósfera 大气污染

~ nocturna 夜间遗精

polucita *f.* 〈矿〉铯榴石

Pólux *m.* 〈天〉北河三(双子座 β 星)

polvareda *f.* 〈环〉〈气〉沙尘暴

polvero *m. Amér. L.* 〈环〉扬尘;沙暴,尘暴

polvillo *m.* ①*Amér. L.* 〈农〉(植物的)枯萎病;②*Amér. L.* 粮食蛀虫;③*Amér. C.* (做鞋用的)熟皮革

polvo *m.* ①(大气中的)灰(粉)尘,尘埃[土];灰尘;②粉(料);〈化〉粉末;③〈医〉粉[散]剂;药粉;④(毒品)粉末海洛因[可卡因];吗啡;⑤撮(量词)

~ abrasivo 汽门[凡尔]砂

~ blanqueador 漂白粉

~ cósmico 宇宙尘

~ de ángel "天使粉"(一种迷幻毒品)

~ de carbón 煤粉[屑]

~ de coque 焦粉

~ de diamante 金刚砂

~ de hornear[levadura] 焙粉,发酵粉

~ de lijar 刚玉粉

~ de limado 锉屑

~ de oro 金粉

~ de soldar 粉状硬钎料

~ dentífrico(~ para dientes) 牙粉

~ espacial 宇宙尘

~ fundente (粉状)焊剂

~ metálico 金属粉

~ metalúrgico 冶金粉末

~ meteórico 流星尘

~s de blanqueo[blanque] 漂白粉

~s de picapica (防暴警察用的)致痒粉

~s de pirofóricos 引火粉,自燃粉

~s de talco 滑石粉;爽身粉

caja[eliminador] de ~s 集[除]尘器;防尘套

captor[colector] de ~s 集[吸]尘器;采花粉器

hermético al ~ 防(灰)尘的,耐脏的

polvometalurgia *f.* 粉末冶金

pólvora *f.* ①(黑色,有烟)火药;炸药;②烟火(如爆竹,焰火)

~ de algodón 火(药)棉,硝化棉;强棉药

~ de mina(~ para minar) 爆破火药

~ detonante[fulminante] 起[雷]爆火药

~ lenta[progresiva] 慢燃火药

~ negra 黑火药

~ para[de] cañón 炮用火药

~ para caza 猎用火药

~ sin humos 无烟火药

~ viva 速燃火药

polvorín *m.* ①〈军〉火药库;②细[粉状]火药;③火药桶(比喻形势危急,随时会触发暴力、战争或灾祸的地区或事情);④〈技〉氧熔剂切割;⑤*Cono S.* 〈昆〉蜱;虱

poma *f.* 〈植〉(尤指绿色)小苹果

pomáceo,-cea *adj.* 〈植〉梨果类的

árboles ~s 梨果类树木

pomelo *m.* 〈植〉柚子,文旦

pómez *f.* 〈地〉〈矿〉浮[轻,飘]石;浮[泡沫]岩

pomicultura *f.* 果树栽培

pomífero,-ra *adj.* 〈植〉结梨果的

pomiforme *adj.* 梨果状的

pomo *m.* ①(门、抽屉等的)圆形拉手;②〈植〉梨果(如苹果、梨等)

pompa *f.* ①气[水]泡;②〈海〉水泵,抽水机

~ de jabón ①肥皂泡;②比喻像肥皂泡一样容易破灭的东西

~s fúnebres 葬礼

pompón *m.* 〈植〉绒球菊花[大丽花];淡红洋蔷薇

pómulo *m.* ①〈解〉颧骨;②(面)颊

p.°n. *abr.* peso neto 净重

ponchada *f. Amér. L.* ①量,数[份]量,份额;②彭丘(量词,彭丘所兜的量);③*Méx.* (车轮胎被扎的)洞;(轮胎)漏气

ponderabilidad *f.* ①(重量)可称性,有重量性;②可衡[估]量性

ponderable *adj.* ①可衡[估]量的;②有重量的,可称量的

ponderación *f.* ①称量;②〈统〉加权

ponderado,-da *adj.* ①平衡的;②〈统〉加权的

índice ~ 加权指数

media ~a 加权平均数

poney;poni;pony *m. ingl.* 〈动〉矮种马,小型马;比赛用马

pongo *m.* ①〈动〉猩猩;②〈地〉峡谷;③*Amér. L.* 季节工,临时工

poniente *adj.* ①西方的;②向西方的 ‖ *m.* ①西,西方;②西风

sol ～ 落日,夕阳

pons *f.*〈解〉桥(一器官两部分的连接组织);
脑桥

pontaje;**pontazgo** *m.*〈交〉过桥费,桥梁通行
税

pontezuelo *m.*〈电〉跳线,跨接线

pontino,-na *adj.*〈解〉脑桥的

pontón *m.* ①平底船,趸船,驳船;②浮[舟]
桥;(水上飞机的)浮筒[囊];③(旧)船体
　～ apaga incendios 消防艇
　～ grúa 水上起重机,浮式起重机,浮吊

ponzoña *f.* ①毒物[药];②毒素

POO *abr.* programación orientada a obje-
tos〈信〉面向对象程序设计

pool *m.ingl.* ①合伙经营,联营;②集合基金
　～ de oro 黄金总库
　～ de reaseguro 联合分保,集团分保

POP *abr.ingl.* Post Office Protocol〈信〉
邮局协议

pop *adj.ingl.* ①(音乐,歌曲等)通俗的,流
行的;②流行音乐[歌曲]的;③通俗艺术的,
波普艺术的‖*m.* ①流行音乐[歌曲];流行
音乐[歌曲]录音[唱片];②通俗艺术,波普
艺术;③通俗文化

popa *f.* ①(船)〈海〉船尾;②尾[后]部
　a[en,hacia] ～ 在[向]船尾
　a ～ de la maestra 在船中部,在纵中线上
　armazón de ～ 船尾构架
　castillo de ～ 后甲板
　viento en ～〈海〉顺风

popelín *m.*;**popelina** *f.*〈纺〉毛葛,府绸

popero,-ra *adj.* 见 música ～a‖*m.f.* 流
行音乐的狂热爱好者
　música ～a 流行音乐

popi *adj.* ①(音乐,歌曲等)通俗的,流行的;
②流行音乐[歌曲]的;③通俗艺术的,波普
艺术的‖*m.f.* 流行音乐的狂热爱好者

poplíteo,-tea *adj.*〈解〉腘的

popote *m.Méx.*〈植〉巴西野古草

popularidad *f.* 普及(性),流行;大众化

popularización *f.* ①大众化;通俗化;普及,
推广;②大众化[通俗性]事物;大众化[通俗
性]出版物

popurrí *m.*〈乐〉集成曲,杂曲

porcelana *f.* ①瓷;②瓷料[器,制品]
　～ china 中国瓷
　～ de huesos 骨灰瓷,半透明白瓷
　～ esmaltada 搪瓷
　～ fosfática[inglesa] 骨灰瓷,半透明白瓷
　～ fusible 乳白玻璃

porcentaje *m.* ①百分率[比,数];②(全部中
所占)比例,(比)率
　～ anual de aumento 年增长率

　～ de accesos〈信〉点击率
　～ de cenizas 含灰量,灰分含量
　～ de declive[declividad] 倾斜度,斜率
　～ de errores 误差率
　～ de faltantes 缺勤率
　～ de ganancias 利润率
　～ de precios 价格指数
　～ de repeticiones 重复率;(脉冲)重复频
率
　～ de vaporización 耗汽率
　～ defectuoso 次品百分率

porcentual *adj.* 百分比[率]的
　distribución ～ 百分率分布[配]
　punto ～ 百分点

porche *m.*〈建〉①(建筑物前有顶的)入口处,
门廊;柱廊;(建筑物外侧的)走廊,游廊;阳
台;②(街道两旁的)檐廊

porcicultura *f.* 养猪业

porcino,-na *adj.*〈动〉猪的‖*m.* ①猪;猪
崽;②〈医〉(撞击引起的)包,疙瘩,肿块

porcuno,-na *adj.*〈动〉猪的

porencefalia *f.*〈医〉脑穿通(畸形),孔洞脑

porexpán *m.* 泡沫塑料

porfídico,-ca;**porfírico,-ca** *adj.* ①〈地〉斑
岩的,似斑岩的;②斑状的

porfidita *f.*〈地〉玢岩

pórfido *m.*〈地〉斑岩
　～ augítico 辉石斑岩
　～ cuarzoso 石英斑岩

porfina *f.*〈生化〉卟吩

porfiria *f.*〈医〉卟啉症

porfirina *f.*〈生化〉卟啉

porfirinemia *f.*〈医〉卟啉血症

porfirinógeno *m.*〈生化〉卟啉原

porfirinuria *f.*〈医〉卟啉尿

porfirismo *m.*〈医〉卟啉症

porfirita *f.*〈地〉玢岩

porfiruria *f.*〈医〉卟啉尿

porfobilinógeno *m.*〈生化〉胆色素原

porfroide *m.*〈地〉残斑岩

porno *m.* ①(书刊等中的)色情描写;(影片
等中的)淫秽镜头;②(集)色情[淫秽]作品
　～ blando 非赤裸裸的性描写
　～ duro 赤裸裸的性描写

poro *m.* ①〈解〉毛孔;②气[细]孔,孔隙;③
〈天〉小黑点(指无半影的小黑子);④〈生〉
(动植物表面肉眼看不见的)微孔;⑤
Amér.L.〈植〉韭葱

porometría *f.* 气孔测量法

porómetro *m.* 气孔计

porongo *m.Amér.L.*〈植〉葫芦

porosidad *f.* ①多孔性;有孔性;②孔隙度;
孔积率;③气[松]孔;砂眼

poroso,-sa *adj.* ①多孔的;②有气孔的;渗水的

porotal *m. Amér. L.* 〈农〉菜豆田

poroto *m.* ①*And., Cono S.* 〈植〉菜豆;菜豆做的食物;②*Cono S.* 〈体〉(计分单位)点,分
~ verde 〈植〉嫩菜豆,青菜豆(未成熟的嫩豆荚);红花菜豆

porreta *f.* 〈植〉①韭葱叶;②洋葱叶;青蒜;③(庄稼的)秧苗

porrón *m.* ①陶制大肚水罐;②〈鸟〉潜鸭;红头潜鸭
~ moñudo 〈鸟〉冠䴙,凤头鸭

porta *f.* ①〈海〉舷墙[门];②(旧时堡垒、坦克等的)枪[炮]眼,射击孔;③〈机〉开口;气门;水门;④〈解〉门;见 vena ~
~ arterial/venal 动/静脉门
vena ~ 门静脉

portaaeronaves *m. inv.* 〈军〉航空母舰

portaaviones *m. inv.* ①〈军〉航空母舰;②水上飞机

portabebés *m. inv.* ①婴儿背包;②〈军〉轻型[护航]航空母舰

portabilidad *f.* ①便于携带,轻便;②(工人变换雇主或工作时养老金积蓄及享受权等的)可随带[转移]性

portable *adj.* ①便于携带的,手提式的,轻便的;②(工人变换雇主或工作时养老金积蓄及享受权等)可随带[转移]的;③〈信〉可移植的,可不经修改在任何计算机上使用的 ‖ *m.* 〈信〉便携式计算机

portabombas *m.* 〈军〉轰炸机,炸弹机

portabombilla *f.*; **portabombillo** *m.* 灯(插)座,管座
~ atornillada 螺丝灯座
~ de enchufe 卡口灯座

portacarbón *m.* 碳刷柄,电刷

portacohete *m.* 装有火箭的飞机,运载火箭

portacojinete *m.* 轴承座[架]

portacontenedor *m.*; **portacontenedores** *m. inv.* 集装箱(运输)船

portada *f.* ①〈印〉书名页,扉页;②〈印〉(报纸的)头版;(期刊的)封面;③〈信〉主[首]页;④〈建〉(建筑物的)正面;门廊[道]

portador,-ra *m. f.* ①携带…的人;持有…的人,运送…的人;②〈商贸〉(支票、执照等的)持有人;③〈医〉(病毒、病菌等的)携带者,带菌者 ‖ *m.* ①〈理〉载体,载流子;②〈化〉载体,载气 ‖ ~a *f.* 〈讯〉载波
~ de gérmenes 带菌者
~ mayoritario 〈电子〉〈理〉多数载流子
~ minoritario 〈电子〉〈理〉少数载流子

portaeje *m.* 〈机〉柄轴[刀杆]支架

portaelectrodo *m.* 〈机〉电极夹[支座],焊条钳[夹]

portaescobilla *f.* 〈电〉(电工用)握刷

portaestampa *f.* 〈机〉模座,板牙扳手

portafreno *m.* 〈机〉制动器,刹车

portahelicópteros *m. inv.* 直升机航空母舰

portaherramienta *f.* 刀夹[把,杆],工具柄
~ de ranura 组合刀具
carro de ~ 刀具[架]滑台

portahilera *f.* 〈机〉模座;板牙扳手

portaje *m.* 〈交〉过路[通行]税

portal *m.* ①〈建〉(楼房的)门廊[厅];正[前]门;(房子的)厅,前厅;②〈体〉(一些球类运动的)球门;③城门;④〈信〉(因特网)门户站点;⑤*pl.* 〈建〉(街道旁边或广场四周的)拱[柱]廊

portalada *f.* ①〈建〉大门;气势恢宏入口;②〈海〉舷侧门

portalámparas *m. inv.* ①(灯的)灯头;②插[灯,管]座
~ de bayoneta 卡口插座
~ roscado 螺纹插座[灯座]

portalón *m.* ①〈建〉大门;气势恢宏入口;②〈海〉舷侧门

portamatriz *f.* 〈机〉模座;板牙扳手

portamecha *f.* 〈机〉锭杆

portamira *f.* 〈测〉标尺员,视矩尺员

portamotor *m.* 〈机〉发动机架

portamuela *f.* 〈机〉轮轴

portamuelle *m.* 弹簧箱

portante *adj.* 〈机〉举起[重]的,提升[起重]的
poder ~ 举[起]重力

portaobjetivo *m.* 镜头座,透[物]镜框架

portaobjeto *m.* (显微镜)玻片,载物台

portapantalla *f.* 隔屏,滤光镜[器]

portapapeles *m. inv.* ①文件夹,公文包;②〈信〉剪贴板

portaplacas *m. inv.* 〈摄〉干版暗盒

portaprimordio *m.* 坯缘压牢器

portátil *adj.* 手提式的;轻便的 ‖ *m.* ①手提式打字机[收音机,电视机];②便携式计算机,笔记本电脑

portaviones *m. inv.* ①〈军〉航空母舰;②水上飞机

portavoz *m.* 扩音器,话[喇叭]筒

portazgo *m.* 〈交〉过路[通行]税

porte *m.* ①携带;搬运;运输;②〈商贸〉运费邮费[资];③〈海〉承载能力,吨位;④(车辆、楼房等的)体积,承载能力
~ cobrado 运费已收
~ debido(~ por cobrar) 运费待收
~ franco 运费免付

~ pagado 运费[邮资]已付

~ por expreso 快递[运]费

carta de ~ 货运提单,运货单

portería *f.* ①门房(指看门人的房间);②〈体〉球门

portero,-ra *m. f.* ①看门人,门房;②〈体〉守门员‖*m.* 见 ~ automático

~ automático[eléctrico, electrónico] 应门通话机,门铃电话

portezuela *f.* ①(车)门;②〈缝〉(衣裤的)口袋盖

~ de la gasolina (汽车油箱的)输油管管盖

portezuelo *m. Cono S.* 山间通道,隘道

porticado,-da *adj.* 正[桥,洞]门的

estructura ~a 〈机〉桥[龙]门架

pórtico *m.* ①〈建〉(教堂、陵墓等处的)门[柱]廊;②〈机〉(门式起重机)台架,龙门起重机架,门形架;③(商店旁的)拱廊;④入口;入口处

~ acarreador 移动起重机台架

portilla *f.* (船或飞机的)舷窗

portillo *m.* ①(墙上的)缺[豁]口;②边门,(大门上开的)小门;③〈地〉隘道[口];④(在河渠上开的)引水缺口

pórtland; portland *m.* 见 cemento ~

cemento ~ 普通[硅酸盐,波特兰]水泥

portlandita *m.* 〈矿〉氢氧化钙石

portuario,-ria *adj.* 港口的

zona ~a 港口(作业)区

portulaca *f.* 〈植〉马齿苋属植物;半枝莲

portuláceo,-cea *adj.* 〈植〉马齿苋属植物的‖*f.* ① 马齿苋属植物;②*pl.* 马齿苋科

portulano *m.* 港口地图集

poscombustión *f.* 见 dispositivo de ~

dispositivo de ~ ①(喷气发动机的)加力燃烧室;②(内燃机的)排气后燃器

posdoctoral *adj.* 〈教〉博士后的

pose *f.* ①(让人摄影、画像时所摆的)姿势[态];②〈摄〉曝光;定时曝光

Poseidón *m.* 〈军〉海神式导弹(一种由潜艇发射的美国弹道导弹)

posglacial *adj.* 〈地〉冰期后的

posgrado; postgrado *m.* 见 curso de ~

curso de ~ 〈教〉研究生课程

posgraduado,-da; postgraduado,-da *adj.* 〈教〉研究生的;研究生课程的‖*m. f.* 研究生‖*m.* 研究生学位

posgradual *adj.* 〈教〉研究生的;研究生课程的

posibilidad *f.* ①可能(性);②选择

posición *f.* ①位置;方位;地点;②布局,配置;③状况[态];④〈医〉体位,胎位;⑤〈军〉阵地;⑥〈乐〉(演奏乐器时的)把位

~ aparente 视在位置

~ de arranque 起始位置

~ de cambios (银行)外汇状况

~ de crédito 资信状况

~ en punto muerto 零点位置

~ estelar (天体)星位

~ genucubital 〈医〉膝肘卧位

~ intermedia 中间位置

~ media 平均位置

~ prona 〈医〉俯卧位

indicador de ~ de radar 平面位置(雷达)显示器

modulación de impulsos en ~ 脉冲位置调制

montaje de ~ 定位器,定位装置,位置控制器

posicionador *m.* 〈技〉定位器[装置]

posicionamiento *m.* 〈技〉定[调]位,位置控制[调整]

posimpresionismo *m.* 〈画〉后期印象派,后印象主义

posimpresionista *adj.* 〈画〉后期印象派的‖*m. f.* 后期印象派画家

posindustrial *adj.* 〈工〉后工业化的,工业化后的

positiva *f.* 〈摄〉正片[像]

positivado *m.* ①〈摄〉冲洗;印相;②〈印〉印制正像图版

positivo,-va *adj.* ①〈摄〉正片[像]的;②〈数〉正(数)的;③〈电〉正极的,正电的;④〈医〉(RH)阳性的‖*m.* 〈摄〉正片[像]

positón; positrón *m.* 〈理〉正[阳]电子

POSIX *abr. ingl.* portable operating system interface 〈信〉可移植操作系统接口

posmodernismo *m.* 后现代主义

posnatal; postnatal *adj.* 〈医〉①产后的,分娩后的;②生后的

posología *f.* 〈医〉剂量学

posoperativo,-va *adj.* 〈医〉手术后的

cuidado ~ 术后护理

complicación ~a 术后合并征

pirexia ~a 术后发热

tratamiento ~ 术后治疗

posoperatorio,-ria; postoperatorio,-ria *adj.* 〈医〉手术后的‖*m.* 术后期,术后恢复期

posparto; postparto; postpartum *adj. inv.* 〈医〉①产后的,分娩后的;②出生后的‖*m.* 产后期

desarrollo ~ 出生后发育

dolor ~ 产后痛

hemorragia ~ 产后出血

retención de orina ～ 产后尿潴留
tétano ～ 产后破伤风

posproducción；**postproducción** *f.*（电影或电视的）后期制作（阶段）

posquemador *m.* ①（喷气发动机的）加力燃烧室；②（内燃机的）排气后燃器

POST *abr. ingl.* power on self test〈信〉开机自测

postacorre *m.*〈信〉帖子

postaxial *adj.*〈解〉轴后的

postbulbar *adj.*〈解〉〈医〉球后的；延髓后的；十二指肠球部后的

postcalentamiento *m.*〈技〉后热，焊后加热

postcloración *f.*〈技〉后加氯处理

postcombustión *f.* ①后燃；②补充［后期，加力］燃烧
　dispositivo de ～ 后［复］燃室，补燃器，后［加力］燃烧室；（汽车排气）后燃烧装置

postcondesador *m.*〈技〉后冷凝［凝缩］器，再［二次］冷凝器

postdoctoral *adj.*〈教〉博士后的

poste *m.* ①（支，标，煤矿）柱，（标）杆，桩，墩；②〈电〉（电线，接线）柱；③〈体〉球门柱，（跳高架的）立柱
　～ angular〈转〉角柱
　～ de alumbrado 灯杆，路灯柱
　～ de cerca 围栏桩
　～ de fin de línea 终端杆
　～ de hormigón 混凝土桩
　～ de llegada（赛马场的）终点柱
　～ de portería〈体〉（足球场等的）球门柱
　～ de salida〈体〉（比赛时的）起跑柱
　～ indicador[señalador] 路标，标杆
　～ telegráfico 电杆，电线柱
　～s acoplados(～s gemelos) 复合杆

postema *f.*〈医〉①脓肿；②*Méx.* 疖；脓水

postemilla *f. Amér. L.*〈医〉齿龈［牙床］脓肿

posterioridad *f.*（位置、时间、次序等的）在后

postglacial *adj.*〈地〉冰期后的

postilla *f.*〈医〉痂

postilloso,-sa *adj.*〈医〉结痂的

postimpresionismo *m.*〈画〉后期印象派，后印象主义

postindustrial *adj.*〈工〉后工业化的，工业化后的

postitis *f. inv.*〈医〉包皮炎

postizas *f. pl. Esp.*〈乐〉小响板

postrefrigeración *f.*〈机〉〈技〉再（次）冷（却）；后（加）冷却

postrefrigerador *m.*〈机〉后［二次，附加，后置］冷却器

postsincronización *f.*〈电影〉（影片的）后期录音，配音

postulado *m.* ①〈数〉公设；②原则，基本原理

postura *f.* ①姿势，姿态；②〈商贸〉（拍卖中的）出［报]价，递盘；③（禽类）产卵；下蛋
　～ alta 出高价
　～ baja 出低价
　～ del loto 莲花坐姿，跌坐姿
　～ equilibrada 均衡递价

postural *adj.* ①姿势［态]的；②体位的

post-venta；**posventa** *adj. inv.*〈商贸〉售出后的

postvacunal *adj.*〈医〉接种后的

pota *f.*〈动〉乌贼

potabilidad *f.*（水的）可饮用性

potabilización *f.*（水的）净化

potabilizadora *f.* 水处理厂，自来水厂

potable *adj.*（可，适于）饮用的

potámico,-ca *adj.* 河川［流]的，水流的

potamología *f.* 河川［流]学

potamómetro *m.* ①水力计；②流速计，测流速计

potamoplancton *m.*〈生〉河生浮游生物

potasa *f.*〈化〉①钾碱，碳酸钾，草碱；氢氧化钾，苛性钾；②（工农业上用的）钾；钾化合物
　～ cáustica 苛性钾，氢氧化钾
　lejía de ～ 氢氧化钾
　sulfato de ～ 硫酸钾

potásico,-ca *adj.*〈化〉（含）钾的
　bromuro ～ 溴化钾
　cianuro ～ 氰化钾
　clorato ～ 氯酸钾
　hidróxido ～ 氢氧化钾

potasio *m.*〈化〉钾
　～ estañífero 锡酸钾
　bicromato de ～ 重铬酸钾

potencia *f.* ①力量，能力，潜能；②〈机〉〈理〉功率；马力；③权势［力]，威力；④〈数〉幂，乘方；⑤生殖力；（尤指男子的）性交能力；⑥（药物等的）效力［能]；⑦大［强]国
　～ al freno 制动［刹车]马力
　～ absorbida 输入功率
　～ activa[efectiva] 有效［功]功率
　～ acústica 声功率
　～ adquisitiva 购买力
　～ aparente 视在［表现]功率
　～ ascensional 举［起]重力
　～ calorífica 发热量，热［卡]值
　～ de aumento〈光〉（仪器）放大倍数
　～ de carga 载货能力
　～ de fuego 火力
　～ de levantamiento 吊车能力
　～ de régimen del motor 发动机额定马力

~ de salida(~ suministrada) 输出功率

~ de sincronización 同步功率

~ de vaporización 蒸[挥]发能力

~ disponible 可用功率,有效功率,匹配负载功率

~ efectiva radiada 有效辐射功率

~ en caballo 马力

~ fraccionaria 小[分数]马力(即小于 1 马力)

~ hidráulica 水力

~ indicada 指示马力[功率]

~ instantánea 瞬时功率

~ luminosa 烛光

~ marítima 海军力量

~ máxima 最大[峰值]功率

~ media de salida 平均输出功率

~ mundial ①世界强国;②(有巨大影响的)国际组织

~ negativa 〈数〉负幂

~ nominal 额定功率,标称[额定]输出

~ nominal en vuelo 额定马力

~ nuclear ①核动力;②核大国

~ reactiva 无功功率

~ tractiva 牵引功率

~ útil 有效功率,输出功率

de gran ~ 大[高]功率的

de poca ~ 小[低]功率的,装有小型发动机的

frecuencia de ~ mitad 半功率频率

ganancia de ~ disponible 可用功率增益

posibilidad en ~ 可能性,潜势,潜能

potenciador,-ra *adj.* 增强的;增效的 ‖ *m.* 见 ~ del sabor

~ del sabor 增味剂,调味品

potencial *adj.* ①有力量的;有威力的;②潜在的,可能的;③〈理〉势差的,位差的;④力的;功率的 ‖ *m.* ①潜力[能];力量;②〈理〉势能,位能;③〈电〉电势[位]

~ absoluto 绝对电位

~ biótico 生物潜能

~ cero[nudo] 零电位

~ comercial(~ de mercado) 市场潜力

~ constante 恒定电位

~ de acción 〈生理〉动作电位

~ de arco 起弧电位,闪击电势

~ de carga 充[起]电电位

~ de contacto 接触电位

~ de descarga[ignición] 击穿[跳火]电位

~ de desionización[extinción] 消电离电势

~ de encendio 点[发]火电位;点火[起始放电]电位

~ de ionización 〈理〉电离电势,离子电位

~ de oxidación 氧化电势

~ de parada 截[遏]止电势[位]

~ de tierra(~ terrestre) 地电势[位]

~ de ventas 销售潜力

~ eléctrico 电势[位]

~ electrocinético 动电势[位]

~ evocado 〈生理〉(大脑皮质的)诱发电位

~ ganador ①〈财〉赢利潜力;②〈体〉取胜潜力

~ humano 人力

~ magnético 磁势

~ químico 〈化〉化学势

~ retardado 延迟电势[位]

~ vectorial 矢势[位]

barra de ~ 势[位]垒

diferencia de ~ (电)势[位]差

energía de ~ 势[位]能,潜伏力

gradiente de ~ 势梯度

potencialidad *f.* ①潜在性,(发展)可能性;②潜力[能];潜势

potenciometría *f.* 〈电〉〈化〉电位[势]测定法

potenciómetro *m.* 〈电〉①电位差计,电位器,电势计;②分压器

~ de varias tomas 带有抽头的电势计

~ registrador 自记[记录式]电位计

potenciostato *m.* 〈电〉恒电势器,电势恒定器,稳压器

potentado *m. f.* (企业界)巨头

potente *adj.* ①(机器等)大功率的;②强大的;有权势的;③有生殖能力的;(男性)有性交能力的;④(药等)有效力的

potestad *f.* 〈法〉权力;管辖[支配]权

potestativo,-va *adj.* 〈法〉取决于缔约任何一方意愿的(指履行契约的条款);非强制性的

potómetro *m.* 蒸腾计,散发仪

potra *f.* ①〈动〉(常指换牙前四岁半的)小母马;②〈医〉疝

potranco,-ca *m. f.* 〈动〉(不满四、五岁的)公[马]驹;小牝马

potrillo *m.* 〈动〉(不满四、五岁的)公[马]驹

potro *m.* ①〈动〉(不满四、五岁的)公[马]驹;②〈体〉跳马;③*Amér. L.* 〈医〉疝

poundal *m.* 〈理〉磅达(力的单位;等于13,825 达因)

poza *f.* (河流的)回水;水洼

pozo *m.* ①井,水井;②(河流的)深水处;③〈矿〉矿井;井坑[筒];坑道;④〈海〉底[货]舱;⑤*Amér. L.* 〈天〉黑洞

~ a bomba 抽水井

~ absorbente 吸[渗]水井

~ artesiano 自流井

~ ciego 化粪池;污水池[坑,渗井]

~ de aereacción 通风(竖)井,(通)风井

~ de aire (通)风井

~ de carbonera 竖井

~ de cateo 探察[试钻]井

~ de condensación (凝汽器的)热水井

~ de desagüe 排水坑[沟]

~ de extracción (采掘)工作口

~ de inspección 检查[检修]孔;探井[孔]

~ de lobo 陷阱

~ de mina 钻孔,矿坑[井]

~ de petróleo(~ petrolífero) 油井

~ de recalentamiento 均热炉

~ de registro[visita] 人孔,检修孔

~ de riego 灌溉用井

~ de sonda 钻孔,井眼

~ de subida 梯形井

~ de ventilación 气坑[穴]

~ negro[séptico] 化粪池;污水池[坑,渗井]

~ secundario 暗井

~ surgente 喷井

~ tubular 管井

~ vertedero 直井式溢洪道

perforación de ~ 沉井,井筒下沉

perforación de un ~ 打竖[直]井

PP. *abr.* porte pagado 运[邮]费付讫

p. p. m. *abr.* ①palabra por minuto 每分钟字数,字/分;②pulsaciones por minuto 每分钟搏动次数;③ partes por millón 百万分率,百万分之…

PPP *abr.* Protocolo Punto a Punto 〈信〉点对点连接协议

p. p. p. *abr.* puntos por pulgada 〈信〉每英寸点数

ppt *abr.* preparado para transmitir 〈信〉清除发送

Pr 〈化〉元素镨(praseodimio)的符号

práctica *f.* ①实行;实践[施];(知识等的)应用;② *pl.* 实[练]习;实验(操作);③ 常[惯]例;④方法,做法

~ comercial(~ de los negocios) 商业惯例

~ internacional 国际惯例

~ regular 习惯[常规]做法

~s de tiro 射击[打靶]练习

~s en empresa 工作经验;(学生的)工作经验培训(计划)

~s restrictivas (制造商之间的)限制性措施[做法]

practicable *adj.* ①能实行的,行得通的,可行的;②(道路等)可通行的;③(门、窗等)可开关的;④〈戏〉(舞台上的门等布景)能实际使用的,真实的

practicaje *m.* 领航(术,费);领港(术,费)

practicante *m. f.* ①〈医〉实习[助理]医生,护士;②实践者;实行生;③ *Méx.* (医学专业)毕业班学生

practicidad *f.* ①实际[用,践]性;②有[生]效

práctico,-ca *adj.* ① 实际[践]的;②(服装等)实用的;(学习、培训等)有实用价值的;③注重实效的;④〈信〉需键盘操作的 ‖ *m.* ①(海)领港员,引水员;领港船;②〈医〉开业医师

actividades ~as 实践活动

conocimientos ~s 实践知识

propuesta ~a 切实可行的建议

química ~a 实用化学

pradera *f.* ①草地;牧场;(尤指北美洲的)大草原;②(供)散步草坪

prado *m.* ①草地;牧场;②(公园的)绿草地;③ *Amér. L.* 草坪,草地

praseodimio *m.* 〈化〉镨

prasio *m.* 〈矿〉葱绿玉髓

praticultura *f.* 牧草种植

praxiología *f.* 人类行为学

preabsorción *f.* 预吸收

preacceso *m.* 〈信〉(计算机的)先行智能

preaceleración *f.* 先[预,前]加速

preadaptación *f.* 〈生〉预[前]适应

preadolescente *adj.* 〈生理〉青春[发育]前期的 ‖ *m. f.* 青春前期少年

preaeración *f.* 〈环〉预曝气

prealarma *f.* (尤指对空袭等的)预先警报

prealeación *f.* 预合金

prealerta *f.* 待命状态,空袭预备警报

preamplificador *m.* 〈无〉前置放大器

preanestesia *f.* 〈医〉前驱麻醉

preanestético,-ca *adj.* 〈医〉前驱麻醉的

preantiséptico,-ca *adj.* 〈医〉防[抗]菌法采用前的

preaséptico,-ca *adj.* 〈医〉无菌外科以前的

preaviso *m.* 事先告知

precalculado,-da *adj.* 预先计算好的

precalentado,-da *adj.* 〈技〉预热的,初步[预先]加热的

precalentador *m.* 〈机〉预热器[炉]

precalentamiento *m.* ①〈体〉(竞技活动的)准备活动;②〈技〉预热

precámbrico,-ca *adj.* 〈地〉前寒武纪的 ‖ *m.* 前寒武纪

precáncer *m.* 〈医〉癌前期;初[前期]癌

precanceroso,-sa *adj.* 〈医〉癌前期的

célula ~a 癌前细胞

dermatitis ~a 癌前皮炎

fibroepitelioma ～ 癌前期纤维上皮瘤
lesión ～a 癌前期病变
melanosis ～a 癌前期黑色素沉着病
metaplasia ～a 癌前化生

precargar *tr.* ①预先加料,预加(荷)载,预
[初]负载;②预压

precariedad *f.* ①(职位、健康、局势等的)不
稳定(性);②(资源等的)供不应求,短缺

precaución *f.* 提防;预防措施
～es contra accidentes 故障[事故]预防;
安全措施[制度]

precautorio,-ria *adj.* 提[预]防的,防备的

precava *f.* 〈动〉前腔静脉

precedencia *f.* ①(时间、顺序、重要性等的)
在先,领先;②优越,优先;③(举行仪式等场
合的)优先位置,上座
～ de operadores 〈信〉算符优先

preceptor,-ra *m. f.* 〈教〉①(学校)教师;②
私人[家庭]教师

preceptorado *m.* 〈教〉①私人[家庭]教师的
职位[职责];②(尤指对个别的)辅[指]导

preceptoral *adj.* 〈教〉①私人[家庭,辅导]教
师的;②辅[指]导的

precesión *f.* ①〈理〉(前)进(运)动;②先
[前]行;③见 ～ de los equinoccios
～ de los equinoccios 〈天〉岁差

precintado,-da *adj.* ①(包裹)加封的;②(街
道、区域)被封锁的 ‖ *m.* ①(包裹)加封;②
(对街道、区域的)封锁

precinto *m.* ①封印[条,签];②铅[漆,蜡]
封;③(对街道、区域的)封锁[闭]

precio *m.* ①价格;价钱;②费用
～ alambicado[mínimo] 最低价
～ C & F 成本加运费价
～ CIF/FOB 到/离岸价格
～ comercial 售价
～ concluido 成交价
～ corriente 市[时]价
～ de adquisición 买价
～ de competencia 竞争价格
～ de compra 买价,收购价格
～ de coste[costo] 成本价格
～ de fábrica[fabricación] 成本价格;出厂
价
～ de intervención 干预价格
～ de mercado 市场价
～ de ocasión 廉价,贱卖价
～ de referencia 参考价格(指进口的最低
限价)
～ de regateo 议价
～ de salida 最低售价,拍卖底价
～ de situación 磋商价格
～ de subasta 拍卖价

～ de transporte (搬)运费
～ de venta 卖方报价[开价];卖[售]价
～ de venta al público 零售价
～ del billete 运[车,船]费
～ del día 当日价格
～ del viaje 车船费
～ estacional 季节性价格
～ fijo[fijado] 固定价格
～ medio 平均价格
～ neto 净[实]价
～ obsequio 极低的价格
～ ofrecido (卖主的)开价
～ orientativo 指标价格
～ por unidad(～ unitario) 单价
～ tope 最高价
～ total 总价
～ ventajoso 优惠价格
～s al consumo 消费价格
a ～ alzado 合同(规定的)价格
al ～ de mercado 按市价
a mitad de ～ 按半价
fijación de ～s 定[作]价

precipitabilidad *f.* 〈化〉〈理〉沉淀性[度]

precipitable *adj.* 〈化〉〈理〉沉淀性的;可
[能]沉淀的;可淀析的

precipitación *f.* ①〈化〉〈理〉沉淀(作用),淀
析(作用);沉降(作用);②〈化〉沉淀[降]
物;③(雨、雪、雹、尘埃等的)降落;〈气〉降
水[雨]量
～ anual 年降雨量
～ artificial 人工降水
～ eléctrica 电力沉淀
～ pluvial 降雨(量)
～ química 化学沉淀法
～ radiactiva 放射性(尘埃)散落
～es de nieve 降雪
estáticos de ～ 雨滴静电干扰
índice de ～ 沉淀值

precipitado *m.* 〈化〉沉淀[积]物;析出物

precipitador *m.* ①沉淀器;(静电)滤尘器;②
〈化〉〈理〉沉淀剂;③滤[集]尘器
～ de polvos 集尘器
～ electrostático (静)电滤尘器

precipitante *m.* 〈化〉〈理〉沉淀剂

precipitina *f.* 〈生化〉沉淀素

precipitinógeno *m.* 〈生化〉沉淀原;沉淀素原

precipitómetro *m.* 〈化〉沉淀计

precisión *f.* ①精密(度),精确(性);准确
(性);确切(性)
forja de ～ 精密锻造
fundición[moldeo] de ～ 精密铸造
instrumento de ～ 精密仪器

moldeo de ~ 精密铸件

precloración；preclorinación *f.*〈工〉〈化〉预加氯气处理，预氯化

precocidad *f.*①（儿童的智力等）过早发育；早熟；②〈植〉早熟

precolombino,-na *adj.* 哥伦布到达美洲之前的

precombadura *f.*〈技〉预起拱

precombustión *f.*〈技〉预燃，在前置燃烧室内燃烧

precompresión *f.*〈技〉预先压缩；预（加）应力

precompreso,-sa *adj.*〈技〉预压的；预受力[应力]的

hormigón ~ 预应力混凝土

precondensador *m.*〈机〉预冷凝器

precondición *f.* 先决条件，前提

preconducción *f.*〈技〉〈理〉预传导

corriente de ~ 预传导电流

preconsolidación *f.*〈工程〉〈技〉预先[前期]固结

precordial *adj.*〈解〉心前区的，心口[窝]的

precoz *adj.*①过早的；（衰老、射精、秃顶等）提早的；②（预报、诊断等）提前[早]的；③〈植〉早熟的；④（儿童的智力等）过早发育的，早熟的

predáceo,-cea *adj.*〈动〉以捕食其他动物为生的，食肉的

predación *f.*①〈生〉（动物的）捕食行为[习性，现象]；②掠夺（行为）

predador,-ra *adj.*〈动〉捕食的（动物）；食肉的‖ *m.* 见 predator

predator *m.*①〈动〉捕食其他动物为生的动物，食肉动物；②〈动〉〈植〉食虫的动[植]物

predatorio,-ria *adj.*〈动〉捕食性的，食肉性的

predeformación *f.*〈机〉〈技〉预加应变，预压缩变形

predeformar *tr.*〈技〉预矫[修]正，预失真

predeposición *f.*〈技〉预淀积

predestilación *f.*〈化〉〈技〉预[初步]蒸馏

predeterminación *f.*①预先决[确]定；②预先裁定[解决]；③〈生〉前定（说）

predial *adj.*①土[田]地的；②地[房地]产的

predicado *m.*〈逻〉谓项

predicamento *m.*〈逻〉范畴

predicativo,-va *adj.*〈逻〉作出断言的，表示断[肯]定的

predigerido,-da *adj.*①（把食物）预先消化的；②简化[写]的

predio *m.*①地[房地，不动]产；② *pl.* 土[田]地

~ rústico 地[田]产

~ urbano 房产

predisociación *f.*〈化〉预离解（作用）

predisponente *adj.*（因素、作用等）潜在的，有倾向的

predisposición *f.*①倾向（性）；②诱因；素质；③预先准备；④〈医〉易受感染的体质

predispuesto,-ta *adj.*①具有（某种）倾向[素质，因素]的；预先有倾[意]向的；易受…感染[影响]的；②预先处置[安排]好的

predocumento *m.*（文件）草[初]稿

predominante *adj.*①占优势的，居支配[统治，主导]地位的；②〈经〉（权益）控股的，有控股权益者的

preelección *f.*①预先挑选；②预选

preempción *f.*①优先购买权；②强制收购权；③抢先占有[得到]

preencendido *m.*〈机〉（内燃机等的）预[提前]点火

preencogimiento *m.*〈缝〉（布料等的）预缩（水）

preenfriador *m.*〈机〉预冷器，前置冷却器

preensamblado *m.*〈机〉预装配[组装]

preescolar *adj.*〈教〉学龄前的，入学前的‖ *m.* 托儿所，幼儿园‖ *m.f.* 学龄前儿童

preestablecido,-da *adj.*①预先制[规]定的；②预先建[设]立的

preesterno *m.*①〈电影〉预[试]映；②〈戏〉预[试]演

preestirado,-da *adj.*〈技〉预（先）拉伸的

preevaporación *f.*〈技〉预蒸发，初（步）蒸发

preevaporador *m.*〈机〉预[初步]蒸发器

preexaminación *f.*①预考[试]；②预先检查，预检[查]

prefabricación *f.*〈工〉〈机〉〈工厂〉预制

prefabricado,-da *adj.*〈工〉〈机〉预制的‖ *m.* 预制构件；预制装配式房屋

casas ~as 活动[预制]房屋

piezas ~as 预制品

prefatiga *f.*〈技〉预应力，预拉伸

prefatigado,-da *adj.*〈技〉预受力的，预应力的，预拉伸的

preferente *adj.*①优先[越]的；②〈商贸〉优[特]惠的；③见 clase ~

clase ~〈航空〉（客机的）俱乐部会员舱（相当于公务舱或头等舱）

tratamiento ~ 优先处理，优待

valor ~ 优选值

vía ~ 首选[最佳]路线

prefiltración *f.*〈技〉预过滤

prefiltro *m.*①〈机〉预[前置]过滤器；②前置滤光片

prefinanciación *f.*〈经〉预先提供资金；预先筹资

prefocar *tr.* 〈摄〉使预先聚[调]焦,预[初]聚焦

prefocal *adj.* 〈摄〉预先聚[调]焦的

prefoco *m.* 〈摄〉预先聚[调]焦
~ electrostático 静电预先聚焦

prefoliación *f.* 〈植〉幼叶卷叠式

preforadora *f.* 〈机〉(手摇)钻床

preforma *f.* 〈技〉预型,塑坯预塑,预型件;初制品

preformación *f.* ①预先构[形]成;②〈工〉〈技〉预成型;预加工;③〈生〉胚中预存说,预成说

preformacionismo *m.* 〈生〉胚中预存说,预成说

preformador *m.* 〈机〉预压机,制锭机

preglacial *adj.* 〈地〉冰川期前的,冰河期前的

pregnandiol *f.* 〈生化〉孕二醇

pregnenolona *f.* 〈生化〉孕烯醇酮

pregrabado,-da *adj.* 预先录制的,将…预先录下的

pregunta *f.* ①问题[话];②提问;疑[询],质问;③〈商贸〉询价[盘]
~ capciosa 诱人上当[别有用心]的提问;诱导性提问
~ de elección múltiple (可作)多项选择的问题
~ indiscreta 冒失的提问
~ sugestiva 〈法〉诱导性问题
~ tipo test (可作)多项选择的问题

prehnita *f.* 〈矿〉葡萄石

preignición *f.* 〈机〉〈技〉(内燃机等的)预[提前]点火

preindustrial *adj.* 工业化以前的

preinforme *m.* 预先告[通]知

preinstalado,-da *adj.* 〈信〉(软件)预先安装的

prelavado *m.* ①预洗,去污洗涤;②去污洗洁剂

preliminar *adj.* ①初步的;起始的;预备的;②〈体〉见 fase ~ ‖ *m.* ①初步做法;②〈体〉预赛;③*pl.* 条约草案
fase ~ 〈体〉预赛

prelubricación *f.* 〈机〉预润滑

preludio *m.* 〈乐〉前奏曲,序曲;(调音时的)试奏;(正式演唱前的)试唱

premagnetisación *f.* 〈技〉预磁化

prematuro,-ra *adj.* ①提[过]早的;②早产的 ‖ *m. f.* 早产婴儿
explosión ~a 过早爆炸
parto ~ 早产

premedicación *f.* 〈医〉前驱给药法,术前用药法

premeditación *f.* ①预先考虑;预先策划,预谋;②〈法〉预谋(犯罪)

premenopausal *adj.* 〈生理〉绝[停]经前的

premenstrual *adj.* 〈生理〉月经前的,经期前的

premezclador *m.* 〈机〉预混合器

premolar *adj.* 〈解〉前臼齿的 ‖ *m.* 前臼齿

premoldeado,-da *adj.* 〈技〉①预先模制的;②预塑[铸,制]的

premoldear *tr.* 〈技〉①预浇铸;②预塑[制]

prenatal *adj.* ①出生前的,胎儿期的;②产前的,孕期的

prendido,-da *adj.* Cono S.〈医〉便秘的

prendimiento *m.* ①捉拿,逮捕;②扣押(毒品、走私物等);③Cono S.〈医〉便秘

prensa *f.* ①报刊[纸];②〈机〉压(力,锻,制,缩,榨)机,压[冲]床;③〈印〉印刷机;④印刷厂;⑤新闻界[业];新闻工作;⑥〈集〉记者
~ cortadora 冲裁压力机
~ de acuñar moneda (硬币)冲压[压花]机
~ de aglomerar 压片[块]机
~ de banco 工作台夹钳
~ de brazo[mano] 手(动)压机
~ de cocodrilo[palanca] 鳄口剪切机
~ de copiar 复印[拷贝]机
~ de curvar(~ plegadora) 压弯机
~ de dilatar 镦粗[镦锻]机
~ de doble acción 双动[双效,两面]压力机
~ de embutir 模[冲]压机
~ de enderezar 矫正[压直,平直]机
~ de estampar 冲压[压印]机
~ de estirar 拉伸压力机
~ de fabricar ladrillos 制砖机
~ de forjar 锻压机
~ de imprimir 印刷机
~ de matrizar 泡沫塑料片材切割机,冲压机,模锻压力机
~ de moldear 模压机,压型机
~ de moldear neumático 轮胎[箍]压机
~ de platina 印压机
~ de punzonar 冲床,冲压机
~ de remachar 压铆机
~ de rodillo 辊筒压力机,轧制[压]机
~ de tornillo 螺旋[手扳]压机
~ de volante 螺旋压机
~ del corazón 八卦报刊
~ embaladora 打包机
~ extruidora de husillo 螺压挤压[压出]机
~ hidráulica 水[液]压机

~ hidrostática 静水压[液压]机

~ moldeadora 模压机,压型机

~ reductora 缩口用压力机

~ revólver 转塔式压力机

~ rotativa 轮转印刷机

~ taladradora (手摇)钻床

~ tipográfica 印刷机

~ vertical de embalar 打包机

prensado,-da adj. ①加压(力)的;②〈机〉压缩[制]的,模[冲,挤]压的 ‖ m. ①压(制,榨);〈机〉冲[挤]压;②〈纺〉(压光)光泽

~ en caliente 热压

~ en frío 冷压

prensador m.f. ①模压工;②压机操作工 ‖ m. 〈机〉压(力,锻,制,缩,榨)机,压[冲]床

~ de paja 干草捆扎机

prensaestopas m.inv. 〈海〉填料箱;货[运输]箱;②密垫

prensafiltro m. 〈机〉压滤器[机]

prensaje m. 〈乐〉录制

prensalimones m.inv. 〈机〉柠檬榨汁器

prensapapeles m. 压纸器,镇[压]尺

prensatelas m.inv. (缝纫机的)压脚

prensor,-ra adj. 〈鸟〉对趾类的 ‖ m. ①对趾类禽鸟;②pl. 对趾类

aves ~as 对趾禽类

preolímpico,-ca adj. 见 torneo ~ ‖ m. 〈体〉奥林匹克及格[预选]赛 ‖ m.f. 奥林匹克及格[预选]赛合格者;参加奥林匹克及格[预选]赛的运动员

torneo ~ 奥林匹克及格[预选]赛

preoperatorio,-ria adj. 〈医〉手术前的 ‖ m. 手术前阶段

preparación f. ①准备,预备;②培养;(预备性)学习[训练];知识;③制备,预先加工;④〈药〉调制;⑤(配,预)制剂;配制品;⑥预[准]备状态;⑦(显微镜上观察的)检样

~ de células 细胞检样

~ de datos 数据[资料]准备

~ farmacéutica 药剂配制

~ militar 军事准备状态,战备状态

preparado,-da adj. ①准备好的;②烹制好的(饭菜);调制好的(药物);③〈教〉受过教育[训练]的,有资格的 ‖ m. 〈药〉制剂

~ para transmitir 〈信〉允许发送(信号)

preparador,-ra m.f. ①〈体〉教练员;②(实验室等的)助手

~ físico 健身教练员

preparativo,-va adj. 准备(性)的,预备(性)的 ‖ m.pl. 准备工作

preparatoria f. 〈教〉①预科;②Amér. L. 中学毕业(资格);③Amér. C.,Méx. 中学

preparatorio,-ria adj. ①准备的,预备性的,筹备的;②〈教〉(进入高校前)预备教育的,预科的;③(设计、素描等)初步的

preprocesador m. 〈信〉预处理程序

preproducción f. 〈电影〉〈戏〉(排演新戏或拍摄新影片的)准备期

prepucio m. 〈解〉(阴茎)包皮;(阴蒂)包皮

prerromanticismo m. 浪漫主义前期

prerromántico,-ca adj. 浪漫主义前期的;浪漫派之前的

prerrotación f. 预旋[转]

presa f. ①抓住,捕获;②猎[掠]获物;③(水,拦海,挡水)坝,堤(防,岸,坝),堰,溢水孔;④〈军〉战利品;〈海〉(战时)捕获的敌船;⑤〈农〉(引水的)渠,沟;⑥(动物的)尖爪,利齿;⑦〈鸟〉爪

~ de aforar 量水堰

~ de arco[bóveda] 拱坝

~ de arcos(~ de bóvedas multiples) 多[连]拱坝

~ de cajón 围[防水]堰,沉箱,潜(水)箱

~ de desviación 分流坝

~ de gravedad(~ maciza) 重力坝

~ de mampostería 石工坝

~ de rebose (超量水)溢流堰

~ de retenida 蓄水坝

~ de rocalla 堆石坝

~ de tierra 土坝

~ en arco (单)拱坝

~ hueca 扶壁式坝

~ móvil 活动坝

~ niveladora 分水[引水,导流]坝

~ submergible[vertedora] 溢流坝

presbiacusia; presbiacusis f. 〈医〉老年性聋

presbiatría; presbiátrica f. 〈医〉老年医学,老年病学

presbicardia f. 〈医〉老年心脏病

presbicia f. 〈医〉远视;老视;老花眼

presbiesófago m. 〈生理〉老年性食管

presbifacelo m. 〈医〉老年坏疽

presbiofrenia f. 〈医〉老年精神病态,老年性精神障碍

presbiopía; presbiopsia f. 〈医〉老视,老花眼

présbita; présbite adj. 〈医〉远视的;老视的,老花眼的

prescientífico,-ca adj. 科学发展以前的;近代科学出现以前的,科学方法应用前的

prescripción f. ①〈医〉药[处]方;(关于疗法的)书面医嘱;②〈法〉法定期限,时效;(根据法定时效)取得的权利;③(技术)规定

~ adquisitiva 事实上占有(一种通过法定时效占有不动产等所有权的方法)

~ de la póliza 保单时效

~ facultativa[médica] 医生处方
~es de la seguridad 安全条例
~es técnicas 技术规定[说明书]
prescriptivo,-va *adj.* 〈法〉(权利等)因法定
期限而取得的,依据时效的
presedimentación *f.* 〈技〉预先沉淀,预沉降
preselección *f.* ①〈体〉选拔;挑选,选定(挑
选种子)队;②〈无〉(广播节目的)预选;③
〈技〉(汽车排档的)预选;前置选择(法);④
(供最后选择的)候选人名单
preselectivo,-va *adj.* 〈机〉〈技〉(汽车排档
等)预选式的
preselector *m.* ①〈电〉〈无〉预选器[机,装
置];②前置选择器
presencial *adj.* 亲临的,在场的,出席的
testigo ~ 目击者,见证人
presentación *f.* ①介绍,引见;②显[展,出]
示;③呈现;出现;④提交[出,示],呈递;⑤
上演,演出;⑥〈医〉(产科)先露位置,产位;
⑦〈信〉(数据、信息等的)显示
~ al pago 〈商贸〉付款提示
~ de modelos[modas] 时装表演
~ de ofertas 投标
~ de pruebas 〈法〉举证,提出证据
~ de la reclamación 提出索赔
~ de un documento 提交单据
~ descentrada 偏心平面(位置)显示
~ en sociedad 初入社交界;首次露面
~ numérica 数字显示
~ panorámica 平面位置显示
preservación *f.* ①保[防]护,抵御;②〈环〉
〈医〉保护措施;③防腐(保藏)
preservante *m.* 防腐剂,保护剂
preservativo,-va *adj.* ①保护性的,有保护
能力的;防御(性)的;②有保存能力的,防腐
的 ‖ *m.* ①保护[防腐]剂;②避孕套
~ para madera 木材防腐剂
agente ~ 防腐剂
medida ~a 保护性措施
substancia ~a 防腐剂
presintonía *f.* ①预先调整;②编制程序
presión *f.* ①〈技〉〈理〉压力,压强;②〈气〉
(大)气压(力);③〈体〉人盯人(防守)
~ absoluta 绝对压力
~ arterial 血压
~ atmosférica[barométrica] 〈气〉大气压
~ crítica 〈理〉临界压力[强]
~ de abajo a arriba 向上压[托]力
~ de arriba a abajo 向下压力
~ de compensación 均衡[补偿]压力
~ de empuje 推进压力
~ de funcionamiento[régimen] 工作[运
行]压力

~ de la admisión 进气压
~ de vapor 气压
~ de velocidad 速度压力,动压
~ del aire 气压
~ del chorro 风压
~ del gas 气体压力
~ diastólica 〈医〉舒张压
~ efectiva 实际气压
~ eficaz media 平均有效气压,有效均压
~ en la caldera 表压,计示[测量]压力
~ en los poros 孔隙压力
~ estática 静压
~ excesiva 超[逾量]压,剩余压力
~ final de expansión 端压力
~ fiscal[impositiva] 〈商贸〉税收负担;税
收压力,财政压力
~ hidráulica 水压力
~ hidrostática (流体)静压,(静)水压(力)
~ inicial 起[初]始压力
~ interna 内压力
~ manométrica 表压,计示压力
~ media 平均压力
~ nominal 标称[定]压力
~ osmótica 〈化〉渗透压力
~ piezométrica 水头压力
~ sanguínea 血压
~ sistólica 〈医〉收缩压
~ total 总压
alta/baja ~ 高/低压
canalización a ~ 耐压管线[道],压缩空气
管道
cierre de ~ 气密隔板,耐压舱壁
cilindro de alta ~ 高压汽缸
indicador de ~ 压力表[计],压强计;气压
计
limpieza por arena de ~ 喷砂清理,喷粒
处理
moldeo a ~ 压力成型,压塑,模压法
presionización *f.* ①增[升]压;②〈航空〉气
密,(高压)密封[闭];③压力输送
preso,-sa *m. f.* 囚犯,犯人
~ común 普通[一般]犯人
~ de conciencia 政治犯
~ de confianza (因表现好而给予特别优
待以使其起示范作用的)模范犯人
~ político 政治犯
~ preventivo 还押候审犯人
presonorización *f.* 先期录音
presoterapia *f.* 〈医〉(对某些血管疾病采用
的)压扎疗法
prestación *f.* ①福利;补助;津贴;②(履行,
提供)服务;③〈信〉功能;④〈机〉(汽车等

的)性能;功[效]率

~ asistencial 福利救济金

~ de cesantía 解雇[离职]金;失业救济金

~ de jubilación 退休金

~ de juramento 宣[立]誓

~ familiar 家庭津贴,赡养费

~ personal 公益劳务

~ por desempleo (国家或工会等支付的)失业救济金

~ por jubilación 退休津贴

~ social sustitutoria (替代为国家服务的)社区服务

~es a empleados 职工福利

~es médicas 医疗福利

~es sanitarias 公共医疗卫生服务,社会保健服务

~es sociales 社会福利

préstamo *m.* ①借贷;②借[贷]款;③〈矿〉取土坑,采料场

~ a descubierto 无担保贷款

~ a la demanda 活期贷款,通知放款

~ a la firma 无抵押贷款,无担保贷款

~ a la gruesa 船货抵押贷款

~ a la vista 即期贷款

~ blando[débil] 软贷款

~ colateral 抵押贷款

~ dirigido 管理[计划]借贷

~ eventual 应急贷款,临时借贷

~ global 一揽子借贷

~ híbrido 混合贷款

~ interbibliotecario 图书馆馆际互借(制度,书籍)

~ libre de interés o bajo interés 无息或低息贷款

~ para la vivienda 房屋贷款

~ personal 个人贷款

~ puente "搭桥"贷款,过渡性贷款[资金融通]

~ sobre mercancías (部分货物安全抵达后才偿还的)船货抵押贷款

~ volátil 不稳定贷款

presto,-ta *adj.* 〈乐〉急板的 ‖ *m.* 〈乐〉急板

presunción *f.* ①推论[测],猜测;②〈法〉推定;假定

presupuestación *f.* 预算编制;预算法

presupuestal *adj. Méx.* 预算的

presupuestívoro,-ra *m. f. Amér. L.* 靠国家预算生活的人,公职人员

presurización *f.* ①增[升]压;②〈航空〉气密,(高压)密封[闭];③压力输送

presurizado,-da *adj.* ①〈航空〉(飞机座舱等)增压的;密封的;②(油井)气体压入的;③(飞机机身等)耐压的

presurizar *tr.* 〈航空〉①使增[升]压;②使气密;增压输送

prêt-à-porter *adj. inv. fr.* (衣物)预先制成的,现成的 ‖ *m.* 现成服装

pretemporada *f.* 〈体〉活跃季节前时期;旺季前时期;赛季前时期

pretensado,-da *adj.* 〈技〉〈建〉预加应力的;已预[先]张的

hormigón ~ 先张法[预应力]混凝土

tubo ~ 先张管道

pretensión *f.* 〈技〉〈建〉预拉(伸),预张[紧],先张

preterición *f.* ①省略;忽略;遗漏;②不提;〈法〉(立遗嘱者对某继承人的)遗漏

preteintencionalidad *f.* 〈法〉超预期后果(指犯罪事实比犯罪预谋或预想要严重的后果)

pretil *m.* ①〈建〉护[胸,栏]墙;栏杆,护栏[轨];②*And.* (汽车库、旅馆的)前院[庭];③*Cari.*,*Méx.* 石[砖]凳;*Méx.* (街道或人行道的)路缘石

pretoma *f.* 〈信〉(数据的)事先提取,预取

pretratamiento *m.* 预处理

preu *m.* 〈教〉一年制大学预科班

preuniversitario,-ria *adj.* 〈教〉大学预科的 ‖ *m. f.* 大学预科学生

prevaricación *f.*;**prevaricato** *m.* 〈法〉失[渎]职;玩忽职守

delito de ~ 渎职罪

preve *f.* 〈军〉警卫室,卫兵室;警卫队队部

prevención *f.* ①防止,预防;②预防措施,防备办法;③拘留;④警察所;看守所;⑤〈军〉警卫室,卫兵室;警卫队队部

preventiva *f.* ①*Amér. L.* 琥珀色聚光灯;②*Méx.* 〈交〉黄灯

preventivo,-va *adj.* ①预防性的;阻[防]止的;②〈医〉防病的

detención ~a 预防性拘留

medicina ~a 预防医学

medidas ~as 预防措施

previo,-via *adj.* ①预[事,在]先的;②先决的;③(看法、想法等)事先构成的;④先[以]前的(经验、知识、规划等);⑤(考试等)初步的 ‖ *m.* 〈电影〉先期录音

~ aviso 预先通知

~ pago 预付款

cuestión ~a 先决问题

examen ~ 初试

sin ~ aviso 无事先通知

previsión *f.* ①预见[知];②预[估]计;预测;③见 ~ social

~ del tiempo 天气预报

~ económica 经济情况预测

~ meteorológica 天气预报

~ original 原始保费

~ social 社会保险

previsional *adj*. *Cono S*. 社会保险[障]的；社会保险金的

PRI *abr. ingl.* primary rate interface 〈信〉基群速率接口

priápico,-ca *adj.* ①阳刚的；②〈医〉阴茎异常勃起

priapismo *m*. 〈医〉阴茎异常勃起

priapitis *f. inv.* 〈解〉阴茎炎

prima *f*. ①保险费；②补助[贴]，津贴；③奖金，额外酬金；④〈商贸〉溢[加]价；升水；⑤〈乐〉（弦乐器的）最高音弦

~ de exportación 出口补贴

~ de incentivo 鼓励奖金

~ de peligrosidad 高危工作津贴

~ de producción 超产奖金

~ de seguro de vida 人寿保险费

~ definitiva 最终保费

~ original 原保费，原始保费

~ sucesiva 续保保险费

~ única 一次付清保险费

primal *m. f*. 〈动〉一岁崽（指出生后第二年间的小动物）

primaria *f*. 〈教〉初等教育（即小学教育）

primario,-ria *adj.* ①首[主]要的；基本的；②最初的，原始的；③〈教〉初等[级]的；④（颜色）原色的；⑤〈电〉（线圈）初级的，第一级的；一次的，⑥〈地〉原生代的；⑦〈医〉原发的；⑧〈经〉初级的；第一（产业）的 ‖ *m*. ①〈电〉初级线圈；原线圈；②〈天〉主星

árbol ~ 主[初动，原动]轴

colores ~s 原[基]色

devanado ~ 原[一次，初级]绕组

enseñanza ~a 初等教育（即小学教育）

sector ~ 第一产业部门

primate *m*. 〈动〉灵长目动物

primavera *f*. ①春天[季]；②（人生的）精力旺盛时期，青春年华；③〈植〉报春花；④〈鸟〉青山雀

primera *f*. ①（汽车速度的）头挡；②（旅行中的）头等车[舱]

~ de cambio 〈商贸〉第一联汇票，汇票正本

primeriza *f*. 〈医〉初产妇

primero,-ra *adj.* ①第一的；首要的；②最早[初]的；最初的；原先的；③第一流[位]的；④首要的；根本的

~a clase 一级的，第一流[类]的；头等的

~a línea ①第一线的，最重要的；②前[第一]线

~a mano（油漆等）第一道涂工，底涂

~a picadura 粗切削

~a piedra 基石[础]

~a velocidad（汽车的）一[头]挡速度，初速

~s socorros 急救，救急

primer piso 第一层，（墨西哥、智利等国）第二层

primer plano 前景（景物、图画等最靠近观看者的部分）

primina *f*. 〈植〉外珠被

primípara *f*. ①〈医〉初产妇；②（生头胎）母畜

primitivo,-va *adj.* ①原始的；未开化的；野蛮的；②原先的，最初的；原生的；③原[基]色的；④（股票）普通的 ‖ *m*. ①原(始)人；②〈数〉本原，原始

primo,-ma *adj.* ①（数字）第一的；②（材料）未经加工的；原生的；③〈数〉素（数）的；④最好的；头等的

primordio *m*. 〈生〉原基

prímula *f*. 〈植〉报春花；欧洲樱草；藏报春

primuláceo,-cea *adj.* 〈植〉报春花科的 ‖ *f*. ①报春科植物；②*pl.* 报春花科

principal *adj.* ①最重要的，主[首]要的；②根本的，主要的；③（楼层）底[一]层的 ‖ *m*. ①本金[钱]，资本；②〈戏〉（戏院或音乐厅等）第一层楼厅的前排座位；③（楼房的）一楼，底层；④〈法〉委托人

apoyo ~ ①主要支持[依靠]；②大桅牵条

canalización ~ 干[主，正]线

centro rural ~ 郊区[乡村]电话总局[交换总机]

ciclo ~ 大[主]循环；大周期

eje ~ 〈数〉主轴

filón ~ 巨[主]矿脉

plano ~ 〈光〉主平面

puntos ~es 〈理〉主点

socio ~ 〈商贸〉主要合伙人

principio *m*. ①（行为）准则；道义；②原则；③（基本）原理；④〈化〉要素；成分

~ activo 〈药〉有效成分

~ antrópico 〈天〉人择原理

~ de Arquímedes 〈理〉阿基米德原理

~ de divergencia 〈生〉趋异原理

~ de Heisenberg[incertidumbre] 〈理〉（海森伯）测不准原理

~ de indeterminación 〈理〉（海森伯）测不准原理，不确定性原理

~ de la segregación 〈遗〉（孟德尔式）分离原理

~ de placer 〈心〉（弗洛伊德的）快感[乐]原则

~ de realidad 〈心〉现实原则

~ de superposición 〈理〉叠加原理

pringue *m. f.* 〈动物〉油脂
prion; **prión** *m.* 〈生〉脘病毒,蛋白侵染子
prioodonte *m.* 〈动〉大犰狳
prioritario,-ria *adj.* ①优先的;首要的;重点的;②〈信〉前景的
  color ~ 〈信〉前景色
prisión *f.* ①监狱;②监禁;关押;③ *pl.* 镣铐
  ~ de Estado 政治犯监狱
  ~ domiciliaria 〈法〉(本宅)软禁
  ~ mayor 长期徒刑(指超过 6 年零 1 天的徒刑)
  ~ menor 短期徒刑(指不满 6 年零 1 天的徒刑)
  ~ perpetua 无期徒刑
  ~ preventiva 〈法〉预防性拘留
prisionero *m. f.* 囚犯;俘虏 ‖ *m.* 〈机〉柱[双头]螺栓,固定[定位]螺栓
  ~ de guerra 战俘
  ~ político 政治犯
prisma *m.* ①〈光〉〈理〉棱镜;②(晶体的)棱柱;③〈数〉棱柱体
  ~ de Nicol (英国物理学家)尼科耳棱镜
  ~ reflejante 反射棱镜
  ~ refringente 折射棱镜
  ~ triangular 三角棱柱体
  astrolabio de ~ 棱镜等[测]高仪
  gemelos de ~ 棱镜双目望远镜
prismático,-ca *adj.* ①棱柱形的;②棱镜的;③晶体斜方的 ‖ *m. pl.* 棱镜双目望远镜,野外双筒望远镜
  cuerpo ~ 棱柱体
prismoidal *adj.* 似棱形的,拟柱的
prismoide *m.* 〈数〉平截头棱锥体
priste *m.* 〈动〉锯鳐
privacidad *f.* ①私事;私生活;隐私;②秘密
privativo,-va *adj.* ① 专[独,特] 有的;②〈法〉剥夺性的
privatización *f.* ①把…视为私事,私人化;②〈经〉私有化,私营化
privilegio *m.* ①特权;优惠;特免;特别待遇;②〈商贸〉留置权;③专利权;特权[许]证书
  ~ comercial 贸易优惠待遇
  ~ convencional 协议特权
  ~ de invención 发明专利权
  ~ fiscal 税收优惠
  ~ general 一般留置权
  ~ personal (不能世袭的)个人特权
  ~ tributario 赋税优待
proa *f.* ①〈海〉船头[首];②〈航空〉(飞机)机首[头]
proactivo,-va *adj.* 〈心〉前摄的
probabilidad *f.* ①〈数〉〈统〉概[几,或然]率;②可能性,或[盖]然性

  ~ condicional 条件概率
  ~ de errores 误差概率
  ~ de vida 预期寿命
  ~ general 总概率
  ~ inversa 逆概率
  ~ objetiva 客观概率
  ~ subjetiva 主观概率
  cálculo de ~es 概率计算
probable *adj.* ①或然的,或有的;②可能的,大概的;③可验证[证明]的
  error ~ 大概误差,或然误差
  valor ~ 概值
probador *m.* ①(香水等的)测试器[仪];②〈航空〉试飞员
probanza *f.* ①验证;②证明[据];③〈法〉证词
probateria *f.* 〈法〉作证期限
probatorio,-ria *adj.* ①试验(性,用)的;鉴定的;②〈法〉(用作)证明的,提供证据的
probeta *f.* ①〈化〉试管;(量,试)杯;②试样;③〈理〉压力计 ‖ *adj. inv.* 试管的
  ~ graduada 量杯
  bebé ~ 试管婴儿
problema *m.* ①问题;难题;②〈数〉习[问]题;几何作图题 ‖ *adj. inv.* 成问题的
  ~ de los cuatro colores 〈数〉四色问题
  niño ~ 〈心〉问题儿童
probóscide *f.* ①〈动〉(獏的能自由伸缩的)吻;(象的)长鼻;②(昆虫的)喙
proboscídeo,-dea; **proboscidio,-dia** *adj.* 〈动〉长鼻目的 ‖ *m.* ①长鼻目动物;② *pl.* 长鼻目
procaína *f.* 〈药〉(盐酸)普鲁卡因
procariota *f.* 〈生〉原核生物
procedencia *f.* ①出处,起源;出[原]产地;②出发地[港,站];③〈法〉正当,合法
procedente *adj.* ①出自…的,来自…的;②〈法〉正当的,合法的
procedimental *adj.* ①程序上[性]的,手续上的;②法律程序上的
procedimiento *m.* ①过[进,流]程;②工[程]序,工艺规程[方法];③制[方]法;④(行政)手续;程序;步骤;⑤〈法〉诉讼(程序);⑥〈信〉过程
  ~ ácido 酸吸收法,酸性转炉法
  ~ aduanero 海关手续
  ~ arbitral 仲裁程序
  ~ catalogado 〈信〉编目过程
  ~ de afinación[refinación] 精炼[制]法
  ~ de arranque 〈信〉起动过程
  ~ de inicialización 〈信〉初始化过程
  ~ de la solera abierta 〈冶〉平炉炼钢法
  ~ de lavado 洗选(矿物)法

~ de perforación por congelación 冻结凿井法

~ de producción 生产程序

~ ejecutivo〈法〉(把个人财产折算成货币以偿还债务的)执行程序

~ húmedo 湿处理(法)

~ iterativo〈信〉迭代过程

~ por cementación 渗碳法

~ Siemens〈冶〉平炉炼钢法

~ térmico 热处理(法)

procesado,-da *adj.* ①(食品)加工过的;②〈法〉诉讼的;被起诉[控告]的‖*m.*〈技〉处理,加工‖*m.f.*〈法〉被告

~ de aguas 水处理

~ de imágenes〈信〉图像处理

procesador *m.*〈信〉(中央)处理器;处理程序

~ de datos 数据处理机

~ de formaciones 数组处理器,阵列处理机

~ de señal digital(~ SD) 数字信号处理器

~ de textos 字处理机,文字信息处理机

~ frontal 前端处理机

~ paralelo 并[平]行处理机

procesadora *f. Amér. L.*〈机〉食品加工器,多功能切碎机

procesal *adj.* ①〈法〉诉讼的;②程序性的‖*m.*〈法〉诉讼

defecto ~ 程序性问题

derecho ~ 诉讼法

procesamiento *m.* ①〈法〉起诉,控告;审判[理];②〈信〉处理;③〈技〉加工,处理

~ de alimentos 食品加工

~ de datos〈信〉数据处理

~ de señal digital〈信〉数字信号处理

~ de textos〈信〉字处理,文字信息处理

~ de transacciones〈信〉事务处理

~ distribuido de datos〈信〉分布式数据处理

~ electrónico de datos〈信〉电子数据处理

~ masivamente paralelo〈信〉大规模并行处理

~ por lotes〈信〉批处理

~ secuencial〈信〉顺序处理

procesionaria *f.*〈昆〉欧洲带蛾;(树上的)毛虫,蜀

proceso *m.* ①过程;②〈化〉进[流]程,变化过程;③〈法〉审判[理];诉讼(案);诉讼程序;④〈信〉处理;⑤〈技〉处理[加工]方法;⑥〈解〉突(起)

~ alveolar〈解〉牙槽突

~ catalítico 催化处理

~ de datos〈信〉数据处理

~ de fabricación[producción] 生产[制造]过程

~ de imágenes〈信〉图像处理

~ de primera generación〈信〉子进程

~ de recepción 验收

~ de textos〈信〉字处理,文字信息处理

~ escrito〈法〉诉状,起诉书

~ estocástico 随机处理;随机过程

~ infeccioso〈医〉感染

~ no prioritario〈信〉后台处理

~ paralelo〈信〉平[并]行处理

~ por lotes〈信〉批处理

~ por vía seca〈冶〉干法冶金,干冶金分析法,干磁粉检验

~ químico 化学处理;化学过程

~ tecnológico 工艺过[规]程,制造[生产]过程

~ verbal ①〈法〉听讯;②*Amér. L.* 记录;报告

procesual *adj.* ①〈法〉法律程序上的;②发展的;进化的

procordado,-da *adj.*〈动〉原索动物(门)的‖*m.* ①原索动物;②*pl.* 原索动物门

procreación *f.* 生育;生殖

procreativo,-va *adj.* 能生育的,有生育力的;能生殖的

proctalgia *f.*〈医〉直肠痛

proctectomía *f.*〈医〉直肠切除术

proctología *f.*〈医〉直肠病学

proctopexia *f.*〈医〉直肠固定术

proctorragia *f.*〈医〉直肠出血

proctoscopia *f.*〈医〉直肠镜检查

proctoscopio *m.*〈医〉直肠镜

proctostomía *f.*〈医〉直肠造口术

proctotomía *f.*〈医〉直肠切开术

procuración *f.*〈法〉代理权

pródromo *m.*〈医〉前驱症状

producción *f.* ①生产;制造;创造;②〈电影〉〈戏〉制作[片],摄制;③产品;④〈乐〉作品;⑤产量;⑥(制作完毕供放映的)电影;电视[广播]节目

~ bruta 总产量,生产总值[量]

~ conjunta 联合生产

~ de chispas 跳火花

~ de pruebas 提供证据

~ de vapor 产[供]汽量

~ diaria 日产量

~ en cadena 生产(装配)线组装,流水作业生产

~ en gran escala 大量生产

~ en grandes series 大量[批]生产

~ en pequeña escala 小量生产

~ en pequeñas series 小批生产

~ en serie 批量生产

~ global 总生产量

~ marginal 边际生产

~ neta 净产出[量]

~ primaria 初级生产

~ total de la instalación 装机发电总量

capacidad de ~ 生产率,生产能力

nivel de ~ 生产水平

orden de ~ 生产程序

productividad f. ①生产率[能力];②多产;③创作力;效率

~ de la mano de obra 劳动生产率

~ del trabajo 劳动生产率

~ marginal 边际生产率[力]

~ neta 〈环〉净生产率

~ primaria 〈环〉初级生产率

productivo,-va adj. ①多产的;肥沃的;②生产性的,有生产力的;③生利的

~ de interés (债券)生息的

capital ~ 生产资金

fuerzas ~as 生产力

producto m. ①产[制,成]品;②产物,成[结]果;③产量;④收益,利润;⑤〈数〉积;⑥作品

~ acabado 成品

~ accesorio 副产品

~ bruto 总收益

~ cartesiano 〈数〉笛卡儿乘积

~ cruzado 〈数〉叉积,矢量积

~ de calidad 优质产品;高品位产品

~ de difícil/fácil salida 滞/畅销产品

~ de marca 名牌产品

~ derivado[secundario] 副产品

~ detergente 洗涤品[剂]

~ doméstico bruto 国内生产总值

~ escalar 〈数〉数[点,内]积,纯量积

~ final 最终[后]产物,成品,终极产品

~ intermedio[semiacabado] 半成品,中间产品

~ interno 国产品,国货

~ interno bruto (PIB) 国内生产总值

~ nacional bruto (PNB) 国民生产总值

~ parcial 〈数〉部分积

~ potencial 潜在产量

~ químico 化学制品

~ real 实际产量

~ vectorial 〈数〉矢(量)积,向量积

~s agrícolas 农产品

~s alimenticios 食品

~s de belleza 化妆品

~s de conocimientos intensivos 知识密集型产品

~s de consumo 消费品

~s de desecho 工业垃圾;无用的副产品

~s de la intensificación de tecnología 技术密集型产品

~s de trabajo intensivo 劳动密集型产品

~s estancados 滞销商品

~s invisibles 无形产品

~s lácteos 乳制品

~s no durables 非耐用品

~s perecederos 易腐货物,易腐品

~s simultáneos 共生产品,联产品

~s sintéticos 合成品

~s suntuarios 奢侈品

~s varios 非营业收入,(营业外)其他收入

~s y gastos de valores 证券收益与费用

productor,-ra adj. ①生产的;出产…的;②〈电影〉〈乐〉制作的 ‖ m. f. ①生产者,制造[作]者;制造商;②(电影、电视片的)监制[制片]人,制片主任;③工人 ‖ ~a f. ①生产厂;制造公司;②(电影,电视)制片[作]公司;③(音乐的)录制[音]公司

proembrión f. 〈生〉原胚

proenzima m. o f. 〈生化〉酶原

proestro m. 〈动〉发情前期

profase f. 〈生〉(细胞有丝分裂的)前[早]期

profesional adj. ①职业的;②职业性的;③专业(人员)的 ‖ m. f. 专业人员

~ del sexo 性工作者

aptitud ~ 专业才能

enfermedad ~ 职业病

profesionalismo m. ①职业特性[作风,精神];②职业化,就业(尤指当职业选手等);③(尤指把体育、艺术等活动作为牟利手段的)职[商]业化

profesor,-ra m. f. ①教师[员];②教授

~ adjunto[agregado,asociado] 副教授

~ auxiliar 助教

~ catedrático[titular] 教授

~ conferenciante 讲师

~ de autoescuela 汽车驾驶学校教师

~ de biología 生物学教师

~ de canto 歌唱[声乐]教师

~ de educación física 体育教师

~ de equitación 骑术教练

~ de esgrima 剑师

~ de esquí 滑雪教练

~ de instituto 中学教师

~ de natación 游泳教练

~ honorario 名誉教授

~ intercambiario 交换教授

~ particular 家庭教师

~ robot (装有计算机以自动配合学生学习进度的)教学机器

~ visitante 访问教授,客座教授

profiláctica *f.* 〈医〉预防(学)

profiláctico,-ca *adj.* 〈医〉预防性的 ‖ *m.* ①预防剂[器];预防法;②避孕用品(尤指安全套)

desinfección ~a 预防性消毒

dosis ~a 预防剂量

inoculación[vacunación] ~a 预防接种

media ~a 预防措施

tratamiento ~ 预防治疗

profilaxis *f. inv.* 〈医〉预防;预防法

profundidad *f.* ①深度;②厚度;③纵[水]深;进深;④深入

~ de campo 〈摄〉景深;视场[野]深度

~ de foco 焦[景]深

~ de la pasada ①开挖深度;②切割深[厚]度

~ de modulación 调制深度

~ de penetración 透入[贯穿]深度

~ efectiva 有效[工作]齿高

~ media 平均水深[深度]

investigación en ~ 深入研究

reforma en ~ 广泛改革

profundímetro *m.* 深度计

profundización *f.* 加深;变深,深化

profundo,-da *adj.* ①深的;②纵[进]深的;③(声音等)深沉的;④(知识)渊博的;造诣深的

corte ~ 深切[刻],垂直录音

espacio ~ 深[外层]空间,深空

progesterona *f.* 〈生化〉孕酮,黄体酮

receptor de ~ 孕酮受体

progestina *f.*;**progestógeno** *m.* 〈生化〉孕激素

prognatismo *m.* 〈解〉凸颚,凸颌

prognato,-ta *adj.* 〈解〉凸颚的,凸颌的

programa *m.* ①(电视、广播等的)节目;②节目单;(演出)说明书;③纲领[要];④计[规]划,方案,大[提]纲;程序[时间,进度]表;⑤〈技〉〈信〉程序;⑥〈生〉程序,编码指令序列

~ autónomo 自主程序

~ auxiliar 中间程序,辅助程序

~ codificado 编码程序

~ de acceso 存取程序

~ de activación 启动程序

~ CAI 课件,教学软件

~ cargable 装入程序

~ de aplicación[utilidad] 应用程序

~ de biblioteca 库存程序,程序库程序

~ de clasificación 分类程序

~ de compilación 汇编程序

~ de comprobación 检验程序

~ de comprobación de datos 数字检验程序

~ de control 控制程序

~ de corrección por computadora 计算机校订程序

~ de demostración 演示程序

~ de entrada 输入程序

~ de estudios 课程表,学习大纲

~ de exploración 扫描程序

~ de exportación 出口计划

~ de exposición 解释程序

~ de inversiones 投资方案

~ de membrana 外壳程序

~ de producción 生产计划;生产程序

~ de recopilación 编译程序

~ de reserva 备份程序

~ de salida 输出程序

~ de simulación 模拟程序

~ de supervisión 监督程序

~ de ventas 销售计划

~ del sistema 系统程序

~ diagnóstico 诊断[查]程序

~ ejecutivo 执行程序

~ fuente[originario] 源程序

~ generador 生成程序

~ lineal 〈数〉线性规划;线性程序设计

~ monitor 监视程序

~ objeto 目标程序

~ original 原始程序

~ principal 主程序

~ verificador de ortografía 拼写检查程序

programable *adj.* ①〈信〉可编程序的;程序可控的;②预定[设]程序的

programación *f.* ①〈技〉〈信〉程序设计[编制];②规[计]划,纲领;制订纲领[计划];③(广播、电视等的)节目安[编]排;④〈交〉(铁路)制订时刻表

~ absoluta 绝对程序编制

~ anticipada 预编程序

~ automática 自动程序设计

~ de computador 计算机程序设计

~ de máquina 机器程序设计

~ estructurada 结构程序设计

~ lineal 线性规划

~ múltiple 多道程序设计

~ óptima 最快访问编码

~ orientada a objetos 面向对象程序设计

~ por clavijas 插接板程序设计

programador,-ra *m. f.* ①节目编排者;②计划[纲领]制订者;③〈信〉程序员,编程员 ‖ *m.* 程序设计器;编程[程控]器

programático,-ca *adj.* ①计划性的；有规划的；②纲领性的；有纲领的

programería *f.* 见 ～ fija

～ fija〈信〉（计算机的）固件（指具有软件功能的硬件等）

programet *m.*〈信〉小应用程序

progresión *f.* ①前[行]进；进[发]展；②〈数〉级数；③〈信〉（音像文件等的）流播

～ aritmética 算术[等差]级数

～ ascendente 递增[升]级数

～ descendente 递减[降]级数

～ finita 有限级数

～ geométrica 几何[等比]级数

progresividad *f.* ①前进性；发展性；②累[渐]进性

progresivo,-va *adj.* ①先进的，进步的；②发展[前进]中的；③逐步的，递增的，累[渐]进的；④〈医〉进行性的；⑤〈信〉流式传输的

ascenso ～ 逐步晋升

educación ～a 循序渐进的教育，进步教育

error ～ 累进[积]误差，行程差

impuesto ～ 递进[累]进税

progreso *m.* ①前[行]进；②〈军〉推进；③〈生〉进化；④发[进]展

prohibicionismo *m.* 禁酒，禁酒主义

prohibitivo,-va；prohibitorio,-ria *adj.* ①禁止的，禁止性的；②昂贵的，（费用、成本、价格）高得令人望而却步的

aduana ～a 禁止性关税

derechos ～s 禁止性关税

medidas ～as 禁止性措施

orden ～a 禁令

precio ～ 阻买主价，令人望而却步的高价

proindiviso *lat.*〈法〉（财产）共享的，未分的

prolactina *f.*〈生化〉催乳激素

prolaminas *f. pl.*〈生化〉醇溶谷蛋白

prolapso *m.*〈医〉（器官全部或部分的）脱垂[出]

～ uterino 子宫脱垂

proliferación *f.* ①〈生〉增殖，增生，多育，繁衍；②激增，扩散

～ nuclear 核扩散

proliferante；prolífero,-ra *adj.*〈生〉增殖的，增生的，繁衍的

prolífico,-ca *adj.* ①〈动〉有生殖力的；多育[产]的；②作品[成果]多的，多产的

prolina *f.*〈生化〉脯氨酸

prolog *m. ingl.*〈信〉逻辑程序设计语言

prolongación *f.* ①延[加]长（部分）；②拉[伸]长；③延[展]期，延长期

prolongamiento *m.* ①伸长[展]，延长；②〈建〉延长[延伸，扩建]部分

PROM *abr. ingl.* programmable read-only

memory〈信〉可编程只读存储器

prom *abr.* promedio 见 promedio

promecio *m.*〈化〉钷

promedio *m.* ①平均；平均数；②〈数〉算术中项；③中央[间]，当[正]中；中点

～ aritmético〈数〉算术中项

～ de gastos 平均费用

～ de rendimiento 平均产量

～ geométrico〈数〉等比中项

promeristema *m.*〈植〉原分生组织

prometafase *f.*〈生〉（细胞分裂的）前中期

prometazina *m.*〈药〉普鲁米近,异丙嗪

prometeo；prometio *m.*〈化〉钷

promisorio,-ria *adj.* ①允[承]诺的；②〈商贸〉约定支付的

prominencia *f.* （地面的）隆[突]起；吐出

promoción *f.* ①推动，促[增]进；②（商业的）宣传，推[促]销；③晋[升]级；提升；④（表示入学、入伍、晋升等的）届，期，年度；⑤见 ～ inmobiliaria；⑥见 partido de ～

～ de ventas 推[促]销（术）

～ inmobiliaria 地产开发，房地产开发

partido de ～〈体〉升级比赛，晋级赛

promontorio *m.* ①峭壁，悬崖；②〈地〉岬，海角；③〈解〉岬

promotor,-ra *m. f.* ①推动者，促进者；提倡者；（法案等的）倡议者；②（动乱等的）煽动者；③推销员[商]；④创办[发起]人；⑤（歌手等的）经纪人，代理人‖ *m.*〈化〉〈生化〉促进剂，促[助]催化剂‖～a *f.* 地产开发公司，房地产开发公司

～ de desarrollo urbano 地产开发业者，土地开发商

～ inmobiliario 地产开发商，房地产开发商

pronación *f.* ①俯卧；②〈生理〉旋前，内转（作用）

pronador,-ra *adj.*〈解〉旋前肌的‖ *m.* 旋前肌

pronóstico *m.* ①预测；预报；②（赛马的）内部情报；③预[先]兆；④〈医〉预后（指根据症状对疾病结果的预测）

～ del mercado 市场预测；市况预测

～ del producto 产品预测

～ del tiempo 天气预报

～ demográfico 人口预测

～ exploratorio 考查性预测

～ financiero 金融预测

～ industrial 工业预测

～ meteorológico 天气预测

～ reservado〈医〉保留预后(指医生根据症状不清等而作的预后)

～s comerciales 商情预测

prontuariado,-da *adj. Amér. L.* 〈法〉有犯罪记录的

propagación *f.* ①〈理〉传播[送]；②宣传，推广；传播；③扩散，蔓延；④〈生〉繁[增]殖，增生[长]
~ anormal 反常传播
~ clonal 〈植〉无性繁殖
~ de las ondas 波动[波的]传播
~ de ondas radioeléctricas 射频波传播
~ más allá del horizonte 前向散射传播
~ normal 标准传播
~ por difusión troposférica 对流层散射传播
~ por un salto 跳跃传播，单反射传播
~ sobre el horizonte 前向散射传播
relación de ~ 传播比
velocidad de ~ 传播速度

propagador,-ra *adj.* ①〈生〉繁[增]殖的；②传播的；扩散的，蔓延的

propágulo *m.* 〈植〉繁殖体

propano *m.* 〈化〉丙烷

propanol *m.* 〈化〉丙醇

propanona *f.* 〈化〉丙酮

propela *f. Cari., Méx.* 〈船〉（轮船的）螺旋桨；舷外发动机，尾挂发动机

propelente *m.* ①推进剂，发射药；火箭燃料；②〈机〉推进马达

propeno *m.* 〈化〉丙烯

propenol *m.* 〈化〉烯丙醇

propergol *m. al.* 火箭燃料，推进[助推]剂

propiedad *f.* ①所有；产[所有]权；所有制；②(总称)财[资]产；所有物；③房[地，田]产；④〈化〉〈医〉特性；性质[能]；属性；⑤〈商贸〉(版、专利、专有、所有)权
~ aditiva 〈化〉加成性
~ alquilada 租赁财产
~ asociativa ①〈数〉结合性；②〈化〉缔合性
~ coligativa 〈化〉依数性
~ conmutativa 〈数〉交换性
~ conyugal 夫妻共有财产
~ distributiva 〈数〉分配性
~ estatal 国家所有制；国家财产
~ exclusiva 独家占有财产
~ horizontal 水平产权（一层楼房或一套房间的产权）
~ idempotente 〈数〉幂等性
~ industrial 工业产权，专利[特许]权
~ inmaterial 无形财产
~ inmobiliaria[inmueble] 不动产(所有权)
~ intelectual[literaria] 知识产权；版权；著作权

~ mobiliaria[mueble] 动产
~ no edificada 闲置地产
~ original 原始财产
~ privada 私有财产；私有制
~ pública 公有财产；公有制
~ raíz 不动产，房地产
~ simétrica/asimétrica 〈数〉对/不对称性
~es químicas 化学属性

propileno *m.* 〈化〉丙烯
óxido de ~ 氧化丙烯

propílico,-ca *adj.* 〈化〉丙基的
alcohol ~ 丙醇

propilita *f.* 〈地〉青磐岩

propilo *m.* 〈化〉丙基

propina *f.* 〈乐〉(应观众的要求)再演[奏，唱]；加演

propino *m.* 〈化〉丙炔

propio,-pia *adj.* ①(属于)自己的，本身的；本人的；②特[固，专]有的，独特的；③原来的；④自然的，非人工的
impedancia ~a 自[固有]阻抗
longitud de onda ~a 固有波长
resonancia ~a 自然共振

propiólico,-ca *adj.* 见 ácido ~
ácido ~ 〈化〉丙炔酸

propionato *m.* 〈化〉丙酸盐

propionibacterium *m.* 〈生〉丙酸杆菌

propiónico,-ca *adj.* 见 ácido ~
ácido ~ 〈化〉丙酸

propionilo *m.* 〈化〉丙酰基

proplastida *f.* 〈生〉原质体

propodeo *m.* 〈昆〉(膜翅目昆虫的)并胸腹节

propóleos *m.* 蜂胶

proporción *f.* ①比，比例；②〈数〉比例，比例法；③匀称；④ *pl. Méx.* 资[财]产
~ aritmética 算术比
~ armónica 调和比
~ compuesta 复比
~ de medidas 尺寸比例
~ de muestras 抽样比例
~ directa 正比例
~ geométrica 几何比
~ inversa 反比例
~ simple 单比

proporcionado,-da *adj.* ①成比例的；相称的；②匀称的

proporcionador *m.* 比例调节器；定[剂]量器，(定量)给料器，配合加料斗

proporcional *adj.* ①(成)比例的，按比例的；②相称的；均衡的；③〈数〉比例的
control ~ 比例控制[操纵]
detector ~ 比例探测器

error ~ 比例误差

media ~ 〈数〉比例中项

representación ~ 比例代表制

proporcionalidad *f*. ① 比例（性）；② 均衡（性）；相称

proposición *f*. ① 建[提]议；提案；② 〈商贸〉投标，出价，递价[盘]；③ 〈逻〉〈数〉命题

~ afirmativa 肯定命题

~ de compra 〈商贸〉① 竞买，投标，递价[盘]；② 发[报]盘，报价，招标，标售

~ de ley 法案，法律提案

~ de matrimonio 求婚

~ de mejora 合理化建议

~ deshonesta 猥亵要求

~ disyuntiva 选择命题

~ hipotética 假设命题

~ incidental 临时提议

~ negativa 否定命题

~ no de ley 动议

~ particular 特设命题

~ universal 全称命题

propriocepción *f*. 〈生理〉本体感受

proprioceptivo,-va *adj*. 〈生理〉本体感受的

proprioceptor *m*. 〈生理〉本体感受器

própter nuptias *lat adj*. 〈法〉结婚时父母馈赠的

propuesta *f*. ① 建议；提案[议]；② 推荐，提名；③ 〈商贸〉招[投]标；递[报]价；④ 设计方案

~ adjudicada 中标

~ de competencia 竞标；公开招标

~ de ley 法案，法律提案

~ global 一揽子交易

~ más barata/cara 最低/高报价

concurso de ~ 设计方案招标

propulsado,-da *adj*. 推进[动]的

~ por cohete 火箭推进的，用火箭发动机推动的

propulsante *m*. 推进剂，发射药；火箭燃料

propulsión *f*. ① 推[驱，运]动；② 推进力

~ a chorro 喷气推进

~ a[por] cohete 火箭推进

~ a[por] reacción 反力推进，反作用力推进

con ~ a chorro 喷气（式发动机）推进的

con ~ a reacción 喷气（式发动机）推进的

propulsivo,-va *adj*. 推进的，有推进力的

fuerza ~a 推进力

rendimiento ~ 推进效率

propulsor,-ra *adj*. 推进的；推动的 ‖ *m*. ① 推进剂[燃料]；② 〈机〉推进器；发动机

prorrateo *m*. 按比例分配，摊派，分摊

prórroga *f*. ① 延[展]期；② 〈军〉缓役（指推迟服兵役）；③ 〈法〉（审判等的）延缓，推迟；④ 〈体〉（比分相同时的）加时赛

~ de pago 延期付款

~ de un crédito[préstamo] 延长信贷期限

~ del contrato 合同展期，续约

prosector *m*. 〈示教〉解剖员

prosecución *f*. 追捕（猎物）

prosénquima *f*. 〈植〉长轴组织；锐端细胞组织

prosilogismo *m*. 〈逻〉前三段论

prosimio,-mia *adj*. 〈动〉狐[原]猴亚目的 ‖ *m*. ① 狐[原]猴亚目的猴；② *pl*. 狐[原]猴亚目

prospección *f*. ① 〈商贸〉调研，销路调查；② 〈地〉〈矿〉勘查[测，探]

~ aeromagnética 航空磁测勘探

~ de mercados 市场营销调查，市场调研

~ de petróleo(~ petrolera) 石油勘探

~ en datos 〈信〉数据挖掘

~ geológica 地质勘探

~ topográfica 地形勘查

prospectar *tr*. ① 〈地〉〈矿〉勘查[测，探]；② 实验性开采

prospectiva *f*. ① 未来学；② 展望，远景，预期

prospectología *f*. 未来学

prospectólogo,-ga *m.f*. 未来学家

prospector,-ra *m.f*. ① 〈地〉〈矿〉勘探[查]者；② 〈商贸〉调查人员

~ de mercados 市场调研员

prostaglandina *f*. 〈生化〉前列腺素

próstata *f*. 〈解〉前列腺

prostatectomía *f*. 〈医〉前列腺切除术

prostático,-ca *adj*. 〈解〉前列腺的

cápsula ~a 前列腺囊

plexo ~ 前列腺丛

rotura ~a 〈医〉前列腺破裂

prostatismo *m*. 〈医〉前列腺病态

prostatitis *f*. 〈医〉前列腺炎

prostatocistitis *f. inv*. 〈医〉前列腺膀胱炎

prostatografía *f*. 〈医〉前列腺造影术

prostatolito *m*. 〈医〉前列腺石

prostatomegalia *f*. 〈医〉前列腺肥大

prostatómetro *m*. 〈医〉前列腺测量器

prostatotomía *f*. 〈医〉前列腺切开术

prostatotorrea *f*. 〈医〉前列腺液溢

prostatotoxina *f*. 〈医〉前列腺毒素

prostatovesiculitis *f. inv*. 〈医〉前列腺精囊炎

próstilo,-la *adj*. 〈建〉柱廊式的 ‖ *m*. 柱廊式建筑

protactínido *m*. 〈化〉镁化物

protactinio *m.* 〈化〉镤

protagonista *m. f.* 〈电影〉〈戏〉主要演员;明星

protalo; prótalo *m.* 〈植〉原叶体

protamina *f.* 〈生化〉鱼精蛋白

protandria *f.* 〈植〉雄蕊先熟

protanope *m. f.* 〈医〉红色盲者

protanopía *f.* 〈医〉红色盲症

proteáceo,-cea *adj.* 〈植〉山龙眼科的 ‖ *f.* ①山龙眼科植物;②*pl.* 山龙眼科

proteaginosa *f.* 〈生化〉蛋白质制品

proteasa *f.* 〈生化〉蛋白酶

protección *f.* ①保[防]护;②防[保]护物,保护措施;③(尤指对受到危害的动、植物的)保护

~ al trabajo 劳动保护

~ aduanera 关税保护

~ anticorrosiva 防腐[锈]蚀

~ civil 民防(指战时或自然灾害时保护人民生命财产的紧急民防计划或措施);民防组织

~ contra accidentes 故障[事故]预防;安全措施

~ contra aviones 航空器安全措施

~ contra grabación 〈信〉写保护

~ contra la herrumbre 防锈

~ de datos 数据保护

~ de patentes 专利保护

razón de ~ 保护比

resistencia de ~ 〈电〉保安[保护用]电阻

proteccionismo *m.* 〈商贸〉保护主义;保护制

proteccionista *adj.* ①〈商贸〉保护主义的;保护制的;保护主义者的;②〈环〉野生动植物保护论者的 ‖ *m. f.* ①〈商贸〉保护主义者;②〈环〉野生动植物保护论者

protector,-ra *adj.* ①保[防]护的;②保护贸易的 ‖ *m. f.* ①保护人,庇护者;②(传统的)护卫者;③(艺术家的)资助人 ‖ *m.* ①保护器,防护罩[层,物];②〈电〉保险丝

~ bucal 〈体〉(拳击等运动员的)牙套

~ de pantalla 〈信〉屏幕保护程序

~ solar 遮阳板

bloque ~ 〈电〉保安器组件

relé ~ 〈电〉保护继电器

protegido,-da *adj.* ①被保护的;带有防护[保险]装置的;②〈住房〉有补贴的

~ contra balas 防(子)弹的

~ contra bombas 防(炮)弹的

~ contra el polvo 防尘的

~ contra errores involuntarios 防止错误(操作)的

~ contra proyecciones de agua 防溅[水]的

~ contra ruido[sonido] 隔音的

especie ~a 被保护物种

proteico,-ca *f.* 〈生化〉蛋白质的

proteiforme *adj.* 易变形的;形式多变的;变型的

proteína *f.* 〈生化〉蛋白质

~ bacteriana 细菌蛋白

~ del plasma 血浆蛋白

~ fibrosa 纤维状蛋白质

~ globular 球状蛋白质

~ transportadora 转运蛋白,运输蛋白

proteinasa *f.* 〈生化〉蛋白酶

proteínico,-ca *adj.* 〈生化〉蛋白质的

proteinocroma *f.* 〈化〉蛋白色素

proteinología *f.* 〈化〉蛋白质学

proteinosis *f.* 〈医〉蛋白沉淀

proteinuria *f.* 〈医〉蛋白尿

proteoclástico,-ca *adj.* 〈生化〉分解蛋白的,蛋白水解的

proteolisis *f.* 〈生化〉蛋白水解

proteolítico,-ca *adj.* 〈生化〉分解蛋白的,蛋白水解的

proterozoico,-ca *adj.* 原古代的;原古代岩的 ‖ *m.* 原古代;原古代岩

protésico,-ca *m. f.* 〈医〉修复学家;假肢师

~ dental 牙科技师(指制作、修理假牙的技师)

prótesis *f. inv.* 〈医〉①修复术;②修补物,假体

~ de cadera 人工髋关节

~ de mama 隆胸

~ dental 义齿,假牙

protesta *f.* ①反对,抗议;异议;②抗议书;③声明,报告;④〈法〉拒付,拒绝承兑;拒付[兑]证书;⑤*Amér. L.* 誓言[词]

~ de avería 海损报告书

~ de mar 海事声明书;海难证明书

~ por dishonor 拒付证书,拒兑汇票证书

~ por falta de pago 拒绝付款证书

protesto *m.* ①抗议;②〈法〉拒付,拒兑;拒付[兑]证书

~ auténtico 拒付证书

proteus *m.* 〈生〉变形杆菌

prótido *m.* 〈化〉蛋白族化合物

protio *m.* 〈化〉氕(氢的同位素)

protista *m.* 〈集〉原生生物

protistos *m. pl.* 〈生〉原生生物

protobiología *f.* 〈生化〉原生生物学,嗜菌体学

protoblasto *m.* 〈生〉①裸[胚]细胞;②卵核;③原分裂球

protocloruro *m.* 〈化〉低氯化物,氯化亚…化合物

protocolo *m.* ①（条约等的）草案［约］；议定书，协议；②（国际会议对某问题达成协议并经签字的）会谈记录；③〈信〉协议，规程；④〈医〉病史档案
～ de Abrazadera ［P-］〈信〉链组通信协议
～ de Pasarela Exterior ［P-］〈信〉外部网关协议
～ de Pasarela Interior ［P-］〈信〉①内部网关协议；②路由选择协议
～ de Resolución de Direcciones ［P-］〈信〉地址解析协议
～ de Tunelización Punto a Punto ［P-］〈信〉点对点隧道协议
～ Pasarela a Pasarela ［P-］〈信〉网关到网关协议
～ Punto a Punto ［P-］〈信〉点对点连接协议
～ TCP/IP ［P-］〈信〉传输控制协议/网际协议

protocono *m.* 〈动〉〈解〉（上磨牙的）原尖
protocooperación *f.* 〈环〉初级合作
protodiástole *f.* 〈医〉舒张初［早］期
protoestrella *f.* 〈天〉原恒星
protofita *f.* 〈植〉原生植物
protofloema *m.* 〈植〉原生韧皮部
protogalaxia *f.* 〈天〉原星系
protógeno,-na *adj.* 〈地〉原生的，生质子的
protogina *f.* 〈地〉绿泥花岗岩
protoginia *f.* 〈植〉雌蕊先熟
protogonocito *m.* 〈生〉原生殖细胞，原性细胞
protohistoria *f.* ①（有文字记载前或有文字记载之初的）原史；②原史学
protomena *f.* 〈矿〉矿胎，胚胎矿
protómetro *m.* 〈医〉眼球突出测量器，突眼计
protón *m.* 〈理〉质子，氕［氢］核
～ de retroceso 反冲质子
～ negativo 反［阴，负］质子
protonefridio *m.* 〈动〉原肾管，原肾
protonema *m.* 〈植〉原丝体
protonosfera *f.* 〈气〉质子层
protooncogén *m.* 〈生〉原癌基因
protoplaneta *m.* 〈天〉原行星
protoplasma *m.* 〈生〉①原生质，原浆；②细胞质
protoplásmico,-ca; protoplasmático,-ca *adj.* 〈生〉原生质的，原浆的
protoplasto *m.* 〈生〉原生质体
protopodido *m.* 〈动〉原节，原肢
protoporfiria *f.* 〈医〉原卟啉症
protoporfirina *f.* 〈化〉原卟啉
protoprisma *m.* 原棱镜
protórax *m.* 〈昆〉前胸
protosol *m.* 〈天〉原太阳

protostela *f.* 〈植〉原生中柱
protostoma *f.* 〈生〉胚孔
protosulfuro *m.* 〈化〉低硫化物，硫化亚…化合物
prototipo *m.* ①原型，样品［本］；②典型，范例；模范；③〈生〉原始型
avión ～ 模型机，样机
reactor ～ 原型反应堆
prototrófico,-ca *adj.* 〈生〉原养型的
prototropia *f.* 〈化〉质子移变（作用）
protóxido *m.* 〈化〉亚氧化物，低［初］氧化物
protoxilema *m.* 〈植〉原生木质部
protozoario,-ria; protozoo,-zoa *adj.* 〈动〉原生动物门的 ‖ *m.* ①原生动物；②*pl.* 原生动物门
protozoología *f.* 〈动〉原生动物学
protozoólogo,-ga *m.f.* 〈动〉原生动物学家
protráctil *adj.* 〈动〉（食蚁兽等的舌头）可伸出的，可前伸的
protractor *m.* ①量角器，分度规；②〈医〉钳取器；③〈解〉牵引肌
protrombina *f.* 〈生化〉凝血酶原
proustita *f.* 〈矿〉硫砷［淡红］银矿
proveedor,-ra *m.f.* ①〈商贸〉供应商［商］，供货人；②提供者
～ de buques 船商
～ de capital 资本供应者
～ de crédito 提供信贷者
～ de servicio de red 〈信〉网络业务提供者
～ de servicios de Internet 因特［互联］网服务供应商
～ del ejército 军火商
～ directo 经营产销直运货物的批发商
～ indirecto 承运批发商
～ mayorista 批发供应商
provida; pro-vida *adj. inv.* ①反对堕胎合法化的；反堕胎的；②反对安乐死的
providencia *f.* ①〈法〉裁决；②（常用 *pl.*）预防措施
provirus *m.* 〈生〉前病毒，原病毒
provisión *f.* ①预［准］备；预先采取的措施；②供应［给］，提供；③*pl.* 供应品，储备物；给养（如食品、粮秣等）；④〈法〉裁［判］决
～ de boca 粮食，食物，口粮
～ de dinero 货币存量［供应额］
～ de divisas 供应外汇
～ de fondos 准备金
～ para depreciación 折旧准备金［提存］
cheque sin ～ 空头支票
provitamina *f.* 〈生化〉前维生素，维生素原
provocación *f.* 〈医〉激发
proximal *adj.* 〈解〉近接的，近端的
proximidad *f.* ①接［临，贴，邻］近；②接近度

proyección *f.* ①发[喷]射;抛掷;射[投]出;②〈电影〉放映;③〈光线等的〉投射;投影（图,法）;④透明正片,幻灯片;⑤计[规]划,设计;⑥〈测〉〈数〉射影,投影
~ axonométrica 轴侧投影
~ central 球心投影
~ cónica 圆锥投影
~ de Mercator 麦卡托投影
~ demográfica 人口预测
~ estereográfica （地图）球面投影
~ estereoscópica 立体投影
~ horizontal （船的）半宽图
~ isométrica 等角投影
~ longitudinal 纵剖型线图
~ ortogonal 正交投影
~ paralela 平行投影
~ perspectiva 透视投影
~ sinusoidal 正弦曲线投影
~ transversal 横剖型线图
aparato de ~ ①投影机[仪];②发[喷,投]射器
moldeadora por ~ de arena 抛砂型捣固锤

proyeccionista *m.f.* ①制投影图的人;地图绘制者;②电影[幻灯]放映员;电视录像播放员

proyectable *adj.* 见 asiento ~
asiento ~ 〈航空〉弹射座椅

proyectil *m.* ①抛[弹]射体;投掷物;②〈军〉射[飞,炮,导]弹,火箭
~ aire-aire 空对空导弹
~ aire-tierra 空对地导弹
~ balístico intercontinental 洲际弹道导弹
~ de artillería 炮弹
~ de iluminación 照明弹,信号火箭
~ dirigido[teledirigido] 导弹
~ tierra-aire 地对空导弹
~ tierra-tierra 地对地导弹

proyectista *m.f.* ①〈航空〉〈技〉设计师;投影绘图者;②〈电影〉放映员

proyectivo,-va *adj.* ①〈数〉投影的,射影的;②计[筹,规]划（性）的

proyecto *m.* ①计划;②项目;〈建〉方案;设计;设计图;③详细估计;④〈条约等的〉草案[约]
~ de construcción 建筑设计
~ de contrato 合同草案
~ de desarrollo 开发计划[项目]
~ de inversión 投资项目
~ de ley 议案
~ de presupuesto 预算草案
~ de tratado 条约草案

~ enclave 飞地式项目
~ piloto 试[实]验项目
~ tipo 标准设计

proyector *m.* ①〈电影〉放映机;投影机[器,仪];幻灯机;②〈戏〉（舞台的）聚光灯;〈军〉探照灯;③发[投]射器
~ antiniebla 雾灯
~ cinematográfico 电影放映机
~ de diapositivas 幻灯机
~ estereoscópico 立体投影机

proyectoscopio *m.* 投射器;投影器

prozona *f.* 〈医〉前带[区]

prueba *f.* ①证明[实],表明;②〈法〉证据,物证;③考试,测验;测试;④试[检]验;⑤〈医〉化验;⑥〈电〉演员的试镜;〈戏〉试演;⑦〈体〉比赛;⑧〈摄〉印相;⑨ *pl.* 〈印〉校样;⑩〈数〉证;验算;⑪试样;试吃品;试穿;⑫*Amér.L.* 杂技表演,戏法
~ a la flexión 弯曲试验
~ al choque 冲击试验
~ alfa 〈信〉α测试,初版测试
~ Benchmark （机器软件等在出售或发布前的）运行测试
~ beta 〈信〉β试验
~ campo a través 〈体〉越野赛跑
~ clasificatoria[eliminatoria] 〈体〉预赛,分组赛
~ clínica 〈药〉临床试验
~ contrarreloj 〈体〉（滑雪、竞赛等的）计时赛
~ de abocardado 扩口[孔]试验
~ de acceso[selectividad] 入学考试
~ de alargamiento 伸度[长]试验
~ de alcohol[alcoholemia] 呼气测醉试验
~ de aptitud 才能测试[验]
~ de artista 〈印〉雕版初印稿
~ de Bernoulli 〈统〉伯努利试验
~ de calidad 质量检验
~ de campo 现场[野外]试验
~ de capacitación 水平测试
~ de carretera 〈体〉自行车公路越野赛
~ de compra 购买证据
~ de continuidad 连续性试验,电路通路[线路通断]试验
~ de embarazo 〈医〉妊娠试验
~ de forjado 锤压[锤击,锻造]试验
~ de galera 〈印〉毛[长]条校样
~ de imprenta 〈印〉清样
~ de inteligencia 智力测验
~ de la dureza 硬度试验
~ de materiales 材料试验
~ de muestra 抽样检[化]验
~ de nivel （学生入学时的）水平测试

~ de obstáculos 〈体〉障碍赛跑

~ de ocupación 占线测试;满载试验

~ de paternidad 亲子鉴定[试验]

~ de pliegue en frío 冷弯试验

~ de recalcado[martilleo] 顶锻[镦粗]试验

~ de recepción 验收试验

~ de relevos 〈体〉(跑步、游泳等的)接力赛

~ de resistencia 〈体〉耐力测验

~ de sangre 〈医〉验血

~ de SIDA 艾滋病检验

~ de tenacidad de bola 球压[球印]硬度试验

~ de tolerancia al azúcar 〈医〉耐糖量试验

~ de tornasol 石蕊试验

~ de vallas 〈体〉跨栏赛跑;跳栏赛马

~ del absurdo 〈逻〉归谬法,反证论法

~ del aislamiento 绝缘试验

~ en anillo 环路[线]试验

~ en carretera 试车[驾]

~ en cortocircuito 短路试验

~ límite 断裂[击穿,破坏,折断,耐久力]试验

~ mecánica 机械[力学]试验

~ metalográfica 金相试验

~ negativa 〈摄〉负片,底片

~ nuclear 核试验

~ objetiva 测验,考试

~ por equipo 〈体〉自行车团体赛

~ positiva 〈摄〉(由底片印出的)照片,正片

~ práctica (某学科的)实用知识考试

~ preliminar 初步试验

~ retrospectiva 回归测试

~s de planas 〈印〉校样,样张

~s documentales 〈法〉书面证据

~s indiciarias 〈法〉情况证据;间接证据

a ~ de agua 不透水的,防水的

a ~ de aire 不透[漏]气的,密封[闭]的,气密的

a ~ de bomba 防弹的

a ~ de fuego 耐[防]火的

a ~ de humedad 防潮的,防[耐]湿的

a ~ de impericia 极简单的,防止错误(操作)的

a ~ de uso 耐[抗]磨的

banco de ~ 试验台,测试台

mesa de ~ 试验台

primeras ~s 〈印〉毛[长]条校样

pruebatubos m. 套管试验器

pruebista m.f. Cono S. 〈印〉校对员

pruina f. 〈植〉粉霜,蜡质白粉

pruna f. 〈植〉李子

pruno m. 〈植〉李树

pruriginoso,-sa adj. 〈医〉瘙痒的

prurigo; prurito m. 〈医〉瘙痒

prurítico,-ca adj. 〈医〉瘙痒的

prusiato m. 〈化〉(铁,亚铁)氰化物

~ de potasa 亚铁氰化钾

prúsico,-ca adj. 见 ácido ~

ácido ~ 〈化〉氢氰酸(剧毒)

PRYCA abr. precio y calidad 价格与质量

psamita f. 〈地〉砂屑岩,粗粒碎屑岩

psammófila f. 〈环〉适沙生物;沙生植物

psammofita f. 〈植〉沙生植物

psamoma m. 〈医〉沙样瘤

psamoterapia f. 〈医〉沙浴疗法

PSD abr. procesamiento[procesador] de señal digital 〈信〉数字信号处理;数字信号处理器

psefita f. 〈地〉砾质[状]岩

pselismo m. 〈医〉口吃,讷吃

pseudoalelos m. pl. 〈生〉拟等位基因

pseudocarpo m. 〈植〉假[附]果

pseudociencia f. 伪科学

pseudocientífico,-ca adj. 伪科学的

pseudocódigo m. 〈信〉伪码

pseudocristal m. 赝晶体

pseudohalogenuros m. 〈化〉拟卤化物

pseudohermafrodismo m. ①〈医〉假两性体,假半阴阳体;②〈生〉假雌雄同体

pseudología f. 说谎癖;说谎术

pseudomonas m. 〈生〉假单细胞

pseudomorfismo m. 〈矿〉假晶状态,假晶形成过程

pseudoparalisis f. 〈医〉假瘫,假麻痹

pseudópodo m. ①〈动〉伪足;②〈植〉假足

pseudoscopio m. 反〈幻〉视镜

pseudotuberculosis f. inv. 〈医〉假结核病

psicastenia f. 〈医〉精神衰弱症

psicoactivo,-va adj. 作用于精神的,影响[改变]心理状态的

psicoafectivo,-va adj. 精神的,心理的

psicoanálisis m. inv. ①精神[心理]分析;②精神[心理]分析治疗法

psicoanalista m.f. 精神[心理]分析学家

psicoanalítico,-ca adj. 精神[心理]分析的 ‖ m.f. 精神[心理]分析家

psicoanalizar tr. 给…作精神[心理]分析;用精神[心理]分析法治疗

psicobiología f. ①生物心理学;②精神生物学

psicocirugía f. 精神外科(学)

psicocroma f. 心理色觉,色幻觉

psicodelia *f.* ①迷幻；迷幻效果；②迷幻剂[品，药]

psicodepresor *m.* 〈医〉抑制药；镇静剂

psicodiagnosis *f.* 〈医〉心理诊断

psicodinámica *f.* 〈心〉心理动力学，精神动力学

psicodrama *m.* ①心理表演疗法；②心理剧

psicofármaco *m.* 精神药物，改变情绪药物

psicofarmacología *f.* 〈生医〉精神（病）药理学

psicofísica *f.* 心理[精神]物理学

psicofisiología *f.* 心理[精神]生理学

psicogénico,-ca；psicógeno,-na *adj.* 心理[精神]性的

psicogeriatría *f.* 〈医〉老年精神病学

psicohistoria *f.* 心理历史学，心理动态史

psicología *f.* ①心理学；②心理；心理特点 ～ educativa 教育心理学

psicológico,-ca *adj.* ①心理学的；心理学家的；②心理的，精神的 análisis ～ 心理分析 guerra ～a 心理战 test ～ 心理测试

psicólogo,-ga *m. f.* 心理学家

psicometría *f.* 〈心〉心理测验(学)，心理测量

psicómetro *m.* 〈心〉心理测验器

psicomotor,-ra *adj.* 精神(性)运动的，心理产生运动的

psicomotricidad *f.* 〈心〉身心运动能力，身心运动关系

psiconeurosis *f. inv.* 〈医〉精神神经症，神经官能症，神经病

psiconomía *f.* 心理规律学

psicópata *m. f.* 精神变态者，精神病患者；变态人格者

psicopatía *f.* 精神变态，变态人格

psicopático,-ca *adj.* ①精神变态的，变态人格的；②患精神病的；③易神经错乱的

psicopatología *f.* ①精神病理学；②精神机能障碍

psicopedagogía *f.* (儿童)教育心理学；心理教育学

psicopedagogo,-ga *m. f.* (儿童)教育心理学家

psicoquímica *f.* 精神化学；精神病药物治疗(法)

psicoquinesis *f. inv.* ①〈心灵学用语〉心灵[远距]致动；②〈医〉精神激动

psicoquinético,-ca *adj.* ①心灵[远距]致动的；②〈医〉精神激动的

psicosensorial *adj.* 〈医〉精神感觉的

psicosexual *adj.* 〈医〉精神性欲的，意淫的

psicosis *f. inv.* ①精神病，精神错乱[失常]；②(环境因素引起的)精神极度紧张

psicosocial *adj.* 心理社会(学)的，社会心理的

psicosociología *f.* 心理社会学

psicosomático,-ca *adj.* 〈医〉心身的，身心的；身心失调的

psicotecnia *f.* 应用心理学；心理技术学

psicotecnología *f.* 心理技术学

psicoterapéuta *f.* 〈医〉精神[心理]疗法医生；精神[心理]疗法专家

psicoterapéutica；psicoterapia *f.* 〈医〉精神疗法，心理疗法

psicótico,-ca *adj.* 〈医〉精神病的，精神错乱的 ‖ *m. f.* 精神病患者

psicotrópico,-ca *adj.* 〈药〉(药物)作用于精神的

psicroestesia *f.* 〈医〉冷觉

psicrofílico,-ca *adj.* 〈生〉(细菌)嗜冷的，嗜冷性的

psicrofilo *m.* 〈环〉适[喜]冷生物

psicrometría *f.* 〈气〉湿度测定法，测湿学

psicrométrico,-ca *adj.* 〈气〉湿度测定的；干湿表的，湿度计的

psicrómetro *m.* 〈气〉湿度计，干湿表

psicrotolerante *adj.* 耐寒的

psilocina *f.* 〈化〉〈生化〉二甲-4-羟色胺

psilomelano *m.* 〈矿〉硬锰矿

psilosis *f.* ①〈医〉秃发；②口炎性腹泻

Psique *f.* 〈天〉灵神星

psiquiatra *m. f.* 精神科医生，精神病专家；精神病学家

psiquiatría *f.* 精神病治疗；精神病学

psiquiátrico,-ca *adj.* ①精神病学的；②治疗精神病的 ‖ *m.* 精神病院

psíquico,-ca *adj.* ①精神的，心理的；心灵的；②通灵的

psitácido,-da *adj.* 〈鸟〉鹦鹉科的 ‖ *f.* ①鹦鹉科鸟；②*pl.* 鹦鹉科

psitaciforme *adj.* 〈鸟〉鹦鹉目的

psitacosis *f. inv.* 〈医〉鹦鹉热[病](一种鸟病，常传染给人)

psoas *m. inv.* 〈解〉腰肌

psocóptero,-ra *adj.* 〈昆〉啮虫的 ‖ *m.* 啮虫

psofómetro *m.* 〈环〉噪声测量仪，噪声计

psoriasis *f. inv.* 〈医〉牛皮癣，银屑病

PSR *abr.* proveedor de servicio de red 〈信〉网络业务提供者

Pt 〈化〉元素铂(platino)的符号

Pta. *abr.* punta 〈地〉陆岬，海角

PTB *abr. And.* producto territorial bruto 国内生产总值

pteridina *f.* 〈生化〉蝶啶

pteridofito,-ta *adj.* 〈植〉蕨类的；蕨类植物门的 ‖ *f.* ①蕨类植物；②*pl.* 蕨类，蕨类植物门

pteridosperma *f.* 〈植〉种子蕨

pterigoideo,-dea *adj.* ①翼状的；②〈解〉翼状突的

pterigota *f.* 〈昆〉有翅昆虫

pterina *f.* 〈生化〉蝶冷

pterodáctilo *m.* 〈生〉翼手[指]龙(古爬行动物)

pteroico,-ca *adj.* 见 ácido ~
ácido ~〈生化〉蝶酸

pterópodo,-da *adj.* 〈动〉翼足目的 ‖ *m.* ①翼足目软体动物；②*pl.* 翼足目

ptialectasis *f.inv.* 〈医〉涎管扩张

ptialina *f.* 〈生化〉唾液淀粉酶

ptialismo *m.* 〈医〉涎分泌过多，流涎

ptilosis *f.* 〈医〉睫毛脱落

ptomaína *f.* 〈化〉尸碱；尸毒，肉毒胺

ptomaínico,-ca *adj.* 见 envenenamiento ~
envenenamiento ~〈医〉尸碱中毒

PTPP *abr.* Protocolo de Tunelización Punto a Punto〈信〉点对点隧道协议

Pu〈化〉元素钚(plutonio)的符号

púa *f.* ①刺；刺状物；②〈动〉〈植〉(动、植物身上的)刺，尖刺；③梳齿；叉齿；④*Amér. L.* (禽鸟的)距；⑤〈乐〉(弹拨乐器的)拨子；拨弦片；⑥〈植〉(嫁接的)接穗

púber *adj.* 〈生理〉到达青春[发育]期的 ‖ *m. f.* 青春[发育]期的青少年

pubertad *f.* 〈生理〉青春期，发育期；发育

pubescencia *f.* ①〈生理〉到达青春[发育]期，发身；②〈植物、昆虫等的)柔毛；被短柔毛，有柔毛

pubescente *adj.* ①〈生理〉到达青春期的；②(植物、昆虫等)被短柔毛的，有柔毛的

pubiano,-na; púbico,-ca *adj.* 〈解〉阴部的，近阴部的，耻骨的，近耻骨的

pubiotomía *f.* 〈医〉耻骨切开术

pubis *m.inv.* 〈解〉耻骨

publicación *f.* ①发表，公布[开]；②出版，刊印；③出版物

publicidad *f.* ①〈商贸〉广告；②公开(性)
~ de lanzamiento (把产品推向市场的)首发[先导]广告
~ de marca 商标广告
~ de muestras 样品广告
~ directa 直接广告(亦称"消费者广告")
~ en el punto de venta 零售商店的商品广告
~ en la televisión 电视广告
~ estática 广告牌
~ gráfica 广告画

~ luminosa 灯光广告
~ radiada 电台广告
~ redaccional (报刊)编辑部广告
agencia de ~[anuncios] 广告公司

publicista *m. f.* ①广告员；宣传员；②(报纸等的)时事评论员；③〈法〉公法学家

publicitario,-ria *adj.* 广告的；广告业务的
medios ~s 广告媒介

público,-ca *adj.* ①公众[共]的；②公开的，众所周知的；③公用的，为公众服务的；④公有[立]的；国有[营]的 ‖ *m.* ①公[民]众，众人；②听[观]众；③读者；④(歌唱家等的)狂热爱好者，"粉丝"
cargo ~ 公职
funcionario ~ 公职人员，公务员
opinión ~a 舆论，民意
unidad ~a 公益，公共[公用]事业

pucelana *f.* 〈地〉(白榴)火山灰

puco *m.* 〈信〉光标定位器

pudelación *f.*; pudelaje *m.* 〈冶〉搅炼(作用)；搅炼熟铁(法)

pudelado,-da *adj.* 〈冶〉搅炼[捣]的 ‖ *m.* 搅炼
hierro ~ 搅炼(熟，锻)铁
horno ~ 搅炼炉

pudelador *m.* 〈冶〉搅炼炉[棒]；搅炼机

pudelar *tr.* 〈冶〉捣[混，搅]拌；搅炼[捣]

pudendo,-da *adj.* 见 partes ~as ‖ *m.* 〈解〉阴茎
partes ~as 阴部

pudinga *f.* 〈地〉圆砾岩

pudrición *f.* ①腐烂；②见 ~ seca
~ seca 〈植〉干腐病

pueblo *m.* ①人民；②民族；③乡镇；村庄；④平民，百姓
~ fantasma (一度繁荣后因自然资源枯竭等原因而)被废弃的城[村]镇
~ joven *Per.* ①(城市的)贫民窟；穷镇；②(新的军事设施或新工厂附近的)临时棚屋[帐篷]区

puente *m.* ①〈建〉桥，桥梁；②(眼镜的)鼻架(假牙的)齿桥；③〈电〉电桥；④〈海〉船[舰]桥，桥楼；⑤〈机〉天车；⑥(反射炉)火桥；⑦〈解〉(脑)桥；足弓；*And.* 锁骨；⑧〈信〉网桥(连接相同协议的计算机网络的网间连接设备)；⑨〈乐〉(弦乐器上的)琴马；⑩(两个节日之间的)连接假日 ‖ *adj.inv.* 暂时的；过渡性的
~ aéreo 空中桥梁，航空线
~ atirantado[colgante] 悬索桥，吊桥
~ basculante 开启[竖旋，上开]桥，竖升开启桥
~ colgante de cadena 链式悬[吊]桥

~ de arcos 拱桥

~ de aterizaje[despegue]（航空母舰上的）飞行甲板

~ de balsas 筏[浮]桥

~ de barcas[barcos,pontones] 浮[舟]桥

~ de báscula 吊[开合,开启]桥

~ de capacitancia 电容电桥

~ de consolas 悬臂桥,单端固定桥

~ de cursor（~ de hilo dividido）滑线[臂]电桥

~ de frecuencia 频率电桥

~ de hilo 缆式悬桥,悬索桥,钢索吊桥

~ de hilo en hebilla 环[回]线电桥

~ de impedancia 阻抗（测量）电桥

~ de mando（舰船的）驾驶台,桥楼

~ de maniobras 轻甲板

~ de peaje 收费桥

~ de portaescobilla 移动刷架

~ de resistencia 电阻电桥

~ de tablero alto 上承式桥

~ de tablero bajo 下承式桥

~ de transeúntes 人[步]行桥

~ de transmisión 传输电桥

~ de Varolio 脑桥

~ de vigas de alma sólida 板梁（式）桥

~ de vigas de celosa 格构梁（式）桥

~ de vigas llenas 梁（式）桥

~ de Wheatstone 惠斯登电桥

~ del timón （船舰）操舵[驾驶]室

~ deslizante 滑线电桥

~ ferroviario 铁路桥

~ giratorio[oscilante] 平旋[旋开]桥,平转桥

~ grúa 桥式起重机

~ grúa de corredera 高架（移动式）起重机,桥式吊车,天[行]车

~ grúa desmoldeador 脱模[剥片]吊车

~ grúa rodadizo para lingoteras 吊锭吊车

~ levadizo 吊[开合]桥

~ magnético 磁桥

~ natural 〈地〉天然[生]桥

~ oblicuo 斜桥

~ peatonal 人[步]行桥

~ principal 主甲板

~ protegido de la metralla 防破片甲板

~ sobre caballetes 排[高]架桥

~ sobre pilotes 桩(承)桥

~ sobre rodillos 用滚轮的活动桥

~ superior 轻甲板

~ transbordado 浮桥,列车轮渡

~ transbordador aéreo 高架（移动式）起重机,桥式吊车,天[行]车

~ trasero （汽车）后桥

~ voladizo 悬臂桥

~ volante 浮[天]桥

acoplamiento[junta] en ~ 桥（形连）接

cabeza de ~ 桥头堡

crédito ~ 过渡性贷款

en dos ~s 双层（桥）的

gabinete ~ 看守政府

pilar de ~ 桥台

red en ~ 桥接网络

tablero de ~ 桥面;平[站]台

puenteo *m.* 电桥连接,桥接

puenting *m.* （从桥上）蹦极跳

puerca *f.* ①〈动〉潮虫;②（铰链的）销孔

puerco,-ca *m.f.* 〈动〉猪

~ de mar 鼠海豚（尤指大西洋鼠海豚）

~ espín[espino] 豪猪,箭猪

~ jabal 野猪

~ marino 海豚

~ montés[salvaje] 野猪

puercoespín *m.* 〈动〉豪猪,箭猪

puericultor,-ra *m.f.* ①幼儿保健医生,儿科医师;②育儿学家

puericultura *f.* ①幼儿保健学,儿科学;②育儿学[法]

puerperal *adj.* ①分娩的;产后的;②产褥期的;产妇的

fiebre ~ 产褥热

puerperio *m.* 产后期;产褥期

puerro *m.* 〈植〉韭葱

puerta *f.* ①门;②出入口;③门道[路,径];途径;④（洞）口,孔;⑤〈体〉（一些球类运动的）球门;⑥〈信〉端口;⑦〈商贸〉入境[市]税

~ accesoria ①边[侧]门;②间接途径

~ acristalada 玻璃门

~ automática 自动门

~ caediza 活板[滑动,通气]门;调节风门

~ cochera 过车大门

~ contrafuegos 防火门

~ corredera 滑门,推拉门

~ corrediza （横向滑动的）拉门,滑门

~ de aguas arriba 上闸首闸门

~ de artistas 舞台上用的门

~ de carga 装料门

~ de embarque 〈航空〉登机口

~ de entrada 正门

~ de fogón 炉门

~ do hogar[hornalla] 炉门,防火门

~ de la caja de humo （汽锅）烟箱门

~ de limpieza[vaciado] （冲天炉）工作门[窗],修炉口

~ de servicio 边[侧]门

~ de ventilación 活板[滑动,通气]门;调
节风门
~ de visita 观察[检修]门;观察[检修]孔
~ deslizante (横向滑动的)拉门,滑门
~ emballenada 人字闸门
~ escusada[excusada] 里门
~ falsa 〈信〉后门
~ giratoria 旋转门
~ hermética 水密(舱)门
~ lógica ①逻辑选择器开关;②〈信〉逻辑
门
~ principal 大门
~ secreta ①里门;②暗门
~ trasera 后[二]门;非法途径
~ ventana 落地窗
~ vidriera 玻璃门
~ Y 〈信〉"与"门
~ zaguera (机车等的)尾[后]门
bastidor de ~ 门框
contacto de ~ 门接点,门开关接点
interruptor de ~ (门)接触[触簧]开关
montante de ~ 门柱
puertaventana f. ①落地窗;②百叶窗;(窗
上的)活动遮板
puerto m. ①港,港口[埠];口岸;②港市;③
港口区;④〈地〉山[隘]口;⑤〈信〉端口
~ aéreo 飞机场,航空港
~ artificial 人工港
~ comercial(~ de comercio) 商港
~ de amarre[armamento] 船籍港
~ de capacidades ampliadas 〈信〉扩展端
口
~ de carga[embarque] 装运港
~ de comunicaciones 〈信〉通信端口
~ de contenedores 集装箱货港
~ de depósito 保税仓库港
~ de descarga[desembarco] 卸货港
~ de destino 目的[到达]港
~ de entrada 进口港
~ de entrega 交货港
~ de escala(~ intermediario) 停泊[中
途]港
~ de expansión 〈信〉扩展端口
~ de gran calado 深水港
~ de mar 海港
~ de mareas 潮汐港,有潮港
~ de matrícula[origen] 船籍港,注册港
~ de operaciones 〈商贸〉①(证券交易所
中的)交易台,专用交易台;②(设在某一地
区的)贸易站
~ de pesca 渔港
~ de refugio[salvación] 避难港
~ de salida 出发港

~ de[en] serie 〈信〉串行口
~ de transbordo 转船港
~ de tránsito 中转港
~ (de transmisión en) paralelo 〈信〉并行
端口
~ deportivo 小艇船坞[停靠区];赛艇港
~ exterior/interior 外/内港
~ fluvial (内)河港
~ franco[libre] 自由港
~ granero 粮港
~ habilitado 进出口港
~ militar 军港
~ marítimo 海港
~ natural 天然港
~ para juegos 〈信〉游戏端口
~ para video 〈信〉视频端口
~ paralelo mejorado 〈信〉增强的并行端
口
~ pesquero 渔港
~ petrolero 供油港,油港
~ seguro 安全港
~ serial 〈信〉串行口
derechos de ~ 停泊费,船舶进港费
puesta f. ①开始,着手;②上演,搬上舞台;
③〈天〉(日、月等)落山,西下;④使…复原
位,回位;⑤转接;⑥下蛋,产卵
~ a cero 〈信〉置"0",复位
~ a cero a mano 手动复位
~ a punto 对…进行微[细]调
~ a tierra 接[通]地
~ al día 更新,刷新…的内容
~ de largo (少女)初进社交界
~ del sol 日落,傍晚
~ en antena (电视)播映
~ en cortocircuito 〈电〉短路,短接,漏电
~ en escena 上演,搬上舞台
~ en libertad 释放
~ en marcha 起[开,发]动;试运行
~ en práctica 付诸实施
~ fuera de servicio 停工[机]
puesto m. ①地方[点];位置;②场所;③工
作;职[岗]位;④岗哨,哨位;⑤(猎人的)隐
蔽点;⑥货摊,展台;⑦名次;⑧ *Arg.*,
Chil., *Urug.* 牧工棚(含宅地)
~ a bordo 〈商贸〉离岸价格
~ callejero 地摊
~ de aduana 海关
~ de amarre (船的)泊位
~ de ayuda 〈信〉用户服务部
~ de bomberos 消防站
~ de control ①边防检查站;公路检查站;
②〈航空〉(飞行的)检查点
~ de escucha 潜[监]听哨

~ de mercado 集市摊位

~ de observación〈军〉观察所[哨]，观测所

~ de periódicos 报摊[亭]

~ de pilotaje 飞机驾驶

~ de policía 警察岗哨

~ de salud 保健[卫生]站

~ de socorro 急救站

~ de trabajo 工作岗位，职位

~ de vigilancia 岗楼，瞭望塔

~ en almacén[depósito]〈商贸〉(卖方)仓库交货价

~ en[sobre] vagón〈商贸〉火车上交货价

~ fronterizo 边境[界]哨位

~ vacante 空缺职位

púgil；pugilista m.〈体〉拳击手；拳击运动员

pugilato m.〈体〉拳击

pugilismo m.〈体〉拳击术

pugo m. And.，Cono Sur.〈地〉泉

puja f.〈商贸〉竞[加]价；递[出]价

~ de salida 出价

pujo m.〈医〉里急后重，下坠；尿频

pulegona f.〈化〉长叶薄荷酮

pulga f. ①〈昆〉跳蚤；蚤目昆虫；②〈信〉计算机程序[系统]错误

~ acuática(~ de agua) 水蚤，鱼虫

pulgada f. 英寸；西班牙寸

~ circular 圆英寸(面积单位)

~ cuadrada 平方英寸

~ de minero 矿工英寸(矿上量水单位)

libra por ~ cuadrada 磅/英寸²，每平方英寸磅数

pulgar m.〈解〉拇指；拇趾

pulgarada f. ①用拇指弹击；②捏；撮(量词)

pulgón m.〈昆〉蚜虫；木虱

pulidez f. ①光亮；②光洁(度)

pulido,-da adj.(木头，金属等)光洁[亮]的；擦光[亮]的‖ m. 磨[抛，擦，打]光；擦亮

~ a mano 手工磨[抛，擦]光

~ al esmeril (用弹性磨轮)磨光

~ con arena(~ con polvo de pómez) 喷砂清理，砂磨

~ electrolítico 电解抛光

~ especular 镜面抛光

~ por ataque de ácido 酸洗

~ satinado 抛[研]光；擦亮

pulidor,-ra m. 擦亮者；抛光工人‖ m.〈机〉(薄型)磨光锉；光削刀头；磨[擦，抛]光器[轮]‖ ~a f.〈机〉抛[磨，擦]光机；研磨[砂轮]机

pulimentadora f.〈机〉精研[研磨]机

pulimento m. ①擦亮；磨[抛，擦，打]光；②(磨擦后表面的)光泽[亮，滑]；③擦亮剂；上光剂

pullman m.〈交〉①And.，Cono S.（火车）卧车；②Chil. 长途公共汽车

pulmometría f.〈医〉肺容量测定法

pulmómetro m.〈医〉肺容量计

pulmón m. ①〈解〉肺；②(常用 pl.)耐力

~ artificial(~ de acero) 铁肺，人口呼吸器

~ del equipo (耐力好的)中心队员

~ marino 水母

biopsia del ~〈医〉肺活检

contusión del ~ 肺挫伤

pulmonado,-da adj.〈动〉①有肺(类)的；②有肺亚纲的‖ m. ①有肺亚纲动物；② pl. 有肺类；有肺亚纲

pulmonar adj.〈解〉肺的；肺部的

arteria/vena ~ 肺动/静脉

atelectasis ~〈医〉肺不张

atresia ~ 肺动脉瓣闭锁

calcificación ~ 肺钙化

carcinoma ~ 肺癌

carcinosis ~ 肺癌病

cavidad ~ 肺空洞

congestión ~ 肺充血

edema ~ 肺水肿

fibrosis ~ 肺纤维化

hepatización ~ 肺肝样变

hipertensión ~ 肺动脉高血压症

infarto ~ 肺梗死

insuflación ~ 肺吹气法

ligamento ~ 肺韧带

plexo ~ 肺丛

quiste ~ 肺囊肿

secuestro ~ 肺隔离症

supuración ~ 肺化脓

trematodiasis ~ 肺吸虫病

pulmonaria f.〈植〉疗肺草

pulmonectomía f.〈医〉肺切除术

pulmonía f.〈医〉肺炎

~ doble 双侧肺炎

pulmoniaco,-ca；pulmoníaco,-ca f.〈医〉①肺的；②患肺炎的

pulmónico,-ca adj.〈医〉①肺的；②患肺炎的

pulmonitis f.inv.〈医〉肺炎

pulmotor m.〈医〉铁肺，人工呼吸器

pulpa f. ①〈植〉(水果的)果肉，(植物的)肉质部分；软髓，树汁；②(蔬菜、水果等压榨成的)果[菜]泥；③浆(料，液)；纸浆；④〈矿〉矿浆；矿粉

~ de madera(~ leñosa) 木(纸)浆

~ de papel (造纸用)纸浆

~ dental[dentaria] 牙髓

pulpación *f.* 〈工〉制浆

pulpal *adj.* ①果肉的;②(牙)髓的

pulpectomía *f.* 〈医〉牙髓摘除术

pulpitis *f. inv.* 〈医〉牙髓炎

pulpo *m.* ①〈动〉章鱼;②(汽车顶上的)行李网带;③(有弹性)拉手吊带[环]

pulpotomía *f.* 〈医〉牙髓切断术

pulsación *f.* ①〈理〉脉[波]动;脉冲(波);②〈信〉〈印〉(在键盘上的)按击;③〈乐〉弹奏[拨];④(常用 *pl.*)(动脉、心脏等的)搏[跳]动

~ borradora 消隐[熄灭]脉冲

~ doble 〈信〉(打字时在打错或不清的字母上的)重打

amortiguador de ~es 脉动缓冲[衰减]器

pulsador *m.* ①〈机〉脉动器;振动机;②〈电〉按钮(开关),断续器

pulsante *adj.* ①〈理〉脉[波]动的;脉冲的;②搏[跳]动的 ‖ *m.* ①脉冲发生[发送,调制];②搏动;跳[颤]动

púlsar *m.* ①〈天〉脉冲星;②〈天〉黑洞

pulsátil *adj.* 搏动的

pulsatila *f.* 〈植〉洋白头翁

pulsativo,-va *adj.* 脉动的;搏动的

pulsatorio,-ria *adj.* ①〈理〉脉[波]动的;脉冲的;②搏[跳]动的

carga ~a 脉动负载,脉冲荷载

corriente ~a 脉动电流

luz ~a 脉动光

voltaje ~ 脉动电压

pulseada *f. Cono S.* 〈医〉诊[把]脉

pulsímetro *m.* ①〈理〉脉冲计;②〈医〉脉力[搏]计

pulso *m.* ①〈解〉脉搏;②手腕切脉处(中医用语);③腕力

~ arrítmico[irregular] 不规则脉

~ filiforme 丝状脉

~ intermitente 代[间歇]脉

~ lento 稀[迟]脉

~ sentado[regular] 规则脉

amplitud del ~ 脉冲振幅

conteo de ~s 脉冲计数

duración del ~ 脉冲持续时间

láser ~ 脉冲激光器

ritmo del ~ 〈医〉脉搏率

trazado de ~s 脉冲追踪

pulsómetro *m.* ①〈医〉脉搏[力]计,脉搏表;②〈机〉气压扬[抽]水机,蒸汽抽水机

pulsorreactor *m.* 〈航空〉脉动式喷气发动机

pululación *f.* ①〈植〉(树枝的)抽条;(种子等的)发芽;②繁衍,滋生

pulverizabilidad *f.* 雾化性

pulverizable *adj.* 可以粉化的,能研碎的

pulverización *f.* ①磨[粉,研]碎,研末[磨];粉化;②喷雾,雾化;③洒水

~ de agua 喷[洒]水

~ de vapor 蒸汽雾化

cámara de ~ 雾化室

pulverizador *m.* 〈机〉①喷雾[洒,射]器;②雾化器;③喷漆器,喷枪

pulverulento,-ta *adj.* ①粉状[样]的,碎成粉末的;②(物体表面)沾满灰尘的

pulvicorte *m.* 〈技〉氧熔剂切割

pulvilo *m.* 〈昆〉爪垫

pulvimetalurgia *f.* 〈冶〉粉末冶金学

pulvinado,-da *adj.* ①〈昆〉具爪垫的;②〈植〉具叶枕的;③枕状的

pulvinar *m.* 〈解〉丘脑枕

pulvínula *f.* 〈植〉叶枕

puma *m.* 〈动〉美洲狮

pumita *f.* 〈矿〉浮[轻,漂]石,浮[泡沫]岩

puna *f. And.* (安第斯山区的)高原;高原寒冷地带;②高山病,高山反应

punción *f.* ①刺,穿孔[刺];②〈医〉穿刺

~ en la médula(~ lumbar) 腰椎穿刺

biopsia por ~ 穿刺活检

diabetes de ~ 穿刺性糖尿病

fluido de ~ 穿刺液

punctiforme *adj.* ①点状的;②(细菌菌落)极小的

punctógrafo *m.* 〈医〉(异物的)X 线照相定位器

punicáceo,-cea *adj.* 〈植〉石榴科的 ‖ *f.* ①石榴科植物;②*pl.* 石榴科

punicina *f.* 〈化〉石榴素

punta *f.* ①(物体的)尖,头;②(桌子等的)边角;③尖[末,顶]端;④〈地〉陆岬,海角;⑤型[角,小]钉;⑥牛角,(鹿角的)枝杈;⑦〈缝〉花边;⑧蚀刻笔;刻刀;⑨〈体〉(足球运动等的)锋线位置;⑩*pl.* 芭蕾舞鞋 ‖ *m. f.* 〈体〉前锋,射手;击球手 ‖ *adj. inv.* 顶峰[点]的

~ coladora (降低地下水位的)井点

~ de ala 机翼端,翼尖[梢]

~ de diamante ①金刚石玻璃割刀;②金刚石刻刀

~ de espárrago 〈植〉芦笋尖

~ de lanza 矛头,枪尖

~ de París 扁簪,圆铁钉

~ de rebajar 有刃口刀具

~ de velocidad 冲刺速度

~ fija 死[尾]顶点

~ giratoria 活顶尖

~ muerta 尽头[端],死头,空[闲]端

~ ofensiva 尖端;先[前]锋

~ sur 〈天〉南点

~ viva 活顶尖

puntaje *m. Amér. L.* 〈体〉得[比]分

puntal *m.* ①〈建〉支柱, 支撑物; ②〈技〉支柱[杆, 撑]; 撑棒; 基础[点]; ③〈船〉舷高

~ de bodega 船的深度

~ inclinado 斜支柱[撑]

~ oblicuo de madera 角[斜]撑

puntapié *m.* (脚)踢

~ colocado 〈体〉(足球或橄榄球运动的)定位踢

~ de bote pronto 〈体〉(橄榄球运动中的)抛踢球

~ de saque 〈体〉(英式橄榄球运动中的)守方 25 码线内抛球踢球

punteado *m.* ①弹拨(弦乐器); ②〈印〉虚线

punteamiento *m.* 〈技〉枕形失真

punteo *m.* ①弹拨(弦乐器); ②核对(账目)

puntería *f.* ①瞄[对, 照]准; ②瞄准方向; ③(射击)准确性, 准头; ④〈军〉枪法

~ automática 自动瞄准

aparato de ~ 瞄准器

instrumentos de ~ 瞄准装置

rejilla de ~ 高射炮瞄准器

puntero,-ra *adj.* ①有现代化设备的; 占优势的; ②枪法好的; ③*Arg., Urug.* 〈体〉处于进攻位置上的 ‖ *m.* ①指示器[棒]; ②凿[钎, 冲]子; ③(马掌)打孔器; ④*Amér. L.* (走在队列前边的)带队者; 带头畜; ⑤〈体〉优胜队; ⑥*Amér. L.* (钟表)指针

~ de inyección 阀的探针, 阀活门顶针

~ de válvula 针状阀

~ luminoso 〈信〉光笔

punterola *f.* 斧凿, 钎子

puntillismo *m.* 〈画〉①点彩派, 分色主义; ②点彩[分色]画法

puntillista *adj.* 〈画〉①点彩派的; 点彩法的; ②点彩派画家的 ‖ *m. f.* 点彩派画家, 分色主义画家

puntillo *m.* 〈乐〉符点

punto *m.* ①点; 小点; 圆点; ②针[刀]尖; (钢笔尖的)圆头; ③孔, 洞眼; ④(考试的)分数; 〈体〉得分; ⑤〈数〉点; 小数点; ⑥〈理〉点, 度; ⑦〈医〉穴位; (外科手术缝的)一针; ⑧针[编]织; ⑨(缝)针脚; 针式; ⑩地点[方]; 车站, 中心(点, 地, 区, 站, 设施); ⑪〈乐〉音符, 点子; ⑫〈信〉(电视机、照相机、电脑等屏幕图像的)像素; 像元(电脑屏幕上构成整个画面的小点); ⑬〈印〉点, 磅(铅字大小单位)

~ a ~ 点对点

~ álgido 顶峰[点]

~ caliente ①〈理〉热点; ②〈信〉快捷点

~ capital 关键时刻

~ cardinal 方位基点(指东、南、西、北)

~ céntrico 中点, 中心

~ cero 〈理〉〈数〉零点

~ ciego 〈解〉(视网膜上的)盲点

~ clave 关键点

~ crítico ①关键时刻; ②〈化〉〈理〉临界点

~ culminante 极[顶]点, 最佳状态

~ cuspidal 〈测〉〈数〉尖[歧]点

~ de amarre 停泊处, 系船点

~ de apoyo 支点

~ de arranque 出发点; 起[原]点

~ de asistencia 公路检查站

~ de caramelo 胶凝状态

~ de cierre 截止[熄灭, 断开]点

~ de combustión 着火点, 燃点

~ de conducción 刀口[刃]

~ de congelación 〈化〉冰[凝固]点

~ de contacto 〈数〉切[接触]点

~ de control ①边防检查站; 公路检查站; ②〈航空〉(飞行的)检查点; ③检测点

~ de corte 截止[切断]点

~ de costado 〈医〉胁痛

~ de Curie 〈理〉居里点

~ de deformación permanente 击穿点; 屈服点

~ de derivación 转移点

~ de destello 闪火点, 燃点

~ de detención y de arrastre 止闭点, 闭锁点

~ de ebullición 沸点

~ de encuentro 集[汇]合点

~ de entrada 〈信〉进入点

~ de equilibrio 〈商贸〉平衡点; 收支相抵点, 损益两平点

~ de estima 〈海〉方位推定点

~ de excitación 驱[策]动点

~ de fluencia 流点, 倾点, 浇注点

~ de fuga 没影[消失]点, 灭点(透视画中平行线条的会聚点)

~ de fusión 熔点, 熔化温度

~ de gota 滴点

~ de ignición 〈化〉燃点, 着火温度

~ de inflamación[inflamabilidad] 引火点, 燃点, 闪火点

~ de inflexión 〈数〉拐点, 回折点

~ de información 信息中心

~ de interrupción ①〈信〉断点; ②〈体〉(网球运动)破发点

~ de Lagrange 〈天〉拉格朗日点

~ de licuefacción 液化点, 溶点

~ de mira (枪的)准星; 瞄准点

~ de no retorno 〈航空〉不可返回点, 无还

点

~ de oro 〈商贸〉黄金输送点，输金点，出金入金结汇点

~ de parada 〈信〉断点

~ de partida 出发点，起[原]点

~ de penalti 〈体〉(足球)罚球点

~ de presencia 〈信〉接入[入网]点

~ de referencia ①〈测〉水准点，测定基准点；②〈信〉基准

~ de relajamiento 屈服点

~ de retroceso ①〈测〉〈数〉尖[歧]点；②〈天〉节[结，交，叉]点

~ de rocío 露点

~ de salida 〈信〉退出点

~ de saturación 饱和点

~ de sutura 〈医〉缝针

~ de tangencia 〈数〉切点

~ de taxis 出租汽车停车站[行列]

~ de trazar 划线针

~ de venta 销售地点

~ de vista 观点

~ del derecho 〈缝〉平针(针脚)

~ del revés 〈缝〉反针(针脚)

~ débil[flaco] 弱点，弱项

~ equinoccial (春分或秋分之)二分点

~ eutéctico 易熔点

~ fijo 〈理〉固定点，不变[动]点

~ focal 〈理〉焦点

~ fuerte 强项

~ inflamador 燃点，着[引]火点

~ isoeléctrico ①〈化〉等电点；②〈理〉等电离点

~ límite 〈数〉极限点

~ luminoso móvil 飞[光,扫描]点，浮动光点

~ medio 〈测〉中点

~ muerto 〈机〉死[静，止]点；(汽车的)空挡

~ muerto inferior 〈机〉(发动机的)下死[止]点

~ muerto superior 〈机〉(发动机的)上死[止]点

~ musical 〈乐〉音符

~ negro ①盲点，死点；②(道路的)交通事故多发地段；③〈医〉黑头粉刺

~ neurálgico 〈解〉神经中枢；中枢，核心

~ neutro ①中性[和]点；②〈机〉死[静，止]点；(汽车的)空挡

~ nodal 结[节，交，叉]点

~ ordinario[simple] 〈数〉寻常点

~ radiante 〈天〉(流星雨)辐射点

~ singular 〈数〉奇点

~ subsolar 太阳直射点，日下点

~ triple 〈化〉〈理〉三相点，三态点

~ vernal 春分点

~ vital 〈解〉生命点

~s coplanarios 〈数〉共面点

puntuación *f.* ①〈印〉加标点；标点法；②标点符号；等级；③〈体〉得分，记分；④〈教〉(学校的)打分，评等级

puntual *adj.* ①准时的，正点的；②点状的 electrodo ~ 尖端极，点电极

puntura *f.* ①刺[扎]伤；②〈印〉套准针；③〈兽医〉(在马掌上做的)放血口；④〈医〉穿刺术

punzada *f.* ①刺，扎，刺[扎]伤；②〈医〉缝针；刺痛

punzadora *f.* 〈机〉穿[打]孔机，冲床，冲压机

punzón *m.* ①锥子；雕[刻，镂]刀；②〈机〉冲头，穿[冲]孔器；③〈印〉活字铗；④〈动〉(初生)角

~ a mano 小型冲孔机

~ afilado 锥钻

~ cuadrado 方形雕刻刀

~ de remachar 铆钉冲头

~ de robinete 旋塞[龙头]扳手

~ de taladrar 冲孔器，空心冲头

~ múltiple 多孔穿孔机，排冲压机

punzonadora *f.* 〈机〉冲[凿，打]孔机，冲床，冲压机

puño *m.* ①〈解〉拳头；②〈缝〉袖口；③柄，把，扶[拉]手；④把(量词)

pupa *f.* ①〈医〉(皮肤上的)水疱；唇疱疹；溃疡；②〈昆〉蛹

pupal *adj.* 〈昆〉蛹的

pupario *m.* 〈昆〉蛹壳

pupiforme *adj.* 蛹状的

pupila *f.* ①〈解〉瞳孔；②光孔

~ de entrada/salida 入/出射光孔

pupilo,-la *m. f.* ①〈体〉(球类)运动员；②〈法〉受法院监护的人；受监护人监护的人；③学生

pupilometría *f.* 〈医〉瞳孔测量法

pupilómetro *m.* 〈医〉瞳孔计

pupilomotor,-ra *adj.* 〈医〉瞳孔运动的

pupiloscopia *f.* 〈医〉视网膜镜检查

pupiloscopio *m.* 〈医〉视网膜镜

pupilostatómetro *m.* 〈医〉瞳孔距离计

pupilotonía *f.* 〈医〉瞳孔紧张症

puquío *m. Amér. L.* 〈地〉泉

purasangre *m. f.* 〈动〉纯种动物(尤指马)

pureza *f.* ①纯净，洁净；②〈化〉纯度

purga *f.* ①〈医〉催泻，通便；②〈药〉泻药，泻剂；③清洗，清除；④排[泄，放，出，水，气，油]

~ de aire 排[放，泄，通]气

grifo de ～ 排气阀，排气[放水]旋塞

purgación *f.* ①〈医〉催泻，通便；②〈药〉泻药[剂]；③〈生理〉（妇女的）月经；行经；④洗[涤，赎]罪；⑤〈法〉免罪；洗雪罪名

purgador,-ra *adj.* ①使纯[洁]净的，（使）净化的；②清洗[除]…的；③〈法〉洗[涤，赎]罪的；④〈药〉催泻的，通便的 ‖ *m.* 〈机〉①排放器；②清洗[吹洗，净化]器，清选机；③阀门
～ continuo 滴阀
～ de hilos 清棉机，松棉[毛]机
～ de vapor 凝汽阀，凝汽筒

purgante; purgativo,-va *adj.* 〈药〉催泻的，通便的 ‖ *m.* 泻药[剂]

purgatorio,-ria *adj.* ①使纯[洁]净的，使净化的；②清洗[除]…的；③〈法〉洗[涤，赎]罪的；④〈药〉催泻的，通便的

purificación *f.* ①净化(法，作用)，纯化(法，作用)；②〈工〉〈技〉提纯，精制；③〈冶〉精炼；④涤罪，洗罪；清洗
～ de aguas 水的净化
～ de ambientes 净化环境
～ del gas 气体纯化
～ étnica 种族[族裔]清洗
～ preliminar 初步净化[提纯]

purificador,-ra *adj.* ①净化的，使洁净的；②〈技〉提纯的；精制的；〈冶〉精炼的；③清洗[除]的 ‖ *m. f.* ③精制[提纯]者 ‖ *m.* 〈机〉①清洗[滤清]器；清洗装置[设备]；(空气)净化器；②提纯[精炼]器
～ de aceite lubricante 滤油器
～ de agua 净[滤]水器
～ de aire 空气净化[过滤]器

purificante *adj.* 净化的，使洁净的；起清洁作用的 ‖ *m.* ①净化[洁净]剂；②提纯剂

purina *f.* 〈化〉嘌呤

purinemia *f.* 〈医〉嘌呤血症

purinémico,-ca *adj.* 〈医〉嘌呤血症的

purinómetro *m.* 〈医〉尿嘌呤血定量器

púrpura *f.* ①〈动〉骨螺；②骨螺紫；紫色；紫红色；③〈纺〉紫色布；④〈医〉紫癜
～ visual 〈生化〉视紫红质

purpúrico,-ca *adj.* ①〈医〉紫癜的；②见 ácido ～
ácido ～ 〈化〉红紫酸

purpurina *f.* ①金属粉；金属粉颜料；②（闪光的）金属丝[箔]；③〈化〉红紫素

purpurógeno,-na *adj.* 〈医〉生视紫质的

purulencia *f.* 〈医〉化脓，脓性

purulento,-ta *adj.* 〈医〉化脓的，脓性的

puruloide *adj.* 〈医〉脓样的

pus *m.* 〈医〉脓，脓水

pústula *f.* 〈医〉脓疱

pustulación *f.* 〈医〉脓疱形成

pustulosis *f.* 〈医〉脓疱病

pustuloso,-sa *adj.* 〈医〉脓疱的

putativo,-va *adj.* ①假[推]定的；②〈法〉假定存在的

putidoil *m.* (石油污迹)溶解菌

putrescina *f.* 〈化〉腐胺

putt *m. ingl.* 〈体〉(高尔夫球运动中的)轻击；推球入洞，转击入穴

putter *m. ingl.* 〈体〉①(高尔夫球运动中的)轻击者；②轻击(球)杆

puyón *m. Amér. L.* 〈植〉芽，苞

puzol *m.*; **puzolana** *f.* 〈地〉白榴火山灰

puzolánico,-ca *adj.* 〈地〉(白榴)火山灰质的

PVC *abr. ingl.* ①polyvinyl-chloride 〈化〉聚氯烯；②permanent virtual circuit 〈电〉永久性虚拟电路；③permanent virtual connection 〈信〉永久虚拟连接

PVP *abr.* precio de venta al público (建议)零售价

PYME; pyme *abr.* Pequeña y Mediana Empresa 中小企业

pyrex *m.* 硼硅酸盐耐热硬质玻璃

Q q

q. b. s. m. *abr.* que besa su mano ①吻您的手(妇女对男人客套问候的回答);②顺致敬意(书信用语)

q. b. s. p. *abr.* que besa su pie ①吻您的脚(男人对妇女的客套问候);②顺致敬意(书信用语)

q. e. s. m. *abr.* que estrecha su mano 紧握您的手(书信用语,表示告别)

QH *abr.* quiniela hípica 〈机〉赛马赌金计算机

qm *abr.* quintal(es) métrico(s) 公担(100千克)

Q-metro *m. ingl.* (通过测定电感和电阻的比值来测量一个电路的高频 Q 值的)Q 表,质量因数计,优值计

qts. *abr.* quilates 见 quilate

quantum (*pl.* quanta) *m.* ①〈理〉量子;②(定,数)量;总量;份额,部分

quark(*pl.* quarks) *m.* 〈理〉夸克(基本粒子之一)

quásar *m.* 〈天〉类星体,类星射电源

quebrachal *adj. Arg.* 坚木林

quebrachelero,-ra *adj. Arg.* 〈植〉坚木的 ‖ *m. Arg.* 坚木林

quebrache *m. Méx.* 〈植〉坚木

quebracho *m.* ①〈植〉(南美产漆树科)红破斧木树;(南美产夹竹桃科)白坚木树;白破斧木树;②坚[破斧]木;③(用于鞣革的)坚木鞣质;坚木烤胶

quebrada *f.* ①〈地〉沟壑;(山)峡,皱[峡]谷,冲沟;②*Amér. L.* 溪(流),小河[川,溪]

quebradizo,-za *adj.* (物品、食品等)脆(化,性)的,易碎的;易损坏[害]的
～ al rojo 热脆(性)的
～ en caliente/frío 热/冷脆(性)的
～ y tierno 易碎的
hierro ～ 热脆铁,脆(性)铁
hierro ～ en frío 冷脆铁
punto ～ 脆折[化,裂]点
ruptura ～a 脆性断裂

quebrado,-da *adj.* ①(地面)不平的,崎岖的;②破(了)产的,倒闭的;③断裂的;〈医〉(组织)破裂的;患疝气的;④不规则的(直线),弯弯曲曲的;⑤〈数〉分数的 ‖ *m.* 〈数〉分数;分式 ‖ *f.* ①〈医〉患疝气者;②(尤指经法院宣布的)破产者

～ compuesto 繁分数
～ común[vulgar] 简[普通]分数
～ de color (脸色)苍白的,无血色的
～ decimal 小数
～ impropio 假分数
～ no rehabilitado (债务)未偿清的破产者
～ propio 真分数
～ rehabilitado (债务)已偿清的破产者
disco ～〈医〉破裂椎间盘
línea ～a 虚[折]线

quebrador *m. Amér. C.* 〈机〉咖啡脱壳机

quebradora *f.* ①〈机〉破[压,轧]碎机,碎[轧]石机;②*Amér. C.* 〈机〉咖啡脱壳机;③*Amér. C.* 〈医〉登革热
～ de carbón 碎煤机
～ de cono 锥形碎石[矿]机
～ de impacto 锤式破碎机
～ de mandíbula[quijadas] 颚式破[压,轧]碎机
～ de roles 滚筒式碎石机,滚碎机
～ giratoria 回旋压碎机

quebradura *f.* ①裂缝[口,隙];②〈地〉沟壑;(山)峡,皱[峡]谷,冲沟;③〈医〉(组织的)破裂;疝

quebraja *f.* ①裂缝[痕,口,纹,隙];②皱[龟]裂

quebrantable *adj.* 脆(化,性)的,易破碎的

quebrantado,-da *adj.* 破碎[裂,损]的 ‖ *m.* 破碎
～ previo 粗碎
～ primero 初次破碎
～ secundario 次级[二次]破碎

quebrantadora *f.* 〈机〉破[轧]碎机;碎石[矿]机
～ de mandíbula 颚式破[压,轧]碎机
～ giratoria 回旋压碎机
～ previa 粗碎机

quebrantadura *f.* ; **quebrantamiento** *m.* ①裂缝[口]破裂,打破;②(强度等的)减弱;③〈法〉违法(行为);违反
～ de contrato 违法合同,违约
～ de forma 〈法〉违反程序
～ del testamento 违法遗嘱

quebrantahuesos *m. inv.* 〈鸟〉胡兀鹫,髯鹫

quebrantaolas *m.* 〈工程〉防波堤[墙,栏];防

浪板

quebraza *f.* ①裂缝[痕,口];②〈医〉(皮肤)皲[皴]裂

quebroso,-sa *adj.* 易碎的;易损坏[害]的

queche *m.* 〈船〉①单桅小帆船;双桅纵帆船;②(有活鱼舱的)渔帆船

quechi *m. Amér. L.* 〈地〉滑坡;泥石流

quechol *m. Méx.* 〈鸟〉红鹤

quecupatli *m. Méx.* 〈植〉含羞草

queilectropión *f.* 〈医〉唇外翻

queilitis *f. inv.* 〈医〉唇炎

queilognato *m.* 〈医〉唇裂

queiloplastia *f.* 〈医〉唇成形术

queilorrafia *f.* 〈医〉唇裂修复术

queilosis *f.* 〈医〉唇干裂

queilotomía *f.* 〈医〉唇切开术

queja *f.* ①抱[埋]怨;呻吟(声);②〈法〉抗议;(民事)控诉;(刑事)控告;③〈商贸〉投诉
~ de dolor (病痛的)呻吟(声)
~ engañosa[perversa] 诬告
centro de ~ 投诉中心

quela *f.* 〈动〉(虾、蟹等的)螯,钳爪

quelación *f.* 〈医〉①螯作用;②螯环化

quelado,-da *adj.* 〈动〉具[有]螯的;似螯的

quelante *adj.* 〈化〉螯合的
agente ~ 螯合剂

quelato,-ta *adj.* 螯合[形,状]的 ‖ *m.* 〈化〉螯(形化)合物;螯合剂

quelatometría *f.* 〈医〉螯合测定法

quelbo; quelgo *m. Chil.* 〈鸟〉火烈鸟

quelhue *m. Amér. L.* 〈鸟〉火烈鸟

quelicerados *m. pl.* 〈动〉螯肢

queliforme *adj.* 螯状的,钳爪状的 ‖ *m.* 〈动〉螯器

queloide; queloma *m.* 〈医〉瘢痕瘤;瘢痕疙瘩

queloidectomía *f.* 〈医〉瘢痕瘤切除术

quelonia *f. Cari.* 〈动〉海龟;玳瑁;鳖;甲鱼

quelonio,-nia *adj.* 〈动〉海龟科的;海龟的;海龟状的 ‖ *m.* ①海龟;②*pl.* 海龟科

quelpo *m.* 〈植〉海草;巨藻;大型褐海藻

quema *f.* ①火灾,失火;②〈农〉(耕种前)烧除草木;烧除低矮丛林;烧荒;③垃圾[废物]堆;垃圾[废物]堆场

quemable *adj.* 易燃的

quemadera *f. Méx.* 烧焦;(火)燎

quemadero *m.* ①〈环〉(垃圾)焚烧场;②(尸体)火化场

quemado,-da *adj.* ①烧过[掉]的;烧成的;②烧伤[焦]的;③*Amér. L.* 深褐色的;暗红色的 ‖ *m.* ①燃烧,烧焦;②〈医〉烧灼;③*Amér. L.* 〈农〉烧荒地;④*pl.* 被烧伤者

quemador *m.* ①燃烧器[装置];喷燃器;②灯,喷灯;③*Méx.* 〈植〉荨麻;④*Méx.* 灯嘴 ‖ ~a *f. Méx.* 〈植〉荨麻
~ de aceite pesado 燃[烧]油灯
~ de gas 煤气灯
~ de petróleo 燃[烧]油灯
~ oxiacetilénico 氧乙炔灯

quemadura *f.* ①(被火、太阳等)烧伤;烧灼;(被沸水等)烫伤;②〈电〉(保险丝)烧断;③〈植〉(霜冻导致植物的)枯萎;④〈农〉黑穗病
~ de primer/segundo grado 一/二度烧伤
~ de sol(~s solares) 晒伤;晒红[黑]
~ ligera 轻度烧伤
~ profunda 重度烧伤
~ química 化学烧[灼]伤
choque por ~ 烧伤性休克
sensación de ~ 烧灼感

quemaquema *f. Bol.* 〈动〉一种蜈蚣

quemarropa *adv.* 见 a
a ~ 近距离平射地;直射地

quemazón *f.* ①燃烧;②*Amér. C.*, *Méx.* 火灾,失火;③酷[剧,炎]热;④〈医〉痒;烧灼感;⑤〈商贸〉甩[贱]卖;⑥*Méx.* 〈农〉荒

quemis *m. Amér. C.* 〈动〉蜘蛛

quemón,-ona *m. f. Méx.* 吸毒者,瘾君子 ‖ *m. Amér. L.* 焚烧,烧毁

quemosis *f.* 〈医〉结膜水肿,球结膜水肿

quena *f. And.*, *Cono S.* 〈乐〉(印第安人吹的)笛子

quenista *m. f. Amér. M.* 〈乐〉笛子吹奏者

quenopodiáceo,-cea *adj.* 〈植〉藜科的 ‖ *f.* ①藜科植物;②*pl.* 藜科

quepis *m. Amér. L.* 〈军〉(平圆顶、硬帽舌的)法国军帽

quepuca *f. Amér. L.* 〈矿〉石灰石

querargirita *f.* 〈矿〉角银矿,氯化银矿

queratalgia *f.* 〈医〉角膜痛

queratansulfato *m.* 〈医〉硫酸角质素

queratectasia *f.* 〈医〉角膜扩张,角膜突出

queratectomía *f.* 〈医〉角膜切除术

queratina *f.* 〈生化〉角蛋白

queratinasa *f.* 〈生化〉角蛋白酶

queratinización *f.* 〈生医〉角质化,角质化(作用)

queratinizarse *r.* 〈医〉角化,角质化

queratitis *f. inv.* 〈医〉角膜炎

queratoacantoma *m.* 〈医〉角化棘皮瘤

queratocele *m.* 〈医〉角膜后弹力层膨出

queratocentesis *f.* 〈医〉角膜穿刺术

queratoconjuntivitis *f. inv.* 〈医〉角膜结膜

炎

queratoderma *m.*〈医〉皮肤角质层

queratodermia *f.*〈医〉皮肤角化病

queratófido; queratófiro *m.*〈地〉角斑岩

queratohemia *f.*〈医〉角膜血沉着

queratohialina *f.*〈医〉透明角质蛋白

queratoiridoscopio *m.*〈医〉角膜虹膜镜

queratoleucoma *m.*〈医〉角膜白斑

queratoma *m.*〈医〉①角化瘤；②胼

queratomalacia *f.*〈医〉角膜软化

queratometría *f.*〈医〉角膜曲面[率]测量（法）

queratómetro *m.*〈医〉角膜散光计；角膜曲面[率]计

queratomicosis *f.*〈医〉角膜真菌病

querátomo *m.*〈医〉角膜刀

queratoplastia *f.*〈医〉角膜成形术；角膜移植术

queratoquiste *m.*〈医〉角化囊肿

queratorrexis *f.*〈医〉角膜破裂

queratoscleritis *f. inv.*〈医〉角膜巩膜炎

queratoscopia *f.*〈医〉角膜镜检查

queratoscopio *m.*〈医〉角膜镜

queratosis *f.*〈医〉角化病

queratotomía *f.*〈医〉角膜切开术

quercetina *f.*〈生化〉槲皮苷，栎皮酮

querella *f.*①〈法〉控告，指控；诉讼（案件）；②争端[执]；纠纷
　～ por difamación 诽谤诉讼
　～s industriales 劳资争端

querellado,-da *m. f.*〈法〉被告

querellador,-ra; querellante *m. f.*〈法〉原告，起诉人
　la parte ～ 原告方

querencia *f.*①〈动〉归巢本能；②〈动〉兽窝[穴]；出没处；③思乡，（人或动物的）恋眷

querepa *f. Venez.*〈植〉木薯

querequete *m. Cub.*, *P. Rico*〈鸟〉美洲夜鹰

quermes; quermés *f.*①〈昆〉胭脂虫，雌胭脂虫；②〈化〉胭脂，胭脂虫红；③见 ～ mineral
　～ mineral〈矿〉橘红硫锑矿，杂红锑矿

quermesita *f.*〈矿〉橘红硫锑矿，杂红锑矿

querosén; querosene *m. Amér. L.* 见 queroseno

queroseno *m.*; **querosín** *m. Ecuad.*, *Nicar.*, *Pan.* 煤油，火油

quersoneso *m.*〈地〉半岛

querva *f.*〈植〉蓖麻

quesaliste *m. Méx.*〈矿〉黑曜石

quesalsoquiya *f. Méx.*〈矿〉祖母绿

quesero,-ra *adj.* 奶酪的；干酪的 ‖ *m. f.* 干酪制造商

industria ～a 奶酪工业

quetonemia *f.*〈医〉酮血；酮血症（血酮体过高）

quetonuria *f.*〈医〉酮尿；酮尿症（尿酮体过多）

quetzal *m.*〈鸟〉（中美洲产、羽毛艳丽的）大咬鹃

quetzalcoate *m. Méx.*〈动〉羽蛇神（土著人信奉的神）

quiasma *m.*①〈生〉（染色体）交叉；②见 ～ óptico
　～ óptico〈解〉视（束）交叉

quiastolita *f.*〈矿〉空晶石

quicial *m.*〈建〉（门、窗的）枢，转轴

quicio *m.*〈建〉①门侧柱；门框边框；②*Cub.* 台[石]阶

quicionera *f.*〈机〉轴承；轴承套；轴衬[瓦]
　～ a bolas 滚珠推力轴承，止推滚珠轴承
　～ anualar 环形（阶式）轴承

quiebra *f.*①破产；倒闭；②裂缝[痕，口，隙]
　～ abierta 公开破产
　～ bancaria 银行倒闭
　～ casual 意外破产
　～ fraudulenta 欺诈性破产
　～ involuntaria 强制破产，被动破产
　～ voluntaria 自行申请破产

quiebrahacha *f.* 硬[坚]木，〈植〉破斧树

quiebramar *m.*〈工程〉防波堤

quiebravirutas *m.*〈机〉①断屑槽，分屑沟；②破屑机

quiebre *m.* 破裂；裂开

quiebro *m.*〈乐〉装饰音（尤指倚音）

quiescencia *f.* 静止；静态

quiescente *adj.*①静止[态]的；不活动的；②〈医〉静息的，非活动性的

quif *m.*①大麻麻醉剂；②印度大麻制剂

quijada *f.*〈解〉颌，颚；颌骨

quijotada *f.* 堂吉诃德（Don Quijote）式行为

quijotería *f.*; **quijotismo** *m.*①堂吉诃德式行为；②堂吉诃德式性格

quil *abr.* quilate 见 quilate

quila *f. Amér. L.*〈植〉朱丝贵竹

quilamole *m. Méx.*〈植〉肥皂草

quilanguima *m.*〈医〉乳糜管瘤

quilatador,-ra *m. f.* 珠宝鉴定师；金银成色鉴定者

quilatar *tr.* 鉴定…成色

quilate *m.*①克拉，公制克拉（钻石等珠宝的重量单位，等于 200 毫克）；②开（金等贵金属纯度单位，24 开为纯金）
　diamante de 10 ～s 10 克拉钻石
　oro de 18 ～s 18 开金

quilatera *f.* 珠宝（成色）鉴定器

quilaya *f*. *Col*. 〈植〉石碱树

quilbo *m*. *Amér. L*. 〈鸟〉火烈鸟

quilectasia *f*. 〈医〉乳糜管扩张

quilemia *f*. 〈医〉乳糜血〔症〕

quiliárea *f*. 〈农〉千公亩

quilífero,-ra *adj*. 〈生理〉① 形成乳糜的；② 输送乳糜的

quilificación *f*. 〈生理〉乳糜生成

quiliforme *adj*. 〈医〉乳糜的

quilla *f*. ① 〈船〉〈鸟〉龙骨；② (禽类的) 龙骨；③ 〈动〉龙骨脊
   ~ **de balance** 减摆龙骨，舭龙骨
   ~ **de varado** 坐坞龙骨
   ~ **maciza** 矩形龙骨
   ~ **principal** 主龙骨

quillar *tr*. 〈船〉装龙骨

quillay *m*. *Amér. L*. 〈植〉肥皂树，石碱树

quillayazo *m*. *Chil*. 石碱树皮汁 (用作洗涤液)

quilo *m*. ① 千克，公斤；② 〈医〉乳糜

quilociclo *m*. 〈理〉千周

quilocisto *m*. 〈医〉乳糜池

quilográmetro *m*. 〈理〉千克米，公斤米

quilogramo *m*. 千克，公斤

quilolitro *m*. 千升

quilología *f*. 〈医〉乳糜学

quilómetro *m*. 千米，公里

quilomicrógrafo *m*. 〈医〉乳糜微粒图

quilomicrón *m*. 〈生化〉乳糜微粒，血沉

quilomicronemia *f*. 〈医〉乳糜微粒血症

quilopericardio *m*. 〈医〉乳糜心包

quiloperitoneo *m*. 〈医〉乳糜性水腹

quilópodos *m. pl*. 〈动〉唇足纲动物

quilopoyesis *f*. 〈生理〉乳糜生成

quilorrea *f*. 〈医〉① 乳糜溢；② 乳糜性腹泻

quilosis *f*. 〈医〉乳糜化 (作用)

quilotórax *m*. 〈医〉乳糜 (性水) 胸

quilovatio *m*. 〈理〉千瓦特 (功率单位)

quiluria *f*. 〈医〉乳糜尿

química *f*. 化学
   ~ **agrícola** 农业化学
   ~ **alimentaria** 食品化学
   ~ **ambiental** 环境化学
   ~ **analítica** 分析化学
   ~ **aplicada** 应用化学
   ~ **biológica** 生物化学
   ~ **coordinativa** 配位化学
   ~ **física** 物理化学
   ~ **fisiológica** 生理化学
   ~ **general** 普通化学
   ~ **geológica** 地质化学
   ~ **industrial** 工业化学

   ~ **inorgánica/orgánica** 无/有机化学
   ~ **legal** 法律化学 (指用来解决法律问题的应用化学)
   ~ **macromolecular** 高分子化学
   ~ **magnética** 磁化学
   ~ **médica** 医用化学
   ~ **mineral** 矿物化学
   ~ **nuclear** 核化学
   ~ **pura** 理论化学
   ~ **sintética** 合成化学
   ~ **teórica y computacional** 理论与计算化学
   ~ **trazadora** 示踪化学

químico,-ca *m. f*. 化学的；化学上用的 ‖ *m. f*. 化学家[师]；化学工作者
   ~ **geológico** 地质化学工作者
   absorción ~**a** 化学吸收
   armas ~**as** 化学武器
   carcinógeno ~ 化学致癌物
   composición ~**a** 化学成分
   constitución ~**a** 化学构成[结构]
   ecuación ~**a** 化学方程式
   elemento ~ 化学元素
   fábrica de productos ~**s** 化工厂
   fórmula ~**a** 化学式
   ingeniería ~**a** 化学工程
   potencial ~ 化学势
   precipitación ~**a** 化学沉淀
   separación ~**a** 化学分离
   valencia ~**a** 化学价

quimicobiología *f*. 化学生物学

quimicobiological *adj*. 化学生物学的

quimicobiológico,-ca *adj*. 化学生物学的

quimicofísica *f*. 化学物理学

quimicofísico,-ca *adj*. 化学物理学的

quimicofisiología *f*. 化学生理学

quimificación *f*. 食糜形成

quimihidrometría *f*. 〈测〉〈工程〉化学测流 (法)，化学水文测验 (法)

quimioautotrofia *f*. 〈生化〉化能自养，化学自养

quimioautotrófico,-ca *adj*. 〈生化〉化能自养的，化学自养的

quimiocauterización *f*. 〈医〉化学烙术

quimioceptor *m*. 〈化〉化学受体

quimiocoagulación *f*. 〈医〉化学凝固法

quimiofobia *f*. 〈化〉化学物质恐惧症

quimioinmunidad *f*. 化学免疫性

quimioinmunología *f*. 化学免疫学

quimioinmunoterapia *f*. 〈医〉化学免疫疗法

quimiolisis *f*. 〈化〉化学分解

quimiolitotrofia *f*. 无机化能营养

quimiolitotrófico,-ca *adj*. 无机化能营养的 bacteria ～a 无机化能营养菌

quimioluminiscencia *f*. 〈化〉化学发光（由化学反应引起,但不带来明显温度变化）

quimiomorfosis *f*. 〈化〉化学变态,化学性变态

quimioorganotrofia *f*. 有机化能营养

quimioorganotrófico,-ca *adj*. 有机化能营养的

quimioprofiláctico *m*. 〈医〉化学预防药物

quimioprofilaxis *f*. 〈医〉化学预防法

quimioquina *f*. 〈生〉〈生化〉趋化因子

quimiorreceptor *m*. ①〈生理〉化学感受器;②〈生〉化学受体

quimiorreflejo *m*. 化学反射

quimiosfera *f*. 〈气〉〈天〉光化层

quimiosíntesis *f*. 〈生化〉化学合成

quimiósmosis *f*. 〈化〉化学渗透（作用）

quimiostato *m*. （尤指用于培养微生物的）恒化器

quimiotáctico,-ca *adj*. 〈环〉〈生〉趋化性的;趋药性的

quimiotaxis *f*. 〈环〉〈生〉趋化性;趋药性

quimiotaxonomía *f*. （动植物）化学分类学

quimioterapeutante *m*. 〈药〉化学治疗剂

quimioterapéutico,-ca *adj*. 〈医〉化学治疗的

quimioterapia *f*. 〈医〉化学疗法[治疗],化疗

quimiotropismo *m*. 〈环〉〈生〉向化性;向药性

quimismo *m*. 化学机制;化学机理

quimisorción *f*. 〈化〉化学吸附

quimo *m*. 〈生理〉〈生医〉食糜

quimografía *f*. 记波器,波形自动测量法

quimógrafo *m*. 波形自记器;记[描]波器

quimono *m*. *jap*. 和服

quimosina *f*. 〈生化〉凝乳酶

quimosintético,-ca *adj*. 〈生化〉化学合成的

quimotripsina *f*. 〈生化〉胰凝乳蛋白酶,糜蛋白酶

quimotripsinógeno *m*. 〈生化〉胰凝乳蛋白酶原,糜蛋白酶原

quina *f*. ①金鸡纳树皮（疟疾特效药奎宁的主要原料）;②〈药〉金鸡纳碱;奎宁 ～ amarilla 黄金鸡纳树皮

quinacridona *f*. 〈化〉喹吖（二）酮;二羟基喹啉并吖啶

quinacrina *f*. 〈化〉〈药〉奎[基]纳克林;阿的平（一种抗疟药）

quinal *m*. *Amér. L*. 金鸡纳树林

quinalbarbitona *f*. 〈药〉司可巴比妥,速可眠（一种催眠药）

quinaldina *f*. 〈药〉喹哪啶,喹纳丁

quinaquina *f*. ①〈医〉奎宁;②金鸡纳树皮（可从中提取奎宁等药物）

quinasa *f*. 〈生化〉激[致活]酶

quinato *m*. 〈化〉奎尼酸盐

quinazolina *f*. 〈药〉喹唑啉

quincajú *m*. 〈动〉南美浣熊

quincalla *f*. ①五金制品[器具],金属器[构]件;②五金店,五金业;③ *P. Rico* 小金属玩具厂;小金属玩具店

quincallería *f*. ①五金店,金属器具店;②五金工厂

quincallero,-ra *m*. *f*. ① 小五金商,金属器具商;②*P. Rico* 小金属玩具厂主;小金属玩具店主

quince *m*. *Ecuad*. 〈鸟〉蜂鸟

quincena *f*. ①半个月;十五天;②半月监禁;③半月薪;④〈商贸〉半月分期付款

quincha *f*. ① *Amér. L*. 苇[篱笆]墙;② *Col*. 〈鸟〉蜂鸟

quinchihue *m*. *Chil*. 〈植〉万寿菊

quinchoncho *m*. 〈植〉木豆

quinde *m*. *Col*., *Ecuad*. 〈鸟〉蜂鸟

quinescopio *m*. ①〈电视〉显像管;②屏幕录像

quinesiología *f*. 〈体〉运动学（人体运动的力学,为体育学的一个分科）

quinesiterapia *f*. 〈医〉运动疗法,体疗(法)

quinetina *f*. 〈生化〉激动素（促进植物细胞分裂和胚胎生长的激素）

quinetosoma *m*. 〈生〉基体;动体

quingombó *m*. 〈植〉秋葵

quinidina *f*. 〈药〉金鸡纳碱;奎宁

quinina *f*. 〈药〉金鸡纳碱;奎宁

quiniofón *m*. 〈药〉喹碘方,药特灵（抗原生动物药）

quinismo *m*. 〈医〉奎宁中毒;金鸡纳中毒

quinizarina *f*. 〈化〉二羟基-蒽醌

quino *m*. *Amér. L*. ①〈植〉金鸡纳树;②金鸡纳树皮

quinoide *adj*. 〈化〉醌型的 ‖ *m*. （结构、性质等方面似醌的）醌型化合物

quinoidina *f*. 〈化〉奎诺酊

quinol *m*. 〈化〉氢醌,对苯二酚

quinoleico,-ca *adj*. 〈化〉喹啉的,氮(杂)萘的

quinoleína *f*. 〈化〉喹啉

quinolina *f*. 〈化〉喹啉,氮(杂)萘

quinón *m*.; quinona *f*. 〈化〉醌,苯醌

quinonas *f. pl*. 〈化〉醌类

quinoxalinas *f. pl*. 〈化〉喹噁啉(类)

quinquefoliolado,-da *adj*. 〈植〉五小叶的

quinquenal *adj*. 五年的;每五年一次的 plan ～ 五年计划 planificación ～ 五年规划

quinquevalencia *f*. 〈化〉五价

quinquevalente *adj*. 〈化〉五价的;有五种价的

quinquina *f.* ①*Amér. L.* 〈植〉金鸡纳树；②金鸡纳树皮

quinta *f.* ①田[庄]园；②乡间别墅；*Amér. L.* 农舍；③〈军〉被征入伍者；征兵，服役；④〈乐〉五度音程；五度和音

quintal *m.* ①担(100 磅)；②〈卡斯蒂利亚地区〉担(约为 46 千克)
～ inglés 英担(英制重量单位，在英国等于 112 磅，在美国等于 110 磅)
～ métrico 公担(100 千克)

quintalada *f.* 〈商贸〉运费补贴

quintana *f.* 〈医〉(每第五日复发的)四日热

quintante *m.* 〈海〉〈天〉五分仪

quintero *m.* ①农民；②农场工人

quinteto *m.* 〈乐〉①五重唱；五重奏；②五重唱小组；五重奏小组

quítica *f.* 〈数〉五次量；五次方程[函数，多项式]

quintillon *m.* 100 万的 5 次幂

quintral *m.* ①*And., Cono S.* 〈动〉犰狳；②〈乐〉十五弦琴

quíntuplo,-la *adj.* ①五部分(组成)的，有[包括]五部分的；五方的；②五倍的；③五重的‖ *m.* 五倍

quinua *f.* 〈植〉昆诺阿苋(一种粮食作物)

quique *m.* 〈动〉灰鼬(产于南美洲和中美洲)

quiral *adj.* 〈化〉手征性的
molécula ～ 手征性分子

quiralidad *f.* 〈化〉手征性

quirartrisis *f. inv.* 〈医〉手关节炎

quiririo *m.* 〈动〉蝰蛇

quirobraquialgia *f.* 〈医〉手臂麻痛

quirocinestecia *f.* 〈医〉手运动(感)觉

quirófano *m.* 〈医〉手术室

quirógrafo,-fa *adj.* 未经公证人认可的；私下的(证书，契约等)‖ *m.* 未经公证人认可的契约；私下订立的契约

quiromasaje *m.* (徒手)按摩

quiromasajista *m. f.* (徒手)按摩师

quiromegalia *f.* 〈医〉巨手畸形

quiropedia；**quiropodia** *f.* 〈医〉①足病学；②手足医术

quiroplastia *f.* 〈医〉手成形术

quiropodalgia *f.* 〈医〉手足痛

quiropodista *m. f.* 〈医〉①手足医；手足医师；②足病医生

quiropráctica *f.* 〈医〉(脊柱)按摩疗法

quiropráctico,-ca *adj.* 〈医〉(脊柱)按摩疗法的‖ *m. f.* 按摩技师；手治疗者，用手法治疗者

quiróptero,-ra *adj.* 〈动〉翼手目动物的；蝙蝠的‖ *m.* ①翼手目动物；蝙蝠；②*pl.* 翼手目

quiroscopio *m.* 〈医〉手导镜

quirospasmo *m.* 〈医〉手痉挛；书写不能

quiroterapeuta *m. f.* 〈医〉按摩技师；手治疗者，用手法治疗者

quirquicho；**quirquincho** *m. Amér. M.* 〈动〉犰狳

quirquinchada *f. Amér. M.* 猎捕犰狳

quirúrgico,-ca *adj.* 〈医〉外科的
operación ～a 外科手术

quirurgo,-ga *m. f.* 〈医〉外科医生

quiselgur *m.* 〈矿〉硅藻土

quisquilla *f.* 〈动〉虾；褐虾

quiste *m.* 〈医〉囊肿
～ adventicio 附属囊肿
～ dermoide 皮样囊肿
～ hidatídico 棘球囊肿
～ ovárico 卵巢囊肿
～ sebáceo 皮脂囊肿

quistectomía *f.* 〈医〉囊肿切除术

quístico,-ca *adj.* 〈医〉囊状的

quita *f.* ①〈法〉(债务)免除；②折扣

quitación *f.* ①〈法〉债务减免；②*Amér. L.* 年金

quitador *m.* 〈机〉①清[去]除器；拔取[移去，脱离]器；②拆卸器

quitagoteras *f. pl.* 〈建〉防水层

quitahielo *m. inv.* (车辆前部风挡的)霜冻刮除器

quitamanchas *m. inv.* ①去污[除垢]剂；干洗业；③干洗店；洗衣店‖ *m. f.* 洗衣工

quitameriendas *m. inv.* 〈植〉秋水仙

quitamiedos *m. inv.* ①*Esp.* (楼梯等的)扶手；②(高空作业用的)安全带[装置]

quitanieves *m. inv.* 〈机〉扫雪车[机]；螺旋桨式除雪机
～ centrífugo 旋转式除雪机

quitapenas *m. inv.* 〈军〉手枪；(左轮)手枪

quitapiedras *m. inv.* 〈交〉①(火车机车前的)排障器；②(铁路用的)扫石机

quitapintura *f.* (用以清除旧油漆涂层的)除[脱]漆器

quitapolvos *m. inv.* 〈机〉除尘器

quitasol *m.* ①阳伞；②遮阳篷；③*Méx.* 〈植〉野蘑菇

quiteria *f. Col.* 〈植〉合柱花

quitevé *m. Amér. M.* 〈植〉棕榈

quitina *f.* 〈生化〉几丁质，甲壳质；壳多糖

quitinitis *f. inv.* 〈医〉被膜炎

quitinoso,-sa *adj.* ①〈生化〉几丁质的，甲壳质的；②像几丁质的，像甲壳质的

quitón *m.* 〈动〉石鳖(多板纲软体动物的通称)

quiulla *f.* 〈鸟〉海鸥

quórum (*pl.* quórums) *m.* 法定人数
～ de dos tercios 三分之二法定人数

R r

R ①〈数〉半径(radio)的符号；②〈电〉电阻 (resistencia)的符号；③〈化〉元素铹(rodio)的符号；④〈理〉伦琴(roentgen)的符号

R *abr.* ratio ①比，比率；②〈数〉比例

R. *abr.* ①remite, remitente 寄件人；②registrado 已注册，已登记；③río 河流；④ Rey；Reina 国王；王后；⑤República 共和国；⑥retirado 见 retirado

r. *abr. ingl.* ①rate 比率；②rent 租费

r- *abr. ingl.* Rydberg 〈理〉里德伯(原子物理中的一种能量单位)

Ra 〈化〉元素镭(radio)的符号

RAA *abr.* red de área amplia 〈信〉广域网

raba *m.* 〈动〉触角[须，器]

rabadilla *f.* ①〈解〉尾骨；②〈鸟〉尾部；③牛臀肉

rabani *m.* 〈乐〉印度手鼓

rabanillo *m.* 〈植〉野生萝卜

rabaniza *f.* 〈植〉①萝卜籽；②一种野生萝卜

rábano *m.* 〈植〉萝卜

~ picante 〈植〉辣根

rabaquet *m.* 〈乐〉三弦牧琴

rabárbaro *m.* 〈医〉大黄

rabdocelos *m. pl.* 〈动〉单肠目涡虫

rabdocito *m.* 〈生〉杆状核细胞，晚幼粒细胞

rabdofana *f.* 〈矿〉磷稀土矿

rabdofobia *f.* 〈心〉杆棒恐怖

rabdoideo,-dea *adj.* 杆状的

rabdología *f.* 筹算法

rabdoma *m.* 〈动〉感杆束(昆虫小眼中一杆状构造)

rabdomiolisis *f. inv.* 〈医〉横纹肌溶解

rabdomioma *m.* 〈医〉横纹肌瘤

rabdomiosarcoma *m.* 〈医〉横纹肌肉瘤

rabdovirus *m. inv.* 〈医〉棒状病毒

rabeada *f.* 〈海〉①船猛烈摇摆；②船尾摇摆

rabel *m.* 〈乐〉三弦牧琴

rabeo *m.* 〈海〉(转向时)船尾摇摆

rabí (*pl.* rabíes) *m.* 〈教〉犹太教法学博士

rabia *f.* ①〈医〉狂犬病；②〈植〉霉[锈，枯萎]病

~ canina 狗狂犬病

~ felina 猫狂犬病

~ furiosa 狂暴性狂犬病

~ muda[paralítica] 麻痹性狂犬病

rabiacana *f.* 〈植〉地中海天南星

rabiar *intr.* 〈医〉患狂犬病

rabicandil *m.* ①〈鸟〉鹡鸰；②〈动〉蝌蚪

rabicida *adj.* 杀狂犬病毒的

rábico,-ca *adj.* 〈医〉患狂犬病的

rabicorto,-ta *adj.* (鸟、动物)尾巴短的

rabífico,-ca *adj.* 引起狂犬病的

rabihorcado *m.* ①〈鸟〉军舰鸟；②*Col.* 〈植〉蕉叶巴拿马草

rabijunco *m.* 〈鸟〉鹲

rabil *m.* 〈动〉鲔

rabilargo,-ga *adj.* (鸟、动物)尾巴长的 ‖ *m.* 〈鸟〉①长尾鹊，一种鹊；②*Cub.* 蜂鸟

rabillo *m.* ①〈植〉叶柄，梗；②〈解〉小[短]尾(巴)；③末端[梢]；尾状物

~ de conejo 〈植〉兔尾禾

rabino *m.* 〈教〉犹太教法学博士

rabión,-ona *adj. Amér. L.* 〈医〉患狂犬病的 ‖ *m.* (河流的)急流处，湍滩

rabioso,-sa *adj.* ①〈医〉患狂犬病的；②狂[暴]怒的；③剧烈的(疼痛)

perro ~ 狂犬

rabirrojo *m.* 〈鸟〉红尾鸲

rabirrubia *f.* 〈动〉一种红尾鱼

rabiza *f.* ①〈海〉短细绳；②尾状物

rabizorra *m.* 〈海〉南风

rable *m.* ①(搅炼用的)搅料[拨火]棒；②〈机〉(焙烧炉的机械)搅拌棍[器]

rabo *m.* ①〈动〉尾巴；②〈植〉柄，梗，蒂；③尾状物；(器皿的)柄，把手

~ de gallo 〈海〉①三角旗；②船尾斜肋

~ de gato 〈植〉香车叶草

~ de lagarto 〈植〉冬木贼

~ de ratón *P. Rico* 〈植〉天芥菜

~ de zorra 〈植〉雷文钠式蔗茅

~ del ojo 眼梢，眼角

~ frito *Venez.* 〈动〉一种蛇

~s de gallo 〈气〉卷云

rabón,-ona *adj.* ①〈动〉尾巴极短的；无尾的；②*Amér. L.* 小的，短的

rabopelado *m.* 〈动〉负鼠

raboseado,-da *adj.* 〈印〉(纸)污损的；揉搓皱了的

rabudo,-da *adj.* 〈动〉长[大]尾巴的

raca *f.* ①〈海〉桅滑环，桅箍；②(汽车发动机

的）汽缸

racamenta *f*. ; **racamento** *m*. 〈海〉桅滑环，桅箍

racel *m*. 〈船〉尖部，端部

racemato *m*. 〈化〉外消旋酸盐［酯］；外消旋化合物

racémico,-ca *adj*. 〈化〉外消旋的；外消旋化合物的
ácido ～ 外消旋酸；外消旋酒石酸

racemiferoso,-sa *adj*. 〈植〉具总状花序的

racemiforme *adj*. 〈植〉总状花序的

racemismo *m*. 〈化〉外消旋性，外消旋作用

racemización *f*. 〈化〉外消旋作用

racemoso,-sa *adj*. ①〈植〉总状花序的；总状排列的；②〈解〉〈腺〉葡萄状的
glándula ～a 葡萄腺

racha *f*. ①〈气〉一阵疾［强，狂］风；②突发；急剧（变化）
～ de alza/baja 行市暴涨/跌；价格暴涨/跌
～ de compras 购买热潮

rache *m*. *Cari*. 〈缝〉（衣服）拉链

racial *adj*. ①人种的；种族的；②由种族差异引起的
extinción ～ 种族灭绝

racimado,-da *adj*. 〈植〉成串状的

racimal *adj*. 〈植〉①串的；②（小麦）一秆长两穗的

racimiforme *adj*. 〈植〉花序轴状的，叶轴形的

racimillo *m*. 〈植〉白景天

racimo *m*. ①〈植〉（葡萄等的）串；（花等的）束；②〈植〉总状花序；③〈建〉钟乳石式吊饰，挂饰

racimoso,-sa *adj*. 〈植〉①成串的；有许多串的；②总状（花序）的
inflorescencia ～a 〈植〉总状花序

ración *f*. ①〈数〉比例；②定量（分配，供应）份额；配给量；③〈军〉日需给养，日需口粮；④液量单位（合 126 毫升）；⑤把（干果的计量单位）
～ de campaña 每一（现役）士兵的口粮
～ de etapa 〈军〉作战部队的口粮
～ de exportación 出口配额
～ de hambre 不够维持基本生活的工资
～ de previsión 〈军〉作战部队的储备粮

racionado,-da *adj*. 配给的，定量分配的

racional *adj*. ①〈数〉（式、数、函数等）有理的；有理数的；②理性的；合乎逻辑的；③合［有］理的
explotación ～ 合理开采
expresión［fórmula］～ 有理（化公）式
forma ～ 〈数〉有理型，有理形式
función ～ 有理函数

horizonte ～ 〈天〉天文地平，真地平；天球地平圈
número ～ 有理数

racionalidad *f*. ①合理性；②理性；理智；③推理能力

racionalización *f*. ①理性化；②〈数〉有理化；③合理化；合理化改革
～ de inversión 投资合理化
～ de la producción 生产的合理化
～ industrial 产［工］业合理化

racionalizador,-ra *adj*. ①理性化的；②合理化的；合理化改革的

racionalizar *tr*. ①使合理，使合乎理性；②（为提高效益）对…作合理化改革；③〈数〉给…消根，使有理化

racionamiento *m*. 定量配给
～ del crédito 信贷配给［分配］
～ eléctrico 限量供电

racón *m*. 〈海〉〈航空〉雷康，雷达信标，雷达应答器

racor *m*. ①〈机〉连接［接合］器；连接管；②箍；③（连接汽车散热器和马达的）胶皮管；④〈电影〉场景衔接
～ en T 三通管，（波导的）T 形弯角
～ en U U 形弯管［道］

racosis *f*. 〈医〉阴囊松软

racquet ball *m*. *ingl*. 〈体〉短网拍墙球，手球式墙球

rad *m*. ①〈理〉拉德（吸收剂量的标准单位，等于每克吸收 100 尔格的能量）；②*abr*. radián 〈数〉弧度

rada *f*. ①〈海〉港外［近海］锚地；抛锚处；②小海湾

radama *m*. 〈乐〉重复主旋律

radar; **rádar** *m*. ①〈理〉〈机〉雷达；雷达设备；②雷达站；③雷达（探测）技术
～ de bombardeo automático 自动投弹（轰击）雷达站
～ de bordo 航空［机载］雷达
～ de búsqueda 搜索雷达
～ de dirección 跟踪雷达
～ de impulsos coherente 相关脉冲雷达
～ de piloto 领航［港］雷达
～ de vigilancia 预警［远程警戒］雷达
～ de visión del terreno sobrevolado 环视雷达站，全景雷达（站）
～ modulado en frecuencia 调频雷达
～ panorámico 全景雷达
～ primario 初级雷达
～ secundario 二级雷达
dirección por ～ 雷达跟踪
imagen de eco del ～ 雷达（回波）图像，雷达反射点

radiofaro para ～ 雷达信[指向]标

tapa de protección de equipo ～ 雷达天线罩

radárico,-ca *adj.* （装有）雷达的

buscador ～ 雷达扫描装置,雷达搜索天线

eco ～ 雷达回波

radarista *m.f.* ①雷达操纵员;②〈军〉雷达兵

radaroscopio *m.* 〈电子〉雷达屏,雷达显示器

radecige *f.* 〈医〉痂皮病,挪威疥

radiable *adj.* 能被 X 光线透射的

radiación *f.* ①发光;放热;②〈理〉辐射;放[照]射(作用);(放)射线;放射能;③〈解〉辐射线;④〈医〉放[辐]射疗法;⑤〈无〉(电台的)播放,播音

～ alfa α 射线;α 辐射

～ atómica 原子辐射

～ beta β 射线;β 辐射

～ blanda 软辐射

～ calorífica[térmica] 热辐射

～ corpuscular 〈解〉小体放线

～ cósmica 宇宙辐射

～ cósmica de fondo 宇宙微波背景辐射

～ de fondo de microondas （宇宙)微波背景辐射

～ de fotones 光子辐射

～ del cuerpo negro 黑体辐射

～ dura 硬[贯穿,透射]辐射

～ electromagnética 电磁辐射

～ espuria 〈无〉(信号发射的)寄生[乱真]辐射

～ fuera de banda 频带外辐射

～ gamma γ 射线;γ 辐射

～ infrarroja[ultrarroja] 红外辐射(线)

～ ionizante 致电离辐射

～ luminosa 光辐射

～ lunar 月亮辐射

～ nuclear 核辐射

～ parásita 寄生辐射

～ piramidal 锥放射

～ residual 剩余辐射

～ solar 太阳辐射

～ talámica 丘脑辐射

～ tegmentaria 被盖辐射

～ ultraviolácea[ultravioleta] 紫外(线)辐射

～ VDT 〈信〉图像显示终端辐射

～ visible 可见辐射

～ X X 射线;X 辐射

ángulo de ～ 辐射角

campo de ～ 辐射场

diagrama de ～ 辐射(方向)图

fugas de ～ 辐射泄漏

intensidad de ～ máxima 最大辐射强度

intensidad media de ～ 平均辐射强度

modo de ～ axil 轴向辐射型

modo de ～ normal 简正辐射型

monitor de ～ 辐射监测器

resistencia de ～ de antena 天线辐射电阻

sobrecalentador de ～ 辐射式过热器

radiactinio *m.* 〈化〉射锕,放射性锕

radiactividad *f.* ①〈化〉〈理〉辐[放]射性,放射现象;②放射能;③放[辐]射线

～ artificial 人工放射性

～ inducida 诱导放射性

detector de ～ 盖革计数器(用以测量放射能量的仪器)

radiactivo,-va *adj.* ① 发光的;放热的;②〈理〉放[辐]射的;③放射性的;放射性引起的

desintegración ～a 放射性衰变

elemento ～ 放射性元素

isótopo ～ 放射性同位素

radiado,-da *adj.* ①〈无〉无线电的;无线电广播的;② 辐射能的;③〈动〉〈植〉放射形的;辐射对称的 ‖ *m.* ①〈动〉放射形无脊椎动物;②〈植〉放射形植物

radiador *m.* ①辐射器[体];辐射源;②(集中采暖法的)暖气片[装置];③〈机〉散热器;冷却装置;④〈无〉发射电线

～ activo 有源辐射器

～ con[de] aletas 凸缘片式散热器,肋状散热器

～ de ala 翼面散热器

～ de[en] panal 蜂窝状散热器

～ directivo 定向发射电线

～ eléctrico 电暖气片

～ perfecto 理想辐射器

～ principal 主[初级]辐射器

～ puntual 点辐射源

～ tubular 管状散热器

persiana del ～ 散热器风门片

radial *adj.* ①〈理〉径向的;(沿)半径的;②放射(式)的,辐射状的,辐式的;星形的;③〈数〉半径的;④〈解〉桡骨的;桡侧的;⑤*Amér. L.* 无线电的;无线电广播的

arteria/vena ～ 桡动/静脉

avance ～ 径向馈[进]给

delgas ～es 径向整流(器)片

emisora ～ 无线电台

error ～ 径向误差

flujo ～ 径向流动

fuerza ～ 径向力

guía ～ 无线电节目单

longitud ～ 〈数〉半径长度

motor ～ 星形发动机

movimiento ～〈理〉径向运动

nervio ～ 桡神经

selector ～ 径向选择器

simetría ～ ①〈数〉径向对称;②〈动〉辐射对称

taladradora ～ 摇[旋]臂钻床

turbomáquina ～ 径流式涡轮机

velocidad ～ ①〈理〉径向速度;②〈天〉视向速度

radián; radiano *m*.〈数〉弧度

radiancia *f*. ①〈理〉辐射;辐射率;② 发光(度)

radiante *adj*.〈理〉发光[热]的;辐射的;(发出)辐射热的‖ *m*. ①辐射物(质);②〈天〉光点[体]

calor ～ 辐射热

eficiencia ～ 辐射效率

energía ～ 辐射能

intensidad ～ 辐射强度

punto ～ ①〈理〉辐射源;②〈天〉(流星雨)辐射点

ranura ～ 辐射槽

radiartillería *f*.〈军〉无线电控制的远程大炮

radiata *adj*.(冠)放射形的

radiaterpia *f*. X 射线不适反应

radicación *f*. ①生〈扎〉根;②定居;③〈植〉根的特征;④〈数〉开方,求根

radical *adj*. ①〈植〉根生的;②根[基]本的;彻底的;③〈数〉根式[号,基]的;④〈化〉基的,原子团的‖ *m*. ①〈数〉根式[号,基];②〈化〉根,基,原子团

～ ácido 酸根

～ alcohólico[alquílico] 乙醇基

～ compuesto 复和基

～ inorgánico/orgánico 无/有机基

～ libre 自由基

～ simple 简单基

axis ～〈数〉根[等幂]轴

cirugía ～〈医〉根治性外科手术

expresión ～〈数〉根式

operación ～〈医〉根治术

reducción ～ 大减价

radicando *m*.〈数〉被开方数

radicante *adj*.〈植〉从茎部生根的,茎上生根的

radicela *f*.〈植〉胚[须]根,小根

radicelario,-ria *adj*.〈植〉胚[须]根的,小根的

radiceo,-cea *adj*. ①根的;②根很长的

radicha *f*. *Amér. L*.〈植〉菊苣

radicícola *adj*.〈动〉〈植〉根寄生的,寄生在根部的

radiciforme *adj*.〈医〉根状的,牙根状的

radicoma *f*.〈集〉〈植〉根

radicoso,-sa *adj*. 具有根特征的

radicotomía *f*.〈医〉神经根切断术

radícula *f*. ①〈植〉胚[小]根;胚轴;②〈神经、血管等的〉小[细]根

radiculalgia *f*.〈医〉神经根痛

radicular *adj*.〈解〉〈医〉根的

quiste ～ (牙)根端囊肿

radiculario,-ria *adj*.〈植〉胚[小]根的

radiculectomía *f*.〈医〉神经根切除术

radiculitis *f. inv*.〈医〉脊髓神经根炎

radientómetro *m*. X 光检查定位仪,X 光检查异物仪

radiescente *adj*. ①辐[放]射的;②发光的

radiestesia *f*. ①电磁辐射感应术;②用占卜杖探测水源

radiestesista *m. f*. ①电磁辐射感应术使用者;②用占卜杖探测水源者

radiestético,-ca *adj*. 有电磁辐射感应能力的

radífero,-ra *adj*. 含镭的

radígeno *m*.〈信〉词干提取程序

radio *m*. ①〈数〉半径;②半径距离,(半径)范围;③〈解〉桡骨;④〈化〉镭;⑤(车轮的)辐(条);⑥无线电报;⑦〈植〉(菊科的)边花;伞形花序枝;⑧ *Amér. L*. 无线电;无线电广播‖ *f*. ①无线电;无线电广播;②无线电技术;③无线电台,无线电广播台;④无线电接收器;收音机

～ de acción ①活动[作用]半径[范围];②(当局的)权限,管辖范围;③〈航空〉(飞机的)航程

～ de curvadura 曲率半径

～ de frecuencia 频率范围

～ de giración[giro] (车辆等的)转向[回转]半径,转向[回转]圆

～ de indicación 指示范围(尤指搜索距离)

～ de proa 端点半径

～ de una circunferencia 圆周半径

～ de una esfera 球面半径

～ despertadora (带)闹钟收音机

～ galena 晶体管收音机

～ grabadora 收录机

～ hidráulico mediano 平均水力半径

～ iónico 离子半径

～ libre[pirata] ①非法广播(指在接收国领海外从船上发向接收国的广播);②非法广播电台

～ macuto 消息的秘密来源;暗中传播途径

～ molecular 分子半径

～ nuclear 原子核半径

～ reloj (计算机的)电波钟

～ taxi（装在出租汽车内的）无线电通讯设备

～ vector 向（量）径，（辐向）矢径

de corto/largo ～（导弹、飞机等）近/远程的

radioacción *f*. ①〈化〉〈理〉放[辐]射性，放射现象；②放[辐]射线

radioactinio *m*. 〈化〉射锕，放射性锕

radioactivación *f*. 〈理〉辐射激化[活]，使带放射性

radioactividad *f*. ①〈化〉〈理〉放[辐]射性，放射现象；②放[辐]射线

～ inducida 感生放射性

radioactivo,-va *adj*. 〈化〉〈理〉放射性的，放射性引起的

cenizas ～as 放射性尘埃

desintegración ～a 放射性衰变

detección ～a 放射性检测

detector ～ 放射性检测器，辐射计

isótopo ～ 放射性同位素

yodo ～ 放射性碘，射碘

radioacústica *f*. 无线电（电）声学

radioaéreo,-rea *adj*. 航空无线电通信的

radioaficionado,-da *m*. *f*. 无线电爱好者

radioagricultura *f*.（改良物种的）放射性农业

radioalineación *f*.（航道内的）无线电导航

radioaltímetro *m*. 无线电测高计[仪]，射电测高计

radioamplificador *m*.（高频）放大器

radioantena *f*. ①天线；②〈天〉射电望远镜

radioartillería *f*. 〈军〉无线电控制的远程大炮

radioastronomía *f*. 〈天〉射电天文学

radioaterrizaje *m*.（飞机的）无线电着陆导航

radioaudición *f*. 收听无线电广播节目

radioautografía *f*. 自动射线照相术；放射自显影照相术

radioautógrafo；**radioautograma** *m*. 自动射线照片；放射自显影照片

radioazufre *m*. 〈化〉放射性硫

radiobaliza *f*. 〈海〉〈航空〉无线电（导航）信[指向]标

～ de límite 边界指点（信）标，机场标志板

～ en abanico 扇形（辐射）标志信标

radiobalizaje；**radiobalizamiento** *m*. 用无线电信标标示航线；无线电信标导航

radiobicipital *adj*. 〈解〉桡骨肱二头肌的

radiobio *m*. 辐射生物

radiobiología *f*. 放射生物学

radiobúsqueda *f*. 无线电寻呼

radiocalcio *m*. 〈生化〉放射性钙，射钙

radiocanal *f*. 〈无〉波段，频道

radiocaptar *tr*. 收听（广播、电台等）

radiocarbono *m*. 〈化〉放射性碳，碳-14

radiocarcinogénesis *f*. 〈医〉放射性致癌作用

radiocardiografía *f*. 〈医〉放射心电描记法，心放射描记法

radiocarpiano,-na *adj*. 〈解〉桡腕的

radiocasete *m*. 收录机

radiocentral *f*. 无线电通讯站

radiocesio *m*. 〈化〉放射性铯，射铯，铯-137

radiocirugía *f*. 放射外科学，镭外科学

radiocistitis *f*. 〈医〉放射性膀胱炎

radiocobalto *m*. 〈化〉放射性钴，射钴

radiocomando *m*. 〈讯〉无线电指令；无线电指挥

radiocompás *m*. 〈海〉〈航空〉无线电罗盘

radiocomunicación *f*. 〈讯〉无线电通信

radioconducción *f*. 无线电导航，无线电导引

radioconductor *m*. 无线电收报机

radioconferencia *f*. 广播讲座

radiocontaminación *f*. 放射性污染[玷污]

radiocontaminante *m*. 放射性污染物

radiocontrol *m*. 无线电操纵[控制]

radiocontrolador *m*. 高灵敏度万用电表

radiocroismo *m*. 〈医〉透射吸收性

radiocromatografía *f*. 〈理〉放射色谱法

radiocromatograma *m*. 〈理〉放射色谱图

radiocrómetro *m*. X 线透射[感色]计

radiocrónica *f*. 广播时事，广播新闻报道

radiodermatitis *f*.*inv*. 〈医〉放射性皮炎

radiodespertador *m*. 定时自动开关收音机；闹钟收音机

radiodetección *f*. 无线电探测

radiodetector *m*. 无线电探测器；无线电检波器

radiodiáfano *m*. 镭透照镜

radiodiagnosis *f*. 〈医〉X 线[放射]诊断

radiodiagnóstica *f*. 〈医〉X 线[放射]诊断学

radiodiagnóstico,-ca *adj*. 〈医〉X 线[放射]诊断的 ‖ *m*. X 线[放射]诊断

radiodiagrama *m*. 放射照片；X 线线图

radiodifusión *f*. 电台[无线电]广播

radiodifusor,-ra *adj*. 电台[无线电]广播的 ‖ *m*. 广播电台 ‖～ *a*. *Amér*. *L*. ①无线电台；②无线电广播公司

radiodigital *adj*. 〈解〉桡骨手指的

radiodirector *m*. 无线电控制系统

radiodirigido,-da *adj*. 无线电操纵[控制，制导]的

bomba ～a 无线电制导炸弹

radiodirigir *tr*. 无线电控制[操纵，制导]

radiodo *m*. 镭插入管，镭疗器

radiodosimetría *f*. 放射量测定

radiodosimétrico,-ca *adj.* 放射量测定的

radioecología *f.* 〈生〉放[辐]射生态学

radioeléctrico,-ca *adj.* ①射频[电]的；②无
线电（技术）的
espectro ~ 射频谱
onda ~a 无线电波
rastreo ~ 无线电跟踪

radioelectrónica *f.* 无线电电子学

radioelemento *m.* 〈化〉放射性元素

radioemanación *f.* 镭射气

radioemisión *f.* ①电台[无线电]广播；②
（天体的）射电辐射

radioemisor,-ra *adj.* 无线电发射的；无线电
广播的 ‖ ~a *f.* ①无线电台；无线电广播
公司；②发报机

radioenlace *m.* 转播系统

radioepidermitis *f.inv.* 〈医〉放射性表皮炎

radioepitelitis *f.inv.* 〈医〉放射性上皮炎

radioescucha *m.f.* 无线电广播听众

radioespectro *m.* ①〈讯〉射频频谱；无线电频
谱；②无线电辐射摄谱仪

radioestación *f.* 无线电台

radioesterilización *f.* 〈医〉辐射灭菌[消毒]

radioestesia *f.* ①电磁辐射感应术；②用占卜
杖探测水源

radioestrellas *f.pl.* 〈天〉无线电星；射电星

radioestroncio *m.* 〈化〉放射性锶，射锶，锶-
90

radiofacsímil *m.* 无线电传真

radiofarmacéutico,-ca *adj.* 〈药〉放射性药
物[品]的；放射药剂的 ‖ *m.* 放射性药物
[品]；放射药剂

radiofaro *m.* 〈海〉〈航空〉无线电导航信[指
向]标；无线电导航台
~ de alineación 无线电（航向）信标
~ de alineación omnidireccional 全方向
无线电导航台；无[全]向无线电信标
~ direccional 无线电指向标，定向无线电
信标
~ equiseñal 等强信号无线电（导航）信标

radiofierro *m.* 〈化〉放射性铁，射铁

radiofísica *f.* 〈理〉无线电物理学，放射物理
学

radiofobia *f.* 〈心〉放射[射线]恐怖

radiofonía *f.* 无线电话(学)

radiofónico,-ca *adj.* ①无线电话的；②无线
电广播的

radiofonismo *m.* 〈讯〉放射发声装置

radiófono *m.* ①无线电话；②放射能发声器

radiofonovisión *f.* 视听电话

radiofonovisor,-ra *adj.* 视听电话的

radiofósforo *m.* 〈化〉放射性磷，射磷

radiofoto *f.* ①无线电传真术；②无线电传真
照片

radiofotografía *f.* 无线电传真术

radiofotograma *m.* 无线电传真照片

radiofotoluminiscencia *f.* 辐射光致发光

radiofrecuencia *f.* 〈无〉①射频；②无线电频
率

radiofuente *f.* 〈天〉射电源

radiogalaxia *f.* 〈天〉射电星系

radiogénesis *f.* 〈生〉放射发生；射线产生

radiogenética *f.* 〈生〉放[辐]射遗传学

radiogénico,-ca *adj.* 〈理〉放射所致[生成]
的

radiógeno,-na *adj.* 产生 X 射线的

radiogeología *f.* 〈地〉放射地质学

radiogoniometría *f.* 无线电测[定]向术；无
线电方位测定法

radiogoniómetro *m.* ①无线电测[定]向计
[仪]，无线电方位(测定)计，无线电罗盘；②
无线电测角器
~ acústico 声传无线电定向设备
~ Bellini-Tosi 贝里尼-托西测[定]向器，
贝里尼-托西方位(测定)仪
~ Robinson 罗宾逊测[定]向器，罗宾逊方
位(测定)仪

radiografía *f.* ①X 射线照相(术)；②X 射线
照片，X 光照片

radiográfico,-ca *adj.* X 射线照相的

radiógrafo,-fa *m.f.* 放射线技师 ‖ *m.* ①X
射线照相；②(X,伦琴)射线照片；③辐射强
度指示器

radiograma *m.* ①无线电报；②射线照相；射
线照片；③射线图

radiogramófono *m.* 收音电唱两用机

radiogramola *f.Esp.* ①见 radiograma；②
收音电唱两用机

radioguía *f.* 无线电导航

radioguiado,-da *adj.* 无线电操纵[控制,制
导]的

radioheliógrafo *m.* 射电(望远镜上的)日光
反射信号器

radiohierro *m.* 〈化〉放射性铁，射铁

radiohumeral *adj.* 〈解〉桡肱的(桡骨和肱骨
的)

radioidentificación *f.* 〈讯〉无线电识别

radioindicador *m.* ①无线电指示器[物]；②
放射性示踪元素，放射性指示元素

radioingeniería *f.* 无线电工程

radioingeniero *m.* 无线电工程师

radioinmunidad *f.* 〈生化〉放射免疫性

radioinmunodetección *f.* 〈生化〉放射免疫检
[探]测

radioinmunodetector *m.* 〈生化〉放射免疫检
[探]测器

radioinmunoensayo *m.*〈生化〉①放射免疫测定（法）；②放射免疫分析

radioinmunología *adj.*〈生化〉放射免疫测定（法）

radioinmunológico,-ca *adj.*〈生化〉放射免疫测定（法）的

radiointerferómetro *m.*〈天〉无线电干涉仪

radioisótopo *m.*〈化〉放射性同位素

radiolario,-ria *adj.*〈动〉放射虫目的‖*m.* ①放射虫；②*pl.* 放射虫目

radiolarita *f.*〈地〉放射虫岩

radiolesión *f.*〈医〉放射性损害

radiólisis *f.inv.*〈化〉射［辐］解作用

radiolo *m.*〈医〉探针

radiolocación *f.* ①（使用雷达的）无线电定位；②雷达

radiolocalización *f.* ①无线电定位（学）；②雷达学

radiolocalizador,-ra *adj.* 无线电定位的‖*m.* 无线电定位器，雷达（站）

radiolocalizar *tr.* 无线电定位

radiolocutor *m.f.*（广播电台）播音员

radiología *f.*〈医〉①放射学，（应用）辐射学；②放射应用

radiológico,-ca *adj.*〈医〉放射学的，（应用）辐射学的

radiólogo,-ga *m.f.* ①放射学家，（应用）辐射学家；②〈医〉放射科医生

radiolucencia *f.* 射线可透［透射］性

radiolucente *adj.* 射线可透的；射线可透射的
tejido ～ 射线可透的（人体）组织

radioluminiscencia *f.*〈理〉辐射发［致］光，射线发光（现象）

radiomagnecio *m.*〈化〉放射性锰

radiomarcador *m.* ①无线电指点信标，无线电信标台；②无线电信号显示器

radiomarítimo,-ma *adj.*〈无〉海上无线电报的

radiomensaje *m.* 无线电报

radiomensajería *f.*〈信〉分页，分页拼板；页式调度

radiometalografía *f.* ①（X，γ）射线探伤术（用于金属等的探伤）；②放射金相学

radiometeorógrafo *m.*〈气〉无线电高空测候器，无线电探空仪

radiometría *f.*〈理〉辐射度学；放射度量学

radiométrico,-ca *adj.* ①〈理〉辐射度学的；②〈电子〉辐射计的，用辐射计测量的；微辐射探测仪的

radiómetro *m.*〈电子〉①辐射计［仪］；②微辐射探测仪

radiomicrómetro *m.*〈电子〉（显）微辐射计，辐射微量计

radiomimético,-ca *adj.*〈医〉类放射的，拟辐射的
agente ～ 类放射剂

radiomodulador *m.*〈理〉无线电（频率）调制器

radiomuscular *adj.*〈解〉桡动脉肌的，桡神经肌的

radiomutación *f.*〈遗〉放射性突变

radionavegación *f.*〈海〉〈航空〉无线电导航

radionavegante *m.*〈海〉〈航空〉领航服务员

radionebula *f.*〈天〉射电星云

radionecrosis *f.*〈医〉放射性坏死

radioneuritis *f.inv.*〈医〉放射性神经炎

radionitrógeno *m.*〈化〉放射性氮，射氮

radionúclido *m.*〈理〉放射性核素

radioonda *f.* 无线电波

radiooperador,-ra *m.f.* 无线电话［报］务员

radiooro *m.*〈化〉放射性金，射金

radiooscilación *f.* 电磁振动

radiopacidad *f.* 射线不透性

radiopaco,-ca *adj.* 辐射不透明的，射线透不过的

radiopasteurización *f.* 射线灭菌（食品）

radiopatía *f.*〈医〉放射病

radiopatología *f.*〈医〉放射病理学

radiopatológico,-ca *adj.*〈医〉放射病理学的

radiopatrulla *m.*（装有无线电话的）巡逻警车

radioplano *m.*〈航空〉无线电操纵靶机

radiopotacio *m.*〈化〉放射性钾，射钾

radiopraxis *f.*〈医〉放射疗法［治疗］，放疗

radioprotección *f.* 放［辐］射防护

radioprotectivo,-va *adj.* 放［辐］射防护的‖*m.* 放［辐］射防护药物

radioquímica *f.*〈化〉放射化学

radioquímico,-ca *adj.* 放射化学的

radiorreacción *f.*〈医〉放射反应

radiorreceptor *m.* ①无线电接收机；②收音机；③〈医〉放射受体；放射感受器
～ de contrastación 无线电监听器
～ superheterodino 超外差无线电接收机

radiorresistencia *f.*〈生化〉抗辐射，辐射抗性

radiorruido *m.*（尤指天体的）射频［射电，无线电］噪声

radioscopia *f.*〈医〉X 线透视检查（法），放镜检查（法）；放射［荧光屏］检查

radioscópico,-ca *adj.*〈医〉X 线透视检查法的，放射镜检查的，放射［荧光屏］检查的

radioscopio *m.* X 线透视屏；放射镜

radiosensibilidad *f.*〈理〉放射敏感性；辐射灵敏度

radiosensitivo,-va *adj.* 〈理〉放射敏感的

radioseñal *f.* 无线电信号

radioseñalización *f.* 〈海〉〈航空〉无线电〈航线〉信标;无线电导航

radioseroterapia *f.* 〈医〉放射血清疗法

radioseroterápico,-ca *adj.* 〈医〉放射血清疗法的

radioservicio *m.* 无线电勤务

radiosextante *m.* 射[无线]电六分仪

radiosilicio *m.* 〈化〉放射性硅

radioso,-sa *adj. Amér. L.* 〈理〉发光[热]的;辐射的;(发出)辐射热的

radiosodio *m.* 〈化〉放射性钠,射钠

radiosol *m.* 射电太阳

radiosonda *f.* 〈气〉无线电高空测候器,无线电探空仪

radiosondeo *m.* 无线电探空(技术)

radiostereoscopia *f.* 〈医〉放射实体透视检查

radiotanalogía *f.* 〈医〉放射死因学

radiotaxi *m.* 装有无线电(通讯)设备的出租车

radiotecnia *f.* 无线电技术

radiotécnica *f.* ①无线电技术;②无线电工程

radiotécnico,-ca *adj.* 无线电技术的 ‖ *m.f.* ①无线电技术人员;②无线电工程师

radiotelecomunicación *f.* 〈无〉〈讯〉无线电通讯

radioteledifusión *f.* (无线)电视

radiotelefonía *f.* 无线电话(学,术)

radiotelefónico,-ca *adj.* 无线电话(学,术)的

radiotelefonista *m.f.* 无线电话务员

radioteléfono *m.* 无线电话(机)

radiotelefotografía *f.* 无线电报传真

radiotelefotograma *m.* 传真电报

radiotelegrafía *f.* 无线电报(学,术)

radiotelegráfico,-ca *adj.* 无线电报(学,术)的

radiotelegrafista *m.f.* 无线电话[报]务员

radiotelégrafo *m.* ①无线电报;②无线电报机

radiotelegrama *m.* 无线电报

radiotelemetría *f.* ①(雷达,无线电)遥测技术,(雷达,无线电)测距法;②生物遥测术

radiotelémetro *m.* (雷达,无线电)遥测仪[器];(雷达,无线电)测距仪

radiotelescopio *m.* 〈天〉射电望远镜

radioteletipo *m.* ①无线电传打字机;②无线电传打字电报机网络

radiotelevisado,-da *adj.* (通过)电台和电视台同时播送的

radiotelevisión *f.* ①(无线)电视;②广播电视台

radiotelurio *m.* 〈化〉放射性碲

radioterapeuta *m.f.* 放射治疗学家,放疗学家

radioterapéutico,-ca *adj.* 放射治疗[疗法]的

radioterapia *f.* 〈医〉放射治疗[疗法],放疗

radioterápico,-ca *adj.* 〈医〉放射治疗[疗法]的

radiotermia;radiotermología *f.* 〈医〉①热放射疗(法);②短波透热(法)

radiotorio *m.* ①〈化〉放射性钍,射钍;②〈医〉放射治疗室

radiotoxemia *f.* 放射性毒学症

radiotóxico,-ca *adj.* 放射性毒的

radiotoxicología *f.* 放射毒理学

radiotoxina *f.* 放射毒素

radiotransmisión *f.* ①无线电发射,无线电发射传输;②无线电(广播,电视)节目

radiotransmisor *m.* 无线电发射机

radiotransparente *adj.* 透X射线的;透放射线的

radiotrazador *m.* 〈理〉放射性示踪剂

radiotrón *m.* 〈无〉三级电子管

radiotropismo *m.* 向放射性;向辐射性

radiovisión *f.* (无线)电视

radiovisor *m.* (无线)电视机;电视接收机

radioyente *m.f.* 无线电广播(节目)收听者

radioyodo *m.* 〈化〉放射性碘,射碘

radium *m. ingl.*;rádium *m.* 〈化〉镭

radiumterapia *f.* 〈医〉镭疗法

radiumterápico,-ca *adj.* 〈医〉镭疗(法)的

RADIUS *abr. ingl.* remote authentication dial-in user service 〈信〉远程用户拨号认证系统

radix *f. ingl.* 〈数〉基,基数;底

radomo *m.* (雷达)天线屏蔽器

radón *m.* 〈化〉氡

rádula *f.* 〈动〉齿板,齿舌

radurización *f.* (用于食品保险等的)辐射灭菌[贮存]

raedera *f.* ①刮具[刀],刮(泥)板;刮削器;②〈矿〉半圆扒锄;③〈农〉犁铧

raedizo,-za *adj.* 易刮掉的

raedor,-ra *adj.* 刮的 ‖ *m.* ①刮具[刀],刮(泥)板;刮削器;②铲[平]土机

raedura *f.* ①刮,擦;刮削;② *pl.* 刮屑,削片;③〈医〉(皮肤的)擦伤;④格子细工;⑤打磨用具

RAEHK *abr.* Región Administrativa Especial de Hong Kong (中国)香港特别行政区

rael *m.* 〈海〉艏艉肋

rafaelita *f.* 〈矿〉钒地沥青,斜羟氯铅矿

ráfaga *f.* ①〈气〉一阵强[狂]风;②闪光
[烁];③〈军〉扫射,连发射击;④见 modo
de ~

modo de ~ 〈信〉成组方式(计算机中一种
传输数据的方式)

rafe *m.* ①〈建〉屋檐;②〈解〉缝;③〈植〉种脊

rafear *tr.* 〈建〉用支墩加固

rafia *f.* ①〈植〉酒椰;②〈纺〉酒椰叶纤维

rafidio *m.* 〈植〉针晶体

rafidioptero,-ra *adj.* 〈动〉蛇蛉目的 ‖ *m.*
①蛇蛉;②*pl.* 蛇蛉目

rafinosa *f.* 〈生化〉蜜三糖,棉子糖

raflesiáceo,-cea *adj.* 〈植〉大花草科的 ‖ *f.*
①大花草科植物;②*pl.* 大花草科

ragade; ragadía *f.* 〈医〉皲裂

ragiocrino,-na *adj.* 〈医〉胶质空胞的

ragtime *m. ingl.* ①〈乐〉散拍乐,雷格泰姆
(一种早期爵士乐);②散拍乐曲;散拍舞

rai *m.* 〈乐〉雷乐(一种结合阿拉伯和阿尔及
利亚民间音乐元素与西方摇滚乐的音乐)

raicear *intr. Amér. L.* 生[扎]根

raicero *m. Amér. L.* 〈集〉〈植〉根;须根

raicilla *f.* 〈植〉①须根;②胚根;③*Amér.
M., Bras.* 吐根

raicita *f.* 〈植〉胚根

RAID *abr. ingl.* ①redundant array of in-
dependent disks 〈信〉独立磁盘冗余阵列;
②redundant array of inexpensive disks
〈信〉低价磁盘冗余阵列

raid(*pl.* raids) *m.* ①〈军〉(尤指杀伤性)袭
击,突袭;②(警察的)突入查抄[搜捕];③
(动植物的)寄生虫侵扰;④〈航空〉远程飞
行;⑤汽车拉力赛;⑥企业,公司;⑦〈体〉耐
力测验

raigambre *f.* ①〈集〉〈植〉根;须根;②根基
[底]

raigón *m.* ①〈植〉粗根;树桩;②牙根;③〈植〉
细茎针芽

raigrás *m. inv.* 〈植〉黑麦草

rail; ráil *m.* ①钢[铁]轨,轨道;②滑槽;③
轨迹

~ con garganta 运料车道轨,吊车索道
~ electrizado 电气化轨道

raimar *m. Amér. L.* 〈农〉(给甘蔗)打杈,打
叶

raíz (*pl.* raíces) *f.* ①〈植〉根;根[地下]
茎;②(物体等的)底[基]部;根基[底];(肿瘤
等的)根部;③根源;根由;④〈数〉根;
⑤〈解〉根(齿、毛发、神经、指甲等的)根
~ cuadrada 平方根
~ cúbica 立方根
~ de la media de los cuadrados 均方根

~ irracional[sorda] 无理根
~s alimentarias 根茎作物
~s latentes 本[特]征根

rajeta *f.* 〈纺〉粗花呢

rajuela *f.* 〈建〉粗石板

RAL *abr.* red de área local 〈信〉局域网
~ virtual 虚拟局域网

rále *m.* 〈医〉罗音

ralea *f.* 〈生〉种,类,属

ralear *intr.* ①变稀疏;②*Amér. L.* 〈农〉间苗

ralentí *m.* ①〈电〉慢动作(镜头);②(汽车发
动机的)慢转

ralentización *f.*; **ralentizamiento** *m.* 减速,
放慢

rallador *m.* 〈机〉(干酪、蔬菜、香料等的)磨
碎机;礤床

rallentando *m. ital.* 〈乐〉渐慢乐段;渐慢乐
句

rallo *m.* 〈机〉①(干酪、蔬菜、香料等的)磨碎
机;礤床;②锉刀

rally (*pl.* rallys) *m. ingl.* ①汽车拉力赛;
②〈经〉恢复;降后复涨

RAM *abr.* ① red de área metropolitana
〈信〉城域网;② *ingl.* random access
memory 〈信〉随机存取存储(器);内存
~ dinámica 动态随机存取存储器
~ para vídeo 视频随机存取存储器

rama *f.* ①〈植〉枝;树枝;②〈信〉(计算机)分
支(指令);转移(指令);③(组织机构的)分
支;部门;④〈商贸〉分部[店,行];⑤(学科
等的)分科;⑥〈动〉门;⑦〈数〉曲线支;⑧
〈印〉板框;⑨支流;支脉;⑩〈解〉(神经、血
管等的)分支
~ comunicante 〈解〉交通支
~ de olivo (尤指象征和平的)橄榄枝
~ industrial 工业部门
~s de aduana 海关分署

ramaje *m.* 〈集〉树枝

ramal *m.* ①(绳、线等的)股;②(马等的)笼
头;缰绳;③(铁路的)支线;(公路的)支路;
④支流;支脉;(山脉等的)岩枝;⑤分支

ramaninjana *f.* 〈医〉跳动性痉挛

ramazón *f. Amér. C., Cono S., Méx.* 鹿
茸

rambla *f.* ①林荫大道;②水道,沟渠;③
〈纺〉拉幅机;④*Amér. L.* 乘船游览;码头
区,码头前沿地带

ramdac *abr. ingl.* random access memory
digital-to-analog converter 〈信〉随机存取
存储数-模转换器

ramear *tr. Amér. L.* 〈建〉铺设枕木

rameo,-mea *adj.* 〈植〉枝的

ramex *m.* 〈医〉①疝气;②精索静脉曲张

ramié *m.* *Amér.L.*〈植〉苎麻

ramífero,-ra *adj.*〈植〉有枝的,分成枝的

ramificación *f.* ①〈植〉分枝;②分支;③分部,分支机构;④〈解〉分支

ramiforme *adj.*〈植〉枝状的;分枝的

ramillete *m.* ①(花等的)束,串,把;②〈缝〉(女服上的)装饰花;③〈植〉花簇;花序

ramina *f.* 苎麻纤维

ramio *m.*〈植〉苎麻

ramita *f.*〈植〉嫩[细]枝;小树枝;小花枝

rammelsbergita *f.*〈矿〉斜方坤镍矿

ramnáceo,-cea *adj.*〈植〉鼠李科的‖ *f.* ①鼠李科植物;②*pl.* 鼠李科

ramnal *adj.*〈植〉鼠李目的‖ *f.* ①鼠李目植物;②*pl.* 鼠李目

rámneo,-nea *adj.*〈植〉鼠李科的

ramnosa *f.*〈生化〉鼠李糖

ramo *m.* ①树枝;②〈植〉枝;③(花等的)束;④行业;⑤〈商贸〉(机构等的)部;部门;⑥(蒜等的)瓣;⑦〈医〉病兆,征兆,*pl.* 突然发作

～ de la construcción 建筑(行)业

～ de negocios 商业部门

～ de papelería 文具行业

～s de loco[locura] 精神病征兆

ramonear *tr.* ①修剪树枝;②(羊等牲畜)吃嫩枝[叶]

ramoso,-sa *adj.*〈植〉枝叶茂盛的

rampa *f.* ①斜坡[面];坡道;②坡[斜]度,斜率;③(装卸用的)斜坡[台];④〈矿〉运输坡道;⑤倾斜(发射)装置;⑥(肌肉的)抽筋,痉挛

～ de carga 装料斜台

～ de la basura[desperdicios] 垃圾倾卸槽

～ de lanzamiento (火箭等的)发射台[坪];发射斜轨

～ de misiles 导弹发射装置

～ encarrilladora 复轨器

～ leve 平缓[顺]坡度

～ móvil (火箭等的)移动发射台[坪];活动式发射斜轨

rueda de ～ 爬升器

rámpano *m.*〈医〉溃蚀性溃疡

rampante *adj.* ①〈动〉跃立作扑击状的;②〈植〉蔓生的;芜蔓的;③〈建〉拱墩有高低的

rampla *f.* ①*Chil.*(卡车的)拖[挂]车;②*Méx.* 斜坡[面]

rampollo *m.*〈农〉插条

rana *f.* ①〈动〉(青)蛙;蛙类动物;②*pl.*〈医〉舌下囊肿

～ cornuda 角蛙

～ de zarzal 棘蛙

～ marina "柊卜"鱼

～ toro 牛蛙

～ verde 青蛙

～ voladora 树蛙

hombre ～ 蛙人,潜水员

ranacuajo *m.*〈动〉蝌蚪

rancura *f.*〈法〉控告,诉讼

randa *f.* ①多[筛]孔管;②(网眼)花边;③〈海〉(双桅帆船的)纵帆

ranerrillo *m.*〈植〉野鼠尾草

ranfoteca *f.*〈鸟〉喙鞘

range *m.*〈统〉极差

rangífero *m.*〈动〉驯鹿

rango *m.* ①等级,级别;(社会)地位;②官[军]衔;③(序,行)列;④(变化等的)幅度,范围;⑤〈信〉对齐

rangua *f.*〈机〉(立)轴承,轴座

～ anular 环形阶式轴承

～ axial 轴流式轴承

ránidos *m. pl.*〈动〉蛙科动物

ranilla *f.*〈兽医〉①马蹄底部炎症;②(牛的)肠梗阻

ranino,-na *adj.* ①蛙(科动物)的;②〈解〉舌下面的

ranita *m.*〈动〉雨蛙

ránking(*pl.* ránkings) *m.* ①等级;品类;②(尤指流行歌曲的)流行唱片目录

rano *m.*〈动〉①雄蛙;②蝌蚪

ránula *f.* ①〈医〉舌下囊肿;②〈兽医〉(长在牛、马舌下的)口疮

ranular *adj.* ①〈医〉舌下囊肿的;②〈兽医〉(牛、马舌下长)口疮的

ranunculáceo,-cea *adj.*〈植〉毛茛科的‖ *f.* ①毛茛科植物;②*pl.* 毛茛科

ranunculales *m. inv.*〈植〉毛茛目

ranúnculo *m.*〈植〉①毛茛属植物;②水毛茛

ranura *f.* ①沟,(凹,环,螺)槽,狭缝[槽];榫眼;②〈解〉沟;③见 ～ de expansión

～ de encaje 凹槽

～ de expansión 〈信〉(可插入扩充卡的)扩充槽

～ de inducido 电枢槽

～ de segmento de pistón 活塞环槽,胀圈槽

～ en T T形槽

～ fungiforme 哑铃式槽

～s en V V形槽

atomizador de ～ 缝隙式喷油嘴

dispersión de ～ 槽壁间漏磁,隙缝漏磁

flap con ～s 开缝襟翼

fresa para ～s 切槽刀

guía de ondas de ～s 开槽波导管

lengüeta de ~ 滑键；榫舌

máquina de ~ 键槽机[铣床]

paso de las ~s 槽距

ranuración *f.* ①开槽；立刨，插削；②（计算机在穿孔卡片上）打孔

ranuradora *f.* 〈机〉开[刻]槽机

ranurar *tr.* 〈机〉①开槽于…，在…刻[铣]槽；开沟于…；②（计算机）打孔；③立刨，插削，侧

cepillo de ~ 线脚刨

fresa de ~ 铣槽刀具

fresadora de ~ 铣键槽机，键槽铣床

herramienta para ~ interiormente 凹槽车刀

máquina de ~ 键槽机[铣床]，铣键槽机

rap *m. ingl.* 〈乐〉说唱乐

rapa *f.* 〈植〉油橄榄花

rapaz *adj.* ①〈动〉以扑食其他动物为生的，食肉的；②猛禽的 ‖ *f.* ①食肉动物；②食肉性鸟类；猛禽

rape *m.* ①〈动〉鮟鱇（又称琵琶鱼）；②（一撮）鼻烟

rapel；rápel *m.* （登山运动中的）绕绳下降（法）

rapidez *f.* ①快[迅]速；②〈摄〉感光性快；（胶片的）高感光度

rápido,-da *adj.* ①快的，迅速的；迅捷（完成）的；②高速的（列车）；③〈摄〉快速的（尤指用高感光度胶片快速拍摄的）；④*And.*，*Cari.*，*Cono S.* （土地）休闲的，荒芜的；*Chil.* （地）光秃秃的；⑤*And.*，*Cari.*，*Cono S.*（景点等）休闲的；⑥*Cari.*（天气）晴朗的 ‖ *m.* ①（铁路的）快车；②（常用 *pl.*）湍[急]滩，急[激]流；③*And.*，*Cari.*，*Cono S.* 开阔的田野；旷野；④*Méx.* 斜[滑]槽；斜面

~ de asientos reservados 特别快车

cemento ~ 快硬[凝]水泥

corriente ~a 急[湍]流

efecto ~ 快速效应

selector ~ 快速选择器

tiro ~ （枪等）速射

tránsito ~ （城市）高速（铁路）交通

rapiña *f.* 见 ave de ~

ave de ~ 猛禽

rapónchigo *m.* 〈植〉匍匐风铃草

rapóntico *m.* 〈植〉食用大黄

raposero,-ra *adj.* 见 perro ~ ‖ *m.* 猎狐狗

perro ~ 猎狐狗

raposo,-sa *m. f.* 〈动〉狐狸

rappel *m.* （登山运动中的）绕绳下降（法）

rapsodia *f.* 〈乐〉狂想曲

rapsódico,-ca *adj.* 〈乐〉狂想曲的

rapto *m.* ①〈医〉晕厥；暴发作，暴发狂；②诱拐（儿童，妇女）；绑架

raqueta *f.* ①（网球、乒乓球、羽毛球等运动用的）球拍；②〈体〉（用球拍的）球类运动；③（钟表的）快慢针；④〈交〉（公路上的）半圆侧弯道；⑤见 ~ de nieve

~ de nieve 雪鞋

raquialgia *f.* 〈医〉脊柱痛，脊痛

raquialgitis *f. inv.* 〈医〉脊柱炎

raquianestesia *f.* 〈医〉脊柱麻醉法

raquicele *m.* 〈医〉椎管突出

raquicentesis *f. inv.* 〈医〉椎管穿刺

raquídeo,-dea；raquidiano,-na *adj.* 〈解〉脊柱[椎]的

raquígrafo *m.* 〈医〉脊背（外形）描记器

raquila *f.* 〈植〉小穗轴；小花轴

raquiocampsis *f.* 〈医〉脊柱弯曲

raquiocentesis *f.* 〈医〉椎管穿刺

raquiocifosis *f.* 〈医〉脊柱后凸，驼背

raquiodinia *f.* 〈医〉脊柱痛

raquiómetro *m.* 〈医〉脊柱弯度计

raquiomielitis *f. inv.* 〈医〉脊髓炎

raquiopatía *f.* 〈医〉脊柱病

raquioplejía *f.* 〈医〉脊髓性麻痹

raquioquisis *f.* 〈医〉脊柱管内注入法

raquioscoliosis *f.* 〈医〉脊柱侧凸

raquiotomía *f.* 〈医〉脊柱[椎]切开术

raquiotomo；raquiótomo *m.* 〈医〉脊骨[椎，柱]刀

raquis *m. inv.* ①〈解〉脊柱；②〈植〉花[叶，主，花序]轴；③〈动〉羽轴；分脊

raquisquisis *f.* 〈医〉脊柱裂

raquítico,-ca *adj.* 〈医〉佝偻病的；患佝偻病的

raquitis *f. inv.* 〈医〉佝偻病；脊柱炎

raquitismo *m.* 〈医〉①佝偻病；脊柱炎；②佝偻病体质

raquitogénico,-ca *adj.* 〈医〉佝偻病源的

raquitomía *f.* 〈医〉脊柱切开术

raquítomo *m.* 〈医〉脊骨刀

rarefacción；rarificación *f.* ①稀薄[少]；（空气、气体等的）稀薄；②〈理〉稀疏（作用）；③〈医〉疏松（状态）

rarificante *adj.* （使）稀薄[疏，少]的

raro,-ra *adj.* ①稀薄的；②〈理〉（变）稀疏的；③稀有的；少有的

aire ~ 稀薄空气

gas ~ 稀薄[有]气体

metales ~s 稀有金属

RAS *abr. ingl.* remote access services 〈信〉远程访问服务

ras *m.* ①同一平面；同一水平高度；②〈医〉（皮）疹

rasador *m.* 〈建〉(泥工等用的)刮板

rasante *adj.* 见 vuelo ~ ‖ *f.* 坡[倾斜]度
vuelo ~ 掠地飞行

rascacio *m.* 〈动〉鲉(鱼)

rascadera *f.* ①〈建〉刮具[刀];②(有金属齿
的)马梳

rascado *m.* ①除去墙纸;除去油漆层;②〈乐〉
琶音

rascador *m.* ①〈建〉刮刀[具,板];刮削器;②
〈机〉刮除机,铲土机;③(谷物)脱粒器

rascadulce *f.* *Amér. L.* 〈医〉皮肤病

rascaespalda *m.* 〈理〉反(向)散射,后向散射

rascalino *m.* 〈植〉亚麻菟丝子

rascanubes *m. inv.* 〈海〉扬帆

rascatripas *m. f. inv.* 〈乐〉(三流)小提琴手

rascón *m.* 〈鸟〉(普通)秧鸡

raser *m.* 〈理〉伦琴射线激射器

rasera *f.* 刮斗[板]

rasero *m.* ①斗刮,刮斗器;刮板;②见 doble
~
doble ~ (尤指在性问题上对男子宽对妇女
严的)双重标准

rasete *m.* 〈纺〉①薄缎子;②(棉绒毛纬的)缎
纹棉毛呢

rasette *m.* 〈乐〉(管乐器上的)簧片

rasgabilidad *f.* (岩石的)可劈性

rasgo *m.* ①〈解〉面[相]貌;脸型;②(人的)特
点[征];③一举[着],举动,行为;④*pl.*(字
的)笔画[书写等的]一笔;(手写花体字的)
花饰,笔画;⑤*pl.* 字体;⑥*Amér. L.*〈农〉
灌溉渠;小块土地
~ de ingenio 天才之举
~s característicos 典型特征
~s distintivos 区别性特征

rasguño *m.* 〈画〉草[略]图

rash *m.* 〈医〉疹子

rasí (*pl.* rasíes) *m.* 希伯来语字体

rasilla *f.* ①〈建〉空心砖;②〈纺〉薄[凉爽]呢

rasmosina *f.* 〈化〉升麻树脂

raso,-sa *adj.* ①平的;平坦的;②光[平]滑
的;③(坐椅)无靠背的;④擦[贴]着地的;
掠地飞行的;⑤(放入剂量与匙[杯])口平齐
的;⑥光秃秃的;空旷的 ‖ *m.* ①〈纺〉缎子;
②平地[原];旷野
aprobado ~ 勉强及格
cucharada ~a 一平匙(剂量)
soldado ~ 列[士]兵
vuelo ~ 掠地飞行

rasoliso *m.* 〈纺〉平缎

raspa *f.* ①*Cono S.* 木锉,粗锉刀;刮刀;②
〈植〉穗[花]轴;(葡萄等的)梗,茎;(大麦穗
等的)芒;③(鱼)刺;脊骨

raspado *m.* 〈医〉刮除术

raspador *m.* ①刮刀[具];木锉,粗锉刀;②
Méx. 磨碎机
segmento ~ 刮油环,刮油胀圈

raspadura *f.* ①刮,擦;刮削(加工);②锉末;
③*pl.* 碎[纸]屑

ráspano *m.* 〈植〉(欧洲)越橘

raspasayo *m.* 〈植〉刚毛毛连菜

raspasombrero *m.* *Amér. L.*〈植〉树状蓝花
藤

raspilla *f.* 〈植〉勿忘我(草)

raspita *f.* 〈矿〉斜钨铅矿

raspy *m.* 〈电影〉杂音,噪声

rasqueta *f.* ①刮刀[具];(橡皮)刮板;木锉,
粗锉刀;②(有金属齿的)马梳

rasquiña *f.* *Amér. L.*〈医〉疥疮

raster *m.* 〈电子〉光栅

ráster *m.* 〈信〉光栅(用图像束扫描整个 CRT
屏幕的系统)

rastra *f.* ①〈农〉耧[钉]耙;②(捕鱼)拖网;
〈海〉打捞沉物的拽网;③(运送重物的)拖
[手推]车

rastral *m.* 五线谱划线器

rastreable *adj.* ①可跟[追]踪的;②可追溯
的

rastreador,-ra *adj.* ①跟[追]踪的;②用拖
网捕捞的 ‖ *m.* ①跟踪器;②〈军〉扫雷舰;
③〈信〉爬虫程序
~ de minas 扫雷舰
barco ~ 拖网渔船

rastrel *m.* 〈建〉粗板条

rastreo *m.* ①(用)拖网捕鱼;(用采捞船)采
捞(牡蛎等);②跟[追]踪;(人造卫星的)跟
踪;③查找;彻底搜查;④〈农〉耙
~ laser 激光跟踪
~ radioeléctrico 无线电跟踪
recalada por ~ 跟踪寻的,(自动)跟踪导
航

rastrera *f.* 〈海〉前椸下翼帆

rastrero,-ra *adj.* ①〈动〉爬行的;匍匐前进
的;②〈植〉匍匐生根的;蔓生的;③(衣服)
拖地的;④低飞的,掠地飞行的;⑤(狗)追踪
的
animal ~ 爬行动物
perro ~ 追踪犬
planta ~a 蔓生植物
tallo ~ 〈植〉蔓生茎

rastrilladora *f.* 〈农〉耙(土)机;搂耙;搂草机

rastrillaje *m.* 〈农〉耙集;集拢

rastrillo *m.* ①〈农〉(长柄)耙;搂耙;②〈军〉
(城堡的)吊门[闸];③〈建〉(带尖钉的)铁
栅栏;④〈纺〉梳理机,栉梳机,手工梳麻台;
⑤(钥匙的)榫槽,齿凹;(锁中相应的)圆形
凸档;⑥搅拌棒;⑦(火器的)火石击铁;⑧

Méx.（安全）剃刀；⑨见 ～ delantero
～ delantero（火车机车前的）排障器
rastro *m.* ①痕［足，踪］迹；②香［气］味；③
（动物的）遗臭，臭迹；④〈农〉（长柄）耙；搂
［钉］耙；⑤旧货市场，跳蚤市场；⑥屠宰场；
⑦遗迹；⑧葡萄压条，压枝
rastrojal *m.*；**rastrojera** *f.*〈农〉（收割庄稼
后的）（留）茬地
rastrojero *m. Cono S.* ①〈农〉（收割庄稼后
的）（留）茬地；②吉普车
rasurador *m.*；**rasuradora** *f. Méx.* 电动剃
须刀
rata *f.* ①〈动〉鼠；②比，比例［率］；③工资，
薪水；④*Amér. L.* 百分比［率］
　～ almizclada 麝鼠
　～ blanca（实验用）小白鼠
　～ común［negra］黑家鼠
　～ de agua 水鼠
　～ de alcantarilla 褐家鼠
　～ de campo 田鼠
　～ de trompa 非洲地松鼠
　～ gris 灰鼠
　～ parte *lat.* 份，份额
　～ por cantidad 按比例（分配）
ratán *m.*〈植〉白［省〕藤
ratel *m.*〈动〉蜜獾
rathita *f.*〈矿〉双砷硫铅矿
raticida *adj.* 灭［杀〕鼠的 ‖ *m.* 灭［杀〕鼠药
ratihabición *f.*〈法〉认可，追认
ratímetro *m.* 速率计，辐射强度计
ratina *f.*〈纺〉平纹结子花呢；珠皮大衣呢
ratinadora *f.*〈纺〉整理机
rating（*pl.* ratings）*m.* ①〈海〉（舱位）等级；
②（电视节目的）收视率
ratio *m.* ①比，比率；②〈数〉比例
　～ corriente 流动比率
　～ coste-beneficio 成本收益比率
　～ coste-volumen-utilidad 成本销量利润
比率
　～ de deposición a capital 存款资本比率
ratiodecidendi *m. lat.*〈法〉判决理由
ratolina *f.*〈矿〉针钠硝石
ratón *m.* ①〈动〉鼠；②〈信〉（计算机的）鼠标；
③海底礁石［尖礁］；④*Cari.*（酗酒后的）宿
醉（如头痛、恶心等不适反应）；⑤*C. Rica*
〈解〉肱二头肌
　～ almizclero 麝鼠
　～ de bus 总线鼠标
　～ de campo 田鼠
　～ óptico 光电鼠标
　～ serial 串行存储鼠标
ratona *f.*〈动〉雌鼠
ratonero *m.*〈鸟〉鵟

ratonia *f.*〈植〉无患子属
ratufa *f.*〈动〉巨松鼠
raucedo,-da *adj.*〈医〉噪音嘶哑的
raudal *m.* 急［激，湍］流
raven *m.*〈乐〉三弦牧琴
ravenala *f.*〈植〉旅人蕉属
raya *f.* ①线条；（掌）纹；纹路；条纹；②〈缝〉
裤褶［线］；③（边界等）线；（枪炮的）膛［来
复］线；④〈讯〉（莫尔斯电码的）划，长划；⑤
（头发梳成的）分缝，头路；⑥划痕；⑦（谱）
线；⑧〈理〉光谱；⑨〈动〉鳐；虹；⑩毒品注射
剂量；⑪〈信〉规则（一种特定操作方法）
　～ de absorción 〈理〉吸收［暗线］光谱
　～ de Fraunhofer（太阳光谱中的）夫琅和
费谱线
　～ de mulo（马颈背上的）黑色条纹
　～ diplomática（织物上的）线［细］条；线
［细］条花纹
　～ espectral 光谱线
　～ magnética 磁线
　～ manta 蝴蝶鳐
　～ negra 黑色条纹
rayadillo *m.*〈纺〉条纹布；蓝白色条纹布
rayado,-da *adj.* ①（布料）有条纹的；②（纸）
有线条［格〕的；③（盘片、家具等上）有划痕
的；④（支票）画两条平行线的，划线的；⑤
（枪炮）有膛［来复］线的 ‖ *m.* ①（布、纸上
的）线；②（布料、设计图案等上的）条纹；③
划线；④划［刻〕痕；⑤（枪炮的）膛［来复〕
线；⑥*Cari.*〈交〉非停车区
　～ cruzado 断面线
　～ de cierre 划线结转
　～ parabólico 抛物线
　dureza al ～ 刻［划〕痕硬度；擦硬度
　línea de ～ 刻［划〕线；标线
　papel ～ 线格纸
rayadora *f.*〈机〉划线机
rayadura *f.* 擦［刮，划］痕
rayero,-ra *m. f. Cono S.*〈体〉（橄榄球赛
的）边线裁判员；（足球赛的）巡边员，边裁
ráyido,-da *adj.*〈动〉鳐科的 ‖ *m.* ①鳐；②
pl. 鳐科
rayiforme *adj.*〈动〉鳐形目的 ‖ *m.* ①鳐形
目的鱼；②*pl.* 鳐形目
raylio *m.*〈理〉瑞利（比声阻抗的单位）
rayo *m.* ①光线；光亮；②辐（条），轮辐；③
〈气〉闪电；④〈理〉线；射［辐射］线；（波，光，
射）束
　～ alfa α 射线
　～ beta β 射线
　～ cósmico 宇宙射线
　～ de calor 热线
　～ de la incidencia 射入线

~ de la muerte 死光(一种能摧毁一切的射束,一般见于科学幻想小说中)

~ de luna (一线)月光

~ de partículas (粒子束武器发射的)粒子束

~ de sol(~ solar) 阳光光束,日光

~ delta δ 射线

~ directo 直接射线

~ extraordinario〈理〉非寻光[射]线

~ gama γ 射线

~ incidente 入射光线

~ láser 激光射线

~ luminoso 光线

~ medular 髓射线

~ ordinario〈理〉寻常光[射]线

~ paraxial 近[傍]轴光线

~ principal 主射线

~ reflejo[reflejado] 反射(光)线

~ refracto[refractado] 折射(光)线

~ resante 正射线

~ tangencial 切线轮辐

~ textorio (织布机的)梭子

~ verde〈气〉绿射线

~ visual〈理〉可见光[射]线

~s caloríficos 热辐射线

~s catódicos 阴极射线

~s equis[X] X 射线

~s infrarrojos 红外线

~s positivos 阳极射线

~s refractarios 折射(光)线

~s Roentgen[Röntgen] 伦琴(射)线,X(射)线

~s ultrarrojos 红外线

~s ultravioletas 紫外线

rayón *m.*〈纺〉(纤维素)人造丝,人造纤维,嫘萦

~ viscosa 粘胶人造丝

rayuelo *m.*〈鸟〉鷸,沙锥鸟

raza *f.* ①人种;种[民]族;②(动植物的)种;(繁育)品种;(生物的)类,族;③血统;世系;宗族;门第;④裂缝;⑤(针织品)脱针,跳花,织疵

~ amarilla 黄种人

~ blanca 白种人

~ humana 人类

~ negra 黑种人

razado,-da *adj.*〈纺〉(织物)有跳花的,有织疵的

rázago *m.*〈纺〉粗麻布,麻袋布

razón *f.* ①〈数〉比,比率;②比例;(比例)关系;率;③理由;④~ social

~ aritmética 算术比

~ comercial (合伙)商行[号]

~ de accesos〈信〉(网站的)点击率

~ de aspectos〈信〉(图像的)高宽比

~ de compresión eficaz 有效压缩比

~ de depreciación 折旧率

~ de distribución 分配比例

~ de elasticidad 弹性比

~ de ser〈法〉存在的理由

~ de una interrelación〈信〉关联度

~ de una progresión aritmética/geométrica 算术/几何级数比

~ directa/inversa 正/反比

~ doble de cuatro número 四数双比

~ geométrica 几何比

~ por cociente 商数比

~ por diferencia 差分比

~ simple de tres números 简单三数比

~ social (公司、商号、商行等的)牌号

razonabilidad *f.* ①正当性,合理性;②公平性

razonamiento *m.* ①推论;推理;②论据;理由

~ basado en casos 案例推理

~ vertical 垂直推理

Rb〈化〉元素铷(rubidio)的符号

RBC *abr.* razonamiento basado en casos 案例推理

rbdo. *abr.* recibido〈商贸〉收讫

RC2; RC4; RC5 *f.* 一种加密算法(由 RSA Data Security, Inc. 公司开发)

RD *abr. ingl.* receive data〈信〉数据接收

RDA *abr. ingl.* remote data access〈信〉远程数据访问

RDBMS *abr. ingl.* relational data base management system〈信〉关系数据库管理系统

RDSI *abr.* red digital de servicios integrados〈信〉综合业务数字网(俗称"一线通")(*ingl.* ISDN)

re *m.*〈乐〉D 音,D 调

~ mayor D 大调

escala de ~ mayor D 大调音阶

Re〈化〉元素铼(renio)的符号

rea *f.* ①〈鸟〉美洲鸵鸟;②[R-]〈天〉土卫五

reabastecimiento *m.* (再)加油,加注燃料

reabsorber *tr.* ①重吸收;②〈生理〉(生物体)自行吸收(产生的体液、肿块等)

reabsorción *f.* 重吸收(作用)

reacción *f.* ①反应;反响;(反)作用;②〈化〉反应(作用);③〈理〉反作用(力);④〈航空〉反(作用力)推进;⑤〈无〉反馈;回授;⑥〈生理〉〈医〉反应;⑦反应能力

~ ácido-base 酸碱反应

~ aerodinámica 空气动力(反)作用

~ autocatalítica 自身催化反应
~ bimolecular 双分子反应
~ catalítica 催化反应
~ cruzada 交叉反应
~ de adición 加成反应
~ de Arthus〈生医〉阿瑟斯反应
~ de Benedict〈生化〉本尼迪克特反应
~ de Cannizaro 坎尼扎罗反应
~ de condensación 缩合反应
~ de degradación 降解反应
~ de desproporción 歧化反应
~ de eliminación 消除反应
~ de fatiga 疲劳反应
~ de Fehling〈生化〉费林反应
~ de fisión[fusión]（原子核的）聚合反应
~ de Friedel-Crafts 弗里德-克拉夫茨反应
~ de Gattermann 加特曼反应
~ de Grignard 格利雅反应
~ de inmunidad 免疫反应
~ de neutralización 中和反应
~ de oxidación-reducción 氧化还原反应
~ de precipitación 沉淀反应
~ (de) redox 氧化还原反应
~ de Reimer-Tiemann 赖默尔-蒂曼反应
~ de Sandmeyer〈生化〉桑德迈尔反应
~ de Schiff 席夫反应
~ de síntesis 合成反应
~ de sustitución 取代反应
~ de transposición 转位反应
~ de Wassermann〈生医〉瓦色尔曼反应
~ del biuret 双缩脲反应
~ del inducido 电枢反应
~ electrófilo 亲电子反应
~ en cadena 连锁反应
~ en cascada 串[级]联反应
~ en sentido inverso〈无〉负反馈，负回授
~ endotérmica 吸热反应
~ espontánea 自发反应
~ estabilizada 稳定反馈
~ exotérmica 放热性反应
~ fotoquímica 光化反应
~ heterogénea 多相反应
~ heterolítica 异裂反应
~ homolítica 均裂反应
~ integral（核子）一体化反应
~ iónica 离子反应
~ irreversible 不可逆反应
~ luminosa〈植〉光反应
~ molecular 分子反应
~ monomolecular 单分子反应
~ neutral 中性反应

~ nuclear 核反应
~ nucleófilo 亲核反应
~ oscura〈植〉暗反应
~ positiva（元素）阳性反应
~ química 化学反应
~ redox 氧化还原反应
~ reversible 可逆反应
~ superficial 表面反应
~ xantoproteica 黄色蛋白反应
~es en serie 序列反应
~es termonucleares 热核反应
avión a[de] ~ 喷气式飞机
formación de ~〈心〉反应形成
motor a[de] ~ 喷气发动机
propulsión a[por] ~ 喷气推进
tiempo de ~〈心〉反应时间

reaccional *adj.* 反作用的；反应的
reaccionante *m.*〈化〉反应体[物]
reacondicionamiento *m.* ①（发动机等的）修理[复]；②（公司、机构等的）改组[编]；整顿
reactancia *f.* ①〈电〉电抗；（无功，有感）电阻；②反应性
~ acústica 声抗
~ capacitiva 电容电抗
~ de dispersión 杂散电阻
~ de núcleo saturable 饱和电抗
~ inductiva 感抗
~ magnética 磁抗
~ mecánica 力抗
~ mutual 互(电)抗
~ neta 净[纯]电抗
~ parasítica 寄生电抗
~ propia 自身[本身,固有,自感应]电抗
reactante *m.*〈化〉反应物[体]；作用物
reactivación *f.* ①〈医〉复能(作用)；再活化(作用)；②〈化〉再活化；③〈理〉重激活；④（经济）恢复，复苏
~ de la economía 经济恢复，经济复苏
reactivador *m.*〈化〉反应器
reactivar *tr.* ①〈医〉使复能,使再活化；②〈化〉使再活化；③〈理〉重激活,使重新具有放射性；④使恢复活动 ‖ ~se *r.* ①恢复活动；经济复苏；②重起作用
reactividad *f.* ①〈化〉反应性[作用]；②反应；反作用性；③〈理〉（原子反应堆中核裂变的）反应率；④〈信〉〈讯〉频率响应(率)
reactivo,-va *adj.* ①〈化〉（易起）化学反应的；活性的；②易起反应的，反应性的；③〈电〉电抗性的,无功的,反馈[回授]的；④反动的；反动作用的 ‖ *m.* ①〈化〉试剂；试药；②反应物
carga ~a 无功负载，电抗性负载

circuito ～ 电抗电路;反馈[回授]电路
corriente ～a 电抗性电流
factor ～ 无功(功率)因素
fuerza ～a 反作用力
metal ～ 活性金属
potencia ～a 无功功率
resistencia ～a 电抗

reactor *m*. ①〈理〉〈核〉反应堆;反应器;②〈电〉电抗器;③〈航空〉喷气式飞机;喷气式发动机;发动机飞船;④反应体
～ agitado 搅拌式反应器
～ atómico 原子反应堆
～ continuo 连续式反应器
～ de agua a presión 压水反应堆
～ de agua ligera 轻水反应堆
～ ejecutivo 公务座机
～ enfriado por gas 气冷(反应)堆
～ enfriado por líquido 液冷(反应)堆
～ generador[reproductor] 增殖(反应)堆(核物理学用语)
～ nuclear[rápido] 核反应堆
～ químico 化学反应设备
～ saturable 饱和电抗器
～ supersónico 超音速喷气式飞机
～ térmico 热中子反应堆
～ termonuclear 热核反应堆
～ tubular 管式反应器
～ variable 可变电抗器

readaptar *tr*. ①使重新适应;②重新调整(数据);③再训练;④恢复…职位

reaeración *f*. ①〈化〉再充[吹]气;②〈环〉再曝气,复氧

reafilado *m*. ①再次研磨,重碎;重磨削;②二次粉碎物料

reagina *f*. 〈生化〉反应素

reagrupación *f*. ①重新组合;重新分类;②〈军〉重新编制[部署]

reagrupar *tr*. ①将…重新组合[分类];②〈军〉重新编制[部署] ‖ ～ se *r*. ①重新组合[聚集];②〈军〉重新编制[部署]

reajustabilidad *f*. 〈信〉(字体的)可扩缩性

reajuste *m*. ①〈技〉(再)调整[调节,调准];②重新安排;(公司、机构等的)改组;③(工资、价格、税收等的)调整
～ cero 重新调零
～ de precio (尤指价格上涨的)价格调整
～ del surtido 调剂花色品种
～ gradual 逐步调整
～ ministerial 内阁改组
～ salarial (尤指增加工资的)工资调整

real *adj*. ①真的;真正的;②现实的,实际[在]的;真实的;③〈数〉实(数)的;④〈理〉实(像)的;⑤现实主义的 ‖ *m*. 交易[博览]

会场地;集市场地
～ de la feria 交易[博览]会场地
correlación ～ 真相关
distancia ～ 实距
elevación ～ 实际高度
flete ～ 实际运费
imagen ～ 实像
número ～ 实数
parámetro ～ 实际参数
parte ～ 〈数〉实数部分
potencia ～ 实际功率
punto ～ 基[绝对零]点
salario ～ 实际工资(以实际购买力计算的工资)
tiempo ～ 〈信〉实时
variable ～ 〈数〉实变数;实变量;自由变项

RealAudio *m*. 〈信〉RealAudio 系统(指用于在英特[互联]网上传输声音的系统)

realce *m*. ①凸饰;雕刻凸饰;提花;②强光(效果);③(画、照片等的)强光部分;最亮部;④〈建〉高[上心]拱
～ de destino 〈信〉目标突出

reale *m*. 〈乐〉小风琴

realengo,-ga *adj*. ①*Amér. L*. (牲畜等动物)无主的;②*Cari.*, *Méx*. (田产、庄园等)免税的

realexos *m. pl*. 〈乐〉手提式手风琴

realidad *f*. ①实在;真实,真实性;②现实,实际
～ virtual 〈信〉虚拟现实

realimentación *f*. ①〈电〉〈生〉反馈;回授;②〈信〉返回,反馈;③〈航空〉加注燃料
～ de datos 信息反馈
～ negativa/positiva 〈电〉〈生〉负/正反馈
coeficiente de ～ 反馈系数
control de ～ 反馈控制
inhibición de ～ 〈生化〉反馈抑制
oscilador de ～ 反馈振荡器
paso de ～ 反馈通路
señal de ～ 反馈信号
sistema lineal de control con ～ 线性反馈控制系统
sistema no lineal de control con ～ 非线性反馈控制系统

realineación *f*. 〈技〉〈直线〉重新对[照]准;重新划线

realineamiento *m*. 重新对准,重新校直

realizabilidad *f*. 现[真]实性,可实现性

realizable *adj*. ①可实现的;②可切实感到的;③可变现的
activo ～ 可变现资产
capital ～ 可变现资本

realización *f.* ①（愿望、诺言等的）实现；（计划等的）实[执]行；（目的等的）达到；进行（访问、飞行、购物、旅游等）；②变现，变卖；③获得利润；④（影片、电视剧的）制作；⑤（电台等的）广播；⑥〈乐〉兑谱
~ de beneficios[plusvalías] 见利抛售；（靠买空卖空的差价）获得[实现]利润
~ de mercancías 商品变现
~ del contrato 履行合同
~ y liquidación 变卖清算
valor de ~ 变现价值

realizador,-ra *m.f.* 电影[视]导演；制片人

realquilado,-da *adj.*（房屋、土地等）转租的，分租的‖ *m.f.* 转租入人；分租承租户

reamputación *f.* 〈医〉再截肢

reanudación *f.*（中断后的）重新开始，继续（进行）
~ del trabajo 恢复工作

reaparición *f.* ①再出现；重新显形；②（症状的）复发

reapertura *f.* ①重新开业；②重新开放

reaprovisionamiento *m.* ①（中途）加油；再添燃料；②重新进货

rearar *tr.* 〈农〉重新翻耕

rearme *m.* 重新武装[装备]

rearrancar *tr.* 〈信〉重新启动；重自展（重新引导进入操作系统，使计算机再次启动运行）

rearranque *m.* 〈信〉重新启动；重自展
~ de emergencia 紧急重新启动

reascenso *m.* 回升
~ económico 经济回升

reaseguro *m.* 再保险，分[转]保
~ de convenio 合约再保险，合约分保
~ obligatorio 义务分保；固定分保

reasentamiento *m.* ①重新定居；②重新安放[置]

reasfaltado *m.* 〈建〉重铺路面

reasignación *f.* ①再分配，重新分派；②〈信〉重新映射；重新变换

reasociar *tr.* 〈信〉重新映射；重新变换

reasumible *adj.* 可恢复的，可重新开始的

rebabadura *f.* ①浆水溢出；②（铸件等的）毛刺[边]

rebajado,-da *adj.* ①降低的；②减价的；③〈建〉(拱) 浅弧形的；④豁免某种军务的‖ *m.* ①〈建〉浅弧形拱；②退伍士兵，退役军人
ajuste con ~ 间[余]隙配合
ojiva ~a 垂拱

rebajador *m.* 〈摄〉减薄液[剂]

rebajamiento *m.* ①降低，减少；②降[减]价；③〈摄〉减薄

rebaje *m.* ①（地面、水平面等的）降低；减低[少]；②〈技〉(木板的) 槽口；企口缝；③〈经〉削减；④豁免义务，免除军务

rebajo *m.* 〈技〉(木板的) 槽口；企口缝

rebalsa *f.* 〈医〉积液

rebalse *m.* 〈工程〉拦截水流，截流

rebana *f.* 〈乐〉手鼓

rebanadora *f.* 〈机〉切片机[刀]；分割器

rebanco *m.* 〈建〉上层台石[柱脚]

rebasadero *m.* 〈海〉(为避险) 船只可绕过的地方

rebate *m.* 〈建〉屋前立砖台阶

rebatidera *f.* 〈纺〉梳绒毛刷

rebato *m.* ①警钟[报]；②〈军〉突袭

rebebedizo,-za *adj.* 吸水性好的

rebebedura *f.*（液体的）吸收

rebebido,-da *adj.* 〈画〉失去光泽的

rebeco *m.* 〈动〉岩羚羊；北山羊

rebelde *adj.* 〈法〉未到庭的；缺席的‖ *m.f.* 〈法〉缺席者

rebeldía *f.* 〈法〉未到庭，缺席
juzgar en ~ 〈法〉缺席审判

rebelión *f.* 〈法〉叛乱罪

rebenque *m.* ①〈海〉短绳[索]；②衬（圈，垫），垫圈[板，片]

rebite *m.* ①把钉子钉牢；②And. 〈技〉铆接

reblandecido,-da *adj.* ①〈医〉患脑软化的；②年老的；由年老引起的

reblandecimiento *m.* ①柔软，软化；②〈医〉软化
~ cerebral 脑软化
~ mucoideo 黏液样软化

reble *m.* 填塞料

rebobinado *m.* ①再[重]绕，复卷；②（磁带、影片等的）倒带[片]

rebobinador,-ra *m.f.* 〈机〉①（布、线、纸等的）复卷机；②倒带[片]机[装置]

rebocrania *f.* 〈医〉斜颈，歪头

rebollo *m.* ①〈植〉栎树；②栎树根芽

rebollón *m.* ①〈植〉松乳菌；②木块

rebolludo,-da *adj.* 未加工的

rebolondo,-da *adj.* 球(形)的

rebolsa *f.* 〈海〉逆[顶]风

reborde *m.* ①（尤指圆形物的）边，缘，边缘；②〈技〉凸缘；③〈机〉(车轮的) 轮圈[辋]；（轮胎的）辋圈；④壁架；架状突出物
~ basal 基凸缘
~ de acera 路缘石
~ de rueda 轮缘
~ glenoideo 窝状凸缘
formación de ~s 内缘翻边

rebordeado,-da *adj.* 翻[卷,折]边的；折缘的

rebordeador *m.*〈机〉凸[起,折]缘机;卷边机

rebosadero *m.*〈工程〉①溢水口[道];②溢洪道;溢流堰;③溢流口[管]

rebosadura *f.*;**rebosamiento** *m.* 溢[满,漫]出

reboscelia *f.*〈医〉弯[弓形]腿

rebose *m.* ①溢[满]出;上[外]溢;②〈信〉(计算机)溢出

tubo de ～ 溢水[溢流]管

rebosis *f.*〈医〉弯斜畸形

rebotación *f. Col.*〈医〉体液溢流

rebotadera *f.*〈纺〉起[拉]绒梳

rebotador,-ra *adj.* 反弹的,弹回的‖*m.*〈信〉跳跃

rebotante *m.*〈建〉①支撑,撑臂;②斜撑,斜[支]柱

rebote *m.* ①弹[跳]回;弹[回]跳;②〈体〉(篮板)球撞篮板;③〈纺〉起[拉]绒

reboteador,-ra *adj.* 弹跳的‖*m. f.*〈体〉抢篮板球能手

capacidad ～a 弹跳力

rebotear *intr.*〈体〉抢得篮板球

rebotica *f.*〈信〉(网上)聊天室

rebozuelo *m.*〈植〉鸡油菌

rebrote *m.* ①再出现;重新显形;②〈植〉重新萌芽;新芽[枝]

rebufo *m.* (枪炮发射时形成的)气流冲击

rebusca *f.* ①搜寻,仔细寻找;②〈农〉(收割地里剩下的)残余果实[谷物];③残存[余]物

recaída *f.* ①(旧病)复发;②(错误)重犯

recalcada *f.*〈海〉船(体)倾斜

recalcadora *f.*〈机〉镦锻机,振动捣实机

recalcadura *f.* ①挤压,压紧;②镦锻;(螺钉头的)顶锻

recalcar *tr.* ①镦锻;顶锻(螺钉头等);②挤压,压紧;加压[厚];③塞[填]满;塞[填]实‖*intr.* ①〈海〉(船)倾斜;②填塞船缝,重新捻缝[嵌]

prensa de ～〈机〉镦锻压机[冲床]

recalce *m.* ①〈农〉培[壅]土;②〈建〉加固(基础)

recalcificación *f.*〈医〉①再钙化;②增加钙质

recálculo *m.*〈信〉重新计[核]算

recalentado,-da *adj.* 过(度加)热的,加热过度的

recalentador *m.*〈机〉①加热器;②过热器[装置]

～ de agua de alimentación 给水加热器

～ de aire 空气加热器

～ de combustión 燃烧加热器

～ de convección 对流式加热器;对流取暖装置

recalentamiento *m.* ①〈技〉重[二次]加热;②(经济)复苏;③加热过度;过热

～ de la coyuntura (市场)景气过度

recalescencia *f.*〈冶〉再[复]辉,再炽热

curva de ～ 再辉曲线

punto de ～ 再[复]辉点

recalibrar *tr.* 改变…尺寸

recaliente *adj.* ①重新加热的;②过热的;加热过度的

recalmón *m.*〈海〉风浪骤停

recalve *m.* 染色剂

recalzado;recalzamiento *m.* ①加固[托换]基础;②支掘路堑[基础];③〈农〉培土

recalzador,-ra *adj.* ①加固基础的;②〈农〉培土的;③上色的

recalzo;recalzón *m.*〈机〉外轮缘,外轮车辆

recamado *m.*;**recamadura** *f.* 刺绣,凸花绣

recámara *f.* ①枪膛;②〈矿〉炮眼;③弹药室

recambio *m.* ①更换;②〈机〉备件,替换零件;③替换笔芯

～s de automóvil 汽车备件

neumático de ～ 备胎

piezas de ～ 备用零件,备件

rueda de ～ 备用(车)轮

recanteado,-da *adj.*〈技〉铣成的,(周缘)滚花的

borde ～ 铣成边

recantón *m.*〈建〉保护屋角的石柱

recapitalización *f.*〈经〉(企业的)资本结构调整

recapitulación *f.* ①概述;扼要重述;②摘[纪]要;③〈生〉重演;④〈乐〉再现部

ley de ～ 重演律

teoría de ～ 重演论

recarbonación;recarbonatación *f.*〈化〉再碳酸化

recarburación *f.* 增碳处理,再渗碳

recarburador *m.* (再)增碳剂,渗碳剂

recarga *f.* ①重新加载,再装[载,填];②再充电

recargable *adj.* ①可再装载的;②可再充电的

racargar *tr.* ①重新加载;再装(载);②〈信〉重载

racargo *m.* ①再装(载);超[过]载,附加荷载;②附加费[税];额外费;(税收的)增加额;③〈法〉加罪;④〈医〉体温升高

recatón *m. And.*〈矿〉矿工镐

recauchar;recauchutar *tr.* ①翻新,翻修;给(旧轮胎)装新胎面;翻胎

tira de ～ (翻新轮胎表面的)补胎料

recauchutado *m.* ①翻新,翻修;②旧轮胎的

新胎面;(胎面)翻新的旧轮胎

recaudación *f.* ①征收[税];汇[募]集(钱款);②税收[款];③〈体〉门票收入;④纳税[收款]处

racaudo *m.* ①收取;征收;②募捐;③〈法〉保证,担保

recazón *m.* 〈机〉外轮缘,外轮车辆

recebar *tr.* ①〈机〉(注水、注油)使重新启动[发动];②〈建〉给…铺沙砾,铺沙砾于

recebo *m.* 〈建〉(铺路面的)沙砾,砾石

recedente *adj.* ①〈遗〉隐性的;②〈经〉衰退的

recejo *m.* 退潮

recensión *f.* 〈印〉修[校]订本

recepción *f.* ①接受[纳];②接[收]到;③〈无〉接收;④认可,验收;⑤〈法〉(对证人的)审查

  ~ de dos señales independientes en la misma línea 两信伴传制接收法

  ~ definitiva 最终验收

  ~ directa 定向接收

  ~ en cardioide 用心形方向图接收

  ~ en diversidad 分集接收

  ~ heterodina 外差接收法

  ~ por batimiento 差频[拍]接收法

  ~ y transmisión simultáneas de señales en la misma línea 双工电报

  puesto de ~ 接收站;收信站[台]

  señal de acuse de ~ 认可[承认]信号

recepcionar *tr.* ①接受[纳];②*Amér. L.* 〈无〉接收

receptación *f.* 〈法〉窝藏罪

receptáculo *m.* ①容器;贮藏器;贮藏处;②〈电〉插座;③〈植〉花托;孢[囊]托;④〈信〉插口

  ~ de aire 储气室[罐,筒]

  ~ IP 〈信〉IP 插口

  ~ primigenio 〈信〉原始插口

receptador,-ra *m. f.* 〈法〉(窝藏罪犯、罪证的)窝主

receptividad *f.* ①接受能力;②〈生理〉感受性;③〈医〉易感性

receptor,-ra *adj.* ①接受[收]的;②〈理〉接受声音[电波]的 ‖ *m. f.* ①〈医〉接受者;②〈讯〉接收员;③收件人;④〈法〉受理人;⑤〈体〉(棒球运动的)接手;(美式橄榄球比赛的)接球员 ‖ *m.* ①〈电视〉接收机[机,装置];②〈无〉收音机,收报机,(电话)受话器;③收集器;④〈生理〉感受器;⑤〈生化〉受体;⑥〈化〉承受器;⑦〈信〉(计算机)接收端

  ~ a galena 矿石收音机

  ~ adrenérgico 肾上腺素受体

  ~ Bell 贝尔受话器

  ~ colinérgico 胆碱受体

  ~ de acetilcolina 乙酰胆碱受体

  ~ de alta fidelidad 高保真度接收机

  ~ de banda lateral única 单边带接收机

  ~ de bobina móvil 动圈式受话器

  ~ de comprobación 监控接收机

  ~ de cristal 晶体[矿石]收音机

  ~ de radiodifusión 无线电接收机,广播收音机

  ~ de telecomunicación 通信接收机

  ~ de teléfono 电话受话器

  ~ en doble diversidad 双重分集接收机

  ~ heterodino 外差式接收机

  ~ Morse 莫尔斯收报机

  ~ radiofónico autónomo de batería y portátil 便携式自备[机内]电池接收机

  ~ radiofónico de onda universal alimentado por la red 全波交流接收机

  ~ radiofónico portátil 便携式接收机

  ~ telefónico 受话器,听筒,电话耳机

  ~ telegráfico 收报机

  ~ universal 普[全]适受血者,万能受血者(指 AB 型血的人)

  ~ visual 视觉感受器

receptoría *f.* 〈法〉受理

recercador *m.* (雕工用的)冲具[子]

recerrador *m.* 〈机〉①自动重合闸;②复合[重复闭路]继电器

recesa *f.* 〈工程〉截流

recesión *f.* ①后退,退回[缩];②退水[潮];③〈经〉衰退;④(价格)下跌;⑤〈天〉(星系)退行

  ~ económica 经济衰退

  ~ en precio 价格下跌

  cono de ~ 〈数〉回收锥

  curva de ~ 退水[潮]曲线

recesivo,-va *adj.* ①〈遗〉隐性的;②〈经〉衰退的

  carácter ~ 隐性性状

  gene ~ 隐性基因

  herencia ~a 隐性遗传

  período ~ 经济衰退时期

receso *m.* ①暂停,(幕间)休息,休业;②偏差[离];③*Amér. L.* (议会等的)休会;④见

  ~ económico

  ~ del Sol 〈天〉偏差

  ~ económico 经济衰退

  ~ en el trabajo 工间休息

  ~ escolar 学校假期

receta *f.* ①〈医〉药[处]方;②(饮料等的)调制法;(点心等的)制作法;③食谱

recetario *m.* ①医嘱,医嘱本[簿];②处方笺;③药典,处方[药剂]书;④食谱汇编

rechace *m.* ①拒绝(接受);②〈医〉排斥;排异反应;③〈体〉篮板球;(足球运动中的)门柱反弹球

rechazamiento *m.* ①(光线的)反射;②〈医〉(对移植组织或器官的)排斥(反应);③(对诱惑等的)抵抗[御]

rechazo *m.* ①拒[回]绝;②〈医〉(对移植组织或器官的)排斥(反应);③弹[跳]回;④(枪炮等产生的)后坐力;反冲;⑤〈信〉拒绝
~ frontal 断然拒绝

rechupado *m.* 布料吸色

rechupe *m.* 〈冶〉①(铸件)缩孔,细缩孔;②针眼(钢锭缺陷)

recibí *m.* (在发票和收据的抬头或末尾注明的)收讫

recibo *m.* ①收到;接收[受];②收据[条],回执;账单;③接待;迎接;④〈建〉门[客,前]厅
~ de a bordo 已装船单据
~ de confianza(~ fiduciario) 信托收据
~ de custodia 保管单
~ de depósito 银行存单
~ de devolución 回执
~ de la luz 电费账单
~ de muelle 码头收货单
~ de pago 付款收据

reciclable *adj.* 〈技〉可以再循环的;②〈环〉可被回收的;可再利用的

reciclado,-da *adj.* 〈环〉〈技〉(可)回收利用的‖*m.* ①〈环〉回收利用;可被回收的物品;②〈技〉再循环;③(尤指为传授新技术以助谋职就业的)再培训[训练]

reciclador,-ra *adj.* 〈环〉〈技〉回收利用(废物)的‖~a *f.* 废物回收厂;废物回收公司

reciclaje; reciclamiento *m.* ①〈环〉〈技〉(玻璃,纸张等的)回收利用;再利用;②〈技〉再循环;③(对职业人员的)再培训;④(计划等的)更[修]改,调整
~ de desechos 废物的回收利用
~ de los préstamos 贷款再循环

reciclar *tr.* ①〈技〉使再循环;②〈环〉〈技〉回收利用;(从废物中)提取利用;③再培训[训练];④更[修]改(计划等),调整

recidiva *f.* 〈医〉(旧病的)复发

recino *m. Amér. L.* 〈植〉蓖麻

recinto *m.* ①(围起来的)场地;②场所;区域
~ amurallado 有围墙的场地;围场
~ ferial 展览场地,展区
~ fortificado 设防地带
~ penitenciario 关押场地;看守[拘留]所
~ universitario 大学校园

recipiángulo *m.* 〈建〉(木工用的)量角器

recipiente *m.* ①容[贮]器,器皿;②(抽气机的)玻璃罩;③集装箱
~ a presión 压力容器
~ de acumulador 蓄电池容器
~ de aire 储气罐
~ de Amblart 〈化〉虹吸分液器
~ para embarque 集装箱装运
~ poroso 素烧瓶

reciprocidad *f.* ①相互性;相互关系[作用];②互给[惠];互换;对等性
~ comercial 贸易互惠;贸易对等
~ de beneficios 利益互惠;利益对等

recíproco,-ca *adj.* ①相[交]互的;②互惠的;对等的;相互补偿的;③互[倒]易的;④往复的;⑤〈数〉互[可]逆的;倒数的
beneficio ~ 互利
demanda ~a 相互需求
gene ~ 互补基因
impedancia ~a 互易阻抗
inhibición ~a 〈心〉相互抑制
motor ~ 往复式发动机
teorema ~ 〈数〉可逆定理

recirculación *f.* ①(生物体内液体的)再循环;②〈商贸〉(货币、资金等的)再循环;③信息重复传播
~ de capital 资金再循环

recit *m.* 〈乐〉①独唱[奏]曲;②(管风琴上的)独奏键盘

recitado *m.* 〈乐〉宣叙调;宣叙部

recitativo,-va *adj.* 〈乐〉宣叙调的‖*m.* 宣叙调

reclamación *f.* ①(书面)要求;要求物;②要求赔偿损失权,索赔;③抗议;异议;④〈法〉传唤,(要求)提审
~ de pago 要求付款
~ de precio 对价格提出异议
~ por daños 要求赔偿损失
~ por falta de cantidades 对短量提出索赔
~ salarial 工资要求
hoja[impreso,libro] ~ 投诉信;申诉书

reclame *m.* 〈海〉①顶帆升降索单滑车;②航绳孔‖*f. Amér. L.* 广告
mercadería de ~ 为吸引顾客而亏本出售的商品

reclamo *m.* ①(鸟)叫声;仿鸟叫声;②阄子;(诱捕鸟兽的)假鸟[兽];③呼唤;(电话的)来电;叫喊声;④广告;广告(标)语;⑤要求;索赔;⑥(印)导[渡]字(如印在词典每页天头表示本页第一个和末一个词目的字);⑦〈法〉传唤,(要求)提审
~ publicitario (有诱惑力的)广告手段[招数]

reclasificación *f.* 再[重新]分类,重新分级

reclinable *adj.* 见 asiento ～
asiento ～ 靠背可活动后仰的座椅
reclinación *f.* ①斜[倚]靠；②〈医〉下[脱]垂
recliquear *intr.* 〈信〉双击
recliqueo *m.* 〈信〉双击
recloración *f.* 〈化〉再氯化作用
reclusión *f.* ①关押；监[囚]禁；②监狱；关押地，禁闭室
　～ mayor 防范措施最为严格的监[囚]禁
　～ perpetua 终身监禁
recluso,-sa *adj.* 被监[囚]禁的‖*m. f.* 囚犯
　～ de confianza 模范囚犯
　～ preventivo 在押(候审)犯人
recluta *m. f.* 〈集〉〈军〉新兵‖*f.* ①〈军〉募[征]兵；②招募[聘，收]
reclutamiento *m.* ①〈军〉募[征]兵；②招募[聘，收]；③〈集〉〈军〉新兵
　～ de personal 招募人员；招聘职工
recoazorro *m.* 〈纺〉(纺锤上端的)绕线杆头
recocer *tr.* ①把…重新加热，使回锅；过度蒸煮；②〈冶〉使(玻璃、金属等)退火；煅烧
　horno de ～ 退火炉
　punto de ～ 退火点
recocido,-da *adj.* 〈冶〉退火的，回了火的；经过煅烧的‖*m.* ①〈冶〉退火，煅烧；②回锅，重煮
　～ isotérmico 等温退火(的)
　acero ～ 退火钢，韧钢
　cobre ～ 退火(软)铜，韧化铜
recocina *f.* 〈建〉厨房辅助室
recodo *m.* ①弯曲；(物件的)弯曲部分；②(河流、道路等的)弯曲[转弯]处；③弯(管)；可曲波导管
recogecables *m. inv.* 电缆自动缩回装置
recogedor *m.* ①收集器；盛装器皿；②〈农〉(打谷场上的)刮板；搂耙
　～ de aceite 盛油盘，油样收集器
　～ de goteo 承油碟；白水回收装置
recogegotas *m. inv.* 盛油盘，油样收集器
recogemuestras *m. inv.* 取[采，选]样器
recogepelotas *m. f. inv.* (给打网球或棒球者拾球的)球童
recogida *f.* ①捡，拾；②(垃圾等的)收集；(尤指从邮筒中)收取(信件等)；聚集；③〈农〉收获；④*Cono S.* (警察的)突入查抄[围捕]；⑤*Méx.* 驱拢(牲畜)，集拢
　～ de basuras 垃圾收集
　～ de datos 〈信〉数据捕捉(指借助与数据处理中心相连的设备进行数据自动记录和处理)
　～ de equipajes 领回行李
　～ de material estadístico 收集统计材料

recogido *m.* 〈缝〉(衣服的)褶，裥
recogimiento *m.* ①收集，聚拢；②撤[取，收]回
recolección *f.* ①收[搜，采]集；②聚集；募集(钱款)；征集；③汇编[集]；摘[概]要；④〈农〉收割[获]；收割期，收获季节
　～ de basuras *Amér. L.* 垃圾收集
　～ de información 搜集情报；收集信息
recolocación *f.* ①重新安置；重定位置；②重新配置；〈军〉调动
recolocar *tr.* ①重新确定…位置；使安置于新地点；②〈军〉调动
recombinación *f.* ①重新组[结，联]合；②〈化〉再化合；复合；③〈遗〉重组
　～ génica 基因重组
　frecuencia de ～ 重组频率
recombinante *adj.* 〈遗〉重组的‖*m.* 〈遗〉重组体，重组细胞
　cromosoma ～ 重组染色体
　DNA ～ 重组 DNA
　proteína ～ 重组蛋白
recompensa *f.* ①报偿[酬]；酬金[劳]；②赔[补]偿；③赔[补]偿物
　～ económica 经济报酬
　～ estrínseca/intrínseca 外/内在报酬
　～ material 物质报酬
recomposición *f.* ①重新组成；改组；重建；②修理[补]；③〈印〉重排；④〈信〉重新组合
recompostura *f.* *Amér. L.* ①修理[补，缮]；②重[再，改]建
recompra *f.* 〈经〉①购[买]回(已卖掉之物)；②重购；再购买[置]
recompresión *f.* 〈技〉重新压缩
recón *m.* 〈遗〉重组子，交换子
reconcentración *f.* ①集中；聚[汇]集；再集中；再聚集，再集结；②压[浓]缩；③(性格的)内向性
reconciliación *f.* ①和好[解]；调解[停]；②调节
　～ de superávit 盈余调节
recondicionamiento *m.* ①修复[理]；(彻底)检修；②重(新)装(配)
reconducción *f.* 〈法〉延长租期
reconectado,-da *adj.* 〈电〉自动重合闸，自动重接器，复合继电器
reconectar *tr.* 〈电〉使重新接通，使再连接
reconexión *f.* 〈电〉再次连接[接入]，重接
reconfortante *m.* 〈药〉补药[剂]
reconmutación *f.* 〈电〉再转[切]换；再整流
reconocimiento *m.* ①认出，识别；②承[确]认，认可；③搜索[寻]；检查[验]；④〈医〉(体格)检查；⑤〈军〉侦查；(地形等的)勘

察;⑥〈信〉(自动)识别
~ aduanal 海关检查,验关
~ de avería 损失检验
~ de configuración 〈信〉(多媒体)模式识别
~ de firma *Méx*. 签字确认[验证]
~ de (la) voz(~ del habla) 语音识别
~ de manuscrito 笔迹识别
~ físico[médico] 体格检查,体检
~ oficial 官方确认
~ óptico de carácteres 光符识别
~ sísmico 地震监测
avión de ~ 侦察机
vuelo de ~ 侦察飞行
reconsignación *f.* ①再委托;②重新发送
reconstitución *f.* ①重新构[组]成,改组;②改编;③(情景、犯罪经过等的)重现描述;再现,重显;④〈医〉恢复(功能)
reconstituyente *m.* 〈药〉补药[剂]
reconstrucción *f.* ①重[改]建,改组;②修复;③(情景、犯罪经过等的)重现描述;再现,重显;④恢复,复原
~ de la economía 经济恢复[复兴]
~ de la imagen 图像再现[重显]
~ del hogar 重建家园
recontamiento *m.* ①重新计数,重[再]数;清点;②重[复]述
recontaminación *f.* 〈环〉再[二次]污染
reconvención *f.* 〈法〉反诉;反索赔
reconversión *f.* ①〈经〉重[改]组;改造;转产;②恢复原状,复原;③见 ~ profesional
~ industrial 工业改造;工业合理化(改造)
~ profesional 再培养[训练]
recopa *f.* 〈体〉优胜杯赛奖杯
recopilación *f.* ①汇编[集];②摘[概]要;③〈法〉法典
~ de datos 资料汇编;〈信〉数据汇编
~ de producción 生产记录
cifra ~ 创[破]纪录的数字
recordativo,-va *adj.* 见 carta ~a
carta ~a 催(还,款)单
recordman;**récordman** (*pl.* recordmans;récordmans) *m.* 〈体〉男子项目纪录保持者
recorrer *tr.* ①〈信〉扫描;②〈印〉把…移入下一行;移行;③走遍,游历;④浏览,翻阅;⑤查找;⑥修理[补]
recorrida *f.* ①修理船身,(加)覆板;②*Amér. L.* 检修,修理[补]
recorrido *m.* ①(短暂)旅行;②(车辆等的)行程;(火车等来往于两地间的)路[行]程;路线;③〈航空〉航线;(飞机起、降滑行)距

离;④〈机〉活塞冲程;⑤(高尔夫球赛的)一场;⑥〈机〉修复,整修;(船舶等的)检修;(石板印刷术的)最后修补;⑦〈印〉统行;移行(部分);⑧图解旁注;⑨(门、窗等安装后的)最后加工,补漏;⑩〈信〉扫描
~ de aterrizaje/despegue 降落/起飞滑程
~ de trabajo 工作[爆炸]冲程
~ del autobús 公共汽车路线
~ del émbolo 活塞冲程
~ útil 冲程,工作[爆炸]冲程
de corto/largo ~ 〈航空〉短/长途运输(的)
señalador de ~ 跟踪(信号)装置
recortado,-da *adj.* ①凹凸不平的;(边缘等)不平滑的;参差不齐的;不规则的;②〈植〉(叶子)锯齿状的 ‖ *m.* ①剪纸;②*And.*,*Cari.*,*Cono S.* 枪管锯短的猎枪;*Arg.* 手[气弹]枪;③*Amér. L.* 修[削]剪
recortador,-ra *m. f.* 剪纸工 ‖ ~ a *f.* 剪[切]刀;〈机〉剪床,剪断[切]机
recortar *tr.* ①剪去;②裁剪;剪纸[影];③锯[截]短;④缩减[小];⑤勾出轮廓;⑥〈信〉裁切(图片等)
recortasetos *m. inv.* 树篱修剪刀
recorte *m.* ①剪切;②修剪(头发);③(开支等的)缩[削]减,裁减;④剪报;⑤〈印〉(做样子的)印张;⑥〈信〉(计算机图片等的)剪切;⑦*pl.*(刨,锯,切,岩,金属)屑
~ de personal[plantilla] 裁减人员
~ del presupuesto 削减预算
~ salarial (缩)减工资
~s de periódico 剪报
recosido *m.* 〈缝〉①重缝;②缝[织]补;③补丁
recova *f. Cono S.* 〈建〉(屋前)门廊
recreación *f.* 再创造;再创作
recrementicio,-cia *adj.* 〈生理〉回吸液的
recremento *m.* ①〈生理〉回吸液;②渣滓,废物
recreo *m.* ①消遣,娱乐;②娱乐场所;③〈教〉娱乐时间(尤指学校的课间休息时间)
centro de ~ 娱乐中心
recriminación *f.* ①反责;②〈法〉反诉
~ mutua 相互反责
carta de ~ 反诉书
recristalización *f.* 〈地〉再结晶(作用)
recristalizar *tr.* 〈地〉使再结晶 ‖ *intr.* 再结晶
recrudecimiento *m.* ①加重[剧],恶化;②再次爆发;〈医〉(疾病)的复发
recrudescente *adj.* 重新爆发的;〈医〉(疾病)复发的
recta *f.* ①线;直线;②〈体〉(跑道的)直道;

③最后阶段
~ de llegada〈跑道的〉终点直道
~ de regresión〈统〉回归线
~ final ①〈跑道的〉终点直道;②最后阶段
~ secante 割线
~ tangente 切线
~s coplanarias 共面线
~s paralelas 平行线
~s perpendiculares 垂直线

rectal *adj.*〈解〉直肠的
alimentación ~ 直肠营养法
carcinoma ~ 直肠癌
reflejo ~ 直肠反射

rectalgia *f.*〈医〉直肠痛,肛部痛

rectangular *adj.*〈数〉①矩[长方]形的;②直角的;成直角的
coordinadas ~es 直角坐标

rectángulo,-la *adj.*〈数〉①矩[长方]形的;②直角的;成直角的‖ *m.* 矩[长方]形
~ áureo 黄金矩形

rectectomía *f.*〈医〉直肠切除术

rectificable *adj.* ①可矫[纠]正的;②〈化〉可精馏的;③〈数〉〈曲线〉可求长的

rectificación *f.* ①矫[纠]正;改[校,修]正;②〈天〉〈经纬仪〉误差纠正;③调整;修改;④弄[校]直;〈河道等〉整治;⑤〈电〉〈无〉整流;⑥〈化〉精馏;⑦〈技〉磨削;⑧〈数〉〈曲线,弧线〉求长法
~ del balance 修改资产负债表
~ del río 河道整治
~ en semilongitud de onda 半波整流
~ húmeda 湿[通液]磨法
~ impositiva 税收调整
~ por la curvatura anódica 阳极整流(利用屏栅特性弯曲部分检波)
aparato de ~ interior 内圆磨床

rectificador *m.* ①〈电〉整流器[管];②〈化〉精馏器‖ ~**a** *f.* ①磨床,研磨[磨光]机;②校准仪
~ al[de] vapor de mercurio 汞弧整理器[管]
~ cuadrático 平方率整流器
~ de alto vacío 高真空整流器
~ de ánodos alumínicos 铝电解整流器
~ de cátodo frío 冷阴极整流器
~ de contacto 干[接触]式整流器
~ de corriente 整流器
~ de cristal 晶体整流器
~ de disco seco 干盘整流器
~ de germanio 锗整流器
~ de ignitrones 点火[放电,引燃](整流)管
~ de media onda 半波整流器

~ de mercurio 汞池整流器
~ de metal 金属整流器
~ de onda completa 全波整流器
~ de óxido de cobre 氧化铜整流器
~ de rejilla controlada 栅控整流器
~ de selenio 硒整流器
~ de semiconductor 半导体整流器
~ de silicio 硅整流器
~ de tubos de vacío 真空管整流器
~ electrónico 电子整流器
~ hexafásico 六相整流器
~ mecánico 机械整流器
~ monofásico de onda completa 单相全波整流器
~ polifásico 多相整流器
~ seco 干式整流器
~ termoiónico 热离子整流器
~ trifásico de onda completa 三相全波整流器
~a cilíndrica 外圆磨床
~a de filetes 螺纹磨床
~a de interior 内圆磨床
~a de rosca 螺纹磨床
~a para colectores 整流子磨光机
~a plana[planeadora] 平面磨床

rectificar *tr.* ①矫[纠,调]正;校[修]正;改正;②调整;修改;整顿;③弄[校]直;④〈技〉研磨;重镗(孔,内径);⑤〈电〉整流;⑥〈化〉精馏;⑦〈数〉求(曲线,弧线)长度
máquina de ~ interior y exteriormente 万能磨床
máquina de ~ los berbiquíes 曲轴磨床
máquina de ~ los cilindros de laminador 轧辊磨床
máquina de ~ los fileteados 螺纹磨床
máquina de ~ sin centro 无心磨床

rectilinealidad *f.*〈数〉直线性

rectilinear *adj.* 见 rectilíneo

rectilíneo,-nea *adj.*〈数〉直线的;沿直线的;直线构成的
coordinadas ~as 直线坐标
figura ~a 直线图形
movimiento ~ 直线运动

rectinervio,-via *adj.*〈植〉叶脉呈直线的

rectisquiaco,-ca *adj.*〈解〉直肠坐骨的

rectitis *f. inv.*〈医〉直肠炎

rectitud *f.* ①笔直;②两点间直线距离

recto,-ta *adj.* ①直的;笔[平]直的;②竖(立,式)的;垂直的;③〈印〉〈书页〉正面的;④〈解〉直肠的‖ *m.* ①〈解〉直肠;②〈印〉书页的正面,右页
ángulo ~ 直角,90°角

folio ～ 正面页

intestino ～ 直肠

rectoabdominal *adj.* 〈解〉直肠腹部的

rectocele *m.* 〈医〉直肠膨出

rectocistotomía *f.* 〈医〉直肠膀胱切开术

rectococcígeo,-gea *adj.* 〈解〉直肠尾骨的

rectococcipexia *f.* 〈医〉直肠尾骨固定术

rectocolitis *f. inv.* 〈医〉直肠结肠炎

rectoestenosis *f.* 〈医〉直肠狭窄

rectofobia *f.* 〈心〉直肠病恐怖

rectoperineorrafia *f.* 〈医〉肛门会阴缝合术

rectopexia *f.* 〈医〉直肠固定术

rectoplastia *f.* 〈医〉直肠成形术

rectorrafia *f.* 〈医〉直肠缝合术

rectorromanoscopio *m.* 〈医〉直肠乙状结肠
　检查镜

rectoscopia *f.* 〈医〉直肠镜检查法

rectoscopio *m.* 〈医〉直肠镜

rectostenosis *f.* 〈医〉直肠狭窄

rectostomía *f.* 〈医〉直肠造口术

rectotomía *f.* 〈医〉直肠切开术

rectótomo *m.* 〈医〉直肠刀

rectouretral *adj.* 〈解〉直肠尿道的

rectouterino,-na *adj.* 〈解〉直肠子宫的

rectovaginal *adj.* 〈解〉直肠阴道的

rectovesical *adj.* 〈解〉直肠膀胱的

rectriz (*pl.* rectrices) *f.* 〈鸟〉①尾羽；②
　Amér. L. 飞羽

recubrimiento *m.* ①叠[覆]盖；②覆盖物；覆
　盖层；③涂[镀]层；膜；④〈技〉余面
　～ de cinc 镀锌层
　～ de escape 排汽余面
　～ de grava 砾石路面
　～ de techo 屋[瓦]面
　～ electrolítico 电镀层
　～ en la admisión 蒸汽余面
　～ exterior/interior 外/内余面
　～ interior de la matriz 子宫内膜

recuento *m.* 复算；清点，点[计]数
　～ de caja 现金查点
　～ de espermas 〈医〉(一次射出的精液或1
　毫升精液的)精子计数
　～ de existencias 盘点存货，盘存
　～ de tráfico 交通流量统计
　～ físico 实地清点
　～ polínico 花粉统计[计数](在规定的时
　间和范围内所搜集到的花粉粒数)

recuerdo *m.* ①回[记]忆；②纪念品[物]；③
　Col. 〈植〉蔓生植物
　～ de familia 祖传遗物，传家宝
　dosis de ～ 〈医〉重新接种

reculada *f.*；**reculón** *m. Amér. L.* ①弹
　[跳]回；②(枪炮等产生的)后坐力，反冲；

③〈理〉反冲；④(车辆等的)后退；退；⑤
　Méx. 〈军〉撤[后]退

reculativa *f. Méx.* 〈军〉撤[后]退

recuñar *tr.* 〈矿〉楔采

recuperabilidad *f.* ①恢复力；②可回收性；
　③〈信〉(电脑的)可恢复性

recuperable *adj.* ①可恢复(原状)的；②能复
　原[康复]的；③可回收的；④能寻[找,追]
　回的(钱款、损失等)；⑤〈技〉可同流换热的

recuperación *f.* ①恢复；复原；②(经济)复
　苏；(价格等的)回升；(钱款、损失等的)寻
　[找,追]回；③康复，(病人的)痊愈；④(重
　申对土地等的)要求收回；(资金等的)回收；
　⑤(建筑物的)修复，整修；⑥(玻璃、废铁等
　的)收集(再生)利用；⑦〈技〉同流换热
　(法)；⑧〈信〉恢[回]复(原状)；返回；⑨
　〈教〉再[重]考
　～ de datos 数据恢复
　～ de inversiones 投资回收
　～ de los precios 价格回升
　～ económica 经济复苏[回升]
　～ hacia atrás/delante 〈信〉向前/后恢复
　clases de ～ (为考试不及格者开设的)再
　[重]考课
　examen de ～ 再[重]考
　horno de ～ 〈工〉同流换热炉

recuperador *m.* 〈工〉①同流换热器；回流换
　热室；②回收装置

recuperativo,-va *adj.* ①(促进)恢复的，复
　原的；有恢复力的；②有助于恢复健康的，有
　助于复原的；③〈工〉〈技〉(装有)同流换热
　(器)的
　capacidad ～a 恢复力
　sistema ～ 同流换热系统

recura *f.* 梳齿刀

recurrencia *f.* ①重(新出)现；再发生；②
　〈医〉(疾病)复发；③〈数〉递归，循环

recurrente *adj.* ①反复出现的，复[重]现的，
　一再发生的；②〈数〉递归的，循环的；③
　〈医〉复发的；回归的；④〈解〉(神经、血管
　等)返(回)的 ‖ *m. f.* 〈法〉上诉人
　fiebre ～ 〈医〉回归热
　nervios ～s 返神经

recurrible *adj.* 〈法〉(对当局行动)可上诉的

recurrido,-da *adj.* 〈法〉支持判决的，坚持原
　判一方的

recursión *f.* ①〈数〉递归(式)，递推，循环；②
　〈信〉返回，回复原状
　fórmula de ～ 递推[递归]公式
　relación de ～ 递推关系

recursividad *f.* 〈数〉循环性

recursivo,-va *adj.* ①〈数〉循环的；②〈信〉返
　回的；回复原状的

estructura ～a 循环结构

recurso *m*. ①(应付)办法,手段;②〈法〉上诉;③*pl*. 资源;资财,财力;资金;④生活资料;生计;⑤〈医〉复发;⑥〈信〉资源(网络或计算机上可以由应用程序或系统软件使用的设备、内存或图像对象);⑦(熟巧、信息等的)来源;⑧请求[愿]书

～ cultural 文化资源

～ de alzada (对当局决定的)上诉

～ de amparo (公民要求得到宪法保障向法院提出的)上诉

～ de apelación[casación] (向最高法院提出的)上诉

～ de injusticia notoria 不服判决向最高法院提出申诉

～ de queja 起诉,控告

～ de responsabilidad 要求追求责任

～ de revisión 重判改刑请求

～s abisales 深海资源

～s de la red 网上资源

～s de servicios 服务业资源

～s del Estado 国家财产

～s disponibles ①可用资源;②可用资金

～s económicos ①生活资料,经济手段;②经济资源

～s energéticos 能源

～s financieros 财源[力];财政资源

～s forestales 森林资源

～s hidráulicos 水利资源

～s humanos 人力资源

～s inexplotados 未开发资源

～s naturales 自然资源

～s no renovables 非再生资源

～s pecuniarios 财源

～s propios 自有资金

～s renovables 再生资源

～s submarítimos 海底资源

～s turísticos 旅游资源

recurvación *f*. 向后弯,反曲

recurvado,-da *adj*. 向后弯的,反曲的

recusación *f*. ①拒[回]绝;拒绝接受[接纳];②〈法〉(在案件开庭前)宣布反对(某陪审员或陪审团全体成员);拒绝审议

red *f*. ①网;网具;②发(球、渔)网;③(捕鸟、兽等的)罗网;圈套;④栅[围]栏;格[铁]栅;⑤网状编织物,网眼织物;⑥网状系统;(广播、商业、通讯)网;(供电、供水等的)管[线,网]路;⑦网格[络];〈信〉网络;互联网;⑧〈医〉网(状组织)

～ activa/pasiva 〈信〉有/无源网络

～ avanzada interpares 〈信〉高级对等网络

～ barredera (捕鱼用的)拖网

～ comercial 商业网;商业网点

～ compartida 共享网络

～ compensadora 补偿网络

～ conmutada 〈信〉开关网络

～ conversora de frecuencia 变频网络

～ corporativa 〈信〉企业网络

～ de alambre 铁丝网

～ de área amplia[extendida] 广域网(*abr. ingl*. WAN)

～ de área local 局域网(*abr. ingl*. LAN)

～ de área metropolitana 城域网

～ de arrastre ①拖网;②流[漂]网

～ de carreteras 公路网

～ de computadoras 计算机网络

～ de comunicación exclusiva 专用通信网络

～ de confianza 〈信〉信任网

～ de consumo 输电干线,电力网

～ de contrabando 走私网

～ de datos 数据网络

～ de desacoplo 去耦网络

～ de diez mil dimensiones 万维网

～ de distribución ①配电网[系统];②销售系统

～ de emisoras 广播网

～ de espionaje 间谍网

～ de éter 以太络

～ de faja amplia 宽带网络

～ de ferrocarriles(～ ferroviaria)铁路网

～ de información 信息网;情报网

～ de largo alcance 广域[远程]网

～ de paso 〈信〉转换[中转]网

～ de Petri 〈信〉佩特里网

～ de radio (无线电)广播网

～ de rastreo(～ rastreadora)跟踪网络(系统)

～ de región amplia 广域网

～ de retardo 延迟网络

～ de seguridad ①安全网;②(杂技表演等时用的)安全网

～ de servicios médicos y sanitarios 医疗卫生网

～ de sucursales 分支机构网络

～ de telecomunicación 远程通讯网络

～ de transmisión de datos 数据(传输)网络

～ de valor añadido 〈信〉增值网

～ de ventas 销售网

～ del abastecimiento de aguas 供水管路(系统)

～ del aire (捕鸟的)粘[挂]网

～ digital avanzada 〈信〉高级数字网络

～ digital de servicios integrados 〈信〉综

合业务数字网(俗称"一线通";*abr. ingl.* ISDN)

~ eléctrica (输)电网

~ electrónica en la era espacial 太空时代电子网络

~ en anillo 环形[状]网

~ en anillo con testigo 〈信〉标记[令牌]环网络

~ en bus 〈信〉总线(型)网络

~ en bus con testigo 〈信〉令牌总(型)线网

~ en celosía 〈信〉桥[X]型网络

~ en estrella 星形[状]网络

~ en malla 网状网络

~ en puente 〈信〉桥接网络

~ equilibradora 〈理〉平衡网络

~ equivalente 〈理〉等效网络

~ especial ficticia 虚拟专用网

~ heterogénea 〈信〉异机种网络

~ informática 信息网络

~ internet 因特[互联]网

~ linear 线性网络

~ metálica 金属屏蔽[滤网]

~ neuronal 〈解〉神经网络

~ principal 主干网络

~ privada 个人网络

~ pública 公用网络

~ pública conmutada 〈信〉公用交换网络

~ pública de transmisión de datos 〈信〉公用数据(传输)网

~ radial 〈电子〉径向线栅

~ reordenable 可重排网络

~ SNA 〈信〉SNA(系统网络结构)网络

~ swap 互联网;交换网

~ telefónica 电话网

~ telefónica de datos 数据电话网

~ telefónica pública conmutada 〈信〉〈讯〉公共交换电话网

~ telefónica interior de bordo (飞机、轮船等用的)对讲电话装置,对讲机,内部通话设备

~ telegráfica 电报网

~ terminal 终端网

~ UNIX UNIX 网络

~ vascular 〈解〉血管网

~ viaria 公路网

~ virtual 虚拟网络

~ virtual privada 〈信〉〈讯〉虚拟专用网

capacidad de ~ 网络容量

clientes en la ~ 网上顾客

comercio en la ~ 网上贸易

compras en la ~ 网上购物

constante de una ~ 〈信〉网络常数

entrada de ~ 网络前端

equipo terminal de ~ 网络终端设备

gestión de ~ 网络管理

mercado de la ~ 网上市场

negocio en la ~ 网上商业

plataforma de ~es 网络平台

registro[inscripción] de la ~ 网上注册

servicio de la ~ 网络服务

sociedad de la ~ 网络社会

tamaño de la ~ 网络规模

ventas en la ~ 网上销售

redactor,-ra *m. f.* ①编辑[者];②撰写人;拟[撰]稿人

~ artístico[gráfico] 美术编辑

~ de noticias 新闻编辑

~ en jefe 总编辑,主编

~ independiente 自由撰稿人

redada *f.* ①(警察的)突然搜捕;(撒网式)搜捕;②撒网;③一网次渔获量

redaje *m. And.* 网(状物)

redaño *m.* 〈解〉肠系膜

redargución *f.* 〈法〉驳回

redargüir *tr.* 〈法〉反驳,驳回 ‖ *intr.* 反驳

redecilla *f.* ①发网;②网纱;③〈动〉(反刍动物的)蜂窝胃

redel *m.* 〈海〉艏舱肋

redemocratización *f.* 恢复[重建]民主

redención *f.* ①赎买[回];(债务等的)偿还,清偿;②补救(办法);③〈法〉减刑

redenominar *tr.* ①给…重新取名,给…改名;②〈信〉重命名

redescontable *adj.* 可再贴现的

papel ~ 可再贴现票据

redescubrimiento *m.* 再[重新]发现

redescuento *m.* 〈商贸〉再[转]贴现

redesignar *tr.* 〈信〉重命名

redespachar *tr. Cono S.* 〈商贸〉转送[寄]

redevanar *tr.* 重绕[卷],反绕

redhibición *f.* 〈商贸〉取消购物合同

rediente *m.* 〈军〉凸角状工事

rediferenciación *f.* 再分化

redificación *f.* 〈信〉①建[联]网;②网络化

redifusión *f.* (无线电、电视节目等的)转播

redimensionamiento *m.* ①改组;〈经〉改造[制];②〈建〉改型(建筑);③合理化

redimensionar *tr.* ①改组;②〈经〉(根据另一模型或样式)改造[制];③重新做…模型;改变…尺寸;④使合理化

redimible *adj.* ①可赎[买]回的;可赎买的;②可解脱的;可赎身的;③(证券等)可兑现的

~ sobre aviso de un año 可提前一年通

知赎回的

redintegración *f.* ①〈医〉复原；②恢复原状；
复兴

redirección *f.* 改变信[邮]件地址

redislocación *f.* 〈医〉再脱位[臼]

redisolución *f.* ①再[反复]溶解；②再融化

redistribución *f.* ①再[重新]分配；②再[重
新]分派
~ de mercado 市场再分配

redistributivo,-va *adj.* 再[重新]分配的

redoblamiento *m.* 加倍；倍增

redoblante *m.* 〈乐〉长鼓

redoblón *m.* 〈机〉铆钉

redolor *m.* 〈医〉隐[余]痛

redoma *f.* 〈化〉烧瓶

redonda *f.* ①〈乐〉全音符；②〈印〉罗马体(字
体)，正体字；③牧场

redondeado,-da *adj.* 近似圆形的

redondeamiento *m.* ①成圆形；②〈数〉成整
数

redondear *tr.* ①使成圆形；②圆满完成，结
束；③〈数〉把(数)四舍五入，使(数字)凑整
‖~se *r.* ①偿清债务；②(发财)致富
~ en exceso 把(数)上舍入，把(数字)调高
为整数

redondeo *m.* 〈数〉舍入，凑整

redondez *f.* ①(正)圆度，球度；②圆[球]形；
③球[圆]面；④圆周

redondilla *f.* 〈印〉罗马体，正体字

redondo,-da *adj.* ①圆(形)的，球形的；②
〈数〉整数的；③*Amér. L.* (店铺)不与内室
相通的；④*Méx.* (旅行)环程的 ‖ *m.* ①
〈数〉整数；②圆[球]形物；③〈乐〉唱片；录
制品；④后腿(肉)牛排；⑤圆桌会议
negocio ~ 好买卖
número ~ 整数

redopelo *m.* 〈纺〉逆毛方向摸，倒捋

redorar *tr.* 再镀金；重新涂上金色

redox *f.* 〈化〉氧化还原(反应，作用)

redrojo *m.* ①〈植〉晚熟水果；干瘪水果；②
pl. Amér. M. 器[用]具

redruthita *f.* 〈矿〉辉铜矿

reducción *f.* ①减少[小]；降低，缩[削]减；
②压缩；归纳，简化；③〈数〉约[简]化；换
算；④转换；⑤〈化〉还原(法，作用)；⑥〈医〉
复位(术)；⑦〈天〉观测(结果)订正
~ a escala 按比例缩小
~ absurdo 归谬法，间接证明法
~ catódica 阴极还原
~ de costos 减少[降低]成本
~ de datos 数据压缩
~ de fracciones 约分
~ de impuestos 减税

~ de jornada 减少工时
~ de las barras aduaneras 降低关税壁垒
~ de tarifa(~ tarifaria) 降低税率
~ del presupuesto 缩减预算
~ en frio 冷压缩
~es salariales 减薪
coeficiente de ~ 减缩系数

reduccionismo *m.* 简化(法)，简[还]原论

reducibilidad *f.* ①可减少[缩减]；②〈数〉可
换算，可约(性)，可简化；③〈化〉可还原；④
〈医〉可复位

reducible *adj.* ①可减少[缩减]的；②〈数〉可
换算的，可约的，可简化的；③〈化〉可还原
的；④〈医〉可复位的

reducido,-da *adj.* ①(数字、小组等)小的，
(量)少的；②(收入、资源等)有限的，③(价
格、税率等)减少的；降低的；④(空间等)狭
窄的，有限的

reductasa *f.* 〈生化〉还原酶

reductibilidad *f.* ①〈化〉(可)还原性，还原能
力；②〈数〉可约性

reductible *adj.* 见 reducible

reductivo,-va *adj.* ①减少的；(能)缩小[减]
的；②还原的；③简化(法)的；④(使分量
等)缩减的
mamoplastia ~a (为美胸实施的)缩(减)
乳(房)

reducto *m.* ①〈军〉绫[多面]堡；要塞；②(思
想领域的)堡垒；据点，大本营；③(军舰上
的)舰炮

reductor,-ra *adj.* ①(能)缩小[减]的；减速
的；②〈数〉简化的；③〈化〉还原的；④减轻
体重的 ‖ *m.* ①〈电〉减压器[阀]；②〈机〉减
速器；③〈机〉异[变]径接头，大小头；④
〈化〉还原剂；还原器；⑤〈摄〉减薄剂[液]‖
~a *f.* 〈机〉(汽车等的)减速齿轮[装置]
~ de velocidad 减速器
~a de tornillo sinfín 减压齿轮
crema ~a 〈医〉收缩膏
manómetro ~ 减压器
técnica ~a 差动技术

redundancia *f.* ①多[剩]余；②多余物[量]；
多余部分；③多[冗]余位数；〈讯〉多余信息；
④〈讯〉多余[过剩]信息；多余度；⑤〈信〉重
复，冗余(为补救错失保证可靠性的一种方
法)；冗余码[位]；超静定(性)
~ relativa 相对多余(位)数
~ terminal 〈生〉末端重复
comprobación con ~ 多余[过剩]信息检
验；冗余(位数)检验

redundante *adj.* ①多[冗]，赘]余的；过剩的；
②累赘的；冗长的；③〈讯〉多余信息的；④
〈机〉〈信〉组件等为补救错失保证可靠性
而)重复的，冗余的；超静定(性)的；⑤〈机〉

多余(杆件)的
capacidad ～ 过剩生产能力
carácter ～ 冗余字符
información ～〈讯〉多余[过剩]信息
miembro ～ ①〈机〉多余杆件;②〈建〉多余构件
número ～ 冗余数

reduvio *m.*〈昆〉猎蝽

reedición *f.*〈印〉①再版,重印;重新发行;②重印[再版]本

reedificación *f.*〈建〉重建;改建

reeducación *f.* ①再教育;②〈医〉训练(残疾人以使在社会上谋生)
～ profesional(传授新技术以助谋职就业的)再训练

reejecutar *tr.*〈信〉使再次运行

reelaboración *f.* ①重新加工(制造);②(方案等的)重新制订

reembalar *tr.* (把…)重新包装[打包];(把…)重新装箱

reembarcar *tr.* 重新装货上船;换船(装运)

reembarque *m.* ①把货物重新装上船;②换船(装运)

reemisión *f.* ①(电台、电视台的)转播;②再[重新]发行

reemisor *m.* (电台、电视台的)中继台[站];转播站

reemplazable *adj.* ①可代替的,可取代的;可更换的;可接管的;②可复归原位的;③〈化〉可置换的

reemplazante *m. f. Amér. L.* ①代[接]替者,替换者;②〈体〉替补队员

reemplazo *m.* ①代[接]替;更换;取[替]代;②复归原位;③替换品;替代物;④〈军〉补充兵源;⑤〈地〉〈矿〉交替(作用);⑥〈信〉覆盖‖ *m. f.* ①代[接]替者,替换者;②〈体〉替补队员;③*Esp.*〈军〉(招募的)新兵

reempleo *m.* ①再[重新]使用;②再[重新]就业

reencauchadora *f. Col.* (汽车)轮胎修补厂

reencender *tr.* ①再[重新]点燃;②〈机〉(发动机等的)再点火,再启动

reencendido *m.* (发动机等的)再点火,再启动

reencuadernación *f.*〈印〉重新装订[帧]

reencuadernar *tr.*〈印〉重新装订[帧]

reenfocado *m.* ①〈摄〉再[重]聚[调]焦;②重新对准

reenganchamiento *m.* 再征募(士兵);重新服役

reenganchar *tr.* ①〈机〉使重新啮合;②〈军〉重新征募;再征…入伍

reenganche *m.* ①〈机〉重新啮合;②〈军〉重新

入伍[服役]

reensayo *m.* ①〈机〉再测[试]验;(金属等的)重新鉴定;②重新排练[演]

reentrabilidad *f.*〈信〉再进入性

reentrable *adj.*〈信〉重新进入的,复进的

reentrada *f.* ①再[重新]进入;②〈航天〉(航天器的)再入,重返大气层

reenvasar *tr.* (把…)重新包装[打包,装箱]

reenviar *tr.* ①转寄(邮件);改投(新地址);转交;②寄[退]回(寄件人)

reenvío *m.* ①(邮件的)转寄;改投(新地址);②寄[退]回(寄件人);③(在同一书籍、索引、目录等中的)互见,相互参照

reequilibrar *tr.* ①使重新稳定,重新巩固;②使(货载、重量等)恢复[重新]平衡

reequipamiento *m.* 重新装备,再配备

reestablecer *tr.* ①重[另]建;②恢复,复兴;③重新建[设]立;④重新[另行]安置

reestatificación *f.* 重新收归国有,重新国有化

reestatificar *tr.* 使…重新收归国有,使重新国有化

reestibar *tr.*〈海〉重新理仓[装载];重新堆置[堆垛]

reestreno *m.* ①〈戏〉(旧戏的)重演;②〈电影〉(旧片的)重映;(影片等的)再发行版

reestructuración *f.* ①再构成,重建;改组;(结构)调整;②重新安排;整顿
～ de la economía 调整经济结构

reestructurar *tr.* ①再构成,重建;改组;调整(结构);②重新安排(使用);整顿

reevaluación *f.* 重新估价;重新评价

reexamen *m.*; **reexaminación** *f.* ①复[再]检查;重新审查;②〈教〉重考,复试

reexaminar *tr.* ①复[再检]查;重新审查;②再考,对…进行复试

reexpedición *f.* ①(邮件的)转寄;改投(新地址);②寄[退]回(寄件人)

reexpedidor *m.*〈信〉回邮器

reexportación *f.* 再出口[输出]

Ref. ª *abr.* referencia 见 referencia

refacción *f.* ①修理[补];②〈建〉修缮;③补贴;④ *pl. Méx.*〈机〉备件;⑤ *Amér. L.*〈农〉(庄园等的)开支;运行[转]成本;⑥ *Cari.* , *Méx.* 短期贷款;财政补贴

refaccionaria *f. Amér. L.*〈机〉备件商店

refeccionario, -ria *adj.*〈经〉(贷款)投资性的

referencia *f.* ①参考[照];(参考)查阅;②(对申请人情况的)查询;③参考书目[文献,资料];引文(出处);④(有关情况的)报告;信息;⑤(关于申请人情况的)证明[介绍](书);⑥〈测〉〈工程〉基准(点,线,面);参考

［照］（系）；⑦关系，关联

~ afín 仿射（坐标）参考［照］系

~ bancaria 银行资信证明

~ cartesiana 笛卡儿（坐标）参考［照］系

~ comercial 商行（情况）备咨

~ cruzada （在同一书籍、索引、目录等中的）互见条目，相互参照

ángulo de ~ 基准角

dato de ~ 参考数据

equivalente de ~ 基准等效值

formato de ~ 基准格式

intensidad acústica de ~ 基准声级

marca de ~ 基准标记

plano de ~ 基准面

punto de ~ ①参照点；②基准点（指测量距离时用作基准的一点）

récord de ~ 参考记录

ruido de ~ 基准噪声

sistema de ~ 参照［参考］系

tiempo de ~ 基准时间

tono de ~ 基准音调

volumen de ~ 基准声量

referendo；referéndum（*pl.* referéndums）*m.* ①公民复决（制度）；公民复决投票；②（外交时节致本国政府的）请示书

referí *m. f. Amér. L.*〈体〉裁判员

refinación *f.* ①〈工〉〈技〉精炼［制］（法），提纯［炼］；②（去芜存精的）改进

refinado,-da *adj.*〈工〉〈技〉精炼［制］的‖ *m.* 精炼［制］（法），提纯［炼］

aceite ~ 精制油

refinador,-ra *m. f.* ①炼制业者；②提纯者‖ *m.*（机）①精炼器；提纯器；（砂糖、石油等的）炼制机；②（纸浆）精磨机，匀浆机

refinadura *f.*；**refinamiento** *m.* ①〈工〉〈技〉精炼［制］（法），提纯［炼］；②（去芜存精的）改进

refinanciación *f.*（为…）再筹措［筹集，提供］资金

refinería *f.*〈工〉①精炼［制］厂，提炼厂；②制糖厂

~ de aceite 炼油厂

~ de azúcar 炼糖厂

~ de petróleo 炼油厂

refino,-na *adj.* ①〈工〉〈技〉精炼［制］的；②（极）纯净的‖ *m.* ①〈工〉〈技〉精炼［制］（法），提纯［炼］；②（去芜存精的）改进

reflación *f.* ①通货再膨胀；②景气恢复

reflacionar *tr.* 使（通货）再膨胀，以通货再膨胀刺激（需求，经济）增长［回升］

reflectancia *f.*〈理〉反射比；反射系数

reflectante *adj.* 反射的；反照的

señal ~ 反射信号

reflectividad *f.* ①〈理〉反射率；②〈医〉反射（力，性）

reflectivo,-va *adj.* 反射的，能反射的

reflectómetro *m.*〈理〉反射计（尤指时域反射计）

reflector,-ra *adj.*（能）反射的；反射（物体）的‖ *m.* ①〈理〉反射器［物，体］；②〈天〉反射式望远镜；③〈电〉聚光灯；④〈航空〉〈军〉探照灯

~ cilíndrico 圆柱形反射器

~ de galvanómetro 镜检流器，镜［反射］式电流计

~ de guía de ondas 波导反射器

~ de imagen 舞台聚光灯

~ de reja 栅格型反射器

~ parabólico 抛物（柱）面反射镜［器］

~ posterior （汽车尾部的）反光灯

~ rectangular 矩形反射器

aparato ~ 反射器

cuerpo ~ 反射体

reflectoscopio *m.* ①反射测示仪；②〈医〉反［投］射镜［灯］

reflejado,-da *adj.* 反射［照］的

~ de discos〈信〉磁碟镜像

onda ~a por tierra 地面反射波

resistencia ~a 反射电阻

telescopio ~ 反射望远镜

reflejador *m.* ①〈理〉反射器［物，体］；②〈天〉反射式望远镜；③〈电〉聚光灯；④〈航空〉〈军〉探照灯

reflejo,-ja *adj.* ①（波、光等）反射的；②〈生理〉反射（性，作用）的‖ *m.* ①映像，倒影；②〈生理〉反射；本能反应；③〈解〉反射作用；④〈信〉（屏幕的）耀眼反光；*pl.* 产生强光效果的部分；⑤染发剂；⑥*pl.* 反应能力；⑦*pl.* 闪光，光泽

~ abdominal 腹壁反射

~ adquirido 获得性反射

~ anal 肛门反射

~ condicionado 条件反射

~ conjuntival 结膜反射

~ coordinado 协调反射

cruzado 交叉反射

~ de acomodación 调节反射

~ de Babinski 巴宾斯基反射

~ directo 直接反射

~ lagrimal 泪反射

~ nasal 鼻反射

~ patológico 病理反射

~ profundo 深层反射

~ psíquico 心理反射

~ pupilar 瞳孔反射

~ sexual 性反射

~ simple 简单反射
~ superficial 表[浅]层反射
~ vesical 膀胱反射
~ viril 男性反射
arco ~ 反射弧
luz ~a 反射光
onda ~a 反射波
rayo ~ 反射线
respuesta ~a 反射性反应

reflejoterapia *f.*〈医〉(按摩手、脚、头部以松弛神经的)反射疗法

reflex; réflex *adj. inv.* ①〈摄〉反光取景的;②(光、热等)反射的 ‖ *m. inv.* ①(光、热等的)反射;②〈生理〉反射;反射作用 ‖ *f.*〈摄〉反光取景摄影机,反射式照相机
cámara ~ 反射式照相机
klistón ~ 反射速调管

reflexibilidad *f.* 反射性

reflexible *adj.* 可[能]反射的

reflexión *f.*〈理〉(光、热等的)反射
~ acústica 声反射
~ anormal 反常[不规则]反射
~ difusa 漫反射
~ en tierra 地面反射
~ especular[regular] 单向[规则,镜面]反射
~ total 全反射
~es esporádicas 散[时]现反射
alidada de ~ 哑罗经;罗经刻度盘,方位仪

reflexividad *f.* 反射(作用)

reflexivo,-va *adj.* 反射的,能反射的;有反射作用的

reflexófilo,-la *adj.*〈医〉反射性的

reflexogénico,-ca *adj.*〈医〉促[发生]反射的;反射引起的

reflexógeno,-na *adj.*〈医〉促[发生]反射的;产生反射作用的

reflexográfico,-ca *adj.*〈医〉反射描记的

reflexógrafo *m.*〈医〉反射描记器

reflexograma *m.*〈医〉反射描记图

reflexología *f.*〈心〉反射学

reflexómetro *m.*〈医〉反射计

reflexoterapia *f.*〈医〉(按摩手、脚、头部以松弛神经的)反射疗法

reflorescencia *f.*〈植〉第二次开花;重新开花期

reflorescente *adj.*〈植〉第二次开花的;重新开花的

reflotación *f.* ①重新运作;②〈经〉重新开张

reflotamiento *m.* ①〈信〉检索(率);②重新漂浮

reflotar *tr.* ①使(船)再浮起;②使重新运作,重新开办;③〈经〉使复苏;④〈信〉检索

refluente *adj.* 倒[回]流的

reflujo *m.* ①倒[回,反]流;②退[落]潮
~ de capital 资本回流
relación de ~ 回流比[系数]

refogar *tr. Amér.L.* 加热(汞合金)

reforestación *f.* 再[重新]造林

reforestar *tr.* 再造林于…,在…重新造林

reforjar *tr.*〈冶〉重新锻造

reforma *f.* ①改革;改良[造];革新;② *pl.*〈建〉改建;③〈缝〉(衣服的)改动

reformado *m.*〈化〉(油、气等的)重整

reformatear *tr.*〈信〉使重新格式化

reformativo,-va *adj.* 改革的,革新的

reformatorio *m.* (少年犯或女犯的)教养院,管教所
~ de menores 少年犯管教所

reforrador *m.*〈机〉换衬器

reforzada *f.*〈乐〉(竖琴的)低音弦

reforzado,-da *adj.* ①加固[强]的;加(钢)筋的;②〈经〉强化[增粗]的;③〈摄〉加[增]厚的 ‖ *m.*〈缝〉(衣服的)贴边
cañón ~ 加重炮
nervadura ~a 加强肋
plástico ~ 强化[增强]塑料

reforzador *m.* ①〈电〉增[升]压器;②增强[强化]剂;③〈摄〉加[增]厚剂;④〈机〉加固[强]件
~ de tensión 增[升]压器[机]

reforzamiento *m.* ①加固[强];增强;②加固件[物];增强材料;③升压;④强化
~ de reflex 反射增强

reforzante *adj.* ①〈机〉加强杆[板,肋];②〈机〉刚性元[构]件;③增稠[厚]剂;④〈药〉(有助于提高肌肉弹性的)补强剂

refracción *f.* ①〈理〉折射(度,作用);②〈医〉屈光
~ atmosférica 大气折射
~ de la luz 光折射
~ normal 标准折射
~ ocular 眼折射;眼屈光
ángulo de ~ 折射角
doble ~ 双折射
error de ~ 折射误差
índice de ~ 折射率
punto de ~ 折射点

refractable *adj.* 可[能]折射的;有折射力的

refractante *adj.* ①(使光线等发生)折射的;②折射引起[造成]的

refractario,-ria *adj.* ①防[耐]火的;耐高温的;抗热的;②〈矿石〉难熔(炼)的;(金属)耐熔的;③耐热的(指经得起烤箱温度而不致破裂的);④〈医〉(疾病)难治的,顽固性的;⑤(人)抗感染的,不易感染的;⑥〈生理〉(肌肉、神经等器官)(对刺激)不应的,无反应的

anemia ～a 顽固性贫血

arcilla ～a 耐火粘土,耐火泥

arena ～a 耐火砂

ladrillo ～ 耐火[火泥]砖

materiales ～s 耐火材料

metal ～ 耐熔[高熔点]金属

mineral ～ 难熔炼矿石

óxido ～ 难熔[耐火]氧化物

periodo ～ 〈生理〉(肌肉、神经等器官每次对刺激反应之后短暂出现的)不应期

placas ～as 耐火板

plato ～ 耐热盘

refractividad f. ①折射性(能);②折射系数

refractivo,-va adj. 折射的,屈光的;有折射力的

refracto,-ta adj. 折射的

rayo ～ 折射光线

refractometría f. ①量(测)折射术;折射法;②〈医〉屈光计检查(法);折光检查法

refractómetro m. ①〈理〉折射计[仪];②〈医〉屈光计;折光计

～ de inmersión 浸液[式]折射计

～ diferencial 差动式折射计

refractor m. ①折射器;②〈天〉折射式望远镜;③〈医〉视网膜检影器

refractura f. 〈医〉再骨折

refrangibilidad f. ①〈理〉(光线等的)可折射性[度];②〈医〉屈光性

refrangible adj. 〈理〉可折射的(光线等)

refrenativo,-va adj. 遏[抑]制性的

refrentar tr. ①盖[衬,贴,镶]面;②表面加工[磨平]

refrescamiento m. 〈信〉刷新

refriamiento m. ①冷却[凝]器;②制冷剂

refrigeración f. ①(食物的)冷藏;②制[致]冷;冷却;③〈机〉制冷设备;④〈机〉家用空调设备(系统)

～ forzada 强迫[制]冷却

～ por absorción 吸收式制冷

～ por agua 水冷(却)

～ por aire 空气冷却,气冷

～ por vaporización 蒸发冷却

refrigerado,-da adj. ①冷藏的;②(被)冷却的

～ por agua 水冷的

～ por aire 空气冷却的,气冷的

cilindro ～ por agua 水冷汽缸

mercancías ～as 冷藏[冻]货

motor ～ por agua 水冷式发[电]动机

válvula ～a por agua 水冷管

refrigerador,-ra adj. 用来冷却的(机器、设备等);制[致]冷的;冷冻的‖ m. 〈机〉①冰箱,冷[雪]柜;冷藏室;冷藏[冻]库;②制冷

器[机,装置];③空调设备[系统]‖ ～a f. Amér. L. 〈机〉①冰箱,冷[雪]柜;②冷藏室;冷藏[冻]库

～ eléctrico(～a eléctrica) 电冰箱

bomba de líquido ～ 冷却泵

buque ～ 冷藏船

camión ～ 冷藏卡车

máquina ～a 制冷机

refrigerante adj. ①〈机〉用来冷却的;制[致]冷的;②使清凉的;〈药〉解[退]热的‖ m. ①〈化〉冷冻[制冷]剂;冷却剂[液];②冷却器;冷却[水]槽;③〈药〉退热药,清凉剂

～ de aire 空气冷却器

～ de rectificación 润[研]磨液,金属研磨用冷却液

～ de reflujo 回流冷水槽

aparato ～ 冷却器[机,装置]

equipo ～ 制冷设备

fluido ～ 冷却剂[液]

mezcla ～ 冷冻[制冷]剂;冷冻混合物

refrigeratorio,-ria adj. ①制[致]冷的;②清凉解热的‖ m. ①冷却槽;②(冷冻机)制冰室

refringencia f. ①〈理〉折射性能;②折光[屈折]力

refringente adj. ①〈理〉(能)折射的,有折射力的;②屈光的

prisma ～ 折射棱镜

refringimiento m. 〈理〉折射

refringir tr. 〈理〉折射

refrior m. 〈气〉寒冷;寒气

refuerzo m. ①加强;巩固;②加固[劲],强化,补强;③〈机〉加固件[物];支柱[座];④增强[援];帮[援]助;⑤pl. 〈军〉援军,增援部队;⑥衬板,轴衬;⑦〈印〉贴脊;⑧〈摄〉加厚

～ de la liquidez 流动性增强

bastidor de ～ 加劲框架

costilla de ～ 加强肋

nervio de ～ 加强肋,箍[腹]筋

riostras de ～ 加劲梁

refugio m. ①躲避;庇护;避难;②庇护[避难]所;③躲避处;防空洞;④(山上的)避寒处;⑤Esp. 〈交〉(道路中央的)安全岛

～ alpino(～ de montaña) 登山营地

～ antiaéreo 防空洞

～ antiatómico[antinuclear, atómico] 放射性坠尘掩蔽所

～ antigás 毒气防空洞

～ de caza 猎人住宿处

～ de invierno 〈军〉冬营地

～ de peatones 安全岛

～ fiscal 减免所得税合法手段(如设立慈善

基金等）

～ glaciar 冰河期动植物栖身地

～ nuclear 放射性坠尘掩蔽所

～ subterráneo〈军〉地下掩蔽部，防空洞

refundición *f.* ①〈冶〉重新浇铸，改铸；②整修；③（作品等的）改写［编］

～es importantes 大修

refundir *tr.* ①重新浇铸，改铸；②改写［编］（作品等）

refusión *f.*〈医〉（血液的）回输法

reg *m.*〈环〉（风蚀形成的）荒漠

regable *adj.*〈农〉可灌溉［浇灌］的

regadera *f.* ①喷［洒］水壶；②*Méx.* 淋浴喷头；③〈农〉灌溉渠

regadero *m.*〈农〉灌溉渠

regadío,-día *adj.*〈农〉可灌溉的‖ *m.* 水浇地

cultivo de ～ 水浇地作物

tierra de ～ 水浇地

regadizo,-za *adj.*〈农〉可灌溉的

área ～a 可灌溉面积

tierra ～a 可灌溉土地

regador *m. Col.* 灌溉渠

regadora *f.* ①喷洒器，喷壶；喷灌机；②洒水器［车］

～ de calles 洒水车

regadura *f.* ①喷洒，洒［浇］水；②〈农〉灌溉

regal *m.*〈乐〉手提小风琴

regala *f.*〈船〉①船［舷］缘，甲板边缘；②船缘［护舷］材

regalía *f.* ①特权；②版税；专利权税；③（专利权等的）使用费；（矿区）开发税；④（工资外的）津贴；⑤*Amér. L.* 礼［赠］物；礼品

～ de derechos de patente 专利权使用费

～ de mineraje 矿区开采权税

regalicia *f.*；**regaliz** *m.*；**regaliza** *f.* ①〈植〉甘草；洋甘草；②甘草根；甘草根浸出液

regante *adj.*〈农〉灌溉的

regañón *m.*〈地〉〈气〉北风

regata *f.* ①灌溉渠；②〈体〉划船比赛；帆船比赛；③（滑雪板上的）防滑沟槽；④〈海〉排水口

regate；**regateo** *m.*〈体〉躲闪；（短传）运球

regatista *m. f.* ①〈体〉帆船比赛运动员；②喜爱帆船运动的人

regato *m.*〈地〉小溪

regenerable *adj.* ①可再［新〕生的；②可恢复的；③〈机〉回热的，蓄热（式）的；④〈电子〉正反馈的

conexión ～ 再生［正反馈］连接

horno ～ 蓄热（式）炉，回热炉

método ～ 复演法

pila ～ 再生电池

sistema ～ 回热制，交流换热法

regeneración *f.*；**regeneramiento** *m.* ①新［再］生；恢复；②〈电〉〈电子〉正反馈；③〈化〉〈理〉〈生〉〈植〉再生；④〈机〉回收热，交流换热法

～ crítica 临界再生；临界正反馈

～ de impulsos 脉冲再生［恢复］

～ de plantas 植株再生

horno de ～ 蓄热（式）炉，回热炉

regenerado,-da *adj.* ①再生的；②恢复的

caucho ～ 再生橡胶

circuito ～ 再生电路

regenerador,-ra *adj.* ①（能）再生的；使更新的；②〈机〉蓄［回〕热的；③〈电〉〈电子〉正反馈的‖ *m.* ①〈机〉回［蓄］热器，回热炉；交流换热器；②〈讯〉再生器，再发器

～ de calor 交流换热器

～ digital 数字再生器

repetidor ～ 再生转发器

regenerativo,-va *adj.* ①能再生的；②〈环〉再生的；③〈机〉回热（式）的，蓄热（式）的

horno ～ 蓄热（式）炉，回热炉

regera *f.* 船尾系缆

reggae *m.*〈乐〉雷鬼音乐（一种牙买加民间音乐）

regicidio *m.* 弑君〈法〉弑君罪

regidor,-ra *m. f.* ①〈戏〉舞台监督；②电视节目的舞台监督

régimen（*pl.* regímenes）*m.* ①政体；政治制度；②（管理）制度；体制［系］；③生活规则，饮食起居制度；日常食物［饮食］（规定）；④〈电〉〈机〉（额定）功率［能力］；⑤〈气象等的）情势，情态；⑥（河道的）河况；工［情，状］况；（状）态

～ alimenticio 饮食起居制度；日常食物［饮食］（规定）

～ constitucional 立宪制

～ continuo〈电〉持续功率

～ de adelgazamiento 减肥饮食

～ de carga 充电状态；充电功率

～ de cultivo 耕作制度

～ de retiro 退休制度

～ del terror 恐怖统治

～ discontinuo〈电〉短时功率

～ estable〈理〉稳（定状）态

～ estacionario〈理〉（能量的）定态

～ fiscal［tributario］税收条例；税制

～ hidráulico 水工情况；水力状况

～ lácteo 乳制品日常饮食规定

～ más favorable 最惠国待遇

～ permanente 永久状态；定态

～ político 政体

～ protector 保护贸易制，关税壁垒制

~ socialista 社会主义制度

a débil/fuerte ~ 低/高效率

regimentación *f.*〈军〉编团,团队编制

regimental *adj.*〈军〉团的

regimiento *m.*〈军〉团

reg. ind. *abr.* registro industrial 工业注册

regio,-gia *adj.* ①见 agua ~a;②见 morbo ~

agua ~a 王水

morbo ~ 黄疸病

región *f.* ①地带[区];区域;②行政区;区;③范围;区间;幅度;④领域;⑤〈解〉(身体的)区,部位

~ abdominal 腹部

~ aérea 空域

~ constante〈生化〉恒定区

~ crítica〈统〉临界区域(零假设被拒绝的统计检验结果的集合)

~ de difracción 衍射区

~ de Fraunhofer 远场[区],辐射区

~ de Fresnel 菲涅耳区

~ de materias primas 原料产区

~ de sombra 阴影区域

~ esterlina 英镑区

~ fabril 工厂区

~ infrarroja 红外线区

~ ionosférica 电离层区

~ isotérmica 等温区

~ lumbar 腰部

~ militar 军区

~ petrolera 产油区

~ poplítea〈解〉腘区

~ precordial 心前区

~ prohibida 禁区

~ sensorial 感觉区

~ ultravioleta 紫外线区

~ variable〈生化〉可变区

~ virgen 未开发区

~ zoogeográfica 动物地理区

regional *adj.* ①地区的,区域的;地区性的;②〈解〉(身体上的)区的,部位的;局部的

comercio ~ 区域性贸易

cooperación ~ 区域合作

tren ~ 区间列车

regionalización *f.* 地方化;分归地区管理

regista *m. f.* 生产者;制造者

registrabilidad *f.*〈知〉可登记性

registrable *adj.* ①可登记[注册]的;可记录的;②(邮件)可挂号的;③〈印〉可对齐[套准]的;④〈摄〉可对正的

registrado,-da *adj.* ①(已)注册[登记]的;②记名的;③*Méx.*(邮件)挂号的

bono ~ 登记[记名]债券

marca ~a 已注册商标

registrador,-ra *adj.* 记录的;登记(入册)的 ‖ *m.f.* ①登记[记录]员;②(商品)检验员 ‖ *m.* ①记录表;②(自动)记录[记数]器 ‖ ~a *f.* ①现金出纳机,现金进出记录机;②*Col.* 旋转栅门

~ barómetro 气压记录器

~ de cinta magnética 磁带记录器[录音机]

~ de demanda 用量计量器

~ de ecos 回声探测仪

~ de peso 重量计

~ de presión 血压计

~ de profundidad 深度记录仪,回声探深仪

~ de sifón 虹吸式记录器

~ de sonido (电视台等的)录音师

~ de temperatura 温度计

~ de velocidad 速度记录器,记速器

~ de vuelo (自动记录飞行情况的)飞行记录器

~ de vueltas 转速记录仪,转速表

máquina ~a 现金进出记录机

registrero *m. Amér. L.* 批发商

registro *m.* ①登记;记录;注册;〈医〉挂号;②登记[注册]簿,记录表;花名册;名单,表;(居民的)户籍;③(锅炉、烟囱等的)调风器;(冷、暖气设备的)风[节气]门;气阀;④〈信〉(计算机的)注册,登录;记录(指作为一个单位来处理的一组相连的数据);寄存器;⑤检查;〈技〉(供人出入以检修用的)入[检修]孔;⑥〈乐〉录制[音];⑦〈乐〉音[声]区;音域;⑧(钢琴的)踏板;(管风琴的)音栓;(乐器演奏时的)按孔;⑨(体)纪录;(个人的)最佳成绩,最高纪录;⑩〈印〉(彩印的)套准;(正反面印刷的)对齐;⑪(电视图像的)配准;⑫*And.,Cono S.* 纺织品批发商店

~ aduanero 验关

~ base〈信〉基址寄存器

~ catastral 地政[籍]局

~ circulatorio〈信〉循环寄存器

~ civil 户籍登记处

~ comercial 商业登记;商业登记簿

~ de aduana 验关

~ de aire 通风器

~ de archivo〈信〉存档记录

~ de buque 船舶注册,船籍登记

~ de capacidad〈信〉容量记录

~ de casamientos 婚姻登记名册

~ de chimenea 调气器,(调节)风门

~ de cifras 计数器

~ de conducir *Arg.* 驾驶执照

~ de defunciones 死亡登记名册

~ de desplazamiento con retroalimentación lineal 线性反馈移位寄存器

~ de entrada ①入境登记；②入库图书登
记册

~ de erratas 勘误表

~ de hombre（供人出入以检修用的）检查
[检修]孔

~ de la propiedad industrial ①专利权登
记簿；②〈知〉专利注册

~ de la propiedad(inmobiliaria) 地政
[籍]局

~ de la propiedad intelectual ①著作权登
记簿；②〈知〉版[著作]权注册

~ de memoria 〈信〉存储[记忆]寄存器

~ de nacimientos 出生登记名册

~ de patentes ①〈知〉专利注册；②（负责
专利、商标登记的）专利局

~ de patentes y marcas ①〈知〉专利与商
标注册；②（负责专利、商标登记的）专利局

~ de pliegos 印张标号

~ de profundidad 垂直[深度,深刻]式录
音

~ de tiro 气流[通风]门

~ de vapor 节气门

~ de visita（船舰的）检查窗口

~ electoral 选民名册

~ fiscal 纳税名[清]册

~ fotográfico 照相记录

~ inicial ①原始注册；②本国注册

~ intermedio de memoria 〈信〉中间存储
寄存器

~ marítimo（港口）船籍登记

~ mercantil ①商业注册；②商号名称登记
簿

~ no-volátil 〈信〉非易失性寄存器

~ oscilográfico 示[录]波器

~ policíaco 警方搜查

~ vertical 垂直[深刻]录音

~ volátil 〈信〉易失性寄存器

~s financieros 财务记录

capacidad de ~ 存储容量

certificado de ~ 船籍证书

oficina de ~ 售票处，订舱办公室

registry *m. ingl.* 〈信〉注册表（构成 Windows 操作系统基础的数据库）

regla *f.* ①尺,直尺；直规,划线板；②法[规,
准]则；③衬格纸；④适度；（尤指饮食）节
制；⑤〈生理〉（妇女的）经期；行经；⑥〈数〉
规则,法则；计[运]算法；⑦〈信〉标尺线[行]
（显示在文档或页面顶部的线,表明正在使
用的标尺）

~ de aligación 〈数〉混合计算法

~ de cálculo(~ deslizante) 滑[计算]尺

~ de compañía（股份公司的）盈亏分摊计
算法

~ de conjunta 连锁法

~ de curvas 曲线板

~ de la cadena 〈数〉链式法则,链规则

~ de mano derecha/izquierda 〈电〉右/左
手定则

~ de Maxwell 麦克斯韦法则

~ de multiplicación 乘法法则

~ de oro ①〈数〉比例法；②比例律,三分
律；③指导原则

~ de ortografía 拼写法则

~ de proporción[tres] 〈数〉①比例法；②
比例律,三分律

~ del paralelogramo 平行四边形法则

~ empírica 经验定则

~ (en) T 丁字尺

~ flexible 卷尺

~ lesbia 软尺

~ plegable 万能曲线板,标尺

~ plegadiza de bolsillo 折尺

~s de normalización[unificación] 基[标]
准尺

~s de York-Antwerp（关于国际海运保
险共同海损的）约克-安特卫普规则

~s ortográficas 拼写法则

falsa ~ 斜角规

reglable *adj.* 可调节[整]的

reglado,-da *adj.* 〈数〉翘曲的

superficie ~a 直纹曲面

reglador *m.* 划线尺

~ de puntos 画边角尺

reglaje *m.* ①调节[整]；②〈军〉修正（射击）
目标

~ de neumáticos 前轮（安装角度）校整,车
轮定位

reglamentario,-ria *adj.* ①〈符合〉规定的；
②规定所要求的,（规格）标准的

pistola ~a 标准（规格）手枪

reglamento *m.* ①条例；规章制度；细则；②
（公司、会议、协会等的）章程；③（城市等的）
地方法规；④（职业）规范；行为准则

~ aduanero(~ de aduana) 海关条例

~ de comercio 商业[通商]条例

~ de la bolsa 交易所规章

~ del tráfico（高速）公路法规

~s de abordaje 航行条例

~s de calidad 质量规定细则

~s de cuarentena 检疫条例

~s de embalaje 包装细则

~s de exportación 出口条例

~s de seguridad 安全条例

~s sanitarios 健康卫生条例

reglero *m.* ①划线纸；②衬格纸

regleta *f.* ①〈印〉空铅；铅[嵌]条；②〈电〉(线路间的)绝缘隔离

regletero *m.* 〈印〉铅条架

reglón *m.* 〈建〉(泥瓦工用的)刮尺

regloscopio *m.* 〈交〉(汽车)灯光调节器

regola *f.* ①〈海〉排水口；②*Amér. L.* 〈农〉灌溉渠

regoldo *m.* 〈植〉野栗树

regolfo *m.* ①〈地〉小海湾；②(水、风的)倒[回]流，逆转

regolito *m.*；**regolita** *f.* 〈地〉表土，土被；风化

regrabadora *f.* 见 ~ de DVDs

~ de DVDs　DVD 重新刻录机

regrabar *tr.* 〈信〉重[改]写；覆盖

regresión *f.* ①退回，回归，倒[后]退；②退步；(人口、生产率等的)下降；(文化活动等的)减少；③〈心〉回归；④〈医〉消退；⑤〈生〉退化；⑥〈统〉回归

~ demográfica 人口下降

~ lineal 〈统〉线性回归

~ marina 〈地〉海退

regresivo,-va *adj.* ①倒[后]退的；向后的；反向的；②回退的；③〈税率〉递减的

impuesto ~ 递减税

señal ~ 回铃信号

regto. *abr.* regimiento 〈军〉团

reguarnecer *tr.* 〈机〉①更换衬套[衬片，填料]；②重砌内衬，重浇轴瓦

~ un prensaestopas 换填料[盘根]，拆修(轴瓦)

reguera *f.* ①暗渠[沟]；引水沟；②〈农〉灌溉渠；③〈海〉系泊索具；系船绳；锚链；④*Amér. L.* 锚

reguero *m.* ①细流；②〈农〉灌溉渠，引水沟；③血滴

reguío *m. Amér. L.* 〈农〉灌溉

regulable *adj.* ①可调节[整]的；②〈机〉可校准的

regulación *f.* ①调整[节]；②管理；控制；③〈机〉调时(装置)；④〈技〉校准；⑤〈生〉调整；⑥〈生理〉调节；⑦减少；缩减；⑧*pl.* 规章；(管理)条例

~ automática 自动控制[调节]

~ de empleo 裁员

~ de jornada 减少工时

~ de la excitación 激励调整

~ de la natalidad (指控制出生率的)节育

~ de la tensión 电压调整

~ de la tonalidad 音调控制

~ de las válvulas 阀调时装置

~ de plantilla 裁员

~ del cambio 调整汇率

~ del caudal 流量调节[控制]

~ del encendido 点火调时装置

~ del tiro 射程校准

~ del tráfico 交通管理[管制]

~ del voltage 电压调整，稳压

~ del volumen sonoro 音量控制[调控]

~ por estrangulación 扼流[风门]调节

palanca de ~ 控制[操纵]杆

regulador,-ra *adj.* ①调整[节]的；②控制的 ‖ *m.* ①控制器[机]；②调节[整]器；(控制空气、蒸汽、煤气或水等供应量的)调节阀；③校准器；(调节钟表快慢的)调时器；④〈生化〉调节素；⑤〈乐〉渐强[弱]符号

~ automático 自动控制[调节]器

~ automático de alimentación 自动加料控制器，自动供给调整器

~ automático de la tensión 自动调压器

~ automático de volumen 自动音量调节[控制]器

~ centrífugo 离心调速器

~ con realimentación 反馈调节器

~ de agua de alimentación 给水控制阀

~ de aire 风流调节装置，风箱

~ de bolas 飞球调节器

~ de caudal 流量调节[控制]器

~ de corriente 电流调节器

~ de diferencia de presiones 压差调节器

~ de frecuencia 频率调节器

~ de fuerza centrífuga 离心力调速器，离心摆

~ de[por] inducción 感应(式电压)调节器

~ de intensidad (de luz) (汽车大灯、舞台灯光等的)变[调]光器

~ de intensidad constante 恒[直]流调节器

~ de luz (汽车、舞台用的)灯光调节器，调光器

~ de potencia 压力[电压]调节器；调压器，减压安全阀

~ de presión 压力调节器，减压安全阀

~ de realimentación 反馈调节器

~ de temperatura 温度控制[调节]器

~ de tensión 稳[调]压器，电压调节器

~ de velocidad 调速器

~ del gasto de gas (耗费)气体调节器

~ del PH 氢离子浓度调节器

~ del reforzador 增压器

~ del registro 风[节气]门调节器，气阀调节器

~ del volumen 音量调节按钮

~ electrónico 电子控制[调节]器

~ monofásico por inducción 单相感应调节器

~ para canalización eléctrica 电源调整器

~ por hilo piloto 领示线调整器

~ principal de alimentación 主馈电线(控制)阀

~ reactivo 反作用调节器

anillo ~ 控制环

brida de ~ 〈波导管〉阻波凸缘,扼流凸缘

sistema ~ 调节系统

regular *adj.* ①规则的,有规律的;正常的;②恒[经]常的;循常例的;③〈数〉正的;正则的;④〈医〉（心跳）均匀的;有规律的;定期（发生）的;⑤〈军〉正规的;常备的;⑥〈植〉整齐的

armas ~es 常备[正规]军

astigmatismo ~ 规则散光

guerra ~ 正规战

linea ~ 定期航班

tetraedro ~ 正四面体

regularidad *f.* ①规则[律]性;恒常性;②整齐;③齐整,匀称

regulino,-na *adj.* 〈冶〉熔块的

depósito ~ 熔块状沉淀物

régulo *m.* ①〈冶〉金属渣,熔[锑]块;②〈鸟〉戴菊;③[R-]〈天〉轩辕十四(狮子座α)

regurgitación *f.* ①回流[涌];②翻[中医用语];③〈动〉反刍;④〈医〉回流(指由于瓣膜功能缺损血液的逆流回入心脏)

rehabilitable *adj.* ①可复职的;②〈医〉可复原的

rehabilitación *f.* ①修复;（建筑物等的）整修;②〈法〉复职;恢复名誉;③〈医〉（损伤后的）复原;（病人的）康复;技能恢复;④（对罪犯等的）改造,再教育;⑤恢复;复兴;⑥〈机〉大[拆,解体检]修

~ económica 经济恢复[复兴]

rehidratación *f.* 〈化〉再水化作用,再水合作用

rehielo *m.* 〈理〉冻结

rehilete *m.* 〈体〉羽毛球

rehundido *m.* 〈建〉①柱基底;②柱基,墩身

reico,-ca *adj.* 〈化〉铼的

reignitir *tr.* 重新点燃

reigola *f.* 〈海〉横索

reiki *m.* (认为用手触摸能增强体内生命力的)灵气疗法

reimplantación *f.* ①重建,重新建立;②〈医〉（器官等的）移[再]植

reimplantar *tr.* ①重建,重新建立;②〈医〉移[再]植(器官等)

reimportación *f.* 再进口[输入];进口原先出口商品

reimposición *f.* 重新征税;补征捐税

reimpresión *f.* 〈印〉①再版,翻[重]印;②重印[再版]本;翻印品

reimpreso,-sa *adj.* 〈印〉再版的,重印的

reimprimible *adj.* 〈印〉可再版的,可重印的

reina *f.* ①王[皇]后;女王;②（国际象棋中的）后;③〈昆〉（蜂、蚁等的）后;④纯海洛因;⑤见 ~ claudia

~ claudia 〈植〉西洋李

~ de los prados 草地女王(指线绣菊和欧洲合叶子)

reincidencia *f.* ①重犯;（旧病的）复发;②〈法〉（恶习、罪行的）重[累]犯

reincidente *adj.* 〈法〉重[累]犯的 ‖ *m.f.* 重[累]犯

reincidir *intr.* ①〈法〉重犯;②〈医〉旧病复发

reindustrialización *f.* 〈工〉产业重组

reineta *f.* 〈植〉莱茵特苹果

reinfección *f.* 〈医〉再传[感]染

reinfusión *f.* 〈医〉再输注,再输入

reingeniería *f.* 重[改]建;再设计,再造

reinicializar *tr.* 〈信〉使重新连接;使重新启动

reiniciar *tr.* ①重新开始;②〈信〉使重新启动

reinicio *m.* ①重新开始;②〈信〉重新启动

reino *m.* ①王国;②〈动〉〈矿〉〈植〉界;③领域

~ animal 动物界

~ mineral 矿物界

~ vegetal 植物界

reinoculabilidad *f.* 〈医〉再接种性

reinoculable *adj.* 〈医〉可再接种的

reinoculación *f.* 〈医〉再接种

reinscripción *f.* ①重新登记[注册];②重新列[记]入

reinserción *f.* ①重新插[嵌]入;②重新接纳[吸收]（处于社会边缘的人）

reinstalación *f.* ①重新安装,重新设置;②重新安排[置]

reinstalar *tr.* ①重新安装[设置];②使恢复原职;使重新就职

reinstauración *f.* ①恢复;重建;②复原;修复,整修

reintegración *f.* ①复职;恢复;②退[偿]还;③〈生〉〈医〉再整合作用;重整作用

reintentar *tr.* 〈信〉重试,重新发送

reintento *m.* 〈信〉重试;重新发送

reintroducción *f.* 再引进,再采用

reintubación *f.* 〈医〉再插管(法)

reinversión *f.* ①〈经〉再投资;②〈医〉复位术,翻回法

~ de beneficios 利润再投资

reinyección *f.* 〈医〉再输[注]入;再输注

reivindicable *adj.* ①(权利等)可恢复的;能追回的;(权利)可要求(收回)的;②(债务等)能收回的

reivindicación *f.* ①要求(权利、权益等);收复(权利);②〈法〉(根据判决或裁决对失去财产或权益的)收回,重新获得;③声称对(暗杀、罪行等)负责
　～ salarial 工资要求

reja *f.* ①(窗户的)闩;铁栅;栅栏;②〈农〉犁铧;③*Amér. L.* 监牢;牢房;④*Cono S.* 运牛卡车;⑤*Méx.* 〈缝〉织补;织补处
　～ del arado 铧头;犁铧

rejada *f.* 〈农〉①(犁的)泥铲;②窄犁

rejalgar *m.* 〈矿〉雄黄,鸡冠石

rejera *f.* 〈海〉①系泊缆;②船尾系缆

rejería *f.* (铁、木)栅栏安装术;铁[木]栅栏制造工艺

rejilla *f.* ①(门窗、阴沟、下水道等的)护[格]栅;(银行等柜台前的)铁栅;②(火车上的格状)行李架;③(火炉)算子;④通风扇;⑤〈电〉栅极;栅板;(滤)网;⑥〈信〉网格;⑦柳条制品(家具)
　～ de acumulador 蓄电池栅板
　～ de control 控制栅
　～ de entrada de aire 进气滤网
　～ del radiador (汽车的)散热器,水箱
　～ libre 自由栅极
　～ pantalla 屏栅;帘栅极
　～ supresora 抑制栅极
　conductancia de ～ 栅极电导
　corriente de ～ 栅(极电)流
　potencial de ～ 栅偏压

rejo *m.* ①尖头,刺;②〈昆〉螫针[刺];③〈植〉胚[小]根;④门框护铁;⑤*Cari.* 生皮革

rejón *m.* ①尖铁棍;②(斗牛用的)扎枪

rejoya *f. Amér. C.* 〈地〉深谷

rejuntado *m.* 〈建〉修补框架

rejuntador *m.* 〈建〉勾缝刀

rejuvenecedor,-ra *adj.* ①〈生〉使复壮的;②使返老还童的;使恢复青春活力的

rejuvenescencia *f.* ①〈生〉复壮(现象);②返老还童

rejuvenescente *adj.* ①〈生〉使复壮的;②使返老还童的

rek *m.* 〈乐〉手鼓

relabra *f.* 重新加工

relación *f.* ①联系;(事物间的)关系[联];②*pl.*(国家、人民、团体等之间的)关系;往来;*pl.* 熟人;③(与异性的)浪漫关系;④比;比率;比例;⑤(书面)报告;⑥〈医〉〈乐〉关系;⑦〈数〉比(率);关系;⑧清单;名册[单]

～ amorosa[sentimental] 浪漫关系
～ binaria 二元关系
～ calidad-precio 质量-价格比
～ capital-producto 资本-产量比率
～ de avería 海损报告
～ de compresión 缩比
～ de corto-circuito 短路比
～ de desviación 〈技〉偏差比
～ de engranaje 齿轮(速,齿数)比
～ de equivalencia 〈数〉等价关系
～ de espiras 匝数比
～ de expansión 扩充[膨胀]比率
～ de finura 细度(比),粒度比
～ de gastos 费用报告
～ de inclusión 〈数〉包含关系
～ de la altura al ancho 纵横(尺寸)比,(帧的)高宽比
～ de liquidez 清算[流动]比率
～ de oferta y demanda 供求关系
～ de onda estacionaria 驻波比
～ de orden 〈数〉次序关系
～ de orden parcial 〈数〉偏序关系
～ de orden total 〈数〉全序关系
～ de propagación 传播比
～ de transferencia 转移系数
～ de transformación 变压比
～ de utilidad 利润比率
～ de utilización 利用率
～ del mercado 市场报告
～ del talud 边坡系数,坡度
～ entre la sustención y la resistencia al avance 升阻比
～ entre moneda y reservas de oro 货币与黄金储备比率
～ estequiométrica 化学计量[理想配比]关系
～ funcional 〈数〉函数关系
～ ganancia-riesgo 赢利-风险比率
～ longitud-anchura 长宽比
～ mercantil-monetaria 商品-货币关系
～ portadora-ruido 载波噪声比
～ real del intercambio 贸易比价,进出口比价
～ señal-ruido 信号噪声比
～ sexual 性关系
～es carnales 肉体关系
～es comerciales con el extranjero 对外贸易关系[往来]
～es diplomáticas 外交关系
～es extramatrimoniales 婚外性关系
～es humanas 人际关系
～es ilícitas 不正当性关系

~es laborales 劳资关系

~es prematrimoniales 婚前性行为

~es públicas ①公共活动;②公共关系,公关;③公关(人)员

relacional *adj.* ①有关的;相关的;②〈数〉〈信〉关系的;③见 estudio ~

álgebra ~ 〈数〉关系代数

base de datos ~ 〈信〉关系数据库

estudio ~ 〈社〉人际关系研究

relai; relais *m.* ①〈电〉继电器;替续器;②〈机〉伺服电动机

relajación *f.* ①放松,松弛(法),松懈;②放宽,缓和;减轻;削弱;③〈理〉〈数〉张弛,弛豫;④〈医〉疝;(组织的)破裂

~ de crédito 信贷松动

~ del mercado de capitales 银根松

~ dieléctica 介质张弛

tiempo de ~ 〈化〉〈理〉〈机〉张弛[弛豫]时间

relajado,-da *adj.* ①放松的,松弛的,松懈的;②〈医〉(组织)破裂的

relajador *m.* 〈电子〉张弛振荡器

relajadura *f. Méx.*〈医〉疝;(组织的)破裂

relajamiento *m.* ①放松,松弛(法),松懈;②放宽,缓和;减轻;削弱;③〈理〉〈数〉张弛,弛豫;④〈医〉疝;(组织的)破裂

métodos de ~ 松弛法

relajante *adj.* 弛缓的;(活动、操练等对肌肉紧张)起松弛作用的;②〈医〉镇静的,起镇静作用的 ‖ *m.*〈药〉①缓剂;②镇静药

~ muscular 肌肉(紧张)缓药

tónico ~ 弛缓补剂

relaminado *m.*〈冶〉二次轧制

relámpago *m.*〈兽医〉(马的)白臀

relance *m.* 再[第二次]投掷

relanzamiento *m.* 再发射

relatividad *f.* ①相对性;②相关性;③相互依存;④〈理〉相对论

~ especial[restringida] 狭义相对论

~ general 广义相对论

Teoría de ~ [R-] 相对论

relativismo *m.* ①相对性;②相对主义;③〈理〉相对论

relativista *adj.* ①相对(性)的;②相对主义的;③相对论的 ‖ *m.f.* ①相对主义者;②相对论者

relativizar *tr.* ①使相对化;②把相对论应用于…

relativo,-va *adj.* ①相对(性)的;②相[有]关的;与…有关的;③对应的;(尤指级别)相当的;④比较的

densidad ~a 〈理〉相对密度

dirección ~a 〈信〉相对地址

eficacia ~a 相对效率

error ~ 相对[比较]误差

escala ~a 相对比例[标度]

humedad ~a 〈气〉相对湿度

valor ~ 相对值

velocidad ~a 〈理〉相对速度

viento ~ 〈海〉〈航空〉相对风

relator,-ra *m.f.* ①〈法〉(法院的)书记官;法庭记录员;②*Arg., Urug.*(体育)评论员

relatoría *f.*〈法〉(法院)书记官职务

relavado *m.*〈纺〉复[再]洗

relavador *m.*〈纺〉再洗机

relave *m.* ①〈纺〉复[再]洗;②〈矿〉第二次洗选

relaxante *adj.* 弛缓的;(活动、操练等对肌肉紧张)起松弛作用的 ‖ *m.*〈药〉弛缓药

relaxina *f.*〈生化〉松弛[弛缓]素;松弛肽

relaxómetro *m.* (应力)松弛仪

relay *m. ingl.* ①〈讯〉中继,中断转发的电文;中断转播的节目;②〈体〉接力赛;接力传球;③见 relé

relé *m.* ①〈电〉继电器;替续器;②〈机〉伺服电动机

~ de acción lenta/rápida 缓/速动继电器

~ de contacto de mercurio 汞接继电器

~ de corriente alterna 交流继电器

~ de corriente audible 语控继电器

~ de corriente mínima 欠电流继电器

~ de corte 断路[截止]继电器

~ de enclavamiento diferido 延时继电器

~ de inducción 电感[感应]继电器

~ de inercia 惯性继电器

~ de línea 线路继电器

~ de máximo de intensidad 过载继电器

~ de mínimo de tensión 低[欠]压继电器

~ de reconexión 重接[中继]继电器

~ de seguridad 保护[安全]继电器

~ de sobreintensidad 过载[过电流]继电器

~ de supervisión 监控继电器

~ de telemando 遥控继电器

~ diferencial 差动继电器

~ diferido 延时继电器

~ direccional 定向继电器

~ electrónico 电子继电器

~ electromagnético 电磁继电器

~ neumático 气动继电[替续]器

~ para corriente en retorno 逆流继电器

~ polarizado 极化继电器

~ protector 保护继电器

~ térmico 热[热敏式]继电器

release *f. ingl.* ①〈信〉发行版(指产品的版

本);②〈环〉排[释]放

releque *m.* 〈建〉基脚

relevación *f.* ①(负担、债务等的)免除;②解除职务;解除(义务、责任等);③〈军〉换班[岗];④〈法〉赦[豁]免

relevador *m.* 〈电〉继电器
~ de acción retardada 延时继电器
~ de línea 线路继电器
~ de sobrecarga 过载继电器
~ enclavador 闭锁继电器
~ indicador 引示继电器
~ interruptor 断路[截止]继电器
~ lento/rápido 缓/速动继电器
~ polarizado 极化继电器
~ por cambio de fase 反相继电器
~ térmico 热[热敏式]继电器

relevadura *f.*; **relieve** *m.* ①突出[凸起]部分;②〈地〉(地形的)高低;起伏;③〈画〉(绘画中的)凸现(指用线条、颜色、明暗等的组合所造成的立体效果);④浮雕;浮雕品;⑤(轮廓)分明,对比鲜明;⑥厚度
alto/bajo ~ 深/浅浮雕
mapa en ~ 地形图
medio ~ 中浮雕
película en ~ 立体电影

relevista *m.f.* 〈体〉(径赛、游泳比赛等项目的)接力赛运动员

relevo *m.* ①接替,替换;②更[调]换;③〈军〉换班[岗];④〈信〉故障转移;⑤换班人;⑥*pl.* 〈体〉(径赛、游泳比赛等项目中的)接力赛;接力赛运动员
~s de estilo individual 混合接力游泳赛
~s femeninos/masculinos 女/男子接力赛
100 metros ~ 100 米接力赛
carrera de ~s 接力赛(跑)

relicto *m.* ①〈生〉子遗种;②〈地〉残遗地貌

relievografía *f.* 浮雕术

relimar *tr.* 重[再,反复]锉

relinga *f.* ①〈海〉帆边绳;缆;②(渔网上的)浮子纲

reliquia *f.* ①遗物;遗迹;遗俗[风];②(药物的)后效;副作用;③*pl.* 〈医〉后遗症;④*pl.* 残留[余]物,残片;残[剩]余
~ de familia 祖传遗物;传家宝
~s históricas 文物

relivario,-ria *adj.* 浮雕的
estilo ~ 浮雕风格

rellanar *tr.* 重新弄平,再整平

rellano *m.* ①楼梯(过渡)平台;②山坡平地

rellenable *adj.* ①可再灌装的;可再装满的;②可再用的;可再次利用的

rellenado *m.* ①〈工程〉回[再]填,复土;②再

装[填]满;重新注满;(给汽车)再加油

rellenador *m.* 填(充,缝,隙)料;填板 ‖ ~a *f.* 〈工程〉〈机〉复土[回填]机

rellenazanjas *m.inv.* 〈工程〉〈机〉复土[回填]机

relleno *m.* ①〈工程〉(再)充[回]填;复土;②重新填充[装];③〈机〉包装法;④〈建〉填料(如灰泥,灰浆);⑤〈缝〉(软性的)垫[衬]料
~ de mortero[yeso] 梁间墙,梁间填砌物
~ de piedras 填石
~ de zanjas 回填;采矿区充填
~ neumático 〈矿〉风力充填

reloj *m.* ①(时)钟;(手)表;②(计算机等的)计钟脉冲(发生器);③钟式记录[计量]仪表;④*pl.* 〈植〉鹳嘴陇牛儿苗
~ atómico 原子钟
~ automático ①(比赛时用的)停表;马[跑]表;②自动表
~ biológico 生物钟
~ de agua ①(旧时的)水钟;②漏壶(古代计时器)
~ de arena (旧时计时用的)沙漏;沙钟
~ de bolsillo 怀表
~ de caja (装于高大木匣中的)落地式大摆钟
~ de campana[carillón] 自鸣钟
~ de cristal[cuarzo] 石英钟
~ de cuco 布谷鸟自鸣钟
~ de cuerda 机械表
~ de estacionamiento 汽车停放计时器
~ de fichar(~ fichador) 考勤钟,上下班计时钟
~ de flora 〈植〉花时计
~ de la muerte 〈昆〉报死窃蠹
~ de longitudes 精确航海时计
~ de música 八音钟
~ de pared 墙壁挂钟
~ de péndola 摆钟
~ de pesas 挂摆钟
~ de pie (装于高大木匣中的)落地式大摆钟
~ de pulsera 手表
~ de sobremesa 台[座]钟
~ de sol 日晷
~ de tiempo real 〈信〉实时钟
~ despertador 闹钟
~ digital 数字显示式电子表;数字显示钟
~ eléctrico 电钟;电计时器
~ impermeable 防水钟
~ magistral 主时钟母钟,标准钟
~ magnetoeléctrico 电磁钟
~ marino 精确航海时计
~ parlante 报时电话

~ registrador 考勤钟,上下班计时钟

relojear *tr. Cono S.* 测定…的时间

relojería *f.* ①钟表制造业;钟表工艺;②钟
表厂;钟表店
aparato de ~ 钟表机械,发条装置
bomba de ~ 定时炸弹
de ~ 定时的
movimiento de ~ 时钟[钟表]机构,钟表
装置

relojero,-ra *m. f.* 钟表匠;钟表商 ‖ *adj.*
制造钟表的
industria ~a 钟表制造业

reluctancia *f.* 〈电〉磁阻

reluctividad *f.* 〈电〉磁阻率

reluxación *f.* 〈医〉再脱位

reluzángano *m.* 〈昆〉萤火虫

rem *m.* 〈理〉雷姆(导致电离辐射的一种单
位,等于1伦琴的高压X射线对人所造成
的相同损伤)

remachado,-da *adj.* ①扁平的,平坦的;②
〈机〉〈技〉铆接[死]的 ‖ *m.*〈机〉〈技〉铆接
(法),铆[钩,咬]紧
~ a mano 手工铆接
~ abombado[abuterolado] 圆头铆接
~ de cabeza plana 锅[皿]形铆接
~ de la junta(~ de las cabezas) 对头铆
接
~ de una fila 单排[行]铆接
~ doble 双排[行]铆接
~ en cadena 链型[并列]铆接
~ en caliente/frío 热/冷铆接
~ en tresbolillo 交错铆接
~ estanco 水密铆接
~ fresado 埋头铆接
~ mecánico 机械铆接
~ neumático 风动铆接
~ superpuesto 叠式铆接,互搭[搭接]铆
gato de ~ (有螺旋的)升降铆头型

remachador,-ra *adj.*〈机〉〈技〉铆接的 ‖ ~a
f.〈机〉铆(接)机;铆钉枪 ‖ *m. f.*〈技〉
铆工;②〈体〉(排球等运动的)扣球队员
~a hidráulica 液压铆钉枪
~a mecánica 铆钉机
~a neumática 风动铆机
máquina de ~a 铆钉机
prensa de ~a de rodillos 压铆机

remache *m.* ①铆钉;②铆接;(为钉牢)敲弯
[平]钉头;③〈体〉(台球运动的)台边击球;
(排球等运动的)扣球
~ abuterolado 圆头铆钉
~ ahogado 埋头铆钉
~ de cabeza avellanada[embutida,fresa-
da] 埋头铆钉

~ de cabeza cónica (圆)锥头铆钉
~ de cabeza hemisférica 圆头铆钉
~ de cabeza perdida[rasa] 埋头铆钉
~ de cabeza plana 盘[平,皿形]头铆钉
~ de cabeza redonda 圆头铆钉
~ de montaje 结合[紧固]铆钉
~ explosivo 带炸药铆钉
~ paralelo 链型[并列]铆接
embutidora de ~s 铆钉枪;铆(接)机
espaciamiento de los ~s 铆钉间距
fuste de un ~ 铆钉体

remake *m. ingl.* ①翻新;重制;②翻新产品,
重制物;③重新摄制的影片;重新录制的录
音

remalladora *f.* ①〈缝〉织补针;织[修]补机;
②补网机

remanencia *f.* ①〈理〉顽磁(感应强度),剩余
磁化强度;②剩[残]余;余留

remanente *adj.* ①〈理〉剩[残]余的;②〈商
贸〉过剩的(产品等);多[剩]余的 ‖ *m.* ①
剩[残]余物;②〈商贸〉余额
~ de liquidación 清算余额
imantación[magnetismo] ~ 剩磁
magnetización ~ 剩余磁化

remanso *m.* ①(河流的)静止深水处;回[滞]
流;②回[滞,循环,再用)水

remaque *m.* ①翻新;重制;②翻新产品,重制
物;③重新摄制的影片;重新录制的录音

remarcación *f.* 标高价目

remasterizar *tr.* 重新录制(使成新版)

rematador,-ra *adj.* 拍卖的 ‖ ~a *f.* 拍卖
行 ‖ *m. f.* ①〈体〉(尤指足球运动中的)进
球得分者;②*And., Cono S.* 拍卖商

remate *m.* ①〈体〉(足球运动中的)射门得
分;头球得分;②〈建〉盖顶;墙帽;③(家具、
建筑物等的)顶饰;④*Amér. L.*〈商贸〉拍
卖;贱[甩]卖
~ al martillo 击锤成交,拍卖
~ feria 拍卖市场
piedra de ~ 墙帽,盖石

rematista *m. f. And., Cono S.* 拍卖商

remedición *f.*〈测〉重新测量[计量,测定]

remedio *m.* ①选择(余地);②补救(办法);
挽回;③〈医〉治疗法;药剂[品];④〈法〉法
律解救办法;(票据持有人对开票人或背书
人的)追索[求偿]权
~ casero 民间疗法,单[土]方;土药
~ heroico 烈性药剂,峻剂药方

remendado,-da *adj.*〈动〉有斑纹的 ‖ *m.* ①
修补;②〈动〉斑纹

remendista *adj.*〈印〉印零活的,印小件的 ‖
m. f. Amér. L. 排字工人;铸排工

remera *f.*〈鸟〉飞[翼]羽

remero,-ra *adj.* 〈鸟〉飞[翼]羽的 ‖ *m. f.* 桨手,划桨能人 ‖ *m.* ①划船练习架;② 〈昆〉半翅目昆虫

remezón *m. Amér. L.* 〈地〉地颤动;轻度地震

remiendista *m. f. Amér. L.* 〈印〉排字工人; 铸排工

remiendo *m.* ①(衣物上的)补丁[补[贴]片; ②修补[理];改[纠]正;③〈医〉好转;④ 〈动〉斑[纹];⑤〈印〉小件印刷品

rémige *f.* 〈鸟〉飞羽

remigia *f. Amér. L.* 〈鸟〉飞[翼]羽

remineralización *f.* 补充矿物质

remisión *f.* ①寄;发[运]送;②参见[阅];③ 推[延]迟;④减轻;(痛苦等的)缓和;⑤ 〈医〉(病症的)消除;(热度的)减退;⑥〈信〉 收藏夹;⑦(捐税、债务等的)免除,豁免;⑧ *Amér. L.* 邮寄物(指电报、信函等);发运 的货物
　　～ de derechos 免税
　　～ de una pena 赦免

remisoria *m.* 〈法〉转案,案件移交

remitente *adj.* 〈医〉弛张(热)的;缓解的 ‖ *m. f.* ①发送人,发货人;②寄件人;汇款人
　　fiebre ～ 弛张热

remix *m.* (歌曲等的)重新合成

remo *m.* ①桨,橹;②〈体〉划船(比赛);赛艇 运动;③〈解〉臂;肢;腿;④〈动〉四肢;⑤ 〈鸟〉翼,翅膀

remoción *f.* ①移动;搬迁;迁移;②〈法〉免 (除公)职;开除;③*Amér. L.* 解职令;解雇 通知

remodelación *f.* ①〈建〉改建;改造[组];② 改组;重新安排;③(汽车款式、式样的)重新 设计
　　～ de gobierno(～ gubernamental)政府 改组
　　～ de suburbios 城郊改造

remodulación *f.* 〈电子〉〈无〉再[重复,二次] 调制

remojadero *m.* 浸渍处

remolacha *f.* 〈植〉①甜菜;糖萝卜;②甜菜根 [叶]

remolcable *adj.* 可拖拉[牵引]的

remolcador,-ra *adj.* 拖曳的,牵引的 ‖ *m.* ①〈海〉拖轮;②〈机〉拖[牵引]车;拖运车
　　～ a vapor 蒸汽拖轮
　　～ de altura 公海拖船
　　～ de motor Diesel 柴油机拖轮
　　～ de puerto 港口拖船
　　buque ～ 拖船

remolido *m.* 〈矿〉矿粉

remolino *m.* ①旋[涡]动,打旋;②旋涡,涡

流;③旋风;④〈医〉心脏杂音
　　～ de agua 漩涡
　　～ de viento (小)旋风
　　resistencia de ～ 涡流阻力
　　zona de ～ 旋涡区

remolque *m.* ①拖(行,运),牵引;②拖车;挂 车;③〈海〉驳船;④(用汽车拖行的)活动房 屋;⑤拖缆[索],纤绳
　　～ cuba[tanque] 油[水]槽拖车
　　～ de dos ruedas (二轮)半拖[挂]车;双轮 [半自动]拖车
　　～ eléctrico 电力牵引
　　～ para camión 卡车拖车;卡车拖斗
　　～ por ferrocarril 铁路挂车
　　derechos de ～ 拖船[牵引]费

remonetización *f.* 重新定为法定货币;改铸 货币

remonta *f.* ①修[缝]补;②〈动〉配备马匹; *Col.*,*Venez.* 备用牲畜;③〈军〉配备骑兵 (部队);*Méx.* 军[战]马

rémora *f.* 〈动〉䲟

remoto,-ta *adj.* ①遥远的;偏僻[远]的;② (时间)久远的;③〈信〉远程的,遥控的
　　control ～ 遥控

removible *adj.* ①(可)移动的;②〈医〉可切 除的;可拆装的

removimiento *m.* ①移动;搬迁;迁移;②免 职;开除

remozado; remozamiento *m.* ①恢复青春 (活力),变得年轻;②〈建〉(建筑物等的)翻 修,修葺一新

remplazo *m.* ①代[接]替;更换;取[替]代; ②复归原位;③替换品;替代物;④〈军〉补 充兵源;⑤〈地〉〈矿〉交替(作用);⑥〈信〉覆 盖 ‖ *m. f.* ①代[接]替者,替换者;②〈体〉 替补队员;③*Esp.*〈军〉(招募的)新兵

remplissage *m. fr.* 〈乐〉中音部

remuda *f.* ①替[更]换;②更换(衣服);备用 衣服;③*Amér. L.*〈动〉备用牲畜;④〈动〉 (美国西南部牧场牧民乘骑用的)加鞍备用 马群
　　～ de caballos 备用马匹
　　～ de ropa 更换衣服

remuneratorio,-ria *adj.* 〈法〉报酬性的

Rn 〈化〉元素氡(radón)的符号

renacuajo *m.* 〈动〉蝌蚪

renal *adj.* 〈解〉〈医〉肾脏的,肾的
　　cálculo ～ 肾结石
　　hematuria ～ 肾性血尿
　　hipertensión ～ 肾性高血压
　　insuficiente ～ 肾
　　retinopatía ～ 肾性视网膜病

rencallo,-lla *adj.* 〈解〉〈医〉单睾丸的

renco,-ca *adj*. ①瘸的；跛行的；②〈医〉偏离正常步态的

rendajo *m*. 〈鸟〉鲣鸟

rendija *f*. ①缝隙，裂缝；②〈法〉漏洞

rendimiento *m*. ①〈机〉（机器的）输出功率；产能；生产性能；效率；②（人的）工作情况；（学习）成绩；成就；③产量；收益[入]；④可[能]用部分；（有效）利用率
~ al freno 制动效率
~ académico ①（学生的）学习成绩；②学术成就
~ alto/bajo ①高/低产；高/低效率；②高/低收益率
~ anual 年产量[收入]
~ base ①基本产量；②基本收益
~ bruto ①总产量；②总收入；毛收益
~ de combustión 燃烧效率
~ de la hélice 螺旋桨效率
~ de la línea de transmisión 传输线效率
~ de volumen(~ volumétrico) 容积效率
~ del ala 机翼效率
~ definitivo 〈航空〉总效率
~ energético 能量效率
~ global 总[综合，整机]效率；总有效利用率
~ laboral 工作情况
~ luminoso 发光效率
~ mecánico 机械效率
~ por unidad de superficie 〈农〉单位面积产量
~ térmico 热效率
~ térmico al freno 制动热效率，闸测热效率
~ total ①总产量；总收益；②总效率
~s crecientes/decrecientes 递增/递减收益

renegrido *m*. 〈鸟〉南美黑鹩

renes *m*. *pl*. 〈医〉肾脏

rengífero *m*. 〈动〉驯鹿

reniforme *adj*. 〈矿〉〈生〉肾脏形的，卵圆形的

renina *f*. 〈生化〉肾素，高血压蛋白原酶，血管紧张肽原酶

reninógeno *m*. 〈生化〉凝乳酵素原

renio *m*. 〈化〉铼

reniportal *adj*. 〈解〉肾门的，肾门静脉系统的

renipuntura *f*. 〈医〉肾穿刺术

renitente *adj*. 〈医〉（触诊时）对压力抵抗的

rennina *f*. 〈生化〉凝乳酶

reno *m*. 〈动〉驯鹿

renocutáneo,-nea *adj*. 〈解〉肾皮的（肾脏和皮肤的）

renogástrico,-ca *adj*. 〈解〉肾胃的

renografía *f*. 〈医〉肾 X 光[线]照相术；肾造影术

renograma *m*. 〈医〉肾 X 光[线]照片；肾探测图

renointestinal *adj*. 〈解〉肾肠的

renopatía *f*. 〈医〉肾病

renopulmonar *adj*. 〈解〉肾肺的

renotrófico,-ca *adj*. 〈医〉促肾增大的

renovable *adj*. ①可更[换]新的；②（中断之后）可继续的；可重新开始的；③再生的；④（合同、契约等）可重订的；（护照等证件）可展期的；⑤〈信〉可刷新的
recursos ~s 再生资源

renovación *f*. ①（契约等的）重订；（刊物等的）续订；②（票据、证件等的）展期；③（建筑物的）整修、修复；④清理；（政党、议会等组织对不需要人员的）清[开]除；⑤更[换]新；革新；⑥（中断之后的）继续；重新开始；⑦（商贸）周转；⑧〈医〉再生；⑨〈信〉刷新
~ celular 细胞再生

renovado,-da *adj*. ①再生（性）的；②（已）更新的，（已）展期的
bono ~ 延期偿还的债务
energía ~a 再生（性）能源

renovador,-ra *m*. *f*. ①（家具、文物等的）修复者；改革者；革新者‖*m*. 〈机〉更新机具；恢复设备

renta *f*. ①（年度）收入[益]，所得；②赢利；③（捐）税；④公债（券）；⑤*Amér*. *L*. 租费[金]；出租
~ consolidada 统一公债
~ de capital 资本租金
~ de la tierra 土地租金，地租
~ de sacas 出口[外销]税
~ devengada 劳动收入，工资，薪金
~ estancada （酒、烟、盐等的）专卖税
~ general （国家征收的）直接税
~ gravable[imponible] 应（纳）税收入
~ nacional bruta disponible 国民可支配收入
~ no salarial 非劳动收入，非工薪收入（如房租、利息、遗产等）
~ sobre el terreno （付给建筑物地产主的）地租
~s públicas （国家的）岁入；税收
casa de ~ *Amér*. *L*. 房屋出租（贴在房屋醒目处的字样）

rentabilidad *f*. ①收益；②获利能力；收益率；赢利性
~ al vencimiento 到期收益率
~ cíclica 周期性获利能力；周期性收益率
~ potencial 潜在收益率

rentista *m. f.* ①股票[证券]持有者;②靠股息生活的人;靠收租生活的人;③财政[金融](专)家

rentreé *m. fr.* 〈乐〉重新加入演奏

renuevo *m.* ①更[换]新;②(中断之后的)继续;重新开始;③〈植〉嫩枝,新梢;发[新]芽

renvalso *m.* 〈建〉(木工使用的)企口缝

reo, -ea *adj.* 犯[有]罪的 ‖ *m. f.* 〈法〉①罪犯;犯人;②被告 ‖ *m.* 〈动〉鳟鱼
　~ de Estado 犯叛国罪的犯人,国事犯
　~ de muerte 判处死刑的犯人,死刑犯

reobase *f.* 〈生理〉基强度(指足以引起刺激的最小电流强度)

reocordio *m.* 〈电〉滑线变阻器

reófilo, -la *adj.* 〈生〉〈植〉亲流性的(指在流水中生活或成长的)

reofita *f.* 〈植〉流水植物

reofóbico, -ca *adj.* 〈生〉惧流性的(指不在流水中生活的)

reogoniometría *f.* 〈理〉流变测角法

reogoniómetro *m.* 〈理〉流变测角计

reografía *f.* 〈医〉血流描记术

reología *f.* ①〈理〉流变学;②流变能力;③〈化〉液流学

reológico, -ca *adj.* 〈理〉流变学的

reólogo, -ga *m. f.* 〈理〉流变学家

reometría *f.* 〈理〉流变测定法[测量术]

reómetro *m.* ①〈电〉电流计;②〈理〉流变仪;③〈医〉血流速度计

reonomo *m.* 〈医〉神经反应测定器

reordenación *f.* ①重新安排[整理];②〈信〉再排列,重新整理

reorganización *f.* ①重新组织,改组;②(企业易主后实行的)整顿;改革
　~ económica 经济改组

reorientación *f.* ①(经济、贸易等的)重新定向,重取向;②(资源的)重新调配

reoscopia *f.* 〈电〉电流检验(法)

reoscopio *m.* 〈电〉检电计,电流检验器

reostático, -ca *adj.* 〈电〉变阻(器)式的,电阻的
　frenado ~ 电阻制动

reostato; reóstato *m.* 〈电〉变阻器;电阻箱
　~ de arranque 启动变阻器[箱]
　~ de cambio de velocidades 变速变阻器
　~ de campo 磁场变阻器
　~ de carbón 碳质变阻器
　~ de excitación 励磁变阻器
　~ de rejilla 栅极变阻器
　~ en serie 串联电阻器
　~ líquido 液浸[体]变阻器
　~ potenciométrico 分压[电位计]变阻器

~ shunt 分路变阻器
　control por ~ 电阻器控制

reostricción *f.* 〈电〉流变压缩;夹紧[紧缩,箍缩]效应

reotano *m.* 〈冶〉变阻合金,高电阻铜合金

reotaxis *f.* 〈生〉趋流性(如鱼类逆流而上或顺流而下的习性)

reótomo *m.* 〈电〉(周期)断流器,(电流)断续器

reotropismo *m.* 〈生〉向流性

reótropo *m.* 〈电〉电流转换开关,电流变向器

reovirus *m.* 〈生〉呼肠孤(科,属)病毒;呼吸道与肠道滤过性病毒

reoxidación *f.* 〈化〉再氧化

reoxigenación *f.* 重新充氧作用;再氧合

reparabilidad *f.* 〈机〉〈信〉可维修性;耐用性

reparación *f.* ①修理[补];整修;修缮;②弥补,补救;修复;③〈机〉检修,维修情况; *pl.* 修理[补]工作;④补[赔]偿;⑤〈法〉矫[纠]正;平反
　~ de garantía (规定时间内的)保修
　~ general 大修
　~ parcial 部分修理
　~ temporal 小修,临时修理
　~es en el acto 随到随修,立等可取(服务业用语)
　~es importantes/ligeras 大/小修

repartido *m.* 〈印〉分开印刷

repartidor *m.* 〈电〉分配器;配架线 ‖ ~ a *f.* ①配水渠;②〈工程〉分水工程
　~ de combinación 组合配架线

repartimiento *m.* ①(再)分配;分摊;分发[派];②分开;③〈法〉分摊的捐税;(分摊到的)份额;④调度室
　~ de dividendos 分红
　~s proporcionales 〈数〉比例分配

reparto *m.* ①分布[配,派];分摊;②(信件、报纸等的)分发[送];③〈电影〉〈戏〉角色分派;演员表;④ *Amér. L.* 建筑工地;⑤ *Amér. L.* 郊区
　~ a domicilio 送货上门(服务)
　~ a prorrata (按)比例分摊
　~ de avería 海损分摊
　~ de cargas 电荷[负载]分布
　~ del tiempo 〈信〉时间切面(可供某个程序连续运行的一段时间)
　~ domiciliario 商店[仓库]门前交货
　~s proporcionales 〈数〉比例分配

repasadera *f.* 〈建〉长刨

repaso *m.* ①重做;复[温]习;②〈缝〉缝[修]补;③ *Amér. L.* (驯马时的)反复骑乘(马)
　ropa de ~ 缝[织]补衣物

repatriación *f.* ①遣返回国;重返祖国;②返

回;(把利润、资金等)汇[调]回本国
~ de capitales 资本回流,资本抽回本国
~ de utilidades 利润回流,利润汇回本国
repatriado,-da *adj*. 被遣返回国的 ‖ *m.f.* 被遣返回国者
repavimentación *f*. 重铺路[地]面
repe *f*. (电视)重播节目
repechaje *m*. 〈体〉安慰赛
repecho *m*. ①陡坡;②*Cari.*,*Méx.*〈建〉栏杆;胸[女儿]墙
repelente *m*. 驱除药;驱虫剂
repellador,-ra *m.f. Amér. L.* 〈建〉抹灰工
repello *m*. 〈建〉抹灰泥
repentización *f*. ①〈乐〉见谱即奏[唱];见谱即奏[唱]之技能;②即兴创作;即兴演奏;即兴演出
repercolación *f*. 〈技〉再渗滤
repercusión *f*. ①反射[跳,弹];②(声音的)回声[响];③〈医〉消退[肿](法);④〈乐〉(赋格曲主题的)再进入
repercusivo,-va *adj*. 〈药〉〈医〉消肿的 ‖ *m*. 〈药〉消肿剂
repercussio *m*. 〈乐〉(赋格曲主题的)再进入
repercutido,-da *adj*. 〈药〉〈医〉散肿的;消疹的
reperforación *f*. ①〈工程〉再[重新]钻探;②重新穿孔
repertoriar *tr*. ①将…编入目录;②把…编目分类
repertorio *m*. ①目录;索引;②汇编;清单,一览表;③(剧团已排练娴熟可随时演出的)全部剧目;④〈信〉指令表
~ alfabético 按字母顺序排列的目录
~ de aduanas 关税一览表
~ de instrucciones 〈信〉指令表
~ de mercaderías 商品目录
~ jurídico 法典大全
repesca *f*. ①〈教〉补[重]考;②〈体〉(平局后的)加[延长]赛
repetición *f*. ①重复;重做;②重新出现,再现;③〈戏〉(应观众要求的)重[再]演;④复制(品);⑤(钟表的)自鸣装置;⑥〈乐〉反复部分;复奏[唱](部分);⑦〈教〉(课程)重修,留级;⑧见 fusil de ~
~ de curso *Esp.*〈教〉(中小学的)课程重修
~ de imagen 图像重现
frecuencia de ~ de impulsos 脉冲重复频率
fusil de ~ 连发[转轮]枪
repetidor,-ra *adj*. ①〈技〉重复的;②重[转]发的;③〈教〉留级的;(课程)重修的 ‖ *m*.

f. 〈教〉留级生;课程重修生 ‖ *m*. ①重[转]发器;②中继线;中继器;响应器;③〈讯〉(电话)增音器;④(电视机、收音机等的)辅助[升压]放大器;⑤(电台、电视台的)中继站;转播站 ‖ ~**a** *f*. ①连发[转轮]枪;②〈信〉中继器;转播机;增音机
~ de cuatro hilos 四线制增音器
~ de impulsos 脉冲重发器[机]
~ de portadora 载波增音器
~ heterodino 外差中继线
~ radioeléctrico 无线电中继器
~ regenerativo 再生转发器
~ telefónico 电话增音器
alumno ~ 留级生
bobina ~a 增音[中继]线圈
compás ~ 转发罗盘
repetitivo,-va *adj*. (多次)重复的
DNA ~ 重复 DNA
gene ~ 重复基因
repicado *m*. ①(磁带、录像带等的)复制;②录像盗版
repicador *m. Amér. L.* 〈乐〉平面鼓
repicar *tr*. ①(把肉等)切[剁]碎;捣碎;②录[复]制(磁带);③非法拷贝[仿制];盗用
repique *m*. ①〈技〉边缘(修饰);磨[修]边;②敲(鼓,钟);③切[剁]碎;捣碎
repiquete *m*. ①〈军〉冲突;②敲(鼓,钟);③〈海〉短距离航行;④*Cono S.*〈鸟〉鸣声
repisa *f*. ①〈建〉托[肋]木,托座,承梁板;②(墙壁、书橱等的)搁板,架子
repisar *tr*. 〈建〉捣[夯]实 ‖ *intr*. 沉降
replantación *f*. 〈医〉再植
replantar *tr*. ①〈农〉再种[植],重新栽种;②〈医〉使受再植;移植
replanteo *m*. 〈建〉现场设计
replay *m. ingl*. ①(录像的)重放;(录音的)重播;②重放的录像;重播的录音;③〈体〉重赛
replegable *adj*. ①可缩回[进]的,可收起的;②〈航空〉收放式的(起落架);③可折叠的;折叠式的
replegadora *f*. 〈机〉折曲机
réplica *f*. ①反驳;*pl*. 争辩;②〈法〉(尤指原告对被告抗辩的)答辩;驳复;③〈艺术〉复制品;④〈乐〉反复(记号);⑤〈地〉重[余]震
derecho de ~ 答辩权
replicación *f*. 〈信〉复制(过程)
replicón *m*. 〈生〉复制子(DNA的组分,一种遗传单元)
repliegue *m*. ①褶(缝,痕);褶皱;②〈地〉(波浪状的)褶皱;③皱纹;④〈军〉撤退;⑤〈解〉(膜等的)皱襞,褶;⑥*Amér. L.*(道路、河流等的)蜿蜒曲折

~ táctico 战术撤退

repoblación *f.* ①(重新)造林;〈植〉植被;②(鱼的)重新放养;③重新住入

~ forestal 植树造林,绿化

repoblar *tr.* ①在…重新造林;再造林于…;②在(湖、河等中)重新放养鱼;③重新居住于;向…再移民

repodar *tr.* 重新修剪(树枝)

repollado,-da *adj.* 叶球状的

repollo *m.* 〈植〉①(洋,圆)白菜;卷心菜,(结球)甘蓝;②白菜心

reporte *m.* ①采访录;②〈电影〉纪录片;③见 ~ de prolongación;④*Amér.C.,Méx.* 新闻报道

~ de prolongación 〈商贸〉结转,转下期交割

~ financiero 财务报告

repos *m.* 〈经〉(按相关约定卖主实施的)回购

reposadero *m.* 〈冶〉盛溶液桶

reposamuñeca *f.* 〈信〉(可与鼠标连用的)护腕垫

reposapiés *m.inv.* ①脚凳,搁脚物;②(摩托车的)踏脚板,脚蹬

reposición *f.* ①代替;更[替]换;②重[再]投资;重置;③〈剧〉(旧剧的)重演;(电视的)重播节目;④〈医〉康复,痊愈;(骨等的)复位;⑤复职;⑥反驳,申辩

~ de activo 资产重置

~ de mercancias 更换货物

repositor *m.* 〈医〉复位器

reposo *m.* ①休[歇]息;间歇;②〈医〉静卧(疗法)

~ absoluto 绝对静卧

envejecimiento en ~ 搁置老化

polarización de ~ 间隔偏移

repostadero *m.* 加油站

repostaje *m.* (给船舶、飞机等)加油;加注燃料

repregunta *f.* 〈法〉反诘问

represa *f.* ①堤(坝),水坝[库];②(人工围成的)湖;水池(量水,溢流)堰;③再捕获;④(战时)扣押[留]

~ de derivación 分水坝

~ de molino 磨房水池(筑坝拦河而成,用以为磨房水车提供水力)

~ de terraplén 土坝

representable *adj.* ①可(用图表等)表示的;能被形象表现的;②〈戏〉能上演的

representación *f.* ①〈观念、思想、形象等的〉表述[现];表示(法);②表[上]演;③〈戏〉演出;(文学或艺术作品)搬上舞台;④代表;〈商贸〉代理;代销;⑤代表团;代表资格;⑥代表处[办公室];⑦〈法〉代位继承;⑧〈信〉映射(将一个目录路径链接到一个本地驱动区的字母,使用户可直接登录到一台服务器的网络驱动器上)

~ callejera 街头剧

~ de caracteres 字符表示法

~ digital 数字表示法

~ diplomática ①外交代表;②大使馆

~ exclusiva 独家代理

~ gráfica 图示;图示法

~ legal ①法定[合法]代表;②律师

~ perspectiva ①透视表示法;②〈画〉透视画法

~ posicional 位置表示法

~ proporcional 比例代表制(各政党按其所得票数在总票数中的比例获得议员席位的一种选举制度)

~ semilogarítmica 〈数〉(坐标纸或坐标图的)半对数表示

representatividad *f.* 代表性

representativo,-va *adj.* ①有代表性的,典型的;②代表的;代理的;③代表[议]制的

gobierno ~ 代议制政府

muestra ~a 代表性样品

represión *f.* ①抑[压]制;②〈心〉压抑

represivo,-va;represor,-ra *adj.* ①抑[压]制的;②〈心〉压抑的

reprimido,-da *adj.* ①被抑制的;②〈心〉被压抑的

reprís *m.fr.* (汽车的)加速能力

reprise *f.* ①*Amér.L.*(旧剧的)重演;②(汽车的)加速能力

repristinación *f.* 恢复原状

reprivatización *f.* 恢复私营;恢复私有化

reprivatizar *tr.* 使恢复私营;使恢复私有化

reprobado,-da *adj.* 〈教〉不及格的

reprocesado;reprocesamiento *m.* 再加工;再处理

reproducción *f.* ①〈经〉再生产;②〈生〉生殖;繁殖;③复制,翻版;④(尤指艺术品的)复制品;⑤〈心〉再现;⑥〈信〉反射

~ asexual/sexual 无/有性生殖

~ asistida 辅助生殖

~ bisexual 两性生殖

~ fiel de los ángulos 保角(的)

~ social 社会再生产

derechos de ~ 版[著作]权

relación de ~ 重现比

reproducibilidad *f.* ①再生产能力;②〈心〉再现性;③〈知〉可复制性

reproducible *adj.* ①能再生产的;②可复制的;③能繁殖的;能再生的

reproductibilidad *f.* ①再生产性;再生产能力;②能繁殖性

reproductible *adj*. ①再生产的;②能繁殖的

reproductividad *f*. 生[盈]利性;利润

reproductivo,-va *adj*. ①能生[盈]利的;有好处的;②〈经〉再生产的;再生的;③生[繁]殖的
ciclo ~ 生殖周期
inversión ~a 盈利(性)投资
órgano ~ 生殖器官
sistema ~ 生殖系统

reproductor,-ra *adj*. ①生殖的;传种的;②再生产的 ‖ *m*. ①复制器;再现设备;②〈信〉复制机 ‖ *m.f.* 〈农〉种畜
~ de CD [discos compactos]激光唱机
caballo ~ 种马
gallina ~a 传种母鸡

reprografía *f*. 复制,复印

reprográfico,-ca *adj*. 复制的,复印的
material ~ 复印资料
técnica ~a 复印技术

reprógrafo,-fa *m.f.* 复印技师

reprogramación *f*. ①重定计划;重新安排;②〈信〉重新设计程序,重编程序

reprogramar *tr*. ①重新安排(债务等的)支付计划;②〈信〉为…重新设计程序,为…重编程序

reprueba *f*. 新证据

reps *m. inv.* 〈纺〉棱纹平布

reptación *f*. ①爬行,匍匐;②〈地〉塌方

reptante *adj*. ①〈动〉爬行的;②〈植〉匍匐的

reptil *adj*. ①〈动〉爬行纲的;②匍匐的,爬行动物(似)的 ‖ *m*. 〈动〉①爬行动物;② *pl*. 爬行纲

republicano,-na *m.f.* 〈鸟〉厦鸟

repudio *m*. 〈信〉拒不遵守(相关)协议

repuesto *m*. ①〈机〉(机器、汽车等的)备件;配件;备胎;②备用品;③替换笔芯;④储备[藏];贮备[存];供应;⑤康复,〈医〉痊愈
~s de automóviles 汽车配件
rueda de ~ 备用轮胎

repujado,-da *adj*. 有凸纹的 ‖ *m*. ①压(印凸)纹;凸纹花饰;②〈冶〉压花(法)

repulido,-da *adj*. (重新)擦光[亮]的

repulsa *f*. 〈军〉(被)击退

repulsión *f*. 〈理〉排[推]斥;斥力,排斥力
~ magnética 磁斥力,磁推斥
~ mutual 相互排斥
arranque por ~ 推斥起动
motor de ~ 推斥电动机

repulsivo,-va *adj*. 〈理〉斥力的;推斥的
fuerza ~a 推斥力
potencia ~a 推斥势

repunta *f*. ①〈地〉陆岬,海[岬]角;② *And.* (河水)猛涨,泛滥

repunte *m*. ①(海水等的)落[涨]潮;(河流的)水位变化;②〈经〉(尤指经济的)好转,回升;③(价格)上涨;*And.* 股票价格上涨

requerimiento *m*. ①通报;责令;②〈法〉传唤;③通知单;④要求;需要
~ al pago 催付单
~ de caja 请款单;现金需要
~ de calidad 质量要求
~ directo/indirecto 直/间接需要

requiebro *m*. 〈矿〉(体积相近的)碎矿石

requinto *m*. 〈乐〉雷昆托吉他

requirente *adj*. 〈法〉告诉的,指令的

requisa *f*. ①检查;视察;②〈军〉征用;征用令;③ *Amér. L.* 没收

requisición *f*. ①(表达需要的正式)要求;②〈军〉征用;征用令;③申请领取单,领料单;④没收,充公;⑤ *Amér. L.* 检查;视察
~ al almacén 出库单[凭证]
~ de materiales 领料单

requisito *m*. ①要求,必要条件;② *pl*. 规定
~ funcional 〈信〉实用(功能)要求
~ previo 先决条件,前提
~s legales 〈信〉法定要求[规定]

requisitoria *f*. 〈法〉①传唤[讯];(法院的)令状;② *Amér. L.* 讯[质]问

requisitorio,-ria *adj*. 〈法〉传唤的

rerradiación *f*. 〈理〉再辐射

rerradiativo,-va *adj*. 〈理〉(能)再辐射的

res *f*. 〈动〉家畜,牲口

resaca *f*. ①〈商贸〉反汇票;②〈海浪涌上海滩破碎后形成的)回浪;(海面下的)下层逆流,底[潜]流;③ *Cono S.* (退潮后留在岸边的)淤泥,杂物;④(酗酒后的)宿醉(指头痛、恶心等不适反应);⑤ *Chil.* 〈农〉(铺在打谷场上)待碾压谷物

resacar *tr*. ①〈海〉拉起(缆索);② *Amér. L.* 蒸馏,分馏;用蒸馏法提取

resalar *tr*. 再[重新]加盐

resalir *intr*. 〈建〉突[伸]出

resaltador *m*. 轮廓色(一种化妆品能突出面部某些部位的功能)

resaltar *intr*. ①伸[突]出;②〈建〉突[伸]出,凸起;③〈信〉高亮度(显示)

resalte; resalto *m*. ①〈建〉突出(物,部分);②弹跳

resbalada *f*. *Amér. L.* 滑动[移]

resbaladilla *f*. *Amér. L.* ①雪橇;②滑道

resbaladizo,-za *adj*. ①滑的;致使打滑的;②易滑脱的
problema económico ~ 棘手的经济问题

resbalamiento *m*. 滑动[移]
~ de precios 价格滑动

resbalavieja *f*. 〈植〉车前

resbalón *m.* ①滑(倒,脱,落);②(车辆的)打滑;③(弹簧锁的)锁舌

rescacio *m.* 〈动〉鲉鱼

rescaza *f.* 〈动〉鲉鱼

rescoldera *f.* 〈医〉胃灼热感,烧心

resecación *f.* ①〈医〉切去;切[摘]除;②(使)干燥

resecamiento *m.* (使)干燥

resección *f.* 〈医〉切除

reseda; resedá *f.* 〈植〉木犀草

resembrado *m.* 〈农〉重新播种,追播,补种

resembrar *tr.* 〈农〉重新播种;追播,补种

reseña *f.* ①概述,简介;概要,梗概;②〈军〉阅兵,检阅

reseñado *m.* 〈信〉剪裁(剪切掉一幅图像的外边缘或信号的最高或最低部分)

reserpina *f.* 〈药〉利血平(一种降压药)

reserva *f.* ①保留;②留存;(房间、票子、座位等的)预订;④储备;(矿物、石油等的)藏量;储量;⑤〈军〉(武器的)储备量;后[预]备队;预备役(兵员);⑥〈经〉储[准]备金;⑦(汽车的)备用油箱;⑧〈环〉保留地,自然保护区;禁猎区;⑨〈信〉库;区;⑩(保守)秘密‖ *m. f.* 〈体〉替补队员‖ *m.* (酿制年份至少三年的)佳酿葡萄酒

~ bancaria 银行储备金

~ biológica (禁猎和禁止采集等的)野生生物保护区

~ de[para] amortizaciones 偿债准备金,摊提准备金

~ de animal silvestre 野生动物保护区

~ de báferes 〈信〉缓冲区[临时存储未使用信息的内存区域];缓冲存储器库

~ de caja 现金储备

~ de caza 禁猎区,野生动物保护区

~ de[en] divisas 外汇储备

~ de garantía 担保[保证]储备金;保证金

~ de indios 印第安人居留地

~ de mano de obra 劳动力储备

~ de pasaje 预订船[机]票

~ de pesca 禁渔区

~ del hotel 预订旅馆客房

~ en efectivo[metálico] 现金储备

~ forestal 森林保护区

~ legal (银行、保险公司等的)法定准备金

~ mental (尤指在陈述、宣誓时的)内心保留

~ nacional 国家公园;国家自然保护区

~ natural 自然保护区

~ para accidentes 意外事故准备金

~ para cobros dudosos 呆[坏]账准备金

~ para depreciación 折旧准备金

~s de oro 黄金储备

~s monetarias (一个国家的)通货储备,货币准备金

~s ocultas ①秘密准备(主要由低估资产价值或浮计负债金额形成);②小金库

~s petrolíferas 石油储藏量

~s probadas 探明储藏量

reservista *m. f.* 〈军〉后备役军人;预备队军人

reservorio *m.* ①〈生〉储蓄泡;储液泡;②〈医〉(病源微生物的)贮主;③〈环〉储积层(岩层中天然形成的可储存液体如水或油式天然气的孔洞)

reset *m. ingl.* 〈信〉复位(将一个系统恢复到原来状态,使程序或过程重新开始)

resfriamiento *m.* ①冷却;②感冒

resfriante *m.* (蒸馏器的)冷却器,冷却槽

resfrío *m. Amér. L.* 〈医〉感冒,伤风

resguardo *m.* ①收据,凭证;(支票等的)存根;证明书;②(边防、海关等地的)警卫;警卫队;③〈海〉(无障碍物的)宽广水域

~ aduanal 海关证明书

~ de almacén[depósito] 仓库收据,仓[栈]单

~ de cheque 支票存根

~ de consigna 行李寄存处收据

~ de entrega 交货收据

~ de muelle 码头收货单

~ de subscipción 认购凭证

talón ~ 铁路运单

residencia *f.* ①〈法〉调查;查问;②居住,居留;定居;③居住时间;④住处[宅];居所;⑤家庭旅馆;*Amér. L.* 豪华住宅;⑥住院部;医疗中心;⑦*And.* 见 ~ vigilada

~ canina ①狗房;②养狗场

~ de estudiantes 学生宿舍

~ de profesores 教师公寓

~ habitual[ordianaria] 通常居所

~ oficial 官邸

~ sanitaria 医院,医疗中心

~ universitaria (大学等的)宿舍楼

~ vigilada 〈法〉(本宅)软禁

permiso de ~ 居住许可证

residencial *adj.* ①居住的;②住所[宅]的

barrio[zona] ~ 住宅区

residente *adj.* ①居住的;定居的;常住的;②〈信〉(在存储器中)驻留的,常驻的‖ *m. f.* ①居民;定居者;②常驻外交代表,驻外公使;③见 médico ~

~ en memoria 内存驻留的

médico ~ 住院医生

población ~ 常住人口

software ~ 驻留软件

residual *adj.* ①剩余的,残留[余]的;②〈地〉残余的;③〈数〉剩余的;④有滞留效应的;有后效的;⑤废品的
aguas ~es 污[阴沟]水
campo ~ 剩余磁场
carga ~ 剩余电荷
corriente ~ 剩余电流
energía ~ 剩余能量
error ~ 〈数〉剩余误差,残差
fracción ~ 尾[残余]馏分
gas ~ 残留气体,残气
insecticida ~ 后效杀虫剂
ionización ~ 剩余电离
presión ~ 剩余压力
tensiones ~es 〈冶〉残余应力
valor ~ 剩余价值,余值

residuo *m.* ①剩余;余留;②残[余]留物;残渣;③〈数〉差[余]数;余项;④〈化〉(蒸发、燃烧或过滤后的)残渣;剩余物;⑤*pl.* 废料[品];垃圾
~ de portadora 载波泄漏
~s atmosféricos 污染性坠尘
~s consistentes 路面油渍
~s nucleares 核废料
~s radiactivos 放射性废料
~s sólidos 固体废料
~s tóxicos 有毒废料

resiembra *f.* 〈农〉重新播种;追播,补种

resiliencia *f.* ①抗冲击(性能);②弹回性;③〈理〉回弹能;④〈环〉恢复力
~ de prueba 标准回(弹)能
~ elástica 弹性回(弹)能
ensayo de ~ 抗冲击(性能)试验

resiliente *adj.* ①抗冲击的;②弹回的;有弹性的

resina *f.* ①(天然)树脂;②松香[脂];③*Amér. C.* 〈植〉银叶安息香
~ de recambio de iones 离子交换树脂
~ de trementina 松香[脂],透明[精制]松香
~ epoxi 环氧树脂
~ fenólica 酚醛树脂
~ fundida 铸制树脂
~ natural 天然树脂
~ neutra 中性树脂
~ sintética 合成树脂
~ termoestable 热固树脂
~ termoplástica 耐热塑料
~ vinílica 乙烯基树脂
~ ureica de formaldehído 脲(甲)醛树脂
~s acrílicas 丙烯酸(类)树脂
~s orgánicas 有机树脂

resinación *f.* 采集树脂

resinato *m.* 〈化〉树脂酸盐[脂]

resincronizar *intr.* 〈信〉重新同步

resinero,-ra *adj.* 树脂的 ‖ *m. f.* 树脂采集工人
industria ~a 树脂工业

resinífero,-ra *adj.* 〈植〉产树脂的

resinificación *f.* 树脂化(作用),用树脂处理

resinificar *tr.* ①使树脂化;使变成树脂;②用树脂处理

resinosis *f.* 〈植〉流[泌]脂(现象)

resinoso,-sa *adj.* ①含树脂的;②树脂状的;树脂的;③树脂制的
canales ~s 树脂道
con aglomerado ~ 树脂结合[胶和](的)
plastificante ~ 树脂(性)增强剂

resíntesis *f.* 再合成

resistencia *f.* ①抵[反]抗;抵制;②(对疾病、寒冷等的)抵抗力[性];③(人的)耐[持久]力;④(材料等的)强度;(耐)抗性;⑤(机)(理)抗[阻]力;⑥〈电〉电阻;电阻器;⑦〈药〉抗[耐]药性
~ a antibióticos 抗生素耐药性
~ a la corrosión 抗腐蚀能力
~ a la flexión 抗弯能力[强度]
~ al fuego 耐火性
~ eléctrica 电阻
~ equivalente 等效电阻
~ mecánica 机械阻力,力阻
~ negativa 负电阻
~ óhmica 欧姆电阻
~ pasiva 消极抵抗
~ variable 可变电阻

resistente *adj.* ①抵[反]抗的;②抗…的,防[耐]…的;③〈医〉有抵抗力的;有抗药力的;④产生机械阻力的
~ a la corrosión 防[耐]腐蚀的
~ a la fatiga 耐劳的
~ a la fricción 防[耐],抗]摩(擦)的
~ a la humedad 防潮的
~ a la intemperie 抗大[天]气影响的;抗风雨侵蚀的
~ a la rotura 抗断[破]裂的
~ a la usura 耐磨[用]的
~ a las balas 防弹的
~ a los ácidos 耐酸的
~ a los choques 防[耐]震的,韧性的
~ al calor 耐热的
~ al desgaste 耐磨损的
~ al frío 耐寒的
~ al fuego 耐火的

resistividad *f.* ①抵抗力[性];②稳[安]定性;③〈电〉比阻,电阻率[系数]

~ básica 比电阻,电阻率

~ eléctrica 电阻率

~ volumétrica 体积电阻率[系数]

resistivo,-va *adj.* ①抵抗性的,有抵抗力的; ②〈电〉电阻(性)的

resistor *m.* 〈电〉电阻器

resma *f.* 〈印〉令(纸张计数单位)

resnatrón *m.* 〈电子〉谐振腔四极管

res nullius *lat.* 〈法〉①无主物;②不属于任何国家的土地

resol *m.* 反射日光

resolana *f. Amér. L.* ①反射日光;②避[背]风向阳处

resolano *m.* 避[背]风向阳处

resolubilidad *f.* ①分[溶]解性;②分辨力

resoluble *adj.* ①可分[溶]解的;〈化〉可再溶解的;②可解决的;③可分辨的

resolución *f.* ①决定;决议;②(问题等的)解决;〈法〉(法院的)裁定[决];③〈化〉〈理〉分解;④〈化〉(再)溶解;⑤〈信〉分辨率;⑥〈光〉(光学仪器的)分辨率;⑦(电视图像等的)清晰度;⑧〈医〉(炎症等病理状态的)消散[退];⑨〈乐〉解决(指和声中不谐和音的转向)

~ de direcciones 〈信〉地址分辨率

~ fatal 决定命运的决定

~ final 最后决定

~ judicial 法院裁定[决]

alto/bajo ~ 〈信〉高/低分辨率

poder[límite] ~ 〈光〉(光学仪器的)分辨力

resolutivo,-va *adj.* ①〈药〉〈医〉消散性的; (对病理状态)速效的,②决定性的,有效的; ③分析性的(办法等)‖ *m.* 〈药〉消散药

resolutorio,-ria *adj.* ①〈化〉使溶解的;有溶解力的;②〈医〉使消散的;③〈法〉使解除的

cláusula ~a 解除条款

condición ~a 解除条件

resolvente *adj.* ①〈化〉使溶解的;有溶解力的;②〈医〉使消散的;③〈镜片〉能看清楚的 ‖ *m.* 〈药〉消散剂

resonador,-ra *adj.* (产生)共振[共鸣]的 ‖ *m.* ①共振[共鸣]器;②谐振腔,谐振器

~ anular 环形共振器

~ de cavidad 空腔谐振器

~ de cavidad cilíndrica 圆柱形空腔谐振器

~ de cuarzo 石英谐振器

~ de línea coaxial 同轴线谐振器

~ de microondas 微波共振器

~ piezoeléctrico 压电谐振器

resonancia *f.* ①反响,回声;余声;②〈理〉〈无〉共[谐]振;共鸣;③〈化〉中介现象;④

〈乐〉共鸣音

~ atómica 原子共振

~ de espín electrónico 电子自旋共振

~ de fase 相共振

~ de velocidad 速度共振

~ en serie 串联谐振

~ ferromagnética 铁磁共[谐]振

~ magnética 〈理〉〈医〉磁共振

~ magnético-nuclear(~ magnética nuclear)〈医〉核磁共振

~ molecular 分子共振

~ natural[propia] 自然[固有]共振

~ nuclear 核共振

~ paralela 并联共振

~ paramagnética electrónica 电子顺磁共[谐]振

~ subarmónica 分谐波共振

cámara ~ 谐振箱

curva de ~ 共振曲线

frecuencia de ~ 共振频率

puente de ~ 谐振电桥

resonante *adj.* ①回响的,回声的;②〈理〉〈无〉共[谐]振的;共鸣的

cavidad ~ 〈讯〉谐振腔

resorber *tr.* 再吸收,再吸入

resorcina *f.*; **resorcinol** *m.* 〈化〉间苯二酚,雷琐酚[辛]

resorción *f.* ①重吸收,吸收(作用);②〈环〉再吸收(生物体再次吸收已生成的物质)

resorte *m.* ①〈机〉弹簧;发条;②伸缩力;③应急办法;应急手段

~ amortiguador 减震[阻尼]弹簧

~ antagonista 抵抗[复原]弹簧

~ cantilever 悬臂弹簧

~ de accionamiento 致动弹簧

~ de acero 钢板弹簧

~ de coche (汽车)平衡器

~ de compresión 压力弹簧

~ de disco 盘簧

~ de lámina(~ plano) 扁[片,平]簧,板簧

~ de láminas escalonadas 轴承[车架]弹簧

~ de presión 加压[压紧]弹簧

~ de reloj 手表发条

~ de retroceso 回动[复]弹簧

~ de suspensión 托[承]簧,悬置弹簧

~ de tope 缓冲弹簧

~ de tracción 拉簧,张簧,拉伸簧,牵(引)簧

~ de válvula 阀弹簧

~ elíptico 椭圆(钢板)弹簧,双弓形弹簧

~ en arco 弓形弹簧

~ en C（支承车身的）C 字形弹簧

~ en voladizo 悬臂弹簧

~ espiral[elicoidal] 锥形［螺旋，漩涡］弹簧，盘[蜷]簧

~ hélico 螺旋弹簧，蜷[盘]簧

~ motor[principal] 大[主]发条

~ semielíptico 半椭圆（钢板）弹簧

arandela de ~ 弹簧垫圈

barrilete de ~ 发条盒

brida de ~ 弹簧箍

cerrojo de ~ 弹簧拴

collarín de ~ 弹簧套筒夹头

lámina de ~ （钢板）弹簧主片盘

máquina de fabricar ~s 卷簧（弹）簧机

martinete con ~ 不反跳弹簧锤

patín[soporte] de ~ （钢板）弹簧（吊耳）支架

pinza de ~ 弹簧夹

tope de ~ 弹簧缓冲器

respaldón m.〈工程〉防护堤[墙]；护岸[坡]

respecto m. 见 ~ del módulo

~ del módulo〈信〉模组（一种软件程序）

respeto m. ①遵守（合同、规则、协议等）；②尊敬，尊重；③备用

~ a sí mismo(~ propio) 自尊

~ mutuo 互相尊重

~s humanos 尊重社会公德

coche de ~ 备用车

respiración f. ①（人、动物的）呼吸；②〈生〉呼吸（作用）；③空气流通，通风

~ aerobia 需氧呼吸

~ anaerobia 乏氧呼吸

~ artificial 人工呼吸

~ asistida（使用机器设备的）人工呼吸

~ boca a boca 嘴对嘴呼吸

~ cutánea 皮肤呼吸

~ externa〈生〉外呼吸（活机体从周围环境吸收氧气并放出二氧化碳的呼吸状态）

~ interna〈生〉内[组织]呼吸

~ pulmonar 肺呼吸

~ traqueal 气管呼吸

válvula de ~ 呼吸[通风]阀

respiradero m. ①通风孔[口]；②风[天、小]窗；③（管道的）气孔，（吸气，排气）阀

respirador,-ra adj. 呼吸的‖m. ①〈医〉（人工）呼吸器；呼吸机；②（纱布）口罩

~ artificial 人工呼吸器

respiratorio,-ria adj. 呼吸作用的；呼吸（器官，系统）的

centro ~ 呼吸中枢

coeciente ~ 呼吸商，呼吸比

insuficiencia ~a 呼吸功能不全

respiro m. ①呼吸；②歇息；③（债务偿还的）宽限

respirometría f. 呼吸计量法；呼吸器使用

respirómetro m. 呼吸器；呼吸（测定）计

respondedor m.〈电子〉〈信〉应答器，回答机

responsabilidad f. ①责任；〈法〉（应承担之）责任；②职责，任务；负担；③（财务方面的）可信赖性，责任能力

~ conjunta 联合责任

~ contractual 合同[契约]责任

~ criminal[penal] 刑事责任

~ estatutaria[legal] 法定责任

~ del armador 船主责任

~ ilimitada/limitada 无/有限责任

~ incondicional 绝对赔偿责任

~ objetiva（在并无犯罪事实或意图的情况下仍然负有的）严格责任

~ solidaria 共同[连带]责任

respuesta f. ①回答；②答复；回信；③（对刺激、打击等的）反[响]应；④〈生〉〈生理〉反应；⑤（心）应答；⑥（信）（讯）（应答器的）应答；⑦〈法〉反驳

~ a una banda uniforme de frecuencia〈电子〉平顶响应

~ adaptiva ①适应性反应；②〈信〉自适应应答

~ comercial 商业回复

~ condicionada（诱发）条件反应

~ en régimen transitorio 瞬变反应

~ immune[inmunitaria]〈生〉免疫响[反]应

~ refleja〈生理〉反射性反应

~ transitoria 瞬变反应

curva de ~ 响应[回答]曲线

tiempo de ~ ①响应[应答]时间；②〈信〉反应时间（计算机执行命令并且在屏幕上显示相应的所需时间）

resquebradura；resquebrajadura f. ①裂缝[口]；②（铸件）裂纹；（钢锭）响裂

resquebrajamiento m. 见 resquebradura

resquebrajoso,-sa adj. 易裂的

resquicio m. ①裂缝[口]；缝[裂]隙；②漏洞；③Amér. L. 迹象；痕迹；遗迹

~ legal 法律漏洞

~ tributario 税法漏洞

resta f.〈数〉①减（去），减法；②差[余]数，余项

restablecer tr. ①重新建立（关系等）；②恢复（秩序等）；③〈信〉复位（将一个系统恢复到原来状态）‖ ~se r.〈医〉恢复（健康等）；康复

restablecimiento m. ①（关系等的）重建；②〈信〉复位器；③〈医〉康复；复原；痊愈

restañasangre *f.* 〈地〉鸡血石,血滴石

restaño *m.* 〈医〉止血

restauración *f.* ①恢复;②复位;复辟;复辟时期;③修缮,修补;裱画;④餐饮业;⑤〈信〉复位

　la ～ rápida 快餐业

restaurador *m.* ①修补物;恢复剂;②恢复器[设备];还原器‖*m. f.*（残损文物等的）修复者;修补受损文物者

　～ de cabello 生发剂

　～ de la componente continua 直流成分恢复器

restinga *f.* ①浅滩;(河、湖或海边的)泥滩;②〈地〉河口沙洲

restitución *f.* ①归[退]还;退回;②(权利、秩序等的)恢复;复原;③标[描]绘;④〈信〉检索

　～ de derechos de aduana 退还关税

　～ de propiedad 归还财产

　～ fotogramétrica 摄影测绘复原

　～ in integrum 〈法〉恢复原状

　aparato de ～ 标[描]绘器,绘图器

resto *m.* ①剩余[物,部分];残余;②*pl.*（城墙、建筑物等的）遗迹;瓦砾;③(沉船、失事飞机等的)残骸;④〈数〉余数;⑤〈体〉(板球、网球、羽毛球等运动中的)回击球;(网球、橄榄球运动中的)接球员;(棒球运动中的)接手;⑥*pl.*〈信〉无用信息

　～s de edición（积压滞销的）全部剩书

　～s humanos[mortales] 残骸[骨,体]

restricción *f.* ①限制[定];约束;②〈信〉〈知〉限制

　～ comercial 贸易限制

　～ crediticia(～ del crédito) 信贷限制

　～ de histocompatibilidad 〈生〉组织相容性限制

　～ mental（在陈述、宣誓等时的）内心保留

　～ por precedencia 〈信〉优先级限制

　～ salarial 工资限制

　～ temporal 〈信〉时间限制

　～es cambiarias(～es de divisas) 外汇限制

　～es eléctricas 供电中断,(拉闸)停电

　～es presupuestarias 预算限制

restrictible *adj.* 可限制的;可约束的

restrictivo,-va *adj.* 限制性的;约束(性)的

　medidas ～as 限制性措施

restringido,-da *adj.* ①受限制的;有限的;②紧缩的

　crédito ～ 紧缩的信贷

resuscitación *f.* 〈医〉回[复]生,复苏;苏醒

resudación *f.* ①出汗;液析;②见 galleta de ～

　galleta de ～ 熔块,锭坯

resultado *m.* ①(比赛、调查、考试、实验、选举等的)结果;后果;②成[效]果;效益;③〈体〉比赛结果,(比赛)比[得]分;④〈数〉(运算或推论的)答案,答数

　～ de explotación 经营成果

　～ de la prueba 实验结果

resultando *m.* 〈法〉事实根据

resultante *adj.* ①作为结果的;有结[成]果的;②〈理〉组合的;合成的‖*f.* ①〈理〉合量,合力;合成;②〈数〉结式;③〈化〉生成物,(反应)产物

　～ de fuerzas 〈理〉合力

　error ～ 合成误差

　presión ～ 合成压力

　programa ～ 结果程序

resumen *m.* ①摘要;梗概;②概述;总结‖*adj. inv.* 概括的;总结性的

　～ de cuentas 账目摘要

　～ de noticias 新闻摘要

　comparencia ～ 案情摘要

　exposición ～ 一览(概括性说明)

　programa ～ (摘要式)提纲

resumidero *m. Amér. L.* 〈建〉下水道

resunta *f.Col.* 〈教〉(大学的)开学讲演

resurgencia *f.* 〈地〉(泉水、溪流等的)复流;再生河道

resurgimiento *m.* ①重现;②复活[苏];③康复;痊愈

　～ industrial 工业复兴

resveratrol *m.* 〈化〉白藜芦醇

retador,-ra *m. f. Amér. L.* 〈体〉挑战者;(拳击)冠军挑战者

retaguardia *f.* ①〈军〉后卫部队;后方;②(球队等的)后卫

retaguardo *m.* 〈军〉(后卫)部队

retajado,-da *adj.* 〈动〉被阉割的

retama *f.* ; **retamo** *m. Amér. M.* 〈植〉金雀花(树)

　～ blanco 白金雀花

retamal ; **retamar** *m.* 〈植〉金雀花地

retardación *f.* ①推[延]迟;延误;②迟缓;③〈理〉减速(作用);〈机〉减速;④〈乐〉延留音

retardado,-da *adj.* ①〈理〉推[延]迟的;②(尤指)精神发育迟缓的;智力迟钝的;③〈机〉减速的

　bomba de efecto ～ 定时炸弹

retardador *m.* ①〈电子〉延迟[时]器;②〈交〉减速[缓行]器;③〈摄〉(显影)抑制剂;④〈建〉(混凝土)缓凝剂;⑤阻滞物;〈化〉阻滞剂

retardante *adj.* 使延迟的;起阻滞作用的;阻止[性]的‖*m.* 阻滞[阻化]剂;缓凝剂

retardatriz *adj*. 使延迟的；减速的
  fuerza ～ 减速力
retardo *m*. ①推[延]迟；耽误；②〈乐〉(和弦音的)延留
  ～ de extremo a extremo 〈信〉首尾相接延迟
  ～ de propagación 传播延迟
  ～ de tiempo 时延
  ～ del[en el] pago 迟付
  bomba de ～ 定时[延期]炸弹
  líneas de ～ 延迟线
retasa；retasación *f*. 重新定价
retejo *m*. 〈建〉修缮屋顶
retén *m*. ①〈化〉惹烯；②〈技〉〈机〉〈轮〉挡；挡块；止动器；(汽车的)油封(圈)；③储备；备用品；④〈军〉后[预]备队；增援部队；⑤ *Amér. L*. (警察等设置的)路障，关卡；⑥ *Cari*. 少年拘留所
  hombre de ～ 预备队员
retención *f*. ①拦[挡，留]住；②〈心〉保持；③留存[置]；扣除；④〈经〉截留；⑤扣留；⑥〈医〉停滞，潴留；固住，固位；⑦〈讯〉设备占用；⑧(交通)阻塞；⑨〈信〉(图像)滞留(时间)；⑩〈技〉保持力
  ～ a cuenta 从源扣税
  ～ de beneficios 利润留存
  ～ de equipaje 扣留行李
  ～ de tráfico 交通阻塞
  ～ en el origen 从源扣税
  ～ hacia adelante 〈讯〉正向锁定
  ～ hacia atrás 〈讯〉反向锁定
  ～ prendaria 受托人留置权
  ～es y detenciones 扣留与拘留
  barra de ～ 吸持棒
  cadena de ～ (后)拉[支]索
  pared de ～ 隔[挡土，挡水]墙
  período de ～ 〈医〉固位期
  tiempo máximo de ～ 最大保留时间
  válvula de ～ (供水)止回阀，回压阀
retenedor *m*. 〈机〉闭锁装置
retenida *f*. 〈海〉①拉绳[线]；拉[牵，支]索；②滑索；钢缆
  collarín de ～ 定位环[圈]
retentiva *f*. (强)记忆力
retentividad *f*. ①保持力；②保[存]留能力
retentivo,-va *adj*. ①记忆力强的，能记住的；②有保持力的；③〈医〉(结扎线等)用以固位的
  brazo ～ 〈医〉固位臂
Retevisión *abr*. Red Técnica Española de Televisión 西班牙电视技术网络公司
retícula *f*. ①〈光〉分划板，标线片；标线；②网状组织；③〈动〉网[蜂窝]胃(反刍动物的

第二胃)；④〈摄〉片纹，结网；⑤[R-]〈天〉网罟(星)座
reticulación *f*. ①网状物；(晶体晶面的)网纹；②网状图案；网状组织[结构]
reticulado,-da *adj*. ①网状的；②〈建〉网状结构的
reticular *adj*. ①网的，网状的；网状组织的；②〈生〉具网脉的；③〈动〉网胃的；④晶面的
  distancia ～ 晶面间距
  membrana ～ 网状膜
  teoría ～ (有关晶体晶面的)网纹理论
reticulina *f*. 〈生化〉网硬蛋白
retículo *m*. ①网；〈植〉网状组织；②〈测〉〈地图、建筑图纸等上的)格网；(坐标)方格；③〈光〉标线片；标[十字]线
  ～ cristal (晶体)晶格
  ～ de hilos en cruz 十字准线
  ～ endoplásmico[endothelial]〈解〉内质网
  ～ sarcoplásmico〈解〉(横纹肌纤维)肉质网
  puntos del ～ 格[网]点
reticulocito *m*. 〈生〉网状细胞，网状红细胞
reticulocitopenia *f*. 〈医〉网状红细胞减少
reticulocitosis *f*. 〈医〉网状红细胞增多
reticulopodio *m*. 〈医〉网足；网状假足
reticulosis *f*. 〈医〉网状细胞增多
retina *f*. 〈解〉视网膜
retinal；retiniano,-na *adj*. 〈解〉〈医〉视网膜的
retineno *m*. 〈生化〉视黄醛，维生素 A 醛
retinita *f*. 〈地〉树脂石
retinitis *f. inv*. 〈医〉视网膜炎
  ～ pigmentosa 色素性视网膜炎
retinoblastoma *m*. 〈医〉视网膜母细胞瘤
retinografía *f*. 〈医〉视网膜照相术
retinoide *adj*. 〈医〉视网膜样的‖ *m*. 〈生化〉维生素 A
retinol *m*. 〈生化〉视黄醇(维生素 A 酶)
retinomalacia *f*. 〈医〉视网膜软化
retinopapilitis *f. inv*. 〈医〉视网膜视乳头炎
retinopatía *f*. 〈医〉视网膜病，视网膜病变
  ～ renal 肾性视网膜病
retinoscopia *f*. 〈医〉视网膜镜检查
retinoscopio *m*. 〈医〉视网膜镜
retinosis *f*. 〈医〉视网膜变性
retintar *tr*. 重[再]染
retinte *m*. 重[再]染
retiración *f*. 〈印〉双面印刷
retirada *f*. ①〈军〉撤退，退却；②撤回(驻外大使等)；③提款，取回；④移动[走](车辆，物件等)
retirado,-da *adj*. ①退休[职]的；②〈军〉退伍[役]的；③已收回的；撤走的；④赎回的；

⑤偏僻[远]的

bonos ～s 已回收债券

retiro *m.* ①撤退;②收回[提取,取款];③退休[职]退伍[役];④退休[职]金退伍费

～ de billetes 货币回笼

～ de capital 撤回资本

～ de un giro 收回汇票

～ en efectivo 现金提款,提现

retocado *m.* 润色;修描[饰]

retoño *m.* 〈植〉新芽[梢];嫩枝;籽苗

retoque *m.* ①〈信〉微调;②润色;粉[润,修]饰

～ de balance 粉饰结算,粉饰资产负债表

retor *m.* 〈纺〉粗棉布

retorcedora *f.* 〈机〉捻[拈]线机

retornable *adj.* ①可回收(重新利用)的;②可归还的;可退回的

envase no ～ 不可回收重新利用盛器

retornelo *m.* 〈乐〉重复

retorno *m.* ①回来,返[折]回;②归还,退还[回];③报偿[酬,答];④〈经〉(公司给大客户)回扣;⑤交换;⑥恢复原状;⑦〈信〉回车,回车[返回]键;⑧见 ～ terrestre;⑨ *Méx.* 见 ～ prohibido

～ de arco 电弧再触发

～ de carro 〈信〉回车;回车[返回]键

～ de encendido[llama] 回[逆]火,逆向火焰

～ de mercancías 退货

～ del carro automático 〈信〉自动折行

～ forzado 〈信〉硬回车

～ prohibido *Méx.* 禁止倒车

～ rápido 快速折回[倒转],快速回程

～ terrestre 〈电〉(接)地线

choque de ～ 反冲;返回冲程

corriente de ～ 〈电〉反流

dispersión de ～ 反[后]向散射

retorta *f.* ①〈化〉曲颈[蒸馏]瓶;②〈工〉(冶金、制煤气等用的)蒸馏器,(提纯水银等的)干馏釜

retortijón *m.* ①绞,扭曲;②〈医〉(肠、胃等的)痉挛;绞痛

～ de tripas 肠痉挛

retracción *f.* ①缩回[进];收起;②收回,撤消

retractable *adj.* ①可缩回[进]的;可收起的;②可收回的;可撤消的;③收缩(作用)的

retractación *f.* ①缩回[进];收起;②收回,撤消;③(讲话、诺言、声明、意见等的)撤[收]回

retráctil *adj.* ①〈生〉(爪子等)能缩进的;②〈技〉能收缩的;③〈航空〉可收的;收放式

的

tren de aterrizaje ～ 收放式起落架

retractilidad *f.* 伸[收]缩性

retractivo,-va *adj.* 可伸[收]缩的

retracto *m.* 〈法〉卖主在一定条件下对售出货物的)赎买权,赎回权

～ convencional（成交时给卖主的)当然赎回权

～ de comuneros（法律保证给予合伙人的)合股优先购买权

retractor *m.* ①〈医〉牵开器;②〈解〉牵拉肌

～ de ala nasal 鼻翼牵开器

retranca *f. Amér. L.* 〈机〉车轧,刹车;制动器

retranqueamiento *m.* ①目测;②〈建〉缩进

retransmisión *f.* ①（电台、电视台的)转播;②重播

～ en diferido 录制后转播,录播

～ en directo 现场[实况]转播

retransmisor *m.* 〈无〉转发机[设备]

retrasado,-da *m. f.* 智力迟钝者,精神发育迟缓者

～ mental 智力迟钝者,智障者

retrasador *m.* 〈摄〉(显影)抑制剂

retraso *m.* ①迟到;②耽[延]误;延迟;③落后;滞后;④亏空;拮据;⑤见 ～ mental

～ cultural 文化落后

～ del dieléctrico 介质滞后

～ en el pago 延迟付款

～ en entrega 延误交货

～ mental 智力缺陷

～ sobre el plan 拖延计划

retratería *f. Amér. L.* 照相馆

retratista *m. f.* ①〈摄〉摄影[照相]师;②肖像画家,画像者

retrato *m.* ①〈摄〉照片;②肖像;画像;③塑像术;肖像术

～ de busto 头[胸]像

～ de cuerpo entero 全身像

～ de hablado *Amér. L.* （警方根据目击证人对嫌疑犯容貌的描述而制作的逃犯)面部画像

～ de reconstruido *Méx.* 见 ～ de hablado

retrato-robot（*pl.* retratos-robot）*m.* （警方根据目击证人对嫌疑犯容貌的描述而制作的逃犯)面部画像

retreta *f.* ①〈军〉撤退,退却;②〈军〉退却信号;归营号;③*Amér. L.* 露天音乐会

retribución *f.* ①〈电〉〈机〉〈技〉补偿,平衡,校正;②付款[钱];报酬,偿[酬]金

retroacción *f.* ①倒退[行];②〈信〉回动

retroactividad *f.* ①反作用;②〈法〉溯及既

往,追溯效力

retroactivo,-va *adj*. ①反作用的;②〈法〉溯
及既往的,有追溯效力的;③(提薪、税收等)
回溯至颁布前特定日期生效的
ley con[de] efecto ~ 追溯法
salarios ~s 补发(增加)工资

retroalimentación *f*. ①〈信〉信息的返回;反
馈;②〈电〉〈生〉反馈

retroalimentador,-ra *adj*. 反馈的

retrobronquial *adj*. 〈解〉〈医〉支气管后的

retrobulbar *adj*. 〈解〉〈医〉眼球后的

retrocardíaco,-ca *adj*. 〈解〉〈医〉心后的

retrocarga *f*. (枪炮)从膛装弹的,后装式的
arma de ~ 后膛枪[炮]

retrocervical *adj*. 〈解〉〈医〉子宫颈后的,宫
颈后的

retrocesión *f*. ①〈法〉交还,归还;②后退;退
却;③后移

retrocesionario,-ria *m. f*. 转分包接受人

retroceso *m*. ①倒[后]退,逆行;②〈军〉撤
退;后退;③(价格等的)下降;④〈经〉〈商
贸〉减[衰]退;⑤(枪炮等产生的)后坐力,反
冲;⑥〈医〉病情恶化;⑦〈印〉退格
~ de la coyuntura 市况衰退
~ de la llama 回[逆]火,逆燃火焰
~ del cambio 汇率下降
~ del carro 字盘[滑架]返回,回车
~ económico 经济衰退
cañón sin ~ 无后坐力炮
fusil sin ~ 无后坐力步枪

retrocohete *m*. 〈航天〉制动火箭,减速火箭

retrocolis *f*. 〈医〉颈后倾

retrocuenta *f*. ①(起爆核弹、发射导弹等前
的)倒计数;②逆序计数(指倒数时间的口
令)

retrodesplazamiento *m*. 〈医〉(尤指子宫的)
后移位

retrodesviación *f*. 〈医〉后偏[倾,曲,斜,移]

retroesofágico,-ca *adj*. 〈解〉〈医〉食管后的

retroesternal *adj*. 〈解〉〈医〉胸骨后的

retroexcavadora *f*. 〈工程〉〈机〉反[索,拉,
拖]铲,反铲挖沟机

retrofaríngeo,-gea *adj*. 〈解〉〈医〉咽后的
absceso ~ 咽后脓肿

retrofaringitis *f. inv*. 〈医〉咽后炎

retrofarinx *m*. 〈医〉咽后部

retroflexión *f*. ①〈医〉(尤指子宫的)后曲;
②后翻;反折

retroflexo,-xa *adj*. ①后翻[曲]的;②〈植〉
反折的

retrogradación *f*. ①后[倒]退;后移;②〈天〉
(卫星、行星等的)逆行;③〈生〉退化;④
〈化〉退减(作用)

retrógrado,-da *adj*. ①后[倒]退的;②〈天〉
逆行的;反向的;③〈乐〉逆行(演奏)的,倒退
进行的;④〈生〉退化的;⑤〈化〉退减的;⑥
〈医〉退[逆]行性的
amnesia ~a 逆行性遗忘
intususcepción ~a 逆行性(肠)套叠
movimiento ~ (卫星、行星等的)逆行

retrogresión *f*. ①后[倒]退;后移;②〈生〉退
化;③衰退,恶化
~ económica 经济衰退

retroinfección *f*. 〈医〉逆传染

retrolectura *f*. 后视,向后瞄准

retrollamada *f*. 〈信〉回拨

retromorfosis *f*. 〈动〉退行性变态

retroocular *adj*. 〈解〉〈医〉眼球后的

retroperitoneal *adj*. 〈解〉〈医〉腹膜后的
fibrosis ~ 〈医〉腹膜后纤维化
hernia ~ 〈医〉腹膜后疝
insuflación ~ 〈医〉腹膜后注气法
neumografía ~ 〈医〉腹膜后充[注]气造影
(术)

retroperitonitis *f. inv*. 〈医〉腹膜后间隙炎

retroplasia *f*. 〈医〉退行性化生

retroposición *f*. 〈医〉后偏[倾,曲,斜,移]

retropropulsión *f*. 〈机〉喷气推进,反冲力推
进

retroproyección *f*. ①高射投影图像;②〈电
影〉背景放映(指从透明幕后放映图像,用作
电影的背景)

retroproyector *m*. 高射投影仪

retropulsión *f*. 〈医〉后退;后退[后冲]步态

retrospectiva *f*. (尤指画家作品的)回顾画
展;回顾展

retrospectivo,-va *adj*. ①回顾[想]的;追溯
的;②〈法〉溯及既往的
cláusula ~a 追溯条款

retrostalsis *f*. 〈医〉逆蠕动

retrotraza *f*. 〈信〉跟踪程序

retrouterino,-na *adj*. 〈解〉〈医〉子宫后的

retrovalización *f*. ①重新估价;②(货币)升
值

retrovendendo *m*. 〈法〉原价回购[购买](已
售出货物)

retroventa *f*. ①〈法〉以原价退回卖主;②(向
第三方的)转售
precio de ~ 转售价

retroversión *f*. 〈医〉(器官等的)后倾

retrovertido,-da *adj*. 〈医〉(器官等)后倾的

retrovirología *f*. 〈医〉逆转录病毒学

retrovirólogo,-ga *m. f*. 〈医〉逆转录病毒专
家,逆转录病毒研究人员

retrovirus *m. inv*. 〈生〉反[逆]转录病毒

retrovisión *f*. ①〈电影〉闪回镜头;闪回手

法；②事后认识

retrovisor *m.* （汽车等的）后视镜

espejo ～ 后视镜

retupir *tr. Amér. L.* 〈农〉密植

retusa *f. Arg.* 〈动〉一种犼狳

reubicación *f.* ①〈信〉重新定位；②（劳动者等的）重新安置；重新定居；③（公司等的）迁至新址

reulí *m. Chil.* 〈植〉高大假山毛榉

reuma；reúma *f.* 〈医〉风湿病

reumático,-ca *adj.* 〈医〉患风湿病的 ‖ *m. f.* 风湿病患者

reumátide *m.* 〈医〉风湿性皮肤病

reumatismo *m.* 〈医〉风湿病

reumatoideo,-dea *adj.* 〈医〉类风湿病的

reumatología *f.* 〈医〉风湿病学

reumatólogo,-ga *m. f.* 〈医〉风湿病学家，风湿病医生

reumatosis *f.* 〈医〉风湿病

réumico,-ca *adj.* 〈医〉稀黏液的

reunificación *f.* 重新统一

reunión *f.* ①会议；②集会；聚会；③〈技〉接合；连[联]接

～ aérea 〈技〉空中对接

～ de conjuntos 〈数〉集[组]合

～ de prensa 新闻发布会

～ de trabajo 工作会议

～ de ventas 推销会议

～ en la cumbre 最高级会议，峰会

～ ilícita 〈法〉非法集会

～ informativa （基本）情况介绍会

～ ordinaria 例会

～ plenaria 全体会议

～ preparatoria 预备会议

～ quincenal 双周会议

derecho de ～ 集会权

reusable；reutilizable *adj.* ①〈信〉可再用的，可重复使用的；②可多次利用的

reúso *m.* 〈信〉再使用，重新使用；多次利用

reutilización *f.* ①〈信〉再使用，重新使用；多次利用；②回收利用；再利用（加工废弃材料以再利用的过程）

revacunación *f.* 〈医〉疫苗再接种，复种

reválida；revalidación *f.* 〈教〉结业考试；期终考试

revaloración；revalorización *f.* ①再[重新]估价；②重新评价；③币值重新调整，升[增]值

revaluación *f.* ①币值重新调整，升值；②再[重新]估价

～ de bienes 资产重新估值；资产升值

～ del dólar respecto al yen 美元对日元升值

revancha *f.* ①〈体〉回访比赛；（失败一方雪耻的）复仇赛；②〈海〉（船的）干舷高度

revaporización *f.* 再蒸发[汽化]（作用）

revascularización *f.* 〈医〉血管再通[重建]；再血管化

revelado *m.* 〈摄〉显影

～ en color 彩色显影

revelador *m.* ①〈摄〉显影[显色]剂；显像[影]液；②检查[验]器

～ de faltas 故障[障碍]检查装备，障碍位置测定仪

～ de fuga a tierra 漏电检查器

reveler *tr.* 〈医〉诱导

revendedor,-ra *m. f.* ①转售者；（转手）倒卖者；②零售商

～ de entradas 倒卖门票者，票贩子，"黄牛"

revendón *m. And.* 中间人；经纪人

revenibilidad *f.* ①（气候等的）温和性；②（油彩、灰泥等的）可调[捏]和性；③〈冶〉回[退]火（性）

revenido *m.* 〈冶〉回[退]火

revenimiento *m.* ①返潮；②〈矿〉塌陷

reveno *m.* 〈植〉（尤指树木切口处的）发新芽

reventazón *f. Cono S.* 山脊[梁]；支脉；②*Méx.* 〈医〉肠胃气胀

reventón *m.* ①（车胎、管道等的）爆裂；（管子的）裂口；②陡坡；③*Cono S.* 〈矿〉露头

rever *tr.* 〈法〉重[复]审

reverberación *f.* ①回[混]响；回[反响]声；②（光、热等的）反射；（反射炉中热、焰的）反回；③反射光[热]

reverberador *m.* ①反射器；②反射灯[炉]

reverberativo,-va *adj.* ①反[混]响（性）的；②反射（性）的

reverberímetro *m.* 混响计

reverbero *m.* ①回[混]响；回[反响]声；②（光等的）反射；闪光；（雪等的）反光；③反射镜[灯]

horno de ～ 反射炉

reverdeciente *adj.* 〈植〉返青的

reverdecimiento *m.* 〈植〉返青

reversa *f. Amér. L.* ①回动；倒退；倒车；②河流转弯处

reversibilidad *f.* ①反转性；倒转本能；②〈化〉〈理〉可逆性

reversible *adj.* ①可倒（转）的；可翻[反]转的；（衣服）可正反两面穿的；②可逆转的；③〈化〉〈理〉可逆（性）的；④（电）（电加）可逆式的；⑤〈法〉（判决等）可撤消的；（地产等让予期满后）可复归的 ‖ *m.* （正反）两面穿大衣

hélice (de) paso ~ 反距螺旋桨
laminador ~ 可逆式轧机
motor ~ 可逆机
pila ~ 可逆式电池

reversión *f*. ①倒[反,逆]转;反向;②恢复;
复原;③〈法〉(地产等让予期满后的)归还;
复归;未来享用权;④〈生〉回复变突,返祖遗
传

reversionario,-ria *adj*. ①反[逆]转的;反向
的;②恢复的;复原的;③〈法〉未来可享用
的;归还的;复归的;④〈生〉回复变突的;返
祖遗传的

reverso,-sa *adj*. ①反向的;相反的;倒[逆]
转的;②背[反]面的‖*m*. ①背[反]面;②
Col. 倒车;③*Cub*.〈动〉一种鲕鱼
osmosis ~a〈化〉反[逆向]渗透
transcriptasa ~a〈生化〉反[逆]转录酶,逆
录酶

revertido,-da *adj*. ①反向的;相反的;②
(被)颠倒的,倒转的
genética ~a〈遗〉反向遗传学

revertir *tr*. 使恢[回]复原状;使恢复原来做
法‖*intr*. ①〈法〉(财产、权利等的)归还;
复归;②恢[回]复(原状);回返;③〈信〉复
原(回到文档的前一个版本,这样文档从上
次保存以来所作的一切修改均会丢失)

revés *m*. ①背[反]面;②挫折,失败;③掌击;
反手击打(用手背打);④〈体〉(尤指网球运
动中的)反手(击)球

revesa *f*. 逆流,涡流

revestido,-da *adj*.〈技〉涂[镀,包]有…的;
有涂层的

revestimiento *m*. ①〈技〉涂[敷,保护,覆盖]
层;护[铺,砌]面;覆盖[外包]物;②〈缝〉衬
里;③〈建〉(管道等内壁的)内衬,衬层
[垫];④(公路的)路[铺]面;⑤〈军〉(防弹
片等的)障壁
~ ácido 耐酸衬里
~ antiadherente (锅底部的)不粘底敷层
~ de carreteras 路面铺砌
~ de caucho 橡皮包衬
~ de hormigón 混凝土衬砌
~ de horno 炉衬
~ de zinc 镀锌层,锌护面
~ del hogar 火箱炉罩
~ metal 金属涂[保护]层
~ reflector 反光(涂)层
~ refractario 耐火涂层
con ~ básico 碱性衬里(的)
con ~ cerámico 陶瓷敷[涂]层(的)
con ~ espeso/fino 厚/薄涂层
con doble ~ de seda 双层丝绝缘

revientalíneas *m. inv*.〈讯〉电话(线路)入侵

revirar *intr*.〈海〉再强风调向

revisación; revisada *f*. *Amér. L*.〈医〉体检

revisión *f*. ①修正[改];校[修]订;②检[核]
查;检验;③〈工〉〈技〉检修
~ aduanera 海关检查
~ de cuentas 查账;审计
~ de precios 物价检查
~ del contrato 修订合同
~ genecológica〈信〉妇科医检
~ general ①全面检修;②〈信〉内务处理
~ médica 体检
~ periódica 定期检查
~ salarial 工资核查
taller de ~es 修船船坞

revisor *m. f*. ①检查员;查账[审计]员;②
(铁路)检票员;③见 ~ de guión‖*m*. 见
~ ortográfico
~ de cuentas 查账[审计]员
~ de guión〈电影〉剧本编辑;(电视台)广
播稿编辑
~ de la aduana 海关检查员
~ ortográfico〈信〉拼写检查程序

revista *f*. ①杂志,期刊;②(报刊)述评;③检
查;④〈法〉复审;⑤检阅;⑥〈军〉阅兵式
~ científica 科学杂志
~ comercial 商业杂志
~ de corazón 生活杂志
~ de información general 时事杂志
~ de libros 书评
~ de moda 时尚杂志
~ de toros 斗牛新闻(评论)
~ gráfica 画报,画刊
~ literaria 文学杂志
~ semanal 周刊
~ trimestral 季刊
~-e 电子杂志

revitalización *f*. 新生;复兴

revitalizador *m*. 兴奋剂

revival *adj. inv*. 重新流行的(歌曲)‖*m*.
①〈乐〉(歌曲)的重新流行;②(健康的)恢
复;复原;③(风格等的)复兴
canción ~ 重新流行歌曲

revivificación *f*. ①(生命或意识的)恢复;再
生;复活;②〈化〉还原;(活性)恢复

revocación *f*. ①〈法〉撤销,废[解]除;②取
消

revocatorio,-ria *adj*. 撤销的;废[解]除的;
取消的

revoco *m*. ①〈法〉撤销,废[解]除;②〈建〉粉
刷;用石灰水粉刷

revolución *f*. ①革命;大变革;②〈技〉旋转;
绕转;③〈机〉转数;④〈天〉公转

~ científica 科学革命（尤指 20 世纪自动化、原子能、电子学等方面的发展）

~ cultural 文化革命

~ de palacio 宫廷政变

~ Industrial [R-]（18 世纪 60 年代在英国开始的）工[产]业革命

~ Verde [R-] 绿色革命（指发展中国家为解决粮食问题而推广的大规模改良农业的活动）

~es del motor 发动机转数

~es por hora 每小时转数（*abr.* r. p. h）

~es por minuto 每分钟转数，转/分（*abr.* r. p. m）

~es por segundo 每秒转数，转/秒（*abr.* r. p. s）

girar a 150 ~es por minuto 每分钟转 150 圈

revolvedora *f.* *Cono S.*, *Méx.* 〈机〉混凝土搅拌机

revólver *m.* 〈军〉左轮手枪

revoque *m.* 〈建〉①粉刷；用石灰水粉刷；②（粉刷用）灰浆[泥]；石灰水，白涂料

revulsión *f.* ①〈医〉诱导法；②突变

revulsivo,-va *adj.* ①〈医〉诱导的；诱导法的；②〈药〉引起呕吐的；③引起突变的 ‖ *m.* ①〈药〉诱导剂；灌肠剂；②突变[折析]因素

REXX *m.* 〈信〉REXX 程序语言（主机使用的一种通用程序（设计）语言）

reyectador *m.* 混[杂]音分离器

reyezuelo *m.* 〈鸟〉戴菊（鹰）

Rf 〈化〉元素铲（rutherfordio）的符号

RF *abr.* radio frecuencia 见 radiofrecuencia

RFC *abr.* *ingl.* request for comment 〈信〉请求评论文档，注释请求（规范）

RFLP *abr.* *ingl.* restriction fragment length polymorphism 〈遗〉限制性片段长度多态性

Rg 〈化〉元素铑（roentgenio）的符号

Rh 〈化〉元素铑（rodio）的符号

Rh; Rh. *abr.* *ingl.* rhesus (factor) 〈医〉Rh 因子，猕因子

~ negativo Rh（血型）阴性的，血液中缺乏 Rh 因子的

~ positivo Rh（血型）阳性的，血液中含有 Rh 因子的

rhesus *m.* 〈动〉猕[恒河]猴

factor ~ 〈医〉Rh 因子，猕因子

RI *abr.* radiación infrarroja 红外辐射（线）

R. I. *abr.* registro industrial 工业注册

ría *f.* 〈地〉港湾；（江河入海的）河口

riada *f.* ①〈地〉洪水；水灾；②（河流）涨水，泛滥

ribazo *m.* ①〈农〉田埂；②（河边、路旁的）斜[陡]坡

ribera *f.* ①（河、湖泊等的）滨，岸；河边[畔]；②海滩；③〈农〉河水灌溉平原，河岸流灌区；④*Cono S.*, *Méx.* 河边[畔]居民区；棚户区，贫民窟

ribero *m.* （堤岸的）防护墙

ribeteadora *f.* 〈机〉压[卷]边机

ribitol *m.* 〈化〉核糖醇，侧金盏花醇

riboflavina *f.* 〈生化〉核黄素，维生素 B_2

ribonucleasa *f.* 〈生化〉核糖核酸酶

ribonucleico,-ca *adj.* 〈生化〉核糖核酸的

ácido ~ 核糖核酸

ribonucleoproteína *f.* 〈生化〉核蛋白

ribosa *f.* 〈生化〉核糖

ribosoma *m.* 〈生化〉核糖体，核蛋白体

ribosómico,-ca *adj.* 〈生化〉核糖体的

ribovirus *m.* 〈生〉核糖核酸病毒

ribozima *f.* 〈生化〉核酶，核糖核酸拟酶

ribulosa *f.* 〈化〉核酮糖

ricardiano,-na *adj.* （英国经济学家）李嘉图（Ricardo）的

teoría de la renta ~a 李嘉图租金论

ricina *f.* 〈化〉蓖麻蛋白，蓖麻毒

ricino *m.* 〈植〉蓖麻

aceite de ~ 蓖麻油

riebechita *f.* 〈矿〉钠长石

riego *m.* ①灌溉；②洒水；③见 ~ sanguíneo

~ por aspersión 喷灌

~ por goteo 滴灌

~ por surcos 垄沟灌溉，沟灌

~ sanguíneo 〈解〉血液循环

~ subterráneo 地下灌溉

~ superficial 地面灌溉

boca de ~ 消防龙头

riel *m.* ①〈交〉钢[铁]轨，轨道；②〈冶〉铸块；金属条；③（可挂窗帘的）横档

~ acanalado（**~ de tranvía**）电[矿]车轨道；吊车索道

~ conductor（电动机车的）输电轨

~ de deslizamiento 滑竿

~ de doble cabeza 双头钢轨

~ de guía 护轨

~ de rodamiento 滑道[槽]；导轨

~ dentado 钝齿轨

~ Vignoles 丁字形钢轨，阔轨

rielera *f.* 〈冶〉钢锭铸模

riesgo *m.* ①风险；危险；②（保险业的）险项

~ adicional 附加险

~ calculado 预计无可避免的风险；成败参半的风险

~ de avería por cuenta del dueño 货主自负货损风险（*abr.* *ingl.* O. R. D）

~ de contaminación（受其他货物影响的）

污染险

~ de falta de pago 拒付款险

~ de filtración 渗漏险

~ de incendio 火灾险

~ de incumplimiento 违约风险

~ de inundación 水灾险

~ de inversión 投资风险

~ de mar(~ marítimo) 海上风险,海险

~ de rotura 破碎险

~ de rotura por cuenta del dueño 货主自负破损风险(abr. ingl. O. R. B)

~ del tercero 第三者责任险

~ eventual 意外[或有]风险

~ explosivo 爆炸危险

~ ocupacional[profesional] 职业危害(指某一职业对职工潜在的危害,如事故、疾病等)

~s de deterioro 耗损险

~s sociales 社会风险(如民众罢工、暴动、骚乱等)

a ~ del dueño[propietario] 损失由货[业]主自己负责(abr. ingl. O. R.)

a todo ~ 一切险,综合险

contra todo ~ 保综合险

rifamicina f. 〈药〉利福霉素(抗结核药)

rifampicina f. 〈药〉利福平(抗结核药)

RIFF abr. ingl. resource interchange file format 〈信〉资源交换文件格式

rifle m. ①〈军〉步[来复]枪;②〈体〉发令枪;③猎枪

~ de repetición 连发枪

riflero,-ra m. f. ①〈军〉步枪手;② Cono S., Méx. 射手;射击能手

rift m. 〈地〉断裂;长峡谷,断陷谷

Rigel m. 〈天〉参宿七,猎户座 β

rigidez f. ①(物质等的)坚硬;刚性;不易弯曲;②〈理〉刚性,刚度;③〈医〉(腱、腿等的)强直,僵硬

~ cadavérica 〈医〉尸僵,死后强直

~ del mercado monetario 金融市场紧张,银根紧

~ dieléctrica 介质强度

~ magnética 磁强度

Rigil Kentaurus m. ingl. 〈天〉南门二(星)

rigor m. ①〈医〉强直;僵直;②〈气〉(气候的)严酷

rigor mortis lat. 〈医〉尸僵,死后强直

rija f. 〈医〉泪[眼]漏,泪腺瘘管

rila f. ① Col., Méx. 〈解〉软骨;② And., Méx.(肉食中的)软骨;③ And. 鸟粪

R. Imp. abr. registro de importadores 进口商注册

rimaya f. 〈地〉冰川后大裂隙

rin m. Méx. 〈机〉(汽车车轮的)轮辋

rinal adj. 〈解〉鼻的;鼻腔的

rinalgia f. 〈医〉鼻痛

rincocéfalo,-la adj. 〈动〉喙头目的 ‖ m. ① 喙头目动物;② pl. 喙头目

rinconada f. ①墙[壁,房]角;②街角

rinconera f. ①角橱[柜,桌];②〈建〉(房角与窗户间的)角墙[壁]

rinelcosis f. 〈医〉鼻溃疡

rinencefalia;**rinocefalia** f. 〈医〉喙状鼻畸形

rinitis f. inv. 〈医〉鼻炎

rinocantectomía f. 〈医〉内眦切除术

rinocarcinoma m. 〈医〉鼻癌

rinoceronte m. 〈动〉犀,犀牛

~ blanco 白犀牛

rinodinia f. 〈医〉鼻痛

rinofaringe m. 〈解〉鼻咽

rinofaríngeo,-gea adj. 〈解〉鼻咽的

rinofaringitis f. inv. 〈医〉鼻咽炎

rinofaringocele m. 〈医〉鼻咽气囊肿,鼻咽气瘤

rinofaringolito m. 〈医〉鼻咽石

rinofima f. 〈医〉鼻赘,肥大性酒渣鼻

rinógeno,-na adj. 〈医〉鼻性的;鼻源的

rinolalia f. 〈医〉鼻音;鼻语

rinolaringitis f. inv. 〈医〉鼻喉炎

rinolaringología f. 〈医〉鼻喉科学

rinolitiasis f. 〈医〉鼻石症

rinolito m. 〈医〉鼻石

rinología f. 〈医〉鼻科学

rinólogo,-ga m. f. 〈医〉鼻科医生

rinomanometría f. 〈医〉鼻腔测压(法)

rinomanómetro m. 〈医〉鼻腔测压计

rinómetro m. 〈医〉鼻腔计,量鼻器

rinonecrosis f. 〈医〉鼻坏死

rinoplastia f. 〈医〉鼻成形术;鼻整形[修复]术(尤指隆鼻)

rinopólipo m. 〈医〉鼻息肉

rinoqueiloplastia f. 〈医〉鼻唇成形术;鼻唇整形术

rinorrafia f. 〈医〉鼻缝术

rinorragia f. 〈医〉鼻出血

rinorrea f. 〈医〉(液)溢,鼻漏

rinosalpingitis f. inv. 〈医〉鼻咽鼓管炎

rinoscleroma m. 〈医〉鼻硬结病[症]

rinoscopia f. 〈医〉鼻镜检查(法);鼻窥器检查

rinoscopio m. 〈医〉鼻镜,鼻窥器

rinosinusitis f. inv. 〈医〉鼻窦炎

rinosporidiosis f. 〈医〉鼻孢子病

rinostenosis f. 〈医〉鼻道狭窄;鼻腔堵塞

rinotomía f. 〈医〉鼻切开术

rinovirus *m. inv.* 〈医〉鼻病毒

riñón *m.* ①〈解〉肾,肾脏;②〈建〉拱腹;③〈矿〉矿瘤
~ artificial 人造肾
~ flotante 游走肾
contusión de ~ 肾挫伤
hilio del ~ 肾门

riñonada *f.* 〈解〉①腰部;②肾外脂肪组织

río *m.* ①河,江;②水流;急[洪,激]流 ‖ *adj. inv.* 见 novela ~
~ abajo/arriba 顺/逆流;向下/上游;在下/上游
~ influido por marea 有潮河段
~ navegable 可通航河流
~ subterráneo 暗河
novela ~ (长篇)家世小说

riolita *f.* 〈地〉流纹岩

riostra *f.* ①托[支]架;扣件;②〈建〉支杆[柱];支〈轨,对角〉撑;③电线杆

RIP *abr. ingl.* ① raster image processor 〈信〉光栅图像处理器;② Routing Information Protocol 〈信〉路由选择信息协议

ripiador *m.* 〈建〉挤渣压力机

ripidolita *f.* 〈矿〉铁绿泥石

riqueza *f.* ①财富;财产;②〈矿〉矿产资源
~ física 物质[有形]财富
~ imponible 应纳税财产
~ mal habida 不义之财
~ petrolífera 石油资源[财富]
~ privada 私人财富
~ social 社会财富

RISC *abr. ingl.* ① reduced instruction-set computer 〈信〉精简指令计算机;② reduced instruction set computing 〈信〉精简指令运算

risímetro *m.* 〈流体〉流速测定计

risorio *m.* 〈解〉笑肌

Riss *m. ingl.* 〈地〉里斯冰期

ristocetina *f.* 〈生〉瑞斯西丁素(一种抗生素)

ristra *f.* 〈信〉字符串(计算机按照独立单元来对待和处理的一串连续字母数字型的字符或单词)
~ alfabética 字符串
~ de caracteres 字符串
~ de longitud variable 可变长度字符串
~ nula[vacía] 空字符串
~ unitaria 单元串

ristrel *m.* 〈建〉粗板条

ritardando *m.* 〈乐〉渐慢

ritidoma *m.* 〈植〉落皮层

ritmar *tr.* ①〈信〉定(步)速;②使有节奏;使有节律

ritmicidad *f.* 节奏性;节[韵]律性

ritmo *m.* ①〈乐〉节奏;拍子;②〈生〉〈医〉节律;③(进展等的)速度;节奏;④(循环往复的)规则变化(模式);周期性(运动)
~ biológico 生物节律
~ cardíaco 心律,心率
~ circadiano 〈生〉昼夜节律
~ de crecimiento[expansión] 增长速度
~ de trabajo 工作(进展)速度
~ pendular 〈医〉钟摆状节律
~ respiratorio 〈医〉呼吸节律

ritornelo *m.* 〈乐〉①(声乐作品中的)过门;②(协奏曲或回旋曲叠歌中的)齐奏乐段

rival *adj.* 竞争的;对抗的 ‖ *m. f.* (竞争)对手;竞争者
demanda ~ 竞争需求

rivalidad *f.* ①竞争;对抗;②竞争行为
~ oligopólica 垄断竞争

river-ski *m. ingl.* 〈体〉(在河道上的)划水运动

rizado *m.* ①卷[鬈]曲;成卷;②波纹;起皱纹
factor de ~ 波纹系数,涟波因数

rizo *m.* ①鬈发;②波纹;涟漪;③〈航空〉(飞机的)翻筋斗;(使飞机)翻筋斗(一种飞行特技);④〈海〉缩[收]帆

rizófago,-ga *adj.* 〈动〉以根为食物的,食根的 ‖ *m.* 食根动物

rizofita *f.* 〈植〉有根植物

rizofito,-ta *adj.* 〈植〉有根的

rizoforáceo,-cea *adj.* 〈植〉红树科的 ‖ *f.* ①红树科植物;②*pl.* 红树科

rizoide *f.* 〈植〉假根

rizoideo,-dea *adj.* 〈植〉根状的

rizolisis *f.* 〈医〉脊神经根切除术

rizoma *m.* 〈植〉根茎,根状茎

rizomatoso,-sa *adj.* 〈植〉①根茎的,根状茎的;②有根茎的

rizomorfo,-fa *adj.* 〈植〉根状的 ‖ *m.* 根状菌素

rizópodo,-da *adj.* 〈动〉根足虫的 ‖ *m.* ①根足虫;②*pl.* 〈动〉根足虫纲

rizosfera *f.* 〈植〉根围(指围绕植物根系在土壤中的一个区域)

rizotomía *f.* 〈医〉脊神经根切除术

RJ *abr. ingl.* registered jack 〈信〉注册插头(只有一个针的插头)

RJE *abr. ingl.* remote job entry 〈信〉远程作业输入

RMN *abr.* resonancia magnética nuclear 〈理〉核磁共振

RMON *abr. ingl.* ① remote monitor 远程监视器;② remote network monitoring 〈信〉远程网络监控

Rn 〈化〉元素氡(radón) 的符号

RNA *abr. ingl.* ribonucleic acid 〈生化〉核糖核酸(*esp.* ácido ribonucleico)
~ de transferencia 转移核糖核酸
~ heteronuclear 异核核糖核酸
~ mensajero 信使核糖核酸
~ polimerasa 核糖核酸聚合酶
~ ribosomal 核糖体核糖核酸

RNasa *abr.* ribonucleasa 〈生化〉核糖核酸酶

RNBD *abr.* renta nacional bruta disponible 〈经〉国民可支配收入

roa *f.* 〈海〉艌材

road-movie *f. ingl.*（在旅游车内放映的）旅途电影(*esp.* película de carratera)

roano,-na *adj.*〈动〉〈马等牲畜〉沙毛的(指毛色红白间色或黑白杂色的) ‖ *m.* 沙毛牲畜;沙毛马

robalo; róbalo *m.* 〈动〉海鲈

robinia *f.* 〈植〉刺[洋]槐树

roble *m.* 〈植〉栎[橡]树

robledal *m.* 栎[橡]树林

roblón *m.* ①铆钉;②〈建〉瓦脊;*Col.* 盖瓦

roblonado *m.* 〈技〉铆接(法)
~ escalonado 错列铆接
~ inestanco 不密闭铆接

roblonador *m.* 〈机〉铆锤 ‖ ~a *f.* 铆钉枪
~a hidráulica 液压铆钉枪
~a mecánica 铆钉机

robo *m.* ①盗窃;〈入室〉夜盗(行为);②抢劫;③〈法〉抢劫罪;④赃物
~ a mano armado 武装抢劫
~ con allanamiento （破门）入室盗窃;〈法〉破门侵入
~ con escalo 越墙入室盗窃
~ de mercancías 盗窃货物

roborante *adj.* 增强体力的,使身体强壮的 ‖ *m.* 强壮剂

robot *m.* ①〈工艺〉机器人,(通用)机械手;②〈机〉自动机,自动控制装置;遥控机械

robótica *f.* 〈工艺〉〈技〉机器人学,机器人技术

robótico,-ca *adj.* ①机器人的,自动机的;自动化的;②机器人式[似]的;自动机式[似]的

robotics *m. ingl.* 〈工艺〉〈技〉机器人学,机器人技术

robotización *f.* 机器人化;自动化

robotizar *tr.* 使机器人化;使自动化

robustez *f.* ①健壮,强健;粗壮;②〈统〉〈信〉强(检验)

robusticidad *f.* 粗壮性(人类学与动物学用语)

robusto,-ta *adj.* ①健壮的,强健的;粗壮的;②〈统〉〈信〉(检验等)强的

ROC *abr.* reconocimiento óptico de caracteres 〈信〉光(学字)符识别

roca *f.* ①〈地〉岩,岩石[块];②岩石山
~ ácida 酸性岩
~ amigdaloide 杏仁岩
~ arcillosa 泥质岩
~ arenisca 砂质岩
~ básica 基[碱]性岩
~ carbonática 碳酸盐岩
~ de profundidad 深成岩
~ efusiva[extrusiva] 喷发岩
~ encajante 主岩
~ eólica 风成岩
~ erúptica 火成岩,喷发岩
~ esquistosa 片(麻)岩,页岩
~ evaporítica 蒸发岩
~ exógena 外成[生]岩
~ filoniana 脉岩
~ híbrida 混杂[浆]岩
~ ígnea[magmática] 火成岩,喷发岩
~ madre 母岩
~ metamórfica 变质岩
~ monominerálica 单矿物岩
~ nativa （处于原位的）天然岩石,基岩
~ piroclástica 火成碎屑岩
~ plutónica 深成岩
~ sedimentaria 沉积岩
~ ultramáfica 超基性岩
~ verde 绿岩
~ viva ①〈地〉原生岩石;②坚石[岩]
~ volcánica 火山岩
~s secundarias 次[衍]生岩
cristal de ~ 水晶(石)

rocadero *m.* 〈纺〉绕线杆头

rocalla *f.* ①（模仿中国园林艺术的）假山;②贝壳装饰

rociada *f.* ①喷,洒;〈农〉喷洒;②露水;③〈印〉书边喷色(装帧)

rociadera *f.* 喷水壶

rociador *m.* ①喷雾;喷雾器;②洒水车[机];〈农〉喷洒器;喷水装置(如喷灌机)
~ automático 自动洒水机
~ de moscas 灭蝇喷射剂

rocinante *m.* 〈动〉驽[瘦]马

rocío *m.* ①〈气〉露,露水[珠];②喷洒

rock *m. ingl.* 〈乐〉摇滚乐

rocker *m.* ①摇滚乐演奏者;摇滚歌手;②摇滚乐[舞]迷

rockero,-ra *adj.* 〈乐〉摇滚乐的 ‖ *m. f.* ①摇滚歌手;②摇滚音乐家;③摇滚乐爱好者
música ~a 摇滚乐

rococó *m.* ①洛可可式(18 世纪初起源于法国、18 世纪后期盛行于欧洲的一种建筑装饰艺术);②洛可可式建筑

rocoso,-sa *adj.* 岩石的;多岩石的
playa ～a 多岩石海滩

rocote; rocoto *m. Amér. L.* 〈植〉甜椒

roda *f.* 〈船〉艏;艏材[柱]

rodaballo *m.* 〈动〉大菱鲆
～ menor 菱鲆

rodadizo,-za *adj.* ①易滚[转]动的;②〈机〉滚(压)的

rodado,-da *adj.* ①(车辆)运载的;②(石子等)成圆形的;③(马等)有斑点的;(有)花斑的 ‖ *m.* ①滚(落的矿)石;②*Cono S.* 车辆
canto ～ 卵石

rodador *m. Amér. L.* 〈动〉翻车鱼

rodadura *f.* ①滚动;转动;②滚珠(轴承);③履带;④车辙
anillo[arandela] de ～ 滚珠(轴承)座圈
banda de ～ 履带
garganta de ～ 滚珠轴承座圈

rodaje *m.* ①轮子;②(汽车等的)试车;(发动机等的)试运转;磨[跑,走]合;③〈电影〉拍摄;④*And.* 车辆[公路]税

rodamiento *m.* 〈机〉①支承[架,座];②轴承;③履带
～ a[de] bolas 滚珠轴承
～ de agujas 滚针轴承
～ de cilindros[rodillos] 滚柱轴承
～ de los rodillos cónicos (气门)推[挺]杆滚柱轴承
～s de antifricción 无摩擦轴承
～s sin rozamiento 无摩擦轴承
corona de ～ 滚珠轴承座圈
fricción de ～ 滚动摩擦

rodapié *m.* 〈建〉护壁板,踢脚板

rodenticida *f.* 灭[杀]鼠药

rodeo *m.* ①弯路;迂回路;②〈体〉(摩托车、自行车等的)竞技表演;③〈信〉变通办法;④*Amér. L.* 〈农〉圈赶,赶[聚]拢(牲畜);围捕套马骑术表演[比赛]

rodete *m.* ①轮(盘);鼓轮;水轮;②(锁内的)圆形凸挡
～ de acción 冲击式涡轮
～ intermedio 介轮

rodilla *f.* ①〈解〉膝关节;膝盖;②〈动〉(马等的)前膝

rodillo *m.* ①滚子;擀面杖;②〈农〉碾子;③〈机〉〈轧〉辊;辊子;④〈印〉墨辊;压板;⑤(打字机的)滚轮[筒];(卷棉纸、草皮时用的)滚[卷]轴;⑥〈纺〉轧液机
～ compresor 路碾,压路机
～ con patas de carnero 羊足碾

～ de allanar 压路机,路碾
～ de avance (打印机的)送纸轮
～ de contacto (镀锡前带钢的)电热辊
～ de empujador (气门)推杆滚柱,挺杆滚柱
～ de leva 凸轮随动件
～ de pintura 画轴
～ dentado 齿(形)轮
～ derecho/izquierdo 右/左压板
～ elevable 升降压板
～ tensor 张紧皮带轮;支承滚轴
～s machacadores 轧[破]碎(机)滚筒
～-guía 导辊
～-pistón a vapor 蒸汽压路机

rodio *m.* 〈化〉铑

rodocrosita *f.* 〈矿〉菱锰矿

rododafne *m.* 〈植〉夹竹桃

rododendro *m.* 〈植〉杜鹃花

rodofíceo,-cea *adj.* 〈植〉红藻纲的 ‖ *f.* ①红藻;②*pl.* 红藻纲

rodón *m. Amér. L.* 〈建〉线脚

rodonita *f.* 〈矿〉蔷薇辉石

rodoplasto *m.* 〈植〉红藻体

rodopsina *f.* 〈生化〉视紫红(质)

roedor,-ra *adj.* ①腐蚀(性)的;糜烂的;②〈动〉咬的,啃的;啮齿目的 ‖ *m.* ①腐蚀[糜烂]剂;②〈动〉啮齿目动物;③*pl.* 啮齿目

roentgen *m.* ①〈理〉伦琴(一种 X 射线或 γ 辐射的照射单位);②X[伦琴]射线

roentgenium *m. ingl.* 〈化〉轮

roentgenometría *f.* X 线量测定法,X 射线测定术

roentgenómetro *m.* 伦琴仪;X 线量计,X 射线计

roentgenoterapia *f.* 〈医〉X 射线疗法

rojez *f.* 〈医〉(皮肤上的)红斑[块]

rojo *m.* ①红,红色;②〈交〉红灯(交通信号);③见 ～ de labios
～ burdeos 暗红
～ cereza 鲜[樱桃]红
～ de anilina 〈化〉品红
～ de labios 口红
～ de metilo 甲基红
～ teja 红砖色
～, Verde, Azul [R-] 〈信〉红绿蓝(使用三个分别控制红、绿、蓝颜色光束输入信号的高清晰度监视器系统,*abr. ingl.* RGB)

rol *m.* ①〈戏〉角色;②〈海〉(船员等的)花名册;名[清]单;③作用
～ de nómina[pago] 工资单
～ social 社会作用

ROLAP *abr. ingl.* relational on line analysis processing 〈信〉关系型在线[联机]分

析处理

roldana *f.* 滑轮；滑车轮

~ de conducción 导向滑车

~ de polea 滑车轮

roldó *m.* 〈植〉漆树科

rollizo *m.* 原木，干[圆]材

rollo *m.* ①(一)卷(布料,纸张,细绳,细缆绳等)；(一)筒(纸张,粗绳,粗缆绳等)；(一)匝；②(电影胶片的)片盘；(书写文件等用的)卷轴；③原木,干[圆]材；④备用轮胎

~ de pelo *Venez.* 鬈发

~ de primavera (中国的)春卷

(un) ~ fotográfico 胶卷

rolo *m. Col.* ，*Venez.* 〈印〉胶辊

ROM *abr. ingl.* read-only memory 〈信〉只读存储器

~ en RAM 〈信〉影子随机存储器(提高个人计算机性能的一种方法)

~ programable 可编程只读存储器

romadizo *m.* 〈医〉①感冒；黏膜炎；②*Cari.* 风湿病

romana *f.* 杆[提]秤

~ de mostrador 台秤，案秤

romaneo *m.* 过秤[磅]

románico, -ca *adj.* ①〈建〉罗马式的；②(雕刻、绘画等)罗马风格的

romanística *f.* 〈法〉(古)罗马法研究

romanoscopio *m.* 〈医〉乙状结肠镜

romanza *f.* 〈乐〉浪漫曲

romaza *f.* 〈植〉(酸叶)酸模

rombal; rómbico, -ca *adj.* ①〈数〉菱形的；②菱形底[剖]面的；③(晶体)正交(晶)的；斜方晶体的

antena ~a 菱形天线

cristal ~ 斜方晶(体)

rombencéfalo *m.* 〈解〉菱脑

rombo *m.* ①〈数〉菱形；菱形六面体；②斜方形；斜方六面体

rombo-pórfido *m.* 〈地〉菱长斑岩

romboedral *adj.* ①〈数〉菱形六面体的；②(晶体)菱面体的,菱面型的

romboédrico, -ca *adj.* 〈数〉菱形六面体的

romboedro *m.* ①〈数〉菱形六面体；②(晶体的)菱面体

romboidal; romboideo, -dea *adj.* ①(似)菱形的；(似)长菱形的；②〈数〉平行四边形的

figura ~ 长菱形图案

romboide *m.* 〈数〉①长菱形,长斜方形；②平行四边形

romeíta *f.* 〈矿〉锑钙石

romeral *m.* 〈植〉迷迭香丛地

romero *m.* ①〈植〉迷迭香；②〈动〉(欧洲产的)牙鳕

rompecamisa *m.* ①*Amér. L.* 〈解〉软骨；②(牛后颈的)腱

rompedora-cargadora *f.* 〈机〉动力装卸设备

rompehielos *m. inv.* 〈船〉破冰船

rompehormigón *m.* 〈机〉混凝土破碎机

rompeolas *m. inv.* 〈工程〉(港口的)防波堤,防浪墙,折流坝

rompepiedras *m. inv.* 〈矿〉碎石机

rompepiernas *m. inv.* (自行车运动中的)起伏不平(路段)

rompevirutas *m. inv.* 〈机〉破屑机

rompiente *m.* 〈地〉浅滩；沙洲；岩礁

ronca *f.* 〈动〉①(发情期的)鹿鸣；②(鹿的)发情期

roncería *f.* 〈海〉(船舶)缓慢行驶

ronda *f.* ①巡查[逻]；巡逻路线；②巡逻队；③值班人(员)；看守人(员)；值夜人(员)；④〈军〉放哨巡逻；⑤〈乐〉小夜曲演唱队；⑥(谈判,选举,招标等中的)(一)轮；(纸牌游戏的)一局[盘,圈]；⑦〈体〉(比赛等的)回合；(高尔夫赛等的)(一)场；⑧环形公路

~ de circunvalación 环形公路

~ de Uruguay (WTO 谈判中的)乌拉圭回合

~ nocturna 巡[值]夜人

rondador, -ra *adj.* 巡查[逻]的 ‖ *m. Ecuad.* 〈乐〉排笛[萧]

rondalla *f.* 〈乐〉街头乐队

rondana *f. Amér. L.* 〈机〉①滑车轮；②垫圈

rondín *m. And.* 〈乐〉口琴

rondino *m.* 〈乐〉小回旋曲

rondó (*pl.* rondós) *m.* 〈乐〉回旋曲

röntgen *m.* ①〈理〉伦琴(一种 X 射线或 γ 辐射的照射单位)；②X[伦琴]射线

röntgenografía *f.* 〈医〉X[伦琴]射线照相术

röntgenograma *m.* 〈医〉X[伦琴]射线照片

röntgenología *f.* 〈医〉X[伦琴]射线学

röntgenómetro *m.* 伦琴仪；X 线量计，X 射线计

röntgenoterapia *f.* 〈医〉X 射线疗法

ropa *f.* ①衣服；服装；②(某一行业或职业的)专门服装；制服；③布；(室内装饰用的)布料制品

~ blanca ①衬[内]衣；白色衬[内]衣裤；②(待机洗的)白[浅]色衣服

~ de cama 床单和枕套

~ de color 色布

~ de deporte 运动服装

~ de levantar 宽松罩衣

~ de mesa 餐桌布(指台布、餐巾、盆盘布垫等之类)

~ de trabajo 工作服

~ hecha 成衣

~ interior(~ íntima *Amér. L.*) 衬[内]衣

~ para lavar(~ sucia) 待洗衣服

~ talar 齐脚后跟的长服

~ usada 旧衣服

ropería *f.* ①成衣[服装]店；②服装业

roqueño,-ña *adj.* 岩石的

roquero,-ra *adj.* ①〈乐〉摇滚乐的；②岩石的‖*m. f.* ①摇滚歌手；②摇滚音乐家；③摇滚乐爱好者

rorcual *m.* 〈动〉鳁鲸，长须鲸

ro-ro *m.* (汽车)渡轮

rosa *f.* ①〈植〉玫瑰花；蔷薇花；②*Amér. L.*〈植〉玫瑰；③胎记；红痣；④〈建〉圆花窗；⑤见 ~ de los vientos‖*m.* 玫瑰红[色]‖*adj. inv.* ①玫瑰红[色]的；②桃色的

~ de agua 美洲睡莲

~ de amor 白睡莲

~ de China 朱槿，月季花

~ de los vientos(~ náutica)〈海〉罗经卡，罗经刻度盘；(海图上的)罗经花

~ del azafrán 藏红花

~ francesa *Cub.* 欧洲夹竹桃

color ~ 玫瑰红色

novela ~ (尤指以喜剧结尾的)爱情小说

revista ~ 爱情小说杂志

Zona ~ [R-](尤指墨西哥城的高级)"红灯区"

rosáceo,-cea *adj.* ①玫瑰红[色]的；②〈植〉蔷薇科的‖*f.* ①蔷薇科植物；②*pl.* 蔷薇科

rosal *m.* ①〈植〉蔷薇；②蔷薇丛，玫瑰丛；③*Cari.,Cono S.* 玫瑰花坛；玫瑰园

~ de China(~ japonés) 山茶

~ silvestre 野蔷薇

~ trepador 蔓生蔷薇

rosaleda *f.* 蔷薇花坛；玫瑰园

rosanilina *f.* 〈化〉玫[蔷薇]苯胺，品红碱

rosario *m.* ①〈建〉串珠饰；②〈农〉(水车的)汲水链斗

rosbif *m. inv.* 烤牛肉

rosca *f.* ①(烟气等的)圆圈；螺旋；螺旋状物；②(螺栓的)螺纹；螺丝；③〈解〉肿块；赘肉

balancín de ~ 螺旋压(榨)机

gusanillo de ~ 螺旋线圈

tornillo de ~ 螺丝钉

roscado,-da *adj.* 螺纹[旋]状的；螺形的‖*m.* 螺纹；螺形

~ por troquelación por rulos 滚螺纹

junta ~a 螺纹接合，螺(丝套)管接头

manguito ~ 螺旋套管[筒]

prensa ~a 螺旋压(榨)机

taladro ~ (木工用)麻花钻，螺旋钻

tapón ~ 螺旋塞；螺旋盖

roscador *m.* 〈机〉攻丝机

roscar *tr.* ①攻丝，绞螺丝，旋制螺纹；②拧紧(螺母)

cabezal de ~ 模[板牙]头，冲垫

macho de ~ 丝锥，(螺)丝攻

roscoelita *f.* 〈矿〉钒云母

ROSE *abr. ingl.* remote operations service element〈信〉远程操作服务单元

roseta *f.* ①〈体〉(球迷佩带的支持球队的)玫瑰花结；②莲蓬式喷嘴；③*And.,Cono S.* 靴刺轮

rosetón *m.* ①(电工用的)挂线盒；②〈建〉圆花窗；圆花饰；③〈体〉(球迷佩带的支持球队的)玫瑰花结；④(公路的)苜蓿叶式立体交叉

rosqueado,-da *adj.* 螺旋形的

rosqueador,-ra *adj.* 使成螺旋形的

rostro *m.* ①〈动〉喙，吻突；②喙状头部；〈海〉喙形船首

rosulado,-da *adj.* 〈植〉莲座状的

rosularia *f.* 〈植〉莲座蔟

rota *f.* 〈植〉白藤

rotación *f.* ①旋转；转动；②〈天〉自转；③循环；轮换[流]；④〈农〉轮作；轮种；⑤〈理〉(矢量的)旋度；旋光；⑥〈数〉旋转；⑦〈商贸〉周转

~ azimutal〈天〉方位角旋转

~ centrífuga 离心旋转[转动]

~ centrípeta 向心旋转[转动]

~ contraria a las agujas del reloj 逆时针转动[旋转]

~ de capital circulante 流动资金周转

~ de cultivos〈农〉轮作；轮种

~ de existencias[inventarios] 存货周转

~ de la Tierra 地球的自转

~ de personal 人员轮换[流动]

~ magneto-óptica 磁致旋光

~ molar 摩尔旋度

~ según las agujas del reloj 顺时针转动[旋转]

~ según una hélice 螺旋

~ trabada 受碍转动

rotacional *adj.* 旋转的；转动的

rotámetro *m.* 旋转式流量计，转子流量计

rotariano,-na; rotario,-ria *adj. Amér. L.* (国际)扶轮社(the Rotary Club,以服务社会为目标的商人及专业人士的国际性团体)的‖*m. f.* (国际)扶轮社成员

rotativa *f.* 〈印〉轮转印刷机

rotativo,-va *adj.* ①旋转的，转动的；②循环

的;轮换[流]的;③（用于）旋转式机器的;
④〈理〉旋光的 ‖ m. ①〈印〉轮转印刷机;②
（轮转印刷机印刷的）报纸;③〈理〉旋光;④
Cono S.〈电影〉连续放映

brazo ~ 旋转臂

campo ~ 旋转场

dispersión ~a〈理〉旋光色散

fondo ~ 循环[周转]基金

inercia ~a 转动惯量

momento ~ 回旋力矩

poder ~ 旋光本领

puestos ~s 轮流担任的职务

rotatorio,-ria adj. ①（绕轴）旋转的,转动
的;②循环的;轮换[流]的;③〈理〉旋光的

roten m.〈植〉白藤

rotenona f.〈化〉鱼藤酮

rotífero,-ra adj.〈动〉轮虫的;轮虫纲的 ‖
m. ①轮虫纲动物;② pl. 轮虫纲

rotiforme adj.〈植〉轮状的;辐状的

rotoaspirador m.〈机〉滚筒式吸风机

rotogalvanostegia f.〈技〉滚镀;筒镀

rotograbado m.〈印〉①轮转凹版印刷（术）;
②轮转凹版印刷品[图片]

rotohorno m.〈工〉转炉;转窑

rotómetro m. 旋转流量计

rotón m.〈理〉旋子（一种粒子）

rotonda f. ①〈建〉圆形建筑;②（车辆）绕道;
绕行路线;〈交〉环形交通枢纽;③（铁路的）
圆形机车库

rotor m. ①〈机〉转子;②（离心机等的）旋转
器;③旋筒;④〈航空〉（直升机等的水平）旋
翼

~ bobinado 线绕转子

~ en cortocircuito 短路的转子

~ en[de] jaula de ardilla 鼠笼式转子

rottweiler m.〈动〉（德国种）罗特韦尔狗

rótula f. ①〈解〉髌,膝盖骨;②〈机〉球窝连
接;球窝接头;球窝(关)节

~ esférica 球窝

apoyo de ~ 关节[自卫]轴承

eje de ~ 关节销,(万向)接头插销

rotulado m. ①贴标签;②画招贴;③贴广告

rotulador m.（书写标签等用的）粗头笔

rotuladora f.〈机〉贴标签机

rotular adj.〈解〉膝盖骨的

rotulista m.f. 画[制作]招贴的人;画[制作]
告示[广告]牌者

rótulo m. ①标签,签条;商标;②标[招,标
语,指示]牌;广告,招贴(画);③（地图等上
的）字

~ de luz(~ luminoso) 霓虹灯招[广告]
牌

~ de precio 价格标签

~ de salida（电视片等的）片尾字幕

~ engomado 有背胶标签

rotunda f.〈建〉①圆形建筑(物);②圆形[中
央]大厅

rotura f. ①打碎,破坏;②破碎[损];断[破]
裂;③中断[止];④破裂处,裂缝

~ de contrato 中止[撕毁]合同

~ de empaquetadura 包装破裂

~ de stocks 存货断档

~ en vuelo de una cosmonave 航天飞船
失事

~ por fatiga 疲劳破坏[断裂]

carga de ~ 断裂负载

carga límite de ~（抗拉）强度极限

coeficiente de ~ 折断系数,断裂模数

roturación f.〈农〉①开垦,犁地;②犁过的地

roturador m. ①〈机〉破[切]碎机;②〈农〉（双
臂）开沟犁;开垦犁

roulotte f.fr.（用汽车拖行的）活动房屋;拖
车式活动工作室

round m.ingl.〈体〉（拳击运动中的）回合

router m.ingl.〈信〉路由器

rover m.ingl.〈航天〉月球车;天体勘探车

roya f. ①〈铁〉锈;②〈植〉锈[枯萎]病;黑穗
病菌

royalty m.ingl. ①（石油、矿山等的）开采权
使用费;矿区租用费;②（著作的）版税;（专
利权的）使用费

roza f. ①〈建〉（为安装管道等在墙壁上开
的）沟,暗槽;②And.（在新开垦地上的）播
种;Cono S. 野[杂]草;Amér.C. 除去
杂草的土地

rozable adj.〈农〉可耕耘的

rozador m. ①弧刷,(接触)电刷;②Cari. 砍
刀 ‖ ~a f.〈机〉切[削,割,断,碎]机

~ade carbón 采[割,掘]煤机

rozamiento m. ①摩擦;②摩擦力;③不和

~ de derrape[deslizamiento] 滑动摩擦

~ de rodadura 滚动摩擦

~ superficial 表面摩擦力

coeficiente de ~ 摩擦系数

pérdida por ~ 摩擦损耗

resistencia de ~ 摩擦阻力

sin ~ 无摩擦的,光滑的

RP abr.ingl. reference price 参考价格

R. P. abr. registro de patente 专利注册

RPC abr. ①red pública conmutada〈信〉公
用交换网络;② ingl. remote procedure
call〈信〉远程过程调用(定义客户机-服务
器系统的一种方法)

RPG abr.ingl. report program generator
〈信〉报表程序的生成程序

r. p. m. abr. revoluciones por minuto 每分

钟转数;转/分

rps; **r. p. s.** *abr.* revoluciones por segundo 每秒钟转数;转/秒

RPT *abr.* Repita 请重发(电传用语)

RPTD *abr.* red pública de transmisión de datos〈信〉公用数据传输网

rRNA *abr. ingl.* ribosomal RNA〈生化〉核糖体 RNA,核蛋白体 RNA

RRPP *abr.* relaciones públicas 公共关系

RS/R *abr.* relación señal-ruido (电子线路等中的)信-噪比

RSA *abr. ingl.* rivest-shamir-adleman〈信〉RSA 算法(一种公共密钥加密算法); RSA 密码

RSS *abr. ingl.* really simple syndication〈信〉聚合新闻服务

RSV *abr. ingl.* roussarcoma virus〈生〉鲁斯氏肉瘤病毒

RSVP; **R. S. V. P.**; **r. s. v. p.** *abr. fr.* répondez s'il vous plaît 请复函(正式请柬用语)

RTF *abr. ingl.* rich-text format〈信〉丰富文本格式,丰富纯文字格式

RTFM *abr. ingl.* read the fucking manual〈信〉读使用手册

RTL *abr. ingl.* resistor transistor logic〈电子〉电阻晶体管逻辑(电路)

RTPC *abr.* red telefónica pública conmutada〈信〉〈讯〉公共交换电话网

RTR *abr.* reloj de tiempo real〈信〉实时钟

RTVE *abr.* Radiotelevisión Española 西班牙广播电视网

Ru〈化〉元素钌(rutenio)的符号

rubato *m.*〈乐〉①自由速度;②自由速度乐段[句]

rubefacción *f.*〈医〉皮肤发红(状态)

rubefaciente *adj.*〈医〉(使皮肤)发红的 ‖ *m.*〈药〉发红药

rubelita *f.*〈矿〉红电气石

rubeola; **rubéola** *f.*〈医〉①风疹;②麻疹

ruberoid *f.*〈建〉油毛毡

rubí(*pl.* rubíes,rubís) *m.* 红宝石

rubia *f.* ①〈植〉茜草;②客货两用轿车

rubiáceo,-cea *adj.*〈植〉茜草科的 ‖ *f.* ①茜草科植物;②*pl.* 茜草科

rubial *m.* ①茜草地;②*pl.*〈植〉茜草目

rubidio *m.*〈化〉铷

rubiola *f. Amér.*〈医〉风疹

rubisco *m.*〈生化〉加氧酶,活化酶

rubro *m. Amér. L.* ①(书籍、文章等的)标题;②〈商贸〉(尤指账目中的)项目;③招[广告]牌
　～ social 公司名称

ruca *f.*〈植〉芝麻菜

ruda *f.*〈植〉芸香

rudimental; **rudimentario,-ria** *adj.*〈解〉①(器官)未成熟的;发育不全的;②已退化的;残遗的

rudimento *m.* ①〈解〉未成熟器官;退化器官;残遗器官;②〈生〉胚芽

rueda *f.* ①〈机〉轮;车轮;轮胎;②(家具底部的)滚[脚]轮,轮盘;③(某些活动的)一次[场,轮];④〈体〉一轮;一回(合);一局;⑤(具有共同利益或兴趣等的人形成的)圈子;界;⑥〈动〉太阳鱼;翻车鲀[鱼];⑦(孔雀的)尾羽;⑧旋转运动;⑨〈体〉(体操运动中的)侧身手翻动作
　～ acanalada de trócola 滑车链轮
　～ catalina 擒纵[司行]轮,摆轮
　～ con copero 碟[盘]形轮
　～ conductora 导[主动,驱动]轮
　～ cónica 锥[伞]齿轮
　～ correctora 校正轮
　～ de acción[accionamiento] 导[主动,驱动]轮
　～ de agua(～ hidráulica) 水轮;水车
　～ de álabes 桨[叶,涡]轮
　～ de alfarero 陶[拉坯]轮
　～ de ángulo 伞[斜]齿轮,斜摩擦轮
　～ de aterrizaje 起落架,着陆滚轮
　～ de atrás 后轮
　～ de cadena 链轮
　～ de cheurones 人字形齿轮
　～ de cola 尾轮
　～ de corindón 刚玉[金刚]砂轮
　～ de corona 横[端面]齿轮
　～ de costado 端面齿轮
　～ de disco 碟形砂轮
　～ de engranaje desplazable 滑动[移]齿轮
　～ de escape 擒纵[司行]轮
　～ de esmeril 磨轮,抛[擦]光轮
　～ de fricción 摩擦轮
　～ de garganta (有)槽轮,三角皮带轮
　～ de identificación[reconocimiento]〈法〉排队辨认嫌疑犯(程序)
　～ de la fortuna ①(描述人生沉浮的)命运转盘;②轮盘赌(游戏)
　～ de levas 链轮,擒纵轮
　～ de linterna (钟表)销轮,小齿轮
　～ de molino (磨房的)水车轮
　～ de palas 桨[叶]轮
　～ de paletas〈船〉桨轮
　～ de prensa(～ informativa) 记者招待会
　～ de presos 案犯指认会
　～ de rayos 星轮,棘[链]轮

~ de rayos de madera 木制辐轮
~ de recambio[repuesto] 备用轮胎
~ de rotor（直升机）转盘,旋翼叶盘
~ de rozamiento 摩擦轮
~ de sierra de cinta 带（锯）轮
~ de sinfín[serpentina] 蜗轮
~ de socorro 备用轮胎
~ de trinquete 爪[棘]轮
~ de trócola 滑（车）轮
~ de turbina 涡轮
~ del timón 舵[操纵,导向]轮
~ delantera 前轮
~ dentada 齿轮,正齿轮
~ dentada interior 内齿轮
~ directriz 导向轮
~ epicicloidal 周转（圆）齿轮
~ excéntrica 偏心轮
~ fónica 音轮
~ frontal 横[端面]齿轮
~ (hidráulica) Pelton 水斗[冲击]式水轮
（机）
~ impresora〈信〉打印[印字]轮
~ libre ①滑动轮;②（自行车的）飞轮;（汽车的）空转[自由]轮
~ llena 盘轮
~ loca 惰[空转]轮
~ maciza 盘轮,碟形砂轮
~ matinal （交易所）早盘,早市,(午)前市
~ motriz 主[驱]动轮
~ para el cambio de marcha 回动[反向]齿轮
~ portante 从[后]轮
~ satélite 卫星式齿轮
~ tipo hélice 螺旋桨式齿轮
~s acopladas （汽车）双轮
~s escamoteables 伸缩轮
~s portadoras 从[后]轮
con cuatro ~s 四轮的
máquina de fresar ~s 切齿机
marcha en ~ libre 空程[转],自有轮转动;惯性滑行
patinaje de la ~ 打滑,滑转
pestaña de ~ 轮缘
radio de ~ 轮辐
sobre ~s 有[装]轮的,轮式的
ruedero,-ra *m.f.* 车轮修造工
rugbista *m.f.* 〈体〉橄榄球运动员
rugby *m. ingl.* 〈体〉橄榄球（运动）
partido de ~ 橄榄球赛
rugina *f. Col.* 〈医〉骨膜刀
ruibarbo *m.* ①〈植〉大黄;②（药用）大黄根
ruido *m.* ①声音;响声;②〈环〉〈讯〉〈信〉噪声

[音],杂音;干扰(声);噪扰
~ aleatorio 随机噪声
~ ambiental 环境噪声
~ blanco〈理〉白噪声[音]
~ de fondo ①〈环〉背景噪声（环境中长期存在的噪声的总体水平）;②〈电子〉干扰噪声
~ en línea 线路噪声
~ térmico〈电子〉热噪声
~s de ocupado （电话）占号音
ruidosidad *f.* 噪声(量,特性)
ruina *f.* ①（建筑物的）倒坍,塌下;②崩溃,毁灭;垮台;破产;③〈法〉徒刑;④*pl.* 废墟;遗迹
~ financiera 金融崩溃
ruinoso,-sa *adj.* ①毁灭性的;破坏性的;②导致破产的
competencia ~a 破坏性竞争
ruiponce *m.* 〈植〉匍匐风铃草
ruipóntico *m.* 〈植〉食用大黄
ruiseñor *m.* 〈鸟〉夜莺
rulemán *m. Cono S.* 〈机〉滚珠轴承
rulenco,-ca; rulengo,-ga *adj. Cono S.* ①未充分发展的;②发育不全的
ruleta *f.* ①〈数〉一般旋轮线;②轮盘赌;③*Arg.* 卷[皮]尺
~ rusa 俄式轮盘赌
rumba *f.* ①伦巴舞（一种古巴黑人民间舞蹈或由此舞蹈发展的交际舞）;②〈乐〉伦巴舞曲
rumbero,-ra *adj.* ①*And., Cono S.* 探路的;②（内河航行中）导[领]航的;③*Amér. L.* 爱[善]跳伦巴舞的 ‖ *m.* ①*Amér. L.* 爱[善]跳伦巴舞的人;②*And.* 探路者;向导;③（内河航行中的）导[领]航者
rumbo *m.* ①〈海〉〈航空〉航向;方向;②〈航空〉航线;（机头的）方位[向]角;③路线;〈地〉〈矿脉等的）走向;④〈测〉象限角;⑤*And.*〈鸟〉蜂鸟;⑥*Méx.*〈动〉公[雄]鸡
~ al este 朝东方向,东行航程
~ de atrás 后象限角
~ de frente 前象限角
~ del ferrocarril 火车[铁路]路线
~ del filón 矿脉走向
~ magnético 磁方向[象限]角
~ verdadero 真航向
rumen *m.* 〈动〉瘤胃(反刍动物的第一胃)
rumia; ruminación *f.* 〈动〉反刍,倒嚼
ruminante *adj.* 〈动〉反刍类的,倒嚼的 ‖ *m.* ①反刍动物;②*pl.* 反刍类
rumorosidad *f.* 〈环〉噪声级
rumplata *f.* 〈植〉灌[乔]木
rundón *m. Cono S.* 〈鸟〉蜂鸟

rupestre *adj.* ①岩石的；石生的；②（画[刻]在）洞壁上的，石壁上的
pintura ~ 洞穴壁画，石壁画
planta ~ 石生植物，岩石植物

rupestrino,-na *adj.* 〈生〉生长在岩石上的，石生的

rupia *f.* 〈医〉蛎壳疮[疹]

rupicabra *f.* 〈动〉岩羚羊

rupícola *adj.* 〈生〉生长在岩石上的，石生的 ‖ *f.* 〈鸟〉岩鸟

rupoideo,-dea *adj.* 〈医〉蛎壳疮样的

ruptor *m.* ①〈电〉接触断路器；刀形开关；②〈机〉断续器

ruptura *f.* ①〈绳索等的〉断[破]裂；折断；②（关系的）决裂，断绝；（谈判等的）中断[止]；③〈医〉（组织的）破裂；④分离[裂]；解散；⑤〈体〉（网球比赛中的）破对方发球
~ de circuito 〈电〉断路
~ de servicio （网球比赛中的）破发局
~ de transporte 运输中断
~ heterolítica 〈化〉异裂
~ homolítica 〈化〉均裂
~ matrimonial 婚姻破裂；夫妻离异

rustina *f.* 炉石

ruta *f.* ①路；道路（尤指公路）；*Cono S.* 公路；②（旅行等的）路线；航线；③途径；④〈信〉路径
~ acuática 水路
~ aérea 航空路线，航路
~ crítica 关键路线；重要途径
~ de acceso 进路；干道支路
~ de la Seda [R-] （中国古代的）丝绸之路
~ en prototipo 〈信〉原型路径
~ marítima 海上航线，海路
~ metabólica 〈生化〉代谢途径
~ principal （公路、铁路、航线等的）干[主]线
hoja de ~ ①运货单；②乘客单

rutáceo,-cea *adj.* 〈植〉芸香科的 ‖ *f.* ①芸香科植物（如甜橙树等）；②*pl.* 芸香科

ruténico,-ca *adj.* 〈化〉（正）钉的；四价钉的

rutenio *m.* 〈化〉钉

rutherfordio *m.* 〈化〉铲

rutilo；rútilo *m.* 〈矿〉金红石

rutina *f.* ①常规，惯例；②例行公事，例行（工作，手续）；③〈信〉例行程序，例程（计算机程序中完成特定功能的一个部分）；程序；④〈药〉路[芦]丁，芸香苷
~ almacenada 存储程序
~ de asignación 地址分配程序
~ de biblioteca 库存程序
~ de carga 输入（例行）程序
~ de comprobación 检验程序
~ de comprobación de secuencia 序列检验程序
~ de control 控制程序
~ de conversión 编辑程序[例程]
~ de corrección 插入（码）程序
~ de depuración （计算机）调试程序
~ de diagnóstico(~ diagnóstica) 诊断程序
~ de entrada/salida 输入/出（例行）程序
~ de errores 查错程序
~ de servicio 服务程序
~ diaria 日常工作；例行公事
~ ejecutiva 执行程序
~ intérprete 解释（例行）程序
~ principal 主程序
~ traductora 翻译程序

rutinosa *f.* 〈化〉芸香糖

RVA *abr.* ①revendedor con valor añadido 增值转售商；②Rojo, Verde, Azul 〈信〉红绿蓝（使用三个分别控制红、绿、蓝颜色光束输入信号的高清晰度监视器系统，*ingl.* RGB)

RVP *abr.* red virtual privada 〈信〉虚拟专用网

S s

S ①〈化〉元素硫(azufre)的符号；②沉降系数 (coeficiente de sedimentación)的符号；③(时间单位)秒(segundo)的符号

S *abr*. ①Sur 南；②septiembre 九月；③sobresaliente〈教〉(作业批语)很好，优秀；④película S〈电影〉色情电影；⑤svedberg 见 svedberg

s. *abr*. siglo 世纪

S. ª Sierra 山脉

s. a. *abr*. sin año〈印〉无年份

S/MIME *abr. ingl.* secure/multipurpose internet mail extensions〈信〉安全-多用途互联网邮件扩展系统

S-HTTP *abr. ingl.* Secure Hypertext Transfer Protocol〈信〉安全超文本传输协议

SAA *abr. ingl.* system application architecture〈信〉系统应用体系结构

sabaco *m.Cub.*〈动〉(小嘴)鳞鱼

sabacú *m.Arg.*〈鸟〉鹭

sabaleta *f.Col.*〈动〉河鲱

sábalo *m.*〈动〉①西鲱，美洲西鲱；②大西洋鲦

sabana *f.* ①热[亚热]带稀树草原；②*Amér. L.* 大草[平]原

sabandija *f.*〈昆〉半翅目昆虫；爬虫；虫子

sabanera *f.Venez.*〈动〉(草原上吃小虫的)蛇

sabanero,-ra *adj.Amér. L.* ①热[亚热]带稀树草原的；②居住在草原上的

sabañón *m.* ①〈医〉冻疮；② *Cub.*〈植〉(黄钟花属)野生灌木

sabela *f.*〈昆〉帚毛虫

sabhka *f.*〈农〉(干旱地里的)低洼盐滩地

sabiá *m.Arg.*〈鸟〉歌鸫

sabicú *m.* 萨比库木(一种产于西印度群岛、用于制造家具的贵重木材)

sábila *f.Amér. L.*〈植〉芦荟

sabina *f.*〈植〉桧(树)，圆柏

sabineno *m.*〈化〉桧烯

sabinilla *f.Chil.*〈植〉刚毛薇

sabinol *m.*〈化〉桧(烯)醇

sabinto *m.Per.*〈植〉番石榴

sable *m.* ①军[马]刀；② *Esp.* 河[海]边沙地；③*Cub.*, *P.Rico*〈动〉银色鱼(如带鱼

等)

sablón *m.* ①粗砂；②〈矿〉粗矿石，尾矿

saboga *f.*〈动〉一种鲥鱼

sabogal *adj.* 捕鲥鱼的‖ *m.* 鲥鱼网

saborea *f.* ①香薄荷；②*Arg.*〈植〉黄花香薄荷

sabot *m.*〈乐〉竖琴的铜栓

sabucal；sabugal *m.* 西洋接骨木林

sabuco；sabugo *m.*〈植〉西洋接骨木

sabueso *m.*〈动〉①寻血犬；②猎[警]犬

sabulícola *f.* ①〈动〉生活在沙地的环节动物；②〈环〉生活在沙地的生物

sábulo *m.* 粗沙

sabulón *m.*〈矿〉粗矿石，尾矿

sabuloso,-sa *adj.* 含[多]沙的；沙样[质]的

saburra *f.*〈医〉①舌苔；口垢；②胃壁黏液

saburral *adj.*〈医〉长舌苔的；口垢的

saburroso,-sa *adj.* ①〈医〉长舌苔的；②有胃壁黏液的

saca *f.* ①大袋子；②取[拿]出，提取；〈商贸〉提货；③〈商贸〉输出，出口；④〈矿〉矿脉的富有部分；⑤*Amér. L.* 牛群；⑥*Esp.* 收获季节

~ carcelaria 越狱

~ de correo(s) 邮袋

sacabala *f.*〈医〉取弹钳[镊]

sacabalas *m.inv.* ①〈枪炮膛的)取弹器；②(取船体缝隙填塞物的)夹钳

sacabarros *m.inv.*〈矿〉勺形铲

sacabera *f.Esp.*〈动〉蝾螈

sacabocados *m.inv.*〈机〉打眼[孔]器，穿[冲]孔器[机]

sacabuche *m.* ①〈乐〉萨克布号(中世纪文艺复兴时期的一种长号)；②*Hond.*, *Méx.* 萨卡布切(一种用葫芦壳制成的乐器)；③〈海〉吸筒

sacadera *f.* 抄网(渔业用语)

sacafilásticas *m.inv.* (大炮)火门塞起拔器

sacalanzadera *f.*〈纺〉清棉机，松棉[毛]机

sacalíneas *m.inv.*〈印〉(插在字行间的)铅条

sacamanchas *m.* 去污剂

sacamuelas *m.f.inv.*〈医〉牙医，专门拔牙者

sacapliegos *m.inv.*〈印〉推出印张装置

sacarasa *f.*〈生化〉蔗糖酶

sacarato *m.* 〈化〉①蔗糖盐;②糖二盐酸

sacarefidrosis *f.* 〈医〉糖汗症,皮肤糖溢

sacárido *m.* 〈化〉①糖化物,糖类;②糖合物(糖与金属氧化物的化合物)

sacarífero,-ra *adj.* 〈植〉含糖的;产糖的

sacarificable *adj.* 〈化〉可糖化的

sacarificación *f.* 〈化〉糖化作用

sacarificar *tr.* 〈化〉使糖化

sacarígeno,-na *adj.* ①产糖的;②〈化〉可糖化的

sacarimetría *f.* 〈化〉测糖方法,糖量测定法

sacarímetro *m.* 〈化〉糖量计(尤指旋光糖量计);糖定量器

sacarina *f.* 〈化〉糖精

sacarino,-na *adj.* ①糖质的,含糖的;②甜味的

sacarinol *m.* 〈化〉糖精

sacarogénesis *f.* 〈化〉成糖

sacaroideo,-dea *adj.* 〈矿〉纹理像砂糖的
mármol ~ 砂糖纹大理石

sacarolítico,-ca *adj.* 糖分解的

sacarómetro *m.* 糖(定)量剂

sacaromices *m.* ①酵母;②〈植〉酵母属

sacaromicetáceos *m. pl.* 〈植〉酵母科

sacaromicetales *m. pl.* 〈生〉酵母(真菌)目

sacaromicético,-ca *adj.* 〈生〉酵母菌所致的

sacaromicetos *m. inv.* 〈生〉酵母菌

sacaromicosis *f.* 〈医〉酵母菌病

sacarorrea *f.* 〈医〉糖尿

sacarosa *f.* 〈化〉蔗糖

sacarruedas *m. inv.* 〈机〉卸[拆]轮器

sacatacos *m. inv.* 〈军〉(枪炮填塞物的)取塞器

sacatestigos *m. inv.* 取样器

sacatín *m.* And. 蒸馏器

sacci *m.* Méx. 〈植〉龙舌兰

sacciforme *adj.* 〈解〉〈生〉囊形[状]的

sácere *m.* 〈植〉槭树

sachadura *f.* 〈农〉除草

sacho *m.* 〈农〉除草锄

saco *m.* ①袋,包,囊;②（士兵的）行囊,背包;(练习拳击用的)吊袋;③女式手袋,坤包;④〈解〉〈生〉囊;⑤Amér. L. 夹克衫,外套;And. 针织套衫;⑥监牢[狱],班房;⑦〈军〉劫掠,洗劫
~ aéreo 〈昆〉〈鸟〉(鸟类和昆虫的)气囊
~ aminiótico 〈解〉羊膜囊
~ de lastre 砂袋
~ de papel kraft 牛皮纸袋
~ embrionario 〈植〉胚囊
~ pleural 〈解〉胸膜腔
~ polínico 〈植〉花粉囊

~ terreno 沙袋;(修工事用的)沙包
~ vitelino 〈动〉卵黄囊

sacral *adj.* 〈解〉骶骨的,骶骨部的
canal ~ 骶管
hueso ~ 骶骨
plexo ~ 骶丛

sacralgia *f.* 〈医〉骶骨痛

sacralización *f.* 〈解〉骶骨化,骶骨融合

sacre *m.* 〈鸟〉猎隼

sacrectomía *f.* 〈医〉骶骨切除术

sacro,-cra *adj.* 〈解〉骶骨的 ‖ *m.* 〈解〉骶骨
hueso ~ 骶骨

sacroanterior *adj.* 〈解〉〈医〉(胎位)骶前的 ‖ *m.* 骶前位
posición ~ 骶前位

sacrocóccix *m.* 〈解〉骶尾骨

sacrocóxalgia *f.* 〈解〉骶尾骨痛

sacrocoxitis *f. inv.* 〈医〉骶髋关节炎

sacroiliítis *f. inv.* 〈医〉骶髂关节炎

sacrolístesis *f.* 〈医〉骶前移位

sacroposterior *adj.* 〈解〉〈医〉(胎位)骶后的 ‖ *m.* 骶后位
posición ~ 骶后位

sacrotomía *f.* 〈医〉骶骨切开术

sacuara *f.* 〈植〉①And. 竹子;②Per. (节茎植物的)细茎

sacudida *f.* ①摇[抖]动;(剧烈)震动;②(爆炸)气浪,冲击波;③(身体、膝盖等的)上挺;④脉动;(物质)喷射;⑤触电
~ del mercado 市场震动,行情剧烈动荡
~ eléctrica (电流通过身体引起的)电震[击]
~ sísmica 地震
apisonadora de ~s 振动式打夯机
transportador de ~s 摇动输送机

sacudidor *m.* 〈机〉摇动[震荡,振荡,摇筛]器
~ para cedazos 摇筛机

sacudidora *f.* 〈机〉振动(试验,落砂)机

sacudidura *f.*; **sacudimiento** *m.* ①摇[抖]动;(剧烈)震动;②(爆炸)气浪,冲击波;③(身体、膝盖等的)上挺;④脉动;(物质)喷射

saculación *f.* 〈生〉〈医〉①(小)囊,袋;②结[成]囊

saculiforme *adj.* 〈生〉小囊状的

sáculo *m.* ①〈生〉小囊;②〈解〉(内耳迷路中的)球囊

saculococlear *adj.* 〈解〉球囊耳蜗的

SAD *abr. ingl.* decision support system 〈信〉决策支持系统

sádico,-ca *adj.* 〈心〉施虐狂的,性施虐狂的 ‖ *m. f.* 施虐狂者,性施虐狂者

sadismo *m.* 〈心〉①施虐狂,性施虐狂;②施虐快感,施虐欲;③极度残暴

sadista *m. f.* 〈心〉施虐狂者,性施虐狂者

sado,-da *adj.* 〈心〉施虐受虐狂者的

sadoca *m. f.* 〈心〉施虐受虐狂者

sadomasoquismo *m.* 〈心〉施虐受虐狂

sadomasoquista *adj.* 〈心〉施虐受虐狂者的 ‖ *m. f.* 施虐受虐狂者

saeta *f.* ①〈军〉箭,飞镖;②(钟表、指南针上的)指针;③〈乐〉(弗拉门戈民歌风格的)圣歌;④〈植〉星果泽泻;⑤[S-]〈天〉天箭座

saetí *m.* 〈纺〉锦缎

saetía *f.* ①〈海〉三桅船;②射击孔;③*Cub.* 〈植〉鼠尾粟

saetera *f.* 〈纺〉锦缎

saetilla *f.* 〈植〉茨菰,慈姑

safena *f.* 〈解〉隐静脉

safenectomía *f.* 〈医〉隐静脉切除术

safeno,-na *adj.* 〈解〉隐静脉的,隐的 vena ~a 隐静脉

safenografía *f.* 〈医〉隐静脉造影图

saflorita *f.* 〈矿〉斜方砷钴矿

saforina *f.* 〈化〉生物碱液

safranina *f.* 〈化〉①酚藏花红(一种紫红色染料);②碱性桃[藏]红(一种染料)

safrol *m.* 〈化〉黄樟脑,黄樟素

sagenita *f.* 〈矿〉网金红石

sagita *f.* ①〈建〉弓形高;②〈数〉矢

sagitado,-da *adj.* 〈植〉箭头的,矢状的

sagital *adj.* ①〈解〉矢状缝的;②箭头的,矢状的;③〈动〉(位于)矢形面的,(位于)纵分面的 plano ~ 〈动〉〈解〉矢形(平)面;纵分面 sección ~ 〈解〉矢状切面 sutura ~ 〈解〉矢形[状]缝,纵缝

sagitaria *f.* 〈植〉茨菰,慈姑

Sagitario *m.* 〈天〉人马(星)座

ságoma *f.* ①〈建〉i 尺,规,矩;②模板

sagú *m.* ①〈植〉西谷椰子;②西谷米,西米;③ *Amér. L.* 竹竿

sagua *f.* 〈植〉肥猪树

saguaipé *m.* ①〈动〉羊肚蛭,肝片状吸虫;②〈医〉肝片状吸虫病

sahína *f.* 〈植〉高粱

sai *m.* 〈动〉白喉卷尾猴

saica *f.* 〈海〉二桅船

saiga *f.* 〈动〉高鼻羚羊,赛加羚羊

sainete *m.* 〈戏〉独幕闹[喜]剧

sainetero,-ra; sainetista *m. f.* 〈戏〉独幕喜剧作家

Saiph *m.* 〈天〉参宿六

sajador *m.* 〈医〉柳叶刀

sajadura *f.* 〈医〉切[刀]口

sajín; sajino *m. Amér. C.* 〈医〉腋臭

sajina *f.* 〈植〉辣木

sakura *f. jap.* 〈植〉樱花

sal *f.* ①盐,食盐;②〈化〉盐(类) ~ ácida 〈化〉酸性盐 ~ amoníaca 氯化铵 ~ básica 〈化〉碱性盐 ~ biliar 〈生化〉胆盐(指存在于胆汁中的胆汁酸的钠盐) ~ común(~ de cocina) 〈化〉食盐,氯化钠 ~ de eno *Amér. C.* 〈药〉果子盐;治肝盐(用于治疗肝病或消化不良) ~ de fruta 〈药〉果子盐 ~ de Glauber 〈化〉芒硝,格劳贝尔盐;(无水)硫酸钠 ~ de la Higuera 泻(利)盐,七水合硫酸镁 ~ de mina[piedra, roca] 岩[石]盐 ~ de nitro 硝酸钾 ~ (de) Rochelle[Rochela]〈化〉罗谢尔盐,四水合酒石酸钾钠 ~ de Saturno 醋酸铅 ~ fuminante 盐[氢氯]酸 ~ gema 〈地〉岩盐,石盐 ~ gorda 粗制盐,氯化钠 ~ gris 晒制盐,海[粗粒]盐 ~ haloidea 卤素盐 ~ iodada 碘盐 ~ marina 海盐 ~ óxida 含氧盐 ~ paramagnética 顺磁盐 ~ volátil 挥发盐 ~es aromáticas (旧时的)嗅盐(一种芳香碳酸铵合剂,用作苏醒剂) ~es de baño 浴盐 ~es minerales 矿盐 mina de ~ 盐矿

sala *f.* ①(家中的)起居室;厅,堂;②(公共建筑物的)厅;室,礼堂;③〈电影〉〈戏〉〈乐〉厅,会堂;④〈法〉法庭;⑤病房;⑥〈船上的〉房,室;⑦(客厅、起居室的)家具 ~ de acumuladores[baterías] 蓄电池室 ~ de alumbramiento ①产房;②(图书馆的)外借部 ~ de aparatos[mando, maniobra] 机[仪器]房 ~ de autoridades 〈航空〉贵宾舱 ~ de banderas 警卫[卫兵]室,守候[卫]室 ~ de control 控制室 ~ de despacho 货运室 ~ de dibujo 绘图室 ~ de ensayos 试验室 ~ de gálibos (船厂的)放样台[间] ~ de juntas (董事会等的)会议室 ~ de justicia 法庭

~ de lo civil 民事法庭

~ de lo criminal[penal] 刑事法庭

~ de máquinas 〈海〉轮机房,机舱

~ de muestras（商品样品）陈列室

~ de operaciones 手术室

~ de profesores 教师办公室

~ de subastas 拍卖行

~ de urgencias 急诊室；（事故伤病）急诊室

~ del crimen 刑事法庭

~ X 成人影院,黄色影片电影院

deporte en ~ 室内运动

salacil *m.* 〈乐〉阿拉伯铜响板

saladar *m.* 〈地〉盐沼,盐碱滩

saladilla *f.* 〈植〉鄂滨藜

salado *m.Col.* 盐碱地；盐矿[田]

salamanca *f.* ① *Cono S.* 山[岩]洞；② *Arg.* 〈动〉扁头蝾螈；③ *Cub.* 〈动〉小蜥蜴

salamandra *f.* 〈动〉蝾螈

salamania *f.* 〈乐〉土耳其木笛

salamanquesa *f.* 〈动〉蜥蜴,蜥蜴亚目爬行动物

salamouri *m.* 〈乐〉一种高加索乐器

salangana *f.* 〈鸟〉金丝燕（其巢即为可食用的燕窝）

nido de ~ 燕窝

salar *m.* ① *Amér. L.* 盐沼；② *And.* , *Cono S.* （盐池干涸形成的）盐滩；浅盐湖

salario *m.* 工资；薪水

~ a destajo(~ por pieza) 计件工资

~ base[básico] 基本工资,底[基]薪

~ con plus de antigüedad 带工龄补贴工资

~ de hambre[miseria] 不够维持基本生活的工资,饥饿工资

~ disponible 实得[可支配]工资

~ en efectivo 货币工资

~ exento de impuestos 免税工资

~ gravable 应税工资

~ horario(~ por hora) 计时工资

~ inicial 初期[起始]工资

~ legal mínimo 法定最低工资

~ libre de impuesto 免税工资

~ mínimo interprofesional（行业间）保证最低工资

~ nominal 名义工资

~ real 实际工资

~ según capacidad 考绩工资

~ según la edad 工龄工资

~ social 社会福利工资

~ sujeto a contribución 按贡献计酬

~ vital 维持最低生活的工资

salbanda *f.* 〈矿〉断层泥

salbutamol *m.* 〈药〉舒喘宁,喘乐宁,啾必妥

salce *f.* 〈植〉柳树

salderita *f. Esp.* 〈动〉小蜥蜴

saldo *m.* ①（债务等的）清偿,支付；结清[算]；②余[差]额；③借方与贷方之差；④甩卖,减价抛售；⑤（减价抛售后的）剩货

~ a favor(~ positivo) 顺差

~ acreedor/deudor 贷/借方余额,贷/借差

~ activo 顺差,盈余

~ activo de la balanza de pagos 国际收支顺差

~ activo en el comercio exterior 国际贸易顺差

~ anterior 前期账目余额,结转余额

~ comercial 贸易差额,贸易收支余额

~ de caja 现金结余

~ en contra 借方差额,逆差

~ final 期末[最终]余额

~ haber 贷方差额

~ líquido 净差[余]额

~ marginal 边际余额

~ neto 净差[余]额

~ pagadero 结欠(金)额

~ pasivo[negativo]借方差额,逆差

~ pendiente de cobro 待收欠款[余额]

~ transpasado 结转余额

~ vencido 过期账款;过期余额

saledizo,-za *adj.* 〈建〉凸[突]出的；伸出的 ‖ *m.* ①突[伸]出；悬垂；②突出物；悬垂部分；突起部

salema *f.* 〈动〉金头海鱼；红鲈

salfumán *m.* 〈化〉盐[氢氯]酸

salgada *f.* 〈植〉①地中海滨藜；②水[海]藻

salguera *f.* 〈植〉柳树

salicáceo,-cea *adj.* 〈植〉杨柳科的 ‖ *f.* ①杨柳科植物；②*pl.* 杨柳科

salicales *m. pl.* 〈植〉杨柳目

salicaria *f.* 〈植〉千屈菜

salicilamida *f.* 〈化〉水杨酰胺

salicilanilida *f.* 〈化〉水杨酰苯胺

salicilato *m.* 〈化〉水杨酸盐[酯]

~ de sodio 水杨酸钠

~ metílico 水杨酸甲酯

salicílico,-ca *adj.* 〈化〉水杨酸的；水杨酰的

ácido ~ 水杨酸

amida ~ a 水杨酰胺

salicilismo *m.* 〈医〉水杨酸中毒

salicilo *m.* 〈化〉水杨基

salicilterapia *f.* 〈化〉水杨酸盐疗法

salicina *f.* 〈化〉水杨苷

salicional *m.* 〈乐〉瑟利申纳尔音栓（管风琴的 8 英尺音高的音栓）

salicornia *f.* 〈植〉海蓬子属植物
salicultura *f.* ①采盐；②制盐
salida *f.* ①出去；离开；②（建筑物、高速公路等的）出口；出口处；③（飞机、火车等的）出发；起航；④旅行，外出游玩；远足；⑤（竞赛、游行等的）起[开]始；⑥（日、月等的）升起；⑦〈戏〉开场（演出）；谢幕；⑧〈商贸〉销路；（产品）投放市场；问世；出版；⑨（账目中的）支出；（资金等的）外流；⑩*pl.*（职位的）空缺；工作机会；⑪通风孔，（气体，空气，蒸汽等的）排出[气]口；出[排]水口；⑫（建筑上的）突起物；悬垂（部分）；⑬〈军〉突击，突围，（飞机）出击，架次；⑭（纸牌游戏中的）先出牌（权）；⑮〈信〉输出；输出信息；输出设备；⑯〈信〉退出；⑰见 ~ de baño
~ continua de capital 资本持续外流
~ de aduana 结关
~ de agua 出水口，泄水结构
~ de aire 排气口，空气（导管）出口
~ de almacén 出仓，仓库发货，发料
~ de artistas（供演员等进出的）剧场后门
~ de auxilio 太平[安全]门，紧急出口
~ de baño *Cono S.* ①（家里穿的）睡袍；②（海滩、游泳池用的）浴衣
~ de computadora 计算机输出（信息）
~ de depósitos 存款外流
~ de divisas 外汇流出
~ de emergencia 安全门，太平门；紧急出口
~ de gas 出气口[道]
~ de incendios[seguridad]（消防用）安全出口，太平梯
~ de usuario 〈信〉用户出口
~ del campo（科研人员的）实地调查旅行
~ del sol 日出
~ en el orden de adquisición（仓储）先进先出
~ en falso(~ falsa)〈体〉（赛跑中的）抢[偷]跑，起跑犯规
~ en frío 冷启动
~ habitual 〈信〉标准输出
~ habitual de errores〈信〉标准错误输出
~ impresa〈信〉硬拷贝，复印文本
~ lanzada ①迅速起步[动]；②〈体〉快速起跑
~ neta 净现金外流
~ nula〈体〉（赛跑中的）抢[偷]跑，起跑犯规
~ parada〈体〉立定起跑
~s profesionales 工作机会
descodificador de ~ 输出记录机
extremo de ~ 卸料[输出]端

gas de ~ 出[排]气
visado de ~ 出境签证
saliente *adj.* ①〈建〉凸[突]出的，突起的；伸出的；②（太阳正在）升起的；③退休[职，役]的，离[卸]任的；④（母畜）发情的 ‖ *m.* ①〈建〉突出物；突出部分；②（公路的）硬路肩；③〈军〉突出部
~ de una rueda 轮缘
~ pequeño ①（树干上的）小节[瘤]；②小球形突出物
tongada ~〈建〉挑檐
salífero,-ra *adj.* ①（岩层等）含盐的；产盐的；②盐性的
salificación *f.*〈化〉成盐作用
salímetro *m.*〈化〉盐重计，盐度计
salina；salinera *f. And., Cari.* ①盐矿[田]；②浅盐湖，（盐池干涸形成的）盐滩；③*pl.* 制盐厂
salinidad *f.* ①〈化〉盐度，盐浓度；盐渍度；②盐[咸]性；含盐量
salinización *f.*〈环〉（土壤等的）盐化
salinizar *tr.*（使土壤等）盐化
salino,-na *adj.* ①盐的；②（水、土地等）含盐的；咸的
concentración ~a 含盐度
niebla ~a 盐雾
purgante ~ 盐类泻药
solución ~ 盐溶液
salinómetro *m.*〈化〉盐液密度计
salitrado,-da *adj.*〈矿〉含硝的
salitral *adj.*〈化〉含硝的 ‖ *m.*〈矿〉硝石矿；硝石矿床
salitre *m.* ①〈化〉硝石，钾硝，硝酸钾；②（墙上渗出的）盐屑；③*Chil.*〈矿〉智利硝石
salitrera *f.* ①〈矿〉硝石矿；硝石层；②硝石厂
salitrería *f.*〈矿〉硝石场
salitroso,-sa *adj.*〈矿〉含硝的
terreno ~ 硝土
saliva *f.* 唾液，涎
salivación *f.* ①流涎，唾液分泌；②〈医〉多涎；③汞中毒
salival *adj.* ①〈医〉涎的，唾液的；②产生唾液的；③〈解〉唾[涎]腺的
amilasa ~ 唾液淀粉酶
glándula ~ 唾[涎]腺
salivatorio,-ria *adj.*〈药〉〈医〉催涎的 ‖ *m.*〈药〉催涎药
salivoso,-sa *adj.*〈医〉唾液分泌过多的
salma *f.*〈海〉吨位
salmer *m.*〈建〉（斜块）拱座，拱基[脚]
salmina *f.*〈生化〉鲑精蛋白
salmón *m.*〈动〉鲑鱼，大马哈鱼，三文鱼

salmonela；salmonella *f.* 〈生〉沙门氏菌

salmonelosis *f.* 〈医〉沙门氏菌病

salmonete *m.* 〈动〉绯鲤,羊鱼

salmónido,-da *adj.* 〈动〉鲑亚目的,鲑科的 ‖ *m.* ①鲑科鱼;②*pl.* 鲑科

salmuera *f.* (近于饱和的)浓盐水

salobral *adj.* 含盐碱的(土地) ‖ *m.* 盐碱地

salobre *adj.* ①含盐的,咸的;②略有盐味的;盐渍的;③(动植物)生活在盐水中的
agua ～ 半[微]咸水

salobreño,-ña *adj.* 含盐碱的(土地)

salobridad *f.* 含盐性

salol *m.* 〈化〉〈医〉水杨酸苯酯,萨罗(原商标名)

saloma *f.* ①〈海〉水手的劳动号子;②劳动号子

saloquinina *f.* 〈化〉水杨酸奎宁(抗疟、镇痛药)

salpa *f.* 〈动〉樽海鞘(纽鳃樽科尾索动物)

salpicadera *f. Méx.* (车辆的)挡泥板

salpicadero *m.* ①(汽车等上)仪表板[盘];②(车辆的)挡泥板

salpinge *m.* 〈解〉①输卵管;②咽鼓管

salpingectomía *f.* 〈医〉输卵管切除术

salpingenfraxis *f.* 〈医〉咽鼓管阻塞

salpíngeo,-gea *adj.* 〈解〉输卵管的;咽鼓管的

salpingítico,-ca *adj.* 〈医〉输卵管炎的;咽鼓管炎的

salpingitis *f. inv.* 〈医〉输卵管炎;咽鼓管炎

salpingocele *m.* 〈医〉输卵管疝

salpingografía *f.* 〈医〉输卵管造影术

salpingooforectomía *f.* 〈医〉输卵管卵巢切除术

salpingooforitis；salpingootecitis *f. inv.* 〈医〉输卵管卵巢炎

salpingooforocele *m.* 〈医〉输卵管卵巢疝

salpingopexia *f.* 〈医〉输卵管固定术

salpingoplastia *f.* 〈医〉输卵管成形术

salpingorrafia *f.* 〈医〉输卵管缝合术

salpingoscopia *f.* 〈医〉咽鼓管镜检查

salpingoscopio *m.* 〈医〉咽鼓管镜

salpingostomía *f.* 〈医〉输卵管复通术;输卵管造口术

salpingotomía *f.* 〈医〉输卵管切开术

sálpinx *m.* 〈解〉①输卵管;②咽鼓管

salpreso,-sa *adj.* ①含盐的;②用盐调味的;③用盐腌的

salpullido *m.* ①〈医〉〈皮〉疹;发疹;②蚤咬的红斑;③(被咬产生的)肿块

salsa *f.* ①酱;(酱,肉)汁;调味汁;沙司;佐料;(中国)酱油;②〈乐〉萨尔萨舞曲

salsero,-ra *adj.* 〈乐〉喜爱萨尔萨舞曲的 ‖ *m.f.* 萨尔萨舞乐曲演奏者

salsifí *m.* 〈植〉沙罗门参

salsoláceo,-cea *adj.* 〈植〉藜科的 ‖ *f.* ①藜科植物;②*pl.* 藜科

saltacaballo *m.* 〈建〉搭接,重叠

saltación *f.* ①跳跃[动];②(泥沙等的)跃移;河底滚沙;③〈生〉(尤指细菌等的)突变;不连续变异

saltador,-ra *m.f.* ①跳跃者;②〈体〉跳高[远]运动员;跳水者

saltamontes *m. inv.* 〈昆〉蚱蜢,蝗虫

saltaojos *m. inv.* 〈植〉药用牡丹

saltaperico *m. Cari.* 〈植〉块茎芦莉草

saltarén *m.* 〈昆〉蚱蜢,蝗虫

saltarregla *f.* 斜角规,(万能)角尺

salterio *m.* 〈乐〉索尔特里琴(中世纪的一种拨弦乐器)

saltígrado,-da *adj.* 〈动〉跳行的

salto *m.* ①跳,跃;跳跃;②〈体〉跳跃比赛(如跳远、跳高、跳水等);③跳过;〈信〉(计算机)转移;④〈地〉瀑布;⑤见 ～ de falla
～ a ciegas(～ al vacío) 瞎闯,冒险举动
～ alto *Amér. L.* 跳高
～ atrás ①后[倒]退;②〈生〉返祖现象
～ con garrocha *Amér. L.* 撑竿跳高(项目)
～ con pértiga 撑竿跳高(项目)
～ de agua ①〈地〉瀑布;②〈技〉斜[溜]槽,滑[溜]道
～ de altura 跳高
～ de ángel 燕式跳水
～ de caballo 跳马组字游戏
～ de cama (宽大轻质料)女晨衣;女便服
～ de campana 〈体〉腾空转体一周
～ de carpa 〈体〉曲体跳水,镰刀式跳水
～ de chispas 飞弧,闪络,击穿,跳火
～ de esquí 高台滑雪
～ de falla 〈地〉断层移位距离
～ de longitud 跳远
～ de palanca 跳水
～ de trampolín 跳板跳水
～ en paracaídas 〈体〉跳伞
～ horizontal de imagen 映[图]像摆动[横摆]
～ largo *Amér. L.* 跳远
～ mortal (空中)翻筋斗
～ triple 〈体〉三级跳
～ vertical de imagen 映[图]像歪跳[跳动]
～s de obstáculos 〈体〉跨栏

saltómetro *m.* 〈体〉(跳高)横杆;跳高架

saltón *m.* 〈昆〉蚱蜢,蝗虫

salubre *adj.* ①（空气、气候等）有益于健康的；适于卫生的；②〈医〉健康的

salubridad *f.* ①卫生；卫生程度[状况]；②健康状况；③公共卫生统计学
~ pública 公共卫生

salud *f.* ①〈医〉健康；健康状况；②幸福，安[康]乐；安康
~ de hierro 非常健康
~ física 身体健康
~ mental 心理健康
~ pública 公共卫生

saludable *adj.* ①（空气、气候等）有益于健康的；②〈医〉健康的；③有利[益]的

salurético *m.* 〈医〉促尿食盐排泄药

salutífero,-ra *adj.* （空气、气候等）有益于健康的

salvabarros *m. inv.* （车辆的）挡泥板

salvachia *f.* 〈海〉索环[套]

salvadera *f.* 喷砂器

salvado *m.* ①（麦）麸；②见 ~ automático
~ automático 〈信〉自动保存能力

salvaguardar *tr.* ①保护[卫]，维护，捍卫；②〈信〉保存；备份

salvaguardia *f.* ①保护[卫]，维护，捍卫；②安全通行证，通行许可证；③〈信〉（文件）备份

salvajina *f.* 〈动〉野生动物

salvamento *m.* ①搭[解，营]救；救援；②（海事发生后的）救捞[助]；打捞
~ militar 军事营救
~ y socorrismo 救生（尤指救溺水者）
bote[buque] de ~ 救援船
contrato de ~ 救助契约
derechos[prima] de ~ 救助费
sociedades de ~ 海事救援公司

salvapantallas *m. inv.* 〈信〉屏幕保护程序

salvarruedas *m. inv.* 护轮板；汽车挡泥板

salvarsán *m.* 〈药〉砷凡钠明，洒尔佛散

salvavidas *adj. inv.* 救生的‖ *m.* 救生圈[衣，器具]
bote ~ 救生艇
chaleco ~ 救生衣
cinturón ~ 救生带

salvia *f.* 〈植〉鼠尾草属（植物）

salvo,-va *adj.* ①安全的，平安的，无恙的；②除外的‖ *prep.* 除…之外
~ contraorden 除非撤回（订单，指令）
~ error u omisión 错漏除外，错漏当查（*abr.* s. e. u. o）
~ pago 以支付为先决条件
~ variación 有变动者除外
~ venta 除非已经出售

salvoconducto *m.* 安全通行证，通行许可证

Salyut *m.* 〈天〉"礼炮号"（前苏联航天站系列之一）

samán *f.* 〈植〉萨曼朱缨花

samandaridina *f.* 〈化〉火蛇皮碱

samandarina *f.* 〈化〉火蛇皮毒碱

sámara *f.* 〈植〉翅果

samarilla *f.* 〈植〉欧百里香

samario *m.* 〈化〉钐

samarsquita *f.* 〈矿〉铌钇矿

samba *f.* ①桑巴舞；②〈乐〉桑巴舞曲

sambar *m.* 〈动〉黑[水]鹿

samicén *m.* 〈乐〉日本三弦（形似吉他）

sampa *f. Arg.* 〈植〉平原鄂滨藜

sampaguita *f. Amér. L.* 〈植〉茉莉

sampán *m.* （中国的）舢板

sampedrito *m. Esp.* 〈昆〉黄七星瓢虫

sampler *m. ingl.* ①〈电子〉采[取，选]样器；②〈乐〉取样器；集锦唱片

samsonita *f.* 〈矿〉硫锑锰银矿

sanable *adj.* 能治愈的；可医治的

sanabria *f. Arg.* 〈植〉胡萝卜

sanate *m.* 〈鸟〉美洲黑羽椋鸟

sanativo,-va *adj.* 治愈的；有治愈力的，有疗效的

sanatorio *m.* 疗养院
~ mental 精神疗养院

sancho *m.* 〈动〉①猪；② *Amér. L.* 羊；③ *Méx.* 被抛弃的动物

sanción *f.* ①批准，核准（法律、法令等）；②认可；③制裁，惩罚[罚]
~ administrativa 行政处罚；纪律处罚
~ de demora 逾期罚款
~ disciplinaria 纪律处分[处罚]
~ económica 经济制裁
~ penal 刑罚
~es comerciales 贸易制裁
~es fiscales 税务惩处

sancionatorio,-ria *adj.* ①〈法〉（用作）处[刑]罚的；②制裁的，惩处[罚]的

sándalo *m.* ①〈植〉檀香，白檀；②檀香[白檀]木；③ *Hond.* 衬布；④见 ~ de jardín
~ blanco 白檀
~ de jardín 〈植〉水生薄荷
~ rojo 红檀

sandáraca *f.* ①〈化〉山达脂，柏胶；②〈矿〉雄黄

sandía *f.* 〈植〉西瓜

sandial；sandiar *m.* 〈农〉西瓜田[地]

sandilla *f. Amér. L.* 〈植〉西瓜

sandinismo *m. Nicar.* （桑地诺民族解放阵线的）桑地诺主义，桑地诺运动

sandola *f.* 〈船〉卸货大船

sandwichera f. 三明治烤箱

sandwichería f. 三明治店

saneamiento m. ①(城市等的)打[清]扫;(河道、下水道系统等污垢的)清除;(地面积水的)排除;改善卫生条件;②(公司、经济等的)调整;改善;③(坏账或无用资产等的)注[冲]销;(资产账面价值的)降低,划减;④〈法〉补[赔]偿;⑤见 artículos de ~
~ financiero 金融整顿
artículos de ~ 卫生器具

sanfor m.; **sanfordización** f. 〈纺〉机械防缩整理

sanforizar tr. 〈纺〉将(棉织品等)预缩

sangradera f. ①〈医〉小刀,柳叶刀;②〈农〉灌溉渠;排水沟[渠];③Amér. L.〈解〉肘窝

sangrado m. 〈信〉〈印〉首行缩排
~ francés 悬挂式缩排

sangrador,-ra m. f. 〈医〉放血师

sangradura f. ①〈医〉静脉放血刀口;出[放,流]血;②〈解〉肘窝;③〈农〉排水渠

sangre f. ①血,血液;②〈生〉生命液(指无脊椎低等动物体中相当于血液的体液) ‖ m. inv. 见 pura ~
~ arterial[roja] 动脉血
~ de Francia 菊花
~ negra[venosa] 静脉血
~ nueva ①(家庭、社团、国家等的)新成员;②新鲜血液(喻指具有新思想且朝气蓬勃的新分子)
~ periférica 外周血
~ umbilical 脐带血
animal de ~ caliente/fría 温/冷血动物
pura ~ 纯种马

sangría f. ①〈医〉出[放,流]血;②渗[析,泛]出;③(资源等的)流出;④〈农〉放[排]水,灌溉渠;壕[明]沟;⑤(熔炉)导出熔液;⑥〈信〉〈印〉首行缩排;⑦〈解〉肘窝
~ de hormigón 混凝土泌水现象

sangriza f. ①月经;②〈医〉淋病

sanguandilla f. 〈动〉蜥蜴

sánguche; sanguchito m. Amér. L. 三明治

sangüeso m. 〈植〉覆盆子

sanguijuela f. 〈动〉水蛭,蚂蟥

sanguina f. ①(赤血石粉做成的)红铅笔;②红铅笔画;③〈矿〉赤[红]铁矿;赤血石

sanguinaria f. ①〈矿〉鸡血石;②〈植〉(美洲)血根草

sanguíneo,-nea adj. ①〈医〉血的,血液的;②含血的
circulación ~a 血液循环
grupo ~ 〈医〉血型
grupo ~ A A型血
grupo ~ AB AB型血

grupo ~ B B型血
grupo ~ O O型血
vaso ~ 血管

sanguino,-na adj. ①〈医〉血的,血液的;含血的;②〈柑橘〉红瓤的 ‖ m. ①〈植〉鼠李(植物);②红瓤橘子

sanguisorba f. 〈植〉小地榆

sanícula f. 〈植〉变豆菜

sanidad f. ①健康;健康状况;②卫生,卫生状况;③卫生保健事业;④见 ~ pública
~ civil 公民健康(状况);公共卫生
~ interior 国内卫生保健事业
~ militar 军队医疗队
~ pública 公共卫生学
patente de ~ (船舶的)检疫证书

sanidina f. 〈矿〉透长石

sanies f. 〈医〉腐[脓]液

sanitaría f. Cono S. 洁具商店

sanitario,-ria adj. ①卫生的;公共卫生的;②保健的 ‖ m. ①厕所;② pl.(陶瓷)卫生洁具 ‖ m. f. ①担架手;②卫生保健人员
documento ~ 卫生证明书
ingeniería ~a 卫生工程
inspección ~a 卫生检查
inspector ~ 卫生检查员
medidas ~as 卫生措施
servicio ~ 保健事业

sanitización f. 卫生处理

sano,-na adj. ①(人体)健康的;②(气候、规定饮食等)有益于健康的;卫生的;③(思想、教育等)健康(有益)的;④(器官)健全的;⑤(物品等)完好的,完整无损的
alimentación ~a 保健食品
vida ~a 健康生活

sanseviera f. 〈植〉虎尾兰

santabárbara f. 〈海〉(船舰的)弹药[军火,军械]库

santaláceo,-cea adj. 〈植〉檀香科的 ‖ f. ①檀香科植物;② pl. 檀香科

santalales m. 〈植〉檀香目

santalina f. 〈化〉紫檀色素

santataresa f. 〈昆〉薄翅螳螂

santelmo m. 见 fuego de ~
fuego de ~ 桅头电光

santiago m. Chil. 起轨机

santónico m. 〈植〉山道年草[花]

santonina f. 〈化〉〈药〉山道年(用作驱蛔虫药)

santopié m. Cub. 〈动〉赤蜈蚣

sapacala m. Bol. 〈动〉吸血蝠

sapajú m. Amér. L. 〈动〉息[泣,卷尾]猴

sapallo m. 〈植〉①南[倭]瓜;②Amér. L. 葫

芦

sapan *m.*〈植〉苏木

sapelli *m.*①〈植〉(产于西非的)萨佩莱(树);
②萨佩莱木

sapenco *m.*〈动〉蜗牛

sapillo *m.*①舌下囊肿;②*Amér.L.*(尤指婴儿)口疮;③*Esp.*〈植〉冈羊栖菜

sapindáceo,-cea *adj.*〈植〉无患子科的‖*f.*
①无患子科植物;②*pl.* 无患子科

sapindales *m.*〈植〉无患子目

sapino *m.*〈植〉枞,冷杉

sapo *m.*〈动〉①蟾蜍,癞蛤蟆;②一种蟾鱼
　～ común 蟾蜍,癞蛤蟆
　～ marino 鮟鱇
　～ partero 产婆蟾

sapogenina *f.*〈生化〉皂角苷配基

saponaria *f.*〈植〉肥皂草属

saponificable *adj.*〈化〉可皂化的

saponificación *f.*〈化〉皂化(作用)
　índice de ～ 皂化值

saponificador *m.* 皂化剂

saponificar *tr.*〈化〉使皂化

saponina *f.*〈生化〉皂角苷;皂苷

saponita *f.*〈矿〉皂石

sapote *m.*〈植〉①美果榄;②*Amér.L.* 山榄

sapróbico,-ca *adj.*〈环〉〈生〉①腐[污水]生的;②腐生植[生]物的

saprobiedad *f.*〈环〉水生环境污染[腐殖](程)度

saprobio *m.*〈环〉腐[污水]生生物

saprófago,-ga *adj.*〈生〉食腐的‖*m.*〈动〉食腐动物

saprofítico,-ca *adj.*〈环〉〈生〉①腐生的;②腐生植[生]物的

saprofitismo *m.*〈医〉腐物寄生

saprófito,-ta *adj.*〈环〉〈生〉腐生植[生]物的‖*m.*〈生态〉腐生植[生]物
　hongos ～s 腐物寄生菌

saprogénico,-ca *adj.*〈生〉①产[生]腐的;②腐败所致[引起]的

saprógeno,-na *adj.*〈生〉生[产]腐的

saprolegnia *f.*〈植〉水霉(菌,属)

saprolita *f.*〈地〉腐泥土,残余土

sapropel *m.*〈地〉腐泥,腐殖泥

saprotrofo *m.*〈生〉食腐生物

saprozoico,-ca *adj.*〈生〉①腐生的;食腐的;②食腐生物的

saque *m.*①(网球、排球、橄榄球等运动中的)发球;(足球运动中的)中线开球;②*Amér.L.*拔[抽,拿,取]出‖*m.f.*(网球等运动的)发球员
　～ de banda(～ lateral)(足球运动中的)掷界外球;(篮球运动中的)掷边线球

　～ de castigo 罚球
　～ de esquina 角球
　～ de falta(～ libre) 任意球
　～ de mano *Amér.L.* 见 ～ de banda
　～ de portería[puerta](足球运动中的)球门球
　～ inicial(足球运动中的)(中线)开球

saqueo *m.*〈军〉洗劫,劫掠

saquí *m. Ecuad.*〈植〉龙舌兰

saraguate *m. Amér.C.*〈动〉吼猴

saraguato *m. Amér.C.,Méx.*〈动〉吼猴

sarampión *m.*〈医〉麻疹;麻疹斑

sarapia *f.*〈植〉①香翼蚕豆;②香翼蚕豆树

sarcina *f.*〈生〉八叠球菌(属)

sarcinena *f.*〈生化〉八叠球菌黄素

sarcínico,-ca *adj.*〈生〉八叠球菌的

sarcinuria *f.*〈医〉八叠球菌尿

sarcoadenoma *m.*〈医〉腺肉瘤

sarcoblasto *m.*〈生〉成肌细胞,原始肌细胞

sarcocarcinoma *m.*〈医〉癌肉瘤

sarcoda *f.*〈生〉原生质

sarcoencondroma *m.*〈医〉软骨肉瘤

sarcófago *m.*〈动〉〈环〉食肉动物

sarcoide *m.*〈医〉肉样[类肉]瘤

sarcoidosis *f.*〈医〉肉样瘤病,类肉瘤病

sarcolema *m.*〈解〉肉[肌纤维]膜

sarcoma *m.*〈医〉肉瘤
　～ de Kaposi〈医〉卡波济氏肉瘤(皮肤多发性出血性肉瘤)

sarcomatosis *f.*〈医〉肉瘤病

sarcomatoso,-sa *adj.*〈医〉肉瘤的;肉瘤样的

sarcómero *m.*〈生化〉肌(原纤维)节,肌小节

sarcoplasma *m.*〈解〉肌质;肌浆

sarcopto *m.*〈动〉疥螨,疥虫

sarcosina *f.*〈生化〉肌氨酸

sarcosoma *m.*〈生化〉肌粒(肌细胞线粒体)

sarcosporidiasis *f.*〈医〉肉孢子虫病

sarcostilo *m.*〈动〉肌柱,肌原纤维

sarcótico,-ca *adj.*〈医〉使结痂的,使愈合的

sardina *f.*〈动〉沙丁鱼
　～ arenque 鲱
　～ noruega(北欧类似沙丁鱼的)小鲱鱼

sardinel *m.*〈建〉①立砖工程;②*Esp.* 门口台阶;③*Col.,Venez.* 路缘石

sardinero,-ra *adj.*〈动〉沙丁鱼的

sarga *f.*①〈纺〉哔叽;②饰墙布;③〈植〉灰毛柳

sargazo *m.*〈植〉马尾藻

sargento *m.*〈军〉军[中]士

sargo *m.*〈动〉欧鳊淡水鱼;鲷科海鱼;太阳鱼

sariga *f. Arg.,Bol.,Per.*〈动〉负鼠

sarmentoso,-sa *adj.*①〈植〉攀缘而上的;长

匐茎的;具长匐茎的;②(手)多皱纹的,粗糙的;〈解〉(手指)细长的

planta ～a 长匐茎植物

sarmiento *m.* 〈植〉葡萄藤

sarna *f.* ①〈医〉疥疮;疥螨病;②〈兽医〉兽癣,家畜疥

sarniento,-ta *adj.* ①〈医〉疥疮的;疥状的;②〈兽医〉(兽)疥癣的;患(兽)疥癣的;③(器官功能)受损的

sarotamno *m.* 〈植〉金雀花

sarpullido *m.* ①〈医〉疹;发疹;②(虫咬的)红斑

sarro *m.* ①牙锈,齿垢;舌苔;②(锅炉、水壶等的)水锈[垢];③〈植〉锈病

sarroso,-sa *adj.* ①有牙锈,齿垢的;有舌苔的;②(锅炉、水壶等)有水锈[垢]的;③〈植〉得锈病的

sarrusófono *m.* 〈乐〉萨鲁管(一种装有双簧的吹奏乐器)

SARS *abr. ingl.* Severe Acute Respiratory Syndrome 〈医〉重症急性呼吸道综合征,非典(*esp.* SRAS)

sarsen *m.* 〈地〉砂岩漂砾

sartorio,-ria *adj.* 〈解〉缝匠肌的 ‖ *m.* 缝匠肌

sartorita *f.* 〈矿〉脆硫砷铝矿

sasafrás *m.* 〈植〉美洲檫木,黄樟

sasolita *f.* 〈矿〉天然硼酸

sastrería *f.* ①裁缝业,成衣活;②裁缝店,成衣铺

satelital *adj.* ①卫星的;人造卫星的;②附属的;卫星的

red ～ 卫星网络

satelitario,-ria *adj.* 见 satélite

satélite *adj.* ①卫星的;人造卫星的;②附属的;卫星的 ‖ *m.* ①〈天〉卫星;②人造卫星;③〈机〉星形齿轮;④〈生〉(染色体的)随体

～ artificial 人造卫星

～ baliza(～ de navegación) 导航卫星

～ cartográfico 测绘卫星

～ de comunicaciones 通讯卫星

～ de explotación de[para] los recursos terrestres 地球资源探测卫星

～ en órbita baja 〈信〉低轨卫星

～ espía 间谍卫星

～ geoestacionario[geosíncrono] (地球)同步卫星,对地静止卫星

～ meteorológico 气象卫星

～ síncrono 地球同步卫星

～ tripulado 载人卫星

célula ～ 卫星细胞

ciudad ～ 卫星城

DNA ～ 〈生化〉卫星 DNA,随体 DNA

movimiento ～ 卫星式运动,太阳-行星运动

país ～ 卫星[附庸]国

virus ～ 卫星病毒

satelitosis *f.* 〈医〉卫星现象

satelización *f.* 〈航天〉卫星进入轨道

satén *m.* 〈纺〉棉缎,纬缎

～-dril 贡缎

satín *m.* ①*Amér. L.*〈纺〉棉[纬]缎;缎子;②〈植〉椴木

satinado,-da *adj.* ①(已)抛[研]光的;②有光泽的;擦亮的;③缎子似的 ‖ *m.* ①光[色]泽;②压[抛,研,轧]光

acabado ～ 擦亮,抛[研]光

papel ～ 釉[蜡光]纸

satinador *m.* 〈机〉抛光器[机];轧光机

satiné *adj.* 类似缎子的 ‖ *m. Amér. L.*〈纺〉仿棉[纬]缎

satiriasis *f.*;**satirismo** *m.* 〈医〉男色情狂,求雌狂

satirio *m.* 〈动〉水鼠

sátiro *m.* 〈医〉男性色情狂患者,色情狂者

satisdación *f.* 〈法〉担保,保证

sativa *f. Cono S.* ①〈植〉大麻;②大麻烟;大麻毒品

satsuma *f.* 〈植〉萨摩蜜橘(原产日本)

saturabilidad *f.* 〈化〉饱和[度;性][能力]

saturable *adj.* 〈化〉可饱和的,可浸透的

saturación *f.* ①饱和;②浸透[润];③〈化〉(信)饱和(状态);④(市场的)饱和状态;⑤(军)(火力的)饱和;⑥(彩色电视机彩色的)饱和度调整器

～ adiabática 〈理〉绝热饱和

～ de filamento 温度饱和

～ de las necesidades 需求饱和

～ del mercado 市场饱和

～ magnética 磁性饱和

～ parcial 不完全饱和

control de ～ 饱和(度)控制

curva de ～ 〈理〉饱和曲线

saturado,-da *adj.* ①浸透[润]的;②(颜色)饱和的;③〈化〉〈理〉饱和的

color ～ 饱和色

solución ～a 〈化〉饱和溶液

saturador *m.* ①饱和器;②湿度调节器

saturante *m.* 〈化〉饱和剂

saturar *tr.* ①〈化〉〈理〉使饱和;②使(物质)磁化达饱和点;③使浸透;④使充满;使饱和

saturnino,-na *adj.* ①铅的;②〈医〉铅中毒的;患铅中毒的

saturnismo *m.* 〈医〉铅中毒

Saturno *m.* 〈天〉土星

saturnoterapia *f.* 〈医〉铅剂疗法

sauce *m*. 〈植〉柳,柳树
～ blanco 白柳
～ de Babilonia[llorón] 垂柳
curruca de ～ 柳莺

sauceda; **saucera** *f*. 柳树林

saucedal; **saucedo** *m*. 柳树林

saúco *m*. 〈植〉接骨木;接骨木属植物

saurio,-ria *adj*. 〈动〉① 蜥蜴目的;② 蜥蜴目爬行动物的‖ *m*. ① 蜥蜴目(爬行)动物;② *pl*. 蜥蜴目

sausurita *f*. 〈矿〉糟化石

sausurización *f*. 糟化作用

savate *m*. 〈体〉法国式拳击,踢打术

savia *f*. 〈植〉液,汁

saxícavo,-va *adj*. ①〈动〉(软体动物)钻岩的;②〈动〉〈环〉食石的‖ *m*. ①〈动〉钻岩物;②〈动〉〈环〉食石生物

saxífraga *f*. ①〈植〉虎耳草;②虎耳草花

saxifragáceo,-cea *adj*. 〈植〉虎耳草科的‖ *f*. ①〈植〉虎耳草科植物;② *pl*. 虎耳草科

saxo *m*. 〈乐〉萨克斯管‖ *m*. *f*. 萨克斯管演奏者

saxofón; **saxófono** *m*. 〈乐〉萨克斯管

saxofonista *m*. *f*. 〈乐〉萨克斯管演奏者

sayal *m*. ①〈纺〉粗呢;粗麻布;② 麻衣

sayón *m*. 〈法〉死刑执行人,行刑手

sayre *m*. *Amér. L*. 〈植〉野生烟草

sazón *f*. ①(果实、水果等的)成熟;②〈农〉好墒情

sazón,-ona *adj*. *Amér. C*., *And*., *Méx*. (果实、水果等)成熟的

sazonado,-da *adj*. (水果等)成熟的

Sb 〈化〉元素锑(antimonio)的符号

SBDTR *abr*. sistema de bases de datos de tiempo-real 〈信〉实时数据库系统

Sc 〈化〉元素钪(escandio)的符号

ScanDisk *m. ingl*. 〈信〉磁盘扫描工具(由 MSDOS 提供的工具,可检查硬盘的任何问题)

scanner *m. ingl*. ①(电视、雷达等的)扫描器[设备];②〈无〉扫掠天线

scheelita *f*. 〈矿〉白钨矿

schistosoma *m*. 〈动〉血吸虫,裂体吸虫

schnauzer *m. al*. 〈动〉(德国种)髯狗

score *m. ingl*. 〈体〉(比赛中的)得[比]分;计分

script (*pl*. scripts) *f*. 〈电影〉女场记

SCSI *abr. ingl*. small computer systems interface 〈信〉小型电脑系统接口

Scud *m*. 〈军〉飞毛腿导弹

SDH *abr. ingl*. synchronous digital hierarchy 〈信〉同步数字系列

SDK *abr. ingl*. software development kit 〈信〉软件开发工具包

SDLC *abr. ingl*. synchronous data link control 〈信〉同步数据链路控制(规程)

Sdo. *abr*. saldo 见 saldo

SDRAM *abr. ingl*. synchronous dynamic RAM 〈信〉同步动态随机存取存储器

SDSL *abr. ingl*. ① single-line digital subscriber line 〈信〉单线路数字用户线;② symmetric digital subscriber line 〈信〉对称数字用户线

SE *abr*. sudeste 东南(方)

Se 〈化〉元素硒(selenio)的符号

seaborgio *m*. 〈化〉𬭶

sebáceo,-cea *adj*. ① 脂肪的;〈解〉皮脂的;② 分泌脂质的
glándula ～a 皮脂腺
quiste ～ 皮脂肿瘤

sebácico,-ca *adj*. 〈化〉癸二酸的,由癸二酸衍生的

sebestén *m*. ①〈植〉破布木;②破布木果实

sebo *m*. ① 油脂;② 脂肪,肥膘;(可食用的)板油;③(用于制造肥皂、蜡烛等的)动物脂油

sebocote *m*. *Méx*. 脂肪蜡烛

sebolito *m*. 〈医〉皮脂石

seboro *m*. *Bol*. 〈动〉河蟹

seborrea *f*. 〈医〉皮脂溢;皮脂溢性皮炎

seborreico,-ca *adj*. 〈医〉① 皮脂溢的;② 皮脂丰富区的
eccema ～ 脂溢性湿疹

seboso,-sa *adj*. 多脂肪的;多油脂的
tejido～ 多脂肪组织

sec 〈数〉正割(secante)的符号

seca *f*. ①〈农〉干旱;②〈气〉旱季;③〈地〉沙坝[滩];④〈医〉(溃疡的)愈合期

secadero *m*. ① 干燥处[地带];② 晾晒场,烘干室;③ 干燥器;④ *And*. 灌木丛林带

secado *m*. ①〈化〉(固体)脱水;② 弄[晒]干;吹干(头发)
～ a mano (用手握式电吹风器的)吹干头发

secador *m*. ①〈机〉干燥器[机];干[烘]衣机;②〈机〉烘箱;干燥炉;③ 晒衣场;④(理发用的)电吹风;⑤〈化〉干燥[催干]剂
～ a[de] vapor 蒸汽干燥器
～ centrífugo ① 离心式干燥炉;② 旋转式脱水机
～ de mano (公共场所的)干手机
～ de pelo (手握式吹干头发的)电吹风
～ rotativo 回转干燥炉
cilindro ～ 烘缸

secadora *f*. 〈机〉(滚筒式)烘干[烘衣]机
～ centrífuga 旋转式脱水机
～ con tambor perforado 分段式圆筒烘干

机

~ de cabello *Amér. C.*, *Méx.*（手握式吹干头发的）电吹风（机）

~ de cinta sin fin 干燥器

~ de pliegues colgantes 悬挂式烘干机

~ de recorrido plano 无张力烘干机

~ de ropa 烘衣机

~ de tambores 圆筒烘干机

~ por alta frecuencia 高频率烘干机

~ por rayos sufrarrojos 红外线烘干机

~ rápida para bobina 筒纱烘干机

secafirmas *m. inv.* 吸墨器

secale *m.*〈植〉黑麦属

secalosa *f.*〈生化〉黑麦糖

secamanos *m. inv.*〈机〉（公共场所的）干手机

secamiento *m.*（植物等的）干枯

secano *m.* ①〈农〉旱地［田］；②〈地〉沙洲

~ de tierra 旱地［田］；非灌溉旱地

cultivo de ~ 旱作；非灌溉农业

secante *adj.* ①使干燥的，催干的；②吸（墨）水的；③〈数〉（面、线）正割的；相割的‖ *m.* 吸墨纸；催干剂‖ *f.*〈数〉正割；割线

~ hiperbólica〈数〉双曲线正割

aceite ~ 干性［催干］油

papel ~ 吸墨纸

secapelos *m. inv.*（手握式吹干头发的）电吹风

secarral *m.* 干旱的土地；干旱地区

secativo,-va *adj.* ①使干的，收湿的；②干性的

sección *f.* ①〈建〉断［剖，截］面（图）；②〈数〉截口［面，线］；③切断［割］；切口；④（区）段；（船舶、飞机等的）舱；⑤部门，处，科，室；区（段）；⑥〈军〉排，小队；⑦〈生〉派（分类单位）

~ áurea〈数〉黄金分割

~ central 中心剖面；中间截面；中翼［段］

~ coaxial〈数〉同轴截线

~ cónica〈数〉二次［圆锥］曲线；（圆）锥体截面

~ de ala 机翼曲线

~ de contacto（报上的）人事要闻栏；私人广告栏

~ de control ①控制部门；②〈海〉控制舱［段］

~ de crédito 信贷部［科］

~ de entrada〈信〉（计算机）输入部分

~ de exportación/importación 出/进口部（门）；出/进口科

~ de filtro 滤波段

~ de línea（连接）线段；短截线

~ de registro y archivo 档案中心

~ de salida〈信〉（计算机）输出部分

~ de ventas 销售部，经销科

~ deportiva（报纸的）体育版

~ económica（报纸的）金融和商业新闻版

~ en U 槽形条

~ estrechada 可压缩段

~ longitidunal 纵断［剖，切］面

~ ranurada〈机〉〈计〉开槽段

~ transversal 横断［切］面，截［剖］面

~ vertical 纵断面，竖截面；垂直剖面

dibujo de ~ 断［截，剖］面图

manguito de reducción de ~ 渐缩管

seccionado,-da *adj.* 断开的；切［截］断的

seccionador *m.*〈电〉隔［分］离器

seccional *adj.* ①部分的；②剖［截］面的；③组合的（指部件可拆卸和拼制的）

secernente *adj.*〈生理〉分泌的

sech〈数〉双曲（线）正割（secante hiperbólica）的符号

seco,-ca *adj.* ①干的；干燥的；干涸［旱］的；②〈晒〉干的；无水分的，脱水的；无汤汁的；（食品）干硬的；③（树木、叶子等）干枯的，枯死的；（皮肤，头发）干枯［性］的，无油脂的；④（酒类）无甜味的，干的；（果实）硬壳的；⑤（法律）无情的；⑥（智力等）枯竭的；⑦〈乐〉（乐声）短的；⑧（声响等）沉闷的；（咳嗽声等）粗糙的；沙哑的‖ *m. Col.* 主菜

batería de pilas ~as 干电池

estampadura en ~ 无色凹凸印

frutos ~s 干果

porcentaje de vapor ~ 蒸汽干度

procedimiento por vía ~a 干法冶金，干冶金分析法

rectificador de disco ~ 干板［式］整流器

secobarbital *m.*〈医〉司可巴比妥，速可眠

Seconal *m.*〈医〉速可眠（商标名）

secoya *f.*〈植〉①红杉；②*Méx.* 巨杉

secreción *f.*〈生理〉①分泌；分泌作用；②分泌物

~ interna 内分泌

secreta *f.* ①秘密警察部队；②〈法〉秘密讯问‖ *m. f.* 秘密警察

secretado *m.*〈生理〉〈医〉分泌物

secretario,-ria *m. f.* ①秘书；②文书；③书记；④（政府）部长‖ *m.*〈鸟〉食蛇鹰，蛇鹫

~ auxiliar ①助理秘书；②（部分国家的）助理国务卿

~ bilingüe 涉外秘书

~ de actas 记录员

~ de Comercio [S-] 商务部长

~ de dirección(~ ejecutivo) 执行秘书；执行干事［书记］

~ de Estado *EE.UU.* [S-] 国务卿

~ de imagen 公关员

~ de prensa 新闻秘书

~ de rodaje〈电影〉场记

~ general ①秘书长;②总书记;③干事长

~ judicial 法庭书记员

~ particular 私人秘书

~ tesoro 财务主任

secretina *f.*〈生化〉促胰液素,胰泌素;肠促胰液肽

secretivo,-va *adj.* ①〈生理〉分泌的;促进分泌的;②神神秘秘的

gránulo ~ 分泌颗粒

secreto *m.* ①秘[机]密;②秘诀,诀窍;秘方;③保密;④秘密抽屉;⑤暗码锁,转字锁

~ de Estado 国家机密

~ profesional 职业性秘密

secretorio,-ria *adj.*〈生理〉分泌的;分泌作用的;促进分泌的

fase ~a〈生理〉分泌期

nervio ~ 分泌神经

pieza ~a 分泌片(段)

quiste ~ 分泌性囊肿

sectil *adj.* 可切的,可剖割的

sectilidad *f.* 切割

sectilómetro *m.* 切剖计

sector *m.* ①部分;〈经〉(产业)部门;②(城市的)地段,区域;③〈数〉扇形;扇形面;④〈信〉扇区(区)段;⑤〈军〉防御地段;分[防]区;⑥(电力网的)分区,区(段)

~ circular〈数〉扇形面

~ clave 关键部门

~ de consumo 消费界

~ de empresas 企业界

~ de inversión 投资界

~ de silencio 安静区

~ dentado 扇形齿板

~ esférico〈数〉球心角体

~ gubernamental 政府部门

~ industrial privado 私营工业部门

~ muerto 空[备用]段

~ primario 第一产业部门,第一产业

~ privado 私营部门

~ público 公共[国有]部门

~ secundario 第二产业部门,第二产业

~ terciario 第三产业部门,第三产业

en forma de ~ ①扇形的,瓣状的;②分段的

exploración por ~es 扇形扫描

sectorial *adj.* ①〈数〉扇形的;②部门的,行业的,领域的;③〈植〉(嵌合体)扇形的;具扇形的

compuerta ~ 扇形闸门

economía ~ 部门经济学

secuela *f.* ①后果;②〈医〉后遗症,遗患;③〈法〉*Méx.* 起诉;*Chil.*,*Méx.* 审理

secuencia *f.* ①连续;②一连串,系列;③次[顺]序;先后;④〈数〉〈信〉序列;⑤〈乐〉模进;⑥〈生化〉顺序;⑦〈电影〉连续镜头

~ binaria 二进制序列

~ de arranque〈信〉启动路径;启动序列

~ de clics〈信〉点击流(网络用户点击网页的记录)

~ de comparación 排比序列

~ de intercalación 排序序列

~ genómica 基因组序列

~ iterativa 迭代序列

~ negativa 逆序

~ operativa 操作序列

~ ordenada 数串

~ peptídica〈生化〉肽序列

~ positiva 顺[正]序

secuenciación *f.* ①连[继,接]续;②〈生化〉确定化学结构序列,序列测定

secuenciador *m.*〈信〉程序装置,定序器

secuencial *adj.* ①连续的,相继的;②序列的,顺序的;③〈信〉顺序的

análisis ~〈统〉序列分析,序贯分析

construcción ~ 序列施工法

secuestración *f.* ①〈法〉(财产的)扣押;没收;②〈医〉死骨形成

secuestrador,-ra *m. f.* ①绑架者,劫持者;②(飞机的)劫持犯,劫机者

~ aéreo 劫机者

secuestrectomía;secuestrotomía *f.*〈医〉死骨切除术

secuestro *m.* ①绑架,劫持;②劫机;③〈法〉(财产的)扣押;没收;查封;提存(将有争议的物品交给第三者暂行代管);④〈医〉死骨

~ aéreo 劫持飞机

pinzas de ~ 死骨钳

secular *adj.* 长[久]期的

ecuación ~〈数〉久期方程

estabilidad ~ 长期稳定度

variación ~〈理〉长期变(化)

secundario,-ria *adj.* ①第二的;②〈教育、学校等〉中等的;③次的,次要的;辅助的,从属的;④〈信〉后台的;⑤〈医〉继发性的;第二期的;⑥〈地〉次生代的;⑦〈电〉(电路、电流、电压等)次级的;⑧〈化〉二代的;仲的;⑨见 planeta ~a‖ *m. f.* 配角演员‖ *m.*〈电〉副[次级]线圈

actor ~ 配角演员

alumnio ~ 再生铝

arrollamiento ~ 次级绕组

batería ~a 蓄电池

bosque ~ (在已被毁坏的林地重新种植

的)再生林地

caracteres sexuales ~s〈生〉第二性征

cereales ~s 粗[杂]粮

circuito ~ 二次回路

color ~ 次[间,合成,调和]色

computador ~ 辅助计算机,副(计算)机

corriente ~a 次级[二次]电流

emisión ~a 次级发[放]射,二次(电子)发射

fermentación ~a 后发酵作用

fractura ~a 继发性骨折

lóbulos ~s〈天线方向图的)旁[后,副波]瓣

metal ~ 再生[重熔]金属

planeta ~a〈天〉伴[卫]星

producto ~ 副[次级]产品;二次产物

sífilis ~a 第二期梅毒

secundina f. ①〈植〉内珠皮;②pl.〈动〉〈医〉胞衣(指胎盘及羊膜)

secuoia; secuoya f. Amér. L.〈植〉红杉
~ gigante〈植〉巨杉

sed f. ①渴;②〈农〉干旱;(作物、田地等的)缺水

seda f. ①丝,蚕丝;②丝线;③丝绸,丝织品;④〈动〉鬃毛

~ ahogada 死蛹蚕丝

~ artificial 人造丝

~ azache 蚕皮[劣等]丝

~ con hilados teñidos 色织绸

~ cocida 熟丝

~ conchal 精选[优质]丝

~ cruda(~ en rama) 生丝

~ de coser 缝纫丝线

~ dental 洁牙线

~ en bobinas cónicas 筒子丝

~ en cadejas 绞丝

~ estampada 印花绸

~ hilada 绢丝

~ jacquard 提花绸

~ joyante 泛光丝

~ nativa 土丝

~ pura 真丝

~ retorcida 捻丝

~ teñida 染色绸

~ tusor 柞蚕丝

~ vegetal artificial 人造植物纤维丝绸

~ verde 活蛹茧丝

Ruta de la ~ [S-] (中国古代的)丝绸之路

sedación f.〈医〉①镇静作用;②镇静(状态)

sedadera f.〈机〉梳麻机

sedal m. ①钓鱼线;②〈医〉泄液线

sedalina f. Amér. L.〈纺〉丝光布

sedanilla f.〈纺〉丝光线

sedante adj. ①〈药〉〈医〉镇静的;起镇静作用的;②抚慰(性)的;使平静的‖ m.〈药〉镇静剂

sedativo,-va adj.〈药〉〈医〉镇静的;起镇静作用的‖ m.〈药〉镇静剂

sede f. ①(机构等的)所在地;总部;②〈信〉网[站]点;③〈体〉举行场地,赛场

~ central 总部

~ con telarañas〈信〉蜘蛛网站点

~ de archivo〈信〉(计算机的)存档地址

~ de las Naciones Unidas 联合国总部

~ refleja〈信〉镜像站点

~ social 总部;总公司

~ Ueb[Web] [S-]〈信〉网[站]点

sedentario,-ria adj. ①坐着的;坐式的;(因职业等需要)经常坐着的;②(鸟等)不迁徙的,定栖的;(贝壳等)固定附着的;③定居(下来)的

población ~a 定居人口

trabajo ~ 案头工作

sedeño,-ña adj. ①丝绸(一)样的,柔软光洁的;②丝制[绸]的;③〈动〉长满刺[刚]毛的

sedería f. ①养蚕业;丝绸业;②丝绸店;③丝绸买卖;④丝织品

sedero,-ra adj. 丝的;丝绸的‖ m. f. 丝绸商

industria ~a 丝绸业

sedes m.〈医〉大便

sediente adj. ①(口)渴的;②〈农〉干旱的;(田地等)缺水的

sedimentable adj. 可沉淀[积]的

sedimentación f. ①沉淀[积](物,作用);②〈医〉沉降(作用)

~ continental 大陆[陆相]沉积

~ estuárica 港湾沉积

~ fluvial 河流沉积物,河成泥沙

~ marina 海相沉积;海洋沉积物

coeficiente de ~ 沉降系数

tasa de ~〈医〉沉降率

sedimentador m. 沉淀[沉降]器;沉降[积]槽

sedimentario,-ria adj. ①沉淀[积]的;(含)沉淀物的;②〈地〉(岩石)由成层沉积形成的

cuenca ~a 沉积盆地

depósito ~ 沉积物;沉积泥沙[矿床]

roca ~a 沉积岩

sedimentívoro m.〈生态〉食沉淀物的动物

sedimento m. ①沉淀[积,渣];②〈地〉沉积物

~ en suspensión 悬浮物[悬移质]沉淀

~ urinario 尿沉淀物

~s continentals/marinos 大陆/海洋沉积物

sedimentología f.〈地〉沉积学

sedimentómetro m.〈医〉血沉计

sedoheptosa；**sedoheptulosa** *f.*〈生化〉景天
庚酮糖

sedoso,-sa *adj.* 丝绸的；丝制的

sedum *m.*〈植〉景天，八宝，蝎子草

segable *adj.*〈农〉(已成熟)可收割的

segadera *f.* ①镰刀；②[S-]〈天〉(狮子座中
由6颗星组成的)镰形星群

segador,-ra *adj.* 收割的‖*m.f.* 收割者；收
获者‖*m.*〈动〉盲蛛

segadora *f.*〈机〉收割机
~ combinada[trilladora] 联合收割机
~ de césped 割草机，园圃刈草机

segadora-atadora *f.*〈机〉割捆机

segadora-trilladora *f.*〈机〉联合收割机

segmentación *f.* ①分割，切断；②(程序)分
段；③〈生〉细胞分裂；④〈动〉分节现象
~ del mercado 市场分割；市场分区

segmentado,-da *adj.*〈动〉分节的

segmento *m.* ①〈商贸〉部门，部分；②(切)
片，断片，段(片)；③〈生〉体节，节；④〈数〉段，
节；弓形；球缺；④〈机〉活塞环；(环)圈；⑤
〈信〉段(指网络里电缆的长度)；或指一个使
用TCP/IP协议的设备所发送的分组包中
的数据量)
~ abierto/cerrado〈数〉开/闭区间
~ circular(~ de círculo)〈数〉弓形
~ colector de aceite 护油圈
~ de cadena 字符串段
~ de colector〈电〉整流子片
~ de edad 年龄段[组]
~ de émbolo[pistón] (车辆等的)活塞环
~ esférico〈数〉球截形，截球形
~ interceptado 截距

segregación *f.* ①分开；分[隔]离；②种族[宗
教]隔离；③〈冶〉偏[熔]析；④〈解〉〈生理〉
分泌；分泌作用；[生理]分泌物；⑤〈建〉混凝
土散落；⑥〈化〉分凝；⑦〈遗〉(基因的)分离
~ cromatídica〈遗〉染色单体分离
~ cromosómica〈遗〉染色体分离
~ mendeliana〈遗〉孟德尔式分离
~ racial 种族隔离

segregacionista *adj.* 种族隔离主义的；种族
隔离主义者的‖*m.f.* 种族隔离主义者

segregador *m.* 分离器

seguamil *m. Méx.*〈农〉冬播玉米，冬播作物

segueta *f.*〈机〉圆[钢丝，曲线]锯
~ de vaivén 弓[钢丝]锯

seguibola *f.*〈信〉轨迹球(一种用来操纵屏幕
上光标移动的设备)

seguidilla *f.*〈乐〉塞吉迪亚舞曲

seguido,-da *adj.* 直的；成直线的

seguidor *m.*〈机〉①输出(放大)器；②从[随]
动件

amplifcador ~ catódico 阴极输出放大器
amplifcador ~ de ánodo 阳极输出放大器

seguimiento *m.* ①〈技〉跟踪，尾随；②(电视
台等的)后续报道
~ automático 自动跟踪
estación de ~〈航天〉〈无〉(对航天飞机、
人造卫星等的)跟踪站

seguín *m. Méx.*〈植〉龙舌兰

segunda *f.* ①(汽车速度的)第二档；②〈乐〉
二度音；二度音程；③(汽车、船舶等的)二等
(座位)
~ forma normal〈信〉第二范式

segundero,-ra *adj.*〈植〉(果实等)二茬的‖
m.(钟表的)秒针

segundo,-da *adj.* ①第二的；②二[次]等的；
(教育等)中等的；③次要的，副的，从属的；
④(目的等)双重的‖*m.* ①秒(时间单位，
=1/60分)；②(角或度的)秒(天文学用语，
=1/60分)；③(建筑物的)二楼‖*m.f.* ①
副手；②〈乐〉女低音歌手；男声最高音歌手
~ beneficiario 第二等受益人
~ conteo 复核，复算
~ cuartil〈统〉中位数
~ de a bordo〈海〉(船上的)大副
~ grado 堂房[系]的
~ maquinista 副火车司机
~ piloto (飞机)副驾驶员
~a clase 二等[级，流]的
~a copia 副本，复制件
~a de cambio 汇票副张，第二联汇票
~a hipoteca 第二抵押
~a línea de seguridad bancaria 银行次级
准备，银行第二保证准备
~a solución óptima 次优解决方案
~s de arco〈天〉弧度
ciclo por ~ 周/秒，赫(兹)
cienmillonésima de ~ (雷达)百分之一微
秒(时间)
de ~a velocidad 二档速度(的，地)

seguranza *f. Méx.* 保险

seguridad *f.* ①(相对于事故、险情等而言的)
安全，平安；②保险，无危险；③〈军〉安全；
④保障；⑤〈法〉担保；⑥担保品[物]；⑦安
全感；⑧牢靠，稳固；⑨〈信〉安全性
~ aérea 飞行安全，安全飞行
~ alimentaria 食品安全
~ colateral 附属担保
~ colectiva 集体安全
~ contra incendios 防火安全
~ del capital 资本保障
~ del empleo 工作[就业]保障
~ del Estado 国家安全
~ de explotación[servicio] 操作安全

~ económica 经济保障
~ en el trabajo 工作健康与安全
~ en la aviación 飞行安全,安全飞行
~ en la carretera 道路(行车)安全
~ en uno mismo 自信,自恃
~ informática 〈信〉(计算机)安全性
~ nacional 国家安全
~ personal 人身保障[安全]
~ social 社会保障
~ vial 道路(行车)安全
~es aceptables para los bancos 银行可接受的担保
cerrojo de ~ 保险锁
cierre de ~ (武器的)保险栓;(项链等的)保险扣[掣子]
cinturón de ~ (飞机、汽车等的)安全[保险]带
medidas de ~ 安全措施
muesca de ~ 安全档[掣子]
perno de ~ 保险螺栓

seguro *m.* ①保险;②(门等的)锁;(手镯等的)扣子;③(武器等的)安全挡[掣子];保险装置
~ a prima variable 可变(保险)费率保险
~ a primer riesgo 头险保险
~ a todo riesgo 综合险,保全险
~ abierto 统括保险
~ acumulativo 累积保险
~ comercial 商业保险
~ completo 全值保险
~ contra[de] accidentes 人身意外事故保险
~ contra accidentes de indemnización fija 固定赔额事故保险
~ contra accidentes y enfermedades 事故与疾病保险
~ contra choques de automóviles 汽车撞车事故保险
~ contra[de] incendios 火险
~ contra los riesgos de crédito 信用保险
~ contra terceros 第三方责任保险
~ contra todo riesgo 一切险,综合险
~ corriente de vida 普通人寿保险
~ de arma de fuego (武器的)安全挡[掣子]
~ de aviación 航空保险
~ de crédito a la exportación 出口信贷保险
~ de cuotas 定额投保,定额保险
~ de barco 船舶保险
~ de daños a terceros 第三方责任保险
~ de derrame 渗漏险
~ de desempleo 失业保险

~ de enfermedad 健康保险
~ de jubilación 抚恤金制,退休金办法
~ de paro ①失业保险;②*Esp.* 失业津贴
~ de reintegro de préstamo 信用人寿保险(若借款人死亡则由保险公司偿还贷款的保险)
~ de responsabilidad 责任保险
~ de riesgo de cambio 外汇风险保险
~ de riesgo de insolvencia 信用保险
~ de sí mismo 自信的,自恃的
~ de transporte 运输险
~ de viaje 旅行意外保险;旅客平安保险
~ de[sobre la] vida 人寿保险
~ de vida de grupo 团体人寿保险
~ de vida e incapacidad 死亡和伤残保险
~ del automóvil a todo riesgo 机动车综合保险
~ dotal 养老保险,养老储蓄保险
~ general 统险
~ hipotecario 抵押保险
~ marítimo 海上保险,水险
~ mixto 人寿[养老]保险;储蓄保险
~ mutuo 相互保险
~ obligatorio 强制保险
~ personal 人身保险
~ social *Amér. L.* 社会保障,(国民)保险制度;(国民)安全保健(制度)
~ temporal (当受保人在规定的保险期内死亡时才支付保险金的)(人寿)定期保险
~ universal 综合保险
cancelación de ~ 退保

seiche *f.* 〈地〉①湖面[内海水面]波动,湖震;②假震
seisavo,-va *adj.* ①六分之一的;②〈数〉六角[边]形的 ‖ *m.* ①六分之一;②〈数〉六角[边]形
seisillo *m.* 〈乐〉六连音
seismergométro *m.* 〈理〉测震仪
seísmo *m.* 〈地〉地震(现象)
SELA *abr.* Sistema Económico Latinoamericano 拉丁美洲经济体系
seláceo,-cea *adj.* 〈动〉鲨类的 ‖ *m.* ①鲨类鱼;②*pl.* 鲨类
selaginela *f.* 〈植〉卷柏
selección *f.* ①选择;挑选;选拔;②〈生〉选择,淘汰;③〈信〉选择对象;选定区域;④*pl.* 〈乐〉集锦;⑤见 ~ absoluta
~ a la inversa 逆选法
~ absoluta[nacional] 〈体〉国家队
~ aleatoria 随机选择
~ artificial 〈遗〉人工选择
~ biológica 〈生〉自然选择
~ darwiniana[natural] 〈生〉自然选择

~ de grupo〈生态〉群体选择

~ de muestra 抽样选择

~ masal〈生态〉混合选择

~ múltiple 多项选择

~ según el surtido 按花色品种分类

~ sexual〈遗〉性选择

~ y preparación de personal 人员［职工］的挑选和培训

impulso de ~ 选通脉冲

seleccionador,-ra *m. f.* 〈体〉选拔运动员的人；教练

seleccionadora *f.* 穿孔卡片选择器

seleccionismo *m.* 〈生〉（认为自然选择是进化的基本因素的）自然选择论

seleccionista *adj.* 〈生〉自然选择论的‖*m. f.* 自然选择论者

selectina *f.* 〈生〉选择素；选择蛋白

selectividad *f.* ①选择，精选；②可选拔性；③〈化〉选择性；④〈电子〉〈无〉（收音机、接收机所具备的）选择能力；⑤〈摄〉滤色性；⑥*Esp.*（大学）入学考试；高考

selectivo,-va *adj.* ①选择的，选择性的；②有选择力的，善于挑选的；③〈电子〉选择性的；④优先（选择）的；⑤〈教〉预选的‖*m.* 〈教〉预选科目

absorción ~a 优先［选择］吸附

criterio ~ 选择标准

ensayo ~ 选择性试验

filtro ~ 选择性滤波［滤光］器

flotación ~a〈冶〉优先浮选

interferencia ~a 选择性干扰

oxidación ~a 分别氧化

reflexión ~a 选择反射

selecto,-ta *adj.* ①（产品、葡萄酒等）挑选出来的，精选的；②（团体、学校、俱乐部等）限制慎严的，选择成员严格的

tropas ~as〈军〉王牌军

selector *m.* ①〈无〉选择器；②〈讯〉转换器；③（波段，选择，转换）开关；调谐［选择］旋钮

~ automático 自动（选择，转换）开关

~ de dígitos 选数器

~ de disco(~ giratoria) 拨号式开关

~ de dos movimientos 两极动作选择器

~ de escobilla 跳闸开关

~ de programas（电视机的）频道选择器

~ de tres posiciones 三位转换开关

~ final 终接器

seleniato *m.* 〈化〉硒酸盐［酯］

selénico,-ca *adj.* ①〈化〉〈正〉硒的；②〈天〉月球的

ácido ~ 硒酸

superficie ~a 月球表面

selenífero,-ra *adj.* 〈矿〉含硒的；产硒的

selenífugo *m.* 锅炉防锈器

selenio *m.* 〈化〉硒

rectificador de ~ 硒整流器

selenioso,-sa *adj.* 〈化〉亚［二价，四价］硒的

selenita *m. f.* （假设的）月球人‖*f.* 〈矿〉（透）石膏

selenito *m.* 〈化〉亚硒酸盐［酯］

seleniuro *m.* 〈化〉硒化物（如硒盐，硒醚）

selenizaje *m.* 登月

selenizar *intr.* 登月

selenodesia *f.* 〈天〉月面测量学

selenografía *f.* 〈天〉月面学

selenográfico,-ca *adj.* 〈天〉月面学的

selenógrafo,-fa *m. f.* 〈天〉月面学者［家］

selenología *f.* 〈天〉月球学

selenologista *m. f.* 〈天〉月球学家

selenomorfología *f.* 〈天〉月面形态学

selenoproteína *f.* 〈生化〉硒蛋白

selenosis *f.* ①〈兽医〉〈医〉硒中毒；②（指甲）白斑

self-control *m. ingl.* 自我控制，自制

self-government *m. ingl.* 自治，民主政治

self-inducción *f.* 〈电〉自感应

self-limitadora *f.* 〈电〉自（感）限制器

~ de corriente 限流电抗器

self-service *m. ingl.* ①自我服务，自助；顾客自理；②自助餐厅

selfinductancia *f.* 〈电〉自感

sellado,-da *adj.* ①（正式文件等）盖印的；（护照等）印有图案的；②盖上印戳的；加封的‖*m.* ①〈技〉（密，焊）封；封（口）；②（正式文件等的）盖印；（护照上的）加印图案

~ de aduana 海关加封

recibo ~ 加盖戳记收据

selladora *f.* ①密封胶，密封剂；②封口机

selladura *f.* ①盖印；②印章；印记

sellaita *f.* 〈矿〉氟镁石

sellante *adj.* 用以密封的；防渗漏的；可固定的‖*m.* 密封剂；防渗漏剂；固定剂

sello *m.* ①图［印］章；戳，玺；②邮票，印花；③封铅［蜡，条］；火漆；④标记［志］；特征；⑤〈药〉胶囊；药片；⑥商号；公司；⑦图章戒指；⑧*Col., Chil., Per.*（钱币的）背面

~ aéreo 航空邮票

~ conmemorativo 纪念邮票

~ de caja 出纳印章

~ de caucho[goma] 橡皮图章

~ de cobrado 收讫图章

~ de correos 邮票；印或盖印在信封、明信片等上的）代邮标记

~ de ingreso 印花税票，印花

~ de lacre 火漆封

~ de móvil 印花税票

~ de plomo 铅封

~ de prima（商店送给顾客用于换取商品的）赠券

~ de recibo 印花收据；收讫章

~ de urgencia 快件邮票

~ del día 日戳

~ discográfico 唱片公司

~ distintivo 标志

~ fiscal 印花税

~ individual 单枚邮票

~ notarial 公证印章

~ numerador 号码印［章］

~ postal 邮票

~ real 玉［御］玺

~ volante 敞口信专用邮票

~s anulados 作废邮票

~s artísticos 美术邮票

~s cancelados 盖销邮票

~s completamente nuevos 崭新邮票

~s con dientes 有齿邮票

~s con imágenes de animales 动物邮票

~s con motivos de deporte 体育邮票

~s con motivos de dragón（中国）龙票

~s con motivos de famosas pinturas 名画邮票

~s con motivos de paisajes 风景邮票

~s de borde liso 无齿邮票

~s de cosmonautas 航天邮票

~s de emisión errónea 错体票

~s de emisión especial 特种邮票

~s de emisión original 原版邮票

~s de la Gran Revolución Cultural（中国）文革票

~s de la ONU 联合国邮票

~s de nueva circulaión 新发行邮票

~s ejemplares 样票

~s filatélicos 集邮邮票

~s originarios 普通邮票

~s raros 珍贵邮票

~s reemitidos 再版邮票

~s usados 旧邮票

seltz *m.* 见 agua ~

agua ~（德国）塞尔脱兹矿泉水（一种起泡的天然矿泉水）

selva *f.* ①热带植丛，丛［密］林；②林区，森林；③见 ley de la ~

~ tropical 热带雨林（指热带多雨地区的大片密林）

ley de la ~ 弱肉强食的丛林法则

selvático,-ca *adj.* ①热带植丛的，丛［密］林的；②林区的，森林的；③野蛮的；④〈植〉野生的；未经栽培的

selvícolo,-la *adj.* 居住在森林中的，森林中生长的

selvicultor,-ra *m. f.* 林学家；林业专家

selvicultura *f.* ①造林；造林学；造林术；②林业；林学

selvoso,-sa *adj.* 长满树木的，树木茂盛的

semáforo *m.* ①〈交〉（公路的）交通管理色灯，红绿灯；（铁路的）臂板信号；臂板信号机；②〈海〉旗语；③信号

semaneo *m.*（证券交易所的）短期回收（性）投资

semántica *f.* 语义学

~ cuantitativa 音量语义学

~ generática 生成语义学

semántico,-ca *adj.* ①语义的；②语义学的

red ~a〈信〉语义网

semasiología *f.* ①语义学；②〈逻〉语义符号学

semático,-ca *adj.*〈动〉（有毒动物的体色或斑纹）警戒的

sembradera *f.*〈机〉播种机

sembradío；sembrado *m.*〈农〉已播种土地

sembradora *f.*〈机〉播种机

sembradura *f.*〈农〉播种

sembrío *m. Amér. L.*〈农〉已播种土地

semejante *adj.* ①相［类］似的；②〈数〉相似的 ‖ *m.* 相似

polígonos ~s 相似多边形

triángulos ~s 相似三角形

semejanza *f.* ①相似；②〈数〉相似性

~ de triángulos〈测〉三角形的相似性

~ familiar 家庭成员间的外貌相像

semen *m.* ①〈生〉精液；②精子

banco de ~ 精子库

semental *adj.* ①种子的；播种的；②〈动〉种畜；供配种用的 ‖ *m.*〈动〉种畜；种马

caballo ~ 种马

toro ~ 种牛

sementera *f.* ①〈农〉播种；播种期［季节］；②〈农〉已播种土地；③（培育植物的）温床

semenuria *f.*〈医〉精尿症

semi-monocasco *m.*〈航空〉半硬壳式机身［结构］

semi-postal *m.* 附捐邮票

semiabierto,-ta *adj.* 半开［合］的

semiacabado,-da *adj.* ①半完成的；②〈钢〉半制的

semiacero *m.*〈冶〉低碳［钢性］铸铁，半钢

semiacetal *m.*〈化〉半缩醛

semiadaptado,-da *adj.* 半适合［应］的

semialfabetizado,-da *adj.* 半文盲的

semianular *adj.* 半圆形的

semiárido,-da *adj.*〈地〉半干旱的

zona ～a 半干旱地区

semiautomático,-ca *adj.* （机器、武器等）半自动的
central ～ 半自动转换中心
operación ～a 半自动操作
rifle ～ 半自动步枪

semiautomatización *f.* 半自动化

semibait *m.* 〈信〉半字节

semibárbaro,-ra *adj.* 半野蛮的

semibreve *f.* 〈乐〉全音符

semicadencia *f.* 〈乐〉半拍

semicalificado,-da *adj.* 半熟练的 ‖ *m. f.* 半熟练(工)

semicalmado,-da *adj.* 半脱氧的(钢)

semicarbacida；semicarbazida *f.* 〈化〉氨基脲

semicarbazonas *f. pl.* 〈化〉缩氨基脲，半卡巴腙

semicarrera *f.* 中途，(弹道)中段

semicartilaginoso,-sa *adj.* 〈解〉〈医〉半软骨的

semicerrado,-da *adj.* 半封闭的，半闭的

semicilíndrico,-ca *adj.* 半圆柱的

semicilindro *m.* 半圆柱；半柱面

semicircular,-ra *adj.* 半圆(形)的

semicírculo *m.* 半圆形；半圆弧
～ graduado 量角器

semicircunferrencia *f.* 〈数〉半圆周

semicoagulado,-da *adj.* 半凝固[结]的

semicoloide *m.* 半胶体

semicoluro *m.* 〈天〉半分至圈

semicoma *m.* 〈医〉半[轻]昏迷

semicomatoso,-sa *adj.* 〈医〉半[轻]昏迷的

semicomercial *adj.* 半商业性的；试销的

semiconducción *f.* 〈理〉半导，半导电性

semiconductor *m.* 〈理〉半导体
～ de impureza (含)杂质半导体
～ de reducción 还原型半导体
～ extrínseco 非本征半导体
～ intrínseco 本征半导体
～ tipo N N 型半导体
～ tipo P P 型半导体
diodo ～ 半导体二极管
láser ～ 半导体激光(器)

semicongo *m.* P. Rico.〈植〉香蕉

semicónico,-ca *adj.* 半圆锥形的

semiconservativo,-va *adj.* 〈生化〉半保留的

semicontinuidad *f.* 〈数〉半连续性

semicopado,-da *adj.* 〈乐〉切分音的

semicoque *m.* 半焦炭；半焦化(作用)，低温炼焦

semicorchea *f.* 〈乐〉十六分音符

semicristal *m.* 〈矿〉半晶质

semicristalino,-na *adj.* 〈矿〉半晶质的

semicruzado,-da *adj.* 半交叉的
correa ～a 直角挂轮皮带，半交(叉)皮带

semicualificado,-da *adj.* ①半熟练的；②(体力工作)只需有限技术的

semidescremado,-da *adj.* 半脱脂的

semidesértico,-ca *adj.* 半沙漠化的，半荒漠化的

semidesierto *m.* 半沙[荒]漠

semidesnatado,-da *adj.* 半脱脂的

semidestilación *f.* 半蒸[干]馏

semidiámetro *m.* 半径

semidiestrado,-da *adj.* 半熟练的 ‖ *m. f.* 半熟练(工)

semidiestro *m.* 半熟练(工)

semidireccional *adj.* 半定向的

semidirecto,-ta *adj.* 半直接的，部分直接的

semidiurno,-na *adj.* ①半天的；②〈海〉〈天〉半日的

semidocumental *adj.* 半纪实的，半纪录的

semidominancia *f.* 〈生〉半显性

semidominante *adj.* 〈生〉半显性的

semidúplex；semi-dúplex *adj.* 〈信〉(通信系统、计算机系统)半双工的

semiduradero,-ra *adj.* 半耐用的
bienes de consumo ～ 半耐用消费品

semieje *m.* 半轴

semielaborado,-da *adj.* ①半制成的；半加工的；②(钢)半制的；半成品的

semielástico,-ca *adj.* 半弹性的

semielectrónico,-ca *adj.* 半电子式的

semiempleado,-da *adj.* 半就业的

semiencaminadora *f.* 〈信〉半路由器

semienvergadura *f.* 〈航空〉半翼展

semiesfera *f.* ①(地球或天体的)半球(地图，模型)

semiesférico,-ca *adj.* 半球的

semiespacio *m.* 〈数〉半空间，半无限空间

semiespecie *f.* 〈生〉半(物)种

semiespéculo *m.* 〈医〉半窥镜

semiespinal *adj.* 〈解〉半棘肌的
músculo ～ 半棘肌

semiestatal *adj.* 半国营的；半官方的

semiesterilidad *f.* 〈医〉半不育性

semiexperto,-ta *adj.* ①半熟练的；②(体力工作)只需有限技术的

semifijo,-ja *adj.* 半固定的，半移动式的

semifinal *adj.* 〈体〉半决赛的 ‖ *f.* 半决赛

semifinalista *m.* 〈体〉半决赛选手

semiflósculo *m.* 〈植〉舌状花

semifluido,-da *adj.* 半流体的，半流质的 ‖ *m.* 半流体，半流质

semifondo *m.* 〈体〉中长跑(通常指 800-1,500

米之间的赛跑）

semifusa *f.* 〈乐〉六十四分音符

semigamia *f.* 〈植〉半配合生殖

semigranular,-ra *adj.* 半颗粒状的

semigrupo *m.* 〈数〉半群

semihilo *m.* 〈纺〉混纺织物

semihúmedo,-da *adj.* 半潮湿[湿润]的

semiindirecto,-ta *adj.* 半间接的

semiindustrial *adj.* 半工业的

semilatencia *f.* 〈植〉半休眠

semilimbo *m.* 〈植〉半叶片

semilinear,-ra *adj.* 半线性的

semilíquido,-da *adj.* 半流体的,半流质的 ‖ *m.* 半流体,半流质

semilla *f.* 种子;籽
~ aleatoria 〈信〉随机种子
~ certificada 合格种子
~ del mejorador 改良品种的种子,选育的种子
~ híbrida 〈植〉杂交种子
~ registrada 注册种子
uvas sin ~s 无籽葡萄

semillero *m.* ①苗圃;苗床;②根源,温床
~ de árboles frutales 果树苗圃

semilunar,-ra *adj.* 半月形的 ‖ *m.* 〈解〉月骨

semilunio *m.* 半月

semiluxación *f.* 〈医〉半脱位

semimaterial *adj.* 半物质的;半实体的;半有形的

semimanufactura *f.* 半成品

semimanufacturado,-da *adj.* 半制成的;半成品的

semimecanización *f.* 半机械化

semimedio *m.* 〈体〉次中量级

semimembranoso,-sa *adj.* 〈解〉半膜的
músculo ~ 半膜肌

semimetal *m.* 〈化〉半金属

semimetálico,-ca *adj.* 〈化〉半金属的

semimicroanálisis *f.* 〈化〉半微量分析

semimiembro *m.* 半构件

semimonocasco *m.* 〈航空〉半硬壳式机身[结构]

seminación *f.* 授精

seminal *adj.* ①精液的;储[输]精的;②〈植〉种子的
vesícula ~ 〈解〉精囊

seminario *m.* ①(大学的)研究班;(研究班的)研讨会;②〈农〉苗床

seminatural *adj.* 半自然的

seminífero,-ra *adj.* ①〈生理〉生[输]精子的;含精液的;②〈植〉具[生]种子的

seminívoro,-ra *adj.* 〈动〉食种子(为生)的

sémino *m.* *Amér. L.* 〈动〉驴骡

seminoma *m.* 〈医〉精原细胞瘤

seminormal *adj.* 〈化〉半当量浓度的

seminternado *m.* 〈教〉①半寄宿制;②半寄宿制学校

seminuevo,-va *adj.* ①半新的;②〈商贸〉旧[二手]的;经营旧货的

seminuria *f.* 〈医〉精尿症

semiografía *f.* 〈医〉症状纪录

semioficial *adj.* 半官方的;半正式的

semiología *f.* 〈医〉症状学

semiológico,-ca *adj.* 〈医〉症状学的

semionda *f.* 〈理〉半波

semioruga *f.* 半履带式车辆

semioscilación *f.* 半周期震荡

semioscuridad *f.* 半明半暗

semiotecnia *f.* 〈乐〉音符知识

semiótica *f.* 〈医〉症状学

semiótico,-ca *adj.* 〈医〉症状学的

semiparasitismo *m.* 〈生〉半寄生状态

semiparásito *m.* 〈生态〉半寄生物,兼性寄生物

semipeniforme *adj.* 半羽状的

semiperíodo *m.* ①〈电〉半周期;②〈乐〉半乐段[节]

semipermanente *adj.* 半永久(性)的,暂时的

semipermeabilidad *f.* 半渗透性

semipermeable *adj.* 半渗透性的

semipesado,-da *adj.* 〈体〉次[轻]重量级(职业,业余)拳击手的 ‖ *m. f.* ①次[轻]重量级(职业,业余)拳击手;②次重量级摔跤运动员

semiplacenta *f.* 〈解〉〈生理〉半胎盘

semiplano *m.* 〈数〉半平面

semiplanta *f.* 〈工〉中间试验工厂,试销产品工厂

semiplástico,-ca *adj.* 半塑性的

semiplejía *f.* 〈医〉半瘫

semiplena *adj.* 〈法〉未完全证实的

semipolar *adj.* 半极的,半极性的

semiprecioso,-sa *adj.* (宝石)次贵重的;半宝石的

semiprobanza *f.* 〈法〉未完全证实的证据

semiproducción *f.* 〈工〉半[中间]生产

semiproducto *m.* 〈工〉半制[成]品

semiprofesional *adj.* ①半职业性的;②(由)半职业性人员从事的;③半专业性的 ‖ *m. f.* ①半职业性运动员;②半职业性演员

semipúblico,-ca *adj.* ①半公共的;②半公开的

semiquinona *f.* 〈化〉半苯醌

semirrecta *f.* 〈数〉半直线,单向直线(即射线)

semirrecto,-ta *adj.* 〈数〉半直角的,(角)四

十五度的

semirredondeado,-da *adj.* 半圆的，半月形的

madera ～a 半圆木

semirremolque *m.* （二轮）半拖［挂］车；双轮拖车

semirrígido,-da *adj.* ①半刚性的；②〈航空〉（飞艇）半硬式的；③〈海〉（橡皮艇）半硬式的

semiseparado,-da *adj.* ①半分离的；②（住宅）半分离式的

semisintético,-ca *adj.* 〈化〉半合成的

semisótano *m.* 〈建〉半地下室

semisuma *f.* 〈数〉对［等］分

semiterminado,-da *adj.* ①半制成的；（钢）半制的；②半成品的

semitono *m.* 〈乐〉①半音；②半音程

semitransparente *adj.* 半透明的

semitrino *m.* 〈乐〉短颤音

semivalencia *f.* 〈化〉半价

semivalente *adj.* 〈化〉半价的

semivariante *adj.* 〈经〉（成本）半变动的

semivida *f.* 〈理〉（放射性）半衰［减］期

semivolea *f.* 〈体〉（网球、足球、板球等运动中的）反弹球，半截击球

semnopiteco *m.* 〈动〉皂隶猴，瘦猴

semoviente *adj.* 见 bienes ～s

bienes ～s （作为家产的）家［牲］畜

sempervirente *adj.* 〈植〉常绿的（植物）

sempiterna *f.* 〈植〉①万寿菊；②粗毛植物

sen *m.* 〈植〉山扁豆；番泻叶(常用作通便药)；鱼鳔槐

sen h *abr.* seno hiperbólico 〈数〉双曲正弦

senarmontita *f.* 〈矿〉方锑矿

S. en C. *abr.* Sociedad en Comandita 两合公司

sencillo,-lla *adj.* 〈植〉单瓣的 ‖ *m.* ①〈乐〉单曲唱片；②单程票

senda *f.* ①小路［径］；②（物体运动的）路径［线］；③道路，途径；④*Cono S.*（车辆的）车道

～ de crecimiento 增长途径

～ de descenso 下滑路线［航迹］，滑翔道

～ travesera 旁路

senectud *f.* 老年

senega *f.* 〈植〉美远志

senescencia *f.* ①变（苍）老，衰老；②〈植〉衰老；③〈生医〉老年化；衰老变化；④〈地〉(湖泊的)衰老(指随着湖底沉积增多而容量变小)

senescente *adj.* 变老的，衰［显］老的

sengierita *f.* 〈矿〉钒铜铀矿

senil *adj.* ①老年的,老态龙钟的；②衰老的；

由年老引起的；③〈地〉老年期的

catarata ～ 老年白内障

demencia ～ 老年性痴呆

enfermedad ～ 老年病

placa ～ 老年斑

prurito ～ 老年性瘙痒

senior；sénior *adj.inv.* ①〈体〉（运动员）成年的；②较年长的 ‖ *m.f.* 〈体〉成年运动员

seno *m.* ①（人的）胸,胸部；(女性的)乳房；②中间,内部,深处；③〈数〉正弦；④〈解〉窦；窦道；⑤〈海〉〈气〉(低压)槽,槽形低压；⑥〈地〉小海湾；海湾；⑦凹部,洞,穴,腔；⑧见

～ materno

～ frontal 额窦

～ hiperbólico 〈数〉双曲正弦

～ inverso 〈数〉反正弦

～ materno 〈解〉子宫,母腹

～ maxiliar 上颌窦

～ paranasal 鼻窦

～ verso 〈数〉正矢

galvanómetro ～ 正弦电流计

sensación *f.* ①感[知]觉；②(器官的)感觉能力

～ luminosa 〈生〉光感能力

～ sonora 〈生〉听感能力

nivel de ～ 感觉级

unidad de ～ 感[知]觉单位

sensacionalismo *m.* 〈心〉感觉论(一种认为经验全由感觉构成的理论)

sensibilidad *f.* ①感[知]觉；感觉(力)；②(情绪上的)敏感,善感；易感性；③敏感(性)；鉴赏力；④(工具、机器等的)灵敏度；⑤〈摄〉感光性

～ al desgaste 易受磨损

～ al interés 对利息的敏感性

～ afectiva 情感

～ artística 艺术鉴赏力

～ de desviación electrostática 静电偏转灵敏度

～ del ratón 〈信〉鼠标灵敏度

～ dinámica 动态灵敏度

sensibilisina *f.* 〈生化〉过敏素

sensibilización *f.* ①敏化(作用)；②〈生医〉致敏作用

sensibilizado,-da *adj.* ①敏感的；敏化的；②〈生医〉致敏的

sensibilizador *adj.* ①使过敏的；使敏感的；②〈摄〉使(易于)感光的,使敏化的,有增感作用的 ‖ *m.* ①〈生医〉致敏物,敏化剂[物]；②〈摄〉感光剂；增感剂

～ cromático 色彩增感剂

sensible *adj*. ①(有)感觉的;有感知能力的; ②(对寒冷、疼痛等)敏感的;③〈摄〉易于感光的,敏化的;④〈技〉(工具、机器等)灵敏度高的;(仪器等)灵敏的;⑤〈乐〉导音的 ‖ *f*. 〈乐〉导音

sensitiva *f*. 〈植〉含羞草

sensitometría *f*. 〈摄〉感光(度)测定(术)

sensitómetro *m*. 〈摄〉感光计

sensomotor,-ra *adj*. 〈生理〉感觉运动的

sensor *m*. ①〈工艺〉〈机〉传感器,敏感元件[装置];②探测设备;③〈解〉感觉器官

sensorial *adj*. ①感觉的,感官的;〈解〉感觉(中枢)的;②传递感觉的
　　corteza ～ 感觉皮层
　　nervio ～ 感觉神经
　　órgano ～ 感觉器官

sensorimotor,-ra *adj*. 〈生理〉感觉运动的

sensorio,-ria *adj*. ①感觉的;感官的;〈解〉觉(中枢)的;②传递感觉的 ‖ *m*. ①〈解〉(大脑皮层的)感觉中枢;②〈生理〉感觉系统
　　～ común 感觉中枢

sensualismo *m*. 快乐论(伦理学用语),肉欲主义

sentamiento *m*. 〈建〉(地基)沉降,下沉

sentazón *m*. *Chil*. 〈矿〉坍塌

sentencia *f*. ①〈法〉判决,宣判;课刑;②裁定[决];决定;意见,主张;③〈信〉语句(在程序或脚本中由编译器或创作软件所执行的命令)
　　～ apelable 可上诉的判决
　　～ condicional 附有条件的判[裁]决
　　～ de embargo 财产扣押令
　　～ de muerte 判决[宣判]死刑
　　～ definitiva[final] 最后判决
　　～ firme 已定判决
　　～ judicial 司法裁决,法律判决

sentido *m*. ①感官;官能;②感觉;③知觉;意识;④见识;智慧[力];⑤意义;含义;⑥理智,理性;⑦方[走]向;⑧感觉力,辨[鉴]别力;⑨*Amér. L*. 〈解〉太阳穴
　　～ común 常识
　　～ contrario al de las manecillas del reloj 逆时针方向
　　～ cromático 色觉
　　～ doble 双关意义
　　～ de la orientación 方向感
　　～ de las manecillas del reloj 顺时针方向
　　～ de los negocios 商业智慧
　　～ de responsabilidad 责任感
　　～ del humor 幽默感
　　～ especial 特殊觉
　　～ esteregnóstico 实体觉
　　～ figurado 转义

～ horizontal 水平方向
～ único 单向[行]道
～ visceral 内脏(感)觉
determinación del ～ 测向,指向探测
en el ～ de las agujas del reloj 顺时针方向地
en ～ longitudinal 横向地,沿宽度方向地
sexto ～ 第六感觉

sentiente *adj*. 〈医〉有感觉的,有知觉的

sentimiento *m*. ①感情;②感觉
　　～ de alegría 幸福感
　　～ de culpa 内疚感;犯罪感
　　～ del deber 责任感

sentina *f*. ①〈船〉底舱;②(城市的)排[下]水道,污水管;阴沟
　　agua de ～ 舱底(污)水
　　bomba de ～ 舱底水泵

seña *f*. ①(手、头等的)示意动作;(手语中的)手势;手语;② 标记,符号;标志;③ *Chil*. 钟声;④ *pl*. 地[住]址;门牌;⑤ *pl*. 特征;⑥ *pl*. 迹象;征兆;⑦见 santo y ～
　　～ horaria 报时信号
　　～s de identidad 明显特征
　　～s personales 容貌特征
　　santo y ～ 〈军〉暗号

señación *f*. 〈信〉信号

señal *f*. ①标志;标记,记号;②〈电子〉〈无〉信号;③交通指示[信号]灯,红绿灯;④〈信〉信号(用来传输信息时所产生的模拟或数字波形);⑤界[路]标;标[指示]牌;⑥印记;痕迹;⑦〈医〉症状;疤;⑧〈商贸〉定[押]金;⑨〈讯〉信号声;音
　　～ adelantada[avanzada] 预兆[前置]路标
　　～ analógica 模拟信号
　　～ audible 声频[音响]信号
　　～ compuesta 复合信号
　　～ correctora 校正信号
　　～ de alarma ①警报(信号);②警告[危险]信号
　　～ de alerta 警戒标志
　　～ de auxilio 遇险(呼救)信号
　　～ de bloques 阻塞[截止,分段]信号
　　～ de bucle complementaria 环路差信号
　　～ de circulación ①(疏导车辆行驶的)道路标[指示]牌;②交通指示[信号]灯,红绿灯
　　～ de comunicando[comunicar] 占线信[讯]号,忙音
　　～ de conexión 接通信[讯]号
　　～ de corte 切断信[讯]号
　　～ de descarga 卸货信号
　　～ de doblar 转弯信号
　　～ de doble pitido 接通音

～ de entrada（计算机）输入信号

～ de entrada al bucle 环路输入信号

～ de exceso de color（电视）彩色同步信号

～ de fin 话终信［讯］号

～ de iluminación（～ luminosa）灯示［光］信号，灯光牌

～ (de) imagen 视频［图像］信号

～ de la cruz 十字符

～ de la victoria（伸开食、中两指的）V 字［胜利］手势

～ de línea libre 空线信［讯］号

～ de línea ocupada 占线信［讯］号，忙音

～ de llamada 呼叫［震铃］信号；接通讯号

～ de llegada 进站信号

～ de maniobras 分路［转辙］信号

～ de niebla 下雾［雾中，浓雾］信号

～ de parada 停止［停车，停闭，中止］信号

～ de peligro ①警报（信号）；②警告［危险］信号

～ de principio de comunicación 通话起始信号

～ de reposición 恢复信号

～ de ruta 道路标志，路标

～ de salida ①（火车的）开车信号；②〈体〉起跑信号；③〈信〉（计算机）输出信号

～ de selección 选通信号，门信号

～ de separación de existencias 存货分隔标记，存货分类标牌

～ de socorro 遇险（呼救）信号

～ de supervisión 监视信号

～ de supresión 消隐信号

～ de toma de líneas 卡［咬］住信号

～ de tráfico 交通指示［信号］灯，红绿灯

～ de video 视频信号

～ deseada 有用［有效］信号

～ detonante 引［起］爆信号

～ digital 数字信号

～ enada 小信号

～ horaria 报时信号（通常由收音机发出，用以校对钟表时间）

～ horizontal（路面上的）路标

～ para alimentación de bucle 环路反馈信号

～ para marcar 拨号音

～ peligrosa 不祥之兆

～ regresiva 回铃信号

～ resultante en bucle 环路动作信号

～ telegráfica 电报信号

～ vertical 道路标志，路标

～es sonoras 声频［音响，伴音音频］信号

intensidad máxima de ～ 最大信号强度

transmisor de ～ 信号发送器

señala *f. Cono S.*（给牲畜）做标记，打烙印

señalador *m.* ①信号（装置）；②书签；③*Amér. L.* 标志［识］；*Arg.*（在牲畜耳朵上做标记用的）穿孔器

～ de incendios 火警（警报器），火灾报警器

～ de libros 书签

señalización *f.* ①（建筑物上的）指示标［牌］；②〈交〉道路标志，路标；③（发）信号；信号设备［装置］；④（铁路的）信号设置；（汽车的）路标设置

～ automática 自动信号（发送）；自动信号设备

～ en portadora 载波发信

～ horizontal（路面上的）路标

～ submarina 水下信号装置

～ vertical 道路标志（牌），路标

indicador de ～ 信号指示器

lámpara de ～ 信号灯

puesto de ～ 信号站［塔］

señalizador *m.* ①信号（装置）；②标牌

～ vertical 道路标志（牌），路标

～ viraje *Cono S.*（车辆的）转弯示向灯，方向灯

señí *m. Méx.*〈植〉老头掌

sépalo *m.*〈植〉萼片

sepaloide；**sepaloídeo,-dea** *adj.*〈植〉萼片（状）的

separable *adj.* ①可分离［隔］的；可分开的；可区分的；②（杂志）可拆卸的；活页的；③（键盘上）可去除的 ‖ *m.*〈印〉活页

separación *f.* ①分离［开，隔］；区别；②（情侣的）分手；（夫妻的）分居；③间隔［隙］，距离；隔开；④移动；调动；⑤解除（职务），免职

～ de bienes（夫妻间的）财产分离，财产分有制

～ de cuerpos（～ matrimonial）合法分居（指法律判决的夫妻分居）

～ de las cuentas 抵消账户，冲销账目

～ de las puntas（火花塞的）火花间隙

～ de los electrodos 电极距

～ de minerales〈矿〉选矿

～ de palabras〈印〉移行

～ de poderes（立法、司法、行政的）三权分立

～ de riesgos financieros 金融风险区别

～ del fondo 径向间隙

～ del servicio 退伍

～ doble〈印〉隔行打印

～ entre bloques 组间间隔

～ entre puntos〈信〉字距

～ isotópico 同位素分离

~ legal 合法分居(指法律判决的夫妻分居或孩子与父亲或母亲的分居)

~ magnética 〈矿〉磁力选矿

~ racial 种族隔离

efecto de ~ 分离效应[作用]

separador *m*. ①(文件夹、行李箱等中的)隔板,分离片;②〈技〉分离器;离析器;捕集器;③〈矿〉分选机;*Cub*. 咖啡分选机;④〈医〉分离[开]器;⑤〈信〉定界[义]符;⑥*Col*.〈交〉(道路的)中央分隔[分车]带;路中预留地带

~ centrífugo 离心分离器

~ ciclónico 旋流分离器

~ de aceite 分油器,滑油分离器

~ de agua y aceite 油水分离器

~ de aire 空气分离器;吹气分选机

~ de amplitud 振幅分离器

~ de cenizas de hulla 煤灰捕集器

~ de cenizas volantes 飞灰捕集器

~ de choque 缓冲器,防震[防冲]器

~ de deflector 折流板

~ de ficheros 文件分隔符

~ de frecuencia 频率分离器

~ de hardware 硬件离析器

~ de información 信息分隔符

~ de mineral 选矿器

~ de polvos 集尘器

~ de sincronismo(~ sincronizante) 同步信号分离器

~ de vapor 蒸汽分离器

~ electromagnético 电磁分离器

~ electrostático 静电分离器

~ isotópico 同位素分离器

~ magnético 磁选机;磁力分离器

~ neutralizado 中和[抵消]滤波器

separadora *f*. 起爆药

separatismo *m*. 分离主义;独立主义

sepe *m*. *Bol*.〈昆〉白蚁

sepedón *m*. ①〈动〉蛇蜥;②〈医〉腐化

sepia *f*. ①〈动〉乌贼,墨斗鱼;②乌贼墨颜料

sepiolita *f*. 〈矿〉海泡石

SEPP *abr*. *ingl*. Secure Electronic Payment Protocol〈信〉安全电子支付协议

sepsis *f*. 〈医〉浓毒病[症]

septa *f*. 〈解〉中隔;隔(膜)

septal *adj*. 〈解〉中隔的;隔(膜)的

célula ~(肺的)隔细胞

septaria *f*. 〈地〉龟背石

septavalencia *f*. 〈化〉七价

septavalente *adj*. 〈化〉七价的

septectomía *f*. 〈医〉鼻中隔切除术

septemia;septicemia *f*. 〈医〉败血症;败血病

~ puerperal 产褥期败血症

septeto *m*. 〈乐〉①七重唱[奏];②七重唱[奏]曲

septicémico,-ca *adj*. 〈医〉败血症的;败血病的

septicida *adj*. 〈植〉室间开裂的

séptico,-ca *adj*. 〈医〉①浓毒性的;腐败性的;由腐败[感染]引起的;②败血病[症]的

septicopiemia *f*. 〈医〉脓毒败血病[症]

septifrago,-ga *adj*. 〈植〉室轴开裂的

septillo *m*. 〈乐〉七连音

séptima *f*. 〈乐〉①七度音程;②音符[调]

septimetritis *f*. *inv*. 〈医〉败血性子宫炎

septino *m*. 〈化〉庚烯

septivalencia *f*. 〈化〉七价

septivalente *adj*. 〈化〉七价的

sequedad *f*. 干;干旱[燥]

sequedal;sequeral *m*. 〈农〉干旱地

sequía *f*. ①干旱,旱灾;②旱季;(热带地区的)干季(与雨季相对)

serac *m*. 〈地〉冰塔;冰雪柱

seralbúmina *f*. 〈医〉血清白蛋白,血清清蛋白

serapia *f*. 〈植〉香翼萼豆

serba *f*. 〈植〉山梨,花楸果

serbal;serbo *m*. 〈植〉①花楸;山梨树;②花楸果;山梨果

~ de los cazadores(~ de pájaros) 欧洲花楸

serenata *f*. 〈乐〉小夜曲

serete *m*. *Méx*. 〈动〉刺[刺豚]鼠

seriación *f*. 〈生〉(分类)顺序排列;连续

seriado,-da *adj*. ①〈工〉批量[系列]生产的;②(广播节目)成系列的,连续的

serial *adj*. ①顺序排列的,连续的;排成系列的;②(小说等)连载的,分次广播的;③(出版物)分期发行的;④〈乐〉音[序]列的 ‖ *m*. ①连载小说,小说[剧本]联播节目;②期刊;③〈乐〉序列音乐;④电视连续剧

serialización *f*. ①连载;分期[集]出版;②(广播连续剧、电视连续剧等的)连播[映];③〈乐〉序列音乐作品;④批量[系列]生产

sericicultor,-ra *m*. *f*. 养蚕工[人]

sericicultura *f*. 养蚕业

sericina *f*. (蚕丝的)丝胶

sericipelma;sericopelma *m*. 〈动〉南美大蜘蛛

sericita *f*. 〈矿〉绢云母

sérico,-ca *adj*. 丝的,绸的

sericultura *f*. 养蚕业

sericultural *adj*. 养蚕(业)的

serie *f.* ①连续，接连；一系列；②批（量生产）；流量；③〈电〉串联；④〈信〉串行；⑤〈化〉系，系列；⑥〈生〉序列；⑦〈医〉系；(注射针剂的)疗程；⑧〈数〉级数，序列项的总和；⑨〈体〉预[分组]赛；(一个)赛次；⑩一套邮票[硬币]；⑪(电台、电视台的)系列节目；⑫见 película de ~ B
~ aleatoria 随机序列
~ alelomórfica 〈遗〉等位基因序列
~ aritmética 〈数〉算术级数
~ aromática 芳香族(化合物)
~ cíclica 循环序列
~ convergente 〈数〉收敛级数
~ cronológica 〈统〉时间序列
~ de Balmer 〈化〉〈理〉巴耳末谱线
~ de beneficios 收益[盈利]流量
~ de caracteres 字符串
~ (de) divergente 〈数〉发散级数
~ de engranajes 齿轮变速，挂轮
~ de flujos de efectivo 现金流量串
~ de Fourier 〈数〉傅里叶级数
~ de frecuencias 次数序列
~ de Lyman 〈化〉〈理〉莱曼系
~ de Maclaurin 〈数〉马克劳林级数
~ de Paschen ①〈化〉〈理〉派森系列；②〈理〉帕电级数
~ de Pfund 〈化〉〈理〉芬得系
~ de Taylor 〈数〉泰勒级数
~ de tiempos 时间序列
~ de vegetaciones 植物系
~ del actinio 〈化〉〈理〉锕系
~ del neptunio 〈化〉〈理〉镎系(列)
~ del torio 〈化〉〈理〉钍系
~ del uranio 〈化〉〈理〉铀系
~ electroquímica 〈化〉电化序
~ estadística 统计数列
~ estándar 标准批量
~ geométrica 〈数〉几何数列
~ homóloga 〈化〉同系列
~ mixtas[múltiples] 串并联，混联
~ nula 零序列
~ radiactiva 〈化〉〈理〉放射性系
~ temporal 时间序列
~ trombocítica 〈医〉血小板系，凝血细胞系
~-paralelo 串并联(的)，混联(的)
artículo de ~ 批量生产物(品)
circuito en ~ 串联电路
conexión en ~ 串联[接]
conexión en ~ s paralelas[mixtas] 复[混]联，串并联，并联-串联
fuera de ~ 〈商贸〉不成套的

película de ~ B (耗资较少的)二流电影
puerto (en) ~ 〈信〉串行口
serif *m.* 〈信〉〈印〉衬线
serigrafía *f.* 〈印〉丝网印刷术；绢网印花(术，工艺)
serigrafista *m. f.* 〈印〉丝网印刷工人
serina *f.* 〈化〉丝氨酸
seringa *f.* 〈植〉①*Amér. L.* 弹性树胶，生橡胶；②*Bras.* 三叶[巴西]橡胶
seringuero,-ra *m. f. Bras.* 割胶工
serinproteasa *f.* 〈生化〉丝氨酸蛋白酶
serinuria *f.* 〈医〉丝氨酸尿(症)
seritocita *f.* 〈地〉绢云母板岩
sernambí *m. And.,Cari.* 〈植〉劣质橡胶
seroalbúmina *f.* 〈生化〉血清白蛋白
seroalbuminuria *f.* 〈医〉血清白[清]蛋白尿
seroanafilaxis *f.* 〈医〉血清过敏性
serobacterina *f.* 〈生化〉血清菌苗
serocolitis *f. inv.* 〈医〉结肠浆膜炎
serocultivo *m.* 〈医〉血清培养物
serodiagnosis *f.* 〈医〉血清学诊断
serodiagnóstico,-ca *adj.* 〈医〉血清学诊断的
seroenteritis *f. inv.* 〈医〉肠浆膜炎
serófilo,-la *adj.* 〈植〉耐旱的
serología *f.* 〈医〉血清学
serológico,-ca *adj.* 〈医〉血清学的
test ~ 血清学试验
seromembroso,-sa *adj.* 〈医〉浆膜(性)的
seromucoide *adj.* 〈医〉浆液黏液性的 ‖ *m.* 血清类黏蛋白
seromucoso,-sa *adj.* 〈医〉浆液黏液性的
seronegativo,-va *adj.* 〈医〉血清反应阴性的 ‖ *m. f.* 血清反应阴性的人
seroneumotórax *m.* 〈医〉浆液气胸
seropositivo,-va *adj.* 〈医〉血清反应阳性的 ‖ *m.* 血清反应阳性的人
seropus *m.* 〈医〉浆液性脓
serosa *f.* 〈医〉浆膜
serosidad *f.* ①〈医〉浆液性；②〈生理〉浆液
serosinovitis *f. inv.* 〈医〉浆液性滑膜炎
serositis *f. inv.* 〈医〉浆膜炎
seroso,-sa *adj.* ①〈医〉浆液的，血清的；②产浆液的
célula ~a 浆液细胞
cistadenocarcinoma ~ 浆液性囊腺癌
cistadenoma ~ 浆液性囊腺瘤
dermatisis ~a 浆液性皮炎
inflamación ~a 浆液性炎
membrana ~a 浆膜
miocarditis ~a 浆液性心肌炎
pleuritis ~a 浆液性胸膜炎
pus ~ 浆液性脓

quiste ～ 浆液囊肿

túnica ～a 浆膜

seroterapia *f.* 〈医〉血清疗法

serotino,-na *adj.* 〈植〉迟季的,迟发育的,晚[迟开]花的

serotipo *m.* 〈生〉血清型

serotonina *f.* 〈医〉血清素,5-羟色胺

serotórax *m.* 〈医〉浆液胸,水胸

serotoxina *f.* 〈医〉血清毒素

serpa *f.* 〈植〉长匐茎[枝];有长匐茎的植物;缠绕植物

serpentaria *f.* 〈植〉龙木芋

serpentario *m.* ①〈鸟〉鹭鹰;②养蛇室;蛇类展出馆;③[S-]〈天〉巨蛇星座

serpenteo *m.* ①〈技〉偏航角,侧滑角;②(道路、河流等的)弯曲;蜿蜒;③〈动〉蠕动

serpentín *m.* ①盘[螺旋,蛇形]管;②〈矿〉蛇纹石[岩];③蛇[S]形线;④〈电〉线圈;⑤火枪点火器

～ de calefacción[calentamiento] 加热盘[蛇,螺]管

～ de enfriamiento 冷却盘管

～es planos 饼形线圈

serpentina *f.* ①〈矿〉蛇纹石[岩];②(节日中抛的)彩色纸带卷

serpiente *m.* ①〈动〉蛇;②[S-]〈天〉巨蛇星座

～ de anteojos[toca] 眼镜蛇

～ de boa 王蛇(一种大蟒)

～ de cascabel 响尾蛇

～ de coral 小尾眼镜蛇

～ de mar 海蛇

～ de verano (新闻界的)无聊季节(指每年8-9月报纸因无重大新闻而只得登些无聊内容)

～ de vidrio 慢缺肢蜥

～ gato 猫眼蛇

～ pitón 巨[蟒,蚺]蛇

la ～ [S-] 蛇形浮动汇率制(欧洲各国之间以前使用的一种汇率窄幅波动制)

serpiginoso,-sa *adj.* 〈医〉匐行性的(疹)

serpigo *m.* 〈医〉匐行疹;癣

serpol *m.* 〈植〉野生百里香

sérpula *f.* 〈动〉龙介虫

serradora *f.* 〈机〉动力锯

serranía *f.* ①山地;山脉[区];②*Méx.* 森[树]林;林地

serránido,-da *adj.* 〈动〉鮨科的 ‖ *m.* ①鮨;②*pl.* 鮨科

serratia *f.* 〈生〉沙雷菌属

serrato,-ta *adj.* 〈解〉锯状的;锯齿状的 ‖ *m.* 锯肌

sutura ～a 锯状缝

serrería *f.* 锯木厂

serreta *f.* 〈鸟〉秋沙鸭

serrucho *m.* 手锯

～ de marquetería 圆[曲线]锯(尤指镶嵌细工用锯)

～ de punta (截)圆锯,曲线锯,键孔锯

～ largo de dos manos 狭边(齿钩)粗木锯,双人横切锯

serrulado,-da *adj.* 〈植〉(有)细锯齿的;细锯齿状的

hoja ～a 细锯齿叶

serum *m.* 〈医〉浆液;(免疫)血清

serval *m.* 〈动〉薮猫

servicentro *m. Amér. L.* 服务中心

serviciabilidad *f.* ①有用,有益;②使用期(限)

servicio *m.* ①服务,劳务;②使用;用处;③〈军〉兵役;④(医院的)部门(如科,室);⑤〈商贸〉服务机构;业务;⑥*pl.* 服务性事业;⑦〈经〉公共部门;⑧(服务部门的)运转;⑨(网球运动等中的)发球;⑩*Amér. L.*〈交〉路边服务;路边服务站

～ a bordo ①飞行中服务;空中服务;②车[船]上服务

～ a domicilio 送货上门;上门服务

～ activo 〈军〉现役

～ aéreo 航空服务;航空事业

～ aéreo de mensajería(～ aeropostal) 空邮服务;空邮业务

～ Agrígola Interamericano [S-] 美洲农业组织

～ automático telefónico de larga distancia 自动长途电话服务

～ auxiliar 后勤服务,后勤

～ bancario de transferencia 银行划拨业务

～ bancario por correo 邮政银行业务[服务]

～ cablegráfico 电报业务

～ comunitario 社区志愿工作

～ consultivo 咨询服务

～ contra incendios(～ de bomberos) 消防署;消防队

～ de aduanas 海关

～ de almacenamiento 仓储服务;仓栈业

～ de arrendamiento 租赁业;租赁服务

～ de asesoramiento 咨询服务;咨询服务

～ de carga aérea 航空货运;空中货运业

～ de clasificación de valores 评估业;评估机构

～ de comercio al por mayor 批发部

～ de compras 采购部门

～ de consultas 咨询部门;咨询服务

～ de contabilidad 会计部

~ de contraespionaje ①（政府的）特务机关，特工处；②秘密情报工作

~ de correos 邮政业务；邮局

~ de directorio〈信〉目录服务

~ de empleo 职业介绍所

~ de financiamiento comercial 贸易融资机构

~ de identificación del número marcado〈讯〉拨号识别服务

~ de información ①查询台；②情报部［局］

~ de inteligencia 情报部［局］

~ de la clientela 客户服务；售后（技术）服务

~ de mensajero 邮政投递快递业务［服务］

~ de mesa 一套餐具

~ de noticias 新闻（通讯）社

~ de orden（集会的）管事；司仪

~ de pagos 支付业务

~ de paquetes postales 邮政包裹服务

~ de pasaje 客运服务；客运业务

~ (de) postventa 售后（技术）服务

~ de préstamo 提供贷款；放款业务

~ de puerta a［en］puerta 送货上门服务

~ de radiodifusión 无线电广播业务

~ de radionavegación 无线导航业务

~ de radionavegación marítima 海上无线导航业务

~ de reclamaciones 申诉受理机构

~ de recogida de basura 垃圾收集站

~ de recogida y entrega a domicilio 上门接送服务

~ de red orientado a conexión〈信〉面向连接的网络服务

~ de sobregiro 透支贷款服务

~ de socorro 紧急救援部门

~ de transporte aéreo 空运业；空运服务

~ de transporte subterráneo 地铁运输业；地铁运输服务

~ de urgencias（医院的）急诊室

~ de venta 销售部

~ de viaje 旅行社；旅游（服务）业

~ doméstico ①仆［佣］人；②家政服务

~ en vuelo 飞行中服务；空中服务

~ expreso 快递［运］服务

~ exterior 外事部门

~ fiduciario 信托服务；信托业务

~ fijo 定点通信业务

~ financiero 金融［财政］服务；融资信贷机构

~ fiscal interno 国内税务局

~ general 公用设施

~ militar 兵役

~ móvil marítimo 海上移动通信业务

~ móvil terrestre 陆上移动通信业务

~ Nacional de Estadística［S-］国家统计局

~ nocturno permanente 通宵服务

~ noticioso 新闻（通讯）社

~ permanente 昼夜服务

~ postal 邮政

~ público ①公用事业；②公职

~ rápido internacional 国际快递服务

~ secreto ①（政府的）特务机关，特工处；②秘密情报工作

~ social［sustitutorio］（代替服兵役的）社区服务

~ técnico（工程）技术部

~ telefax［telex］电传业务

~ telefónico ordinario〈讯〉普通老式电话业务

~ telegráfico 电报业务

~s actuariales 保险统计（精算）业务

~s al Estado 公职

~s bancarios para consumidores 小额银行业务

~s bancarios para empresas 大宗银行业务

~s comunitarios de salud 社区保健服务机构［设施］

~s de crédito 信用服务

~s en el campo 外勤服务，现场服务

~s en el plazo de garantía 保修期内服务项目

~s mínimos（罢工时提供的）最低限度服务

~s no atribuibles a factores 非要素服务

~s portuarios 港口服务

~s productivos 生产性服务

~s públicos 公共［公用］事业

~s sociales ①社会服务；②（政府办的）社会福利事业（包括保险、教育、医疗、住房等）

instrucciones de ~ 业务须知［指南］

zona de ~ 服务区域；有效作业区

servidor,-ra *m. f.* ①〈体〉（网球等运动中的）发球员；②服务员 ‖ *m.*〈信〉①服务器；②互联［因特］网服务供应商（*abr. ingl.* ISP）

~ apoderado 代理服务器

~ concurrente 并发服务器

~ de acceso remoto 远程访问服务器

~ de bases de datos 数据库服务器

~ de comunicaciones 通信服务器

~ de discos 磁盘服务器

~ de ficheros 文件服务器

~ de listas 信址列表管理器

~ de nombres de dominio 域名服务器
~ de red 网络服务器
~ de terminales 终端服务器
~ del orden *Cono S.* 警官
~ FTP〈信〉FTP 服务器
~ HTTP〈信〉HTTP 服务器
~ infradotado 薄型服务器
~ público *Amér. L.* 公务员
~ virtual 虚拟服务器
~ Web 万维网服务器

servilleta *f. Amér. L.* 〈植〉丝瓜

serviola *f.* 〈海〉吊[锚,铤]杆[柱],挂铤架

servioleta *f.* 〈海〉船首锚杆

serviprogramet *m.* 〈信〉服务器端小程序

servo *m.* ①〈生〉〈生理〉伺服机构;②〈信〉伺服系统;伺服机构;③〈机〉伺服电动机

servoaccionar *tr.* 〈机〉伺服驱动,使从[随]动

servoacelerímetro *m.* 〈机〉伺服加速计[仪]

servoamplificador *m.* 〈电子〉伺服放大器

servoasistido,-da *adj.* 〈机〉利用动力(帮助手动操作)的;加[助]力的

servocontrol *m.* ①〈机〉伺服机构;②〈信〉伺服[随动]控制

servodino *m.* 〈机〉伺服系统的动力传动(装置)

servodirección *f.* 〈机〉(车辆的)伺服转向(装置),转向助力装置

servoflap *m. ingl.* 〈机〉随动[辅助]襟翼

servofrenos *m. pl.* 〈机〉(车辆的)伺服制动器;助力闸[刹车]

servohidráulico,-ca *adj.* 〈机〉伺服液压控制的

servología *f.* 伺服系统学

servomando *m.* 〈机〉(车辆的)伺服动力操纵

servomanipulador *m.* 〈机〉伺服机械手

servomanómetro *m.* 〈化〉〈理〉(流体)伺服压力计

servomecanismo *m.* ①〈生〉〈生理〉〈信〉伺服机构;②〈机〉伺服装置(系统);随动系统

servomotor *m.* 〈机〉伺服电动机,继动器

servopistón *m.* 〈机〉伺服活塞

servopotenciómetro *m.* 〈电〉伺服电位[电势]计;伺服分压器

servosimulador *m.* 〈机〉伺服模拟机,伺服模拟机构

servosistema *m.* ①〈信〉伺服系统;②〈机〉伺服机构

servotransmisión *f.* 〈机〉伺服传动

servoválvula *f.* 〈机〉伺服(机构)阀,继动阀

sesámeo,-mea *adj.* 〈植〉芝麻科的‖①芝麻科植物;②*pl.* 芝麻科

sésamo *m.* 〈植〉芝麻

sesamoideo,-dea *adj.* 〈解〉芝麻粒状的;籽骨的

hueso ~〈解〉籽骨

sesgado,-da *adj.* ①斜的;倾斜的;斜向的;②〈体〉削球的;(球)侧旋的

sesgo *m.* ①倾斜;斜向;②弯[翘]曲;③〈缝〉(织物的)斜纹;④〈技〉斜面[边,角];⑤〈统〉偏差

sésil *adj.* 〈植〉(花、叶等)无柄的‖*m.* 〈生〉座生动物(如海葵)

hoja ~ 无柄叶

sesibilidad *f.* 〈植〉无柄

sesión *f.* ①(议会的)会议;一届会议;会期;②〈电影〉播[放]映,场(次);③〈戏〉演出;④〈信〉对话;⑤(从事某项活动的)一段时间;⑥〈医〉(治疗的)一段时间;⑦〈证券交易的〉市;⑧见 ~ de un tribunal

~ bursátil 股市
~ continua〈电影〉连续放映
~ de entrenamiento 训练时间
~ de espiritismo 降神会(一种以鬼魂附体者为中心人物,设法与鬼魂通话的集会)
~ de preguntas al gobierno (仿效英国式议会中大臣答复下议员所提问题的)质询时间
~ de un tribunal (法院的)开庭;开庭期
~ fotográfica (预先安排好的)媒体拍照时间
~ matinal (证券交易的)早市
~ ordinaria 例会
~ parlamentaria 议会会议
~ secreta 秘密会议

sesmo *m. Méx.* 塞斯莫[重量单位,约合 6 公斤]

seso *m.* ①〈解〉脑;脑髓,脑浆;②(供食用的)动物脑

sesquibásico,-ca *adj.* 〈化〉倍半碱价的

sesquicarbonato *m.* 〈化〉倍半碳酸盐

sesquidoble *adj.* 〈数〉两倍半的

sesquióxido *m.* 〈化〉倍半氧化物,三氧二…(化合物)

~ de aluminio 三氧化二铝
~ de cobalto 三氧化二钴
~ de hierro anhidro 三氧化二铁
~ de manganeso 氧化铁(粉),西红粉
~ de níquel 三氧化二镍
~ de nitrógeno 三氧化二氮

sesquiplano *m.* 〈航空〉翼半式飞机

sesquisal *m.* 〈化〉倍半盐

sesquisilicato *m.* 〈化〉倍半硅酸盐

sesquisulfuro *m.* 〈化〉倍半硫酸盐,三硫酸盐

sesquiterpenos *m. pl.* 〈化〉倍半萜烯

seston *m.* 〈生态〉(水面)悬浮[浮游]物

SET *abr. ingl.* secure electronic transaction〈信〉安全电子交易

seta *f.* ①〈植〉蘑菇;蕈;②〈生〉刚[刺]毛
~ comestible 食用菌
~ venenosa 毒菌,毒蕈
setero,-ra *adj.* 〈植〉蘑菇的 ‖ *m. f.* 采蘑菇的人
sétima *f. Méx.* 〈乐〉七弦吉他
seto *m.* ①栅[围]栏,篱笆;②*Cari.* 隔墙
setter *m.* 〈动〉赛特犬(一种捕猎用的长毛狗)
seudartrosis *f.* 〈医〉假关节
seudoácido *m.* 〈化〉假酸
seudoadiabático,-ca *adj.* 〈理〉伪[假]绝热的
seudoágata *f.* 〈矿〉假玛瑙
seudoagrafía *f.* 〈医〉假性失写(症)
seudoalbuminuria *f.* 〈医〉假蛋白尿
seudoalumbres *m. pl.* 〈化〉假矾
seudoanafilaxis *f.* 〈医〉假过敏反应
seudoanemia *f.* 〈医〉假贫血
seudoanquilosis *f.* 〈医〉假形关节强硬
seudoapoplejía *f.* 〈医〉假中风,假卒中
seudoartrosis *f.* 〈医〉假关节
seudoasimetría *f.* 假不对称
seudoasimétrico,-ca *adj.* 假不对称的
seudoatetosis *f.* 〈医〉假(性)手足徐动症
seudobacilo *m.* 〈生〉〈医〉假杆菌
seudobacteria *f.* 〈生〉〈医〉假细菌
seudobase *f.* 〈化〉假碱
seudobranquia *f.* 〈动〉假鳃
seudobrookita *f.* 〈矿〉铁板钛矿
seudobulbo *m.* 〈植〉假鳞茎
seudocarpo *m.* 〈植〉假果;附果
seudocartilaginoso,-sa *adj.* 〈医〉假软骨的
seudocartílago *m.* 〈医〉假软骨
seudocatálisis *f.* 〈化〉假催化
seudociencia *f.* 伪科学
seudociesis *f.* 〈医〉假孕,假妊娠
seudocilio *m.* 〈植〉假纤毛
seudocisto *m.* 〈医〉假孢囊
seudoclono *m.* 〈医〉假阵挛
seudocoloide *m.* 〈化〉假胶体
seudocombinación *f.* 〈数〉虚组合,(数理统计)虚处理
seudoconjugación *f.* 〈动〉假接合
seudocristal *m.* 赝晶体
seudocritical *adj.* 准临界的
seudodemencia *f.* 〈医〉假性痴呆
seudodiabetes *f.* 〈医〉假糖尿病
seudodifteria *f.* 〈医〉假白喉
seudodisentería *f.* 〈医〉假痢疾
seudoedemia *f.* 〈医〉假水肿
seudoefecto *m.* 伪效应
seudoeje *m.* 〈植〉合轴

seudoembarazo *m.* 〈医〉假孕
seudoequilibrio *m.* 准[伪]平衡
seudoescorpión,-ona *adj.* 〈动〉假蝎目的 ‖ *m.* ①假[拟,伪]蝎;② *pl.* 假蝎目
seudoesmeralda *f.* 〈矿〉假翡翠
seudofractura *f.* 〈医〉假骨折
seudofrecuencia *f.* 〈理〉伪频率
seudogen;seudogene *m.* 〈遗〉假[伪]基因
seudogestación *f.* 〈医〉假妊娠
seudoglobulina *f.* 〈生化〉拟球蛋白
seudohalógenos *m. pl.* 〈化〉拟卤素
seudohemofilia *f.* 〈医〉假血友病
seudohermafrodita *m. f.* 〈医〉假两性体
seudohermafroditismo *m.* 〈医〉假两性畸形
seudoheterotopia *f.* 〈医〉假异位
seudoictericia *f.* 〈医〉假黄疸
seudoimagen *f.* 假象
seudoinstrucción *f.* 〈信〉拟[伪]指令
seudokeratina *f.* 〈生化〉拟角蛋白
seudolinear *adj.* 假[伪]线性的
seudomal *m.* 〈医〉伪病
seudomalaquita *f.* 〈矿〉假孔雀石
seudomama *f.* 〈医〉假乳房
seudomembrana *f.* 〈医〉假膜
seudomerismo *m.* 〈生〉假(同分)异构(现象),伪异构象
seudomiopía *f.* 〈医〉假近视
seudomorfismo *m.* 〈矿〉假晶状态,拟晶形成过程
seudomorfo *m.* ①〈矿〉假晶,假同晶;假象;②假形
seudoparálisis *f.* 〈医〉假麻痹,假瘫
seudoparaplejía *f.* 〈医〉假截瘫
seudoparásito *m.* 〈生〉假寄生虫;假寄生物
seudoplástico,-ca *adj.* 假塑性的 ‖ *m.* 假塑性体
seudópodo *m.* ①〈动〉假[伪]足;②〈植〉假足
seudoquiste *m.* 〈医〉假囊肿
seudosclerosis *f.* 〈医〉假硬化病
seudoscópico,-ca *adj.* ①幻视的;②〈医〉虚性的
visión ~a 〈医〉虚性视觉
seudoscopio *m.* (照凸成凹、照凹成凸的)幻视镜,反影镜
seudosimetría *f.* 假对称
seudosimilar *adj.* 假[伪]相似的
seudosolución *f.* 〈医〉假溶液
seudotaquilita *f.* 〈地〉假玄武玻璃
seudotétanos *m.* 〈医〉假破伤风
seudotemperatura *f.* 假温度
seudotuberculosis *f.* 〈医〉假结核病
seudovoz *f.* 〈医〉假喉音

s. e. u. o. *abr.* salvo error u omisión 错漏除外,错漏当查

sexangular *adj.* 〈数〉六边[角]的

sexángulo,-la *adj.* 〈数〉六边[角]的 ‖ *m.* 六边[角]形

sexdigitado,-da *adj.* 〈医〉有六指[趾]的

sexdigital *adj.* 〈医〉六指[趾]的

sexismo *m.* ①(尤指对女性的)性别歧视[偏见];②性别主义

sexista *adj.* ①(尤指对女性的)性别歧视(者)的;②性别主义(者)的 ‖ *m. f.* ①性别歧视[偏见]者;②性别主义者

sexivalencia *f.* 〈化〉六价

sexivalente *adj.* 〈化〉六价的

sexo *m.* ①〈生〉性,性别;②性器官;③性行为[活动]
~ bello/feo 女/男人
~ débil/fuerte 女/男人
~ heterogamético 〈遗〉异配性别
~ homogamético 〈遗〉同配性别

sexofobia *f.* 对性的反感[厌恶]

sexología *f.* 〈医〉性学

sexólogo,-ga *m. f.* 性学专家

sexta *f.* 〈乐〉第六音级,六度音程;六度(和)音

sextana *f.* 〈医〉六日热

sextante *m.* 〈海〉〈航空〉六分仪
~ de aviación 航空六分仪
~ de burbuja 气泡六分仪
~ marino 航行六分仪
~ micrométrico 测微六分仪
~ periscópico 潜望六分仪

sexteto *m.* 〈乐〉①六重奏[唱];六重奏[唱]曲;②六重奏[唱]乐团

sextil *adj.* 六十度角距的;互距六十度的 ‖ *m.* 六十度角距

sextillo *m.* 〈乐〉六连音

sexuado,-da *adj.* 〈生〉有性器官的

sexual *adj.* ①性的,性别的;②两性(之间)的;性欲的;③〈生〉有性的;有性繁殖的
acto ~ 性交,性行为
apetito[deseo] ~ 性欲
caracteres ~es 性征
ciclo ~ ①性周期;②生殖周期
educación ~ 性教育
hormonas ~es 性激素类
infantilismo ~ 性幼稚症
órganos ~es 性器官
vida ~ 性生活

sexualidad *f.* ①〈生〉〈医〉性,性别;性征;②性欲,性兴趣;③性行为[活动]

s. f. *abr.* sin fecha 未注明出版日期的

SFD *abr. ingl.* start-of-frame delimiter 〈信〉开始定界符

sfumato *m. ital.* 〈画〉(素描中的)渲染层次;(风景画或海景画等上的)雾蒙蒙的模糊轮廓,模糊形状

Sg 〈化〉元素镭(seaborgio)的符号

SGBD *abr.* sistema de gestión de bases de datos 〈信〉数据库管理系统
~ paralelo 〈信〉并行数据库管理系统

SGBDR *abr.* sistema de gestión de bases de datos relacionados 〈信〉关系数据库管理系统

SGC *abr.* sistema de gestión de colores 〈信〉颜色管理系统

SGML *abr. ingl.* standard generalized markup language 〈信〉标准通用置标语言

SGRAM *abr. ingl.* synchronous graphics RAM 〈信〉同步图形随机储存器

sh *abr.* seno hiperbólico 〈数〉双曲正弦

shaca *f. Méx.* 〈解〉阴门,外阴

share *m. ingl.* (电视节目的)收视率,受众占有率

shareware *m. inv.* 〈信〉共享软件

shenshe *m. Méx.* 〈植〉马齿苋

sherardización *f.* 〈冶〉(在铁制品上)锌粉热镀,粉(末)镀(锌)

shiatsu *m. jap.* 〈医〉指压按摩(一种由中国传入后流行于日本的疗法)

shigabá *m. Méx.* 〈植〉葫芦

shigella *f.* 〈生〉志贺氏(杆)菌

shigelosis *f.* 〈医〉志贺氏菌病,细菌性痢疾病

shock *m. ingl.* 〈医〉①休克;②休克疗法

shockwave *m. ingl.* 〈信〉Shockwave 软件

shonkinita *f.* 〈矿〉等色岩

shopicuy *m. Méx.* 刺绣;刺绣品

shot *m. Arg.*,*Urug.* 〈体〉射门

shou *m. Méx.* 电影

shunt *m. ingl.* ①调[转]轨;(铁路的)转辙器;②〈生〉旁[支]路;③〈电〉分流(器),分流(器);④〈医〉(动静脉的)吻合分流术
~ de corriente 电流分流器
~ de un galvanómetro 检流计分流器
~ universal 通用分流器

shuntado,-da *adj.* 〈电〉分路[流]的
condensador ~ 分[旁]路电容器

shuntar *tr.* 〈电〉使分路[流],装分流器于

shusho *m. Méx.* 〈解〉阴门,外阴

SI. *abr.* sistema internacional de unidades 〈理〉国际单位制

si *m.* 〈乐〉七个唱名之一

Si 〈化〉元素硅(silicio)的符号

sia *f.* 〈乐〉十二竹管的笛

sial *m.* 〈地〉硅铝带;硅铝层

sialadenitis *f. inv.* 〈医〉涎腺炎

sialadeno *m.*〈解〉涎腺，唾液腺

sialadenoma *m.*〈医〉涎腺瘤

sialagogo *m.*〈生医〉催涎剂

sialismo *m.*〈医〉多涎

sialma *m.*〈矿〉硅岩层

sialoadenectomía *f.*〈医〉涎[唾液]腺切除术

sialoadenitis *f. inv.*〈医〉涎腺炎

sialoadenotomía *f.*〈医〉涎[唾液]腺切开引流术

sialoaerofagia *f.*〈医〉吞涎气症

sialoangiectasia *f.*〈医〉涎管扩张

sialocele *m.*〈医〉涎[唾液腺]囊肿

sialodocoplastia *f.*〈医〉涎[唾液]管成形术

sialodoquitis *f. inv.*〈医〉唾液管炎

sialofagia *f.*〈医〉吞涎症，吞唾液症

sialogeno,-na *adj.*〈医〉催[生]涎的

sialografía *f.*〈医〉涎[唾液]管造影术

sialograma *m.*〈医〉涎管造影片

sialoide *adj.* 唾液样的

sialolitiasis *f.*〈医〉涎石病

sialolito *m.*〈医〉涎石

sialolitotomía *f.*〈医〉涎石摘除术

sialología *f.*〈医〉唾液学

sialoma *m.*〈医〉涎[唾液](腺)瘤

sialometaplasia *f.*〈医〉唾液腺化生

sialomucina *f.*〈生化〉酸黏蛋白，唾液酸黏蛋白

sialorrea *f.*〈医〉流涎

sialosemiología *f.*〈医〉涎[唾液]诊断学

sialosiringe *m.*〈医〉涎[唾液]腺瘘

sialosquesis *f.*〈医〉涎[唾液]腺分泌抑制

sialostenosis *f.*〈医〉涎[唾液]管狭窄

siamanga *f.*〈动〉(产于马来半岛及苏门答腊的)合趾猴

siberita *f.*〈矿〉紫电气石，紫碧硒

sibricojen *m.* Col.〈植〉苦瓜

sibucao *m.*〈植〉苏木

sicamor *m.*〈植〉南欧紫荆

Sicigia *f.* [s-]〈天〉朔座

sicoanálisis *m.* 精神分析；弗洛伊德精神分析法

sicoanalista *m. f.* 精神分析学家

sicoanalístico,-ca *m. f.* 精神分析的；精神分析原理的

sicocirugía *f.*〈医〉精神外科(学)

sicodrama *m.*〈心〉心理表演疗法(一种通过由患者演剧治疗精神病的方法)

sicofármaco *m.*〈药〉精神药物，亲精神药

sicofarmacología *f.*〈药〉精神病药理学

sicofísica *f.*〈心〉精神[心理]物理学

sicofisiología *f.*〈心〉精神[心理]生理学

sicogénesis *f.*〈心〉心理发生，精神起因

sicolingüística *f.* 心理语言学

sicología *f.*〈心〉心理学

sicologismo *m.*〈心〉(指在解释哲学、宗教、文化等问题时的)唯心理论

sicólogo,-ga *m. f.*〈心〉心理学家

sicometría *f.*〈心〉心理测量，精神测定法

sicomoro；sicómoro *m.*〈植〉西克莫，无花果(基督教《圣经》中的桑树)

sicomotor,-ra *adj.* 精神(性)运动的；心理(产生)运动的

siconeurosis *f.*〈医〉神经机能病，神经(官能)症

sicono *m.*〈植〉①复[聚花]果；②隐头花序

sicópata *m. f.*〈医〉①精神变态者；变态人格者；②精神病患者

sicopatía *f.*〈医〉①精神变态；变[病]态人格；②精神病[障碍]

sicopático,-ca *adj.*〈医〉①精神变态的；变态人格的

sicopatología *f.* ①精神[心理]病理学；②心理变态

sicopedagogía *f.* 心理教育学

sicosensorial *adj.* 精神感觉的

sicosexual *adj.* 精神性欲的，淫荡的

sicosis *f.*〈医〉①须疮；羊须疮(中医学用语)；睑疮；②精神错乱[失常]；精神病

sicosociología *f.* 心理社会学

sicosomático,-ca *adj.*〈医〉身心[心身]的

sicotecnia *f.* 心理技术学

sicotécnico,-ca *adj.* 心理技术的

sicoterapeuta *m. f.* 精神病专家

sicoterapia *f.*〈心〉〈医〉精神疗法，心理疗法

sicótico,-ca *adj.*〈医〉精神病的，精神错乱的

sicótropo,-pa *adj.*〈药〉(药物)作用于精神的

　　fármaco ～ 精神药物，亲精神药

sicrofílico,-ca *adj.*〈生〉(细菌)嗜冷(性)的

sicrófilo *m.*〈生〉嗜冷性细菌

sicrometría *f.*〈气〉(空气)湿度测量，湿度测定法；测湿学

sicrométrico,-ca *adj.*〈气〉(空气)湿度测量的

　　carta ～a 空气湿度(测量)图

sicrómetro *m.*〈气〉(干湿球)湿度计；干湿表

SIDA *abr.* síndrome de inmunodeficiencia adquirida〈医〉获得性免疫缺陷综合征，艾滋病

sidafobia *f.*〈心〉〈医〉艾滋病恐惧症

sidatorio *m.*〈医〉艾滋病专科医院

sideral；sidéreo,-rea *adj.* ①〈天〉星的；宇宙[外层](空间)的；②(成本、价格等)极巨大的

　　espacio ～ 宇宙(空间)；外层(空间)

sidérico,-ca *adj.* 铁的

siderita *f.* 〈矿〉菱铁矿

siderítico,-ca *adj.* 〈含〉菱铁矿的

siderito *m.* 〈天〉铁陨星, 陨铁

siderización *f.* 〈技〉木材防腐处理

sideroderma *m.* 〈医〉铁色皮(症)

siderofilita *f.* 〈矿〉针叶云母

siderófilo,-la *adj.* 嗜铁的

siderofobia *f.* 〈心〉铁道[火车]恐怖

siderolito *m.* 〈地〉石铁陨星, 石铁陨石

sideromelana *f.* 〈矿〉铁镁矿物

siderometalurgia *f.* 〈冶〉钢铁(冶金)工业

siderometalúrgico,-ca *adj.* 〈冶〉钢铁(冶金)的

sideronatrita *f.* 〈矿〉纤钠铁矾

siderosa *f.* 〈矿〉菱铁矿

sideroscopio *m.* 〈理〉〈医〉铁屑检查[测]器

siderosilicosis *f.* 〈医〉铁硅尘肺, 铁硅末沉着病

siderosis *f.inv.* 〈医〉铁沉着(病); 铁尘肺

sideróstato *m.* 〈天〉定星镜

siderotecnia *f.* 〈冶〉冶铁术

sideroterapia *f.* 〈医〉铁剂疗法

siderotila *f.* 〈矿〉纤铁矾

siderurgia *f.* 〈冶〉钢铁工业

siderúrgica *f.* 〈冶〉钢铁厂

siderúrgico,-ca *adj.* 〈冶〉钢铁工业的

sídico,-ca *adj.* 〈医〉艾滋病的

sidoso,-sa *adj.* 〈医〉艾滋病的 ‖ *m.f.* 艾滋病患者

SIECA *abr.* Secretaría Permanente del Tratado General de Integración Económica Centroamericana 中美洲经济一体化总协定常设秘书处

siega *f.* 〈农〉①收割(庄稼); ②收割季节

siembra *f.* 〈农〉〈植〉①播种; ②播种季节
~ a voleo 〈植〉撒播
~ en líneas 〈植〉条播
patata de ~ 作种用马铃薯

siembraminas *m.inv.* 〈军〉布雷专家

siembre *m.Cari.* 〈农〉播种(庄稼)

siemens *m.* 〈电〉〈理〉西门子(亦称"姆欧", 电导的实用单位, 等于欧姆的倒数)

siempreverde *adj.* 〈植〉常绿的 ‖ *m.* 常绿植物; 常绿树

siempreviva *f.* 〈植〉长生草属植物
~ amarilla 千日红
~ mayor 星顶长生花
~ menor 白景天

sien *f.* 〈解〉太阳穴

siena *f.inv.* 赭色

sienita *f.* 〈地〉正长岩

sierpe *f.* ①〈动〉蛇; ②〈植〉(从根部长出的)嫩枝

sierra *f.* ①锯; ②锯齿状物; ③〈地〉锯齿山脊; 山地[峦]; ④*Méx.* 〈动〉箭鱼
~ al aire(~ abrazadera)(双人)大锯
~ alternativa 弓锯
~ alternativa vertical 窄锯条机锯
~ anular 筒形锯
~ cabrillar (双人)大锯
~ cilíndrica 圆锯
~ circular[giratoria] 圆盘锯; 圆锯片
~ con marco 框[架]锯
~ continua 无端带锯
~ de arco[contornear] 弓锯
~ de aserrar a hilo 横切锯
~ de balancing 摆锯
~ de bastidor 框锯
~ de cadena 链锯
~ de calados[calar] 开榫锯
~ de cantería 石锯
~ de cinta 带[圆]锯
~ de cortar en frío 冷割用锯
~ de cremallera 阔齿锯
~ de dientes articulados 链[叠]锯
~ de enrasar[espigar] 开榫锯
~ de escotar 弧锯
~ de hojas múltiples 排锯
~ de listonar 胶合板锯(床)
~ de madera contrachapada 胶合板锯(床)
~ de mango 手锯
~ de marmolista[trocear] 横切锯
~ de marquetería 线锯
~ de péndulo 摆锯
~ de perforar 弓锯, 弧锯, 曲线锯
~ de rodear (斜形狭)圆锯, 曲线锯
~ de talar 伐木锯
~ de trozar 钩齿锯
~ de vaivén 线锯(有狭锯条); 钢丝锯, 镂花锯
~ eléctrica 电锯
~ en caliente/frío 热/冷锯
~ fina[lisa] 细齿锯
~ longitudinal 粗木锯, 开槽锯
~ mecánica 机械[动力]锯, 锯机
~ mecánica alternativa vertical 〈钢丝锯; 螺纹锯
~ múltiple 组[排]锯
~ (oscilante) para metales 弓锯, 钢锯
~ para carbón 截煤机
~ para colas de milano 鸠尾锯
~ para madera 木锯
~ para rieles 切轨锯
~ pendular 飞剪

～ pequeña 手锯
～ radial 转向锯
～ respaldada 镶边手锯
～ sin fin 带锯
～ tronzadera 横割锯
hoja de ～ 锯条
lima triangular para dientes de ～(修)锯锉,锯齿三角锉

sieso *m.* 〈解〉肛道

sietecueros *m. inv. Amér. L.* 〈医〉甲沟炎

sievert *m.* 见 unidad de ～
unidad de ～ 〈理〉西韦特单位(γ 射线剂量单位)

sifilelcosis *f.* 〈医〉梅毒性溃疡

sifílide *f.* 〈医〉梅毒疹
～ guttata 滴状梅毒疹

sifilidoftalmía *f.* 〈医〉梅毒性眼炎

sifilis *f. inv.* 〈医〉梅毒
～ secundaria 第二期梅毒

sifilítico,-ca *adj.* 〈医〉①梅毒的;②患梅毒的 ‖ *m. f.* 梅毒患者
nudo ～ 梅毒性结节
prueba ～a 梅毒试验
seudoparálisis ～a 梅毒性假麻痹

sifilización *f.* 〈医〉梅毒(预防疫苗)接种

sifilofobia *f.* 〈医〉①梅毒恐怖;②梅毒妄想

sifilogénesis; sifilogenia *f.* 〈医〉梅毒发生

sifiloideo,-dea *adj.* 〈医〉梅毒样的;类梅毒的

sifilología *f.* 〈医〉梅毒学

sifilólogo,-ga *m. f.* 〈医〉梅毒学家

sifiloma *m.* 〈医〉梅毒瘤

sifilopsicosis *f.* 〈医〉梅毒性精神病

sifiloterapia *f.* 〈医〉梅毒的治疗

sifón *m.* ①〈技〉虹吸管;②〈动〉软体动物等的)虹[水]管;(头足纲动物的)体管;(昆虫等的)管形口器,呼吸器;③〈建〉(水管、煤气管的)存水弯;(排水的)虹吸设备,弯管;S[U]形弯管;④汽[苏打]水;⑤(压杆式)汽[苏打]水瓶
～ de alcantarilla 放泄弯管,排水防气瓣
galería de ～ 倒置虹管式排水巷道,独立平巷
mecha de ～ 吸油芯
registrador de ～ 虹吸(式)记录器

sifonado,-da *adj.* ①有虹吸管的;②〈动〉(软体动物)有水管的 ‖ *m. pl.* 软体动物

sifonaje *m.* 虹吸(作用);虹吸法

sifonales *m. pl.* 〈植〉管藻目

sifonamiento *m.* 虹吸(作用);虹吸法

sifonáptero,-ra *adj.* 〈昆〉蚤目的 ‖ *m.* ①蚤目昆虫;②*pl.* 蚤目

sifonete *m.* 〈昆〉(蚜虫等的)腹[蜜]管

sifónico,-ca *adj.* ①虹吸(作用)的;②虹吸管(状)的;似虹吸管的

sifonocladales *f. pl.* 〈植〉管枝藻目

sifonóforo,-ra *adj.* 〈动〉管水母的 ‖ *m.* ①管水母;②*pl.* 管水母目

sifonogamia *f.* 〈植〉粉管受精

sifonógamo,-ma *adj.* 〈植〉粉管受精的

sifonostela *f.* 〈植〉管状中柱

sifosis *f. inv.* 〈医〉脊柱后凸,驼背

SIG *abr.* ① sistema de información geográfica 〈信〉地理信息系统;② sistema de información de gestión 〈信〉管理信息系统;③*ingl.* special interest group 〈信〉专门兴趣组

sigma *f.* ①〈统〉标准差;②〈数〉∑(和的符号)

sigmoide *adj.* ①S[∑]形的,乙状的;②〈解〉〈医〉乙状结肠的

sigmoidectomía *f.* 〈医〉乙状结肠切除术

sigmoideo,-dea *adj.* 见 sigmoide
cavidad ～a 乙状窝
colon ～ 乙状结肠

sigmoiditis *f. inv.* 〈医〉乙状结肠炎

sigmoidopexia *f.* 〈医〉乙状结肠固定术

sigmoidoscopia *f.* 〈医〉乙状结肠镜检术

sigmoidoscopio *m.* 〈医〉乙状结肠镜

sigmoidostomía *f.* 〈医〉乙状结肠造口术

sigmoidotomía *f.* 〈医〉乙状结肠切开术

signatiforme *adj.* 〈动〉海马目的 ‖ *m. pl.* 海马目

signatura *f.* ①〈乐〉调号;(某一广播节目开始或结束时的)信号曲;②标记;〈印〉书帖;折标(指示装订的字母标记);③(图书、档案等的)目录编号;(图书馆藏书上标的)书架号;④签字[署]

signo *m.* ①标记;记号;②〈乐〉音符;③征兆;④〈医〉征,体征;⑤示意动作;⑥〈数〉符号;(语言等的)符号;⑦〈天〉宫;⑧ 见 ～ del zodíaco
～ de Babinski 〈医〉巴宾斯基征
～ de calidad 质量标记
～ de la cruz (尤指天主教徒在胸前)画十字手势
～ de la victoria (伸开食、中两指的)V 字[胜利]手势
～ de sumar 加号
～ de una permutación 〈数〉排列符号
～ del zodíaco ①黄道宫;②(根据人出生年月日在黄道十二宫中找到所属相应的)星座
～ igual 等号
～ lingüístico 语言符号
～ más/menos 加/减号

~ más menos 加减号

~ natural 天然[固有]标记

~ negativo/positivo 负/正号

~ por 乘号

~ postal （印或盖印在信封、明信片等上的）代邮标记

~ radical 〈数〉根号

silano m. 〈化〉硅烷；硅甲烷

silbante m. 〈环〉啸声信号；啸声干扰

silbato m. ①哨子；②（警、汽）笛；③（气、液体可通过的）缝隙

~ a vapor 汽笛

~ de alarma 警笛

~ de locomotora 机车汽笛

sildenafil m. 〈药〉西地那非（用于治疗勃起功能障碍）

silenciador m. ①〈机〉(内燃机等的)消音器；静噪器；②（步枪、手枪等的）消声[消音]器

~ de escape 消声[消音]器

~ de ruido 静[减]噪器，噪声抑制器

colector de los ~es 集噪总管

pistola con ~ 无声手枪

silencio m. ①安[寂]静；无声；②〈乐〉休止；休止符

~ administrativo （在规定期限内对某一公事的）搁置不办

cono de ~ 静锥区，圆锥形静区

ensayo de ~ 消声试验

gabinete de ~ 隔音室

señal de ~ 停机信号

zona de ~ 死(盲)区，静区，(跳)越区

silencioso,-sa adj. ①安[寂,宁]静的；②无声的；(机器)噪声最小的；③信号[音信]不通的

arco ~ 静弧，无声电弧

interruptor ~ 静噪开关

período ~ 静寂期间

punto ~ 静点，无感点

silesia f. Amér. L. 〈纺〉白色粗布

silex, silex m. ①〈矿〉燧[硅]石，石英；②石英玻璃

silicación f. 〈化〉硅化(作用)

silicagel m. 〈化〉(氧化)硅胶

silicano m. 〈化〉(甲)硅烷

silicar tr. 〈化〉使硅化

silicatado,-da adj. 〈化〉含硅酸盐的

silicatizar tr. 〈化〉硅化处理

silicato m. 〈化〉硅酸盐[酯]

~ alumínico 硅酸铝

~ cristalino 结晶硅酸盐

~ de soda[sodio, sosa] 硅酸钠（其水溶液即水玻璃）

~ de zinc 硅酸锌

~ flúorico de soda 氟硅酸钠

~ sódico 硅酸钠

silicatosis f. 〈医〉硅酸盐沉着病

sílice f. 〈矿〉硅石，二氧化硅

gel de ~ (氧化)硅胶

silíceo,-cea adj. ①〈化〉硅质的；含硅的；②像硅的

arena ~a 硅质砂

rocas ~as 硅质岩

silícico,-ca adj. ①〈化〉硅的；含硅的；②〈地〉(岩石)含硅的

ácido ~ 硅酸

silicícolo,-la adj. 〈植〉在硅质土中生长（茂盛）的

planta ~a 在硅质土中生长茂盛的植物

silicificación f. 〈化〉硅化(作用)

silicificar tr. 〈化〉使硅化

silicio m. 〈化〉硅

acero al ~ 硅钢

monocristal de ~ 单晶硅

multicristal de ~ 多晶硅

tratamiento por absorción de ~ 硅化处理

siliciuro m. 〈化〉碳化硅，硅化物

silicocarburo m. 〈化〉碳化硅(俗称金刚砂)

silicona f. 〈化〉(聚)硅酮，(聚)硅氧烷；硅有机树脂

silicosis f. inv. 〈医〉硅肺，石末沉着病

silicótico,-ca adj. 〈医〉硅[矽]肺的

silicotuberculosis f. inv. 〈医〉硅[矽]肺结核

silicua f. 〈植〉长角果

silícula f. 〈植〉短角果

silla f. ①坐椅，椅[凳]子；②（马）鞍；鞍具[座]

~ portacojinete 轴承座[架]

sillar m. 〈建〉①方[料]石，(铺路用的)石板；②(嵌饰墙面等用的)整形块石

~ de clave 拱顶石

pequeños ~es 填塞石料

sillería f. ①〈集〉椅子；(尤指公共场合的)坐椅；②椅子厂；制椅业；③椅子店；④〈建〉石工[工程]；石工[料石]行业

~ de adoquines (铺路)石砌工程

sillimanita f. 〈矿〉硅线石

sillín m. ①(马)鞍；②(摩托车、自行车等的)鞍具[座]

silo m. ①〈农〉(存放粮食的立式)筒仓；②地窖；地下仓库；③干牧[饲]草；④〈军〉掩体，地堡；⑤见 ~ lanzamisiles

~ lanzamisiles 〈航天〉(导弹)发射井

silogismo m. ①〈逻〉三段论，演绎推理；②推论[断]

silogística f. 〈逻〉三段论；三段论逻辑学

silogístico,-ca *adj.* 〈逻〉(用)三段论的,(用)演绎推理的

silómetro *m.* 〈海〉测仪

siloxano *m.* 〈化〉硅氧烷

siloxeno *m.* 〈化〉硅氧烯

silueta *f.* ①外形;②〈画〉轮廓;③体形;④剪影

siluriano,-na *adj.* 〈地〉志留纪[系]的 ‖ *m.* 志留纪[系]

silúrico *m.* 〈地〉志留纪

silúrido,-da *adj.* 〈动〉鲇科的 ‖ *m.* ①鲇鲶;②*pl.* 鲇科

siluro *m.* 〈动〉六须鲇

silútico,-ca *adj.* 〈地〉志留纪[系]的

silvamar *m.* 〈植〉菝葜

silvanita *f.* 〈矿〉针碲金银矿

silvano,-na 森林的;密林的;多林木的

silvarronco *m.* 〈鸟〉歌鸲

silvático,-ca *adj.* ①热带植丛的,丛[密]林的;②林区的,森林的;③野蛮的;④〈植〉野(生)的;未经栽培的

silvestre *adj.* ①〈动〉野生的;未驯化的;②〈植〉野生的,未经栽培的;③未种植的;④荒野的

　　animal ~ 野生动物
　　campo ~ 荒野地
　　frutas ~s 野果
　　planta ~ 野生植物
　　vida ~ 〈环〉野生动植物群

sílvica *f.* 森林(生态)学

silvicultor,-ra *m.f.* ①林学家;林业专家;②育林者

silvicultura *f.* ①造林;造林学;造林术;②林业;林学

silvina *f.* 〈矿〉钾盐

silvinita *f.* 〈矿〉钾石盐

silvita *f.* 〈矿〉钾盐

sima *f.* ①深渊[坑];②〈地〉(溶洞下陷等原因造成的)深[窝]洞;③〈建〉(柱基的)凹弧边饰 ‖ *m.* 〈地〉硅镁(地)层,硅镁带[圈]

simarruba *f.Amér.M.* ; **simaruba** *f.* 〈植〉苦楝

simarubáceo,-cea *adj.* 〈植〉苦木科的 ‖ *f.* ①苦木科植物;②*pl.* 苦木科

simático,-ca *adj.* 〈地〉由硅镁带[层,圈]构成的

simbionte *adj.* 〈生〉共生的 ‖ *m.* ①共生生物;②共生体(尤指其中较小者);共生者(在共生体中生活的生物之一)

simbiosis *f.* ①〈生〉共生现象;②合作关系;互利[互依]关系

simbiótico,-ca *adj.* 〈生〉共生的

simbléfaron *m.* 〈医〉睑球粘连;两睑粘睛(中医用语)

simbólico,-ca *adj.* ①象征的;象征性的;②象征主义的;③符号的;使用符号的;构成符号的

　　código ~ 符号(代)码,象征码
　　donativo ~ 象征性捐款
　　función ~a 符号函数
　　lógica ~a 〈数〉符号逻辑
　　pintura ~a 象征画

simbolia *f.* 〈医〉形体感觉

simbolismo *m.* ①象征性;象征意义[作用];②符号体系;象征(体系);③(文学艺术的)象征主义;④〈逻〉符号表示;⑤〈医〉象征癖(精神分析理论);⑥象征主义派(19世纪末法国文艺思潮流派)

simbolista *adj.* 象征主义的;象征主义者的 ‖ *m.f.* ①象征主义者;②象征主义(派)作家

simbolizable *adj.* 可用符号表示的

simbolización *f.* 符号化[表示];象征化[作用]

símbolo *m.* ①象征,标志;②符[代,记]号;③〈化〉(元素的)符号;④〈信〉符号

　　~ de control 控制符号
　　~ de prestigio 社会地位的象征(如财产、社交圈、生活方式等)
　　~ de una unidad 〈理〉单位符号
　　~ gráfico 图标[符]
　　~ lógico 逻辑符号
　　~ químico 〈化〉化学元素符号
　　~s de posición social 社会地位的象征

simbolofobia *f.* 〈心〉象征恐怖

simbología *f.* ①〈集〉符号;符号系统;象征(体系);②符号学

simelia *f.* 〈医〉并腿(畸胎)

simetría *f.* ①对称(性;现象);②匀称;协调

　　~ axial 〈测〉〈数〉轴对称
　　~ bilateral 〈生〉两侧对称
　　~ central 〈测〉中心对称
　　~ cristalina 〈地〉晶体对称
　　~ molecular 〈化〉分子对称
　　~ respecto de una recta 〈测〉〈数〉轴对称
　　eje de ~ 对称轴

simétrico,-ca *adj.* ①对称的;②匀称的;协调的

　　diferencia ~a 〈数〉对称差分
　　espacio ~ 对称空间
　　función ~a 〈数〉对称函数
　　grupo ~ 〈数〉对称群
　　relación ~a 对称关系
　　sección ~a 对称断面,对称段

simetrización *f.* ①(使)对称;对称性;②(使)匀称

símico,-ca；**simiesco,-ca** *adj*. ①（像）类人猿的；②猴类的

simiente *f*. ①种子；②〈生理〉精子；精液
puerco de ～ 种猪

similigrabado *m*. 照相制版术

similor *m*. 金色铜，铜锌合金（一种仿金合金）

simio,-mia *adj*. （像）类人猿的，（像）猴的 ‖ *m. f*.〈动〉猴 ‖ *m. pl*. 猿猴亚目

SIMM *abr. ingl*. single in-line memory module〈信〉单列直插式存储模件

simpatectomía *f*.〈医〉交感神经切除术

simpatía *f*. ①〈理〉和应（作用）；②〈医〉共感；（器官间病症、疼痛等的）交感（作用）

simpático,-ca *adj*. ①〈解〉交感神经（系统）的；②〈医〉（病症、疼痛等的）交感性的；③（环境等）令人愉快的，相宜的 ‖ *m*.〈解〉交感神经

simpaticoblastoma *m*.〈医〉成交感神经细胞瘤

simpaticogonioma *m*.〈医〉交感神经原细胞瘤

simpaticolítico,-ca *adj*.〈生医〉交感神经阻滞的

simpaticoneuritis *f. inv*.〈医〉交感神经炎

simpaticopatía *f*.〈医〉交感神经系统病

simpaticotonía *f*.〈医〉交感神经紧张，交感神经过敏

simpaticotripsia *f*.〈医〉交感神经压轧术

simpatina *f*.〈生化〉交感神经素，去甲肾上腺素

simpatoblastoma *m*.〈医〉成交感神经细胞瘤

simpatogonia *f*.〈医〉交感神经原细胞

simpatolítico,-ca *adj*.〈生医〉交感神经阻滞的 ‖ *m*.〈药〉交感神经阻滞药

simpatomimético,-ca *adj*.〈生医〉拟交感神经的 ‖ *m*.〈药〉拟交感神经药，类交感神经药

simpátrica *f*.〈生〉〈生态〉（生物的）分布区重叠，同域

simpátrico,-ca *adj*.〈生〉〈生态〉（生物）分布区重叠的；同域的

simpétalo,-la *adj*.〈植〉（花）合瓣的
flor ～a 合瓣花

simple *adj*. ①单（一）的；单纯的；②简单[便，易]的；③普通的；④〈化〉（结构）单一的；⑤〈植〉单瓣的 ‖ *m*. ①〈药〉单味药，原药；②单纯[一]物质；③ *pl*.〈体〉（网球等运动的）单打比赛
～ muralla 单墙
～ viaje 单航次
(un) ～ abogado 普通律师
(un) ～ soldado 普通士兵

arbitraje ～ 简单仲裁，单一仲裁
avería ～ 普通海损
cuerpo ～〈化〉单一成分物体
de ～ efecto〈机〉单作用的，单动的
hoja ～〈植〉单叶[瓣]片
onda ～ 简单波
partida ～ 单式记账
péndulo ～〈理〉单摆
substancia ～〈化〉单一物质
tallo ～〈植〉单茎

simplesita *f*.〈矿〉砷铁矿

simplex；**símplex** *m*. ①〈测〉〈数〉单形；②〈讯〉〈信〉单向信号

simplificable *adj*. 可简化的

simplificación *f*. ①简单[单一]化；单纯化；②简化，精简；③〈数〉约分
～ de la estructura administrativa 精简机构
～ de trabajos 工作简化
～ de trámites 简化手续

simplista *adj*. （把复杂问题）过分简单化的

simpo *m. Chil*.〈植〉绒花树叶

simpodia *f*.〈医〉并腿畸胎

simpodial *adj*.〈植〉合轴的

simpodio *m*.〈植〉合轴

simulación *f*. ①假装，冒充；模仿，扮演；②〈数〉〈信〉模拟；仿真；③〈法〉伪造（民法用语）；假冒；④〈心〉装[诈]病；⑤〈环〉〈医〉拟态；⑥见 ～ Montecarlo
～ de máquina 机器模拟
～ Montecarlo〈统〉蒙特卡洛法模拟，统计试验法模拟
～ por ordenador 计算机模拟

simulacro *m*. ①假装；假象，幻影；模拟（物）；②〈军〉演习
～ de ataque 模拟进攻，演习（性）攻击
～ de ataque aéreo 防空演习，空袭模拟演习
～ de combate 模拟战
～ de incendio 消防演习
～ de salvamento〈海〉救生演习

simulado,-da *adj*. 模拟的
vuelo ～ 模拟飞行

simulador *m*. ①〈技〉模拟器，模拟装置，仿真器；②〈信〉模拟程序
～ de vuelo 飞行模拟器，飞行（条件）模拟装置
～ electrónico 电子模拟装置

simultaneidad *f*. 同时性；同步（性）

simultáneo,-nea *adj*. ①同时发生[存在]的；同时进行的，同步的；②〈数〉（方程等）联立的
ecuación ～a 联立方程

observación ～a 同时观测
sistema ～ 同步系统；同时制
sistema de asignación ～a 同步划拨制
traducción ～a 同声翻译
transmisión ～a 同时传输[送]
verificación ～a 同时验证

simún *m.* 〈气〉西蒙风(非洲、阿拉伯半岛等沙漠地带的干热风)

sin *prep.* ①不，无，没有；②除…之外，不算
～ abonar en cuenta 未入账
～ acción regresiva 无追索权，不受追索
～ amortiguar 不[未，无]阻尼的；无衰减的
～ asegurar 未加保险
～ autorización 无授权，未经批准
～ cancelar 未撤销，未取消
～ carga 无载，空载(的)，空负荷(的)
～ cargar (军械)空弹(的)
～ chispas 无电[火]花的
～ compromiso 无约束，不受约束
～ condensación 不(能)冷凝的；不凝结的
～ conexión 〈信〉无连接的
～ construir 未建造的；无建筑物的
～ cortar (宝石)未经琢磨，未雕刻
～ costura 无缝的，整压[拉]的
～ demostrar 未经证实[验证]
～ depósito de fondos 未备基金，无基金储备
～ embalaje 无包装
～ escala 中途不停，直达
～ espuma 无泡沫的
～ etiqueta 〈信〉未加标签的；未用标签注明的
～ excitar 未励磁的，未(加)激励的，未激发的
～ existencias 无库存
～ fin 无尽[穷，限]的
～ garantía 无担保
～ hierro 非铁的
～ hilos 无线的，不用电线的
～ inducción 无感(应)的；非诱导的
～ manchas 无污点(的)，无瑕疵的
～ marca 没有标记的；未做记号的；没有标牌的
～ mareas 无潮(汐)的
～ modulación 未调制的
～ núcleo 无核[芯]的；空心的
～ otro aviso 不另行通知
～ parar (中途)不停的，直达的
～ polarizar 非[不]极化的，非偏振的
～ precio 无标价；无定价
～ previo aviso 无须事先通知

～ protección 未加保护的；不受关税保护的
～ protesto 无异议；无拒付证书
～ provecho ①无利益的；无益的；②无开采价值(的)
～ punta 钝的，不尖[利，快]的
～ reclamar 无人领取[认领]
～ responsabilidad 不承担责任；无责任
～ rieles 无轨的
～ riesgo 无风险(的)
～ rival 无比的，不能比拟的
～ ruido 无[低]噪音[声]的，无干扰的
～ saldar 未决[清]算的
～ sellar 未盖戳[章]的
～ señal 无标记[志]；无信号
～ sol 没有[晒不到]太阳的
～ trabajar ①未加工的，粗糙的；②无工作；失业
～ valor comercial 无商业价值
～ ventilación 不通风的，空气不流通的
～ vía 无路的

sinadelfita *f.* 〈矿〉砷铝锰矿
sinalagmático,-ca *adj.* 〈法〉(合同，条约等)对双边具有约束力的
sinalgia *f.* 〈医〉牵涉[连带]痛
sinangio *m.* 〈植〉聚合囊
sinantéreo,-rea *adj.* 〈植〉(复合植物等)聚药的
sinantrina *f.* 〈化〉菊糖；菊粉
sinántropo *m.* 中国猿人(即北京人)
sinapis *f.* 〈植〉芥子属
sinapismo *m.* 〈药〉芥子泥
sinapsis *f. inv.* ①〈生〉(染色体)接合，联会；②〈解〉突触
～ colinérgica 〈生医〉胆碱能突触
～ inmunológica 免疫联会
sináptico,-ca *adj.* ①〈生〉(染色体)接合的，联会的；②〈解〉突触的
membrana ～a 突触膜
sinaptología *f.* 〈医〉突触学
sinartrofisis *f.* 〈医〉关节粘连
sinartrosis *f.* 〈解〉不动关节
sincarión *m.* ①〈植〉合子核；②〈医〉合核(体)
sincárpico,-ca *adj.* 〈植〉合心皮(果)的
sincarpio；sincarpo *m.* 〈植〉合[聚]心果皮；聚合果
sincéfalo *m.* 〈医〉并头联胎
sincerebro *m.* 〈动〉合脑
sincicio *m.* 〈动〉①合胞体；②多核体
sincinesia *f.* 〈医〉联带运动
sincipital *adj.* 〈解〉前顶的
sincipucio *m.* 〈解〉前顶

sincitial *adj.*〈生〉①合胞体的；②多核体的
　 célula ~ 合胞体细胞
　 virus ~ 合胞体病毒

sincitio *m.*〈生〉①合胞体；②多核体

sincitioide *adj.*〈生〉合胞体样的

sincitiolisina *f.*〈生〉合胞体溶素

sincitioma *m.*〈生〉合胞体瘤

sincitiotrofoblasto *m.*〈生〉①合胞体滋养层；②合胞体滋养细胞

sinclástico,-ca *adj.*〈理〉〈数〉（球面、曲面等）同向(弯曲)的
　 superficie ~a 同向曲面

sinclinal；sinclínico,-ca *adj.*〈地〉向斜的；形成向斜的 ‖ *m.* 向斜(层)，向斜褶皱

sinclinorio *m.*〈地〉复向斜

sinclitismo *m.*〈医〉(胎头与盆骨的)头盆倾度平行

sincondrosis *f.*〈解〉(透明软骨的)结合

sincondrotomía *f.*〈医〉软骨结合切开术

síncopa *f.*〈乐〉切分(法)；切分(音)

sincopado,-da *adj.*〈乐〉切分的；音乐切分的

sincopal *adj.*〈医〉晕厥的

síncope *m.*〈医〉晕厥

sincrético,-ca *adj.*(不同文化等)融合的

sincretismo *m.*(不同文化的)融合
　 ~ cultural 文化融合

sincrociclotrón *m.*〈理〉同步回旋加速器

sincroflash *m.*〈摄〉同步闪光

sincronía *f.* 同时性，同步性

sincrónico,-ca *adj.*①〈技〉〈理〉同步的；②同时发生[存在]的；同时的
　 motor ~ 同步发动机

sincronismo *m.*①〈理〉同步(性，现象)，②(事件等的)同时发生；(日期等的)同时性；③〈电影〉口型吻合，声画同步

sincronización *f.*①同时发生；同时性；②〈理〉同步(化)；〈电影〉声画同步(化)
　 ~ de líneas(~ horizontal) 行同步；水平同步

sincronizador *m.*〈机〉同步机[器，装置，设备]；同步指示仪
　 ~ electromecánico 机电同步器

sincronizante *adj.*①同步的；②同时(出现，发生，运行)的
　 modulación ~ 同步调制
　 pulsación ~ 同步脉冲
　 relé ~ 同步继电器
　 señales ~s 同步信号

síncrono,-na *adj.*①〈理〉同步的；②(与地球自转)同步(运行)的；同步卫星的
　 computador ~ 同步计算机
　 detector ~ 〈无〉同步检波器
　 generador ~ 同步发电机

　 ignitrón ~ 同步点火管
　 receptor ~ (自动)同步接收机
　 reloj ~ 同步钟
　 repetidor ~ (自动)同步重发器
　 satélite ~ (地球)同步卫星
　 transformador ~ 同步变流器
　 velocidad ~a〈电〉同步速度；同步转速
　 vibración ~a 同步振动

sincronociclotrón *m.*〈电子〉同步(电子)回旋加速器，稳相加速器

sincronodetector *m.*〈理〉同声检波器

sincronoscopio *m.*〈电〉同步指示[示波]器

sincrotrón *m.*〈理〉同步加速器

sindactilia *f.*〈医〉并指[趾](现象)

sindáctilo,-la *adj.*①〈医〉并指的；②〈动〉并趾的 ‖ *m.*〈动〉①并趾动物；②*pl.* 并趾目

sindesis *f.*〈生〉(染色体的)接[联]会

sindesmectomía *f.*〈医〉韧带切除术

sindesmectopia *f.*〈医〉韧带异位

sindesmia *f.*〈解〉韧带

sindesmitis *f. inv.*〈医〉①韧带炎；②结膜炎

sindesmofito *m.*〈医〉韧带骨赘(受伤关节或椎骨的骨状赘疣)

sindesmografía *f.*〈医〉韧带论

sindesmopexia *f.*〈医〉韧带固定术

sindesmoplastia *f.*〈医〉韧带成形术

sindesmorrafia *f.*〈医〉韧带缝合术

sindesmosis *f.*〈解〉韧带连接；韧带联合

sindesmotomía *f.*〈医〉韧带切开术

síndrome *m.*〈医〉综合征，征群；综合征(状)
　 ~ carcinoide 类癌综合征
　 ~ de abstinencia 戒毒[脱瘾]综合症状(如盗汗、恶心、抑郁等)
　 ~ de Cushing 库兴氏综合症状(如肥胖、肌肉萎缩、血压升高等)
　 ~ de Down 唐氏[恩]综合征，先天愚型，伸舌样白痴
　 ~ de Edwards 爱德华综合征
　 ~ de Estocolmo 斯德哥尔摩综合征(指人质对劫持者讨好、合作、宽容或为其开脱的种种表现)
　 ~ de fatiga crónica 慢性疲劳综合征
　 ~ de inmune deficiencia adquirida(~ de inmunodeficiencia adquirida) 获得性免疫缺陷综合征，艾滋病(*abr.* SIDA)
　 ~ de Klinefelter 克莱恩费尔特氏综合征，遗传性细精管发育不全(男性遗传性疾病)
　 ~ de la clase turista 经济舱综合征(一种长期局促在飞机座位里引发的病症)
　 ~ de Marfan 马方式综合征(臂、腿、手指和脚趾先天遗传性细长)
　 ~ de ménière 美尼尔氏病，内耳性眩晕病
　 ~ de Parkinson 帕金森综合征

～ de Tourette 图雷特氏综合征(一种精神疾病)

～ de Turner 特纳氏综合征(即性机能延迟发育)

～ del túnel carpiano 腕管综合征

～ menopausal[climatérico] 更年期综合征

～ premenstrual (月)经(期)前综合征

～ respiratorio agudo severo 重症急性呼吸道综合征,非典

～ secundario 继发症

～ tóxico 中毒

sinecología f. 群落生态学,群体生态学

sinequia f. 〈医〉(虹膜)粘连

sinéresis f. 〈医〉脱水收缩(作用)

sinergia f. ①〈化〉〈环〉〈技〉〈医〉协合[同]作用;②〈药〉增效作用;③(协同作用产生的)增效,增大的效应

～ del mercado 市场的协同作用

～ tecnológica 技术的协同作用

sinérgico,-ca adj. ①〈化〉〈环〉〈技〉〈医〉协合[同]作用的;②〈药〉增效作用的

sinérgida f. 〈植〉助细胞

sinergismo m. ①〈化〉〈环〉〈技〉〈医〉协合[同]作用;②〈药〉增效作用;③(协同作用产生的)增效,增大的效应;④〈生〉协同共栖

sinergista f. 〈医〉〈药〉增效剂

sinestesia f. 〈生理〉〈心〉联觉,共同感觉

sinfalangismo m. 〈医〉指[趾]关节融合

sínfilo,-la adj. 〈动〉客虫纲的 ‖ m. ①客虫;②pl. 客虫纲

sínfisis f. ①〈解〉(纤维软骨的)联合;联合线;②(浆膜的)粘连

～ pleural 胸膜粘连

singamia f. 〈生〉①有性生殖;②配子配合

singénesis f. ①〈地〉同[共]生;②〈生〉有性生殖

singenético,-ca adj. ①〈地〉同[共]生的;②〈生〉有性生殖的

mineral ～ 共生矿物

singénico,-ca adj. 〈生〉〈遗〉同基因的,同源的

singenita f. 〈矿〉钾石膏

singignoscismo m. 〈医〉催眠作用

singladura f. ①〈海〉航行日;(每)日航程;②(发展)方向

singlar intr. 〈海〉定向航行

single m. ①〈乐〉单曲唱片;②pl. 〈体〉(网球、乒乓球等运动的)单打;③单人房间

singlista m. f. Amér. L. 〈体〉(网球、乒乓球等运动的)单打运动员

singularidad f. ①独[唯]一;②〈环〉〈医〉(自然环境中值得保护的)独特性;③〈天〉奇点

sinhueso f. 〈解〉舌头

siniestralidad f. ①遭难;受害[损];②事故率

índice de ～ 受损率

siniestro m. ①遭难;②灾难[祸];事故

～ marítimo 海难;海损

～ nuclear 核事故(灾难)

～ total 全损

sinigrina f. 〈化〉黑芥子硫苷酸钾,黑芥子甙

sinistral adj. 〈医〉左的;左侧的

sinistrocardia f. 〈医〉左位心(心脏位于胸腔左侧)

sinistrocerebral adj. 〈医〉左侧大脑半球的

sinistrocular adj. 〈医〉左利眼的;惯用左眼的

sinistromano,-na adj. 〈医〉左利手的;惯用左手的

sinistropedal adj. 〈医〉左利脚[足]的

sinistrorsión f. 〈生〉左旋

sinistrorso,-sa adj. 〈生〉左旋的

sinistrosa f. 〈生化〉左旋糖

sinistrotorsión f. 〈医〉左旋

sinizesis f. ①〈医〉(瞳孔)闭合;②〈化〉凝线;合[聚]质(期)

sinnema f. 〈植〉束丝

sinódico,-ca adj. 〈天〉会合的

mes ～ 朔望月

período ～ 会合周期(指同一天体相继两次会合所经历的时间周期)

sínodo m. 〈天〉会合

sinoftalmía f. 〈医〉独[并]眼(畸形)

sinografía f. 〈医〉窦腔 X 线照相术

sinograma m. 〈医〉窦腔 X 线照片

sinología f. 汉学

sinomenina f. 〈化〉青藤碱

sinonimia f. ①同义;同义性;②〈生〉(分类学中的)同物异名

sinopia f. 赭石颜料

sinople m. 〈化〉赭石,铁石英

sinóptico,-ca adj. ①大纲(性)的,提[概]要的,梗概的;大意的;②〈气〉天气(图)的

cuadro ～ 天气图

tabla ～a 一览表

sinoptóforo m. 〈医〉同视机,斜视诊疗器

sinorquismo m. 〈医〉睾丸粘连,睾丸融合

sinosotomía f. 〈医〉窦囊切开术

sinostosis f. 〈医〉骨性连接;骨结合

sinotia f. 〈医〉并耳(畸形)

sinovectomía f. 〈医〉滑膜切除术

sinovia f. 〈生理〉滑液

sinovial adj. ①〈生理〉滑液的;分泌滑液的;②〈解〉滑膜的

articulación ～ 滑膜关节

bursa ～ 滑膜囊
capa[estrato] ～ 滑膜层
condromatosis ～ 滑膜软骨瘤病
hernia ～ 滑膜突出
membrana ～ 滑膜
quiste ～ 滑膜囊肿

sinovina *f.* 滑液蛋白

sinovioma *m.* 〈医〉滑膜瘤

sinovitis *f. inv.* 〈医〉滑膜炎
～ del codo 〈医〉网球肘, 桡肱骨黏液囊炎

sínquisis *f.* 〈医〉玻璃体液化

sinquisita *f.* 〈矿〉菱铈钙矿

sinsépalo,-la *adj.* 〈植〉合萼的

sinsonte *m. Amér. C., Méx.* 〈鸟〉嘲鸫

sintasa *f.* 〈生化〉合酶

sintasol *m.* 〈建〉塑料地板

sinter *m.* ①〈地〉泉华(指矿泉边缘盐类沉积形成的结壳); ②〈冶〉熔渣, 烧结品

sinteresis *f.* 预防

sinterético,-ca *adj.* 预防的

sinterización *f.* 〈冶〉烧[熔]结; 冲压
～ en caliente 热压(结)
horno de ～ 烧结炉
punto de ～ 烧结点
temperatura de ～ 烧结温度

sinterizado,-da *adj.* 〈冶〉烧[熔]结的, 热压结的
metal ～ 烧结金属
óxido ～ 烧结氧化物
vidrio ～ 烧结[多孔]玻璃

sinterizar *tr.* 〈冶〉使(金属粉末等)烧结(成块), 使熔结 ‖ *intr.* 烧[熔]结

síntesis *f.* ①总结, 汇总; 摘[概]要; ②结[综]合; ③〈逻〉演绎推理; ④〈电子〉(音响等的)合成, 综合; ⑤〈生〉接合; ⑥〈医〉(骨折、创伤等的)接[愈]合; ⑦〈化〉合成(法); ⑧〈信〉合成
～ de sonido 音响合成
～ del habla 〈信〉言语合成
～ wavetable 〈信〉波表合成

sintetasa *f.* 〈生化〉合成酶

sintético,-ca *adj.* ①综合(性)的; 概括的; ②〈化〉合成的; 人造的; ③模拟的
abertura ～a 综合孔径
acero ～ 合成钢
detergente ～ 合成洗涤剂
fibras ～as 合成纤维
lenguaje ～ 人工语言
lubricante ～ 合成润滑油
método ～ 综合法
mica ～a 合成云母
papel ～ 合成纸
productos ～s 合成品, 综合品种

resina ～a 合成树脂
rubí ～ 人造[合成]红宝石
zafiro ～ 人造[合成]蓝宝石

sintetismo *m.* ①〈画〉综合主义; ②〈医〉骨折接合术; 接骨术

sintetizador *m.* ①合成器[装置]; ②综合器
～ armónico 谐波综合器
～ de la voz (humana) 言语合成器(一种能模仿人说话声的合成器)

sintetizar *tr.* ①综合(处理); 概括; ②〈化〉使合成; 用合成法合成; (人工)合成(制造); ③〈电子〉(用合成器)合成(音响等) ‖ *intr.* ①综合; ②〈化〉合成

sintipo *m.* 〈生〉全模标本, 共模

síntoma *m.* ①〈医〉病症, 症状; ②〈植〉症状; ③征候[兆]
～ accidental 偶发症状
～ cardinal 主要症状
～ clásico 典型症状
～ clínico 临床症状
～ constitucional 全身症状
～ diacrítico 明显症状
～ físico 体征
～ focal 病[局]灶症状
～ incipiente 早期症状
～ local 局部症状
～ objetivo 客观症状
～ subjetivo 主观[自觉]症状
～s de anemia 贫血症状

sintomático,-ca *adj.* 〈医〉(疾病或技能障碍有)症状的; 症状性的
epilepsia ～a 症状性癫痫
hipertensión ～a 症状性高血压
terapéutica ～a 症状(治)疗法

sintomatolítico,-ca *adj.* 消除症状的 ‖ *m.* 症状消除剂

sintomatología *f.* ①〈医〉症状学; ②症状; 综合征
～ clínica 临床症状学

sintomicina *f.* 〈生〉合霉素

sintonía *f.* ①〈无〉谐[共]振; 调谐; ②(特定广播或电视节目等的)信号曲; 预告曲
～ automática 自动调谐
～ de antena 天线调谐
～ por ojo mágico 电眼调谐
～ por tecla 按钮调谐

sintónico,-ca *adj.* 〈无〉调谐的; (尤指射频)共[谐]振的
circuito ～ 谐振电路

sintoniscopio *m.* (对接收机进行调谐用的)电眼, 调谐指示器

sintonizable *adj.* 可调(谐, 音)的
filtro ～ 可调滤波器

magnetrón ~ 可调磁控器

sintonización *f.* 〈无〉谐[共]振;调谐
　　~ automática 自动调谐
　　~ de antena 天线调谐
　　~ retroactiva 反馈耦合
　　circuito de ~ 谐振电路
　　indicador de ~ 调谐指示器
　　indicador de ~ de rayos catódicos 阴极射
　　线调谐指示器

sintonizador *m.* (收音机、电视机等的)调谐
　　器
　　~ de doble sección 双短截线调谐器
　　~ de guíaondas 波导调谐器
　　~ digital 数字调谐器

sintonizar *tr.* 〈无〉使谐[共]振;对…进行调
　　谐

sintrofismo *m.* 〈生〉〈医〉互养共栖;共同生长

sintropía *f.* 〈生〉〈医〉①同向;②同调

sinuatrial *adj.* 〈解〉窦房的
　　nudo ~ 窦房结

sinulosis *f.* 〈医〉瘢痕形成,结瘢

sinulótico,-ca *adj.* 〈医〉结瘢的‖ *m.* 〈药〉结
　　瘢药

sinusal *adj.* 〈解〉窦的

sinusflebitis *f. inv.* 〈医〉静脉窦炎

sinusia *f.* 〈植〉植物集群(同一栖息地生长的
　　一群植物)

sinusitis *f. inv.* 〈医〉(鼻)窦炎

sinusoidal *adj.* 〈数〉正弦曲线的;正弦样的

sinusoide *adj.* 〈解〉窦状的‖ *f.* ①〈数〉正弦
　　曲线;②〈理〉正弦波‖ *m.* 〈解〉窦状隙
　　espacio ~ 〈解〉窦状隙

sinusotomía *f.* 〈医〉窦切开术

sinuventricular *adj.* 〈解〉窦室的

sipo,-pa *adj. And.* 有痘痕的,有麻子的

sipó *m. Amér. M.*〈植〉美洲菟丝子

sipuncúlido,-da *adj.* 〈动〉星虫(门)的‖ *m.*
　　①星虫;②*pl.* 星虫门

siquiatra *m. f.* 〈医〉精神病学家

siquiatría *f.* 〈医〉精神病学

siranda *f. Méx.* 〈植〉无花果树

sirca *f. Chil.* 〈矿〉矿脉

sirena *f.* ①汽笛;②警笛;〈军〉警报[报警]
　　器;③〈理〉测音器
　　~ de buque 轮船汽笛
　　~ de incendios 火警报警器
　　~ de niebla 〈海〉(向大雾中的船舶发警告
　　的)雾角,雾喇叭

sirénido,-da; sirenio,-nia *adj.* 〈动〉海牛目
　　哺乳动物的‖ *m.* ①海牛目哺乳动物;②
　　pl. 海牛目

sirga *f.* 〈海〉拖索[缆];纤绳

sirguero *m.* 〈鸟〉金翅雀

siringa *f.* ① *Amér. L.* 〈植〉三叶胶树;②
　　And. 〈乐〉排箫

siringal *m. Amér. L.* ①〈植〉橡胶植物;②三
　　叶胶树林

siringe *m.* 〈鸟〉(鸟的)鸣管

siringectomía *f.* 〈医〉瘘管切除术

siringitis *f. inv.* 〈医〉咽鼓管炎

siringoadenoma *m.* 〈医〉汗腺腺瘤

siringobulbia *f.* 〈医〉延髓空洞症

siringocele *m.* 〈医〉脊髓突出

siringocistoma *m.* 〈医〉汗腺囊瘤

siringoma *f.* 〈医〉汗腺瘤

siringomielia *f.* 〈医〉脊髓空洞症

siringotomía *f.* 〈医〉瘘管切开术

siringótomo *m.* 〈医〉瘘管刀

Sirio; Sirus *m.* 〈天〉天狼星

siripita *f. Bol.* 〈昆〉蟋蟀

siroco *m.* 〈气〉①西罗科风(一种干热风);②
　　(地中海地区的)潮热阴湿的东南风

sirsaca *f.* 〈纺〉绉条纹薄织物;泡泡纱

sisal *m.* 〈植〉①剑[波罗]麻;②剑[波罗]麻纤
　　维;③ *Méx.* 中国芭蕉

sisardo *m.* 〈动〉岩羚羊

sisella *f.* 〈动〉白颈灰鸽

siserquita *f.* 〈矿〉灰硫铋矿

sisimbrio *m.* 〈植〉寻状砾芥

sismal *adj.* 〈地〉地震的;地震性的;地震引起
　　的

sismicidad *f.* 〈地〉①地震活动性;②地震活
　　动度

sísmico,-ca *adj.* 〈地〉①地震的;地震性的;
　　地震引起的;②易发生地震的
　　actividad ~a 地震活动(性)
　　área ~a 〈地〉震区
　　centro[origen] ~ 〈地〉震源
　　prospección ~a 地震勘探
　　refracción ~a 地震折射
　　sondeo ~ 地震探测
　　vertical ~a ①地震垂线;②震中
　　zona ~a 地震区

sismo *m.* 〈地〉地震(现象)

sismografía *f.* ①地震学;②地震测定法;测
　　震学

sismógrafo *m.* 测[地]震仪

sismograma *m.* 〈地〉地震(记录)图,震波图

sismología *f.* 地震学

sismológico,-ca *adj.* 地震学的

sismólogo,-ga *m. f.* 地震学家

sismometría *f.* 测震学;测震术

sismómetro *m.* 地震检波器;测震表

sismonastia *f.* 〈植〉感震性

sismonástico,-ca *adj.* 〈植〉感震的

sismoscopio *m*. 地震示波仪, 验震仪[器]

sismotectónica *f*. 〈地〉地震构造

sismotectónico,-ca *adj*. 〈地〉地震构造的
　línea ~a 地震构造线

sisomía *f*. 〈医〉并躯联胎

sistema *m*. ①系统; ②制度, 体制; ③〈器官组成的〉系统; ④〈地〉〈地层的〉系; 〈晶体的〉系; ⑤〈化〉系, 系统; ⑥〈天〉系; ⑦〈信〉〈操作〉系统; ⑧〈技〉〈部件等组成的〉装置; 〈建〉预制构件

~ abierto 〈信〉开放系统

~ absoluto de unidades 〈数〉绝对单位制

~ acústico para localizar explosiones submarinas (水下爆破用的)声波定位系统

~ administrativo 行政管理体制

~ aislado 〈化〉〈理〉绝缘系统

~ anórtico[clinoédrico] 三斜晶系

~ arancelario 关税制度

~ ARQ 〈信〉〈计算机〉自动请求重发系统

~ arrítmico 起止系统

~ axiomático 〈数〉公理体系

~ bancario 银行系统; 银行体制

~ bancario de evaluación de crédito 银行信贷评估体系

~ basado en el conocimiento 〈信〉基于知识的系统

~ básico de entrada/salida 〈信〉基本输入/输出系统

~ básico operativo 基本操作系统

~ bifásico de cuatro conductores 双相四线制

~ bifásico trifilar 双相三线制

~ bifurcado 交叉工作制

~ binario ①〈数〉二进数制; ②〈天〉双星

~ Braille (供盲人使用的 6 凸点组合编码)布莱叶盲文体系

~ cambiario 汇兑制度

~ cardiovascular 〈解〉心血管系统

~ cegesimal[centímetro gramo segundo (C. G. S)] 厘米·克·秒制

~ centralizado de contabilidad 集中核算制

~ centralizado de procesamiento de datos 集中数据处理系统

~ cerrado 〈信〉封闭系统

~ circulatorio 〈解〉循环系统

~ circulatorio abierto/cerrado 〈解〉开放/闭锁循环系统

~ coloidal 〈化〉胶质系统

~ con partición de tiempo 分时操作系统

~ contingentario 配[限]额制

~ controlado 〈信〉控制系统

~ cráneo-sacro 〈解〉副交感神经系统

~ cristalino 晶系

~ cuadruplex 四路多工系统

~ cúbico 〈地〉立方晶体系

~ de accionamiento por motor 动力驱动系统

~ de alerta inmediata (能及早发现危险的)预警系统

~ de altavoces 〈无〉扩音系统, 有线广播

~ de antenas acopladas 耦合天线阵

~ de antenas direccional 定向天线阵

~ de apoyo a la decisión 〈信〉决策支持系统

~ de arco 电弧装置

~ de aterrizaje desde tierra 地面控制降落装置

~ de aterrizaje instrumental 仪表着陆系统

~ de base de datos 数据库系统

~ de base de datos para tiempo real 〈信〉实时数据库系统

~ de base mixta 混合基数系统

~ de batería central 中央电池(组)制, 公电制

~ de batería local 本机[自给]电池(组)装置

~ de bloque ①〈交〉(铁路的)闭塞系统; ②〈矿〉分区切块开采法

~ de Bretton Wood 布雷顿森林(货币)体系

~ de bucle cerrado 闭合回路[环路, 回线]系统

~ de calefacción 暖气系统

~ de calificación de cien puntos 〈教〉百分制

~ de calificación de cinco grados 〈教〉五分制

~ de cloacas 下水道系统, 沟渠系统

~ de columnas 多栏账户制

~ de comunicación por impulsos 脉冲通信系统

~ de control 控制[操纵]系统; 控制方式

~ de control de entradas/salidas 输入/输出控制系统

~ de control de realimentación 反馈控制系统

~ de coordenadas 坐标系

~ de coordenadas cartesianas 笛卡儿坐标系

~ de Copérnicos 〈天〉哥白尼体系

~ de costos 成本核算制度

~ de cuota 限[配]额制

~ de depreciación por interés compuesto 复利折旧制

~ de diagnosis 诊断(程序)系统

~ de distribución de cinco hilos 〈电〉(电工)五线制

~ de doble contabilización 双重入账制,复式入账制

~ de ecuaciones 〈数〉方程组

~ de encendido 点火系统

~ de entrada única 单式记账制

~ de extracción Ilgner 〈矿〉伊尔格纳速度控制系统

~ de facturación 计价系统

~ de fichas 卡片系统;卡片式会[簿]计制

~ de ficheros raíz 〈信〉根文件系统

~ de fondo fijo 〈财〉定额备用(金)制度

~ de garantías de crédito 信用保证制度

~ de gestión de base de datos 〈信〉数据库管理系统

~ de gestión de base de datos relacionales 〈信〉关系数据库管理系统

~ de gestión de colores 〈信〉颜色管理系统

~ de gestión de ficheros 〈信〉文件管理系统

~ de giros 资金划拨制度,划汇制度

~ de haz 定向通信系统

~ de hilos Lecher 〈电子〉勒谢尔线制

~ de hojas cambiables 活页装订系统

~ de impuestos estatales 国税制度

~ de incentivos fiscales 赋税刺激制,税收鼓励制

~ de índice 指数调整系统

~ de información 〈信〉信息系统

~ de información de gestión 〈信〉管理信息系统

~ de interfaz de pequeños ordenadores 〈信〉小型电脑系统接口

~ de microondas 微波系统

~ de modulación 〈讯〉调制系统

~ de nombres de dominio 〈信〉域名管理系统

~ de nubes 〈气〉云系

~ de numeración 计数法;数系

~ de onda portadora 载波通信系统,载波制

~ de portadora retirada 抑制载波制

~ de Posicionamiento Global [S-]〈讯〉全球定位系统(*abr. ingl.* GPS)

~ de pregunta-respuesta 〈询〉问(应)答器[机]

~ de programación 程序设计系统

~ de ranuras 隙缝[槽形]天线阵

~ de rastreo 跟踪系统

~ de regulación 调节系统

~ de reserva 〈信〉后备系统

~ de reservas proporcionales 按比例储备制

~ de retransmisión 〈讯〉中继制,继电器制

~ de seguridad (国家或国际)安全体系;安全制度

~ de sobregiro 透支制度

~ de tablón de anuncios 〈信〉电子公告牌;公布栏系统

~ de tejidos 〈植〉组织系统

~ de telecomunicación 通信系统

~ de telefonía secreta 保密通信制

~ de teleproceso[teletratamiento] 远程处理系统

~ de terminales en el punto de venta 销售终端系统

~ de tiempo real 〈信〉实时系统

~ de tierra 地线[接地]系统

~ de transferencia de crédito 信用转让[转账]制

~ de transferencia electrónica de fondos 〈信〉电子资金转账系统,电子汇款系统

~ de transmisión de imágenes 图像传输系统

~ de transporte triangular 三角运输系统

~ de T. S. H. por ondas dirigidas 定向无线电通信制

~ de usuarios múltiples 多用户系统

~ de votación ponderada 加权表决制

~ del patrón oro 金本位制

~ Decca 台卡导航系统(一种双曲线导航系统)

~ decimal 〈数〉十进位制

~ direccional 〈讯〉定向制

~ distribuido de procesamiento de datos 分布式数据处理系统

~ Douglas de Seguridad Social [S-] 道格拉斯社会保障体制

~ ecológico cerrado 〈生态〉封闭生态系统

~ económico 经济体系[制度]

~ en cascada 串联系统

~ en estrella 〈天〉银河系

~ en fase 相控天线阵

~ endocrino 〈解〉内分泌系统

~ experto 〈信〉(能够像人脑那样解决特定领域问题的)专家系统

~ experto difuso 〈信〉模糊专家系统

~ extremo a extremo 〈信〉端到端系统

~ frontal 〈气〉锋系统

~ gemal 〈动〉血管系

~ Generalizado de Preferencias [S-] 普

通优惠制,普惠制

~ genético〈遗〉遗传体系

~ genitourinario 生殖泌尿系统

~ geocéntrico〈天〉地心体系

~ Giorgi〈理〉乔吉制,米-千克-秒-安制

~ heliocéntrico〈天〉日心体系

~ hematopoyético〈生医〉造血系统

~ heterogéneo〈化〉多相系统

~ hexagonal〈地〉六方晶系

~ hidráulico〈工艺〉液压系统

~ homogéneo〈化〉均相系统

~ incluido〈信〉嵌入式系统

~ inercial〈理〉惯性参考坐标系

~ inmunitario[inmunológico]〈生〉免疫系统

~ interactivo〈信〉交互式系统

~ internacional de unidades〈理〉国际单位制

~ jerárquico de ficheros〈信〉分级文件系统

~ lagunar〈动〉水管系

~ legal de pesas y medidas 合法度量衡制

~ límbico〈解〉(大脑)边缘系统

~ lineal de control 线性控制系统

~ lineal de control con realimentación 线性反馈控制系统

~ linfático〈解〉淋巴系统

~ manual 人工系统

~ métrico 公制,米制

~ monetario decimal 十进币制

~ monetario oro 金本位制

~ monitor 监控系统

~ monocíclico 单循环系统

~ monoclínico〈地〉单斜晶系

~ montañoso〈地〉山系

~ multiproceso〈信〉多重处理系统

~ nervioso〈解〉神经系统

~ nervioso autónomo〈解〉自主神经系统

~ nervioso central〈解〉中枢神经系统

~ nervioso parasimpático〈解〉副交感神经系统

~ nervioso periférico〈解〉周围神经系统

~ nervioso simpático〈解〉交感神经系统

~ nervioso vegetativo〈解〉植物神经系统

~ neumático〈工艺〉气动系统

~ neuroendocrino〈解〉神经内分泌系统

~ no lineal de control con realimentación 非线性反馈控制系统

~ numérico binario 二进位数系,二进位制

~ operativo〈信〉操作系统

~ operativo en disco〈信〉硬盘操作系统

~ operativo de red〈信〉网络操作系统

~ optical 光学系统

~ ortorrómbico〈地〉菱形晶系

~ panel〈建〉(预制构件的)大板系统

~ paso a paso 步进制,步进系统

~ periódico〈化〉周期系统

~ planetario 行星系

~ por magneto〈讯〉磁石式[制],磁石式电话制

~ porta〈解〉门静脉系统

~ portal renal〈解〉肾门静脉系统

~ posicional〈技〉定位系统

~ productivo〈信〉创[制]作系统

~ progresivo de salarios 累进工资制

~ properdina〈生医〉备解素系统

~ proteccionista 保护贸易制,关税壁垒制

~ rastreador (空间研究的)跟踪系统

~ recurrente 递归体系,递推体系

~ reproductivo[reproductor]〈解〉生殖系统

~ respiratorio〈解〉呼吸系统

~ retícul-endotelial〈解〉网状内皮系统

~ rómbico〈地〉斜方晶系

~ romboédrico〈地〉菱形晶系

~ sanguíneo ABO〈生医〉ABO 血型系统

~ sanguíneo Rhesus〈生医〉Rh 血型系统

~ semiautomático 半自动系统

~ sensorial〈生医〉感觉中枢系统

~ separativo 雨污水分流制

~ sexagesimal〈数〉60 进制

~ síncrono 同步系统

~ solar〈天〉太阳系

~ telefónico a mano 人工电话系统

~ telemétrico 遥测系统

~ tetragonal〈地〉四方晶系

~ tolerante al fallo〈技〉容错系统

~ toracolumbar〈解〉交感神经系统

~ traqueal〈解〉气管系统

~ tributario 赋税[税收]制度;税制

~ triclínico〈地〉三斜晶系

~ trifásico〈电〉三相系

~ trigonal〈地〉三方晶系

~ vacuolar〈解〉液胞系

~ vascular ①〈植〉维管系统;②〈解〉脉管系统

~ vascular sanguíneo〈解〉血管系统

~ venoso〈解〉静脉系统

~s discretos y continuos〈数〉离散与连续系统

~s lógicos 逻辑系统

con ~ parado〈信〉脱机的,离线的;未联网

的

sistemar *tr. Méx.* 使系统化

sistemática *f.* ①分类学;分类法;②体系学

sistemático,-ca *adj.* ①(有)系统的,系统化的,成体系的;②〈分〉分类学的
error ~ 系统误差
muestro ~ 系统抽样法

sistematización *f.* 系统化;成体系;制度[组织]化

sistematizador,-ra *m. f.* ①使系统化的人;②分类者

sistematizar *tr.* ①使系统化;使组织化;使成体系[制度];②把[将]…分类

sistematología *f.* 系统学;体系学

sistémico,-ca *adj.* ①〈生理〉〈医〉全身的;系统的;(毒物、疾病等)影响全身的;②系统的;体系的
enfermedad ~a 全身[系统]性疾病

sístilo,-la *adj.* 〈建〉(相邻二柱间距离等于柱直径二倍的)双径柱距的 ∥ *m.* 双径柱距的建筑物

sístole *f.* 〈生理〉〈医〉(心脏等器官的)收缩期

sistólico,-ca *adj.* 〈生理〉〈医〉收缩期的
presión ~a 收缩(期血)压

sistolómetro *m.* 〈医〉测心音仪

sistrema *m.* 〈医〉腓肠痉挛

sitácida *adj.* 〈鸟〉鹦鹉科的 ∥ *f.* ①鹦鹉科禽鸟;②*pl.* 鹦鹉科

sitacismo *m.* 〈教〉背诵教学法

sitacosis *f. inv.* 〈医〉鹦鹉热;鹦鹉热性肠炎

sitar *m.* 〈乐〉锡塔琴,七弦琴

sitiergia *f.* 〈医〉拒食症

sitio *m.* ①地方[点];②位置;位子;部位;③〈军〉包围,围困;④(网)站;⑤*Amér. C.,Cono S.* 建筑工地;空地;⑥*Amér. L.* 出租汽车站;⑦*Cari., Méx.* 小庄园;畜牧场;小农场
~ activo 〈生化〉活性部位
~ alostérico 〈生化〉别构部位
~ catalítico 〈生化〉催化部位
~ web 〈信〉网站,站点
carro ~ 出租车

sitofobia *f.* 〈医〉进食恐怖,畏食

sitosterol *m.* 〈化〉谷甾醇

sitoterapia *f.* 〈医〉饮食疗法

sitotoxina *f.* 〈生〉食物毒素

sitotoxismo *m.* 〈医〉食物[品]中毒

situación *f.* ①形势;局面[势];环境;②情况;处境;状况[态];③(建筑物等的)位置,地点;④地位
~ activa 现职
~ caótica 混乱状态

~ comercial 商情

~ crítica 紧张局势

~ de efectivo 现金状况

~ de preferencia 特[优]惠地位

~ del mercado 市场状况,市况

~ dramática 〈戏〉(人物所遇到的)冲突场面;(复杂紧要的)情景

~ económica nacional 国民经济形势

~ jurídica[legal] 法律地位

~ límite 极限状态

~ pasiva 不在职

~ social 社会地位

precio de ~ *Amér. L.* 减价

situacional *adj.* 〈医〉境遇性的
ansiedad ~ 境遇焦虑
psicosis ~ 境遇性神经症

sium *m.* 〈植〉毒人参

SJF *abr.* sistema jerárquico de ficheros 〈信〉分级文件系统

skarn *m.* 〈地〉硅卡岩

skateboard *m.* 〈体〉滑板

sketch *m. ingl.* ①(喜剧性)短剧;独幕剧;(音乐等的)小品;②素描;速写

ski *m.* 〈体〉(滑)雪板

skibob *m.* 〈体〉雪犁,连撬

Skylab *m. ingl.* 〈天〉(美国1973年发射的)太空实验室

slalom *m.* 〈体〉①障碍滑雪赛,回转;②(滑水、划艇或汽车)回旋赛

SLIP *abr. ingl.* Serial Line Internet Protocol 〈信〉串线网际协议

s. l. ni f. *abr.* sin lugar ni fecha 出版地点或日期不详

slot *m.* 见 ~ de expansión
~ de expansión 〈信〉(可插入扩充卡的)扩充槽

Sm 〈化〉元素钐(samario)的符号

smalltalk *m.* 〈信〉闲谈,聊天

smash *m. ingl.* 〈体〉(网球运动中的)扣[高压]球

SMDS *abr. ingl.* switched multimegabit data service 〈信〉交换式多兆位数据业务

SME *abr.* Sistema Monetario Europeo 欧洲货币体系

SMF *abr. ingl.* system management facilities 〈信〉系统管理程序

SMI *abr.* Sistema Monetario Internacional 国际货币体系

SMIL *abr. ingl.* synchronized multimedia integration language 〈信〉同步多媒体集成语言

smithsonita *f.* 〈矿〉菱锌矿

smog *m.* 〈工〉(常指工业区排出的)烟雾

SMS *abr*. *ingl*. shot messaging service 文本短信服务

SMTP *abr*. *ingl*. Simple Mail Transfer Protocol 〈信〉简单邮件传输协议

Sn 〈化〉元素锡(estaño)的符号

s/n *abr*. sin número 无号码

SNA *abr*. *ingl*. system network architecture 〈信〉系统网络体系结构

SND *abr*. sistema de nombres de dominio 〈信〉域名(管理)系统(*ingl*. domain name system)

s. n. m. *abr*. sobre el nivel del mar 海拔

SNMP *abr*. *ingl*. Simple Network Management Protocol 〈信〉简单网络管理协议

snorkel *m*. *ingl*. *Amér*. *L*. (游泳者使用的)水下呼吸管

snowboard *m*. *ingl*. 〈体〉滑雪板运动

snowboarder *m*. *f*. *ingl*. 〈体〉滑雪板运动员

SO *abr*. ①suroeste 西南；②sistema operativo 〈信〉操作系统

s/o *abr*. su orden 〈商贸〉您的订单

SOB *abr*. satélite en órbita baja 〈信〉低轨卫星

sobacal *adj*. 〈解〉手臂内侧的,腋下的

sobaco *m*. ①〈解〉腋窝,夹肢窝；②〈缝〉袖孔；③〈建〉拱肩

sobacuno,-na *adj*. 〈医〉狐臭的 ‖ *m*. 狐臭

sobador,-ra *m*. *f*. *Amér*. *L*. 〈医〉正骨医师,骨科医生 ‖ *m*. *Arg*. 鞣革器

sobadora *f*. *Arg*., *Urug*. 〈机〉和面机

sobandero,-ra *m*. *f*. *Amér*. *L*. 〈医〉正骨医师,骨科医生

sobaquera *f*. ①〈缝〉袖孔；②腋下手枪套；③*Amér*. *C*., *Cari*. 〈医〉狐[腋]臭

sobaquina *f*. 〈医〉腋[狐]臭

sobasquera *f*. *Amér*. *C*., *Cari*., *Méx*. 〈医〉腋[狐]臭

sobemal *m*. 〈农〉①*Méx*. 中耕；②破垄

soberado *m*. *Col*., *Cub*. 〈建〉顶[阁]楼

sobernal *m*. *Col*. 超载(物)

sobomal *m*. 〈农〉①*Méx*. 中耕；②破垄

sobordación *f*. 〈海〉搁浅

sobornal *m*. 〈船〉〈海〉超载

sobornalero,-ra *adj*. *Chil*. 〈船〉〈海〉运输散装物品的

soborno *m*. *And*., *Cono S*. 〈船〉〈海〉超载

sobradero *m*. 〈建〉溢水口；泄水管

sobradillo *m*. 〈建〉(门窗上的)挡雨檐

sobre *m*. ①信封；②(信封上的)地址；③*Amér*. *L*. (女用)手提包
  ~ abierto 开口信封,未加封的信封
  ~ aéreo 航空信封

~ comercial 商业信封
~ con cinta[cordón] 带饰信封
~ con dirección para contestación 写明自己姓名地址的回邮信封
~ con matasellos 实寄封
~ con ventanilla transparente 透明窗口信封
~ de contesta rotulado 写明自己姓名地址的回邮信封
~ de paga[pago] 工资袋
~ de primer día 首日封
~ monedero (汇款用的)保价信封
~ para contestación 回寄信封
~ rotulado 贴有标签信封
~ tamaño oficio 公文信封
~ timbrado 邮资已付的回邮信封
~ tipo carta 标准信封

sobreabastecimiento *m*. 供应过剩,供过于求

sobreabsorción *f*. 过分吸收

sobreagitado,-da *adj*. 〈冶〉(炼铜)还原过度

sobreagudo,-da *adj*. 〈乐〉最高音部的

sobrealimentación *f*. ①吃[摄]食过多,过食；②〈机〉(用增压器)增压
  soplante de ~ 增压器;增压鼓风机

sobrealimentado,-da *adj*. 〈机〉增压(式)的
  motor ~ 增压式发动机

sobrealimentador *m*. 〈电〉〈机〉增压器[机]

sobrealimentar *tr*. ①(用增压器)增加(内燃机的)动力;对(流体)加压;对…使用增压器；②给…喂食过多,使摄食过多,对…过量喂饲；③使超载

sobreamortiguado,-da *adj*. 〈电〉〈理〉阻尼过度的;过度衰减的

sobrearco *m*. 〈建〉辅拱

sobreasada *f*. 再(烘)烤

sobreasegurar *tr*. 给…超额保险

sobrecalentado,-da *adj*. 加热过度的,过热的

sobrecalentador *m*. 〈机〉过热器[装置]
  ~ de radiación 辐射式过热器
  ~ de vapor 蒸汽过热器

sobrecalentamiento *m*. 加热过度

sobrecama *f*. *Ecuad*. 〈动〉一种王蛇

sobrecaña *f*. 〈兽医〉(马的)前腿骨瘤

sobrecapacidad *f*. 生产能力过剩

sobrecapitalización *f*. 〈经〉投资过多

sobrecarga *f*. ①超[过]载,过[超]负荷;满装填；②超重；③〈商贸〉附加税;额外[增收]费；④加盖(集邮用语);加盖邮票
  ~ persistente 持续[久]超负荷

sobrecargado,-da *adj*. ①过[超]载的,过[超]负荷的;②装载过多的

sobrecargo *m.* 〈海〉〈航空〉①（轮船、班机等上的）事务长；②（轮船、班机等上的）监[押]运员

sobrecarguería *f.* 〈船〉围网渔船

sobrecarta *f.* ①信封；②〈法〉第二次决定

sobrecartar *tr.* 〈法〉作出第二次决定

sobrecejo *m.* ①皱眉，蹙额；②〈建〉（门窗的）过梁

sobrecirculación *f.* 超[补充]循环；超环流

sobrecompensación *f.* 过多补[赔]偿

sobrecompresión *f.* 〈航空〉增压

sobrecompuesta *adj.* 〈植〉（叶）三回羽状的

sobrecongelación *f.* （食品等的）快速冷冻；快速冻结

sobrecontrata *f.* 预订过多，超额预订

sobrecostillar *m. Amér. L.* 〈解〉肋部

sobrecubierta *f.* ①〈印〉（书籍的）护封，封面纸套；②〈海〉上甲板；③外壳[皮，罩]

sobrecumplimiento *m.* 超额完成

sobredepreciación *f.* 超额提取折旧

sobredesarrollo *m.* ①发展过度；②〈医〉发育过度

sobredimensionado,-da *adj.* 过[特]大的，超大尺寸的

sobredimensionamiento *m.* ①（人员）过多；②超大尺寸

sobredosificación *f.* 增加剂量；致中毒剂量

sobredosis *f.* （药物、毒品等的）过量，超剂量

sobreedificar *tr.* 〈建〉增建；加高

sobreelevación *f.* 〈建〉超高

sobreemisión *f.* （钞票、证券等的）发行过度，滥发

sobreempleo *m.* 就业过多

sobreendeudamiento *m.* 负债过多

sobreentrenamiento *m.* 训练过度

sobreescribir *tr.* 〈信〉覆盖；改写

sobreesfuerzo *m.* 〈医〉用力过度，劳损

sobreestadía *f.* ①（车、船等的）滞留，滞留期；②滞留费

sobreexpansión *f.* 过度扩大[充，展]

sobreexplotación *f.* ①（对资源等的）过度开采；②（对工人等的）过度剥削

sobreexposición *f.* ①过于暴露；②〈摄〉曝光过度

sobrefacturación *f.* 开高发票价格

sobrefatiga *f.* ①过度疲劳；②〈医〉过劳

sobreflete *m.* ①超载；②超载费

sobreflor *f.* 〈植〉花中花

sobregiro *m.* 透支额

sobrehilado *m.* 〈缝〉包[拷，锁]边

sobrehilar *tr.* 〈缝〉（给剪裁的布料）包缝边

sobrehueso *m.* 〈医〉骨瘤

sobreimposición *f.* 〈经〉增税

sobreimpresión *f.* 〈电影〉〈摄〉叠印

sobreimpresionado,-da；sobreimpreso,-sa *adj.* 〈地〉叠置的，叠覆的，上层遗留的

sobreimpuesto *m.* 〈经〉附加税

sobreintensidad *f.* ①超强；②〈电〉过（量，载）电流

sobreinversión *f.* 〈经〉投资过量，过度投资

sobrejuanete *m.* 〈海〉顶桅；顶桅帆

sobrelecho *m.* 〈建〉方石底面

sobremarca *f.* 加价

sobremarcha *f.* 〈交〉超速驱[行]驶

sobremesana *f.* 〈海〉后桅帆

sobremodulación *f.* 〈电子〉（无）过调制

sobreocupación *f.* 〈经〉就业过度

sobreoxidación *f.* 〈化〉过（度）氧化

sobrepaga *f.* 〈经〉追加工资；增加款项

sobreparto *m.* 〈医〉产后（期）
     dolores de ～ 产后痛

sobrepastoreo *m.* 过度放牧

sobrepesca *f.* 过度捕捞

sobrepeso *m.* ①（行李、人体等的）超重；②（卡车等的）超载

sobreplán *m.* 〈海〉盖顶料

sobrepoblación *f.* 人口过剩

sobreprecio *m.* 〈商贸〉附加价格，加价

sobrepresión *f.* ①逾量压（力）；②〈理〉超压；③过大压力

sobreproducción *f.* 生产过剩

sobreprotección *f.* 过度保护

sobreprotector,-ra *adj.* 过度保护的

sobreprueba *f.* 含(酒精)量超过标准

sobrepuente *m.* 〈建〉天[旱，跨线]桥；桥式结构

sobrepuerta *f.* 〈建〉（门窗的）过梁

sobrepuesto *m.* ①〈地〉叠置的，叠覆的，上层遗留的；②*Arg.* 〈鸟〉一种鸟

sobrequilla *f.* 〈海〉内龙骨
     ～ lateral 舭内龙骨

sobrereacción *f.* 过火反应，过强反作用

sobrerefinar *tr.* 过度精制；过分精炼

sobrereserva *f.* 超额预订；预订过多

sobrero *m.* 〈动〉（供斗牛用的）备用牛

sobresal *f.* 〈化〉过酸盐

sobresaliente *adj.* ①杰出的，出众的；②（大学等）著名的，一流的；③〈建〉伸出的；（楼层、屋顶等）悬挑的 ‖ *m. f.* ①〈戏〉预备[替补]演员，替角；②替补者 ‖ *m.* 〈教〉（成绩）优良；优秀

sobresanar *intr.* 〈医〉（伤口等）表面愈合

sobresaturación *f.* 〈化〉过饱和；过饱和现象[状态]

sobresaturado,-da *adj.* 〈化〉过饱和的

solución ～a 过饱和溶液

sobresaturar *tr.* 〈化〉使过饱和

sobrescrito *m.* (信件、包裹上的)姓名地址

sobreseer *intr.* ①放弃;中止;②〈法〉停[中]止审理

sobreseguro *m.* 超额保险

sobreseído,-da *adj.* 见 causa ～a
causa ～a〈法〉停审案件

sobreseimiento *m.* 〈法〉停[中]止审理

sobrestadía *f.* ①(车、船等的)滞留;滞留期;②滞留费

sobrestante *m.* ①工头,领班;监工;②〈建〉(工地的)现场经理;施工员

sobresuelo *m.* 〈经〉附加工资,津贴

sobretara *f.* 包装过重

sobretensiómetro *m.* 〈电〉过压测量器

sobretensión *f.* ①〈电〉过压;浪涌;②冲击压力
relé de ～ 过电压继电器
voltaje de ～〈电〉浪涌电压,冲击电压

sobretiempo *m. Amér. L.* ①加班(时间);超过时间;②加班费;③〈体〉加时赛;④〈摄〉曝光超时

sobretransporte *m.* 〈交〉超运

sobrevelocidad *f.* (车辆的)超速;(发动机的)超速运转

sobrevenda *f.* 〈医〉(治疗骨折用的)二道绷带

sobreviraje *m.* (车辆的)过度转向

sobrevoltaje *m.* 〈电〉①超(电)压,过(电)压;②浪涌[冲击]电压

sobrevuelo *m.* (飞机的)飞越
permiso de ～ 飞越许可(证)

sobrexposición *f.* 〈摄〉曝光过度

sobreyugo *m.* 〈海〉舯板护板

soca *f. Amér. L.* ①〈植〉(甘蔗等的)根蘖;②〈农〉根蘖作物(如水稻、香蕉等)

socaire *m.* 〈海〉背风面,下风

socala *f. Amér. C. , Col.* 〈农〉垦[拓]荒

socalce *m.* 〈建〉加固基础[底脚]

socalzar *tr.* 〈建〉加固…基础[底脚]

socarra *f. Chil.* 〈医〉风湿病,关节炎

socarrén *m.* 〈建〉屋檐

socarrena *f.* ①坑,穴;②〈建〉椽距

sócate *m. Venez.* 〈电〉插[灯]座

socava; socavación *f.* ①潜[掏,下]挖,暗掘;②(风、海水等的)基蚀

socavadora *f.* 〈机〉凹形挖掘铲,截煤机

socavar *tr.* ①在…下挖;在…下挖洞[通道],潜[掏]挖,暗掘;②(风、海水等)侵蚀…基础[基蚀

socavón *m.* ①〈矿〉水平巷道,平巷;坑道,石巷;②〈建〉下沉[陷],沉降

socaz *m.* ①放[泄,退]水渠;②〈矿〉尾矿管[沟],排(矿)渣渠

soche *m.* ①*Col. , Ecuad.* 〈动〉一种鹿;②*Méx.* 〈鸟〉猫头鹰

sochuate *m. Méx.* 〈动〉蜂蛇

sociabilidad *f.* ①好交际;群体性,合群;②〈动〉〈昆〉群居(性);③〈环〉(物种的)群集[聚生]准则

sociable *adj.* ①好交际的;合群的;②〈动〉〈昆〉群居的

social *adj.* ①社会的;②社会阶级(关系)的;③〈商贸〉公司的,商号的;④〈动〉〈昆〉群居的;⑤〈植〉群集的‖ *m. pl.* ①〈教〉(中小学生的)社会科学课程;②社会科学
animal ～ 群居动物(如蚂蚁、蜜蜂等昆虫)
capital ～ 公司资本
insectos ～es 群居昆虫
orden ～ 社会秩序
plantas ～es 群集植物

socialización *f.* ①(国家)集体化;②社会(所有)化;社会主义化;③〈经〉国有化,收归国有

socializador,-ra; socializante *adj.* ①使社会化的;使社会主义化的;②(改革等)有社会主义倾向的

sociedad *f.* ①社会;②社团,会社;协会;③〈商贸〉公司;(合伙人的)合伙[股](关系);④社交界;上流社会;⑤社交;交往(活动);⑥(动植物的)小群落;〈动〉群居;⑦见 ～conyugal
～ anónima (联合)股份公司,股份有限公司
～ arrendadora 租赁公司
～ aseguradora 保险公司
～ benéfica 慈善团体
～ civil (非商业性)民间社团
～ colectiva 合伙[合股]公司
～ comanditaria(～ en comandita) 有限责任合伙企业
～ comercial[mercantil] 贸易[商业]公司
～ conjunta 合资公司
～ conyugal 〈法〉婚姻
～ cooperativa de crédito agrícola 农业信贷合作社
～ de beneficiencia 互济会,互助会
～ de consumo 消费社会
～ de control 控股公司
～ de crédito 信用(合作)社;信贷协会
～ de crédito hipotecario 抵押贷款协会
～ de créditos personales 个人信贷公司,消费贷款公司
～ de financiación 金融公司
～ de inversiones 投资公司

~ de Naciones［S-］国际联盟

~ de navegación 海运公司

~ de responsabilidad limitada（*abr.* S. R. L.）有限责任公司

~ de salvamento 救［打］捞公司

~ de socorros mutuos 互济会,互助会

~ filial 子［分］公司

~ holding［tenedora］控股公司

~ inmobiliaria 建屋互助会（接受会员存款并贷款给拟建屋或购屋的会员）

~ instrumental［limitada］股份有限公司

~ madre 母公司

~ mercantil 贸易［商业］公司

~ por acciones 股份公司

~ por cuotas（不发行股票,由合伙人交纳份额金的）会员公司

~ protectora de animales 动物保护

~ secreta 秘密社团

~ transnacional［multinacional］跨［多］国公司

socio,-cia *m. f.* ①（团体、组织等的）成［会］员;②〈商贸〉合伙［股］人

~ activo 经营合伙人

~ capitalista［comanditario］（不参与具体经营的）出资合伙人,资方;隐名合伙人

~ de honor 名誉会员

~ industrial 提供劳务的合伙人,劳方

~ saliente 退伙人

~ secreto 隐名合伙人,隐名股东

~ solidario 无限责任合伙人

~ tácito 隐名合伙人

~ único 独资企业老板

~ vitalicio 终身会员

socioanálisis *m.* 〈社〉社会分析法

sociobiología *f.* 〈生〉社会生物学

sociocultural *adj.* 〈社〉社会文化的;（涉及）社会和文化因素的

socioeconomía *f.* 社会经济学

socioeconómico,-ca *adj.* 社会经济学的

sociolingüística *f.* 社会语言学

sociolingüístico,-ca *adj.* 社会语言学的

sociología *f.* 〈社〉社会学

~ industrial 工业社会学

sociológico,-ca *adj.* ①社会学的;②（有关）社会问题的

sociologismo *m.* 唯社会学论

sociólogo,-ga *m. f.* 社会学家

sociometría *f.* 〈社〉社会测量(量化分析某种社会现象的方法)

sociopastoral *adj.* 社会和宗教的

sociopático,-ca *adj.* 反社会行为的;反社会（人格）的

sociopolítica *f.* 社会政治学

sociopolítico,-ca *adj.* 社会政治的

sociosanitario,-ria *adj.* 公共卫生的

socioterapia *f.* 社会疗法

socola *f.* 〈农〉①*Amér. C.*, *And.* 垦［拓］荒;②*C. Rica* 已播种土地

socollada *f.* 〈海〉①（帆或缆的）扯［抖］动;②（船头被浪抬起后的）突然倾落

soconoscle *m. Méx.* 〈植〉仙人掌果

socorrismo *m.* 救生;救生术

socorro *m.* ①救［援］助;②救济［援］物品［质］;③〈军〉援军［兵］;④备用(设备)

~ de emergencia 紧急救助

~ marítimo 海上救助

~s mutuos 互助

batería de ~ 备用电池

casa de ~ 急救站

freno de ~ 紧急刹车,紧急制动器

puesto de ~ 救护所

salida de ~ 太平门,紧急出口

señales de ~（遇险）呼救信号,危急信号

socoyol *m.* 〈植〉酢浆草

socuy *m. Venez.* 〈动〉一种豚鼠

SOD *abr.* superóxido dismutasa 〈生化〉超氧化物歧化酶

soda *f.* ①〈化〉苏打,碳酸钠;碳酸氢钠,小苏打;②〈化〉钠,氧化钠;③汽水,苏打水

~ cáustica 苛性钠,烧碱,氢氧化钠

sodalita *f.* 〈矿〉方钠石

sódico,-ca *adj.* 〈化〉钠的;含钠的

bicarbonato ~ 碳酸氢钠,小苏打

carbonato ~ 碳酸钠,苏打

clorato ~ 氯酸钠

cloruro ~ 氯化钠,食盐

cromato ~ 铬酸钠

fluoruro ~ 氟化钠

hidrato ~ 氢氧化钠

óxido ~ 氧化钠

silicato ~ 硅酸钠(其水溶液即水玻璃)

sulfato ~ 硫酸钠

sodio *m.* 〈化〉钠

~ cáustico 苛性钠

cloruro de ~ 氯化钠,食盐

lámpara de ~ 钠汽灯

sodioamida *f.* 〈化〉氨基钠

sodoku *m.* 〈医〉鼠咬热

sofá-cama（*pl.* sofás-cama）*m.* （坐卧）两用沙发,沙发床

sofar *m.* 〈海〉声发(一种声定位测距法)

sofito; **sófito** *m.* 〈建〉拱腹,拱圈内面;挑檐底面

sofometría *f.* 〈理〉测声术

sofométrico,-ca *adj.* 〈理〉测量噪声的

sofómetro *m*. 〈讯〉噪声（电压）测量仪，噪声计

sófora *f*. 〈植〉槐树

sofrología *f*. 〈医〉睡眠治疗法；催眠术

softball *m. ingl*. 〈体〉垒球（运动）

software *m. ingl*. ①〈信〉（计算机的）软件，软设备，程序系统；②〈航空〉〈航天〉软件（指火箭、导弹、航天器等的乘员、载重及燃料等）；③〈机〉软件（指机械系统中不直接与运转或主要功能有关的部分）

~ antivirus 防病毒软件

~ compartido 共享软件

~ compatible(~ de compatibilidad) 兼容软件

~ común[público] 共用软件

~ de aplicación 应用软件

~ de comprobación 测试软件

~ de computadora 电脑软件

~ de dominio público 公共软件，不受版权保护[限制]软件

~ de operación 操作软件

~ de ordenador 计算机软件

~ de red 网络软件

~ de simulación 模拟软件

~ del sistema 系统软件

~ del usuario 用户软件

~ estadístico 统计软件

~ gratuito restringido 免费软件

~ inflado 膨胀软件(指所占磁盘空间与其用途极其不相称的软件)

~ integrado 集成软件

~ intermediario 〈信〉中间设备，中间件

~ libre 免费软件

~ para grupo 群组软件，群件

~ práctico 实用软件，群件

~ terminal 终端软件

~ UNIX UNIX 软件

banco/biblioteca de ~ 软件库

ciclo vital de ~ 软件生命周期

diseño de prototipo de ~ 软件样品设计

disposición de ~ 软件配置

explotación de ~ 软件开发

fórmula de ~ 软件格式

industria del ~ 软件产业

ingeniería de ~ 软件工程

módulo de ~ 软件模块

paquete de ~ 软件包

reserva de ~ 软件备份

soga *f*. ①绳；索；②〈建〉顺砖砌

~ de cabría 起重机绳

~ de yute 麻绳

sogue *m. Amér. L*. 〈植〉白柳，柳树

soguería *f*. ①制绳业；②麻绳厂；③麻绳店；④〈集〉绳索

soja *f*. 〈植〉大豆

Sojourner *m*. 〈航天〉（六轮）索杰纳火星车

sol *m*. ①太阳；日；②日[阳]光；③〈化〉溶[液]胶；④见 ~ mayor

~ artificial 太阳灯,强光照明灯

~ de justicia 烈日

~ de las indias 向日葵

~ de los venados *Méx*. 夕阳

~ de medianoche 〈天〉（南北极地区夏季能见到的）夜半[子夜]太阳

~ del saraguato 夕阳

~ ficticio 〈天〉幻[假]日

~ mayor 〈乐〉G 大调

~ medio 〈天〉平太阳

~ naciente 旭日,朝阳

~ poniente 夕阳

~ y luna *P. Rico* 砍刀

~ y sombra 茴香(酒)白兰地

solación *f*. 〈化〉溶胶形式,溶胶化(作用)

solada *f*. ①沉积[淀,渣]；②〈地〉沉积物；③ *Méx*. 清理稻田

solado *m*. ①（铺砖）地面；②（用砖）铺设地面

solador *m*. ①铺路工；②贴砖工

solana *f*. ①〈地〉避风向阳处；②日光浴室，阳光房；③阳台

solanáceo,-cea *adj*. 〈植〉茄属的 ‖ *f*. ①茄科植物；② *pl*. 茄科

solanera *f*. ①日照强烈，烈日；②〈医〉晒斑，晒伤；日晒病，中暑

solanidina *f*. 〈化〉茄次碱

solanina *f*. 〈化〉茄碱

solano *m*. ①东风；②沙拉拿风（西班牙东海岸夏季的一种东风）；热风

solanum *m*. 〈植〉茄属植物

solapa *f*. ①〈印〉（护封的）内折边，勒口；②（尤指三角形的）信封盖

solapamiento *m*. ①互搭，重叠；②〈兽医〉伤口内腔；③〈信〉重叠操作

~ de entrada y salida 输入输出重叠操作

solapo *m*. 〈缝〉翻领

solar *adj*. ①太阳的，日光的；②（利用）太阳能的 ‖ *m*. ①一块（土地）；②（建造房屋等的）地基[皮]（建筑）工地；③祖居，④ *Amér. C*., *Méx*., *Venez*. 后院；⑤ *Cub*. 贫民住宅；*Per*. 居民楼，公寓大楼

~ de estacionamiento （露天）停车场

~ en construcción 在建房基地

~ para edificar 建筑用地

batería ~ 太阳能电池

calendario ~ 太阳历

ciclo ~ 太阳活动周

corona ～ 日冕
día ～ 太阳日
energía ～ 太阳能
generador ～ 太阳能发电机
magnetógrafo ～ 太阳能磁强记录仪
manchas ～es〈天〉太阳黑子，日斑
marea ～ 太阳潮，日潮
panel ～ 太阳电池板
radiación ～ 太阳辐射
refrigeración ～ 太阳能制冷
rotación ～ 太阳自转
satélite ～ 太阳卫星
sistema ～ 太阳系
teléfono ～ 太阳能电话
telescopio ～ 太阳望远镜

solarímetro *m*. 日射（总量）表，太阳能测量计

solaris *m*.〈信〉Solaris 操作系统（由 Sun Microsystems 公司开发）

solarización *f*. ①日晒；②〈摄〉曝光过度；负感现象，反转作

solasulfona *f*.〈化〉〈药〉苯丙砜

soldabilidad *f*. 可焊性，焊接性

soldable *adj*. 可焊（接）的

soldadesca *f*. ①军人职业；戎马生涯；②［集］士兵

soldado,-da *adj*.〈技〉焊接的；有接缝的‖ *m. f*.〈军〉军人；士兵
～ al tope 对头［缝］焊接的
～ con recubrimiento 搭焊的
～ de haber 全役兵
～ de infantería 步兵
～ de marina 海军（陆战队）士兵
～ de plomo 锡制玩具兵
～ de primera 准下士；一等兵
～ de solapa 搭焊的
～ por aproximación 对接的
～ por fusión 熔（融）焊的，熔焊接的
～ raso 陆军一等兵
～ telegrafista 电信兵
～ veterano 老兵
～ voluntario 志愿兵
construcción ～a 焊接结构；焊接构件
pieza ～a 焊（接，成）件

soldador *m*. ①焊［烙］铁；焊具；②〈机〉焊机 ‖ *m. f*. 焊工 ‖ ～**a** *f*.（电）焊机
～ de costura 线［缝］焊机
～ eléctrico ①电焊工；②电焊接器
～ por arco de A. C. 交流弧焊机
～ por arco de argón 氩弧焊机
gafas de ～ 焊工护目镜

soldadura *f*. ①焊料［剂，锡，药］；②（使用焊锡的）焊补［接］；（不使用焊锡的）熔［燃］接；

③焊缝，焊接点［处］；④〈医〉（骨折）愈合
～ a la moleta 单面多级滚焊
～ al arco（电）弧焊，电弧焊［熔］接
～ al arco con protección de gas inerte 气体保护电弧焊
～ al arco en presencia de argón 氩弧切割，惰性气体电弧切割
～ al plomo 铅焊
～ amilanada 斜面焊接，嵌［两端搭］接焊
～ argón arco 氩弧切割，惰性气体电弧切割
～ autógena 气［乙炔，熔融］焊
～ autógena por acetileno 气［风，乙炔］焊
～ bajo el agua 水下焊接
～ blanda 软焊料；软钎焊
～ cabeza a cabeza 碰［对头］焊
～ compacta 密实焊缝
～ con estaño 锡钎料
～ con horno 炉内钎焊
～ con horno eléctrico 电炉钎焊
～ con plata 银钎焊
～ con rodillo 单面多级滚焊
～ continua 连续焊接，单面多级滚焊
～ de alta frecuencia 高频焊接
～ de［en］ángulo（贴）角焊，条焊
～ de contacto 对接焊接；对顶［缝］焊接
～ de extremo［topes］末端搭接
～ de plomero 铅钎料，铅锡焊料
～ de plomo 铅焊料
～ de puntos por corriente pulsadora 脉冲点焊
～ de radiofrecuencia 射频焊接
～ de solape（～ solapada）搭焊，平头焊接，叠式焊接
～ eléctrica 电焊
～ en barra［varillas］焊条
～ en cabeza［en el extremo］末端搭焊
～ en frío 冷［虚］焊
～ enrasada 平［光］焊
～ estanífera 锡钎料
～ fuerte 铜［硬钎］焊，钎接
～ oblicua 斜面焊接，嵌［两端搭］接焊
～ oxiacetilénica 氧（乙）炔焊接，气焊
～ por aluminotermia 热剂［铝热］焊
～ por arco eléctrico 电弧焊［熔］接
～ por arco sumergido 水下电弧焊接
～ por chispas 火花对焊
～ por corriente pulsatoria（多）脉冲焊接
～ por fusión 熔（融）焊，熔焊接
～ por percusión 冲（击）焊
～ por puntos 点焊
～ por resistencia 电阻焊接

~ profunda 深部焊接

~ sesgada 斜面焊接，嵌[两端搭]接焊

~ sobrecabeza 仰焊

cabeza de ~ 焊头，烙铁头

sin ~ 无(焊)缝的

tubo (estirado) sin ~ 无缝管

soldanela *f.* 〈植〉滨打碗花

soldar *tr.* ①(锡)焊，焊合[接]；熔[煅]接；②连接

~ con latón[bronce, liga] 铜[硬，钎]焊

~ con plomo 铅焊

~ dos piezas conjuntamente 烧合[焊]，焊[熔]接

barra-lápiz de ~ 钎焊笔

máquina de ~ de varios electrodos 多电极焊机

máquina de ~ por arco 电(弧)焊机

máquina de ~ por contacto 对(接)焊机

máquina de ~ por puntos 点焊机

máquina de ~ por resistencia 电阻焊机

pólvora de ~ 粉状硬钎料

solejar *m.* ①〈地〉避[背]风向阳处；②日光浴室；阳光房；③阳台

solen *m.* 〈动〉竹蛏

solenocito *m.* 〈动〉①管细胞；②焰细胞

solenodonte *m.* 〈动〉(西印度群岛的)沟齿鼠

solenoglifo *m.* 〈动〉管牙类毒蛇

solenoidal *adj.* 〈电〉扎螺线管的，圆筒形线圈的

solenoide *m.* 〈电〉①螺线管；②筒形[电磁，螺线管]线圈

freno de ~ 电磁线圈制动器

válvula accionada por ~ 电磁线圈活门

sóleo *m.* 〈解〉比目鱼肌

solera *f.* 〈建〉①梁；②基石；③*Méx.* 地[方]砖

solería *f.* 〈建〉①室内地板[面]；②室内地面铺料

soleta *f.* 〈缝〉补丁[片]，贴片，织补处

solevamiento *m.* ①顶[举，抬]起；②〈地〉隆起，(岩层)移动

solfa *f.* 〈乐〉①首调唱名法(一种试唱练耳的体系)；②音符

solfatara *f.* 〈矿〉①硫质喷气孔；硫坑；②硫磺温泉

solfatárico,-ca *adj.* 硫磺温泉的

solfear *tr.* 〈乐〉用唱名唱；视唱

solfeo *m.* ①〈乐〉唱名法；②唱名练习

solfista *m. f.* 〈乐〉视唱者；唱名练习者

solicitud *f.* ①请[要]求；〈信〉请求；②申请(职位、许可证、奖学金等)；③申请表[书]

~ de arbitraje 申请仲裁

~ de cotización 询盘[价]

~ de explotación 申请开采；开采申请书

~ de exportación/importación 出/进口申请书

~ de extradición (根据条约或有关法令对罪犯等的)申请引渡；引渡申请书

~ de material 申请领料，领料单

~ de licencia 申请许可证

~ de oferta 要求报价，招标，询盘

~ de patente 专利(权)申请书

~ de repetición automática 〈信〉自动请求重发

solidago *m.* 〈植〉一枝黄花(多年生草本植物)

solidaridad *f.* 〈法〉连带性，连带责任；共同负责

solidario,-ria *adj.* 〈法〉共同分担义务的；连带的，连带责任的；(签字者、参与者)共同负责的

garante ~ 连带担保人

responsabilidad ~a 连带责任

solidarismo *m.* 〈社〉社会连带主义(一种社会学理论)

solidez *f.* ①固态；②固体；坚实(物)；③坚固；硬度；④〈数〉体积

solidificabilidad *f.* 凝固性

solidificación *f.* 固[硬]化，凝固(变成固体)

solidificado,-da *adj.* 凝固的，固结的，固(体)化的

sólido,-da *adj.* ①固体的；②质地坚实的；(基础等)坚[牢]固的；扎实的；(鞋子等)结实的；③实心的；④(颜色)不褪色的 ‖ *m.* ①〈理〉固体；*pl.* 固体粒子；②〈数〉立体(图形)；③*pl.* 〈医〉固体食物

~s platónicos 〈数〉正立体(指四面体、立方体、八面体、十二面体等)

alimento ~ 固体食物

ángulo ~ 〈数〉立体角

combustible ~ 固体燃料

cuerpo ~ 固体

estado ~ 固态

inyección ~a 无气喷射

polo ~ 整块[实心]磁极

volumen ~ 实体积

solidus *m. ingl.* ①〈化〉〈理〉固线，固相曲线；②斜线分隔符(即"/")

solifluccción; solifluxión *f.* 〈地〉(融冻，解冻等的)泥流，泥流[融冻]作用

soliloquio *m.* 〈戏〉独白

solimán *m.* ①〈化〉升汞，氯化汞；②毒药

solípedo,-da *adj.* 〈动〉奇蹄目的 ‖ *m.* ①奇蹄动物；②奇蹄目

solista *m. f.* 〈乐〉独唱[奏]演员

solitaria *f.* ①〈动〉绦虫(肠寄生虫)；②单人马车

solitario *m*. ①独粒钻石；②*Amér. M.*〈鸟〉鸫

solivo *m*.〈建〉木料

solla *f*.〈动〉欧[拟庸]鲽

sollado *m*.〈海〉下甲板

sollo *m*.〈动〉鲟

solo,-la *adj*.〈乐〉独唱[奏]的‖ *m*. 独唱[奏](曲)

solsticial *adj*.〈天〉至的(尤指夏至的)

solsticio *m*.〈天〉①至日；②至点(指冬至点或夏至点)

~ de invierno/verano 冬/夏至

~ hiemal/vernal 冬/夏至

soltura *f*. ①〈医〉腹泻；②〈法〉释放

~ de vientre 腹泻

solubilidad *f*. ①〈化〉溶(解)性，(可)溶性；②溶(解)度；③(问题、困难等的)可解决性

~ mutual 互溶性

~ sólida 固溶性[度]

solubilización *f*.〈化〉溶解，增溶(作用)

soluble *adj*.〈化〉可溶(解)的；溶性的；可乳化的

aceite ~ 溶性油，油乳胶

materia ~ 可溶物质

solución *f*. ①〈化〉溶解(作用，状态)；溶液[体]；②(问题、疑难等的)解决[答]；③〈数〉解，解法；④〈戏〉高潮，结局，收场

~ de continuidad 中断

~ de minimax 极小极大解，极值解

~ de Ringer〈生化〉林格式溶液

~ de tampón 缓冲溶液

~ electrolítica 电解溶液

~ gráfica 图解

~ iónica〈化〉离子溶液

~ isotónica 等渗[压]溶液

~ normal 当量[规定]溶液

~ salina fisiológica〈生化〉生理盐溶液

~ sólida 固溶体

soluto *m*.〈化〉溶质，溶解物

solvación *f*.〈化〉溶剂化；溶合作用

solvatación *f*.〈化〉溶剂化

solvato *m*.〈化〉溶剂化物

solvente *adj*. ①无债务的；有偿付能力的；②有溶解力的；③〈化〉溶剂的‖ *m*.〈化〉溶剂[媒]

análisis ~ 溶剂分析

extracción ~ 溶剂萃法，溶剂提法

solvólisis *f*.〈化〉溶剂分解(作用)

SOM *abr. ingl.* system object model〈信〉系统对象模型

soma *m*.〈生〉①胞体；体细胞；②体质(与germen 相对)

somascopio *m*.〈医〉超声波检查器

somatalgia *f*.〈医〉躯体痛

somatestesia *f*.〈医〉躯体感觉，体感

somatético,-ca *adj*.〈医〉躯体感觉的

somático,-ca *adj*. ①躯[肉]体的；②〈生〉细胞体的；体壁的

células ~as 体细胞

somatista *m. f*.〈医〉①机体特殊构造说的倡导者；②躯体论者(认为精神病及神经机能病均由躯体病变所致)

somatización *f*.〈心〉躯体化(精神经验及状态变为躯体症状)

somatocroma *f*.〈生〉体染色细胞

somatogénico,-ca *adj*.〈医〉躯体原的

somatología *f*. ①〈生〉躯体学(生物学的分支)；②身体学

somatomedina *f*.〈医〉生长调节素

somatometría *f*.〈医〉人体测定法

somatoplasma *m*.〈生〉体浆；体质(体细胞的原生质)

somatopleura *f*.〈生〉胚体壁

somatopsíquico,-ca *adj*.〈医〉躯体与精神的，身心的

somatostatina *f*.〈生化〉生长激素抑制素

somatotipia *f*.〈医〉体型决定

somatotipo *m*.〈心〉体型

somatotonía *f*.〈医〉躯[身]体紧张型

somatotropina *f*.〈生化〉生长激素

sombra *f*. ①影子，阴影；②荫，荫凉处；背光处，(斗牛场的)背阴看台；③〈画〉暗部；阴影区；暗色颜料；④〈体〉(练习时的)假想拳，空拳攻防；⑤*Amér. C.*，*Cono S.* 阳伞；⑥*Amér. C.*，*Méx.* (门窗等前面的)雨[凉，遮]篷；(甲板等上的)天篷；⑦*Amér. C.*，*Cono S.* (制图等用的)标线；⑧见 zona de ~

~ de hueso 骨灰颜料

~ de ojos 眼影

~ de Venecia 褐煤颜料

~s chinescas (中国的)皮影戏

zona de ~ (短波、雷达波、电视信号等传播的)静区

sombrado,-da *adj*. ①遮阴的；背阴的；②多影的，朦胧的

sombraje；**sombrajo** *m*. 凉[遮阳]棚

sombreado,-da *adj*. 背阴的；成[多]荫的‖ *m*.〈画〉明暗法，上明暗

sombrería *f*. ①制帽业；②帽店；③制帽厂

sombrerete *m*. ①小帽子，便帽；②〈植〉(蘑菇等的)菌盖；③〈机〉阀帽，(机器)罩；④〈建〉通风盖[帽]，烟囱帽

~ de chimenea 烟囱帽，烟罩

~ de palier 轴承盖

~ de prensa-estopas 填料盖,密封压盖

~ de válvula 阀盖[帽]

sombrerillo m.①〈植〉俯垂脐景天;②〈植〉(蘑菇的)菌盖

sombrero m.①帽子;阔边帽;②〈植〉(蘑菇的)菌盖;③〈海〉绞盘顶;④(炮口)封盖

~ nuclear 核保护伞

sombrilla f. 阳伞

~ nuclear 核保护伞

sombrógrafo m.〈摄〉逆光摄影;阴影照相

somero,-ra adj. 浅的,表层[面]的

aguas ~as 浅水层

laguna ~a 浅水湖

somito m.〈动〉体节

somnambulismo;sonambulismo m.〈医〉梦游症,梦行症

somnámbulo,-la m. f.〈医〉梦行症患者

somnífero,-ra adj.〈药〉催眠的,致睡的 ‖ m.〈药〉安眠药片

somniferol m.〈医〉催眠醇

somnipatía f.〈医〉催眠性迷睡;催眠状态

somnocinematógrafo m.〈医〉睡眠运动记录器

somnolencia f.①睡意,瞌睡,昏昏欲睡;困倦;②嗜眠[睡]

somormujo m.〈鸟〉鹏鹏

~ menor 小[斑嘴巨]鹏鹏

somosierra f.〈地〉山[隘]口

sompancle m. Méx.〈植〉珊瑚刺桐

sompopo m. Salv.〈昆〉(一种)黄蚂蚁

son m.〈乐〉声[音]调

sona f.〈乐〉唢呐(中国乐器)

sonador m. 发声器

sonar;sónar m.①声呐(声[超声]波水下探深系统,用于测定海洋深度、潜水艇方位);②声波定位仪;③鱼群探测器

sonata f.〈乐〉奏鸣曲

sonatina f.〈乐〉小奏鸣曲

sonayote m. Méx.〈植〉丝瓜

soncho m. Arg.〈动〉南美浣熊

sonda f.①测深,水深测量;②〈航空〉大气探测;③〈医〉探针[子];④〈海〉测深锤,(回声、声波)测深[探测]器;⑤〈矿〉钻[头,机]

~ acústica (回声)探测[测深]器

~ aural 耳探子

~ de ácidos nucleicos〈生化〉核酸探针

~ de agua 深度规[计],水位尺

~ de barrena〈矿〉钻孔机[器]

~ de hibridación〈生化〉杂交探针

~ de toma de muestra 取样器

~ de ultrasonidos 超声波探测仪

~ de válvula 自动出屑钻机

~ espacial 航空探测器;太空科学探测火箭

~ por eco 回声探测器

globo de ~ 探测[测风]气球

sondable adj. 可探测的;可测深的

sondador m.〈海〉测深仪 ‖ m. f. 测深员[者] ‖ ~a f.〈海〉〈机〉测深机

~ acústico (回音)测深仪

~ eléctrico 电测深计

~a al eco 回声测深机

sondaje m.①〈海〉测深,水深测量;②〈技〉勘探;③试探,探询

conversaciones de ~ 试探性会谈

sondaleza f.①探测索,探测标记绳;②测深绳,测深铅锤

sondeadora f.〈海〉测深索

sondeo m.①〈海〉测深,水深测量;②〈技〉钻空,挖通;③〈气〉探测;〈矿〉(抽样)钻探;④〈医〉探通术,探通诊断;⑤试探,摸底,探询;⑥〈统〉民意测验

~ con ultrasonidos 超声波测深

~ de audiencia 观[听]众调查

~ de opinión〈统〉〈政〉民意调查

~ de opinión pública 民意测验;(美国统计学家)盖洛普民意测验

~ de terreno〈地〉钻孔试验

~ del petróleo 钻探石油

~ del terreno 岩心取样

~ por percusión 冲击钻探[孔]

~ telefónico 电话(访问)调查

cabezal de ~ 钻头,钎头

cabría de ~ (石油工程的)绞车

equipo de ~ 钻探[井]设备

fluido de ~ 钻井液,钻探泥浆

pozo de ~ 钻孔,井眼

varilla de ~ 钻管

sondista m. f.①测深技师;②探测仪操作者

sondógrafo m. 测探仪

sonería f.①(钟表的)报时装置;②(排钟等的)钟声,钟乐

SONET abr. ingl. synchronous optical network〈信〉〈讯〉同步光学网络

sonfó m. Méx.〈动〉蝌蚪

sóngoro m. Méx.〈鸟〉秃鹫

sonicación f.〈生〉〈生化〉(超)声波降解法(指用超声波使细胞、病毒等降解的方法)

sónico,-ca adj.〈理〉①声音的;②(利用)声波的;③声速的

aislamiento ~ 隔声[音]

aparato de sondeo ~ 回声[音]测深仪

barrera ~a(muro ~) 声[音]障

comparador ~ 声波比较[比长]仪

ecosonda ~a 回声[音]测深仪

ondas ~as 声波

sonidista *m. f.* 音响工程师
sonido *m.* ①声音,响声;②〈理〉声音(指机械辐射能)
  ~ complejo〈理〉复合音
  ~ envolvente 环绕声
  ~ estereofónico 立体声
  ~ metálico 叮当声,(金属)铿锵声
  ~ musical〈理〉乐音
  ~ puro[simple]〈理〉单[纯]音
  ~ vocálico 元音
  ~s armónicos〈理〉〈乐〉泛音
  a prueba de ~ 隔声的,不透声的,防噪声的
  hipermodulación del ~ 超调(音量)
  operador del ~〈电影〉录音员[师]
  toma de ~ 拾音
  velocidad del ~ 音速
sonio *m.*〈理〉(对40分贝声音的)感响度
sonista *m. f.* ①音响工程师;②录音师
sonoboya *f.*〈理〉声呐浮标
sonógrafo *m.*〈理〉声谱仪
sonoluminiscencia *f.*〈理〉声致发光,声致冷光
sonometría *f.*〈理〉振动频率测定
sonómetro *m.* ①〈理〉弦音计,振动频率计;②听力计;③声[音]级计
sonoridad *f.* ①洪[响]亮;响亮度;②声音;③音品;④〈理〉音响强度
sonorización *f.* ①(为电影)配音;②安装音响设备
sonoro,-ra *adj.* ①作响的,响亮的;②(圆润)洪亮的;动听的;声音回荡的,音响效果好的;③(洞穴等)有回声的;④(电影)配了音的‖ *m.*〈电影〉配音系统
  banda ~a 声带[槽]
  beso ~ 响吻
  efectos ~s 音响效果
  nivel de intensidad ~a 音级
  onda ~a 声[音]波
sonotone *m.* 助听器
sopapa *f. Amér. L.* (家用)手压皮碗泵
sope *m. Amér. C., Méx.*〈鸟〉兀鹫
sopilote *m. Méx.*〈鸟〉兀鹫
soplada *f.* ①〈海〉疾风;②*Arg.* 吹气;③*Méx.* 吹[刮]风
soplado *m.* 玻璃吹制术
  ~ de vidrio 玻璃吹制术
soplador,-ra *m. f.* ①玻璃吹制工;吹玻璃工;②*Amér. C., And.*〈戏〉提词员‖ *m.* ①〈机〉鼓[吹,送]风机,风扇[箱];②洞穴风口
  ~ de hollín 吹灰机

~ de las chispas 灭火花器
~ de nieve 螺旋桨式除吹雪机
~ de turbina 涡轮式鼓风机
sopladura *f.* ①吹[鼓]风;②气孔[泡],砂[气]眼;③吹气;吹制玻璃器皿;④*Amér. L.*〈医〉水[浮]肿
  ~ en la fundición 铸孔
  ~ superficial (钢锭)表皮气泡
soplante *m.*〈机〉鼓风机
  ~ de barrido 清除鼓风机
soplete *m.* ①喷灯;吹管;②焊[割]炬
  ~ de corte[oxicorte] 切割吹管
  ~ de eliminar grietas 焊缝修整机,焊瘤清除器
  ~ de soldar(~ soldador) 焊接吹管[喷灯],焊炬
  ~ oxhídrico 氢氧吹管
  ~ oxiacetilénico 氧乙炔炬,氧乙炔割炬
soplo *m.* ①吹气;吹风;②〈技〉鼓[送]风;喷气器;③〈医〉杂音;④透露消息;⑤密探
  ~ al corazón(~ cardíaco) 心脏杂音
  ~ magnético 磁力熄弧器,磁灭弧器
  ~ pulmonar 呼吸杂音
soplón,-ona *m. f. Amér. C.*〈戏〉提词员
sopor *m.*〈医〉迷睡,昏睡
soporífero,-ra; soporífico,-ca *adj.*〈药〉催[眠]眠的,引起睡眠的‖ *m.* ①〈药〉安眠药片;②安眠药水
soportal *m.*〈建〉①(建筑物前有顶的)入口处,门[柱]廊;②*pl.* (街上的)拱廊;连拱柱廊
soporte *m.* ①支撑[承];扶持;②(支,托)架;(基,支,轴承)座,台;③(新闻)媒介[体];④〈信〉存储体;支持(程序);⑤〈画〉基底(如画布、画纸、木板等);⑥〈化〉担[载]体
  ~ articulado 旋转轴承座
  ~ corredizo 刀夹[把,杆],工具柄
  ~ cuello de cisne 弯脚
  ~ de acanalados 环形止推轴承座
  ~ de árbol propulsor 螺旋桨(支)架
  ~ de barra 支杆
  ~ de caballete 托架轴承座
  ~ de cojinete 止推[推力]轴承座[架]
  ~ de columna 柱支座,柱基
  ~ de cristal 晶体盒
  ~ de cuchilla 刀片座
  ~ de eje 柄轴支架
  ~ de empuje 推力座
  ~ de empuje axial 轴向推力轴承座
  ~ de entrada 输入媒介
  ~ de gorrones 轴颈轴承座
  ~ de la mesa 牛腿,托座,角撑架,承托
  ~ de portaherramienta 刀架[座]

～ de resorte 弹簧(吊耳)支架

～ de rótula 旋转(关节)轴承座

～ de salida 输出媒介

～ de seguridad 轴套

～ del contrapunto 后支[撑]条,后拉杆,背撑

～ del eje 轴颈轴承座

～ en U U 型支架

～ engrasador automático 自动润滑轴承座

～ exterior 外置[伸]轴承座

～ fijo 固定中心架

～ físico 〈信〉硬件

～ fluido 流体[液压]轴承座

～ intermediario 中间支承

～ lógico 〈信〉软件

～ lógico de sistemas 〈信〉系统软件

～ ordinario 托架轴承座

～ para caso de rótura de eje 轴套

soprano *m*. 〈乐〉女[童声]高音‖ *m*. *f*. 女[童声]高音歌手

sóquet *m*. *Méx*.〈电〉插座

SOR *abr*. sistema operativo de red 〈信〉网络操作系统

sorbetera *f*.〈机〉制冰淇淋机

sorbico,-ca *adj*. 见 ácido ～

ácido ～〈化〉山梨酸

sorbita *f*.①〈冶〉索氏体;②〈生化〉山梨聚糖

sorbítico,-ca *adj*.〈冶〉索氏体的

perlita ～a 索氏珠光体

sorbitol *m*.〈化〉山梨糖醇

sorbitorio *m*. *Hond*.〈药〉鼻吸剂

sorbosa *f*.〈生化〉山梨糖

sordera *f*.〈医〉聋;耳聋;耳闭(中医用语)

～ congénica/adquirida 先/后天性耳聋

～ histérica 癔病[症]性耳聋

～ musical 音乐耳聋

～ orgánica 器质性耳聋

～ perceptiva 感受性耳聋

～ profunda 深度耳聋

sordes *f*.〈医〉口垢

sordina *f*.①〈乐〉弱音器;②(闹钟的)制闹器

sordino *m*.〈乐〉(类似小提琴的)弦乐器

sordo,-da *adj*.①聋的,耳聋的,耳背的;②(疼痛)隐约的‖ *m*. *f*. 聋子,耳背者

diálogo de ～s(听不进对方意见的)聋子对话

dolor ～ 隐痛

soredio *m*.〈植〉粉芽

sorgo *m*.①〈植〉高粱;②高粱米

soriasis *f*. *inv*.〈医〉牛皮癣,干癣

sorites *m*.〈逻〉连锁推理;连锁诡辩

soro *m*.〈植〉孢子群;(蕨类的)囊群

soroche *m*.①*Amér*. *L*.〈医〉高山病,高山反应;②*And*. ,*Cono S*.〈矿〉方铅矿

sorocho,-cha *adj*. *Venez*.(水果)未熟透的‖ *m*. *Amér*. *L*.〈医〉高山病,高山反应

sorococa *f*. *C*. *Rica*〈鸟〉猫头鹰

sorosilicato *m*.〈矿〉俦硅酸盐

sorosis *f*.〈植〉椹果

S. O. S. ; SOS *m*.〈无〉(国际通用的船舶、飞机等的无线电)紧急呼救信号

sosa *f*.①〈化〉碳酸钠,苏打;②〈植〉猪毛草,海蓬子

～ calcinada 苏打灰[粉]

～ cáustica 苛性钠,烧碱,氢氧化钠

～ Solvay 〈化〉碳酸钠

lejía de ～ 氢氧化钠

sostén *m*.①〈建〉支撑物,支柱;②食物,粮食;③(对人等的)支持[撑];支柱(指中间力量)

sostenibilidad *f*.〈环〉可持续性

sostenible *adj*.①支撑得住的,能承受的;②能保持[维持]的;③可持续的

desarrollo ～ 可持续发展

sostenido,-da *adj*.①持续[久]的;②〈乐〉升半音的,偏高的;③有底座的‖ *m*.①〈乐〉升半音;升半音号;②(舞蹈动作中的)足尖直立

doble ～ 重升号(即"X"或"※")

sostenimiento *m*.①支撑[持];②(价格政策等方面的)维[保]持;③支持;④食粮;抚[供,赡]养

～ artificial de precios 人为维持价格

～ de precios 价格维持

～ múltiple 共同抚养

muro de ～ con aletas de retorno 挡土墙,拥壁

sotabanco *m*.〈建〉①屋顶层[室],顶[阁]楼;②起拱石

sotanudo *m*. *Méx*.〈鸟〉兀鹫

sotaventarse ; sotaventearse *r*.〈海〉背[顺]风航行

sotavento *m*.〈海〉下风,背风面

sote *m*. *Amér*. *C*. ,*Col*.〈昆〉穿皮潜蚤

sotechado *m*.①〈建〉棚式建筑物;货[车,工作];②牲口棚

sotempiesis *f*.〈医〉骨化脓

soto *m*.①〈植〉灌木丛,树[植]丛;②*Amér*. *L*.〈绳〉结

sotobosque *m*.〈植〉下层灌丛;林下植物

sotto voce *adv*. *ital*.〈乐〉低音(地)

soul *m*. *ingl*.〈乐〉(美国黑人的)爵士灵歌‖ *m*. *f*. 美国黑人爵士灵歌歌手

sovjós；**sovjoz** *m.rus.* 国营农场

soya *f.Amér.L.* 〈植〉大豆

Soyuz *m.rus.* （俄罗斯）联盟号宇宙飞船

spaniel *m.ingl.* 〈动〉獚（一种长毛垂耳短尾矮足小犬）

SPARC *abr.ingl.* scalable processor architecture 〈信〉标量处理器体系机构

speed *m.* 〈药〉脱氧麻黄碱；（甲基）苯丙胺（一种中枢兴奋剂）

SPG *abr.* Sistema de Posicionamiento Global 〈讯〉全球定位系统

Spica *f.* 〈天〉角宿一

spin *m.* ①旋转；②〈理〉旋转，自旋

spirillum *m.* 〈生〉螺菌

spirochaeta *f.* 〈生〉螺旋体

spirochaetal *adj.* 由螺旋体引起的

spiroplasma *m.* 〈生〉螺原体（一种致病的原核生物）

spirulina *f.* 〈生〉螺旋藻

SPM *abr.* síndrome premenstrual 〈医〉经前综合征

spray *m.ingl.* ①喷雾，用作喷雾的液体；②喷雾器

sprint *m.ingl.* 〈体〉短（距离赛）跑，（长距离赛跑中的）冲刺

sprintar *intr.* 〈体〉（尤指短距离）冲刺；全速奔跑

sprínter *m.* 〈体〉短跑选手，短跑运动员

sprue *m.ingl.* 〈医〉①（热带）口炎性腹泻；②乳糜泻

sputnik *m.rus.* （前苏联）人造地球卫星

SPX *abr.ingl.* sequenced packet exchange 〈信〉顺序包交换（协议）

SQL *abr.ingl.* structured query language 〈信〉结构化查询语言

Sr 〈化〉元素锶(estroncio)的符号

sr 〈数〉立体弧[球面]度(estereorradián)的符号

SRAS *abr.* síndrome respiratorio agudo severo 〈医〉重症急性呼吸道综合征，非典

SRAM *abr.ingl.* static RAM 〈信〉静态随机存取存储器

S.R.C. *abr.* se ruega contestación 请赐复（正式请帖用语）

S.R.L. *abr.* Sociedad de Responsabilidad Limitada 〈经〉有限责任公司

S.S. *abr.* ①Seguridad Social 社会保险；②Secretaría de Salud （墨西哥）卫生部

SSE *abr.* sudsudeste 东南南

SSL *abr.ingl.* secure sockets layer 〈信〉安全套接层

SSO *abr.* sudsudoeste 西南南

STA *abr.* sistema de tablón de anuncios 〈信〉电子公告牌；公布栏系统

staccato *m.ital.* 〈乐〉断音（符号）；断唱[奏]

staff(*pl.* staffs) *m.ingl.* ①全体雇[职]员；②（学校的）教职员工；③〈军〉全体参谋人员；④内阁人员；⑤高层行政官，管理人员；⑥〈电影〉〈乐〉摄制人员名单

stagflación *f.* 〈经〉滞胀（指经济停滞、通货膨胀伴随发生）

standard；**stándard** *m.* ①标准，规格[范]，准则；②水准

~ de construcción 建筑标准

~ de vida 生活水准

standardización *f.* 标准[规格]化

staphylococcus *m.ingl.* 〈生〉葡萄球菌

stárter *m.* ①（汽车的）气门；②*Amér.L.* （装在发动机上的）起动电动机；自动起动器；③（赛马比赛的）发令员；④（赛马时用的）起跑门

stator *m.ingl.* 〈电〉（发电机的）定子；（电容器）定片

STEF *abr.* sistema de transferencia electrónica de fondos 〈信〉电子资金转账系统，电子汇款系统

STO *abr.* servicio telefónico ordinario 〈信〉普通电话业务

stokes *m.ingl.* 斯托克斯（运动黏度单位）

stop *m.* 〈交〉（十字路口的）停车标志

stopper *m.ingl.Amér.L.* 〈体〉（足球）后卫

store *m.* 〈建〉（窗外的）遮篷，百叶窗，遮阳窗

STP *abr.ingl.* shield twisted pair 〈信〉屏蔽双绞线

strass *m.ingl.* 富铅晶体质玻璃，假钻石，斯特拉斯假金刚石

streptobacillus *m.* 〈生〉链球杆菌

streptococcus *m.ingl.* 〈生〉链球菌

streptomyces *m.ingl.* 〈生〉链霉菌

stress *m.ingl.* ①压力，重压；②〈理〉应力，胁强；③〈乐〉加强，用力；扬音

stretta *f.ital.* 〈乐〉加快结尾段

striaalvicans *m.lat.* 〈医〉白纹（指妇女产后腹部的萎缩纹）

striagravidarum *m.lat.* 〈医〉妊娠纹（指怀孕后产生的萎缩纹）

STT *abr.ingl.* secure transaction technology 〈信〉安全交易技术

STX *abr.ingl.* start of text 〈信〉正文开始

suave *adj.* ①（物体表面）平[光]滑的；（皮肤等）光洁[柔软]的；②（动作等）轻柔的；（颜色等）柔和的；（声音、韵律等）悦耳的；③（噪声等）低的；④（味道、气候等）温和的；⑤（气味等）轻微的；⑥〈麻醉品〉毒性不强的；⑦（机械运转）平稳的；（工作等）容易的，不费力的

suavizador *m*. ①磨剃刀皮带；②钢刀布，钢刀带

suavizante *m*. ①（衣物、织物）柔软剂；②护发剂

subacetato *m*. 〈化〉碱式乙酸盐

subácido,-da *adj*. ①〈化〉微酸的；②略带酸味的

subacuático,-ca *adj*. ①（在）水下的，（供）水下用的；②〈植〉在水中生长的
  actividades ～as 水下作业；水下活动
  estación experimental ～a 水下试验站

subaéreo,-rea *adj*. ①地面上（发生）的，接近地面的；陆上的；②地表的
  erosión ～a 地面冲蚀

subagudo,-da *adj*. 〈医〉（疾病等）亚急性的

subalar *adj*. 〈动〉（位于）翼下的

subalimentación *f*. 营养不足

subalimentado,-da *adj*. 营养不足的；半饥饿状态的

subalimentador *m*. 〈电〉副馈（电）线，分支配电线

subalpino,-na *adj*. ①（海拔 4,000 - 5,500 英尺的）亚高山带的；（树木）生长在亚高山带的；②阿尔卑斯山脉山麓地带的

subalterno,-na *adj*. ①从[附]属的；②非技术性的（工作）

subálveo,-vea *adj*. 河床下的

subanillo *m*. 〈数〉子环

subaracaya *f. Amér. M.* 〈动〉虎猫

subarbusto *m*. 〈植〉半灌木

subarmónico,-ca *adj*. 〈理〉分频谐波的；分谐波振动的

subarrendamiento *m*. （房屋、土地等的）分租，转租

subarriendo *m*. ①（房屋、土地等的）转租，分租；②转租费，分租费

subártico,-ca *adj*. 〈地〉亚北极（区）的

subatmosférico,-ca *adj*. 低于大气压[层]的，亚大气的

subatómico,-ca *adj*. 〈理〉亚原子的；原子内的
  partícula ～a 亚原子粒子
  reacción ～a 亚原子反应

subaudible *adj*. 亚声频的；听限下的

subbase *f*. （底，副）基座，基底；土基；子基

sub-bloque *m*. 〈信〉子信息块

subcampeón,-ona *m. f*. （竞赛中的）第二名，亚军

subcampeonato *m*. 〈体〉亚军称号，亚军身份

subcapa *f*. 内[底]涂层，里[底]衬

subcapitalización *f*. ①资本不足；②资本低估

subcarga *f*. 欠载，轻负载

subcelular *adj*. 〈生〉亚细胞的

subcentral *m*. ①〈电〉变电所；②（局、所、站等下面的）分局[所]，站
  ～ al aire libre 室外配电变电所
  ～ eléctrico 变电所

subcentro *m*. ①副[次要]中心；②（商业等的）次中心区

subclase *f*. 〈生〉亚纲

subclavio,-via *adj*. 〈解〉锁骨下的；锁骨下神经的；锁骨下沟[肌]的 ‖ *m*. 锁骨下肌
  arteria/vena ～a 锁骨下动/静脉

subclavicular *adj*. 见 subclavio

subclón *m*. 〈医〉亚克隆

subcoma *m*. 〈医〉轻昏迷

subconjunto *m*. ①〈信〉组件；（组成大套的）一小套；②〈生〉亚纲；③〈数〉子集

subconsciencia *f*. 〈心〉下[潜]意识（心理活动）
  ～ colectiva 〈心〉集体无意识

subconsciente *adj*. 〈心〉下[潜]意识的 ‖ *m*. 下[潜]意识

subconsumo *m*. 〈经〉供大于求

subcontinente *m*. 〈地〉次大陆

subcontrata *f*. 〈工程〉（工程项目等的）分包合同，转包契约

subcontratación *f*. 〈工程〉分[转]包

subcontratar *tr*. ①〈工程〉分[转]包（工程项目等）；②承做转包工作，委托承包加工

subcontratista *m. f*. （转包工作的）分包者，分包单位

subcontrato *m*. 〈工程〉（工程项目等的）分包合同，转包契约

subcortical *adj*. ①〈植〉皮层下的；②〈解〉皮质下的

subcostal *adj*. 〈动〉〈解〉肋下的

subcristalino,-na *adj*. 亚晶态的；不完全结晶的

subcrítico,-ca *adj*. 〈理〉次临界的

subcuenta *f*. 辅助账，明细账

subcultivo *m*. 〈医〉再次培养；次代培养物

subcultura *f*. 亚文化（群）

subcutáneo,-nea *adj*. 〈解〉皮下的
  inyección ～a 皮下注射
  tejido ～a 皮下组织
  vena ～a 皮下静脉

subdesarrollo *m*. ①不发达，落后；②发育不全

subdesértico,-ca *adj*. 〈地〉次沙漠的

subdirectorio *m*. 〈信〉子目录

subdivisible *adj*. 可再分的；可剖分的

subdivisión *f*. ①再[重，细]分；剖分；②分支，分部；再[细]分部分；③〈建〉隔板[墙]
  ～ de acciones 股份分割

subdominante *adj*. ①次优势的；②〈植〉亚[优势的；③〈乐〉下属音的 ‖ *f*.〈乐〉下属音

subducción *f*.〈地〉潜没(指一个地壳板下降至另一之下的过程)

subduplo,-pla *adj*.〈数〉二分之一的；一比二的

subecuatorial *adj*.〈气〉亚[副]赤道的

subemal *m*. *Méx*.〈农〉中耕

subempleado,-da *adj*. ①就业不足的，未充分就业的；②(人、设备等)未得到充分利用的

subempleo *m*. ①就业不足，不充分就业；②利用不充分

súber *m*. *Bol*.〈植〉软木，木[皮]栓

suberina *f*.〈生化〉软木脂

suberización *f*.〈植〉栓化作用

suberosis *f*.〈植〉栓[软木]化过程

subespacio *m*.〈数〉子空间

subespecie *f*.〈生〉亚种

subestación *f*. ①〈电〉变电所；②(局、所、站等下面的)分局[所]，站

subestratosfera *f*.〈气〉副平流层；亚同温层

subestratosférico,-ca *adj*.〈气〉副平流层的；亚同温层的

subestructura *f*.〈建〉①基础；下部结构；②路基；路基面

subexposición *f*.〈摄〉曝光不足，欠曝光

subexpuesto,-ta *adj*.〈摄〉曝光不足的

subfacturación *f*. 开低价发票

subfamilia *f*.〈生〉亚科

subfebril *adj*.〈医〉低[微]热的 ‖ *m. f*. 低热患者

subfertibilidad *f*.〈医〉低生育力

subfilo *m*.〈动〉〈植〉亚门

subfluvial *adj*. 河下[底]的
　túnel ～ 河底隧道

subforo *m*.〈法〉田庄转租契约

subfrecuencia *f*.〈理〉分谐频

subfusil *m*.〈军〉自动步枪

subgén *m*.〈生〉亚基因

subgénero *m*.〈生〉亚属

subgrupo *m*. ①小组，小集团[团体]；②〈生〉亚群；③〈化〉(元素周期表中的)副族；族；④〈数〉子集

subhedral；subhédrico,-ca *adj*. 仅有部分晶面的，半形的

subhorizonte *m*. 下层，底层

subhúmedo,-da *adj*. ①半湿润气候的；②半湿(润)的

subicoje *m*. *Col*.〈植〉苦瓜

subida *f*. ①攀登；爬上；②斜坡，坡道[路]；③上升；上涨，增长；④〈信〉(文件的)上传
　～ repentina 暴涨

　～ vertical 垂直上升

subido,-da *adj*.〈植〉已抽穗的，有穗的

subiente *m*.〈建〉攀缘花饰

subigüela *f*. *Esp*.〈鸟〉云雀

subín *m*. *Amér. C*.，*Méx*.〈植〉金合欢

subíndice *m*. ①〈数〉次标，子指数；②〈信〉下标；③〈印〉下标字母[数字，符号](如 X_a 中的 a；B_2 中的 2)；④(总目录中各部分的)分索引，分目

subinfección *f*.〈医〉轻(度)感染

subinflamación *f*.〈医〉轻度炎症

subjetividad *f*. 主观性

subjetivo,-va *adj*. ①主观的，主观上的；②〈医〉(症状)主观的，自觉的
　conjeturas ～as 主观臆断
　síntoma ～ 主观[自觉]症状

sublacustre *adj*. (位于)湖水下面的

subleucemia *f*.〈医〉亚白血病

sublimación *f*. ①〈化〉升华作用；②〈心〉升华

sublimado *m*.〈化〉①升华物；②升[氧化]汞

sublimador *m*.〈化〉升华器

sublimatorio,-ria *adj*.〈化〉起升华作用的 ‖ *m*.〈化〉升华器

subliminal *adj*.〈心〉阈下的，意识下；潜意识的

sublingual *adj*.〈解〉舌下的
　medicación ～ 舌下投药法

sublunar *adj*. ①月下的(指地球与月球轨道之间的)；②地球上的

subluxación *f*.〈医〉半[不全]脱位

submarginal *adj*. 界限以下的，不到最低标准的
　habitación ～ 不到最低标准的住房

submarinismo *m*. ①〈体〉(带水肺的)潜水运动；②海底作业；水下捕鱼

submarinista *adj*. ①(在)水下的，在水中操作的；海底作业的；②潜水的 ‖ *m. f*. (带水肺的)潜水员
　exploración ～ 水下勘查[探]

submarino,-na *adj*. ①在水下的；水中(发生)的；②海中[底]的 ‖ *m*.〈军〉潜艇；潜水艇
　～ atómico 原子(动力)潜艇
　～ nuclear 核潜艇
　cable ～ 海[水]底电缆
　dinamitado ～ 水下爆破
　onda sonora ～a 水声波
　planta ～a 海底植物
　prospección petrolífera ～a 海底石油勘探
　romperocas ～ 海底凿岩机
　túnel ～ 海[水]底隧道

submatriz *f*.〈数〉子矩阵

submaxilar *adj.*〈解〉颌下的;颌下腺的

submétalico,-ca *adj.* 亚金属的

submicrón *m.* 亚微型;亚微细粒
～ metal 超微[细]金属粉末

subminiatura *f.*〈电子〉超小型(元件)

subminiaturización *f.*〈电子〉超小型化,微型化

submodulación *f.*〈电〉副调制

submodulador *m.*〈电〉副[辅助]调制器

submolécula *f.*〈化〉亚分子,比分子更小的粒子

submolecular,-ra *adj.*〈化〉亚分子的

submucosa *f.*〈解〉黏膜下层

submuestra *f.* 副样品

submuestreo *m.* 二次抽样,取分样

submúltiplo,-pla *adj.*〈数〉因[约]数的‖ *m.* 约[因]数

subnitrato *m.*〈化〉碱式硝酸盐

subnivel *m.* ①〈理〉支能级;支壳层;②〈矿〉分段,中间平巷

subnormal *adj.* ①低于正常的;②〈医〉低能的,(智商)低于正常标准的,弱智的‖ *m.*〈数〉次法距,次法线‖ *m. f.*〈医〉弱智者,不及常人者

subnormalidad *f.*〈医〉低能,(智商)低于正常标准,弱智

subnota *f.*〈印〉副注(注释中的注释)

subnuclear,-ra *adj.*〈理〉亚核的

subocular *adj.*〈解〉眼下的

subocupación *f. Amér. L.* ①就业不足,不充分就业;②利用不充分

suboptimal *adj.* 次优的;未达最佳标准的,不最理想的

suboptimización *f.* 次优化;局部最优化

suborbital *adj.* ①〈解〉眶下的;②〈航天〉(导弹、火箭、卫星等)不满轨道一圈的,亚轨道的

suborbitario,-ria *adj.*〈解〉眶下的

suborden *m.*〈生〉亚目

suboxidación *f.*〈化〉氧化不足

subóxido *m.*〈化〉低(价)氧化物

subpanel *m.*〈建〉副(面)板,辅助(面)板;底板

subpolar *adj.* ①近北[南]极的;②〈气〉副极地的

subportadora *f.*〈讯〉副[辅助]载波(频率)

subprepucial *adj.*〈医〉包皮下的

subproducción *f.*〈经〉生产不足

subproducto *m.* 副产品,副产物

subprograma *m.* ①〈信〉子(例行)程序;②分计划

subproyección *f.*〈测〉次投影

subrayado,-da *adj.* 用下划线标出的‖ *m.*①下划线;着重线;②斜体字

subred *f.*〈信〉子网

subrefracción *f.*〈理〉标准下[亚标准]折射,副折射

subregión *f.* ①(区以下的)分区;②〈生〉(动植物分布的)亚区

subreino *m.*〈生〉亚界

subresonancia *f.*〈理〉次[部分]共振

subristra *f.*〈信〉子字符串

subrogación *f.* ①代替[用];替代[换];②〈法〉代位

subrutina *f.*〈信〉子(例行)程序
～ abierta/cerrada 开/闭型子程序
～ de inserción directa 直插式子程序
～ en cascada 箱套子程序
～ en coma flotante 浮点子程序
～ estática 静态子程序
～ normalizada 标准子程序
～ recursiva 递归子程序

subsatélite *m.*(由运转卫星在轨道上抛射的)子卫星

subscapular *adj.*〈解〉肩胛下的

subserie *f.*〈环〉〈生〉次生演替系列

subsidencia *f.*〈地〉沉降

subsidiario,-ria *adj.* ①辅助的,附带的;次要的;〈法〉补充的;代替…的;②隶[附]属的,附设的;③补〈津〉贴的

subsidio *m.* 补助[贴];补助金;财政援助
～ adicional de paro 辅助性失业救济金
～ de desempleo[paro](由国家或工会等支付的)失业补助金,失业津贴
～ de enfermedad 病假补助费
～ de exportación 出口补贴
～ de huelga（工会发给罢工工人的）罢工津贴
～ de natalidad 产妇津贴
～ de vejez 退休[养老]金
～ de[para] vivienda 住房津贴,房贴
～ familiar（发给有子女低收入家庭的）家庭救济金
～ global 分类财政补贴
～ para gastos de instalación 安置费,安家费
～ por puesto especial 特殊岗位津贴

subsincrónico,-ca; **subsíncrono,-na** *adj.*〈电〉次[亚]同步的

subsistema *m.* ①子[分,第二]系统;②〈导弹等〉辅助[次级]系统
～ de entrada de trabajos〈信〉作业入口子系统

subsolado *m.*〈农〉深耕[挖]

subsolano *m.* 东风

subsolar *tr.*〈农〉深耕[挖]

subsónico,-ca *adj*. ①亚音[声]速的；②次声的(频率低于16Hz/s)

subsótano *m*. 〈建〉(建筑物)底层；地下室

substantivo,-va *adj*. ①独立存在的；②实在[际]的；本质的；③〈化〉直(接)染的，不需媒染剂的

substitución *f*. ①代替[用]；替代[换]；②〈法〉替代继承；③〈数〉代[置]换，代入；④〈化〉取代(作用)

　método de ~ 代入法，置换法

substitutivo,-va *adj*. ①代替的；替换的；②(可作为)代用的‖*m*. 代替[替换]物，代用品

　~ de plasma 〈医〉代血浆
　~ del azúcar 食糖代用品

substituto,-ta *adj*. (临时)替换[用]的；替补的‖*m.f*. ①代替[替代]者；替换者；②替补队员；③〈法〉替代继承人‖*m*. 代替[替换]物，代用品

substracción *f*. ①除去；提取；②减去；〈数〉减法；③扣[减]除

substrato *m*. ①底[下]层；基础；②〈地〉底土层，底[心]土；③〈生〉培养基；④〈生态〉地层；基层[质]；⑤〈生化〉底物，酶作用物；⑥〈摄〉(胶片等的)感光底层

subsuelo *m*. ①〈农生〉(土壤的)底[心，下层]土；②(地基)下层土；③*Chil*. 地下室

subsuperficial *adj*. ①地表下的；表面下的；②海[水]面下的

subtangente *m*. 〈数〉次切线，次切距

subtarea *f*. 〈信〉(程序)子任务

subtender *tr*. 〈数〉对向(角或边)

subtensa *f*. 〈数〉(弧的)弦

subterráneo,-nea *adj*. 地的，地下发生的，在地下进行的‖*m*. ①地下通道；地道；②地下仓库；③*Arg*. 地铁

　agua ~a 地下水
　ferrocarril ~ 地下铁道
　prueba nuclear ~a 地下核试验
　túnel ~ 地下隧道

subtilina *f*. 〈生化〉枯草菌素

subtipo *m*. 〈生〉亚型

subtítulo *m*. ①副[小]标题；②〈电影〉字幕(尤指翻译片字幕)；片名字幕

subtotal *m*. 〈商贸〉部分和，小计

subtropical *adj*. 〈地〉亚[副]热带的

suburbanización *f*. ①近郊化；②郊区建造

suburbano,-na *adj*. 郊区的，近郊的‖*m*. 〈交〉城郊列车

suburbial *adj*. 郊区的，近郊的

subutilización *f*. 未充分利用，利用不足

　~ de capacidad de producción 开工不足

subvención *f*. ①补[资]助金，补[津]贴；②补[援,资]助

　~ estatal 国家补贴
　~ para la inversión 投资补助金
　~ para la vivienda 住房补贴
　~ por interés 利息补贴
　~es agrícolas 农业补贴

succina *f*. 〈化〉丁二酸盐

succinato *m*. 〈化〉琥珀酸盐[酯]

succínico,-ca *adj*. 见 ácido ~‖*m*. 琥珀酸
　ácido ~ 〈化〉琥珀酸

succinilcoenzima *f*. 见 ~ A
　~ A 〈生化〉琥珀酰辅酶 A

succinilcolina *f*. 〈化〉琥珀酰胆碱

succinita *f*. 〈矿〉①琥珀；②(琥珀色的)钙铝榴石

succino *m*. 〈矿〉琥珀

succión *f*. ①吸(入)，抽吸；②吮(吸)；③〈机〉抽吸装置

　bomba de ~ 抽吸泵
　draga de ~ 吸扬式挖泥船，吸泥船
　procedimiento de ~ (起模前)刷水，疏管

succionador *m*. 吸管；吸盘[板,杯]；吸子[头]

sucedáneo,-nea *adj*. ①代替[用]的；替补的；②用代用品的‖*m*. 代替物，代用品

sucesión *f*. ①连续(性,发生)，接续；②接替，继任；③〈法〉继承；继承物，遗产；④〈生〉演替；⑤〈数〉(数,序)列

　~ convergente ①柯西序列；②收敛序列
　~ de Cauchy 柯西序列
　~ de Fibonacci 斐波纳契数列
　~ de números 数列
　~ divergente 发散序列
　~ ecológica 〈生态〉生态序列
　~ forzosa 法定继承
　~ hereditaria 自然继承，法定继承
　~ intestada 无遗嘱继承
　~ inversa 逆序列
　~ monótona 单调序列
　~ nula 零序列
　~ primera 〈生〉一次[级]演替
　~ secundaria 〈生〉二次[次生]演替
　~ testada[testamentaria] 遗嘱继承
　~ universal 全部财产继承
　~ voluntaria 自愿继承
　derechos de ~ 继承[遗产]税

suceso *m*. ①事件，大事；②〈理〉〈统〉事件
　~ compuesto 〈统〉复合事件
　~ económico 经济事件
　~ fortuito 意外[偶然]事件
　~ imposible 〈统〉不可能事件
　~ raro 〈统〉罕有事件

~ regular 正常事件

~ seguro 〈统〉必然事件

~s complementarios 〈统〉互补事件

~s dependientes 〈统〉相关[依]事件

~s disjuntos[incompatibles]〈统〉互斥事件

~s independientes 〈统〉独立事件

sucesorio,-ria *adj.* （有关）继承的；有关遗产的

bienes ~s 遗产

impuesto ~ 继承[遗产]税

ley ~a 继承法

sucha *f. Amér. L.* 〈鸟〉兀鹫

súchel *m.* 〈植〉①*Cub.* 红鸡蛋花；②*Méx.* 达老玉兰

súchi *m. Arg.* 〈医〉痤疮，粉刺

súchil *m. Méx.* 〈植〉达老玉兰

sucho,-cha *adj. Amér. M.* 瘫痪的‖ *m.* ① *Amér. L.* 〈鸟〉兀鹫；②*Arg.* 〈医〉痤疮，粉刺

sucorrea *f.* 〈医〉分泌过多，分泌液溢

sucrasa *f.* 〈生化〉蔗糖酶

sucrosa *f.* 〈化〉蔗糖

sudación ; sudada *f. Amér. L.* 〈生理〉出[发]汗

sudamina *f.* 〈医〉汗[粟]疹，痱子

sudestada *f. Cono S.* 带雨的东南风

sudeste *adj.* ①东南部的；向[面朝]东南的；②来自东南的‖ *m.* ①〈地〉东南部；②东南风

sudoeste *adj.* ①西南部的；向[面朝]西南的；②来自西南的‖ *m.* ①〈地〉西南部；②西南风

sudor *m.* ①汗，汗水；②出汗；③〈植〉（植物分泌的）浆液；④（物体表面泛起的）水珠；⑤*Amér. L.* 〈药〉发汗药

sudoración *f.* ①发汗；②大量出汗

sudorífero,-ra ; sudorífico,-ca *adj.* 〈药〉（使）发汗的；生汗的‖ *m.* 发汗药

baño ~ 发汗浴

sudoríparo,-ra *adj.* 〈生理〉出[生]汗的

sudsudeste *adj.* ①东南南部的；向[面朝]东南南的；②来自东南南的‖ *m.* ①〈地〉东南南部；②东南南风

sudsudoeste *adj.* ①西南南部的；向[面朝]西南南的；②来自西南南的‖ *m.* ①〈地〉西南南部；②西南南风

suela *f.* ①（水龙头用）皮垫圈；②〈动〉鳎（鱼）；③〈建〉墙基

~ de gravas 底基，基石

suelda *f.* 〈植〉合生花

sueldacostilla *f.* 〈植〉伞形虎眼万年青

suelo *m.* ①地，地面；②（建筑物内的）地面

[板]；③土；土地[壤]；④地皮；⑤（器皿等的）底；⑥国土

~ agrícola 农业用地

~ arenoso 沙地[土]

~ edificable 建筑用地

~ fértil 沃土

~ natal[patrio] 故乡，祖国

~ sedentario 原生土，原地土壤

~ vegetal 表土，植被

mecánica de ~s 土（壤）力学

rodar sobre el ~ （飞机）在地面滑行

suelto,-ta *adj.* ①解[松]开的；松散的；（头发）蓬松的；②零散的，不成套的，不成对的；③〈商贸〉散装的，不包装的；④〈法〉被释放的；⑤泻肚的；⑥（钱币）零碎的

sueño *m.* ①睡眠[觉]；②睡意；③（睡）梦

~ crepuscular 〈生医〉（尤指用于分娩的）半麻醉

~ dorado 美梦

~ eternal 长眠

~ hipnótico 催眠性睡眠

~ húmedo 〈医〉梦中遗精，梦遗

~ invernal 〈动〉冬眠

~ ligero 浅睡（眠）

~ NREM 〈生医〉同步睡眠

~ paradójico 〈生医〉（每夜睡眠中约出现5次每次持续约10分钟的）反常睡眠，快速眼动睡眠

~ pesado 沉眠

~ profundo 酣睡

~ REM 〈生医〉快速眼动睡眠

suero *m.* ①〈生医〉血清；浆液；②乳清；乳水（指牛奶凝结或制酪时形成的澄清液体）；③生理盐水，（注射）溶液

~ activo 活性血清

~ antidiftérico 白喉血清

~ antilinfocítico 〈生医〉抗淋巴细胞血清

~ antitóxico 抗毒素血清

~ de convalecencia 恢复期血清

~ de fase aguda 〈生医〉急性期血清

~ de leche 脱脂乳

~ fisiológico 盐溶液

~ inmune 〈生医〉免疫血清

~ sanguíneo 〈生医〉血清

sueroso,-sa ; suerudo,-da *adj. Amér. L.* 血清的；浆液的

sueroterapia *f.* 〈医〉血清疗法

sueste *m. Amér. L.* 东南风

suficiencia *f.* ①（财富、能力、收入等）足量，充足；②能力，才能；胜任；③〈教〉熟练；④〈数〉（条件）充足

~ de reservas 储备充足

~ del capital 资金[资本]充足

suficiente *m.* 〈教〉及格分数

suflé *m.* 〈医〉杂音

sufrología *f.* 〈医〉催眠麻醉法

sufrológico,-ca *adj.* 〈医〉催眠麻醉的

sufrútice *m.* 〈植〉半灌木状植物

sufumigación *f.* 〈医〉熏蒸消毒

sugestibilidad *f.* ①暗示感受性；②〈心〉(易受)暗示性

sugestionista *m. f.* 暗示治疗家

sugestioterapia *f.* 〈心〉〈医〉暗示疗法

suicidio *m.* ①自杀；②自杀性行为；自毁

suicidología *f.* 自杀学(研究自杀及如何防止自杀等的学科)

suicidomanía *f.* 自杀狂

suido,-da *adj.* 〈动〉猪(科)的 ‖ *m.* ①猪科动物(如野猪等)；②*pl.* 猪科

suirá *m. Venez.* 〈植〉棕榈树

suiriri *m. Arg.* 〈鸟〉野鸭

suite *f. fr.* 〈乐〉组曲

sujetacarril *m.* 〈交〉〈机〉轨卡[夹]；钢轨扣板

sujetador,-ra *adj.* 扣住的；夹紧的 ‖ *m.* ①发夹；②〈机〉扣[紧固]件，系固物，固定[夹持]器，扣钉；③奶[胸]罩

sujetamiento *m.* ①连接(法)，紧固，扣[夹]紧；②固定(零件)，扣件

sujetarriel *m.* 〈交〉〈机〉钢轨扣件

sulfa *adj.* ①〈化〉磺胺的；②〈药〉磺胺类药的 ‖ *m.* 磺胺制剂

sulfadiacina *f.* 〈药〉磺胺嘧啶

sulfametoxipiridacina *f.* 〈药〉磺胺甲氧嗪(即长效磺胺)

sulfamida *f.* ①〈医〉磺胺制剂，磺胺类药；②〈化〉磺胺，氨苯磺胺；对氨基苯磺酰胺；氨磺酰

sulfanilamina *f.* 〈药〉磺胺，对氨基苯磺酰胺

sulfatación *f.* 〈化〉用硫酸盐(杀菌)处理；硫酸盐化(作用)

sulfatar *tr.* 〈化〉用硫酸盐[酯]处理；使与硫酸盐[酯]化合，使变成硫酸盐[酯]

sulfato *m.* 〈化〉硫酸盐[酯]
　～ amónico(～ de amonio) 硫酸铵
　～ bárico(～ de bario) 硫酸钡
　～ cúprico 硫酸铜
　～ de aluminio 硫酸铝
　～ de barita 硫酸钡矿石，重晶石
　～ de cal[calcio] 硫酸钙，石膏
　～ de cinc[zinc] 硫酸锌，矾盐
　～ de cobre 硫酸铜，胆矾
　～ de hierro(～ ferroso) 硫酸亚铁，绿矾
　～ de magnesio 硫酸镁，泻盐
　～ de manganeso 硫酸锰
　～ de mercurio(～ mercurioso) 硫酸汞

　～ de níquel amónico 硫酸镍铵
　～ de plomo 硫酸铅
　～ de potasio(～ potásico) 硫酸钾
　～ de soda[sodio, sosa] 硫酸钠,芒硝
　～ férrico 硫酸铁
　～ magnésico 硫酸镁,泻盐

sulfetrona *f.* 〈药〉苯丙砜,扫风壮(一种抗麻风药)

sulfhidrato *m.* 〈化〉氢硫化物

sulfhidrilo,-la *adj.* 〈化〉含氢硫基的,含巯基的 ‖ *m.* 氢硫基,巯基

sulfido *m.* 〈化〉硫化物
　～ de bario 硫化钡
　～ sódico 硫化钠

suifitación *f.* 〈化〉亚硫酸化(作用,处理)

sulfito *m.* 〈化〉亚硫酸盐[酯]
　～ de arsénico 雌黄,三硫化二砷
　～ de hierro 亚硫酸铁
　～ de sodio 亚硫酸钠

sulfoaluminato *m.* 〈化〉硫(代)铝酸盐

sulfocarbonato *m.* 〈化〉硫(代)碳酸盐

sulfocianato *m.* 〈化〉硫氰酸盐

sulfociánico,-ca *adj.* 〈化〉硫氰基的
　ácido ～ 硫氰酸

sulfocianuro *m.* 〈化〉硫氰化物

sulfona *f.* 〈化〉砜

sulfonación *f.* 〈化〉磺化作用

sulfonal *m.* 〈药〉索佛那,双乙磺丙烷,二乙眠砜(一种安眠药)

sulfonamida *f.* ①〈医〉磺胺制剂,磺胺类药；②〈化〉磺胺,氨苯磺胺；对氨基苯磺酰胺；氨磺酰

sulfonato *m.* 〈化〉磺酸盐[酯]

sulfónico,-ca *adj.* 〈化〉磺基的
　ácido ～ 磺酸

sulfosal *m.* 〈化〉磺酸盐类

sulfovínico,-ca *adj.* 见 ácido ～
　ácido ～ 〈化〉烃基硫酸,乙基硫酸

sulfóxidos *m. pl.* 〈化〉亚砜

sulfuración *f.* ①〈化〉硫化(作用)；②〈农〉(在土壤中加)二硫化碳杀虫处理

sulfurado,-da *adj.* 〈化〉加硫的,硫化的,含硫磺的
　hidrógeno ～ 硫化氢

sulfurar *tr.* ①〈化〉使硫化,用硫处理；②用硫磺熏蒸

sulfúreo,-rea *adj.* ①〈化〉硫的；含硫的；(含)亚硫的；②似硫磺色的

sulfúrico,-ca *adj.* 〈化〉正硫的,含(六价)硫的
　ácido ～ 硫酸
　ácido ～ diluido 稀硫酸

ácido ~ fumante 发烟硫酸

sulfurización f. ①硫化；②用硫酸处理

sulfurizado,-da adj. 〈化〉用硫酸处理的

sulfuro m. 〈化〉硫化物

~ de carbono 二硫化碳

~ de cinc[zinc] 硫化锌

~ de estaño 硫化锡

~ de hidrógeno 硫化氢

~ de hierro 硫矿石，硫化铁

~ de manganeso 硫化锰

~ de plomo 硫化铅

~ virgen de plomo 方铅矿

sulfuroso,-sa adj. ①〈化〉硫的；含硫的；（含）亚硫的；②似硫磺色的

ácido ~ 亚硫酸

sullo m. Bol. 〈动〉①剖宫产的小牛；②（牛、羊的）胚胎

sulú m. Venez. ①〈植〉竹芋；②竹芋粉

suma f. ①加；②〈数〉加法；和，总数；③总数[和，额，量]；④款项[子]；金额

~ a la vuelta 余额转后页；余额结转下期

~ a pagar 到期应付金额

~ algébrica[alberaica] 代数和

~ alzada 总额[数，价]；总计

~ asegurada 投保总额

~ cruzada 交叉总计，纵横加计

~ de control 〈信〉检查和

~ de garantía 担保总额

~ de tasación ①资产评估总额；②税款评定总额

~ del activo 资产总额

~ del pasivo 负债总额

~ global （若干项目钱数的）总额

~ impaga 未偿付金额

~ integral 相加求和，累[相]加

~ lógica 逻辑和

~ pagada anticipadamente 预付金额

~ pendiente de pago 欠付金额

~ redonda 整数

~ sujeta a impuesto 应税总额

~ y compendio 集大成

~s retenidas ①预提[扣交]税额；②提留款额

sumabilidad f. 〈数〉可求和性

sumable adj. 〈数〉可求和的

sumaca f. 〈船〉① Amér. L. 双桅船；② Bras. 平底小船；③ Riopl. 小型战船

sumador m. 〈信〉加法器，相加器；②〈电子〉加法电路 ‖ ~a f. 加法机，算术计算机

~a mecánica 加法机

sumando m. 〈数〉加数

sumaria f. 〈法〉起诉书，诉状

sumario,-ria adj. 〈法〉即决的，简易的 ‖ m. 〈法〉起诉；诉讼

información ~a 简易诉讼（即不经辩论而只根据法律条文所作的审判）

sumarísimo,-ma adj. 〈法〉即决的，简易的

sumatorio m. 〈数〉求和符号（∑）

sumergibilidad f. 〈工艺〉（手表等的）防水性能

sumergible adj. ①（船、舰）可潜入水中的；（照相机等）可浸入水中的；②〈工艺〉（手表等）防水的 ‖ m. 〈军〉潜（水）艇

sumergido,-da adj. ①潜[浸，淹]没的，浸在水中的；没入水中的，沉没的；②非[不合]法的；非法经营的

~ en el aceite 油浸（没）的

antena ~a 水下天线

corriente ~a 潜流

economía ~a 黑市经济（指为逃税而隐瞒收入的地下经济）

lubricación ~a 浸入式润滑

tanque ~ 潜没[水下]油罐

tratos ~s 黑市交易

sumergimiento m. ①浸[淹]没，浸入；②沉浸

sumersión f. ①浸[淹]没，浸入；②吸收；③（潜水泵的）潜入深度

sumidero m. ①阴[排水]沟；排水管；②〈机〉（润滑油贮存器的）油[底]盘，贮槽；③放[流]血；④（资源等的）流出，外流；⑤〈信〉储存库；⑥And., Cari. 污水[化粪]池；⑦Cari. 沼泽[泥泞]地

~ de datos 〈信〉数据储存库

suministro m. ①供给[应]，补给；②pl. 〈军〉（军队的）必需[补给]品

~ acelerado 立即供货

~ completo 全部交货

~ de agua （地区用水的）水源；给[供]水

~ de combustible 燃料供给[应]

~ de electricidad(~ eléctrico) 电力供应

~ de energía 能源供应

~ de fuerza （地区用电的）电[能]源；动力供应

~ de gas 煤气供给，供气

~ de vapor 供汽

~ en partidas iguales 等量分批交货

~ excesivo 供过于求

~ parcial 部分供[交]货

~ posterior 补充供货

~ retardado 延误交货，拖延供货

~ según aviso 按通知交货

~ suplementario 补充供货

sumo m. jap. 〈体〉相扑

sumotori m. jap. 〈体〉相扑运动员

suncho m. Arg. 〈植〉泽兰

sunn *m.* 〈植〉菽[印度]麻

sunsún *m. Amér. M. , Antill.* 〈鸟〉蜂鸟

súper *m.* 超市 ‖ *f.* 四星汽油
~ triple 〈化〉重过磷酸钙

superacabado *m.* (金属表面的)超精加工

superacabadora *f.* 〈机〉超精加工机床

superacidez *f.* 〈医〉(胃分泌液的)酸过多

superactividad *f.* ①超活性;②〈医〉活动过强

superaerodinámica *f.* 超高空空气动力学, 稀薄气体动力学

superaleación *f.* 〈冶〉超耐热合金

superalimentador *m.* 〈医〉超量营养法,管[强]饲法

superalto,-ta *adj.* 超[极]高的
frecuencia ~a 超高频(率)(3 - 30 千兆赫)
presión ~ a 超高压

superantígeno *m.* 〈生医〉超抗原

superaudible *adj.* 超声频的

superbancario,-ria *m. f.* 银行总监,银行督察

superbombardero *m.* 〈军〉超重型轰炸机,超级轰炸机

supercalentador *m.* 〈机〉过热器

supercapitalización *f.* 〈经〉资本过剩

supercarburante *m.* 高级[超级,高抗爆性]汽油,优质燃料

supercarretera *f.* 高速公路

supercemento *m.* 超级水泥

supercentrífuga *f.* 超[高]速离心机

superciliar *adj.* ①〈解〉眉(毛)的;眉部的;②位于眼上部的

superclase *m. f.* 〈体〉顶级水平的运动员 ‖ *m.* 〈生〉总纲;亚门

supercloración; superclorinación *f.* ①过氯化作用;②过量加氯消毒法

supercola *f.* 超强力胶水

supercompresibilidad *f.* 超压缩性

supercompresión *f.* 过度压缩

supercomputador *m.*; **supercomputadora** *f.* 〈信〉超级[巨型]计算机

superconducción *f.* 〈理〉超导性;用超导体的导电

superconductividad *f.* 〈理〉超导性

superconductivo,-va *adj.* 〈理〉超导的;显示超导性的

superconductor,-ra *adj.* 〈理〉超导的 ‖ *m.* 超导体

supercongelado,-da *adj.* 过冷的

superconsumo *m.* 过度消费

supercosto *m.* 超额成本

supercross *m.* 摩托车障碍赛

supercuerda *f.* 〈理〉超弦

superdesarrollo *m.* 发展过度

superdirecta *f.* (汽车的)超速挡;超速挡齿轮

superdominante *f.* 〈乐〉下中音(自然音阶的第六音级)

superdotado,-da *adj.* 智力超常的

superego *m.* 〈心〉超我

superelevación *f.* 〈工程〉超高

superelevado,-da *adj.* 〈工程〉超标高的;超高的

superempleo *m.* 〈经〉就业过多,劳力不足

superescalar *adj.* 〈信〉超标量的

superespecie *f.* 〈生〉超种

superestrella *f.* ①超级明星;②〈天〉(特大的或构成强大电磁波源的)超星体

superestructura *f.* ①〈建〉上部结构[建筑];②〈建〉上层建筑物;③〈经〉(马克思主义理论中的)上层建筑

superfamilia *f.* ①(蛋白蛋的)总类;②〈动〉总科

superfecundación *f.* 〈生理〉(卵的)同期复孕

superficial *adj.* ①表面[皮]的;表[浅]层的;②表面上的;表面性的
actividad ~ 表面活性
área ~ 表面积
decoloración ~ 表面变[失]色
densidad ~ 表面密度
depósito ~ 表层沉积
expansión ~ 表面膨胀
fricción ~ 表面摩擦(力)

superficialidad *f.* 表面(性)

superficie *f.* ①表面;面;②(土地)面积;③〈数〉面
~ alabeada 〈数〉扭曲面
~ cilíndrica 圆柱面
~ cóncava/convexa 〈数〉凹/凸面
~ cónica 圆锥面
~ cubierta 底[占地,楼面]面积
~ cultivada 耕种面积
~ curva 曲面
~ de apoyo 承压[支承]面
~ de caldeo[calefacción] 加[受]热面
~ de carga útil 有效装载面积
~ de cola 尾翼面
~ de contacto 接触面积
~ de correlación 相关面
~ de exposición 展出面积
~ de falla 〈地〉断层面
~ de nivel 等位面
~ de parrilla[emparrillado] 燃烧[炉算]面积
~ de probabilidad 概率面

~ de revolución[rotación]〈数〉旋转面

~ de rodadura（轮胎的）着地面；踏面（指车轮压在路面的部分）

~ de rodamiento 滚[滑]动面

~ del agua 水面

~ del stand 展台[摊位]面积

~ desarrollable 可展曲面

~ eficaz〈电〉〈工程〉有效面积

~ equipotencial 等势面，等电位面

~ esférica 球面

~ específica 比面

~ inferior 底[下]面

~ llana[plana] 平面

~ mojada 湿润面

~ portante（轴承）支承面

~ reglada 直纹[曲]面

~ sustentadora 支承面积

~ tangencial〈数〉切面

~ terrestre 陆地面积

~ útil 工作面

~s ortogonales〈数〉正交面

acción de ~〈医〉表面[集肤]作用

andadura de ~s planas 平面研磨

deterioro de la ~ 表面变质

granulación de la ~ 粗糙度

unidad de ~ 面积单位

velocidad de ~（磁鼓表面的）线速度

superfluidez f. 超流（动）性；超流体

superfluorescencia f.〈理〉超荧光

superfortaleza f.〈军〉①超级（空中）堡垒；②重型轰炸机（如 B-50 轰炸机）

superfosfato m.〈化〉①（用作肥料的）过磷酸钙；②过[酸性]磷酸盐

~ de cal 过磷酸钙

~ triple 重过磷酸钙

superfraccionador m.〈工〉〈化〉超精馏器[塔]

superfunción f.〈医〉功能亢进

supergalaxia f.〈天〉超星系

supergallo m.〈体〉最轻量级拳击手（体重为 55.221 公斤）

superganancia f. 超额利润

supergen；supergén m.〈遗〉超基因

supergénico,-ca adj.〈矿〉浅成的，表[浅]生的

supergigante m.〈体〉高山滑雪比赛

superglacial adj.〈地〉冰川面上的

supergrupo m. ①超[大]群，大组；②（由几个团体组成的）超级团体

superhélice f.〈生化〉超螺旋

superhembra f.〈生〉超雌（尤指有 3 个 X 染色体的果蝇个体）

superheterodino,-na adj.〈电子〉超外差式的 ‖ m. 超外差式收音机[接收机]

superimpregnación f.〈生理〉（卵的）异期复孕

superimpuesto m. 附加税；（对超过一定额的收入所征收的）累进所得税

superíndice m. ①〈数〉上标；②〈印〉上标字母[数字，符号]（如 a^2 中的 2；10^{-6} 中的-6）

superinfección f.〈医〉重复[双重]感染

superinflación f. 恶性通货膨胀

superior adj. ①上部[方]的；在…之上的；②位于高处的；（位于上游的）；③（在质量等方面）较好的；优的，优良[秀]的；④（在数量上）多于…的；超过的；较大[多]的；⑤（在等级方面）高于…的；高级的；⑥〈教〉〈生〉高等的；⑦（在地位、职位、级别等方面）较高的；上级的

~ al mediano 在平均[一般]水准以上（的）

animales ~es 高等[级]动物

calidad ~ 优质

curso ~ （江河）上游

educación ~ 高等教育

límite ~ ①最高限额，上限；②最大尺寸

viento ~ 高空风

superioridad f. ①优越性，优势；②上[优]等

~ militar 军事优势

superlinear adj. 超线性的

supermacho m.〈生〉超雄（尤指有 1 个 X 染色体和 3 套常染色体的果蝇个体）

supernadante adj.（浮中）在上层[表面]的，漂浮的 ‖ m. 上（层）清液

supernova f.〈天〉超新星

supernumerario,-ria adj. ①额外的，多余的；②超编的；编外的；③（器官）超过常数的（如 6 个手指）；④〈生〉〈染色体〉超数的 ‖ m. f. 超编人员；编外职员

ingresos ~s 额外收入

superorden m.〈生〉总目

superordenador m.〈信〉超级[巨型]计算机

superorganismo m.〈生态〉超个体（尤指群居昆虫等的群体）

superovulación f.〈生医〉排卵过度，超数排卵，排卵过速

superóxido m.〈生化〉过[超]氧化物

~ dismutasa 超氧化物歧化酶

superpetrolero m. 超级油轮，超大型油船

superpoblación f. ①人口过剩；②（住宅区）过度拥挤

superposición f. ①重叠[置]；重叠物；②〈数〉叠加

método de ~ 叠加[置]法

principio de ~〈数〉叠加原理

superpotencia f. ①高功率；②超级大国

superproducción f. ①生产过剩；②〈电影〉

豪华巨片

superpuerto *m*. 超大[级]港口

superpuesto,-ta *adj*. ①添[外]加的；不自然的；②叠加[置,放]的
corriente ～a 叠加电流

superreacción *f*. 超反应

superrealista *adj*. 超现实主义的 ‖ *m. f*. 超现实主义画[作]家

superregeneración *f*. 〈电子〉超再生

superregenerador *f*. 〈电子〉超再生振荡器

supersaturación *f*. 〈化〉过饱和；过饱和现象[状态]

supersaturar *tr*. 〈化〉使过饱和

supersecreción *f*. 〈医〉分泌过多

supersecreto,-ta *adj*. 绝密的

supersensibilidad *f*. ①超[特高]灵敏度；②〈医〉超敏性

supersensible *adj*. ①超[高]灵敏度的；高敏感的；超感觉的

supersimplificación *f*. 过于简单化

supersincrónico,-ca *adj*. 〈电〉〈电子〉超同步的
motor ～ 〈电〉超同步电动机

supersincrotrón *m*. 〈理〉超级同步加速器

supersónico,-ca *adj*. ①(声波、振动等)超声的；利用超声波的；②超声[音]速的
avión ～ 超音速飞机
sondeo ～ 超声测深法；超声波探测法

supertensión *f*. ①〈电〉过压，超高压，超电压；②张力过度

supertónica *f*. 〈乐〉(音阶上的)第二音，上主音

superusuario *m*. 〈信〉超级用户

supervigilancia *f*. *Amér. L*.；**supervisión** *f*. ①监督；管理；指导；②检查；视察
amplificador de ～ 监视[听]放大器

supervisor *m*. 〈信〉(操作系统中的)管理主程序

supervitaminosis *f*. 〈医〉维生素过多症

supervivencia *f*. ①幸[残]存；(继续)生存；②幸[残]存物(如传统、风俗、思想、信仰等)
～ de los más aptos 适者生存
～ de los mejor dotados 适者生存

superviviente *m. f*. ①幸存者，生还者；②〈法〉(共有财产主中的)存者

superyo；super-yo *m*. 〈心〉超我

supinación *f*. ①仰卧；②(手或足的)旋后

supinador,-ra *adj*. 旋后的 ‖ *m*. 〈解〉旋后肌
músculo ～ 〈解〉旋后肌

supino,-na *adj*. ①仰卧的；②(手或足的)旋后的
posición ～a 仰卧位

suplantación *f*. ①取代，代替；②扮[饰]演

③*And*. 伪造，假冒；④〈信〉虚假欺诈邮件

suplementario,-ria *adj*. ①增补的，补充的；追加的；②〈数〉补角的，补弧的；③加开的(列车)
ángulo ～ 补角
beneficio ～ 辅助福利；补助金
control ～ 辅助控制(点)
costes ～s 追加成本
horas ～as 加班[超限]时间
instrumento ～ 辅助仪器
muelle[resorte] ～ 补助弹簧，副[保险]钢板

suplemento *m*. ①补充；增补；②(书籍的)补遗[编]；附录；(报刊的)增[副]刊；③补充物；④(铁路的)补[加]票；⑤〈数〉补角，补弧
～ de precio 加价
～ de un ángulo 补角
～ de un arco 补弧

suplencia *f*. ①取代，代替；代理；②代理时期；*Amér. L*. 替补时间；③替代[补]职工；④*Méx*. 代理职务

suplente *adj*. 代替[理]的；预备[候补]的；替补的 ‖ *m. f*. ①代表，代理人；②接替者；代替[替代]者(如替补队[运动]员)；代课教师；临时代理医生；替身(演员)
jugador ～ 替补队员
maestro de ～ 代课教师

supletorio *m*. ①〈讯〉电话分机；②备用品

suplicación *f*. 〈法〉上诉

suplicatoria *f*. 〈法〉呈文

suplicatorio *m*. ①〈法〉呈文；②(最高法院向议会提交的关于免除议员职务的)呈文

supositorio *m*. 〈医〉坐药，栓剂

supraantígeno *m*. 〈医〉超级抗原

supracelular,-ra *adj*. 〈生〉超细胞的

supraclavicular *adj*. 〈解〉锁骨上的

supraconductividad *f*. 〈理〉超导(电)性

supraconductor *m*. 〈理〉超导(电)体

suprafluido,-da *adj*. 超流体的

supramolecular,-ra *adj*. 〈化〉超分子的

supraorganismo *m*. 〈生态〉超个体

suprarrenal *adj*. 〈解〉肾上的；肾上腺的

suprarrenalectomía *f*. 〈医〉肾上腺切除术

suprarrenalismo *m*. 〈医〉肾上腺功能障碍

suprarrenoma *m*. 〈医〉肾上腺瘤

suprascápula *f*. 〈动〉上肩胛骨

supravital *adj*. 〈生〉超活体的，体外活体的

supresión *f*. ①(风俗、法令等的)废除[止]；②(限制等的)解除；(机构等的)撤销，取消；删去[除]，划掉；③抑制；〈医〉(症状的)遏制
～ de cero 〈信〉(计算机)消零

~ de control 解除控制

~ de línea 回程电子束熄灭

supresor,-ra adj. ①删除…的；取消…的；②抑制的‖ m. ①抑制器；〈电〉消除器；②〈电子〉抑制栅(极)；③见 gen ~

~ atmosférico 大气干扰抑制器

~ de ruidos 噪声遏抑器，消声器

gen ~ 〈生〉抑制基因

suprimido,-da adj. ①被抑制的，压抑的；②装干扰消除器的

supuración f. 〈医〉①化脓；②脓

supurante adj. 〈医〉化脓的

supurar intr. 〈医〉化脓

supurativo,-va adj. 〈医〉化脓性的，催脓的‖ m. 催[化]脓剂

sura f. Amér.L. 〈鸟〉雌美洲鸵鸟

surá m. 〈纺〉斜纹软绸

sural adj. 〈解〉小腿肚的，腓肠的
arteria ~ 腓肠动脉

súrbana f. Cub. 〈植〉色黍

surcador m. 〈农〉双壁犁

surco m. ①〈农〉犁沟；②〈唱片、金属上的〉纹(道)；③〈解〉皱纹；④〈船舶航行时留下的〉伴流，船[航]迹；⑤Amér.M. 〈农〉田垄；⑥Méx.〈植〉主茎[干]

súrculo m. 〈植〉根出条；幼枝

surculoso,-sa adj. 〈植〉具根出条的

surero m. And. 强冷南风

sureste adj. ①东南部的；向[面朝]东南的；②来自东南的‖ m. ①〈地〉东南部；②东南风

surf m. ①〈体〉冲浪运动；②〈信〉网络浏览

~ a vela(wind ~) 风帆冲浪

surfear intr. 〈信〉网络浏览，网上冲浪

surfero,-ra adj. 〈体〉冲浪运动的‖ m.f. 冲浪运动员

surfista m.f. 〈体〉冲浪运动员

surgencia f.；**surgimiento** m. ①浮[出]现，露头；冒[涌]出；②〈海〉抛锚，停泊

surgidero m. 〈海〉停泊处，抛锚处

suri m. ①Arg.，Bol.〈鸟〉美洲鸵鸟；②Per. 优质羊毛

suricata f. 〈动〉(非洲南部产的)沼狸

suro m. Amér.L. 〈植〉芦苇

suroeste adj. ①西部的；向[面朝]西南的；②来自西南的‖ m. ①〈地〉西南部；②西南风

surquerío m. 〈农〉犁[垄]沟

surra f. 〈兽医〉(牛、马的)锥虫病

surrealista adj. 超现实主义的‖ m.f. 超现实主义画[作]家

surrucuco m. Venez. 〈鸟〉猫头鹰

surtidor m. ①喷泉；泉水；②〈汽油〉加油泵；

③喷嘴；④Amér.L. 毒品犯；⑤Amér.L. 水泵

~ de carburador (内燃机)汽化器，化油器

~ de gasolina ①〈汽油〉加油泵；②加油站

~ principal 主喷嘴，高速用喷嘴

surto,-ta adj. 〈海〉停泊的，抛锚的

súrtuba f. 〈植〉羊齿

surumpe m. And. 〈医〉雪盲

surumulla f. Méx.〈植〉番荔枝

surupa f. Cari.〈昆〉蟑螂

surupí m. Bol. 〈医〉雪盲

suruví m. Cono S. 〈动〉鲇[鲶](科)鱼

susceptancia f.〈电〉电纳(导纳的虚数分量)

susceptibilidad f. ①敏感性；过敏性；②〈理〉磁化率；(电)极化率

~ eléctrica 电极化率

~ magnética 磁化率

~ paramagnética 顺磁磁化率

susceptómetro m. 磁化率计

susexita f. 〈矿〉硼锰矿

suspense m.ingl. ①挂心[虑]，担心；②悬念；③〈法〉权利中[停]止‖ adj. 产生悬念的

novela ~ 惊险[悬念迭起的]小说

película ~ 惊险[悬念迭起的]电影

suspensión f. ①悬，吊，挂；②〈机〉悬置；〈车轴上用弹簧托住车身的〉悬架；悬置物[机构]；③中[停]止；中断；暂停；停工；④见 ~ de sesión；⑤〈法〉(审判等的)延缓；⑥〈乐〉延留；(延)留音；⑦(使人产生悬念的)宕笔法，卖关子；⑧悬浮状态；⑨悬浮、浮体[液]；⑨(暂时)停职；(暂时)停薪；⑩〈医〉悬吊[术]

~ bifilar(~ de hilo doble) 双线悬挂

~ cardán 万向悬架

~ catenaria 悬链

~ coloidal 胶(态)悬(液)；胶(态)悬(体)

~ de alambre[hilo] 悬[吊]索

~ de armas[fuego] 停火，休战

~ de hostilidades 中止敌对状态

~ de la cobertura 中止保险合同

~ de pagos 中止[暂停]付款

~ de sesión 休会

~ del embargo 取消[撤销]禁运

~ del juicio 诉讼手续中止

~ hidráulica (汽车的)液压悬架

muelle de ~ 〈机〉悬置弹簧，托[承]簧

puente de ~ 悬索桥，吊桥

sistema de ~ 〈机〉悬挂[悬架]系统

suspensívoro,-ra adj. 〈动〉食碎屑的‖ m. 食碎屑动物

suspenso,-sa adj. ①悬[吊，挂]着的；②〈教〉考试不及格的‖ m. ①〈教〉考试不及格；②

中断[止],暂停；③*Amér. L.* 悬念

novela de ~ 惊险[悬念迭起of]小说

película de ~ 惊险[悬念迭起of]电影

suspensores *m. pl. Amér. L.* 〈医〉〈阴囊〉悬带

suspensorio *m.* 〈医〉（悬）吊绷带，悬带；阴囊悬带

suspiro *m.* ①〈植〉*Chil.* 三色堇；*Arg.* 白花圆叶牵牛；*Col.* 青葙；②〈乐〉四分休止（符）

susquén *m. Méx.* 〈植〉槲寄生

sustancia *f.* ①物质，材料，东西；②（食物的）营养（部分）；汁

~ biodegradable 〈环〉〈医〉可生物降解物质

~ blanca 〈解〉（脑髓中的）白质

~ cortical （大脑）皮质

~ degradable 〈环〉〈医〉可降解物质

~ gris 〈解〉（脑髓中的）灰质

~ humectante 保湿[湿润]剂，致湿物

~ protectante 保护剂

~ pura 〈化〉纯净物

~ radioactiva 放射性物质

sustantividad *f.* ①实体性；②（独立，真实）存在性

sustantivo,-va *adj.* ①独立存在的；②实在[际]的，本质的；③〈化〉直染的，不需媒染剂的

colorantes ~s 〈化〉（不需媒染剂的）直接染料

sustentación *f.* ①维[保]持；支持；②支撑；支撑[持]物；③供养；食粮；④提升力；〈航空〉升力

~ hidráulica 静浮力

centro de ~ 升力中心

coeficiente de ~ 升力系数

fuerza de ~ 升举能力，提升力

sustitución *f.* ①代替[用]；替代[换]；②〈法〉替代继承；③〈数〉代[置]换，代入；④〈化〉取代作用

~ de bases 〈生化〉碱置换；盐基置换

~ de importaciones 进口替代

~ dinámica 〈信〉热插拔

método de ~ 〈数〉置换法

sustitutivo,-va *adj.* ①代替的；替换的；②（可作为）代用的 ‖ *m.* 代替[替换]物，代用品

~ cercano 近似[相近]代用品

~ económico 经济代用品

sustituto,-ta *adj.* （临时）替换[用]的；替补

的 ‖ *m. f.* ①代替[替代]者；替换者；②替补队员；③〈法〉替代继承人 ‖ *m.* 代替[替换]物，代用品

~ del plasma 代血浆

sustracción *f.* ①除去；提取；②减去；〈数〉减法；③扣[减]除；④偷[窃]取

~ de menores 诱拐儿童

signo de ~ 减号

sustractivo,-va *adj.* ①〈数〉负号的，有负号的；减法的；②减去的；应减的

sustraendo *m.* 〈数〉减数

sustrato *m.* ①底[下]层；基础；②〈地〉底土层，底[心]土；③〈生〉培养基；④〈生态〉地层；基层[质]；⑤〈生化〉底物，酶作用物；⑥〈摄〉（胶片等的）感光底层

sute *m.* ①*Col.* 〈动〉幼猪，猪崽；②*Hond.* 〈植〉鳄梨

sutura *f.* ①缝合；合缝；②〈医〉缝合；缝术；缝线；③〈解〉缝，骨缝（尤指头颅骨缝）；④〈植〉（果实的）线缝；⑤〈地〉（板块碰撞形成的）缝合

sutural *adj.* ①〈解〉缝的，骨缝的；②〈医〉缝合术的；缝线的；③〈植〉缝线的

suyate *m.* 〈植〉①*Amér. C.* 棕榈叶；②*Hond.* 海枣；③*Hond.* 纤维植物（如丝兰、龙舌兰、棕榈等）

suyuntu *m. Amér. M.* 〈鸟〉兀鹫

suzón *m.* 〈植〉千里光

Sv. 〈理〉西韦特(sievert)的符号

unidad de ~ 西韦特单位（γ 射线剂量单位）

SVC *abr. ingl.* switched virtual circuit 〈信〉交换虚拟电路

svedberg *m.* 〈化〉斯韦德贝里（沉降系数的一种单位，等于 10^{-13} 秒）

SVGA *abr. ingl.* super video graphics array 〈信〉超级视频图形阵列

swap *m. ingl.* 〈经〉①交换，交流；②互惠外汇信贷

~ de deuda por efectivo 债务换现金

~ de deudas 债务换债务，债务互换

~ de índices 指数互换，基本利率互换

SWIFT *abr. ingl.* Society for Worldwide Interbank Financial Telecommunication 环球银行金融电信协会

switch *m. ingl.* ①〈信〉转换；转换器；②*Méx.* 〈电〉开关，电闸；转换[接线]器；③*Méx.* 〈机〉（汽车的）点火，发火

T t

T 〈化〉氚(tritio)的符号

T. *abr.* ①tonelada 吨;②tesla 〈理〉特斯拉

t. *abr.* tomo(s)〈书籍等的〉卷,册

T *f.* ①T[丁]字形(物);②〈机〉(三通)接头,T形接头
~ de aterrizaje T 字布,着陆风向齿
~ de cuatro pasos 四通接头
~ de dibujante 丁字尺
~ de orejas T 管吊耳
~ de servicio (接)用户三通
~ de viento T 形风向标,T 字布
~ híbrida T 型波导
~ mágica 魔 T 电路,幻 T 形,T 型波导支路
pieza en forma de ~ T 型接头,三通[T型]管
viga en ~ T 字梁
viga en doble ~ 工字梁

TA *abr.* traducción automática 〈信〉机器[计算机]翻译

Ta 〈化〉元素钽(tantalio)的符号

taat *m. Méx.* 〈植〉仙人掌

TAB; tab *m. ingl.* 〈信〉①(键盘等上为制表用的)跳格键;②制表
~ vertical 〈信〉纵向制表

taba *f.* ①〈解〉距骨;②*Col.*(管道的)出气口

tabacal *m.* ①〈植〉烟草;②烟草田

tabaco *m.* ①烟草,烟叶;②香烟;③〈植〉(树木的)黑烂病;④*Amér. L.* 雪茄;大麻烟卷;⑤*Méx.*〈植〉大麻;墨西哥烟草

tabacofobia *f.* 〈心〉烟草恐怖[惧]

tabacófobo,-ba *adj.* 〈心〉对烟草恐怖[惧]的

tabacología *f.* 烟草学

tabacón *m.* 〈植〉①美丽千里光;②土烟叶,茄树;③*Méx.* 大麻

tabacoso,-sa *adj.* 〈植〉(树木)有黑烂病的

tabal *m.* ①〈乐〉铜鼓;②*Amér. L.*(放沙丁鱼的)木桶

tabanco *m. Amér. C.* 〈建〉阁[顶]楼

tabánido,-da *adj.* 〈昆〉虻科的‖*m.* ①虻;虻科昆虫;②*pl.* 虻科

tábano *m.* 〈昆〉(牛)虻

tabaquismo *m.* ①吸烟(习惯);②烟草中毒
~ pasivo 被动吸烟

tabardillo *m.* ①*Amér. L.* 中暑,日射病;②〈医〉斑疹伤寒
~ pintado 斑疹热

tabarra *f.* 〈信〉垃圾邮件

tabarro *m.* 〈昆〉①(牛)虻;②*Esp.* 大胡蜂

tabernemontana *f.* 〈植〉水葱

tabes *f. inv.* ①〈医〉消瘦;②见 ~ dorsal
~ dorsal 脊髓痨

tabescencia *f.* 〈医〉消瘦

tabescente *adj.* 〈医〉消瘦的

tabético,-ca *adj.* 〈医〉①消瘦的;②(患)脊髓痨的‖*m. f.* 脊髓痨患者

tabí (*pl.* tabíes) *m.* 〈纺〉平纹绸

tabica *f.* 〈建〉①镶[嵌]板;②起步板,(楼梯)竖板

tabicado,-da *adj.* ①〈建〉有隔墙的;②〈电〉屏蔽的‖*m.* 〈电〉屏蔽

tabicón *m. Méx.* 〈建〉煤渣砌块

tabinete *m.* 〈纺〉波纹塔夫绸,波纹毛葛

tabique *m.* ①分隔物,(挡,隔)板,(舱)壁;②〈建〉隔[薄]墙;③〈解〉中[隔]膜;④*Méx.* 方砖;⑤*Ecuad.* 屋檐;⑥*Hond.* 镶[嵌]板
~ aislador 隔离[绝缘]墙
~ (de) carga 承重隔墙
~ (de) colgado 非承重隔墙
~ de grasa 护脂(毡)圈
~ de panderete 立砖(隔)墙
~ de presión ①气密隔板;②〈船〉耐压舱壁
~ de reparto 隔板,缓冲板
~ de serpenteo 偏转板
~ de ventilación (矿井通气用的)风障,隔板
~ desviador 挡墙
~ divisorio 隔墙
~ impermeabilizador 隔水墙
~ longitudinal/transversal 纵/横向墙
~ nasal 〈解〉鼻中隔
~ para aceite 挡油墙
~ para fuegos 防火墙
~ sordo 空心隔音墙;双层立砖隔墙

tabiquería *f.* 〈集〉〈建〉隔墙[板,壁]

tabla *f.* ①〈木〉木板;②〈石〉板;(书橱等的)搁板;(橱柜等的)横隔板;③〈工作)台;④〈戏〉舞台;*Cari.* 柜台;⑤〈体〉滑(水,雪)板;⑥〈缝〉(裙子的)箱形褶裥;⑦表(格);

（图）表；⑧〈体〉〈名次〉表；（告示，广告）牌；⑨（书的）目录，索引；⑩〈信〉数组；⑪〈农〉小块土地；*Méx.* 地块，畦；⑫〈画〉画板；木板画；⑬ *pl.*（斗牛场内的）挡[栏]板；⑭ *pl.*（棋赛等的）平[和]局；⑮见 ~ de multiplicar

~ a vela 〈体〉冲浪板

~ aisladora 绝缘板

~ analítica 分析性表格

~ armónica(~ de armonía)〈乐〉弦板

~ autorreferenciante 〈信〉自引用表

~ base 〈信〉基表

~ de agua 潜[地下]水面；地下水位

~ de alto 顶壁，岩层上盘

~ de asignación de ficheros 〈信〉文件分配表(*abr. ingl.* FAT)

~ de bajo 下盘斜井

~ de banquillo[chaflán] 垫瓦条，嵌角板条

~ de búsqueda 〈信〉查表(*abr. ingl.* LUT)

~ de cálculos 简便计算表

~ de cocina[picar] 剁[斩]肉板

~ de colores 〈信〉色图(是 MATLAB 系统引入的概念)

~ de composición 组合板

~ de consulta 〈信〉查阅表

~ de contingencia 〈统〉列联表，相依表

~ de conversión 换算表，转换表

~ de costes[costos] 成本明细表

~ de decisión 〈信〉判定表

~ de demanda y oferta 供求表

~ de dibujo 制图板

~ de encaminamiento 〈信〉路径选择表，路由表

~ de entradas y salidas 投入产出表

~ de esmeril 钢砂板

~ de harmonía 共鸣[振]板

~ de indiferencia 无差异图表

~ de lavar 搓[洗衣]板

~ de liquidación 结[清]算表

~ de logaritmos 对数表

~ de mareas 潮汐表

~ de materiales 材料单

~ de materias 目录

~ de Mendeleiev 门捷列耶夫元素周期表

~ de multiplicar[Pitágoras] 〈数〉乘法表

~ de normales 常态表

~ de páginas 页面表

~ de planchar 熨衣板

~ de precios 价目表

~ de quitapón 防雨板

~ de salvación 最后一招

~ de surf(~ deslizadora)〈体〉冲浪板

~ de tiempo ①(火车、飞机等的)时刻表；②时间[课程]表

~ de tolerancias 公差图表

~ de verdad 〈数〉〈信〉真假值表

~ de vida observada 测定寿命表

~ de windsurf 〈体〉风帆冲浪板

~ de zócalo 踢脚[护墙]板

~ delantal 踢脚板

~ del suelo 地板

~ dependiente 〈信〉从属表

~ descendiente 〈信〉派生表

~ estadística 统计表

~ input-output[insumo-producto] 投入产出表

~ multilaminar 夹板

~ periódica (元素)周期表

~ pitagórica 〈数〉乘法表

~ portamezcla (泥工用的)灰托板

~ progenitora 〈信〉父表

~ taquimétrica 视距计算表

~ tinglada 护墙楔形板

~ tintero 砚台

~ trazadora (自动)描绘器

~ verdadero-falso 真假值表

tablada *f.* 〈农〉菜畦

tablaje *m.* 〈集〉木板；木[板]材

tablatura *f.* 〈乐〉符号谱

tablazón *f.* 〈船〉①木板构件；②甲[船壳]板

~ de aparadura 龙骨翼板

~ de carena (吃水线以下)船体板

tablero *m.* ①木板；②(表，控制，配电，仪表)盘；(告示)牌；(门，窗，布告)板；③〈体〉篮板；④(棋)盘；⑤黑板；(桌)面；⑥〈建〉镶[嵌]板

~ de ajedrez 棋盘

~ de anuncio 布告板

~ de bordo 仪表板

~ de bornes 端子板，接线板

~ de carga 充电盘

~ de carretera (高速)公路信号板

~ de cepilladora 刨床底盘

~ de conexiones ①〈信〉控制板；②插[转]接板

~ de conmutadores ①配电盘[板]；②电话交换台

~ de consumo propio 电站配电盘

~ de control ①控制板[盘]；②操纵[控制]台

~ de control de bordo 舵位指示器，倒挂罗经

~ de control de los circuitos de alto voltaje 高压线路控制盘

~ de cortacircuitos 仪表(操纵)板,配电盘

~ de cotizaciones 牌价表;行情盘

~ de dibujo[dibujante] 画[绘;制]图板

~ de distribución 配电盘[板]

~ de distribución de los acumuladores 蓄电池组配电盘

~ de fibra 纤维板

~ de fusibles 熔丝盘

~ de gobierno[mando] 控制板

~ de gráfico 〈信〉图表

~ de instrumentos[mandos] 仪表板[盘]

~ de las horas de llegada/salida 列车到达/始发时间表

~ de llaves 电键盘

~ de partida 馈电盘

~ de puente ①桥面;②平台;(铁路的)站台

~ de puntuación 记分牌

~ de terminales(~ terminal) 〈电〉端子板

~ de torno 车床挡板

~ indicador de chapas 〈讯〉吊牌指示器板

~ para cálculos aritméticos 算盘

~ para detener las materias flotantes (置于流水中的)拦渣板

~ posterior (卡车等的)后栏板

~s de cierre 叠梁

tablestaca *f.* 〈建〉板桩

~ en Y　Y形板桩

~ en Z　Z形板桩

~s de acero de aleación baja y de alta resistencia 低合金高强度钢板桩

tablestacado *m.* (港口的)板桩;防护栅

~ de traba 连锁板桩

tablilla *f.* ①小木板;(薄)板条,窄板;(告示)小牌;②〈医〉夹板夹;③见 ~ digitalizadora

~ aislante 绝缘板

~ de alero 定角模板

~ de mira 觇板,测视板

~ digitalizadora 〈信〉(数字化)图形输入板

~ indicadora de la estación (火车站)站牌

~s de manparar (假)型板,模板

~s neperianas 〈数〉奈培[自然]对数表

tablista *m. f.* 〈体〉帆板运动员

tablón *m.* ①厚(木)板;(厚)板材;(横)梁;②*Amér. L.* 小块地皮[土地];③*Amér. L.* (面积为四分之一公顷的)甘蔗地

~ de andamios 脚手架用板

~ de anuncios 布告板[栏]

~ de piso 做地板用木料

~ marginal 边材

tablonaje *m.* ①〈建〉板材;厚[大木]板;②(船)船壳板

tablonería *f.* 〈船〉〈集〉龙骨板

tabofobia *f.* 〈心〉脊髓痨恐怖

tabonuco *m. P. Rico* 〈植〉蜡烛木

taboparálisis; taboparesis *f.* 〈医〉脊髓(痨)性麻痹性痴呆

tábula *f.* ①〈解〉骨板;②〈动〉(腔肠)横隔;横板

tabulación *f.* ①〈信〉制表;列成表格,列表;②用图表表示

~ horizontal 横向[水平]制表

~ selectiva 选择性列表

tabulador *m.* 〈信〉(键盘等上为制表用的)跳格键

tabuladora *f.* 〈信〉①(键盘等上为制表用的)跳格键;②制表机

tabular *tr.* ①用图表表示[说明];把…列成表,把…排成表格式;②〈信〉制表 ‖ *adj.* 列成表的,表格式的

TAC *abr.* tomografía axial computarizada ①计算机化轴向层面 X 射线摄影法;②〈医〉计算机化 X 线轴向断层照相术

tacada *f.* ①(台球运动中的)击球;连击;②〈海〉木塞[楔]

tacaicín *m. Salv.* 〈动〉负鼠

tacamaca *f.* ①〈植〉裂榄;②裂榄脂

tacamba *f. Méx.* 〈植〉棕榈树

tacana *f.* ①*And., Cono S.* 〈农〉梯田;②*Arg.* 〈矿〉银矿石

tacazo *m.* 〈体〉(台球运动中的)击球

tacca *f.* 〈植〉箭根薯

tacet *m. lat.* 〈乐〉休止

tacha *f.* 〈法〉(对证据、证词或裁定等表示的)异议

tachado *m.* 〈信〉擦痕

tachadura *f.* ①擦[划,涂]掉,抹去;②〈信〉擦除;③擦抹[涂改]处;涂改痕迹;④改[修]正

tachómetro *m. Amér. L.* 钟表

tachuela *f.* ①〈缝〉饰钮;(衣物上的)饰[泡泡]钉;②(为防止车速过快在道路上设置的)路面凸起;"隐身警察";减速带

tácito,-ta *adj.* ①缄默的;无言的;②默示的;不言而喻的;③〈法〉(法律等)不[未]成文的

convenio ~ 默契

garantía ~a 默示担保

taco *m.* ①塞[楔]子,木楔;木橛子;填塞物;

②〈军〉(枪炮的)弹[炮]塞;填弹塞;*Col.* 子
弹(筒);(枪的)通条;(前装式枪的)送弹棍;
③(台球的)球杆;(赛马时用的)投枪;④
(足球鞋的)鞋[防滑]钉;⑤*Amér. L.* (鞋、
袜等的)后跟;⑥*Cono S. , Méx.* 堵塞;阻
碍;*Chil.* 交通堵塞
~ de corredera 底模;连接滑块
~ de escuadrado 方块木料

tacogenerador *m.* 〈电〉〈机〉测速发电机

tacografía *f.* 〈医〉血流速度描记法

tacógrafo *m.* ①速度记录器;②〈医〉血流速
度描记器

tacograma *m.* ①转速[速度]图表;②〈医〉血
流速度描记图

tacometría *f.* 〈测〉流[转]速测定(法)

tacómetro *m.* ①流速计;②转数表

taconita *f.* 〈矿〉铁燧岩

tacotalpa *m. f. Hond. , Méx.* 〈鸟〉乌鸡

táctica *f.* ①战术;②策略
~ de ataques alternos 车轮战
~ de demora[dilación] 磨时间
~ de desgaste 蘑菇战
~ de fatiga 疲劳战
~ de tomar posición por asalto 强攻战
~ económica 经济策略,经济战术

táctico,-ca *adj.* ①战术的;战术性的;②策
略的;有策略[谋略]的 ‖ *m. f.* ①战术家;
②〈体〉教练

táctil *adj.* ①触觉的;②可触知的
sensación ~ 触觉

tactismo *m.* 〈生〉趋向性

tacto *m.* ①触觉;②触摸;③触[手]感;④
〈医〉触[指]诊;⑤〈外交〉手腕
~ vaginal 阴道指诊

tactoide *m.* 〈化〉类晶团聚体

tactología *f.* 〈乐〉盲文记谱法

tactómetro *m.* 〈医〉触觉测量器

tactor *m.* 〈解〉触觉器官

tactual *adj.* 〈解〉触觉的

tacu *m. Per.* (用作颜料的)橙[红,黄]土

tacua *f. Venez.* 〈植〉仙人掌果

tacuacín *m. Méx.* 〈动〉负鼠

tacuache *m.* 〈动〉①*Méx.* 负鼠;②*Cub.* 一
种獾

tacuaco,-ca *adj.* 〈动〉腿短的

tacuara *f. Amér. L.* 〈植〉(南美)朱丝贵竹

tacuarembó *m. Amér. L.* 〈植〉多枝朱丝贵竹

tacuarú *m. Amér. L.* 〈昆〉小蚂蚁

TAE *abr.* tasa anual efectiva[equivalente]
(尤指信贷的)年利率

taekwondista *m. f.* 〈体〉跆拳道运动员

tae kwon do; tae-kwon-do *m.* 〈体〉跆拳

taenia *f.* 〈医〉绦虫

tafefobia *f.* 〈心〉活埋恐怖

tafetán *m.* ①〈纺〉塔夫绸;②橡皮膏;③ *pl.*
旗
~ adhesivo[inglés] 橡皮膏,护伤[创]膏;
邦迪牌创可贴(商标名)

tafilete *m.* 摩洛哥山羊皮革

tafonomía *f.* 埋葬学(一门研究古生物如何
被埋葬而成为化石被保存下来的学科)

tafrinales *m. pl.* 〈植〉外囊菌目

tagarnina *f.* 〈植〉西班牙洋蓟

tagarote *m.* 〈鸟〉(美洲)雀鹰

tagasaste *m.* 〈植〉金雀花

tagasú *m. Amér. M.* 〈动〉美洲野猪

tagatosa *f.* 〈化〉塔格糖

tagua *f. And.* 〈植〉象牙椰子

taguata *f. Arg.* 〈鸟〉雀鹰

tahua *f. Amér. M.* 〈植〉象牙椰子

tai chi chuan *m.* (中国的)太极拳

taiga *f. rus.* 泰加群落(森林)(即北方针叶
林)

taira *f.* 〈动〉巴拉圭鼬

tajada *f.* ①切,割,砍;②〈医〉(声音的)粗哑

tajadera *f.* ①斧;冷剁刀;②（铁匠的）錾
[凿]子
~ de yunque 砧凿
~ en caliente 热錾凿
~ para caliente 热割刀

tajadura *f.* 割,切

tajamanil *m. Méx.* 〈建〉木瓦,屋顶瓦

tajamar *m.* ①〈海〉舳;艏材[柱];②(桥墩)
分水角,分水桩;③*Amér. C. , Cono S.* 海
堤,防波堤;*And. , Cono S.* 水坝

tajasú *m. Bol.* 〈动〉小野猪

tajo *m.* ①割,砍,切;②割[砍,切]口;③〈地〉
裂缝[口];断崖;④刀口[刃,锋];⑤(击剑
中的)斜劈

tajuelo *m.* 〈机〉轴座

tajugo *m. Esp.* 〈动〉獾

tala *f.* ①砍伐;(天灾等带来的)大破坏;②
〈军〉(用砍倒的树木构筑的)路障;③*Cari.*
斧子;④*Cari.* 菜园;⑤*Cono S.* 草[牧]
场;(草地上的)牧草
~ de árboles 伐木

talacha *f. Méx.* ①丁字镐;②平整土地;③
补车胎

talache *m. Méx.* 丁字镐

talado *m.* 砍伐;伐木

talador *m. f.* 砍伐者;伐木工人 ‖ ~ **a** *f.*
〈机〉①伐木机;②钻;钻床
~ a de mano 手摇钻

taladrado *m.* ①钻;②钻孔[凿,探]
~ al[con] diamante 用金刚石钻孔

~ en seco 干式凿岩

~ giratorio(~ por percusión) 冲击钻探[进]

~ por fusión 熔化钻孔

chapa de ~ 冲[钻]孔板

ensayo de ~ 钻孔试验

equipo de ~ 钻孔设备

virutas de ~ 镗屑

taladrador,-ra *adj*. 钻孔[打眼]的(人) ‖ *m*.*f*. 钻[镗]工,打眼工 ‖ **~a** *f*.〈机〉① 钻;钻床[机];②风镐[钻],手持式风钻

~a automática 自动镗床

~a de agujeros profundos y con extremos abiertos 贯穿式深孔镗床

~a de avance manual 高速手压钻机

~a de[para] banco 台式钻床

~a de brocas múltiples 多孔钻床

~a de columna(~ vertical) 立式钻床

~a de mano 手钻

~a de pico de pato 鸭嘴形手工扁钻

~a de plantillas 坐标镗床

~a eléctrica 电钻

~a eléctrica portátil 便携式电钻

~a giratoria[radial] 摇[旋]臂钻床

~a múltiple 多孔钻床

~a para cilindros 汽缸镗床;镗缸机

~a precisa por coordenadas 精密坐标镗床

~a rápida 高速钻床

taladrante *adj*. 钻孔的

taladrilla *f*.〈农〉油橄榄蛀虫

taladrista *m*.*f*. 钻工

taladro *m*.①〈机〉钻;钻头[机];②钻孔

~ a derechas/izquierdas 右/左旋钻

~ a mandril 卡盘钻

~ al aire libre 风钻

~ angular 角(轮手摇)钻

~ cilíndrico 汽缸镗孔

~ circular 圆钻头

~ cónico 锥型钻头

~ de banco 台钻

~ de boca expansible 扩孔钻

~ de cadena 链动钻

~ de carburo 硬质合金钻

~ de carraca 棘轮摇钻,手扳钻

~ de diamantes 金刚石钻机

~ de espiral de Arquímedes 螺旋钻

~ de gran velocidad 高速钻床

~ de lengua de áspid 扁钻

~ de mano 手钻

~ de pecho 胸压式手摇钻

~ de pedestal 架柱式凿岩机

~ de poste 架柱式钻机

~ de relojero 弓钻

~ de rotación 旋转钻机

~ de tornillo 螺旋钻;(木工用)麻花钻

~ explorador 勘探钻机

~ helicoidal 麻花钻

~ múltiple 多头凿岩机

~ neumático 风钻

~ para carpinteros 木工钻

~ para macho 螺孔钻

~ para roblón 铆孔钻

~ piloto 定心钻

~ rotativo 旋转钻

~ salomónico 螺旋钻,麻花钻

~ sensible 高速手压钻机

~ sobre ruedas 车装钻机

~ tubular 空[取,岩]芯钻

taladro-sonda *f*.〈机〉钻[凿]岩机,开石钻

talalgia *f*.〈医〉足踵痛;踝部痛

talamectomía *f*.〈医〉丘脑破坏法

talamencefálico,-ca *adj*.〈解〉丘脑的

talamencéfalo *m*.〈解〉丘脑

talamete *m*.〈海〉(小船的)前甲板

talámico,-ca *adj*.〈解〉丘脑的

síndrome ~ 丘脑综合征

tálamo *m*.①〈解〉丘脑;②〈植〉柱状花托

~ dorsal 背侧丘脑

talamocelo *m*.〈解〉第三脑室

talamoco,-ca *adj*.*And*.〈医〉患白化病的 ‖ *m*.*f*. 白化病患者

talamocortical *adj*.〈解〉丘脑皮质的

talamolenticular *adj*.〈解〉丘脑斗状核的

talamotomía *f*.〈医〉丘脑切开术

talasemia *f*.〈医〉地中海贫血(球蛋白生成障碍性贫血)

talasocracia *f*. 制海权

talasofita *f*.〈植〉①海生植物;②海藻

talasofobia *f*.〈心〉海洋恐怖

talasoterapia *f*.〈医〉(尤指为美容或保健而做的)海水浴(疗法);海滨[水]疗法

talco *m*.①〈化〉〈矿〉滑石;滑石粉;②*Méx*. 爽身粉

talcoso,-sa *adj*.〈矿〉滑石的;含滑石的,滑石含量高的

talcosquisto *m*.〈矿〉滑石片岩

talegallo *m*.〈鸟〉火[吐绶]鸡

taleoquinina *f*.〈化〉奎宁绿脂

talgo *abr*. tren articulado ligero Goicoechea-Oriol *Esp*.(可在弯道高速行驶的轻型)铰接式列车

tálico,-ca *adj*.〈化〉(正)铊的;三价铊的

talictro *m*.〈植〉唐松草属植物

talidomida *f.* 〈药〉萨利多胺,酞胺哌啶酮,反应停

taliforme *adj.* 〈植〉叶状体的

talio *m.* 〈化〉铊

talioso,-sa *adj.* 〈化〉(含)亚铊的;(含)一价铊的

talipédico,-ca *adj.* 〈医〉畸形足的;生畸形足的

talipes *m.* 〈医〉畸形足

talipomanus *m.* 〈医〉畸形手

talita *f.* 〈矿〉绿帘石

talla *f.* ①(衣服等的)尺码,号;②身高[长,材];③〈印〉雕版;④雕刻,木[浮]雕;⑤〈测〉测杆;身高测量器;⑥〈医〉膀胱结石切除术;⑦〈法〉(捉拿犯人的)赏金
~ en jade 玉雕
lima de ~ cruzada 双交[纹]锉
media ~ 浮雕

tallado,-da *adj.* 雕刻的 ‖ *m.* 雕刻

tallador,-ra *m.f.* 雕[镂]刻工[师] ‖ *m.* 雕刻[切割]器具
~ de ranuras 切槽刀
~ de roscas 攻丝机
~ de vidrio ①玻璃割[刻]刀;②割[雕刻]玻璃工

tallarola *f.* 〈纺〉割绒刀

taller *m.* ①工场,作坊;②(文艺)创作室;工作室;③车[工作]间;工厂;(汽车)修理厂[铺];④画[雕刻]室;⑤〈教〉讲习班[所];⑥见 ~ de compostura
~ adjunto[anexo] 附属工厂
~ artesano 手工作坊
~ de ajuste 装配车间
~ de averías 维修车间
~ de batanado 〈纺〉清花车间
~ de blanqueo 〈纺〉漂白车间
~ de calderas 锅炉房
~ de cardado 〈纺〉梳棉车间
~ de carpintería 木工间
~ de coches 汽车修理厂
~ de compostura *Amér.L.* 修鞋店
~ de construcciones mecánicas 机械制造厂
~ de desbarbado 〈纺〉清理间,清理工部
~ de embalaje 包装车间
~ de embobinado y retorsión 〈纺〉筒捻车间
~ de encolado 〈纺〉浆纱车间
~ de encuadernación 装订车间
~ de energía 动力车间
~ de engomadura 〈纺〉上浆车间
~ de engomadura de hilos 〈纺〉浆纱车间
~ de estampación 印刷厂

~ de estampado 印花车间
~ de forja 锻工车间
~ de fundición ①铸造车间;②〈印〉铸字车间
~ de galvanización 电镀车间
~ de herramientas[utillaje] 工具车间
~ de hilados finos/gruesos 〈纺〉细/粗纱车间
~ de laminación 轧钢厂
~ de lavado ①洗选[煤]厂;②洗涤间
~ de machacar 捣矿厂
~ de maquinaria 机械加工车间
~ de máquinas 机械加工车间,金工车间
~ de modelaje[moldes] 模型车间
~ de modelos 木模车间
~ de montajes general 总装车间
~ de refinado 精炼炉床
~ de reparaciones 修理厂,修配车间
~ de reparaciones mecánicas 机修车间
~ de retorcedura 捻线厂
~ de servicio ①维修车间;②服务[修理]站
~ de soldadura 焊接车间
~ de teatro 戏剧工作室
~ de tejeduría 织布车间
~ de teñido 染色车间
~ de tintorería 染坊
~ de tratamientos térmicos 热处理车间
~ de urdidura 〈纺〉整经车间
~ de verificación 〈纺〉验布车间,检验车间
~ del pintor 画家工作室
~ franco 自由雇佣工厂
~ mecánico ①机械车间,机[金]工车间;②(汽车)修理厂
~ ocupacional 〈医〉职业疗法工作室
~ siderúrgico 钢铁厂
~es gráficos 印刷厂

tallerina *f.* 〈动〉樱蛤

tallo *m.* ①(树的)干;(花草的)茎;(花朵、叶片等的)梗;(草的)叶身;②〈植〉芽;③*And.* 〈植〉卷心[圆白]菜;*Chil.* 茎类蔬菜;④*pl.Amér.L.* 〈植〉蔬菜;⑤〈植〉美洲蓟罂粟

talludo,-da *adj.* ①〈植〉高茎的(植物);(植物品种)高株的;②*Amér.L.*,*Méx.* (水果等)老的;咬不动的;③(机器等)还能使用的

talmotocle *m.Méx.* 〈动〉松鼠

talo *m.* 〈植〉菌[叶状]体

talocha *f.* 〈建〉托泥板

talofito,-ta *adj.* 〈植〉藻菌类的 ‖ *f.* ①藻菌植物,叶状体植物;②*pl.* 藻菌类

taloide *adj.* 〈植〉叶状体状的

talón *m.* ①〈建〉凸凹波纹线脚;②〈充气轮胎的〉凸边;③〈商贸〉(收据、支票等的)存[票]根;(有存根的)单据;④支票;⑤(货币的)本位;⑥〈铁路〉存放行李收据
~ al portador 不记名支票
~ conformado 保付支票
~ cruzado 划线支票,不记名支票
~ de caja 窗口[柜台]支票
~ de carga 装运单据
~ de cheque 支票存根
~ de depósito 仓[栈]单
~ de entrega 交货通知单
~ de equipaje 行李票;(系或贴在行李上的)行李牌
~ de expedición 发货单
~ de ferrocarril 铁路运单
~ de guía postal 邮政收据
~ de intereses 息票,息票附单
~ de oro 金本位
~ de porte aéreo 空运单
~ de ventanilla 窗口支票
~ en blanco 空白支票
~ nominativo 不可流通支票
~ registrado 记名支票
~ sin fondos 空头支票
~ terminal 终耳套,电缆终端

talonador,-ra *m. f.* 〈体〉(英式橄榄球比赛中对阵争球时位于前排中间的)钩球队员

talonaje *m.* 〈体〉(橄榄球比赛中)用脚后跟往回传球

talonario *m.* 单据[收据,支票]簿;处方簿
~ de letras 票据簿

talparia *f.* 〈医〉粉瘤

talpetate *m.* ① *Guat.* 〈地〉表生岩层;② *Hond.* (筑路用的)沙质石灰土

talpetatoso,-sa *adj.* ① *Guat.* 〈地〉表生岩层的(地区);② *Hond.* (多)沙质石灰石的

talpuja *f. Hond.* 沙质石灰石土地

talque *m.* (制坩埚用的)滑石土

talquita *f.* 〈矿〉滑石片岩

taltuza *f. Amér. C.* 〈动〉浣熊(类动物)

talud *m.* ①坡面,(倾)斜面;(斜)坡;②坡度;③〈地〉地屑堆
~ continental 大陆(斜)坡
~ de aguas (坝的)迎水面坡度
~ de seguridad 安全坡度
~ de trabajo 工作坡度
~ del paramento 斜面
~ del paramento de aguas abajo 背水[下游]面坡度
~ del paramento de aguas arriba 迎水[上游]面坡度
~ exterior/interior 外/内(侧边)坡

~ lateral 边坡
~ oceánico 大洋坡

taludadora *f.* 〈机〉铲[整]坡机

taludín *m. Guat.* 〈动〉鳄鱼

talus *m.* 〈解〉距骨

talweg *m. ingl.* ①〈地〉河流谷底线;②〈法〉(国际法)河道分界线(指两国分界之河用航道之中线)

tamagás *m. Amér. C.* 〈动〉一种毒蛇

taman *m. Méx.* 〈植〉棉花

tamandúa; tamanduá *f.* 〈动〉食蚁兽

tamaño *m.* ①(体积、规模、身材等的)大小;(数量等的)多少;规模;②(帽、鞋、衣服等的)尺码,尺寸,号
~ anormal 非标准尺寸
~ carnét 报名照大小
~ carta 信函大小
~ corriente 常备尺寸
~ de bolsillo 小号[型]
~ de la población 人口规模
~ del lote 批量
~ del mercado 市场规模
~ efectivo 有效尺寸
~ entero[real] 全[实际]尺寸
~ familiar 普通尺寸
~ gigante 大号[型]
~ irregular 不规则尺寸
~ legal[normal] 法定尺寸,标准尺寸
~ mediano 中号[型]
~ natural 原尺寸,与原物一样大小
~ postal 明信片尺寸
~ promedio de la muestra 平均抽样数值

támara *f.* ①担(柴量单位,约合 80-120 千克);②〈植〉椰枣树;海枣(树);③ *pl.* 〈植〉椰枣串

tamaricácea *f.* 〈植〉柽柳科植物

tamarilla *f.* 〈植〉百花岩蔷薇

tamarindillo *m.* 〈植〉田皂角

tamarindo *m.* 〈植〉①罗望子;②罗望子果实

tamariscáceo,-cea *adj.* 〈植〉柽柳科的 ‖ *f.* ①柽柳科植物;② *pl.* 柽柳科

tamarisco; tamariz *m.* 〈植〉柽柳

tamarita *f.* 〈矿〉云母铜矿

tamarugita *f.* 〈矿〉斜钠明矾

tamarugo *m. Chil.* 〈植〉牧豆树

tamazul *m. Méx.* 〈动〉大蟾蜍

tambal; tambán *m. Ecuad.* 〈植〉蜡棕

tambanillo *m.* 〈建〉(门窗口上的)三角饰

tambarilla *f.* 〈植〉紫十钟花

tambocha *f.* 〈昆〉红头毒蚁

tambor *m.* ①〈乐〉鼓;② 军鼓手;③〈机〉鼓轮;轮罩;(线缆等的)卷筒[盘];(洗衣机的)

滚筒;(电机等的)转子;*Arg.* 线轴;④〈动〉
鳎鱼;*Cub.* 圆鲀;⑤〈解〉鼓[耳]膜,耳鼓;
鼓室;⑥鼓(形物,状物);圆筒形容器;⑦
〈信〉磁鼓;⑧〈建〉(穹顶的)鼓形座;〈军〉圆
形碉堡(建柱子用的)圆鼓石;鼓形柱身段;
⑨〈缝〉(刺绣用的)绷圈[子],圆形绷架;⑩
Cari. ,*Méx.* 袋[粗麻]布;⑪*Méx.* 〈植〉椭
圆叶木棉

~ cilíndrico 圆桶鼓
~ cónico 锥形鼓
~ de acanalado 绳沟滚筒;缠索轮
~ de cable 电缆盘
~ de descarga 〈纺〉脱棉层,络纱机
~ de enrollado 提升绞筒
~ de exploración 转鼓扫掠器
~ de(l) freno 闸轮,制动鼓
~ de perforación 大齿轮;起重机水平转盘
~ de resorte 发条盒
~ de turbina 涡轮盘
~ de vapor 蒸汽锅筒
~ del oído 〈解〉鼓[耳]膜,耳鼓;鼓室
~ giratorio 滚筒,转鼓
~ giratorio descortezador 鼓式[圆筒]剥
皮机
~ magnético 磁鼓
~ magnético auxiliar 辅助磁鼓
~ mezclador 搅拌鼓
~ para cuerda 绳索轮
~ real 〈动〉刺鲀
~ secador 烘缸
cámara de ~ 鼓轮式摄影机
controlador de ~ 鼓形控制器
inducido de ~ 鼓形电枢
máquina de ~ lijador 辊式磨光机
tambora *f.* 〈乐〉①大鼓;②*Méx.* 军[铜管]
乐队;*Chil.* 鼓[打击]乐队
tamborete *m.* ①〈乐〉小鼓;②〈海〉桅箍
tamboril *m.* ①〈乐〉长鼓;②〈动〉兔头鲀
tamborilero,-ra *m. f. And.* 〈乐〉鼓手
tambre *m.* 堤[分水]坝;堰
tambucho *m.* ①〈船〉舱口罩篷;②窗帘盒
tamegua *f. Amér. C.* ,*Méx.* 〈农〉除草;锄地
tamia *f.* 〈动〉美洲花鼠
taminero *m.* 〈植〉黑果藤
tamiz *m.* ①(细,格,分子)筛;筛子[网];绢
[细]罗;②(经审查的)筛选
~ de sacudidas 振动筛
~ (de) molecular 分子筛
~ rotatorio 回转筛
~ vibratorio 振动筛
tamizado,-da *adj.* ①(面粉等)罗[筛]过的;
②(信息)筛选过的;(光线)滤过的 ‖ *m.*

筛,过滤
tamizador *m.* ①筛子,细[罗网]筛;②〈机〉筛
分器[机] ‖ *m. f.* 筛分工
tamojo *m.* 〈植〉具节盐木
tamoxifeno *m.* 〈药〉三苯氧胺,他莫昔芬(一
种抗雌激素,用于治疗妇女乳腺癌或不育
症)
támpax *m.* (塞伤口等用的)棉[止血]塞;(妇
女)月经棉塞;丹碧斯月经棉塞(原为商标
名)
tampón *m.* ①缓冲垫,垫片;②印台,印泥盒;
③〈医〉(塞伤口用的)棉[止血]塞 ‖ *adj.*
inv. ①见 sistema ~ ;②见 zona ~
sistema ~ 缓冲体系[系统]
zona ~ 缓冲区
tamtan *m.* 〈乐〉(用手击打的)非洲鼓
tamujo *m.* 〈植〉黄杨一叶萩
tanaceto *m.* 〈植〉艾菊
tanatobiológico,-ca *adj.* 〈医〉死与生的
tanatocenosis *f.* 〈生〉生物尸积群
tanatofidia *f.* 〈动〉毒蛇
tanatofobia *f.* 〈心〉死亡恐怖[惧],恐死症
tanatoideo,-dea *adj.* 〈医〉假[像]死的
tanatología *f.* 〈医〉死亡学
tanatómetro *m.* 〈医〉检尸温度计
tanatopraxia *f.* 暂时保存尸体术
tancalo *m. Riopl.* 〈昆〉蜣螂,屎壳郎
tándem *m.* 见 en ~
en ~ ①〈电〉串联;②以纵列
tangencia *f.* 〈数〉相切
punto de ~ 切点
tangencial *adj.* 〈数〉正切的,沿切线方向的
componente ~ 切向分量
fuerza ~ 切向力
línea de ~ 切线
plano de ~ 切面
tangente *adj.* 〈数〉(相,正)切的;切线的 ‖
m. 〈数〉切线,正切
~ hiperbólica 双曲正切(线)
línea ~ 切线
plano ~ 切面
tangibilidad *f.* 可触摸[知](之物)
tangidera *f.* 〈海〉系泊索
tangón *m.* 〈海〉舷外支杆
tangram; tangrama *m.* (中国的)七巧板
tanguero,-ra; tanguista *m. f.* 〈乐〉探戈舞
曲歌手
tánico,-ca *adj.* 〈化〉①丹宁的;鞣质的;鞣
[丹宁]酸的;②从丹宁[鞣质]中得到的
ácido ~ 鞣[丹宁]酸
tanífero,-ra *adj.* 〈化〉含丹宁的;含鞣质的;
含丹宁酸的
tanímetro *m.* 〈化〉鞣液比重计

tanino *m*.〈化〉鞣[丹宁]酸；丹宁，鞣质类物质

tanque *m*.①箱，柜，槽，罐；②(水，油)罐车；〈船〉水[油]柜；(机车上的)水柜；③〈军〉坦克；④*Amér. L*.(汽车的)水[油]箱；⑤*Amér. L*.蓄水池，水塘⑥*Salv*.〈动〉蟾蜍

~ al vacío 真空箱

~ alcalizador 石灰槽

~ asentador 沉淀地

~ de aeración 曝气池

~ de agua azufrada 含硫池

~ de agua potable 淡水舱

~ de alas 副[机翼]油箱

~ de colmatación 沉淀池，澄清槽

~ de combinación con agitador 搅拌桶

~ de compensación ①补偿水箱，平衡箱；②调压水槽，调配槽

~ de decantación 离析池，沉淀槽[池]

~ de depósito 贮油罐

~ de depósito de lodos 沉沙[淀]池，澄清箱

~ de equilibrio 平衡罐[箱]

~ de expansión 膨胀箱

~ de gas 煤[储]气箱，气柜[箱]

~ de gasolina 汽油箱[桶]

~ de lastre 压载舱，压载水柜

~ de petróleo 油箱

~ de reposo[sedimentación]沉沙池

~ de reserva 备用箱

~ de revelar〈摄〉显影罐

~ de rocío 喷淋池

~ defecador 澄清槽

~ depurador 洗涤槽

~ detritor 沉沙池

~ elevado de agua 高架水塔

~ hidrogenador 氢化器

~ igualador 平衡罐

~ receptor de aire 储气罐

~ refrigerante 冷缸

~ séptico 化粪池

~ térmico 恒温箱

~ tipo Imhoff 英霍夫式沉淀池

tanquero *m. Cari*.①油船[轮]；液货船；②(卡车式)槽[柜]车

tanqueta *f*.〈军〉装甲车

tanquista *m. f*.〈军〉坦克兵

tantalato *m*.〈化〉钽酸盐

tantálico,-ca *adj*.〈化〉①钽的；含钽的；②钽酸的

ácido ~ 钽酸

tantalio *m*.〈化〉钽

tantalita *f*.〈化〉钽铁矿

tántalo *m*.①〈鸟〉(美洲)獾；②〈化〉钽

tantán *m*.〈乐〉①非洲手鼓；②锣

tanteador,-ra *m. f*.〈体〉记分员 ‖ *m*. 记分牌[器]

tanteo *m*.①估[掂，比]量；估算；②试验，测试；试探，摸底；③〈法〉原价赎回；④〈体〉(比赛中的)比[得]分；计[记]分

conversaciones de ~ 试探性谈话

tanto *m*.①一定数量(尤指钱)，若干；②〈体〉(足球、橄榄球等运动的)进球；(篮球、网球等运动的)得分；③筹码；④*pl*. 零数；⑤百分比，比率[数]

~ alzado ①固定[统售]价格；②总造价，总费用

~ del impuesto 税率

~ fijo 固定[统售]价格

~ por ciento 百分比，百分率

~ por mil 千分比

tantrum *m*.〈医〉暴怒，发脾气

tañedor,-ra *m. f*.〈乐〉(尤指弦乐器)演奏者

tañido *m*.①〈乐〉乐器演奏声；②铃响，钟鸣

TAO *abr*. traducción asistida por ordenador〈信〉计算机辅助翻译

tao *m*.①(中国道教学说中的)道；②(中国儒家学说中的)道

taoísmo *m*.①道教(中国汉族固有的宗教)；②道教学说

tapa *f*.①盖(子)；塞(子)；顶盖；②〈机〉罩，帽；(防磨损的)鞋跟铁掌；*Méx*.(汽车)轮毂盖；③书皮[壳]，封面；④(沟渠等的)闸门；⑤*Hond*.〈植〉曼陀罗；⑥*Chil*.〈建〉[脊]瓦

~ de caucho 橡胶塞[罩]

~ de claraboya 天窗盖

~ de escobén 锚链孔罩，防水罩

~ de escotilla 舱口盖

~ de los sesos 天灵盖，头盖骨

~ de registro 修检孔盖

~ de válvula 阀帽[盖]

~ del agujero de hombre 进入(检修)孔盖

~ del cilindro 汽缸盖

~ del domo 圆顶盖

~ del portaequipajes 行李箱盖

~ protectora de válvula 阀门罩

libros de ~s duras 硬封面书，精装本

tapaagujeros；**tapagujeros** *m. inv*.〈建〉①偷工减料的建筑商；②泥瓦匠

tapabalazo *m*.①*Amér. L*.(裤子的)门襟；②〈海〉弹洞塞

tapabarro *m. Cono S*.(车辆的)挡泥板

tapaboca *f*.；**tapabocas** *m. inv*.①〈军〉炮口塞；②*Amér. L*. 无菌面膜

tapabotija *f. Col.*〈植〉樱桃

tapachiche *m. C. Rica*〈昆〉蝈蝈

tapacubos *m. inv.*（尤指汽车的）轮毂盖

tapadera *f.* ① 盖（子）；塞（子）；顶盖；②〈机〉罩；③遮掩；（尤指非法组织等的）掩蔽［护］（物）
　　~ de escotilla 舱口盖
　　~ de protección 保护罩［盖］

tapadero *m.* 堵塞物；塞子，栓

tapagrietas *m. inv.* 填充料；（油漆前堵塞缝隙的）填料

tapajuntas *m. inv.*〈建〉（门窗与墙壁间的）压缝条

tapalodo *m. And.*, *Cari.*（车辆的）挡泥板

tápana *f.*〈植〉刺山柑，老鼠瓜

tapapié *m. Méx.*〈农〉点播法（播种玉米的方法）

tapaporos *m. inv.* ①涂底料；底层涂料；底漆；②〈画〉底色

tapara *f. Cari.*〈植〉（热带美洲的）加拉巴果

taparo *m. Amér. L.*〈植〉加拉巴木

tapayagua *f. Amér. C.*, *Méx.* ①〈气〉（预示暴风雨的）暴风云；雷雨云；②细［毛毛］雨

tapeinocefalia *f.*〈医〉矮［低］型头

tapetí *m.*〈动〉小野兔

tapeto *m.*〈植〉（孢子囊）绒毡层

tapetum *m.* ①〈植〉（孢子囊）绒毡层；②〈解〉毯；脑毯

TAPI *abr. ingl.* telephony application programming interface〈讯〉电话应用程序［编程］接口

tapia；**tapialera** *f. And.*〈建〉①围［土坯］墙；②塔皮亚（建筑面积单位，合 50 平方英尺）

tapiable *adj.* 可建围墙的

tapial *m.*〈建〉①坯模子；②围［土坯］墙

tapicería *f.* ①（沙发、软椅、车椅等的）被覆材料；垫衬料；②〈集〉挂［壁］毯；（手织）花毯；③织毯手艺；织毯业；④壁［挂］毯厂；⑤壁［挂］毯商店；⑥装饰布

tapichi *m. Amér. L.*〈动〉剖宫产牛犊

tapinocefalia *f.*〈医〉矮［低］型头

tapioca *f.*（食用）木薯淀粉

tapiolita *f.*〈矿〉重钽铁矿

tapir *m.*〈动〉貘

tapisca *f. Amér. C.*, *Méx.*〈农〉收获玉米

tapiz *m.* ①壁［挂，地］毯；②〈信〉屏幕壁纸
　　~ volador（《一千零一夜》中载人飞行的）魔毯

tapizado *m.* ①（沙发、软椅、车椅等的）被覆材料；垫衬料；②装挂［壁］毯；铺地毯；装挂幔帘

tapón,-ona *adj. Amér. C.*, *Cono S.*〈动〉

无尾（巴）的，秃尾的 ‖ *m.* ①瓶塞，塞子；②（防水、隔音的）耳塞；③（马桶的）抽水装置；④〈体〉（篮球比赛中的）盖帽；⑤〈医〉塞伤口用的）棉［止血］塞；⑥障碍；⑦〈交〉交通堵塞；⑧〈矿〉阻塞；⑨〈无〉环绕回响电路；⑩*Amér. L.* 家具清漆；⑪*Amér. L.*（运动鞋的）防滑钉；⑫*Méx.*〈电〉保险丝，熔线
　　~ calibrador 塞规
　　~ calibrador doble 双头塞规
　　~ calibrador liso 平塞规
　　~ de arcilla 黏土塞
　　~ de bujía 火花塞
　　~ de cerumen 耳垢
　　~ de corona［rosca, tuerca］（瓶、罐等容器的）螺旋盖
　　~ de escobén 锚链孔塞
　　~ de goma 橡胶塞
　　~ de plomo 铅塞子
　　~ de rebose 溢流塞
　　~ de relleno 加油［水］口盖；注水［油］塞
　　~ de tubo de caldera 锅炉管道阀［塞］
　　~ (de) vaciado 放油［水，气］塞
　　~ estriado 槽塞
　　~ fileteado［roscado］螺旋塞［盖］
　　~ fusible 易熔塞
　　~ nasal〈医〉鼻塞（子）

taponadora *f.*〈机〉压塞机

taponamiento *m.* ① 盖上，塞住；堵塞；②〈建〉堵洞；③〈医〉填［压］塞
　　~ nasal〈医〉鼻填塞术

taponería *f.* ①瓶塞业；②瓶塞厂［店］

tapsia *f.*〈植〉毒胡萝卜

tapucho,-cha *adj. Chil.*〈动〉无［秃］尾的

tapuso,-sa *adj. Amér. L.*〈动〉无［秃］尾的

taqué *m.*〈机〉传动杆

taqueometría *f.*〈测〉视距测量（法）

taqueómetro *m.*〈测〉（测定距离、方位等的）视距仪，速测仪

taquete *m. Méx.* 塞子，栓

taquiafaltita *f.*〈矿〉硅钍锆石

taquicardia *f.*〈医〉（尤指超过每分钟 100 跳的）心搏［动］过速
　　~ simple 单纯性心搏过速

taquicardiáco,-ca *adj.*〈医〉心搏［动］过速的

taquifagia *f.*〈医〉速食癖

taquifilaxia *f.* ①〈医〉快速免疫；②〈药〉快速耐受

taquifrasia *f.*〈医〉言语速过

taquigénesis *f.*〈医〉快速发生

taquigrafía *f.* ①速记法；速记术；②缩写（体）
　　~ internacional［universal］国际速记法

~ mecánica 机械速记

tomar en ~ 速记

taquigráfico,-ca *adj*. ①速记的;②用速记法的;③似速记的;节略的

taquígrafo,-fa *m. f.* 速记员‖*m*. 速记记录器

taquigrama *m*. 速记(记录)图

taquihidrita *f*. 〈矿〉溢晶石

taquilalia *f*. 〈医〉言语过速

taquilita *f*. 〈地〉〈矿〉玄武玻璃

taquilla *f*. ①售票处[窗];票房;②(影剧院的)票房收入;③〈体〉门票收入

éxito de ~ 叫[卖]座(的),受欢迎(的)

taquillaje *m*. ①(影剧院的)票房收入;②〈体〉门票收入

taquimecanografía *f*. (打字)速记(法)

taquimecanógrafo,-fa *m. f.* (打字)速记员

taquimetría *f*. 〈测〉视距测量(法);准距快速测定术

taquimétrico,-ca *adj*. ①准距快速测定(术)的;②速度计的;转速计的

taquímetro *m*. ①(快速测定距离,方位等的)视距计;测量仪;②速度计;转速计

~ de mano 手提式速度计,手提式转速计

~ estroboscópico 闪光转速表

~ registrador 转速[速度]记录仪

taquín *m*. ①〈解〉踝骨;②抓子儿(小孩游戏)

taquión *m*. 〈理〉超光速粒子

taquipnea *f*. 〈医〉呼吸过速

taquirritmia *f*. 〈医〉心搏[动]过速

taquisterol *m*. 〈生化〉速甾醇

tar *m*. 〈信〉磁带归档(UNIX/Linux 中的一个文件打包工具)

tara *f*. ①(物品的)皮重;②车身自重;空重;③〈化〉配衡体;④(身心的)缺陷;⑤*Chil.*, *Per.* 〈植〉刺云实;⑥*Col.* 〈动〉一种毒蛇;⑦*Venez.* 〈昆〉蝗虫;大黑蛾

~ acostumbrada[convencional] 习惯皮重

~ aproximativa 约计皮重

~ de aduana 海关皮重

~ facturada 发票皮重

~ legal 法定皮重

~ media 平均皮重

~ neta 净[实际]皮重

~ por derramamiento 渗漏短量

~ real 实际皮重

~ reducida 折成皮重

~ suplementaria 附加皮重

~ usual 习惯皮重

determinación de la ~ 定[称]皮重,配衡

tarabagán *m*. 〈动〉旱獭

taracea *f*. (尤指家具的)镶嵌细工;镶嵌术

taraceador *m*. 镶嵌工

taraje *m*. ①(物品的)皮重;包装重量;②车身自重;空重

taralentolina *f*. 〈动〉蟆螈

tarando *m*. 〈动〉驯鹿

taranta *f. And.*, *Cono S.* 〈昆〉鸟蛛

tarántula *f*. 〈昆〉(南欧)狼蛛

tarapé *m*. 〈植〉王莲

tarar *tr*. 计算[标出,确定]…皮重

taratana *f*. 〈船〉单桅三角帆船

taraxacón *m*. 〈植〉蒲公英

taray *m*. 〈植〉法国柽柳

tarayal *m*. 〈植〉法国柽柳林

taraza *f*. 〈动〉船蛆

tarbutita *f*. 〈矿〉三斜磷锌矿

tardío,-día *adj*. (水果,果实等)晚熟的‖*m*. 〈农〉晚熟作物

arroz ~ 晚稻

tarea *f*. ①任务,工作;活计;② *pl*. 〈教〉(学生的)家庭[课外]作业;③〈信〉任务

~ aperiódica 〈信〉非周期任务

~ esporádica 〈信〉零星任务

~ intolerante de tiempo real 〈信〉硬性实时任务

~ periódica 〈信〉周期任务

~ tolerante de tiempo real 〈信〉软性实时任务

~s domésticas ①(学生的)家庭[课外]作业;②家务杂活

tareche *m. Bol.* 〈鸟〉一种鸼鹭

tareroqui *m. Amér. L.* 〈植〉山扁豆

tarifa *f*. ①(尤指官方规定的)价格,资费;②价目[收费]表;③费率;运费;④关税;税率;税则

~ aduana[aduanera] 关税率

~ ad valorem 从价税率

~ aérea 航空价目表

~ alternativa 选择关税[税率]

~ combinada 组合运费[价];综合[联运]费率

~ compuesta 复合费[税]率;复合关税税则

~ con prima 保险费率

~ conjunta 联运费率

~ consolidada[corrida] 直达运价,联运运费

~ de acueducto 水费,用水费率

~ de almacenaje 仓储费率

~ de arbitraje 套汇率

~ de avalúo 从价费[税]率

~ de carga mixta 混装货运费率

~ de compensación ①补偿费率;②补偿性关税税则

~ de demanda 即期汇票汇率

~ de derechos portuarios 入港[港口]税率

~ de escala móvil 浮[滑]动关税率

~ de estación 停站费率

~ de exportación/importación 出/进口税率, 出/进口税则

~ de ferrocarril 铁路运费率

~ de flete aéreo 空运费率

~ de furgón 整车货运费率

~ de grupo 分区运费率

~ de ida y vuelta 来回票价

~ de mercancías en bultos 整件[包]货物运费率

~ de pasaje 客运费率；客运价目表

~ de potencia 电价表；电力费率

~ de represalia 报复性关税率

~ de ruta 定程运费表

~ de tonelaje de navío 船舶吨位税

~ de viaje redondo 全程往返票价

~ diferencial 差别关税

~ discriminatoria 歧视关税

~ diurna/nocturna 日/晚间价目表

~ escalonada 等级[步增]费率

~ especial[excepcional] 特别税率；特别税则

~ exterior común（欧洲共同市场）共同对外税则

~ ferroviaria 铁路运输价目表

~ fronteriza 边境税则

~ fuera de la hora de puntas 非高峰时段电价表

~ global 总税率

~ marítima 海运费率

~ mixta 混合关税

~ multilineal 多栏[复式]税则

~ óptima arancelaria 最佳关税率

~ para penalizar el dumping 反倾销关税则

~ por clases 货物分级运费率

~ por kilómetro 每公里运费

~ postal uniforme 统一邮政费

~ preferencial[preferente] 特[优]惠税率

~ progresiva 累进关税；累进税率

~ prohibitiva 抑制[禁止]性关税

~ proteccionista 保护关税，差别待遇关税

~ recargada 加重关税

~ simple[unilineal] 单栏[一]税则

~ tabulada 费率表

~ única 单一税则

~ unificada 统一收费率

~ vigente 现行费[税]率

~ vindicativa 报复关税

tarificación f. ①用表[仪]计量；②定价；定税率

tarjeta f. ①卡；卡片；②（个人或商号等的）名片；③信用卡；④〈信〉卡片，插件；⑤（地图的）图示；⑥〈体〉（裁判所持的）处罚牌；⑦〈建〉牌匾

~ amarilla 〈体〉（足球比赛中的）黄牌

~ bancaria 银行信用卡

~ cabecera 首标卡

~ comercial 商业名片（印有企业名称、地址等）

~ de adeudo[débito] 借方卡，借项卡

~ de asistencia 考勤卡

~ de banda magéntica 磁[条形码]卡

~ de circuito 〈电子〉〈信〉电路板

~ de control 控制卡

~ de crédito 信用卡

~ de embarque 登机牌[证]

~ de existencia 存货卡

~ de expansión 〈信〉扩充[展]卡

~ de expositor 参展商通行[出入]证

~ de fidelidad 忠诚卡（指零售商发给顾客记录每次买卖便于以后提供优惠的身份卡）

~ de firma 印鉴卡，签字卡

~ de gráficos(~ gráfica) 〈信〉图形卡；电视图像适配卡

~ de identidad 身份证

~ de identificación 识别卡[标签]

~ de ingresos 收入登记卡

~ de memoria （数码相机等使用的）记忆卡

~ de multifunción 多功能卡

~ de perforación marginal 边缘穿孔卡片

~ de periodista 记者证

~ de prepago 预付卡

~ de presentación 商业名片（印有企业名称、地址等）

~ de registro de tiempo(~ de reloj) 计时卡

~ de sonido 〈信〉声卡

~ de tiempo （上下班）计时卡

~ de video Amér. L. 〈信〉显[视频]卡

~ de vídeo Esp. 〈信〉显[视频]卡

~ de visita 商业名片（印有企业名称、地址等）

~ del indicador 标示卡，示功图(卡)

~ dinero 现金[提款，自动取款]卡

~ inteligente 智能卡

~ maestra de control 主控制卡片

~ magnética 磁卡

~ navideña 圣诞卡

~ para respuesta 回复明信片；回信卡

~ perforada 穿孔卡片

~ personal 名片

~ roja〈体〉(足球比赛中的)红牌

~ SIM SIM 卡

~ telefónica 电话卡

~ vacía 空白卡

~ verde *Méx.* 绿卡(美国政府发给外国侨民的长期居留证)

tarjetahabiente *m. f.* 信用卡持卡人;持卡人

tarjetero,-ra *adj.*〈体〉常使用红牌、黄牌的(足球裁判) ‖ *m.* 卡片柜[盒]

~ giratorio 转式卡片柜

tarjón *m.*〈建〉牌匾

taro *m. Arg.*〈鸟〉兀鹫

tarpón *m.*〈动〉①大西洋大海鲢;大海鲢;②北梭鱼

tarpuy *m. Arg.*〈鸟〉夜莺

tarragillo *m.*〈植〉白鲜

tarrago *m.*〈植〉草原鼠尾草

tarrañuela *f.*〈乐〉响板

tarrico *m.*〈植〉尖叶猪毛菜

tarro *m.* ①陶[磁,玻璃]罐;*Amér. L.* 罐头;壶,桶;②*Cari.*,*Cono S.*(动物的)角

tarsal *adj.*〈解〉跗骨的;睑板的

tarsalgia *f.*〈医〉跗痛

tarsana *f. Amér. L.*〈植〉肥皂树皮

tarsectomía *f.*〈医〉①跗骨切除术;②睑板切除术

tarsectopia *f.*〈医〉跗骨脱位

tarsero *m.*〈动〉跗[眼镜]猴

tarsitis *f. inv.*〈医〉①跗骨炎;②睑板炎

tarso *m.* ①〈解〉跗骨;踝;②〈解〉睑板;③〈鸟〉跗跖骨;④〈昆〉跗节

tarsoptosis *f. inv.*〈医〉平[扁平]足

tarta *f.* ①蛋糕;果馅饼;糕饼;②〈技〉(用圆的扇形面积表示相对量的)饼分图,圆形分析图

tártago *m.*〈植〉大戟

tartajeo *m.*〈医〉结巴,口吃

tartamudeante *adj.* 说话结巴的;〈医〉口吃的;结舌的

tartamudeo *m.*;**tartamudez** *f.* 结巴,口吃(疾患)

tartamudo,-da *adj.* ①说话结巴的;②〈医〉口吃的;结舌的 ‖ *m. f.* 说话结巴的人;口吃的人

tartán *m.* ①〈纺〉格子呢(尤指苏格兰格子呢);②塔当(用以铺运动场跑道等路面的一种塑胶)

tartana *f.* ①(地中海)单桅三角帆船;②有篷双轮马车

tartancho,-cha *adj. Bol.* 说话结巴的;〈医〉(患)口吃的;结舌的

tartárico,-ca *adj.*〈化〉①(含)酒石的;(含)酒石酸的;②从酒石[酒石酸]中制得的

ácido ~ 酒石酸

tártaro *m.* ①〈化〉酒石;酒石酸氢钾;②〈医〉牙垢[石];③(锅炉内壁上的)水碱[垢];④*Amér. L.*〈植〉麻疯树

~ emético 吐酒石,酒石酸氧锑钾

tartaroso,-sa *adj.*〈化〉酒石的;含酒石的

tartracina *f.*〈化〉酒石黄,柠檬黄

tartrato *m.* ①水垢[锈];②〈化〉酒石酸盐[酯]

~s de las calderas 锅炉水垢

tartrectomía *f.*〈医〉清洗口腔;除去牙垢,洁牙

tártrico,-ca *adj.*〈化〉酒石的

ácido ~ 酒石酸

tartronato *m.*〈化〉丙醇二盐酸

tasa *f.* ①价格;费用;②率,比率;③估价;④评价,估计;⑤规格,标准;尺度

~ al valor añadido 增值税率

~ activa 放款利率

~ adicional 附加税率

~ bancaria 银行利率;银行贴现率

~ convenida 议定费率

~ corriente 现价;现行费[利]率

~ crítica de rentabilidad 最低预期率

~ cruzada 套汇率,套汇价

~ de accidente 事故率

~ de aceptación ①承兑利率;②(工程项目受益人的)接受率

~ de actualización ①折扣率;②贴现率

~ de aduanas 关税

~ de agio 贴水率

~ de ahorro 储蓄率

~ de amortización 折旧率

~ de arancel 关税,海关税率

~ de atrición 损耗率

~ de aumento[crecimiento, desarrollo] 增长率

~ de ausentismo 缺勤率

~ de cambio de apertura/cierre 开/收盘汇率

~ de cambio de sombra 影子汇率

~ de cambio fijo 固定汇率

~ de cambio flotante 浮动汇率

~ de cambio medio 中间汇率

~ de capitalización 资本化率

~ de carga 装载率

~ de comisión 佣金费率

~ de cotización 兑换率

~ de crecimiento prevista 预期增长率

~ de descuento bancario 银行贴现率

~ de desempleo/empleo 失/就业率

~ de desgaste 损耗率

~ de despidos 解雇率

~ de desviación 偏差率

~ de embarque 装载价格

~ de errores 误差率

~ de explotación preferida 最佳开采率

~ de exportación 出口税率

~ de extracción 开采率

~ de fangos 〈工程〉输沙率

~ de fatalidad[mortalidad]/nacimiento [natalidad] 死亡/出生率

~ de fecundidad 生育率

~ de flete 运费率

~ de giro 汇率

~ de instrucción 学费

~ de interés negativa 负利率

~ de inversión 投资率

~ de margen de seguridad 安全界限率

~ de matrimonio[nupcialidad] 结婚率

~ de natalidad de hijos legítimos 婚生率

~ de peaje （道路、桥梁等的）通行费[税]率

~ de pilotaje 领港费率

~ de premio[prima] ①保险费率;②升水率

~ de quejas 投诉率

~ de rendimiento 利润[收益,盈利]率

~ de renovación 更新率

~ de rentabilidad 报酬率,收益率

~ de reporte 期货升水率

~ de reproducción 再生产率

~ de retención 留存率,提留率

~ de sustitución técnica 技术替代率

~ de timbre 印花税率

~ de utilización de capacidad 设备[生产能力]利用率

~ decreciente 递减率

~ establecida[declarada] 法定费率

~ flotante 浮动利率

~ global 毛利率

~ histórica 历史费[利]率

~ interbancaria ofrecida en Londres 伦敦银行同业拆放利率(abr. ingl. LIBOR)

~ interna de rendimiento 内部收益率,内部回报率

~ libre de riesgos 无风险利率

~ límite de rentabilidad aceptable 最低预期资本回收[回报]率

~ media de aumento 平均增长率

~ natural de crecimiento 自然增长率,正常增长率

~ natural de paro 自然失业率

~ neta de reproducción 净再生产率;净繁殖率

~ oficial de cambio 法[官]定汇率

~ preferencial 优惠率;优惠利[税]率

~ uniforme 统一收费率

~s académicas 学费

~s judiciales 向当事人收取的咨询[诉讼]费

tasconio m. 滑石土

tasificación f. ①评定等级;②决定费率;定额,定价

~ de seguros 评定保险等级

tasmanita f. 〈地〉沸黄辉霞岩

tasugo m. 〈动〉獾;美洲獾

tatabara m. Ecuad. 〈动〉野猪

tatú m. Arg., Chil. 〈动〉犰狳

tau f. 〈理〉τ介子

taurina f. 〈化〉氨基乙磺酸,牛黄酸

tauriscita f. 〈矿〉七水铁矾

Tauro m. 〈天〉金牛座

taurocolato m. 〈化〉牛磺胆酸盐[酯]

taurocólico,-ca adj. 〈化〉牛磺胆酸的 ácido ~ 牛磺胆酸

tauromaquia f. 斗牛术

tautocronismo m. 〈数〉等时性

tautócrono,-na adj. 〈数〉等时性的 curva ~a 等时曲线

tautología f. 〈逻〉重言式,套套逻辑

tautológico,-ca adj. 〈逻〉重言式的,套套逻辑的

tautomérico,-ca adj. 〈化〉①互变的;②表现互变现象的

tautomerismo m. 〈化〉互变(异构)现象

tautómero m. 〈化〉互变(异构)体

TAV abr. tren de alta velocidad Esp. 〈交〉高速列车

taxáceo,-cea adj. 〈植〉紫杉科的 ‖ f. ①紫杉科植物;②pl. 紫杉科

taxia f. 〈生〉趋向性

taxidermia f. （动物标本）剥制术

taxidermista m.f. （动物标本）剥制师

taxina f. 〈化〉紫杉碱

taxis f. ①〈生〉趋向性;②〈医〉整复法

taxón m. 〈生〉分类单元

taxonomía f. ①分类学;②〈生〉(动植物)分类系统;生物分类学

taxonomista m.f. 分类学家

tayásido,-da adj. 〈动〉美洲野猪科的 ‖ m. pl. 美洲野猪科

taylorismo m. (美国"科学管理之父")泰勒主义(指通过科学管理和全面质量管理提高

效能）

TB *abr. ingl.* ①terabit 兆兆位(量度信息单位)；②terabyte〈信〉兆兆字节

Tb〈化〉元素铽(terbio)的符号

TC *abr.* ①Tribunal Constitucional 宪法法院；②*abr. ingl.* traveler's cheque 旅行支票

Tc〈化〉元素锝(tecnecio)的符号

TCE *abr.* tarifa común exterior〈商贸〉对外共同关税

TCI *abr.* tarjeta de circuito impreso〈印〉印刷电路板

Tcl *abr. ingl.* tool command language〈信〉工具命令语言

TCP/IP *abr. ingl.* Transmission Control Protocol/Internet Protocol〈信〉传输控制协议/网际协议

TCSEC *abr. ingl.* Trusted Computer System Evaluation Criteria〈信〉可信计算机系统评测标准

TD *abr. ingl.* transmit data〈信〉发送数据

TDM *abr. ingl.* time division multiplexing〈信〉〈讯〉时分复用

TDMA *abr. ingl.* time division multiple access〈信〉时分多址

TDMF *abr.* tono dual por multifrecuencia〈信〉双音多频(*ingl.* DTMF)

TDR *abr.* traducción de direcciones de red〈信〉网络地址翻译(*ingl.* NAT)

TDV *abr.* tabla deslizadora a vela〈体〉风帆冲浪板

Te〈化〉元素碲(telurio)的符号

té *m.* ①〈植〉茶；②茶叶；茶；③〈午后〉茶会；茶话会；④*Méx.*〈机〉丁字形零[物]件
~ baile 茶舞会
~ con función de adelgazamiento 减肥茶
~ con leche 奶茶
~ de los jesuitas(~ del Paraguay) 马黛茶，巴拉圭茶
~ del pozo del dragón（中国)龙井茶
~ jazmín 茉莉花茶
~ negro 红茶
~ perfumado 花茶
~ perla 珠茶
~ verde 绿茶
~ wulong（中国)乌龙茶
ladrillo de ~ 茶砖

teáceo,-cea *adj.*〈植〉山茶科的‖ *f.* ①山茶科植物；②*pl.* 山茶科

teatina *f. Chil.*〈植〉燕麦

teatro *m.* ①戏院，剧场；②戏剧；戏剧作品[文学]；③戏剧艺术；戏剧表演，演技；④（发生重大事件的)场所；⑤*Amér. L.* 电影

~ amateur(~ de aficionados) 业余戏剧表演
~ de calle(~ de la plaza) 街头剧
~ de guerra[operaciones] 战场[区]
~ de marionetas[títeres] 木偶剧
~ de ópera 歌剧院
~ de variedades 杂耍剧场；歌舞杂耍剧场
~ histórico 历史剧
~ infantil 儿童剧
~ mitológico 神话剧
~ moderno 话剧
~ religioso 宗教剧
~ repertorio 保留剧目轮演剧团的专用剧场

tebaína *f.*〈化〉〈药〉蒂巴因；二甲基吗啡

teca *f.* ①〈植〉柚木；②〈动〉〈解〉膜；鞘；囊；③〈植〉孢子囊；孢蒴；囊；室

tecacalote *m. Méx.*〈地〉〈矿〉页[板]岩层

tecali *m.* ①〈矿〉墨西哥石华；②*Méx.* 细纹大理石

techado *m.*〈建〉①房顶[面]；②覆[掩]盖物

technecio；technetio *m.*〈化〉锝

techo *m.* ①屋[房]顶；天花板；②顶盖；车顶；③（价格、工资等的)最高限度；最大限额[度]；④〈航空〉升限(度)，（绝对，使用)升限，（飞行员在无氧气供应情况下的)最大飞行高度
~ a dos aguas 人字[三角]屋顶，双坡屋顶
~ a la francesa 复折屋顶
~ abovedado 拱形顶
~ cilíndrico 筒形拱[穹]顶，半圆形拱顶
~ corredizo[corredor]（汽车顶上可开启的)遮阳篷顶
~ cristal "玻璃天花板"（指视若无形而实际存在的妇女、少数民族裔在职业岗位上升迁的极限)
~ de agua simple 单坡屋顶
~ de artesones 方格天花板
~ de copete[cuatro aguas] 四坡[斜截头]屋顶
~ de doble pendolón 双柱式屋顶
~ de linterlón 灯笼式屋顶
~ de ménsula 悬臂式屋顶
~ de pendolón 单柱架屋顶
~ de precio 最高限价
~ de un avión 飞机最大飞行高度
~ de vuelo normal 实用升限
~ desplazable 开启式屋顶
~ en bóveda 薄壳屋顶
~ en voladizo 飞檐
~ horizontal 平面屋顶
~ práctico 实用升限
~ protector de tablas〈矿〉平巷顶板背板

~ salarial 工资限额

~ solar (汽车顶上可开启的)遮阳篷顶

~ translúcido[vidriado] 玻璃屋顶

techumbre *f.* 〈建〉屋[房]顶;屋顶架构

tecitis *f. inv.* 〈医〉腱鞘炎

teckel *m. al.* 〈动〉达克斯小猎狗

tecla *f.* ①〈印〉〈乐〉(钢琴、打字机等的)键;②〈信〉键,关键码

~ de anulación 取消键

~ de atajo 热键,快捷键

~ de borrado 删除键

~ de cambio 切换键

~ de conmutación 换挡[切换]键

~ de control 控制键

~ de desplazamiento 滚动键

~ de edición 编辑键

~ de función 功能键

~ de iniciación 启动键

~ de retorno 回车键

~ de retroceso 退格[回退]键

~ de saldos 平衡键

~ de tabulación(~ tabuladora) (键盘等上为制表用的)制表[跳格]键

~ del cursor 光标键

~ escape 退出键

~ espaciadora (调节)间隔键

~ inicio 始位[回归]键

~ insertar 插入键

~ intro 输入[进入,回车]键

~ limpiar 清除键

~ mayúsculas 换挡[切换]键

~ modificadora 修饰键

~ operativa 操作键

~ pausa 暂停键

~ programable 用户自定义键

~ programable de función 程序功能键

~ RePág 向上翻页键

~s de control direccional del cursor 光标方向控制键

~s de cursor 光标[移动符号]键

~s de edición 编辑键

~s rápidas 快捷键

teclado *m.* (钢琴、打字机、计算机等的)键盘

~ alfabético 字母键盘

~ alfanumérico 字母数字键盘

~ con motor 电动键盘

~ de caracteres 字符键盘

~ de la consola 控制[操纵]台键盘

~ numeral[numérico] 数字键盘

tecle *m.* 〈海〉单滑轮

tecleado *m.* 打字

tecleo; tecleteo *m.* ①打字;②〈信〉键入;③

按动机键;④〈乐〉按动琴键;击鼓

teclista *m. f.* ①〈信〉电脑打字员;键盘操控者;②〈乐〉键盘乐器演奏者

tecnecio *m.* 〈化〉锝

técnica *f.* ①方法;技巧;②技术学,工艺学;工业技术;③技术[能],工艺;④工程

~ aeronáutica 航空工程

~ civil 土木工程

~ de anticuerpos fluorescentes (测定微生物的)荧光抗体技术

~ de anticuerpo monoclonal 单克隆抗体技术

~ de criba 筛选技术

~ de Farr 法尔技术(测定抗体绝对量的放射免疫技术)

~ de recombinación de DNA DNA 重组技术

~ de reparación meniscal 〈医〉半月板修复术

~ de ventas 销售技巧,推销术

~ del saneamiento 卫生工程

~ electrónica 电子技术

~ ferroviaria 铁道工程

~ semicuantitativa 半定量技术

~s gerenciales 经营管理技术

tecnicidad *f.* 技术[专门]性

tecnicismo *m.* ①技术[专门]性;②专门名称,术语;③繁文缛节,繁琐手续

~ burocrático 官僚(式)繁文缛节

técnico,-ca *adj.* ①技术[能]的;工艺的;②技术[专门]性的 ‖ *m. f.* ①技术员,技师;②专家;③〈体〉教练

~ agrícola 农业技术员,农艺师

~ asesor 顾问技师

~ de electrocardiografía 心电图技师

~ de laboratorio 化验员

~ de mantenimiento 维护工程师

~ de[en] sistemas 系统程序员;系统工程师

~ de sonido 音效技师[技术员]

~ de televisión 电视(维修)工程师;电视修理工

~ electricista 电气技师[技术员];电工技师

~ fiscal 财务专家;税务专家

~ hidráulico 水利专家[工程师]

~ informático 计算机程序设计者

garantizador ~ 技术保证人

inspector ~ 技术检验员

procesos ~s 工艺规程

tecnicolor *m.* 〈电影〉彩色印片法(原为专利商标名)

tecnificación *f.* 配备[引进]现代技术;改善

技术状况

tecno,-na *adj.* 〈乐〉高技术音乐(一种节奏快急、声音沉重而无明显旋律的电子伴舞音乐)的 ‖ *m.* 高技术音乐

tecnocausis *f.* 〈医〉烙术

tecnocracia *f.* ①技术专家政治制,技术专家治国制(指主张按专家学家、工程师的研究成果来管理工业资源并改革财经机构和社会体制);②技术专家政治[治国]论;③(总称)技术专家

tecnócrata *m. f.* ①技术专家政治[治国]论者;②技术专家官员[经理];③技术专家

tecnocrático,-ca *adj.* 技术专家政治[治国]论的

tecnoestructura *f.* 技术结构(美国经济学家 J. K. Gailbraith 的用语)

tecnofobia *f.* 技术恐惧

tecnología *f.* ①技术学,工艺学;工业技术;②(总称)术语,专门用语
   ~ de ahorro de energía 节能技术
   ~ de alimentos 食品工艺学
   ~ de fabricación 生产工艺,制造工艺
   ~ de información 信息技术
   ~ de líneas de ensamble 装配线技术;流水线工艺
   ~ educativa 教育技术
   ~ electrónica 电子技术
   ~ espacial 空间技术
   ~ intensiva 密集型技术
   ~ microelectrónica 微电子技术
   ~ para la imposición 〈信〉推技术
   ~ punta 尖端技术

tecnológico,-ca *adj.* 技术学的,工艺学的

tecnólogo,-ga *m. f.* ①技术专家;②工艺师;工艺学家

tecnopsicología *f.* 〈心〉工艺技术心理学

tecodonte *adj.* ①〈解〉牙槽包牙的;②〈动〉有槽牙的;槽齿类的 ‖ *m.* 〈动〉①槽生齿;②槽齿类动物

tecolote *m. Amér. C., Méx.* 〈鸟〉鸮枭,猫头鹰 ‖ *adj. Amér. C.* 红褐色的

tecorral *m. Méx.* 〈建〉干砌墙;石围墙

tecostegnosis *f. inv.* 〈医〉剑鞘狭窄

tectología *f.* 〈生〉组织形态[构造]学

tectológico,-ca *adj.* 〈生〉组织形态[构造]学的

tectólogo,-ga *m. f.* 〈生〉组织形态[构造]学家

tectónica *f.* ①〈建〉构造学;②〈地〉构造地质学,大地构造学

tectónico,-ca *adj.* ①〈建〉建筑的;构造的;②〈地〉地壳构造的

tectonismo *m.* 〈地〉构造作用

tectorial *adj.* ①〈解〉顶盖的,覆膜的;②屋顶形的
   membrana ~ 〈解〉(内耳)盖膜

tectosilicato *m.* 〈矿〉网硅酸盐

tectriz *f.* 〈动〉覆羽

teflón *m.* 〈化〉特富龙,聚四氟乙烯

tefrita *f.* 〈地〉〈矿〉碱玄岩

tefroíta *f.* 〈矿〉锰橄榄石

tegenaria *f.* 〈昆〉隅蛛

tegmen *m.* ①外皮;覆盖物;盖;②〈昆〉覆翅阳茎基;③〈植〉内种皮

tegmental *adj.* ①〈解〉盖的,被盖的;②〈植〉芽鳞的

tegmento *m.* ①〈解〉(被)盖;大脑脚盖;②〈植〉芽鳞

tegminal *adj.* ①〈昆〉覆翅的;②〈植〉内种皮的

teguillo *m.* 〈建〉细板条

tegumentario,-ria *adj.* ①〈动〉〈植〉皮的,覆[外]皮的;天然壳的;②〈解〉体被的,皮肤的

tegumento *m.* ①〈动〉〈植〉皮,覆[外]皮;天然壳;②〈解〉体被,皮肤

tehuacán *m. Méx.* 矿泉水

teína *f.* 〈化〉茶碱,咖啡因

teinismo *m.* 茶中毒

teja *f.* ①〈建〉瓦;瓦片;②瓦形物;排水瓦管;③炮弹架;④〈印〉轮转机的铅版;⑤〈船〉(桅杆的)接口;⑥〈植〉椴树
   ~ árabe 锥形瓦
   ~ barnizada 琉璃瓦
   ~ cóncava/convexa 凹/凸形瓦
   ~ de asbesto 石棉瓦
   ~ de cumbreta 屋脊瓦
   ~ de drenaje 排水瓦管
   ~ de encaje 槽瓦
   ~ (de) plana 平瓦
   ~ de reborde 边瓦
   ~ esmaltada[vidriada] 琉璃瓦
   ~ flamenca 波形瓦
   ~ superior 凸面瓦
   ~s de pizarra (书写用的)石板
   casa de ~s 瓦房
   horno de ~s 瓦窑

tejadillo *m.* ①车篷;盖子;覆盖物;②〈建〉单坡屋顶;小瓦

tejado *m.* ①屋[房]顶;②〈矿〉露头

tejamaní; tejamanil *m. Amér. L.* 〈建〉木瓦;屋顶板

tejar *tr.* ①给…铺瓦顶,用瓦盖;铺瓦于;②装瓦管于 ‖ *m.* 砖瓦厂

tejaván *m. Amér. L.* 〈建〉①(车,货)棚;棚式建筑物;②棚屋;简陋小屋

tejavana *f.* 〈建〉①(车,货)棚;棚式建筑物;

②单斜屋顶

tejedor,-ra *adj.* 织(造)的;编(结,织)的 ‖
m. f. 编织[制]者;织布[造]工 ‖ *m.* ①
〈昆〉纺织虫;②*Amér. C.*〈鸟〉织布鸟 ‖ **~a**
f. 编织[针织]机,织机
~ de paños 织工
~a mecánica 编织[针织]机

tejedura *f.* ①织,编结[织];②织[编]法;编
织式样

tejeduría *f.* ①织造术,编结[织]术;②纺织
厂;织布车间;编织工场

tejero,-ra *m. f.* 〈建〉砖瓦工人

tejido,-da *adj.* 织成的;编结[织]的 ‖ *m.* ①
织物[品],布;编结[织]品;②织法[工];
(织物的)质地;③〈解〉〈植〉组织;④*Arg.*,
Urug.(围墙用的)金属网
~ adiposo 〈解〉脂肪组织
~ aerífero 〈植〉通气组织
~ almacenador de agua 〈植〉储水组织
~ basto de hilo 本色粗亚麻布
~ cargado 上浆布
~ cartilaginoso 〈解〉软骨组织
~ celular 细胞组织
~ cicatrizal 〈解〉疤痕组织
~ complejo 〈植〉复合组织
~ con hilados teñidos 色织棉布
~ con urdimbre de algodón y trama de
lana peinada 拉塞尔棱纹呢
~ conectivo[conjuntivo,unitivo]〈解〉结
缔组织
~ de alambre *Amér. L.* 金属细网纱
~ de algodón 棉织品,棉布
~ de algodón crudo 原色棉布
~ de fibra blanca 〈解〉白纤维组织
~ de gasa 纱罗构造
~ de granulación 〈解〉肉芽组织
~ de herida 〈解〉创伤组织
~ de lana 毛织品,粗纺毛织品
~ de lino 亚麻布
~ de paja 草编物,草织品
~ de palizada 〈植〉栅栏组织
~ (de) puntos 针织品
~ de rizo 毛圈织物
~ de suelo 〈植〉基本组织
~ de transfusión 〈植〉传输组织
~ de ventilación 〈植〉通气组织
~ de vidrio 玻璃布
~ del hueso lamelar 〈解〉板层骨组织
~ elástico 〈解〉弹性组织
~ embriónico 〈植〉胚性组织
~ epitelial 〈解〉上皮组织
~ eréctil 〈动〉勃起组织

~ esponjoso 〈植〉海绵组织
~ esporogénico 〈植〉造孢组织
~ estampado 印花布
~ fibroso 纤维组织
~ glandular 〈解〉腺组织
~ gonocitario 〈解〉性原细胞组织
~ impermeable 防水油布
~ linfático[linfoideo]〈解〉淋巴组织
~ metálico 金属丝网
~ muscular 〈解〉肌组织
~ nervioso 〈解〉神经组织
~ óseo 〈解〉骨组织
~ primario 〈植〉初生组织
~ protectivo 〈解〉保护组织
~ reticular 〈动〉网状(结缔)组织
~ secretor 〈解〉分泌组织
~ secundario 〈植〉次生组织
~ subepidérmico 〈植〉表皮下组织
~ vascular 〈植〉维管组织
~s blanqueados 漂白棉布
~s de fibras textiles 纺织品,机织品
~s estampados 印花棉布
~s leñosos 〈植〉创伤组织
~s mixtos 混纺布
~s mixtos de algodón 混纺棉布
~s mixtos de poliester-algodón 棉涤混
纺布
~s teñidos 染色棉布

tejo *m.* ①〈植〉紫杉;浆果紫杉(紫杉科常绿
乔木);②〈船〉绞盘座;③(铸制货币用的)
金属坯;(机件的)金属座

tejocote *m. Méx.*〈植〉山楂树

tejón *m.* ①〈动〉獾;*Méx.* 美洲獾;②獾皮;
③〈动〉南美浣熊;④金锭

tejuelo *m.* ①瓦片,陶片;②〈机〉轴承(架,
座);③(贴在书脊上的)书号签;〈印〉(书脊
上的)书名;④〈兽医〉铁甲骨

tel. *abr.* teléfono 见 teléfono

tela *f.* ①织物[品],布;布料;②〈画〉(帆布)
油画;③(液体表面结成的)薄层[膜](状
物);④〈解〉〈生〉(细胞)膜;薄膜;⑤〈植〉
(果实、蔬菜等的)外皮,壳;(坚果去壳后的)
膜被;⑥表演[竞技]场;⑦(蜘蛛等编制的)
网
~ a raya 条格布
~ aceitada 绝缘油布,漆[胶]布
~ adhesiva *Arg.*,*Urug.* 胶布,橡皮膏
~ asfáltica 屋顶油毡,油毡纸
~ cruda 本色(亚麻)布
~ cruzada 斜纹织物
~ de algodón estampado 印花棉布
~ de araña 蜘蛛网
~ de asbestos 石棉布[织品]

~ de calcar（印画写字用的）帛，绢
~ de carpa *Arg.*，*Urug.* 帆布
~ de delantal 杂色格子布
~ de doble trama 斜纹布
~ de encuadernar 书皮布
~ de esmeril（金刚）砂布
~ de fantasía 花哨织物
~ de fibra de banano 芭蕉布
~ de hilo 亚麻布
~ de lana 呢绒［料］，毛料
~ de lino 亚麻布
~ de[para] saco 袋［粗麻］布
~ de tamiz 筛布
~ encauchada 橡胶布
~ encerrada[esmaltada] 漆皮布；防雨布
~ estampada 印花布
~ metálica 金属丝网，细目丝网
~ mosquitera 蚊帐
~ para velas 篷［帆］布
~s blanqueadas 漂白布
~s crudas 坯布
~s plásticas 塑料布
cinta de ~ aceitada 漆［绝缘］布带
en ~ de araña 蛛网形的
papel ~（印画写字用的）帛，绢

telagia *f.* 〈医〉乳头痛
telamón *m.* 〈建〉男像柱
telangiectasia *f.* 〈医〉毛细（血）管扩张
telangiectático,-ca *adj.* 〈医〉毛细血管扩张的
telangioma *m.* 〈医〉毛细血管瘤
telangitis *f.* *inv.* 〈医〉毛细血管炎
telar *m.* ①〈纺〉织布机；② *pl.* 纺织［织布］厂；③〈戏〉（舞台上方的）布景格架
~ a la plana 平纹织机
~ automático 自动织布机
~ circular 圆型织机
~ de cajas 多梭箱织机
~ de cambio automático de lanzaderas 自动换梭织布机
~ de husillos 拉幅织机
~ de mano 手动织机
~ de maquinilla 多臂织机
~ de peine fijo 定筘织机
~ de punto 针织机
~ de tapicería 地毯织机
~ Jacquard 提花织机
~ mecánico 机械(电动)织机
~ sin lanzadera 无梭织布机
telaraña *f.* ①蜘蛛网；②薄［淡］云
telaspio *m.* 〈植〉伞形屈曲花
telautografía *f.* 传真电报学

telautógrafo *m.* 传真电报机
telautograma *m.* 传真电报
telealarma *f.* 警报（系统）
teleamperímetro *m.* 遥测安培表
teleauditorio *m.* 电视观众
teleautografía *f.* 传真电报学
teleautógrafo *m.* 传真电报机
telebaby（*pl.* telebabys）*m.* 缆［索］车
telebanca *f.* 电话银行业务［服务］
telebanco *m.*（分设银行外各处的）自动提款机
telebasura *f.* 垃圾电视节目
telecabina *f.* 缆［索］车
telecámara *f.* 电视摄像机
telecardiografía *f.* 〈医〉远距心电描记法，心电遥测法
telecargar *tr.* 〈信〉下载
telecine *m.* ①电视电影；②电视电影机
telecinematografía *f.* 电视电影，电视电影传送法
telecinematógrafo *m.* 电视电影传送机
telecomando *m.* 遥控
telecomedia *f.* 电视喜剧
telecomposición *f.*（由电脑中心控制的）远距离排版（系统）
telecompra *f.* 网上［远程］购物
telecomunicación *f.* ①电信，长途［远距离］通信；通讯；②电信学
~ móvil celular digital 数字蜂窝移动通信
~ por fibras ópticas 光纤通讯
~ por vía satélite 卫星通信
ingeniería de ~ 通信工程
oficina de ~ 电信局
satélite de ~es 无线电通讯卫星
servicio de ~ 电信业务
sistema de ~ 电信系统
teleconferencia *f.* ①电视电话会议；②电视电话会议系统
telecontrol *m.* ①遥控；远距离控制［操纵］；②遥控器
telecopia *f.* ①通信传真，电话传真；②通信传真信件
telecopiadora *f.* 电传复制机
teledetección *f.* 遥测；遥探
telediario *m.* 电视新闻
teledifusión *f.* 电视广播；电视节目
teledinamia *f.* 遥控动力
teledinámica *f.* 遥控动力学
teledirección *f.* 遥控［导］
teledirigido,-da *adj.* ①遥控［导］的，远距离操纵的；②无线电控制［操纵］的

proyectil ～ 导弹

vehículo ～ 遥控车(辆)

teleemisor,-ra *adj.* 电视发射的 ‖ ～**a** *f.* 电视发射机

telef. *abr.* teléfono 见 teléfono

telefacsímil；telefax *m.* ①通信传真,电话传真；②通信传真信件

teleférico *m.* ①索道；缆索道；缆索[架空]铁道；②(运送滑雪者上坡的)上山吊椅

telefilm；telefilme *m.* 电视(影)片

telefonema *m.* 电话通知；电话信息

telefonía *f.* ①电话学；②电话(指通讯方式)；③电话系统

  ～ celular 蜂窝电话系统

  ～ cifrada 密码电话学

  ～ inalámbrica(～ sin hilos) 无绳[线]电话

telefónico,-ca *adj.* 电话的；用电话传送的

  conmutador ～ 电话交换机

  intercepción ～a 电话窃听

  receptor ～ 听筒,受话器

  relé ～ 电话继电器

  tarifas ～as 电话费价目表

telefonillo *m.* 门铃电话

teléfono *m.* ①电话；②电话机；③电话号码；④*pl.* 电话局；⑤(淋浴器的花洒)喷头

  ～ a gran distancia 长途电话机

  ～ automático 自动电话机

  ～ automático de monedas (自动)投币电话机

  ～ celular 蜂窝电话机；移动电话机

  ～ colgante 挂式电话机

  ～ comercial 商用电话

  ～ con marcado por tonos 〈信〉按键式电话机

  ～ de cabeza 头戴式电话机

  ～ de la esperanza "撒马利亚(慈善咨询中心)"式电话

  ～ de[para] mesa 桌上[台式]电话机

  ～ de onda portadora 载波电话

  ～ de pago previo 投币电话机

  ～ de pared(～ mural) 墙上电话机

  ～ de servicio interior 内线电话

  ～ de tarjeta 磁卡电话

  ～ de teclas 按键式电话机

  ～ de uso especial 专用电话

  ～ digital 数字电话机

  ～ directo internacional 国际直拨电话

  ～ electrónico 电子电话

  ～ erótico 色情(电话)线

  ～ gratuito 免费电话

  ～ inalámbrico(～ sin hilos) 无绳[线]电

话

  ～ inteligente 智能手机

  ～ interno de oficina 公务电话机

  ～ interurbano 长途电话

  ～ móvil[portátil] 移动电话机,手机

  ～ móvil de coche 车载电话

  ～ particular 住宅电话号码

  ～ por corrientes portadoras 载波电话

  ～ público 公共电话

  ～ rojo "热线"(指供政府首脑在发生紧急情况时互相即时联系的直通电话)

  ～ visual 可视电话

  extensión de ～ 电话分机

  guía de ～ 电话号码簿

teléfono-fax-copiadora *f.* 电话传真复印一体机

telefonógrafo *m.* 电话录音机

telefonometría *f.* 电话测量术,电话通话时计法

telefonómetro *m.* (电话)通话计时器

telefoto *f.* ①传真照片；②远摄照片

telefotografía *f.* ①传真照片；②远摄照片；③传真术；远距摄影术

telefotográfico,-ca *adj.* ①(电报,照片)传真的；②远摄的,远距照相的；③摄远镜头的

telefotometría *f.* 光度遥测术

telefotómetro *m.* 远距光度计,遥测光度表

telegenia *f.* 适合拍电视的资质,适宜上电视镜头的素质

telegénico,-ca *adj.* 适于拍电视的,适于上电视镜头的

telegestión *f.* 远程管理

telegonía *f.* 〈生〉前父影响,先父遗传(关于动物遗传的一种假象)

telegrafía *f.* ①电报学[术]；电报(业务,系统,通讯)；②电报机装置术

  ～ alámbrica 有线电报术；有线电报业务

  ～ alfabética 字母电报

  ～ duplex simultánea 双工电报术

  ～ facsimil 传真电报术

  ～ inalámbrica(～ sin hilos) 无线电报术；无线电报业务

  ～ infraacústica 亚音频电报

  ～ por corriente vocal 音频电报

  ～ registrada 电传打字电报

  ～ submarina 海底(电缆)电报术

  ～ supraacústica 超音频电报

telegráfico,-ca *adj.* ①电报的；电报发送的；②电报技术的；③简短的,电报文体的

  código ～ 电码

  despacho ～ 电报局

  giro ～ 电报汇单

telegrafista *m. f.* 报务员,电报员

telégrafo *m.* ①电报机;②电报(指通讯方式);③(一份)电报;④〈船〉〈海〉(驾驶台与机舱之间的)车[传令]钟

~ cuádruple[cuádruplex] 四工电报机;四路多工电报机

~ de aguja indicada 针式电报机

~ de campaña 野战电报机,野战轻便电信机

~ de cuadrante 自动电报机

~ de Hughes 休斯电报机

~ de máquinas 机舱车钟

~ doble[duplex] 双工电报机

~ impresor 印字电报机

~ inalámbrica(~ sin hilos) 无线电报机

~ Morse 莫尔斯电报机

~ submarina 海底(电缆)电报

telegrama *m.* 电报

~ al extranjero 国外电报

~ al interior 国内电报

~ alfabético 字母电报

~ cifrado 密码电报

~ de escala 中转电报

~ de escala con retransmisión automática 自动中转电报

~ de escala con retransmisión manual 人工中转电报

~ de respuesta 复电

~ en cifra[clave] 密码电报

~ en claro 明码电报

~ facsímil 传真电报

~ ha de seguir 随后电告

~ postal 邮递电报

~ sin escala 直达电报

teleguiado,-da *adj.* 遥控[导]的,远距离控制的

teleimpresor *m.*; teleimpresora *f.* 电传打字机

teleindicación *f.* ①电视监视;②远距离指示

teleindicador *m.* ①电视监视器;②远距离指示器

teleinformática *f.* 〈信〉(信息的)远距离传送(学)

teleinformático,-ca *adj.* 〈信〉远距离传送(信息)的

teleinterruptor *m.* 遥控开关

telemandado,-da *adj.* 遥控[导]的,远距离控制[操纵]的

telemando *m.* ①遥控;远距离控制[操纵];②遥控器

telemanía *f.* 电视癖,对电视过分爱好

telemarketing; telemárketing *m.* 电话销售[推销]

telemática *f.* 〈信〉(信息的)远距离传送(学);计算机通信

telemático,-ca *adj.* 〈信〉远距离传送(信息)的

telemecánica *f.* 遥控力[机械]学,远距离操纵学

telemedicina *f.* (远程)电视医学(通过电视网络即时向广大地区提供医疗意见和信息并进行诊断的系统)

telemedida *f.* ①遥测技术;测距法[术];②生物遥测术;③遥测数据;④遥测装置

telemedir *tr.* (用遥测器)遥测并传送(数据)

telemeteorógrafo *m.* 〈气〉遥测气象计

telemetría *f.* ①遥测技术;测距法[术];②生物遥测术

telemétrico,-ca *adj.* 遥测的,远距离测量的

telémetro *m.* ①遥测计[器,仪];②(枪、炮、照相机等的)测距仪;③测远器

~ de coincidencia 叠像测距仪

~ electrónico 电子测距仪

~ estereoscópico 体视(镜)测距仪

~ láser 激光测距仪

~ para medir la altura de las nubes 测云高度仪

telemotor *m.* 〈机〉①遥控发[电]动机,遥控马达;②遥控传动装置

telencéfalo *m.* ①〈解〉端[终]脑;②〈生〉(胚胎)前脑胞

teleneurita *f.* 〈解〉终轴突

teleneurona *f.* 〈解〉神经末端[梢]

telenoticias *f. pl.* 电视新闻

telenovela *f.* 电视连续剧;(浪漫电视)肥皂剧

teleobjetivo *m.* 远距离照相镜头,摄远镜头

teleólogo *m.* 远距离传声器

teleoperador,-ra *m. f.* 电话销售接线员 ‖ *m.* 远距离操纵器[装置];遥控机器人

teleósteo,-tea *adj.* 〈动〉硬骨鱼的 ‖ *m.* ①硬骨类鱼;②*pl.* 硬骨鱼类

teleostoma *m.* 〈动〉硬骨鱼

telepate *m. Amér. C.* 〈昆〉床虱;臭虫科昆虫

telepedido *m.* 电脑[网络]订购[货]

teleperiodismo *m.* 电视新闻业

teleplatea *m. Amér. L.* 电视观众

teleprocesamiento; teleproceso *m.* 〈信〉远程处理

teleproducto *m.* 电视销售产品

teleproyectil *m.* 导[飞]弹

telequinesia *f.* 心灵致动(心灵学用语),心灵遥感

teleran *m. ingl.* 电视雷达导航(系统)

telergia *f.* (传心术的)心灵感通作用(心灵学用语)

telerradar m. 电视雷达

telerradiación f. 远距离辐射

telerradiografía f. 〈医〉远距 X 线照相术;远距放射造影术

telerradioterapia f. 〈医〉远距 X 线放射疗法

telerregulación f. 远距离调节[整]

telerruptor m. 遥控开关

telerruta f. 〈交〉道路交通信息服务(部门)

telescópico,-ca adj. ①望远镜的;②用望远镜(才能)看到的;③可伸缩的,套管式的
observación ～a 望远镜观察
planeta ～a 用望远镜才能看到的星体[球]

telescopio m. ①望远镜;②〈天〉射电望远镜;③[T-]〈天〉望远(星)座
～ astronómico 天文望远镜
～ binocular 双筒望远镜
～ catadióptrico 反射折射望远镜
～ electrónico 电子望远镜
～ espacial Hubble 哈勃太空望远镜
～ reflector superpotente 超级反射望远镜

teleseñalización f. 遥测[远距离]信号(设备)

teleserie f. 电视连续剧

telesilla m. o f. ①(运送滑雪者上坡的)上山吊椅;②(运送滑雪者上、下山的)升降椅

telespectador,-ra m.f. 电视观众

telespectroscopio m. 〈理〉远测分光镜

telesquí m. (运送滑雪者上坡的)上山吊椅

telestereoscopio m. ①〈光〉光学测距仪;②双筒立体望远镜

teleta f. 吸墨纸

teletaquilla f. (有线电视网络的)按次付费电视

teletaxi m. 装有无线电通讯设备的出租汽车

teleteatro m. (由电视台转播的)电视戏剧

teleteca f. 电视资料馆

teleterapia f. 〈医〉远距放射疗法

teletermógrafo m. ①遥测温度计记录;②遥[远]测温度计

teletermómetro m. 遥[远]测温度计

teletex; teletexto m. 电视文字广播

teletienda f. 电视销售;家居购物

teletipiadora f. 电传机

teletipista m.f. 电传打字电报员;电传打字员

teletipo m. ①电传打字机[设备];②电传打字电报;③电传打字通信

teletrabajador,-ra m. (通过电脑网络实现的)远程[远距离]工作者;远程上班者

teletrabajo m. (通过电脑网络实现的)远程[远距离]工作;远程上班

teletratamiento m. 〈信〉远程处理

teletubo m. 〈电子〉阴极射线管;电视(显像)管

teleutospora f. 〈植〉冬孢子(锈菌的越冬孢子)

televendedor,-ra m.f. 电话销售[售货]员

televenta f.; televentas f. pl. 电话销售[售货]

televidente m.f. 电视观众

televisado,-da adj. 电视播送的

televisar tr. 用电视播放[送];用电视放映

televisión f. ①电视;②电视机;③电视学[术];④电视广播事业;电视行业
～ comercial 商业电视
～ de alta definición 高清电视
～ de[en] circuito cerrado 闭路电视
～ de pago previo 投币电视
～ en colores 彩色电视
～ en sala 剧院电视
～ estereoscópica 立体电视
～ matinal 早间电视(节目)
～ pagada 收费电视
～ para aviones-relés 飞机转播电视
～ por cable 有线电视
～ por satélite 卫星电视
emisor de ～ 电视发射机
señales de ～ 电视信号
tubo amplificador de ～ 电视显像管

televisivo,-va adj. ①电视的;②适于上电视镜头的;(人、节目等)适于拍电视的

televisor m. 电视机
～ a[en] color 彩色电视机
～ a transistor 晶体管电视机
～ blanco y negro 黑白电视机
～ de pantalla grande 大屏幕电视机
～ en blanco y negro 黑白电视机

televisual adj. ①电视的;②(人、节目等)适于拍摄电视的;适于上电视镜头的

télex m. ①用户直通电报,用户电传(打字)电报;②直通[电传]电报;③(用于用户直通电报的)电传打字机

telilla f. ①〈纺〉薄布;薄毛料;②(液体面上的)薄膜[皮]

telina f. 〈动〉樱蛤

teliospora f. 〈植〉(锈菌)冬孢子

telitis f.inv. 〈医〉乳头炎

telitocia f. 〈生〉产雌单性生殖

tellina f. 〈动〉樱蛤

telnet m. 〈信〉①远程登录软件;②远程登录服务

telodendrión m. 〈解〉终树突

telofase f. 〈生〉(细胞有丝分裂的)末[终]期

telógeno m. 〈生〉(毛发生长的)终期

telolecito,-ta adj. 〈动〉端卵黄的

telomerasa *f.*〈生化〉端粒(末端转移)酶

telómero *m.*〈生〉端粒(在染色体端位上的着丝点)

telón *m.* 舞台幕布,帷幕
~ de acero 铁幕(西方政界及报刊用语)
~ de boca (剧场的)大[台口]幕
~ de fondo[foro]〈戏〉背景幕
~ de seguridad〈戏〉(剧场的)防火[安全]幕
~ metálico〈戏〉(剧场的)防火幕

telonero,-ra *adj.* ①〈乐〉乐队伴奏的;②〈戏〉配角演员开场的‖ *m. f.* ①〈乐〉乐队伴奏者;②〈戏〉配角;开场演员

telotaxia *f.*〈生〉趋激性,趋触性

telson *m.*〈动〉(节肢或甲壳动物的)尾节

telstar *m.* 通信卫星(系统)

telúrico,-ca *adj.* ①地球的;源出于地球的;②(电流)大地的;③〈化〉(含)碲的;(含)六价碲的
ácido ~ 碲酸
corriente ~a 大地电流
movimiento[temblor] ~ 地震

telurio; teluro *m.*〈化〉碲

telurita *f.*〈矿〉黄碲矿

telurito *m.*〈化〉亚碲酸盐

telurómetro *m.* 微波测距仪;精密测地仪

teluroso,-sa *adj.*〈化〉(含)亚碲
ácido ~ 亚碲酸

telururo *m.*〈化〉碲化物
~ de plomo 碲铅矿

tema *m.* ①题目;(文章、乐曲等的)题材,主题;②〈乐〉主题;主旋律;乐曲;③〈教〉(课程覆盖的)学习单元;(考试)题目
~ de conversación 话[论]题
~s de actualidad 时事

temario *m.* ①(会议等的)议程,议事日程;②(工作)计划;③课程大纲;(讲话等的)提纲;(演讲等的)话题;题目;④*Esp.*(公务员含教师资格考试的)一套题目

temática *f.* ①(电影等的)题材;②(文章等的)题目;问题;③主题

temático,-ca *adj.* ①主[专]题的;题目的;②提纲的;③〈乐〉主旋律的;主题的
música ~a 主题音乐
parque ~ 主题公[乐]园

tembladera *f.* ①颤[发]抖,哆嗦,震颤,剧烈颤抖;②〈动〉电鳐;③〈植〉大凌风草;④*Amér. L.*〈地〉沼泽地;颤[跳动]沼;⑤*Arg.*〈兽医〉(安第斯山区牲畜的)颤抖病

tembladeral *m. Cono S.*, *Méx.*〈地〉沼泽地;颤[跳动]沼

tembladero *m.*〈地〉沼泽地;颤[跳动]沼

temblador *m.* 紧线器

tembleque *m.* ①震颤;剧烈颤抖;②〈信〉图像跳[晃]动

temblón *m.* ①〈植〉(欧洲)山杨;②〈动〉电鳐

temblor *m.*〈地〉地震
~ de tierra 地震

temezcuitate *m. Méx.* 催化剂

teminismo *m.*〈生化〉泰明理论(指某种产生癌症的病毒遗传物质为 RNA 核糖核酸,该病毒含有泰明式酶,以病毒的 RNA 做模本形成 DNA)

témpano *m.* ①浮冰(块),冰盘;②〈乐〉小[铜,定音]鼓;③鼓面;④〈建〉(拱圈和拉梁间的)弧形部分;(山墙饰内的)三角面部分
~ de hielo 浮冰(块),冰盘

témpera *f.*〈画〉①丹配拉画法,蛋彩画法(用蛋清代油调和的鸡蛋水胶颜料画法);②蛋彩画;丹配拉画;③蛋彩[丹配拉]颜料

temperable *adj.* ①可缓[调]和的;可缓解的;可减轻的;②可节制的

temperado,-da *adj.* ①*Amér. L.*〈冶〉淬火,淬硬;硬化;②〈乐〉调和音的

temperamento *m.* ①气质;性情[格],禀赋;②〈乐〉调律;③*Amér. L.* 温度;气温;④*Amér. L.*〈医〉热度

temperante *adj. Amér. L.* 绝对戒酒的;主张绝对戒酒的‖ *m. f.* 绝对戒酒(主义)者

temperatura *f.* ①温度;②气温;③体温;④〈医〉热度,发烧
~ absoluta/relativa 绝/相对温度
~ ambiente 环境温度;室温
~ constante 恒温
~ crítica 临界温度
~ de caldeo 着[引]火点(温度)
~ de color 色[色测]温度
~ de desprendimiento (闪)燃点,起爆温度
~ de ebullición 沸点(温度)
~ de fusión 熔点,熔化温度
~ de hielo 冰点(温度)
~ de inflamabilidad 着[引]火点(温度)
~ de inflamación 燃[发火,着火]点(温度)
~ de inflamación espontánea 自发着火点(温度)
~ de rocío 露点温度
~ de sublimación 升华温度
~ del encendido 发[着]火点(温度)
~ detonadora 起[引]爆点(温度)
~ efectiva 实效温度
~ exterior 外部[表面]温度
~ máxima/mínima 最高/低温度
~ normal 标准[正常]温度

~ saturada 饱和温度

~ termodinámica 热力学温度

aumento/descenso de ~ 温度升高/降低

coefieiente de ~〈理〉温度系数

conductibilidad de ~ 导温率

efecto de ~ 温度效应

ensayo a ~ elevada 火[干]试,着火性试验

temperie *f.* 气候,天气(条件)

tempestad *f.* ①风暴;暴风雪[雨];②〈气〉狂风(指 11 级风)

~ de arena 沙暴

~ de nieve 暴风雪

~ de polvo (干燥地区的)尘暴,沙暴

tempestividad *f.* 及[适]时(性)

templa *f.* ①〈解〉太阳穴,鬓角,颞颥;②(调颜料的)胶水;③*C. Rica*, *Hond.*〈植〉山榄

templabilidad *f.*〈技〉〈冶〉①可淬(硬)性;淬透性;②淬[回]火性

templable *adj.*〈技〉〈冶〉①可淬(硬)的;②可淬[回]火的

acero ~ 淬火[淬硬]钢,回火钢

acero poco ~ 浅淬硬钢,低淬透性钢

templadera *f.* 洗矿槽

templadero *m.* (玻璃制品的)回火场所

templado,-da *adj.* ①(液体、食物等)不冷不热的,温热的,微温的;②〈地〉〈气〉温带[和]的;③〈乐〉优美动听的;④〈冶〉淬[回]过火的;⑤*Méx.*〈生理〉勃起的‖*m.*〈冶〉淬火,淬硬;硬化

~ en paquete 表面(渗碳)硬化,表面淬火

aceite ~ 回火油

acero ~ 淬火[淬硬]钢,回火钢

plomo ~ 冷硬丸粒

vidrio ~ 淬火玻璃

zona ~a 温带

templador *m.*〈乐〉调音锤[器]

templanza *f.* ①〈气〉温和,温暖;②节[克]制;适度[中];③〈画〉(颜色的)融合,调合

temple *m.* ①〈技〉〈冶〉回[淬]火;硬化;②(钢等回[淬]火后的)硬度;③〈乐〉调[定]音;(乐器的)协调,和谐;④〈画〉胶画颜料,蛋彩[丹配拉]颜料;蛋彩[丹配拉]画(法);⑤〈气〉天气,气候;温度,气温;⑥*Amér. L.*〈植〉甘薯

~ al aceite 油淬(硬化)

~ al agua 水淬(硬化)

~ al aire 气硬,自动硬化

~ al soplete 火焰淬火

~ bainítico 等温淬火;奥氏体回火

~ bainítico inferior 马氏体等温淬火,分级淬[回]火

~ blando 软化回火

~ congelado 冷淬

~ en caliente 热浸

~ en paquete 表面淬火,表面(渗碳)硬化

~ interrumpido 分级淬火

~ isotermo 等温淬火

~ parcial 局部淬火,差致硬化

~ por inducción 感应淬火

~ profundo 淬透,全硬化

~ secundario 回火硬化

~ selectivo 局部淬火,选择[局部]硬化

~ superficial 表面淬火[硬化]

al ~ 胶面法

grieta de ~ 淬致裂痕

pintura al ~ ①胶画;②蛋彩[丹配拉]画

templén *m.*〈纺〉边撑,伸幅器

templista *m. f.*〈画〉胶[丹配拉]画家

tempo *m.* ①〈乐〉速度;②节奏;进行速度

tempoespacial *adj.* 时间空间的,时空的

tempolábil *adj.* 瞬(时即)变的

temporada *f.* ①季(节),时节;②(一段)时间;时[节]期

~ alta/baja (旅游)旺/淡季

~ de animación/calma 销售旺/淡季

~ de caza 狩猎(开放)季节

~ de esquí 滑雪季节

~ de fútbol 足球季节

~ de lluvia/sequía 雨/旱季

~ turística 旅游季节

temporal *adj.* ①时间的;②临[暂]时的;一时的;③〈解〉颞的;④(农业、旅游业)季节性的‖*m.* 风暴,暴风雨[雪];②雨季;③〈解〉颞骨

~ de agua[lluvia]〈气〉①雨暴;②多雨天气,雨季

~ de nieve〈气〉①雪暴,暴风雪;②多雪天气

hueso ~ 颞骨

memoria ~〈信〉①暂存器;②暂时存储

variación ~ 临时变化

temporalidad *f.* 时间性;暂存性;短暂性

temporejar *intr.*〈海〉顶风停泊

temporizador,-ra *adj.* 定[计]时器的‖*m.* ①定时器;延时器;②〈信〉计时器

mecanismo ~ 定时器[装置]

relé ~ 延时继电器

temporoauricular *adj.*〈解〉颞耳的

temporofacial *adj.*〈解〉颞面的

temporofrontal *adj.*〈解〉①颞额的;②颞额束的

temporohiodeo,-dea *adj.*〈解〉颞舌骨的

temporomandibular *adj.*〈解〉颞下颌的

temporomaxilar *adj.*〈解〉颞上颌的

tenacidad *f.* ①牢固性,坚韧性;韧度;②(疼痛等的)持续性;顽固性;耐久性;顽强;③(物质的)固着性,黏性;粘着;回弹能力

tenacillas *f. pl.* ①夹箝;镊子;②烫[卷]钳;③〈医〉(医用)镊[钳]子;④烛花剪(刀)

tenáculo *m.* 〈医〉(外科手术用的)持钩

tenalgia *f.* 〈医〉腱痛

tenallón *m.* 〈军〉钳[凹角]堡

tenar *m.* 〈动〉鱼际

tenaza *f.* (常用 *pl.*)①钳子;②〈技〉夹具[钳];火钳;③〈医〉(医用)镊[钳]子;④〈动〉螯
~s biseladas(~s de bisel) 斜口钳
~s de boca curva 弯头钳
~s de curvar 钢丝钳
~s de forja 夹钳
~s de herrero 铁匠钳
~s para armadura 钢筋钳
~s para soldar 焊钳
~s para tubo 管钳

tenca *f.* 〈动〉丁鲷(一种鱼)

tencel *m.* 〈纺〉天丝棉(一种用木浆造的人造纤维)

tencho *m. Hond.* 〈动〉猪

tendel *m.* 〈建〉①(泥工用的)水平拉线;②灰浆层

tendencia *f.* ①趋势[向];②(性质或性格上的)倾向;(政治、艺术等的)倾向;(作品等的倾[意]向
~ a la baja(~ bajista) 下跌趋势
~ al alza(~ alcista) 上涨趋势
~ del mercado 市场趋势
~ económica 经济趋势
~ inflacionista 通货膨胀趋势
~ política 政治倾向
~ social 社会倾向;社会趋向

tendenciosidad *f.* 倾向性

tendencioso,-sa *adj.* 有倾向性的;有偏见的
informe ~ 有倾向性的报告

ténder *m.* 〈交〉(挂在火车机车后面的)煤水车

tendinitis *f. inv.* 〈医〉腱炎
~ patelar 髌骨腱炎

tendinoso,-sa *adj.* ①多肌腱的;似肌腱的;②有粗腱的,多筋的

tendinosutura *f.* 〈医〉腱缝术

tendón *m.* ①〈解〉腱;②腱子肉;③*Col.* 地块
~ de Aquiles(~ del calcáneo) 跟腱

tendonitis *f. inv.* 〈医〉腱炎

tendoplastia *f.* 〈医〉腱成形术

tendotomía *f.* 〈医〉腱切断术

tendovaginitis *f. inv.* 〈医〉腱鞘炎

Tenebrario *m.* 〈天〉毕星团

tenebrismo *m.* 〈画〉暗色调主义

tenebrista *adj.* 〈画〉暗色调主义的;暗色调画家的 ‖ *m. f.* 暗色调画家

tenedor,-ra *m. f.* 持[拥,所]有者 ‖ *m.* ①叉子(餐具);②(表示餐馆等级的)叉子标志
~ de acciones 股票持有人,股东
~ de bonos 债券持有人
~ de cupón 息票持有人
~ de libros 记账[簿记]员
~ de obligaciones 债券持有人
~ de patente ①专利权持有人;②许可证持有人,执照持有人
~ de póliza 投保人,保险客户
~ de títulos[valores] 证券持有人
restaurante de cinco ~es 五星级饭店

tenencia *f.* ①(房屋、财产等的)拥[享,占,持]有;②(职位等的)占有(权),任期;③〈军〉(陆军)中尉(军衔,职位)
~ asegurada 终身制
~ de divisa en dólares 美元外汇储备
~ de valores 持有证券
~ en común 共同拥[享]有
~s en oro 黄金储备
~s netas 拥有的净资[财]产

teneraje *m. Amér. L.* 〈解〉腓肠(俗称腿肚)

tenescle *m. Amér. L.* 〈建〉石灰(石)

tenésmico,-ca *adj.* 〈医〉里急后重的;下坠的

tenesmo *m.* 〈医〉里急后重

tenexte *m. Méx.* 〈矿〉石灰石

tenia *f.* ①〈建〉束带饰;带形花边;②〈动〉绦虫(肠寄生虫)

teniacida *adj.* 杀绦虫的 ‖ *f.* 杀绦虫剂

teniado,-da *adj.* ①(似,像)绦虫的;绦虫样的;②〈动〉带(绦虫)属的

teniasis *f. inv.* 〈医〉绦虫病

tenífugo,-ga *adj.* 驱绦虫的 ‖ *m.* 驱绦虫药

tenis *m.* ①〈体〉网球运动;②网球场;③网球鞋
~ de mesa 乒乓球运动

tenismesista *m. f.* 〈体〉乒乓球运动员

tenista *m. f.* 网球运动员

tenístico,-ca *adj.* ①网球的;②〈体〉网球运动的

tenodesis *f. inv.* 〈医〉肌腱固定术

tenodinia *f.* 〈医〉腱痛

tenofrillas *f. pl.* 张力原纤维

tenonectomía *f.* 〈医〉腱切除术

tenonitis *f. inv.* 〈医〉(眼科的)特农囊炎

tenoplastia *f.* 〈医〉腱成形术

tenor *m.* 〈乐〉①次中音部;次中音(乐器);②男高音(歌手)

tenora *f.* 〈乐〉次中音管

tenorita *f.* 〈矿〉黑铜矿

tenorrafia *f.* 〈医〉腱缝术

tenosinovitis *f. inv.* 〈医〉腱鞘炎

tenositis *f. inv.* 〈医〉腱炎

tenostosis *f.* 〈医〉腱骨化

tenotomía *f.* 〈医〉①腱切断术；②肌腱切断术

tensímetro *m.* （蒸汽）张力计

tensiometría *f.* 〈理〉张力测量法［术］，张力测量学

tensiométrico,-ca *adj.* 〈理〉①张力测量法［术］的,张力测量学的；②张［拉］力计的,伸长［延伸］计的；③（液体）表面张力计的

tensiómetro *m.* ①（纤维,金属丝等的）张［拉］力计,伸长［延伸］计；②（液体）表面张力计；（表面张力）滴重计；③（两种液体的）蒸气压比较计

tensión *f.* ①拉［绷］紧(绳、缆等)；拉［绷］紧状态［程度］；②（肌肉、神经等的）紧张；不松弛；③〈医〉血压；④〈电〉电压；⑤〈理〉张力；（气体等的）压力
～ aceleradora 加速电压
～ adicional 辅助［升高］电压
～ antagonista 反作用电压
～ aplicada 外加电压
～ arterial 血压
～ de caldeo (灯丝)熔接电压
～ de carga 充电电压
～ de cebado 点火电压
～ de chispeo 跳火电压
～ de colada 浇铸力
～ de correa 皮带张力
～ de cresta[punta]峰值电压
～ de entrada 输入电压
～ de excitación 励磁电压
～ de fase 相电压
～ de filamento 灯丝电压
～ de flexión 挠曲力
～ de formación 形［化］成电压
～ de inducción 感应电压
～ de línea 线路张力
～ de placa 板极电压
～ de plegado 弯曲力
～ de red 电网电压；干线电压
～ de regulación 调节电压
～ de rejilla 栅（极电）压
～ de rotura 破裂［抗断］（应）力
～ de salida 输出电压
～ de saturación 饱和电压
～ de vapor 蒸气压力
～ del inducido 电枢电压
～ directa 直流电压
～ disruptiva 击穿电压

～ eficaz 有效电压
～ eléctrica 电压
～ elevada 高压
～ elevadísima 超高压
～ en circuito cerrado 闭(合电)路电压
～ en vacío 空载电压
～ entre fases (星形)接线相电压
～ equilibrada 平衡电压
～ estrellada 星形电压
～ final 终电压
～ interfacial 面际张力
～ inversa 反电压
～ límite 击穿电压
～ máxima/mínima 最高/低电压
～ media 平均电压
～ nerviosa 神经紧张
～ nominal 额定电压
～ nula 零电压
～ periférica ①圆周［环向］(应)力；②环向电压
～ premenstrual 〈医〉经前期紧张
～ primaria 原［初级］电压
～ pulsatoria 脉动电压
～ residual 残余力
～ secundaria 次级电压
～ sofométrica 估量噪声电压
～ superficial 表面张力
～ total 总电压
～ útil 有效电压
cebado a alta/baja ～ 高/低压点火
cebado a baja ～ y alta frecuencia 低压高频点火
nodo de ～ 电压波节

tensor,-ra *adj.* ①〈理〉拉［张］力的；抗张的；②可拉长［伸展］的 ‖ *m.* ①（支帐篷、架设天线等的）拉［牵,支］索；支撑［杆,柱］；②绷［拉］紧器；张紧装置；③（男衬衫的）领撑；④〈体〉扩胸器；⑤〈解〉张肌；⑥〈数〉张量
～ de cable 拉线机,钢丝拉伸机
～ de correa 紧带［拉紧］轮,紧带器
～ de hilo aéreo 紧［伸］线器

tensorial *adj.* ①〈解〉张肌的；②〈数〉张量的
fuerza ～ 〈理〉张力量

tentaculado,-da *adj.* 〈动〉具触角［器,手,须］的；②〈植〉具触毛的

tentacular *adj.* ①〈动〉触角［器,手,须］的；②〈植〉触毛的

tentaculiforme *adj.* 触手状的

tentáculo *m.* ①〈动〉触角［器,手,须］；②〈植〉（食虫植物的）触毛

tentatura *f.* （银矿石的）水银试验

tentativa *f.* ①企［试］图,尝试；②〈法〉未遂罪；未遂(行为)

~ de asesinato 杀人未遂

~ de robo 抢劫未遂

~ de suicidio 自杀企图;自杀未遂

tenuirrostro,-tra *adj.* 〈鸟〉细嘴类的 ‖ *m.* ①细嘴鸟;②*pl.* 细嘴类

tenuta *f.* 〈法〉(财产的)临时享用权

tenvergüenza *f. Méx.* 〈植〉含羞草

teñible *adj.* 可染色的

teñido *m.* 染[着]色

teñidor,-ra *adj.* 染色的 ‖ *m.* 染色 ‖ *m. f.* *Amér. L.* 洗染工

teñidura *f.* 染[着]色

teobroma *m.* 〈植〉可可

teobromina *f.* 〈化〉可可碱

teobromosa *f.* 〈化〉可可碱锂

teocinte; teosinte *m.* 〈植〉墨西哥类蜀黍

teodolito *m.* 〈测〉经纬仪

teofilina *f.* 〈化〉茶碱(用作利尿药、心脏兴奋药、平滑肌松弛药)

teofobia *f.* 〈心〉恐神症

teorema *m.* ①〈数〉定理;②(一般的)原理;理论

~ binomial 二项式定理

~ central del límite 中心极限定理

~ de adición 加法定理

~ de Arquímedes 阿基米德定理

~ de Bayes 贝氏定理

~ de Cauchy 柯西定理

~ de codificación de canal 通道编码定理

~ de Euclides 欧几里得定理

~ de existencia 存在性定理

~ de Fourier 傅立叶定理

~ de Gauss 高斯定理

~ de la bisectriz exterior/interior 外/内角平分线定理

~ de la telaraña 蛛网原理

~ de Lagrange 拉格朗日定理

~ de Pascal 帕斯卡定理

~ de Pitágoras 毕达哥拉斯定理,勾股定理

~ de sustitución de Samuelson 塞缪尔森替代原理

~ del coseno 余弦定理

~ del punto fijo 不动点定理

~ fundamental de la aritmética 算数基本定理

~ fundamental del álgebra 代数基本定理

~ fundamental del cálculo 微积分基本定理

~ geométrico 几何定理

teorético,-ca *adj.* ①理论的;纯理论的;②〈数〉定理的 ‖ *m. f.* 理论家

teoría *f.* ①理论;原[学]理;②学[论]说;论,说;③〈数〉论,理论

~ atómica 原子论[学说]

~ cecular 细胞学说

~ cognoscitiva 认识论

~ cuántica 〈理〉量子论

~ de blanco 靶理论

~ de campos 场论

~ de colas 〈数〉〈信〉排队论(主要研究具有随机性的拥挤现象)

~ de conjuntos 〈数〉集合论

~ de Darwin 达尔文学说

~ de (la) decisión 〈统〉决策论

~ de la capitalización 资本化理论

~ de la depauperación 贫困化论,赤贫论

~ de la distribución de Kaldor 卡尔多分配理论

~ de la evolución 进化论

~ de la flexibilidad (供需)弹性理论

~ de la inflación estructural 结构性通货膨胀理论

~ de la información 〈数〉〈讯〉信息论

~ de la liquidez 流动性理论

~ de la protección 贸易保护论

~ de la relatividad 〈理〉相对论

~ de la renta 地租论,租金理论

~ de la reproducción 再生产理论

~ de la restricción entre la oferta y la demanda 供求制约论

~ de la soberanía limitada 有限主权论

~ de las manchas solares 黑子理论

~ de los juegos 博弈论,对策论

~ de migración leucocítica 白细胞移行学说

~ de mutación somática de cáncer 癌体细胞突变学说

~ de números 〈数〉数论

~ de operadores 算子理论

~ de (la) plusvalía 剩余价值论

~ de probabilidad 概率论

~ de sistema 系统论

~ del ahorro 节约论

~ del bienestar económico 经济福利论

~ del caos 混沌理论

~ del capital 资本说[理论]

~ del ciclo vitalicio del consumo 消费寿命周期论

~ del comportamiento de la empresa 企业行为论

~ del comportamiento del consumidor 消费者行为论

~ del conocimiento 认识论

~ del crecimiento económico 经济增长论［说］

~ del desempleo/empleo 失/就业论

~ del dominó 多米诺骨牌理论

~ del dumping 倾销理论

~ del efecto "ratchet"〈经〉棘轮效应论

~ del interés 利息论

~ del límite central 中心极限定理

~ del muestreo 抽样理论

~ del precio 价格理论

~ del riesgo colectivo 集体风险论

~ del subóptimo 次优论

~ del tanto 量子论

~ del valor del trabajo 劳动价值论

~ del valor subjetivo 主观价值论

~ demográfica 人口理论

~ estadística 统计理论

~ keynesiana 凯恩斯理论

~ macroeconómica/microeconómica 宏/微观经济理论

~ maltusiana de la población 马尔萨斯人口论

~ monetaria 货币理论

~ monetaria neoclásica 新古典货币理论

~ neokeynesiana 新凯恩斯理论

~ ricardiana de la renta 李嘉图租金理论，李嘉图地租论

~ salarial 工资理论［学说］

~ tributaria 赋税论［学说］

teoricidad *f.* 理论性

teosinte *m.*〈植〉墨西哥蜀黍

tépalo *m.*〈植〉〈瓣状〉被片

tepate *m. Amér. C. , Méx.*〈植〉曼陀罗

tepe *m.*（铺草坪用的）草皮；草根土

tepegua *m.*〈昆〉行军蚁

tepetate *m.* ①炉渣；矿渣；② *Méx.*〈建〉石块；③ *Amér. C. , Méx.*〈地〉灰岩，石灰岩

tepezcuinte；tepezcuintle *m. Méx.*〈动〉无尾刺豚鼠

tepocate *m.* ① *Amér. C. , Méx.* 卵［砾，小圆，铺路］石；②〈动〉蝌蚪

teponascle；teponazcle *m. Méx.* ①〈植〉尖叶落羽杉；②〈乐〉特波纳斯克莱（木制打击乐器）

teponastle；teponaztle *m.* ①〈植〉尖叶落羽杉；②〈乐〉特波纳斯克莱（木制打击乐器）

teposcle *m. Méx.* ①铜；②金属

tepozán *m. Méx.*〈植〉美洲醉鱼草

tequesquital *m. Méx.*〈矿〉硝石地

tequesquite *m.* ①〈地〉盐湖；② *Méx.*〈矿〉硝石

tequila *f.* ①〈植〉龙舌兰；②龙舌兰酒

terabait *m.* ；**terabyte** *m. ingl.*〈信〉兆兆字节

terabit *m. ingl.*〈信〉兆兆位（度量信息单位）

teraflop *m.*〈信〉每秒万亿次浮点运算

teragramo *m.* 太（拉）克（重量单位，= 10^{12} 克）

terahertz *f.*〈理〉太（拉）赫（频率单位，= 10^{12} 赫）

terapeuta *m. f.*〈医〉（特定治疗法的）治疗学家

terapéutica *f.*〈医〉①治疗；治疗法；②治疗学

~ de acupuntura 针灸疗法

~ de humectación［humitificación］湿化疗法

~ de qigong 气功疗法

~ de sueño 睡眠疗法

~ electromagnética 电磁疗法

~ empírica 经验疗法

~ específica 特异疗法

~ sugestiva 暗示疗法

~ sustitutiva 替代疗法

terapéutico,-ca *adj.*〈医〉①治疗的；治疗法的；②治疗学的

terapia *f.*〈医〉疗法；治疗

~ aversiva（ ~ por aversión）厌恶疗法（一种借引起患者对某种有害习惯或嗜好的厌恶导致戒除的疗法）

~ de choque 休克疗法

~ de choque por atropina 阿托品休克疗法

~ de conducta（对精神病患者的）行为治疗；行为疗法

~ de electrochoque 电休克疗法，电休克治疗

~ de grupo 集体治疗

~ de líquidos 液体疗法

~ de sueño continuo 持续性睡眠疗法

~ electroconvulsiva 电惊厥疗法，电休克疗法

~ expositiva 暴露疗法

~ génica（通过遗传工程消除遗传缺陷的）基因疗法

~ laboral［ocupacional］职业疗法，作业疗法

~ lingüística 言语矫正［治疗］

~ ultrasónica 超声疗法

teratismo *m.*〈生〉畸形；怪［畸］胎

teratoblastoma *m.*〈医〉畸胎样瘤

teratocarcinoma *m.*〈医〉畸胎癌

teratofobia *f.*〈医〉畸形恐怖

teratogénesis *f.*〈医〉①畸形发生；②致畸作用

teratogenético,-ca；teratogénico,-ca *adj.*
〈医〉畸形发生[形成]的

teratogenia *f.* 〈医〉畸形发生[形成]

teratogenicidad *f.* 〈医〉畸形形成性；致畸性

teratoide *adj.* 〈生〉〈医〉畸胎样的

teratología *f.* 〈医〉畸形学，畸胎学

teratológico,-ca *adj.* 〈生〉〈医〉①畸形学的；
②生长[结构]畸形的

teratoma *m.* 〈医〉畸胎瘤

teratomatoso,-sa *adj.* 〈医〉畸胎瘤的

terbio *m.* 〈化〉铽

tercera *f.* ①〈汽车的〉第三档；(火车的)三等
车厢；②〈乐〉三音，第三音，三度音程；③三
级，丙[三]等；三等品
　～ forma normal 〈信〉第三范式
　～ mayor 〈乐〉大三度
　～ menor 〈乐〉小三度
　～ parte confiable 〈信〉可信第三方

tercermundismo *m.* ①第三世界国家；②类
似于第三世界国家的态度[政策]；支持第三
世界主义

tercermundista *adj.* 第三世界的 ‖ *m.* 第三
世界国家

tercermundo *m.* 第三世界(指发展中国家)

tercero,-ra *adj.* ①第三的；②三分之一的；
③(居间)调解[停]的 ‖ *m.f.* ①调停[解]
人；②〈法〉〈信〉第三方 ‖ *m.* ①(楼房的)第
四层；②〈数〉厘(弧或角的单位，合六十分之
一秒)；③〈教〉(学校的)三年级
　～ edad 〈社〉第三年龄段(65 岁以上)
　～ en discordia 〈法〉第三方；纷争排解人

tercerola *f.* ①〈乐〉中短笛；②马枪；*Cari.*
猎[滑膛]枪

terceto *m.* 〈乐〉①三重唱[奏]；②三重唱
[奏]小组

terciada *f.* *Amér. L.* 〈建〉胶合板

terciana *f.* 〈医〉间日热(如疟疾)

tercianiento,-ta *adj.* *Amér. L.* 〈医〉患间日
热(如疟疾)的

terciario,-ria *adj.* ①第三(位，级，产业)的；
②〈化〉叔的；三代的；③〈地〉第三纪[系]
的；④(梅毒等)第三期]的；严重的 ‖ *m.*
〈地〉第三纪[系]
　educación ～a 第三级教育，高等教育
　sector ～ 第三产业部门

terciopelo *m.* 〈纺〉平[丝，天鹅]绒

terebeno *m.* ①〈化〉萜烯(一种挥发性溶剂或
稀释剂)；②〈化〉松节油萜，芸香烯(用
作抗菌剂、祛痰剂、吸入剂等)

terebenteno *m.* 〈化〉〈药〉松节油

terébico,-ca *adj.* 见 ácido ～
　ácido ～ 芸香酸

terebinto *m.* 〈植〉笃耨香(树)

terebrante *adj.* 〈医〉(疼痛)钻刺性的

teredo *m.* 〈动〉船蛆，蛀船虫；凿船贝

tereftalato *m.* 〈化〉对苯二酸盐[酯]

tergal *m.* 〈纺〉涤纶(商标名)

termaestesia *f.* 〈医〉温度感觉

termal *adj.* ①热的；热量的；②温泉的
　abrasión ～ 热蚀
　aguas ～es 温泉泉水
　columna ～ 热柱
　fuente ～ 温泉

termalismo *m.* 〈医〉水疗法

termalización *f.* 〈理〉热能化

termanalgesia *f.* 〈医〉热性痛觉缺失

termanestesia *f.* 〈医〉温度觉缺失

termas *f. pl.* 温泉；温泉浴场

termatología *f.* 〈医〉热疗学

termes *m.* 〈昆〉白蚁

termia *f.* 撒姆(煤气热量单位，＝1,000 千
卡)

térmica *f.* ①温泉；热气流；②发电站；发电
厂；③〈气〉上升暖气流

térmico,-ca *adj.* ①热的，热量的；由热造成
的；②保温[热]的
　aislante ～ 保温绝缘体
　barrera ～a 热障
　central ～a 发电站；发电厂
　cúmulos ～s 热积云
　energía ～ 热能
　manta ～a 保温毯
　reflexión ～a 热反射
　tratamiento ～ 热处理

terminación *f.* ①结束，完成；终止；②*Cono
S.* 〈技〉最后一道工序；精加工；③见 ～es
nerviosas
　～ de pozo 〈工程〉(石油工程)完井
　～es nerviosas 神经末梢

terminado *m.* 〈技〉最后一道工序；精加工

terminador *m.* ①〈机〉终端套管；②〈生化〉终
止符；③〈信〉端子；④〈天〉(尤指月球等行
星的)明暗界限

terminal *adj.* ①末端的，终点的，结尾的；②
〈植〉顶生的；③〈数〉末项的；④〈医〉(疾病)
晚[末]期的；不治的；末端的 ‖ *m.* ①〈电〉
端子；接线柱；②〈信〉终端；终端设备；③
pl. Chil. 积压商品，处理货 ‖ *f.* ①〈交〉
(火车、公共汽车等的)终点站，总站；②〈航
空〉航空集散站；③〈海〉码头
　～ a distancia 远程终端
　～ A 东终端
　～ B 西终端
　～ central 中央终端
　～ de carácter chino 中文终端
　～ de carga 货运码头

~ de computadora 计算机终端

~ de computadora en línea 联机计算机终端

~ de computadora remota 远程计算机终端

~ de conexión 接线柱

~ de contenedores 集装箱码头

~ de entrada y salida 输入输出终端

~ de multimedias 多媒体终端

~ de pantalla 显示终端

~ de pasajeros[viajeros] 客运枢纽站

~ de video 图像显示终端

~ informático 计算机终端

~ inteligente 智能终端, 灵巧终端(能够处理、显示数据的视频终端)

~ interactivo 交互式终端

~ remoto 远程终端

~ server 终端服务器

~ tonto 〈信〉哑[简易]终端; 非智能终端

aborto ~ 晚期流产

control ~ 终端控制

emulación ~ 终端仿真

hoja ~ 顶生叶

ileítis ~ 末端回肠炎

insomnio ~ 末期失眠

interface ~ 终端接口

término *m*. ①末尾[端]; 尽头; 终点[极]; ②(列数时的)点,(第…)位; ③术语; 专门用语; ④(常用 *pl*.)(合同、协议等的)条件; 条款; ⑤〈数〉〈信〉项; ⑥〈逻〉(三段论中的)项; ⑦界限; (土地等的)边界; (公路等的)界标[石]; ⑧期限; ⑨(铁路等的)终点站; ⑩〈画〉〈戏〉景; ⑪〈建〉胸像柱; ⑫〈乐〉调; ⑬〈医〉(疾病的)末[晚]期

~ de descuento 贴现期限

~ de embarque 装船期限

~ de la entrada en vigor 生效日期

~ de marina 航海用语

~ de un crédito 信贷期限

~ de una audiencia 〈法〉闭庭期间

~ de préstamo 贷款条件

~ de rescate 赎买条件

~ elíptico 〈天〉食限

~ fatal 〈法〉(不可推迟的)死限

~ medio ①平均数; ②中间道路; 折衷办法[方针], 通融方案

~ negativo/positivo 〈数〉负/正项

~ redondo (归临近城市管辖的)三不管地区

~ reubicable 〈信〉浮动项, 可重定位项

~s del contrato 合同条款

~s del intercambio 交换条件

~s monetarios 货币条款[条件]

~s temporales 临时性条款

terminología *f*. ①专门名词, 术语; ②术语学

~ científica 科学术语

~ de marina 航海术语

~ informática 信息学术语

~ médica 医学用语

~ militar 军事用语

~ textil 纺织用语

termión *m*. 〈理〉热离子

termiónico,-ca *adj*. 〈理〉热离子的

termistor *m*. 〈电〉热敏电阻; 热电阻器

~ de cuenta 珠状热敏电阻

termita *f*. ①铝热[热熔, 高热]剂; ②〈昆〉白蚁

soldadura con ~ 铝热(剂)焊

térmite *f*. 〈昆〉白蚁

termitero *m*. ①白蚁巢; ②(供养殖研究用的)白蚁养殖器

termítido,-da *adj*. 〈昆〉白蚁科的 ‖ *m. pl*. 白蚁科

termo *m*. ①暖[热水]瓶; 保温瓶; ②(家用)热水器

~ para hielo 冰瓶

termoaislamiento *m*. 热绝缘(法)

termoaislante *adj*. 热绝缘的, 隔热的 ‖ *m*. 隔热物, 热绝缘材料

materiales ~s 热绝缘材料

termoanalgesia *f*. 〈医〉热性痛觉缺失

termoanestesia *f*. 〈医〉温度感觉缺失

termobalanza *f*. 〈化〉热天平

termobarómetro *m*. ①(可用作温度计的)虹吸气压表; ②(根据水的沸点测定高度的)沸点测高计

termobatería *f*. 热电池(组), 温差电池(组)

termocatalítico,-ca *adj*. 〈化〉热催化的

termocauterio *m*. 〈医〉热烙器

termocauterización *f*. 〈医〉热烙术

termoclina *f*. ①〈地〉斜温层; ②温跃层(海水温度突变层)

termocolorímetro *m*. 热比色计

termocompresión *f*. 热压(作用)

termocompresor *m*. ①〈机〉热压机; ②热汽化器

termoconductor *m*. 〈理〉热导体

termoconvección *f*. 〈理〉〈气〉热对流

termoconvectivo,-va *adj*. 〈理〉〈气〉热对流的

termodifusión *f*. 〈理〉热扩散

termodinámica *f*. 〈理〉热力学

~ aplicada 应用热力学

termodinámico,-ca *adj*. 〈理〉①热力学的; ②热力的

termodisipador *m*. 散热材料

termodúrico,-ca *adj*. 〈生〉耐热的
bacteria ～a 耐热细菌

termoelasticidad *f*. 热弹性，热弹力

termoelástico,-ca *adj*. 热弹性的

termoelectricidad *f*. 〈理〉热[温差]电；热[温差]电学

termoeléctrico,-ca *adj*. 〈理〉热[温差]电的
central ～a 热电站
corriente ～a 热[温差]电流
efecto ～ 热[温差]电效应
par ～ 热[温差]电偶
pila ～a 热[温差]电池
tensión ～a 热[温差]电动势

termoelectrón *m*. 〈理〉热电子

termoelemento *m*. 〈理〉热[温差]电偶；热[温差]电元件

termoendurecible *adj*. (可)热固的；可高温硬化的

termoestable *adj*. 热稳定的

termoestática *f*. 〈理〉热静力学

termofax *m*. 红外复印(一种用红外辐射复制文件的方法)

termofilia *f*. 〈生〉喜温性

termofílico,-ca *adj*. 〈生〉喜[嗜,适]温的
bacteria ～a 适温细菌

termófilo,-la *adj*. 〈环〉〈生〉喜[嗜,适]高温(40℃以上)的 ‖ *m*. 嗜[喜]高温生物

termofónico,-ca *adj*. 热致发声的

termófono *m*. ①〈讯〉热线式受话器；热致发声器；②电传温度计[器]

termogalvanómetro *m*. 〈电〉温差电偶电流计,温差检流计

termogenerador *m*. 热偶[温差]发电器

termogénesis *f*. 〈生理〉①生热；②(尤指动物体内生理过程所产生的)生热作用

termogenético,-ca *adj*. 〈生理〉生热(作用)的

termografía *f*. ①〈医〉温度[发热]记录法；②〈摄〉热摄影术；热敏成像法；③〈印〉热压凸印刷

termógrafo *m*. ①〈医〉温度(自动)记录器,温度自记仪；②热录像仪

termograma *m*. 〈医〉温度记录图,温度自记图[曲线],温谱图

termogravimetría *f*. 〈化〉热重分析法

termogravimétrico,-ca *adj*. 〈化〉热重分析的

termohalino,-na *adj*. 〈海洋〉热[温]盐的

termohaloclina *f*. 〈地〉温盐(度)跃层

termohiperestesia *f*. 〈医〉温度觉过敏

termoimpresora *f*. 〈印〉热敏打印机

termoiónica *f*. 〈理〉热离子学

termoiónico,-ca *adj*. 〈理〉热离子的

termolábil *adj*. 感[不耐]热的；受热(55℃以上)即分解[破坏]的

termolipolisis *f*. 热分解脂肪术

termolisina *f*. 〈生化〉嗜热菌蛋白酶

termolisis *f*. ①〈生理〉热发散,散热(作用)；②〈化〉热(分)解作用

termología *f*. 〈理〉热学

termológico,-ca *adj*. 〈理〉热学的

termoluminiscencia *f*. 〈理〉热发光

termoluminiscente *adj*. ①〈理〉热发光的；②使用热发光技术的

termomagnético,-ca *adj*. 〈理〉热磁(性,效应)的
efecto ～ 热磁效应

termomagnetismo *m*. 〈理〉热磁现象；热磁性

termomagnetización *f*. 〈理〉热磁化

termomasaje *m*. 热按摩法

termomecánico,-ca *adj*. 〈理〉①热机的,热机械的；②产生热变化的

termometría *f*. 〈理〉①温度测量法,检[测,计]温学；②温度测量,检温

termométrico,-ca *adj*. ①温度计的；②温度测量的；温度计测得的

termómetro *m*. 温度计[表]；体温[寒暑]表
～ Celsius[centígrado] 摄氏温度计
～ clínico 医用温度计,体温表[计]
～ de bola mojada 湿球温度表
～ de bola seca 干球温度表
～ de ebullición 沸点计
～ de gas 气体温度计
～ de lectura a distancia 遥测读数温度计
～ de máxima/mínima 最高/低温度计
～ de presión (测温湿度变化的)电微压计
～ diferencial 差式温度计
～ Fahrenheit 华氏温度计
～ mercúrico 水银温度计
～ Reaumur 列式温度计
～ registrador 温度自记[记录]器,自记(式)温度计
～s termoeléctricos (装有热电偶的)热电温度计

termomicroscopia *f*. 热显微术

termonastia *f*. 〈植〉感热性

termonuclear *adj*. 〈理〉热核的,使用热核武器的
bomba ～ 热核弹(尤指氢弹)
energía ～ 热核能
reacción ～ 热核反应
reactor ～ 热核反应堆

termoóptico,-ca *adj*. 热光学的

termopar *m*. 〈理〉热[温差]电偶
～ de aguja 针状热电偶

~ de alto vacío 高真空热电偶
~ de forma de onda 波形热电偶
~ de frecuencia 调频热电偶
~ de inmersión 浸没式热电偶

termopenetración *f.* 〈医〉透热疗法

termoperiodicidad *f.* 〈生〉(尤指植物的)温周期现象

termopermutador *m.* 〈机〉热交换器

termopila *f.* ①〈理〉热[温差]电堆;②热[温差]电池

termoplasticidad *f.* 热塑性

termoplástico,-ca *adj.* ①(塑料)可热塑的;②〈环〉塑型的 ‖ *m.* 热塑性塑料;热熔塑胶

termoplastificación *f.* 热增塑(作用),热塑化(作用)

termoplejía *f.* 〈医〉热射病,中暑

termopotencia *f.* 〈电〉热能

termopropulsión *f.* 热推进

termoquímica *f.* 热化学

termoquímico,-ca *adj.* 热化学的

termorradioterapia *f.* 〈医〉透热放射疗法

termorreceptor *m.* 〈生理〉温度感受器

termorregulación *f.* ①〈生理〉温度[体温]调节;②〈技〉温度[热量]调节

termorregulador *m.* 温度调节器,调温器

termorresistencia *f.* 抗热性

termorresistente *adj.* ①抗热的;②〈生〉耐高温的

termoscopio *m.* 〈理〉验[测]温器,测温锥

termosensible *adj.* 〈化〉热敏的

termosfera *f.* 〈气〉热层(大气中间层以上部分的总称)

termosifón *m.* 〈机〉热虹吸管,温差环流(冷却)系统

termostabilidad *f.* 〈化〉耐热性,热稳定性

termostable *adj.* 〈化〉耐热的,热稳定的

termostática *f.* 静热力学

termostático,-ca *adj.* ①〈生〉趋温[热]性的;②恒温的;③〈生理〉体温调节的

termostato *m.* ①恒温器,温度自动调节器;②(自动火警报警器、灭火设备等的)温度自动启闭装置

termotanque *m.* ①恒温箱;②*Cono S.* 浸没式加热器

termotaxis *f.* ①〈生〉趋热[温]性;②〈生理〉体温调节

termotecnia *f.* 热工学,热工技术;热力工程

termoterapia *f.* 〈医〉(温)热疗法

termotolerancia *f.* 耐热性

termotolerante *adj.* 耐热的,热稳定的

termotoxia *f.* 〈生化〉热毒素

termotrópico,-ca *adj.* 〈生〉向热[温]的

termotropismo *m.* 〈生〉向热[温]性

termovisión *m.* 红外线夜视系统

ternario,-ria *adj.* ①三个(一组)的;(由)三个构[组]成的;三重的;②〈数〉三进制的;三元的;③〈乐〉三拍的;④〈化〉〈冶〉三元的
aleación ~a 三元合金
código ~ 三进[三单元]制代码
compás ~ 〈乐〉三拍子
compound ~ 三元化合物
notación ~a 三进制计数法
sistema ~ 三进制

ternera *f.* ①〈农〉小牛,牛犊;②(食用)小牛肉,牛犊肉

ternero *m.* 〈动〉小牛,牛犊

ternilla *f.* ①〈解〉软骨;软骨部分;②*Cub.* 〈解〉(牛的)假肋;③*Méx.* 〈解〉鼻中隔

ternilloso,-sa *adj.* 〈解〉软骨的

tero *m. Amér. L.* 〈鸟〉凤头麦鸡

terofita *f.* 〈植〉一年生植物

terofito,-ta *adj.* 〈植〉一年生的

terpeno *m.* 〈化〉萜类,萜(烃)

terpina *f.* 〈化〉萜品,萜二醇

terpinenos *m. pl.* 〈化〉萜品烯,松油烯

terpineol *m.* 〈化〉萜品醇,松油醇

terpinol *m.* 〈化〉萜品油

terpinoleno *m.* 〈化〉萜品油烯

terpolímero *m.* 〈化〉三元共聚物

terracería *f. Amér. L.* (未铺路面的)土路

terracota *f.* ①赤陶土;②赤土陶器,赤陶

terrado *m.* 〈建〉露[晒,平,阳]台,平台屋顶

terraja *f.* ①〈技〉模[型]板;②〈机〉板牙扳手,板牙架,螺丝攻
~ de cojinetes 丝锥扳手,板牙架
~ de filete cuadrado 方螺纹螺丝攻
~ de filete triangular 三角螺纹螺丝攻
~ de manija 板牙扳手
~ hembra/macho 内/外螺纹螺丝攻
~ para tubos de gas 煤气管螺丝扳手

terrajado *m.* 〈机〉攻丝,攻螺纹,车(螺)纹

terrajadora *f.* 〈机〉攻丝机
~ para tuercas 攻螺母机

terrajar *tr.* ①〈机〉车[刻]螺纹,攻丝,绞螺丝;②拧螺丝,上螺母

terral *adj.* 陆上吹来的(风) ‖ *m. Amér. L.* 尘烟

terramicina *f.* 〈医〉土[地]霉素,氧四环素

terranova *m.* 〈动〉纽芬兰犬(一种通常为黑色,身躯壮大,灵敏而又善于游泳的狗,原产纽芬兰)

terraplén *m.* ①(公路、铁路等的)路堤[基];②〈农〉梯田;③〈军〉防御土墙;④斜坡,坡地
~ de ferrocarril 铁路路基

terraplenadora *f.* 〈机〉复土机,回填机

terráqueo,-quea *adj.* （地球）由水陆形成的，水陆的；（组成）地球的
　globo ~ （由水陆形成的）地球

terraza *f.* ①〈建〉露[晒,阳]台；平台屋顶；②（人行道上的）露天咖啡馆；③〈农〉梯田；④花坛
　~ fluvial 河成阶（梯）地

terrazo *m.* ①水磨石,磨石子；②〈画〉（风景画的）田野画面

terremoto *m.* 〈地〉地震
　~ de hundimiento 陷落地震
　~ tectónico 构造地震
　~ volcánico 火山地震

terreno,-na *adj.* 〈地〉〈生〉地球的 ‖ *m.* ①地面；②土[田]壤；地皮；③（研究等的）领域；范围；④〈体〉（比赛）场地；⑤〈地〉地层
　~ abonado 温床
　~ acotado 禁地
　~ aduanero 关境范围
　~ baldío 荒[空]地
　~ bosque 林地
　~ calbonífero 煤系
　~ cultivable 可耕地
　~ de aluvión ①冲[淤]积层；②盆[洼,滩]地
　~ de cultivo 耕地,农田
　~ de juego 足球场；比赛场地
　~ de migajón *Amér. L.*（含腐殖土的）肥沃土地
　~ de transición 〈地〉过渡层[区]
　~ del honor 决斗场
　~ estéril 无价值地带
　~ ganado 开垦[垦殖]地
　~ maderero 森林,林地
　~ minado 布雷区[场]
　~ movedizo[inseguro] 松软土地
　~ petrolífero 油田
　~ rellenado 填土[地]
　~ virgen 处女地,未开垦地

terrera *f.* 〈鸟〉百灵；云雀

terrero,-ra *adj.* ①泥土的；②（飞行）掠地的；低飞的；③*Amér. L.*（楼面）底层的 ‖ *m.* ①土堆；②〈矿〉矿石堆；*Hond.* 硝石堆；③冲积层[土]

terrestre *adj.* ①地球的,大地的；②陆地[上]的；③地面的；④（植物）陆生的；（动物）陆栖的
　animal ~ 陆栖动物
　corriente ~ 地电流
　espacio ~ 地球空间
　globo ~ 地球
　gravitación ~ 地球引力

　magnetismo ~ 地磁
　plantas ~s 陆生植物
　refracción ~ 地面折射
　ruido ~ 大地噪声
　telescopio ~ 〈理〉大地望远镜
　transporte ~ 陆上运输

terrícola *adj.* 〈植〉陆生的

terrígeno,-na *adj.* 〈地〉陆源[地]的
　depósito ~ 陆源沉积

territorial *adj.* ①领土的；②地区[方]的,区域(性)的
　impuesto ~ 地方税
　industria ~ 地方工业
　integridad[integración] ~ 领土完整

territorialidad *f.* ①领土权；领土性质[状况,地位]；②地区[域]性；③〈动〉地盘性

territorio *m.* ①领土[地],版图；②（具有某种特性的）地区[方]；区域；③（身体等的）区；④〈动〉地盘；⑤*Arg.,Méx.* 总统直辖区（因人口少或资源缺乏而不能完全享有自主权的行政区）
　~ aduanero 关境
　~ de caza 狩猎区
　~ de ultramar 海外领地
　~ económico 经济区域

terrorismo *m.* ①恐怖主义；②恐怖手段[行动,行为]

terrorista *adj.* 恐怖(主义)的,恐怖分子的 ‖ *m. f.* ①恐怖主义者[分子]；②恐怖分子

terrosidad *f.* ①泥土状；②土质,土性

terroso,-sa *adj.* ①带[含]土的；②泥土(似)的,有泥土特征的
　color ~ 土色
　sabor ~ 泥土味

tertuliano,-na *m. f.* （电视台、电台的）访谈节目嘉宾

teruteru *m. Amér. L.* 〈鸟〉凤头麦鸡

terylene *m.* 〈纺〉涤纶（商标名）

tesauro *m.* 〈信〉主题词表

tesaurosis *f. inv.* 〈医〉贮积病,沉着病

tescal *m. Méx.* ①多石土地；②〈矿〉玄武岩地带

tesela *f.* 〈建〉（小块）镶嵌大理石；镶嵌地砖

tesis *f.* ①论[命]题；论点；②（大学的）论文；毕业[学位]论文；③〈乐〉下拍,（小节中的）强声部；④主题
　~ de grado 毕业论文
　~ de licenciatura 学士论文
　~ de máster 硕士论文
　~ del estancamiento （经济）停滞论
　~ doctoral 博士论文
　novela de ~ 主题小说

tesitura *f.* 〈乐〉应用音域

tesla *m.* 〈理〉特斯拉(磁通密度的国际单位制单位;1 特斯拉＝1 韦伯/平方米)

tesonclale *m. Amér. L.* 〈矿〉火山岩碎石

tesoncle; tesontle *m. Amér. L.* 〈矿〉火山岩

tesquenita *f.* 〈地〉〈矿〉沸绿岩

test *m. ingl.* ①测试[验];②化验(法);检查;③化验结果;④检验(标准);考验(方法);⑤准则,标准;⑥测验,考察
~ psicológico 心理测试

testa *f.* 〈植〉外种皮

testáceo,-cea *adj.* 〈动〉有壳目的‖*m.* ①有壳目动物;②*pl.* 有壳目

testaferro,-rra *adj.* 〈法〉挂名的

testamentario,-ria *adj.* 遗嘱的;由遗嘱遗赠的;遗嘱规[指]定的‖*m.f.* 遗嘱执行人

testamento *m.* 遗嘱[言];②遗作
~ abierto/escrito 口头/书面遗嘱
~ auténtico[público] (经)公证遗嘱
~ cerrado 密封遗嘱
~ de la defensa 被告证人
~ ológrafo 亲笔遗嘱

testera *f.* ①〈动〉额,前额;脑门;②〈冶〉炉壁

testero *m.* ①〈动〉额,前额;脑门;②〈冶〉炉壁;③〈建〉墙壁

testes *m. pl.* 〈解〉睾丸

testí *m. Cub.* 〈动〉幼鱼,鱼苗

testicondia *f.* 〈医〉隐睾

testicular *adj.* ①〈解〉睾丸的;②〈植〉睾丸状的
feminización ~ 睾丸女性化

testículo *m.* 〈解〉睾丸

testificación *f.* ①证明[实];②作证;③证词;证明材料;证物

testigo *m. f.* ①〈法〉证人;连署人;②见证人,目击者‖*m.* ①〈体〉接力棒;②〈地〉样品岩芯;③(实验中的)对照物;④〈信〉权标;标记;(用于标记环网络等系统中的)令牌;⑤见 ~ luminoso‖*adj.* 见 grupo ~
~ abonado 合法证人
~ de cargo 原告证人
~ de descargo(~ de la defensa) 被告证人
~ de oídas 听闻者,非目睹证人
~ de vista 见证人,目击者
~ falso 伪证人
~ instrumental 证明者
~ luminoso (汽车)警告信号灯
~ ocular[presencial] 目击者,见证人
~ para datos 〈信〉数据标记
~ pericial ①鉴定人;②有专长的见证人
grupo ~ (用作对照实验比较标准的)对照组
lámpara ~ 〈海〉领航[指示]灯

testimonio *m.* ①证据;②〈法〉(宣誓)证词;③证明(材料);证物;④(文件的)正式副本
~ falso 伪证
~ fehaciente 确凿证据
~ notarial 公证证书

testitis *f. inv.* 〈解〉睾丸炎

testosterona *f.* 〈生化〉〈药〉睾丸素,睾甾酮

testudo *m.* 〈动〉陆龟

testuz *m.* ①(马等的)额头,脑门;②(牛的)颈背

tetania *f.* 〈医〉(常因缺钙引起的)手足搐搦;肌强直

tetánico,-ca *adj.* 〈医〉①强直性的;(药物)引起强直性痉挛的;②破伤风的
contracción ~a 强直性收缩
convulsión ~a 〈医〉①强直性惊厥;②(常因缺钙引起的)手足搐搦;肌强直
espasmo ~ 破伤风痉挛

tetaniforme *adj.* 〈医〉①破伤风样的;②强直样的

tetanígeno,-na *adj.* 〈医〉①致破伤风的;②致强直的

tetanisación *f.* 〈医〉促[致]强直作用

tétano; tétanos *m.* 〈医〉①肌强直;②破伤风
~ del útero(~ postparto) 产后破伤风

tetanoideo,-dea *adj.* 〈医〉①破伤风样的;②强直样的

tetanómetro *m.* 〈医〉强直测验器

tetartoedro *m.* 〈矿〉四分面晶体

tetatian; tetlate *m. Méx.* 〈植〉漆树

tetlatián; tetlatín *m. Méx.* 〈植〉漆树

tetraatómico,-ca *adj.* 〈化〉四原子的

tetrabásico,-ca *adj.* 〈化〉四碱的,四元的

tetrabranquiado,-da *adj.* 〈动〉四鳃的‖*m.* 四鳃头足动物

tetrabromuro *m.* 〈化〉四溴化物

tetraciclina *f.* 〈药〉四环素

tetrácido *m.* 〈化〉四酸

tetracilíndrico,-ca *adj.* 〈机〉(发动机)四缸的
motor ~ 四缸发动机

tetracloretano; tetracloroetano *m.* 〈化〉四氯乙烷

tetracloroetileno *m.* 〈化〉四[全]氯乙烯

tetraclorometano *m.* 〈化〉四氯化碳

tetracloruro *m.* 〈化〉四氯化物
~ de carbón[carbono] 四氯化碳
~ de titanio 四氯化钛

tetracordio *m.* 〈乐〉四音音列

tetracromía *f.* 〈印〉四色印刷

tétrada *f.* ①〈植〉四分体;②〈生〉四分染色体;③〈化〉四价原子;④四个一组,四元组

tetradáctil *adj.* 〈动〉四趾的

tetradimita *f.*〈矿〉辉碲铋矿

tetradinamia *f.*〈植〉四强雄蕊（群）

tetradínamo,-ma *adj.*〈植〉四强雄蕊的

tetraedral；tedraédrico,-ca *adj.*〈数〉四面体的

tetraedrita *f.*〈矿〉黝铜矿

tetraedro *m.*〈数〉四面体；四面形

tetraetilo *m.*〈化〉四乙基
plomo de ～ 四乙铅

tetrafásico,-ca *adj.*〈电〉四相的

tetrafluoretileno *m.*〈化〉四氟乙烯

tetraginia *f.*〈植〉四雄蕊（植物）

tetraginoso,-sa *adj.*〈植〉四雄蕊的

tetragonal *adj.* ①〈数〉四角[边]形的，②四方（晶）系的

tetrágono *m.* ①〈数〉四角[边]形；② 四方（晶）系

tetragrama *m.*〈数〉四边形

tetralogía *f.* ①〈医〉四联症；②（小说、戏剧等的）四部曲

tetrámero,-ra *adj.* ①〈植〉（花）四出[数]的；四个一组的；②〈动〉四跗节的‖*m.*〈化〉四聚物

tetrametileno *m.*〈化〉四亚甲基

tetrametilo *m.*〈化〉四甲基

tetramorfo,-fa *adj.*〈动〉四不像的

tetramotor,-ra *adj.*〈航空〉（飞机）四引擎的，四发动机的‖*m.* 四引擎飞机

tetrandria *f.*〈植〉（具）四雄蕊植物

tetrandro,-dra *adj.*〈植〉具四雄蕊的

tetranitrometano *m.*〈化〉四硝基甲烷

tetraónido,-da *adj.*〈鸟〉鸡形目禽鸟科的‖*m.* ①鸡形目禽鸟（如松鸡等）；②*pl.* 鸡形目禽鸟科

tetraparesia *f.*〈医〉四肢轻瘫

tetraplejía *f.*〈医〉四肢麻痹，四肢瘫

tetrapléjico,-ca *adj.*〈医〉四肢麻痹的，四肢瘫痪的‖*m. f.* 四肢瘫患者

tetraploide *adj.*〈生〉四倍(体)的‖*m.* 四倍体

tetrápodo,-da *adj.*〈动〉四足（哺乳类）动物的‖*m.* ①四足动物；②*pl.* 四足哺乳类

tetrapolar *adj.* 四极的；四端(网络)的

tetrapolo *m.* 四极

tetráptero,-ra *adj.* ①〈昆〉有四翅的；②〈植〉(果实)四翅状的

tetrarreactor *m.* 四引擎喷气式飞机

tetraspora *f.*〈植〉四分孢子

tetrasporangio *m.*〈植〉四分孢子囊

tetrástilo,-la *adj.*〈建〉四柱式的，正面有四根柱的‖*m.* 四柱式建筑

tetratlón *m.* (尤指青少年的)骑马、射击、游泳、赛跑)四项运动

tetratómico,-ca *adj.*〈化〉四原子的

tetravalencia *f.*〈化〉四价

tetravalente *adj.* ①〈化〉四价的；②〈生〉四价染色体的‖*m.*〈生〉四价染色体

tetraxial *adj.* 有四个轴的

tetráxono,-na *adj.* 四轴型的

tetrayodotironina *f.*〈生化〉甲状腺素

tetrazol *m.*〈化〉四唑

tetrilo *m.*〈化〉特屈儿，三硝基苯甲硝胺（用作炸药或弹药）

tetrodo *m.*〈无〉四极管

tetrodotoxina *f.*〈生化〉河豚毒素

tetrosas *f. pl.*〈化〉四[丁]糖

tetróxido *m.*〈化〉四氧化物
～ de cobalto 四氧化三钴
～ de plomo 四氧化三铅

texcal *m. Méx.* ①多石土地；②〈矿〉玄武岩地(带)

textil *adj.* ①纺织的；②可纺织的；③不准裸体主义者去的(海滩)‖*m. pl.* 纺织品‖*f.* 纺织公司

texto *m.* ①正文；②文本；原文；③〈教〉课文[本]；④〈信〉文本
～ cifrado 〈信〉〈讯〉密码(电)文
～ citado 引语，引文
～ del protocolo 议定书文本
～ llano 〈信〉〈讯〉①明语[码]电文；②明语
～ narrativo 记事文
grabado fuera de ～ 全页[满版]插图
libro de ～ 教科书，课本

TeX *m.*〈印〉特克斯(一种编写功能强大的电子排版系统)

textura *f.* ①(织物的)密度，质地；②(纺织品的)手感；③(材料等的)结构，构造[成]；(石、木等的)纹理；④(皮肤的)肌理
～ afanítica/fanerítica 隐/显晶结构
～ granuda 粒状结构
～ microcristalina 微晶体结构
～ ofítica 辉缘结构
～ porfídica 斑状结构
～ vítrea 玻璃质结构

textural *adj.* ①(织物)质地的；②结构[组织]上的，构造的

teyú *m. Amér. L.*〈动〉大蜥蜴

tezontle *m. Méx.*〈地〉火山岩

Tfno.；tfno. *abr.* teléfono 见 teléfono

TFT *abr. ingl.* thin film transistor〈电子〉〈信〉薄膜晶体管

TFTP *abr. ingl.* Trivial File Transfer Protocol〈信〉普通文件传输协议

tgh；th *abr.* tangente hiperbólica〈数〉双曲正切(线)

TGV *abv.* tren de gran velocidad 高速列车

Th 〈化〉元素钛(titanio)的符号

thesaurus *m.* 〈信〉主题词表

thriller(*pl.* thrillers) *m.* 惊险读物[电影，戏剧]；恐怖小说[电影，戏剧]

TI *abr.* tecnología de información 信息技术

Ti 〈化〉元素钛(torio)的符号

tiacinas *f. pl.* 〈化〉噻嗪，硫氮杂苯

tialina *f.* 〈生化〉唾液淀粉酶

tialismo *m.* 〈医〉流涎(指涎液分泌过多)

tiamina *f.* 〈化〉硫胺素，维生素 B₁

tiaminasa *f.* 〈化〉硫胺酶

tiangua *f. C. Rica* 〈动〉蛤蜊

TIAR *abr.* Tratado Interamericano de Asistencia Recíproca 美洲共同防御条约

tiatina *f. Chil.* 〈植〉野燕麦

tiazamida *f.* 〈医〉磺胺噻唑

tiazol *m.* ①〈化〉噻唑，间氮硫茂；②噻唑衍生物

tiazolina *f.* 〈化〉〈医〉噻唑啉

tibe *m.* ①*And., Cari., Cub.* 磨(刀)石；②*Col.* 刚玉，金刚砂，氧化铝

tibi *m. Per.* 〈鸟〉海燕

tibia *f.* ①〈解〉胫骨；②〈昆〉胫节(即足的第四分部)

tibico *m. Méx.* 酵母，发酵剂

tibiofibula *f.* 〈动〉胫腓骨

tibiotarso *m.* 〈鸟〉胫跗节

tiburón *m.* 〈动〉鲨；鲨鱼，鲛

　～ ballena 鲸鲨

　～ nodriza 护士鲨

　～ tigre 鼬鲨

　aleta de ～ 鱼翅

TIC *abr. ingl.* token ring interface coupler 〈信〉权标环接口耦合器

tic(*pl.* tics) *m.* 〈医〉抽搐，痉挛

　～ nervioso 神经性抽搐

TICO *abr.* tipo de interés del consumo 〈商贸〉消费率

tidal *adj.* 潮汐的；有潮的；受潮汐影响的

tiemia *f.* 〈医〉硫血症

tiempo *m.* ①时间，时；②(一段)时间；③〈气〉天气；④〈天〉时；⑤(存取等的)时间；⑥〈机〉(引擎活塞的工作)循环；行[冲]程；⑦〈体〉(球赛的)半场；⑧〈乐〉拍子，节拍；(交响乐等的)律动；⑨〈海〉风暴；⑩时代；(历史)时期

　～ astronómico 天文时

　～ compartido 〈信〉分时，时间共享(指使用计算机系统的一种方法)

　～ complementario 〈体〉加时赛

　～ de acceso 存取[访问]时间

　～ de arranque 启动时间

　～ de búsqueda 〈信〉寻道[查找]时间

　～ de caída 〈信〉故障[停机]时间

　～ de coagulación 〈医〉凝血时间(*abr.* T. C.)

　～ de corte 分隔时间

　～ de decaimiento 衰减[落]时间

　～ de demora 〈信〉延迟时间

　～ de ejecución 〈信〉运行时间

　～ de exposición 〈摄〉曝光时间

　～ de hemorragia 〈医〉出血时间

　～ de Hubble 〈天〉哈勃时间

　～ de inversión 〈信〉周转[换向]时间

　～ de operación(～ operarivo) 操作[工作,运行]时间

　～ de palabra 〈信〉字时间

　～ de paro 停工期

　～ de perros 坏天气

　～ de posicionamiento 〈信〉查找时间(指访问外存所需的等候时间)

　～ de procesador 〈信〉计算(处理)时间

　～ de protrombina 〈医〉凝血酶原时间

　～ de reacción 〈心〉反应时间

　～ de relajación 〈理〉张弛时间，弛豫时间

　～ de resolución 〈信〉分辨时间

　～ de respuesta ①〈信〉响应[应答]时间；②〈电〉反应时间

　～ de sangrado[sangramiento] 〈医〉出血时间(*abr.* T. S.)

　～ de tránsito 过渡[渡越]时间

　～ de transmisión 〈信〉传输延迟(时间)

　～ de UCP 〈信〉中央处理器时间

　～ geológico 地质时期(指地质史的全部时期)

　～ inactivo 停工期

　～ límite 〈信〉超时

　～ límite de acuse 〈信〉确认超时

　～ límite de inactividad 〈信〉空闲超时

　～ máximo de retención 最大保留时间

　～ medio 〈天〉平时，平太阳时

　～ medio entre fallo 〈信〉平均无故障时间(测试仪器或系统的可靠性指标)；平均故障间隔时间

　～ medio hasta reparación 〈信〉平均维修时间(指平均维修间隔时间)

　～ muerto ①〈机〉空载[停滞]时间；②〈理〉死时间；③〈体〉(球类比赛中的)暂停(时间)

　～ para volar 飞行气候

　～ real 实际[动作]时间，实时

　～ sidérico 〈天〉恒星时

　～ solar[verdadero] 〈天〉太阳时

　～ suplementario 加班(超限)时间

　～ tasable 通话计费时间

~ transcurrido〈信〉实耗时间

~ Universal Coordinado [T-] 协调世界时(指由若干处天文台站原子钟记录的标准时,与格林尼治平均时时相同)

~s medios 中世纪

medidor de ~ 记[计]时器,(记)秒表,时速表

motor de dos ~s 二冲程引擎[发动机]

tienda f. ①商店;②帐篷;③(甲板等上的)天篷;④*Arg.*,*Cub.*,*Chil.*,*Venez.*(庄园内的)纺织品商店;⑤见 ~ de oxigeno

~ asociada 联营商店

~ camping 野营帐篷

~ de autoservicio 无人售货商店

~ de campaña 帐篷

~ de oxígeno〈医〉(输氧用的)氧幕

~ de servicio 维修车间

~ electrónica 网上购物店

~ libre de impuestos 免税商店

~s de cadena 连锁商店

tienta f. ①(对牛的)性能测试赛;试斗小牛;②〈医〉探针[子]

tientaaguja; tientaguja f. 〈建〉测探杆,地[土]螺钻

tiento m. ①触摸;②〈乐〉试音[弹];③〈动〉触角[器,手,须];④(杂技演员用的)平衡棍;⑤(画家用的)支腕杖;⑥(盲人等用的)探路棍;盲杖

tierra f. ①[T-]地球;②(陆,大)地;地面;③土壤;土;泥(土);尘土;④土[田]地;⑤出生地,故土[乡];⑥〈电〉(接)地;地线;⑦〈医〉儿茶;⑧〈化〉土金属

~ adentro 内地[陆]

~ aluvial 冲积土

~ amarilla *Amér.L.* 赭石;黄黏土

~ azul *Chil.* 蓝土

~ baldía 荒[未垦]地

~ batida (制砖瓦、陶瓷器等用的)黏土

~ blanca *Méx.* 白土

~ bolar (可做泥球的)黏土,胶泥

~ caliente ①*Amér.L.* 地表以下1,000米的土层;②*Col.*,*Venez.*(靠近海岸的)低地

~ colorada *Chil.* 红赭石;红赭土

~ de alfareros 陶土

~ de aluviones 港湾沉积

~ de aporte〈建〉土方工程,土工

~ de batán 漂(白)土;漂泥

~ de brezo 泥煤,泥炭

~ de cultivo 可耕地

~ de diatomeas 硅藻土

~ de Holanda 赭土

~ de infusorios 纤毛虫土,硅藻土(由硅藻的硅质残体组成)

~ de Kieselguhr〈地〉硅藻土

~ de labor[labranza] 农用地;耕地

~ de miga 黏土

~ de nadie ①无主土地;②〈军〉(双方战壕之间的)无人[真空]地带

~ de pan llevar 粮田

~ de promisión(~ prometida) 期望中的乐土

~ de regadío 灌溉地

~ de secano 旱地

~ del Fuego [T-] 火地岛(分属阿根廷和智利)

~ fértil 沃土

~ firme ①陆地,大陆;②〈建〉地皮

~ fría *Amér.L.* 地表以下2,000米的土层

~ japónica〈医〉儿茶

~ natal 故乡;出生地

~ negra 黑(钙)土

~ pantanosa 沼泽地

~ quemada〈军〉焦土(政策)

~ rara〈化〉稀土(元素)

~ templada *Amér.L.* 地表以下1,000-2,000米之间的土层

~ vegetal ①表土;②腐殖土

~ verde ①绿泥石;②*Méx.* 绿土

~ virgen (未开垦的)处女地

antena de ~ 接地天线

borna de conexión a ~ 接地端子

circuito con pérdida de fluido a ~ 大地[地电]回路

corriente de la placa de ~ 大地电流

corrimiento de ~s ①土崩,坍方[坡],塌方,滑坡;②〈地〉地滑

movimiento de ~s 运土,土方工程

no a ~ 非接地的

personal de ~ 地勤人员

plancha de ~ 接地(导)板

resistencia de ~ 接地电阻

retorno por ~ 大地[地电]回路

velocidad respecto a ~(对)地速(度,率)

tierra-aire adj. 〈军〉(导弹等)地对空的

misil ~ 地对空导弹

tierra-tierra adj. 〈军〉(导弹等)地对地的

misil ~ 地对地导弹

tierral; tierrazo m. *Amér.L.* 尘粒[雾]

tierrero m. *Amér.L.* 尘雾

tiesto m. ①花盆;②〈植〉盆花

tifáceo,-cea adj. 〈植〉香蒲科的‖ f. ①香蒲科植物;②pl. 香蒲科

TIFF abr. ingl. tagged image file format〈信〉标记图像文件格式

tífico,-ca adj. 〈医〉(斑疹)伤寒的;患(斑疹)

伤寒的 ‖ *m. f.* 斑疹伤寒患者

tiflectomía *f.*〈医〉盲肠切除术

tiflitis *f. inv.*〈医〉盲肠炎

tiflología *f.*〈医〉盲学(研究失明和盲人护理的科学)

tiflosis *f. inv.*〈医〉盲,视觉缺失

tiflosolio *m.*〈动〉(双壳贝类等肠壁的)纵褶

tiflostomía *f.*〈医〉盲肠造口术

tiflotomía *f.*〈医〉盲肠切开术

tifo *m.*〈医〉斑疹伤寒

　～ asiático 霍乱

　～ de América 黄热病

　～ de Oriente 腺鼠疫

tifogénico,-ca *adj.*〈医〉①引起伤寒的;②引起斑疹伤寒的

tifoidea *f.*〈医〉伤寒

tifoideo,-dea *adj.*〈医〉①伤寒的;类伤寒的;②斑疹伤寒样的,似伤寒的

tifomania *f.*〈医〉(伤寒病人等的)热病谵妄

tifón *m.*①〈气〉台风;②(龙卷风引起的)海[水]龙卷;③*Méx.*〈矿〉矿石露头

tifoso,-sa *adj.*〈医〉斑疹伤寒(性)的

tifus *m. inv.*①〈医〉斑疹伤寒;②〈医〉黄热病

　～ exantemático[petequial] 斑疹热

　～ icteroides 黄热病

　～ mático 斑疹热

tigmotaxia；tigmotaxis *f.*〈生〉趋触性

tigmotropismo *m.*〈生〉向触性

tigra *f.*〈动〉①*Amér. L.* 雌美洲豹;雌虎;②*Méx.* 一种毒蛇

tigre *m.*　①〈动〉虎;②*Amér. L.* 美洲虎[豹];③*Ecuad.*〈鸟〉虎皮鸟

　～ de Bengal 孟加拉虎

　～ de colmillo de sable 剑齿虎(古生物学用语)

　～ de papel 纸老虎,外强中干者

tigrero,-ra *m. f. Cono S.* 狩猎美洲虎[豹]者

tigresa *f.*〈动〉雌虎

tigridia *f.*〈植〉卷丹

tigrón *f.*〈动〉虎狮(雄虎和母狮的杂交种)

tijera *f.*①剪刀;②*pl.*〈机〉剪床,剪切机;③叉[剪刀]状物,X[叉]型支架;(自行车的车)把;④*Amér. L.*〈动〉爪;(虾、蟹等的)螯;⑤〈体〉剪式跳高(动作);(摔跤中的)剪夹对手;⑥〈体〉(足球运动中的)侧钩球;⑦〈动〉(蛇的)舌头

　～ de aclarar[entresacar] el pelo 削发剪

　～ de coser 裁缝剪

　～ de[para] hojalatero 铁匠[白铁]剪刀

　～ de podar(～s podadoras) 修[整]枝剪

　～ de precios 剪头差

　～ para las uñas 修甲小剪刀,指甲剪

　～s de[para] chapas 剪板机

　～s paralelas 剪板机,闸刀式剪切机

　cama de ～ 折叠床

　escalera de ～ 活梯,梯凳

　silla de ～ 折叠椅

tijeral *m.*①〈建〉屋[三角]架;②*Cono S.*〈鸟〉鹩

tijereta *f.*①〈昆〉蠼螋;②(葡萄藤的)卷须;③〈体〉(足球运动中的)侧钩球;④*Arg.*〈鸟〉剪嘴鸥

tila *f.*①〈植〉欧椴树;酸橙椴;②椴树花茶;椴树花浸剂;③印度大麻制剂,印度麻醉剂

till *m.*〈地〉冰渍

tillitas *f. pl.*〈地〉冰渍岩

tilo *m.*①〈植〉欧椴树;酸橙椴;②*Amér. L.* 椴树花茶;椴树花浸剂

tiloma *m.*〈医〉胼胝

tilópodo,-da *adj.*〈动〉(骆驼等动物)有胼足的,趾底有肉垫的 ‖ *m.*①驼亚目动物;胼足下目动物;②*pl.* 驼亚目

tilosis *f.*①〈医〉胼胝形成,胼胝;②〈植〉侵填体

tilótico,-ca *adj.*〈医〉胼胝的

tiluche *m. Bol.*〈鸟〉灶鸟

tímalo *m.*〈动〉茴鱼

timbal *m.*①〈乐〉小鼓;②〈乐〉铜鼓;*pl.* 定音鼓

timbiriche *m. Méx.*〈植〉卡拉锦梨

timbre *m.*①铃;电铃;铃铛;②〈乐〉音品[色,质];③印花;印花税票;④印章,图章,戳子,钢印;⑤*Méx.* 邮票;⑥*Amér. L.* 人物描写;商品说明

　～ anunciador 警铃

　～ de agua (纸张上的)水印

　～ de alarma 警铃[钟]

　～ de armadura polarizada 偏振电铃

　～ de golpe simple 单击电铃

　～ de llamada 呼叫(信号)铃

　～ eléctrico 电铃

　～ fiscal 印花税票

　～ temblador 电铃

　derechos de ～ 印花税

　tintineo de ～ 铃声

timbrofilia *f.*①集邮;②收集印章

timbrología *f.* 集邮学

timectomía *f.*〈医〉胸腺切除术

timelcosis *f.*〈医〉胸腺溃疡

timeleáceo,-cea *adj.*〈植〉瑞香科树和灌木的 ‖ *f.*①瑞香科植物;②*pl.* 瑞香科

timerosal *m.*〈药〉硫[噻]汞撒(一种皮肤消毒药)

tímico,-ca *adj.* ①〈解〉胸腺的；②〈化〉〈植〉百里香的
estroma ～ 胸腺基质

timidina *f.*〈生化〉胸腺嘧啶脱氧核苷，胸苷

timina *f.*〈生化〉胸腺嘧啶

timitis *f. inv.*〈医〉胸腺炎

timo *m.*〈解〉胸腺

timocito *m.*〈生〉胸腺细胞

timodependiente *adj.*〈医〉胸腺依赖性的

timoindependiente *adj.*〈医〉非胸腺依赖性的

timol *m.*〈化〉百里酚，麝香草酚

timolflaleína *f.*〈化〉百里酚酞，麝香酚酞

timólitis *f.*〈医〉胸腺溶解，胸腺破坏

timoma *m.*〈医〉胸腺瘤

timón *m.* ①〈海〉船舵；〈航空〉（飞机的）方向舵，舵；②〈航空〉舵轮；③ 车辕，辕木[杆]；犁辕[柄]；④〈天〉船尾座；⑤ *And.*（汽车的）方向盘
～ compensado 平衡舵
～ de altura〈航空〉升降舵
～ de arado 犁辕[柄]
～ de dirección[deriva] ①〈海〉船舵；②〈航空〉（飞机的）方向舵
～ de inmersión（潜水艇的）水平舵
～ de popa/proa〈海〉艉/艏舵
～ de profundidad〈航空〉升降舵
～ horizonatal de submarino 潜艇水平舵
～ provisorio 应急舵
～ vertical 纵[方向]舵
barra del ～ 方向舵脚蹬
caña de(l) ～ 舵杆
macho del ～ 舵杆[栓]
pedal de gobierno de ～ 方向舵脚蹬

timonel *m. f.* ①〈海〉舵手；②〈赛艇〉舵手

timonera *f.* ①〈船〉操舵室；驾驶室；②〈鸟〉尾[舵]羽

timonería *f.* ①〈海〉操舵机械装置；②〈铁路〉联动装置

timonero *m.* ①〈海〉舵手；②〈赛艇〉舵手

timopatía *f.*〈医〉胸腺病

timopoyetina *f.*〈医〉胸腺生长素

timoprivo,-va *adj.*〈医〉胸腺缺乏的

timosina *f.*〈生化〉胸腺激素

timotóxico,-ca *adj.*〈医〉胸腺毒的

timotoxina *f.*〈医〉胸腺毒素

timpanectomía *f.*〈医〉鼓膜切除术

timpania *f.*〈医〉肿胀；肿瘤

timpánico,-ca *adj.* ①〈解〉鼓膜[室]的；②〈医〉鼓响的

timpanillo *m.*〈印〉（印刷机的）第二层压格纸

timpanismo *m.*；**timpanitis** *f.*〈医〉（腹部的）气鼓，鼓胀

timpanítico,-ca *adj.*〈医〉①气臌的；②鼓响的

timpanitis *f. inv.*〈医〉鼓室炎，中耳炎

tímpano *m.* ①〈解〉耳[鼓]膜；鼓室，中耳；②〈建〉（山墙饰内的）三角面；③〈乐〉小鼓；铜[定音]鼓；④〈乐〉扬琴；⑤〈印〉（印刷机的）压格纸

timpanoplastia *f.*〈医〉中耳整复术

timpanosclerosis *f.*〈医〉鼓膜硬化

timpanotomía *f.*〈医〉鼓室穿刺术，鼓室探查术

timple *m.*〈乐〉（高音）小吉他

tina *f.* ①瓮；②大桶；大槽；(大，染)缸；③大木盆；*Cub.* 高木桶；④浴缸，澡盆
～ de amalgamación 混汞缸

tinaja *f.* 大瓮；大槽
～ de condensación 热水槽

tinamo *m. Méx.*〈鸟〉石鸡

tinca *f. And.* 保龄球运动

tíncal *m.*〈矿〉(原,粗)硼砂

tinción *f.* 着[染]色

tinctura *f.*〈药〉酊剂

tindalimetría *f.*〈化〉〈理〉（英国物理学家）廷德尔法，悬体测定法

tindalímetro *m.*〈化〉〈理〉廷德尔计，悬体测定计

tindalización *f.* ①〈化〉〈理〉廷德尔化[作用]；②〈医〉廷德尔灭菌法，间歇灭菌法

tíner *m. Amér. L.*〈化〉（涂料、油漆等的）稀释剂

tingibilidad *f.*〈生〉（细胞的）可染性，可染色，着色性

tingible *adj.*〈生〉可染色的

tinglera *f. Amér. L.*〈建〉三脚架，山形架

tinnitus *m.*〈医〉耳鸣

tino *m.* ①缸；瓮；石槽；②〈机〉（葡萄）榨汁[压榨]机，橄榄压榨机；③〈军〉（射击）准头；击中目标的能力；④（学会的或本能的）技能；技巧；估量[猜测]准确（度）

tinta *f.* ①〈染〉颜[染]料；②墨；墨水[汁]；③（乌贼、章鱼等分泌的）黑色液体；④ *pl.*〈画〉（色彩的）浓淡深浅；色调[泽]；⑤（绘画用的）颜色
～ china（中国）墨，墨汁
～ de color 彩色油墨
～ de escribir 墨水
～ de imprenta〈印〉油墨
～ de marcar（纺织品上印染用的）标记[不退色]墨水
～ de párpados 眼皮染色
～ indeleble（擦不掉的）不退色墨水
～ invisible[simpática, secreta] 隐显墨水
～ magnética〈印〉磁性油墨

~ oléica 油墨

~ para estarcido 模印墨

~ roja ①红墨水;②〈财〉〈商贸〉赤字,亏损 aparato con marcador de ~ (电报)印字机,油墨印码器

media ~ 〈画〉〈摄〉中间色,中间调

tinte *m.* ①染色;②染[颜]料;③色彩;④洗染店;干洗店;染坊

~ del sistema de acridina 吖啶系染料

buen ~ 不退色染料

tintero *m.* 〈印〉墨槽

tintómetro *m.* 〈化〉色辉[色调]计

tintóreo,-rea *adj.* 〈工艺〉染色的;染色用的,用于染色的‖ *m.* 染色(法,工艺),着色

tintorera *f.* 〈动〉鲨鱼;鼠鲨;雌性鲨鱼

tintorería *f.* ①染[着]色;洗染业;②洗染店;干洗店

tintura *f.* ①染[着]色;②〈化〉染料[液];染色剂;③〈药〉酊剂

~ al metal fundido 熔态金属染色

~ de tornasol 〈化〉石蕊(色素)

~ de yodo 碘酊[酒]

tiña *f.* ①〈医〉癣;②〈昆〉蠹蛾

~ alba 白癣

~ mucosa 湿疹

tiñoso,-sa *adj.* 〈医〉长[生]癣的

tiñuela *f.* ①〈植〉菟丝子;②〈动〉船蛆

tioacético,-ca *adj.* 见 ácido ~

ácido ~ 〈化〉硫代乙酸

tioácidos *m. pl.* 〈化〉硫代(氧的)酸

tioalcoholes *m. pl.* 〈化〉硫醇

tioaldehído *m.* 〈化〉硫醛

tioarsenato *m.* 〈化〉硫代砷酸盐

tioarsénico,-ca *adj.* 见 ácido ~

ácido ~ 硫代砷酸

tiobacteria *f.* 〈化〉硫细杆菌

tiocabamida *f.* 〈药〉硫脲

tiocarbónico,-ca *adj.* 见 ácido ~

ácido ~ 〈化〉硫代碳酸

tiocianatos *m. pl.* 〈化〉硫氰酸盐[酯]

tiociánico,-ca *adj.* 见 ácido ~

ácido ~ 〈化〉硫氰酸

tiocol *m.* 〈工〉聚[乙]硫橡胶

tiocromo *m.* 〈生化〉硫色素,脱氢硫胺(素)

tioéster *m.* 〈化〉硫酯

tioéteres *m. pl.* 〈化〉硫醚

tiofeno *m.* 〈化〉噻吩

tiofenol *m.* 〈化〉苯硫酚

tiofosfato *m.* 〈化〉硫代磷酸盐[酯]

tiofosfórico,-ca *adj.* 见 ácido ~

ácido ~ 〈化〉硫代磷酸

tiofurano *m.* 〈化〉噻吩

tioles *m. pl.* 〈化〉硫醇(类)

tionato *m.* 〈化〉硫代硫酸盐

tiónico,-ca *adj.* 〈化〉硫的,含硫的,从硫衍生的

ácido ~ ①硫(逐)酸;②连硫酸

tionilo *m.* 〈化〉亚硫酰

tionina *f.* 〈化〉硫堇,劳氏紫

tiosemicarbazona *f.* 〈化〉缩氨基硫脲

tiosinamina *f.* 〈化〉烯丙基硫脲

tiosulfato *m.* 〈化〉硫代硫酸盐[酯]

tiouracilo *m.* 〈药〉硫脲嘧啶(抗甲亢、心绞痛或充血性心力衰竭等的药物)

tiourea *f.* 〈化〉硫脲(用于治疗甲亢及照相术等)

resina de ~ 硫脲(甲醛)树脂

tipa *f.* 〈植〉南美花梨木

tipar *tr.* 〈信〉键入

tipario *m.* (打字机键盘的)全部字符

tipate *m. Méx.* 〈植〉槲寄生

tipiadora *f.* 〈机〉打字机

tipicidad *f.* ①典型[代表]性;②真实性

tipificación *f.* ①分[归]类;②典型化,代表;象征

tipismo *m.* ①典型性;②(文艺作品等的)地方色彩;地方[乡土]特色

tiple *m.* ①〈乐〉女[童声]高音;②〈乐〉最高声部唱手;童声高音唱手;③〈海〉(拉紧的)三角帆;④〈海〉单杆桅‖ *f.* 〈乐〉女高音歌手

tipo *m.* ①类型;种类;品种;②典型;样板;③〈生〉型;种;门;④〈商贸〉比率(利息、税收等的)费率;汇[利]率;⑤体型;⑥〈印〉铅[活]字,字体;⑦类别;样式;式样

~ a término 期货利率

~ abierto 敞开式

~ abstracto de datos 〈信〉抽象数据类型

~ asténico 无力[衰弱]体型

~ atlético 强壮[运动员]体型

~ bancario (中央银行规定的)银行利[贴现]率

~ base 基本利率(指清算银行作为贷款基础的利率)

~ cambiario(~ de cambio)(外汇)汇率,兑换率,汇价

~ central 中心汇率

~ cerrado 封闭[用锁]式

~ cerrado y con ventilación 封闭通风式

~ de ahorro 储蓄率

~ de arquitectura 建筑式样[风格]

~ de cambio fijo/flotante 固定/浮动汇率

~ de cambio libre 自由汇率

~ de cambio oficial 法定[官方]汇率

~ de cambio sombra 影子汇率

~ de cierre 收盘价;收盘汇率

~ de cuentas 账目类别

~ de datos〈信〉数据类型

~ de equipo 设备型号

~ de flete 运费率

~ de gravamen 税率

~ de imprenta[impresión] 活[铅]字

~ de interés de equilibrio 均衡利率

~ de interés del consumo 消费利率

~ de interés elevado 高利率

~ de interés nominal/real 名义/实际利率

~ de inversión 投资率

~ de letra〈印〉字体

~ de pignoración 抵押贷款利率

~ de prima 保险费率;〈汇兑〉升水率

~ diferencial 差别(费)率

~ diferencial de interés 差别利率

~ doble 双重汇率

~ efectivo 有效[实际]利率

~ en V V 型

~ en voladizo 悬臂式

~ espectral〈天〉光谱型

~ fijo 固定费率;统一费率

~ flexible de cambio 弹[伸缩]性汇率

~ fluctuante 波动汇[利]率

~ gótico〈印〉粗黑体字,哥特体活字

~ impositivo 税率

~ interbancario 银行间汇率;银行同业拆放利率

~ libre de cambio 自由[不固定]汇率

~ menudo〈印〉小字体

~ natural de interés 自然利率

~ novísimo 最新式样

~ pícnico 矮胖体型

~ semicerrado 半封闭式

~s cruzados 套[交叉]汇率

~s de cambio múltiples 复[多种]汇率

~s de tarifa 关税率

~s oscilantes[variables] 浮动汇[利]率

doble ~ 双重汇率

lengua ~ 标准语言

ondas ~ A A 型波

ondas ~ B B 型波

tipografía f.①〈印〉凸版印刷(术),铅印(术);②(书籍等的)排印;印刷版面式样

tipográfico,-ca adj.〈印〉印刷上的,排印[字]的

composición ~a 排字

error ~ 排印错误

tipógrafo,-fa m.f.〈印〉排印[字]工;印刷工

tipología f.①类型学(一种分组归类方法的体系,应用于考古学、神学等的研究);②分类法

tipómetro m.〈印〉活字尺

típula f.〈昆〉大蚊(一种身细足长的飞虫,形似蚊而不叮人)

tira f.①布条;布带;②〈鞋〉带;③〈法〉上诉手续费;④〈海〉滑车索‖ m. 见 ~ y afloja

~ de cupones 息票单;赠券,配给券

~ y afloja ①(谈判中费时的)讨价还价;②(让步时的)互谅互让

tirabuzón m.①开[起]塞钻;(拔软木塞的)瓶塞钻;②〈体〉转体跳水

tiraclavos m.inv.〈机〉(拔钉用的)钩形扳手

tirada f.①投,掷,抛,扔;②(一段)距离;③〈印〉印刷[次];印数;④(书报等的)发行量;⑤〈缝〉衣长

~ aparte(书刊中论文、小说、摘录等的)选印本

~ de un libro 书的印数

de gran ~ 发行量大的

tirador m.①(门等的球形)拉手;(箱子等的)柄,把[拉]手;②拉铃索;铃扣;③〈画〉〈技〉绘画笔;(制图用的)直线笔,鸭嘴笔

tirafondo m.①方头[六角头]螺钉;②〈医〉(取异物)镊子;③pl.〈机〉(铁路用)螺旋道钉

tiraje m.①〈印〉印刷;印数;②投掷;③Amér.C.,Cono S.,Méx.(烟囱)烟道

tiralíneas m.inv.①(制图用的)直线笔,鸭嘴笔;②〈画〉〈技〉绘图笔

tiramina f.〈生化〉酪胺

tirante m.①〈缝〉(衣服的)吊[背]带;②〈建〉(系)梁,横[撑]杆;支[托]架;(斜)撑柱;③〈机〉拉索[条];轨撑;(挽具上的)牵索;④Amér.L. 风筝提线

~ de bastidor 底架梁

~ de extensión 斜[撑]杆;对角拉条

~ de tensado 拉索[线]

~ horizontal 反斜撑

~ inclinado 斜撑;角(铁)撑

~ longitudinal 纵梁

~ superior 抗风梁

~ transversal 横梁

~s del paralelogramo 平行撑杆

tirantez f.①拉[绷]紧状态;②(关系、局势等的)紧张状态;③〈商贸〉银根紧

tirantillo m.〈建〉主栓,中枢销

tiratrón m.〈电子〉闸流管

tireotomía f.〈医〉①甲状软骨切开术;②甲状腺切开术

tirita f.①〈医〉护创胶布,橡皮膏;邦迪牌创可贴(商标名);②〈缝〉(衣服上标有姓名的)

布条

tiritona *f. And.* 〈动〉蜥蜴

tirix *m. Méx.* 〈医〉腹泻

tiro *m.* ①投，掷，抛，扔；②射击；发射；③子[枪，炮]弹；④枪[射击]声；⑤射程；⑥(变化的)幅度；(听觉，视觉，活动，影响等的)范围；⑦〈体〉(足球运动的)射门；(篮球运动的)投篮；⑧〈动〉耕地,拉车的)牛，马；牲畜；(一起拉车、耕地的)联畜；⑨ *pl.* 〈军〉剑[刀]带；⑩〈建〉楼[阶]梯的一段；⑪〈矿〉矿[立，竖]井；井深，井筒；⑫(烟囱的)抽[通]风，气流；⑬绳索；(挽具上的)牵索；链(子，条)；拉铃索；⑭ *Cono S.* (赛马中的)合格段；(赛马的)赛程；⑮ *Méx.* 〈印〉(书刊的)版次

~ a canasta[gol] (篮球运动中的)投篮

~ a puerta (足球运动中的)射门

~ al arco ①射箭；② *Amér. L.* 射门

~ al blanco ①射击，打靶；②靶[射击]场

~ al plato 飞靶射击；射击飞碟

~ artificial (~ forzado) 强制通风

~ de aproximación (高尔夫球运动中的)打上球穴区的一杆

~ de castigo 〈体〉罚球

~ de chimenea (烟囱的)抽[通]风

~ de esquina (足球运动中的)角球

~ de explosivos 放炮，引爆

~ de gracia (为结束临死痛苦而给予的)慈悲一枪

~ de mina 矿道

~ de pichón 射击[打靶]场

~ de revés (网球等运动中的)反手击球；(棒球等运动中的)反手接球

~ de ventilación 通风竖井

~ directo 直接(瞄准)射击

~ inducido por aspiración 诱导通风

~ intensivo 强射流

~ libre ①(足球运动中的)任意球；②(篮球运动中的)罚球

~ mecánico 强制通风

~ natural 自然通风

~ por aspiración 诱导通风

~ progresivo 梯级试射

~ rápido 速射

animal de ~ 耕畜；役畜

caballo de ~ 拉车大马

tiroadenitis *f. inv.* 〈医〉甲状腺炎

tirocalcitonina *f.* 〈药〉降血钙素

tirocidina *f.* 〈生化〉短杆菌酪肽

tiroglobulina *f.* 〈生化〉〈医〉甲状腺球蛋白

tirogloso,-sa *adj.* 〈医〉甲状腺与舌的，甲状舌管的

tiroidectomía *f.* 〈医〉①甲状腺切除术；②甲状腺功能去除

tiroideo,-dea *adj.* 〈解〉①甲状腺的；②甲状的

tiroides *adj. inv.* 〈解〉①甲状腺的；②甲状的 ‖ *m. inv.* 〈解〉甲状腺

tiroiditis *f. inv.* 〈医〉甲状腺炎

~ alérgica 变应性甲状腺炎

~ leñosa 板样甲状腺炎

tiroidotomía *f.* 〈医〉甲状腺切开术

tirolita *f.* 〈矿〉铜泡石

tironina *f.* 〈生化〉甲状腺原氨酸

tiropatía *f.* 〈医〉甲状腺病

tirosina *f.* 〈生化〉络氨酸

tirosinasa *f.* 〈生化〉络氨酸酶

tirosinemia *f.* 〈医〉络氨酸血症

tirosinosis *f.* 〈生化〉络氨酸代谢紊乱症

tiroteo *m.* ①射击；②交火[战]；〈军〉小规模战斗；小冲突；③枪[炮]战，(警察与罪犯等的)枪战

~ cruzado 交叉火力

tiroterapia *f.* 〈医〉甲状腺制剂疗法

tirotomía *f.* 〈医〉①甲状腺切开术；②甲状软骨切开术

tirótomo *m.* 〈医〉甲状软骨刀

tirotoxicosis *f.* 〈医〉甲状腺毒症；甲状腺功能亢进

tirotricina *f.* 〈生化〉短杆菌素，混合短杆菌肽

tirotropina *f.* 〈医〉促甲状腺激素

tiroxina *f.* 〈生化〉甲状腺素

tisaje *m.* 编(织)；编[织]法

tisanuro,-ra *adj.* 〈昆〉缨尾目的 ‖ *m.* ①缨尾目昆虫(如银汉鱼、衣鱼等原始无翅昆虫)；② *pl.* 缨尾目

tísico,-ca *adj.* 〈医〉肺痨病的；患肺痨病的；有结核病的 ‖ *m. f.* 结核病人；(昔时的)肺痨病人

tisiofobia *f.* 〈医〉痨[结核]病恐怖

tisiología *f.* 〈医〉痨[结核]病学

tisiólogo,-ga *m. f.* 〈医〉痨[结核]病学专家

tisioterapia *f.* 〈医〉痨[结核]病治疗

tisiquento,-ta *adj. Cono S.* 〈医〉肺痨病的；患肺痨病的

tisiquiento,-ta *adj. Cono S., Méx.* 〈医〉肺痨病的；患肺痨病的

tisis *f.* 〈医〉痨病；肺结核

tiste *m. Amér. M.* 〈医〉疣；肉赘

tisú (*pl.* tisús) *m.* ①(织)金银绸缎；②薄纱(巾)；③手巾纸，卫生纸

tisular *adj.* 〈生〉〈医〉组织的

daño ~ 组织损害

debilitamientos ~es 组织衰弱

tisuria *f.* 〈医〉沥尿过多

Titán *m*. ①〈天〉土卫六(土星卫星中最大的一颗);②〈军〉大力神洲际弹道导弹

titanato *m*. 〈化〉钛酸盐[酯]

~ de bario 钛酸钡

~ de plomo 钛酸铅

titania *f*. ①〈化〉二氧化钛;②[T-]〈天〉天卫三

titánico,-ca *adj*. 〈化〉(含)钛的,(含)四价钛的

titanífero,-ra *adj*. 含钛的;产钛的

titanio *m*. 〈化〉钛

~ metálico 金属钛

carburo de ~ 碳化钛

hidruro de ~ 氢化钛

óxido de ~ 氧化钛

titanita *f*. 〈矿〉榍石

tití *m*. *Amér. L.* 〈动〉(产于南美洲的)卷尾猴;泣[悬]猴;僧帽猴

titración *f*. 〈化〉滴定法

titrante *m*. 〈化〉滴定剂

titrator *m*. 〈化〉滴定管[器]

titulación *f*. ①〈教〉学位(证书);②获得学位;③加标题;④地契;⑤〈化〉滴定(法)

~ del complemento 补体滴定

~ universitaria 大学学位(证书)

titulado,-da *adj*. ①有标题的,题为…的;书名为…的;②〈教〉有学位[学衔]的 ‖ *m. f.* 〈教〉(尤指学士)学位获得者

titular *adj*. ①〈体〉(球队等)主力(队员)的;②〈教〉有学位证书的;③享有所有权的;④(用作)标题的 ‖ *m*. 〈印〉大字标题 ‖ *f*. 〈印〉标题字母

titularidad *f*. ①所有权[制];②任职[执业]资格;③〈体〉主力队员资格

empresa de ~ pública 公有制企业[公司]

titulatura *f*. 〈集〉学位

titulillo *m*. ①〈印〉(书刊等的)页首标题,栏外标题;②(报纸上的)副[小]标题

titulitis *f*. ①(企业用人时的)过分看重学位证书(现象);②(学生中的)唯学位证书观念

titulización *f*. 将(资产等)转化为债券;债券化

titulizar *tr*. 将(资产等)转化为债券,将…债券化

título *m*. ①(书、报刊等的)标题,(文章等的)题目(电影等的)片名;②冠军,第一名;③学位[衔],证书,资格(证明);④称号;头衔(如将军、博士、伯爵等);⑤(预算中的)项目;债券;证券;(财产等的)所有权凭证;⑥(律书的)章节;⑦〈化〉滴定度[率];⑧*Cari.*(汽车)驾驶执照

~ al portador 无记名债券

~ académico 学衔

~ amortizable 可偿还[赎回]债券

~ con cupón 附息票债券

~ convertible 可兑换债券

~ de acciones 股票证书

~ de bachiller 中学毕业证书

~ de compraventa 买卖契据

~ de inversión 投资证券

~ de privilegio 特许证

~ de propiedad 所有权证书(尤指地契)

~ de renta fija 定息证券

~ de renta variable 非定息证券

~ facticio (编目时给本来没有名称的书稿起的)代用名

~ legal 法定成色

~ legítimo ①有效票据;②有效证书

~ mobiliario 不记名债券;不记名证券

~ nominal[nominativo] 记名证券

~ poder (债券等出售或过户)授权书,全权代理证书

~ universitario 大学学位

~s bursátiles (交易所)挂牌[上市]证券

~s de créditos (在影视片片头或片尾出现的)摄制人员名单

~s pignorados 典[质]押证券

titumetría *f*. 〈化〉滴定分析法

tixotropía *f*. 〈化〉触变性,摇溶(性,现象)

tixotrópico,-ca *adj*. 〈化〉触变性的,具有触变作用的,摇溶的

tixotropo *m*. 〈化〉触变胶

tiznajo; tizón *m*. ①〈植〉(引起黑穗病的)担子菌;②〈建〉丁[露头]砖;砌墙石

Tk *m*. 〈信〉以 Tcl 脚本语言撰写的扩充套件

Tl 〈化〉元素铊(talio)的符号

tlacolote *m*. *Amér. L.* 〈农〉坡田;垦荒地

tlacote *m*. *Méx.* 〈医〉瘤,肿瘤,肿块

tlacuache *m*. *Amér. L.* 〈动〉①狐狸;②负鼠

tlapisquera *f*. *Méx.* 〈农〉①谷[粮]仓;②(农具)仓库

TLC *abr*. Tratado de Libre Comercio (北美)自由贸易协定

Tm 〈化〉元素铥(tulio)的符号

tm *abr*. tonelada métrica 公吨(重量单位=1,000 千克)

TMEF *abr*. tiempo medio entre fallos 〈信〉平均无故障时间(测试仪器或系统的可靠性指标);平均故障间隔时间

TMHR *abr*. tiempo medio hasta reparación 〈信〉平均维修时间(指平均维修间隔时间)

Tn 〈化〉钍射气(torón)的符号

TNT *abr*. trinitrotolueno 梯恩梯(即三硝基甲苯)

toa *f*. *Amér. L.* ①粗[纤]绳;拖索[缆];②

〈船〉缆绳,大索

toar *tr.* 〈海〉拖曳,牵引

toba *f.* ①水垢[碱,锈];②牙[齿]垢;③〈地〉凝灰岩;(石灰)华

  ~ calcárea 石灰华

  ~ volcánica 凝灰岩

tobar *m.* 凝灰岩采石场 ‖ *tr. And.* 〈海〉拖曳,牵引

tobera *f.* ①〈机〉管嘴;喷管[嘴];②〈机〉排放管;管口;③〈冶〉(熔炉的)鼓风管[口]

  ~ convergente 渐缩(型)喷嘴

  ~ de admisión 进气[水,油]管

  ~ de descarga 排放[排气]管

  ~ de escape 排气[尾喷]管

  ~ de escorias 出渣口

  ~ de eyección 放气[水,油]管;喷油管

  ~ de inyección 注入[给水]管

  ~ de inyector 喷油嘴

  ~ de Laval 渐缩渐阔(型)喷嘴

  ~ de salida 排出[放出,出口]管;流出[泄水]管

  ~ divergente 扩张型喷嘴,喇叭形管嘴

  ~ para hilar 喷丝头[嘴]

  ~ regulable 可调管口

  ~ supersónica 超音速喷嘴

tobillero *m.* 〈体〉护踝(用品)

tobillo *m.* 〈解〉脚踝,踝关节

tobogán *m.* ①(公园等处的儿童)滑梯;②(游泳池的)滑道,下水滑道;③平底雪橇;(在雪或冰上滑行的)木制滑橇;④(展览会馆等入口处的)之字形路线;⑤(输送商品的)滑板

  ~ acuático(水上乐园等处的)滑水道,水滑梯

  ~ gigante(游乐场的)过山车

tocable *adj.* 〈乐〉(乐曲)易演奏的

tocacintas *m.inv. Amér.L.* 录音机

tocadiscos *m.inv.* 留声机,(电)唱机

tocador *m.And.* 〈乐〉调音器 ‖ *m. f.* 〈乐〉(乐器)演奏者

tocata *m.* 留声机,(电)唱机 ‖ *f.* 托卡塔(键盘乐曲)

tocay *m. Col.* 〈动〉吼猴

tochimbo *m.And.* 〈冶〉熔(炼)炉

tocho *m.* 〈冶〉铁[钢]锭,钢坯

toco *m.* 〈植〉①*Cari.* 树根[桩];(无枝叶的)残干[株];②*Venez.* 雪松

tocodinamómetro *m.* 〈医〉分娩力计

tocoferol *m.* 〈生化〉分娩酚,维生素 E

tocofobia *f.* 〈心〉分娩恐怖

tocoginecología *f.* 〈医〉产科学

tocoginecólogo,-ga *m. f.* 〈医〉产科医生

tocografía *f.* 〈医〉分娩力描记法

tocógrafo *m.* 〈医〉分娩力描记器

tocología *f.* 〈医〉产科学

tocólogo *m. f.* 〈医〉产科医生

tocomanía *f.* 〈医〉产后狂躁

tocómetro *m.* 〈医〉分娩力计

tocoy *m. Méx.* 〈植〉白柳,柳树

tocte *m. Amér. L.* 〈植〉黑胡桃

TOD *abr. ingl.* technical object document 〈信〉技术目标文件

tofo *m.* ①〈兽医〉筋瘤,结节肿;②*Cono S.* 高岭土

togavirus *m.* 〈生〉外衣[囊膜]病毒

toisón *m.* ①金羊毛勋位;②金羊毛勋章

  ~ de oro ①金羊毛勋位;②[T-]金羊毛勋章

tojo *m.* ①〈植〉荆豆;②*Bol.* 〈动〉石灵

tol *m. Amér. C.* 〈植〉①葫芦;②葫芦属植物;南瓜属植物

tolazolina *f.* 〈药〉(盐酸)苄唑啉;苯甲唑啉,妥拉苏林(用于治疗周围动脉痉挛等)

toldilla *f.* ①〈船〉尾楼甲板;②〈军〉(军舰的)上层甲板

toldo *m.* ①(商店,阳台等的)雨[凉,遮]篷;(海滩等处的)凉棚[篷];(节假日用的)大帐篷;(公园)大凉篷;②篷[柏油]帆布;(防水)油布;③*Méx.* 折合式车篷;帐篷;④*And.,Cari.* 蚊帐

tolerabilidad *f.* ①可容忍性;可容许性;②可忍耐[受]性

tolerable *adj.* 〈技〉可容许的

  límite ~ 容(许极)限

tolerado,-da *adj.* 见 película ~a

  película ~a(para menores)允许未成年人看的电影

tolerancia *f.* ①忍受;容忍,宽容[恕];②〈医〉耐受性;耐药量;③〈生〉(生物体耐受特定环境条件等的)耐性;④〈技〉公差,容限

  ~ a fallos 〈信〉容错

  ~ de amolado 〈技〉磨削裕度[余量]

  ~ de cantidad 数量公差

  ~ de cero 〈法〉零容忍(指对犯罪行为不问轻重一律严惩的政策与措施)

  ~ de frecuencia 频率容限

  ~ de peso 重量公差

  ~ estrecha 紧公差

  ~ máxima 最大容限

  ~ total 总公差,总容限

tolete *m.* ①〈船〉〈海〉桨耳[架,栓];②*And.* 木筏[排]

tolla *f.* 〈地〉湿[沼泽]地

toloache *m. Méx.* 〈植〉曼陀罗

tolobojo *m. Guat.* 〈鸟〉企鹅

tolón *m. And.* 〈兽医〉齿龈炎

toluco *m. Méx.* 〈动〉猪

tolueno；**toluol** *m*. 〈化〉甲苯

toluico，-ca *adj*. 〈化〉甲苯甲酸的

　ácido ～ 甲苯甲酸

toluidina *f*. 〈化〉甲苯胺

tolva *f*. ①漏[斗，加料]斗；溜[倾斜]槽；②(运泥、垃圾等的)开底泥驳；③*Cono S.*，*Méx*. (铁路上运煤等的)底卸式车；④*Méx*. 〈矿〉(存放)矿石棚

　vagón con ～ (铁路上运煤炭等的)底卸式车

tolvanera *f*. ①尘暴；②〈气〉尘云

toma *f*. ①拿，取；接受；②担任(领导)；③(水、气等的)(出，入,分流)口；④(电影、电视的)拍摄；连续镜头，一段影片；⑤(药物的)剂[服用]量；(婴儿的)一餐[顿]；⑥〈军〉占领，夺得[取]；⑦*Amér. L.* 沟[灌溉]渠；*Chil*. 堤坝；⑧*Amér. C.* 小河[溪]，溪流；⑨收集(资料)；〈信〉取

　～ a bordo 船边提[交]货

　～ de agua 消防栓，灭火塞

　～ de agua contra[para] incendios 灭火[消防]龙头

　～ de agua potable 自来水龙头，自来水设施

　～ de aire 进气口[孔]

　～ de arco 集电弓

　～ de bobina 线圈抽头

　～ de conciencia 意[认]识(到)

　～ de contacto (初次)接触；(取得)联系

　～ de corriente 电源[墙装]插座

　～ de cuentas 查账

　～ de existencias 存货盘点，盘存

　～ de gas (平炉)煤气上升道；排气口

　～ de huellas 〈信〉指纹识别

　～ de muestras[pruebas] 取样

　～ de posesión 就职，上任

　～ de sonido 录音

　～ de tierra ①〈电〉接地线；(电焊)地线夹子；②〈航空〉〈航天〉(飞机或宇宙飞船着陆过程中的)触[着]地；触地时间

　～ de vapor 风门

　～ de vistas 电视摄像

　～ roscada 螺旋塞

　alcachofa de ～ 莲蓬式喷头

　en ～ directa 直连的

tomacorriente *m*. ①*Arg*.〈电〉电源[墙装]插座；②*Méx*. 〈电〉整流器

tomada *f*. *Amér. L.*〈电〉插头[座]

tomadero *m*. ①(器物的)柄，把手，柄状物；②(水、气体等流入沟、管的)入口；(煤气、自来水等管道上的)龙头，阀门

tomador，-ra *m. f*. ①〈商贸〉(票据等的)开[出]票人；②投保人，保险客户‖*m*. 〈印〉滚筒

tomadura *f*. (药等的)剂[服用]量

tomaína *f*. 〈化〉尸碱[毒]，肉毒胺

tomatal *m*. ①番茄[西红柿]地；②*Amér. L.* 〈植〉番茄，西红柿

tomate *m*. 〈植〉番茄，西红柿

　～ de árbol 新西兰番茄

　～ de pera[perita] 梨形番茄

tomatelo *m*. *Méx*. 〈动〉囊尾幼虫

tomatera *f*. 〈植〉番茄，西红柿

tomavistas *m. inv*. 电影摄影机；电视摄像机

　～ de mano 手提式摄影机

tómbolo *m*. 〈地〉沙颈岬，陆连岛，连岛沙洲

tomento *m*. 〈植〉绒毛

tomentoso，-sa *adj*. 〈植〉被绒毛的

tomillo *m*. 〈植〉百里香(唇形科百里香属植物，药用及调味)

tomografía *f*. 〈医〉X 线体层照相术，X 线断层照相术；断层显像

　～ axial computarizada ①计算机化轴向层面 X 射线摄影法；②〈医〉计算机化 X 线轴向断层照相术

　～ de emisión de positrones〈医〉正电子发射断层显像；正电子发射 X 线层析照相术

tomógrafo *m*. 〈医〉X 线体层照相机，X 线断层照相机

tomograma *m*. 〈医〉X 线体层照片，X 线断层照片

tonal *adj*. 〈乐〉音调的

tonalidad *f*. ①音[声]调；②〈乐〉调性；③(收音机的)音色[质]；④〈画〉色调；明暗；⑤(尤指房间、花园等的)色彩设计

　～ mayor/menor〈乐〉大/小调

　control[regulación] de ～ 音调调节

tonalita *f*. 〈矿〉英云闪长石

tondo *m*. ①〈建〉圆形浮雕；环饰；②圆形画

tonel *m*. ①桶，桶形[状]物；②(飞机的)翻滚

　～ rápido (飞机的)急速翻滚

　en forma de ～〈建〉筒形拱[穹]顶(的)

tonelada *f*. ①吨；公吨；②〈海〉(船舶的)登记吨；排水吨；③〈集〉桶

　～ bruta 长吨

　～ corta[americana] 短吨，净吨(美国通用的重量单位＝2,000 磅或 907.18 千克)

　～ de cubicación 尺码吨

　～ de desplazamiento 排水吨位

　～ de equivalente en carbón …吨煤当量，相当于…吨煤

　～ de equivalente en petróleo …吨石油当量，相当于…吨石油

　～ de flete 运费吨

　～ de peso muerto 载重吨；自重

　～ de refrigeración 冷吨

~ de registro[arqueo]登记吨(船只的登记容积单位,＝100 立方英尺或 2.83 立方米)

~ en bruto 总吨,总吨数

~ kilómetro 吨公里

~ larga[inglesa] 长吨,毛吨(英国通用的重量单位＝2,240 磅或 1,016.05 千克)

~ marina 大桶

~ métrica 公吨

~ milla 吨英里

~-pie 英尺吨

tonelaje *m*. ①〈海〉(表示船舶大小的)吨位(以"每100 立方英尺为 1 吨"的吨数计算);(表示船舶所能载运的货物的量的)吨位(以"每 40 立方英尺为 1 吨"的吨数计算);(表示船舶排水量的)吨位;②〈海〉(一个船队或一个国家船队的)总吨数;③(船舶的)货物重量;(车辆的)货物重量

~ bruto 总吨位

~ de aduana 注册吨

~ de altura 远洋船舶吨位

~ de petroleros 油轮吨位

~ de registro bruto 登记总吨数

~ de un barco 船舶吨位

~ en grueso 总吨位;总吨数

~ medio del tren 列车平均牵引量

~ muerto 净[自]重

~ náutico 船舶注册吨位

~ neto 净吨位

~ neto de registro 登记净吨位

~ oficial 登记吨位

~ registrado 登记吨位;登记吨数

tonelería *f*. ①箍桶作坊;②(木)桶店;③〈集〉桶;④箍桶业;⑤〈海〉淡水贮备

tóner *m*. 〈信〉(静电复印中使用的)色粉

tonga *f*. *Amér. L*. 〈植〉曼陀罗

tónica *f*. ①奎宁[开胃]水;②主调,趋势;③〈乐〉主音

tonicidad *f*. 〈医〉(肌肉等的)紧张性,张力

tónico,-ca *adj*. ①〈乐〉主音的;②〈医〉滋补的;起激励作用的 ‖ *m*. ①〈乐〉主音;②补剂

    agua ~a 奎宁水

tonificación *f*. ①滋补;②增加(肌肤)弹性

tonificador,-ra; tonificante *adj*. 滋补(身体)的

tonina *f*. 〈动〉①金枪鱼;②*Amér. L*. 鲸

tono *m*. ①音量;②语[口]气,声气(讲话,写作等的)风格,调子;倾向;③色彩;特性;性质;④〈画〉颜色;色调;⑤〈解〉〈医〉(肌肉的)紧张性;(正常)弹性;⑥〈乐〉音,全音(指单个音或音程的计量单位);调;⑦〈乐〉音叉;⑧〈信〉色调;色度(图像或像素的颜色);⑨见 ~ del mercado

~ de discado *Cono S.*〈电话〉拨号音

~ de invitación a marcar 〈信〉拨号音

~ de llamada (手机)铃声

~ de marcar (电话)拨号音

~ de ocupado (电话)忙音

~ de prueba 试音

~ de voz 声[语]调;嗓[声]音

~ del mercado 市场供销[价格]情况

~ dual por multifrecuencia 〈信〉双音多频

~ mayor/menor 〈乐〉大/小调

~ muscular 肌肉的弹[紧张]性

~s calientes 暖色调

~s neutros 中间色

tonometría *m*. ①〈乐〉音调测量学;②张力测定法;③〈医〉眼压测量(法)

tonométrico,-ca *adj*. ①〈乐〉测量音调的;②测量张力的

tonómetro *m*. ①〈乐〉音调计;②张力计;③〈医〉眼压计

tonoplasto *m*. 〈植〉(包围植物细胞液泡的)液泡膜

tonoscopio *m*. 音高镜(歌唱演员能即刻看出自己音高偏差的一种声学仪器)

tonsila *f*. 〈医〉扁桃体

tonsilar *adj*. 〈医〉扁桃体的

tonsilectomía *f*. 〈医〉扁桃体切除术

tonsilitis *f. inv*. 〈医〉扁桃体炎

tonsilito; tinsilolito *m*. 〈医〉扁桃体石

tonsilopatía *f*. 〈医〉扁桃体病

tonsilotomía *f*. 〈医〉扁桃体切开术

tonsilótomo *m*. 〈医〉扁桃体刀

tontina *f*. ①联合养老制(一种参加者共同使用一笔基金,生者的份额随死者的增加而增加,最后一个生者享受所剩全部储金的养老保险制);②联合养老制基金

tontón,-ona *m. f*. 〈医〉低能[弱智]者 ‖ *m*. 女式无袖宽内衣;孕妇装

TOP *abr. ingl*. Technical and Office Protocols 〈信〉技术和办公协议

top-secret *adj. inv*. 绝密的文件 ‖ *m*. 绝密(文件)

topacio *m*. 〈矿〉黄玉,黄晶

~ ahumado 烟[墨]晶

~ de Brasil 黄晶

~ oriental 黄刚玉

topadora *f. Cono S., Méx*.〈机〉推土机

topazolita *f*. 〈矿〉黄榴石

tope *adj. inv*. ①最高的,最大的;②顶(端)的;(最大)极限的 ‖ *m*. ①极顶[限];②(中桅)桅稍[顶];③岗楼;瞭望台;④*And., Cono S.* 顶[最高]点,绝顶;⑤〈机〉缓冲垫

［件，器，装置］；减震器；（汽车）保险杠；（火
车轨道的）防撞栅；⑥（保持门敞开或防止门
关得太猛的）制门器；⑦（左轮手枪的）掣子；
⑧*Méx.*（路面）减速装置

　　~ amortiguador de choques 缓冲器，防冲
　　［阻尼］器
　　~ de aguja 双头［地脚］螺栓
　　~ de choque 制动块
　　~ de crédito 信贷最高限额
　　~ de desembraque 自动断开装置
　　~ de detención（车床）导夹盘
　　~ de empuje 挺［推］杆
　　~ de estirado 平行夹头
　　~ de ferrocarril（铁路）缓冲垫
　　~ de grúa（起重机）缓冲器
　　~ de madera 木塞块，垫木
　　~ de mástil 桅顶
　　~ de parada 止冲器
　　~ de seguridad 安全挡块，保险挡
　　~ de ventanilla 窗户减震器
　　~ elástico auxiliar 辅助缓冲器
　　~ neumático 气力减震器
　　fecha ~ 截止日期，最后期限
　　soldadura a ~ 对头［缝］焊接
　　sueldo ~ 最高工资

topera *f.* ①〈动〉鼹鼠洞；鼹鼠丘；②管状地
道，地铁隧道；③地铁

topestesia *f.*〈医〉位置觉

tópico,-ca *adj.*〈药〉〈医〉外用的；局部的 ‖
m. ①〈药〉外用药；②*Amér. L.* 话题；主题
　　de uso ~ 外用的（药）

topillo *m.*〈动〉田［仓］鼠

topo *m.* ①〈动〉鼹鼠；②〈医〉痣；③（长期潜
伏的）间谍；④〈机〉隧道（全断面）掘进机；
⑤*Amér. L.* 大头针；大别针；⑥*And.* 托
波（里程单位，合 1.5 西班牙里）

topoanestesia *f.*〈医〉定位觉缺失

topocho *m.*〈植〉①大蕉；②低矮香蕉树

topografía *f.* ①地形学，地形测量学；②地形
［貌，势］；地形测量；③地志；④〈医〉拓扑记
载
　　~ aérea 航测
　　~ astronómica 天文测量
　　~ fotográfica 摄影测量（术）
　　~ submarina 海底地形

topográfico,-ca *adj.* ①地形学的；地形测量
的；②地形的
　　condición ~a 地形状况［条件］
　　delineante ~ 地形制［绘］图员
　　mapa ~ 地形图

topógrafo,-fa *m. f.* ①地形学者；②地形测
量员；③地志学者

topoisomerasa *f.*〈生化〉拓扑异构酶

topología *f.* ①〈数〉〈信〉拓扑（学，结构）；②
〈地〉地志学；③〈解〉局部解剖学
　　~ de la red〈信〉网络拓扑结构
　　~ en bus〈信〉总线拓扑

topológico,-ca *adj.* ①〈数〉〈信〉拓扑学的；
②〈地〉地志学的；③〈解〉局部解剖学的

toponimia *f.* ①〈集〉地名；②地名学；③〈解〉
部位命名法

toponímico,-ca *adj.* ①地名的；②地名学的

toponimista *m. f.* 地名学家

topónimo *m.* ①地名；②（动物躯体的）部位
名称

topoquímica *f.*〈化〉局部化学

topoquímico,-ca *adj.*〈化〉局部化学的

toposcopia *f.*〈医〉脑电活动检查

toposcopio *m.* ①脑电活动检查仪；②地形走
向显示仪

topotipo *m.* 地模标本

toque *m.* ①摸，触，碰；轻扣［拍，敲］；②钟
［铃］声；（时钟的）鸣响；（乐器的）吹奏声；打
鼓声；③〈化〉化验；检查［验］；④（对色彩、
光泽等做完工前的）修饰，润色；⑤（一）轮；
一回；（轮班工作的）班次
　　~ de luz（画、照片等的）强光部分
　　~ de queda 宵禁（令）

toracectomía *f.*〈医〉胸廓部分切除术

toracentesis *f. inv.*〈医〉胸腔穿刺术

torácico,-ca *adj.*〈解〉胸的；胸廓［腔］的

toracoacromial *adj.*〈解〉胸肩峰的
　　arteria/vena ~ 胸肩峰动/静脉

toracocentesis *f.*〈医〉胸腔穿刺术

toracocirtosis *f. inv.*〈医〉胸弯曲

toracodosal *adj.*〈解〉胸背的
　　arteria ~ 胸背动脉

toracogastrodídimo *m.*〈医〉胸腹联胎

toracógrafo *m.*〈医〉胸动描记器；胸腔呼吸
描记器

toracolaparotomía *f.*〈医〉胸腹切开术

toracometría *f.*〈医〉胸廓测量法

toracómetro *m.*〈医〉胸廓张度计；胸围计

toracomiodina *f.*〈医〉胸肌痛

toracópago *m.*〈医〉胸部联胎，胸联双胎

toracoplastia *f.*〈医〉胸廓成形术

toracoscopia *f.*〈医〉胸腔镜检查

toracoscopio *m.*〈医〉胸腔镜

toracosquisis *f. inv.*〈医〉胸裂畸形

toracostomía *f.*〈医〉胸廓造口术

toracotomía *f.*〈医〉胸廓切开术

toral *adj.*〈建〉主要的，基本的 ‖ *m.* ①铸
模；②铜锭［条］

tórax *m.* ①〈解〉胸；胸廓［腔］；②〈昆〉胸部
　　~ en embudo 凹胸

radiografía de ～ 胸 X 光照片

torbanita *f*. 〈矿〉①块[藻烛]煤,图板藻煤;
②苞芽油页岩

torbellino *m*. ①旋风,漩流;尘卷;②〈气〉尘
云;③〈理〉涡流
　　～ de extremo 翼[叶]梢旋流
　　～ libre 自由涡流
　　inyector de ～ 旋流式雾化器

torbernita *f*. 〈矿〉铜铀云母

torca *f*. 〈地〉漏斗形陷坑

torcecuello *m*. 〈鸟〉蚁䴕

torcedor *m*. ①(手纺用)绕线杆;〈纺〉(手纺
车、纺纱机的)纺锤;②〈机〉绞拧器[装置];
③*Cub*. 卷烟工人‖ **～a** *f*. 〈纺〉捻线机
　　～ de ropa 绞衣机

torcedura *f*.; **torcimiento** *m*. ①拧,扭,绞,
捻;②〈医〉扭伤

torcido *m*. 〈缝〉缝纫丝线

tórculo *m*. 〈机〉螺旋压力机

tordillo,-lla *adj*. 〈动〉花斑的;有花斑的‖
m. 花斑动物(如花斑马)

tordo,-da *adj*. 〈动〉花斑的;有花斑的‖ *m*.
〈鸟〉鸫;歌鸫

toreo *m*. 斗牛,斗牛术

toréutica *f*. 〈工艺〉金属[象牙]浮雕工艺

toréutico,-ca *adj*. 〈工艺〉金属[象牙]浮雕的

toria *f*. 〈化〉氧化钍

toriado,-da *adj*. 〈化〉(含,镀)钍的,加氧化
钍的
　　filamento ～ 镀钍灯丝
　　tungsteno ～ 含[镀]钍钨

torianita *f*. 〈矿〉方钍石

torio *m*. 〈化〉钍

torita *f*. 〈矿〉钍石

tormenta *f*. ①〈气〉风暴;暴(风)雨[雪];②
(海洋水面的)翻滚;③(政治、社会等方面
的)风暴[波,潮];动荡
　　～ ciclónica 气旋[性]风暴
　　～ de arena 沙暴;沙尘暴
　　～ de cerebros〈医〉脑病暴发
　　～ de nieve 暴风雪;雪暴
　　～ de polvos 尘暴
　　～ eléctrica 电暴
　　～ ionosférica 电离层风暴[扰动]
　　～ magnética 磁暴

tormentaria *f*. 炮术

tormento *m*. 酷[肉]刑;拷打[问]
　　～ de cuerda 勒[反剪吊]刑

tornado *m*. ①〈气〉龙卷风;陆龙卷;②旋[飓]
风;(非洲西部海岸的)大雷飑;③竿(土地丈
量单位,合 2.7 米)

tornaguía *f*. 〈商贸〉收货回执

tornapunta *f*. ① 支持[撑];撑柱[条,臂,

脚];②斜撑[柱];③〈海〉牵[撑]条
　　～ de apoyo 推枕,推力撑座,推力块

tornasol *m*. ①〈植〉向日葵;②〈纺〉(布料的)
闪光[色];织品的光泽面;③〈化〉石蕊
　　papel de ～ 石蕊试纸

tornasolada *f*. 〈昆〉彩蝶

tornasolado,-da *adj*. 〈纺〉(布料的)闪光[色]
的;有光泽的‖ *m*. (布料的)色泽性

tornavía *f*. 〈交〉〈铁路〉转车台

tornavoz *f*. ①〈乐〉(乐器的)共鸣[振]板;②
(设在讲台、乐队等上方或背后以增强音响
效果的)传声结构

torneado,-da *adj*. 〈机〉〈技〉用车床加工的;
车削的‖ *m*. 用车床加工;车削(工作)
　　～ cónico 车(削)锥体
　　～ de metales 金属车削

torneador,-ra *m. f*. 〈技〉车[旋]工‖ *m*.
〈机〉(车床)刀具‖ **～a** *f*. 〈机〉(立式)车床

torneo *m*. ①〈体〉比[竞]赛;②〈马上〉比武;
马战;③〈兽医〉(羊的)昏睡病
　　～ de fútbol 足球赛
　　～ de invitación 邀请赛
　　～ de tenis 网球赛
　　～ por equipos 团体赛

tornería *f*. ①车床工厂,车削车间;②〈机〉
〈技〉车工[车削]工艺

tornero,-ra *m. f*. 〈技〉①车[旋]工;②机[挡]
车工

tornillador *m*. (螺丝)起子,改锥,旋凿

tornillería *f*. ①〈集〉螺钉[栓];②螺钉厂;③
螺钉商店

tornillo *m*. ①螺钉[丝];②(与螺母相配的)
螺栓;螺杆[旋]
　　～ con paso a izquierda 左转螺旋
　　～ de accionamiento del avance 进给[料]
螺杆
　　～ de agarre 夹紧螺杆
　　～ de ajuste 微调螺杆
　　～ de apriete 固定[夹紧]螺杆
　　～ de Arquímedes 阿基米德螺旋泵,螺旋
升水泵
　　～ de banco (台)虎钳
　　～ de banco sobre base pivotante 旋转座
老虎钳
　　～ de bloqueo de tope 止动螺栓
　　～ de cabeza avellanada 埋头螺钉[丝]
　　～ de cabeza fresada 埋头螺钉[丝]
　　～ de cabeza hexagonal 六角螺钉
　　～ de cabeza plana 平头螺钉
　　～ de cabeza redonda 圆头螺钉
　　～ de casquete 有头螺栓;有帽螺钉
　　～ de detención 止动螺钉
　　～ de estrella 十字头螺钉

~ de fijación 定位螺钉

~ de filete cuadrado 方纹螺钉

~ de filete doble/sencillo 双/单纹螺钉

~ de filete triangular 三角螺纹螺钉

~ de forja[pie]固定(台)虎钳

~ de mano 手[老虎]钳

~ de mariposas[orejas] 翼形螺钉

~ de medición 计量螺旋

~ de mordazas 虎钳,钳子

~ de nivelado 校平[水准]螺旋,校平[水平调整]螺钉

~ de orejas 元宝螺钉,蝶形螺钉

~ de parada 固定螺钉

~ de presión 紧固螺钉

~ de puntería 升降螺旋

~ de regulación 调节螺钉

~ de resorte 弹簧螺钉

~ de retén 定位[固定,止动]螺钉

~ de seguridad[traba] 止锁螺钉

~ de sujeción 固定螺钉

~ de tope 止动螺钉

~ diferencial 差动螺旋

~ embutido 埋头螺栓

~ grueso para madera de cabeza cuadrada 方头木螺钉

~ hundido con el martillo 打入螺钉

~ limitador 止动螺钉

~ micrométrico 测微螺旋

~ para madera 木螺钉

~ para tubos 管钳

~ paralelo 平行[口]虎钳

~ prisionero(~ sin cabeza) 无[平]头螺丝

~ regulador 调整[固定]螺钉

~ roscado a derechas 右旋螺旋

~ sinfin(~ sin fin) 蜗[螺旋]杆

~ sinfin de un filete 单纹蜗杆

~ tangente 切向螺旋

~ tangente micrométrico 切向测微螺旋

~ transportador 输送蜗杆

borne de ~ 接线柱[端子]

cabeza de ~ 螺钉头

calibre para ~s 螺纹(量)规

calibre para pasos de ~s 螺距规

filete de ~ 螺纹

paso de ~ 螺杆

racor de ~ 连接螺钉

soporte de ~ 螺旋顶高器,千斤顶

torniquete *m.* ①旋转栅门;②〈医〉止血器,血脉器;③曲柄;④〈纺〉绕线器

torno *m.* ①〈机〉绞车,卷扬机;②〈机〉绞盘;辘轳;卷筒;③〈机〉车[旋]床;④(老,台)虎钳,夹持工具;⑤(木工,陶工用的)转轮;⑥〈纺〉纺纱机;⑦旋[绕]转;(地铁进口等处设置的)旋转栅门;⑧(河流的)弯曲处;急流,湍滩

~ a mano 手动车床

~ a vapor 蒸汽绞车

~ al aire 落地车床,两脚车床

~ automático 自动车床

~ automático de un eje 单轴自动车床

~ con avance por rueda de timón 转塔[六角]车床

~ de achaflanar 虎钳夹

~ de ahuecar 镗床

~ de alfarero 陶轮,拉坯轮

~ de asador (装在炉子上的电动回转式)烤肉器

~ de bancada rota 凹口(马鞍式)车床

~ de banco 台式车床;(台)虎钳

~ de barra 两脚车床,棒料(加工)车床

~ de carro 滑动式车床

~ de cercenar 切割机床

~ de cilindrar y de filetear 普通车床

~ de combinación (组台)转塔[六角]车床

~ de copiar 仿形[靠模]车床

~ de desbastar redondos 粗削车床

~ de[para] destalonar 铲齿[背]车床

~ de doble herramienta 复式车床

~ de escariar 镗床

~ de fabricación 生产型车床

~ de filetear 车螺纹车床

~ de formar 仿形[靠模]车床

~ de herramienta[utillaje] 工具车床

~ de herramienta de mano 手工工具车床

~ de herramientas múltiples 多刀车床

~ de[para] hilar 手纺车

~ de mandril 卡盘车床

~ de mano 手动绞车

~ de perfilar[reproducir]仿形车床

~ de plantilla 仿形[靠模]车床

~ de plato 卡盘车床

~ de plato de garras 卡盘[落地]车床

~ de plato horizontal al aire 旋转(立式)车床

~ de portaherramientas revólver 转塔车床

~ de pozo 绞车

~ de pozo de mina 矿井绞车

~ de precisión 精密车床

~ de producción 生产型车床

~ de pulir 磨[抛]光车床

~ de pulir superficialmente 抛光[端面]车床

~ de puntas 顶尖车床

~ de recortar 切割车床

~ de relojero de puntas fijas 死顶尖车床

~ de repujar 磨[抛]光车床

~ de retornear 铲齿车床

~ de seda 缫丝机

~ de segunda operación 精削车床

~ de todo uso 通用车床

~ de torneado al aire 落地车床

~ de torreta 组合转塔车床

~ de transmisión por correa 皮带车床

~ de tronzar 切断车床

~ de varal 棒料(加工)车床

~ elevador 起重绞车, 卷扬机

~ limador 牛头刨床, 锉刀车床

~ para banco 台式车床

~ para cigüeñales 曲轴车床

~ para (espigas de) ejes 轴(加工)车床

~ para llantas de ruedas 轮箍车床

~ para machos 钻芯车床

~ para pernos 螺栓车床

~ para tuercas 螺母车床

~ paralelo 普通车床

~ pequeño 起重绞车

~ rápido 高速车床

~ revólver 转塔式六角车床

~ semiautomático 半自动车床

~ universal 通用车床

~ vertical 立式车床

pequeño ~ 台式车床

torno-barreno *m.* 〈机〉镗床

toro *m.* ①〈动〉(尤其未阉割的)公牛;(尤其指斗牛用的)公牛;②[T-]〈天〉金牛座;③ *pl.* 斗牛

~ bravo(~ de lidia) 猛牛

~ de fuego 火牛

~ montés *Amér. L.* 美洲野牛

~ s y osos 〈商贸〉多头与空头

cañas de corrida de ~s 斗牛大会

corrida de ~s 斗牛

cultura de corrida de ~s 斗牛文化

toroidal *adj.* ①〈电〉环形线圈的;②〈数〉超环面的

toroide *m.* ①〈电〉环形线圈;②〈数〉超环面

torón *m.* ①〈理〉钍射气;②绞合绳[线]

~ metal 金属绞合绳

toronja *f.* 〈植〉葡萄柚

toronjil *m.* 〈植〉蜜蜂花(一种草本植物)

toronjo *m.* 〈植〉葡萄柚树;柚子树

torpedeamiento;**torpedeo** *m.* 〈军〉发射鱼雷

torpedero *m.* 〈军〉鱼雷快艇

torpedista *m. f.* 〈军〉鱼雷手

torpedo *m.* ①〈军〉鱼[水]雷;②(油井)井底爆炸器;③(铁路用)信号雷管;④〈动〉电鳐;⑤(带折篷的)敞篷汽车;⑥*Chil.* 汽车仪表盘

~ acústjco 音响鱼雷

~ aéreo 空投鱼雷

~ automático 自动(发射)鱼雷

~ de fondo 水[海]底鱼雷

~ flotante 浮雷

~ giroscópico 陀螺鱼雷

~ magnéico 磁性鱼雷

~ sin estela 无尾流鱼雷

tórpido,-da *adj.* (器官、肢体等)不活泼的, 迟钝的

torre *f.* ①〈建〉塔;塔楼;高层建筑,摩天大楼;②(电台的发射,天线)塔;③〈电〉(架高压输电线的)铁[电缆]塔;④〈体〉(国际象棋的)车;⑤〈海〉〈航空〉〈军〉(飞机、坦克、军舰等的)回转炮塔;⑥〈军〉旋转枪架;岗楼,瞭望塔;⑦〈化〉(分馏,冷却,吸收,蒸馏)塔;⑧(油井的)井架;钻塔;⑨*Cari.*,*Méx.* (工厂的)烟囱

~ de absorción 〈化〉吸收塔

~ de agua 水塔

~ de alta tensión (架高压输电线的)铁[电缆]塔

~ de amarre 系留塔

~ de antena 天线杆[塔]

~ de Babel (基督教的)巴别通天塔

~ de conducción eléctrica (架高压输电线的)铁[电缆]塔

~ de control ①控制[调度]塔;②〈航空〉指挥塔台

~ de destilación 蒸馏塔

~ de dirección de vuelo 飞行指挥塔

~ de enfriamiento de agua 水冷却塔

~ de estriping 蒸馏塔

~ de extracción 萃[提]取塔

~ de extracción de platillos perforados 筛板萃取塔

~ de farol 灯塔

~ de fraccionamiento 分馏塔

~ de lanzamiento 发射塔

~ de mando (潜水艇上的)瞭望塔

~ de marfil 象牙塔(指脱离实际生活的文学家或艺术家的小天地)

~ de música 高保真度音响设备

~ de observación[vigilancia] 〈军〉岗楼,瞭望塔

~ de perforación 钻塔

~ de refrigeración(~ refrigerante) 冷却塔

~ de sondeos 钻塔,钻探井架

~ de transmisión 输电塔

~ (de) viento 空中楼阁

~ (de) viga ①〈海〉桅杆瞭望台;②(潜水艇上的)瞭望塔

~ de vigía 守望楼，岗亭

~ del homenaje 城堡主楼

~ emisora 无线电台发射塔

~ inalámbrica 无线电发射塔

~ para municiones 炮塔

grúa giratoria de ~ 塔式起重机

torrecilla f. ①〈军〉(军舰上的)指挥塔;②〈动〉锥螺

torrente m. 奔[急,激,洪]流

~ circulatorio 血流

torrentera f. ①水[河]道;沟渠;②〈地〉溪谷,冲沟

torreta f. ①〈海〉〈航空〉〈军〉(飞机、坦克、军舰等的)回转炮塔;②〈电〉(架高压输电线的)铁[电缆]塔;③(潜水艇上的)瞭望塔;④(刀具)转塔,(转塔)刀架

~ cuadrada 四方刀架

~ de ametralladora 机枪塔楼

~ del cañón 炮塔

~ eléctrica 输电线塔

~ hexagonal 六角转塔

~ pivotante 转动炮塔

cañón montado en ~ 回转炮塔

tórrido,-da adj. ①炎[酷,灼]热的;②热带的

clima ~ 热带气候

zona ~a 热带

torsibilidad f. 可扭性

torsiógrafo m. 扭振[力]自记仪[器],扭力计

torsiograma m. 扭转记录图,扭振图;扭矩图

torsiómetro m. 扭力[扭矩]计

torsión f. ①拧,扭,绞,捻;②扭歪[曲];③〈机〉扭转;扭力;转矩;④〈数〉挠率;⑤〈医〉扭转

ensayo de ~ 抗扭[扭转]试验

momento de ~ 扭矩,转矩,扭矩

torsional adj. 扭转(性)的;扭转造成的

torsiverión f. 〈医〉扭转错位(口腔科用语)

torso m. ①〈解〉(人体的)躯干;②裸体躯干雕塑

torteruelo m. 〈植〉苜蓿

torticolis f. inv. 〈医〉斜颈

tórtolo,-la m.f. 〈鸟〉斑鸠;欧斑鸠

tortuga f. ①〈动〉龟;鸟[陆]龟;海龟;②〈机〉齿轮箱

~ carey 玳瑁

~ de mar(~ marina) 海龟

~ de tierra 陆龟

torunda f. 〈医〉棉球;纱布

toruno m. 〈动〉①Amér. C. 种公牛;②Cono S. 老牛;(去势)公牛;③Chil., Venez. 满三岁的阉牛

torvisca f.; **torvisco** m. 〈植〉亚麻叶瑞香

torzal m. ①(缝纫)丝线;②Cono S. (套捕马、牛等用的)套索

torzón m. 〈兽医〉肠绞痛

tos f. 〈医〉咳嗽

~ blanda/bronca 轻/重咳

~ brava Amér. L. 百日咳

~ convulsiva[convulsa,ferina] 百日咳

~ perruna 犬吠样咳

~ seca 干咳

acceso de ~ 咳嗽发作

tosca f. ①〈医〉牙垢[石];②〈地〉凝灰岩

toscanita f. 〈地〉斑苏粗安岩,流纹岩

toscano,-na adj. 〈建〉托斯卡纳柱型的

tosedera f. Amér. L. 〈医〉连续咳嗽

tosido m. Amér. C., Cono S., Méx. 〈医〉咳嗽

tostación f. ①〈冶〉焙[煅]烧;②烘烤

~ autógena 自热焙烧

tostador m. 〈机〉(面包等)烘烤器,(咖啡等)烘焙器;烤炉

~ de café 咖啡烘焙器

tostadora f. 烘烤器;烤炉

totalización f. 总[合]计

totalizador m. ①加法器[装置];总数[额]计算器;②(赛马彩票赌博中用的)赌金计算器

~ integrador 积分加法[计算]器

totalizante m. 总和

tótem (pl. tótems) m. ①图腾;②图腾柱

totémico,-ca adj. 图腾的;图腾崇拜的

totemismo m. ①图腾崇拜;②图腾制度

totipalmación f. 〈鸟〉全蹼

totipalmo,-ma adj. 〈鸟〉全蹼的

totipotencia f. 〈生〉全能;全能性

totipotente adj. 〈生〉(细胞)全能的

totora f. And. 〈植〉芦苇

totovía f. 〈鸟〉(欧洲产)森林云雀

totuma f. ①And., Cari. 〈植〉(热带美洲的)加拉巴木;加拉巴木果,葫芦科植物);南瓜属植物;②Cono S. (跌、碰、撞造成的)肿块,青肿

totumo m. ①Amér. L. 〈植〉加拉巴木树;②Cono S. (头部因碰、撞击而起的)肿块

touroperador m. 旅游公司,旅行社

toxafeno m. 〈化〉毒杀芬,八氯莰烯(用作杀虫剂)

toxalbúmina f. 〈化〉毒白蛋白

toxemia f. 〈医〉毒血症

toxémico,-ca adj. 〈医〉毒血症的

toxenzima *m*. 〈医〉毒酶

toxicación *f*. 〈医〉中毒

toxicante *adj*. 〈医〉毒的;有毒的 ‖ *m*. 毒物

toxicida *f*. 〈药〉解毒药[剂]

toxicidad *f*. 毒性[力],有毒性

tóxico,-ca *adj*. ①中毒的,由毒性引起的;②(有)毒的;毒性的 ‖ *m*. ①〈生〉〈生化〉毒素;②毒物[药]

toxicodependencia *f*. 毒瘾

toxicodependiente *m.f*. 吸毒者,瘾君子

toxicofobia *f*. 〈心〉毒物恐怖

toxicogénico,-ca *adj*. 产毒的

toxicología *f*. 毒物[理]学

toxicólogo,-ga *m.f*. 毒物[理]学家

toxicomanía *f*. 〈医〉毒瘾,嗜毒癖

toxicómano,-na *adj*. 嗜毒的 ‖ *m.f*. 吸毒者,瘾君子

toxicosis *f*. 〈医〉中毒

toxigénesis *f*. 毒素产生

toxigénico,-ca *adj*. 产毒的;产生毒素的

toximia *f*. 〈医〉毒血症

toxina *f*. 〈生〉〈生化〉毒素
~ botulínica 肉毒杆菌毒素
~ diftérica 白喉菌素

toxinfección *f*. 中毒
~ alimentaria 食物中毒

toxoide *m*. 〈生〉类毒素

toxoplasma *m*. 〈动〉弓浆虫;弓形体

toxoplasmosis *f. inv*. 〈医〉弓浆虫病,弓形体病

toyotismo *m*. 〈经〉丰田管理制度(一种企业管理机制)

TPC *abr*. ①*ingl*. tax-paid cost 〈商贸〉完税后价格;②tercera parte confiable 〈信〉可信第三方

tpcp *abr*. tan pronto como se pueda 〈信〉尽快

TPDU *abr. ingl*. transport protocol data unit 〈信〉传输协议数据单元

TPI *abr. ingl*. tracks per inch 〈电子〉〈信〉每英寸(磁)道数

tpm *abr*. toneladas de peso muerto 载重吨,自重

tr. *abr. ingl*. tare 皮重

trabado,-da *adj*. 〈医〉①*Amér. L*. 口吃的,结巴的;②*And*. 内斜视的;内斜眼的

trabador *m. Chil., Méx*. 正锯器

trabajo *m*. ①劳动,工作;作业;任务;②职业[位];③活计[儿];差事;④作品,著作,成果;调研,调查;⑤*pl*. (防御)工事;(某些建筑)工程;⑥工作地点[场所];⑦〈信〉作业;⑧〈理〉功;⑨〈经〉劳动力;⑩〈教〉论文
~ a destajo 计件工作

~ a la máquina 机械加工,切削加工

~ administrativo 行政[管理]工作

~ agrícola 农活

~ asíncromo 〈信〉(计算机)异步工作[作业]

~ auxiliar 辅助工作[劳动]

~ calificado 熟练劳动,技术活

~ casero 家庭服务

~ clandestino 地下工作

~ clave 关键[主要]工作

~ complementario 后续工作

~ con plazo límite 限期完成的工作

~ corporal[físico, manual]体力劳动

~ de adhesión 〈理〉附着功

~ de albañilería 泥瓦工活

~ de animales 畜力

~ de artesano 手艺[技术]活

~ de calidad 高质量工作,质量高的活儿

~ de campo ①实地考察[调查];现场工作;②田间耕种工作

~ de cañería 管道工程计

~ de carga y descarga 装卸作业[工作]

~ de carpintería 木工活

~ de compresión 〈理〉压缩功

~ de contabilidad[contaduría] 会计[簿记]工作

~ de deformación 〈理〉变形功

~ de encargo 受托的工作;定做的活儿

~ de escritorio 文书工作

~ de expansión 〈理〉膨胀功

~ de intermediarios 经纪人行当,中间商行当

~ de investigación 调研工作

~ de laboratorio 实验室工作

~ de mantenimiento y reparación 维修工作

~ de media jornada[medio tiempo] 半日工作

~ de menores 童工劳动

~ de montaje 装配工作

~ de oficina 科室工作;文书工作

~ de parto 分娩,生产

~ de plomería 管道安装活计

~ de reparo 修理[补]工作

~ de salvamento 打捞作业,救助工作

~ de taller 作坊工作,车间劳动

~ de temporada(~ estacional)季节性工作

~ de turno 轮班工作

~ de urgencia 急救工作;紧急任务

~ de verano 夏季劳动

~ diurno 白天工作;白班劳动

~ doméstico 家务劳动

~ elástico〈理〉变形功
~ en cadena 流水作业
~ en dos/tres turnos 两/三班制工作
~ en el terreno ①实地考察[调查];现场工作;②田间耕种工作
~ en equipo 协同工作
~ en serie 流水作业
~ eventual/fijo 临时/固定工作
~ intelectual 脑力劳动
~ mecánico 机械加工
~ neto〈理〉纯功
~ nocturno 夜间工作,夜工
~ por horas 计时工作
~ por jornadas 计日工作,日工
~ por piezas 计件工作,单件生产
~ por turnos 轮班作业,倒班
~ resistente〈理〉阻力[电阻]功
~ social 社会福利工作
~ útil 有效劳动
~ virtual〈理〉虚功
~ voluntario 义务劳动
~s de precisión 精加工
~s de terraplenado 土方工程,防御工事
~s forzados (监禁)苦工;强制(性)劳动
~s manuales〈教〉(学生的)手工制品
~s públicos 市政(公共建筑)工程
a igual ~, salario igual 同工同酬
cadencia de ~ 工作节奏
calidad de un ~ ①工作质量;②技艺[巧]
carga de ~ 荷载能力
ciclo de ~ 工作[负载]循环;工作周期
trabazón f.①〈技〉连接,接[砌]合;组装;②(液体的)黏稠性;③黏合性
trabe f.〈建〉①(横)梁;Méx.(门窗上方的)混凝土横梁;②Amér. L. 待齿接,齿形待接插口
trabeación f.〈建〉横梁式结构;柱顶盘
trabécula f.①〈解〉小梁[柱];②〈植〉横条,横隔片
traca f.〈海〉列板
~ central 龙骨石板
~ de aparadura 龙骨翼板
~ de cinta 船侧顶列板
~ de fondo 船底外板
~ de pantoque 舭外板
~ intercalada 合并列板
~ lateral 船侧外板
tracción f.①牵引,拖拉;②驱动;③拉[牵引]力;附着摩擦力;④〈医〉牵引术
~ a las cuatro ruedas 四轮驱动
~ a sangre(~ animal) 畜力拖曳[牵引]
~ automóvil 汽车推进

~ de corriente alterna 交流电驱动
~ de superficie 表面附着摩擦力
~ delantera/trasera 前/后轮驱动
~ eléctrica 电力牵引
~ integral[total] 四轮驱动
~ mecánica 机械牵引
~ sobre orugas 履带牵引
rasante que requiere doble ~（铁路编组站用的)辅助坡度
reducción por ~〈医〉牵引复位
resistencia de ~ 牵引阻力
traceabilidad f.〈信〉跟踪能力
tracear tr.〈信〉使(程序)受到跟踪
tracería f.〈建〉①窗花格;②(窗花格式的)装饰线条
traceroute m.〈信〉启动到目的地的路由跟踪,跟踪网络访问路由
tracoma m.〈医〉沙眼
tracomatoso,-sa adj.〈医〉沙眼的
tractible adj. 拉伸的;可延展的;能[易]拉长的
tractivo,-va adj. 牵引的,拖的,拉的
fuerza ~a 牵引力
tracto m.①间距[隔];②〈解〉道,束
~ auditivo 听束
~ biliar 胆道
~ intestinal 肠道
~ tegmental 被盖束
~ urinario 尿道
tractor,-ra adj.①牵引的;②驱动的‖ m.①〈农〉拖拉机;②〈机〉牵引车[机];③〈医〉牵引器
~ agrícola 农用拖拉机
~ con cuatro ruedas motrices 四轮驱动拖拉机
~ de carriles 轨道式牵引车
~ de orugas 履带式拖拉机
~ de[sobre] ruedas 轮式拖拉机
~ mecánico 牵引车[机]
~-camión 牵引车,拖车头
~-oruga 履带式拖拉机
rueda ~ 驱动轮
tractorista m. f. 拖拉机手
tractorización f. 拖拉机化
tradescantia f.〈植〉紫露草
tráding adj. inv. 见 empresa ~‖ f. 贸易公司
empresa ~ 贸易公司
traducción f.①翻译;译;②〈信〉翻译;③译文[本];④(对文本的)解释,释义;⑤〈生〉转译
~ asistida por ordenador 计算机辅助翻译

~ automática[automatizada] 机器翻译
~ directa（外语）译成本族语
~ interlineal（不同文字）隔行对照译文
~ inversa（本族语）译成外语
~ libre 意译
~ literal 直译
~ simultánea 同声翻译

traducibilidad *f.* 可译；可译性

traductor,-ra *m. f.* 翻译，译者 ‖ ~ **a** *f.*
〈信〉①翻译机；②翻译程序
~ oficial 官方翻译
~ público（官方承认的）公共翻译；公共译员
~a de lenguas 语言翻译程序

tráfico *m.* ①〈交〉（公路、铁路）交通；交通量；②运输；运载量；③买卖，贸易；交易；生意；④非法买卖；⑤*Amér. L.* 通过[行]；经过；过境；⑥〈讯〉通信量；⑦〈信〉数据传输
~ a corta/larga distancia 短/长途运输
~ aéreo 空运
~ aéreo irregular 不定期空运
~ clandestino 非法贸易，违禁贸易
~ colectivo 混装运输
~ de amas 军火买卖；贩卖军火
~ de cabotaje 沿岸贸易
~ de carga *Amér. L.* 货运
~ de clearing 划拨结算
~ de compensación 划拨结算
~ de corta/larga distancia 短/长途运输
~ de datos 〈信〉数据传输
~ de drogas[estupefacientes] 毒品交易
~ de influencias（旨在获取某种政治利益的）权力交易；权钱交易
~ de iniciados 了解内幕者的股票交易；内线交易
~ de mercancías 货运
~ de pasajeros[viajeros] 客运
~ de sobrecarga 超载运输
~ de tránsito 过境贸易；联运
~ de ultramar 海外交通
~ ferroviario 铁路运输
~ fluvial interior 内河运输
~ fluvial internacional 国际水路运输
~ fronterizado ①边境运输；②边境贸易
~ interior 国内运输
~ marítimo 海上运输，海运
~ por ferrocarril 铁路运输
~ rodado ①车辆运输；②车辆交通
accidente de ~ 交通事故
lugar de ~ complejo 交通拥挤地区

tragacanto *m.* ①〈植〉黄芪；②〈化〉黄芪胶

tragaderas *f. pl.* 〈医〉喉，喉咙；咽，咽喉

tragadero *m.* 〈医〉喉咙；咽喉

tragaluz *m.* 〈建〉（屋顶等的）天[气]窗

tragamonedas *m. inv.* ①投币自动售货机；②吃角子老虎（一种赌具）

traganíqueles *m. inv.* ①投币自动售货机；②吃角子老虎；独臂强盗

tragante *m.* ①〈冶〉（高炉的）炉喉；（反射炉的）排气口；②*And.*（磨房的）进水渠；③*And.* 排水管口；烟囱管；④*Cub.* 排水管；下水道

tragaperras *f. inv.* 见 traganíqueles

tragavenado *m. And., Cari.* 〈动〉王蛇（一种大蟒）

tragedia *f.* 〈戏〉①（作为戏剧文学样式之一的）悲剧；悲剧作品；②悲剧；③悲剧表演（艺术）

trágico,-ca *m. f.* 〈戏〉①悲剧演员；②悲剧作者；悲剧家

tragicomedia *f.* 〈戏〉悲喜剧

tragicómico,-ca *adj.* 〈戏〉悲喜剧的

trai *m. Cono S.* 〈体〉（橄榄球运动中）在对方球门线后带球触地得 3 分

traición *f.* ①背叛，变节；背信弃义；②〈法〉重叛逆罪，叛国罪
alta ~ 重叛逆罪，叛国罪

traída *f.* 携带，带来
~ de aguas ①供[给]水；②供[给]水系统

traidor,-ra *m. f.* 〈戏〉（戏剧中的）反派角色[演员]；反面人物

trailer；tráiler *m.* ①〈电影〉预告片；②拖[挂]车

trailla *f.* ①〈机〉平[铲]土机；平地机；②〈技〉校平器；③〈农〉耙；④（系狗等用的）皮带；皮[链]条

trainera *f.* 〈船〉①拖网（渔）船；②划艇

training *m.* ①训练，教育，培养；②训练班

traje *m.* ①（外穿的）衣服；外套；②一套衣服；③（一个时期、一国或一个阶层等中流行的）全套服饰；服装样式；④（特种）服装；装束；服式；⑤（单件）女装；套[连衣]裙
~ de agua ①湿式潜水服（一种紧身保暖潜水衣）；②雨衣
~ de baño 游泳衣，泳装
~ de boda(~ nupcial)结婚礼服
~ de buzo 潜水服
~ de campaña（士兵等的）战斗服装；战地服装
~ de casa（在家里穿的）家居服
~ de ceremonia 礼[晚礼]服
~ de chaqueta 一套衣服
~ de cóctel 半正式场合穿的女服
~ de confección 成衣
~ de cuartel 〈军〉便服[装]

~ de diario 日常穿的衣服,普通服装

~ de domingo 节日盛装,作客穿的服装

~ de época 当代[当时]服饰

~ de etiqueta ①燕尾服;②女子餐服;女式小礼服

~ de luces ①(绣有金线或银线的)丝绸服;②斗牛士五彩服

~ de montar 骑马服

~ de noche(~ largo)(带有拖地长裙的)(女)晚礼服

~ de novia 新娘礼服,婚纱

~ de oficina ①职业装;②普通服装

~ de paisano ①便服(与军服等相对);②便衣(尤指不穿制服的警察)

~ de playa (在海滩穿的)太阳装

~ de trabajo 工作服

~ de vuelo(~ espacial) 航天服,宇航服

~ deportivo 运动服

~ isotérmico 湿式潜水服(一种紧身保暖潜水衣)

~ regional 当地传统服装

traje-pantalón (pl. trajes-pantalón) m. (上衣与裤子相配的女子)裤套装

trajinería f. ①运输;②拖运

tralpe adj. Amér. L. ①〈动〉(毛)硬[板]结的;②〈植〉无叶子的

trama f. ①〈纺〉纬线,纬纱[丝];②〈印〉(图画等上的)暗部;③组成电视图像的线;(电视图像的)帧;④(戏剧等的历史)情节;⑤〈解〉网状结构

tramado m. 〈摄〉(照相版的)网板

trambuque m. And. 〈海〉船舶失事,海难

trámite m. ①阶段;步骤;②程序;③(正式的或形式上的)手续

~ de cobro 征收[收款]手续

~ legal 法律程序

~s aduaneros 海关手续

~s oficiales 官方手续

tramo m. ①(道路、河流、墙壁等的)(一)段;②(桥墩间的)墩距;③(楼梯的)一段;④一段时间[时期];⑤(尤指作特定用途的)小块土地;小块地皮;⑥(贷款等的)份,部分;(税款的)等级

~ cronometrado (滑雪、赛车等竞赛的)计时赛

~ de crédito (国际货币基金组织)信贷份额

~ gravable 税收等级,税级

tramontana f. ①北风;②北;北方

tramoya f. ①〈戏〉舞台布景设备;②(协议等的)保密部分

tramoyista m. f. 〈戏〉(管理灯光、道具、布景等的)舞台工作人员;置景工,布景员

trampa f. ①(狩猎用的)陷阱;②(陷害人的)圈套;③赌博中的)作弊;③〈信〉陷阱;④〈建〉活板门;(舞台等的)地板门;(柜台等的)格子门;⑤〈体〉(高尔夫球场上的)障碍,沙坑;⑥〈商贸〉(无法收回的)坏[倒]账;⑦〈缝〉(裤子的)门襟

~ adelante 拆东墙补西墙

~ explosiva 〈军〉饵雷;②陷阱

~ mortal 危险场所;危险建筑

~ para ratas 捕鼠器

trampal m. 〈地〉(因泥中渗水较多以至踩后会颤动的)颤动沼泽

trampatojo m. 〈画〉(立体感强而逼真的)错视画法

trampera f. Amér. L. 狩猎器

trampero m. ①设阱捕兽者;用捕兽机捕兽者;②Cono S. (捕鸟的)陷阱

trampilla f. ①(船的)舱口;②舱梯(登阁楼用的)梯凳;③窥视孔,猫眼;④(活动)天窗;活盖;⑤〈缝〉(裤子的)门襟

~ de carburante (汽车油箱输油管的)管盖,加油孔盖

trampolín m. ①〈体〉(跳水用的)跳板;(体操、杂技表演中翻筋斗等时用的)弹跳板;②跳台滑雪;③(为事业、行动等提供动力的)跳板;(为达到某一目的的)阶梯

tranca f. ①(门窗的)闩,栓;②(用作武器的)粗短棍棒;③Cono S. (猎枪等的)保险栓[机];④Cari. 交通阻塞

trancanil m. 〈船〉船舷排水道

tranco m. 〈建〉门槛;门口

trancón m. Col. 〈交〉交通阻塞

tranque m. ①Cono S. 水坝;水库,蓄水池;②Amér. L. 交通阻塞;(设置)路障

tranquil m. ①〈建〉铅垂线;②(海边的)悬崖

tranquilizante m. 〈药〉安定药;镇静剂

~ menor 抗焦虑药

Trans. abr. transferencia 〈商贸〉见 transferencia

transacción f. ①〈商贸〉(一笔)交易;买卖;业务(往来);②〈法〉(为避免诉讼而达成的)妥协方案;和解协议;③〈信〉(用于数据库中的)事务块

~ al precio de oferta menos comisión 佣金另计交易

~ bilateral 双边贸易

~ bursátil 股票[交易所]交易

~ compensatoria 补偿性交易;补偿贸易

~ contingente[eventual]或有交易

~ de bloques de acciones 大宗股票交易

~ de conjunto 整批[一揽子]交易

~ de divisas 外汇业务

~ de giro 汇兑业务

~ de tránsito 过境贸易

~ ficticia（证券市场的）虚假交易，冲销交易

~ fuera de mercado 场外交易

~ política 政治交易

~ previa a la quiebra 破产前交易

~ server de microsoft〈信〉微软事务服务器

~es a término 期货贸易

~es de capital 资本交易

~es fronterizas 边境贸易

~es internas 知内情者的交易，内线交易

transacetilación f.〈生化〉转乙酰作用

transacetilasa f.〈生化〉转乙酰酶

transaminación f.〈生化〉转氨作用；氨基交换

transaminasa f.〈生化〉转氨酶

transatlántico,-ca adj. ①横[穿]渡大西洋的；②在大西洋彼岸的；③〈船舶〉远洋的 ‖ m. 远洋客轮

transbordador m. ①（摆）渡船，渡轮；②〈航空〉〈航天〉航天飞机；③浮桥 ‖ adj. 见 puente ~

~ aéreo 高空索道，登山缆车

~ de ferrocarril[trenes, vagones] 火车渡轮

~ espacial 航天飞机

~ funicular 缆索道[铁路]

~ para coches 汽车渡轮

barco ~ 渡轮[船]

puente ~ 运输桥；(单塔式)架空缆车桥

transbordo m. ①转运[载]；②转乘；换车；转船

~ de mercancías 货物转运

~ permitido 允许转船

~ prohibido 不允许转船

transcaliente adj. 传热的,易导热的

transceptor m. ①〈无〉无线电收发两用机；②〈信〉收发器

transcodificador m.〈信〉数字解码匣[器]；机顶盒

transcripción f. ①抄[誊]写；②抄[誊]本；③（按另一语言字母体系的）直[音]译；④〈生〉〈生化〉转录；⑤（乐曲的）改编

~ inversa〈生化〉反转录

factor de ~〈生化〉转录因子

transcriptasa f.〈生化〉转录酶

~ inversa 反转录酶

transculturación f. 文化移植；交叉文化

transcultural adj. 跨文化的；交叉文化[文化地域]的；涉及多种文化[文化地域]的；适合于多种文化的

transcutáneo,-nea adj.〈医〉经[由]皮肤的；

infección ~a 皮肤感染

transdérmico,-ca adj.〈医〉穿透皮肤的，透皮肤的

transdeterminación f.〈生〉转决定

transducción f. ①〈遗〉转导；②〈生理〉转能

~ de señales〈生化〉信号转导

transductante m.〈生〉转导体[子]

transductor m. ①〈电〉转换器；②〈理〉换能器；变换器

~ de magnetoestricción 磁致伸缩换能器

~ electro-acústico 声电变换[换能]器

~ electromecánico 机电换能器；机电转换器

~ lineal 线性换能器

~ perfecto 理想换能器

~ piezoeléctrico 压电式换能器

transección f. ①横断面；②〈医〉横切

transecto m. 横断；横切

transenviar tr.〈信〉交叉邮寄

transepto m.〈建〉建筑翼部

transexuador m.〈电〉〈信〉阴阳变换头，转接头

transexual adj. ①〈心〉有异性转化欲的；改变性别的；②两性间的，雌雄间体的 ‖ m. f. ①有异性转化欲者，异性癖者；②〈医〉（经外科手术等）改变性别者

transexualidad f. ①〈心〉异性转化欲，异性癖；②〈医〉性欲错乱

transexualismo m.〈心〉异性转化欲，异性癖

transfaunación f.〈医〉宿主转变[转移]

transfección f.〈生〉〈医〉转染

transferasa f.〈生化〉转移酶

transferencia f. ①转[迁]移，搬[转]运；②（银行）转账；过户；③汇兑，划汇；④〈心〉移情；⑤（体育等的）转会；⑥〈法〉（财产、技术、所有权等的）转让，让与；⑦（股票等的）过户；⑧（岗位、职务等的）调动[任]；⑨〈信〉传输；传送

~ al exterior 向国外转移

~ asíncrona 异步传输

~ bancaria ①银行划拨；②（银行）长期委托书

~ cablegráfica(~ por cable) 电汇

~ de bienes 财产过户

~ de capital 资本转移

~ de cartera 有价证券转让

~ de control 控制转移

~ de crédito 信用转账

~ de dinero 货币转移

~ de divisas 划汇

~ de efectivo 现金转拨

~ de ficheros binarios〈信〉二进制文件传输

~ de fondos 资金转移

~ de inversión 投资转移

~ de la información 信息传送[输]

~ de monedas 货币划拨

~ de propiedad 产权转让

~ de tecnología 技术转让

~ de valores 股票[证券]的转让[过户]

~ electrónica de fondos 资金电子过户;资金电子传送

~ en blanco 空白[不记名]转让

~ en bloque (计算机)信息组传送

~ en serie de datos (计算机)串行传送

~ génica 基因转移

~ ilícita de beneficios 非法转移利润

~ libre de impuesto legal 合法免税转让

~ mortis causa 遗产转让

~ negativa (资金的)反向转移,反转移

~ pasiva 〈医〉被动转移(试验)

~ por cheque 支票划拨

~ por correo(~ postal) 邮汇

transferible *adj.* ①可转移的,可传递的;②可转让的,可转换的

bienes ~s 可转让财产

transferrina *f.* 〈生化〉铁传递蛋白;运[转]铁蛋白

transfinito,-ta *adj.* 〈数〉超阶的

transfixión *f.* 〈医〉刺通,贯穿术

transfluencia *f.* 〈地〉①(冰川冰的)越流;②(河流)改道

transfluente *adj.* 〈地〉①(冰川冰)越流的;②(河流)改道的

transfluxor *m.* 〈电〉多孔磁心;磁通转移器

transfocador *m.* 〈电影〉变焦距镜头

transformabilidad *f.* ①改变;改善;改造;②可变换性

transformable *adj.* ①可变形的;可改观的;②可变化的;可改变的;③可改进[善]的;④可改造的;可改革的;⑤(汽车)有折篷的

transformación; transformasión *f.* ①变化;转变;变形;②改变;改善;改造;③〈电〉变[转]换;④〈数〉变换式;⑤〈生〉(细胞等的)转化;⑥〈体〉(美式橄榄球运动中触地得分后的)附加得分;(英式橄榄球中的)踢定位球后的得分;⑦(食品等的)加工,处理

~ celular 细胞转化

~ de la variable 变量变换

~ física 物理变化

~ linear 线性变换

~ logarítmica 对数变换

~ química 化学变化

~ socialista 社会主义改造

transformador *m.* ①〈电〉变压器;②(功率,频率)变换器

~ acorazado 壳式变压器

~ adaptador de impedancias 阻抗匹配变压器,馈电变压器

~ anular 环形变压器

~ aumentador 升压变压器

~ bifásico 两相变压器

~ compensador 补偿变压器

~ compound 复合变压器

~ con neutro a tierra 中线接地变压器

~ con núcleo 磁芯变压器

~ con toma central 中心抽头变压器

~ con toma de regulación 抽头调节变压器

~ de acoplamiento 耦合变压器

~ de adaptación 匹配变压器

~ de alimentación 电源变压器

~ de alta/baja frecuencia 高/低频变压器

~ de alta/baja tensión 高/低压变压器

~ de alumbrado 照明变压器

~ de amortiguamiento 阻尼变压器

~ de audio 声频变压器

~ de carga 负载变压器

~ de circuito abierto/cerrado 开/闭路变压器

~ de cuba ajustada 壳式变压器

~ de distribución 配电变压器

~ de energía 电力[电源]变压器

~ de enfriamiento natural 自然冷却变压器

~ de enfriamiento por aire 空气冷却变压器,干式变压器

~ de ensayo 测试变压器

~ de entrada 输入变压器

~ de excitación 励磁变压器

~ de fase 相位变压器,变相器

~ de frecuencia 频率变压器,变频器

~ de impedancias 阻抗变压器

~ de impulsos 脉冲变压器

~ de intensidad constante 稳流变压器

~ de la corriente de la red 电源变压器

~ de línea 线路变压器

~ de medida 仪表(用)变压器

~ de núcleo de hierro 铁芯变压器

~ de paso alto/bajo 升/降压变压器

~ de potencia ①电源变压器;②功率变换器

~ de radiofrecuencia 射频变压器

~ de red 网络变压器

~ de refrigeración forzada 强冷式变压器

~ de regulación(~ regular) 调节变压器

~ de salida 输出变压器

~ de seguridad 安全变压器

~ de soldadura 焊接变压器

~ de subestación 变电所变压器

~ de tensión 变压器;电压变量器

~ de tensión constante 恒压变压器

~ del tipo del circuito abierto 开路式变压器

~ diferencial 差接[差式]变压器

~ elevador 升压变压器,升压器

~ (en baño) de aceite 油浸式变压器

~ en derivación 分路变压器

~ en serie 串联变压器

~ enfriado por aceite 油冷变压器

~ enfriado por aire 空气冷却变压器,干式变压器

~ ideal 理想变压器

~ interfásico 相间变压器

~ lleno de líquido 充液变压器

~ monofásico 单相变压器

~ móvil 车[移动]式变压器

~ para fuerza motriz 电源变压器

~ para timbre 电铃变压器

~ reductor 减压变压器,降压器

~ rural 农用变压器

~ serie paralelo 串并联变压器

~ shunt 并联变压器

~ simétrico-asimétrico 平衡-不平衡变压[变换,转换]器

~ sin hierro 空心变压器

~ sin núcleo 空心变压器

~ tesla 特斯拉变压器

~ transportable 移动式变压器

~ trifásico 三相变压器

transformante *m.* 〈生〉转化株(指已经转化的细菌细胞)

transformismo *m.* ①〈生〉演变[化];进化;②〈生〉进化论;物种变化论;③〈心〉异性装扮癖,易装癖

transformista *m. f.* ①〈戏〉迅速改变角色的演员;②〈生〉进化论者;物种变化论者;③〈心〉异性装扮癖者,易装癖者

transfronterizo,-za *adj.* 穿过[跨越]边境的

comercio ~ 边境贸易

seguridad ~a 边境安全

transfuguismo *m.* 叛变[叛逃]倾向

transfusión *f.* ①倾注;灌[注]入;②〈医〉输血法,输液法

~ de sangre(~ sanguínea) 输血

transfusional *adj.* 〈医〉输血法的,输液法的;输血引起的

reacción ~ 输血反应

transfusionista *m. f.* 〈医〉输血技师,输血操作者

transfusor,-ra *adj.* 〈医〉(灌)输液体用的 ‖ *m.* 输血器

transgene *m.* 〈生〉转基因

transgénico,-ca *adj.* 〈生〉转基因的

alimento ~ 转基因食品

animal ~ 转基因动物

soja[soya] ~a 转基因大豆

tecnología ~a 转基因工艺(学)

transgenosis *f.* 〈生〉基因转移

transglicosilasa *f.* 〈生化〉转葡萄糖基酶

transgresión *f.* ①违反〈法〉;侵犯;②〈地〉海进,海浸

~ marina 〈地〉海进,海浸

transición *f.* ①过渡(时期,阶段);②变[转]化,(形式,形态等的)转变;③〈理〉跃迁,转变;④〈生〉转换

~ electrónica 电子跃迁

~ permitida 容许跃迁

efecto de ~ 跃迁[过渡]效应

factor de ~ 过渡因索

punto de ~ 〈化〉〈理〉转变点

transiluminación *f.* ①〈医〉透射(法);②穿透照明,透明法

~ del seno nasal 鼻窦透照法

transistor *m.* ①〈电子〉〈无〉晶体管,半导体(三极)管;②晶体管[半导体]收音机

~ de contacto[unión] 面结型晶体管

~ de puntas 点接触型晶体管

~ optical 光敏晶体管

radio de ~ 晶体管收音机

transistorización *f.* 晶体管化

transistorizado,-da *adj.* 使用[装有]晶体管的,晶体管化的

transitabilidad *f.* 可通行性

transitable *adj.* 可通行的,能通过的

transitivo,-va *adj.* 〈逻〉〈数〉可递的,可迁的;传递的

tránsito *m.* ①通[经]过,通行;行走;②过渡时期;③转[载]运,运输;过境(贸易,运输);④(岗位等的)调动;⑤交通;(车辆、行人的)往来;⑥〈交〉停车[靠]站;(旅游中的)旅途停歇处;⑦走廊,通道;⑧〈测〉经纬仪;⑨〈天〉凌(日)

~ pesado (拥挤缓慢的)繁忙交通

~ taquimétrico 视距经纬仪

calle de mucho ~ 交通繁忙(的)街道

certificado de ~ 过境证书

comercio de ~ 过境贸易

derecho de ~ 过境权

país de ~ 转运[中转]国

permiso de ~ 过境许可证

puerto de ~ 中途港

transitorio,-ria *adj*. ①（措施等）临[暂]时
的；②过渡性的，过渡时期的；③短暂的，转
瞬即逝的；④行人的‖*m*.〈信〉瞬态（持续时
间非常短的状态或信号）

condición ~a 瞬变条件，过渡工况

estado ~ 瞬[暂]态；过渡状态

respuesta ~a 瞬变响应

tiempo ~ 瞬态[过渡]时间

transitrón *m*.〈电子〉负跨导管

translimitación *f*.〈军〉军队越界

transliteración *f*.①（按另一语言或字母体
系的）直[音]译；②直[音]译文字

translocación *f*. ①移动[位]；（位置的）转
移；②〈植〉移位(作用)；③〈遗〉(染色体的)
易位；④(对野生动物的)转移

translocasa *f*.〈生化〉转位酶

translucidez *f*. 半透明；半透明性[度]

translúcido,-da *adj*. 半透明的

cuerpo ~ 半透明体

cristales ~s 半透明玻璃

translunar *adj*. 超越月球（轨道）的，月球（轨
道）外的；越过月球的

transmarino,-na *adj*. ①海[国]外的；从海
外来的；②越海的；向海[国]外的

transmembrano,-na *adj*.〈理〉〈生〉横跨膜
的

transmemoria *f*.〈信〉交叉存储器

transmetilación *f*.〈化〉转甲基作用

transmetilasa *f*.〈生〉转甲基酶

transmigración *f*. 迁移，移居(外地，外国)

transmisibilidad *f*. ①〈医〉触染性；传播性
[能力]；②传[输]送(能力)；传达[递]（能
力)；③可传[透]性；④传动[导]（能力)

transmisible *adj*. ①可传[输]送的；可传达
[递]的；②可播[发]送的；③〈医〉可传播
的，可传染的，可遗传的；④可传动[导]的；
⑤〈法〉（财产、技术、所有权等）可转让的

transmisión; trasmisión *f*. ①传[输]送；传
达[递]；②〈医〉传染；遗传；(疾病等的)传
播；③传导；④〈机〉变速(器，装置)，传动
(系，装置)；⑤(电视、无线电等的)播放
[送]；发送；转播；⑥〈法〉(财产、技术、所有
权等的)转让；⑦〈信〉(数据等的)传输；⑧
(常用 *pl*.)〈军〉通讯

~ asíncrona〈信〉异步传输

~ automática 自动变速装置

~ binaria sincrónica〈信〉二元同步传输

~ cardan 万向(联轴)节传动

~ con incidencia oblicua 斜入射传播

~ de calor 传热，热传导

~ de datos 数据传送

~ de datos en paralelo〈信〉并行数据传
输

~ de datos en serie〈信〉串行数据传输

~ de dominio 所有权转让

~ de energía[fuerza] ①输电；②动力传
动(装置)

~ de la propiedad 所有权转让

~ de la tecnología 技术转让

~ de mando 权力移交

~ de noticias 新闻广播

~ de pensamiento〈心〉思想传递，传心

~ desde los estudios 室内广播，播音室直
播

~ en banda ancha〈信〉宽带传输

~ en banda de base〈信〉基带传输

~ en circuito (尤指为转播某一特别节目
而实行的)电[电视]台联播

~ en diferido (广播、电视节目等的)再播
送，转[录]播

~ en directo(~ exterior) 现场直播，实况
转播

~ friccional 摩擦传动装置

~ hidráulica 液压传动

~ inalámbrica de la visión 无线电传真

~ monetaria 货币划拨

~ paralela de datos〈信〉并行数据传输

~ por cadenas 链传动装置

~ por correa 皮带传动装置

~ por corriente continua 直流传输

~ por corriente de una polaridad 单(极)
电流传输

~ por fricción 摩擦传动

~ por manivela 曲轴转动装置

~ por onda portadora 载波传输

~ por satélite 卫星转播

~ por una banda lateral 单边带传输

~ radioeléctrica 无线电传输[发送]

~ secreta 保密传输

~ serial de bits〈信〉串行数据传输

~ síncrona[sincrónica] 同步传输

~ tubular 套管传动，空心轴传动

cuerpo de ~es〈军〉通讯部队

media ~ bidireccional (计算机电路)半双
工(传输)

plena ~ bidireccional (计算机电路)全双
工(传输)

sentido de ~ aire-tierra 空地通讯

sentido de ~ barco-costera 船陆通讯

sentido de ~ tierra-aire 地空通讯

sistema de ~ múltiplex 多路传输系统

transmisividad *f*. 传输[传递]系数

transmisor,-ra *adj*. ①发射的；发报的；②传
播的；传导的‖*m*. ①〈生〉传病媒介；递质；
②〈无〉〈讯〉发射机；发报机；(电话的)送话
器‖~a *f*. ①〈无〉发射台；发报台；②无线

电台中继站,转发台

~ automático 自动发报机

~ de arco 电弧式发射机

~ de código 电码发射机

~ de posición 定位发射机

~ de senda descenso 下滑航迹发送机

~ de sonido 伴音发射机

~ numerador automático 自动编码发射机

~ por chispas 火花式发射机

~ telegráfico 电报发送机

estación ~a〈无〉〈讯〉发射台;发报台

transmisor-receptor *m*.①无线电收发两用机;②步话机

transmitencia *f*.①〈理〉透射比;透明度;②〈化〉透光度

transmutabilidad *f*.①变化性;②〈化〉〈理〉(原子等的)嬗变性;蜕变性

transmutable *adj*.①能变化[形]的;能变质的;②〈化〉〈理〉(原子等)可嬗变的;③〈生〉可蜕变的

transmutación *f*.①变化[形,质];②〈化〉〈理〉嬗变;蜕变;③〈数〉(几何图形的)变形;④〈陶瓷〉釉烧转变

~ artificial〈理〉人为嬗变

~ nuclear〈理〉核嬗变

transónico,-ca *adj*. 跨声速的

túnel ~ 跨音速风洞

transparencia *f*.①(水、玻璃等的)透明;②透明度[性];公开(性);清[明]晰(度);③〈摄〉透明正片;透明画,幻灯片;④〈电影〉棚内外景(拍摄);⑤〈画〉透视法;⑥〈理〉透过性;(声波的)通过性

~ fiscal 财政[税收]透明度

~ informativa 信息透明度

transparente *adj*.①(水、玻璃等)透明的;清澈的,明净的;②〈衣服〉透明的;极薄的;半透明的;③(人)坦诚的,(管理、账目等)公开的,透明的;④〈理〉可穿透的;(声波)可通过的‖*m*.①遮帘;遮光屏;②(玻璃上的)透视广告[字牌];③*Arg*.广告牌

transpeptidación *f*.〈生化〉转酰作用

transpeptidasa *f*.〈生化〉转酰酶

transpiración *f*.①出[流]汗;排出;②〈植〉蒸腾作用

transpirómetro *m*. 蒸腾计

transplantación;trasplantación *f*.①〈植〉移植[种];②迁移;移[殖]民;③〈医〉移植术

~ cardiaca 心脏移植

~ de órgano 器官移植

antígeno de ~ 移植抗原

tolerancia de ~ 移植耐受性

transplataforma *f*.〈信〉跨[交叉]平台

transplante;trasplante *m*.①〈医〉移植;②〈医〉移植物[器官,组织];③〈植〉移栽[植,种]

~ celular 细胞移植

~ de corazón 心脏移植

~ de núcleos 细胞核移植

~ de órganos 器官移植

~ hepático 肝移植

transpolar *adj*. 穿越极地的

transpondedor *m*.〈机〉发射机应答器,询问机,转发器

transportabilidad *f*.①轻便性,可携带性,可运输性;②〈信〉(软件)可移植性

transportable *adj*.①可运送[输]的,可搬运的,可输送的;②〈信〉(软件)可移植的,(计算机)便携式的

transportación *f*. 运输[送],搬运;输送

~ aérea 空运

~ fluvial 内河运输

transportador,-ra *adj*. 运输[送]…的,传送…的‖*m*.①〈机〉输送机[器];传[运]输机;②传送带[装置];传递带[装置];③〈数〉量角器,分度规

~ a sacudidas 振动输送[传输]机

~ aéreo 架空输送机

~ de banda[correa] ①传送带;②皮带输送机

~ de cadena 链式运输机;链式输送器

~ de cangilones 多斗式输送机

~ de cinta 皮带输送机

~ de línea de ensamble 装配线传送带

~ de paletas 刮板输送机

~ de paquetes 包裹[货包]输送机

~ de rastrillos 耙式输送机

~ de ruedas 轮式输送机

~ helicoide 螺旋输送机

correa ~a 运输带,传送带

elevador ~ 升降机,起重机

transporte *m*.①运输[送];输送,搬运;②〈海〉(部队)运输船;③运输工具[装置];交通车辆;④〈地〉(水流冲积)搬[输]运

~ activo〈生化〉活性转移[运],主动运输

~ aéreo(~ por aire) 空中运输,空运

~ automóvil 汽车运输

~ camionero(~ por camión) 卡[汽]车运输

~ colectivo ①混装运输;②公共交通车辆,公交车

~ de alta mar 远洋运输

~ de carga[mercancias] 货运

~ de contenedores 集装箱运输

~ de[por] ferrocarril(~ ferroviario) 铁

路运输

~ de mercancías de tránsito 过境货物运输

~ de mercancías en pequeña velocidad 慢件运输

~ de mercancías por carretera 公路货物运输

~ de pasajeros[viajeros] 运送旅客,客运

~ de retorno[vuelta] 回程运输

~ de tropas ①运送军队;②部队运输船

~ de ultramar 海外运输

~ (de) descubierto 敞车运输

~ en barco 船运

~ en contenedores 集装箱运输

~ entre terminales 长途运输

~ escolar 校车

~ expreso[rápido] 快运

~ ferro-camión 铁路公路联运

~ floemático 〈植〉韧皮部运输

~ (por vía) fluvial 内河航运

~ fraccionado 联运

~ interior 内陆运输

~ internacional 国际运输

~ interurbano 城际运输

~ marítimo(~ de nave) 海运

~ militar 部队运输船

~ por agua[barco] 水路运输

~ por banda 皮带输送

~ por carretera 公路运输

~ por containers 集装箱运输

~ por piezas 拆卸分散运输

~ (por) propio 运输自理

~ por tierra(~ terrestre) 陆运

~ por vía 铁路运输

~ público 公共交通车辆,公交车

~ puerta a puerta 门到门运输,自发货库送至收货处运输

~ rodado 公路运输

~ terrestre y marítimo 水陆运输[联运]

~ transoceánico 越洋运输

~ turbulento 〈生理〉湍流输运

transportista m. 〈军〉航空母舰

transposición; trasposición f. ①（位置，顺序等的）变[调],互[换];换位;②（日月星辰等的）落下,下山;③〈乐〉变[移]调;④〈数〉转置,对换;移项;⑤〈医〉错[转]位;移位术;⑥〈讯〉（导线的）交叉

~ de matrices 矩阵转置

~ vertical 下降托架换位法

transpositivo,-va adj. ①互换位置的,移位的;变换的,②〈数〉移项的;③〈乐〉移调的

transposón m. 〈生〉转位子

transreceptor m. 无线电收发两用机

transtorácico,-ca adj. 〈解〉〈医〉经胸廓的

transtoracotomía f. 〈医〉经胸开术

transubstanciación f. 物质的改变,变质

transudación f. 漏出;渗出

transuraniano,-na; transuránico,-ca adj. 〈化〉〈元素〉铀后的,超铀的 ‖ m. 铀后元素,超铀元素

elemento ~ 铀后[超铀]元素

transuranio m. 〈化〉铀后[超铀]元素

transuretral adj. 〈解〉〈医〉经尿道的

transustanciación f. 物质的改变,变质

transustanciar tr. ①使变质;②使变成另一种物质

transuterino,-na adj. 〈解〉〈医〉经子宫的

transvaginal adj. 〈解〉〈医〉经阴道的

transvase m. （水的)注入

transvenoso,-sa adj. 〈解〉〈医〉经静脉的

transversal adj. ①横的;横断[切,向]的;②横贯的;交叉的;斜的;③〈数〉横截的;④（亲属)旁系的 ‖ f. ①〈数〉截断线,横断线;②横路;交叉路

balancín ~ 平衡杆

calle ~ 横马路;交叉路

flujo ~ 横[交叉]流

pendiente ~ 横坡,横坡度

sección ~ 断[截]面;横断面

transverso,-sa adj. ① 横的;横断[切,向]的;②横贯的;交叉的;斜的 ‖ m. ①横向物,横梁[墙];②〈解〉横肌

arteria ~a 横动脉

músculo ~ 横肌

transversocostal adj. 〈解〉〈医〉肋椎横突的

transvesical adj. 〈解〉经膀胱的

transvestido,-da adj. 〈心〉异性装扮癖的,易装癖的 ‖ m. f. 异性装扮癖者,易装癖者

transvestismo m. 〈心〉异性装扮癖,易装癖

tranvía f. 〈交〉①有轨电车;电车;②电车轨道;电车路线;电车运输系统;③（铁路的)市郊列车,慢车

trapáceo,-cea adj. 〈植〉菱科的 ‖ f. ①菱科植物;②pl. 菱科

trapecio m. ①斜方形;②〈数〉梯形;不规则四边形;③〈解〉大多角骨

~ isósceles 等腰梯形

~ rectriángulo 直角梯形

hueso ~ 〈解〉〈腕部近拇指根底处的)大多角骨

trapezoidal adj. ①斜方形的;②〈数〉梯形的;不规则四边形的

trapezoide adj. ①斜方形的;②〈数〉梯形的;不规则四边形的 ‖ m. ①〈数〉梯形,不规则四边形;②〈解〉〈腕部近食指根底处的)小多角骨

trapiche *m.* ①〈机〉制糖机;榨油机;②制糖厂;③*And.*,*Cono S.*〈矿〉〈矿石〉破碎机

tráquea *f.* ①〈动〉〈解〉气管;②〈植〉导管;管胞

traqueado,-da *adj.* 〈动〉〈解〉(节肢动物)有气管的;用气管呼吸的

traqueal *adj.* ①〈动〉〈解〉有气管的;气管状的;②〈植〉导管的

traquealgia *f.* 〈医〉气管痛

traqueario,-ria *adj.* 〈植〉具导管的;管状的

traqueida *f.* 〈植〉管胞

traqueítis *f. inv.* 〈医〉气管炎

traquelectomía *f.* 〈医〉子宫颈切除术

traquelismo *m.* 〈医〉颈肌痉挛

traquelitis *f. inv.* 〈医〉子宫颈炎

traqueloplastia *f.* 〈医〉子宫颈成形术

traquelorrafia *f.* 〈医〉子宫颈修补术

traquelotomía *f.* 〈医〉子宫颈切开术

traqueobroncomegalia *f.* 〈医〉气管支气管扩大

traqueobroncoscopia *f.* 〈医〉气管支气管镜检查

traqueobronquial *adj.* 〈解〉气管支气管的

traqueobronquitis *f. inv.* 〈医〉气管支气管炎

traqueocele *m.* 〈医〉气管疝样突出

traqueoesofágico,-ca *adj.* 〈医〉气管食管的

traqueofistulización *f.* 〈医〉气管造瘘术

traqueofonia *f.* 〈医〉气管音

traquéola *f.* 〈医〉气管

traqueolaringotomía *f.* 〈医〉气管喉切开术

traqueomalacia *f.* 〈医〉气管软化

traqueopatía *f.* 〈医〉气管病

traqueoplastia *f.* 〈医〉气管成形术

traqueorrafia *f.* 〈医〉气管缝合术

traqueorragia *f.* 〈医〉气管出血

traqueoscopia *f.* 〈医〉气管镜检查

traqueosquisis *f.* 〈医〉气管裂

traqueostenosis *f.* 〈医〉气管狭窄

traqueostoma *m.* 〈医〉气管造口

traqueostomía *f.* 〈医〉①气管切口术;②气管切开术

traqueotomía *f.* 〈医〉气管切开术

traqueótomo *m.* 〈医〉气管刀

traquibasalto *m.* 〈地〉粗玄岩

traquita *f.* 〈地〉粗面岩

trasatlántico,-ca *adj.* ①横[穿]渡大西洋的;②在大西洋彼岸的;③〈船舶〉远洋的‖ *m.*〈船〉远洋客轮

trasbordador *m.* ①渡船,渡轮;②〈航空〉〈航天〉航天飞机;③浮桥

trascripción *f.* ①抄[誊]写;②抄[誊]本;③(按另一语言字母体系的)直[音]译;④〈生〉

(生化)转录;⑤(乐曲的)改编

trasdós *m.* 〈建〉拱背线;壁[半露]柱
sierra de ～ 脊锯

trasero,-ra *adj.* ①后面[部]的;②背部[后]的
arco ～ 〈建〉(门,窗等的)背拱
lámpara[luz] ～a〈汽车〉尾灯,后灯
motor ～ 后置发动机
rueda ～a 后轮

trasferencia *f.* ①转[迁]移;搬[转]运;②转账;过户;③汇兑,划汇;④〈心〉移情;⑤(体〉(球员等的)转会;⑥〈法〉(财产、技术、所有权等的)转让,让与;⑦(股票等的)过户;⑧(岗位、职务等的)调动[任];⑨〈信〉传输;传送

trasfixión *f.* 〈医〉刺通,贯穿术

trasfondo *m.* ①背景;②(批评的)含意,潜在意味

trasfusión *f.* ①倾注,灌[注]入;②〈医〉输血(法),输液(法)

trasgo *m.* 〈信〉子画面;子图形(可在计算机屏幕上移动的一种图符)

trashumación;**trashumancia** *f.* 季节性牲畜移动(指迁移至合适的放牧地)

trashumante *adj.* 季节性牲畜移动的

traslación *f.* ①〈天〉(天体)运行,移动;(地球的)公转;②移[搬]动,迁移;③复制,抄件,副本;④〈理〉〈数〉平移;⑤〈商贸〉转让[移];⑥翻译;⑦(岗位、职务等的)调动[任]
～ de beneficios 转让利润,让利
～ de ejes〈数〉坐标轴平移
～ de la crisis 转嫁危机

traslado *m.* ①(家具等的)移[搬]动;②搬家,迁居;(办公室的)迁移;③(职员等的)调任;(犯人等的)移交;(岗位、职务等的)调动[任];④抄件,副本;⑤〈法〉(把诉讼另一方的要求)通报;⑥〈商贸〉转让[移];⑦见 ～ de bloque
～ de bloque〈信〉剪贴法操作
～ de fondos 资金转移;资金划拨
～ de pérdidas 亏损结转

traslapo *m.* ①复叠,互搭;复叠[互搭]处;复叠[互搭]部分;②覆盖物

traslativo,-va *adj.* 转让的,过户的

traslucidez *f.* 半透明性

traslúcido,-da;**trasluciente** *adj.* 半透明的

trasluz *f.* ①反[漫]射光;反光;②*Cari.* 相[形]似;相貌相似

trasmarino,-na *adj.* ①海[国]外的;从海外来的;②越海的;向海[国]外的

trasmigración *f.* 迁移,移居(外地,外国)

trasnochada *f.* ①守[值]夜;警戒;②〈军〉夜

袭

traspaís *m.* 〈地〉内[腹]地;内陆

traspaso *m.* ①出[转]让;出售;②〈法〉(财产、产权等的)转让;已转让财产;③出盘;出租;④出[转]让价;租金;⑤〈体〉(球员等的)转会;转会费;⑥搬[挪]动;转移;调动;⑦穿[渗]透;⑧违反[背](法律);⑨*Esp.*见 ~ de competencias
~ de bienes 财产转让
~ de calor 热传导
~ de competencias *Esp.* 权力转让
~ de población 人口转移
~ por cheque 支票转账

traspilastra *f.* 〈建〉护墙,扶垛

traspiración *f.* ①出[流]汗;②〈植〉蒸腾作用

trasplanta *f. Amér. L.* 移植

trasplantable *adj.* ①〈植〉可移栽的;②〈医〉可移植的

trasplantado,-da *m. f.* 〈医〉移植受动者;接受移植的病人

trasplantadora *f.* 〈机〉移栽机;移植机

traspuesta *f.* ①(位置,顺序等的)变[调,互]换;换位;②移[挪]动[转]变;③〈地〉坡;岗;高地;④后院;外屋

traspunte *m. f.* 〈戏〉催场员;提词员

trasquiladura *f.* 剪(羊)毛

trass *m. ingl.* 〈矿〉火山灰,粗面凝灰岩

traste *m.* 〈乐〉(吉他等弦乐器指板上定音的)品

trastornado,-da *adj.* 〈医〉①有精神病的;心理不正常的;②精神错乱[失常]的

trastorno *m.* 〈医〉(身心、机能的)失调,紊乱;不适,病;障碍
~ de la conducta instintiva 本能行为障碍
~ de personalidad 人格障碍
~ digestivo[estomacal] 肠胃不适
~ mental 〈心〉心理[精神]障碍

trasudación *f.* 出冷[虚]汗

trasudado *m.* 〈生理〉浆[渗透]液

trasvasable *adj.* ①可移转的,可传递的;②可转让的,可转换的

trasvase *m.* ①(河流的)引水;分水渠;②〈信〉下载

trasvenarse *r.* 〈医〉静脉出血

trata *f.* (人口等的)贩卖
~ de blancas 贩卖妇女
~ de esclavos 贩卖奴隶
~ de negros 贩卖黑隶

tratable *adj.* ①(疾病)能治疗的;②*Cono S.* 可通行的,能通过的

tratado,-da *adj.* 〈工〉〈化〉处理过的 ‖ *m.* ①〈商贸〉(口头或书面的)协定[议];契约;

②(尤指国家间的)条约,协定;③(专题)论文;专著,著作
~ bilateral 双边条约
~ comercial 通商条约,贸易协定
~ comercial recíproco 互惠贸易协定
~ de ayuda mutua 互助条约
~ de comercio bilateral 双边贸易协定
~ de doble imposición 双重课税条约
~ de paz 和平条约
~ de Roma [T-] (1957 年在罗马签订的)罗马协议
~ del agua 水处理
~ fiscal (国际)税务条约
~ internacional de comercio 国际通商条约
~ multilateral 多边协定[条约]
no ~ 未经处理的

tratamiento *m.* ①(加工)处理;②〈工〉〈化〉处理[置];③〈医〉治疗,疗法[程];④〈信〉(数据等的)处理;⑤待遇,对待
~ bruto 预[初步]处理
~ con ácido 酸处理
~ con álcalis 碱处理
~ conservativo 〈医〉保守疗法
~ de choque 休克疗法
~ de datos 〈信〉数据处理;资料处[整]理
~ de errores 误差[错误,差错]处理
~ de estrina 〈医〉雌激素疗法
~ de gráficos 〈信〉图形处理
~ de la información 〈信〉信息处理
~ de litigios 处理争议
~ de nación más favorecida 最惠国待遇
~ de rayos X　X 光[线]疗法
~ de reclamación 处理索赔
~ de superficie 表面处理
~ de textos 〈信〉文字信息处理
~ del mineral 矿石处理
~ fino[preciso] 精加工处理
~ físico 物理治疗
~ impositivo 税务处理
~ inmunosupresor 免疫抑制治疗
~ mecánico 机械加工处理
~ por calor (~ térmico) 热处理
~ químico 化学处理
~ quirúrgico 外科治疗
~ recíproco 互惠待遇
~ respiratorio 气功疗法
~ tónico 〈医〉滋补疗法
~ tributario 税务处理

trauma *m.* ①〈医〉外[损]伤;伤口;②(心理、精神上的)伤[损]害;创伤;③〈医〉创伤学

traumático,-ca *adj.* ①〈医〉外伤(性)的,损

伤(性)的；②创伤(性)的

traumatismo *m.* ①〈医〉外伤病；（心理、身体上的）创伤病；②伤（口）

traumatizante *adj.* ①〈医〉造成外[损]伤的；②造成心理[精神]创伤的

traumatología *f.* 〈医〉创伤学；(创)伤科

traumatólogo,-ga *m. f.* 〈医〉创伤学专家

traumatonesis *f.* 〈医〉创口缝合术

traumatopatía *f.* 〈医〉创伤病

traumatopnea *f.* 〈医〉创伤性气急

traumatoterapia *f.* 〈医〉创伤治疗法

traumatropismo *m.* 〈医〉向创伤性

travelín; travelling *m.* 〈电影〉①移动摄影车；滑动台架；②移动[跟踪]镜头

traversa *f.* 〈机〉(汽车底盘的)横梁

travertino *m.* 〈地〉石灰华，钙华(可用作建筑材料)

través *m.* ①〈建〉横[顶]梁；②〈海〉(与龙骨垂直的)横向(构件)；③〈军〉横[防护]墙；防弹壁；④倾[偏,歪]斜；弯[翘]曲

travesaño *m.* ①〈建〉横[顶]梁；②〈体〉球门横梁；③〈矿〉支护横梁；④ *Amér. C., Cari., Méx.* 〈交〉〈建〉(铁路的)枕木

travesera *f.* 〈乐〉长笛

travesero,-ra *adj.* ①横(贯,置)的；②歪[偏,倾]斜的
flauta ~a 长笛

travesía *f.* ①横马路；小街[路]；②穿越市镇的公路；③〈海〉(船舶)横渡；④〈航空〉(飞机)飞[横]越；⑤(穿越)距离；⑥〈海〉侧风；*Cono S.* 西风；⑦(游泳运动的)横渡；⑧ *And., Cono S.* 沙漠；沙漠地区

travestismo *m.* 〈心〉异性装扮癖

traviesa *f.* ①〈建〉横[顶]梁；②(铁路的)枕木,轨枕；③〈矿〉(横向)平巷
~ creosotada 油浸枕木
~ de acero 钢枕
~ de ferrocarril 轨枕
~ de pilotaje 横梁[木],轨枕
~ de vía 枕木,轨枕

trayecto *m.* ①距离,间距；路程；②路途；路上；③(子弹的)弹道；轨迹

trayectoria *f.* ①轨道[迹]；弹道；②经历,历程；发展(轨迹)；③〈数〉轨线；④〈气〉(台风等的)轨迹
~ curva 曲射线路程
~ de descenso 滑(翔)道
~ del vuelo (飞机、导弹、宇宙飞船等的)飞行路线,航迹
~ profesional (职业)生涯

traza *f.* ①外表[观],样子；②(建筑物的)平面[设计,示意]图；(城市的)布局[规划]图；③〈数〉交点；④〈信〉跟踪；⑤〈化〉痕量；⑥

Cono S. 痕[踪,足]迹
~ de corrosión 腐蚀力

trazable *adj.* ①可追踪[追溯]的；②可描绘[描记,描摹]的,可映描的；③可绘制的

trazado *m.* ①(公路的)路线,走向；②(建筑物的)平面[设计,示意]图；(城市的)布局[规划]图；③〈信〉追踪；④ *And.* (南美洲和中美洲人砍甘蔗、树丛等并用作武器的)大砍刀
~ de rayos 〈信〉光线追踪
~ original 原设计图

trazador,-ra *adj.* ①设计…的；②〈化〉〈军〉〈理〉示踪的；追踪的 ‖ *m. f.* 设计者 ‖ *m.* ①〈化〉示踪剂；显光剂；②〈信〉见 ~ de gráficos ‖ ~a *f.* ①〈军〉曳光弹；②〈信〉绘图仪
~ de gráficos (~ gráfico)〈信〉绘图仪(在两个坐标点之间画直线的计算机外围设备)
~ de ruta 飞行示迹器
~ isotópico 同位素示踪剂[物]
~ radiactivo 放射性[同位素]示踪物
~a de base plana 〈信〉平板绘图仪
~a de tambor 〈信〉滚筒绘图仪
bala ~a 〈军〉曳光弹
compuesto ~ 〈化〉示踪化合物
elemento ~ 〈化〉(放射)追踪元素
isótopo ~ 示踪同位素
química ~a 示踪化学

trazo *m.* ①线；②(字的)笔画；(书写,绘画等的)笔；③草[略,示意]图；④〈缝〉(衣)褶；⑤ *pl.* (脸部的)轮廓[线]；相貌；线条
~ discontinuo ①虚线(即"…")；②〈数〉折线
~ lleno ①实线；②〈画〉阴影线
~ rectilíneo 直线
~ y punto 点划线

TRB *abr.* toneladas de registro bruto 注册总吨位

TRC *abr.* tubo de rayos catódicos 〈电子〉阴极射线管

trébol *m.* ①〈植〉三叶草；红花草；②〈建〉三叶形饰；③ *Amér. L.* (高速公路的)立交桥；④ *pl.* (纸牌戏中的)梅花

trefilado *m.* 〈技〉(金属)拉丝,拔丝
hilera de ~ 拉丝模

trefilador,-ra *m. f.* 〈技〉拔丝工,拉拔工

trefilar *tr.* 〈技〉拉拔,拉制；把金属拉成丝

trefilería *f.* ①(金属)拉丝厂,拔丝车间；②(金属)拉丝,拔丝

trefinación *f.* 〈医〉环钻术,环锯术

trefocito *m.* 〈生〉滋养细胞

tregua *f.* ①〈军〉休[停]战；②间歇；暂息(时间)

trematodo,-da *adj.*〈动〉吸虫的‖ *m.* ①吸虫;②*pl.* 吸虫纲

tremedal *m.*〈地〉(因泥中渗水较多以至踩后会颤动的)颤动沼泽

tremielga *f.*〈动〉电鳐

tremolita *f.*〈矿〉透闪石

trémolo *m.*〈乐〉颤[震]音

trémulo,-la *adj.* ①震颤的,(声音等)颤抖的;②(手)发抖的;打颤的;③(光等)摇夷的;颤动的

tren *m.* ①火[列]车;②节律;(张弛)节奏;③〈机〉成套设备;(轮)系;(序,波)列;④〈军〉护运船[车]队;⑤*Cari.* 工场,车间,公司,企业;⑥*Méx.* 有轨电车

~ ascendente (铁路)上行列车

~ blindado 装甲列车

~ botijo (票价优惠的)游览列车

~ continuo de bandas 带钢连续轧机

~ continuo de laminación 钢坯连续轧机

~ correo[postal] 邮政列车

~ cremallera 齿轨列车

~ de alambre 棒磨机

~ de alta velocidad 高速列车

~ de aterrizaje〈航空〉(飞机的)起落架

~ de aterrizaje escamoteable 伸缩式起落架

~ de aterrizaje para viento de través 侧风起落架

~ de aterrizaje retráctil 可缩式起落架

~ de auxilio 营救列车,救援火车

~ de bandas en caliente 带钢热轧机

~ de bucle 环轧机

~ de carga[mercancías] 货物列车,货车

~ de cercanías 慢[市郊列]车

~ de contenedores 集装箱列车

~ de engranajes planetarios 行星齿轮系

~ de escalas(~ lento)慢车

~ de ida/vuelta 下/上行列车

~ de impulsor[impulsos] 脉冲序列

~ de la bruja (游乐场等处驶过恐怖声像区的)撞鬼小火车

~ de laminación 轧钢机

~ de laminación de bandas 带钢轧机

~ de laminación de desbastes planos 扁坯轧机,板轧机

~ de largo recorrido 长途列车

~ de lavado ①洗衣店[作坊];②汽车擦洗行

~ de levitación electromagnética 磁悬浮列车

~ de mensajería 包裹信函送达专列

~ de mudadas *Cari.* 搬运公司

~ de ondas 波列

~ de pasajeros 旅客列车,客车

~ de recreo 游览列车,旅游专列

~ de remolques 挂有拖车的牵引车,平板运货列车

~ de vida 生活方式

~ delantero (汽车的)前轮部件

~ desbastador 初轧[开坯]机

~ descarrilado 出轨列车

~ descendente 下行列车

~ directo 直达列车

~ especial 专列

~ expreso[exprés,rápido] 特别快[列]车

~ extra 外加专列

~ laminador 钢坯轧机

~ laminador de bandas en frío 带钢冷轧机

~ laminador para bandas 带钢轧机

~ local[suburbano] 慢[市郊列]车

~ milla 列车行驶英里(用以计算运费的单位)

~ mixto 客货混合列车

~ nocturno 夜间列车

~ ómnibus 慢[市郊列]车;普通旅客列车

~ para flejes 开片机

~ para redondos 棒磨机

~ reversible 可逆式轧机

~ suplementario 救济物品列车

~ trasero (汽车的)后轮部件

~ triciclo 三轮式起落架

tren-cremallera (*pl.* trenes-cremallera) *m.* 缆索铁路,(用缆索牵引车辆的)登山铁道

trenca *f.*〈植〉(葡萄藤的)主根

trenque *m.*(水,拦河,挡水)坝,堤,水闸

trenza *f.*〈缝〉穗带,镶边

trenzadora *f.*〈机〉编织[结,带]机

treo *m.*〈船〉横[直角]帆

treonina *f.*〈生化〉苏氨酸

trepa *f.* ①攀登[缘];②筋斗;③(狩猎时的)埋伏处;④*Esp.* (树顶的)枝杈;⑤穿[钻]孔,打洞[眼];⑥〈缝〉(服装边缘等处的)装饰品,镶边;⑦(木头的)纹理;⑧〈画〉锌板;⑨〈纺〉印花漏版

trepada *f.* ①攀登[缘];②向上,升高

trepaderas *f. pl. Cari.,Méx.* ①(架线工等用的)上杆脚扣;②(登山靴上的)铁钉助爬器

trepado *m.* ①穿[钻]孔,打洞[眼];②(邮票的)齿孔

trepador,-ra *adj.*〈植〉攀缘的,爬蔓的;(蔷薇等)蔓生[延]的‖ *m.* ①〈植〉攀缘[蔓生]植物;蔓性种蔷薇;②〈鸟〉䴕;③*pl.* 架线工等用的)上杆脚扣;(登山靴上的)铁钉助爬器‖~ **a** *f.* ①〈植〉攀缘[蔓生]植物;蔓性种蔷薇;②〈印〉打齿[孔]机器;③*pl.*〈鸟〉攀禽类(如啄木鸟)

planta ～a 攀缘植物

trepanación *f.* 〈医〉环钻术,环锯术

trepang *m.* 〈动〉海参

trépano *m.* ①〈医〉(手术用)环钻[锯];②钻(头);③〈重型〉凿井机;钻井机;打眼机
～ de berbiquí 钻孔机,风钻,凿岩机
～ de cuchara 匙头钻
～ de ensanchar(～ ensanchador) 扩孔钻
～ de láminas 刮刀[翼状]钻头
～ en cola de carpa 鱼尾钻
～ hueco 岩心钻头
～ macizo 整体钻头
～ piloto 定向钻
～ plegable 伸缩钻头
calibrador de ～ 对刀样板
desbloqueador de ～ 钻头装卸器

treparriscos *m. inv.* 〈鸟〉食虫鸟

trepatroncos *m. inv.* 〈鸟〉大[青]山雀

trepidación *f.* ①震[颤]动;②〈天〉(天宇南北向的)颤动

trepidómetro *m.* 震[颤]动计

treponema *m.* 〈生〉密螺旋体

treponematosis; treponemiasis *f.* 〈医〉密螺旋体病

treponemicida *adj.* 〈医〉杀密螺旋体的

trepsología *f.* 营养学

tresbolillo *m.* 五点形,梅花式[形]
plantación al ～ 梅花形栽植法

tresillo *m.* ①三件套家具[沙发];②〈乐〉三连音符

tresnal *m.* 〈农〉禾束堆

treta *f.* ①〈商贸〉骗局;欺诈;②〈体〉(击剑运动中的)虚击
～ publicitaria 广告欺诈[骗局]

TRH *abr. ingl.* thyrotropin-releasing hormone 〈生化〉促甲状腺激素释放激素

triac *m. ingl.* 〈电子〉三端双向可控硅开关元件

triacetato *m.* 〈化〉三醋酸脂,三醋酸纤维[薄膜]

triacetina *f.* 〈化〉醋精,甘油醋酸脂,乙酸甘油酯

triácido *m.* 〈化〉三元酸

triacilglicerol *m.* 〈化〉甘油三酯

triádico,-ca *adj.* 〈化〉三价的;三价基的;三价元素[原子]的

trial *m.* 〈体〉预[选拔]赛 ‖ *f.* 摩托车障碍检验赛(一种测试摩托车性能及驾驶员车技的比赛)

triamcinolona *f.* 〈药〉去炎松,氟羟氢化泼尼松,氟羟强的松龙

triangulación *f.* ①三角测量术;②三角形划分

～ fotográfica 摄影三角测量

triangular *adj.* 三角形的 ‖ *tr.* ①(为测量)把…分成三角形;②用三角测量法测绘[定];对…作三角测绘;③使成三角形
comercio ～ 三角贸易

triángulo *m.* ①〈数〉三角形;②三角形物;③〈乐〉(打击乐器)三角铁;④(恋爱的)三角关系;⑤[T-]〈天〉三角星座;⑥见 ～ de aviso
～ acutángulo 锐角三角形
～ amoroso 三角恋爱(关系)
～ de aviso 〈交〉(表明路上有出故障车辆的)三角形警告标志
～ de composición de fuerzas 力三角形
～ de entrada 入口速度三角形
～ de giro de locomotoras 机车转向三角线
～ de las Bermudas 百慕大三角(大西洋北部一海域,飞机船舶常在此地神秘失踪)
～ de palastro 角板撑条
～ de Pascal[Tartaglia]〈数〉帕斯卡三角形
～ equilátero[isósceles] 等腰三角形
～ escaleno 不规则三角形
～ esférico 球面三角形
～ oblicuángulo 斜三角形
～ obtusángulo 钝角三角形
～ plano 平面三角形
～ rectángulo 直角三角形
～s semejantes 相似三角形

triángulo-estrella *f.* 星形[Y 形]接连,△接法

triás *m.* 〈地〉三叠纪[系]

triásico,-ca *adj.* 〈地〉三叠纪[系]的 ‖ *m.* 三叠纪[系]

triatlón *m.* 〈体〉(竞走、游泳和自行车三个运动项目的)三项全能运动

triatómico,-ca *adj.* 〈化〉①三原子的;②三价的
ácido ～ 三价酸
molécula ～a 三原子分子

triatómino,-na *adj.* 〈昆〉锥猎蝽亚科的 ‖ *m.* ①(属于锥猎蝽亚科的)吸血猎蝽;②*pl.* 锥猎蝽亚科

triaxial *adj.* 三轴的;三维的
sistema de referencia ～ 三轴参照系

triazol *m.* 〈化〉①三唑,三氮杂茂;②三唑衍生物

tribásico,-ca *adj.* 〈化〉三元的(酸);三碱(价)的

triboelectricidad *f.* 〈理〉静[摩擦]电;摩擦生电

triboeléctrico,-ca *adj.* 〈理〉静[摩擦]电的

tribología *f.* 〈理〉摩擦学(研究移动面间摩擦、磨损、润滑等的一门学科)

triboluminiscencia *f.* 〈理〉摩擦发光

tribometría *f.* 〈理〉摩擦测量

tribómetro *m.* 〈理〉摩擦计

tribromoetanol *m.* 〈药〉三溴乙醇

tribu *f.* 〈生〉族(生物分类,列在属与亚科之间)

tribuna *f.* ①讲台[坛];②(集会中的)演讲台;论坛;③〈体〉(体育场的)看台;(贵宾)席
~ de invitados (比赛场所看台上的)来宾席
~ de prensa (比赛场所看台上的)记者席
~ del acusado 被告席
~ del jurado 陪审席
~ del órgano (教堂内的)风琴台
~ libre[pública] (对公众关心问题的)公开论坛

tribunal *m.* ①〈法〉法[审判]庭;法院;②(一次开庭的)全体法官[审判员];③(大学考试的)评审[主考人]委员会;④审理委员会;⑤*Cono S.* 军事法庭
~ civil con jurado 民事陪审法院
~ constitucional 宪法法院
~ de apelación 上诉法院
~ de colegiado 审判团
~ de comercio 商事法庭
~ de conciliación ①调解委员会;②调解法庭
~ de cuentas 审计署
~ de derecho 法院,法庭
~ de examen 考试评审委员会
~ de guerra 军事法庭
~ de menores 少年法院,少年审判所
~ de patentes 专利权法庭
~ de primera instancia 初[一]审法院
~ de reclamaciones 申诉法院
~ fiscal 税务法院[法庭]
~ local 地方法院
~ marítimo 海事法庭
~ penal 刑事法庭
~ Permanente de Arbitraje de Haya [T-] 海牙常设仲裁法庭
~ supremo 最高法院

tributario,-ria *adj.* ①〈地〉流入(干流,大海)的;支流的;②进贡的;赋[纳]税的;③税收的 ‖ *m. f.* 纳税人 ‖ *m.* 〈地〉支流
privilegio ~ 税收特许[优惠]
sistema ~ 税制

tricálcico,-ca *adj.* 〈生化〉三钙的

tricarboxílico,-ca *adj.* 见 ácido ~
ácido ~ 〈化〉三羟酸

tricefalia *f.* 〈医〉三头畸形

tricéfalo *m.* 〈医〉三头畸胎

tricelular *adj.* 〈生〉三细胞的

tríceps *m.* 〈解〉三头肌

trichina *f. Amér. L.* 〈动〉旋毛虫,旋毛形线虫(一种肠寄生虫)

triciclo *m.* ①(尤指儿童骑的)三轮脚踏车;②(残疾人用的)三轮手摇[摩托]车

tricipital *adj.* 〈解〉三头肌的

triclínico,-ca *adj.* 〈矿〉三斜(晶)的,三斜(晶)系的 ‖ *m.* 三斜晶

tricloroacético,-ca *adj.* 见 ácido ~
ácido ~ 〈化〉三氯醋[乙]酸

tricloroetileno *m.* 〈化〉三氯乙烯

triclorofenol *m.* 〈化〉三氯(苯)酚

triclorometano *m.* 〈化〉三氯甲烷,氯仿

tricloruro *m.* 〈化〉三氯化物
~ de carbono 三氯化碳
~ de fósforo 三氯化磷
~ de yodo 三氯化碘

tricocardia *f.* 〈医〉绒毛心

tricocefaliasis; tricocefalosis *f.* 〈医〉鞭虫病

tricocéfalo *m.* 〈医〉鞭虫属

tricocisto *m.* 〈动〉(刺)丝泡

tricoestesia *f.* 〈医〉毛发感觉

tricofagia *f.* 〈医〉食毛癖

tricófero *m. And.*,*Cono S.*,*Méx.* 生发水[液]

tricofitosis *f.* 〈医〉毛癣菌病

tricógino *m.* 〈植〉(海藻类等的)受精丝

tricoide *adj.* 毛发状的

tricolito *m.* 〈医〉毛石,毛球

tricología *f.* 〈医〉毛发学

tricolor *adj. inv.* 三色的;用三色的 ‖ *f.* 三色旗
bandera ~ 三色旗

tricoma *m.* 〈生〉〈植〉毛状体;〈植〉藻丝

tricomicina *f.* 〈药〉曲古霉素,八丈霉素,抗滴虫霉素

tricomicosis *f.* 〈医〉毛发菌病

tricomona *f.* 〈医〉毛滴虫

tricomoniasis *f.* 〈医〉滴虫病

tricopatía *f.* 〈医〉毛发病

tricóptero,-ra *adj.* 〈昆〉有毛翅的,毛翅目的 ‖ *m. pl.* 毛翅目

tricordio *m.* 〈乐〉三弦乐器;三弦琴

tricornio,-nia *adj.* 〈动〉有三只角的 ‖ *m.* 三角兽

tricosis *f.* 〈医〉毛发病

tricota *f. Amér. L.* 毛衣,羊毛衫;运动衫

tricotadora *f.* 〈缝〉〈机〉编[针]织机

tricotar *tr.* 编[针]织,编结;机织

máquina de ～ 编[针]织机

tricotilomanía *f.* 〈医〉拔毛发狂[癖]

tricotomía *f.* ①分成三部分的,三分的;②〈植〉三歧的,分三桠枝的

tricotómico,-ca *adj.* ①〈逻〉三分的;②〈植〉三歧式的

tricotosa *f.* 〈缝〉〈机〉编[针]织机

tricroísmo *m.* 三色性,三色现象

tricromático,-ca *adj.* ①三色的;②(印刷、摄影、电视等)用三色的;③〈印〉三色版的;④〈医〉三色视的

tricromatismo *m.* ①三色性,三色现象;②(印刷、摄影、电视等)三色合成;③〈医〉三色视觉

tricromatopsia *f.* 〈医〉三色视

tricromía *f.* ①〈印〉三色印刷(术);②〈工艺〉(红、绿、蓝)三色显示系统;〈摄〉三色摄影术

tricrótico,-ca *m.* 〈生理〉三波(脉)的,三重搏的

tricrotismo *m.* 〈生理〉三波脉,三重搏

tricrúspide *adj. inv.* 〈解〉①三尖的;②三尖瓣的‖ *f.* ①三尖牙;②三尖瓣
válvula ～（心脏的)三尖瓣

tridactilismo *m.* 〈动〉三指[趾](畸形)

tridáctilo,-la *adj.* 〈动〉三指[趾]的‖ *m.* 三指[趾]

tridente *m.* ①三齿鱼叉;②〈数〉三叉线;③[T-]三叉戟(飞机)‖ *adj.* 三叉的;三齿的

tridermogénesis *f.* 〈医〉三胚层发生

tridermoma *m.* 〈医〉三胚层瘤

tridimensional *adj.* (长、宽、高)三维的;立体的;(三度)空间的
cine ～ 立体电影

tridimensionalidad *f.* 三维,立体;三度空间

tridimita *f.* 〈矿〉鳞石英

tridireccional *adj.* 〈机〉〈技〉三路[通,向]的
conexión ～ 三向连接

trie *m.* 〈信〉特里结构,单词查找树(一种树形结构,用于保存大量的字符串)

triecio,-cia *adj.* 〈植〉雌花雄花(两性花)异株的,单全异株的

triedro,-dra *adj.* ①有三面的;②三面体[形]的‖ *m.* 〈数〉①三面角;②三面体[形]
ángulo ～ 三面角

triestearina *f.* 〈化〉三硬脂酸甘油酸

trietanolamina *f.* 〈化〉三乙醇胺,三羟乙基胺

trifacial *adj.* 〈解〉三叉神经的

trifásico,-ca *adj.* 〈电〉三相的
corriente ～a 三相电流

trifenilamina *f.* 〈化〉三苯胺

trifenilmetano *m.* 〈化〉三苯甲烷

trifibio,-bia *adj.* ①陆海空三栖的;水、陆、冰雪三栖的;②陆海空联合作战的,立体战争的
operaciones ～as 陆海空联合作战,陆海空联合军事行动
vehículo ～ 水、陆、冰雪三栖运输工具

trífido,-da *adj.* ①〈生〉三(分)裂的;②分裂成三齿[尖,叶]的

trifilita *f.* 〈矿〉磷酸锂铁矿

trifluoruro *m.* 〈化〉三氟化物

trifocal *adj.* 三焦距的;(眼镜)三光的

trifocéfalo *m.* 〈动〉鞭虫

trifoliado,-da *adj.* ①〈植〉具三叶的;②〈建〉三叶形饰的

trifolio *m.* ①〈植〉三叶草;②〈建〉三叶形图案

trifoliolado,-da *adj.* 〈植〉(复叶)具小三叶的;具三小叶(复叶)的

triforio *m.* 〈建〉(尤指教堂拱门上的)拱[楼]廊

triforme *adj.* ①以三形式存在的;②三种不同形式合成的

trifosfato *m.* 〈化〉三磷酸盐

trifurcación *f.* ①分成三部分;分成三叉[枝];②三岔口

trigal *m.* 〈农〉麦田

trigemina *f.* 〈解〉①三联(律,现象);②三发性

trigeminal *adj.* 〈解〉①三联的;②三叉神经的
pulso ～ 三联脉

trigémino,-na *adj.* 〈解〉三叉神经的‖ *m.* 三叉神经

triglicérido *m.* 〈化〉甘油三酯

triglifo *m.* 〈建〉三联浅槽饰

trigo *m.* ①〈植〉小麦,麦子;②*pl.* 麦田
～ aristado 有芒小麦
～ blando[suave] 软质小麦(一种含淀粉多而麸蛋白少的小麦)
～ de invierno 冬小麦
～ de marzo(～ marzal) 春小麦
～ duro 硬粒小麦
～ mocho 无芒小麦
～ sarraceno 荞麦
～ tremés[tremesino] 春小麦

trigocefalia *f.* 〈医〉三角头畸形

trigocéfalo *m.* 〈医〉三角头畸胎

trigonal *adj.* 〈矿〉三方晶系的

trigonelina *f.* 〈化〉葫芦巴碱

trigonometría *f.* 〈数〉三角学
～ esférica 球面三角学
～ plana 平面三角学

trigonométrico,-ca *adj.* 〈数〉三角的;三角

学的

ecuación ～a 三角方程

función ～a 三角函数

operación ～a 三角运算

trigonómetro *m*. 三角形计算工具

triguero,-ra *adj*. ①小麦的;②(土地)适于种小麦的;③长在麦田里的‖*m*. ①麦筛;②〈鸟〉麻雀

trihidrato *m*. 〈化〉三水合物

trihídrico,-ca *adj*. 〈化〉三羟(基)的

trihidrol *m*. 〈化〉三聚水分子,三分子水

trilateral;trilátero,-ra *adj*. ①(有)三条边的;②三边的;三方之间的

acuerdo ～ 三边协定

trilinoleína *f*. 〈化〉〈医〉三亚油精,三亚麻油酸甘油酯

trilita *f*. 〈化〉三硝基甲苯

trilla *f*. 〈农〉①打谷,脱粒;②打谷[脱粒]工具;③打谷[脱粒]季节

trillado,-da *adj*. 〈农〉已脱粒的‖*m*. ①缜密研究[调查];②*Cari*. 小路[径]

trillador *m*. ①〈农〉脱粒[打谷]机;②*Méx*. 驯牛[马]人,驯养动物的人‖～**a** *f*. 脱粒[打谷]机

～a segadora 联合收割机

trilladura *f*. 〈农〉打谷,脱粒

trillo *m*. ①〈农〉脱粒[打谷]机;②*Amér. C.,Cari*. 小路[径]

trillón *m*. ①(美国、法国等)10^{18}(1,000的6次幂)②(英国、德国等)百万兆,10^{18}(100万的3次幂)

trilobites *m. pl*. 三叶虫(古生物学用语)

trilobulado,-da *adj*. 〈植〉具三裂片的

trilocular *adj*. 〈生〉三室的

trilogía *f*. ①〈医〉三联症;②(歌剧、小说、戏剧等)三部曲

trimaleolar *adj*. 见 fractura ～

fractura ～ 〈医〉三髁骨折

trimarán *m*. 〈船〉三体(帆)船

trímero,-ra *adj*. 〈昆〉三跗节的

trimestral *adj*. ①季度的,三个月的;②〈教〉(实行三学期制大学的)学期的

trimestre *m*. ①季度,三个月;②〈教〉(实行三学期制大学的)学期;③季度支付;④季度租金

trimetal *m*. 三金属;三层金属轴承合金

trimetálico,-ca *adj*. 三金属的

trimetilamina *f*. 〈化〉三甲胺

trimetileno *m*. 〈化〉①环丙烷;②丙[三甲]撑

trimetilglicina *f*. 〈化〉甜菜碱,三甲铵乙内酯

trimetoprim *m*. 〈生化〉〈药〉甲氧苄氨嘧啶,三甲氧苄二氨嘧啶(一种抗菌素)

trimétrico,-ca *adj*. ①〈矿〉斜方(晶)的;②〈测〉三度(投影)的

proyección ～a 三度投影

trimetrogón *m*. 〈航空〉①三镜头航空照相(术);②三镜头航空摄影机

trimmer *m. ing*. ①〈电子〉显微电容器;②〈建〉托[承接]梁

trimolecular *adj*. 〈化〉三分子的

trimorfismo *m*. ①〈植〉三形性;②〈动〉三态(现象);③〈矿〉(晶体的)三晶现象,三晶性

trimotor,-ra *adj*. 〈航空〉三发动机的,三引擎的‖*m*. 三发动机飞机,三引擎飞机

trinado *m*. ①〈鸟〉鸣声,啭鸣;②〈乐〉颤音

trinche *m. Méx*. 〈农〉干草叉

trinchera *f*. ①壕沟;(铁路的)路堑;②〈军〉战壕;堑壕

guerra de ～ 堑壕战

trincho *m*. ①*And*. 〈建〉胸墙;②壕[深]沟

trineo *m*. ①(轻便有座的)雪橇,爬犁;②重型运输雪橇

～ (de) balancín 连[大雪]橇

～ de perros 狗拖的雪橇

trinitaria *f*. 〈植〉(花园里的圆)三色堇花;(野生的)三色堇

trinitrato *m*. 〈化〉三硝酸盐

～ de glicerina 〈化〉硝化甘油,甘油三硝酸酯

trinitrina *f*. 〈化〉三硝酸甘油

trinitroanilina *f*. 〈化〉三硝基苯胺

trinitrobenceno *m*. 〈化〉三硝基苯

trinitrocresol *m*. 〈化〉三硝基甲酚

trinitrofenol *m*. 〈化〉三硝基酚

trinitrometano *m*. 〈化〉三硝基甲烷

trinitrotolueno *m*. 〈化〉三硝基甲苯,梯恩梯(缩作 TNT)

trinitroxileno *m*. 〈化〉三硝基二甲苯

trino *m*. ①〈鸟〉鸣声,啭鸣;②〈乐〉颤音

trinocular *adj*. 三目(显微镜)的

trinomial *adj*. 〈数〉三项式的

trinomio,-mia *adj*. 〈数〉三项式的‖*m*. 三项式

trinoscopio *m*. 三管式彩色投影机

trinquete *m*. ①〈机〉棘[卡]爪;棘轮;②〈海〉前桅;③〈船〉前[前桅]帆;④〈体〉回力球球场

～ reversible 换向爪

llave de ～ 棘轮摇钻,扳钻

trinucleótido *m*. 〈生〉三核苷酸,密码子

trío *m*. 〈乐〉三重奏[唱]曲;三重奏[唱]小组

triodo;tríodo *m*. 〈电子〉三极管

～ doble 双三极管

trioftalmo *m*. 〈医〉三眼畸胎

triol *m*. 〈化〉三元醇

trioleína *f*. 〈化〉三油精(指天然的甘油三油酸酯)

Triones *m. pl.* 〈天〉大熊(星)座，北斗七星

triordismo；triorquidismo *m*. 〈医〉三睾畸形

triosas *f. pl.* 〈化〉丙糖

trióxido *m*. 〈化〉三氧化物

　～ de arsénico 三氧化二砷，砒霜

　～ de azufre 三氧化硫

　～ de boro 三氧化硼

　～ de nitrógeno 三氧化二氮

trioxipurina *f*. 〈化〉三尿嘌呤

tripa *f*. ①〈法〉(有关个人或事件的)卷宗，档案，案卷；②*pl*. 〈机〉运转机构，活动机件；③*Cari*. (轮胎的)内胎

tripala *f*. 〈船〉三叶螺旋桨

tripalmitina *f*. 〈化〉(三)棕榈酸甘油酯，(三)软脂酸甘油酯

tripanocida *f*. 〈生医〉杀锥虫剂

tripanosoma *m*. 〈动〉锥虫，锥虫属

tripanosomiasis *f*. 〈医〉锥虫病

tripartito,-ta *adj*. ①有[分成]三部分的；由三部分组成的；②〈植〉三深裂的；③三方的；三方参加[缔结]的

　acuerdo ～ 三方协议

　conferencia ～a 三方会议

　contrato ～ 三方合同

tripelennamina *f*. 〈药〉苄吡二胺，吡苄明(抗组胺药)

triplano *m*. 〈航空〉(早期的)三翼机

triple *adj*. ①三倍[重]的；②三部分(组成)的；③三层的‖*m*. ①三倍(量，数)；②〈体〉三级跳远；(篮球运动的)三分球；③*Amér. L*. 双层夹肉三明治；④*Chil*. 〈矿〉三班倒[制]工作班；⑤*Arg*. 多用途插座‖*f*. 见 ～ vírica

　～ producto escalar 〈数〉三重内积，三重标积

　～ salto 〈体〉①三级跳远；②(花样滑冰中的)三周跳

　～ vírica 〈医〉三联疫苗

triplejía *f*. 〈医〉三肢瘫，三肢麻痹

triplete *m*. ①〈理〉〈摄〉三合透镜；②〈遗〉密码子，三联码，三联体

　～ de iniciación 〈生〉〈遗〉起始密码子

　～ de terminación 〈生〉〈遗〉终结密码子

triplicado,-da *adj*. ①三倍[重]的；②一式三份的，(一式三份中)第三份的；③有三个相同部分的，三联的‖*m*. ①一式三份(中的一份)；②(文件等)第三份，第二个副本

triplicador *m*. 三倍[重]器

　～ de frecuencia 频率三倍器，三倍倍频器

triplicidad *f*. 三倍[重](性)

triplista *m. f*. 〈体〉(篮球运动中的)三分投手

triplo *m*. 三倍(量，数)

triploblástico,-ca *adj*. 〈植〉三胚层的

triplocoria *f*. 〈医〉三瞳畸形

triploide *adj*. 〈生〉〈染色体〉三倍性的；三倍体的‖*m*. 三倍体

triploidia *f*. 〈生〉三倍性

triplopia *f*. 〈医〉三重复视

trípode *m. o f*. 三脚凳[桌，用具]‖*m*. (照相机、望远镜等的)三脚架

　～ de alzar[arbolar] 人字起重架

　～ de patas telescópicas 可调望远镜三脚架

　～ de pie de rey 可调三脚架[台，桌]

tripodia *f*. 〈医〉三足畸形

trípoli *m*.；**tripolita** *f*. 〈矿〉硅藻土；硅石土

tripósopo *m*. 〈医〉三面畸胎

tripsina *f*. 〈生化〉胰蛋白酶

tripsinógeno *m*. 〈生化〉胰蛋白酶原

triptamina *f*. 〈生化〉色胺，β-吲哚基乙胺

triptano *m*. 〈化〉三甲基丁烷(一种高抗爆的发动机燃料)

tríptico *m*. ①三幅相联的图画；②三件相联的艺术品，三折屏；③(用联合放映机放映的)三幅相联银幕电影；④(分为)三部分的表格[文件]

triptófano *m*. 〈生化〉色氨酸

tripulado,-da *adj*. ①见 satélite ～；②见 vuelo ～

　satélite ～ 载人卫星

　vuelo ～ 载人飞行

triqueiria *f*. 〈医〉三手畸形

triquetral *adj*. ①〈解〉三角(骨)的；②〈生〉三棱的

triquetro *m*. 〈解〉三角骨

triquiasis *f*. 〈医〉倒睫

triquina *f*. 〈动〉旋毛虫，旋毛形线虫(一种肠寄生虫)

triquinosis *f. inv.* 〈医〉旋毛虫病，毛线虫病

triquita *f*. 〈矿〉发雏晶

trirreactor *m*. 〈航空〉三喷气发动机飞机，三引擎喷气机

trirrectángulo,-la *adj*. 〈数〉三直角的；三重正交的

trisacáridos *m. pl.* 〈化〉三糖

triscador *m*. (木工用以休整锯齿的)正锯器

triscaidecafobia *f*. 〈医〉恐数字13症

trisecar *tr*. ①把…分成三段；把…截成三段；②〈数〉把…三等分

trisección *f*. 〈数〉三等分

trisector,-ra *adj*. 〈数〉三等分的‖*m*. 三等分器[仪]

trisectriz *adj*. 〈数〉三等分的

trisépalo,-la *adj.* 〈植〉三萼片的

trísmico,-ca *adj.* 〈医〉牙关紧闭的

trismo *m.* 〈医〉牙关紧闭

trisódico,-ca *adj.* 〈化〉三钠的
　celulosa 〜a 三钠纤维素

trisoma *m.*; **trisomía** *f.* 〈生〉〈遗〉三(染色)
　体性

trisómico,-ca *adj.* 〈生〉一套半染色体的,三
　染色体的

tristearina *f.* 〈化〉硬脂酸甘油酯,三硬脂精

trisubtituido,-da *adj.* 〈化〉三代的,三元取
　代的

trisulfuro *m.* 见 〜 de antimonio
　〜 de antimonio 〈化〉三氧化二锑

tritanopía *m.* 〈医〉蓝盲,第三色盲

triterpano *m.* 〈化〉三萜烷

triterpeno *m.* 〈化〉三萜烯

tritiación *f.* 〈化〉氚化作用

triticale *m.* 〈植〉黑小麦

tritilo *m.* 〈化〉三苯甲游基

tritio *m.* 〈化〉氚(氢的放射性同位素)

tritón *m.* ①〈动〉水螈;②〈理〉氚核;③[T-]
　〈天〉海卫一

tritono *m.* 〈乐〉三全音

tritóxido *m.* 〈化〉三氧化物

triturabilidad *f.* (可)磨硝性

triturable *adj.* 可捣[粉,磨,碾,破,研]碎的

trituración *f.* 捣[粉,磨,碾,破,研]碎

triturador *m.* 见 trituradora

trituradora *f.* ①粉碎[破碎,研磨]机;②绞
　肉机;③(用以销毁文件等的)碎纸机
　〜 de barras 杆式破碎[研磨]机,棒磨机
　〜 de basuras (家庭用)垃圾处理装置
　〜 de carbón 碎煤机
　〜 de mandíbulas 颚式轧碎[碎石]机
　〜 de martillo 锤(式压)碎机
　〜 de muelas 磨轮机
　〜 de papel 碎纸机
　〜 de piedra 碎[切]石机
　〜 giratoria 旋回破碎机

trivalencia *f.* 〈化〉三价

trivalente *adj.* ①〈化〉三价的;②〈生〉(染色
　体)三价的;③〈医〉三联的 ‖ *m.* 〈生〉三价体

trivalvo,-va *adj.* 〈动〉三瓣的(贝壳) ‖ *m.*
　三瓣贝壳

trivalvular *adj.* 〈动〉三瓣的(贝壳)

trivio *m.* 〈教〉(中世纪的)三学科(即文科七
　艺中的三艺:语法、修辞和逻辑)

triyoduro *m.* 〈化〉三碘化物

triza *f.* 〈海〉吊[升降]索

troca *f.* ①*Méx.* 卡车,载重汽车;②*Chil.*
　(牛患膨胀病时在腹部针刺用的)钢针

trocánter *m.* ①〈解〉转子;②〈昆〉转节

trocar *m.* 〈医〉套针,套管针(用于体腔抽液
　的外科器具)

trocha *f.* ①小路[道,径];②*Amér. L.*〈交〉
　(铁路的)轨距;③*Cono S.*〈汽车〉车道
　〜 ancha 宽轨距[1.676 米]
　〜 angosta 窄轨距[1 米]
　〜 normal[media] 标准轨距[1.435 米]

trochotrón; **trocotrón** *m.* 〈电子〉电子转换
　器,余摆管,磁旋管

trocisco *m.* 〈药〉片剂,锭剂

tróclea *f.* 〈解〉滑车
　〜 femoral 股骨滑车

troclear *adj.* ①〈解〉滑车神经的;②〈植〉滑
　车状的
　nervio 〜 滑车神经

trocoide *adj.* ①〈数〉(次,余)摆线的;摆动
　的;②〈解〉车轴状的(关节);滑车状的 ‖ *m.*
　①〈数〉(次,余)摆线;②〈解〉车轴关节旋转
　关节;③〈机〉摆线管,枢轴关节
　articulación 〜 车轴状关节
　onda 〜 摆动波,余摆线波

trócola *f.* 〈解〉滑车

trocosfera *f.* 〈动〉担轮幼虫

troctolita *f.* 〈地〉橄长岩

trofalaxis *f.* 〈昆〉交哺现象

trófico,-ca *adj.* 〈医〉营养的

trofoblasto *m.* 〈动〉(胚胎)滋养层

trofocito *m.* 〈动〉滋养细胞

trofodinámica *f.* 〈医〉营养动力学

trofoedema *m.* 〈医〉营养性水肿

trofoénico,-ca *adj.* ①〈昆〉营养生成的;②
　水体光合营养物产生的

trofología *f.* 〈医〉营养学

trofólogo,-ga *m. f.* 〈医〉营养学家

trofoneurosis *f.* 〈医〉营养神经机能病

trofonosis *f.* 〈医〉营养病

trofonúcleo *m.* 〈生〉滋养核

trofopatía *f.* 〈医〉营养病

trofoplasma *m.* 〈生〉营[滋]养质

trofopongio *m.* 〈动〉①胞管系;②滋养海绵
　层

trofotaxis *f.* 〈医〉趋营养性

trofoterapia *f.* 〈医〉营养疗法

trofotrópico,-ca *adj.* 〈医〉向营养的
　sistema 〜 向营养性系统

trofotropismo *m.* 〈医〉向营养性

trofozoito *m.* 〈动〉营[滋]养子,营养体(原
　虫)

troglobia *f.* 〈动〉穴居[洞生]动物

trogoniforme *adj.* 〈鸟〉咬鹃目的 ‖ *m. pl.*
　咬鹃目

troj; **troje** *f.* 〈农〉谷[粮]仓

troja *f. Amér. L.*〈农〉谷[粮]仓

trojero,-ra *m. f.* 谷[粮]仓管理员

trola *f.* 〈信〉煽动性邮件[帖子]

trole *m.* ①〈电〉触轮(指电车等受电头与架空电线接触的带槽滑轮);(电车的)触轮杆,接电杆;②无轨电车
　　rueda de ～ 触[滚,滑接]轮

trolebús *m.* 无轨电车

trolla *f.* 〈建〉(泥工用的)托泥板

tromba *f.* 〈气〉旋流[涡];(龙卷风引起的)水龙卷
　　～ de agua 倾盆大雨
　　～ de polvo 尘卷
　　～ marina (龙卷风引起的)水[海]龙卷
　　～ terrestre 陆龙卷

trombastenia *f.* 〈医〉血小板机能不全

trombectomía *f.* 〈医〉血栓切除术

trombina *f.* 〈生化〉血凝酶

trombo *m.* 〈医〉血栓
　　～ blanco 白色血栓

tromboangitis *f. inv.* 〈医〉血栓性脉管炎
　　～ obliterante 闭塞性血栓性脉管炎

trombocito *m.* 〈医〉血小板,凝血细胞

trombocitopenia *f.* 〈医〉血小板减少,凝血细胞减少
　　～ congénica 先天性血小板减少症

trombocitosis *f.* 〈医〉血小板增多,凝血细胞增多

tromboembolia *f.*；**tromboembolismo** *m.* 〈医〉血栓栓塞

trombofilia *f.* 〈医〉血栓形成倾向

tromboflebitis *f. inv.* 〈医〉血栓性静脉炎

trombogénesis *f.* 〈医〉血栓发生[形成]

trombógeno *m.* 〈医〉凝血酶原

trombomodulina *f.* 〈生化〉凝血调节素

trombón *m.* 〈乐〉(伸缩)长号,长喇叭‖ *m. f.* 长号手
　　～ de varas 滑[拉]管长号

trombonista *m. f.* 〈乐〉长号手

tromboplástico,-ca *adj.* 〈医〉形成血栓的,促血凝的

tromboplastina；**tromboquinasa** *f.* 〈生化〉促凝血酶原激酶,凝血活酶

trombopoyetina *f.* 〈生化〉凝血细胞生成素(血小板生成素)

trombosado,-da *adj.* 〈医〉形成血栓的

trombosis *f. inv.* 〈医〉血栓形成
　　～ cerebral 脑血栓形成

trombótico,-ca *adj.* 〈医〉血栓形成的

tromboxano *m.* 〈生化〉血栓素,血栓烷

tromel *m.* 〈矿〉滚筒筛,洗矿筒

tromofonia *f.* 〈医〉颤音

tromómetro *m.* 微震计,微地震测量仪

trompa *f.* ①〈乐〉圆号;②〈解〉管,道;③〈动〉(象等的)长鼻子;④〈昆〉吸管;⑤旋流[涡];⑥〈气〉(龙卷风引起的)水龙卷;⑦ *Méx.* (铁路机车前的)排障器‖ *m. f.* 〈乐〉圆号手
　　～ de caza ①〈乐〉猎号;②猎人用的号角
　　～ de Eustaquio 咽鼓管(亦称欧斯塔基奥林管)
　　～ de Falopio 输卵管(亦称法洛皮欧管)

trompeta *f.* ①〈乐〉小号;②号角,喇叭;③〈植〉木本曼陀罗;*Cono S.* 黄水仙‖ *m. f.* ①〈乐〉小号手,小号吹奏者;②〈军〉号兵

trompetazo *m.* ①〈乐〉小号声;②号[嘟嘟,吼鸣]声

trompetero,-ra *m. f.* ①〈乐〉(乐团的)小号手,小号吹奏者;②〈军〉号兵‖ *m. f.* 〈乐〉小号手‖ *m.* 〈动〉鹬嘴鱼

trompetista *m. f.* 〈乐〉(乐团的)小号手,小号吹奏者

trompillón *m.* 〈建〉拱顶石

trompo *m.* ①〈动〉马蹄螺;②〈汽车〉打滑,180度旋转;③〈体〉(板球运动中球掷出时的)旋转运动

trompón *m.* 〈植〉(黄)水仙
　　narciso ～ 黄水仙

trona *f.* 〈化〉天然碱

tronada；**tronadera** *f. Méx.* 〈气〉雷暴

tronadura *f. Chil.* 〈矿〉(岩石的)爆破[炸]

tronamenta *f. And.*，*Méx.* 〈气〉雷暴

tronazón *f. Amér. C.*，*Méx.* 〈气〉雷暴

troncal *adj.* ①树干的;②主要的;主干的,干线的;③躯干[体]的;④〈数〉截锥体的
　　línea ～ ①(铁路,公路,航线等的)干[主]线;②(电话等的)干[中继]线

troncalidad *f.* 〈法〉(无后裔者死去且未立遗嘱的其遗产)归系族原则

tronchacadenas *m. inv.* 〈机〉(自行车)车链切割机

troncho *m.* ①〈植〉茎,秆,柄,梗;② *And.* (线等的)结

tronco *m.* ①树干;②(人,动物的)躯干;(昆虫的)胸部;③(生物分类上的)门;④〈数〉截锥体;⑤主干[体];(铁路的)干线;⑥〈解〉大血管;神经干;淋巴干;⑦〈信〉母线
　　～ abatido 原[圆]木,圆(木)材,大木料
　　～ corto 木段;棒料
　　～ de cono 平截头圆锥体,圆截锥体
　　～ de pirámide 平截头棱锥体,角截锥体
　　～s escuadrados 四开木材
　　corte de ～s 伐木(业,量)

troncocónico,-ca *adj.* 圆锥锥体的

trondjemita *f.* 〈地〉奥长花岗岩

tronera *f.* ①〈军〉枪[炮]眼;射击孔;(墙上的)观察孔;②(台球球桌边沿或四角的)球

袋[穴]；③*Méx.* 烟囱[道]；④〈建〉小窗

tronido *m.* 雷声[鸣]

tronzador *m.*；**tronzadora** *f.* 〈机〉切（割，断）机；截断[剪切]机

tronzar *tr.* ①切断[割]；切[割]去；使分成段[块]；②〈缝〉给…打褶
máquina de ～ 切割机
torno de ～ 切断车床

troostita *f.* 〈矿〉屈氏[托氏]体，锰硅锌矿

tropa *f.* ①〈军〉普通士兵；②（常用 *pl.*）军[部]队；③*Cono S.* 车队；车流；④*Amér. L.* 〈农〉牧群（尤指牛群）；畜群（尤指羊群）
～ de choque 强[突]击部队
～ de linea 作战部队；正规军
～ de marina 海军陆战队
～ ligera 散兵
～s de asalto 强[突]击部队
～s de desembarque 登陆部队
～s motorizadas 摩托化部队

tropacocaína *f.* 托把柯卡因

tropeolina *f.* 〈化〉金莲橙（一种染料）

tropéolo *m.* 〈化〉旱金莲，金莲花

tropical *adj.* ①热带的；②回归线的；③炎[酷]热的
año ～ 回归[分至]年
clima ～ 热带气候
mes ～ 分至月
plantas ～es 热带植物
zona ～ 热带区

trópico,-ca *adj.* 回归线的 ‖ *m.* ①〈地〉（南，北）回归线；②热带地区
～ de Cáncer [T-] 北回归线，夏至线
～ de Capricornio [T-] 南回归线，冬至线
año ～ 回归年

tropillo *m. Amér. M.* 〈鸟〉兀鹫

tropina *f.* 〈化〉托品碱

tropismo *m.* 〈生〉①向性；②向性运动

tropocolágeno *m.* 〈生化〉原胶原（蛋白）

tropófilo,-la *adj.* 〈植〉湿旱生的

tropofita *f.* 〈植〉湿旱生植物

tropómetro *m.* 〈医〉旋转计

tropomiosina *f.* 〈生化〉原肌球蛋白

troponina *f.* 〈生化〉肌钙蛋白，肌原蛋白

tropopausa *f.* 〈气〉对流层顶

troposfera *f.* 〈气〉对流层

troposférico,-ca *adj.* 〈气〉对流层的
onda ～a 对流层（反射）波

troquel *m.* ①〈技〉（硬币，徽章等的）冲[压]模；②〈机〉（板材的剪裁器[机]
～ de acabar 成形压模；精整拉模

troquelado *m.* ①〈用模具〉冲压；②〈电子〉冲压件[片]

troqueladora *f.* 〈机〉冲床

trotamundos *m. f. inv.* 环球旅行者，周游世界者

troza *f.* ①原木；圆材；②〈海〉滑珠环

truca *f.* 〈电影〉特技摄影机 ‖ *m. f.* 特技摄影师

trucaje *m.* 〈电影〉特技摄影

trucha *f.* ①〈动〉鲑，蛙鳟鱼；②〈机〉起重机；③*Amér. C.* 货摊；摊位
～ arco iris 虹鳟
～ marino 海鳟

truchero,-ra *adj.* （有，产）鲑的，（有,产）蛙鳟鱼的

truck *m. ingl.* ①卡车，运货[载重]汽车；②挂有拖车的卡车；可挂拖车的卡车；③（火车头，车厢等的）转向架；④（滑板的）转向桥

truco *m.* 〈电影〉特技镜头；特技效果

true color *m. ingl.* 〈信〉真色度，全彩

trufa *f.* 〈植〉块菌，块菰（生长于地下的食用菌）

truficultor,-ra *m. f.* 块菌种植者

truficultura *f.* 块菌种植

trujal *m.* 〈机〉①葡萄压榨机；②橄榄油压榨机

trulla *f.* 〈建〉（泥工用的）泥铲[刀]，抹子

trullo *m.* 〈鸟〉水鸭

trumique *m. Chil.* 〈动〉蛆虫

trumulco *m. Chil.* 〈动〉蜗牛

truncado,-da *adj.* ①截头（去尾）的；截断[短]的；残缺不全的；②〈数〉(被)截的；斜截的；③〈晶体〉截棱成平面的，截面的
cilindro ～（columna ～a) 斜截柱
cono ～ 斜截锥
paraboloide ～ 截顶抛物面
pirámide ～a 斜截棱锥

truncamiento *m.* ①截去头尾，截短；残缺(不全)；②（文字说明等的）删节，缩短；③〈数〉截断；舍位；舍项

trupial *m.* 〈鸟〉①黄鹂；②*Amér. L.* 一种食虫鸟

trust (*pl.* trusts) *m. ingl.* ①〈经〉托拉斯，垄断企业；卡特尔；②〈商业〉信托；③〈法〉信托；信托财产

trypanosoma *m.* 〈动〉锥虫，锥体虫

tse-tse；tsetse *m.* 〈昆〉舌[采采]蝇

TSH *abr. ingl.* thyroid-stimulating hormone 〈生化〉促甲状腺激素

TSO *abr. ingl.* time sharing option 〈信〉分时选择

TSR *abr. ingl.* terminate and stay resident 〈信〉内存驻留程序

TSS *abr. ingl.* time sharing system 〈信〉分时系统

tsunami *m. jap.* 〈地〉海啸,地震海啸

tsutsumu *m. jap.* 精美包装术

TTL *abr. ingl.* ① time-to-live 〈信〉生存时间(是 Internet 协议(IP)包中的一个值);② transistor-transistor logic 〈信〉晶体管-晶体管逻辑

TTY *abr. ingl.* tele typewriter 〈信〉电传打字机

TU *abr.* tiempo universal (协调)世界时,格林尼治时

tuatara *f.* 〈动〉斑点楔齿蜥

tuatúa *f.* 〈乐〉大号

tuba *f.* ①〈乐〉大号;②〈气〉管状云,漏斗云

tubal *adj.* 〈解〉管的;输卵管的

túber *m.* 〈解〉〈医〉结节;隆起

tubercular *adj.* ①〈医〉有结核的;结核状[性]的;②〈医〉(有)结核病的;③〈医〉结核杆菌引起的;④〈解〉有结节的,结节状的;⑤〈植〉瘤状的,具有小瘤的

tuberculina *f.* 〈医〉结核菌素

tuberculinización *f.* 〈医〉接种结核菌素

tuberculización *f.* 〈医〉(结核)结节形成

tubérculo *m.* ①〈植〉小块茎[根];小瘤,小突起;②〈解〉〈医〉结节;疣(粒);③〈医〉结核
～ canceroso 癌结节

tuberculoma *m.* 〈医〉结核瘤

tuberculosario *m.* 〈医〉结核病疗养院

tuberculosis *f. inv.* 〈医〉结核病;肺结核

tuberculoso,-sa *adj.* ①〈医〉结核的;结核性[状]的;有[患]结核病的;②〈解〉〈医〉有结节的;③〈植〉块茎[根]的 ‖ *m. f.* 〈医〉结核病患者

tuberculoterapia *f.* 〈医〉结核病治疗

tubería *f.* ①〈集〉管(子);导管,输送管;②管线;管道网;管道[导管]系统;③管子商店;管子厂;④〈信〉管道(在运行于一台计算机上的两个程序之间创建一个连接,使得一个程序的输出作为另外一个程序的输入发送出去)
～ corriente 标准管道
～ de admisión 进气管
～ de agua refrigerante 冷却水管
～ de aire comprimido 压缩空气管道
～ de caucho 橡胶管
～ de combustible 燃料输送管道
～ de conducción 输送管
～ de distribución de acetileno 乙炔气管
～ de escape 排(废)气管
～ de fundición 铸铁管道
～ de presión (输送油、气、水等的)长距离管道[线]
～ de rayos catódicos 〈电子〉阴极射线管
～ de relleno 〈矿〉充填管

～ de vapor 蒸汽母管
～ de ventilación 通风管
～ de vidrio 玻管条,细径玻管
～ difusor 热导管(一种一端靠蒸发液体吸收热量,另一端由冷凝蒸汽放出热量的热交换装置)
～ estándar 标准管道
～ hidráulica 液压管系
～ ligera 挠性管,柔性管
～ para agua de lastre 压载水管
～ para agujas hipodérmicas (注射用)针管
～ serpentín 蛇形管,螺盘管
～s de achique 排[脱]水管

tuberosa *f.* 〈植〉晚香玉,月下香

tuberosidad *f.* ①〈解〉粗隆;结节;②〈植〉块茎状
～ ulnar 尺骨粗隆

tuberoso,-sa *adj.* ①〈解〉有结节状的,隆凸的;②〈植〉块茎[根](状)的
raíz ～a 〈植〉块根

tubícola *adj.* 〈动〉管栖的

tubifes *m. inv.* 〈动〉颤[水丝]蚓

tubo *m.* ①管,管子,导管,输送管;②管线;管道网;③管状物;④〈电子〉电子管;⑤〈乐〉(管风琴的)管;⑥(车辆的)内胎;⑦〈植〉管,管状部;⑧〈解〉管(状器官),道;⑨〈信〉管道(在运行于一台计算机上的两个程序之间创建一个链接,使得一个程序的输出发送给另一个程序的输入发送出去);⑩*Amér. L.* (电话)听筒
～ acodado 肘[弯]管
～ acústico (房间或建筑物之间的)通话管
～ aislante 绝缘管
～ alimentador(～ de alimentación) 供给[进料]管
～ amplificador 〈电子〉放大管
～ analizador de televisión 电视析像管
～ aspirante 吸[导]入管
～ ballast 镇流管
～ bellota 电子管
～ bifurcado 支[歧]管,Y 形[分叉]支管
～ capilar 毛细管
～ captador de imágenes 存储式摄像管
～ catalizador 催化管
～ catódico 阴极射线管
～ colador para pozos 井壁管
～ colorimétrico 比色管
～ cónico 锥形管
～ contador de radiación 辐射计数管
～ convertidor de frecuencia 变频管
～ de acero sin costura para alta presión 高压无缝钢管

~ de admisión 进气管

~ de aletas 翅片管

~ de alto vacío 高真空电子管，硬性 X 光管

~ de aluminio 铝管

~ de caída barométrica 大气排泄管

~ de calefacción 暖气[供暖]管

~ de campo retardador 减速电场管

~ de cátodo caliente/frío 热/冷阴极电子管

~ de chimenea 烟囱管帽

~ de choque 〈理〉激波管

~ de cobre 铜管

~ de comunicación 连接管

~ de condensador 冷凝器管

~ de conducción del vapor 蒸汽管道

~ de desagüe ①（内部的）污[废]水管；②（外部的）排[泄]水管

~ de descarga ①排水[水落]管；污[废]水管；②放电[闸流，泄放]管

~ de desviación 旁通管

~ de distribución 输送管

~ de doble rejilla 双栅极管

~ de drenaje 导液[引流]管

~ de elevado factor de amplificación 高 μ 管

~ de empalme 歧[支]管

~ de enchufe 套[套接，承口]管

~ de ensayo 〈化〉试管

~ de entrada 输入管

~ de escape 排气管

~ de evacuación 排泄管

~ de Falopio 〈解〉法娄皮欧式管，输卵管

~ de gas 燃气管

~ de haz electrónico 电子束管

~ de hiperfrecuencia 超高频电子管

~ de humo 烟囱管；烟道

~ de imagen[televisión]电视显像管

~ de inyección （注射用）针管

~ de lámpara （油灯的）玻璃灯罩

~ de lanzamiento 鱼雷发射管

~ de lodos 泥浆输送管

~ de Malpighi 〈昆〉马尔皮基氏管，马氏管

~ de memoria por carga 电荷储存管

~ de mu variable 变 μ 管

~ de muestreo 采样管

~ de neón 霓虹管

~ de nivel 液位指示玻璃管；玻璃油规

~ de órgano 管风琴管子

~ de pestaña 凸缘[法兰]管

~ de Pitot ①皮托管，全压管（一种测定流体速度的装置）；②全静压管（一种测定流体

速度或飞机、船舶速度的装置）

~ de potencia 功率(电子)管

~ de purga 冷凝水泄出管，排水管

~ de radio （无线电收音机的）电子管

~ de rayos catódicos 阴极射线管

~ de rayos X 〈电子〉X 射线管

~ de rebose 溢水[溢流]管

~ de relleno 矿泥浆管

~ de respiración 〈解〉呼吸管

~ de retorno de agua 集(水)管

~ de Roentgen 伦琴[X 射线]管

~ de salida 输出管，排放管

~ de siete electrodos 七极管

~ de Torricelli 〈理〉托里切利管

~ de traída de aceite 供油管

~ de unión 连接管

~ de vacío 电子[真空]管

~ de ventilación 通风管

~ de Venturi 文氏管，文丘里管(一种液体流量测定装置)

~ de vidrio 玻璃管

~ difusor 〈信〉热导管

~ digestivo 〈解〉消化道

~ doble 复合[孪生]管，双路管

~ electrómetro 静电计管

~ electrónico 电子管

~ (en forma de) Y 叉[Y 形]管，支[歧]管，三通

~ en T T 形管

~ en U U 形管

~ enderezador de vapor de mercurio 电容汞弧管

~ estirado en frío 冷拔管

~ estirado macizo 硬[冷]拉钢管

~ extensible 伸缩管

~ flexible 软[导，蛇]管，挠性(导)管

~ fluorescente 荧光管；荧[日]光灯管

~ fotoelectrónico 光电管

~ hervidor 锅炉管

~ indicador de la presión hidráulica 水位计，水标

~ intestinal 〈解〉肠道

~ lanzacohetes 火箭筒

~ lanzallamas 火焰喷射器

~ lanzatorpedos 鱼雷发射管

~ lanzatorpedos submarino 潜艇鱼雷发射管

~ miniatura 微型管，小型(电子)管

~ muestreador 抽样管

~ neural 〈生〉神经管

~ nominado 〈信〉先进先出文件(先置于队列中的项先进先处理)

~ para gas 充气管；气体放电管

~ para hilos eléctricos 电缆管

~ polínico〈植〉花粉管

~ portatestigo（岩）芯管,钻管

~ protector 保护管

~ pulverizador 喷雾管

~ rectificador 整流管

~ secador 干燥管

~ sin costura 无缝管

~ sin soldadura 无焊缝管

~ soldado 焊接管

~ telescópico 望远镜筒,伸缩套筒

~ termoiónico 热离子管

~ tomavistas en televisión 电视摄像管

~ vacuo 真空[电子]管

~ vertical 下降[泄水]管

~s intercambiables 通用管

~s perfilados 异型钢管

~s radiantes 辐射管

abocardador de ~s 胀管器

blindaje de ~ 电子管屏蔽

curvadora de ~s 弯管机

llave de ~ 套筒扳手

llave para ~s 管子扳手,管子钳

máquina de probar ~s 电子管测试器

muñonera de ~ 弯头

por encima de los ~s 净空

prensa para ~s de grés 沟管模板

tubocurarina f.〈医〉筒箭毒碱

tubouterino,-na adj.〈医〉输卵管子宫的

tubovaginal adj.〈医〉输卵管阴道的

tubular; tubuloso,-sa adj.① 管的;管状[式]的;有管的;②〈医〉(声音)从管中发出的;管性的;③(车胎)管式的,无内胎的

bastidor ~ 管制汽车底盘[大梁]

diente ~ 管状牙

máquina de pistón ~ 筒状活塞发动机

tubulina f.〈生化〉微管蛋白

túbulo m.〈解〉小[细]管

~ de Malpigio〈昆〉马氏管,马尔皮基式管

tubulosacular adj.〈医〉管状囊状的

TUC abr. Tiempo Universal Coordinado〈天〉协调世界时(指由若干处天文台站原子钟记录的标准时,与格林尼治平均时相同)

tucán; tucano m. Amér. L.〈鸟〉巨嘴鸟

tuco,-ca adj. Amér. L.〈医〉伤残的;肢体残缺的 ‖ m. f. 肢体残缺的人 ‖ m.① And. ,Cono S.〈昆〉萤火虫;② Amér. L.〈医〉残肢

tuco-tuco m.; **tucutuco** m. Amér. M.〈动〉栉鼠

tucura f.〈昆〉① Cono S. 蝗虫;蚱蜢;② And. 蜻蜓;(薄翅)螳螂

tucuso m. Cari.〈鸟〉蜂鸟

tucuyo m. Amér. M.〈纺〉粗棉布

tuerca f. 螺母,螺帽

~ a capuchón 套筒螺母

~ acanalada[almenada] 堞形[槽顶]螺帽

~ autobloqueante 自锁螺母

~ autorretenedora 自锁螺母

~ ciega 盖螺母,螺帽

~ con muescas 槽顶螺帽

~ con[de] resalto 凸边[缘]螺帽

~ cuadrada 四方螺母

~ de aletas 蝶[翼]形螺母;元宝螺帽

~ de castillete[corona] 堞形[槽顶]螺帽

~ de orejas[orejetas,mariposa] 蝶[翼]形螺帽;元宝螺帽

~ de regulación 调节[校正]螺母

~ de seguridad(~ frenada) 安全[保险,锁定]螺帽

~ de seis caras(~ hexagonal) 六角螺母

~ dividida en dos mitades 对开[开缝]螺母

~ encastillada 有槽螺母

~ inaflojable 锁定[防松]螺帽

~ indestornillable 锁紧螺母

~ mariposa 蝶形螺母

~ ranurada 周缘滚花螺母

~ tapa (外套,锁紧)螺帽

llave de ~s 螺旋扳手

máquina de roscar ~ 攻螺母机

tuétano m.①〈解〉髓,骨髓;②〈植〉(茎或根的)髓质

tufo m.〈矿〉凝灰岩

tuición f.〈法〉辩护

tul m.〈纺〉薄纱,绢网,丝网眼纱

tulio m.〈化〉铥

tulipa m.〈植〉小郁金香

tulipán m.〈植〉① 郁金香;郁金香花;② And. ,Cari. ,Méx. 木槿

tulipanero; tulipero m.〈植〉① 美国鹅掌楸;② 郁金香属植物

tulix m. Méx.〈昆〉蜻蜓

tulla f. Cub.〈植〉柏树

tumbadora f. Cari.〈乐〉大康茄鼓

tumbasaco m. Cub.〈植〉甘[白]薯

tumbilo m. Col.〈植〉葫芦;南瓜

tumefacción f.① 鼓[隆]起;②〈医〉肿胀[大];(针刺疗法的)胀感

tumefacto,-ta adj.① 鼓[隆]起的;膨胀的;②〈医〉肿胀[大]的

tumescencia f.〈医〉① 肿胀[大];②(性器官)充血勃起

tumescente adj.〈医〉①(稍许)肿胀的;(略)肿大的;②(性器官)充血勃起的

tumido,-da；**túmido,-da** *adj.* ①鼓[隆]起的；膨胀的；②〈医〉肿胀[大]的

tumor *m.*〈医〉①肿，肿胀；②瘤，肿瘤；肿块
~ benigno/maligno 良/恶性肿瘤
~ blanco 白色肿胀，白肿
~ cerebral 脑肿瘤
~ epidermoide 表皮样瘤

tumoración *f.*〈医〉①红肿；肿大；②囊肿，肿块

tumoral *adj.*〈医〉肿瘤的
células ~es 肿瘤细胞

tumorigénesis *f.*〈医〉肿瘤发生，肿瘤生成

tumoroso,-sa *adj.* ①肿的，肿胀的；②〈医〉肿瘤的；肿瘤样的

túmulo *m.*〈地〉小丘，小山岗

tuna *f.*〈植〉①仙人果；（金枪）仙人掌；②仙人果的果实；（金枪）仙人掌果

tunal *m.* ①〈植〉仙人掌；②仙人掌地块

tunco,-ca *adj. Amér. C.*，*Méx.* ①伤残的；②独臂的 ‖ *m. f.* 伤残的人 ‖ *m.*〈动〉猪

tunda *f.*〈纺〉剪毛，剪绒

tundidor,-ra *adj.*〈纺〉剪绒的 ‖ *m. f.* 剪绒工 ‖ ~a *f.* 剪绒机

tundidura *f.*〈纺〉剪毛，剪绒

tundra *f.* ①〈地〉冻[苔]原；②〈植〉苔原植物

túnel *m.* ①隧[地，坑]道；②涵[隧]洞；③〈体〉（足球运动中的）踢球穿裆过人
~ (canal) aerodinámico 风洞
~ aerodinámico de ráfagas intermitentes 放气式风洞
~ de agua 输水隧洞，水洞
~ de cable 电缆沟
~ de ferrocarril 铁路隧道
~ de lavado 汽车擦洗房
~ de pruebas aerodinámicas 风洞
~ de vena cerrada/libre 闭/开口式风洞
~ de vena estanca 密闭式风洞
~ de viento 风洞
~ del tiempo （科幻作品中的）时间间断
~ hipersónico 特超音速风洞
~ para ensayos de vuelo libre 自由飞行（试验）风洞
~ subacuático 水下风洞
~ supersónico 超音速风洞
~ transónico 跨音速风洞
efecto de ~〈理〉隧道效应

tuneladora *f.*〈机〉隧[巷]道掘进机

tunelización *f.*〈信〉开隧道（将一种类型网络的数据分组包含在另外一类报文之中的方法）

tunera *f.*〈植〉①仙人掌；②仙人掌果

tungo,-ga *adj. And.* ①(智力)弱的；(感觉，理解力等)迟钝的；②肢体残废的 ‖ *m.* ①Cono S.〈解〉颈；②(牛、马的)颈背，后颈

tungstato *m.*〈化〉钨酸盐

tungsteno *m.*〈化〉钨

túngstico,-ca *adj.*〈化〉(含，正)钨的；五价钨的
ácido ~ 钨酸

tungstita *f.*〈矿〉钨华

túnica *f.* ①〈植〉膜[鳞茎]皮；②〈解〉膜；被膜；③〈动〉膜；背囊
~ mucosa 黏膜
~ úvea 葡萄膜，眼色素层

tunicado,-da *adj.* ①〈植〉具膜皮的；有鳞片的；②〈动〉具背囊的；被囊类的 ‖ *m.* ①被囊动物，尾索动物；②*pl.* 尾索

túnido *m.*〈动〉金枪鱼

tunina *f. Chil.*〈动〉鲸

tuñeco,-ca *adj. Cari.* 伤残的

tupia *f. And.* 堤坝

tupición *f.* ①Amér. L. 堵[阻]塞；障碍；②Amér. L.〈医〉卡他，黏膜炎

tupinambo *m.*〈植〉菊芋，洋姜

tupure *m. Méx.* 腐殖土

turanosa *f.*〈化〉松二糖，图拉糖

turba *f.*〈矿〉泥炭[煤]

turbal *m.*；**turbera** *f.*〈矿〉①泥炭[煤]田；②〈地〉泥炭沼

turbelario,-ria *adj.*〈动〉涡虫(纲)的 ‖ *m.* ①涡虫纲动物；②*pl.* 涡虫纲

turbidez *f.* ①混[污]浊；②浊度

turbidimetría *f.* 浊度测定法，比浊法

turbidímetro *m.* 浊度计[表]，比浊计

turbiedad *f.* (液体的)混[浑]浊

turbina *f.*〈机〉叶轮[涡轮]机，透平机
~ a[de] reacción 反作用式涡轮机
~ a[de] vapor 蒸汽透平机
~ axial 轴流式涡轮机
~ centrípeta 内流[向心]式涡轮机
~ con extracción de vapor 前置涡轮机
~ de acción 冲动式涡轮机
~ de agua 水轮机
~ de aire 汽轮机，风力涡轮机
~ de alta/baja presión 高/低压涡轮机
~ de circuito cerrado 闭式循环燃气轮机
~ de condensación 凝汽轮机
~ de contrapresión 背压式汽轮机
~ de doble efecto 双流涡轮机
~ de expansión múltiple 多级涡轮机
~ de extracción 抽气式透平机
~ de flujo axial 轴流式涡轮机
~ (de) Francis 轴向辐流式水轮机，法兰西式涡轮机

～ de gas 燃气轮机;燃气透平机;气体涡轮机

～ de inversión 可逆转式涡轮机;(船舶)倒车涡轮机

～ de presión doble 混压涡轮机

～ engranada 齿轮(降速)涡轮机

～ eólica 风力涡轮机

～ hidráulica 水轮机

～ horizontal 卧式水[涡]轮机

～ Kaplan 卡普兰水轮机

～ monoetápica 单级涡轮机

～ multicelular 复室(压力)叶轮机

～ para buque 船用涡轮机,船舶汽轮机

～ paralela 并流式涡轮机

～ radial 径流式涡轮机

～ tangencial (切向)冲击式水轮机

～ tubular 贯流式水轮机

～ vertical 立式水[涡]轮机

central eléctrica accionada por ～s 水轮透平发电站

central movida por ～s de gas 瓦斯透平发电站

grupo electrógeno móvil a base de ～s de gas 移动式瓦斯涡轮电力站

pala de ～ 涡轮叶片

turbinado,-da *adj*. ①〈动〉陀螺状的;②〈解〉鼻甲骨的‖*m*.〈解〉鼻甲骨

turbinal *adj*.〈动〉〈解〉鼻甲骨的

turbinectomía *f*.〈医〉鼻甲切除术

～ parcial 部分鼻甲切除术

turbinotomía *f*.〈解〉鼻甲切开术

turbinótomo *m*.〈解〉鼻甲切除器

turbinto *m*.〈植〉南美[加州]胡椒树

turbio,-bia *adj*. ①(水等)混[浑,污]浊的;②(视力)差的;③〈心〉(心理等)不正常的;④(交易等)见不得人的‖*m*. ①(海水等的)混浊现象;②*pl*. 沉渣,沉淀物

turbión *m*.〈气〉暴[倾盆大]雨;阵雨

turbo,-ba *adj*. 用涡轮(给发动机)增压的‖*m*. ①〈机〉叶轮[涡轮,透平]机;②〈机〉涡轮增压器;③涡轮增压发动机汽车

turboalimentado,-da *adj*. 用涡轮(给发动机)增压的

turboalternador *m*.〈电〉涡轮(交流)发电机

turbobomba *f*.〈机〉涡[叶]轮泵

turbocompresor *m*. ①〈机〉涡轮增压器;②〈航空〉(飞机发动机内的)涡轮增压器

turbodiesel *m*.〈机〉涡轮增压柴油发动机

turbodinamo;turbodínamo *m*.〈电〉涡轮直流发电机

turbogenerador *m*.〈电〉涡轮发电机

turbohélice *adj.inv*.〈航空〉涡轮螺旋桨发动机的‖*m*. ①涡轮螺旋桨发动机;②涡轮螺旋桨式飞机

turbojet *m.ingl*.〈航空〉①涡轮喷气发动机;②涡轮喷气式飞机

turbomáquina *f*.〈机〉涡轮机

turbomezclador *m*.〈机〉叶轮式混合器

turbomotor *m*.〈机〉汽轮机

turbonada *f*. ①〈气〉飑;②*Cono S*. 风暴

～ blanca〈气〉无形飑(以无降雨甚至无乌云为特征)

turbopropulsado,-da *adj*.〈航空〉涡轮螺旋桨发动机的

turbopropulsor,-ra;turborreactor,-ra *adj*. ①涡轮喷气发动机的;涡轮螺旋桨发动机的;②涡轮喷气式飞机的‖*m*.〈航空〉①(飞机的)涡轮喷气发动机;涡轮螺旋桨发动机;②涡轮喷气式飞机

～ centrífugo 离心式涡轮喷气发动机

～ de flujo axial 轴流式涡轮喷气发动机

turbosfera *f*.〈气〉湍流层

turbosoplante *m*.〈机〉涡轮式鼓风机

turboventilador *m*.〈机〉①涡轮风扇;涡轮通风机;②涡轮风扇发动机

turbulencia *f*. ①〈气〉湍流;②〈理〉湍流(度);③〈化〉(液体的)紊流;④(河水、河流等的)紊流

～ isotrópica〈理〉各向同性湍流

tarbulento,-ta *adj*. ①〈气〉湍流的;②紊流的(河水,河流等)

condición ～a 湍流工况

turbulividad *f*. 湍流度,湍流系数

turbulización *f*. 湍[紊]流;紊流化

turf *m*. ①〈体〉赛马;赛马运动;②赛马场

turgencia;turgescencia *f*. ①膨胀;②〈医〉肿大[胀];③〈植〉膨压,紧涨

turgente;turgescente *adj*. ①膨胀的;〈医〉肿大[胀]的;②〈植〉膨胀的,紧涨的

turgita *f*.〈矿〉水赤铁矿

turión *m*.〈植〉具鳞根出条

turismo *m*. ①旅游;观光;②旅游[观光]业;③(私人所有但由铁路部门管理的)私人车厢

～ colectivo(～ en grupo) 团体旅游

～ de masas 大众旅游

～ ecológico 生态旅游(以独特的生态环境为主要景观的旅游)

～ en extranjero 出国旅游

～ individual 散客旅游

～ institucionalizado 制度化旅游

～ interior 国内旅游

～ lineal 线性旅游

～ organizado 组团旅游

～ recreativo 娱乐性旅游

～ rural 乡村[绿色]旅游

industria de ～ 旅游业

turista *adj.* 旅游的；游览［观光］的 ‖ *m. f.* 旅游者；游览［观光］者
clase ～（飞机、轮船等的）旅游［经济，二等］舱

turístico, -ca *adj.* ①旅游的；游览［观光］的；②提供旅游服务的，旅游业的
administración ～a 旅游管理
boom ～ 旅游繁荣
ciudad ～a 旅游城市
flujo ～ 旅游流量
industria ～a 旅游业
mercado ～ 旅游市场

turma *f.* ①〈解〉睾丸；②〈植〉块菌［菰］；③ *And.* 〈植〉马铃薯

turmalina *f.* 〈矿〉电气石

turmalinización *f.* 〈矿〉电气石化（作用）

turmérico *m.* 〈植〉姜黄

turmix; túrmix *m. o f.* 〈机〉搅拌［和］器

turnipa *f. Amér. L.* 〈植〉萝卜

turón *m.* 〈动〉臭鼬；鸡貂

turquesa *adj.* 绿松石色的，青绿色的 ‖ *m.* 绿松石色，青绿色 ‖ *f.* 〈矿〉绿松石

turunda *f.* ①〈药〉栓剂；坐药；②〈医〉塞条

tusícula *f.* 〈医〉轻咳

tusiculación *f.* 〈医〉（短程剧烈）干咳

tusígeno, -na *adj.* 〈医〉致咳的

tussah *m. ingl.* ①〈昆〉柞蚕；②柞丝；③〈纺〉柞丝绸，柞丝织物

tútano *m. Amér. L.* ①〈解〉髓，骨髓；②〈植〉（茎或根的）髓质

tutela *f.*；**tutelaje** *m. Amér. L.* ①〈法〉监护；②保［守，庇］护；③〈教〉（尤指个别的）辅［指］导

～ dativa 法院指定的监护
～ legítima 法律规定的监护
～ testamentaria 遗嘱规定的监护

tutelado, -da *m. f.* ①〈法〉被监护人；②〈教〉被指导者

tutelar *adj.* ①〈法〉监护的；②保［守］护的；③〈教〉辅［指］导的

tutor, -ra *m. f.* ①〈法〉监护人；②（大学中的）导师；指导教师 ‖ *m.* 〈农〉（植物的）枝干；支架［柱］
～ dativo 法院指定的监护人

tutoreo *m.* 〈教〉（大学）导师制

tutoría *f.* ①〈法〉监护；②〈教〉（大学的）导师辅导课

tutorial *adj.* ①〈教〉大学导师的；辅导教师的；②〈教〉辅［指］导的；③〈法〉监护人的
sistema ～ 〈教〉大学导师制

tutule *m. Méx.* 〈鸟〉雉，环颈雉

tutupiche *m. Méx.* 〈医〉睑腺炎，眼睑麦粒肿

tuxapa *f. Méx.* 〈植〉莎草

tuxtepee *m. Amér. L.* 〈植〉凤凰木

tuya *f.* 〈植〉①北美崖柏；②*Amér. M.* 金钟柏

tuza *f. Amér. L.* 〈动〉囊［鼹］鼠

TVA *abr.* tasa al valor agregado 增值税

TVAD *abr.* televisión de alta definición 高清电视

TVE *abr.* Televisión Española 西班牙电视台

TWAIN *m.* 〈信〉TWAIN 接口（使图像应用程序可以控制扫描仪的标准软件接口）

tweed *m. ingl.* 〈纺〉粗花呢

tzinapu *m. Méx.* 〈矿〉黑曜岩

U u

U ①〈生化〉尿嘧啶(uracilo) 的符号；②〈化〉元素铀(uranio)的符号

U *f.* U 形；U 字形物
cuerva en ～〈交〉(道路的)急转弯处
doble ～ *Amér.L.* 字母 W
en forma de ～ U 形

U. *abr.* Universidad (综合性)大学

UA 〈天〉天文单位(unidad astronómica) 的符号

uadi *m.* 〈地〉干河谷，干河床

UAL *abr.* unidad aritmética y lógica 〈信〉运算器，算术逻辑部件

ualabi *m.* 〈动〉小袋鼠

uaral *m.* 〈动〉巨蜥

UART *abr. ingl.* Universal Asynchronous Receiver Transmitter 〈电子〉通用异步收发报机

ubanque *m. Col.* 〈地〉南风

ubicación *f.* ①位置，所在地；场所；②职位[业]；③(人，物等的)位置安排，安置(方式)；④*Amér.L.* (确定)位置

ubiquinona *f.* 〈生化〉泛醌，辅酶

ubiquitina *f.* 〈生化〉普在蛋白，泛素

ubrera *f.* ①〈医〉鹅口疮，真菌性口炎；②〈兽医〉烂蹄病

UCI *abr.* Unidad de Cuidados Intensivos 〈医〉重症监护室

UCP *abr.* unidad central de procesamiento [proceso] 〈信〉中央处理器[装置]

ucumari *m. Per.* 〈动〉南美眼镜熊

udógrafo；**udomógrafo** *m.* 自记雨量计

udómetro *m.* 雨量计

UDP *abr. ingl.* ① user datagram protocol 〈信〉用户数据报协议；② uridine diphosphate 〈生化〉尿苷二磷酸

UDV *abr.* unidad de despliegue visual 〈信〉直观显示部件

UE *abr.* Unión Europea 欧洲联盟

uebcam *m.* 〈信〉网络摄像头

uebdifusión *f.* 〈信〉网络播放

UEFA *abr.* Unión Europea de Fútbol Asociación 欧洲足球联盟

UEM *abr.* Unión Económica y Monetaria (欧洲)经济货币联盟

UEP *abr.* Unión Europea de Pagos 欧洲支付同盟

UER *abr.* Unión Europea de Radiodifusión 欧洲广播联盟

UFO *abr. ingl.* unidentified flying object 不明飞行物，飞碟 (*esp. objeto volante no identificado*)

ufología *f.* 飞碟学

ufológico,-ca *adj.* 飞碟学的，不明飞行物学的

ufólogo,-ga *m. f.* 飞碟研究者，不明飞行物学者

UGM *abr.* unidad de gestión de la memoria 〈信〉存储器管理单元

UGT *abr.* Unión General de Trabajadores *Esp.* 劳动者总工会

UHF *abr. ingl.* ultra high frequency 〈无〉〈信〉超[特]高频

uintaíta *f.* 〈矿〉硬沥青

UIT *abr.* Unión Internacional para las Telecomunicaciones (联合国)国际电信联盟

ujo *m.* 〈植〉毒麦

UL *abr.* unidad lógica 〈信〉逻辑单元[部件]

ulaga *f.* 〈植〉荆豆

ulalgia *f.* 〈医〉龈痛

ulatrofia *f.* 〈医〉龈萎缩

ulcera *f.* 〈医〉溃疡；疮
～ de decúbito 褥疮
～ duodenal 十二指肠溃疡
～ gástrica 胃溃疡

ulceración *f.* ①〈医〉溃疡形成；溃疡[烂]；②腐烂[蚀]

ulcerante *adj.* 引起[造成]溃疡的

ulcerocáncer *m.* 〈医〉溃疡性癌

ulcerogénico,-ca *adj.* 〈医〉产生溃疡的

ulceroide *adj.* 〈医〉溃疡样的

ulceroso,-sa *adj.* ①患溃疡的；溃疡性的；溃烂的；②起腐蚀作用的

ulectomía *f.* 〈医〉①瘢痕切除术；②龈切除术

uleritema *m.* 〈医〉瘢痕性红斑

ulexita *f.* 〈矿〉硼钠钙石，钠硼解石

ulitis *f.* 〈医〉龈炎

ullaga *f.* 〈植〉荆豆

ulmáceo,-cea *adj.* 〈植〉榆科的 ‖ *f.* ①榆科植物;②*pl.* 榆科

ulmanita *f.* 〈矿〉锑硫镍矿

úlmico,-ca *adj.* 〈化〉①赤榆树脂的;滑榆胶的;②棕腐质的

ácido ～ 赤榆[棕腐]酸

ulmina *f.* 〈化〉①赤榆树脂;滑榆胶;②棕腐质

ulna *f.* 〈解〉尺骨

ulnar *adj.* 〈解〉尺骨的,尺侧的

ulnocarpal *adj.* 〈解〉尺腕的

uloideo,-dea *adj.* 瘢痕状的

ulorragia *f.* 〈医〉龈出血

ulotomía *f.* 〈医〉①瘢痕切开术;②龈切开术

ultílogo *m.* 〈印〉(书的)跋;后记

ultimador,-ra *m. f. Amér. L.* 〈法〉凶手,谋杀犯

ultima ratio *f. lat.* 最后(的)论据;最后(的)手段

ultimato *m. lat.* 见 ultimátun

ultimátun (*pl.* ultimátuns) *m. lat.* ①最后通牒,哀的美敦书;②最后结论,最后决定

ultimisternal *adj.* 〈医〉剑突的

último,-ma *adj.* ①最后[末]的;②(两者中位于)后面的,后者的;③最近[新]的;④(楼层等)顶(层)的,最高的;⑤最遥远的,最偏僻的;⑥最大[终]的(目标等);⑦决[确]定性的;最后的(报价、价格等);⑧最低的(名次等)

～ beneficiario 最终受益人

～ curso 收盘价格

～ grado 最大限度

～ piso 顶层

～ precio 最后价格(卖方最低要价,买方最高出价)

～ reparto 最后分配

～ saldo 最终余额,最终差额

～ valor 最大[极限]值

～a mano 〈技〉终饰层,罩面

～a moda 最新式样,最时髦

～a voluntad ante testigos 口述遗嘱,口授遗嘱

～as entradas-primeras salidas(盘存)后进先出(法)

ultraacústica *f.* 〈理〉超声(声)学

ultraalta *f.* 〈理〉超高频

ultrabásico,-ca *adj.* 〈地〉超碱的,超基性的

ultracentrifugación *f.* 〈化〉超速分离

ultracentrífuga; ultracentrifugadora *f.* 〈机〉超离心机

ultracentrifugal *adj.* 〈理〉超离心的;用超离心的

ultracongelación *f. Esp.* 深度冷冻;深冻冷藏

ultracongelado,-da *adj. Esp.* 深度冷冻的;深冻冷藏的

ultracongelador *m. Esp.* ①深冻冰箱;②深冻机[设备]

ultracorto,-ta *adj.* ①〈无〉(电波)超短的;②超短的;瞬息的 ‖ *f.* 超短波

ultradino *m.* 〈无〉超外差(接收机)

ultradolicocéfalo,-la *adj.* 〈医〉超长头的

ultraelástico,-ca *adj.* 超弹性的;具有超常弹性的

ultraelevada *f.* 〈理〉超高频

ultraestructura *f.* 〈生〉超微结构,亚显微结构

ultrafax *m.* 〈讯〉电视高速传真

ultrafiltración *f.* 〈化〉超滤(作用);超滤(法),超过滤

ultrafiltro *m.* ①〈化〉超滤器,超级滤网;②〈数〉超滤子

ultrafino,-na *adj.* (粉末等)超细的

ultrafísico,-ca *adj.* 超物质的

ultralargo,-ga *adj.* 超长的

ultraligero,-ra *adj.* (飞机,车辆等)超轻型的

ultramáfico,-ca *adj.* 〈地〉超碱的,超基性的

ultramar *m.* 海[国]外,(来自)外国

chinos de ～ 华侨

de ～ (来自)海外的

ultramarino,-na *adj.* ①海[国]外的;(来自)外国的;②舶来的;〈商贸〉进口的 ‖ *m. pl.* ①舶来品;进口食品;食品杂货;②食品杂货店

ultramaro *m.* 〈化〉群[佛]青

ultramicroanálisis *m.* 〈化〉超微量分析

ultramicrobalanza *f.* 〈化〉超微量天平

ultramicrobio *m.* 〈生〉超微生物,超显微微生物

ultramicrocristal *m.* 超微结晶

ultramicrodeterminación *f.* 超微量测定

ultramicroficha *f.* 超缩微胶[平]片

ultramicrometría *f.* 超测微(法,术)

ultramicrómetro *m.* 超测微计,超微计

ultramicrón *m.* 超微粒

ultramicroquímica *f.* 超微量化学

ultramicroscopia *f.* 超显微术,超显微镜检查(法);超微检查术

ultramicroscópico,-ca *adj.* ①超显微的;②超微的

ultramicroscopio *m.* 超(高倍)显微镜,缝隙式超显微镜

ultramicrotécnica *f.* 〈工艺〉〈技〉超微技术[工艺]

ultramicrótomo *m.* 〈工艺〉〈技〉(切割镜检样品用的)超微切片机

ultraminiatura *f.* 超微[小]型;超缩影[图]

ultramoderno,-na *adj.* ①超现代化的;②超新式[型]的,超时髦的

ultramotilidad *f.* 超能动

ultraprecisión *f.* 〈技〉超精度

ultrapresión *f.* 超高压

ultraprotector,-ra *adj.* 超保护的,具有高度保护性的

ultrapurificación *f.* 超提纯

ultraquímico,-ca *adj.* 超化学的

ultrarrápido,-da *adj.* 超[极]快的;超速的

ultrarrayos *m.* 宇宙(射)线

ultrarrojo,-ja *adj.* 红外线的

ultrasecreto,-ta *adj.* 高度机密的;极端秘密的 ‖ *m.* 绝密

ultrasensibilidad *f.* 超灵敏度;高敏感度

ultrasensible *adj.* 超灵敏的;高敏感的

ultrasofisticado,-da *adj.* 极其复杂[精密]的;超尖端的

ultrasolar *adj.* 太阳以外的

ultrasoma *m.* 超微体

ultrasonicación *f.* 〈工艺〉〈技〉超声波利[使]用

ultrasónica *f.* 超声学

ultrasónico,-ca *adj.* ①超声的,利用超声波的;②超音速的
control ～ 超声控制
frecuencia ～a 超声频率
generador ～ 超声波发生器
inspección ～a 超声波探伤
soldadura ～a 超声波焊接

ultrasonido *m.* ①〈理〉超声;超声波;②超声波检查[扫描]
detector de ～s 超声波探测器

ultrasonografía *f.* 〈医〉超声波检查法;超声波扫描术

ultrasonógrafo *m.* 〈医〉超声图记录仪

ultrasonograma *m.* 〈医〉超声记录图

ultrasonoscopia *f.* 超声显示技术

ultrasonoscopio *m.* 超声波(探伤,探测)仪;超声图示仪

ultrasonoterapia *f.* 〈医〉超声波疗法

ultrasur *m. f. inv.* (西班牙皇家马德里足球俱乐部的)狂热足球迷

ultratermómetro *m.* 限外温度计

ultraterrestre *adj.* 〈天〉地球以外的,地外的

ultravacío *m.* 超真空(10^{-6} 托)

ultraviolado,-da *adj.* ①紫外的;②紫外线的,产生[应用,利用]紫外线的

ultravioleta *adj. inv.* 〈理〉①紫外的;②紫外线的,产生[应用,利用]紫外线的 ‖ *m.* 紫外线辐射
～ lejano 远紫外线
espectroscopia ～ 紫外线光谱法
luz ～ 紫外光
rayos ～s 紫外线

ultravirus *m.* 〈生医〉超病毒,滤过性病毒

ultravisible *adj.* 超视的

ultrazodiacal *adj.* 〈天〉黄道以外的,黄外的

ulva *f.* 〈植〉石莼

ulváceo,-cea *adj.* 〈植〉石莼科的 ‖ *f.* ①石莼科植物;②*pl.* 石莼科

UMB *abr. ingl.* upper memory block 〈信〉高端内存信息组

umbela *f.* 〈植〉伞形花序

umbelado,-da *adj.* 〈植〉①伞形花序(状)的;②具伞形科的;由伞形花序组成的;形成伞形花序的

umbelífero,-ra *adj.* 〈植〉具伞形花序的;伞形科的 ‖ *f.* ①伞形科植物;②*pl.* 伞形科

umbélula *f.* 〈植〉次[小]伞形花序

umbilicación *f.* ①〈解〉〈生〉脐状凹陷;②成脐形

umbilicado,-da *adj.* ①有脐的;②脐状的;(似脐状)中间凹陷的

umbilical *adj.* ①〈解〉脐的;脐带的;②近脐的;近脐带的;③中心[央]的
arteria/vena～ 脐动/静脉
cordón～ 脐带
sangre ～ 脐带血
soplo ～ 脐带杂音

umbo *m.* ①〈植〉(菌盖的)中心突起;②〈动〉(两瓣贝的)壳顶;③〈解〉鼓膜凸

umbra *f.* ①〈理〉本[全]影,阴影区;②〈天〉本[暗]影;太阳黑子的中心

umbral *m.* ①门槛[口];②入门;开端[始];起始点;③界限;④〈理〉阈;阈值;〈生〉阈,限;临界;⑤〈信〉阈值(当信号超过或降低到预先设定的值时就会引起某些动作)
～ crítico 临界阈值
～ de alarma 〈信〉示警阈值
～ de audibilidad 听[闻]阈(刚好听到的声音大小)
～ de error 〈信〉错误阈
～ de esclusa 〈建〉(人字门)槛
～ de la pobreza 贫困线(指维持一般生活所需收入的最低标准)
～ de rentabilidad 〈商贸〉收支相抵点,盈亏平衡点
～ de sensación 感觉阈
～ del dolor 痛阈
～ tóxico 毒性阈值
～ visual 视阈
elemento de ～ 阈元件[素]

frecuencia de ～ 界限频率

umbrascopio *m.* 烟尘浊度计

umbrela *f.* 〈动〉(水母的)伞膜

umbría *f.* 〈地〉背阴处

Umbriel *m.* 〈天〉天卫二

umbrífero,-ra *adj.* 成[遮]荫的

umbrífilo *m.* 〈环〉喜荫生物

umbrí,-ría *adj.* 荫处的;被遮阴的

UMI *abr.* unidad de medicina intensiva 〈医〉重症监护室

UML *abr. ingl.* unified modeling language 〈信〉UML 语言,通用建模语言

unaminidad *f.* ①(全体)一致;一致同意,无异议;②一致性

unario,-ria *adj.* 〈数〉〈信〉一元的

unáu *m.* 〈动〉二趾树懒

uncial *adj.* 〈印〉安色尔字体的;用安色尔字体书写的 ‖ *m.* ①安色尔字体(尤指公元 4 至 8 世纪希腊及拉丁手稿中常使用的一种字体);②安色尔字母

unciforme *adj.* ①〈解〉钩骨的;钩突的;②〈动〉钩状的 ‖ *m.* 〈解〉钩骨

uncinado,-da *adj.* 〈生〉钩状的;有钩的

uncinaria *f.* 〈动〉钩虫

uncinariasis *f.* 〈医〉钩虫病

unción *f.* ①〈医〉涂油;②(渔船的)小帆

undecágono,-na *adj.* 〈数〉十一边形的 ‖ *m.* 十一边形

undecano *m.* 〈化〉十一(碳)烷

underflow *m. ingl.* ①〈信〉下溢;②(与表面水流相反的)潜[底]流

undina *f.* 〈医〉洗眼壶;洗鼻壶

undoso,-sa *adj.* 呈波浪形的;波状的

undulación *f.* ①波[摆]动;起伏;②波浪形;波状弯曲;③〈理〉(声、光等的)波荡

undulatorio,-ria *adj.* ①波动的,起伏的;②波浪形的;③因波动引起的

teoría ～a 波动说

UNEP *abr. ingl.* United Nations Environment Programme 联合国环境规划署

UNESCO *abr. ingl.* United Nations Educational, Scientific and Cultural Organization 联合国教科文组织

ungueal *adj.* ①〈动〉指[趾,蹄]甲的;蹄[爪]的;②有指[趾,蹄]甲的;有蹄[爪]的;③指[趾,蹄]甲似的;蹄[爪]似的

ungüento *m.* ①软[药,油]膏;②缓解[解救]物;宽慰话

～ amarillo 催化脓剂

unguiculado,-da *adj.* ①〈动〉(哺乳动物)有爪的;②〈植〉(花瓣)具爪的 ‖ *m. f.* 有爪哺乳动物

unguicular *adj.* ①爪的;②具爪的

unguífero,-ra *adj.* 〈动〉有爪的

unguiforme *adj.* 爪状的

ungula *f.* ①〈动〉蹄;爪;②〈植〉爪(指花瓣的狭隘基部)

ungulado,-da *adj.* 〈动〉有蹄的;蹄状的;有蹄类哺乳动物的 ‖ *m.* ①有蹄动物;② *pl.* 有蹄类(哺乳动物)

unguligrado,-da *adj.* 〈动〉蹄行的 ‖ *m. pl.* 蹄行动物

uniaxial *adj.* ①单轴的;②〈植〉具一级茎轴的

anisotropía ～ 单轴各向异性

cristal ～ 单轴晶体

uniáxico,-ca *adj.* ①单轴的;②〈植〉具一级茎轴的 ‖ *m.* 单轴晶体

unibásico,-ca *adj.* 单基性的

unicaule *adj.* 〈植〉单茎的

UNICEF *abr. ingl.* United Nations Children's Fund 联合国儿童基金会

unicelular *adj.* 〈生〉单细胞的

unicentral *adj.* 单中心的

unicidad *f.* ①单[统]一性;②独特性

único,-ca *adj.* ①单[唯]一的;仅有(一些)的;②独特的;独一无二的;无与伦比的;③唯一的;(书籍等)孤本的;仅有的;④(子女)独生的;⑤〈数〉唯一的,只有一个结果的

con fila ～a de remaches 单行铆接的

de interrupción ～a 单独中断;一次断裂的

unicolor *adj.* 单色的

unicomputador *m.* 〈信〉单计算机

uniconductor *m.* 〈理〉单导体

unicorazado,-da *adj.* 〈动〉单壳的

unicorde *adj.* 〈乐〉单[一根]弦的

unicornio *m.* 〈动〉独角犀

unicromosómico,-ca *adj.* 〈生〉单染色体的

unicuspídeo,-dea *adj.* 〈牙〉单尖的

unidáctilo,-la *adj.* 〈动〉单指[趾]的

unidad *f.* ①单位(指构成整体的人、物、团体等);②(计量或记数等用的)单位[元];③单一(性),个体;④团结;一致(性);统一(性);整体性;⑤和谐,协调,融洽;⑥〈机〉(机械等的)部[构,元,组]件;装置,组;⑦〈数〉最小整数;一,个位数;⑧〈军〉部[分,军,小]队;部队单位;⑨〈航空〉飞机[艇]的;⑩〈信〉单元;部件;计算机;⑪〈交〉(铁路用的)车厢;⑫〈医〉(医院的)厅,室

～ absoluta 〈理〉绝对单位

～ abstracta 抽象单位

～ aritmética 运算单元

～ aritmética y lógica 〈信〉运算器,算术逻辑部件

～ astronómica 〈天〉天文单位

～ central〈信〉主计算机

～ central de procesamiento[procesos]〈信〉中央处理器[装置]

～ coherente〈理〉相干单位

～ comercial en bolsa 证券交易单位;规定成交批量

～ compuesta de reserva 综合储备单位

～ contribuyente 纳税单位

～ de aceleración 加速度单位

～ de activo fijo 固定资产入账单位

～ de audio-respuesta 声音应答装置

～ de cálculo 计算单位

～ de cantidad 数量单位

～ de cantidad de calor（英国）热量单位

～ de cantidad de electricidad（电磁制）电量单位（＝10 库仑）

～ de capacidad 容量单位

～ de capacitancia（电磁制）电容单位

～ de cárcel 卡索光度单位（＝9.6 国际烛光单位）

～ de cinta[disco]〈信〉磁带驱动设备（一种读、写磁带的装置）

～ de combate〈军〉战斗分队

～ de conductancia（电磁制）电导单位

～ de control periférica 外部控制器

～ de costeo 成本计算单位

～ de cuenta 计算[记账]单位

～ de cuidados intensivos〈医〉重症监护室

～ de diafonía 串扰单位

～ de diferencia de potencia（电磁制）电压单位

～ de disco duro[fijo] 硬盘驱动装置

～ de disquete(s) 软盘驱动装置

～ de eficiencia 效率单位

～ de emisión ①输出器;②发射装置;③发行单位

～ de endoso 背书单位

～ de energía eléctrica（英国商用）电能单位（＝1 千瓦小时）

～ de entrada 输入器

～ de escala métrica 米制单位

～ de exposición 显示装置

～ de flujo luminoso 光通单位

～ de flujo magnético 磁通单位

～ de fuerza 力单位

～ de gestión de la memoria〈信〉存储器管理单元

～ de inducción magnética 磁感应单位

～ de inductancia eléctrica（电磁制）电感单位

～ de intensidad（电磁制）电流强度单位（＝10A）

～ de intensidad luminosa 发光强度单位;烛光

～ de longitud 长度单位

～ de luminosidad 照提（表面亮度单位,＝1 新烛光/厘米^2）

～ de masa atómica 原子质量单位

～ de medicina intensiva 重症监护室

～ de medida 计量单位

～ de memoria 存储单位

～ de muestra（抽样）样品,样件

～ de muestreo〈统〉抽样单元

～ de peso 重量单位

～ de potencia 能量[功率]单位

～ de presión 压力单位

～ de representación 显示部件

～ de salida 输出装置;转出器

～ de superficie 面积单位

～ de temperatura 温度单位

～ de tensión 张力单位

～ de tiempo 时间单位

～ de trabajo 功率单位,劳动单位

～ de transmisión máxima〈信〉最大传输单位

～ de valor 价值单位

～ de velocidad 速度单位

～ de vigilancia intensiva〈医〉重症监护室

～ de viscosidad 黏度单位

～ de visualización〈信〉直观显示部件

～ de volumen ①音量[响度]单位;②体积单位

～ del sistema inglés 英制单位

～ del sistema métrico 公制单位

～ del sistema métrico decimal 公[十进]制计量单位

～ deducida[derivada]〈理〉导出单位

～ electromagnética 电磁单位

～ electromotriz 电动势单位

～ electroquímica 电化单位

～ electrostática 静电单位

～ estadística〈统〉统计单位

～ exhibidora 显示装置

～ fotométrica 光度[测光]单位

～ fundamental〈理〉基本单位

～ habitual de contratación de títulos 通常交易单位[批量]

～ imaginaria〈数〉虚数单位

～ maestra 主机,主导装置

～ magnética de almacenamiento 存储器,存储单元

～ militar〈军〉军队

～ monetaria 货币单位

～ móvil（电台、电视台等的）实况转播设

备,现场直播装置

~ periférica 〈信〉外部[围]设备

~ practical 实用单位

~ practical de viscosidad cinemática 动力黏度单位

~ procesadora central 中央处理机

~ prototipo 试制样品,样机

~ semiprocesada 半成品,中间产品

~ térmica 〈理〉热量单位,卡路里

~ térmica británica 英国热量单位

~ terminal 终端装置[设备]

~es de transmisión 传声单位

~es del sistema C. G. S 厘米·克·秒制单位

~es mecánicas 力学单位

~es ópticas 光学单位

~es SI 国际标准单位

unidimensional *adj*. ①一维的,一度（空间）的;②单向度的,浅薄的

unidireccional *adj*. ①单向的;单向性的;②单行的（道路的）

antena ~ 单向天线

calle ~ 单行道

corriente ~ 直流电

elemento ~ 单向元件

flujo ~ 单向水流

solidificación ~ 单向凝固

unidirectividad *f*. 单向性

UNIDO *abr*. *ingl*. United Nations Industrial Development Organization 联合国工业发展组织

unificación *f*. 合[统]一;联合;一致

unifilar *adj*. 单线[丝]的;由单线[丝]组成的

uniflagelado,-da *adj*. 〈植〉单鞭毛的

unifloro,-ra *adj*. 〈植〉单花的

unifoliado,-da *adj*. 〈植〉①具一叶的;②（复叶）具一小叶的

uniforme *adj*. ①（不同物）相同的,一律[样]的;清一色的;②（同一物）始终如一的;③（运动、制度等）一贯的;不变的;④（速度、物体表面等）均匀的;均质的;一致的;⑤（税收、法律等）划[统]一的,统一标准的 ‖ *m*. 制服

~ de campaña[combate]（士兵等的）战斗服装,战地服装

~ de gala 军礼服

~ del colegio 校服

~ militar 军服

aceleración ~ 匀加速度

convergencia ~ 均匀收敛,均匀会聚

distribución ~ 均匀分布

espacio ~ 一致空间

flujo ~ 匀流,等速流

función ~ 单值[均匀]函数

línea ~ 均匀线

presión ~ 等均压,匀压力

temperatura ~ 恒温

velocidad ~ 匀速

uniformidad *f*. ①无差异,无变化;不变(性);均匀(性,度);②一致(性),统一(性);（税收、法律等的）划[统]一;③均匀;同质

uniformización *f*. 标准化;合乎标准

unilateral *adj*. ①一[单]方的;一人的;②一[单]边的,单侧的;③单向的;④〈植〉(花序等)单侧的

circuito ~ 单向[不可逆]电路

conducción ~ 单向导电

contrato ~ 单方（承担义务的）契约[合同]

desarme ~ 单方面裁军

impedancia ~ 单向阻抗

importación ~ 单边进口

superficie ~ 单侧曲面

tolerancia ~ 单向公差

unilateralismo *m*. (实行)单方面政策;单方行动;单边主义

unilineal *adj*. ①(理论等)直线发展的;②单系的(指父系或母系的)

unilobular *adj*. 〈植〉单房[室]的

unimodal *adj*. ①〈统〉(频率曲线或分布)单峰的;②单一方式的

distribución ~ 单峰分布

transporte ~ 单一方式运输

unimolecular *adj*. 单分子的

uninuclear *adj*. 〈生〉单核的

unio *m*. 〈动〉珠蚌

unión *f*. ①连接;结合;②（企业、团体等的）合并;大联合;③团结;融洽;一致;④同[联]盟;联合会;⑤婚配,结婚[合];⑥（机）接头[缝];结[节]点;汇[接]合(点);[衔]接(处);联接;⑦〈数〉并,并集;并集(的数学)运算;⑧〈医〉(伤口等的)愈合;⑨双股戒指;⑩珍珠

~ consensual 姘居

~ conyugal[matrimonial] 婚配[姻]

~ Europea[U-] 欧洲联盟

~ externa/interna 〈信〉外/内联结

~ PN 〈理〉〈电子〉(半导体中的)p-n 结

uniovular *adj*. 〈生〉单卵的

uniparental *adj*. 〈社〉单亲的

uníparo,-ra *adj*. ①〈动〉每次只产一卵[仔]的,一胎一仔的,单胎的;②〈植〉单茎轴的;③〈医〉(女子)初产的

unipartidismo *m*. 一党制

unipétalo,-la *adj*. 〈植〉单瓣的

unipolar *adj.* 〈理〉单极的

unipolaridad *f.* 〈理〉单极性

unipotencial *adj.* 〈生〉〈细胞〉单能性的

uniserial *adj.* 单列[排]的,单系列的

unisexual *adj.* ①〈动〉雌雄同体的;②〈植〉雌雄异花的;③只限于一种性别的;单性的

unisón,-ona *adj.* ①一致的,和谐的,协调的;②〈乐〉同度的,同音的 ‖ *m.* ①一致,和谐,协调;②〈乐〉同度,同音

unisonal; unisonante *adj.* 〈乐〉同度的,同音的

unisonancia *f.* 〈乐〉同度,同音

unísono,-na *adj.* ①一致的,和谐的,协调的;②〈乐〉同度的,同音的

unitarismo *m.* (尤指政府的)集权制

univalencia *f.* 〈化〉单[一]价

univalente *adj.* ①〈化〉单[一]价的;②〈生〉单价染色体的 ‖ *m.* 〈生〉单价体;单价染色体

univalvo,-va *adj.* ①〈动〉〈有〉单壳的;②〈动〉〈植〉单瓣的 ‖ *m.* 〈动〉①单壳(指单壳软体动物的壳);②单壳软体动物

univariante *adj.* 〈化〉单变的

universal *adj.* ①宇宙的;天地万物的;②全世界的;万国的;③全体的,共同的;普遍的;普适的;④万能的,通用的;⑤〈逻〉全[总]称的

donador ～〈医〉全适[万能]供血者

exposición ～ 世界[万国]博览会

geografía ～ 世界地理

historia ～ 世界史

receptor ～〈医〉全适[万能]受血者

universalidad *f.* ①共[普遍]性;一般性;②通用性;普适性;③(才能、兴趣、知识等的)广泛性,多方面性;④〈逻〉全称性

universalización *f.* 普遍化

universiada *f.* 〈体〉大学运动会;大学生运动会

universidad *f.* 〈教〉①(综合性)大学;②大学校舍[园];③大学人员(包括师生员工)

～ a distancia 远程(函授)大学,开放大学

～ laboral 理工(专科)学院

～ popular (大学)校外班

universitario,-ria *adj.* 〈教〉大学的 ‖ *m. f.* ①大学生;②大学毕业生

ciudad ～a 大学城

universo,-sa *adj.* ①宇宙;天地万物;万象;②世界;全人类;③(道德、思想等的)领域;范围;体系

～ abierto〈天〉开宇宙

～ cerrado〈天〉闭宇宙

～ moral 精神世界

univocidad *f.* ①(单词、术语等的)单[一]义性;一种解释;②一一对应性

unívoco,-ca *adj.* ①(单词、术语等)只有一个意义的,单义的;只有一种解释的;无歧义的;②一一对应的;面对面的;③〈数〉一对一的

correspondencia ～a〈数〉一一对应

untadura *f.* ①〈药〉软[药,油]膏;②〈机〉滑脂

unto *m.* ①〈药〉软[药,油]膏;②油脂;(动物的)脂肪;③*Cono S.* 鞋油

untuosidad *f.* 润滑度

uña *f.* ①〈解〉(手、脚的)指甲;②(动物的)爪、蹄[趾]甲;③(蝎子等的)螯刺[针];④(器物的)爪形尖;棘爪;⑤拔[起]钉器;⑥锚爪;⑦〈植〉弯刺,(爪状花的)瓣根[蒂];⑧(修剪后的树枝)丫杈;⑨〈解〉泪阜突;⑩(器物的)凹槽,指窝

～ de caballo〈植〉款冬

uñagata *f.* 〈植〉刺芒柄花

uñero *m.* ①〈医〉指头脓炎,瘭疽;指疗;②嵌甲;③(书的)拇指索引,书边挖月索引

uñí *m. Chil.* 〈植〉石榴

UPAE *abr.* Unión Postal de las Américas y España 美洲与西班牙邮政联盟

upas *m.* ①〈植〉见血封喉(爪哇产桑科毒树);②见血封喉毒汁(用作箭毒)

UPC *abr.* unidad de procesamiento central 〈信〉中央处理器[装置]

uperización *f.* (对乳制品)高温处理

uperizado,-da *adj.* (乳制品)经高温处理的

leche ～a 经高温处理的牛奶

UPU *abr.* Unión Postal Universal (联合国)万国邮政联盟

uracilo *m.* 〈生化〉尿嘧啶

uraconita *f.* 〈矿〉土硫铀矿

uracratia *f.* 〈医〉尿失禁,遗尿

uragogo,-ga *adj.* 〈药〉利尿的 ‖ *m.* 利尿剂

uralita *f.* 〈矿〉纤闪石(绿色的次生闪石变种)

uranálisis *m.* 〈医〉尿分析

uranato *m.* 〈化〉铀酸盐

uránico,-ca *adj.* 〈化〉(含)铀的;(含)六价铀的

uranido,-da *adj.* 〈化〉铀系的 ‖ *m. pl.* 铀系元素

uranífero,-ra *adj.* 〈化〉含铀的

uraninita *f.* 〈矿〉沥青铀矿,晶质铀矿

uranio *m.* 〈化〉铀

～ enriquecido 浓缩铀

uranisco *m.* 〈解〉腭

uranismo *m.* 〈社〉(尤指男性之间的)同性恋,同性性欲

uranita *f.* 〈矿〉云母铀矿,铀云母类

Urano m. 〈天〉天王星

uranografía f. 〈天〉星图学

uranográfico,-ca adj. 〈天〉星图学的

uranógrafo,-fa m. f. 〈天〉星图学者

uranología f. ①〈天〉天文学；天体研究；②天文学论著

uranometría f. 〈天〉①天体测量学；②星[天文]图

uranoplastia f. 〈医〉腭成形术

uranoplegia f. 〈医〉腭麻痹

uranorrafia f. 〈医〉腭裂缝术，腭修补术

uranospinita f. 〈矿〉砷钙铀矿，钙砷铀云母

uranosquisis f. 〈医〉腭裂

uranotalita f. 〈矿〉铀钙石

uranotantalita f. 〈矿〉铌钇矿

uranotilo m. 〈矿〉硅钙铀矿

urato m. 〈化〉尿酸盐

uratohistequia f. 〈医〉尿酸盐组织沉着症

uraturia f. 〈化〉尿酸盐尿，结石尿

urbanícola adj. 居住在城市里的 ‖ m. f. 城市居民

urbanismo m. ①城市规划；市政建设；②都市学；③Cari. 房地产开发

urbanista m. f. 城市规划专家

urbanístico,-ca adj. ①城市规划的；市政建设的；②城市的

urbanita m. f. 城市居民

urbanizable adj. 〈建〉(用于)市政建设的
terreno ～ 市政建设用地
zona ～ 非市政建设区，绿化地带

urbanización f. ①城[都]市化；②城市规划；③市政建设用地；④居住小区

urbanizado,-da adj. 建筑物多的

urbanizador,-ra adj. 〈建〉(承担)市政建设的 ‖ ～a f. 市政建设公司

urbano,-na adj. 城[都]市的

urbanología f. 城[都]市学；城市问题研究

urbanológico,-ca adj. 城[都]市学的

urbanólogo,-ga m. f. 城[都]市学家；城[都]市学研究者，城市问题专家

urbe f. 大城市，大都市

urca f. ①〈动〉虎[逆戟]鲸；②〈海〉大运输船

urceolado,-da adj. 〈植〉缸[壶，瓮，坛]状的
corona ～a 坛状花冠

urceolaria f. 〈植〉地衣

urco m. And., Cono S. 〈动〉公羊；(南美洲的)羊驼

urdidera f. 〈纺〉①整经女工；②整经机器

urdido m.；**urdidura** f. 〈纺〉整经

urdimbre f. 〈纺〉经线

urea f. 〈生化〉尿素，脲
resinas de ～ 尿素树脂

ureal adj. 〈生化〉尿素的，脲的

ureapoyesis f. 〈生化〉尿素生成，脲生成

ureasa f. 〈生化〉脲酶，尿素酶

uredo m. 〈医〉荨麻疹

uredosoro m. 〈植〉夏孢子堆

uredospora f. 〈植〉夏孢子

ureido m. 〈化〉酰脲

uremia f. 〈医〉尿毒症

urémico,-ca adj. 〈医〉尿毒症的

uremígeno,-na adj. 〈医〉①尿毒症性的；②致尿毒症的

ureometría f. 〈医〉尿素测定法，脲测定法

ureómetro m. 〈医〉尿素测定器，脲测定器

ureotélico,-ca adj. 〈生理〉〈医〉排尿素(氮代谢)的

uresis f. 排尿

uretano m. 〈化〉①尿烷，氨基甲酸乙酯，乌拉坦(可用作抗肿瘤药)；②聚氨酯

uréter m. 〈解〉输尿管

ureteralgia f. 〈医〉输尿管痛

ureterectasia f. 〈医〉输尿管扩张

ureterectomía f. 〈医〉输尿管切除术

uretérico,-ca adj. 〈解〉输尿管的

ureteritis f. inv. 〈医〉输尿管炎

ureterocele f. 〈医〉输尿管脱垂，输尿管膨出

ureteroenterostomía f. 〈医〉输尿管肠管造口术

ureteroestenosis f. 〈医〉输尿管狭窄

ureterolito m. 〈医〉输尿管石

ureterolitotomía f. 〈医〉输尿管石切除术；输尿管切开取石术

ureteroplastia f. 〈医〉输尿管成形术

ureterorragia f. 〈医〉输尿管出血

ureterosigmoidostomía f. 〈医〉输尿管乙状结肠吻合术

uretra f. 〈解〉尿道

uretralgia f. 〈医〉尿道痛

uretritis f. inv. 〈医〉尿道炎

uretrocele f. 〈医〉尿道膨出

uretrocistitis f. 〈医〉尿道膀胱炎

uretrodinia f. 〈医〉尿道痛

uretrografía f. 〈医〉尿道造影(术)

uretrógrafo m. 〈医〉尿道内径描记器

uretrometría f. 〈医〉尿道测定法；尿道阻力测定法

uretrómetro m. 〈医〉尿道测量器

uretroplastia f. 〈医〉尿道成形术

uretroprostático,-ca adj. 〈解〉尿道前列腺的

uretrorragia f. 〈医〉尿道出血

uretroscopia f. 〈医〉尿道镜检查(术)

uretroscopio m. 〈医〉尿道镜

uretrostaxis f. 〈医〉尿道渗血

uretrostenosis f. 〈医〉尿道狭窄

uretrotomía *f.* 〈医〉尿道切开术

uretrótomo *m.* 〈医〉尿道刀

urgencia *f.* ①紧[急]迫;紧急;②紧急情况; ③〈医〉急诊;急诊病人;④ *pl.* 急救室[站]

URI *abr. ingl.* uniform resource identifier 〈信〉统一资源标识符

urial *m.* 〈动〉东方盘羊(一种产于南亚地区的 红褐色野绵羊)

uricacidemia *f.* 〈医〉尿酸血症

uricasa *f.* 〈生化〉尿酸酶

uricemia *f.* 〈医〉尿酸血症

úrico,-ca *adj.* 尿的;存在于尿中的

uricolisis *f.* 〈化〉尿酸分解(作用)

uricometría *f.* 〈化〉〈医〉尿酸测定法

uricómetro *m.* 〈化〉〈医〉尿酸定量器

uricotélico,-ca *adj.* 〈生理〉排尿酸(氮代谢) 的

uricotelismo *m.* 〈生理〉排尿酸型代谢

uridina *f.* 〈生化〉尿(嘧啶核)苷

uridrosis *f.* 〈医〉尿汗症

urinálisis *m.* 〈医〉尿分析

urinario,-ria *adj.* 〈生理〉①尿的;含尿的; ②泌尿的;泌尿器官的

urinífero,-ra *adj.* 〈医〉输尿的

uriníparo,-ra *adj.* 〈医〉产[泌]尿的

urinocultivo *m.* 〈医〉尿培养

urinogenital *adj.* 〈解〉泌尿生殖的

urinometría *f.* 〈医〉尿比重测量法

urinómetro *m.* 〈医〉尿比重计

urinoscopia *f.* 〈医〉尿检查(诊断);检尿法

URL *abr. ingl.* uniform resource locator 〈信〉统一资源定位器

uro *m.* 〈动〉(生活在欧洲大部分地区和非洲 北部的)一种野牛

urobilina *f.* 〈生化〉尿胆素

urobilinógeno *m.* 〈生化〉尿胆素原,尿胆原

urocánico,-ca *adj.* 见 ácido ～
ácido ～ 〈化〉尿刊酸,咪唑丙烯酸

uroclepsia *f.* 〈医〉遗尿,尿失禁

urocordado,-da *adj.* 〈动〉有尾索的;有被囊 的‖ *m.* ①尾索动物,被囊动物;② *pl.* 尾 索

urocromo *m.* 〈生化〉尿色素,尿色肽

urodelo,-la *adj.* 〈动〉有尾目的;有尾两栖类 的‖ *m.* ①有尾目两栖动物;② *pl.* 有尾 目;有尾两栖类

urodinia *f.* 〈医〉排尿痛

urogallo *m.* 〈鸟〉细嘴松鸡

urogenital *adj.* 〈解〉泌尿生殖器的
diafragma ～ 泌尿生殖膈
sistema ～ 泌尿生殖系统

urografía *f.* 〈医〉尿路造影(术)

urograma *m.* 〈医〉尿路造影片

urolitiasis *f.* 〈医〉尿石病,尿石形成

urolito *m.* 〈医〉尿石

urolitología *f.* 〈医〉尿石学

urología *f.* 〈医〉泌尿(科)学

urológico,-ca *adj.* 〈医〉泌尿(科)学的;泌尿 道的

urólogo,-ga *m. f.* 〈医〉泌尿科医师[专家]

urómeros *m. pl.* 〈动〉(节肢动物的)腹节

uronefrosis *f.* 〈医〉肾盂积尿

urónico,-ca *adj.* 见 ácido ～
ácido ～ 〈化〉糖醛酸

uropigial *adj.* 〈鸟〉尾臀的

uropigio *m.* 〈鸟〉尾臀

urópodo *m.* 〈动〉尾肢[足],腹足

uroporfirina *f.* 〈生化〉尿卟啉

uroscopia *f.* 〈医〉尿检查(诊断);检尿法

uróstilo *m.* 〈动〉尾杆骨

urotropina *f.* 〈药〉乌洛托品,环六亚甲基四 胺(尿路灭菌药)

urraca *f.* 〈鸟〉①喜鹊;②*Amér. L.* 蓝松鸦

úrsido,-da *adj.* 〈动〉熊科的‖ *m.* ①熊科动 物;② *pl.* 熊科

ursino,-na *adj.* 熊的;像熊的

urta *f.* 〈动〉鲷;乌鲂

úrtica *f.* 〈植〉荨麻

urticáceo,-cea *adj.* 〈植〉荨麻科植物的‖ *f.* ①荨麻科植物;② *pl.* 荨麻科

urticales *f. pl.* 〈植〉荨麻目

urticante *adj.* 刺[发]痒的,产生痒痛的

urticaria *f.* 〈医〉荨麻疹

urubú *m.* 〈鸟〉秃鹫

urusita *f.* 〈矿〉纤钠铁钒

USA *abr. ingl.* United States of America 美利坚合众国,美国‖ *adj. inv.* 美国的

usabilidad *f.* 〈信〉可用性(硬件或软件的可 使用的容易程度)

usado,-da *adj.* ①用过的;破旧的;②二手 的;③磨损的;④(电池等)耗尽的;(盘片 等)不能再用的;(衣服等)不能再穿的

usagre *m.* ①〈医〉脓疱病;(小儿)面部湿疹; ②〈兽〉兽疥癣,家畜疥

USART *abr. ingl.* universal synchronous/ asynchronous receiver transmitter 〈电 子〉通用同/异步收发报机

USB *abr. ingl.* universal serial bus 〈信〉通 用串行总线

Usenet *m. ingl.* 〈信〉Usenet 网(新闻组网 络)

usillo *m.* 〈植〉野菊苣

usina *f.* ①*Amér. L.* 工厂;②*Cono S.* 发电 厂;煤气厂;③*Cono S.* 有轨电车站

uso *m.* ①用;使[利,应,运]用;②用途[处]; ③习惯[俗];惯例;④用法;⑤〈法〉(对委托

他人管理的不动产的)受益权;受益;⑥使用权

~ de letras mayúsculas（书写或印刷时）大写字母的使用

~ sostenible〈环〉〈医〉可持续使用

usuario *m. f.* ①使用者;用户;②〈信〉用户（指利用计算机的人或组织）

~ docto〈信〉高手,应用级专家,内行用户

~ final〈信〉最后用户,直接用户

usucapión *f.*〈法〉(财产权的)凭时效取得;(物权的)取得时效

usufructo *m.* ①使用收益权,用益权(指使用他人财产并收益而不损害该财产的权利);②用[收]益

~ de propiedad inmueble 不动产用益权

~ vidual 遗孀用益权

~ vitalicio（死后不能由后人继承的）终身权益(尤指对产业的权益)

usufructuario,-ria *adj.* (有)用益权的;似用益权的 ‖ *m. f.* 有用益权者;享有用益权的人

usurpación *f.*〈法〉侵占罪;抢夺罪

UT *abr. ingl.* Universal Time（协调）世界时,格林尼治平均时(*esp.* tiempo universal)

utahita *f.*〈矿〉纳铁钒

uterino,-na *adj.*〈解〉子宫的

uteritis *f. inv.*〈医〉子宫炎

útero *m.*〈解〉子宫

~ alquilado(~ de alquiler) 代孕母亲的身份

uterogestación *f.*〈医〉子宫妊娠;足月妊娠

uteroglobulina *f.*〈医〉子宫球蛋白

uterografía *f.*〈医〉子宫造影术

uterometría *f.*〈医〉子宫测量法

uterómetro *m.*〈医〉子宫测量器

uteroplastia *f.*〈医〉子宫成形术

uteroscopia *f.*〈医〉子宫镜检查

uteroscopio *m.*〈医〉子宫镜,宫腔镜

útil *adj.* ①有用的;可供使用的;有益的;②可[能]用的;③有效的;④生活能自理的;⑤(车辆等)处于正常运转状态的,即可使用的;⑥见 día ~ ‖ *m. pl.* 工[器]用]具

~ es de chimenea 火炉用具(如火钳、火铲、通条等)

~ es de labranza 农具

~ es de pescar 钓具;捕鱼索具

día ~ 工作日

utilería *f.* ①工[用]具;②*Amér. L.* (电影,戏剧等中用的)道具

utilidad *f.* ①用处[途];②效用;③好[益]处;④*Amér. L.*〈商贸〉(资产等的)收益,利润;⑤〈信〉实用程序;实用例行程序

~ absoluta 绝对效用

~ antes de impuesto 税前利润,税前收益

~ anticipada 预期利润

~ aparente 账面利润,虚盈

~ bruta en ventas 销售毛利

~ caducada 已耗效用

~ cardinal 基数效用;方位基点效用

~ constante 稳定效用,不变效用

~ contable 会计利润,账面盈利

~ contingente 或有盈利

~ creciente/decreciente 递增/减效用;收益递增/减

~ cronológica(~ por el tiempo) 时间效用

~ de Bernoulli〈统〉[U-] 伯努利效用

~ de explotación 营业[运]利润

~ de la posesión 占有效用,所有权效用

~ de la venta 销货利润

~ de servicio 劳务(服务)效用;劳务收益

~ del lugar 场所[地方]效用(产品送达需求场所后效用)

~ expirada 已耗利润

~ gravable 应税盈利,应纳税利润

~ intensiva 集约效用

~ libre 利润结余,收益余额

~ límite 界限效用

~ marginal 边际效用;边际利润[收益]

~ marginal creciente/decreciente 递增/减边际效用[收益],利润]

~ objetiva/subjetiva 客/主观效用

~ ordinal 序数效用,顺序效用

~ original 原始效用

~ por acción 每股收益

~ por el servicio 服务[劳务]收益;服务效用

~ por productos 产品利润,产品销售利润

~ por temporada 季节性收益

~ pública ①公益;②共用事业公司[单位]

~ total 毛利,总收益;总效用

~ unitaria 单位利润

~ es acumuladas 累积利润[收益]

~ es devengadas 应计利润[盈利,收益]

~ es diferidas 递延收益

~ es excedentes 超额收益[盈利];剩余利润

~ es ocasionales *Amér. L.*〈经〉意外利润;暴利

~ es ordinarias 普通所得,正常收益[利润]

~ es retenidas 保留[留存]收益,公积金

utilizable *adj.* ①可[能]用的;②可供使用的,便于使用的;③〈技〉废物(回收)利用的

utilización *f*. ①使[利]用;②〈技〉废物(回收)利用

utillaje *m*. 工[器,用]具

utillero *m*. (装修水管的)管子工,水暖工 ‖ *m. f*. 工具保管员

UTM *abr*. unidad de transmisión máxima 〈信〉最大传输单位

UTO *abr*. unidad taxonómica operativa 〈生〉操作分类(组成)单位

UTP *abr. ingl*. unshielded twisted pair 〈信〉非屏蔽双绞线

utriculado,-da;**utricular** *adj*. ①〈植〉囊状的;具胞果的;②〈解〉囊状的;椭圆囊的

utricularia *f*. 〈植〉狸藻

utriculiforme *adj*. ①〈植〉胞果状的;②〈动〉小囊状的

utriculitis *f. inv*. 〈医〉椭圆囊炎

utrículo *m*. ①〈植〉胞果[囊];②〈解〉小[椭圆]囊

UUCP *abr. ingl*. unix to unix copy 〈信〉Unix 到 Unix 拷贝

UV;**UVA** *abr*. ultravioleta 见 ultravioleta

uva *f*. ①葡萄;②葡萄串;③〈医〉葡萄样瘤
~ abejar 蜂葡萄
~ alarije[arije] 红葡萄

~ aragonesa 黑葡萄

~ blanca 白葡萄

~ crespa[espina] 〈植〉茶藨子

~ de gato 〈植〉景天

~ de mesa (餐后吃的)葡萄

~ moscatel 麝香葡萄

~ negra[tinta] 黑葡萄

~ pasa 葡萄干

~s verdes 酸葡萄(喻指由于得不到而加以贬低的东西)

uvada *f*. 葡萄丰收

uvala *f*. 〈地〉灰岩盆,干宽谷

uvarovita *f*. 〈矿〉钙铬榴石

uvayema *f*. 〈植〉野葡萄

úvea *f*. 〈解〉眼血管膜层,葡萄膜

uveítis *f. inv*. 〈医〉眼血管膜炎

UVI *abr*. unidad de vigilancia intensiva 〈医〉重症监护室

uviforme *adj*. 葡萄状的

úvula *f*. 〈解〉悬雍垂,小舌

úvular *adj*. 〈解〉悬雍垂的,小舌的

uvulotomía *f*. 〈解〉悬雍垂切开术;悬雍垂切除术

uxoricidio *m*. ①杀妻;②〈法〉杀妻罪

V v

V ①〈化〉元素钒(vanadio)的符号;②〈电〉伏特(voltio)的符号;③〈机〉〈理〉速度[率](velocidad) 的符号

V *f*. V 字形(物,的),V 型(的,坡口)
~ doble *Esp*. 字母 W
cilindro en ~ V 型汽缸
correa en ~ 三角带
doble ~ *Amér. L.* 字母 W
en ~ V 字形的
escote en ~ V 形[字]领
motor en ~ V 型发动机
plano fijo en ~ 蝶形尾翼飞机

v *abr*. voltio(s) 〈电〉伏特

V. ; v. *abr*. véase 参[请]见

VA *abr*. voltamperio 〈电〉伏安

vaca *f*. ①〈动〉母牛;*Amér. L.* 美洲野牛;②牛肉;③母牛皮[革];④*Amér. L.* 〈商贸〉分红公司
~ de leche(~ lechera) ①奶牛;②*Amér. L.* 好买卖;赚钱企业
~ de San Antón (黄七星) 瓢虫
~ marina 海牛
~ mocha *Amér. M.* 〈动〉獏
~ sagrada (印度教等的)圣[神]牛
(los años de) ~s flacas/gordas 荒/丰年;饥馑/繁荣时期
mal de las ~s locas 疯牛病

vacación *f*. ①(一年中定期的)休假[息];假期;②(职位等的)空[撤]出;空额
~es de invierno/verano 寒/暑假
~es escolares 学校假期
~es pagadas[retribuidas] 带薪假期[休假]
~es sabáticas 公休假
villa de ~ 度假村

vacaraí *Par*. ; **vacaray** *m. Arg.,Urug.* 剖宫产牛犊

vaccina *f*. ①〈医〉〈生医〉牛痘苗;疫[菌]苗;②〈信〉疫苗软件;③*Amér. L.* 种痘,接种

vaccinal *adj*. 〈医〉①疫[菌]苗的;②种痘的,接种的

vaccínico,-ca *adj*. 〈医〉接种的

vaccinio *m*. 〈植〉①*Esp*. 欧洲越橘;②乌饭树属植物;乌饭树浆果

vaccinioideo,-dea *adj*. 〈植〉①*Esp*. 欧洲越橘科的;②乌饭树亚科的 ‖ *f*. 乌饭树科植物 ‖ *f. pl.* 乌饭树亚科

vaccinoterapia *f*. 〈医〉菌苗疗法

vaciadizo,-za *adj*. 〈冶〉浇铸的,铸造的;模制的

vaciado,-da *adj*. ①〈冶〉浇铸的,铸造的;模制的;②洼地的 ‖ *m*. ①铸造,模[浇]制;铸[模制]件;②挖[掏]空(木材、石头等);③〈工程〉挖掘;④(水池、游泳池等的)排放[出];排[倒]空;⑤(刀具等的)磨快;⑥〈信〉转储;转出;⑦见 ~ rápido
~ a troquel 铸模的
~ de memoria 〈信〉存储器转储
~ de yeso 石膏模型
~ rápido 〈航空〉(飞机在紧急情况下的)投弃货物
compuerta de ~ 排泄阀
grifo de ~ 放水旋塞,排水旋塞

vaciador *m*. ①铸[模制]工;②铸[模]具 ‖ **~a** *f*. ①铸[模]具;②倒[排]空装置

vaciamiento *m*. ①〈医〉引流;②〈经〉资产倒卖

vaciante *f*. 退[落]潮

vaciniforme *adj*. 牛痘样的

vacío,-cía *adj*. ①空的;②(房间等)无人的,空着的;无人居住的;无家具设备的;③(职位,工作等)空缺的;(地方等)空闲的;④(车、船等)未载东西的;⑤〈信〉临时(存储)的;⑥〈动〉(母牛等家畜)没有怀孕的 ‖ *m*. ①〈理〉真空;空;空气稀薄;②空洞[处];③〈法〉〈解〉(人体的)侧边,胁;⑤见 marchar en ~
~ absoluto[perfecto] 绝对真空
~ de poder 权力真空
~ de Torricelli 〈理〉(托里切利管上部的)托里切利真空
~ energético 能隙
~ impositivo 税法[收]漏洞
~ ultraalto 超高真空
~ legislativo 法律漏洞
~ político 政治真空
característica de ~ 无负载特性曲线
estanqueidad al ~ 真空密封[气密]
evaporación bajo ~ 真空蒸发;真空蒸镀
evaporador de bajo ~ 真空蒸发器

fusión bajo ～ 真空熔化

marchar en ～ (发动机等)空转

metalurgia bajo ～ 真空冶金

peso bajo ～ ①净重；②无载[空机]重量

recipientes ～s 空箱[桶,袋,瓶]

vacisco *m.* 水银矿渣

vacuna *f.* ①〈医〉〈生医〉牛痘苗；疫[菌]苗；
②〈信〉疫苗软件；③*Amér. L.* 种痘,接种

～ antigripal 流行性感冒疫苗

～ autógena〈生医〉自身疫苗

～ contra tos ferina 百日咳疫苗

～ de (bacilo) Calmette-Guérin 卡介苗

～ mixta〈生医〉混合疫苗

～ polivalente〈生医〉多价疫苗

～ Sabin〈生医〉萨宾疫苗

～ Salk〈生医〉索尔克疫苗

～ viva〈生医〉活疫[菌]苗

vacunable *adj.*〈医〉可接种的

vacunación *f.*〈医〉(疫苗)接种,种痘

vacunador *m. f.*〈医〉接种员‖*m.* 种痘器

vacunal *adj.*〈医〉①疫[菌]苗的；②种痘的,
接种的

vacunista *m. f.*〈医〉接种员

vacuno,-na *adj* ①牛的；②牛皮的‖*m.* 牛

～ de carne 菜牛

～ de leche(～ lechero) 奶牛

carne de ～ 牛肉

vacunoterapia *f.*〈医〉菌苗疗法

vacuoformar *tr.* 真空造[成]形

vacuola *f.*〈解〉〈生〉空[液]泡

～ contráctil 收[伸]缩泡

vacuolación *f.*〈生〉空[液]泡形[组]成；空
[液]泡状态

vacuolar *adj.*〈生〉空[液]泡的；有空[液]泡
的

vacuolización *f.*〈医〉空泡形成

vacuoma *m.*〈生〉液泡系

vacuómetro *m.* 真空计,低压计

vado *m.* ①(可涉)渡口；②〈地〉(河流,小溪
等的)浅滩；③*Esp.* 车库入口[大门]

vadoso,-sa *adj.* ①〈地〉(河流,小溪等)多浅
摊的；②多涉渡口的

vagación *f.*〈机〉游隙

vagal *adj.*〈解〉迷走神经的

vagante *adj.* ①流浪的,闲逛的；②〈机〉松开
的；③*Bol.*(土地)未耕种的,荒芜的

vágil *adj.* ①自由移[运]动的；②〈动〉漫游的

vagilidad *f.*〈环〉移动；迁徙

vagina *f.* ①〈植〉叶鞘,箨；②〈解〉阴道；③鞘

vaginado,-da *adj.*〈动〉〈植〉具鞘的；鞘状的

vaginal *adj.* ①〈植〉[叶]鞘的；②〈解〉鞘的；
鞘状的,似鞘的；③〈解〉阴道的

lubricante ～ 阴道润滑剂

vaginalitis *f.*〈医〉睾丸鞘膜炎

vaginera *adj.* (妇女)通过阴道贩运毒品的

vaginiforme *adj.* 鞘状的

vaginilis *f. inv.*〈医〉鞘[阴道]炎

vaginismo *m.*〈医〉阴道痉挛

vaginitis *f. inv.*〈医〉阴道炎

vaginocele *m.*〈医〉①阴道疝；②阴道脱垂

vaginoperineorragia *f.*〈医〉阴道会阴缝
(合)术

vaginoplastia *f.*〈医〉阴道成形术

vaginoscopia *f.*〈医〉阴道镜检查,阴道窥器
检查

vaginoscopio *m.*〈医〉阴道镜,阴道窥镜

vaginosis *f.*〈医〉阴道病

vaginotomía *f.*〈医〉阴道切开术

vago,-ga *adj.* 见 nervio ～‖*m.*〈解〉迷走神
经

nervio ～ 迷走神经

vagograma *m.*〈医〉迷走神经电图

vagólisis *f.*〈医〉迷走神经破坏术

vagomimétrico,-ca *adj.*〈医〉类(拟)迷走神
经的

vagón *m.* ①火车车厢,车皮；货车；②旅客车
厢；客车；列车

～ abierto 敞车厢；敞篷货车

～ basculante 倾卸车

～ batea 无盖[敞篷]货车

～ blindado 铁路装甲车

～ cama 卧铺车厢

～ carbonero 运煤车

～ cisterna (铁路)油罐车

～ comedor[restaurante] 火车餐车

～ de carga 货车

～ de cola (铁路货车)守车

～ de equipajes 行李车

～ de ganado *Cono S.* 运牛货车；牲畜车

～ de hacienda[reja] 运牛货车；牲畜车

～ de mercancías descubierto 平板货车

～ de mineral 矿石车

～ de primera 头等车厢

～ de remolque 拖车

～ de segunda 二等车厢

～ de volquete 倾卸车,翻斗车

～ descubierto 敞车

～ directo 直达列车

～ frigorífero 冷藏车厢

～ mirador (有透明车顶、大窗户等以供旅
客观赏风景的)瞭望车

～ platea 平板车

～ postal 邮政车厢

～ restaurante 餐车

～ tanque 铁路油槽车

~ tolva（卸除垃圾等用的）底卸式车

~ vacío 空车厢

por ~es 按车皮计算

vagonada f. 卡［货］车荷载

vagoneta f. ①斗［矿］车；②轻型卡车

~ de báscula 翻斗［自卸］卡车

vagosimpático,-ca adj. 〈解〉迷走交感神经的

vagotomía f. 〈医〉迷走神经切断术

vagotonía f. 〈医〉迷走神经过敏；迷走神经兴奋［紧张］

vagotónico,-ca adj. 〈生理〉迷走神经过敏的

vagotrópico,-ca adj. 〈生理〉（药物等）向［作用于］迷走神经的

vagotropismo m. 〈医〉向［亲］迷走神经性

vaguada f. 水道，河床

vaguectomía f. 〈医〉迷走神经切除术

vahaje m. 〈地〉微风

vaharada f. 热［蒸］汽

vaharera f. 〈医〉口疮，唇部泡疮

vaho m. ①蒸［水］汽；②（玻璃等上的）薄雾，凝结物；③pl. 〈医〉吸入（法）；吸入药［剂］

vaina f. ①（刀、剑、用具等的）鞘，套子；②（船帆，衣物等的）卷边，（穿旗杆的）套边；③〈植〉（种子、果实等的）壳，豆荚；荚果；pl. 嫩［青］菜豆；④〈解〉鞘

vaineta f. 〈植〉嫩［青］菜豆

vainica f. ①〈缝〉（手帕等褶边上的）花饰线迹；抽丝线迹；②沿边抽丝刺绣针法；③C. Rica 嫩豆荚

vainilla f. 〈植〉①香子兰（俗称香草）；②嫩［青］菜豆；香子兰荚；③Méx. 芳香果兰

vainillera f. 〈植〉香草，香子兰

vainíllico,-ca adj. ①〈植〉香子兰的；②〈化〉香草酸的；香草醛的；香兰素的

ácido ~ 香草酸

vainillina f. 〈化〉香兰素；香草醛

vainillismo m. 〈医〉香子兰中毒；香草中毒

vainiquera f. 〈缝〉抽绣女工

vainita f. Amér. L. 〈植〉嫩［青］菜豆；豆角

vaivén（pl. vaivenes）m. ①（行人、车辆等的）来来往往；②〈机〉（活塞的）来回［往复］运动

valdivia f ①Col. 〈植〉美洲苦树；②Col. 苦树催吐剂；③Ecuad. 〈鸟〉双色鹰

vale m. ①〈财〉本［期］票；借据；债［帐］单；②收［单］据；③（代价）券；（免费）入场券

~ corrido Cari. 密［老朋］友

~ de comida（雇员免费用餐的）就餐券

~ de correo(~ postal)（尤指邮局或银行的）汇票，汇款单

~ de descuento 附息票据

~ de tesorería 国库券，财政债券

valedero,-ra adj. 有效的

convenio ~ 有效协定

valencia f. 〈化〉价，化合价，原子价；②〈生化〉效价

ángulo de ~ 〈化〉价角

banda de ~ 〈理〉价带

electrón de ~ 〈理〉价电子

valencianita f. 〈矿〉冰长石

valentinita f. 〈矿〉锑华

valerato m. 〈化〉戊酸盐［酯］

valeriana f. ①〈植〉缬草；②〈药〉缬草根

valerianaceo,-cea adj. 〈植〉败酱科的‖ f. ①败酱科植物；②pl. 败酱科

valeriánico,-ca adj. ①〈化〉戊酸的；②〈植〉缬草的

valérico,-ca adj. 见 ácido ~

ácido ~ 〈化〉戊酸

valgo,-ga adj. 〈医〉（足、膝、髋等）外翻的；外偏的；膝外翻的

pie ~ 足外翻；外翻足

valía f. （个人、经济等的）价值

validación f. ①有效；生效；②正式批准，签署生效；③〈信〉正确［可靠］性检测

validadora f. 〈信〉文件自动识别机

validez f. ①有效性；②效力；③有效期

~ de postura 递价有效期

~ del crédito 信用证有效期

válido,-da adj. ①有效的；（法）具有法律效力的；②〈医〉强壮的，健康的

valina f. 〈化〉〈生化〉缬氨酸

valinomicina f. 〈药〉缬氨霉素

valla f. ①篱笆，栅栏，围墙；②〈军〉路障，街垒；③〈体〉跳栏；④障碍物；⑤And. 沟渠

~ de contención 防挤栏杆

~ de protección[seguridad] 挡板；护栏

~ electrificada 电篱笆；（用导线做成的防护栅栏）

~ publicitaria 广告栏

valle m. ①〈地〉山谷；谷地；②（江河的）流域；③谷底；④波谷；⑤谷底，低凹处

energía de ~ 非高峰电力需求

horas de ~ 非高峰时间

vallero,-ra adj. Méx. 〈地〉山［溪］谷的，谷地的‖ m. f. 谷地居民

vallino,-na adj. And. 〈地〉山［溪］谷的，谷地的

vallista m. f. 〈体〉跨栏运动员

vallisto,-ta adj. Cono S., Méx. 〈地〉山［溪］谷的，谷地的

valor m. ①〈商贸〉价格［钱］；②价值［额］；③有效性；效力；④pl. 价值观念；社会准则；标准；⑤〈数〉值；⑥〈画〉（色彩的）浓淡关系，明暗程度；⑦〈乐〉时值(指音符或休止符

的长度)；⑧（比例尺等的）水平线［高度］；
⑨ *pl.* （有价）证券
~ a la par 平价,票面价值
~ absoluto 〈数〉绝对值
~ activo 现值,时价
~ actuarial 精算值
~ adquisitivo （货币的）购买力
~ aduanero 报关价值
~ alimenticio［nutritivo］营养价值
~ amortizable 摊提价值
~ antidetonante （汽油）防爆率
~ añadido （商品的）附加值,增值
~ ausente 空值
~ biológico 〈生化〉生物学价值;生理价值
~ bruto 毛［总］值
~ bursátil （证券的）交易所牌价
~ calorífico 〈理〉发热值［量］;卡值
~ catastral 征税估定价值,课税价值
~ cívico 公民责任感
~ comercial 商业价值
~ contable （资产）账面价值
~ crítico 临界值
~ de avalúo 估定价值
~ de cambio 交换价值;兑换值
~ de compra ①（人的）购买力;②（货币的）购买力
~ de coste［costo］成本价值
~ de cresta 峰值
~ de desecho （财产等的）残值;报废价值
~ de factura 发票价值
~ de liquidación 清盘价值;变现价值
~ de mercado 市场价值
~ de paridad 平价
~ de realización 变现价值
~ de reposición［sustitución］重置价值,更新价值
~ de rescate ①退保现金价值;退保金额;②赎回价格
~ de reventa 转卖价值,转售价
~ de uso 使用价值
~ eficaz 有效价值
~ en bolsa 证券［股票］交易价值
~ en libros 账面价值
~ en liquidación 清盘［算］价值
~ estrella 热门股价值
~ facial［nominal］票面价值,面值
~ fiduciario 信用价值
~ físico 有形价值
~ gravable 应税价值
~ inicial 初始价值,初值
~ instantáneo 瞬时值
~ intangible/tangible 无/有形价值

~ intrínseco 内在［本身］值
~ máximo 〈数〉极值
~ medio［promedio］平均值
~ natural （森林、美景等的）自然价值
~ negativo/positivo 〈数〉负/正值
~ neto 净值
~ numérico 〈数〉数值
~ óptimo 最佳值
~ para avería gruesa 海损分摊值
~ por omisión 〈信〉默认值
~ posicional 位置价值
~ real ①现值;②实值
~ realizable 可变［实］现价值
~ relativo 〈数〉相对值
~ social 社会价值
~ según balance 账面价值
~ según verdad 〈逻〉〈数〉〈信〉真假值
~ sentimental 情感［怀念］价值
~es en cartera 拥有财产（尤指股票、债券、不动产等）
~es extremos 〈数〉极值
~es fiduciarios 信托财产
~es habidos 投资的财产
valoración *f.* ①估价;定价;②估计;（对损失等的）估定;③评价［估］;④〈化〉滴定法
~ aduanera 海关估价
~ de daños ①损失估价;②损失评估
~ redox 氧化还原滴定（法）
valorador,-ra *m. f.* 估价师,验估人 ‖ *m.* 滴定器［仪］
valorimetría *f.* 〈化〉滴定（分析）法
valorimétrico,-ca *adj.* 〈化〉滴定（分析）的
valorímetro *m.* 〈化〉滴定计
valorización *f.* ①估价;定价;②评价［估］;估计;③提价;*Amér. L.* 增值
valproato *m.* 〈药〉2-丙基戊酸钠（抗惊厥和癫痫药）
valumen *m. Cono S.* 〈植〉茂盛,繁茂
valumoso,-sa *adj. Amér. C., Cono S.* 〈植〉茂盛的,郁郁葱葱的
valva *f.* ①〈植〉(荚果的)裂片;(花粉囊的)盖状瓣;(硅藻的)瓣;②〈动〉瓣;贝壳;③〈解〉瓣,瓣膜;④〈机〉拉钩;抓斗
excavadora de ~s mordientes 抓斗挖泥机
valvado,-da *adj.* 〈植〉镊合状的;瓣裂的;具瓣的
válvula *f.* ①〈机〉阀门,活［气］门;②（渠道、水门等的）闸阀,旋塞;③〈解〉瓣,瓣膜;④〈无〉单向管［阀］;⑤见 ~ de vacío
~ al tope 顶阀;顶置气门
~ abombada 雏形阀
~ amplificadora 空气阀

~ atmosférica de las calderas 进气阀

~ bicúspide 〈解〉二尖瓣

~ champiñón 蕈[菌]形阀

~ circular 菌形阀

~ compuerta deslizante 滑阀

~ conversora 变频管

~ de accionamiento por solenoide 电磁阀

~ de admisión (气、水、油等的)进给阀

~ de aguja 针阀

~ de aire 呼吸阀

~ de alimentación 进给[送料,给水,供气]阀

~ de asiento cónico 菌形阀

~ de bola 球阀

~ de bomba de aire 送风阀

~ de cabeza 头[顶置]阀

~ de cierre 截流[断流,关闭]阀;止回阀

~ de compresión constante 止回[回压,背压,单向]阀

~ de compuerta 闸门阀

~ de comunicación 连通阀

~ de control 控制阀

~ de Cornouaille 圆盘阀

~ de corona 钟形阀

~ de corredera 滑阀

~ de cruz(~ de 4 pasos) 四通阀

~ de derivación 旁通阀

~ de desahogo 吸[排]气阀

~ de descarga 泄放[排出,排气,排料,溢流]阀

~ de detención 截止阀

~ de detención de vapor 止回阀

~ de diafragma 闸阀,滑板阀

~ de difusión 扩散阀

~ de distensión 减[卸]压阀

~ de elevación 升阀

~ de entrada de aire 吸气阀

~ de escape ①排气管[阀];②安全阀

~ de estrangulación[estrangulamiento] 阻风门;节流阀

~ de evacuación de escape 排气阀

~ de exhaustación 放出[溢流]阀

~ de expansión 膨胀阀

~ de expansión variable 调节阀

~ de flotador(~ flotante) 浮阀,浮子控制阀

~ de gas 进气阀

~ de impulsión 头[顶置]阀

~ de levantamiento 升阀

~ de mariposa 蝶形阀

~ de onda progresiva 行波管

~ de parada 止回阀

~ de pie 底阀

~ de pistón 活塞阀

~ de plato[platillo] 片状阀

~ de presión 压力瓣

~ de purga (液体、蒸汽等的)排泄[放]阀

~ de rebose 溢流[回流,回水]阀

~ de respiración 通风[呼吸]阀

~ de respiración de un depósito 呼吸[通气]阀

~ de retén 止回[防逆,单向]阀

~ de retención 回压阀;(供水)止回阀

~ de retención a bola 球形止回阀

~ de retención de emisión 放水[出口,排泄,泄水]阀

~ de segmento 扇形闸门

~ de seguridad 安全阀

~ de seta 菌形阀

~ de suministro 输送[出油]阀

~ de toma de vapor 节流阀,节气门

~ de tres vías 转换[三道]阀

~ de una vía 单向[止回]阀

~ de vacío 〈理〉真空管,电子管

~ derivada 旁通[分流]阀

~ electrolítica 电解阀

~ en cabeza 顶阀

~ esférica 球阀

~ estabilizadora de tensión 稳压管

~ faro 灯塔管

~ invertida 落阀

~ kingston 通海阀

~ maestra 导[主,控制]阀

~ mitral 〈解〉僧帽瓣,二尖瓣

~ oscilante 摆动阀

~ refrigerada por agua 水冷管

~ registro de retención 单向[止回]阀

~ reguladora 调节阀

~ selectora 选择活门

~ semilunar 〈解〉半月瓣

~ sin retroceso 单向[止回]阀

~ termiónica 热离子管

~ tricúspide 〈解〉(心脏的)三尖瓣

grifo de ~ 试水位旋塞,闸门阀

guía de ~ 气阀导管,阀导管

indicador de cierre de una ~ 阀门定位器

pulsador de ~ dura 硬管(高真空电子管)脉冲发生器

valvular *adj.* ①阀状的;具阀门作用的;②(装)有阀门的,有活门的;③有瓣的;瓣状的;④〈解〉心瓣的;瓣膜的

estenosis ~ 瓣膜狭窄

incompetecia[insuficiencia] ~ 瓣关闭不

全

regurgitación ~ 瓣膜反流

valvulitis *f. inv.* 〈医〉瓣(膜)炎；心瓣炎

valvuloplastia *f.* 〈医〉瓣膜成形术

valvulotomía *f.* 〈医〉瓣膜切开术

valvulótomo *m.* 〈医〉瓣膜刀

vampiresa *f. Amér. L.* 〈动〉雌吸血蝠

vampiro *m.* 〈动〉吸血蝠

VAN *abr. ingl.* value added network 〈信〉
增值网(络)

vanadato *m.* 〈化〉钒酸盐

vanádico,-ca *adj.* 〈化〉钒的

vanadinita *f.* 〈矿〉钒铅矿

vanadio *m.* 〈化〉钒

acero al ~ 钒钢

vanadioso,-sa；vanadoso,-sa *adj.* 〈化〉亚钒
的

vanadismo *m.* 〈医〉钒中毒

vanadita *f.* 〈矿〉钒铅矿

vancomicida *f.* 〈生化〉〈药〉万古霉素

vanesa *f.* 〈昆〉蛱蝶

vanguardia *f.* ①〈军〉尖兵；前卫；先头部队；
②先锋；前驱；先锋队，领导者；③〈文学、艺
术中敢于创新实验的〉先锋派

vanguardista *adj.* ①先锋派的；②〈工艺〉
〈技〉完全创新的 ‖ *m. f.* ①先锋派艺术家；
②先锋主义者

vanílico,-ca *adj.* 〈化〉香草醛的，香兰素的

vanilina *f.* 〈化〉香草醛，香兰素

vanilismo *m.* 香子兰中毒

vanilla *f.* 〈植〉香子兰(俗称香草)

vano *m.* 〈建〉(壁)洞；(空间)间隔，空隙

vapor *m.* ①水蒸气，蒸汽；②〈气〉(烟)雾，薄
雾；③汽[轮]船；④〈医〉眩晕

~ carguero(~ de carga) 货船

~ cisterna 油轮

~ condensado 冷凝蒸汽

~ correo 邮轮

~ de agua 水蒸气，水气

~ de carga mixta 混装船

~ de escape 废气

~ de mercancías secas 干货轮船

~ de paletas[ruedas] 桨叶式冲浪板

~ de purga 废蒸汽

~ fluvial 内河货[轮]船

~ húmedo/seco 湿/干蒸汽

~ recalentado 过热蒸汽

~ saturado 饱和蒸汽

~ sobresaturado 过饱和蒸汽

~ tanque 油轮

~ vivo 新[直接]蒸汽

~ volandero[venturero] 不定期货轮

carguero a ~ 轮[汽]船

destilación en corriente de ~ en agua 蒸
汽蒸馏

estanco al ~ 汽密的

estufa de ~ 汽柜

tapón de ~ 汽塞；汽封

tobera de ~ 蒸汽喷嘴

vapora *f.* ①(用蒸汽机的)大汽艇；②*Cari.*
(铁路上用的)蒸汽机车

vaporación *f.* 蒸[挥]发

vaporera *f. Amér. L.* 〈船〉汽[轮]船

vaporímetro *m.* ①〈化〉挥发度计；②〈机〉蒸
气(压力)计

vaporización *f.* ①汽化(作用)，蒸发(作用)；
②〈医〉蒸气疗法

~ intermitente 分批[间歇]蒸发

descebado por ~ 汽塞[封]

poder de ~ 蒸发能力

vaporizador *m.* ①汽化[喷雾]器；蒸馏器；②
(汽化器的)喷口[子]

vaporizo *m.* 〈医〉吸入剂

vaporwave；vapourwave *m.* 〈信〉雾件(指远
未成熟即已做广告宣传的软硬件产品)

vaquero,-ra *adj.* 〈纺〉(经纱)蓝色劳动布
的；③*Amér. L.* 牛的 ‖ *m. f. And.* 〈教〉
逃学[旷课]者

vaquilla *f.* 〈动〉(2 岁以下的)小母牛

vaquillona *f. Amér. L.* 〈动〉(2 岁至 3 岁
的)小母牛

vaquita *f.* 〈昆〉七星瓢虫

vara *f.* ①〈植〉(无叶)细枝条；(花的)主梗
[茎]；②长竿；细棍；③〈机〉连杆；棒；车辕；
④竿(长度单位，合 0.8359 米)；⑤*Amér.
L.* 〈数〉码(长度单位，约合 0.836 米，2.8
英尺)；⑥测杆；竿尺；标杆[尺]

~ alta 统治地位；权势，影响力

~ de aforar 水位标尺

~ de luz 光束

~ de medir 测竿

~ de oro[San José] 〈植〉黄花属植物

~ de pescar 钓鱼竿

~ de sondeo 测深杆

~ larga (斗牛中用的)刺牛)长矛

varactor *m.* 〈无〉①可变电抗器；②变容[可
变电抗]二极管

varada *f.* ①〈海〉船只搁浅；②拖船上岸(修
理)；②(船的)下水；③〈矿〉季度；④(矿工
的)季度收入

varadero *m.* ①干船坞；船舶维修处；②*Méx.*
船只容易搁浅的水域

~ del ancla 锚侧舷铁板

varado,-da *adj.* 〈海〉(船只)搁浅的；拖到岸
上的(船只)

varadura *f.* 〈海〉(船只)搁浅

varal *m*. ①长竿[杆,棍];②〈车〉辕;③支柱
[撑,杆];④〈戏〉挂电灯吊杆;⑤〈船〉下水
架

varano *m*. 〈动〉巨蜥

varbasco *m*. 〈植〉毒鱼草

vardasca *f*. 〈植〉嫩[绿树]枝;树条

vareador,-ra *m. f*. ①橄榄收割者;②*Arg*.
驯马人

varec *m*. 〈植〉海草,巨藻;海藻类植物

varenga *f*. 〈船〉①船首栏杆;②肋板;肋骨
~ alta 加强肋板
chapa ~ 肋[支撑]板

variabilidad *f*. ①可变性;可变动性;②易
[多]变性;可变因素;③〈生〉〈遗〉变异性
~ genética 〈遗〉遗传变异性

variable *adj*. ①易[多]变的;②可变的;可变
动[更改]的;③〈生〉〈遗〉变异的;④〈数〉变
量的 ‖ *f*. ①〈数〉元,变量,变元;变量符
号;变项;变数;②〈信〉变量(在计算机程序
中寄存器或存储单元的标识符)
~ aleatoria 〈统〉随机变量
~ de anfitrión 〈信〉宿主变量
~ de entorno 环境变量
~ dependiente 〈数〉因变数
~ endógena 内源变量
~ estadística 〈统〉统计变量
~ estocástica 〈统〉随机变量
~ exógena 外源变量
~ global 〈信〉全局变量
~ independiente 〈数〉自[独立]变量
~ local 〈信〉局域变量
~ oculta 〈信〉隐蔽变量
cantidad ~ 〈数〉变量
inductor ~ 变感线圈
no ~ 稳[恒]定的;不变[动]的

variación *f*. ①变化[动,更],改变;②〈生〉
〈遗〉变异[种];③〈数〉变分[差];④〈乐〉变
奏(曲);⑤见 ~ magnética
~ cíclica[periódica] 周期性变动[化]
~ antigénica 〈遗〉抗原性变异
~ cromosómica 〈遗〉染色体变异
~ de cambio 汇率变动
~ de demanda y oferta 供求变化
~ de las muestras 样本变差[异]
~ de[en] precios 价格变动
~ de valor 价值差异
~ del tipo 标准[型号]差异
~ en eficiencia 效率差异
~ endógena 内生变动
~ estacional 季节性变动[化]
~ genética 〈遗〉遗传变异
~ idiotípica 〈生医〉独特性变异

~ inversa ①〈数〉内变分;②逆差异
~ magnética 〈海〉磁偏角
~ merística 〈植〉分生组织变异

variador *m*. 变换器;(无级)变速器

variancia *f*. ①不同,差异;②变更[异];③
〈统〉方差;④〈经〉差异(指实际成本与预定
成本的差额)

variante *f*. ①变体(指与通常类型略有差异
的事物);变形[种];②〈生〉〈遗〉变异体;③
〈统〉(随机)变量;④(同一词的)异体,异
读;(稿本的)不同版本;⑤ 支路,岔道;
And. 近[小]路
~ dialectal 方言异读字
~ fonética (发音)异读字
~ ortográfica (拼写)异体字

varianza *f*. ①不同,差异;②变更[异];③
〈统〉方差;④〈经〉差异(指实际成本与预定
成本的差额)

varicación *f*. 〈医〉①(静脉)曲张形成;②静
脉曲张

varicela *f*. 〈医〉水痘

variceloide *adj*. 〈医〉水痘样的

variciforme *adj*. 〈医〉①静脉曲张样的;②曲
张的

varicocele *m*. 〈医〉精索静脉曲张

varicocelectomía *f*. 〈医〉曲张精索静脉切除
术

varicografía *adj*. 〈医〉曲张静脉造影术

varicoideo,-dea *adj*. 〈医〉静脉曲张样的

varicosidad *f*. 〈医〉①静脉曲张;②静脉曲张
状态

varicosis *f*. 〈医〉静脉曲张病

varicoso,-sa *adj*. 〈医〉①静脉曲张的;引起
静脉曲张的;②患静脉曲张的

varicotomía *f*. 〈医〉曲张静脉切除术

variedad *f*. ①变化,多样化;②〈生〉品种;变
种;③种类
~ de producción 生产多样化
~ en colores y diseños 花色款式
~ singénica 〈遗〉同基因变种
~ xenogénica 〈遗〉异基因变种

varilla *f*. ①小[细]棍,小[细]杆;细条;②
〈机〉连杆;棒;标尺;③伞[扇]骨;④(车轮)
制动棒;⑤〈解〉颌骨(尤指下颌骨);⑥
Arg.,*Chil*. 〈植〉腺毛豆
~ de arrastre 拉[吊,牵引]杆
~ de maniobra 拉杆[棒]
~ de nivel 测[量]杆;测深尺
~ de nivel de aceite 测油位杆
~ de pararrayos 避雷针
~ de soldadura 焊条
~ de zahorí (据称可以用来探寻矿脉或水
源等的叉形)占卜杖

~ del aceite 量油尺

~ del pistón 活塞杆

~ empujadora 挺杆

~ para destaponar los respiraderos 补缩
捣杆

torno de ~ 两脚车床

varillaje *m*. ①伞[扇]骨；②〈机〉连杆；③
〈建〉构架

varioacoplador；variocúpler *m*. 〈机〉可变耦
合器，可变(电)感耦(合)器

variobarómetro *m*. 可变气压计

variola *f*. 〈医〉天花，痘疮[疱]

variolar *adj*. ①〈医〉天花的；痘疮的；患天花
的；②有痘痕的，有麻点[子]的

variólico,-ca *adj*. 〈医〉天花的

varioliforme *adj*. 〈医〉天花样的

variolita *f*. 〈地〉球颗玄武岩

variolítico,-ca *adj*. 〈地〉球颗玄武岩的

variolización *f*. 〈医〉天花接种；人痘接种

varioloide *adj*. 〈医〉天花样的；轻天花的 ‖
f. 轻[变形]天花

variolosis *f*. 〈医〉天花病

varioloso,-sa *adj*. ①〈医〉天花的；痘疮的；
患天花的；②有痘痕的，有麻点[子]的 ‖ *m*.
f. 天花患者

variómetro *m*. ①气压测量器；变压表；②
〈电〉可变电感器，变感器；③〈航空〉爬升率
测定器

variscita *f*. 〈矿〉磷铝石

varistor *m*. 〈电〉①变阻器；变阻二极管；②可
变[非线性]电阻

variz (*pl*. varices, várices) *f*. 〈医〉静脉曲
张

varonil *adj*. 〈生〉雄性的

varva *f*. ①〈地〉纹[季候]泥；②〈纹[季候]泥
的)年层

vasa *f*. 〈解〉管(通称)

vasalgia *f*. 〈医〉脉管痛

vascular *adj*. ①〈解〉血[脉]管的；②〈植〉维
管的；具维管束植物的

planta ~ 维管植物

sistema ~ ①脉管系统；②维管系统

tejido ~ 脉管组织

vascularidad *f*. 血管质；多血管(状态)

vascularización *f*. ①〈解〉血管形成，血管
化；②〈植〉维管化

vasculatura *f*. 〈解〉脉管系统

vasculítico,-ca *adj*. 〈医〉①血[脉]管炎的；
②患血[脉]管炎的

vasculitis *f.inv*. 〈医〉血[脉]管炎

vascúlo *m*. 〈解〉小管

vasculopatía *f*. 〈医〉血管病

vasculotóxico,-ca *adj*. 〈生理〉血管毒性的

vasectomía *f*. 〈医〉输精管切除术

vaselina *f* ①凡士林(油膏)；②〈化〉矿脂，石
油冻

vasillo *m*. 蜂房

vasitis *f.inv*. 〈医〉输精管炎

vaso *m*. ①杯子；平底玻璃杯；And. 小杯子；
杯状物；②一杯之量；③花瓶；(装饰用的)
瓶；④(电解)槽；And.〈汽车〉毂盖；⑤〈海〉
船，舰，船壳[体]；⑥〈动〉(马等有蹄动物
的)蹄；足；⑦〈化〉烧杯[瓶]，浇口杯；⑧
〈建〉杯[瓶]状饰；⑨〈解〉血[脉]管；⑩〈植〉
导管

~ alto 高脚玻璃杯

~ capilar 毛血管，微血管

~ colorido con franja blanca interior 拉
丝杯

~ de engrase 〈机〉油杯，滑脂杯

~ de precipitación 烧[大，量]杯

~ de vino 酒杯

~ deferente 〈解〉输精管

~ eferente 〈解〉输出管

~ graduado 玻璃量称，量[滴定]管

~ granulado 朱砂杯

~ leñoso 〈植〉木质部导管

~ linfático 〈解〉淋巴管

~ litúrgico[sagrado] 圣器

~ sanguíneo 〈解〉血管

~s comunicantes 〈技〉〈理〉连通管

vasoactivo,-va *adj*. 〈生理〉血管活性的

amina ~a 血管活性胺

vasoconstricción *f*. 〈生理〉〈生医〉血管收缩

vasoconstrictor,-ra *adj*. 〈生理〉〈生医〉血管
收缩的；引起血管收缩的 ‖ *m*. ①血管收缩
神经；②〈药〉血管收缩药[剂]

vasodilatación *f*. 〈生医〉血管舒张

vasodilatador,-ra *adj*. 〈生医〉血管舒张的；
引起血管舒张的 ‖ *m*. ①血管舒张神经；②
〈药〉血管舒张药[剂]

vasoepididimografía *f*. 〈医〉输精管附睾造
影(术)

vasoepididimostomía *f*. 〈医〉输精管附睾吻
合术

vasoespasmo *m*. 〈医〉血管痉挛

vasoestimulante *adj*. 〈医〉刺激血管的；促血
管舒缩的

vasoinhibidor,-ra *adj*. 〈医〉血管抑制的 ‖
m.〈药〉血管抑制药

vasoligación；vasoligatura *f*. 〈医〉输精管结
扎术

vasomotor,-ra *adj*. 〈生理〉血管运动的；血
管舒缩的；影响血管舒缩的

vasopresina *f*. 〈生化〉〈生医〉血管升[加]压
素；后叶加压素；抗利尿激素

vasopresor,-ra *adj.* 〈生理〉血管升[加]压的 ‖ *m.* 〈药〉血管升[加]压药

vasotocina *f.* 〈生化〉〈生医〉加压催产素；催产素

vasotomía *f.* 〈医〉输精管切断术

vasotónico,-ca *adj.* 〈生理〉血管紧张的

vástago *m.* ①〈植〉新梢，嫩[新]枝；抽枝；②〈机〉连杆
　～ de bomba 抽油杆
　～ de distribuidor 阀杆
　～ del émbolo 活塞杆
　～ empujador 挺杆
　～ recto 直柄

vastaguera *f. Col.* 香蕉园

VAT *abr. ingl.* value-added tax 增值税

vataje *m.* 〈理〉瓦特数

vaticinador *m.* （关于时间、经济情况的）预报

vatihora *f.* 〈电〉瓦时（能量单位）

vatihorímetro *m.* 〈电〉电表，瓦(特小)时计

vatímetro *m.* 〈理〉瓦特计；功率表[计]
　～ electrodinamómetro 电(测,动)力计；电(测)功率计

vatio *m.* 〈理〉瓦特（功率单位）
　～-hora 〈电〉瓦时（能量单位）
　contador de ～s-hora 〈电〉电度表，火表，瓦时计

vatiosegundo *m.* 〈电〉瓦秒（能量单位）

VB *abr. ingl.* Visual Basic 〈信〉编程软件；VB 软件（由微软公司开发的编程软件）

VBA *abr. ingl.* visual basic for applications 〈信〉VB 应用程序

VBE *abr. ingl.* visual basic extension 〈信〉VB 扩展件

VBP *abr.* valor bruto de la producción 生产总值

VCD *abr. ingl.* video CD 影碟

VCL *abr.* visualizador cristal líquido 〈信〉液晶显示屏

VCR *abr. ingl.* video cassette recorder 盒式磁带录像机

VDSL *abr. ingl.* very high-bit-rate digital subscriber line 〈讯〉甚高数据速率数字用户线

VDT *abr. ingl.* video display terminal 〈信〉图像显示终端

VDU *abr. ingl.* video display unit 〈信〉图像显示部件

vecindad *f.* ①邻近地区；②邻居；邻居关系；③〈集〉居民；④〈法〉住[寓]所，住处

vectocardiografía *f.* 〈医〉心矢[向]量描记术

vectocardiógrafo *m.* 〈医〉心矢[向]量描记器

vectocardiograma *m.* 〈医〉心矢[向]量图

vectógrafo *m.* ①矢量图；②偏光体视照相；偏振光立体影像

vectograma *m.* 〈技〉〈医〉矢量图

vector,-ra *adj.* ①向量的，矢量的；②媒介物的 ‖ *m.* ①〈数〉矢(量)，向量；向量元素（指向量空间的元素）；②〈天〉幅，矢径；③运载体；④〈遗〉载体；〈生〉(传病)媒介；媒介物
　～ cero 〈数〉零向量（指长度为零的向量）
　～ de dirección 方向向量
　～ de posición 〈数〉位置向量，位矢
　～ de Poynting 坡印亭矢量
　～ libre 自由矢量
　～es coplanarios 〈数〉共面向量
　～es ortogonales 〈数〉正交向量

vectorial *adj.* 〈数〉向量的，矢量的；有向的
　ángulo ～ 向量角
　cálculo ～ 向量计算
　espacio ～ 向量空间

vectorización *f.* 〈数〉向量化

vectorscopio *m.* ①〈电子〉(色度)矢量显示器；②(电视)偏振光立体镜

veda *f.* ①禁止；禁渔[猎]；②(禁止进行某项活动的)封闭期；禁渔[猎]期

vedado *m.* 禁区，围场；禁猎地，动植物保护区
　～ de caza 禁猎区

veduño *m.* 〈植〉葡萄

vega *f.* ①肥沃低洼地；浸水草地；②*Cub., Esp.* 低湿平原；③*And.* 河滩地；滩涂；④*Cari.* 烟草种植场

vegetabilidad *f.* 〈植〉生长性[力]

vegetable *adj.* ①〈植〉植物的；植物性的；②蔬菜的；③可[广泛]生长的 ‖ *m.* 〈植〉①植物；②蔬菜
　plato ～ 蔬菜拼盘（西餐主菜之一）

vegetación *f.* ①(植物)生长；②〈集〉〈植〉植物；草木；③〈植〉植被；④*pl.* 〈医〉赘疣，赘生物；增殖体
　～ emergente 露出水面的植物
　～ espontánea[natural] 自生植物
　～es adenoideas 〈医〉腺样增殖体

vegetal *adj.* 〈植〉①植物的；植物性的；②蔬菜的 ‖ *m.* ①〈植〉植物；②植物人；③*Amér. C., Méx.* 〈植〉蔬菜
　aceite ～ 植物油
　dieta ～ 植物饮食
　fisiología ～ 植物生理学
　patología ～ 植物病理学
　proteína ～ 植物蛋白质
　reino ～ 植物界
　toxina ～ 植物毒素

vegetariano,-na *adj.* ①素食的；素食主义(者)的；主张素食的；②〈动〉食草的；③蔬菜的；没有肉类的 ‖ *m. f.* ①素食者；素食主义者；②食草动物

vegetativo,-va *adj.* ①植物的;②〈生理〉植物性的;③生长的;有生长力的;④有关植物生长的;促进植物生长的

polo ~ 植物极

sistema nervioso ~ 植物性神经系统

vida ~a 植物性生活

vegetoanimal *adj.* 〈生〉动植物的

vehículo *m.* ①车辆;机动车,交通[运输]工具;②运载[飞行]器;(飞)船;③载[媒]体;运载体;④传播媒介;(用来表达思想、情感、时尚等的)工具,手段;⑤〈医〉传病媒介;⑥〈药〉赋形药[剂]

~ a motor[automotor,automóvil] 机动车

~ anfibio 两栖车辆

~ astral[cósmico,espacial] 宇宙飞船,航天器

~ de carga[transporte] 货(物运输汽)车

~ de la empresa 公司车辆

~ de motor 机动车

~ de propaganda ①宣传手段;②广告媒体

~ de seis ruedas 六轮车

~ industrial 商务用车

~ privado 私家车

~ utilitario 商务用车

vejiga *f.* ①〈解〉膀胱;囊;囊状物;②〈医〉(皮肤上的)水疱;③(画面上的)气泡

~ de la bilis 胆囊

~ natatoria (鱼)鳔

vejigatorio,-ria *adj.*〈医〉起疱的‖ *m.* 起疱剂

vela *f.* ①蜡烛;②〈船〉帆,篷,(风车)翼;③〈船〉帆船;④〈体〉帆船运动;⑤*Amér. L.* 守[值]夜;⑥夜间工作,夜工[班]

~ al tercio 斜桁四角帆

~ balón 大三角帆

~ bastarda 斜挂小三角帆

~ cangreja 尾斜桁帆,尾桅纵帆

~ cuadrada 纵帆

~ de cuchillo 支索帆,三角帆

~ latina 三角帆

~ mayor 主帆

velacho *m.*〈船〉前桅纵帆

veladero *m. Amér. L.* 观察点

velado,-da *adj.* ①(用幕或幔等)遮盖的;蒙上面纱的;②〈摄〉有灰雾的,不清晰的

velar *adj.*〈解〉软腭的

velarte *m.*〈纺〉绒面呢

velela *f.*〈动〉帆船水母

velero,-ra *adj.* (舰船等)机动的;操纵灵活的‖ *m.* ①〈海〉(大型)帆船;小帆船;②制[修]帆工;③〈航空〉滑翔机

veleta *f.* ①(建筑物上的)风标;②(钓鱼用的)浮子,鱼漂;③*Cub.*(铁路用)指示器

veleto,-ta *adj.*〈动〉(牲畜等)角长的,有长角的

velífero,-ra *adj.*〈动〉有毛的

velintonia *f.*〈植〉红杉

vello *m.* ①〈解〉绒[茸,细]毛;汗毛;②〈植〉短茸[绒]毛;(水果外皮上的)粉衣[霜];③(动物)冠毛;(鹿)茸

~ coriónico 绒毛膜绒毛

~ facial 脸部茸毛

vellón *m.*〈冶〉铜银合金

vellonera *f. Cari.*(投币式)自动唱机

vellosidad *f.* ①茸[绒,细]毛;②(人体的)汗毛

~ coriónica 〈解〉绒毛膜绒毛

velloso,-sa *adj.* ①绒毛的,多茸毛的,毛茸茸的;有毛的;②绒毛状的;③〈植〉(植物的茎、叶等)长有绒毛的

velludo *m.*〈纺〉丝[长毛,天鹅]绒

velo *m.* ①面罩[纱];②幕,幔;覆盖物;③〈摄〉(底片上的)灰雾;(使玻璃表面模糊不清的)薄雾;④见 ~ de paladar

~ de(l) paladar 〈解〉软腭

velocidad *f.* ①速度;②〈技〉〈理〉速度[率];③〈机〉(机动车的)排挡

~ acelerada 加速度

~ adquirida 〈理〉冲〈动〉量

~ angular 角速度

~ aplastada 最小速度,失速速度

~ característica 特有速度

~ con relación al suelo 〈航空〉地速,地面上空速度

~ constante 常[恒]速

~ crítica 临界速度

~ de acercamiento 〈航空〉进场速度

~ de arranque 初[起动]速度

~ de ascenso 爬升速度,爬升率

~ de aterrizaje 〈航空〉着陆速度

~ de autotecleo 〈信〉(自动键)打字速率

~ de barrido 扫描速度[率]

~ de borrado 抹迹速率

~ de captación 〈信〉(资料)采集[捕获]速率

~ de circulación 流通速度

~ de corte 〈机〉〈技〉切削速度

~ de crucero (车辆等的)巡行速度

~ de despegue (鸟、飞机等的)起飞速度

~ de desplome 〈航空〉失速速度

~ de divergencia 发散速度

~ de embalamiento 失控速度,飞逸转速

~ de escape 脱离[逃逸]速度

~ de fase 〈理〉相速(度)

～ de grupo〈理〉群速

～ de horario 平均速度，规定速度

～ de inversión 逆转[临界]速度

～ de la luz 光速

～ de lectura 阅读速度

～ de liberación 脱离[逃逸]速度

～ de motor 发动机转速

～ de muestreo〈统〉〈信〉取样(速)率

～ de obturación[obturador]〈摄〉快门速度

～ de onda 波速

～ de parpadeo del cursor〈信〉光标闪光速度

～ de reacción (核子)反应速度

～ de reloj〈信〉时钟速率

～ de renovación〈信〉客户流失率

～ de rotación 转速

～ de sedimentación〈医〉沉降速率;血沉速率

～ de seguridad 安全速度

～ de señalación〈信〉信号比

～ de sincronismo 同步速度

～ de trabajo 作业[工作]速度

～ de transferencia 转移[传输]率

～ de transferencia de caracteres〈信〉字符传输率

～ de transmisión de datos〈信〉数据传输率

～ de vuelo 飞行速度

～ del aire 空速

～ del dinero 资金周转率

～ del sonido 声[音]速

～ económica (车辆等的)巡行速度

～ efectiva 有效速度

～ en baudios ①〈信〉数据传输速率;②〈讯〉波特率

～ espacial 空间速度

～ específica〈理〉比速,特有速度

～ excesiva 过[超]速

～ inicial 初始速度,初速度

～ instantánea 瞬时速度

～ lateral 侧速,横向速度

～ límite 极限[临界]速度

～ linear 线速度

～ máxima[punta] 高[最大]速度

～ máxima de impresión〈信〉高速打印速度

～ máxima de vuelo 最大飞行速度

～ media 中等速度

～ nominal 额定速度

～ orbital 轨道速度

～ parabólica 抛物线速度

～ periférica 圆周(线)速度

～ propia 固有[本身]速度

～ sincrónica 同步速度

～ subsónica 亚音速

～ supersónica 超音速

～ terminal ①末[极限]速;②〈理〉终端速度

～ transónica 跨音速

～ virtual〈机〉〈信〉虚速度

～es de avance (车辆的)前进挡

a gran ～ 高速

a toda ～ 全[高]速,开足马力(地)

cambiador de ～es〈无级〉变速器

indicador de ～ mínima de sustentación 失速信号器

indicador de ～es 速度[率]计;测[示]速计

pérdida de ～ 失速

variador de ～ 调速器

velocímetro; velómetro *m*. ①速度计[表];②测速仪[表]

velocipedismo *m*.〈体〉自行车运动

velocipedista *m. f*.〈体〉自行车运动员

velocista *m. f*.〈体〉短跑运动员

velódromo *m*. ①自行车道;②〈体〉自行车赛车场

velomotor *m*. 机动脚踏(两用)车,机动自行车;轻便摩托车

velutinoso,-sa *adj*.(昆虫、植物表面)天鹅绒状的,有短绒毛的

vena *f*. ①〈解〉静脉;(静脉)血管;②〈矿〉矿脉;矿脉层;(地层或冰层中的)水脉;③〈地〉地下河[水,溪]流;④〈植〉叶脉;⑤(石、木等的)纹理

～ axilar 腋静脉

～ cardíaca 心静脉

～ de aire 气流

～ de locura 狂态;怪毛病

～ pulmonar 肺静脉

～ yugular 颈静脉

venada *f. Amér. L.*〈动〉雌鹿

venaje *m*.〈地〉(河流的)源头

venal *adj*. ①〈解〉静脉的;②可以销售的,适宜销售的;③用贿赂得到的,用金钱买得的

vencejo *m*. ①〈鸟〉褐雨燕;②〈农〉草帽辫,麦秆辫

vencido,-da *adj*. ①被打[击]败的;〈体〉失败的,输的;②(木板、木梁等)下垂[弯,陷]的;③〈商贸〉到[逾]期的;期满的;应付的;④*Amér. L.*(食品、药品等)过期失效的;⑤(票据、承诺等)过时的;⑥*Cono S., Méx.*(弹簧、松紧带等)不能再用的‖ *m. f*.〈体〉输者,失败的一方;被打败者,被战

胜者

~ y no pagado〈商贸〉到期未付的

cuenta ~ 逾期账目

pago ~ 拖欠款项

vencimiento *m.* ①战胜；②〈商贸〉(合同等)到[届,满]期；(期限等)终止；③(投资、贷款等的)到期日；④(木板、木梁等)下垂[弯,陷]；断裂

~ fijo 规定到期日

~ natural 自然到期

~ original 原定到期日

venda *f.*〈医〉绷带,纱布条

~ abdominal 腹带

~ elástica 松紧带

~ T 丁字带

vendaje *m.* ①〈医〉敷裹,敷料；包扎绷带；②〈商贸〉佣金,回扣；③*Amér. L.* 补贴；额[工资]外收入

~ compresivo 压布,压着绷带

~ enyesado 石膏绷带

~ provisional 急救绷带

vendaval *m.* ①〈地〉〈气〉大风(7级至10级风,尤指8级风)；②风暴

vendibilidad *f.* 可[适]销性

vendible *adj.* ①可出售的；②适宜销售的,有销路的

vendimia *f.* ①采摘[收获]葡萄；②采摘[收获]葡萄季节

venenífico,-ca *adj.* 有毒性的

veneno *m.* ①毒物[品,药]；②(毒蛇等的)毒液

venenoso,-sa *adj.* ①〈动〉〈植〉有[含]毒的；引起中毒的；②分泌毒液的

hongo ~ 毒菌

venera *f.* ①〈动〉扇贝,干贝蛤；②扇贝壳

venéreo,-rea *adj.*〈医〉性交传染的；性病的 ‖ *m.* 性病

enfermedad ~a〈医〉性[花柳]病

venereofobia *f.*〈心〉性病恐怖

venereófobo,-ba *adj.*〈心〉患性病恐怖的

venereología *f.*〈医〉性病学

venereológico,-ca *adj.*〈医〉性病学的

venereólogo,-ga *adj.*〈医〉性病学家

venero *m.* ①〈矿〉矿脉[藏]；②泉,泉水；③(日晷的)标时线；④源,来源；源泉

~ de datos (丰富)信息资料库

venezuela *f. Amér. L.*〈植〉蓖麻

venipuntura *f.*〈医〉静脉穿刺(术)

venisutura *f.*〈医〉静脉缝合术

venn *f.* 见 diagrama de ~

diagrama de ~〈数〉(用圆表示集与集之间关系的)维恩图

venoclisis *f.*〈医〉静脉输注

venografía *f.*〈医〉静脉造影术；静脉搏描记法

venograma *m.*〈医〉静脉造影片

venosclerosis *f.*〈医〉静脉硬化

venosidad *f.*〈医〉①静脉血过多；②静脉形成状态

venoso,-sa *adj.* ①〈解〉静脉的；静脉中的；②〈植〉具[多,有]叶脉的

venostasis *f.*〈医〉静脉郁滞

venta *f.* ①卖,出[销]售；②销售量[额]；③转让；出[转]让合同；④*Cari.*,*Méx.* 小商店；(集市等上的)货摊；*Cono S.*(展览会等上的)摊位

~ a ciegas 盲目销售

~ a comisión 抽佣代售,托售

~ a crédito[cuenta] 赊销[卖]

~ a domicilio(~ domiciliaria) 上门推销[销售]

~ a futuro 预售

~ a plazos ①分期付款销售；②分期付款购买法

~ a prueba(~ de ensayo) 试销

~ al contado 现金买卖

~ al detalle 零售

~ al fiado 赊销[卖]

~ al mayoreo/menudeo(~ al por mayor/menor) 批发/零售

~ acoplada 搭配出售,搭销

~ atosigante 强行推销

~ callejera 沿街叫卖

~ CIF 按到岸价出售

~ con pérdida 亏本销售

~ con prima 有奖销售

~ de activos 资产变卖

~ de concesiones 特许销售,专卖

~ de[por] liquidación 清仓拍[甩]卖

~ de puerta a puerta 挨户推销[兜售]

~ de urgencia 变现性甩卖,抛售

~ diaria 日销售额

~ difícil/fácil 滞/畅销

~ directa 直接出售,直销

~ electrónica 电子销售

~ en bonos 分期付款销售

~ en consignación 寄售

~ en exhibición 展销

~ en masa 大宗销售,逛售,批发

~ en promoción(~ promocional) 促[推]销

~ en(subasta) pública 拍卖

~ (en) exclusiva 专卖,独家经销

~ floja 滞销

~ judicial 法院判决的出售

~ neta 净销售额

~ piramidal 金字塔式推销,传销

~ por agente 代理[委托]销售

~ por balance 存货盘点时的出售

~ por catálogo[correo] 邮递销售,邮售

~ por correspondencia 函售

~ por cuotas ①分期付款销售;②分期付款购买法

~ por inercia 惰性销售(指厂商未获订购通知即自行将货物发送给可能的买主,如不退货就算成交)

~ postbalance 廉价出售存货,清仓拍卖

~ potencial 潜在销售量

~ sobre muestras 凭样出售

~s brutas 销售总额

~s por teléfono 电话销售

~s recíprocas 互惠销售

comisión de ~ 销售佣金

muestra de ~ 销售货样

temporada de poca/mucha ~ 销售淡/旺季

ventada *f.* 〈气〉阵风

ventaja *f.* ①有利[优越]地位;优势;②〈体〉(径赛中的)起跑优势,占先地位;(网球比赛中的)优势分(指终局前双方打成平局后一方赢得第一分),得优势分;③好处,利益;④*pl.* 额[工资]外收入,补贴

~ comparativa 比较优势

~ competitiva 竞争优势

~s colectivas 集体利益

~s sociales 社会利益

~s suplementarias 附加福利;附带好处

ventana *f.* ①〈建〉窗,窗口[户,子];②〈建〉窗框;窗玻璃;③〈解〉鼻孔;④〈信〉窗口;⑤(透明窗口信封的)透明纸窗;⑥*And.* 林间空地[通道]

~ aislante 双层玻璃窗

~ caediza 落地窗

~ corredera 推拉窗,活动窗

~ de guillotina 框格窗,(上下拉动的)吊窗

~ de lanzamiento 〈航天〉最佳发射时段,有利发射时机

~ de socorro 太平[安全]门

~ emergente 〈信〉弹出式菜单

~ en cascada 〈信〉分窗口

~ en mosaico 〈信〉平铺窗口(将一组窗口做一个安排,使它们依此显示而彼此不覆盖)

~ oval 〈解〉(中耳内壁的)卵圆窗

~ salediza 突窗

~ vidriera (大块玻璃的)观景窗

~ volcada 突[凸](出壁外的)窗

~s dobles 双层(玻璃)窗

ventanilla *f.* ①车窗;〈建〉小窗;②(影院、戏院、运动场等的)票房,售票处;③(透明窗口信封的)透明纸窗;④〈解〉鼻孔

~ de caja 出纳窗口;收款处

~ de informes 信息窗口;问讯处

~ de la nariz 鼻孔

ventanillo *m.* ①〈建〉小窗;*pl.* 天[气]窗;②(门上的)窥孔,猫眼;③〈船〉舷窗

ventarrón *m.* ①〈地〉〈气〉大风(7级至10级风,尤指8级风);②暴[狂]风

venteadura *f.* (气,浮,玻,凸)泡

acero de cementación con ~s 泡钢

venter *m.* 〈解〉腹

ventifactos *m. pl.* 〈地〉风棱石,风磨石

ventilación *f.* ①通风;空气流通;通风气流;②通风设备[装置,方法];③通风[气]口;④〈医〉换[通]气;⑤(意见等的)公开发表,(问题等的)公之于众

~ artificial 人工通风

~ forzado 鼓风

~ mecánica 人工呼吸

~ natural 自然通风

boca de ~ (通风用)天窗,通气缝

canal de ~ 通风管

conductor de ~ 风洞[管]

galería de ~ de minas 风巷

perforación para ~ 通风联络孔

relación de ~-perfusión 〈医〉通气-灌注比值

ventilado,-da *adj.* ①通风的,微风吹过的;②〈电〉封闭通风的

ventilador *m.* ①通风口[孔,管];②通气孔,气窗;③〈机〉风扇,电扇;通风机[器,设备,装置];通气装置;④〈医〉呼吸器

~ aspirante 抽气机

~ centrífugo 离心式风机

~ colgante 吊扇

~ de aeración 通风机;通风扇,排气风扇

~ de paletas 螺旋式通风机

~ de sobremesa 台式电扇

~ de succión 进气通风机,吸风机

~ de tiro forzado 压力通风风扇;压力送风机,送[鼓]风机

~ de[por] tiro inducido 引[吸]风机

~ helicoidal 螺旋式通风机

~ para escotilla 风穴

~ para habitaciones 通风[气]总管

aleta de ~ 风扇叶[片]

comportamiento del ~ 通风[气]总管

ventisca *f.* 〈地〉〈气〉大[暴]风雪

ventiscosa,-sa *adj.* 〈地〉〈气〉多暴风雪的

ventisquero *m.* ①〈地〉〈气〉大[暴]风雪;②

（被风吹成的）雪堆；③〈地〉隘[溪]谷；沟壑

ventolada *f. Amér. L.* 〈地〉〈气〉大风（7 级至 10 级风，尤指 8 级风）

ventolera *f.* 〈地〉〈气〉①阵风；②暴[狂]风

ventolero *m. C. Rica* 〈地〉〈气〉疾[大，狂]风

ventolín *m. Amér. L.* 〈建〉天[气]窗

ventolina *f.* ①〈海〉微[变向]风；②〈气〉软风（一级风）；③*Amér. L.* 〈地〉〈气〉疾[大，狂]风

ventosa *f.* ①气[通风]孔；②〈技〉吸垫；③〈动〉吸盘；④〈医〉吸杯；[拔]火罐

ventosidad *f.* 〈医〉肠[胃]气；肠胃气胀

ventoso,-sa *adj.* ①（食物）引起肠胃胀的；②〈气〉刮[多，有]风的

ventral *adj.* ①〈解〉腹的；腹部[面]的；②*Amér. L.* 寄生虫，不劳而获者

ventrecha *f.* 〈动〉鱼腹

ventricular *adj.* 〈解〉室的；心[脑]室的；室样的

escape ～ 室性逸精

ventriculitis *f. inv.* 〈医〉脑室炎

ventrículo *m.* ①〈解〉室；心[脑]室；②（脊椎动物体内的）腔室

ventriculoatriostomía *f.* 〈医〉脑室心房造口术

ventriculocisternostomía *f.* 〈医〉脑室脑池造口术

ventriculografía *f.* 〈医〉脑室造影术

ventriculograma *m.* 〈医〉脑室造影照片

ventriculometría *f.* 〈医〉脑室压测量法

ventriculopuntura *f.* 〈医〉脑室穿刺术

ventriculoscopia *f.* 〈医〉脑室镜检查

ventriculoscopio *m.* 〈医〉脑室镜

ventriculostomía *f.* 〈医〉脑室造瘘术

ventriculotomía *f.* 〈医〉心[脑]室切开术

ventriloquia *f.* 腹语术，口技

ventrodorsal *adj.* 〈解〉腹背的

ventrofijación *f.* 〈医〉子宫悬吊术

ventrohisteropexia *f.* 〈医〉子宫腹壁固定术，腹壁子宫固定术

ventrolateral *adj.* 〈解〉腹外侧的

ventrosuspensión *f.* 〈医〉子宫悬吊术

venture *m.* 〈化〉文氏[文丘里]管，喷射管

venturímetro *m.* 〈化〉文丘里量流计

venturina *f.* 〈矿〉砂金石，星彩石英

vénula *f.* 〈解〉小静脉

Venus *f.* 〈天〉金[太白]星

venusiano,-na *adj* 〈天〉金[太白]星的 ‖ *m. f.* （科幻小说中的）金星人，金星居民

VER *abr. ingl.* voluntary export restraints 〈商贸〉自愿出口限额

vera *f.* ①边，边沿[缘]；②（河等的）岸；滩沿；③〈植〉霸王树；④霸王木

veranda *f.* 〈建〉游[走]廊，阳[露]台

veraneo *m.* 〈动〉夏栖地

verano *m.* ①夏季；②（某些国家或地区的）旱季

veranoso,-sa *adj. Amér. L.* 干旱[燥]的

verascopio; veráscopo *m.* ①（小型）立体幻灯机；②（小型）立体摄影机

verbena *f.* 〈植〉马鞭草

verbenáceo,-cea *adj.* 〈植〉马鞭草科的 ‖ *f.* ①马鞭草科植物；②*pl.* 马鞭草科

verbigeración *f.* 〈心〉〈医〉言语重复症

verde *adj.* ①绿的；绿色的；②（树、植物等）翠绿的；（水果、蔬菜等）青的，未熟的；③（木材）未经干燥处理的；④由绿色植物覆盖的（地区等）；⑤（计划、方案等）不成熟的；初期的；⑥缺乏经验的；未经训练的；⑦[V-]主张环境保护的；绿党（一关注环保的政党）‖ *m.* ①绿色；②青草；草坪[地]；③*Cono S.* 马黛茶，巴拉圭茶；④*Cono S.* 草[牧]场；⑤*And.* 〈植〉大蕉 ‖ *m. f.* 环境保护组织成员；绿党党员

～ agua 浅绿色，水绿

～ botella 深绿色

～ de montaña[tierra] 碳酸铜，孔雀石

～ de París[cobre] ①巴黎绿（乙酰砷酸铜）；②巴黎绿色（一种黄色绿光）

～ esmeralda 翠[祖母]绿

～ lima 灰绿

～ manzana 苹果绿

～ oliva 橄榄绿

～ perico *Col.* 油[碧]绿

～ pistacho 淡黄绿

verde-oliva *adj. inv.* 橄榄绿色的

verdecillo *m.* 〈鸟〉丝雀

verdegay *adj.* 淡绿的 ‖ *m.* 淡绿

verdemar *adj.* 海[淡蓝]绿色的 ‖ *m.* 海[淡蓝]绿色

verderón *m.* 〈鸟〉金翅鸟

verdescuro,-ra *adj.* 暗绿色的

verdete *m.* 〈化〉铜绿；乙[醋]酸铜

verdiazul *adj.* 蓝绿色的

verdiblanco,-ca *adj.* 淡绿的

verdín *m.* ①鲜绿；嫩绿色；②〈植〉铜绿；（衣服与植物碰撞后留小的）绿色污渍；③（水面上的绿色）浮藻；苔藓

verdinegro,-ra *adj.* 墨[深]绿色的 ‖ *m.* 墨[深]绿色

verdino,-na *adj.* 鲜绿色的

verdón,-ona *adj.* ①*Cono S.* 鲜绿的；*Arg.* 呈绿色的；②（水果）慢熟的 ‖ *m.* 〈鸟〉金翅鸟

verdor *m.* ①绿色；葱绿；②〈植〉（草木的）青葱[翠]；③青春；青年时期

verdoso,-sa *adj.* 淡绿色的

verdulería *f.* 蔬菜店；蔬菜水果商店

verdura *f.* ①蔬菜；②绿色

verdusco,-ca *adj.* 墨[深]绿色的

vereco,-ca *adj. Amér. C.* 〈医〉斜视的

veredicto *m.* 〈法〉(陪审团的)裁定

~ de culpabilidad 有罪裁定

~ de inculpabilidad 无罪裁定

vergonzosa *f. Amér. L.* 〈植〉含羞草

verificación *f.* ①证明[实]；核实[对]；检查；②证明属实，验证；③〈医〉检验；试验；④〈信〉校验

~ al azar 抽样检查

~ automática 自动校验

~ de cuentas 核对账目

~ de errores 校[纠]错

~ de la calidad 质量检验

~ de paridad 〈信〉奇偶校验

~ médica 〈医〉体格检查

~ preliminar 预检

verificador *m. f.* ①检验[检查，核实，校验]员；②(自来水公司等的)查表员 ‖ *m.* ①检[校]验器，检[校]验机

~ contable 审计师，稽查员

~ de la aduana 海关检验人

~ ortográfico 〈信〉拼写检查程序

verija *f.* ①〈解〉腹股沟；阴部；②*Amér. L.*(马的)胁腹，肋部

verme *m.* 〈动〉蠕[肠]虫

vermiano,-na *adj.* ①〈解〉(小脑)蚓部[体]的；②蠕虫的，像蠕虫的，蚓状的

vermicida *m.* 〈环〉〈医〉杀蠕虫剂；杀肠虫药

vermiculación *f.* ①(肠等的)蠕动；②虫咬[蛀](状)

vermiculado,-da *adj.* 〈建〉(墙面)虫迹形的；(饰以)虫饰纹的

vermicular *adj.* ①蠕虫的；蚓状动物的；②蠕虫状的；蠕动的

vermiculita *f.* 〈矿〉蛭石

vermículo *m.* ①〈医〉蠕虫样结构；②〈动〉小虫样体

vermiculoso,-sa *adj.* 蠕虫样的

vermifobia *f.* 〈心〉蠕虫恐怖

vermiforme *adj.* ①蠕虫样[状]的；②〈解〉阑尾的

arteria ~ 阑尾动脉

vermífugo,-ga *adj.* 〈生医〉驱蠕[肠]虫的 ‖ *m.* 〈药〉驱蠕[肠]虫药

verminación *f.* 〈环〉害[寄生]虫孳生

verminosis *f.* 〈医〉寄生虫病

verminoso,-sa *adj.* ①〈医〉(疾病等)害[寄生]虫引起的；②〈环〉害[寄生]虫孳生的；③(有)害[蠕，蛀，寄生]虫的

vermis (*pl.* vermis) *m. lat.* ①〈医〉蠕[肠]虫；②〈解〉(小脑的)蚓体

vermívoro,-ra *adj.* 〈鸟〉食虫的

vermú；vermut *m. And.* 〈电影〉〈戏〉下午场

vernación *f.* 〈植〉幼叶卷叠式

vernal *adj.* 春季的；春天发生的

punto ~ 春分点

vernalización *f.* 〈农〉〈植〉春花作用[处理]

vernier *m.* (量具等的)微调装置；游标，游标尺

veronal *m.* 〈药〉佛罗拿(一种长效催眠剂和镇静剂)

verónica *f.* ①〈植〉婆婆纳；②〈斗牛士不移动脚步〉舞动披风引[逗]牛动作

verosimilitud *f.* ①可能性；②可信[靠]性；可信度

verrucosis *f.* 〈医〉疣病

verrucoso,-sa *adj.* 〈医〉疣的，有疣的

verruga *f.* ①〈医〉(脸部、背部上的)疣；(手、足上的)瘊子，肉赘；②〈植〉瘤，树瘤

verrugoso,-sa *adj.* ①〈医〉疣的；有疣的；(手、足上)有瘊子的，有肉赘的；②〈植〉有[多](树)瘤的；瘤状的

versal *adj.* 〈印〉(字母)大写的 ‖ *f.* 大写字母

letra ~ 大写字母

versalitas *f. pl.* 〈印〉小体大写字母

versátil *adj.* ①多才多艺的；有多种技能的；*Amér. L.* 杰[突]出的；②〈解〉动的；活动的，移动式[性]的；③(鸟的足趾)能前后动的；(昆虫的触角)能上下动的

versatilidad *f.* ①多才多艺；多技能；②可转动性；③〈解〉〈医〉可动性，动度

versión *f.* ①翻译；译文[本]；②〈印〉版本；③〈信〉软件版本；④(文艺作品等的)改编，改写本；⑤〈医〉(胎位)倒转术；(子宫)倾侧

~ abreviada 节译本

~ original 〈电影〉(影片的)原始版本

verso *m.* ①〈印〉偶数页，背面；②见 coseno ~, seno ~

coseno ~ 〈数〉余矢

seno ~ 〈数〉正矢

versta *f. rus.* 俄里(里程单位，合 1. 067 公里)

vértebra *f.* 〈解〉脊椎[柱]；椎骨

~ caudal 尾椎

~ cervical 颈椎

~ dorsal 胸椎

~ lumbar 腰椎

~ sacral 骶椎

vertebración *f.* ①支撑；②〈建〉构架；主结构

vertebrado,-da *adj.* ①〈解〉有脊椎的；有椎骨的；②〈动〉脊椎动物的；脊椎动物门的；③

脊椎状构造的 ‖ *m.*〈动〉脊椎动物

vertebral *adj.*〈解〉脊椎[柱]的;椎骨的
columna ~ 脊柱

vertebralitis *f. inv.*〈医〉脊椎炎

vertebrectomía *f.*〈医〉椎骨切除术

vertebroarterial *adj.*〈解〉脊椎和动脉的;椎动脉的

vertebrocondral *adj.*〈解〉椎骨肋软骨的

vertebrocostal *adj.*〈解〉椎骨肋骨的

vertedero *m.* ①垃圾堆[场],废物倾倒处;②排水沟[道,渠];③〈工程〉出[溢]水口;(水闸等的)溢洪道;(量水,溢流)堰;④ Cono S. 斜面[坡];(小山)山坡[腰]
~ de aforo 量水堰
~ de aforo en V V形槽闸,三角堰
~ de reboso 弃水堰,溢流堰
~ lateral 溢洪[泄水]道

vertedor *m.* ①排水沟[道,渠];出[溢]水口;②〈工程〉(水闸等的)溢洪道;③(长柄)勺;小铲子;④〈海〉(舀船舱积水用的)戽斗

vértex *f.* ①顶,顶[最高]点;②〈解〉头顶;颅顶点;③〈天〉奔赴点,天顶

vertibilidad *f.* 可变性,可改变性

vertical *adj.* ①垂直[向]的,竖(式,向)的,立式的;②顶[最高]点的,正上方的;③〈数〉垂直的;纵向的,直线的 ‖ *f.* ①垂直线[面,物];②垂直方向[位置] ‖ *m.* ①〈信〉〈印〉(书页等的)竖排格式;②见 círculo ~
~ primario〈天〉〈天球〉东[卯]西圈
círculo ~〈天〉地平经圈
componente ~ 垂直分量
eje ~ 垂直轴
integración ~〈经〉(企业等的)垂直合并,纵向联合
junta ~ 对接
polarización ~ 竖直极化
pozo ~ 竖井
timón ~ 纵[方向]舵

verticalidad *f.* 垂直性,垂直状态

verticalización *f.* ①〈经〉(企业等的)纵向联合;垂直合并;②垂直组织,垂直领导

vértice *m.* ①〈数〉(角、拱、锥体等的)顶;极点;②〈解〉头顶;③顶[最高]点;④(金字塔的)尖
~ del arco 拱顶[冠]
~ del cono 锥顶
~ geodésico〈测〉基准尺度;水准标点
~ solar〈天〉太阳向点

verticilado,-da *adj.*〈植〉轮[环]生的,轮状排列的;具(毛)轮的
hoja ~a〈植〉轮生叶

verticilo *m.*〈植〉轮,轮[环]生体

vertiente *adj.* 倾倒[泄的] ‖ *f.* ①(山的)斜[坡]面,斜坡;坡地;②(织物等的)斜面;③ Amér. L. 泉

vértigo *m.* ①晕;〈医〉头[眩]晕;②(心境的)迷惘;③(暂时的)疯狂;狂乱

vertiginoso,-sa *adj.* ①〈医〉眩晕的;产生[感到]眩晕的;②(速度、节奏等)极快的,快速旋转的;③(价格上涨)飞快的,高速的

vertimiento *m.* 浇[注]入;溢出

verumontanum *m.*〈解〉精阜

vesania *f.* ①暴[狂]怒;②〈医〉精神错[紊]乱;精神病

vesánico,-ca *adj.* ①暴[狂]怒的;②〈医〉精神错[紊]乱的;精神失常的

vesica *f.*〈解〉囊,泡;膀胱

vesicación *f.*〈医〉起[发]疱

vesical *adj.*〈解〉囊的,泡的;膀胱的

vesicante *adj.*〈药〉〈医〉起[发]疱的 ‖ *m.* ①〈药〉起疱药;发疱剂;②〈军〉起疱毒气

vesicatorio,-ria *adj.*〈药〉〈医〉起[发]疱的

vesicoclisis *f.*〈医〉膀胱灌洗术

vesicofijación *f.*〈医〉膀胱固定术

vesicopuntura *f.*〈医〉膀胱穿刺术

vesicotomía *f.*〈医〉膀胱切开术

vesicouterino,-na *adj.*〈解〉膀胱子宫的

vesicovaginal *adj.*〈解〉膀胱阴道的

vesicovaginorrectal *adj.*〈解〉膀胱阴道直肠的

vesícula *f.* ①气孔[泡];②〈解〉〈植〉囊,泡;③〈医〉水疱;(皮肤上的)水泡
~ biliar 胆囊
~ seminal ①精囊;②〈动〉贮精囊
~ sináptica 突触囊,突触囊[小]泡

vesiculación *f.*〈医〉水疱形成,起疱

vesiculado,-da *adj.*〈医〉①起[生]疱的;②生囊的,起泡的

vesicular *adj.*〈医〉①水疱(样)的;水疱性的;②囊[泡]状的

vesiculectomía *f.*〈医〉囊切除术

vesiculiforme *adj.*〈医〉囊[泡]状的

vesiculitis *f. inv.*〈医〉(精)囊炎

vesiculotomía *f.*〈医〉囊切开术

veso *m.*〈动〉鼬

vespa *f.* ①〈昆〉黄[胡]蜂;②黄蜂牌小型摩托车(一种意大利制低座摩托车)

Véspero *m.*〈天〉昏[长庚]星

vespertilio *m.*〈动〉蝙蝠

véspido,-da *adj.*〈昆〉胡蜂的 ‖ *m.* ①胡蜂;②*pl.* 胡蜂科

Vesta *f.*〈天〉灶神星(小行星4号)

vestibular *adj.*〈医〉前庭的;②门厅的;似门厅的

vestibulitis *f. inv.*〈医〉前庭炎

vestíbulo *m*. ①〈建〉(房屋、旅馆等的)门[前]厅;门廊;大厅;②(剧场)休息室;③〈解〉前庭

vestibulococlear *adj*. 〈解〉前庭蜗的

vestibuloplastia *f*. 〈医〉前庭成形术

vestido *m*. ①套[连衣]裙;女装;②*Col*. 男套装;③外衣;④〈集〉服装,衣服
　～ de debajo/encima 内/外衣
　～ hecho 成衣
　～ isotérmico 湿式潜水服(一种用橡胶、海绵等制成的紧身保暖潜水衣)

vestigial *adj*. ①残留[余]的;遗留的;②〈生〉(器官等)退化的,发育不全的

vestigio *m*. ①痕[印,踪,足]迹;残迹;②*pl*. (历史、文化等的)遗迹;③〈生〉退化器官

vestimenta *f*. 〈集〉服装,衣服

vestuario *m*. ①〈集〉衣服,服装;②〈戏〉全部戏装,行头;③〈军〉军服;④〈体〉(运动场等的)更衣室[间];⑤〈戏〉化妆室;衣帽间;舞台后部

vesubianita *f*. ①〈矿〉符山石

vesubiano,-na *adj*. 火山(性,般)的 ‖ *m*. 〈矿〉符山石

veta *f*. ①(石头等的)条纹,(木材等的)纹理;②(肉的)条层;纹理;③〈矿〉矿层[脉]
　～ calcárea 碳质页岩
　～ principal 巨脉矿
　～ transversal 交叉矿脉

vetarrón *m*. *Amér. L*. 〈矿〉矿床

veterinaria *f*. 〈兽医〉兽医学

veterinario,-ria *adj*. 〈兽医〉兽医的 ‖ *m. f*. 兽医
　medicina ～a 兽医学

vetiver *m*. ①〈植〉香根草,岩兰草;②香根草根

vexilología *f*. 旗帜学

veza *f*. 〈植〉巢菜,野豌豆

VGA *abr. ingl*. ①video graphics adapter 〈信〉(计算机)可视图像转换器;②video graphics array 〈信〉(电脑)视频图形阵列

VHF *abr. ingl*. very high frequency 〈无〉(30-300 兆赫的)甚高频

VHS *abr. ingl*. video home system 家用视频系统

vía *f*. ①路,道路;②(高速公路的)车道;③铁路轨线;路[铁]轨;(铁路)站台;④〈交〉(航行,交通)线;路线;⑤(铁路)轨距;⑥*pl*.〈解〉道,束;⑦渠道;途径,手段,方法[式];⑧〈化〉处理方法;⑨〈法〉程序
　～ acuática 水路[道,系]
　～ administrativa 行政方法[途径]
　～ aérea(～ de avión) 航线
　～ ancha/estrecha 宽/窄轨距

　～ cerrada 禁止通行
　～ contenciosa 诉讼
　～ de abastecimiento 供应[补给]线
　～ de acceso ①进路,干道支线;②〈信〉通路,路径
　～ de agua ①(船舶、水管等的)漏洞[隙],裂缝;②水路[道]
　～ de apartadero 侧线
　～ de cable 索[缆]道
　～ de circunvalación 环形道[公]路,环路
　～ de comercialización 销售渠道
　～ de comunicación 交通路线
　～ de dirección única 单行道
　～ de escape (火灾时用的)逃生路线;安全门
　～ de ferrocarril 铁轨[路]
　～ de gran separación 宽轨(距)
　～ de ida 下行线路
　～ de migración 〈环〉〈鸟〉(候鸟等的)迁徙[移栖]路线
　～ de progresión 正向通路
　～ de tierra 陆路
　～ de tráfico 交通干线
　～ de transbordo 转运路线;转乘航线
　～ doble (铁路)双[复]线
　～ férrea 铁路线
　～ fluvial 内河航线,水路
　～ húmeda 〈化〉湿法(处理)
　～ judicial 法律途径
　～ marítima 海路;远洋航线
　～ muerta (铁路)侧[岔,避让]线
　～ normal 正常途径
　～ pecuaria 牲畜专用道
　～ portátil 轻便轨道
　～ preferente 最佳[首选]路线
　～ principal 主[干]线
　～ pública 公共道路;公共场所
　～ seca 〈化〉干法(处理)
　～ secundaria (铁路)侧线;旁轨
　～ sencilla 单轨(线)
　～ suplementaria 旁[分]路;迂回[辅助]路线
　～ terrestre 陆路
　～ única 单车道;单线铁路
　～s de hecho 体罚;〈法〉暴力殴打
　～s digestivas 〈解〉消化道
　～s respiratorias 〈解〉呼吸道
　～s urinarias 〈解〉尿道
asentador de ～ (铁路)铺[养]路工
cambio de ～ 分路[支],转轨
de dos ～s 双[两]路的,二[双]通的
por ～ 〈医〉以…方式(服药)

recorredor de la ～ 铁道巡视[护路]员

vigilante de ～ 线路[巡线,养路]工人

viabilidad *f.* ①（计划等的）可行性；②生活力；③〈生〉存活力[性]；可存性；④〈交〉（公路等的）路况，可通行性

viable *adj.* ①（切实）可行的；能[可望]成功的；②（胎儿等）能存活的；（卵等）能生长发育的；（种子等）能发芽生长的；③〈交〉（公路等的）可通行的

viada *f. And.* 速度

viaducto *m.* 〈交〉①旱[栈,高架,跨线]桥；②高架铁[道]路

viagra *f.ingl.* 〈药〉万艾科；[V-]"伟哥"（用于治疗男性性功能障碍）
～ femenina 女用"伟哥"

viágrafo *m.* 〈工程〉路面测平仪

viaje *m.* ①旅行[游]；访问，出访；②路[行]程；③人生旅程；④游记，旅行纪实；⑤搬运；（一次）搬运量；⑥（通过管道向城市输送的）供水，用水；⑦〈建〉倾斜度；⑧走动；⑨〈海〉启动；⑩（割开的）刀伤；（用白刃武器）击伤；⑪（服用毒品后所产生的）幻觉；刺激性的体验
～ a pie 徒步旅游
～ de buena voluntad 友好访问
～ alrededor del mundo 环球旅行
～ aventurero 探险旅行
～ con comida 包餐旅行游
～ con escalas 游历,巡回
～ conferencial 会议旅行
～ convaleciente 疗养旅行游
～ cultutal 文化旅游
～ de caza 狩猎旅行
～ de charters 包租飞机旅行游
～ de cónyuges 夫妻偕同旅行
～ de crédito 信贷旅行
～ de Estado 国事出访
～ de estudios ①（学生的）校外考察旅行；②（科研人员的）实地调查旅行
～ de expensas totales 全包价旅游
～ de fin de curso 年末旅行
～ de ida/vuelta ①来/回航程；②〈海〉出返
～ de ida y vuelta ①来回旅行,双程旅行；②往返旅程
～ de negocios 商务旅行
～ de novios 新婚旅行；度蜜月旅行
～ de paquete （由旅行社等安排一切的）包价旅游；旅游套餐
～ de pesca 垂钓旅游
～ de placer 休闲旅游
～ de premio 奖励旅行游
～ de recreo 游览

～ de regreso[retorno] ①回程；②〈海〉返航
～ de servicio 出差旅行
～ de vacación 假日旅行,度假旅行
～ de visita a la familia 探亲假旅行游
～ doméstico/internacional 国内/际旅行
～ familiar 家庭旅行
～ fuera de temporada 淡季旅游
"～ horizontal" "水平旅游"（指在海滩晒太阳）
～ inclusivo 综合服务旅游（*abr. ingl.* IT）
～ inclusivo en grupo 团体综合服务旅游（*abr. ingl.* GIT）
～ industrial 行业考察旅游
～ libre 无效运动,空动
～ oficial 公事出访；公差[务]旅行
～ opcional 自择旅游点旅游
～ organizado （由旅行社等安排一切的）包价旅游
～ redondo *Amér. L.* ①来程和回程；②〈海〉出航与返航
～ relámpago （短暂的）闪电式访问
～ sencillo 单程旅行
～s astronáuticos 宇宙航行
arteria de ～ 旅游干线

viajero,-ra *adj.* ①旅行[游]的；②〈动〉迁徙的；移栖的，徙居的

vial *adj.* 〈交〉道路的；交通的 ‖ *m.* ①道[公]路；②林荫道
accidentes ～es 交通事故

vialidad *f.* 公路管理（部门）

viario,-ria *adj.* 〈交〉道路的；交通的
red ～a 道路网
sistema ～ 交通运输体系

víbora *f.* 〈动〉蝰蛇；响尾蛇科毒蛇

viborera *f.* 〈植〉蓝蓟

vibración *f.* ①振[颤,抖,震]动；振荡；②〈建〉振捣；③（钟摆等的）摆动；④〈医〉震动按摩法
～ amortiguada 阻尼[衰减]振动
～ armónica 谐振
～ de pérdida de velocidad 失速颤动
～ estructural 抖动[振],扰流抖振
～ mecánica 机械振动
～ natural 固有振动
～es de torsión 扭转振动
～es forzadas 强迫[制]振动
captador de ～es 振动传感[拾音]器
espectro de ～ 振动光谱
exento de ～es 无振[震]动的
frecuencia de ～es 振动频率
huella de ～ 颤动擦痕

vibracional *adj.* 振[颤]动的;振动性的;能振动的

vibrador,-ra *adj.* 振[颤,抖,震]动的 ‖ *m.* ①振[震]动器;振荡器;②〈建〉(混凝土)振捣器;③〈机〉振动筛;④〈电〉振子

vibráfono *m.* 〈乐〉电颤琴(一种形似木琴的乐器)

vibrante *adj.* ①振[颤,抖,震]动的;②(声音)清脆响亮的
   cernedor ～ 振动筛
   lámina ～ 振动片,振[舌]簧

vibrátil *adj.* (器官能)振[颤,抖,震]动的

vibratilidad *f.* 振[颤,抖,震]动性

vibrato *m.* 〈乐〉颤音;(演奏或演唱的)颤抖效果

vibratorio,-ria *adj.* 振[颤]动的;振动性的;能振动的
   masaje ～ 〈医〉震动按摩法

vibrio; **vibrión** *m.* 〈生〉弧菌

vibriónico,-ca *adj.* 〈生〉弧菌的

vibrisa *f.* ①〈解〉鼻[刚]毛;②(猫等动物的)触须;③(夜鹰等食虫鸟用以摄住昆虫的)羽[嘴]须

vibro *m.* 〈工程〉〈机〉振动式压路机

vibrógrafo *m.* 〈技〉示振器,自记示振仪;震动计

vibrograma *m.* 〈技〉示振器记录,震动计记录;震动记录图

vibromasaje *m.* 〈医〉震动按摩

vibrómetro *m.* 〈技〉①测振计;②示振仪

vibrónico,-ca *adj.* 电子振动的

vibroscopio *m.* 〈技〉震动观察器;振动计;振动指示计

vibroseparador *m.* 〈矿〉淘矿机,淘选带

vibroterapia *f.* 〈医〉震动疗法

viburno *m.* ①〈植〉荚蒾;②荚蒾树皮(作药用)

vicarianza *f.* 〈环〉(同类动、植物因地壳变动产生的山脉和海洋等阻隔所造成的)地理分割

vicemaestro,-tra *m.f.* 〈教〉代课老师

viceóptimo *m.* 次优品

vicetiple *f.* ①〈乐〉女中音歌手;②(歌舞喜剧等中的)歌舞队女演员

vichada *f.* *Riopl.* 侦察;监视

vicio *m.* ①缺点[陷];瑕疵;②(物体表面的)变形,翘曲;(物体、直线等的)弯曲;③〈植〉茂密丛生,芜生蔓长
   ～ de fondo 大错误;重大遗漏
   ～ de forma 小错误;小遗漏
   ～ inherente[propio] 固有缺陷

vicioso,-sa *adj.* ①〈机〉有缺陷的,有毛病的;②〈植〉茂密丛生的,芜生蔓长的

victoria *f.* ①胜利,成功;②〈体〉赢,战[获]胜
   ～ pírrica 皮洛式的胜利,得不偿失的胜利
   ～ por puntos (拳击比赛的)计点取胜

victrola *f.* *Amér. L.* 唱[留声]机

vicuña *f.* ①〈动〉小羊驼,骆马;②小羊驼毛,骆马毛

vid *f.* 〈植〉葡萄

vida *f.* ①生[性]命;生存;②生计[活];③生活方式;④一生,寿命;⑤活力,生气;⑥(物的)使用[有效]期;⑦生命力;⑧生命线;⑨活人
   ～ animal 动物生命力
   ～ artificial 〈信〉人工生命(计算机模拟的生物体活动)
   ～ de servicio (器具等的)有效[实用]寿命;使用年限
   ～ esperada 预期寿命(人或动物可能存活年数)
   ～ íntima[privada] 私人生活
   ～ intrauterina 〈生〉子宫内生命期
   ～ media 平局寿命
   ～ sentimental 爱情生活(尤指性生活)
   ～ silvestre 〈环〉〈集〉野生动植物(群)
   ～ útil ①(商品等的)预期使用期限;②〈技〉使用期限;有效寿命
   nivel de ～ 生活水平

video; **vídeo** *m.* ①(电视)图像;②录像[影],录像片[节目];③录像机;④录像带
   ～ compuesto 〈信〉合成视频
   ～ doméstico 家庭录像
   ～ inverso 〈信〉反视频(黑白颠倒的屏幕显示模式)
   ～ musical 音乐录像
   ～ promocional 宣传录像
   ～ sobre demanda 视频点播
   película de ～ 电视片,录像片

videoarte *m.* 录像[电视]艺术

videocámara *f.* 摄像机,摄录机

videocasetera *f.* 盒式磁带录像机

videocassette; **videocasete** *m.* 盒式录像带
   ～ recorder 盒式磁带录像机

videocine *m.* 录像片放映厅

videocinta *f.* 录像带

videoclip (*pl.* videoclips) *m.* 音乐电视片

videoclub (*pl.* videoclubs, videoclubes) *m.* 录像带(租卖)商店

videoconferencia *f.* ①电视会议;电视电话会议;②〈教〉视频教学
   equipos de ～ 视频教学设备

videoconsola *f.* 电子游戏机

videocopia *f.* 录像盗版

video-disco *m.* 录像盘,影碟;激光唱盘

videoedición *f.* 〈信〉视屏编辑

videofilm; videofilme *m.* 电视片,录像片

videófono *m.* 电[可]视电话;视屏电话

videofrecuencia *f.* 〈电子〉视频

videograbación *f.* 录制录像

videograbador *m. Arg.* ; **videograbadora** 盒式磁带录像机;录像机

videografía *f.* 电视录像制作

videográfico,-ca *adj.* 电视录像的

videograma *m.* ①(预录的)电视录像;②电视影片;(制作后供出售的)录像片

videoimpresora *f.* 〈印〉(视频)图像打印机

videojuego *m.* (电子)视频游戏(一种在电视屏幕上进行的电子游戏)

videolibro *m.* 〈乐〉(歌手等发表出版的)图像片

videomarcador *m.* 〈体〉电子记分牌,电子示分器

vedeomensaje *m.* 视频短信

videopiratería *f.* 录像盗版

videopresentación *f.* 视屏展现[显示]

videoproyección *f.* 录像放映

videoproyector *m.* 视频投影仪;录像放映机

videorregistrador *m.* 录像机

videorrevista *f.* 电子杂志

videotape *m. ingl.* 录像磁带
~ recorder 磁带录像机

videoteca *f.* ①录像资料馆;②录像店

videotelefonía *f.* (通过电话线进行的)录像信号传输

videoteléfono *m.* 电[可]视电话;视屏电话

videoterminal *m.* 〈信〉(计算机等的)图像显示终端

videotex *m.* (通过电话线路或电视电缆将信息从计算机网络输向用户终端的)视传(系统)

videotexto *m.* 图文电视(各种运用视频显示的有线电视和广播的图形及字母数字式数据的系统)

vidicón *m.* (摄像机上的)光导摄像管,视像管

vidriera *f.* ①〈建〉玻璃门[窗];②*Amér. L.* (商店的玻璃)橱[陈列]窗
~ de colores 彩色玻璃门[窗]
puerta ~ 玻璃门

vidriería *f.* ①玻璃厂;②玻璃制品[器皿]

vidrio *m.* ①玻璃;②玻璃杯[器皿];③透镜;④易碎物;⑤*Amér. L.* (玻璃)窗
~ analisador 测距透镜
~ armado 钢化玻璃
~ basáltico 玄武玻璃
~ catedral 彩画玻璃
~ chapado 贴色玻璃

~ cilindrado[plano] 平板玻璃
~ coloreado[pintado] 彩色玻璃
~ coraza 装甲玻璃
~ corona[Crown] 冕玻璃(一种钠-钙光学玻璃)
~ cuarteado 毛[磨砂,霜化]玻璃
~ de aumento 放大镜
~ de aventurina 金星玻璃
~ de botella 制瓶玻璃
~ de cuarzo 石英玻璃
~ de plomo 铅玻璃
~ de seguridad 安全[防护]玻璃
~ de sodio 钠玻璃
~ de tubos de nivel 量计玻璃管
~ de ventanas 窗玻璃
~ deslustrado[esmerilado] 毛[冰花,霜化]玻璃
~ duro 硬玻璃
~ escarchado[opaco] 毛玻璃
~ estirado 拉制玻璃
~ estriado (起)肋玻璃
~ fibroso 玻璃纤维,玻璃丝
~ inastillable 夹层(安全)玻璃,防破片玻璃
~ líquido 水[液态]玻璃
~ laminado 层压[夹层]玻璃
~ opalino 瓷[乳白]玻璃
~ óptico 光学玻璃
~ orgánico 有机玻璃
~ polarizado 偏光玻璃
~ Pyrex 派莱克斯耐热玻璃(一种硼硅酸盐耐热硬质玻璃)
~ refractario 耐热玻璃
~ silicioso 石英玻璃
~ soluble 〈化〉水玻璃,可溶性硅酸钠
~ tallado 刻[雕]花玻璃
~ templado 钢化[淬火]玻璃
~ transluciente 透明玻璃
~ verde 绿色玻璃
~ Vycor 维克玻璃(一种含硼高硅氧玻璃)
fibras de ~ 玻璃绒[纤维]
lana de ~ 玻璃棉

vidriosidad *f.* ①脆性,易碎性;②〈冶〉冷隔[塞]

vieira *f.* ①〈动〉扇贝;干贝蛤;②扇贝壳

vieja *f.* 〈动〉鳎鱼;鹦鱼

viento *m.* ①风;轻[微]风;②〈空〉气流;大空气;③〈乐〉管乐器类(总称)(管弦乐队中的)管乐器部;管乐组;④(支撑帐篷、架设天线等用的)支[拉,牵]索;(天线)拉索,系紧线;⑤*And.* 风筝提线;⑥(猎物留下的)遗臭,臭迹;⑦(狗的灵敏)嗅觉;⑧〈军〉(炮管的)游[余]隙;⑨〈海〉方向,风位;⑩

Amér.C.〈医〉风湿病

~ a favor(~ favorable) 顺风

~ a la cuadra 〈海〉侧风

~ anabático 〈地〉上升[坡]风

~ ascendente 〈航空〉上升气流

~ bonancible 〈气〉和风(四级风)

~ caliente 热风

~ calmoso 〈海〉微风

~ cardinal 主向风

~ colado 穿堂风

~ contrario(~ en contra) 〈海〉逆[顶头]风

~ de alambre 〈海〉牵[张]索,钢缆

~ de bolina 〈海〉船头风

~ de cara[proa] 〈海〉逆[顶头]风

~ de cola[espalda] 〈航空〉顺风

~ de costado(~ lateral) 旁[侧,横向]风

~ de fuerza once 〈气〉暴风(十一级风)

~ de gradiente 梯度风

~ de (la) hélice (螺旋桨引起的)滑流;螺旋尾流

~ de refuerzo 〈海〉〈航空〉拉线

~ de través 〈海〉横风

~ dominante 〈地〉盛行风

~ duro(~ de fuerza ocho) 〈气〉大风(八级风)

~ en popa 〈海〉顺风

~ entero 正向风

~ escaso 憩风

~ etesio (地中海的)季风

~ flojito 〈气〉轻风(二级风)

~ flojo 〈气〉微风(三级风)

~ frescachón[fuerte, muy fresco] 〈气〉疾风(七级风)

~ fresco 〈气〉强风(六级风)

~ fresquito 〈气〉清风(五级风)

~ huracanado 〈气〉(风力为十二至十七级的)强飓风

~ largo 〈海〉后侧风

~ maestral[minstral] 密史脱拉风

~ marero 〈海〉海风

~ muy duro 〈气〉烈风(九级风)

~ nulo 无风

~ portante ①〈气〉盛行风;②(尤指风气的)盛行风

~ puntero 憩风

~ racheado 阵风

~ solar ①〈理〉太阳风;②〈天〉日射微粒流

~ terral 〈海〉陆风

~ trasero 〈航空〉顺风

~s alisios[generales] 信[贸易]风

~s altanos 海陆变向风

~s nuevos 清新风气

~s reinantes 〈气〉主[盛行]风

horno de ~ 自然通风炉

tobera de ~ 通风竖井

vientre *m*. ①腹,肚子,腹部;②子宫;③(人的)肠,肚肠;④(死亡动物的)内脏;⑤〈理〉波腹,腹点;⑥〈动〉胎儿;⑦(容器等的)肚儿,肚状部分;⑧〈印〉切口

~ de alto horno 炉腰

~ de intensidad 电流波腹

~ de tensión 电压波腹

vierteaguas *m*. ①〈建〉防雨[披水]板;②(汽车门上的)散水槽

vietnamita *f*. 复印机

viga *f*. 〈建〉①梁(木);木檩;木椽;桁(架);②〈金属〉大[主]梁

~ armada 桁架梁,组[接]合梁

~ arqueada 拱梁

~ articulada 铰接梁

~ auxiliar 辅助椽子

~ cantiléver[salediza] 悬臂梁

~ con entallas 底截口梁

~ consola(~ de aire)悬空梁

~ continua 连续梁

~ curvada 曲梁

~ de alas anchas 宽缘工字梁

~ de alma llena (迭)板梁

~ de anclaje (拱边)支柱

~ de apuntalamiento 撑木

~ de caja 箱形(截面)梁

~ de[en] celosía 格构[花格]大梁

~ de enes 平行弦桁架

~ de ligazón 尾梁

~ de machihembrados 错口[锯齿]式组合梁

~ de madera de alma metálica 组合板梁

~ de pie 系梁;水平拉杆

~ de rodamiento 行车大梁

~ de sostén 承木[梁],座板

~ del cielo del hogar 洞顶木

~ diagonal 斜拉杆

~ doble 并置梁

~ empotrada 固定梁

~ en cajón (multicelular) 箱形梁

~ en doble T 工字梁

~ en flecha 弯[弓背]梁

~ en H (宽椽)工字梁

~ en retículo 格构梁

~ en T　T字梁

~ en U 支撑,压杆

~ maestra 主梁

~ patrón 标准型梁

~ reforzada 桁架式梁

~ transversal 横[支托小]梁

~ transversal de carga 横[顶]梁

~ tubular 箱形梁

vigía *m.f.* 观察者;守望员;瞭望哨 ‖ *f* ①瞭望塔,岗楼;②〈地〉礁;礁脉;暗礁

vigilancia *f.* ①警戒[觉],警惕(性);②保安;看守[管];③保卫[安全]措施

~ ambiental 〈环〉〈医〉(环境)警戒行动计划(一种环境保护和预防计划)

~ intensiva 〈医〉特别护理

vigilante *m.f.* ①(监狱的)警卫,看守;②(博物馆等的)门[警]卫;③(游泳池等的)服务员;④(商店等的)监视人;监督人;⑤*Cono S.* 警察

~ de noche(~ nocturno)夜间警卫员;(专职的)值夜者

~ de tránsito 交通警察

~ jurado 武装警卫

vigor *m.* ①体[活,精]力;②(尤指法律上的)效力;有效;③魄力;气势

~ híbrido 〈生〉杂种优势,异配优势

en ~ 现行的,有效的

vigorizador,-ra, **vigorizante** *adj.* ①使生机勃勃的;使精力充沛的;②(风、冷气等)清新的;③〈药〉滋补的;健[强]身的

viguería *f.* 〈建〉①梁;椽;②(金属)大[主]梁;金属构架

vigueta *f.* 〈建〉(小,托,工字)梁;搁栅;桁

~ de cielo rasco 平顶搁栅

~ de enlace 尾梁

vijúa *f. And.* 〈矿〉岩盐

villabarquín *m.* 〈机〉曲柄钻

villina *f.* 〈生化〉绒毛蛋白

villona *m.* 〈医〉绒毛瘤

villosidad *f.* 〈解〉〈植〉绒毛(状);绒毛面

villositis *f.* 〈医〉(胎盘)绒毛炎

villoso,-sa *adj.* 〈解〉〈植〉绒毛(状)的;有绒毛的

vinagrera *f. Amér. L.* 〈医〉胃灼热;胃酸过多

vinculable *adj.* ①〈法〉(不动产)限定继承人的;②可结合[联系]在一起的

vinculación *f.* ①联系;连接;②〈法〉限定(不动产的)继承

vinculante *adj.* ①有联系的;②有约束力的;附带条件的

vínculo *m.* ①联系;关系;纽带;连接;②〈法〉限定(不动产的)继承

~ de consanguinidad 同族[血缘]关系

~ de parentesco 亲属[血缘]关系

vindicación *f.* 〈法〉证明无辜[罪]

vinícola *adj.* ①酿酒(业)的;②葡萄种植和葡萄酒酿造业的(地区)

vinicultor,-ra *m.f.* 葡萄种植兼酿葡萄酒者

vinicultura *f.* 酿酒业;葡萄种植和葡萄酒酿造业

vinificación *f.* ①发酵;②葡萄酒酿造法

vinílico,-ca *adj.* 〈化〉乙烯基的;聚乙烯的

alcohol ~ 乙烯醇

éteres ~s 乙烯基醚

resina ~a 乙烯基树脂

vinilidénico,-ca *adj.* (含)亚乙烯基的;(含)乙烯叉的

resina ~a 亚乙烯树脂

vinilideno *m.* 〈化〉亚乙烯基,乙烯叉

vinilo *m.* ①〈化〉乙烯基;②聚乙烯基织物[薄膜]

vino *m.* ①葡萄酒;酒;②招待(酒)会

~ abocado 甜味葡萄酒

~ albilo 金色葡萄酒

~ añejo 陈葡萄酒

~ blanco 白葡萄酒

~ corriente 家常酒;普通雪梨酒

~ de aguja(s) 起泡葡萄酒;汽酒

~ de campanilla *Amér. L.* 龙舌兰酒

~ de color *Esp.* 醇甜酒

~ de honor ①(为重要人物举行的)招待酒会;②*Cono S.* 特别酒会

~ de jerez 雪梨酒(原产于西班牙南部的一种烈性白葡萄酒)

~ de la casa 本店自酿酒

~ de Málaga 马拉加佐餐白葡萄酒

~ de mesa (酒精含量低于 14% 的)佐餐酒;普通葡萄酒

~ de Oporto 波尔图葡萄酒(原产于葡萄牙的一种高酒精度葡萄酒)

~ de pasto 家常酒;普通雪梨酒

~ de postre 餐末甜酒

~ de solera 佳酿酒

~ de tres hojas 三年陈酒

~ del año 新酒;早晨喝的酒

~ espumoso[espumante] 起泡葡萄酒;汽酒

~ medicinal 药酒

~ peleón 廉价[劣质]酒

~ rosado 玫瑰红葡萄酒

~ seco 干[原味]葡萄酒

~ tinto 红葡萄酒

~ tranquilo 不起泡葡萄酒;无汽酒

vinolo *m. Méx.* 〈植〉金合欢

vinómetro *m.* ①葡萄酒品质测量计;②酒精比重计,酒度计

vinosidad *f.* (葡萄)酒色[味,质]

vinoteca *f.* 收藏酒品

vintepes *f. Bras.* 〈植〉棕榈树

vinylon *m. ingl.* 〈纺〉维纶龙

viña *f.* ①〈植〉葡萄;藤本植物;②葡萄园

viñatero,-ra *m. f. And.*, *Cono S.* 葡萄种植兼酿葡萄酒者

viñeta *f.* ①(艺术等方面的)虚光照片;虚光画像[雕刻];②(报纸等上的)漫[讽刺]画;素描;速写;③〈印〉(书名页上或章节首尾处等的)小[蔓叶]花饰;④徽章,纹章(图案)

viol 〈乐〉①(中世纪的)六弦提琴;②低音提琴

viola *f.* ①〈植〉堇菜;簇生堇菜;②〈乐〉中提琴;③〈乐〉(中世纪的)六弦提琴 ‖ *m. f.* 中提琴手
　～ de gamba 古大提琴

violáceo,-cea *adj.* ①〈植〉(簇生)堇菜的;堇菜科的;②紫色的;紫罗兰色的 ‖ *f. pl.* 堇菜科 ‖ *m.* 紫色

violación *f.* ①强奸;〈法〉强奸罪;②〈法〉(对法律的)违反[背];(对他人权利、领土等的)侵犯[害](行为),③(对和约、原则等的)违犯[反、背](行为)
　～ de contrato 违反合同
　～ de derechos 侵犯权利
　～ de domicilio (以盗窃、图谋不轨等为目的的)破门入屋
　～ de patente 侵犯专利权

violado,-da *adj.* 紫色的;紫罗兰色的 ‖ *m.* 紫色

violencia *f.* ①暴力(行为);②猛劲[力];③〈法〉侵犯人身;(对女性的)施暴,强奸;④强行[制]
　～ doméstica 家庭暴力

violeta *f.* ①〈植〉紫罗兰;②堇菜;③紫罗兰花;堇菜花 ‖ *m.* 紫罗兰色;紫色 ‖ *adj. inv.* 紫罗兰色的;紫色的
　～ africana 非洲紫罗兰
　～ de genciana 〈化〉龙胆紫(甲基紫等染料的混合物,可用作杀真菌剂和驱虫剂等)

violín *m.* ①〈乐〉小提琴;②*Amér. L.*〈动〉劣马 ‖ *m. f.* 〈乐〉小提琴手,小提琴演奏者
　～ de Ingres 业余职业;业余艺术,业余爱好
　～ primero(primer ～)(弦乐器组的)第一小提琴手

violinista *m. f.* 〈乐〉小提琴手,小提琴演奏者

violón *m.* 〈乐〉低音提琴 ‖ *m. f.* 低音提琴手,低音提琴演奏者

violoncelista;violonchelista *m. f.* 〈乐〉大提琴手,大提琴演奏者

violoncelo;violonchelo *m.* 〈乐〉大提琴

viomicina *f.* 〈药〉紫霉素

viosterol *m.* 〈生化〉钙化(甾)醇,维生素 D_2

vipera *f.* 〈动〉蝰蛇;响尾蛇科毒蛇

virada *f.* 〈海〉抢风调向;(抢风航行中的)换抢

virador *m.* ①〈摄〉上[增]色剂;②〈海〉粗缆绳

viraje *m.* ①〈海〉抢风调向;(之字形的)抢风航程;(汽车等的)转弯[向];②(公路等的)转[拐]弯处;弯曲处;③(立场、态度、政策等的)完全改变,剧[大转]变;④〈化〉〈摄〉色调变化;色调
　～ en horquilla　U 字形转弯

viral *f.* 〈医〉〈信〉病毒性的;病毒引起的
　encefalitis ～ 病毒性脑炎
　infección ～ 病毒性感染

virazón *f.* 〈地〉海风

viremia *f.* 〈生医〉病毒血症

vireo *m.* 〈鸟〉绿鹃

virgado,-da *adj.* ①〈植〉多直细枝的,帚状的;②棒[杆]状的

virial *m.* 〈理〉维里(作用于粒子上的合力与粒子矢径的标积)
　coeficiente del ～ 维里(分解)系数

viricida *adj.* 〈生医〉〈药〉杀病毒的 ‖ *m.* 〈药〉杀病毒剂

vírico,-ca *adj.* 〈医〉〈信〉病毒(性)的;病毒引起的

virídina *f.* 〈生〉绿胶霉素

virilismo *m.* 〈医〉男性化,男性化特征(指女子出现男性第二特征,如颜面生须、喉结变大等)
　～ adrenal 肾上腺性男性化

virilización *f.* (女子的)男性化

virión *f.* 〈生〉病毒粒子;病毒粒体

virogene *m.* 〈生〉病毒基因

viroide *m.* 〈生〉(植物致病的)类病毒

virología *f.* 〈医〉病毒学

virológico,-ca *adj.* 〈医〉病毒学的

virólogo,-ga *m. f.* 〈医〉病毒学家

viromembrana *f.* 〈医〉病毒膜

viropexia *f.* 〈生〉〈医〉病毒固定

virosis *f.* 〈医〉病毒病,病毒感染

viroso,-sa *adj.* ①有毒的;有毒性的;②有恶臭的

virotillo *m.* 〈建〉支撑,撑木,横杆[木]

virriondo,-da *adj. Méx.* 〈动〉(母畜)发情期的;(雄鹿、雄羊等动物周期性)动[发]情(期)的

virtual *adj.* ①潜在的,可能的;实际上起作用的;②〈理〉虚的;③〈信〉虚拟的
　foco ～ 〈理〉虚焦点
　imagen ～ 〈理〉虚像
　memoria ～ 〈信〉虚拟内存;虚拟存储器
　objeto ～ 〈理〉虚物
　realidad ～ 〈信〉虚拟现实
　universidad ～ 〈教〉虚拟大学

virtualidad *f.* ①潜在性,(发展的)可能性；②内[潜]在；虚拟(存在)；③实际可能性；实质

virtuosismo *m.* ①(在美术、音乐等方面的)精湛技巧；②对艺术品的爱好[鉴赏]；艺术爱好

virtuosista *m.f.* 艺术鉴赏家；艺术爱好者

virucida *f.* 〈药〉杀病毒剂

viruela *f.* ①〈医〉天花,痘疮；②*pl.*(出天花后留下的)痘痕；麻子；③麻斑[点]
~ negra *Amér.L.* 坏死性天花
~s locas 水痘

virulencia *f.* ①剧毒性,致命性；②(微生物等致病的)毒力[性]

virulento,-ta *adj.* ①剧毒的,致命的；②(微生物)有毒力的；；③〈医〉(疾病)恶性的

viruria *f.* 〈医〉病毒尿症

virus *m.* ①〈医〉〈信〉病毒；②〈医〉滤过性病毒；③(蛇等的)毒液
~ atenuado 减毒病毒,减弱病毒
~ de Epstein-Barr 爱-巴病毒
~ de la inmunodeficiencia humana 人免疫缺陷病毒
~ de macro 〈信〉宏病毒
~ defectivo 缺损病毒
~ gripal 流感病毒
~ informático 计算机病毒
~ latente 潜伏病毒
~ SARS 萨斯(重症急性呼吸道综合征)病毒,非典病毒
~ transformante 转化病毒
~ xenotrópico 异向(性)病毒
enfermedad por ~ (病毒所致的)病毒病

virusemia *f.* 〈生医〉病毒血症

viruta *f.* ①刨花；②(石,铁,金属)屑
~s de acero 钢棉[绒](用来擦亮金属制品)

visa *f.*(主要用于 *Amér.L.*)(护照等的)签证
~ consular 领事签证
~ de tránsito 过境签证
cancelación de ~ 签证的吊销
validez de ~ 签证有效期
veces de validez de ~ 签证有效次数
vertificación de ~ 签证的查验

visado *m.*(护照等的)签证
~ comercial 商业签证
~ consular 领事签证
~ de entrada/salida 入/出境签证
~ de estudiante 学生签证
~ de inmigrante 移民签证
~ de ingreso en el aeropuerto 落地签证
~ de no inmigrante 非移民签证

~ de oficial 官员签证
~ de residencia 居留签证
~ de salida y entrada 出入境签证
~ de servicio 公务签证
~ de tránsito 过境签证
~ de turista(~ turístico) 旅游签证
~ diplomática 外交签证
~ en otro papel 另纸签证
~ ordinaria 普通签证
~ portuaria 口岸签证
~ temporal 临时签证
reextensión de ~ 签证的加签

víscera *f.*；**vísceras** *f.pl.* 〈解〉内脏,脏腑

visceral *adj.* 〈解〉内脏的,脏腑的
pleura ~ 〈解〉脏胸膜

visceralgia *f.* 〈医〉内脏痛

visceralismo *m.* 〈医〉内脏病源说

visceromegalia *f.* 〈医〉内脏肥[增]大

visceromotor,-ra *adj.* 〈生理〉内脏运动的

visceroptosis *f.* 〈医〉内脏下垂

viscerotonía *f.* 〈心〉内脏强健型

viscerotrópico,-ca *adj.* 〈医〉(病毒等)亲内脏的

visco *m.* ①(涂在树枝上的)粘鸟胶；诱捕物；②*Arg.* 〈植〉粘胶金合欢

viscoelasticidad *f.* 〈理〉黏弹性

viscoelástico,-ca *adj.* 〈理〉黏弹性的

viscoplasticidad *f.* 黏塑性

viscoplástico,-ca *adj.* 黏塑性的

viscosa *f.* 〈化〉黏胶(丝,纤维)；黏胶织物

viscosidad *f.* ①〈化〉黏稠,黏(滞)性；(液体等的)稠度；②〈理〉黏滞度；黏性系数；③〈动〉〈植〉黏液；黏稠分泌物
~ absoluta 〈理〉绝对黏度
~ cinemática 运动黏度
~ específica 〈理〉增比黏度

viscosilla *f.* 〈纺〉黏胶丝[纤维]

viscosimetría *f.* 〈理〉测黏法[术]；黏度测量法

viscosimétrico,-ca *adj.* 〈理〉测黏度的

viscosímetro *m.* 〈化〉〈理〉黏度计,黏滞计

viscoso,-sa *adj.* ①黏稠[性]的；(液体等)浓的；②〈理〉黏滞的；③〈植〉(表面)有黏稠分泌物的
papel ~ 黏胶纸
retardo ~ 黏性阻力

visera *f.* ①(头盔上的)面甲[罩]；护面；②(帽子上的)遮阳,帽舌；③(职业赛马骑师、网球运动员等的)遮光)眼罩；④(运动场等的)顶[天]篷；⑤太阳[遮阳]帽；⑥*Cari.* 马眼罩

visibilidad *f.* ①能[可]见度,能[可]见距离；②可见性；明显(度,性)；③*pl.* 可见物；④

〈气〉(最远)视程；⑤〈知〉可视性

~ cero 零能见度

aterrizaje sin ~ 盲目［按仪表］进场

vuelo sin ~ 盲目飞行

visible *adj*. ①可见的；看得见的；②明显的；③〈经〉〈商贸〉有形的

comercio ~ 有形贸易

reserva ~ 有形储［准］备

visiofrecuencia *f*. 视频（率）

visiogénico,-ca *adj*. 适于拍摄电视的

visión *f*. ①〈解〉视觉［力］；②看；观察；③视野［域］；④目光，眼力；⑤观点；看法

~ binocular 双眼视觉［力］

~ borrosa 模糊视觉

~ de túnel ①〈医〉管状视，视野狭隘；②井蛙之见，一孔之见

~ doble 〈医〉复视

~ estereoscópica 立体视觉，体视

~ escotópica 暗视觉

~ fotópica 明视觉

~ reducida 受损视力，衰减［退］(的)视力

visionadora *f*. ①〈摄〉取景器；②微型胶片视读器

visita *f*. ①参观；访问；拜访；游览；②〈医〉探望；出［就，问］诊；③来访［访问］者；参观者；来［游］客；④(海关的)搜查；⑤〈信〉〈网站的)点击数；⑥*Cari.*〈医〉灌肠

~ académica 学术访问

~ comercial 商务访问

~ de cortesía［cumplido, cumplimiento］礼节性拜访

~ de despedida 辞行

~ de Estado 国事访问

~ de inspección 视察，巡视

~ de intercambio 互访

~ de la aduana 验关

~ de pésame 吊唁

~ de trabajo 工作访问

~ de tránsito 过境访问

~ en grupo 团体访问

~ extraoficial 非正式访问

~ oficial 官方访问

~ relámpago 闪电式访问

~ secreta 秘密访问

visitador,-ra *m. f*. ①检［视］察员；②〈医〉药品公司销售员 ‖ ~ **a** *f. Amér. L.*〈医〉①注射器；②灌肠器

~ fiscal 税务检查员

visitante *adj*. ①访问的；参观的；游览的；②〈体〉在客场比赛的

equipo ~ 客队

juego de ~ 客场比赛

visnaga *f. Méx.*〈植〉仙人球

viso *m*. ①(金属等的)光亮［泽］；闪光；②〈地〉观察位置；(可凭眺的陆地)高处；③*pl.*〈纺〉(布料的)光泽

visón *m*. ①〈动〉鼬(尤指水貂)；②水貂毛皮，貂皮；貂皮外衣

visor *m*. ①〈航空〉轰炸瞄准器；②〈军〉(枪、炮等的)瞄准具［器］；观察器；③〈摄〉取景［寻像］器；观察镜；④〈天〉辅助望远镜

~ de imagen 取景［寻像］器

~ nocturno 夜间(射击)瞄准器

~ telescópico (枪、炮等的)望远镜瞄准具

vista *f*. ①视力［觉］；②眼光［力］；目光；视线；③眼睛；⑤视野［界］；④相会［见］；⑤〈法〉审讯，(尤指无陪审团的)听讯；⑥(从特定处看到的)景色；⑦〈摄〉风景照［画］；风景明信片；⑧〈建〉视图

~ anterior 前视图

~ (a vuelo) de pájaro 鸟瞰图

~ aérea 鸟瞰图，俯瞰

~ baja［corta］①近视；②短视

~ cansada ①老花眼，远视；②眼疲劳

~ de águila［lince］锐利目光

~ de frente(~ frontal) 前视图

~ de extremidad 端视图

~ de ojos ①亲眼看到；②〈法〉视检

~ detallada (组合件，部件)展示［分解］图

~ en alza 纵剖面图，立视图

~ en corte 断［剖］面图

~ en planta 平面图

~ esquemática 简图，图表［示］

~ fija 〈摄〉静止摄影；定格画面；呆［剧］照

~ lateral 侧面［视］图

~ oral 听讯

~ por detrás(~ posterior) 后视图

~ pública 公开审讯

vistavisión *f*.〈电影〉全景宽银幕电影

visual *adj*. ①视力［觉］的；②(教具等)产生视觉形象的；直观的；③见 campo ~ ‖ *f*. ①视线；②〈信〉(图像等的)显示

~ basic 〈信〉Visual Basic 编程软件

~ gráfica 图形显示

agudeza ~ 〈医〉视敏度

campo ~ 视野

memoria ~ 视觉记忆

órganos ~es 视觉器官

rayo ~ 可见光［射］线

visualización *f*. ①(用图表、图像等)显示；展现；②〈信〉可视化(把数字或数据转换成易于理解的图形格式)；③可见性；可见化，直观化；④形象化；想象；⑤〈医〉(体内器官的)显形；⑥见 ~ radiográfica

~ radiográfica 〈医〉放射性扫描；扫描诊断法

calculación de ～ 可视化计算

pantalla de ～〈信〉直观显示部件；视屏显示器

visualizador *m*.〈信〉直观显示部件；视屏显示器

～ de cristal líquido〈信〉LCD 屏幕（即液晶显示屏幕）

visuomotor,ra *adj*.〈解〉视觉眼肌运动的

visuopsíquico,-ca *adj*. 精神视觉的

visuosensorial *adj*. 视觉的

vitáceo,-cea *adj*.〈植〉葡萄属植物的‖*f*. 葡萄属植物‖*f. pl*. 葡萄科

vital *adj*. ①生命的；维持生命所必需的；②有生命的；③极其重要的；必不可少的；③ *Amér. M*. 维持生活的；④见 órganos ～es

espacio ～〈心〉生活空间

fuerza ～（被认为产生生命体的机能和活动的）生命力

órganos ～es〈解〉维持生命的重要器官（如心、脑、肝、肺、肾等）

salario mínimo ～ 维持生活的最低工资

signos ～es 生命特征（尤指脉搏、呼吸、体温、血压等）

vitalidad *f*. ①活[生命]力；生机；②（文艺方面的）活力；生动(性)；③复兴

vitalismo *m*.（人的）生命力

vitamina *f*.〈生化〉维生素

～ A 维生素 A

～ A_1 维生素 A_1

～ B 维生素 B

～ B_6 维生素 B_6

～ B_{12} 维生素 B_{12}，钴胺素

～ C 维生素 C，抗坏血酸

～ D_2 维生素 D_2，骨化醇

～ E 维生素 E，生育酚

～ G 维生素 G

～ H 维生素 H，生物素

～ hidrosoluble 水溶性维生素

～ K_1 维生素 K_1，叶绿醌

～ L 维生素 L，催乳素

～ liposoluble 脂溶性维生素

～ M 维生素 M，叶酸

～ P 维生素 P，柠檬素

～ P 维生素 PP，烟酸

vitaminado,-da；vitaminizado,-da *adj*. 含维生素的

vitamínico,-ca *adj*. 维生素的；含维生素的

vitaminización *f*. 添加[补充]维生素

vitaminología *f*. 维生素学

vitaminoterapia *f*. 维生素疗法

vitela *f*.（精致）犊皮纸，（精致）羊皮纸；上等纸

vitelículo *m*.〈解〉卵黄囊

vitelina *f*.〈生化〉卵黄磷蛋白

vitelino,-na *adj*.〈动〉卵黄的

vitelo *m*.〈动〉卵黄

vitelogénesis *f*.〈动〉卵黄生成作用

vitícola *adj*. ①〈植〉葡萄科的；葡萄产地的；②葡萄栽培的；葡萄产区的

viticultor,-ra *m. f*. ①葡萄栽培[种植]者；②葡萄种植园主

viticultura *f*. 葡萄栽培；葡萄栽培学[业]

vitiliginoso,-sa *adj*.〈医〉白癜病的，白癜风的

vitíligo *m*.〈医〉白癜病，白癜风

vitivinicultura *f*. 葡萄栽培和酿（葡萄）酒技术；葡萄栽培和酿（葡萄）酒业

vitola *f*. ①〈机〉测径规；②（雪茄烟的）牌号纸圈

vítreo,-rea *adj*. ①（像）玻璃的；玻璃状的；②〈解〉（眼睛）玻璃体的；③见 electricidad ～a；④〈地〉〈矿〉(有)玻璃般质地[表层]的；琉态的；透明的

cuerpo[humor] ～〈解〉（眼睛的）玻璃体

electricidad ～a〈理〉正[玻璃]电荷

sílice ～a 透明石英，琉态硅土

membrana ～a 玻璃体膜

vitrificable *adj*. 能变成玻璃的；可玻璃化的；可呈玻璃状的

vitrificación *f*. 成玻璃，玻璃化；呈玻璃状

vitrificado,-da *adj*. 玻璃化的，成玻璃质的

vitriólico,-ca *adj*.〈化〉硫酸(盐)的；取自硫酸(盐)的

vitriolo *m*.〈化〉硫酸盐，矾；矾油（即硫酸）

～ amonical 硫酸氨

～ azul 蓝[胆]矾，(五水合)硫酸铜

～ blanco 皓矾，七水(合)硫酸锌

～ de plomo 铅矾，硫酸铅矿

～ verde 绿矾，(七水)硫酸亚铁

vitrocerámica *f*. 玻璃陶瓷

placa de ～ 玻璃陶瓷炉架

vitrocerámico,-ca *adj*. 玻璃陶瓷的‖*f*. 玻璃陶瓷

vitroclástico,-ca *adj*. 玻璃状(构造)的

vitrofido *m*.〈地〉玻(基)斑岩

vitrola *f*. *Amér. L*.（落地式）唱[留声]机

viuda *f*. 见 ～ negra

～ negra 黑寡妇球腹蜘蛛（产于美洲的黑色有毒小蜘蛛，雌性腹部下侧有沙漏形红斑）

vivar *m*. ①养兔场；②〈动〉养兔场的兔子；③鱼池[塘]；养鱼场

vivaz (*pl*. vivaces) *adj*.〈植〉多年生的

planta ～ 多年生植物

víveres *m. pl*. ①粮食；口[食]粮；②储备物（如食物等必需品）；③〈军〉储存[备用，补

给]品

vivero *m*. ①苗圃[床];(树木)秧地;②温床;发源[滋生]地;③鱼池[塘];渔场;④养殖场;(模拟动物自然环境的)动物园
～ de ostras 牡蛎养殖场

vivérrido,-da *adj*. 〈动〉灵猫科的‖*m*. ①灵猫科动物;②*pl*. 灵猫科

vivianita *f*. 〈矿〉蓝铁矿

vividero,-ra *adj*. ①可居住的;适于居住的;②可栖居的;适于栖居的

vividifusión *f*. 〈医〉活体扩散法

vivienda *f*. ①住房[宅];住所;②(一套)房间;家
～ en alquiler 供出租的住房
～ familiar 家庭住房
～s vacías en venta 供出售的闲置住宅
segunda ～ ①别居,第二寓所;②第二个家

viviparidad *f*. ①〈动〉胎生;②〈植〉穗发芽,株上萌发(指种子未脱离母株前即萌发成幼苗)

vivíparo,-ra *adj*. ①〈动〉胎生的;②〈植〉在母株上萌发的

vivisección *f*. 〈医〉活体解剖

vivisector,-ra *m.f*. 〈医〉活体解剖者;活体解剖论者

vivisectorio *m*. 〈医〉活体解剖室

vivo,-va *adj*. ①活的;有生命的;②活着的;在世的;③(肌肉)失去表皮而外露的;(伤口等)露肉而刺痛的;④(刀刃等)锋[锐]利的;⑤(动作、步伐等)轻快的;活泼的;敏锐[捷]的;⑥(色彩)鲜艳[明]的;⑦(感觉、感情等)剧[强]烈的;⑧见 plata ～a‖*m*.〈缝〉(衣物的)饰边;缘饰
deseo ～ 强烈愿望
en ～ (电视台,电台)实况转播;(以)现场直播(方式)
inteligencia ～a 灵慧
plata ～a 水银,汞锡合金

vizcacha *f. Amér. L*. 〈动〉骆;兔鼠

VLAN *abr. ingl*. virtual local area network〈信〉虚拟局域网

VLDL *abr. ingl*. very low density lipoprotein〈生化〉超低密度脂蛋白

VLF *abr. ingl*. very low frequency〈无〉甚低频

VLSI *abr. ingl*. very large scale integration〈电子〉超大规模集成(电路)

VMS *abr. ingl*. virtual memory system〈信〉虚拟存储器系统

V. O. *abr*. versión original〈电影〉(影片的)原始版本

vocacional *adj*. ①〈教〉职业的,业务的;②出于(职业)志向爱好的‖*f. Méx*. (职业)技术学院
educación ～ 职业教育
escuela ～ 职业学校

vocalista *m.f*. 〈乐〉①声乐家;②歌手;歌唱家

vocalización *f*. ①发声;②〈乐〉练声(法);练声曲

vocóder *m*. 〈信〉音码器,自动语言合成仪

VOD *abr. ingl*. video on demanda 影视点播

vogesita *f*. 〈地〉闪正煌斑岩

vol. *abr*. volumen 见 volumen

volada *f*. 短距离飞行;单程飞行

voladizo,-za *adj*. 〈建〉(阳台、飞檐等)悬伸的,突[伸]出(墙外)的
en ～ 突[伸]出墙外的
resorte en ～ 悬臂弹簧

volado,-da *adj*. ①〈印〉上标的(如 V.°B.°等右上角的°);②〈建〉(阳台、飞檐等)悬伸的,突[伸]出(墙外)的
cornisa ～a 飞[挑]檐
letra ～a 标在字上角的字[符号],标在字上方的字[符号]

volador,-ra *adj*. ①(会,能)飞的,飞行的;②悬空移动的‖*m*.〈动〉飞[文鳐]鱼;枪乌贼(鱼)‖～a *f*. 飞轮

voladura *f*. ①破坏;②〈军〉爆炸;③〈缝〉(衣裙上的)荷叶边

volandera *f*. ①磨石[盘];砂轮;②〈机〉洗涤器,洗衣机;③〈印〉(字行间的)加条

volandero,-ra *adj*. ①(绳索等)松开的,放松的;②〈鸟〉能飞翔的,要起飞的;③悬空的,吊在空中的;④流[移]动的

volante *adj*. ①(会,能)飞的,飞行的;②(地址,学习等)流[移]动的;不固定(在一处)的‖*m*. ①〈机〉(车辆的)方向盘;②〈机〉〈技〉飞[摆,惯性]轮;③(钟表的)擒纵机,司行轮;④〈纺〉纺锭,飞梭;⑤〈体〉羽毛球;羽毛球运动;⑥〈缝〉(衣裙上的)荷叶边;⑦*Amér. L*. 〈海〉(船)舵;⑧*Esp*.〈医〉转诊单‖*m.f*. ①驾驶员;赛车驾驶员,赛车手;②*Chil*.〈体〉(足球等运动的)边锋
～ a la derecha/izquierda 右/左座方向盘
～ de acero 铸钢飞轮
～ de dirección 方向盘
～ de maniguetas 绞盘手轮
～ de mano (配合)手轮
asiento ～ 活动座位
papel ～ 便条

volantón,-ona *adj*. ①〈鸟〉能飞翔的,要起飞的;②〈动〉幼小的

volatería *f*. ①放鹰狩猎,鹰猎;②(供捕猎的)禽鸟;鸟群

volátil *adj.* ①〈化〉〈理〉(物质)易挥[散]发的;挥发(性)的;②(人)易变的;(性格,形势等)变化无常的;③飞行的,会[能]飞的;④〈信〉易失的 ‖ *m. f.* ①〈鸟〉飞禽;②〈动〉会飞的动物

volatilidad *f.* ①〈化〉〈理〉挥发性[度];发散性;②易变;(性格、形势等的)变化无常;③〈经〉(商情等的)大幅度波动;不稳定;④〈信〉易失

~ de precios 价格剧烈波动

volatilizable *adj.* 可[易]挥发的,可发散的

volatilización *f.* 挥发(作用),发散

volatilizativo,-va *adj.* 挥发性的

volcado *m.* 见 ~ de memoria

~ de memoria〈信〉转储;转出

volcador *m.* 〈机〉自动卸车,翻斗[卸货]车

volcán *m.* ①〈地〉火山;②*And., Cono S.* (夏季的)倾盆大雨;*Amér. M.* 山洪;③*And., Cono S.* 雪崩

~ activo/inactivo 活/静火山

~ apagado 死火山

~ de lodo 泥火山

volcanicidad *f.* 火山性;火山活动[现象]

volcánico,-ca *adj.* ①火山的;火成的;②多火山的

volcanismo *m.* 火山作用;火山活动[现象]

volcanización *f.* 火山岩形成

volcanología *f.* 火山学

volcanológico,-ca *adj.* 火山学的

volcanólogo,-ga *m. f.* 火山学家

volea *f.* 〈体〉(足球运动中的)凌空球;(网球运动中的)截击空中球,拦击;(排球)托球 media ~ (板球、网球、足球等运动中的)反弹球;半截击球

voleibol;volibol *m.* 〈体〉排球;排球运动

voleiplaya *m.* ①〈体〉沙滩排球;②(海滨浴场等处玩的)浮水气球

volframio *m.* 〈化〉钨

volframita *f.* 〈矿〉黑钨矿,锰铁钨矿

volovelismo *m.* 滑翔运动

volovelista *m. f.* 滑翔运动员

volqueta *f.*;**volquete** *m.* 翻斗[倾卸]车,自倾货[载重]车

volquetero *m.* 翻斗[倾卸]车驾驶员,自倾货[载重]车驾驶员

vols. *abr.* volúmenes (书籍等的)卷,册

volt(*pl.* volts)*m.* 〈电〉伏特(电压单位)

volta *f.* 〈乐〉次

voltaico,-ca *adj.* 〈电〉①电流的,动电的;②伏打(式)的

batería ~a 伏打电池

electricidad ~a 伏打电

voltaísmo *m.* ①〈电〉流[伏打]电;②流[伏

打]电学

voltaje *m.* 〈电〉电压,伏特数

~ de alimentación 输入电压

~ de carga 充电电压

~ de pico 峰值电压

~ de reactancia 电抗电压

~ excesivo 升高电压

~ nulo 零电压

caída de ~ 〈电〉压降

elevador de ~ 升压器[机]

voltametría *f.* ①〈化〉伏特法;②〈电〉电量法

voltámetro *m.* 〈电〉(电解式)电量计;伏特安培计

voltamperio *m.* 〈电〉伏安(电量单位)

volteador,-ra *m. f.* 杂技演员 ‖ ~a *f.* 〈农〉翻晒干草机

voltejeo *m.* 〈海〉抢风调向

voltereta *f.* ①(向前翻)筋斗;(向后的)旋转运动;②(体操动作的)侧手翻;滚动,打滚

~ lateral 侧手翻

~ sobre las manos〈体〉手翻;前手翻腾越

volti *intr. ital.* 〈乐〉翻页

voltímetro *m.* 〈电〉伏特计,电压表

~ aperiódico 非周期伏特计

~ de alta frecuencia 高频伏特计

~ de Cardew 卡窦伏特计

~ de[para] corriente alterna/continua 交/直流伏特计

~ de cristal 晶体检波伏特计

~ de diodo 二极管伏特计

~ de hierro móvil 动铁式电压表

~ de rayos catódicos 阴极射线管伏特计

~ de triodo 三极管伏特计

~ de tubo de vacío 真空管伏特计

~ diferencial 差动式伏特计

~ dinamométrico 功率计式伏特计

~ electromagnético 电磁伏特计

~ electrónico 电子管伏特计,电子管电压表

~ electrostático 静电伏特计

~ registrador 自动记录电压表

~ térmico 热线式伏特计

voltio *m.* 〈电〉〈理〉伏特(电压单位)

voltohmímetro *m.* 〈电〉电压-电阻表[计],伏欧计

volubilidad *f.* 〈植〉缠绕[盘绕]性

voluble *adj.* 〈植〉缠绕的,攀缘(而上)的

volumen(*pl.* volúmenes)*m.* ①体积;容积[量];②声[音]量;响度;③〈商贸〉分量,数量;数额;④(书籍等的)卷,册;(尤指一年定期期刊的)合订本;⑤(水的)流量;⑥(头发的)硬挺度

~ atómico 原子体积(指 1 克原子重量的元

素在固态下所占的体积）

~ anual de ventas 年销售额

~ comercial 贸易额

~ crítico 〈理〉临界容积

~ de contratación 交易量

~ de créditos 信贷额

~ de la cámara de compresión 余隙容积

~ de negocios[operaciones] 交易[营业]额

~ de seguridad de vigor 有效保险额

~ de tráfico 运输量

~ de transacciones 交易额

~ específico 〈理〉比容

~ molar[molecular] 〈化〉摩尔体积;克分子体积

~ monetario 货币量

~ residual 〈生医〉残气量

~ unitario 单位容积[量]

volumenómetro *m.* 〈理〉体积计;排水容积计;视[表观]密度计

volumetría *f.* 〈化〉容量分析(法);容量测定(法)

volumétrico,-ca *adj.* 〈理〉体积的;容量[积]的;测量容[体]积的

análisis ~ 〈化〉①容量[体积]分析(法);②气体体积测定(法)

eficiencia ~a 〈理〉容积效率

módulo ~ 体积模量,体积弹性模量

potencia ~a 比功率

volúmetro *m.* 〈理〉体积计;容积计[表],容量计[表]

voluntariado *m.* ①义务工作[劳动];②〈社〉义务工作者;③〈军〉自愿参军

voluntario,-ria *adj.* ①自[志]愿的;②〈解〉随意的;③自决的;④〈军〉自愿参加的

músculo ~ 〈解〉随意肌,横纹肌

quiebra ~a 〈法〉自行申请破产

voluta *f.* ①〈动〉涡螺;②〈建〉螺旋饰;涡卷形装饰;③(烟雾等的)螺[涡]旋形;④螺状物

volutiforme *adj.* 螺[涡]旋状的

volvedor *m.* (活动)扳手,扳头[钳];旋凿,螺丝刀[起子]

volvocal *adj.* 〈植〉团藻目的 ‖ *f. pl.* 团藻目

volvox *m.inv.* 〈植〉团藻

vólvulo *m.* 〈医〉肠扭结[转]

vómer *m.* 见 hueso ~

hueso ~ 〈解〉(鼻的)犁骨

vomeriano,-na *adj.* 〈解〉犁骨的

vomerobasilar *adj.* 〈解〉犁骨颅底的

vomeronasal *adj.* 〈解〉犁鼻的

vómica *f.* 〈医〉(肺内)脓腔

vomitivo,-va *adj.* ①呕吐的;引起呕吐的;②〈药〉催吐的 ‖ *m.* 〈药〉催吐剂

vómito *m.* ①恶心,呕吐;②呕吐物;③*Amér.L.* 见 ~ negro

~ de sangre 咯血

~ negro *Amér.L.* 黄热病

vomitorio,-ria *adj.* 〈药〉〈医〉催吐的 ‖ *m.* ①〈药〉催吐剂;②(体育场等的)出入通道

VOP *abr.ingl.* value as in original policy 价额参照原保险单,照原保险单价值

vorágine *f.* ①(江河、海洋等的)旋涡,涡流;②混乱

vórtice *m.* ①(水的)旋涡[流],涡流;②旋风(尤指旋风中心);③〈气〉(台)风眼

vorticela; vorticella *f.* 〈动〉钟虫

vorticidad *f.* 〈理〉(液体的)涡旋(状);旋涡,旋度,涡流强度

vorticoso,-sa *adj.* ①旋涡的;②旋风的

voto *m.* ①投票;选举;表决;②选票;(表决的)票;③投票[选举]权;表决权

~ activo 选举权;表决权

~ afirmativo/negativo 赞成/反对票

~ bloque 集团投票(由代表按所代表人数投的一大批票)

~ cautivo 囚犯投票

~ de calidad (指赞成和反对票数相等时会议主席投的)决定票

~ de castidad 守贞誓言

~ de castigo 抗议性投票

~ de censura 不信任票

~ de conciencia 自由投票(尤指议员可按自己意愿不受政党纪律约束的议会投票)

~ de confianza/desconfianza 信任/不信任票

~ de gracias 致谢决议

~ de obediencia 服从誓言

~ de pobreza 守清贫誓言

~ de silencio 缄口誓言

~ decisivo (指赞成和反对票数相等时会议主席投的)决定票

~ en blanco 空白票

~ grupo 凭卡投票法(用于某些欧洲工会,投票者所持卡上注明所代表的工人数)

~ nominal 记名票

~ nulo 废[无效]票

~ pasivo 被选举权

~ por correo 邮寄投票

~ secreto 秘密[无记名]投票

voxel *m.* 〈信〉三维像素

voyager *m.ingl.* 航海[空]者;航[旅]行者

voyeur *m.* 〈心〉窥淫癖者,窥阴部色情者

voyeurismo *m.* 〈心〉窥淫癖,窥阴部色情

voz（*pl.* voces）*f.* ①(人的)口[声]音,嗓音[子];②〈乐〉(乐器的)声音;响声;③〈乐〉声部;④(表达出的)意见;呼声;发言权;⑤(单)词;⑥〈体〉(比赛中裁判员、巡边员等的)判决

~ de mando〈军〉命[口]令

~ del cielo 天意

~ en off (电视片,电影)画外音,旁白

~ humana 人类之声

~ potente 强音

~ pública 舆论,民意

~ y voto 发言权和表决权

canción a cuatro ~s 四声部演唱歌曲,四重唱歌曲

VPL *abr. ingl.* virtual path identifier〈信〉虚拟路径标识符

VPN *abr. ingl.* virtual private network〈信〉〈讯〉虚拟专用网

VRAM *abr. ingl.* video RAM〈信〉视频随机存取存储器

VRC *abr. ingl.* vertical redundancy check〈信〉垂直冗余校验

VRML *abr. ingl.* virtual reality modelling language〈信〉虚拟现实建模语言

vs. *abr.* versus ①(诉讼、比赛等中)以⋯为对手,对;②与⋯相对[相比]

VSAT *abr. ingl.* very small-aperture terminal〈讯〉基小孔径地面站

VsD *abr.* video sobre demanda〈信〉视频点播

VT *abr. ingl.* virtual terminal〈信〉虚拟终端

VTAM *abr. ingl.* virtual telecommunications access method〈信〉虚拟远程通信存取法

vto. *abr.* vencimiento〈商贸〉(合同等)到[届,满]期;(期限等)终止

vudú *m. AmérL.*〈鸟〉石鸡

vuelillo *m.*〈缝〉(服装等的)饰[褶,荷叶]边;滚[饰]带

vuelo *m.* ①(禽鸟、飞机等的)飞行[翔];②(鸟翼的)飞[翼,拨风]羽;翼;③(某次)航班;(有特定航线的)定期客机;④〈建〉突[凸]出部分;⑤〈缝〉(衬衫等打褶部分的)宽度

~ a baja cota 低空飞行

~ a ciegas(~ ciego) 盲目[仪表]飞行

~ a ras de tierra 低空[掠地]分行

~ a solas 单飞

~ a vela 滑翔

~ asimétrico 不对称飞行

~ chárter 乘包机飞行;包机

~ con ala delta 悬挂式滑翔(飞行)

~ con instrumentos 仪表飞行

~ con motor 动力飞行

~ continuo 直达飞行

~ de crucero 巡航飞行

~ de demostración 示范飞行

~ de entrenamiento[instrucción] 训练飞行

~ de itinerario 定期飞行

~ de noche(~ nocturno) 夜间飞行

~ de órbita 轨道飞行

~ de prueba 试飞

~ de reconocimiento 侦察飞行

~ directo 直达飞行;直达航班

~ en altura 高空飞行

~ en picado 俯冲

~ espacial 航天,宇宙飞行

~ estacionario (飞机)盘旋

~ horizontal 水平飞行

~ interior[nacional] 国内航班

~ libre 悬挂式滑翔(飞行)

~ planeado(~ sin motor) 滑翔(飞行)

~ rasante 低空[掠地]分行

~ regular 定期航班

~ sin escalas[etapas] 直达飞行;直达航班

~ sin visibilidad 盲目[仪表]飞行

~ todo tiempo 全天候飞行

simulador de ~ 飞行模拟器[仿真器]

vuelta *f.* ①转动,旋转;翻转;②旋转的一周,回;(选举、比赛、喝酒等的)一轮;一回合;③转弯[向];绕圈;(道路等的)拐弯处;转身;④(赛道、跑道等的)一圈,⑤(自行车运动的环形)公路赛;⑥反[背]面;⑦返回[程];⑧〈缝〉(裤腿的)翻边;(针织物的)横行

~ al derecho/revés 顺/逆时针(方向)转动

~ al ruedo (获胜斗牛士为了接受观众的喝彩)绕场一周

~ ciclista 自行车环形公路赛

~ de cabo〈海〉(尤指临时打上而容易解开的)索[系]结

~ de campana (腾空翻)筋斗

~ de honor 光荣的一圈(指比赛优胜者的绕场一周)

~ de tuerca 施加压力(之举)

~ del derecho/revés (针织品的)正/反针

~ en redondo 转一整圈

~ entera ①转一整圈;②转一百八十度

~ sobre el ala〈航空〉横滚

~s por minuto 转速/分,每分钟转速

media ~ ①〈军〉向后转;②(朝反方向的)倒转

vuelvepiedras *m. inv.*〈鸟〉翻石鸟

vulcanicidad *f*. 火山性；火山现象[活动]

vulcanismo *m*. ①〈地〉火成论；②火山作用；火山活动[现象]

vulcanita *f*. 硬质橡胶；硬橡皮

vulcanización *f*. 〈化〉①（橡胶）硫[硬]化作用；②热补

vulcanizado,-za *adj*. 〈化〉（经）硫[硬]化的（橡胶）

vulcanizador *m*. ①（橡胶）硫[硬]化器；硫[硬]化剂；②热补机

vulcanizar *tr*. ①（高温加硫使橡胶）硫[硬]化，加硫；②热补（橡胶轮胎等）

vulcanología *f*. 火山学

vulcanólogo,-ga *m*. *f*. 火山学者[家]

vulneración *f*. ①违反[犯，背]；②〈法〉违法行为

vulneraria *f*. 〈植〉蝶花草（可用作饲料）

vulnerario,-ria *adj*. 〈药〉〈医〉治伤的‖ *m*. 〈药〉创伤药

vulpécula *f*. ①[V-]〈天〉狐狸星座；②〈动〉雌狐

vulpeja *f*. 〈动〉雌狐

vulpinita *f*. 〈地〉磷硬石膏

vulpino,-na *adj*. 狐狸的 costumbres ～as 狐狸(的)习性

vulsinita *f*. 〈地〉斜斑粗安岩

vultur *m*. 〈鸟〉兀鹰；美洲鹫

vulva *f*. 〈解〉女[外]阴

vulvario,-ria *adj*. 〈解〉女[外]阴的

vulvectomía *f*. 〈医〉外阴切除术

vulvismo *m*. 〈医〉外阴痉挛

vulvitis *f*. *inv*. 〈医〉外阴炎

vulvopatía *f*. 〈医〉外阴病

vulvouterino,-na *adj*. 〈解〉外阴子宫的

vulvovaginal *adj*. 〈医〉外阴阴道的

vulvovaginitis *f*. *inv*. 〈医〉外阴阴道炎

VUM *abr*. valor unitario de manufactura 单位制造价值

vv. ll. *abr*. *lat*. variae lectiones （稿本的）各种异文

VVSOP *abr*. *lat*. very very superior old pale（白兰地酒）25 至 40 年陈的

W w

W ①〈化〉元素钨(wolframio)的符号;②〈理〉瓦特(vatio) 的符号

waca *f*. ①〈地〉〈矿〉玄武土;玄砂石;② *Amér. L.* (雇来看守房产的)看守人;警卫员

wackenrodita *f*. 〈地〉〈矿〉铅锰土

wad *m*. 〈地〉〈矿〉锰土

WADS *abr. ingl.* wide area date service 〈信〉广域数据(通讯)服务

wagon-lit *m. fr.* 〈交〉(铁路)卧车

WAIS *abr. ingl.* wide area information servers 〈信〉广域信息服务器

waka *jap.* 和歌(日本诗歌,尤指 6-14 世纪的宫廷诗歌)

walkie;walky;walkie-talki *m*. 见 walkie-talkie

walkie-talkie *m. ingl.* (背负式)步话机;(携带式轻便)无线电话机

walkman *m. ingl.* 随身听(一种便携式录音机)

walrasiano,-na *adj.* 瓦尔拉式的,瓦尔拉型的
mercado ~ 瓦尔拉型市场

WAN *abr. ingl.* wide area net 〈信〉广域网

WAP *abr. ingl.* Wireless Application Protocol 〈讯〉无线接入协议

wapití *m*. 〈动〉①美洲赤鹿;②马[黄臀]鹿

warfarina *f*. ①〈化〉杀鼠灵;②〈药〉华法令(用作抗凝血剂)

warrant *ingl.*;**warrante** *m*. ①授权;批准;认可;②〈法〉令[逮捕]状;搜查[授权]令;③证[委任,委托]书;〈军〉准尉委任状;④〈商贸〉付款凭单;⑤(公司发的)认股权证;⑥栈[库存]单
~ en divisa 外汇付款凭单
~ separable 可分离认股权证

wat (*pl.* watts);**watt** (*pl.* watts) *m*. 〈理〉瓦特(功率单位)

water-ballast *m. ingl.* 〈船〉〈海〉(镇船)水载,水衡重;水压载,压载水

water-man *m. ingl.* ①船工[家];②桨手

waterpolista *m. f.* 〈体〉水球运动员

water-polo *m. ingl.* 〈体〉水球

waterproof *m. ingl.* 防[不透]水的,水密的,绝[防]湿的 ‖ *m*. 防水布[衣,物料],雨衣;防水性

WATM *abr. ingl.* wireless ATM 〈信〉无线ATM(即无线异步传输模式)

watthorímetro *m*. 〈电〉火[电度]表,瓦(特小)时计

wavelet *m. ingl.* 子[小]波

wavelita *f*. 〈矿〉银星石

WDM;wdm *abr. ingl.* wavelength division multiplex 〈讯〉波分复用(技术)

web *m. o f.* ①网;②网页;③[W-]万维网
página (de) ~ 网页
~ site(sitio de ~) 〈信〉网站,站点

webcam *f. ingl.* 〈信〉网络摄像头

weber;wéber;weberio *m*. 〈电〉韦伯(磁通量单位)

webnerita *f*. 〈矿〉硫锑银铅矿

websterita *f*. 〈矿〉矾石;二辉岩

wedge *m*. 楔形,楔形状

weinmania *f*. 〈植〉轻[万灵]木

wellingtonia *f*. 〈植〉巨杉

welter;wélter *m*. ①(体重为 63.5-66.5 公斤的)次中量级职业拳击手;(体重为 63.5-67 公斤的)次中量级业余拳击手;②(体重为 70-78 公斤的)次中量级摔跤运动员;③(赛马的)重量级骑手

welwitschia *f*. 〈植〉千岁兰

welwitschiáceo,-cea *adj.* 〈植〉千岁兰科的 ‖ *f. pl.* 千岁兰科

welwitschial *adj.* 〈植〉千岁兰目的 ‖ *m. pl.* 千岁兰目

western *m. ingl.* 〈电影〉(美国的)西部片[电影]

W. G.;w. g. *abr. ingl.* weight guaranteed 〈商贸〉保证重量

wharf *m. ingl.* 码头,停泊处

whiskería;wisquería *f*. 威士忌酒巴

whiskey;whisky *m. ingl.* 威士忌酒
~ de malta 纯麦芽威士忌

willemita *f*. 〈矿〉硅锌矿

willy-willy *m. ingl.* 〈气〉畏来风(澳大利亚西部的一种旋风)

Wilms *m*. 见 tumor de ~
tumor de ~ 〈医〉维耳姆斯氏瘤,胚性腺肌肉瘤

winch *m. ingl.* ①〈机〉绞车,卷扬机;②〈船〉起货机;③〈机〉曲[摇]柄

winche *m. Méx.* 〈机〉挺杆起重机,悬杆吊车

winchester *m. ingl.* 见 disco ～
disco ～〈信〉温彻斯特磁盘

windsurf; widsurfing *m. ingl.* 〈体〉风帆冲浪(运动)

windsurfista *m. f.* 〈体〉风帆冲浪运动员

wing *m. f. Arg.* 〈体〉(足球、冰球等运动中的)边锋(位置);侧翼队员
～ derecho/izquierdo 右/左边锋

wintergreen *m. ingl.* ①〈植〉冬青树;繁缕冬绿树;②冬青油;③〈植〉喜冬草,梅笠草;④〈植〉少叶远志
esencia de ～ 冬青油

witerita; witherita *f.* 〈矿〉毒重石

withamita *f.* 〈矿〉黄红帘石

Wilson *m.* 见 enfermedad de ～
enfermedad de ～〈医〉威尔逊氏病

WLAN *abr. ingl.* wireless local area network 〈信〉〈讯〉无线局域网

WML *abr. ingl.* wireless markup language 〈信〉无线标记语言

Wogoner *m. ingl.* 〈天〉御夫星座;北斗七星

wolfram; wolframio *m.* 〈化〉钨

wolframífero,-ra *adj.* 〈矿〉含钨的

wolframita *f.* 〈矿〉黑钨矿,钨锰铁矿

wolfsbergita *f.* 〈矿〉硫铜锑矿

wollastonita *f.* 〈地〉〈矿〉硅灰石

wombat *m. ingl.* 〈动〉毛鼻袋熊(澳大利亚土著语)

woofer *m. ingl.* 低音扬声器,低音喇叭

word *m. ingl.* ①〈电子〉〈信〉字(指在计算机和信息处理系统中作为一个单元的一组字符);②词组合(遗传密码中代表核苷酸三联体密码或密码子的三字母组合)

WORM *abr. ingl.* write-once, read-many 〈信〉一写多读(存储器)

WPM; wpm; w. p. m. *abr. ingl.* words per minute 〈信〉每分钟字数,字/分

WPS *abr. ingl.* word processing system 〈信〉字处理系统

wrestling *m. ingl.* 〈体〉摔跤(运动)

wulfenita *f.* 〈矿〉钼铅矿

wurtzita *f.* 〈矿〉纤锌矿

W/W; WW *abr. ingl.* werehouse warrant 〈商贸〉仓[栈]单

WWW *abr. ingl.* World Wide Web 〈信〉万维网,环球网

WYSIAYG *abr. ingl.* what you see is all you get 〈信〉见 wysiwyg

wysiwyg; WYSIWYG *abr. ingl.* what you see is what you get 〈信〉所见即所得的(意即"计算机显示屏上显示的图像是出版物的准确再现")

X x

xaan *m. Méx.*〈植〉巴拿马草

xaca *f. Méx.*〈解〉外阴

xalemia *f.*〈乐〉笛号

xaloxtoquita *f.*〈矿〉蔷薇榴石

xantación *f.*〈化〉黄原酸化作用

xantato *m.*〈化〉黄原酸盐[酯]

xanteína *f.* (某些植物细胞液内可溶于水的)胞液黄素

xantelasma *m.*〈医〉黄色斑(瘤)

xanteno *m.*〈化〉①呫吨;氧杂蒽;②呫吨衍生物

xántico,-ca *adj.* ① 黄色的,带黄色的;②〈化〉黄嘌呤的;黄原酸的
ácido ∼〈化〉黄原酸,乙氧基二硫代甲酸

xantina *f.*①〈生化〉黄嘌呤(一种有毒的黄白色嘌呤碱,存在于血液、尿和某些动植物组织中);②黄嘌呤衍生物(如咖啡因、可可碱、茶碱等)

xantinuria *f.*〈医〉黄嘌呤尿

xantoconita *f.*〈矿〉黄银矿

xantocroísmo *m.*〈动〉(某些动物的)黄色现象(指除了黄色和金色的皮肤色素外其他色素都不存在)

xantocromía *f.*〈医〉黄变,颜色变黄

xantodonte *adj.*〈动〉具黄色齿的(如某种啮齿类)

xantofila *f.*〈生化〉叶黄素,胡萝卜醇

xantóforo *m.*〈生〉〈植〉黄色素细胞

xantogénico,-ca *adj.* 见 ácido ∼
ácido ∼〈化〉黄原酸

xantogranuloma *m.*〈医〉黄肉芽肿

xantoma *m.*〈医〉黄色瘤

xantomatosis *f.*〈医〉黄瘤病,黄脂增生病

xantomicina *f.*〈药〉链霉黄素,胍甲四环素

xantona *f.*〈化〉呫吨酮;(夹)氧杂蒽酮;(夹)氧二苯甲酮

xantopía; xantopsia *f.*〈医〉黄视症,视物显黄症

xantoproteína *f.*〈生化〉黄(色)蛋白(指热硝酸作用于蛋白质所生成的物质)

xantosiderita *f.*〈矿〉黄针铁矿

xantosina *f.*〈医〉黄苷(黄嘌呤核苷)

xantosis *f.*〈医〉黄皮病,黄变病

xantospermo,-ma *adj.*〈植〉结[有]黄色籽的

xantoxilo *m.*〈植〉花椒属植物

xantoxina *f.*〈生化〉黄氧素(光致氧化作用的产物)

xaramia *f.*〈乐〉笛号

xasa *f. Méx.*〈植〉加州胡椒树

xaxabe *m. Méx.*〈鸟〉喜鹊

Xe〈化〉元素氙(xenón)的符号

xenia *f.*〈植〉种子直感,异粉性

xeno *m.*〈化〉氙

xenoantígeno *m.*〈生〉异种抗原

xenobiótico,-ca *adj.*〈医〉(药物、杀虫剂、致癌物等)异形生物质的‖ *m.* 异形生物质

xenocristal *m.*〈地〉异[捕获]晶

xenodiagnosis *f.*〈医〉动物接种诊断(法)

xenofilia *f.* 喜欢域外事物;崇外[洋]

xenofobia *f.*〈心〉对外国人[域外事物]的恐惧[憎恶];恐外症;生客[陌生]恐怖

xenófobo,-ba *adj.*〈心〉恐惧外国人[域外事物]的,恐外的,生客[陌生]恐怖的‖ *m. f.* 恐惧[憎恶]外国[陌生]人的人,恐惧[憎恶]域外事物的人

xenoftalmía *f.*〈医〉异物性眼炎;目[自沙]涩

xenogamia *f.*〈植〉异株异花受精

xenogén *m.*〈遗〉异(种)基因

xenogénesis; xerogenia *f.*〈生〉①自然发生;②世代交替;③亲子异型

xenogénico,-ca *adj.* ①〈生〉异种的;②〈遗〉异种基因的
anticuerpo ∼〈生〉异种抗体
variedad ∼a〈遗〉异基因异变种

xenolito *m.*〈地〉捕虏体,捕虏岩(指火成岩中与其无成因关系的包体)

xenomorfo,-fa *adj.*〈地〉他形的(指岩石受压而失去原有晶形的)

xenón *m.*〈化〉氙
lámpara de ∼ 氙气灯

xenotima *f.*〈矿〉磷钇矿

xenotransplantación *f.*〈医〉异种器官移植术

xenotransplante *m.*〈医〉异种器官移植术

xenotrópico,-ca *adj.*〈生〉异向性的(病毒);亲异的
virus ∼ 异向(性)病毒

xeransis *f.*〈医〉干燥,除湿

xerántico,-ca *adj.* 致干燥的,除湿的

xerasia *f.* 〈医〉干发病

xerocopia *f.* 〈静电〉复制件

xerocopiar *tr.* 摄影复制;复[影]印

xeroderma *f.* 〈医〉干皮病,皮肤干燥病
~ pigmentosa[pigmentósum] 着色性干皮病(一种遗传性皮肤病)

xerodermia *f.* 〈医〉干皮病,皮肤干燥病

xerofagia *f.* 〈医〉干食(法)

xerofilia *f.* 〈生〉适旱性

xerófilo,-la *adj.* ①〈环〉〈植〉适[喜]旱的;②〈动〉旱栖的 ‖ *m.* 适[喜]旱生物

xerofita *f.* 〈植〉旱生植物

xerofito,-ta *adj.* 〈植〉旱生(植物)的
planta ~a 旱生植物

xoroformo *m.* 〈药〉干[塞罗]仿,三溴酚铋

xeroftalmía *f.*; **xeroma** *m.* 〈医〉(缺少维生素A引起的)干眼病,眼干燥(症)

xerografía *f.* ①〈印〉静电印刷[复印]术;②〈医〉干板造影术

xerográfico,-ca *adj.* 静电印刷[复印]的

xeromórfico,-ca *adj.* 〈环〉〈植〉旱生型的;旱型结构的

xeromorfismo *m.* 〈环〉〈植〉旱生型;旱型结构

xeromorfo *m.* 〈环〉〈植〉旱生型;旱生植物

xerorradiografía *f.* ①〈摄〉静电放射摄影术;干法射性照相术;②〈医〉干板放射造影术

xerorradiógrafo *m.* 〈摄〉静电放射拍摄照片

xerorradiograma *m.* 〈医〉干板放射造影照片

xeroserie *f.* 〈环〉〈植〉旱生演替系列(指在干燥地面上的一个生态演替的临时群落)

xerosis *f.* 〈医〉干燥症;(眼、皮肤等的)干燥病

xerostomía *f.* 〈医〉口腔干燥

xerotermia *f.* ①〈气〉干热;②〈环〉干温

xerotérmico,-ca *adj.* ①〈气〉干热(气候)的;②〈环〉干温的;③适应〈滋生〉于干热环境的

xerotermo *m.* 〈环〉干温有机体

xerotíco,-ca *adj.* 〈医〉干燥(病)的

xeto,-ta *adj. Méx.* 〈医〉兔唇的,豁嘴的

XGA *abr. ingl.* extenden graphics array 〈信〉扩展图形阵列

xifisternón *m.* 〈动〉〈解〉剑突(胸骨)

xifoide *m.* 〈动〉〈解〉剑突

xifoideo,-dea *adj.* 〈动〉〈解〉剑突[状]的

xifosuro,-ra *adj.* 〈动〉剑尾目的 ‖ *m.* ①剑尾目(节肢)动物;②*pl.* 剑尾目

xik *m. Méx.* ①〈解〉腋;②腋下,胳肢窝

xilana *f.* 〈化〉木聚糖;木糖胶

xilema *m.* 〈植〉木质部

xileno *m.* 〈化〉二甲苯

xilenol *m.* 〈化〉二甲苯酚

xilidina *f.* 〈化〉二甲代苯胺

xilitol *m.* 〈化〉木糖醇

xilófago,ga. *adj.* 〈动〉〈昆〉蚀[食,蛀]木的 ‖ *m.* 蚀[食,蛀]木虫

xilofonista *m. f.* 〈乐〉木琴手,木琴演奏员

xilófono *m.* 〈乐〉木琴

xilógeno *m.* 〈植〉①木纤维;②木(质)素

xiloglifia *f.* 〈艺术〉木雕

xiloglífico,-ca *adj.* 〈艺术〉木雕的

xiloglifo,-fa *m. f.* 〈艺术〉木雕家[作者]

xilografía *f.* ①木刻术;木刻板印刷术;②(木)版画印画法

xilográfico,-ca *adj.* ①木刻的;木刻板的;②(木)版画的

xilógrafo,-fa *m. f.* 木刻家[师]

xiloideo,-dea *adj.* 木的;木质的;似木的

xiloidina *f.* 木炸药

xilol *m.* 〈化〉二甲苯

xilometría *f.* 木材测容术

xilómetro *m.* 木材比重计,木材测容器

xilonita *f.* 硝酸纤维素塑料;赛璐珞,假象牙

xilópalo *m.* 〈地〉水蛋白石

xiloprotector,-ra *adj.* 〈环〉保护木头的

xilosa *f.* 〈化〉木糖(见于多种木材中的戊糖)

xilotila *f.* 〈矿〉(含镁)铁石棉

xilulosa *f.* 〈生化〉木酮糖

xinene *m. Méx.* 〈植〉鳄梨

xister *m.* 〈医〉刮器[骨刀],骨刮

XML *abr. ingl.* extensible markup language 〈信〉可扩展标记语言

Xmódem *m.* 〈信〉Xmódem 方法(通信链路上传输文件的一种方法)

XMS *abr. ingl.* ①extended memory system 〈信〉扩展内存系统;② extended memory specification 〈信〉扩充内存规范

xobaroba *f. Méx.* 〈植〉马缨丹

xocomil *m. Guat.* 狂风

xoconochtle *m. Méx.* 〈植〉仙人掌果

xocoto,-ta *adj. Amér. L.* (水果)酸的,青的

xography *f. ingl.* X 摄影法(一种产生于立体影像的摄影法)

xola *f. Méx.* 〈鸟〉雌火鸡,雌吐绶鸡

XON/XOFF *ingl.* x-on/x-off 〈信〉软件流控制

XOR *abr. ingl.* exclusive OR ①〈信〉"异或"门;②〈电子〉"异或"逻辑电路

xox *m. Méx.* 〈植〉蓖麻

XP *abr. ingl.* extreme programming 〈信〉极限编程

Xunta *f. Esp.* 加里西亚自治区政府

XYP *abr. ingl.* XY plotter XY 绘图仪

Y y

Y 〈化〉元素钇(itrio)的符号

ya *f.* 〈乐〉(中国的)牙琴 ‖ *m. Méx.*〈植〉人心果

yaacabó *m. Amér. M.* 〈鸟〉双色鹰

YAC *abr. ingl.* yeast artificial chromosome 〈生〉酵母人工染色体

yac(*pl* yacs) *m.* 〈动〉(产于中国西藏和中亚的)牦牛

yacamar *m. Amér. M.* 〈鸟〉黄金鹰

yacaré *m.* ①*Amér. L.*〈动〉宽吻鳄；②〈动〉短吻鳄(如美洲鳄)；*Amér. M.* 鳄鱼；③〈机〉鳄式碎石机

yacatiang *m. Méx.* 〈鸟〉野火鸡

yacente *adj.* ①躺着的；斜靠的；②〈植〉横[平]卧的 ‖ *m.*〈矿〉矿脉底层

yaceta *f. Amér. L.* 〈植〉旱芹

yacht *m. ingl.* ①游[快]艇；〈体〉帆船；②沙滩帆船；③冰上滑艇

yachting *m. ingl.* ①〈体〉帆船运动[比赛]；②驾帆船[快艇]技术；③驾快艇；乘游艇

yacimiento *m.* 〈地〉〈矿〉层；〈矿〉矿床；②旧[遗]址

~ aurífero 金矿

~ carbonífero(~ de hulla) 煤矿

~ de gas 天然气田

~ de uranio 铀矿

~ dislocado 断裂油气层

~ en conglomerado 矿体

~ mineral 矿床

~ petrolífero 油田

~ submarino 海洋矿层

yacitara *f. Bras. , Venez.* 〈植〉棕榈树

yacone *m. Amér. L.* 〈植〉菊芋，洋姜

yactura *f.* 〈经〉破产

yacumamá *f. Amér. M.* 〈动〉蟒蛇，森蚺

yacupuma *f. Amér. M.* 〈动〉豹

yacure *m. Venez.* 〈植〉金合欢

yagua *f.* ①〈植〉王棕(产于美国、西印度群岛)；②〈植〉健立果树；③王棕(木)纤维织物

yaguar *m. Amér. L.* 〈动〉(美洲)豹[虎]

yaguané *adj. Riopl.* 〈动〉(牲畜颈部、肋部与身躯)异色的；花斑色的

yaguaré *m. Par. , Urug.* ①〈动〉臭鼬；②臭鼬皮毛

yaguarete；yaguareté *m. And. , Cono S.* 〈动〉(美洲)豹[虎]

yaguarondi *m. Amér. M. , Méx.*〈动〉墨西哥猫

yaguatí *m. Amér. M.* 〈动〉(美洲)豹[虎]

yaguey *m.*；yagueyes *m. pl. Amér. L.* 水塘，蓄水池

yaguré *m. Amér. L.* ①〈动〉臭鼬；②臭鼬皮毛

yaichihue *m. Chil.*〈植〉矮铁兰

yaité *m. Méx.*〈植〉墨西哥丁香

yak(*pl.* yaks) *m.* 〈动〉(产于中国西藏和中亚的)牦牛

yamacamá *f. Bras.*〈植〉仙人掌；仙人掌果

yampo *m. Chil.* 〈矿〉矿石屑

yana *adj. And.* 黑色的

yanca *f.* 〈矿〉断层泥

yanolita *f.* 〈地〉〈矿〉紫斧石

yapa *f.* ①*Amér. M.* (炼银时加进的)汞，水银；②*Cono S.*〈机〉附件，附加装置

yapok *m.* 〈动〉(美洲热带)蹼足负鼠

yapururo *m. Venez.* 〈乐〉竹笛

yarabisco *m.*；yaravisca *f. Bol.*〈植〉马缨丹

yarará *f. And. , Cono S.*〈动〉响尾蛇；一种洞蛇

yararaca *f.* ①*Bras.* 〈地〉竹笛；②〈动〉响尾蛇；一种洞蛇

yarda *f.* 码(英美长度单位，＝3 英尺，合0.9144 米)

~ cuadrada 平方码

~ cúbica 立方码

yardaje *m.* 码数；以码计量的长度[体积]

yate *m.* ①游[快]艇；②〈体〉帆船

yatismo *m.* 〈体〉帆船运动[比赛]

yatista *m. f.* 〈体〉帆船运动员；喜爱帆船运动者

yatroquímica *f.* 〈医〉化学医学；化学疗法

yautía *f.* 〈植〉箭叶黄体芋

yavarí *m. Amér. L.* 〈动〉野猪

yaxci；yaxqui *m. Méx.* 〈植〉龙舌兰

yaz *m.* 〈乐〉爵士乐；爵士乐曲

Yb 〈化〉元素镱(iterbio)的符号

yda *abr.* yarda 码(英美长度单位，＝3 英尺，合0.9144 米)

yedra *f.* 〈植〉常春藤

yegua *f.* 〈动〉母[牝]马;母驴
　～ de cría 传种母马

yeguacería *f.* 种马场

yeguar *adj.* 〈动〉母马的

yelmo *m.* ①盔;钢[帽]盔;(潜水)头盔;②盔
　状物;(机)罩

yema *f.* ①〈植〉(苞,叶)芽;②〈动〉(水螅等
　动物的)芽体;③见 ～ del dedo
　～ axilar 腋芽
　～ del dedo 〈解〉指尖
　～ lateral 侧芽
　～ terminal 顶芽

yenita *f.* 〈地〉〈矿〉黑柱石

yerba *f.* ①草;饲草,草料;②草本植物;(叶
　或茎可作药用或调味等用的)芳草;③大麻,
　毒品,麻醉品;④见 ～ (de) maté
　～ (de) maté 巴拉圭茶,马黛茶

yerbabuena *f.* *Amér.L.* 〈植〉薄荷属植物

yerbabuenal *m.* *Amér.L.* 薄荷地

yerbal *m.* ①*Amér.L.* 草地[场];②*Cono
S.* 巴拉圭茶园[种植场]

yerbatal *m.* *And.* 巴拉圭茶园[种植场]

yerbatero,-ra *adj. Amér.L.* 巴拉圭茶的,
　马黛茶的 ‖ *m. f.* ①药草采集者;药草商;
　②巴拉圭茶商;巴拉圭茶农

yerbero,-ra *m. f. Amér.L.* 药草采集者;药
　草商 ‖ *m. Amér.L.* 草地[场]

yerbonal *m. Col.* 草地[场]

yerbuno *m. Amér.L.* 牧草

yeros *m. pl.* 〈植〉兵[滨]豆

yersey; yersi *m. Amér.L.* ①平针织物;(女
　子)针织紧身内衣;②紧身(运动)套衫

yersiniosis *f.* 〈医〉耶尔森氏鼠疫杆菌肠道病
　(症状类似阑尾炎)

yesal; yesar *m.* 〈建〉石膏矿;石膏产地

yesca *f.* ①火绒[种],引火物;②易燃物;③
　Cono S. 火[燧]石,打火石

yesera *f.* ①石膏厂;②〈矿〉石膏矿;石膏产
　地

yesería *f.* ①〈建〉抹灰泥工作;②石膏厂;石
　膏商店

yesero,-ra *adj.* 石膏的 ‖ *m.* ①〈建〉抹灰
　[粉刷]工;②制石膏工人,卖石膏的人
　industria ～a 石膏工业

yeso *m.* ①〈地〉〈矿〉石膏;②〈建〉灰泥[浆];
　熟石膏;③石膏模型[制品];石膏制品;④
　〈医〉石膏(材料);筒形石膏夹,石膏绷带;⑤
　粉笔
　～ blanco 白垩,大白
　～ de París(～ mate) 烧[熟]石膏
　～ especular 透明石膏
　～ espejuelo 结晶石膏

　～ fino 细石膏粉
　～ negro 灰[粗石]膏
　～ virgen 原生石膏

yesoso,-sa *adj.* ①石膏(状,质)的;似[像]石
　膏的;②含石膏的;产石膏的

yesquero,-ra *adj.* 火绒的,引火的 ‖ *m.* ①
　(香烟)打火机;②制[卖]火绒的人

yeti *m.* 雪人(据说生存在喜马拉雅山上的一
　种动物)

yeyuno *m.* 〈解〉空肠

yeyunal *adj.* 〈解〉空肠的

yeyunectomía *f.* 〈医〉空肠切除术

yeyunitis *f. inv.* 〈医〉空肠炎

yeyunocolostomía *f.* 〈医〉空肠结肠吻合术

yeyunoileal *adj.* 〈医〉空肠回肠的

yeyunoileítis *f. inv.* 〈医〉空肠回肠炎

yeyunoileostomía *f.* 〈医〉空肠回肠吻合术

yeyunorrafia *f.* 〈医〉空肠缝合术

yeyunostomía *f.* 〈医〉空肠造口术;空肠造口

yeyunotomía *f.* 〈医〉空肠切开术

YIB *abr.* ingreso interno bruto 〈经〉国内总
　收入;国内收入总值

yip *m. Amér.L.* 吉普车

YNB *abr.* ingreso nacional bruto 〈经〉国民
　总收入;国民收入总值

yodación *f.* 〈化〉碘化(作用)

yodado,-da *adj.* 〈化〉①含碘的,五价碘的;
　②用碘处理的
　sal ～a 碘盐

yodar *tr.* 〈化〉用碘[碘化物]处理;使碘化

yodato *m.* 〈化〉碘酸盐

yodhidrato *m.* 〈化〉氢碘酸盐

yodhídrico,-ca *adj.* 〈化〉氢碘的
　ácido ～ 氢碘酸

yódico,-ca *adj.* 〈化〉①含碘的,五价碘的;②
　由碘产生的
　ácido ～ 碘酸

yodimetría *f.* 〈化〉(用硫代硫酸钠为滴定剂
　的)滴定碘法;碘定量法

yodimétrico,-ca *adj.* 〈化〉碘定量的

yodímetro *m.* 〈化〉碘量滴定计

yodismo *m.* 碘中毒

yodización *f.* 〈化〉碘化(作用)

yodo *m.* 〈化〉①碘;②碘酊[酒]
　～ en tabletas 碘片
　índice de ～ 碘值
　tintura de ～ 碘酒[酊]

yodoalcano *m.* 〈化〉碘代烷

yodofenol *m.* 〈化〉碘酚,碘本酚

yodofilia *f.* 〈化〉碘嗜性

yodoformizar *tr.* 〈化〉碘仿处理

yodoformo *m.* 〈化〉碘仿,三碘甲烷

yodóforo *m.* 〈化〉碘递[载]体

yodol *m.* 〈化〉碘咯(用作防腐剂)

yodometano *m.* 〈化〉碘甲烷

yodometría *f.* 〈化〉(用硫代硫酸钠为滴定剂的)滴定碘法;碘定量法

yodométrico,-ca *adj.* 〈化〉碘定量的

yodoproteína *f.* 〈生化〉碘蛋白

yodopsina *f.* 〈生化〉视紫蓝质,视青紫素

yoduración *f.* 〈化〉碘化;碘化物处理

yodurado,-da *adj.* 〈化〉含碘化物的

yodurar *tr.* 〈化〉用碘(化物)处理,使碘化

yoduro *m.* 〈化〉碘化物

~ de plata 碘化银

~ de plomo 碘化铅

~ de potasio 碘化钾

~ de sodio 碘化钠

~ hidrógeno 碘化氢

~ mercúrico 碘化汞

~ metílico 甲基碘

yogur *m.* ①酸奶;②〈生化〉酸乳

yogurtera *f.* 〈机〉(家用)电动酸奶器

yohimbina *f.* 〈生化〉〈药〉育亨宾(宁碱)

yol *m.* 〈船〉小渔船;舰载小艇

yola *f.* 〈船〉①小渔船;舰载小艇;②快[赛]艇;帆船

yonqui *m.f.* 有毒瘾者;服用麻醉品者

yoquei ; **yóquey** *m.f.* 职业赛马骑师

yotabait *m.* 〈信〉10^{24} 字节

yperita *f.* 〈化〉芥子气(一种战争毒气)

yterbio *m.* 〈化〉镱

ytrio *m.* 〈化〉钇

yuca *f* ①〈植〉木薯;*Amér. L.* 木薯根茎;②丝兰属植物;丝兰;③*And.* 食物

yucal *m.* 〈农〉木薯地

yucumí *m.* *Bras.* 〈动〉食蚁兽

yudo *m.* *jap.* 〈体〉柔道;现代柔术

yudogui *m.jap.* 〈体〉柔道服

yudoka *m.jap.* 〈体〉柔道运动员

yugo *m.* ①轭;②轭架;轭状物

yugular *adj.* 〈解〉①颈的;喉的;②颈静脉的
vena ~ 颈静脉

yungas *f. pl.* 〈地〉高温热带流域,高温热带气候带

yungla *f.* 热带植丛,丛[密]林

yunque *m.* ①〈机〉〈测,锤,铁〉砧;砧座;②〈解〉砧骨
~ de un solo brazo 鸟嘴[丁字,小角]砧
cepo[tajo] de ~ 砧座[台]
estampa de ~(mesa del ~)砧面垫片
tajadera de ~ 砧凿
zócalo de ~ 砧座

yurumí *m.* *Amér. M.* 〈动〉食蚁兽

yuta *f.* *Cono S.* 〈动〉蚯蚓,鼻涕虫

yute *m.* ; **yuti** *m.* *Amér. L.* 〈植〉①黄麻;黄麻属植物;②黄麻纤维

yuxtaarticular *adj.* 〈解〉近关节的,关节旁的

yuxtaespinal *adj.* 〈解〉近脊柱的,脊柱旁的

yuxtaglomerular *adj.* 〈解〉近(肾小)球的,(肾小)球旁的

yuxtalineal *adj.* 见 traducción ~
traducción ~ 逐行对照翻译

yuxtaposición *f.* ①并列,并置;②〈医〉对合

yuxtavesical *adj.* 〈解〉近膀胱的,膀胱旁的

yuyada *f.* *Amér. L.* 杂[野]草丛

yuyal *m.* *Cono S.* 灌木丛林地

yuyerío *m.* *And.,Cono S.* 〈植〉杂[野]草

yuyo *m.* ①*Amér. L.* 〈植〉杂[野]草;②*Amér. L.* 药草;③*And.*〈药〉草药敷剂

yuyoso,-sa *adj.* *Amér. L.* 杂草丛生的

yuyusca *f.* *Per.* 〈农〉除[锄]草

Z z

zabatán m. 〈植〉团叶薄荷

zaborda f. 〈海〉搁浅,触礁

zabordar intr. 〈海〉搁浅

zabordo; zabordamiento m. 〈海〉搁浅,触礁

zaborra f. (船的)压载

zacacil m. Méx. 〈植〉仙人掌

zacatal m. Amér.C. 草[牧]场;牧草地

zacate m. Amér.C. ①牧[青]草;草[饲]料;干草;②Amér.C.,Méx. 稻草

zacatera f Amér.C. ①草[牧]场;牧草地;②干草垛[堆]

zacatilla f. Méx. 〈昆〉胭脂虫

zacatón m. 〈植〉(美国西南部和墨西哥产的)粗硬茎禾草

zacatonal m. Amér.L. 草[牧]场;牧草地

zafada f. ①〈海〉清除障碍;②Méx. 〈医〉脱白[位]

zafadura f. ①移[变]位;②Amér.L.〈医〉脱白[位];③Arg.〈医〉骨折

zafarrancho m. 〈海〉清理[扫]

~ de combate (船舶的)战斗准备

zafirina m. 假蓝宝石

zafirino,-na adj. ①蓝宝石的;蓝宝石制的;②蓝宝石色的;(尤指在颜色等方面)像蓝宝石的

zafiro m. ①〈矿〉蓝宝石;宝石蓝色;深紫蓝色

zafra f. ①矿渣,岩屑;②油桶,量油罐[桶];③Amér.L. 甘蔗收割季节;制[榨]糖;④Riopl. 牲畜交易旺季;畜产品销售旺季

zafrán m. 〈植〉番红花

zafre m. ①钴蓝色素,花绀青(一种含氧化钴的蓝色颜料);②〈化〉钴蓝釉

zaga f. ①后部[边,面];尾部;②〈体〉防守队员,后卫

zaguán m. 〈建〉①门厅;走廊;②Amér.C. 车库

zaguero,-ra adj. ①后面[部]的;②(车辆)后部载量过重的‖ m. f. 〈体〉(足球运动的)防守队员;后卫;(橄榄球运动的)防守后卫

zahorra f. 〈海〉压载;压舱物,镇重物

zaino,-na adj. ①栗色的(马);黑色的(牛);②(家畜等)有劣性的

zalcitabine f. 〈药〉扎西他宾(抗艾滋病药)

zallada f. 〈海〉向船舷滚动

zamba f. Amér.M. 桑巴舞

zambo,-ba adj. 〈医〉膝内翻的,罗圈腿的

zampa f. 〈建〉(房屋、桥梁等的)桩

zampeado m. 〈建〉①板柱;②格排,排基

zamuro m. 〈鸟〉红头美洲鹫

zanahoria f. 〈植〉胡萝卜

zanate m. 〈鸟〉①Amér.L. 八哥;②Amér.C.,Méx. 秃鼻乌鸭

zanca f. ①〈建〉楼梯斜梁,楼梯基;②〈鸟〉(鸟等的)胫;小腿

zancajo m. ①〈解〉跟骨;②(足)跟;③(鞋袜等的)后跟

zancaslargas f.inv. 〈机〉曲[摇]柄

zanco m. ①〈建〉支材,支撑物;(脚手架等的)主篙;②〈植〉气跟;③高跷

zancudo,-da adj. ①腿长的;②涉禽的‖ m. Amér.L. 〈昆〉蚊子

zandía f. 〈植〉西瓜

zanfona f. 〈乐〉①手摇风琴;②摇弦琴

zángano m 〈昆〉公[雄]蜂

zangarriana f. ①〈医〉偏头痛;头[剧]痛;小病;②〈兽医〉(羊的)全身水肿

zanja f. ①(明,壕)沟,渠,漕;②Amér.L. 沟[水]渠;冲沟;河[水]道;③And. 篱笆,围拦;矮墙

~ de desagüe 排水渠

máquina de cavar ~s 开[挖]沟机

zanjadora; zanjeadora f. 〈机〉挖[开]沟机

~ mécanica 挖沟机

zanjón m. ①沟,大[冲,深]沟,大渠;沟壑;②Cari.,Cono S. 悬崖,峭壁

~ al aire libre 明沟

~ de desagüe 排水沟

~ de regadio[riego] 灌溉渠

zantedesquia f. 〈植〉马蹄莲

zapa f. ①铲,锹;②〈军〉工兵锹;③坑道,壕沟;④〈军〉战[斩,散兵]壕;⑤鲨鱼皮革;鲨革(用于擦光物器);⑥(金属等的)糙面

zapador m. 〈军〉工[坑道]兵‖ ~a f. 〈机〉挖沟[掘,土]机

zapalota f. 〈植〉白睡莲

zapallera f. Amér.L. 〈植〉瓜;葫芦

zapallo m. 〈植〉瓜;南[笋]瓜;葫芦属植物

zapapico m. 鹤嘴锄[镐],丁字镐[斧]

zapata *f*. ①半高筒(皮)靴；②鞋(形物)；③
〈机〉闸瓦[皮]；垫圈[座]；皮钱；防[耐]磨装
置；④〈建〉柱脚；桩靴；过梁；*Cub*.，*P. Rico*
(支撑板墙的)墙基；⑤〈电〉电靴；端；⑥
〈动〉鲷鱼；⑦见 ~ de quilla
 ~ de aterrizaje 滑[起落]撬，滑行架
 ~ de carril (铁路)撤枕，坐铁，(轧)座
 ~ de freno(s) 闸瓦，制动片[块，靴]
 ~ de fricción 摩擦块
 ~ de quilla 〈船〉耐擦龙骨
 ~ guía 导瓦[块]
 ~ magnética frenadora 电磁制动器
zapatería *f*. ①鞋店；②鞋厂；③制鞋业
zapatero *m*. ①〈动〉(细尾)带鱼；② *Esp*.
〈昆〉蜻蜓
zapatilla *f*. ①(室内穿的)便鞋，拖鞋；②〈舞
蹈、体操专用)鞋；③〈体〉运动鞋；④〈机〉垫
圈，皮钱；(自行车的)闸皮；⑤〈动〉偶蹄动
物的)蹄甲[子]
 ~s de ballet 芭蕾舞鞋
 ~s de clavos 跑鞋
 ~s de deporte 运动鞋，训练鞋
 ~s de tenis 网球鞋
zapatita *f*. 〈矿〉针钒钙石
zapato *f*. ①鞋；皮鞋；②鞋形物；③〈电〉极靴
 ~ botín 低帮鞋；短筒靴
 ~ náutico 船鞋(一种防滑低帮鞋)
 ~s de cordones 系带鞋
 ~s de golf 高尔夫鞋
 ~s de goma ①胶鞋；②*Amér. L*. 网球鞋
 ~s de hule *Méx*. 胶鞋
 ~s de plataforma 木屐式坡形高跟鞋
 ~s de salón ①(女士)船形高跟浅帮鞋；②
 女士无带浅口轻便鞋
 ~s de tacón 高跟鞋
 ~s de tacón de aguja 细高跟女皮鞋
 ~s de tacones altos 高跟鞋
 ~s deportivos 运动鞋
 ~s papeles (穿在普通鞋子外面的)套鞋
zapatón *m*. *Amér. L*.(套在皮鞋外面用以防
水、防寒的)套鞋；罩靴
zapeo；**zapping** *m*. 频繁变换频道，跳频
zapotáceo,-cea *adj*. *Amér. L*.〈植〉山榄科
的 ‖ *f. pl*. 山榄科
zapotal *m*. 山榄树林，人心果树林
zapote *m*. *Amér. C*.，*Méx*.〈植〉山榄果；人
心果
zapoteo,-tea *adj*. 〈植〉人心果的；山榄科的
zapotero,-ra *adj. Méx*.〈植〉人心果的 ‖ *m*.
①人心果树；②*Méx*. 人心果
zapoyolero,-ra *adj*. *Amér. L*. 人心果核
[仁]的

zapuje *m*. *Méx*.，*Per*.〈植〉龙舌兰
zapute *m*. *Amér. L*.〈植〉龙舌兰
zaque *m*. *Méx*.〈动〉沙丁鱼
zaranda *f*. ①筛子；(滤，筛)网；过滤器；②
 Méx. 手推车；③*Cari*.〈乐〉喇叭
 ~ de finos 细网[滚筒]筛
 ~ de vaivén 矿[淘簸]筛
 ~ gruesa 粗筛
zarandilla *f*. 〈动〉蜥蜴
zarapinto *m*. 〈植〉屈曲花
zarapito *m*. 〈鸟〉鹬；白腰杓鹬
zarapón *m*. 〈植〉牛蒡
zarataniento,-ta *adj*. *Amér. L*.〈医〉长疥
疮的
zaratita *f*. 〈矿〉翠镍矿
zaraza *f*. 〈纺〉磨擦轧光印花棉布；印花棉布
zarazas *f. pl* 杀鼠药
zarcillo *m*. ①〈植〉卷须；②*Cono S*.，*Méx*.
〈农〉(牲畜的)耳标记[印]记；③〈鸟〉(禽类
耳部的)环状绒毛；眼籬羽
zarco,-ca *adj*. ①淡[浅]蓝色的；②眼睛有白
翳的(人)
zarigüeya *f*. 〈动〉负鼠
zaroche *m*. *Amér. L*.〈医〉高山病
zarpa *f*. ①〈动〉(狮、虎、帽等四足动物的)
爪，爪子；②〈海〉起锚；③〈建〉基[底]脚
zarpe *m*. *Amér. L*.〈海〉起锚[航]
zarrapo *m*. 〈动〉蟾蜍，癩蛤蟆
zarza *f*. 〈植〉悬钩子属植物；(欧洲)黑莓
zarzamora *f*. 〈植〉(欧洲)黑莓
zarzamoral *m*. 欧洲黑莓园
zarzaparrilla *f*. ①〈植〉菝葜；②菝葜干根
(用于调味)
zarzaperruna *f*. 〈植〉犬蔷薇
zarzo *m*. ①〈农〉临时围栏；(编制好的篱笆、
茅草屋顶等的)枝条构架；篱笆条；②*And*.
〈建〉顶[阁]楼
ZBB *abr. ingl*. zero base budgeting 〈经〉零
基预算编制法(指每年从零开始制定预算)
ZBR *abr. ingl*. zone bit recording 〈信〉区
位记录
zeaxantina *f*. 〈生化〉玉米黄质
zebra *f*. ①〈动〉斑马；②〈植〉*Col*. 斑马紫露
草
zeína *f*. 〈生化〉玉米醇溶蛋白；玉米(胶)蛋
白
 fibra de ~ 玉米(蛋白)纤维
zeismo *m*. 〈医〉玉米中毒，玉米红斑
zenit *m*. ①〈天〉天顶；②顶点[峰]，最高点
 ángulo de ~ 天顶角
 distancia de ~ 天顶距
 telescopio de ~ 天顶仪
zenital *adj*. ①〈天〉天顶的；近天顶的；②顶

点[上]的

zenzontle *m*. *Amér.C.*,*Méx*.〈鸟〉嘲鸫(善鸣叫并能模仿别种鸟的叫声)

zeolita *f*.〈工〉〈矿〉沸石(亦称泡沸石;工业上用于分子过滤和离子交换)

zeolitización *f*.〈矿〉沸石化(作用)

zepelín *m*.〈航空〉策帕林飞艇,齐伯林飞艇(一种硬式飞艇)

zeta *m*. 警察巡逻汽车;警车

zetabait *m*.〈信〉10^{21} 字节

zidovudina *f*.〈药〉齐多呋定,叠氮胸苷(抗艾滋病药)

zigodáctilo *m*.〈医〉并指[趾](畸形)

zigofiláceo,-cea *adj*.〈植〉蒺藜科的‖ *f*.①蒺藜科植物;②*pl*. 蒺藜科

zigoma *f*.①〈解〉颧弓;②〈医〉颧颞突

zigomático,-ca *adj*.〈解〉①颧的;颧弓的;颧骨的;②颧骨区[部位]的

zigomiceto *m*.〈生〉接合菌

zigomorfismo *m*.〈植〉两侧对称式

zigomorfo,-fa *adj*.〈植〉两侧对称的

zigosis *f*.〈生〉接合

zigoteno *m*.〈生〉(细胞减数分裂前期的)合[偶]线期

zigoto *m*.〈生〉①合子;受精卵;②接合体

zigzag *m*.①Z[之]字形,锯齿形;②之字形道路;蜿蜒曲折,盘旋弯曲;③曲折;交错;④〈建〉(装饰用)Z[锯齿]形线条,Z[锯齿]形图案

montaje en ~〈技〉交错[曲折]连接

zigzagueo *m*.①之字形进行;蜿蜒[曲折]前进;②成 Z[之]字形

zilonita *f*. 赛璐珞(的别名);(外科及牙科用)赛璐液

zima *f*.〈生化〉①酶;②病菌

zimasa *f*.〈生〉酿酶

zimogénico,-ca *adj*.①〈生化〉酶原的;产生酶原的;②发酵的,使[引起]发酵的

zimógeno *m*.①〈生化〉酶原;②〈生〉发酵性细菌

zimolisis *f*.〈生化〉酶解作用;发酵

zimolítico,-ca *adj*.〈生化〉酶解作用的;发酵的

zimología *f*. 酶[发酵]学

zimómetro *m*. 发酵计,发酵检验器

zimosán *f*.〈化〉酵母聚糖

zimoscopio *m*. (用以测定酵母发酵能力的)发酵测定器

zimosis *f*.①(传染病的)发酵作用;②发酵病,(酶性)传染病;③发酵

zimosténico,-ca *adj*.〈生化〉增强活性酶的

zimosterol *m*.〈生化〉酵母甾醇

zimotecnia *f*. 发酵(酿造)法;发酵工艺

zimoténico,-ca *adj*. 发酵(酿造)法的;发酵工艺的

zimótico,-ca *adj*.①发酵的;发酵引起的;②引起发酵的;③发酵病的

zimurgía *f*. 酿造学

zinar *m*.〈化〉朱[辰]砂

zinc *m*.〈化〉锌

~ comercial 商品锌(通常指 98 - 99％ 的粗锌锭)

~ en láminas 锌片[皮]

cloruro de ~ 氯化锌

fluoruro de ~ 氟化锌

gramalla de ~ 粒状[粒化]锌

revestido de ~ 镀锌的

zincar *tr*. 镀[包]锌于…,用锌处理

zincato *m*.〈化〉锌酸盐

zincífero,-ra *adj*.①含锌的;②产锌的

zincita *f*.〈矿〉红锌矿;锌石

zinco *m*.〈印〉①锌版;②锌版印刷品

zincografía *f*. (制)锌板术

zincoso,-sa *adj*.①含锌的;似锌的

zincuate *m*. *Méx*.〈动〉蛇

zingiber *m*.〈植〉姜

zingiberáceo,-cea *adj*.〈植〉姜科的‖ *f*.①姜科植物;②*pl*. 姜科

zingueado,-da *adj*. 镀锌的

zinquenita *f*.〈矿〉辉锑铅矿

zinvaldita *f*.〈矿〉铁锂云母

zipear *tr*.〈信〉压缩(文件)

zíper *m*. *Méx*.〈缝〉(衣服)拉链[锁]

ziram *m*.〈化〉福美锌(用作橡胶促进剂及农业杀虫剂)

ziranda *f*. *Méx*.〈植〉无花果树

zircón *m*.〈矿〉锆石

zirconato *m*.〈化〉锆酸盐

zirconia *f*.〈化〉氧化锆

zirconilo *m*.〈化〉氧锆基

zirconio *m*.〈化〉锆

bióxido de ~ 二氧化锆

óxido de ~ 氧化锆

silicato de ~ 硅酸锆

zirconita *f*.〈矿〉(灰棕色)锆英石

ziszás *m*. 之字形线

Zmódem *m*.〈信〉Zmódem 方法(一种在调制解调器链路上传输文件的方法)

Zn〈化〉元素锌(cinc,zinc)的符号

zoantropía *f*.〈心〉变兽妄想(指自以为是兽的病态妄想)

zoario *m*.〈动〉苔藓虫硬体;合体

zocalillo *m*.〈建〉壁底[踢]脚板

zócalo *m*.①〈建〉底座,基底;柱墩[基,脚];墙裙,墙基层;底[护壁,踢脚]板;②〈机〉台

[底]基；底基[座]；③〈电〉〈无〉(插)座；④
Méx. 中心广场；街心绿化带；公园；⑤
Arg. 脚踏板

~ de base 底[基础]板

~ de cañón 炮座[架]

~ continental 大陆架，陆棚

~ octal 八脚管座

zocavón *m. Amér. L.* 〈乐〉大吉他

zoco,-ca *adj.* ①左手的，左撇子的；用左手
的；②*And.* 独臂[手]的；③*And., Cono
S.* 伤残的，肢体残缺的 ‖ *m.* 〈建〉座石，台
柱，柱墩[脚]

zodiacal *adj.* ①黄道带的；②黄道带内的

zodiaco；zodíaco *m.* ①黄道带(指想象存在
于天球上黄道两边各 8 度的一条带)；②黄
道十二宫图

zoea *f.* 〈动〉(甲壳动物的)溞状幼体

zoíco,-ca *adj.* ①动物的；②动物生活的；有
生物的

zoisita *f.* 〈矿〉黝帘石

zombie *m. ingl.* 〈信〉僵尸电脑(指为黑客所
控用来向网站发动攻击的电脑)

zona *f.* ①(国家等的)地区，区；②(城市的)
场地；区；③(房屋、院子等的)地方；④〈解〉
〈医〉区，部(位)；⑤〈地〉地带，(地球)气
候带；⑥(动植物)分布带；(结晶的)晶带；
⑦区域[段]；范围；⑧〈信〉区；⑨〈体〉(篮
球)罚球区；(篮球、橄榄球等运动中的)联防
区域；⑩〈医〉带状疱疹

~ a batir 〈军〉目标地区

~ abiótica 无生命区

~ abisal[abismal] 深海区

~ activa ①(核反应堆)活性区；②活动[作
用]范围

~ afótica 〈地〉无光带(指海洋中无阳光的
深水区)

~ algodonera 产棉地区

~ ancha 〈体〉(足球场的)中场

~ árida 〈环〉干旱区(年降雨量低于 350 毫
米的地区)

~ auroral 极光区[带]

~ azul *Esp.* 〈交〉定时停车区

~ batial 〈地〉(半)深海区；半深海底带

~ boscosa[forestal] 森林带

~ catastrófica 灾区

~ cálida 温(暖)带

~ centro 中心(地区)

~ climática 〈地〉气候带

~ comercial 商业区；商店区

~ de acreción 〈地〉加积地带

~ de aterrizaje 着陆[降落]场[区]

~ de castigo 〈体〉(被罚下场队员坐的)受

罚席

~ de combate 战区

~ de conflicto 〈军〉冲突区

~ de copas 饮酒区

~ de crepúsculo 微明区，半阴影区，(难于
明确划界限的)过渡区

~ de cría (鸟类)繁殖区

~ de desarrollo 开发区

~ de desarrollo económico 经济开发区

~ de dislocación 〈地〉断层带

~ de ensanche ①开发(地)区；②(城镇
的)扩展地区

~ de entrada 〈信〉输入区

~ [área] de exclusión 禁飞区

~ de indiscriminación 混淆区，信号不辨
区

~ de guerra 交战地带；(尤指公海上的)战
区

~ de influencia 势力范围

~ de la libra esterlina 英镑区

~ de libre cambio[comercio] 自由贸易
区

~ de montaña(~ montañosa) 山岳地带

~ de operaciones 作战地区

~ de peligro 危险区，危险地带

~ de picnic (自带食物的)郊外野餐区

~ de recepción deficiente 收音不清楚地
区

~ de referencia 〈商贸〉参考汇率区域

~ de remolino 涡流区

~ de reunión (军事)集结地区

~ de salto 跳跃区(声学用语)

~ de seguridad(~ segura) 〈交〉(道路中
的)安全地带[区域]

~ de servicios primarios 初级劳务区

~ de silencio 静[盲]区

~ de subducción 〈地〉潜没(板块)带(指一
个地壳板块下降到另一板块之下的地带)

~ del comercio libre 自由贸易区

~ del dólar 美元区

~ del franco 法郎区

~ desmilitarizada 非军事区

~ desnuclearizada 无核区

~ económica exclusiva 经济专属区

~ edificada 建筑物多的地区

~ epicéntrica 震中区

~ equifásica 等相带(地球物理学用语)

~ equiseñal 等信号区

~ erógena 性欲发生区

~ escolar 校区

~ eufótica 〈地〉〈海洋〉透光带

~ euro 欧元区

~ fabril 工业加工区

~ fótica[fotoide]〈地〉〈环〉透光区;透光层(海水或湖水的上层,阳光可以穿过和发生光合作用的水层)

~ franca 自由贸易区,免税区

~ freática〈地〉潜水带

~ fría[glacial] 寒带

~ frontal〈气〉锋区

~ fronteriza 边境地区

~ glomerular〈解〉小[丝]球带

~ horaria 时区

~ húmeda(尤指为野生动物保存的)湿地

~ intermediaria 中间地带

~ industrial 工业区

~ inundada 洪泛区

~ libre aduanera 免税区

~ limnética〈地〉湖水层

~ litoral 沿海地区

~ lumbar〈解〉腰部

~ marginada Amér.C. 贫民区

~ militar 军事区

~ nerítica〈地〉浅海带

~ neutral ①(冰球场的)中区;②〈电〉中间带,无感区

~ núcleo〈环〉〈医〉核区

~ oscura (人的)隐蔽部位

~ para la industria maquiladora Méx. 出口加工区

~ parachoque 缓冲区

~ peatonal 步行(街)区

~ pelágica〈地〉远洋带

~ primaria(海关)第一管辖区

~ residencial 住宅区

~ reticular〈解〉网状区

~ roja ①Amér.L. 红灯区(指城市中准许卖淫的地区);②(西班牙内战时的)红区

~ semiárida〈环〉半干旱区(年降雨量在300-700 毫米之间的地区)

~ subtropical 副热带

~ tampón 缓冲区

~ templada 温带

~ tórrida[tropical] 热带

~ turística 旅游区

~ verde〈环〉(城市中的)绿地;绿化区

~s de depresión 气阱[穴,潭]

~s especiales de desarrollo económico 经济开发特区

~s preferenciales de comercio 优惠贸易区

~s rurales 农村地区

cómputo por ~ 按区(域)统计

zonación f. ①分区;分[成]带;②〈生〉成带现象;分布带;③(城市规划中分成工业区、住宅区等的)分区制

zonaje m. 分区(制)计划[方案]

zonal adj. ①区域的,分区的;地区性的;②带的;带状的;③(土壤)成带的

zonchiche m. Amér.C., Méx.〈鸟〉红头美洲鹫

zonda f. Arg.〈地〉〈气〉佐达风(指来自安第斯山脉的干热北风)

zóngoro m. Méx.〈鸟〉兀[美洲]鹫

zonificación f. ①(城市规划中分成工业区、住宅区等的)分区制;②〈矿〉分带

zonificar tr. ①将…分成区,把…划成带;指定…为区;②Col. 划分(土地)

zoniforme adj. 带形[状]的

zonización f. 分区(制,规划);区域制[化]

zonote m. Amér.L.〈地〉地下湖

zoo m. 动物园

zoobiología f. 动物生物学

zooblasto m.〈生〉动物细胞

zoocoria f.〈植〉动物传播

zoodérmico,-ca adj.〈动〉(供移植用)动物皮肤的

zoodinámica f. ①动物动力学;②动物生理学

zoodinámico,-ca adj. ①动物动力学的;②动物生理学的

zooecia f.〈动〉(苔藓虫的)虫室

zooecología f. 动物生态学

zooesporangio m.〈植〉游动孢子囊

zoófago,-ga adj.〈动〉食动物的;食肉的‖ m.〈动〉〈环〉食肉动物

zoofarmacia f. 动物药剂学,兽医药剂

zoófila f.〈植〉动物传粉的花卉

zoofilia f.; **zoofilismo** m. ①嗜动物癖,酷爱动物;②〈心〉恋兽欲,戏兽色情

zoófilo,-la adj. ①〈植〉适于动物传粉的;②有嗜动物癖的(人);③酷爱动物的(人) flor ~a 动物传粉的花卉

zoofito m.〈动〉植形动物(如珊瑚、海绵等无脊椎动物)

zoofitología f. 植形动物学

zooflagelado m.〈动〉〈生〉动鞭亚纲原生动物,动鞭毛虫

zoofobia f.〈心〉动物恐怖

zoogameto m.〈动〉游动配子

zoogamia f. ①〈动〉〈生〉有性生殖;②〈植〉动物传粉

zoogénesis f.〈动〉①动物发生;动物进化;②胎生

zoogenia *f*. 〈动〉动物生成;动物进化

zoogénico,-ca *adj*. 〈动〉动物生成的;产[获]自动物的

zoogenética *f*. 〈遗〉动物遗传(优生)学

zoogeografía *f*. 动物地理学

zooglea *f*. 〈生〉菌胶团,细菌凝集团

zoografía *f*. 动物志

zoógrafo,-fa *m*. *f*. 动物志学家

zoohormón *m*.; **zoohormona** *f*. 〈生化〉动物激素

zooide *adj*. 动物样的 ‖ *m*. ①〈生〉游动孢子;游动精子;②〈动〉(无性生殖产生的)个体;(时代交替中出现的或群体动物的)一员

zooídeo,-dea *adj*. 动物的;似动物的

zoolatría *f*. 动物崇拜

zoolítico,-ca *adj*. (含)动物化石的

zoolito *m*. 动物化石;化石动物

zoología *f*. 动物学

zoológico,-ca *adj*. ①动物学的;②动物的 ‖ *m*. 动物园

zoólogo,-ga *m*. *f*. 动物学家

zoom; zum *m*. ①(电影或电视镜头的)推近或拉远;②〈摄〉变焦摄影;③〈摄〉可变焦距镜头

zooma *f*. 〈动〉动物群

zoomasa *f*. 〈动〉动物群落

zoometría *f*. 〈动〉动物测定(指对动物身体某些部位的测定)

zoómetro *m*. 〈动〉动物数计

zoomórfico,-ca *adj*. 动物形的;具动物形的

zoomorfismo *m*. (装饰艺术的)动物造型

zoonita *f*. 〈解〉脑脊髓节

zoonomía *f*. 动物生理学

zoonómico,-ca *adj*. 动物生理学的

zoonosis *f*. 动物传染病(如炭疽、结核病、狂犬病等)

zoonótico,-ca *adj*. 动物传染的

zoopaleontología *f*. 古动物学

zooparasitario,-ria *adj*. 寄生动物的

zooparásito *m*. 寄生动物

zooparque *m*. 动物园

zoopatología *f*. 动物病理学

zooplancton; zooplankton *m*. 浮游动物

zoopsicología *f*. 动物心理学

zooquímica *f*. 动物化学

zooquímico,-ca *adj*. 动物化学的

zoosemiótica *f*. 动物符号学(一门研究动物交往的学科)

zoosis *f*. 〈兽医〉动物性病;动物原病

zoosociología *f*. 〈动〉动物群落研究

zoo-safari *m*. 〈环〉(布局模拟自然环境的)野生动物园

zoospermo *m*. ①〈生〉游动精子;②〈生〉〈植〉游动孢子

zoospora *f*. 〈生〉〈植〉游动孢子

zoosporangio *m*. 〈植〉游动孢子囊

zootaxia *f*. 动物分类学

zootecnia *f*. ①畜牧学;②动物饲[训]养术

zootécnico,-ca *adj*. ①畜牧学的;②动物饲[训]养术的

zootomía *f*. ①动物解剖学;②动物解剖

zootoxina *f*. 〈生化〉动物毒素(如蛇毒)

zooxantela *f*. 〈生〉虫[动]黄藻

zope *m*. *Amér*. *C*. 〈鸟〉兀[美洲]鹫

zopilocahuite *m*. *Méx*. 〈植〉桃花心木

zopilocuago *m*. *Amér*. *C*.; **zopilocuayo** *m*. 〈植〉桃花心木

zopilote *m*. *Amér*. *C*., *Méx*. 〈鸟〉兀[美洲]鹫

zopo,-pa *adj*. 〈医〉伤残的,肢体残缺的

zorra *f*. ①〈动〉雌狐;②〈交〉(铁路无盖)货车;矿车;轨道车;③[Z-]〈天〉狐狸座

zorrilla *f*. 〈交〉(铁路)轨道视察车

zorrillo; zorrino *m*. *Cono S*. 〈动〉臭鼬

zorro *m*. ①〈动〉雄狐;②狐皮

~ azul 北极蓝狐

~ de mar(~ marino) 长尾鲨

~ gris 灰狐

~ plateado 银狐

zorzal *m*. 〈鸟〉鸫;歌鸫

zoster *f*. 〈医〉带状疱疹

zostera *f*. 〈植〉大叶藻

zotal *m*. 消毒[杀菌]剂

zoyamiche; zoyaviche *m*. *Méx*. 〈植〉棕榈树

zozobra *f*. ①〈海〉(船)沉没;遇险;翻船;②有危险的风浪

ZPG *abr*. *ingl*. zero population growth 人口零增长

Zr 〈化〉元素锆(circonio)的符号

zuela *f*. 〈建〉(木工用的)锛子

zuindá *m*. *Arg*. 〈鸟〉猫头鹰

zula *f*. *Méx*. 〈动〉海豹

zulaque *m*. 〈技〉〈建〉水泥封涂[涂抹];封泥,填缝料

zulaquear; zulacar *tr*. 用封泥填缝

zumaca *f*. 〈船〉① *Amér*. *L*. 双桅船;② *Bras*. 平底船

zumaque *m*. ①〈植〉漆树;②漆树木材

zumbador *m*. ①〈电〉蜂鸣[音响]器;②门铃;③*Cari*., *Méx*. 〈鸟〉蜂鸟 ‖ ~ **a** *f*. ①(继电器等的)舌簧片;②*Amér*. *C*. 〈动〉响尾蛇

relé de ～ 蜂音[鸣]继电器

zumbera *f. Amér. L.* 〈医〉耳鸣

zumear *tr.* 〈电影〉使(电影或电视画面)推近或拉远

zumo *m.* (水果、蔬菜、肉类等的)汁,液
～ de naranja 橘子汁

zumpual *m. Méx.* 〈植〉万寿菊

zunchar *tr.* 加箍,加环箍;把…箍紧[住]

zuncho *m.* ①〈机〉(铁,金属)环[箍,圈];②〈建〉箍铁[钢];卡箍[带]

zunteco *m. Hond.* 〈鸟〉黑蜂

zunzún *m. Amér. L.* 〈鸟〉蜂鸟

zuñido *m.* ①〈医〉耳鸣;②(银器的)磨光[平]

zuñita *f.* 〈矿〉氯黄晶

zurcido *m.*; **zurcidura** *f.* 〈缝〉缝[修,织]补;织补处

zurdazo *m.* ①〈体〉左脚踢球;②左手击打;左手拳

zurdo,-da *m. f.* ①左撇子;②〈体〉(网球)左撇子运动员

zurita *f.* 〈鸟〉野鸽

zurito,-to,-ta; **zuro,-ra** *adj.* (鸽子)野生的

zurlita *f.* 〈地〉绿黄长石

zurradera *f.* 鞣皮工具

zurrasco *m.* 〈地〉〈气〉刺骨寒风

zurrón *m.* ①皮背[口]袋;皮囊;②〈医〉囊肿;③外皮;④〈植〉果壳[皮];⑤〈解〉羊膜

zussmanite *f. ingl.* 〈矿〉菱硅钾铁石

zuyate *m. Amér. C.* 〈植〉棕榈叶

zwitterión *f.* 〈化〉两性离子

APÉNDICE I 附录一

化学元素表(1—111号元素)

Tabla de los Elementos Químicos/Table of the Chemical Elements

(No. 1-111)

Elemento/Element 元素		Símbolo/Symbol 符号	Número Atómico/Atomic Number 原子序数
actinio/actinium	锕	Ac	89
aluminio/aluminium	铝	Al	13
americio/americium	镅	Am	95
antimonio/antimony	锑	Sb	51
argón/argon	氩	Ar	18
arsénico/arsenic	砷	As	33
ástato/astatine	砹	At	85
azufre/sulphur	硫	S	16
bario/barium	钡	Ba	56
berilio/berylium	铍	Be	4
berkelio/berkelium	锫	Bk	97
bismuto/bismuth	铋	Bi	83
bohrio/bohrium	𰶇	Bh	107
boro/boron	硼	B	5
bromo/bromine	溴	Br	35
cadmio/cadmium	镉	Cd	48
calcio/calcium	钙	Ca	20
californio/californium	锎	Cf	98
carbono/carbon	碳	C	6
cerio/cerium	铈	Ce	58
cesio/caesium	铯	Cs	55
circonio/zirconium	锆	Zr	40
cloro/chlorine	氯	Cl	17
cobalto/cobalt	钴	Co	27
cobre/copper	铜	Cu	29
criptón/krypton	氪	Kr	36
cromo/chromiun	铬	Cr	24
curio/curium	锔	Cm	96
darmstadtio/darmstadtium	𫟼	Ds	110

disprosio/dysprosium	镝	Dy	66
dubnio/dubnium	𬭊	Db	105
einstenio/einsteinium	锿	Es	99
erbio/erbium	铒	Er	68
escandio/scandium	钪	Sc	21
estaño/tin	锡	Sn	50
estroncio/strontium	锶	Sr	38
europio/europium	铕	Eu	63
fermio/fermium	镄	Fm	100
flúor/fluorine	氟	F	9
fósforo/phosphorus	磷	P	15
francio/francium	钫	Fr	87
gadolinio/gadolinium	钆	Gd	64
galio/gallium	镓	Ga	31
germanio/germanium	锗	Ge	32
hafnio/hafnium	铪	Hf	72
hassio/hassium	𬭶	Hs	108
helio/helium	氦	He	2
hidrógeno/hydrogen	氢	H	1
hierro/iron	铁	Fe	26
holmio/holmium	钬	Ho	67
indio/indium	铟	In	49
iridio/iridium	铱	Ir	77
iterbio/ytterbium	镱	Yb	70
itrio/yttrium	钇	Y	39
lantano/lanthanum	镧	La	57
laurencio/lawrencium	铹	Lr	103
litio/lithium	锂	Li	3
lutecio/lutetium	镥	Lu	71
magnesio/magnesium	镁	Mg	12
manganeso/manganese	锰	Mn	25
meitnerio/meitnerium	𫟼	Mt	109
mendelevio/mendelevium	钔	Md	101
mercurio/mercury	汞	Hg	80
molibdeno/molybdenum	钼	Mo	42

neodimio/neodymium	钕	Nd	60
néon/neon	氖	Ne	10
neptunio/neptunium	镎	Np	93
niobio/niobium	铌	Nb	41
níquel/nichel	镍	Ni	28
nitrógeno/nitrogen	氮	N	7
nobelio/nobelium	锘	No	102
oro/gold	金	Au	79
osmio/osmium	锇	Os	76
oxígeno/oxygen	氧	O	8
paladio/palladium	钯	Pd	46
plata/silver	银	Ag	47
platino/platinum	铂	Pt	78
plomo/lead	铅	Pb	82
plutonio/plutonium	钚	Pu	94
polonio/polonium	钋	Po	84
potacio/potassium	钾	K	19
praseodimio/praseodymium	镨	Pr	59
prometio/promethium	钷	Pm	61
protactinio/protactinium	镤	Pa	91
radio/radium	镭	Ra	88
radón/radon	氡	Rn	86
renio/rhenium	铼	Re	75
rodio/rhodium	铑	Rh	45
roentgenio/roentgenium	𬬻	Rg	111
rubidio/rubidium	铷	Rb	37
rutenio/ruthenium	钌	Ru	44
rutherfordio/rutherfordium	𬬻	Rf	104
samario/samarium	钐	Sm	62
seaborgio/seaborgium	𬭳	Sg	106
selenio/selenium	硒	Se	34
silicio/silicon	硅	Si	14
sodio/sodium	钠	Na	11
talio/thallium	铊	Tl	81
tantalio/tantalum	钽	Ta	73

tecnecio/technetium	锝	Tc	43
telurio/tellurium	碲	Te	52
terbio/terbium	铽	Tb	65
titanio/titanium	钛	Ti	22
torio/thorium	钍	Th	90
tulio/thulium	铥	Tm	69
tungsteno(wolframio)/tungsten	钨	W	74
uranio/uranium	铀	U	92
vanadio/vanadium	钒	V	23
xenón/xenon	氙	Xe	54
yodo/iodine	碘	I	53
zinc/cinc	锌	Zn	30

APENDICE II   附录二

计量单位表/Tablas de Pesos y de Medidas

1. 公   制

类别	代号	西班牙文名称	中文名称	对主单位的比	折合市制
长 度	μ	micra	微米	1/1,000,000 米	
	cmm	centimilímetro	忽米	1/100,000 米	
	dmm	decimilímetro	丝米	1/10,000 米	
	mm	milímetro	毫米	1/1,000 米	=3 市厘
	cm	centímetro	厘米	1/100 米	=3 市分
	dm	decímetro	分米	1/10 米	=3 市寸
	m	metro	米	主单位	=3 市尺
	dam	decámetro	十米	10 米	=3 市丈
	hm	hectómetro	百米	100 米	
	km	kilómetro	公里,千米	1,000 米	=2 市里
	Mm	miriametro	万米	10,000 米	
		milla (marina)	海里	1,852 米	=3.7040 市里
		cable	链	185.2 米	
面 积 和 地 积	cm²	centímetro cuadrado	平方厘米	1/10,000 平方米	
	dm²	decímetro cuadrado	平方分米	1/100 平方米	
	m²	metro cuadrado	平方米	主单位	=9 平方市尺
	a	área	公亩	100 平方米	=0.15 市亩
	ha	hectárea	公顷	100 公亩,10,000 平方米	=15 市亩
	km²	kilómetro cuadrado	平方公里	100 公顷,1,000,000 平方米	=4 平方市里
体 积	cm³	centímetro cúbico	立方厘米	1/1,000,000 立方米	
	dm³	decímetro cúbico	立方分米	1/1,000 立方米	
	m³	metro cúbico	立方米	主单位	=27 立方市尺
容 量	ml	mililitro	毫升	1/1,000 升	
	cl	centílitro	厘升	1/100 升	
	dl	decilitro	分升	1/10 升	=1 市合
	l	litro	升	主单位	=1 市升
	dal	decálitro	十升	10 升	=1 市斗
	hl	hectólitro	百升	100 升	=市石
	kl	kilólitro	千升	1,000 升	

（续表）

重量	mg	milígramo	毫克	1/1,000,000 公斤	
	cg	centígramo	厘克	1/100,000 公斤	
	dg	decígramo	分克	1/10,000 公斤	=2 市厘
	g	gamo	克	1/1,000 公斤	=2 市分
	dag	decágramo	十克	1/100 公斤	=2 市钱
	hg	hectógramo	百克	1/10 公斤	=2 市两
	kg	kilógramo	公斤,千克	主单位	=2 市斤
	q	quintal	公担	100 公斤	=2 市担
	t	tonelada	吨	1,000 公斤	

2. 英 美 制

类别	西班牙文名称	中文名称	对主单位的比	折合市制
长度	pulgada	英寸		=2.5400 厘米
	pie	英尺	12 英寸	=0.3048 米
	yarda	码	3 英尺	=0.9144 米
	milla terrestre	英里	1,760 码	=1.6093 公里
海程长度	braza	英寻	6 英尺	=1.8288 米
	cable	链	1,000 英寻	=185.2 米
	milla（marina）	海里	10 链	=1.852 公里
面积和地积	pulgada cuadrada	平方英寸		=6.4516 平方厘米
	pie cuadrado	平方英尺	144 平方英寸	=0.0929 平方米
	yarda cuadrada	平方码	9 平方英尺	=0.8361 平方米
	acre	英亩	4,840 平方码	=40.4686 公亩
	milla terrestre cuadrada	平方英里	640 英亩	=2.5900 平方公里
体积	pulgada cúbica	立方英寸		=16.3866 立方厘米
	pie cúbico	立方英尺	1,728 立方英寸	=0.0283 立方米
	yarda cúbica	立方码	27 立方英尺	=0.7646 立方米
重量	常衡	onza	盎司		=28.35 克
		libra	磅	16 盎司	=0.454 公斤
		tonelada larga〈英〉	长吨,英吨	2,240 磅	=1.016 公吨
		tonelada corta〈美〉	短吨,美吨	2,000 磅	=0.907 公吨
	金稀和药稀	grano	格令		=64.8 毫克
		onza	盎司		=31.103 克
		libra	磅	12 盎司	=0.373 公斤

容 量	干 量	pinta	品脱		（英）＝0.5682 升 （美）＝0.55 升
		cuarto	夸脱	2 品脱	（英）＝1.1365 升 （美）＝1.101 升
		peck	配克	8 夸脱	（英）＝9.0917 升 （美）＝8.809 升
		bushel	蒲式耳	4 配克	（英）＝36.3677 升 （美）＝35.238 升
	液 量	gill	及耳		（英）＝0.142 升 （美）＝0.118 升
		pinta	品脱	4 及耳	（英）＝0.5682 升 （美）＝0.473 升
		cuarto	夸脱	2 品脱	（英）＝1.1356 升 （美）＝0.946 升
		galón*	加仑	4 夸脱	（英）＝4.546 升 （美）＝3.758 升

* galón 在英制中可作干量单位

APÉNDICE III 附录三

(计量)单位符号表/Símbolos de Unidades

符号/símbolo	单位/unidad	符号/símbolo	单位/unidad
A	amperio 〈电〉安(培)(电流单位)	H	henrio 〈电〉亨(利)(电感单位)
Á	ángulo 〈数〉角	h	hora 小时(时间单位)
a	año 年(时间单位);área 公亩(地积单位)	Hz	hercio 〈理〉赫(兹)(频率的单位)
atm	atmósfera 〈理〉(标准)大气压	J	julio 〈理〉焦耳(功或能的单位)
b	barn 〈理〉靶(恩)(核截面单位)	K	kelvin 〈理〉开(开尔文温标的计量单位)
bar	bar 〈理〉巴(压强单位)	kg	kilogramo 千克(重量单位)
Bi	biot 〈电〉毕奥(CGS 制电流单位)	kgm	kilográmetro 〈理〉千克米(力的单位)
Bq	becquerel 〈理〉贝克(勒尔)(放射性活度单位)	kWh	kilovatio-hora 〈电〉千瓦(特)时;一度电
C	culombio 〈电〉库仑(电量单位)	λ	lambda 蓝达 (容量单位)
℃	grado Celsius 〈气〉摄氏温度	L	lambert 朗伯(亮度单位)
cal	caloría 〈理〉卡(路里)(热量单位)	l	litro 升(米制容量单位)
cd	candela 〈理〉烛火(光强度单位)	lm	lumen 〈理〉流明(光通量单位)
Ci	curie 〈理〉居里(放射性强度单位)	lx	lux 〈理〉勒克斯,勒,米-烛光
CV	caballo de vapor 〈理〉马力(功率单位)	μ	micra 微米,10^{-6} 米(长度单位)
D	debye 〈理〉德拜(电偶极矩单位)	m	metro 米(长度单位)
d	día 天(时间单位)	min	minuto 分(时间单位)
dB	decibelio 〈环〉〈理〉分贝(噪声强度的测量单位)	mmHg	millimeters of mercury 毫米汞柱
dyn	dina 〈理〉达因(力的单位)	mol	mol 〈化〉摩尔,克分子(量)
erg	ergio 〈理〉尔格(功的单位)	Mx	maxwell 〈理〉麦克斯韦,麦(一种电磁单位)
eV	electronvoltio 〈理〉电子伏(特)	N	newton 〈理〉牛顿(力的单位)
F	faradio 〈电〉法拉(电容单位)	Ω	ohmio 〈电〉欧(姆)(电阻单位)
Fr	franklin 〈理〉富兰克林,静库仑数	Oe	oersted 〈电〉奥(斯特)(磁场强度单位)
G	gauss 〈电〉高斯(一种磁场强度单位)	P	poise 〈理〉泊(流体动力黏度单位)
g	gramo 克(重量或质量单位)	Pa	pascal 〈理〉帕(斯卡)(压强单位)
Gal	gal 〈理〉伽(重力加速度单位)	pc	parsec 〈天〉秒差距(1 秒差距)
Gi	gilbert 〈理〉吉伯(磁通势单位)	ph	phot 〈理〉辐透,厘米烛光(照度单位)
Gy	gray 〈理〉戈瑞(吸收剂量的国际制单位)	q	quintal 担(重量单位)
		R	roentgen 〈理〉伦琴(照射剂量单位)

符号/símbolo	单位/unidad	符号/símbolo	单位/unidad
rad	radián〈数〉弧度	Sv	sievert〈理〉西韦特（γ射线剂量单位）
rd	rad〈理〉拉德（吸收剂量的标准单位）	T	tesla〈理〉特斯拉（磁通量密度单位）
rem	rem〈理〉雷姆（致电离辐射的单位）	t	tonelada 吨（重量单位）
S	siemens〈理〉西门子（电导的实用单位）	Torr	torr〈理〉托（真空压强单位，相当于1毫米汞柱的压强）
s	segundo 秒（时间单位）	UA	unidad astronómica〈天〉天文单位
sb	stilb〈理〉熙提（亮度单位）	V	voltio〈电〉伏（特）（电压单位）
sr	estereoradián〈数〉立体弧度	W	vatio〈理〉瓦（特）（功率单位）
St	stokes 斯托克斯（运动黏度单位）	Wb	weber〈电〉韦伯（磁通量单位）
st	estéreo 立方米（木材体积计量单位）	Xu	unidad X〈理〉x单位（光波单位）

APÉNDICE IV 附录四

西汉译音表/Transcripción Fonética

元音＼辅音（汉字译音）	音	b· v·	p	d（代/戴）	t	g·	(gh)	gu	c cc	cu	qu	b· v· (w)	f	ch (tch)(tsch)	s· x· z· ci	j	ll li ly	y	m	n	ñ	l	r	h
a, aa	阿(亚)	布	普	德	特	格	格	瓜	克	库		夫	弗(夫)	奇	斯	赫	利	伊	姆	恩	尼	尔	尔	不发音
ai, ay	艾	拜	帕	达	塔	加	加		凯	夸		瓦	法	查	萨	哈	利亚	亚	马	纳	尼亚	拉	拉	
au, ao	奥	鲍	保	道	陶	高	高		考			瓦伊	法伊	柴	赛	海	利亚	亚伊	迈	奈	尼奥	来	赖	
e·ei, ey, ee	埃	贝	佩	德	特	盖	盖		塞	奎	克	沃	费	乔	塞	赫	廖	耶	梅	内	涅	莱	劳	
i, y	伊	比	皮	迪	蒂	希	吉亚		西亚(夏)	奎	基	维	菲	切	西亚(夏)	希	利	姚	米	尼	尼	利	雷	
ia, ya	亚	比亚	皮亚	迪亚	蒂亚	希亚	希亚					维亚	非亚	奇亚		希亚	利亚	伊	米亚	尼亚	尼亚	利亚	里	
ie, ye	耶	别	彼	迭	铁				谢			维	菲耶	切	谢	耶	列	耶	米耶	涅	涅	列	里亚	
o, ou, oe	奥	博	波	多	托	戈	戈		科			沃	福	乔	索	霍	略	约	莫	诺	尼奥	洛	罗	
u, ü	乌	布	普	杜	图	古	古		库			武	富	丘	苏	胡	留	尤	穆	努	纽	卢	鲁	
an	安	班	潘	丹	坦	甘	甘	关	坎	昆	宽	万	凡	昌	桑	汉	良	扬	曼	南(楠)	尼扬	兰	兰	
en	恩	本	彭	登	滕	亨	亨	根	森		肯	文	芬	琴	森	亨	连	延	门	嫩	年	伦	伦	
in, yn	因	宾	平	丁	廷	京	京	京	辛		金	温	芬	钦	辛	欣	林	英	明	宁	宁	林	林	
on, uon	翁	邦	庞	东(栋)	通	贡	贡		孔		孔	冯	丰	琼	松	洪	利翁	荣	蒙	农	尼翁	隆	龙	
un	温	本	蓬	敦	顿	贡	贡		昆	昆	昆	温	丰	琼	松	洪	利温	荣	蒙	嫩	尼温	伦	伦	

注：①b 和 v 在词首或 m、n 之后时发[b]，译音见 b(布)行；在词尾或词中时发[v]，译音见[v](夫)行；

②g 在元音 e、i 前发[h]的音，在 a、o、u 前发[g](格)的音；

③x 后接辅音时发[s](斯)的音，在两个元音之间时发[ks](克斯)的音；

④(夫)用于已译各词中和词首，(亚)用于词尾；(锡)用于人名词尾；(夏)用于人名词首；

⑤(栋)、(楠)、(锡)用于地名词首；

⑥(gh)、(tch、tsch)、(w)只用于拼写外来姓名。

APÉNDICE V 附录五

希腊字母表/Alfabeto Griego

字　母	名　称	字　母	名　称
A α	alfa	N υ	ny
B β	beta	Ξ ξ	xi
Γ γ	gamma	O o	ómicron
Δ δ	delta	Π π	pi
E ε	épsilon	P ρ	rho
Z ζ	zeta	Σ σ	sigma
H η	eta	T τ	tau
Θ θ	theta	Y υ	ypsilon
I ι	iota	Φ φ	phi
K κ	kappa	X χ	ji
Λ λ	lambda	Ψ ψ	psi
M μ	my	Ω ω	omega

主要参考书目

本词典主要参考的外国原版工具书：

(1) Diccionario Collins Universal Español-Inglés (Collins, 2005)

(2) Diccionario de Informática y Telecomunicaciones Inglés-Español (Ariel Practicum, 2001)

(3) Diccionario Esencial de las Ciencias (Espasa, 1999)

(4) Diccionario Europeo de la Educación (Editorial Dykinson S. L. ,1996)

(5) El Diccionario Enciclopédico Planeta (Editorial Planeta, 1985)

(6) Nuevo Diccionario Técnico y de Ingeniería Español-Inglés (CIA. Editorial Continental, S. A. de C. V. , 1985)

(7) Diccionario para Ingenierios Español-Inglés (Editorial Continental, S. A. de C. V. , 1983)

本词典主要参考的中国出版的工具书：

(1) 新西汉词典(孙义桢主编),上海译文出版社,2010 年

(2) 西汉经贸词典(毛金里主编),外语教学与研究出版社,2000 年

(3) 简明西汉科学技术词典(王留栓主编),上海外语教育出版社,2000 年

(4) 英汉大词典(陆谷孙主编),上海译文出版社,2007 年(第二版)

(5) 英汉大词典(全新版)(英汉大词典编委会),商务印书馆国际有限公司,2004 年

(6) 英汉科技词典(翁瑞琪主编),外文出版社,2003 年

(7) 英汉医学词典(王晓鹰 章宜华主编),外语教学与研究出版社,2002 年

(8) 英汉科学技术词典(英汉科学技术词典编写组),国防工业出版社,1991 年

(9) 现代汉语词典(中国社科院语言研究所词典编辑室),商务印书馆,2005 年(第 5 版)

图书在版编目(CIP)数据

西汉现代科学技术词典/ 王留栓主编.—北京:商务印书馆,2013
　ISBN　978-7-100-09292-0

　Ⅰ.①西…　Ⅱ.①王…　Ⅲ.①科技词典—西班牙语、汉语　Ⅳ.①N61

中国版本图书馆CIP数据核字(2012)第 151275 号

西汉现代科学技术词典

王留栓　主编

商　务　印　书　馆　出　版
(北京王府井大街36号　邮政编码 100710)
商　务　印　书　馆　发　行
三　河　市　艺　苑　印　刷　厂　印　刷
ISBN 978 - 7 - 100 - 09292 - 0

2013 年 12 月第 1 版　　　　　开本 850×1168　1/32
2013 年 12 月第 1 次印刷　　　　印张 41 5/8
定价:118.00 元